HANDBUCH DER NORMALEN UND PATHOLOGISCHEN PHYSIOLOGIE

MIT BERÜCKSICHTIGUNG DER EXPERIMENTELLEN PHARMAKOLOGIE

HERAUSGEGEBEN VON

A. BETHE · G. v. BERGMANN
FRANKFURT A. M.   BERLIN

G. EMBDEN · A. ELLINGER †
FRANKFURT A. M.

NEUNTER BAND

ALLGEMEINE PHYSIOLOGIE DER NERVEN UND DES ZENTRALNERVENSYSTEMS

(E. I. II. 1. 2 a—c)

BERLIN
VERLAG VON JULIUS SPRINGER
1929

ALLGEMEINE PHYSIOLOGIE DER NERVEN UND DES ZENTRALNERVENSYSTEMS

BEARBEITET VON

PH. BROEMSER · E. TH. BRÜCKE
W. v. BUDDENBROCK · M. CREMER · H. G. CREUTZFELDT
H. FITTING · A. FRÖHLICH · F. W. FRÖHLICH · O. GROS
R. HÖBER · F. KRAMER · A. KREIDL† · T. PÉTERFI
E. SCHMITZ · A. SPIEGEL · W. SPIELMEYER · W. STEIN-
HAUSEN · J. v. UEXKÜLL · H. WINTERSTEIN

MIT 162 ZUM TEIL FARBIGEN ABBILDUNGEN

BERLIN
VERLAG VON JULIUS SPRINGER
1929

ALLE RECHTE, INSBESONDERE DAS DER ÜBERSETZUNG
IN FREMDE SPRACHEN, VORBEHALTEN.
COPYRIGHT 1929 BY JULIUS SPRINGER IN BERLIN.

Softcover reprint of the hardcover 1st edition 1929

ISBN 978-3-642-47138-4 ISBN 978-3-642-47418-7 (eBook)
DOI 10.1007/ 978-3-642-47418-7

Inhaltsverzeichnis.

Reizleitungen bei den Pflanzen.

Von Professor Dr. Hans Fitting-Bonn . . . . Seite 1
1. Allgemeines 2
2. Reizleitungen bei den Mimosen 7
3. Leitung tropistischer Reize 13

Nervensystem.

1. Allgemeines.

Allgemeines über Tatsachen und Probleme der Physiologie nervöser Systeme.
Von Professor Dr. Ernst Th. Brücke-Innsbruck 25

Chemie des zentralen und peripheren Nervensystems. Von Professor Dr. Ernst Schmitz-Breslau 47
  I. Die chemischen Bestandteile der Nervensubstanz 48
    1. Eiweißkörper der Nervensubstanz 48
    2. Kohlehydrate des Gehirns 50
    3. Die Lipoide der Nervensubstanz 50
    4. Anorganische Bestandteile des Gehirns 60
    5. Die Extraktivstoffe der Nervensubstanz 62
    6. Fermente der Nervensubstanz 62
    7. Hormone in der Nervensubstanz 63
    8. Pigmente der Nervensubstanz 63
  II. Quantitative Zusammensetzung des Nervensystems und seiner einzelnen Teile 64

2. Physiologie der peripheren Nerven.

Das leitende Element. Von Professor Dr. Tibor Péterfi-Berlin. Mit 49 Abbildungen 79
  I. Das mikrotechnische Verhalten der Neurofibrillen 81
  II. Die Formeigenschaften der Neurofibrillen 90
    1. Der Verlauf und die Anordnung der Neurofibrillen in den Nervenzellen . . 95
    2. Die Anordnung der Neurofibrillen in den Nerven 105
    3. Das Verhalten und die Anordnung der Neurofibrillen in den Endorganen 108
  III. Der Zusammenhang der Neurofibrillenstruktur: Die Frage der Kontinuität und des extraplasmatischen Verlaufs 117
  IV. Die Histogenese der Neurofibrillenstruktur 131
  V. Die funktionelle Bedeutung der Neurofibrillen 144

Die Durchlässigkeit des Nerven für Wasser und Salze und deren Zusammenhang mit der elektrischen Erregbarkeit. Von Professor Dr. Rudolf Höber-Kiel . . 171

Nervenreize. Von Professor Dr. Friedrich W. Fröhlich-Rostock 177
  I. Definition des Nervenreizes 177
  II. Arten der Nervenreize 192
    1. Die adäquaten Nervenreize 192
    2. Der elektrische Reiz 194
    3. Chemische Reizung des Nerven 198
    4. Osmotische Reizung des Nerven 200
    5. Mechanische Reizung des Nerven 201
    6. Die thermische Reizung des Nerven 202
    7. Die Wirkung photischer Reize auf den Nerven 205
  III. Die Interferenz der Reizwirkungen am Nerven 205

VI Inhaltsverzeichnis.

Nervenleitungsgeschwindigkeit, Ermüdbarkeit und elektrotonische Erregbarkeitsänderungen des Nerven. Theorien der Nervenleitung. Von Professor Dr. PHILIPP BROEMSER-Basel. Mit 6 Abbildungen 212
    Nervenleitungsgeschwindigkeit 213
    Ermüdbarkeit des Nerven 220
    Einfluß zugeleiteter Ströme auf den Nerven 224
    Das Zuckungsgesetz 230
    Theorien und Modelle der Nervenleitung 235

Erregungsgesetze des Nerven. Von Professor Dr. MAX CREMER-Berlin. Mit 16 Abbildungen 244
    Einleitung 244
    Wirkung der Stromstöße 249
    Die Nutzzeit 263
    Kondensatorentladungen 264
    Wirkung der Wechselströme und beliebig geformter Stromstöße. Begriff der Kardinalzeit 271
    Festsetzung einer absoluten Konstanten für die Erregbarkeit des Nerven mit dem konstanten Strom 274

Degeneration und Regeneration am peripherischen Nerven. Von Professor Dr. WALTER SPIELMEYER-München. Mit 11 Abbildungen 285
    A. Degeneration und Regeneration nach Kontinuitätsunterbrechung . . . 286
        I. Nervendegeneration als Folge einer Kontinuitätsunterbrechung 286
            1. Die sog. sekundäre (WALLERsche) Degeneration 286
            2. Veränderungen am zentralen Nervenabschnitt und den Ursprungskernen 298
            3. Wesen der sekundären Degeneration 300
        II. Nervenregeneration nach Kontinuitätsunterbrechung 302
        III. Nervennaht 321
        IV. Nerventransplantation 329
    B. Degenerative Erkrankung der peripheren Nerven (sog. „Neuritis" usw.) . . . 333

Elektrodiagnostik und Elektrotherapie der Nerven. Von Professor Dr. FRANZ KRAMER-Berlin 339
    Die Feststellung quantitativer Veränderungen der Erregbarkeit der Nerven . . 346
    Elektrische Befunde bei den Erkrankungen peripherer Nerven 348
    Die Ergebnisse der Chronaxieuntersuchungen 354
    Elektrische Untersuchung der sensiblen Nerven 355
    Steigerung der Erregbarkeit der peripheren Nerven bei der Tetanie und verwandten Erkrankungen 357
    Elektrotherapie 360

Der Stoffwechsel des peripheren Nervensystems. Von Professor Dr. HANS WINTERSTEIN-Breslau. Mit 2 Abbildungen 365
    1. Der Einfluß des Sauerstoffs auf die Funktion der Nerven 365
    2. Gaswechsel 379
        Anhang: Farbstoffreduktion 394
    3. Säurebildung 395
    4. Der Umsatz organischer Substanzen 397
        a) Zuckerumsatz 397
        b) Fettumsatz 398
        c) Phosphorumsatz 399
        d) Stickstoffumsatz 401
            Ammoniakbildung 403
    5. Das Problem der Wärmebildung 406

Die Narkose. Von Professor Dr. OSKAR GROS-Leipzig. Mit einer Abbildung . . . 413
    I. Das Stadium der gesteigerten Erregbarkeit 416
    II. Das Stadium der Lähmung 418
        1. Änderung der Erregbarkeit und Leitfähigkeit 419
        2. Änderung der Leitungsgeschwindigkeit 427
        3. Beeinflussung des Refraktärstadiums 428

Die Lokalanästhesie und die Lokalanaesthetica. Von Professor Dr. OSKAR GROS-Leipzig 433
    I. Die Methoden der Anästhesierung 434
    II. Die Lokalanaesthetica 436

1. Chemische und physikalische Eigenschaften 436
2. Die anästhesierende Wirkung 437
3. Dauer der Wirkung 446
4. Verhalten gegenüber Suprarenin 447
5. Synergismus, Steigerung der Wirksamkeit durch Zusatz anderer Substanzen 449
6. Die lokalen Nebenwirkungen 452
7. Die Toxizität 454

3. Allgemeine Physiologie der nervösen Zentren.

Histologische Besonderheiten und funktionelle und pathologische Veränderungen der nervösen Zentralorgane. Von Professor Dr. Hans G. Creutzfeldt-Berlin. Mit 34 Abbildungen 461

    Wirbellose 464
    Wirbeltiere 467
    Nervenzelle 467
    Nervenfasern 472
    Neurobiotaxis 474
    Aufbau der Struktur 475
    Neuroglia 479
    Mesodermale Bestandteile 484
    Veränderungen durch Wachstum und Alter 485
    Veränderungen durch die Funktion 487
    Krankhafte Veränderungen der Nervenzellen 488
    Veränderungen der Glia 497
        Systemerkrankung 505
    Pathoplastische Faktoren 507
        Entzündung 511
        Heilung ohne Regeneration 513

Der Stoffwechsel des Zentralnervensystems. Von Professor Dr. Hans Winterstein-Breslau. Mit einer Abbildung 515

    I. Der Bedarf der Nervenzentren an Sauerstoff und sein Einfluß auf die Erregbarkeit 515
        Einfluß der Temperatur auf den O-Bedarf 517
        Der Einfluß des Sauerstoffs auf die Erregbarkeit 520
   II. Versuche zur Feststellung des Stoffwechsels der Nervenzentren durch Untersuchung des Gesamtstoffwechsels des Organismus 523
  III. Direkte Untersuchungen des Stoffwechsels der Nervenzentren 529
    A. Gaswechsel 529
       1. Untersuchungen am Organ in situ 529
       2. Der Gaswechsel des isolierten Zentralnervensystems 543
          a) Der Gaswechsel des funktionsfähig überlebenden Zentralnervensystems 544
              α) Wirbeltiere 544
              β) Wirbellose 555
          b) Gaswechsel von Brei und Schnitten des Zentralnervensystems . . . 558
            Anhang: Oxydoreduktionen 561
    B. Säurebildung 564
    C. Der Stoffumsatz organischer Substanzen 568
       1. Zuckerstoffwechsel 568
          a) Zuckerumsatz im umgebenden Medium 568
          b) Umsatz von Zuckerstoffen in den Nervenzentren 572
          c) Das Schicksal der umgesetzten Zuckerstoffe und die Milchsäurebildung 577
       2. Stickstoffumsatz 587
       3. Umsatz von Fettstoffen und phosphorhaltigen Substanzen . . 595
       4. Der Einfluß der Stoffzufuhr auf den Stoffumsatz 599
          a) Zuckerzufuhr 599
          b) Zufuhr von Eiweiß und Eiweißbestandteilen 602
          c) Zufuhr einfacher N- und P-haltiger Salze 602
          d) Phosphatide und Cerebroside 603
            Zusammenfassung 603
    D. Wärmebildung 604

Allgemeine lähmende und erregbarkeitssteigernde Gifte. Von Professor Dr. Alfred Fröhlich-Wien 612

VIII Inhaltsverzeichnis.

Seite

Über Reiznachwirkung im Zentralnervensystem. Von Professor Dr. ALOIS KREIDL †-Wien 622

Die Irreziprozität der Zentralteile des Nervensystems. Von Professor Dr. ALOIS KREIDL †-Wien 626

Summation (Förderung) und Bahnung. Von Professor Dr. ERNST TH. BRÜCKE-Innsbruck 633

Hemmung. Von Professor Dr. ERNST TH. BRÜCKE-Innsbruck. Mit 2 Abbildungen 645

Leitungsverzögerung in den Zentralteilen, Reflexzeit, einschl. Summationszeit, und ihre Abhängigkeit von der Reizstärke. Von Professor Dr. WILHELM STEINHAUSEN-Greifswald. Mit 4 Abbildungen 666
    Definition der Reflexzeit. 667
    Latenzzeit des receptorischen Organs 674
    Reizzeit für den elektrischen Reiz 676
    Reizzeit bei chemischem Reiz 677
    Reizzeit bei thermischem Reiz 678
    Reizzeiten bei optischem Reiz 679
    Reizzeit bei mechanischem Reiz 679
    Direkte Bestimmung der Latenzzeit des receptorischen Organs 680
    Die Diskontinuität der Vorgänge im receptorischen Organ 682
    Nervenleitungszeit 683
    Latenzzeit des effektorischen Organs 686
    Berechnung der zentralen Überleitungszeit aus der Reflexzeit 690
    Überkreuzungszeit 691
    Versuche, eine Leitungsverzögerung im Zentralorgan auf anderem Wege zu bestimmen 692
    Reflexzeit bei wiederholten Reizen 694
    Schlußbetrachtung 695

Refraktäre Phase und Rhythmizität. Von Professor Dr. ERNST TH. BRÜCKE-Innsbruck. Mit 2 Abbildungen 697

Tonus. Von Dozent Dr. ERNST ADOLF SPIEGEL-Wien. Mit einer Abbildung . . . 711

Gesetz der gedehnten Muskeln. Von Professor Dr. JAKOB V. UEXKÜLL-Hamburg. Mit 7 Abbildungen 741

Reflexumkehr. Starker und schwacher Reflex. Von Professor Dr. JAKOB V. UEXKÜLL-Hamburg. Mit 3 Abbildungen 755

Die Sensomobilität. Von Professor Dr. ALOIS KREIDL †-Wien 763

Beziehungen zwischen Ganglienzellen, Grau und langen Bahnen. Theorien der Zentrenfunktionen. Von Professor Dr. ERNST TH. BRÜCKE-Innsbruck. Mit 3 Abbildungen 771

Diffuses und zentralisiertes Nervensystem. Von Professor Dr. ERNST TH. BRÜCKE-Innsbruck. Mit 2 Abbildungen 791

Vergleichende Physiologie des Nervensystems der Wirbellosen. Von Professor Dr. WOLFGANG V. BUDDENBROCK-Kiel. Mit 18 Abbildungen 805
    Echinodermen 812
    Die Würmer 816
    Die niederen Würmer 816
    Anneliden 817
    Mollusken 820
    Arthropoden 823

Sachverzeichnis 829

Reizleitungen bei den Pflanzen.

Von

H. Fitting

Bonn.

Zusammenfassende Darstellungen.

FITTING, HANS: Die Reizleitungsvorgänge bei den Pflanzen. I. u. II. Erg. Physiol. Wiesbaden **4**, 683 (1905); **5**, 155 (1906) (auch selbständig Wiesbaden. J. F. Bergmann 1907). — STARK, PETER: Das Reizleitungsproblem bei den Pflanzen im Lichte neuerer Erfahrungen. Erg. Biol. **2**, 1. Berlin (1927). — Vgl. ferner die Lehr- und Handbücher der Pflanzenphysiologie, im besonderen für die ältere Literatur PFEFFER, WILH.: Pflanzenphysiologie, 2. Aufl., **2**. Leipzig 1904, für die neuere JOST, L. u. BENECKE, W.: Pflanzenphysiologie. Jena 1923/24.

1. Allgemeines.

Es ist eine recht undankbare Aufgabe, bei dem jetzigen Stand der Forschung dem Tierphysiologen etwas über das Wesen und den Ablauf der Vorgänge zu sagen, die in der Pflanzenphysiologie als „Reizleitungen" bezeichnet werden. Wissen wir doch darüber noch nichts Bestimmtes oder gar Abschließendes. Deshalb gehört dieser allgemein gebrauchte Begriff auch noch zu den ungeklärtesten der ganzen pflanzlichen Reizphysiologie. Näheres Zusehen zeigt nämlich bald, daß sich dafür zur Zeit keine zweckmäßige Definition geben läßt, die eine klare Umgrenzung des Begriffes erlaubte, da es sich bei den mit diesem Worte bezeichneten Vorgängen offenbar um ganz verschiedenartige Dinge handelt. So viel ist allerdings gewiß: Auch bei den Pflanzen sind die Reizleitungen Korrelationen; d. h. sie gehören zu der großen Zahl von *Beziehungen*, die zwischen allen Teilen (den Zellen, Geweben und Organen) bei den verschiedenartigsten Lebensvorgängen bestehen und die die Pflanze gleich dem Tier mehr oder weniger vollkommen zu einer physiologischen Einheit, eben dem Organismus, machen. Alle Reizleitungen also sind, soweit ich sehe, Korrelationen; aber nicht alle Korrelationen ist der Pflanzenphysiologe geneigt als Reizleitungen anzusehen. Was leitet ihn bei einer Unterscheidung; was zeichnet also die Reizleitungsvorgänge gegenüber den übrigen Korrelationen aus? Schon auf diese Frage läßt sich keine bestimmte Antwort mehr geben.

Sehen wir uns die Einführung des Begriffes historisch an, so ist dieser in der Pflanzenphysiologie doch wohl von der Tierphysiologie übernommen worden, und zwar von *dem* Vorgang im System Außenreiz-Sinnesorgan-Nerv-Muskel, der zwischen dem Außenreiz und dem Erfolgsorgan vermittelt. So pflegt man auch in der Pflanzenphysiologie als Reizleitungen zunächst und vor allem solche Beziehungen (Korrelationen) zwischen verschiedenen Teilen zu bezeichnen, wobei ein Teil A von einem Außenreiz gereizt wird, die Reizreaktion aber nicht auf A beschränkt bleibt oder überhaupt nicht in A eintritt, sondern sich auch oder allein in einem *anderen*, vom Reizanlaß evtl. überhaupt nicht betroffenen Teil C geltend macht. Da es in solchen Fällen eben so aussieht, als ob die Reaktion gar nicht durch korrelative *Verkettung* mit einem anderen Teil, sondern als ob sie durch „direkte" Reaktion auf den Außenreiz erfolgt sei, sagt man in solchem Falle, „der Reiz sei von A nach C geleitet worden", und spricht von *Reizleitung*, obwohl zum mindesten in sehr vielen Fällen keine Rede davon sein kann, daß der Reiz (begrifflich gleich gesetzt mit Außenfaktor) oder auch die Veränderung (die „Reizung"), die durch den Außenfaktor an der von ihm betroffenen Stelle hervorgerufen worden ist, als *solche* von A nach C übertragen würden. Vielmehr ist es oft wohl ähnlich wie beim Sinnesorgan-Nerv-Muskel so, daß der Reizanlaß in A irgendwelche Veränderungen (also wenn man will „Reaktionen") hervorgerufen hat, von denen direkt oder mehr oder weniger indirekt Wirkungen gleicher oder auch ganz anderer Art in die Ferne nach C ausstrahlen. Da also die Wirkungen des „geleiteten" Außenreizes ganz indirekte sind oder in vielen Fällen doch sein können, da die Endreaktion in der „Reaktionszone" demnach durch verschiedenartige, aufeinanderfolgende Vorgänge mit dem Außenreiz nur indirekt „verkettet" zu sein braucht, hängt es von der Einschätzung der Art und des Grades dieser Verkettung zwischen Außenreiz und Reizreaktion, somit also von dem Gutdünken des Forschers ab, wo er noch von einer „Reizleitung" und wo er allgemeiner von einer Korrelation reden will. Das Studium der Literatur lehrt, daß da bisher von irgendwelcher Konsequenz keine Rede gewesen ist. So spricht der Pflanzenphysiologe wohl auch dann noch manchmal von einer Leitung des Außenreizes, wenn dieser durch Vermittelung der *Reaktion* in C eine *weitere* Reaktion in einem Organ D auslöst, die nachweislich nur als Folge eben der Reaktion in C, nicht aber der Reizung durch den Außenreiz in A auftritt, oder wenn die Reizreaktion in C nicht die Folge eines auf A wirkenden Außen*reizes* ist, sondern irgendeiner durch den Außenfaktor in A hervorgerufenen, von diesem Faktor ganz verschiedenen physikalischen oder chemischen Veränderung, die mit „Reizung" oder „Erregung" überhaupt nichts mehr zu tun hat, aber ihrerseits direkt oder wiederum indirekt zum Reizanlaß wird. Diese Unklarheiten, ja man möchte in manchen Fällen sogar sagen Widersprüche mit dem eigentlichen Sinn des Wortes Reizleitung, erklären sich natürlich geschichtlich aus der übrigens auch zumeist jetzt noch herrschenden mangelnden Einsicht in das Wesen dieser Erscheinungen.

Neue Schwierigkeiten bei der Umgrenzung des Begriffes Reizleitungen erwachsen dem Pflanzenphysiologen aus der Erkenntnis, daß Reizreaktionen nicht nur durch Außenreize, sondern auch durch Innenreize ausgelöst werden, d. h. durch solche Reizanlässe, die nicht aus der Umwelt stammen, sondern die lediglich in den lebenden Teilen des Organismus durch deren Tätigkeit entstehen. Da wir zweifellos die Möglichkeit ins Auge fassen müssen, daß auch solche Innenreize ähnlich den Außenreizen innerhalb des Organismus direkt oder indirekt mehr oder weniger sich „ausbreiten" und andere Teile durch „Reizleitung" zu Reaktionen veranlassen können, hätten wir den Reizleitungsvorgängen von *Außen*reizen zum mindesten zunächst theoretisch noch weitere zahlreiche Korrelationen zuzurechnen. Ist es nun schon oft bei den Außenfaktoren, die auf den Organismus und innerhalb desselben „in die Ferne wirken", schwer, festzustellen, ob es sich um *Reiz*wirkungen oder anderes handelt, und wie sie mit den durch „Leitung" ausgelösten Reizreaktionen verkettet sind, so ist dies bei den lediglich aus der Lebensbetätigung der Teile entspringenden *Innen*faktoren zur Zeit oft hoffnungslos, wie es auch meist fast unmöglich ist, zu ermitteln, in wie nahen Beziehungen irgendwo auftretende Reaktionen zu solchen Innenfaktoren stehen. Sonach wäre es bei den Innenreizen noch viel schwieriger als bei den Außenreizen, ihre Transmission von den Korrelationen anderer Art irgendwie klar abzugrenzen.

Fragen wir weiter, ob nicht vielleicht im *Ablaufe* der pflanzlichen „Reizleitungsvorgänge" etwas Besonderes und Eigenartiges vorliegt, das diese Vorgänge von den anderen Korrelationen deutlich zu scheiden erlaubte, so müssen wir leider wiederum gestehen, daß auch darauf die Antwort bei dem jetzigen Tiefstand unserer Kenntnisse ganz unbefriedigend ausfällt, und zwar schon deshalb, weil wir *überhaupt* über die Korrelationen im Pflanzenkörper noch ganz mangelhaft unterrichtet und infolgedessen bezüglich ihrer Vermittelung meist auf mehr oder weniger vage Vermutungen angewiesen sind. Nur soviel dürfen wir schon jetzt wohl mit aller Bestimmtheit sagen, daß die Korrelationen offenbar auf sehr verschiedene Weise zustande kommen, sowohl was die Bahnen der Übermittelung, wie auch was die Art dieser betrifft. Ganz das gleiche scheint aber in der Pflanze eben auch für die mannigfachen Vorgänge zu gelten, die man Reizleitungen zu nennen pflegt. Offenbar handelt es sich dabei, so wenig wir auch über sie wissen, um Vorgänge, die vielfach wohl gar keine Ähnlichkeit mit den Vorgängen haben, worauf der Tierphysiologe den Begriff Reizleitungen meist zu beschränken pflegt, nämlich

1*

mit den Erregungsvorgängen in den Nerven, und zugleich handelt es sich um Dinge, die in ähnlicher oder gar gleicher Weise bei anderen, nicht zu den Reizleitungen gerechneten Korrelationen wiederkehren; z. B. werden sie bald auf toten, bald auf lebenden Bahnen, im letzteren Falle mit oder ohne aktive Beteiligung der lebenden Substanz übertragen. Das kann nicht scharf genug betont werden. Aber auch eine sichere Gruppierung der Reiztransmissionen nach ihren Unterschieden ist in der Pflanzenphysiologie zur Zeit noch nicht möglich.

Die Forschung auf diesen Gebieten der pflanzlichen Reizphysiologie ist eben überaus schwierig, weil die „Reizleitungen" bei den Pflanzen sich im Gegensatze zum Tier oft nur über sehr kurze Strecken nachweisen lassen und sich meist nicht in histologisch differenzierten, *besonderen* Bahnen, ähnlich den Nerven, ausbreiten, ferner weil das Studium dieser Vorgänge mannigfache Eingriffe in das lebende System erfordert mit oft schwer kontrollierbaren Störungen oder neuen Folgen, die aber doch unter Umständen schließlich die gleiche Reaktion wie der normale „geleitete Außenreiz" hervorrufen können (da viele Organe auf ganz verschiedene Einflüsse bekanntlich in übereinstimmender, gleicher Weise ansprechen) oder die andererseits wohl auch die Reizreaktion verändern können. Und die Forschung ist auch deshalb noch nicht sehr weit vorangekommen, weil man erst in neuester Zeit diesen Problemen intensivere Aufmerksamkeit zugewendet hat.

Wie kann man versuchen, aus den eingehend erörterten Schwierigkeiten und Verlegenheiten, die der Reizleitungsbegriff (übrigens, wie mir scheint, nicht nur in der Pflanzenphysiologie) bereitet, künftig herauszukommen? Man muß mehrere Möglichkeiten durchdenken und auf ihre Zweckmäßigkeit prüfen.

1. Entweder man setzt auf Grund eingehender Erwägungen nach dem Stand der Forschung eine Begriffsbestimmung für die Reizleitungen bei den Pflanzen fest, die man dann als zweckmäßig anerkennt, und bezeichnet fernerhin nur solche Korrelationen so, die dieser Definition entsprechen, auf die Gefahr hin, daß jeder Fortschritt unserer Kenntnisse eine solche Begriffsbestimmung als falsch erweist. Es liegt ja gewiß nahe, dabei von dem klassischen Reizleitungsvorgang im Tierkörper, der Nervenleitung, auszugehen, die man wohl auch als Erregungsleitung bezeichnet. Wäre uns nur bekannt, ob es überhaupt bei den Pflanzen Vorgänge vergleichbarer Art und wo es sie gibt! Denn den Pflanzen fehlen bekanntlich die Nerven, wenn sie auch lebende Brücken in Form der Plasmaverbindungen zwischen allen lebenden Zellen besitzen. Diese Verbindungen scheinen aber doch auch anderen Aufgaben, z. B. dem Stofftransport, zu dienen, könnten infolgedessen Reize auch in ganz anderer Weise als die Nerven „leiten". Da wir also bei dem Fehlen von echten Nerven keinen sicheren Vergleichspunkt in den *Leitbahnen* zwischen Pflanze und Tier finden, müßten wir einen solchen im *Wesen der Erregungsleitung* suchen. Was weiß man nun aber Sicheres über das Wesen der Veränderung, die sich im Nerven bei seiner Erregung und bei der Erregungsleitung abspielt? Wir kennen die Geschwindigkeit der Leitung und die mit ihr verbundenen elektrischen Vorgänge; wir wissen, daß die Leitung apolar nach beiden Seiten gleich gut abläuft; wir kennen ihre Abhängigkeit von Außeneinflüssen, die im wesentlichen gleich zu sein scheint wie bei anderen Lebensvorgängen; was aber eigentlich im Nerven vorgeht, was für Vorgänge also dem elektrischen Aktionsstrom *zugrunde liegen*, das eben wissen wir, soweit ich sehe, noch *nicht*; und über diese Unkenntnis helfen auch, wie mir scheint, alle noch so vortrefflichen Definitionen nicht hinweg, die man sich für den Begriff Erregungen erdenken mag. Bei solcher Sachlage dürfte es schwer sein, zu ermitteln, ob der Erregungsleitung im Nerven ganz entsprechende Vorgänge auch bei bestimmten pflanzlichen Korrelationen vorkommen, so wahrscheinlich es uns auch sein muß, daß dies der Fall ist. Jedenfalls dürfte der Nachweis elektri-

scher Aktionsströme¹ infolge von Reizungen bei solchen Pflanzen, bei denen auffällige Reizleitungen vorkommen, dann erst als Kriterium dafür anzusehen sein, daß diese Transmissionen Erregungsleitungen sind, wenn bewiesen werden kann, daß solche Aktionsströme wie im Nerven mit diesen Reizleitungen *zusammenfallen*. Ein solcher Beweis ist schon deshalb nötig, weil elektrische Aktionsströme infolge von Reizungen auch bei Gewächsen und Organen vorzukommen scheinen, bei denen Reiztransmissionen nicht beobachtet worden sind.

2. Man könnte aber auch so vorgehen, daß man die Verhältnisse im Tier und im besonderen im Nerven ganz beiseite ließe und den Begriff „Reizleitungen" für die Pflanzen ganz anders und viel weiter, den Verhältnissen bei diesen Organismen entsprechend, faßte. Dem würden sich aber zur Zeit alle die Schwierigkeiten entgegenstellen, wovon ich oben eingehend gehandelt habe, da eben eine Abgrenzung gegenüber den anderen Korrelationen nicht gelingen will².

---

[1] Vgl. z. B. K. STERN: Dieses Handb. 8 II, 863 ff.

[2] Sehr eigenartige Vorschläge, und zwar für die gesamte Physiologie, macht E. MANGOLD* in seiner Studie „Reiz und Erregung, Reizleitung und Erregungsleitung". Zunächst einmal trennt er die Erregungsleitung scharf von den übrigen Reizleitungen ab, wie ich es, wenn auch vorsichtiger, in meiner oben erwähnten Zusammenfassung für die pflanzlichen Reizleitungsvorgänge ebenfalls bereits getan habe. (Daß MANGOLD dies entgangen zu sein scheint [vgl. S. 383], ist mir allerdings völlig unverständlich; ich darf vielleicht z. B. auf die S. 207, 209, 210, 211, 229, 230, 242, 243, 245 meiner Arbeit** hinweisen.) Daß ich schließlich dazu gekommen bin, „für die Pflanze etwas anderes unter Reizleitung zu verstehen wie beim Tier", erklärt sich eben daraus, daß mir aus der Tierphysiologie der Reizleitungsbegriff überhaupt nur für *erregbare* Substanzen, also als gleichbedeutend mit Erregungsleitung, bekannt geworden war.

MANGOLD will nun die Erregungsleitung nicht weiter zu den Reizleitungen gerechnet sehen (dies nennt er wohl den „entscheidenden Schritt", der mir nach seinen Worten nicht gelungen sei) und schlägt für letztere folgende Begriffsbestimmung vor: „Reizleitung ist die Übertragung einer äußeren, physikalischen oder chemischen Veränderung durch Teile eines lebenden Organismus ohne aktive Beteiligung derselben" gleichgültig, ob sie lebend sind oder tot. Die Übertragung muß also „ohne Veränderung des Ablaufes der Lebensvorgänge in diesen leitenden Teilen" erfolgen. „Sobald Veränderungen der Lebensvorgänge auftreten, bedeutet dies bereits Erregung und Erregungsleitung." Erregung ist für ihn nämlich „jede aktive Veränderung der in einem lebenden Gebilde ablaufenden Vorgänge" (S. 387). Ich glaube nicht, daß es für die Pflanzenphysiologie möglich sein wird, sich diesen Vorschlägen anzuschließen. Reizleitung würde alsdann nicht nur vorliegen, wenn Licht oder Wärme oder Elektrizität Pflanzenteile durchdringen und *innerhalb* des Gewebes, also in einiger Entfernung von der *Einfallsstelle*, eine Reizreaktion hervorrufen, sondern auch wenn ein Mehr oder Weniger von Wasser, Bodensalzen oder Gasen bei ihrer Diffusions- oder sonstigen Bewegung irgendwo in der Pflanze einen Reizvorgang weckt; ja in letzterem Falle hätte man selbst für die Schwankungen in der Menge sich ausbreitender, *von der Pflanze gebildeter* Assimilate (für MANGOLD kann eine äußere Veränderung „in bezug auf den ganzen Organismus auch eine innere sein" [S. 366]) oder anderer Stoffe, soweit deren Wanderung rein physikalisch ohne jede Lebensbestätigung in den Strombahnen zustande kommt, von Reizleitung zu sprechen. Sollte die Wanderung der Assimilate in lebenden Zellen durch deren Lebensbetätigung zustande kommen, so würde nach obigen Definitionen mit MANGOLD bereits von einer Erregungsleitung zu reden sein (denn der Transport von mehr oder weniger Assimilaten usw. setzt Veränderungen in der Aktivität der transportierenden lebenden Zellen voraus), auch wenn die angenommene, dadurch veranlaßte Reizreaktion nachweislich durch das Mehr oder Weniger zugeleiteter Assimilate, aber nicht durch die Veränderung des Lebensvorganges (nämlich die Verstärkung oder Verminderung des Stofftransportes) in den Wanderbahnen zustande gekommen ist. Im übrigen ist die Definition MANGOLDs für die Reizleitungen insofern ganz unvollständig, als darin gar nichts von den *Folgen* der „geleiteten" äußeren Veränderung gesagt ist. Eine Reizleitung könnte demnach also schon dann vermutet werden, wenn Licht oder Wärme usw. durch Teile eines Organismus hindurchdringen, dort aber überhaupt nichts bewirken oder nur einen physikalischen oder chemischen Vorgang, woran die lebende Substanz *nicht* beteiligt ist. Das ist aber wohl nicht die Meinung des Verfassers, wenn auch darüber der folgende seiner Definition beigegebene Kommentar keine volle Klarheit zu schaffen vermag: „Es braucht dabei kaum besonders zum Ausdruck gebracht zu werden, daß gemäß unserer Reizdefinition auch hier nur solche äußeren Veränderungen gemeint sind,

* MANGOLD, E.: Erg. Physiol. 21 I, 365 ff. (1923). ** FITTING, H.: Erg. Physiol. 5 (1908).

3. Ein drittes Verfahren ist viel durchgreifender; es besteht darin, den Begriff Reizleitungen in der Pflanzenphysiologie mindestens zunächst einmal überhaupt völlig fallenzulassen und einfach zu dem allgemeinen, nicht mißverständlichen und sicher richtigen Begriff Korrelationen zurückzukehren, wobei man es dem Fortschritt der Forschung überlassen könnte, evtl. später, wenn unsere Kenntnisse sich genügend vertieft haben, den Begriff Reizleitungen geläutert wieder einzuführen, und zwar mit oder ohne Berücksichtigung der Verhältnisse im Tierkörper. Und dieser Weg will mir für alle diejenigen, die Klarheit der Begriffe anstreben, nach reiflichen Überlegungen zur Zeit um so zweckmäßiger erscheinen, weil er nichts vorwegnimmt, nichts Hypothetisches einschließt, also wissenschaftlich einwandfrei ist und der weiteren Forschung freie Bahn läßt.

4. Einen weiteren Weg endlich, an den man vielleicht noch denken könnte, nämlich umgekehrt alle Korrelationen als Reizleitungen zu bezeichnen, wird kein Pflanzen- und gewiß auch kein Tierphysiologe zu gehen bereit sein.

So wenig fruchtbar alle solche Erwägungen auch sein mögen, daran vorbeigehen kann doch nur der, für den Wissenschaft nicht begrifflich möglichst scharf formulierte und geordnete Erkenntnis bedeutet. —

Bei solchem Stande der Dinge hätte es keinen Zweck, an dieser Stelle einen Überblick über die Fülle aller der pflanzlichen Korrelationen zu geben, worauf man mit mehr oder weniger Recht den Begriff „Reizleitungen" anwenden könnte, und über ihre Verbreitung, über die Bahnen ihrer Vermittlung und die Art und Weise dieser zu berichten. In dieser Beziehung seien etwaige Interessenten auf die Übersichtsliteratur hingewiesen, die eingangs dieses Aufsatzes erwähnt worden ist. Nur darauf dürfte es hier wohl ankommen, für *einige* solche Korrelationen, wo ein Außenreiz (Außenfaktor) in einem anderen als in dem direkt betroffenen Organ eine Reizreaktion weckt, für solche Fälle also, wofür die Bezeichnung „Reizleitungen" besonders naheliegt, den gegenwärtigen Stand der Forschung kurz zu schildern. Ich wähle dazu einerseits den klassischen Fall der Reizleitung bei der Mimose, andererseits einige Leitungen tropistischer Reize, und greife hiermit zugleich diejenigen „Reizleitungen" heraus, mit denen allein die Forschung in alter oder neuer Zeit sich eingehender beschäftigt hat.

---

die auf lebende Substanz so einzuwirken *vermögen* (von mir hervorgehoben), daß diese selbst mit einer Veränderung im Ablaufe ihrer Lebensvorgänge reagiert; vermögen sie dies nicht, so sind es eben keine Reize, und es kann auch von Reizleitung nicht die Rede sein."

Licht und Wärme sind Faktoren, die Reizvorgänge in der lebenden Substanz auszulösen *vermögen*. Es müßte aber doch, wie mir scheint, in einer klaren und vollständigen Definition der Reizleitung zum Ausdrucke kommen, daß Reizleitung nur dann vorliegt, wenn die Übertragung der Veränderung *tatsächlich eine Reizreaktion auslöst*.

Auch hat der Verf. nicht an die Leitung der sog. stationären oder permanenten Reize gedacht; gibt es auch für sie Leitungsvorgänge ohne aktive Beteiligung der Leitbahnen, so dürfte es doch kaum zweckmäßig sein, sie als „Übertragung einer *Veränderung*" zu bezeichnen. Die Verlegenheiten des Pflanzenphysiologen gegenüber der MANGOLDschen Definitionen wachsen weiter dadurch, daß dieser der Reizleitung und Erregungsleitung noch drittens die Aktionsleitung an die Seite setzt, die wenigstens in der Pflanzenphysiologie nicht immer leicht von der Reiz- und Erregungsleitung abzugrenzen sein dürfte, zumal wenn man Erregung und Erregungsleitung so unbestimmt und allgemein definiert, wie es MANGOLD tut.

Ob die Tierphysiologie die Vorschläge MANGOLDS günstiger beurteilen kann, vermag ich nicht zu übersehen. Sollte es der Fall sein, so bleibt immer zu bedenken, daß die Bedürfnisse beider Wissenschaftszweige nicht ganz gleich sind: Der Pflanzenphysiologe tritt wohl meist von den Korrelationen her an die Reizleitungsvorgänge heran und wünscht vor allem eine Einsicht zu gewinnen, welche Stellung diese innerhalb jener einnehmen; der Tierphysiologe geht dagegen wohl von den Erregungsleitungen aus, womit er die andersartigen Reizleitungsvorgänge in Vergleich setzen möchte. Für allgemeine Fragen wird man natürlich von beiden Seiten aus die Erscheinungen zu betrachten haben und bemüht sein müssen, die alsdann einer klaren Erkenntnis entgegenstehenden, zweifellos großen Schwierigkeiten zu überwinden.

2. Reizleitung bei den Mimosen.

Was zunächst die Mimose betrifft, so darf ich wohl als bekannt voraussetzen, daß Mimosa pudica und verwandte Arten (es gibt deren etwa 350) infolge von Erschütterungen oder Stößen ihre Blätter vorübergehend senken und zugleich ihre Fiederblättchen nach aufwärts zusammenklappen. Diese nach der Reizung mit großer Schnelligkeit eintretenden und ablaufenden Bewegungen werden in Gewebeanschwellungen, den sog. Gelenkpolstern, an der Basis der Blattstiele und dieser Fiederblättchen durch einseitige Turgorsenkung ausgeführt. Wie die Reizreaktion zustande kommt, steht noch nicht genau fest: Entweder nimmt die Permeabilität des Plasmas der reagierenden Parenchymzellen zu, und Zellsaft wird ausgepreßt; oder im Zellsaft der lebenden Parenchymzellen werden die osmotisch wirksamen Moleküle (ob mit oder ohne Beteiligung der lebenden Substanz, bleibt ungewiß) an Zahl verringert, und Wasser tritt aus. Die Reizreaktionen erfolgen sowohl auf allgemeine leise oder starke Erschütterungen der *ganzen* Pflanze als auch auf *lokale* geringe Stöße, ja selbst dann noch, wenn man ein Bewegungsgelenk durch eine ganz geringfügige Berührung „erschüttert". Empfindlich sind im letzten Falle die direkt berührten Epidermiszellen, und zwar vor allem an der konkav werdenden Seite des Gelenkes. Die ganz geringen Deformationen, welche diese Zellen infolge der Berührung erfahren, sind, so nimmt man an, die Ursache der „Reizung"; und diese pflanzt sich durch „Reizleitung" zunächst in das Innere des reagierenden Gelenkpolsters hinein fort. Solche lokale, leise Berührungen der empfindlichen Gelenkstellen können bei günstigen Außenbedingungen in sehr reaktionsfähigen Blättern zu Reizreaktionen gleicher Art auch in anderen, nicht berührten und nicht erschütterten Gelenken Anlaß geben: Berührt man z. B. bei einem besonders empfindlichen jungen Blatte das Gelenk eines Fiederblättchens, so klappen sich, von ihm basal- und spitzenwärts fortschreitend, nacheinander alle Fiederblättchen des Blattes zusammen, ja schließlich senkt sich wohl auch noch das ganze Blatt an seiner Basis; der „Reiz" hat sich über das ganze Blatt „ausgebreitet". Umgekehrt soll sich unter besonders günstigen Bedingungen der „Reiz" auch vom Blatthauptgelenk spitzenwärts über die Fiederblättchen „fortpflanzen" können.

Eine solche „Leitung von Erschütterungsreizen" ist auch bei vielen anderen Gewächsen und Pflanzenteilen, z. B. selbst in gewissen Blüten, beobachtet worden, wenn sie auch meist nicht so eindrucksvoll verläuft.

Sehen wir uns nun diese Leitungsvorgänge bei der Mimose genauer an, so ergibt sich zunächst die Frage nach den Leitungsbahnen, und zwar einerseits innerhalb des Gelenkpolsters, andererseits zwischen den Gelenken. Da sich der Reiz bei leisen Berührungserschütterungen der Oberfläche in das Gelenkinnere ausbreiten muß, kommt für diesen Teil der Bahn jedenfalls nur das *lebende* Grundgewebe in Betracht, nicht Elemente von Leitbündeln, da solche hier überhaupt fehlen. Was aber von den direkt gereizten Epidermiszellen fortschreitet, darüber wissen wir nichts Sicheres. Allerdings ist es wohl recht wahrscheinlich, daß bereits diese Zellen durch Turgorsenkung reagieren. Aus der Tatsache, daß in langsam sich krümmenden Gelenken von der Reizstelle aus in das Innere der Polster eine Verfärbung sich ausbreitet, die nachweisbar die Folge des obenerwähnten Flüssigkeitsaustrittes aus den reagierenden Parenchymzellen ist, kann man das aber nicht schließen, da sich die Epidermiszellen ja anders verhalten könnten als die Rindenzellen. Nimmt man jedoch diesen Vorgang auch in den Epidermiszellen als gegeben an, so bleibt immer noch völlig unklar, wie sich der „Reiz" weiter ins Gelenk hinein so schnell „fortpflanzt". Mehrere Möglichkeiten sind in Betracht zu ziehen, zwischen denen sich zur Zeit eine Entscheidung nicht treffen läßt. Nicht einmal darüber wissen wir Bescheid, ob diese Ausbreitung an lebende Bahnen gebunden ist. Man könnte sich ja denken, daß die mit der Turgorsenkung der direkt gereizten Epidermiszellen einhergehende Deformation der Zellräume von den angrenzenden lebenden Zellen als neuer Erschütterungsreiz empfunden wird, oder daß die unter Druck aus den Zellen herausschießende Flüssigkeit oder die durch den Flüssigkeitsaustritt bewirkte Kompression der Interzellularenluft (eine allerdings wenig wahrscheinliche Annahme) wieder als Stoßreiz wirkt, oder, falls aus den reagierenden Zellen nicht reines Wasser, sondern Zellsaft herausquellen sollte, daß eine chemische Reizung, sei es durch normale Zellsaftstoffe, sei es durch besondere, infolge der Reizung gebildete Reizstoffe, oder daß vielleicht eine elektrische Reizung in Betracht kommt; es könnte auch so sein, daß eine „Erregungswelle" von den gereizten Zellen ausgeht, die schneller im Polster vordringt als die ausgestoßene Flüssigkeit.

Bei dieser Sachlage ist es besonders wichtig, daß es noch eine andere, viel wirksamere „Reizleitung" bei der Mimose und wiederum auch bei einer Reihe anderer Pflanzen gibt, und zwar selbst solchen, die nicht erschütterungsreizbar sind, nämlich die Leitung von Folgen einer Verwundung. Schon seit langem ist bekannt, daß man die Mimose weithin auch durch lokale Verwundungen reizen kann: und zwar erstens durch Einschnitte oder Einstiche in die Wurzeln, Stengel, Blattstiele, Blattflächen oder die Blüten, zweitens durch lokale schnelle Plasmolysierung mit 15% Kalisalpeter; drittens durch Brandwunden, wie lokales Versengen mit einem Streichholz, einem Brennglas, einem glühenden Draht, Abbrühen in kochendem Wasser, ja schon solchem von etwa 70°, durch heißen Wasserdampf, viertens durch Abtötung mit Chloroformwasser, oder endlich fünftens dadurch, daß man die Wurzeln mit schnell eindringenden starken Giften, wie Schwefel- oder Salpetersäure, Kalilauge, Ammoniak oder Alkohol, begießt. Ja infolge von Verwundung oder vor allem von Ansengen oder -brühen pflegt sich der „Reiz" sogar viel schneller und auch viel weiter als nach einer lokalen Erschütterung auszubreiten, unter Umständen von einem Fiederblatt über den ganzen Zweig oder bei sehr reaktionsfähigen Individuen selbst über die gesamte Pflanze. Infolgedessen eignen sich *diese* Ausbreitungserscheinungen am besten für eingehendere Untersuchungen. Zunächst läßt sich die Ausbreitungsgeschwindigkeit ermitteln; nach LINSBAUERs neueren Messungen[1] pflanzen sich solche „Reize" in der Sekunde 7,4—100 mm weit fort, eine für Pflanzen ungewöhnlich große Geschwindigkeit. Sehr vielfach ist alsdann weiter nach den Leitbahnen für die Brand- und Wundreize geforscht worden. Als sicher darf jetzt gelten, daß der Wundreiz sich auch im *Holzkörper* ausbreiten kann und daß er dazu keine *lebenden* Leitbahnen braucht: Durch Zweige, die nachweisbar bis aufs Holz geringelt worden sind, wandert er ohne Verminderung der Geschwindigkeit gegenüber ungeringelten hindurch, und zwar auch dann, wenn von den Gefäßen nur geringe Mengen bei der Ringelung erhalten geblieben sind[2]. Ferner ist der Nachweis sehr wichtig, daß der „Wundreiz" sich auch über abgebrühte, also sicher tote Stengel- oder Blattstielstücke ohne Schwierigkeiten ausbreiten kann. So konnte z. B. RICCA[3] zeigen, daß ein 15 cm langes Stengelstück, das er eine Stunde lang einer Temperatur von 150° ausgesetzt hatte, heiß oder abgekühlt noch immer befähigt war, den „Reiz" zu „leiten", der durch Ansengen eines Blattes oder des Stengels oder durch Einstiche in den Stengel entsteht. Jedoch hatten Ansengen der abgetöteten Stelle selbst oder Einschnitte in sie keine Reizung zur Folge, während Einstiche in narkotisierte Blatt-

---

[1] LINSBAUER, K.: Wiesner-Festschrift. Wien 1908. S. 396.
[2] LINSBAUER, K.: Ber. dtsch. bot. Ges. **32**, 609 (1914).
[3] RICCA, U.: Arch. ital. de Biol. **65** II, 219 ff. (1916) — Nuovo giorn. bot. ital. **23**, 51 ff. (1916).

stiele wirksam blieben. Alle diese Beobachtungen zeigen ganz augenscheinlich, daß auch *diese* „Reizleitung" bei Mimosa und anderen Gewächsen mit der Erregungsleitung im Nerven nicht das mindeste zu tun zu haben braucht. Sie weisen vielmehr darauf hin, daß an der „Reizleitung" *Flüssigkeits*bewegungen beteiligt sind, da das Holz mit seinen Gefäßen ja bekanntlich der Wasserleitung dient; und diese ist nicht von lebenden Zellen im Holze abhängig. Diese Vermutung wurde bereits von den Forschern ausgesprochen, die sich in der ersten Hälfte des 19. Jahrhunderts mit dem Problem der Reizleitung bei der Mimose beschäftigt haben. Lange Zeit hat man sogar geglaubt, daß es für diese Vermutung auch *sichtbare* Beweise gebe: man hielt sich nämlich für berechtigt, die großen Flüssigkeitstropfen, die aus Schnittwunden bei der Mimose sofort nach der Verwundung herausquellen, zu der „Reizleitung" in Beziehung zu setzen, da man meinte, daß die Flüssigkeit aus den Gefäßen herausgepreßt werde und daß eine damit verbundene und von der Wundstelle sich fortpflanzende Druckwelle die „Reizleitung" darstelle. Wir wissen jetzt aber, daß diese aus angeschnittenen Mimosenteilen hervorquellende Flüssigkeit überhaupt nicht aus den toten Gefäßen oder dem Holze, sondern aus gewissen lebenden Elementen des Bastes stammt, ferner daß eine namhafte Reizleitung auch ohne jedes Hervorquellen eines auch nur kleinen solchen Flüssigkeitströpfchens aus der Wunde möglich ist, daß aber umgekehrt unter Umständen dem Hervorquellen eines ansehnlichen Flüssigkeitstropfens *keine* Reizreaktionen folgen, und endlich, daß zu Zeiten, wo die Mimose besonders reizbar ist, die Flüssigkeit in den Gefäßen überhaupt nicht in Druckspannung, sondern umgekehrt wie bei allen anderen Gefäßpflanzen in Zugspannung sich befindet, weshalb Flüssigkeit aus angeschnittenen Gefäßen nicht ausgepreßt, sondern umgekehrt eingesogen werden müßte. Daß die Wasserbewegung in den Gefäßen an der „Reizleitung" Anteil hat, dafür könnten vielleicht auch Beobachtungen angeführt werden, die neuerdings GOEBEL[1] gemacht hat: Die „Leitung" über bis aufs Holz geringelte Zweigstücke wird dadurch sehr gestört, daß man das Holz mit einer Klemmschraube zusammendrückt; in gleicher Weise wird durch Klemmen die Wasserbewegung im Holze verlangsamt. Ferner beobachtete dieser Forscher eine „Reizausbreitung" über die Pflanze von der Wurzel her ohne alle Verwundungen auch schon dadurch, daß er stark ausgetrocknete Topfpflanzen begoß; die Annahme ist möglich, wenn auch nicht gerade wahrscheinlich, daß die Aufnahme von Wasser durch die Wurzeln und dessen schnelle Wanderung in den Gefäßen in diesem Fall die „Reizleitung" bewirkt. Endlich zeigte er, daß eine Reizung und Reizausbreitung auch schon, bei Vermeidung von Erschütterungen, durch Biegungen der Stengel, selbst wenn sie bis aufs Holz geringelt worden waren, und zwar zunächst auf der Konvexseite erzielt werden kann. Auch hier bleibt fraglich, ob die Reizleitung auf Flüssigkeitsbewegungen in den Gefäßen oder worauf sonst sie beruht.

Welchen Anteil hat nun aber die Flüssigkeitsbewegung in den Gefäßen an der Reizausbreitung? Da die Wasserfäden in den Gefäßen zu Zeiten, wo die Mimosen nachweisbar besonders empfindlich sind, nämlich wenn sie stark transpirieren, dauernd in Bewegung sind, kann nicht diese Bewegung als solche eine Reizung bedingen. Ebensowenig scheinen Änderungen in der Strömungsgeschwindigkeit das Maßgebende zu sein; denn wenn man durch Zweigstücke unter Druck selbst von mehreren Atmosphären Wasser sehr beschleunigt hindurchfließen läßt, findet weder Reizung noch Reizleitung statt. Man könnte gegen die Beweiskraft dieser Versuche einwenden, durch den Druck sei die Strömungsgeschwindigkeit nicht genügend vergrößert worden, um die Reizschwelle zu erreichen. Immerhin

---

[1] GOEBEL, K.: Die Entfaltungsbewegungen der Pflanzen, 2. Aufl., Jena. G. Fischer 1924. 477ff.

muß man sich nach anderen Möglichkeiten umsehen, und solcher bieten sich mehrere. Zunächst wissen wir, daß das Wasser in den Gefäßen lebhaft transpirierender Gefäßpflanzen, wie schon erwähnt, sich in starker Zugspannung befindet; diese Spannung kann viele Atmosphären betragen, sofern zusammenhängende Wasserfäden, wie die Kohäsionstheorie der Wasserbewegung annimmt, in den Gefäßen vorhanden sind. Aber auch wenn „Luftwasserketten" in den Gefäßen enthalten sein sollten, herrscht eine namhafte Zugspannung, wie sich aus dem sehr niedrigen Druck dieser verdünnten Luft ergibt. Schneidet man also ein Gefäß an oder tötet es ab, so stürzt sofort Luft (oder, wenn man unter Wasser abschneidet, Wasser) von der Schnittwunde her in das Gefäß, dieses oft weithin erfüllend, und zwar sowohl nach oben wie nach unten, und die Wasserfäden oder die Luftwasserketten in dem Gefäß ziehen sich mehr oder weniger stark zusammen. Handelt es sich um zusammenhängende Wasserfäden in den Gefäßen, so können sie auch durch Ansengen oder starke Biegungen der Stengel oder durch Einwirkung stark plasmolytisch wirkender Stoffe zerreißen oder sich bei plötzlicher Aufnahme größerer Wassermengen seitens der Wurzeln stark zusammenziehen. Mit den Wasserfäden in den Gefäßen transpirierender Pflanzen müssen natürlich auch die Gefäßwände entsprechend gespannt sein. Es wäre also möglich, daß durch die plötzliche Entspannung der Wasserfäden Deformationen der Gefäßräume eintreten, die von den an diese angrenzenden Zellen als schwache Erschütterungsreize empfunden werden, also Anlaß zu Gelenkreizungen geben könnten. Es wäre aber auch denkbar, daß die lebenden und den Gefäßen benachbarten Zellen, die nachweisbar aus den stark gespannten Wasserfäden der Gefäße sich nicht voll mit Wasser zu sättigen vermögen, dies plötzlich tun, wenn sie durch Entspannung dieser Wasserfäden dazu in die Lage versetzt werden, und daß die hiermit verbundene Volumzunahme dieser Zellen gewissermaßen als Stoßreiz auf die Nachbarzellen wirkt. Bei beiden Annahmen würde also die Flüssigkeitsbewegung in den Gefäßen nur indirekt an der Reizleitung beteiligt sein. Versuche, die für oder wider die Richtigkeit dieser Hypothesen sprächen, liegen kaum vor. Da die Gefäße infolge der Verholzung ihrer Wände ziemlich starr zu sein scheinen, darf man fragen, ob wirklich nennenswerte Deformationen ihrer Räume durch Zerreißen der Wasserfäden zustande kommen können; aber zum mindesten an ihren Tüpfelschließhäuten dürften sie möglich sein. Wenn es nicht gelungen ist, durch plötzliches Einpressen von Wasser unter mehreren (bis zu 8) Atmosphären in abgeschnittene Zweige oder durch ebenso plötzliche Beseitigung dieses Druckes Reizung und Reizleitung zu erzielen, so bleibt immerhin fraglich, ob solche verhältnismäßig noch schwachen Drucke sich von Schnittflächen aus mit hinreichender Schnelligkeit und Intensität durch die doch engen Gefäße fortpflanzen.

Bei dieser Unklarheit der Lage ist es nun sehr wichtig, daß in neuerer Zeit der Italiener RICCA[1] versucht hat, dem Problem der Reizleitung bei der Mimose ganz neue Seiten abzugewinnen, indem er sich bemüht hat, zu beweisen, daß allgemein die Reizübermittelung *chemische Stoffe* besorgen, die durch die schädigenden Eingriffe, wie Verwundungen und Abtötung von lebenden Zellen, oder auch infolge der Erschütterungsreizung in den Blattgelenkpolstern sich bilden sollen, in die Gefäße eindringen und mit dem Wasserstrom, der diese durchfließt, mitgerissen werden; auch in diesem Falle hätte die Flüssigkeitsbewegung nur indirekten Anteil an der Leitung, eben als Träger dieser Stoffe. Nach RICCA soll es sich also bei der Mimose um eine *chemische*, durch den Transpirationsstrom vermittelte Reizleitung handeln. RICCAS wichtigste Versuche bestehen darin, daß er erstens abgeschnittene Blätter oder Stengel mit den Schnittflächen in

---

[1] RICCA, H.: Zitiert auf S. 8.

wässerige Mimosenextrakte stellte: nach einiger Zeit reagierten die Fiederblättchen und Blätter; und daß er zweitens Mimosenstengel zerschnitt, die beiden Schnittflächen einige Millimeter voneinander entfernt in eine mit Wasser gefüllte Glasröhre einschloß und hierauf das untere Stengelstück durch Anbrennen reizte; der „Reiz" wurde alsdann selbst durch die Wassersäule hindurch in das obere Stengelstück „geleitet" und rief hier die Blattbewegungen hervor. Daß tatsächlich wäßrige Extrakte aus Teilen der Mimose Anlaß zu Blattreizungen und zu „Reizleitungen" geben, kann nicht mehr bezweifelt werden, da RICCAS Grundversuche von sehr verschiedenen Seiten bestätigt worden sind. Das wirksame Prinzip in den Extrakten ist ein hitzebeständiger, diffusibler Körper, über dessen sonstige Eigenschaften wir noch nichts wissen. Ebensowenig ist bekannt, ob es, wie RICCA will, erst durch den Wundreiz und andere Reize *sich bildet*, also etwa als Wund- oder Reiz-„hormon" bezeichnet werden darf.

Wohl aber erhebt sich sofort die Frage, ob mit dieser zweifellos bedeutungsvollen Entdeckung das Reizleitungsproblem bei der Mimose (und bei ähnlich sich verhaltenden Pflanzen) als *allgemein* gelöst angesehen werden kann, wie RICCA meinte. Das ist nun nach neueren Forschungen offenbar *nicht* der Fall. Aus diesen geht vielmehr deutlich hervor, daß die Verhältnisse bei der Mimose viel verwickelter liegen, als man bisher meist gemeint hatte; verwickelter insofern, als man bei dieser Pflanze offenbar verschiedene Arten von Reizleitungen unterscheiden muß, und zwar selbst für ein und denselben Reizanlaß: verschieden einmal nach den Bahnen, auf denen sie ablaufen, verschieden zweitens nach ihrer Geschwindigkeit und entsprechend verschieden auch nach ihrem Wesen, vielleicht endlich auch verschieden je nach der Art der Reizung. Es geht also ferner nicht mehr an, das, was man für *eine* Reizart bezüglich ihrer Transmission beobachtet hat, für diese Reizart als allgemein gültig anzusehen oder gar ohne weiteres auf andere Reizarten zu übertragen. Man muß vielmehr, wenigstens zunächst einmal, bei der weiteren Forschung scharf auseinanderhalten: 1. die Leitungsvorgänge nach lokalen Erschütterungsreizungen, 2. die nach Verwundung mittels Einschnitten und dgl., und wohl auch 3. die nach Brandwunden, da die Leitung von Brandreizen sich in mancher Hinsicht von der nach sonstigen Verwundungen unterscheidet. Ferner muß man für die *gleiche* Reizart aber auch die Verhältnisse in den Stengeln und in den Blättern getrennt untersuchen; ja selbst zwischen den verschiedenen Blättern *einer* Pflanze, z. B. jungen und alten, gibt es wichtige Unterschiede[1]. Alle diese Forderungen waren bisher nicht hinreichend erfüllt worden; daraus wohl vor allen erklären sich die mannigfachen Widersprüche zwischen den Angaben der früheren Forscher. Viel Arbeit wird also noch erforderlich sein, bis man über die Reizleitungsvorgänge bei der Mimose ganz klar sieht. Was zunächst die Wundreize betrifft, so geht aus neueren Untersuchungen von SNOW, BALL und UMRATH[2] hervor, daß der Transport eines chemischen Stoffes mit dem Transpirationsstrom in den wasserleitenden Gefäßen nur *eine* der möglichen Reizleitungsarten des Wundreizes ist. Diese Reizleitungsart ist natürlich von der Geschwindigkeit des Transpirationsstromes abhängig: ihre Schnelligkeit wird also durch alle die Umstände günstig bzw. ungünstig beeinflußt, die im gleichen Sinne auf die Transpiration wirken. Die genannten Forscher konnten aber für den Wundreiz (Einschnitte) zeigen, daß es neben dieser Art von Reizleitung noch andere sehr viel schnellere

---

[1] Ebenso sind Unterschiede zwischen den verschiedenen Mimosenarten vorhanden.
[2] SNOW, R.: Ann. of Bot. **38**, 163 (1924). — Proc. roy. Soc. Lond. B **96**, 349 (1924); **98**, 188 (1925). — BALL, NIGEL G.: The new phytologist **26**, 148 (1927). — UMRATH, K.: Sitzsber. Akad. Wiss. Wien, Math.-naturwiss. Kl. I **134**, 21, 189 (1925). — Planta **5**, 274 (1928).

gibt, die *nicht* durch die Gefäße vermittelt werden, also auch *nicht* durch den Transport eines wirksamen chemischen Prinzips mit dem Transpirationsstrom erklärt werden können; ja diese Reizleitungen erfolgen sogar um so schneller, je schwächer die Transpiration ist, z. B. in unter Wasser abgeschnittenen, der Fiederblättchen beraubten Zweigen, in sehr feuchtem Raum u. dgl., d. h. also bei voll turgeszenten, unter *günstigen Bedingungen* gehaltenen Pflanzen. Sie ließen sich sowohl in den Stengeln als auch in den Blättern nachweisen. So gelang es UMRATH, bei Mimosa pudica und bei M. Spegazzinii für den Wundreiz neben den Gefäßen noch *mehrere andere* leitende Systeme mit drei Leitungsgeschwindigkeiten im Blatt und zwei im Stamm aufzufinden. Ein Übertritt von einem zum anderen System ist aber möglich. Auf Einzelheiten hier einzugehen, ist unnötig; man sehe dazu die angegebenen Arbeiten ein. Sehr wichtig ist der von den drei genannten Forschern (vgl. auch HERBERT[1]) erbrachte Nachweis, daß für diese Reizleitungssysteme *nicht* die toten Gefäße in Betracht kommen können, sondern daß sie ausschließlich durch *lebende* Zellen, und zwar des Phloëms im Blatte, sowie des Marks (Markkrone), vielleicht auch des Kambiums im Stamme vermittelt werden.

Über das Wesen dieser durch lebende Bahnen vermittelten verschieden schnellen Reizleitungsarten wissen wir noch wenig. Neuere Untersuchungen sprechen sehr dafür, daß elektrische Aktionsströme mit diesen verschiedenen Arten von Reizleitungen bei der Mimose verknüpft sind. Nachdem bereits im Jahre 1899 R. DUBOIS derartige Spannungsänderungen nach Reizung eines Blattgelenkes zu beiden Seiten desselben sich hatte ausbreiten sehen, sind eingehende Untersuchungen über typische elektrische Negativitätswellen, die von der Reizstelle die Pflanze mehr oder weniger weit durchziehen, von BOSE und vor allem von UMRATH mitgeteilt worden[2]. Und zwar konnte UMRATH zeigen, daß ganze Züge solcher, sogar mehrfach aufeinanderfolgender Negativitätswellen verschiedener Schnelligkeit vorkommen: So entspricht z. B. dem am raschesten leitenden Reizleitungssystem, wovon oben gesprochen worden war, eine rasch verlaufende, dem langsam leitenden System eine langsamer ablaufende Negativitätswelle. Der zeitliche Verlauf dieser Negativitätswellen soll in ausgesprochener Beziehung derart zur sonstigen Reizleitungsgeschwindigkeit stehen, daß man die Negativitätswelle als *parallellaufend* mit der Reizleitung ansehen muß, so wie es ja im Nerven auch der Fall ist. Läßt sich dieser Nachweis bestätigen, so würde allerdings alles dafür sprechen, daß die Reizleitungsvorgänge bei den Mimosen doch vorwiegend *Erregungs*leitungen sind, abgesehen natürlich von der verhältnismäßig langsamen Leitung eines wirksamen chemischen Stoffes mit dem Transpirationsstrom in den toten Gefäßen, einem sicher erwiesenen Vorgang, dem nach diesen neueren Forschungen in der Mimose aber doch wohl für die Reizübermittelung nicht die Bedeutung zuzukommen scheint, wie man anfangs unter dem Eindruck der RICCAschen Entdeckung meinte. Ja, man wird sich sogar die Frage vorlegen müssen, ob das chemische Prinzip RICCAS immer *ausschließlich* mit dem Transpirationsstrom zu den Blattgelenken transportiert werden muß, um diese zu reizen. Es wäre ja auch denkbar, daß es nach einer Verwundung nahe seiner Eintrittsstelle in die Gefäße schon daran angrenzende lebende Zellen im Stengel oder in den Blättern irgendwie reizt, und daß nunmehr wiederum eine Erregungs-

---

[1] HERBERT, D. A.: Philippine Agriculturist **11** (1922).
[2] DUBOIS, R., C. r. Soc. Biol. **51**, 923 (1899). — BOSE, J. C.: Z. B. Researches on irritability of plants. London 1913. — The nervous mechanism of plants. London 1926. — BOSE, J. C. u. GUHA, S. CH.: Proc. roy. Soc. Lond. B **93**, 153 (1922). — BOSE, J. C. u. G. P. DAS: Ebenda B **98**, 290 (1925). — UMRATH, K.: Sitzgsber. Akad. Wiss. Wien, Math.-naturwiss. Kl. I **134**, 21, 189 (1925). — Planta **5**, 274 (1928).

leitung auf lebenden Bahnen sich über den Stengel ausbreitet, die also dann ebenfalls *neben* der Reizausbreitung in den Gefäßen, aber schneller als diese herlaufen würde. Es gibt in der Tat einige Beobachtungen in der Literatur, die in solcher Weise ihre Erklärung finden könnten.

Trotz diesen wichtigen neuen Fortschritten, die in letzter Zeit hinsichtlich der Reizleitungsvorgänge in den Mimosen erzielt worden sind, bleibt doch noch immer ganz unklar, in welcher Weise die Leitung des *Erschütterungs*reizes von Gelenk zu Gelenk vor sich geht; denn bei allen neueren Untersuchungen wurde, soweit ich sehe, der Wundreiz einseitig bevorzugt. Da diese Transmission unter Umständen, wie es scheint, auch durch narkotisierte Blattabschnitte ohne Verlangsamung erfolgen kann, ist die Leitung in diesem Falle wohl keine Erregungsleitung. Was sie aber sonst ist, ja ob sie es unter keinen Umständen ist, darüber erlauben auch diese Beobachtungen noch kein klares Urteil. Ebensowenig läßt sich zur Zeit etwas darüber aussagen, ob die von elektrischen Aktionsströmen begleiteten Erregungsleitungen bei der Mimose irgend etwas mit der Erregungsleitung im Nerven gemein haben, wenn UMRATH dies auch annimmt. Wir wissen nämlich, daß bei den Pflanzen elektrische Schwankungen auf recht verschiedene Weise zustande kommen können.

3. Leitung tropistischer Reize.

Noch viel anziehender als die Leitungsvorgänge bei der Mimose sind die Probleme, die die tropistischen Reizleitungen bieten. Leider ist hier alles noch so sehr im Fluß, daß es zur Zeit viel schwerer ist, einen irgend festen Standpunkt zu finden. Bei vielen tropistischen Reizen hat sich im Pflanzenreiche Reizleitung nachweisen lassen, z. B. von weiter verbreiteten Tropismen beim Geo-, Photo-, Traumato- und Haptotropismus.

Besonders lehrreich liegen viele Dinge beim letzten, und zwar für die Ranken[1]; deshalb soll davon zuerst die Rede sein. Die Kletterorgane der Rankenpflanzen sind bekanntlich fadenförmige, mit Tastreizbarkeit begabte Gebilde (nicht zu verwechseln mit der davon verschiedenen Erschütterungsreizbarkeit der Mimose). Werden sie einseits leise berührt („gekitzelt"), so krümmen sie sich bei günstigen Außenbedingungen oft bereits nach wenigen Sekunden nach der berührten Stelle mehr oder weniger stark konkav; sie sind also positiv haptotropisch. Die Reaktion kommt nicht etwa durch eine Turgorsenkung der berührten Stelle, wie man zunächst vielleicht meinen könnte, sondern durch eine sehr schnell einsetzende und ablaufende, starke, transitorische Wachstumsbeschleunigung der konvex werdenden, also nicht direkt gereizten Stelle zustande. Es muß demnach in diesem Falle zweifellos ein Reiz von der berührten Stelle quer durch den ganzen Rankenkörper nach der Gegenseite geleitet worden sein; und zwar geschieht dies, wie aus der kurzen Reaktionszeit deutlich hervorgeht, mit ziemlicher, ja für tropistische Reize ungewöhnlicher Geschwindigkeit: mindestens 3,6 mm pro Minute werden vom Reiz in sehr empfindlichen Ranken durchlaufen. Aber auch in der Längsrichtung der Ranke findet eine Reizleitung statt, wenn auch nicht über größere Strecken. Für die Reizübermittelung kann bei der *Quer*leitung nicht ein Leitbündel, sondern nur das lebende Grundgewebe maßgebend sein. Ob es sich um lebende *Bahnen* handelt, läßt sich bei der Kürze der in Betracht kommenden Strecken freilich noch nicht sagen, wie denn überhaupt die Schwierigkeiten sehr groß sind, durch irgendwelche Eingriffe einen tieferen Einblick in die Art dieser Reizleitung zu gewinnen. Im Hinblick auf später für den Phototropismus mitzuteilende Hypothesen sei hervorgehoben, daß die Leitung bei den Ranken offenbar

---
[1] FITTING, H.: Jb. f. wiss. Bot. **38**, 545ff. (1903).

nicht einfach auf der Diffusion und der Wirkung chemischer Stoffe („Reizstoffe") beruhen kann, die bei der Perzeption des Außenreizes entstehen: Wie auch immer solche nach der Konvexseite hinüber diffundierende hypothetische Substanzen die zur Reaktion führende Wachstumsbeschleunigung hervorrufen könnten, auf alle Fälle müßte das Wachstum dort am meisten beschleunigt werden, wohin am wenigsten von diesen Substanzen gelangt! Mit der Bildung wachstumhemmender Faktoren lassen sich die Erscheinungen erst recht nicht erklären; denn das Wesentliche bei der Reizreaktion ist eben eine starke Wachstums*beschleunigung*.

Aber noch andere wichtige Beobachtungen sprechen meines Erachtens durchaus gegen eine einfache Vermittelung der Wachstumsreaktion durch solche Stoffe. Es gibt nämlich zwei Gruppen von Ranken, einmal solche, die allseits haptotropisch sind, d. h. sich haptotropisch positiv, also konkav dort krümmen, wo auch immer sie an ihrem Umfange gereizt worden sind, und zwar, gleiche Reizstärken vorausgesetzt, meist nach allen Seiten auch gleich stark; und es gibt nicht allseitig haptotropische Ranken, die sich am stärksten krümmen, wenn sie auf einer Seite, der sog. Unterseite, gereizt werden, weniger stark, wenn man sie auf einer der beiden Flanken, am wenigsten oder gar nicht, wenn man sie auf der Oberseite kitzelt. Gleichwohl wird auch die Berührung der haptotropisch nicht reizbaren Oberseite „wahrgenommen": Reizt man nur die Unterseite durch einmaliges leises Reiben mit einem Stäbchen, so tritt nach kurzer Zeit positive Einkrümmung ein; reizt man ebenso stark nur die Oberseite, so erfolgt keine Krümmung und keine Wachstumsreaktion; reizt man gleichzeitig *beide* Seiten oder zuerst die eine und sofort darauf die andere gleich stark, so bleibt ebenfalls die Krümmung und desgl. auch jede Wachstumsbeschleunigung aus. Die Empfindlichkeit der Oberseite nicht allseits haptotropischer Ranken läßt sich also nur durch eine *Hemmungs*reaktion nachweisen, nämlich die Hemmung der durch Reizung der Unterseite sonst geweckten Krümmung und Wachstumsbeschleunigung. Die Oberseite solcher Ranken ist also *haptisch*, aber nicht *haptotropisch* empfindlich. Ähnliches finden wir bei anderen Tropismen, wie wir sehen werden. Würde nun die haptische Reizung in einer Bildung „haptochemischer" Substanzen bestehen und die Wachstumsreaktion direkt von diesen hervorgerufen werden, so wäre nicht einzusehen, warum bei haptischer Reizung beider Seiten oder nur der Oberseite jede Wachstumsreaktion völlig ausbleiben sollte. Da der Reiz auf beiden Rankenseiten gleichzeitig perzipiert wird, liegt hier übrigens im Pflanzenreich der interessante Fall vor, daß zwei Reize sich entweder in ihren Reizleitungen oder in ihren Reaktionen beeinflussen.

Andere Tropismen sind für eingehendere Erforschung der dabei mitwirkenden Reizleitungsvorgänge insofern günstiger, als die Reizleitungsstrecken länger sind. Das ist z. B. schon der Fall bei der Leitung des geo- und traumatotropischen Reizes in den Wurzeln, der von der Wurzelspitze zur Wachstumszone transmittiert wird, und noch mehr bei der Leitung des geo-, photo- und haptotropischen Reizes in gewissen Keimlingen, vor allem der Gräser, sowie des phototropischen Reizes in noch anderen Pflanzenteilen. Für die äußeren Erscheinungen dieser Vorgänge darf ich auf die Lehrbücher der Pflanzenphysiologie verweisen, besonders auf Jost-Benecke. Als besonders beachtenswert hebe ich hier nur hervor, daß sich auch Fälle gefunden haben, wo, ähnlich übrigens wie bei gewissen anderen Reizvorgängen in Pflanzen, die Hauptreaktionszone den tropistischen Reiz überhaupt nicht oder doch nur in sehr geringem Maße perzipieren kann; sie ist durch eine ausgesprochene Reizleitungsbahn mit der von ihr getrennten Perzeptionszone verbunden. Das läßt sich besonders leicht für den Phototropismus gewisser Graskeimlinge (Paniceen) nachweisen. (Häufiger ist freilich der Fall, daß auch die Reaktionszone eine gewisse, wenn auch geringere Empfindlichkeit besitzt, so z. B. beim Haferkeimling.) Und ganz wie in den Ranken handelt es sich bei dieser Trennung nicht etwa um eine Lokalisation der Lichtempfindlichkeit überhaupt, also der *photischen* Empfindlichkeit, sondern nur um eine solche der *phototropischen*: d. h. stark *licht*empfindlich sind nachweisbar Perzeptions- und Reaktionszone, photo*tropisch* empfindlich ist aber nur oder fast nur die Perzeptionszone. Das zeigt schon, daß *photische* Perzeption nicht gleichbedeutend mit photo*tropischer* Perzeption ist[1]. Wichtig ist ferner, daß die Verteilung der tropistischen Empfindlichkeiten in ein und demselben Keimling für die einzelnen Reizarten völlig verschieden sein kann: Gewisse Graskeimlinge, z. B. die des Hafers und der Paniceen, sind *photo*tropisch ganz besonders empfindlich an ihren äußeren Spitzen, während die *hapto*tropische Empfindlichkeit umgekehrt in den unteren Teilen am größten zu sein scheint, ein Hinweis dafür, daß die besondere Eigenheit der *tropistischen* Empfindlichkeit *nicht unabhängig* von den einzelnen Reizarten irgendwo fest lokalisiert zu sein braucht. Darauf läßt auch eine weitere Eigentümlichkeit solcher tropistischer Reizvorgänge schließen, nämlich die dabei manchmal vorhandene und für die einzelnen tropistischen Reize verschiedene Polarität in der Leitungsrichtung; so wird der phototropische Reiz in den Graskeimlingen nur oder vorzugsweise basalwärts geleitet, der haptotropische in den gleichen Keimlingen dagegen, wie es scheint, sowohl basal- wie spitzenwärts.

Wenden wir uns nun den Leitungsvorgängen selbst zu, so dürfte es zweckmäßig sein, das Wenige, was wir bisher darüber wissen, hier nur mit Auswahl zu behandeln. Auch dafür kann eine Vollständigkeit in der Aufführung der Literatur an dieser Stelle nicht in Betracht kommen; ich verweise wieder auf JOST und die sonstige Übersichtsliteratur.

Zunächst muß eine Vorstellung kurz besprochen werden, die überhaupt ohne die Mitwirkung von Reizleitungsvorgängen bei den Tropismen auszukommen versucht, die BLAAUWsche Hypothese über die Beziehung zwischen Lichtreiz und Krümmungsreaktion, die in dieser Beziehung jetzt im Mittelpunkt des Interesses steht. BLAAUW nimmt an, daß die Lichtwirkung auch bei dem Phototropismus rein photochemischer Natur ist: Das Licht verändere lichtempfindliche Stoffe nach dem Maße seiner Intensität, und die Wachstumsintensität auf den verschiedenen Seiten des vom Licht gereizten Organs sei direkt von der Menge solcher, durch die Lichteinwirkung dort entstandener Substanzen abhängig; eben dadurch komme die phototropische Krümmung zustande. Ganz abgesehen davon, daß diese Hypothese überhaupt den phototropischen Erscheinungen nicht gerecht zu werden scheint, erwachsen ihr aber erstens aus der einseitigen Ausbreitung des phototropischen Reizes und zweitens aus den schon besprochenen Verhältnissen bei den Paniceenkeimlingen sehr große Schwierigkeiten: Wie mit ihr die Reizkrümmung in der Reaktionszone verstanden werden soll, die von der äußersten, nur etwa einen Millimeter weit einseitig beleuchteten Spitze $1/2$—1 cm entfernt ist bei kaum 1 mm Dicke des Keimlings, bleibt völlig unklar, noch mehr aber die *photische* Empfindlichkeit der Reaktionszone bei fehlender oder sehr geringer photo*tropischer* Empfindlichkeit. Von der beleuchteten Spitze zur Reaktionszone sich einschleichendes Licht kann gewiß nicht als hinreichend in Betracht kommen (FITTING[2] hat diesen Gedanken bereits bei Avena experimentell widerlegt). Es liegt also vorläufig um so weniger Grund vor, an dem Bestehen tropistischer Reizleitungen zu zweifeln, als wir auch bei den Ranken ohne solche, wie wir sahen, nicht auskommen, und auch sonst Reizleitungsvorgänge genug im Pflanzenreiche nachgewiesen worden sind.

---

[1] FITTING, H.: Jb. f. wiss. Bot. **45**, 83 (1908).
[2] FITTING, H.: Jb. f. wiss. Bot. **44**, 193 (1907).

Zunächst fragen wir wieder nach den Leitungsbahnen. Für alle erwähnten Tropismen darf wohl als völlig gesichert die Tatsache gelten, daß als solche *nicht* die Leitbündel in Betracht kommen; wenigstens wird der Reiz auch noch über Zonen geleitet, in denen die Leitbündel durchschnitten worden sind. So bleiben als Bahnen nur die lebenden Parenchymzellen übrig, und diese sind als *lebende* Gebilde irgendwie *aktiv* an dieser Leitung beteiligt. Fitting[1] konnte zeigen, daß bei den Keimlingen vom Hafer (Avena) der phototropische Reiz über eine 0,4 cm lange Zone nicht mehr geleitet wird, die auf 39—41° durch Wasser erwärmt worden ist (schon 37° wirkt stark hemmend) oder die mehrere Stunden von 4 Gew.% wäßriger Äthylalkohollösung, Chloroformwasser (1 vol. der konzentr. H_2O-Lösung: 4 vol. H_2O), 3,5% wäßriger Kalisalpeter- oder endlich von 2,03% Kochsalzlösung umspült worden war. Wichtig ist dabei die Tatsache, daß die lebenden Zellen in der beeinflußten Zone nicht abgetötet wurden, wie durch mikroskopische Untersuchung, an dem Fortdauern der Plasmaströmung und durch Plasmolyse, festgestellt werden konnte; auch setzten Haferkeimlinge, die in 3,5% Kalisalpeterlösung eingetaucht worden waren, ihr Wachstum fort. Es scheint also durch den Einfluß der Lösungen, wie auch der Wärme, eine Art Starrezustand in der beeinflußten Zone eingetreten zu sein. Wie die Transmission bei anderen Tropismen durch solche oder andere Einflüsse gehemmt wird, wurde bisher nicht untersucht. Dagegen beeinflussen selbst stärkere *Wunden* in Form von Einschnitten, die einseitig oder gar doppelseitig bis über die Mitte angebracht waren, die Reizleitung verhältnismäßig nur wenig wie für fast alle erwähnten Tropismen von verschiedenen Forschern gezeigt wurde.

Im Vordergrund der Beachtung steht bei der Leitung der tropistischen Reize natürlich die Tatsache, daß der auf die Perzeptionszone einwirkende Außenreiz nicht eine diffuse, sondern eine bestimmt gerichtete, und zwar von der Einwirkungsstelle des Reizes streng abhängige Reaktion in der Krümmungszone auslöst. Man muß die Frage aufwerfen, welche Einrichtungen diese merkwürdigen Beziehungen zwischen Außenreiz und Reaktion hervorrufen und sichern. Zum ersten Male ist Fitting[1] diesem Problem experimentell und zwar sehr eingehend näher getreten. Er zeigte beim Haferkeimling, auf den sich auch später immer wieder fast allein die Forschung beschränkte, daß die Krümmung in ihrer *gesetzmäßigen*, vom Reizanlaß abhängigen *Richtung* auch dann noch ausgeführt wird, wenn unterhalb der Perzeptionszone vor deren einseitiger Lichtreizung die geradlinigen Reizleitungsbahnen durch quere Einschnitte in den Keimling teilweise unterbrochen worden sind: Die nicht belichtete Basis krümmte sich auch dann noch *licht*wärts infolge einseitiger Belichtung der äußersten Keimlingsspitze, wenn die Hälfte oder $^2/_3$ der Transmissionszone vor der Reizung durch einen queren Einschnitt auf der Vorderseite, der Hinterseite oder auf einer der beiden Keimlingsflanken (bezogen auf die Lichtrichtung) durchtrennt worden war. Für die Richtung der Krümmung ist es also gleichgültig, ob der Reiz sich unterhalb des Querschnittes quer von vorn nach hinten oder umgekehrt von hinten nach vorn oder endlich seitlich von links nach rechts oder von rechts nach links weiter ausbreiten muß. Ja selbst dann noch kam es zur allerdings stark abgeschwächten Reaktion, wenn überhaupt *alle* geradlinigen Bahnen durch doppelseitige quere Einschnitte bis über die Mitte des Keimlings völlig unterbrochen worden waren. Freilich bedurfte es für alle diese Versuche, wenn sie gut gelingen sollten, sehr günstiger Außenbedingungen: hoher Temperaturen und hoher Luftfeuchtigkeit im Kulturraum; das ist in der Folgezeit oft nicht hinreichend beachtet worden.

Wenn auch vorher bereits hervorgehoben worden ist, daß *lebende* Zellen irgendwie an der Reizübermittlung beteiligt sein müssen, so war es doch nötig, zunächst

---

[1] Fitting, H.: Jb. f. wiss. Bot. **44**, 223 (1907).

die Frage weiter zu prüfen, ob der Reiz nicht wenigstens über die Wundstellen selbst, etwa durch Diffusionsvorgänge, transmittiert werden kann, ehe aus diesen Versuchen weitere Schlüsse gezogen werden durften. Deshalb wurden quadratische dicke Stanniolplättchen ca. von der Größe 3 × 3 mm (die Keimlinge haben einen Durchmesser von etwa 1,5 mm) so tief in die Wunden eingeschoben, daß die Wundränder völlig voneinander getrennt waren. Gleichwohl wurde dadurch die Reizleitung nicht aufgehoben. FITTING hat eingehend darauf hingewiesen, daß bei diesen Versuchen eine Diffusion irgendwelcher chemischer Stoffe über die so operierten Stellen nicht stattgefunden haben kann. Bau und Wachstumsweise der Keimlinge sorgen nämlich dafür, daß die Wundränder mehr und mehr klaffen, und daß die Stanniolplättchen immer mehr von der unteren Schnittfläche entfernt werden. Außerdem fließt infolge starken Wurzeldruckes bei vielen dieser feuchtgehaltenen Keimlinge dauernd ein Wasserstrom aus der Wunde aus, der von der Spitze abwärts diffundierende Stoffe wegspülen müßte. Um aber noch sicherer zu gehen, wurden die Versuche noch in der Weise ergänzt und wiederholt, daß nicht nur auf einer Seite quer bis über die Mitte des Keimlings eingeschnitten, sondern $1-1^{1}/_{2}$ mm hohe Stücke bis zur Mitte des Keimlings quer herausgenommen wurden. Auf welcher Seite auch immer diese Operation ausgeführt sein mochte, die phototropische Krümmung unterhalb der Wundstelle in der verdunkelten Basis trat immer noch ein, gleichgültig, ob die Verdunklung durch ein schwarzes Papierröhrchen oder durch völlig staubtrockene und sehr fein gesiebte Erde bewirkt worden war, ob also solche oder Luft die Wundränder trennte. Nach diesen Versuchen schien der Schluß zwingend, daß die phototropische Reizleitung auch ohne Diffusionsvorgänge zustande kommen kann, und ferner, daß die phototropische Reizleitung *nicht nur* longitudinal nach abwärts, sondern auch quer geleitet wird.

FITTINGS weiterer Schluß, daß an der phototropischen Reizleitung *überhaupt keine* Diffusionsvorgänge Anteil hätten, ist nun aber durch eine überraschende Entdeckung erschüttert worden, die zuerst BOYSEN-JENSEN[1] ebenfalls an Haferkeimlingen für den Phototropismus geglückt ist, daß der Reiz von einseitig beleuchteten Keimlingsspitzen in die Keimlingsbasis geleitet werden kann, wenn man die Spitzen vor der Belichtung durch einen queren Schnitt ganz abschneidet und hierauf wieder, etwa mit Gelatine, auf den Stumpf aufklebt. Ja, PAÁL[2], der diese Entdeckung zunächst weiter verfolgt hat, bekam selbst dann noch Reizkrümmungen im Stumpf, wenn er zwischen aufgeklebter Spitze und Basis eine 0,05—0,1 mm dicke, mit Gelatine getränkte Querscheibe von totem spanischem Rohr oder totem Lindenholz eingeschaltet hatte. Solche Versuche mit amputierten Keimlingsspitzen sind auch STARK[3] mit gleichem Erfolg gelungen. Ferner zeigte letzterer, daß es ganz gleichgültig ist, ob man eine belichtete Spitze auf den unbelichteten Stumpf eines anderen Individuums der gleichen Art aufsetzt oder von einer Art auf eine andere der gleichen oder selbst einer fremden Gattung. Ja er konnte sogar beobachten, daß unter Umständen ein Stumpf einer Art (z. B. der Gerste, Hordeum) besser mit der Spitze einer anderen Art oder Gattung (in diesem Fall des Hafers, Avena) reagierte als mit der arteigenen Spitze. Jedoch nimmt im allgemeinen die Wirkung der Spitze auf die Basis mit dem systematischen Abstand der verwendeten Graskeimlinge mehr und mehr ab.

Alle diese Versuche legten natürlich den Schluß nahe, daß doch eine Diffusion chemischer Stoffe an der tropistischen Reizleitung zum mindesten beteiligt sein kann; ja unter ihrem Eindrucke konnte sich zunächst weiter die Ansicht ausbilden,

---

[1] BOYSEN-JENSEN: Acad. royal. d. Scienc. et des lettres de Danemark, 1ff. (1911).
[2] PAÁL, A.: Jb. f. wiss. Bot. **58**, 406 (1918).
[3] STARK, P.: Jb. f. wiss. Bot. **60**, 67 (1921); **61**, 339 (1922).

daß die phototropische Reizleitung *überhaupt nur* in Diffusionsvorgängen bestehe. Infolgedessen wurden alle oben erwähnten Versuchsergebnisse FITTINGS angezweifelt. PAÁL[1] selbst aber hat darauf hingewiesen, daß er unter gewissen Umständen, nämlich bei Haferkeimlingen, die in feuchter Luft, ähnlich wie bei den Versuchen FITTINGS, aufgestellt worden waren, gleiche Ergebnisse wie dieser erzielt hat, nicht dagegen in trockener Luft. Ebenso haben BOYSEN-JENSEN[2], VAN DER WOLK[3] und später PURDY[4], und zwar der erste durch einfache oder doppelseitige Einschnitte oder mit in die Schnittwunden eingeschalteten Glimmer-, der zweite mit Glimmer- und mit Stanniol-, die dritte mit Platinplättchen[5], bei phototrophischer Reizung entsprechende positive Resultate erzielt, wenn sich auch in Einzelheiten Abweichungen von FITTINGS Beobachtungen ergaben. VAN DER WOLK zeigte auch, warum die Versuche in trockener Luft nicht gelingen können, nämlich weil die Wundwirkung in solcher viel stärker ist als in feuchter. Ferner hat man in Zweifel gezogen, ob selbst im Falle der Richtigkeit von FITTINGS Ergebnissen trotz solcher Trennung der Wundränder die Diffusion der scheinbar wirksamen Stoffe über die Wunden wirklich ausgeschlossen gewesen sei (so hat man z. B. ohne zureichenden Grund behauptet, FITTING habe zu dünne, poröse Stanniolblätter verwendet, während umgekehrt gerade dicke Stanniolfolien von ihm benutzt wurden; auch kann dieser Einwand nicht bei der Verwendung von Glimmerplättchen gemacht werden). Bündige Beweise dafür hat man aber nicht beigebracht; im Gegenteil weist STARK[6] für gewisse Dikotylenkeimlinge darauf hin, ,,daß in manchen Fällen die Krümmung über die Doppelkerbe geleitet wurde, auch wenn die Schnittwunden eingetrocknet waren und etwas klafften, so daß eine Diffusion ausgeschlossen war". So sind diese Zweifel bisher wohl mehr dialektischer Natur, zumal bei PAÁL, der zwar einerseits den Ausschluß der Diffusion in FITTINGS Versuchen bezweifelt, aber andererseits für eigene, auf andere Ziele gerichtete Versuche, wovon später noch die Rede sein wird, bei ähnlicher Methodik ihn ebenso sicher behauptet!

Stellen wir uns nun einmal auf den Standpunkt der Diffusionstheorie, so muß man fragen, in welcher Weise Diffusion chemischer Stoffe die gerichtete Reizreaktion zur Folge haben könnte, und ferner, woher die angenommenen diffundierenden Stoffe überhaupt stammen. Die Diffusionstheorie nimmt an, daß es sich um wachstumfördernde Stoffe handelt, die auf der beschatteten Hinterseite des einseitig belichteten Keimlings longitudinal nach abwärts wandern. Folgerichtig haben die Forscher, die dieser Theorie anhängen (z. B. BOYSEN-JENSEN, ihm folgend PURDY, ferner auch CHOLODNY[7]) zu beweisen gesucht, daß der phototropische Reiz ausschließlich auf der *Hinter*seite geleitet wird. Dieser Vorstellung wird aber der Boden schon durch den früher erwähnten Nachweis entzogen, daß der phototropische Reiz *sowohl* auf der Hinter- *wie* auf der Vorderseite, und zwar nicht nur einseits longitudinal, sondern auch quer geleitet werden kann. Bei der grundsätzlichen Bedeutung dieser Tatsache ist es wichtig, darauf hinzuweisen, daß ganz neuerdings BEYER den Befund FITTINGS nochmals hat bestätigen können[8], daß der phototropische Reiz auch auf der Keimlings*vorder*seite geleitet wird.

---

[1] PAÁL, A.: Zitiert auf S. 17.
[2] BOYSEN-JENSEN, P.: Ber. dtsch. bot. Ges. **31**, 559 (1913).
[3] WOLK, P. C. VAN DER: Proc. kon. Akad. Wetensch. Amsterdam **1911**, 327. — Derselbe: Publ. sur la physiolog. végét. Nimègue **1**, 1 (1912).
[4] PURDY, H. A.: Biol. Medels. kgl. danske vidensk. selskap, **3**, 1 (1921).
[5] Vgl. auch R. SNOW: Ann. of Bot. **38**, 163 (1924).
[6] STARK, P.: Jb. f. wiss. Bot. **57**, 531 (1917).
[7] CHOLODNY, N.: Biol. Zbl. **47**, 604 (1927).
[8] BEYER, A.: Zschr. f. Bot. **20**, 321 (1928). Nur die Leitung über doppelseitige Einschnitte ,,um die Ecke" ist ihm bisher nicht geglückt!

Auch über die Frage, woher die hypothetischen diffundierenden Stoffe stammen, scheiden sich die Geister. Einerseits nehmen einige Forscher an, daß es sich um in der Keimlingsspitze erst unter der Wirkung des Lichtreizes gebildete Reizstoffe handele — „Tropohormone" —, andererseits hat PAÁL[1] in Anknüpfung an ältere Befunde ROTHERTS die bedeutsame Vorstellung begründet, daß auch im ungereizten Keimling ständig vorhandene Stoffe maßgebend sind. ROTHERT hat nämlich beim Haferkeimling nachweisen können, daß zwischen Spitze und Basis eine wichtige korrelative Beziehung besteht: Entfernung der Spitze, aber nicht andere, selbst noch so schwere Verwundung des Keimlings hat zur Folge, daß die phototropische Empfindlichkeit der Basis vorübergehend verlorengeht, und auch deren Wachstum transitorisch stark vermindert wird; von der normalen *Spitze* macht sich also irgendein Einfluß geltend, wovon die Empfindlichkeit und das Wachstum der *Basis* reguliert werden. Nach einigen Stunden wird ferner am oberen Ende eines dekapitierten Keimlings eine neue, gleich wirkende physiologische Spitze regeneriert. Unter dem Eindrucke hormonaler Vorstellungen, die in der Biologie immer weiteren Raum gewinnen, hat nun PAÁL die Hypothese aufgestellt, diese Korrelation komme durch Wuchsstoffe zustande, die in der Spitze erzeugt werden und durch Diffusion nach der Basis hin strömen. In der Tat hat sich nachweisen lassen, daß die Spitze solche Wuchsstoffe bildet; vor allem verdanken wir darüber eingehende Versuche F. W. WENT[2], dem es gelungen ist, diese Wuchsstoffe aus abgeschnittenen Keimlingsspitzen in Agarplättchen diffundieren zu lassen, die z. B. einseitig auf dekapitierte Keimlinge aufgesetzt infolgedessen einseitig Wachstum in ihnen auslösten. Diese Wuchsstoffe sollen nun nach PAÁL (jedoch von F. W. WENT widerlegt) bei der phototropischen Reizleitung derart eine wichtige Rolle spielen, daß sie auf der belichteten Seite durch das Licht mehr oder weniger zerstört werden oder daß sie infolge einseitiger Spitzenbelichtung zu einer Wanderung nach der beschatteten Seite veranlaßt werden[3]. Daher strömen auf der belichteten Vorderseite geringere Mengen von ihnen nach der Basis als auf der beschatteten Hinterseite; Folge davon müßte ein stärkeres Wachstum der Hinter- als der Vorderseite und eine Krümmung der Basis lichtwärts sein.

Wenn wir also auch mit der gesicherten Tatsache rechnen müssen, daß von der Spitze Wuchsstoffe, übrigens noch ganz unbekannter Art, longitudinal basalwärts wandern, so scheint doch bereits jetzt ebenso sicher, daß auch *diese* Wanderung keine *reine* Diffusion ist. Schon WENT hat berechnet, daß diese Stoffe viel schneller in die Basis gelangen, als dies durch Diffusion allein möglich wäre. Aber auch durch Plasmaströmung beschleunigte Diffusion, wie WENT noch meinte, kann diese Wanderung nicht sein; denn WENT[2] und BEYER[4] konnten den wichtigen Nachweis erbringen, daß die Wanderung *rein polar*, basalwärts, erfolgt, was allein mit Diffusion überhaupt nicht zu verstehen ist. Selbst dann also, wenn *diese* Stoffe irgendwie an der Übertragung des phototropischen Reizes von der Spitze zur Basis des Keimlings beteiligt sein sollten (was übrigens noch in keiner Weise bewiesen ist!), würde die Reizleitung *nicht nur* Diffusion sein. Das kann sie aber auch dann nicht sein, wenn sie durch *besondere* Tropohormone zustande kommen sollte, selbst wenn Diffusion an der Transmission irgendwie *beteiligt* ist. Gegen eine solche Annahme spricht die Einseitigkeit der Leitungsrichtung auch des phototropischen Reizes basalwärts; daß im Keimling nicht besondere anatomische

---

[1] PAÁL: Zitiert auf S. 17.
[2] WENT, F. W.: Rec. Trav. bot. néerl. **25**, 1 (1928).
[3] CHOLODNY, N.: Biol. Zbl. **47**, 604 (1927). — WENT, F. W.: Rec. Trav. bot. néerl. **25**a, 483ff. (1928).
[4] BEYER: Zitiert auf S. 18.

Besonderheiten vorhanden sein können, welche eine basal begünstigte Diffusion zur Folge haben, sieht man schon daraus, daß bei ein und demselben Keimling der eine tropistische Reiz nur basalwärts, ein anderer aber, wie es scheint, auch spitzenwärts geleitet wird. Gegen einfache Diffusion spricht ferner die früher besprochene Abhängigkeit der Leitung von lebenden (vielleicht sogar dabei aktiv tätigen) Zellen; da Diffusionsvorgänge durch Wärme bekanntlich beschleunigt werden, müßte die Reizleitung durch Zonen, die auf 37—41° erwärmt worden sind, beschleunigt sein, sie dürfte aber nicht gehemmt werden. Auch noch andere Tatsachen, auf die hier nicht weiter eingegangen werden kann, sprechen gegen die reine Diffusionshypothese; nicht zuletzt auch die Verhältnisse, die wir beim Haptotropismus der Ranken besprochen haben, sofern es überhaupt erlaubt ist, Rückschlüsse aus anderen tropistischen Reizleitungsvorgängen zu ziehen.

Andererseits scheinen die Versuche mit den abgeschnittenen und wiederaufgesetzten Spitzen zu der Annahme zu nötigen, daß Diffusion irgendwie doch mit der Reizleitung verbunden ist oder zum mindesten unter Umständen daran teil haben *kann* (ein Vergleich mit der Mimose liegt nahe: auch bei ihr war Strömung eines chemischen Stoffes in toten Gefäßen an der Reizleitung beteiligt; Reizleitung kommt bei ihr aber auch auf ganz andere Weise zustande!). Freilich ist es sehr schwer, sich eine Vorstellung darüber zu bilden, wie durch einfache Diffusionsvorgänge eine vom *Reizanlaß* im Perzeptionsorgan vorgeschriebene Krümmungsrichtung dann gewährleistet werden könnte, wenn der Reiz im Falle querer Einschnitte in den Keimling sich unterhalb der Wunde *quer* ausbreiten muß und wenn er nicht nur streng longitudinal auf *einer* Seite transmittiert wird.

Ohne verwickelte Hilfsannahmen kommt man zur Zeit jedenfalls nicht aus, wenn man auf dem Boden der bekannten Tatsachen diese merkwürdigen Reizleitungen begreifen will. Der Gedanke liegt nahe, ob durch die Belichtung auf der Vorderseite des Keimlings nicht vielleicht ein wachstum*hemmender* Stoff gebildet wird; dann würde also auf der Vorderseite ein wachstumhemmender, auf der beschatteten Hinterseite mit PAÁL und anderen Forschern ein wachstumfördernder Stoff von der Spitze longitudinal basalwärts wandern. Große Schwierigkeiten bereitet aber für ein Verständnis auch bei einer solchen Arbeitshypothese oder ähnlichen Annahmen, von anderem abgesehen, jedenfalls wiederum der Umstand, daß der tropistische Reiz eben nicht einfach geradlinig longitudinal von der einseitig gereizten zu der entsprechend reagierenden Basis geleitet wird, sondern daß er sich bei seiner basalen Wanderung auch seitlich ausbreiten kann, ohne daß dabei die bestimmte gesetzmäßige Beziehung zwischen Krümmungs- und Angriffsrichtung des Reizanlasses verlorengeht. Will man das *allein* unter Zuhilfenahme von Diffusion begreifen, so bliebe wohl nichts anderes übrig, als dem hypothetischen, basalwärts diffundierenden Reizstoff („Tropohormon") ganz merkwürdige Eigenschaften zuzulegen. Man müßte sich etwa vorstellen, daß von der gereizten Stelle eine Verbindung nicht aus isotropen, sondern aus durch den äußeren Reizanlaß gleichgerichteten, anisotropen Teilchen diffundiert, und daß die Krümmungsrichtung von der Richtung dieser Teilchen bestimmt wird; allerdings müßte man dann weiter noch annehmen, daß die Richtung dieser anisotropen Teilchen bei der Diffusion überall, selbst bei der Diffusion über eine Wundfläche, erhalten bleibt. Solche Annahmen bereiten aber doch wohl aus verschiedenen Gründen recht große Schwierigkeiten. Stellt man sich andererseits auf den Standpunkt, daß Zuhilfenahme von Diffusionsvorgängen kaum etwas dazu beitragen kann, die *Besonderheiten* der tropistischen Reizleitung zu begreifen, wenn man auch die *Beteiligung* von Diffusion an ihr als erwiesen ansieht, so ist man wieder gezwungen, das große unbekannte X von Lebensvorgängen heranzuziehen, ohne die man ja ohnedies bei diesen Reiztransmissionen nicht auszukommen vermag, da eben diese Reizleitungen, wie wir sahen, nicht *nur* einfache Diffusionsvorgänge sein können. Dabei wird man an die wichtige Tatsache anknüpfen müssen, daß z. B. die phototropische Reizleitung *polar*, einseits basalwärts gerichtet ist; sie steht also wohl mit polaren Eigenschaften der lebenden Zellen in engem Zusammenhang. Allerdings würde man auch mit der Annahme ein für allemal vorhandener inhärenter polarer Eigenschaften der ungereizten lebenden Zellen nicht auskommen können, da eben die Richtung der Krümmung durch den *Außenreiz, nicht* durch gegebene polare Eigenschaften der Zellen bestimmt wird. Die Annahme wäre alsdann wohl kaum zu umgehen, daß die Zellen in der Spitze durch den Außenreiz erst in bestimmter Richtung polarisiert, also anisotrop gemacht werden, und daß diese Polarisierung oder Anisotropie sich von Zelle zu Zelle fortpflanzen kann. Wieweit dazu lebender Zusammenhang nötig wäre, bleibt zunächst unklar. Mit solchen Vorstellungen würde man sich Hypothesen wieder nähern, die seinerzeit FITTING[1] ausgesprochen hat, um die Besonderheiten der tropistischen Reizleitung dem Verständnis wenigstens etwas näher zu bringen.

Solche Gedanken, wie sie im Vorstehenden kurz angedeutet worden sind, mögen fremdartig und daher unbefriedigend erscheinen. Deshalb ist der Hinweis vielleicht nicht unangebracht, daß sich aus röntgenologischen und optischen Untersuchungen die Beweise für den anisotropen Bau der micellaren Bausteine pflanzlicher und tierischer kolloider Substanzen, und zwar selbst der Plasmateile, ständig mehren, und, was hier besondere Beachtung verdient, daß diese micellaren anisotropen ultramikroskopischen Strukturteilchen durch verschiedene Eingriffe: z. B. durch Zug und Druck, durch Fließen, aber auch im elektrischen und magnetischen Felde, sowie durch Belichtung umgruppiert, d. h. bestimmt gerichtet werden können[2].

Immerhin bleiben, wie man auch immer eine Erklärung versuchen mag, die Verlegenheiten zur Zeit noch sehr groß, wenn man das Problem der tropistischen Reizleitungen meistern will. Es wird noch viel kritischer Arbeit bedürfen, bis man hier klarer sieht. Dabei wird man sicher gut tun, die verschiedenen Tropismen und möglichst verschiedenartige Versuchspflanzen heranzuziehen, sowie alle Tatsachen zu berücksichtigen, die über Tropismen und andere Reizvorgänge bekannt geworden sind.

---

[1] FITTING, H.: Zitiert auf S. 16.
[2] Vgl. z. B. FREUNDLICH, H.: Fortschritte der Kolloidchemie. Dresden 1926. 75ff.; 94ff.

Nervensystem.
1. Allgemeines.

Allgemeines über Tatsachen und Probleme der Physiologie nervöser Systeme.

Von

E. TH. BRÜCKE

Innsbruck.

Zusammenfassende Darstellungen.

BETHE, A.: Allgemeine Physiologie und Anatomie des Nervensystems. Leipzig: G. Thieme 1903. — LAPICQUE, L.: L'excitabilité en fonction du temps. Paris 1926. — LILLIE, R. S.: Protoplasmatic action and nervous action. Chicago 1923. — LOEB, J.: Einleitung in die vergleichende Gehirnphysiologie. Leipzig: I. A. Barth 1899, — SHERRINGTON, CH. S.: The integrative action of the nervous system. London 1911. — VERWORN, M.: Erregung und Lähmung. Jena 1914.

Wenn weite Gebiete eines Bergpanoramas durch Nebel und Wolken dem Blicke des Beschauers entzogen sind, muß er sich mit der Aussicht in einzelne nebelfreie Täler und auf jene Spitzen begnügen, die an manchen Stellen über die Nebelschicht emporragen, und hie und da wird es ihm vielleicht auch gelingen, den Aufbau eines Bergmassivs aus der Konfiguration und Lage einiger sichtbarer Gipfel und aus dem Vergleiche mit den unverhüllten Teilen der Landschaft halbwegs richtig zu erschließen. Ähnlich ergeht es uns, wenn wir versuchen, uns ein allgemeines, zusammenfassendes Bild von den Leistungen der nervösen Gewebe zu entwerfen. So unendlich reich das vorliegende Tatsachenmaterial auch ist, so läßt uns doch jeder Versuch einer Synthese auch die Lücken fühlen, die eine Verknüpfung unserer Kenntnisse zu einem geschlossenen Ganzen oft erschweren.

Bei der Omnipotenz des undifferenzierten Protoplasmas ist es leicht verständlich, daß wir alle Leistungen einfacher Nervensysteme auch schon bei Protozoen und primitiven, nervenlosen Metazoen finden: Erregungsleitung, Automatie, rhythmische Kontraktionen, ja sogar einfache Koordinationen, wie z. B. die der Cilienbewegungen polytricher Infusorien. Schon bei den meisten Cölenteraten finden wir aber ein eigenes differenziertes Gewebe, das den erwähnten Funktionen dient, ein „Nervensystem". Inwieweit bei den niedrigen Metazoen die protoplasmatische Erregungsleitung neben der spezifisch nervösen noch eine Rolle spielt, läßt sich nur selten entscheiden. Bekannt sind die Beobachtungen LOEBS[1] an Ascidien, deren Reflexe (Verschluß der oralen und aboralen Öffnung) nach Exstirpation des einzigen Ganglions zunächst erlöschen, bei denen aber nach etwa 24 Stunden die alte Reaktion des Tieres auf mechanische Reize wiederkehrt, allerdings erst auf wesentlich stärkere Reize. Diese Erhöhung der Reizschwelle weist uns auf eine ganz allgemeine Funktion des Nervensystems hin, die in einer Sensibilisierung des Organismus gegen verschiedenartige äußere und innere Reize zu erkennen ist.

---

[1] LOEB, J.: Einleitung in die vergleichende Gehirnphysiologie **1899**, 22ff.

Wie so oft in der organischen Natur erfolgt auch der Übergang von nicht nervös zu nervös bedingten Reaktionen in der Tierreihe, ja zum Teil auch noch bei Organen hoch entwickelter Organismen, ganz allmählich. Schon bei einzelligen, nervenlosen Organismen finden wir Organellen und Strukturen, die lokal die Erregbarkeit des Protoplasten für bestimmte Reize steigern. Von einem „Nervensystem" sprechen wir aber bei einem Organismus erst dann, wenn einzelne seiner Organe durch Vorgänge beeinflußt werden, die diesen Organen durch ein ihnen fremdes Gewebe — „Ganglienzellen" mit ihren Fortsätzen — übermittelt werden.

Als *nicht* nervös haben wir nach dieser Definition jene Erregungsübertragungen aufzufassen, die auf den Weg über verbindende Brücken oder Fasern des *eigenen* Protoplasmas der Organzellen angewiesen sind wie z. B. die Erregungsleitung zwischen den Zellen eines Flimmerepithels, zwischen anastomosierenden Muskelzellen, wie z. B. im Herzen, zwischen den Organellen der Protozoen oder die Erregungsleitung bei Pflanzen.

Die Vorgänge, die sich, mit sehr verschiedener Geschwindigkeit fortschreitend, im Nervensystem abspielen, wenn ein Organ nervös erregt oder gehemmt wird, kennen wir einerseits aus dem Studium der Aktionsströme markhaltiger und markloser Nervenfaserbündel, andererseits aus der Beobachtung der Erfolgsorgane efferenter Nerven, wie z. B. der peristaltischen Wellen an Avertebraten oder an den Hohlorganen der Wirbeltiere, des wellenförmigen Ablaufes von Leuchtphänomenen an marinen Leuchttieren u. dgl. m. Aus ihnen haben wir den Begriff der Erregungswelle gewonnen, und die Gesetze, nach denen diese im Prinzip bei allen leitenden Fasersystemen gleichartigen Wellen ablaufen, ihre Geschwindigkeit, die Erregbarkeitsänderungen, die ihnen folgen, ihre Periodik usf. sind uns wohl bekannt. Daß wir dabei über den der Erregungswelle zugrunde liegenden chemisch-physikalischen Vorgang bisher auf Hypothesen angewiesen sind, spielt für das Verständnis der allgemeinen Funktionen des Nervensystems eine relativ geringe Rolle.

Manche Forscher haben es für zweckmäßig befunden, gewisse Leistungen des Nervensystems durch Bilder aus der Hydrodynamik anschaulicher zu machen. So spricht z. B. v. UEXKÜLL[1] von einem Fließen, einer Stauung des Tonus im Nervensystem u. dgl. m., und auch sonst begegnen wir in der Literatur oft Ausdrücken, denen ähnliche Vorstellungen zugrunde liegen. Dies führt zu der Frage, ob neben dem Ablaufe der Erregungswellen in manchen Fällen etwa auch eine weit langsamere Fortleitung von gelösten Reiz- oder Hemmungsstoffen innerhalb nervöser Bahnen erfolgt, ob also unter Umständen die Nerven mit der Blutbahn in der Distribution von Hormonen konkurrieren. Daß eine Wanderung von gelösten Stoffen speziell in Nervenstämmen, mit Umgehung anderer Wege, vorkommt, wissen wir aus den Beobachtungen H. H. MEYERS[2] über die Wanderung des Tetanustoxins in den endoneuralen Lymphbahnen[3], und es wäre immerhin denkbar, daß auch sonst Reizstoffe sich auf dem Nervenwege ausbreiteten. So wäre z. B. an die Frage zu denken, ob und wie der von DEMOOR[4] und HABERLANDT[5] gefundene Reizstoff des Sinusknotens des Wirbeltierherzens sich nach der Trans-

---

[1] UEXKÜLL, J. v.: Z. Biol. **44**, 269 (1902). — Vgl. auch Umwelt und Innenwelt der Tiere, S. 79. Berlin 1921.
[2] MEYER, H. H. u. RANSOM: Arch. f. exper. Path. **49**, 369 (1903).
[3] ASCHOFF u. ROBERTSON: Med. Klin. **1915**, Nr 26, 715.
[4] DEMOOR, J.: Influences des substances usw. Arch. int. Physiol. **20**, 29 (1922); **23**, 1 (1924).
[5] HABERLANDT, L.: Über ein Sinushormon usw. Z. Biol. **82**, 536; **83**, 53 (1925); **84**, 143 — Pflügers Arch. **212**, 587 (1926).

plantation dieses Gewebes in die Vorhofwand[1] auf das Nachbargewebe ausbreitet. Sollte sich etwa der Deckel des Sarkophags heben, in dem wir die Lehre vom Nervenfluidum sicher begraben wähnten? Wenn wir auch diese Frage nicht mit aller Sicherheit mit einem Nein beantworten können, so wissen wir andererseits doch, daß es kein nervöses Gewebe gibt, das nicht die typischen Erregungswellen zu leiten imstande wäre. Diese Erkenntnis verdanken wir der vergleichenden Histologie, der Fibrillenlehre. Die auf v. APÀTHYS[2] grundlegenden Untersuchungen aufbauenden Arbeiten der letzten drei Dezennien (BETHE, CAJAL, HELD, KOLMER u. a.) lehren, daß jede nervöse Zelle, von der einfachen Sinnesnervenzelle an, ein Neurofibrillengitter oder durchgehende fibrilläre Bahnen besitzt, und daß auch sämtliche Fortsätze solcher Zellen in Neuroplasma eingebettete Fibrillen in großer Zahl führen. Wenn auch heute noch von manchen Autoren (vgl. ARIENS KAPPERS[3]) der perifibrillären Substanz mit eine Funktion für die Erregungsleitung zugeschrieben wird, so sprechen doch speziell die Versuche BETHES[4] mit aller Bestimmtheit dafür, daß die Erregungswelle der markhaltigen Nerven sich in den Fibrillen fortpflanzt. Somit dürfen wir wohl andererseits aus der Ubiquität der Fibrillen im ganzen Nervensystem den Schluß ziehen, daß es kein nervöses Gewebe gibt, in dem nicht prinzipiell der gleiche Vorgang — wenn auch mit individuell ganz verschiedener Geschwindigkeit — abliefe, dessen Gesetzmäßigkeiten wir aus der Physiologie der geschlossenen Fibrillenkabel, der peripheren Nerven, recht genau kennen.

Eine grundlegende Aufgabe der Physiologie des Nervensystems liegt in der Beantwortung der Frage, welche Teile des Organismus durch Neurofibrillenzüge funktionell miteinander verknüpft sind. Zunächst denken wir hierbei an die nervöse Verbindung reizrezipierender Apparate mit sog. Effektoren, d. h. mit kontraktions- oder sekretionsfähigen Organen, durch deren Erregung der Organismus zunächst bei Veränderungen seiner Umwelt sein vitales Optimum zu erhalten sucht.

Das System dieser Effektoren ist phylogenetisch älter als das Nervensystem[5]; so sind z. B. die Sphincteren der Ostien und Poren der Spongien nicht innerviert (vgl. auch das embryonale Vertebratenherz). Im Kreis der Cölenteraten finden wir dagegen schon oberflächlich gelegene Sinnesnervenzellen, deren zentraler, ramifizierter Fortsatz mit tiefer liegenden Muskelzellen durch Neurofibrillen in funktionellem Zusammenhange steht (z. B. an den Tentakeln der Seeanemonen). Bei den gleichen Tieren treten auch die von HERTWIG entdeckten Ganglienzellen auf, die in die Erregungsbahn zwischen Sinnes- und Muskelzellen eingeschaltet sind, so daß wir also hier zum erstenmal jene Elemente finden, die auch bei den Vertebraten den einfachsten denkbaren Reflexbogen zusammensetzen: die sensible, die motorische Leitungsbahn und die Muskelfaser.

Im allgemeinen wird der *Reflex* als die Elementarleistung jedes Nervensystems angesehen. Meines Wissens hat sich nur GRAHAM BROWN[6] gegen diese Auffassung gewandt. Er hält die *Automatie* für die primäre Funktion des Nervensystems.

Diese Annahme zeigt uns eine zweite Möglichkeit der nervösen Verknüpfung von Teilen eines Organismus, denn nach GRAHAM BROWN bestände die phylo-

---

[1] RIJLANT, P.: Contribution à l'étude des centres usw. Arch. int. Physiol. **26**, 113 (1926).
[2] APÀTHY, S. v.: Das leitende Element des Nervensystems usw. Mitt. zool. St. Neapel **12**, 495—748 (1897).
[3] KAPPERS, C. U. ARIENS: Die vergleichende Anatomie des Nervensystems **1**, 23. Haarlem 1920.
[4] BETHE, A.: Allgemeine Anatomie und Physiologie, Kap. 14.
[5] Vgl. G. H. PARKER: The elementary nervous system. Philadelphia u. London 1919.
[6] BROWN, GRAHAM: On the nature of the fundamental activity usw. J. of Physiol. **48** (1914).

genetisch älteste Leistung des Nervensystems nicht in der Erregungsübertragung von Receptoren auf Effektoren, sondern in der Verbindung von Effektoren mit nervösen Mechanismen, in denen *spontan*, d. h. durch Stoffwechselprozesse, die von der Umwelt relativ unabhängig sind, periodisch Erregungsvorgänge entstünden, die dann durch Fibrillenzüge zu den Effektoren weitergeleitet würden. Die ursprüngliche Aufgabe des Nervensystems bestünde also nach dieser Auffassung in der automatisch-rhythmischen Erregung von Muskeln von einem motorischen „Zentrum" aus, wobei GRAHAM BROWN von der von ihm entdeckten Tatsache ausgeht, daß die spinalen Lokomotionszentren der Säugetiere sowie das Atemzentrum auch unabhängig von zentripetalen Impulsen tätig sein können. Der Reflex wäre nach ihm ein erst sekundär auftretender Regulationsmechanismus.

Der „Reflex" kann zunächst ganz allgemein definiert werden als eine Erregungsübertragung auf nervösem Wege von einem Receptor auf einen Effektor, d. h. von einer Stelle des Nervensystems, die besonders dazu ausgebildet ist, durch bestimmte Veränderungen, denen sie ausgesetzt wird, in Erregung zu geraten, zu einem Organe, das durch ihm nervös zugeleitete Erregungswellen in Aktion versetzt werden kann. Im einfachsten Falle sind Endigungen von Ästen ein und derselben Nervenfaser einerseits mit einem Receptor, andererseits mit einem Effektor verbunden. Dies ist z. B. bei den Axonreflexen im sympathischen Nervensystem der Fall (LANGLEY[1]), wahrscheinlich auch bei der antidromen vasodilatatorischen Wirkung dorsaler Wurzelfasern (BRUCE[2]) und bei gewissen niederen Metazoen, wie z. B. bei den Seeanemonen, bei denen die Ausläufer einer epithelialen Sinnesnervenzelle als motorische Fasern für die tiefer liegende Muskelfasern fungieren dürften.

Die nächste Stufe in der Entwicklung der Reflexbahn wäre die dem alten Schema des Vertebratenreflexes entsprechende: afferentes Neuron, efferentes Neuron und Erfolgsorgan. Es ist möglich, daß dieses Schema angenähert für jene Reflexe zutrifft, bei denen ein einziger Muskel isoliert in Aktion tritt, z. B. für die Sehnenreflexe. Hierfür würde ihre relativ kurze Latenz sprechen (JOLLY[3]) sowie die histologisch nachgewiesenen Reflexkollateralen von den Hinterstrangfasern zu den Vorderhornzellen.

Wir begegnen hier zum erstenmal dem für die ganze Physiologie und Pathologie des Nervensystems wichtigen, von WALDEYER[4] aufgestellten Begriffe des *Neurons*. Die ursprüngliche Form des Nervensystems ist sicher die eines Zellsyncytiums, innerhalb dessen die Fibrillen — unabhängig von den Zellgrenzen — durchlaufende Bahnen bilden. Auch bei den höchstentwickelten Nervensystemen sehen wir Fibrillen von den letzten Dendritenverästelungen direkt in das Fibrillengitter einer nächsten Ganglienzelle übergehen, und es wäre sehr wohl denkbar, daß manche, relativ wenig beeinflußbare Reflexe, wie z. B. die Sehnenreflexe, auch noch bei den Säugern auf solchen direkten Fibrillenbahnen verlaufen. Bei weitem die Mehrzahl der Reflexe höher entwickelter Tiere weist aber in ihrem zeitlichen Ablaufe und in ihrem Verhalten gegen andere gleichzeitig im Nervensystem ablaufende Erregungen Merkmale auf, die dafür sprechen, daß diese Reflexe nicht nur ein einfaches Fibrillenkabel durchlaufen, sondern daß an irgendeiner Stelle ihres Weges („zentral") ein den Erregungsablauf verzögernder und

---

[1] LANGLEY, J. N.: Das sympathische und verwandte nervöse System usw. Erg. Physiol. **2 II**, 818 (857ff.) (1903).

[2] BRUCE, A. N.: Über die Beziehung der sensiblen Nervenendigungen usw. Arch. f. exper. Path. **63**, 424 (1910).

[3] JOLLY, W. A.: On the time relations of the knee-jerk usw. Quart. J. exper. Physiol. **4**, 67 (1911).

[4] WALDEYER, W.: Über einige Forschungen im Gebiet der Anatomie des Zentralnervensystems. Dtsch. med. Wschr. **1891**.

komplizierender Mechanismus anzunehmen ist. Ob wir diese Stelle, wie die Neuronenlehre dies annimmt, stets an einer Ganglienzelle als der Grenze zweier cellulärer Einheiten des Nervensystems, zweier „Neurone", suchen sollen, oder ob sie, wie BETHE u. a. vermuten, im Neuropil liegt, ist heute nicht sicher zu entscheiden. Jedenfalls bietet uns aber das Schema der Neuronenlehre meines Erachtens auch heute noch relativ die beste Möglichkeit, uns etwas konkretere Bilder über die Wechselwirkung nervöser Erregungsvorgänge zu entwerfen.

Das obenerwähnte, vom Standpunkte der Neuronenlehre einfachste Schema einer Reflexbahn, afferentes, efferentes Neuron und Erfolgsorgan, hat sich für das Verständnis der meisten Reflexe als unzureichend erwiesen. Die Bahnen für die Lokomotionsreflexe, die Atemreflexe, für alle Reflexe von den höheren Sinnesorganen aus (vielleicht mit Ausnahme des Pupillarreflexes) sind sicher nach einem komplizierteren Schema gebaut; bei ihnen muß zwischen die afferente und die efferente Nervenstrecke noch ein Regulationsapparat eingeschaltet sein. VERWORN[1] hat deshalb den — allerdings nur mit der erwähnten Einschränkung richtigen — Satz ausgesprochen, daß der einfachste Reflexbogen sich aus *drei* Neuronen zusammensetzt.

Die zentripetalen Äste der verschiedenen Reflexbogen bestehen zum Teil aus Nervenfasern, die peripher frei enden, wie z. B. die Trigeminusendigungen in der Cornea der Wirbeltiere, wahrscheinlich alle spezifisch Schmerzempfindung auslösenden Nerven und wohl auch die meisten afferenten Eingeweidenerven. Die Mehrzahl der aufsteigenden Reflexbögen steht aber in der Peripherie mit eigenen Receptoren, Sinnesnervenzellen oder komplizierter gebauten Sinnesapparaten in Verbindung. Wir verstehen unter den einfachsten Receptoren (oder Sinnesorganen im weitesten Sinne des Wortes) Apparate des lebenden Organismus, die einerseits dazu dienen, bestimmte Reize zu verstärken und zu konzentrieren, anderseits Nervenendigungen für gewisse Reize direkt oder indirekt empfindlich zu machen, gegen die sie sich sonst refraktär verhalten. Einer solchen Verstärkung von Reizen begegnen wir z. B. bei den dioptrischen Apparaten der Photoreceptoren und wahrscheinlich bei allen Receptoren, die durch mechanischen Reiz erregt werden; eine Sensibilisierung für sonst unwirksame Reize zeigen z. B. jene Receptoren, die auf chemische oder thermische Reize (soweit sie innerhalb des physiologischen Intervalles liegen) ansprechen; denn weder die geringfügige Wärmezufuhr oder Wärmeentziehung, die einen Wärme- oder Kältepunkt der Haut erregt, noch die Spuren von Duft- oder Geschmacksstoffen, auf welche die Sinneszellen der Regio olfactoria oder die Geschmacksknospen reagieren, sind imstande, andere, etwa frei endende Nervenfasern zu erregen.

Von besonderer Bedeutung für die Entwicklung der Wechselbeziehungen zwischen dem Organismus und seiner Umgebung wird die Zusammenfassung mehrerer oder vieler, gleichartiger oder ähnlich funktionierender Einzelreceptoren zu einem einheitlichen Sinnesorgan. Dem hierbei entstehenden histologischen Mosaik (vgl. die Retinaelemente) entsprechen in manchen Fällen räumlich nebeneinander lokalisierbare Empfindungskomponenten, also eine oft reiche Gliederung der Sinneseindrücke, wie sie z. B. für jene Eindrücke charakteristisch ist, die wir dem Tastsinne und dem Auge verdanken. Diese musivische äußere Anordnung der Einzelreceptoren wird in ihrer Wirkung auf den Gesamtsinneseindruck unterstützt durch die wechselseitige Beeinflussung der im Anschlusse an die Erregung jener Receptoren zentral ausgelösten Vorgänge, die sich z. B. in den simultanen Kontrastphänomenen äußert.

---

[1] VERWORN, M.: Die allgemein-physiologischen Grundlagen usw. Z. allg. Physiol. **15** 413 (1913).

Als zentrifugale Äste der ungezählten Reflexbogen sind alle physiologischerweise zentrifugal leitenden Nerven anzusehen, also die motorischen Fasern für die Skelettmuskulatur und die in den visceralen Nerven verlaufenden motorischen, sekretorischen und hemmenden Fasern (und die antidrom, vasodilatatorisch wirkenden hinteren Wurzelfasern).

Die klassische Definition des Reflexbogens gliedert ihn in einen afferenten, einen efferenten Ast und in das *„Reflexzentrum"*. Wir sehen, daß die Annahme eines solchen Zentrums für die primitivsten Formen reflektorischer Erregungsübertragungen überflüssig ist; für die Mehrzahl der Reflexe müssen wir aber an ihr festhalten. Der Begriff des nervösen Zentrums ist anatomischen Ursprungs. Bei den diffusen Nervensystemen (z. B. dem der Cölenteraten oder des Wirbeltierdarmes) fehlen lange Leitungsbahnen, und die Ganglienzellen und das Neuropil sind nicht zu einheitlichen Massen vereinigt. Wo dies aber wie bei fast allen höher stehenden Tieren der Fall ist, unterscheiden wir zwischen einem „peripheren" und einem „zentralen" Nervensystem. Als peripheres Nervensystem bezeichnen wir im allgemeinen jene langen Neuriten, die unmittelbar mit einem nichtnervösen Erfolgsorgan, einem Effektor, oder die mit einem Receptor in Verbindung stehen. „Zentral" nennen wir dagegen jene Vorgänge, die sich in und an den Ganglienzellen, den Dendriten und in den meisten an Ganglienzellen endenden Neuriten abspielen. Scharf läßt sich aber diese Trennung nicht immer durchführen; so zählen wir z. B. bei den Vertebraten auch das am weitesten periphere Neuron in der Retina nicht zum peripheren, und z. B. die präganglionären, visceralen Nervenfasern im allgemeinen nicht zum zentralen Nervensystem.

Eine Reihe von Tatsachen hat die Physiologie veranlaßt, den ursprünglich anatomischen Begriff des Zentrums in Hinblick auf die nervösen Funktionen zu adoptieren; vor allem die Erfahrung, daß der Erregungsvorgang im Zentralnervensystem im Gegensatze zum peripheren Nerven meist nicht einfach mit konstanter Geschwindigkeit und in konstanter Größe auf einem fest vorgezeichneten Wege weiterläuft, sondern daß ihm intrazentral viele, ja meist unübersehbar viele Wege offenstehen, daß er hier in seinem Ablaufe verzögert, durch andere Erregungen beeinflußt wird, und schließlich daß er intrazentral lange anhaltende, ja *dauernde* Veränderungen setzen kann, während im peripheren Nerven die Folgen eines Erregungsablaufes meist in Bruchteilen einer Sekunde verschwinden.

Ein solcher tiefer Eingriff in den Ablauf der Erregung findet intrazentral oft, aber keineswegs immer statt. Es verhalten sich die zentralen Elemente, die von einer ihnen zugeführten Erregung ergriffen werden, verschieden, und zwar findet sich hier ein Unterschied, dem wir auch bei dem Verhalten der verschiedenen Effektoren gegen die ihnen zugeleiteten efferenten Erregungen begegnen. Wir können die peripheren, efferent innervierten Organe in zwei, meist scharf voneinander getrennten Gruppen einteilen: Die erste Gruppe umfaßt die quergestreifte Skelettmuskulatur; diese Muskulatur ist dadurch ausgezeichnet, daß jede einzelne durch den motorischen Nerven zu der Muskelfaser gelangende Erregungswelle hier wieder *eine* einzelne Erregungswelle auslöst. Das Geschehen in der Skelettmuskelfaser bei ihrer indirekten Erregung ist also ein getreues Abbild der Vorgänge, die sich in ihrer motorischen Nervenfaser abspielen.

Wenn wir von der (vielleicht nur scheinbaren) Automatie der Skelettmuskulatur absehen, die sich bei nichtphysiologischer Reizung, z. B. bei der Reizung mit dem galvanischen Strom, in ihrem „Eigenrhythmus" äußert, so sind die Erregungsvorgänge in dieser Muskulatur *unbedingt* abhängig von den ihr durch die motorischen Nervenfasern zugeleiteten Erregungswellen.

Prinzipiell anders reagieren die Organe der zweiten Gruppe — die bei Wirbeltieren von visceralen Nerven versorgten Organe — auf die ihnen zufließenden Erregungswellen. An ihnen sehen wir niemals ein direktes Übergreifen der nervösen Erregungswelle auf das Gewebe des Erfolgsorganes (der glatten Muskelfaser, des Herzmuskels oder der Drüsenzelle), sondern wir sehen, daß eine latente oder manifeste *Automatie* der betreffenden Erfolgsorgane durch die Erregung ihrer Nerven verstärkt oder abgeschwächt wird. Am klarsten zeigt dies die Herzmuskulatur: Auch wenn wir den Accelerans mit seltenen Einzelreizen erregen, sehen wir nie etwa jeder Acceleranserregungswelle *eine* Herzsystole folgen, sondern der beschleunigte Rhythmus der Herzschläge ist *unabhängig* von der Frequenz der Erregungswellen in den Nn. accelerantes, ebenso wie die Rhythmik der Aktionsströme des M. retractor penis bei indirekter Reizung sich als vollkommen unabhängig erwiesen hat von der Frequenz der den Nervus pudicus treffenden Reize (BRÜCKE u. OINUMA[1]). Bei den Drüsenzellen geht diese Unabhängigkeit so weit, daß sie unseres Wissens auf die Erregungswellen in den sekretorischen Nerven überhaupt nicht mit einem diskontinuierlichen Erregungsvorgange reagieren.

Die bedeutungsvollen Untersuchungen O. LOEWIS[2] geben uns wahrscheinlich eine Erklärung für das differente Verhalten dieser beiden Gruppen von Organen: Während beim Skelettmuskel jede Erregungswelle des somatischen Nerven eine ganz analoge Erregungswelle in der Muskelfaser auslöst, wissen wir jetzt, daß die Erregung der Nn. accelerantes wie auch die der Nn. vagi im Herzen die Bildung eines Reiz- bzw. Hemmungsstoffes bewirkt, der — nach Art eines Hormones — die Automatie des Herzens fördert bzw. hemmt. Bei der absoluten Übereinstimmung zwischen der Wirkung der Herznerven auf die Herztätigkeit und jener der sympathischen und der sakralen parasympathischen auf die Aktionsströme des M. retractor penis[1] kann wohl nicht daran gezweifelt werden, daß LOEWIS Befunde sich nicht nur für jene, sondern für *alle* vegetativen Nerven als gültig erweisen werden.

Es sei hier darauf hingewiesen, daß die auf dem Umwege über die Nebennieren erfolgende Wirkung der Nn. splanchnici auf die Leber (PIQÛRE) sich nicht *prinzipiell* von der Wirkung der Herznerven auf die Herzmuskulatur unterscheidet, denn es ist nicht wesentlich, ob das Hormon unmittelbar im Erfolgsorgan (Herz) oder entfernt davon (z. B. in der Nebenniere) gebildet wird.

Ich glaube nun, daß sich diese Gruppeneinteilung nicht nur für die Erfolgsorgane der *efferenten* Nerven durchführen läßt, sondern auch für die Erfolgsorgane der *afferenten* Nerven, d. h. also für die reflektorisch beeinflußbaren Zentren des Rückenmarkes und der Medulla oblongata. Die Zentren der Sehnenreflexe (das sind höchst wahrscheinlich die Synapsen an den motorischen Vorderhornzellen selbst) verhalten sich z. B. — von dem hier gewählten Standpunkte aus betrachtet — vollkommen analog wie die Skelettmuskelfasern. Jede einzelne Erregungswelle, die den Vorderhornzellen durch die bei Sehnenreflexen erregten Reflexkollateralen zufließt, löst — nach einer der Muskelendorganlatenz vergleichbaren Übertragungszeit — eine *einzige* Erregungswelle in der Vorderhornzelle bzw. in ihrem Neuriten, der motorischen Nervenfaser, aus, und hier liegt die Annahme sehr nahe, daß es sich bei diesen Reflexen gar nicht um eine „Auslösung" im Sinne SHERRINGTONS[3] handelt, sondern daß die *gleiche* Erregungs-

---

[1] BRÜCKE, E. TH. u. S. OINUMA: Über die Wirkungsweise der fördernden und hemmenden Nerven. Pflügers Arch. **136**, 502 (1910).

[2] LOEWI, OTTO: Eine Serie von Mitteilungen. Pflügers Arch. **189**—**214**.

[3] SHERRINGTON, CH.: Sur la production d'influx nerveux dans l'arc nerveux réflexe. Arch. int. Physiol. **18**, 620 (1921).

welle von der sensiblen Nervenfaser durch die Nervenendfüßchen und durch das Fibrillengitter der Vorderhornzelle in die motorische Nervenfaser gelangt.

Diese mit den Skelettmuskelfasern in Parallele zu setzenden rein „passiven" Reflexzentren sind nicht (wie P. HOFFMANN annahm) für die Sehnenreflexe charakteristisch. Ich habe ein vollkommen analoges Verhalten für das Zentrum des Zungen-Kieferreflexes (LAUGIER[1]) festgestellt (ISAYAMA[2]), und sicher werden mit der Zeit auch noch weitere Reflexzentren dieser Art gefunden werden. Sie sind wie die Skelettmuskulatur dadurch charakterisiert, daß ihnen unter physiologischen Bedingungen eine eigene Aktivität, eine Automatie, fehlt und daß ihre Reaktionen ein getreues Abbild der sie auslösenden Erregungswellen bilden. Sie sind „Reflexe" in einem noch strengeren Sinne des Wortes, als ihn DESCARTES hatte erkennen können.

In ganz anderer Weise, dabei aber prinzipiell analog den sympathisch und parasympathisch innervierten Eingeweiden, verhalten sich andere reflektorisch beeinflußbare Zentren gegen die ihnen von der Peripherie her zufließenden Erregungswellen.

Betrachten wir als Beispiel den Kratzreflex des Hundes. Er besteht in rhythmisch wiederkehrenden Kratzbewegungen (Beugungen und Streckungen) einer Hinterpfote bei Reizung der Rückenhaut (SHERRINGTON); dabei ist aber der Rhythmus der Kratzbewegungen (ca. 4 Schläge in der Sekunde) ganz unabhängig von der Frequenz und Art der Reize, und auch die Frequenz der Erregungswellen in den reflektorisch-tetanisch erregten Muskeln kann unmöglich in irgendeiner Beziehung zur Frequenz der den Reflex auslösenden zentripetalen Erregungswellen stehen; dies geht schon aus der Tatsache hervor, daß die Kratzbewegungen — wie alle analogen Reflexe — noch einige Zeit andauern, wenn die Reizung der Rückenhaut schon beendet ist. Im Gegensatz z. B. zu den Sehnenreflexen finden wir also beim Kratzreflex nicht die geringste unmittelbare Beziehung zwischen den im zentripetalen und den im zentrifugalen Aste des Reflexbogens ablaufenden Erregungsvorgängen[3]. Die Erregung der sensiblen Rückenhautnerven wirkt hier genau so *auslösend* auf ein „aktives" automatisch tätiges spinales Zentrum wie etwa die Nn. accelerantes, wenn ihre Reizung ein zuvor stillstehendes Herz zum Schlagen bringt. Der Gedanke, daß es sich demnach auch beim Kratzreflex und ähnlichen Reflexen nicht um eine direkte „Erregungsübertragung", sondern um intrazentrale hormonale Wirkungen handeln könne, liegt sehr nahe.

Wahrscheinlich reagieren alle Koordinationszentren auf zentripetal ihnen zufließende Erregungen „aktiv"; diese Frage wird sich aber erst dann mit Sicherheit entscheiden lassen, wenn wir über den Verlauf der Erregung in zentripetalen Nerven bei ihrer physiologischen Reizung Näheres erfahren haben.

So wie die indirekt gereizte „passive" Skelettmuskelfaser bei einer unphysiologischen Höhe der Reizfrequenz zur „Aktivität" (zum Eigenrhythmus) übergehen kann, wäre es denkbar, daß auch nervöse Zentren gewissen nervösen Einflüssen gegenüber aktiv reagierten, anderen dagegen passiv unmittelbar folgten.

Als charakteristisch für jene Vorgänge, die wir im allgemeinen als „zentral" bezeichnen, sind die Auslösungserscheinungen sowie die mannigfaltigen Beeinflussungen des Erregungsvorganges in „aktiven" Zentren anzusehen. Es taucht hier die prinzipiell wichtige Frage auf, ob sämtliche Leistungen des Nervensystems, also auch z. B. die komplizierten Vorgänge in der Großhirnrinde des

---

[1] CARDOT, H. u. H. LAUGIER: Le reflexe linguo-maxillaire. C. r. Soc. Biol. **86**, 529 (1922).
[2] ISAYAMA, S.: Über den Verlauf des Muskelaktionsstromes usw. Z. Biol. **82**, 81 (1924).
[3] SHERRINGTON, CH. S.: Observations on the scratch reflex. J. of Physiol. **34**, 1 (1906).

Menschen sich analytisch auf die von peripheren Nerven her bekannten Erscheinungen, also auf den Ablauf von Erregungswellen in verschieden zahlreichen Fasern einer Bahn, Wellen von verschiedener Frequenz und damit von verschiedener Stärke, auf die Wirkung von Refraktärstadien, übernormalen Phasen usw. zurückführen lassen. Diese Frage erinnert in gewissem Sinne an das Grundproblem der Biologie, nämlich an die Frage, ob die aus der anorganischen Natur abstrahierbaren Gesetzmäßigkeiten zur Erklärung des Geschehens in lebenden Gebilden genügen. K. LUCAS[1] hat den Versuch gemacht, relativ einfache Vorgänge im Zentralnervensystem, wie z. B. die Bahnung und Hemmung einfacher Reflexe, auf Tatsachen zurückzuführen, die wir auch am peripheren Nerven erkennen können. Es scheint mir aber doch fraglich, ob dieser Weg wirklich zum Ziele führen kann, ob also die vom peripheren Nerven her bekannte Erregungswelle das einzige Element bildet, das allen intrazentralen Vorgängen zugrunde liegt.

Ein wesentlicher Unterschied zwischen den peripheren und zentralen Vorgängen liegt darin, daß die Erregungswellen in einem peripheren Nerven voneinander völlig unabhängig verlaufen, während wir im Zentralnervensystem eine ganz außerordentlich intensive Wechselwirkung der einzelnen Erregungsprozesse annehmen müssen. In manchen Fällen kann eine solche Wechselwirkung in der Tat durch Vorgänge erklärt werden, die sich auch an peripheren Nervenfasern abspielen können. Sehr vieles spricht dafür, daß sich z. B. die reziproke Innervation antagonistischer Muskeln, also die durch Schaltneurone bedingte gegensätzliche Erregung und Hemmung bestimmter motorischer Zentren so erklären lassen[2]. Aber auch für diesen relativ einfachen Fall einer intrazentralen Beeinflussung eines Reflexbogens liegen die Verhältnisse nicht so klar, wie auch ich sie noch vor kurzem angenommen hatte. SHERRINGTON[3] hat mit Recht darauf hingewiesen, daß eine Reihe von Tatsachen, die man bei reflektorischer Hemmung einzelner Muskelgruppen an der decerebrierten Katze beobachtet, sich durch ein Erlöschen von Erregungswellen im Refraktärstadium hemmender Wellen nicht erklären läßt. Er hat eine Theorie der Erregung und Hemmung der motorischen Rückenmarkzentren aufgestellt, die sich eng an die Befunde LOEWIS bei der Accelerans- und Vagusreizung anschließt. SHERRINGTON nimmt an, daß der Antagonismus zwischen der erregenden und hemmenden Wirkung einzelner intrazentraler Endigungen afferenter Reflexbahnen auf der Bildung zweier antagonistisch wirkender Stoffe, eines Erregungs- und eines Hemmungsstoffes, beruhe, die einander, ähnlich wie Säure und Base, neutralisieren können. Diese Theorie hat unter anderem den Vorzug, daß sie das Überdauern der Erregung und Hemmung über die Erregung der sie auslösenden afferenten Nerven erklärt; durch diese Annahme wird ferner die Wirkung eines Hemmungsreizes auf eine ihm relativ spät folgende Erregung (vgl. SAMOJLOFF und KISSELEFF[4]) erklärlich, sowie die Tatsache, daß ein Hemmungsreiz, der scheinbar ganz unwirksam war, dennoch das Überdauern eines Reflextetanus abkürzen kann.

Für die Annahme, daß sich die Vorgänge innerhalb der grauen Substanz grundsätzlich von jenen innerhalb der langen Nervenkabel unterscheiden müßten,

---

[1] LUCAS, K.: The conduction of the nervous impulse. London 1917.
[2] FRÖHLICH, F. W.: Beiträge zur Analyse usw. Z. allg. Physiol. 9, 55 (1909). — VERWORN, M.: Erregung und Lähmung, S. 194. Jena 1914. — LUCAS, K.: The conduction of the nervous impulse, Kap. 12. London 1917. — BRÜCKE, E. TH.: Zur Theorie der intrazentralen Hemmungen. Z. Biol. 77, 29 (1922).
[3] SHERRINGTON, CH. S.: Remarks on some aspects usw. Proc. Roy. Soc. Lond. 97, 519 (1925).
[4] SAMOJLOFF, A. u. M. KISSELEFF: Zur Charakteristik der zentralen Hemmungsprozesse. Pflügers Arch. 215, 699 (1927).

führt SHERRINGTON auch die bekanntlich außerordentlich viel reichere Blutversorgung der grauen Substanz als Wahrscheinlichkeitsbeweis an.

Die Annahme einer intrazentralen Bildung bzw. Abdiffusion und Neutralisierung von Erregungs- und Hemmungsstoffen wäre auch geeignet, die Fähigkeit der Summation von „Reizen" zu erklären, die bei wenigen Organen so deutlich ist, wie gerade beim Zentralnervensystem. LAPICQUE[1] hat die Bedeutung der Reizdauer, Reizzahl und Reizfrequenz für den Reizwert repetierender Reize mathematisch behandelt, und UMRATH[2] hat mit Recht darauf hingewiesen, daß LAPICQUES Gleichungen ebensogut als mathematische Formulierung einer bei Nervenerregung stattfindenden Substanzproduktion und Substanzzerstörung in den Organen, verbunden mit Substanzdiffusion, betrachtet werden können. Durch die Annahme einer durch wiederholte Nervenerregungen erzielbaren Konzentrationserhöhung einer Reizsubstanz für das Erfolgsorgan der betreffenden Nervenfaser, also z. B. für intrazentrale Überleitungsstellen innerhalb eines Reflexbogens, wird auch die Schwierigkeit beseitigt, die den meisten Physiologen die Vorstellungen VERWORNS[3] und seiner Schüler, vor allem FRÖHLICHS[4], über die Summationsmöglichkeit von Erregungen bereitet haben. KEITH LUCAS[5] hat mit Recht betont, daß die Erregungswellen innerhalb einer Nervenfaser Vorgänge sind, die sich nicht addieren lassen. Die schematischen Zeichnungen VERWORNS, in denen er z. B. unterschwellige „Erregungen" durch Summation überschwellig werden läßt[6], haben allerdings keinen Sinn, solange wir diese „Erregungen" als Erregungswellen, Einzelaktionsströme o. dgl. ansehen, sie sind aber ohne weiteres diskutabel, wenn wir annehmen, daß sie die Änderung der Konzentration irgendeines Reizstoffes bedeuten.

Natürlich sind auch andere Vorstellungen über das Wesen der intrazentralen Erregungsübertragung von einem nervösen Element auf ein zweites denkbar. Ausgehend von der alten Annahme HERMANNS, die neuerdings durch die Untersuchungen CREMERS, LILLIES u. a. wieder zahlreiche Anhänger gefunden hat, daß nämlich die Fortpflanzung der Erregungswellen in der Nervenfaser auf einer fortschreitenden neuen Erregung von Nervenstellen durch die Aktionsströme der zeitlich unmittelbar vor ihr erregten Nachbarstellen beruhe, hat LAPICQUE[7] die Hypothese geäußert, daß auch die zentrale Erregungsübertragung auf der Erregung eines Neurons durch die Aktionsströme der angrenzenden Neurone erfolgte. Je nach dem zeitlichen Verlaufe der Einzelaktionsströme der intrazentralen Faserendigungen und je nach der Chronaxie der in ihrer Reichweite liegenden Nachbarneurone könnte dann die intrazentrale Ausbreitung einer Erregung leichter oder schwerer erfolgen, bestimmte Wege einschlagen, erst bei wiederholten Erregungswellen eintreten u. dgl. m.

Zu den Gesetzen, die für das periphere Nervensystem genau so gelten wie für das zentrale, wird vielfach auch das Alles-oder-nichts-Gesetz[8] gezählt. Dieses Gesetz, dessen Gültigkeit zuerst für den Herzmuskel, später für die Skelett-

---

[1] LAPICQUE, L.: Sur la théorie de l'addition latente. Ann. de Physiol. 1, 132 (1925).
[2] UMRATH, K.: Über die elektrische Erregung usw. Z. Biol. 85, 45 (47) (1926).
[3] VERWORN, M.: Erregung und Lähmung, S. 207ff. Jena 1914.
[4] FRÖHLICH, F. W.: Über die scheinbare Steigerung der Leistungsfähigkeit usw. Z. allg. Physiol. 5 (1905) — Das Prinzip der scheinbaren Erregbarkeitssteigerung. Ebenda 9, 71 (1909).
[5] LUCAS, K.: The conduction of the nervous impulse, S. 60ff. London 1907.
[6] Vgl. M. VERWORN: Erregung und Lähmung S. 209, Abb. 83. Jena 1914.
[7] Vgl. die Zusammenfassungen bei M. CREMER: Die allgemeine Physiologie der Nerven. In Nagels Handb. d. Physiol. 4/2, 793 (1909). — LILLIE, R.: Protoplasmatic action and nervous action. Chicago 1923. — LAPICQUE, L.: Plan d'une théorie physique du fonctionnement des centres nerveux. C. r. Soc. Biol. 63, 787 (1907) — L'excitabilité usw., S. 357ff.
[8] ADRIAN, E. D.: The all or None principle in nerve. J. of Physiol. 47, 460 (1914).

muskelfaser erkannt worden ist[1], sagt aus, daß die Größe einer Einzelerregung jeweils konstant und vollkommen unabhängig von der Stärke des sie auslösenden Reizes ist. Für die periphere Nervenfaser gilt dieses Gesetz zweifellos. Gegen seine Gültigkeit im Bereiche der intrazentralen Erregungsvorgänge sind oft Bedenken erhoben worden, und es erscheint in der Tat fraglich, ob sich seine Herrschaft auch über die intrazentral verlaufenden Erregungswellen erstreckt. SHERRINGTON, der z. B. in seinem Buche „The integrative action of the nervous system" noch keinerlei Rücksicht auf das Alles-oder-nichts-Gesetz nahm, hat neuerdings[2] bei der Aufstellung eines Schemas des Erregungs- und Hemmungsvorganges bei spinalen Reflexen diesem Gesetze Rechnung getragen.

Unter der Annahme einer generellen Gültigkeit des Alles-oder-nichts-Gesetzes käme jede Abstufung eines Innervationsvorganges und jede Intensitätsvariation zentripetal verlaufender Impulse in erster Linie dadurch zustande, daß die *Zahl* der jeweils erregten Elemente variierte. Hierzu kommt aber als wichtiger zweiter Faktor noch die Variation der *Frequenz* der in einer nervösen Bahn aufeinanderfolgenden Erregungswellen. F. W. FRÖHLICH[3] hat als erster die Frequenzzunahme der Aktionsstromoszillationen an der Netzhaut von Cephalopoden bei Zunahme der Reizlichtintensität beobachtet, und E. D. ADRIAN[4] hat diesen Befund mit wesentlich verfeinerter Methodik bestätigt. Die Schwierigkeiten, die bei der Annahme der Gültigkeit des Alles-oder-nichts-Gesetzes auch für die intrazentralen Vorgänge erwachsen, zeigen z. B. die folgenden Überlegungen: Jede Netzhautstelle, also z. B. jeder Zapfen, kann uns eine nicht nur nach der Helligkeit, sondern auch nach dem Farbton fast unendlich mannigfaltig abgestufte Reihe von Lichtempfindungen vermitteln; unter der Annahme, daß die mit einem solchen Zapfen leitend verbundene einzelne Opticusfaser dem Alles-oder-nichts-Gesetz folgt, bliebe zunächst zur Erklärung der erwähnten Mannigfaltigkeit der Empfindungen als einzige Variable die Frequenz der in dieser Opticusfaser ablaufenden Erregungswellen. Wenn das psychophysische Korrelat unserer Lichtempfindungen wirklich in nervösen Erregungswellen bestünde, könnten wir uns in der Tat das Alles-oder-nichts-Gesetz für die Nervenfasern der optischen Zentren kaum gültig denken. Aber wir werden heute immer mehr zu der Annahme geführt, die als erster EWALD HERING in seiner Lehre von den Sehsinnsubstanzen formuliert hat, daß nämlich unseren Empfindungen die Produktion, Diffusion, Zerstörung usw. intrazentral gebildeter Reizstoffe irgendwie zugrunde liegt. Betrachten wir als Modellversuch einer solchen Reizstoffbildung z. B. die Bildung des herzhemmenden Vagusstoffes (O. LOEWI) bei faradischer Reizung des N. vagus, so sehen wir, daß in diesem Falle schon die Variation der Zahl der erregten Vagusfasern (Änderung des Rollenabstandes am Reizinduktorium) fast unendlich viele Grade der Hemmungswirkung zustande kommen läßt. Die Gesetze, welche die Bildung und das weitere Schicksal der Reizstoffe beherrschen, sind uns beim Herzen so wenig bekannt wie anderwärts. Wenn wir also Reizstoffwirkungen als Korrelate unserer Empfindungen annehmen, so können wir uns vorstellen, daß auch bei einer relativ beschränkten Variationsmöglichkeit der Erregungswellen in den optischen Bahnen eine Mannigfaltigkeit der Empfindungen resultiert, die unseren subjektiven Erfahrungen nicht grundsätzlich widerspricht.

---

[1] Neuerdings haben FISCHL u. KAHN (Pflügers Arch. **219**, 33, 1928) über Versuche an den Muskelfasern der Membrana basi-hyoidea berichtet, in denen sie das Alles-oder-nichts-Gesetz nicht gültig fanden.

[2] SHERRINGTON, CH. S.: Remarks on some aspects usw. Proc. Roy. Soc. Lond. **97**, 519 (1925).

[3] FRÖHLICH, F. W.: Z. Sinnesphysiol. **48**, 70, 383 (1914).

[4] ADRIAN, E. D. u. R. MATTHEWS: J. of physiol. **63**, 378 (1927).

Mit der Frage der Gültigkeit des Alles-oder-nichts-Gesetzes hängt auch auf das innigste das Problem zusammen, ob der Erregungsvorgang innerhalb einer einzelnen Nervenfaser stets gleichartig ist oder ob sich in einer Faser etwa *qualitativ* verschiedene Erregungswellen fortpflanzen können? Solche qualitative Differenzen zwischen den eine Faser durchlaufenden Impulsen müßten dem Alles-oder-nichts-Gesetz nicht a priori widersprechen, da dieses ja über das Verhalten der Erregungswellen nur in quantitativer Hinsicht etwas aussagt.

EWALD HERING[1] hat von allgemein physiologischen Gedankengängen ausgehend, die Lehre JOHANNES MÜLLERS von der spezifischen Energie der Sinnesnerven erweitert und mehr oder weniger *allen* Neuronen, ihren Fasern sowohl als ihren Zellen, spezifische Eigenschaften zugeschrieben, von denen er auch annahm, daß sie durch Erfahrung und Übung in verschiedener Weise modifiziert werden könnten. Das würde also zunächst besagen, daß der Erregungsvorgang in den einzelnen Nervenfasern qualitativ individuelle Merkmale trüge, daß wir also, um das alte Problem zu zitieren, bei gekreuzter Verheilung von Opticus und Acusticus nicht ohne weiteres den „Donner sehen" und den „Blitz hören" würden. HERING ist aber noch weiter gegangen, er nahm auch an, daß ein und dieselbe Nervenzelle verschiedene ihr zufließende Impulse in verschiedener Weise beantworten könne. HOFMANN[2] hat auf den Wert hingewiesen, den diese Hypothese für die Vorstellungsmöglichkeit einer Parallele zwischen der Mannigfaltigkeit der psychischen Vorgänge und der von der Lehre des psychophysischen Parallelismus postulierten analogen Mannigfaltigkeit der Gehirnvorgänge besitzt.

Ich halte es für sehr wohl möglich, daß die Physiologie einmal zu dieser individualisierenden Auffassung der Elemente des Nervensystems zurückkehren wird. Die ausgezeichneten Untersuchungen GASSERS, ERLANGERS und BISHOPS[3] über die Zusammensetzung des Nerven-Einzelaktionsstromes aus einer Mehrzahl zeitlich verschieden verlaufender Wellen hat in der Tat ergeben, daß auch in den in einem einzigen Nervenstamme vereinten Fasern individuell, wenigstens ihrem zeitlichen Verlaufe nach, differente Erregungsvorgänge ablaufen. Aber innerhalb einer einzelnen Nervenfaser selbst hat sich der Erregungsvorgang — soweit wir seinen Verlauf aus dem Aktionsstrombild entnehmen können — bisher als gleichmäßig, also z. B. auch als von der Reizart unabhängig erwiesen. Dies ist wohl mit ein Grund dafür, daß gegenwärtig der HERINGschen individualisierenden Anschauung relativ nur selten Rechnung getragen wird.

Da es für den Fortschritt einer Wissenschaft wichtig ist, vor allem jene Tatsachen im Auge zu behalten, die mit den eingebürgerten Lehren nur schwer oder nach Ansicht mancher Forscher gar nicht in Einklang zu bringen sind, sei hier kurz auf die interessanten Versuche von P. WEISS[4] hingewiesen, der unabhängig von HERING gleichfalls Nervenfasern die Fähigkeit zuschreibt, verschiedenartige Impulse (ja sogar gleichzeitig) zu leiten. WEISS hat neben ein Hinterbein einer Salamandralarve einen abgeschnittenen Arm einer zweiten Larve implantiert. Das Transplantat wird nach einiger Zeit, wenn von den bei der Operation verletzten Nerven des Hinterbeins aus eine Innervation seiner Muskeln erfolgt ist, regelmäßig synchron mit dem Hinterbein bewegt. Das Bemerkens-

---

[1] HERING, E.: Über die spezifischen Energien des Nervensystems. Leipzig: Engelmann 1921 — Zur Theorie der Nerventätigkeit. Leipzig: Engelmann 1921.
[2] HOFMANN, F. B.: Die physiologischen Grundlagen der Bewußtseinsvorgänge. Naturwiss. **1921**, 165.
[3] ERLANGER, J. u. H. S. GASSER: The compound nature of the action current of nerve as disclosed by the cathode ray oscillograph. Amer. J. Physiol. **70**, 624 (1924) und eine Reihe späterer Arbeiten.
[4] WEISS, P.: Die Funktion transplantierter Amphibienextremitäten usw. Arch. mikrosk. Anat. **102**, 635 (1924); **104**, 317 (1925) — J. comp. Neur. **40**, 241 (1926).

werte an diesen Bewegungen des transplantierten Armes ist, daß sie — ganz unabhängig von der Stellung, in der die Einheilung erfolgt ist — das genaue Abbild der gleichzeitigen Bewegungen des normalen Hinterbeines sind. WEISS glaubt die Möglichkeit eines elektiven Einwachsens verschiedener Nervenfasern in die einzelnen Muskeln des Armes ausgeschlossen zu haben, und in der Tat spricht seine Beobachtung, daß bei der Implantation jeweils ganz verschiedene Nerven des Hinterbeines verletzt worden waren und dann das Transplantat innervierten, gegen eine solche Annahme. Er stellt nun die Theorie auf, daß in den motorischen Nervenfasern eines Rückenmarksabschnittes gleichzeitig verschiedenartige Erregungen für die verschiedenen Muskeln verlaufen (ein Erregungsklang), und daß die Erfolgsorgane (wie Resonatoren) nur auf die für sie „bestimmten" Erregungen reagieren.

Man könnte etwa an folgende Erklärung der WEISSschen Beobachtung denken: Wir wissen, daß die verschiedenen Muskeln einer Extremität, z. B. Strecker und Beuger eines Gelenkes, verschiedene Chronaxien haben, also auf verschiedene Stromstöße auch verschieden leicht ansprechen[1], und zwar fand BOURGUIGNON, daß die Nerven synergisch an einer bestimmten Bewegung beteiligter Muskeln die gleiche Chronaxie besitzen, unabhängig davon, ob sie aus dem gleichen Nervenstamme, aus den gleichen oder verschiedenen spinalen Wurzeln stammen. Ferner wissen wir, daß alle Muskel und vielleicht auch einzelne Fasern eines Muskels plurisegmental innerviert sind, also von Fasern aus verschiedenen ventralen Wurzeln versorgt werden[2]. Nehmen wir nun an, daß bei der Neurotisierung des WEISSschen Transplantates in jeden Muskel motorische Nervenfasern von verschiedener Chronaxie einwachsen, so könnte man sich vorstellen, daß Züge von afferenten Erregungswellen, die ihrem zeitlichen Ablaufe nach geeignet sind, z. B. die Beuger eines Gelenkes des normalen Beines reflektorisch zu erregen, zugleich speziell jene Gruppe motorischer Nervenfasern erregen, auf deren Reiz die Fasern der Beugemuskel des Transplantates ansprechen. Diese Deutung involviert allerdings die Annahme, daß analoge Muskeln oder die spinalen motorischen Zentren analoger Muskeln des normalen und des transplantierten Beines ähnliche Chronaxien hätten.

Jedenfalls werden wir die von WEISS gefundenen Tatsachen im Auge behalten müssen; wenn auch die Theorie der motorischen Nerventätigkeit, die dieser Forscher von seinen Beobachtungen ausgehend entwickelt hat[3], vollkommen feststehenden Tatsachen in der Nervenphysiologie widerspricht[4].

Auch sonst erhält eine Reihe von Problemen eine ganz verschiedene Beleuchtung, je nachdem ob wir uns auf den Standpunkt stellen, daß eine Nervenfaser nur gleichartiger Erregungsvorgänge fähig ist, oder daß sie verschiedene Vorgänge zu leiten vermag.

Ich will dies an einem Beispiele erörtern: Bei schwachen, auf einen sensiblen Nerven einwirkenden Reizen folgen die reflektorischen Muskelaktionsströme in vielen Fällen genau dem Rhythmus der Reizung, so lange die Reizfrequenz nicht

---

[1] BOURGUIGNON, G.: La chronaxie chez l'homme. Paris 1923. — BREMER u. RYLANT: Nouvelles recherches usw. C. r. Soc. Biol. **92**, 199 (1925).
[2] Vgl. die Arbeiten von A. SAMOJLOFF u. W. WASSILJEWA: Pflügers Arch. **210**, 641 (1925); **213**, 723 (1926). — McKEEN u. P. G. STILES: Amer. J. Physiol. **69**, 645 (1924). — KATZ, L. N.: Proc. Roy. Soc. Lond. (B) **99**, 1 (1925).
[3] WEISS, P.: Erregungsspezifität und Erregungsresonanz. Grundzüge einer Theorie der motorischen Nerventätigkeit auf Grund spezifischer Zuordnung („Abstimmung") zwischen zentraler und peripherer Erregungsform. (Nach experimentellen Ergebnissen.) Erg. Biol. **3**, 1—151 (1928).
[4] Vgl. auch J. VERSLUYS: Kritische Bemerkungen zu der Resonanztheorie der motorischen Nerventätigkeit. Biol. generalis (Wien) **3**, 385 (1927).

abnorm hoch gewählt wird; bei stärkeren Reizen schiebt sich aber zwischen die, den einzelnen Reizen entsprechenden Erregungen des motorischen Zentrums ein frequenter Eigenrhythmus dieses Zentrums ein (P. HOFFMANN[1], BERITOFF[2]). So lange man nicht an das Alles-oder-nichts-Gesetz dachte, konnte man die verschiedene Wirkung schwacher und starker Reize einfach als Wirkung „starker" und „schwacher" Erregungen deuten. Das Alles-oder-nichts-Gesetz verlangt aber eine grundsätzlich andere Erklärung, die etwa in folgender Weise gegeben werden kann: Die schwachen Reize erregen nicht alle, sondern nur einzelne hocherregbare Fasern des sensiblen Nerven, und diesen Partialreflexbogen kommt die Fähigkeit zur Bildung automatischer frequenterer Erregungen nicht oder nur in relativ geringerem Maße zu; die starken Reize erregen dagegen neben jenen Fasern auch noch die weniger erregbaren, und gerade diesen nur auf starke Reize ansprechenden Reflexbogen kommt jene hohe Automatie zu, die sich dann im Eigenrhythmus des Zentrums äußert.

Vor allem in der klinischen, zum Teil aber auch in der physiologischen und biologischen Literatur spielt die Annahme solcher „starker" und „schwacher" Erregungszustände im Nervensystem eine gewichtige Rolle. Wir müssen bei der theoretischen Deutung verschieden starker nervös bedingter Reaktionen fortan dem Alles-oder-nichts-Gesetz wohl mehr Rechnung tragen, als dies bisher vielfach geschieht. So beobachten wir z. B. häufig schwache, teils kontinuierliche, teils in ihrer Stärke periodisch wechselnde, nervös bedingte „Tonuszustände" verschiedener Art; auch hier müssen wir annehmen, daß die Abstufung des Tonus darauf beruht, daß jeweils immer nur *Teile* des betreffenden Organes sich in Erregung befinden.

Diese hier erwähnte Tatsache der partiellen Erregung eines Organes ist in der Physiologie von allgemeiner Bedeutung: wir kennen zahlreiche Fälle, in denen einzelne gleichartige Teile eines Organs, Muskellagen, Drüsenpartien usf. einen mehr oder minder regelmäßig periodischen Wechsel zwischen Stadien der Tätigkeit und solchen der Ruhe zeigen. Diese Beobachtungen haben HERRING[3] zur Aufstellung seines Gesetzes der „Fluktuation" geführt. Er weist mit Recht darauf hin, daß normalerweise fast kein Organ gleichzeitig in toto in Aktion tritt, sondern daß wir fast immer ein Fluktuieren der Erregung beobachten in dem Sinne, daß zunächst ein Teil, oft nur ein sehr kleiner Teil, des Organs tätig ist, und daß diese Tätigkeit bald von der eines anderen Organabschnittes abgelöst wird, während der früher erregte in eine Ruhepause eintritt usf. Dieses Gesetz der Fluktuation gilt sicher für die meisten Receptoren, also auch für ihre afferenten Verbindungen und für die Gesamtheit der Synapsen, der efferenten Wege und der Effektoren. Besonders sinnfällig ist es z. B. an dem ständig schwankenden tonischen Erregungszustande der glatten Muskulatur, während mir das Herz das einzige Organ zu sein scheint, bei dem normalerweise Totalerregungen, Systolen der *gesamten* Herzmuskelmasse, auftreten.

Für die Aufrechterhaltung einer nervös bedingten kontinuierlichen tonischen Erregung, aber auch für reflektorische tetanische Muskelkontraktionen[4] ist also eine *Mehrzahl* beteiligter nervöser Einzelapparate unbedingt nötig. Nach dieser Vorstellung hätte der außerordentliche Faserreichtum des peripheren wie des zentralen Nervensystems nicht nur den Zweck, eine besondere Feinheit der Ab-

---

[1] HOFFMANN, P.: Über die Innervation der reflektorisch ausgelösten Kontraktionen usw. Arch. (Anat. u.) Physiol. **1910**, Suppl. S. 233 (237).

[2] BERITOFF, J. S.: Zur Kenntnis der Erregungsrhythmik usw. Z. Biol. **62**, 125 (1913) — Über den Rhythmus der reziproken Innervation usw. Ebenda **80**, 171 (174) (1924).

[3] HERRING, P. T.: The law of fluctuation usw. Brain **46**, 209 (1923).

[4] Vgl. F. G. BARBOUR u. P. G. STILES: Amer. Physiol. Education Rev. **17**, 73 (1912) (zitiert nach HERRING).

stufung der nervösen Reaktionen zu ermöglichen, sondern dieser Faserreichtum wäre zum Teil als Reserveeinrichtung zur absoluten Sicherung des Funktionsablaufs vor Ermüdung oder Erschöpfung der beteiligten nervösen Einzelglieder aufzufassen.

Bei dem Versuche einer Erklärung von Unbekanntem klammert man sich zunächst an Tatsachen, die eine Erklärung ähnlicher Vorgänge ermöglicht haben, und so kommt es, daß wir bei den Bildern, die wir uns von den intrazentralen Vorgängen zu entwerfen suchen, fast zwangsweise immer wieder zum Begriffe der Erregungswelle gedrängt werden. Daß die Tätigkeit der peripheren Nerven in der Leitung mehr oder minder langer, dichterer oder lockerer Schwärme elementarer Erregungswellen besteht, ist eine Tatsache, die neuerdings besonders von ADRIAN[1] auch für Sinnesnerven und proprioceptiv wirkende sensible Fasern festgestellt worden ist. Wir müssen aber doch immer an die Möglichkeit denken, daß für das intrazentrale Geschehen noch ganz andere Elementarprozesse in Betracht kommen könnten, denn es gibt Beobachtungen, die sich mit der Annahme eines oszillierenden Erregungsvorganges mit einer Periode von 200—300 pro Sekunde kaum in Einklang bringen lassen. Eine solche Beobachtung sei hier kurz erörtert: Bekanntlich hat sich die Annahme, daß die Richtung, aus der wir einen Schall hören, durch den *Stärkeunterschied* der Erregung des rechten und des linken Ohres bestimmt sei, als unrichtig erwiesen. Der Richtungseindruck ist gesetzmäßig abhängig von dem *Zeitunterschied* zwischen den Erregungen des rechten und linken Ohres[2]. Dabei liegt die Schwelle für das Heraustreten des Tones nach rechts oder links aus der Medianebene nach v. HORNBOSTEL und AGGAZZOTTI[3] bei einer Zeitdifferenz von nur 0,015—0,030 σ. Wir müssen uns nach diesen Erfahrungen vorstellen, daß die Erregungsprozesse in beiden Gehörorganen mit einem *streng* innegehaltenen zeitlichen Abstand von 0,03 σ beliebig lange *absolut parallel* zueinander weiter verlaufen können. Mit dieser „Zeittheorie" der Schallokalisation ist die sonst wohl plausibel erschienene Annahme, daß die Schwingungen der Basilarmembran etwa wie der konstante Strom Erregungen der Acusticusfasern in einem diesen Fasern eigentümlichen Rhythmus hervorriefen, unvereinbar. Trifft die Zeittheorie das Richtige, und dies scheint mir der Fall zu sein, so sehe ich keine Möglichkeit, die Erregungsvorgänge im N. acusticus und seinen Zentren auf Grund der Tatsachen zu erklären, die wir bisher über den Erregungsablauf in peripheren Nerven kennengelernt haben.

Wir sehen aus dem hier Erörterten, daß unsere Kenntnisse über die Vorgänge im Nervensystem eben ausreichen, um uns zu halbwegs genügenden Vorstellungen von den einfachsten intrazentralen Vorgängen zu führen, z. B. den spinalen Reflexen. Sobald wir aber versuchen, auf Grund der uns bekannten Tatsachen uns eine Skizze von den Vorgängen in komplizierter funktionierenden Zentren zu entwerfen, so stoßen wir auf unüberwindliche Schwierigkeiten. Ja es hat den Anschein, als ob diese Schwierigkeiten mit dem Fortschreiten der physiologischen Forschung eher größer als kleiner würden; so reich z. B. EXNERS[4] „Entwurf zu einer physiologischen Erklärung der psychischen Erscheinungen" an Beobachtungen und geistreichen Hypothesen war, so erscheint er uns heute, nach 30 Jahren, doch völlig unbefriedigend.

---
[1] ADRIAN, E. D.: Die Untersuchung der Sinnesorgane mit Hilfe elektrophysiologischer Methoden. Erg. Physiol. **26**, 251 (1928).
[2] Vgl. E. M. v. HORNBOSTEL u. M. WERTHEIMER: Über die Wahrnehmung der Schallrichtung. Sitzgsber. preuß. Akad. Wiss. **20**, 388 (1920). — HORNBOSTEL, E. M. v.: Physiol. Akustik. Jber. Physiol. **1920**, 293.
[3] AGGAZZOTTI, A.: Sulla percezione della direzione del suono. Arch. di Fisiol. **19**, 33 (1921).
[4] EXNER, S.: Entwurf usw. Leipzig u. Wien: F. Deutike 1894.

Auf ganz besondere Schwierigkeiten stoßen wir bei jedem Versuche, uns ein Bild vom Ablaufe jener intrazentralen Vorgänge zu machen, die wir bisher fast nur aus ihren psychischen Korrelaten erschließen können. Dies führt uns auf das große, ewige Problem, das dem tierischen Nervensysteme eine Sonderstellung innerhalb aller übrigen pflanzlichen oder tierischen Organe gibt, auf das Leib-Seeleproblem.

Ich fühle mich nicht berufen, die Frage zu diskutieren, inwieweit wir von einem streng erkenntniskritischen Standpunkte aus berechtigt sind, hierin ein Problem zu sehen. Jedenfalls erscheint es *mir* völlig sinnlos, nach einem Tertium comparationis für einen Vergleich zwischen einem psychischen Erleben und einem chemischen oder physikalischen Vorgange innerhalb des Nervensystems zu suchen oder diese beiden gar identifizieren zu wollen, wie dies auch heute noch mitunter geschieht[1]. Wenn wir aber die Welt der Gefühle, Empfindungen und Gedanken auch als etwas Gegebenes hinnehmen, so lehrt uns die Pathologie des peripheren und zentralen Nervensystems doch ohne weiteres, daß die Existenz dieser Welt mit unserem Nervensystem funktionell irgendwie verknüpft ist.

Ob wir psychische Funktionen als etwas jedem lebenden Protoplasma a priori Inhärentes ansehen wollen oder ob wir annehmen wollen, daß psychische Phänomene in der Tierreihe erst bei dem Erreichen einer gewissen Entwicklungsstufe auftreten, jedenfalls müssen wir — analog der somatischen bzw. nervösen Differenzierung — auch eine allmählich mit der Phylogenese fortschreitende Verfeinerung, ein Mannigfaltiger- und wohl auch Intensiverwerden der Gefühle und Empfindungen annehmen, ähnlich wie wir ja auch heute noch innerhalb der menschlichen Rassen sehr verschiedene Stufen der geistigen Entwicklung und wohl auch Entwicklungsfähigkeit antreffen. Fragen wir nun nach dem *biologischen* Sinn, sei es des Auftretens psychischer Phänomene überhaupt, sei es ihrer fortschreitenden Verfeinerung und Differenzierung, so glaube ich, daß wir ihn unter anderem in dem Auftreten oder der Vervollkommnung eines ganz außerordentlich wichtigen Sicherungsfaktors für die Erhaltung des vitalen Optimums der Individuen und der Arten zu erblicken haben. Wir sehen, daß in der Tierwelt die Zahl der Nachkommen des einzelnen weiblichen Individuums einer Art im allgemeinen um so geringer wird, je höher die betreffende Art in der Organisationsreihe steht. Die Erhaltung der Art wird also nur dann verbürgt, wenn von den Deszendenten eines Paares ein um so größerer Prozentsatz bis zur Geschlechtsreife heranwächst, je höher die betreffende Art entwickelt ist. Diese Sicherung der Nachkommenschaft und später die Selbstsicherung der einzelnen Individuen wird durch die gleichzeitig fortschreitende Entwicklung der höchsten nervösen Mechanismen und durch die mit ihr verkoppelte psychische Differenzierung weitgehend gefördert. Biologisch betrachtet erscheint demnach auch die Reduktion der Kinderzahl menschlicher Familien mit dem Fortschreiten der Zivilisation als eine durchaus natürliche Erscheinung.

An die Erkenntnis, daß jedes psychische Erleben mit Vorgängen in unserem Nervensystem, und zwar letzten Endes mit Vorgängen in den höchstentwickelten Zentren verknüpft ist, knüpft sich unmittelbar die Lokalisationslehre an. Wir dürfen uns nicht darüber täuschen, daß die physiologische und klinische Lokalisationslehre im allgemeinen theoretisch nicht ideal fundiert ist, und daß wir zu einer Schematisierung neigen, die eine gewisse Gefahr für den Fortschritt der Physiologie des Zentralnervensystems bedeuten kann. Schon die Aufstellung des Begriffes des Reflexbogens und die Isolation einzelner Reflexe in der physiologischen und in der klinischen Pathologie bedeutet eine solche in mancher Hin-

---

[1] Vgl. z. B. Bürker: Neueres über die Zentralisation der Funktionen im höheren Organismus. Rektoratsrede. Gießen 1926.

sicht unberechtigte und auch bedenkliche Schematisierung. Es ist daher gewiß berechtigt, wenn heute wiederholt auf die *Totalität* der nervösen Funktionen hingewiesen wird. So hat z. B. MINKOWSKI[1] in seinem ausgezeichneten Abriß der Reflexlehre die Tatsache hervorgehoben, daß die experimentell meist studierten Reflexe „künstlich isolierte Funktionsbausteine" seien, und daß die übliche Prüfung der Reflexe bei der neurologischen Untersuchung nicht mit physiologischen Reizen erfolge, und wir daher bei solchen Prüfungen künstlich hervorgerufene und aus ihrem natürlichen Zusammenhange herausgelöste Funktionsfragmente erhielten.

Besonders eindringlich finden wir diese Mahnungen in GOLDSTEINS Arbeiten[2]. GOLDSTEIN geht bei seinen Ansichten von der primitiven Netzstruktur des Nervensystems vieler Avertebraten aus, und sieht in nervös bedingten Reaktionen auch der höchststehenden Organismen nicht Reaktionen nervöser Partialsysteme, sondern die Resultante aus einer prinzipiell das ganze Nervensystem — wenn auch mit verschiedener Intensität — erfassenden Erregung. GOLDSTEINS Bedenken gegen die übliche, stark von morphologischen Tatsachen beeinflußte Auffassung der nervösen Funktionen ist gewiß berechtigt, nur ist andererseits zu bedenken, daß die theoretischen Vorstellungen, durch die GOLDSTEIN eine Umgestaltung der bei den meisten Physiologen und Neurologen sehr festgewurzelten Anschauungen herbeizuführen sucht, ihrerseits auch noch nicht als unanfechtbare Tatsachen angesehen werden können. Wenn der praktische Neurologe ständig mit jener Ubiquität der Erregung im Zentralnervensystem rechnen wollte, so brächte dies nicht nur didaktisch Schwierigkeiten mit sich, sondern die Neurologie selbst liefe vielleicht Gefahr, bei dem Studium eines solchen Mollusks den Halt zu verlieren, den ihr heute die allerdings oft zu isoliert betrachteten einzelnen Bahnen als zum Teil nur ideelles Skelett des Nervensystems bieten.

Wenn schon für relativ einfache spinale Reflexe die Frage nach dem Ausmaße unterschwelliger oder doch für unsere Beobachtungsmethoden unterschwelliger Irradiationen oft unbeantwortet bleiben muß, so gilt dies in noch höherem Maße für die Erregungsvorgänge im Gehirn. Wir können zwar durch Reizversuche an der vorderen Zentralwindung die Ausgangsbezirke der corticobulbären und -spinalen Bahnen für bestimmte Bewegungskombinationen (nicht für bestimmte Muskel!) lokalisieren, aber wir müssen uns dabei bewußt bleiben, daß solche Versuche uns gar nichts lehren über die örtliche Ausdehnung der Erregungsvorgänge, die der *willkürlichen* Ausführung jener Bewegungen zugrunde liegen. Und da wir auch nicht wissen, ob die Lokalisation dieser Erregungsvorgänge nicht individuell variieren kann, ja ob sie nicht bei einem und demselben Individuum je nach der Art der Anregung zu der Willkürbewegung je nach den Zirkulationsverhältnissen oder aus anderen Gründen von Fall zu Fall variabel ist, so können wir über die Lokalisation solcher in ihrem Endeffekte motorischer Reaktionen — und das gleiche gilt für sensorische — nur ganz vage Angaben machen.

Wenn wir unsere Phantasie spielen lassen — nur mit ihr können wir leider hier arbeiten — und uns in irgendeiner Weise ein Bild von dem Erregungschaos zu entwerfen suchen, das als physiologische Basis für unser psychisches Erleben dienen könnte, so denken die meisten von uns wohl primär an räumlich-zeitliche Variationen der intrazentralen Erregungsvorgänge. Letzten Endes schwebt uns also die Möglichkeit vor Augen, die Mannigfaltigkeit unserer Empfindungen und

---

[1] MINKOWSKI, M.: Zum gegenwärtigen Stand der Lehre von den Reflexen usw. Schweiz. Arch. Neur. **15**, 239 (1924); **16**, 133 u. 266 (1925).

[2] GOLDSTEIN, K.: Zur Theorie der Funktion des Nervensystems. Arch. f. Psychiatr. **74**, 370 (1925).

Gedanken als ein *topisches* Problem zu behandeln. Grundsätzlich falsch waren sicher alle Bestrebungen, die dahin gingen, bestimmten psychischen Phänomenen eng circumscripte zentrale Areale zuzuweisen; die Erfahrungen nach Hirnläsionen sprechen entschieden gegen solche zu primitive Vorstellungen. Wie kompliziert diese supponierte zentrale Topik sein muß, können wir z. B. schon aus den Erfahrungen bei relativ einfachen Sensibilitätsstörungen erkennen: Läsionen im Bereiche der Hinterhörner können zunächst einmal segmental angeordnete Sensibilitätsstörungen zur Folge haben. Aber neben dieser segmentären Verteilung der Schmerz- und Temperaturempfindlichkeit (entsprechend den Dermatomen) besteht in den Hinterhörnern noch ein ganz anderer „zirkulärer" Verteilungstypus der Sensibilität; jedes Hinterhorn besitzt also höchstwahrscheinlich auch noch eine innere Topographie nach Körperzonen, so daß also z. B. ein durch mehrere Segmente reichender Herd im Hinterhorn eine handschuhförmige Analgesie[1] hervorrufen kann. Eine ähnliche „Doppeltopik", etwa an zwei einander durchwachsende Krystalle erinnernd, nimmt die Neurologie im Vorderseitenstrang an: die Vorderseitenstrangbahn ist lamellär so geschichtet, daß Bahnen von den proximalen Körperteilen in den lateralsten Schichten, die von den distalsten Körperteilen in den medialsten Schichten verlaufen; neben dieser Einteilung müssen wir aber nach FÖRSTER im Vorderseitenstrang auch noch eine Topik nach Empfindungsqualitäten annehmen. Für solche relativ einfache Fälle einer Gliederung nach zwei Prinzipien (wie die einer Bibliothek nach Autoren und Materien) genügen einfache dreidimensionale Lokalisationsvorstellungen. Aber die Zahl der Beziehungsmöglichkeiten zwischen spinalen untereinander in irgendeiner Hinsicht verwandten Impulsen ist sicher verschwindend klein gegenüber der Mannigfaltigkeit der Beziehungen, die wir zwischen verschiedenen cerebralen Vorgängen annehmen müssen.

Denken wir z. B. an einen relativ einfachen Fall, an die gleichzeitige Erregung eines *bestimmten* Einzelelementes der Netzhaut des rechten Auges und verschiedener nichtidentischer Einzelelemente der Netzhaut des linken Auges. In diesem Falle wissen wir, daß jedes dieser Erregungspaare, bei denen der eine Partner konstant bleibt, uns je nach der Lage des wechselnden Partners ungezählte Doppelpunkt- oder kurze Strichempfindungen von verschiedener Richtung oder einfache Punktempfindungen von verschiedener Rechts- oder Linkslage und in verschiedener Tiefe vermitteln kann. Wir müssen jeder einzelnen dieser verschiedenen Empfindungen (die überdies noch verschieden gefühlsbetont sein können) zentrale Erregungsvorgänge mit ganz bestimmten individuellen Merkmalen zuschreiben und sehen schon hieraus, daß eine intrazentrale Erregung sich am Aufbau ungezählter Erregungskomplexe beteiligen kann, die ihrerseits — nach dem psychischen Korrelat zu urteilen — grundsätzlich von der einzelnen Erregung verschieden sein können.

Es ist durchaus verständlich, daß manche Autoren (z. B. v. KRIES[2], BECHER[3] u. a.) es für unmöglich halten, all diese Mannigfaltigkeit durch den auf verschiedenen intrazentralen Wegen erfolgenden Ablauf einzelner Züge typischer Erregungswellen zu erklären.

Auf noch größere Schwierigkeiten stoßen wir, wenn wir uns ein Bild der physiologischen Vorgänge zu machen versuchen, die etwa dem *Gedächtnis* für

---

[1] SCHWAB, O.: Anatomie, Physiologie und Pathologie des sensiblen Systems. Dtsch. Z. Nervenheilk. **101**, 211 (1928).
[2] KRIES, J. v.: Über die materiellen Grundlagen der Bewußtseinsvorgänge. Progr. d. Univ. Freiburg i. B. 1898.
[3] BECHER: Gehirn und Seele. Heidelberg 1911.

Sinneseindrücke zugrunde liegen. Auch die Annahme lange andauernder „ideatorischer Erregungen" (EBBECKE[1]) scheint mir wenig befriedigend.

Sollten wirklich sämtliche Regungen im Zentralnervensystem sich in letzter Linie auf jene relativ einfachen Vorgänge zurückführen lassen, die wir am peripheren Nervensystem beobachten können, so sind wir jedenfalls noch außerordentlich weit entfernt von der Möglichkeit, die zentralen Vorgänge auf dieser Grundlage zu erklären.

In enger Beziehung zu dem Problem, ob die höchsten Leistungen unseres Zentralnervensystems sich grundsätzlich oder nur quantitativ von seinen primitiven Reaktionen unterscheiden, steht auch in gewissem Sinne die Frage, ob es vom Standpunkte des Physiologen aus möglich ist, zwischen reflektorischen Muskelreaktionen und Willkürbewegungen eine scharfe Grenze zu ziehen, oder mit anderen Worten, ob eine motorische Reaktion auf eine ohne Bewußtseinskorrelat verlaufende Erregung eines sensiblen Nerven grundsätzlich zu trennen ist von der bewußten Beantwortung eines sinnlich perzipierten Reizes. Man könnte zunächst an der Identität dieser beiden Fragen zweifeln; so ist z. B. der Pupillarreflex im allgemeinen auch eine Beantwortung eines sinnlich, nämlich als Lichtempfindung, wahrgenommenen Reizes, die Empfindung ist aber in diesem Falle keine conditio sine qua non für die Reaktion des Sphincter iridis, sondern nur eine speziell für diese Reizbeantwortung überflüssige Begleiterscheinung; andererseits ist zwar eine Willkürhandlung keineswegs immer eine unmittelbare Folge eines Sinneseindruckes, aber sie folgt doch in allen Fällen, in denen eine frische Empfindung als auslösende Ursache fehlt, psychischen Phänomenen, Gedanken, Gefühlen, die in letzter Linie auf ein Sinneserlebnis zurückgehen.

Vergleichen wir mit Hinblick auf diese Frage die motorischen Äußerungen der Tiere, soweit sie vom Nervensystem abhängig sind, so finden wir zunächst in der ganzen Tierreihe verbreitet automatische und reflektorische Bewegungen bzw. Mischformen dieser beiden. Automatisch aber dabei fast immer reflektorisch reguliert laufen z. B. die den lokomotorischen und den vegetativen Funktionen dienenden Bewegungen ab. Allerdings spielt die Regelung der Lokomotionsbewegung durch immer von neuem ausgelöste Reflexe bei den höheren Tieren eine so herrschende Rolle, daß die Automatie nur sozusagen das Skelett dieser Bewegungen bildet, dessen Existenz schließlich beim Menschen anscheinend überhaupt nicht mehr nachweisbar ist.

Jede nervöse Automatie äußert sich in Erregungen, die mit einer bestimmten mehr oder minder regelmäßigen Periodik auftreten. Diese Periodik könnte z. B. mit der kontinuierlichen Bildung eines zentral angreifenden Reizstoffes in Zusammenhang stehen; dieser Stoff könnte, sobald er eine gewisse Konzentration erreicht hat, jene Erregung auslösen und hierauf, beim Eintritt der Erregung, verbraucht werden. Andererseits, und dies scheint mir die näherliegende Möglichkeit, könnte die Periodik statt auf einer rhythmischen Wiederkehr des Reizes auf einem Alternieren verschiedener Erregbarkeitszustände bei konstant bleibendem Reize beruhen; so dürfte z. B. das Auftreten eines Refraktärstadiums und eines ihm folgenden Stadiums übernormaler Erregbarkeit nach jeder einzelnen Schluckwelle die zeitliche Aufeinanderfolge der Schluckbewegungen beim raschen Trinken regeln[2]. Automatische periodisch wiederkehrende Erregungen beobachten wir zum Teil auch bei der Drüsentätigkeit (vgl. z. B. BOLDIREFFS Hungerperiodik

---

[1] EBBECKE, U.: Die corticalen Erregungen. Leipzig 1919.
[2] ISAYAMA, S.: Nachweis einer übernormalen Phase des Schluckzentrums usw. Z. Biol. **82**, 339 (1925). — REISCH, O.: Zur Kenntnis der übernormalen Phase usw. Ebenda **83**, 557 (1925).

der Verdauungsdrüsen), und es liegt nahe, auch in diesen Fällen an eine *zentral* bedingte Periodik zu denken.

Rein reflektorisch — ohne Automatiehintergrund — auftretende Bewegungen kennen wir in großer Zahl und auch alle jene Reflexe, die normalerweise der Präzisierung automatischer Bewegungen dienen, lassen sich unter geeigneten Versuchsbedingungen selbständig auslösen. Für diese Reflexe (sensu strictissimo) ist es charakteristisch, daß sie angeboren sind, und daß weder die sie auslösenden Reize, noch auch die durch die Reflexbewegung ihrerseits erregten sensiblen Nerven uns eine Empfindung zu vermitteln brauchen. Diese Reflexe treten also nach Ausschaltung der sensorischen Teile des Zentralnervensystems (Großhirnlosigkeit, Apoplexie, partieller Narkose usf.) ebenso wie, ja oft sogar lebhafter auf als bei normalen Individuen.

Gehen wir von diesen einfachsten durch zentripetale Erregungen ausgelösten Reaktionen zu komplizierten über, so hätten wir zunächst der sog. bedingten Reflexe (PAWLOW) zu gedenken. „Bedingt" nennen wir mit PAWLOW eine reflektorische, unwillkürliche Reaktion dann, wenn sie auf irgendeinen sensiblen Reiz hin auftritt, der mehrmals zuvor zeitlich mit einem anderen Reize zusammenfiel, der normalerweise („unbedingt") den betreffenden Reflex bei dem Versuchstier auslöst. So kann z. B. beim Hund fast jedes mehrmals vor den Fütterungen gegebene Signal zu einem Reiz werden, der die Speichelsekretion dann ebenso auslöst, wie dies sonst nur Reize tun, welche die Sinnesorgane der Mundschleimhaut erregen.

Diese bedingten Reflexe sind also im Gegensatze zu den unbedingten nie angeboren, sondern stets erworben, und die sie auslösenden Reize müssen auf relativ hochentwickelte zentrale Mechanismen einwirken, denen wir im allgemeinen psychische Korrelate zuschreiben. Bedingte Reflexe entwickeln sich dementsprechend nur im Anschlusse an Reize, die nach den Erfahrungen am Menschen Empfindungen auslösen, und sie entwickeln sich nur bei dressurfähigen Tieren.

Eine weitere Stufe der motorischen Reaktion auf Sinnesreize ist die bei fast allen Menschen mehr oder weniger deutlich ausgeprägte, unbewußte mimische Nachahmung gesehener Ausdrucksbewegungen u. dgl. m., soweit sie nicht affektiv angeregt sind. Es handelt sich hierbei um Bewegungen, die in ihrem Ablaufe in hohem Maße schon an willkürliche Bewegungen erinnern, und an denen auch sicherlich ein wesentlicher Teil der den Willkürbewegungen zugrundeliegenden zentralen Vorgänge beteiligt ist, die sich aber andererseits dadurch, daß sie unbewußt ablaufen, grundsätzlich von den Willkürbewegungen unterscheiden.

Wenden wir uns schließlich den höchststehenden motorischen Leistungen des Menschen, eben den Willkürbewegungen oder Handlungen zu, so ist das, was wir von der physiologischen Seite über sie erfahren können, äußerst dürftig. Psychologisch sind sie dadurch charakterisiert, daß ihnen die, wenn auch oft nur abortive *Vorstellung* des zu erreichenden Endzieles der Bewegung oder Handlung zeitlich vorangeht, und daß sie mit einem Gefühle des „freien Willens" einhergehen. Die Beantwortung der Frage, inwieweit dieses Gefühl berechtigt ist oder trügt, hängt von der allgemeinen Weltanschauung ab. Meines Erachtens nach kann das eindeutige Bestimmtsein alles Geschehens auch hier nicht unterbrochen sein, aber ich muß zugeben, daß es für den Biologen nicht immer leicht ist, auf diesem Standpunkte zu beharren.

Physiologisch sind die Willkürbewegungen unter anderem dadurch charakterisiert, daß ihnen relativ lang dauernde, also wohl komplizierte corticale Vorgänge vorangehen (vgl. die Latenz der Wahlreaktionen u. a. m. mit jener der subcorticalen Reflexe), und daß sie stets durch tetanische corticofugal vor allem über die Pyramidenbahn laufende Erregungen vermittelt werden. Die unregelmäßige an willkürlich innervierten Muskeln zu beobachtende Erregungsrhythmik scheint aber nach v. WEIZSÄCKERS[1] Beobachtungen nicht unmittelbar vom Großhirn abhängig zu sein, denn er fand eine anscheinend normale Erregungsrhythmik der menschlichen Muskulatur auch in Fällen von Willkürlähmung (z. B. bei einer Paraplegie beider Beine nach Rückenmarkskompression in der Höhe D_9).

Kehren wir nach dieser kurzen Skizzierung der nach der Art ihrer nervösen Anregung verschiedenen Formen motorischer Reaktionen zu unserer Ausgangsfrage zurück, ob sich eine scharfe Grenze zwischen reflektorischen Muskelreaktionen und Willkürbewegungen ziehen läßt. Schon das Wort „Willkürbewegung" zeigt, daß das Charakteristische dieser motorischen Reaktion in erster Linie in einem *subjektiv* gegebenen Faktor liegt; uns aber interessieren hier nicht psychologische Merkmale, sondern objektiv feststellbare Unterschiede zwischen Reflex und willkürlicher Bewegung. Solche Unterschiede sind in den intrazentralen Prozessen, die den Bewegungen dieser beiden Typen vorangehen, theoretisch wohl zu erwarten, praktisch finden wir aber mit den uns heute zur Verfügung stehenden Beobachtungsmitteln fließende Übergänge von den einfachsten Reflexen bis zu den kompliziertesten Willenshandlungen, so daß wir zwar in extremen Fällen mit Sicherheit Reflexe von willkürlichen Bewegungen unterscheiden können, daß wir aber nicht in der Lage sind, eine scharfe grundsätzliche Abtrennung zwischen diesen beiden vorzunehmen.

Es war mir daran gelegen, in diesem einleitenden Kapitel auf einige Probleme hinzuweisen, die der Physiologie des Nervensystems einerseits durch ihre Schwierigkeit ein eigenes Gepräge geben, andererseits durch ihre Tragweite für die Beantwortung von Fragen, die tief in unsere Weltanschauung eingreifen. Es gibt neben der Vererbungslehre kein zweites Gebiet im Bereiche der biologischen Forschung, das durch die Fortschritte der Biochemie und Physik so wenig gewonnen hätte wie die Physiologie des Nervensystems. Dies liegt vor allem daran, daß die vegetativen Funktionen des Nervensystems, sein Stoffwechsel, seine Blutversorgung usf. uns — im Gegensatze zu den Verhältnissen bei anderen Organen — fast nebensächlich erscheinen gegenüber den „animalischen" den den Organismus „integrierenden" Funktionen dieses Systems. Die Komplikation und die Mannigfaltigkeit der nervösen Funktionen läßt sich, nach dem heutigen Stande unserer Anschauungen, kaum als Komplikation und Mannigfaltigkeit von Stoffwechselvorgängen deuten, sondern sie erscheint uns letzten Endes als Folge der komplizierten *Struktur*, des fast unübersehbar mannigfaltigen Ineinandergreifens der einzelnen Teile des Nervensystems. Letzten Endes liegt also das allerwichtigste Problem des Nervensystems vorwiegend auf *morphologischem* Gebiete. Die Struktur der weißen Substanz lassen uns die Methoden des Markscheidenstudiums erkennen, aber trotz der Entwicklung der Fibrillenfärbung bildet die graue Substanz noch ein fast unerforschbares Dickicht. Die Erkenntnis der Struktur dieses Dickichts wäre gewiß ein großer Gewinn, vorläufig müssen wir aber bei der Verfolgung unseres Zieles auf diesen Weg verzichten und einerseits, unabhängig von weitergehenden theoretischen Deutungen, die nervös bedingten Funktionen des Tierkörpers phänomenologisch studieren, andererseits aus ihnen allgemeinere Gesetzmäßigkeiten ableiten. Solche Regeln sind in der letzten Zeit, vor allem durch SHERRINGTONS Arbeiten, z. B. für die Reflexe der Wirbeltiere, mit Erfolg aufgestellt worden. Eine ganz allgemeine Gesetzmäßigkeit im Bereiche der nervösen Funktionen hat EWALD HERING aus gewissen Eigenschaften unserer Empfindungen und aus der Physiologie der peripheren Nerven abzuleiten versucht. Seine Theorie vom Gleichgewichte zwischen antagonistischen

---

[1] v. WEIZSÄCKER: Über Willkürbewegungen und Reflexe bei Erkrankungen des Zentralnervensystems. Dtsch. Z. Nervenheilk. **70**, 115 (1921).

Vorgängen innerhalb der nervösen Substanz wurde von SHERRINGTON dadurch erweitert, daß er die Erscheinungen auf dem Gebiete des Lichtsinnes auch mit dem Verhalten der motorischen Rückenmarkzentren in eine Parallele setzte. Es ist auch darauf hingewiesen worden[1], daß die elementaren psychischen Reihen, in die R. AVENARIUS alles psychische Geschehen zu zerlegen sucht, wenigstens in ihrer Gefühlsbetonung (F. B. HOFMANN[2]) Analoga der nach HERING anzunehmenden assimilatorischen und dissimilatorischen Veränderungen der psychophysischen Substanz darstellen könnten. Zweifellos liegt dieser Polarität vieler nervöser Vorgänge eine allgemeine, wenn auch bisher nur schemenhaft auftauchende Gesetzmäßigkeit zugrunde. Wahrscheinlich handelt es sich aber hierbei nicht um eine Gesetzmäßigkeit, die für den nervösen Erregungsvorgang als solchen gilt, sondern um antagonistische vegetativ-nervöse oder hormonale Wirkungen auf das Nervensystem.

Hätten wir etwa den Kontraktionsvorgang im Holothurienmuskel oder die Gesetze, denen das Froschherz folgt, vollkommen kennengelernt, so würde der menschliche Muskel oder das menschliche Herz der physiologischen Forschung wohl nur mehr ganz unwesentliche neue Probleme bieten; anders steht es aber um die Physiologie des Nervensystems: Sie umfaßt vom Mechanismus der einfachen Neuromuskelzellen der Cölenteraten angefangen, alle die unendlich mannigfaltigen und komplizierten Reaktionen der Tiere auf äußere und innere Reize, und jede einzelne dieser Reaktionen bietet immer wieder neue Probleme. Wenn wir diese Probleme bis in ihre letzten Details lösen könnten, müßten wir schließlich auch zur Klarheit gelangen über das physiologische Korrelat des Seelenlebens und der Handlungen des Menschen bis zu den Gedanken Goethes und der Kunst Michelangelos. Diese unendliche Mannigfaltigkeit der Leistungen ist es in erster Linie, die dem Nervensystem sein Primat im Organismus und seine einzigartige Sonderstellung innerhalb alles Lebenden zuweist.

---

[1] BRÜCKE, E. TH. v.: Über die Grundlagen und Methoden der Großhirnphysiologie. Jena: G. Fischer 1914.

[2] HOFMANN, F. B.: Die physiologischen Grundlagen der Bewußtseinsvorgänge. Naturwiss. **1921**, 165.

Chemie des zentralen und peripheren Nervensystems.

Von

ERNST SCHMITZ

Breslau.

Zusammenfassende Darstellungen.

THUDIKHUM: Die chemische Konstitution des menschlichen Gehirns. Tübingen 1901. — MACLEAN, H.: Lecithine and allied substances. London, Longmans, Green & Co. 1918.

Um die chemischen Leistungen kennenzulernen, die irgendein Organ unter physiologischen und pathologischen Bedingungen vollbringt, stehen uns mehrere Wege zur Verfügung. Gewisse Anhaltspunkte ergeben sich schon aus der Analyse seines Bestandes an chemischen Verbindungen. So weist der Befund einer Kohlehydratphosphorsäure im Muskel auf die Rolle hin, die der Phosphorsäure im Kohlehydratstoffwechsel des Muskels zukommt. Bei Organen oder Organsystemen von großer Ausdehnung können wir unter Umständen Unterschiede in der chemischen Zusammensetzung in den einzelnen Regionen konstatieren und zu den auf die einzelnen Teile entfallenden physiologischen Leistungen in Beziehung setzen. So haben, um bei dem angegebenen Beispiel zu bleiben, vergleichende Forschungen ergeben, daß jene Kohlehydratphosphorsäure in den rasch arbeitenden Muskeln reichlich, in den langsamer arbeitenden schwächer vertreten ist. Bei Organen endlich, die ihre Funktion im Laufe der Entwicklung ausbilden oder ändern, können wir die chemische Untersuchung in verschiedenen Entwicklungsstufen vornehmen, in der Hoffnung, hier auf Beziehungen zu der physiologischen Tätigkeit zu stoßen. Endlich zeigt uns das Experiment die Art und Weise, wie die Organe von vornherein in ihnen enthaltene und zugesetzte Substanzen umformen. So bildet der Muskel unter genau festgelegten Bedingungen Milchsäure und Phosphorsäure aus einer gemeinsamen Vorstufe oder aus zugesetzter Hexosephosphorsäure.

Von der Nervensubstanz wissen wir seit langem, daß sie eine umfangreiche chemische Tätigkeit ausübt. Den Wunsch nach Erkenntnis der Bedingungen, unter denen das Nervensystem seine wunderbare physiologische Funktion erfüllt, hat man u. a. auch dadurch zu fördern versucht, daß man seine chemische Beschaffenheit und Arbeit von den angedeuteten Gesichtspunkten aus untersucht hat.

Eine Darstellung der Chemie des Nervensystems wird also eine Beschreibung der in der Nervensubstanz enthaltenen chemischen Verbindungen, weiter einen Vergleich der quantitativen Zusammensetzung der verschiedenen Teile des Nervensystems, und zwar in fertig ausgebildetem Zustand wie in verschiedenen Stufen seiner Entwicklung, bringen müssen. Eine Übersicht über unsere Erfahrungen über den intermediären Stoffwechsel dieser Organe gibt das Kapitel „Stoffwechsel des zentralen und peripheren Nervensystems".

I. Die chemischen Bestandteile der Nervensubstanz.

Bei der Untersuchung des zentralen und peripheren Nervensystems stoßen wir auf dieselben Verbindungstypen wie in den anderen Organen: Eiweißkörper, Lipoide (im weitesten Sinne des Wortes), Kohlehydrate, Salze und Wasser. Immerhin haben diese Verbindungen zum Teil ein charakteristisches Gepräge; so treten in der Nervensubstanz z. B. die Lipoide in der größten Mannigfaltigkeit der Individuen und einer die anderen Organe bei weitem übertreffenden Mächtigkeit des Vorkommens auf.

1. Eiweißkörper der Nervensubstanz.

Neurokeratin. Gleich den verhornten Gebilden der Oberhaut hinterläßt auch das Nervengewebe bei der aufeinanderfolgenden Behandlung mit Alkohol, Äther, Pepsin, Trypsin und Ätzkali einen Eiweißstoff, der wegen seiner Ähnlichkeit mit den Keratinen der Haut den Namen Neurokeratin erhalten hat. Er wurde von EWALD und KÜHNE zuerst dargestellt und von KÜHNE und CHITTENDEN genauer beschrieben[1]. Seine Menge beträgt in der weißen Substanz 1,12%, in der grauen und in der Kleinhirnrinde 0,31%, im Nervus ischiadicus 0,601%[2] und im Corpus callosum 2,57%. Das Neurokeratin der weißen Substanz wird ganz farblos, das der grauen etwas gelblich gefärbt erhalten. Beide Arten sind durch ihre besonders große Widerstandsfähigkeit gegen Alkali ausgezeichnet.

Lösliche Eiweißstoffe des Nervengewebes. In den Salzwasserauszug des Gehirns gehen bei Säugetieren drei verschiedene Eiweißkörper hinein, von denen einer ein Nucleoproteid darstellt, während die beiden anderen Globulincharakter haben[3].

Das *Nucleoproteid* läßt sich frei von Globulinen gewinnen, wenn man das Material mit Wasser extrahiert und dann Essigsäure zufügt. In der grauen Substanz ist es reichlicher vertreten als in der weißen. Aus seinen Lösungen wird es leicht ausgesalzen. Seine Gerinnungstemperatur liegt bei 56—60°, der Phosphorgehalt beträgt 0,5%. Bei der peptischen Verdauung hinterläßt es einen unlöslichen Rückstand von Nuclein.

Der Nucleinsäureanteil dieses Körpers wurde von LEVENE[4] näher untersucht. Er enthält als Basen hauptsächlich Guanin und Adenin, daneben kleine Mengen von Xanthin (die möglicherweise postmortal entstanden waren), aber kein Hypoxanthin.

Von den Globulinen der Nervensubstanz wird das eine schon durch verhältnismäßig kleine Mengen von Neutralsalz ausgesalzen, dagegen durch verdünnte Essigsäure nicht gefällt. Es gerinnt schon bei 47° und ähnelt dem Myosin der Muskeln und den Globulinen der Leber und Niere (Neuroglobulin α).

Die gleichen Eiweißkörper werden auch aus dem Gehirn des Frosches erhalten. Hier kommt aber zu den drei bereits beschriebenen ein vierter hinzu, der schon bei 39—40° gerinnt.

---

[1] EWALD u. W. KÜHNE: Verh. med.-naturwiss. Ver. zu Heidelberg, N. F. **1**, 357 (1877). — KÜHNE, W., u. R. CHITTENDEN: Über das Neurokeratin. Z. Biol. **26**, 292 (1889).

[2] CHEVALIER, J.: Chemische Untersuchung des Nervensystems. Hoppe-Seylers Z. **10**, 97 (1886).

[3] HALLIBURTON, W. D.: The proteids of nervous tissues. J. of Physiol. **15**, 90 (1894); — Die Biochemie der peripheren Nerven. Erg. Physiol. **4**, 23 (1905).

[4] LEVENE, P. A.: On the nucleoproteid of the brain. Arch. of Neur. a. Psychopathol. **7**, 14 (1899).

Arbeiten von HALLIBURTON mit BRODIE und MOTT[1] haben bedeutungsvolle Zusammenhänge zwischen der Widerstandsfähigkeit des Nerven gegen Hitze und der Gerinnungstemperatur seiner Eiweißkörper aufgedeckt. Die elektrische Erregbarkeit des Nerven erlischt beim Frosch bei 40°, beim Säugetier bei 48—49°, beim Vogel bei 53°. In Kochsalzextrakten des Gehirns der drei Tierarten treten beim Erwärmen die ersten Niederschläge bei 39, 47 und 50—53° auf. Durch diese Beobachtung wurde eine ältere Vermutung von ALCOCK[2] bestätigt, nach der der Verlust der Reizbarkeit des Nerven durch die Gerinnung seiner Eiweißstoffe bedingt sein sollte. Beim Erwärmen von Nerven- und Rückenmarkspräparaten erhält man stufenweise eintretende Verkürzungen bei Temperaturen, die mit den Gerinnungstemperaturen der im Kochsalzextrakt des Gehirns vorhandenen Eiweißkörper übereinstimmen. Es ist danach wahrscheinlich, daß Rückenmark und peripherer Nerv der Tiere die gleichen Eiweißarten führen, wie sie in den Extrakten des Gehirns nachgewiesen sind. Die beobachteten Gerinnungstemperaturen deuten auf eine Anpassung der im Gehirn und den anderen Organen enthaltenen Eiweißkörper an die Körpertemperatur der einzelnen Arten und geben ein Maß für die Erhöhungen der Temperatur, die noch ertragen werden können.

Zur Frage der Identität der in den verschiedenen Abschnitten des Nervensystems enthaltenen Proteine stellten ABDERHALDEN und WEIL[3] weitere Untersuchungen an, indem sie die Ausbeuten an den einzelnen Aminosäuren verglichen, die aus grauer und weißer Substanz, Rückenmark und N. ischiadicus nach dem Verfahren von EMIL FISCHER erhalten werden. Es ergab sich folgendes Resultat:

	100 g frischer Substanz enthalten Gramm			
	Weiße Substanz	Graue Substanz	Rückenmark	N. ischiadicus
Glykokoll	0	0	0	0
Alanin	0,14	0,13	0,18	0,24
Valin	0,26	0,19	0,15	0,20
Leucine	0,66	0,69	0,33	0,38
Serin	—	0,02	0,008	0,01
Asparaginsäure	0,07	0,02	0,02	—
Glutaminsäure	0,50	0,34	0,50	0,59
Lysin	0,39	0,39	0,19	0,28
Arginin	0,13	0,38	0,21	0,26
Phenylalanin	—	0,03	—	—
Tyrosin	0,26	0,18	0,14	0,17
Prolin	0,04	0,02	0,04	0,04
Tryptophan	+	+	+	+
Histidin	0,03	0,02	0,08	0,04

Die Ausbeuten an den einzelnen Aminosäuren erscheinen nach dieser Aufstellung recht ähnlich. Allerdings darf nicht verkannt werden, daß bei der von ABDERHALDEN und WEIL geübten Art der Berechnung auf frisches Gewebe die in den Eiweißkörpern etwa vorhandenen Unterschiede in ihrem Ausmaß verkleinert werden. Die Autoren machen übrigens selber darauf aufmerksam, daß die Gleichheit der Bausteine immer noch die Möglichkeit bestehen läßt, daß diese in den Eiweißkörpern in verschiedener Reihenfolge miteinander verknüpft sein können.

[1] MOTT, F. W. u. W. D. HALLIBURTON: Motts Arch. of Neur. **2**, 727 (1903). — HALLIBURTON, W. D. u. T. G. BRODIE: Heat contraction in nerve. J. of Physiol. **31**, 473 (1904).

[2] ALCOCK, N. H.: On the negative variation of warmblooded animals. Proc. roy. Soc. Lond. **71**, 264 (1903).

[3] ABDERHALDEN, E. u. A. WEIL: Der Gehalt der verschiedenen Bestandteile des Nervensystems an den einzelnen Aminosäuren. Hoppe-Seylers Z. I **81**, 207; II **83**, 424 (1913).

In der Leucinfraktion des Rückenmarks und der peripheren Nerven fand sich eine neue Aminosäure vom Schmelzpunkt 276° und der spezifischen Drehung $(\alpha)_D^{20}$ in 20proz. Salzsäure $+12,5°$, die bei der Untersuchung als α-Aminonormalcapronsäure erkannt wurde. Sie wurde damit zum ersten Male in der Natur gefunden.

2. Kohlehydrate des Gehirns.

Von Kohlehydraten finden wir im Gehirn den Traubenzucker, der in Form von Glykogen auftritt, und die Galaktose, die am Aufbau der Cerebroside beteiligt ist. Eine Angabe von FRÄNKEL und KAFKA[1], nach der sich Glucosamin in Bindung mit Lignocerin- und Phosphorsäure unter den Hirnlipoiden finden sollte, hat sich als höchstwahrscheinlich unrichtig herausgestellt[2]. Über ein etwaiges Vorkommen des Aminozuckers in den Eiweißkörpern des Gehirns ist ebenfalls nichts bekannt.

Nachdem der chemische Nachweis des Glykogens THUDICHUM, der mikroskopische BARFURTH[3] nicht gelungen war — vermutlich weil der nach dem Tode so überaus rasch eintretenden Spaltung nicht genügend Rechnung getragen war —, hat später ATHANASIU beim Frosch 0,07%, SCHÖNDORF bei gutgefütterten Hunden im Mittel 0,23% der frischen Substanz an Glykogen feststellen können[4]. ASHER und TAKAHASHI geben für das Kaninchen 0,039%, für die Ratte 0,075% an, halten diese Zahlen aber für Maximalwerte, da sie zweifeln, ob die gesamte bei der Hydrolyse ihrer Niederschläge erhaltene Reduktion auf Glykogen bezogen werden darf. Nach den Ausführungen von WINTERSTEIN dürfte das indessen der Fall sein[5].

WINTERSTEIN und HIRSCHBERG[6] verfolgten den Glykogenbestand des Zentralnervensystems beim Frosch durch den Wechsel der Jahreszeiten hindurch und fanden während der Wintermonate einen Maximalgehalt von 1—1,4% der frischen Substanz, der im Frühjahr zu fallen begann und im Juli-August mit 0,1—0,2% sein Minimum erreichte.

Die Bewegung des Cerebrosidzuckers, der Galaktose, war eine ähnliche, jedoch zeigten die Weibchen schon im Mai, die Männchen meist erst im August ein gänzliches Schwinden dieser Substanz. Das Wintermaximum lag beim Männchen etwa bei 0,5%, beim Weibchen bei 0,4% der frischen Substanz.

3. Die Lipoide der Nervensubstanz.

Von den Lipoiden — im weitesten Sinne des Wortes — sind die Triglyceride in der eigentlichen Nervensubstanz nicht in Mengen vertreten, die einen chemischen Nachweis gestatten. Mitteilungen über morphologische Befunde von Neutralfett, meist unter pathologischen Verhältnissen, finden sich dagegen gelegentlich. So hat VIRCHOW im Gehirn neugeborener Menschen fettführende Zellen sichtbar gemacht, die er als pathologisches Vorkommen ansah. Dieser

---

[1] FRÄNKEL, S. u. F. KAFKA: Über Dilignoceryl-N-Diglucosaminophosphorsäureester. Biochem. Z. **101**, 159 (1920).

[2] THIERFELDER, H. u. E. KLENK: Versuche zur Darstellung des Phosphatids von FRÄNKEL und KAFKA. Hoppe-Seylers Z. **145**, 221 (1925). — KLENK: Über das Nervon. Ebenda S. 244.

[3] BARFURTH: Dtsch. Arch. mikrosk. Anat. **25**, 269 (1885).

[4] ATHANASIU: Über den Gehalt des Froschkörpers an Glykogen. Pflügers Arch. **74**, 561 (1899). — SCHÖNDORF: Über den Maximalwert des Gesamtglykogengehalts von Hunden. Ebenda **99**, 191 (1903).

[5] ASHER, L. u. TAKAHASHI: Über den Kohlehydratstoffwechsel des Gehirns. Biochem. Z. **154**, 444 (1924). — TAKAHASHI, K.: Ebenda **159**, 484 (1925).

[6] WINTERSTEIN, H. u. E. HIRSCHBERG: Glykogen- und Cerebrosidstoffwechsel des Nervensystems. Biochem. Z. **159**, 351 (1925).

Auffassung ist zwar von JASTROWITZ, BOLL und anderen Autoren widersprochen worden, die in den auftretenden Neutralfetten das Material für den Aufbau der spezifischen Hirnlipoide sehen wollten, neuerdings haben aber BERBERICH und BÄR[1] bei der Untersuchung der Gehirne jugendlicher Schlachttiere verschiedener Art die Überzeugung gewonnen, daß VIRCHOWS Ansicht die wahrscheinlichere ist. Fettführende Zellen sahen sie bei normalen Tieren nur innerhalb der Gefäßwände. Hier wurden solche in „winzigen Ansammlungen" vereinzelt auch von PERACCHIA[2] gefunden. Bei Tieren, welche Schädigungen der Hirnsubstanz ausgesetzt gewesen waren — Stichverletzungen bei BERBERICH und BÄR, chronischen Cocainvergiftungen und Trypanosomeninfektionen bei PERACCHIA —, traten Neutralfette auch in den eigentlichen Nervenzellen auf.

Einen außerordentlich bedeutsamen Anteil nehmen das Cholesterin und die Phosphatide am Aufbau der Nervensubstanz. Ihre chemische Eigenart ist, da sie primäre Bestandteile aller tierischen und pflanzlichen Zellen sind, schon mit denen der anderen Bausteine des Organismus behandelt (Bd. 3, S. 160). An dieser Stelle muß nur noch eine Gruppe von Lipoiden ausführlich besprochen werden, die zwar auch in ihrem Vorkommen nicht völlig auf die Nervensubstanz beschränkt sind, aber normalerweise nur an dieser Stelle in größerer Menge angehäuft werden, die Cerebroside.

Die Cerebroside. Die Cerebroside schließen sich chemisch an die Phosphatide, speziell an das Sphingomyelin an, mit dem sie die Base Sphingosin und ein Fettsäureradikal gemeinsam haben und Ähnlichkeit in der Verknüpfung der Bausteine zeigen. Der namengebende Bestandteil der Phosphatide, die Phosphorsäure, fehlt ihnen freilich, dafür kommt als neuer Baustein ein reduzierender Zucker, die d-Galaktose, hinzu.

Die Cerebroside finden sich am reichlichsten im Gehirn, aus dem zum ersten Male von MÜLLER[3] ein phosphorfreier, fettähnlicher Körper isoliert wurde (1858), erhielten den Namen 1874 von THUDICHUM und wurden später im peripheren Nerven[4], in der Niere[5], im Herzen[6], der Retina[7], Thymus[8], Nebenniere[9], im Ovarium, speziell dem Plasma der Eizellen[10], im Hoden[11], der Milz[12], in Eiter, Leichenwachs und Spermatozoen[13], im Sputum[14], ja sogar in Pilzen[15] nachgewiesen. Im Gehirn der Fische sollen sie fehlen[16].

---

[1] BERBERICH u. J. BÄR: Münch. med. Wschr. **72**, 1287 (1925). Daselbst die ältere Literatur.
[2] PERACCHIA: Fette und Lipoide im zentralen Nervensystem. Ber. Physiol. **27**, 177 (1924).
[3] MÜLLER: Über die chemischen Bestandteile des Gehirns. Liebigs Ann. **105**, 361 (1858).
[4] CHEVALIER, J.: Chemie des peripheren Nerven. Hoppe-Seylers Z. **10**, 97 (1886).
[5] DUNHAM, E. K.: Phosphorized fats in extracts of the kidney. Proc. Soc. exper. Biol. a. Med. **2**, 63 (1905). — ROSENHEIM u. MAC LEAN: Lignoceric acid from carnaubon. Biochemic. J. **9**, 103 (1915).
[6] MAC LEAN, H.: Die Phosphatide des Herzens. Biochem. Z. **57**, 132 (1913).
[7] CAHN, A.: Zur physiologischen Chemie des Auges. Hoppe-Seylers Z. **5**, 213 (1881).
[8] LILIENFELD, L.: Zur Chemie der Leukocyten. Hoppe-Seylers Z. **18**, 473 (1893).
[9] ROSENHEIM, O. u. CHR. TEBB: On the lipoids of the adrenals. J. of Physiol. **38**, Proc. LIV (1909).
[10] v. MIKULICZ-RADECKI, F.: Die Lipoide im menschlichen Ovarium. Arch. Gynäk. **116**, 203 (1922).
[11] KOSSEL, A. u. FR. FREYTAG: Über einige Bestandteile des Nervenmarks. Hoppe-Seylers Z. **17**, 431 (1891).
[12] HOPPE-SEYLER, F.: Med.-chem. Unters. **4**, 195 (1871).
[13] PASCUCCI, O.: Die Zusammensetzung des Blutscheibenstromas. Hofmeisters Beitr. **6**, 543 (1905). — BANG u. FORSSMAN: Ebenda **8**, 238 (1906).
[14] SCHMIDT, A. u. F. MÜLLER: Myelinformen des Speichels. Berl. klin. Wschr. **35**, 73 (1898).
[15] BAMBERGER, M. u. A. LANDSIEDL: Chemie der Sklerodermen. Mh. Chem. **26**, 1109 (1905). — ZELLNER, J.: Zur Chemie des Fliegenpilzes. Ebenda **32**, 133 (1911).
[16] ARGIRIS, A.: Untersuchungen über Vögel- und Fischgehirne. Hoppe-Seylers Z. **57**, 288 (1908).

Versuche zur Bestimmung der Cerebroside sind bis jetzt meist durch Reindarstellung, also auf einem sehr verlustreichen Wege, gemacht worden. SMITH und MAIR[1] geben für das gesamte Gehirn 1,6% der frischen oder 7,3% der Trockensubstanz an, etwas weniger genaue Bestimmungen von ROSENHEIM[2] ergaben die Werte 2 bzw. 9%. Die weiße Substanz ist reicher an Cerebrosiden als die graue: sie enthält 2,9% der frischen, 13% der Trockensubstanz (SMITH und MAIR).

Neuerdings haben WINTERSTEIN und HIRSCHBERG in Versuchen, von denen weiter oben schon die Rede war (S. 50), den Cerebrosidzucker bestimmt, der ein annäherndes Maß für die Cerebroside überhaupt bedeutet. Sie trennten diese durch heißen Alkohol vom Glykogen, hydrolysierten mit Salzsäure und bestimmten das Kohlehydrat nach BERTRAND-GREINER.

Ihre Erfahrungen über den Gehalt des Zentralnervensystems vom Frosch und über seine Änderungen im Lauf der Jahreszeiten sind oben wiedergegeben.

Die Reindarstellung des Cerebrosidgemenges und seine Aufteilung in die einzelnen Glieder der Reihe ist eine schwere Aufgabe. Wegen aller Einzelheiten muß auf die ausführlichen Mitteilungen von THIERFELDER und von MACLEAN[3] verwiesen werden. Hier sei nur erwähnt, daß die frische oder durch Kochen mit Barytlösung von Phosphatiden befreite Gehirnmasse mit Alkohol extrahiert wird. Der beim Erkalten ausfallende Niederschlag (Protagon) wird aus chloroformhaltigem Methylalkohol umkrystallisiert und durch eine Zinkfällung von den letzten Phosphatidspuren befreit. Bei erneutem Umkrystallisieren scheiden sich die Cerebroside an der Oberfläche des Lösungsmittels in harten Krusten aus, die phosphorfrei sein müssen.

Den Nachweis von Cerebrosiden führt man am besten, indem man die durch Chloroform aus dem Untersuchungsmaterial extrahierbaren Substanzen durch 20 stündiges Erhitzen mit 0,75% Salzsäure hydrolysiert und in der alkalisierten Flüssigkeit den reduzierenden Zucker durch FEHLINGsche Lösung nachweist[4]. Das Verfahren, das im wesentlichen mit dem von WINTERSTEIN und HIRSCHBERG (s. oben) identisch ist, ist von NOLL für quantitative Zwecke empfohlen worden.

Von den zahlreichen Präparaten, die als individuelle Glieder der Cerebrosidreihe angesprochen worden sind, sind nur drei mit Sicherheit rein erhalten und genau untersucht worden: das Phrenosin, Kerasin und Nervon. Sie dürften in weniger reinem Zustande auch im Cerebrin, d-Cerebrin, Pseudo- und Homocerebrin der Literatur vorgelegen haben.

Die Cerebroside unterscheiden sich chemisch nur durch die Natur der in ihnen enthaltenen Fettsäure, physikalisch durch ihre Löslichkeit und ihr optisches Verhalten.

Phrenosin (Cerebron). Zur Darstellung von Phrenosin wird die weiße Krystallisation aus alkoholischen Gehirnextrakten mit der 25fachen Menge kaltgesättigten Barytwassers fein verrieben und 80 Minuten im Wasserbade erhitzt, nach dem Erkalten der Niederschlag barytfrei gewaschen, durch kaltes Aceton entwässert und mit siedendem Aceton mehrfach extrahiert. Die aus den ersten Extrakten erhaltene phosphorfreie Substanz wird in der 70fachen Menge Alkohol gelöst und über Nacht bei 29° aufbewahrt, wobei fast reines Phrenosin ausfällt

---

[1] SMITH, L. u. W. MAIR: Quantitive analysis of tissue lipoids. J. of Path. **16**, Proc. 131 (1911).

[2] ROSENHEIM, O.: The galactosides of the brain. Biochemic. J. **10**, 142 (1916).

[3] THIERFELDER: Die Cerebroside. Handb. d. physiol. Arbeitsmethoden Bd. I/6, S. 145 (1922). — MACLEAN, H.: Lecithin and allied substances. London: Longmans, Green a. Co. 1918.

[4] NOLL, A.: Über die quantitativen Beziehungen des Protagons zum Nervenmark. Hoppe-Seylers Z. **27**, 370 (1899).

(THIERFELDER). ROSENHEIM[1] trennt das Cerebrosidgemenge, indem er es bei 56° mit 90 proz. Aceton auslaugt und bei 37° krystallisieren läßt. Das Phrenosin scheidet sich aus und wird der weiteren Reinigung durch Umkrystallisieren aus Chloroform-Eisessig und Chloroform-Aceton zugeführt. Auch Pyridin läßt sich zur Reinigung verwenden.

Die Einheitlichkeit des Phrenosins erkennt man daran, daß es sich beim Erwärmen mit einer zur Lösung unzureichenden Menge von reinem oder mit 10% Chloroform versetztem Methylalkohol in kurzer Zeit in schöne Krystalle umwandelt[2].

Sehr charakteristisch und zur Erkennung geeignet ist das optische Verhalten der Cerebroside. Aus einer 10 proz. Lösung in Pyridin krystallisieren sie beim Erkalten in Sphärolithen, die unter dem Mikroskop kaum sichtbar sind, da sie nahezu denselben Brechungsindex besitzen, wie das Pyridin. Unter dem Polarisationsmikroskop sind sie dagegen gut sichtbar, und bei Einschiebung des Gipsblättchens mit Rot I in diagonaler Stellung der Achse zu den Polarisationsebenen der gekreuzten Nicols sieht man die Krystalle in Quadranten geteilt, von denen die gegenüberliegenden blau bzw. gelb gefärbt sind. Beim Phrenosin liegen die blauen Quadranten oben rechts und unten links[1].

Das ohne besondere Vorsichtsmaßregeln aus den üblichen Lösungsmitteln krystallisierte Phrenosin zeigt unter dem Mikroskop rundliche, leicht anisotrope Massen von mehr oder weniger einheitlichem Aussehen. In völlig geschmolzenem Zustand sind sie im Polarisationsmikroskop bei gekreuzten Nicols nicht sichtbar. Beim Abkühlen schießen nadelartige, doppelbrechende flüssige Krystalle an, wie sie auch aus den Lösungen zunächst herauskommen. Die Überführung in echte Krystalle wurde zuerst von WÖRNER und THIERFELDER[3], später mit verbesserter Technik von LOENING und THIERFELDER[2] erzielt (s. oben). Sie besteht in einer Wiederauflösung der flüssigen und Ausscheidung der echten Krystalle, die ein cholesterinähnliches Aussehen haben. Man kann sie direkt beim Abkühlen einer Lösung erzielen, wenn man eine 2 proz. Lösung von Phrenosin in 85 proz. Alkohol in einer mit Watte verschlossenen unversilberten DEWARschen Flasche abkühlen läßt. Bei 65° erscheinen die ersten Krystalle, bei 61° ist die ganze Flüssigkeit von ihnen erfüllt. Die Krystalle, die nach dem Absaugen und Trocknen eine silberig glänzende, verfilzte Masse darstellen, enthalten nach ROSENHEIM 1 Mol. Wasser mehr als das gewöhnliche Phrenosin und geben es nicht im Vakuum, sondern erst bei 105° ab, während THIERFELDER[4] bei ganz reinen Präparaten diesen Unterschied nicht feststellen konnte.

Im Schmelzröhrchen rasch erhitzt gehen die Phrenosinkrystalle bei 130° in den flüssig-krystallinischen Zustand über, während die Klärung bei 212 bis 215° unter Abnahme der Viscosität stattfindet[3,5]. Bei gelindem Erwärmen mit Wasser schwellen die rundlichen Massen des amorphen Phrenosins leicht an und überziehen sich mit Nadeln, die allmählich in die sog. Myelinformen übergehen. Diese färben sich mit Methylenblau und nehmen auch andere Anilinfarben auf[6].

---

[1] ROSENHEIM, O.: The cerebrosids of the brain. Biochemic. J. **8**, 110 (1914).
[2] LOENING, H. u. H. THIERFELDER: Über das Cerebron. Hoppe-Seylers Z. **68**, 464 (1910).
[3] WÖRNER, E. u. H. THIERFELDER: Untersuchungen über die chemische Zusammensetzung des Gehirns. Hoppe-Seylers Z. **30**, 542 (1900).
[4] THIERFELDER, H.: Untersuchungen über die Cerebroside des Gehirns. Hoppe-Seylers Z. **85**, 35 (1913).
[5] SMITH, L. u. W. MAIR: The influence of glycerin on the clearing point of cholesterin and cerebrosides. J. of Path. **15**, 122 (1910). — LAPWORTH, A.: The isolation of cerebrone. J. chem. Soc. **103**, 1029 (1913).
[6] SMITH L. u. W. MAIR: Zitiert s. oben Anm. 5. — KAWAMURA, R.: Die Cholesterinesterverfettung. Jena: Fischer 1912. — ROSENHEIM: Zitiert s. oben Anm. 1 (mit LEHMANN).

Phrenosin dreht die Ebene des polarisierten Lichtes nach rechts. Der Betrag der Drehung ist stark abhängig von der Art des Lösungsmittels und der Konzentration. In 5proz. Lösung in Chloroform-Methylalkohol 3:1 fanden THIERFELDER[1] und ROSENHEIM[2] übereinstimmend denselben Wert von $+7,4°$ bei $40—50°$.

In Berührung mit konzentrierter Schwefelsäure gibt das Phrenosin zuerst gelbe, dann rote Farbentöne. Beim Kochen mit Essigsäure und Natriumacetat nimmt es 6 Acetylgruppen auf und geht in Hexaacetylphrenosin über, das aus Methylalkohol in körnig-krystallinischen Massen vom Schmelzpunkt $41—43°$ herauskommt und die spezifische Drehung $—3°$ in 10proz. Lösung von Chloroform-Methylalkohol besitzt. In allen organischen Lösungsmitteln ist es leicht löslich[3]. Von weiteren Substitutionsprodukten sind dargestellt: das Benzoylphrenosin aus Phrenosin und Benzoylchlorid in Pyridin, Schmelzpunkt $65—66°$, $(\alpha)_D^{20} = +21,20°$; das Cinnamoylphrenosin, Schmelzpunkt $66—70°$, $(\alpha)_D^{20} = +21,70°$ endlich das p-Nitrophenylphrenosin vom Schmelzpunkt $94—96°$ [4].

Durch methylalkoholische Barytlösung wird das Phrenosin aus methylalkoholischer Lösung in der Wärme als voluminöser weißer Niederschlag gefällt, der durch Kohlensäure wieder zerlegt wird. In Benzol suspendiert, nimmt es 2 Atome Brom auf und liefert das in Benzol leicht, in Äther schwerer lösliche Dibromphrenosin[5].

Der Stickstoff des Phrenosins wird durch salpetrige Säure nicht in Freiheit gesetzt, ist also nicht in einer primären Aminogruppe enthalten[6].

Zur Hydrolyse der Cerebroside empfahlen LEVENE und MEYER[7] die Erhitzung mit 3proz. Schwefelsäure während 24 Stunden im Schüttelofen auf $105°$, nachdem schon THUDICHUM Salzsäure und Schwefelsäure zur Spaltung von Cerebrosiden benutzt hatte. THIERFELDER erhitzt das Phrenosin in Portionen von je 3 g mit 10proz. methylalkoholischer Schwefelsäure auf dem Wasserbade unter Rückflußkühlung während 3—4 Stunden. Beim Abkühlen der Flüssigkeit entsteht ein farbloser Niederschlag, der aus Cerebronsäure und ihrem Methylester besteht, während in der ebenfalls farblosen Lösung Galaktose sowie die Sulfate von Sphingosin und Dimethylsphingosin enthalten sind.

Auf enzymatischem Wege ist die Spaltung des Phrenosins bis jetzt nicht gelungen, Pankreaslipase und Emulsin lassen es unangegriffen[8]. Bei der Passage durch den Organismus des Hundes soll dagegen Sphingosin abgespalten und mit dem Harn abgeschieden werden[9].

Von den Spaltstücken des Phrenosins wurde der reduzierende Zucker zuerst von THUDICHUM in krystallisierter Form erhalten, nachdem schon BAEYER und LIEBRICH in dem „Protagon" eine Glucosidbindung angenommen hatten[10]. Die

---

[1] THIERFELDER, H.: Untersuchungen über die Cerebroside des Gehirns. Hoppe-Seylers Z. **91**, 107 (1914).
[2] ROSENHEIM, O.: The cerebrosides of the brain. Biochemic. J. **10**, 142 (1916).
[3] THIERFELDER, H.: Untersuchungen über die Cerebroside des Gehirns. Hoppe-Seylers Z. **89**, 248 (1914).
[4] LEVENE, P. A. u. C. J. WEST: Cerebrosides IV. J. of biol. Chem. **31**, 635 (1917).
[5] KOSSEL, A. u. FR. FREYTAG: Über einige Bestandteile des Nervenmarks. Hoppe-Seylers Z. **17**, 451 (1893).
[6] LEVENE, P. A. u. W. A. JACOBS: On the cerebrosides of brain tissue. J. of biol. Chem. **12**, 389 (1912).
[7] LEVENE, P. A. u. MEYER: On sphingosine. J. of biol. Chem. **31**, 627 (1917).
[8] THIERFELDER, H.: Über das Cerebron. Hoppe-Seylers Z. **44**, 366 (1905).
[9] SHIMIZU, T.: Verhalten des Phrenosins im Tierkörper. Biochem. Z. **117**, 263 (1921).
[10] BAEYER, A. u. O. LIEBREICH: Das Protagon ein Glykosid. Virchows Arch. **39**, 183 (1867).

Identität der von THUDICHUM als Cerebrose bezeichneten Verbindung mit d-Galaktose wurde 1890 durch THIERFELDER erwiesen[1].

Der basische Baustein des Phrenosins ist das Sphingosin.

Über den letzten Baustein des Phrenosins, die Fettsäure, besteht noch keine volle Klarheit. THUDICHUM, der sie zuerst isolierte[2], sah in ihr ein Isomeres der Stearinsäure und nannte sie Neurostearinsäure. Später legte THIERFELDER die Formel $C_{25}H_{50}O_3$ fest, nach der eine Oxysäure vorliegt, und gab ihr den Namen Cerebronsäure, an deren Stelle von englischen Autoren Phrenosinsäure gesetzt wurde. Als Schmelzpunkt fand THIERFELDER 106—108°, während THUDICHUM 84—85° angegeben hatte. Die Ursache dieser Differenz stellten LEVENE und JACOBS fest[3], die zeigten, daß im Phrenosin ursprünglich eine optisch aktive Säure vom Schmelzpunkt 106—108° und der spezifischen Drehung +4,16° vorhanden ist, die sich aber bei der Spaltung leicht racemisiert und dann den Schmelzpunkt 82—84° zeigt. Dieser Ansicht hat sich allerdings THIERFELDER nicht angeschlossen, vielmehr steht sein Schüler BRIGL[4] auf dem Standpunkt, daß im Phrenosin zwei Fettsäuren präformiert sind, von denen die eine der von THUDICHUM, die andere der von LEVENE und JACOBS beschriebenen gleicht. In der Tat liefert Phrenosin je nach den Bedingungen der Spaltung Säuren von verschiedenen Eigenschaften[5], es genügt aber nach den Erfahrungen BRIGLS schon bloßes Erhitzen im Toluolbad, um den Schmelzpunkt der Säure um viele Grade herabzudrücken.

Bei der Oxydation mit Kaliumpermanganat liefern beide Säuren die gleiche Fettsäure $C_{24}H_{48}O_2$, die in ihren Eigenschaften und denen ihrer Derivate mit der Lignocerinsäure übereinstimmt. Für diese wurde früher die normale Konstitution angenommen, nach neueren Untersuchungen von MEYER, BROD und SOYKA[6] scheint es indessen, daß ihr eine verzweigte Kette zukommt. Dementsprechend nehmen LEVENE und seine Schüler auch für die Phrenosinsäure eine solche an, während THIERFELDER und BRIGL sich für die Annahme einer normalen Struktur aussprechen. Die endgültige Entscheidung zwischen beiden Auffassungen wird nicht leicht zu erbringen sein, da bei den hochmolekularen Körpern die zur Identifikation benutzten Eigenschaften nur noch geringe Unterschiede aufweisen.

Die Phrenosinsäure ist eine schneeweiße, leicht pulverisierbare Masse, die sich in Äther und warmem Alkohol löst und aus diesem in blumenkohlartigen Massen aus unregelmäßigen Sphärokrystallen herauskommt. Sie zeigt im Polarisationsmikroskop bei Einschaltung der Gipsplatte mit Rot I die gleichen Erscheinungen, wie das Phrenosin selber.

Mit Essigsäureanhydrid liefert sie ein Acetylderivat und mit Chloral als α-Oxysäure ein Chloralid[4].

Die Bruttoformel des Phrenosins ist nach THIERFELDER $C_{48}H_{93}O_9N$, mit der auch die neueren, an sehr reinem Material ausgeführten Analysen von

---

[1] THIERFELDER, H.: Über die Identität des Gehirnzuckers mit Galaktose. Hoppe-Seylers Z. **14**, 209 (1890).

[2] THUDICHUM, J. L. W.: Researches on nonphosphoric group of nitrogenised principles of the brain. Ann. of Chem. **2**, 1 (1881).

[3] LEVENE, P. A. u. W. A. JACOBS: On cerebronic acid. J. of Biochem. **12**, 381 (1912).

[4] BRIGL, P.: Synthetische Beiträge zur Kenntnis der Cerebronsäure. Hoppe-Seylers Z. **95**, 161 (1915).

[5] LEVENE, P. A. u. C. J. WEST: Relations of cerebronic and lignoceric acids. J. of biol. Chem. **26**, 115 (1916).

[6] MEYER, H., L. BROD u. W. SOYKA: Über die Lignocerinsäure. Mh. Chem. **34**, 113 (1913).

ROSENHEIM übereinstimmen[1]. Danach sind in ihm je 1 Mol. der drei Spaltstücke unter Abspaltung von 2 Mol. Wasser vereinigt. Mit einiger Wahrscheinlichkeit kann auch der Ort dieser Bindungen angegeben werden. Die Oxygruppe der Fettsäure ist frei, da das Phrenosin eine Acetylgruppe mehr aufnimmt, als das Kerasin (s. unten), das sich von ihm durch das Fehlen eben einer Oxygruppe in seiner Fettsäure unterscheidet[2]. Die Aminogruppe des Sphingosins ist dagegen besetzt, da ihr Stickstoff, wie oben (S. 54) erwähnt, durch salpetrige Säure nicht in Freiheit gesetzt wird. Da das Phrenosin weder saure, noch basische Eigenschaften besitzt, scheint es, daß Fettsäure und Sphingosin durch eine CONH-Bindung miteinander verknüpft sind (THIERFELDER). Aus der Tatsache, daß bei der Methylalkoholyse von Phrenosin neben freiem Sphingosin auch sein Methyläther entsteht, schließen sowohl THIERFELDER wie auch ROSENHEIM auf eine Beteiligung der Hydroxyle der Base an der Verknüpfung der Bausteine[3]. Das eine von ihnen scheint mit der Galaktose in β-Glucosidbindung zu stehen, da deren Aldehydgruppe besetzt ist. Das andere könnte anhydridartig mit dem Hydroxyl der Oxysäure verbunden sein (ROSENHEIM). Die krystallisierte Form würde das dann Anhydrid, die amorphe das Hydrat darstellen. Zu dieser Auffassung stimmen indessen THIERFELDERS Analysen nicht, nach denen beiden Formen die wasserärmere Formel zukommt.

ROSENHEIM hat auf Grund dieser verschiedenen Daten die folgende Formel aufgestellt:

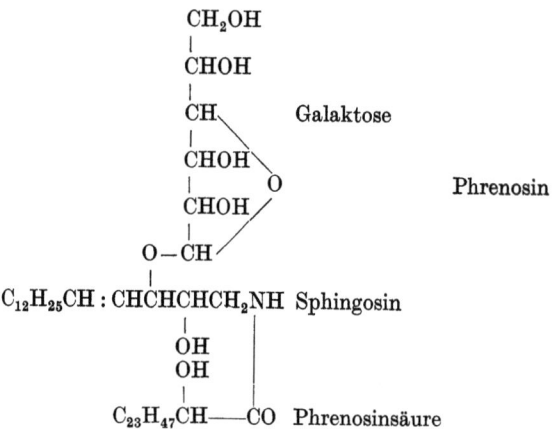

Sie muß allerdings noch durch Darstellung und Untersuchung von Produkten der partiellen Hydrolyse gestützt werden, wie sie anscheinend schon THUDICHUM in seinem Psychosin in der Hand gehabt hat und wie sie neuerdings auch THIERFELDER durch milde Hydrolyse unter Abspaltung von Galaktose erhalten hat[4].

Kerasin. Aus den Acetonmutterlaugen der Phrenosinfraktion scheidet sich bei 24stündigem Stehen im Eisschrank die Kerasinfraktion als milchig-gelatinöse

---

[1] THIERFELDER, H.: Über das Cerebron. Hoppe-Seylers Z. **44**, 366 (1905). — ROSENHEIM, O.: Zitiert auf S. 54.

[2] THIERFELDER, H.: Untersuchungen über die Cerebroside des Gehirns. Hoppe-Seylers Z. **89**, 248 (1914).

[3] THIERFELDER, H.: Untersuchungen über die Cerebroside des Gehirns. Hoppe-Seylers Z. **89**, 248 (1914). — ROSENHEIM, O.: Internat. Congr. of Med., sect. 2, Teil 2, S. 123 (1913). The Constitution of phrenosin. Biochemic. J. **10**, 142 (1916).

[4] THIERFELDER, H.: Untersuchungen über die Cerebroside des Gehirns. Hoppe-Seylers Z. **89**, 236 (1914).

Masse ab. Sie wird in 4 Vol. Chloroform von 50° gelöst, mit 6 Vol. Eisessig von 60° versetzt und langsamer Abkühlung überlassen. Bei 37° scheidet sich manchmal noch eine Haut von Phrenosin ab, nach deren Entfernung die Flüssigkeit unterhalb von 26° gelatinös erstarrt. Die gleiche Art der Umlösung wird noch dreimal wiederholt, worauf die optische Probe die Einheitlichkeit des Präparats ergibt[1]. Zur Beseitigung der letzten Phrenosinspuren löst man in 10 Vol. Pyridin von 45° und fügt die gleiche Menge Aceton von 45° zu. Das bei 37° Krystallisierende wird beseitigt, die Behandlung mit dem Kerasin nochmals wiederholt und endlich aus 90proz. Aceton unter Zusatz von 2% Pyridin umkrystallisiert.

Das Kerasin wurde 1874 von THUDICHUM aus dem Phrenosin abgetrennt, dem es in seiner Zusammensetzung aus Galaktose, Sphingosin und Fettsäure sowie in der Art der Verknüpfung der Bausteine gleicht.

Es kommt aus seinen Lösungen in einer charakteristischen gelatinösen Form heraus, die unter dem Mikroskop als ein Gefüge von kleinen, aus sehr langen, feinen Nadeln bestehenden Kugeln erscheint. Sie binden große Mengen von Lösungsmittel. Aus absolutem Alkohol erhält man eine weiße, pulverisierbare Masse, aus wasserhaltigen Lösungsmitteln harte, wachsartige, schwer zu pulvernde Massen. Bei 28° bleibt 1 Teil in 238 Teilen Alkohol gelöst und scheidet sich unterhalb dieser Temperatur langsam aus (THUDICHUM).

Die Analysen des Kerasins ergaben die Bruttoformel $C_{47}H_{91}O_8N$. Es enthält 1 Mol. Krystallwasser, das auch im Vakuum über konzentrierter Schwefelsäure nicht abgegeben wird. Beim Erwärmen geht es zunächst bei 100° in den flüssig-krystallinischen Zustand über und klärt sich um 180° zu einer isotropen Flüssigkeit. Beim Erwärmen mit Wasser bildet es Myelinformen, die sich mit Methylenblau nur schwach färben.

Kerasin dreht die Ebene des polarisierten Lichtes nach links, gleich dem Phrenosin in starker Abhängigkeit von der Natur des Lösungsmittels, Konzentration und Temperatur. Die 10proz. Lösung in Pyridin ergibt bei 18° ein $(\alpha)_D$ von $-2{,}50°$, bei 25° von $-3{,}71°$, eine 10proz. Lösung in Chloroform mit 10% Pyridin bei 50° $-5{,}08°$ [1].

Beim Befeuchten mit konzentrierter Schwefelsäure zeigt das Kerasin die gleichen gelben und roten Farbenerscheinungen wie das Phrenosin. Durch methylalkoholische Barytlösung wird es aus methylalkoholischer Lösung gefällt. Beim Kochen mit Essigsäureanhydrid und wasserfreiem Natriumacetat nimmt es nur 5 Acetylgruppen auf. Das entstehende Produkt ist weniger löslich in Methylalkohol als das Hexaacetylphrenosin[2]. In benzolischer Lösung addiert es 2 Atome Brom.

Die Acetylverbindung ist von THIERFELDER[2] und LEVENE und WEST[3] dargestellt, sie schmilzt bei 54—56° und dreht in Chloroform-Methylalkohol von 20° um 16,46° nach links.

Beim Erhitzen mit methylalkoholischer Schwefelsäure im Wasserbade wird das Kerasin gespalten. Die erhaltenen Produkte sind bis auf die Fettsäure die gleichen wie beim Phrenosin. Diese, die von THIERFELDER[4] zuerst dargestellt wurde, besitzt die Formel $C_{24}H_{48}O_2$ und ist nach den Untersuchungen von LEVENE und von ROSENHEIM[5] identisch mit Lignocerinsäure.

---

[1] ROSENHEIM, O.: The cerebrosids of the brain. Biochemic. J. **8**, 110 (1914).
[2] THIERFELDER, H.: Untersuchungen über die Cerebroside des Gehirns. Hoppe-Seylers Z. **89**, 248 (1914).
[3] LEVENE, P. A. u. C. J. WEST: Cerebrosides IV. J. of biol. Chem. **31**, 635 (1917).
[4] THIERFELDER, H.: Untersuchungen über die Cerebroside des Gehirns. Hoppe-Seylers Z. **85**, 35 (1913).
[5] LEVENE, P. A.: On the cerebrosides of human brain. J. of biol. Chem. **15**, 359 (1913).
— ROSENHEIM, O.: A. a. O. Biochemic. J. **10**, 142 (1916).

Die Verknüpfung der einzelnen Bausteine und damit auch die Strukturformel dürfte eine ähnliche sein wie beim Phrenosin.

Nervon. FRÄNKEL und KAFKA hatten in dem Petrolätherauszug von entwässertem, durch Aceton von Cholesterin befreitem Gehirn eine Substanz gefunden, die aus Alkohol durch schwach ammoniakalische Bleizuckerlösung gefällt wurde[1] und sich nach Entfernung des Bleis aus heißem Aceton umkrystallisieren ließ. Eine nähere Untersuchung des mit ganz unwesentlichen Modifikationen dargestellten Körpers durch KLENK[2] in THIERFELDERS Laboratorium ergab, daß die Substanz ein neues Cerebrosid ist, dem der Name Nervon gegeben wurde. Die Einzelheiten der Darstellung sind in der Arbeit von KLENK genau beschrieben. Nach fraktionierter Krystallisation aus Chloroform-Methylalkohol scheidet sich das Nervon aus seinen Lösungen als zusammenhängende Masse ab, die die ganze Flüssigkeit erfüllt. Die krystallinische Struktur ist schon makroskopisch zu erkennen, mikroskopisch liegen feinste Nädelchen vor, die von einem Punkt radiär ausstrahlen und große Rosetten bilden. Das Nervon zeigt die Gipsplattenprobe von ROSENHEIM. Diejenigen Nadeln, deren Längsrichtung der Achse der Gipsplatte parallel laufen, sind blau gefärbt (wie beim Phrenosin). Bei 180° schmilzt das Nervon zu einer klaren Flüssigkeit, nachdem es schon lange vorher halbflüssig geworden ist. Nach den analytischen Daten besitzt es die Formel $C_{47}H_{89}O_8N$. Der Mindergehalt an Wasserstoff gegenüber dem Kerasin ist auf eine doppelte Bindung in der Fettsäure zurückzuführen. Dementsprechend addiert das Nervon Halogen und die reinsten Präparate besaßen die Jodzahl 63,2 (ber. für eine Doppelbindung 63,8). Die spezifische Drehung eines nicht ganz reinen Präparates (Jodzahl 61) wurde in 9,456proz. Lösung zu $(\alpha)_D^{16} = -4,33°$ gefunden.

Bei der Spaltung mit methylalkoholischer Schwefelsäure werden Galaktose und Sphingosinsulfat und daneben eine anscheinend neue Säure $C_{24}H_{46}O_2$ in teilweise verestertem Zustand erhalten. Die Säure, die den Namen Nervonsäure erhielt, schmolz bei 41° und besaß die Jodzahl 68 (ber. 69,2). Die Nervonsäure löst sich leicht in kaltem Alkohol, Äther und Aceton und läßt sich aus den beiden letzten Mitteln leicht umkrystallisieren. Das Natriumsalz ist in heißem Alkohol löslich und fällt beim Erkalten aus. Das Bleisalz löst sich in kaltem Äther schwer, in warmem etwas leichter. Durch salpetrige Säure wird die Nervonsäure in ein schwerer lösliches Isomeres vom Schmelzpunkt 61° umgewandelt. Ihren Eigenschaften nach paßt sich die Säure gut in die Reihe der ungesättigten Fettsäuren ein.

Die Sulfatide. Schon THUDICHUM[3] hatte aus menschlichen Gehirnen Lipoidfraktionen isoliert, die neben Phosphor auch Schwefel enthielten, und hatte danach die Gegenwart von Sulfatiden angenommen, Stoffen, die Schwefelsäure in ähnlicher Funktion enthalten sollten, wie sie in den Phosphatiden die Phosphorsäure besitzt. Später gelang KOCH[4] eine weitergehende Reinigung dieser Fraktion und nach seinen Analysen und den Ergebnissen der hydrolytischen Spaltung nahm er an, daß in seinem Phosphosulfatid je ein Cerebrosid- und Phosphatidmolekül durch Schwefelsäure zusammengefügt seien. LEVENE[5] teilte dagegen mit, daß er aus Rindergehirn ein phosphorfreies Sulfatid gewonnen habe, das lipoidähnliche Eigenschaften besaß, bei 210° schmolz und rechtsdrehend war.

---

[1] FRÄNKEL, S. u. F. KAFKA: Zitiert auf S. 50.

[2] THIERFELDER, H. u. E. KLENK: Versuche zur Darstellung des glucosaminhaltigen Phosphatids von FRÄNKEL und KAFKA. Hoppe-Seylers Z. **145**, 221 (1925). — KLENK, E.: Über ein neues Cerebrosid des Gehirns. Ebenda S. 244.

[3] THUDICHUM: Chemische Konstitution des menschlichen Gehirns. S. 176. 1901.

[4] KOCH, W.: Zur Kenntnis der Schwefelverbindungen des Nervensystems. Hoppe-Seylers Z. **53**, 496 (1907).

[5] LEVENE, P. A.: The sulphatide of the brain. J. of biol. Chem. **13**, 463 (1912).

Seine Angaben sind bis jetzt nicht so weit ergänzt, daß die Substanz als chemisch vollständig charakterisiert gelten könnte.

Dagegen teilten neuerdings FRÄNKEL[1] und seine Schüler mit, daß sie zwei Substanzen aus menschlichem Hirn isoliert hätten, die gleichzeitig Schwefel und Phosphor im Verhältnis 1:1 enthielten. Sie fanden sich in dem barytfällbaren Anteil des Protagons und wurden aus den Barytsalzen durch Extraktion mit Benzol abgetrennt. Der Rückstand der benzolischen Lösung ließ sich durch Extraktion mit Petroläther in einen löslichen und einen unlöslichen Anteil scheiden, von denen der erstere bei der Zersetzung mit Salzsäure eine Hirnsäure, der unlösliche Anteil eine „Hypohirnsäure" hinterließ. Der Hirnsäure wird die Formel $C_{93}H_{191}N_3SPO_{18}$ zugeschrieben. Der Schwefel- und Phosphorgehalt dieser Substanz stimmt ziemlich genau mit den von KOCH erhaltenen Zahlen überein. Die Hypohirnsäure soll die Formel $C_{101}H_{152}N_3PSO_{26}$ besitzen. Die Hirnsäure schmilzt bei 153°, nachdem sie sich von 150° an gebräunt hat, und liefert bei der Spaltung Cerebronsäure, Colamin, Glycerin, Phosphorsäure und Schwefelsäure. Die Hypohirnsäure ist rein weiß und von mikrokrystallinischer Struktur. Unter dem Mikroskop zeigt sie radiär angeordnete Nadeln, die zwischen gekreuzten Nicols deutlich aufleuchten. Schmelzpunkt 196°. Die Spaltung ergab, daß aller Stickstoff in Form von Colamin vorliegt, daß Glycerin in Mengen vorhanden ist, die über die von Phosphorsäure und Schwefelsäure gebundene Menge hinausgeht und daß eine Fettsäure vorliegt, die bei 161° schmilzt und von den Autoren als eine Oxydecansäure angesehen wird.

Protagon. Fast alle bisher genannten lipoiden Hirnbestandteile sind aus dem sog. Protagon dargestellt. Schon aus den kurzen Angaben, die über ihre Isolierung gemacht werden konnten, geht hervor, wie schwer es ist, z. B. die Cerebroside voneinander und von den Phosphatiden zu trennen. So ist es denn kein Wunder, daß jenes Anfangsprodukt jahrzehntelang als chemische Verbindung gegolten hat. Im Jahre 1812 hatte VAUQUELIN[2] beobachtet, daß sich aus alkoholischen Extrakten des Gehirns beim Abkühlen eine weiße Kristallisation abscheidet und sie als „substance blanche" bezeichnet. 1865 lenkte LIEBREICH die allgemeine Aufmerksamkeit auf diesen Stoff, indem er ihn als die Muttersubstanz aller fettähnlichen Hirnbestandteile bezeichnete und ihm den anspruchsvollen Namen Protagon gab[3]. Seitdem ist bis in die neueste Zeit ein heftiger Kampf um die Frage geführt worden, ob in dem Protagon eine einheitliche chemische Verbindung oder bloß ein schwer trennbares Gemisch verschiedener Individuen vorliegt. Eine ausführliche Darstellung dieses wechselvollen Meinungsstreites gibt MAC LEAN[4]. Für die chemische Einheitlichkeit des Protagons haben sich nach LIEBREICH vor allem noch GAMGEE und BLANKENHORN sowie CRAMER und seine Schule[5] eingesetzt, während die Mehrzahl der Forscher, unter ihnen HOPPE-SEYLER, DIACONOW, THUDICHUM, v. GORUP-BESANEZ und THIERFELDER[6] den entgegengesetzten Standpunkt vertraten.

---

[1] FRÄNKEL, S. u. O. GILBERT: Über Phosphosulfatide aus Gehirn. Biochem. Z. **124**, 206 (1921). — FRÄNKEL, S. u. O. KARPFEN: Über Hypohirnsäure. Ebenda **157**, 414 (1925).
[2] VAUQUELIN: Analyse de la matière cérebrale. Ann. de Chim. **81**, 37 (1812).
[3] LIEBREICH, O.: Über die chemische Beschaffenheit der Gehirnsubstanz. Liebigs Ann. **134**, 29 (1865).
[4] MAC LEAN, H.: Lecithin and allied substances. S. 120ff. London 1918.
[5] GAMGEE u. BLANKENHORN: Über Protagon. Hoppe-Seylers Z. **3**, 260 (1879). — CRAMER, W.: On protagon. J. of Physiol. **31**, 30 (1904). — Quart. J. exper. Physiol. **3**, 129 (1910).
[6] HOPPE-SEYLER, F.: Med.-chem. Unters. **1**, 162; **2**, 215 (1866/67). — DIACONOW: Entstehungsart der Phosphate. Zbl. med. Wiss. **1867**, 673. — THUDICHUM: Zitiert auf S. 58 (S. 49). — WÖRNER, E. u. H. THIERFELDER: Untersuchungen über die chemische Zusammensetzung des Gehirns. Hoppe-Seylers Z. **30**, 542 (1900).

Die Entscheidung brachten die Arbeiten von POSNER und GIES sowie von ROSENHEIM und TEBB[1], nach denen das Protagon als ein Gemisch von Cerebrosiden und Phosphatiden, vor allem den jenen in der Löslichkeit so ähnlichen Sphingomyelin, aufzufassen ist. Diese Bestandteile sind, trotzdem sie in reichlicher Menge freie, verbindungsfähige Gruppen enthalten, nicht chemisch miteinander verkettet, sondern lediglich schwer trennbare Gemische von der Art der Margarinsäure oder des rohen Phytosterins[2]. Auf diese Weise erklärt es sich, daß es möglich ist, das Protagon ohne Änderung seiner Zusammensetzung mehrmals umzukrystallisieren. Unter ganz ähnlichen Bedingungen aber, die jede chemische Zersetzung, insbesondere die hydrolytische Lösung einer Bindung ausschließen, wird es durch bloße Lösungsmittel in seine Komponenten zerlegt. Die Bezeichnung Protagon wird deshalb besser nur noch für die oben bezeichnete Fraktion oder für gewisse, morphologisch sichtbar zu machende Gebilde verwendet.

4. Anorganische Bestandteile des Gehirns.

Die Ermittlung der anorganischen Bestandteile macht beim Gehirn größere Schwierigkeiten als bei anderen Organen und Geweben. Bei diesen geht man gewöhnlich so vor, daß man die frische oder vorgetrocknete Substanz unter geeigneten Vorsichtsmaßregeln verglüht und den Rückstand wägt. Man benutzt ihn dann zur Charakterisierung und quantitativen Bestimmung der einzelnen Elemente. Bei diesem Verfahren entstehen kleine Fehler dadurch, daß der Phosphor und Schwefel der organischen Substanzen mitbestimmt wird. Sie fallen aber meist deshalb nicht schwer ins Gewicht, weil der Schwefel- und Phosphorgehalt der Eiweißkörper klein ist und Phosphatide zwar nie fehlen, aber im Vergleich zu der Nervensubstanz doch meist nur in kleiner Menge zugegen sind. Geht man bei der Nervensubstanz in dieser Weise vor, so erhält man für die Gesamtasche dadurch zu hohe Zahlen, daß die verhältnismäßig sehr großen Mengen von organisch gebundenem S und P mitbestimmt werden, und in noch viel höherem Grade ist das bei den Werten für diese beiden Elemente selber der Fall. Man hat deshalb schon frühzeitig versucht[2], die Aschebestimmung nach Entfernung der organischen P- und S-haltigen Verbindungen durch Extraktion vorzunehmen. Dabei macht man aber den entgegengesetzten Fehler, da die Phosphatide nach mehrfacher Passage durch neutrale organische Lösungsmittel noch anorganische Bestandteile enthalten, die nicht in ihrem Molekül verankert sind. W. und M. L. KOCH[3] haben den wasserlöslichen Schwefel und Phosphor bestimmt und insbesondere auf seinen prozentischen Anteil am Gesamtphosphor und -schwefel geachtet. Es ist somit die Möglichkeit gegeben, aus den nach dem gewöhnlichen Verfahren vorgenommenen Aschenanalysen die anorganische Schwefelsäure und Phosphorsäure in einiger Annäherung zu errechnen.

Den Gehalt des Gesamthirns an Asche fand FORSTER zu 1,58%, MASUDA[4] zu 1,47% der frischen Substanz. In ihr sind nachgewiesen die Kationen Natrium, Kalium, Lithium[5], Calcium, Magnesium, Eisen, Mangan und nach THUDICHUM[6] Kupfer, von Anionen Chlor, Phosphat und Sulfat nachgewiesen.

---

[1] POSNER, E. R. u. W. J. GIES: I° protagon a mechanical mixture or a chemical compound? Amer. J. Physiol. 13, 35 (1905) — J. of biol. Chem. 1, 59 (1905). — ROSENHEIM, O. u. CHR. TEBB: The non-existence of protagon as a chemical compound. J. of Physiol. 36, 1 (1907).
[2] GEOGHEGAN, F.: Über die anorganischen Gehirnsalze. Hoppe-Seylers Z. 1, 335 (1878).
[3] KOCH, W. u. M. L.: Chemical differentiation of central nervous system. J. of biol. Chem. 31, 395 (1917).
[4] FORSTER, J.: Versuch über die Aschebestandteile der Nahrung. Z. Biol. 9, 363 (1873). — MASUDA, N.: Beitrag zur Analyse des Gehirns. Biochem. Z. 25, 161 (1910).
[5] KEILHOLZ, A.: Nachweis einiger Metalle usw. Pharmaceut. Weekbl. 58, 1482 (1921).
[6] THUDICHUM, L.: Zitiert auf S. 58 (S. 271).

Frische Gehirnrindenmasse, auch frische und getrocknete Gehirnsubstanz binden Kalk und noch leichter Magnesium in einem Umfange, der mit der Wasserstoffzahl abnimmt. Sinkt diese unter 5,5, so findet im Gegenteil ein Herausdiffundieren von Erdalkaliionen statt[1]. Sind beide Ionenarten gleichzeitig in Berührung mit Hirnsubstanz, so setzen die des Calciums die Fixation von Magnesium noch in Konzentrationen herab, in denen sie selber nicht mehr aufgenommen werden[2].

Auch W. HEUBNER[3] macht darauf aufmerksam, daß die bei der akuten Calciumvergiftung auftretenden Vergiftungserscheinungen zum wesentlichsten Teil auf das Gehirn als Sitz der Funktionsstörungen hinweisen, und zwar scheint nicht die Großhirnrinde, sondern der Hirnstamm und das Kleinhirn der geschädigte Teil zu sein. HEUBNER fand denn auch, daß sich bei akut mit Calcium vergifteten Katzen einzelne Teile des Gehirns, Mittelhirn und Kleinhirn, kalkreicher erweisen als die übrigen.

Die Verteilung der einzelnen Elemente auf die verschiedenen histologischen Gebilde des Nervensystems hat man verschiedentlich mit Hilfe von mikrochemischen Verfahren zu verfolgen gesucht. So hat MACDONALD[4] durch Beladung der Nerven mit Silbernitrat, Belichtung und Behandlung mit einem photographischen Entwickler die Chloride, MAC CALLUM[5] schon früher durch essigsaure Kobaltnatriumnitritlösung das Kalium sichtbar zu machen gesucht. Mit Hilfe dieser Reaktionen hat man die gesuchten Elemente an vielen Stellen finden können. Ob aber die Schlüsse, die man aus dem verschieden starken oder negativen Ausfall der Proben gezogen hat, noch haltbar sind, bedürfte einer erneuten Prüfung unter Berücksichtigung der neueren Erfahrungen über die physikalische Chemie der Zellen und Membranen.

Der mikroskopische Nachweis des Eisens, das in chemisch bestimmbarer Menge überall vorhanden ist, mit Hilfe der Berlinerblau- oder $(NH_4)_2S$-Reaktion gelingt beim neugeborenen Menschen nicht, stellt sich dagegen nach Ablauf eines halben Jahres ein und nimmt bis zum Eintritt der Pubertät an Intensität zu. Am intensivsten wird er in den Gebilden, die physiologisch unter dem Begriff des extrapyramidal-motorischen Systems zusammengefaßt werden[6]. Die chemische Analyse nach dem NEUMANNschen Verfahren führt zu dem gleichen Ergebnis[7]. Bei Erkrankungen des Systems wurde die Stärke der Reaktion gesteigert gefunden[8].

Den Betrag des Gesamtphosphors, der als anorganisch angesehen werden kann, beziffern W. und L. M. KOCH[9] für das Corpus callosum auf 12,2%, für die intraduralen Nebenwurzeln auf 4,76% des Gesamtbetrages von 1,43% der Trockensubstanz. BAUMSTARK[10] setzt ihn für das Gesamthirn des Pferdes auf

---

[1] FREUDENBERG, E. u. P. GYÖRGY: Über Kalkbindung in tierischen Geweben. Biochem. Z. **110**, 299 (1920); **115**, 96; **118**, 50 (1921).

[2] STRANSKY, E.: Untersuchungen über Magnesiumsulfatnarkose. Arch. f. exper. Path. **78**, 120 (1915).

[3] HEUBNER, W.: Der Kalkgehalt von Organen kalkvergifteter Katzen. II. Biochem. Z. **156**, 171 (1925).

[4] MACDONALD, J. S.: Chlorides in nerve fibres. J. of Physiol. **36**, Proc. III u. XVI (1907).

[5] MACCALLUM, A. B.: Potassium in cells. J. of Physiol. **32**, 95 (1905).

[6] SPATZ, H.: Über den Eisennachweis im Gehirn. Z. Neur. **77**, 261 (1922). — MÜLLER, M.: Über ein physiologisches Vorkommen von Eisen im Zentralnervensystem. Ebenda S. 519.

[7] WUTH, O.: Über den Eisengehalt des Gehirns. Z. Neur. **84**, 474 (1923).

[8] GANS, A.: Iron in the brain. Brain **46**, 128 (1923).

[9] KOCH, W. u. M. L.: Chemical differentiation of the nervous system. J. of biol. Chem. **31**, 395 (1917).

[10] BAUMSTARK: Über eine neue Methode, das Gehirngemisch zu erforschen. Hoppe-Seylers Z. **9**, 145 (1885).

15—16% an. Den Gesamtschwefel fanden die Geschwister Koch an den bezeichneten Stellen zu 0,49% der Trockensubstanz, von welcher Menge der wasserlösliche Nichteiweißschwefel 13,66% ausmachte.

5. Die Extraktivstoffe der Nervensubstanz.

Unter den Extraktivstoffen der Nervensubstanz wurden festgestellt: d-Milchsäure, Inosit, Kreatin und Kreatinin, Harnsäure, Purinbasen und Cholin. Über das Vorkommen von Harnstoff gehen die Angaben auseinander, im normalen menschlichen Gehirn scheint er nicht in faßbaren Mengen vertreten zu sein. Größere Beachtung hat man nur dem Kreatin und Kreatinin geschenkt. Von letzterem enthält das Gehirn 50—53 mg%, die anscheinend gleichmäßig auf die verschiedenen Gebilde verteilt sind[1]. Gehirnsubstanz vermag bei 38° Kreatin mit etwa der halben Geschwindigkeit, wie Muskel, in Kreatinin umzuwandeln. Eine Zerstörung von Kreatinin findet nicht statt[2]. In den übrigen der angegebenen Extraktivstoffe wird man Zwischenprodukte des Stoffwechsels, vielleicht auch einer beginnenden Autolyse, sehen dürfen.

6. Fermente der Nervensubstanz.

Eine umfassende Untersuchung der Fermente des Zentralnervensystems nahmen English und Mac Arthur[3] vor. Sie fanden eine Lipase, die durch Wasser oder Glycerinwasser extrahiert werden kann, Mono- und Triacetin, nach Slowtzoff (s. unten) auch Mono- und Tributyrin sowie Triolein spaltet und auch auf Lecithin und Cephalin einwirkt. Ihre Leistung wird vergrößert durch Zuwachs an Enzym oder Substrat und Verlängerung der Inkubationszeit. Natriumglykocholat, Saponin und Phosphatgemisch fördern ihre Wirksamkeit. Von eiweißspaltenden Fermenten wurde ereptisches, ein peptisches und ein tryptisches Ferment gefunden, die besonders gut aus gefrorenem Material durch Wasser extrahiert werden. Endlich findet sich Amylase und β-Glucosidase sowie Katalase. Am fermentreichsten sind im allgemeinen die grauen Gehirnteile, am schwächsten wirksam die Extrakte des Marks und des Corpus callosum. Menschliche Gehirne sowie die von Schafen, Rindern und Hunden enthalten ungefähr gleiche Lipasekonzentrationen. Peroxydase, Oxydase, Reduktase, Guanase, Urease und Labferment wurden vermißt. Slowtzoff[4] bestätigte und ergänzte die Befunde der amerikanischen Autoren. Er konnte in Hirnextrakten Invertase, Inulinase, Maltase und Lactase in kleiner Menge nachweisen, Wirkung auf Cerebroside erzielen und die von jenen vermißten Oxydationsfermente auffinden. Übrigens hatten auch Battelli und Stern solche gesehen[5]. Nach Marinesco[6] finden sich diese indessen nur in den Nervenzellen, ihren Dendriten und den Anfängen der Achsenzylinder, ferner in den feinen Hautnerven und Nervenendigungen. Die Intensität der Eiweißspaltung durch Gehirnsubstanz ist klein im Verhältnis zu der durch andere Organe bewirkten[7].

---

[1] Beker, C. J.: Die Verteilung des Kreatins im Säugetierkörper. Hoppe-Seylers Z. **87**, 21 (1913).

[2] Hammett, Fr.: A comparison of the formation of creatinine in muscle and brain. J. of biol. Chem. **59**, 347 (1924).

[3] English, H. M. u. Mac Arthur C. G.: The enzymes of the central nervous system. J. amer. chem. Soc. **37**, 653 (1915).

[4] Slowtzoff, B. J.: Über die Fermente im Gehirn. Ber. Physiol. **16**, 374 (1922).

[5] Battelli, F. u. L. Stern: Über die Peroxydasen der Tiergewebe. Biochem. Z. **13**, 44 (1908).

[6] Marinesco, G.: Topographie des oxydases dans le système nerveux. C. r. Soc. Biol. **87**, 35 (1922).

[7] Falk, K., H. Noyes u. K. Sugiura: Studies on enzyme action. XVI. J. of biol. Chem. **59**, 230 (1924).

Über die Autolyse des Gehirns besitzen wir eine sehr gründliche Studie von F. SIMON (unter SALKOWSKI)[1], in der auch die ältere Literatur zusammengestellt ist. Es konnte eine autodigestive Proteolyse festgestellt werden, die durch schwache Säurekonzentrationen gefördert, durch Alkali gehemmt wurde. In diesem Zusammenhang ist es wichtig, daß die Reaktion des lebendfrischen Gehirns alkalisch gefunden wird, nach einiger Zeit jedoch infolge von Milchsäurebildung sauer wird. Auch die Phosphatide werden im Laufe der Autolyse angegriffen. SIMON fand eine Bildung von anorganischer aus organischer Phosphorsäure, an der die alkohol-ätherlöslichen Stoffe mit 61%, die unlöslichen mit 31% teilnehmen. Weiter hat CORIAT[2] eine Bildung von Cholin nachgewiesen.

Im peripheren Nerven hat THUNBERG[3] mit seiner Methylenblaumethode den Oxydationsfermenten nachgespürt. Es fand sich, daß der Nerv das Vermögen besitzt, auf enzymatischem Wege Wasserstoff zu aktivieren. Mehrere Substanzen, die im Stoffwechsel des Muskels als Zwischenprodukte erscheinen, wie Glutaminsäure, α-Ketoglutarsäure, Bernstein-, Fumar- und Milchsäure, verhalten sich den Oxydationsfermenten des Nerven gegenüber ebenso wie gegen die des Muskels.

7. Hormone in der Nervensubstanz.

GUTOWSKI[4] konnte mittels seines Verfahrens der „Biodialyse", bei dem frischer Organbrei mit körperwarmer Ringerlösung unterworfen werden, im Gehirn und in den sympathischen Ganglien blutdrucksteigernde Stoffe vom Typus des Adrenalins nachweisen. Außerdem fand sich ein Stoff von hypophysinartiger Wirkung, der auch nach Exstirpation der Hypophyse nicht verschwand.

Insulin wiesen BEST, SMITH und SCOTT[5] sowie M. NOTHMANN[6] nach. Nach Exstirpation des Pankreas verschwindet es[6].

8. Pigmente der Nervensubstanz.

Einzelne Teile des Zentralnervensystems sind durch ihre stärkere Pigmentierung vor den übrigen ausgezeichnet, eine Eigentümlichkeit, die auch in ihrer Benennung (Locus coeruleus, Substantia nigra) zum Ausdruck kommt. Die Zellen dieser Abschnitte und in geringerem Grade auch die des Vaguskernes und der Spinalganglien, später und spärlicher auch die Ganglienzellen des Rückenmarks und des sympathischen Systems enthalten den gleichen Farbstoff[7]. Chemische Untersuchungen über die Natur dieses dunkelbraunen Pigmentes haben naturgemäß nicht angestellt werden können; mikrochemisch weist es keine Eigenschaft auf, die es von den Melaninen der Haut und des Auges unterschiede.

---

[1] SIMON, FR.: Zur Kenntnis der Autolyse des Gehirns. Hoppe-Seylers Z. **72**, 463 (1911).
[2] CORIAT: The production of cholin from lecithin and brain tissue. Amer. J. Physiol. **12**, 353 (1905).
[3] THUNBERG, T.: Zur Kenntnis der Stoffwechselenzyme der Nervenfaser. Skand. Arch. Physiol. (Berl. u. Lpz.) **43**, 275 (1923).
[4] GUTOWSKI, B.: Sur la relation des corps actifs des ganglions étoilés avec l'adrénaline. C. r. Soc. Biol. **90**, 1469 (1924) — Corps actifs du cerveau. Ebenda S. 1417.
[5] BEST, C. H., R. G. SMITH u. D. A. SCOTT: An insulin-like material in various tissues. Amer. J. Physiol. **68**, 161 (1924).
[6] NOTHMANN, M.: Über die Verteilung des Insulins im normalen Organismus. Arch. f. exper. Path. **108**, 1 (1925).
[7] PILCZ: Arb. neur. Inst. Wien **3**, 125 (1895); zit. nach W. HUECK: Pigmentstudien. Beitr. path. Anat. **54**, 68 (1912).

Daneben finden sich in sämtlichen Zellen des Nervengewebes Gebilde, die zunächst farblos erscheinen und die üblichen Färbungsreaktionen der Fettkörper geben, sich selber aber erst im weiteren Verlauf des Lebens gelblich färben. Sie werden von HUECK als Abnutzungspigmente angesehen und zu den Lipofuscinen gerechnet[1].

II. Quantitative Zusammensetzung des Nervensystems und seiner einzelnen Teile.

Der *Wassergehalt* der Nervensubstanz ist nahezu in allen Fällen bestimmt worden, in denen überhaupt quantitative Bestimmungen gemacht wurden. Die älteren Angaben (bis 1910) der Literatur sind von ABDERHALDEN und WEIL[2] in der folgenden Tabelle zusammengestellt worden:

	Gesamthirn %	Graue Substanz %	Weiße Substanz %
Mensch	77,3	84,0	70,4
Rind	—	81,4	71,3
Hammel	—	84,1	74,6
Hund	—	78,7	70,7
Kaninchen	76,6	—	—
Gans	82,5	—	—
Frosch	83,8	—	—
Karpfen	74,0	—	—

ABDERHALDEN und WEIL selber fanden bei ganz frischen Rindergehirnen in der grauen Substanz 80,3—82,9%, im Mittel 81,4% und in der weißen 70,5 bis 72,4%, im Mittel 71,3% Wasser, im Rückenmark 63,13—65,15%, im Mittel 64,47%, im peripheren Nerv 64,90—67,23%, im Mittel 65,90% Wasser.

Artunterschiede scheinen demnach wenigstens unter den Säugern in charakteristischem Ausmaß nicht vorhanden zu sein. Derselben Ansicht ist wohl auch HALLIBURTON[3], wenn er für den Gehalt verschiedener Teile des Nervensystems Durchschnittszahlen gibt, die Untersuchungen an Menschen, Affen, Hunden und Katzen entstammen:

	Wasser %	Feste Bestandteile %
Graue Substanz	83,5	16,5
Weiße Substanz	70,0	30,0
Kleinhirn	80,0	20,0
Gesamtrückenmark	71,6	28,4
Halsmark	72,5	27,5
Brustmark	69,7	30,3
Lendenmark	72,6	27,4
N. ischiadicus	61,3	38,7

Für den menschlichen N. ischiadicus gibt J. CHEVALIER[4] „einschließlich Verlust" 66,28%, also eine nicht unähnliche Zahl, an. Jedenfalls erscheint nach allen Bestimmungen die graue Substanz erheblich wasserreicher als die weiße, und in dem Maße, in dem sie bei der Zusammensetzung eines Organs die Ober-

---

[1] ROSIN u. B. v. FENYVESSY: Über das Lipochrom der Nervenzellen. Virchows Arch. **162**, 534 (1900).
[2] ABDERHALDEN, E. u. A. WEIL: Vergleichende Untersuchungen über den Gehalt der verschiedenen Teile des Nervensystems an Aminosäuren. Hoppe-Seylers Z. **83**, 425 (1910).
[3] HALLIBURTON, W. D.: The proteids of nervous tissues. J. of Physiol. **15**, 90 (1894).
[4] CHEVALIER, J.: Chemische Untersuchung der Nervensubstanz. Hoppe-Seylers Z. **10**, 97 (1885).

hand gewinnt, erscheint auch dieses als ganzes wasserreicher. Am meisten feste Substanz findet man im peripheren Nerven. Nach einer von BAUMSTARK abgeleiteten Gesetzmäßigkeit variieren die gesamten wasserlöslichen Bestandteile mit dem Wasser und finden sich in der grauen Substanz in absolut und relativ größerer Menge als in der weißen.

Zur Zeit der Geburt sind Unterschiede im Wassergehalt so gut wie nicht vorhanden. W. und M. L. KOCH[1] geben für das Gesamthirn eines 6 Wochen alten Kindes 88,78%, für das Corpus callosum eines ausgetragenen Fetus, in dem der Wassergehalt später bis auf 69% sinkt, 89,92% an. Die weiße Substanz erfährt demnach die durchgreifendste Umgestaltung, und zwar durch die Einlagerung von Lipoidsubstanzen (s. unten). Von der Geburt bis zur Reife verliert sie 18—20%, die graue nur 2—5% Wasser.

Der höhere Wassergehalt des kindlichen Gehirns verrät sich schon darin, daß dieses aus der eröffneten Schädelhöhle hervorquillt, während das Gehirn des Erwachsenen nur ungefähr 90% von der Kapazität in Anspruch nimmt. Unter pathologischen Verhältnissen, so z. B. bei gewissen Kreislaufstörungen, aber auch bei Erkrankungen des Nervensystems, können jedoch Gewichtszunahmen des Gehirns durch Schwellung erfolgen, die dem absoluten Betrage nach 150—250 g erreichen und die Differenz zwischen der Schädelkapazität und Gehirngröße ausgleichen[2]. REICHARDT[3] rechnet sogar damit, daß nach unter normalen Verhältnissen solche Veränderungen als Folge von Stoffwechselvorgängen in der Hirnmaterie selber auftreten können.

Der Faktoren, die Einfluß auf das Wasserbindungsvermögen der Organe gewinnen können, sind viele. Wir wissen durch die Untersuchungen von MAYER und SCHAEFFER[4], daß das Wasserbindungsvermögen der Gewebe von dem gegenseitigen Verhältnis ihrer Lipoidfraktionen abhängt, ferner könnten Reaktionsänderungen solche des Wassergehalts mit sich bringen, endlich könnten solche auch die Folge von Verschiebungen im Mineralstoffwechselbestand sein.

Mit dem Auftreten saurer Reaktion hat LIESEGANG[5] Quellungserscheinungen in Verbindung gebracht, die in den Hirnganglien eines thymektomierten Hundes beobachtet wurden. Über Zeitpunkt und Methodik der Feststellung der sauren Reaktion macht er aber keine näheren Angaben. Wir wissen, daß bei der Autolyse von Gehirnsubstanz und auch bei den in ihr ablaufenden Stoffwechselprozessen Säuren auftreten, deren Bildung sich nach dem Tode sicher rasch steigert. Es ist demnach wohl nicht ohne weiteres angängig, die von LIESEGANG beobachtete Erscheinung als vital zu bezeichnen. STRANSKY[6] hat festgestellt, daß Calcium- und Magnesiumsalze die Hirnzellen entquellen, während Natriumsalze sie quellen lassen.

Die Untersuchungen, die PIGHINI (s. unten) bei verschiedenen Erkrankungen des Zentralnervensystems über die chemische Zusammensetzung des Gehirns anstellte, haben eine Menge von Material darüber zutage gefördert, daß gleichzeitig Veränderungen im Wassergehalt und in der Zusammensetzung des Lipoidkomplexes statthaben können. In Verbindung sind allerdings diese beiden Erscheinungen anscheinend nicht gebracht worden.

---

[1] KOCH, W. u. M. L.: The differentiation of nervous system. J. of biol. Chem. 31, 395 (1917).
[2] APELT: Der Wert der Schädelkapazitätmessungen. Dtsch. Z. Nervenheilk. 35, 306 (1908).
[3] REICHARDT: Über die Gehirnmaterie. Mschr. Psychiatr. 24, 285 (1908).
[4] MAYER, A. u. G. SCHAEFFER: L'imbibition des tissues. J. Physiol. et Path. gén. 15, 889 (1913).
[5] LIESEGANG, R. E.: Zur Kenntnis der Kolloiderscheinungen im Gehirn. Z. allg. Physiol. 11, 347 (1910).
[6] STRANSKY, E.: Untersuchungen über die Magnesiumsulfatnarkose. Arch. f. exper. Path. 78, 122 (1915).

Über die Verteilung der *Gesamtasche* stellen ABDERHALDEN und WEIL in ihrer obenerwähnten Arbeit die folgenden älteren Angaben zusammen:

	100 g frische Substanz enthalten		
	Gesamthirn %	Graue Substanz %	Weiße Substanz %
Mensch	1,50	1,0	1,75
Rind	—	1,53	2,38
Hammel	—	1,38	2,15
Hund	—	1,51	2,69
Kaninchen	1,82	—	—
Gans	1,72	—	—
Frosch	1,61	—	—
Karpfen	2,23	—	—

Später untersuchte WEIL[1] die Verteilung der einzelnen Elemente auf die verschiedenen Abschnitte. Seine Ergebnisse sind in den folgenden Tabellen wiedergegeben:

	1000 g lebendfrische Substanz enthalten							
	Mensch				Rind			
	Gehirn							
	Grau	Kleinhirn	Weiß	Rückenmark	Grau	Kleinhirn	Weiß	Rückenmark
Ca	0,104	0,103	0,142	0,179	0,132	0,128	0,163	0,321
Mg	0,196	0,203	0,260	0,380	0,230	0,227	0,411	0,483
Cl	1,13	1,08	1,51	1,52	1,23	1,41	1,76	1,30
S[2]	0,56	0,61	0,92	0,85	0,59	0,60	0,98	1,04
P[2]	2,39	2,58	4,21	5,48	2,54	2,83	4,33	5,17
Na	2,03	2,20	2,25	2,01	1,05	1,18	1,44	1,34
K	3,45	3,49	3,38	3,61	3,04	3,05	2,50	2,61
Fe	0,068	0,050	0,064	0,055	0,048	0,057	0,074	12,315
Gesamtasche als Summe	9,918	10,316	12,736	14,084	9,420	9,482	11,658	12,315
Wasser	833,0	815	702	644	820	800	712	631
Stickstoff	16,5	17,2	17,1	15,9	16,1	15,8	16,8	14,7

Bei Berechnung auf die Trockensubstanz ergibt sich folgendes Bild:

	1000 g wasserfreie Substanz enthalten							
Ca	0,62	0,56	0,48	0,70	0,73	0,64	0,57	0,87
Mg	1,17	1,11	0,87	1,48	1,28	1,14	1,42	1,31
Cl	6,76	5,85	5,07	5,94	6,82	7,05	6,12	3,52
S	3,35	3,30	3,08	3,32	3,28	3,00	3,41	2,82
P	14,30	13,95	14,12	21,40	14,1	14,20	15,10	14,0
Na	12,16	11,85	7,52	7,85	5,85	5,90	5,00	3,64
K	20,65	18,85	11,35	14,10	18,9	15,30	8,70	7,10
Fe	0,35	0,27	0,55	0,22	0,27	0,27	0,20	0,14
Gesamtasche	50,36	55,78	43,14	55,05	51,23	51,23	40,52	33,40

	Zusammensetzung der Asche in Prozenten							
Ca	1,0	1,0	1,1	1,3	1,4	1,3	1,4	2,6
Mg	1,9	2,1	2,0	2,7	2,5	2,4	3,5	3,9
Cl	11,4	10,5	11,8	10,8	13,3	14,9	15,2	10,5
S	5,5	5,9	7,1	6,0	6,4	6,3	8,4	8,6
P	21,1	25,0	32,8	39,0	27,5	29,9	37,3	41,9
Na	20,8	21,2	17,6	14,2	11,4	12,4	12,3	10,9
K	34,8	33,7	26,3	25,6	37,0	32,2	21,4	21,2
Fe	0,6	0,6	1,3	0,4	0,5	0,6	0,5	0,4

[1] WEIL, A.: Vergleichende Studien über den Gehalt verschiedener Nervenbestandteile an Asche. Hoppe-Seylers Z. **89**, 349 (1914).

[2] In diesen Zahlen ist der Sulfatidschwefel und Phosphatidphosphor mitenthalten. Der anorganische S und P ist nur ein Bruchteil von ihnen. Vgl. S. 60.

Diese Zahlen bieten zum Teil recht erhebliche Abweichungen von den früheren, von WEIL ausführlich wiedergegebenen Angaben, die sich zum Teil dadurch erklären, daß die älteren Autoren meist beide Substanzarten, die an sich verschiedene Zusammensetzung haben, bei der Probenahme in verschiedenem Verhältnis gemischt ließen, zum Teil, weil die Analysenzahlen entweder nur auf frische oder nur auf trockene Substanz berechnet wurden. WEIL konnte zeigen, daß es wichtig ist, beide Berechnungsarten gleichzeitig zu verwenden. In frischem Zustand enthalten weiße und graue Substanz prozentisch gleichviel Natrium, Kalium und Eisen, dagegen verschiedene Mengen von Calcium, Magnesium und Chlor, im getrockneten Zustand dagegen liegen die Verhältnisse genau umgekehrt. Ca, Mg und Cl sind demnach in beiden Geweben in gleicher Menge, aber verschiedener Konzentration, Na, K und Fe in gleicher Konzentration, aber verschiedener Gesamtmenge enthalten.

Die Asche des Menschengehirns und -rückenmarks hat dieselbe Zusammensetzung wie die der entsprechenden Organe vom Rinde. Nur das Natrium ist in allen Organen des Rindes in kleinerer Menge enthalten, weniger deutlich auch das Kalium.

Weiter fällt noch auf, daß das Magnesium über das Calcium, das Kalium über das Natrium überwiegt, wie das auch in der Asche anderer Organe im Gegensatz zu der des Blutplasmas der Fall ist[1].

Der *Gesamtstickstoffgehalt* ist in grauer und weißer Substanz gleich hoch. ABDERHALDEN und WEIL stellen die folgenden Werte zusammen:

	Gesamthirn %	Grau %	Weiß %
Mensch	1,79	1,74	1,70
Rind	—	1,66	1,67
Hammel	—	1,70	1,57
Hund	—	1,70	1,83
Kaninchen	1,72	—	—
Gans	1,65	—	—
Frosch	1,54	—	—
Karpfen	1,25 der frischen Substanz.		

Allerdings kann man beim Gehirn, das so besonders reich an den stickstoffhaltigen Phosphatiden ist, aus diesen Zahlen keine Schlüsse auf die Verbreitung des Eiweißes ziehen. Dessen Konzentration muß an der Stelle, wo die Lipoide reichlicher sind, in der weißen Substanz, stärker herabgedrückt erscheinen als in der grauen. In der Tat fand PETROWSKY[2] bei seinen Untersuchungen an mit Alkohol und Äther extrahiertem Material in der Trockensubstanz der grauen Teile 55,37%, der weißen Teile 27,73% Eiweiß. Bei der Umrechnung auf frische Substanz ergibt sich ein Gehalt von 10,2% für die graue, von 8,8% für die weiße Substanz. Aus der Menge der Aminosäuren, die aus beiden Geweben isoliert werden können, schlossen ABDERHALDEN und WEIL, daß von dem Stickstoff der grauen Substanz 64%, von dem der weißen 56% auf Aminosäuren entfallen und berechnen den Eiweißgehalt für beide Arten der Nervensubstanz auf 6—8%.

Für den peripheren Nerven berechnet J. CHEVALIER den Gehalt an Eiweiß zu 36,80%, an Neurokeratin zu 3,07% der Trockensubstanz[3].

Das größte Interesse hat die quantitative Verbreitung der Lipoide gefunden,

---
[1] MAGNUS-LEVY, A.: Über den Gehalt normaler menschlicher Organe von Chlor, Calcium, Magnesium und Eisen, Wasser, Fett und Eiweiß. Biochem. Z. **24**, 363 (1910).
[2] PETROWSKY, D.: Zusammensetzung der grauen und der weißen Substanz des Gehirns. Pflügers Arch. **7**, 367 (1873).
[3] CHEVALIER, J.: Chemische Untersuchung der Nervensubstanz. Hoppe-Seylers Z. **10**, 97 (1886).

die in einem von anderen Organen her unbekannten Grade vorherrschen und im Laufe der Entwicklung Veränderungen durchmachen, die mit den morphologisch zu verfolgenden (Markscheidenreifung) in engstem Zusammenhang stehen.

Die Methodik derartiger Untersuchungen ist aber schwierig und zeitraubend. Zwar ist das Cholesterin als Digitonid, das Cerebrosid nach einem zuerst von Noll für die gesamte Protagonfraktion verwendeten Verfahren durch seinen Galaktosegehalt bestimmbar, eine vollständige Trennung aller Fraktionen aber kann nur auf dem mühe- und verlustreichen präparativen Wege oder durch Berechnung, z. B. der Phosphatide aus dem Phosphorgehalt, erreicht werden, ein Verfahren, das einigermaßen roh ist, da es keinen Aufschluß über das Mischungsverhältnis der einzelnen, uns zum Teil vielleicht noch gar nicht bekannten Individuen gibt.

Die ersten Versuche in dieser Richtung gehen auf W. Koch[1] zurück, der das Lipoidgemisch aus unvorbehandelten Gehirnen durch Alkohol extrahierte und in dem Extrakt den Phosphor und die Cerebroside bestimmte. Außerdem enthielt diese Fraktion einen in angesäuertem Wasser löslichen Anteil, der aus Extraktivstoffen bestand. Unter anderem wurde hier „neutraler" Schwefel gefunden, der weder beim Sieden mit Salzsäure Schwefelsäure noch beim Erhitzen mit Alkalien Schwefelwasserstoff gab. Der Rückstand der Alkoholextraktion gab an Wasser weitere Extraktivstoffe ab, der verbleibende Rest bestand im wesentlichen aus Eiweiß.

Smith und Mair[2] trocknen formalingehärtete Gehirne schnell bei 37°, pulverisieren die Trockensubstanz und extrahieren sie in Portionen von je 10 g während 24 Stunden im Soxlethapparat mit Chloroform. Die Extraktion ist dann vollständig, die Lipoide auch hier zunächst in einer Fraktion vereinigt. Im Extrakt wird das Cholesterin, auf dessen Bestimmung Koch wegen der damals noch unzulänglichen Methodik verzichten mußte, als Digitonid, der Phosphatidphosphor nach Neumann und endlich die Cerebroside nach Behandlung mit methylalkoholischer Barytlösung in anscheinend genauer und einfacher Weise bestimmt.

Diese Verfahren bestimmen alle Phosphatide in einem Extrakt. Die weitere Aufteilung des Gemisches versuchte S. Fränkel[3] mit Hilfe eines Systems von Extraktionen, das sich ausschließlich auf Löslichkeitsunterschiede stützt und damit auf eine exakte Trennung der Fraktionen verzichtet. Die mit Aceton oder Dinatriumphosphat entwässerte Gehirnmasse wird zuerst mit diesem, dann der Reihe nach mit Petroläther, Benzol und Alkohol ausgezogen. Das Aceton nimmt neben Cholesterin Phosphatid auf, in dem Fränkel ein chemisches Individuum „Leukopoliin" sieht, dessen Identität noch nicht zweifellos feststeht. In den Petroläther gehen die ungesättigten Phosphatide, vor allem Cephalin, in den Alkohol Cerebroside und Sphingomyelin (gesättigte Phosphatide). Phosphatide sind demnach in allen Fraktionen enthalten. Deren Zusammensetzung scheint jedoch bei normalen Gehirnen eine ziemlich feststehende zu sein, so daß das Fränkelsche Verfahren zu vergleichenden Untersuchungen besonders viel verwendet worden ist.

Allerdings ist seine Verwendung dadurch erschwert, daß es sehr erheblichen Aufwand an Unterscheidungsmaterial erfordert. Vergleichende Untersuchungen über die verschiedenen Abschnitte eines Gehirns, wie sie besonders in patho-

---

[1] Koch, W. u. E. Carr: Methods for the quantitative analysis of animal tissues. III. J. amer. chem. Soc. **31**, 1341 (1910).

[2] Smith, Lorrain u. W. Mair: A method of analysis of brain lipoids. J. of Path. **17**, 609 (1913).

[3] Fränkel, S.: Über Lipoide. Biochem. Z. **19**, 254 (1909).

logischen Fällen erwünscht sind, erscheinen kaum durchführbar. H. GORO-
DISSKY[1] hat sich deshalb bemüht, ein Mikroverfahren auszuarbeiten, das den
BANGschen Methoden der Lipoidbestimmung gleicht und sich der Extraktion
nach FRÄNKEL bedient. Gehirnmasse wird in Mengen von 40—60 mg auf Papier-
blättchen abgewogen und nach dem Trocknen im Vakuum je 10 Minuten mit
siedendem Aceton (Cholesterin), Petroläther (Cephalin) und Alkohol (Cerebro-
sidfraktion) ausgezogen. Das Cholesterin wird colorimetrisch, die anderen Fraktionen durch Chromattitration nach BANG bestimmt.

Nachstehend ist der Versuch gemacht, die mit den verschiedenen Verfahren
erzielten Ergebnisse miteinander zu vergleichen. Dazu mußten die Zahlen von
SMITH und MAIR, die in Prozenten des Chloroformextraktes angegeben sind, auf
den Trockengehalt umgerechnet werden. Ferner sind die Phosphorwerte von
GORODISSKY in der üblichen Weise durch Multiplikation mit 25 auf Phosphatid
bezogen. Hier ist auch in Klammern der Wert für Trockensubstanz zugefügt,
wobei der Wassergehalt der Hirnrinde mit 80% angesetzt wurde. Die Angaben
von NOLL sind im Original auf Protagon bezogen. Aus dem vom Autor an-

Zusammensetzung des Lipoidkomplexes im Gehirn normaler erwachsener Menschen
in Prozenten der Trockensubstanz.

	KOCH und MANN[2]			SMITH und MAIR[3]		GORODISSKY[1] und OCHS		
	Grau %	Weiß %	Gesamt-hirn %	Grau %	Weiß %	Hirnrinde %	von Menschen %	Kaninchen %
Cholesterin . . .	4,9	18,5	11,7	5,54	13,80	1,18 (5,90)	1,25 (6,26)	1,51 (7,55)[4]
Phosphatide . .	23,7	31,0	27,3	15,28	22,65	1,28 (6,40)	1,45 (7,25)	1,33 (6,65)
Cerebroside . .	8,8	16,6	12,7	1,94	12,15	2,45 (12,25)	2,9 (14,5)	2,8 (14,0)
Lipoide	—	—	—	6,23	10,38	—	—	—
Summe	37,4	66,1	51,7	28,99	58,98	24,55	28,0	28,2

Zusammensetzung verschiedener Gehirne und Gehirnteile nach FRÄNKEL
und LINNERT[5].

Art des Materials	Trocken-substanz %	Gesamt-lipoide %	Extrakt mit		
			Aceton %	Petroläther %	Sonstigen %
Kaninchen	19,0	54,98	12,31	29,77	18,28
Katze	22,28	54,43	16,29	22,75	15,40
Hund	16,48	55,63	13,55	26,98	15,09
Schwein	23,09	62,62	14,07	25,77	22,78
Kalb	18,90	56,40	9,87	29,16	17,37
Rind	22,56	59,43	19,44	20,88	18,90
Pferd	28,75	61,84	18,87	23,16	19,82
Affe	22,34	50,88	8,78	26,98	15,19
Mensch, Gesamthirn	23,90	61,33	14,64	28,85	17,84
„ Rinde	16,38	45,82	11,44	12,98	21,40
„ Weiße Substanz . .	29,82	74,80	15,74	32,57	22,50
„ Brücke	27,37	72,01	12,70	39,78	20,43
„ Kleinhirn I	23,83	44,43	12,47	14,39	16,31
„ „ II	19,19	47,15	11,17	17,02	17,88

[1] GORODISSKY, H.: Zur Mikromethodik der quantitativen Bestimmung der Hirnlipoide.
Biochem. Z. **159**, 379 (1925).
[2] KOCH, W. u. S. A. MANN: A comparison of the chemical composition of human
brains. J. of Physiol. **36**, Proc. XXXVI (1907/08).
[3] SMITH, L. u. W. MAIR: The lipoids of human brain at different ages. J. of Path.
17, 619 (1913).
[4] Phosphatide des Alkoholextrakts + Cerebroside.
[5] FRÄNKEL, S. u. K. LINNERT: Vergleichend-chemische Gehirnuntersuchungen. Biochem. Z. **26**, 44 (1910).

gegebenen Kupferwert des Protagons wurde die entsprechende Galaktose- und Phrenosinmenge errechnet. Der Protagonwert von 1 mg Cu wird von NOLL mit 5,5—4,5 mg je nach der Konzentration festgesetzt. Für 1 mg Cu berechnen sich andererseits 2,67 mg Phrenosin, ein Wert, dessen Doppel zwischen jene beiden Grenzwerte fällt. Die angegebenen Werte sind deshalb die Hälfte der von NOLL für Protagon genannten.

Eine entsprechende Untersuchung des menschlichen Rückenmarks durch FRÄNKEL und DIMITZ[1] ergab, daß der Wassergehalt im 5. Fetalmonat 88,29%, bei der Geburt 86,86%, mit 8 Monaten 83,46% und beim Erwachsenen 72,04 bis 76,37%, im Mittel 73,80% beträgt. Das Rückenmark führt ebenso wie das Gehirn nur freies Cholesterin.

Lipoidfraktionen des Rückenmarks. (Nach FRÄNKEL.)

	Acetonextrakt			Petrolätherextrakt			Benzol und Alkoholextrakt		
	Von %	Bis %	Mittel %	Von %	Bis %	Mittel %	Von %	Bis %	Mittel %
Frische Substanz . . .	3,35	4,26	3,84	9,96	14,84	12,42	0,49	5,32	1,50%
Trockensubstanz . . .	13,83	15,63	14,66	42,19	53,03	47,32	1,79	13,85	5,14%
% der Gesamtlipoide .	19,96	22,88	21,23	60,33	76,26	69,55	2,56	19,73	

Die Gesamtlipoide machen 15,11—19,93% der feuchten, 64,03—68,08% der Trockensubstanz aus. Damit ist das Rückenmark der lipoidreichste Abschnitt des ganzen Nervensystems. Ebenso ist die Petrolätherfraktion hier am reichlichsten vertreten, während umgekehrt die Substanzen des Benzol- und Alkoholauszugs am spärlichsten vorkommen.

Ein Vergleich der Tabellen zeigt, daß die Menge der Gesamtlipoide nach FRÄNKELS Verfahren bei weitem am höchsten gefunden wird. Es folgen das Verfahren von KOCH und MANN und schließlich die von SMITH und MAIR und GORODISSKY, welch letzteres also in der Ausbeute seinem Vorbild sehr unähnlich ist. Daß die höheren Ausbeuten bei FRÄNKEL auf die aufeinanderfolgende Verwendung mehrerer Extraktionsmittel zurückzuführen ist, liegt auf der Hand. Auch die Unterschiede zwischen SMITH-MAIR und KOCH-MANN dürften zum größten Teil auf die Wahl des Extraktionsmittels — Chloroform im ersten, Alkohol im zweiten Fall — zurückzuführen sein. Daneben ist die vorangehende Härtung der Organe mittels Formalin, die SMITH und MAIR üben, vielleicht von ungünstigem Einfluß auf die Extraktion oder auch auf die Eigenschaften einzelner Fraktionen. Die Cholesterinwerte sind von allen Untersuchern annähernd gleich gefunden worden und decken sich mit denen, die KIRSCHBAUM und LINNERT[2] mit Hilfe des sehr genauen Digitoninverfahrens von WINDAUS gefunden haben:

Cholesteringehalt einiger Hirnabschnitte.

Rinde . . . . 1,15% der frischen Substanz
Weiße Substanz . . . . 2,47% ,, ,, ,,
Kleinhirn . . . . 1,31% ,, ,, ,,
Brücke und Medulla oblongata . . 4,03% ,, ,, ,,

Außerordentlich groß sind die Unterschiede bei den Phosphatiden, wo die Werte von GORODISSKY soweit von allen anderen entfernt liegen, daß sie in einen Vergleich kaum einbezogen werden können, und bei den Cerebrosiden. Hier werden allerdings die geringeren Werte von SMITH und MAIR gestützt durch

---

[1] FRÄNKEL, S. u. L. DIMITZ: Die chemische Zusammensetzung des Rückenmarks. Biochem. Z. **28**, 295 (1910).

[2] KIRSCHBAUM, P. u. K. LINNERT: Über den Cholesteringehalt der verschiedenen Hirnabschnitte. Biochem. Z. **46**, 253 (1912).

die von NOLL durch Bestimmung des bei der Hydrolyse der Hirnsubstanz freiwerdenden reduzierenden Zuckers ermittelten Zahlen[1]:

Cerebrosidgehalt in der Trockensubstanz nach NOLL.

Rückenmark:	Mensch	11,06%
	Ochs	11,37—12,51%
Gesamthirn:	Mensch	9,70—10,45%
	Ochs	9,90—10,70%
	Kuh	10,95%
	Hund	10,70%
Cauda equina:	Ochs	6,23%
N. ischiadicus:	Pferd	3,75%
Nucleus caudatus:	Ochs	4,84%
Rinde:	Mensch	0,60%

Außer beim Cholesterin kann mithin wohl kaum für eines der Hirnlipoide ein durchschnittlicher Gehalt mit einiger Sicherheit angegeben werden. Dagegen zeigen die vergleichenden Untersuchungen aller Forscher, daß an ähnlichen Objekten auch ähnliche Zahlen ermittelt werden und die Wandlungen, die das Gehirn unter gewissen physiologischen und pathologischen Bedingungen durchmacht, können aus diesen Untersuchungen mit einiger Wahrscheinlichkeit abgelesen werden, zumal auch die Folgerungen der verschiedenen Forscher sich im ganzen decken. Das gilt auch für die Fraktionierung nach FRÄNKEL, bei der das Cholesterin mit Phosphatid, die Cerebroside mit Sphingomyelin zusammen bestimmt werden. Im folgenden sind zunächst einige Werte zusammengestellt, die die Veränderungen im Lipoidkomplex während der Entwicklung illustrieren.

Vergleich der Lipoide im Gehirn von Schweinefeten und neugeborenen Ratten mit denen bei ausgewachsenen Ratten in Prozenten der Trockensubstanz[2].

	Gesamtlipoide %	Cerebroside %	Sulfatide %	Phosphatide %
Schweinefeten, 5 cm lang	21,35	0	0,92	15,41
„ 10 „ „	23,43	0	0,90	15,62
Ratte, neugeboren	24,87	0	1,45	15,20
„ ausgewachsen	41,70	9,00	4,60	22,60

Danach ist der Gesamtlipoidgehalt schon in frühen Stadien des fetalen Lebens annähernd auf derselben Höhe, die er bis zur Geburt beibehält, und beträgt etwa die Hälfte des Wertes, der im Laufe der Entwicklung erreicht wird. Cerebroside fehlen vollständig, von den Sulfatiden ist nur ein Bruchteil der späteren Menge vorhanden.

Noch genauer haben SMITH und MAIR an jungen Hunden den Ablauf der Veränderungen der Hirnlipoide während der Entwicklung studiert[3].

Alter	3 Tage	3 Wochen	6 Wochen	12 Wochen	Ausgewachsen
	in Prozenten der Trockensubstanz	in Prozenten der Trockensubstanz	in Prozenten der Trockensubstanz	in Prozenten der Trockensubstanz	in Prozenten der Trockensubstanz
Chloroformextrakt	23	25	34	38	47
Cholesterin	4,21	4,2	6,29	6,50	10,14
Cerebroside	0,34	0,87	2,31	4,37	10,10
Phosphatide	11,96	15,0	19,38	19,76	20,68
Andere Lipoide	6,44	5,0	9,52	7,22	6,08

[1] NOLL, A.: Über die quantitativen Beziehungen des Protagons zum Nervenmark. Hoppe-Seylers Z. **27**, 370 (1899).
[2] KOCH, W. u. M. L.: Differentiation of nervous system. IV. J. of biol. Chem. **31**, 395 (1917).
[3] SMITH, L. u. W. MAIR: The development of lipoids in the brain of the puppy. J. of Path. **17**, Proc. 123 (1912).

Der Lipoidgehalt steigt danach während der ganzen Entwicklung an, besonders ausgiebig die Cerebroside. Die Veränderungen des Cholesteringehaltes sind nur bei Berechnung auf Trockensubstanz deutlich. Die Phosphatide haben ihren Höchstwert schon nach 6 Wochen nahezu erreicht. Bei der von SMITH und MAIR geübten Art der Berechnung zeigt sich sogar ein Maximum nach der 3. Woche, das indessen bei der Umrechnung auf Trockensubstanz verschwindet. Der Klärungspunkt der gesamten Lipoide liegt bei erwachsenen Hunden höher als bei jungen, weil hier die hochschmelzenden Cerebroside reichlicher vertreten sind. Einen sehr interessanten Ausblick eröffnet die Berechnung des wöchentlichen Zuwachses, wie sie SMITH und MAIR aufgemacht haben.

	Bis 3 Wochen g	3.—6. Woche g	6.—12. Woche g	12.—24. Woche g
Phosphatid	0,21	0,30	0,20	0,09
Cerebrosid	0,014	0,05	0,07	0,11
Cholesterin	0,05	0,11	0,07	0,08
Andere Lipoide	0,06	0,09	0,111	—
Gesamtzuwachs	0,34	0,55	0,46	0,28

Der wöchentliche Gesamtzuwachs ist also recht beträchtlich und steht in keinem Verhältnis zu dem Gehalt der Milch an den verschiedenen Fraktionen. Während man z. B. für die Phosphatide daran denken kann, daß an irgendeiner Stelle, etwa im Knochenmark (NERKING), beim Säugling Reserven vorhanden sind, ist eine derartige Annahme für die Cerebroside wohl ganz ausgeschlossen, und es ist höchst wahrscheinlich, daß diese synthetisiert werden.

Der Gang der Entwicklung beim Menschen ergibt sich aus folgenden Analysen von SMITH und MAIR[1] und KOCH und KOCH[2]:

Alter	Totgeburt		3 Monate		13 Monate		5 Jahre		5 Erwachsene (Mittel)	
	Weiß	Grau	Weiß	Grau	Weiß	Grau	Weiß	Grau	Weiß	Grau
	%	%	%	%	%	%	%	%	%	%
Chloroformextrakt	31	25	40	31	53	29	51	31	59	29
Cholesterin	6,97	4,50	7,48	5,14	12,82	6,12	12,24	4,96	13,80	5,54
Cerebroside	1,18	0,70	3,66	0,68	9,75	1,27	8,26	1,33	12,15	1,94
Phosphatide	16,49	15,28	16,49	7,30	19,48	15,09	22,10	15,80	20,91	17,51
Andere Lipoide	6,35	12,5	9,14	10,09	8,33	5,81	9,59	7,20	10,38	6,24

Hirnrinde und Corpus callosum in verschiedenen Altern (Mensch).
Zusammensetzung in Prozenten der Trockensubstanz.

Alter	6 Wochen	2 Jahre	19 Jahre	Reifer Fetus	2 Jahre	19 Jahre
Material	Gesamthirn	Rinde	Rinde	Corpus callosum		
	%	%	%	%	%	%
Trockensubstanz	11,2	15,51	16,83	10,08	23,56	30,30
Eiweiß	46,6	48,4	47,10	48,4	31,9	27,1
Extraktivstoffe	20,3	15,8	15,4	18,2	9,1	6,3
Lipoide	33,1	35,8	37,5	33,4	59,0	66,5
Phosphatide	24,2	24,7	23,7	23,12	26,3	31,0
Cerebroside	6,9	8,6	8,8	—	17,2	16,60
Sulfatide	1,6	—	1,2	3,33	—	8,65

---

[1] SMITH, L. u. W. MAIR: The lipoids of the white and grey matter of the human brain at different ages. J. of Path. 17, Proc. 418 (1913).
[2] Zitiert auf S. 71.

Die weiße Substanz enthält danach beim Erwachsenen fast doppelt soviel Lipoid als die graue. Beim Neugeborenen ist dagegen ein Unterschied kaum vorhanden. Der prozentische Anteil der Phosphatide an der Zusammensetzung des Lipoidkomplexes (des Chloroformextraktes) ist in der weißen Substanz kleiner (38,4%) als in der grauen (52,7%), der der Cerebroside in der weißen höher (20,7%) als in der grauen (6,7%). Beim Neugeborenen haben die Lipoide nahezu die gleiche Struktur wie in der grauen Substanz des Erwachsenen. Auch in der äußeren Erscheinung ist zu dieser Zeit kein Unterschied, da die Markscheiden, die das Bild entscheidend beeinflussen, noch nicht entwickelt sind. SMITH und MAIR isolierten deshalb zu ihren Untersuchungen über weiße Substanz beim Neugeborenen die Partien, die beim Erwachsenen weiße Farbe zeigen. In der Oberfläche fanden sie eine Schicht, die beim Neugeborenen mehr ,,andere Lipoide" und weniger Phosphatid enthält, also die übrigen Teile. Mit 3 Monaten hat die Unterscheidung von weißer und grauer Substanz begonnen, die Phosphatidverteilung ist zu dieser Zeit fast gleich, die Cerebroside treten aber in der weißen Substanz schon hervor. Mit 2 Jahren hat die weiße Substanz schon fast die endgültige Zusammensetzung erreicht, nur die Phosphatide sind noch etwas reichlicher vorhanden. Auch die Sulfatide treten erst später mehr hervor.

Im ganzen sind die Veränderungen der weißen Substanz während der Entwicklung viel ausgiebiger als die der grauen, zumal durch das Eintreten der die Markscheiden zusammensetzenden Substanzen der Anteil des Wassers, der Eiweißkörper und Extraktivstoffe an dem Aufbau der Trockensubstanz eingeschränkt wird.

Vergleichbare Untersuchungen über die Veränderungen der Lipoide im Greisenalter liegen nicht vor.

Die weißen Teile des Rückenmarks sind nach NOLL noch reicher an Cerebrosid als die des Gehirns. Nach KOCH und KOCH führen die intraduralen Nervenwurzeln auch etwas mehr Phosphatid als die weiße Substanz des Corpus callosum, während die Sulfatide ziemlich gleich verteilt sind.

Vom allgemeinen Ernährungszustand ist die chemische Zusammensetzung des Gehirns nahezu vollständig unabhängig. Es ist unter allen Organen dasjenige, das bei bis zum Tode fortgesetzter Inanition seine Masse am wenigsten ändert. CHOSSAT fand die Massenverminderung im Gehirn einer verhungerten Taube zu 2%[1]. VOIT[2] verbesserte die Versuchsanordnung, indem er zwei Katzen zunächst durch 10tägige gleichartige Fütterung auf gleichen Ernährungszustand und gleiches Gewicht brachte, dann die eine sofort tötete, die andere verhungern ließ. Das Gehirn der verhungerten Katze wog 1% weniger als das des Kontrolltieres, und die Differenz war noch dazu im Wassergehalt begründet.

Daß insbesondere der Bestand an Gesamtlipoiden und an Sterinen sich nicht ändert, haben KLEMPERER[3] sowie ELLIS und GARDNER[4] festgestellt. Es ist bemerkenswert, daß, während z. B. das Fettgewebe vollkommen eingeschmolzen wird, von den in ihren Bausteinen und ihrer Struktur so ähnlichen Lipoiden des Gehirns keine Spur in den Stoffwechsel einbezogen wird.

Ebenso schwer ist es, im gesunden Organismus durch Ernährungsmaßnahmen Einfluß auf die Zusammensetzung des Gehirns zu gewinnen. Während es ver-

---

[1] CHOSSAT: Mémoires présentés par divers savants à l'académie Royale de France 8, 438 (1843); zit. nach Hermanns Handb. d. Physiol. 6 I, 95 (1881).
[2] VOIT, C.: Die Verschiedenheit der Eiweißzersetzung beim Hunger. Z. Biol. 2, 307 (1866).
[3] KLEMPERER, G.: Über diabetische Lipämie. Dtsch. med. Wschr. 36, 2373 (1910).
[4] GARDNER, J. A. u. G. W. ELLIS: On the cholesterol content of the tissues other than liver of rabbits under various diets and during inantion. Proc. roy. Soc. Lond. B 85, 385 (1912).

hältnismäßig leicht gelang, durch Fütterung von Eilecithin den Phosphatidbestand der Kaninchenleber zu beleben, konnte FRANCHINI[1] im Gehirn der gleichen Tiere keine Veränderung wahrnehmen. Da damals die später als irrtümlich erwiesene Meinung verbreitet war, daß das Gehirn kein Lecithin, sondern ein anderes Phosphatid enthalte, wiederholte SALKOWSKI[2] die Versuche seines Schülers mit dem sicher hirneigenen Cephalin, wobei er sich allerdings der Beschreibung nach eines sehr unreinen Handelspräparats bediente. Während in der Leber eine Veränderung nicht eintrat, glaubte SALKOWSKI aus den am Gehirn erhaltenen Phosphorzahlen die Möglichkeit einer Ablagerung kleiner Phosphatidmengen herauslesen zu können, wenn er auch selber den Beweis nicht für erbracht hielt. Man wird jetzt geneigt sein, seine Versuchsergebnisse als negativ zu werten, zumal die Vorstellung, daß die Phosphatide ungespalten resorbiert werden, als widerlegt gelten darf. Die Fütterung hat also nur den Sinn einer besseren Versorgung des Organismus mit Bausteinen, deren sich die Organe im Bedarfsfalle bedienen können (s. unten die Versuche von NAITO).

Die einzige Fütterungsmaßnahme, durch die man mittelbar mit Sicherheit eine chemische Veränderung in der Gehirnsubstanz hervorrufen kann, ist die Ausschaltung des B-Vitamins aus der Nahrung. Im Laufe der sich dann entwickelnden polyneuritischen Erscheinungen verliert das Gehirn ungefähr ein Siebentel seiner ursprünglichen Masse[3], und der verbleibende Rest ist noch dazu ärmer an Trockensubstanz als das gesunde Gehirn. In der Trockensubstanz ist der Prozentgehalt an Lecithin und Cephalin unverändert, so daß diese beiden Substanzen in den Schwund der Gehirnmasse einbezogen sind[4]. An ihrem Absinken vermag auch eine wochenlang fortgesetzte, forcierte Fütterung mit Eilecithin nichts zu ändern, das Gehirn kann also nicht einmal gezwungen werden, verlorengehende Bestandteile direkt aus mit der Nahrung zugeführten zu ergänzen[5].

Ganz entgegengesetzt ist das Verhalten des Cholesterins, das bei beriberikranken Tauben wie in anderen Organen so auch im Gehirn einen kräftigen Anstieg erfährt. Während der Cholesteringehalt bei gesunden Tieren 1,0—1,25% der frischen Gehirnmasse beträgt, steigt er auf der Höhe der Erkrankung bis auf etwa 1,7%. Da gleichzeitig der Wassergehalt zunimmt, ist der Unterschied bei Umrechnung auf die Trockensubstanz noch durchschlagender. Gegenüber höchstens 5% bei gesunden Tieren beträgt er bis zu 9% bei den mit poliertem Reis gefütterten[6]. Durch die Zunahme des Cholesterins bei gleichbleibender Konzentration der Phosphatide findet also eine nicht unerhebliche Verschiebung des Verhältnisses Cholesterin : Phosphatid statt, von dem wir wissen, daß es Zusammensetzung und Funktionen der Organe maßgebend beeinflußt. In dem Falle der Beriberi ist die Stellung der Veränderung der Lipoide unter den Krankheitsbedingungen oder -folgen noch nicht geklärt, jedoch ist sichergestellt, daß es für den Verlauf der Krankheit von Bedeutung ist. Den Prozeß der Cholesterinanreicherung, der schon an sich verläuft und durch eine verminderte Ausfuhr

---

[1] FRANCHINI, G.: Über den Ansatz von Lecithin und sein Verhalten in den Organen. Biochem. Z. **6**, 210 (1907).

[2] SALKOWSKI, E.: Ist es möglich, den Gehalt des Gehirns an Phosphatiden zu steigern? Biochem. Z. **51**, 407 (1913).

[3] MAC CARRISON: Studies in deficiency disease. Oxford med. Publ. 1921; zit. nach NAITO.

[4] NAITO, H.: Über den Cephalin- und Lecithingehalt des Gehirns bei Avitaminose. Biochem. Z. **142**, 385 (1923).

[5] NAITO, H.: Biochem. Z. **142**, 393 (1923).

[6] HOTTA, K.: Über das Verhalten des Cholesterins bei der Tauben-Beriberi. Hoppe-Seylers Z. **128**, 85 (1923).

von Cholesterin ermöglicht wird (STEPP), kann man unterstützen, wenn man dieses dem Reisfutter zulegt. Die Krankheitserscheinungen treten dann früher auf[1], sind aber stark verändert. Die Tauben nehmen in diesem Falle eine auffallend steile und starre Haltung ein, während sonst Beriberi-Tauben eher geduckt sitzen, und werden nie von den Krämpfen befallen, die sonst für das Krankheitsbild charakteristisch sind.

Ein Teil des Cholesterins findet sich bei Avitaminosen in Esterbindung[2], während das normale Gehirn ausschließlich freies Cholesterin enthält.

Veränderungen der Lipoide sind auch das wesentlichste Kennzeichen der WALLERschen Degeneration, die der Nerv nach Abtrennung von seinem trophischen Zentrum erleidet. MOTT und HALLIBURTON haben diese Erscheinungen bis zur Regeneration des Nerven verfolgt[3]. Bis zum 3. Tage nach der Durchschneidung, solange der Nerv reizbar bleibt, ist auch sein chemischer Zustand nicht geändert. Mit dem Auftreten der äußeren Merkmale der Degeneration nimmt der Phosphorgehalt ab, im Blute wird — ein Befund, der viel angezweifelt wurde und zu dessen endgültiger Feststellung wohl jetzt erst die Methodik zur Verfügung steht — Cholin nachweisbar, und die im Nerven zurückbleibenden Lipoide verhalten sich der MARCHISCHEN Osmiumlösung gegenüber nicht mehr wie Phosphatide, sondern wie Neutralfette.

Mehr oder weniger sichergestellte Veränderungen in der Cerebrospinalflüssigkeit und im Blute bei Erkrankungen des Zentralnervensystems weisen darauf hin, daß auch hier manchmal chemische Veränderungen der Nervensubstanz die Ursache der psychischen Störungen sind: Auftreten von Cholin in Liquor und Blut (der bloße Nachweis genügt hier nicht, da das Cholin im tierischen Organismus allenthalben verbreitet ist[4]; nur die Sicherstellung einer Steigerung der Cholinkonzentration in den Körpersäften könnte als Anzeichen eines gesteigerten Lipoidzerfalls gewertet werden), Schwankungen des Cholesteringehaltes im Blut in Verbindung mit epileptischen Anfällen[5]. Derartige Beobachtungen haben die Veranlassung zu den ersten Untersuchungen der nervösen Gebilde bei degenerativen Prozessen gegeben.

MOTT und BARRATT[6] haben in 2 Fällen, in denen im Anschluß an eine Hemiplegie Degenerationserscheinungen im Rückenmark aufgetreten waren, auf der kranken Seite den Ätherextrakt vermehrt, den Phosphorgehalt dagegen stärker vermindert gefunden als auf der gesunden Seite.

KOCH und RIDDLE[7] verglichen die Zusammensetzung der Gehirne normaler Tauben und solcher, die von ererbter Ataxie befallen waren. Je stärker die Ausprägung der ataktischen Erscheinungen war, um so reicher wurden die Gehirne an Wasser, Eiweiß und Extraktivstoffen, um so ärmer an Gesamtlipoid, Cholesterin und Phosphatid gefunden.

---

[1] BERBERICH, J. u. K. HOTTA: Cholesterinuntersuchungen an Tauben bei experimentellen beriberiartigen Erkrankungen. Beitr. path. Anat. **73**, 11 (1924).

[2] VERZAR, F., E. KOKAS u. A. ARVAY: Die Bindung des Cholesterins im Nervensystem bei Mangel an Vitamin B. Pflügers Arch. **206**, 666 (1924).

[3] MOTT, F. W. u. W. D. HALLIBURTON: The physiological action of choline and neurine. Philosophic. Transact. roy. Soc. B **191** (1899) — The chemistry of nervous degeneration. Ebenda **194** (1901).

[4] Literatur bei A. GUGGENHEIM: Die biogenen Amine. Berlin: Julius Springer 1920.

[5] PEZZALI, G.: Ricerche sul contenuto del sangue in Colesterina nell'epilessia. Riforma med. **39**, 433 (1923).

[6] MOTT, F. W. u. W. BARRATT: Observations on the chemistry of nerve degeneration. J. of Physiol. **24**, Proc. 3 (1899).

[7] KOCH, M. L. u. O. RIDDLE: Chemistry of brain of normal and atactic pigeons. Amer. J. Physiol. **47**, 92 (1918).

Bei den eigentlichen degenerativen Erkrankungen, so verschiedener Ätiologie und Pathogenese sie auch sein mögen, ist das Bild der chemischen Veränderungen ein ziemlich ähnliches, wurde auch von den verschiedenen Untersuchern übereinstimmend beurteilt[1].

Bei der progressiven Paralyse findet man eine Zunahme des Wassers, Cholesterins und der Eiweißkörper. Die Phosphatide, Cerebroside und Sulfatide nehmen stark ab. Bei der Dementia praecox nehmen Wasser, Cholesterin und Eiweiß in mäßigen Grenzen zu, die Phosphatide, vor allem die der Cephalingruppe, ebenfalls mäßig ab. Sehr deutlich ist die Abnahme der Cerebroside und Sulfatide, am stärksten die des Neutralschwefels (KOCH und MANN).

Die Zunahme bei Wasser, Cholesterin und Eiweiß ist vielleicht nur eine scheinbare, da die Gesamtmasse der Gehirne immer stark verkleinert war und jene Stoffe möglicherweise nur weniger stark geschwunden sind als die Phosphatide und Cerebroside. (Bei der Beriberi wurde diese Eventualität ausgeschlossen, s. oben.)

Bei der Dementia pellagrosa haben VOEGTLIN und KOCH[2] Gehirn, Kleinhirn und Rückenmark getrennt untersucht. Im Gehirn ist die Menge von Wasser und Eiweiß normal, das Cholesterin ist wenig, die anderen Fraktionen sind deutlich vermindert. Im Kleinhirn und Rückenmark findet sich das Wasser, im letzteren auch das Eiweiß vermehrt. Das Cholesterin ist etwas gesteigert, die anderen Fraktionen der Lipoide zeigen das gleiche Verhalten wie im Gehirn.

Bei der Tollwut[3] ist ebenfalls eine Abnahme der Phosphatide der hervorstechendste Zug. Während ihre Menge beim gesunden Hunde 6,34% der frischen Substanz, 51,4% der gesamten Lipoide beträgt, sinkt sie während der Erkrankung auf 4,28 bzw. 38%. Der Gesamtlipoidgehalt erfährt eine entsprechende Einschränkung, das Wasser ist um ca. 2% vermehrt.

Eine gewisse Ähnlichkeit mit den chemischen Begleiterscheinungen der degenerativen Erkrankungen des Zentralnervensystems zeigen die Veränderungen, die SMITH und MAIR[4] an koptischen Gehirnen feststellten, die etwa aus dem Jahre 400—600 n. Chr. stammten. Hier fanden sich 7—14% Cholesterin in Verbindung mit Palmitin- und Stearinsäure. Phosphatide fehlten vollkommen. Cholesterinester finden sich auch bei der Paralyse in den Erweichungsherden[5].

Das Sterin aus dem Schädelinhalt von Mumien wurde von ABDERHALDEN qualitativ untersucht und mit dem gewöhnlichen Cholesterin identisch gefunden.

---

[1] KOCH, W. u. S. A. MANN: A chemical study of the brain in healthy and diseased conditions. Arch. of Neur. 1910. — SMITH, L. u. W. MAIR: Preliminary note on degeneration in the brain. J. of Path. 16, Proc. 131 (1911). — PIGHINI, G.: Chemische und biochemische Untersuchungen über das Nervensystem unter normalen und pathologischen Bedingungen. Biochem. Z. 46, 450 (1912); 49, 293 (1913); 63, 304 (1914); 63, 336 (1914); 113, 221 (1921); 122, 144 (1921).

[2] KOCH, M. L. u. C. VOEGTLIN: Chemical changes in the central nervous system in pellagra. Hyg. laborat. of Washington Bull. 2, 103 (1916).

[3] FACCHINI, G.: Quantita e qualita dei lipoidi cerebrali nella rabbia di strada. Boll. Sci. med. 10, 82 (1922).

[4] SMITH, L. u. W. MAIT: J. of Path. 18, 179 (1913). — ABDERHALDEN, E.: Beitrag zur Kenntnis des Cholesterins aus dem Schädelinhalt einer ägyptischen Mumie. Hoppe-Seylers Z. 74, 392 (1911).

[5] SMITH, L. u. MAIR: Zitiert auf S. 71.

2. Physiologie der peripheren Nerven.

Das leitende Element.

Von

T. PÉTERFI

Berlin.

Mit 49 Abbildungen.

Zusammenfassende Darstellungen.

APÁTHY, ST. V.: Das leitende Element des Nervensystems und seine topographischen Beziehungen zu den Zellen. Mitt. aus der zool. Stat. zu Neapel **12** (1897) — Bemerkungen zu den Ergebnissen Ramón y Cajals usw. Anat. Anz. **31** (1907). — BETHE, A.: Allgemeine Anatomie und Physiologie des Nervensystems. Leipzig: G. Thieme 1903 (ausführliche Literatur bis 1903) — Die historische Entwicklung der Ganglienzellenhypothese. Erg. Physiol. **3**, II. Abtl. (1904) — Die Beweise für die leitende Funktion der Neurofibrillen. Anat. Anz. **37** (1910). — BIELSCHOWSKY, M.: Die histologische Seite der Neuronenlehre. J. Psychol. u. Neur. **5** (1905)[1]. — BOEKE, J.: Nervenregeneration und anverwandte Innervationsprobleme. Erg. Physiol. **19** (1921) (ausführliche Literatur bis 1920) — Noch einmal das periterminale Netzwerk, die Struktur der motorischen Endplatte und die Bedeutung der Neurofibrillae. Z. mikrosk.-anat. Forschg **7** (1926). — DEITERS, O.: Untersuchungen über Gehirn und Rückenmark des Menschen und der Säugetiere. Herausgeg. von M. SCHULTZE. Braunschweig 1865. — DOGIEL, A. S.: Der Bau der Spinalganglien des Menschen und der Säugetiere. Jena: G. Fischer 1908. — EDINGER, C.: Bau und Verrichtungen des Nervensystems, 2. Aufl. Leipzig: Vogel 1912. — GEHUCHTEN, A. VAN: Anatomie du systéme nerveux de l'homme, 3. Aufl. Louvain 1900. — GERLACH, J.: Von dem Rückenmark, aus Strickers Handb. d. Lehre von den Geweben **2** (1871). — GOLDSCHMIDT, R.: Das Nervensystem von Ascaris lumbr. und megaloceph. I und II. Z. Zool. **90**, (1908); **92** (1909) — III. in Festschr. für R. HERTWIG **2** (1910). — GOLGI, C.: Sulla fina anatomia degli organi centrali del sistema nervoso. Milano: Hoepli 1885/86 (aus dem Italienischen übersetzt von TEUSCHER: Untersuchungen über den feineren Bau des zentralen und peripheren Nervensystems. Jena, G. Fischer 1894). — HEIDENHAIN, M.: Plasma und Zelle **1** II. Jena: G. Fischer 1911 (ausführliche Literatur). — HELD, H.: Die Entwicklung des Nervengewebes bei den Wirbeltieren. Leipzig: J. A. Barth 1909. — HERINGA, C. G.: The anatomical Basis of nerve conduction. Psychiatr.-neur. Bl. (holl.) **1923**. — HESSE, R.: Nervensystem aus Handwörterbuch der Naturwiss. **7**. Jena: G. Fischer 1912. — HIS, W.: Histogenese und Zusammenhang der Nervenelemente. Arch. Anat. u. Physiol. Suppl.-Bd. **1890** — Die Entwicklung des menschlichen Gehirns während der ersten Monate. Leipzig 1904. — HOCHE, A.: Die Neuronenlehre und ihre Gegner. Berlin 1899. — KAPPERS, ARIENS C. U.: Die vergleichende Anatomie des Nervensystems der Wirbeltiere und des Menschen. Haarlem 1920. — KÖLLIKER, A.: Handb. der Gewebelehre des Menschen, 6. Aufl., **2**. Leipzig 1896. — KRONTHAL, P.: Von der Nervenzelle und der Zelle im allgemeinen. Jena: G. Fischer 1902. — KUPFFER, C. v.: Die Morphogenie des Zentralnervensystems, aus Hertwigs Handb. d. vergl. u. exp. Entwicklungslehre **2**, 3. T. (1903). — LENHOSSÉK, M. v.: Der feinere Bau des Nervensystems im Lichte neuester Forschungen, 2. Aufl. Berlin: Fischer 1895 — Über die physiologische Bedeutung der Neurofibrillen. Anat. Anz. **36** (1910). — LEVI, G.: Connessioni e struttura degli elementi nervosi sviluppati fuori dell'organismo. Atti real. Accad. Lincei S. V, **12** (1917) — Trattato di istologia. Torino 1927 (ausführliche Nervenhistologie mit aus-

---

[1] Die Kapitel aus dem 4. Band des Handb. d. mikr. Anatomie d. Menschen (v. MÖLLENDORFF): „Allgemeines", „Morphologie der Ganglienzelle", „Zentrale Nervenfasern", „Übersicht über den gegenwärtigen Stand der Neuronenlehre usw." von M. BIELSCHOWSKY und der Abschnitt: „Die peripherische Nervenfaser" von PH. STÖHR JR. konnten nicht mehr berücksichtigt werden, da bei ihrer Erscheinung das Manuskript schon abgeschlossen war.

führlicher Literatur). — LEYDIG, Fr.: Zelle und Gewebe. Bonn 1885. — LUGARO, E.: Allgemeine pathologische Anatomie der Nervenfaser. Handb. d. pathol. Anatomie des Nervensystems. Berlin 1903/04 — La fonction de la cellule nerveuse. XVI. Congr. internat. méd. Budapest 1909. — MARINESCO, G.: La cellule nerveuse. Paris 1909. — NEUMAYER, L.: Histogenese und Morphogenese des peripheren Nervensystems usw., aus Hertwigs Handb. d. Entwicklungslehre 2 III (1903). — NISSL, FR.: Die Neuronenlehre und ihre Anhänger. Jena 1903. — PRENANT, M., P. BOUIN u. L. MAILLARD: Traité d'Histologie. Paris 1911. — RAMÓN Y CAJAL, S.: Les nouvelles idées sur la structure du systeme nerveux chez l'homme et chez les vertébrés (übersetzt von L. AZOULAY). Paris 1894 — Textura del sistema nervoso du hombre y de los vertebrados. Madrid 1899/04 — Consideraziones criticas solve la theoria de A. Bethe acerca de la estructura y conexiones do las células nerviosas. Trab. Labor. Invest. biol. 2 (1903) — Genesis de la fibras nerviosas del embrion etc. Ebenda 3 (1906) — L'hypothèse de Mr. Apáthy sur la continuité des cellules nerveuses entre elles. Anat. Anz. 23 (1908) — Histologie du systéme nerveux de l'homme et des vertébrés. Ed. par L. Azoulay 2. Paris 1909/11 — Elementos de histologia normal y de tecnica micrografica 8. Madrid 1926. — RANVIER, P.: Leçons sur l'histologie du système nerveux. Paris 1878. — RETZIUS, G.: Punktsubstanz, „nervöses Grau" und Neuronenlehre. Biologische Untersuchungen, N. F. 12. Stockholm 1905 — The principles of the minute structure of the nervous system as reveated by recents investigations (Croonian lecture). Proc. roy. Soc. Lond. B 80 (1908). — SCHAFFER, J.: Vorlesungen über Histologie. Leipzig 1920. — SCHENK, F.: Die Bedeutung der Neuronenlehre für die allgemeine Nervenphysiologie. Würzburg. Abh. 2 (1902). — SCHÄFER, E. A.: The nerve-cell considered as the basis of the neurology. Brain 1893. — SCHIEFFERDECKER, P.: Neurone und Neuronenbahnen. Leipzig 1906. — SCHULTZE, M.: Allgemeines über die Strukturelemente des Nervensystems, aus Strickers Handb. d. Lehre von den Geweben 1. Leipzig 1871. — SCHULTZE, O.: Die Kontinuität der Organisationseinheiten der peripheren Nervenfaser. Pflügers Arch. 108 (1905). — SPIELMEYER, W.: Histopathologie des Nervensystems 1. Berlin 1922. — STÖHR-MÖLLENDORFF, v.: Lehrbuch der Histologie. Jena 1924. — STRASSER, H.: Über Neuronen und Neurofibrillen. Bern 1907. — TSCHERMAK, A. v.: Allgemeine Physiologie 1 II. Berlin 1924. — VERWORN, M.: Das Neuron in Anatomie und Physiologie. Jena 1900. — WALDEYER, W.: Über einige neuere Forschungen im Gebiete der Anatomie des Zentralnervensystems. Dtsch. med. Wschr. 1891. — ZIEHEN, TH.: Zentralnervensystem, aus Bardelebens Handb. der Anatomie d. Menschen, 1. bis 3. Abt., 1. T. (1899). Die meist angeführten Arbeiten von APÁTHY befinden sich zusammengestellt: S. 82; die von BOEKE S. 88; die von BETHE S. 95. Aus den überaus zahlreichen Veröffentlichungen von R. y CAJAL sind die wichtigsten unter den zusammenfassenden Darstellungen angezeigt; sonst werden sie den behandelten Fragen gemäß zitiert. Nach Fragestellung zusammengestellt: S. 81 Mikrotechnik, S. 92 Wirbellosen, S. 96 Verlauf und Anordnung der Fibrillen, S. 112 Innervation in den Endorganen, S. 111 Intraplasmatische Lage der Nervenendigungen, S. 116 Elementargitter und Netze der Zentren, S. 118 Neuronlehre, S. 122 Polemische Literatur zur Kontinuitätsfrage, S. 135 Neurencytiumlehre von HELD, S. 135 Auswachsungstheorie, S. 139 Wachstum der Axone in vitro, S. 136 Zellkettentheorie, S. 139 Nervenregeneration, S. 142 autogene Nervenregeneration, S. 145 über Carcinusversuch, S. 149 Funkt. Bedeutung der Ganglienzellen, S. 152 Stützgerüsttheorie, S. 154 Lebendbeobachtung der Nervenzellen, S. 156 Ultraviolett-Photographie der Neurofibrillen, S. 160 Kolloidchem. Literatur über Stäbchensolen, S. 161 physik.-chem. Natur des Neuroplasmas, S. 165 Membrantheorie, S. 166 Reizleitung bei Pflanzen, S. 167 Beziehungen zu den physiologischen Reizleitungstheorien.

Die Frage nach dem leitenden Element des Nervengewebes ist eine der meist umstrittenen Fragen der Histologie und der allgemeinen Physiologie. Sie ist bis heute nicht gelöst, und kann auch in der Form, wie sie ursprünglich gestellt war, exakterweise kaum gelöst werden. Sie stammt aus einer Forschungsepoche, welche die elementaren Lebensfunktionen der Zellen und Gewebe an bestimmte Strukturen geknüpft hat und die Lebenserscheinungen bzw. die Leistungen der Zellen und Gewebe aus dem Zusammenspiel der einzelnen Zellorganellen zu erklären suchte. Heute, wo man den Verlauf der Lebenserscheinungen sowohl in den elementaren Lebewesen wie in den mehrzelligen Organismen eher als eine koordinierte Systemfunktion auffaßt und sie als die Leistung von Ganzheiten zu betrachten beginnt, wo man die Dynamik der Lebenserscheinungen auf physikalisch-chemische und stoffwechselchemische Vorgänge zurückzuführen bestrebt ist, erscheint diese rein strukturanalytische Richtung, welche Fibrillen, Körnchen und ähnliche mikroskopisch sichtbare Formgebilde der Zellen für bestimmte Funktionen verantwortlich gemacht hat, kaum mehr geeignet, eine fruchtbare Arbeitshypothese weiterer Forschungen und eine befriedigende Lösung für die Grundprobleme der Cytobiologie zu bieten[1]. Die in den Zellen und Geweben sichtbaren elementaren Strukturen werden also immer mehr als rein morphologische Gebilde betrachtet, die nur den Ort einzelner in der Zelle sich abspielenden Funktionen anzeigen. Über die Natur der an ihnen oder durch sie vermittelten Energiewirkungen können sie nichts verraten. Wenn wir also eine Charakterisierung und Definition des leitenden Elementes hier vornehmen, so muß zunächst hervorgehoben werden, daß diese Charakterisierung in erster Linie eine morphologische sein wird. Es wird in dem folgenden die *Neurofibrillenstruktur des Nervengewebes* behandelt, und wenn diese Struktur als leitendes Element bezeichnet wird, so geschieht es vor allem aus historischen Gründen, da ST. V. APÁTHY, dem wir die ersten genauen Kenntnisse über diese Strukturen verdanken, sie so bezeichnet hat[2]. Wieweit sie auch heute noch als die funktionellen Strukturelemente der Reizleitung anzusprechen sind, wird im Laufe der Ausführungen noch eingehender zu erörtern sein. In erster Linie sollen jedoch hier ihre morphologischen Merkmale, ihre Histogenese und ihr Verhalten bei der Degeneration und Regeneration behandelt werden.

I. Das mikrotechnische Verhalten der Neurofibrillen[3].

Das charakteristischeste Merkmal der Neurofibrillenstruktur ist ihre mikrotechnische Reaktion, d. h. ihr Verhalten bestimmten Farbstoffen und Imprägnierungsmitteln gegenüber. Die ersten Forscher, welche im Nervengewebe eine Art fibrillärer Struktur wahrgenommen haben, waren PURKINJE (1831), VALENTIN (1841) und

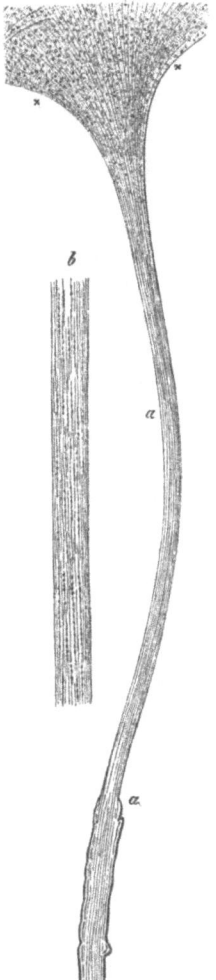

Abb. 1. Die Neurofibrillenstruktur, *a* Verlauf der Fibrillen von einer Ganglienzelle bis in eine markhaltige Nervenfaser (a_1); *b* nackter Achsenzylinder, künstlich aus der Markscheide isoliert. (Nach M. SCHULTZE, aus Strickers Handb. d. Lehre von den Geweben *1*.)

---

[1] Vgl. J. LOEB: Vorlesungen über die Dynamik der Lebenserscheinungen. Leipzig 1906. — HEIDENHAIN, M.: Formen und Kräfte in der lebenden Natur. Vortr. u. Aufs. über Entwicklungsmech. d. Org. von V. ROUX. Berlin 1923. — FISCHER, B.: Vitalismus u. Pathologie. Vortr. u. Aufs. über Entwicklungsmech. d. Org. Herausgeg. von W. ROUX. Berlin 1924. — PETERSEN, H.: Histologie und mikroskopische Anatomie, 1. Liefg. Berlin-München 1922. — TSCHERMAK, A. v.: Allgemeine Physiologie **1** II, 414 (1924). — BOEKE, J.: Die Beziehungen d. Nervenfasern zu Bindegewebselementen usw. Z. mikrosk.-anat. Forschg **4** (1925), 452. — POLICARD, A.: Paris méd. **11** (1921). — CARREL, A.: C. r. Soc. Biol. **96** (1927).

[2] APÁTHY, ST.: Biol. Zbl. **9** (1889) — Arch. mikr. Anat. **43** (1894) — Mitt. a. d. zool. Stat. zu Neapel **12** (1897).

[3] Vgl. dazu W. SPIELMEYER: Technik der mikroskopischen Untersuchung des Nervensystems, 7. Aufl. Berlin 1924. — BIELSCHOWSKY, M.: Neurofibrillen, in Enzyklop. d. mikr. Technik **3**, 1677 (1927). — MARBURG, O.: Die Mikroskopie d. zentr. u. periph. Nervensystem, in Handb. biol. Arbeitsmeth. von ABDERHALDEN **1922**. — ROMEIS, B.: Taschenbuch der mikroskopischen Technik, 12. Aufl. München 1928 — Tierische Gewebe, aus Methodik der wiss. Biologie **1**. Herausgeg. von T. PÉTERFI. Berlin 1928. — GELEI, J. v.: Mikrotechnik der Wirbellosen, aus Methodik der wiss. Biologie **1**. Herausgeg. von T. PÉTERFI. Berlin 1928.

REMAK (1838). Als spezielle Struktur der Nervenzellen hat sie zuerst MAX SCHULTZE nachgewiesen und beschrieben, auf Grund von Zupfpräparaten, die mit Osmiumsäure oder chromhaltigen Flüssigkeiten behandelt wurden (Abb. 1). M. SCHULTZE war auch der erste, der diesen in den Ganglienzellen und Nervenfasern kontinuierlich verlaufenden F brillenzügen die leitende Funktion zugeschrieben hat[1]. Er hat sie Primitivfibrillen benannt, ein Ausdruck, der ursprünglich auch von APÁTHY benutzt wurde. Besser als in den Präparaten von M. SCHULTZE wurde die fibrilläre Struktur der Nervenfasern mit Goldchlorid durch RANVIER[2] und VANLAIR[3] dargestellt und noch deutlicher durch Säure-Fuchsin an mit Osmium fixierten Nervenfasern (v. KUPFFER 1883)[4].

Alle diese Methoden waren nicht geeignet zu Beobachtungen, aus denen man die spezifische Form, den Verlauf und die Anordnung der Fibrillen in den verschiedenen Abschnitten des Nervensystems, oder ihr Verhältnis zur Grundsubstanz der Zellen hätte klar entscheiden können. Es blieb daher lange Zeit unbestimmt, ob die Fibrillen, welche M. SCHULTZE beschrieben hat, tatsächlich spezifische Gewebestrukturen darstellten oder nur einer allgemeinen Protoplasmastruktur (Filarstruktur, Mitom von FLEMMING) entsprachen. Trotz zahlreicher Beobachtungen und Beschreibungen von fibrillären Strukturen im Nervengewebe (FLEMMING, LEYDIG, NANSEN u. a. siehe weiter S. 101) haben sie in der Entwickelung der Neurohistologie während der siebziger und achtziger Jahre des vorigen Jahrhunderts nur eine untergeordnete Rolle gespielt, vor allem deshalb, weil die vorherrschenden neurohistologischen Methoden dieser Epoche, die Chromsilberimprägnation nach GOLGI (1873) und die vitale Methylenblaufärbung nach P. EHRLICH (1886) — auf denen sich die Neuronenlehre aufgebaut hat —, zur Darstellung intracellulärer Fibrillenstrukturen ungeeignet waren[5].

Trotz diesen Umstandes erblicken wir auch hier bei diesen Methoden der Neurohistologie die erwähnte charakteristische Affinität des Nervengewebes den Silbersalzen und den basischen Anilinfarbstoffen gegenüber[6], nur daß hier nicht die Fibrillen, sondern die Zellen und Fasern in ihrem Ganzen reagieren. Zwischen einer Imprägnation nach GOLGI (oder GOLGI-COX) und den modernen Fibrillenmethoden, oder zwischen der EHRLICHschen Methylenblaufärbung und der primären Färbung nach BETHE besteht im wesentlichen nur ein quantitativer Unterschied. Hier wie dort erweisen sich die Nervenzellen und Fasern bedeutend argentophiler bzw. basophiler als andere Gewebselemente. Besonders charakteristisch ist die Färbbarkeit des lebenden Nervengewebes mit Methylenblau (am schönsten mit der Rongalitweißmethode[7]). In einem bestimmten Moment der Färbung erscheinen auch die Fibrillen zart blau gefärbt[8]. Fixiert man jedoch die Färbung nicht sofort, so färbt sich die ganze Zelle bzw. Faser blau und die Fibrillen werden kaum oder überhaupt nicht mehr sichtbar.

Genauere Kenntnisse über die Neurofibrillen besitzen wir erst seit APÁTHY[9] sie im Nervensystem der Anneliden (*Hirudo, Pontobdella, Lumbricus*) und in

---

[1] SCHULTZE, M.: Observationes de structura nervosa cellularum fibrarumque nervearum. Bonn 1868 — Strickers Handb. 1 (1871) (s. zusammenfassenden Darstellungen).
[2] RANVIER: Siehe zusammenfassende Darstellungen.
[3] VANLAIR, C.: Arch. de Biol. 3 (1882); 6 (1885).
[4] KUPFFER, C. v.: Sitzgsber. bayer. Akad. Wiss., Math.-physik. Kl. **1883**, H. 3.
[5] Vgl. bezüglich der GOLGIschen Methode: M. v. LENHOSSÉK: Der feinere Bau des Nervensystems (s. zusammenfassende Darstellungen), bezüglich der vitalen Methylenblaufärbung: MÖLLENDORFF, W. v.: Vitale Färbungen an tierischen Zellen. Erg. Physiol. 18 (1920).
[6] Vgl. auch A. PENSA: Arch. ital. de Biol. 74 (1924).
[7] Vgl. F. GICKLHORN u. R. KELLER: Z. wiss. Zool. 127 (1926). — BOZLER, E.: Z. Zellforschg 5 (1927). Recht schöne Präparate erhält man auch mit den Supravitalfärbungen von J. SCHUSTER [Arch. f. Psychiatr. 73 (1925)].
[8] Vgl. auch J. BOEKE: Z. mikrosk.-anat. Forschg 7, 105 (1926).
[9] Nervenhistologische Arbeiten von APÁTHY: 1. Biol. Zbl. 7 (1887/88) (Histologie der Najaden); 2. Ebenda 9 (1889/90) (Nach welcher Richtung hin soll die Nervenlehre reformiert werden?) 3. Mitt. a. d. zool. Stat. zu Neapel 10 (1892) (Contractile und leitende Primitiv-

einigen Wirbeltieren mit seinem sog. *Nachvergoldungsverfahren* elektiv dargestellt hat. Durch die elektive Färbung mit Goldchlorid heben sich die Neurofibrillen überall scharf hervor als schwarze feine Linien, die eine weitgehende Unabhängigkeit von der Grundsubstanz zeigen, in der sie liegen. Ihre Erscheinungsform in den vergoldeten Präparaten spricht deutlich für ihren spezifisch histologischen Charakter (Abb. 2). Vor allem weist die mikrotechnische Reaktion mit Goldchlorid auf die sehr charakteristische, wenn auch nicht spezifische Affinität der Neurofibrillen zu den Schwermetallionen. Sie binden bei geeigneter mikrotechnischer Behandlung die Metallionen der Silber- und Goldsalze intensiv und halten diese in gleichmäßiger Verteilung fest. Wieweit diese Behandlung als Färbung im eigentlichen Sinne und wieweit sie als Imprägnation aufgefaßt werden soll, ist schwer zu entscheiden. Die Art der mikrotechnischen Reaktion dürfte am besten dem entsprechen, was v. MÖLLENDORFF[1] als Niederschlagsfärbung bezeichnet hat. APÁTHY hält die Reaktion für eine wahre Färbung, die ausschließlich an den Neurofibrillen auftritt.

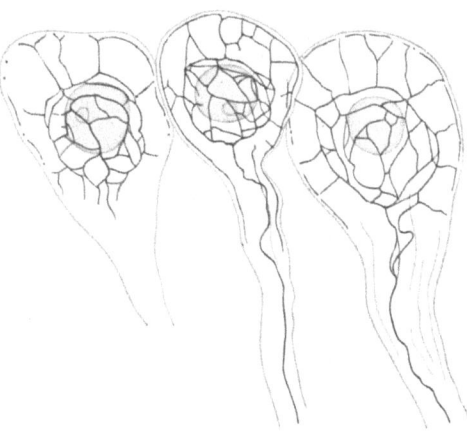

Abb. 2. Neurofibrillenstruktur. (Motorische Ganglienzellen vom Hirudo, aus APÁTHY: Das leitende Element usw.)

Tatsächlich färben sich bei gelungener Nachvergoldung nur die Neurofibrillen schwarz oder tiefviolett. Andere Fibrillenstrukturen (Glia, Myofibrillen, Bindegewebsfibrillen) bleiben rötlich oder rosa gefärbt, als Zeichen dafür, daß sie die Goldsalze in einer weniger feinen Verteilung gebunden haben. Der Unterschied zwischen der Färbung der Neurofibrillen und anderer Fibrillenarten ist jedoch nur quantitativ und nicht qualitativ, was am besten an nicht gelungenen Präparaten oder an nicht tadellos gefärbten Stellen ersichtlich wird. An solchen Stellen ist oft recht schwer zu entscheiden, was man als Neurofibrillen und was als Glia bezeichnen darf, besonders wenn es sich um Fibrillen an der Grenze der mikroskopischen Sichtbarkeit handelt, deren Farbe sowieso schwer bestimmbar ist. Immerhin bedeutet das Nachvergoldungsverfahren von APÁTHY auch heute noch die beste elektive Färbung der Neurofibrillen. Gelingt die Färbung, so bieten die nachvergoldeten Präparate die schönsten klarsten Bilder über die Neurofibrillenstruktur. Die Fibrillenpräparate von APÁTHY gehören zu den vorzüglichsten und verläßlichsten histologischen Beweisen. Nicht allein durch die elektive Färbung der Fibrillen, sondern auch bei der sorgfältigen Vorbereitung des Materials müssen sie als das Muster neurohistologischer Präparate bezeichnet werden. Das soll hier um so mehr hervorgehoben werden, weil in dem wissenschaftlichen Streit um die Befunde und die Theorie von APÁTHY die Frage nach der Verläßlichkeit mikrotechnischer Methoden eine überragende Rolle gespielt hat. Es kann objektiv festgestellt werden, daß die Präparate von APÁTHY, an denen er seine Beobachtungen gemacht und aus denen er seine Theorie abgeleitet hat, in mikrotechnischer Hinsicht den Präparaten seiner Gegner vielfach überlegen waren.

Leider hat die Nachvergoldungsmethode einen wesentlichen Nachteil, und das ist ihre Launenhaftigkeit. Ihr Gelingen hängt von so zahlreichen und

---

fibrillen). 4. Arch. mikrosk. Anat. **43** (1894) (Muskelfaser von Ascaris). 5. Mitt. a. d. zool. Stat. zu Neapel **12** (1897) (Das leitende Element). 6. Proc. of the 4. internat. Congr. of Zool. Cambridge 1898 (über Neurofibrillen). Sitzgsber. d. med.-naturw. Sekt. d. Siebenbürg. Museumsvereins **20** (1898) (Postembryonale Veränderungen der Fibrillen). 9. Anat. Anz. **21** (1902) (M. HEIDENHAINS und meine Auffassung usw.). 8. Biol. Zbl. **18** (1898) (Bemerkungen zur Arbeit GRABOWSKIS). 10. Zool.Anz. **32** (1907) (Polemik gegen R. GOLDSCHMIDT). 11. Anat. Anz. **31** (1907) (Polemik gegen RAMÓN Y CAJAL). 12. Fol. neurobiol. **1** (1908) (Neurofibrillen und Protoplasmaströme).

[1] MÖLLENDORFF, W. v.: Erg. Anat. **25**, 38 (1924).

unberechenbaren Faktoren ab, daß sie die Geduld des Forschers hart auf die Probe stellt. Weitaus am besten eignet sie sich für Wirbellose, auch hier speziell für die Würmer. Obzwar APÁTHY auch aus Wirbeltieren nachvergoldete Präparate hergestellt hat, ist das Verfahren für eine systematische Arbeit mit Wirbeltiermaterial nicht zu empfehlen. APÁTHY selbst hat kaum mehr als 500 einwandfreie nachvergoldete Präparate besessen, und seine Methode wurde nur von einer geringen Anzahl von Forschern (BÁLINT[1], GÖTZ[2], BOEKE[3], JORIS[4], LONDON[5], R. GOLDSCHMIDT[6], GELEI[7]) mit Erfolg angewandt. Wenn man bedenkt, wie groß das Interesse für diese Methode 15 Jahre hindurch war, so spricht die geringe Anzahl der mit der Nachvergoldung erzielten Präparate dafür, daß das Verfahren von APÁTHY nicht die geeignete allgemeine Fibrillenmethode war.

Auch mit anderen Methoden hat APÁTHY die Neurofibrillen dargestellt, und zwar mit einer modifizierten Methylenblaufärbung nach P. EHRLICH, die er durch vorsichtige Behandlung mit Ammoniak fixieren konnte, und mit Hämatein I A. Die Methylenblaufärbung von APÁTHY[8] gibt weitaus nicht eine solche elektive Färbung, wie die Nachvergoldung, und die Färbung mit Hämatein I A noch weniger. Hat man zum Vergleich einwandfrei vergoldete Präparate, so kann man auch mit den zwei letztgenannten Färbungen die Fibrillenstrukturen im Nervengewebe der Wirbellosen gut studieren. Sind jedoch keine Testpräparate vorhanden, so läßt sich schwer entscheiden, was in den Präparaten gefärbt ist, ob Fibrillen oder ganze Nervenfortsätze, bzw. ob nur nervöse Strukturen oder auch die Elemente der Glia.

Die Launenhaftigkeit der Nachvergoldungsmethode hat die Forscher, welche nach der Veröffentlichung der Befunde von APÁTHY die Neurofibrillenstrukturen eigens untersuchen wollten und mit dem Verfahren von APÁTHY keine befriedigenden Resultate erzielen konnten, dazu geführt, daß sie nach Methoden suchten, die mehr Aussicht auf ein regelmäßiges Gelingen boten. So hat BETHE eine Färbung mit *Toluidinblau* angegeben[9], bei der das Objekt erst mit Ammonium molybdaenicum behandelt wird. Die Schnitte werden nach der Färbung in Alkohol differenziert.

Die mikrotechnische Reaktion bei der Fibrillenfärbung nach BETHE beruht auf der starken Bindung des basischen Farbstoffes (Toluidinblau) an die Fibrillen, wenn diese schon bereits Molybdänsäure adsorbiert haben. Das Gelingen der Färbung hängt von der richtigen Differenzierung ab, d. h. davon, wieweit man ein bestimmtes Optimum für die Differenzierung herausfindet. Mit dem BETHEschen Verfahren färben sich die Fibrillen etwas weniger scharf als mit dem Nachvergoldungsverfahren. Sie zeigen eine intensiv blaue Färbung auf einem blaßblauen Hintergrund, wobei sie dünner und zarter erscheinen als bei einer Behandlung mit Silber- oder Goldsalzen. Der APÁTHYschen Methode gegenüber hat das Molybdänverfahren nach BETHE den Vorteil, daß es weniger launenhaft ist. Es ist jedoch auch weniger elektiv, und zwar deshalb, weil bei nicht ganz gelungenen Differenzierungen manches mitgefärbt wird, was nicht sicher als Neurofibrille bezeichnet werden kann. Die Färbung gelingt sowohl nach Sublimatfixierung als auch nach Fixierungen in Salpetersäure (3—7$\frac{1}{2}$%) oder in Alkohol. Mikroskopisch einwandfreie Präparate erhält man hauptsächlich nach Sublimatfixierungen. Die Färbung gelingt jedoch besser, wenn die Stücke in Salpetersäure oder Alkohol (bzw. Äther) fixiert werden. Die letzterwähnten Arten der Vorbehandlung sind mikrotechnisch nicht einwandfrei; sie lassen nämlich die Möglichkeit für die Entstehung von Schrumpfungen offen.

---

[1] BÁLINT, S.: Sitzgsber. d. med.-naturwiss. Sekt. d. Siebenbürg. Museumsvereins **21**, Abt. 2 (1899).

[2] GÖTZ, ST.: Sitzgsber. d. med.-naturwiss. Sekt. d. Siebenbürg. Museumsvereins **21**, Abt. 2 (1899); **22** (1900).

[3] BOEKE, J.: Proc. roy. Acad. Amsterdam **1902**.

[4] JORIS, H.: Bull. Acad. roy. méd. Belgique, IV. S., **18** (1904) (enthält eine Modifikation des Verfahrens von APÁTHY).

[5] LONDON, E. S.: Arch. mikrosk. Anat. **66** (1905).

[6] GOLDSCHMIDT, R.: Siehe zusammenfassende Darstellungen.

[7] GELEI, J. v.: Mikrotechnik der Wirbellosen: Zitiert auf S. 81.

[8] APÁTHY, ST. V.: Z. Mikrosk. **9** (1892).

[9] BETHE: Anat. Anz. **12** (1896) — Allg. Anat. u. Physiol. des Nervensystems, siehe zusammenfassende Darstellungen.

In erster Reihe ist das BETHEsche Verfahren für Wirbeltiermaterial geeignet. BETHE selbst, dann LUGARO[1], JÄDERSHOLM[2], PRENTISS[3], EMBDEN[4], GELEI[5], REUPSCH[6], KEIM[7] u. a. haben von der Färbung ausgiebig Gebrauch gemacht. Da jedoch die Güte der Präparate stark von dem Grad der Differenzierung abhängig ist, und diese wiederum vielfach nur subjektiv beurteilt wird, hat das Verfahren bei Streitfragen über feinhistologische Verhältnisse, wie solche in der wissenschaftlichen Diskussion über die Theorien von APÁTHY und BETHE oft aufgetaucht sind, keine entscheidende Beweiskraft.

Neben dieser Fibrillenmethode verdanken wir BETHE noch genaue Untersuchungen über die sog. *primäre Färbbarkeit* der Neurofibrillen. Mit der primären Färbbarkeit hat P. EHRLICH[8] die Eigenschaft der Gewebestrukturen bezeichnet, daß sie in unfixiertem Zustande sich mit basischen Anilinfarben färben. Als sekundäre Färbbarkeit hat er dann die Färbung mit diesen Farbstoffen benannt nach vorangegangener Fixierung und weitgehender Veränderung der chemischen Konstitution der Strukturen. Die vitale Färbung mit Methylenblau beruht also nach P. EHRLICH auf der primären Färbbarkeit der nervösen Substanz. BETHE hat nun nachgewiesen, daß im Nervengewebe bzw. in den Nervenzellen es zwei Arten von Strukturelementen gibt, welche eine solche primäre Färbbarkeit besitzen, und zwar sind dies die Neurofibrillen und die Nisslschollen. (Tigroid). Behandelt man das Nervengewebe mit Alkohol oder Äther, d. h. mit Fixierungsmitteln, die nur auf den kolloidalen Zustand, nicht aber auf die chemische Konstitution der Strukturen einwirken, so wird die primäre Färbbarkeit nicht beeinflußt. Nach Fixierung der Stücke in abgekühltem Alkohol oder Äther kann man sowohl die Neurofibrillen wie die Nisslschollen mit Methylenblau oder Toluidinblau primär färben. Die Färbung tritt jedoch nie oder nur ganz ausnahmsweise gleichzeitig bei beiden Strukturen auf.

Durch eingehende mikrochemische Analysen ist es BETHE gelungen, nachzuweisen, daß dabei spezifische, an die Neurofibrillen und die Nisslschollen gebundenen Substanzen die ausschlaggebende Rolle spielen, welche er als Fibrillensäure und Nisslsäure bezeichnet hat. Diese zwei sog. Säuren zeigen bestimmten Reagenzien gegenüber bis zu einem gewissen Grade ein antagonistisches Verhalten. Die Fibrillensäure löst sich in Salzsäure-Alkohol, die Nisslsäure dagegen nicht. Umgekehrt ist die Nisslsäure in wässeriger Salzsäure löslich, wogegen die Fibrillensäure darin nicht löslich ist. Alkohol allein löst die Fibrillensäure ebensowenig wie das Wasser die Nisslsäure, beide Substanzen müssen also zuerst durch eine Säurewirkung von den Fibrillen bzw. Schollen abgespalten werden. Eine ähnliche Wirkung dürfte nach BETHE im lebenden Gewebe eine nicht näher bekannte, durch den Gewebestoffwechsel erzielte Substanz ausüben, die er als „Konkurrenzsubstanz" bezeichnet. Durch Oxydationsvorgänge wird diese „Konkurrenzsubstanz" zerstört. Das folgert BETHE daraus, daß nach Alkoholfixierung die mit der Luft in Berührung kommenden oberflächlichen Schichten der Stücke eine primäre Färbbarkeit zeigen, in den tieferen Schichten jedoch, wo die „Konkurrenzsubstanz" nicht oxydiert werden kann, die primäre Färbbarkeit verlorengeht. Auch hier bleibt sie jedoch erhalten, wenn man die Stücke mit Äther fixiert. Auch die primär gefärbten Neurofibrillen und Nisslschollen lassen sich mit Ammoniummolybdaenicum fixieren und als Dauerpräparate in Kanadabalsam einschließen.

Die Färbungsversuche BETHES zum Nachweis der Fibrillensäure und der Nisslsäure haben also äußerst feine und empfindliche mikrotechnische Reaktionen der Neurofibrillen ergeben, die leider bei der Untersuchung der Neurofibrillenstruktur und besonders bei der Erforschung ihrer Veränderungen in verschiedenen funktionellen Zuständen noch viel zu wenig angewandt wurden. Außer

---

[1] LUGARO, E.: Riv. Pat. nerv. **3** (1898).
[2] PRENTISS, C. W.: Arch. f. Anat. **62** (1903).
[3] JÄDERSHOLM, G. A.: Arch. f. mikrosk. Anat. **67** (1906).
[4] EMBDEN, G.: Arch. mikrosk. Anat. **57** (1901).
[5] GELEI, J. v.: Zitiert auf S. 81.   [6] REUPSCH: Z. Zool. **102** (1913).
[7] KEIM: Z. Zool. **103** (1913).   [8] EHRLICH, P.: Biol. Zbl. **6** (1887).

NISSL[1] haben BESTA[2], LUGARO[3], SEEMANN[4] und A. AUERBACH[5] die primäre Färbbarkeit mit der BETHEschen Methode untersucht, wobei die Angaben BETHES im allgemeinen bestätigt werden konnten. Über die Folgerungen, welche BETHE aus den Veränderungen der primären Färbbarkeit der Fibrillen gezogen hat, wird an einer späteren Stelle berichtet (s. S. 146).

Eine weitere, in der neurohistologischen Forschung bekannte Fibrillenmethode ist die *Molybdän-Hämatoxylinmethode* nach HELD[6]. Diese läßt sich nach verschiedenen Fixierungen (sowohl nach Sublimat- wie nach Kaliumbichromicumhaltigen Fixierungsmitteln) gut anwenden.

Die Stücke werden vor der Färbung mit Ammonium molybdaenicum gebeizt, zur Färbung eignen sich hauptsächlich sehr reife, d. h. alte Hämatoxylinlösungen. Man erhält damit, besonders wenn die Färbung lange genug gedauert hat, recht klare und übersichtliche Bilder von der Fibrillenstruktur. Die Fibrillen treten sich schärfer als mit Toluidinblau, doch nicht so scharf wie mit der Nachvergoldungs- oder der Silberimprägnationsmethode. Die Nachteile des Verfahrens sind, daß man fallweise keine distinkte Färbung der Fibrillen erhält, entweder weil die Hämatoxylinlösung ihre färberische Eigenschaft eingebüßt hat oder weil man zu wenig oder zu stark gefärbt hat. Selbst bei gutgelungener Färbung kann man sie nicht als eine rein elektive Färbung der Neurofibrillen bezeichnen. Sie färbt vielfach auch andere fibrilläre Strukturen, was die Diagnose der elementaren Fibrillen unmöglich macht. Sie färbt auch die Protoplasmastruktur selbst. So erhält man in den nach HELD gefärbten Zellen ein schönes Bild der BÜTSCHLISCHEN Wabenstruktur, was vielfach die Übersichtlichkeit der Fibrillenpräparate beeinträchtigen kann. Eine Eigentümlichkeit der Methode ist weiter, daß sie feine Körnchen in den Nervenzellen zur Darstellung bringt, die sog. Neurosomen von HELD, welche jedoch in dieser Form einzig bei der HELDschen Methode auftreten und daher wahrscheinlich zum Teil Kunstprodukte sind.

Hämatein und Hämatoxylin eignen sich überhaupt zur Darstellung der Neurofibrillen, obzwar sie keineswegs als elektive Färbung der Neurofibrillen gelten können. So läßt sich die Neurofibrillenstruktur auch mit Eisenhämatoxylin nach M. HEIDENHAIN darstellen (BÜHLER[7], HELD[8], M. HEIDENHAIN[9]) und mit Chromhämatoxylin nach R. HEIDENHAIN (R. GOLDSCHMIDT[10]). Unter vielen anderen mehr oder weniger elektiven Färbungsmethoden, die in den 90er Jahren zur Darstellung der Neurofibrillen empfohlen wurden (MANN[11], BECKER[12], KAPLAN[13], S. MEYER[14]), sei hier noch die *Pyridin-Thioninmethode* von DONAGGIO[15] erwähnt, welche besonders von italienischen Neurologen öfters angewandt wurde. Nach Fixierung mit Pyridin werden hier die Stücke ebenfalls mit Ammonium molybdaenicum gebeizt und dann mit Thionin gefärbt. Das Verfahren beruht also auf demselben Prinzip wie die Molybdän-Toluidinblaufärbung nach BETHE. Sie färbt die Fibrillen in den Zellen recht scharf und ziemlich elektiv, auch gelingt die Färbung regelmäßig, besonders wenn die Thioninlösung nicht allzu konzentriert ist (1:1000—2000). Der größte Nachteil der Methode ist jedoch, daß die Fixierung in Pyridin starke Schrumpfungserscheinungen hervorruft. Die Nervenzellen erscheinen fast leer, nur mit einem dichten Netz von Fibrillen darin, was offenkundig mit der schrumpfenden Wirkung des Fixiermittels zusammenhängt.

---

[1] NISSL, FR.: Zitiert auf S. 80 (zusammenfassende Darstellungen).

[2] BESTA, C.: Riv. sper. Freniatr. **36** (1910).

[3] LUGARO, E.: Allgem. pathol. Anat. der Nervenfasern (s. zusammenf. Darst.). Riv. Pat. nerv. **10** (1905); **14** (1909) — Arch. di Anat. e Embr. **5** (1906).

[4] SEEMANN: Z. Biol. **51** (1908). Die primäre Färbbarkeit und die Polarisationserscheinung wurde festgestellt, das Färbungsresultat im Polarisationsversuch trat jedoch im umgekehrten Sinne auf wie bei BETHE (s. S. 146).

[5] AUERBACH, L.: Z. Zellforschg **5** (1927). Das mikrotechnische Ergebnis war dasselbe wie bei BETHE, die theoretische Folgerungen weichen jedoch von denen BETHES ab.

[6] HELD, H.: Arch. f. Anat. **1895**. Das Verfahren hat sich sehr gut bewährt bei Färbung der Neurofibrillen an „in vitro" gezüchtetem Nervengewebe (G. LEVI: Gewebezüchtung in Methodik d. wiss. Biologie, herausg. von PÉTERFI **1**. Berlin 1928).

[7] BÜHLER, H.: Verh. physik.-med. Ges. Würzburg **31** (1898).

[8] HELD, H.: Zitiert oben.

[9] HEIDENHAIN, M.: Plasma u. Zelle **1** II, 841 (1911).

[10] GOLDSCHMIDT, R.: Zitiert auf S. 79 (zusammenfassende Darstellungen).

[11] MANN, G.: Verh. anat. Ges. Kiel (1898).   [12] BECKER: Neur. Zbl. (1895).

[13] KAPLAN, L.: Arch. f. Psychiatr. **35** (1901).   [14] MEYER, S.: Anat. Anz. **20** (1902).

[15] DONAGGIO, A.: Riv. sper. Freniatr. **22** (1896).

Von allen den bisher aufgezählten, aus den neunziger Jahren des vorigen Jahrhunderts stammenden Neurofibrillenmethoden läßt sich sagen, daß sie zur Entscheidung der Streitfragen bezüglich der Feinhistologie der Fibrillen nicht vollkommen geeignet waren. Sie haben in den Händen ihrer Meister vorzügliche Präparate geliefert, sie waren jedoch alle in ihren Resultaten mehr oder weniger unberechenbar und boten deshalb für die Fibrillenforschung keine geeignete mikrotechnische Grundlage. Diese haben erst die modernen Fibrillenmethoden, das Silberverfahren von RAMÓN Y CAJAL und die Bielschowskyfärbung geschaffen.

Anfang des Jahrhunderts hat SIMARRO[1] Versuche angestellt, um die Wirkung der Brom- und Jodsalze auf das Nervengewebe nachzuweisen. Er hat die Tiere mit diesen Salzen gefüttert und dann die Stücke des Rückenmarks unmittelbar in Silbernitratlösung gelegt, wo sie mehrere Tage bei 37° im Dunklen gehalten wurden. Zum Nachweis der Brom- und Jodsilberverbindungen im Nervengewebe hat SIMARRO als erster die in der Photographie gebräuchlichen Silberreduktionsmittel Pyrogallol und Hydrochinon angewendet. Darum hat er seine Methode als „Photographische Methode" bezeichnet.

Aus dieser Methode hat dann RAMÓN Y CAJAL[2] seine Versilberungsmethode ausgearbeitet, indem er das SIMARROsche Verfahren mit Fixierungen kombinierte und je nach der Natur des Materials verschiedene Vorschriften ausgearbeitet hat.

Unter den von CAJAL angegebenen Versilberungsmethoden lassen sich vier Gruppen unterscheiden, die speziell für den Nachweis der Neurofibrillen empfohlen worden sind, dies sind: das Versilberungsverfahren a) ohne vorherige Fixierung, d. h. mit unmittelbarer Behandlung der Stücke in Silbernitratlösung, b) nach Formolfixierung, c) nach Fixierung in ammoniakalischem Alkohol und d) nach Pyridinfixierung. Die Konzentration der Silbernitratlösung schwankt zwischen $1/_2-6\%$, die Behandlung mit Silbernitrat erfolgt stets bei 31—37° im Thermostat im Dunklen; reduziert wird in Stücken vermittels Pyrogallussäure oder Hydrochinon. Die so imprägnierten Stücke werden dann in Paraffin eingebettet, wobei darauf zu achten ist, daß sie nicht zu lange in der Alkoholreihe verbleiben, da in den Alkoholen leicht das reduzierte Silber in Körnchen zerfällt. Daher ist die Celloidineinbettung für das Verfahren von RAMÓN Y CAJAL weniger geeignet. APÁTHY[3] hat allerdings auch mit seiner Doppeleinbettung in Celloidinparaffin gute Resultate erzielt. Die Versilberungsmethode von CAJAL liefert regelmäßig eine vollständige und äußerst scharfe Färbung der Neurofibrillen. Auf blaßgelbem oder bräunlichem Untergrund heben sich die Fibrillen schwarz ab. Tadellose Präparate erhält man jedoch nur aus einer mittleren Schicht des Stückes, die oberflächlichsten Schichten, welche unmittelbar mit den Reagenzien in Berührung kommen, werden derart intensiv imprägniert, daß man darin keine feineren Strukturen unterscheiden kann. Die innersten Schichten wiederum sind unvollständig imprägniert, oder zeigen überhaupt keine Fibrillenfärbung. Bei dieser Eigentümlichkeit des Verfahrens darf man weder zu dicke noch zu kleine Stücke wählen, und selbst bei passender Größe des Stückes sind die oberflächlichsten Schichten meistens nicht zu gebrauchen. Ein anderer Nachteil besteht darin, daß die Präparate vielfach ausgesprochene Schrumpfungserscheinungen zeigen. Am stärksten treten sie auf bei Stücken, die ohne vorherige Fixierung mit Silbernitratlösung behandelt wurden, am geringsten nach Formolfixierung[4]. Bei sämtlichen nach CAJAL behandelten Präparaten kann man jedoch eine mehr oder weniger ausgesprochene Schrumpfung nicht mit Sicherheit ausschließen, da das lange Verweilen der Stücke im Thermostat das Schrumpfen der Feinstrukturen besonders begünstigt. Eine Eigentümlichkeit der Versilberungsmethode nach CAJAL ist weiter, daß die Fibrillen vielfach eine rauhe Oberfläche zeigen, was teils ebenfalls auf Schrumpfung zurückgeführt werden kann, teils jedoch damit zusammenhängt, daß das Verfahren nicht nur die Neurofibrillen allein, sondern teilweise auch das Cytoplasma mitfärbt. Wie bei der Molybdän-Hämatoxylinmethode nach HELD

---

[1] SIMARRO, L.: Nuevo método histologico de impregnacion etc. Madrid 1900. Als Vorläufer der CAJALschen und BIELSCHOWSKYschen Methoden kann auch das Silberverfahren von FAJERSZTAJN [Neur. Zbl. **20** (1901)] Erwähnung finden.

[2] RAMÓN Y CAJAL, S.: Algunos métodos de coloracion etc. Trab. Labor. Invest. biol. **3** (1904); Quelques formules etc. Ebenda **5** (1907). Manual de histologia normal etc. 4. Aufl. Madrid 1905.

[3] APÁTHY, ST. (11): Zitiert auf S. 83.

[4] Über die zu berücksichtigenden Gesichtspunkte vgl. R. Y CAJAL: Elementos de histologia normal y de tecnica micrografica, 8. Aufl. Madrid 1926. CASTRO, F. DE; Trabajos **23** (1926). Als Modifikation des CAJALschen Verfahrens kann auch das Silberverfahren nach LUGARO [Arch. ital. Anat. **5** (1906)] angeführt werden.

bringt auch das CAJALsche Verfahren öfters eine alveolare oder netzförmige Struktur im Cytoplasma zur Darstellung. Diese ist zwar immer blasser als die Neurofibrillen, in unmittelbarer Nähe der Fibrillen färbt sie sich jedoch intensiver und kann also kleine Varikositäten an den Fibrillen vortäuschen. Alle diese Eigentümlichkeiten des Verfahrens haben in der Strukturanalyse der Neurofibrillen öfters eine Rolle gespielt und zu manchen Diskussionen Anlaß gegeben[1].

Die schönsten Resultate erhält man mit der Versilberungsmethode nach RAMÓN Y CAJAL an einem Material, das aus ganz jungen Wirbeltieren oder Wirbeltierembryonen stammt. Bei Wirbellosen ist das Verfahren weniger geeignet, teils weil seine schrumpfende Wirkung hier noch auffälliger wird, teils weil die Imprägnierung oft durch Niederschlagsbildung gestört wird[2].

In vieler Hinsicht ist dem Versilberungsverfahren von RAMÓN Y CAJAL die Bielschowskymethode[3] unbedingt überlegen. Diese Methode dürfte nicht nur als die bisher beste Darstellungsmethode der Neurofibrillen, sondern auch als eine der am rationellsten ausgearbeiteten mikrotechnischen Manipulationen bezeichnet werden.

Den großen Vorteil des Bielschowskyverfahrens erblicken wir darin, daß hier das Material einwandfrei fixiert (in 10—15% neutr. Formol) in Gefrierschnitten zerlegt wird und also ohne die schrumpfende Wirkung der bei den Einbettungsmethoden üblichen Reagenzien erst in Silber- bzw. ammoniakalischen Silber- und dann mit Goldsalzen imprägniert wird. Das Resultat der Imprägnierung wird im sauren Fixierbad (5% unterschwefelsaures Natron) fixiert. Man erhält so vorzügliche und gleichmäßig ausgefärbte Bilder; die Neurofibrillen erscheinen als äußerst scharf gezeichnete schwarze oder tiefviolett gefärbte Linien auf blassem Hintergrund. Sowohl in den Zellen wie in den Nervenfasern ist die Form und der Verlauf der Fibrillen gut erhalten. Auch die Nachfärbung der Präparate mit Kernfärbungsmitteln gelingt nach der Bielschowskymethode besser als bei den Präparaten nach RAMÓN Y CAJAL. Besonders eignen sich die Bielschowskypräparate zur Nachfärbung mit Hämatein. Diese Kombination wurde hauptsächlich von BOEKE[4] und HERINGA[5] ausgiebig gebraucht. Das Verfahren von BOEKE mit Bielschowsky-Hämatein bedeutet meines Erachtens die beste und sicherste Färbung zum Nachweis der feinsten Fibrillenstrukturen im Nervengewebe. Der einzige Nachteil des Verfahrens wäre nur darin zu erblicken, daß die Färbung am schönsten an Gefrierschnitten gelingt. Das bedeutet, daß man keine dünnen Schnitte und auch keine Serienschnitte auf diese Weise behandeln kann. Es sind zwar verschiedene Vorschriften an-

---

[1] Vgl. APÁTHY (11): Zitiert auf S. 83. — RAMÓN Y CAJAL: L'hypothése de Mr. Apàthy etc. Zitiert auf S. 80. — BOEKE, J.: Die intracelluläre Lage der Nervenendigungen usw. Z. mikrosk.-anat. Forschg 2, 394 (1925).

[2] Vgl. J. v. GELEI: Mikrotechnik der Wirbellosen, in der Methodik der wiss. Biologie. Herausgeg. von T. PÉTERFI 1. Berlin 1928.

[3] BIELSCHOWSKY, M.: J. Psychol. u. Neur. 3 (1903) — Neur. Zbl. 21 (1902) — J. Psychol. u. Neur. 31 (1925) — Enzyklop. d. mikr. Technik, 3. Aufl. (1927). — Vgl. auch S. L. KUBIE u. D. DAVIDSON: Arch. Neur. u. Psychiatr. 19 (1928). — DA FANO: Beitr. path. Anat. 44 (1908). — GORRIZ: Trab. Labor. Invest. biol. 22 (1924). Als eine Kombination der CAJALschen und BIELSCHOWSKYschen Methoden sei auch das Verfahren von KATO [Fol. neurobiol. 2 (1908)] erwähnt.

[4] Literatur zu J. BOEKE: 1. On the infundibular region of the brain of Amphioxus lanc. Proc. roy. Accad. Amsterdam 1902. 2. Das Infundibularorgan im Gehirne des Amphioxus lanc. Anat. Anz. 32 (1908). 3. Die Innervierung der Muskelsegmente des Amphioxus etc. Ebenda 33 (1908). 4. Die motorische Endplatte bei den höheren Vertebraten usw. Ebenda 35 (1909). 5. Beiträge zur Kenntnis der motorischen Nervenendigungen. II. Internat. Mschr. f. Anat. u. Phys. 28 (1911). 6. Die doppelte (motorische und sympathische) efferente Innervation der quergestreiften Muskelfasern. Anat. Anz. 44 (1913). 7. Nervenregeneration und angewandte Innervationsprobleme. Erg. Physiol. 19 (1921). 8. Zur Innervation der quergestreiften Muskelfasern bei den Ophidiern. Festschrift für RAMÓN Y CAJAL 1. Madrid 1922. 9. Die intracelluläre Lage der Nervenendigungen usw. Z. mikrosk.-anat. Forschg 2 (1925). 10. Die Beziehungen der Nervenfasern zu den Bindegewebselementen. Ebenda 4 (1926). 11. Die morphologische Grundlage der sympathischen Innervation der quergestreiften Muskelfasern. Ebenda 8 (1927). 12. Noch einmal das periterminale Netzwerk usw. Ebenda 7 (1926).

[5] HERINGA, C. G.: Le developpment des corpuscules de Grandry et Herbst. Arch. néerl. d. Sc. Exactes et Nat., III. S., B 3 (1917) — Untersuchungen über den Bau und Entwicklung des sensiblen peripheren Nervensystems. Verh. d. kon. Akad. van Vetensch. te Amsterdam 21 (1920).

gegeben worden, um auch das nach BIELSCHOWSKY behandelte Material in Paraffin einbetten (SAND[1], AGDUHR[2]) und so an dünnen oder an Serienschnitten untersuchen zu können, doch bietet das in Paraffin eingebettete und nach BIELSCHOWSKY behandelte Material keine wesentlichen Vorteile dem CAJALschen Verfahren gegenüber. Vor allem zeigt sich nicht die tadellose Zeichnung der Zellen und Feinstrukturen wie an den Gefrierschnitten. Sehr geeignet zu Einbettungszwecken ist dagegen das Gelatineverfahren von HERINGA und TEN BERGE[3], mit dem auch ganz dünne Schnitte für die Bielschowskymethode erzielbar sind. In Serien kann man allerdings auch mit diesem Verfahren nicht oder nur unsicher schneiden.

Viel gerühmt wird neuerdings die *Natronlauge-Silbermethode* von O. SCHULTZE[4] und PH. STÖHR jr. Nach ROMEIS[5] übertrifft sie „durch die Reinheit der Imprägnation, die Sicherheit ihres Gelingens, die Schnelligkeit der Ausführung und ihre relativ einfache Handhabung alle anderen Methoden".

Das Wesentliche des Verfahrens ist, daß die formolfixierten (1:4—10) Gefrierschnitte in verdünnter Normalnatronlauge „entschlackt" werden. Das gute Gelingen hängt vor allem von der richtigen Konzentration der Natronlauge und der darauf folgenden Imprägnierungs- und Reduktionsflüssigkeiten ab. Nach erfolgter Entschlackung werden nämlich die Schnitte mit Silbernitratlösung (0,25—10%) und dann in Hydrochinonformollösung behandelt. Nach erfolgter Reduktion werden die Schnitte bis zum Einschlußmedium geführt. Ich besitze keine ausreichenden Erfahrungen über die Methode, in den Händen von PH. STÖHR[6], D. KADANOFF[7] u. a. hat sie jedoch schöne Resultate ergeben[8]. Da wir nach den Untersuchungen von E. R. LIESEGANG den entscheidenden Einfluß des Formols auf den Ausfall der Silberimprägnation kennen, ist der Gedanke sehr naheliegend, daß die „Entschlackung" mit Natronlauge die elektive Darstellung der Fibrillen nur fördern kann, indem sie den Überschuß an „Keimen" aus den Geweben entfernt.

Die stufenweise Imprägnierung, der wir in der Bielschowskymethode begegnen, daß nämlich die Fibrillen erst mit Silber- und dann mit Goldsalzen behandelt werden, kann ebensogut auch auf die nach CAJAL hergestellten Schnitte angewandt werden. Der Vorteil dieser Nachvergoldung besteht einzig darin, daß die Grundsubstanz, in welcher die Fibrillen liegen, heller wird. Auch erscheinen die vergoldeten Neurofibrillen gleichmäßiger imprägniert, glatter und feiner gezeichnet als die nur versilberten. Die Erscheinung aber, daß man also stufenweise die Fibrillen mit mehreren Schwermetallsalzen hintereinander imprägnieren kann, zeigt klar, daß die mikrotechnische Reaktion der Fibrillenfärbung ihrem Wesen nach eine Adsorptionserscheinung ist, und daß die Schwermetallionen, welche an der Oberfläche der Fibrillen gebunden werden, von dieser Oberfläche durch andere stärker oberflächenaktive Ionen wieder verdrängt werden können. Eine eingehende physikalisch-chemische Analyse dieser Erscheinung, wie auch der Versilberungsmethoden im allgemeinen hat E. R. LIESEGANG[9] gegeben. Aus den Ausführungen von LIESEGANG sei hier vor allem hervorgehoben, daß jede Fibrillenfärbung gewisse „Keime" braucht, an die sich die Adsorption der färbenden Ionen haften kann. Solche „Keime" entstehen in den Geweben und in den Strukturen nach Behandlung mit Formalin am besten. Wahrscheinlich wirken die Molybdänsalze in dieser Beziehung ähnlich wie Formalin[10].

---

[1] SAND: Arb. neur. Inst. Wien (1907).
[2] AGDUHR, E.: Z. Mikrosk. 34 (1917). Zur nachträglichen Versilberung von Paraffinschnitten hat FREEMAN [Riv. Pat. nerv. 29 (1924)] ein Verfahren angegeben — J. Psychol. u. Neur. 25, Erg.-Heft (1920).
[3] HERINGA, C. G. u. TEN BERGE B.: Z. Mikrosk. 40 (1922).
[4] SCHULTZE, O.: Sitzgsber. physik.-med. Ges. Würzburg 1918.
[5] ROMEIS, B.: Mikrotechnik der tierischen Gewebe, in der Methodik der wiss. Biol. Herausgeg. von T. PÉTERFI 1, 944 (1928).
[6] STÖHR, PH. jun.: Anat. Anz. 54 (1921) — Z. Anat. 69 (1923).
[7] KADANOFF, D.: Z. Anat. 73 (1924).
[8] Vgl. dazu M. BIELSCHOWSKY: Enzyklop. d. mikr. Technik, zitiert auf S. 81.
[9] LIESEGANG, R. E.: Kolloidchem. Beih. 3 (1911) — Z. Mikrosk. 33 (1916).
[10] Vgl. dazu bezüglich der Silberwirkung auf *nicht*fixiertes Material FR. STADTMÜLLER: Anat. H. 59 (1920).

Mit den modernen Fibrillenmethoden wurde die neurohistologische Forschung in den Stand gesetzt, die Neurofibrillenstruktur an einem großen Material und auf einer einheitlichen mikrotechnischen Grundlage zu untersuchen. Diesen Methoden ist es zu verdanken, daß die Neurofibrillen als spezifische und wesentliche Strukturelemente des Nervensystems überall anerkannt wurden. Es muß jedoch betont werden, daß selbst die modernen Fibrillenmethoden keine ausschließlich für die Neurofibrillen charakteristischen Färbungsreaktionen bedeuten. Sowohl mit der CAJALschen wie mit der Bielschowskymethode (einschließlich der Bielschowskyhämateinfärbung von BOEKE) färben sich außer den Neurofibrillen auch andere Elementarfibrillen, welche offenkundig nicht nervöser Natur sind. So hat schon 1913 PÉTERFI[1] im Hühnchenamnion ein Netz von Fibrillen dargestellt, das sich mit sämtlichen Neurofibrillenmethoden deutlich gefärbt hat, obzwar es keine Neurofibrillenstruktur war. Ebenso lassen sich Gitterfasern, Präkollagen- und Tonofibrillen mit den Neurofibrillenmethoden schwarz imprägnieren. Die Unterscheidung dieser elementaren Fibrillenarten rein nach ihrem färberischen Verhalten ist daher äußerst schwer, wenn überhaupt möglich[2]. Wie schon erwähnt, ist einer der Hauptfaktoren der mikrotechnischen Reaktion bei solchen Feinfibrillen ihre Oberfläche bzw. die an der Oberfläche gebundenen Kräfte[3]. Je stärker also die Oberflächenentfaltung einer Fibrillenstruktur ist, um so allgemeiner und stärker bindet sie die Farbstoffe und Schwermetallsalze, und zwar ohne Rücksicht auf die funktionelle Bedeutung der Struktur. Bei der Beurteilung solcher elementaren Fibrillen im Nervengewebe — wie weit sie mit den deutlich als Neurofibrillen erkennbaren Strukturen zusammenhängen oder nicht — darf man sich nicht allein auf die färberischen Kennzeichen verlassen, sondern muß, wie BOEKE[4] es getan hat, auch ihr sonstiges Verhalten bei der Degeneration und Regeneration und auch ihre topographischen Beziehungen zu unzweideutig nervösen Gebilden (markhaltige Nervenfasern) feststellen. Es kann z. B. kein Zweifel daran bestehen, daß die periterminalen Netze von BOEKE innigst mit den Neurofibrillen zusammenhängen, und daß ihnen auch in der Reizleitung eine funktionelle Bedeutung zukommt. Das wäre nach ihrem färberischen Verhalten allein einwandsfrei nicht zu entscheiden gewesen. Der Nachweis ihrer funktionellen Bedeutung konnte eindeutig nur dadurch erbracht werden, daß sie sich nach Durchschneidung der afferenten Nerven degenerierten und nach Wiederherstellung der Leitungsbahnen ebenso regelmäßig regenerierten[5]. Wieweit aber die sog. Golginetze von BETHE (s. S. 127) und ähnliche feinfibrilläre Strukturen in der Grundsubstanz des Nervensystems neurofibrillärer oder gliöser Natur sind, läßt sich trotz der eingehenden Diskussion dieser Frage bis heute nicht mit voller Sicherheit entscheiden.

II. Die Formeigenschaften der Neurofibrillen.

In den mit den Fibrillenmethoden gewonnenen Präparaten erscheinen die Fibrillen als mehr oder weniger scharf gefärbte, gleichmäßig geformte feine Fädchen von glatter Oberfläche. Sie zeigen in ihrem Verlauf weder Varikositäten noch Verdickungen oder Schwankungen in ihrer individuellen Stärke. Begegnet

---

[1] T. PÉTERFI: Anat. Anz. **45** (1913).
[2] Vgl. H. PLENK: Erg. Anat. **27** (1927). — MARESCH, O.: Zbl. Path. **16** (1905) — Klin. Wschr. **35** (1922). — TELLO: Z. Anat. **65** (1922). — KRAUSPE, C.: Virchows Arch. **237** (1922). — ORSÓS, F.: Beitr. path. Anat. **76** (1926). — MAXIMOW, A.: Proc. Soc. exper. Biol. a. Med. **25** (1928).
[3] Vgl. L. MICHAELIS: Arch. mikrosk. Anat. **94** (1920) — Festschrift für O. HERTWIG 1920. — KREBS, A. u. NACHMANSOHN D.: Biochem. Z. **186** (1927).
[4] BOEKE, J. (7): Zitiert auf S. 88.   [5] BOEKE, J. (12): Zitiert auf S. 88.

man solchen Unebenheiten der Oberfläche, so ist die betreffende Struktur entweder keine Neurofibrille, sondern eine Stützfibrille oder Glia, oder aber sind die Unebenheiten als Kunstprodukte entstanden. Oft werden Varikositäten und Verdickungen durch starke Imprägnation vorgetäuscht an Stellen, wo die Fibrillen sich aufbündeln. Besonders charakteristisch ist für die Form der Neurofibrillen, daß sie in ihrem ganzen Verlauf von gleichem Kaliber sind und sich nicht verjüngen. Sie können sich in feinere Fibrillen aufbündeln oder aufteilen, werden jedoch nie zugespitzt, wie das öfters bei Gliafasern oder Kollagenfasern der Fall ist. Trifft man in den Präparaten solche Fibrillen, welche dem einen Ende zu dicker, dem anderen zu dünner erscheinen, so stellen diese Gebilde nie einzelne Neurofibrillen dar, sondern stets in toto gefärbte oder imprägnierte feine Axone (s. Abb. 20). Diese sind übrigens schon durch ihre Stärke von den Neurofibrillen zu unterscheiden. Insofern man im Präparat Fibrillenendigungen sieht, erscheinen diese ebenso dick, manchmal sogar noch dicker als die Fibrillen in ihrem Verlauf, was ein sicheres Zeichen dafür ist, daß hier die Endigung nur infolge der Schnittführung vorgetäuscht wird. Am feinsten gezeichnet erscheinen die Neurofibrillen mit der Molybdän-Toluidinblaufärbung nach BETHE, am schärfsten in den nach den Verfahren von APÁTHY, BIELSCHOWSKY oder BIELSCHOWSKY-BOEKE hergestellten Präparaten. Im allgemeinen sind die Fibrillen nach reiner Färbung (vitale Methylenblaufärbung, Hämatein I A., APÁTHY; Molybdän-Toluidinblau, BETHE; Molybdän-Hämotoxylin, HELD) zarter gefärbt als nach den Silber- oder Goldimprägnierungen (s. Abb. 3). Die adsorbierten Schwermetallionen bilden offenkundig eine Hülle um die Fibrillen herum, wodurch sie etwas dicker erscheinen. Nach der Versilberungsmethode, und ebenso, doch etwas weniger ausgeprägt, nach der Natronlauge-Silbermethode von O. SCHULTZE zeigen die Fibrillen kein vollkommen glattes und gleichmäßiges Aussehen. Auch ihr Verlauf ist etwas stärker gewellt als in den Bielschowskypräparaten, was zum Teil mit einer geringen Schrumpfung zusammenhängen dürfte.

Unter den im Nervengewebe liegenden Fibrillen lassen sich Unterschiede feststellen, welche teils ihre Dicke, teils ihre Anordnung betreffen. Die im Präparat am besten sichtbaren charakteristischen Fädchen haben die allgemeine Bezeichnung *Neurofibrillen* erhalten. Sie haben durchschnittlich eine Stärke von $1-1^{1}/_{2}\mu$. Sind die gefärbten Fibrillen dicker, so bedeuten sie meistens keine Neurofibrillen mehr, sondern entweder in toto gefärbte Axone oder (in den Endorganen) Stützfibrillen (R. GOLDSCHMIDT[1], HELD[2]). Selbst diese $1-1^{1}/_{2}\mu$ dicken und gut sichtbaren Fibrillen sind keine elementaren Strukturen, sondern stellen zusammengesetzte Bündel feinster Fibrillen dar: die sog. *Elementarfibrillen*. Sowohl in den Leitungsbahnen, wie in den Nervenzellen und Endorganen ist vielfach zu beobachten, daß die scheinbar einheitlichen Fibrillen sich in feinere Elementarfibrillen aufbündeln. APÁTHY hat daher zwei Kategorien von Neurofibrillen unterschieden, von denen er die höhere in Anlehnung an M. SCHULTZE als Primitivfibrillen, die andere Kategorie, aus denen die Primitivfibrillen aufgebaut sind, als Elementarfibrillen bezeichnet. Ähnlicherweise wird der Aufbau der Neurofibrillen aus Elementarfibrillen von BETHE[3], M. HEIDENHAIN[4], R. Y CAJAL[5] und HELD[6] beschrieben. Die Elementarfibrillen sind zum Teil noch mikroskopisch

---

[1] GOLDSCHMIDT, R.: Festschr. f. Richard Hertwig **2** (1910).
[2] HELD, H.: Arch. f. Anat. u. Physiol. 1895 u. 1897.
[3] BETHE, A.: Allg. Physiol. u. Anat. d. Nervensystems, S. 18. Zitiert auf S. 79.
[4] HEIDENHAIN, M.: Plasma u. Zelle **1** II, S. 934. Zitiert auf S. 79.
[5] RAMÓN Y CAJAL S.: Consideraciones criticas. etc. Zitiert auf S. 80 — Variaciones mafologicas del reticulo nervioto etc. Trab. Labor. Invest. biol. **3** (1904).
[6] HELD, H.: Die Entwicklung des Nervengewebes bei den Wirbeltieren. Zitiert auf S. 79.

sichtbare, zum Teil jedoch an der Grenze der mikroskopischen Sichtbarkeit liegende Gebilde. APÁTHY[1] schätzt ihre Dicke auf 0,25 μ. Mit Sicherheit lassen sie sich nur in bestgelungenen nachvergoldeten Präparaten oder Bielschowsky-Boekepräparaten nachweisen.

Die metamikroskopische Struktur der Neurofibrillen. APÁTHY, M. HEIDENHAIN und CAJAL haben die Strukturanalyse der Neurofibrillen über die Grenzen der mikroskopischen Sichtbarkeit hinaus auf metamikroskopisches Gebiet geführt und im Aufbau der Fibrillen hypothetische Einheiten angenommen (*Neurotagmen* von APÁTHY, *Protomeren* von HEIDENHAIN, *Neurobione* von R. Y CAJAL). Alle diese metamikroskopischen Einheiten bedeuten spezifische Molekülgruppen, in denen in einer nicht näher bestimmten Art die Eigenschaften des Reizleitungsvermögens gebunden sind. Sie besitzen dabei die Fähigkeit zu autonomem Wachstum und Teilung und bilden dann größere, mikroskopisch sichtbare Verbände: die Elementarfibrillen. Diese besitzen ihrerseits ebenfalls die Fähigkeiten des autonomen Wachstums und der Teilung. So entstehen dann durch Wachstum und Spaltung der Elementarfibrillen die Primitivfibrillen, d. h. die eigentlichen Neurofibrillen.

Außer dem Unterschied zwischen Elementarfibrillen und Neurofibrillen bestehen auch Unterschiede zwischen den Neurofibrillen verschiedener Tierarten. Im allgemeinen sind im Nervensystem der Wirbellosen stärkere Neurofibrillen vorhanden, als bei den Wirbeltieren. Irgendwelche phylogenetische Gesetzmäßigkeit läßt sich dabei nicht feststellen, denn manche verwandte Arten können ganz verschieden stark ausgeprägte Neurofibrillenstrukturen aufweisen[2].

---

[1] APÁTHY: (5) und (9). Zitiert auf S. 82.
[2] Zur Nervenhistologie der Wirbellosen vgl. außer den oft zitierten Arbeiten von APÁTHY, BETHE u. R. Y CAJAL: *Cölenteraten*: BOZLER: Z. Zellforschg **4** (1927); **5** (1927) — Z. vergl. Physiol. **6** (1927). — EIMER, TH.: Die Medusen usw. Tübingen 1878. — HADZI: Arb. zool. Inst. Wien **17** (1909). — HESSE, R.: Zool. Arb. Tübingen **1** (1895). — HERTWIG, O. u. R.: Das Nervensystem und die Sinnesorgane des Medusen. Leipzig 1878. — HEIDER, K.: Z. Morph. u. Ökol. Tiere **9** (1927). — *Würmer*: ASWORTH: Phil. trans. Roy. Soc. Lond. **200** (1909). — BERNERT: Z. Morph. u. Ökol. Tiere **6** (1926); **7** (1926); **7** (1927). — BETTENDORFF: Zool. Jb. **10** (1897). — BIEDERMANN, W.: Sitzgsber. Akad. Wiss. Wien, Math.-naturwiss. Kl. **97** (1888) — Jena. Z. Naturwiss. **25** (1891). — BLOCHMANN: Biol. Zbl. **15** (1895). — BOULE: Le Nevraxe **10** (1909). — BOTEZAT u. BENDL: Zool. Anz. **34** (1909). — BRESSLAU u. VOSS: Ebenda **43** (1915). — BÜRGER: Z. Zool. **72** (1902). — DEINEKA: Ebenda **89** (1908). — FEDOROW: Z. mikrosk.-anat. Forschg **12** (1928). — GELEI: Tanulmànyok a Dendrocoelum lact. Oerst. Szövettanáról. Budapest 1912. — GOLDSCHMIDT, R.: Arch. exper. Zellforschg **4** (1909) — Z. Zool. **90** (1908); **92** (1909) — Festschrift für R. HERTWIG **2** (1910). — HANSTRÖM: Acta zool. **7** (1926). — HEIN: Z. Zool. **77** (1904). — HESS, J. Morph. a. Physiol. **40** (1925). — HÖNIG: Arb. zool. Inst. Wien (1910). — JOSEPH: Stützsubstanz d. Nervensystems. Wien 1892 — Arb. zool. Inst. Wien **13** (1902). — ISOSSIMOW: Zool. Jb. **48** (1926).— LANGDON: J. comp. Neur. **10** (1900). — LENHOSSÉK, M.: Arch. mikrosk. Anat. **39** (1892). — MARCINOWSKI: Jena. Z. Naturwiss. **37** (1903). — MONTI, R.: Boll. Scient. Pavia 1896. — NILSSON: Zool. Beitr. Upsala 1912. — REISINGER: Z. Morph. u. Ökol. Tiere **5** (1925). — RETZIUS, G.: Biol. Unters., N. F., **2** (1891); **3** (1892); **7** (1895); **8** (1898); **9** (1900). — SMIRNOW: Anat. Anz. **9** (1894). — SÁNCHEZ Y SÁNCHEZ: Trab. Labor. Invest. biol. **7** (1909); **23** (1925). — STOUGH: J. comp. Neur. **40** (1926). — TOWER: Zool. Jb. **23** (1900). — ZERNECKE: Ebenda **9** (1895). — *Arthropoden*: ALEXANDROWICZ: Jena. Z. Naturwiss. **45** (1905). — ALVERDES, FR.: Z. Morph. u. Ökol. Tiere **2** (1924). — D'ANCONA: Trab. Labor. Invest. biol. **23** (1925). — BIEDERMANN: Zitiert schon bei Würmern. — BRETSCHNEIDER: Jena. Z. Naturwiss. **45** (1914); **60** (1924). — CAJAL u. SÁNCHEZ: Trab. Labor. Invest. biol. **13** (1915). — FEDOROW: Zool. Jb., Abt. f. Anat. **48** (1926). — HALPERN: Arb. zool. Inst. Wien **14** (1903). — HANSTRÖM BERTIL: J. comp. Neur. **35** (1923) — HILTON; J. comp. **36** (1924). — HOLSTE: Z. Zool. **120** (1923). — JOHNSON, G. E.: Z. comp. Neur. **36** (1924); **35** (1923). — KENYON: Ebenda **6** (1896). — MIGLIAVACCA: Boll. Soc. med.-chir. Pavia **1** (1926). — ROGOSINA: Z. Zellforschg **6** (1928). — SÁNCHEZ: Archivos Neurobiol. **4** (1924). — SCHREIBER: Anat. Anz. **14** (1898). — SOROKINA-AGAFANOWA: Z. Anat. **74** (1924). — VERNE: C. r. Soc. Biol. **85** (1921). — VIALLANES: Wiss. Erg. Tiefsee-Exp. **20** (1909). — ZAWARZIN, A.: Z. Zool. **100** (1912); **108** (1914); **122** (1924). — *Mollusken*: CARAZZI: Mitt. zool. Stat. Neapel **12** (1896). — FREIDENFELD: Zool. Jb. **9** (1893). — NABIAS: Rech. centres nerv. Gastropodes. Bordeaux 1894. — REUPSCH: Z. Zool. **102** (1913). — SCHMIDT: Ebenda **115** (1916). — *Tunicaten*; FEDELE, I. u. II.: Atti Accad. naz. Lincei, V. S. **32** (1923). — HUNTER: Zool. Bull. **2** (1898). — LORLEBERG: Z. Zool. **88** (1907).

Phylogenetische Unterschiede lassen sich viel eher in Bezug auf die Dichtigkeit bzw. Reichtum der Neurofibrillenstruktur erblicken. (BETHE[1], v. LENHOSSÉK[2]). Die Wirbellosen haben im allgemeinen eine lockere und spärlicher ausgebaute Neurofibrillenstruktur und sind gerade deshalb für Neurofibrillenuntersuchungen besser geeignet als die Wirbeltiere. Am dichtesten liegen die Neurofibrillen im Nervensystem der Vögel und der Säugetiere. Daß der lockeren oder dichteren Aufbündelung der Neurofibrillen eine phylogenetische Gesetzmäßigkeit zugrunde liegen dürfte, läßt sich auch daraus schon schließen, daß im Verlauf der Ontogenese ebenfalls eine fortschreitende Entbündelung der Neurofibrillen festzustellen ist (v. LENHOSSÉK[3], HELD[4]).

APÁTHY[5] hat auch funktionelle Unterschiede zwischen den Neurofibrillen der Hirudineen angenommen, indem er die in den motorischen Bahnen verlaufenden starken Fibrillen als motorische, die in den sensorischen Bahnen verlaufenden aber als sensorische Fibrillen bezeichnet hat (s. Abb. 27). Die Frage, wieweit diese starken in den motorischen Bahnen verlaufenden sog. motorischen Fibrillen Einzelfibrillen bedeuten, oder eine Art von primitiven Nervenfasern, („Kabelstruktur", RETZIUS, M. HEIDENHAIN u. a.) ist noch nicht endgültig geklärt. Objektive Kriterien für ihren motorischen Charakter besitzen sie jedoch nicht und deshalb erscheint es heute weder theoretisch noch empirisch begründet, irgendwelche Unterschiede funktioneller Natur zwischen den Neurofibrillen anzunehmen[6]. Mit viel mehr Recht kann man behaupten, daß die Natur des Reizes bzw. die spezifische Wirkung der nervösen Erregung (mit einem motorischen, sensorischen oder tropischen Endeffekt) auf die morphologische Form der Neurofibrillen gar keinen Einfluß hat. Am schönsten leuchtet diese Tatsache aus den heteroplastischen Nervenversuchen von BOEKE hervor, wo periphere und zentrale Stümpfe des N. lingualis und N. hypoglossus reziprok vereinigt und zum Zusammenwachsen gebracht wurden[7]. Es hat sich gezeigt, daß Fibrillenbahnen eines motorischen Nerven, die in den peripheren Stumpf des sensorischen Nerven hineingewachsen sind, keine motorischen Endplatten, sondern viel eher den sensorischen Typ der Innervation hervorgerufen haben, und umgekehrt. Die funktionelle Bedeutung (sensorischer oder motorischer Charakter) der Neurofibrillen hängt also nicht von der Fibrille selbst ab, sondern wird durch die Wechselwirkung der Zentren und des peripheren Innervationsgebietes bestimmt.

Was die Anordnung und den Verlauf der Neurofibrillen anbelangt, so muß man diese Fragen gesondert, nach den einzelnen Hauptabschnitten des Reflexbogens behandeln. Wir werden also die Neurofibrillenstruktur, 1. in den Nervenzellen, 2. in den Leitungsbahnen und 3. in den Endorganen schildern.

Als ein allgemeines, die Anordnung und den Verlauf der Fibrillen beherrschendes Prinzip soll aber nochmals die Erscheinung der *Aufbündelung* hervorgehoben werden. Die Neurofibrillenstruktur besteht entweder aus längerverlaufenden Fibrillen und Fibrillenbündeln oder aus Gittern und Netzen, mit denen die Fibrillenbündel kontinuierlich zusammenhängen. Sowohl die Fibrillenbündel

---

[1] BETHE, A.: Allg. Anat. u. Physiol. d. Nervensyst., S. 20—78. Zitiert auf S. 79.
[2] LENHOSSÉK, M. v.: Physiolog. Bedeutung der Neurofibrillen, S. 345. Zitiert auf S. 79.
[3] LENHOSSÉK, M. v.: Zitiert oben.
[4] HELD, H.: Die Entwicklung des Nervengewebes usw. Zitiert auf S. 79.
[5] APÁTHY, ST. v. (5): Zitiert auf S. 82.
[6] Allerdings hat FEDEROW [Zool. Jb. Abt. f. Anat. u. Ontogen. 48 (1926)] im Nervensystem von Peripatus ähnliche Unterschiede zwischen motorischen und sensorischen Fasern gefunden, wie APÁTHY bei den Hirudineen.
[7] BOEKE, J.: Studien zur Nervenregeneration. I. u. II. Verh. kon. Akad. v. Wetensch Amsterdam 18 (1916); 19 (1917) — Nervenregeneration u. angewandte Innervationsprobleme, S. 562. Zitiert auf S. 88.

wie die Netze entstehen durch Aufbündelung der einzelnen Neurofibrillen, aus denen sich Elementarfibrillen abbiegen und entweder zu anderen Elementarfibrillen gesellt, neue Fibrillenbündel bilden oder sich untereinander zu Gittern und Netzen vereinigen. Solche Netze entstehen hauptsächlich an zwei Stellen: 1. innerhalb der Nervenzellen (intracelluläre Gitter oder Netze) und 2. in den Endorganen (periphere Netze). APÁTHY und BETHE nehmen noch eine dritte Art der Netzbildung an, und zwar im Zentralnervensystem zwischen den Zellen. (Elementargitter von APÁTHY, Golginetz von BETHE). Über diese vielumstrittenen Gebilde wird Näheres im Zusammenhange mit der Frage der Fibrillenkontinuität berichtet (s. S. 124). Hier soll nur noch der allgemeine Begriff der Neurofibrillennetze definiert werden. Nach APÁTHY und BETHE kommt ein Neurofibrillennetz so zustande, daß die Primitivfibrillen sich erst in Elementarfibrillen aufbündeln, und diese dann durch Umlagerung ihrer hypothetischen Neurotagmen eine netzförmige Anordnung erzeugen, d. h. ohne sichtbare Grenzen in ein aus Elementarfibrillen gebildetes Netz übergehen.

Für dieses Netz soll nach APÁTHY[1] am meisten charakteristisch sein, daß es aus gleichfeinen Fädchen gebildet wird[2], welche sich in dreischenkligen Knotenpunkten treffen. Solche mit dreischenkligen Knotenpunkten gleichförmig gebauten Fibrillenstrukturen hat APÁTHY innerhalb und außerhalb der Nervenzellen als Neurofibrillengitter bezeichnet (s. auch S. 124). Außer dem Nervensystem der Würmer war es nur ausnahmsweise möglich, die Gitter von APÁTHY aufzufinden (z. B. im Auge der *Bienen*, BÁLINT[3], GÖTZ[4]; in den Sinnesepithelzellen des *Amphioxus*, BOEKE[5]). Es ist daher richtiger, statt Gitter von elementaren Netzen zu reden, die ebenfalls eine substantielle Anastomose von Elementarfibrillen bedeuten, jedoch nicht ausschließlich dreischenklige Waben bilden, sondern mehr oder weniger polygonal gestaltet sein können. Solche Fibrillennetze wurden überall sowohl im Zentralnervensystem wie in den Endorganen oft nachgewiesen.

Ein den intracellularen Fibrillennetzen fast synonymer Begriff ist das *Neuroreticulum*. Darunter haben DONAGGIO[6], R. Y CAJAL[7] u. a.[8] die Netzbildung der Neurofibrillen innerhalb der Nervenzellen verstanden. Von dem Begriff des Netzes unterscheidet sich das Neuroreticulum dadurch, daß hier der Zusammenhang der Neurofibrillen mit der Grundsubstanz der Nervenzellen stärker zum Ausdruck kommt. Auch sind die Maschen des Neuroreticulums gröber und unregelmäßiger als was man unter einem Neurofibrillennetz versteht, da im Neuroreticulum nicht nur ausschließlich Elementarfibrillen, sondern auch Fibrillenbündel beteiligt sein können. Schließlich sei noch erwähnt, daß die Fibrillennetze oder das Neuroreticulum vielfach als ein Gewirr sich überschneidender oder überlagerter Fibrillen gedeutet wurden[9]. Tatsächlich kommt es sehr oft vor, daß in einer dichten Neurofibrillenstruktur (Neuropil der Wirbellosen, Nervenzellen der Säugetiere) einander überlagerte Fibrillen ein dichtes Gewirr bilden, das leicht ein Netz vortäuschen kann. Man darf also keinesfalls dogmatisch vorgehen und

---

[1] APÁTHY, ST. V.: [5] S. 608—618. Zitiert auf S. 82.

[2] Bei Wirbeltieren kann es auch verschieden dicke Balken des Neurofibrillengitters geben (APÁTHY, [11] S. 496. Zitiert auf S. 82.

[3] BALINT, S.: Zitiert auf S. 84.

[4] GÖTZ, ST.: Zitiert auf S. 84.

[5] BOEKE, J.: [2] Zitiert auf S. 88.

[6] DONAGGIO, H.: Riv. sper. Freniatr. **22** (1896); **24** (1898); **25** (1899) — Internat. physiol. Kongr. Turin 1901 — Bibliogr. Anat. **12** (1902).

[7] R. Y CAJAL: Un sencillo método de coloracion del reticulo protoplasmatico etc. Trab. Labor. Invest. biol. **2** (1903) — D'hypothése de Mr. Apáthy etc. Zitiert auf S. 80.

[8] Vgl. H. HELD: Beiträge zur Struktur der Nervenzellen u. ihre Fortsätze. I, II u. III. Arch. Anat. u. Physiol. **1895; 1897; 1897** (Suppl.-Bd.) — LUGARO, E.: Allg. pathol. Anat. der Nervenfasern, im Handb. d. pathol. Anat. des Nervensyst. Berlin: Karger 1903/04. — RETZIUS, G.: Croonian lecture. Proc. roy. Soc. Lond. **80** (1908).

[9] RETZIUS, G.: Punktsubstanz, „nervöses Grau", Neuronenlehre. Biol. Unters., N. F. **12** (1905).

überall Netzbildungen oder, umgekehrt, überall nur ein Fibrillengewirr erblicken. Soweit sich aus den bisherigen Beobachtungen feststellen läßt, kommen beide Fibrillenstrukturen vor und zwar, — was ihre Analyse am meisten erschwert — kommen sie an denselben Stellen des Nervensystems nebeneinander vor (im Neuropil und in den Nervenzellen) wobei sie sich gegenseitig verdecken können (vgl. Abb. 20).

1. Der Verlauf und die Anordnung der Neurofibrillen in den Nervenzellen.

Der Zellkörper und die Fortsätze der Nervenzellen sind von einem Neurofibrillengeflecht ausgefüllt, welches an der Stelle, wo der Kern liegt, einen fibrillenfreien Raum übrigläßt. Wie schon früher erwähnt, ist dieses Geflecht in den Nervenzellen der Wirbellosen lockerer und regelmäßiger gestaltet als in denen der Wirbeltiere, wo es oft unentwirrbar dicht erscheint. Aus diesem Grunde ist

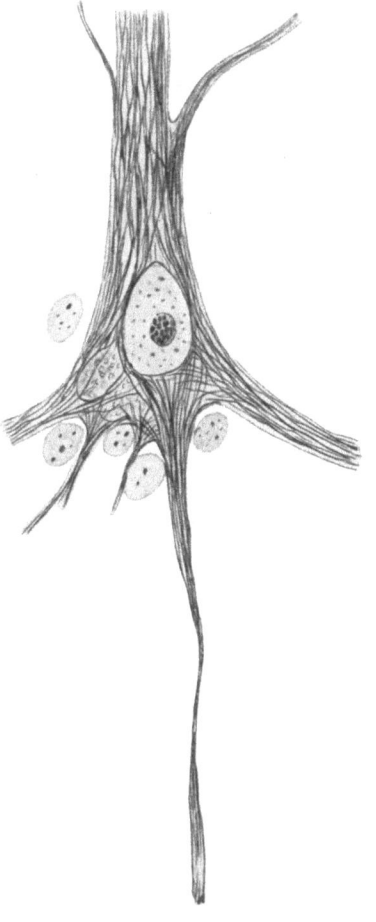

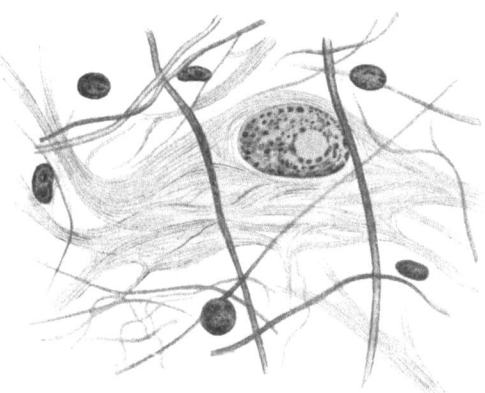

Abb. 3. Neurofibrillenstruktur in einer Ganglienzelle des Ochsenrückenmarks mit individuellem Verlauf der Fibrillen. Primäre Färbung. (Aus BETHE: Allg. Anatomie u. Physiologie des Nervensystems.)

Abb. 4. Neurofibrillenstruktur einer Ganglienzelle mit dem Neuroreticulum. Nach RAMÓN Y CAJAL, aus M. HEIDENHAIN: Plasma u. Zelle 1, II.)

es auch bis heute nicht gelungen, eine für alle Tierarten allgemein gültige Gesetzmäßigkeit in der Anordnung der Fibrillen — wie sie von APÁTHY, BETHE und RAMÓN Y CAJAL angestrebt wurde — festzustellen. Die Fragen, ob die Fibrillen in den Nervenzellen ohne Anatomosen durchlaufen (Abb. 3) (BETHE[1],

---

[1] Nervenhistologische Arbeiten von A. BETHE: 1. Studien über das Zentralnervensystem von Carcinus maen. usw. Arch. mikrosk. Anat. 44 (1895). — 2. Der subepitheliale Nervenplexus der Ctenophoren. Biol. Zbl. 15 (1895). — 3. Die Nervenendigungen im Gaumen und in der Zunge des Frosches. Arch. mikros. Anat. 44 (1895). — 4. Eine neue Methode der Methylenblaufixation. Anat. Anz. 12 (1896). — 5. Ein Beitrag zur Kenntnis des periph. Nervensystems von Astacus fluv. Ebenda 12 (1896). — 6. Das Nervensystem von Carcinus maenas. Ein anatomisch-physiologischer Versuch, I. T., 1. u. 2. Mitt. Arch. mikrosk. Anat. 50 (1897). — 7. Vergl. Untersuchungen über d. Funktionen des Zentralnervensyst. d. Anthropoden. Pflügers Arch. 68 (1897). — 8. Über d. Primitivfibrillen in den Ganglienzellen vom Menschen und anderen Wirbeltieren. Morphol. Arb. 8 (1897). — 9. Das Nervensystem vom Carcinus maenas. Arch. mikrosk. Anat. 50 (1897). — 10. Die anatom. Elemente des Nerven-

EMBDEN[1], JÄDERSHOLM[2] u. a.) oder ein Reticulum bilden (Abb. 4) (DONAGGIO[3], CAJAL[4]), oder, wie APÁTHY[5], M. HEIDENHAIN[6], BALLANTYNE[7] und TIEGS[8] (ursprünglich auch CAJAL[9]) beschreiben, in bestimmten Zonen Netze bilden, waren deshalb von Wichtigkeit, weil man aus ihrem isolierten individuellen Verlauf oder aus ihrem gesetzmäßigen Zusammenhang mit Gittern und Netzen für ihre leitende Funktion, — aus ihrer retikulären Anordnung aber gegen eine solche leitende Natur Beweise zu erbringen suchte. Aus dem Verlauf und der Anordnung der Neurofibrillen lassen sich jedoch keine bindenden Schlüsse für ihre funktionelle Bedeutung ermitteln (s. S. 98). Nicht einmal ihre mechanisch-statische Rolle als Stützfibrillen (KOLTZOFF[10], R. GOLDSCHMIDT[11]) läßt sich nach ihrer Lage und Anordnung klären (s. S. 153). Was sich aus dem Vergleich bestgelungener Fibrillenpräparate feststellen läßt, ist, daß in den Nervenzellen der Wirbellosen die Anordnung der Fibrillen regelmäßiger ist als bei den Wirbeltieren, und daß bei jenen regelmäßige Netze vorkommen, bei diesen jedoch nicht. APÁTHY hat in den Nervenzellen der Hirudineen zwei Typen der Fibrillenanordnung unterschieden: 1. den Typus der sog. kleinen (motorischen) Ganglienzellen, wo um den Kern herum ein perinucleäres und unterhalb der Zelloberfläche ein peripheres Gitter nachweisbar ist und 2. den Typus der großen (sensorischen) Ganglienzellen, wo der Zellkörper von einem einzigen lockergebauten Gitter eingenommen wird. Der letztere Typus ist bei den *Lumbriciden* am schönsten ausgeprägt (Typus der Lumbriciden) und kommt in den Nervenzellen der Wirbellosen am häufigsten vor[12]. Bei den Wirbeltieren erscheint es ziemlich aussichtslos, den Gittern der Wirbellosen homologe Fibrillenstrukturen nachweisen zu wollen und auch hier Typen der Hirudineen- oder Lumbricidenzellen zu unterscheiden, wie APÁTHY es versucht hat[13]. Bei der Dichtigkeit des Fibrillengeflechtes lassen sich selbst in den größten Nervenzellen der Wirbeltiere (motorische Rückenmarkzellen, Purkinjezellen) Fibrillengitter nicht einwandfrei feststellen. Ein gewisser topographischer Unterschied in der Anordnung der Fibrillen innerhalb der Wirbeltier-Nervenzellen ist nur insofern gegeben, daß um den Kern herum stets ein dichteres Geflecht sichtbar ist, als sonst im Zellkörper (Abb. 5). Die meisten Fibrillen ziehen von den Dendriten her zu diesem perinucleären Geflecht, aus dem dann konver-

---

systems und ihre morphol. Bedeutung. Biol. Zbl. **18** (1898). — 11. Über die Neurofibrillen usw. und ihre Beziehungen zu den Golginetzen. Arch. mikrosk. Anat. **55** (1900). — 12. Über die Regeneration periph. Nerven. Arch. f. Psychiatr. **34** (1901). — 13. Allg. Anatomie u. Physiologie des Nervensystems. Leipzig 1903. — 14. Der heutige Stand der Neurontheorie. Dtsch. med. Wschr. **1909**, Nr 33. — 15. Ein neuer Beweis für die leitende Funktion der Neurofibrillen usw. Pflügers Arch. **122** (1908). — 16. Die Polarisationserscheinungen a. d. Grenze zweier Lösungsmittel usw. Zbl. Physiol. **23** (1910). — 17. Die Beweise f. d. leitende Funktion der Neurofibrillen. Anat. Anz. **37** (1910). — 18. Zellgestalt, Plateausche Flüssigkeitsfigur und Neurofibrille. Ebenda **40** (1911). — 19. Nervenpolarisationsbilder u. Erregungstheorie. Pflügers Arch. **183** (1920). — 20. Zur Theorie u. Praxis der Verheilung durchtrennter Nerven. Festschrift für R. Y CAJAL **2**. Madrid 1922.
[1] EMBDEN, G.: Arch. mikrosk. Anat. **57** (1901).
[2] JÄDERSHOLM, G. A.: Arch. mikrosk. Anat. **67** (1906).
[3] DONAGGIO: Zitiert auf S. 94.   [4] RAMÓN Y CAJAL: Zitiert auf S. 80.
[5] APÁTHY (5): Zitiert auf S. 82.
[6] HEIDENHAIN, M.: Plasma u. Zelle **1** II, 865.
[7] BALLANTYNE, F. M.: Trans. roy. Soc. (Edinburgh) **53** (1925).
[8] TIEGS, W. O.: Austral. J. exper. Biol. a. med. Sci. **3**, 45, 69 (1926).
[9] RAMÓN Y CAJAL, S.: Neuroglia y Neurofibrillas del Lumbricus. Trab. Labor. Invest. biol. **3** (1904) — Un sencillo método etc. Ebenda **2** (1903).
[10] KOLTZOFF, N.: Arch. mikrosk. Anat. **67** (1906) — Arch. exper. Zellforsch **2** (1900).
[11] GOLDSCHMIDT, R.: Zitiert auf S. 79.
[12] Vgl. auch ASWORTH: Phil. trans. Roy. Soc. Lond. **200** (1909). — FEDOROW: Z. mikrosk.-anat. Forschg **12** (1928).
[13] APÁTHY (6) u. (11): Zitiert auf S. 83.

Der Verlauf und die Anordnung der Neurofibrillen in den Nervenzellen. 97

gierende Fibrillen, zu Fibrillenbündeln vereinigt, in das Axon eintreten. Ob nun die von den Dendriten zum Axon ziehenden Fibrillenzüge auch um den Kern herum sich zu einem Netz vereinigen, so daß die Fibrillen des Axons erst aus diesem Netz ihren Ursprung nehmen, oder ob sie um den Kern herum, rein durch räumliche Verhältnisse bedingt, stärker zusammengedrängt werden und sich daher überschneiden, muß stets von Fall zu Fall entschieden werden. In den Nervenzellen der *Vögel* und *Säugetiere* bilden meistens die Fibrillen um den Kern herum ein Netz, während bei den *Amphibien* (Frosch, Triton) eher ein indi-

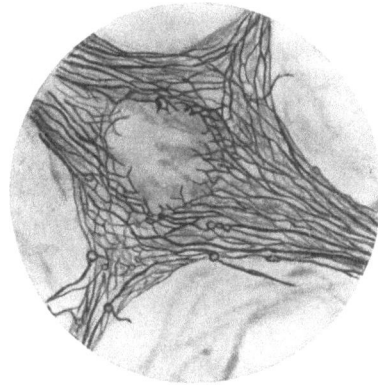
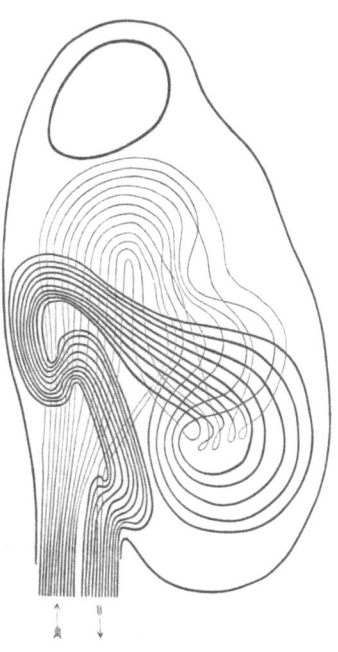

Abb. 5. Fibrillenstruktur einer motorischen Ganglienzelle aus dem Rückenmark der neugeborenen Maus (*Originalzeichnung* nach einem Cajalpräparat von Prof. Dr. TSCHERNJACHIWSKY.)

Abb. 6. Verlauf der Neurofibrillen in der Spinalganglienzelle des Frosches nach einer graphischen Rekonstruktion von M. HEIDENHAIN.

vidueller Verlauf ohne Anastomosenbildung die Regel zu sein scheint. Auch bei den höheren Wirbeltieren begegnet man in bestimmten Arten von Nervenzellen, so vor allem in den Spinalganglienzellen, einem individuellen Verlauf der Neurofibrillen. Insofern man auch hier netzförmige Bildungen vorfindet, rühren diese wahrscheinlich von dem komplizierten schlingenförmigen Verlauf der Fibrillenzüge her, wie BÜHLER[1] und M. HEIDENHAIN[2] es in überzeugender Weise nachgewiesen haben[3] (Abb. 6). Zusammenfassend kann man also sagen, daß im Tierreich alle drei Formen der Fibrillenanordnung, sowohl die Gitter wie die Netzbildung und auch die individuell verlaufenden Fibrillen vorkommen, ohne daß irgendeine dieser Anordnungsformen als die grundsätzliche und einzig mögliche angesprochen werden könnte[4]. Die Gitterstruktur ist typisch für die Nervenzellen der Wirbellosen, die Netzstruktur für die Zellen des Zentralnervensystems

---

[1] BÜHLER, A.: Verh. physik.-med. Ges. Würzburg, N. F. **29** (1895).
[2] HEIDENHAIN, M.: Plasma u. Zelle **1** II, 841.
[3] Ähnliche schlingenförmige Fibrillenstrukturen hat auch TOMASELLI [Anat. Anz. **30** (1907), zitiert nach M. HEIDENHAIN] in den Spinalganglienzellen von Petromyzon und Ammocoetes dargestellt.
[4] Vgl. dazu M. BIELSCHOWSKY: Allgemeine Histologie u. Histopathologie des Nervensystems, in Lewandowskys Handb. d. Nervenheilk. **1** (1900). — WOLFF, M.: Psychol. u. Neur. **4** (1905) (beide Autoren mehr für die Auffassung von APÁTHY über intracelluläre Netzbildungen). — SPIELMEYER, W.: Histopathologie des Nervensystems. Berlin 1922 (mehr für Auffassung von BETHE vom isolierten Verlauf).

Handbuch der Physiologie IX.

der höheren Wirbeltiere, der individuelle Verlauf der Fibrillen, schließlich, für die Nervenzellen der Amphibien und die Spinalganglienzellen der Wirbeltiere.

Je stärker und dichter die Neurofibrillen im Nervengewebe entwickelt sind, um so weniger läßt sich ihre Anordnung auf irgendein Schema zurückführen. Vielfach begegnen wir (vgl. Abb. 5) in den Nervenzellen höherer Wirbeltiere (Reptilien, Aves, Mammalia) nebeneinander Fibrillen, welche sich zu einem perinucleärem Netz vereinigen, und solche, welche, ohne Anastomosen, die Zelle isoliert durchziehen. Unter diesen letzteren kann man wieder solchen begegnen, welche in ihrem ganzen Verlauf isoliert gut zu verfolgen sind, während andere stellenweise mit benachbarten Fibrillen in Berührung kommen und ein mehr oder weniger engmaschiges Geflecht bilden. Es gibt schließlich unter den individuell verlaufenden Fibrillen solche, welche nur eine kurze Strecke innerhalb der Zelle liegen und nur von einem Dendriten in den anderen hineinziehen, ohne mit dem perinucleärem Netz zu anastomosieren bzw. ohne in das Axon der Zelle einzudringen[1].

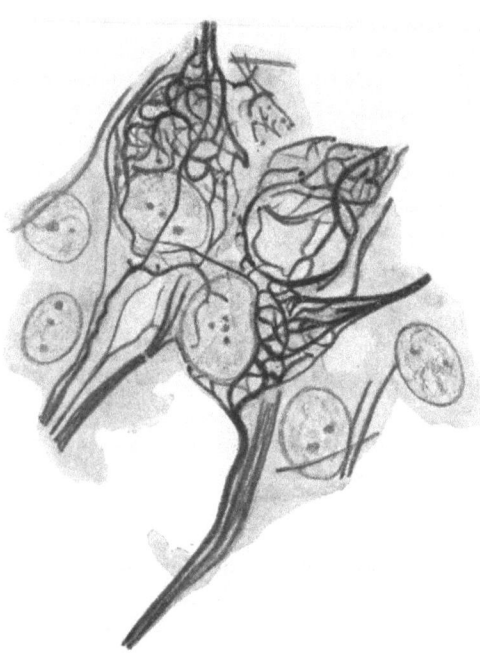

Abb. 7. Das Neuroreticulum und das kontinuierliche Fibrillennetz des embryonalen Nervengewebes nach HELD. (Gangl. trigem. eines ca. 4½ Tage alten Entenembryos.) (Aus HELD: Die Entwicklung des Nervengewebes usw.)

Es erscheint heute höchst wahrscheinlich, daß diese Anordnung der Fibrillen nicht als der morphologische Ausdruck einer spezialisierten Funktion, sondern nur als das Ergebnis ihrer Histogenese aufzufassen sei[2]. Im Verlauf der Ontogenese erscheint die Neurofibrillenstruktur zuerst in der Form eines Neuroreticulums innerhalb der Neuroblasten (HELD[3], BESTA[4], RAMÓN Y CAJAL[5], LENHOSSÈK[6]), aus dem dann Fibrillen und Fibrillenbündel in allen Richtungen, sowohl in das Axon wie in die Dendriten, auswachsen (s. S. 131). Schon in den allerfrühesten Stadien begegnet man der Erscheinung (Abb. 7), daß manche aneinanderliegenden Neuroblasten Fibrillen austauschen, d. h. daß von dem Neuroreticulum der einen Zelle Fibrillen in den Zellkörper der anderen eindringen und dort entweder mit dem Neuroreticulum in Verbindung treten oder gleich in das Axon des betreffenden Neuroblasten eindringen (HELD). *Diesen ontogenetisch bedingten Grundcharakter behält die Fibrillenstruktur auch im fertigen Organismus.* Die Veränderungen, welche an späteren Stufen der Ontogenese sichtbar werden, sind lediglich nur quantitativer Natur und werden durch Vermehrung bzw. Differenzierung des

---

[1] Vgl. M. BIELSCHOWSKY u. M. WOLFF: J. Psychol. u. Neur. **4** (1904). — TIEGS, W. O.: Austral. J. exper. Biol. a. med. Sci. **3** (1926); 4a, 4b, 4c (1927).
[2] Als erster hat A. BÜHLER dieser Auffassung Ausdruck gegeben. Zitiert auf S. 97.
[3] HELD, H.: Zitiert auf S. 79.
[4] BESTA, C.: Riv. sper. Freniatr. **30** (1904).
[5] RAMÓN Y CAJAL: Genesis de las fibras nerviosas etc. Trab. Labor. Invest. biol. **4** (1906).
[6] LENHOSSÈK, M. v.: Anat. Anz. **36** (1910).

Neuroreticulums in Fibrillen hervorgerufen. Die artspezifisch verschiedene Anordnung der Fibrillen dürfte außer dem wesentlichen, bisher noch völlig unbekannten Faktor, nämlich den im Neuroreticulum selbst vorhandenen entwicklungsdynamischen Potenzen, von den gegebenen Raumverhältnissen in der Zelle selbst in hohem Maße abhängen, und zwar von der artspezifischen Größe der Zelle, von dem Verhältnis zwischen Kern- und Zellvolumen und von dem Verhältnis des Neuroreticulums zur Größe der Zelle[1]. Anhaltspunkte dafür erhält man nicht bloß durch Vergleich der Nervenzellen verschiedener Tiere, sondern auch durch Vergleich verschieden groß gestalteter Nervenzellen ein und derselben Tierart. Die protoplasmareichen großen Nervenzellen begünstigen offenkundig die Entfaltung der Gitter oder der Netzstrukturen (Nervenzellen der Wirbellosen, motorische Vorderhornzellen, Purkinjezellen der Wirbeltiere), während protoplasmaarme und großkernige Nervenzellen nur spärlich oder gar keine Netze zeigen[2]. Sie enthalten viel öfters Fibrillenzüge, bei denen der individuelle Verlauf der Fibrillen gut sichtbar ist. Auch von der Zahl und Lage der Zellfortsätze hängt die Anordnung und zum Teil auch die Dichtigkeit der Fibrillenstruktur ab[3]. Im allgemeinen läßt sich feststellen, daß, je reichlicher die Zelle verzweigt ist, um so dichter und komplizierter ihre Fibrillenstruktur ist. In den monopolaren Zellen der Wirbellosen findet man die klarsten Strukturen, da auf ein großes Zellgebiet locker verteilte Fibrillenstrukturen kommen. In den bipolaren Nervenzellen der Wirbeltiere ist die Struktur bei der verhältnismäßigen Kleinheit der Zellen schon weniger übersichtlich, immerhin aber noch gut analysierbar (zum Teil mit individuell verlaufenden Fibrillenzügen). Bei den multipolaren, reich verzweigten Nervenzellen der höheren Wirbeltiere finden wir schließlich die dichtesten Netze und Geflechte, welche in den protoplasmaarmen Vertretern dieser Gruppe fast gänzlich unentwirrbar sind. Wir beurteilen also die Art, wie die Neurofibrillen in den Nervenzellen verlaufen, von jeder funktionellen Deutung losgelöst, rein aus kausalmorphologischen Gesichtspunkten.

Für die Begründer der Neurofibrillentheorie, APÁTHY und BETHE, waren in erster Reihe funktionelle Gesichtspunkte maßgebend. Eine solche Betrachtungsweise hat jedoch stets etwas Teleologisches an sich und man wird zu leicht dazu verleitet, in den Strukturen nach einer Zweckmäßigkeit zu suchen, welche keineswegs gegeben zu sein braucht. LENHOSSÉK, der schon 1910 die Anordnung der Neurofibrillen aus der Ontogenese zu erklären getrachtet hat (s. S. 152), bemerkt mit Recht, daß man die Anordnung der Neurofibrillen in den Nervenzellen und Endorganen geradezu als sinnlos bezeichnen müßte, wenn man sie allein aus ihrer leitenden Funktion erklären sollte[4]. Tatsächlich bereitet der Reichtum und die im großen und ganzen regellose Verflechtung der Neurofibrillen in einem gut gefärbten Fibrillenpräparat die größten Schwierigkeiten bei der konsequenten Durchführung irgendeiner funktionellen Theorie. Die bisherigen Erfahrungen lehren, daß das, was so schön und klar an den Hirudineenpräparaten zu demonstrieren ist, sich in den sog. sensorischen Zellen des Säugetierrückenmarks nicht auffinden läßt, und was für die Purkinjezellen als feststehende Tatsache gilt, nur recht gezwungen auf die Spinalganglienzellen übertragen werden kann. Dasselbe läßt sich übrigens auch bezüglich der Frage der Kontinuität sagen. Ohne hier näher auf diese Frage einzugehen, sei schon in diesem Zusammenhang bemerkt, daß so wenig für die Anordnung der Fibrillen ein einheitliches Schema sich aufstellen läßt, es ebensowenig ein einziges, allgemeines Prinzip für die Art ihrer Verbindungen gibt.

Solange man sich streng objektiv an die in guten Präparaten klar feststellbaren Tatsachen hält und die Neurofibrillenstruktur rein histologisch betrachtet, ist übrigens die Anordnung der Neurofibrillen in den Nervenzellen und ihre Beziehungen zueinander nicht einmal besonders wechselreich und kompliziert. Jedenfalls ist sie nicht komplizierter als bei irgendeiner anderen feinfibrillären

---

[1] Vgl. ST. v. APÁTHY (11): Zitiert auf S. 83. — MICHOTTE, A.: Nevraxe **6** (1903).
[2] Vgl. auch A. BETHE: Allg. Anat. u. Physiol. d. Nervensystems, S. 57.
[3] Vgl. A. BETHE: Zitiert auf S. 95.
[4] LENHOSSÉK, M. v., S. 276. Zitiert auf S. 98.

Struktur[1]. Die Komplikationen beginnen erst dann, wenn man das Neurofibrillenpräparat, von irgendeiner der funktionellen Theorien beeinflußt, zu analysieren beginnt und bestrebt ist, die vorhandene Struktur stets nach demselben Schema (individueller Verlauf, Neuroreticulum, kontinuierlicher Übergang, Fehlen jeglicher Kontinuität) zu deuten. Dann gelangt man unvermeidlich zu logisch schwer haltbaren, einander widersprechenden Hypothesen, zu scheinbar unüberbrückbaren Gegensätzen, welche dann meistens zu unfruchtbaren Diskussionen über mikrotechnische Einzelheiten führen.

Gerade die Schwierigkeiten, denen man begegnet, sobald der Versuch gemacht wird, irgendeine funktionell gerichtete Theorie auf die Anordnung der Fibrillen überall konsequent durchzuführen, sprechen am deutlichsten dafür, daß die Fibrillenzüge nicht nach dem Plan eines zielbewußten Baumeisters aprioristisch als Leitungsbahnen angelegt wurden, sondern ohne jegliche finalistische Tendenz, rein kausal aus einer Kette ontogenetischer Vorgänge hervorgegangen sind. Diese Auffassung schließt natürlich in keiner Weise aus, daß sie, so wie sie vorliegen, nicht auch zweckdienlich sind, d. h. mit spezifischen Funktionen des Organismus innigst zusammenhängen. Ihre morphologischen Kennzeichen und ihre Architektur verraten jedoch darüber äußerst wenig, und jedenfalls nichts sicheres. Wie jedes Produkt des organischen Formwechsels aus der Wechselwirkung innerer und äußerer embryodynamischer Faktoren entstanden, weisen sie in ihrer Form und Architektur die Wirkung formativer Kräfte auf, welche während der artspezifischen Ontogenese an' verschiedenen Stellen des Nervensystems und in verschiedenen Phasen der Entwicklung in mannigfaltiger Form, bald fördernd, bald hemmend, hier als Spannung, dort als Druck, oder als Fluktuation neurotropischer und haptotropischer Einflüsse, ihre endgültige Gestaltung bestimmt haben. Was wir also in der Neurofibrillenstruktur durch histologische Analyse vor allem feststellen können, ist das, *was sie im Laufe der organischen Entwicklung geworden ist, und nicht wozu sie geschaffen wurde*.

Im Sinne dieser Auffassung ist es dann auch leicht verständlich, daß weder aus dem isolierten Verlauf der Fibrillen auf ihren leitenden Charakter, noch aus den neuroretikulären Formationen gegen einen solchen Charakter bindende Schlüsse zu ziehen sind. Ebensowenig läßt sich die Frage der dynamischen Polarisation[2] auf Grund der Neurofibrillenanordnung beweisen oder bestreiten. Nach jahrzehntelangen wissenschaftlichen Diskussionen, aus der fast unübersehbaren Fülle histologischer Beobachtungen und Erfahrungen müssen wir schließlich zur Erkenntnis vordringen, daß die Gestaltung der Neurofibrillenstruktur eine rein histomorphologische Frage ist, die durch funktionelle Gesichtspunkte nicht beeinträchtigt werden darf.

Eine weitere rein histomorphologische Frage ist die Beziehung der Neurofibrillenstruktur zum Cytoplasma der Nervenzellen und zu der darin enthaltenen Nisslsubstanz. Die Grundstruktur des Cytoplasmas der Nervenzellen war jahrzehntelang der Gegenstand eingehendster Untersuchungen[3]. Über diese Untersuchungen, welche für die heutige Cytologie nur einen historischen Wert haben[4], wollen wir zunächst kurz berichten.

---

[1] Vgl. auch M. v. LENHOSSÈK, S. 280. Zitiert auf S. 98.
[2] Vgl. über dynamische Polarisation R. Y CAJAL: Riv. de ciencias méd. Barcelona 1891. — VAN GEHUCHTEN: Bibliogr. anat. **2** (1829). — LUGARO, E.: Monit. zool. ital. **7** (1897). — 16. Internat. med. Kongr. Budapest 1909. — BETHE, A.: Anat. Anz. **37** (1910).
[3] Vgl. dazu M. HEIDENHAIN: Plasma u. Zelle **1 II**, 945. — TSCHERMAK, A. v.: Allgemeine Physiologie **1 II**, 342.
[4] Vgl. G. HERTWIG: Die funktionelle Bedeutung der Zellstrukturen usw. in dies. Handb. **1**, 582.

FLEMMING[1] und seine Schule (BENDA[2], REINKE[3] u. a.) haben feine kurze Fädchen als das Mitom der Nervenzellen beschrieben, und so wurden die Neurofibrillen wiederholt dem FLEMMINGschen Mitom gleichgestellt[4] (Abb. 8). Zur Zeit, wo die Erforschung der Nisslsubstanz am eifrigsten betrieben wurde, war ein Teil der Forscher geneigt, jede fibrilläre Struktur in den Nervenzellen in Abrede zu stellen und eher die Elementargranula von ALTMANN als die Grundstruktur der Nervenzellen gelten zu lassen[5]. Tatsächlich ist das Cytoplasma der Nervenzellen mit verschiedenartigen Granulis reichlich gefüllt. Als die Granulatheorie von ALTMANN am Anfang des Jahrhunderts wieder belebt wurde, hat man auch in den Nervenzellen schön ausgebildete Mitochondrien entdeckt, und es fehlte nicht an Theorien, welche die Entstehung der Neurofibrillen aus den Mitochondrien abgeleitet haben[6], ähnlich wie das auch bei sonstigen Fibrillenstrukturen versucht wurde. Es ist jedoch mehrfach bewiesen, daß zwischen den Neurofibrillen und den Mitochondrien kein genetischer Zusammenhang besteht[7].

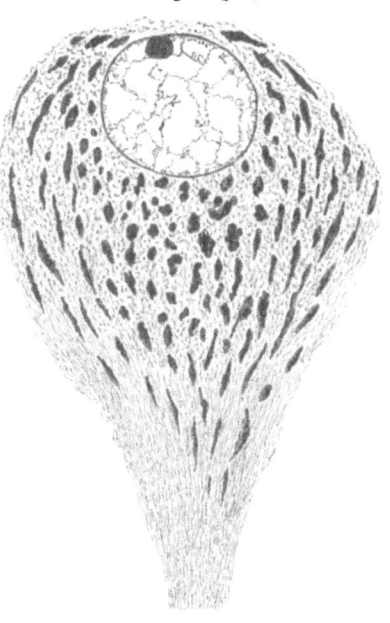

Abb. 8. Das Mitom der Ganglienzelle.
(Nach FLEMMING, aus FLEMMING: Anat. H. 6.)

Soweit man berechtigt ist, in fixierten und gefärbten Präparaten von einer Protoplasmastruktur zu reden, erscheint auch heute noch die BÜTSCHLIsche Wabentheorie als die am besten begründete[8]. Mit dem Verfahren von HELD läßt sich die wabige alveoläre Beschaffenheit des durch die Fixierungsmittel gefällten und nachträglich gefärbten Protoplasmas in den Nervenzellen am schönsten darstellen. Auch andere allgemeine Färbungsmittel, wie z. B. das Eisen- oder Chromhämatoxylin ergeben manchmal recht schöne Alveolarstrukturen in den Zellen (Abb. 9). Während die Nachvergoldung von APÁTHY oder die Molybdän-Toluidinblaufärbung von BETHE gar keine alveolare Struktur in den Nervenzellen zeigen, erscheint nach der Bielschowskyfärbung (am deutlichsten bei Nachfärbung mit Hämatein) und noch stärker mit der Versilberungsmethode von CAJAL das Cytoplasma der Nervenzellen von einer feinwabigen Beschaffenheit. Diese Tatsache hat für die Beurteilung der Neurofibrillenstruktur deshalb eine große Bedeutung, weil die wabige Grundsubstanz der Nervenzellen mit den darin liegenden Fibrillen oft innige Beziehungen aufweist. In vielen Fällen ist es überhaupt nicht möglich, die zwei Strukturen auseinander zu halten, da es nur von der Stärke der Färbung abhängt, ob sich rein die Fibrillen

---

[1] FLEMMING, W.: Festschrift für Henle. Bonn 1882 — Z. Biol. 34 (1896) — Anat. Hefte 6 (1896).
[2] BENDA, C.: Verh. anat. Ges., 10. Vers. in Berlin 1896.
[3] REINKE, FR.: Diskussionsbemerkungen zum Vortrag von M. LENHOSSÈK. Verh. anat. Ges., 10. Vers. in Berlin 1896.
[4] Zum Teil, der LEYDIG-CARNOYschen Reticulumtheorie entsprechend, als ein Netz von kurzen Fädchen geschildert. FROMMANN: Jahressitzung d. Ver. dtsch. Irrenärzte in Jena 1889. — VAN GEHUCHTEN: Anatomie der Systeme nerveux de l'homme, 3. Aufl. Louvain 1900.
[5] Vgl. dazu M. v. LENHOSSÉK: Über Nervenzellenstrukturen. Verh. anat. Ges., 10. Vers. in Berlin 1896. — RAMÓN Y CAJAL: La real superfic. de las celulas nerviosas. Riv. trim. microgr. 3 (1898).
[6] MEVES, FR.: Anat. Anz. 31 (1907) — Arch. mikrosk. Anat. 75 (1910).
[7] Vgl. J. BOEKE: Z. mikrosk.-anat. Forschg 4 (1926). — LAWRENTJEW, B. J.: Ebenda 6 (1926). — NOËL, R. u. J. BOEKE: C. r. Soc. Biol. (1925).
[8] Vgl. J. SPEK: Dies. Handb. 8 — Z. Zell.lehre 1 (1924) — Naturwiss. 13 (1925).

oder auch ein Teil der Wabenstruktur oder Fibrillen und Wabenstruktur gleich stark färben. Sobald im Cytoplasma der Nervenzelle durch Einwirkung der angewandten mikrotechnischen Reagenzien die Koagulation des lebenden Protoplasmas in dieser wabigen Form erfolgt ist, stellen die Waben ebenso wirksame Oberflächen dar, wie die nicht viel stärkeren Neurofibrillen. Da die meisten Fibrillenreaktionen, wie schon erörtert wurde, hauptsächlich auf Adsorptionsvorgängen beruhen, ist die Mitfärbung der Wabenstruktur ohne weiteres verständlich. Daß trotzdem die Wabenstruktur schwächer oder überhaupt nicht gefärbt erscheint, beruht wahrscheinlich darauf, daß die Oberfläche der Fibrillen spezifische Stoffe enthält, welche sonst im Cytoplasma nicht vorhanden sind.

In vielen Präparaten und besonders in den nach HELD behandelten Präparaten erscheinen gut sichtbare Zusammenhänge der Neurofibrillen mit den Wabenwänden des Cytoplasmas. Daraus haben RAMÓN Y CAJAL[1] und in etwas anderer Weise auch BÜTSCHLI[2] und HELD[3] den Schluß gezogen, daß die Neurofibrillen eigentlich nur eine Verstärkung der Wabenwände

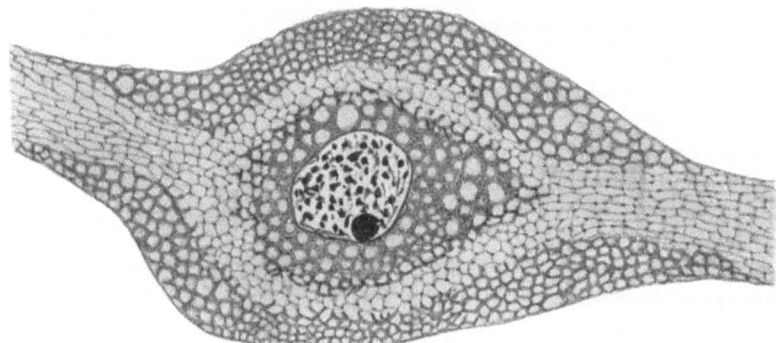

Abb. 9. Alveolarstruktur der Nervenzelle. (Aus R. GOLDSCHMIDT: Das Nervensystem von Ascaris lumbr. u. megaloceph. 3.)

darstellen. Nach HELD werden diese Verstärkungen durch Einlagerung spezifischer Körnchen, der *Neurosomen*, hervorgerufen, nach CAJAL[4] sind es hypothetische Molekülgruppen, die *Neurobionen*, aus deren Längsreihen in den Wabenwänden (die bei CAJAL öfters als Spongioplasma bezeichnet werden) die spezifische neurofibrilläre Struktur entsteht. Je nachdem, ob die Wabenwände nur in der Längsrichtung oder aber dreidimensional solche Verstärkungen erhalten, entstehen entweder die Längsbündel der Neurofibrillen oder die Netze. Auf die Frage, wie weit ein Zusammenhang in dieser Form zwischen Fibrillen und Cytoplasma den natürlichen Verhältnissen entspricht oder nicht, und wie weit die Neurofibrillen aus der wabigen Grundsubstanz der fixierten Zelle abzuleiten wären, brauchen wir hier nicht ausführlicher einzugehen (s. S. 163). Nach meiner Auffassung ist die Wabenstruktur keine lebende Struktur, jedenfalls nicht in der Form, wie die BÜTSCHLIsche Theorie[5] in den 90er Jahren sie dargestellt hat[6]. Andererseits ist es eine ziemlich gut feststellbare Tatsache, daß in den fixierten Präparaten, d. h. im koagulierten Zellkörper, die Wabenwände und die Neurofibrillen eng miteinander zusammenhängen. Dieser Zusammenhang der Fibrillen mit dem Cytoplasma hat eine große Rolle gespielt, weil die APÁTHY-BETHEsche Theorie eine weitgehende Unabhängigkeit der Fibrillen von der Zelle behauptet hat. Wäre es also nachweisbar gewesen, daß die Neurofibrillen mit der wabig-alveolaren Struktur des Cyto-

---

[1] RAMÓN Y CAJAL: Zitiert auf S. 80.
[2] BÜTSCHLI, O.: Untersuchungen über Strukturen. Leipzig 1898.
[3] HELD, H.: Arch. Anat. u. Physiol. **1895, 1897** u. **1897**, Suppl.-Bd.
[4] RAMÓN Y CAJAL: Studien über Nervenregeneration. Deutsche Übers. von J. BRESTER. Leipzig 1908.
[5] BÜTSCHLI, O.: Untersuchungen über mikrosk. Schäume und das Protoplasma. Leipzig 1892.
[6] Vgl. E. B. WILSON: Amer. Naturalist **60** (1926). — TSCHERMAK, A. v.: Allg. Physiologie I II, 394. — HANDOVSKY, H.: Leitfaden d. Kolloidchemie. Dresden 1922. — FISCHER, M. H.: Kolloidchemie d. Wasserbindung **1** (1927). — LIESEGANG, R. E.: Biologische Kolloidchemie. Dresden u. Leipzig 1928.

plasmas zusammenhängen (und vermutlich sich aus den Wabenwänden herausdifferenzieren), so hätte dieser Befund gegen die Behauptung von APÁTHY[1] und BETHE[2] verwertet werden können. Die Frage nach dem selbständigen Charakter der Neurofibrillen ist jedoch viel komplizierter, als daß man sie durch solche von der Mikrotechnik weitgehend abhängige Beweise entscheiden könnte (vgl. S. 90 u. 163). Im Einklang mit den meisten Forschern[3] betrachte auch ich die Neurofibrillen als intraprotoplasmatische Gebilde[4] (s. auch S. 129), ihr mikroskopisch sichtbarer Zusammenhang mit der Wabenstruktur fixierter Zellen ist meines Erachtens jedoch — abgesehen von den sog. periterminalen Netzen (s. S. 111) — von nebensächlicher Bedeutung.

Bekanntlich sind neben den Neurofibrillen die Nisslschollen (*Tigroid*) die meist charakteristischen histologischen Formelemente der Nervenzellen. Auf ihre Formeigenschaften und physiologische Bedeutung einzugehen, liegt außerhalb des Rahmens dieser zusammenfassenden Darstellung, welche keineswegs eine erschöpfende histologische Schilderung des Nervengewebes anstrebt[5]. Die Nisslschollen haben jedoch gewisse Beziehungen zu den Neurofibrillen, wenn auch nicht in dem Maße, wie früher öfters

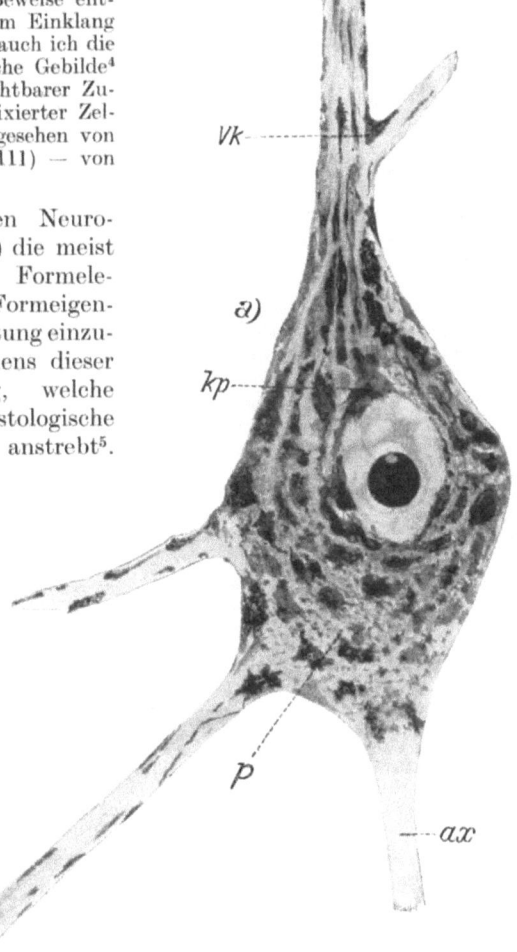

Abb. 10. Nervenzelle mit Nisslschollen. Große Pyramidenzelle. (Aus SPIELMEYER: Histopathologie des Nervensystems *1*.)
ax Achsenzylinderfortsatz, *kp* Kernkappe, *vk* Verzweigungskegel, *p* Pigmentzone.

[1] APÁTHY (5): S. 507 u. (12) S. 299. Zitiert auf S. 83.
[2] BETHE, A. (13), S. 19, 54 und an mehreren anderen Stellen; (10) S. 856. Zitiert auf S. 96.
[3] RAMÓN Y CAJAL, M. LENHOSSÉK, H. HELD, J. BOEKE, M. BIELSCHOWSKY, M. WOLFF u. v. a.
[4] Es sei hier bemerkt, daß eigentlich weder APÁTHY noch BETHE einen reinen extraprotoplasmatischen Verlauf „nackter" Neurofibrillen behauptet haben. BETHE hat nur die *funktionelle* Selbständigkeit der Fibrillen im Gegensatz zur perifibrillären Substanz hervorgehoben. Die Auffassung von APÁTHY ist in dieser Frage nicht einheitlich. Aus seinen früheren Veröffentlichungen [(5) und (6)] ist kaum anderes herauszulesen, als daß die Fibrillen selbständig und unabhängig auch zwischen den Zellen verlaufen können. Später [(11), S. 488 bis 489] stellt er E. HOLMGREN gegenüber fest, daß auch nach seiner Meinung die Neurofibrillen stets in einer interfibrillären oder perifibrillären Substanz eingehüllt sind.

[5] Über die histologischen Einzelheiten betreffend der Nisslschollen vgl. FR. NISSL: Neur. Zbl. **1885** u. **1894**. — LENHOSSÉK, M.: Der feinere Bau des Nervensystems. Berlin 1895. — RAMÓN Y CAJAL, S.: Estructura del protopl. nervioso. Rev. trim. microgr. **1** (1896). — OBERSTEINER: Anleitung zum Studium des Baues der nervösen Zentralorgane, 3. Aufl. 1896. — HELD, H.: Arch. Anat. u. Physiol. **1895** u. **1897**. — HEIDENHAIN, M.: Plasma u. Zelle **1** II, 871. — MARINESCO, G.: La cellule nerveuse. Paris 1909. — SPIELMEYER, W.: Histopathologie des Nervensystems **1**. Berlin 1922.

angenommen wurde[1]. Die von BETHE entdeckte charakteristische Erscheinung, daß sie sich färberisch wie Antagonisten der Neurofibrillen verhalten, wurde schon erwähnt (s. S. 85). In den auf Fibrillen gefärbten Präparaten sind die Nisslschollen nie mitgefärbt, und umgekehrt. Daß hier Unterschiede in der chemischen Konstitution ausschlaggebend sind, erscheint nach den Feststellungen von BETHE nicht zweifelhaft. Zum Beginn der Neurofibrillenforschung, in den neunziger Jahren des vorigen Jahrhunderts, wo man die reelle Existenz der Neurofibrillen in den Nervenzellen der Wirbeltiere noch vielfach bezweifelt hat, gab es mehrere Forscher (z. B. R. Y CAJAL und LENHOSSÈK[2]), welche die Streifung und ähnliche fibrillenförmige Gebilde der Nervenzellen aus der Form und Anordnung der Nisslschollen zu erklären gesucht haben. Heute ist es wohl nicht mehr zweifelhaft, daß die Neurofibrillen mit den Nisslschollen nicht verwechselt werden können. Die einzige, aus den histologischen Präparaten feststellbare Beziehung zwischen den Neurofibrillen und der Tigroidsubstanz besteht darin, daß in dem sog. achromatischen Teil des Cytoplasmas, d. h. in den mit der Tigroidfärbung sich nicht färbenden Zwischenräumen, die stärksten Fibrillenbündel verlaufen (Abb. 10). Sie beschränken sich jedoch nicht bloß auf diese Zwischenräume, wie vielfach angenommen wurde[3], sondern verlaufen ebensogut auch durch die Nisslschollen, nur sind sie hier von den Schollen bedeckt und also unsichtbar. Es ist überhaupt allein mit der BETHEschen Molybdän-Toluidinfärbung und auch mit dieser nur ganz selten möglich, beide Strukturen gleichzeitig darzustellen. Durch Vergleich von Fibrillen- und Tigroidpräparaten ist es jedoch nicht schwer, sich über die gegenseitigen topographischen Beziehungen der Fibrillen und Nisslschollen zu orientieren, und sich davon zu überzeugen, daß die Nisslschollen ebensogut in den Zwischenräumen der Fibrillennetze (oder Fibrillengeflechte) liegen wie auf den Fibrillen selbst[4].

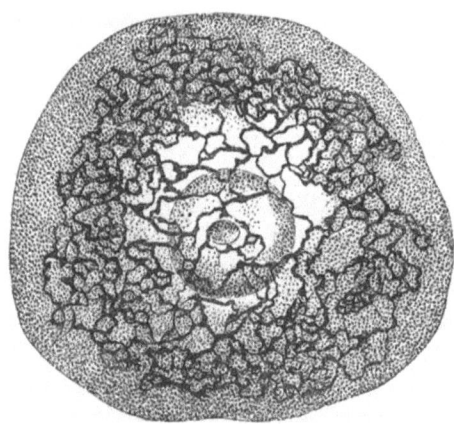

Abb. 11. Golgiapparat (Binnennetz) in einer Spinalganglienzelle des Hundes. (Nach GOLGI, aus RAUBER-KOPSCH: Lehrbuch der Anatomie 1.)

Von den übrigen in den Nervenzellen nachgewiesenen spezifischen Organzellen, wie die *Golgiapparate* (Binnengerüste) und die HOLMGREENschen *Trophospongien*, läßt sich kurz so viel sagen, daß sie mit der Neurofibrillenstruktur weder genetisch noch histologisch in irgendeinem Zusammenhange stehen[5]. Solange die Neurofibrillen und die genannten Zellstrukturen nicht genauer bekannt waren, war die Möglichkeit einer Verwechslung mit den Neurofibrillen um so leichter möglich, als auch die Golgiapparate und die Trophospongien mit den Silber- und Goldsalzen typische mikrotechnische Reaktionen zeigen. Heute besitzen wir jedoch schon spezifische (auf die Neurofibrillen unwirksame) mikrotechnische Verfahren, mit denen die

---

[1] Vgl. auch E. LUGARO: Arch. di Anat. e Embr. **5** (1906). — BESTA, C.: Riv. sper. Freniatr. **36** (1910).
[2] RAMÓN Y CAJAL u. LENHOSSÈK: Zitiert auf S. 103.
[3] Vgl. A. BETHE: Allg. Anat. u. Physiol. d. Nervensyst., S. 58. — HEIDENHAIN, M.: Plasma u. Zelle **1 2**, 873.
[4] Vgl. SPIELMEYER: Histopathologie d. Nervensystems, S. 26. Zitiert auf S. 80.
[5] RAMÓN Y CAJAL: Algunas variaciones fisiol. y patol. del aparato reticular de Golgi. Trab. Labor. Invest. biol. **12** (1915). — PENFIELD, W. G.: Brain **43** (1920). — RAN, A. S. u. R. J. LUDFORD: Quart. J. microsc. Sci. **69** (1925). — BOWEN, R. H.: Anat. Rec. **32** (1926).

Unterscheidung der Golgiapparate von den Neurofibrillen leicht möglich ist[1] (Abb. 11). Auch sonst rein nach der Form beurteilt, ist heute eine Verwechslung der Neurofibrillen mit den genannten Zellorganen (von denen die Trophospongien wahrscheinlich nur eine besondere Art des Golgiapparates darstellen) kaum möglich[2].

2. Die Anordnung der Neurofibrillen in den Nerven.

Innerhalb der Leitungsbahnen ist die Anordnung und das Verhalten der Neurofibrillen verhältnismäßig am einfachsten. Überall finden wir parallel verlaufende, mehr oder weniger dichte Fibrillenbündel. Es ist als sicher bewiesen zu betrachten, daß die Fibrillen der Leitungsbahnen miteinander nicht anastomosieren, sondern in ihrem ganzen Verlauf vom Ursprungskegel der Nervenzelle bis zu den Endorganen, oder in umgekehrter Richtung, von den Endorganen bis zu den Nervenzellen voneinander isoliert verlaufen. Wo trotzdem Anastomosen zwischen den Nervenfibrillen oder eine netzartige Anordnung des Axoplasmas beschrieben wurde (BÜTSCHLI[3], HELD[4], RETZIUS[5], SCHIEFFERDECKER[6]), handelt es sich offenkundig um eine Mitfärbung des koagulierten Axoplasmas. (Bezüglich des Verhaltens der Neurofibrillen bei den Schnürringen, s. gleich weiter unten) Die Nervenfibrillen unterscheiden sich von den Fibrillen der Nervenzellen kaum. Es ist höchstens zu bemerken, daß in den Nerven der Wirbeltiere sie etwas feiner erscheinen als innerhalb der Zellen. Auch verhalten sie sich mikrotechnischen Reaktionen gegenüber etwas verschieden von den intracellulären Fibrillen.

Sie sind sowohl schwieriger fixierbar, als auch mit Silber- und Goldsalzen schwieriger zu imprägnieren. Über ihre natürliche Anordnung und Beschaffenheit geben uns allein die mit Osmium fixierten Nerven die verhältnismäßig noch einwandfreiesten Bilder. Sonst werden sie von den Fixierungsmitteln leicht zu einem einzigen Strang ausgefällt (Achsenfaden), was jedoch weniger mit der physikalisch-chemischen Natur der Fibrillen als viel eher mit der Beschaffenheit des Axoplasmas zusammenhängen dürfte. Mit Goldsalzen sind sie verhältnismäßig besser darstellbar als mit den Silberimprägnationen[7]. Die Versilberungsmethode von R. Y CAJAL ist zur Darstellung der Nervenfibrillen wenig geeignet. Schöne und klare Bilder erhält man dagegen mit der Bielschowsky-Hämateinfärbung nach BOEKE. Besonders geeignet zur Darstellung der Nervenfibrillen sind die reinen Färbungsmittel, so die Säure-Fuchsinfärbung von KUPFFER[8] und noch besser die Toluidinblaufärbung von BETHE[9]. Wieweit ihre Färbbarkeit von dem histologischen Bau der Nervenfasern abhängt, und von den Hüllen beeinflußt wird, ist schwer zu sagen, da man mit den Fibrillenfärbungen ebensogut oder ebenso schwer aus markhaltigen wie aus marklosen Nervenfasern gelungene Präparate erhalten kann.

Die Nervenfibrillen liegen innerhalb des Achsenzylinders, den sie bei Wirbeltieren fast gänzlich ausfüllen[10] (Abb. 12). Dieser fibrillenhaltige, axiale

---

[1] Spezifische Methoden nach KOPSCH (modif. nach J. HIRSCHLER), DA FANO und RAMÓN Y CAJAL (weniger elektiv als „KOPSCH"), KOLATSCHEW, PARAT u. PAINLEVÉ, SJÖWALL.
[2] Vgl. W. JACOBS: Der Golgische Binnenapparat. Erg. Biol. **2** (1927). — KOPSCH, FR.: Z. mikrosk.-anat. Forschg **5** (1926).
[3] BÜTSCHLI: Zitiert auf S. 102.   [4] HELD: Zitiert auf S. 102.
[5] RETZIUS, G.: Ark. Zool. (schwed.) **3** (1905).
[6] SCHIEFFERDECKER, P.: Arch. mikrosk. Anat. **67** (1906).
[7] Vgl. SPIELMEYER: Technik d. mikrosk. Untersuchung usw., S. 68.
[8] Vgl. R. KRAUSE: Kursus d. norm. Histologie. Berlin 1911.
[9] GELEI, J. v.: Mikrotechnik d. Wirbellosen in der Methodik der wiss. Biol. **1**. Berlin 1928.
[10] Bei den Wirbellosen ist das Verhältnis der Fibrillen zum Axoplasma sehr verschieden. In den motorischen Bündeln der Hirudineen verläuft nur eine einzige starke Fibrille in der Mitte der Faser. Ebenso beschreibt R. GOLDSCHMIDT [Z. Zool. **90**, 133 (1908)] eine einzige Fibrille in den Sinnesnervenzellen der *Ascaris*. In anderen Fasern sind sie anders geordnet. Bei Hirudineen enthalten die sensorischen Bündel reichlich Neurofibrillen (APÁTHY). BETHE findet bei *Crustaceen* in den Nervenfasern ebenso oft Bündel feiner Fibrillen, wie auch eine einzige dickere Fibrille, welche er, ähnlich wie GÖTZ, als ein eng zusammengelagertes Bündel feiner Fibrillen auffaßt. M. HEIDENHAIN beschreibt in den Nerven von Schmetterlings-

Teil der Nerven, welcher im wesentlichen die Fortsetzung des Axons der Nervenzellen bedeutet, ist von verschiedenen Hüllen umgeben, so bei marklosen Nerven der Wirbeltiere von der SCHWANNschen Hülle, bei den markhaltigen Nerven von der Myelinhülle, von der SCHWANNschen Scheide und am meisten nach außen von der sog. HENLEschen Schicht. Alle diese Hüllen können heute, mit Ausnahme der HENLEschen Schicht, als das Produkt eines Syncytiums aufgefaßt werden, welches aus den Lemmoblasten (LENHOSSÉK, M.) oder peripheren Gliazellen (HELD) bzw. von den SCHWANNschen Zellen gebildet wird (s. S. 132).

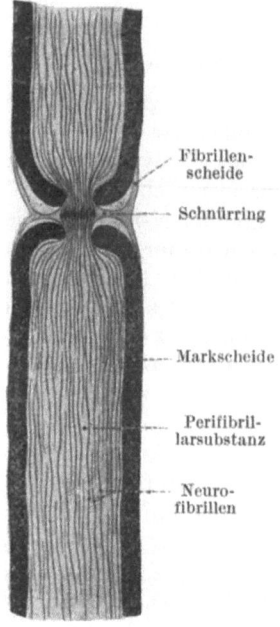

Abb. 12. Markhaltige Nervenfaser. (Nach BETHE, aus RAUBER-KOPSCH: Lehrbuch d. Anatomie *I*.)

Die Nerven der Wirbellosen besitzen, wie die marklosen Fasern der Wirbeltiere, nur eine membranartige Hülle, in der Zellkerne (SCHWANNsche Kerne) sichtbar sind. Einzig bei der Garneele (*Palemon squilla*) enthält die Hülle Myelin und zeigt entsprechend auch Schnürringe. Sonst ist das Myelin bei den Wirbellosennerven im Axoplasma selbst enthalten[1] (APÁTHY).

Eine eigenartige Struktur wurde von LENHOSSÉK im Sehnerv der Schlangen beobachtet (Festschr. f. R. y Cajal **1**. Madrid 1922). Hier verlaufen die Achsenzylinder als feine wellige Fäden mitten in den von den Lemmoblasten gebildeten plasmatischen Bändern. LENHOSSÉK hält zwar dafür, daß diese Struktur erst sekundär entstanden ist, mit dem gleichen Recht kann man sie jedoch gerade als eins der besten Beispiele für die intraplasmatische Entwicklung der Leitungsbahnen anführen (vgl. S. 132).

Im Achsenzylinder selbst liegen die Neurofibrillen, wie schon erwähnt, in der Grundsubstanz, welche auch als Axoplasma (WALDEYER), Neuroplasma (KÖLLIKER) oder interfibrilläre Substanz (APÁTHY) bezeichnet wird. Diese stellt eine sehr schwer fixier- und kaum färbbare Substanz dar, weshalb sie auch als hochgradig flüssig und wasserreich geschildert wird.

Bei frischen marklosen Nervenfasern erweist sich der Achsenzylinder beim mikrurgischen Versuch, d. h. beim Anstechen mit einer Mikronadel, nicht flüssiger als das Cytoplasma der Nervenzellen oder die Zellfortsätze der Myoblasten. Es treten nach dem Stich an den Wundstellen keine Flüssigkeitströpfchen auf, die doch hervorquellen müßten, wenn das Axoplasma tatsächlich eine hochgradig wässerige Lösung darstellen würde. Immerhin ist die Substanz, d. h. Axoplasma plus Neurofibrillen (da die beiden Komponenten in frischem Zustande nicht auseinandergehalten werden können[2]), ein ziemlich dünnflüssiges Sol.

Das Axoplasma der Nervenfasern wird, wie schon erwähnt, als unmittelbare Fortsetzung des Cytoplasmas der Nervenzellen aufgefaßt. Man findet jedoch in der mikrotechnischen Reaktion gewisse Unterschiede, dem Cytoplasma und selbst dem Protoplasma des Axons gegenüber[3]. Während in der Nervenzelle das Protoplasma dichter erscheint, ist im Axoplasma des Achsenzylinders kaum eine Struktur vorhanden, denn was man hier als nicht spezifische Körnchen oder Fädchen bemerken kann, stellt meistens nur Fällungsprodukte

---

raupen (*Sphinx Euphorbiae*) ein Bündel von Fädchen, welche er, wie im allgemeinen die Fibrillen der Wirbellosennerven, für ganze Achsenzylinder hält. Der Stammfortsatz der Ganglienzellen der Wirbellosen ist zwar dem Axon der Wirbeltier-Nervenzellen nicht vollkommen homolog, doch erscheint es mehr als fraglich, ob man berechtigt ist, eine sog. Kabelstruktur für die Wirbellosennerven anzunehmen und alle Neurofibrillen als primitive Achsenfortsätze zu deuten.

[1] Über den Myelingehalt des Axoplasma vgl. F. G. GÖTHLIN: Kungl. Sv. vetensk. Hdl. **51** (1913). — SPIEGEL, E. A.: Pflügers Arch. **192** (1921).

[2] Vgl. M. MUZIO: Monit. zool. ital. **37** (1926).

[3] Vgl. KAPLAN: Arch. f. Psychol. **35** (1902). — STRÄHUBER: Beitr. path. Anat. **33** (1903).

dar. Mitochondrien lassen sich allerdings mit den Mitochondrienfärbungen schön nachweisen und sind auch im Leben gut zu beobachten (MATSUMOTO[1], NAGEOTTE[2]). Das Verhältnis zwischen den Neurofibrillen und dem Axoplasma zeigt an zwei Stellen im Verlauf der Nervenbahnen Eigentümlichkeiten: 1. an der Stelle, wo das Axon in die Nervenfaser übergeht (Abb. 13) und 2. bei den RANVIERschen Einschnürungen (Abb. 12). An beiden Stellen ist der Achsenzylinder beträchtlich verengt, die fibrilläre Substanz ist daher stark zusammengedrängt. Mit mikrotechnischen Mitteln ist es kaum oder überhaupt nicht möglich, das sowieso schlecht fixier- und färbbare Axoplasma nachzuweisen. An diesen zwei Stellen erscheint also die neurofibrilläre Substanz als ein kompakter Faden, bündelt sich jedoch wieder in einzelne Fibrillen auf, sobald sie die Stellen passiert hat. Mit Recht weist M. HEIDENHAIN[3] gerade auf diese Stellen

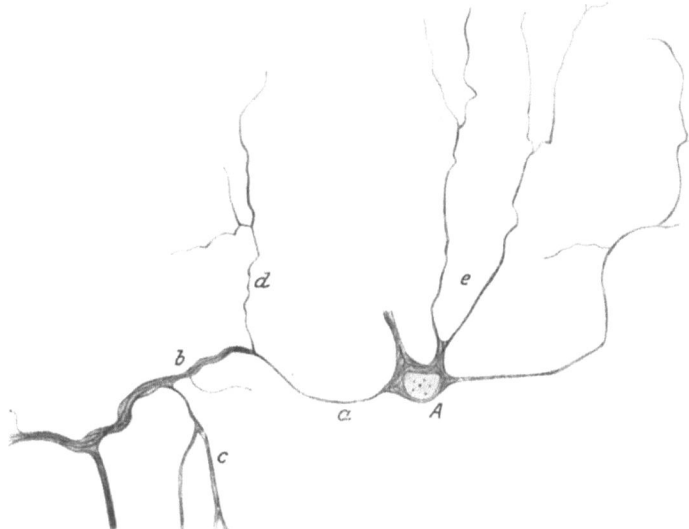

Abb. 13. Halsteil des Axons. *A* Ganglienzelle (Karyomer), *a* Halsteil des Axons, *b* Fortsetzung des Axons, die Aufbündelung zeigend, *c, d* Kollateralen, *e* Dendriten.
(Aus M. HEIDENHAIN: Plasma u. Zelle *1* II.)

hin, als auf diejenigen, wo die Teilkörpernatur (Histomer) der neurofibrillären Substanz am eindeutigsten in Erscheinung tritt. Betrachtet man die RANVIERschen Einschnürungen näher, so bemerkt man in den bestfixierten Präparaten (Osmiumfixierung, Gefrierschnitte mit Toluidinblau- oder Säurefuchsin gefärbt) Schaltstücke, welche die einzelnen Segmente voneinander fast gänzlich trennen und nur die Neurofibrillenbündel durchlassen[4]. Woher sich diese Einschnürungen und die siebartigen Platten der markhaltigen Nervenfasern entwickeln, wollen wir hier nicht näher untersuchen und verweisen diesbezüglich auf die Ausführungen von BETHE[5] und LENHOSSÉK[6]. Gleichgültig, ob die Ein-

---

[1] MATSUMOTO, T.: Bull. Hospkins Hosp. **31** (1920).
[2] NAGEOTTE, J.: Zitiert nach J. BOEKE: Z. mikrosk.-anat. Forschg **4**, 492 (1926).
[3] HEIDENHAIN, M.: Plasma u. Zelle **1** II, 859, 886.
[4] H. B. STOERGH hat [J. comp. Neur. **40** (1926)] an den Riesennerven des Regenwurms festgestellt, daß hier, wo keine Myelinhülle die Fasern umgibt und also auch keine RANVIERschen Einschnürungen gibt, die Nervenstränge in jedem Körpersegment von lipoidartigen Membranen (Septen) in Segmente abgegrenzt sind. Vgl. auch W. M. SMALLWOOD u. TH. HOLMES: J. comp. Neur. **43** (1927).
[5] BETHE, A. (10) u. (17). Zitiert auf S. 96.
[6] LENHOSSÉK, M. v.: Zitiert auf S. 98.

schnürungen durch eine Faltenbildung der SCHWANNschen Scheide, durch Einschaltung einer gallertigen Platte oder durch irgendeine Art von Kittsubstanz bedingt sind, wird der Achsenzylinder an dieser Stelle in hohem Maße verengt, und die Neurofibrillen treten so dicht zusammen, daß man eine interfibrilläre Substanz zwischen ihnen nicht unterscheiden kann. Die Druckversuche von BETHE (s. S. 149) haben dann gezeigt, daß bei den Schnürringen das Axoplasma von einem Segment in das andere nicht hinübergedrückt werden kann. Es ist also nicht daran zu zweifeln, daß bei den Schnürringen der *mikroskopisch sichtbare* Teil der interfibrillären Substanz gänzlich unterbrochen wird. Da es jedoch

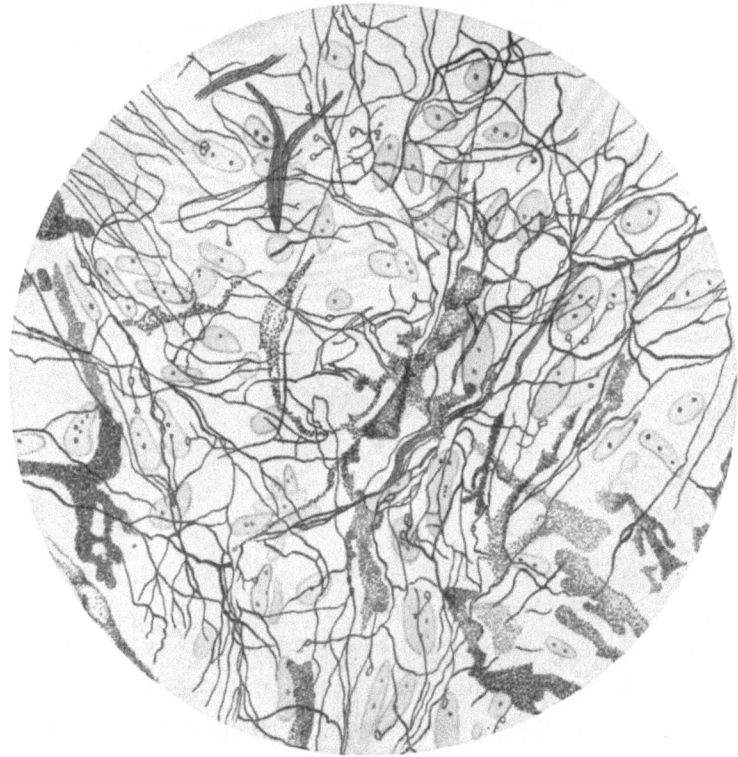

Abb. 14. Fibrillennetz im Innervationsgebiet. Übersichtsbild in der Iris der Maus.
(Aus BOEKE: Z. mikrosk.-anat. Forschg. 7.)

kaum berechtigt erscheint, die zwei Komponenten der Leitungsbahnen, die neurofibrilläre und die interfibrilläre Substanz, im lebenden Zustande so scharf voneinander zu trennen wie sie in den fixierten Präparaten erscheinen (s. S. 158), so geht meine Ansicht dahin, daß, wie M. WOLFF[1] und BIELSCHOWSKY[2] es schildern, das Axoplasma bei den RANVIERschen Einschnürungen ebenso durchtritt wie die Neurofibrillen selbst, nur in der gleichen stark zusammengedrängten Form.

3. Das Verhalten und die Anordnung der Neurofibrillen in den Endorganen.

Sind die Nervenbahnen zum Innervationsgebiet gelangt, so verzweigen sie sich in ihre Endäste (Abb. 16). Die Endäste dringen in das Gewebe des Innervationsgebietes ein und verlieren hier nach und nach ihre Hüllen. Bei markhal-

---

[1] WOLFF, M.: J. Psychol. u. Neur. 4 (1905).
[2] BIELSCHOWSKY, M.: J. Psychol. u. Neurol. 5 (1905).

tigen Nervenfasern hört zuerst die Markscheide auf, dann auch die eigentliche SCHWANNsche Scheide. Einige Lemmoblasten begleiten noch die Achsenzylinder weiter, bis schließlich der Achsenzylinder sich in seine Neurofibrillen auflöst, welche dann Netze bilden oder mit kleinen Schlingen und Ösen endigen (s. Abb. 14). Die Struktur der Nervenendigungen war jahrzehntelang der Gegenstand eingehender Untersuchungen. Wenn trotzdem in vielen Fragen keine einheitliche Auffassung zu erzielen war, so lag es hauptsächlich an der Unzulänglichkeit der mikrotechnischen Mittel, mit denen man die Feinstruktur der peripheren Nervenendigungen darzustellen bestrebt war.

Heute kann es als entschieden gelten, daß die vorherrschenden neurohistologischen Methoden der Jahrhundertwende, das GOLGIsche Verfahren und die vitale Methylenfärbung von P. EHRLICH, denen wir den größten Teil unserer Kenntnisse über die mikroskopische Anatomie der peripheren Nervenendigungen verdanken, für die feinhistologischen Verhältnisse im Innervationsgebiet nicht geeignet waren. Die peripheren Nervenbahnen können mit Chromsilberimprägnation oder mit Methylenblau nur so weit dargestellt werden, wie das Axoplasma die Neurofibrillen begleitet, und beide Bestandteile der Nervenendäste werden gemeinsam imprägniert oder gefärbt. Es erscheinen also in den GOLGI- und Methylenblaupräparaten scharf umgrenzte kleine Knöpfchen oder Kölbchen, welche die charakteristischen Endbäumchen

Abb. 15. Subepitheliales Endbäumchen. (Nach ARNSTEIN, aus M. HEIDENHAIN: Plasma u. Zelle 1 II.)

(Telodendrien) der Neuronenlehre darstellen (Abb. 15). Auf Grund solcher Bilder war lange Zeit die Meinung vorherrschend, daß die Nervenbahnen samt ihren Fibrillen im Innervationsgebiet blind enden, und zwar so, daß die Neurofibrillen von der Umgebung stets gut abgegrenzt innerhalb des Axoplasmas liegen[1]. Die Untersuchungen von BOEKE[2] und HERINGA[3] haben jedoch gezeigt, daß die Neurofibrillen tiefer in das Gewebe des Innervationsgebietes eindringen, als es mit der Golgi- oder Methylenblaumethode dargestellt werden kann. BOEKE hat auch genau nachgewiesen, daß die Neurofibrillen der Leitungsbahnen in den Endorganen Endnetze bilden, welche die mannigfaltigste Form, Größe und Anordnung zeigen können[4]. Die Endnetze verschiedener Nervenfasern stehen oft in Verbindung miteinander; ein kontinuierliches Fibrillennetz, wie APÁTHY es ursprünglich angenommen hat (s. Abb. 27), ist jedoch an der Peripherie nicht vorhanden[5]. Die Gestaltung

---

[1] Auch heute wird diese Auffassung von RAMÓN Y CAJAL und der Madrider Neurohistologenschule vertreten. Vgl. RAMÓN Y CAJAL: Quelques remarques sur les plaques motrices etc. Trab. Labor. Invest. biol. 23 (1926). — DEL RIO-HORTEGA: La plaque motrice. C. r. Soc. Biol., Réun. plén. 1925. — ESTABLE, CL.: Trab. Labor. Invest. biol. 22 (1924). Außerhalb der Madrider Schule haben sich gegen die intraplasmatische Lage der Nervenendigungen geäußert: TRETJAKOFF, D.: Z. Zool. 81 (1902) — Anat. Anz. 37 (1910). — BOTEZAT, E.: Ebenda 42 (1912). — VELDE, E. VAN DER: Ebenda 31 (1907) — Internat. Mschr. Anat. u. Physiol. 26 (1909). — KULCHITSKY, N.: J. of Anat. 59 (1924). — MAY, R. M.: J. of exper. Zool. 42 (1925). — HERRICK, C. J.: J. comp. Neur. 38 (1925). — IWANAGA, J.: I., II. u. III. Mitt. Path. (Sendai) 2 (1925). — KADANOFF, D.: Z. Anat. 73 (1924) — Z. Zellforschg 5 (1927); 6 (1927). — KASAHARA Isao: Kyoto-Ikadaigaku-Zasshi (mit dtsch. Zusammenfassung) 1 (1917). Über ältere Literatur bis 1920 vgl. J. BOEKE (7): Zitiert auf S. 88.
[2] BOEKE, J. (10): Zitiert auf S. 88.
[3] BOEKE, J. u. G. C. HERINGA: Versl. Akad. Wetensch. Amsterd., Wis- en natuurk. Afd. 21 (1918) — Zitiert auf S. 88.
[4] BOEKE, J. (10). Zitiert auf S. 88.
[5] Eine Zeitlang haben BOTEZAT [Z. Zool. 84 (1906) — Anat. Anz. 30 (1907); 33 (1908). RUFFINI: Monit. zool. ital. 17 (1906). — RUFFINI, A. u. ST. APÁTHY: Riv. Pat. nerv. (1900).

der Nervenendigungen in den Innervationsgebieten ist grundsätzlich dieselbe bei den motorischen wie bei den sensorischen Nervenendigungen. Überall findet man schließlich die Leitungsbahn in einzelne Fibrillen aufgelöst, welche teils mit kleinen Schlingen und Ösen enden, teils einzeln oder mehrere zusammen Netze bilden (s. Abb. 16). Die Hauptfrage ist nun, in welcher Beziehung diese Fibrillenendformationen zu den Formelementen des Innervationsgebietes, zum Protoplasma der innervierten Gewebezellen oder Fasern, stehen. Von der Mehrzahl der Neurohistologen wurde lange Zeit die Behauptung aufrechterhalten, daß die Nervenendigungen mit dem Protoplasma der innervierten Zellelemente nie unmittelbar zusammenhängen, und die Neurofibrillen und Neurofibrillennetze die Zellen nur umgeben, in die Zellen jedoch nicht eindringen. Diese Auffassung war schon dadurch bedeutend erschüttert worden, daß man in Wirbellosen und bei niederen Wirbeltieren wiederholt typische intracelluläre Neurofibrillennetze in Sinnesepithelzellen und in Muskelfasern nachgewiesen hat. Nach den in jeder Hinsicht einwandfreien Untersuchungen von BOEKE und HERINGA dürfte es heute als erwiesen gelten, daß die Neurofibrillen bis in das Protoplasma der innervierten Zellen und Fasern geleitet werden[1]. Aus den Präparaten von BOEKE ist klar ersichtlich (Abb. 17), daß die Endnetze der Neurofibrillen innerhalb des Protoplasmas der Muskelfasern, der Epithelzellen oder der spezifischen Zellen der Tastkörperchen liegen[2] (s. auch S. 111). Die Streitfrage, ob die intracellulären Netze noch in irgendwelcher Form von dem Cytoplasma der Zelle (oder Faser) abgegrenzt sind, oder ob sie mit dem Cytoplasma des innervierten Gebietes kontinuierlich zusammenhängen[3], hat einen rein theoretischen Charakter und ist morphologisch gar nicht begründet. Die Präparate und Abbildungen von BOEKE und HERINGA zeigen in jeder gewünschten Deutlichkeit, daß der plasmatische Bezirk, in welchem die Endnetze liegen und der von LANGLEY[4] als „rezeptive Substanz"

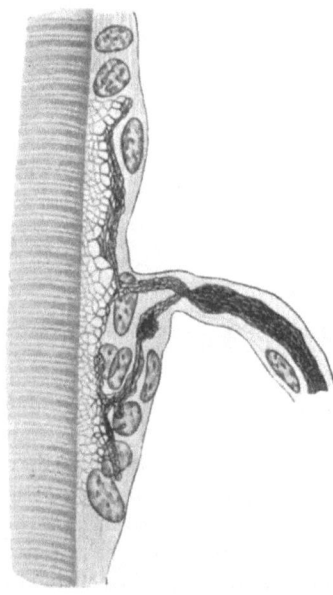

Abb. 16. Periterminales Netz im Sarkoplasma einer quergestreiften Muskelfaser. (Nach BOEKE, aus Z. mikrosk.-anat. Forschg 4.)

bezeichnet wurde, mit dem übrigen Cytoplasma des innervierten Gebietes kontinuierlich zusammenhängt. Wahrscheinlich ist das Protoplasma um die Fibrillen herum etwas wasserreicher als anderswo (daher ihre abweichende Färbung mit Methylenblau)[5], das kann jedoch keine Veranlassung bieten, diesen Bezirk als etwas Selbständiges von dem übrigen Cytoplasma abzugrenzen (Abb. 16). Mit demselben Recht müßte man dann auch den basalen Teil vieler Epithelzellen und

— VITALI, G.: Internat. Mschr. Anat. u. Physiol. 23 (1906). — STEPHANELLI, F.: Ebenda 32 (1916) für das Vorkommen eines diffusen peripheren Fibrillennetzes Stellung genommen. Sowohl BOTEZAT wie RUFFINI haben später ihre diesbezügliche Auffassung einer Revision unterworfen. Vgl. auch L. CIPOLLONE: Rich. sull' anat. norm. e pat. dell terminazioni nervosi nei muscoli shiati. Roma 1897 — Kritiken über CIPOLLONE von M. RAPPINI: Riv. biol. 2 (1920). — RUFFINI, A.: Ebenda 3 (1921).

[1] Vgl. besonders J. BOEKE (9) und (10). Zitiert auf S. 88.
[2] Vgl. auch L. SZYMONOWICZ: Bull. Histol. appl. 3 (1926).
[3] Vgl. die zusammenfassende Darstellung dieser Streitfrage bei J. BOEKE (11). Zitiert auf S. 88.
[4] LANGLEY, J. N.: Proc. roy. Soc. Lond. B 78 (Croonian Lecture) (1906).
[5] BOEKE, J. (11), S. 101. Zitiert auf S. 88.

Drüsenzellen als fremdes Cytoplasma von dem übrigen Teil der Zelle abgrenzen. BOEKE hat noch weiter gezeigt, daß zwischen den Endnetzen oder Endösen und dem Cytoplasma des Innervationsgebietes eine spezifische Art von Verbindung besteht. Ein sehr feines, nur mit den Neurofibrillenmethoden darstellbares Netz ist nämlich an der Endigung der Neurofibrillen vorhanden, welches BOEKE als periterminales Netz bezeichnet hat[1]. Die periterminalen Netze hängen einerseits mit den Endnetzen und Endösen der Fibrillen zusammen, andererseits gehen sie ohne scharfe Grenzen in die Wabenstruktur des Cytoplasmas über (s. Abb. 17). Sie stellen also die Brücke zwischen Fibrillennetzen und Cytoplasma des innervierten Gebietes dar, sie bedeuten die Verankerung der Neurofibrillen innerhalb der Fasern und Zellen der Endorgane. Ihre histologische Natur ist genau nicht zu definieren, da sie eine Übergangsform zwischen neurofibrillärer Substanz und reinem Cytoplasma darstellen.

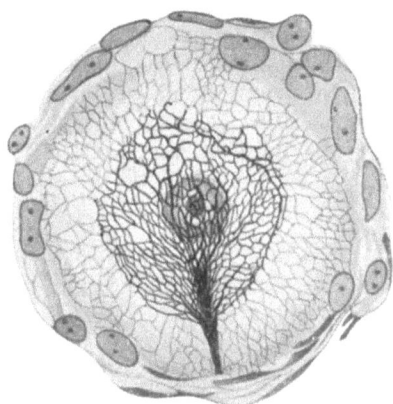

Abb. 17. Periterminales Netz der GRANDRYschen Körperchen. Flächenansicht. (Nach BOEKE.)

Jedenfalls beweisen die periterminalen Netze in klarster Weise, daß die Neurofibrillen im Innervationsgebiet nicht blind enden, daß sie auch nicht von einer spezifischen neuroplasmatischen Substanz eingehüllt sind, sondern, daß sie unmittelbar in das Cytoplasma selbst übergehen[2].

Abb. 18. Fibrillenendigung in der Nähe des Kernes einer Herzmuskelfaser. (Nach BOEKE, aus Z. mikrosk.-anat. Forschg 7.)

Neben der häufigsten Form der terminalen und periterminalen Netze findet man in den Endorganen auch andere Fibrillenendigungen. So können einzelne Fibrillen in die Fasern oder Zellen des Innervationsgebietes eindringen und hier, meist in der Nähe des Zellkernes, mit einer kleinen Öse enden. Wie BOEKE[3] es dargestellt hat (Abb. 18) zeigt der Zellkern auf der Seite, wo die Fibrillenöse liegt, eine charakteristische Einbuchtung, als Zeichen dafür, daß die Beziehungen zwischen der hineingewachsenen Neurofibrille und der Zelle sehr innige sind. In anderen Zellen, und zwar hauptsächlich in den Sinnesepithelzellen, findet man eine Netz- oder Gitterstruktur, die hauptsächlich den Zellkern umfaßt. Aus diesem Gitter steigen Fibrillen bis zur Oberfläche der Zelle, wo sie blind enden. Solche Neurofibrillengitter und Netze wurden in den Sinnesepithelzellen der Würmer (APÁTHY[4],

---

[1] BOEKE, J. (4), (5), (9), (11). Zitiert auf S. 88.
[2] Vgl. auch R. GOLDSCHMIDT: Arch. exper. Zellforschg 4 (1909) — Festschr. f. R. Hertwig 2, 298 (1910). GOLDSCHMIDT hat gleichzeitig mit BOEKE intraplasmatische Fibrillen in den Muskelfasern festgestellt und ihren Zusammenhang mit den Nervenfasern genau verfolgt. Er deutet jedoch diese Fibrillen als Stützfibrillen, welche mit Neurofibrillen kontinuierlich zusammenhängen. Ferner B. LAWRENTJEW: Proc. roy. Akad. Amsterdam 1925 — Z. mikrosk.-anat. Forschg 6 (1926). — CARPENTER, F. W.: J. comp. Neur. 37 (1924). — KUNTZ, A. u. H. A. KERPER: Proc. Soc. exper. Biol. a. Med. 22 (1924). — JUNET, W.: C. r. Soc. Biol. 95 (1926). — JONES, T.: J. of Anat. 61 (1927). — JABUREK, L.: Z. mikrosk.-anat. Forschg 10 (1927). — STÖHR, PH. jun.: Z. Anat. 78 (1926). Einen abweichenden Standpunkt findet man bei CASTRO, F. DE: Trab. Labor. Invest. biol. 24 (1926). — HINSEY, H. C.: J. comp. Neur. 44 (1927). — HINES, M.: Quart. Rev. Biol. 2 (1927). — HINES, M. u. T. SCH. TOWER: Bull. Hopkins Hosp. 42 (1928).
[3] BOEKE, J.: Proc. roy. Akad. Amsterdam 1915 — C. r. Soc. Biol. 94 (1926) — (9) und (10): Zitiert auf S. 88.
[4] APÁTHY, ST. v. (5). Zitiert auf S. 82 — Verh. d. 5. Internat. Zool. Kongr. Berlin 1901.

R. Y CAJAL[1], SÁNCHEZ[2]), bei Lumbricus (W. KOLMER[3], J. KOWALSKI[4]), in den Augen der Bienen (BÁLINT[5]) und der Muschel *Arca* (NOWIKOFF[6]), beim Infundibularorgan des Amphioxus (BOEKE[7]), in den Haarzellen des CORTISCHEN Organs (LONDON[8], KOLMER[9]), in den Riechepithelzellen (KOLMER[10], LOCATELLI[11]) deutlich nachgewiesen. Die funktionelle Deutung dieser Fibrillenstrukturen wird dadurch erschwert, daß es in den Epithelzellen und auch zwischen den Zellen ähnliche Fibrillen gibt, welche zweifellos nur Stützfibrillen darstellen. So ist es z. B. im CORTISCHEN Organ schwer, die Stützfibrillen von den Neuro-

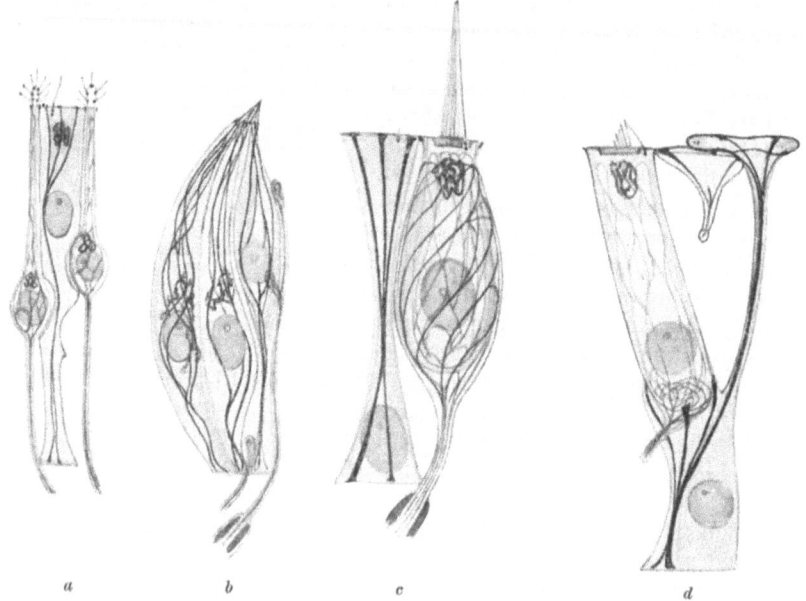

Abb. 19. Schema der Fibrillenstruktur in den Sinnesepithelien. *a* Riechepithel, *b* Geschmacksknospe, *c* Vorhofendapparat, *d* CORTISCHES Organ. (Nach W. KOLMER, aus Handb. d. mikr. Anatomie d. Menschen 3.)

fibrillen zu unterscheiden und zwar schon aus dem Grunde, weil es nur selten gelingt, in den spezifischen Sinneszellen, den Haarzellen, intracelluläre Neurofibrillen nachzuweisen (HELD[12], KOLMER[13], BIELSCHOWSKY und BRÜHL[14]). Die

---

[1] RAMÓN Y CAJAL: Trab. Labor. Invest. biol. 3 (Neuroglia y Neurofibrillas del Lumbricus und Variaciones morfologicas etc.) (1903); 12, (1914). — RAMÓN Y CAJAL u. SÁNCHEZ: Ebenda 13 (1915).

[2] SÁNCHEZ Y SÁNCHEZ: Trab. Labor. Invest. biol. 9 (1909).

[3] KOLMER, W.: Anat. Anz. 26; 27 (1905).

[4] KOWALSKI, J.: Cellule 25 (1909).

[5] BÁLINT, S.: Zitiert auf S. 84.

[6] NOWIKOFF, M.: Zool. Anz. 67 (1926).

[7] BOEKE, J. (2). Zitiert auf S. 88.

[8] LONDON, E.: Arch. mikrosk. Anat. 66 (1905).

[9] KOLMER, W.: Anat. Anz. 30 (1907).

[10] KOLMER, W.: Verh. dtsch. Ges. Naturforsch. u. Ärzte 1905 — Arch. mikrosk. Anat. 70 (1907) — Anat. Anz. 36 (1910).

[11] LOCATELLI, P.: Arch. di Biol. 77 (1927).

[12] HELD, H.: Abh. sächs. Ges. d. Wiss. Math.-phys. Kl. 28 (1902) — Handb. d. norm. u. pathol. Physiol. von BETHE 11 (1926).

[13] KOLMER, W.: Zitiert oben — Gehörorgan im Handb. der mikr. Anatomie des Menschen von v. MÖLLENDORFF 3 (1927 (mit ausführlicher Literatur). — Vgl. auch V. TAUTURINI: Neurologica (Napoli) 42 (1926).

[14] BIELSCHOWSKY, M. u. BRÜHL: Arch. mikrosk. Anat. 71 (1907).

Neurofibrillenstruktur der Retina ist ebenfalls noch nicht einwandfrei geklärt[1]. Auch hier kompliziert das Vorhandensein stark entwickelter Stützfibrillen strukturen die Analyse in hohem Maße. Ein Teil der früher besonders auf Grund von methylenblaugefärbten Präparaten beschriebenen Fibrillenstrukturen in den Endorganen (SZYMONOWICZ[2], DOGIEL[3]) entspricht zweifellos Stützfibrillen (HERINGA[4]) (Abb. 19).

Zum Schluß sei noch die Form der Endigungen der Neurofibrillenbahnen innerhalb der Zentren geschildert. Noch mehr als bei den peripheren Endorganen weichen die Ansichten über das Verhalten der Neurofibrillen zentripetaler und cellulipetaler Bahnen in den Zentren voneinander ab. Seit der Entdeckung der Neurofibrillen hat man besonders eifrig die Frage erörtert, ob man in den Zentren überhaupt von einer Endigung der Leitungsbahnen sprechen kann und ob die Fibrillen einer bestimmten Nervenbahn nicht viel eher auch in eine fremde Nervenzelle unmittelbar übertreten oder zwischen den Zellen kontinuierliche Netze bilden können. Mit diesen Fragen werden wir uns eingehender im nächsten Abschnitt befassen (s. S. 117). Hier möchte ich mich nur auf das beschränken, was in einem geeigneten Fibrillenpräparat (Abb. 20) bei unbefangener Betrachtung festzustellen ist. Die zentripetalen Leitungsbahnen, die von der Peripherie kommend in die Ganglien oder in die Zentren eindringen, verlieren nach und nach ihre Hüllen und ziehen als nackte Achsenzylinder zu den Nervenzellen. Im Sinne der *Neuronenlehre* enden diese Axone entweder mit einer kleinen Auftreibung (Endkolben oder Endknöpfchen), oder sie verzweigen sich und bilden Endbäumchen (Telodendrien) oder Endnetze um die Nervenzellen herum. Behandelt man aber das Objekt nach spezifischen Fibrillenmethoden, so sieht man in den Endaxonen einzelne Fibrillen, welche in nächster

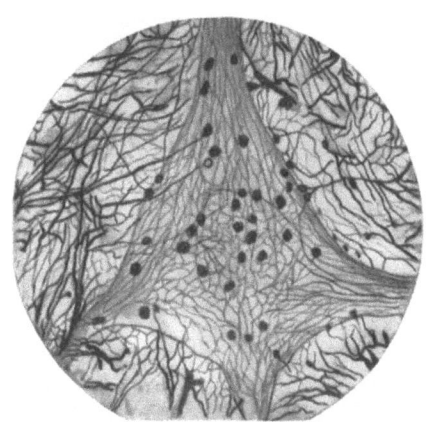

Abb. 20. Fibrillengewirr um eine Nervenzelle herum in den Zentren. Große Pyramidenzelle eines Mäuseembryos. Die Einstellung ist scharf auf die Oberfläche der Zelle fokussiert um das oberflächliche Netz (periterminales Netz?) zwischen den Endfüßchen darzustellen. Um die Zelle herum, am besten im unteren Teil des Bildes, ist das pericelluläre Netz (Golginetz, Grundnetz) zu sehen. (*Originalzeichnung* nach einem Präparat von Prof. TSCHERNJACHIWSKY.)

Nähe einer Nervenzelle frei endigen, oder dort, wo das Ende des Achsenzylinders aufgetrieben ist (Endfüßchen), Endnetzchen und Öschen bilden (Abb. 21). Im Sinne der *Kontinuitätstheorie* gibt es jedoch keine morphologisch sichtbare Endigung der Leitungsbahnen außerhalb der Endorgane. Die zentripetalen Leitungsbahnen lösen sich innerhalb der Zentren in ihre Fibrillen auf, und die Fibrillen bilden dann zwischen den Zellen zusammenhängende Netze, oder sie dringen unmittelbar in die Nervenzellen ein, wo sie sich zu den anderen intracellulären Fibrillen gesellen. Die sog. Endfüßchen und Endkolben sind entweder Kunstprodukte oder, — soweit sie Fibrillennetze zeigen —, Teilstücke eines die ganze Oberfläche der Nervenzelle bedeckenden und nur teil-

---

[1] Vgl. RAMÓN Y CAJAL: Trab. Labor. Invest. biol. **3** (1904). — UYAMA YASUO: Fol. anat. jap. **4** (1926).
[2] SZYMONOWICZ, L.: Arch. mikrosk. Anat. **48** (1897).
[3] DOGIEL, A. S. u. WILLAINEU: Z. Zool. **65** (1900). — DOGIEL, A. S.: Anat. Anz. **25** (1904); **27** (1905).
[4] HERINGA, G. C.: Zitiert auf S. 88. — Vgl. auch N. NOVIK: Anat. Anz. **36** (1910). — BOEKE, J. (10). Zitiert auf S. 88.

weise gefärbten Fibrillennetzes, welches mit den Fibrillen innerhalb der Nervenzelle zusammenhängt. Die Schwierigkeit, um nicht zu sagen Unmöglichkeit, von Fall zu Fall zu entscheiden, welche von den beiden Auffassungen recht behält, liegt darin, daß erstens der Begriff der sog. feinsten Achsenzylinder, Axone und Kollateralen von demjenigen der Neurofibrillen nur spekulativ auseinander zu halten ist; zweitens, daß oft in ein und demselben Präparat Endknöpfchen und kontinuierliche Fibrillen nebeneinander zu sehen sind und drittens schließlich, daß gerade die feinsten Fibrillenformationen des Neuropils, denen die Kontinuitätstheorie von APÁTHY und BETHE eine theoretisch prinzipielle Bedeutung beigemessen hat, von ähnlichen Grundfibrillenstrukturen (Grundnetz von HELD) kaum zu unterscheiden sind. Bei dem heutigen Stand der Forschung, und bei den Grenzen, die der mikroskopischen Analyse selbst bei den besten elektiv gefärbten Präparaten gezogen sind, läßt sich an vielen Stellen eine Endigung der Fibrillen ebensowenig beweisen wie bestreiten. Nach dem Streit der Theorien, welcher jahrzehntelang die Neurohistologie beherrscht hat, mag diese Feststellung vielen Neurohistologen zu wenigsagend erscheinen. In Wirklichkeit entspricht sie jedoch nur der schon früher vertretenen Auffassung (s. S. 100), daß die Neurofibrillenstruktur nicht nach dem Schema irgendeiner Theorie angelegt wurde, sondern aus einer Kette ontogenetischer Vorgänge hervorgegangen ist. Aus der organischen Entwicklung ist leicht verständlich (s. S. 131), daß gerade in den Zentren, wo die meisten und verschiedensten Formelemente des Nervengewebes aufeinandergeraten, der formative Einfluß verschiedener Entwicklungsetappen, die Wirkung genereller und artspezifischer entwicklungsdynamischer Faktoren sich in mannigfaltiger Form — nicht überall und stets nach demselben Schema — kundgeben wird. Weder die histologische Realität der Endfüßchen, noch das Vorkommen kontinuierlicher Fibrillenzüge kann bestritten werden, da beide Gebilde in zahlreichen Präparaten und in einwandfreier Form nachgewiesen sind. Es sprechen jedoch sowohl theoretische Überlegungen wie zahlreiche Beobachtungen dafür, daß das allgemeine morphologische Prinzip der Nervenendigungen auch in den Zentren dasselbe bleibt wie in den Endorganen. Auch in den Zentren finden wir an den feinsten Endzweigen der Axone die Fibrillenendnetze und Endöschen, welche allerdings in die Zelle selbst nicht eindringen, sondern mit der Oberflächenschicht der Nervenzellen fest verwachsen sind (Konkreszenz, HELD[1]). Gleichgültig, welche theoretische Bedeutung man den netzartigen Strukturen an der Oberfläche der Zellen zumißt, ob man sie, wie BETHE[2], als ein spezifisches Netz elementarer Fibrillen deutet (Golginetz), oder ob man sie als die netzartige

Abb. 21. Endfüßchen. (Nach RAMON Y CAJAL, aus M. HEIDENHAIN: Plasma u. Zelle I II.)

---
[1] HELD, H.: Arch. Anat. u. Physiol. 1895, 1897, Suppl.-Bd. 1897.
[2] BETHE, A. (11). Zitiert auf S. 96.

Anordnung des Spongioplasmas an der Oberfläche der Zelle betrachtet (CAJAL[1]), findet man in den meisten Fällen tatsächlich, und zwar vor allem in besonders gut gefärbten Präparaten, ein feines Netz zwischen den Endfüßchen, welches nach seinem Verhalten weder als Neurofibrillenstruktur noch als Cytoplasmastruktur bezeichnet werden kann (Abb. 23). Es erscheint also sehr nahe liegend, auch hier in der Oberflächenschicht der Nervenzellen eine den periterminalen Netzen der Endorgane ähnliche Differenzierung anzunehmen, welche den unmittelbaren Zusammenhang zwischen den Fibrillennetzen der Endfüßchen und den intracellulären Fibrillen der Nervenzellen herstellt. Neben dieser Art der Endigungen kommen allerdings auch in den Zentren, ähnlich wie wir das schon bei den Endorganen gesehen haben, Fälle vor, wo die Fibrillen unmittelbar in die Zellen eindringen. Sie können sich, wie TIEGS[2] es klar nachgewiesen hat, zum perinucleären Fibrillennetz begeben und hier mit den übrigen Fibrillen anastomosieren (Abb. 22). Sie können jedoch auch, ohne mit anderen Fibrillen in Verbindung zu treten, weiter ziehen und durch das Axon oder irgendeinen der Dendriten aus der Zelle wieder heraustreten.

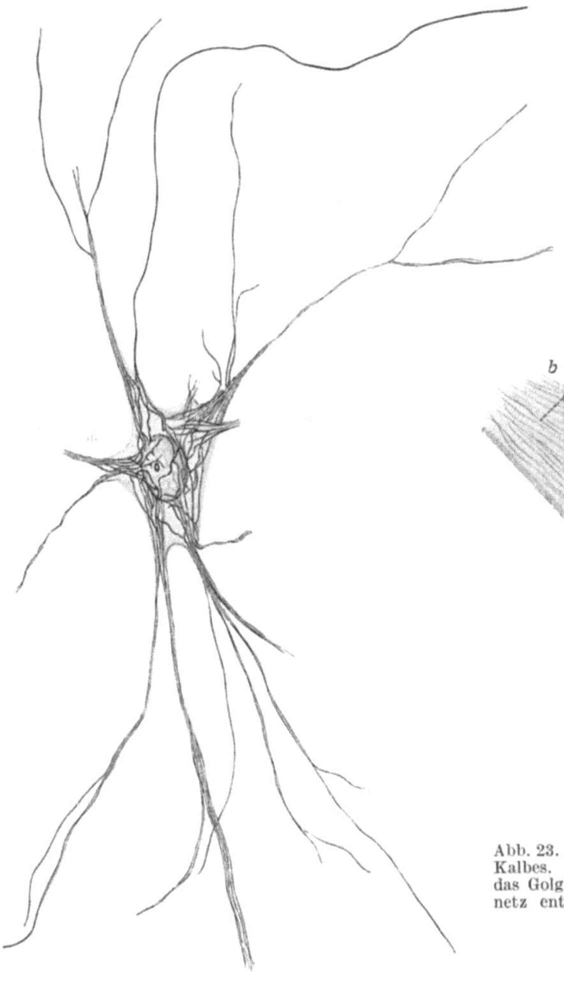

Abb. 22. Nervenzelle mit Neurofibrillen. (Nach TIEGS, aus Austral. J. exper. Biol. a. med. Sci. 3.)

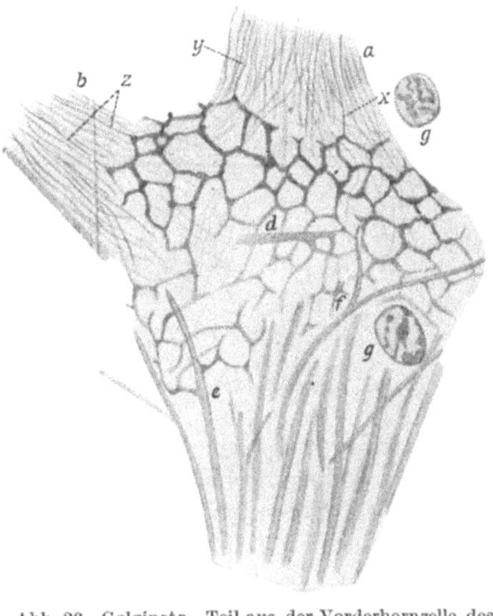

Abb. 23. Golginetz. Teil aus der Vorderhornzelle des Kalbes. d, e, f Achsenzylinder bei ihrem Eintritt in das Golginetz; x, y, z Fibrillen, die aus dem Golginetz entspringen; g Gliazelle. (Nach BETHE, aus Arch. mikrosk. Anat. 55.)

---

[1] CAJAL, RAMON Y: Rev. trimestr. microgr. 4 (1899) — Textura del sistema nervioso etc. Madrid 1899—1904. — Vgl. auch F. DE CASTRO: Archivos Neurobiol. 7 (1927).
[2] TIEGS, O. W.: Austral. J. exper. Biol. a. med. Sci. 3 (1926); 4a, 4b u. 4c (1927). — Vgl. auch F. M. BALLANTYNE: Trans. roy. Soc. Edinburgh 53 (1925).

Was schließlich das Schicksal der Nervenbahnen im Neuropil betrifft, sind die von APÁTHY und BETHE beschriebenen und von NISSL theoretisch stark hervorgehobenen Elementarnetze (Elementargitter) in der LEYDIGschen Punktsubstanz (Neuropilem, Grau) tatsächlich vorhanden[1]. Meiner Überzeugung nach sind sie jedoch mit dem Grundnetz von HELD identisch, d. h. sie dürften entweder dem feinen Balkenwerk dieses Netzes oder den in diesem Balkenwerk eingeschlossenen Neurofibrillen entsprechen (s. Abb. 24). Das Grundnetz von HELD[2] ist ein im ganzen zentralen Nervensystem zusammenhängendes feines protoplasmatisches Reticulum, welches aus der Anastomose der Dendriten der Nervenzellen einerseits, aus den Verbindungen der Gliazellenfortsätze andererseits und schließlich durch das Zusammenschmelzen des neuroplasmatischen Grundnetzes mit dem gliösen (das Grundnetz der grauen Substanz mit demjenigen der weißen Substanz) zustande kommt (Abb. 24). Die Spitzenzweige

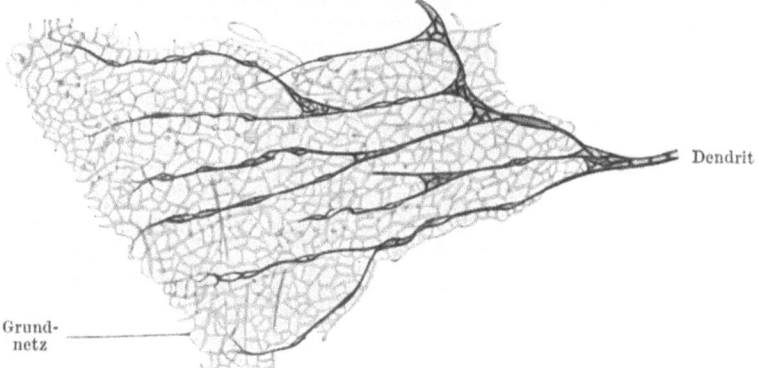

Abb. 24. Grundnetz. (Nach HELD, aus Mschr. Psychiatr. 6.)

der Dendriten mit ihren Fibrillen verlaufen in den Netzbalken selbst, ihre Substanz geht kontinuierlich in diejenige des Grundnetzes über; und ebenso verhält sich die Sache bei den Gliazellen. Das Grundnetz bringt nicht nur die Dendriten in Verbindung miteinander, „sondern auch die Dendriten der Nervenzellen mit den Fortsätzen der Gliazellen und deren Gliareticulum[3]". Das Grundnetz ist also das Produkt des Protoplasmas sämtlicher an dem Aufbau des Zentralnervensystems beteiligter Zellen und stellt eine zwar intercelluläre, jedoch protoplasmatische Verbindung zwischen den Nervenzellen her. Mit der Entdeckung und Klarstellung der Grundnetze ist es meines Erachtens HELD gelungen, eines der schwierigsten Probleme der Neurohistologie, die Frage der Elementarnetze und damit auch die Kontinuitätsfrage, empirisch wie theoretisch in einer allgemein zusagenden Form zu klären. Die in den Dendriten verlaufenden Neurofibrillen gelangen durch dieses Netz in Verbindung miteinander, ebenso die Fibrillen des Grundnetzes mit den in den Axonen gelegenen

---

[1] Über die Literatur dieser stark umstrittenen Frage orientieren außer der unter den zusammenfassenden Darstellungen zitierten Werken von APÁTHY, BETHE, NISSL für — und den von R. Y CAJAL, RETZIUS, LENHOSSÉK, V. GEHUCHTEN gegen das Vorkommen der Elementarnetze auch noch: BIELSCHOWSKY, M.: J. Psychol. u. Neur. 5 (1905). — WOLFF, M.: Ebenda 4 (1905). — NAGEOTTE, J.: La Structure fine du système nerveux. Rev. des idées. Paris 1905. — MENZL, E.: Z. Zool. 89 (1908). — SÁNCHEZ Y SÁNCHEZ D.: Trab. Labor. Invest. biol. 7 (1909).
[2] HELD, H.: Mschr. Psychiatr. u. Neur. 26 — Festschr. f. Flechsig (1909) — Arch. Anat. u. Physiol. 1905, und zusammenfassend in Mschr. Psychiatr. u. Neur. 65 (1927).
[3] HELD, H.: Mschr. Psychiatr. u. Neur. 65, 72 (1927).

Bündeln. Höchstwahrscheinlich treten die Endverzweigungen der zentripetalen Leitungsbahnen, welche APÁTHY in das Elementargitter und BETHE[1] in das Golginetz eintreten sah, in dieses Grundnetz ein und kommen durch dasselbe mit den Nervenzellen der Zentren in Zusammenhang. Von einer Endigung der Fibrillenbahnen in den Zentren kann also mit gutem Recht kaum gesprochen werden. Entweder geht die Fibrillenstruktur der Nervenendzweige dort, wo Endfüßchen vorhanden sind, durch die periterminalen Netze oder unmittelbar durch die Dendriten in die Nervenzellen über, und schließlich stehen die Fibrillenbahnen der Zentren durch das Grundnetz zwischen den Zellen überall miteinander — und wohl auch mit der Neuroglia — in einer kontinuierlichen Verbindung (s. auch S. 143).

III. Der Zusammenhang der Neurofibrillenstruktur: die Frage der Kontinuität und des extraplasmatischen Verlaufs.

Nachdem wir die Beschaffenheit und die Anordnung der Neurofibrillen in den einzelnen Abschnitten der Reflexbahn betrachtet haben, drängt sich von selbst die Frage auf: Wie hängen die Neurofibrillen der einzelnen Abschnitte topographisch und genetisch zusammen? Diese Frage bedeutet eine der theoretisch wichtigsten und am meisten umstrittenen der Neurohistologie. So eng unsere Vorstellungen vom Bau des Nervensystems von dieser Frage abhängen, so schwer ist es, sie mit den Mitteln der rein morphologischen Forschung zu lösen. Für den einzelnen ist die Stellungnahme schon dadurch wesentlich erschwert, daß man sich nicht, wie sonst bei histologischen Fragen, allein auf die histologischen Präparate verlassen kann, sondern stets die Ergebnisse verschiedener Forschungsgebiete (Physiologie, Pathologie, vergleichende Morphologie) und das gesammelte Material ganzer Forschergenerationen berücksichtigen muß. Es ist eine eigentümliche Erscheinung in der Geschichte der Neurohistologie, daß es über den Zusammenhang der Zentren mit den Leitungsbahnen in jeder Forschungsepoche zwei antagonistische Auffassungen gegeben hat: eine unitaristische, welche die nervösen Zentren und Leitungsbahnen aus einem und demselben histologischen Element abgeleitet, und eine dualistische, welche eine weitgehende Unabhängigkeit der Leitungsbahnen von den Nervenzellen der Zentren angenommen hat[2]. Dank der histologischen und neurologischen Ergebnisse des 19. Jahrhunderts gehört es zum gesicherten Bestand der Neurohistologie, daß die mikroskopisch-anatomischen Elemente des Nervensystems, die Nervenzellen und Nervenfasern organisch, genetisch und funktionell zusammenhängen, und daß die Nervenfasern, im großen und ganzen als Fortsätze der Nervenzellen betrachtet werden müssen. In welcher Weise jedoch diese innige und organische Verbindung zustande kommt, wie weit innerhalb der Nervenzellen und Nervenfasern feinhistologische Elemente wie die Neurofibrillen sich von den Nervenzellen unabhängig verhalten können, und schließlich in welcher Form die verschiedenen Nervenzellen und ihre Fortsätze miteinander und mit den Innervationsgebieten in Verbindung stehen, ist auch heute noch nicht vollständig geklärt. Seit den achtziger Jahren des vorigen Jahrhunderts haben wir zur Klärung dieser Fragen zwei umfassende Lehren: die *Neuronenlehre* und die APÁTHY-BETHEsche *Lehre*, die hier eingehender gewürdigt werden müssen.

---

[1] BETHE, A.: (11). Zitiert auf S. 96.
[2] Vgl. L. STIEDA: Geschichte der Entwicklung der Lehre von den Nervenzellen und Nervenfasern während des 19. Jahrhunderts (I) von Sömmering bis Deiters — Festschr. für V. v. Kupffer. Jena 1899. — HEIDENHAIN, M.: Plasma u. Zelle **I II**, 702 (1911).

Die Neuronenlehre bedeutet die Vollendung einer historischen Entwicklung, welche die Neurohistologie seit den 40er Jahren bis zu den 90er Jahren des vorigen Jahrhunderts durchgemacht hat. (Entdeckung des innigen Zusammenhanges zwischen Ganglienzellen und Nervenfasern: HANNOVER 1840, HELMHOLTZ 1842, R. WAGNER 1842, KÖLLIKER 1844, REMAK 1840; Feststellung, daß die Nervenfasern als Fortsätze der Ganglienzellen herauswachsen: BIDDER und KUPFFER 1857; die Lehre von DEITERS 1861; die Einführung der GOLGIschen Imprägnationsmethode 1886.) Sie ist sowohl aus den embryologischen Forschungsresultaten von HIS und den neurologischen Versuchen der GUDDENschen Schule (FOREL, v. MONAKOW) wie den histologischen Untersuchungen von GOLGI, RAMON Y CAJAL und KÖLLIKER entstanden. Nachdem HIS[1] nachgewiesen hat, daß im Nervensystem alles, was als nervöse Substanz angesprochen werden kann, aus einer spezifischen Zellart, den Neuroblasten, entsteht (s. weiter unten), und GOLGI[2], R. Y CAJAL[3] und KÖLLIKER[4] im Nervensystem der erwachsenen Tiere mit der GOLGIschen Methode, RETZIUS[5], DOGIEL[6] u. a.[7] mit der vitalen Methylenblaufärbung zeigen konnten, daß man überall nur die Nervenzellen und ihre Fortsätze im Aufbau des spezifisch nervösen Gewebes vorfindet, nachdem weiter FOREL[8] auf Grund der experimentell hervorgerufenen Degeneration der Nervenzellen (GUDDENsche Degeneration[9]) auch die funktionelle Einheit der Nervenfaser mit der Ganglienzelle beweisen konnte, hat WALDEYER[10] 1891 all diese Ergebnisse in klaren, pragmatisch formulierten Leitsätzen zusammengefaßt, deren Gesamtheit seither als Neuronenlehre bezeichnet wird.

Die Leitsätze der Neuronenlehre sind die folgenden: 1. Das Nervensystem besteht aus zahlreichen untereinander genetisch zusammenhängenden Nerveneinheiten (Neuronen); jedes Neuron setzt sich aus drei Stücken zusammen: der Nervenzelle (Neurocyt), der Nervenfaser (Axon) und dem Endbäumchen (Telodendrium). Das Neuron ist also die morphologische Einheit des Nervensystems und entspricht der Nervenzelle mit all ihren Verzweigungen. Die einzelnen Neuronen sind voneinander morphologisch abgegrenzt, sie stehen miteinander nicht per continuitatem, sondern nur per contiguitatem — durch Kontakte — in Verbindung (Kontiguitätstheorie). 2. Jedes Neuron entwickelt sich aus einer einzigen Zelle, dem Neuroblast. Das Neuron ist also die genetische Einheit des Nervensystems. 3. Die einzelnen Teile des Neurons sind nicht nur morphologisch, sondern auch durch die Gemeinsamkeit der Lebensprozesse, wie Ernährung und spezifische nervöse Funktion, miteinander einheitlich verbunden. Außer den Neuronen gibt es keine anderen Elemente, welche spezifisch nervöse Funktionen ausüben. Das Neuron ist also eine physiologische (funktionelle) Einheit des Nervensystems.

Wie aus diesen Leitsätzen ersichtlich ist, umfaßt die Neuronenlehre alle grundsätzlichen Fragen der Neurohistologie: den morphologischen Bau, die genetische Entstehung und den funktionellen Charakter. Wir wollen an dieser Stelle uns eingehender nur mit dem Standpunkt der Neuronenlehre in der Frage des Zusammenhanges zwischen den einzelnen Neuronen

---

[1] Die Grundlagen der Neuronenlehre sind schon enthalten in den Mitteilungen von W. HIS: Arch. Anat. u. Physiol. **1887, 1890**.

[2] GOLGI, C.: Arch. ital. de Biol. 3/4 (1883) — Untersuchungen über das zentrale und periphere Nervensystem. Aus dem Italienischen übersetzt von TEUSCHER. Jena 1894.

[3] RAMON Y CAJAL: [Anat. Anz. 5 (1890)] war für die Entstehung der Neuronenlehre von entscheidender Bedeutung. Der eigentliche geistige Führer der Neuronlehre ist RAMON Y CAJAL, der die meisten Tatsachen zum Auf- und Ausbau dieser Lehre auf vergleichend-histologischem, embryologischem, histophysiologischem und histopathologischem Gebiet ermittelt und die Grundsätze der Lehre in zahlreichen Veröffentlichungen am eifrigsten verteidigt hat. Aus seiner überaus reichhaltigen literarischen Produktion sind die theoretisch wichtigsten unter den „zusammenfassenden Darstellungen" (S. 80) angeführt.

[4] KÖLLIKER, A.: Anat. Anz. **1887**. (Diese Schrift hat die Golgimethode allgemein bekannt gemacht.) — Handb. d. Gewebelehre d. Menschen, 6. Aufl., **2** (1893).

[5] RETZIUS, G.: Zitiert auf S. 80.

[6] DOGIEL, A.: Arch. mikrosk. Anat. 35 (1890); **37** (1891) — Anat. Anz. **10a, 10b** (1895) — Arch. mikrosk. Anat. 46 (1895) — Internat. Mschr. Anat. u. Physiol. **16** (1897) — Der Bau der Spinalganglien des Menschen und der Säugetiere. Jena 1908 — Arch. mikrosk. Anat. 46 (1895) (sympath. Nervensystem) — Ebenda 53 (1899) (Herzganglien).

[7] Als Bahnbrecher für die Anwendung der vitalen Methylenblaumethode, besonders zum Studium der Nervenendigungen: ARNSTEIN, C.: Anat. Anz. **2** (1887); **13** (1897). — SMIRNOW, A.: Ebenda 9 (1894); **10** (1895); **18** (1900). — MEYER, S.: Ber. math.-phys. Kl. d. Sächs. Ges. d. Wiss. zu Leipzig 1897 — Arch. mikrosk. Anat. **47** (1896); **54** (1899).

[8] FOREL, A.: Arch. Psychiatr. **18** (1887).

[9] GUDDEN, B. v.: Abhandlungen, herausgeg. von GRASHEY. Wiesbaden 1889.

[10] WALDEYER, W.: Dtsch. med. Wschr. **1891**.

befassen. Dabei muß zunächst eine Feststellung historischer Art vorausgeschickt werden. Als Frucht einer langsamen Entwicklung bedeutet die Neuronenlehre im wesentlichen nichts anderes als die konsequente Durchführung des SCHWANN-KÖLLIKERschen oder VIRCHOW-BRÜCKEschen Cellularprinzips auf das Nervensystem. Historisch zurückblickend kann man sogar sagen, daß die Zellenlehre in den 80er Jahren des vorigen Jahrhunderts ihre Vollendung erst dadurch erhalten hat, daß es den Begründern der Neuronenlehre gelungen ist, nachzuweisen, daß auch das Nervensystem und das Nervengewebe, welches bisher wegen seines komplizierten Aufbaus aus Zellen und Fasern einer restlosen Durchführung des Cellularprinzips große Schwierigkeiten bereitet hat, ebenso aus Zellen und nur aus Zellen aufgebaut ist, wie die anderen Gewebe ektodermalen Ursprungs auch. VERWORN[1] betont also mit Recht, daß der Kernpunkt der Neuronenlehre in der Behauptung zu erblicken ist, daß Ganglienzelle und Nervenfaser eine einzige Zelle repräsentieren, die im Sinne BRÜCKEs[2] als elementare Lebenseinheit die nervösen Funktionen der mehrzelligen Organismen einheitlich verrichtet. Daraus ist dann erklärlich, daß die Neuronenlehre ursprünglich keinen grundsätzlichen Wert auf weitere feinhistologische Analysen gelegt hat und unmittelbar nicht interessiert daran war, ob es in der Zelle selbst besondere Strukturen (wie die schon von M. SCHULTZE nachgewiesenen Fibrillen) gibt, welche als leitende Fibrillen angesprochen werden könnten. Für die Neuronenlehre und ihre Anhänger war die Funktion des Nervengewebes und gewissermaßen auch die des Nervensystems genügend analysiert dadurch, daß man diese Funktion einheitlich auf die Neuronen übertragen hatte. Da diese Auffassung den Anhängern der Neuronenlehre, d. h. der großen Mehrzahl der Neurohistologen, in den 80er und 90er Jahren des vorigen Jahrhunderts[3] zur Erklärung der morphologischen, physiologischen und pathologischen Erscheinungen des Nervensystems eine völlig ausreichende Grundlage geboten hatte, war ihr Urteil den nach und nach besser bekanntgewordenen Fibrillenstrukturen gegenüber lange Zeit zurückhaltend oder skeptisch. Von sonstigen Bedenken abgesehen, die man gegen die funktionelle Deutung der Fibrillenstrukturen erhoben hat, haben die Anhänger der Neuronenlehre an der reellen Existenz solcher Fibrillen entweder gezweifelt oder sie lediglich als eine Differenzierungsform des Cytoplasmas aufgefaßt (vgl. S. 101). Jedenfalls haben sie ihnen keine besondere, für das Nervengewebe morphologisch und funktionell spezifische Bedeutung zuerkannt. Das konnte um so leichter geschehen, weil die meisten damaligen Fibrillenmethoden (selbst die noch verläßlichste Färbungsmethode von BETHE) für eine allgemeine Verwendung wenig geeignet waren. Als jedoch nach der Einführung der modernen Fibrillenmethoden die Neurofibrillen überall als die charakteristischen Strukturen des Nervengewebes sichtbar wurden, haben auch die Anhänger der Neuronenlehre die von APÁTHY und BETHE stets ein den Vordergrund gestellten Fibrillenstrukturen als spezifische Gebilde des Nervensystems anerkannt. Damit wurde jedoch die Neuronenlehre in ihrem wesentlichen Inhalt wenig beeinflußt. R. Y CAJAL[4] hat diesen, den neueren Kenntnissen angepaßten Standpunkt der Neuronenlehre dahin präzisiert, daß die Neurofibrillen zwar charakteristische Gebilde der Nervenzellen sind, aber immer nur intraneural verlaufen und die Grenzen eines Neurons nie überschreiten.

Damit kommen wir zu dem Punkte, der uns bezüglich des Zusammenhanges der Fibrillenstrukturen hier in erster Reihe interessiert. Der erste Leitsatz der Neuronenlehre besagt, daß die Neuronen voneinander morphologisch abgegrenzt sind und nur durch Kontakte miteinander zusammenhängen. Die histologische Form der Kontakte wurde ursprünglich aus den Golgi- und Methylenblaupräparaten festgestellt, wo sie am deutlichsten ausgeprägt waren. Es gab auch lange Zeit keine anderen mikrotechnischen Mittel, um die sog. Nervenendigungen festzustellen oder, richtiger gesagt, man hat nur dort Nervenendigungen histologisch diagnostiziert, wo sie in den aus den Golgi- und Methylenblaupräparaten bekannten Formen sichtbar waren. In diesen Präparaten treten die letzten Verzweigungen der Nervenfortsätze scharf hervor und zeigen in der Nähe anderer Nervenfortsätze oder um

---

[1] VERWORN, M.: Das Neuron in Anatomie und Physiologie. Jena 1900.

[2] BRÜCKE, E. V.: Die Elementarorganismen. Sitzgsber. Akad. Wiss. Wien, Math.-naturwiss. Kl. II **50** (1861) — Strickers Handb. d. Lehre von den Geweben. Leipzig 1871.

[3] Die bekanntesten Anhänger der Neuronenlehre sind: A. KÖLLIKER, R. Y CAJAL, W. HIS, W. WALDEYER, M. V. LENHOSSÉK, A. VAN GEHUCHTEN, S. MEYER, L. AZOULAY, A. SCHÄFER, G. RETZIUS u. M. HEIDENHAIN. GOLGI und seine Schüler, FUSARI, MARTINOTTI, SALA, vertreten in der wichtigen Frage der Kontinuität einen der Neuronenlehre entgegengesetzten Standpunkt. Auch DOGIEL, sonst ein eifriger Anhänger der Neuronenlehre, weicht in der Auffassung des interneuronalen Zusammenhanges von der Kontaktlehre ab. Unter den Physiologen und Neurologen haben sich mit dem allgemeinen theoretischen Inhalt der Neuronenlehre am eingehendsten befaßt: EDINGER, HOCHE, VERWORN, LANGLEY und SHERRINGTON.

[4] CAJAL, RAMON Y: Contideraziones criticas etc. Trab. Labor. Invest. biol. **2** (1903) — Histologie du système nerveux de l'homme et des vertébrés. Paris 1909.

fremde Neurone herum bzw. in den Endorganen typische Endigungen (s. Abb. 15 u. 25). In den Golgi- und Methylenblaupräparaten endigen die Endäste meistens mit einer kleinen Auftreibung (Endknöpfchen oder Endfüßchen), sie können jedoch sich auch ohne solche Endköpfchen an die Oberflächen fremder Neurone anschmiegen. Auf Grund der Golgibilder hat man drei Hauptformen der Kontakte unterschieden: 1. die sog. Parallelkontakte (wie z. B. bei den Purkinjezellen des Kleinhirns), wo die Endzweige der Telodendrien der Länge nach mit dem fremden Neuron in Berührung stehen; 2. Endkörbchen, wo die Telodendrien die fremden Neurone oder die Formelemente des Innervationsgebietes (Hörzellen, Geschmacksknospen) körbchenartig umflechten, und 3. die sog. Synapsen, wo die Endäste zweier Telodendrien ineinandergreifen. Später hat man die letztere Bezeichnung auch allgemein für die Kontakte angewendet (RAMON Y CAJAL, SHERRINGTON). Ursprünglich war die Annahme, daß an den Kontaktstellen die Neurone nur ganz locker miteinander zusammenhängen, allgemein verbreitet. Es wurden auch verschiedene Theorien aufgestellt, in welchen eine besondere Kittsubstanz („Ciment unitif") zwischen den Telodendrien eines Neurons und dem anderen Neuron (bzw. dem Innervationsgebiet) eine Rolle gespielt hat[1]. Später hat man hauptsächlich auf Grund der eingehenden Untersuchungen von HELD[2] und AUERBACH[3] diese Vorstellung aufgegeben und ist zu der Ansicht gelangt, daß die Neurone an den Kontaktstellen fest miteinander verbunden, voneinander jedoch vollständig abgegrenzt sind. In den nach der CAJALschen und BIELSCHOWSKYschen Methode erhaltenen Präparaten erscheint der Zusammenhang der Neurone miteinander sehr innig. Von den verschiedenen Formen der Kontakte, welche man in den Golgi- und Methylenblaupräparaten so gut unterscheiden konnte, sind hier nur zwei Formen deutlicher sichtbar: die pericellulären Netze[4] und die sog. Endfüßchen. Besonders diese letzten haben eine grundsätzliche Bedeutung, weil sie in den nach CAJAL (und zum Teil auch nach BIELSCHOWSKY) behandelten Präparaten die deutlichsten Formen der Kontakte sind (s. Abb. 20 u. 21).

Im Sinne der Neuronenlehre ist also das Nervengewebe und alles spezifisch Nervöse im Nervensystem aus Neuronen aufgebaut, welche miteinander zwar durch Kontakte fest verbunden, voneinander jedoch immer abgegrenzt sind. Die Reizleitung und alle nervösen Vorgänge verlaufen durch qualitativ und quantitativ verschieden aufgebaute Ketten von Neuronen. Eine Reflexbahn kann z. B. aus einem peripheren (receptorischen), einem zentralen und einem peripheren (effektorischen) Neuron oder aus mehreren peripheren und mehreren zentralen (1., 2. usw. Ordnung) Neuronen aufgebaut sein (Abb. 25). Die physiologisch-kontinuierliche Reizleitung erfolgt nur innerhalb der Neurone und zwar in einem morphologisch diskontinuierlichen Substrat, denn bei den Kontaktstellen, d. h. bei den Neuronengrenzen, muß die Erregung von einem Neuron auf das andere „überspringen".

Der Kontakttheorie der Neuronenlehre steht die Kontinuitätstheorie der APÁTHY-BETHEschen *Lehre* gegenüber (Abb. 26). Schon vor APÁTHY und BETHE hat die Kontinuitätstheorie in der Neurohistologie eine bedeutende Rolle gespielt und war sogar lange Zeit die vorherrschende Theorie. Historisch ist jedenfalls die Auffassung, daß der physiologischen Kontinuität der Reizleitung auch eine Kontinuität der morphologischen Struktur zugrunde liegen muß, älter als die Kontaktvorstellung der Neuronenlehre[5]. Eigentlich wurde bis zur Begründung der Neuronenlehre an einer solchen Kontinuität nie gezweifelt, wenn auch der morphologische Ausdruck dieser Kontinuität von SÖMMERING bis DEITERS recht verschieden geschildert wurde. Besonders zwei Formen der Kontinuitätslehre haben in der Geschichte der Neurohistologie eine hervorragende Rolle gespielt: die Theorie der plasmatischen Kontinuität und diejenige der Fibrillenkontinuität. Die Theorie der plasmatischen Kontinuität wurde von GERLACH[6] aufgestellt, der eine Anastomose der Dendriten angenommen und die Auf-

---

[1] CAJAL, RAMON Y: Trab. Labor. Invest. biol. **7** (1904).
[2] HELD, H.: Zitiert auf S. 114.
[3] AUERBACH, L.: Neur. Zbl. **10** (1898) — Mschr. Psychiatr. u. Neur. **6** (1899) —Anat. Anz. **40** (1911).
[4] Vgl. M. BIELSCHOWSKY: J. Psychol. u. Neur. **5** (1905). — CASTRO, F. DE: Archivos Neurobiol. **7** (1927).
[5] Vgl. L. STIEDA: Zitiert auf S. 117. — GERLACH: Zitiert unten.
[6] GERLACH, J.: in Strickers Handb. d. Lehre von den Geweben **2** (1871). Der Hauptvertreter der GERLACHschen Lehre war später B. GRAF HALLER: Morph. Jb. **11** (1885); **12** (1886); **17** (1891) — Arb. zool. Inst. Wien **8** (1889). — Auch NANSEN [Anat. Anz. **3** (1888)] war Anhänger der Kontinuitätstheorie, jedoch nicht in der von GERLACH gegebenen Fassung, sondern mehr in der Form, wie sie später M. WOLFF vertreten hat.

fassung vertreten hat, daß die zentripetalen oder sensorischen Nervenbahnen mit dem so entstandenen Netz der Dendriten unmittelbar zusammenhängen. Die Reizleitung wurde also nach GERLACH kontinuierlich von den sensorischen Bahnen auf das GERLACHsche Netz übertragen, von wo sie dann in den Körper der Nervenzellen und durch die Nervenfortsätze (Axone) zentrifugal zu den Erfolgsorganen weitergeleitet werden sollte. Diese Theorie von GERLACH war bis Ende der 60er Jahre die vorherrschende. DEITERS[1] und KÖLLIKER[2] haben jedoch den Beweis erbracht, daß es keine Anastomosen zwischen den

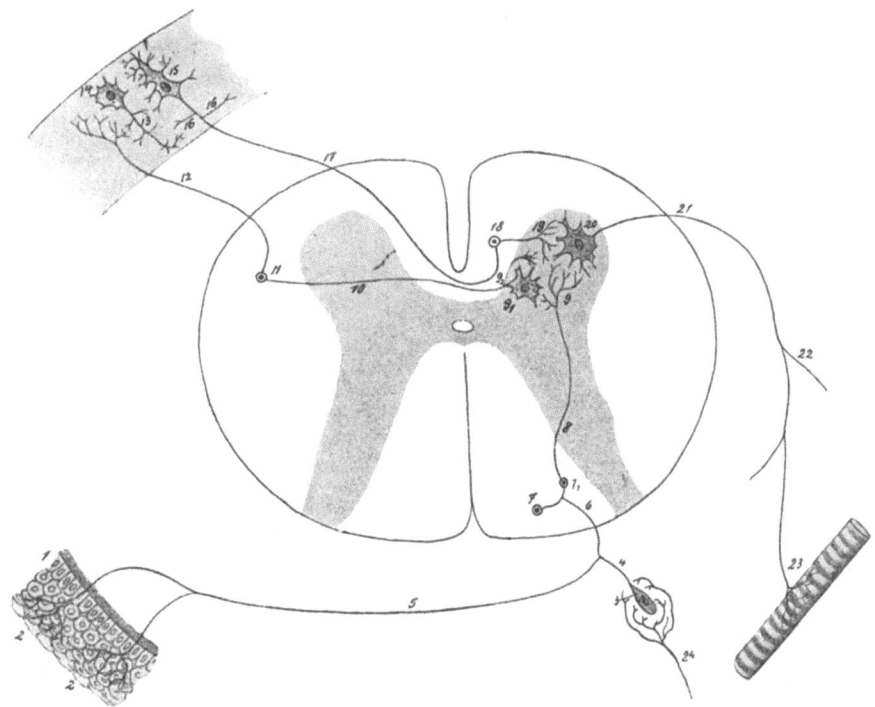

Abb. 25. Schema der Kontaktlehre. Die Abbildung stellt eine Pyramidenzelle der Großhirnrinde dar, von der man die Pyramidenfasern entspringen läßt. Wie bekannt, ist der Lauf der Pyramidenfasern ununterbrochen und gekreuzt (17—18). Durch den runden Kreis bei 18 ist das Umbiegen der Faser in die Längsrichtung des Vorderstranges (wir nehmen hier als Beispiel die Pyramidenvorderstrangbahn) angedeutet; von hieraus geht die mit dem Endbäumchen 19 versehene Kollaterale zur grauen Substanz in die Nähe einer vorderen Ganglienzelle (20), überträgt auf diese den psychomotorischen Reiz, der sich durch die Nervenfaser (21) zum motorischen Endbäumchen (23) in der Muskelfaser fortpflanzt. In 22 ist eine Kollaterale der motorischen Nervenfaser angegeben. Bei 22a ist die Teilung angedeutet, welche die motorischen Fasern auf ihrem Wege wiederholt erleiden. (Nach WALDEYER, aus Dtsch. med. Wschr. 1891.)

Dendriten verschiedener Nervenzellen gibt, und so hat dann die Kontinuitätstheorie von GERLACH der Lehre von DEITERS gegenüber immer mehr an Boden verloren. Trotzdem hat die Auffassung von GERLACH noch lange Zeit Anhänger gefunden, unter denen GOLGI[3] und seine Schüler, zum Teil auch DOGIEL[4] zu nennen sind. Eine wichtige Stütze der GERLACHschen Auffassung hat die vergleichend-anatomische Tatsache geboten, daß unter den Wirbellosen Nervenzellennetze allgemein verbreitet sind und daß es auch im Organismus der Wirbeltiere an vielen Stellen periphere Nervennetze gibt[5], bei denen die Abgrenzung der

---

[1] DEITERS, O.: Untersuchungen über Gehirn und Rückenmark des Menschen und der Säugetiere. Braunschweig 1865.
[2] KÖLLIKER, A.: Handb. d. Gewebelehre, 5. Aufl. Leipzig 1867.
[3] GOLGI, C.: Zitiert auf S. 118 — Boll. Soc. med.-chir. Pavia (1898 u. 1899).
[4] DOGIEL, A.: Arch. mikrosk. Anat. **38** (1891); **41** (1893) — Arch. Anat. u. Physiol. **1893**.
[5] Solche Nervenzellennetze wurden zuerst von O. u. R. HERTWIG (Das Nervensystem und die Sinnesorgane der Medusen. Leipzig 1878) und gleichzeitig mit ihnen von TH. EIMER (Die Medusen. Tübingen 1878) untersucht. Dann wurden sie sowohl im Nervensystem der Wirbellosen wie im peripheren Nervensystem der Wirbeltiere eingehend beschrieben.

einzelnen Neurone nicht möglich ist. Manche Anklänge an die GERLACHsche Kontinuitätstheorie weist auch die Auffassung über die plasmatische Kontinuität auf, der man bei M. WOLFF[1] begegnet. In moderner Form hat die Kontinuitätstheorie von GERLACH ihre Wiederkehr und weiteren Ausbau auch bei HELD[2] gefunden, dessen Grundnetz (s. S. 116) ausgesprochen den Charakter des GERLACHschen Netzes aufweist[3].

In einer anderen Form begegnet man dem Kontinuitätsprinzip in der Fibrillentheorie von M. SCHULTZE (1871). M. SCHULTZE[4] behauptet daß von der Peripherie Fibrillen zu den Nervenzellen gelangen und durch die Protoplasmafortsätze in die Nervenzellen eindringen. Sie verlassen zentri- oder cellulifugal die Nervenzelle durch den Nervenfortsatz wieder und ziehen dann zu Nerven vereinigt in die Endorgane. In dieser Auffassung ist schon in nuce die Kontinuitätstheorie von APÁTHY und BETHE enthalten. Daß wir doch gewöhnt sind, die Theorie der Fibrillenkontinuität und den ganzen damit zusammenhängenden Fragenkomplex an die Namen von APÁTHY und BETHE zu knüpfen, ist historisch damit begründet, daß M. SCHULTZE die Fibrillen nur undeutlich darstellen konnte, weshalb auch seine Folgerungen in Ermangelung überzeugender histologischer Präparate einen rein spekulativen Charakter haben. Die Neurofibrillenstruktur, so wie sie heute in der Histologie aufgefaßt wird, ist erst aus den Präparaten von APÁTHY bekannt geworden. Eine zusammenfassende Theorie über die histologische und physiologische Bedeutung der Neurofibrillen hat zuerst APÁTHY geboten, BETHE hat dann die Theorie auf vergleichend-histologischer und vor allem physiologischer Grundlage weiter ausgebaut und aufrechterhalten. Im Sinne der APÁTHY-BETHEschen Lehre sind die Neurofibrillen die meist charakteristischen morphologischen und funktionellen Elemente des Nervengewebes. Sie stellen gewissermaßen die letzten Einheiten der reizleitenden Substanz dar. Die Beschreibung, welche APÁTHY und BETHE von der Form, Anordnung und metamikroskopischer Struktur der Neurofibrillen gegeben haben, wurde später von den Neurohistologen im großen und ganzen übernommen[5]. Was jedoch die biologische Bedeutung der Fibrillen als leitendes Element anbelangt, und noch mehr, was ihre Beziehungen zueinander und zu den Nervenzellen betrifft, waren die Auffassungen von APÁTHY und BETHE jahrzehntelang Gegenstand heftiger Diskussionen[6]. In der APÁTHY-BETHEschen Lehre bedeuten nämlich die Neurofibrillen so hochdifferenzierte Produkte des Protoplasmas, daß sie von der Nervenzelle, sowohl was ihre Lage, als was ihre Funktion anbelangt, weitgehend unabhängig sind. Nach den Worten von APÁTHY: „Sie sind Zellprodukte im weitesten Sinne, dabei aber lebendige Zellorgane, deren Leben, Wachstum und Wirkung weit über die Grenzen der Zelle hinausgeht, in welcher sie anfangs angelegt wurden. In bestimmten Zellen angelegt, wachsen sie in und durch andere Zellen weiter ... Die Neurofibrillen sind demnach mehr als Zellorgane; nicht an bestimmte Zellgrenzen gebunden, sondern den ganzen Organismus durchdringend, mit einer gewissen Selbständigkeit ihrer Verrichtungen, sind sie elementare Organe des ganzen Individuums[7]."

Vgl. R. HESSE: Zool. Arb. Tübingen 1895. — HEIDER, K.: Z. Morph. u. Ökol. Tiere **9** (1927). — DOGIEL, A.: Arch. mikrosk. Anat. **52** (1898). — BETHE, A.: Biol. Zbl. **15** (1895) — Allg. Ant. u. Physiologie d. Nervensyst. 1903, S. 78 u. a. Daß solche Nervenzellennetze mit der Kontakttheorie schwer zu vereinbaren sind, hat schon WALDEYER (Zitiert auf S. 118) zugegeben. In der Diskussion um die Neuronenlehre wurden die Nervenzellennetze stets als Argumente gegen die Kontakttheorie angeführt. In jüngster Zeit hat jedoch E. BOZLER [Z. Zellforsch **5** (1927)] mit einer verfeinerten Technik (Rongalitweiß-Methylenblaufärbung) nachgewiesen, daß auch die Nervenzellennetze der Cölenteraten (*Rhizostoma Cuv.*) — wenigstens zum Teil — aus Nervenzellen gebildet werden, welche nur durch Kontakte miteinander in Verbindung stehen und gegeneinander gut abgrenzbar sind. Ob dabei Fibrillenübergänge stattfinden oder nicht, konnte einstweilen mit der von BOZLER benutzten Technik nicht entschieden werden.

[1] WOLFF, M.: Anat. Anz. **23** (1903) — J. Psychol. u. Neur. **4** (1905).
[2] HELD, H.: Zitiert auf S. 116.
[3] Vgl. auch die ähnlichen Gedankengänge bei A. PENSA: Arch. ital. de Biol. **74** (1924).
[4] SCHULTZE, M.: Zitiert auf S. 82.
[5] Vgl. ST. V. APÁTHY: Anat. Anz. **31** (1907). — HEIDENHAIN, M.: Plasma u. Zelle **1 II**, 831. Jena 1911. — PRÉNANT-BOUIN-MAILLARD: Traité d'Histologie. Paris 1911. — LEVI, G.: Trattato di istologia. Turino 1927.
[6] Vgl. CAJAL: Riv. trimestr. microgr. **4** (1899) — Consideraziones etc. Trab. Labor. Invest. biol. **2** (1903) — L'hypothèse de la continuité de M. Apáthy. Ebenda **6** (1908). — LENHOSSÉK, M.: Anat. Anz. **36** (1910). — BIELSCHOWSKY, M.: Zitiert auf S. 120. Über den Streit um die APÁTHY-BETHEsche Lehre in den Jahren 1897 bis 1900 orientieren: HOCHE, VERWORN, VAN GEHUCHTEN aus dem Standpunkt der Neuronenlehre und NISSL aus dem Standpunkt der APÁTHY-BETHEschen Lehre (s. zusammenfassende Darstellungen S. 79).
[7] APÁTHY, ST. V.: Anat. Anz. **31**, 536 (1907).

In diesem Leitsatz ist alles Charakteristische für die APÁTHY-BETHEsche Lehre enthalten, so auch der Grundgedanke ihrer Kontinuitätstheorie. Der grundsätzliche Gegensatz zur Neuronenlehre besteht nicht darin, wie wenn die Neuronenlehre zwischen den Neuronen nicht auch andere Verbindungsarten für möglich gehalten hätte als die Kontakte. Ursprünglich, zur Zeit ihrer Entstehung hat die Neuronenlehre noch zugegeben, daß zwischen den Neuronen auch kontinuierliche Zusammenhänge bestehen können[1]. Die Neuronenlehre in der Auffassung von HIS[2] und WALDEYER[3] war weit konzilianter als später in der Darstellung von KÖLLIKER[4], RAMON Y CAJAL[5] und LENHOSSÉK[6]. Daß die Neurofibrillen stellenweise auch von einem Neuron in das andere übergehen, wäre mit der Neuronenlehre im Grunde nicht unvereinbar gewesen, solange man an solchen Stellen von einer unmittelbaren Verbindung durch intraneurale Fibrillen zwischen zwei oder mehreren Neuronen gesprochen hätte. In dieser Form ist die Fibrillenkontinuität mit der Neuronenlehre ohne Schwierigkeiten in Einklang zu bringen[7]. Die APÁTHY-BETHEsche Lehre hat jedoch in den Neurofibrillen Zellorganellen erblickt, d. h. eine funktionell und morphologisch so stark differenzierte Zellstruktur, die gewisse Lebensfunktionen auch autonom leisten kann und von der Zelle weitgehend unabhängig ist. Diese Grundauffassung war mit dem Geist der Neuronenlehre, welche streng das VIRCHOW-KÖLLIKERsche Cellularprinzip oder die „Bausteintheorie" vertreten hat, völlig unvereinbar. Bedeutet die Neuronenlehre die höchst entwickelte Form der Cytologie der fünfziger und siebziger Jahre, so kann die APÁTHY-BETHEsche Lehre das geistige Kind jener cytologischen Richtung genannt werden, welche in den achtziger Jahren des vorigen Jahrhunderts unter der Führung von FLEMMING[8], von der Mitosenforschung entscheidend beeinflußt, die einzelnen Funktionen der Zelle auf morphologisch gut differenzierte und färberisch stark hervortretende Gebilde (Zellorganellen) übertragen hat. So entstand die Vorstellung einer aus dem Zusammenspiel verschiedner Zellorganellen aufgebauten Zellmaschine. Die histologische Forschung hat nunmehr ihre Aufgabe vornehmlich darin erblickt, mit immer stärkeren Vergrößerungen und immer elektiveren Färbungen die Zellstruktur in ihre sichtbaren Komponenten aufzulösen, um durch eine solche Analyse der Strukturen ihre vermutliche funktionelle Bedeutung zu ergründen. So wie diese strukturanalytische Richtung nach und nach den unmittelbaren Kontakt mit der Zelle als Ganzheit verloren hat, und in einen mehr oder weniger ausgesprochenen Gegensatz zur Bausteintheorie gelangen mußte (NANSEN[9], STUDNICKA[10], F. C.

---

[1] Vgl. W. WALDEYER: Zitiert auf S. 118.
[2] Vgl. FR. NISSL: Die Neuronenlehre und ihre Anhänger.
[3] WALDEYER, W.: Zitiert auf S. 118 und Referat, gehalten am XVI. Internat. Med. Kongr. in Budapest 1909.
[4] KÖLLIKER hat in seinen letzten Lebensjahren von seinem intransigenten Standpunkt hauptsächlich in der Frage der Nervenentwicklung etwas abgewichen; s. Z. Zool. **82** (1905). — Vgl. auch A. KÖLLIKER: Erinnerungen aus meinem Leben. Leipzig 1899.
[5] Vgl. außer den schon zitierten Arbeiten: Trab. Labor. Invest. biol. **5** (1907) (über die neurogenetische Theorie von HENSEN und HELD) und ebenda **18** (1921).
[6] Außer den schon zitierten Arbeiten s. auch Festschr. für RAMON Y CAJAL **4**, (Sehnerv der Schlangen) Madrid 1922.
[7] Vgl. BIELSCHOWSKY, M.: J. Psychol. u. Neur. **5** (1905). — E. LUGARO: XVI. Internat. med. Kongr. Budapest 1909.
[8] FLEMMING, W.: Zellsubstanz, Kern- u. Zellteilung. Leipzig 1882 — Sammelreferate über die „Zelle" in Ergebn. Anat. **3** (1893); **5** (1895) — Z. Biol. **34** (1896).
[9] NANSEN, FR.: Bergens Museums Aarsberetning for 1886. Bergen 1887. Anat. Anz. **3** (1888).
[10] STUDNICKA, F. K.: Sitzgsber. Kgl. böhm. Ges. d. Wiss., math.-phys. Kl. 1898 — Anat. Hefte **21** (1903).

C. Hansen[1], M. Heidenhain[2]), so und noch stärker ist die Apáthy-Bethesche Lehre, als der ausgeprägte Repräsentant der strukturanalytischen Richtung in einen scharfen Gegensatz zur Neuronenlehre geraten.

Apáthy faßt die Kontinuität der leitenden Bahnen nicht als eine Kontinuität zwischen Neuronen auf, wie etwa die Gerlach-Golgische Theorie, sondern als eine Kontinuität des leitenden Elementes, d. h. der Neurofibrillen. Die Neurofibrillen, welche nicht nur funktionell von den Ganglienzellen weitgehend unabhängig sind, sondern von diesen Zellen unabhängig in spezifischen Nervenzellen (Neurocyten) sich differenzieren (s. S. 136), bilden ein im ganzen Organismus zusammenhängendes und kontinuierliches Netz, welches Apáthy sich etwa dem Blutkreislauf analog vorstellt (Abb. 27). In der Darstellung von Apáthy wachsen die

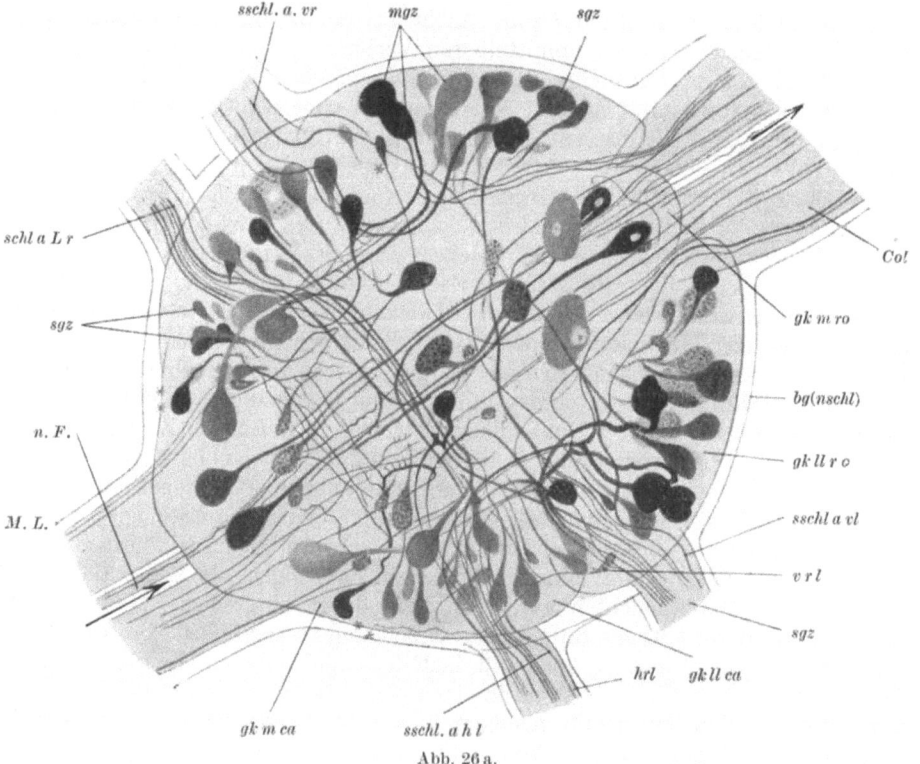

Abb. 26a.

Abb. 26a und b. Der Gegensatz zwischen der Kontaktlehre und der Kontinuitätstheorie dargestellt durch die Gegenüberstellung eines Bauchganglions vom Hirudo nach Apáthy. (Totalpräparat mit Hämatein IA gefärbt, aus Apáthy: Das leitende Element) und eines Bauchganglions vom Lumbricus nach G. Retzius (Golgipräparat Aus M. Heidenhain: Plasma u. Zelle I, 2). *a* Bauchganglion vom Hirudo mit der Originalbeschriftung von Apáthy, *b* Bauchganglion vom Lumbricus.

in den Neurocyten gebildeten Fibrillenbahnen nach zwei Richtungen aus, einerseits nach der Peripherie, andrerseits nach den Zentren. An der Peripherie angelangt, bündeln sie sich in Elementarfibrillen auf, welche sich teils zwischen den Zellen der Endorgane verteilen, teils aber in die Zellen selbst eindringen. Sowohl intra- wie intercellulär lösen sich dann die Elementarfibrillen durch Umlagerung ihrer Neurotagmen zu Elementargittern oder den sog. diffusen peripheren Netzen auf. Das ganze Innervationsgebiet, d. h. der ganze periphere Abschnitt des Organismus, enthält so ein zusammenhängendes diffuses Fibrillennetz. Ähnlicherweise, doch etwas komplizierter, verhalten sich die Fibrillenbahnen in den Zentren. Hier angelangt, können sie in ihrem Verlauf zwei grundsätzlich verschiedene Typen zeigen.

---

[1] Hansen, F. C. C.: Anat. Anz. **16** (1899) — Anat. Hefte **27** (1905).
[2] Heidenhain, M.: Plasma u. Zelle **1** 1. Jena 1907 — Formen und Kräfte in der lebenden Natur. Vortr. u. Aufs. über Entwicklungsmech. von W. Roux, H. **32**. Berlin 1923. — Vgl. auch B. Monterosso: Atti Accad. naz. Lincei **3** (1926).

Entweder gehen sie auch hier, unmittelbar, ohne mit den Ganglienzellen der Zentren in Verbindung zu treten, in ein Netz oder Gitter über (zentrales Elementargitter), aus dem dann wieder Elementarfibrillen und Fibrillenbündel ihren Ursprung nehmen, oder aber dringen sie in den Stammfortsatz der Ganglienzelle ein und bilden in der Zelle ein oder mehrere Gitter (s. S. 94). Aus diesen intracellulären Gittern entstehen die cellulifugalen Fibrillen, welche

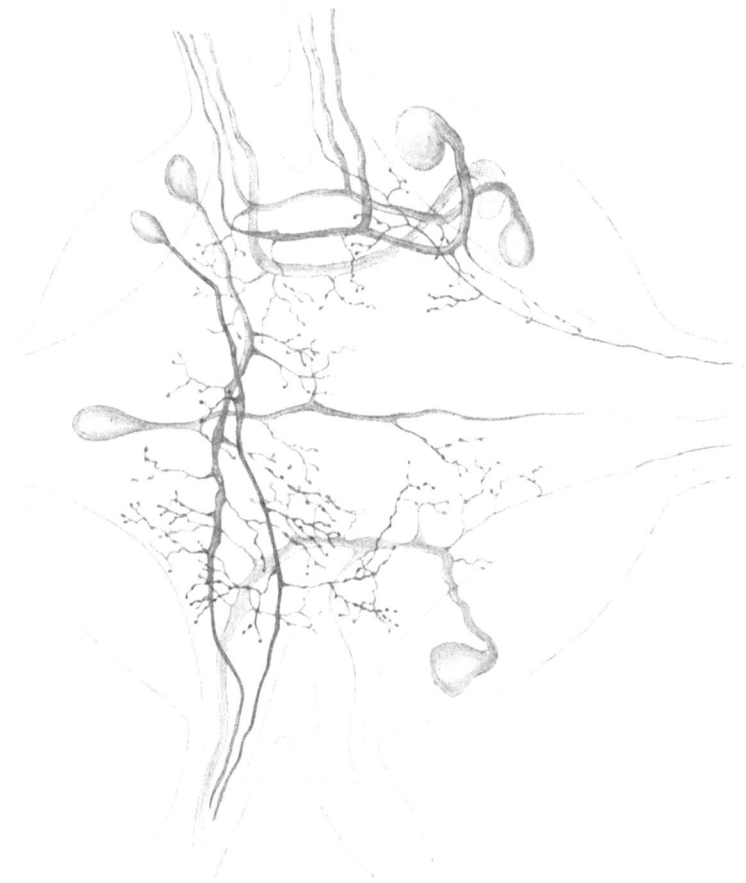

Abb. 26 b.

durch den Stammfortsatz heraustreten und entweder zu einer zweiten, dritten usw. Zelle oder gleich zum zentralen Elementargitter ziehen. Sie können jedoch aus den intracellulären Gittern auch unmittelbar, ohne früher mit dem Elementargitter in Verbindung getreten zu sein, periphere Leitungsbahnen bilden. Bei den Effektoren angelangt, verhalten sie sich genau so wie bei den Receptoren, indem sie auch hier ein diffus zusammenhängendes Netz bilden. Die Reizleitung erfolgt also ausschließlich innerhalb der in sich geschlossenen Fibrillenbahnen: in den peripheren Netzen, in den intra- und extracellulären Elementargittern und in den Fibrillenbündeln, welche die Gitter und Netze miteinander verbinden. Die Stellen, wo zentripetale oder sensorische Bahnen in zentrifugale oder motorische Bahnen umgeschaltet werden (die Stellen des Transfers), sind demnach die intra- und extracellulären Gitter und Netze. Die Ganglienzellen sind in diesem Netz der Leitungsbahnen nur eingeschaltet. APÁTHY hat den Ganglienzellen einen zwar unbestimmten, aber doch prinzipiellen Einfluß auf die Funktion der Leitungsbahn eingeräumt. Weit geringer erscheint ihre Bedeutung nach der Auslegung, welche BETHE und NISSL den kontinuierlichen Fibrillenbahnen gegeben haben. Nach BETHE[1] und NISSL[2] kommt den Ganglienzellen nur eine

---

[1] Vgl. A. BETHE (11) u. (12): Zitiert auf S. 96.
[2] NISSL, FR.: Die Neuronenlehre und ihre Anhänger. Jena 1903. Z. Psychiatr. **54** (1897) — Münch. med. Wschr. **1898**.

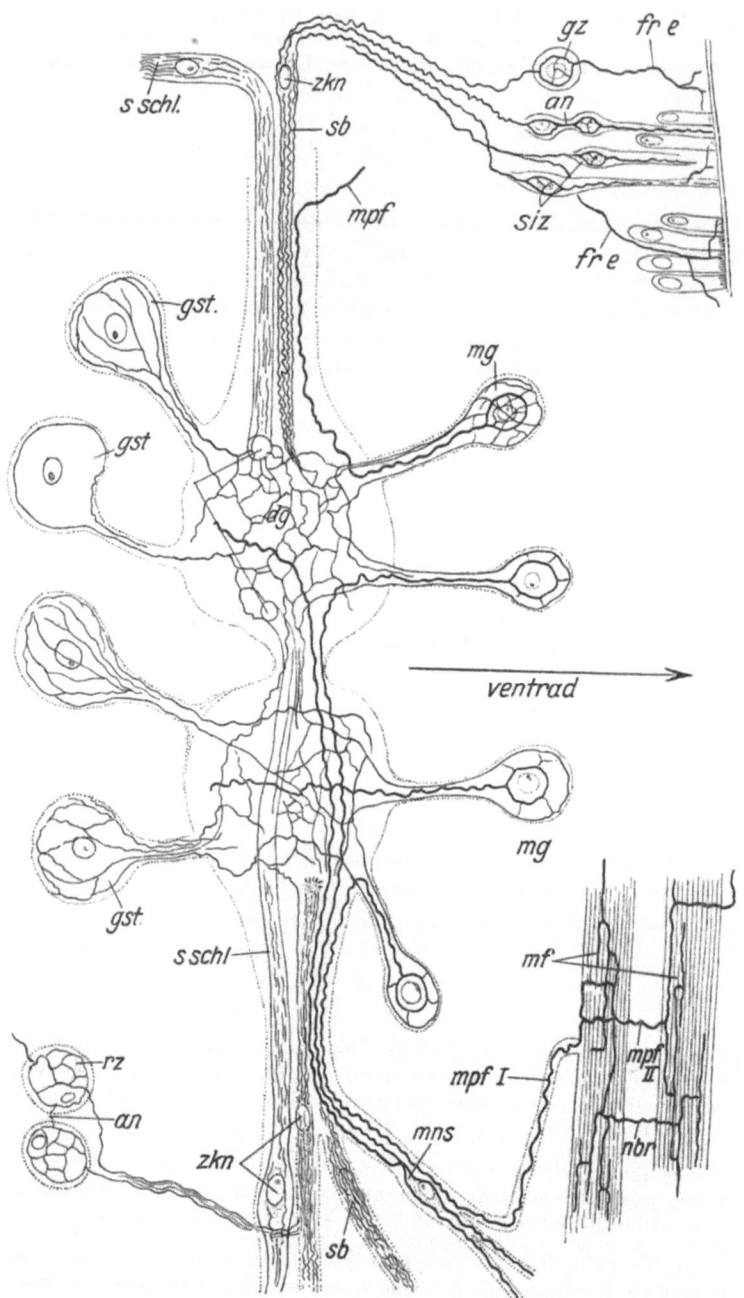

Abb. 27. Die Kontinuitätstheorie von APÁTHY. (Schematische Darstellung von Verlauf und Verbindungen der leitenden Bahnen in einem transversalen Schnitt des Hirudosomits mit der Originalbeschriftung aus APÁTHY. Das leitende Element.) *gst* große sensorische Ganglienzellen, *mg* große motorische Ganglienzellen, *dg* zentrales elementares Gitter (Neuropilem), *sb* und *sschl* sensorische Bündel und Schläuche, *zkn* Kern der Nervenzellen (Neurocyten). *mpf* motorische Primitivfibrille, *gz* Ganglienzelle, *siz* epitheliale Sinneszelle, *rz* intracelluläres Netz der Sinneszellen, *fre* freie intercelluläre Endverzweigung einer leitenden Primitivfibrille, *an* leitende Anastomose aus einer Zelle in die andere, *mf* Muskelfibrille.

trophische Funktion zu, die ganze Dynamik der Reizleitung und alle Faktoren der Erregungsfortpflanzung sind an die Fibrillen gebunden. BETHE weist nach, daß intracelluläre Gitter nur bei den Wirbellosen, und auch hier hauptsächlich nur bei den Würmern, vorkommen, bei den Wirbeltieren dagegen der phylogenetischen Entwicklung entsprechend aus der Zelle herausverlegt werden. Bei den höheren Wirbeltieren liegt die Stelle des Transfers, wo die zentripetalen Bahnen in zentrifugale umgeschaltet werden, immer extracellulär in einer Netzstruktur. Diese Netzstruktur wird aus zwei Komponenten gebildet. Mit der Molybdän-Toluidinblaufärbung lassen sich an der Oberfläche der Zellen feine Netze darstellen, die mit den Fibrillen der Zellen und der Leitungsbahnen in Verbindung stehen. Diese sog. GOLGISchen Netze sind dann miteinander durch ein noch feineres Netz verbunden, welches BETHE als diffuses zentrales Netz bezeichnet. In den Zentren zwischen den Ganglienzellen liegt nach der Auffassung von BETHE ein zusammenhängendes elementares Netz, in welches die Fibrillen der zentripetalen Bahnen einmünden und aus dem die zentrifugalen Bahnen ihren Ursprung nehmen (Abb. 28). Die Fibrillenbahnen können ebenso, wie das APÁTHY bei den Wirbellosen geschildert hat, entweder unmittelbar in das diffuse Netz eintreten und gleich von hieraus entspringen, oder sie können vor ihrem Eintreten in das Netz bzw. nach ihrem Ursprung aus diesem innerhalb der Ganglienzellen liegen. Die Auffassung von NISSL[1] über den Zusammenhang der nervösen Elemente und über die Kontinuität der Leitungsbahnen unterscheidet sich von den geschilderten Theorien von APÁTHY und BETHE nur darin, daß er wie BETHE den Ganglienzellen eine weit geringere Bedeutung beimißt als APÁTHY, andererseits aber auch an der reellen Existenz der diffusen zentralen Netze von BETHE zweifelt. An Stelle dieser Netze nimmt er eine Substanz unbekannter Natur an, das nervöse Grau. Die pericellulären Golginetze von BETHE stehen also nach NISSL mit dem „Grau" in Verbindung (Abb. 28 u. 29).

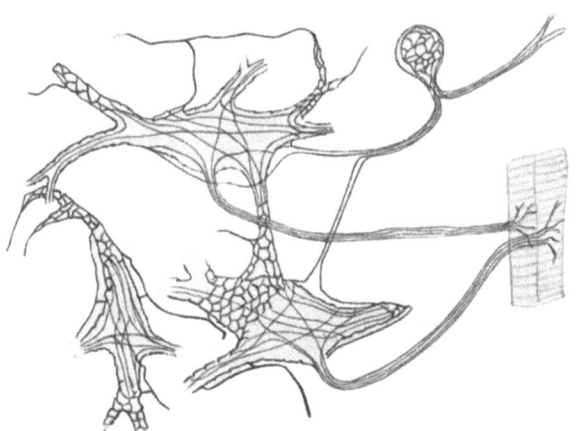

Abb. 28. Fibrillenkontinuität im Nervensystem der Wirbeltiere.
(Schema nach BETHE, aus Allg. Anat. u. Physiol. d. Nervensystems.)

Der Kontinuitätsbegriff in der APÁTHY-BETHEschen Lehre und bei NISSL ist mit der Vorstellung der leitenden Natur der Fibrillen innigst verbunden. Diese Verquickung rein morphologischer und funktioneller Begriffe hat dann dazu geführt, daß man schließlich nur der Substanz der Fibrillen eine Bedeutung beim Vorgang der Reizleitung zuerkannt hat (BETHE)[2], dem Neuroplasma bzw. der perifibrillären Substanz jedoch keine. Diese physiologische Seite der APÁTHY-BETHEschen Kontinuitätstheorie war der grundsätzliche Streitpunkt, der fast 25 Jahre lang die neurohistologische Forschung am intensivsten beschäftigt hat. Sieht man jedoch von der funktionellen Bedeutung der Fibrillen ab und berücksichtigt man einstweilen nur die topographischen Beziehungen der Fibrillen, so muß man sagen, daß im großen und ganzen die Schilderung der APÁTHY-BETHEschen Lehre den Zusammenhang und den Verlauf der Neurofibrillen richtig wiedergibt. Allerdings läßt sich auch diesbezüglich kein einheitliches Schema aufstellen, wie APÁTHY es versucht hat. Schon BETHE hat auf vergleichendmorphologischer Grundlage gewisse Unterschiede in der Anordnung und Lage der Fibrillennetze innerhalb der phyletischen Reihe nachgewiesen. Es ist sehr wahrscheinlich, daß die Mannigfaltigkeit in der Form, Anordnung und Lage der Fibrillennetze in den verschiedenen Tierklassen noch viel

---

[1] Ausführlich in seinem Buch: Die Neuronenlehre und ihre Anhänger dargelegt.
[2] Vgl. A. BETHE (10), (11), (13), (15), (17): Zitiert auf S. 96.

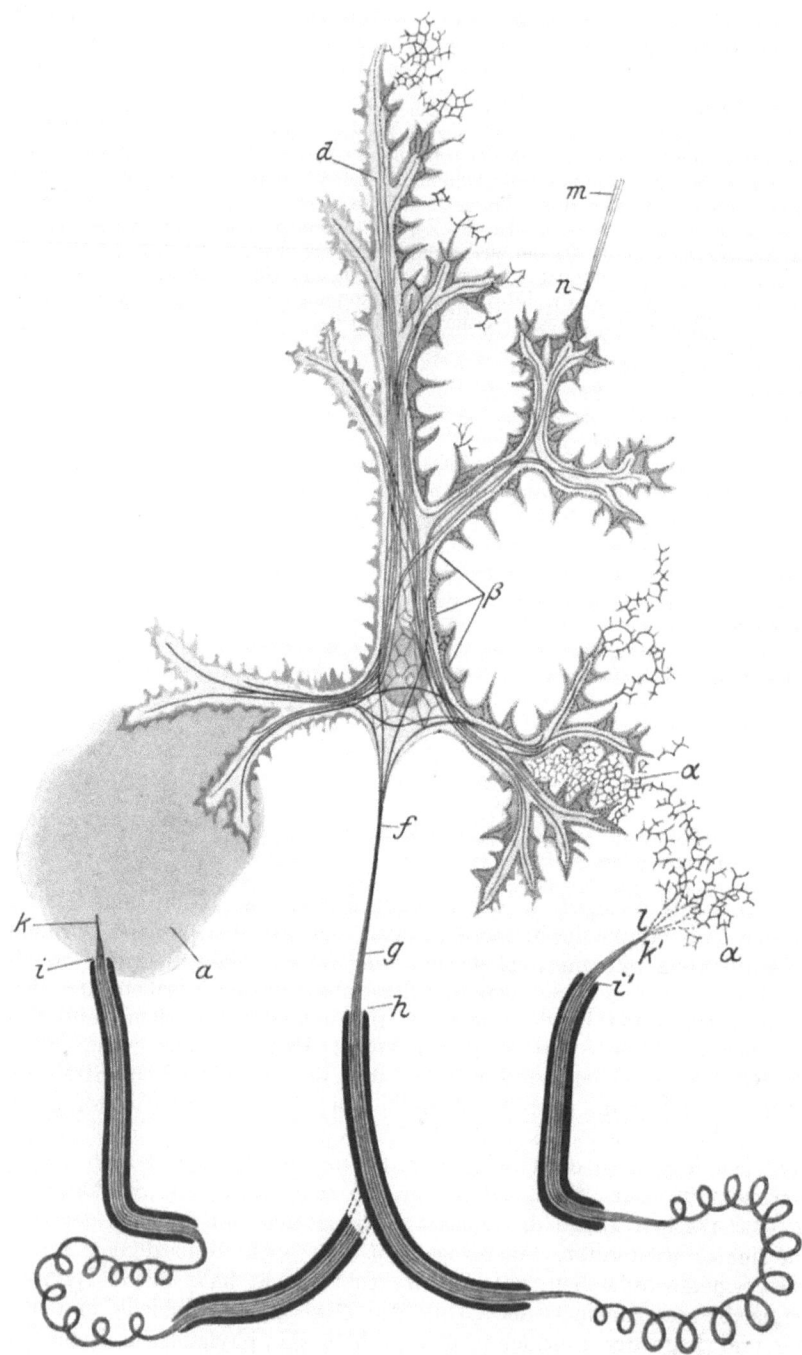

Abb. 29. Die Fibrillenkontinuität nach FR. NISSL. Rechts ist schematisch die Auffassung BETHES, links die von NISSL dargestellt. Große Pyramidenzelle mit ihren Fortsätzen. *d* Dendrit, *f* Halsteil des Axon, *g* nackte Nervenfaser, *h* Eintritt des Axons in eine markhaltige Faser, *i* Austritt der Fibrillenbahnen in das Endgebiet, *a* diffuse Elementarnetze nach BETHE, *β* Golginetze nach BETHE, *m, n* Eintritt von Neurofibrillen in das Golginetz, *a* das nervöse Grau nach NISSL. (Schema aus FR. NISSL: Die Neuronenlehre und ihre Anhänger.)

größer ist, als es bisher angenommen wurde. Gewissenhafte und objektive Untersuchungen an höheren Wirbeltieren sprechen dafür, daß, wie schon an einer früheren Stelle angedeutet wurde, stellenweise nur Kontakte vorhanden sind, anderswo jedoch kontaktlose Fibrillenübergänge bestehen. Das Fibrillensystem höherer Wirbeltiere läßt sich vielfach mit einem Labyrinth vergleichen (s. Abb. 20), wo manche Wege gewissermaßen Sackgassen bedeuten, — das würden z. B. die Endfüßchen darstellen, — während es wiederum andre Bahnen gibt, welche bis zum Endziel auf dem kürzesten Weg führen. Im allgemeinen kann man sagen, daß die neurohistologische Forschung sowohl in der Peripherie wie in den Zentren zusammenhängende Fibrillennetze klar nachgewiesen hat. An vielen Stellen — an der Peripherie überall — ist ein Zusammenhang dieser Netze mit den Nervenbahnen nicht mehr zweifelhaft (s. Abb. 16 und Abb. 20). Unbewiesen ist jedoch, ob es an der Peripherie, in den Endorganen oder in den Zentren im Sinne der APÁTHY-BETHESchen Lehre diffuse periphere Netze gibt. Es ist weiterhin in zahlreichen Präparaten klar sichtbar, daß Neurofibrillen von einer Nervenzelle in die andere, von einer Nervenbahn in die andere übertreten können (s. Abb. 22), daß also das Nervensystem von Neurofibrillen durchwoben ist, deren Ursprung und Herkunft — wenigstens bei erwachsenen Tieren — nicht auf einzelne Neurone abgegrenzt werden kann. Ob jedoch Neurofibrillen extraplasmatisch vorkommen können, erscheint mehr als zweifelhaft. Allerdings ist diese Frage aus den mikroskopischen Präparaten allein nicht zu klären; denn selbst bei den elektiven Fibrillenfärbungen sieht man recht oft außerhalb der Zellen feine Fibrillen, an denen keine noch so geringe Protoplasmahülle nachweisbar ist. Die Entscheidung also, ob nun solche Fibrillen mitgefärbte Gliafibrillen sind oder Endzweige von Axonen und Kollateralen, in denen bei der Präparantenherstellung das Protoplasma zusammengeschrumpft ist oder schließlich, ob hier Neurofibrillen liegen, welche aus den Zellen als autonome Organellen herausgewachsen sind, liegt außerhalb der Möglichkeiten einer exakten biologischen Beweisführung. Daß außerhalb des Neuroplasmas Neurofibrillen existieren könnten, halte ich jedoch, sowohl aus theoretischen Gründen (s. S. 162), wie nach eigenen Versuchen für unwahrscheinlich. Ich konnte mich wiederholt überzeugen, daß keine Gebilde von der Größenordnung der Fibrillen imstande sind, die Oberfläche der Zellen von innen aus so zu durchdringen, daß sie aus der Zelle heraustreten, ohne eine minimale protoplasmische Hülle aus der Zelle mitzunehmen.

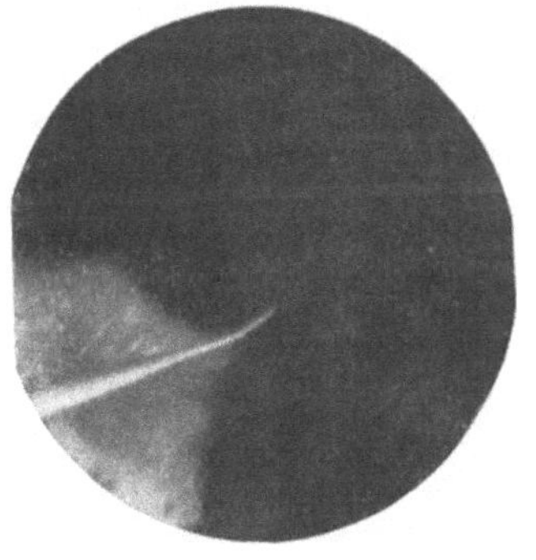

Abb. 30. Mikronadelspitze durch die Randschicht einer Amoeba gestochen (Mikrophotographie im Dunkelfeld. Präparier-Wechselkondensor, Obj. Zeiß D, Phoku). Man sieht, wie die Randschicht der Zelle sich auf die Nadel fortpflanzt.

Führt man z. B. eine Mikronadelspitze von $0{,}5-1{,}5\,\mu$ Durchmesser und von $5-10\,\mu$ Länge in eine *Amoeba Proteus* oder an Knop-Agar gezüchtete *Amoeba terricola*, in ein Seeigelei oder ein in vitro gezüchtetes Fibroblast ein und versucht man von innen her die ziemlich elastische aber immerhin doch harte Nadelspitze langsam durch die Zelloberfläche zu drücken, so kann man gut verfolgen (besonders bei *Amoeba terricola*), daß die Oberfläche zunächst einen Widerstand leistet. Nach und nach wird dann dieser überwunden, die Nadelspitze dringt durch die Oberfläche der Zelle, zieht aber immer eine ganz dünne Schicht von Ektoplasma mit und stellt dadurch eine Art von Filopodium dar, dessen innere Achse von der Glasnadel, dessen äußere Schicht aber vom Protoplasma gebildet wird (Abb. 30).

Wenn man bedenkt, daß die Neurofibrillen bei weitem nicht so hart sind wie selbst ein $0{,}5\,\mu$ dicker Glasfaden, und daß ihr Hinauswachsen aus der Zelle noch viel langsamer und gleichmäßiger erfolgen dürfte, so ist kaum anzunehmen, daß sie aus der Zelle einfach hinauswachsen, die Zelloberfläche sozusagen durchbohren könnten, ohne vom Protoplasma selbst etwas mitzunehmen. Es bleibt allerdings noch die Möglichkeit bestehen, daß die

Neurofibrillen irgendwelche enzymatischen Wirkungen ausüben und bei ihrem Fortwachsen das Protoplasma auflösen. Gewisse Anhaltspunkte dafür finden wir bei BOEKE[1] und HERINGA[2] (s. S. 141), die beim Einwachsen der Fibrillen in degenerierte Nervenstümpfe oder in die Zellen der Endorgane eine Vakuolisation des Protoplasmas um die Fibrillen herum festgestellt haben. Andererseits finden wir bei HELD[3], der die Entwicklung der Neurofibrillen während der Ontogenese am eingehendsten untersucht hat, keine Angaben, weder im Text noch in den Abbildungen, aus denen man auf eine solche enzymatische Wirkung schließen könnte[4].

Ich stehe daher auf dem Standpunkt, daß die Neurofibrillen stets von einer protoplasmatischen Hülle umgeben sind: innerhalb der Ganglienzellen und Nervenfasern ebenso wie im Neuropil, wo sie in das plasmatische Reticulum des Grundnetzes von HELD eingebettet sind. Sollte diese plasmatische Hülle im mikroskopischen Präparat nicht sichtbar sein, so ist dies entweder die Folge mikrotechnischer Einflüsse[5] oder liegt daran, daß die plasmatische Oberflächenschicht zu dünn ist, um mikroskopisch noch sichtbar zu sein.

Den Zusammenhang der Neurofibrillenstruktur können wir also von der Peripherie nach den Zentren und von hier aus wieder bis zur Peripherie etwa folgendermaßen rekonstruieren: Von den peripheren intra- und intercellulären Netzen der Receptoren (die Endgebiete und keine „diffusen" Netze darstellen) ziehen Fibrillenbündel innerhalb der Nerven zu den Zentren und bilden hier teils in den Ganglienzellen, teils um die Ganglienzellen herum Fibrillennetze. Die verschiedenen Netze sind insoweit weder mit den Elementargittern, noch mit den BETHEschen Golginetzen identisch, als sie keine selbständigen Fibrillenformationen bedeuten, sondern stets innerhalb einer protoplasmatischen Substanz (Grundnetz von HELD) liegen. Die intercellulären Fibrillennetze der Zentren sind mit den Ganglienzellen und mit den in den Ganglienzellen liegenden Fibrillennetzen vielfach und kontinuierlich verbunden (plasmatische und fibrilläre Kontinuität im Sinne von BIELSCHOWSKY[6] und WOLFF[7]). An vielen Stellen sind jedoch die im Neuropil liegenden Nervenendäste mit den intracellulären Fibrillen der Nervenzellen nicht unmittelbar verbunden. Sie bilden in den Endfüßchen oder Endknöpfchen der Axone und Kollateralen

---

[1] BOEKE, J. (9): Zitiert auf S. 88.
[2] HERINGA, G. C.: The anat. Basis of nerve conduction. Psychiatr. Bl. (holl.) (1923).
[3] HELD, H.: Die Entwicklung des Nervengewebes bei den Wirbeltieren. Leipzig 1909. — HERINGA (Verhandlungen 1920) beruft sich auf die von HELD beschriebene vakuolisierte Struktur der Glioblasten. Diese ist jedoch nach HELD eine allgemeine Erscheinung im Protoplasma des peripheren Glioblasten und beschränkt sich nicht auf einen Hof um die Fibrillen herum, wie dieses in den Abbildungen von BOEKE und HERINGA charakteristischerweise erscheint. Die Vakuolisation des Leitgewebes (s. S. 132 u. f.) dürfte tatsächlich mit dem Hereinwachsen der Achsenzylinder in das Leitgewebe zusammenhängen, ob jedoch dabei die Fibrillen ihren Weg durch das Protoplasma gewissermaßen selbst schaffen, erscheint sehr fraglich (s. S. 153).
[4] Um Mißverständnissen vorzubeugen, sei ausdrücklich bemerkt, daß weder BOEKE noch HERINGA sich die aus- und einwachsenden Neurofibrillen ohne plasmatische Hülle vorstellen, sondern betonen, daß die Fibrillen stets mit einer solchen umgeben sind. Zugunsten der Auffassung von BOEKE und HERINGA käme noch in Betracht, daß ein gelinder Druck auf das Protoplasma im allgemeinen verflüssigend wirkt. Das hat V. CH. TAYLOR [Univ. California Publ. Zool. 19 (1920) an Euplotes, R. CHAMBERS [Proc. Soc. exper. Biol. a. Med. 19 (1921)] an Amöben und PÉTERFI (Handb. d. biol. Arbeitsmeth. von ABDERHALDEN 1924 — Arch. f. exper. Zellforschg 4 (1927)] an Protisten und Gewebezellen wiederholt festgestellt. Bei den Neurofibrillen kommt jedoch eine solche Wirkung deshalb nicht in Betracht, weil sie im lebenden Zustand keine festeren Gebilde darstellen, die einen Druck ausüben könnten (s. S. 153).
[5] Das ist bei allen in Paraffin eingebetteten Objekten mehr oder weniger der Fall. Vgl. auch G. C. HERINGA: Herstellung mikroskopischer Dauerpräparate in Methodik d. wiss. Biologie von T. PÉTERFI 1 (1928).
[6] BIELSCHOWSKY, M.: Zitiert auf S. 131.
[7] WOLFF, M.: Zitiert auf S. 131.

Endnetzchen, welche in der Oberflächenschicht der Nervenzellen liegen. BIELSCHOWSKY[1] hat auch direkte Fibrillenübergänge aus diesen Endnetzen in die Nervenzellen beobachtet. Ich halte es wahrscheinlich, daß die Endnetze auch hier wie in den Endorganen durch periterminale Netze mit dem Neuroplasma und den Fibrillen der Ganglienzellen zusammenhängen. Aus den Zentren ziehen die Fibrillenbündel innerhalb der Axone zu den Effektoren, wo sie wiederum Endnetze bilden, welche im Protoplasma der innervierten Elemente (Muskelfaser, Drüsenzelle) selbst liegen und hier ebenfalls durch periterminale Netze verankert sind. So ist das Protoplasma der Receptoren durch die periterminalen Netze mit den Fibrillenbündeln der Leitungswege, diese entweder unmittelbar oder vermittels periterminaler Netze mit der Fibrillenstruktur der Ganglienzellen der Zentren verbunden, aus welcher die zentrifugalen Fibrillenbündel entspringen, welche schließlich durch periterminale Netze mit dem Protoplasma der Effektoren kontinuierlich zusammenhängen.

IV. Die Histogenese der Neurofibrillenstruktur.

An früheren Stellen wurde schon wiederholt darauf hingewiesen, daß eine Gesetzmäßigkeit in der Anordnung und im Verlauf der Neurofibrillen nur dann zu erblicken ist, wenn man die neurofibrillären Strukturen des erwachsenen Organismus als das Endprodukt eines organischen Entwicklungsvorganges betrachtet. Die Neuronenlehre, welche im fruchtbarsten Zeitabschnitt der Neurohistologie (1880—1900) die Forschung beherrscht und geleitet hat, hat ihre sichersten Grundlagen von der Embryologie erhalten. Die folgende Schilderung der Fibrillogenese stützt sich jedoch nicht auf die embryologischen Grundlagen der Neuronenlehre, sondern im Gegensatz zu diesen auf die Untersuchungen von HELD über die Entwicklung des Nervengewebes (Abb. 31). HELD[2] hat festgestellt, daß die spezifischen Gewebselemente des präsumptiven Nervensystems zuerst von den sog. Glioneuroblasten des Medularrohrs dargestellt werden. Diese besitzen prospektive Potenzen in zweierlei Richtungen: sie können sich bei der weiteren Entwicklung entweder zu Neuroblasten oder zu Glioblasten differenzieren. Ursprünglich ist das Medullarrohr mit den embryonalen Organanlagen (Chorda, Urdarm, Ursegmente) durch keine plasmatischen Strukturen verbunden; schon früh wachsen jedoch aus den basalen Teilen der Glioneuroblasten Fortsätze heraus, welche zwischen den Organanlagen miteinander anastomosieren und sich zu einem zusammenhängenden plasmatischen Netz vereinigen (Abb. 32). Dieses aus den Fortsätzen der Glioneuroblasten stammende plasmatische Netz (das *Plasmodesmennetz* von HELD) stellt Verbindungen, *Plasmodesmen*, her zwischen dem Medullarrohr und den benachbarten Organanlagen. Während so die Plasmodesmen um das Medullarrohr herum entstehen, differenziert sich in einem Teil der Glioneuroblasten die erste Anlage der Neurofibrillenstruktur, wodurch dann diese Glioneuroblasten zu Neuroblasten werden. In der Nähe des Zellkernes erscheint ein sich stark färbendes Reticulum (*Neuroreticulum*), aus dem dann ziemlich regellos einzelne Fibrillen oder Fibrillenzüge herauswachsen und in die Zellfortsätze eindringen (s. Abb. 7). Am frühesten erhält der Nervenfortsatz (Axon) eine Fibrillenstruktur. Die Fibrillen des Neuroreticulums können jedoch auch an

---

[1] BIELSCHOWSKY, M.: J. Psychol. u. Neur. **5** (1905). — BIELSCHOWSKY, M. u. M. WOLFF.: Ebenda **4** (1904).
[2] HELD, H.: Neurol. Zbl. (1905) — Arch. Anat. u. Physiol. **1905** — Verh. dtsch. anat. Ges. Rostock 1906 — Anat. Anz. **30** (1907) (kritische Bemerkungen zu R. y CAJAL) — Die Entwicklung des Nervengewebes bei den Wirbeltieren. Leipzig 1909 (mit einer Zusammenstellung der einschlägigen Literatur bis 1909).

jeder anderen Stelle aus der Zelle heraus- und in ein anderes Neuroblast hineinwachsen, mit dem Neuroreticulum benachbarter Neuroblasten in Verbindung treten, oder in das Axon und in die Dendriten fremder Neuroblasten eindringen. Den kontinuierlichen Übergang der Neurofibrillen von einer Nervenzelle in die andere kann man also schon sehr früh in der Ontogenese wahrnehmen. Oft findet man im Medullarrohr oder in der Medullarleiste Stellen, wo die Neurofibrillen ein im ganzen Sehfeld zusammenhängendes Netz bilden, wo man kaum die Grenzen der einzelnen Neuroblasten feststellen kann. Von solchen Netzen wachsen dann die Neurofibrillen teils mit den Axonen, teils auch unabhängig von den Axonen in die Plasmodesmen hinein. Ob sie nun innerhalb der Axone oder außerhalb der Axone liegen, sind sie stets von einer protoplasmatischen Hülle umgeben, die aus dem Protoplasma der Neuroblasten stammt (Neuroplasma). Mit den Fibrillen dringt auch dieses Neuroplasma in die Plasmodesmen ein, die Plasmodesmen werden neurotisiert und bilden nunmehr *Neurodesmen*. Die primäre Form der Neurodesmen wird aber bei der weiteren Entwicklung mehrfach umgestaltet. Zunächst können die in der Umgebung liegenden Mesenchymzellen den Neurodesmen entlang eine Zellkette bilden und die Neurodesmen mit einer protoplasmatischen Hülle umgeben. Dieses aus Mesenchymzellen gebildete Leitgewebe ist jedoch nach HELD vergänglicher Natur. Aus dem Medullarrohr wandern nämlich Glioblasten den Neurodesmen entlang, verdrängen die Mesenchymzellen und bilden an Stelle der Mesenchymzellen ein Leitgewebe, welches aus den mit den Neurodesmen zusammengewachsenen Glioblasten besteht. Die nach der Peripherie wachsenden Nervenbahnen bestehen also aus zwei zusammengeschmolzenen Teilen: aus dem Nervenfortsatz der Neuroblasten und aus dem Leitgewebe (Abb. 33). Diese eigentümliche Gewebebildung aus dem Zusammenschmelzen von heterologen Gewebselementen bezeichnet HELD zur Unterscheidung von den aus homologen Elementen gebildeten Syncytien, als *Encytium*. Das Wesentliche und Heuristische in der Darstellung von HELD ist der Nachweis eines innigen plasmatischen Zusammenhanges

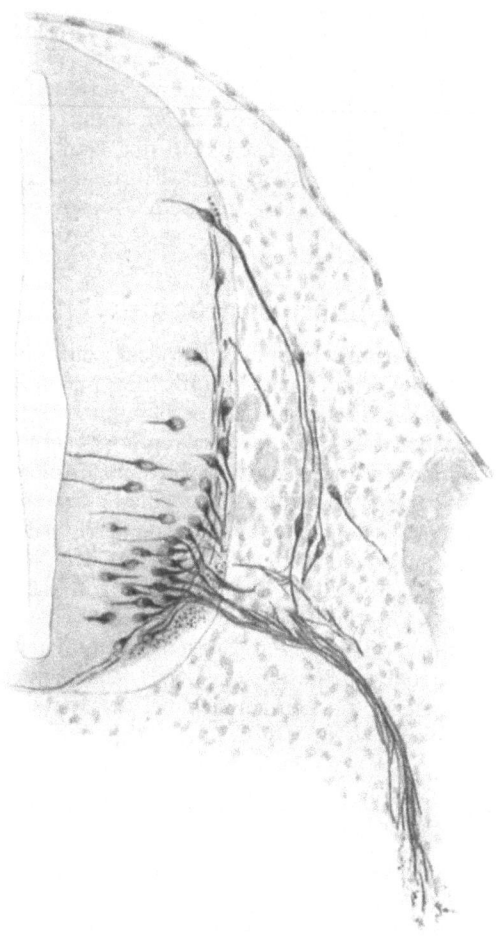

Abb. 31. Übersichtsbild der Nervenentwicklung. Querschnitt durch die Schwanzwurzel eines 1 cm langen Schweinembryos. (Aus HELD: Entwicklung des Nervengewebes bei den Wirbeltieren.)

zwischen der spezifischen nervösen Zellsubstanz und dem Leitgewebe. Wie dieses Leitgewebe geformt ist, und auf welche embryologischen Ursprungszellen es zurückgeführt werden soll, gehört schon in das Gebiet der speziellen Embryologie.

Nach den Befunden von BOEKE[1] und HERINGA[2] ist anzunehmen, daß das Leitgewebe nicht ausschließlich von einer einzigen Zellart, den Glioneuroblasten, gebildet wird, sondern ebensogut auch aus Mesenchymzellen. Ursprünglich hat HELD[3] selbst diese Auffassung vertreten. Diese ursprüngliche Auffassung von HELD halte ich in Einklang mit HERINGA[4] für die naturgegebene und nicht die spätere etwas dogmatisierte Auffassung. Es hat sich nämlich bei den Untersuchungen von BOEKE und HERINGA über die Entwicklung der peripheren sensiblen Nervenendigungen gezeigt, daß die Neurofibrillen in die Epithelzellen und Muskelfasern ebenso eindringen können, wie in das aus Glioblasten gebildete Leitgewebe. Es liegt also kein Grund vor, die Möglichkeit der Beteiligung mesenchymatöser Zellen an der Bildung eines Leitgewebes grundsätzlich auszuschließen, und zwar um so weniger, als eine solche Beteiligung der Mesenchymzellen mehrfach beobachtet wurde (vgl. S. 140).

Sowohl HELD, wie BOEKE und HERINGA betonen, daß die Neuro-

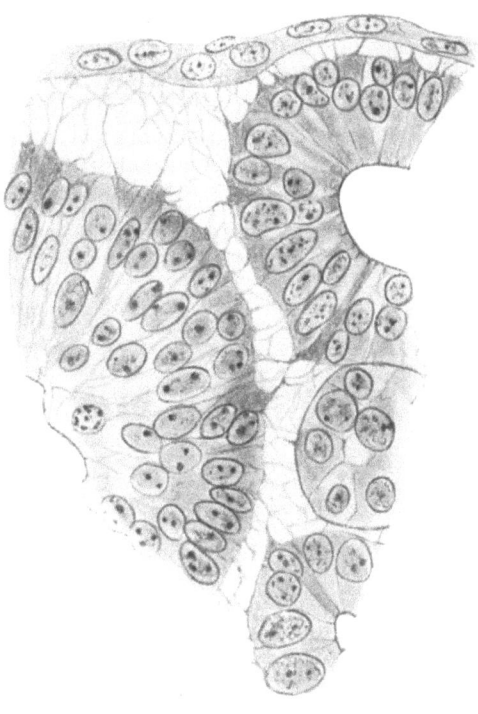

Abb. 32. Plasmodesmen. Querschnitt durch die Schwanzspitze von einem 1 cm langen Schweineembryo. (Aus HELD: Entwicklung des Nervengewebes bei den Wirbeltieren.)

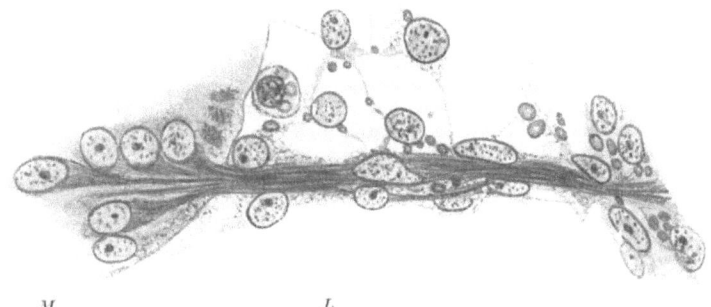

Abb. 33. Neurencytium. Sekundäres kernreiches Stadium des N. oculomotorius von einer 7,5 mm langen Larve von Rana fusca. M Medullarrohr mit einer Gruppe von Neuroblasten, L Axone in einem von Mesenchymzellen und Glioblasten gebildeten Leitgewebe. (Aus HELD: Entwicklung des Nervengewebes bei den Wirbeltieren.)

fibrillen stets intraplasmatisch, d. h. innerhalb der Desmosen und später im Protoplasma der Leitgewebe liegen. Diese Feststellung ist von doppelter Bedeutung. Sie beweist einerseits, daß keine freiliegenden, vom Zellprotoplasma unabhängigen

---

[1] BOEKE, J. u. G. C. HERINGA: Proc. roy. Akad. Amsterdam 1923. — BOEKE, J. (7), (10), (12). Zitiert auf S. 88.
[2] HERINGA, G. C.: Zitiert auf S. 88.
[3] HELD, H.: Arch. Anat. u. Physiol. **1905**.
[4] HERINGA, G. C.: Versl. Akad. Wetensch. Amsterd., Wis- en natuurk. Afd. **21** (1920).

Fibrillenstrukturen gebildet werden, andererseits aber gibt sie auch Aufschluß über die Art, in welcher die Fibrillenbahnen zu ihren Innervationsgebieten gelangen. Die Frage, welche Faktoren es bedingen, daß die aus dem Medullarrohr herauswachsenden Nervenfasern ihr zukünftiges Innervationsgebiet erreichen, stand lange Zeit im Mittelpunkte der wissenschaftlichen Diskussionen. Die *Neuroblastenlehre* von HIS[1] hat behauptet, daß die Axone der Neuroblasten frei in die interstitiellen, nur mit Gewebesaft gefüllten Räume der embryonalen Gewebe hineinwachsen. Ihre Wachstumsrichtung wird im Sinne der Neuroblastenlehre auf neurotropische Reize[2] zurückgeführt, d. h. auf chemische Wirkungen unbekannter Art, welche aus dem zukünftigen Innervationsgebiet stammen (HIS, R. Y CAJAL[3]). HARRISON[4], selbst ein überzeugter Vertreter der Neuroblastenlehre, hat aber dann zusammen mit BURROW[5] und INGEBRIGTSEN[6] nachgewiesen, daß die Axone besser wachsen, wenn sie nicht nur rein durch neurotropische Reize beeinflußt, sondern dabei auch auf einem geformten Leitgewebe weiter wachsen können. In den Versuchen von HARRISON, BURROW und INGEBRIGTSEN haben Fibrinfädchen und Spinnengewebe das Leitgewebe für die auswachsenden Axone geliefert. Der Einfluß geformter Oberflächen auf das Fortwachsen der Axone wurde als *Haptotropismus* oder *Hodogenese* (*Odogenese*, DUSTIN[7]) bezeichnet. HELD, BOEKE und HERINGA sind nun einen Schritt weitergegangen und festgestellt, daß die herauswachsenden Nervenbahnen nicht an der Oberfläche der Plasmodesmen oder der Leitgewebe haptotropisch weiterwachsen, sondern in das Plasma des Leitgewebes

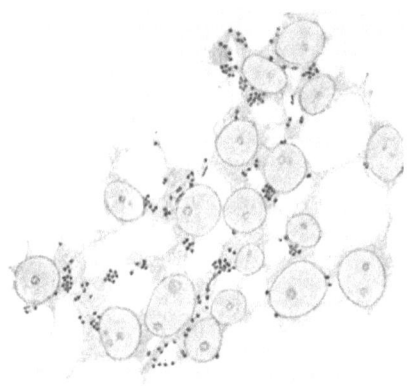

Abb. 34. Intraplasmatische Lage der Neurofibrillen innerhalb des Leitgewebes. Querschnitt durch einen Spinalnerven eines 1 cm langen Schweinembryos. (Aus HELD: Entwicklung d. Nervengewebes bei den Wirbeltieren.)

---

[1] HIS, W.: Arch. Anat. u. Physiol. **1889**.

[2] Der Begriff des Neurotropismus stammt von FORSSMANN [Beitr. path. Anat. **24** (1898) **27** (1900)]. — Vgl. dazu FR. TELLO: Gegenwärtige Anschauungen über den Neurotropismus (Vortr. u. Aufs. Entw.-Mech. ROUX). Berlin 1923. — MANGOLD, O.: Das Determinationsproblem. I. Ergebn. Biol. **3** (1928).
Eine neue Art von Neurotropismus bedeutet die Neurobiotaxis von ARIËNS KAPPERS: Die vergl. Anat. d. Nervensystems. Haarlem 1920. Brain **44** (1921) — Festschr. f. Ramón y Cajal **1**. Madrid 1922. Im Sinne dieser Theorie sind für das Wachstum der Nervenfortsätze elektrische Spannungen richtunggebend, welche durch Stoffwechselvorgänge in den benachbarten Zellen und Geweben bedingt sind. Sv. INGVAR [Proc. Soc. exper. Biol. a. Med. **17** (1920)] hat tatsächlich den richtenden Einfluß schwacher Ströme auf die Wachstumsrichtung der Axone nachgewiesen. Vgl. zur Neurobiotaxis noch S. T. BOK: Fol. neurolbiol. **9** (1915). — BLACK, D.: J. comp. Neur. **34** (1922). — KRAUS, W. M. u. A. WEIL: Arch. of Neur. **15** (1926).

[3] RAMÓN Y CAJAL: Trab. Labor. Invest. biol. **4** (1906); **5** (1907); **8** (1910). — Vgl. auch F. TELLO: Ebenda **9** (1911). G. MARINESCO definiert die Natur des neurotrophischen Reizes näher, indem er [Schweiz. Arch. Neur. **15** (1924)] Oxydasen dafür verantwortlich macht, welche von den Schwannzellen erzeugt werden. Daraus wäre dann auch der innige Zusammenhang zwischen wachsenden Axonen und dem Leitgewebe erklärlich.

[4] HARRISON, R. S.: Arch. Entw.mechan. **30** (1910) — Science **34** (1911) — Anat. Rec. **6** (1912).

[5] BURROW, M. T.: J. of exper. Zool. **10** (1911).

[6] INGEBRIGTSEN, R.: J. of exper. Med. **17, 18** (1913) — Münch. med. Wschr. **1913**.

[7] DUSTIN, A.: Arch. de Biol. **15** (1910).

selbst eindringen (*Prinzip der Wegstrecke* HELD[1], *Neurokladismus* BOEKE[2]) und dieses Plasma neurotisieren (Abb. 34). Bei ihrem Einwachsen in das Leitgewebe wie auch bei ihrem Weiterwachsen innerhalb des Leitgewebes spielen sicherlich sowohl neurotropische als haptotropische Einflüsse eine entscheidende Rolle.

So entsteht im Sinne der Auffassung von HELD das ganze Gefüge der Leitungsbahnen aus einem Neurencytium, und dieses ontogenetische Moment determiniert die Struktur und Anordnung des Nervengewebes im fertigen Organismus. Daraus erklärt sich ungezwungen die fibrilläre und plasmatische Kontinuität innerhalb der Zentren, Nervenfasern und Endorganen. Den primären Faktor der Entwicklung stellen die Neuroblasten dar, aus denen die Neurofibrillen entstehen und das Neuroplasma stammt. Sie sind jedoch nicht die alleinigen Bauelemente des Nervengewebes. Nur in den Zentren besteht die spezifische nervöse Substanz ausschließlich aus Neuroblasten bzw. aus den von ihnen herstammenden Nervenzellen. Die Nervenbahnen sind aus einem Encytium, d. h. aus Neurofibrillen, Axoplasma, und dem Protoplasma des Leitgewebes (Glioblasten, Mesenchymzellen) aufgebaut, und die Endorgane ebenso aus Neurofibrillen, Axoplasma und dem Protoplasma des Innervationsgebietes.

Die hier geschilderte ontogenetische Auffassung von HELD, BOEKE und HERINGA halte ich für diejenige, welche unseren heutigen Kenntnissen über das embryonale und ausgebildete Nervengewebe am besten entspricht[3]. Sie ist sowohl durch mikrotechnisch vorzüglich vorbereitete Untersuchungen wie auch experimentell weitgehend begründet und steht mit den Ergebnissen der entwicklungsmechanischen Forschung[4] in gutem Einklang. Schließlich ist sie am besten geeignet, die früheren Theorien über die Entwicklung des Nervengewebes miteinander zwanglos zu vereinigen und zu ergänzen.

Die vorherrschende unter diesen Theorien war seit Mitte des vorigen Jahrhunderts die sog. *Auswachsungstheorie*. Zuerst von BIDDER und KUPFFER[5] (1857) aufgestellt, hat sie ihre Vollendung durch die embryologischen Untersuchungen von HIS[6], RAMÓN Y CAJAL[7], LEN-

---

[1] HELD, H.: Die Entwicklung des Nervensystems der Wirbeltiere. Leipzig 1909.
[2] BOEKE, J. (7), (10). Zitiert auf S. 88. — Vgl. auch RAMÓN Y CAJAL: Trab. Labor. Invest. biol. **11** (1913).
[3] Es soll betont werden, daß diese Auffassung meine persönliche Ansicht ist. Sie ist durch die Forschungsergebnisse des letzten Jahrzehnts wohl begründet [vgl. A. KUNTZ: J. comp. Neur. **32** (1920). — KUNTZ, A. u. BATSON: Ebenda **32** (1920). — MÜLLER, E.: Arch. mikrosk. Anat. **94** — Festschr. f. O. Hertwig **1920**. — MÜLLER, E. u. LILJESTRAND: Arch. Anat. u. Physiol. **1918**. — MÜLLER, E. u. SV. INGVAR: Arch. mikrosk. Anat. **99** (1923). — NAGEOTTE, J.: Rev. neur. **1915** — C. r. Acad. Sci **172** (1921). — MARINESCO, G.: Phil. trans. Roy. Soc. **209** (1919). — LAWRENTJEW, B. J.: Z. mikrosk.-anat. Forschg **6** (1926)]. Sie wird jedoch auch heute noch von namhaften Neurohistologen bekämpft. Vgl. dazu RAMÓN Y CAJAL: Trab. Labor. Invest. biol. **5** (1907) — Anat. Anz. **32** (1908) — Trab. Labor. Invest. biol. **18** (1920). — HEIDENHAIN, M.: Plasma u. Zelle **1** II, 780. Jena 1911. — LENHOSSEK, M. v.: Anat. Anz. **36** (1910). — HARRISON, R. S.: Arch. Entw.gesch. **30** (1910) — J. of exper. Zool. **9** (1911) — und besonders J. comp. Neur. **37** (1924). — NEAL, H. V.: J. Morph. a. Physiol. **25** (1914) — J. comp. Neur. **33** (1921). — CASTRO, F. DE: Trab. Labor. Invest. biol. **20** (1923). — ABEL, W.: J. Anat. a. Physiol. **47** (1923). — TELLO, FR.: Trab. Labor. Invest. biol. **23** (1925). — MISKOLCZY, D.: Ebenda **22** (1924). [Vgl. dazu das Referat von BIELSCHOWSKY: Ber. Physiol. **30**, 130 (1925)]. — D'ANCONA, U.: Trab. Labor. Invest. biol. **23** (1925).
[4] Vgl. diesbezüglich O. MANGOLD: Das Determinationsproblem. I. Erg. Biol. **3** (1928). (Ausführliches Literaturverzeichnis.)
[5] BIDDER, J. u. C. v. KUPFFER: Untersuchungen über die Textur des Rückenmarks. Leipzig 1857.
[6] HIS, W.: Arch. Anat. u. Physiol. **1879** — Abh. sächs. Ges. d. Wiss., Math.-phys. Kl. **1888** — Arch. Anat. u. Physiol. **1887**; **1889**; **1890** (Suppl.-Bd.) — Internat. med. Kongr. Berlin 1890 — Die Entwicklung des menschlichen Gehirns während der ersten Monate. Leipzig 1904.
[7] RAMÓN Y CAJAL: Anat. Anz. **5** (1890) — Trab. Lavor. Invest. biol. **3** (1904); **4** (1906); **5** (1907); **8** (1910); **11** (1913) — Anat. Anz. **30** (1907); **32** (1908).

HOSSÉK[1], NEAL[2], HARRISON[3] u. a.[4]. Ende des vorigen und Anfangs dieses Jahrhunderts erreicht. Laut der Auswachsungstheorie werden die Nervenbahnen allein aus den Axonen der Neuroblasten gebildet, welche, wie schon erwähnt, frei in den mit Lymphe gefüllten Zwischenräumen herauswachsen (s. Abb. 35). Der wachsende Nervenfortsatz zeigt an seinem Ende eine Verdickung (Wachstumskeule), deren Protoplasma amöboid ist. Die amöboide Bewegung der wachsenden Nervenfortsätze wurde am schönsten durch HARRISON[5], G. LEVI[6] und OLIVO[7] beobachtet. Die Neurofibrillen werden schon sehr früh in den Neuroblasten sichtbar und dringen bis in die Endkeulen vor, wo sie kleine Endnetze bilden. Die im wachsenden Organismus am besten sichtbaren Endfüßchen entsprechen demnach den bis an die Grenzen fremder Neurone angelangten Wachstumskeulen. Die Hüllen der Nervenfasern (die SCHWANNsche Hülle mit den SCHWANNschen Zellen) werden erst sekundär aus Zellen ektodermaler Herkunft (*Lemmoblasten*) angelegt. Das spezifische Nervengewebe wird also ontogenetisch aus einer einzigen Zellart, den Neuroblasten, gebildet (*Neuroblastentheorie* von HIS).

Diesem Leitsatz der Neuronenlehre gegenüber vertritt die *Zellkettentheorie*[8], auf welche die APÁTHY-BETHEsche Lehre sich gestützt hat[9], eine diametral entgegengesetzte Auffassung. Im Sinne der Zellkettentheorie werden die Nervenbahnen bzw. die Nervenfibrillen von spezifischen Nervenzellen (*Neurocyten*) gebildet. Diese liegen nicht nur in den embryonalen Anlagen des Zentralnervensystems, sondern überall auch an der Peripherie zerstreut. Aus ihren Teilungen entstehen die Längsreihen von Neurocyten, welche dann die Nervenfaser bilden. Im Protoplasma der Neurocyten differenzieren sich die Neurofibrillen aus, welche nach zwei Richtungen, zentral und peripher, weiterwachsen. Die SCHWANNsche Hülle mit ihren Kernen stellt die Reste der Neurocyten dar, die Schnürringe die ursprünglichen Zellgrenzen. Die Zellkettentheorie hat im Laufe der Zeit viele Anhänger gehabt, die mit mehr oder weniger Erfolg zugunsten der Zellkettentheorie Beweise erbracht haben. Die grundsätzliche Forderung der Zellkettentheorie, daß nämlich

---

[1] LENHOSSÉK, M. v.: Verh. Internat. med. Kongr. Berlin 1890 — Anat. Anz. 7 (1892) — Beiträge zur Histologie d. Nervensystems u. d. Sinnesorgane. Wiesbaden 1894 — Der feinere Bau des Nervensystems im Lichte neuester Forschungen, 2. Aufl. Berlin 1895 — Erg. Anat. (Nervensystem) 7 (1898) — Anat. Anz. 36 (1910) — Festschr. für R. y Cajal 1. Madrid 1922.

[2] NEAL, H. V.: Bull. Mus. comp. zool. at Harward Coll. 31 (1898) — J. Morph. a. Physiol. 25 (1914).

[3] HARRISON, R. G.: Arch. mikrosk. Anat. 57 (1901); 63 (1903) — Sitzgsber. Niederrhein. Ges. Bonn 1904 — Amer. J. Anat. 5 (1906) — J. of exper. Zool. 4 (1907) — Amer. J. Anat. 8 (1907) — Anat. Rec. 2 (1908) — Arch. Entw.mechan. 30 (1910) — J. of exper. Zool. 9 (1911) — Trans. congr. Amer. Phys. a. Surg. (1913) — J. comp. Neur. 37 (1924).

[4] KÖLLIKER, A.: Verh. anat. Ges. München 1891 — Anat. Anz. 18 (1900) — Verh. anat. Ges. Jena 1904 — Z. Zool. 82 (1905). — HIS, W. jun.: Arch. Anat. u. Physiol. Suppl.-Bd. 1897. — GURWITSCH, A.: Ebenda 1900. — BARDEEN, CH. R.: Amer. J. Anat. 2 (1903). — LEVI, G.: Anat. Anz. 30 (1907). — GERINI, C.: Ebenda 31 (1908).

[5] HARRISON, R. G.: Amer. J. Anat. 8 (1907) — J. of exper. Zool. 9 (1911).

[6] LEVI, G.: Connessioni e Struttura degli elementi nervosi etc. Atti Accad. naz. Lincei V. S., 12 (Memoria). Roma 1917 — Atti rend. Accad. d. Lincei 25 (1916).

[7] OLIVO, O.: Bull. Soc. di biol. sperim. 1 (1926).

[8] Vgl. zur Zellkettentheorie: O. SCHULTZE: Arch. mikrosk. Anat. 66 (1905) — Pflügers Arch. 108 (1905) — MARSHALL, A. M.: Quart. j. micros. Sci. (1878). — WYHE, J. W., VAN: Zool. Anz. (1886). — BALFOUR: Handb. d. vergl. Embryologie. Übersetzt von VETTER. Jena 1881. — BEARD, J.: Quart. M. microsc. Sci 29 (1889). — SEDGWICK, A.: Ebenda 37 (1895). — MINOT, CH. S.: Erg. Anat. 6 (1897). — PLATT, J. B.: Quart. J. microsc. Sci. 38 (1896). — HOFFMANN, C. K.: Versl. Akad. Wetensch. Amsterd., Wis- en natuurk. Afd. (1900); (1902). — KUPFFER, C. v.: Studien zur vergl. Entwicklungsgesch. des Kopfes der Kranioten 1—4. München u. Leipzig 1893—1900. — RAFFAELE, F.: Anat. Anz. 18 (1900). — FRAGNITO, O.: Ebenda 20 (1902). — COGGI, A.: Monit. zool. ital. 16 (1905). BRAUS, H.: Anat. Anz. 26 (1905) — Verh. anat. Ges. 1910. — BRACHET, M. A.: Bull. Soc. roy. med. et nat. de Bruxelle 1905. — PATEN, S.: Mitt. Zool. Stat. zu Neapel 18 (1907). — KOHN, A.: Anat. Anz. 30 (1907) — Arch. mikrosk. Anat. 70 (1907). — PEDASCHENKO: Anat. Anz. 47 (1914). — GOETTE, A.: Arch. mikrosk. Anat. 85 (1914). — LONDON, E. S. u. R. PESKER: Ebenda 67 (1906). — JORIS, H.: J. de Neur. 14 (1909). In letzter Zeit haben R. A. DAST und J. L. SHELLSHEAR die Zellkettentheorie von neuem aufleben lassen, indem sie die Entstehung von motorischen Neuroblasten aus den Myosomen und ihr Wachstum von der Peripherie nach den Zentren beschreiben [J. of Anat. 56 (1922)].

[9] APÁTHY, der kein Embryologe war, hat sich bei seinen embryologischen Folgerungen hauptsächlich auf die Arbeiten von DOHRN, SEDGWICK, HENSEN und PATON gestützt und war mit der Zellkettentheorie von O. SCHULTZE nicht in allen Punkten einverstanden.

die Neurofibrillen außerhalb der Neuroblasten in spezifischen peripheren Nervenzellen gebildet werden und von hier aus in die Zentren und die Endorgane hineinwachsen, konnte jedoch nie einwandfrei bewiesen werden. Was in der Zellkettentheorie von reellem und bleibendem Wert war, dürfte dem Leitgewebe in der Auffassung von HELD, BOEKE und HERINGA entsprechen. Als Vorläufer der HELDschen Neurencytiumlehre erwähne ich hier noch die Theorien von HENSEN[1] und HERTWIG[2]-DOHRN[3]. HENSEN hat gleich HELD das Vorhandensein von Plasmodesmen (*Urbahnen*) zwischen dem Medullarrohr und den übrigen embryonalen Organen behauptet. Er hat zwischen den embryonalen Anlagen überall ein feines plasmatisches Netz gefunden, welches als Überbleibsel des Furchungsmaterials gedeutet und auf die unvollständige Teilung der Blastomeren zurückgeführt wurde. Diese primären protoplasmatischen Brücken zwischen den Organanlagen dienen für die aus dem Medullarrohr herauswachsenden Axone bei der späteren Nervenentwicklung als Urbahnen. Zwischen den Auffassungen von HENSEN und HELD besteht also eine gewisse Ähnlichkeit. Die Plasmodesmen von HELD unterscheiden sich jedoch von den Urbahnen HENSENS grundsätzlich darin, daß sie nicht primär als Reste einer unvollständigen Blastulation entstehen, sondern erst sekundär aus den basalen Fortsätzen der Neuroblasten, d. h. aus Neuroplasma. In diesem Punkte steht HELD mit der HERTWIG-DOHRNschen Theorie in einem besseren Einklang. Diese letztere Theorie besagt nämlich, daß es zwischen den Neuronen schon in früheren embryonalen Stadien kontinuierliche Zusammenhänge gibt, die aber nicht primär, sondern sekundär durch Zusammenwachsen der Neuroblastenfortsätze entstanden sind. DOHRN beschreibt syncytiumartige, kernreiche Gebilde, welche aus dem Medullarrohr herauswachsen, sich peripherwärts verbreiten und die Grundlagen der späteren Nervenbahnen liefern. Die Deutung, welche DOHRN diesen Gebilden gibt, kommt dem Begriff der Neurencytien von HELD schon recht nahe, ohne klar und deutlich, wie HELD, das Zustandekommen des Neurencytiums und seinen genetischen Zusammenhang mit den Neuroblasten erklären zu können.

Was von autoritativer Seite (RAMÓN Y CAJAL, HARRISON, LENHOSSÉK, M. HEIDENHAIN) gegen die Neurosyncytienlehre und für die Auswachsungstheorie vorgeführt wurde, hat verschiedene Beweiskraft. Die sich rein auf histologische Präparate stützende Beweisführung von CAJAL und seiner Schule dürfte den Befunden von HELD, BOEKE und HERINGA gegenüber kaum überzeugend wirken. CAJAL[4] behauptet nämlich, daß dort, wo ein Leitgewebe bei der Entwicklung der Fibrillenbahnen nachweisbar ist, die Neurofibrillen bzw. die herauswachsenden Axone stets an der Oberfläche dieser Desmosen und nicht innerhalb der Desmosen liegen. Es ist nur ein Anschmiegen der Axone vorhanden und kein Zusammenwachsen. LENHOSSÉK[5], gleichfalls ein überzeugter Anhänger der Auswachsungstheorie, ist in diesem Punkte etwas konzilianter, indem er zugibt, daß die auswachsenden Nervenfortsätze der Neuroblasten nicht nur in die freien Interstitien, sondern auch in die Gewebe hineinwachsen können, die ihnen bei ihrem Weiterwachsen im Wege stehen. LENHOSSÉK erblickt die funktionelle Bedeutung der Neurofibrillen eben darin, daß sie den wachsenden Axonen eine Festigkeit verleihen, um solche Hindernisse bewältigen zu können (s. S. 132). Die Präparate und Abbildungen von HELD, BOEKE und HERINGA zeigen jedoch mit jeder ge-

---

[1] HENSEN, V.: Z. Anat. 1 (1876) — Die Entwicklungsmechanik der Nervenbahnen im Embryo der Säugetiere. Kiel u. Leipzig 1903. Die Grundgedanken der Theorie von HENSEN — ebenso wie diejenigen von HELD — lassen sich auf K. E. v. BAËR (Über Entwicklungsgeschichte der Tiere 1. Königsberg 1828) zurückführen, dessen Auffassung über die organische Entwicklung auch auf APÁTHY einen entscheidenden Einfluß ausgeübt hat. Auch die Auffassung von C. RABL (Verh. anat. Ges. Berlin 1889) ist derjenigen von HENSEN und HELD verwandt. Die Anhänger der Theorie von HENSEN sind mehr oder weniger unter den Anhängern der Zellkettentheorie zu finden. Am nächsten stehen dieser Theorie BRACHET (zitiert auf S. 136) und BRAUS (zitiert auf S. 136).

[2] HERTWIG, O. u. R.: Das Nervensystem und die Sinnesorgane der Medusen. Leipzig 1878.

[3] DOHRN, A.: Studien zur Urgeschichte der Wirbeltiere, Nr 14—25 — Mitt. zool. Stat. zu Neapel (1888/07). In seinen späteren embryologischen Veröffentlichungen hat auch C. v. KUPFFER vielfach die Auffassung von DOHRN vertreten (zitiert auf S. 136). Auch NANSENs Auffassung ist der Theorie von HERTWIG-DOHRN verwandt.

[4] RAMÓN Y CAJAL: Zitiert auf S. 134.

[5] LENHOSSÉK, M. v.: Zitiert auf S. 98.

wünschten Klarheit, daß die Neurofibrillen und Fibrillenbündel stets innerhalb und nicht außerhalb des Protoplasmas liegen (Abb. 34). Solche Bilder auf Einwirkung von Fixierungsmitteln zurückzuführen, entbehrt jeder objektiver Grundlage.

Weit schwieriger als die Einwände rein morphologisch-mikrotechnischer Art sind die Beweise zu entkräften, welche HARRISON[1] gegen das intraplasmatische Wachsen der Neurofibrillen auf Grund von experimentellen Befunden erbracht hat. In zwei klassischen Versuchen hat er gezeigt, daß die Nervenbahnen ohne jegliches Leitgewebe wachsen und sich zu Nervenfasern differenzieren können. Sein berühmter Versuch mit den in vitro herauswachsenden Nervenfortsätzen der Frosch-Neuroblasten zeigt eindeutig, daß die Neuroblasten allein schon befähigt sind, Leitungsbahnen zu entwickeln (Abb. 35). Vielleicht noch beweiskräftiger ist jedoch sein zweiter Versuch an *Salmo salar*, wo er an einem frühen Entwicklungsstadium die Medullarleiste und damit auch die Anlagen der Lemmoblasten oder Glioblasten operativ entfernt hat. Es wurden trotzdem Nervenfasern entwickelt, die rein aus den Fortsätzen der Neuroblasten entstanden sind und bis zur Peripherie hinausgewachsen sind ohne SCHWANNsche Hüllen. Es gibt kaum Versuche der experimentellen Histologie von so klar übersichtlichen und beweiskräftigen Resultaten wie diese Versuche von HARRISON. Will man sie jedoch gegen die Neurencytiumlehre von HELD und BOEKE verwerten, so darf man nicht außer acht lassen, *daß beide Versuche ausgesprochen nur die prospektive Potenz der Neuroblasten zeigen, auch unter nicht normalen und ungünstigen Verhältnissen ihre determinierte Struktur zur Entwicklung zu bringen.* Sie zeigen in klarster Weise das unbedingte Primat der Neuroblasten bei der Entwicklung des Nervengewebes. Die Hauptfaktoren der Nervenentwicklung, die Neuroblasten und ihre Axone, können unter besonderen Bedingungen auch allein, ohne jegliches Leitgewebe, Nervenbahnen bilden. Der histologische Aufbau eines Keimes oder Embryos zeigt jedoch klar genug, daß solche Verhältnisse normalerweise

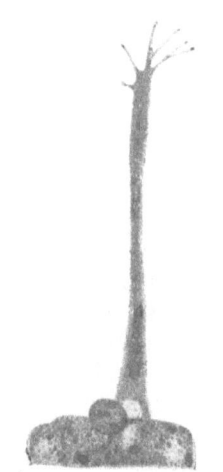

Abb. 35. Frei auswachsendes Axon. 24 Stunden alte Kultur aus dem Medullarrohr des embryonalen Frosches. (Nach HARRISON, aus RH. ERDMANN: Praktikum d. Gewebezüchtung.)

während der Entwicklung kaum vorhanden sind und die herauswachsenden Axone stets ein reiches Gewirr von protoplasmatischen Bahnen vorfinden, mit denen sie in irgendeiner Form in Wechselbeziehung treten müssen[2]. Die Wirkung der Körpersubstanz des Embryos und des von ihm gebildeten Leitgewebes sind ebensolche naturgegebene Faktoren der Nervenentwicklung wie die histodynamischen Potenzen der Neuroblasten selbst[3]. Sie sind es, welche durch chemotaktische, haptotropische, neurobiotaktische und wahrscheinlich durch viele andere, heute noch nicht genügend bekannte Einflüsse die Richtung und das Tempo des Wachstumsprozesses sowie die Beziehungen der Nervenbahnen zu den übrigen Geweben bestimmen. HARRISON und seine Schüler haben selbst

---

[1] HARRISON, R. G.: Zitiert auf S. 136.
[2] Es sei hier daran erinnert, daß BRAUS, der zu gleicher Zeit mit HARRISON und unabhängig von ihm ebenfalls Froschnerven in Plasmakultur gezüchtet hat, auf Grund seiner Beobachtungen sich für die HENSEN-HELDsche Theorie erklärt hat [BRAUS, H.: Die Entstehung d. Nervenbahnen. Verh. Ges. dtsch. Naturf. u. Ärzte **1** (1911) — Methoden d. Explantation, in Handb. d. biol. Arbeitsmethoden von ABDERHALDEN. 1919].
[3] Vgl. A. BANCHI: Arch. ital. Anat. **4** (1905). — VEIT, Anat. Anz. **62** (1927).

den Beweis erbracht[1], daß das Wachstum der Nervenfortsätze in Gewebekulturen wesentlich gefördert wird, wenn ein Leitgewebe vorhanden ist. Dasselbe wurde von G. LEVI[2] bestätigt und noch stärker betont[3]. Es ist daher mit gutem Recht anzunehmen, daß, wenn auch ausnahmsweise unter experimentellen Bedingungen die Neuraxone allein schon zusammenhängende Nervenbahnen bilden können, im natürlichen Vorgang innerhalb des Organismus stets ein Leitgewebe dafür vorhanden ist, und die Axone mit diesem Leitgewebe im innigsten Zusammenhange (Neurencytium) die Nervenbahnen aufbauen.

Einen weiteren, überzeugenden Beweis für die Auffassung, daß die Nervenbahnen aus dem Neurencytium entstehen, erblicken wir in den Versuchen, welche den Degenerations- und Regenerationsvorgang der Nerven im erwachsenen Organismus klargestellt haben. Solche Versuche wurden aus theoretischen und praktischen Gründen in reicher Zahl ausgeführt. Von den wichtigsten seien hier die Versuche von PHILIPPEAUX und VULPIAN[4], SCHIFF[5], RANVIER[6] und VANLAIR[7], BETHE und MÖNCKEBERG[8], RAMÓN Y CAJAL[9] und TELLO[10], PERRONCITO[11], LUGARO[12], NEUMANN[13], MARINESCO[14], BIELSCHOWSKY und UNGERER,[15] DUSTIN[16], SPIELMEYER[17] und schließlich diejenigen von BOEKE[18] erwähnt. Die letzteren betrachte ich als diejenigen, welche die feinhistologischen Vorgänge der Degenerations- und Regenerationsprozesse in einer der Histologie am besten zusagenden Form darstellen und manche Kontroversen der

---

[1] HARRISON: Zitiert auf S. 136.   [2] LEVI, G.: Zitiert auf S. 136.

[3] Vgl. bezüglich des Verhaltens des Nervengewebes in vitro außer den schon zitierten Arbeiten: BRAUS, H.: Verh. d. Ges. dtsch. Naturf. u. Ärzte 1 (1911). — ERDMANN, RH.: Prakticum d. Gewebezüchtung, S. 89. Berlin 1922. — FISCHER, A.: Gewebezüchtung, S. 292. München 1927. — LEGENDRE, R. u. H. MINOT: C. r. Soc. Biol. 88 (1910). — LEVI, G.: Gewebezüchtung in Methodik d. wiss. Biol. von T. PÉTERFI. 1928. — LEWIS, W. H. u. M. R. LEWIS: Anat. Rec. 6 (1912). — MANGOLD, O.: Das Determinationsproblem. I. Erg. Biol. 3 (1928). — MARINESCO, G. u. MINEA: C. r. Acad. Med. 68 (1912) — Rev. Neur. 22 (1912) — C. r. Soc. Biol. 73 (1912). — MATSUMOTO, S.: Bull. Hopkins Hosp. 91 (1920). — MOSSA, S.: Boll. Soc. Biol. sper. 1 (1926). — OLIVO, O.: Arch. exper. Zellforschg 4 (1927). — SANGUINETTI, L. R.: Riv. Pat. nerv. 19 (1914).

[4] PHILIPPEAUX, J. M. u. A. VULPIAN: C. r. Acad. Sci. 56 (1863). — VULPIAN, A.: Ebenda 76 (1869/73).

[5] SCHIFF, M.: Lehrbuch d. Physiologie d. Muskel- u. Nervensystems. Lohr 1858—1859.

[6] RANVIER, P.: C. r. Soc. Biol. (1871); (1873).

[7] VANLAIR, C.: Arch. de Biol. 3 (1882); 6 (1885) — Bull. Acad. Méd. belg. 16 (1888).

[8] BETHE, A. u. G. MÖNCKEBERG: Arch. mikrosk. Anat. 54 (1899). Weitere Schriften von BETHE über Nervendegeneration und Regeneration: Arch. f. Psychol. 34 (1901) — Neur. Zbl. 22 (1903) — Fol. neuropath. eston. 1 (1907) — Pflügers Arch. 116 (1907) — Beitr. path. Anat. 43 (1908) — Dtsch. med. Wschr. 1916 — Festschr. f. R. y Cajal 1. Madrid 1922.

[9] RAMÓN Y CAJAL: Trab. Lavor. Invest. biol. 4 (1906); 5 (1907). Studien über die Nervenregeneration. Übersetzt von BRESLER. 1908 — Trab. Labor. Invest. biol. 9 (1911); 10 (1912) — Estudios sobre la degeneracion y regeneracion del sisterna nervioso 1. Madrid 1913 — Trab. Labor. Invest. biol. 17 (1920).

[10] TELLO, F.: Trab. Labor. Invest. biol. 5 (1907); 9 (1911) — Zbl. Chir. (1915).

[11] PERRONCITO, A.: Beitr path. Anat. 42; 43; 44 (1907/08) — Riv. Pat. nerv. 14 (1909).

[12] LUGARO, E.: Riv. Pat. nerv. 9 (1904); 11 (1906) (4. Mitt.) — Neur. Zbl. (1916).

[13] NEUMANN, W.: Virchows Arch. 189 (1907) (ausführliches Literaturverzeichnis).

[14] MARINESCO, G.: Revue neur. (1905); (1906) — Rev. gén. Scin. pures et appl. (1907). — MARINESCO, G. u. MINEA: J. Psychol. u. Neur. 17 (1910).

[15] BIELSCHOWSKY, M. u. E. UNGERER: J. Psychol. u. Neur. 22 (1917). — BIELSCHOWSKY, M. u. B. VALENTIN: Ebenda 31 (1925).

[16] DUSTIN, H. P.: Arch. de Biol. 15 (1910).

[17] SPIELMEYER, W.: Z. Neur. 36 (1917) — Histopathologie d. Nervensystems, S. 455. Berlin 1922 (ausführliches Literaturverzeichnis).

[18] BOEKE, J.: Nervenregeneration und anverwandte Innervationsprobleme. Erg. Physiol. 19 (1921) (enthält das Ergebnis früherer Untersuchungen BOEKEs und ausführliches Literaturverzeichnis). — Vgl. auch (9), (10), (12). Zitiert auf S. 88.

früheren Untersuchungen zum Ausgleich bringen[1]. Durchschneidet man die Leitungsbahnen so, daß zwischen der Peripherie und dem Zentrum eine mehr oder weniger ausgedehnte Gewebslücke entsteht, so ist die nächste Folge, daß sowohl im zentralen wie im peripheren Stumpf Degenerationszeichen sichtbar werden. BETHE und MÖNCKEBERG haben als erste nachgewiesen, daß die Fibrillen es sind, welche lange bevor noch irgendwelche andere Veränderungen des Axoplasmas oder der Hüllen wahrnehmbar sind, ihre primäre Färbbarkeit verlieren und körnchenartig zerfallen[2]. Bald nach der Degeneration der Fibrillen tritt dann der Zerfall des Axoplasmas auf, und schließlich zerfällt auch die Hüllensubstanz. Einige Tage nach dem Beginn der Degeneration treten bereits die ersten Zeichen der Regeneration auf. Aus den Nervenhüllen werden Zellstränge gebildet,

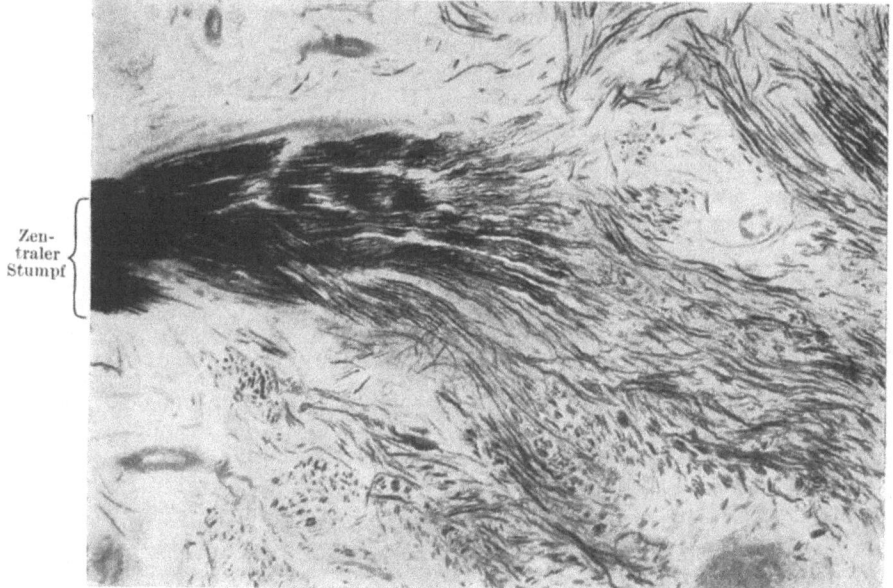

Abb. 36. Übersichtsbild der Nervenregeneration. (Nach SPIELMEYER).

welche zur Trennungsstelle wachsen und das hier befindliche Gerinsel oder die bindegewebige Proliferation durchsetzen. Diese aus den Zellen der SCHWANNschen Hülle entstandenen Zellstränge bezeichnet man nach ihrem ersten Beobachter als BÜNGNERsche *Bänder* (VON BÜNGNER 1892[3]). Sie werden vorzugsweise aus den SCHWANNschen Zellen (Lemmoblasten, periphere Gliazellen) gebildet, können jedoch auch aus Bindegewebezellen entstehen (NAGEOTTE[4], DUSTIN[5], KAZNE[6]).

[1] Vgl. C. ELZE: Naturwiss. **9** (1921).
[2] Über das Verhalten der Neurofibrillen bei Nervengifte vgl. DONAGGIO: Riv. Pat. nerv. **5** (1922) — Riv. sper. Freniatr. (1904). — LEONE, FR.: Rass. Studi psichiatr. **17** (1928); auf Strahlenwirkungen: MONDINI: Riv. Pat nerv. **5** (1922).
[3] BÜNGNER V.: Beitr. path. Anat. **10** (1891). — Vgl. auch S. C. HUBER: Arch. mikrosk. Anat. **40** (1892). — HOWELL u. HUBER: J. of Physiol. **13** (1892).
[4] NAGEOTTE, J.: Revue neur. (1907); (1915) — C. r. Soc. Biol. **70** (1911); **78** (1915); **79** (1916).
[5] DUSTIN: Zitiert auf S. 134. DUSTIN nimmt keine entschiedene Stellung zu der Frage, läßt aber die Möglichkeit eines bindegewebigen Ursprungs des Leitgewebes zu. Vgl. auch G. C. HERINGA: Zitiert auf S. 88.
[6] KAZNE YNIEN [Okayama Igakkwai Zasshi (jap.) **40** (1928)] führt die geringe Regenerationsfähigkeit der Zentren auf den Mangel an Bindegewebe zurück.

Jedenfalls ist kein Grund vorhanden, BÜNGNERsche Bänder nicht auch aus Bindegewebe anzunehmen. Ob sie nun aus SCHWANNschen Zellen oder aus Bindegewebszellen gebildet werden, stellen solche Bänder stets ein Leitgewebe dar, in welches dann die neugebildeten Neurofibrillen hineinwachsen. Das Hineinwachsen der Neurofibrillen in die BÜNGNERschen Bänder erfolgt aus dem zentralen Stumpf, d. h. vom Zentrum her (Abb. 36). Anfangs werden sowohl im peripheren wie im zentralen Stumpf in reichlichem Maße neue Neurofibrillen gebildet, welche in alle Richtungen sich verteilen, aus den Stümpfen hinauswachsen und ein Gewirr von Fibrillen um die Stümpfe herum bilden. Diese Überproduktion von Neurofibrillen hört jedoch am peripheren Stumpf früher oder später auf. Auch die schon hinausgewachsenen Fibrillen werden zurückgebildet. Ein Teil der Fibrillen des zentralen Stumpfes degeneriert ebenfalls, ein anderer Teil dringt jedoch mit dem anhaftenden Axoplasma in die Substanz des Leitgewebes ein, neurotisiert diese und wächst weiter durch das Leitgewebe in den mehr oder weniger degenerierten peripheren Stumpf. An solchen in Regeneration befindlichen Nerven sieht man deutlich das Wachsen der Nervenbahnen vom zentralen Stumpf nach der Peripherie innerhalb des Leitgewebes oder in den degenerierten Nervenfasern des peripheren Stumpfes, wobei die Fibrillenbündel bzw. die wachsenden Axone an ihrem Ende typische Wachstumskeulen in mannigfaltiger Form zeigen (Abb. 37). Nicht alle einwachsenden Fibrillenbündel erreichen die Peripherie. Ein Teil von ihnen wird aus irgendeinem Grunde in seinem Wachstum gehemmt, bleibt in Form von dicken, kolbigen Auftreibungen zurück und geht später

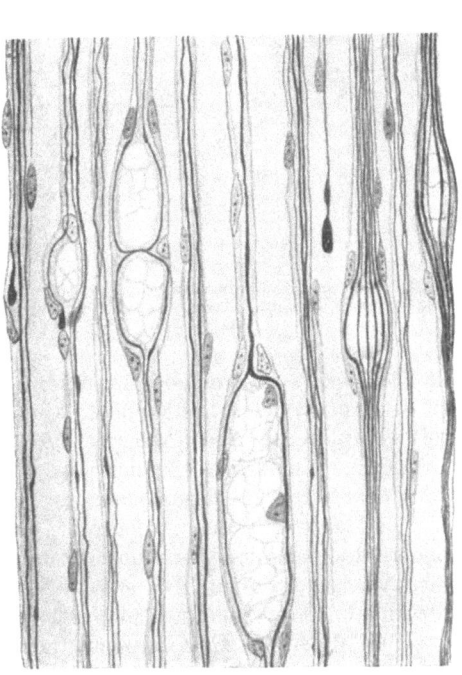

Abb. 37. Regenerierende Nervenfaser. (Nach R. Y CAJAL, aus M. HEIDENHAIN: Plasma u. Zelle I II.)

zugrunde. Die bis zur Peripherie wachsenden Fibrillenbündel stellen den vollständigen Zusammenhang zwischen Zentrum und Peripherie her und gehen in die Endorgane über, wo sie von neuem Endnetze und periterminale Netze bilden[1]. Nach der Durchtrennung der Leitungsbahn gehen nämlich auch die typischen Nervenendigungen bald zugrunde; zuerst die periterminalen und dann die terminalen Netze (Abb. 38). Bei der Restitutio ad integrum werden nun umgekehrt zuerst die terminalen Netze ausgebildet (womit auch der funktionelle Zusammenhang zwischen Endorganen und Leitungsbahnen schon hergestellt ist) und erst darauffolgend die periterminalen Netze (BOEKE und Mitarbeiter[2]). Aus diesem Bilde, das BOEKE uns über die Nervenregeneration geboten hat, ist

---

[1] Vgl. dazu B. J. LAWRENTJEW: Z. mikrosk.-anat. Forschg. 2 (1925).
[2] BOEKE, J. u. DUSSER DE BARENNE, J. E.: Proc. roy. Acad. Sci. Amsterdam 21 (1919). — BOEKE u. J. E. DE GROOT: Proc. roy. Acad. Sci. (1909). — BOEKE, J. u. G. C. HERINGA: Versl. Akad. Wetensch. Amsterd., Wis- en natuurk. Afd. (1916) — Proc. roy. Acad. Sci. Amsterdam 27 (1923).

die Gleichsinnigkeit des histogenetischen Vorgangs bei der Nervenregeneration einerseits und bei der embryonalen Entwicklung der Nervenbahnen andererseits (im Sinne von HELD) klar zu entnehmen. Der Regenerationsvorgang stellt eine Wiederholung des embryologischen Vorganges dar, und die ausgeprägte Analogie beider Vorgänge, wo stets spezifisch nervöse Zellen mit nicht spezifisch nervösen Elementen zu einem Neurencytium zusammenwachsen, dürfte am klarsten für die Richtigkeit der Auffassung von HELD[1] und BOEKE[2] sprechen. Es gibt allerdings namhafte Forscher (R. Y CAJAL[3], DEL RIO HORTEGA[4], TELLO[5]), welche auch bei der Nervenregeneration kein Zusammenwachsen von Neuraxon und Leitgewebe zugeben, sondern auch hier nur ein freies Fortwachsen der zentralen Nervenfortsätze auf der Oberfläche des Leitgewebes. Einen bindenden Beweis für die Richtigkeit der einen oder anderen Auffassung gibt es hier noch weniger als bei der embryonalen Histogenese, weil die histologischen Verhältnisse hier noch weit komplizierter und unübersichtlicher sind[6]. Wie bei der embryonalen Entwicklung erscheint jedoch auch hier das freie Auswachsen der Nervenfortsätze nicht der Norm zu entsprechen.

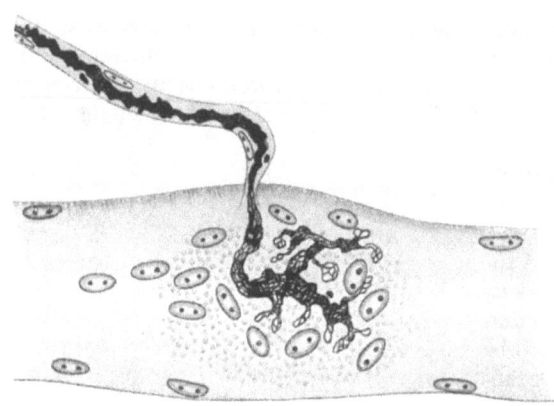

Abb. 38. Degeneration der terminalen und periterminalen Netze in einer quergestreiften Muskelfaser. (Nach BOEKE, aus Z. mikrosk.-anat. Forschg. 7.)

Vielfach wurde auch behauptet, daß nicht nur von dem zentralen Stumpf, sondern auch aus dem peripheren Stumpf Fibrillenbündel entstehen und zentralwärts wachsen können. Die ersten, welche eine sog. autogene Regeneration der Nervenbahnen angenommen und experimentell bewiesen haben, waren PHILIPPEAUX und VULPIAN[7]. Ihre Versuche, oft bekämpft und nie richtig anerkannt (vgl. SCHIFF[8]), sind zu einer allgemeinen Bedeutung gelangt, als BETHE[9] in sinnreichen Versuchen bewiesen hat, daß die von ihrem Zentrum abgeschnittenen Nerven auch Monate später noch funktionsfähig bleiben und zum Teil Wachstumserscheinungen zeigen (Abb. 39). Diese Versuche von BETHE wurden oft diskutiert[10],

---

[1] HELD, H.: Die Entwicklung der Nervensystems der Säugetiere. 1909.
[2] BOEKE, J.: Nervenregeneration usw., S. 552. — Vgl. noch ÉG. ROSSI: Ann. Fac. Med. Perugia **26** (1921). — KAZNE YNIEN: Okayama Igakkwai Zasshi (jap.) **40** (1928).
[3] RAMÓN Y CAJAL: Zitiert auf S. 135.
[4] HORTEGA, DEL RIO: La Plaque motrice. Soc. d. Biol., Compt. rend. de la réun. plénière. 2. April 1925.
[5] TELLO, F.: Trab. Labor. Invest. biol. **23** (1925).
[6] Vgl. W. SPIELMEYER: Histopathologie d. Nervensystems **1**, 464, 469, 475 (1922). Bedeutend regelmäßiger und besser kontrollierbar erfolgt die Regeneration nach der Methode von BARTHÉLEMY [C. r. Soc. Biol. **83** (1920)], der in die Nerven Alkohol oder Osmiumtetraoxyd injiziert und dann die Regeneration verfolgt hat.
[7] PHILIPPEAUX u. VULPIAN: Zitiert auf S. 139.
[8] SCHIFF, M.: Zitiert auf S. 139.   [9] BETHE, A.: Zitiert auf S. 139.
[10] Vgl. J. N. LANGLEY u. H. K. ANDERSON: J. of Physiol. **31** (1902). — MÜNZER, TH.: Neur. Zbl. (1902); (1903) — Z. Nervenheilk. **27** (1906). — MOTT, F. W., W. D. HALLIBURTON u. A. EDMUNDS: Proc. roy. Soc. Lond. B **78** (1906). — LUGARO, E.: Riv. Pat. nerv. (1904) — Neur. Zbl. (1906). — BIELSCHOWSKY, M. u. B. VALENTIN: J. Psychol. u. Neur. **31** (1925) gegen BETHE — A. GECHUCHTEN VAN: C. r. d. 6. Congr. internat. d. Physiol. Bruxelles 1904 —

an ihrem Ergebnis ist jedoch mit gutem Recht kaum zu zweifeln[1]. Es ist nicht einzusehen, warum der periphere Stumpf unter besonderen Bedingungen innerhalb des Nervensystems nicht eine Zeitlang seine Leitfähigkeit behalten und Fibrillen produzieren könnte, da wir wissen, daß auch sonst bei der Nervendegeneration und Regeneration der histogenetische Vorgang im peripheren wie im zentralen Stumpf eine Zeitlang in der gleichen Weise vor sich geht. Nun sind aber zu diesen Versuchen von BETHE nur ganz bestimmte Tierarten und nur ganz junge Tiere geeignet; sonst gelingt der Versuch nicht. Den positiven Ausfall der Versuche auch zugegeben, ist es also damit noch nicht bewiesen, daß die autogene Regeneration die allgemeine und normale Form der Nervenregeneration ist. Die Sache liegt wahrscheinlich so, daß in bestimmten Tierarten und bei ganz jungen Tieren der vom Zentrum abgeschnittene Stumpf noch monatelang autonom funktionieren kann, und bis zu einem gewissen Grade sich auch regenerieren kann. Die Erscheinung ist jedoch ebenfalls nur als eine spezielle Ausnahme von der Norm zu beurteilen[2].

Über die cytologischen Vorgänge während der Degeneration und Regeneration der Fibrillen verdanken wir wertvolle Aufschlüsse G. LEVI[3], der an Gewebekulturen von Hühnchen-Neuroblasten mit Mikronadeln Axone zerschnitten oder zusammengedrückt hat. Diese Versuche von LEVI sind eigentlich die ersten, aus denen man tatsächlich das Verhalten der Nervenzellen und der Neurofibrillen bei schädlichen Einflüssen unmittelbar feststellen kann. Auf die Versuche und auf die ähnlichen von PÉTERFI werden wir bei der Charakterisierung der lebenden Nervenzellen noch zurückkommen. Hier sei nur hervorgehoben, daß LEVI wiederholt beobachtet hat, daß ein von seiner Zelle abgeschnittener Nervenfortsatz längere Zeit im Protoplasma unverändert bleibt und, falls das Stück nicht zu weit von der Zelle liegt, beide Stümpfe glatt zusammenheilen. Auch LEVI konnte die schon von BETHE und MÖNCKEBERG festgestellte Erscheinung bestätigen, daß die Neurofibrillen diejenigen Gebilde der Zelle sind, welche bei der Verletzung des Axons zuerst degenerieren.

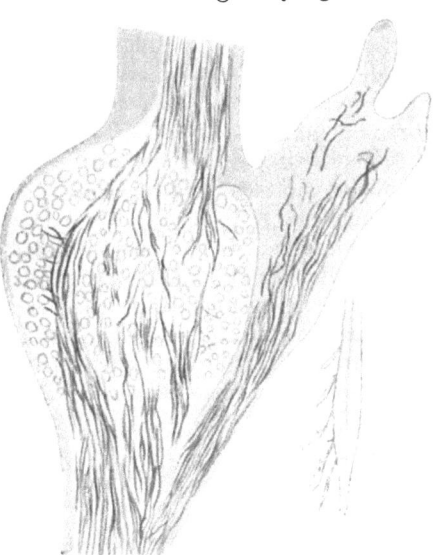

Abb. 39. Regeneration aus dem peripheren Stumpf (Autoregeneration). Spinalganglion mit daran hängendem peripherem Stumpf der motorischen Wurzel, welche frei flottierte. Sechs Monate nach der Wurzeldurchschneidung unten rechts eine Skizze des Sektionsbefundes. (Aus BETHE: Allg. Anatomie u. Physiologie d. Nervensystems.)

Betrachten wir jetzt zum Schluß die Neurofibrillenstruktur des fertigen Organismus in ihrer Gesamtheit, so erblicken wir darin ein feinhistologisches Gebilde,

---

Anatomie du Systémes nerveux de l'homme, 4. Aufl. Louvain 1906. — BALLANCE u. STEWART: The Healing of Nerves. London 1901. — BARFURTH, D.: Verh. anat. Ges. Genf 1905 — Regeneration u. Transplantation i. d. Medizin (Slg anat. u. physiol. Vorträge). Jena 1909. — HENRIKSEN, P. B.: Nye Undersokelsen over Nervenregeneration. Kristiania 1913. — SPIELMEYER, N.: Zitiert auf S. 139. — MARGULIES, AL: Virchows Arch. 191 (1908), für BETHE.

[1] P. B. HENRIKSEN [Acta chir. scand. (Stockh.) 53 (1921)] hat an Gewebekulturen aus peripheren Nerven festgestellt, daß eine autogene Regeneration wohl möglich ist, solange der periphere Stumpf von Plasma umgeben ist.

[2] Vgl. A. BETHE: Pflügers Arch. 116, 447ff. (1907). — BOEKE, J.: Nervenregeneration usw., S. 503, 504.

[3] LEVI, G.: Arch. exper. Zellforschg 2 (1925).

welches im ganzen Organismus in einer mehr oder weniger ausgebildeten protoplasmatischen Grundsubstanz eingehüllt und mit dieser Grundsubstanz eng verbunden, das ganze Nervengewebe kontinuierlich durchwebt. Innerhalb dieser Fibrillenstruktur, wie überhaupt im Aufbau des Nervengewebes, lassen sich keine Zellterritorien streng abgrenzen, und der Leitsatz der Neuronenlehre, daß das Nervensystem rein aus einzelnen Zellindividuen oder Neuronen besteht, hat nur eine bedingte Gültigkeit. Die spezifisch nervöse Substanz mit ihren Neurofibrillen ist nur in den Zentren eindeutig und selbst hier nicht streng (Grundnetz!), auf einzelne Zellen begrenzt. In den Leitungsbahnen und Endorganen hat sie jedoch einen encytialen Charakter, indem sie aus dem Zusammenschmelzen heterogener histologischer Elemente: Neuroblasten und Leitgewebe entsteht. Soweit man die eingebürgerte Bezeichnung „Neuron" für bestimmte Territorien des Nervensystems weiter beibehalten will, soll man sich stets bewußt bleiben, daß diese Einheit eine mikroskopisch-anatomische und keine cytologische Einheit bedeutet. Unter Neuron verstehen wir nach den grundlegenden Feststellungen von BOEKE und HELD diejenige Einheit des Nervengewebes, welche aus einem Neuroblasten mit seinem Leitgewebe gemeinsam gebildet wurde; oder anders ausgedrückt: das Neuroblast mit dem zugehörigen Neurencytium. Das Neuron stellt also nicht die elementare Einheit des Nervengewebes dar, sondern eine Einheit *nächsthöherer Ordnung*[1]. Es ist höchst wahrscheinlich, daß eine solche Strukturbildung aus Zellen und Encytien nicht allein eine Besonderheit des Nervengewebes darstellt, sondern im Organismus der Wirbeltiere eine ziemlich verbreitete, vielleicht sogar allgemeine Erscheinung ist. Jedenfalls zeigen sämtliche Gewebe, welche in ihren Zellverbänden feinfibrilläre Differenzierungen enthalten, wie z. B. das lockere Bindegewebe[2] und das Gliagewebe[3], vielfach ähnliche Merkmale.

V. Die funktionelle Bedeutung der Neurofibrillen.

Nachdem die Neurofibrillen in den Zellen und Geweben sichtbar wurden, lag der Gedanke nahe, sie als spezifisch leitende Elemente zu betrachten. Schon M. SCHULTZE hat sie als reizleitende Fibrillen aufgefaßt. Noch viel näher lag der Gedanke, sie als leitende Elemente zu bezeichnen, beim Anblick der nachvergoldeten Präparate von APÁTHY, wo ihre Ähnlichkeit mit feinen Leitungsdrähten sehr auffallend war. Das erste, was man von einer leitenden Struktur erfordert, ist aber ihre Kontinuität; so wurde auch bei den Neurofibrillen ihr leitender Charakter vielfach mit ihrem kontinuierlichen Verlauf begründet. Weit überzeugender als solche rein auf morphologische Merkmale aufgebauten Spekulationen sind die Versuche, welche BETHE zum Beweis der spezifisch leitenden Funktion der Neurofibrillen angestellt hat. In einem klassischen Versuch hat BETHE[4] an *Carcinus maenas* gezeigt (Abb. 40), daß die Neurofibrillenzüge schon allein, ohne Mitwirkung der Ganglienzellen, die Reizleitung aufrecht erhalten und die

---

[1] Vgl. J. BOEKE: Z. mikrosk.-anat. Forschg **4**, 452ff. (1926). — Ferner B. KLARFELD: Klin. Wschr. **4** (1925).

[2] Vgl. J. BOEKE: S. 454. Zitiert auf S. 88. — Dann A. MAXIMOW: Bindegewebe u. blutbildende Gewebe, im Handb. mikr. Anat. von v. MÖLLENDORFF **2**, 232 (1927) — Arch. Proc. exper. Biol. a. Med. **25** (1928). — LAGUESSE, E.: C. r. Soc. Biol. **83** (1920); **86** (1922); **87** (1922) — Arch. de Biol. **31** (1921). H. LEWIS WARREN [Anat. Rec. **23** (1922)] warnt dagegen auf Grund seiner Beobachtungen an Gewebekulturen zu großer Vorsicht bei der Beurteilung syncytienartiger Verbindungen im Mesenchym, da scheinbar verschmolzene Zellen später sich trennen können. Ähnliche Beobachtungen an Sarkom- und Krebskulturen hat auch A. FISCHER gemacht [Arch. exper. Zellforschg **1** (1925); **3** (1926)].

[3] Vgl. H. HELD, Mschr. Psychiatr. **26** (Festschr. für Flechsig 1909); **65** (1927).

[4] BETHE, A. (5a) u. (10). Zitiert auf S. 95.

Auslösung geordneter, koordinierter Reflexe ermöglichen. Er hat bei den dazu besonders geeigneten Kopfganglien des Taschenkrebses die zu den Nervenfasern des zweiten Antennennervs gehörigen Ganglienzellen operativ entfernt. So können die im zweiten Antennennerven aus der Peripherie kommenden sensiblen Nervenfasern im Kopfganglion nur mit dem Neuropil in Verbindung treten, aus welchem dann wiederum motorische Fasern zur Muskulatur der Antenne abgehen. Der Reflexbogen wird auf diese Weise ohne Ganglienzellen, nur aus Fibrillen der sensorischen Fasern, dem Fibrillennetz des Neuropils und den motorischen Fasern gebildet. Reizt man die Antenne, so erhält man trotzdem geordnete Reflexbewegungen; wird jedoch der Nerv selbst durchschnitten, so hört jede Reizbewegung auf. Der Versuch, welcher oft diskutiert[1], experimentell jedoch nie widerlegt wurde, zeigt klar, daß die Fibrillenbahnen schon allein die Erregung in bestimmten Richtungen fortzuleiten imstande sind[2]. Der Einwand, daß im Neuropil abgeschnittene Axone der Ganglienzellen noch übrigbleiben und daß diese es sind, welche die Reizleitung aufrecht erhalten (EDINGER[3], LENHOSSÉK[4], VERWORN[5]), ist ein aus der Protistologie übernommener reiner Analogieschluß, dem heute, wo wir über die Zelle als Ganzheit und über die Sonderstellung der Protistenzelle ganz andere Vorstellungen haben als zur Zeit BALBIANIS, kaum welche Beweiskraft zukommen dürfte[6]. Weit wichtiger für die Beurteilung des Carcinusversuches ist der Umstand, daß 2—3 Tage nach dem Versuch die Auslösung von Reflexen aufhört,

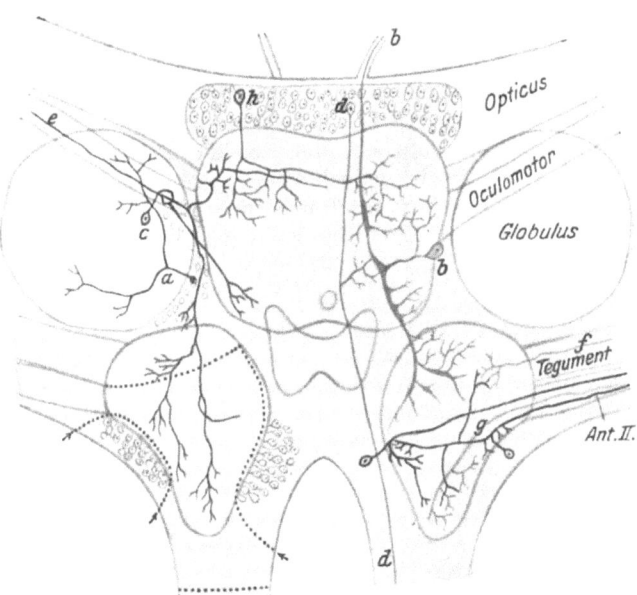

Abb. 40. Schema zum Carcinusversuch. Die Lage der Ganglienzellenpolster auf einer Seite angedeutet. Die punktierte Linie (links) deutet die Schnitte an, welche bei der Isolierung des Neuropils der zweiten Antenne geführt werden. *a, b, c* Ganglienzellen mit verschiedenem Typ des Stammfortsatzes, *d* Commissurelement mit langem unverzweigtem Fortsatz, *f* receptorische, *g* effektorische Faser des II. Antennennerves. (Nach BETHE.)

---

[1] Vgl. J. v. UEXKÜLL: Z. Biol. **39** (1900). — SCHENK, F.: Würzb. Abh. **2** (1902). — LANGENDORFF, O.: Physiologie d. Rücken- u. Kopfmarkes, im Handb. d. Physiol. von NAGEL **4**, 287 (1911). — HEIDENHAIN, M.: Plasma u. Zelle **1** II, 765, 909. — BAGLIONI, S.: Physiologie d. Reizaufnahme, Reizleitung u. Reizbeantwortung, in Handb. vergl. Physiologie von WINTERSTEIN **4**, 285. Jena 1913. — LUGARO, E.: La fonction de la cellule nerveuse. XVI. Congr. internat. méd. Budapest 1909.

[2] Im selben Sinne wie der Carcinusversuch lassen sich auch bis zu einem gewissen Grade der Zweizipfelversuch von KÜHNE [Z. Biol. **22** (1886)] und der Versuch von BABOUCHIN (zitiert nach LUGARO) an den elektrischen Nervenfasern von Malapterurus deuten.

[3] EDINGER, L.: IV. Internat. Physiol. Congr. Cambridge 1898.

[4] LENHOSSÉK, M.: Neur. Zbl. (1899).

[5] VERWORN, M.: Das Neuron in Anatomie u. Physiol. Jena 1900.

[6] Vgl. auch F. SCHENK: Zitiert oben.

d. h. die Fibrillenbahnen allein nicht mehr imstande sind, die Leitung aufrechtzuerhalten[1]. Wir erblicken darin die schon früher (s. S. 142) erwähnte Tatsache, daß die von ihrem organischen Zusammenhang abgetrennten Fibrillen je nach Tierart und Alter verschieden lange die für die Erregungsleitung nötigen strukturellen Grundlagen noch aufrechterhalten können. Sie sind jedoch nicht imstande, auf längere Zeit die ganze komplizierte Systemfunktion zu ersetzen, welche zur Aufrechterhaltung dieser Struktur notwendig ist. Der Carcinusversuch zeigt also, daß die Neurofibrillen mit der Funktion der Reizleitung innigst verbunden sind und sogar allein (nach BETHES Auffassung ohne jede perifibrilläre Substanz, nach unserer Auffassung stets von einer perifibrillären Substanz umgeben) die Reizleitung bewerkstelligen können. Der Carcinusversuch beweist jedoch keineswegs, daß *normalerweise* in einem lebenden tierischen Organismus die Reizleitung unabhängig von den Nervenzellen erfolgt. Wie in einem anderen Zusammenhang schon hervorgehoben wurde (s. die Versuche von HARRISON S. 138), zeigen solche lehrreichen Versuche nur die regulativen Fähigkeiten des lebenden Organismus.

Der innige Zusammenhang zwischen Reizleitung und Neurofibrillen erhellt auch aus den schon erwähnten Degenerations- und Regenerationsversuchen (BETHE und MÖNCKEBERG)[2], wo als das erste Zeichen der Degeneration Veränderungen an der fibrillären Substanz auftreten. BETHE hat dann auch

Abb. 41. Polarisationsbild. (Nach BETHE.)

diejenigen Eigenschaften der Neurofibrillen näher definiert, an denen die spezifische Leitfähigkeit gebunden ist. Diese Eigenschaft erblickt BETHE in einer für die Fibrillen spezifischen chemischen Substanz, der Fibrillensäure (s. S. 85). Die Versuche BETHES zum Nachweis der Fibrillensäure unter verschiedenen experimentellen Bedingungen gehören meines Erachtens zu den eindringlichsten Untersuchungen, welche wir über die funktionelle Bedeutung der Neurofibrillen überhaupt besitzen[3]. Besonders einleuchtend zeigen sie an Nervenfasern, welche nach elektrischer Reizung primär gefärbt wurden, daß die Verteilung der primär färbbaren Substanz an den Fibrillen (Fibrillensäure) eine Polarisation erfährt (Abb. 41), indem die primäre Färbbarkeit in der Nähe der Anode verschwindet, während sie in der Nähe der Kathode stärker ausgeprägt wird[3]. BETHE schließt daraus auf eine Art von Konvektion oder Kataphorese der Fibrillensäure, die im Moment der Erregung den Fibrillen entlang erfolgt. Da die primäre Färbung sowohl bei der Toluidinblau- wie bei der EHRLICHschen vitalen Methylenblaufärbung nur bei Oxygenzutritt erfolgen kann (vgl.

---

[1] Vgl. VERWORN: Zitiert auf S. 145.

[2] BETHE, A. u. G. MÖNCKEBERG: Arch. mikrosk. Anat. **54** (1899).

[3] Daran ändert die kritische Stellungnahme von HÖBER, CREMER, WINTERSTEIN und PERITZ, die teils gegen die chemische Definition, teils gegen die Befunde von BETHE bei den Polarisationsversuchen Einwände erhoben haben, nichts, denn als *mikrotechnische Reaktion* ist die primäre Färbung auf Fibrillensäure nach BETHE die empfindlichste und feinste Reaktion, die wir besitzen, wobei meines Erachtens es noch immer rationeller ist, die so färbbare Substanz als Fibrillensäure zu bezeichnen, als ohne positive Grundlage dafür, rein hypothetisch, eine Lipoidschicht für die Färbung verantwortlich zu machen.

[4] CREMER hat mit L. NEUMAYER die Polarisationsversuche mit negativem Erfolg wiederholt und warnt deshalb, „diesen Polarisationsbildern zu große Bedeutung beizulegen" [Handb. d. Physiologie von NAGEL **4**, 969 (1909)]. L. AUERBACH [Z. Zellforschg **5**, 1388 (1927)] hat jedoch die Färbungsunterschiede an den Polen beobachtet, ebenso S. KATSURA [Pflügers Arch. **217** (1927)].

S. 85), so ist die Möglichkeit vorhanden, die Wanderung der Fibrillensäure den Fibrillen entlang mit der Oxydations- und Reduktionshypothese von HERING zu erklären, d. h. mit Stoffwechselvorgängen der Nerven in Zusammenhang zu bringen[1]. Die primäre Färbbarkeit der Neurofibrillen ist gewissermaßen der Index für ihre Leitfähigkeit. In sinnreich aufgestellten Versuchen hat BETHE unter anderem nachgewiesen, daß bei einem bestimmten Druck die Nervenfasern bzw. ihre Fibrillen trotz des Zusammendrückens und trotz der weitgehenden Verdrängung der perifibrillären Substanz noch leitungsfähig sich erweisen (s. Abb. 43). Steigert man jedoch den Druck noch weiter, so hört die Leitungsfähigkeit auf. Ein histologischer Unterschied zwischen den noch leitenden und den nicht mehr leitenden Nervenfasern ist dann einzig darin zu erblicken, daß bei den letzteren keine Färbbarkeit mehr nachzuweisen ist, während bei den noch leitenden auch die primäre Färbbarkeit noch vorhanden ist. Bei Steigerung des Druckes über ein Maximum hinaus erfährt also die Fibrillensäure bzw. ihre Verteilung an den Fibrillen irgendeine Störung. Solange die feste Verbindung zwischen Fibrille und Fibrillensäure nicht gestört ist, leiten die Fibrillen; im Moment jedoch, wo diese Verbindung in irgendeiner Weise gestört wird, hört auch gleich die Leitfähigkeit auf. Das Reizleitungsvermögen ist also in der Hauptsache durch die Fibrillensäure bzw. durch eine bestimmte Verbindung zwischen Fibrillen und Fibrillensäure bedingt.

Ob nun eine solche Funktion tatsächlich aus dem Vorhandensein einer spezifisch chemischen Substanz, wie die BETHEsche Fibrillensäure, erklärt werden kann, oder weniger scharf und allgemeiner formuliert auf die Oberflächenladung der Fibrillen zurückgeführt werden soll, ist bei dem heutigen Stand der histochemischen Forschung schwer zu entscheiden. BETHE[2] selbst hat die Fibrillensäure niemals als eine chemisch restlos definierte Substanz hingestellt, er hat nur, soweit es mit den gegebenen Mitteln überhaupt möglich ist, die an die Fibrillen gebundene primär färbbare Substanz auch chemisch weitgehend analysiert. Meiner Ansicht nach ist das Wertvollste in diesen Untersuchungen von BETHE der Nachweis einer stark reaktionsfähigen Oberflächenschicht an den Neurofibrillen, und zwar einer Oberflächenschicht, welche sonst nirgends anderswo an fibrillären Strukturen vorkommt.

Außer BETHE haben noch eine Reihe anderer Forscher sich bemüht, funktionelle Veränderungen der histologischen Struktur in gereizten Nerven nachzuweisen, doch sind nur aus den Polarisationsversuchen von BETHE engere Beziehungen zwischen Struktur und Funktion eindeutig feststellbar. Von den übrigen weniger klar übersichtlichen und deutbaren Versuchen seien hier die von G. FR. GÖTHLIN und H. STÜBEL erwähnt. GÖTHLIN[3], der als einer der ersten den Lipoidgehalt des Nervengewebes vergleichend-histologisch untersucht hat, fand polarisationsmikroskopische Unterschiede auch zwischen der Myelinhülle der gereizten und ungereizten Nervenfasern. Histologisch eingehender hat STÜBEL[4] die Veränderungen der Markscheidensubstanz nach der Reizung untersucht und festgestellt, daß bei den gereizten Nerven im fixierten Präparat eine ausgesprochene Änderung des Neurokeratinnetzes auftritt. Im erregten Nerv erscheint die Netzstruktur der Markscheide (an mit Alkohol abs. fixierten Nerven) deutlich weitmaschiger als bei den in Ruhezustand fixierten Nerven. STÜBEL faßt die Erscheinung als ein Äquivalentbild auf, da im lebenden Nerv die Netzstruktur der Markscheide nicht sichtbar ist. Seine Befunde im Einklang mit den früheren von GÖTHLIN und mit den späteren von L. AUERBACH weisen jedoch klar darauf

---

[1] Besonders gut läßt sich die Wirkung oxydativer und reduzierender Vorgänge an Nerven und Nervenfortsätzen mit der elektiven vitalen Färbung nach R. KELLER und J. GICKLHORN [Z. Zool. **127** (1926) — J. Psychol. u. Neur. **32** (1925)] verfolgen. *Daphnien*, die ich mit Herrn GICKLHORN zum Zwecke mikrophotographischer Aufnahmen mit Leucoindigo elektiv gefärbt habe, haben dunkelblaue Nervenzellen im lebenden Zustande mit allen ihren Fortsätzen gezeigt, solange das Tier nur mit diffusem Tageslicht belichtet war. Sobald der starke Reiz des konzentrierten Lichtes auf das Tier gewirkt hatte, setzte die Entfärbung der Nervenfortsätze in cellulipetaler Richtung ein und in einigen Sekunden war das Tier ungefärbt. Der Vorgang ließ sich mehrere Male hintereinander wiederholen.

[2] Vgl. A. BETHE (13) u. (20). Zitiert auf S. 95.

[3] GÖTHLIN, G. FR.: Upsala Läk. för. Förh. **22** (1917) — Sv. Vetenskapsakademiens Hdl. **51**, Nr 1 (1913).

[4] STÜBEL, H.: Pflügers Arch. **149** (1912); **153** (1913); **155** (1914).

hin, daß die Reizung auch in der Markscheide substantielle und histologisch darstellbare Veränderungen erzeugt. Leider lassen sich aus dieser Feststellung noch keine klaren Beziehungen zu der Physiologie der Reizleitung herstellen, denn es bleibt vollkommen ungeklärt, ob man aus dieser polaroskopisch und in fixierten Präparaten sichtbaren Veränderung auf eine erhöhte Permeabilität und auf die Beeinflussung der Isolation Schlüsse zu ziehen berechtigt sei. Nähere Beziehungen zu den funktionellen Strukturveränderungen der Nervenfasern weisen auch die physiologisch orientierten Arbeiten von L. AUERBACH[1], E. MACKUTH[2] und SHIGEHIRO KATSURA[3] auf. Alle drei Arbeiten befassen sich mit den Polarisationserscheinungen während der Reizung des Nerves und bringen Beweise dafür, daß im Achsenzylinder bei der Erregung tatsächlich eine Veränderung der histologischen Struktur wahrnehmbar wird. L. AUERBACH legt das Hauptgewicht auf die Feststellung, daß die histologische Veränderung bei der elektrischen Reizung hauptsächlich in einer Abflachung des Achsenzylinders an der Anode und einer (weniger ausgeprägten) Schwellung an der Kathode besteht, wie dies ursprünglich schon von H. MUNK[4] beschrieben wurde. Weder diese, noch die Untersuchungen von MACKUTH und KATSURA (die hauptsächlich das Verhalten des Polarisationsbildes an durch Innenwirkungen gelähmten oder narkotisierten Nerven behandeln), gehen auf die Analyse feinhistologischer Strukturen ein, enthalten jedoch — ähnlich wie die Mitteilungen von SPIEGEL[5] und NETTER[6] — auch für die Histologen beachtenswerte Angaben über die kolloidalen Zustandsänderungen in den Nervenfasern bei der Reizung durch Elektrolyte oder den elektrischen Strom. Nach alldem, was aus den bisherigen Untersuchungen feststellbar ist, erscheint es sehr wahrscheinlich, daß die Erregung in den Nerven nur eine kolloidale Zustandsänderung bewirkt, welche mit mikrotechnischen Mitteln nicht faßbar ist (vgl. S. 163). Da wir bereits wissen, wie gering der Energiebetrag ist, der bei einem einzelnen Erregungsvorgang der Nerven wirksam wird (ein Millionstel der Energieproduktion bei einer Muskelzuckung[7]), so erscheint es kaum berechtigt, bei einem so geringen Stoff- und Energiewechsel ausgeprägte strukturelle Veränderungen zu erwarten. Die Wirkung der Reizung auf die histologische Struktur der Nerven dürfte nur eine indirekte sein, indem sie Veränderungen der kolloidalen Ultrastruktur bedingt, welche dann den Ausfall mikrotechnischer Reaktionen (Fixierung, Färbung) bemerkbar beeinflussen könnten. So hat auch STÜBEL die Bilder gedeutet, die er an der Markscheide der gereizten Nerven beobachtet hat. Im allgemeinen sind jedoch die kolloidalen Veränderungen, welche auf Einwirkung der meisten und besten Fixierungsmittel hervorgerufen werden, schon an und für sich so gewaltig, daß sie die zarten Unterschiede der Ultrastruktur im Leben vollständig verdecken. Es scheint, daß nur die primäre Färbung nach BETHE genügend schonend ist, um die unmittelbar auf die Reizung erfolgten Strukturveränderungen darzustellen.

Alle die hier kurz geschilderten Versuche von BETHE, welche das Verhalten der Neurofibrillen bei den Reizleitungsvorgängen so eindrucksvoll dargestellt haben, konnten natürlicherweise leicht dazu führen, in den Neurofibrillen selbständig leitende Elemente zu erblicken, welche, wie der Carcinusversuch gezeigt hat, auch unabhängig von den Ganglienzellen die leitende Funktion ausüben können. So haben BETHE und NISSL (stärker als APÁTHY) die leitende Funktion auf die Neurofibrillen allein übertragen und den Nervenzellen nur eine gewisse trophische Funktion zugestanden[8]. Tatsächlich hat auch STEINACH[9] nachgewiesen, daß, wenn man durch Unterbindung der Gefäßstämme die Nervenzellen der Spinalganglien vollkommen degenerieren läßt, die Reizleitung trotzdem noch aufrechterhalten bleibt. Wie der Carcinusversuch bei einem Wirbellosen, so beweist der Versuch von STEINACH bei einem Wir-

---

[1] AUERBACH, L.: Z. Zellforschg **5** (1927).
[2] MACKUTH, E.: Pflügers Arch. **214** (1926).
[3] KATSURA, SHIGEHIRO: Pflügers Arch. **217** (1927).
[4] MUNK, H.: Untersuchungen über das Wesen der Nervenerregung. Leipzig 1868.
[5] SPIEGEL, E. A.: Pflügers Arch. **192** (1921).
[6] NETTER, H.: Pflügers Arch. **215** (1927).
[7] Vgl. R. W. GERARD u. O. MEYERHOF: Naturwiss. **15** (1927). — GERARD, R. W., A. V. HILL u. J. ZOTTERMANN: J. of Physiol. **63** (1927). — GERARD, R. W.: Ebenda **62** (1927) — Amer. J. Physiol. **82** (1927). — FENN, W. O.: J. gen. Physiol. **11** (1927).
[8] Der erste, welcher der „Ganglienzelle-Hypothese" gegenüber betont hat, daß die Ganglienzellen zur Verrichtung nervöser Funktionen nicht unbedingt notwendig sind und der die Ganglienzellenhypothese entschieden bekämpft hat, war FRIDTJOF NANSEN [Anat. Anz. **3** (1888)]. — Vgl. auch F. SCHENK: Würzb. Abh. **2** (1902).
[9] STEINACH, E.: Pflügers Arch. **78** (1899).

beltier, daß die Reizleitung auch ohne Ganglienzellen aufrechterhalten werden kann. Wie der Carcinusversuch, bedeutet aber auch der Versuch von STEINACH nur eine besondere Ausnahme von der Norm[1]. Ob wir den Einfluß der Nervenzellen mit dem wenig aussagenden Wort als trophische Wirkung bezeichnen wollen, oder einfach behaupten, daß zur normalen Art der Lebensvorgänge die Nervenzellen unbedingt notwendig sind, bleibt die entscheidende Bedeutung dieser Zellen auf die physiologischen Prozesse der Nervenerregung und Erregungsleitung kaum zweifelhaft. Das erhellt genügend aus den zahlreichen physiologischen und pharmakologischen Untersuchungen bei den verschiedenen Wirkungen von chemischen Stoffen, welche die Reizleitung so beeinflussen, daß sie ausschließlich auf die Nervenzellen wirken, auf die Leitungsbahnen jedoch ohne Einfluß sind[2]. Ebenso deutlich erscheint die funktionelle Bedeutung der Nervenzellen auch bei der Ermüdung, wo die Hemmung der Reizleitung nachgewiesenermaßen nur von den Stoffwechselvorgängen der Nervenzellen und nicht von denen der Nervenbahnen bedingt ist[3].

So wenig man berechtigt ist, im Reizleitungsvorgang die Funktion der Ganglienzellen von den Fibrillen zu trennen und den leitenden Charakter ausschließlich auf die letzteren zu übertragen, ebensowenig ist man berechtigt, der perifibrillären Substanz eine Mitwirkung im Reizleitungsvorgang abzusprechen. Hauptsächl.ch hat BETHE sich bemüht, den allein leitenden Charakter der Neurofibrillen nachzuweisen. Er hat zu diesem Zwecke Druckversuche

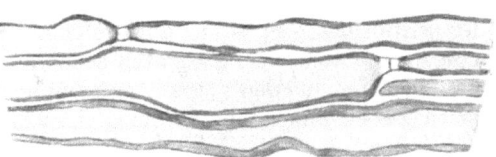

Abb. 42. Nervenfasern vom Frosch, welche durch Kompression (auf der linken Seite außerhalb der Zeichnung) deformiert sind. (Nach BETHE.)

an markhaltigen Nervenfasern ausgeführt und zunächst festgestellt, daß die perifibrilläre Substanz bzw. das flüssige Axoplasma bei den RANVIERschen Schnürringen unterbrochen wird[4] (s. S. 107). Wird aber die perifibrilläre Substanz an der Grenze jedes Nervensegments unterbrochen, so kann sie unmöglich das histologische Substrat einer physiologisch-kontinuierlichen Reizleitung darstellen (Abb. 42). Einzig die von einem Segment in das andere bzw. von den Zentren bis zur Peripherie kontinuierlich verlaufenden Neurofibrillen

---

[1] Vgl. dazu M. VERWORN, Die Neuronenlehre in Anatomie und Physiologie. Jena 1900. — LANGENDORFF, O.: Sitzgsber. Naturforsch. Ges. Rostock 1898 — Physiologie des Rücken- und Kopfmarks, in Handb. d. Physiol. von NAGEL 4, 288 (1911). RAMÓN Y CAJAL hat eine Reizleitung durch die Axone der Spinalganglienzellen ohne Beteiligung des kernhaltigen Zellkörpers im Sinne der Neuronlehre schon 1897 (Rev. trim. microgr. 2) als möglich geschildert.

[2] Vgl. A. GOLDSCHEIDER u. FLATAU: Normale u. pathol. Anat. d. Nervenzellen. Berlin 1898. — BRÄUNING: Arch. Anat. u. Physiol. 1903. — BIEDERMANN, W.: Pflügers Arch. 80 (1900). — LANGLEY, J. N.: J. of Physiol. 27 (1901) — Das sympathische und verwandte nervöse System der Wirbeltiere. Ergeb. Physiol. 2 (1903). — HOLMES: Z. allg. Physiol. 1903, — BAGLIONI, S.: Zur Analyse der Reflexfunktion. Wiesbaden 1907 — Z. allg. Physiol. 1909. (Dabei ist auch die Literatur über die Chromo- bzw. Tigrolyse mit der von NISSL empfohlenen Kritik in Betracht zu ziehen.)

[3] Vgl. G. MANN: J. of Anat. a. Physiol. 29 (1895). — VERWORN, M.: Arch. f. Physiol. Suppl.-Bd. 1900 — Erregung u. Hemmung. Jena 1914. — VESZÍ, J.: Z. allg. Physiol. 10 (1909); 11 (1910). — DOLLEY, D. H.: Amer. J. Physiol. 25 (1909). — MOTT, F. W.: Brit. med. J. (1912). — MATTHEI, R.: Z. allg. Physiol. 18 (1920); 20 (1922). — COLLIER, W. D.: J. med. Res. 42 (1921). — PIGHINI, G.: Biochemica del cervello. Torino 1925. — MARINESCO, G.: Festschr. f. R. y Cajal 1. Madrid 1922 — Riv. sper. Freniatr. 50 (1926).

[4] BETHE, A. u. G. MÖNCKEBERG: Zitiert auf S. 139. — BETHE, A. (13): S. 50. Zitiert auf S. 95. Der Versuch wurde von PEKELHARING wiederholt, der die Angaben BETHES bestätigt hat (Voordrachten over Weefselleer. Harlem 1905).

stellen also die richtigen histologischen Strukturen des physiologischen Reizleitungsvorganges dar. Einen weiteren Beweis für die nebensächliche Bedeutung der perifibrillären Substanz erblickt BETHE darin, daß, wenn die Nervenfasern maximal zusammengedrückt werden, ohne jedoch die Leitfähigkeit dabei einzubüßen (s. weiter oben), die perifibrilläre Substanz bis zu ihrem 600. Teil vermindert erscheint (Abb. 43). Es ist kaum anzunehmen, schließt BETHE daraus, daß eine Substanz, welche ohne jeden Einfluß auf die Leitung dermaßen reduziert werden kann, eine wichtige Rolle in der Reizleitung spielen oder sogar als der Hauptträger des Reizleitungsprozesses gelten könnte[1].

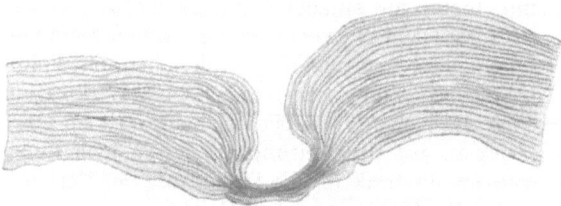

Abb. 43. Noch leitungsfähige Kompressionsstelle während der Kompression fixiert, im Längsschnitt. (Nach BETHE.)

Dieser Schluß ist, worauf ich später noch zurückkommen werde, nicht ganz begründet. Tatsächlich waren bei den zusammengedrückten Nerven des BETHEschen Versuches um die Fibrillen herum stets Reste der perifibrillären Substanz übriggeblieben, und für den physikalisch-chemischen Vorgang der Reizleitung könnten schon capillare Mengen der perifibrillären Substanz genügen, um den Vorgang aufrechtzuerhalten. Die Bedeutung dieser und der gleich zu erwähnenden Dehnungsversuche von BETHE erblicke ich also nicht darin, als ob diese Versuche die Entbehrlichkeit der perifibrillären Substanz bei der Reizleitung bewiesen hätten, sondern darin, daß sie klare Beweise gegen diejenigen Theorien gebracht haben, welche im Gegensatz zu den Neurofibrillen der perifibrillären Substanz die Hauptrolle bei der Reizleitung zugesprochen haben. Alle diese Theorien lassen sich auf die Protoplasmatheorie von LEYDIG zurückführen, welche die Zelle aus zwei Komponenten, aus dem festeren Spongioplasma und dem flüssigen Hyaloplasma aufgebaut, vorstellt. Nach der Auffassung von LEYDIG[2] ist der Träger der Lebensprozesse in der Zelle das Hyaloplasma, während das Spongioplasma nur als Stützgerüst eine mehr passive und mechanische Funktion erfüllt. Dieser allgemeinen cytologischen Lehre haben sich auch NANSEN[3], ROHDE[4] und eine Reihe anderer Cytologen[5] angeschlossen. In neuerer Zeit finden wir auch bei A. MEYER[6] die LEYDIGsche Theorie in modernisierter Form wieder. Diesem Grundgedanken entsprechend wurde logischerweise auch in den Nervenzellen die spezifische Funktion nicht an solche feste Strukturen wie die Fibrillen geknüpft, sondern an das dazwischenliegende, undifferenzierte Hyaloplasma bzw. Neuroplasma. Gegen diese Auffassung (welche eine Zeitlang unter den Anhängern der Neuronenlehre, zum guten Teil aus polemischen Gründen, gegen die Neurofibrillentheorie von APÁTHY und BETHE angeführt wurde), haben die Versuche von BETHE schlagende Beweise erbracht. Unter diesen erwähne ich noch zum Schluß die Dehnungsversuche an Blutegeln[7]. BETHE hat die Reaktionszeit an den Blutegeln bei zusammengezogenen und stark gedehnten Tieren ge-

---

[1] BETHE, A. (13): S. 256. Zitiert auf S. 95.
[2] LEYDIG, FR.: Zelle u. Gewebe. Bonn 1885 — Arch. Anat. u. Physiol. 1897.
[3] NANSEN, FRIDTJOF: Bergens Museums Arberetning for 1886. Bergen 1887 — Anat. Anz. 3 (1888).
[4] RHODE, E.: Zool. Beitr. 3 (1891) — Arch. mikrosk. Anat. 45 (1895) — Z. Zool. 75 (1903); 76 (1904) — Zelle und Gewebe in neuem Licht. Leipzig 1914.
[5] Vgl. A. J. CARLSON: Amer. J. Physiol. 13 (1905). — GOETTE, A.: Arch. mikrosk. Anat. 85 (1914). — Ferner F. W. MOTT: Brit. med. J. 1912. — BAYLISS, W. M.: Grundriß der allg. Physiol. Übers. von MAAS u. LESSER, S. 566. Berlin 1926.
[6] MEYER, A.: Morphologische u. physiologische Analyse d. Zelle. Jena 1920.
[7] BETHE, A. (15) u. (17): Zitiert auf S. 95.

messen. Es hat sich gezeigt, daß trotz der beträchtlichen Unterschiede in der Länge der Leitungsbahnen die Fortpflanzungsgeschwindigkeit der Erregung bei dem zusammengezogenen wie bei dem gedehnten Tier fast dieselbe bleibt. Diese paradoxe Erscheinung erklärt sich einfach dadurch, daß, während die interfibrilläre Substanz bei gedehnten Tieren auf eine weit längere Strecke verteilt ist als bei den zusammengezogenen, die Neurofibrillen in beiden Fällen gleich lang bleiben. Der Unterschied in der Neurofibrillenstruktur besteht einzig darin, daß im zusammengezogenen Tier die Fibrillen der Leitungsbahnen stark geschlängelt, im gedehnten Zustand jedoch schnurgerade verlaufen (Abb. 44). Die Länge der Leitung bleibt also in beiden Fällen gleich. Diesen Versuchen gegenüber haben die Gegner der APÁTHY-BETHEschen Lehre angeführt, daß in den ähnlichen Versuchen von JENKINS und CARLSON[1], wo die Reaktionszeit an den Pedalnerven von *Ariolimax* und an *Polychätenwürmern* in verkürztem und gedehntem Zustand gemessen wurde, bei den gestreckten Nerven eine längere Reaktionszeit festzustellen war als bei den verkürzten. BETHE hat mit Recht darauf entgegnet, daß in den von JENKINS und CARLSON angestellten Versuchen das Verhalten der Fibrillen histologisch gar nicht untersucht wurde, es ist daher nicht angebracht, aus ihnen bindende Schlüsse gegen seine Versuche zu ziehen[2]. Immerhin sind die Dehnungsversuche von BETHE weniger klar als der Carcinusversuch. LENHOSSÉK[3] weist meines Erachtens mit Recht darauf hin, daß die in die Reizleitung eingeschalteten Bauchganglien die Verhältnisse stark komplizieren. Es ließe sich z. B. der Versuch auch so erklären, daß das Gleichbleiben der Reaktionszeit bei zusammengezogenen und gedehnten Blutegeln nicht mit der Länge von kontinuierlichen Fibrillenbahnen, sondern mit der regulierenden Funktion der dazwischen geschalteten Neuronen zusammenhängt. Wieweit ein solcher Einwand begründet ist, wollen wir hier nicht weiter prüfen, da er in Wirklichkeit

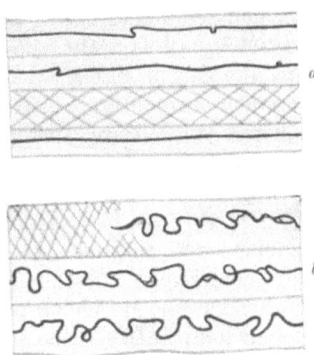

Abb. 44. Der Verlauf der Neurofibrillen in gedehntem (*a*) und zusammengezogenem Hirudo (*b*). (Nach APÁTHY, aus BETHE: Pflügers Arch. 122.)

mit exakten, experimentellen Methoden derzeit überhaupt nicht zu prüfen ist. Auch die Dehnungsversuche von BETHE bringen aber einen weiteren Beweis dafür, daß die Neurofibrillen bei der Reizleitung in hervorragendem Maße beteiligt sind und die Behauptung der NANSEN-LEYDIGschen Theorie vom Leitungsmonopol der flüssigen interfibrillären Substanz unhaltbar ist.

Nicht anders steht es mit der Stützgerüsttheorie von KOLTZOFF[4] und R. GOLDSCHMIDT[5], die in einer neuen Form die LEYDIG-NANSENsche Theorie

---

[1] JENKINS u. A. J. CARLSON: J. comp. Neur. **14** (1904). — CARLSON, A. J.: Amer. J. Physiol. **13** (1905); **27** (1911).

[2] BETHE, A. (17): Zitiert auf S. 95. — Vgl. auch BOEKE (7): S. 463. Zitiert auf S. 88. Wie CREMER [Handb. d. Physiol. von NAGEL **4**, 935 (1911)] darauf hinweist, besteht auch zwischen dem Dehnungsversuch BETHES und den Untersuchungen von ALCOCK [J. of Physiol. **30** (1904)], bei denen die Leitungsgeschwindigkeit in großen und kleinen Individuen denselben Wert gezeigt hat, eine gewisse Übereinstimmung.

[3] LENHOSSÉK, M.: Anat. Anz. **36**, 272 (1910).

[4] KOLTZOFF, N. K.: Arch. mikrosk. Anat. **67** (1906) — Arch. exper. Zellforschg **2** (1908) — Anat. Anz. **41** (1912). Die Lehre von Stützfibrillen stammt eigentlich von E. BALLOWITZ, der die formbestimmende Bedeutung solcher Fibrillen an Spermien festgestellt hat [Z. Zool. **50** (1890)].

[5] GOLDSCHMIDT, R.: Das Nervensystem von Ascaris lumbr. und megaloceph. Festschr. für R. Hertwig **2**. Jena 1910 — Sitzgsber. Ges. Morph. u. Physiol. Münch. 1910.

vertreten haben[1]. KOLTZOFF ist auf Grund zahlreicher Untersuchungen zu der Auffassung gelangt, daß die Form und die damit zusammenhängende Plastizität der verschiedenen Zellen durch Stützfibrillen bedingt ist, welche der flüssigen Zellsubstanz im Sinn des PLATEAUschen Gesetzes[2] eine spezifische feste Form verleihen. Auch die Form der Nervenzellen hängt von solchen Fibrillen ab, und zwar entsprechen hier die Neurofibrillen von APÁTHY den Stützfibrillen. In einer dialektisch glänzenden Form hat R. GOLDSCHMIDT die Stützgerüsttheorie auf das Nervengewebe angewandt. Die Neurofibrillen haben im Sinne von R. GOLDSCHMIDT eine rein mechanische Bedeutung und sind keine leitenden Elemente. Ihre Erscheinungsform und ihre ganze Anordnung sprechen dafür, daß sie Gerüste bilden und keine Leitungsbahnen (vgl. Abb. 2). Die Reizleitung erfolgt in der Zellsubstanz selbst, d. h. zwischen den Stützfibrillen im flüssigen Neuroplasma. Die Stützgerüsttheorie hat zweifellos etwas Bestechendes, besonders wenn man nur die elektiv gefärbten Präparate betrachtet. Aber selbst wenn man aus solchen Präparaten den Eindruck gewinnt, daß die Fibrillenstruktur wie ein Gerüst in den Zellen liegt, kann man schwerlich den Neurofibrillen jede Beteiligung an der Leitung absprechen. Der Einwand von LENHOSSÉK[3], daß es nicht verständlich ist, warum zur Durchführung dieses Prinzips die Natur einen solchen Reichtum an Neurofibrillen entwickelt, ist vollkommen berechtigt. An vielen Stellen, besonders in den Nervenzellen der höheren Wirbeltiere, sind die Neurofibrillen so reichlich entwickelt, daß, wenn man ihnen die leitende Funktion abspricht, kaum etwas als Substrat der Reizleitung in der Zelle übrigbleibt. Die triftigsten Argumente gegen die Stützgerüsthypothese hat jedoch BETHE[4] ins Feld geführt. Er hat zunächst hervorgehoben, daß die mechanische Bedeutung der Neurofibrillen ihre leitende Funktion keineswegs ausschließen muß. Wir zweifeln ja auch nicht daran, daß der Draht, der eine Hängelampe hält, nicht auch gleichzeitig zur Leitung des Stromes dienen kann. Das PLATEAUsche Gesetz, auf das KOLTZOFF und GOLDSCHMIDT ihre Theorie aufgebaut haben, hat nur dann eine Gültigkeit, wenn der Flüssigkeitstropfen genau in der selben Ebene liegt wie das ihn umgebende Gerüst. Das ist jedoch bei den Nervenzellen nicht der Fall, da die Fibrillen auch innerhalb der Zelle liegen. Auf solche intracellulären Fibrillenstrukturen kann das PLATEAUsche Gesetz nicht angewandt werden. Berechnet man schließlich die Kräfte, die für das statische Gleichgewicht der Zelle in Betracht kämen, so stellt es sich heraus, daß, falls die Neurofibrillen diesen Kräften gegenüber als Druck- und Zugtrajektorien wirken sollten, sie eine weit größere Festigkeit haben müßten als der härteste Stahl.

LENHOSSÉK, der aus den eben angeführten Gründen der Stützgerüsttheorie sich nicht anschließen kann und ebensowenig die Auffassung von APÁTHY und BETHE (Leitungsmonopol der Fibrillen) teilen kann, erblickt die Bedeutung der Neurofibrillen vornehmlich in ihrer mechanischen Rolle während der Ontogenese[5]. Sie sollen nämlich die festeren Achsen der herauswachsenden Zellfortsätze bilden, welche den Axonen die Fähigkeit verleihen, auf längere Strecken sich auszudehnen, und vor allem durch Hindernisse, die ihnen im Wege stehen (Zellen,

---

[1] Überzeugte Anhänger dieser Theorie waren auch M. VERWORN [Med. Klin. (1908)], H. STRASSER (Über Neuronen u. Neurofibrillen. Bern 1907), M. WOLFF [Anat. Anz. 26 (1905) — Mschr. Psychol. u. Neur. 26 (1909)], E. HERZOG: Z. Neur. 103 (1926).
[2] Der erste, welcher aus den Experimenten von PLATEAU Folgerungen biologischer Natur abgeleitet hat, war M. DREYER (Ziele u. Wege biologischer Forschung. Jena 1892) Vgl. diesbezüglich auch L. RHUMBLER: Z. allg. Physiol. 1; 2 (1902) — Das Protoplasma als physikalisches System. Erg. Physiol. 14 (1914).
[3] LENHOSSÉK, M.: Anat. Anz. 36, 322 (1910).   [4] BETHE, A. (18): Zitiert auf S. 95.
[5] LENHOSSÉK, M.: Zitiert oben.

protoplasmatische Haufen), sich durchzusetzen. Die Neurofibrillen stellen also nach LENHOSSÉK embryonale Zellorganellen dar, woraus sich dann auch ihre scheinbar regellose Verteilung und Anordnung im erwachsenen Organismus am besten erklärt. Die Richtigkeit dieser sehr einleuchtenden Annahme (die an früheren Stellen schon in einem anderen Zusammenhang gewürdigt wurde) ist in erster Reihe davon abhängig, ob die Neurofibrillen, sei es im embryonalen Zustand oder im erwachsenen Organ, tatsächlich eine solche Festigkeit besitzen, welche sie zu den mechanischen Leistungen befähigt, die ihnen LENHOSSÉK während der Histogenese, KOLTZOFF und GOLDSCHMIDT aber im fertigen Organismus zuschreiben. BETHE hat schon rein auf theoretischer Grundlage berechnet, daß zur Erfüllung solcher Aufgaben die Neurofibrillen eine besonders hohe Festigkeit haben müßten. Prüft man darauf hin die Substanz embryonaler oder voll ausgebildeter Nervenzellen mit der mikrurgischen Methode so ist mit der Mikronadel leicht zu entscheiden, daß in den Nervenzellen weder stahlharte Fibrillen noch überhaupt festere Strukturen vorhanden sind. Zunächst stellt es sich heraus, daß das Protoplasma der lebensfrischen Neuroblasten keine richtige Flüssigkeit ist in dem Sinn, wie das die Theorie von KOLTZOFF und GOLDSCHMIDT behauptet und wie es auf Grund von Dunkelfeldbeobachtungen öfters (HARDY, BAYLISS s. S. 155) angenommen wurde, sondern ein stark viscöses und recht labiles Kolloid, welches an der Grenze des Sol- und des Gelzustandes steht. In diesem Kolloid sind mit der Nadel ebensowenig resistentere fibrillenartige Strukturen zu finden, als solche im Leben optisch sichtbar sind. Weder in den Neuroblasten noch in frischen, überlebenden Ganglienzellen von *Hirudo* und *Lumbricus* oder in den motorischen Vorderhornzellen vom *Frosch* und *Kalb* konnte ich festere Fibrillen mit der Nadel austasten. Auch G. LEVI[1], welcher zuerst an lebenden Nervenzellen mikrurgische Versuche ausgeführt hat, konnte keine resistentere Fibrillen finden. Die Fibrillenstruktur also, welche im fixierten und gefärbten Präparat so fest, fast skelettartig erscheint, ist im lebenden Zustand in dieser Form überhaupt nicht vorhanden[2]. Damit erübrigt sich auch, weitere Spekulationen über die Möglichkeit ihrer mechanischen oder statischen Rolle anzustellen[3].

---

[1] LEVI, G.: Zitiert auf S. 143.

[2] In dem einzigen Fall, wo Neurofibrillen im lebenden Zustande einwandfrei nachgewiesen wurden, nämlich im *Rhizostoma Cuvieri*, haben die schönen Versuche von E. BOZLER [Z. vergl. Physiol. 6 (1927)] den überzeugenden Beweis gebracht, daß, selbst wenn die Neurofibrillen im Leben schon vorhanden sind, sie keineswegs die Festigkeit von Skelettfibrillen besitzen. Durch osmotische Wirkungen hervorgerufene geringe Formveränderungen genügen schon, daß auch die Fibrillen ihre Anordnung verändern.

[3] Wiederholt sind Angaben darüber gemacht worden, daß die Neurofibrillen sehr widerstandsfähige Gebilde sind, die selbst im faulenden Tierkörper noch erhalten bleiben können [APÁTHY: Fol. neurobiol. 1 (1908). — LENHOSSÉK, M.: Anat. Anz. 36 (1910). — PRATI, L.: Ann. di Freniatr. 18 (1908). — LACHE: Revue neur. (1906)]. Auch BIELSCHOWSKY betont ihre Resistenz Zerfallprozessen gegenüber [Neur. Zbl. 23 (1903)]. Woraus dieses Erhaltenbleiben der Fibrillen in halb verfaulten Organismen erklärt werden soll, ist schwer zu entscheiden, da gerade die Degenerationsversuche deutlich zeigen, wie labil, vergänglich und empfindlich sie sind. Es sei dabei zunächst hervorgehoben, daß die von den zitierten Autoren angegebenen Fälle zu den Ausnahmen gehören. In der Regel lassen sich aus nicht ganz frischem Material keine guten Fibrillenpräparate gewinnen. Es ist jedoch leicht möglich, daß, wenn die Leiche unter günstigen Bedingungen bleibt (wie z. B. das Hühnchenembryo von LENHOSSÉK), die Fibrillenstrukturen in dem Zustande verharren, wie sie im Moment des Todes erstarrt sind. Diese *tote* erstarrte Struktur mag widerstandsfähiger sein als das übrige *tote* Cytoplasma, das lebende Neuroplasma büßt jedoch schon nach geringfügigen Schädigungen die Fähigkeit ein, bei der Fixierung eine Fibrillenstruktur zu bilden (s. auch S. 161). Über Leichenveränderungen der Neurofibrillen vgl. auch V. U. GIACANELLI: Pathologica (Genova) 19 (1927). — HAMADA INAZUMI: Kyoto-Ikadaikagu Zasshi (mit deutsch. Zusammenfassung) 1 (1927).

Wir haben bisher die zwei extremen Formen der Theorien über die funktionelle Bedeutung der Neurofibrillen geschildert: die Fibrillentheorie von Apáthy und Bethe, nach der die Fibrillen allein als leitende Elemente zu betrachten sind, und die Neuroplasmatheorie von Leydig und Nansen, oder die Stützgerüsttheorie von Koltzoff und Goldschmidt, nach denen die Fibrillen keine aktive Rolle im Leitungsprozeß haben und das flüssige Neuroplasma allein die Reizleitung besorgt. Die heute allgemein gültige Auffassung stellt ein Kompromiß zwischen diesen beiden Extremen dar, indem die Reizleitung aus dem Zusammenwirken der Fibrillen und der interfibrillären Substanz erklärt wird[1]. Eine physiologisch eingehende Analyse über das mögliche Zusammenwirken der Fibrillen und der interfibrillären Substanz während des Reizleitungsvorganges hat A. v. Tschermak[2] geboten. Er stellt den Vorgang als Querausbreitung der Nervenerregung innerhalb des Grundplasmas vor, und zwar so, daß die Erregungsprozesse sich erst in den Fibrillen fortpflanzen und darauf folgend dann auch die interfibrilläre Substanz miterregt wird. A. v. Tschermak bezeichnet diese Theorie als die segmentale Miterregung des Grundplasmas durch die dominierenden Fibrillen. Die Erregungsfortpflanzung wird als eine Zellfunktion aufgefaßt, die auf der Wechselwirkung der Fibrillen und der interfibrillären Substanz beruht. Je nach Tradition und Forschungsrichtung schreiben einzelne Forscher mehr den Fibrillen, andere mehr dem Neuroplasma die entscheidende Rolle in diesem Vorgang zu. So erblicken Boeke[3] und Heringa[4] in den Neurofibrillen die histologisch am deutlichsten differenzierten leitenden Strukturen, betonen jedoch, daß diese stets mit dem Neuroplasma in Verbindung stehen. R. y Cajal[5] legt dagegen das theoretische Hauptgewicht auf das Neuroplasma. Das Reizleitungsvermögen ist im Sinne der Cajalschen Auffassung an das Neuroplasma, und zwar an die hypothetischen Neurobione im Plasma gebunden. Ein Teil der Neurobione kann sich zu Neurofibrillen oder zu einem Neuroreticulum ordnen, der andere Teil liegt aber zwischen den Fibrillenstrukturen im Neuroplasma zerstreut. So scharf auch die Neurofibrillen in den histologischen Präparaten erscheinen, bedeuten sie nach dieser Auffassung nichts anderes, als nur einen bestimmt orientierten Bestandteil des Neuroplasmas.

Alle die bisher hier geschilderten Auffassungen und Theorien über die funktionelle Bedeutung der Neurofibrillenstrukturen sind aus fixierten und gefärbten Präparaten abgeleitet. Es muß also diesen gegenüber — besonders in Anbetracht der scharfen Gegensätze — betont werden, daß eine zufriedenstellende Erklärung für einen ausgesprochen vitalen Vorgang, wie die Reizleitung, nur aus Beobachtungen am lebenden Objekt zu erhoffen ist. Betrachtet man jedoch die Nervenzelle im lebenden oder im überlebenden frischen Zustand, so erhält man von ihrer Struktur im Vergleich zu dem, was man in guten mikroskopischen Präparaten zu sehen gewohnt ist, ein derart verschiedenes, und, was die morphologischen Einzelheiten betrifft, primitives Bild, daß der Histologe mit diesem Bild nicht viel anzufangen weiß. Die für das fixierte und gefärbte Präparat charakteristischen Fibrillen und Nisslschollen sind im frischen Zustand nicht oder kaum sichtbar[6]. Es ist daraus dann leicht erklärlich, daß man das

---

[1] Vergl. E. Lugaro: Internat. med. congr. Budapest 1909. — Schiefferdecker, P.: Neurone u. Neuronenbahnen. Leipzig 1906. — Obersteiner, H.: Arb. neur. Inst. Wien 18 (1909). — Bielschowsky, M.: J. Psychol. u. Neur. 5 (1905).
[2] Tschermak, A. v.: Allg. Physiologie, 1 II, 402. Berlin 1924.
[3] Boeke, J. (7), (10) u. (11): Zitiert auf S. 88.
[4] Heringa, G. C.: The anatomic. Basis of Nerve conduction. Zitiert auf S. 88.
[5] Ramón y Cajal: Studien über Nervenregeneration. Übers. von Bresler. Leipzig 1908.
[6] Vgl. G. Marinesco: Kolloid-Z. 11 (1912) — Riv. sper. Freniatr. 50 (1926). — Mott, F. N.: Brit. med. J. 1912. — Levi, G.: Arch. exper. Zellforsch 2 (1925). — Olivo, O.:

Studium des frischen Objektes lange Zeit stark vernachlässigt hat. In jüngster Zeit dagegen, wo man die Realität dieser Zellstrukturen im lebenden und frischen Material zu überprüfen begonnen hat und von einem einzigen Ausnahmefall abgesehen die Neurofibrillen im frischen Zustand nirgends, weder im Hell- noch im Dunkelfeld erblicken konnte, ist die Ansicht aufgekommen, daß die Neurofibrillen im lebenden Zustand gar nicht vorhanden sind und nur durch mikrotechnische Einflüsse hervorgerufen werden. (POLICARD[1], BAYLISS[2]). Gegen eine solche Auffassung ist schwer etwas zu sagen, weil tatsächlich in den meisten Fällen in der lebenden Nervenzelle keine Fibrillenstruktur nachweisbar ist[3]. Der Kern der Behauptung, daß die in den fixierten und gefärbten Präparaten sichtbaren Fibrillen in dieser Form keine naturgetreue Struktur darstellen, beruht also unbedingt auf Wahrheit. Andererseits kann man aber ebensowenig die reelle Existenz der Neurofibrillen in Abrede stellen; 1. weil es E. BOZLER[4] gelungen ist, Neurofibrillen auch in lebenden Nervenzellen nachzuweisen (Abb. 45); 2. aber weil, wie BOEKE[5] es überzeugend auseinandergesetzt hat, das Auftreten, die Anordnung und die innigen Beziehungen der Neurofibrillen zu den Zellen und anderen Gewebselementen bei den verschiedensten mikrotechnischen Reaktionen so regelmäßig sichtbar werden, daß man diese Strukturen unmöglich nur als Kunstprodukte auffassen kann. Je länger man sich mit der Neurofibrillenstruktur beschäftigt, um so stärker bekommt man den Eindruck, daß sie auch im lebenden Organismus präformiert vorhanden sein muß. Die Hauptfrage ist nur, was man unter einer solchen Präformation sich vorstellen soll. Wie soll man sich die im lebenden Zustande unsichtbaren

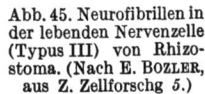

Abb. 45. Neurofibrillen in der lebenden Nervenzelle (Typus III) von Rhizostoma. (Nach E. BOZLER, aus Z. Zellforsch 5.)

Boll. Soc. Biol. sper. **1** (1926) — Arch. exper. Zellforschg **4** (1927). — MOSSA, S.: Boll. Soc. Biol. sper. **1** (1926) — Arch. exper. Zellforschg **4** (1927). — MATSUMOTO, TAKASABURE: Bull. Hopkins Hosp. **31** (1920). — LEWIS, W. H.: Anat. Rec. **26** (1923) — Behavior of cells in Culturs, in General Cytology v. Cowdry, S. 384. Chicago 1925.

[1] POLICARD, A.: Paris méd. **11** (1921).

[2] BAYLISS, M. W.: Grundriß d. allg. Physiologie Übers. von MAAS u. LESSER, S. 480. Berlin 1926.

[3] Die Angaben von APÁTHY [Biol. Zbl. **9** (1889)] und G. F. GÖTHLIN [Sv. Vetenskapsakad. Hdl. **51** (1913)] über die Doppelbrechung der Fibrillen in frischem oder überlebendem Zustande sind keine strikten Beweise für das Vorkommen der Fibrillen. Bei APÁTHY ist es nicht zu entscheiden, ob die beschriebenen doppelbrechenden Gebilde tatsächlich Neurofibrillen waren, denn nach ihm hat niemand mehr ähnliche Beobachtungen gemacht. GÖTHLIN betont (S. 72), daß „die Mehrzahl der Schlüsse, die aus dem Vorkommen und der Beschaffenheit der Doppelbrechung im Nervensystem gezogen werden können, sind ihrer Natur nach mehr indirekt". Er bezweifelt auch, daß man die optische Reaktion einzelner Neurofibrillen feststellen könnte (S. 70). Vgl. auch E. SPIEGEL: Pflügers Arch. **192** (1921).

[4] BOZLER, E.: Z. Zellforschg **5**; **6** (1927). In Rhizostoma hat schon R. HESSE [Z. Zool. **60** (1895)] die fibrilläre Struktur der frischen Nervenfaser andeutungsweise gesehen.

[5] BOEKE, J. (11): Zitiert auf S. 88.

Fibrillenstrukturen vorstellen? Es wäre in erster Reihe daran zu denken, daß die Fibrillenstruktur in der lebenden Substanz genau so vorhanden ist, wie man sie in den fixierten und gefärbten Präparaten sieht und nur infolge des geringen Brechungsunterschiedes zwischen ihrer Substanz und dem übrigen Protoplasma unsichtbar bleibt, ähnlich wie Glasstäbchen oder Glasfädchen in Kanadabalsam oder Immersionsöl. Dabei könnte sie zum Teil auch noch von den verschiedenen Körnchen des Cytoplasmas verdeckt werden. Im Sinne einer solchen Betrachtung, welche gewissermaßen dem Standpunkt der klassischen Mikrotechnik der letzen 50 Jahre entspreche, wäre es dann auch möglich, durch geeignete mikrotechnische Behandlungen, durch Erhöhung des Brechungsunterschiedes zwischen Struktur und Umgebung oder durch Färbungsmethoden, von den vorhandenen, jedoch im lebenden Zustand nicht sichtbaren, histologischen Strukturen ein naturgetreues Bild zu erhalten. Sie würden dabei durch mikrotechnische Mittel nur demaskiert, in ihrer natürlichen Form und Lage jedoch nicht wesentlich beeinflußt. Schon rein aus dem optischen Verhalten der lebenden Nervenzelle ist jedoch leicht zu erkennen, daß die Unsichtbarkeit der Neurofibrillen im lebendem Zustand nicht allein die Folge ihres zu geringen Brechungsunterschieds ist. Die Fibrillen sind nämlich in zweifellos lebenden Zellen, so z. B. in den Neuroblasten einer Gewebekultur, wo sie fixiert und gefärbt deutlich erscheinen, im Dunkelfeld ebensowenig sichtbar wie im Hellfeld. Auch in den ganz frischen Nervenzellen der Wirbeltiere, so z. B. in den Spinalganglienzellen oder Vorderhornzellen eines eben getöteten Frosches sieht man selbst im Dunkelfeld keine Neurofibrillenstruktur, während diese in derselben Zelle in schönster Form erscheint, sobald man sie mit Formol fixiert und nach BIELSCHOWSKY behandelt. Bei Dunkelfeldbeleuchtung kommen sonst Brechungsunterschiede bekanntlich noch in weit höherem Maße zum Vorschein als bei Hellfeldbeleuchtung, und man müßte also im Dunkelfeld auch von den Neurofibrillen in vivo ein Bild erhalten, falls sie nur bei ihrer geringen Lichtbrechung im Hellfeld nicht sichtbar wären. Im ultravioletten Licht kann man allerdings eine gewisse Fibrillenstruktur auch an ungefärbten Präparaten erhalten, diese Präparate können jedoch nicht als frische, unbeeinflußte Zellen angesprochen werden, da sie schon mit Reagenzien behandelt worden sind. In frischen Nervenzellen gibt auch die ultraviolette Photographie kein brauchbares Bild von den Neurofibrillen[1]. Erscheint es also schon auf Grund dieses optischen Verhaltens stark zweifelhaft, daß die Neurofibrillen in ihrer, aus den mikroskopischen Präparaten bekannter Form im Leben vorkommen, und nur bei den vorhandenen geringen Brechungsunterschieden wie Glasfädchen im Immersionsöl unsichtbar bleiben, so erscheint diese Auffassung noch weniger haltbar, wenn man mit der Mikronadel die Nervenzellen prüft. Feinfibrilläre Strukturen in lebenden Zellen lassen sich nämlich, selbst wenn sie unsichtbar sind, gut daran erkennen, daß die Nadelspitze sich in den feinen Netzen verfängt, oder in ihrer Bewegung durch die Fibrillen gehemmt wird (PÉTERFI[2]). Bei den Nervenzellen ist jedoch von keinerlei solchen Erscheinungen die Rede. Die Mikronadel kann in der ganzen, ziemlich viskösen Zelle bewegt werden, ohne daß irgendwelche Zeichen vorhanden wären, daß die Zelle zwar unsichtbare, aber doch vorhandene Fibrillen und Fibrillennetze enthält. Nach eigener Erfahrung, wie

---

[1] Vgl. TELLO: Trab. Labor. Invest. biol. **9** (1911). — STÖHR, PH., jun.: Z. Anat. **78** (1926). — WEIMANN, W.: Klin. Wschr. **4** (1925). — BIELSCHOWSKY, M. in Enzyklop. d. mikr. Technik. Zitiert auf S. 81. — DAMIANOVICH, H. u. IGN. PIROSKY: Ann. Inst. Mod. clin. Med. **10** (1928).

[2] PÉTERFI, T. u. O. KAPEL: Arch. exper. Zellforschg **4**, 158 (1927); **5**, 344, 350 (1928) — Z. Krebsforschg **26** (1928).

auch gestützt auf die Befunde von G. LEVI[1], halte ich daher die Neurofibrillen in der Form, wie sie in den histologischen Präparaten erscheinen, und wie sie, als feste Gebilde, zu den verschiedenen funktionellen Theorien herangezogen wurden, nicht für lebensgetreue Strukturen. Sie kommen in dieser Form in den lebenden Zellen ganz sicher nicht vor[2], sind jedoch auch hier vorgebildet, und zwar in einem charakteristischen kolloidchemischen Zustand, den wir in den folgenden kurz beschreiben wollen.

NISSL[3] hat für seine direkte Färbung der Nisslsubstanz den treffenden Ausdruck: „*Äquivalentbild*" geprägt. Gerade bei einer der meist analysierten Strukturen hat er betont, daß die Nisslpräparate nichts weiter zeigen als gesetzmäßige Reaktionen auf eine bestimmte mikrotechnische Behandlung. Die Hauptforderung seiner Methode liegt weniger darin, daß das mikroskopische Präparat die Form der Struktur wie im lebenden Zustand genau wiedergeben soll, sondern eher darin, daß man ein regelmäßig auftretendes Äquivalentbild von dieser Struktur erhält. Die meisten histologischen Dauerpräparate stellen mehr oder weniger solche Äquivalentbilder im Sinne von NISSL dar[4]. Als Äquivalentbilder der lebenden Struktur bedeuten sie eben so verläßliche und wissenschaftlich exakte Hilfsmittel für die biologische Forschung wie die Spektrophotogramme für die Strahlenforschung, welche gleichfalls nur Äquivalentbilder der Lichtstrahlen und nicht die Lichtstrahlen selbst darstellen. Es ist daher ebenso unzulässig, den biologischen Wert fixierter und gefärbter Präparate abzustreiten, und sie als Kunstprodukte hinzustellen, wie umgekehrt alles, was im Dauerpräparat optisch stark in den Vordergrund tritt, unmittelbar auf die lebende Struktur zurückzuführen. In vielen Fällen sind wir in der Lage, das Dauerpräparat mit dem lebendem Objekt vergleichen zu können und so den Einfluß der mikrotechnischen Mittel zu überprüfen. In solchen Fällen läßt es sich öfters feststellen, daß das Äquivalentbild mit der lebenden Struktur identisch ist. Dort jedoch, wo die in Frage kommenden Strukturen während des Lebens mit keinen Mitteln der mikroskopischen Optik nachzuweisen sind und nur nach mikrotechnischer Behandlung sichtbar werden, darf das Äquivalentbild nicht ohne weiteres als naturgegebene Struktur aufgefaßt werden, sondern es müssen die Faktoren ermittelt werden, welche der lebenden Substanz die Fähigkeit verleihen, daß sie auf bestimmte Einwirkungen, wie z. B. auf die Versilberung nach CAJAL oder BIELSCHOWSKY, stets in derselben Form reagiert.

Schauen wir also zunächst, was wir von der lebenden Struktur in den Nervenzellen und Nervenfasern optisch feststellen können. Die Untersuchungen im Dunkelfeld bei starken Vergrößerungen zeigen, daß die Nervenzellen, wie auch der Achsenzylinder der Nervenfasern, optisch fast leer sind. MARINESCO[5], der als erster die Nervenzellen im Dunkelfeld untersucht hat, konnte weder die Nisslschollen noch die Neurofibrillen nachweisen. Einige regellos zerstreute Körnchen liegen im Zelleib um den optisch vollkommen leeren Kern herum, sonst läßt sich im Dunkelfeldbild keine weitere Struktur erblicken. Weder

---
[1] LEVI, G.: Zitiert auf S. 143.
[2] Warum jedoch in Rhizostoma die Neurofibrillen auch im lebenden Zustande sichtbar sind, ist ein Problem, das noch seiner Lösung harrt. Die Erscheinung dürfte wahrscheinlich mit dem kolloiden Zustand des Neuroplasmas zusammenhängen, welches im Gegensatz zu den Nervenzellen der Wirbeltiere (übrigens auch einiger Wirbellose wie *Hirudo* und *Lumbricus*) nach den Untersuchungen von E. BOZLER stark flüssig ist.
[3] NISSL, FR.: Allg. Z. Psychiatr. **48** (1892) — Neur. Zbl. **13** (1894) — Die Neuronlehre und ihre Anhänger. Jena 1903. — Vgl. auch A. BETHE: Allg. Anat. u. Physiol. d. Nervensystems, S. 129.
[4] Vgl. H. PETERSEN: Histologie u. mikr. Anat. 1. u. 2. Abschn. München u. Wiesbaden 1922.
[5] MARINESCO, G.: Zitiert auf S. 154.

MATSUMOTO[1] noch MOSSA[2], noch ich konnten im Dunkelfeld die Nisslsubstanz und die Neurofibrillen der Nervenzellen erblicken. Auch ETTISCH und JOCHIMS haben vergeblich nach einer fibrillären Struktur des frischen Achsenzylinders im Dunkelfeld gesucht[3] (s. Abb. 46). Die Untersuchungen von ETTISCH und SZEGVÀRI[4], wie auch diejenigen von HERINGA[5] an Bindegewebsfibrillen haben dagegen wertvolle Einblicke in die Ultrastruktur feinfibrillärer Gebilde gewährt, so daß wir auf Grund dieser und der später zu erwähnenden ähnlichen Untersuchungen von ETTISCH und JOCHIMS, zu gewissen Schlüssen auch betreffend der Ultrastruktur der Neurofibrillen berechtigt sind. Die genannten Forscher haben nämlich im Dunkelfeld die Zusammensetzung der Bindegewebsfibrillen aus polar orientierten Ultrateilchen, Micellen, nachgewiesen, womit die Tagmenlehre von ENGELMANN und APÁTHY ihre reelle kolloidchemische Basis erhält. Sie haben weiter auch die Existenz von Elementarfibrillen im Bindegewebe festgestellt, die kaum dicker sind, als eine Längsreihe von Micellen. Ihre Dicke wurde auf etwa 0,25 Mikron berechnet, in weitgehender Übereinstimmung mit früheren Angaben von APÁTHY, der die Elementarfibrillen des Nervengewebes auf 0,5—0,25 Mikron geschätzt hat. Während im Bindegewebe ETTISCH und SZEGVÀRI selbst so feine Fibrillen im Dunkelfeld klar sichtbar gemacht haben, ist es ETTISCH und JOCHIMS nicht gelungen, im Achsenzylinder der frischen Nervenfasern Neurofibrillen deutlich zu sehen. Offenkundig hat also die Neurofibrillenstruktur eine kolloidchemisch anders geratete Strukturgrundlage als die Bindegewebsfibrillen. *Bemerkenswert ist dabei, daß nach der Einwirkung von bestimmten Ionen die Neurofibrillenstruktur sofort gut sichtbar erscheint* (Abb. 46a u. b).

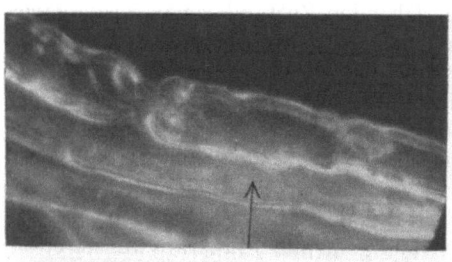
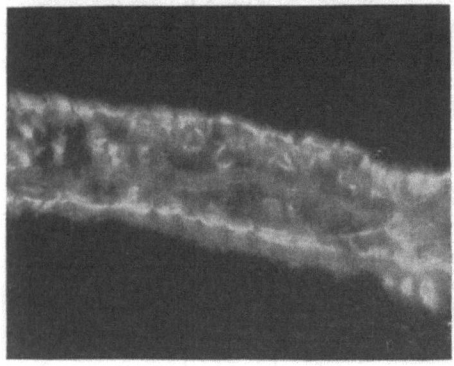

Abb. 46. Überlebende Nervenfaser im Dunkelfeld. *a* in Normosallösung, *b* mit CaCl$_2$-Lösung behandelt. (Aus E. HISCH u. JOCHIMS: Pflügers Arch. 215.)

Es genügen ganz geringe Modifikationen des kolloiden Zustandes, damit in den optisch homogenen Achsenzylindern die Fibrillen auftreten. Sowohl auf Einwirkung von Alkohol oder von Anionen erscheinen Längsfibrillen nebeneinander. Es handelt sich dabei um eine Art von Flockung bzw. Entmischung der lebenden kolloidalen Substanz der Nervenfasern[6], die mit einer Dehydratisierung der Micellen einhergehen dürfte.

---

[1] MATSUMOTO, T.: Zitiert auf S. 154.   [2] MOSSA, S.: Zitiert auf S. 154.

[3] ETTISCH, G. u. J. JOCHIMS: Pflügers Arch. **215** (1927). Sie erwähnen allerdings (S. 525): „Der Mittelraum ist fast völlig dunkel; nur zuweilen läßt er eine längsgerichtete fädige Struktur schwach erkennen."

[4] ETTISCH, G. u. A. SZEGVÀRI: Protoplasma **1** (1926).

[5] HERINGA, G. C. u. A. H. LOHR: Bull. d'histologie appl. **3**, Nr 5 u. 7 (1926) — Versl. Akad. Wetensch. Amsterd., Wis- en natuurk. Afd. **35** (1926). — HERINGA, G. C. u. P. N. KOLKMEIJER: Ebenda **35** (1926). — HERINGA, G. C. u. M. MINNAERT: Ebenda **35** (1926).

[6] Vgl. auch M. MUZIO: Monit. zool. ital. **37** (1926).

Ich habe die Untersuchungen von ETTISCH und JOCHIMS[1] an Froschnerven wiederholt, auch habe ich gezüchtete Neuroblasten und lebensfrische isolierte Nervenzellen (Rückenmark und Spinalganglien von Frosch und Maus) im Dunkelfeld untersucht. Ich kann sowohl die Angaben von MARINESCO, MATSUMOTO und MOSSA bezüglich der ultramikroskopischen Struktur der Nervenzellen, wie diejenigen von ETTISCH und JOCHIMS bezüglich der ultramikroskopischen Struktur der Nervenfasern, weitgehend bestätigen. Meine Befunde unterscheiden sich von denen der genannten Autoren nur insofern, als ich die lebende Substanz des Nervengewebes weder in den Zellen noch in den Fasern optisch vollkommen leer vorfinde[2]. Allerdings sind weder die Nisslschollen noch die Neurofibrillen sichtbar. Was man sieht, ist jedoch nicht das Bild einer optisch vollkommen leeren Flüssigkeit wie z. B. einer Ringerlösung oder einer frischen $1/2\%$ Gelatinelösung, sondern man erhält viel eher das Bild eines amikronischen Schleiers, wo also noch gewisse schwache Beugungserscheinungen ausgelöst werden, ohne weiter auflösbare Teilchen zu sehen. Dieses Bild ändert sich in den Präparaten, welche keine Gewebekulturen sind, schon kurze Zeit nach der Herstellung. Charakteristisch für die Veränderung ist, daß die Struktur dichter wird und bald feinfibrilläre Anordnung zeigt (Abb. 47). Ohne jede Beeinflussung durch Chemikalien, rein durch das längere Stehenbleiben,

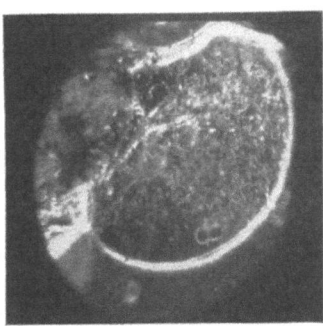

Abb. 47. Latente Struktur im Neuroplasma einer Nervenzelle. (Spinalganglionzelle vom Frosch aus dem Ganglion herausgepreßt, 25 Min. nach dem Tod im Dunkelfeld mikrophotographiert. Paraboloidwechselkondensor, Obj. Zeiss spez. X, Phoku.)

kann man also die Herausdifferenzierung von feinen und feinsten Fibrillen in den Zellen schon wahrnehmen[3]. Viel rascher, fast momentan und in stärker ausgeprägter Form erscheinen sie, sobald man die von ETTISCH und JOCHIMS angewendeten Elektrolyte einwirken läßt und noch stärker, falls man Fixierungsmittel wie Alkohol, Formol oder Sublimat zuführt. In geringen Konzentrationen wirken die genannten Fixierungsmittel so abgestuft, daß man das Auftreten einer fibrillären Struktur noch feststellen kann. Erst dann wird das ganze Protoplasma so stark gefällt, daß Fibrillen und dazwischenliegende eiweißhaltige Substanzen ein gemeinsames Gerinnsel bilden. Bei mäßigen, in mikrotechnischem Sinne äußerst niedrigen Konzentrationen (Alkohol 1:100; Formol 1:100; Sublimat 1:1000) wirken sie schon so rasch, daß man den Verlauf der Reaktion und die damit zusammenhängende Differenzierung der Fibrillen nicht mehr verfolgen kann. Die feinen ultramikroskopischen Fäserchen, welche man in noch frischen, jedoch nicht mehr ganz lebendfrischen, Nervenzellen und Nervenfasern erblickt, (die noch deutlicher und schöner erscheinen, wenn man die Präparate in einer Heizkammer bei 31—37° untersucht), erinnern ganz an die Bilder, welche man von alternden Stäbchensolen wie Benzopurpurin oder Seifensolen im Dunkelfeld erhält. In diesen Solen sind im Dunkelfeldbild bei starken Aperturen sehr feine Fädchen sichtbar, weshalb sie auch als Fädchensole bezeichnet werden[4].

---

[1] ETTISCH, G. u. J. JOCHIMS (I. u. II): Pflügers Arch. **215** (1927).
[2] Wie schon bemerkt, haben ETTISCH und JOCHIMS ebenfalls schon eine sehr zarte ultramikroskopische Struktur in den frischen Nervenfasern wahrgenommen (s. Anm. S. 158).
[3] Vgl. ETTISCH u. JOCHIMS: S. 528. Zitiert auf S. 158.
[4] Vgl. H. ZOCHER: Z. physik. Chem. (1921) — Z. anorg. u. allg. Chem. **147** (1925). — ZSIGMONDY, R.: Kolloidchemie, 5. Aufl. Leipzig 1925. — ZSIGMONDY, R. u. W. BACHMANN:

Sie stellen eine spezifische Form der Stäbchensole dar, wo stäbchenförmige Micellen oder Ultrateilchen in Reihen geordnet sind. Diese Längsreihen von stäbchenförmigen Ultrateilchen würden den Elementarfibrillen oder Tagmareihen der Histologen entsprechen (Abb. 48). Am besten sind solche Fädchen in alternden Seifensolen sichtbar, wo SZEGVÀRI und ich ihre hohe Elastizität und Dehnbarkeit untersucht haben[1]. Wie weit die kolloidale Substanz der Zellen als Stäbchensol zu betrachten wäre, ist heute noch wenig geklärt, da es nur an ganz wenigen Zellen gelingt, die ultramikroskopische Analyse mit der erforderlichen hohen Appertur am lebenden Objekt durchzuführen. Die Annahme jedoch, daß in den lebenden Zellen und Geweben Stäbchensole und deren Komplexformen, die Fädchensole, vielfach vertreten sind, hat durch die Forschungen der Schule von H. FREUNDLICH[2] (SZEGVÀRI, ETTISCH, ZOCHER[3]) und HERINGA[4] an Wahrscheinlichkeit sehr gewonnen. Die Behauptung, daß in fibrillenbildenden Geweben wie das Bindegewebe (ETTISCH und SZEGVÀRI, HERINGA) im Muskelgewebe (ETTISCH[5]), und was uns hier am meisten interessiert: im Nervengewebe, stäbchenförmige Ultrateilchen an der Erzeugung fädchenförmiger kolloidaler Strukturen beteiligt sind, daß diese Gewebe also mit gutem Recht als Stäbchensole angesprochen werden können, kann als gesichert gelten.

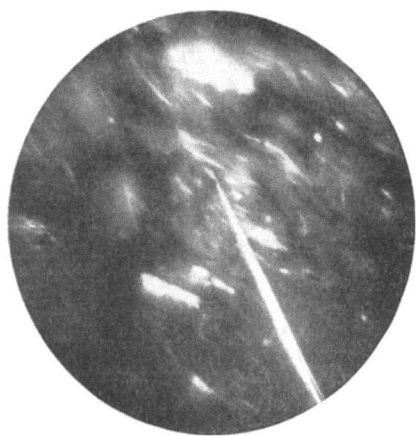

Abb. 48. Stäbchensol (Vanadinpentoxydsol im Dunkelfeld. Kardioidkondensor, Obj. Zeiss spez. X, komp. Ok. 15 mal). Ein stäbchenförmiges Ultrateilchen wird mit einer Mikronadel berührt.

Eine interessante Parallele zu diesen Erscheinungen bietet das Verhalten der Spindelfasern, wie BĚLAŘ es in lebenden Spermiogonien der Heuschrecken nachgewiesen hat[6]. Auch in den Spindeln der lebenden und unbeeinflußten Spermiogonien ist weder im Hellfeld noch im Dunkelfeld eine fibrilläre Struktur sichtbar. Ganz geringe Elektrolyteneinflüsse genügen jedoch, um die Spindelfasern deutlich hervortreten zu lassen. Die Ultrastruktur, d. h. das Gefüge der Micellen, dürfte meines Erachtens in der lebenden Spindelsubstanz und im Neuroplasma ähnlich gestaltet sein.

Die lebende Substanz der Nervenzellen und Nervenfasern besteht also nach meiner Auffassung aus einem Stäbchensol, welches eine ausgeprägte Neigung zur Längsorientierung seiner stäbchenförmigen Ultrateilchen zeigt. Diese ultramikroskopischen Fädchen betrachte ich als die Keime der histologisch sichtbaren Fibrillen. Sie sind im ganz frischen oder lebenden Material als solche *nicht* sichtbar, nicht einmal ultramikroskopisch. Ob ihre Unsichtbarkeit die Folge

---

Kolloid-Z. **11** (1912). — MCBAIN u. TAYLOR: J. amer. chem. Soc. **113** (1918). — MCBAIN u. SALMON: Ebenda **42** (1920) (mit Literatur der Arbeiten von MCBAIN u. Mitarbeiter über Seifensole). — MCBAIN, J. W.: J. physic. Chem. **30** (1926).
[1] Vgl. E. A. HAUSER: Kolloid-Z. **38** (1926).
[2] FREUNDLICH, H., C. SCHUSTER u. H. ZOCHER: Z. physik. Chem. **105** (1923). — FREUNDLICH, STAPELFELD u. ZOCHER: Ebenda **114** (1924). — DISSELHORST, FREUNDLICH u. LEONHARDT: Elster-Geitel-Festschrift. Braunschweig 1915. — FREUNDLICH, H.: Kolloidchemie u. Biologie. Dresden u. Leipzig 1924 — Fortschritte d. Kolloidchemie. Dresden u. Leipzig 1926.
[3] ZOCHER, H.: Zitiert auf S. 159. — Dann E. KEESER u. H. ZOCHER: Kolloidchem. Beih. **17** (1923).
[4] HERINGA, G. C.: Zitiert auf S. 88. — Vgl. auch A. LUMIÈRE: La vie, la Maladie et la Mort, Kap. II, S. 21. Paris 1928.
[5] ETTISCH: Mündliche Mitteilung.   [6] BĚLAŘ, K.: Naturwiss. **15** (1927).

ihrer unterhalb des mikroskpischen Auflösungsvermögens liegenden Dimensionen ist, oder darauf zurückzuführen ist, daß die intermicellaren Räume zwischen den Ultrateilchen einer Längsreihe verhältnismäßig groß sind, war bisher nicht zu entscheiden. Nach den Untersuchungen von ETTISCH und JOCHIMS erscheint es jedoch sehr wahrscheinlich, daß vornehmlich die letztere Möglichkeit in Betracht zu ziehen ist[1]. Jedenfalls sind die intermicellaren Beziehungen im Stäbchensol der nervösen Substanz von äußerst labiler Natur. Die geringsten Änderungen im kolloidalen Zustand genügen schon, um den intermicellaren Raum zu beeinflussen, zu verringern oder zu steigern. Sind aber durch Verschiebung des micellar gebundenen Wassers die intermicellaren Räume verringert und die Teilchen dehydratisiert, so erhält man gleich das ultramikroskopische Bild der Fädchen. Auf dieser Grundlage dürften das Altern, das an-der-Luftstehen oder Chemikalien wie Alkohol u. a. Fädchenbildungen hervorrufen. Ebenso wirken verschiedene Anionen und Kationen, bei denen allerdings auch die Beeinflussung des Ladungssinnes der Teilchen in Betracht gezogen werden muß.

In Hinsicht auf die weiteren Folgerungen interessiert uns aber an den stäbchenförmigen Ultrateilchen und den aus ihnen gebildeten ultramikroskopischen Fädchen in erster Reihe, daß sie die wirksamen Oberflächen des capillarchemischen Systems darstellen, von denen die im Stäbchensol sich abspielenden chemischen Vorgänge entscheidend beeinflußt werden[2]. Wirken Elektrolyte auf ein solches Stäbchensol, so werden der Natur des Grenzpotentials entsprechend, die Ionen an die Ultrateilchen gebunden, und die dadurch vergrößerten Ultrateilchen bzw. ihre Längsreihen erscheinen ultramikroskopisch oder bei gesteigerter Adsorption auch mikroskopisch als Fädchen oder Fibrillen sichtbar. Ist die Wirkung der Elektrolyte und dehydratisierender Chemikalien (Alkohol, Äther u. ä.) zu stark, so erfolgt eine Fällung und Entmischung des gesamten Kolloids, indem die Micellenreihen mit einem Teil der fällbaren Substanz zusammen ausgeflockt werden, der nicht fällbare Teil aber als flüssige Phase erscheint.

Die cytologische Bezeichnung für das Stäbchensol der lebenden Nervenzelle ist das *Neuroplasma*. Nicht die blaß und diffus gefärbte Grundsubstanz fixierter und gefärbter Präparate, sondern die unbeeinflußte Materie der lebenden Nervenzelle bezeichne ich also im Sinne der vorausgegangenen Erörterungen als Neuroplasma. Diese kolloidchemisch einheitlich beschaffene Substanz hat einen ausgesprochen vitalen Charakter und dementsprechend einen äußerst labilen kolloiden Zustand. Ihr kolloidchemischer Zustand, ob Sol oder Gel, läßt sich überhaupt nicht definieren, da das Neuroplasma bald mehr flüssig, bald mehr gallertig erscheinen kann. BOZLER[3] hat das Neuroplasma der Rhizostoma stark flüssig gefunden, G. LEVI[4] und ich[5] haben die lebende Substanz der in vitro gezüchteten Neuroblasten, solange sie ausgeprägte Zeichen der Irritabilität geboten haben, als eine viskose Gallerte von weicher Beschaffenheit gefunden. Erwähnungswert ist dabei, daß die Oberfläche dieser Substanz

---

[1] Dabei werden zwei elementare Faktoren entscheidend wirken: 1. der Abstand der einzelnen Micellen voneinander und 2. der Brechungsunterschied zwischen Teilchen und Umgebung.

[2] Vgl. G. ETTISCH: Die physikalische Chemie der kolloiden Systeme. Handb. d. norm. u. path. Physiol. von BETHE **1**, 177. Berlin 1927. — EGGERT, J.: Lehrbuch d. physik. Chemie, S. 432. Leipzig 1926. — HÖBER, R.: Physikalische Chemie d. Zelle u. d. Gewebe, 5. Aufl., 1. Hälfte, S. 154. Leipzig 1922. — HERZOG, R. O.: Naturwiss. **16** (1928) (Jber. Kais.-Wilh.-Ges.).

[3] BOZLER, E.: Zitiert auf S. 155.   [4] LEVI, G.: Zitiert auf S. 143.

[5] PÉTERFI, T.: Zitiert auf S. 156.

membranartig kondensiert erscheint. Die Oberflächenschicht frischer, lebensfähiger Neuroblasten ist weit widerstandsfähiger einer Mikronadelspitze gegenüber als die Substanz innerhalb der Zelle. Geringe Schädigungen experimenteller oder rein biologischer Natur genügen, um eine Änderung der kolloidalen Struktur hervorzurufen, welche dann mehr oder weniger bleibende sogar letale Folgen für die Zelle bilden. Beim Altern der Zelle oder bei Züchtung der Zelle unter höheren Temperaturen (G. Levi[1]) erfolgt leicht eine Verflüssigung der Zellsubstanz, ebenso verflüssigt sich das Neuroplasma auf Einwirkung des Stiches mit der Mikronadel. Diese kolloidchemischen Veränderungen sind bis zu einem gewissen Grade reversibel, das verflüssigte zum Teil entmischte Neuroplasma kann sich wieder in Form einer mehr homogenen hyalinen Substanz gelisieren (*Tixotropie*[2]). Péterfi und O. Kapel[3] haben festgestellt, daß in den Gewebekulturen von Neuroblasten, wo die Neuroblasten in das Plasma ausgewandert sind, die Zellen nur kurze Zeit ihre charakteristische Form und ihre Eigenschaften als lebensfähige Neuroblasten behalten. Bald tritt eine Art Dedifferenzierung ihrer Substanz auf. Die ursprünglich fast homogene hyalinartige Zellsubstanz weist gleichgeformte kleine Körner auf, ihre ursprünglich mehr gallertige und viskose Beschaffenheit wird stärker flüssig, die ursprünglich feinen fädchenförmigen Fortsätze runden sich ab, der Kern wird besser sichtbar; kurz: das Neuroplasma weist gut sichtbare Zeichen einer beginnenden Entmischung auf. Ähnlicherweise, nur bedeutend rascher und stärker, dürfte die Entmischung des Neuroplasmas sich im Moment der mikrotechnischen Reaktionen vollziehen, mit dem Unterschied aber, daß dabei das Zerfallen der micellaren Grundstruktur durch die plötzliche und energische Wirkung der Fixierungsmittel verhindert wird. Was wir also an fixierten und gefärbten Präparaten als Fibrillen und interfibrilläre Substanz unterscheiden, sind nur Produkte der durch mikrotechnische Reagenzien bewirkten Entmischung des Neuroplasmas. Die als Keime vorhandenen Micellenreihen werden dabei mit ihrer Adsorptionsschicht als Fibrillen ausgeflockt, während die übrigbleibende wässerige Phase die sog. interfibrilläre Substanz darstellt[4]. Daraus folgt aber, daß die Fibrillen der histologischen Präparate stets aus zwei Komponenten zusammengesetzt aufzufassen sind: aus einer Achse, welche den schon im lebenden Zustand vorhandenen Micellenreihen entspricht, und aus einer an diese Achse adsorptiv gebundenen Schicht, welche am besten als perifibrilläre Substanz bezeichnet werden kann. Ob die perifibrilläre Schicht in den Präparaten besser oder weniger gut sichtbar erscheint, hängt ausschließlich von mikrotechnischen Faktoren ab; in der Regel dürfte jedoch jede mikroskopisch sichtbare Neurofibrille von einer perifibrillären Schicht umhüllt sein. Es ist physikalisch-chemisch schwer vorzustellen, daß Strukturen von so hoher Oberflächenentwicklung wie die Fädchen eines Fädchensoles, nicht eine mehr oder weniger

---

[1] Levi, G.: Rend. Accad. Lincei, V a S., **32** (1923). (Die Angaben von Levi beziehen sich nicht auf Nervenzellen, sondern im allgemeinen auf bei ungünstig hohen Temperaturen [39—40°] gezüchteten Zellen.) Nach Mossa [Boll. Soc. Biol. sper. **1** (1926)] sind die Neuroblasten in vitro solchen Einflüssen gegenüber viel widerstandsfähiger als andere gezüchteten Zellarten.

[2] Vgl. G. Ettisch in ds. Handb. **1** A, 199. — Freundlich, H. u. H. Rosenthal: Z. physik. Chem. **121** (1926). — Freundlich, H.: Protoplasma **2** (1927). — Péterfi, T. u. O. Olivo: Arch. exper. Zellforschg **4** (1927). — Péterfi, T.: Roux' Arch. **112** (1927) — Festschr. f. Driesch, 689 (mit Literatur der Frage). — Vgl. dazu auch General Cytology by Cowdry 237 (1924). — Herwerden, M. van: Protoplasma **1** (1926).

[3] Péterfi, T. u. O. Kapel: Arch. exper. Zellforschg **5** (1928).

[4] Vgl. über Fixierung als kolloidchemischen Vorgang G. C. Heringa: Die Herstellung mikroskopischer Dauerpräparate, in Methodik d. wiss. Biol. von Péterfi **1**, 589. Berlin 1928. — Herwerden, M. van: Zitiert oben.

starke Schicht aus ihrer Umgebung adsorptiv binden, die bei der Fixierung mit ihnen gemeinsam ausgefällt wird.

Die Entstehung des Fibrillen-Äquivalentbildes erkläre ich also aus der Fällung des Neuroplasmas mit stark wirkenden Elektrolyten oder aus der dehydratierenden Wirkung des Alkohols und Äthers bei der Fixierung. Die dabei hervorgerufene Fibrillisation wird natürlicherweise von geronnenen oder gefällten Neuroplasmabestandteilen zunächst verdeckt (*maskiertes Bild* der Fibrillenstruktur). Die elektive Färbbarkeit ist in erster Linie dadurch bedingt, daß, wie schon anfangs hervorgehoben wurde, die Fibrillen, welche bei ihrem Aufbau aus Längsreihen von Micellen festere Längsstrukturen darstellen als das lockere Gerinnsel des übrigen Neuroplasmas (interfibrilläre Substanz), besonders wirksame Oberflächen darstellen, an denen bei ihrer spezifischen Ladung die Silber-, Gold- und basischen Farbstoffionen stärker gebunden werden. Was wir also im histologischen Präparat erblicken, ist das Resultat der Fixierung d. h. Fällung der mikroskopischen Micellenreihen mit ihrer Adsorptionshülle und die konsekutive Imprägnierung dieser festeren gallertigen Struktur mit Metallsalzen oder basischen Farbstoffen. Die Neurofibrillen der histologischen Präparate bestehen also aus den schon ultramikroskopisch vorhandenen Micellenreihen[1], aus den adsorbierten Hüllen (perifibrilläre Substanz) und der färbetechnisch an die Fibrillen gebundenen Schicht von reduzierten Schwermetall-Ionen oder basischen Farbstoffen. Die so sichtbaren Fibrillen sind weit massiver und stärker, nicht nur als die latente Struktur, sondern selbst als die nur fixierten, aber nicht imprägnierten Fibrillen.

Diese erscheinen dort, wo sie schon in ungefärbtem Zustande sichtbar sind, so fein, daß sie an der Grenze der mikroskopischen Sichtbarkeit liegen. Sie sind von dem Mitom FLEMMINGS (s. S. 101) kaum zu unterscheiden. Die moderne Neurohistologie unterschätzt die optisch ungenügend differenzierten Präparate der Flemmingschule[2], meines Erachtens mit Unrecht, denn das Bild der Fibrillenstruktur in diesen vorzüglich fixierten, nur nicht elektiv gefärbten Fibrillenpräparaten steht den natürlichen Verhältnissen sicherlich näher, als die mit der Gold- und Silberimprägnierung gewonnenen Präparate, welche tatsächlich feste und starre „Leitungsdrähte", d. h. mit Metall imprägnierte Fäserchen enthalten. Die Beschaffenheit der im Moment der Fixierung entstandenen Fibrillisation dürften am besten die Färbungen mit basischen Farbstoffen nach Vorbeizung mit Molybdänsalzen (Toluidinblau BETHE, Hämotylin HELD) wiedergeben. Einem richtigen Äquivalentbild entspricht jedoch die primäre Färbung der Fibrillen nach BETHE zweifellos am meisten (s. Abb. 3).

Das Verhältnis der lebenden Struktur zum histologischen Präparat läßt sich am besten mit dem der belichteten photographischen Platte zum entwickelten photographischen Bild vergleichen. Wie die belichtete Platte das zukünftige Bild schon im latenten Zustande enthält, so enthält auch schon das lebende Neuroplasma in latenter Form das mikrotechnisch hervorzurufende Strukturbild. So streng kausal das latente Bild mit dem entwickelten Bild zusammenhängt, eine ebenso strenge Kausalität ist auch zwischen der lebenden und der fixierten und gefärbten Struktur des Nervengewebes gegeben. *Wir können also die Neurofibrillenstruktur des lebenden Nervengewebes am richtigsten als eine latente Struktur bezeichnen, womit ausgedrückt werden soll, daß sie in der Form, wie sie uns in histologischen Präparaten erscheint, im lebenden Gewebe zwar streng vorausbestimmt, aber noch nicht vorgebildet ist.* Erst durch die Wirkung der mikrotechnischen Mittel auf das Neuroplasma wird sie im Präparat hervor-

---

[1] Diese würden der „sostanzia neurofibrillare" von G. LEVI (zitiert auf S. 143) entsprechen.

[2] FLEMMING, W.: Arch. mikrosk. Anat. 46 (1895) — Anat. H. 6 (1896). — BENDA, C.: Verh. anat. Ges. Berlin 1896. — REINKE, FR.: Arch. mikrosk. Anat. 43 (1893) — Verh. anat. Ges. 1896. — KRONTHAL, P.: Neur. Zbl. 9 (1890) — Von der Nervenzelle und der Zelle im allgemeinen. Jena 1902.

gerufen[1]. Man darf daher die Neurofibrillen der histologischen Präparate weder als Kunstprodukte noch als das Spiegelbild der lebenden Struktur betrachten. Sie sind im Neuroplasma der lebenden Nervenzelle und Faser in latenter Form, aber auch *nur* in dieser Form vorhanden[2].

Ebenso fasse ich die Nisslschollen als eine latente Struktur auf. Schon HELD[3] hat festgestellt, daß im ganz frischen Material diese Gebilde nicht zu sehen sind. In den lebenden, ganz frischen Nervenzellen kann man nicht einmal nach einer vitalen Methylenblaufärbung Nisslschollen sehen. DE MOULIN[4] hat nachgewiesen, daß die frischen sorgfältig aufbewahrten Nervenzellen kein Tigroid enthalten. Die Körnchen treten jedoch nach Schädigung der Zelle sofort auf, gleichgültig, ob die Schädigung auf chemische Einwirkungen, durch Änderung des osmotischen Druckes oder einfach durch nekrobiotische Prozesse eingetreten ist. Das Erscheinen des Tigroids soll nach DE MOULIN mit der Schädigung des Kernes zusammenhängen. Jedenfalls bedeutet auch das Auftreten der Nisslschollen eine Art von Flockung und Entmischung des Neuroplasmas[5]. Wie schon NISSL ausdrücklich betont, stellt das mikroskopische Präparat der Tigroidsubstanz nur ein Äquivalentbild der lebenden Zelle dar. Zwischen dem Äquivalentbild der Fibrillen und demjenigen der Nisslschollen besteht jedoch der grundsätzliche Unterschied, daß während man die Fibrillenstruktur aus Reihen von stäbchenförmigen Micellen als latente Struktur sich vorstellen kann, eine solche latente Struktur des Tigroids in der lebenden Zelle kaum existieren dürfte[6]. Die Nisslschollen erscheinen erst im Moment der Zellschädigung und werden wahrscheinlich durch die austretende Kernsubstanz im Neuroplasma gebildet. Wie und wo sie gebildet werden, ist aber von der Beschaffenheit des lebenden Neuroplasmas (Wasser- und Lipoidgehalt, Oxydation- und Reduktionsvorgänge) streng kausal bestimmt[7].

Vergleicht und identifiziert man also die Fibrillen der Dauerpräparate mit isolierten Leitern und versucht man sie z. B. als den Kernleiter im Sinne der *Kernleitertheorie* von HERMANN zu deuten, so stellen sich einer solchen Iden-

---

[1] Vgl. A. PENSA: Monit. zool. ital. **34** (1923) — Trattato di istologia generale. Soc. ed. Libraria 1925. Die Beweise, welche E. LUGARO [Riv. Pat. nerv. **14** (1909); **15** (1910)] und CES. OLIVIO [ebenda **32** (1927)] zugunsten der vitalen Präexistenz der Neurofibrillen anführen, sind alle indirekter Natur und beweisen nur, daß die Neurofibrillen keine Kunstprodukte in üblichem Sinne sind, wie vielfach behauptet wurde [AUERBACH, L.: Anat. Anz. **40** (1911)].

[2] Sv. INGVAR [Arch. of Neur. **10** (1923)] hat mit Zentrifugieren (3000 Umdr. bis 3 Std.) die Dislokation der Fibrillenstruktur festgestellt, woraus er darauf folgert, daß diese Struktur auch im Leben vorhanden sein muß. Die schönen Versuche liefern jedoch keinen unmittelbaren, sondern nur einen indirekten Beweis für die Existenz der Fibrillen, da die zentrifugierten Zellen natürlich erst in fixiertem Zustande untersucht wurden. Die Versuche von INGVAR sind also schlagende Beweise dafür, daß die Neurofibrillen keine Kunstprodukte im üblichen Sinne sind, beweisen aber nicht, daß sie auch in der lebenden Zelle dieselbe Struktur bilden wie im fixierten Präparat. Wahrscheinlich handelt es sich dabei um eine physikalische Erscheinung, nämlich, daß das viskose Stäbchensol sich beim Zentrifugieren mehr um den Kern herum, die flüssigere Phase mehr an der Zellperipherie sich ansammelt.

[3] HELD, H.: Arch. Anat. u. Physiol. **1895**.

[4] MOULIN, DE: Nederl. Tijdschr. Geneesk. **67** (1923) — Arch. exper. Zellforschg **17** (1923).

[5] Vgl. G. MARINESCO: Riv. sper. Freniatr. **50** (1926).

[6] Vgl. MÖLLGAARD, Anat. H. **43** (1911). — HOPKINS: Anat. Rec. **28** (1924). — Ferner MARINESCO, MATSUMOTO, MOSSA, LEWIS: Zitiert auf S. 154.

[7] Was auf Grund fixierter Präparate öfters als eine Art Sekretion in den Ganglienzellen gedeutet wurde [PRENANT, M.: J. d'Anat. et Physiol. (1899)], ist also rein das Produkt der Mikrotechnik (jedoch kein Kunstprodukt). Die Sekretionstheorien von LUGARO [Riv. Pat. nerv. **10** (1905)] und SCHIEFFERDECKER (Neurone u. Nervenbahnen. Leipzig 1906) nehmen spezifische Stoffwechselprodukte als maßgebende Faktoren in der Funktion der Nervenzelle an, jedoch keinen Sekretionsvorgang wie in einer Drüsenzelle. Selbst in Angesicht der Tatsache, daß die lebende Nervenzelle keine Tigroidsubstanz aufweist, erscheint es höchst wahrscheinlich, daß aus dem Kern ständig Substanzen in das Cytoplasma abgegeben werden [R. GOLDSCHMIDT: Zool. Jb. **18** (1904) — Das Nervensystem von Ascaris lumb. u. meg., Festschr. f. R. Hertwig **2** (1910)], nur in so minimalen und genau regulierten Mengen, daß sie, dem jeweiligen Stoffwechselgleichgewicht angemessen, das kolloide Cytoplasma nicht ausflocken. Das tritt erst im Moment ein, wenn die Zellautonomie gestört, oder die Zelle fixiert wird. Dann werden die Stellen, wo die aus dem Kern (normal- oder pathologischerweise) herausdiffundierten Substanzen auf das Cytoplasma gewirkt haben, mikroskopisch als „Tigroid" sichtbar.

tifizierung beträchtliche Schwierigkeiten entgegen. Selbst im fixierten Präparat ist histologisch schwer zu definieren, was um die Fibrillen herum als Hülle des Kernleiters aufzufassen ist[1]. Allein die motorischen Nervenfasern der Hirudineen, wo eine einzige Fibrille von einer mächtigen perifibrillären Hülle umgeben sichtbar ist, könnten noch bis zu einem gewissen Grade mit dem HERMANNschen Kernleitermodell verglichen werden. Dort aber, wo die Fibrillen dicht nebeneinander von der interfibrillären Substanz gemeinsam umgeben liegen, oder in den Nervenzellen Netze bilden, ist es nicht möglich, um jede einzelne Fibrille herum, eine von den übrigen isolierte Hülle, eine mikroskopisch sichtbare und abgegrenzte perifibrilläre Substanz zu unterscheiden. Man müßte also die Fibrillen in ihrer Gesamtheit als einen in Kabelform angelegten Kern auffassen, und nur die äußere Schicht der Faser, möglicherweise noch die Schicht der SCHWANNschen Zellen (A. v. TSCHERMAK[2]) als „Hülle" bezeichnen. Abgesehen davon, daß eine solche Annahme weder den Physiologen noch den Histologen präzise Vorstellungen über den Vorgang der Reizleitung und die Rolle der Fibrillen bieten kann, da die histologische Definition der „Hülle" viel zu unbestimmt erscheint, ist es überhaupt fraglich, ob man die Neurofibrillen mit einem primären Leiter wie der Kernleiter eines HERMANNschen Modells vergleichen darf. Das Wesen des Kernleiters besteht ja bekanntlich darin, daß die elektromotorischen Kräfte, welche innerhalb eines Leiters (in den Kernleitermodellen stets eines primären Leiters) wirken, die sie umgebende Schicht einer leitenden Flüssigkeit (Hülle) elektrodynamisch beeinflussen und von dieser dann zwangsläufig selbst beeinflußt werden. Sollten also die Fibrillen dem Kern eines Kernleiters entsprechen, so müßte angenommen werden, daß die elektromotorischen Kräfte, welche die Leitung aufrecht erhalten, in ihrer Substanz lokalisiert sind. Das kann jedoch aus zwei Gründen nicht angenommen werden: elektrodynamisch nicht, weil die Fibrillen selbst in den Präparaten so dünn sind, daß man außergewöhnlich hohe elektromotorische Kräfte annehmen müßte[3], um ihre Leitungsfähigkeit zu erklären und andrerseits histologisch nicht, weil die Fibrillen im lebenden Zustand nicht in einer solchen Form vorkommen, daß sie ohne weiteres mit dem Kern eines Kernleiters verglichen werden könnten.

Weit einfacher gelangt man zu einer Erklärung der Reizleitung auf physikalisch-chemischen Wege, wenn man zur Theoriebildung die Neurofibrillen gar nicht heranzuziehen braucht und den ganzen Vorgang der Reizleitung, Erregung und Erregungsfortpflanzung aus den elektromotorischen Kräften ableitet, welche innerhalb einer durch semipermeable Membrane unterteilten Konzentrationskette wirksam werden (SHERRINGTON[4], BERNSTEIN[5]). Als eine solche Konzentrationskette könnten die Ketten der Neurone im Sinne der Kontakttheorie betrachtet werden, mit der Annahme, daß zwischen einem Neuron und seinem Folgeneuron ein Konzentrationsunterschied besteht. Der Mechanismus der Erregungsleitung würde dadurch auf einen einzigen physikalisch-chemischen Faktor, die Funktion der semipermeablen Membrane, und einen einzigen histo-

---

[1] Vgl. dazu M. CREMER: Die allg. Physiologie der Nerven, im Handb. d. Physiol. von NAGEL 4, 927. — FRÖHLICH, W. F.: Physiologie d. Nervensystems, im Handwörterb. d. Naturwissenschaften 7, 140. — BAYLISS, W. M.: Grundriß d. allg. Physiol., 3. Aufl., 457. — BROEMSER, PH.: Erregbarkeit, Reiz- u. Erregungsleitung, im Handb. d. norm. u. path. Physiologie von BETHE 1 A, 477.
[2] TSCHERMAK, A. v.: Allg. Physiologie 1 II, 406.
[3] Vgl. SAMOJLOFF: Pflügers Arch. 78 (1899). — CREMER, M.: Zitiert oben.
[4] SHERRINGTON, C. S.: The integrative action of the nervous system. New York 1906.
[5] BERNSTEIN, M.: Pflügers Arch. 92 (1902). — Elektrobiologie. Braunschweig 1912. — LILLIE, R. S.: Amer. J. Physiol. 24 (1909); 28 (1911). — LOEB, J.: J. gen. Physiol. 4 (1921). — Vgl. auch R. BEUTNER: Die Entstehung elektrischer Ströme in lebenden Geweben. Leipzig 1920. — REICHEL, H. u. H. SPIRO, in ds. Handb. 1 A, 523.

logischen Faktor, das als etwa eine physiologische Elektrolytlösung aufgefaßte Neuroplasma, zurückgeführt. Aus den Permeabilitätserscheinungen der Membrane bei den verschiedenen Reizen physikalischer und chemischer Natur, aus der permeabilitätssteigernder Wirkung bestimmter Ione und der abdichtenden Wirkung anderer Ione ließe sich eine ganze Reihe der meist charakteristischen nervenphysiologischen Erscheinungen erklären (HÖBER[1], EBBECKE[2]). Zugunsten dieser Auffassung kann auch die Tatsache bewertet werden, daß man bei der Reizleitung der höheren Pflanzen eine kataphoretische Wanderung sog. Reizstoffe und ein Konzentrationsgefälle zwischen gereizter und ungereizter Stelle festgestellt hat (BOSE[3], BLAAUW[4], WENT[5], BRAUNER[6] usw.) und also bewiesen hat, daß bei einer ganzen Gruppe hochorganisierter Lebewesen die Reizleitung auch ohne Mitwirkung von Neurofibrillen (die bekanntlich in pflanzlichen Geweben bisher mit Sicherheit nie nachgewiesen werden konnten[7]), rein durch die Funktion semipermeabler Zellmembrane aufrecht erhalten wird.

Ob jedoch im Organismus der Metazoen, wo ein morphologisch differenziertes Nervensystem ausgebildet ist, der Reizleitungsvorgang, wie bei den Pflanzen, als Elektroendosmose gedeutet werden kann, erscheint sehr fraglich. Solche osmotische und elektroendosmotische Faktoren spielen sicherlich auch bei den elementaren reizphysiologischen Erscheinungen der Tiere eine entscheidende Rolle, wie in der Dynamik der Zelleben überhaupt[8]. Sie genügen jedoch nicht, um den spezifischen Mechanismus der Nervenleitung in allen ihren Eigentümlichkeiten restlos zu erklären[9]. Vor allem sind es zwei Argumente, welche dagegen sprechen, daß die Nervenleitung im Sinne der Membrantheorien rein durch die Funktion der als Zellmembrane gedachten semipermeablen Schichten zu erklären sei: Erstens ist es eine allgemein bekannte Tatsache, worauf schon PFLÜGER ausdrücklich hingewiesen hat, daß die Reizleitung im Nerv stets in der Längsrichtung erfolgt und bei im ganzen quer zugeleiteten Strömen keine Erregung im Nerv nachzuweisen ist[10]. Wirken aber nichtelektrische Reize (mechanischer, chemischer Reiz usw.) quer auf die Längsachse des Nerves, so pflanzt sich die Erregung stets in der Längsrichtung fort, allerdings (ähnlich wie die Lichtenergie) mit Schwingungen in senkrecht auf die Fortpflanzungsrichtung gestellten Ebenen (Querkomponent). Wenn man also als Einheit der Nerven-

---

[1] HÖBER, R.: Pflügers Arch. **106** (1905); **134** (1910) — Physikalische Chemie d. Zelle u. Gewebe, 5. Aufl., 2. Hälfte. Leipzig 1924). — Vgl. dazu auch J. TRAUBE: Jkurse ärztl. Fortbildg **17** (1926). — Vgl. auch H. WINTERSTEIN: Biochem. Z. **75** (1916) — Die Narkose. Berlin 1919. — VERZÁR, FR.: Biochem. Z. **107** (1920). — GRAY, J.: Brit. J. exper. Biol. **3** (1926).
[2] EBBECKE, H.: Pflügers Arch. **195** (1922); **197** (1923); **203** (1924); **211** (1926). Eine neue Fassung und Begründung der Membrantheorie wurde von PH. BROEMSER gegeben [Z. Biol. **72** (1920); **73**; **74** (1921); **83** (1925)].
[3] BOSE, J. CH.: Comparative Electrophysiology. London 1907.
[4] BLAAUW: Z. Bot. **6** (1924); **7** (1925).
[5] WENT, F. W.: Versl. Akad. Wetensch. Amsterd., Wis- en natuurk. Afd. **35** (1926).
[6] BRAUNER: Erg. Biol. **2** (1927). — Vgl. auch M. HARTMANN: Allg. Biologie II, 630.
[7] Die in einigen Pflanzen (z. B. Mimosen) nachgewiesenen Fibrillen, welche als Neurofibrillen gedeutet wurden, sind sehr fraglicher Natur. Ebenso umstritten ist die Bedeutung des sog. neuromotorischen Apparates, den einige Protozoologen (V. TAYLOR, CAMPBELL u. a.) als Reizleitungsorganelle bei Euplotes und anderen Ciliaten beschrieben haben [vgl. V. TAYLOR: Univ. California Publ. Zool. **19** (1920). — CAMPBELL, A. SH.: Ebenda **29** (1926)].
[8] Vgl. R. HÖBER: Physikalische Chemie d. Zelle u. Gewebe, 6. Aufl. Leipzig 1926 — Der Stoffaustausch zwischen Protoplast und Umgebung, in Handb. d. norm. u. pathol. Physiologie von BETHE **1** A, 407 (1927). — JACOBS, H. MERKEL: Permeability of the cell, in General Cytology by Cowdey, S. 99 (1924). — REICHEL, H. u. K. SPIRO: Ionenwirkungen u. Antagonismus d. Ionen, in Handb. d. norm. u. pathol. Physiol. von BETHE **1** A, 480. Berlin 1927.
[9] Vgl. H. NETTER: Pflügers Arch. **215** (1927).
[10] PFLÜGER, E. F. W.: Die allgemeinen Lebenserscheinungen. Bonn 1889. — BETHE, A.: Zbl. Physiol. **23** (1910) (auch J. LOEB: Zitiert nach BETHE).

leitung ein Neuron annimmt, dessen Oberfläche die semipermeable Schicht darstellen soll, dann ist diese Erscheinung ohne Aufstellung von neuen Hilfshypothesen, wie etwa, daß die semipermeable Schicht allein in den Kontaktstellen lokalisiert ist (Synapsistheorie), schwer zu erklären. Die vielfach gemachte Annahme, daß im Gegensatz zu der übrigen Oberfläche des Neurons die Kontaktstellen es sind, welche als semipermeable Membrane anzusprechen sind, entbehrt nämlich jeder tatsächlichen Begründung und ist im wesentlichen nur auf theoretische Folgerungen der Neuronenlehre gestützt. Diesen gegenüber wurde an früheren Stellen (S. 109 u. f.) schon darauf hingewiesen, daß an vielen Orten des Nervensystems — sowohl in den Zentren wie an der Peripherie — die Leitungsbahnen mit den Endorganen, miteinander und mit den Nervenzellen kontinuierlich zusammenhängen und an diesen Stellen keine Grenzschichten nachweisbar sind, welche weder im morphologischen noch im physikalisch-chemischen Sinne als semipermeable Membrane zu betrachten wären. Im Gegenteil: die Fibrillenpräparate geben recht klare Beweise dafür, daß an den physiologisch wichtigsten Lötungsstellen der Reizleitung, zwischen Leitungsbahnen und Endorganen einerseits, zwischen Endaxonen und Ganglienzellen andererseits die Neurofibrillen direkt aus der Leitungsbahn in das Cytoplasma des innervierten Gebietes oder der Ganglienzelle eindringen. Schon diese, meines Erachtens feststehenden Tatsachen deuten ausdrücklich darauf, daß man in den theoretischen Erklärungen der Reizleitung im tierischen Organismus die Neurofibrillen nicht vernachlässigen kann. Außer den schon an früheren Stellen angeführten Gründen sei zugunsten dieser Ansicht noch erwähnt, daß zwischen einem der charakteristischesten Merkmale der Reizleitung: der Fortpflanzungsgeschwindigkeit und dem Entwicklungsgrad der Fibrillenstruktur ein gewisser Parallelismus zu bestehen scheint. Bei den Pflanzen ohne Neurofibrillen ist die Fortpflanzungsgeschwindigkeit der Erregung bedeutend geringer, als bei den Wirbellosen, mit einem locker gebauten Fibrillennetz; bei diesen wieder geringer als bei den Anamniern, dessen Fibrillenstruktur dichter entwickelt ist und auch bei den letzteren geringer als bei den Amnioten (Reptilien, Vögel, Säugetiere), wo man der feinsten und dichtesten Fibrillenstruktur begegnet[1]. Aus all diesen Gründen wird man den histologischen Tatsachen bei funktionellen Erörterungen am ehesten gerecht, wenn man die Neurofibrillen als die Kernleiter auffaßt, in deren Oberflächenschicht (richtiger gesagt: an der Phasengrenze) die physikalisch-chemischen Vorgänge der Reizleitung im Sinne der Theorie von NERNST und RIESENFELD[2] sich abspielen (CREMER[3], HOORWEG[4], BORUTTAU[5], FRÖHLICH[6], LILLIE[7]). Schon 1912 hat P. SCHIEFERDECKER[8] die Ansicht vertreten, daß die

---

[1] Bei *Pflanzen* bis 100 mm pro Sec. (LINSBAUER), bei *Anodenta* 1 ctm, *Tintenfisch* 2 ctm, *Ariolimax* 40 ctm, *Hummer* 6—12 m, *Frosch* Ischiadicus 16—28 m, *Mensch* 70 bis 120 m (allerdings Murmeltier in Winterschlaf nur 1 m). (Aus M. HARTMANN: Allg. Biologie 2. Jena 1927).

[2] NERNST, W. u. RIESENFELD: Ann. Physik 8 (1892). — NERNST, W.: Nachr. Ges. Wiss. Göttingen, Math.-physik. Kl. 1899 — Pflügers Arch. 22; 23 (1908). — RIESENFELD: Ann. Physik 8 (1902). — Vgl. auch H. EBBECKE: Pflügers Arch. 211 (1926). — BROEMSER, PH.: Ds. Handb. 1 A, 319.

[3] CREMER, M.: Z. Biol. 47 (1906) — ferner in Handb. d. Physiol. von NAGEL 4, 933.

[4] HOORWEG, J. L.: Pflügers Arch. 124 (1908).

[5] BORUTTAU, E.: Die Leitungsprobleme in der Nervenphysiologie. Biophysikal. Zbl. 1 (1905).

[6] FRÖHLICH, W.J.: Physiol. d. Nervensystems, in Handwörterb. d. Naturwissensch. 7, 140.

[7] LILLIE, R. S.: Amer. J. Physiol. 43 (1916) — J. gen. Physiol. 3 (1920) — Physiologic. Rev., Physiol. Soc. 1922 — Protoplasmic action and nervous action. Chicago 1923 — Reactivity of cell, in General Cytology by Cowdry, S. 167 (1924). — Vgl. auch G. BISHOP, J. ERLANGER u. S. H. GASSER: Amer. J. Physiol. 72 (1925); 78 (1926).

[8] SCHIEFFERDECKER, P.: Neurone u. Neuronenbahnen. Leipzig 1906.

funktionelle Bedeutung der Neurofibrillen darin zu erblicken sei, daß die Erregungsfortpflanzung an ihre Oberfläche in der Grenzschicht zwischen Neuroplasma und Fibrille gebunden ist. Am deutlichsten ist die Funktion der Neurofibrillen als Kernleiter mit einer aktiven Oberfläche aus den Polarisationsversuchen von BETHE[1] erkennbar.

Aus den Polarisationsversuchen von BETHE ist die Wanderung aktiver Ionen (ob man sie als Fibrillensäure bezeichnet oder nicht, bleibt für die allgemeine Theorie gleichgültig), und im Zusammenhange damit, die fortlaufende, polarorientierte Beeinflussung der Grenzschicht etwa dem Erregungsvorgang im LILLIEschen Modell entsprechend, deutlich sichtbar. Wenn man also nur die Äquivalentbilder der Neurofibrillen berücksichtigt und sie so, wie sie aus den histologischen Präparaten bekannt sind, zur Erklärung der Reizleitung heranzieht, lassen sich zwanglos weitgehende Analogien zwischen einer Nervenfaser und dem LILLIEschen Modell feststellen, wobei die Fibrillen mit dem Eisendraht, die interfibrilläre Substanz mit der konzentrierten Salpetersäurelösung vergleichbar wären. An einem einzigen jedoch kardinalen Punkt scheitert die Übertragung der Kernleitertheorien auf die Neurofibrillenstrukturen, und zwar sowohl in der HERMANNschen wie in der neueren mit der NERNST-RIESENFELDschen Theorie kombinierten Form: Im lebenden Nervengewebe sind eben keine Neurofibrillen und keine festeren Strukturen vorhanden, die innerhalb der Nervenzellen und Fasern Grenzschichten bilden könnten. Wie schon wiederholt hervorgehoben, ist in den lebenden Nervenfasern und Nervenzellen nur eine einheitliche kolloidale Substanz, das Neuroplasma, sichtbar. Man muß also aus den Eigenschaften und dem Verhalten dieser lebenden Substanz die Lösung suchen, welche einerseits mit den histologischen Tatsachen, andererseits mit den Feststellungen der Nervenphysiologie in vollem Einklange steht.

Wir haben das Neuroplasma als ein Stäbchensol kennengelernt, welches eine ausgesprochene Neigung zur Fädchenbildung besitzt. Es genügen ganz geringe Einwirkungen, damit die intermicellaren Räume der im lebenden Zustand optisch nicht sichtbaren Micellenreihen beeinflußt werden und die Micellenreihen als ultramikroskopische Fädchen erscheinen. In dem Moment, wo die ultramikroskopischen Fädchen erscheinen, sind auch die längsorientierten festeren Gebilde mit einer stark aktiven Oberfläche vorhanden, denen entlang die Absättigung der Oberfläche mit aktiven Ionen oder die Abstoßung von solchen erfolgen kann. Da aber der kolloidale Zustand des Neuroplasmas außerordentlich labil ist, und schon ganz geringe Elektrolyteneinflüsse oder rein physikalische Einwirkungen genügen, um eine Fädchenbildung hervorzurufen[2], so liegt der Gedanke nahe, daß im Moment des physiologischen Reizes ebenfalls solche Einflüsse wirksam werden, auf die das Stäbchensol-Neuroplasma mit einer Fädchenbildung reagiert[3]. Daß bei der elektrischen Reizung die an den Elektrodenpolen freiwerdende Ionen — und zwar in erster Reihe die Kationen[4] — eine verdichtende Wirkung auf die Micellenreihen ausüben und eine Fädchenbildung im Neuroplasma hervorrufen, erscheint sehr wahrscheinlich.

---

[1] BETHE, A.: Anat. Anz. **37** (1910) — Zbl. Physiol. **23** (1910) — Pflügers Arch. **163** (1916); **183** (1920). — BETHE u. TOROPOFF: Z. physik. Chem. **88** (1914); **89** (1915).

[2] Vgl. E. D. ADRIAN: J. of Physiol. **54** (1920).

[3] BUENNING, E [Bot. Archiv **14** (1926)] hat in Pflanzenzellen eine Koagulation des Protoplasma nach mechanisch-traumatischer Reizung (Wundreiz) festgestellt.

[4] Vgl. G. ETTISCH u. J. JOCHIMS: Zitiert auf S. 159. BETHE, A.: Pflügers Arch. **183** (1920) (Membranauflockernde oder -verdichtende Wirkung der $Ca^{..}$, $Ba^{..}$, $Ni^{..}$, $La^{...}$, $H^{.}$-Ionen auf Kolloide). — LASAREFF, P.: Riv. Biol. **8** (1926). Dabei kommt der physiologischen Äquilibrierung und dem Antagonismus der Ionen eine ausschlaggebende Bedeutung zu. — Vgl. H. REICHEL u. K. SPIRO: Ionenwirkungen u. Antagonismus der Ionen, in ds. Handb. **1** A, 486 (1928).

Die primäre Reizwirkung würde demnach eine ultramikroskopische Strukturbildung, einen intermicellaren Vorgang in einem dazu spezifisch disponierten Sol bedeuten, wodurch die Grenzflächen geschaffen würden, welche dann im Sinne der modernen Kernleitertheorien den Mechanismus der Erregung und vor allem die längsorientierte Erregungsfortpflanzung diesen Grenzflächen entlang erklären könnten. Sobald die Reizwirkung die ultramikroskopischen Fädchen im Neuroplasma hervorgerufen hat, steht weder gedanklich noch tatsächlich nichts im Wege, diese Fädchen mit dem Kernleiter des LILLIEschen Modells[1] zu vergleichen. Das Wesen dieser Betrachtungsweise liegt darin, daß sie die latente Fibrillenstruktur im lebenden Organismus als eine ad hoc-Struktur auffaßt, als eine Erscheinung, welche mit der Reizwirkung streng kausal zusammenhängt, jedoch nicht die Ursache, sondern die Folge der Reizwirkung auf das lebende Neuroplasma bedeutet. Unter physiologischen Bedingungen im lebenden Organismus dürften die latenten Fibrillen ebenso reversibler Natur sein, wie die auf mechanische oder chemische Einwirkungen hervorgerufenen Strahlungsfiguren im Protoplasma unbefruchteter Echinodermen-Eier[2]. Sie würden wieder verschwinden, sobald die Reizwirkung abgeklungen, und der Ruhezustand mit seiner charakteristischen micellaren Anordnung wieder eingetreten ist. Sie bedeuten die spezifische, optisch faßbare Reaktionsform des Neuroplasmas auf die Reizwirkung, welche, sobald sie entstanden ist, auf die Dauer der Reizwirkung den Erregungsvorgang entscheidend beeinflußt. *Das histologische Präparat mit dem Äquivalentbild der latenten Struktur ist also nichts anderes als die momentan fixierte Reaktionsform auf eine letale Reizwirkung* (Abb. 49).

Die Betrachtung der Neurofibrillen als die Produkte einer spezifischen, kolloidchemischen Reaktion des Neuroplasmas im Moment der Reizwirkung dürfte meines Erachtens geeignet sein, ihr gesetzmäßiges Vorkommen in den histologischen Präparaten und ihr Verhalten bei pathologischen Vorgängen ebenso zu erklären, wie auch ihre Unsichtbarkeit im lebendfrischen Nervengewebe. Sie bietet eine geeignete Grundlage, um die physiologischen Erscheinungen der Reizleitung in Einklange mit der histologischen Struktur der Leitungswege, sowohl im lebenden wie im fixierten Zustande zu deuten. Man gewinnt dabei Anhaltspunkte, um den verschiedenen Charakter der Erregungsfortpflanzung bei Pflanzen und Tieren auf einer einheitlichen Grundlage zu beurteilen[3], indem man den grundsätzlichen Unterschied in der Verschiedenheit des micellaren Aufbaues erblickt, der im wasserreichen Cytoplasma der pflanzlichen Gewebe wesensverschieden sein dürfte von dem der stark viskösen Neuroplasma der Tiere. Ebenso ließen sich die artspezifischen Unterschiede in der Fortpflanzungsgeschwindigkeit der Erregung mit den phylogenetisch bedingten Veränderungen im kolloidalen Aufbau des Neuroplasmas in Zusammenhang bringen, derzufolge höher organisierte Arten auf die Reizwirkungen hin in ihrem Neuroplasma die aktiven Oberflächen der Reizleitung reichlicher zu bilden vermögen als die in dieser Hinsicht niedriger organisierten Formen[4]. Auch mit der Stützgerüst-

---

[1] LILLIE, R. S.: General Cytology by Cowdry, S. 228—229. Ebensogut läßt sich aber diese Auffassung auch mit den Theorien in Einklang bringen, welche die Nervenleitung nicht als einen ausschließlich elektrischen, sondern viel mehr als einen vibratorischen Vorgang auffassen (SUTHERLAND, WILKE u. ATZLER, STEINACH, W.), da die Zustandsänderung des äußerst labilen Neuroplasmasol durch mechanische Faktoren ebenso auszulösen ist wie durch elektrische.

[2] CHAMBERS, R.: J. of exper. Zool. **23** (1917) — Physical structure of Protoplasm. in General Cytology by E. V. Cowdry. Chicago 1924.

[3] Vgl. R. S. LILLIE, in General Cytology by Cowdry, S. 228—229.

[4] LENHOSSEK, M.: Anat. Anz. **36** (1910).

theorie hat diese Anschauungsweise insofern engere Beziehungen, als bekanntlich die Stäbchensole andere physikalische Eigenschaften besitzen wie die Sole mit kugeligen Teilchen und diesen gegenüber sich durch ihre erhöhte Elastizität und Viskosität auszeichnen[1]. In einem solchen übertragenen Sinne ist also die Auffassung von GOLDSCHMIDT über die mechanische Bedeutung der Fibrillen begründet. Allerdings spielt nicht ein Fibrillengerüst diese mechanische Rolle, sondern ihre latente Form, das viskös elastische Stäbchen- oder Fädchensol. Die trajektorienartige Anordnung der Fibrillen innerhalb der Zellen ist nicht der Ausdruck ihrer statischen Rolle im Leben der Zelle, sondern der Ausdruck bestimmter Zug- und Druckwirkungen in der Zelle *im Moment der Fixierung*.

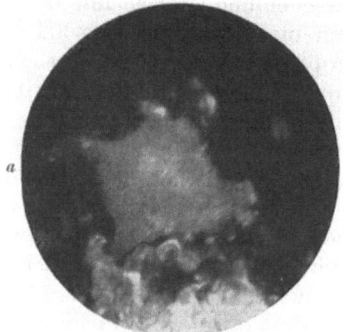
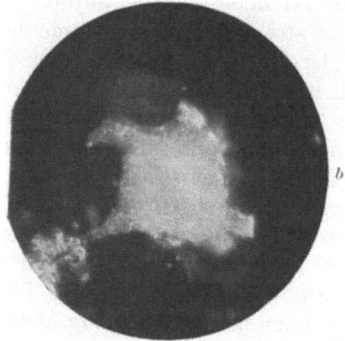
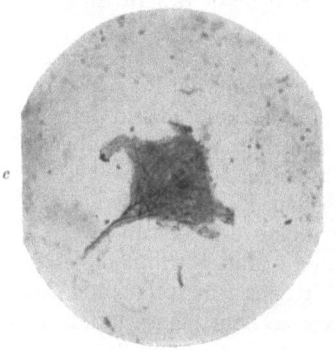

Abb. 49. Eine und dieselbe Nervenzelle der Ratte: *a* latente Struktur, *b* maskiertes Bild, *c* Äquivalentbild der Neurofibrillen. (Quetschpräparat aus dem Rückenmark. *a* 1 Stunde nach dem Tode, *b* nach 10 Minuten Fixierung mit Formalin im Dunkelfeld photographiert. Paraboloid-Wechselkond. Obj. Zeiss spez. X, Phoku, *c* Bielschowsky-Hämatein, im Hellfeld, Obj. Zeiss spez. X, Phoku.)

Schließlich dürfte bei dieser Betrachtungsweise klar hervorgehen, daß ein scharfer Antagonismus zwischen den zwei führenden Lehren der Neurohistologie, — der Neuronen- und der APÁTHY-BETHEschen Lehre, — in der Frage der Neurofibrillen nur dann besteht, wenn man sie ohne Rücksicht auf ihren vielfach nur historischen Charakter dogmatisch auslegt. Sonst ist der Antagonismus leicht darauf zurückzuführen, daß beide Lehren in ihren Grundauffassungen recht gehabt haben, und nur der historisch bedingte Stand der Forschung es jahrzehntelang nicht gestattet hat, daß die Auffassung von der entscheidenden Rolle des Neuroplasmas mit der Lehre von der spezifischen Bedeutung der Neurofibrillen in Einklang gebracht werden. Eine geeignete Grundlage dafür erhalten wir jedoch, sobald wir die kolloidchemische Natur der lebenden Zelle näher kennenlernen und das lebende Neuroplasma als die Substanz auffassen, in welcher die energetischen Prozesse der Reizleitung vor sich gehen; die Neurofibrillen aber als den morphologischen Ausdruck jener Kraftlinien betrachten, denen entlang diese Prozesse sich während der Erregung abspielen.

---

[1] Vgl. G. ETTISCH, in ds. Handb. **1** A, 209. — ETTISCH, G. u. A. SZEGVÁRI: Protoplasma **1** (1926). — SEIFRIZ, W.: Amer. Naturalist **60** (1926). — HERZOG, R. O.: Naturwissensch. **16** (1928) (Jber. d. Kais.-Wilh.-Ges.).

Die Durchlässigkeit des Nerven für Wasser und Salze und deren Zusammenhang mit der elektrischen Erregbarkeit.

Von

RUDOLF HÖBER

Kiel.

Zusammenfassende Darstellungen.

CREMER, M.: Nagels Handbuch der Physiologie des Menschen 4. 1909. — HÖBER: Physikalische Chemie der Zelle und der Gewebe. 6. Aufl. 1926.

Das Studium der Durchlässigkeit für Wasser und Salze ist eine Aufgabe, die uns in der Physiologie jedes Organs entgegentritt. In der Physiologie des Nerven ist sie durch zwei besondere Eigenschaften geboten, erstens dadurch, daß als Zeichen der Erregung im Nerven die Aktionspotentiale auftreten und sich über den Nerven hinbewegen, und zweitens dadurch, daß die Reizung des Nerven durch Austrocknung und die Reizung durch den elektrischen Strom zu den alltäglichsten Formen der experimentellen Erregung gehören. Die dabei sich abspielenden Vorgänge können wir nur durchschauen, wenn wir wissen, welche Wege dem Wasser und den Ionen im Nerven offenstehen; wir müssen also die lokalen Möglichkeiten der Osmose und der Ionendiffusion untersuchen.

Diese Aufgabe ist nicht einfach; der Nerv und die einzelnen Bündel seiner Fasern sind durch mehr oder weniger dichte Bindegewebsscheiden zusammengehalten; die einzelne Nervenfaser besitzt in der HENLEschen Scheide, im Neurilemm, in der Markscheide und im Axolemm Hüllen, die den Achsenzylinder, also die Neurofibrillen und die Perifibrillärsubstanz, in die sie eingebettet sind, umschließen; die Markscheide ist dabei an den RANVIERschen Schnürringen unterbrochen, so daß die Achsenzylinder dort in anderer Weise von außen zugänglich sind. Es fragt sich, wie die Durchlässigkeit all dieser Bestandteile beschaffen ist.

Osmose und Ionendiffusion beim Nerven. Schon OVERTON[1] hat darauf aufmerksam gemacht, daß die Bindegewebshüllen offenbar ein starkes Hindernis für den Verkehr der im Nerven und in seiner Umgebung gelösten Stoffe darstellen. Er schloß dies daraus, daß die Lösungen verschiedener Salze die Erregbarkeit des Nerven ungleich langsamer verändern als die des weniger dicht eingescheideten Muskels. Im Anschluß daran zeigte URANO[2], daß, wenn ein Nerv erst einmal stundenlang in einer Salzlösung, etwa in Ringerlösung, verweilt hat und dadurch sozusagen aufgeweicht ist, er auf Änderungen seines Ionenmilieus viel rascher und stärker anspricht als zu Anfang; wir werden darauf später (S. 175) zurückkommen.

---

[1] OVERTON: Pflügers Arch. **105**, 251 (1904).
[2] URANO: Z. Biol. **50**, 459 (1908).

Genauer sind die Verhältnisse der Osmose und Diffusion erst neuerdings durch NETTER[1] am Froschischiadicus untersucht worden. Er versenkte zunächst den Nerven in isotonische Glucoselösung und bestimmte die Leitfähigkeit; es ergab sich, daß der Widerstand des Nerven in den ersten 2—3 Stunden (bei 10° Temperatur) rasch ansteigt, darauf 1—3 Tage fast konstant bleibt und erst danach weiter zu hohen Werten anwächst. NETTER schließt daraus, daß ein Teil der Elektrolyte leicht auszulaugen ist und ein anderer fester gehalten und erst beim Absterben des Nerven frei beweglich wird. Die leicht auszulaugenden Elektrolyte befinden sich vermutlich (ähnlich wie beim Muskel nach URANO[2]) in der Bindegewebsflüssigkeit; die Widerstandsänderung läßt dann errechnen, daß diese etwa 30% des Nerven ausmacht, während 70% Nervenfasern sind, die von einer ziemlich elektrolytdichten Scheide umzogen sein müssen. Diese Membran kann nach NETTER rasch durchlässig gemacht werden, wenn man den Nerven mit Äther, Phenol oder Valeriansäure schädigt („Neurolyse"), oder wenn man die Scheiden durch Glucoselösung von $1/4—1/8$-Isotonie osmotisch sprengt; der elektrische Widerstand geht dann steil in die Höhe. Dagegen werden die Binnenelektrolyte in relativ stark saurer und relativ stark alkalischer Lösung vom Nerven festgehalten; denn es zeigte sich, daß innerhalb eines p_H-Bereichs von 2—11 der Widerstand in 3 Stunden sich nicht ändert.

Die eben genannte Membran verhält sich nun nach NETTER wie die semipermeable Membran eines Osmometers; denn in anisotonen Lösungen folgt der Nerv, wenn man von den 30% Bindegewebswasser absieht, annähernd dem BOYLE-MARIOTTEschen Gesetz; man kommt also zu dem Schluß, daß die Membran undurchlässig für die gelösten Elektrolyte, aber durchlässig für Wasser ist. Dies wurde auf Grund von Messungen der Volumen- oder der Querschnittsänderungen in anisotonen Lösungen festgestellt; es ist dann annähernd die Gleichung $(v - x)p = $ konst. erfüllt, wenn man — ähnlich wie bei den Blutkörperchen nach HAMBURGER[3] und ÈGE[4] — unter x das Volumen einer in den Nervenfasern enthaltenen dispersen Phase versteht, die an den osmotischen Volumänderungen der Fasern nicht mit teilnimmt ($v = $ Volumen der Nervenfasern, $p = $ osmotischer Druck). x wurde zu etwa 40% errechnet, ein Wert, der mit der Größe der dispersen Phase bei den Blutkörperchen ungefähr übereinstimmen würde.

Die eben entwickelte Anschauung, daß die die Nervenfasern umhüllenden Scheiden sich wie eine semipermeable Membran verhalten, gerät nun aber anscheinend mit verschiedenen weiteren Beobachtungen in Konflikt. Erstens kann die Erregbarkeit des Nerven durch die isotonischen Lösungen von Salzen, z. B. von bestimmten Alkalichloriden, schon innerhalb weniger Minuten stark geändert und die Änderung durch Übertragen in Ringerlösung ebenso rasch rückgängig gemacht werden (s. S. 176). Dem Konflikt mit der Annahme einer semipermeablen Membran könnte man dann entgehen, wenn man sich vorstellte, daß die Salze, die die Erregbarkeit ändern, dies dadurch bewirken, daß sie an den RANVIERschen Schnürringen rasch bis an die Achsenzylinder vordringen und diese sozusagen punktförmig alterieren. Aber wenn man die Nerven etwas länger (12 Stunden) in den Salzlösungen liegen läßt, dann findet man im mikroskopischen Präparat bei Primärfärbung der Achsenzylinder nach BETHE[5], daß diese in ihrer ganzen Länge verändert, je nach dem Salz verbreitert oder verschmälert sind, und

---

[1] NETTER: Pflügers Arch. **215**, 373 (1927).
[2] URANO: Z. Biol. **50**, 212 (1908); **51**, 483 (1908).
[3] HAMBURGER: Arch. f. Physiol. **1899**, 317.
[4] ÈGE: Biochem. Z. **130**, 99 (1922).
[5] BETHE: Allgem. Anatomie und Physiologie des Nervensystems. Leipzig 1913.

diese Änderung, z. B. die mit Lähmung einhergehende Verbreiterung durch KCl, ist ziemlich gut reversibel, d. h. in Ringerlösung werden die Nerven wieder erregbar und bekommen schmälere Achsenzylinder (HÖBER[1]).

NETTER[2] hat daraus den Schluß gezogen, daß, wenn sich auch die Nervenfasern im osmotischen Versuch und bei der Leitfähigkeitsmessung wie semipermeabel verhalten, sie doch selektiv ionenpermeabel, d. h. entweder kationen- oder anionenpermeabel sein können, und da es, wie wir sehen werden, für mehrere funktionelle Veränderungen des Nerven wesentlich auf das Kation ankommt, während das Anion relativ gleichgültig ist, so wäre möglich, daß die in die Umgebung des Nerven gebrachten Kationen dadurch im Innern zur Wirkung gelangen, daß sie sich gegen innere Kationen austauschen, ohne daß dies bei der Prüfung des osmotischen Verhaltens oder der Leitfähigkeit deutlich in Erscheinung tritt.

Diese Hypothese ist von NETTER durch *Potentialmessungen* gestützt worden. Wenn man das eine Ende des ausgeschnittenen Froschischiadicus in isotonische KCl-Lösung hängt, in die eine Kalomelelektrode eintaucht, und wenn man ferner von einem Punkt der intakten Oberfläche mit einer anderen äquimolaren Chloridlösung mittels einer zweiten Kalomelelektrode ableitet, so erhält man eine elektromotorische Kraft, deren Größe in folgender Reihenfolge zunimmt: $K < Rb < NH_4 < Cs < Na, Li, Ca$. Es ist die gleiche Kationenreihe, die seit den entsprechenden Messungen von HÖBER[3] am Muskel mehrfach beobachtet worden ist[4]. Variiert man statt des Kations das Anion, so zeigt sich beim Nerven — im Gegensatz zum Muskel nach HÖBER — kein deutlicher Einfluß. Auf Grund der Erkenntnis, daß die beim Muskel gefundene Kationen- und Anionenreihe ein Analogon in der Reihenfolge der Zustandsänderungen hydrophiler Kolloide durch die Salze findet, gab HÖBER seinen Versuchen eine kolloidchemische Deutung. NETTER wählt zur Basis die Modellversuche von MICHAELIS[5]), welche lehrten, daß genügend getrocknete Kollodiummembranen selektiv kationenpermeabel sind, und daß die Permeabilität sich nach dem Volumen der Ionen mit ihrer Hydrathülle abstuft. Dann fallen in NETTERS Versuchen freilich Rb und Cs aus der Reihe heraus, Rb nur wenig, Cs stark; denn das Ionenvolumen folgt der Reihe der Atomgewichte Cs, Rb, K, Na, Li. Für Cs nimmt NETTER an, daß es, entsprechend einer gewissen Verwandtschaft mit den seltenen Erden, auch kolloidchemisch auf die Nervenhülle wirke, so daß der reine Einfluß des Ionenvolumens verhüllt wird.

Wie schon gesagt wurde, kann für das Vorhandensein einer selektiven Kationenpermeabilität der Hülle auch das *Verhalten des mikroskopischen Bildes* angeführt werden. So stellten HÖBER[6] und MACKUTH[7] an gefärbten Schnitten des Froschischiadicus fest, daß Vorbehandlung mit verschiedenen Neutralsalzen die Achsenzylinder mehr oder weniger stark und in mehr oder weniger reversibler Weise auflockert oder verdichtet, wobei das jeweils gebotene Anion ziemlich gleichgültig ist, während von Kationen K und Rb auflockern, Na und Li einigermaßen indifferent sind und Ca die Substanz der Achsenzylinder schrumpfen läßt. ETTISCH und JOCHIMS[8] fanden bei ultramikroskopischer Betrachtung des

---

[1] HÖBER: Zbl. Physiol. **19**, 390 (1905) — MACKUTH (unter HÖBER): Pflügers Arch. **214**, 612 (1926).
[2] NETTER: Pflügers Arch. **218**, 310 (1927).
[3] HÖBER: Pflügers Arch. **106**, 599 (1905).
[4] Siehe dazu HÖBER: Physikal. Chemie der Zelle und der Gewebe. 6. Aufl. Leipzig 1926. Kap. 10.
[5] MICHAELIS: Biochem. Z. **161**, 47 (1925) — Naturwiss. **14**, 33 (1926).
[6] HÖBER: Siehe [1]. [7] MACKUTH: Siehe [1].
[8] ETTISCH u. JOCHIMS: Pflügers Arch. **215**, 519 (1927).

frisch zerzupften Nerven mit Hilfe des Kardioidkondensors, daß bei Gegenwart von Ca und Ba die Achsenzylinder einen schmalen Strang bilden, bei Gegenwart von Na und K breit sind, während die verschiedenen Anionen zwar die Markscheide charakteristisch verändern, an den Achsenzylindern zugleich aber keinerlei besondere Erscheinungen hervorrufen.

Auch *Untersuchungen über die Ausbreitung der elektrotonischen Ströme* geben einen gewissen Einblick in die Art der Ionendurchlässigkeit des Nerven. Seit Aufstellung der Kernleitertheorie durch HERMANN wird das Auftreten der elektrotonischen Ströme auf das Vorhandensein polarisierbarer Grenzflächen, repräsentiert durch die verschiedenen Hüllen des Nerven, zurückgeführt. Die Polarisation kommt dabei durch die Änderung der relativen Wanderungsgeschwindigkeiten der Ionen in der Substanz der Hüllen zustande. Diese Änderung kann von verschiedener Natur sein; sie kann von dem Ionvolumen im Verhältnis zu den Lochweiten der porös gedachten Hüllen abhängen, kann durch die verschiedene Adsorption der Ionen bedingt sein, kann durch Quellung oder Schrumpfung der Membransubstanz infolge ihrer Konkurrenz mit dem Hydratwasser der Ionen modifiziert werden u. a. Dadurch, daß der Nerv eine ganze Anzahl von Hüllen enthält, wird die elektrotonische Ausbreitung des hindurchgeschickten Stromes und ihre Veränderung bei Wechsel der Elektrolyte sehr unübersichtlich und schwer verständlich.

In bisher unveröffentlichten Versuchen ergab sich, daß in isotonischen Lösungen die Kationen der Neutralsalze auf die Stärke der elektrotonischen Ströme einen deutlichen und charakteristischen Einfluß ausüben, während die bei Variierung des Anions zu beobachtenden Änderungen viel unscheinbarer sind.

Die *Erdalkaliionen* Ca, Sr und Ba sowie die *Schwermetallionen* Co und Mn rufen eine starke, oft stundenlang anhaltende Verstärkung des elektrotonischen Stromes hervor, besonders in niedriger Konzentration ($1/_{10}-1/_{50}$-Isotonie neben NaCl), die selten von einer Abschwächung gefolgt ist. Man wird den vorherrschenden Effekt der Verstärkung auf Grund des Vorangegangenen teils im Anschluß an die zitierten Modellversuche von MICHAELIS mit der relativ geringen Permeabilität selektiv kationenpermeabler Membranen für die Erdalkalien in Zusammenhang bringen, teils aber auch damit, daß nach zahlreichen Erfahrungen die Durchlässigkeit von Kolloidmembranen durch die Salze der Erdalkalien und gewisser Schwermetalle verkleinert werden kann. Am Nerven äußert sich dieser zu zweit genannte Einfluß mikroskopisch in der schon (S. 173) erwähnten Verschmälerung der Achsenzylinder, bei Erregbarkeitsprüfungen nach OVERTON[1] vielleicht auch darin, daß die lähmende Wirkung von Kalisalzen, die mit Verbreiterung und Auflockerung der Achsenzylinder einhergeht, durch Zusatz von Ca gebremst wird.

Unter dem Einfluß der *Alkaliionen* kommt es fast regelmäßig zuerst zu einer Verstärkung, danach zu einem Absinken. Die Verstärkung ist am größten bei Cs, sie kommt in langsamem, evtl. mehrere Stunden währendem Anstieg zustande, bei Rb geschieht der Anstieg rascher und weniger hoch, bei K handelt es sich nur um eine geringe und rasch wieder verschwindende Steigerung, Li ist fast indifferent. Die Steilheit des dem Anstieg folgenden Abfalls geschieht ungefähr in der Reihenfolge: $K > NH_4$, $Rb > Cs$, Li.

Die *Anionen* SCN, J, NO_3 und Br in Kombination mit Na und in Gegenwart der in Ringerlösung enthaltenen kleinen Ca-Menge lassen den Elektrotonus fast unverändert, erniedrigen ihn nur ein wenig.

---

[1] OVERTON: Pflügers Arch. **105**, 251 (1904).

Nimmt man auf Grund der Potentialmessungen von NETTER und auf Grund der relativen Indifferenz der Anionen für die elektrotonischen Ströme an, daß die verschiedene Stärke dieser Ströme in den verschiedenen Salzlösungen im wesentlichen durch die Anwesenheit einer selektiv kationenpermeablen Membran bedingt sei, dann würde man erwarten können, daß die Abschwächung der elektrotonischen Ströme durch die Alkalisalze in der gleichen Reihenfolge sich abstufen wird wie bei den Potentialmessungen, also in der Reihenfolge K > Rb > NH$_4$ > Cs > Li, wie es tatsächlich auch gefunden wird. Dagegen ist es von diesem Standpunkt aus nicht zu verstehen, wie der dem Abfall vorangehende Anstieg zustande kommt. Wir werden auf diese Frage bei Erörterung des Einflusses der Alkalisalze auf die elektrische Erregbarkeit zurückkommen.

Einflüsse auf die elektrische Erregbarkeit. Da es sich nach der gegenwärtigen Auffassung bei der elektrischen Erregung in erster Linie um Ionenkonzentrationsänderungen an Grenzflächen handelt, die durch den elektrischen Strom herbeigeführt werden, so wird man auch zu erwarten haben, daß die Erregbarkeit davon abhängig ist, wie das Ionenmilieu jeweils im Moment der Reizung mit dem elektrischen Strom zusammengesetzt ist.

1. *Osmotische Einflüsse.* URANO[1] brachte Froschischiadici in doppeltisotonische und in halbisotonische Ringerlösung und prüfte die Erregbarkeit mit Induktionsschlägen; er fand, daß die Erregbarkeit in der hypertonischen Lösung sinkt, in der hypotonischen steigt; die Veränderungen sind reversibel[2]. Die Wirkung tritt um so deutlicher hervor, je länger der Versuch fortgesetzt wird; ein Nerv, der viele Stunden in Ringerlösung verweilt hat, oder der dem wechselnden Einfluß der hypertonischen und hypotonischen Lösung mehrmals unterworfen wurde, reagiert viel stärker als der frische Nerv. Dies beruht darauf, daß der Widerstand, den die dichten Nervenhüllen der Osmose und Diffusion anfangs entgegensetzen, allmählich mehr und mehr schwindet. Stark hypertonische Lösungen, also gesättigte Salzlösungen, wirken nach URANO reizend, weil sie nicht bloß einen osmotischen Wasserentzug herbeiführen, sondern zerstörend wirken. Bemerkenswert ist, daß der Erregbarkeitsverlust in hypertonischer, der Erregbarkeitszuwachs in hypotonischer Ringerlösung nicht bloß mit dem Induktorium, sondern auch durch mechanische Reizung nachgewiesen werden kann. Die Erklärung des Einflusses wird dadurch erschwert, daß in den Versuchen von URANO nicht bloß der osmotische Druck, sondern zugleich die Leitfähigkeit des Nerven geändert wurde[3].

2. *Ioneneinflüsse.* Die Einflüsse eines fremden Ionenmilieus sollen hier nur insoweit betrachtet werden, als es sich um die Frage handelt, in welcher Weise die isotonischen Lösungen neutraler anorganischer Alkali- und Erdalkalisalze die elektrische Erregbarkeit verändern; dagegen soll nicht die reizende Wirkung betrachtet werden, welche die Alkalisalze nur in hypertonischer Lösung ausüben oder in isotonischer Lösung dann, wenn das Anion die normale Ca-Ionenkonzentration herabsetzt, wie Fluorid, Oxalat, Citrat, Phosphat u. a.[4]

---

[1] URANO: Z. Biol. **50**, 459 (1908).
[2] Zur Erklärung s. BETHE, Pflügers Arch. **163**, 162. 1916. — JAHN (Pflügers Arch. **206**, 66. 1924) gibt das Gegenteil an wie URANO. Er verwendet allerdings statt halbisotonischer Ringerlösung, wie URANO, nur einviertelisotonische und findet, daß die damit hervorgerufene Herabsetzung der Erregbarkeit nicht völlig reversibel ist (s. dazu S. 172). Die von ihm angegebene Steigerung der Erregbarkeit durch doppeltisotonische Ringerlösung scheint mir nach den angegebenen Zahlenwerten zweifelhaft.
[3] Siehe dazu SHOJI: Amer. J. Physiol. **47**, 512 (1919).
[4] Siehe dazu GRÜTZNER: Pflügers Arch. **53**, 83 (1893); **58**, 69 (1894) — MATTHEWS: Amer. J. Physiol. **11**, 455 (1904) — LOEB u. W. F. EWALD: J. of biol. Chem. **25**, 377 (1916). — Gegen die Reizwirkung der genannten Anionen auf Grund ihres Ca-Fällungsvermögens wird von LOEB selbst angeführt, daß auch Formiat eine relativ starke Reizwirkung ausübt.

Nach den Versuchen von GRÜTZNER[1] mit hypertonischen Lösungen, nach Versuchen von GREISHEIMER[2], JAHN[3] und nach eigenen noch nicht veröffentlichten mit isotonischen Lösungen wird die Erregbarkeit durch die *Erdalkalien* und durch Co und Mn von Anfang an herabgesetzt. Anders bei den *Alkalisalzen!* Hier setzt sich wiederum, wie bei der Beeinflussung des Elektrotonus, die Wirkung aus zwei Phasen zusammen; erst steigt die Erregbarkeit, dann sinkt sie ab. In den reinen isotonischen Lösungen, besonders bei K, dauert die erste Phase manchmal nur wenige Minuten, bei Rb und Cs dauert sie etwas länger, dann folgt bei allen dreien ziemlich rasch Lähmung. NH_4 wirkt schwächer, Li steigert die Erregbarkeit oft gar nicht, sondern setzt sie nur herab. Aber auch die *Anionen* sind bei ihrer Wirkung auf die Erregbarkeit nicht indifferent und unterscheiden sich deutlich voneinander. SCN bringt die Erregbarkeit rasch zum Absinken, dagegen J, Br, NO_3 und SO_4 steigern sie erst und lassen sie dann abfallen. In hypertonischen Lösungen wirkt J stärker erniedrigend als Br, Br stärker als Cl.

Der Gang der Erregbarkeit geht also bei der Alkaliwirkung in bemerkenswerter Weise parallel mit dem Gang des Elektrotonus. Es kann also weder bei der Erregung noch beim Elektrotonus allein auf die aus den osmotischen und den potentiometrischen Beobachtungen hergeleitete selektiv kationenpermeable Membran als Ort der mit der Erregung verbundenen Polarisation ankommen.

Die Wirkung der Anionen auf die Erregbarkeit ist ähnlich der Wirkung der Kationen, insofern, als sich hier wie dort die Wirkung aus zwei Phasen zusammensetzt. Der Parallelismus mit der Polarisierbarkeit mangelt also bei den Anionen, da diese für den Elektrotonus fast indifferent sind. Man kann zur Erklärung vielleicht die schon einmal (S. 172) gemachte Annahme heranziehen, daß Anion und Kation an den RANVIERschen Schnürringen leicht bis zu den Achsenzylindern vordringen und auf die Weise sozusagen punktförmig die Erregbarkeit verändern, während die rein kationenpermeablen Hüllen der Nervenfasern ihren Einfluß auf den Elektrotonus verhindern.

Bei der Wirkung der Erdalkalien schließlich fällt auf, daß im Gegensatz zu der Wirkung der Alkalien hier der Steigerung des Elektrotonus eine Senkung der Erregbarkeit zugeordnet ist. Dies ist vielleicht so zu erklären[4], daß die Erdalkalien die an den Erregungsvorgängen mitbeteiligten Membranen verdichten und „gerben", so daß die Permeabilitätssteigerung, die nach den gegenwärtigen Anschauungen zur Erregung dazu gehört, nicht zustande kommen kann.

Doch haftet diesen verschiedenen Schlußfolgerungen einstweilen noch eine große Unsicherheit an; vieles bedarf noch weiterer Klärung.

---

[1] GRÜTZNER: Siehe S. 175.
[2] GREISHEIMER: Amer. J. Physiol. **49**, 497 (1919).
[3] JAHN: Pflügers Arch. **206**, 66 (1924).
[4] HÖBER: Pflügers Arch. **106**, 599 (1905).

Nervenreize.

Von

FRIEDRICH W. FRÖHLICH

Rostock.

Zusammenfassende Darstellungen.

BETHE, A.: Allgemeine Anatomie und Physiologie des Nervensystems. Leipzig 1903. — BIEDERMANN, W.: Elektrophysiologie. Jena 1895 — Elektrophysiologie. Erg. Physiol. 2. Abt. 1902. — CREMER, M.: Allgemeine Physiologie der Nerven. Nagels Handb. d. Physiol. 4, 793 (1909). — GARTEN, S.: Beiträge zur Physiologie der marklosen Nerven. Jena 1903. — HERMANN, L.: Allgemeine Nervenphysiologie. Hermanns Handb. d. Physiol. 2 (1879). — HÖBER, R.: Physikalische Chemie der Zelle und der Gewebe, 3. Aufl. Leipzig 1911. — JELINEK, S.: Elektropathologie. Wien 1903. — VERWORN, M.: Erregung und Lähmung. Jena 1914. — WALLER, A. D.: Lectures on physiology. Animal Electricity. London 1897.

I. Definition des Nervenreizes.

Unter einem Nervenreiz verstehen wir gewöhnlich eine den Nerven treffende Einwirkung, auf welche das mit dem Nerven verbundene Erfolgsorgan mit einer Reaktion antwortet. Wirkt auf einen motorischen Nerven ein elektrischer Strom ein, so zuckt der Muskel. Wenn wir aber versuchen, auf Grund solcher einfacher Beobachtungen zu einer Definition des Nervenreizes zu kommen, so machen sich sofort Schwierigkeiten bemerkbar, die im wesentlichen darauf beruhen, daß wir hier nur einen kleinen Ausschnitt der möglichen Wirkungen auf den Nerven vor uns haben. Wir erfahren nur, daß sich an der Einwirkungsstelle eine Zustandsänderung des Nerven vollzogen hat, die weitergeleitet wird und den Muskel zu einer Kontraktion veranlaßt. Diese Einwirkung hat man als Reiz, die Zustandsänderung als Erregung bezeichnet.

Es sei daran erinnert, daß vor nicht sehr langer Zeit der Nerv noch mit einem einfachen Leiter verglichen worden ist. Die Fortpflanzungsgeschwindigkeit der Nervenerregung wurde als sehr schnell angesehen, der Nerv wurde für unermüdbar gehalten, Stoff- und Energiewechselvorgänge konnten nicht in ihm nachgewiesen werden, aber allmählich hat der Nerv seine Sonderstellung verloren, die Leitungsgeschwindigkeit hat sich als meßbar herausgestellt, sie ist bei einzelnen Nerven sogar sehr gering. Die Ermüdbarkeit des Nerven, seine Abhängigkeit von der Sauerstoff- und Blutversorgung konnte gezeigt, der Stoffwechsel des Nerven nachgewiesen werden, durch die Untersuchung der Elektrizitätsproduktion und der Wärmeproduktion hat man einen Einblick in den Energiewechsel des Nerven gewonnen. In Anbetracht dieser Ergebnisse könnte der Nervenreiz als eine Einwirkung bezeichnet werden, auf welche der Nerv mit einer Steigerung seines Stoff- und Energiewechsels reagiert, die in Form einer Welle mit meßbarer Geschwindigkeit sich über den Nerven fortpflanzt und das Erfolgsorgan in Tätigkeit setzt bzw. in Form einer Aktionsstromwelle am Nerven nachgewiesen werden kann. Aber auch diese Definition ist zu enge, denn sie umfaßt nur jene Reizwirkungen, welche sich über den Nerven in Form einer Erregungswelle fortpflanzen. Wird an einer Stelle des Nerven die Temperatur erhöht innerhalb solcher Grenzen, daß weder die Struktur des Nerven zerstört noch seine Funktion durch Wasserentziehung beeinträchtigt wird, so zeigt sich die Erregbarkeit an der erwärmten Stelle erhöht, der Nerv spricht auf schwächere Reize an als vorher, die Fortpflanzungsgeschwindigkeit des Nervenimpulses ist beschleunigt, der Aktionsstrom hat eine kürzere Dauer, der Stoffwechsel ist verstärkt, Veränderungen, die unter der Bezeichnung einer Steigerung des Stoff- und Energiewechsels des Nerven zusammengefaßt werden können, die aber nicht zu einer sich fortpflanzenden Erregung führen. Wir lernen demnach zwei verschiedene Steigerungen des Stoff- und Energiewechsels des Nerven kennen, von denen die eine in einer fortgeleiteten, die andere in einer lokalen Wirkung zum Ausdruck kommt. Man könnte daran denken, diese beiden Vorgänge als verschiedenartig anzusehen, und der Vermutung Ausdruck geben, daß ihnen verschiedene physikalische und chemische Prozesse zugrunde liegen. Die Unterschiede in den Wirkungen könnten aber auch auf dem verschiedenen zeitlichen Verlauf der Einwirkungen beruhen, indem der elektrische Reiz eine sehr schnell verlaufende Steigerung des Stoff- und Energiewechsels hervorruft, die eine sich fortpflanzende Erregungswelle bedingt, während die lokale Temperaturerhöhung nur eine langsame Steigerung des Stoff- und Energiewechsels hervorruft, die nicht imstande ist, die Nachbarquerschnitte des Nerven zu einer Erregung zu veranlassen. Auch der elektrische Reiz ruft nur dann, wenn er sehr rasch ansteigt, eine sich fortpflanzende Erregung hervor, während er bei langsamem Ansteigen, dem sog. Einschleichen des Stromes, nur lokale Veränderungen an der Ein- und Austrittsstelle bzw. an der durchflossenen Strecke veranlaßt.

Wir hätten demnach eine gewisse Berechtigung, alle äußeren Beeinflussungen, auf welche der Nerv mit einer Steigerung seines Stoff- und Energiewechsels reagiert, als Nervenreize zu bezeichnen. Aber auch diese Definition ist zu eng, indem sie jene Beeinflussungen des Nerven nicht umfaßt, welche eine Verminderung des Stoff- und Energiewechsels bedingen, wie z. B. die Abkühlung einer Nervenstrecke. Eine Sonderstellung dieser Art von Beeinflussungen erscheint um so weniger berechtigt, als die gleichen Beeinflussungen unter bestimmten Verhältnissen eine Steigerung oder eine Verminderung des Stoff- und Energiewechsels hervorrufen können. Fassen wir diese Erfahrungen zusammen, so würden als Nervenreize alle jene Beeinflussungen zu definieren sein, auf welche der Nerv mit einer Veränderung seines Stoff- und Energiewechsels reagiert. Die Reaktion kann in zwei verschiedenen Richtungen erfolgen, in Form einer lokalen oder einer sich fortpflanzenden Steigerung, wir würden in diesem Fall von einem erregenden Reiz und einer Erregung sprechen und würden die Fähigkeit des Nerven, auf eine äußere Beeinflussung mit einer Steigerung seines Stoff- und Energiewechsels zu antworten, als Erregbarkeit bezeichnen. Allerdings würden dann Erregung und Erregbarkeit einen größeren begrifflichen Umfang aufweisen, als bisher üblich war. Jene Beeinflussungen, welche zu einer Verlangsamung bzw. zu einem Stillstand des Stoff- und Energiewechsels führen, würden wir als lähmende Reize und ihre Wirkung als Lähmung bezeichnen. Wir fassen mit MAX VERWORN Erregung und Lähmung als die zwei Formen auf, in welcher Reize auf die lebendige Substanz einwirken, eine Darstellung[1],

---

[1] Über die Definition von Reiz, Erregung, Erregbarkeit s. MAX VERWORN: Allgemeine Physiologie. Jena 1922 — Erregung und Lähmung. Jena 1914. — MANGOLD, E.: Erg. Physiol. **21**, 361 (1923). — GILDEMEISTER, M.: Über Erregbarkeit und ihre Messung. Pflügers Arch. **197**, 428 (1922).

welche in einer den fortschreitenden Ergebnissen angepaßten Weise auch den Antagonismus der Reizwirkungen zum Ausdruck bringt, den EWALD HERING als Assimilation und Dissimilation bezeichnet hat. Als Maß der Erregbarkeit kann die Feststellung der *Reizschwelle* dienen, d. i. die Feststellung jener Intensität des verwendeten Reizes, welche eine eben nachweisbare Erregung des Nerven hervorruft. Es können auch stärkere Reize zur Anwendung kommen und das Verhältnis der Stärke des jeweilig verwendeten Reizes zur Stärke der Erregung als Maß der Erregbarkeit verwendet werden. Zur vergleichenden Untersuchung der Erregbarkeit verschiedener Nerven oder der Veränderung der Erregbarkeit des gleichen Nerven kann mit Erfolg die Bestimmung der *Nutzzeit* verwendet werden (v. BEZOLD[1], v. KRIES[2], BIEDERMANN[3], L. HERMANN[4] GILDEMEISTER[5], KEITH LUKAS[6], LAPICQUE[7], STROHL[8], EBBECKE[9], DITTLER[10], KODERA[11]). Unter Nutzzeit versteht GILDEMEISTER[5] diejenige Dauer, die ein Reiz mindestens haben muß, um ebenso stark zu wirken wie bei beliebig langer Dauer. Maßgebend für die Nutzzeit ist das Versuchsobjekt und sein Zustand, ferner der zeitliche Verlauf oder die Form des Reizes und seine Stärke. Als Vergleichswert kann die Bestimmung der Nutzzeit für den konstanten Strom, des von GILDEMEISTER als *Hauptnutzzeit* bezeichneten Wertes vorgenommen werden. Die Nutzzeit ist um so kleiner, je schneller die Lebensvorgänge im Nerven ablaufen, sei es, daß es sich schon von vornherein um einen schnelleitenden Nerven handelt, sei es, daß durch einen erregenden Reiz die Lebensvorgänge im Nerven beschleunigt worden sind.

Am eingehendsten sind diese Verhältnisse für den elektrischen Reiz untersucht, dessen zeitlicher Verlauf und Stärke in weitem Umfang meßbar verändert werden kann. Durch die Feststellung der Nutzzeit ist eine wesentliche Vertiefung der Reizschwellenbestimmung gegeben. Die Untersuchung der Nutzzeit ist mit Erfolg auch bei anderen Reizarten versucht worden. Gerade die ausgedehnten Untersuchungen, welche der elektrischen Reizwirkung gewidmet worden sind, ermöglichen es, unsere lückenhaften Kenntnisse bezüglich anderer Reizarten zu ergänzen.

Wie wir gehört haben, kann ein Reiz auch zu einer Verringerung, Verlangsamung oder zu einem Stillstand der Lebensvorgänge im Nerven führen, eine Wirkung, welche als *Lähmung* bezeichnet wird. Wir könnten die Fähigkeit eines Nerven, auf einen Reiz mit einer Verringerung seines Stoff- und Energiewechsels zu antworten, auch als *Lahmbarkeit* bezeichnen und auch für einen lähmenden Reiz die Reizschwelle bestimmen. Solche Feststellungen gewinnen insbesondere für das Verständnis der Arzneimittelwirkungen auf den Nerven eine gewisse Bedeutung.

Von den lähmenden Beeinflussungen sind insbesondere die Wirkung der verschiedenen Narkotica, der Kohlensäure, der Abkühlung, Kompression und der Erstickung auf die Lebensvorgänge des Nerven untersucht worden. Diese eingehenden Kenntnisse können auch zu einem Verständnis der weniger untersuchten oder schwerer zu prüfenden lähmenden Reizwirkungen führen.

---

[1] v. BEZOLD: Untersuchungen über die elektrische Erregung der Nerven und Muskeln. Leipzig 1861.
[2] v. KRIES: Arch. f. Physiol. **1884**, 337.
[3] BIEDERMANN, W.: Elektrophysiologie. Jena 1895.
[4] HERMANN, L.: Pflügers Arch. **127**, 172 (1909).
[5] GILDEMEISTER, M.: Pflügers Arch. **101**, 203 (1904); **124**, 447 (1908); **131**, 199 (1910); **140**, 609 (1911) — Z. Biol. **62**, 358 (1913).
[6] LUKAS, KEITH: J. of Physiol. **37**, 459 (1908); **39**, 461 (1910).
[7] LAPIQUE, L.: J. Physiol. et Path. gén. **9**, 620 (1907); **10**, 601 (1908). — LAPIQUE, M.: C. r. Soc. Biol. **88**, 46 (1923).
[8] STROHL, A.: C. r. Soc. Biol. **88**, 1277 (1923).
[9] EBBECKE: Dtsch. med. Wschr. **52**, 1590 (1926).
[10] DITTLER: Z. Biol. **83**, 29 (1925).
[11] KODERA: Pflügers Arch. **219**, 174 (1928).

So einfach die Definition von Erregung und Lähmung erscheint, so werden auch beim Nerven die Verhältnisse dadurch verwickelter, als Reize, welche wir allgemein als erregende bezeichnen, auch lähmende Wirkungen hervorrufen, und daß lähmende Beeinflussungen unter Umständen eine erregende Wirkung zu haben scheinen.

Als erregender Reiz wirkt z. B. der elektrische Strom, wenn er in genügender Stärke und Dauer auf den Nerven einwirkt. Jede Erregung ist aber von einer *Phase der Restitution* gefolgt, während welcher die bei der Erregung verbrauchten Stoffe ersetzt, das durch den Reiz gestörte Gleichgewicht wieder hergestellt und Stoffwechselprodukte zu Kohlensäure verbrannt bzw. in wasserlösliche Form umgewandelt werden. Während dieser Zeit ist der Nerv für andere Reize entweder vollkommen unerregbar oder er antwortet auf einen Reiz nur mit einem geringeren Reizerfolg als vorher. Der Nerv zeigt in dieser Zeit die Eigentümlichkeiten einer Lähmung. Man hat die Phase der vollkommenen Unerregbarkeit, die sich an einen wirksamen Reiz anschließt, als *absolutes Refraktärstadium* bezeichnet, die Phase der relativen Unerregbarkeit als *relatives Refraktärstadium des Nerven*. Das Refraktärstadium kommt insbesondere bei der Interferenzwirkung von Reizen, welche auf den Nerven gleichzeitig oder nacheinander einwirken, zum Ausdruck. Nach KEITH LUKAS, ADRIAN[1] und WEDENSKI[2] soll sich an das Refraktärstadium eine *Phase* gesteigerter bzw. *übernormaler Erregbarkeit* anschließen. Seiner Natur nach ist das Refraktärstadium eine kurzdauernde Ermüdung, die sich an jeden von einer Erregung gefolgten Reiz anschließt. Bei fortgesetzter Reizung kommt es durch eine fortschreitende Verlängerung des Refraktärstadiums zu einer richtigen Ermüdung, die für die schnellfunktionierenden markhaltigen Nerven erst auf Grund einer genaueren Erkenntnis des Refraktärstadiums nachgewiesen werden konnte (FR. W. FRÖHLICH[3], W. THÖRNER[4], VÉSZI[5], FIELD und E. TH. V. BRÜCKE[6]). Bis dahin haben die markhaltigen Nerven als unermüdbar gegolten, an den marklosen Nerven (Riechnerven des Hechtes) und den Cephalopodennerven, welche durch einen langsamen Ablauf der Erregungsvorgänge gekennzeichnet sind, hatten schon GARTEN[7] und BURIAN[8] deutliche Ermüdungserscheinungen nachweisen können.

Bezüglich lähmender Einwirkungen, z. B. Narkose und Abkühlung, des Nerven ist gleichfalls ein *Stadium gesteigerter Erregbarkeit* beobachtet worden, daß der Lähmung vorausgeht oder sich der vorübergehenden Lähmung anschließt. In jüngerer Zeit hat VOELKEL[9] entsprechende Beobachtungen für die Alkohol- und Ammoniakwirkung auf den Nerven beschrieben. Es erscheint aber sowohl bezüglich der Phase übernormaler Erregbarkeit, welche sich an erregende Reize anschließt, als auch der eben besprochenen Erscheinungen noch nicht sichergestellt, ob es sich nicht um *scheinbare Erregbarkeitssteigerungen* handelt (FR. W. FRÖHLICH[10]). THÖRNER[11] konnte zeigen, daß unter Vermeidung gewisser Versuchsfehler sich im Beginn der Erstickung oder Narkose eine tatsächliche Steigerung der Erregbarkeit nachweisen läßt, welche auf den erregenden

---

[1] ADRIAN, E. D. u. KEITH LUKAS: J. of Physiol. **44**, 68 (1912).
[2] WEDENSKI, N.: Trav. de labar. de physiol. à l'univers. de St. Petersbourg **3**, 134 (1908).
[3] FRÖHLICH, FR. W.: Z. allg. Physiol. **3**, 468 (1904).
[4] THÖRNER, W.: Z. allg. Physiol. **8**, 508 (1908); **10**, 29, 351 (1910); **13**, 247 (1913).
[5] VÉSZI: Z. allg. Physiol. **13**, 321 (1912).
[6] FIELD u. E. TH. v. BRÜCKE: Pflügers Arch. **214**, 103 (1926).
[7] GARTEN: Beiträge zur Physiologie der marklosen Nerven. Jena 1903.
[8] BURIAN: Zbl. Physiol. **27**, 160 (1910).
[9] VOELKEL, H.: Pflügers Arch. **191**, 200 (1921).
[10] FRÖHLICH, FR. W.: Z. allg. Physiol. **9** (1909), Sammelreferat — Erg. Physiol. **16**, 40 (1918).
[11] THÖRNER: Pflügers Arch. **204**, 7 (1924).

Einfluß ungenügend oxydierter Zerfallsprodukte bzw. auf eine von der Erregung zurückbleibende erhöhte Permeabilität zurückgeführt werden könnten. Es sei darauf hingewiesen, daß FRÖHLICH die scheinbaren Erregbarkeitssteigerungen auf eine Verlangsamung der Restitutionsvorgänge zurückzuführen gesucht hat, die sowohl die Entfernung der Zerfallsprodukte als auch die Beseitigung aller durch den Reiz gesetzten Veränderungen umfassen.

Die Untersuchungen und theoretischen Überlegungen von NERNST[1] haben es mehr als wahrscheinlich gemacht, daß die primäre Wirkung eines elektrischen Reizes durch Polarisation an mehr oder weniger durchlässigen Grenzflächen des Nerven zustande kommt (LAPICQUE[2], LILLIE[3], BROEMSER[4], EBBECKE[5], MOORE[6]). Aber NERNST hebt selbst hervor, daß es sich bei diesen Vorstellungen nur um die erste Reizwirkung handelt, an die sich der eigentliche Erregungsvorgang mit seinen anoxydativen Zerfallsprozessen sowie Oxydations- und Restitutionsprozessen anschließt (GOTTSCHALK[7] HILL, MEYERHOF, GERARD, ZOTTERMANN[8]). Solange der Nerv als unermüdbar galt und kein Stoffwechsel des Nerven nachgewiesen werden konnte, lag es nahe, in solchen primären Reizwirkungen das Wesen des Nervenprozesses zu sehen. Auf Grund solcher Vorstellungen hat man es auch mit einem gewissen Erfolg versucht, Reizgesetze für den Nerven aufzustellen, welche mehr oder minder genau die Funktion des Nerven wiederzugeben imstande sind. Von den anderen, nichtelektrischen Nervenreizen, wie z. B. dem mechanischen, wird angenommen, daß ihre primäre Reizwirkung dadurch zustande komme, daß sie an den Grenzflächen des Nerven Zustandsänderungen hervorrufen, die mit Ionenverschiebungen, das sind polarisationsentsprechende Veränderungen, einhergehen und auf diese Weise zu den gleichen primären Reizwirkungen führen wie der elektrische Reiz. Über Permeabilitätsänderungen des Nerven siehe die Untersuchungen von BETHE[9], VERZAR[10], EBBECKE[11] und das Buch von R. HÖBER, Die physikalische Chemie der Zelle.

Hat ein Reiz im Nerven eine Erregung hervorgerufen, so pflanzt sich die Erregung in Form einer Erregungswelle über den Nerven fort und versetzt die mit dem Nerven verbundenen Erfolgsorgane (Muskeln, Drüsen) in Tätigkeit. Dieses Ablaufen der an einer Stelle des Nerven gesetzten Erregung über die ganze Länge des Nerven wird als *Erregungsleitung* bezeichnet, während die Fähigkeit des Nerven, die an einer Stelle seines Verlaufes gesetzte Erregung weiterzuleiten, als *Leitfähigkeit* bezeichnet wird. Die Erregungsleitung kann nur dadurch zustande kommen, daß der Erregungsvorgang, welcher an einer Stelle des Nerven hervorgerufen worden ist, als Reiz auf den Nachbarquerschnitt des Nerven wirkt. Man hat auch hier entsprechend der NERNSTschen Theorie angenommen, daß es vorzugsweise polarisatorische Veränderungen sind, die durch den Erregungsvorgang bedingt werden und als Reiz für den Nachbarquerschnitt des Nerven dienen. Es ist dabei daran zu denken, daß nicht nur die primäre Reizwirkung im Sinne NERNSTS mit polarisatorischen Wirkungen einhergeht,

---

[1] NERNST, W.: Nachr. Ges. Wiss. Göttingen, Math.-physik. Kl. **1899**, 104. — NERNST, W. u. BARATT: Z. Elektrochem. **1904**, Nr 35, 664; s. auch REIS, Pflügers Arch. **117**, 378 (1907).
[2] LAPIQUE: Biochem. Z. **156**, 80 (1925). [3] LILLIE: J. of gen. Physiol. **7**, 473 (1925).
[4] BROEMSER: Z. Biol. **83**, 355 (1925).
[5] EBBECKE: Pflügers Arch. **216**, 448 (1927).
[6] MOORE: Proc. Soc. exper. Biol. a. Med. **23**, 341 (1926).
[7] GOTTSCHALK: Z. allg. Physiol. **16**, 513 (1914); **18**, 341 (1920); **19**, 80 (1921).
[8] HILL u. MEYERHOF: Erg. Physiol. **22**, 300 (1923). — GERARD, HILL u. ZOTTERMANN: J. Physiol. **63**, 130 (1927). — GERARD u. MEYERHOF: Biochem. Z. **191**, 425 (1927) — Naturwiss. **15**, 538 (1927). — GERARD: Am. J. Physiol. **82**, 381 (1927). — J. Physiol. **62**, 349 (1927).
[9] BETHE: Pflügers Arch. **183**, 289 (1920).
[10] VERZAR: Biochem. Z. **107**, 98 (1920).
[11] EBBECKE: Pflügers Arch. **195**, 555 (1922); **211**, 511 (1926).

sondern daß auch die sekundären Reizwirkungen, an die der Erregungsvorgang geknüpft ist, mit polarisatorischen Wirkungen verknüpft ist (Elektrizitätsproduktion). Man hat mit einem gewissen Erfolg die Vorstellung vertreten, daß die polarisatorischen Wirkungen an die Grenzfläche von Nervenprotoplasma und Nervenfibrillen gebunden seien und ist auf diese Weise zu den *physiologischen Kernleitertheorien* gekommen[1].

Die Erregungsleitung erfolgt mit einer gewissen endlichen Geschwindigkeit, die jedoch bei verschiedenen Nerven verschieden groß ist und auch vom Zustande des Nerven und Zustandsänderungen abhängig ist. Bis zu den grundlegenden Untersuchungen von HELMHOLTZ, der als erster die *Geschwindigkeit des Nervenprinzipes* gemessen hat, glaubte man im Nerven eine Art Draht vor sich zu haben. Heute wissen wir, daß die am schnellsten leitenden Nerven, es sind die markhaltigen Nerven der Säugetiere und des Menschen, die Erregung mit etwa 120 m in der Sekunde leiten, während die marklosen Nerven, wie der Riechnerv des Hechtes oder die Nerven der Schnecken, die Erregung nur mit wenigen Zentimetern in der Sekunde zu leiten vermögen.

Die Erregungsleitung im Nerven erfolgt nach dem *Prinzip der isolierten Leitung*. Wird nur ein Teil der Nervenfasern eines Nervenstammes vom Reiz getroffen, so greift die Erregung niemals auf die übrigen Fasern des Stammes über. Werden z. B. die motorischen Nervenwurzeln, welche sich zum Hüftnerven vereinigen, einzeln gereizt, so zucken nur die entsprechenden Muskeln, nie die gesamten Muskeln wie bei genügend starker Reizung des ganzen Nervenstammes.

Die *Erregungsleitung* im Nerven ist ferner eine *doppelsinnige*. Wird an einer Stelle des Nerven eine Erregung gesetzt, so pflanzt sie sich nach beiden Richtungen fort. Im normalen Geschehen des Nerven spielt die doppelsinnige Erregungsleitung keine Rolle, da es die gegebenen anatomischen Verknüpfungen und das Ausgehen der Erregungen von bestimmten Nervenzentren oder Sinneszellen mit sich bringen, daß die Erregungen nur in einer Richtung, d. h. zentrifugal oder zentripetal, geleitet werden. Der Nachweis der doppelsinnigen Erregungsleitung ist in verschiedener Weise erbracht worden. Reizt man einen Nerven an einer Stelle, so läßt sich zeigen, daß sich eine Erregungswelle in Form des Aktionsstromes nach beiden Richtungen fortpflanzt. Bei diesem Versuch könnte man allerdings daran denken, daß durch den Reiz zentrifugal und zentripetal leitende Fasern gleichzeitig getroffen werden und dadurch die Doppelsinnigkeit der Erregungsleitung bloß vorgetäuscht würde. Dieser Einwand fällt jedoch bei Versuchen fort, bei welchen, wie es P. HOFMANN[2] getan hat, der Nervenstamm an beiden Enden gleichzeitig erregt wird, und die sich begegnenden Erregungswellen einander auslöschen. Es wurden noch eine Reihe weiterer Beobachtungen beschrieben, welche die Doppelsinnigkeit der Nervenleitung zeigen sollen. Wird beim Zitterwels das hintere freie Ende der elektrischen zentrifugalleitenden Nervenfaser gereizt, so geraten die oberhalb davon abgehenden Zweige in Miterregung, so daß sich das ganze elektrische Organ entladet (BABUCHIN[3], MANTEY[4]). Dabei ist zu berücksichtigen, daß das elektrische Organ nur von einer großen Nervenfaser innerviert wird, die sich innerhalb des Organes in einzelne Zweige aufteilt. Entsprechende Beobachtungen sind von KÜHNE[5]

---

[1] Siehe CREMER: Die allgemeine Physiologie der Nerven in Nagels Handb. d. Physiol. **4**, 935 (1909).
[2] HOFMANN, P.: Z. Biol. **64**, 113 (1914).
[3] BABUCHIN: Arch. f. Physiol. **1877**, 262.
[4] MANTEY: Arch. f. Physiol. **75**, 387 (1882).
[5] KÜHNE: Z. Biol. **22**, 305 (1886).

an den sich gabelig teilenden Nervenfasern des Musculus sartorius des Frosches und am Musculus gracilis beschrieben worden. Auch im Gebiete der sympathisch innervierten Organe sind entsprechende Beobachtungen gemacht worden.

Ein im letzten Jahrzehnt viel erörtertes und für das Verständnis der Nervenfunktion höchst wichtiges Gesetz ist das zuerst von GOTCH[1] für den Nerven angenommene *Alles-oder-Nichtsgesetz*. Nach dem Alles-oder-Nichtsgesetz ruft jeder wirksame erregende Reiz in der Nervenfaser eine maximale Wirkung hervor, die sich mit unveränderter Stärke und Geschwindigkeit über den Nerven fortpflanzt (KEITH LUKAS[2], VERWORN[3], VESZI[4], ADRIAN[5], LODHOLZ[6], FORBES und GREGG[7]). Dadurch würde sich eine einfache *Beziehung* ergeben *zwischen der Reizstärke* und der *Stärke der Nervenerregung*, und der *Reizstärke* und der *Fortpflanzungsgeschwindigkeit* der Erregung. Gerade diese Verhältnisse hat man in früheren Jahren vielfach erörtert und ein Anwachsen der Erregungsgröße und der Leitungsgeschwindigkeit mit der Reizstärke angenommen. Nach dem Alles-oder-Nichtsgesetz[8] sind diese beiden Fundamentaleigenschaften des Nerven von der Reizstärke unabhängig, dies scheint insbesondere für den einzelnen kurzdauernden Reiz zu gelten. Aber es tritt sofort die Frage auf, wie man sich bei Geltung dieses Gesetzes die Tatsache zu erklären habe, daß von den Sinnesorganen verschiedenstarke Erregungen durch die Sinnesnerven zu den Sinneszentren und von den motorischen Zentren verschiedenstarke Impulse zu den Muskeln geleitet werden können, wie sich dies in mannigfaltiger Weise ohne Schwierigkeiten beobachten läßt.

Ein Moment, von welchem die Stärke des Reizerfolges am Nerven abhängig ist, ist die *Zahl* der *vom Reiz getroffenen Nervenfasern*. Lassen wir einen ebenwirksamen elektrischen Reiz, der mit feinen Platinelektroden dem Nerven zugeführt wird, auf den Nerven einwirken, so werden nur diejenigen Nervenfasern, welche den Elektroden direkt anliegen, erregt, und der Muskel wird nur mit einzelnen Fasern zucken. Wird der Reiz verstärkt, so werden mehr Nervenfasern erregt, und der Muskel zuckt stärker. Daß ein entsprechendes Verhalten auch für die von den Sinnesorganen kommenden adäquaten Nervenerregungen gilt, ist ohne weiteres einleuchtend. Wir brauchen nur eine gleichmäßig beleuchtete Fläche zu betrachten, um zu sehen, daß sie wesentlich heller erscheint, wenn sie als große Fläche dem Auge dargeboten wird und dadurch mehr Sehelemente des Netzhautmosaiks in Erregung versetzt werden, als wenn wir nur einen kleinen Ausschnitt der Fläche betrachten. Daneben können wir aber auch an derselben kleinen Fläche verschiedene Helligkeitsgrade unterscheiden, wenn die Fläche verschiedenstark beleuchtet wird. Hier müssen noch andere Faktoren maßgebend sein. Hier könnten die Intensitätsunterschiede der Empfindung dadurch zustande kommen, daß *durch den stärkeren Lichtreiz* in den Sehzellen *frequentere Erregungswellen* ausgelöst werden, wie dies in der Tat von FR. W. FRÖHLICH[9] für das Cephalopodenauge nachgewiesen werden konnte.

---

[1] GOTCH: J. of Physiol. **28**, 407 (1902).
[2] LUKAS, KEITH: J. of Physiol. **38**, 113 (1909).
[3] VERWORN: Erregbarkeit. Sammelreferat Z. allg. Physiol. **12**, 15 (1911).
[4] VÉSZI: Z. allg. Physiol. **13**, 321 (1912).
[5] ADRIAN: J. of Physiol. **45**, 389 (1912); **46**, 384 (1914); **47**, 460 (1914); **48**, 453 (1918). — ADRIAN u. FORBES: Ebenda **56**, 301 (1922).
[6] LODHOLZ: Z. allg. Physiol. **15**, 316 (1913).
[7] FORBES u. GREGG: Amer. J. Physiol. **39**, 172 (1906).
[8] Siehe darüber auch GARTEN: Arch. f. exper. Path. **68**, 243 (1912). — FREDERICQ: Z. allg. Physiol. **16**, 213 (1914). — ACHELIS: Z. Biol. **76**, 315 (1922). — TISCHHAUSER: Ebenda **71**, 203 (1920).
[9] FRÖHLICH: Grundzüge einer Lehre vom Licht- und Farbensinn. Jena: Gustav Fischer 1921.

Dem entsprechen die oscillierenden Erregungsvorgänge verschiedener Frequenz, welche in jüngster Zeit von ADRIAN[1] und seinen Mitarbeitern an den Sinnesnerven bei adäquater Reizung der Sinnesorgane nachgewiesen worden sind. Diese verschieden frequenten Erregungswellen könnten entsprechend dem Alles-oder-Nichtsgesetz in gleicher Stärke durch den Sinnesnerven geleitet werden und im Sehzentrum eine größere Helligkeitsempfindung hervorrufen. In Wirklichkeit scheinen jedoch die Verhältnisse nicht so einfach zu liegen. Wir werden bei der eingehenden Besprechung der Interferenz von Reizwirkungen auf Tatsachen hinzuweisen haben, welche zeigen, daß bei einer oszillierenden Reizung infolge der rasch einsetzenden Ermüdung das Alles-oder-Nichtsgesetz für den Nerven nicht zu gelten scheint. Dies ist besonders deshalb wichtig, weil wir wissen, daß von allen motorischen Zentren und wahrscheinlich auch von allen Sinneszellen, die ja den Nervenzellen genetisch nahe verwandt sind, oszillierende Erregungsvorgänge ausgehen. So würden, abgesehen von den zwei oben erörterten Bedingungen, welche die Wirksamkeit der durch den Nerven geleiteten Impulse beherrschen, bei der *adäquaten oszillierenden Erregung auch verschiedenstarke Impulse* durch den Nerven geleitet werden können und dadurch eine *große Variationsmöglichkeit* der durch den Nerven geleiteten Erregungen gegeben sein.

Zu ähnlichen Schlußfolgerungen ist für das Gebiet des Tastsinnes auch MAX V. FREY[2] gelangt.

Mit Rücksicht auf die Wichtigkeit dieser Verhältnisse sei darauf hingewiesen, daß sich unter den Kurven, welche EINTHOVEN und JOLLY[3] von den Aktionsströmen des Froschauges wiedergeben, eine befindet, welche die Erregungsoszillationen deutlich erkennen läßt. Ferner haben FUCHS[4] bei Reizung des Seitenlinienorganes der Fische, STEINACH[5] vom Ischiadicus des Frosches bei Druckreizung des Fußes und EINTHOVEN[6] vom peripheren Vagusstamm bei Ausdehnung der Lunge durch die Atmung und BUYTENDIJK[7] vom Hörnerven bei akustischer Reizung des Ohres länger dauernde bzw. periodische Aktionsströme ableiten können, die zwar keine Oszillationen erkennen lassen, denen aber höchstwahrscheinlich oszillierende Erregungsvorgänge zugrunde liegen. Es sei daran erinnert, daß der Nachweis der diskontinuierlichen Natur der tetanischen negativen Schwankung des Nervenstromes bei faradischer Reizung nach langen vergeblichen Versuchen DU BOIS REYMONDS erst BERNSTEIN geglückt ist.

Lassen wir einen elektrischen Reiz auf den Nerven eines Nervmuskelpräparates einwirken und verzeichnen wir auf der schnellrotierenden Trommel eines Myographiums den Reizmoment und die Muskelzuckung, so läßt sich leicht feststellen, daß zwischen dem *Reizmoment* und dem *Beginn der Muskelzuckung* eine gewisse Zeit vergeht, es ist dies *die Latenzzeit*. Die Latenzzeit ist größer, wenn der Nerv an einer vom Muskel entfernteren Stelle gereizt wird. Darauf beruht das Prinzip der Messung der Leitungsgeschwindigkeit des Nerven durch HELMHOLTZ. Die Latenzzeit ist, wie von GILDEMEISTER[8] gezeigt wurde, von dem zeitlichen Verlauf des Reizes abhängig, indem sie bei *steiler* verlaufenden Reizstößen kürzer dauert. In der Latenzzeit des Nervmuskelpräparates sind mehrere Zeitfaktoren enthalten. 1. Die Zeit, welche zwischen dem Reizmoment

---

[1] ADRIAN: The Basis of sensation: the action of the sense organs. London 1928. Die Untersuchung der Sinnesorgane mit Hilfe elektrophysiologischer Methoden. Erg. Physiol. **26**, 501 (1928).

[2] V. FREY: Das WEBERsche Gesetz und seine Deutung. Sitzgsber. physik.-med. Ges. Würzburg 11. XI. 1920.

[3] EINTHOVEN u. JOLLY: Quart. J. exper. Physiol.

[4] FUCHS: Pflügers Arch. **59**, 454 (1895); **60**, 173 (1895).

[5] STEINACH: Pflügers Arch. **63**, 495 (1899).

[6] Siehe die Kurve bei CREMER: Nagels Handb. d. Physiol. **4**, 892 (1909) und die Arbeiten von LEWANDOWSKY: Pflügers Arch. **73**, 288 (1898) — ALCOCK u. SEEMANN: Ebenda **108**, 426 (1905).

[7] BUYTENDIJK: Versl. Akad. Wetensch. Amsterd., Wis. en natuurk. Afd. **1911**, 649.

[8] GILDEMEISTER: Z. Biol. **62**, 358 (1913).

und dem Beginn der Erregung an der gereizten Nervenstelle vergeht, d. i. die Latenzzeit des Nerven im engeren Sinne. 2. Die Zeit, welche die Erregung braucht, um von der Reizstelle bis zur Übergangsstelle des Nerven in die Muskelfaser zu gelangen, d. i. die Leitungszeit. 3. Die Überleitungszeit an der Stelle, wo der Nerv an die Muskelfaser herantritt, d. i. die Latenzzeit des sog. Nervenendorganes. 4. Die Latenzzeit der Muskelfaser selbst. Hier beschäftigt uns in erster Linie die *Latenzzeit des Nerven*, dieselbe ist jedenfalls nur *sehr gering* und hat sich bisher der Messung entzogen.

Damit ein Reiz im Nerven eine Erregung hervorrufen kann, welche weitergeleitet wird, muß der Reiz nicht nur eine gewisse Stärke haben, sondern er muß auch mit einer gewissen Steilheit des Anstieges auf den Nerven einwirken. Es gelingt ohne Schwierigkeit, z. B. elektrische Reize beträchtlicher Stärke bei langsamen Ansteigenlassen in den Nerven einzuschleichen. Schon E. DU BOIS REYMOND hat in bezug auf den elektrischen Reiz von einer *Stromdichtigkeitsschwankungsgeschwindigkeit* gesprochen, die für die Erregung des Nerven notwendig ist. Da der Erregungsvorgang im Nerven mit einer beträchtlichen Steilheit einsetzt, so ist es verständlich, daß auch der Reiz mit einer gewissen Stärke und Steilheit einsetzen muß, um eine fortleitbare Erregung hervorzurufen. Erreicht ein erregender Reiz diese Steilheit nicht, wie dies z. B. bei einer lokalen Temperaturerhöhung des Nerven der Fall sein kann oder wenn der Reiz eben unter der Reizschwelle liegt, so kommt es wohl zu einer lokalen, aber nicht zu einer fortgeleiteten Erregung. So haben GILDEMEISTER[1] und LEVINSOHN[2] gezeigt, daß sich auch an einen an sich unwirksam erscheinenden elektrischen Reiz eine Phase herabgesetzter Erregbarkeit anschließen kann. Die durch derartige Reize gesetzte Erregung bleibt auf die gereizte Stelle beschränkt und läßt sich nur nachweisen, wenn die Reizbeantwortung des Nerven an der gereizten Stelle untersucht wird. In gleicher Weise bleibt die Wirkung einer Querdurchströmung der Nerven auf die durchströmte Nervenstrecke lokalisiert, sie kommt bei Anwendung eines konstanten Stromes in einer Förderung der Erregungsleitung, bei Anwendung von Wechselströmen in einer Verzögerung der Erregungsleitung zum Ausdruck (P. SCHULZE[3]). Dieses *Lokalisationsgesetz* BORUTTAUS[4] gilt durchweg für die lähmenden Reize. *Die Wirkung der Abkühlung, Erstickung oder Narkose bleibt auf die beeinflußte Strecke lokalisiert.*

Mit dem Lokalisationsgesetz hängt auch die vielfach erörterte *scheinbare Unabhängigkeit* der *Erregbarkeit* und *Leitfähigkeit* des *Nerven* zusammen, welche zur Beobachtung kommt, wenn man eine Nervenstrecke abkühlt, narkotisiert oder erstickt und mit Hilfe elektrischer Reize die Leitfähigkeit und Erregbarkeit des Nerven prüft. Den einen Reiz läßt man dabei so einwirken, daß er eine unveränderte Nervenstrecke trifft, daß aber die von ihm gesetzte Erregung durch die geschädigte Nervenstrecke laufen muß, um zum Muskel zu gelangen. Auf diese Weise kann die Veränderung der Leitfähigkeit der beeinflußten Nervenstrecke untersucht werden. Die zweite Reizstelle wird innerhalb der beeinflußten Nervenstrecke so angebracht, daß die von ihr ausgehenden Erregungswellen eine möglichst kurze Strecke des beeinflußten Teiles des Nerven zu durchlaufen haben. An dieser Stelle kommen vorzugsweise die Veränderungen der Erregbarkeit zum Ausdruck. Wie nun schon die Untersuchungen von GRÜNHAGEN[5] gezeigt haben, bleibt mit dem Einsetzen der Lähmung die Leitfähigkeit einige

---

[1] GILDEMEISTER: Pflügers Arch. **124**, 447 (1908).
[2] LEVINSOHN: Pflügers Arch. **132**, 267 (1910).
[3] SCHULZE, P.: Pflügers Arch. **211**, 157 (1926).
[4] BORUTTAU: Z. allg. Physiol. **4**, 289 (1904).
[5] GRÜNHAGEN: Pflügers Arch. **6**, 180 (1872).

Zeit scheinbar unverändert oder nahezu unverändert, während die Erregbarkeit gleich mit dem Beginn der Lähmung abzusinken beginnt. Ist dann die Erregbarkeit bis zu einem gewissen Grade abgesunken, dann verschwindet die Leitfähigkeit plötzlich für alle Reizintensitäten, die Erregbarkeit ist aber, wenn auch herabgesetzt, noch erhalten.

Es war eine große Reihe von Untersuchungen notwendig, um dieses merkwürdige Verhalten aufzuklären. FRÖHLICH[1], BORUTTAU[2], DENDRINOS[3], LODHOLZ[4], KOIKE[5], ADRIAN[6], ACHELIS[7], SYMES und VELEY[8]. Vor allem verschwindet die Leitfähigkeit unter sonst gleichen Bedingungen früher, wenn die geschädigte Nervenstrecke länger ist, d. h. es bedarf dann einer geringeren Erregbarkeitsherabsetzung, damit die Erregungswelle innerhalb der geschädigten Nervenstrecke erlischt, d. h. ein Dekrement bis auf Null erfährt. Schon aus diesen Beobachtungen ging eine enge Beziehung zwischen Erregbarkeit und Leitfähigkeit hervor. Das *Dekrement der Erregungswelle* innerhalb der geschädigten Nervenstrecke kann nur so zustande kommen, daß die Erregungswelle wohl mit normaler Stärke in die geschädigte Nervenstrecke eintritt, innerhalb der Strecke aber den benachbarten Querschnitt nicht mehr in gleicher Stärke zu erregen vermag. Dadurch entsteht in der Nachbarstelle eine schwächere Erregung usf., bis die Erregungswelle erlischt. Das Dekrement läßt deutlich erkennen, daß für die geschädigte Nervenstrecke das Alles-oder-Nichtsgesetz nicht gilt. Andererseits ist es aber verständlich, daß, wenn die Erregungswelle innerhalb der geschädigten Nervenstrecke nicht vollkommen erlischt und auf die normale Nervenstrecke übertritt, sie entsprechend dem Alles-oder-Nichtsgesetz wieder maximale Stärke erhalten muß. Daher muß die Leitfähigkeit insolange unverändert erscheinen, solange die Erregungswelle die geschädigte Nervenstrecke überhaupt, wenn auch geschwächt, durchlaufen kann. In neuester Zeit hat GENICHI KATO[9] und seine Mitarbeiter auf Grund ausgedehnter Untersuchungen zu zeigen versucht, daß die Erregung innerhalb einer narkotisierten Nervenstrecke kein Dekrement und keine Verlangsamung erfährt. Zu entsprechenden Ergebnissen sind in gemeinsamer Arbeit H. DAVIS, A. FORBES, D. BRUNSWICK und MC. H. HOPKINS[10] gekommen, in jüngster Zeit auch E. KOCH[11]. KATO hat auf verschiedene Fehlerquellen aufmerksam gemacht, welche zu einer scheinbaren, in Wirklichkeit nicht möglichen Trennung von Erregbarkeit und Leitfähigkeit des narkotisierten Nerven führen. 1. Die Ausbreitung von Stromschleifen der Reizströme über Nervenstrecken von 40 mm und mehr. Dadurch kann noch eine Wirksamkeit der in der narkotisierten Strecke gesetzten, zur Prüfung der Erregbarkeit dienenden Reizung vorgetäuscht werden. 2. Die Diffusion des Narkoticums aus der narkotisierten Strecke heraus, welche eine ungleichmäßige Narkosetiefe innerhalb der narkotisierten Strecke und ein Übergreifen der Narkose auf schein-

---

[1] FRÖHLICH, FR. W.: Z. allg. Physiol. **3**, 148 (1903); s. dort die ältere Literatur: FRÖHLICH, FR. W. u. TAIT: Ebenda **4**, 105 (1904).

[2] BORUTTAU u. FR. W. FRÖHLICH: Pflügers Arch. **105**, 444 (1904). — BORUTTAU: Ebenda **107**, 193 (1905).

[3] DENDRINOS: Pflügers Arch. **88**, 98 (1902).

[4] LODHOLZ: Z. allg. Physiol. **1913**, 15.   [5] KOIKE: Z. Biol. **1911**, 55.

[6] ADRIAN: J. of Physiol. **47**, 460 (1913).

[7] ACHELIS: Z. Biol. **76**, 315 (1922).

[8] SYMES u. VELEY: Proc. roy. Soc. Lond. **83**, 431 (1910).

[9] KATO, GENICHI: The theorie of decrementless conduction in narcotised region of nerve. Tokio: Nankodo 1924. The further studies on decrementless conduction Tokio 1926. — KATO u. TERUUCHI: J. Physiol. **64**, 193 (1927).

[10] DAVIS, FORBES, BRUNSWICK and MCHOPKINS: Am. J. Physiol. **72**, 177 (1925); **76**, 448 (1926).

[11] KOCH: Z. Biol. **87**, 249 (1928).

bar nichtnarkotisierte Nervenstrecken bedingen kann. 3. Das Eindringen des Narkoticums an den Querschnitten von Nervenästen. Gegen den großen Wirkungsbereich der Stromschleifen sprechen jedoch die Versuche von SIBYLL. COOPER[1], welche unter der Leitung von ADRIAN ausgeführt worden sind, dann die Versuche von ERLANGER[2] und GASSER, welche schon darauf hinweisen, daß die von KATO verwendeten dicken Krötennerven für die Ausbreitung der Stromschleifen besonders günstig sind. Ferner die Untersuchungen von ISHIKAWA[3], sowie OINUMA[4] und NISHIMARU, EDWARDS[5] und MC KEEN CATELL.

Die von mir vorgenommenen Versuche über das Weiterdiffundieren des Narkoticums aus der Narkosekammer heraus, sowie die eingehenden Versuche meines Mitarbeiters R. BARUCH[6], haben keine Spur eines Herausdiffundierens des Narkoticums bei sorgfältiger Erregbarkeitsprüfung an beiden Seiten der Narkosekammer auffinden können. Die maximale Ausbreitung der Stromschleifen bei starken Reizen betrug etwa 10 mm. Es handelte sich dabei jedoch um Reizstärken, die mehr als 60 mal stärker als die Reizschwellenintensität waren, Reizstärken, welche bei den Narkoseversuchen niemals Anwendung fanden. Bei Verwendung einer Narkosekammer von 40 mm Breite und Anlegen der zur Erregbarkeitsprüfung dienenden Elektrode in die Mitte der narkotisierten Nervenstrecke verschwand die Leitfähigkeit bereits, wenn die Erregbarkeit etwa auf den zweifachen Wert der Reizschwellenintensität herabgesunken war. Die Erregbarkeit konnte dann durch längere Zeit weiter bestehen bleiben. BARUCH konnte gleichzeitig nachweisen, daß für die Narkose dickerer Nerven stärkere Narkosen angewendet werden müssen, damit das Narkoticum den ganzen Querschnitt der Nerven treffen und die Leitfähigkeit vollkommen zum Verschwinden bringen kann. Damit hängt der plötzliche Narkoseneintritt und das gleichseitige Verschwinden von Erregbarkeit und Leitfähigkeit in den Versuchen von KATO und KOCH zusammen. Auch bei dünnen Nerven läßt sich durch eine stärkere Narkose das gleiche Verhalten aufzeigen.

Ferner hat FRÖHLICH[7] gezeigt, daß in dem Stadium der Schädigung der Nervenstrecke, in welchem die Leitfähigkeit unverändert erscheint, die Geschwindigkeit der Erregungswelle bereits nachweisbar verlangsamt ist. FRÖHLICH hat ferner auf Grund von Versuchen mit verschieden langen Nervenstrecken im Gegensatz zu GARTEN und KOIKE[8] erschlossen, daß entsprechend dem Dekrement die Erregungswelle beim Durchlaufen der geschädigten Nervenstrecke eine zunehmende Verlangsamung erfährt. Neuere Versuche von ACHELIS[9] aus dem GARTENschen Laboratorium haben diese Schlußfolgerungen durchaus bestätigt. Die entgegengesetzten Angaben von KATO sind wohl darauf zurückzuführen, daß bei der Art der verwendeten Narkose das Dekrement nicht nachzuweisen ist.

Für das Verständnis des Leitungsvorganges war auch wichtig, daß, wie insbesondere BORUTTAU[10] und FRÖHLICH nachweisen konnten, die *Erregungswelle*, welche man auch innerhalb der geschädigten Nervenstrecke mit Hilfe des Aktionsstromes feststellen kann, eine *Verkleinerung*, eine *Verlangsamung des aufsteigenden Schenkels* und *eine besonders starke Verlangsamung des absteigenden Schenkels*

---

[1] COOPER, S.: J. Physiol. **61**, 306 (1926).
[2] ERLANGER and GASSER: Am. J. Physiol. **70**, 624 (1924).
[3] JSHIKAWA: J. Biophys. **1**, 5 (1923).
[4] OINUMA u. NISHIMARU: J. Biophysics **2**, V (1927).
[5] EDWARDS and MC KEEN CATELL: Am. J. Physiol. **81**, 472 (1927).
[6] BARUCH, R.: Eine ausführliche Mitteilung der Versuche wird demnächst in der Z. Biol. erscheinen. Vgl. auch meine Monographie über Empfindungszeit, Jena 1929.
[7] FRÖHLICH, FR. W.: Z. allg. Physiol. **14**, 56 (1912).
[8] KOIKE: Z. Biol. **1911**, 55.   [9] ACHELIS: Z. Biol. **76**, 315 (1922).
[10] BORUTTAU u. FR. W. FRÖHLICH: Pflügers Arch. **105**, 444 (1904).

aufweist, welche jenseits der geschädigten Nervenstrecke nicht nachzuweisen sind. Es würde demnach, und das ist m. E. das wichtige Ergebnis der Gesamtheit der die Erregbarkeit und Leitfähigkeit des Nerven betreffenden Untersuchungen, die Erregungswelle, welche in eine geschädigte Nervenstrecke eintritt, eine zunehmende Verlangsamung und Verkleinerung erfahren und dementsprechend die Steilheit des aufsteigenden Schenkels der Erregungswelle abnehmen, Veränderungen, welche mit einer Abnahme der Erregbarkeit verknüpft sind. Vgl. die jüngeren Untersuchungen von ERLANGER[1] und GASSER. Dieses Verhalten tritt uns bei allen lähmenden Reizwirkungen, welche den Nerven treffen, entgegen, nur daß bei verschiedenen Beeinflussungen die Lähmung verschieden rasch eintritt und dadurch sich die beschriebenen Veränderungen verschieden schnell entwickeln. Besonders schön lassen sich alle Veränderungen beobachten, wenn Kohlensäure zur Lähmung der Nervenstrecke verwendet wird, während z. B. Ammoniak die Leitungsfunktion des Nerven blitzschnell aufheben kann. Aus diesem Grunde eignet sich besonders Ammoniak für eine rasche und *reizlose Ausschaltung* eines Nerven (EMANUEL[2], FRÖHLICH[3]).

BORUTTAU[4] hat darauf aufmerksam gemacht, daß bei Prüfung der Leitfähigkeit einer narkotisierten Nervenstrecke mit elektrischen Reizen und Registrierung der Aktionsströme sich auch jenseits der narkotisierten Nervenstrecke ein Dekrement nachweisen läßt, ein Verhalten, welches dem Alles-oder-Nichtsgesetz widersprechen würde. Dagegen hat ADRIAN[5] darauf hingewiesen, daß dieses Dekrement dadurch zustande komme, daß nicht alle Nervenfasern in gleichem Maße von der Narkose betroffen werden. Die mehr peripher gelegenen und der direkten Wirkung des Narkoticums stärker ausgesetzten Nervenfasern verlieren ihre Leitfähigkeit früher als die Fasern, welche mehr im Innern des Nervenstammes gelegen sind. Dadurch muß der jenseits von der narkotisierten Strecke abgeleitete Aktionsstrom kleiner werden, denn seine Stärke ist von der Zahl der sich in Erregung befindlichen Nervenfasern abhängig.

Einen tiefgehenden Einblick in die Reizwirkung gewährt nach den grundlegenden Untersuchungen von GALVANI, E. DU BOIS REYMOND, HERMANN und BIEDERMANN, GARTEN, BORUTTAU die Untersuchung der *Elektrizitätsproduktion* des Nerven, wie sie im *Ruhe- und Aktionsstrom* zum Ausdruck kommt. Wird eine Nervenstrecke, von welcher keine Seitenäste abgehen, mit Hilfe zweier unpolarisierbarer Elektroden mit einem empfindlichen Galvanometer verbunden, so erweist sich die Strecke als stromlos. Wird nun der Nerv an der einen Ableitungsstelle durchschnitten oder mit einem glühenden Draht getötet, d. h. wird ein mechanischer oder thermischer Querschnitt angelegt, so tritt ein starker Ruhestrom auf, der außerhalb des Nerven von der ungeschädigten Stelle zum Querschnitt läuft. Dieser Ruhestrom ist Ausdruck einer irreversiblen Zustandsänderung des Nerven am Querschnitt, ein solcher Ruhestrom läßt sich auch am abgestorbenen Nerven hervorrufen. Wird dagegen unter den oben geschilderten Ableitungsverhältnissen die eine Ableitungsstelle einer lähmenden Reizwirkung ausgesetzt, wird sie narkotisiert, erstickt oder abgekühlt, so wird sie negativ, es tritt ein Ruhestrom auf, der um so stärker ist, je stärker die lähmende Wirkung des Reizes ist, und wieder zurückgeht, wenn die lähmende Wirkung beseitigt wird. Da unter dem Einfluß der Lähmung die Erregbarkeit an der gelähmten Stelle sinkt, so könnten wir allgemein sagen, daß eine Nervenstelle, deren Er-

---

[1] ERLANGER and GASSER: Am. J. Physiol. **73**, 613 (1925).
[2] EMANUEL: Arch. f. Physiol. **1905**, 482.
[3] FRÖHLICH, FR. W.: Pflügers Arch. **113**, 418 (1906).
[4] BORUTTAU: Pflügers Arch. **107**, 193 (1905).
[5] ADRIAN: J. of Physiol. **47**, 460 (1913).

regbarkeit herabgesetzt ist, sich gegenüber unbeeinflußten Nervenstellen negativ verhält. Bei einer erregbarkeitssteigernden Beeinflussung einer Nervenstelle findet der umgekehrte Vorgang statt. VOELKEL[1] hat die Alkoholwirkung auf den Nerven untersucht und eine gewisse Unabhängigkeit der Erregbarkeit von dem Ruhestrom hingewiesen. Die Erregbarkeit an der narkotisierten Nervenstelle stieg an, während die Nervenstelle gleichzeitig negativ wurde[2]. Es wäre aber hier daran zu denken, daß es sich nur um eine scheinbare Trennung dieser beiden Reaktionsweisen des Nerven handelt, indem die Erregbarkeitssteigerung nur eine scheinbare ist. FR. W. FRÖHLICH[3] hat gerade zeigen können, daß das Vorhandensein einer länger bestehenden Negativität besonders günstig ist für das Hervortreten einer scheinbaren Erregbarkeitssteigerung.

Ebenso wie jede geschädigte Nervenstelle wird auch die in Erregung befindliche negativ gegenüber allen ruhenden Nervenstellen. Auf diese Weise kommt es beim Ablaufen der Erregung über den Nerven zu einer mit gleicher Geschwindigkeit fortgeleiteten *Negativitätswelle*, zu einem Aktionsstrom. Gerade die Untersuchung des unter der Reizwirkung auftretenden Aktionsstromes hat ganz allgemein gezeigt, daß die Erregung sich in Form einer Welle über den Nerven fortpflanzt; es würde die Annahme naheliegen, daß der Nerv überhaupt nur Erregungswellen zu leiten vermag. Diese Vorstellung muß auch das Verständnis der noch umstrittenen Erregungsvorgänge anbahnen, welche bei den sog. tonischen Erregungen über den Nerven ablaufen. Wenn auch der Nachweis ihrer oszillierenden Natur noch in keinem Falle geglückt ist, so konnte auch noch kein andersgearteter Vorgang aufgezeigt werden, welcher bei den tonischen Erregungen vom Nerven geleitet wird.

Trotz der fortschreitenden Verfeinerung der Registriermethoden des Aktionsstromes und der Berechnungsmethoden, aus dem Verlauf der gewonnenen Kurven den tatsächlichen Verlauf des Aktionsstromes festzustellen, ist man doch noch nicht zu einem allgemein anerkannten Ergebnis gekommen. (Siehe darüber die neueren Untersuchungen von GARTEN[4], A. FISCHER[5], GASSER und ERLANGER[6], BROEMSER[7], E. TH. v. BRÜCKE[8] und PLAUT[9].) Insbesondere bezüglich der Dauer und Steilheit des auf- und absteigenden Schenkels des Aktionsstromes unter normalen Bedingungen und unter dem Einfluß lähmender Beeinflussungen sowie über die Beziehungen des Aktionsstromverlaufes zum Refraktärstadium liegen noch keine einheitlichen Auffassungen vor. Man müßte allerdings von vornherein die engsten Beziehungen zwischen Verlauf des Aktionsstromes, Fortpflanzungsgeschwindigkeit der Erregungswelle und Dauer des absoluten und relativen Refraktärstadiums erwarten[10]. Bei Bewertung der Aktionsstromkurven ist zu berücksichtigen, daß der Nervenstamm aus verschieden schnelleitenden Nervenfasern besteht, und daß bei lähmenden Beeinflussungen nicht alle Nervenfasern in gleichem Umfange von der Lähmung betroffen sein können, und dadurch Verzerrungen des Aktionsstromverlaufs auftreten müssen. In diese Richtung weisen insbesondere die Untersuchungen von ERLANGER[11], GASSER und BISHOP,

---

[1] VOELKEL: Pflügers Arch. **191**, 200 (1921).
[2] Vgl. KOCH: Pflügers Arch. **216**, 114 (1927); Z. exper. Med. **50**, 238 (1926).
[3] FRÖHLICH, FR. W.: Erg. Physiol. **16**, 40 (1918).
[4] GARTEN: Z. Biol. **51**, 534 (1909); **55**, 29 (1910).
[5] FISCHER, A.: Z. Biol. **56**, 505 (1911).
[6] GASSER u. ERLANGER: Amer. J. Physiol. **62**, 496 (1922); **63**, 417 (1923).
[7] BROEMSER, Z. Biol. **78**, 139 (1923).   [8] BRÜCKE: Z. Biol. **79**, 161 (1923).
[9] PLAUT, RAHEL: Z. Biol. **78**, 133 (1923).
[10] WORONZOW: Pflügers Arch. **218**, 148, 168 (1927).
[11] ERLANGER: BISHOP, GASSER: Am. J. Physiol. **73**, 613 (1925); **76**, 203 (1926); **78**, 574, 630 (1926); **82**, 462, 644 (1927); **84**, 417, 699 (1928).

welche sich des aperiodisch reagierenden Kathodenoszillographen bedient haben. Dieses moderne Registrierinstrument scheint in der Tat den zeitlichen Verlauf der Aktionsströme zutreffend wiederzugeben.

Unter bestimmten Umständen reagiert der Nerv auf einen erregenden Reiz nicht nur mit einer einzelnen Erregungswelle, sondern mit einer Folge von Erregungswellen. Es ist schon lange bekannt, daß z. B. austrocknende Nerven auf den kurzdauernden elektrischen oder mechanischen Reiz mit einem länger dauernden Erregungsvorgang antworten. Solche Reizbeantwortungen lassen sich auch an den Nerven von Kaltfröschen nachweisen, wenn sie mit dem konstanten Strom gereizt werden. Das Nervmuskelpräparat des Kaltfrosches reagiert auf die Schließung des konstanten Stromes mit einem *Schließungstetanus*. GARTEN[1] ist es gelungen, festzustellen, daß der Schließungstetanus dadurch zustande kommt, daß der Nerv mit einer länger dauernden Folge von Erregungswellen antwortet, die sich in Form oszillierender Aktionsstromwellen nachweisen lassen. Man hat in diesem Fall von einem *Eigenrhythmus des Nerven* gesprochen. Um den Eigenrhythmus des Warmblüternerven nachzuweisen, bedarf es beträchtlicher Intensitäten des konstanten Reizstromes (PIPER[1]). Weitere Untersuchungen über den Eigenrhythmus des Nerven sind von EBBECKE[2] angestellt worden. Es sei besonders auf das Nervenschwirren hingewiesen, das bei Reizung sensibler Nerven mit dem konstanten Strom zur Beobachtung kommt. Über die oszillierende Natur der Nervenerregung finden sich auch Angaben bei ADRIAN[3] und ISHIKAWA[4]

Wie zuerst von E. HERING[5] gezeigt worden ist, schließt sich an die bei einer faradischen Reizung des Nerven auftretende *tetanische negative Schwankung des Ruhestromes* eine länger dauernde *positive Nachschwankung* an, die HERING als Ausdruck einer assimilatorischen Erregung angesehen hat, welche der durch die faradische Reizung bedingten starken Inanspruchnahme des Nerven folgt. Die Dauer und Stärke der positiven Nachschwankung nimmt mit der Dauer der Reizung erst zu, dann ab und geht schließlich in eine negative Nachwirkung über, die schon als Ausdruck einer Nervenermüdung angesehen wurde. GARTEN[6] konnte am Riechnerven des Hechtes die positive Nachschwankung im Anschluß an den einzelnen Reiz beobachten und den Nachweis erbringen, daß die positive Nachschwankung mit Prozessen am Längsschnitt des Nerven verknüpft ist. Die Abkühlung des Nerven am Längsschnitt bewirkt ein Verschwinden der positiven Nachschwankung. Wie die Untersuchungen von VÉSZI[7] und DITTLER[8] gezeigt haben, kann während der positiven Nachschwankung die Erregbarkeit des Nerven für einzelne Induktionsschläge erhöht oder vermindert sein. Bei Erstickung und Narkose des Nerven fällt, wie ZELIONY[9] und SOCHOR[10] gezeigt haben, die positive Nachschwankung fort, während die negative Schwankung noch vorhanden ist[11].

Für den Nachweis einer Reizwirkung auf den Nerven läßt sich mit Erfolg auch die Untersuchung des *Sauerstoffbedürfnisses* und des *Stoffwechsels des Nerven* verwenden. Das Sauerstoffbedürfnis des Nerven ist zuerst im VERWORN-

---

[1] PIPER: Z. Biol. **55**, 140 (1910).
[2] EBBECKE: Pflügers Arch. **197**, 482 (1922); **203**, 336 (1924).
[3] ADRIAN: Brit. J. of Physiol. gen. sect. **14**, 121 (1923).
[4] ISHIKAWA, HIDEZUMARU: The fundamental phenomena of life, Japan. The Kyoto imperial University 1924.
[5] HERING, E.: Sitzgsber. Akad. Wiss. Wien, Math.-naturwiss. Kl. **1884**, 89.
[6] GARTEN: Beiträge zur Physiol. der marklosen Nerven. Jena 1903. Pflügers Arch. **136**, 545 (1910).
[7] VÉSZI: Pflügers Arch. **144**, 272 (1912).
[8] DITTLER, Pflügers Arch. **144**, 577 (1912).
[9] ZELIONY: Z. allg. Physiol. **15**, 23 (1913). [10] SOCHOR: Z. Biol. **58**, 1 (1912).
[11] Vgl. VERZAR: Pflügers Arch. **206**, 703 (1924); **211**, 244 (1926).

schen Laboratorium[1] durch v. BAEYER[2], FR. W. FRÖHLICH[3] und FILLIE[4] nachgewiesen worden, es ist, wie THÖRNER[5] gezeigt hat, von der Temperatur abhängig. Es zeigte sich ferner eine enge *Abhängigkeit* zwischen dem *Sauerstoffbedürfnis* und *der Ermüdbarkeit des Nerven* (FRÖHLICH[5], THÖRNER[6]). Der Stoffwechsel des Nerven ist durch die Untersuchungen von THUNBERG[7], HABERLANDT[8], TASHIRO und ADAMS[9] sowie durch die eingehenden Arbeiten von HIRSCHBERG und H. WINTERSTEIN[10] sichergestellt worden. Nach WINTERSTEIN läßt sich im Nerven ein Umsatz von Zucker, Fett und stickstoffhaltigen Substanzen nachweisen. Durch Reizung wird der Stoffwechsel des Nerven gesteigert.

Einen höchst wichtigen Einblick in die Reizbeantwortung des Nerven gewährt die Untersuchung der Wärmeproduktion des ruhenden und tätigen Nerven. Die schon vorliegenden Untersuchungen über den Stoff- und Energiewechsel des Nerven wiesen mit Nachdruck darauf hin, daß der Nerv sich auch in bezug auf die Wärmeproduktion den allgemeinen Gesetzen der Energetik einfügt. Der Nachweis der Wärmeproduktion war aber bisher nicht geglückt. Es mag dies begründet sein zum Teil in der geringen Wärmemenge, welche bei der Tätigkeit des Nerven produziert wird, zum Teil auch in einer nicht zureichenden Empfindlichkeit der verwendeten Methodik. Die Wärmeproduktion des Nerven konnte sich auch dadurch dem Nachweis entziehen, daß die produzierte Wärme bei den restitutiven Prozessen des Nerven wieder verbraucht wird, wie dies für den Muskel nachzuweisen gelungen ist. In jüngster Zeit ist es THÖRNER[11] sowie HILL und seinen Mitarbeitern gelungen, die Wärmeproduktion des Nerven nachzuweisen und näher zu untersuchen.

Durch HILL[12], GERARD, DOWNING, ZOTTERMANN wurde gezeigt, daß bei faradischer Reizung des Nerven die gesamte elektrische Energieproduktion kleiner ist als das Produkt aus der durch den Einzelreiz veranlaßten Energieproduktion und der Anzahl der Reizstöße. Das gleiche wurde von HILL für die Wärmeproduktion des Nerven bei Einzel- und faradischer Reizung nachgewiesen. Beide Ergebnisse lassen die rasch einsetzende Reizanpassung des Nerven erkennen und sind nur im Sinne einer Ermüdung des Nerven durch die oszillierende Reizung zu deuten.

Für den Nachweis einer Reizwirkung auf den Nerven hat man sich auch der morphologischen Veränderungen des Nerven bedient (STÜBEL[13], A. BETHE[14], SCHWARZ[15], SCHREITER[16], SEEMANN[17] und SPIEGEL[18]).

[1] VERWORN, M.: Erregung und Lähmung, S. 261. Jena 1914.
[2] v. BAEYER: Z. allg. Physiol. **2**, 169 (1903).
[3] FRÖHLICH, FR. W.: Z. allg. Physiol. **3**, 75, 131 (1904).
[4] FILLIE: Z. allg. Physiol. **8**, 492 (1908).
[5] THÖRNER: Z. allg. Physiol. **13**, 247 (1912); **10**, 351 (1910).
[6] FRÖHLICH, FR. W.: Z. allg. Physiol. **3**, 468 (1904).
[7] THUNBERG: Skand. Arch. Physiol. (Berl. u. Lpz.) **17**, 74 (1905).
[8] HABERLANDT: Arch. f. Physiol. **1911**, 419.
[9] TASHIRO u. ADAMS: Amer. J. Physiol. **32**, 107 (1914); **33**, 405 (1914).
[10] HIRSCHBERG u. WINTERSTEIN: Hoppe-Seylers Z. **100**, 185 (1917); **101**, 212, 248 (1918); **105**, 1 (1919); **108**, 21 (1919).
[11] THÖRNER: Tagung der Deutschen Physiologischen Gesellschaft in Rostock 1925. Ber. Physiol. **32**, 703 (1925).
[12] DOWNING, GERARD, HILL: Proc. roy. Soc. London **100**, 223 (1926). — GERARD: J. Physiol. **62**, 349 (1927). — GERARD, HILL u. ZOTTERMANN: J. Physiol. **63**, 130 (1927).
[13] STÜBEL: Pflügers Arch. **149**, 1 (1913).
[14] BETHE, A.: Allgemeine Anatomie und Physiologie des Nervensystems, S. 276. Leipzig 1903 — Z. Biol. **52**, 146 (1908) — Arch. f. exper. Path. **1908**, 75 — Pflügers Arch. **183**, 289 (1920).
[15] SCHWARZ: Arch. f. exper. Path. **138**, 487 (1911).
[16] SCHREITER: Arch. f. exper. Path. **156**, 314 (1914).
[17] SEEMANN: Z. Biol. **51**, 310 (1908).
[18] SPIEGEL, E. A.: Pflügers Arch. **192**, 223, 240 (1921).

II. Arten der Nervenreize.
1. Die adäquaten Nervenreize.

Die Gesamtheit der neueren Untersuchungen über die von den Nervenzentren ausgehenden Erregungen haben es mehr als wahrscheinlich gemacht, daß die *adäquaten Erregungen*, welche die Nerven leiten, *oszillierender Natur* sind. Da die Sinneszellen entwicklungsgeschichtlich den Nervenzellen sehr nahestehen und es überdies Fr. W. Fröhlich[1] am Cephalopodenauge gelungen ist, durch den adäquaten Lichtreiz oszillierende Aktionsströme hervorzurufen, lag die Annahme sehr nahe, daß auch die Sinnesnerven durchweg oszillierende Erregungsvorgänge leiten. Von den Sinnesnerven hatten sich bisher oszillierende Erregungsvorgänge nicht ableiten lassen, doch wiesen die bei adäquater Reizung des Sinnesorganes von dem Sinnesnerven ableitbaren länger dauernden negativen Schwankungen darauf hin, daß auch hier einzelne Erregungswellen dem Erregungsvorgang zugrunde liegen, für deren Nachweis die Empfindlichkeit der uns zur Verfügung stehenden Methoden jedoch noch nicht ausreiche. Für die Annahme, daß die Nerven einen gleichmäßig andauernden Erregungszustand zu leiten vermögen, wie dies zur Erklärung der tonischen Innervationen herangezogen worden ist, fehlte jede gesicherte experimentelle Begründung. Es mußte die weite Verbreitung oszillierender Erregungsvorgänge in der belebten Natur berücksichtigt werden[2], welche es wahrscheinlich machte, daß alle Lebensvorgänge oszillierend verlaufen. In den letzten Jahren ist es Adrian[3] und seinen Mitarbeitern gelungen, durch Verwendung von modernen Verstärkermethoden die Empfindlichkeit der elektrophysiologischen Apparate soweit zu steigern, daß der oszillierende Erregungsablauf in den sensiblen Nerven bei adäquater Reizung der Sinnesorgane registriert werden konnte.

Die Untersuchungen der Aktionsströme des belichteten Cephalopodenauges weisen darauf hin, daß durch die Sinnesnerven dieser Augen *oszillierende Erregungswellen verschiedener Frequenz* und großer Regelmäßigkeit geleitet werden. Die Frequenzen gehen bis 100 Oszillationen in der Sekunde. Die von Adrian in den Sinnesnerven registrierten Erregungsoszillationen weisen eine weit höhere Frequenz auf, doch ist es nicht unwahrscheinlich, daß die hohen Frequenzen durch eine Ungleichseitigkeit der Impulse in den verschiedenen Nervenfasern vorgetäuscht werden. Es erscheint ferner keineswegs gesichert, daß, wie Adrian anzunehmen geneigt ist, die Stärke der einzelnen Erregungswellen stets die gleiche bleibt. Die Mehrzahl der von Adrian veröffentlichten Kurven lassen dieses Verhalten nicht erkennen, so daß sie nicht ohne weiteres als Stütze für das Alles- oder Nichtsgesetz der Nervenleitung für oszillierende Erregungsvorgänge im Nerven verwendet werden dürfen. Die Frequenzbestimmungen der von den motorischen Zentren der Säugetiere und des Menschen ausgehenden Impulse ist nicht leicht, da die Aktionsstromkurven, welche von den innervierten Muskeln abgeleitet werden, große Unregelmäßigkeiten zeigen, doch haben sich auch hier Frequenzänderungen nachweisen lassen. So nimmt die Frequenz der Erregungswellen, wie die Untersuchungen von E. Th. Brücke[4] gezeigt haben, ab, wenn ein tätiger Muskel gehemmt wird[5].

---

[1] Fröhlich, Fr. W.: Z. Sinnesphysiol. **48**, 28 (1913); **48**, 354 (1914).
[2] Verworn, Max: Allgemeine Physiologie, 7. Aufl., S. 459. Jena 1922.
[3] Adrian: Die Untersuchung der Sinnesorgane mit elektrophysiologischen Methoden. Erg. Physiol. **26**, 501 (1928).
[4] Brücke, E. Th.: Z. Biol. **77**, 29 (1922).
[5] Vgl. Wachholder: Willkürliche Haltung und Bewegung im Lichte elektrophysiologischer Untersuchungen. Erg. Physiol. **26**, 568 (1928).

Bezüglich der *Frequenzen der Erregungswellen*, welche bei willkürlicher Innervation vom motorischen Nerven geleitet werden, lauten die Angaben verschieden. Nach PIPER[1] beträgt die Frequenz 50 Erregungswellen, nach DITTLER[2] und GARTEN[3] gehen die Frequenzen bis 180 Wellen in der Sekunde. Nach ATHANASIU[4] lassen sich bis 500 Erregungswellen nachweisen. Für jeden Fall ist der Nerv des Warmblüters imstande, noch eine wesentlich höhere Frequenz von Erregungswellen zu leiten. Es ist nicht unwahrscheinlich, daß die großen Frequenzen, welche bei adäquater Innervation der Muskeln beobachtet worden sind, durch eine ungleichzeitige, oszillierende Entladung vieler Nervenzellen zustande kommen. Die Erregungen, welche auf diese Weise über den motorischen Nervenstamm geleitet werden, würden einem Pelotonfeuer von Maschinengewehren zu vergleichen sein. Noch weit höhere Frequenzen von Erregungswellen müssen die Nerven der Flugmuskeln mancher Mücken leiten, welche entsprechend den Beobachtungen von MAREY und LANDOIS[5] bis 600 Einzelkontraktionen in der Sekunde auszuführen imstande sind. Die höchsten Innervationsfrequenzen hat GARTEN[6] am elektrischen Organ von *Malaptarurus* beobachtet. Von der dieses Organ innervierenden Nervenzelle gehen bis 1000 Erregungswellen in der Sekunde nach der Peripherie.

Wird ein Nervenstamm von seinen zugehörenden Nervenzellen durch Durchschneidung abgetrennt, so verhalten sich die beiden Teile des Nerven verschieden. Der periphere Anteil entartet und degeneriert und zeigt dabei charakteristische *Entartungsreaktionen*. (Siehe darüber BORUTTAU[7], REINECKE[8] und REISS[9].) Vom zentralen Anteil des Nerven dagegen beginnen Nervenfasern auszuwachsen und tragen bei zur *Regeneration des Nerven* und Beseitigung der Innervationsstörungen. Diese Reaktion des zentralen Nervenstumpfes auf den Reiz der Durchschneidung hat eine weitgehende praktische Verwendung gefunden bei der Ausheilung von Nervenverletzungen, bei Herstellung von Nervennähten und Nerventransplantationen. Solche Regenerationen finden auch an sensiblen Nerven statt (v. FREY[10]).

Hier ist auch die von P. WEISS[11] aufgestellte Resonanztheorie anzuführen, welche auf Grund von Beobachtungen an transplantierten Extremitäten aufgestellt worden ist. Bei Transplantation ganzer Extremitäten bei Salamandern zeigte es sich, daß nach erfolgter Neurotisation das Transplantat gleichzeitig und gleichsinnig mit der normalen Nachbarextremität bewegt wird. Diese Bewegungen erfolgen unablässig von der Stellung der Extremität. WEISS schließt daraus, daß das Muskelsystem eine Mannigfaltigkeit spezifisch konstituierter und bezüglich ihrer nervösen Erregbarkeit spezifisch voneinander verschiedener Endbezirke darstelle und daß das Zentrum über die gleiche Mannigfaltigkeit spezifischer Erregungsformen verfüge. Jedes Endgebiet wäre auf die ihm zugehörige Erregungsform abgestimmt. Es würde naheliegen, die WEISSschen

---

[1] PIPER: Pflügers Arch. **119**, 301 (1907) — Z. Biol. **50**, 393 (1908) — Arch. f. Physiol. **1909**, 491; **53**, 140 (1910) — Elektrophysiologie menschlicher Muskeln. Berlin 1912.
[2] DITTLER: Pflügers Arch. **131**, 581 (1910) — mit GARTEN: Z. Biol. **58**, 420 (1912) — mit GÜNTHER: Pflügers Arch. **155**, 251 (1911).
[3] GARTEN: Z. Biol. **55**, 29 u. 236 (1911); s. darüber auch BASS u. TRENDELENBURG: Ebenda **74**, 121 (1921).
[4] ATHANASIU: J. Physiol. et Path. gén. **21**, 1 (1923).
[5] LANDOIS: Tierstimmen. Freiburg i. Br. 1874.
[6] GARTEN: Z. Biol. **54**, 399 (1910).
[7] BORUTTAU: Pflügers Arch. **115**, 287 (1906).
[8] REINECKE: Z. allg. Physiol. **8**, 422 (1908).
[9] REISS: Z. Biol. **66**, 359 (1915) — Die elektrische Entartungsreaktion. Berlin 1911.
[10] v. FREY: Sitzgsber. physik.-med. Ges. Würzburg **1917**, 1.
[11] WEISS, P.: Erg. Biol. **3**, 1 (1928).

Beobachtungen in Beziehung zu setzen mit den oszillierenden Erregungsvorgängen verschiedener Stärke, verschiedener Frequenz und verschiedenen zeitlichen Verlaufes, wie sie die neueren nervenphysiologischen Untersuchungen wahrscheinlich gemacht haben und deren spezifische Wirkungen auf die Erfolgsorgane sich mit der Lehre von der Spezifität der Chronaxie bzw. Nutzzeit in Beziehung setzen ließen.

2. Der elektrische Reiz.

Der elektrische Reiz steht von allen Reizarten dem adäquaten Nervenreiz am nächsten und läßt sich seiner Intensität und zeitlichem Verlauf nach so fein abstufen, daß er auch in dieser Hinsicht dem adäquaten Reiz sehr ähnlich gestaltet werden kann. Die verschiedene Stärke und verschiedene Dauer, die dem elektrischen Reiz in seinen Formen als konstanter Strom, als Kondensatorenentladung, als Induktionsstrom gegeben werden kann, die Möglichkeit, die Frequenz des elektrischen Reizes ansteigend vom einzelnen Induktionsschlag bis zu den Hochfrequenzströmen zu steigern, welche die modernen Apparate der drahtlosen Telegraphie liefern, gestatten es, gerade für den elektrischen Reiz die Abhängigkeit des Reizerfolges vom zeitlichen Verlauf auf das eingehendste zu studieren und zur Aufstellung bestimmter Reizgesetze zu gelangen.

Handelt es sich darum, die Erregbarkeit eines Nerven für den elektrischen Reiz festzustellen, so ergibt die Bestimmung der Reizschwelle, d. i. die Methode der Minimalreizung, die übersichtlichsten Resultate. Bei Verwendung stärkerer Reize wird der Reizerfolg auch von der Anzahl der erregten Nervenfasern beeinflußt. Die zur Hervorrufung eines eben sichtbaren Reizerfolges notwendige Reizstärke ist von einer Reihe von Faktoren abhängig, auf welche schon bei Besprechung der allgemeinen Reizwirkungen hingewiesen worden ist (v. KRIES[1], HERMANN[2], GILDEMEISTER[3], LAPICQUE[4], LASALLE[5]). Um einen Vergleichswert für elektrische Reize verschiedenen zeitlichen Verlaufes zu erhalten, hat man sich der Bestimmung der Nutzzeit, Kennzeit, Grundschwelle (Rheobase und Chronaxie) bedient, d. i. jene Dauer des Reizes, die zur Hervorrufung eines bestimmten Reizerfolges ausreicht. Wird die Dauer kürzer gewählt, so wirkt der Reiz schwächer, Verlängerung der Reizdauer hat dagegen keine Wirkung. Nach GILDEMEISTER ist die Nutzzeit von folgenden 4 Faktoren abhängig:

1. Von dem zeitlichen Verlauf des Reizes. Die elektrischen Reize, die in ihren Anwendungsformen als konstanter Strom, als Kondensatorenentladung und als Induktionsstrom einen äußerst verschiedenen zeitlichen Verlauf zeigen, können unter Zuhilfenahme geeigneter Apparate eine verschiedene Dauer (Zeitreize nach v. KRIES) und einen verschiedenen Verlauf erhalten. Sie können sehr steil ansteigen und absinken, sie haben dann nur eine sehr kurze Dauer. Sie können sehr steil ansteigen und in gleicher Stärke eine meßbare Zeit bestehenbleiben, oder es kann das An- und Absteigen nur langsam erfolgen. Die Nutzzeit ist um so länger, je flacher der An- und Abstieg des Reizes ist. Dabei ist die Größe der Nutzzeit viel stärker von dem zeitlichen Verlauf des Reizes als von seiner Intensität abhängig.

---

[1] v. KRIES: Arch. f. Physiol. **1884**, 337.
[2] HERMANN, L.: Pflügers Arch. **127**, 172 (1909).
[3] GILDEMEISTER: Pflügers Arch. **101**, 203 (1904); **124**, 447 (1908); **131**, 199 (1910); **140**, 609 (1911) — Z. Biol. **62**, 358 (1913).
[4] LAPICQUE, L.: J. Physiol. et Path. gén. **9**, 620 (1907); **10**, 601 (1908) — C. r. Soc. Biol. **88**, 46 (1923).
[5] LASALLE: C. r. Soc. Biol. **98**, 272 (1928).

2. Von der Art der Nerven. Nerven, welche den Erregungsvorgang langsamer leiten, haben eine längere Nutzzeit, sie sprechen auf Reize langsameren Verlaufes leichter an.

3. Von dem Zustand des verwendeten Nerven. Solche Nerven, deren Erregungsablauf durch lähmende Beeinflussungen verlangsamt ist (Abkühlung, Narkose), weisen eine längere Nutzzeit auf, Temperaturerhöhung bedingt eine Verkürzung der Nutzzeit. Von LAPIQUE[1] und KREINDLER[2] wurde die Abhängigkeit der Chronaxie von der Dicke des untersuchten Nerven geprüft. MASUDA[3] stellte Chronaxieuntersuchungen am narkotisierten Nerven an. KODERA[4] wies nach, daß bei den Chronaxieversuchen der Zusammensetzung der Nerven aus langsame und schnell reagierenden Fasern zum Ausdruck kommt. Eine mathematische Behandlung der Chronaxie haben BOUMANN[5] und LASALLE[6] versucht.

4. Die Stärke des Reizes. Zunehmende Intensität bedingt eine Abnahme der Nutzzeit, doch geht dies nur bis zu einer vorläufig noch nicht feststellbaren Intensität, bei welcher der Reiz eine Dauerwirkung ausübt, die insbesondere an den Nerven von Kaltfröschen oder austrocknenden Nerven zur Beobachtung kommt (tetanisierende Wirkung des konstanten Stromes).

Die zur Hervorrufung eines eben wahrnehmbaren Erfolges notwendige Energiemenge des elektrischen Stromes ist außerordentlich gering, sie bewegt sich um $0{,}3 \cdot 10^{-3}$ Erg. Es ist nicht unwahrscheinlich, daß die Energiemenge der Erregungswelle im Nerven, welche bei der Erregungsleitung die einzelnen Querschnitte des Nerven in Erregung versetzt, noch wesentlich geringere Werte aufweist.

Der Schließungs- und Öffnungsinduktionsstrom sind schon aus physikalischen Gründen nicht gleich wirksam, sie weisen an sich einen verschiedenen Verlauf auf, indem der Schließungsschlag viel langsamer verläuft und daher auch viel stärkere polarisatorische Wirkungen entfalten kann[7]. Doch läßt sich nachweisen, daß beim Induktionsstrom die erregende Wirkung immer von der Kathode, d. h. von der Austrittsstelle des Stromes, aus dem Nerven ausgeht. Bei schwachen Induktionsschlägen wirkt nur das Entstehen des Stromes, bei starken dagegen sowohl das Entstehen als auch das Verschwinden. Der unverletzte Nerv zeigt an allen Stellen seines Verlaufes die gleiche Erregbarkeit. Nur in der Nähe der Durchschnittsstelle eines Nervenastes oder des Nervenquerschnittes kann infolge einer Wirkung des Ruhestromes und seiner Veränderung durch das fortschreitende Absterben die Erregbarkeit erhöht oder erniedrigt erscheinen oder sie kann auch ein stetiges Ansteigen oder Absinken erkennen lassen. Die polaren Wirkungen des elektrischen Reizes sind besonders eingehend für den konstanten Strom untersucht worden. Die Erregung geht bei Schließung des Stromes von der Kathode, die der Öffnung des Stromes von der Anode aus. Bleibt der Strom einige Zeit geschlossen, so erweist sich während der Schließung die Erregbarkeit an der Kathode erhöht, an der Anode herabgesetzt. Die polaren Wirkungen bleiben nicht auf die Pole beschränkt, sondern breiten sich intra- und extrapolar aus in Abhängigkeit von der Stärke des Reizstromes[8]. Nach der Öffnung des Stromes zeigt sich das umgekehrte Verhalten.

---

[1] LAPIQUE, L.: C. r. Soc. Biol. **97**, 123 (1927).
[2] KREINDLER: C. r. Soc. Biol. **97**, 125 (1927).
[3] MOSUDA: J. Biophysics **2**, 80 (1927).
[4] KODERA: Pflügers Arch. **219**, 174 (1928).
[5] BOUMANN: Arch. neerl. Physiol. **12**, 416 (1928).
[6] LASALLE: Zitiert auf S. 194.
[7] Vgl. darüber die Ausführungen von MAX CREMER über den *Fleischleffekt* in Nagels Handb. d. Physiol. **4**, 919. (1909).
[8] DAMOJLOFF: Pflügers Arch. **209**, 476, 484 (1925). — EBBECKE: Pflügers Arch. **211**, 786 (1926).

Eine übersichtliche Zusammenfassung haben die *polaren Wirkungen des konstanten Stromes* im PFLÜGERschen Zuckungsgesetz erfahren. Doch zeigen sich von diesem polaren Erregungsgesetz scheinbare Ausnahmen bzw. Umkehrungen, wenn der Nerv entartet, abstirbt oder lähmenden Beeinflussungen ausgesetzt wird. (Entartungsreaktion. BORUTTAU[1], REINECKE[2], THÖRNER[3].)

Fließt der konstante Strom quer zur Längsrichtung der Nervenfasern, so übt er keine Reizwirkung aus, dementsprechend veranlaßt er auch nicht die Veränderungen der primären Färbbarkeit des Nerven, die von BETHE[4] als Polarisationsbilder beschrieben worden sind.

Je länger die vom konstanten Strom durchflossene Nervenstrecke ist, um so wirksamer wird der Reiz, d. h. um so schwächer kann er sein oder um so kürzer braucht er zu wirken[5]. Entsprechend den Beobachtungen von GÖTHLIN[6] hängt die Reizwirkung eines elektrischen Stromstoßes auf den Nerven in der Weise von der Richtung des Stromes ab, daß die Reizschwelle für die motorischen Nervenfasern zuerst von den zentripetalen Strömen, für die sensiblen Fasern von zentrifugal verlaufenden Strömen erreicht wird. GÖTHLIN führt dieses Verhalten darauf zurück, daß die Nervenfaser für Ströme empfindlicher ist, welche die negativen Ionen in der Richtung der natürlichen Leitung fortbewegen. Wenn der zur Reizung dienende konstante Strom, von Null ausgehend, allmählich verstärkt wird, kann man beträchtliche Intensitäten des Stromes in den Nerven *einschleichen* bzw. *ausschleichen*, ohne daß es zu einem fortgeleiteten Reizerfolg kommt, die polare Wirkung des konstanten Stromes äußert sich dann nur in Erregbarkeitsänderungen an der Ein- und Austrittsstelle des Stromes. Unter diesen Bedingungen kann die depressorische Wirkung an der Anode so stark sein, daß die Leitfähigkeit des Nerven aufgehoben wird. Man kann daher, wie PFLÜKKER[7] und FR. W. FRÖHLICH[8], CH. GRUBER gezeigt haben, das Einschleichen des konstanten Stromes zur reizlosen Ausschaltung des Nerven verwenden.

Wie schon erwähnt worden ist, ist der Nerv imstande, *beträchtliche Reizfrequenzen mit einer gleichen Anzahl von Erregungswellen zu beantworten*, welche weitergeleitet werden. Die Höhe der Erregungsfrequenz, welche der Nerv noch wiederzugeben vermag, ist von der Art des Nerven und der Schnelligkeit seines Erregungsablaufes abhängig. So vermögen die schnelleitenden Warmblüternerven eine weit höhere Erregungsfrequenz zu leiten als die Kaltblüternerven. Die Höhe der Frequenz, welche der Nerv noch leitet, ist auch von dem Zustand und der Temperatur abhängig und wird verändert, wenn lähmende Beeinflussungen den Erregungsablauf verlangsamen und das Refraktärstadium verlängern, (PIPER[9], BASS und TRENDELENBURG[10], WEDENSKI[11], BORUTTAU[12], FR. W. FRÖHLICH[13], BERITOFF[14]), KEITH, LUKAS und ADRIAN[15]).

---

[1] BORUTTAU: Pflügers Arch. **115**, 287 (1906).
[2] REINECKE: Z. allg. Physiol. **8**, 422 (1908).
[3] THÖRNER: Pflügers Arch. **197**, 159, 187 (1922) — Z. Biol. **81**, 227 (1924).
[4] BETHE: Pflügers Arch. **183**, 289 (1920).
[5] RUSHTON: J. Physiol. **63**, 357 (1927).
[6] GÖTHLIN, G. F.: Skand. Arch. Physiol. (Berl. u. Lpz.) **22**, 23 (1910).
[7] PFLÜCKER: Pflügers Arch. **106**, 373 (1905).
[8] FRÖHLICH, FR. W.: Pflügers Arch. **113**, 418 (1906). — GRUBER, CH.: Amer. J. Physiol. **31**, 413 (1913).
[9] PIPER: Elektrophysiologie menschlicher Muskeln. Berlin 1912. — Z. Biol. **53**, 140 (1910).
[10] BASS u. TRENDELENBURG: Z. Biol. **74**, 121 (1921).
[11] WEDENSKI: Pflügers Arch. **82**, 84 (1900); **100**, 1 (1903).
[12] BORUTTAU: Pflügers Arch. **84**, 309 (1901).
[13] FRÖHLICH, FR. W.: Z. allg. Physiol. **3**, 468 (1904).
[14] BERITOFF: Z. Biol. **78**, 231 (1922).
[15] KEITH, LUKAS u. ADRIAN: J. Physiol. **44**, 68 (1912).

Die Wirkung *hochfrequenter Ströme* ist, wie schon v. KRIES[1] hervorgehoben hat, eine Funktion der Reizintensität. HORWEG[2] hat eine auf empirischem Wege gefundene Reizgesetzmäßigkeit aufgestellt (HORWEGsche Formel). NERNST und BARRATT[3] konnten bei Reizung des Nerven mit Hochfrequenzströmen zeigen, daß die Stärke des Stromes proportional der Quadratwurzel aus der Zahl der Einzelreize in der Sekunde wachsen muß, damit der Schwellenwert des Reizes erreicht wird. Nach ZEYNEK[4] sollen Hochfrequenzströme mit vielen Tausenden Unterbrechungen in der Sekunde den Nerven überhaupt nicht erregen, dagegen hebt ASHER[5] hervor, daß er mit den Hochfrequenzströmen, welche die Apparate der drahtlosen Telegraphie liefern, Reizwirkungen am Nerven beobachten konnte. Seit der Aufstellung der ersten Reizgesetze für den Nerven durch DU BOIS-REYMOND und HORWEG und der Aufstellung des NERNSTschen Gesetzes (vgl. die ältere Literatur bei CREMER[6]) hat man wiederholt versucht, einen tieferen Einblick in die Reizgesetzlichkeiten des Nerven zu gewinnen. HILL[7], UMRATH[8], EBBECKE[9], LASAREFF[10], HOEFER[11]. Im wesentlichen ergaben sich entweder Annäherungen an die HORWEGsche Formel oder Variationen des NERNSTschen Quadratwurzelgesetzes.

Bei der Wirkung von Reizfrequenzen, welche der Nerv nicht mehr mitzumachen vermag, ist nicht jeder Reizstoß wirksam, sondern einzelne Reizstöße fallen in das Refraktärstadium der vorhergehenden und fallen aus, so daß der Reiz, wie ein weniger frequenter wirkt. Schon BERNSTEIN[12] hat gezeigt, daß der Nerv bei Reizung mit frequenten Strömen nur mit einer Anfangserregung antwortet und der mit dem Nerv in Verbindung stehende Muskel nur mit einem Anfangstetanus reagiert. Man hat anfänglich geglaubt, daß es sich bei diesem Anfangstetanus um polare Wirkungen an den Reizstellen handelt, die Untersuchungen der letzten Jahrzehnte ließen jedoch erkennen, daß es sich um Erscheinungen relativer und absoluter Ermüdung handelt, welche zum Teil den Nerven-, zum Teil das Nervenende im Muskel oder die Synapse der Nervenzelle betrifft. Bei Anwendung höherfrequenter Reizung größerer Intensität haben schon BERNSTEIN[12], WEDENSKY[13] und BORUTTAN[14] mit Hilfe des Telephons und Abhörens der Aktionsströme nachgewiesen, daß höhere Reizfrequenzen in Erregungen niedrigerer Frequenz „transformiert" werden. Die Transformation kommt dadurch zustande, daß in Abhängigkeit von Reizfrequenz und Reizintensität ein Teil der Reizstöße als unwirksam ausfällt. In neuerer Zeit sind zu dieser Frage von CLUZET[15] und CHEVALLIER Untersuchungen ausgeführt worden. Bei Reizung von Sinnesnerven mit Hochfrequenzströmen tritt das Gefühl von Ameisenlaufen auf, das auf eine Erregungstransformation zurückgeführt werden kann. Die Reiztransformationen gewinnen dadurch eine allgemein-physiologische Bedeutung, daß sie verständlich machen, wie hochfrequente

---

[1] v. KRIES: Verh. natur. Ges. Freiburg **8**, 170 (1884).
[2] HORWEG: Pflügers Arch. **52**, 87 (1892); **87**, 94 (1901).
[3] NERNST u. BARRATT: Z. Elektrochem. **10**, 664 (1904).
[4] v. ZEYNEK u. v. BERND: Pflügers Arch. **132**, 20 (1910).
[5] ASHER: Skand. Arch. Physiol. (Berl. u. Lpz.) **43**, 6 (1923).
[6] CREMER: Nagels Handb. d. Physiol IV, 828 (1909).
[7] HILL: J. Physiol **40**, 190 (1910).   [8] UMRATH: Z. Biol. **84**, 1 (1926).
[9] EBBECKE: Pflügers Arch. **216**, 448 (1927).
[10] LASAREFF: C. r. Acad. Sc. **185**, 74 (1927).
[11] HOEFER: Z. Physik **45**, 261 (1927).
[12] BERNSTEIN: Pflügers Arch. **11**, 191 (1875).
[13] WEDENSKY: Über die Beziehung zwischen Reizung und Erregung im Tetanus. Petersburg 1886.
[14] BORUTTAU: Pflügers Arch. **84**, 350 (1901).
[15] CLUZET et CHEVALLIER: C. r. Soc. Biol. **93**, 1308 (1925).

Sinnesreize z. B. akustische, vibratorische oder optische in den Sinneszellen zu Erregungsfrequenzen herabtransformiert werden können, deren Weiterleitung durch die Nervenbahnen möglich ist. Die erwähnten Ergebnisse sind auch für das Verständnis der nervösen Hemmungsvorgänge bedeutungsvoll geworden. In neuerer Zeit haben mit verfeinerten Methoden BERITOFF[1] und E. TH. BRÜCKE[2] das Ausfallen einzelner Erregungswellen bzw. die Halbierung des Reizrhythmus nachweisen können. Es handelt sich dabei um eine *Transformation des Reizes* im Sinne WEDENSKIS.

3. Chemische Reizung des Nerven.

Die Wirkung chemischer Reize auf den Nerven kann in einer weitergeleiteten Erregung zum Ausdruck kommen, welche das Erfolgsorgan des Nerven in Tätigkeit setzt. Um diese Wirkung hervorzurufen, muß der chemische Reiz mit einer gewissen Konzentration und Geschwindigkeit auf den Nerven einwirken. In Analogie mit der elektrischen Reizwirkung liegt die Annahme nahe, daß dazu bei den schnell leitenden Nerven eine größere Einwirkungsgeschwindigkeit notwendig ist als bei den langsam leitenden Nerven. Darauf mögen die Wirksamkeitsunterschiede des gleichen chemischen Reizes beruhen, welche bei Reizung von markhaltigen und marklosen sowie bei sensiblen und motorischen Nerven beobachtet worden sind. GRÜTZNER[3]). Der chemische Reiz kann aber an der Einwirkungsstelle bloß die Erregbarkeit steigern oder herabsetzen, Erregbarkeitsänderungen, welche von charakteristischen Veränderungen des Aktionsstromes und Ruhestromes begleitet sind und auch in einer Veränderung der Leitungsgeschwindigkeit und einem Dekrement der Erregungsleitung zum Ausdruck kommen. Auf diese Veränderungen, die im wesentlichen auf einer Verlangsamung oder Beschleunigung der Lebensvorgänge beruhen, wurde schon auf Seite 178 hingewiesen, sie bleiben auf die Einwirkungsstelle beschränkt. (*Lokalisationsgesetz.* BORUTTAU[4].) Außerdem kann der Nerv unter dem Einfluß chemischer Einwirkungen mit einer beträchtlichen Änderung seines elektrischen Leitungswiderstandes und seiner Permeabilität reagieren.

Anorganische und organische Stoffe unterscheiden sich durch die Bedingungen, unter welchen sie auf den Nerven wirken. Die anorganischen Stoffe wirken entweder als Säure oder Alkalien, wobei ihre Dissoziation in H- und OH-Ionen von Bedeutung ist, oder es handelt sich um die spezielle Wirksamkeit anderer Ionen in Abhängigkeit von ihrer spezifischen Natur und elektrolytischen Dissoziation (HIRSCHMANN[5], HAMBURGER[6]). Neuere Untersuchungen über die Ionenwirkung auf den Nerven haben JAHN[7], BLUMENFELDT[8] und MACKATH[9] ausgeführt. JAHN suchte die Ionenwirkung von der osmotischen Reizwirkung zu differenzieren, BLUMENFELDT prüfte mit Zeit- und Momentanreizen die Wirkung Kalium und Calciumionen auf den Nerven. MACKATH untersuchte die Beziehung zwischen Ionenwirkung und Nervenpolarisation. Die Wirksamkeit organischer Stoffe ist abhängig von ihrer spezifischen Konstitution und ihrer Löslichkeit in der lebenden

---

[1] BERITOFF: Z. Biol. **62**, 125 (1913) — J. Russe Physiol. **1**, 1 (1917).
[2] BRÜCKE, E. TH. u. PLATTNER: Mitt. Wiener Akad. math.-naturwiss. Kl. Abt. III **131** (1922).
[3] GRÜTZNER: Pflügers Arch. **17**, 215 (1878); **53**, 83 (1893); **58**, 69 (1894).
[4] BORUTTAU: Z. allg. Physiol. **4**, 289 (1904).
[5] HIRSCHMANN: Pflügers Arch. **49**, 301 (1891). — Vgl. auch MATHEWS: Amer. J. Physiol. **11**, 455 (1904).
[6] HAMBURGER: Osmotischer Druck und Ionenlehre. Wiesbaden 1904.
[7] JAHN: Pflügers Arch. **206**, 66 (1924).
[8] BLUMENFELDT: Biochem. Z. **156**, 236 (1925).
[9] MACKATH: Pflügers Arch. **214**, 612 (1926).

Substanz des Nerven, speziell in seinen Lipoidstoffen. Von diesen Eigenschaften ist insbesondere die Wirkung der verschiedenen Narkotica abhängig. H. H. MEYER[1] und OVERTON[2] haben insbesondere darauf hingewiesen, daß die Wirksamkeit der als Narkotica bezeichneten Stoffe abhängig ist von Verschiedenheiten im Teilungsquotienten ihrer Wasser- und Fettlöslichkeit.

Unter normalen Verhältnissen funktioniert der Nerv in einem fast neutralen Milieu, dessen Säuregrad durch den Gehalt des Blutes an Kohlensäure und andere saure Stoffwechselprodukte in geringem Umfange geändert wird. Die Wirkung der Kohlensäure auf markhaltige und marklose Nerven ist insbesondere von WALLER[3], GARTEN[4], BORUTTAU[5], FR. W. FRÖHLICH[6] untersucht worden. Ihre Wirkung, die der Wirkung einer Steigerung der H-Ionenkonzentration entspricht, gleicht im Prinzip der Wirkung lähmender Beeinflussungen des Nerven, nur daß die Verlangsamung des Erregungsablaufes, insbesondere des absteigenden Teiles der Erregungswelle in den Vordergrund tritt und dadurch eine starke negative Nachwirkung zur Beobachtung kommt. Infolge dieser Nachwirkung nimmt im Beginn und beim Abklingen der Narkosewirkung die tetanische negative Schwankung des Nervenstromes außerordentlich zu, ein Verhalten, welches den Eindruck einer erregenden Wirkung der Kohlensäure hervorgerufen hat. Die eingehende Untersuchung hat jedoch gezeigt, daß die durch die Kohlensäurewirkung gedehnten Erregungswellen nicht vergrößert sind, daß die Erregbarkeit, gemessen an der Reizschwelle, vermindert und die Fortpflanzungsgeschwindigkeit des Nervenimpulses verlangsamt ist, ein Verhalten, welches darauf hinweist, daß die Zunahme der tetanischen negativen Schwankung nur auf der besonders starken Dehnung des absteigenden Teiles jeder einzelnen Negativitätswelle beruht. (Scheinbare Erregbarkeitssteigerung. FR. W. FRÖHLICH[7].) In Anbetracht der schon vorliegenden Ergebnisse über den Stoffwechsel des Muskels lag die Annahme nahe, daß saure Stoffwechselprodukte entsprechender Wirkung bei dem Zustandekommen des Erregungsvorganges und der mit ihm verknüpften Negativität den Nerven enge beteiligt sind. In der Tat weisen die neueren Untersuchungen von WINTERSTEIN und HIRSCHBERG[8] sowie GERARD und MEYERHOFF[9] in diese Richtung.

Wie schon ECKHARD[10] und KÜHNE[11] gezeigt haben, wirken Alkalien schon in geringer Konzentration erregend auf den Nerven. Die Wirkung von Ammoniak wurde von EMANUEL[12] und FR. W. FRÖHLICH[13] einer Untersuchung unterzogen.

Für die Funktion des Nerven sind bestimmte Elektrolyten notwendig, die normalerweise im Blut vorhanden sind oder in Form von sog. physiologischen Salzlösungen die Funktion des aus dem Tierkörper entfernten Nerven lange Zeit aufrechterhalten können (OVERTON[14]). Verminderung der lebenswichtigen Elektro-

---

[1] MEYER, H. H.: Arch. f. exper. Path. **42**, 109 (1899). — MEYER, H. H. u. GOTTLIEB: Experimentelle Pharmakologie. Leipzig u. Wien 1911.
[2] OVERTON, Studien über Narkose. Jena 1901.
[3] WALLER: Croonian lecture, Philos. Transact. B 1897.
[4] GARTEN: Beiträge zur Physiologie der marklosen Nerven. Jena 1903.
[5] BORUTTAU: Pflügers Arch. **107**, 193 (1906).
[6] BORUTTAU u. FR. W. FRÖHLICH: Pflügers Arch. **105**, 444 (1904).
[7] FRÖHLICH, FR. W.: Erg. Physiol. **16**, 40 (1916).
[8] WINTERSTEIN u. HIRSCHBERG: Pflügers Arch. **216**, 271 (1927).
[9] GERARD u. MEYERHOFF: Am. J. Physiol. **82**, 381 (1927) — Biochem. Z. **191**, 125 (1927).
[10] ECKHARD: Z. rat. Med. **1**, 303 (1844).
[11] KÜHNE: Arch. Anat. u. Physiol. **1859**, 217; **1860**, 224.
[12] EMANUEL: Arch. f. Physiol. **1905**, 482.
[13] FRÖHLICH, FR. W.: Pflügers Arch. **113**, 418 (1906).
[14] OVERTON: Pflügers Arch. **105**, 176 (1904).

lyten lähmt die Nervenfunktion. Die Natriumionen erregen, wie HIRSCHMANN[1] gezeigt hat, die Kaliumionen lähmen nach BIEDERMANN[2] den Nerven. Calcium und Strontiumionen sind durch ihre antagonistische Wirkung gegenüber den lähmenden Magnesiumsalzen ausgezeichnet. Die ausgedehnten Untersuchungen über Elektrolytwirkungen haben in R. HÖBERS Physikalischer Chemie der Zelle eine zusammenfassende Darstellung erfahren. Die Salze der Schwermetalle lähmen den Nerven, und zwar um so schneller, je größer ihre Lösungstension ist. Es handelt sich dabei um irreversible Lähmungen, indem die Schwermetalle die Eiweißkörper des Nervengewebes zur Ausfällung bringen.

4. Osmotische Reizung des Nerven.

Das Nervengewebe besitzt einen bestimmten osmotischen Druck, der bei verschiedenen Tieren verschieden groß ist und etwa den Druckwerten einer 0,6- bis 1proz. Kochsalzlösung gleichwertig ist. Gegenüber Veränderungen des osmotischen Druckes sind die Nerven sehr empfindlich und reagieren bei Verminderung des osmotischen Druckes mit Lähmungserscheinungen, bei Steigerung des osmotischen Druckes mit Erregbarkeitssteigerungen, die bis zum Auftreten von Reizerscheinungen gehen können. Der osmotische Druck muß aber durch bestimmte Salze aufrechterhalten werden, wenn die Nerven funktionieren sollen. Bringt man, wie dies OVERTON[3] gemacht hat, den Nerven in eine Rohrzuckerlösung von entsprechendem osmotischem Druck (6% Rohrzucker), so verliert der Nerv seine Erregbarkeit und Leitfähigkeit, erhält sie aber wieder, wenn geringe Mengen eines Natriumsalzes zugesetzt werden. Darauf beruht die Zusammensetzung der „Physiologischen Salzlösungen", welche nicht nur bestimmte Elektrolyte, sondern auch den entsprechenden osmotischen Druck aufweisen müssen. Konzentrierte Säuren und ihre Salze entziehen ebenso wie Harnstoff, Glycerin, Zucker dem Nerven rasch das Wasser und üben dadurch eine starke Reizwirkung auf den Nerven aus. Die mit den Nerven in Verbindung stehenden Erfolgsorgane geraten in eine starke Erregung. Es ist die gleiche Wirkung, welche erhalten wird, wenn man den Nerven an der Luft liegen und austrocknen läßt, oder mit einem heißen Glasstab berührt oder auch in trockenen Sand einpackt. Es treten dabei irreversible Veränderungen der Nervenstruktur ein, die mit einem Absterben des Nerven verknüpft sind. Erfolgt die Wasserentziehung nur langsam, so tritt nur eine reversible Steigerung der Erregbarkeit hervor. Wird der Nerv mit einer Lösung behandelt, die einen geringen osmotischen Druck aufweist, also hypotonisch ist, oder läßt man destilliertes Wasser auf ihn einwirken, so erlischt die Erregbarkeit und Leitfähigkeit (v. FREY[4], ISHIKAWA[5]). Es haben jedoch DURIG[6] und URANO[7] im FREYschen Laboratorium darauf aufmerksam gemacht, daß nach einer längerdauernden Einwirkung einer hypotonischen Lösung die Erregbarkeit des Nerven erhöht sein kann, und daß es sich um reversible Vorgänge handelt, während die Quellung des Nerven, welche sich in destilliertem Wasser entwickelt, eine irreversible Lähmung bedingt.

Die Abhängigkeit bei Fortpflanzungsgeschwindigkeit der Nervenerregung vom osmotischen Druck haben BROEMSER[8] und POND[9] untersucht. Durch längeres Aufbewahren in hypo- und hypertonischen Lösungen wird die Leitungs-

---

[1] HIRSCHMANN: Pflügers Arch. **49**, 301 (1891).
[2] BIEDERMANN: Sitzgsber. Akad. Wiss. Wien, Math.-naturwiss. Kl. **85**, 1289 (1881).
[3] OVERTON: Pflügers Arch. **105**, 176 (1904).
[4] v. FREY: Sitzgsber. physik.-med. Ges. Würzburg 1908.
[5] ISHIKAWA: Z. allg. Physiol. **13**, 227 (1912).
[6] DURIG: Pflügers Arch. **87**, 42 (1901); **97**, 457 (1903).
[7] URANO: Z. Biol. **50**, 401 (1908).   [8] BROEMSER: Z. Biol. **72**, 37 (1920).
[9] POND: J. Physiol. et Path. gén. **3**, 807 (1921).

geschwindigkeit annähernd mit der Quadratwurzel des osmotischen Druckes der Lösung in reversibler Weise vermindert bzw. erhöht.

Wie E. A. SPIEGEL[1] festgestellt hat, wird unter dem Einfluß quellender Agentien gleichzeitig mit der Verminderung der Erregbarkeit die Doppelbrechung des Nerven herabgesetzt. Lipoidlösliche Narkotica bedingen gleichfalls eine Abnahme der Doppelbrechung. SPIEGEL versucht auch eine physikalisch-chemische Erklärung für die Erregbarkeitssteigerungen zu geben, welche im Beginn der Narkose beobachtet wurden.

5. Mechanische Reizung des Nerven.

Der Nerv ist auch durch mechanische Reize erregbar, doch sollen sich motorische und sensible Nerven, sowie die Nerven von Wirbellosen durch ihr Verhalten gegenüber mechanischer Reizung voneinander unterscheiden, Unterschiede, welche durch Verschiedenheiten des zeitlichen Verlaufes der verwendeten Reize bzw. durch eine verschiedene Reaktionsgeschwindigkeit der untersuchten Nerven bedingt sind. Daß die Wirkung mechanischer Reize von ihrem zeitlichen Verlauf abhängig ist, zeigen Versuche mit langsam und schnell verlaufender Kompression motorischer Nerven. Ein schnell verlaufender Druck auf den Nerven ruft eine Muskelzuckung hervor, während eine langsam einsetzende und einige Zeit bestehenbleibende Kompression zu einer reversiblen oder irreversiblen Aufhebung der Erregungsleitung führt, ohne daß es zu einer fortgeleiteten Erregung kommt. Als mechanischer Reiz fanden Anwendung Durchschneidung, Quetschung, Umschnüren mit einem verschieden belasteten Haar, Druck und Entlastung, Dehnung, Erschütterung, Schwingungen von Stimmgabeln (v. ÜXKÜLL[2], OINUMA[3], v. FREY[4], R. TIGERSTEDT[5], FREDERICQ[6], CARLSON[7], A. BETHE[8], HEIDENHAIN[9], DUCCESCHI[10]).

Zur mechanischen Reizung des Nerven sind eine Reihe von Apparaten beschrieben worden (TIGERSTEDT, HEIDENHAIN, BETHE). Durch rasch wiederholte mechanische Reizung des motorischen Nerven kann der Muskel zu einer tetanischen Kontraktion veranlaßt werden (HEIDENHAINs Tetanomotor). Zur Reizung des motorischen Nerven genügt nach TIGERSTEDT ein fallendes Gewicht, das 900 mg/mm, das entspricht in Erg ausgedrückt etwa 380 Erg. Zur mechanischen Reizung des Nerven ist demnach eine wesentlich größere Energiemenge notwendig als bei Verwendung elektrischer Reize, die den adäquaten Reize wesentlich näherstehen. Die Wirkung mechanischer Reize wird auf Permeabilitätsänderungen zurückgeführt, die an der Reizstelle zu Ionenkonzentrationsänderungen und damit zu den gleichen primären Reizwirkungen führen, wie sie für den elektrischen Reiz angenommen werden.

Nach den Angaben von DUCCESCHI und BETHE soll zur Aufhebung der Leitfähigkeit eine Kompression des Nerven durch ein Gewicht von 50 g genügen. Derartige allmähliche Druckwirkungen können auch im lebenden Organismus

---

[1] SPIEGEL, E. A.: Pflügers Arch. **192**, 223, 240 (1921).
[2] v. ÜXKÜLL: Z. Biol. **31**, 148 (1895); **32**, 438 (1895); **38**, 241 (1899).
[3] OINUMA: Z. Biol. **53**, 303 (1909).
[4] v. FREY: Sitzgsber. physik.-med. Ges. Würzburg **1919**, 1.
[5] TIGERSTEDT, R.: Studien über die mechanische Nervenreizung. Helsingfors 1880.
[6] FREDERICQ, H.: Z. allg. Physiol. **16**, 213 (1914).
[7] CARLSON: Amer. J. Physiol. **13**, 351 (1905). — JENKINS u. CARLSON: J. comp. Neur. a. Psychol. **14**, 85 (1904).
[8] BETHE, A.: Pflügers Arch. **122**, 1 (1908). — Allgemeine Anatomie und Physiologie des Nervensystems, S. 168. Leipzig 1903.
[9] HEIDENHAIN: Physiologische Studien, S. 129. Berlin 1856.
[10] DUCCESCHI: Pflügers Arch. **83**, 38 (1901).

durch ein Aneurysma oder einen langsam wachsenden Tumor entstehen und zur allmählichen Aufhebung der Erregungsleitung im Nerven führen. Auch durch den Druck einer Krücke oder Unterlage auf den Nervus ulnaris oder ischiadicus kann es ohne Reizerscheinungen zu einer motorischen oder sensiblen Lähmung kommen. Bei allmählich zunehmendem Druck oder nach Aufhören desselben können auch Reizerscheinungen auftreten, die in einem eigentümlichen Nervenschwirren zum Ausdruck kommen, deren Entstehungsweise jedoch noch nicht sichergestellt ist. Es könnte sich um eine tetanisierende Wirkung des mechanischen Reizes handeln, es könnten aber auch die von den Sinnesorganen kommenden Erregungswellen innerhalb der komprimierten Nervenstrecke eine Transformation in eine niedrigere Frequenz erfahren und dadurch das Schwirren auftreten, entsprechend den Erfahrungen, die bei oszillierender Reizung eines lähmend beeinflußten Nerven gemacht werden konnten.

Bei schwacher, längerdauernder mechanischer Reizung eines Nerven durch Druck oder Zug soll die Erregbarkeit an der Reizstelle gesteigert sein, ohne daß der Muskel zu einer Zuckung veranlaßt wird. Bei weiterwirkendem Druck soll dann die Erregbarkeitssteigerung einer Erregbarkeitsherabsetzung bzw. Verlangsamung oder Aufhebung der Erregungsleitung Platz machen. Das Auftreten der Erregbarkeitssteigerung wird jedoch von einzelnen Autoren bestritten. Wie Fredericq[1] gezeigt hat, bleibt bei dauernder Einwirkung eines schwachen mechanischen Reizes die Leitfähigkeit anfänglich unverändert, um dann plötzlich vollkommen zu verschwinden, ein Verhalten, das auch bei lokaler Abkühlung, Erstickung oder Narkose einer Nervenstrecke zu beobachten ist und auf welches schon bei Besprechung der charakteristischen Beziehungen von Erregbarkeit und Leitfähigkeit des Nerven hingewiesen worden ist.

Bethe gibt für die Nerven des Blutegels an, daß durch Dehnung die Fortpflanzungsgeschwindigkeit des Nervenimpulses nicht beeinflußt wird. Diese Nerven sind schon im normalen Geschehen bedeutenden Längenveränderungen ausgesetzt. Carlson hat an Nerven von Wirbellosen durch Dehnung eine Verlangsamung der Leitungsgeschwindigkeit festgestellt. Nach Meck[2] und Leaper wirkt die Dehnung des Nervus ischiadicus vom Frosch und der Nerven der Schnecke Areolimax als Reiz, während unter den gleichen Bedingungen an den Nerven des Wurmes Bispira polymorpha keine Reizerscheinungen beobachtet werden konnten.

6. Die thermische Reizung des Nerven.

Bei Anwendung niedriger Temperaturen auf den Nerven, welche zu einem Durchfrieren des Nerven führen oder bei Einwirkung hoher Temperaturen, wie sie bei Berühren des Nerven mit einem heißen Glas- oder Metallstab erzielt werden oder, wie es Waller[3] versucht hat, durch Umschließen des Nerven mit einer Heizspirale, reagiert der Nerv mit starken Erregungserscheinungen, die durch Ausfrieren des Nervenwassers bzw. durch Wasserentziehung bedingt werden und mit irreversiblen Veränderungen des Nerven verbunden sind. Brodie[4] und Halliburton haben auch beobachtet, daß sich der Nerv unter dem Einfluß hoher Temperaturen kontrahiert. Auch diese Hitzekontraktion des Nerven ist mit dem Absterben des Nerven verknüpft.

Um die Temperaturreizung auf die Funktionen des Nerven zu untersuchen, müssen Temperaturen angewendet werden, bei welchen keine Wasserentziehung

---

[1] Fredericq: Z. allg. Physiol. **16**, 213 (1914).
[2] Meck u. Leaper: J. of Physiol. **27**, 308 (1911).
[3] Waller, A. D.: J. of Physiol. **24**, Proc. 1 (1899); **38**, Proc. 45 (1909).
[4] Brodie u. Halliburton: J. of Physiol. **30**, Proc. 8 (1904).

des Nerven erfolgt. Auch muß berücksichtigt werden, daß mit steigender Temperatur sich der elektrische Leitungswiderstand des Nerven verringert und ein elektrischer Prüfreiz dadurch wirksamer wird. Ferner ist zu beachten, daß auch bei einer Temperatureinwirkung auf den Nerven nicht alle Fasern in gleichem Umfang von der Temperaturveränderung betroffen sein können und dadurch gewisse Veränderungen im zeitlichen Verlauf des Aktionsstromes bedingt werden Auch ist es schwer, die Temperaturreizung auf eine bestimmte Nervenstrecke zu beschränken.

Die Nerven der gleichwarmen und wechselwarmen Tiere verhalten sich der Temperaturreizung gegenüber verschieden. Erstere reagieren viel stärker auf eine Temperaturerniedrigung, letztere auf eine Temperaturerhöhung mit Veränderung ihrer Erregbarkeit und Leitfähigkeit sowie der Leitungsgeschwindigkeit. Bei den Froschnerven zeigen sich charakteristische Unterschiede zwischen den Sommerfrosch- und Winterfroschnerven. Letztere reagieren besser auf langsam verlaufende Reize und sind für schnell verlaufende Reize weniger erregbar. Sie reagieren auf den konstanten Strom mit langdauernden tetanischen Erregungsvorgängen, Schließungstetanus. Bei genügend starker Reizung mit dem konstanten Strom lassen sich solche Eigenrhythmen auch am Warmfroschnerven und am Warmblüternerven hervorrufen (GARTEN[1], EBBECKE[2]).

Entsprechend den Beobachtungen von TAIT[3] und DITTLER[4] lassen sich durch längeres Aufbewahren von Sommerfröschen bei niedriger Temperatur das Verhalten der Kaltfroschnerven herbeiführen. Nach DITTLER ist die Erregbarkeit dieser Nerven für den konstanten Strom von der Nähe des Nervenquerschnittes abhängig. Die Erregbarkeit erscheint unabhängig von der tetanisierenden Wirkung des konstanten Stromes vermindert.

Das Verhalten von Erregbarkeit und Leitfähigkeit einer abgekühlten Nervenstrecke ist bei Warm- und Kaltblüternerven untersucht worden (NOLL[5], BÜHLER[6], VERWEY[7], BORUTTAU[8], FR. W. FRÖHLICH[9]). Unter gleichen Verhältnissen verschwindet nach FRÖHLICH[9] die Leitfähigkeit des *Kaltblüternerven* früher, da beim *Warmblüternerven* die reiche Blutversorgung der Abkühlung entgegenwirkt. In vielen Versuchen zeigte es sich auch, daß bei lokaler Abkühlung einer Nervenstrecke und Prüfung der Leitfähigkeit von einer Stelle aus, von welcher die Erregung die abgekühlte Strecke durchlaufen muß, die Leitfähigkeit nicht unverändert bleibt, wenn die Erregbarkeit der abgekühlten Strecke abzusinken beginnt, also ein anderes Verhalten zeigt, als es uns bei der Erstickung und der Narkose entgegengetreten ist. Diese Abweichung kommt daher, daß sich die Temperaturwirkung nicht gut lokalisieren läßt und auf die zur Bestimmung der Leitfähigkeit dienende Nervenstelle übergreift. Die Abhängigkeit der Fortpflanzungsgeschwindigkeit der Erregung von der Temperatur ist für den Molluskennerven von MAXWELL[10], für den Froschnerven von KEITH LUKAS[11] und HILL[12] untersucht worden. Durch die Abkühlung wird die Erregungsleitung verlangsamt. Der *Temperaturkoeffizient* beträgt etwa 1,78 bis 2. HILL sieht darin einen Hinweis,

---

[1] GARTEN: Z. Biol. **51**, 534 (1909); **55**, 29 (1910).
[2] EBBECKE: Pflügers Arch. **97**, 482 (1922); **203**, 336 (1924).
[3] TAIT: J. of Physiol. **34**, 35 (1906).
[4] DITTLER: Pflügers Arch. **126**, 590 (1909).
[5] NOLL: Z. allg. Physiol. **3**, 57 (1903).
[6] BÜHLER: Arch. f. Physiol. **1905**, 239.
[7] VERWEY: Arch. f. Physiol. **1893**, 504.
[8] BORUTTAU: Pflügers Arch. **65**, 7 (1897).
[9] FRÖHLICH, FR. W.: Pflügers Arch. **113**, 418 (1906).
[10] MAXWELL: J. of Biochem. **3**, 359 (1907).
[11] LUKAS, KEITH: J. of Physiol. **37**, 112 (1908).
[12] HILL: J. of Physiol. **54**, 332 (1921).

daß am Leitungsvorgang neben der chemischen Komponente noch eine physikalische Komponente beteiligt ist. SNYDER[1] hat auf Grund der Versuchsergebnisse von NIKOLAI den Temperaturkoeffizienten der Erregungsleitung mit 2 bis 3 berechnet.

Verschiedene Kaltblüternerven verlieren ihre Leitfähigkeit bei verschiedenen Temperaturen, nach GARTEN und SÜLZE[2] verschwindet bei *Rana esculenta* die Erregungsleitung bei — 4°, bei *R. hexadactyla* bei 0°. Nach Wiedererwärmung stellt sich die Leitungsfunktion wieder her. Neuere Untersuchungen über thermische Nervenreizung sind von P. SCHULZE[3] ausgeführt worden. Temperaturreizung des Nervus ulnaris beim Menschen durch Eintauchen des Elbogens in eiskaltes Wasser ruft im Innervationsgebiet Muskelzuckungen und Schmerzen hervor, schließlich erfolgt Aufhebung der Erregungsleitung.

Eine abgekühlte Nervenstrecke verhält sich zu einer höhertemperierten negativ, es tritt ein Ruhestrom auf. Der Aktionsstrom wird durch die Abkühlung verlangsamt, insbesondere sein absteigender Schenkel (BURCH[4]). Die positive Nachschwankung schwindet nach GARTEN[5] bei Abkühlung der am Längsschnitt liegenden Elektrode, der Aktionsstrom ist dabei noch erhalten.

Steigt die Temperatur des Froschnerven über 30°, dann tritt, wie THÖRNER[6] gezeigt hat, eine zunehmende, aber reversible *Wärmelähmung* auf (bei Rana fusca 30,5, bei R. esculenta 43°), die bis zum Verschwinden der Erregbarkeit und Leitfähigkeit fortschreitet. Die Abhängigkeit der Wärmelähmung vom Sauerstoff hat SANDERS[7] untersucht. Nach HAFEMANN[8] tritt die Wärmelähmung früher bei sensiblen Nerven ein. Wie THÖRNER gezeigt hat, handelt es sich bei der Wärmelähmung um eine Erstickung. Wird nach Eintritt der Wärmelähmung die Erwärmung um einige Grade fortgesetzt, so bleibt der Nerv nach Abkühlung in einem Zustand zurück, in welchem er einer erneuten Erwärmung mit größerem Widerstand begegnet. THÖRNER[9] und SHIRO JAMADA[10] bezeichnen dieses Verhalten als *Gewöhnung*, der gewöhnte Nerv erweist sich auch gegenüber der Erstickung widerstandsfähiger. Gleichzeitig ist die Leitungsgeschwindigkeit verlangsamt. Durch eine allmähliche Erwärmung des markhaltigen Nerven kommt es, wie THÖRNER[11], CARDOT und LAUGIER[12] sowie MARÉS[13] gezeigt haben, zu einer partiellen oder totalen Umkehr des polaren Erregungsgesetzes.

Mit der *Temperatur* ändert sich auch die Ermüdbarkeit des Nerven und das Refraktärstadium. Bei steigender Temperatur nimmt, wie THÖRNER gezeigt hat, die *Ermüdbarkeit* des Warm- und Kaltblüternerven ab. Dies ist sowohl in sauerstofffreier Atmosphäre als auch in Luft zu beobachten. THÖRNER führt die Abnahme der Ermüdbarkeit auf eine Beschleunigung der Oxydations- und Diffusionsvorgänge zurück, die eine Verkürzung des Refraktärstadiums bedingen.

---

[1] SNYDER: Arch. Anat. u. Physiol. **1907**, 113.
[2] GARTEN u. SÜLZE: Z. Biol. **60**, 103 (1913).
[3] SCHULZE: **214**, 577 (1926).
[4] BURCH: Proc. roy. Soc. Lond. **70** (1904).
[5] GARTEN: Pflügers Arch. **136**, 545 (1910).
[6] THÖRNER: Z. allg. Physiol. **8**, 530 (1908); **13**, 247, 264 (1912); **18**, 226 (1918) — Pflügers Arch. **156**, 259 (1914); **195**, 602 (1922).
[7] SANDERS: Z. allg. Physiol. **16**, 474 (1914).
[8] HAFEMANN: Pflügers Arch. **122**, 484 (1908).
[9] THÖRNER: Z. Biol. **81**, 227 (1924).
[10] JAMADA, SHIRO: Pflügers Arch. **202**, 86 (1924).
[11] THÖRNER: Pflügers Arch. **197**, 159 u. 187 (1922); **198**, 373 (1923) — Z. Biol. **81**, 227 (1924).
[12] CARDOT u. LAUGIER: J. Physiol. gén. **14**, 263 (1912) — Arch. internat. Physiol. **20**, 397 (1923).
[13] MARÉS: Pflügers Arch. **150**, 425 (1913).

Die Zunahme der Ermüdbarkeit bei niedrigen Temperaturen ist von SCHILDWÄCHTER[1] gezeigt worden. ADRIAN[2] bestimmt den Temperaturkoeffizienten für den aufsteigenden Schenkel des Aktionsstromes mit 2,7, für den absteigenden Schenkel mit 2,9, für das Refraktärstadium 4. Daraus schließt ADRIAN für den Nervus ischiadicus des Frosches, daß die Restitution nach einem Reiz erst nach Abklingen des Aktionsstromes erfolgt. Es wäre hier daran zu denken, daß diese scheinbare Trennung zwischen Aktionsstrom und Refraktärstadium bedingt sein könnte durch unsere ungenaue Kenntnis vom zeitlichen Verlauf des Aktionsstromes, insbesondere aber seines absteigenden Schenkels. Nach ADRIAN ist der Grad der nach einem Reiz erfolgenden Restitution eine logarithmische Funktion der Temperatur.

7. Die Wirkung photischer Reize auf den Nerven.

Über die erregende Wirkung irgendwelcher Lichtstrahlen auf den Nerven ist nichts bekannt, obwohl es nicht ausgeschlossen erscheint, daß sich in der Tierreihe werden Nerven auffinden lassen, welche durch den Lichtreiz erregt werden. Lähmende Wirkungen verschiedener Strahlenarten werden sich dagegen sicher an allen Nerven nachweisen lassen, wenn diese Verhältnisse einer eingehenden Untersuchung unterzogen würden, insbesondere mit einer Anordnung, die sich bei den schönen Versuchen von HERTEL[3] so wirksam erwiesen hat. Merkwürdigerweise hat die Lichtwirkung auf die Nerven bisher kein besonderes Interesse gefunden. In jüngster Zeit ist die Einwirkung der β-Strahlen des Radiums von E. S. REDFIELD, A. C. REDFIELD und FORBES[4] auf den Nervenstamm untersucht worden. Die Stärke des Reizes betrug 120 Millicurie in einem 7 mm langen Rohr. Bei einer Einwirkungszeit von $2^{1}/_{2}$ Stunden traten Lähmungserscheinungen deutlich hervor, die Erregbarkeit und Leitfähigkeit veränderte sich in gleicher Weise wie bei der Narkose des Nerven. Die Zustandsänderungen des Nerven waren irreversibel, der Nerv wurde steif, mikroskopisch ließ sich eine fettige Degeneration der Markscheiden nachweisen.

III. Die Interferenz der Reizwirkungen am Nerven.

Nur in vereinzelten Fällen handelt es sich um die Wirkung eines einzelnen Reizes auf den Nerven. Dies ist z. B. der Fall, wenn mit dem einzelnen, kurzdauernden elektrischen Reiz die Reizschwelle des Nerven bestimmt wird oder wenn der zeitliche Verlauf der durch den Einzelreiz gesetzten Erregung oder die Fortpflanzungsgeschwindigkeit der Erregung im Nerven festgestellt wird. Handelt es sich aber um einen längerdauernden Reiz wie z. B. um die Wirkung des konstanten Stromes auf den Nerven, so kommt es schon zu einer gewissen Interferenz zwischen der ersten Reizwirkung und jenen Reizwirkungen, welche sich während der Dauer des konstanten Stromes entwickeln. Bei den meisten Untersuchungen der Reizbeantwortung des Nerven handelt es sich um eine *Interferenz zweier oder mehrerer Reize*.

Bei der Interferenz von Reizwirkungen ist auch der Zustand des untersuchten Nerven von Bedeutung bzw. die Wirkung von erregbarkeitssteigernden und herabsetzenden Zustandsänderungen, Zustandsänderungen, welche von uns den erregenden und lähmenden Reizen im allgemeineren Sinne zugerechnet worden sind. Eine Interferenz zweier erregender Reize findet statt, wenn zwei kurz-

---

[1] SCHILDWÄCHTER: Z. Biol. **73**, 231 (1921).
[2] ADRIAN: J. of Physiol. **55**, 193 (1921); **48**, 453 (1919).
[3] HERTEL, E.: Z. allg. Physiol. **4**, 1 (1904); **5**, 95 u. 535 (1905).
[4] REDFIELD, E. S., A. C. REDFIELD u. FORBES: Amer. J. Physiol. **59**, 203 (1922).

dauernde elektrische Reize auf den Nerven einwirken oder ein elektrischer Reiz mit der erregbarkeitssteigernden Wirkung einer Temperaturerhöhung interferiert. Eine Interferenz eines erregenden und eines lähmenden Reizes findet statt, wenn die Wirkung eines kurzdauernden elektrischen Reizes auf eine Nervenstelle untersucht wird, welche der lähmenden Wirkung einer Abkühlung unterworfen ist. Zwei lähmende Reize interferieren miteinander, wenn der Nerv gleichzeitig abgekühlt und erstickt wird. Gerade dieser Fall zeigt aber, daß sich die lähmenden Wirkungen beider Einwirkungen keineswegs summieren müssen. Da die Abkühlung eine Verlangsamung des Stoff- und Energiewechsels des Nerven bedingt, tritt die Wirkung des Sauerstoffmangels später hervor. Derartige Interferenzen sind schon bei Besprechung der einzelnen Reizwirkungen erörtert worden.

Bei der *Interferenz zweier Reize ist ihre räumliche und zeitliche Beziehung* von Bedeutung. Die lähmenden Wirkungen bleiben, wie die Tatsache des Lokalisationsgesetzes lehrt, auf die Reizstelle beschränkt, und auch die Wirkung erregbarkeitssteigernder Beeinflussungen, wie z. B. die Wirkung einer lokalen Temperaturerhöhung kann auf die Einwirkungsstelle lokalisiert bleiben. Jene erregende Reize aber, welche so schnell und stark auf den Nerven einwirken, daß sie eine fortgeleitete Erregung hervorrufen, können in mannigfaltiger Weise mit anderen erregenden Reizen interferieren. Beide Reize können gleichzeitig oder hintereinander auf die gleiche Reizstelle einwirken, es kommt dann zu einer Interferenz der primären und sekundären Reizwirkungen an der Reizstelle. Es können zwei erregende Reize auf verschiedene Nervenstellen gleichzeitig oder ungleichzeitig einwirken, es kommt dann zu einer Interferenz der beiden fortgeleiteten Erregungswellen wie z. B. in dem von P. Hoffmann[1] beschriebenen Versuch, in welchen sich zwei begegnende Erregungswellen auslöschen. Es kann ferner die fortgeleitete Erregungswelle mit der lokalisierten Wirkung einer anderen erregenden oder lähmenden Beeinflussung interferieren.

Bei der Wirkung erregender Reize kommt noch der Umstand in Betracht, daß sich an jeden wirksamen Reiz ein *Stadium der absoluten und relativen Unerregbarkeit* anschließt, das *Refraktärstadium*, das sowohl bedingt wird durch die primären und sekundären Reizwirkungen an der Reizstelle als auch durch die Wirkungen der fortgeleiteten Erregungswelle. Gerade die Untersuchungen über die Interferenz der Reizwirkungen, deren Resultate auf das engste mit dem zeitlichen Verlauf der Erregungswelle und dem Refraktärstadium verknüpft sind sowie den Veränderungen der verschiedenen Seiten des Erregungsvorganges im Nerven durch wiederholte Reizung bzw. durch Interferenz mit einer lähmenden Beeinflussung sind nicht nur an sich wichtig geworden, sondern sie haben zum ersten Male einen Einblick in das Wesen der Nervenermüdung eröffnet und auf die zum Teil noch unerforschten und schwer zugänglichen Interferenzwirkungen im Zentralnervensystem neues Licht geworfen.

Für das feinere Verständnis der Interferenz von Reizwirkungen ist es unumgänglich notwendig, möglichste Klarheit zu besitzen über den zeitlichen Verlauf der sich an einen Reiz anschließenden Vorgänge und über das Zustandekommen des Refraktärstadiums, sowie über die Veränderungen, welche der zeitliche Verlauf der Erregung und die Dauer des Refraktärstadiums unter dem Einfluß lähmender Reizwirkungen erfährt. Von der Wirkung eines kurzdauernden elektrischen Reizes auf den Nerven können wir uns auf Grund der schon vorliegenden Erfahrungen etwa das folgende Bild machen: Der Reiz ruft an der Reizstelle eine primäre Wirkung hervor, die wir als eine Polarisation an den wirk-

---

[1] Hoffmann, P.: Z. Biol. **64**, 113 (1914).

samen Grenzflächen des Nerven auffassen müssen. An die primäre Reizwirkung schließen sich die sekundären Reizwirkungen an, die eingeleitet werden durch anoxydative Zerfallsprozesse (s. die Untersuchungen, die Erstickung und über den Stoffwechsel des Nerven). Auf diese folgen bereits die Restitutionsvorgänge, welche die lebendige Substanz des Nerven wieder in den zerfallsfähigen Zustand überführen, die durch den Reiz gesetzten Polarisationen beseitigen und unter der Mitwirkung des Sauerstoffes die Produkte der anoxydativen Prozesse zu Kohlensäure und Wasser oxydieren bzw. in wasserlösliche Form bringen. Als Ausdruck der sekundären Reizwirkungen tritt uns der Aktionsstrom entgegen, und zwar liegt es nahe, in dem mit einer gewissen Steilheit einsetzenden aufsteigenden Schenkel den Ausdruck der anoxydativen Prozesse und der mit denselben verknüpften Ionenverschiebungen zu sehen, während der absteigende Schenkel, welcher wesentlich längere Zeit in Anspruch nimmt, den Verlauf der Restitutionsvorgänge wiedergibt. Erst durch die Untersuchungen von ERLANGER, GASSER und BISHOP[1] mit dem Kathodenoscillographen haben wir den genauen zeitlichen Verlauf des Aktionsstromes und damit auch des Erregungsvorganges im Nerven kennengelernt. Wir müssen daran festhalten, daß der Aktionsstrom und seine Veränderungen, die insbesondere unter dem Einfluß lähmender Reize auftreten, die zeitlichen Beziehungen des Erregungsvorganges mit einer gewissen Annäherung wiedergeben. So zeigt sich eine enge Beziehung zwischen der geringen Verlangsamung des aufsteigenden Teiles des Aktionsstromes und der gleichzeitig zu beobachtenden Verlangsamung der Erregungsleitung und der Entwicklung eines Dekrementes einerseits und der Zunahme des absoluten Refraktärstadiums andererseits, wie sie unter dem Einfluß lähmender Reize auftreten. Daraus würde auch hervorgehen, daß es die Vorgänge im ansteigenden Teil der Erregung sind, welche den für die Fortleitung der Erregung notwendigen Reiz auf den Nachbarquerschnitt des Nerven ausüben. Gilt für den ungeschädigten Nerven bei Einwirkung eines kurzdauernden erregenden Reizes das Alles-oder-Nichtsgesetz, so ruft der Reiz einen maximalen Erfolg hervor, und ein zweiter Reiz kann erst wirksam werden, wenn die Restitutionsprozesse einzusetzen beginnen. Als Ausdruck derselben haben wir den absteigenden Schenkel des Aktionsstromes anzusehen, der gleichwie das relative Refraktärstadium eine wesentlich längere Dauer als der aufsteigende Schenkel aufweist und bei lähmender Beeinflussung des Nerven gleichzeitig mit dem relativen Refraktärstadium eine beträchtliche Zunahme der Dauer erkennen läßt. ADRIAN[2] hat zwar die Anschauung vertreten, daß das Refraktärstadium länger dauert als der Aktionsstrom, aber es liegt nahe, daß diese Trennung von Aktionsstrom und Refraktärstadium nur eine scheinbare ist, dadurch bedingt, daß die verwendeten Registriermethoden vielfach die Dauer des absteigenden Schenkels des Aktionsstromes ungenügend wiedergeben.

Es wäre keine leichte Aufgabe, im einzelnen feststellen zu wollen, in welchem Umfange die Arbeiten einzelner Forscher an unserer Kenntnis vom zeitlichen Verlauf der Erregungswelle im Nerven, von den Beziehungen des zeitlichen Verlaufes zum Refraktärstadium, von den Veränderungen des zeitlichen Verlaufes der Erregung und des Refraktärstadiums unter dem Einfluß lähmender Beeinflussungen, von dem Auftreten eines Dekrementes und einer entsprechenden Verlangsamung der Fortpflanzungsgeschwindigkeit der Erregung beteiligt sind. Im einzelnen mag diese Kenntnis durch die fortschreitenden experimentellen Ergebnisse noch geringfügige Änderungen erfahren, in großen Zügen jedoch steht

---

[1] ERLANGER, GASSER und BISHOP: Amer. J. Physiol. **76**, 203 (1926); **78**, 574 630 (1926); **82**, 462, 644 (1927).
[2] ADRIAN: J. of Physiol. **55**, 193 (1921).

sie fest und bildet die wesentliche Grundlage für das Verständnis der verschiedenartigen Interferenzen von Reizwirkungen[1].

Die Tatsache, daß jeder wirksame erregende Reiz von einer Phase der Unerregbarkeit gefolgt ist, wurde zuerst durch die Untersuchungen von GOTCH[2] und BURCH v. BOYCOTT[3] und BORUTTAU[4] festgestellt. Diese Autoren haben die Phase der Unerregbarkeit als „kritisches Intervall" bezeichnet. Erst allmählich ist man auf Grund der Untersuchungen von WEDENSKI[5], BORUTTAU[6], FR. W. FRÖHLICH[7], KEITH LUKAS[8] und ADRIAN[9] auf die nahe Beziehung dieser Phase der Unerregbarkeit zu der Refraktärphase des Herzens gekommen und hat die Beziehungen zum zeitlichen Verlauf der Erregung und ihren Veränderungen herausgearbeitet. An dieser Stelle seien auch die Untersuchungen von GILDEMEISTER[10], TAIT[11], THÖRNER[12], VÉSZI[13], MC. SWINEY[14] und MUCLOW FORBES[15], GRIFFITH und RAY sowie BERITOFF[16], GASSER u. ERLANGER[17] angeführt, welche sich gleichfalls mit dem Refraktärstadium des Nerven beschäftigt haben.

Einen *besonderen Fall von Reizinterferenz stellen die Ermüdungserscheinungen* dar, welche sich bei Verwendung einer längerdauernden, frequenten Reizserie am Nerven beobachten lassen. Man könnte die Ermüdung als einen besonders charakteristischen Fall von *Sukzessivinterferenz* bezeichnen, da jeder Reizstoß mit der Wirkung des vorhergehenden interferiert. Die ersten sicheren Ermüdungserscheinungen am markhaltigen Nerven wurden von FR. W. FRÖHLICH[18] nachgewiesen bei der Analyse der merkwürdigen Reaktion des Nerven, welche von WEDENSKI[19] als *Parabiose* des Nerven bezeichnet worden war und welche auftritt, wenn eine narkotisierte Nervenstrecke entweder direkt oder von einer Stelle aus erregt wird, von der aus die Erregung die narkotisierte Nervenstrecke durchlaufen muß, um zum Muskel zu gelangen. Hierbei handelt es sich vorzugsweise um eine Interferenz der fortgeleiteten Erregungswellen mit der Verlangsamung des Erregungsablaufes, so daß unter diesen Reizbedingungen der Reizerfolg eine fortschreitende Abnahme bis auf Null erfährt, ein Verhalten, das auch ohne eingehende Untersuchung als eine typische Ermüdung erscheint. Die eingehende Untersuchung hat in der Tat ergeben, daß dieses charakteristische Absinken des Reizerfolges durch eine mit der Reizdauer fortschreitende Verlängerung des Refraktärstadiums nach jedem Reizstoß zustande kommt. Als besonders günstig für den Eintritt der Ermüdung wirkt der Umstand, daß der

---

[1] Vgl. ERLANGER u. GASSER: Amer. J. Physiol. **84**, 699 (1928).
[2] GOTCH u. BURCH: J. of Physiol. **24**, 410 (1899). — GOTCH: Ebenda **40**, 250 (1910).
[3] BOYCOTT: J. of Physiol. **24**, 141 (1899).
[4] BORUTTAU: Pflügers Arch. **84**, 409 (1901).
[5] WEDENSKI: Pflügers Arch. **82**, 84 (1900); **100**, 1 (1903) — Trav. Labar. Physiol. Univ. St. Petersbourg **3**, 134 (1908).
[6] BORUTTAU u. FR. W. FRÖHLICH: Pflügers Arch. **105**, 444 (1904) — Z. allg. Physiol. **4**, 153 (1904).
[7] FRÖHLICH, FR. W.: Z. allg. Physiol. **3**, 148, 455 u. 468 (1904); **14**, 56 (1912).
[8] LUKAS, KEITH: J. of Physiol. **39**, 331 (1909); **41**, 234 (1910) — mit BRAMWELL: Ebenda **42**, 495 (1911); **43**, 46 (1912) — mit ADRIAN: Ebenda **44**, 68 (1913).
[9] ADRIAN: J. of Physiol. **45**, 393 (1912); **46**, 384 (1913); **47**, 460 (1914); **48**, 453 (1919); **55**, 193 (1921).
[10] GILDEMEISTER: Pflügers Arch. **124**, 447 (1908).
[11] TAIT: Quarrt. J. exper. Physiol. **3**, 221 (1910) — J. of Physiol. **40**, Proc. **1910**.
[12] THÖRNER: Z. allg. Physiol. **8**, 530 (1908); **10**, 29 u. 351 (1910).
[13] VÉSZI: Z. allg. Physiol. **13**, 321 (1912).
[14] MC. SWINEY u. MUCLOW: J. of Physiol. **57**, 5 (1922).
[15] FORBES, GRIFFITH u. RAY: Amer. J. Physiol. **63**, 416 (1923).
[16] BERITOFF: Z. Biol. **78**, 231 (1923).
[17] GASSER u. ERLANGER: Amer. J. Physiol. **73**, 613 (1925).
[18] FRÖHLICH, FR. W.: Z. allg. Physiol. **3**, 468 (1904).
[19] WEDENSKI: Pflügers Arch. **82**, 94 (1900); **100**, 1 (1903).

Erregungsablauf durch die Narkose an sich schon beträchtlich verlangsamt ist. Die Untersuchungen von THÖRNER[1] und VÉSZI[2] haben das Vorhandensein eines relativen Refraktärstadiums auch für den nicht narkotisierten oder erstickten Nerven nachgewiesen, das eine Dauer bis 0,1 Sekunden aufweisen kann. Bei Verwendung einer geeigneten Reizstärke und Reizfrequenz lassen sich daher auch am ungeschädigten Nerven Ermüdungserscheinungen feststellen. Nach BERITOFF[3] soll das relative Refraktärstadium des narkotisierten Nerven selbst bis über eine Sekunde dauern. Wie wir nun zur Annahme geführt wurden, daß für den irgendwie geschädigten Nerven, d. h. für einen Nerven, dessen Erregungsablauf verlangsamt ist, das Alles-oder-Nichtsgesetz nicht gilt, so kann dieses Gesetz auch nicht für den Nerven gelten, dessen Erregungsablauf durch eine andauernde Reizung verlangsamt ist und die Erregungswelle mit einem Dekrement leitet (VÉSZI[4], VERWORN[5], FR. W. FRÖHLICH[6]). Es muß auf diese Schlußfolgerung, welche für das Verständnis der Nervenfunktion unter physiologischen Bedingungen und unter dem Einfluß der adäquaten Erregungen höchst wichtig ist, besonderer Nachdruck gelegt werden, da KEITH LUKAS[7] und ADRIAN[8] versucht haben, die Geltung des Alles-oder-Nichtsgesetzes auch für den geschädigten Nerven nachzuweisen. Da eine eingehende Erörterung dieser Verhältnisse zu sehr in Einzelheiten führen würde, sei auf die Ausführungen KEITH LUKAS' und ADRIANS besonders aufmerksam gemacht.

Wie insbesondere aus den Untersuchungen von KEITH LUKAS[9] und ADRIAN hervorgeht, ist *nicht jede Unerregbarkeit*, welche sich an einen wirksamen Reiz anschließt, ausschließlich *Ausdruck eines Refraktärstadiums*. In Wirklichkeit kann der zweite Reiz an der Reizstelle noch wirksam sein und eine fortgeleitete Erregung hervorrufen, diese *erlischt* aber *infolge des Dekrementes*, das sich in der geschädigten Nervenstrecke entwickelt, welche die Erregung noch zu durchlaufen hat, um zu dem Muskel zu gelangen. Oder die zweite Erregungswelle erlischt infolge des Dekrementes, welches durch die vorherlaufende Erregungswelle bedingt ist. KEITH LUKAS und ADRIAN haben in einer Reihe verschiedener, feindurchdachter Versuche diesen Nachweis erbracht. Sie unterscheiden das Unwirksamwerden eines zweiten Reizes, das dadurch zustande kommt, daß der zweite Reiz an der Reizstelle keinen Erfolg hervorruft, von dem Unwirksamerscheinen des zweiten Reizes, der wohl an der Reizstelle eine Erregungswelle auslöst, die aber infolge des sich entwickelnden Dekrementes erlischt. Zu diesem Zweck wurden Versuche angestellt mit der Interferenz zweier Reize, welche auf verschiedene Nervenstellen einwirken und deren fortgeleitete Erregungswellen miteinander interferieren. Es wurden Versuche angestellt, bei welchen die zwei Reize auf die gleiche Reizstelle einwirken, aber durch eine lähmend beeinflußte Strecke laufen müssen. Es wurden Versuche durchgeführt, bei welchen die gemeinsame Reizstelle einer Abkühlung unterworfen wurde.

Bei der Interferenz zweier Reize erfährt die durch den zweiten Reiz ausgelöste Erregung, wenn sie in das relative Refraktärstadium nach dem ersten Reiz fällt, eine *Verzögerung, welche mit der durch den ersten Reiz bedingten Verlangsamung der Erregungsleitung zusammenhängt.* Diese Tatsache wird ins-

---

[1] THÖRNER: Z. allg. Physiol. **8**, 530 (1908); **10**, 29 u. 351 (1910).
[2] VÉSZI: Z. allg. Physiol. **13**, 321 (1912).
[3] BERITOFF: Z. Biol. **78**, 231 (1923).
[4] VÉSZI: Z. allg. Physiol. **13**, 32 (1912).
[5] VERWORN: Erregung und Lähmung, S. 34. Jena 1914.
[6] FRÖHLICH, FR. W.: Pflügers Arch. **200**, 392 (1923).
[7] LUKAS, KEITH: J. of Physiol. **4**, 46 (1911).
[8] ADRIAN: J. of Physiol. **46**, 384 (1913); **47**, 460 (1914).
[9] LUKAS, KEITH: J. of Physiol. **42**, 495 (1911) — mit ADRIAN: Ebenda **44**, 68 (1913).

besondere durch die Untersuchungen von GOTCH und FORBES, GRIFFITH und RAY nachgewiesen. Dadurch zeigt das Refraktärstadium des Nerven eine weitgehende Übereinstimmung mit dem Refraktärstadium des Herzens. Schon MAREY hat darauf hingewiesen, daß eine Extrasystole des Herzens nicht nur kleiner ist, sondern auch verspätet auftritt. Das gleiche Verhalten wurde von SAMOILOFF für den quergestreiften Muskel gezeigt.

Erst die Gesamtheit der hier angeführten Untersuchungen hat einen vollkommenen Einblick gewährt in die von WEDENSKI bei der sog. Parabiose des Nerven beobachteten Erscheinungen. WEDENSKI unterscheidet bei der Narkose des Nerven und Prüfung seiner Leitfähigkeit mit einer faradisierenden Reizung die folgenden Stadien:

1. Das *Transformationsstadium*. Die Erregungswellen, als Aktionsstrom mit dem Telephon untersucht, machen den Reizrhythmus nicht mehr vollkommen mit. Der Muskel reagiert noch mit einem vollkommenen Tetanus.

2. Das *paradoxe Stadium*. Die Leitfähigkeit für schwache Reize ist noch erhalten, auf starke Reize reagiert der Muskel nur mit einer Anfangszuckung.

3. Das *Hemmungsstadium*, in welchem die zentral von der narkotisierten Nervenstrecke einwirkende Reizung unwirksam erscheint, aber eine die narkotisierte Strecke treffende Reizung zu hemmen vermag.

Die eingehende Untersuchung der von WEDENSKI beschriebenen Phänomene hat gezeigt, daß die schwachen Reize noch wirksam sind, da nicht jeder Reizstoß zur Wirkung kommt, indem die Reize alternierend in das Refraktärstadium fallen und dadurch eine weniger frequente Reizwirkung zustande kommt als bei der starken Reizung, bei welcher nur der erste Reizstoß wirkt, die folgenden in das Refraktärstadium der vorhergehenden fallen. WEDENSKI konnte die gleiche Wirkung erzielen, wenn die Leitfähigkeit der parabiotischen Nervenstrecke mit verschieden frequenter Reizung geprüft wurde

Die Interferenz zweier Reize, welche den Nerven treffen, können unter Umständen zu einer Summierung des Reizerfolges führen. Da der normale Nerv dem Alles-oder-Nichtsgesetz folgt, kann es bei einem normalen Nerven niemals zu einer *gegenseitigen Verstärkung zweier Reize* kommen. Dagegen sind für den narkotisierten bzw. in anderer Weise lähmend beeinflußten Nerven, für welchen das Alles-oder-Nichtsgesetz nicht gilt, schon von GOLDSCHEIDER[1] und WEDENSKI[2] typische *Summationserscheinungen* beobachtet worden. In jüngster Zeit sind entsprechende Erscheinungen von KEITH LUKAS[3] und ADRIAN beschrieben und einer eingehenden Untersuchung unterzogen worden. Es wurden zwei verschiedene Fälle von Summation unterschieden:

1. Ein Reiz, welcher nicht imstande ist, eine fortgeleitete Erregung hervorzurufen, begünstigt infolge seiner Nachwirkung einen zweiten Reiz, der auf die gleiche Stelle einwirkt.

2. Ein Reiz ruft eine fortgeleitete Erregung hervor, die aber infolge des Dekrementes der Nervenleitung erlischt, und macht einen innerhalb der geschädigten Strecke einwirkenden zweiten Reiz wirksam.

ADRIAN[4] beobachtete am Nerven eine Art *Treppenphänomen*, das in seinem Eintreten von der H-Ionenkonzentration abhängig ist. Bei zu hoher H-Ionenkonzentration ist die Summation nicht nachzuweisen. KEITH LUKAS und ADRIAN führen diese Summationserscheinungen auf eine *Phase der übernormalen Erregbarkeit* zurück, welche sich an das Refraktärstadium anschließen soll. Bei der Deutung dieser Ergebnisse ist jedoch zu berücksichtigen, daß sie

---

[1] GOLDSCHEIDER: Z. klin. Med. **19**, 180 (1891).
[2] WEDENSKI: Trav. Labar. Physiol. Univ. St. Petersbourg **3**, 134 (1908).
[3] LUKAS, KEITH u. ADRIAN: J. of Physiol. **44**, 68 (1913).
[4] ADRIAN: J. of Physiol. **54**, 1 (1920).

nur an Nerven erhalten werden können, die unter dem Einfluß einer lähmenden Wirkung stehen, einen verlangsamten Erregungsablauf und ein Dekrement der Erregungsleitung aufweisen. Gerade die Nachwirkung des Reizes und die Mitwirkung einer gewissen H-Ionenkonzentration, welche für das Eintreten der Erscheinung verantwortlich gemacht werden, würden darauf hinweisen, daß es sich um *scheinbare Erregbarkeitssteigerungen* handelt, bedingt durch die lange Erregungsdauer und den Umstand, daß der Einzelreiz keine maximale Erregung des Nerven hervorzurufen vermag (FRÖHLICH[1]).

Die Interferenzerscheinungen zweier oder mehrerer Reize, welche am geschädigten Nerven als *Summation, Bahnung* und *Hemmung* zum Ausdruck kommen, lassen sich auch am ermüdeten Nervenendorgan nachweisen (F. B. HOFMANN[2], FR. W. FRÖHLICH[3]) und sind auch für das Verständnis der entsprechenden Hemmungserscheinungen am Zentralnervensystem, das die Erregung gleichfalls mit Dekrement leitet, von großer Wichtigkeit geworden (FR. W. FRÖHLICH[4], VERWORN[5], KEITH LUKAS[6], ADRIAN[7], E. TH. BRÜCKE[8]).

[1] FRÖHLICH, FR. W.: Erg. Physiol. **16**, 40 (1918).
[2] HOFMANN, F. B.: Pflügers Arch. **103**, 337 (1904).
[3] FRÖHLICH, FR. W.: Z. allg. Physiol. **7**, 444 (1907).
[4] FRÖHLICH, FR. W.: Z. allg. Physiol. **9**, 55 (1909).
[5] VERWORN: Erregung und Lähmung, 194. Jena 1914.
[6] LUKAS, KEITH: J. of Physiol. **43**, 46 (1911).
[7] ADRIAN: J. of Physiol. **46**, 384 (1913).
[8] BRÜCKE, E. TH.: Z. Biol. **77**, 29 (1922).

Nervenleitungsgeschwindigkeit, Ermüdbarkeit und elektrotonische Erregbarkeitsänderungen des Nerven. Theorien der Nervenleitung.

Von

PH. BROEMSER

Basel.

Mit 6 Abbildungen.

Zusammenfassende Darstellung.

BERNSTEIN, I.: Elektrophysiologie. Braunschweig 1912 — Untersuchungen über den Erregungsvorgang der Nerven und Muskelsysteme. Heidelberg 1871. — BETHE, A.: Allgemeine Anatomie und Physiologie des Nervensystems. Leipzig 1903. — BEZOLD, A. v.: Untersuchungen über die elektrische Erregung der Nerven und Muskeln. Leipzig 1861. — BIEDERMANN, W.: Elektrophysiologie. Leipzig 1895. — DU BOIS, REYMOND: Untersuchungen über tierische Elektrizität 1. Berlin 1848; 2 I. Berlin 1849; 2 II. Berlin 1884 — Gesammelte Abhandlungen zur allgemeinen Muskel- und Nervenphysik 1. Leipzig 1875; 2. Leipzig 1877. — BORUTTAU, H.: Die Elektrizität in der Medizin und Biologie. Wiesbaden 1906 — Muskel- und Nervenphysiologie in „Physikalische Chemie und Medizin" v. KORANYI u. RICHTER 4. Leipzig 1907 — Elektrophysiologie, im Handb. d. ges. med. Anwendung der Elektrizität Abschn. 1 V. Leipzig 1909. — BOSE, I.: Comparative Elektrophysiology. New York 1907. — CARDOT: Les actions polaires dans l'excitation galvanique du nerf moteur et du muscle. Ann. sci. nat. 17 (9), Zool., 1—4. Paris 1914. — CREMER, M.: Die allgemeine Physiologie der Nerven, in Nagels Handb. d. Physiol. des Menschen 4 II. Braunschweig 1909. — DANILEWSKY, B.: Die physiologischen Fernwirkungen der Elektrizität. Leipzig 1902. — ECKARD, C. Grundzüge der Physiologie des Nervensystems. Gießen 1866. — FICK, A.: Beiträge zur vergleichenden Physiologie der irritablen Substanzen. Braunschweig 1864. — Gesammelte Schriften 3 IV. Würzburg 1904. — GARTEN, S.: Beiträge zur Physiologie des marklosen Nerven. Jena 1903 — In TIGERSTEDTS Handb. d. physiol. Methodik IV. Kap. Leipzig 1907 — In WINTERSTEINS Handb. d. vergleichenden Physiol. III, 2. Jena 1910. — GRÜNHAGEN, A.: Elektromotorische Wirkungen lebender Gewebe. Berlin 1873. — HABERLAND:. Über Stoffwechsel und Ermüdbarkeit des peripheren Nerven, Berichte der naturwissenschaftlichen Vereinigung in Innsbruck 36 (1917) — Sammlung anatomischer und physiologischer Vorträge. Herausg. GAUP u. TRENDELENBURG 29. H. Tübingen 1917. — HALLIBURTON, W.: Biochemistry of muskle and nerve 3. London 1905 — Die Biochemie der peripheren Nerven, in ASHER-SPIRO: Ergebnisse der Physiologie 4 I. Wiesbaden 1905. — HERING, E.: Zur Theorie der Nerventätigkeit, akademischer Vortrag. Leipzig 1899. — HERMANN, L.: Untersuchungen zur Physiologie der Muskeln und Nerven. Berlin 1867 u. 1868. — Handb. d. Physiol. 1 I u. 2 II. Leipzig 1879. — HOWELL, W.: An American Textbook of Physiology 2. — General Physiology of muscle and nerve. Philadelphia 1906. — LUCAS, K.: Conduktion of the nervous impulse. London 1917. — LUCIANI, L.: Physiologie des Menschen 3. Deutsch von BAGLIONI u. WINTERSTEIN. Jena 1907. — LILLIE, RALPH S.: The General Physiko Chemical Conditions of Excitation and Conduction in Nerve Fibers and other Protoplasmatic Systems, Physiologic. Rev., Publ. by the American Physiological Society 2. Jan. Baltimore 1922. — MENDELSSOHN, M.: Les Phénomènes électriques chez les êtres vivants. Paris 1902. — MUNK, H.: Untersuchungen über das Wesen der Nervenerregung. Leipzig 1868. — PFLÜGER, E.: Untersuchungen über die Physiologie des Elektrotonus. Berlin 1859. — ROSENTHAL, J.: Allgemeine Physiologie der Muskeln und Nerven, 2. Aufl. Leipzig 1899. — TSCHAGOWETZ, W.: Elektrische Phänomene in lebenden Geweben 1 (1903); 2 (1906) (russisch). — VALENTIN, S.: Die Zuckungsgesetze des lebenden Nerven und Muskels. Leipzig-Heidelberg 1863. —

WALLER, A.: Tierische Elektrizität (übersetzt von E. DU BOIS REYMOND). Leipzig 1899. — WEISS, G.: Technique d'elektrophysiologie. Paris. — WERIGO, B.: Effekte der Nervenreizung durch intermittierende Kettenströme. Berlin 1891. — WUNDT, W.: Untersuchungen zur Mechanik der Nerven. Erlangen 1871.

Nervenleitungsgeschwindigkeit.

A. Die ersten Bestimmungen der Nervenleitungsgeschwindigkeit wurden von HELMHOLTZ[1] ausgeführt. Die seinen Bestimmungen zugrunde liegende Überlegung ist die folgende: Wenn man einen Nerven an zwei verschiedenen Stellen nacheinander durch Einzelreiz reizt und die Zeit vom Moment der Reizung bis zum Beginn der durch die Reize ausgelösten Muskelzuckungen bestimmt, so muß, wenn die Fortpflanzung der Erregung im Nerven mit einer nicht unendlich großen Geschwindigkeit vor sich geht (wie es noch JOH. MÜLLER[2] annahm), die Latenzzeit der durch den Reiz an der vom Muskel entfernteren Stelle des Nerven ausgelösten Muskelzuckung länger sein als die Latenzzeit der durch Reiz an der muskelnahen Stelle bewirkten. Die Differenz der Latenzzeiten ist gleich der Zeit, innerhalb der die Nervenerregung die zwischen beiden Reizstellen liegende Nervenstrecke zurücklegt. Die Latenzzeiten maß HELMHOLTZ nach zwei Methoden, und zwar, erstens nach der POUILLETschen Methode, indem er im Moment der Reizung einen durch ein Galvanometer fließenden Strom schloß, der durch die beginnende Muskelkontraktion automatisch wieder unterbrochen wurde. Aus dem Ausschlag des Galvanometers kann bekanntlich die Dauer des Stromschlusses errechnet werden. Zweitens mittels graphischer Registrierung der Muskelzuckung auf einer bewegten Schreibfläche. Die zur Zeit gebräuchlichen Methoden der Bestimmung der Nervenleitungsgeschwindigkeit sind im wesentlichen noch immer mit diesen von HELMHOLTZ angegebenen identisch. Nur wurde später nach der Schaffung von Instrumenten, welche die Registrierung der Aktionsströme einzelner Muskelzuckungen und einzelner Nervenerregungen gestatten, häufig an Stelle der Muskelzuckungen die Muskel- oder Nerven-Aktionsströme registriert und die Differenz der Latenzzeiten der an gleicher Ableitungsstelle am Muskel oder Nerven gewonnenen Aktionsströme, die durch Reiz an verschiedenen Stellen des Nerven erzielt wurden bzw. der Unterschied der Latenzzeiten der von verschiedenen Stellen abgeleiteten Aktionsströme bei gleicher Reizstelle als Maß der Leitungsgeschwindigkeit benutzt. Die Bestimmungen vermittels der Muskelkontraktion und der elektrischen Erscheinungen an Muskel und Nerv geben dieselben Resultate, so daß an der prinzipiellen Richtigkeit der ursprünglichen HELMHOLTZschen Überlegung wohl kaum gezweifelt werden kann.

Die Bestimmungen der Nervenleitungsgeschwindigkeit der verschiedensten Nerven bei den verschiedensten Tieren mit den angegebenen Methoden sind außerordentlich zahlreich[3]. Weitaus am häufigsten sind die Bestimmungen der

---

[1] HELMHOLTZ: Mber. Berl. Akad. **1850**, 14 — Arch. Anat. u. Physiol. **1850**, 71, 276; **1852**, 199.

[2] MÜLLER, JOH.: Handb. d. Physiol. **1**, 4. Aufl., 581, 583. Koblenz 1844.

[3] Ältere Literatur s. CREMER, in Nagels Handb. **4** II, 806. Braunschweig 1908. Neuere Arbeiten: BETHE: Pflügers Arch. **122**, 1 (1908). — MAXWELL, J. of biol. Chem. **2**, 359 (1909). — CARLSON: Amer. J. Physiol. **27**, 323 (1911). — GANTER: Pflügers Arch. **146**, 185 (1912). — LEININGER: Z. Biol. **60**, 75 (1913). — SNYDER: Z. allg. Physiol. **14**, 263 (1913). — MÜNICH: Z. Biol. **66**, 1 (1916). — LEINEWEBER: Cremers Beitr. **1**, 313 (1918). — MAJOR, A. G.: Amer. J. Physiol. **42**, 469 (1917); **44**, 591 (1917); **51**, 543 (1920). — BROEMSER: Z. Biol. **72**, 37 (1920); **73**, 19 (1921). — SCHÄFFER, Berl. klin. Wschr. **58**, 380 (1921). — ACHELIS: Z. Biol. **76**, 315 (1922). — FELIX, K.: Ebenda **77**, 231 (1923). — SCHÄFFER: Dtsch. Z. Nervenheilk. **73**, 234 (1923). — SCHILF u. HAMDI: Pflügers Arch. **200**, 228 (1923). — YAMADA, SHIRO: Ebenda **200**, 221 (1923).

Nervenleitungsgeschwindigkeit am gewöhnlichen Nerv-Muskelpräparat des Frosches. Bestimmungen der Nervenleitungsgeschwindigkeit beim Menschen wurden nach den gleichen Prinzipien ausgeführt, indem an verschiedenen Stellen oberflächlich liegende motorische Nerven gereizt und die ausgelösten Muskelzuckungen bzw. Muskelaktionsströme registriert wurden.

B. Die Ergebnisse der Untersuchungen sind keineswegs so einheitlich, wie die Bestimmungen irgendeines physikalischen Vorgangs, der sich mit einer bestimmten meßbaren Geschwindigkeit fortpflanzt (Licht, Schall), sondern die Angaben der verschiedensten Autoren differieren auch bei dem gleichen Objekt um erhebliche Beträge. Immerhin ist jedoch die Größenordnung der gefundenen Nervenleitungsgeschwindigkeiten bei gleichartigen Nerven stets die gleiche, und die Unterschiede der bei verschiedenen Tieren an verschiedenartigen Nerven erhobenen Befunde sind im allgemeinen gleichartig. Die absoluten Werte stimmen ziemlich gut mit den ursprünglich von HELMHOLTZ angegebenen überein.

Für den frischen Froschischiadicus bei Zimmertemperatur (14—20°) werden übereinstimmend Werte von 20—30 m pro Sekunde gefunden.

CHAUVEAU[1] fand erhebliche Unterschiede zwischen der Leitungsgeschwindigkeit der Vagusfasern und der die Skelettmuskulatur versorgenden Warmblüternerven. Ebenso werden von FISCHER[2], YAMADA SHIRO[3], SCHILF und HAMDI[4] für sympathische Nerven von Warm- und Kaltblütern erheblich geringere Fortpflanzungsgeschwindigkeiten gefunden, als bei den motorischen und sensiblen Nerven derselben Tiere.

Für den peripheren Warmblüternerven (Kaninchen, Katze, Hund) werden von MÜNICH[5] 60—75 m pro Sekunde angegeben. VALENTIN[6] findet, daß beim winterschlafenden Murmeltier die Nervenleitungsgeschwindigkeit bis auf etwa 1 m pro Sekunde herabsinkt (Temperatureinfluß s. unten S. 217).

HELMHOLTZ und BAXT[7], MÜNICH[8], SCHÄFFER[9], K. FELIX[10] finden annähernd übereinstimmend für die menschliche Nervenleitungsgeschwindigkeit 45—70 m pro Sekunde. Von diesen Resultaten weichen nach unten ab die Angaben von PLACE[11] (30 m/sec), HERMANN[12] (40 m pro Sekunde) und die ersten Angaben von HELMHOLTZ (34 m pro Sekunde). Erheblich nach oben weichen die Ergebnisse von PIPER[13] ab, der für den Menschen den überraschend hohen Wert von 120 m pro Sekunde angibt. Inwieweit dieses Ergebnis durch Versuchsfehler bedingt sein kann, ist von MÜNICH[8] eingehend diskutiert worden.

Beim Hechtolfaktorius finden GARTEN[14] und NICOLAI[15] einen Wert von nur 20 cm pro Sekunde. Noch kleinere Leitungsgeschwindigkeiten kann man bei den marklosen Nerven Wirbelloser feststellen. CREMER[16] und LEINEWEBER[17] fanden z. B. für den Anodontanerven 5 cm pro Sekunde. Weitere Angaben ähnlicher

---

[1] CHAUVEAU: Akad. d. sci. **87**, 95, 138 u. 378 (1878).
[2] FISCHER: Z. Biol. **56**, 505 (1911).
[3] SHIRO, YAMADA: Pflügers Arch. **200**, 221 (1923).
[4] SCHILF u. HAMDI: Pflügers Arch. **200**, 228 (1923).
[5] MÜNICH: Z. Biol. **66**, 1 (1916).
[6] VALENTIN: Moleschotts Unters. **10**, 526 (1868).
[7] HELMHOLTZ u. BAXT: Mber. Berl. Akad. **1867**, 228.
[8] MÜNICH: Z. Biol. **66**, 1 (1916).
[9] SCHÄFFER: Berl. klin. Wschr. **58**, 380 (1921).
[10] FELIX, K.: Pflügers Arch. **3**, 424 (1870).
[11] PLACE: Pflügers Arch. **24**, 295 (1881).
[12] HERMANN: Mber. Berl. Akad. **1850**, 14 — Königsb. naturwiss. Abh. **2**, 169 (1851).
[13] PIPER: Pflügers Arch. **124**, 591 (1908).
[14] GARTEN: Pflügers Arch. **77**, 485 (1899).
[15] NICOLAI: Pflügers Arch. **85**, 65 (1901).
[16] CREMER: Nagels Handb. 4 II, 897. Braunschweig 1909.
[17] LEINEWEBER: Cremers Beitr. **1**, 313 (1918).

Größe über die Nervenleitungsgeschwindigkeit markloser Nerven Wirbelloser findet man bei FRÉDERICQ und VANDERVELDE[1], UEXKÜLL[2], CARLSON[3], FRÖHLICH[4].

CARLSON behauptet eine bestimmte Beziehung zwischen der Nervenleitungsgeschwindigkeit und der Reaktionsgeschwindigkeit des Erfolgsorgans gefunden zu haben[5].

Bei den Untersuchungen der Nervenleitungsgeschwindigkeit zentripetaler Nerven ist die Unsicherheit der Versuchsresultate noch erheblich größer als bei den Versuchen an zentrifugalen Nerven, da die Bestimmungen größtenteils durch Messung der Unterschiede in der Reflexzeit auf an verschiedenen Stellen gesetzte Reize ausgeführt wurden[6]. Bei dieser Art der Bestimmung ist die Möglichkeit der Veränderung der Latenzzeit durch andere Einflüsse, infolge der größeren Zahl der zwischengeschalteten Übertragungsmechanismen viel größer als bei der Messung der Latenzzeit der durch Reiz vom motorischen Nerven ausgelösten Muskelkontraktion bzw. bei der direkten Registrierung der Nervenaktionsströme. Im Mittel stimmen jedoch die Werte ebenfalls gut mit den ersten grundlegenden Versuchsergebnissen von HELMHOLTZ überein.

Die gefundenen Zahlen scheinen zu erweisen, daß die Nervenleitungsgeschwindigkeit in zentrifugalen Nerven mit der gleichartiger zentripetaler übereinstimmt. Auch die neueren Untersuchungen, die mit Registrierung der Aktionsströme des Muskels bzw. des Nerven angestellt wurden, haben zu dem gleichen Ergebnis geführt[7].

C. Die Frage, ob der Betrag der Leitungsgeschwindigkeit an allen Stellen desselben Nerven gleichgroß sei, wurde von verschiedenen Autoren untersucht. R. DU BOIS-REYMOND[8] und G. WEISS[9] kamen zu dem Ergebnis, daß die Geschwindigkeit der Nervenleitung konstant sei, während MUNK[10] den entgegengesetzten Standpunkt vertritt. Durch die technisch vollendeten Versuche ENGELMANNS[11] am Froschischiadicus, in denen der Nerv an bis zu vier in gleichem Abstand voneinander liegenden Stellen gereizt, und die entsprechenden Muskelkontraktionen registriert wurden, dürfte die Frage in dem Sinne entschieden sein, daß die Leitungsgeschwindigkeit des nicht alterierten Nerven während des ganzen Verlaufs konstant ist. NICOLAI[12] kam am Hechtolfaktorius zu dem gleichen Resultat. Er leitete 3 Stellen der Längsoberfläche des Nerven gemeinsam zu einem Pol, den Querschnitt zu dem anderen Pol eines Capillarelektrometers ab. Der fortschreitende Aktionsstrom markiert sich bei dieser „Gabelanordnung" beim Passieren jeder Ableitungsstelle durch einen Ausschlag des Elektrometers. Die zeitlichen Abstände der Ausschläge sind proportional den Abständen der Elektroden voneinander.

D. Daß sich gleichzeitig mit dem Erregungsvorgang elektrische Erscheinungen, die Aktionsströme, fortpflanzen, wird, da diesen Phänomenen ein besonderer

---

[1] FREDERICQ u. VANDERVELDE: Bull. Acad. Roy. Belge **1879**, (2), 47 — C. r. Soc. Biol. **91**, 239 (1880).
[2] UEXKÜLL: Z. Biol. **30**, 317 (1894).
[3] CARLSON: Amer. J. Physiol. **10**, 401 (1904); **13**, 351 (1905) u. **1904**, 217; **15**, 136 (1906).
[4] FRÖHLICH, FR. W.: Z. allg. Physiol. **10**, 418 (1910); **11**, 141 (1910).
[5] Vgl. hierzu WEDENSKY: Arch. Anat. u. Physiol. **1883**, 310.
[6] Ältere Literatur s. CREMER in Nagels Handb. 4 II, 809. Braunschweig 1909 — Hermanns Handb. d. Physiol. **2** I, 18. Leipzig 1879.
[7] Vgl. LEININGER: Z. Biol. **60**, 75 (1913). — SCHÄFFER: Berl. klin. Wschr. **58**, 380 (1921) — Dtsch. Z. Nervenheilk. **73**, 234 (1923).
[8] R. DU BOIS REYMOND: Zbl. Physiol. **13**, 513 (1899).
[9] WEISS, G.: J. Physiol. et Path. gén. **5**, 1 (1903).
[10] MUNK: Arch. Anat. u. Physiol. **1860**, 798.
[11] ENGELMANN: Arch. Anat. u. Physiol. **1900**, Subbl. 68.
[12] NICOLAI: Pflügers Arch. **85**, 65 (1901) — Engelm. Arch. **1904**, Nr 3, 578.

Abschnitt des Handbuches gewidmet ist, als bekannt vorausgesetzt. Ein näheres Eingehen auf den Aktionsstrom soll daher auch an dieser Stelle nur in dem Maße geschehen, als es die Beziehung zwischen Aktionsstrom und Nervenleitungsgeschwindigkeit erfordert.

Der Aktionsstrom, der durch Einzelreiz ausgelöst wird, kann als diphasischer Aktionsstrom von zwei Punkten der Längsoberfläche, oder als monophasischer Aktionsstrom von einem Punkt der Längsoberfläche und einem künstlichen Querschnitt, abgeleitet werden. Als Registrierinstrumente für diese Ströme kommen das Capillarelektrometer und das Saitengalvanometer und neuerdings Verstärkerröhren in Verbindung mit Oszillographen[1] bzw. der Kathodenstrahlenoszillograph[2] in Frage. Nach der zur Zeit herrschenden Ansicht erlischt der Aktionsstrom beim Näherrücken an den Querschnitt allmählich. Man nimmt daher an, daß die bei Längs-Querschnitt Ableitung gewonnene Aktionsstromkurve die Form der über den Nerven hinweglaufenden Negativitätswelle wiedergebe. Die durch Registrierung gewonnenen Aktionsstromkurven der verschiedenen Nerven sind in ihrer Form und in ihrem zeitlichen Ablauf auffallend gleichartig. CREMER[3] gibt daher der Meinung Ausdruck, daß nur Erregungswellen bestimmter Form den Nerven zu passieren vermögen. Die relative Gleichartigkeit der älteren Aktionsstrombilder könnte möglicherweise durch die für die raschen Vorgänge zu große Tätigkeit der Registrierinstrumente (Capillarelektrometer und Saitengalvanometer) bedingt sein. Aber auch die mit Instrumenten sehr großen Auflösungsvermögens (Oszillographen) aufgenommenen Kurven zeigen eine auffallende Gleichartigkeit. In dem Verlauf der monophasischen Aktionsstromkurven werden meist aufgesetzte Wellen (BROEMSER[4], ERLANGER und Mitarbeiter[5], ROSENBERG[1]) beobachtet. Dieselben treten je nach der Entfernung der Ableitungsstelle vom Reizort bzw. je nach der Länge der Nerven mit verschiedener Verspätung gegenüber der Hauptwelle des Aktionsstroms auf; sie werden von ERLANGER, BISHOP und GASSER darauf zurückgeführt, daß in verschiedenen Fasern des Nerven die Erregung mit verschiedener Geschwindigkeit fortschreite und zwar wurde die Fortpflanzungsgeschwindigkeit direkt proportional der Dicke der einzelnen Fasern gefunden. Ich habe auf Grund meiner Versuchsergebnisse die Vermutung ausgesprochen, daß unter Umständen die Erregungswelle wenigstens teilweise am künstlichen Querschnitt reflektiert werden könne. ROSENBERG schließt sich der Ansicht der amerikanischen Forscher an.

Die Negativitätswelle zeigt am unversehrten Froschischiadicus keine Abnahme ihrer Höhe, beim marklosen Kaltblüternerven ein deutliches Dekrement mit dem Fortschreiten[6]. Auch am Froschischiadicus tritt unter verschiedenen alterierenden Einwirkungen (z. B. bei Narkose und Erstickung) und, wie schon oben erwähnt, bei der Annäherung an einen künstlichen Querschnitt ein Dekrement des Aktionsstroms auf[7]. Anscheinend ist in den Fällen, in denen der Aktionsstrom ein Dekrement zeigt, die Nervenleitungsgeschwindigkeit gegenüber der dekrementlosen Fortpflanzung verringert (s. unten S. 222). Die Anstiegdauer

---

[1] ROSENBERG, H.: Ber. Physiol. **21**, 499 (1924) — Pflügers Arch. **216**, 300 (1927).
[2] ERLANGER u. GASSER: Amer. J. Physiol. **62**, 496 (1922); **70**, 624 (1924).
[3] CREMER: Nagels Handb. 4 II, 932.
[4] BROEMSER: Z. Biol. **78**, 139 (1923); **79**, 165 (1923); vgl. auch BRÜCKE: Ebenda 161.
[5] ERLANGER u. Mitarbeiter: Amer. J. Physiol. **70**, 624 (1924); **78**, 537, 574 (1926) — Harvey Lectures (22) **90** (1926/27) — Amer. J. Physiol. **82**, 644 (1927).
[6] Siehe BORUTTAU: Pflügers Arch. **84**, 309 (1901). — GARTEN: Beitr. z. Physiol. d. markl. Nerven. Jena 1903.
[7] Siehe POPIELSKI, Zbl. Physiol. **10**, 256 (1896). — WERIGO: Pflügers Arch. **76**, 522 (1899). — DENDRINOS: Ebenda **88**, 98 (1902). — FRÖHLICH: Z. allg. Physiol. **3**, 455 (1904).

des monophasischen Aktionsstroms steht, wie FRÖHLICH[1], GARTEN[2] und LILLIE[3] zeigten, in bestimmten Beziehungen zur Nervenleitungsgeschwindigkeit. LILLIE findet, worauf CREMER[4] besonders hinweist, daß das Produkt aus Nervenleitungsgeschwindigkeit und Anstiegdauer des Aktionsstroms stets von der Größenordnung weniger Zentimeter ist. Ob die Konstanz dieses Produktes dadurch bedingt ist, daß Anstiegdauer der Negativitätswelle und Fortpflanzungsgeschwindigkeit in einem ursächlichen Zusammenhang stehen[5] oder dadurch, daß das Maximum des monophasischen Aktionsstroms durch eine reflektierte Welle hervorgerufen wird, und damit durch Leitungsgeschwindigkeit und Ableitungsstrecke bestimmt ist, bedarf wohl noch näherer Klärung[6].

E. Die Nervenleitungsgeschwindigkeit kann durch die verschiedensten äußeren Einwirkungen beeinflußt werden.

Über den Einfluß der Reizstärke und Reizart findet NICOLAI[7], daß die Reizstärke ohne Einfluß auf die Leitungsgeschwindigkeit des Hechtolfactorius ist, gibt jedoch an, daß bei der Reizung mit Induktionsströmen die Leitung rascher erfolgt als bei der Reizung mit dem galvanischen Strom. Das letztere Ergebnis hängt höchstwahrscheinlich mit Veränderungen der Leitungsgeschwindigkeit durch zugeleitete konstante Ströme zusammen. RUTHERFORD[8] fand bei schwachen zugeleiteten Strömen eine Vermehrung der Fortpflanzungsgeschwindigkeit in der Nähe der Kathode, eine Verminderung in der Nähe der Anode. Bei starken Strömen kehrte sich diese Erscheinung um[9]. Neuerdings erhärteten BISHOP und ERLANGER[10] die Tatsache der Erhöhung der Nervenleitungsgeschwindigkeit in der Nähe der Kathode und ihrer Verkleinerung in der Umgebung der Anode eines zugeleiteten galvanischen Stromes. SCHULTZE[11] konnte zeigen, daß auch die Durchströmung des Nerven mit konstantem Strom quer zur Faserrichtung die Größe der Nervenleitungsgeschwindigkeit verändert.

Verhältnismäßig sehr eingehend untersucht ist die Abhängigkeit der Nervenleitungsgeschwindigkeit von der Temperatur. Schon HELMHOLTZ gibt an, daß die Leitungsgeschwindigkeit durch Abkühlung verkleinert, durch Erwärmung vergrößert wird. Diese Aussage wurde von allen späteren Untersuchern außer G. WEISS[12] bestätigt. Die Abhängigkeit der Geschwindigkeit eines Vorgangs von der Temperatur wird in der chemischen Literatur meist in Form eines Koeffizienten angegeben, mit dem die Geschwindigkeit bei einer bestimmten Temperatur multipliziert werden muß, um die Geschwindigkeit bei einer um 10° höheren Temperatur zu erhalten. Der Bestimmung eines analogen Koeffizienten der Nervenleitungsgeschwindigkeit für die verschiedensten Nerven sind zahlreiche Untersuchungen gewidmet[13]. Im allgemeinen werden annähernd gleich-

---

[1] FRÖHLICH: Z. allg. Physiol. **14**, 55 (1913).
[2] GARTEN: Wintersteins Handb. **5**, 113.
[3] LILLIE: Amer. J. Physiol. **34**, 414 (1914).
[4] CREMER: Cremers Beitr. **2**, 1 (1922).
[5] Vgl. LILLIE: Physiologic. Rev. **2**, Nr 1, 10 (1922).
[6] Vgl. BROEMSER: Z. Biol. **79**, 165 (1923).
[7] NICOLAI: Pflügers Arch. **85**, 65 (1901) — Engelm. Arch. **1904**, 578; **1905**, 494.
[8] RUTHERFORD: J. of Anat. u. Physiol., II. S., Nr 1, 87 (Nov. 1867).
[9] Vgl. hierzu v. BEZOLD: Unters. üb. d. elektr. Err. d. Nerven u. Musk. 1861, 109. — GOTCH: Textbook of Physiol. **2**, 502. Edinbourg u. London 1900.
[10] BISHOP u. ERLANGER: Amer. J. Physiol. **78**, 630 (1926).
[11] SCHULTZE: Pflügers Arch. **211**, 157 (1926).
[12] WEISS, G.: C. r. Soc. Biol. **54**, 34, 1386 (1903) — J. Physiol. **5** I, 1 (1903).
[13] GARTEN: Pflügers Arch. **77**, 485 (1899). — MIRAM: Du Bois Arch. **1906**, 533. — SNYDER: Amer. J. Physiol. **22**, 179 (1908); Z. allg. Physiol. **14**, 263 (1913). — MAXWELL: J. of biol. Chem. **3**, 359 (1909). — LEININGER: Z. Biol. **60**, 75 (1913). — GANTER: Pflügers Arch. **146**, 185 (1912). — LUCAS: J. of Physiol. **37**, 112 (1908). — TEIICHIRO SUGIMOTO: Dtsch. Physiol. Kongr. Tübingen 1923.

artige Durchschnittswerte für den Temperaturkoeffizienten für 10° angegeben. Bei tiefen Temperaturen ist der Koeffizient meist höher als bei hohen. Meiner Abhandlung[1] entnehme ich folgende Tabelle der von mir am Froschischiadicus gefundenen mittleren Werte:

Temperaturintervall	Temper. Koeffizient für 10 Grad
8,4°—18,2°	3,33
13,2°—20,2°	1,76
20,2°—32,3°	1,32

Der bei mittlerer Temperatur gefundene Wert stimmt sehr nahe mit den von anderen Autoren angegebenen Mittelwerten überein (LUCAS 1,79, GANTER 1,75, MAXWELL 1,78), der Mittelwert aus allen Versuchen (2,14) steht den Angaben von SNYDER (2,56) und MIRAM (2,1) nahe. Die Größe des Temperaturkoeffizienten ist von einigen Untersuchern als Beweis für die chemische Natur des Fortleitungsprozesses (SNYDER), von anderen als der Beweis des Gegenteils (MAXWELL) angenommen worden. A. V. HILL[2] bestimmte den Temperaturkoeffizienten an Zündschnuren und verglich die Resultate mit dem Temperaturkoeffizienten der Nervenleitungsgeschwindigkeit. Ich[3] konnte feststellen, daß der Temperaturkoeffizient um so kleiner ist, je günstiger die Bedingungen für einen vollständigen Ausgleich des osmotischen Druckes des Nerven gegenüber einer Umgebung relativ konstanten osmotischen Druckes sind. Die Nervenleitungsgeschwindigkeit wird außerdem durch vorübergehende Erwärmung und Wiederabkühlung auf die Ausgangstemperatur herabgesetzt, durch Abkühlung und Wiedererwärmung auf die Ausgangstemperatur erhöht[4]. Am lebenden Frosch bestimmten den Einfluß der Temperatur auf die Nervenleitungsgeschwindigkeit ROSENBERG und SUGIMOTO[5] und fanden Temperaturkoeffizienten etwa gleicher Größe, wie sie von den anderen Autoren am ausgeschnittenen Präparat festgestellt wurden.

Daß verschiedener osmotischer Druck die Nervenleitungsgeschwindigkeit beeinflußt, wurde von MAJOR[6] und ISHIKAWA[7] festgestellt. MAJOR fand an den Nerven von Medusa cassiopea, daß in verdünntem Meerwasser die Leitungsgeschwindigkeit abnimmt. Eingehend untersucht wurde die Leitungsgeschwindigkeit des Froschischiadicus in Lösungen verschiedenen osmotischen Druckes von mir[8] und TANAKA[9]. Es ergab sich, daß die Leitungsgeschwindigkeit in hypotonischen Lösungen verkleinert ist und mit steigendem osmotischen Druck bis zu einem oberhalb der Isotonie liegenden Maximum zunimmt. Innerhalb des Anstiegs bis in die Nähe des Maximums ist die Nervenleitungsgeschwindigkeit, entsprechend der von mir aufgestellten Theorie nahezu gleich $\sqrt{\frac{p}{\sigma}}$, wobei p den osmotischen Druck und σ die Dichte des Wassers bedeutet[10].

Narkose, die nicht zur völligen Unterbrechung der Leitung führt, verringert die Nervenleitungsgeschwindigkeit, wie VALENTIN[11], POPIELSKI[12], FRÖHLICH[13],

---

[1] BROEMSER: Z. Biol. **73**, 22 (1921).
[2] HILL, A. V.: Proc. roy. Soc. Lond. (B) **92**, Nr (B) 645, 178 (1921).
[3] BROEMSER, PH.: Z. Biol. **73**, 19 (1921).
[4] Vgl. hierzu auch THÖRNER: Pflügers Arch. **195**, 602 (1922).
[5] ROSENBERG u. SUGIMOTO: Biochem. Z. **156**, 262 (1925).
[6] MAJOR: Amer. J. Physiol. **42**, 469 (1917); **44**, 591 (1917); **51**, 543 (1920).
[7] ISHIKAWA: Z. allg. Physiol. **13**, 227 (1912).
[8] BROEMSER, PH.: Z. Biol. **72**, 37 (1920).
[9] TANAKA: Z. Biol. **156**, 262 (1925).
[10] BROEMSER, PH.; Z. Biol. **83**, 355 (1925); — **84**, 306 (1926).
[11] VALENTIN: Moleschotts Unters. **10**, 526 (1868).
[12] POPIELSKI: Zbl. Physiol. **10**, 251 (1896).
[13] FRÖHLICH: Z. allg. Physiol. **3**, 455 (1904).

PIOTROWSKI[1] und BORUTTAU[2] für verschiedene Narkotica zeigten. Die Frage, ob hierbei die Nervenleitungsgeschwindigkeit auf der ganzen narkotisierten Strecke gleichförmig verlangsamt sei, oder die Erregung die narkotisierte Strecke mit abnehmender Geschwindigkeit passiere, wurde von KOIKE[3] am Froschischiadicus und Hechtolfactorius untersucht; es ergab sich bei diesen Versuchen eine auf der ganzen Strecke gleichmäßig herabgesetzte Geschwindigkeit. Gegen die Resultate KOIKES sind von FRÖHLICH[4] Einwände erhoben worden. ADRIAN[5] fand die Leitungsgeschwindigkeit im narkotisierten Nerven gleichmäßig verlangsamt. ACHELIS[6] bringt eine eingehende Diskussion der hierher gehörigen Fragen und findet bei seinen eigenen Versuchen, daß die Narkose bewirkt, daß die Erregung im Nerven mit abnehmender Geschwindigkeit geleitet wird. KATO und OTSUKA[7] haben jedoch neuerlich an sehr langen Krötennerven diesbezügliche Untersuchungen angestellt und kamen im Widerspruch zu FRÖHLICH und ACHELIS zu einer Bestätigung der Ansicht von KOIKE und ADRIAN. Dagegen bestätigt COOPER[8] auf Grund neuerer Versuche die Befunde von ACHELIS.

Ähnlich wie bei der Narkose verhält sich der Nerv bei der Erstickung in sauerstofffreier Atmosphäre (FRÖHLICH[9], LODHOLZ[10], REHORN[11]).

Weiterhin ist die Nervenleitungsgeschwindigkeit abhängig von der Reaktion der den Nerven umspülenden Lösung, wie ich[12] zeigen konnte, und zwar steigt sie in alkalischer, sinkt in saurer Reaktion; gleichsinnig mit der Veränderung der Leitungsgeschwindigkeit geht eine Veränderung der Dicke der Nerven einher, die in alkalischer Lösung quellen, in saurer schrumpfen.

Durch Kompression kann man am Nerven Erscheinungen hervorrufen, die denen bei der Narkose ähnlich sind. Komprimiert man eine Stelle des Nerven, so wird der Nerv an dieser Stelle dünner (DUCCESCHI[13], BETHE[14]), und zwar kann sich nach BETHE die Dicke des Nerven bis auf etwa $1/200$ seiner ursprünglichen Dicke verringern, ohne daß die Leitfähigkeit aufgehoben wird. Die Belastung, die die Leitfähigkeit unterbricht, ist unter verschiedenen Bedingungen (Breite der komprimierten Stelle, Art der Kompression) verschieden. Über angeblich unterschiedliches Verhalten von motorischen und sensiblen Nerven bei der Kompression (EFRON[15], ZEDERBAUM[16], DUCCESCHI) scheinen mir beweiskräftige Feststellungen nicht vorzuliegen. Eine Abnahme der Nervenleitungsgeschwindigkeit in einer komprimierten Stelle konnten MEEK und LEAPER[17] nicht nachweisen.

Über den Einfluß der Dehnung auf die Nervenleitungsgeschwindigkeit haben CARLSON[18], CARLSON und JENKINS[19] und BETHE[20] Untersuchungen an-

---

[1] PIOTROWSKI: Du Bois Arch. **1893**, 205.
[2] BORUTTAU: Pflügers Arch. **84**, 350 (1901). [3] KOIKE: Z. Biol. **55**, 311 (1911).
[4] FRÖHLICH: Z. allg. Physiol. **14**, 55 (1913).
[5] ADRIAN: J. of Physiol. **48**, 53 (1914). [6] ACHELIS: Z. Biol. **76**, 315 (1922).
[7] KATO u. OTSUKA: Gen. meet. physiol. soc. Tokyo 5 IV (1923) — J. of Biochem. **1**, 22 (1924).
[8] COOPER: J. of Physiol. **61**, 305 (1926).
[9] FRÖHLICH: Z. allg. Physiol. **11**, 141 (1910); vgl. auch FILLIÉ: Ebenda 8, 492 (1909) u. GOTTSCHALK: Ebenda **19**, 80 (1921).
[10] LODHOLZ: Z. allg. Physiol. **15**, 316 (1913).
[11] REHORN: Z. allg. Physiol. **17**, 49 (1915).
[12] BROEMSER, PH.: Z. Biol. **83**, 355 (1925).
[13] DUCCESCHI: Pflügers Arch. **83**, 38 (1901).
[14] BETHE: Allg. Anat. u. Physiol. d. Nerv., S. 257. Leipzig 1903.
[15] EFRON: Pflügers Arch. **36**, 467 (1885).
[16] ZEDERBAUM: Du Bois Arch. **1883**, 161.
[17] MEEK u. LEAPER: Amer. J. Physiol. **27**, 308 (1911).
[18] CARLSON: Amer. J. Physiol. **13**, 351 (1905).
[19] CARLSON u. JENKINS: J. comp. Neur. a. Psychol. **14**, 85 (1904).
[20] BETHE: Pflügers Arch. **122**, 1 (1908).

gestellt. CARLSON an Ariolimax columbianus, BETHE an Hirudo medizinalis. BETHE kommt im Gegensatz zu den ersten Untersuchungen von CARLSON und JENKINS, die die Nervenleitungsgeschwindigkeit unabhängig von der Dehnung fanden, zu dem Ergebnis, daß die Leitungsgeschwindigkeit proportional der Dehnung wachse. CARLSON[1] hält nach einer neuerlichen Untersuchung seine frühere Behauptung aufrecht. BETHE schließt aus den Ergebnissen seiner Kompressions- und Dehnungsversuche, daß die Fibrillen, da sie bei der Kompression ihre Dicke und bei der Dehnung ihre Länge nicht ändern (sie sind nach BETHE im ungedehnten Zustand geschlängelt und strecken sich bei der Dehnung), das eigentlich Leitende seien.

Ermüdbarkeit des Nerven.

A. Läßt man zwei rasch aufeinanderfolgende Reize auf den Nerven einwirken und registriert die monophasischen Aktionsströme, so findet man, daß mit Verkürzung des Reizintervalls der durch den zweiten Reiz hervorgerufene Aktionsstrom immer mehr zurücktritt und schließlich verschwindet; d. h. der Doppelreiz wirkt bei genügend kleinem Reizintervall ebenso wie ein einzelner. Etwas der Summation maximaler Muskelzuckungen Ähnliches kann für den Nervenaktionsstrom nicht festgestellt werden. Entgegengesetzte Angaben von JUDIN[2] können wohl nicht als beweisend gelten[3]. Zu ähnlichen Resultaten wie GOTCH und BURCH[4], welche diese Tatsache zuerst fanden, kommt auch BOYKOTT[5] bei Versuchen mit vom Nerven aus ausgelösten Muskelkontraktionen. Weitere Versuche zur Klärung dieser Erscheinungen wurden unternommen von LUCAS[6], LUCAS und BRAMWELL[7] und BRÜCKE und PLATTNER[8]. Alle diese Autoren zogen aus ihren Versuchen den Schluß, daß der Nerv, wie es schon ENGELMANN angenommen hatte, eine refraktäre Periode, ähnlich der des Herzmuskels, habe. Sie konnten gleichzeitig zeigen, daß die refraktäre Periode durch die fortgeleitete Erregungswelle, nicht etwa durch den erregenden Strom bedingt ist. Auch SULZE[9] kam zu dem Schlusse auf eine refraktäre Periode bei Versuchen am Hechtolfactorius. Die Dauer der refraktären Periode ist beim Hechtolfactorius erheblich größer als beim Froschischiadicus[10] (ca. 0,15 Sek. gegen 0,002) und in hohem Maß abhängig von der Temperatur. ADRIAN[11] hat den Temperaturkoeffizienten der refraktären Periode zu bestimmen versucht und gefunden, daß der Grad der „Restauration innerhalb einer bestimmten Zeit eine logarithmische Funktion der Temperatur sei". ERLANGER, BISHOP und GASSER[12] fanden für die Fasern verschiedener Dicke, die die von ihnen festgestellten Wellen verschiedener Fortpflanzungsgeschwindigkeit leiten, auch eine merklich verschiedene Dauer des absoluten Refraktärstadiums, und zwar schwankt diese Dauer zwischen 0,0012 und 0,0031 Sekunden.

---

[1] CARLSON: Amer. J. Physiol. **27**, 323 (1911).
[2] JUDIN: Physiolgiste russe **1905**, 5.
[3] Vgl. CREMER in Nagels Handb. **4** II, 887.
[4] GOTCH u. BURCH: J. of Physiol. **24**, 410 (1899). — Vgl. auch BORUTTAU: Pflügers Arch. **84**, 407 (1901).
[5] BOYKOTT: J. of Physiol. **24**, 144 (1899).
[6] LUCAS: J. of Physiol. **39**, 399 (1910).
[7] LUCAS u. BRAMWELL: Ebenda **42**, 495 (1911).
[8] BRÜCKE u. PLATTNER: Sitzgsber. Akad. Wiss. Wien, Math.-naturwiss. Kl., III. S., **131**, 13 (1922).
[9] SULZE: Pflügers Arch. **127**, 57 (1909).
[10] Vgl. MCSWINEY u. MUCKLOW: J. of Physiol. **56**, 397 (1922).
[11] ADRIAN: J. of Physiol. **48**, 453 (1918).
[12] ERLANGER, BISHOP u. GASSER: Amer. J. Physiol. **76**, 203 (1926); **78**, 592 (1926).

Aus allen bisherigen Versuchen geht zweifellos hervor, daß auf jede den Nerven passierende Erregungswelle während einer gewissen Zeit ein Zustand folgt, während dessen der Nerv durch einen Reiz, der im frischen Zustand eine Erregungswelle auslösen würde, nicht erregt wird und die Erregung nicht oder in veränderter Form (mit Dekrement) leitet. Ob für jede Nervenfaser, in jedem Fall während eines Teiles des Erregungsablaufs, eine absolut refraktäre Periode, d. h. ein Zustand, während dessen der Nerv unter keinen Umständen imstande ist, eine Erregung aufzunehmen oder zu leiten, besteht, scheint mir besonders für Nerven, bei denen ein Dekrement beobachtet wird, nicht erwiesen.

B. In naher Beziehung zur refraktären Periode stehen die Ermüdungserscheinungen am Nerven. BERNSTEIN[1] stellte durch Versuche, bei denen er die Ermüdbarkeit des Nerven und des Muskels miteinander verglich, indem er zwei Nerv-Muskelpräparate des Frosches, von welchen ein Nerv durch konstanten Strom blockiert war, bis zur vollständigen Ermüdung des nicht blockierten Präparates tetanisch reizte und sodann die Blockade des anderen Nerven aufhob, fest, daß das vorher blockierte Präparat nunmehr noch einen ebenso starken Tetanus zeigte wie ein unermüdetes Präparat. Er schloß daraus, daß der Nerv in erheblich geringerem Maße ermüdbar sei als der Muskel. Nur bei Reizung mit sehr starken Induktionsschlägen konnte er nach ca. 10 Minuten geringere Kontraktionsgrößen des Muskels nach aufgehobener Blockade beobachten. Da seine Versuche die örtliche Wirkung des Reiz- und Blockadestromes nicht ausschlossen, können sie nicht als Nachweis von Ermüdungserscheinungen gelten. Tatsächlich entzogen sich diese noch lange Zeit vollständig dem Nachweis. BOWDITSCH[2] experimentierte an Katzen und Hunden, bei denen er den Nerven mit Curare blockierte (Reizdauer bis zu 5 Stunden); ebenso DURIG[3], der die Curareblockade durch Physostigmin aufhob (Reizdauer bis zu 10 Stunden). LAMBERT[4] reizte die Chorda tympani, EVE[5] und BRODIE und HALLIBURTON[6] den Halssympathicus bis zu 15 Stunden lang. Keiner dieser Autoren konnte Ermüdungserscheinungen beobachten; ebensowenig SCANA und HOWELL[7], BUDGET und LEONARD[8].

Bei allen diesen Versuchen wurde das Verhalten des Erfolgsorganes als Indicator benutzt. WEDENSKI[9], MASCHE[10] und TUR[11] beobachteten die negative Schwankung bzw. den Aktionsstrom des Nerven und konnten daher auf die Blockade verzichten. Aber auch ihre Bestrebungen, Ermüdungserscheinungen nachzuweisen, waren negativ. SOWTON[12], WALLER[13], CARVALLO[14] und BAEYER[15] wiesen Erscheinungen nach, die sie als Ermüdungserscheinungen des Nerven auffaßten, und die es auch sicherlich zum Teil waren. Ihre Versuchsergebnisse lassen jedoch auch andere Deutungen zu[16]. Einwandfreie Beweise für die Er-

---

[1] BERNSTEIN: Pflügers Arch. **15**, 289 (1878).
[2] BOWDITSCH: Arch. f. Physiol. **1890**, 505 — J. of Physiol. **6**, 133 (1885).
[3] DURIG: Zbl. Physiol. **15**, 751 (1901).
[4] LAMBERT: C. r. Soc. Biol. **1894**, 511. [5] EVE: J. of Physiol. **20**, 340 (1896).
[6] BRODIE u. HALLIBURTON: J. of Physiol. **16**, 303 (1894).
[7] SCANA u. HOWELL: Arch. f. Physiol. **1891**, 315.
[8] BUDGET u. LEONARD: J. of Physiol. **16**, 303 (1894).
[9] WEDENSKI: Zbl. f. med. Wiss. **5**, 65 (1884).
[10] MASCHE: Sitzsber. Akad. Wiss. Wien, Math.-naturwiss. Kl. **95** III, 109 (1897).
[11] TUR: Hermanns Jahresber. **1899**, 30.
[12] SOWTON: Proc. roy. Soc. Lond. **66**, 379 (1900).
[13] WALLER: Brain **23**, 21 (1900).
[14] CARVALLO: J. of Physiol. **2**, 549 (1900).
[15] BAEYER: Z. allg. Physiol. **2**, 180 (1903).
[16] Vgl. GARTEN: Physiol. d. markl. Nerv., S. 51. Jena 1903. — THÖRNER: Z. allg. Physiol. **8**, 531 (1908). — TIGERSTEDT: Z. Biol. **58**, 457 (1912).

müdbarkeit des Nerven erbrachte GARTEN[1], der am Hechtolfactorius nachwies, daß der Aktionsstrom bei jeder folgenden Reizung kleiner wird und schließlich verschwindet. FRÖHLICH[2] zeigte, daß die Refraktärperiode durch Reizung verlängert wird. Am markhaltigen Froschischiadicus erzeugte KARL TIGERSTEDT[3] deutliche Ermüdungserscheinungen, die aus dem Verhalten der negativen Schwankung bzw. des einzelnen Aktionsstromes bei frequenter Reizung erschlossen wurden. Ebenso fand THÖRNER[4] Ermüdungserscheinungen am Froschnerven.

C. Bedeutend leichter und deutlicher sind die Ermüdungserscheinungen festzustellen, bei niederer Temperatur (GARTEN[5], ARENDS[6]) und bei Erstickung, Narkose und ähnlichen alterierenden Einwirkungen (WEDENSKI[7], PAERNA[8], SEMENOFF[9], BORUTTAU[10], FRÖHLICH[11], THÖRNER[12]). HABERLAND[13] stellte eine Verringerung der Leitungsgeschwindigkeit nach faradischer Reizung fest, sprach sie als Ermüdungserscheinung an und setzte sie in Beziehung zu der Verlangsamung der Leitungsgeschwindigkeit, die durch eine CO_2-Atmosphäre hervorgerufen wird.

Die Ermüdbarkeit des Nervenendorgans, die in einer Verlängerung der Übertragungszeit zum Ausdruck kommt, zeigte Wieser[14].

Eine Ermüdung des Nerven beim Menschen suchten MARTIN, WITHINGTON und PUTNAM[15] nachzuweisen, und glaubten sie in einer Abnahme der Erregbarkeit für faradische Reize im Laufe einer Woche gefunden zu haben.

Faßt man die Resultate der auf Nachweis der Ermüdung gerichteten Untersuchungen zusammen, so kann man sagen, daß der Nerv fraglos ermüdbar ist, jedoch in außerordentlich viel geringerem Maße als der Muskel. Die Ermüdungserscheinungen bestehen in einer Abnahme der Erregbarkeit, Leitfähigkeit, Leitungsgeschwindigkeit, einer Zunahme der Dauer der refraktären Periode und einer Veränderung der Form und Höhe des Aktionsstromes. Alle Ermüdungserscheinungen sind leichter zu beobachten bei tiefer Temperatur, Erstickung und Narkose.

D. Verschiedene Erscheinungen am Nerven legen es nahe, am unverletzten markhaltigen Nerven etwas Ähnliches anzunehmen, wie das Alles-oder-Nichts-Gesetz beim Herzmuskel. Schon die dekrementlose Leitung der Nervenerregung bei diesen Nerven scheint dafür zu sprechen, daß die Intensität des Erregungsprozesses unabhängig von der Reizstärke ist. Die alltägliche Erfahrung, daß schwache Nervenreize schwächere Reaktion des Erfolgorganes und kleinere Aktionsströme des Nerven auslösen als starke, steht mit der Annahme des Alles-oder-Nichts-Gesetzes nicht in Widerspruch, da sich zwanglos annehmen läßt, daß durch die schwachen, gerade überschwelligen Reize nur ein Teil der Nervenfasern erregt wird, für jede einzelne Faser jedoch die Erregung maximal ist. Mit steigender Reizstärke würde dann die Zahl der erregten Fasern immer mehr

---

[1] GARTEN: Physiol. d. markl. Nerven, S. 54.
[2] FRÖHLICH: Z. allg. Physiol. **3**, 468 (1904).
[3] TIGERSTEDT, KARL: Z. Biol. **58**, 451 (1912).
[4] THÖRNER: Z. allg. Physiol. **13**, 3 (1912).
[5] GARTEN: Pflügers Arch. **136**, 545 (1911).   [6] ARENDS: Z. Biol. **62**, 464 (1914).
[7] WEDENSKI: Pflügers Arch. **82**, 94 (1900).
[8] PAERNA: Pflügers Arch. **100**, 145 (1903).
[9] SEMENOFF: Pflügers Arch. **100**, 182 (1903).
[10] BORUTTAU: Pflügers Arch. **84**, 350 (1901).
[11] FRÖHLICH: Z. allg. Physiol. **3**, 131, 148, 455 (1904); **10**, 418 (1910).
[12] THÖRNER: Z. allg. Physiol. **13**, 3, 247 (1912).
[13] HABERLAND: Arch. f. Physiol. **1910**, Suppl. 213 — Ber. d. naturw. Ver. Innsbruck **36**, 15 (1914/17).
[14] WIESER: Z. Biol. **65**, 449 (1915).
[15] MARTIN, WITHINGTON u. PUTNAM: Amer. J. Physiol. **34**, 97 (1914).

wachsen, bis beim Maximalreiz alle Nervenfasern in Erregung geraten. Eine weitere Steigerung der Reizstärke kann dann keine weitere Steigerung des Erfolges mehr hervorrufen. Besonders für das Alles-oder-Nichts-Gesetz sprechen Versuche am narkotisierten bzw. erstickenden Nerven. Narkotisiert man eine bestimmte Nervenstrecke und prüft die Reaktion des Muskels auf Reize an einer Stelle innerhalb und außerhalb der Narkosekammer, so findet man, daß die Reizschwelle innerhalb der Narkosekammer schon erheblich herabgesunken sein kann, während sie für Reize außerhalb, trotzdem die dort gesetzte Erregung die narkotisierte Stelle passieren muß, noch unverändert ist (FRÖHLICH[1], BORUTTAU und FRÖHLICH[2]). Es besteht danach anscheinend eine relative Unabhängigkeit der Leitfähigkeit und Erregbarkeit voneinander. Das Versuchsergebnis kann aber auch so gedeutet werden, daß beim Übergang der Erregungswelle von einer alterierten, mit Dekrement leitenden Nervenstelle zu einer normalen, alle ankommenden Erregungen gleiche, und zwar maximale Intensität gewinnen, d. h. daß für den normalen Nerven das Alles-oder-Nichts-Gesetz gilt. Zu demselben Schluß kommt auch GARTEN[3] bei Curareversuchen. ADRIAN[4] hat zahlreiche Versuche zum Nachweis des Alles-oder-Nichts-Gesetzes unternommen, und FRÉDÉRICQ[5] hat eine dahingehende Untersuchung angestellt. Die meisten Versuchsresultate scheinen dafür zu sprechen, daß das Alles-oder-Nichts-Gesetz für den frischen markhaltigen Nerven Gültigkeit habe, nicht aber für den Nerven, der von Natur oder infolge Alteration irgendwelcher Art, unter der auch Ermüdung einbegriffen ist, die Erregungswelle mit Dekrement leitet[6]. Die gleiche Deutung lassen auch Versuche von ACHELIS[7] an Aktionsströmen narkotisierter Nerven zu. Eine Leitung mit echtem Dekrement würde der Gültigkeit des Alles-oder-Nichts-Gesetzes für die dekrementiell leitende Strecke widersprechen, wenn man nicht annehmen will, daß die in jeder Faser gleich große und maximal vorhandene Erregungswelle bei der Leitung ein Dekrement dadurch vortäuscht, daß die Erregung in jeder Faser an einer bestimmten, jedoch für jede Faser verschiedenen Stelle erlischt. Nicht mit dieser an sich möglichen Erklärung ohne weiteres in Einklang zu bringen ist für den Fall dekrementieller Leitung in alterierter Nervenstrecke das von ACHELIS gefundene, allerdings, wie oben (s. S. 219) erwähnt, bestrittene Dekrement der Nervenleitungsgeschwindigkeit im narkotisierten Nerven. Eine restlose Gültigkeit des Alles-oder-Nichts-Gesetzes nehmen KATO[8] und seine Mitarbeiter an. Nach deren Ansicht sinkt beim Übergang der Erregung von einer ohne Dekrement leitenden Strecke des Nerven auf eine mit Dekrement leitende (geschädigte) die Erregung ohne Übergang auf ein niederes, den veränderten Bedingungen angepaßtes Niveau, behält während der Leitung durch die geschädigte Strecke dauernd die gleiche Größe bei, um beim Wiederübergang auf die normale Nervenstrecke ebenso unvermittelt wieder ihre alte Größe zu gewinnen. Demgegenüber vertreten zahlreiche Forscher[9], vor allem FRÖHLICH, die Ansicht, daß die geschädigte Strecke mit echtem Dekrement der Erregung durchlaufen werde. Ein echtes Dekrement

---

[1] FRÖHLICH: Z. allg. Physiol. **3**, 148 (1904).
[2] BORUTTAU u. FRÖHLICH: Z. allg. Physiol. **4**, 153 (1904).
[3] GARTEN: Arch. f. exper. Path. **68**, 243 (1912).
[4] ADRIAN: J. of Physiol. **46**, 384 (1914); **47**, 460 (1914); **48**, 453 (1918); **56**, 301 (1922).
[5] FRÉDÉRICQ: Z. allg. Physiol. **16**, 213 (1914).
[6] Vgl. VESCI: Z. allg. Physiol. **13**, 321 (1912) u. ADRIAN: J. of Physiol. **56**, 301 (1922).
[7] ACHELIS: Z. Biol. **76**, 315 (1922).
[8] KATO: The Theorie of decrementless conduktion in narkot. reg. of Nerve. Nankado, Hongo, Tokyo 1924. — KATO u. KUBO: J. Biophysics **1**, 25 (1924). — KATO u. FÚKUI: Daselbst **1**, 26 (1924).
[9] Vergl. z. B. SUGIURA, OKADA, HARYO u. SASAKAWA; J. Biophysics. **2**, II (1927).

auf einer gewissen Übergangsstrecke finden CATTELL, KEEN und EDWARDS[1]. Nachdem durch dieses Dekrement die Erregungsgröße auf ein bestimmtes niederes Niveau gesunken ist, soll dann der Rest der Strecke mit gleichbleibender Erregungsgröße durchlaufen werden. Aus der Tatsache, daß beim Übergang auf die normale Nervenstrecke die Erregung wieder die für den intakten Nerven geltende maximale Intensität gewinnt, wäre dann zu schließen, daß unter Umständen ein wenn auch kurzes Nervenstück mit negativem Dekrement durchlaufen werden kann.

Bezüglich des Alles-oder-Nichts-Gesetzes bei sensiblen Nerven besteht, wie ADRIAN[2] zeigte, kein Unterschied gegenüber den motorischen.

TISCHHAUSER[3] hat gewisse Beobachtungen mitgeteilt, die im Gegensatz zu den bisher erwähnten Versuchen dafür zu sprechen scheinen, daß auch eine Summation von zwei Erregungswellen während der Leitung möglich ist, und daß auch ein unterschwelliger Reiz einen sich fortpflanzenden Zustand erzeugt. Diese Beobachtungen widersprechen bis zu einem gewissen Grad dem Alles-oder-Nichts-Gesetz, wenigstens in einer Form, die der beim Herzmuskel gefundenen entspricht. Daß ein Unterschied in dieser Hinsicht besteht, geht auch aus den Versuchen von WINTERSTEIN und HIRSCHBERG[4] hervor, die zeigten, daß der Stoffwechsel des Nerven bei der Erregung nicht dem Alles-oder-Nichts-Gesetz folgt, während das für den Herzmuskel eindeutig der Fall ist. Im ganzen bedarf jedenfalls die Frage des Alles-oder-Nichts-Gesetzes am Nerven noch weiterer experimenteller Klärung.

Einfluß zugeleiteter Ströme auf den Nerven.

A. Die Erregbarkeit des Nerven wird durch zugeleitete Ströme in charakteristischer Weise verändert. Auf eine eingehendere Darstellung der Geschichte der Entdeckungen soll hier verzichtet werden. Es sei nur darauf hingewiesen, daß VALENTIN[5] zu dem Schlusse kam, daß ein Reiz unwirksam wird, wenn zwischen ihm und dem Muskel ein genügend starker elektrischer Strom dem Nerven zugeleitet wird, und daß ECKHARD[6] das Ergebnis seiner Versuche dahin zusammenfaßte: ,,Jeder konstante, den motorischen Nerven durchfließende Strom stellt auf der durchflossenen und über die positive Elektrode hinaus gelegenen Strecke Verminderung, dagegen auf der jenseits der negativen Elektrode befindlichen Erhöhung der Erregbarkeit her." Die in der Hauptsache heute noch gültige Fassung der beobachteten Erscheinungen stammt von PFLÜGER[7].

Der Zustand veränderter Lebenseigenschaften innerhalb und in der Nähe einer vom elektrischen Strom durchflossenen Strecke wird als Elektrotonus, und zwar als ,,physiologischer" bezeichnet, während man unter dem ,,physikalischen" Elektrotonus, der an anderer Stelle des Handbuches behandelt wird, die von dem Nerven ableitbaren Ströme in der Umgebung einer stromdurchflossenen Strecke versteht. PFLÜGER benutzte die chemische Reizung mit konzentrierter Kochsalzlösung, um die Erregbarkeitsänderungen auf der intrapolaren Strecke festzustellen, und kam zu dem Ergebnis, das schematisch durch Abb. 50

---

[1] CATTELL, KEEN u. EDWARDS: Amer. J. Physiol. **80**, 427 (1927).
[2] ADRIAN: J. of Physiol. **56**, 301 (1922).
[3] TISCHHAUSER: Z. Biol. **71**, 203 (1920).
[4] WINTERSTEIN u. HIRSCHBERG: Pflügers Arch. **216**, 271 (1927).
[5] VALENTIN: Lehrb. d. Physiol. **2** II, 654 (1848).
[6] ECKHARD: Beitr. z. Anat. u. Physiol. **1**, 45 (1858).
[7] PFLÜGER: Unters. üb. d. Elektrotonus. Berlin 1859.

dargestellt ist. Die Nullinie, die in der Längsrichtung des Nerven gedacht ist, stellt den Zustand normaler Erregbarkeit dar. An den Punkten A und B wird der Strom durch unpolarisierbare Elektroden zugeleitet. Bei verschiedenen Stromstärken des zugeleiteten Stromes findet man zwischen A und B stets einen Interferenzpunkt (x_1, x_2, x_3), an dem die Erregbarkeit unverändert ist. Auf der Anodenseite dieses Interferenzpunktes ist die Erregbarkeit vermindert, auf der Kathodenseite erhöht. Der Gesamtverlauf der Erregbarkeitsänderung wird dargestellt durch die Kurven y_1, y_2, y_3. y_1 entspricht schwachen, y_3 starken zugeleiteten Strömen. Den Zustand veränderter Erregbarkeit in der Nähe der

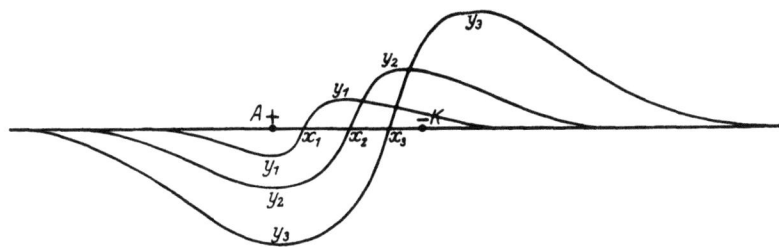

Abb. 50. Erregbarkeitsänderungen bei verschiedener Stromstärke im Elektrotonus. (Nach PFLÜGER.)

Kathode bzw. Anode nennt man „Katelektrotonus" bzw. „Anelektrotonus". Einen elektrotonisierten Nerven bezeichnet man auch häufig als „polarisierten" Nerven. Ich werde diesen Ausdruck im folgenden ebenfalls öfters gebrauchen, ohne damit etwas über die dem Elektrotonus zugrunde liegenden physikalischen Zustandsänderungen aussagen zu wollen.

Die Feststellungen ECKHARDS und PFLÜGERS wurden von zahlreichen Autoren[1] bestätigt. Nach dem Aufhören des konstanten Stromes kehren sich für kurze Zeit die Erregbarkeitsverhältnisse um. Die Erregbarkeitsherabsetzung an der Kathode geht jedoch verhältnismäßig rasch vorüber, und es bleibt einige Zeit eine allgemeine Erregbarkeitserhöhung im Bereich der elektrotonisierten Nervenstrecke bestehen.

An marklosen Nerven ausgeführte Untersuchungen[2] führten zu ähnlichen Ergebnissen. Die bisher erwähnten Befunde sind am Froschischiadicus erhoben.

B. Die Darstellung PFLÜGERS erfuhr später eine Korrektur bzw. Ergänzung bezüglich der Erregbarkeitsänderung an der Kathode, die vorzüglich den Arbeiten WERIGOS[3] zu verdanken ist. SCHIFF[4] und ENGELMANN[5] hatten bereits gelegentlich eine Erregbarkeitsherabsetzung an der Kathode, besonders bei langdauernden und starken elektrotonisierenden Strömen beobachtet. Ebenso hatten RUTHERFORD[6] und BEZOLD[7] Ähnliches beobachtet. BÜRCKER[8] verglich experimentell die Änderungen der Erregbarkeit und die Größe der ableitbaren elektrotonischen Ströme und entwickelte theoretische, von WERIGO[9] scharf bekämpfte Ansichten

---

[1] WUNDT: Unters. z. Mech. d. Nerv. u. Nervenzentr. 1. Erlangen 1871 — Pflügers Arch. 3, 437 (1870). — HERMANN: Ebenda 7, 497 (1873). — TIGERSTEDT: Bihang. Till. Kongl. Svensk. Vetenskaps-Akad. Handlingar 6, Nr 22, 818. — WERIGO: Pflügers Arch. 31, 417 (1893); 84, 260, 547 (1901).
[2] GARTEN: Beitr. z. Physiol. d. markl. Nerven, S. 72. — CREMER: Nagels Handb. 4 II, 955.
[3] WERIGOS: Pflügers Arch. 31, 417 (1883); 84, 260 (1901); 84, 547 (1901).
[4] SCHIFF: Lehrb. d. Physiol. 1858/59, 94.
[5] ENGELMANN: Pflügers Arch. 3, 409 (1870).
[6] RUTHERFORD: J. of Anat. a. Physiol. II. S., 1, 87 (1867).
[7] BEZOLD: Unters. üb. d. elektr. Err. d. Nerv. u. Musk. Leipzig 1861.
[8] BÜRCKER: Pflügers Arch. 81, 76 (1900); 91, 373 (1902).
[9] WERIGO: Pflügers Arch. 84, 260 (1901).

über die Ursache der von WERIGO als „depressive Kathodenwirkung" bezeichneten Erscheinung. Die tatsächlichen Feststellungen ergaben übereinstimmend, daß nach anfänglicher Steigerung der Erregbarkeit in der Nähe der Kathode, wie sie im PFLÜGERschen Schema zur Darstellung kommt, nach einiger Zeit eine allmähliche Abnahme der Steigerung und schließlich sogar eine Herabsetzung der Erregbarkeit eintritt. Die depressive Kathodenwirkung tritt um so rascher ein, je stärker der elektrotonisierende Strom ist, und hält nach Aufhören des Stromes, allmählich abklingend, noch einige Zeit an. Auch nach anscheinend vollständigem Abklingen tritt bei erneutem Stromschluß die frühere Erregbarkeitsherabsetzung schneller ein als bei nicht vorbehandeltem Nerven. Stromdurchleitung in umgekehrter Richtung beschleunigt die Erholung und kann, infolge plötzlicher Aufhebung der vorher gesetzten Kathodendepression, sogar zu einer vorübergehenden scheinbaren Erregbarkeitserhöhung an der Anode führen. Die Erregbarkeitsherabsetzung im Anelektrotonus scheint gleichzeitig mit Ausbildung der depressiven Kathodenwirkung geringer zu werden, d. h. ebenfalls zu einer Umkehr der anfänglichen Erscheinungen, wie sie PFLÜGER darstellt, zu neigen[1].

C. Besonders leicht gelingt es, starke depressive Kathodenwirkung und auch Erregbarkeitserhöhung an der Anode, selbst bei schwachen Strömen, hervorzurufen, am alterierten (erstickten, narkotisierten, mechanisch geschädigten) Nerven, wie neuerdings THÖRNER[2] zeigte.

Hierher dürften auch die Versuchsergebnisse GALETTIS[3] gehören, der fand, daß man an in hypotonischen Lösungen aufbewahrten Nerven elektrotonische Erscheinungen beobachten kann, die den Eindruck einer Umkehr des normalen Elektrotonus hervorrufen. Er zeigte gleichzeitig, daß der Elektrotonus bis zu einem gewissen Grade von dem Gehalt der umspülenden Flüssigkeit an Calcium und Kalium unabhängig ist.

Daß die elektrotonischen Erregbarkeitsänderungen mit frequenteren Reizen leichter nachzuweisen sind als mit solchen geringerer Wechselzahl, zeigte TISCHHAUSER[4].

Von den Erklärungsversuchen für die depressive Kathodenwirkung seien die von ENGELMANN[5], LHOTAK V. LHOTA[6], ZANIETOWSKI[7] erwähnt, die der Ansicht waren, daß der PFLÜGERsche Interferenzpunkt über die Anode hinaus verschoben werde. HERMANN und WERIGO widersprachen dieser Ansicht aus experimentellen und theoretischen, mit der Kernleitertheorie im Zusammenhang stehenden Gründen. GRÜNHAGEN[8] und WERIGO verglichen die Wirkung der Kathode mit der Wirkung eines künstlichen Querschnittes. WEDENSKI und PAERNA[9] setzten die Wirkung der Kathode in Beziehung zu der Wirkung von anderen, den Nerven schädigenden Einflüssen (Narkose, Temperatureinfluß, veränderte osmotische Verhältnisse), die einen Zustand veränderter Lebensäußerung, den von ihnen sog. „parabiotischen" Zustand, hervorrufen. In ähnlichem Sinne äußert sich THÖRNER[10] auf Grund seiner bereits erwähnten Versuche. BIEDERMANN[11] hält den Vorgang bei der Kathodendepression für verwandt mit

---

[1] GRÜNHAGEN: Z. f. rat. Med. **36**, 132 (1869). — BÜRCKER, Pflügers Arch. **81**, 393 (1902).
[2] THÖRNER: Pflügers Arch. **197**, 159, 187 (1922); **198**, 373 (1923).
[3] GALETTI: Z. Biol. **68**, 1 (1918).
[4] TISCHHAUSER: Z. Biol. **71**, 203 (1920).
[5] ENGELMANN: Pflügers Arch. **3**, 409 (1870).
[6] LHOTAK V. LHOTA: Bull. intern. d. l'acad. Prague 1890.
[7] ZANIETOWSKI: Rozpr. Akad. Umjetn. Wydz. mat. Przyrodn., II. S., **10**. Krakau 1896.
[8] GRÜNHAGEN: Z. f. rat. Med. **36**, 132 (1869).
[9] WEDENSKI u. PAERNA: Pflügers Arch. **100**, 145 (1903).
[10] THÖRNER: Pflügers Arch. **197**, 196 (1922); **198**, 373 (1923).
[11] BIEDERMANN: Electrophysiol. Jena 1895.

Ermüdungserscheinungen. Bei der Schwierigkeit, Ermüdungserscheinungen von sonstigen Alterationserscheinungen bzw. dem Verhalten in der Nähe eines Querschnittes scharf zu trennen, dürfte die Entscheidung über diese Fragen wohl erst von einer weitergehenden Aufklärung über die physikalischen bzw. chemischen Grundlagen der Nervenerregung bzw. Nervenleitung zu erwarten sein.

Zweifellos ist die depressive Kathodenwirkung in hohem Maß für die Möglichkeit der Blockierung des Nerven durch den galvanischen Strom verantwortlich, wie besonders HERMANN[1], der vom Scheitern der Erregungswelle an der Kathode spricht, hervorhob. Eine eigenartige, hierher gehörige Erscheinung beobachtete SAMOJLOFF[2], der feststellte, daß bei der Blockade eines Nerven durch einen galvanischen Strom die Erregungswelle in der Richtung Kathode—Anode den Nerven schon bei Stromstärken nicht mehr passiert, bei denen die Leitfähigkeit in umgekehrter Richtung noch erhalten ist.

D. Das Verhalten der Aktionsströme im elektrotonisierten Nerven wurde zuerst von BERNSTEIN[3] untersucht. Ordnet man die Elektroden für den Reiz, den polarisierenden Strom und die Ableitung in so großer Entfernung voneinander an, daß eine merkliche Beeinflussung der abgeleiteten Strecke durch physikalischen Elektrotonus nicht in Erscheinung tritt, so entspricht das Verhalten der negativen Schwankung den durch Beobachtung der Muskelzuckung erhobenen Befunden ECKHARDS und PFLÜGERS. Für starke Reize glaubte BERNSTEIN eine umgekehrte Wirkung der Anode und Kathode zu finden. HERMANN[4] stellte eingehende Versuche mit Galvanometer und Rheotom an, bei denen er, teilweise im Widerspruch mit BERNSTEIN, wohl eine Abnahme der kat- bzw. anelektrotonischen Wirkung für starke Reize, aber keine Umkehr fand. Er hat im Anschluß an seine Versuche ein Schema entwickelt, das das Verhalten der Aktionsströme im polarisierten Nerven in vieler Hinsicht richtig beschreibt. HERMANN stellte sich vor, daß die Erregungswelle einen Zuwachs bzw. eine Abnahme erfährt, wenn sie die im Bereich der Anode bzw. Kathode gelegene Nervenstrecke durchläuft. Die Einzelheiten des Verhaltens der Erregungswelle an Anode und Kathode stellte er anschaulich dar durch die Zeichnung der Abb. 51. Die Linie $n'AKn$ entspricht einem Durchschnitt durch eine Fläche, deren Hauptausdehnung mit der Längsrichtung des Nerven zusammenfallend gedacht ist. Eine auf dieser Fläche rollende Kugel repräsentiert die Erregung. Die Geschwindigkeit der

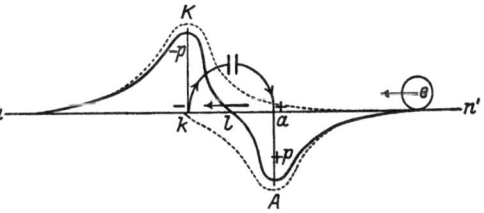

Abb. 51. Ablauf der Erregung im polarisierten Nerven. (Nach HERMANN.)

Kugel soll der Erregungsgröße bzw. der Stärke der der Erregung entsprechenden Negativität des Nerven entsprechen. Von der Reibung der Kugel an der Fläche wird abgesehen. Dem unpolarisierten Zustand des Nerven entspricht eine Ebene. Durch die Zuleitung des Stromes bei a und k (Anode und Kathode) erfährt die Fläche die in der Abbildung dargestellte Krümmung. Der Reiz erteilt der Kugel eine bestimmte Anfangsgeschwindigkeit, und zwar wird angenommen, daß an jeder Stelle der Ebene durch den gleichen Reiz die Kugel den gleichen Anstoß erhalte. Im normalen Nerven rollt die Kugel mit einer bestimmten konstanten

---

[1] HERMANN: Pflügers Arch. **10**, 215 (1875).
[2] SAMOJLOFF: Pflügers Arch. **209**, 476 (1925).
[3] BERNSTEIN: Du Bois Arch. **1866**, 596.
[4] HERMANN: Pflügers Arch. **6**, 560 (1872); **7**, 349 (1873); **8**, 258 (1874).

Geschwindigkeit auf der Ebene weiter. Will man, im Falle des polarisierten Nerven, bei A der Kugel einen derartigen Anstoß erteilen, daß sie nach Verlassen des gekrümmten Teiles der Fläche auf der horizontalen Strecke die gleiche Geschwindigkeit habe wie bei einem bestimmten Anstoß auf der dem unpolarisierten Nerven entsprechenden Ebene, so bedarf es hierzu eines stärkeren Anstoßes, d. h. die Erregbarkeit ist vermindert. Am Punkte K liegen die Verhältnisse umgekehrt; ein geringerer Anstoß als auf der Horizontalen genügt, um der Kugel die gleiche Endgeschwindigkeit auf horizontaler Strecke zu erteilen; die Erregbarkeit ist erhöht. Kommt die Kugel in der angegebenen Pfeilrichtung mit einer bestimmten Geschwindigkeit an, und sind die Ausbauchungen A und K nicht zu stark (schwacher elektrotonisierender Strom), so nimmt die Geschwindigkeit zunächst bis A zu, sodann bis K ab, dann wieder zu und erreicht die Horizontale mit der ursprünglichen Geschwindigkeit. Die Erregung passiert die polarisierte Strecke anscheinend ohne Änderung. Wird A tiefer und K höher (stärkere Ströme), so wird schließlich ein Zustand erreicht, bei dem die Geschwindigkeit der Kugel vor Erreichung des Punktes K gleich Null wird; die Erregungswelle scheitert an der Kathode. Ein Scheitern der Erregung an der Anode kann dadurch veranschaulicht werden, daß man annimmt, die Geschwindigkeit der Kugel könne einen bestimmten maximalen Betrag nicht überschreiten.

Um alle Erscheinungen mit dieser schematischen Darstellung, die von HERMANN als Dekrementsatz, von BORUTTAU[1] als In- und Dekrementsatz bezeichnet wurde, in Einklang zu bringen, ist man allerdings noch genötigt, anzunehmen, daß die Erregung die Polarisierbarkeit herabsetzt, da der polarisierende Strom bei der Erregung eine positive Schwankung erfährt, von der sich nachweisen läßt, daß sie nicht auf einer Widerstandsänderung des Nerven beruht (vgl. Hermanns Handb. 2 I, 165ff.). Weitere Untersuchungen über das Verhalten der Aktionsströme im elektrotonischen Zustand wurden von GOTCH und BURCH[2] angestellt.

Den Versuch GRÜNHAGENS[3] und MUNKS[4], die elektrotonischen Erscheinungen mit Widerstandsänderungen des Nerven bzw. mit kataphoretischer Wirkung des Stromes im Bereich der polarisierten Strecke in Verbindung zu bringen, halte ich für sehr bemerkenswert, jedoch experimentell nicht für genügend geklärt, um eine kritische Diskussion zu ermöglichen.

Es sei an dieser Stelle erwähnt, daß HERMANN[5] eine Widerstandsänderung des Nerven während der Erregung verneint. Zu dem gleichen Resultat kam ich[6] gelegentlich von Untersuchungen des Nervenwiderstandes. Die dort nach den Versuchsergebnissen als möglich diskutierte Abnahme der Dicke des Nerven während der Erregung hat sich bei meinen späteren Untersuchungen mit verbesserter Methodik als nicht vorhanden herausgestellt.

E. Die zeitliche Entwicklung der elektrotonischen Erscheinungen ist zum Objekt zahlreicher Untersuchungen gemacht worden. Ein Teil der Untersuchungen, nämlich soweit sie die zeitliche Entwicklung der Erregbarkeitsänderungen am gleichen Ort betreffen, sind schon bei der Behandlung der depressiven Kathodenwirkung erörtert. Eine zweite Frage ist die nach der Aufeinanderfolge des Auftretens der elektrotonischen Erscheinungen, je nach der Entfernung von den Punkten der Stromzuleitung, d. h. die Frage, ob der schließ-

---

[1] BORUTTAU: Pflügers Arch. **63**, 158 (1896/66); **300** (1897).
[2] GOTCH u. BURCH: Proc. roy. Soc. Lond. **63**, 305 (1898).
[3] GRÜNHAGEN: Elektromotor. Wirk. leb. Gew. Berlin 1873.
[4] MUNK: Du Bois Arch. **1866**, 379.
[5] HERMANN: Pflügers Arch. **24**, 246 (1881).
[6] BROEMSER, PH.: Z. Biol. **74**, 57 (1921).

lich beobachtete Gesamtkomplex des Elektrotonus in der Art entsteht, daß eine zunächst nur an den angelegten Polen zu beobachtende Veränderung sich mit einer meßbaren Geschwindigkeit über ein größeres Gebiet ausbreitet. Die älteren Versuche von PFLÜGER und HELMHOLTZ[1], aus denen PFLÜGER auf ein gleichzeitiges Entstehen der elektrotonischen Erscheinungen an allen Stellen, d. h. eine unendliche Ausbreitungsgeschwindigkeit, HELMHOLTZ auf eine endliche, und zwar der Nervenleitungsgeschwindigkeit gleiche Ausbreitungsgeschwindigkeit schloß, sind, wie HERMANN[1] und CREMER[2] diskutierten, nicht beweisend. Der Versuch GRÜNHAGENS[3] der gleichzeitig den Nerven durch einen Induktionsschlag reizte, und an einer vom Muskel entfernteren Stelle durch einen Zweig des den Induktionsschlag erzeugenden primären Stromes elektrotonisierte, wurde, da, wie HERMANN betont, zwischen der Schließung des primären Stromes und dem Wirksamwerden des Schließungsinduktionsschlages eine merkliche Zeit verläuft, auf HERMANNs Veranlassung von BARANOWSKI und GARRÉ[4], sodann von HERMANN und WEISS[5] mit verschiedenen Abänderungen der Methodik, bei denen die Auslösung des elektrotonisierenden Stromes und des Induktionsreizes durch Helmholtzpendel bzw. Fallrheotom bewirkt wurde, wiederholt. Diese Versuche ergaben eine, wenigstens gegenüber der Nervenleitungsgeschwindigkeit sehr große Ausbreitungsgeschwindigkeit des Elektrotonus. ASHER[6] fand in von HERMANN bekämpften Versuchen eine Ausbreitungsgeschwindigkeit gleich der Nervenleitungsgeschwindigkeit. WEISS und GILDEMEISTER[7] versuchten, entsprechend einem wohl zuerst von TSCHIERJEW[8] ausgesprochenen Gedanken, eine durch einen Öffnungsinduktionsschlag gesetzte Erregung durch den im Gefolge eines kurze Zeit später geschlossenen Stromes auftretenden Elektrotonus einholen zu lassen. CREMER[9] hält den Nachweis der Überholung nicht für erbracht, eine sehr große Ausbreitungsgeschwindigkeit des Elektrotonus jedoch für wahrscheinlich. Sein Mitarbeiter WERMBTER[10] findet neuerdings experimentell eine allerdings sehr hohe Ausbreitungsgeschwindigkeit; die Entwicklung der elektrotonischen Erscheinung an jedem Punkt, bis zur vollen Stärke, erfolgt jedoch in merklicher Zeit. Die Entwicklungszeit ist beim markhaltigen Nerven erheblich kürzer als beim marklosen. THÖRNER[11] nimmt die Überholung der Erregung durch den Elektrotonus als erwiesen an, da sie einen Teil seiner Versuchsergebnisse erklärt.

F. Bestimmt man an einem ohne besondere Vorsichtsmaßregeln gewonnenen Nerv-Muskelpräparat des Frosches die Reizschwelle an verschiedenen Stellen des Nerven, so findet man im allgemeinen eine höhere Erregbarkeit an den vom Muskel entfernteren Stellen als an den muskelnahen. PFLÜGER[12] nahm daher an, daß die Erregung beim Fortschreiten „lawinenartig" anschwelle[13]. HEIDENHAIN[14] wies darauf hin, daß die verschiedene Erregbarkeit auf der Entfernung

---

[1] Vgl. Hermanns Handb. **2 I**, 162ff.
[2] CREMER: Nagels Handb. **4 II**, 964.
[3] GRÜNHAGEN: Pflügers Arch. **4**, 541 (1871).
[4] BARANOWSKI u. GARRÉ: Pflügers Arch. **21**, 446 (1860).
[5] HERMANN u. WEISS: Pflügers Arch. **71**, 237 (1898).
[6] ASHER: Z. Biol. **32**, 473 (1895).
[7] WEISS u. GILDEMEISTER: Pflügers Arch. **94**, 509 (1903).
[8] TSCHIERJEW: Arch. f. Anat. u. Physiol. **1879**, 541.
[9] CREMER: Nagels Handb. **4 II**, 966.
[10] WERMBTER: Cremers Beitr. **2**, 97 (1923).
[11] THÖRNER: Pflügers Arch. **197**, 172 (1922).
[12] PFLÜGER: Elektrotonus. Berlin 1859.
[13] Vgl. auch BUDGE: Frorieps Tagesber. **1852**, Nr 445, 329, Nr 905, 348 — Arch. f. path. Anat. **18**, 457 (1860).
[14] HEIDENHAIN: Stud. d. Physiol. Inst. Breslau **1**, 1. Leipzig 1861.

der Reizstellen von einem künstlichen Querschnitt beruhen könne. GRÜTZNER[1] zeigte, daß ähnliche Veränderungen der Erregbarkeit bei Ruheströmen beliebiger Art beobachtet werden. Ähnliche Feststellungen wurden auch von anderen Autoren gemacht. Die Arbeiten von WEISS[2], MUNK und SCHULTZ[3] erwiesen, daß bei völlig intakten Nerven die Erregbarkeit an allen Stellen identisch ist. Die Verschiedenheit der Erregbarkeit bei isolierten Präparaten ist bedingt durch die von Demarkationsströmen hervorgerufenen elektrotonischen Erregbarkeitsänderungen. Der Demarkationsstrom wirkt wie ein von außen zugeleiteter galvanischer Strom. Die Ruheströme können daher sowohl eine örtliche Herabsetzung als auch Erhöhung der Erregbarkeit (Anelektrotonus bzw. Katelektrotonus) bewirken. Stromlose Nerven besitzen an allen Stellen dieselbe Erregbarkeit.

G. Zum Schluß dieses Abschnitts sei noch auf sichtbare Änderungen am Nerven in der Nähe der Zuleitungspunkte eines galvanischen Stromes hingewiesen. Durchströmt man einen Nerven mit einem starken Gleichstrom, so treten, ähnlich wie schon bei einem beliebigen Eiweißstück, kataphoretische Erscheinungen auf[4]. An der Anode kommt eine gewisse Einschnürung, an der Kathode eine Aufschwellung zur Beobachtung. Dieser Veränderung entspricht eine Zunahme des Widerstandes in der Anodengegend, eine Widerstandsabnahme in der Kathodengegend. HERMANN[5] beobachtete den Querschnitt des Nerven unter dem Mikroskop, während er denselben mit starken galvanischen Strömen in der Längsrichtung durchströmte. Liegt die Anode beim Querschnitt, so tritt beim Schluß des Stromes der Nerveninhalt in Strängen aus dem Querschnitt aus. Beim Öffnen des Stromes zieht sich die ausgetretene Masse teilweise zurück. Ein Strom in umgekehrter Richtung verstärkt das Zurückgehen. Daß es sich hier um kataphoretische Wirkungen handelt, ist wohl nicht zu bezweifeln (vgl. S. 228).

Das Zuckungsgesetz.

A. Reizt man einen frischen Nerven mit konstantem Strom, so wird unter Umständen beim Schließen und Öffnen des Stromes, unter anderen Umständen jedoch nur beim Schließen, oder nur beim Öffnen des Stromes eine Muskelzuckung beobachtet. Die Bedingungen, unter denen das eine oder das andere eintritt, sind von PFLÜGER[6] bestimmt worden. Der Erfolg der Schließung bzw. Öffnung ist abhängig von Richtung und Stärke des Stromes. Die Abhängigkeit wird als PFLÜGERsches Zuckungsgesetz bezeichnet und in der Form der nachfolgenden Tabelle angeschrieben:

Stromstärke	Aufsteigender Strom		Absteigender Strom	
	Schließung	Öffnung	Schließung	Öffnung
1. Schwache Ströme . . .	Zuckung	Ruhe	Zuckung	Ruhe
2. Mittelstarke Ströme . .	Zuckung	Zuckung	Zuckung	Zuckung
3. Starke Ströme	Ruhe	Zuckung	Zuckung	Ruhe oder schwache Zuckung

Bei schwächsten Strömen wird überhaupt keine Zuckung beobachtet. Die Bezeichnungen „aufsteigender" bzw. „absteigender" Strom geben die Strom-

---

[1] GRÜTZNER: Pflügers Arch. **28**, 130 (1882).
[2] WEISS: Pflügers Arch. **72**, 15 (1898); **75**, 265 (1899).
[3] MUNK u. SCHULTZ: Arch. Anat. u. Physiol. **1898**, 297.
[4] Vgl. MUNK: Unters. üb. d. Wesen d. Nervenerr. Leipzig 1868.
[5] HERMANN: Pflügers Arch. **67**, 242 (1897); **70**, 513 (1898).
[6] PFLÜGER: Elektrotonus, S. 454. Berlin 1859.

richtungen an. Abb. 52 stelle ein Nerv-Muskelpräparat vor. Ein Strom, der den Nerven in der Richtung I durchfließt, wird als aufsteigend, ein in der Richtung II fließender Strom als absteigend bezeichnet. Die PFLÜGERsche Formulierung des Zuckungsgesetzes wurde sowohl bestritten als auch bestätigt. Zur Zeit wird wohl kaum noch bezweifelt, daß sie den Beobachtungen am frischen Nerven gerecht wird[1].

B. PFLÜGER[2] erklärte das Zuckungsgesetz durch die von ihm festgestellten elektrotonischen Erregbarkeitsänderungen und den Satz: „daß der Nerv nur durch Entstehen des Katelektrotonus und Verschwinden des Anelektrotonus erregt werde". In dieser Fassung ist ausgesprochen, daß die Erregung nur an einem Pol des zugeleiteten Stromes eintritt, und zwar beim Stromschluß am negativen, beim Öffnen am positiven Pol. Ähnliche Behauptungen sind schon vorher von DU BOIS-REYMOND[3], und annähernd gleichzeitig mit PFLÜGER von BAIERLACHER[4] und CHAUVEAU[5] ausgesprochen worden. Daß das „polare Erregungsgesetz", d. h. das Ausgehen der Erregung von nur einem Pol des Reizstromes, auch für kurze Stromstöße und für Induktionsschläge Gültigkeit habe, wurde von CHAUVEAU und FICK[6] zum Ausdruck gebracht. Das polare Erregungsgesetz gilt im übrigen nicht nur für den Nerven, sondern auch für den Muskel und eine große Anzahl anderer reizbarer organischer Gebilde. Es erscheint daher zweckmäßig, es aus dem von PFLÜGER gewählten Zusammenhang mit dem Elektrotonus zu lösen und nur auszusagen, daß die Erregung beim Schluß eines Stromes von den Punkten ausgeht, wo der Strom aus der erregbaren Substanz austritt, beim Öffnen des Stromes dort, wo der Strom in die erregbare Substanz eintritt. Die Diskussionen über die wahren Ein- und Austrittsstellen nehmen in der Literatur einen breiten Raum ein, da sie stets in engen Zusammenhang mit theoretischen Vorstellungen gebracht werden[7].

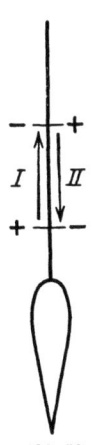

Abb. 52. Richtung der als aufsteigend und absteigend bezeichneten Ströme.

Bei diesen Diskussionen wurde auch immer wieder die Erregbarkeit für Ströme, die dem Nerven in querer Richtung zugeleitet werden, erörtert. Zweifellos ist der Nerv durch solche Ströme wesentlich schwerer zu erregen als durch in der Längsrichtung fließende. Eine eingehende Erörterung der hierher gehörenden Fragen bringt CREMER[8], der die völlige Unerregbarkeit des Nerven durch quer zugeleitete Ströme nicht für erwiesen hält.

Einen unmittelbaren Beweis für den Ausgang der Erregung nur von einem Pol sah PFLÜGER[9] in dem Aufhören des Öffnungstetanus, der im Gefolge starker absteigender Ströme auftritt, nach Abschneiden der Anodenstelle.

<small>Der Öffnungstetanus (RITTER) tritt ebenso wie der sog. Schließungstetanus bei besonderen Präparaten (Kaltfrösche, vertrocknende Nerven usw.) im Gefolge der Schließung bzw. Öffnung starker Ströme auf. Daß die Erscheinung nicht unmittelbar mit der Schließungs- und Öffnungszuckung zu vergleichen ist, wurde von GRÜNHAGEN[10] und ENGELMANN[11] be-</small>

---

[1] Literatur für und wider s. bei CREMER: Nagels Handb. 4 II, 970.
[2] PFLÜGER, B.: Elektrotonus, S. 456.
[3] DU BOIS-REYMOND: Unters. üb. tier. Elektr. 2, 383, 390.
[4] BAIERLACHER: Z. f. rat. Med. 3 R, 5, 233 (1859).
[5] CHAUVEAU: J. d. l. Physiol. 1859, 490, 553.
[6] CHAUVEAU u. FICK: Ges. Schr. 3, 171. Würzburg 1904.
[7] Vgl. ENGELMANN: Jen. Z. 4, 395 (1868). — HERING: Wiener Akad. Ber. 89 (1879). — HERMANN: Pflügers Arch. 7, 497 (1873). — CREMER: Nagels Handb. 4 II, 972, 973.
[8] CREMER: Nagels Handb. 4 II, 974.
[9] PFLÜGER: Elektrotonus, S. 453.
[10] GRÜNHAGEN: Pflügers Arch. 4, 548 (1871).
[11] ENGELMANN: Pflügers Arch. 3, 411 (1870).

hauptet. Nach den Untersuchungen von GARTEN[1], der die Periodizität der dem Öffnungs- bzw. Schließungstetanus entsprechenden Aktionsströme nachwies, muß man dieser Ansicht Berechtigung zuerkennen.

PFLÜGER und v. BEZOLD[2] stellten außerdem die Latenzzeit der Schließungs- und Öffnungszuckung fest und fanden, daß je nach der Entfernung der Anode bzw. Kathode vom Muskel (auf- oder absteigender Strom) die Latenzzeit der Schließungszuckung bzw. Öffnungszuckung größer ist als die der zugehörigen Öffnungs- bzw. Schließungszuckung, und zwar um den Betrag der Zeit, die die Nervenerregung gebraucht, um die intrapolare Strecke zurückzulegen. HARLESS[3] und BIEDERMANN[4] zerstörten die Leitfähigkeit der intrapolaren Strecke und fanden, daß die Zuckung, die nach dem polaren Erregungsgesetz von dem jenseits der zerstörten Strecke (vom Muskel aus gerechnet) liegenden Pol ausgehen müßte, ausblieb. Durch Unwirksammachen der muskelfernen Elektrode auf andere Art (Abschneiden, Elektrotonus, Narkose, Abkühlung) erzielten HEIDENHAIN[5], WERIGO[6] und GOTCH[7] gleichartige Resultate.

C. Nimmt man das polare Erregungsgesetz als streng gültig an, so ergibt sich aus ihm in Verbindung mit den elektrotonischen Erregbarkeitsänderungen das Zuckungsgesetz unmittelbar. Es bedarf nur der Zusatzannahme, daß der Reiz an der Kathode beim Schließen etwas stärker ist als der Reiz beim Öffnen desselben Stromes an der Anode, um das Auftreten der Schließungszuckung vor der Öffnungszuckung bei schwachen Strömen zu begründen. In den ersten beiden Fällen sind die elektrotonischen Veränderungen noch nicht so stark, daß die Erregung durch sie unterdrückt werden kann. Im dritten Fall bleibt bei aufsteigendem Strom die Schließungszuckung aus, weil die Erregung die zwischen Erregungsort und Muskel liegende lähmende Anode nicht zu überschreiten vermag; bei absteigendem Strom fehlt die Öffnungszuckung, da infolge der Umkehr der elektrotonischen Erscheinungen nach der Öffnung bzw. nachdauernder depressiver Kathodenwirkung zwischen Reizort und Muskel eine Stelle verminderter Erregbarkeit eingeschaltet ist, die nicht überschritten werden kann.

D. Daß bei sehr starken Strömen evtl. ein sog. übermaximales Stadium, d. h. ein Wiedererscheinen der schon verschwundenen Zuckungen des dritten Falles des Zuckungsgesetzes auftritt, hat HERMANN[8] gefunden. Dieses Ergebnis sowie die komplizierten Erscheinungen, die man beim Reiz mit starken Induktionsschlägen und an alterierten Nerven beobachtet, veranlaßten HERMANN, MARÈS[9] und LHOTÀK VON LHOTA[10], anzunehmen, daß unter Umständen auch die Erregung bei der Schließung des Stromes von der Anode ausgehen könne. Beobachtungen von GARTEN[11] am Hechtolfactorius sprechen in dem gleichen Sinne. THÖRNER[12] erörtert diese Frage und ist im Anschluß an seine Versuche am alterierten Nerven der Ansicht, daß, ähnlich wie bei der allmählichen Ausbildung der depressiven Kathodenwirkung, „durchaus fließende Übergänge bestehen", und daß sich das polare Erregungsgesetz unter bestimmten Umständen, unter denen er schädigende Bedingungen aller Art, also auch starke Ströme, zusammen-

---

[1] GARTEN: Sitzgsber. sächs. Akad. 60. Sitzg. vom 24. Febr. 1908.
[2] PFLÜGER u. v. BEZOLD: Unters. üb. d. elektr. Err. d. Nerv. u. Musk. Leipzig 1861.
[3] HARLESS: Z. f. rat. Med. 12, 68 (1861).
[4] BIEDERMANN: Sitzgsber. d. Wiener Akad. 83, 3. Abt. (1881).
[5] HEIDENHAIN: Stud. d. Physiol. Inst. Breslau 1, 4. Leipzig 1861.
[6] WERIGO: Eff. d. Nervenreiz d. interm. Kettenstr., S. 60. Berlin 1891.
[7] GOTCH: J. of Physiol. 20, 256 (1896).
[8] HERMANN: Pflügers Arch. 31, 103 (1883).
[9] HERMANN, MARÈS: Pflügers Arch. 150, 225 (1913).
[10] v. LHOTA, LHOTÀK: Bull. intern. Akad. Prague 1898.
[11] GARTEN: Beitr. z. Physiol. d. markl. Nerven, S. 33.
[12] THÖRNER: Pflügers Arch. 197, 187 (1922); 198, 373 (1923).

faßt, ebenso wie die elektrotonische Erregbarkeitsänderung glatt umkehren könne.

Zweckmäßig beschrieben wird das polare Erregungsgesetz sowie die Umkehr der elektrotonischen Erscheinungen nach dem Öffnen des Stromes durch die Annahme MATTEUCIS[1], der die Öffnungserregung als die Schließungserregung eines Polarisationsstromes, der in umgekehrter Richtung wie der angelegte Strom fließt, auffaßt. Nachweise für die tatsächliche Richtigkeit dieser Ansicht zu erbringen, versuchte MATTEUCI selbst, sodann TIGERSTEDT[2], GRÜTZNER[3] und CREMER[4]. Die Diskussionen stehen in so engem Zusammenhang mit der Kernleitertheorie, daß ich an dieser Stelle nicht näher darauf eingehen will. Der Haupteinwand gegen die Auffassung MATTEUCIS, nämlich, daß man bei Ableitung des Polarisationsstromes unmittelbar nach der Öffnung des polarisierenden Stromes einen diesem gleichgerichteten Strom findet[5], ist wohl durch Versuche von CREMER[6], der das Ergebnis als durch die Methode vorgetäuscht nachwies, erledigt. Der angebliche positive Polarisationsstrom ist anscheinend, wie schon HERMANN[7] annahm, als Aktionsstrom der ausgelösten Öffnungserregung aufzufassen und tritt erst später auf als der zunächst vorhandene normale Polarisationsstrom.

Reizt man einen Nerven in der Nähe eines künstlichen Querschnitts mit aufsteigenden Strömen wachsender Stärke, so kann im Widerspruch mit dem PFLÜGERschen Zuckungsgesetz eine „Lücke" in der Reihe der Öffnungszuckungen auftreten, indem bereits in Erscheinung getretene Öffnungszuckungen bei weiter steigender Stromstärke wieder verschwinden (GRÜTZNER[8]). Die Erklärung ist dadurch gegeben, daß der aufsteigende Strom dem Demarkationsstrom entgegengesetzt gerichtet ist und daher eine entgegengesetzte elektrotonisierende Wirkung der beiden Ströme zur Entfaltung kommt. Infolgedessen nimmt die in der Nähe des Querschnittes durch den Demarkationsstrom erhöhte Erregbarkeit gleichzeitig mit Verstärkung des aufsteigenden Reizstromes ab. Die Abnahme der Erregbarkeit geht nicht parallel mit der Zunahme der Reizwirkung, so daß ein schwächerer Strom bei noch erheblich gesteigerter Erregbarkeit wirksam werden kann, während ein stärkerer Strom bei nicht mehr gesteigerter oder schon herabgesetzter Erregbarkeit unwirksam bleibt.

Beim Reizen des Nerven mit kurzdauernden Stromstößen oder Induktionsströmen fand FICK[9], daß bei Anwendung aufsteigender Stromstöße zunehmender Stromstärke zunächst von einer gewissen Stärke an Zuckungen auftreten, bei weiter wachsender Stromstärke wieder ausbleiben, um dann bei noch stärkeren Strömen wieder aufzutreten. Die Erklärung dieses als FICKsche Lücke bezeichneten Phänomens hat FICK analog der Erklärung des Zuckungsgesetzes gegeben. Bei schwächeren Stromstößen tritt die Erregung bei der Schließung ein, der Anelektrotonus ist noch gering. Bei größerer Stromstärke wird die Schließungserregung durch den Anelektrotonus unterdrückt, die Öffnungserregung ist noch unterschwellig. Nimmt die Stromstärke weiter zu, so erfolgen nunmehr Öffnungserregungen. Die Stromstärke, bei der die Lücke eintritt, ist für Stromstöße verschiedener Dauer verschieden. FICK gibt die folgende schema-

---

[1] MATTEUCI: C. r. Acad. Sci. **65**, 151 (1867).
[2] TIGERSTEDT: Bih. till. k. svensk. akad. handlingar **7**, Nr 7.
[3] GRÜTZNER: Breslauer ärztl. Z. **1882**, Nr 23 — Pflügers Arch. **32**, 357 (1883).
[4] CREMER: Z. Biol. **50**, 355. 1908.
[5] DU BOIS-REYMOND: Sitzgsber. d. Berl. Akad. **1883**, 89.
[6] CREMER: Nagels Handb. **4** II, 983.
[7] HERMANN: Pflügers Arch. **33**, 103 (1884).
[8] GRÜTZNER: Pflügers Arch. **28**, 130, 168 (1882).
[9] FICK: Ges. Schriften **3**, 156. Würzburg 1904.

tische Figur zur Darstellung der gesamten Mannigfaltigkeit der beobachteten Erscheinungen. Als Abszissen sind die Stromstärken, als Ordinaten die Dauer der Stromstöße aufgetragen. Die schwarzen Flächen bedeuten fehlende Zuckungen, die weißen maximale, die punktierten untermaximale Zuckungen. Aus Abb. 53 kann man unmittelbar den Stromstärkenbereich ablesen, innerhalb dessen ein Stromstoß von bestimmter Dauer unwirksam bleibt bzw. den Bereich der Dauer der Stromstöße bestimmter Stromstärke, die keine Zuckung auslösen. Beim Reiz mit absteigenden Stromstößen bleibt die Lücke aus. Das Wirksamwerden der Öffnungserregung wird in diesem Fall durch das Auftreten übermaximaler Zuckungen gekennzeichnet, die durch Summation der Schließungs- und Öffnungserregung im Muskel hervorgerufen werden.

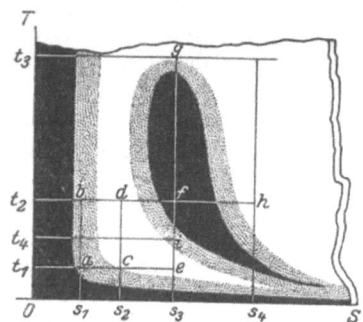

Abb. 53. FICKsche Lücke.

THÖRNER[1] erhob am erstickten Nerven Befunde beim Reizen mit Induktionsströmen, deren Deutung durch die am erstickten Nerven umgekehrten elektrotonischen Erregbarkeitsänderungen bzw. die starke depressive Kathodenwirkung möglich ist. Bei der Anwendung galvanischer Ströme ergibt sich aus dem gleichen Grunde am erstickten bzw. auf andere Art alterierten Nerven eine Abweichung vom Zuckungsgesetz, indem für aufsteigende Ströme mittlerer Stromstärke sowohl Öffnungs- wie Schließungszuckungen fehlen.

Es sei nicht verhehlt, daß die Erklärung des Ausbleibens der Schließungszuckung im dritten Fall des Zuckungsgesetzes in einem gewissen Widerspruch mit Versuchen von HERMANN[2] steht, der feststellte, daß maximale Reize weder an- noch in der Umgebung der Anode unterdrückt werden können. CREMER[3] diskutiert daher die Möglichkeit einer Schädigung der Anodengegend durch den Strom, ähnlich der depressiven Kathodenwirkung, und in Verbindung mit der Kernleitertheorie eine rein physikalische Möglichkeit der Unterdrückung der Erregung an der Anode.

E. Es wurde versucht, sowohl die elektrotonischen Erregbarkeitsänderungen als auch das PFLÜGERsche Zuckungsgesetz am lebenden Menschen nachzuweisen[4]. Es gelang infolge der auch bei oberflächlich liegenden Nerven nur unsicher definierten Zuleitungspunkte und der nicht zu vermeidenden schrägen bis queren Durchströmung des Nerven nur unvollkommen. Leitet man den Strom dem Körper durch zwei Elektroden, eine von großer Fläche (indifferente Elektrode) an beliebiger Körperstelle und durch eine zweite von kleinem Querschnitt (differente Elektrode) an einem Punkt, an dem ein Nerv oberflächlich liegt, zu, so kann man, indem man die differente Elektrode jeweils zur Anode oder zur Kathode macht, feststellen, ob von ihr, d. h. von der Anode oder Kathode, beim Schließen oder beim Öffnen eine Erregung ausgeht. Bei schwächsten Strömen erhält man bei einer solchen Anordnung zuerst Zuckungen beim Schließen des Stromes an der Kathode (Kathodenschließungszuckung), bei stärkeren Strömen tritt dann ebenfalls in Übereinstimmung mit dem Zuckungs-

---

[1] THÖRNER: Pflügers Arch. **197**, 159, 187 (1922); **198**, 373 (1923).
[2] HERMANN: Pflügers Arch. **30**, 12 (1883).
[3] CREMER: Nagels Handb. **4 II**, 989.
[4] Vgl. WALLER u. DE WATTEVILLE: Neur. Zbl. **1882**, Nr 7 — Trans. Philos. Roy. Soc. **3**, 961 (1882).

gesetz Anodenöffnungszuckung hinzu. Bei weiterwachsenden Stromstärken werden jedoch in Abweichung vom Zuckungsgesetz auch Anodenschließungszuckung und Kathodenöffnungszuckungen beobachtet. Der dritte Fall des Zuckungsgesetzes läßt sich überhaupt nicht verwirklichen. Da das Zuckungsgesetz beim Menschen im Kapitel Elektrodiagnostik und Therapie behandelt wird, begnüge ich mich mit dem Hinweis, daß den am Menschen beobachteten gleiche Erscheinungen auch am Froschischiadicus hervorgerufen werden können durch Zuleitung des Stromes mit tripolaren Elektroden, indem eine Elektrode zwischen zwei mit dem gleichen Pol verbundenen Elektroden an den Nerven angelegt wird, wie ACHELIS[1] zeigte, der bei ermüdeten Nervenpräparaten auch die beim Menschen unter Umständen auftretende Entartungsreaktion nachweisen konnte.

Theorien und Modelle der Nervenleitung.

A. Die Versuche, sich von dem bei der Nervenleitung vorliegenden Naturgeschehen ein theoretisches Bild zu machen, sind außerordentlich zahlreich. Schon unmittelbar nach der Entdeckung der Wirkungen der Elektrizität neigten viele Forscher dazu, das Wesen der Nervenerregung in elektrischen Vorgängen zu suchen. Die Entdeckung GALVANIS schien diesen Spekulationen recht zu geben. Die ersten wirklich nachgewiesenen elektrischen Erscheinungen am Nerven[2] und die folgenden Entdeckungen, so vor allem die elektrotonischen Erscheinungen, und die Feststellung der Nervenleitungsgeschwindigkeit[3] boten einen starken Anreiz zu theoretischen Betrachtungen. Vorübergehend gewannen eine merkliche Bedeutung Ansichten, ähnlich der für den Muskel ausgearbeiteten molekularen Theorie DU BOIS-REYMONDS[4], die die Fortpflanzung der Nervenerregung durch Stellungsänderung kleinster Teilchen zu erklären versuchten. Die PFLÜGERschen Arbeiten brachten jedoch unlösbare Differenzen zwischen der molekularen Theorie und den beobachteten Erscheinungen. PFLÜGER[5] selbst stellte den Satz auf, daß die Erregungsleitung „nicht als einfache Mitteilung von Bewegung stattfinden könne, sondern daß in jedem Nervenelement selbständige Spannkräfte ausgelöst werden müßten". Er arbeitete ein Modellschema aus, daß die Erregbarkeitsänderungen im Elektrotonus, die Zuckung bei Öffnung und Schließung und das allerdings später als irrtümlich nachgewiesene „lawinenartige Anschwellen der Erregung" erklären kann. Über die tatsächlichen Vorgänge im Nerven will das PFLÜGERsche Schema an sich nichts aussagen. BERNSTEIN[6] machte den Versuch, die PFLÜGERschen Ansichten mit der Molekulartheorie zu vereinigen, ohne dadurch zu einer befriedigenden Übereinstimmung mit den Versuchsergebnissen zu gelangen.

B. Für die derzeitigen theoretischen Ansichten über den Vorgang der Nervenleitung sind in ihrer Bedeutung weitaus überragend die physikalischchemischen Theorien, und unter diesen wieder die ursprünglich rein physikalische, allmählich aber physikalisch-chemisch gewordene Kernleitertheorie. Die überragende Bedeutung dieser Theorie ist begründet sowohl durch die umfassende experimentelle und theoretische Bearbeitung, die sie von verschiedensten Seiten erfahren hat, als auch durch die bis in zahlreiche Einzelheiten gehende Übereinstimmung der aus der Theorie gezogenen Schlüsse mit den gefundenen Tatsachen.

---

[1] ACHELIS: Pflügers Arch. **106**, 329 (1905).
[2] DU BOIS-REYMOND: Ann. Physik **58**, 1 (1843).
[3] HELMHOLTZ: Monatsber. d. Berl. Akad. **1850**, 14.
[4] Vgl. Hermanns Handb. **1**, 245.   [5] PFLÜGER: Elektrotonus, S. 441ff.
[6] BERNSTEIN: Pflügers Arch. **8**, 40 (1874).

MATTEUCI[1] fand an mit Elektrolytlösung befeuchteten Metalldrähten, die mit Fäden besponnen waren, bei Zuleitung galvanischer Ströme zu den Hüllen Erscheinungen, die denen des physikalischen Elektrotonus sehr ähnlich sind. Er stellte auch schon fest, daß die Erscheinungen durch die Polarisierbarkeit der Berührungsflächen zwischen Metall und Elektrolyt bedingt sind. Ein eingehendes Studium der elektrischen Vorgänge an Anordnungen grundsätzlich gleichartiger Konstruktion verdanken wir HERMANN[2]. Er stellte an solchen als Kernleiter bezeichneten Apparaten Beobachtungen an und zeigte deren weitgehende Übereinstimmung mit dem physikalischen Elektrotonus. Diese an sich nicht hierher gehörenden Versuche seien nur erwähnt, da sie in innigem Zusammenhang mit den Vorstellungen, die HERMANN über die Leitung der Erregung ausbildete, stehen. Er benutzte die in Abb. 54 abgebildeten Apparate und zeigte, daß an ihnen elektrotonusähnliche Erscheinungen beobachtet werden, wenn der Kern gegenüber der Hülle polarisierbar ist, und wenn beim Stromdurchgang von der Hülle zum Kern bzw. vom Kern zur Hülle Polarisationsströme entstehen, die dem zugeleiteten Strom entgegengesetzt sind. Durch die Polarisation steigt der scheinbare Widerstand der Grenzfläche erheblich, und es wird infolgedessen eine Ausbreitung der Stromfäden auf eine lange Strecke des Kernleiters bewirkt.

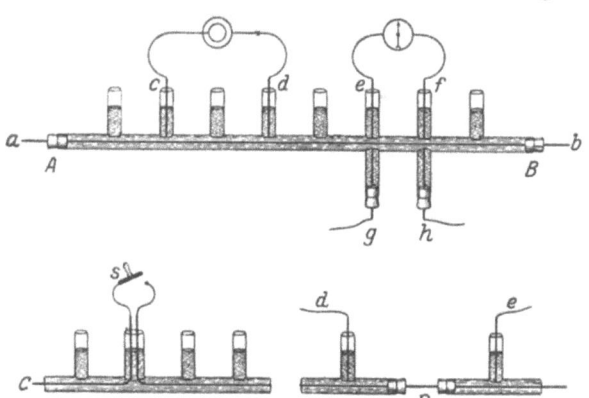

Abb. 54. Kernleitermodelle nach HERMANN.

Ist die Berührungsfläche Kern-Hülle unpolarisierbar, so fehlen die Ausbreitungserscheinungen. Auf die Möglichkeit, Kernleiter nur aus Elektrolyten mit einer trennenden Schicht höheren Widerstandes herzustellen, hat CREMER[3] hingewiesen. H. WEBER[4] hat eine mathematische Analyse der Ausbreitung der Ströme, bei ruhendem Zustand des Systems, abhängig vom Widerstand der Hülle, des Kernes und dem Polarisationswiderstand, durchgeführt. CREMER[5] hat theoretisch und experimentell untersucht, wie sich eine örtliche Kern-Hüllen-Polarisation mit fortschreitender Zeit ausbreitet und hat, unter der Annahme, daß sowohl in der Hülle als im Kern für sich das Potential konstant ist (unabhängig von der Dicke), eine Differentialgleichung entwickelt, die mit der Wärmegleichung identisch ist[6]. Die Wärmegleichung kann keine echte Welle, d. h. kein Fortschreiten eines örtlichen Maximums, sondern nur unter Umständen das Wandern eines zeitlichen Maximums (Pseudowelle) beschreiben. HOORWEG[7] hat darauf hingewiesen,

---

[1] MATTEUCI: C. r. Acad. Sci. **56**, 760 (1863); **65**, 151, 194, 884 (1867); **66**, 580 (1868).
[2] HERMANN: Pflügers Arch. **5**, 264 (1872); **6**, 312 (1872); **7**, 301 (1873).
[3] CREMER: Nagels Handb. **4** II, 910. — Vgl. auch SOSNOWSKI: Sprawozd. Towarz. Nauk. Warsz. Rock. **1** — Zbl. Physiol. **19**, 33, 234 (1905).
[4] WEBER, H.: Borch. J. f. Math. **76**, 1 (1872).
[5] CREMER: Z. Biol. **41**, 304 (1901); **37**, 550 (1899); **40**, 393, 477 (1900) — Sitzgsber. Ges. Morph. u. Physiol., Münch. 1899, H. 1.
[6] Daß die analytische Behandlung des Kernleiters zur Wärmegleichung führt, hatte HERMANN bereits früher erkannt und ausgesprochen (vgl. Hermanns Handb. **2** I, 184. Leipzig (1879).
[7] HOORWEG: Pflügers Arch. **71**, 128 (1898).

daß eine Welle, ähnlich wie sie im Nerven zur Beobachtung kommt, durch eine mit der Telegraphengleichung übereinstimmende Gleichung beschrieben wird. Die Telegraphengleichung gilt für die Fortpflanzung elektrischer Ströme in Drähten, deren Kapazität und Selbstinduktion nicht zu vernachlässigen ist (Kabel), für die Fortpflanzung transversaler Wellen auf einer unendlich langen elastischen Saite, für den Schall, wenn die Reibungskräfte gegenüber den Trägheitskräften nicht zu vernachlässigen sind, und andere grundsätzlich ähnliche Vorgänge. Für den Kernleiter kann man ebenfalls zu einem mit der Telegraphengleichung identischen Ansatz gelangen, wenn man ihm eine merkliche Selbstinduktion zuschreibt[1]. Die Schwierigkeit, bei den rein physikalischen Kernleitermodellen eine merkliche Selbstinduktion anzunehmen, haben HERMANN[2] später dazu veranlaßt, den Nerven als Kernleiter mit einer „physiologischen" Selbstinduktion aufzufassen, wodurch außer den durch Polarisation hervorgerufenen Strömen Ströme auftreten sollen, die in ihrer Wirkung der Wirkung einer Selbstinduktion analog seien. CREMER[3] beseitigte die Notwendigkeit der Annahme der „physiologischen" Selbstinduktion durch die Annahme einer „physiologischen" Polarisation, deren Gesetz von dem der physikalischen vollkommen verschieden sein könne. Er nimmt an, daß für die physiologische Polarisation der zweite Differentialquotient nach der Zeit proportional der Stromdichte sein kann. Dadurch kann er auf die neuen elektromotorischen Kräfte HERMANNs verzichten und die Gleichung einer ungedämpften Welle ansetzen.

Die erwähnten, von der rein physikalischen Auffassung abweichenden Annahmen, die zur Erklärung der Erscheinungen nicht näher definierte „physiologische" Eigenschaften des Nervenkernleiters voraussetzen, bezeichnet CREMER[4] als physiologische Kernleitertheorien.

Auf Grund der ursprünglichen HERMANNschen Ansichten ist es neuerdings gelungen, physikalisch-chemische Kernleitermodelle zu bauen, die außerordentlich weitgehende Analogien zur Nervenfunktion zeigen. HERMANN[5] entwickelte zum Anschaulichmachen seiner Ansicht folgendes Schema (Abb. 55). Der gestrichelte Teil entspricht dem Kernquerschnitt, der weiße Teil der Hülle. HERMANN nimmt an, daß der Reiz an einer primär erregten Stelle (E) Veränderungen hervorruft, durch die sie gegenüber der Nachbarschaft negativ wird. Es entstehen dadurch Ströme, die durch die Pfeilbögen dargestellt werden. Die Ströme fließen an der erregten Stelle von der Hülle zum Kern, in der Nachbarschaft vom Kern zur Hülle.

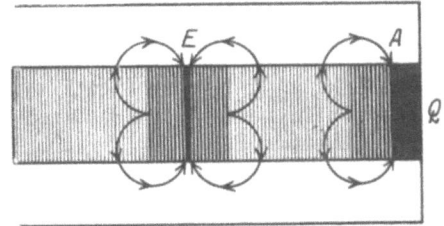

Abb. 55. Schema der Ströme an einer erregten Stelle und am Querschnitt des Nerven. (Nach HERMANN.)

Dadurch entstehen Polarisationen, und zwar an der erregten Stelle positive, in der zunächst noch unerregten Nachbarschaft negative. An der negativ polarisierten Stelle wird die ruhende Substanz erregt. Die Erregung breitet sich demnach nach beiden Seiten aus. Nimmt man außerdem noch an, daß der Erregungsprozeß von sich aus abklingt, wobei möglicherweise die positive Polarisation mitwirkt, so entsteht ein wellenähnlich fortschreitender Erregungs-

---

[1] Vgl. CREMER: Nagels Handb. 4 II, 910.
[2] HERMANN: Pflügers Arch. 75, 574 (1899); 81, 491 (1900); 109, 95 (1905) — Ann. Physik, IV. F. 12, 932 (1903); 14, 1031 (1904); 17, 501, 779 (1905).
[3] CREMER: Sitzgsber. Ges. Morph. u. Physiol. Münch. 1900, H. 2 — Nagels Handb. 4 II, 931.
[4] CREMER: Nagels Handb. 4 II, 929.   [5] HERMANN: Hermanns Handb. 2 I, 194.

prozeß. Der Stromfluß am künstlichen Querschnitt ist in der Abbildung ebenfalls dargestellt. Es sei noch darauf hingewiesen, daß in dem HERMANNschen Schema die elektromotorischen Kräfte in der Faserrichtung wirkend angenommen sind; es wird nichts Wesentliches an der gesamten Anschauung geändert, wenn man sie senkrecht zur Faserrichtung wirken läßt.

LILLIE[1] hat in Weiterverfolgung der HERMANNschen Idee und im Anschluß an Untersuchungen von BREDIG[2] und seinen Mitarbeitern über periodische katalytische Vorgänge ein Kernleitermodell konstruiert, das das HERMANNsche Schema tatsächlich verwirklicht. Dasselbe besteht aus einem Eisendraht als Kern und Salpetersäure (spez. Gew. höher als 1,24) als Elektrolyt[3]. Eisendraht löst sich in Salpetersäure hoher Konzentration nicht auf, sondern es bildet sich eine „inaktive", wahrscheinlich aus höheren Oxyden bestehende Schicht an der Oberfläche des Metalles, die das weitere Angreifen der Säure verhindert. Zerstört man an einer Stelle diese „Grenzschicht", so greift die Salpetersäure die Stelle an; es entsteht ein durch eine chemische mit elektrischen Erscheinungen verknüpfte Reaktion ausgezeichneter Ort, d. h. es bildet das örtlich blankgelegte Eisen mit dem von der inaktiven Schicht bedeckten ein geschlossenes galvanisches Element. Die Ströme fließen in Analogie zu dem HERMANNschen Schema. Durch den Stromfluß zwischen Kern und Hülle in der Umgebung der „erregten" Stelle wird die Grenzfläche zwischen Kern und Hülle polarisiert, und zwar in einem Sinne, der zur Zerstörung der inaktiven Schicht führt. Die umgekehrte Polarisation an der ursprünglich abgedeckten Stelle beschleunigt die an sich schon wieder eintretende Regeneration der inaktiven Schicht. Die erregte Stelle ist erkenntlich, da sich an ihr braunes Eisenoxyd und Gasblasen entwickeln. Tatsächlich wandert im Modell eine von „Stoffwechsel" und elektrischen Erscheinungen begleitete Welle von der primär erregten Stelle über den Kernleiter. Die Zerstörung der inaktiven Schicht an einer beliebigen primären Stelle kann mechanisch, chemisch und elektrisch bewirkt werden. Als Analogien zwischen dem Modell und dem Nerven gibt LILLIE[4] folgende Punkte an: 1. Ein örtlicher Initialprozeß pflanzt sich wellenähnlich fort. Der örtliche Prozeß kann ausgelöst werden durch mechanische, chemische, elektrische Einwirkungen. Für die erregte Stelle gilt das Alles-oder-Nichts-Gesetz. 2. Jede erregte Stelle kehrt automatisch in den Ruhezustand zurück. Während der Rückkehr besteht eine totale oder teilweise refraktäre Periode. 3. An allen Punkten tritt nacheinander eine gleichartige Reaktion, begleitet von elektrischen Erscheinungen, auf. Die Reaktion wird eingeleitet durch die Veränderung der Durchlässigkeit einer Grenzschicht. 4. Die Fortpflanzungsgeschwindigkeit der Welle im Modell ist von gleicher Größenordnung wie beim Nerven. Ebenso der Temperaturkoeffizient der Leitungsgeschwindigkeit. 5. Die Erregungswelle kann durch elektrischen Strom verzögert bzw. blockiert werden; ebenso durch chemische Einwirkung. Während der teilweise refraktären Periode können dekrementielle Wellen ausgelöst werden.

Zu diesen Analogien der Fortpflanzung kommen noch die der Erregbarkeit: 1. Eine bestimmte minimale Intensität ist notwendig zur örtlichen Erregung; ohne örtliche Erregung entsteht keine fortschreitende Welle. 2. Mehrere auf-

---

[1] LILLIE: Sci. Monthly **456**, 552 (1919) — Biol. Bull. **33**, 135 (1917); **36**, 225 (1919) — Science (N. Y.) **48**, 51 (1918); **50**, 51 (1918); **51**, 525 (1920) — J. gen. Physiol. **3**, 107 (1920) — J. physiol. chem. **26**, 165 (1920) — Scientia (Milano) **28**, 429 (1920) — Physiologic. Rev., publ. by the Amer. Physiol. Soc. **2 I**, 2 (Jan. 1922).
[2] BREDIG: Z. physik. Chem. **43**, 601 (1903) — Biochem. Z. **11**, 67 (1908).
[3] Als Kern eignet sich am besten ein Stahldraht.
[4] LILLIE: Physiologic. Rev. **2 I**, 13/14 (Jan. 1922).

einanderfolgende, an sich unterschwellige Reize werden wirksam (Summationseffekt). 3. Polare Erregung. 4. Elektrischer Strom bestimmter, zu geringer Stärke ist. unabhängig von der Reizdauer, unwirksam; ein überschwelliger Strom muß zur Auslösung der Erregung eine bestimmte Zeit lang einwirken. 5. Das Modell zeigt das Phänomen des Einschleichens.

Aus den Punkten 2, 4, 5 ergibt sich, daß das System automatisch einem Ruhezustand zustrebt. Die Störungsbedingung muß eine bestimmte Zeit lang bestehen und genügend rasch eintreten, oder das Bestreben nach der Ruhelage verhindert die Störung.

Das LILLIEsche Modell unterscheidet sich von den rein physikalischen Kernleiterschemata HERMANNs und CREMERs dadurch, daß die ursprüngliche reizauslösende Polarisation durch elektrolytische Zerstörung einer Grenzschicht eine weitere Polarisation auslöst, die durch eine infolge der chemischen Vorbedingungen zwangsläufig innerhalb einer bestimmten Zeit ablaufende Reaktion hervorgerufen wird. Die sekundäre Polarisation steigt daher in einer von den ursprünglichen Reizbedingungen unabhängigen bestimmten Zeit bis zu einem bestimmten Maximum an und verschwindet in gleicher Weise. Der zeitliche Ablauf der sekundären Polarisation steht in ursächlichem Zusammenhang mit der Fortpflanzungsgeschwindigkeit der Erregungswelle, und zwar ist die Zeit, innerhalb der die Intensität der örtlichen Ströme in einer bestimmten Entfernung s von der augenblicklich erregten Stelle einen bestimmten Betrag (Schwellenwert) übersteigt, abhängig von der Anstiegdauer t der mit der ablaufenden Reaktion einhergehenden polarisatorischen Potentialdifferenz. s/t ist demnach proportional der Fortpflanzungsgeschwindigkeit der Welle. LILLIE[1] glaubt durch Vergleich der Anstiegdauer der monophasischen Aktionsströme von Nerven verschiedener Leitungsgeschwindigkeit bzw. des gleichen Nerven mit durch äußere Einwirkung veränderter Leitungsgeschwindigkeit mit der Größe der zugehörigen Nervenleitungsgeschwindigkeit festgestellt zu haben, daß das Produkt aus Nervenleitungsgeschwindigkeit und Anstiegdauer des monophasischen Aktionsstromes für alle erregungsleitenden Gebilde annähernd konstant, und zwar von der Größenordnung weniger Zentimeter sei. CREMER[2] hebt diese Feststellung besonders hervor und betont ihre Wichtigkeit für die Theorie der Nervenleitung; sie würde der Proportionalität zwischen der Fortpflanzungsgeschwindigkeit und dem Quotienten s/t entsprechen, aber die merkwürdige Angabe in sich enthalten, daß das Produkt aus der Länge s und einem Proportionalitätsfaktor, der an sich für verschiedene Arten leitender Gebilde verschieden sein kann und das unter sonst gleichen Umständen von den Konstanten des Kernleiters (Widerstand von Hülle und Kern) abhängig sein müßte, für alle erregbaren Gebilde annähernd den gleichen Wert besitze.

CREMER[3] hat versucht, die Beziehung zwischen den Konstanten des Kernleiters und der Erregbarkeit, der Anstiegdauer des Aktionsstromes und der Fortpflanzungsgeschwindigkeit formell zu fassen, indem er „die durch einen Punkt der Grenzfläche zwischen Kern und Hülle beim Aktionsstrom hindurchtretende Coulombmenge (pro cm^2) verglich mit der Coulombmenge bei einer möglichst analogen Reizung durch kurzdauernde Ströme". Er führt die LILLIEsche Feststellung der Konstanz des Produktes Anstiegdauer mal Nervenleitungsgeschwindigkeit als Stütze seiner „Stromtheorie" der Erregungsleitung an. Nimmt man die Möglichkeit einer Reflexion der Erregung am künstlichen Querschnitt, wie

---

[1] LILLIE: Amer. J. Physiol. **34**, 414 (1914).
[2] CREMER: Beitr. **2**, 1 (1922).
[3] CREMER: Ber. Physiol. **2**, H. 2. — Cremers Beitr. **2**, H. 1 u. 2/3. (1922) — Abstr. of Comm. tho the XI. Intern. Physiol. Congr. h. a. Edinbourgh, 23./27. Juli 1923.

sie nach meinen Versuchen[1] immerhin nicht verneint werden kann, an, so wäre zwanglos die Anstiegdauer des monophasischen Aktionsstromes als bedingt durch die Länge der Ableitungsstrecke und die Nervenleitungsgeschwindigkeit zu erklären, und das Produkt Leitungsgeschwindigkeit mal Ableitungsstrecke bedeutete nichts anderes als die Ableitungsstrecke, die sicher in den meisten Fällen von der Größenordnung weniger Zentimeter war. Ebenso erscheint das Bestehen einer total refraktären Periode nach diesen Untersuchungen zweifelhaft. Daß die Beobachtungen TISCHHAUSERS[2], der eine Fortpflanzung auch der im Gefolge unterschwelliger Reize auftretenden Veränderung im Nerven behauptet, mit den Erscheinungen am LILLIEschen Modell im Widerspruch stehen, sei nur erwähnt.

Im ganzen sind die Analogien zwischen Modell und Nerv jedoch so groß, daß man annehmen muß, daß es mehr als ein Erklärungsschema ist. Die als Folge der Zerstörung der inaktiven Schicht auftretende Reaktion verkörpert den Stoffwechsel bei der Tätigkeit des Nerven, die ihrerseits mit elektrischen Phänomenen einhergeht.

Eine mathematische Analyse des LILLIEschen Modells ist noch nicht versucht worden. Ich halte es für möglich, daß sie in erster Annäherung zu einer der Telegraphengleichung nahestehenden Gleichung führt.

Der enge Zusammenhang des physikalisch-chemischen Kernleitermodells mit den als Membran- bzw. Grenzschichtentheorien bezeichneten Betrachtungen, die ihrerseits wieder in naher Beziehung zur Theorie der bioelektrischen Ströme stehen, geht wohl aus der Beschreibung hervor.

Die Ansicht, daß der Nerv tatsächlich als Kernleiter aufzufassen sei, ist von zahlreichen Autoren vertreten worden, so von MATTEUCI, SCHIFF[3], WERIGO[4] und vor allem von BORUTTAU[5] und HOORWEG[6]. HERMANN stand wohl auf dem Standpunkt, daß in der inneren Polarisierbarkeit die wirkliche Übereinstimmung zwischen Nerven und Kernleiter bestehe. CYBULSKI[7] und BIEDERMANN[8] bekämpften die Auffassung des Nerven als Kernleiter. CREMER[9] hält zwar nach dem Stand der Forschung von 1908 die rein physikalische Kernleitertheorie für gescheitert, tritt jedoch ausgesprochen für die physiologische Kernleitertheorie ein. Er sieht jedenfalls in dem Achsenzylinder bzw. den Fibrillen den tatsächlichen Kern und in der nicht näher definierten Umgebung die Hülle. Daß er ausgesprochen diesen Standpunkt vertritt, geht aus seinen neuesten Arbeiten und denen seiner Mitarbeiter[10] hervor, in welchen zur Prüfung der CREMERschen Formel für die Nervenleitungsgeschwindigkeit Werte für den Widerstand des Kernes und der Hülle sowie die anderen in seiner Formel auftretenden Konstanten für verschiedene Nerven zu bestimmen versucht wird. LILLIE[11] faßt die Bedeutung seines Modells für die Theorie der Nervenleitung viel allgemeiner auf, indem er es

---

[1] BROEMSER, PH.: Z. Biol. **78**, 139 (1923); **79**, 165 (1923). — Vgl. auch BRÜCKE: Ebenda **79** (1923).
[2] TISCHHAUSER: Z. Biol. **71**, 203 (1920).
[3] SCHIFF: Z. Biol. **8**, 71 (1872).
[4] WERIGO: Eff. d. Nerv.reiz. Berlin 1891.
[5] BORUTTAU: Pflügers Arch. **58**, 1 (1894); **59**, 47 (1894); **63**, 351 (1897).
[6] HOORWEG: Pflügers Arch. **71**, 128 (1898).
[7] CYBULSKI: Anz. d. Akad. d. Wiss. Krakau **1897**, 232, 393; **1898**, 231 — Zbl. Physiol. **12**, 561 (1898).
[8] BIEDERMANN: Elektrophysiol., S. 656.
[9] CREMER: Nagels Handb. **4** II, 927.
[10] CREMER u. Mitarbeiter: Cremers Beitr. **2**, H. 1. (1922). — ROSENBERG u. SCHNAUDER: Z. Biol. **78**, 175 (1923). — KEIL u. MÜLLAUER: Cremers Beitr. **2**, 89 (1923). — ROSENBERG u. SOMMERFELD: Ebenda **2**, 93 (1923). — SCHNAUDER: Ebenda **2**, 101 (1923). — PLAUT: Z. Biol. **78**, 133 (1923).
[11] LILLIE: Physiologic. Rev. **2**, Nr 1 (Jan. 1922). (Schlußsätze.)

vergleicht mit der Erregungsleitung in beliebigen erregbaren organischen Gebilden. Er sieht die grundsätzliche Ähnlichkeit in elektrochemischen Vorgängen an Grenzschichten, die in irgendeiner Weise alteriert werden (Veränderung der Durchlässigkeit, Polarisation). Er diskutiert dabei die Möglichkeit, daß dünnen Schichten von Nichtleitern eine metallähnliche Leitfähigkeit zukommen könne. Meiner Ansicht nach besteht die wirkliche Übereinstimmung zwischen dem Nerven und dem LILLIEschen Modell eines Kernleiters, durch die die weitgehende Analogie der Erscheinungen bedingt ist, in der primären inneren Polarisierbarkeit und in der Auslösung eines seinerseits mit Polarisationserscheinungen verbundenen Prozesses durch die primäre Polarisation. Ob die primäre Polarisation der dem Initialprozeß benachbarten Stellen durch die fließenden Ströme oder durch die mit dem Vorgang verbundenen Änderungen der Konzentration (Neutralsalz- oder Ionenkonzentration) hervorgerufen wird, halte ich bis zu einem gewissen Grad für einen Streit um Worte, der nicht geeignet ist, die wirklich sich abspielenden physikalisch-chemischen Vorgänge näher aufzuklären. Es handelt sich jedenfalls stets um elektrische Vorgänge ausschließlich in Elektrolyten. Polarisationsphänomene in Elektrolyten sind aber mit Konzentrationsänderungen ursächlich und untrennbar verknüpft.

Nachdem es durch die NERNSTsche Theorie[1] der Erregung und deren Ergänzung durch LAPIQUE[2] und A. V. HILL[3] wahrscheinlich gemacht war, daß der Erregungsprozeß eingeleitet wird durch eine Konzentrationsänderung bestimmter Größe, ist es mir[4] gelungen, für die Fortpflanzung einer Konzentrationsänderung in einer Salzlösung eine partielle Differentialgleichung anzusetzen, die mit der Telegraphengleichung identisch ist. In dieser Gleichung treten als Konstanten nur der osmotische Druck der Lösung p, die Dichte des Lösungsmittels σ und der Reibungswiderstand der Moleküle gegenüber dem Lösungsmittel auf. Die Gleichung unterscheidet sich von der mit der Wärmegleichung identischen FICKschen Diffusionsgleichung durch ein Glied, das den zweiten Differentialquotienten der Verschiebung nach der Zeit enthält und den Trägheitskräften entspricht. Daß die Trägheitskräfte in der Diffusionsgleichung vernachlässigt werden können, beruht auf den verhältnismäßig sehr großen Reibungskräften, die bei der Verschiebung der Moleküle gegenüber dem Lösungsmittel beobachtet werden. Aber selbst bei Leitfähigkeitsbestimmungen an gewöhnlichen Lösungen können bei Verwendung von Meßströmen sehr hoher Frequenz die Trägheitskräfte nicht mehr vollständig gegenüber den Reibungskräften vernachlässigt werden[5]. Nimmt man in meiner Gleichung an, daß die Reibungskräfte gegenüber denen in einer gewöhnlichen Lösung in verschiedenem Grad vermindert sein können, so kommt man bezüglich der Fortpflanzungsgeschwindigkeit der Welle zu konkreten Resultaten. Als Ursache der Reibungsverminderung habe ich den Stoffwechsel des Nerven und dessen Beeinflussung durch eine mit der Konzentrationsänderung durch die besonderen im Nerven vorliegenden physikalisch-chemischen Bedingungen in ursächlichem Zusammenhang stehende Änderung des Wasserstoffexponenten des Nerveninhaltes angesehen. Die Annahmen, die zur Erklärung dieses ursächlichen Zusammenhangs gemacht wurden, sind grundsätzlich dieselben wie die von BERNSTEIN[6] zur Erklärung der Ruheströme herangezogenen.

---

[1] NERNST: Pflügers Arch. **123**, 454 (1908); **122**, 293 (1908).
[2] LAPIQUE: J. d. Physiol. **11**, 1009, 1035 (1909).
[3] HILL, A. V.: J. of Physiol. **40**, 190 (1910).
[4] BROEMSER, PH.: Z. Biol. **72**, 37 (1920) — Ber. Physiol. **2**, H. 2 (1920) — Z. Biol. **83**, 355 (1925).
[5] Vgl. M. PHILIPPSON: Bull. Acad. Méd. belg. V 8, Nr 2, 76 (1922).
[6] BERNSTEIN: Pflügers Arch. **92**, 521 (1902) — Elektrobiologie, Kap. 5. Braunschweig 1912.

Durch die Beeinflussung des Stoffwechsels wird dem System ein kleinerer oder größerer Teil der durch Reibung abgegebenen Energie durch chemischen Umsatz wieder zugeführt. Analog dem in gewissen Gebieten der Physik üblichen Verfahren, z. B. bei der analytischen Behandlung elektrischer Schwingungskreise mit Elektronenröhren als Schwingungsgeneratoren, werden die vom Stoffwechsel gelieferten Zusatzkräfte als negative Reibungskräfte angesetzt. Ist die zugeführte Energie pro Zeiteinheit kleiner als die durch Reibung abgegebene, so erhält man Wellen mit Dekrement, ist sie gleich der durch Reibung abgegebenen, so resultiert eine ungedämpfte Welle; wird jedoch mehr Energie zugeführt als durch Reibung abgegeben, so ergeben sich Wellen mit negativem Dekrement. Die Theorie hat ihren heuristischen Wert bei mehreren experimentellen Arbeiten erwiesen, bei denen sich ergab, daß die Temperaturabhängigkeit der Nervenleitungsgeschwindigkeit, die Abhängigkeit der Nervenleitungsgeschwindigkeit vom osmotischen Druck und der Reaktion der den Nerven umspülenden Lösung, die Leitung der Erregung mit und ohne Dekrement, die teilweise Gültigkeit des Alles-oder-Nichts-Gesetzes und das Wiedergewinnen der ursprünglichen Erregungsgröße beim Übergang der Erregung von einer mit Dekrement leitenden Nervenstrecke auf eine normale sowie noch zahlreiche sonstige Beobachtungen am Nerven mit der Theorie in Einklang gebracht werden können. Für einen Teil dieser Beobachtungen ergibt sich sogar ein gutes zahlenmäßiges Übereinstimmen der theoretisch errechneten und der experimentell gefundenen Werte.

Schließlich bringt die Theorie auch neue Gesichtspunkte für eine Erklärung der relativen Gleichartigkeit der an verschiedenen Nerven beobachteten Aktionsströme und der Abweichung der Größe des Schwellenreizes von der NERNSTschen Formel bei sehr hohen und sehr niedrigen Reizfrequenzen.

Ein früherer, nicht weiter ausgeführter Gedanke, eine Ionenträgheit zur Erklärung von wahren Wellen in Kernleitern anzunehmen, wurde von BORUTTAU[1] ausgesprochen.

Neuerdings hat LASSAREFF[2], ebenfalls im Anschluß an die NERNSTsche Theorie und wohl angeregt durch die Versuche BETHES[3], die Erregungsgesetze in Verbindung zu bringen mit den Änderungen der Reaktion eines Elektrolyten an Membranen beim Stromdurchgang (Änderung der Ionenkonzentration an der Oberfläche von Membranen), im Zusammenhang mit seiner Ionentheorie der Reizung eine Ionentheorie der Erregungsleitung mathematisch zu entwickeln versucht. Im Prinzip liegt seiner Theorie der alte Vergleich des Nervenleitungsvorganges mit dem Abbrennen einer Zündschnur zugrunde. Sie setzt eine restlose Gültigkeit des Alles-oder-Nichts-Gesetzes voraus und kann die Änderungen der Leitungsgeschwindigkeit im Elektrotonus erklären. Für den Temperaturkoeffizienten der Nervenleitungsgeschwindigkeit ergibt sich aus dieser Theorie nach LASSAREFF ein Wert, der den gefundenen naheliegt. Die Grundannahmen der LASSAREFFschen Theorie sind einerseits so allgemein und andererseits so wenig präzisiert, daß es an sich möglich erscheint, sie durch spezielle Annahmen zahlreichen Einzelfällen anzupassen. Gerade in der Allgemeinheit der ursprünglichen Annahmen besteht aber auch eine große Schwierigkeit, sie durch Vergleich der Ergebnisse der Theorie mit den bekannten Experimentalergebnissen auf ihre Bedeutung zu prüfen. Ob durch ihren weiteren Ausbau mehr Tatsächliches ergründet werden kann, als daß, wie schon nach den früheren Arbeiten wahr-

---

[1] BORUTTAU: Pflügers Arch. **76**, 626 (1899).
[2] LASSAREFF: Ber. d. Physikal. Inst. d. Wiss. Inst. zu Moskau (russ.) **1**, 190 (1921); **2**, 136 (1922) — Pflügers Arch. **197**, 468 (1923).
[3] BETHE: Pflügers Arch. **163**, 147 (1916).

scheinlich war, die Ionenkonzentration eine wichtige Rolle bei der Nervenleitung spielt, läßt sich zur Zeit wohl noch nicht entscheiden.

Vergleiche zwischen dem Temperaturkoeffizienten der Nervenleitung und experimentell bestimmten Temperaturkoeffizienten von Zündschnuren hat A. V. Hill[1] gezogen und sie von gleicher Größenordnung gefunden.

Für die rein chemische Natur des Nervenleitungsprozesses spricht sich Snyder aus[2].

C. Für einen rein physikalischen Vorgang halten die Nervenleitung Sutherland[3] und Steinach[4], die in ihr eine elastische Welle mit, infolge geringen Elastizitätsmoduls, kleiner Fortpflanzungsgeschwindigkeit sehen. Nahe steht diesen Auffassungen die Ansicht Wilkes und Atzlers[5], die die Nervenleitung für eine „pseudoakustische, isopyknische" Welle erklären. Die Ausarbeitung der mechanischen Theorien ist so skizzenhaft, daß ein Vergleich mit den Versuchsergebnissen nicht einmal in den Hauptzügen, viel weniger in Einzelheiten gezogen werden kann. Ich begnüge mich daher mit diesem Hinweis.

---

[1] Hill, A. V.: J. of Physiol. **54**, 332 (1921).
[2] Snyder: Amer. J. Physiol. **22**, 179 (1908) — Z. allg. Physiol. **14**, 263 (1913).
[3] Sutherland: Amer. J. Physiol. **14**, 112 (1905).
[4] Steinach: Med. Rec. **98**, 17 (1920).
[5] Wilke u. Atzler: Pflügers Arch. **144**, 35 (1912); **142**, 372 (1911).

Erregungsgesetze des Nerven.

Von

MAX CREMER

Berlin.

Mit 16 Abbildungen.

Zusammenfassende Darstellungen[1].

DU BOIS-REYMOND, E.: Untersuchungen über tierische Elektrizität. Berlin 1848. — PFLÜGER, E. F. W.: Untersuchungen über die Physiologie des Elektrotonus. Berlin 1859. — FICK, A.: Beiträge zur vergleichenden Physiologie der irritablen Substanzen. Braunschweig 1863. — HERMANN, L.: Handbuch der Physiologie, 2 I. Leipzig 1879. — WERIGO, BR.: Effekte der Nervenreizung durch intermittierende Kettenströme. Berlin 1890. — CLUZET, J.: Loi d'excitation des nerfs par décharges de condensateurs. (Thèse des sciences de Paris) 1905. — BORUTTAU, H.: Handbuch der gesamten medizinischen Anwendungen der Elektrizität einschließlich der Röntgenlehre 1. 3. Abschnitt: Darstellung von WALTER NERNST. Leipzig 1909. — CREMER, M.: Nagels Handbuch der Physiologie des Menschen 4, 2. Hälfte. Braunschweig 1909. BORUTTAU, H.: Die allgemeinen Gesetze der elektrischen Erregung (Med. Klin. Nr. 12—15) 1912. — LASAREFF, P.: Recherches sur la théorie ionique de l'excitation. 1. Teil. Moskau 1918. — LAUGIER, H.: Electrotonus et excitation; recherches sur l'excitation d'ouverture. (Thèse des sciences de Paris) 1921. — BOURGIGNON, G.: La chronaxie chez l'homme. Etude de physiologie générale des systèmes neuro-musculaires et des systèmes sensitifs. Paris 1923. — BAYLISS, W. M.: Principles of General Physiology. 4. Aufl. Kap. 13: Excitation and inhibition. NewYork 1924. — ROSENBERG, H.: Tabul. biologicae 2, 373ff., Berlin 1925. — KRAMER, F.: Elektrodiagnostik und Elektrotherapie der Muskeln, ds. Handb. 8 I, Berlin 1925. — LAPICQUE, L.: L'excitabilité en fonction du temps; la chronaxie, sa signification et sa mesure. Paris 1926. — BROEMSER, PH.: Erregbarkeit, Reiz- und Erregungsleitung, allgemeine Gesetze der Erregung. Handb. d. norm. u. pathol. Physiol. 1, 277. Berlin 1927. — EBBECKE, U.: Modellversuche zur Erläuterung der Nervenreizung. Handb. d. biol. Arbeitsmethoden, Abt. V, T. 5A, H. 4. Berlin 1928. — STEINHAUSEN, W.: Der derzeitige Stand der Elektrophysiologie. Ergänzungsband zum Handb. d. ges. med. Anwendungen d. Elektrizität. Leipzig 1928.

Einleitung.

In dem vorliegenden Abschnitt werde ich mich im wesentlichen mit den gesetzmäßigen Beziehungen beschäftigen, die zwischen der Größe irgendeiner gegebenen elektrischen Einwirkung auf den Nerven im Verhältnis zur Minimalerregung tatsächlich bestehen.

Die Beschränkung auf elektrische Einwirkungen speziell ist deshalb notwendig, weil sie die einzigen sind, die bisher einer genügend exakten Messung zugänglich sind[2], und weil es durchaus möglich ist, daß jede andersartige wirk-

---

[1] Diese Darstellungen werden in den folgenden Zitaten im allgemeinen nur mit dem Autornamen (Zitiert auf S...) und der Seitenzahl angegeben. Manches, das sich bei CREMER und BROEMSER (Nagels bzw. dieses Handbuch) nach meiner Ansicht genügend dargestellt findet, ist im folgenden nicht mehr erwähnt oder besonders hervorgehoben.

[2] Siehe BROEMSER, Zitiert auf S. 244.

same Reizung auf Erzeugung von elektrischen Strömen beruhen kann, die erst ihrerseits die Erregung auslösen.

Es ist nicht meine Aufgabe, die speziellen Vorgänge hier zu erörtern, die beim PFLÜGERschen Zuckungsgesetz obwalten, oder die Änderungen der Erregbarkeit in Erwägung zu ziehen, die durch Elektrotonus und Baden des Nerven in verschiedenen Lösungen hervorgerufen werden. Alle diese Gesetze, wenn sie auch für die Lehre von der Erregung des Nerven von der größten Bedeutung sind, pflegen doch das nicht zu enthalten, was man unter Erregungsgesetzen schlechthin versteht. Sie finden in besonderen Kapiteln dieses Handbuches und dieses Bandes ihre Erledigung und werden im folgenden nur so weit berührt, wie es die eigene Darstellung erfordert.

Gewisse Grundbegriffe müssen zum Verständnis des Folgenden durchaus klargestellt werden, selbst auf die Gefahr hin, daß dabei eine doppelte Darstellung entsteht. Vor allen Dingen müssen wir davon ausgehen, daß dem Nerven eine Kernleiterstruktur innewohnt, womit aber nicht an eine zu enge Verbindung mit den MATTEUCCIschen Modellen gedacht sein soll. Es handelt sich lediglich darum, daß der periphere Nerv eine Substanz enthält, in der die Vorgänge der Erregung sensu strictiori ablaufen, das „leitende Element", wie manche Autoren, z. B. BETHE, es nennen, und daß dieses im allgemeinen umgeben wird von Bindegewebe (Scheiden) und Flüssigkeit, denen Erregung im Sinne der Nervenerregung nicht zukommt, die aber die wichtige Rolle eines indifferenten Leiters der Elektrizität haben[1]. Jedem Physiologen ist es geläufig, daß hier die großen Fragen auftreten: Ist der Achsenzylinder oder ist die Fibrille in ihm das leitende Element? Abgesehen von einigen wenigen Spezialfragen ist es glücklicherweise für das folgende Kapitel zunächst belanglos, ob man sich auf den einen oder den anderen Standpunkt stellt, ob man die Fibrille, ob man einen Mantel sie umgebenden Axoplasmas, ob man die Fibrille mit einem solchen Mantel oder den ganzen Achsenzylinder für das erregbare Gebilde hält usf.

Es empfiehlt sich, für das Folgende von einer rein schematischen Vorstellung auszugehen, von einem Schema, das de facto nicht erfüllt ist — bei den markhaltigen Nerven stehen Markscheiden und RANVIERsche Schnürringe dem schon entgegen —, aber das den Vorteil der leichteren Darstellung bietet, und das zur Erläuterung der wesentlichen Erscheinungen in erster Annäherung schon genügt. Wir haben also für die einfache schematische Faser in der Mitte einen zylinderförmigen Kern (leitendes Element), umgeben von einem Hohlzylinder indifferenten Leitungsgewebes. Wir denken uns die Kontinuität beider Teile nirgends durchbrochen; Störungen der Leitfähigkeit, sowohl der physiologischen als auch der elektrischen etwa in der Gegend der RANVIERschen Schnürringe lassen wir also außer Ansatz. Einen Nerven denken wir uns als ein gleichmäßiges Bündel schematischer Einzelfasern, wobei die Zwischenräume ebenfalls durch leitende Flüssigkeit gefüllt sind. Wir wollen uns unsere Aufgabe noch etwas vereinfachen und annehmen — obschon auch diese Annahme nicht unbedingt erforderlich ist —, daß der innere leitende Zylinder aus einer eigentlich erregbaren, dünnen Oberflächenschicht und einem mehr homogenen, zentralen Teil besteht. Unsere Faser hätte also drei Schichten: a) der innere Kern, b) die Plasmahaut (Oberflächenmembran, Film, Zwischenschicht) und c) die indifferente Außenschicht. Nun gilt das an anderer Stelle dieses Handbuches näher begründete Gesetz, daß jedenfalls nur dort bei irgendeiner elektrischen Einwirkung auf unseren schematischen Nerven eine Erregung gesetzt werden kann,

---

[1] Herr PÉTERFI hat es übernommen, über den Aufbau des Nerven einen Abschnitt zu schreiben; ich kenne seine Abhandlung nicht und weiß nicht, auf welchen Standpunkt er sich stellt.

wo die Stromfäden diese Grenzfläche zwischen Hülle und Kern durchsetzen. Wo sie austreten, das sind die *wahren Kathoden*, und wo sie eintreten, die *wahren Anoden*, und zwar pflegt die landläufige Lehre dahin zu gehen, daß die Erregung nur an den wahren Kathoden beim Schluß, an den wahren Anoden bei der Öffnung eines Stromes stattfindet. Das grobe Schema der Abb. 56 veranschaulicht uns diese Grundbegriffe.

Der Vater des polaren Erregungsgesetzes ist PFLÜGER[1]. Er hat es aber nicht strikt durchgeführt, sondern z. B. für den Induktionsschlag angenommen, daß der Induktionsstrom den Nerven auf dem ganzen Verlauf, also nicht nur an der Ein- und Austrittsstelle erregt. FICK[2] hat zuerst das Inkonsequente der PFLÜGERschen Auffassung dargetan und gezeigt, daß die Induktionsschläge von dem allgemeinen Gesetz nicht auszunehmen sind. Andererseits ist schon von MATTEUCCI darauf aufmerksam gemacht worden, daß die vermeintlichen, beim Aufhören reizenden anodischen Stromfäden, die in den Kern eintreten, in Wirklichkeit die kathodischen Stromfäden eines polarisatorischen Gegenstromes sein können, und in der Tat ist mir in der ganzen Nervenphysiologie kein Fall bekannt,

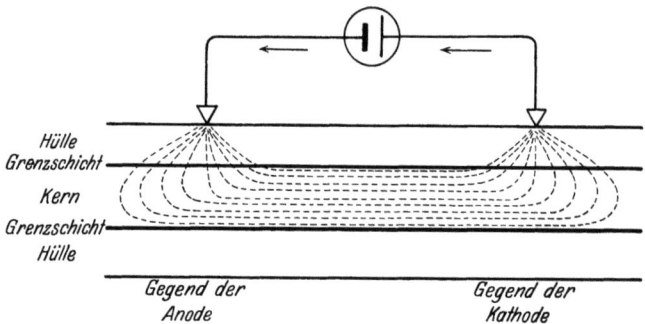

Abb. 56. Grobes Schema für wahre Anoden und wahre Kathoden. Die nur in der Hülle verlaufenden Stromfäden sind der Deutlichkeit halber weggelassen; desgleichen solche, die auf der vom Element abgewandten, unteren Seite in den Kern ein- bzw. aus ihm austreten.

bei dem eine sicher nachgewiesene Erregung als unzweifelhafte Anodenreizung gedeutet werden kann in dem Sinne, daß nur das Aufhören anodischer Stromkomponenten die Erregung bedingt; vielmehr lassen alle bekannten Erscheinungen die Deutung zu, daß nur wahre Kathoden erregen, d. h. immer Stromfäden vorhanden sind, die den Kern verlassen, die Plasmahaut des Kernes senkrecht durchsetzen. Ich lege daher diese Vorstellung meiner Darlegung im folgenden zugrunde. Eine der wichtigsten Tatsachen, die dafür spricht, liegt darin, daß der Polarisationsstrom eines Nerven in der Lage ist, sogar einen fremden Nerven zu erregen. Da den hierbei auftretenden, die Grenzfläche durchsetzenden kathodischen Stromfäden niemals Kathoden gleicher Dichte im fremden Nerven entsprechen können, so wird damit sehr wahrscheinlich gemacht, daß die sog. Anodenreizung eine kathodische Komponente hat. Schon MATTEUCCI hat in nicht ganz reiner Form den oben erwähnten Versuch angestellt. Ich habe ihn unter Schutz gegen alle möglichen Täuschungen mit positivem Resultat wiederholt, nachdem der Originalversuch längst in Vergessenheit geraten war[3]. Am besten gelingt derselbe mit Hilfe eines Helmholtz-Pendels mit einer genügenden Anzahl von Kontakten. Man darf bei Anstellung des Versuches nicht versäumen, sich mit Hilfe von Baumwollfäden, Wattebäuschen, Toluol-

---

[1] Die wenigen Vorgänger s. CREMER: Zitiert auf S. 244, daselbst S. 971.
[2] FICK: Gesammelte Abh. **3**, 171.   [3] CREMER: Z. Biol. **50**, 355 (1908).

nerven als Kontrollmittel davon zu überzeugen, daß keine physikalischen Täuschungen vorliegen, sondern der Polarisationsstrom des Nerven selbst es ist, der die Reizung bewirkt. Indem ich wegen der Details auf die zitierte Abhandlung in der Zeitschrift für Biologie, namentlich auch auf meine Darstellung in NAGELS Handbuch verweise, sei nur kurz darauf aufmerksam gemacht, daß sowohl die Polarisation der Grenzschicht senkrecht zur Richtung der Faser als auch die von HERMANN sog. Infiltrationspolarisation des Kernes zum Auftreten wahrer Kathoden nach dem Öffnen des Stromes Veranlassung geben. Hervorheben möchte ich noch, daß man zur Erläuterung als eine Art Arbeitshypothese ein Kernleiterschema, also ein Kernhüllenschema zugrunde legen kann, bei dem die erregbare Grenzschicht nicht völlig identisch ist mit derjenigen, die die elektrotonischen Erscheinungen bedingt, wenn auch beide der obenerwähnten Mittelschicht angehören, also z. B. die eine die andere konzentrisch umfaßt. Bei dieser übrigens nicht notwendigen Hilfsannahme sieht man ohne weiteres, daß auch die Grenzflächenpolarisation gegenüber der zu erregenden Schicht genau so wirkt wie ein von außen angelegter, umgekehrt gerichteter Strom. Es würde also nicht nur die im Kern selbst auftretende Infiltrationspolarisation restlos zur Deutung auch der kleinsten Öffnungserregungen herangezogen werden können, sondern auch die Polarisation, die für die elektrotonischen Erscheinungen verantwortlich ist. Aber auch wenn die beiden Schichten de facto nicht trennbar voneinander sind und nur eine einzige Mittelschicht postuliert wird, kann der Vorgang in den Nerven total verschieden sein etwa von dem an einem idealen Kernleiter. Beim idealen Kernleiter[1] können nämlich die auftretenden wahren Kathoden, wie sich leicht zeigen läßt, niemals zu einer kathodischen Polarisation, sondern nur zur Depolarisation der anodisch polarisierten Strecke, d. h. zum Verschwinden des Anelektrotonus, führen. Beim Nerven könnten sie aber im Gegensatz zum idealen Kernleiter sehr wohl die Negativität der Erregung auslösen. Zusammenfassend kann man also sagen: Der Satz „Nur wahre Kathoden reizen" und der mit ihm identische, „Es gibt keine wahre Öffnungserregung", läßt sich für den Nerven wenigstens zur Zeit nicht widerlegen, sondern wird durch den oben diskutierten Versuch erheblich wahrscheinlich gemacht. Bei dieser Gelegenheit mag es zweckmäßig sein, auf einige andere Bedingungen hinzuweisen, bei denen im Nerven vorhandene oder entstehende Ströme einen anderen Nerven zu erregen vermögen. Daß elektrotonische Ströme das vermögen, war schon den älteren Elektrophysiologen vollkommen klar. Ich erinnere an die paradoxe Zuckung DU BOIS-REYMONDS. So können auch sicher viele mit sehr starken Induktionsschlägen erzielte Effekte als elektrotonische Fernwirkungen gedeutet werden. Man sehe dazu die neueren Versuche KATOS über das Verhalten des Nerven in der Narkosekammer nach, die von

---

[1] Ich nenne ideale Kernleiter solche, die streng die Wärmegleichung befolgen, und zwar unterscheide ich Kernleiter mit und ohne Depolarisation. Es halten jedoch auch viele Physiologen an der Lehre von der wahren Öffnungserregung fest, z. B. BIEDERMANN und auch HILL [J. of Physiol. **40**, 190. (1910)]. Von den Abhandlungen, in denen ich mich mit dem gewöhnlichen physikalischen Kernleiter (im Gegensatz zum LILLIEschen Modell) befaßt habe, möchte ich die folgenden erwähnen: Zum Kernleiterproblem, Z. Biol. **37**, 550 (1899); Sitzgsber. Ges. Morph. u. Physiol Münch. H. 1/2, S. 8 (1899); Über Wellen und Pseudowellen, Z. Biol. **40**, 393 (1900); Über die Vorgänge am begrenzten Idealkernleiter, ebenda S. 477; Über den Begriff des Kernleiters u. d. physiol. Polarisation, Sitzgsber. Ges. Morph. u. Physiol. Münch. H. 1, S. 124 (1900); Experimentelle Untersuchungen am Kernleiter, ebenda S. 109; Über einen allgemeinen Weg, Kernleiterprobleme exakt zu lösen, Z. Biol. **41**, 304 (1901). Ferner vgl. ROSENBERG, H. und H. LENTZ: Modellversuche zur Frage der Verschiedenheit des Längs- und Querwiderstandes des Nerven. CREMERS Beitr. z. Physiol. **2**, 115 (1924); KEIL, F. und J. MANASSE: Die extrapolare Spannungsverteilung in einem Kerneiter, ebenda S. 205.

früheren ADRIANschen Versuchen über denselben Gegenstand so erheblich abweichen. Ich gehe auf diese Punkte nicht ein, da ich vermute, daß Herr FROELICH sie in diesem Handbuch auseinandergesetzt hat. Doch ist bei diesen Versuchen auch immer sehr ernst zu erwägen, ob nicht rein physikalische Stromschleifen bei mangelnder Isolierung oder nichtbeachteten Kapazitäten viel zu den hier gelegenen Erscheinungskomplexen beitragen, und es fragt sich, ob die bisher in der Literatur vorliegenden Versuche, durch geeignete Formen von Tunnelelektroden dieser Schwierigkeiten Herr zu werden, in den einzelnen Fällen gelungen sind. Andererseits ist im Auge zu behalten, daß HERING[1] und UEXKÜLL[2] uns gelehrt haben, schwache Formen dieser paradoxen Zuckung als Aktionsstromreizungen eines Nerven A auf einen Nerven B darzustellen, wenn A und B demselben Stamm C entspringen. Man sehe hierzu CREMER[3]. HERING gelang auch die Reizung eines Nerven durch den Aktionsstrom eines zweiten.

Daß der durch Kompensation verdeckte Ruhestrom eines Nerven bei Ausschaltung der Kompensation zur Selbsterregung führen kann — auf diese Dinge sei nur hingewiesen als mehr oder minder sichere Beispiele für solche Fälle, wo die Erregung im Nerven durch Ruhe- und Aktionsstrom zustande kommt. Da zu den besten Theorien, die wir über die Fortpflanzung der Erregung besitzen, die Stromtheorie der Erregungsleitung gehört, werden wir uns in diesem Kapitel notwendigerweise auch mit der Selbsterregung des Nerven bei Fortpflanzung der Aktionsstromwelle beschäftigen müssen.

Ein anderes grundsätzliches Problem müssen wir noch in Erwägung ziehen. Schon die Vorgänger von DU BOIS-REYMOND, namentlich aber DU BOIS-REYMOND selbst mit seinem Rheochord, lehrten die fundamentale Tatsache, daß derselbe Strom, dessen plötzliches Schließen und Öffnen, wenn er einem Nerven durch Elektroden zugeleitet wird, eine Zuckung des zugehörigen Muskels veranlaßt, dieses nicht tut, wenn man den Strom ein- oder ausschleicht. Man hat den Versuch gemacht, den Nerven als idealen Kernleiter hierbei aufzufassen, der die erregbaren, leitenden Teile bei langsamem Entstehen oder Verschwinden des Stromes vor Stromfäden im Kern schützt[4]. Da aber auch bei den schwächsten Strömen die elektrotonischen Erscheinungen am Nerven ohne gewisse Depolarisation nicht zu erklären sind, ist mit dieser Auffassung das Ein- und Ausschleichen wohl nicht restlos zu verstehen. Da wir es im folgenden hauptsächlich mit sehr kurzdauernden Stromeinwirkungen zu tun haben, werden wir auf dieses fundamentale Problem hier nur gelegentlich zurückkommen; doch werden wir sehr eingehend aus Gründen, die noch klar werden, die einfache Reizwirkung der Schließung eines konstanten Stromes in Parallele und Beziehung setzen zu der Wirkung sehr kurzdauernder Entladungen. Der Vergleich zwischen den kurzdauernden Einwirkungen und dem Schließen des konstanten Stromes wurde provoziert durch die Diskussion des berühmten DU BOIS-REYMONDschen Erregungsgesetzes, das bekanntlich lautet: „Nicht der absolute Wert der Stromdichtigkeit in jedem Augenblicke ist es, auf den der Bewegungsnerv mit Zuckung des zugehörigen Muskels antwortet, sondern die Veränderung dieses Wertes von einem Augenblick zum andern, und zwar ist die Anregung zur Bewegung, die diesen Veränderungen folgt, um so bedeutender, je schneller sie bei gleicher Größe vor sich gingen, oder je größer sie in der Zeiteinheit waren." DU BOIS-REYMOND nahm an, daß eine gewisse Differentialerregung gegeben ist,

---

[1] HERING: Beiträge zur allgemeinen Nerven- und Muskelphysiologie. 9. Mitt.: Nervenreizung durch den Nervenstrom. Sitzsber. ksl. Akad. Wiss. Wien III, **85** (1882).
[2] UEXKÜLL: Über paradoxe Zuckung. Z. Biol. **30**, 184 (1894).
[3] CREMER: Nagels Handbuch der Physiologie des Menschen **4** II, 880 (1909).
[4] EBBECKE: Pflügers Arch. **211**, 786 (1926); **212**, 121 (1926).

und daß man durch eine Summation über den Zeitraum der Stromänderung die Stärke der Erregung des Nerven messen könnte. Seine einfachste Formel lautete wie folgt:

$$\varepsilon = F\left(\frac{d\varDelta}{dt}\right),$$

wo $\varDelta$ die Stromdichte im Nerven bezeichnet. Die Integralerregung ist:

$$\eta = \int_T^{T_1} F\left(\frac{d\varDelta}{dt}\right)dt.$$

Er hat in den Nachträgen seines großen Buches[1] das Quadrat der Erregung in dieses Integral eingeführt. Die Formel lautet:

$$\varPhi\left(\left[\frac{d\varDelta}{dt}\right]^2\right),$$

doch ist sie meines Wissens von keiner Seite zur Aufstellung eines Erregungsgesetzes verwandt worden. Die einfache Formel, wenn man namentlich die Differentialerregung der Änderung der Stromstärke einfach proportional setzt, führt zu Ungereimtheiten, auf die erst sehr spät HOORWEG[2] als erster die Aufmerksamkeit gelenkt hat. Sie führt namentlich bei linearem Anstieg des Stromes zu dem Schluß, daß es nur auf den Anfangs- und Endwert der Stromschwankung ankommt und nicht auf ihren Verlauf, in absolutem Gegensatz zu der fundamentalen Tatsache des Ein- und Ausschleichens.

Wirkung rechteckiger Stromstöße.

Die ersten wesentlichen experimentellen Angriffe gegen das Gesetz gingen von FICK[3] aus, und zwar auf Grund von Beobachtungen am Schließmuskel der Anodonta. FICK konstruierte mehrere kleine Apparate die erlaubten, das, was man rechteckige Stromstöße nennt, auf den Nerven einwirken zu lassen. Wäre das DU BOIS-REYMONDsche Gesetz absolut richtig und nur die Änderung erregend, so müßte ein kurzer Stromstoß doppelt so stark erregend wirken wie ein dauernd geschlossener Strom gleicher Stärke. Bei den FICKschen Versuchen ergab sich aber sehr bald, daß die Wirkung jedenfalls nicht nur von dem Auf- und Abstieg, sondern auch wesentlich von der Dauer abhängt. Indem wir eine Reihe älterer Versuche übergehen, die man z. B. bei CREMER[4] nachsehen möge, ist es hauptsächlich G. WEISS[5] gewesen, der hier bahnbrechend gewirkt hat. Er war der erste, der nach FICK rechteckige Stromstöße systematisch in ihrer erregenden Wirkung untersucht hat (unabhängig von ihm auch M. GILDEMEISTER und O. WEISS[6]). Dabei leitete G. WEISS die einfache Formel ab, daß die zur Minimalerregung erforderliche Elektrizitätsmenge $Q = a + b \cdot t$ sein müsse. Diese Formel besagt, daß es eine kleinste Elektrizitätsmenge geben muß, im mathematischen Sinne als untere Grenze, die unter allen Umständen bei jedem Nerven-, Elektrodenabstand usw. den Nerven passieren muß, damit er

---

[1] DU BOIS-REYMOND: Untersuchungen über tierische Elektrizität **1**, 528.
[2] HOORWEG behandelt das Erregungsgesetz an sehr vielen Stellen. Ich erwähne die folgenden aus Pflügers Arch.: **52**, 87 (1892); **53**, 587 (1893); **57**, 427 (1894); **71**, 128 (1898); **74**, 1 (1899); **82**, 399 (1900); **83**, 89 (1901); **85**, 106 (1901); **87**, 94 (1901) und später.
[3] FICK: Beiträge zur vergleichenden Physiologie der irritablen Substanzen. Braunschweig 1863 — Untersuchungen über die elektrische Nervenreizung. Braunschweig 1864.
[4] CREMER, M.: Zitiert auf S. 244.
[5] WEISS, G.: Arch. ital. Biol. **35**, 1.
[6] GILDEMEISTER, M. u. O. WEISS: Pflügers Arch. **130**, 329 (1909).

überhaupt in Erregung gerät. Wir erhalten dieselbe, wenn wir $t = 0$ setzen: $Q_0 = a$. Schreiben wir die WEISSsche Formel gleich etwas anders, indem wir $Q = i \cdot t$ setzen, so kommen wir nach Division durch t auf die zum Minimalreiz erforderliche konstante Stromstärke: $i = \frac{a}{t} + b$. Wenn $t = \infty$, der Strom also dauernd geschlossen ist, wird $i = b$. Die Konstante b dieser WEISSschen Formel ist also einfach gleich dem Wert des Stromes in Ampere oder einer willkürlichen Einheit, der einen Nerven bei dauerndem Geschlossensein gerade reizt. b bedeutet dann die Tangente des Winkels, den diese gerade Linie mit der Abszissenachse bildet, und die Konstante a den Punkt der Ordinate, durch den sie hindurchgeht. Ein beliebiger Strom i muß also eine Zeit $\bar{t}$ fließen, die sich aus der Gleichung $\bar{t} = \frac{a}{i - b}$ berechnet. Setzt man $i = 2b$, d. h. verwendet man zur Reizung einen Strom, der doppelt so stark ist wie derjenige, der beim dauernden Geschlossensein gerade reizt, erhält man: $\bar{t} = \frac{a}{2b - b} = \frac{a}{b}$. Dann hat der Stromstoß das Minimum der Energie, der Quotient selbst ist = kleinste Elektrizitätsmenge durch gerade reizenden Strom.

Dieser Wert spielt in der Folge eine sehr große Rolle. Die absolute Gültigkeit des WEISSschen Gesetzes für alle t und ferner vorausgesetzt, daß dasselbe unabhängig wäre von der Art, wie man den Strom dem Nerven zuleitet, würde der Wert a/b mit dem zusammenfallen, was LAPICQUE Chronaxie, v. KRIES absolutes Speicherungsvermögen[1] genannt hat und ich mit dem Namen „reduzierte Reizzeit" belegte. Das WEISSsche Gesetz ist jedenfalls das erste Fundament, auf dem diese Begriffe sich später aufgebaut haben. Die Bestimmung der Zeit $\bar{t}$ für $i = 2b$ ist besonders bequem. Man bestimmt nach LAPICQUE zuerst den konstanten, gerade reizenden Strom, die Rheobase bzw. die dabei angewandte elektromotorische Kraft, verdoppelt den ersteren bzw. die letztere und sucht die zur Reizung erforderliche Zeit. v. KRIES[2] ist bei seinen Versuchen, die in ganz gleicher Richtung wie die WEISSschen lagen, von der durch das WEISSsche Gesetz besonders naheliegenden Voraussetzung ausgegangen, daß eine praktisch bei kleinen Zeiten bereits erreichbare kleinste Elektrizitätsmenge existiert, welche den Nerven erregt, und daß diese kleinste Elektrizitätsmenge für den Froschnerven schon bei einer Zeit von 0,17 σ gegeben ist. Er sagt ausdrücklich, daß gelegentliche Versuche mit noch kürzerer Dauer lehrten, daß diese Stromstöße in den Proportionalitätsbereich gefallen sein dürften. Fällt die Voraussetzung einer kleinsten Elektrizitätsmenge fort, dann verliert der Begriff des absoluten Speicherungsvermögens seinen Sinn. Ich selbst habe aus dem Bedürfnis der Entwicklung einer Formel für die Fortpflanzungsgeschwindigkeit im Nerven den reziproken Wert dieser Zeit den $\frac{\text{Ampere}}{\text{Coulomb}}$-Quotienten genannt[3], dabei allerdings einen ganz bestimmten, theoretisch konstruierten Strom ins Auge gefaßt und sein Verhältnis zu einer kleinen Elektrizitätsmenge, die nach Art der Aktionsstromwelle den Nerven tatsächlich erregt und dementsprechend meinen A/C-Quotienten zu bestimmen gesucht. Da nun, mangels einer hinreichenden Kenntnis des genauen Verlaufs des Aktionsstromes, diese Elektrizitätsmenge sich nicht ohne weiteres angeben bzw. experimentell ermitteln ließ, so bin ich ebenfalls, wie v. KRIES,

---

[1] Vgl. BROEMSER, A.: Zitiert auf S. 244, daselbst S. 315.
[2] v. KRIES: Über die Wirkung von Stromstößen auf reizbare Gebilde, insbesondere den motorischen Nerven. Pflügers Arch. **176**, 302. (1919).
[3] CREMER, M.: Ber. Physiol. **2**, 166 (1920) — Beitr. Physiol. **2**, 31 (1922) — Proc. of the XIth Internat. Physiol. Congr. Edinburgh 1923.

davon ausgegangen, daß es wahrscheinlich eine kleinste Elektrizitätsmenge gibt, der man sich experimentell genügend genau nähern kann. (Die genauere Definition findet man S. 279.) Würde — worauf wir gleich zu sprechen kommen — es keine absolut oder wenigstens relativ kleinste Elektrizitätsmenge geben, so würde meine ursprüngliche Definition des Ampere/Coulomb-Quotienten (ACQ) doch ihren Wert behalten und die Ermittlung dieses wahren Ampere/Coulomb-Quotienten, wie ich ihn auch nennen will, auf verschiedene Weise möglich sein. Es ist aber meine Meinung, und ich werde die Literatur namentlich von diesem Gesichtspunkte aus im folgenden betrachten, daß praktisch ein solches Minimum bzw. untere von Null verschiedene Grenze existiert — zunächst spreche ich hier von rechteckigen Stromstößen —, und daß die so ermittelten Ampere/Coulomb-Quotienten bei demselben Nerven verschiedener Individuen derselben Spezies unter denselben Umständen nur geringe Abweichungen voneinander zeigen und in diesem Sinne der Ampere/Coulomb-Quotient numerisch gleich dem reziproken, absoluten Speicherungsvermögen ist, wenn auch seine ursprüngliche Definition einen ganz anderen Ausgang hat. Wie schon hervorgehoben, würde für das absolute Speicherungsvermögen jede Grundlage fallen, wenn — wie z. B. LAPICQUE will — die untere Grenze der Quantität gleich 0 ist, während offensichtlich für die wahren Ampere/Coulomb-Quotienten diese Frage ohne prinzipielle Bedeutung ist. Ähnlich wie beim Speicherungsvermögen liegt der Fall bei der Chronaxie. Die Chronaxie verliert zunächst ihre ausschlaggebende Bedeutung, wenn das WEISSsche Gesetz nicht exakt richtig ist, denn dann kann man das Verhältnis a/b (bzw. b/a) nicht mehr durch die Untersuchung des Stromstoßes bei doppelter Rheobase ermitteln. Man könnte ebensogut statt der doppelten die $n$fache Rheobase nehmen, wo n eine beliebige Zahl ist. Es ist nun sehr merkwürdig, daß LAPICQUE, nachdem er erkannt zu haben glaubte, daß das WEISSsche Gesetz nicht richtig ist, seinen Chronaxiebegriff nicht ganz hat fallen lassen bzw. die Willkürlichkeit des Faktors 2 in die Definition mit aufgenommen hat. Natürlich hätte die Chronaxie dann aufgehört, eine bemerkenswerte Konstante des Nerven zu sein, da sie vor unendlich vielen anderen Konstanten keinen besonderen Vorteil gehabt hätte, abgesehen eben davon, daß 2 die kleinstmögliche ganze Zahl ist und die Bestimmungen sich genauer mit 2 als mit einer anderen ganzzahligen Vielfachen ausführen lassen. So war es jedenfalls in einem gewissen Zeitpunkt des Stadiums der uns hier interessierenden Frage; doch fand LAPICQUE einen Weg, auf dem er die besondere Bedeutung seiner Chronaxie wieder einführen konnte. Er fand nämlich eine besondere Zeit Θ, bei der gewissermaßen zwei Zweige der wahren Q-Kurve usw. bei rechteckigen Stromstößen sich schneiden. Nach dieser Zeit Θ hat die Kurve die Gestalt des WEISSschen Erregungsgesetzes, insofern als diese eine gerade Linie darstellt; vor dieser Zeit hat sie die Gestalt des NERNSTschen Gesetzes. Die Chronaxie wird jetzt neu eingeführt als der Wert von $\frac{1}{4}\Theta$ und ist diejenige Zeit eines Stromstoßes, die dem wahren Wert von $\frac{1}{4}\Theta$ bei ganzzahliger Vermehrung der Rheobase am nächsten kommt. Um diese Neubegründung der Chronaxie zu verstehen, müssen wir uns mit den NERNSTschen Gesetz beschäftigen. Es sei hervorgehoben, daß bei den verschiedensten Autoren vor NERNST die Meinung herrschte, daß wenigstens innerhalb eines gewissen Bereichs der Reizdauer die Energiemenge, die durch die Elektrizität dem Nerven zugetragen wird, eine entscheidende Rolle spielt. Ein Satz, der wichtig wird, wenn wir die abgebrochenen Kondensatorentladungen diskutieren werden. Schon oben wurde erwähnt, daß die Chronaxie bei strengem Festhalten an der WEISSschen Formel diejenige Zeit darstellt, bei der die angewandte Energie ein Minimum hat. WEISS war von solchen Erwartungen ausgegangen, und sie finden sich namentlich auch bei den Autoren, die sich von vornherein des Kondensators bedienen.

Die Gültigkeit des NERNSTschen Gesetzes verlangt, daß die Energie konstant bleibt (nicht die Quantität), was namentlich von HERMANN hervorgehoben wurde, doch darf der Stromverlauf nicht zu langsam sein, da sonst nach NERNST die Erscheinungen des Ein- und Ausschleichens sich störend geltend machen. Bei der NERNSTschen Theorie lassen sich ohne weiteres die für einen analogen Fall der Wärmebewegung benutzten Gleichungen von KIRCHHOFF bzw. FOURIER verwenden.

Der großen Bedeutung wegen teile ich die Darlegungen nach dem Original von NERNST[1] mit, wobei hervorgehoben zu werden verdient, daß es nicht immer die Nerven sind, die als Objekte herangezogen werden; aber es kann auch keinem Zweifel unterliegen, daß allgemeine Erregungsgesetze sich mehr oder minder auf alle durch Elektrizität erregbaren Gebilde erstrecken.

„Nach unseren gegenwärtigen elektrochemischen Anschauungen kann der galvanische Strom im organisierten Gewebe, also einem Leiter rein elektrolytischer Natur, keine anderen Wirkungen als Ionenverschiebungen, d. h. Konzentrationsänderungen, verursachen; wir schließen also, daß letztere die Ursache des physiologischen Effektes sein müssen. Bei Wechselströmen treten Konzentrationsänderungen in mit der Richtung des Stromes wechselndem Sinne auf. Wenn diese einen bestimmten Betrag annehmen, wird die physiologische Wirkung merklich werden, d. h. die Reizschwelle ist erreicht.

Es ist nun möglich, diese Konzentrationsänderungen zu berechnen, ohne gar zu spezielle Vorstellungen zu Hilfe nehmen zu müssen. Es ist bekannt, daß im organisierten Gewebe die Zusammensetzung der wässerigen Lösung, die den elektrolytischen Leiter bildet, nicht überall die gleiche ist, und insbesondere ist sie innerhalb und außerhalb der Zellen verschieden. Halbdurchlässige Membrane verhindern den Ausgleich durch Diffusion; nur an diesen Membranen können Konzentrationsänderungen durch den Strom erzeugt werden, während bekanntlich im Innern einer Lösung von überall gleicher Zusammensetzung der Strom eine solche Wirkung nicht hervorbringen kann, weil in jedes Volumelement in jedem Augenblick ebenso viele Ionen hinein- und hinauswandern.

An den halbdurchlässigen Membranen hingegen müssen Konzentrationsänderungen auftreten, weil der Strom daselbst Salz hintransportiert, dessen weiteren Transport die Membran verhindert. Salze, welche die Membran zu passieren imstande sind, übernehmen die Stromleitung durch die Membran. Hier ist also offenbar der Sitz der elektrischen Reizung zu suchen.

Wenn nun ein aus der Membran austretender Strom von der Dichtigkeit Eins die Salzmenge v von der Membran entfernt, so wird gleichzeitig infolge Diffusion eine Rückwanderung des Salzes eintreten. Die Konzentrationsänderung an der Membran wird also bedingt durch die entgegenwirkenden Effekte des Stromes und der Diffusion."

Anschließend entwickelt NERNST die Gleichungen dieser Prozesse, die man im Original nachschlagen möge. Wir wollen uns an dieser Stelle auf die Vorgänge bei Stromstößen beschränken.

Uns interessieren in erster Linie die rechteckigen Stromstöße[2].

Für diese „folgt nach S. 288, Gleichung (18) die Bedingung für das Auftreten eines Reizes

$$c_0 - c = vi\sqrt{\frac{t}{\pi k}} \geqq A,$$

oder es muß für die Reizschwelle

$$i\sqrt{t} = \text{konst.}$$

sein, also eine ähnlich einfache Beziehung wie für Wechselstrom gelten.

Zur Prüfung dieser Gleichung liegen zunächst die Versuche von WEISS vor, der bekanntlich diese Art der elektrischen Reizung zuerst eingehend studiert hat, indem er eine bestimmte elektromotorische Kraft während einer gewissen sehr kleinen aber genau meßbaren Zeit in einen großen selbstinduktionsfreien Widerstand schloß; das zu untersuchende Präparat

---

[1] NERNST: Pflügers Arch. **122**, 275 (1908).
[2] NERNST: Ebenda S. 300.

befand sich ebenfalls im Stromkreise. Man kann dann annehmen, daß ein nach dem OHM-schen Gesetz zu berechnender Strom i während der Zeit t in konstanter Stärke gewirkt hat. Der genannte Forscher fand bei seinen Versuchen innerhalb gewisser Grenzen als gültig die Formel:

$$i = \frac{a}{t} + b.$$

Es ist von vornherein klar, daß meine Formel mehr besagt als diejenige von WEISS, weil erstere (22) nur eine von der Natur des untersuchten Objektes abhängige Konstante, letztere (23) hingegen deren zwei enthält. Für kleine Variationen von Zeit und Stromstärke können naturgemäß beide Formeln stimmen, für größere differieren sie hinreichend, um ohne weiteres eine Entscheidung zwischen ihnen treffen zu können. Aber auch in den Fällen, wo beide Formeln etwa gleich gut stimmen, würde die Formel von WEISS als die weniger leistungsfähige angesehen werden müssen, weil sie unnötig viel willkürliche Konstante enthält (vgl. dazu auch die analogen Bemerkungen S. 299).

Im folgenden habe ich alle Tabellen berechnet, die ich in der Literatur gefunden habe.

1. Versuche von WEISS[1]. Die in den folgenden Tabellen angegebenen Zeiten t sind mit 0,000077 zu multiplizieren, um Sekunden zu erhalten; als Stromstärken i sind die damit proportionalen Spannungen angegeben; der in jeder Versuchsserie konstante Widerstand betrug meistens gegen 500000 Ohm.

Tabelle IX. Rana esculenta.

t	i beobachtet	i berechnet	$i\sqrt{t}$
6	147	136	360
8	124	119	351
10	110	106	349
12	94	97	326
16	81	84	324
20	73	75	326
30	62	61	340
40	57	53	361

$$i = \frac{335}{\sqrt{t}}.$$

Tabelle X. Rana esculenta.

t	i beobachtet	i berechnet	$i\sqrt{t}$
4	(185)	177	(370)
6	142	145	348
8	123	126	348
10	112	112	355
12	103	102	358
14	97	95	364
20	86	79	384
40	77	56	487

$$i = \frac{355}{\sqrt{t}}.$$

Tabelle XI. Frosch.

t	i beobachtet	i berechnet	$i\sqrt{t}$
6	87	82	213
8	69	71	195
10	62	63	203
12	57	58	198
14	54	54	202

$$i = \frac{200}{\sqrt{t}}.$$

Tabelle XII. Frosch, curaresiert.

t	i beobachtet	i berechnet	$i\sqrt{t}$
5	(136)	112	(305)
10	90	85	285
15	70	70	272
20	58	60	259
25	53	54	265
30	50	49	274

$$i = \frac{270}{\sqrt{t}}.$$

Tabelle XIII. Rana temporaria.

t	i beobachtet	i berechnet	$i\sqrt{t}$
4	(78)	72	(156)
10	42	46	133
15	36	37	140
20	32	32	143
40	27	23	171

$$i = \frac{145}{\sqrt{t}}.$$

Tabelle XIV. Kröte.

t	i beobachtet	i berechnet	$i\sqrt{t}$
4	(175)	137	(350)
10	89	87	282
15	70	71	272
20	59	61	264
40	45	44	284

$$i = \frac{275}{\sqrt{t}}.$$

---

[1] WEISS: Arch. ital. Biol. **35 III**, 1 (1901).

Tabelle XV. Schildkröte.

t	i beobachtet	i berechnet	$i\sqrt{t}$
4	(122)	105	(244)
10	66	66	209
15	52	54	292
20	45	47	201
40	36	33	228

$$i = \frac{210}{\sqrt{t}}.$$

Zunächst fällt in den obigen Tabellen eine Abweichung zwischen Theorie und Versuch bei $t = 4$ auf, die immer im gleichen Sinne liegt und ziemlich konstant $10-20\%$ beträgt. Da WEISS ausdrücklich bemerkt (l. c. S. 21), daß die Fehler der Zeitbestimmung erst bei $t = 5-6$ zu vernachlässigen sein werden, so liegt die Vermutung nahe, daß hier in der Tat eine einseitige Fehlerquelle aufgetreten ist, und ich hielt mich daher für berechtigt, die auf $t = 4$ und 5 bezüglichen Werte einzuklammern (vgl. auch weiter unten). Bei längeren Zeiten tritt in einigen Fällen eine Abweichung in dem Sinne auf, daß hier der Strom schwächer wirkt, als er nach unseren Formeln wirken sollte. Dies war aber nach dem früheren zu erwarten; wir befinden uns hier offenbar bereits im Akkommodationsgebiet. Hiervon abgesehen ist aber die Übereinstimmung zwischen Versuch und Theorie so gut, als nur zu erwarten war.

2. Versuche von LAPICQUE[1].

Tabelle XVI. Froschmuskel, erregt durch den Nerv.
$t = 12{,}5°$.

$t \cdot 10^3$	i beobachtet	i berechnet	$i\sqrt{t} \cdot 10^3$
0,33	175	165	101
0,66	115	116	93
1	91	95	91
1,5	76	77	93
2	68	67	97
2,5	64	60	101
3	61	55	106

$$i = \frac{95}{\sqrt{t}}.$$

Tabelle XVII. Froschmuskel, erregt durch den Nerv.
$t = 24{,}5°$.

$t \cdot 10^3$	i beobachtet	i berechnet	$i \, t \cdot 10^3$
0,33	270	270	155
0,60	187	191	152
1	155	155	155
1,5	126	126	155
2	155	110	163
2,5	112,5	98	178
3	112	90	194

$$i = \frac{155}{\sqrt{t}}.$$

Tabelle XVIII. Aplysia punctata[2].

$t \cdot 10^3$	i beobachtet	i berechnet	$it \cdot 10^3$	Formel von WEISS
0,4	9,0	9,5	5,8	17,0
0,6	8,0	7,8	6,2	11,7
1,2	5,6	6,6	6,1	6,5
2,4	3,9	3,8	6,0	3,9
3,4	3,4	3,3	6,3	3,1
4,8	2,5	2,8	5,5	2,6
7,8	2,1	2,2	5,9	2,1

$$i = \frac{6{,}0}{\sqrt{t}}.$$

Die Versuche von LAPICQUE sind zweifellos mit außerordentlicher Präzision ausgeführt; es ist die Übereinstimmung zwischen Rechnung und Versuch eine derartige, wie sie bisher wohl nur in den Versuchen von BARRATT und mir (S. 293) erreicht wurde; es darf wohl als überraschend bezeichnet werden, daß sich für den physiologischen Reiz nicht nur Messungen, sondern auch Gesetze von solcher Exaktheit erbringen lassen. Die Abweichungen, welche die Versuche von WEISS für die Zeiten $4 \cdot 0{,}000077 = 0{,}308 \cdot 10^{-3}$ zeigten, fehlen in den letzten Tabellen bei den entsprechenden Zeiten $t = 0{,}33 \cdot 10^{-3}$. Hingegen finden wir auch hier, wenigstens bei den Froschpräparaten, die obenerwähnte und begründete Abweichung, wonach bei längerdauernden Reizen der Strom schwächer wird, als es die nur für Momentanreize gültigen Formeln verlangen.

Besondere Hervorhebung verdient, daß, wie die 5. Kolumne der letzten Tabelle zeigt, die Formel von WEISS gänzlich versagt, während meine einfachere Formel die Beobachtungen

---

[1] LAPICQUE: J. de Physiol. et Path. gén., 9. Juli 1907.
[2] LAPICQUE: Bull. de la Stat. biol. d'Arcachon 1904/1905, S. 12.

sehr gut wiedergibt, und daß in Tab. XVI und XVII sich wiederum zeigt, wie mit der Temperatur das Akkommodationsgebiet steigt."

Die NERNSTsche Theorie war ein ganz erheblicher Fortschritt auf unserem Gebiet. Nur muß hervorgehoben werden, daß die einfachen Voraussetzungen, von denen NERNST ausgeht, tatsächlich nicht bestehen. Zum Teil hat er das selbst hervorgehoben. Namentlich liegen sie darin, daß wir nach meiner Meinung mit Mehrfachmembranen und zum Teil auch solchen zu rechnen haben, die sich in der Richtung des reizenden Stromes von Punkt zu Punkt ändern. Es ist daher möglich, abgesehen von dem Ein- und Ausschleichen, dem Gebiete der „Akkommodation" nach NERNST, daß der NERNSTsche Grundgedanke prinzipiell richtig bleibt, und doch die Kurve, an einzelnen Stellen oder auch im ganzen, richtiger z. B. durch die WEISSsche Gleichung für ein bestimmtes Objekt — hier zunächst den Froschnerven — dargestellt werden könnte als durch die NERNSTsche Formel. Für die etwas größeren Zeiten wird das auch von LAPICQUE angenommen, und für die kleinsten Zeiten hängt viel von der Frage ab, ob ein Minimum der Quantität bzw. eine untere Grenze größer als 0 für die zur Reizung erforderliche Elektrizitätsmenge existiert oder nicht. Dabei will ich nur die Zeiten von 0 bis zum Ende der Hauptnutzzeit (s. später) ins Auge fassen. Denn daß das Gesetz darüber hinaus für die Quantität eine gerade Linie sein muß, ist eine Trivialität. Der konstante, gerade reizende Strom gibt bei dauerndem Geschlossensein natürlich pro Zeiteinheit fortwährend gleiche Quantitäten, übrigens auch gleiche Energiemengen, in den Nerven hinein.

Die mathematische Theorie der Akkommodation s. auch im Original. Namentlich möchte ich aufmerksam machen auf Versuche von HERMANN, diese Akkommodationsformel zu verwerten. [Pflügers Arch. **127**, 172 (1909).]

Ehe wir weitergehen, müssen wir noch der wichtigen, oben schon erwähnten Arbeit von M. GILDEMEISTER und O. WEISS[1] gedenken, die dieselben im Jahre 1902 ausgeführt haben, die aber erst im Jahre 1909 erschienen ist, doch wurden die Resultate am 27. November 1902 in der Akademischen Gesellschaft zu Königsberg bekanntgegeben. Die Autoren hatten damals leider nach Kenntnisnahme der G. WEISSschen Arbeit im Archive italienne von der ausführlichen Veröffentlichung der in wesentlichen Punkten gleichen Resultate abgesehen.

Die Zeiten, die die Autoren untersucht haben, gehen bis zu 13 $\sigma\sigma$ (1 $\sigma\sigma$ = eine millionstel Sekunde) herunter, und zwar haben sie sowohl die Zeiten der Strom-

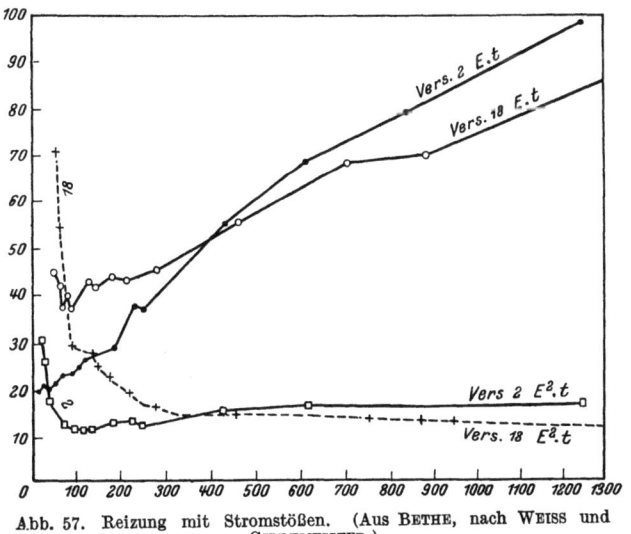

Abb. 57. Reizung mit Stromstößen. (Aus BETHE, nach WEISS und GILDEMEISTER.)

stöße ermittelt, bei denen keine Zuckungen stattfanden, als auch diejenigen, bei denen zweimal hintereinander Zuckungen zu beobachten waren, und dazwischen

---

[1] WEISS, O. u. M. GILDEMEISTER: Pflügers Arch. **130**, 329 (1909).

die Zeiten, bei denen sie einmal eine Zuckung und einmal Ruhe beobachteten. Sie bekommen also Doppelkurven, in deren Mitte die wahre Kurve verläuft. Ich gebe die Abbildung ihrer Resultate für zwei Versuche aus einer Abhandlung von BETHE[1], auf die ich weiter unten zu sprechen kommen werde. Die Kurven geben $E \cdot t$ proportional den Quantitäten und $E^2 \cdot t$ proportional der Energie; sie machen durchaus den Eindruck, daß bis zu diesen niederen Zeiten herunter die Kurven die Ordinatenachsen oberhalb 0 zu schneiden scheinen, daß also eine untere Grenze von $E \cdot t$ existiert. Verff. untersuchen auch Strompausen, bei denen sie ähnliche Gesetze finden wie bei den Stromstößen, auf die ich aber nur aufmerksam machen möchte.

LAPICQUE[2] weist auf seine Versuche an träge reagierenden Organen hin. Darunter befinden sich Versuche an Nerven der Weinbergschnecke. Ich muß gestehen, daß auch diese Versuche auf mich den Eindruck machen, als ob es eine kleinste Menge resp. untere Grenze gäbe. Ich drucke die kleine Tafel ab und die auf diesen Versuch bezüglichen beiden Kurven, in denen die Quantitäten mit Qp bezeichnet sind.

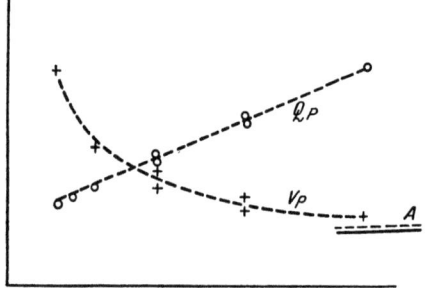

Abb. 58. Fuß der Schnecke. Nervenreizung. Rechteckige Stromstöße. (Nach LAPICQUE.)

Temps	Voltage	Voltage
14	8,2	
21	6,4	6,4
36	5,0	4,8
57	4,0	3,9
86	3,5	—
1 s.	3,1	3,0
3 s.	3,1	—

LAPICQUE sagt selbst: „La courbe des Q-Vt est une droite, à l'approximation des mesures; à peine les trois excitations les plus brèves indiquent-elles le commencement de l'incurvation vers le zéro."

Ich unterstreiche das „à peine".

Die einschlägigen Versuche von KEITH LUCAS werden bei der Besprechung der HILLschen Arbeiten erwähnt.

Nach dieser Abschweifung gehen wir zu der neuesten LAPICQUEschen Auffassung über. Hier interessiert uns die Frage zunächst vom Standpunkt des LAPICQUEschen Θ. LAPICQUE nimmt an, für kleine Elektrizitätsmengen gilt streng das NERNSTsche Gesetz (also Energie = konst.) bis zu einer gewissen Zeit Θ, dann gilt streng Proportionalität sowohl für die Quantitäten als auch für die Energie. An dem Punkte, wo die beiden Kurven sich schneiden, ist der Wert Θ zu suchen, wobei natürlich — natura non facit saltum — die beiden Kurvenzweige, soweit sie beobachtet sind, allmählich und stetig ineinander übergehen. Man findet nicht etwa in der experimentellen Kurve eine Spitze.

Betrachten wir die Verhältnisse in der Figur auf S. 210 seines Buches. Die Abszissen bedeuten die Zeiten, die Ordinate die aufzuwendende Energie. An die WEISSsche Kurve erinnert die gerade Linie $a^2 t$, und die NERNSTsche ist die gerade Parallele der Abszissenachse K^2. Sie schneiden sich in dem Punkte 0. Der Abstand von der Ordinate ist das LAPICQUEsche Θ. Die beobachtete Kurve schmiegt sich den beiden geraden Linien asymptotisch an. Sie ist gestrichelt

---

[1] BETHE, A.: Capillarchemische (capillarelektrische) Vorgänge als Grundlage einer allgemeinen Erregungstheorie. Pflügers Arch. **163** (1916).
[2] LAPICQUE: Zitiert auf S. 244, daselbst S. 87f.

gezeichnet. Analog erhält man die Kurve für die Elektrizitätsmengen und endlich für die Intensitäten. Man sieht, daß LAPICQUE annimmt, daß die Elektrizitätsmengen gegen 0 konvergieren. Es läßt sich zeigen, indem man das K^2 aus einem geeigneten Versuch berechnet, a aus dem konstanten, reizenden Strom entnimmt, daß die Stromstärke im Momente Θ nur 10% größer ist als a, wodurch eine für die Kurve der Abb. 59 noch fehlende Konstante für die berührende Hyperbel gefunden wird[1]. Er kommt zu dem Resultat, daß Θ nahezu viermal so groß ist wie die Chronaxie, und damit ist die Chronaxie im Grunde genommen die Bestimmung der nach LAPICQUE wichtigsten Zeitkonstanten.

In der folgenden Figur hat die gerade Linie at für die Quantitäten dieselbe Bedeutung wie die Linie a^2t für die Energien in Abb. 59. $K\sqrt{t}$ ist die Kurve für die Quantität, wenn streng das NERNSTsche, $K/\sqrt{t}$ die Kurve für die Spannungen, wenn streng das WEISSsche Gesetz gilt. Die gestrichelten Linien bedeuten nach LAPICQUE den Verlauf des tatsächlichen Geschehens.

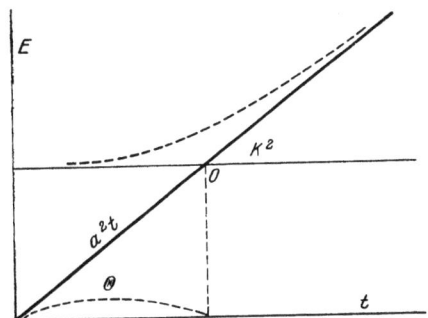

Abb. 59. Kurve der Energie bei rechteckigen Stromstößen. 1. Figur zur Klarstellung der Bedeutung von Θ. Näheres im Text. (Nach LAPICQUE.)

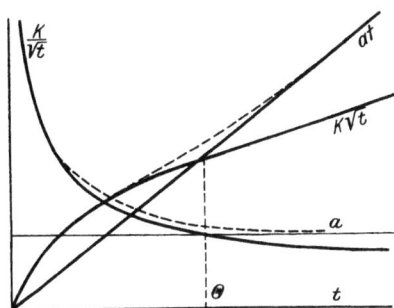

Abb. 60. 2. Figur zur Klarstellung der Bedeutung von Θ. (Nach LAPICQUE.)

Hinzu kommt, daß die Hauptnutzzeit etwa das Zehnfache der Chronaxie nach LAPICQUE ist, und zwar bei den verschiedensten Gebilden, so daß alle wesentlichen, zeitlichen Konstanten, die sich in den tatsächlichen Gesetzen offenbaren, bekannt sind, und man höchstens noch die Rheobase kennen muß. (Man sehe später den Abschnitt über die absoluten Konstanten der Erregbarkeit des Nerven.) Wie sehr die Chronaxie und die mit ihr also zusammenhängende Rheobase das Bild des Reizgesetzes beherrschen, sieht man an der folgenden Abbildung von LAPICQUE. Hier sind für Einheit der Zeiten die Chronaxie und für Einheit der Ordinaten die Rheobase genommen, und es fallen tatsächlich die Kurven für Spirogyra und Schnecke trotz der gewaltigen Verschiedenheit der absoluten Zeiten zusammen (vgl. Abb. 61).

Die Chronaxie und ihre Bestimmung hat einen Triumphzug namentlich durch die klinische Welt gemacht, auf den der Autor dieses Begriffes nicht wenig stolz sein darf. Es kann nicht meine Aufgabe sein, hier auf das Pathologische einzugehen; das geschieht in anderen Abschnitten dieses Werkes. Aber ein bloßes Durchblättern des im Anfang dieses Abhandlung genannten Werkes von BOURGIGNON (La chronaxie chez l'homme, 1923) zeigt, welche Bedeutung der Begriff gewonnen hat[2].

---
[1] Natürlich gibt es unendlich viele Kurven, die sich asymptotisch den beiden geraden Linien der Figur anschließen könnten. LAPICQUE wählt wohl die Hyperbel als die einfachste Figur.

[2] Vgl. E. BLUMENFELDT: Z. klin. Med. 103, 147 (1926); Klin. Wochenschr. 7, 97 (1928). Auch rate ich dem Leser, die „Conclusions et Perspectives" der LAPICQUEschen Monographie einmal durchzusehen.

Bei der NERNSTschen Formel gilt es als ausgemacht und vom Autor selber angegeben, daß aus seinen einfachen Annahmen die Tatsache des Ein- und Ausschleichens ohne Akkommodationshypothese nicht erklärbar ist, und daß überhaupt Abweichungen in der Gegend der längeren Zeiten Schwierigkeiten bereiten. Andererseits haben viele Autoren an der Meinung festgehalten, die jetzt schon oft erwähnt wurde, daß es für kürzeste Zeit eine kleinste Elektrizitätsmenge gibt (wenn man natürlich von schädigenden Stromstärken resp. Energiemengen fernbleibt). Bei NERNST kommt diese kleinste Menge nicht heraus, und wir werden dasselbe wieder in den Versuchen mit den Kondensatorentladungen sehen. Es sind

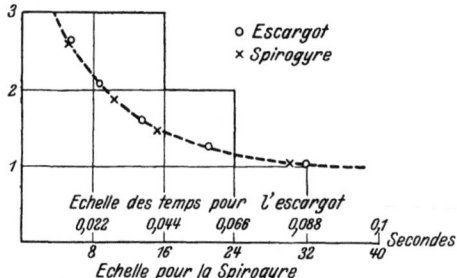

Abb. 61. Die Erregungen durch rechteckige Stromstöße beim Schneckennerven und bei der Spirogyra werden bei passender Wahl der Einheiten, Rheobase und Chronaxie, trotz der absoluten Verschiedenheit der Zeiten und Quantitäten durch dieselbe Kurve dargestellt.

auch nach der Richtung Versuche angestellt worden, die NERNSTschen Formeln, unbeschadet der Theorie der Konzentrationsveränderungen, so zu verändern, daß womöglich beide Bereiche mitumfaßt werden. Wir müssen diese Ableitungen der Nervenformeln einzeln betrachten.

Der wichtigste Versuch, der hier vorliegt, ist der von HILL[1]. Während NERNST die Zellgrenzen für halbdurchlässige Membranen relativ unendlich weit entfernt sein läßt, nimmt HILL eine je nach dem erregbaren Gebilde variable Entfernung an (vgl. Abb. 62). Außerdem legte er die zur Reizung erforderliche Konzentrationsveränderung nicht in unmittelbarer Nähe der Membran, sondern in einiger Entfernung an — ein Gedanke, den er mit LAPICQUE in gewisser Weise gemeinsam hat. Es gelang ihm, durch komplizierte Ausdrücke für eine Reihe von Fällen die jetzt sich ergebenden Gleichungen zu integrieren.

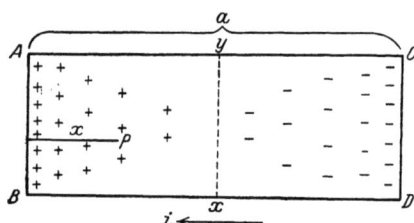

Abb. 62. Das HILLsche Schema für die nahen semipermeablen Membranen.

Uns interessiert hier der konstante Strom. Die Gleichung, zu der HILL kommt (Ableitung sehe man im Original) lautet:

$$y = c + \frac{vi}{k}\left(\frac{a}{2} - x\right) - \frac{4vi}{k}\frac{a}{\pi^2}\sum_{1}^{\infty}\frac{1}{(2n-1)^2}e^{-k\frac{(2n-1)^2\pi^2}{a^2}t}\cos\frac{(2n-1)\pi x}{a}.$$

Er begnügt sich mit dem ersten Glied (seine Gleichung E), und $y - c$ hat hier einen gewissen Wert m zu erreichen, damit die Erregung stattfinden kann. Setzt er $y - c = m$, dann bekommt er eine Funktion für i und t, nämlich

$$i = \frac{\lambda}{1 - \mu\,\Theta^t},$$

wobei die neuen Konstanten mit den ursprünglich gegebenen nach folgenden Gleichungen zusammenhängen:

$$\lambda = \frac{mk}{v\left(\frac{a}{2} - b\right)}, \qquad \mu = \frac{4a\cos\frac{\pi b}{a}}{\left(\frac{a}{2} - b\right)\pi^2}$$

---

[1] HILL: J. of Physiol. **40**, 190 (1910).

Die Bedeutung der einzelnen Buchstaben ist die folgende: a ist die Entfernung der beiden semipermeablen Membranen, b die Entfernung der Stelle von der Nähe der Membran, welche Stelle maßgebend ist für die Reizung; v ist die Zahl der Ionen, die durch die Einheit der Elektrizitätsmenge an die Membran herangeführt wird; k ist die Diffusionskonstante. Spezialhypothesen von LAPICQUE lehnt dabei HILL[1] ab.

Man kann nun zunächst zeigen, daß die obige Gleichung geeignet ist, die vorhandenen Resultate ausgezeichnet zu interpretieren, sowohl für kurze als auch längere Zeiten mit genauerer Übereinstimmung wie NERNST, besonders genau in gewissen Versuchen von KEITH LUCAS selbst, sowie in Versuchen von LAPICQUE. Ich nehme ein Beispiel.

Versuch von LAPICQUE[2].

$$i = \frac{103}{1 - 0{,}860(0{,}373)^{1000\,t}}.$$

t	1	2	3	4,5	6	7,5	9
i obs.	270	185	154	125	115	112	111
i calc.	270	185	152	128,4	117	111,3	108
$i\sqrt{t}$	270	261	266	265	282	306	333

NERNST hat stärkere Abweichungen.

Auch das Ein- und Ausschleichen kann ohne Akkommodationshypothese erhalten werden, wenn die Zusatzhypothese gemacht wird, daß der Erregungsvorgang nur dann Platz greift, wenn die Geschwindigkeit der Abnahme einer gewissen Substanz beim Abnehmen (break down) eine gewisse Grenze überschreiten muß. Diese Substanz kann übrigens von irgendeiner Beschaffenheit, physikalisch oder chemisch, sein. Die Geschwindigkeit der Änderung ist bedingt durch den Grad der Konzentration, den der Strom hervorruft. In die Theorie, speziell in das λ, wird statt der früheren Konstante $m \cdot k$ die Konstante $\frac{M}{S_0}\gamma k$ eingeführt, wo M diese kritische Geschwindigkeit der Änderung bezeichnet, γ eine Konstante, die diese Änderung als proportional mit dem Produkt aus der Menge der hypothetischen Substanz und der Konzentrationsänderung verknüpft, S_0 den Anfangsgehalt dieser hypothetischen Substanz. Mit dieser Einführung gelingt HILL der Nachweis, daß zu langsam ansteigende Ströme nicht mehr erregen. KEITH LUCAS[3] hat sich der Mühe unterzogen, die Konstanten λ, μ und Θ zu berechnen und ihre Beziehungen zu den Ausgangskonstanten näher zu diskutieren. Dabei erklärt er den Einfluß der Temperatur und der Salzlösungen auf das Verhalten von Stromstößen. Namentlich analysiert er einen Versuch von LAPICQUE, mit welchem dieser zeigen wollte, daß die WEISSsche gerade Linie für die Quantitäten auch innerhalb des gewöhnlich untersuchten Bereiches nicht richtig ist, sondern leichte Krümmungen bemerkt werden können.

Die HILLschen Formeln stehen in der Tat in erstaunlicher Übereinstimmung mit den LAPICQUEschen Beobachtungen. KEITH LUCAS findet:

i obs. 175   115   91   76   68   64   61   60
i calc. 175.8 115.0 91.2 75.9 68.9 65.1 62.4 60

Dann berechnet er die Quantitäten für die Zahlen von i und gibt die folgende Abbildung. In der Abbildung bedeuten die kleinen Kreise die beobachteten

---
[1] HILL: J. of Physiol. **40**, 201.   [2] LAPICQUE: J. de Physiol. **9**, 631 (1907).
[3] KEITH LUCAS: J. of Physiol. **40**, 225 (1910).

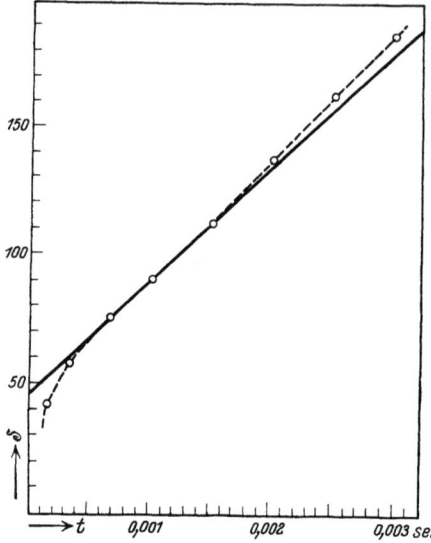

Abb. 63. WEISSsches Gesetz und HILLsche Formeln nach KEITH LUCAS. Näheres im Text.

Punkte der Kurve, ihre Verbindung durch die gestrichelten Linien also die tatsächliche Kurve, mit Ausnahme des letzten, untersten Kreises, der aus der Formel extrapoliert wurde. Die Krümmung zur Abscissenachse in der tatsächlichen Kurve ist also nicht so deutlich, wie es bei oberflächlicher Betrachtung der Abbildung scheinen könnte. Es muß außerdem hervorgehoben werden, daß LAPICQUE[1] selbst und GILDEMEISTER darauf aufmerksam gemacht haben, daß gerade für sehr kurze Zeiten die Vereinfachungen nicht mehr zulässig sind, die zur Berechnung in den ursprünglichen Formeln von HILL angewandt werden.

Bemerkenswert ist die Tabelle[2] für log Θ, für Kröte und Frosch und ihre verschiedenen Nerven und Muskeln.

Animal	Tissue	log Θ	Reference to exp.		
Toad	Motor nerve to gastrocnemius . . .	−.12	J. of Physiol. **35**, 320,	Exp.	3
	Motor nerve to gastrocnemius . . .	−.34	,, ,, ,, **35**, 321,	,,	4
	Intramuscular nerve of sartorius . .	−.28	,, ,, ,, **36**, 132,	,,	4
	Intramuscular nerve of sartorius . .	−.37	,, ,, ,, **36**, 133,	,,	5
	Intramuscular nerve of sartorius . .	−.54	,, ,, ,, **36**, 133,	,,	6
	Muscle fibre of sartorius	−.113	,, ,, ,, **36**, 132,	,,	1
	Muscle fibre of sartorius	−.074	,, ,, ,, **36**, 132,	,,	2
	Muscle fibre of sartorius	−.058	,, ,, ,, **36**, 132,	,,	3
	Muscle fibre of sartorius	−.061	,, ,, ,, **36**, 133,	,,	6
	Muscle fibre of sartorius	−.027	,, ,, ,, **36**, 133,	,,	7
	Muscle fibre of sartorius	−.071	,, ,, ,, **36**, 134,	,,	12
	Muscle fibre of sartorius (after curare 03%	−.059	,, ,, ,, **36**, 135,	,,	15
	Substance β of sartorius.	1.3	,, ,, ,, **36**, 133,	,,	10
	Substance β of sartorius.	2.4	,, ,, ,, **36**, 134,	,,	11
	Substance β of sartorius.	2.3	,, ,, ,, **36**, 134,	,,	12
Frog	Intramuscular nerve of sartorius . .	−.33	,, ,, ,, **36**, 135,	,,	17
	Muscle fibre of sartorius	−.063	,, ,, ,, **36**, 115,	,,	a
		−.091	,, ,, ,, **36**, 135,	,,	16
	Substance β of sartorius.	1.8	,, ,, ,, **36**, 135,	,,	18
	Ventricular muscle fibre.	−.00030	,, ,, ,, **39**, 471,	,,	14
	Ventricular muscle fibre.	−.00065	,, ,, ,, **39**, 471,	,,	15

Von späteren Autoren ist namentlich UMRATH[3] zu nennen, der die HILLschen Formeln für eine Reihe auch eigener Experimente eingehend diskutiert und sich bemüht hat, auch für den Nerven z. B. gewisse Längen a zu bestimmen, die maßgebend sein sollen für die Theorie; andererseits ist der Diffusionskoeffizient bei UMRATH etwas ganz anderes als ein gewöhnlicher Diffusionskoeffizient. Er ist eine Zahl, die wesentlich abhängt von Zusammensetzung und Struktur des Gewebes, man möchte fast sagen — eine physiologische Größe. Auch bei

---

[1] LAPICQUE: Zitiert auf S. 244, daselbst S. 95.
[2] KEITH LUCAS: J. of Physiol. **40**, 245 (1910).
[3] UMRATH, K.: Biol. generalis (Wien) **1**, 396 (1925).

HILL ist das schon in gewisser Weise der Fall. Daß man mit einer Reihe von Konstanten weiterkommt als mit einer, d. h. ein genaueres Übereinstimmen der Beobachtungen erreicht, hat ja schon NERNST (vgl. S. 253 u. 271 Anm. 2) hervorgehoben, und LAPICQUE sagt direkt zur HILLschen Theorie:

„Je serais curieux d'avoir sur cette formule à trois paramètres l'opinion de NERNST, qui trouvait déja que ce serait trop de deux, comme dans la formule hyperbolique. On sait qu'une formule peut se plier a suivre toutes les courbes qu'on voudra si elle a un nombre suffisant de paramètres arbitraires."

„Accordez-m'en quatre", disait JOSEPH BERTRAND, „et je représenterai un éléphant; donnez-m'en cinq, et l'éléphant levera la trompe."

Demgegenüber muß allerdings daran erinnert werden, daß die Darstellung der tatsächlichen Kurve gerade nach LAPICQUE ohne zwei Konstanten absolut nicht geht und nach GILDEMEISTER unbedingt drei Parameter erfordert. Wesentlich dürfte wohl sein, ob solche Konstanten auch noch auf andere Weise gewonnen werden können als durch die Daten eines zufälligen Experimentes. Wenn es sich um allgemeine Organkonstanten handelt, die von dem betreffenden Experiment vollständig unabhängig sind, und deren Bedeutung klar hervortritt, ist natürlich gegen die Verwendung derselben in rationellen Formeln gar nichts einzuwenden.

Das bisherige Fazit dürfte man so zusammenfassen, daß es möglich ist, durch einfache Änderung der ursprünglichen NERNSTschen Vorstellung, ohne dessen Akkommodationshypothese, zu sehr genauer Übereinstimmung zwischen Beobachtung und Theorie zu kommen, vorläufig mit Ausnahme der namentlich auch experimentell kritischen, kleinsten Zeiten.

Hier liegen neuerdings Bemühungen von GILDEMEISTER[1] vor. In der zweiten Mitteilung kommt GILDEMEISTER zunächst zu dem Resultat, daß der kleine Abstand der Elektroden, d. h. in diesem Falle der halbdurchlässigen Membran, für sehr kurze Stromstöße zu demselben Gesetz wie bei unendlich großem Abstand führt. Die Annahme des sehr kleinen Abstandes der Grenzfläche und damit die HILLsche Hypothese führt also hier nicht zum Ziel.

In der ersten Mitteilung hat er aber Annahmen gemacht, in denen er — wie er sagt — die von F. KRÜGER für metallische Elektroden aufgestellte Theorie auf den vorliegenden Fall anwendet. Dadurch erhält er neue Randbedingungen, die für sehr kurze Zeiten tatsächlich dazu führen, daß $i \cdot t =$ Konstanz ist. Die nähere Begründung der Berechtigung der neuen Randbedingung ist in der Abhandlung selbst nicht enthalten und wird an anderer Stelle in Aussicht gestellt.

Unter den Versuchen, die NERNSTschen Anschauungen zu modifizieren resp. durch andere zu ersetzen, ist der Versuch von ALBRECHT BETHE[2] sehr bemerkenswert. Er will statt der Membran aus einem zweiten Lösungsmittel poröse kolloidale Membranen annehmen, da ihm die ersteren im lebenden Gewebe nicht wahrscheinlich erscheinen.

„Dagegen", sagt er, „unterliegt es gar keinem Zweifel, daß überall in den Zellen und Geweben die Bedingungen erfüllt sind, unter denen nach den Untersuchungen von mir und TOROPOFF Konzentrationsänderungen und Wasserbewegungen eintreten."

Er versucht zu fragen, ob man die Ursache der elektrischen Erregung zwar nicht schlechthin in capillarelektrischen Phänomenen, aber im besonderen in einer Veränderung der H-Ionenkonzentration suchen kann. Er hat zusammen mit TOROPOFF neutrale Lösungen an solchen Membranen beobachtet. Diese

---

[1] GILDEMEISTER: Zur Theorie des elektrischen Reizes. 1. Mitt. Ber. math.-physik. Kl. Sächs. Akad. Wiss. Leipzig **79** (1927); 2. u. 3. Mitt. **80** (1928).
[2] BETHE: Pflügers Arch. **163** (1916).

experimentell untersuchten Membranen sind natürlich sehr verschieden von denen, die z. B. beim Froschnerven in Erscheinung treten. BETHE teilt aber in der Tat auffallende Ähnlichkeiten in der Richtung der hier behandelten erregenden Wirkungen der Stromstöße mit, und da es ihm nun auch gelang, diese an den Stengelzellen von Tradescantia myrtifolia im lebenden Objekt zu untersuchen, konnte er erkennen, daß an der Anodenseite der Zelle eine Grünfärbung eintritt. Sie ist ursprünglich rot-violett. An der Kathodenseite tritt eine Veränderung gegen rot ein. Er untersucht nun Stromstöße bei Tradescantia und gibt die nebenstehende Abb. 64, die er mit der oben (S. 255) wiedergegebenen Abbildung der Versuche von WEISS und GILDEMEISTER vergleicht.

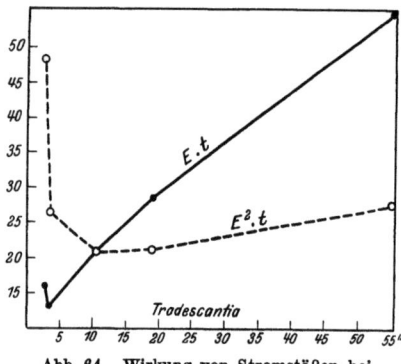

Abb. 64. Wirkung von Stromstößen bei Tradescantia. (Nach BETHE.)

Noch viele andere Erscheinungen, z. B. die Umkehrung des Erregungsgesetzes, den elektrischen Geschmack, leitet BETHE aus diesen Vorstellungen ab, und er findet, daß die bekannten Tatsachen der Erregungsphysiologie sich besser mit seinen Vorstellungen als mit denen von NERNST decken. Speziell die HILLsche Modifikation geht nach ihm von Annahmen aus, die keine allzu große Wahrscheinlichkeit haben. Ich möchte nur eines bemerken: die kolloiden Membranen sind andere Phasen. Die Vorgänge, die BETHE beschrieben hat, sind daher nach meiner Meinung ebenfalls Vorgänge an Phasengrenzen. Ich verweise auf die Darstellung, die ich zu diesen Ausführungen („Ursache der elektrischen Erscheinungen" in diesem Handbuch[1]) gegeben habe."

Der Ausgangspunkt der Darlegungen von UMRATH schließt den BETHEschen Standpunkt mit ein, denn UMRATH untersucht ja nicht näher, weshalb der Strom Konzentrationsänderungen setzt, und nimmt nur ganz allgemein an, daß für die gesetzten Differenzen die Gleichung der Diffusion giltig ist.

LASAREFF[2] hat sich den Anschauungen LOEBS, die Fällbarkeit der Kolloide durch verschiedene Salze betreffend (auch NERNST erwähnt schon LOEB), angeschlossen und von diesem Gesichtspunkt aus die Erregung von bestimmten Konzentrationsänderungen der Ionen abhängig gemacht. Seine mathematischen Darlegungen führen ebenfalls zur NERNSTschen Formel.

Eine Reihe von Forschern haben wirkliche und Gedankenmodelle konstruiert, um daran die Erregungsgesetze, zum Teil auch die NERNSTschen Gesetze zu prüfen. Ich erwähne sie nur und verweise dabei auf die Darstellung von BROEMSER in Band 1 und von EBBECKE[3]. Ebenso erwähnt BROEMSER eine von ihm aufgestellte Reiztheorie, deren ausführliche Darstellung er vermutlich in diesem Bande bringt, und die ich ihm daher überlassen will.

Ich bemerke, ohne einstweilen dafür Formeln angeben zu wollen, daß man für das Ergebnis, daß für kürzeste Zeiten im wesentlichen nur die Elektrizitätsmenge maßgebend ist, auch die folgende einfache Vorstellung verwenden kann. Man denke sich zum Beispiel eine semipermeable Membran, also eine andere Phase, als Plasmahaut. Dieselbe soll für die Ionen, die in Frage kommen,

---

[1] Handb. d. Physiol. 8, 2.
[2] LASAREFF, P.: Ionentheorie der Reizung. Bern u. Leipzig 1923. Man vergleiche auch seinen auf Seite 272 erwähnten, neuesten Standpunkt.
[3] EBBECKE, U.: Modellversuche zur Erläuterung der Nervenreizung. Handb. d. biologischen Arbeitsmethoden, Abt. V, T. 5A, H. 4.

nicht absolut undurchlässig sein; selbst wenn die Ionen überall dieselben sind, muß es ja nach den Vorstellungen von NERNST-RIESENFELD in den sehr nahe beieinander gelegenen, entgegengesetzten Phasengrenzen bei Stromdurchgang zur entgegengesetzten Konzentrationsänderung kommen. Der Fall ist etwas verwickelter, als der von HILL behandelte, da die Diffusion nicht nur im Innern der Phase, sondern auch im äußeren Medium zur Verminderung der Konzentration beiträgt. Wenn aber die Plasmahaut hinreichend dünn ist, so folgt unzweifelhaft, daß die Verminderung der Konzentration außerhalb der Plasmahaut klein ist gegen die Verminderung in der Plasmahaut selbst. Das Konzentrationsgefälle gegen die Mitte der Plasmahaut ist viel steiler; annähernd werden also auch hier die HILLschen Formeln gelten.

Der neue Gedanke, die kleinen Zeiten betreffend, den ich einführen möchte, ist der — und die obige Zeichnung von HILL kann dem Fall zugrunde gelegt werden —, daß die Grenzflächen der semipermeablen Membran (der ganze Zylinder ist jetzt als semipermeable Membran zu betrachten, im Innern also fremdes Lösungsmittel) eigentlich Grenzschichten sind. Ich nehme an, daß durch relativ sehr kleine Strecken sich die Wanderungsgeschwindigkeiten der Ionen des einen Mediums allmählich in die Wanderungsgeschwindigkeiten des andern verwandeln, also eine Folge von Übergangsschichten vorhanden ist. Wenn das möglich ist, dann macht sich die Konzentrationsvermehrung nicht im mathematischen Sinne an einer Fläche, sondern in einem kleinen Raum geltend. An allen Stellen des Raumes entsteht beim Durchtritt des Stromes die gleiche Konzentrationsänderung, und die Diffusion findet von den Grenzen dieses kleinen Raumes aus statt. In der Mitte des Raumes kann die Diffusion merklich erst nach einer gewissen kleinen Zeit ihre abschwächende Wirkung entfalten, wenn ein momentaner Stromstoß eingesetzt hat. Es ist klar, daß in diesem Falle $i \cdot t =$ Konstanz sein muß, wenn die entscheidende Konzentration in der Mitte dieser stetig sich ändernden Membran eintritt. Ich halte es für möglich, auch aus dieser Vorstellung heraus den beobachteten Tatsachen weitgehend gerecht zu werden. Die Integration der Gleichung unter denselben Bedingungen dürfte vermutlich auch nicht zu schwierig sein, doch hat sie meines Erachtens erst nach weiterer gründlicher Durchforschung der ganz kleinen Zeiten eine besondere Bedeutung.

Die oben mitgeteilte Membran dürfte auch besonders geeignet sein, zur Deutung der Kernleitererscheinungen herangezogen zu werden. Die Fundamentalgleichung, aus der man den stationären Zustand ableiten kann, hat die Formel

$$\frac{d^2 P}{dx^2} = \text{konst.} \, P,$$

wobei P diesmal die Polarisation, also im mathematischen Sinne die Potentialdifferenz zwischen Hülle und Kern an einer bestimmten Stelle, bezeichnet. Diese Fundamentalgleichung ergibt sich aber schon aus den HILLschen Formeln für stationäre Ströme. Man kann also auch für die von mir gegebene Vorstellung mit einem exponentiellen Abfall des Potentials außerhalb der Elektroden bei dem Elektrotonus des Nerven rechnen. Für die von mir gegebene Vorstellung gilt das erst recht. Das ist eine wichtige Bemerkung für die im letzten Abschnitt folgenden Darlegungen.

Die Nutzzeit.

Ich habe bemerkt, daß es eine mathematische bzw. physikalische Selbstverständlichkeit ist, daß, wenn man konstante Stromstöße von wachsender Länge und schließlich von unendlicher Zeitdauer anwendet, die Kurve, die

die Abhängigkeit der Elektrizitätsmenge (oder auch der Energie) von der Zeit ausdrückt, eine zuletzt gerade Linie sein muß. Das kommt praktisch daher, weil die Reizung schon nach kurzer Zeit, höchstens etwa 3σ beim Froschnerven, beendet ist. Beim dauernd geschlossenen Strom gibt es eine Zeit des Stromflusses, die zur Erregung nichts mehr beiträgt. Die ihr vorhergehende wirksame Zeit hat verschiedene Namen bekommen von den verschiedenen Autoren, die ihre Existenz bemerkten[1]. FICK ist wohl der erste, der deutlich ausgesprochen hat, daß ein Strom dieselbe Wirkung hat, wenn er bis auf etwa 0,002 Sekunden verkürzt wird. Ähnliche Bemerkungen finden sich dann bei BRÜCKE, v. KRIES und bei den Forschern, die im nächsten Abschnitt zu besprechen sind, und die sich des Kondensators bedienten.

HERMANN hat im Deutschen den LAPICQUEschen Ausdruck „Temps utile" mit „Nutzzeit" übersetzt und GILDEMEISTER ihn bewußt verallgemeinert. Abkürzung NZ. Bei der Frage, die uns hier beschäftigt, rechteckige Stromstöße bis zur unendlichen Dauer, kommt sie nur beim dauernd geschlossenen, gerade reizenden Strom in Betracht. Bei allen wirksamen Stromstößen ist die Zeit ihrer Dauer mit der Nutzzeit identisch. Aus diesem Grunde sind die rechteckigen Stromstöße eben von so großem Interesse. Bei Reizungen mit variablen Stromstößen ist es auch berechtigt, bei kürzerer Dauer der Stromeinwirkung von Nutzzeit zu sprechen. GILDEMEISTER hat die Nutzzeit, die sich beim konstanten Strom zeigt, als Hauptnutzzeit bezeichnet. LAPICQUE hat bemerkt, daß diese Hauptnutzzeit charakteristisch für verschiedene Tierklassen ist. Er findet, wie schon angegeben, daß die Nutzzeit etwa das Zehnfache seiner Chronaxie ist.

Dementsprechend zeigt sich, daß träge reagierende Organe eine wesentlich längere Nutzzeit haben als rasch reagierende. Bemerkenswert ist, daß Rana esculenta die kürzeste Nutzzeit hat; sie ist nur halb so groß wie bei Rana temporaria, wenn man den Gastrocnemius resp. seinen Nerven als Testobjekt nimmt. Auf diese Frage der Nutzzeit und die damit zusammenhängende der Kardinalzeit nach GILDEMEISTERscher Definition werden wir im folgenden Abschnitt noch etwas näher eingehen.

Kondensatorentladungen.

Die Reizung mit rechteckigen Stromstößen erfordert einen ziemlichen, experimentellen Apparat und ist entschieden nicht so bequem wie Reizung mit Kondensatorenladungen, bei der es auch möglich ist, in kürzesten Zeiten wirksame Stromkomponenten dem erregbaren Gebilde zuzuführen, hier also speziell dem Nerven. Es ist hier nicht meine Aufgabe, die einfachen mathematischen Hilfsmittel, deren man bei der Diskussion solcher Untersuchungen bedarf, zu erörtern. Eine sehr einfache Darlegung der Verhältnisse gibt GILDEMEISTER[2] an Hand eines Modells. Man vergleiche von deutschen Autoren namentlich auch HERMANN[3]. Die Benutzung von Kondensatorentladung zur Reizung im allgemeinen geht schon auf VOLTA zurück, und RITTER benutzte die Rückstandsentladungen von Leidener Flaschen, die immer schwächer und schwächer werden, um in bequemer Form die Intensität des Reizens abzustufen. Eine bewußte systematische Anwendung des Kondensators findet sich bei CHAUVEAU[4].

---

[1] Vgl. GILDEMEISTER: Z. Biol. **62**, 358 (1913).
[2] GILDEMEISTER: Z. Biol. **62**, 273 (1913).
[3] HERMANN: Pflügers Arch. **127**, 173 (1909).
[4] CHAUVEAU: Utilisation de la tension electroscopique des circuits voltaiques pour obtenir des excitations électrophysiologiques. Lyon 1874.

Bemerkenswert ist, daß er Kondensatoren von fast verschwindender Kapazität, nämlich geladene Metallkugeln, anwandte und hohe Potentiale. Unter späteren Autoren erwähne ich TIEGEL[1] (1877), BOUDET[2] (de Paris) (1884). Einen erheblichen Fortschritt brachte DUBOIS (Bern)[3], der namentlich deshalb Erwähnung verdient, weil er der Ansicht war, daß nicht die ganze Ladung zur Reizung ausgenutzt wurde. Dann folgen WERTHEIM-SALOMONSON[4], CYBULSKI und ZANIETOWSKI[5], vor allem aber HOORWEG[6], dessen Untersuchungen einen ganz bedeutenden Fortschritt in der Lehre von der Erregung des Nerven bedeuten. Es verlohnt, etwas länger bei ihnen zu verweilen.

HOORWEG reizte beim Menschen mittels auf der gut benetzten Haut festgeklebter Elektroden den zu irgendeinem Muskel gehörenden Nerven, indem er ihm den Ladestrom des Kondensators zuleitete. Der Kondensator war ein Stöpselkondensator von GAIFFE in Paris und gestattete $^1/_{1000}$ µF bis zu 1 µF abzugreifen. Die Ladung geschah mit einer konstanten Batterie von 40 Leclanchéelementen, von denen eine wechselnde Anzahl eingestöpselt werden konnte. Die Potentialdifferenz wurde mir einem Voltmeter gemessen. Der Widerstand des Körpers war durch konstanten Strom, und zwar bei der zunächst mitgeteilten Versuchsreihe zu 3200 Ohm, bestimmt. Ich teile die folgende Tabelle mit, in der C die Kapazität, P die Polspannung, Q die Quantität, E die Energie und T die von ihm sog. Entladungszeit $= 2RC$ bedeutet.

R	C	P	Q	E	T
3200	0,5	4,5	2,25	50,6	32000
—	0,1	7	0,7	24,5	6400
—	0,05	9	0,45	20,25	3200
—	0,02	16	0,32	24,6	2560
—	0,01	27	0,27	36,4	640
—	0,008	33	0,26	43	512
—	0,005	50	0,25	62,5	320
3200	0,004	60	0,24	72	256

Graphisch ergibt sich folgendes:

Er glaubt, daß das Resultat am besten ausgedrückt wird durch die Formel

$$P = aR + \frac{b}{C}$$

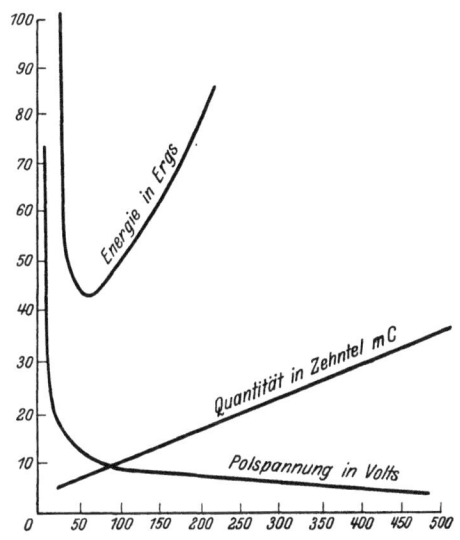

Abb. 65. Verlauf der Energie. Quantität und Spannung als Funktion der Zeit bei Kondensatorentladungen. (Nach HOORWEG.)

---

[1] TIEGEL: Pflügers Arch. **14**, 330 (1877).

[2] BOUDET (de Paris): De l'évaluation mécanique des courants électriques employés en médicine (Soc. internationale des Electriques, 3 décembre 1884).

[3] DUBOIS (Bern): Untersuchungen über die physiologische Wirkung der Kondensatorentladungen. Mitt. naturforsch. Ges. Bern, Bern 1888. Ausführliches Referat durch v. KRIES, Zbl. Physiol. **2**, 358 (1888).

[4] WERTHEIM-SALOMONSON: Nederl. Tijdschr. Geneesk. 28. März 1891. — MAREŠ: Acad. Boheme des Scienc. Prague 1893.

[5] CYBULSKI und ZANIETOWSKI: Über die Anwendung des Kondensators zur Reizung der Nerven und Muskeln statt des Schlittenapparates von DU BOIS-REYMOND (Pflügers Arch. **55**, 45 (1894)].

[6] HOORWEG: Vgl. Anm. 2 auf S. 249.

oder was uns hier mehr interessiert:
$$PC = Q = aRC + b.$$

Aus der letzten Gleichung HOORWEGS[1] — falls gültig für alle RC — folgt, daß die Quantitätskurve die Ordinate in einem Punkte schneidet, der höher liegt als der Nullpunkt, und andererseits, daß bei unendlich großem Kondensator $\frac{P}{R} = a$ wird, d. h. a ist der gerade reizende, dauernd geschlossene Strom.

Um in Übereinstimmung mit der Summe der G. WEISSschen Formel zu bleiben, wollen wir für die Folge a und b miteinander vertauschen; dann ist sowohl in der Formel von WEISS, wie in der Formel von HOORWEG a eine Quantität und b der konstante, bei dauerndem Schluß gerade reizende Strom. Wenn wir also dieselben Einheiten für Q nehmen und auf den Ordinaten abtragen und bei der Abszisse für t die Werte von RC setzen, so haben wir sowohl für Stromstoß als auch für Kondensatorentladung zwei gerade Linien, die einander parallel sind, aber nicht notwendig dasselbe a haben und nicht zusammenfallen. Die Q der Kondensatorentladung würden überall größere Ordinaten besitzen. Man könnte analog wie bei den rechteckigen Stromstößen an dieser einfachen Linie die Begriffe der Chronaxie, des Speicherungsvermögens, des A/C-Quotienten entwickeln, aber man müßte diese Begriffe für Stromstoß und Kondensatorentladung unterscheiden, etwa durch angesetzte Indizes und man bedürfte einer gewissen Umrechnungsvorschrift, um von der einen zur anderen Konstanten zu kommen.

LAPICQUE hat eine solche Konstante angegeben, aus Beobachtungen mit dem Kondensator die Beobachtungen mit dem rechteckigen Stromstoß abzuleiten. Man sucht, ohne daß man den Widerstand ändert, denjenigen Kondensator, der mit der doppelten Spannung wie die Rheobase eine Minimalzuckung hervorruft, und multipliziert das gefundene RC für den Froschnerven, nach LAPICQUE mit 0,37 und erhält die Chronaxie. Für die verschiedensten Gebilde fand LAPICQUE ungefähr denselben Umrechnungsfaktor. VOGEL[2] unter GILDEMEISTER fand den Faktor 0,51.

Für diejenigen Physiologen, die für kleine Zeiten annehmen, daß dieselbe Elektrizitätsmenge sowohl bei der Kondensatorentladung als auch beim rechteckigen Stromstoß wirkt, ist von vornherein klar, daß die obigen Kurven nicht de facto gerade Linien sein können. Mindestens die Kondensatorkurve muß sich bei den kürzesten Zeiten zur Abszissenachse hinneigen und sich irgendwo mit der Stromstoßkurve vereinigen. Leider existieren bisher in der Literatur keine systematischen Versuche, in welchen bei demselben Nerven über einen großen Bereich und in einwandfreier Weise die Q, t und RC miteinander verglichen worden sind; sie fehlen namentlich für sehr kurze Zeiten, mit einer einzigen Ausnahme, die sich mehr zufällig bei EUCKEN findet.

EUCKEN und MIURA[3] haben zum Zwecke der Prüfung der NERNSTschen Theorie (s. später) am selben Präparat Kondensatorentladungen und Stromstöße verglichen. Sie teilen in ihren Tabellen die Quantitäten nicht mit. Ich habe die Tabellen umrechnen lassen und für die verschiedenen Versuche eine merkwürdige Schar gerader Linien erhalten, bei der ein Wert stark aus der Reihe fällt. Sehen wir davon ab, so schneiden alle diese geraden Linien die

---

[1] Pflügers Arch. **52**, 87 spez. 97. u. 104 (1892).
[2] VOGEL, PAUL: Die Bestimmung der Chronaxie am Nervmuskelpräparat des Frosches und ihr Verhalten während der Curarinvergiftung. Z. Biol. **83**, 147 (1925).
[3] EUCKEN und MIURA: Zur NERNSTschen Theorie der elektrischen Nervenreizung. Pflügers Arch. **140**, 593 (1911).

Ordinatenachse in einem relativ kleinen Bereich. Man sieht die deutliche Annäherung der Kapazitätskurve an die Stromstoßkurve. Ich muß gestehen, daß ich sehr geneigt bin, diese Versuche in der Richtung einer kleinsten Elektrizitätsmenge zu deuten. Leider ist die Tabelle mit einer Reihe offensichtlicher Schreib- und Druckfehler behaftet. So muß es im Kopf derselben Joule, nicht Watt heißen. Die Zeiten sind 10^{-6} Sekunden, nicht 10^{-7}. In Zeile 8 muß 128 statt 12,8 stehen; ersteren Wert habe ich benützt. Auch gehört der isolierte Punkt C_{12} (korrigiert aus den Joule-Werten) in die zugehörige gerade Linie. Sonstige Unstimmigkeiten dürften das allgemeine Bild nicht sehr verändern. Eine authentisch korrigierte Tabelle wäre immerhin wünschenswert.

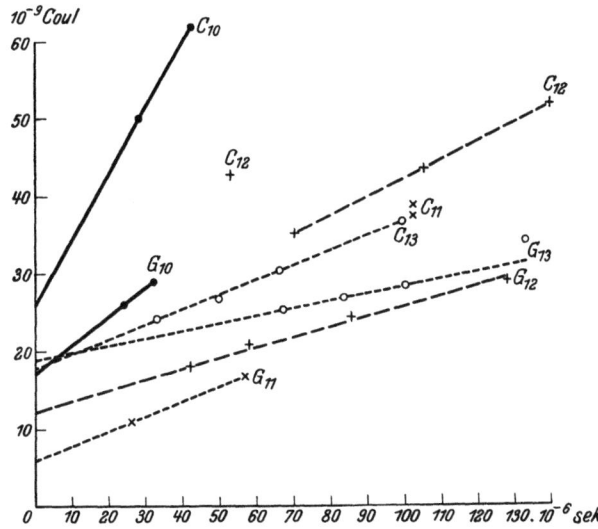

Abb. 66. Die Elektrizitätsmengen bei Stromstößen (G) und Kondensatorentladungen (C). (Von CREMER aus der Tabelle V von EUCKEN und MIURA errechnet.)

Auch gewisse Versuche in meinem Laboratorium[1] sprechen jedenfalls für eine untere Grenze der Q-Mengen bei Kondensatorentladungen. Wir sind sowohl beim Froschnerven als auch beim Muskel und beim Anodontanerven so vorgegangen, daß wir die Spannung fortgesetzt verdoppelten und die zur Minimalzuckung erforderlichen Kapazitäten suchten. Wenn bei der Verdoppelung keine nennenswerte Änderung der Quantitäten mehr stattfand, betrachteten wir das als Minimum, um praktisch daraus den A/C-Quotienten zu bilden. LAPICQUE[2] unterzieht unser Verfahren einer sehr energischen Kritik, die insofern berechtigt ist, als keineswegs immer ein exaktes Gleichbleiben der Q erreicht wurde, sondern — wenn die Apparatur zur weiteren Verdoppelung von V nicht mehr ausreichte — immer noch ein geringes Absinken von Q stattfand. Das ist jedoch nicht in allen Fällen so gewesen — und in einigen Fällen, in denen es war, könnte man die obere Grenze des A/C-Quotienten durch Extrapolation finden. In einer Versuchsreihe aber haben wir hohe elektromotorische Kräfte, 110 und 220 Volt, angewandt (beim Froschnerven, bei geringem Widerstand des Kreises, Nerv in einer mit physiologischer Kochsalzlösung gefüllten Rinne) und dabei RC-Werte erzielt, die unter 10^{-6} lagen. Hier gab die Verdoppelung der Spannung von 110 bis 220 Volt, eine gewisse Zunahme der Coulombmenge. Wenn ich auch gern zugebe — es wird gleich weiter unten davon die Rede sein —, daß bei so kleinen RC-Werten schon eines solchen Stromkreises der Selbstinduktionskoeffizient eine Rolle spielt, und daß man sich, ähnlich wie HERMANN das getan hat, zweckmäßig durch zugesetzte Selbstinduktionen und Kapazitäten sowie auf andere Weise davon überzeugt, daß nennenswerte Fehler nicht vorliegen, so scheinen mir die Versuche, wie auch eine Reihe weiter unten zu besprechenden, für das Vorhandensein eines Minimums zu zeugen.

Nach dieser Abschweifung kehren wir zu den Versuchen von HOORWEG zurück. Es sind gegen die absolute Gültigkeit seiner einfachen Formel einerseits

---

[1] BLUMENFELDT, ERNST: Über die Bedeutung des Ampere-Coulomb-Quotienten (reduzierte Reizzeit) in Physiologie und Pathologie. Z. exper. Med. 3 (1923). — SPERLING, J.: Über den A/C-Quotienten beim Froschnerven. Beitr. zur Physiol 2, 27 (1924). — BOGDAIN, A.: Über den Ampere-Coulomb-Quotienten an den Verbindungsnerven der Anodonta. Ebendas. S. 75.

[2] LAPICQUE, LOUIS: L'excitabilité en fonction du Temps, S. 346, § 143, Temps réduit de Cremer, 1926.

manche Bedenken erhoben worden; andererseits hat — namentlich in der französischen Literatur — ein erheblicher Streit darüber stattgefunden, ob das HOORWEGsche und das WEISSsche Gesetz identisch sind oder nicht und — da WEISS seine Formulierung später angab als HOORWEG — wem die Priorität zukomme. Man möge über diesen letzteren Streit bei LAPICQUE nachlesen. Doch es trat gegen HOORWEG kein geringerer als HERMANN auf den Plan, und es kam zwischen ihm und HOORWEG zu einer großen Diskussion, in der der letztere nicht immer gerade glücklich war. HERMANN entwickelte hierbei die Ansicht, daß die Kondensatorentladung an einer Nervenstelle zur Folge hätte, daß sich auch im Endorgan des Nerven derselbe elektrische Vorgang wie an der Reizstelle abspiele und dessen eigene Spannkräfte auslöse. Er prüfte die Möglichkeit, ob es für die Erregung des Muskels wesentlich auf die in der Latenzzeit fallende Energiesumme ankomme. Diese Latenzzeit bzw. die ihr nahestehende Zeit, auf die es ankommt, nennt er die kritische Zeit, und er kommt zu dem Resultat, daß — wenn diese Anschauungen richtig sind — der Ausdruck

$$q(1 - e^{-\zeta k}) = A;$$
$$\frac{1}{c} = k; \quad p^2 c = q,$$

wo c die Kapazität des Kondensators, p die Potentiale, auf die derselbe geladen ist, ζ und A Konstante bedeuten, Geltung haben müsse, in welchem nur zwei unbekannte Konstanten ζ und A vorkommen. Manchmal stimmt die gefundene und berechnete Ladung auffallend überein. Das ist deshalb so interessant, weil die Formel als unrichtig fallen gelassen wurde.

Interessant ist auch der Versuch HOORWEGS mit willkürlichen Abänderungen der HERMANNschen Formel; er setzt z. B. statt p^2 willkürlich p^3 hinein, verwendet die Abänderung zur Darstellung der Resultate und will auch hervorragende Übereinstimmungen gefunden haben, so daß diese „physikalischen unmöglichen" Formeln noch besser stimmen als die HERMANNschen[1].

Ich habe die Resultate von HOORWEG nicht nachgerechnet und kann mich für sie nicht verbürgen — aber wenn sie richtig berechnet sind, so sind sie in der Tat ein eklatantes Beispiel dafür, wie eine ganze Reihe komplizierter innerlich unrichtiger Formeln zur Darstellung der tatsächlichen Vorgänge verwandt werden kann.

Ein experimenteller Angriff gegen die HERMANNschen Auffassungen erfolgte aber von LAPICQUE selbst, der seinerseits auch durch die Ansichten von WEISS, DUBOIS und CLUZET dazu gedrängt wurde, abgebrochene Kondensatorentladungen zu untersuchen. Wenn von den im allgemeinen höheren Q-Werten der Kondensatorkurve nur ein Teil in Frage kam, so wäre es ja wohl möglich gewesen, eine plausible Annahme so zu treffen, daß die WEISSschen und HOORWEGschen Linien absolut zusammenfielen. Das führt also zu der Idee, daß nicht alle Elektrizitätsmengen zur Geltung kommen, daß die Nutzzeit kleiner ist als die praktische Entladungszeit. Theoretisch ist ja die Entladungszeit unendlich, aber praktisch ist sie doch z. B. für den Wert $t = 10 RC$ völlig erledigt.

WEISS versuchte es mit der Annahme, daß der Kondensator auf denselben Bruchteil seiner Entladung gesunken, DUBOIS (Bern) mit der Annahme, daß er auf denselben Wert des Stromes resp. der Spannung heruntergegangen sein müsse; sobald er unterschwellig geworden war, sollte er überhaupt nicht mehr reizen. Den elegantesten Weg schlug CLUZET ein, indem er einfach die Bedin-

---

[1] HOORWEG: Pflügers Arch. **114**, 216, bes. 223f. (1906). Vgl. HERMANN: Ebendas. **111**, 537 (1906).

gung aufstellte, daß die Zeit t_1 der wirksamen Entladung eines Kondensators identisch sei mit dem t_1 der WEISSschen Formel. Er kommt dann systematisch zu dem Endergebnis

$$C = \frac{a}{V_0 - b \cdot R\left(1 + \log\frac{V_0}{b \cdot R}\right)},$$

worin a und b die Konstanten der WEISSschen Formel sind, V_0 die Anfangsladung des Kondensators und R der Widerstand ist.

LAPICQUE hatte in der Zwischenzeit die Kondensatorformel bei langsam reagierenden Gebilden geprüft und war vorläufig zu einer Formel gekommen

$$VC = \alpha + \beta C - \gamma V,$$

einer Formel, an der er heute nicht mehr festhält, obschon sie dem beobachteten Bereich annähernd gerecht wurde. Er sah die stärkere Krümmung der Kurve zu der Abszissenachse hin, doch gegen die Deutungen der drei genannten Autoren richtete er einen entscheidenden Versuch. Er bestimmte experimentell die Nutzzeit der Kondensatorentladung und fand sie in keinem Fall in Übereinstimmung mit der Annahme der Autoren.

Das veranlaßte HERMANN[1], seinerseits eine große Schar von Versuchen abgebrochener Kondensatorentladungen anzustellen, wobei er seine ursprüngliche Annahme natürlich aufgeben mußte. Von diesen Entladungszeiten sind meines Erachtens gerade die kürzesten von größtem Interesse. In einzelnen Versuchen, z. B. im Versuch 2 oder im Versuch 5, bleiben die in diesen kurzen Entladungszeiten gebrauchten Elektrizitätsmengen fast konstant, allerdings annähernd konstant auch die Energiemengen, so daß HERMANN nicht mehr sicher zu entscheiden wagt, ob eine maßgebende Bedeutung der Quantität oder der Energie wahrscheinlicher ist. Er hält das letztere für wahrscheinlicher, während ich geneigt bin, für sehr kurze Zeiten daraus auf gleiche Elektrizitätsmengen zu schließen.

Etwas Ähnliches wie HERMANN hatte auch schon LAPICQUE in seinen Versuchen gefunden, daß nämlich bei Stromstößen und abgebrochenen Kondensatorentladungen die Strommenge gleich war; aber er glaubte und — wie seine Monographie zeigt —glaubt noch heute, daß seine Kondensatorentladungen durch Selbstinduktionen entstellt waren. HERMANN scheint ihm hierin nicht zuzustimmen, und er nimmt an, daß LAPICQUE sich hier getäuscht hat. Er sagt:

„LAPICQUE schaltete, um das Verhältnis der wirksamen zur gesamten Quantität zu ermitteln, erst nach Abschluß der Versuchsreihe ein Galvanometer ein und verwendete, um größere Ausschläge zu erhalten, ein höheres Potential als in den Zuckungsversuchen. Daß in diesen Versuchen die am Galvanometer sich zeigende Quantität erheblich von der nach Formel (1) berechneten abwich, dürfte hauptsächlich der Selbstinduktion und Kapazität des Galvanometers zuzuschreiben sein, die aber im eigentlichen Versuch fehlte."

Zu diesem Einwand HERMANNs hat, soweit ich sehe, LAPICQUE nicht Stellung genommen.

Oben wurde der Versuche von EUCKEN und MIURA gedacht. EUCKEN gelang es, den Fall der Kondensatorentladung mit den NERNSTschen Ansätzen zu integrieren, und — wie nach den Versuchen mit den Stromstößen und den Wechselströmen kaum anders zu erwarten war — er fand über einen großen Bereich mit Abweichungen für die großen und kleinen Kapazitäten mit einer Konstanten das NERNSTsche Gesetz bestätigt.

Ebenso gelang es HILL, von seinem Standpunkt aus seine Gleichungen für diesen Fall zu integrieren, und er brachte die experimentellen Angaben weit-

---

[1] HERMANN: Untersuchungen über indirekte Muskelreizung durch abgebrochene Kondensatorentladungen. Pflügers Arch. **127**, 172 (1909).

gehend in Übereinstimmung mit seiner Dreikonstantentheorie. Analoges findet sich in den neueren Arbeiten von UMRATH.

Nachdem wir das Prinzipielle schon bei Stromstößen gesehen haben, verweise ich wegen der zahlenmäßigen Angaben auf die Literatur.

EUCKEN wollte aber die Konsequenzen der Theorie noch weiter ziehen, als es ihm in seiner ersten Mitteilung möglich war, und sehen, ob das Verhältnis E — Kondensator: E — Gleichstrom (Stromstöße) so groß zu finden war, wie es die Theorie ergab, nämlich 1,71mal größeren Energieaufwand für den Kondensator. Er fand das in der Tabelle V auf S. 600, deren Elektrizitätsmengen wir in der Abb. 66 wiedergegeben haben, bei einem Versuch zutreffend, aber zum Beispiel bei dem Versuch vom 13. Januar fand er die Energiemengen praktisch gleich. Bei abgebrochenen Kondensatorentladungen sollte sich ergeben, daß die Nutzzeit beendet ist bei $0,855 \cdot b \cdot c$. Die wirksame Zeit ändert sich aber nicht proportional c, sondern angenähert proportional $\sqrt{c}$. Das kann nach EUCKEN nicht auf eine Deformation der Stromkurve zurückgeführt werden, sondern das NERNSTsche Gesetz ist eben für zu große und zu kleine Zeiten kein genauer Ausdruck des tatsächlichen Vorganges.

Die Ansätze von GILDEMEISTER würden natürlich, wenn sich der Fall des Kondensators behandeln ließe, auch hier wohl zu einem konstanten Q führen, und natürlich gilt das auch von den von mir entwickelten Vorstellungen über die Grenzschichten der semipermeablen Membran.

Bemerken will ich, daß LAPICQUE, um allen Tatsachen gerecht zu werden — er ist, wie wiederholt hervorgehoben wurde, nicht Anhänger der konstanten Q für kleine Zeiten — zwei hydrodynamische Modelle konstruiert hat, um damit die Abweichungen von der NERNSTschen Theorie und auch das Einschleichen usw. zu erklären (vgl. S. 259), und daß er namentlich auch Versuche an einer polarisierbaren Membran machte. Solche Versuche sind verschiedentlich unternommen worden, schon gleich im Anfang von einem Schüler von NERNST. Auch WILKE und MEYERHOF[1] haben solche Versuche gemacht, und im Laboratorium von NERNST HOEFER[2]. Dieser letztere kommt dabei experimentell dazu, das Unwirksamwerden hoher Wechsel durch zugesetzte chemische Depolarisatoren zu untersuchen, und nimmt an, daß Ähnliches möglicherweise auch im Nerven stattfindet.

So wünschenswert solche Versuche, die Abweichungen der NERNSTschen Vorstellungen zu erklären, sind, so scheint mir doch die Hauptsache die zu sein, für möglichst kleine Zeiten das tatsächliche Verhalten festzustellen, und Stromstöße und Kondensatorentladung bieten nach meiner Ansicht hier das allergrößte Interesse. Fragen, an die LAPICQUE denkt, ob der Strom in ganz kurzen Zeiten rein physikalisch der Berechnung entspricht, lassen sich ja mit modernen Hilfsmitteln schließlich unbedingt entscheiden; ist es doch ROGOWSKI[3] gelungen, *Kurven* von Vorgängen aufzunehmen, die bis zur Milliardstel Sekunde heruntergehen, und die Frage, ob die Abszissenachse für so kurze Zeiten tatsächlich erreicht wird oder nicht, muß experimenteller Aufklärung zugänglich sein (NB. für den theoretisch richtigen Verlauf des einwirkenden Stromes). Wenn allerdings LAPICQUE dabei auf den Erscheinungskomplex zu sprechen kommt, wie er im Fleischleffekt vorliegt, so muß das als eine Erklärung von Abweichungen von der Theorie betrachtet werden. Für die experimentelle Frage, was solche

---

[1] WILKE, E. und O. MEYERHOF: Experimentelle Untersuchungen zur NERNSTschen Theorie der elektrischen Nervenreizung. Pflügers Arch. **137**, 1 (1911).
[2] HOEFER, P.: Galvanische Polarisation und Nervenreizung. Dissert. 1927.
[3] Vgl. ROGOWSKI, W.: Arbeiten aus dem Elektrotechnischen Institut der Technischen Hochschule Aachen **2**, 131, 139 (1926/27). — Naturwiss. **16**, 161 (1928).

kleine Elektrizitätsmengen tatsächlich machen, kommt der Effekt meines Erachtens weniger in Betracht, da auch bei dem in Serie durchströmten Nerven die Frage aufgeworfen werden kann, wie sich der Stromstoß auf Kern und Hülle verteilt und wie der Fleischleffekt dabei wirkt.

Überhaupt kann ja die Frage ernstlich aufgeworfen werden, ob und inwieweit die Abweichungen der Theorie etwa so zu erklären sind, daß infolge der auftretenden speziellen Kernleiterpolarisation dem von außen einwirkenden Strom so veränderte, wahre Kathoden entsprechen, daß dies zur Erklärung des Verhaltens für große und kleine Zeiten herangezogen werden kann. Ich mache in diesem Zusammenhang nochmals auf die EBBECKEschen Modelle und seine Versuche am Kernleiter aufmerksam; eine eingehende Besprechung würde mich zu sehr in die Theorie des Kernleiters hineinführen, so daß ich an dieser Stelle darauf verzichten muß. Für die Kondensatorentladungen kommt besonders seine Abhandlung in Pflügers Arch. 216, 448ff. in Betracht.

Wirkung der Wechselströme und beliebig geformter Stromstöße. Begriff der Kardinalzeit.

Der erste Versuch, den NERNST mit seiner Theorie machte, war die Prüfung derselben durch Wechselströme. Sie führt hier zu der Beziehung $\frac{i}{\sqrt{m}} =$ Konstanz.

NERNST konnte so alte Versuche von v. KRIES sofort erklären. Dieselben befolgen das Quadratwurzelgesetz, d. h. auch hier ist die Energie maßgebend. Sehr genau und über einen großen Bereich haben NERNST[1], ZEYNECK und BARRAT, später REISS[2] dasselbe bestätigt. Es genügt, zwei Versuche von v. KRIES sowie NERNST und BARRAT mitzuteilen.

m	i beobachtet	i berechnet	$i/\sqrt{m}$
100	38	32	3,8
300	56	55	3,2
600	77	81	3,1
1000	102	101	3,2

m	i beobachtet	i berechnet	Differenz %	$i/\sqrt{m} \cdot 10^3$
105	0,81	0,78	−4,2	78
136	0,88	0,92	+4,6	75
785	2,16	2,21	+2,3	77
960	2,41	2,47	+2,9	77
2230	3,85	3,73	−3,1	81

Wechselstromformeln sind natürlich auch von HILL und UMRATH aufgestellt worden und — soweit sie geprüft wurden — mit der Theorie in Übereinstimmung befunden worden, in etwas genauerer Weise als die NERNSTschen Zahlen. Andererseits führen sehr rasche Wechsel mehr zu der Idee, daß es auf die Elektrizitätsmenge und nicht auf die Energie ankommt, — die Elektrizitätsmenge, die in einer halben Periode der Schwingungen durch den Nerven gesandt wird. Es ergibt sich dann $\frac{i}{m} =$ Konstanz.

---

[1] NERNST: Pflügers Arch. 122, 275 (1908).
[2] Siehe EMIL REISS: Pflügers Arch. 117, 579. Man vgl. in dieser Abhandlung auf S. 602 sowie NERNST, ebenda 122, 294ff.: Kritik an Versuchen von EINTHOVEN, WERTHEIM-SALOMONSON und Replik gegen HOORWEG.

Mit modernen Hilfsmitteln liegt eine Untersuchung von ASHER[1] vor. Er gibt folgende Tabelle von Versuchen an drei Fröschen:

Frosch I		Mittel	Frosch II			Mittel	Frosch III		Mittel	Perioden	$\sqrt{\text{Periode}}$
			Milliampère								
0,07	0,08	0,07	0,06		0,06		0,06	0,07	0,07	15000	122
			0,15	0,05		0,10	0,15	0,17	0,16	30000	173
0,20	0,22	0,21	0,22	0,08	0,19	0,16	0,35	0,38	0,36	50000	223
0,30		0,30	0,33	0,70	0,42	0,48	0,78	0,81	0,80	100000	316
			1,10	1,25	1,05	1,13	1,55		1,55	200000	447
			1,8	1,8	1,26	1,6				300000	548

ASHER zieht aus diesen Versuchen den Schluß, daß die Beziehung zwischen Frequenz und Stromstärke des Schwellenreizes bei Perioden zwischen 10000 und 300000 eine lineare zu sein scheint; es besteht direkte Proportionalität. Über ganz ähnliche Resultate berichtet LASAREFF[2], der, nach Versuchen von RSCHEWSKIN, ebenfalls bei höheren Frequenzen Konstanz der Elektrizitätsmenge fand. Er gibt dafür eine mathematisch sehr einfache, aber mir nicht genügend erscheinende Erklärung. Ferner erschien in diesem Jahr unter der Leitung GILDEMEISTERS eine Arbeit von KRÜGER[3], die leider nur den Bereich von 400—6700 Hertz umfaßt. Die folgende Tabelle zeigt die Ergebnisse.

Die Schwellenspannung E und der Wert $\frac{E}{\sqrt{f}}$ in Abhängigkeit von der Frequenz.

a	b					c				
Frequenz	Schwellenspannung E in m Volt					$\frac{E}{\sqrt{f}} \cdot 10$				
	I	II	III	IV	V	I	II	III	IV	V
400	72,0	59,5	83,4	57,0	93,0	36,0	29,8	41,7	28,5	47,0
570	88,4	76,3	106,2	63	100	37,0	32,0	44,4	26,4	41,9
800	103	93,7	119	76	129	36,4	33,2	42,1	26,9	45,6
1140	126	116	141	93	163	37,3	34,3	42,8	27,6	48,3
1600	144	152	170	116	211	36,0	38,0	42,5	29,0	52,8
2230	203	191	197	138	268	43,0	40,4	41,8	29,2	56,8
3240	245	248	259	211	329	43,1	43,5	45,5	37,1	57,8
4300	372	430*	314	255	400	56,8	65,6*	47,9	38,9	61,0
5000	495	362	359	275	454	70,0	51,2	50,8	39,0	64,3
6700	536	476	437	313	460	65,5	58,2	53,4	38,3	56,4

* Wahrscheinlich Versuchsfehler.

KRÜGER findet, daß in dem Ausdruck $\frac{E}{f^n} = k$, wobei E die Schwellenreizung und f die Frequenzen bezeichnet; n ist nicht, wie es das NERNSTsche Gesetz verlangt, $= 0,5$, sondern es wurde in seinen Versuchen $= 0,7$ im Mittel gefunden, und zwar ansteigend von den niederen Frequenzen 0,5 bis 0,6 zu den höheren mit 0,9. Er teilt dabei mit, daß GILDEMEISTER für sensible Reize bei hohen Frequenzen — um welche Frequenzen es sich handelt, ist nicht gesagt, — dieses $n = 1,0$—$1,2$ fand. Dann gingen also die wirksamen Elektrizitätsmengen durch ein echtes Minimum.

Die Versuche von KRÜGER habe ich entsprechend umgerechnet und eine Quantitätskurve, ähnlich wie bei den Versuchen von WEISS und HOORWEG entworfen. Ich bin erstaunt über die ziemlich gerade Linie, die sich durch die

---

[1] ASHER, L.: Skand. Arch. Physiol **43**, 6 (1923).
[2] LASAREFF: C. r. de l'ac. des sc. **185**, 727 (1927).
[3] KRÜGER, R.: Pflügers Arch. **219**, 74 (1928).

gewonnenen Punkte ziehen läßt; nur die Werte für die höchsten Frequenzen weichen nach beiden Seiten stärker ab[1].

Sehr rasch wechselnde Teslaströme kann man durch den menschlichen Körper hindurchleiten, ohne daß irgendeine erkennbare Wirkung auftritt, und diese Tatsache war überhaupt für NERNST der Ausgangspunkt, seine Theorie aufzustellen. Er sagte sich, daß die Konzentrationsänderung eine gewisse kleine Zeit bestehen muß, wenn sie wirken soll, und bei den Teslaströmen wird sie fortwährend geändert.

HILL[2] hat in seinen Untersuchungen die Gleichungen auch für andere veränderliche Ströme integriert, linear oder in einer Exponentialkurve ansteigend. Die linear ansteigenden Ströme wurden zuerst durch v. KRIES[3] eingehender untersucht. v. KRIES fand, daß der Strom, um zu reizen, um so stärker sein muß, je langsamer er ansteigt. Das Verhältnis der Stromstärke bei einem solchen ansteigenden Strom im Verhältnis zu derjenigen bei momentan geschlossenem Strom nannte er den Reizungsdevisor, und er unterschied die langsam ansteigenden Ströme als Zeitreize von den Momentanreizen. Später haben sich mit ihnen KEITH LUCAS[4] und LAPICQUE[5] befaßt; außerdem wurden sie von GILDEMEISTER[6] eingehend studiert. Das Bemerkenswerteste an diesen linear ansteigenden Strömen ist ihre große Nutzzeit. Wird die Geschwindigkeit des Anstiegs zu klein, so sind wir im Bereich der einschleichbaren Ströme. Allen diesen Verhältnissen wird eine HILLsche Formel gerecht[7]. Für die wesentlichsten Fragen, die ich glaube, in diesem Abschnitt behandeln zu müssen, sind diese Resultate nicht so wichtig wie die übrigen, die Stromstöße, Kondensatorentladungen und Wechselströme betreffen, wenn auch zur Zeit nicht ausgeschlossen werden kann, daß zu den Reizungen mit ansteigendem Strom auch die Aktionsstromreizung gehört. Dividiert man die Rheobase durch die Anstiegsgeschwindigkeit des gerade noch eine Reizwirkung entfaltenden, linear ansteigenden Stromes, so erhält man eine neue Zeitkonstante, die FABRE[8] mit dem Namen Linearkonstante belegt, und auf die kurz hinzuweisen ich nicht verfehlen möchte.

Bei irgendwelchen Stromstößen irgendwelcher Form, also allmählich ansteigend, einen Gipfel erreichend und evtl. allmählich absteigend, hat GILDEMEISTER einige gesetzmäßige Beziehungen gegeben, die von Interesse sind. Zunächst kann man beim langsam ansteigenden Strom im Beginn einen Teil wegschneiden, ohne daß der Effekt geändert wird; bei Kondensatorentladungen, wie wir gesehen haben, nur am Schluß. Bei den hier in Frage stehenden Stromformen kann sogar vorn und hinten Strom von der Gesamtkurve abgeschnitten werden, ohne daß der Effekt verändert wird. Die wirksame Zeit, die wahre Nutzzeit, liegt also in der Mitte eines solchen Stoßes. Wenn man

---

[1] WERTHEIM-SALOMONSON: Pflügers Arch. **106**, 137 (1905). Vgl. Anm. 2, S. 271.
[2] HILL: J. of Physiol. **40**, 203 (1910).
[3] v. KRIES: Über die Abhängigkeit der Erregungsvorgänge von dem zeitlichen Verlaufe der zur Reizung dienenden Elektrizitätsbewegungen. Arch. f. Physiol. **1884**, 337. — Vgl. auch FUHR, A.: Versuchsresultate mit v. FLEISCHLs Rheonom. Pflügers Arch. **38**, 313.
[4] KEITH LUCAS: On the rate of variation of the exciting current as a factor in electric excitation. J. of Physiol. **36**, 253 (1907/8).
[5] LAPICQUE: Kap. 11, S. 219ff. Zitiert auf S. 244. In § 103 findet sich eine Auseinandersetzung über eventuelle Priorität von KEITH LUCAS, auf die ich bei dieser Gelegenheit verweisen möchte. Ich habe hier im allgemeinen nur die Monographie zitiert. Die wichtigsten Einzelabhandlungen von LAPICQUE und seinen Schülern finden sich, mit dem Jahre 1903 beginnend, in den C. r. Soc. Biol. und im J. de Physiol. et Path gén.
[6] GILDEMEISTER, M.: Untersuchungen über indirekte Muskelerregung und Bemerkungen zur Theorie derselben. Pflügers Arch. **101**, 203 (1904).
[7] Also auch der Einschleichung, ohne die Akkomodationshypothese von NERNST.
[8] FABRE: C. r. Acad. Sci. **184**, 699 (1927).

von einer solchen Fläche des Nutzstromes den Schwerpunkt sucht, dann kann man die Zeit vom Anfang des wirksamen Stoßes bis zum Schwerpunkt nach GILDEMEISTER die Kardinalzeit nennen. Der Autor hat einige interessante Sätze über diese Kardinalzeit aufgestellt. Je näher die Kardinalzeit an die Anfangszeiten der Reizzeit heranrückt, um so mehr — das ist für uns das Wichtige — kommt die ganze durchgegangene Elektrizitätsmenge zur Geltung.

Dieser Satz begründet ebenfalls die Vermutung, daß die Kondensatorentladungen bei hinreichend kleinen Kapazitäten dieselben Werte geben müssen wie die rechteckigen Stromstöße.

Eine Zusammenfassung GILDEMEISTERS[1] behandelt alle wesentlichen auf Nutzzeit, Kardinalzeit usw. bezüglichen Tatsachen mit Ausblicken auf die Pathologie. Bei dieser Gelegenheit teilt er auch sein einfachstes Modell mit und beleuchtet die Tatsachen von dem Standpunkte, ob sie für oder gegen das DU BOIS-REYMONDsche Gesetz zu sprechen scheinen.

Festsetzung von absoluten Konstanten für die Erregbarkeit des Nerven mit dem konstanten Strom.

LAPICQUE glaubt in seiner Chronaxie eine absolute Konstante der Erregung gefunden zu haben, d. h. eine Konstante, die man für ein bestimmtes Organ ermitteln kann, ohne daß man dabei irgendwie abhängig wäre von der angewandten Apparatur, von dem Ort, an dem die Untersuchung gemacht wird und von dem speziellen Versuchstier derselben Art, das man bei der Bestimmung benutzt. Das gilt in der Tat in einer gewissen ersten Annäherung für die Chronaxie, in gleicher Weise natürlich auch für das absolute Speicherungsvermögen von v. KRIES und für den Ampere-Coulomb-Quotienten. Daß es nicht unbedingt gilt, folgt u. a. aus der Abhängigkeit der Chronaxie von Entfernung und Form der Elektroden. Hier spielen die Kernleitereigenschaften des Nerven stark hinein, wie wir schon erwähnt haben und in diesem Abschnitt noch sehen werden. Daß sie das tun, hat auch LAPICQUE erkannt. Man sehe dazu außer den noch zu erwähnenden Versuchen meines Laboratoriums namentlich im Buch von LAPICQUE §§ 90, 91 und 105. Außerdem vergleiche man LAPICQUE: „Wie ist die Stellung der Polarisation in der physikochemischen Theorie der elektrischen Nervenreizung aufzufassen?"[2] Aber es gilt die Konstanz nur angenähert; eine wahre Konstante ist erst dann bestimmt, wenn sie von der Methode gänzlich unabhängig gewonnen werden kann, und ich werde im folgenden zeigen, weshalb das möglich ist, denn es ist natürlich klar, daß Individuen derselben Art, lebend unter analogen Bedingungen, Temperatur und dergl., dieselbe Erregbarkeit des Nerven mit geringen physiologischen Schwankungen zeigen müssen, und daß diese Erregbarkeit sich genau so festlegen lassen muß wie etwa die Fortpflanzungsgeschwindigkeit am Nerven. Die Versuche, zu solchen Zahlen zu gelangen, gehen weit zurück. Wenn man zunächst voraussetzt, daß die Form der Zuleitung wenig wichtig ist, so könnte man versucht sein, die absoluten Amperezahlen festzulegen, die eine Reizung bedingen. Schon DU BOIS-REYMOND und seine Vorgänger haben die Bedeu-

---

[1] GILDEMEISTER, M.: Theoretisches und Praktisches aus der neueren Elektrophysiologie. Münch. med. Wschr. 58, 1113 (1911). — Die allgemeinen Gesetze des elektrischen Reizes. I. Die Nutzzeit und ihre Gesetze. Z. Biol. 62, 358 (1913).

[2] LAPICQUE: Biochem. Z. 156, 80 (1925). — CARDOT u. LAUGIER: Influence de l'écartement des électrodes dans les mesures d'excitabilité. C. r. Soc. Biol. 76 (1914). — DAVIS, H.: The relationship of the „Chronaxie" of Muscle to the Size of the stimulationg Electrode (Preliminary Report). J. of Physiol. 57 (1923). — LAUGIER, H.: Electrotonus et excitation. Recherches sur l'excitation d'ouverture. Thèse des sciences. Paris 1921.

tung der Stromdichte erkannt[1]. Es hat namentlich HERMANN[2] darauf hingewiesen, daß der absolute Wert deshalb nicht maßgebend sein kann, weil die Nerven verschieden großer Frösche verschieden dick sind, und er hat versucht, die Dichte des den Nerven gerade reizenden Stromes als ein absolutes Maß zu erhalten. In neuerer Zeit ist ein einschlägiger Versuch von STEINHAUSEN[3] gemacht worden. Um die Dichte festsetzen zu können, muß die Dicke des Nerven bekannt sein, und es ist mindestens nicht einfach, dieselbe zu messen, abgesehen davon, daß individuelle Variation des indifferenten Gewebes den Wert erheblich beeinflussen müßte. Besser ist es, — und ich habe zuerst durch meine Schüler diesen systematischen Weg beschreiten lassen — die an den Nerven unmittelbar angelegten Spannungen zu messen und festzustellen, welche minimalen Spannungen den Nerven erregen. Man ist in erster Annäherung dabei jedenfalls unabhängig von der Dicke des Nerven und auch von der Entwicklung des indifferenten Gewebes, wie leicht einzusehen ist, aber nicht unabhängig natürlich von der Entfernung der Elektroden, obschon hier in einer großen Breite, wie KEIL[4] in meinem Laboratorium festgestellt hat, die Spannung sich nur wenig ändert, ob die Elektroden 0,2 oder 2 cm auseinander liegen. Ich habe daher anfangs eine Normaldistanz von 1 cm genommen und eine Reihe von Messungen bei dieser Normaldistanz ausführen lassen; aber auch dann (man vergleiche die zitierte Arbeit von KEIL) hängt der zu bestimmende Wert von der Elektrode ab, deren man sich bedient. Auf den Begriff stetiger und unstetiger Elektroden weise ich hierbei nur kurz hin. Ich stellte mir daher die Aufgabe, zunächst theoretisch einen Wert festzulegen, der — ob er nun eruierbar ist oder nicht — jedenfalls den Vorzug einer absoluten Konstanten besitzt.

Ich betrachte die Reizung mit dem konstanten Strom. Ich denke mir rein theoretisch eine sehr lange Nervenfaser, die vom Strom der Länge nach durchflossen wird. Irgendwo, so fern, daß sie die Kathode nicht beeinflussen kann, liege die Anode, und der den Nervenkern durchsetzende Strom verlasse diesen Kern in der Strecke von 1 cm in der Art, daß die Flächendichte

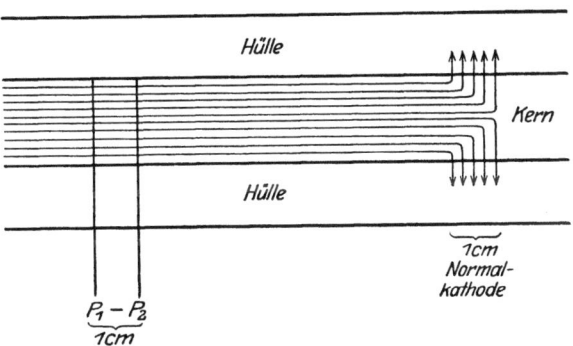

Abb. 67. Schema zur Erklärung des Normalstromes bzw. Normalreizstromes und der absoluten Reizspannung. Näheres im Text.

des die Mittelschicht durchsetzenden Stromes überall die gleiche sei. Einen Strom dieser Art will ich unabhängig von seiner Stärke einen Normalstrom nennen, und wenn er so stark ist, daß er gerade reizt, den Normalreizstrom. Den Normalstrom messe ich nicht

---

[1] Siehe BORUTTAU: Handbuch der gesamten medizinischen Anwendungen der Elektrizität **1**, 407.
[2] HERMANN: Zitiert auf S. 244, daselbst S. 50.
[3] STEINHAUSEN, WILHELM: Über Stromdichtebestimmung und die Beziehung der Stromdichte zum Erregungsvorgang. Pflügers Arch. **193**, 171—200. Handbuch der gesamten medizinischen Anwendungen der Elektrizität, Erg.-Bd. S. 45: Die Stromdichte und ihre Bedeutung bei der elektrischen Erregung. 1. Erregungsgesetz.
[4] KEIL, F.: Über das Gesetz der Streckenlänge bei der Nervenreizung. Z. Biol. **75**, 1 (1922). — ROSENBERG, H.: und F. SCHNAUDER: Der scheinbare Widerstand verschieden langer Strecken und das Kernhüllenverhältnis des Froschnerven. Z. Biol. **78**, 175 (1923). — CREMER, M.: Über absolute Reizspannung. Cremers Beitr. z. Physiol. **2**, 51 (1924).

in Ampere, sondern dadurch, daß ich das Potentialgefälle im Kern pro Zentimeter festzulegen suche, an den Stellen, wo der Strom den Kern konstant durchfließt. Es ist selbstverständlich, daß für die Schwellenreizung nur ein einziges solches Potentialgefälle gegeben sein kann, denn nur eine einzige Stromstärke wird — alles andere konstant vorausgesetzt — den Nerven bei dauerndem Schluß erregen. Diese Spannungsdifferenz des Normalreizstromes heiße die absolute Reizspannung. Da 2 Strecken vorgeschrieben sind — nämlich 1. die Länge der Kathode und 2. der Abstand der beiden Punkte, an denen die Potentialdifferenz beobachtet wird, — so versteht man wohl ohne weiteres, warum die Dimension der absoluten Reizspannung Volt/cm² ist[1]. Es ist klar, daß ich damit für eine einzelne Nervenfaser den gesuchten absoluten Wert habe. Nun sind die Fasern eines tatsächlichen Nerven ja nicht alle von gleicher Dicke, aber sie werden doch bei ein und denselben Spezies, gleichem Alter und gleicher Größe der Individuen usw. denselben mittleren Wert haben, und die Reizspannung eines bestimmten Nerven würde auch nach dieser Richtung, da sie natürlich das Mittel bzw. die untere Grenze der Reizspannungen der einzelnen Fasern darstellen würde, ebenso einen bestimmten Wert haben. Im übrigen aber mache ich nochmals darauf aufmerksam, daß wir uns, wie ich in der Einleitung betont habe, den Nerven als ein gleichmäßiges Bündel schematischer Einzelfasern denken. Wie die folgenden Darlegungen im Detail abzuändern sind, weil das nicht ganz den Tatsachen entspricht, betrachte ich für diese Darlegung als eine Cura posterior. Prinzipiell werden die folgenden Betrachtungen durch solche Umstände wenig berührt. Daß man Fasern mit verschiedener Dicke und verschiedenen Eigenschaften gerecht werden kann, sieht man an dem Versuch von GASSER und ERLANGER[2].

Für den Fibrillentheoretiker ist übrigens die verschiedene Dicke der Nervenfasern nicht von Bedeutung. Die Frage, die wir jetzt aufwerfen müssen, ist die: läßt sich E_r, die absolute Reizspannung, auch experimentell ermitteln? Es ist dies auf verschiedene Weise möglich, wie wir noch sehen werden; zunächst einmal in der Art, daß man den Nerven mit einem großen Teil seiner Länge in eine mit Ringerlösung gefüllte Winkelrinne versenkt, die von den beiden Enden aus durchströmt wird. In einer solchen Rinne (s. Abb. 68) steigt der Strom am äußeren Rande von dem Punkte a bis zum h linear an. Bestände keine Polarisation im Nerven, wäre kein elektrotonisches Phänomen vorhanden, so würde ohne weiteres klar sein, daß auch der Strom im Kern linear ansteigen muß. Aus der Theorie des Kernleiters mit Depolarisation folgt aber, daß — wenn der Nerv hinreichend lang ist — der lineare Anstieg in gleicher Weise gewährleistet wird. Die Polarisation hat dabei den besonderen Vorteil, daß die Stromfäden aus dem Kern nach allen Seiten gleichmäßig austreten, und dieser Zustand stellt sich vermutlich in Zeiten ein, die sehr klein sind gegen die Hauptnutzzeit. Die Beobachtung der Reizspannung selbst geschieht hier in der äußeren Flüssigkeit. Sie bildet bei der Winkelrinne einen angebbaren Bruchteil desjenigen Potentialgefälles, das an fernen Punkten der Rinne herrscht.

Bisher habe ich eine einzige ausgedehntere Versuchsreihe zur Bestimmung von E_r machen lassen[3]. Dabei wurde Wert darauf gelegt, daß eine Stelle des

---

[1] Auch jeder Normalstrom wird durch Volt/cm² gemessen. In analoger Weise kann man eine Normal-Coulombmenge definieren; ihre Dimension ist Volt · t/cm².

[2] Siehe bei P. HOFFMANN, dieses Handb. 8, II, 747 u. 749.

[3] KEIL, F., und K. KLOSE: Reizversuche an Froschnerven mit der Winkelrinne unter Benutzung des Saitenelektrometers. Beitr. z. Physiol. 2, 191 (1924). Über die Winkelrinne und einige Variationen derselben sehe man die folgenden Abhandlungen: WESTRUM, C.: Experimentelle Untersuchung über den Stromverlauf in einer rechtwinklig gebogenen Rinne. Äußere Kante. Cremers Beitr. z. Physiol. 2, 55 (1924). — ZWIRNER, P.: Experimentelle

N. ischiadicus verwandt wurde, die keine Äste hatte. Es wurden zuerst 0,5, dann 1, dann 2 cm in entsprechender Winkelrinne untersucht, ohne daß der Nerv in seiner Lage geändert wurde. (Man sehe das Original.) Eine weitere Verdoppelung der Strecke war wegen Kleinheit der Frösche nicht möglich. Es wurde natürlich erwartet, daß hierbei das wahre Er noch nicht gefunden werden konnte, da das untersuchte Stück Nerv vom theoretisch unendlich langen Nerven selbstverständlich noch weit entfernt ist. Die Mittelzahlen ergaben 110, 60 und 47 mVolt cm^{-2}; aber durch geeignete Extrapolation findet man, daß Er kleiner ist als 40 mVolt cm^{-2}. Die Untersuchung wurde bisher noch nicht systematisch auf längere Nervenstücke ausgedehnt[1]. Man kann Er, allerdings nur angenähert und unter bestimmten Voraussetzungen, auch aus gewöhnlichen Reizversuchen entnehmen und hat dann ungefähr $Er = \frac{\alpha}{2} \cdot \frac{V}{l}$, wenn V die am Nerven gemessene Spannung des gerade reizenden konstanten Stromes bedeutet und l die Entfernung der Elektroden. Es liegt in der Natur der Sache, daß die theoretische Definition bestehen bleibt, auch wenn es zunächst Schwierigkeiten macht, den Wert festzustellen. Daraus, daß bei der praktischen Ausführung der Versuche diese Werte nur in einer gewissen Breite übereinstimmen,

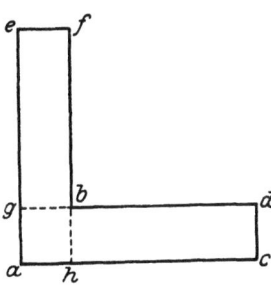

Abb. 68. Winkelrinne zur Reizung des Nerven. Der Nerv wird entlang ah gelegt. Näheres im Text.

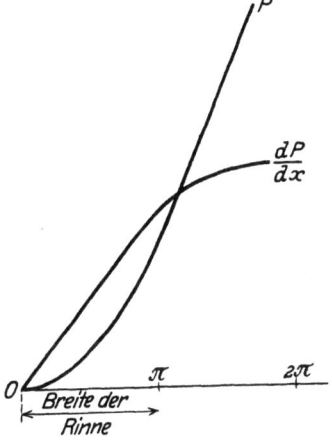

Abb. 69. Potential- und Stromanstieg $\frac{dP}{dx}$ in einer Winkelrinne von der Breite π.

kann man ebensowenig schließen, daß Er keine annähernde Konstante sei, wie man aus den großen Verschiedenheiten, die mehrere Autoren bei der Fortpflanzungsgeschwindigkeit des Nervus ischiadicus des Frosches gefunden haben, etwa schließen könnte, es handele sich dabei nicht um eine wirkliche Nervenkonstante (gleiche Umstände vorausgesetzt).

Die Genauigkeit der obigen Formel wächst u. a. mit der Größe von l, das zweckmäßig nicht kleiner als 4 cm genommen wird. α ist die elektrotonische Konstante; der Elektrotonus eines idealen Kernleiters mit Depolarisation fällt, wie zuerst von WEBER gezeigt, in einer Exponentialkurve ab, und zwar gilt das sowohl für das Potential, wie für die Ströme in der Richtung des Nerven in der Hülle oder im Kern. Es gilt eine solche Exponentialkurve auch, wie hervorgehoben zu werden verdient, für die Ströme, die

---

Untersuchungen über den Stromverlauf in einer rechtwinklig gebogenen Rinne. Innere Berandung. Ebendas. S. 59 — KRUSE, F.: Über die Erzwingung örtlich gleichmäßig ansteigender Ströme in einer rechtwinklig gebogenen Rinne. Ebendas. S. 177 — KEIL, F., und C. WALTER: Über die künstliche Erzeugung örtlich linear ansteigender Ströme. Ebendas. S. 183 — HOCH, P.: Erzwungener Stromverlauf in einer Längsrinne unter Verwendung vielfacher Elektroden. Ebendas. S. 71. — NICKEL, A.: Stromverlauf in einer abgeänderten Winkelrinne. Ebendas. **3**, 49 (1927) — GAUSSELMANN, B.: Modellversuche über die zweckmäßigste Form von Reizströmen. Ebendas. **3**, 55 (1927).

[1] Amerikanische Ochsenfrösche und japanische Kröten würden besonders geeignet sein.

die Mittelschicht senkrecht durchsetzen, und damit auch für die Polarisation im Nerven. Für das Potential lautet dieselbe $P = De^{-\alpha x} + \text{const}$, wobei D die größte Potentialdifferenz, die man zwischen dem Pol und einem genügend weit entfernten Punkte des Nerven finden kann, ist. Das x wird vom Pol an gerechnet. Bei großer Entfernung verschwindet das Glied mit $e^{-\alpha x}$ (praktisch bei 3 cm) und die Konstante stellt sich als das in der großen Entfernung tatsächlich herrschende Potential dar, wenn am Pol das Potential $V/2$ herrscht. Für den Pol selbst bekommen wir das Potential = Konstanz + D; man sieht, daß die beiden Potentiale um D verschieden sind. Es kommt für das Folgende auf diese Differenz D und nicht auf den absoluten Wert des Potentials mit mehr als 3 cm Entfernung von der Elektrode an. Die Differenz D ist abhängig, abgesehen von der an dem Nerven angelegten polarisierenden Spannung, von der Entfernung der beiden Elektroden. Sie kann, wie KEIL und GÄRTNER[1] in meinem Laboratorium gezeigt haben, prinzipiell direkt bestimmt, aber auch aus gewöhnlichen elektrotonischen Beobachtungen berechnet werden; ebenso kann aus zwei Beobachtungen das α festgelegt werden. Legt man z. B. $1/2$ cm von der Kathode eine erste und 1 cm von derselben eine zweite Elektrode an und verbindet diese abwechselnd mit einer dritten, möglichst weit von dem Pol entfernten Elektrode, so kann man jetzt α in folgender Weise berechnen. Bezeichnet man die bei 0,5 cm gefundene Spannung mit m und analog die bei 1 cm gefundene mit n, so hat man die beiden Gleichungen $De^{-0,5\alpha} = m$; $De^{-\alpha} = n$. Durch Division ergibt sich $e^{0,5\alpha} = \dfrac{m}{n}$ und $\alpha = 2 \log.$ nat. $\dfrac{m}{n}$. Unter Benutzung des so gewonnenen α und einer der beiden Gleichungen kann man auch D berechnen[2]. Versuche dieser Art fanden sich in der Literatur nicht; nur FLEISCHL VON MARXOW[3] hat eine Kurve mitgeteilt, aus der sich α annähernd entnehmen läßt, ohne sich bewußt zu sein, daß er hier eine neue Nervenkonstante vor sich hatte. HERMANN, der sich über die theoretischen Vorgänge ganz klar war, scheint in seinen experimentellen Untersuchungen auf zu große Schwierigkeiten gestoßen zu sein und hat meines Wissens nie ein α angegeben. Ich habe dann α durch ERNST SCHULTZ[4] in einer Reihe von Fällen berechnen lassen und schwankende Ergebnisse erhalten zwischen 1,8 als niedrigstem und 4,7 als höchstem Wert. Dabei ist zu beachten, daß jede Schädigung des Nerven, auch solche durch vorsichtige Präparation, geeignet ist, das α hinaufzusetzen; es sind daher die niederen Werte bei ERNST SCHULTZ die wahrscheinlicheren. In der Zwischenzeit ist im LASAREFFschen Laboratorium das α ebenfalls bestimmt worden, und es wurden durch P. P. PAVLOV[5] Werte, ähnlich den in meinem Institut erhaltenen Größenordnungen, gefunden. Ich bin fest überzeugt, daß es sich um eine absolute Nervenkonstante handelt, und ich habe neuere Versuche in meinem Laboratorium in Angriff nehmen lassen, die aber noch nicht abgeschlossen sind. Einstweilen bediene ich mich der 2, abgerundet für den Wert von α. Die Gleichung $Er = \dfrac{\alpha}{2} \cdot \dfrac{V}{l}$ ergibt sich aus vereinfachten Kernleiterbetrachtungen, die ich angestellt habe, auf die ich hier aber nicht näher eingehe.

Für die kleinere oder größere Genauigkeit dieser angenäherten Formel spielt die Elektrodenform eine Rolle. Es dürfte sich die Anwendung einer stetigen Elektrode etwa von der Form 7 bei KEIL empfehlen. Im Prinzip sind die Winkelrinnenversuche zur Bestimmung von Er vorzuziehen, — oder allgemeiner gesprochen, um nicht von einer Elektrodenform abhängig zu erscheinen: die Versuche mit in der Hülle linear ansteigendem Strom. Der Größenordnung nach stimmen aber die beiden so verschieden ermittelten Er überein. Es gibt noch eine andere Möglichkeit, die absolute Reizspannung oder die zur Reizung erforderliche Normal-Coulomb-Menge zu berechnen (siehe weiter unten). Ich will hervorheben, daß dann, wenn der Abfall des elektrotonischen Stromes nicht in

---

[1] KEIL und GÄRTNER: Über die Bestimmung des Kernhüllenverhältnisses mit Hilfe elektrotonischer Ströme. CREMERS Beitr. z. Physiol. **2**, 209 (1914).

[2] Für diese und ähnliche Zwecke sind die Tafeln von HAYASHI sehr bequem. (HAYASHI, K.: Fünfstellige Tafeln der Kreis- und Hyperbelfunktionen, sowie der Funktionen e^x und e^{-x} mit den natürlichen Zahlen als Argument. Berlin und Leipzig 1921.)

[3] FLEISCHL v. MARXOW: Theorie des Elektrotonus. Gesammelte Abhandl., S. 306, Taf. 16, Abb. 6, entnommen aus Bd. 78 d. Sitzungsberichte.

[4] SCHULTZ, E.: Das Gesetz der Abnahme der elektrotonischen Ströme mit der Länge der Zwischenstrecke. CREMERS Beitr. z. Physiol. **2**, 107 (1924).

[5] PAVLOV, P. P.: Über Verteilung von elektrotonischen Strömen im Nerven und in seinem physikalischen Modell. J. f. exp. Med. H. 10/11, 34 (1926) (russisch.)

einer Exponentialkurve erfolgt, sich die wahre Kurve mit jeder wünschenswerten, praktischen Annäherung doch genau bestimmen läßt. Es läßt sich dann experimentell das $\frac{d^2 E}{d x^2}$ für $x = 0$ und für jedes t nach Stromschluß ermitteln. In den Fällen, in welchen sich dieser Wert durch die Nutzzeit hindurch als genügend konstant erweist, ist er nach Multiplikation mit $\gamma = Er$, wenn es sich um Schwellenströme handelt[1]. Eventuell erhält man daraus die reizende Normal-Coulombmenge (s. unten). Natürlich muß man die katelektronische extrapolare Stromausbreitung untersuchen. Tatsächlich ist dieser Weg bis jetzt noch nicht beschritten worden; nur einige tastende Versuche wurden in meinem Laboratorium gemacht. Für die Anwendbarkeit ist u. a. erforderlich, daß der elektrotonische Zustand sich in einer Zeit entwickelt, die gegen die Hauptnutzzeit sehr klein ist. Ich weiß sehr wohl, daß dieser elektrotonische Zustand noch langsame Veränderungen eingeht, also nicht im wirklichen Sinn unmittelbar nach Stromschluß stationär sein kann, aber man kann von einem quasi stationären Zustand reden.

Nach diesen Vorbemerkungen können wir eine zweite Fundamentalfrage anschneiden: wie reizt der Aktionsstrom bei seinem Weiterwandern? Es ist gar kein Zweifel, daß auch für den Aktionsstrom der Satz gilt, daß der an jedem kleinen dx vorhandene zweite Differentialquotient des Potentials der Hülle ein Maß der wahren Kathode ist, die sich an dieser Stelle befindet, und würden wir die Aktionsnegativität im Beginn hinreichend genau messen können, was heutzutage im Zeitalter der Verstärker und der Oszillographen, speziell auch des Kathodenstrahloszillographen, nur eine Frage der Zeit ist, so würden wir diesen Strom für den ganzen Aktionsstromanstieg bekommen können. An jeder einzelnen Stelle würde während eines Darüberstreichens die Negativitätswelle mit diesen Strömen nacheinander zur Wirksamkeit kommen und wir können uns jetzt einen zeitlich variablen Normalstrom E_{var} vorstellen, der also den Kern bei 1 cm Abstand verläßt, und der genau dieselbe Reizung hervorbringt im selben Tempo zeitlich variiert, wie es an den einzelnen Stellen beim Herüberstreichen der Negativitätswelle der Fall ist. Dieser Strom würde im Momente t dem zweiten Differentialquotienten der Negativität nach der Zeit proportional sein. Es würde also eine gewisse Stromstoßform gegeben sein. Die in Frage kommenden absoluten Werte würden eine Schwellenreizbestimmung ergeben, und damit hätte man im Prinzip alle Daten, um in derselben Weise, wie wir den Normalstrom messen, auch die Normal-Coulomb-Menge bestimmen zu können, die der Einheit der Nervenstrecke beim Vorübergehen der Negativitätswelle zufließt. Der Ausdruck $\dfrac{Er}{\int_0^\tau E_{\text{var}} d t}$ wäre dann unser A/C-Quotient, wenn τ die Zeit bezeichnet, bei der die Aktionsstromreizung beendet ist. Dieser Wert läßt sich auf mehrere Weisen exakt bestimmen. In erster Annäherung kann er vielleicht gleich der Zeit des halben Anstieges der Aktionsstromwelle gesetzt werden, ohne daß für das oben bezeichnete Integral ein erheblicher Fehler entsteht.

Eine sehr einfache annähernde Vorstellung für den Aktionsstrom ist die, daß er mit einer kleinen Parabel beginnt, deren Längsachse senkrecht zur Fortpflanzung gerichtet ist, die nach kurzer Zeit in ihre Tangente übergeht, die im wesentlichen das Anwachsen der Aktionsstromnegativität darstellt. Dann würde der Aktionsstrom den Nerven mit einem rechteckigen Stromstoß reizen. Ich glaube aber auf jeden Fall, dem Leser hinreichend klar gemacht zu haben, daß der von mir definierte Ampere-Coulomb-Quotient eine Größe ist, die nur von

---

[1] γ = Widerstand des Kernes durch Widerstand der Hülle. Vgl. S. 282.

den Verhältnissen des Nerven abhängig und von jeder Willkürlichkeit frei ist. *Er* und der wahre Ampere-Coulomb-Quotient sind absolute Konstanten des Nerven. Aber auch bei der einfachen Definition wird das der Fall sein, wenn es ein absolutes Minimum der Menge gibt.

Natürlich läßt sich die Art der Definition, die ich hier für den ursprünglichen und den vereinfachten Ampere-Coulomb-Quotienten gegeben habe, auch auf die Chronaxie übertragen. Man würde also unter Chronaxie diejenige Zeit verstehen, die ein Normalstrom von doppelter Stärke des Normalreizstroms fließen müßte, um die Erregung hervorzurufen. Man ist — das sieht man ohne weiteres ein — völlig unabhängig dabei von all den Schwierigkeiten, die man gelegentlich von der Größe der Elektroden usw. bei der Ermittlung der Chronaxie empfunden hat, und die Winkelrinne bietet sich von selbst als ein wesentliches Hilfsobjekt für

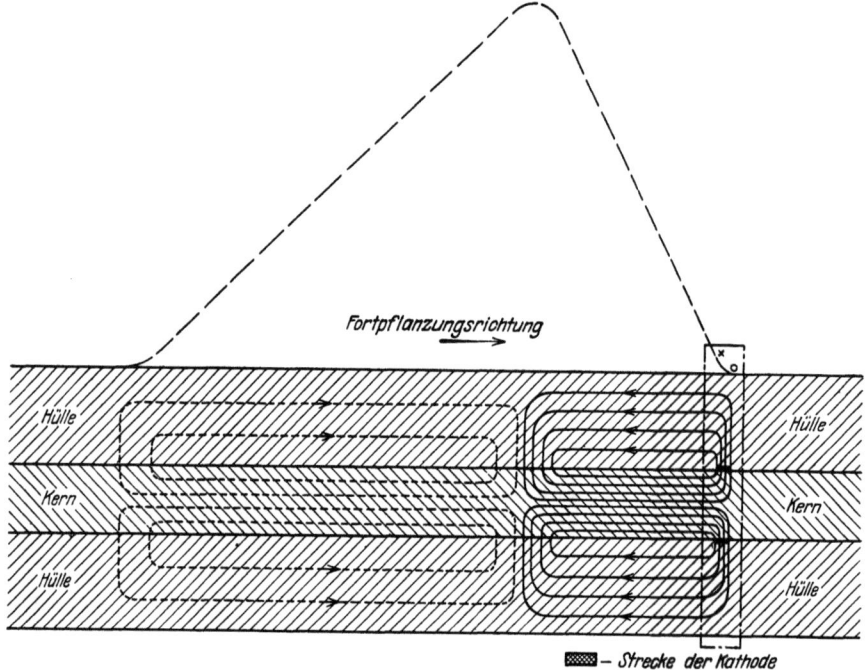

Abb. 70. Die Ströme der Negativitätswelle, schematisch.

die Feststellung der Chronaxie dar. Ich gedenke, solche Versuche auszuführen, wie natürlich auch in der Winkelrinne für den ursprünglichen und vereinfachten Ampere-Coulomb-Quotienten.

Mein *Er* bzw. die reizende Normal-Coulomb-Menge zu bestimmen, gibt es noch eine völlig andere Methode, deren Prinzip ich auseinandergesetzt habe und mit der FLEISCHHACKER[1] in meinem Laboratorium gearbeitet hat. Die Versuche stecken noch in den ersten Anfängen. Man führt gewissermaßen eine Negativität an dem Nerven vorüber mit einer bekannten Geschwindigkeit. Das muß, wie ich gleich bemerken möchte, nicht mechanisch geschehen — FLEISCHHACKER hat ein Pendel benutzt —, es kann auch sonst rein elektrisch eine in der Hülle wandernde Negativität erzeugt werden.

---

[1] FLEISCHHACKER, H.: Reizversuche mit der bewegten Kathode am Nerv-Muskel-Präparat. Z. Neur. **112**, 50 (1928) — CREMER, M.: Über das Prinzip der bewegten Kathode. CREMERS Beitr. z. Physiol. **2**, 119 (1924).

Die bisher besprochenen Konstanten und die gegebenen Definitionen des Normalstroms Er und ACQ lassen sich nun zur Begründung einer Formel für die Fortpflanzungsgeschwindigkeit verwenden.

Da die einzige, von mir etwas ausführlicher gegebene, übrigens schematische Ableitung meiner Formel an einer ziemlich versteckten Stelle steht[1], möchte ich sie zur Orientierung des Lesers hier abdrucken, damit er einen besseren Einblick in die Überlegungen gewinnt, die mich zur Aufstellung der absoluten Reizkonstanten geführt hat.

Zur elementaren Ableitung meiner Formel[2] ist eine Reihe von vereinfachenden Annahmen zweckmäßig; doch läßt sich dieselbe auch auf allgemeinerer Basis entwickeln. Gegeben sei eine einzelne Nervenfaser von großer Länge und eine über sie gleitende Negativitätswelle. Wir unterscheiden an der Faser Hülle und Kern und identifizieren der Einfachheit halber den Kern mit dem Achsenzylinder. Beim Durchgang der Erregungswelle entspricht jedem Strom im Kern (i_k) ein entgegengerichteter Strom in der Hülle (i_h) von gleichem absoluten Betrage. Wenn i_k oder i_h dem Orte nach konstant ist, durchsetzen keine Stromfäden die Grenzfläche. Ein Durchtritt kann nur an solchen Stellen stattfinden, wo die Stromstärke sich ändert. Wir fingieren nun einen (mit Ausnahme von Anfang und Gipfel) geradlinigen Anstieg der Negativitätswelle. Dann ist also der Strom während des linearen Anstiegs in Hülle und Kern konstant. Dagegen treten im Beginn der Negativitätswelle kathodische Stromfäden aus dem Kern aus, und wir nehmen an, daß die nach der Stromtheorie auf diese Weise erfolgende Reizung gerade beendet ist, wenn der lineare Teil des Anstiegs beginnt (kritischer Punkt). Unter der Voraussetzung einer gleichmäßigen Verteilung der austretenden Stromfäden über eine gewisse kleine Strecke s kann man die Elektrizitätsmenge berechnen, die beim Durchgang einer Aktionsstromwelle die Einheit der Grenzfläche durchsetzt. Ist ω die Oberfläche der Kern-Hüllen-Grenze bei 1 cm Streckenlänge, so ist $\dfrac{i_k}{s \cdot \omega} = \dfrac{i_h}{s \cdot \omega}$ die Stromdichte innerhalb s. Diese Stromdichte bleibt an einer und derselben Stelle während der Zeit bestehen, welche die Welle zur Fortpflanzung durch die Strecke s braucht, d. h. $\Theta' = \dfrac{s}{v}$. Während des Vorüberstreichens der

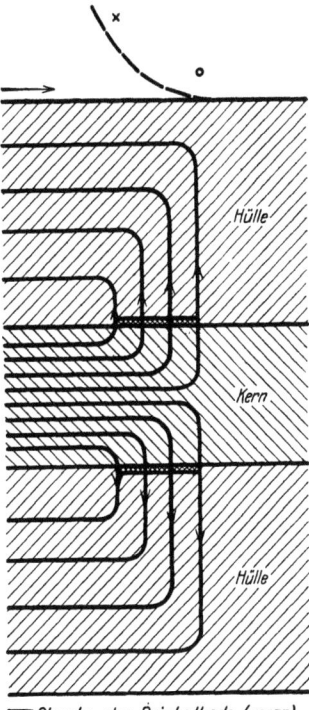

▰ *Strecke der Reizkathode (vergr.)*

Abb. 71. Die Ströme der Negativitätswelle, schematisch. (Ein Teil der vorigen Figur vergrößert.) Näheres im Text.

Welle ist daher die durch die Einheit der Grenzfläche tretende Elektrizitätsmenge
$$= \dfrac{i_h}{s \cdot \omega} \cdot \dfrac{s}{v} = \dfrac{i_k}{s \cdot \omega} \cdot \dfrac{s}{v}, \text{ d. h. } \mathrm{Coul}_{act} = \dfrac{i_h}{\omega \cdot v} = \dfrac{i_k}{\omega \cdot v}.$$

Diese Coulombmenge ist nach der Stromtheorie dieselbe wie diejenige, welche bei künstlicher, möglichst adäquater Reizung die Einheit der Grenzfläche passiert. Tritt der Reizstrom auf 1 cm Länge gleichmäßig aus dem Kern heraus, so ist die reizende Coulombmenge $\dfrac{\Theta'' \cdot i_r}{\omega}$, wenn i_r die Stromstärke im Kern und Θ'' die Stromflußdauer bis zur wirksamen Reizung bedeutet. Wofern man mit i_r den konstanten, dauernd fließenden Strom bezeichnet, der gerade Erregung setzt, so ist Θ'' aber nicht etwa die sog. nützliche Zeit, sondern eine wesentlich kürzere reduzierte Reizzeit. Diese wird annähernd gefunden als reziproker

---

[1] CREMER, M.: Proc. of the XI. Intern. Congr. of Edinburgh 1923.
[2] CREMER, M.: Über die Berechnung der Fortpflanzungsgeschwindigkeit im Nerven auf Grund der Stromtheorie der Erregungsleitung. CREMERS Beitr. z. Physiol. **2**, 31 (1924). Diskussionsbemerkungen auf der Tagung der Deutschen Physiologischen Gesellschaft in Hamburg 1920 Ber. Physiol. **2**, 166 (1920).

Wert des Verhältnisses von Schwellenreizintensität zur (praktisch) kleinsten reizenden Elektrizitätsmenge und entspricht ungefähr der Chronaxie von LAPICQUE und dem absoluten Speicherungsvermögen von v. KRIES. Nennen wir den Ampere-Coulomb-Quotienten M, so ergibt sich $\frac{i_r}{M \cdot \omega} = \frac{i_h}{v \cdot \omega}$, wobei ω ausfällt. Ist l die Länge des ansteigenden Teiles der Aktionsstromwelle, w_h der Widerstand der Hülle, w_k der des Kerns pro cm, so ist bei Ersatz der Intensität durch den Quotienten von Spannung und Widerstand $i_h = \frac{E_{\text{act}}}{w_h \cdot l}$, $i_r = \frac{E_r}{w_h}$, wobei E_r die von mir sog. absolute Reizspannung (Potentialdifferenz des Normalreizstroms pro cm im Kern) bedeutet. Eingesetzt: $\frac{E_r}{w_h \cdot M} = \frac{E_{\text{act}}}{w_h \cdot l \cdot v}$. Es ist daher $v = \frac{w_h}{w_h} \cdot \frac{E_{\text{act}}}{l} \cdot \frac{M}{E_r}$. Nun ist $l = v \cdot \tau$, wo τ die Anstiegsdauer der Negativitätswelle bezeichnet. Man erhält also $v = \sqrt{\frac{w_k}{w_h} \cdot \frac{E_{\text{act}}}{\tau} \cdot \frac{M}{Er}}$.

Der Ausdruck erlaubt noch gewisse Umformungen, namentlich auch mit Rücksicht auf Abweichungen der wirklichen Negativitätswelle von unseren vereinfachten Annahmen. Statt der Anstiegsgeschwindigkeit im Verlauf der Welle kann auch die Anstiegsgeschwindigkeit an der Reizstelle selbst verwandt werden, und es erscheint die Fortpflanzungsgeschwindigkeit der Erregung im Nerven aus Vorgängen an der Reizstelle allein berechnet (blaze currents, Waller).

Die obige Formel habe ich zuerst in der Diskussion bei der Tagung der Deutschen Physiologischen Gesellschaft zu Hamburg 1920 bekanntgegeben. In der darauffolgenden Publikation habe ich sowohl für den Froschnerven als auch für den Anodontanerven die Konstanten, soweit sie sich damals abschätzen ließen, eingesetzt. Es ergab sich, daß diese Konstanten für den Froschnerven 27 m, für den Anodontanerven 3,5 cm gegen 23 m bzw. 5 cm liefern. Es war daraus erkennbar, daß die Formel der Größenordnung nach stimmt; mehr konnte daraus nicht geschlossen werden, da die Konstanten selbst viel zu unsicher waren, und es leider auch heute noch sind. In meinem Institut bleibt man dauernd bemüht, dieselben mit immer besseren Methoden festzulegen[1]. Wir beabsichtigen, ähnlich wie es LAPICQUE für die Chronaxiebestimmung beim Froschnerven getan hat, die Methoden so zu gestalten, daß wir alle wesentlichen Bestimmungen bei ein- und demselben Nerven in situ machen können. Wir erwarten, daß die Verstärkereinrichtung, die dem Institut zur Verfügung steht, diese Aufgabe wesentlich erleichtern wird[2]. Es hat keinen Zweck, die augenblicklich wahrscheinlichsten Werte anzugeben, da ich hoffe, bald genauere zu besitzen. Beachtenswert ist aber die Tatsache, daß die Übereinstimmung der Größenordnung bei zwei Objekten auftrat, deren Fortpflanzungsgeschwindigkeiten um mehr als das Fünfhundertfache divergieren.

Der ursprünglichen Formel für die Fortpflanzungsgeschwindigkeit läßt sich eine elegantere Gestalt geben, wenn man statt E_{act} (mit seinem festen, maximalen Wert bezeichnet) genauer den ersten Differentialquotienten der Negativität nach der Zeit $\frac{dE_{\text{act}}}{dt}$ (E_{act} ist jetzt natürlich variabel zu denken) einfügt. Die Werte $\frac{E_{\text{act}}}{\tau}$ (maximal) und $\frac{dE_{\text{act}}}{dt}$ (variabel) sind als positive Größen einzusetzen[3]. Man erhält zunächst:

$$v = \sqrt{\gamma \frac{dE_{\text{act}}}{dt} \cdot \frac{M}{Er}}.$$

---

[1] Für die Anstiegsgeschwindigkeit des Nervenaktionsstromes vgl. H. ROSENBERG, Pflügers Arch. **216**, 300 (1927).
[2] Vgl. H. ROSENBERG a. a. O.   [3] $\gamma = \frac{w_k}{w_h}$.

Nach Einsetzen des A/C-Quotienten ergibt sich

$$v = \sqrt{\gamma \left[\frac{dE_{\text{act}}}{dt}\right]_{(t=\tau)} \frac{1}{\int\limits_0^\tau E_{\text{var}} dt}}.$$

τ bedeutet jetzt die Dauer der wirksamen Aktionsstromreizung, 0 den Beginn. τ muß mindestens so groß sein wie diese. Nimmt man τ größer an, so hat das auf die strenge Richtigkeit der Formel nur insofern Einfluß als bei der Feststellung der Schwelle darauf gesehen werden muß, daß nach der Zeit τ dieselbe (relative) Negativität der Reizstelle vorhanden ist. Man darf sich dann evtl. nicht nur damit begnügen, daß gerade eben eine Zuckung eintritt[1]. Bequem dürfte es dann sein, τ so zu wählen, daß der erste Differentialquotient $\frac{dE_{\text{act}}}{dt}$ gerade sein Maximum hat. Bei Auswertung des Integrals im Nenner unter dem Wurzelzeichen müssen wir beachten, daß in jedem Moment der Strom proportional sein muß dem zweiten Differentialquotienten von E_{act} nach der Zeit. Nennen wir diese Proportionalitätskonstante $\frac{1}{n^2}$, so haben wir also

$$\int\limits_0^\tau E_{\text{var}} dt = \int\limits_0^\tau \frac{1}{n^2} \frac{d^2 E_{\text{act}}}{dt^2} dt = \frac{1}{n^2} \left[\frac{dE_{\text{act}}}{dt}\right]_0^\tau = \frac{1}{n^2}\left[\frac{dE_{\text{act}}}{dt}\right]_{(t=\tau)}.$$

Eingesetzt in die Formel erhält man

$$v = \sqrt{\gamma \left[\frac{dE_{\text{act}}}{dt}\right]_{(t=\tau)} \cdot \frac{1}{\frac{1}{n^2}\left[\frac{dE_{\text{act}}}{dt}\right]_{(t=\tau)}}} = \sqrt{\gamma n^2}.$$

In dieser höchst merkwürdigen und einfachen Formel ist 8 eine Konstante, und zwar eine reine Zahl $\left(\text{das Kernhüllenverhältnis } \frac{w_k}{w_h}\right)$, und n^2 diejenige Zahl, durch die man die Anstiegsgeschwindigkeit dividieren muß, um diejenige Normal-Coulomb-Menge zu erhalten, die dem Nerven in möglichster Übereinstimmung mit der Aktionsstromwelle zufließen muß, damit eine entsprechende Reizung erfolgt[2]. Diese Normal-Coulomb-Menge muß durch Reizversuche bestimmt werden. Es ist kein Zweifel, daß nach den jetzt möglichen Abschätzungen schon feststeht, daß γn^2 der Größenordnung nach mit v^2 identisch ist. Diese Formel läßt sich noch etwas vereinfachen. Legt man der Formel nicht Er_{Kern} sondern $Er_{\text{Hülle}}$ zugrunde[3], so erhält man analog die Konstante $\bar{n}$, und es ergibt sich $v = \bar{n}$, die theoretisch einfachste Verifizierung der Stromtheorie der Erregung im Nerven. Es würde den Raum dieser Abhandlung überschreiten, genauer auseinanderzusetzen, wie man auch $\bar{n}$ aus Reizversuchen am Nerven direkt ableiten kann. Ich habe einen möglichen Weg schon oben angedeutet.

---

[1] Für die praktische Ausführung solcher Versuche kann ein vielkontaktiges Helmholtzpendel, wie ich es zuerst angegeben habe, besonders zweckmäßig verwandt werden. Zbl. Physiol. **21**, 492 (1907). — Über die Anwendung in meinem Laboratorium sehe man R. PROEBSTER: Über Muskelaktionsströme am gesunden und kranken Menschen. Beilageheft zur Z. orthop. Chir. 1928.

[2] n hat die Dimension einer Geschwindigkeit, wie leicht einzusehen ist.

[3] Da Kern und Hülle im mathematischen Sinne keine Vorzüge voreinander haben, so kann man natürlich das Er auch in bezug auf die Hülle definieren, genau wie es hier in bezug auf den Kern geschehen ist. Man kann $Er_{\text{Hülle}}$ und Er_{Kern} voneinander unterscheiden. $Er_{\text{Kern}} = \gamma \cdot Er_{\text{Hülle}}$, wenn γ das Kernhüllenverhältnis ist.

Die Gleichung meiner Fortpflanzungsformel läßt sich mutatis mutandis natürlich auch auf das LILLIEsche Modell[1] anwenden. KEIL[2] hat in meinem Laboratorium einen diesbezüglichen Versuch unternommen und die beobachtete Fortpflanzung in genügender Übereinstimmung mit der berechneten gefunden. Bei dieser Gelegenheit hat er natürlich auch den Aktionsstrom aufnehmen müssen, den dieses Modell zeigt. (Später ist eine Kurve desselben von DERIAUD und MONNIER[3] veröffentlicht worden.) Auch das kann als eine Stütze der Formel für die Fortpflanzungsgeschwindigkeit im Nerven angesehen werden.

Da durch diese Formel, namentlich in ihrer ursprünglichen Gestalt mehrere Größen miteinander verbunden sind, so kann man darin jede einzelne durch die übrigen darstellen und evtl. berechnen. Es ist natürlich auch gleichgültig, ob man die Fortpflanzungsgeschwindigkeit berechnet oder die Gleichwertigkeit des reizenden Stromstoßes des Aktionsstromes mit einer entsprechenden künstlichen Reizung erweist. Das kann zu allerlei scheinbaren Neuformulierungen dieser Formel führen, die dabei aber faktisch nichts Neues dartun würden. Auch kann man statt der Elektrizitätsmenge, namentlich bei vereinfachter Formel, die Energiemenge zugrunde legen. Das ist vielleicht für diejenigen sympathischer, die in dem in Rede stehenden Zeitbereich an der Gültigkeit des NERNSTschen Gesetzes festhalten. Im Prinzip würde aber auch durch eine solche Betrachtungsweise nichts geändert werden. Hervorheben möchte ich noch einmal, daß meine Bemühungen, die Stromtheorie der Erregungsleitung zu verifizieren, über mehr als 15 Jahre zurückreichend, zur Feststellung neuer Nervenkonstanten geführt haben, und daß dadurch nach meiner Meinung die Lehre von den Reizgesetzen und den Erregungsgesetzen im Nerven auf eine neue Basis gestellt wurde.

Es ist eine der wichtigsten Tatsachen, daß es möglich ist, die erregende Wirkung des Aktionsstromes, pro cm Nerv in Normal-Coulomb-Menge gemessen, anzugeben. Man hat dafür den Ausdruck $\frac{\gamma}{v^2}\left[\frac{dE_{act}}{dt}\right]_{(t=\tau)}$ mit den Kernwerten gemessen und mit Hüllenwerten gemessen noch einfacher: $\frac{1}{v^2}\left[\frac{dE_{act}}{dt}\right]_{(t=\tau)}$. τ ist zur Zeit nicht genau bekannt. Setze ich statt des bis jetzt nicht genau einzusetzenden Wertes $t=\tau$ den verwandten Maximalwert $\left[\frac{dE_{act}}{dt}\right]_{max}$ ein, indem ich ihn abgerundet mit 100 mV pro σ, die Geschwindigkeit $= 2500$ cm einsetze, so erhalte ich ungefähr $16 \cdot 10^{-6}$ Normal-Coulomb (Hülle). Man muß sich hüten, was ich ganz besonders hervorheben möchte, diese Normal-Coulombs ohne weiteres mit gewöhnlichen Coulombs zu verwechseln, die dem Nerven zur Reizung zufließen, denn das sind Größen ganz anderer Dimension.

Ich betrachte es als einen großen Fortschritt, daß solche Zahlen angebbar sind. Den verschiedenen Mitarbeitern auf diesem Gebiete kann ich nur empfehlen, sich mit den neuen Grundbegriffen möglichst vertraut zu machen.

---

[1] LILLIE, R.: J. of gen. Physiol. **3**, 107 und 129 (1921); **7**, 473 (1925).
[2] KEIL, F.: Die Passivität des Eisens und ihre Beziehung zu den Erregungsproblemen. Tag. d. Dtsch. Physiol. Ges., Tübingen, Sitzg. v. 4. IX. 1923; Ber. Physiol. **22**, 482 (1924).
[3] DERIAUD, R., und M. MONNIER: Ann. de Physiol. **1**, 162 (1925).

Degeneration und Regeneration am peripherischen Nerven[1].

Von

W. SPIELMEYER

München.

Mit 11 Abbildungen.

Zusammenfassende Darstellungen.

BERBLINGER: Die Schußverletzungen des peripheren Nervensystems. Handbuch der ärztlichen Erfahrungen im Weltkriege. 8, 291. Leipzig: Joh. Ambr. Barth 1921. — BETHE: Allgemeine Anatomie und Physiologie des Nervensystems. Leipzig 1903. — BIELSCHOWSKY und UNGER: Die Überbrückung großer Nervenlücken. Beiträge zur Kenntnis der Degeneration und Regeneration peripherischer Nerven. J. Psychol. u. Neur. 22, Ergänzungsheft 2. — BOEKE, J.: Die Regenerationserscheinungen bei der Verheilung von motorischen und rezeptorischen Nervenfasern. Pflügers Arch. 158 (1914) — Studien zur Nervenregeneration I u. II. Verh. Akad. Wetensch. Amsterd. (Tweede Sektie) Deel XIX, Nr 5. Amsterdam: Joh. Müller 1916 u. 1917. — v. BÜNGNER: Über die Degenerations- und Regenerationsvorgänge an Nerven nach Verletzungen. Beitr. path. Anat. 10 (1891). — BURDACH: Beiträge zur mikrosk. Anatomie d. Nerven. Königsberg 1837. — CAJAL, RAMON Y.: Algunas observationes favorables à la hipótesis neutropica. Trabajos Tomo VIII. 1910 — Studien über Nervenregeneration. Leipzig 1908 — Estudio sobre la degeneración y regeneración del sistema nervioso I u. II. Madrid 1913 — Notas preventivas sobre la degeneración y regeneración de las vias nerviosas centrales. Trabajos. Madrid 1906 — Mecanismo de la regeneración de los nervios. Trabajos 4 (1906). — DÜRCK: Pathologische Anatomie der Beri-Beri. Beitr. path. Anat. 8, Supplement (1908). — DOINIKOW: Beiträge zur Histopathologie der peripheren Nerven. Nissl-Alzheimers Arbeiten 4 (1911). — HELD: Die Entwicklung des Nervengewebes. Leipzig 1909. — HERINGA: The intraprotoplasmatic position of the neurofibril in the axon and in the endorgans. Proc. Akad. Wetensch. Amsterd. Deel 25 (1917). — KAPPERS, C. U. ARIENS: Die vergleichende Anatomie des Nervensystems der Wirbeltiere und des Menschen. Haarlem 1920. — KIMURA: De- und Regeneration der peripheren Nerven. Mitt. Path. (Sendai) 1 (1919.) — NEUMANN, E.: Ältere und neuere Lehren über die Regeneration der Nerven. Virchows Arch. 189 (1907). — NISSL: Die Neuronenlehre und ihre Anhänger. Jena 1903. — PERRONCITO: Die Regeneration der Nerven. Beitr. path. Anat. 42 (1907). — PERTHES: Nervenverletzungen. Handbuch der ärztl. Erfahrungen im Weltkriege. 2. Leipzig: Joh. Ambr. Barth 1922. — SPIELMEYER: Histopathologie des Nervensystems. I. allgemeiner Teil. Berlin: Julius Springer 1922. — STRÖBE: Experimentelle Untersuchungen über Degeneration und Regeneration peripherer Nerven nach Verletzung. Beitr. path. Anat. 13 (1893).

Ein Nerv kann degenerative Veränderungen erstens dadurch erfahren, daß er in seinem Verlaufe unterbrochen wird, und zweitens dadurch, daß allgemeine Schädigungen, wie sie — besonders bei Intoxikationen und Infektionen — auch irgendein anderes Organ und Gewebe in seinen funktionierenden Elementen

---

[1] Das Manuskript war im Sommer 1924 abgeschlossen. Vor der Drucklegung (1928) wurden die wichtigsten Ergebnisse der inzwischen erschienenen Arbeiten noch eingefügt.

treffen können, an den nervösen Gewebsteilen regressive Veränderungen hervorrufen. Man gruppiert danach die degenerativen Erkrankungen der peripherischen Nerven schon lange. KIMURA[1] nennt die erstere Erkrankungsart die „traumatische" Degeneration und stellt ihr die „nichttraumatische" gegenüber, bezeichnet also die zweite nach dem, was sie *nicht* ist; oder er gebraucht für diese nichttraumatische Degeneration auch den Ausdruck „spontane" Entartung. DOINIKOW[2] spricht von WALLERscher Degeneration nach Kontinuitätsunterbrechung einerseits, von neuritischen Veränderungen andererseits. Schließt man sich seinem Vorgange an, so wird, wie es auch DOINIKOW zumeist tut, das Wort „Neuritis" im traditionellen Sinne nach althergebrachtem Brauch angewendet, nicht etwa als pathologisch-anatomischer Terminus. Denn eine Neuritis kommt — so paradox das klingt — bei den „Neuritiden" nur ausnahmsweise vor. Ich habe das wiederholt betont. Ich kenne außer den syphilogenen Prozessen an den peripherischen Nerven und außer den von lokalen Entzündungsherden fortgeleiteten Neuritiden keine anderen irgendwie häufigen[3] entzündlichen Erkrankungen der peripheren Nerven (gewisse Befunde, die DOINIKOW unter bestimmten Bedingungen erhoben hat [s. S. 335], sind wohl etwas Außergewöhnliches). Stellt man aber die traumatischen den nichttraumatischen Degenerationen gegenüber, so muß man auch da Vorbehalte machen bzw. diese Bezeichnungen sehr weit fassen. Denn es gibt traumatische Schädigungen des Nerven, die nicht das charakteristische Bild der sekundären Degeneration machen: langsam fortschreitender Druck auf den Nerven kann nur zu einer lokalen Entmarkung (s. S. 302) führen und es braucht dieses chronische Trauma sekundäre Degeneration nicht nach sich zu ziehen. Und in die Gruppe der traumatischen Veränderungen würden wir auch die seltenen arteriosklerotisch bedingten Degenerationen der peripherischen Nerven einreihen müssen. Denn, wie ich mich letzthin überzeugen konnte, sind es überwiegend sekundäre Degenerationen, die wir hier sehen, eine Folge arteriosklerotisch bedingter nekrotischer Herde. Man muß also das Wort Trauma auch auf diese herdförmigen Zerstörungen anwenden, obschon das ja nicht ganz ohne Zwang geschieht. — Aber es lohnt nicht, für eine vollbefriedigende Etikettierung dieser beiden Rubriken Zeit zu verlieren. Worin sich die beiden Gruppen, die wir trennen wollen, unterscheiden, ist klar: die eine umfaßt die *Folgen* einer *Kontinuitätsunterbrechung*, vor allem also die *sekundäre* WALLERsche Degeneration, die *anderen* Entartungen erscheinen demgegenüber als *primäre* bzw. *selbständige* Vorgänge.

A. Degeneration und Regeneration nach Kontinuitätsunterbrechung.

I. Nervendegeneration als Folge einer Kontinuitätsunterbrechung.

1. Die sogenannte sekundäre (WALLERsche) Degeneration.

Wenn wir den Ausdruck WALLERsche Degeneration gebrauchen, so sind wir uns dabei doch bewußt, daß die Tatsache der sekundären Entartung eines vom Zentrum abgetrennten Nerven bereits *vor* diesem Forscher[4] erkannt worden

---

[1] KIMURA: Über die Degenerations- und Regenerationsvorgänge bei der sog. „Reisneuritis" der Vögel. Dtsch. Z. Nervenheilk. **64**, 153 (1919) — Degeneration und Regeneration der peripheren Nerven. Mitt. Path. (Sendai) **1** (1919).

[2] DOINIKOW: Zur Histopathologie der Neuritis mit besonderer Berücksichtigung der Regenerationsvorgänge. Dtsch. Z. Nervenheilk. **46**, 20 (1912).

[3] Von den relativ *seltenen* Entzündungen an pheriperen Nerven, wie etwa bei Periarteriitis nodosa usw., sehe ich dabei ab.

[4] WALLER: Zitiert bei BETHE, Allg. Anat. u. Physiol.

war. In seiner allgemeinen Anatomie und Physiologie des Nervensystems erwähnt BETHE, daß es bereits ARNEMANN[1] im Jahre 1787 aufgefallen sei, „daß das periphere Ende eines Nerven einige Tage nach der Durchschneidung ein glanzloses, welkes Aussehen habe, und daß auf Reizung eines solchen Nerven keine Zuckungen mehr in den zugehörigen Muskeln auftreten, während das zentrale Ende glänzend bleibt und bei Reizung zu Schmerzäußerung des Tieres führt". „Die physiologische Degeneration, das Aufhören der Leistungsfähigkeit nach der Abtrennung von den Zentralorganen, wurde in den ersten Jahrzehnten des 19. Jahrhunderts allseitig bestätigt" (BETHE). Die ersten histologischen Untersuchungen über die degenerativen Vorgänge im abgetrennten Nerven stammen von NASSE[2] (1839). Er stellte bereits fest, daß ein Zerfall des Nervenmarkes und der Primitivfasern nach Durchschneidung eines Nerven stattfindet. Auch sah er, daß danach nicht eine Wiederherstellung per primam erfolgt, während BURDACH, SCHIFF[3] u. a. auch daran glaubten. Bald nach NASSE beschreiben GÜNTHER und SCHÖN[4] ebenfalls den Zerfall der Nervenfasern durch Durchschneidung. — Seit dem Jahre 1852 datiert das WALLERsche Gesetz. Es gründet sich auf die bedeutsame Entdeckung dieses Forschers, wonach die Durchschneidung der motorischen Wurzeln eine Degeneration der Nervenfasern nach der Peripherie zur Folge hat, während die sensiblen Wurzeln verschont bleiben, und wonach weiter eine Durchschneidung der sensiblen Wurzeln eine Degeneration der in das Rückenmark eindringenden Wurzelbündel nach sich zieht, während das andere Wurzelstück nach dem Spinalganglion zu und die peripherischen Nervenfasern intakt sind. Nach dem WALLERschen Gesetz gehen die vom Zentrum abgetrennten Nervenfasern zugrunde, während der zentrale Abschnitt erhalten bleibt; WALLER führte diese Erscheinung ursächlich auf die Abtrennung von dem trophischen, nutritorischen Zentrum zurück, und er sah dieses in der Ganglienzelle. — Rasch wurde dieses WALLERsche Gesetz von den verschiedensten Forschern bestätigt. Zu den Feststellungen, die man zunächst an den peripheren Nerven gemacht hatte, stimmten die Erfahrungen über die Degeneration zentraler Fasersysteme, von denen schon TÜRCK im Jahre 1851 am Rückenmark gezeigt hatte, daß sie bei gewissen Erkrankungen in scharf umgrenzten Feldern zugrunde gehen können.

Diese Lehre von der sekundären Degeneration der abgetrennten Nerven bei Erhaltensein des im Zusammenhang mit dem Zentrum gebliebenen Teiles ist der *erste* Teil des WALLERschen Gesetzes. Er wird uns hier zunächst beschäftigen. Der 2. Teil, der von der Regeneration vom trophischen Zentrum her handelt, wird bei der Besprechung der Nervenregeneration zu erörtern sein.

Ich beabsichtige nicht, einen historischen Überblick über die Entwicklung unserer Kenntnis im einzelnen zu geben, und anstatt die übereinstimmenden oder divergierenden Ansichten der verschiedenen Autoren, wie sie sich uns bei einem Literaturüberblick darbieten, nacheinander aufzuführen, erscheint es mir zweckmäßiger, zu zeigen, *was jetzt als gesichert* angesehen werden kann und *was noch fraglich* ist. Wir wollen dabei die Ergebnisse früherer Forschungen, soweit sie uns auch heute von Wichtigkeit erscheinen, nebeneinander stellen und bei den noch zur Diskussion stehenden Dingen die führenden Autoren zu Worte kommen lassen.

---

[1] ARNEMANN: Versuche über Regeneration an lebenden Tieren. Göttingen 1787.
[2] NASSE: Über die Veränderungen der Nervenfasern nach ihrer Durchschneidung. Müllers Arch. **1839**.
[3] SCHIFF, M.: Sur la réunion des nerfs moteurs d'origine et de fonctions différents. Arch. des sc. phys. et naturelles (3) **13** (1885).
[4] GÜNTHER und SCHÖN: Zitiert nach BETHE.

Betrachten wir die Dinge vom rein *anatomischen* Standpunkt und lassen wir zunächst die Deutungsversuche in physiologischer oder allgemein biologischer Hinsicht beiseite. Wir werden da im mikroskopischen Bilde die rein *morphologischen Vorgänge des Zerfalls* am nervösen Parenchym von den *reaktiven, proliferativen* Erscheinungen trennen und werden neben den Umwandlungen der Gewebselemente die Histiochemie des *Abbaues* der Zerfallsprodukte und ihre *Abräumung* behandeln. — Natürlich werden sich diese Vorgänge meist nicht voneinander gesondert beschreiben lassen, sondern wir werden sie bei ihrem engen Ineinandergreifen vielfach im Zusammenhang besprechen müssen.

Die ersten Zeichen des *Zerfalls* bemerkt man am *Achsenzylinder*. Trotzdem NASSE bereits den Untergang der Primitivfibrillen gesehen hatte, glaubten SCHIFF, REMAK, ERB[1] u. a. noch, daß allein das Nervenmark zugrunde gehe, der Achsenzylinder erhalten sei, während freilich andere, wie z. B. HJELT[2], LENT, LANDOIS, den Untergang beider Gebilde betonten. Klar hat wohl erst BÜGNER mit guten Methoden bewiesen, daß auch der Achsenzylinder dem Untergang verfällt. Von Studien, die seine Untersuchungen bestätigt und vervollständigt haben, werden hier in erster Linie immer die von HOWELL[3] und HUBER[4], STRÖBE, v. NOTTHAFFT[5], TIZZONI u. a. zitiert. Die Angaben stimmen darin überein, daß der Achsenzylinder eine Quellung, stellenweise auch Schrumpfungen, erfährt, daß er in gröbere und feinere Partikelchen zerfällt usw. Besonders häufig sind die Bilder der korkzieherförmigen Einrollungen, Schlingen- und Knäuelbildung. DÜRCK spricht davon, daß der in Degeneration befindliche Achsenzylinder sich mit Myelin imbibiere. Der Japaner AOYAGI[6] erwähnt beim Untergang des Achsenzylinders eine Verarmung an argentophiler Substanz, wie auch ich das im Bielschowskypräparat beobachtet habe. — Es kommt natürlich sehr darauf an, welche Methoden man anwendet; die Verschiedenheit der Bilder ist vor allem davon abhängig. Ich habe das große Material von Kriegsschußverletzungen vor allen Dingen mit der ALZHEIMER-MANNschen Methylblau-Eosinmethode und nach dem Bielschowskyverfahren behandelt. Im Methylblau-Eosinpräparat erscheint der Achsenzylinder anfangs teils mehr gleichmäßig, teils mehr umschrieben geschwollen und hat vielfach eine andersartige Färbung; die erkrankten Fasern sehen oft rötlich aus, während die normalen sich blau färben. Bei der Silberimprägnation habe ich die Achsenzylinder oft auffallend blaß, bald wieder sehr stark imprägniert gesehen. Sie sind stellenweise verbreitert, stellenweise verschmälert und wie ein Band gedreht. Etwas später sind sie in verschieden lange Teilstrecken fragmentiert und diese sind oft aufgerollt in Haken, Spiralen- oder Schlangenform. Die Fragmente sind manchmal nur klein, manchmal auffallend lang. Die beigefügte Abb. 72 zeigt auch neben stäbchenartigen Bruchstücken zusammengeknäuelte Gebilde. Die Abbildung dürfte die wesentlichsten Formen dieser schon weit gediehenen Umwandlung des Achsenzylinders in gröbere Stücke und feinere körnige Massen illustrieren. Sie zeigt auch, wie die Zerfallsprodukte des Achsenzylinders teils frei im Hohlraum der Markrohre liegen, teils als Brocken oder spiralige Fragmente in Mark-

---

[1] ERB: Zur Pathologie und pathologischen Anatomie peripherer Paralysen. Dtsch. Arch. klin. Med. **5** (1868).

[2] HJELT: Über die Regeneration der Nerven. Virchows Arch. **19** (1861).

[3] HOWELL und HUBER: A physiological histological and clinical study of the degeneration and regeneration in peripheral nerve fibres. J. of Physiol. **13** (1892), **14** (1893).

[4] HUBER: Observations on the degener. and regener. of motor and sensory endings in voluntary muscle spindles. J. comp. Neur. **3** (1900).

[5] v. NOTTHAFFT: Neuere Untersuchungen über den Verlauf der De- und Regenerationsprozesse. Z. Zool. **55** (1892).

[6] AOYAGI: Über Beri-Beri. Verh. III. jap. med. Kongr. 1910.

Nervendegeneration als Folge einer Kontinuitätsunterbrechung. 289

ballen eingeschlossen sind, die aus den Markscheiden bei deren Untergang entstehen. — Bei Anwendung der in der Histopathologie üblichen Methode erscheint der Achsenzylinder in der Regel als einheitliches Gebilde, seine Fibrillen werden nur ausnahmsweise damit zur Darstellung gebracht, und man darf geradezu sagen, daß eine Auffaserung in diese Bestandteile etwas Pathologisches bedeutet, zumal bei Anwendung der Silbermethoden. CAJAL hat das als „Effilochement" beschrieben und eine solche lokale Aufbündelung der Fibrillen bekommt man mitunter als sehr frühes Zeichen der Achsenzylinderschädigung nach einer

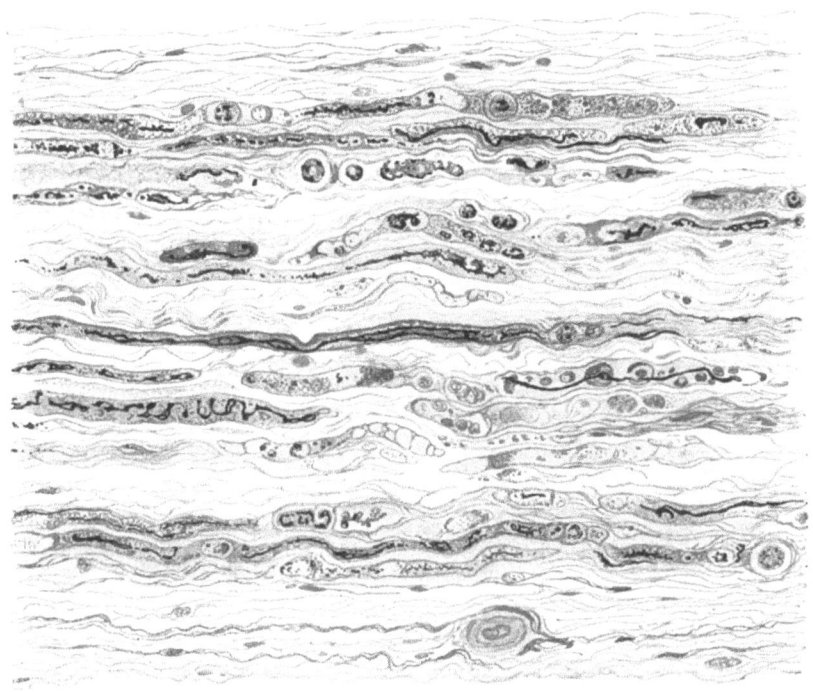

Abb. 72. Frische sekundäre Degeneration (10 Tage alt) nach Durchfrierung eines Nerven (vom Menschen). Bielschowskypräparat. Zur Darstellung des Achsenzylinderzerfalls in seinen verschiedenen Stadien Auftreibung und Auffaserung eines weithin verfolgbaren Achsenzylinderstranges (etwa in der Mitte des Bildes). Fragmentierung und Zerbröckelung zu einzelnen Stücken und Schlingen oder wellenartig gebogenen Linien. Man sieht die Beziehungen dieser Zerfallsstücke des Achsenzylinders zu den Resten des Markgerüstes und zu den mit der Degeneration aufgetretenen Markballen. In manchen dieser Markballen sind Achsenzylinderpartikel in Brockenform enthalten.

Durchschneidung zu sehen (sie ist jedoch häufiger bei Erkrankungen des Zentralnervensystems). Von den Vorgängen an den Fibrillen gilt auch heute das, was BETHE und MÖNCKEBERG[1] im eigentlichen Fibrillenpräparat (Osmiumsäure, Molybdänieren, Toluidinblaufärbung) beschrieben haben. Ich zitiere nach ihren Untersuchungen: Die Fibrillen sind im Anfange weniger gestreckt als normale, zeigen starke Biegungen und liegen wirr durcheinander. Im zweiten Stadium ist die Einzelfibrille nicht mehr glatt, zeigt hier und dort körnige Verdickungen; ehe sie körnig zerfallen, verlieren sie die primäre Färbbarkeit. Die Perifibrillärsubstanz ist noch homogen. Dann nimmt die Körnelung der Fibrillen zu. Auch

---

[1] MÖNCKEBERG u. BETHE: Die Degeneration der markhaltigen Nervenfasern bei Wirbeltieren unter hauptsächlicher Berücksichtigung des Verhaltens der Primitivfibrillen. Arch. mikrosk. Anat. 54 (1899).

die Perifibrillärsubstanz enthält sehr viele feine Körnchen. Die großen Körner zerfallen in kleinere und verschwinden anscheinend durch Lösung. Ehe aber überhaupt morphologische Umwandlungen sichtbar werden, ist nach BETHE die Leitfähigkeit aufgehoben; vor dem Aufhören der Erregbarkeit schwindet die Fibrillensäure (BETHE).

Der Zerfall der *Markscheide* ist nach NASSES Untersuchungen dann besonders genau von v. BÜNGNER beschrieben worden; er spricht bereits von „Markballenfasern" und „Markellipsoiden". Damit ist treffend das Aussehen der Markfaser, wie sie sich uns etwa 8—12 Tage nach der Verletzung darstellt, charakterisiert. Unsere Abb. 73 und 76 illustrieren das (wenn auch hier die Läsion bereits etwas weiter zurück liegt). Man sieht daran — was vor BÜNGNER auch RANVIER[1] und VANLAIR[2] beschrieben haben —, wie die Markscheide erst in längere, später in kürzere Einzelrohre quer zerfällt und wie diese sich dann weiter in Ballen und kleinere Kugeln umwandeln. Sehr klar treten diese Dinge außer im Markscheidenpräparat auch bei einer Färbung mit Methylblau-Eosin nach ALZHEIMER-MANN hervor.

Abb. 73. Durchfrierung eines peripherischen Nerven 18 Tage nach der Läsion. Übergang zwischen dem gesunden und dem sekundär degenerierten Teil. Abgesehen von einigen wenigen erhalten gebliebenen Markfasern sind alle zerfallen, großenteils sind die Zerfallsprodukte der Markscheide als Reihen von Markballen noch darstellbar, andere nur noch als blaßgraue Kugeln, oder es erscheinen die Kabel leer. — Markscheidenfärbung am Gefrierschnitt.

Die zeitlichen Verhältnisse, insbesondere hinsichtlich des Zerfalls des Achsenzylinders einerseits, der Markscheide andererseits, lassen sich beim Menschen naturgemäß schwer in ihren Einzelheiten bestimmen. Im Experiment sind sie von BETHE genau verfolgt worden. Die ersten Markellipsoide fand er an Fasern, deren Fibrillen sich im zweiten Stadium der Degeneration befanden (s. oben); vollkommene Kontinuitätstrennung des Markes und „richtige Ellipsoidbildung haben wir immer erst dann gefunden, wenn die Fibrillendegeneration bereits in das Stadium der großen Körner getreten war" (BETHE). Daß man aber auch noch Achsenzylinderreste vielfach im Markballenstadium findet, habe ich in meiner Histopathologie abgebildet. Ich verweise auf die hier übernommene Abb. 72 und auf die Abb. 170a jenes Buches. Es ist nichts Seltenes, daß wir,

---

[1] RANVIER: Leçons sur l'histologie du système nerveux. 1878.
[2] VANLAIR: De la régénération des nerfs peripheriques. Arch. de Biol. **3** (1882) — Sur la peristance de l'aptitude régénératrice des nerfs. Bull. Acad. Méd. belg. III **1888**.

wie oben schon erwähnt, spiralige Zerfallsstücke des Achsenzylinders in den beim späteren Abbau der Markscheide aufgetretenen Markballen sehen.

Was wird nun aus diesen Zerfallprodukten des Achsenzylinders und der Markscheide? Früher hieß es, sie verschwinden, und wenn man Markscheidenfärbungen anwendet, so hört eben von gewissen Stadien an die Darstellbarkeit der Zerfallsprodukte des Markes auf; die Körner, Brocken und Ballen färben sich allmählich nicht mehr so intensiv mit dem Hämatoxylinlack, einzelne erscheinen nur mattgrau, und allmählich verlieren sie ihre Färbbarkeit gänzlich, so daß die ursprünglichen Nervenkabel leer erscheinen (Abb. 72). Und wenn man die MARCHIsche Chromosmiummethode anwendet, bei welcher die in frischem Zerfall befindlichen Brocken der Markscheide sich mit Osmium schwärzen, ist auch dieses Zerfallsprodukt nur eine beschränkte Zeit sichtbar zu machen. Mit der weitergehenden Umwandlung dieser Substanzbrocken entziehen sie sich auch hier der Darstellung. Seit ALZHEIMERS[1] grundlegenden Untersuchungen über die *Abbauvorgänge* am Nervensystem ist es aber möglich, ihren Abbau zu verfolgen und — wie es vor allen Dingen ALZHEIMERS Schüler DOINIKOW getan hat — auch ihrem weiteren Schicksal nachzugehen. Bei dem *Achsenzylinder* steht das freilich noch aus. Wenn seine Partikelchen im Silberpräparat nicht mehr imprägnierbar sind, sind sie damit für uns auch „aus den Augen". Freilich waren sie dann zuvor meist schon in sehr feine Körnchen und Stäubchen zerkleinert, und es ist wohl möglich, daß sie bereits in *dieser* Form rasch verflüssigt und resorbiert werden, ohne zuvor noch weitere chemische Umwandlungen zu erfahren.

Bei der *Markscheide* sind wir in der Lage, ihren Abbau mit verschiedenen histiochemischen Methoden zu verfolgen, da es sich ja beim Myelin um ein kompliziertes Lipoid handelt, das bei der Degeneration in einfachere Fettsubstanzen abgebaut wird. Ich unterscheide bei der sekundären Degeneration ein „Marchistadium" und ein „Scharlachrotstadium" je nach den histiochemischen Reaktionen der Zerfallsprodukte des Markes. Nach meinen Untersuchungen an Nervenschußverletzungen[2] (und auch nach Läsionen des zentralen Nervensystems) beginnt das Marchistadium etwa 8 Tage nach der Verletzung und hat seinen Höhepunkt etwa um den 12. Tag erreicht. Es dauert bis gegen Ende der 3. Woche, sofern der Abbau nicht durch besondere Umstände (wie sie aber bei den peripheren Nerven nicht gerade selten sind — s. unten) verzögert ist. Das Höchststadium der Markballenbildung fällt, wie ich meine, mit dem Optimum der Marchireaktion zusammen. Die *ersten* Zerfallsprodukte der Markscheide geben noch deutlich die Hämatoxylinlackreaktion; sie färben sich mit meiner Markscheidenfärbung am Gefrierschnitt noch etwas länger als bei der WEIGERTschen Originalmethode. Diese ersten Zerfallsprodukte werden aber auch schon mit Osmium nach vorhergehender Chromierung geschwärzt, zeigen also damit eine chemische Änderung an. — Mit dem Übergang in das Scharlachrotstadium treten dann einfachere Fettstoffe auf, die wir *sekundäre* Zerfallsprodukte nennen, und die sich eben mit Scharlachrot und Sudan darstellen lassen. Den Übergang von dem einen in das andere Stadium stellt Abb. 74 dar: 4 Wochen nach der Läsion sind hier noch Markballen zu sehen, die mit gewöhnlichem (saurem) Hämatoxylin leicht angefärbt sind, während in anderen Bezirken der Abbau bereits zu scharlachfärbbaren Fettstoffen stattgefunden hat. In einzelnen

---

[1] ALZHEIMER: Beiträge zur Kenntnis der pathologischen Neuroglia und ihrer Beziehungen zu Abbauvorgängen im Nervengewebe. Nissl-Alzheimers hist. u. histopath. Arbeiten über die Großhirnrinde **3** (1912).

[2] SPIELMEYER, W.: Zur Klinik und Anatomie der Nervenschußverletzungen. Z. Neur. **29** (1915).

noch matt färbbaren Markmassen sieht man den Beginn der fettigen Umwandlung. Wegen der weiteren Ausbildung des Scharlachrotstadiums kann ich auf die Abb. 175 und 177 hinweisen, die ich in meiner „Histopathologie" gebracht habe. Einzelheiten darüber zu geben, geht über den Zweck dieses Handbuches hinaus. — Die Markballen und die Marchikugeln fehlen später, während die Bahn der alten Nervenfasern dicht von scharlachfärbbaren Fettstoffen angefüllt ist. Allmählich werden diese Zerfallsmassen von den Zellen des Endoneuriums übernommen und abtransportiert. Eine Reihe von Monaten nach der Verletzung

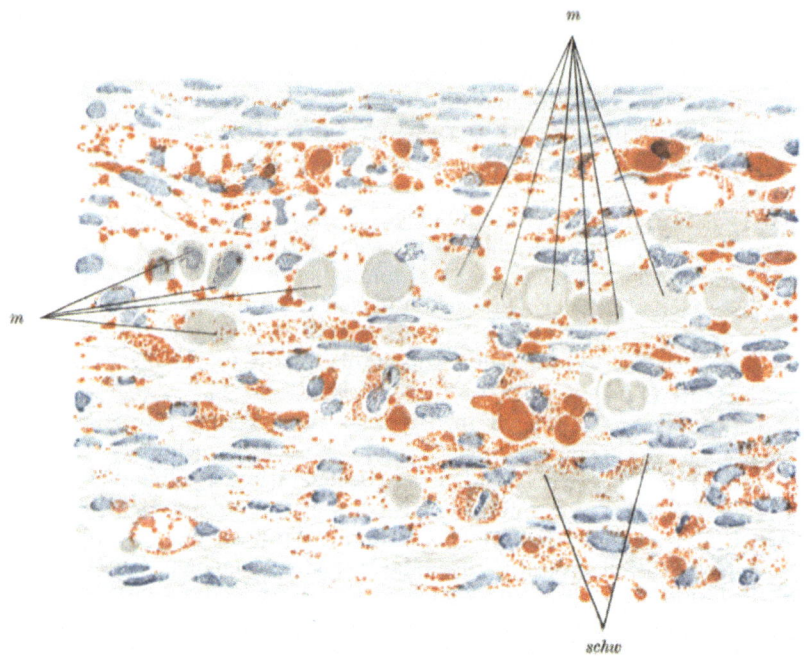

Abb. 74. Sekundäre Degeneration am peripheren Nerven 4 Wochen nach der Läsion. Übergang zum Scharlachrotstadium. HERXHEIMERS Hämatoxylin-Scharlachrotfärbung. Markballen *m* grau gefärbt, in einzelnen von ihnen Fetttröpfchen; *schw.* die in einer SCHWANNschen Zelle enthaltenen zusammengeballten Markmassen in fettiger Umwandlung. Im Bereiche vieler Nervenfasern schon weit vorgeschrittener Abbau zu Fett.

führen die zu Bandfasern umgewandelten Elemente nur noch vereinzelte Fetttröpfchen und auch das Endo- und Perineurium hat sich mehr oder weniger von solchen Abbauprodukten befreit; die Zerfallsstoffe sind weitgehend resorbiert.

Nach dieser Übersicht über die morphologischen Vorgänge und über den Abbau der komplizierten Substanzen in einfache Fettstoffe dürfen wir die bisher zurückgestellte Frage nach den *funktionellen* Mechanismen besprechen. Zunächst die Frage, ob und inwieweit wir es bei der sekundären Degeneration mit einem *vitalen* Prozeß zu tun haben. Dies Problem haben u. a. FEISS und CRAMER[1] zu klären gesucht, indem sie die Nerven in RINGERscher Lösung, Blutserum oder flüssigem Paraffin aufbewahrten. Sie fanden dabei Veränderungen der Markscheide ähnlich denen in den Frühstadien der WALLERschen Degeneration. Diese in vitro konservierten Nerven zeigen aber die Marchireaktion nicht und auch keine celluläre Aktivität. Nach FEISS und CRAMER ist die Fragmentation der Markscheide als solche kein Lebensphänomen und hängt nicht von der

---

[1] FEISS und CRAMER: Contributions to the histo-chemistry of nerve: on the nature of Wallerian degeneration. Proc. roy. Soc. Med. **86** (1913).

Tätigkeit der proliferierenden SCHWANNschen Zellen ab, wie manche Autoren glauben, dennoch kann es auch für sie keinem Zweifel unterliegen, daß die WALLERsche Degeneration eine *Lebenserscheinung* ist. Ich habe diese Frage an Nerventransplantaten nachprüfen können, und habe bereits in meiner „Histopathologie" über einen für diese Frage wichtigen Befund berichtet, nämlich an einem Nervenstück, das nach dem Verfahren von BETHE[1] in einen größeren Nervendefekt von dem Chirurgen Professor EDEN[2] eingeflickt worden war, und das sich bei der Untersuchung als gänzlich nekrotisch erwies. Die Markscheiden hatten ihre regelmäßigen Einkerbungen verloren und die feinere Spongiosa war geschwunden. Die Markrohre haben hier ein schwammiges Aussehen oder erscheinen krümelig und körnig, stellenweise auch zusammengeklumpt. Nirgends

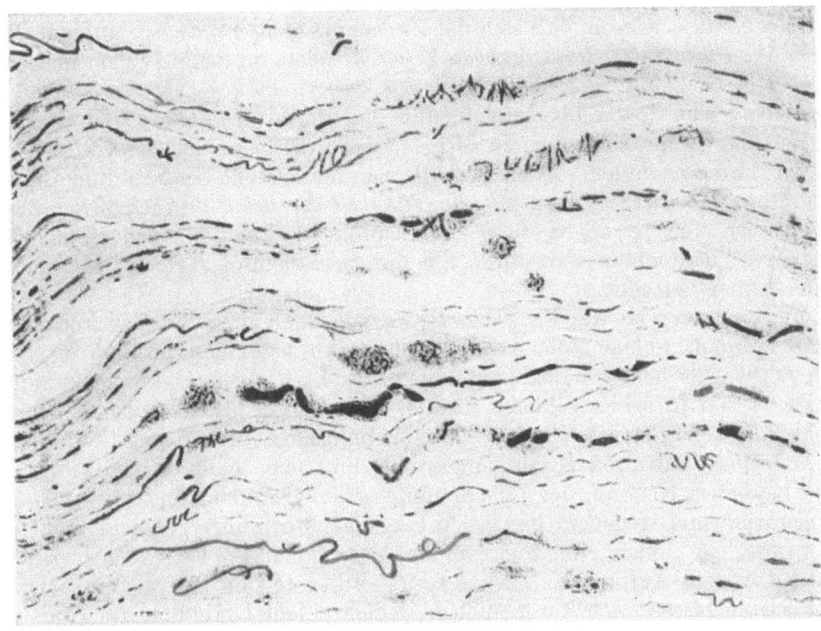

Abb. 75. Nekrotischer Teil eines Nerven, welcher 9 Monate hindurch als Transplantat in einen Nervendefekt (beim Menschen) eingeschaltet war, ohne daß Organisierung stattgefunden hätte. — Achsenzylinderimprägnation nach BIELSCHOWSKY. — Fragmentierung der Achsenzylinder mit Korkzieher-, Knäuel- und Spiralenbildung, Schlangenlinien, abnormer Imprägnierung, körnigem Zerfall usw. wie bei sekundärer Degeneration.

aber kommt es zur Bildung von Markballen. Man kann also diesen Zustand der Markscheiden dem analog setzen, der in der allerersten Phase der sekundären Degeneration zu beobachten ist. Besonders bedeutungsvoll ist dafür das in Abb. 75 noch einmal wiedergegebene Achsenzylinderpräparat. Ganz ähnlich wie in Abb. 72 sehen wir hier an den silberimprägnierten Achsenzylindern eine Fragmentierung zu blasseren, dünnen und zu dicken, stark gefärbten Bruckstücken und auch schlangenartige Zusammenrollungen und spiralige Gewinde. — Für eine Umwandlung des Achsenzylinders und der Markscheide *bis* zu *dieser* Phase ist also eine zellige Tätigkeit des Wirtsgewebes *nicht* nötig; bis *hierher* stimmt die einfache nekrotische Umwandlung mit der bei der sekundären Degeneration überein.

---

[1] BETHE: Zwei neue Methoden der Überbrückung größerer Nervenlücken. Dtsch. med. Wschr. **1916**, Nr 42.

[2] EDEN: Die freie Transplantation der peripheren Nerven zum Ersatz von Nervendefekten. Arch. klin. Chir. **112**.

Aber *alles*, was *darüber hinaus* geht bzw. was in den Stadien *nach* solchen ersten Umwandlungen der nervösen Gewebsteile folgt, ist ein *vitaler* Vorgang. Wir haben es hier mit Effekten der *Zelltätigkeit* zu tun. *Als Träger solcher Leistungen* erweisen sich in erster Linie die SCHWANNschen Zellen. Wo man im Körper alterative Vorgänge wahrnimmt, findet man ja daneben auch reaktive Erscheinungen, und im peripherischen Nerven sind es vornehmlich die Wucherungen der SCHWANNschen Zellen, die immer schon von den Forschern betont wurden, und die uns nachher bei der Frage der Regeneration noch beschäftigen werden. Hier sei zunächst nur an die zuerst von v. BÜNGNER beschriebene Umwandlung der proliferierenden SCHWANNschen Zellen zu sog. ,,Bandfasern" oder, wie wir auch sagen können, zu symplasmatischen, kernreichen Strängen erinnert. Nach den Berichten anderer Autoren und auch nach meinen eigenen Erfahrungen halte ich es für erwiesen, daß sich der *Zerfall* des *Achsenzylinders* und der *Markscheide im Plasma der Schwannschen Zellen* abspielt, in das sie ja normalerweise eingebettet sind, und *hier* liegen auch *von vornherein* ihre *Abbauprodukte*. Man kann sich leicht davon überzeugen, daß die *Markballenbildung* und damit das Auftreten von Marchischollen *in diesen Schwannschen Elementen* vor sich geht, und wir dürfen nach dem soeben über die rein nekrotische Umwandlung Gesagten behaupten, daß dieser *Abbau auf die Tätigkeit der Schwannschen Zellen zurückzuführen* ist. Sie vermögen diese Zerfallsprodukte auch in noch einfachere zu überführen, nämlich in Fettstoffe, die mit Scharlachrot färbbar sind und den Neutralfetten nahestehen.

Viel schwerer ist die Frage zu lösen, wie denn diese Zerfallsprodukte *abgeführt* werden, welche Zellelemente sich daran beteiligen und ob es speziell auch SCHWANNsche Elemente sind, die *solche* Leistungen übernehmen müssen. DOINIKOW hat in seiner schönen Studie, die er unter ALZHEIMERS Leitung gemacht hat, neben seinen eigenen Untersuchungsergebnissen auch die Anschauungen früherer Autoren zusammengestellt, und man sieht daran, wie manche — so besonders STRÖBE, der ja sehr umfassende Untersuchungen über Nervendegeneration und -regeneration im Anfang der 90er Jahre gemacht hat — den SCHWANNschen Zellen eine ausgesprochen phagocytäre Tätigkeit zuerkennen, während andere Autoren sie die ,,Lastträgerdienste der Phagocyten" (DÜRCK) nicht leisten lassen. Ich kann mich bei solch einem Überblick des Eindruckes nicht erwehren, daß die Deutung, welche die Autoren ihren Befunden geben, nicht zum wenigsten von ihrer Meinung über Herkunft und Bedeutung der SCHWANNschen Zellen abhängt. Wer sie mit HELD als periphere Gliazellen auffaßt, wird begreiflicherweise geneigt sein, ihnen solche Aufgaben zuzuerkennen, wie sie die gliösen Elemente bei der Degeneration im Zentralnervensystem haben. Wer in ihnen aber mit BETHE ,,Nervenzellen" oder wie DÜRCK ,,hochdifferenzierte" Zellen sieht, wird ihnen solche Aufgaben nicht ,,zumuten". Die mikroskopischen Bilder, um die es sich hier handelt, sind von außerordentlicher Kompliziertheit und geben der subjektiven Ausdeutung reichlich Raum. Es ist den bei der Degeneration auftretenden freien Elementen, die sich als Körnchenzellen präsentieren und die eben echte Phagocyten sind, meist nicht mit Bestimmtheit anzusehen, woher sie stammen. So sehr ich selbst mich bemüht habe, hier Klarheit zu gewinnen, bin ich doch bisher zu einem ganz sicheren Schluß nicht gekommen. Aber ich darf wie früher doch das sagen, daß ich keinen Anhalt dafür habe, daß die SCHWANNschen Zellen zu freien Körnchenzellen werden, d. h. daß ihre Umwandlung in Phagocyten stattfindet, und es erscheint mir auch nach den Mitteilungen anderer Autoren — trotz STRÖBE, CAJAL, v. DOINIKOW u. a. — noch kein bindender Beweis erbracht, daß die SCHWANNschen Zellen wirklich eine selbständige phagocytäre Aktion übernehmen. Ich meine heute, daß die in den Nervenkabeln liegenden freien Körnchenzellen vom Endo- bzw. Perineurium herstammen. Die mit Zerfallsstoffen beladenen SCHWANNschen Zellen *bleiben* nach meinen Befunden *in syncytialem Zusammenhang* und sie befreien sich von den Abbauprodukten, indem sie ihren Inhalt an die *mesodermalen Gewebe weitergeben*. In den fixen Zellen des Bindegewebes werden die Fettsubstanzen wieder sichtbar, wie das v. DOINIKOW sehr schön dargestellt hat. Es handelt sich hier meist um eine Speicherung von Fetttröpfchen in diesen Bindegewebszellen in immer größerer Menge. Auf der Höhe des Abbaues und der Abräumung kommen dann auch losgelöste phagocytierende Körnchenzellen vor, die die Abräumung besorgen, und von denen ich, wie gesagt, annehmen möchte, daß sie mesodermaler Herkunft sind. v. DOINIKOW sagt von ihnen, daß sie sich sowohl von den Bindegewebszellen des Nerven wie auch von den SCHWANNschen Zellen, die er als periphere Gliazellen auffaßt, herschreiben, daß sie aber nach ihren morphologischen Merkmalen nicht voneinander unterschieden werden können. Auch KIMURA, der als einer der letzten diese Frage erörtert hat, drückt sich vorsichtig aus: er könne eine phagocytische Tätigkeit aktiver Zellen und darauffolgendes Wegschaffen eines Teiles der Zerfallsprodukte weder ausschließen noch gänzlich in Abrede stellen. Er sieht nur, wie ich auch, daß Zerfallsprodukte der Markfasern, nachdem sie durch die Tätigkeit der SCHWANNschen Zellen in geeignete Substanzen umgewandelt sind, auch in situ resorbiert werden können, wobei diese außerhalb der Zellen stets in gelöstem Zustande sich befindenden Substanzen auf dem Wege nach den abführenden Lymph- und Venengefäßen in verschiedenen Zellen wiederholt in Gestalt der durch Sudan u. dgl. färbbaren Substanzen auftreten. Bezüglich dieser Fortschaffung der Abbauprodukte im Bindegewebslager des Nerven durch dessen Zellen stimmen wohl die Autoren jetzt im wesentlichen überein. Daß bei der Verarbeitung und Abräumung der Zerfallsprodukte Blutelemente eine irgendwie nennenswerte Rolle spielen, erscheint mir ausgeschlossen. Eine etwaige (früher oft behauptete) Mitwirkung von reichlichen Leukocyten ist wohl der Ausdruck einer komplizierten Infektion. Die Anschauung, die NEUMANN[1], WIETING[2], STRÖBE u. a. darüber hatten, können wir nicht teilen. Immerhin ist es nach v. DOINIKOWS Untersuchungen nicht ausgeschlossen, daß bei der Abräumung farblose Blutelemente eine gewisse, wenn auch wohl untergeordnete Rolle spielen.

Das *Tempo*, in dem sich diese Lebensvorgänge der sekundären Degeneration vollziehen, ist sehr verschieden und hängt von der Art des betreffenden Nerven wie der Nervenfaser und von anderen Momenten ab. BETHE hat das eingehend studiert. Bei Vögeln fand er, wie schon RANVIER, 2 Tage nach der Operation vollständigen Zerfall der Markscheiden, bei Säugern erst etwa am 4. oder 5. Tage. Sehr groß ist der Unterschied zwischen Kalt- und Warmblütern; bei jenen ist der Degenerationprozeß sehr viel langsamer, ganz besonders in der kalten Jahreszeit. Markellipsoide auf der ganzen peripheren Nervenstrecke fanden BETHE und MÖNCKEBERG an den Winterfröschen erst nach 130—140 Tagen, bei Sommerfröschen schon nach 30—40 Tagen. Zu ähnlichen Resultaten kamen RANVIER, ERNST[3] und andere. Eine wesentliche Beschleunigung im peripheren Stumpfe konnten BETHE und MÖNCKEBERG durch elektrische Reizung erzielen: sie sahen die Erregbarkeit um mehr als ein Drittel früher erlöschen als beim nicht gereizten Nerven, die Fibrillensäure früher verschwinden und die Degeneration schneller

---

[1] NEUMANN: Arch. Entw.mechan. **6** (1908).
[2] WIETING: Zur Frage der Regeneration der peripheren Nerven. Beitr. path. Anat. **23** (1898).
[3] ERNST: Der Radspeichenbau und das Gitterwerk der Markscheiden. Dtsch. path. Ges. **10** (1906).

verlaufen. Im Gegensatz zu HUBER fanden BETHE und MÖNCKEBERG, daß die sensiblen Fasern schneller zerfallen als die motorischen; auch bei einem und demselben Tier ist die Geschwindigkeit der Degeneration nach BETHE und MÖNCKEBERG verschieden, je nachdem, um welchen Körperteil es sich handelt. Diese Autoren fanden auch, daß die feineren Markfasern langsamer degenerieren als die dickeren. Auch BOEKE hat in seinen ausgezeichneten Arbeiten die Frage des zeitlichen Verlaufs verfolgt, und dabei, wie die soeben genannten Autoren und wie CAJAL und TELLO, neben frühzeitig degenerierenden Nervenfasern auch resistentere gefunden. Dementsprechend beobachtete BOEKE, ähnlich wie zuvor TELLO[1], bei den zu diesen Nervenfasern gehörenden Endplatten das gleiche zeitliche Verhalten des Degenerationsprozesses. Die meisten Autoren stimmen auch darin überein, daß die marklosen Fasern später degenerieren als die markhaltigen; es finden sich nach BOEKE noch 14 Tage nach der Läsion inmitten leerer Schläuche und Bänder feinste REMAKsche Fasern, die freilich schließlich auch degenerieren. — Auch beim Menschen bestehen hinsichtlich des zeitlichen Verlaufs der sekundären Degeneration wesentliche Verschiedenheiten. Ich darf hier die Befunde sekundärer Degeneration am Zentralnervensystem zur Ergänzung heranziehen und auf die Untersuchungen von KNICK[2] und SCHRÖDER[3] hinweisen, wonach die sekundäre Degeneration nach blander Durchtrennung des Rückenmarks wesentlich langsamer abläuft als nach Drucknekrose, Caries der Wirbelsäule oder bei komplizierender Infektion. Unter letzteren Umständen ist nach SCHRÖDER und KNICK der Zerfall der Markbrocken in Fettkörnchenhaufen viel rascher und die Menge der freien Körnchenzellen viel größer; es handelt sich um den gleichen histopathologischen Vorgang, und Unterschiede bestehen nur hinsichtlich der Schnelligkeit und Ausgiebigkeit der reaktiven Vorgänge (SCHRÖDER). Ich habe mich bei meinem Material von Kriegsschußverletzungen bemüht, diese Feststellungen hinsichtlich des Verhaltens auch der peripherischen Nerven nachzuprüfen; ich bin aber dabei nicht zu sicheren Resultaten gekommen, nur habe ich im allgemeinen den Eindruck gewonnen, als seien bei Komplikationen im Bereiche der Läsionsstelle wie bei Allgemeinschädigungen die Vorgänge stürmischer. Eine sehr wichtige Rolle aber spielt meines Erachtens beim peripheren Nervensystem das *Kaliber* des *Nervenstranges*. Bei unseren Laboratoriumstieren sind die Nerven ja durchschnittlich viel dünner als beim Menschen, und die von den Experimentatoren gefundenen Zeiten für die einzelnen Phasen und den Gang der Degeneration sind für die WALLERsche Degeneration an den größeren Nerven des Menschen nicht gültig. Ich möchte glauben, daß es besonders die Bedingungen für die *Abräumung* sind, die hier Bedeutung haben. Untersuchen wir Nerven, wie den Ulnaris, Radialis oder Ischiadicus, so sehen wir im Gegensatz zu den Befunden bei dünnen Nerven, daß die Einzelphasen der Degeneration sich nicht scharf voneinander absondern lassen, daß der Abbauvorgang, die Umbildung der frühen in die späteren Zerfallsstoffe, der Übergang des Marchistadiums in das Scharlachrotstadium ungemein *verzögert* sein kann (Abb. 76). Für meine Ansicht, daß hier die Verhältnisse der Zirkulation eine Rolle spielen, daß der Stoffaustausch, speziell die Resorption, bei den voluminösen Nerven erschwert ist, lassen sich zwei Feststellungen anführen, die ich oft gemacht habe. Nämlich einmal: daß an einem dicken Nerven isolierte feine Bündel

---

[1] TELLO, F.: Dégénération et régénération des plaques motrices après la section des nerfs. Trab. Labor. Invest. biol. Tome V. Madrid 1907.

[2] KNICK: Über die Histologie der sekundären Degeneration im Rückenmark. J. Psychol. u. Neur. 2 (1908).

[3] SCHRÖDER: Einführung in die Histologie u. Histopathologie des Nervensystems. Jena 1920.

rascher abgebaut und von den Zerfallsstoffen befreit werden; und zweitens: daß innerhalb eines kräftigen Nervenbündels, das dicht mit Zerfallsprodukten angefüllt ist, das Gebiet um ein quer durchziehendes Gefäß frei ist von Abbaustoffen, die eben dorthin leicht ihre Abfuhrstraße fanden. Ich möchte den Bau des peripheren Nerven und sein vielfach beträchtliches und sehr verschiedenes Volumen beim Menschen dafür verantwortlich machen, daß sich der Abbau und die Abräumung am peripheren Nerven des Menschen zeitlich so unregelmäßig vollzieht. STROEBE hatte allerdings die Beobachtung gemacht, daß im

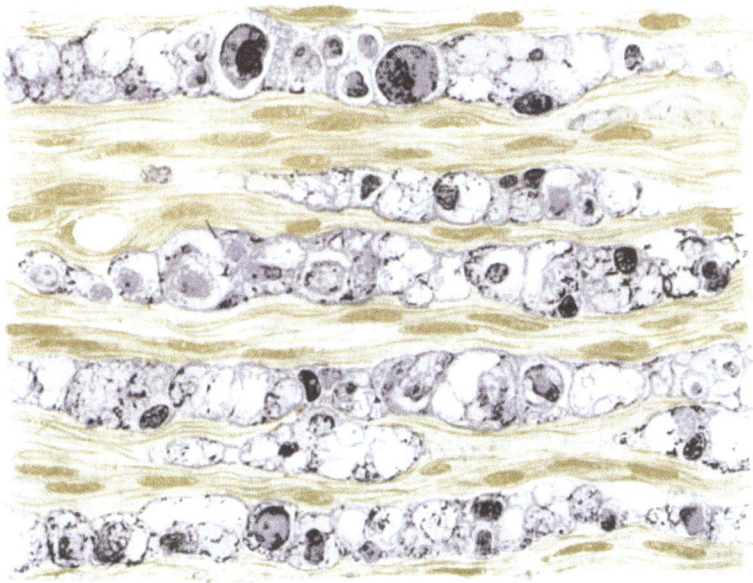

Abb. 76. Markballen im sekundär degenerierten Nervenabschnitt (Schußverletzung). Neben den Kugeln und Ballen noch Reste des geblähten, zersprengten und verklumpten Markgerüstes. Markscheidenfärbung am Gefrierschnitt von einem Radialis. (Sehr verzögerter Abbau an den hier illustrierten zentralen Nervenbündeln.)

Gegensatz zum peripheren Nerven die Markballen im Rückenmarke sehr lange liegen bleiben[1], und es kann, wie in dem Abschnitt über die allgemeinen degenerativen Vorgänge im Zentralnervensystem erörtert werden wird, gewiß keinem Zweifel unterliegen, daß sich an den dünnen Nerven und Nervenwurzeln Abbau und Abräumung rascher vollziehen als bei Strangdegenerationen im Zentralorgan. Daneben hat aber nach meinen Erfahrungen das Geltung, was wir soeben über die Unregelmäßigkeit und Verzögerung dieser Vorgänge bei den voluminösen Nerven des Menschen gesagt haben.

Diese Feststellungen erscheinen mir von Wichtigkeit auch mit Bezug auf ein Problem, dem in der Diskussion über das Wesen der sekundären Degeneration

---

[1] Das tritt besonders deutlich zutage bei Verletzungen der Hinterwurzeln: sie erscheinen völlig degeneriert und von Abbauprodukten frei, wenn ihre Fortsetzungen im Rückenmark noch dicht davon erfüllt sind. Daß es sich dabei aber nicht einfach um Unterschiede zwischen zentralem und peripherem Nervengewebe handelt, geht daraus hervor, daß wir bei einer Sehnervenerkrankung den Opticus im wesentlichen frei von Zerfallsprodukten fanden, während der Tractus noch reichliche Mengen davon enthielt. Mir spricht gerade dieser Befund zugunsten der vorhin gemachten Annahme, daß die Zirkulationsverhältnisse für die Resorption eine besondere Bedeutung haben; sie scheinen mir in dem reichlich septierten Nervus opticus günstiger als im Tractus.

von manchen Autoren eine grundsätzliche Bedeutung beigemessen wird, nämlich mit Bezug auf die Art und *Richtung ihres Fortschreitens*. Hier stehen sich vor allem zwei Ansichten entgegen, die eine wird besonders von STRÖBE vertreten, dessen Meinung im wesentlichen auch die von LENT, BENECKE, ENGELMANN, HOWELL und HUBER ist: der Zerfall erfolge *gleichzeitig* auf dem *gesamten* peripheren Abschnitt, und wenn auch die Fasern und Faserbündel an verschiedenen Stellen verschieden weitgehend degeneriert sein könnten, so liege die weitestgehende Degeneration keineswegs proximal. ERB, VON BÜGNER, VON NOTTHAFFT, NEUMANN, BETHE, LUGARO[1], FEISS[2] u. a. betonen dagegen, daß man ein mehr oder weniger deutliches *Fortschreiten peripherwärts* beobachten könne. Zu diesen beiden Hauptansichten kommt noch eine dritte, wonach die Degeneration in der Peripherie anfange (RANVIER, KRAUSE), sie wird heute wohl nicht mehr diskutiert. Neuerdings hat BOEKE bei der Verfolgung der Degeneration der Nervenendigungen festgestellt, daß, wenn auch die nervösen Endplatten „meistens so ziemlich gleichzeitig mit den zuführenden Nervenfasern der Degeneration anheimfallen, doch innerhalb der Platten die Degeneration *zentrifugal* fortschreitet", und er vergleicht das ausdrücklich mit den Beobachtungen über die Richtung des Degenerationsvorganges an den Nerven*stämmen*. Aber dieser Forscher betont andererseits, daß eine Regel sich nicht geben lasse; es könne das Fibrillengerüst der Endplatten vollkommen geschwunden sein, obgleich die zuführende Nervenfaser noch große Mengen von Tropfen und Schollen aus zerfallenen Neurofibrillen enthält; während die Degeneration in manchen Fällen durchaus zentrifugal fortschreite, sehe man doch an anderen Stellen wieder den Zerfall gleichzeitig über die ganze Nervenstrecke auftreten. Für diese außerordentlichen Verschiedenheiten erwägt BOEKE, daß hier vielleicht Vitalität und Alter des Versuchstieres mitspielen. — Ich möchte meinen, daß sich die Unstimmigkeiten nicht zum wenigsten daraus erklären, daß die Autoren nicht ausschließlich die *ersten* Zeichen des Zerfalls berücksichtigen, sondern sich zu sehr nach den Abbauprodukten — nach ihrem Vorhandensein oder Fehlen — richten. Ich zeigte aber, daß an menschlichen Nerven die Abräumung der Zerfallsprodukte zeitlich äußerst unregelmäßig ist und von verschiedenen Dingen abhängt und daß auch die Überführung der frühen in spätere Abbaustoffe beschleunigt oder stark verzögert werden kann. Will man also Klarheit in der in Rede stehenden Frage gewinnen, so muß man sich nicht daran halten, ob noch Markballen und Achsenzylinderfragmente zu sehen sind, sondern man muß lediglich auf die ersten sichtbaren Zeichen ihres Zerfalls achten. Dann aber kann man wohl kaum daran zweifeln, daß *die* Anschauung zu Recht besteht, wonach die Veränderungen von der Verletzungsstelle nach der Peripherie zu fortschreiten. Besonders klar hat das BETHE durch Untersuchungen am Frosch erwiesen, bei dem sich ja als Kaltblüter die Verhältnisse relativ leicht übersehen lassen. Aber auch bei Warmblütern kann man gleichartige Feststellungen über die Richtung der Degeneration machen, wenn man nach BETHES Forderung weit voneinander entfernte Nervenstellen miteinander im *Fibrillen*präparat vergleicht.

2. Veränderungen am zentralen Nervenabschnitt und den Ursprungskernen.

Ehe wir auf das Wesen der sekundären Degeneration eingehen, haben wir noch die Veränderungen am *zentralen Stumpf* zu erörtern. In Erweiterung der Feststellungen WALLERs wurde gezeigt, daß das zentrale Nervenstück nicht

---

[1] LUGARO: Sur le neurotropisme et sur les transplantations des nerfs. Riv. Pat. nerv. **11** (1906).

[2] FEISS: On investigation of nerve regeneration. Quarterly J. of Physiol. **7** (1913).

so unverändert bleibt, wie es zunächst scheint, sondern daß auch an diesem mit der Ganglienzelle im Zusammenhang bleibenden Abschnitt Umwandlungen einsetzen. Es hieß seit ENGELMANN[1], daß bloß das angeschnittene Segment zugrunde gehe und die Degeneration nur bis zum nächsten RANVIERschen Schnürring heraufreiche. Aber die „retrograden" Veränderungen stellen sich bei genauer Analyse doch anders dar. Sie sind von zahlreichen Autoren untersucht worden, so von SCHIEFFERDECKER[2], STRÖBE, CAJAL, ELZHOLZ[3], PILCZ[4], VAN GEHUCHTEN[5], RAIMANN[6], BIONDI[7], SPATZ[8]. — Am Achsenzylinder findet man dicht oberhalb der Verletzungsstelle grundsätzlich ähnliche Veränderungen, wie im Bereiche der traumatischen Schädigung selbst. SCHIEFFERDECKER, STRÖBE und besonders CAJAL haben hier als retrograde Faserveränderungen Quellungen und kugelige Auftreibungen beschrieben. Diese Erscheinungen treten in den allerersten Tagen nach der Läsion auf, etwa zu gleicher Zeit wie die sog. primäre oder retrograde Veränderung an den Ursprungszellen der Achsenzylinder, von welcher in dem Kapitel über die allgemeinen funktionellen und degenerativen Veränderungen ausführlicher geredet wird. Für die *akute retrograde* Faserveränderung, wie sie BIELSCHOWSKY nennt, ist es charakteristisch, daß immer nur einzelne Fasern befallen sind. Manchmal sind die Achsenzylinder gleichmäßig über längere Strecken aufgebläht, manchmal zeigen sie mehr umschriebene kugelförmige Auftreibungen. Die Intensität der Veränderung ist offenbar abhängig von der Schwere der traumatischen Schädigung; die Achsenzylinderanschwellungen reichen desto weiter aufwärts, je stärker das Trauma war. Die spindeligen Auftreibungen, von denen mitunter ein Achsenzylinder mehrere zeigt, können sich voneinander trennen, indem die Verbindungsstücke verschwinden; diese abgeschmolzenen Auftreibungen bleiben mitunter lange Zeit im Gewebe liegen, wie das STRÖBE, MARBURG[9], CAJAL und SPATZ beschrieben haben; ich habe sie bei Nervenschußverletzungen über die 6. Woche nach der Läsion nie mehr beobachtet. — Die Quellung des Axons kann sich wieder zurückbilden und gleicht auch darin wieder der primären (retrograden) Reizung der zugehörigen Ganglienzelle. CAJAL und zuletzt SPATZ haben im Bereiche der Aufquellungen eine Auflockerung des sonst kompakten Achsenzylinderstranges bei der Silberimprägnation beschrieben. Dabei erscheinen die Fibrillen an den Rand gepreßt. Offensichtlich handelt es sich hier um eine Aufquellung des Axoplasmas.

Von diesen Veränderungen muß man m. E. andere abgrenzen, die bei besonders schweren Verletzungen sich proximal weithin fortsetzen und auch lange Zeit andauern können. BERBLINGER[10], BIELSCHOWSKY und ich haben solche Veränderungen gesehen, die sich weder aus

---

[1] ENGELMANN: Über Degeneration von Nervenfasern. Pflügers Arch. **13** (1876).

[2] SCHIEFFERDECKER: Neurone und Neuronenbahnen. 1906.

[3] ELZHOLZ: Über einen eigentümlichen Befund im zentralen Stumpf. Mschr. Psychiatr. **1899** — Zur Kenntnis der Veränderungen des zentralen Stumpfes lädierter Nerven. Jb. Psychiatr. **17**.

[4] PILCZ: Beitrag zum Studium der Atrophie und Degeneration der Nervengewebe. Jb. Psychiatr. **1899**.

[5] VAN GEHUCHTEN: La dégénération dite retrograde ou dégénération Wallerienne indirecte. Nevraxe **5** (1913).

[6] RAIMANN: Zur Frage der retrograden Degeneration. Jb. Psychiatr. **29** (1900).

[7] BIONDI: Über die Wallersche Degeneration, Fol. neurobiol. **7** — Über die Läsionen im proximalen Teil resezierter Nerven. Z. Neur. **19** (1913).

[8] SPATZ: Über die Vorgänge nach experimenteller Rückenmarkdurchtrennung. Nissl-Alzheimers histol. u. histopath. Arbeiten über die Großhirnrinde. Erg. 1920.

[9] MARBURG, O.: Kriegsverletzungen peripherer Nerven. Jkurse ärztl. Fortbildg., **7** (1915).

[10] BERBLINGER: Über die Regeneration der Achsenzylinder in resezierten Schußnarben peripherer Nerven. Beitr. path. Anat. **64**, 226 (1918) — BERBLINGER: Über Schußverletzungen der peripheren Nerven. Zbl. Chir. 1916, Nr 16 — Münch. med. Wchr. **1916**, 503.

der traumatischen Degeneration noch aus retrograden Wirkungen erklären lassen. Es handelt sich dabei um Bilder, wie wir sie auch bei entzündlichen Prozessen am Nerven sehen. Dazu gehört wohl auch die Beobachtung, die MÖNCKEBERG und BETHE bei septischer Komplikation machten, wo der zentrale Stumpf in vollständiger Degeneration war.

Von den früh einsetzenden, akuten oder primären Faserveränderungen retrograder Art trennen wir die spätere langsam fortschreitende chronische Atrophie der Nervenfaser. ELZHOLZ hat diese Umwandlung im proximalen Nerventeil mit der Marchimethode studiert und dabei eine erhebliche Vermehrung der nach ihm benannten Körperchen gefunden. Später sieht man auch scharlachfärbbare Stoffe, zumal in den Zellen des Endoneuriums auftreten. BIONDI hat das durch die verschiedenen Stadien nach der Resektion genau verfolgt. Immer mehr tritt später eine Reduktion der Markscheiden hervor; die Autoren, die sich damit eingehend befaßt haben, wie ELZHOLZ, PILCZ, RAIMANN, BIONDI, fassen sie als einfache atrophische Vorgänge auf. Dazu kommen in den proximalen Nervenabschnitten auch noch andere Veränderungen, die seit den Untersuchungen VAN GEHUCHTENS auf ein retrogrades Zugrundegehen der Ursprungszellen zurückgeführt werden: diese Faserdegeneration sei sekundär und von der cellulären Läsion abhängig (BIONDI); VAN GEHUCHTEN nennt sie indirekte WALLERsche Degeneration.

Daß tatsächlich die Ursprungsganglienzellen nach einer Durchtrennung von Nervenfasern zugrunde gehen können, war schon 1868 von DICKINSON erkannt worden; er sah, daß nach Amputation eines Gliedes das Vorderhorn auf der betreffenden Seite verkleinert und die Zahl der motorischen Ganglienzellen in demselben verringert ist und daß in dem zentralen Nervenstumpf die Nervenfasern bis auf einen kleinen Rest verschwinden können (zitiert nach BETHE). Es wird, wie gesagt, von diesen retrograden Veränderungen der Ganglienzellen in einem anderen Kapitel ausführlicher die Rede sein. Hier sei nur erwähnt, daß die Ursprungszellen des durchtrennten Achsenzylinders sehr charakteristische Umwandlungen erfahren, die wir mit NISSL als „primäre Reizung" bezeichnen. Diese Umwandlung der Ganglienzellen an sich ist reversibel; es kann die betreffende Ganglienzelle aber auch der degenerativen Atrophie anheimfallen, so daß Atrophien in den zugehörigen grauen Massen, den Ursprungskernen, auftreten. Darauf gründet sich bekanntlich die „Degenerationsmethode", die GUDDEN, FOREL, NISSL für ihre Lokalisationsstudien aufgebaut haben.

3. Wesen der sekundären Degeneration[1].

Eine Erklärung für das *Wesen der sekundären Degeneration*, d. h. dafür, weshalb die Nervenfasern nach ihrer Abtrennung zerfallen, ist meines Erachtens heute nicht zu geben. Ein Überblick über die Literatur zeigt, soweit ich selbst sie kenne, daß es mit der Erörterung dieser Frage stiller geworden ist als früher. Und das drückt, wie ich glaube, unsere Unzulänglichkeit aus, hier zu einer einigermaßen gesicherten Deutung zu gelangen. Es ist ja überhaupt viel schwerer, als es manchem Forscher scheint, aus anatomischen Tatsachen bindende Schlüsse auf physiologisches Geschehen und auf Wesenseigentümlichkeiten zu ziehen. Auch für anscheinend einfache Dinge, wie sie hier vorliegen, gilt es, Vorsicht zu üben in der Einschätzung der Beweiskraft morphologischer Vorgänge; und gerade die sekundäre Degeneration zeigt, wie sehr hier der Forscher in der Deutung der Vorgänge von seiner Auffassung und Einstellung abhängig ist. Wir sahen, daß WALLER das Zustandekommen der sekundären Degeneration der abgetrennten Nervenfaser aus der Abtrennung von ihrem nutritorischen, tro-

---

[1] Vgl. dazu auch S. 292 ff.

phischen Zentrum erklärte. Diese Erklärung gilt den Anhängern der Neuronentheorie auch heute als richtig, wenngleich die Tatsache der retrograden Umwandlung an Nervenfasern und Nervenzellen kompliziertere Erklärungen und Erweiterungen des WALLERschen Gesetzes verlangen. Könnte man sich auch nach der Neuronenlehre den Untergang des Achsenzylinders aus seiner Abtrennung wohl erklären, wenn man ihn eben lediglich als einen Fortsatz der Ganglienzelle auffaßt, so bleibt es doch unklar, weshalb dann auch die Markscheide zugrunde geht. VON BÜNGNER meinte, daß der Achsenzylinder zerfällt und den Markzerfall erst nach sich zieht: das Mark solle aus dem flüssigen Zustand in einen mehr geronnenen, festen übergehen. Nach NEUMANN findet eine Vermischung statt, indem die Differenzierung von Mark und Achsenzylinder schwinde; die Fasern bildeten sich zum embryonalen Zustand zurück. RANVIER sah die Ursache für den Untergang der nervösen Bestandteile in einer Wucherung der SCHWANNschen Elemente und einer Verdrängung derselben durch die protoplasmatischen Bestandteile der Lemnoblasten. — Für BETHE und MÖNCKEBERG gibt es keine sekundäre Degeneration, sondern nur eine *traumatische*. „Die Schädigung, welche durch das Trauma gesetzt wird, stört das Lebensgleichgewicht des Nerven, zunächst aber nur der Partien, welche der Verletzung am nächsten gelegen sind. Hier etabliert sich ein krankhafter, degenerativer Prozeß, welcher sich von Teilchen zu Teilchen fortpflanzt, gerade so, wie etwa eine Entzündung vom Punkte der ersten Schädigung aus einen Punkt der Umgebung nach dem andern ergreift. Nach der Peripherie zu pflanzt sich der krankhafte Prozeß bis ans Ende fort, nach dem Zentrum zu macht er früher oder später halt; aber nicht deswegen, weil hier die zugehörigen Ganglienzellen gelegen sind, die als nutritorisches Zentrum dienen, sondern weil ein relativer Unterschied in der Lebenskraft des zentraleren und peripheren Endes existiert, den man als eine Art von Polarisation auffassen kann." Bezüglich dieses Punktes bezieht sich BETHE auf seine Beobachtungen an autoregenerierten Nerven, die noch einmal durchschnitten wurden und bei denen das periphere Ende ebenso vollständig zerfällt wie sonst. Außer den retrograden Umwandlungen spricht (nach BETHE) gegen die Auffassung der Neuronisten auch das Fortschreiten der Degeneration in der Richtung nach der Peripherie. Es sei ferner nicht Mangel an Aktivität, die nach Leitungsunterbrechung die Nervenfasern zur Degeneration bringt; denn nach BETHES Untersuchungen erlischt die Erregbarkeit bei Reizung des peripheren Stumpfes wesentlich rascher. Auch Beobachtungen, daß bei lokalen Schädigungen, die die Leitung noch nicht unterbrechen, eine Degeneration eintreten könne und daß bei Leitungsunterbrechungen, die den Nerven nur wenig schädigen, die Degeneration ausbleiben oder langsamer eintreten könne, glaubt BETHE für seine Ansicht anführen zu können, wonach nur die *traumatische* Schädigung die Degeneration veranlasse, nicht aber die Aufhebung der Erregungsleitung oder des Zusammenhanges mit dem Zentrum. Durch Ammoniakdämpfe konnte er eine Unterbrechung der Leitung ohne gleichzeitige Degeneration erzeugen. Und bei Kompression von Nerven war eine Degeneration zu bemerken trotz erhaltener Leitungsfähigkeit. Die Beweiskraft dieser Versuche gegen die ursprüngliche Erklärung WALLERS, vor allem aber *für* BETHES Lehre, daß für die lokale Schädigung des Nerven das Trauma die einzige Ursache der nach Kontinuitätstrennung eintretenden Degeneration sei, steht nicht außer Zweifel. Zu dem Kompressionsversuch möchte ich bemerken, daß wir auch beim Menschen unter langsam zunehmendem Druck ein langes Erhaltenbleiben der Leitung sehen, obschon sich Degenerationsvorgänge abspielen. Ich habe das bei Kompression durch Knochencallus beschrieben und gezeigt, wie eine chronische Druckwirkung zunächst zu einer Entmarkung führt und wie der Achsenzylinder viel länger erhalten bleibt als der Markmantel, dann aber auch zugrunde geht. Die Leitungsfähigkeit wird offenbar einmal durch die erhaltenen, nackten Achsenzylinder ermöglicht, dann aber auch einfach dadurch, daß ein Teil der Fasern (Achsenzylinder und Markscheide) längere Zeit hindurch verschont wird, während andere zerstört oder im Untergang begriffen sind. Aber sehen wir ganz ab von dieser Frage, inwieweit solche Befunde die BETHEsche Lehre stützen können, so ist jedenfalls die Erklärung BETHES, wie wir sie vorhin ausführlich wiedergegeben haben, auch nur eine Deutung, und der Vergleich einer von Punkt zu Punkt fortschreitenden Entzündung macht uns das schwierige Problem nicht verständlicher. Ich sehe aber nicht, daß von irgendeinem Forscher eine befriedigendere Erklärung für das Zustandekommen der sekundären Degeneration gegeben wäre, und ich selbst bin nicht in der Lage, eine Theorie aufzustellen, die nicht ebenso von stark subjektiven Anschauungen erfüllt wäre.

II. Nervenregeneration nach Kontinuitätsunterbrechung.

Über die Entwicklung unserer Kenntnis von der *Nervenregeneration* und *funktionellen Restitution* hat BETHE in seinem Buche einen geschichtlichen Überblick gegeben. An seine prägnante Darstellung halten sich spätere Autoren gern in den Einleitungen zu ihren Studien. Danach geht unsere Kenntnis von der Zusammenheilung durchschnittener Nerven auf eine Entdeckung von CRUIKSHANK[1] 1776 zurück. Bald darauf glaubten FONTANA[2], MONRO und MICHAELIS feststellen zu können, daß eine Überbrückung des Defektes durch Nervensubstanz vorliege. ARNEMANN fand jedoch 2 Monate nach der Vereinigung der Nervenenden nur Zellgewebe in der Narbe. Die funktionelle Wiederherstellung wurde zuerst von HAIGHTON[3] 1795 erwiesen. Er hatte gesehen, daß der durchschnittene Vagus in ungefähr 6 Wochen eine Wiederherstellung seiner Funktion erfährt. Es ist aus Gründen der Mängel anatomischer Untersuchungsmethoden verständlich, daß lange Zeit die physiologischen und klinischen Studien im Vordergrunde des Interesses und der Forschung standen. Erst seit WALLER hat die rein anatomische Untersuchung der Regenerationsvorgänge die Forschung mehr und mehr beschäftigt, und eine wie ungeheuer große Anzahl von Experimenten und Untersuchungen an menschlichen Nerven gemacht worden sind, zeigt die Zusammenstellung der Literatur, wie sie STRÖBE (1894) und PERRONCITO (1907) gaben und weiter ein Blick auf die Arbeiten des letzten Jahrzehnts, die sich mit der Regeneration an schußverletzten Nerven befassen. Wie das Problem bis in alle Einzelheiten anatomisch immer und immer wieder von Neuem durchforscht worden ist, das beweisen besonders eindringlich die großen Arbeiten von CAJAL und seiner Schule und die Studien des holländischen Forschers BOEKE.

Die Besprechungen der Regeneration in der Literatur gehen meist von der Erörterung des *Problems* aus und von dem *Widerstreit* der *Meinungen*. Sie knüpfen an das WALLERsche Gesetz an, nach dessen zweitem Teil die Regeneration nur vom trophischen Zentrum aus geschieht, indem der Achsenzylinder von der Ganglienzelle her wieder in den peripheren Stumpf hineinwächst, und sie betonen die Kluft zwischen den Anschauungen der Anhänger der Neuronenlehre und denen ihrer Gegner. Für eine historische Darstellung dieser Dinge verweise

---

[1] CRUIKSHANK: Experiments of the nerves particularly on their reproduction. Trans. roy. Soc. Lond. 1776.

[2] FONTANA: Zitiert nach BETHE.

[3] HAIGHTON: An experimental inquiry concerning the reproduction of nerves. Trans. roy. Soc. Lond. 1 (1797).

ich auf die schon erwähnten Arbeiten von STRÖBE und PERRONCITO und auf BETHES und CAJALS zusammenfassende Arbeiten. In neuerer Zeit hat KIMURA und besonders BOEKE eine summarische Zusammenfassung der wichtigsten Ansichten der Autoren gebracht.

Ich beginne meine Darstellung *nicht* mit der *Deutung*, sondern mit der Schilderung der *Vorgänge* und versuche zunächst zu zeigen, was an ihrer Erforschung gesichert erscheint.

Die Übersichtsbilder sind natürlich verschieden, je nach der Art der Kontinuitätsunterbrechung. Bei der einen Gruppe von Läsionen wird durch das Trauma der ganze Nervenstrang durchtrennt, wie etwa durch Schnitt, Schuß usw.; bei der anderen bleibt der äußere Zusammenhang des Nerven gewahrt, und es wird vor allen Dingen die empfindlichere nervöse Substanz betroffen wie bei Kompression, Quetschung, Umschnüren mit Haaren, Durchfrierung. Bei diesen werden in der Regel die topischen Beziehungen zwischen Bindegewebslager und Nervenkabel nicht zerstört; und solche Läsionen eignen sich deshalb besonders zur Verfolgung der Fibrillisation am Übergang der Läsionsstelle in das distale Gebiet. — Bei den völlig durchtrennten Nerven sind anfangs zwei Erscheinungen besonders bedeutungsvoll: die *Wucherung* des *perineuralen Bindegewebes* an dem einen *und* anderen Ende und die *Proliferation* der *Schwannschen Zellen*, die kappenartig die Durchtrennungsstelle überziehen und schließlich ein „Neurom" bilden können. Im zentralen Abschnitt ist das lange bekannt, am peripheren wird es auch heute oft übersehen. BETHE hat auf diese neuromartigen Bildungen am Kopfe des peripheren Teiles die Aufmerksamkeit gelenkt, bestätigt wurde das unter anderen von NAGEOTTE[1]. Auch ich[2] habe es bei den durch Schuß völlig durchtrennten Nerven nie vermißt. Man sieht Stränge SCHWANNscher Zellen, die das vom neugebildeten Bindegewebe überwucherte Stück kreuz und quer durchziehen. Nicht selten habe ich an diesen SCHWANNschen Zellen Teilungsfiguren wahrgenommen. Viel großartiger sind die Erscheinungen am zentralen Abschnitt. Die Zellketten sprossen in reicher Menge in die Bindegewebskappe vor, die syncytialen Plasmabänder durchflechten sich oft wirr durcheinander. In diesen Plasmazügen finden wir die neugebildeten Nervenfasern. Ein Vergleich der Abb. 77a und b illustriert das; es sind homologe Schnitte, der eine nach einer Kernfärbung, der andere nach der Markscheidenfärbung am Gefrierschnitt behandelt. Wie man sieht, sind die kernreichen Zellstränge in größerer Menge vorhanden als die Markfasern, aber viele führen bereits markhaltige Nervenfasern; die Achsenzylinderfärbung würde am gleichen Präparat wesentlich mehr neugebildete noch nackte Achsenzylinder in den SCHWANNschen Zellketten zur Darstellung bringen. Denn die Entwicklung der Markscheiden erfolgt natürlich erst später.

Im *peripheren* Abschnitt ist die Vermehrung der SCHWANNschen Zellen auf der ganzen Strecke das wesentlichste proliferative Zeichen neben den vorhin beschriebenen degenerativen Vorgängen. Die mit Zerfallstoffen beladenen Zellen vermehren sich auf das lebhafteste; nicht selten sind Mitosen. Später nehmen die anfangs mehr rundlichen Zellen eine plump stäbchenförmige Gestalt an, sie erscheinen als syncytial zusammenhängende Zellstränge. — Mit der Zeitdauer nach der Läsion werden diese plasmareichen Zellreihen des peripheren Abschnittes allmählich schmäler, sofern nicht eine Vereinigung mit dem zentralen Abschnitt und eine Regeneration erfolgt. Bei abgetrennt gebliebenen Nerven sind die

---

[1] NAGEOTTE: Le syncytium de Schwann et les gaines de la fibre amyéline dans les phases avancées de la dégénération Wallérienne. C. r. Soc. Biol. **1911**, 861 — Développement de la gaine de myéline dans les nerfs periph. en voie de régénération. Ebenda. **78** (1915).

[2] SPIELMEYER, W.: Über Regeneration peripherischer Nerven. Z. Neur. **36**.

304 W. Spielmeyer: Degeneration und Regeneration am peripherischen Nerven.

ursprünglichen Nervenkabel deutlich verschmälert, während die Bindegewebslager an Masse zugenommen haben; und innerhalb der alten Nervenbahnen

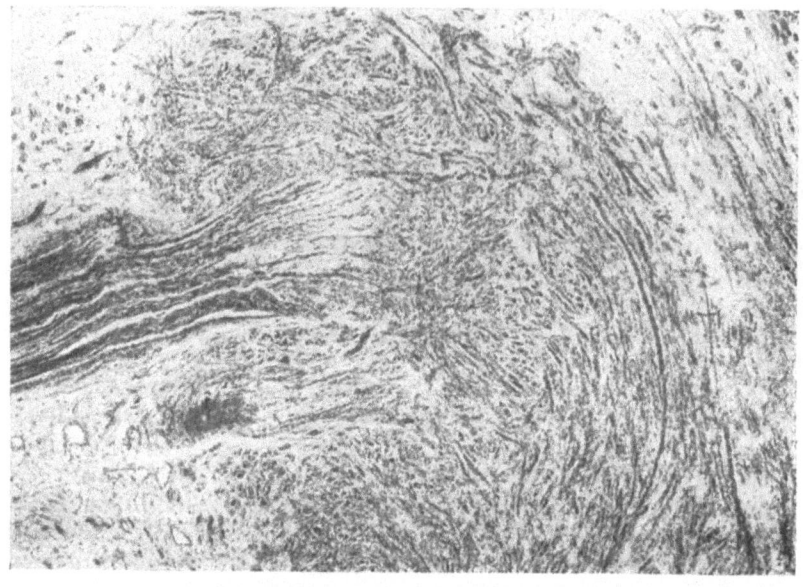

a

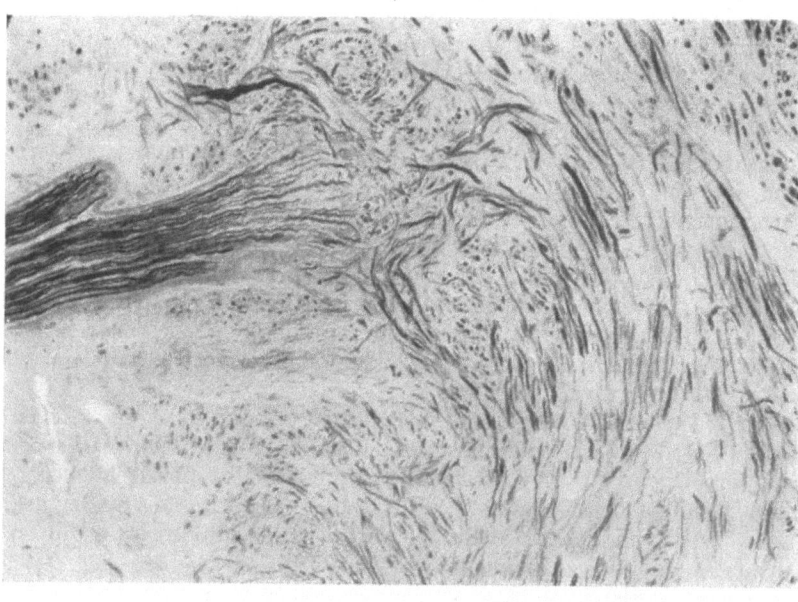

b

Abb. 77 a und b. Zwei aufeinanderfolgende Schnitte vom Ende des proximalen Nervenabschnittes.
a Bei der hier angewendeten Kernfärbung (Hämatoxylin) sieht man in Fortsetzung des erhaltenen alten Nervenstranges die Reihen und Straßen der gewucherten Schwannschen Zellen. Dem entspricht in b bei der Markscheidenfärbung am Gefrierschnitt die Anordnung neugebildeter markhaltiger Nervenfasern; ein Teil der vorsprossenden Schwannschen Zellketten enthält bereits markhaltige Nervenfasern. 6 Wochen nach der Durchtrennung.

findet ebenfalls eine Faserwucherung statt. Ich habe solche Nerven mehrere Jahre nach der Verletzung untersucht und dabei regelmäßig eine sehr feine und dichte Faserwucherung gefunden, die ich für ein Produkt des Endoneuriums halte, während NAGEOTTE[1] meint, daß hier die SCHWANNschen Zellen als periphere Gliazellen Fasern bilden. Immer bleibt die allgemeine Architektonik des abgetrennten Nerven gewahrt. Noch nach Jahr und Tag sehen wir das Gebiet des alten Nervenkabels deutlich gesondert; zu einer „bindegewebigen Durch-

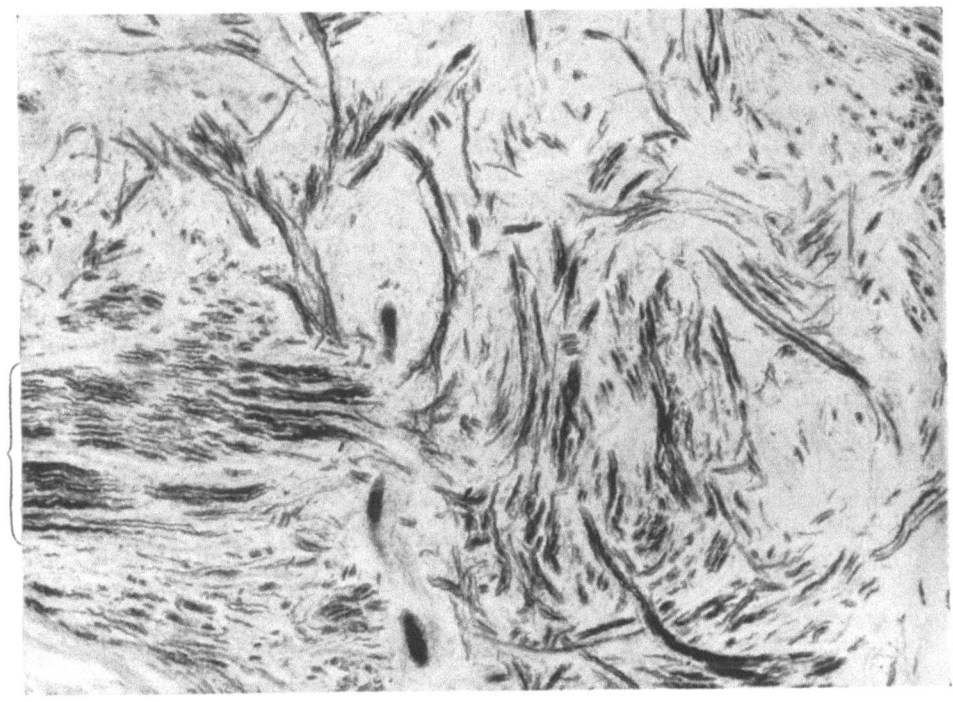

Abb. 78. Vom zentralen Ende vordringende neugebildete Nervenfasern durchsetzen kreuz und quer das derbe narbige Zwischenstück (linke Hälfte der Abb.) und gelangen nach dessen Überwindung in den degenerierten peripheren Abschnitt. Hier (*pschw*) ordnen sie sich parallel entsprechend dem ursprünglichen Nervenkabel, in welchem die gewucherten SCHWANNschen Zellen sich zu Bandfasern umgebildet hatten. Markscheidenfärbung am Gefrierschnitt. Übersichtsbild.

wachsung", von der manche Autoren gesprochen haben, kommt es nicht, und das ist natürlich für die Möglichkeit eines Erfolges von späten Nähten des Nerven nicht ohne Bedeutung.

Wenn sich der Zusammenhang zwischen dem zentralen und peripheren Abschnitt wieder herstellt dadurch, daß die Stücke von selbst wieder miteinander verwachsen oder durch Naht zusammengefügt werden, so suchen die SCHWANNschen Zellketten das bindegewebige Zwischenstück zu durchwuchern. Ist die Verbindung hergestellt, dann sieht man am klarsten an den neugebildeten Nervenfasern, wie diese nach wirren Durchflechtungen in dem narbigen Zwischenstück sich in den SCHWANNschen Zellketten des peripheren Stückes, in den von BÜNGNER so genannten Bandfasern *sammeln* (vgl. Abb. 78 u. 82).

Haben die vorsprossenden SCHWANNschen Zellketten den Anschluß an diese BÜNGNERschen Bandfasern des peripheren Abschnittes erreicht, so geschieht die

---

[1] NAGEOTTE: Note sur la présence de fibres névrogliques dans les nerfs périphériques dégénérés. C. r. Soc. Biol. **1913**.

sog. Neurotisation rasch; darin stimmen die Erfahrungen wohl aller Autoren überein. Natürlich ist die Geschwindigkeit dieser Regenerationsvorgänge desto größer, je jünger das Tier ist, und auch die Tierart selbst ist von Bedeutung. So sah BOEKE nach Durchschneidung des Hypoglossus beim Igel die Regeneration nach etwa 30 Tagen bis zur Muskulatur vorgedrungen und nach $1^1/_2$ Monaten überall regenerierte Endplatten. TELLO[1] fand nach Durchtrennung des Ischiadicus eine Regeneration bis in die Nervenendigungen nach $2^1/_2-3$ Monaten. Beim erwachsenen Menschen dauert die Wiederherstellung durchschnittlich sehr viel länger (vgl. den Abschnitt „Nervennaht"). — Sehr deutlich läßt sich das zentrifugale Fortschreiten erweisen, wie es jüngst auch wieder FEISS[2] und BOEKE auf Grund von Experimenten betont haben und wie ich es selbst bei Untersuchungen an menschlichen Nerven sah.

Einige Arbeiten aus den letzten Jahren beschäftigen sich mit fördernden oder hemmenden Einflüssen auf die Nervenregeneration. So fand MAEKAWA[3] in experimentellen Untersuchungen, daß Thyreoidin die Restitution beschleunigt. Nach Durchfrierung (Vereisung) des Nerven erfolgt nach VALENTINS[4] Studien die Degeneration und Regeneration später als nach Durchschneidung; das Tempo sei von der Art der Blutversorgung abhängig. RINDONE[5] sagt von dem Einfluß der Temperatur, daß der Prozeß der Regeneration und der Degeneration in seinem zeitlichen Ablaufe dem VAN T'HOFFschen Gesetze folgt. Die periarterielle Sympathektomie hat nach CLEMENTE[6] keinen Einfluß auf die Regeneration; es seien also die vasoconstrictorischen Reize des perivasalen Sympathicus von einer nur geringen Bedeutung auf die Regeneration des peripheren Nerven. Bei seinen Versuchen über Regeneration der peripheren Nerven fand JURA[7] wieder eine Bestätigung für die Resistenz der Nerven gegen lokale Infektion; die Regeneration werde verlangsamt, aber nicht verhindert.

Auch bei Nerven des Menschen kann man die Geschwindigkeit der Regeneration und die Vorgänge der Fibrillisation gut verfolgen, wenn man, wie ich es getan habe, nach *Vereisung* des Nerven (welche TRENDELENBURG[8] für die Behandlung des Nervenschußschmerzes angegeben hat) mikroskopisch untersucht. Ähnlich wie im Experiment am Tier fällt die große Geschwindigkeit auf, mit der hier in den syncytialen Kernsträngen die neuen Nervenfäserchen auftreten. Die SCHWANNschen Zellketten brauchen nicht erst ein bindegewebiges Zwischenstück zu durchwuchern, da das alte Bett der SCHWANNschen Scheiden in unmittelbarem Zusammenhang mit dem proximalen Abschnitt steht; im direkten Anschluß an die alten Achsenzylinder treten neue Fasern in den SCHWANNschen Zellketten auf. So sehen wir an ihnen gleichzeitig mit dem Zerfall und dem Abbau der nervösen Substanz nicht nur ihre Wucherung, sondern auch die Neubildung von Achsenzylinderfäserchen in ihrem Innern. Sie finden sich (Abb. 79 u. 80) in den von Zerfallstoffen nicht besetzten Zonen dieses syncytialen Stranges. Die neugebildeten Fäserchen liegen dicht nebeneinander, oft in Bündeln, oft aber auch durch die Zerfallstoffe auseinandergedrängt; sie biegen den Myelin-

---

[1] TELLO: Gegenwärtige Anschauungen über den Neurotropismus. Roux' Arch. **1923**, H. 33 (Literatur über andere Arbeiten des gleichen Autors und der CAJALschen Schule).
[2] FEISS: On investigation of nerve regeneration. Quart. J. exper. Physiol. **7** (1913).
[3] MAEKAWA, S.: Experimentelle Untersuchung über den Einfluß des Thyreoidins auf die Wiederherstellung der Funktion der durch Quetschung gelähmten Nerven. Acta Scholae med. Kioto **5**, H. 4, 393—406.
[4] VALENTIN, B.: Studien über Nervenregeneration. Hannover, Sitzg v. 14.—16. IX. 1925. Z. orthop. Chir. **47**, Beih., 260—265, 269—273.
[5] RINDONE, ALFREDO: Influenza della temperatura sui processi di degenerazione e di rigenerazione dei nervi. Ann. Clin. med. e Med. sper. **15**, H. 1, 60—68.
[6] CLEMENTE, GIUSEPPE: Simpatectomia periarteriosa e rigenerazione dei nervi periferici. Arch. ital. Chir. **16**, H. 4, 413—438.
[7] JURA, VINCENZO: La riparazione dei nervi periferici nei processi suppurativi. Arch. ital. Chir. **9**, H. 6, 629—663.
[8] TRENDELENBURG, W.: Weitere Versuche über langdauernde Nervenausschaltung für chirurgische Zwecke. Z. exper. Med. **7** (1919).

und Lipoidbrocken aus. Hier wie auch in den vom zentralen Ende vorgesproßten SCHWANNschen Zellketten des narbigen Zwischenstücks zeichnen sich die neugebildeten Nervenfasern durch ihre Zartheit und ihre scharfen Konturen aus;

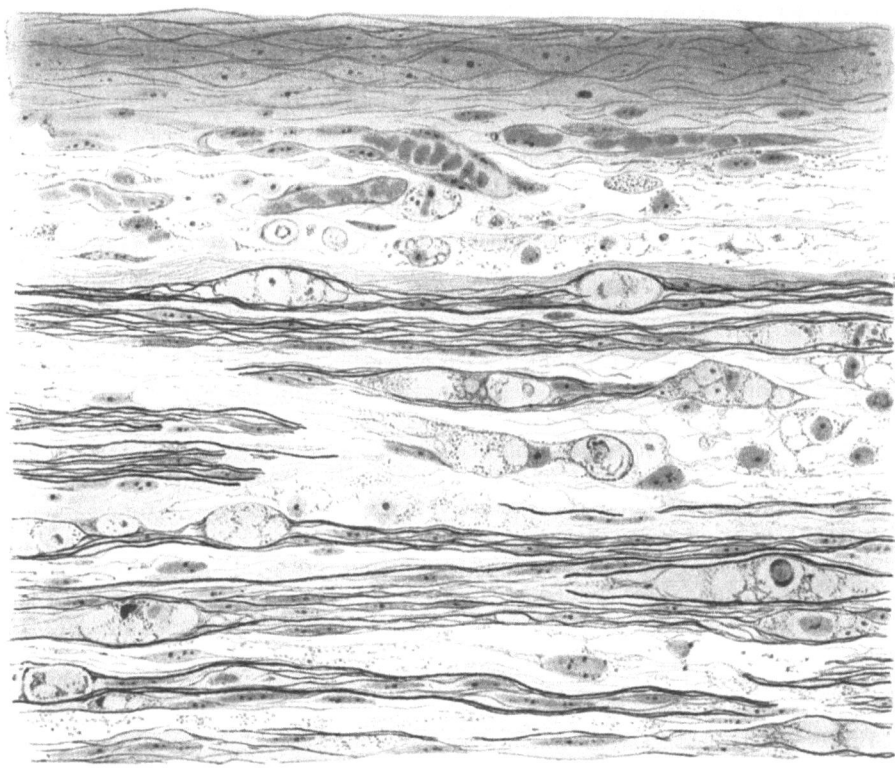

Abb. 79. Achsenzylinderregeneration, 10 Tage nach der Durchfrierung, dicht unterhalb der Läsionsstelle. Oben Bindegewebshülle des Nerven, darunter eine lockere Zone mit abgeräumten Zerfallsprodukten. Die neugebildeten Nervenfäserchen (welche noch nicht markhaltig sind) sind in Bündelform angeordnet und liegen in gewucherten, sehr kernreichen SCHWANNschen Zellketten. Dort wo noch Markballen in der fibrillisierten Bahn liegen geblieben sind, weichen die neugebildeten Fibrillen ihnen bogenförmig aus.

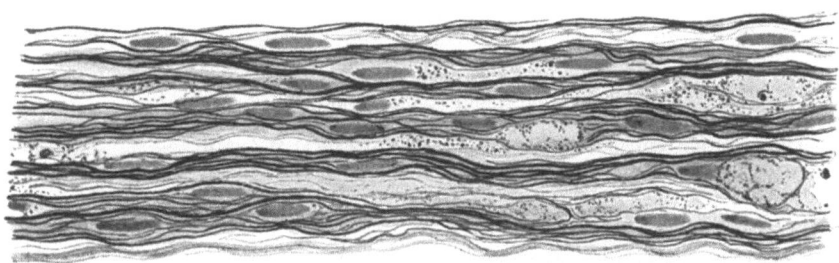

Abb. 80. Dasselbe Präparat wie in Abb. 79, mit noch stärkerer Ausprägung der bündelförmigen Anordnung der neugebildeten Achsenzylinder. Stellenweise Reste des zerfallenen Markes in den gewucherten (sehr kernreichen) SCHWANNschen Zellketten.

mitunter erscheinen die zu feinen Bündeln geordneten Fäserchen leicht umeinander gedreht; vielfach liegen sie in den SCHWANNschen Zellketten alternierend zu deren Kernen. Will man sich von ihrer intraprotoplasmatischen Lage überzeugen, so geben Längsschnitte nicht hinlänglich einwandfreie Bilder; deshalb haben besonders HELD, BOEKE und dann BIELSCHOWSKY[1] gefordert, daß für das Studium dieser Frage Querschnitte zu Rate gezogen werden. Ihre Abbildungen sind außerordentlich instruktiv, und es ist leicht, sich auch selbst von der Richtigkeit und Beweiskraft ihrer Bilder am tierischen und menschlichen Material zu überzeugen. —

Während ich nur die Fibrillisation innerhalb der SCHWANNschen Zellketten und an den durchfrorenen Nerven ihre Neubildung in der von den Zerfallsprodukten freien Plasmazone verfolgte, also besonders die frühe und unter günstigen Umständen rasche Faserbildung studierte, hat BOEKE das Auftreten der Fibrillenzüge in den BÜNGNERschen Bandfasern noch im einzelnen erforscht und die Beziehungen zu deren Protoplasma klargestellt. Viele Autoren sprechen von leeren Röhren innerhalb der SCHWANNschen Schläuche, und CAJALS Schüler TELLO behauptet, daß die Neurofibrillen innerhalb dieses leeren Raumes verliefen. BOEKE zeigt, daß das Protoplasma der zu einem Syncytium konfluierten SCHWANNschen Zellen nach dem Abtransport der Zerfallstoffe den ganzen Raum dieser BÜNGNERschen Bänder einnimmt, daß aber das Protoplasma eine Vakuolisierung erfährt. Diese schreite mit der Regeneration weiter fort, bleibe aber auf die oberflächlichen Plasmapartien beschränkt; im Zentrum bestehe eine kompakte, strangförmige Plasmamasse mit eingelagerten Kernen weiter — eben dieses BÜNGNERsche Band. Immer nur in diesem liegen selbst bei hochgradiger Vakuolisation die neugebildeten Faserzüge. BOEKE meint, daß die zunehmende Vakuolisation mit „dem Einwachsen der regenerierenden Neurofibrillenzüge" zusammenhängt.

BOEKE hat den Regenerationsvorgang bis in die *Endorgane* hinein verfolgt, deren Degenerations- und Regenerationserscheinungen bereits eine ältere Arbeit von GESSLER[2] und von CIPOLLONE[3] und eine neue Arbeit von einem Schüler CAJALS, nämlich von TELLO[4], behandelt[5]. Mit bewundernswerter Exaktheit hat BOEKE die Frage studiert, deren Wichtigkeit mit Rücksicht auf die physiologische

---

[1] BIELSCHOWSKY u. UNGER: Die Überbrückung großer Nervenlücken. Beiträge zur Kenntnis der Degeneration und Regeneration peripherischer Nerven. J. Psychol. u. Neur. **22**, Erg.-H. 2.

[2] GESSLER: Untersuchungen über die letzten Endigungen des motor. Nerven. Dtsch. Arch. klin. Med. **33** (1883).

[3] CIPOLLONE, L. T.: Ricerche sull'anatomia normale e patologica delle terminazioni nervosi nei muscoli striati. Roma **1897**.

[4] TELLO, FR.: Gegenwärtige Anschauungen über den Neurotropismus. Roux' Arch. **1923**, H. 33.

[5] In den letzten Jahren hat man sich mit den De- und Regenerationsphänomenen an den Endorganen peripherer Nerven mehrfach beschäftigt. So sah MAY nach Durchschneidung zuerst die Nervenverzweigungen um die Geschmacksknospen entarten. (MAY, R. M.: Rapport des nerfs avec la dégénérescence et la régénération des papilles gustatives. C. r. Acad. Sci. **180**, 547—549.) In den motorischen Endplatten fand ARCANGELI schon 15—18 Stunden nach der Durchschneidung eine Fragmentation der Endbäumchen, später einen granulären Zerfall mit schließlichem Verschwinden der Endplatten. Es zeigt sich auch daran, wie die Degeneration ein aktiver Prozeß ist. [ARCANGELI, M.: Sulle atrofie muscolari di origine periferica. Pt. I. Il modo di comportarsi della piastra motrice in seguito al taglio del nervo motore. Studi e ricerche. Arch. ital. Chir. **7**, H. 4/5, 329—359). KADANOFF hat nach Vertauschung verschieden innervierter Hautstücke gesehen, wie die sensiblen Nervenendigungen in Hauttransplantaten die Fähigkeit behalten, ihren ursprünglichen Typus auch in einer (transplantierten) fremden Umgebung zu bewahren. Er bestätigte damit BOEKES Ergebnisse bei seinen Hypoglossus-Lingualis-Versuchen, daß in ein fremdes Gewebe angelangte Nerven ihre Eigenart behaupten können. (KADANOFF, D.: Histologische Untersuchungen über die Regeneration sensibler Nervenendigungen in Hauttransplantaten. Klin. Wschr. **4**, Nr 26, 1266 — Untersuchungen über die Regeneration der sensiblen Nervenendigungen nach Vertauschung verschieden innervierter Hautstücke. Roux' Arch. **106**, 249—278.) In menschlichen Hautnarben fanden JÄGER und TRAUM keine neugebildeten Tastkörperchen; sie sahen, wie die neugebildeten Fasern nur Primitivendigungen unter dem Epithel bilden. (JÄGER, H. u. E. TRAUM: Beiträge zur Nervenregeneration in menschlichen Hautnarben. Dtsch. Z. Chir. **196**, H. 6, 364 bis 377.)]

Restitution ja ohne weiteres klar ist; denn ,,ausschlaggebend für die funktionelle Heilung ist doch nur das Verhalten der regenerierenden Nervenfasern im Endgebiet, die Wiederherstellung der Verbindung mit den Endorganen, seien es Muskelfasern, seien es sensible Endfasern oder Sinnesorgane". Er zeigt, daß dort, wo die neugebildeten Nervenfasern die schützende und leitende Bahn des alten Nerven verlassen und ihren Endorganen zustreben, die Regelmäßigkeit aufhört, daß aber die neuen Nervenfasern und ihre Endverästelungen auch in der letzten Wegstrecke intraprotoplasmatisch liegen. In diesem Endgebiet fand er einerseits Wucherungen der SCHWANNschen Röhren und damit eine Weiterbildung der leitenden Bahnen, die einen ausgiebigen Kontakt der Nervenfasern mit den verschiedenen Muskelfasern ermöglichen, und andererseits auch mesenchymale Bindegewebszellen, die die Funktion eines Geleitgewebes für die Endplatten ausüben; das sich an das Scheidengewebe anschließende Bindegewebe der Muskeln wuchere und bilde sich zu einem typischen Geleitgewebe für die feinen Nervenfasern um. Von dem Aussehen der neuen Sohlenplatten, die BOEKE reich illustriert hat, brauchen wir hier keine Schilderung zu geben, da die Verschiedenartigkeit der Entbündelung der Neurofibrillen, der Schlingen- und Ösenbildung und der Terminalringe für die uns hier interessierenden grundsätzlichen Fragen ohne Bedeutung ist. Mit diesen Formationen hat sich später auch BIELSCHOWSKY beschäftigt. —

Gegenüber den soeben besprochenen, meines Erachtens wesentlichsten histologischen Vorgängen bei der Regeneration spielen einige andere eine nur geringe Rolle, wie z. B. die *kolbigen und kugeligen Anschwellungen* und die *Perroncitoschen Spiralen*. Von den *Wachstumskolben* ist seit den glänzenden Untersuchungen CAJALS in der Literatur viel die Rede. Man muß zweierlei Arten von Anschwellungen der Achsenzylinder unterscheiden: das eine sind die Auftreibungen, die als retrograde Veränderungen aufzufassen sind und die der Schwellung der Ganglienzelle, der sog. primären Reizung gleichgesetzt werden können; von ihnen war vorhin die Rede (S. 299). Man findet sie nach MIYAKE[1] auch an den durchschnittenen zentralen Achsenzylindern. Die Abb. 81 zeigt nun neben diesen bald mehr gleichmäßigen, bald mehr umschriebenen Auftreibungen die davon zu trennenden Gebilde, die die Gestalt von kleineren Kugeln, Knöpfchen oder Ösen haben. Und diese sind es, die wir an den Enden neugebildeter Fasern treffen und die man seit CAJAL auch wohl als ,,Wachstumskolben" oder ähnlich benennt. Die kleinen Kugeln, Platten und Ösen imprägnieren sich stark mit Silber und haben scharfe Konturen. Sie sind kein notwendiges Attribut der neugebildeten Nervenfasern, wie man vielfach meint. Bei den vorhin erwähnten Studien über die Regeneration an durchfrorenen Nerven habe ich sie niemals gesehen, ebenso auch nur ganz ausnahmsweise an den neuen Achsenzylindern im Bette der alten SCHWANNschen Zellketten, den BÜNGNERschen Bandfasern; und da sie offenbar dort nicht oder nur ausnahmsweise vorkommen, wo sich die Neurotisation glatt vollzieht, so meine ich daraus schließen zu können, daß sie, wie vor allem BETHE betont hat, ein Anzeichen für Wachstumshindernisse sind. Denn wir sehen sie ganz besonders in dem narbigen Zwischenstück und wo größere Widerstände sich entgegenstellen. Auch KIMURA, der sich neuerdings mit dieser Frage eingehend beschäftigt hat, betont, daß sich die freien Enden der neuen Achsenzylinder unter günstigen Regenerationsbedingungen häufig ,,ganz einfach" gestalten und daß die Kompliziertheit der Enden der neuen Achsenzylinder Reizzuständen oder pathologischen Bedingungen der Nervenfasern bzw. des umgebenden Gewebes zugeschrieben werden müsse (vgl. ,,Neuritis" S. 338). Jeden-

---

[1] MIYAKE, KOICHI: Zur Frage der Regeneration der Nervenfasern im zentralen Nervensystem. Obersteiners Arb. **14**, 1 (1908).

falls stellen die spindeligen Anschwellungen und Wachstumsknötchen nicht etwas für die Weiterbildung des Achsenzylinders Notwendiges dar.

Ähnlich dürften auch die sog. PERRONCITOschen *Spiralen* Folgen von Wachstumshindernissen sein (CAJAL, BOEKE, eigene Untersuchungen). Es sind jene plumpen Gebilde, die sich als Faserkonvolute darstellen: eine zentral gelegene Nervenfaser biegt an ihrem Ende um und schlängelt sich rückläufig in dicht aufeinanderfolgenden Windungen proximalwärts. Auch diese rückläufigen Fasern können sich mit Mark umkleiden.

Bezüglich der *Markscheidenbildung* kann ich hier auf meine früheren ausführlichen Mitteilungen darüber verweisen und erwähne zusammenfassend nur,

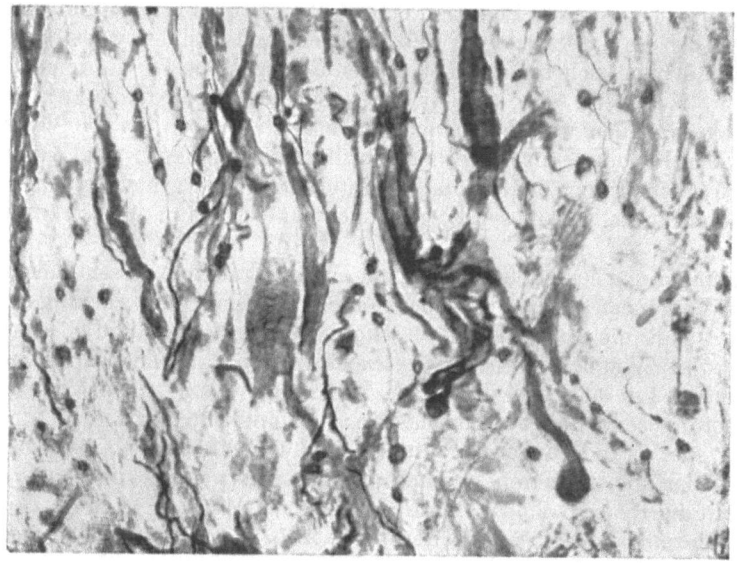

Abb. 81. Schußverletzung eines peripheren Nerven 10 Tage nach der Läsion. Silberimprägnation. Im Bereiche der hier wiedergegebenen Verletzungsstelle sieht man an den alten Achsenzylindern mächtige, teils gleichmäßig ausgedehnte, teils kugelförmige Auftreibungen (primäre, akute, retrograde Faserveränderung); an den zarten, neugebildeten Achsenzylinderfäserchen kleine dunkle kugelige Gebilde und Ösen.

daß die erste Markhülle sehr dünn ist und wie ein feiner grauschwarzer Saum erscheint, daß sie dann allmählich kräftiger und besser färbbar wird und daß sich in einem weiteren Stadium verschiedene Strukturen der Markhülle ausbilden: zunächst Einkerbungen, dann Trichterbildungen und Gliederung in einzelne Stücke, schließlich eine Markspongiosa mit der charakteristischen Fischflossenformation. Nach BIELSCHOWSKY findet sich die erste Anlage einer Markscheide an den Polen der SCHWANNschen Kerne im Bereiche der sog. π-Granula. Das hatte bereits BETHE beschrieben; nach ihm erfolgt nicht nur die erste Markbildung hier und erstreckt sich nach beiden Seiten weiter, sondern er fand auch die erste Fibrillenablage in der Nähe der Kerne. — —

Die zusammenfassende Darstellung, die ich hier von den wesentlichsten Regenerationsvorgängen gegeben habe, dürfte, meine ich, dem gegenwärtigen Stand unserer Kenntnisse entsprechen und im großen und ganzen den Feststellungen der meisten Forscher auf diesem Gebiet gerecht werden — von einigen untergeordneten Dingen abgesehen. Doch besteht in einem *grundsätzlich* wichtigen Punkte eine *wesentliche Differenz*, und zwar vor allem zu CAJAL und seiner Schule. Der hochberühmte spanische Forscher hält nach seinen ausgedehnten

Studien daran fest, daß die Nervenfasern als Fortsätze der Ganglienzellen bei der Regeneration *frei* in das *Bindegewebe* der Narbe *auswachsen*, und wenn sie auch neurotropisch von den BÜNGNERschen Bandfasern angezogen und geleitet werden, so bleiben sie doch *völlig unabhängig davon* und gleiten *nur* an deren *Oberfläche* entlang. Jüngst hat CAJAL[1] photographisch dargestellt, wie die jungen Fasern frei aussprossen und diese Nervensprossen amöboide Formen haben; die SCHWANNsche Scheide entwickele sich erst 6—7 Tage nach der Durchschneidung. Wir können mit BOEKE CAJALS Ansicht so zusammenfassen, daß „ähnlich, wie sich bei der embryonalen Nervenbildung die SCHWANNschen Zellen nur als eine Schutzhülle an die Oberfläche der auswachsenden Nervenfasern anschmiegen, auch bei der Regeneration der durchschnittenen Nervenfasern die auswachsenden Achsenzylinder, obwohl sie den BÜNGNERschen Bändern folgen, doch von diesen Gebilden völlig unabhängig sind". In verschiedenen neuen Arbeiten betont CAJAL neben dem selbständigen Auswachsen der Fortsätze ihre Lage *zwischen* den Zellen und *außerhalb* des Protoplasmas. Auch ein so hervorragender Histologe wie HEIDENHAIN[2] räumt zwar ein, daß die SCHWANNschen Zellbänder das typische Leitgewebe für die auswachsenden Sprossen bilden, aber er betont, daß die jungen Axome auch zwischen den alten Nervenrohren wachsen. DUSTIN[3], der wohl in den BÜNGNERschen Bändern Leitseile („Hodogenese") sieht, konnte die intraprotoplasmatische Lage der Fasern nicht nachweisen. Nach allem, was ich gesehen habe, spielt das *freie* Auswachsen junger Nervenfasern in der Regeneration *keine* Rolle. Und ich halte in diesem Sinne schon die Übersichtsbilder (Abb. 77) für bedeutungsvoll, da sie in stets gleicher Weise wiederkehren; ich meine, daß sich das Bild von den vorsprossenden Zellketten mit dem von den neuen Fasern deckt — Befunde, die ihre Ergänzung bei der genaueren Analyse der Beziehungen junger Fasern zu den SCHWANNschen Zellreihen finden. Sieht man wirklich einmal ein Faserstück außerhalb des SCHWANNschen Verbandes, so handelt es sich da offensichtlich um rasch wieder zugrunde gehende Gebilde; jedenfalls um Sprossen, die nicht weiterkommen. Das hat auch BERBLINGER betont. BOEKE erklärt, daß er zu seinem Erstaunen keine einzige wirklich frei verlaufende Faser gefunden hat; bis zur letzten Wegstrecke, dem Übergang in die Endplatten, findet man keine Faser, bei der man mit Bestimmtheit einen freien Verlauf feststellen könne. Alle regenerierenden Fasern liegen intraprotoplasmatisch. Auch RANSON[4] hat neuerdings die Beziehungen der regenerierten Fasern zu den BÜNGNERschen Bändern wieder untersucht und sie immer intraprotoplasmatisch gefunden. Das gilt nach BOEKE auch für Nervenfasern, die in das Bindegewebe eindringen und hier weiterwachsen. Er hat im Gegensatz zu BETHE und POSCHARISSKY[5] gefunden, daß diese ins peri- und endoneurale Bindegewebe vorgesproßten Fasern große Strecken zurücklegen und auch mit den Muskelfasern in Verbindung treten und funktionsfähige Endorgane bilden können. Auch sie sind nicht frei im Bindegewebe gelegen, sondern intraprotoplasmatisch.

Besteht also auch weiterhin noch eine wesentliche Abweichung in der Ansicht der neueren Autoren von der Lehrmeinung CAJALs und seiner Schule, von HEI-

---

[1] RAMON Y CAJAL, S.: Démonstration photographique de quelques phénomènes de la régénération des nerfs. Trav. du laborat. de recherches biol. de l'univ. de Madrid **24**, H. 2/3, 191—213.

[2] HEIDENHAIN, MARTIN: Plasma und Zelle. Jena 1911.

[3] DUSTIN: Le rôle des tropismes et de l'odogenèse dans la régénération du système nerveux. Arch. de Biol. **25** (1910).

[4] RANSON: Degeneration and regeneration of nerve fibres. J. comp. Neurol. **1912**.

[5] POSCHARISSKY: Über die histolog. Vorgänge an den peripher. Nerven nach Kontinuitätstrennung. Beitr. path. Anat. **41** (1907).

DENHAIN, DUSTIN und einigen anderen Forschern, so hat sich doch meines Erachtens sonst gerade in den letzten Jahren eine *Annäherung der Anschauungen* vollzogen. Und diese sehe ich darin, daß die SCHWANNschen Zellen zu Ehren gekommen sind und *ihre Bedeutung für die Regeneration anerkannt wird*. Das scheint mir ein wesentlicher Fortschritt zur Einigung der Autoren, obschon ich nicht, wie EDINGER[1] es im Anschluß an meine Demonstration vom Jahre 1917 getan hat, einen Kompromiß machen möchte. Die *Differenz* hinsichtlich der *Deutung besteht weiter fort*. Man kann sie *verschieden groß* sehen. ROSSI[2] sucht zwischen den beiden Theorien zu vermitteln, indem er besonders die Bedeutung von Hormonen und Enzymen der Zellen der SCHWANNschen Scheide betont. WEXBERG[3] kommt in seinem kritischen Referat über die Nervenschußverletzungen bei der Sichtung der Anschauungen der verschiedenen neueren Autoren zu der Meinung, daß es nur ein Wortstreit sei, ob man die SCHWANNschen Zellen in BETHES und in *meinem* Sinne als selbständige Faserbildner unter Mitwirkung eines zentrogenen Reizes oder im Sinne BERBLINGERS, BIELSCHOWSKYS und EDINGERS nur als Gleitgewebe bzw. Wachstumsmaterial der vom proximalen Teil auswachsenden Fasern betrachte. Eine *so* weitgehende Annäherung haben nun zwar die Anschauungen meines Erachtens noch nicht erfahren, aber darin stimmen doch, wie WEXBERG es treffend formuliert, die Meinungen der meisten Autoren überein, daß der periphere Stumpf für das Auswachsen des durchtrennten Nerven ebenso unentbehrlich ist wie die Verbindung mit dem Zentrum. Darin sehe ich das *wesentlichste Ergebnis* der Untersuchungen des letzten Jahrzehntes und auch den *wichtigsten Punkt*, in welchem sich die *Feststellungen* und *Meinungen* der *meisten* Autoren *treffen*. Kein Geringerer als ARIENS KAPPERS sagt bei Besprechungen der Untersuchungen von HELD, BOEKE, HERINGA[4] und mir, daß „die von diesen Autoren gemachten Befunde eine große prinzipielle Übereinstimmung aufweisen". Man kann wohl sagen, wie ich es früher wiederholt formuliert habe, daß zur erfolgreichen Neubildung die *Vereinigung der zentralen* SCHWANN*schen Zellketten mit denen in der Peripherie notwendig ist. Die* SCHWANN*schen Zellen müssen an der Regeneration beteiligt sein; ohne ihre Mitwirkung* ist die *Wiederherstellung* des peripheren Nerven *unmöglich*.

Daß damit die Deutung der Befunde noch keineswegs einheitlich geworden ist, sondern die Vertreter der *monogenistischen* „*Auswachsungstheorie*" und der *polygenistischen* „*Kettentheorie*" weiter in ihrem alten Gegensatz verharren, das drückt sich besonders deutlich in der Energie aus, mit der BOEKE erklärt, daß die Entscheidung nach der Seite der Monogenisten gefallen sei, obwohl gerade auch er, wie wir sahen, im Gegensatz zu CAJAL, die intraplasmatische Lage der Fibrillen betont. So scheint ihm und den Anhängern der Neuronen- und Neuroblastentheorie die Kettentheorie durch die Untersuchungen PERRONCITOS, CAJALS und durch die berühmten Experimente HARRISONS[5] ihrer Stützen beraubt. Und im Gegensatz zu den Polygenisten glauben sie als sichere Grundlage annehmen zu dürfen, daß die neuen Nervenfasern „als Proliferation der alten

---

[1] EDINGER: Symptomatologie und Therapie der peripherischen Lähmungen auf Grund der Kriegsbeobachtungen. Dtsch. Z. Nervenheilk. **59** (1918).
[2] ROSSI, O.: Processi regenerativi etc. Riv. pat. nerv. **13** (1908).
[3] WEXBERG: Kriegsverletzungen der peripheren Nerven. T. II. Z. Neur. **18**, 257 (1919).
[4] HERINGA: The intraprotoplasmatic position of the neurofibril in the axon and in the endorgans. Proc. Acad. Wetensch. Amsterd. **25** (1917).
[5] HARRISON: The development of peripheral nervefibres in altered surroundings. Roux' Arch. **30** (1910) — The outgrowth of the nervefiber as a mode of protoplasmatic movement. J. of exper. Zool. **9** (1910).

zentralen Nervenstümpfe, als Fortsätze der zentralen, nicht degenerierten Zellfortsätze auswachsen, vorwärtsdrängen und dem Endgebiet zustreben". In der embryonalen Entwicklung der Nervenfasern wie in der Neubildung bei der Regeneration ist nach diesen Forschern der Vorgang grundsätzlich der gleiche. Für die Vertreter der Kettentheorie haben aber diese Dinge keine überzeugende Beweiskraft, und ich selber darf von mir sagen, daß ich früher die Bedeutung der SCHWANNschen Zellen lediglich in ihrer Aufgabe als ektodermale Leitbahnen sah, wie es von neueren Untersuchern BOEKE, BIELSCHOWSKY, BERBLINGER und zuletzt auch EDINGER tun, daß ich mich aber jetzt zu der Lehre BETHES bekannt habe, welche auf die alten Untersuchungen von NEUMANN und von BÜNGNER zurückgeht und von Pathologen wie BORST[1], DÜRCK, MARGULIES[2], SCHMINCKE[3] u. a. vertreten wird, und wie sie noch einmal mit besonderer Klarheit von OSKAR SCHULTZE[4] und von HENRIKSEN[5] begründet worden ist. Ich meine also wie die Vertreter der pluricellulären Kettentheorie, daß sich die *neuen Nervenfasern an Ort und Stelle ausbilden*, daß die zu *Bandfasern umgewandelten* SCHWANNschen *Zellketten* wie die aus dem *Stumpf vorwachsenden* SCHWANNschen *Zellreihen* eine *Fibrillisation erfahren* und daß es sich hier um eine *Differenzierung* zu neuen Nervenfasern aus den syncytial verschmolzenen Zellreihen handelt. Bei der Auswachsungstheorie dagegen, die sich auch auf die entwicklungsgeschichtlichen Untersuchungen von HIS und auf die Explantationsforschungen von HARRISON, LEWIS[6], BURROWS[7] bezieht und deren glänzendster Vertreter CAJAL ist, werden die neugebildeten Nervenfasern lediglich als Verlängerungen des Axons vom zentralen Nervenstumpf her angesehen; die von dort vorsprossenden Nervenbahnen gelangten nur durch neurotrope Anziehung in die alte Nervenbahn und in ihr Endgebiet. KIMURA hat die Hauptgruppen der Autoren einander gegenübergestellt, und wenn ich die von ihm gegebene Zusammenstellung der Namen noch ergänze, so läßt sich sagen: Anhänger der Auswachsungstheorie sind vor allem: ANDERSON und LANGLEY[8], BERBLINGER, BIELSCHOWSKY, BRUCH (mit SCHIFF), CAJAL, EDINGER, FORSSMANN[9], HARRISON, HALIBURTON[10], HOWELL und HUBER, HIS, INGEBRIGTSEN[11], KIRK[12], KNAUSS[13], KOLSTER[14], KÖLLIKER[15], LEN-

---

[1] BORST: Neue Experimente zur Frage der Regenerationsfähigkeit des Gehirns. Beitr. path. Anat. **36** (1904)   Kapitel „Das pathologische Wachstum" in Aschoffs Lehrbuch der Pathologischen Anatomie. Jena 1911.

[2] MARGULIES, ALEX.: Zur Frage der Regeneration in einem dauernd von seinem Zentrum abgetrennten peripherischen Nervenstumpf. Virchows Arch. **191** (1908).

[3] SCHMINCKE: Beitrag zur Lehre der Ganglioneurome. Beitr. path. Anat. **47**, 354 (1910).

[4] SCHULTZE, O.: Weiteres zur Entwicklung der peripheren Nerven mit Berücksichtigung der Regenerationsfrage nach Nervenverletzungen. Verh. physik.-med. Ges. Würzburg N. F. **37**.

[5] HENRIKSEN: Nye underrokelsen von Nervenregeneration. Kristiania 1913.

[6] LEWIS: On the cultivation of tissues. Anat. Rec. **5**, **6** (1911, 1912).

[7] BURROW: The growth of tissues, of the chick embryo outside the animal body, with special reference to the nervous system. J. exper. Zool. **10** (1911).

[8] LANGLEY, J. N. and H. K. ANDERSON: The union of different kinds of nerve fibres. J. of Physiol. **31** (1904).

[9] FORSSMANN: Zur Kenntnis des Neurotropismus. Beitr. path. Anat. **57**, 407 (1900).

[10] HALLIBURTON: On the chemical side of nervous activity. Croonian lectures. London 1901.

[11] INGEBRIGTSEN: Experimentelle Untersuchungen über freie Transplantation peripherer Nerven. Zbl. Chir. **1916**.

[12] KIRK and DEAN LEWIS: Studies in peripheral nerve regeneration. Proc. of the amer. Association of Anatom. Anat. rec. **10** (1916).

[13] KNAUS: Zur Kenntnis der echten Neurome. Virchows Arch. **153** (1898).

[14] KOLSTER: Beiträge zur Kenntnis der Histogenese der periph. Nerven nebst Bemerkungen über die Regeneration. Beitr. path. Anat. **26** (1899).

[15] KÖLLIKER: Handbuch der Gewebelehre. 1896.

Hossék[1], Lehrs, Lugaro[2], Mott, Münzer[3], Neal[4], Notthaft, Ströbe, Saltykow, Ranson[5], Ranvier, Perroncito, Poscharissky, Vanlair, Verworn[6], Waller. — Anhänger der Ketten- bzw. Neuroblastentheorie sind: Apáthy[7], Borst[8], Bethe, Benecke, v. Büngner, Kohn[9], Cattani, Durante[10], Dürck, Eichhorst[11], Ernst, Falk[12], Führer, v. Frankl-Hochwart[13], Galleoti[14], Günther (mit Schön), Haller[15], Heller, Henriksen, Hjelt, Lapinsky[16], Leegard, Lent, Levi, Luys, Marburg, S. Mayer, Mönckeberg, Nasse, Neumann, Nissl[17], Oehl, Philippeaux[18], Raimann[19], Reich, Oskar Schultze[20], Schütte[21], Spielmeyer[22], Steinbrück, Virchow, Vulpian[23], Wieting, Ziegler[24].

Wäre die *autogene Regeneration* des abgetrennten Nervenstückes sicher erwiesen, so würde damit der Streit beseitigt sein. Aber das ist nicht der Fall und die Anhänger der Neuronenlehre behaupten, daß sie widerlegt sei. Bekanntlich hatten Philippeaux und Vulpian[18] bereits 1859 nach Excision größerer Stücke aus verschiedenen Nerven (wodurch die Zusammenwachsung vereitelt werden sollte) gesehen, daß die abgetrennten Stücke wieder weiß und fest geworden waren. Sie fanden das nur bei jugendlichen Individuen und schlossen daraus, daß bei diesen im Gegensatz zu erwachsenen Tieren eine autogene Nervenregeneration möglich sei. Ihre Resultate sind durch Bethe nachgeprüft worden, und

---

[1] Lenhossék: Der feinere Bau des Nervensystems im Lichte neuester Forschungen. Berlin 1895.
[2] Lugaro: Weiteres zur Frage der autogenen Regeneration der Nervenfasern. Neur. Zbl. **1906**.
[3] Münzer: Gibt es eine autogene Regeneration der Nervenfasern. Neur. Zbl. **1902** — Münzer u. Fischer: Ebendas. **1906**.
[4] Neal: The morphology of the eye-muscle nerves. J. Morph. a. Physiol. **25** (1914).
[5] Ranson: Degeneration and Regeneration of nerve fibres. J. comp. Neur. **1912**.
[6] Verworn: Das Neurom in Anatomie und Physiologie 1900.
[7] Apáthy, v.: Nach welcher Richtung soll die Neuronenlehre reformiert werden. Biol. Zbl. **7** (1890). (Im übrigen s. die Literaturangaben bei Bethe.)
[8] Borst: Die Verpflanzung normaler Gewebe in ihrer Beziehung zur zoologischen und individuellen Verwandtschaft. Auto-, Iso-, Heteroplastik. XVII. Internat. med. Kongr. London, Henry Frowde 1913.
[9] Kohn: Über die Entwicklung des peripheren Nervensystems. Verh. anat. Ges. Genf 1905.
[10] Durante: Nerfs. Manuel d'histologie pathologique de Curie et Ranvier. 1907.
[11] Eichhorst: Über Nervendegeneration und -regeneration. Virchows Arch. **59** (1874).
[12] Falk: Untersuchungen an einem wahren Ganglioneurom. Beitr. path. Anat. **40** (1907).
[13] Hochwart, Frankl v.: Über De- und Regeneration von Nervenfasern. Wien. med. Jb. **2** (1887).
[14] Galleoti u. Levi: Über die Neubildung der nervösen Elemente in dem wiedererzeugten Gewebe. Beitr. path. Anat. **1894**.
[15] Haller: Weitere Beiträge zur Lehre der Kontinuität des Nervensystems. Arch. mikrosk. Anat. **76** (1910).
[16] Lapinsky: Über De- und Regeneration peripherer Nerven. Virchows Arch. **181** (1908).
[17] Nissl: Die Neuronenlehre und ihre Anhänger. Jena 1903.
[18] Philippeaux, J. M. et A. Vulpian: Note sur une modification qui se produit dans le nerf lingual par suite de l'abolition temporaire de la motricité, dans le nerf hypoglosse du même coté. **1863**.
[19] Raimann: Zur Frage der autogenen Regeneration. Neur. Zbl. **1906**.
[20] Schultze, Oskar: Die Kontinuität der Organisationseinheiten der peripheren Nervenfaser. Pflügers Arch. **108**, 72 (1905).
[21] Schütte: Die Degeneration und Regeneration peripher. Nerven nach Verletzungen. Zbl. Path. **15** (1904).
[22] Spielmeyer, W.: Über Regeneration peripherischer Nerven. Z. Neur. **36**.
[23] Vulpian: Note sur la régénération dite autogénique des nerfs. Arch. de Physiol. norm. et path. **1** (1874).
[24] Ziegler: Untersuchungen über die Regeneration des Achsenzylinders durchtrennter periph. Nerven. Arch. klin. Chir. **51** (1896).

seine Befunde und Schlüsse stimmen mit den ihren überein; er fand in dem völlig vom Zentrum abgetrennten Nerven nach einiger Zeit neugebildete Nervenfasern, die auch leitungsfähig waren. Sie gehen mit der Zeit zugrunde, wenn sie keinen Anschluß an den zentralen Nerventeil finden. Nach Durchschneidung erhält man von neuem eine WALLERsche Degeneration des distalen Teiles. Danach wären die SCHWANNschen Zellen beim jugendlichen Tier befähigt, nicht nur Bandfasern im Sinne BÜNGNERS, sondern auch Achsenzylinder aus sich heraus zu bilden. — Man kann gegen diese BETHEschen Experimente nicht einwenden, daß unsere Erfahrungen über die Regeneration bei den Kriegsverletzungen gegen eine Autoregeneration sprächen, denn die Kriegsteilnehmer waren — was demgegenüber zu betonen nicht überflüssig ist — erwachsene Menschen, und vom reifen Organismus ist die Regeneration peripherer Nerven ohne Anschluß an das Zentralorgan auch von BETHE nicht behauptet worden, der ja selber betont hat, daß eine erfolgreiche Regeneration beim Erwachsenen nur unter zentralem Einfluß vor sich geht. und daß beim erwachsenen Tiere wohl Ansätze zur Regeneration beobachtet werden, diese aber auf halbem Wege stehen bleibt. Immerhin darf nicht übergangen werden, daß ein so ausgezeichneter Histologe und Neurologe wie OTTO MARBURG[1] gewisse Befunde auch beim Menschen als Ansätze zu einer Autoregeneration durchschossener Nerven gedeutet hat. — Aber auch die Autoregeneration beim Neugeborenen wird von den meisten Autoren nicht anerkannt. Besonders bezieht man sich da auf die Experimente PERRONCITOS, welche das außerordentlich starke Auswachsungsvermögen der Nervenfasern beim jungen Tier demonstrierten, und auf die kollaterale Regeneration. Die ausgedehnten und ungemein sorgfältigen Untersuchungen, die CAJAL und seine Schüler zu dieser Frage vorgenommen haben (s. auch S. 310ff.), sprechen in ihren Ergebnissen gegen die Lehre von PHILIPPEAUX, VULPIAN und BETHE. BOEKE meint, daß der physiologischen Theorie der autogenen Regeneration damit ihre hypothetische anatomische Basis entzogen sei.

So besteht heute die Meinungsdifferenz zwischen Polygenisten und Monogenisten weiter fort. Das drückt sich selbst in der *Beurteilung* jenes Befundes aus, welchen die Autoren jetzt mit weitgehender Übereinstimmung beschreiben, nämlich in der Deutung der Tätigkeit der SCHWANNschen Zellen.

Für die Anhänger der Neuronenlehre erschöpft sich die Tätigkeit der SCHWANNschen Zellen in der Bildung eines Geleitgewebes, wie BOEKE sagt; sie sind nach BIELSCHOWSKY, BERBLINGER u. a. ein adäquat ektodermales Medium für die vorsprossenden Fasern, und man beruft sich dabei besonders auf HELD, der in ihnen periphere Gliazellen sieht, und nach dessen Untersuchungen das äußere Scheidehäutchen als eine Limitans gegenüber dem Mesoderm funktioniert. Manche Anhänger der zentrogenen Lehre, die die intraprotoplasmatische Lage verneinen, behaupten, daß hier nur das *Prinzip* des *präformierten Weges* oder *neurotrope* Anziehungen eine Rolle spielen. Von DUSTIN[2] gibt es Untersuchungen über die Wirksamkeit des Prinzips der *Hodogenese*, d. h. eben des präformierten Weges; die regenerierenden Fasern benutzen die BÜGNERschen Bänder als Leitfaden. Und schon VANLAIR und STROEBE meinten, daß die aus der alten Faser auswachsenden Nervenfibrillen ihren Weg peripherwärts dorthin nähmen, wo sie den geringsten Widerstand finden, und das sei zwischen den alten SCHWANNschen Scheiden, wo sie unter Umständen noch offene Nervenrohre vorfinden. Für CAJAL, TELLO u. a. üben die SCHWANNschen Zellbänder des peripheren Teiles

---

[1] MARBURG, O.: Zur Frage der Autoregeneration des peripheren Stückes durchschossener Nerven (zentrales und periph. Neurom). Arb. neur. Inst. Wien **21**, H. 3 (1916).

[2] DUSTIN, A. P.: Le rôle des tropismes et de l'odogénèse dans la régénération du système nerveux. Arch. de Biol. **25** (1910).

chemotaktische Einflüsse aus. Vor ihnen hatte bereits FORSSMANN in seinen vielgenannten Untersuchungen zu beweisen gesucht, daß die Fasern des zentralen Endes durch die Zerfallsprodukte im peripheren Abschnitt angezogen würden. Er brachte das zentrale und periphere Ende eines durchschnittenen Nerven in einen Strohhalm, woran er einen Wollfaden knüpfte, und fand dabei, daß die Nervenfasern dann leichter zusammenwachsen; es wirke außer chemotaktischen Erscheinungen auch der Stereotropismus mit. Sehr ausgedehnte Untersuchungen hat wieder CAJAL und seine Schule in dieser Frage vorgenommen. TELLO hat letzthin zusammenfassend über den *Neurotropismus* berichtet, dessen Bedeutung für die Nervenelemente — nach dem Urteil von ARIËNS KAPPERS — RAMÓN Y CAJAL zuerst klar bewiesen hat. Nach CAJALS Schüler TELLO wird in dem Augenblick, in dem der Zusammenhang der Nervenelemente unterbrochen wird, die mit dem trophischen Zentrum in Verbindung gebliebene Schnittfläche von neuem Sitz einer lebhaften chemotaktischen Reizbarkeit. Als Quelle der richtunggebenden Reizstoffe seien dann für die neuen Fasern hauptsächlich die SCHWANNschen Zellen, die Elemente des Endoneuriums, die Bindegewebszellen und die Nervenendapparate tätig. CAJAL meint, daß die von verschiedenen Elementen mit neurotropischer Wirksamkeit entwickelten Reizstoffe in ihrer Tätigkeit den Diastasen, Enzymen oder anderen katalytischen Stoffen gleichkommen dürften, d. h. daß sie die chemischen Reaktionen des Protoplasmas aktivieren und damit auch die Assimilation und das Wachstum der Axonenden (s. TELLO). MARINESCO[1] hat in einer vor kurzem erschienenen Arbeit den chemischen Charakter der neurotropischen Fermente zu analysieren gesucht, er meint, daß die Wachstumsvorgänge an den Nerven der Gegenwart von Eisen als Katalysator bedürfen; das Syncytium der SCHWANNschen Scheiden liefere eine Oxydase, die in den Kernen enthalten sei und durch kolloidales Eisen gebildet werde.

Die Anschauungen über den Stereo- und Neurotropismus würden sich natürlich mit den Meinungen über eine pluricelluläre Entstehung der Nervenfasern vereinigen lassen, auch wenn ich — wie BETHE es schon gegenüber FORSSMANNS Experimenten tat —, die Bedeutung des bindegewebigen Zwischenstücks für die Vereinigung der durchschnittenen Nerven betonen muß. Dabei könnten die SCHWANNschen *Zellketten* ihre *Hauptaufgabe* doch in der *Bildung der Nervenfasern* haben. Und *daß* sie diese Aufgabe haben, glaube ich in Übereinstimmung mit den weiter oben genannten Autoren auf Grund von Untersuchungen an *Nervenschußverletzungen*.

Zur Stütze dieser Auffassung lassen sich die Befunde im *zentralen* Abschnitt nicht recht verwerten. Denn wenn wir hier vorsprossende Zellketten „neurotisiert" sehen, so könnte man ebensogut sagen, daß es sich hier um ein Auswachsen junger Nervenfasern vom zentralen Ende her handelt, wie auch, daß in diesen neuen Zellketten eine Differenzierung stattfindet. Immerhin hatte auf Grund dieser Bilder vom zentralen Nervenende ZIEGLER schon die Ansicht aufgestellt, daß die Regeneration nicht durch Auswachsen des Achsenzylinders von der Ganglienzelle aus geschieht, sondern durch die Bildung von Zellreihen, welche sich nachträglich in Nervenfasern umbilden — oder wie wir auf Grund der modernen Imprägnationspräparate vielleicht sagen dürfen, eine Fibrillisation erfahren. — Wichtiger sind die Vorgänge in dem abgetrennten *peripheren* Abschnitt, in welchem sich die syncytialen SCHWANNschen Zellen zu Bandfasern umgebildet haben. In sie sollen, wie die Zentrogenisten sagen, die neuen Nervenfasern einwachsen. BETHE hat in diesen abgetrennten Nerven Achsialstrangrohre beschrieben, die bei voll-

---

[1] MARINESCO, E.: Recherches anatomo-cliniques sur les névromes d'amputations douloureux. Trans. roy. Soc. London Ser. B, **209**, 229 (1918) — Le mécanisme de la régénérescence nerveuse. I. II. Rev. gén. des Sc. pures et appl. **18** (1907).

ständiger Regeneration unter dem Einfluß des zentralen Nervenendes das Material zu den definitiven Nervenfasern hergeben sollen. Ich selbst habe auch in den alten abgetrennten Nervenstücken Umbildungen der Plasmastränge in einen äußeren dunkeln und inneren hellen Rohrteil gesehen und meine, daß es sich um primitive Bildungen handelt, die man unvollkommenen Nervenrohren vergleichen kann. In Übereinstimmung mit den vorhin genannten Anhängern der Kettentheorie, besonders mit NEUMANN, BÜNGNER, BETHE, DÜRCK, BORST, HENRIKSEN, meine ich, daß *innerhalb der SCHWANNschen Zellketten eine Fibrillisierung* stattfindet, und zwar dann, wenn der *Anschluß* an den *zentralen* Abschnitt *erreicht* ist. Unter der Wirkung eines zentralen Reizes, oder wie HELD sagt, unter der Suprematie der Ganglienzelle, vollzieht sich die Faserdifferenzierung innerhalb der SCHWANNschen Zellketten, und es ist ganz gewiß nicht, wie manche Autoren meinen, eine bloße Spekulation mit diesem „Etwas" eines zentralen Reizes. Vielmehr hat MARGULIÉS bereits mit Nachdruck darauf hingewiesen, daß sich das neugebildete Nervengewebe darin von anderen nicht unterscheide, daß es zu seiner vollkommenen Ausbildung bestimmter Wachstumsreize bedürfe. Und ich habe früher auf die Beobachtungen von HUECK[1] hingewiesen[2], wonach die Differenzierung der Bindegewebsfibrillen in elastische nur in räumlichem und funktionellem Anschluß an die alten elastischen Lamellen geschieht. — Ich vertrete also die Anschauung von BETHE und meine, daß der *neugebildete Nerv pluricellulärer Genese* ist und daß die Regeneration nicht ein Auswachsen des Ganglienzellfortsatzes bedeutet. Unsere eigenen Feststellungen und Deutungen decken sich durchaus mit denen von HENRIKSEN[3], der ebenfalls das für die Regeneration notwendige Entgegenwachsen der SCHWANNschen Zellketten des proximalen und distalen Abschnittes und ihre Vereinigung, sowie die Differenzierung der Fibrillen innerhalb der Protoplasmazüge betont. Die abgetrennten SCHWANNschen Zellreihen hören, wie DÜRCK in seiner Beri-beri-Arbeit ausgeführt hat, nie auf, Nervengewebe zu sein. In ihnen vermag sich unter dem zentralen Reiz die Bildung von Nervenfibrillen zu vollziehen.

So steht also zur Frage, ob die SCHWANN*schen Zellen*, wie *wir* es annehmen, *axoblastische Eigenschaften* haben und *aus sich selbst die Fasern bilden, oder* ob sie nur ein *Geleitgewebe* abgeben, das auch *stereo-* und *neurotropische* Eigenschaften hat. Für manche von den Autoren, die die letztere Meinung vertreten, erweitert sich die Bedeutung der SCHWANNschen Zellen dahin, daß sie das lokale Material liefern zum Aufbau der vorsprossenden Nervenfaser; so nennt sie BIELSCHOWSKY Anbauzellen. Schon vor ihm hatte HELD betont, daß die SCHWANNschen Zellketten nicht nur als gliöse Bahn dienen, sondern auch das Wachstumssubstrat für den Nerven liefern. Und gerade solche Anschauungen können als ein Zeichen für eine Annäherung der Meinungen bewertet werden, wie es ARIËNS KAPPERS erscheint.

Von manchen Polygenisten wurden die SCHWANNschen Zellen als „Nervenzellen" angesehen, und wir sagten, daß BETHE den Prozeß der Faserneubildung so beschreibt, daß jede dieser Nervenzellen ihr Teilstück bildet, das mit anderen Teilstücken zu einer Faser verwächst. Demgegenüber behaupten die Monogenisten, daß sich die Scheidenzellen erst nachträglich den Fasern anschmiegen oder aber daß sie als periphere Gliaelemente ein adäquates Medium für die vorsprossende Faser geben. Ich möchte auch heute meinen, daß man sich die SCHWANNsche Zelle nicht als eine „Nervenzelle" und auch nicht als eine klar

---

[1] HUECK: Über das Mesenchym. Beitr. path. Anat. **66** (1920).
[2] SPIELMEYER: Über Regeneration peripherischer Nerven. Z. Neur. **36**, 421 (1917).
[3] HENRIKSEN, P. B.: Nye Undersokelsen over Nervenregeneration. Kristiania: Stunske Bogtrykkeri 1913.

differenzierte periphere Gliazelle vorzustellen braucht, sondern daß es sich um Elemente mit geringerer Differenzierungshöhe handeln könnte, die über eine *Pluripotenz* verfügen und die als ektodermale Elemente axoblastische Eigenschaften entwickeln. Es ist wohl sicher, daß die SCHWANNschen Zellen sich von dem, was wir am Zentralnervensystem Neurogliazellen nennen, wesentlich unterscheiden, und ARIËNS KAPPERS Anschauung würde durchaus zu der meinigen passen, daß nämlich die Funktion der SCHWANNschen Zellen wahrscheinlich weiter geht als die der Glia.

Ich stimme auch jenen Pathologen zu, die in gewissen *Ganglioneuromen* die Neubildung der Nervenfasern auf die Tätigkeit der SCHWANNschen Zellen zurückführen. Allerdings haben PICK und BIELSCHOWSKY[1] einen Tumor beschrieben, bei dem sie Vermehrung der marklosen Fasern auf Teilungen und Sprossungen der Achsenzylinder zurückführen, und auch BENEKE[2] erklärt die im Verhältnis zu den Ganglienzellen ungemein zahlreichen Nervenfasern bei seiner Geschwulst aus Teilungsvorgängen. SCHMINCKE dagegen glaubt an eine Entwicklung der Nervenfasern aus den Zellzügen, die Neuroblastenketten sein möchten, und OBERNDORFER[3] schreibt, man könnte in seinen Befunden an einem Ganglioneurom des Sympathicus einen Beweis für die Zellkettentheorie sehen, er warnt aber, aus Neubildungen Schlüsse auf normale Bildungsprozesse zu ziehen. Ähnlich führen WEICHSELBAUM[4], FALK, UYEYAMA[5], SOYKA[6] u. a. die Nervenfaserbildung auf die Zellen der SCHWANNschen Scheide bei Geschwülsten zurück. Auch ich tue das nach meinen Erfahrungen, obschon ich den Einwand, den sich OBERNDORFER macht, nicht verkenne, und obschon neuerdings BERBLINGER gegen diese meine Schlüsse gleichartige Bedenken erhebt. Jedenfalls wird man aber, wie auch OBERNDORFER es tut, sagen dürfen, daß die Bilder von solchen Geschwülsten so auffallend sind, daß sie Berücksichtigung bei der Entscheidung der in Rede stehenden Frage verdienen. Und das meines Erachtens um so mehr, als wir ja Neurinome kennen, bei denen nicht einfach an eine exzessive Faserbildung aus Ganglienzellen gedacht werden kann. VEROCAY[7], der sich mit diesen Geschwülsten besonders befaßt hat, betont ausdrücklich, daß hier Fibrillen gebildet werden, welche sich weder mit typischem Nervenfasergewebe noch mit Gliagewebe identifizieren lassen, und ich glaube, ihn mit KIMURA dahin verstehen zu dürfen, daß er die Möglichkeit der Achsenzylinderbildung aus SCHWANNschen Zellen keineswegs verneint.

Daß es im peripherischen Nervensystem im Gegensatz zum zentralen zu einer erfolgreichen Regeneration kommt, das, meine ich, *dürfen wir gerade auf das Vorhandensein dieser mit größeren Bildungspotenzen ausgestatteten* SCHWANNschen *Zellen zurückführen*. ROSSI[8] meint, daß sie richtunggebende und trophisch wirksame Sekretionsprodukte (Hormone) lieferten, die die zentralen gliösen Elemente nicht hätten. Ich kann mich der Auffassung von DUSTIN nicht anschließen, daß sich das daraus erkläre, daß die SCHWANNschen Zellen des peri-

---

[1] PICK u. BIELSCHOWSKY: Über das System der Neurome (nebst Untersuchungen über die Genese der Nervenfasern in Neurinomen). Z. Neur. **6** (1911).
[2] BENEKE: Über Ganglioneurome. Beitr. path. Anat. **30** (1901).
[3] OBERNDORFER: Zur Frage der Ganglioneurome. Beitr. path. Anat. **41** (1907).
[4] WEICHSELBAUM: Beiträge zur Geschwulstlehre. Virchows Arch. **95** (1881).
[5] UYEYAMA: Über Ganglioneurome. Inaug.-Diss. Würzburg 1913.
[6] SOYKA: Über den Bau und die Stellung der multiplen Neurome. (Zitiert nach KIMURA.)
[7] VEROCAY: Multiple Geschwülste als Systemerkrankungen am nervösen Apparat. Festschrift für Chiari, Wien u. Leipzig 1908 — Zur Kenntnis der Neurofibrome. Beitr. path. Anat. **48** (19010).
[8] ROSSI: Alcune osservazione alle teorie riquardanti lo sviluppo e la regenerazione delle fibre nervose. Ann. Fac. Med. Perugia **26** (1921).

pheren Nerven eine präformierte Bahn bilden, während diese dem zentralen Nervensystem fehle. Es sind nach meinem Dafürhalten die *speziellen Fähigkeiten* der *nicht einseitig differenzierten* SCHWANNschen *Zellen*, insbesondere ihre Eigenschaft, selbst Fasern zu bilden, welche eine erfolgreiche Regeneration im peripherischen Nerven im Gegensatz zu den unzulänglichen Versuchen einer Neubildung im Zentralorgan ermöglicht.

Auch die Tatsachen der *Entwicklungsgeschichte* werden je nach dem Standpunkt des betreffenden Autors verschieden gedeutet, und es sind seit HARRISONs glänzenden Untersuchungen nicht nur die histologischen Bilder am Embryo selbst, sondern auch die Befunde bei der Explantation, die hier in Betracht gezogen werden. HARRISON kommt bekanntlich bei seinen Gewebskulturen zu dem Schluß, daß die Vorgänge hier die Richtigkeit der Auffassung von HIS und RAMÓN Y CAJAL voll bestätigen. Tatsächlich ist ein Zweifel an den Ergebnissen seiner exakten Untersuchungen unmöglich. Er zeigte ähnlich wie LEWIS BURROWS, daß die Neuroblasten in der Gewebskultur selbständige Gebilde sind, die ihre Fortsätze frei aussenden; ihre Enden tragen typische Wachstumskolben. Die Fortsätze können über 1 mm lang werden, und wenn man sie durchschneidet, degenerieren sie, wie BRAUS[1] und INGEBRIGTSEN nachgewiesen haben, in typischer Weise. HARRISON stellt sich ganz auf den Standpunkt von HIS, FOREL und CAJAL: die Ganglienzellen senden ihre Fortsätze durch die Interstitien der Glia bzw. des Bindegewebes bis ans Ende ihrer Bahn, und diese Fortsätze bleiben dabei frei; sie gleiten nur der Oberfläche der SCHWANNschen Zellstränge entlang, wobei hapto- und neurotropische Faktoren mitspielen. BRAUS, der ebenfalls Deckglaskulturen und Explantationen studiert hat, unterscheidet zwischen der Bildung von Nervenanlagen und von typischen Nervenbahnen. Die Ganglienzelle funktioniere wohl als Neuroblast, aber die Neuriten fänden Weg und Ziel nicht aus eigenem Vermögen, sondern folgten einem schon vorhandenen Wege. Die Neuroblasten vermögen zwar Nervenanlagen zu bilden, aber keine typischen Nervenbahnen. „Außer dem genau bekannten zentralen ektogenen Faktor, dem Neuron, kommt der im einzelnen weniger bekannte periphere autochthone Faktor hinzu, von dem wir ebenso sicher wie vom Neuron wissen, daß er existiert." Wie HELD betont BRAUS, daß vor der Anlage kernhaltiger peripherer Nerven ein Fädensystem im Embryo existiere. Das ist das früher schon von HENSEN[2] beschriebene Maschenwerk, HELDs Plasmodesmen, die den Neuroblasten mit den Zellen seiner Umgebung verbinden. Und in diese Plasmodesmen wachsen nach HELD, BRAUS u. a. die Neurofibrillenzüge aus und gelangen bis in ihr Endgebiet überall durchaus intraprotoplasmatisch sowohl innerhalb wie außerhalb des Medullarrohres, denn die verschiedenen Keimblätter stehen von vornherein im Zusammenhang (HENSEN-SZILYS Fasernetz). Nach dem Prinzip der Wegstrecke benutzt der Nervenfortsatz die vorgebildete plasmatische Bahn, und erst später verdrängen die aus der zentral-nervösen Anlage stammenden SCHWANNschen Zellen diese primäre plasmatische Umhüllung und legen sich den Nervenfasern an. Die neurofibrilläre Substanz breitet sich dadurch aus und wird zu wirklichen Nerven, „daß sie im Protoplasma der mannigfaltigsten Zellarten des embryonalen Körpers aber in bestimmter Richtung fortwächst, wobei Teile dieser protoplasmatischen Wachstumsbahn in den Nerven selber, entweder in seine

---

[1] BRAUS, H.: Die Entstehung der Nervenbahnen. Sammlung wissenschaftlicher Vorträge. Leipzig: C. W. Vogel 1911.
[2] HENSEN: Beobachtungen über die Befruchtung und Entwicklung des Kaninchens. Z. Anat. 1 (1876) — Die Entwicklungsmechanik der Nervenbahnen im Embryo der Säugetiere. Kiel u. Leipzig 1903.

fibrilläre oder in seine inter- und perifibrilläre Substanz, aufgehen" (HELD). Die protoplasmatischen Substanzen dieser Verbindungszüge werden also bei der Fibrillisation verbraucht und der Einfluß des Neuroblasten liegt nach HELD vor allen Dingen darin, daß er diesen Plasmodesmen verschiedenartige Gewebszellen in *Neuro*desmen umwandelt. BOEKE betont die Übereinstimmung dieser Anschauungen mit der Lehre APÁTHYS. HELD sieht keinen Gegenbeweis gegen seine Anschauung in Explantationsbefunden: wenn die Neuroblasten in der Kultur freie Fortsätze auszusenden vermögen, so sei damit nicht bewiesen, daß sie im Embryo selbst solcher Plasmodesmen nicht bedürfen, um ihr Endgebiet zu erreichen. Auch NEAL[1] beschreibt die ersten Neurofibrillen in protoplasmatischen Verbindungsbrücken. Während HELD meint, daß die protoplasmatische Substanz zum Aufbau des Neuroblastenauslaufes verwendet wird, hält NEAL das für unwahrscheinlich. — Der Vorgang der Regeneration ist nach HELD im Prinzip der gleiche wie bei der embryonalen Entwicklung. Den auswachsenden Nervenfortsätzen dienen die SCHWANNschen Zellketten des peripheren Teiles als spezifisch gliöse Bahn, und diese plasmatischen Bänder führen sie nicht nur zu den verschiedenen Organen, sondern bilden auch das Substrat für das Wachstum des Nerven. Und gerade diese Auffassung von dem Verbrauch der protoplasmatischen Substanz der BÜNGNERschen Bänder von den Neuroblastenausläufern dürfte am ehesten zwischen den Mono- und Polygenisten vermitteln.

Die Forscher, die sich besonders mit der Bedeutung der Plasmodesmen befaßt haben, wie HENSEN, HELD, BRAUS und NEAL meinen ziemlich übereinstimmend, daß die eigentlichen Bildner der Neuriten die zentralen Elemente sind, und daß die Plasmodesmen nur die Aufgabe haben, die Nerven zu führen oder ihnen evtl. auch Wachstumsmaterial zu bieten. Ich meine, daß die Beschreibungen, die BETHE gegeben hat, in gewisser Weise mit denen der eben genannten Autoren, besonders mit denen von HELD, übereinstimmen, wenigstens hinsichtlich der intraprotoplasmatischen Lage der jungen Fibrillen bzw. ihrer Differenzierung innerhalb des Protoplasmas. Aber seine Deutung ist eine andere. Er fand zwar entsprechend der Beschreibung von HIS u. a. Nervenfäden im Zusammenhang mit den Neuroblasten, aber ebenso auch als Ausläufer spindeliger Zellen in der sog. Nervenanlage; und er bezeichnet deshalb diese Zellen wie APÁTHY u. a. als „Nervenzellen". Hier „differenzieren sich durch Verdichtung Zylinder heraus, welche von einer Zelle zur nächsten und so fort bis zu den Verdichtungen reichen, die als Neuroblasten bezeichnet werden". Die „Nervenzellen" sind nach ihm durch Teilung vermehrte Zellen, welche die erste Anlage des Nerven bilden; diese Nervenzellen sind die sog. SCHWANNschen Zellen.

Alles in allem stimmen die embryologischen Studien mit den Erfahrungen bei der Nervenregeneration darin überein, daß für die Bildung spezifischer Nervenbahnen *auch* das *autochthone* Element *notwendig* ist. Nach den entwicklungsgeschichtlichen Befunden und Deutungen scheinen die SCHWANNschen Zellketten freilich lediglich Faser*träger* zu sein und ein *adäquates Medium* abzugeben, und es sind danach bei der ursprünglichen Entwicklung weder die Plasmodesmen, noch die später von den Ganglienzelleisten vordringenden und die Nervenfasern begleitenden SCHWANNschen Zellen Nervenbildner. Es scheint mir das aber kein sicherer Beweis gegen die Annahme, daß die SCHWANNschen Zellen im späteren Leben bei der Regeneration als Faser*bildner* fungieren. In der fertigen Nervenfaser liegen in einem mit reichlichen Kernen versehenen Syncytium die Neurofibrillen, und es ist, wie HERINGA[2] und ARIËNS KAPPERS sagen, das Axo-

---

[1] NEAL, H. V.: The morphology of the eye-muscle nerves. J. of Morph. 25, Nr 1 (1914).
[2] HERINGA: The intraprotoplasmatic position of the neurofibril in the axon and in the endorgans. Proc. Akad. Wetensch. 25 (1917).

plasma und das Plasma der SCHWANNschen Zellen eine kontinuierliche Masse, in der sich die Fibrillen in loco entwickeln können. ARIËNS KAPPERS betont, man solle nicht vergessen, daß ein Reizstrom auch außerhalb eines Nerven verlaufen und dort für sich Leitungsbahnen schaffen könne, und dieser Reizstrom könne bei der Nervenregeneration über die Wachstumskeule hinausstrahlen, so daß der an den Wachstumsspitzen in die peripheren SCHWANNschen Zellen iradiierende Reiz bei Nervenregeneration zu Prozessen Anlaß gibt, welche sich in einer lokalen Fibrillenbildung oder Regeneration in den peripheren Lemnoblasten äußern. Ich sehe in diesen Erwägungen und Schlüssen eines so hervorragenden Anatomen und Biologen, wie es ARIËNS KAPPERS ist, eine sehr wichtige Stütze für die Anschauungen, die ich selbst hier und in früheren Studien als Anhänger der polygenistischen Theorie vertrete.

III. Nervennaht.

In den Studien zur Frage der autogenen Regeneration ist von verschiedenen Autoren, besonders von CAJAL und seiner Schule, gezeigt worden, mit welcher Energie, Zähigkeit und verblüffender Sicherheit die vom zentralen Ende vorsprossenden Nervenfaserzüge Anschluß an den abgetrennten peripheren Teil suchen und finden. Wir sahen, daß den meisten Autoren die Lehre der autogenen Regeneration von PHILIPPEAUX, VULPIAN und BETHE durch CAJALs Experimente widerlegt gilt, da eine Autoregeneration im peripheren Abschnitt vor allem dadurch vorgetäuscht würde, daß trotz aller Kautelen auch vom weitentfernten zentralen Ende oder von benachbarten Nerven her Fasern in den peripheren Abschnitt gelangen — wenigstens wenn es sich um neugeborene Tiere handelt, bei denen die Regenerationsenergie und die chemotaktischen Richtkräfte besonders lebhaft sind. Man kann z. B., wie CAJAL gezeigt hat, bei einem Tier den Ischiadicus in der Glutaealregion durchschneiden, nach aufwärts umbiegen und unter der Haut vernähen, das periphere Ende in die Muskulatur der Kniekehle versenken und dennoch ein Eindringen der neuen Nervenfasern ins periphere Ende beobachten — ein berühmt gewordenes Beispiel für die Anziehung, welche das periphere Ende auf die Nervenfasern des zentralen Abschnittes ausübt (TELLO). — Wir wissen auch weiter aus Studien von BOEKE u. a., daß neugebildete Nervenfasern, die keinen Anschluß an die BÜNGNERschen Bandfasern im degenerierten peripheren Abschnitt erreichen, sondern ins peri- oder endoneurale Bindegewebe auswachsen, mitunter große Strecken zurücklegen und daß sie ein mehrere Zentimeter von der Narbenstelle entfernt liegendes Endgebiet erreichen können, wo sie mit den Muskelfasern in Verbindung treten und auf diesen anscheinend vollkommen funktionsfähige Endorgane bilden können (BOEKE). (Sie verlaufen dabei übrigens nicht frei im Bindegewebe, sondern intraprotoplasmatisch; wie wir es an der zentralen Durchtrennungsstelle beschrieben haben, so liegen auch diese weithin vorsprossenden Nervenfasern innerhalb der distalwärts strebenden SCHWANNschen Zellbänder.)

Solche vereinzelt bis an die Endorgane vorsprossenden Nervenfaserzüge bedeuten natürlich nicht eigentlich eine Regeneration eines Nervenstammes und bringen keine Wiederherstellung seiner Funktion. Sie haben nur theoretisches Interesse in der allgemeinen Frage der regenerativen Vorgänge; sie zeigen, daß jene Meinung nicht völlig zutrifft, wonach die vom zentralen Ende vorsprossenden Zellketten bald ihr Wachstum einstellen, wenn sie den Anschluß an die BÜNGNERschen Bandfasern nicht erreichen, sondern daß eben auch die ins perineurale Bindegewebe abirrenden Zellketten vereinzelt unter günstigen Umständen bis an die Endorgane gelangen können. Von solchen für die Wiederherstellung der Funktion bedeutungslosen Faserneubildungen abgesehen gilt eben der schon vorhin zitierte Satz: „... daß das Zustandekommen der Regeneration in erster Linie auf der Vereinigung der vom zentralen Ende vordringenden SCHWANNschen Zellketten mit denen des peripheren Teiles beruht" (Histopathologie des Nervensystems I. S. 464). Diese Vereinigung zu erleichtern, bemüht man sich durch die *Naht*. Dadurch erfahren *die* Faktoren eine Begünstigung, die für die Regeneration in der ursprünglichen Wegrichtung bedeutungsvoll sind, nämlich die neurotropischen Kräfte der BÜNGNERschen Bandfasern (FORSSMANN, CAJAL u. a.) und die stereotropischen Einwirkungen (DUSTIN, FORSSMANN, TELLO u. a.).

Von den Regenerationsbildern an der Stelle einer Naht bringe ich ein Beispiel (Abb. 82), das ich schon an anderer Stelle gegeben habe. Man sieht in

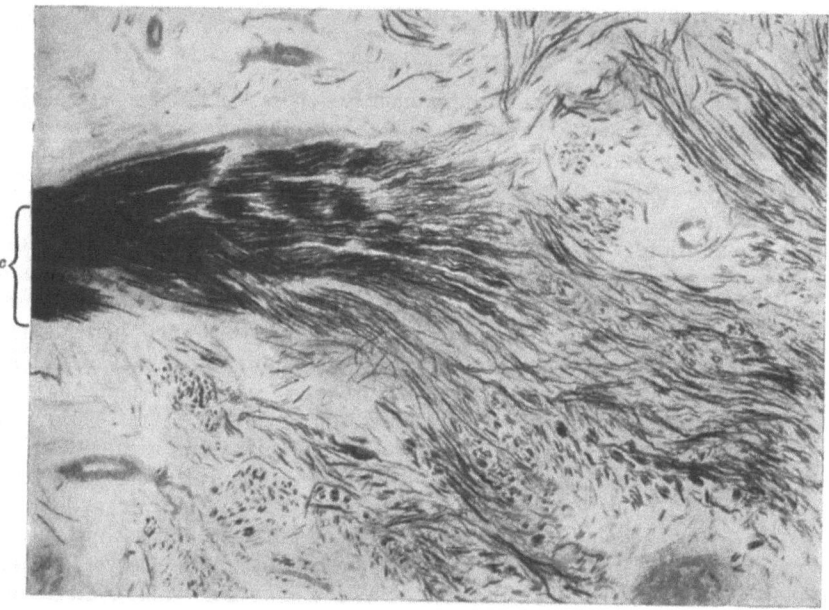

Abb. 82. Übersichtsbild von der Nahtstelle eines peripherischen Nerven. *c* ein starkes Bündel des zentralen Nervenendes, welches nach der Naht- (bzw. Narben-) Stelle auseinanderweicht, wohin es kräftige neue Faserzüge schickt. Dort Durchflechtung der auch von anderen erhaltenen zentralen Bündeln „ausgesproßten" Nervenfasern und Abspaltung in anderer Richtung. Weiter distal Sammeln der aus den verschiedensten Richtungen kommenden Bündel im obersten Abschnitt des peripherischen Nerventeiles.

dem bindegewebigen Zwischenstück zwischen den beiden Nerventeilen, das heißt an ihrer Verwachsungsstelle ein Gewirr von Nervenfasern, die vom zentralen Abschnitt aus überall hin auseinanderstreben und die sich beim Übergang in den peripheren Teil wieder sammeln. Denn sobald sie nach Überwindung des narbigen Zwischenstückes auf die BÜNGNERschen Bandfasern stoßen, ordnen sie sich wieder diesen parallel. Vergleicht man damit Zellbilder, so zeigt sich daran ähnlich wie an den Abb. 77a und b, daß den Nervenfasern SCHWANNsche Zellketten entsprechen, die, vom zentralen Teil vorsprossend, ihren Anschluß an die BÜNGNERschen Bandfasern nach vielerlei Umwegen und Durchflechtungen finden. Es stimmen diese Bilder bei der Naht durchaus mit denen überein, wo etwa — wie wir es bei Kriegsverletzungen so häufig sahen — der Nerv nur teilweise zerrissen, nicht völlig durchtrennt ist. Auch hier sprossen die Zellketten mit ihren Fasern in die bindegewebige Narbe vor und suchen ihren Anschluß an jene SCHWANNschen Zellketten, die den Nervenkabeln des degenerierten peripheren Abschnittes entsprechen.

Man sieht schon an diesem anatomischen Bilde von einer Nervennaht, daß es für deren Technik *nicht* darauf ankommt, Kabel auf Kabel so zu vernähen, daß in einem großen peripheren Nerven die für die einzelnen Muskelgruppen bestimmten Faserbündel jeweils aneinandergefügt werden. Die vorsprossenden Fasern überkreuzen sich eben nach allen Richtungen und gelangen in die allerverschiedensten Nervenkabel, ohne daß man ihnen hier Wege vorschreiben und weisen könnte. Ich habe mit Rücksicht gerade auf diese anatomischen Bilder die von STOFFEL[1] aufgestellte Forderung einer Kabelweise angepaßten Vernähung für unbegründet erklärt. Dieser Autor meinte auch, es könnte bei einer Drehung der Stümpfe gegeneinander die Wundfläche einer sensiblen Bahn des einen Stumpfes mit der Wundfläche einer motorischen Nervenbahn des anderen zusammengefügt werden, und ein promptes Resultat der Nervennaht wäre dann ausgeschlossen. Wir wissen z. B. aus der Vereinigung des Ischiadicus der einen mit dem der anderen Körperhälfte (BETHE) und durch andere Nervenkreuzungen (FLOURENS[2], FORSSMANN, KENNEDY[3], ENDERLEN[4]), daß es zu völligen Restitutionen kommt, ohne daß im geringsten auf derartige Adaptierung Rücksicht genommen wird. Und schon das alltägliche Beispiel der Regeneration eines gemischten Nerven lehrt, daß die vom zentralen Ende her vorsprossenden Nervenfasern ihre weitere, distal fortschreitende Regeneration in denjenigen Nervenkabeln finden, an die sie gerade „zufällig" Anschluß erlangt haben, und daß es so zu einer völligen Restitution kommt. So war zu erwägen, ob nicht auch motorische Fasern in ursprünglich sensiblen Bündeln ein geeignetes Feld für eine erfolgreiche Regeneration finden möchten.

Eine Klärung dieser Frage hat man des öfteren in eigens darauf gerichteten Experimenten versucht. Es wurde geprüft, ob es neben der homogenen eine *heterogene* Regeneration, d. h. also eine *Regeneration* nach Vereinigung *ungleichartiger* Nervenstücke gibt. SCHWANN, STEINRÜCK, SCHIFF, BIEDER haben schon um die Mitte des vorigen Jahrhunderts Versuche in dieser Richtung angestellt; eingehend haben sich damit HEIDENHAIN, BETHE, LANGLEY und ANDERSON beschäftigt; in besonders gründlicher Weise hat nach CAJAL neuerdings BOEKE das Problem der heterogenen Regeneration verfolgt und es weitgehend geklärt[5]. BETHE, der durchaus mit der Möglichkeit rechnete, daß im Anschluß an zentrale receptorische Fasern eine Regeneration im abgetrennten Stück eines effektorischen Nerven ohne funktionelle Vereinigung eintritt, hat

---

[1] STOFFEL: Behandlung verletzter Nerven im Kriege. Münch. med. Wschr. **1915** — Über die Schicksale der Nervenverletzten. Ebenda. **1917**.

[2] FLOURENS: Recherches expérimentales sur les propriétés et les fonctions du système nerveux. Paris 1842.

[3] KENNEDY: On the regeneration of nerves. Philos. Trans. 188 (1877).

[4] ENDERLEN u. LOBENHOFFER: Zur Überbrückung von Nervendefekten. Münch. med. Wschr. **1917**, Nr 7.

[5] In den letzten Jahren hat man solche Versuche der Vereinigung ungleichartiger Nervenstücke noch kompliziert. So haben BALLANCE, COLLEDGE und BAILEY Doppelpfropfungen und kreuzweise Verpflanzungen vorgenommen und dabei eine funktionelle und anatomische Regeneration gefunden. (BALLANCE, CHARLES, LIONEL COLLEDGE u. LIONEL BAILEY: Further results of nerve anastomosis. An illustrated record of some experiments in which: I. The central a. peripheral ends of a divided nerve were implanted at varying distances apart into a neighbouring normal nerve. II. Certain nerve-trunks of the limbs were divided a. anastomosed by suture in cross-wise fashion. Brit. J. Surg. 13, Nr 51, 533 bis 558.) MOPURGO hat bei parabiotischen Ratten gesehen, daß sich die Nervenregeneration von einer Ratte in eine andere genau so glatt vollzieht, wie bei einer einzelnen Ratte (MOPURGO, B.: Nerve regeneration from one into the other of two rats united in Siamese pairs. [Inst. of gen. pathol., Univ. Turin.] J. of Physiol. 58, Nr 1, 98—100). MILONE hat einen kleinkalibrigen zentralen und einen großkalibrigen peripheren Nervenstumpf miteinander verbunden und dabei eine starke Vermehrung der Nervenfasern in der breiteren peripheren

die früher negativ ausgefallenen Versuche von SCHWANN und SCHIFF mehrfach wiederholt, und er kam zu dem Resultate, daß eine funktionelle oder auch nur trophische Verwachsung zwischen rezeptorischen und motorischen Fasern nicht eintritt. Ähnlich betonen LANGLEY und ANDERSON die physiologische Erfolglosigkeit der Vereinigung ungleichartiger Nervenstücke. Dagegen hat HEIDENHAIN tatsächlich eine Verheilung solcher Art demonstriert, und BOEKE hat in Übereinstimmung mit CAJAL mit der für diese Frage vorwiegend maßgebenden anatomischen Untersuchungsmethode beweisen können, daß die motorischen Fasern ungehindert in die sensible Bahn hineinwachsen, und umgekehrt: es wird z. B. bei der Vereinigung des Lingualis mit dem Hypoglossus sowohl der periphere Lingualisabschnitt vom Hypoglossus wie umgekehrt der periphere Hypoglossusabschnitt vom zentralen Lingualis neurotisiert. Eine physiologische Heilung ist dabei auf direktem Wege ausgeschlossen, weil die regenerierenden Nervenfasern einmal in eine bestimmte periphere Nervenbahn eingedrungen, *nicht mehr hinaus können* und gezwungen sind, innerhalb dieser Nervenbahn bis ans Ende weiterzuwachsen (CAJAL, BOEKE). Die Vereinigung ist schwieriger als bei gleichartigen Nervenstücken; offenbar setzt das atypische Nervengewebe der Regeneration Widerstand entgegen. Es dauert länger als bei der homogenen Regeneration, bis sich in den peripheren Nervenabschnitten neue Fasern zeigen, und die Menge der PERRONCITOschen Spiralen, die ja auch nach mannigfachen Erfahrungen ein Ausdruck für Wachstumshindernisse sind, finden sich dabei viel häufiger. Der periphere Lingualisteil leitet die vom Hypoglossus kommenden Fasern in das sensible Endgebiet der Submocosa, wie andererseits der periphere Hypoglossusabschnitt die vom Lingualis vorsprossenden Fasern an die Muskeln führt. So ist, wie gesagt, eine Wiederherstellung der Funktion direkt nicht wohl möglich. Nur kommt es vor, daß die nicht von den BÜNGNERschen Bandfasern geleiteten, sondern perineural vorsprossenden Fasern nicht mit den Hauptzügen an die Schleimhaut gelangen, sondern in benachbarte Muskelfasern eindringen, oder daß ihrerseits in die Submocosa vorgedrungene Fasern — vielleicht neurotaktisch angelockt — noch in die Muskeln umbiegen. So ist die Möglichkeit einer funktionellen Heilung in *beschränktem* Maße auf *indirektem* Wege bei diesen Versuchen möglich, wofür auch die Beobachtung HEIDENHAINS spricht, welcher bei einem Hund den zentralen Lingualis mit dem peripheren Hypoglossus verbunden hatte und nach Reizung des zentralen Lingualisendes blitzartige Kontraktionen der Zungenmuskulatur auftreten sah. — Das Endgebiet, in das die Nervenfasern gelangen, ist von überwiegenden Einfluß auf das Verhalten der Endverästelungen. So haben die Endplatten in der Muskulatur bei Vereinigung des zentralen Lingualis mit dem peripheren Hypoglossus im wesentlichen den gleichen Habitus wie bei der homogenen Hypoglossusregeneration, wenn auch die Eigenart der regenerierenden Nervenfasern ihrerseits bei der Ausbildung dieser Verästelungen nicht ohne Bedeutung bleibt (BOEKE).

Für die praktisch wichtige Frage nach der Leitungswiederherstellung in den durch Naht vereinigten gemischten Nerven erscheint aus diesen Untersuchungen wichtig, daß zwar auch die neugebildeten motorischen Nervenfasern ungehindert in ursprünglich sensible Bahnen hineinwachsen können, daß aber doch eine solche heterogene Regeneration auf einen gewissen *Widerstand* stößt und sich also nicht *so glatt* vollzieht *wie* in *gleichartigen* Nervenstücken. Die Annahme von BOEKE ist meines Erachtens sehr einleuchtend,

---

Bahn gesehen; so kann ein zentraler Stumpf ein Muskelterritorium versorgen, das die Norm um das Doppelte übertrifft. (MILONE, S.: Sulle consequenze dell'unione di un moncone nervoso centrale di piccolo calibro con un moncone periferico di grosso calibro. [Istit. di pathol. gen., univ. Torino.] Arch. Sci. med. **47**, Nr 2, 107—124.)

daß deshalb bei den gemischten Nerven die neugebildeten Fasern nach der Vereinigung dem Wege des geringsten Widerstandes folgen, „und dieser wird die sensiblen Nerven in den sensiblen Abschnitt der peripheren Bahn, die motorischen Fasern in den motorischen Abschnitt führen". Mir scheint sogar — nach dem soeben erwähnten Gesetz, daß in eine bestimmte Nervenbahn eingedrungene Fasern innerhalb derselben bis ans Ende weiterwachsen müssen — eine solche Annahme zur Erklärung der geordneten Wiederherstellung sensibler und motorischer Funktionen bei gemischten Nerven geradezu notwendig. Wo nur rein motorische Nervenfaserbündel, welche Muskeln und Muskelgruppen von verschiedener Funktion versorgen, bei ihrer Neubildung an der Durchschneidungsstelle und jenseits davon durcheinandergeraten, da läßt sich das spätere richtige Funktionieren leicht aus der *Anpassungsfähigkeit des Zentralorganes* an die veränderten peripheren Verhältnisse erklären. Und dieses Anpassungsvermögen des Zentralnervensystems wird in noch großartigerer Weise durch die schon erwähnten Versuche einer kreuzweise durch Naht erzielten Vereinigung verschiedener Nervenstämme bewiesen. BETHE hat das gegenüber mannigfachen Spekulationen über wunderbare Kräfte, die hier wirksam wären, betont. Auch bei rein sensiblen Faserzügen würde das gelten. Das Zentralorgan lernt um; es macht deshalb im allgemeinen nichts aus, daß sich bei der Regeneration nach Durchtrennung eines Nerven „wohl nie wieder die richtigen Fasern miteinander vereinigen" (BETHE). Aber bei einer Verbindung motorischer Faserzüge im zentralen Abschnitt eines Nerven mit rein sensiblen in seinem peripheren Teil (wo eben die regenerierenden Fasern gezwungen würden, ihren Weg bis in die sensiblen Endorgane zu nehmen) kann die Anpassungsfähigkeit des Zentralorganes nicht wirksam werden, sie kann eine funktionelle Wiederherstellung nicht möglich machen, weil ja das Endorgan ein untaugliches Objekt wäre. Und wenn dennoch bei den gemischten Nerven die funktionelle Wiederherstellung im allgemeinen erreicht wird, so wird das am wahrscheinlichsten dadurch geschehen, daß trotz aller Durchkreuzungen bei der Wiedervereinigung doch sensible Faserzüge in den sensiblen Arealen weiterwachsen und die motorischen in diesen. Aber es werden wohl motorische Fasern in sensible Bündel geraten resp. ihren Anschluß darin finden, und sie werden dann für die Funktion verloren sein, ebenso wie sensible Züge, die bei der Regeneration eine Verbindung mit solchen Bahnen finden, die zu motorischen Apparaten führen.

Denkt man weiter an die vielen abirrenden Fasern, die rückläufig ziehen oder im Perineurium oder in der Narbe bleiben, ohne Anschluß an die peripheren Kabel zu gewinnen, so ist es fast wunderbar, daß durchschnittlich eine vollständige Regeneration und physiologische Restitution — wenigstens beim Tiere — erfolgt. Erklärlich wird uns das vor allem durch die Tatsache eines *Überschusses* regenerierender Fasern. CAJAL zeigte schon in weit zurückliegenden Studien die reichen Teilungen der Achsenzylinder an der Stelle der Läsion; und wenn man die Proliferation der SCHWANNschen Zellen am Ende des zentralen Nerventeiles berücksichtigt, so sieht man da eine ungeheure Masse von Abzweigungen neuer Zellketten aus den alten. So ist — nach BIELSCHOWSKY, entsprechend dem Prinzip der „Schrotflinte" — durch den Überschuß der aussprossenden neuen Nervenfasern eine gewisse Wahrscheinlichkeit dafür gegeben, daß wenigstens ein Teil der motorischen und sensiblen Fasern die entsprechenden Leitbahnen des peripheren Abschnittes erreicht (vgl. auch PERTHES). Vor kurzem bestätigte BALLERINI[1] dieses numerische Übergewicht neugebildeter Fasern im peripheren ursprünglich abgeschnittenen Teil des Nerven gegenüber dem zentralen.

---

[1] BALLERINI, MARIO: Sul comportamento numerico delle fibre rigenerate in nervi interrotti con la strozzatura. Ricerche sperimentali. Arch. ital. Chir. 12, 474—482.

Aber selbst beim Tier, dessen große Regenerationskraft ja bekannt ist, ist die Naht und alles, was mit ihr zusammenhängt — wie etwa die Narbenbildung, das Abirren der Fasern usw. —, nicht immer ohne nachteiligen Einfluß für den Regenerationsakt. So betont BOEKE, daß man, *wenn möglich, ohne* Naht auskommen solle, denn je mehr die Gewebe und die Nervenenden bei der Operation geschont werden, um so besser gelingt die Regeneration; schon eine Zerrung des zentralen Nervenstumpfes bei der Operation könne die Regeneration verzögern. BOEKE hat deshalb die Nerven nach der Durchschneidung mit ihren Enden einfach wieder zusammengelegt; natürlich ist das nur dort möglich, wo diese nicht verzerrt oder verschoben werden können (Hypoglossus, Intercostalnerven — BOEKE); meist kommt man um die Naht nicht herum. Es ist nach dem zuvor Gesagten ganz klar, wie recht BOEKE hat, wenn er sagt, daß die Nervennaht die Narbenstelle weniger übersichtlich und die Verwirrung der auswachsenden Nervenenden. größer und ausgiebiger mache. Das wird man auch besonders zur Erklärung der Mißerfolge der Nervennähte beim Menschen in Betracht ziehen müssen. Und alle sachverständigen Chirurgen betonen deshalb auch die notwendige Schonung des Nerven bei der Naht, ohne welch letztere man ja wohl in der Regel beim Menschen nicht auskommen wird. Dazu gesellen sich freilich mancherlei andere Schädlichkeiten, die anders als unter den glatten Bedingungen des Experimentes den Erfolg beeinträchtigen: Entzündungsvorgänge mit nachträglicher derber Narbenbildung und weit hinauf reichende Zertrümmerungen des Nerven infolge des Traumas (zumal bei Schußverletzungen), Cystenbildung an der Verwachsungsstelle, große Gefäßpakete im Bereiche der Narbe usw. Wir haben oft an den herausgeschnittenen Schußnarben gesehen, wie in solchem derben, narbigen Bindegewebe und an Entzündungsherdchen und dickwandigen Gefäßen die vom zentralen Ende aus vorgewachsenen, reife Fasern führenden Zellketten stecken bleiben und ihren Anschluß an den peripheren Abschnitt nicht erreichen. Ganz anders sind demgegenüber die Bilder, wie wir sie auch beim Menschen in jenen Fällen sahen, wo das Trauma ohne Zerstörung der Architektonik des Nerven nur eine Zerquetschung der Nervenfasern bedingt hatte, und besonders wo bei der von TRENDELENBURG angegebenen Vereisung des Nerven nur die Kontinuität der Nerven*faser* selbst — im Innern des Nervenstranges — unterbrochen wurde. Hier irren die Fasern nicht ab, die Zellketten brauchen nicht vom zentralen Ende aus erst ein Narbengebiet zu durchwuchern, sondern die Regeneration vollzieht sich in der alten SCHWANNschen Scheide, in direktem Übergang vom gesunden zum degenerierten Abschnitt. Solche Präparate liefern übrigens den Beweis, daß auch beim Menschen die Regeneration sich unter günstigen Bedingungen ungemein rasch vollzieht.

Wenn im allgemeinen schon die Bedingungen des Experimentes gegenüber den so häufigen Komplikationen in der Klinik der Nervenverletzungen und der Nervennähte günstiger für eine vollständige Regeneration sind, so kommt doch noch die *viel größere Regenerationskraft beim Tiere* hinzu, der gegenüber die des Menschen nur gering ist. Wie rasch und vollständig sich ein Nerv beim Tier regenerieren kann, zeigen z. B. die Beobachtungen BOEKEs, wonach sich der Hypoglossus beim Igel innerhalb von $1^1/_2$ Monaten bis an die Endorgane wiederherstellt, dabei zeigte sich, daß die *anatomische* Regeneration der *funktionellen* Restitution *zeitlich vorausgeht*. Noch eindrucksvoller sind die vorhin erwähnten Experimente CAJALS und seiner Schüler, die zumal bei jungen Tieren eine erfolgreiche Regeneration trotz erheblicher Hindernisse für die Wiedervereinigung der Nervenenden beschrieben haben. Bei unseren Versuchstieren können wir im allgemeinen mit einer erfolgreichen Regeneration des peripheren Nerven rechnen, sofern Komplikationen nicht dazutreten. Eine Ausnahme machen offenbar einige Gehirnnerven; WADA[1] fand keine Wiederherstellung beim Acusticus. Beim Menschen aber beobachten wir nicht nur unter schwierigen klinischen Verhältnissen und bei weitgehenden mechanischen Zerstörungen, sondern auch bei glatten Schnittverletzungen, bei früher Naht und bei günstigem Wundverlauf, daß der Nerv keine oder keine vollständige Regeneration erfährt. Letzteres ist zwar nicht entfernt so häufig wie unter erschwerten Bedingungen; aber es kommt eben auch nicht selten vor und zeigt, wie sehr hier der Mensch hinter dem Tiere zurücksteht. Auch die *einzelnen Nerven* verhalten sich hinsichtlich ihrer Regenerationskraft *verschieden*. Mit anderen Autoren hatte auch ich[2] die relativ häufigsten und besten Erfolge am Radialis beobachtet, und PERTHES schreibt in seiner kritischen Zusammenfassung der Erfahrungen über die Kriegsverletzungen an den Nerven, daß vollbefriedigende Ergebnisse am häufigsten am Radialis gesehen werden. Dagegen stellt FÖRSTER[3] den Musculocutaneus an die erste Stelle. Schlechtere Aussichten bietet der Ulnaris und Medianus und besonders der Ischiadicus. Bei diesem letzteren treten durchschnittlich, auch wenn nachher eine Wiederherstellung erfolgt, die ersten Zeichen der Restitution auffallend spät auf, nämlich durchschnittlich etwa 1 Jahr nach der Naht, während gerade wieder der Radialis verhältnismäßig frühzeitig, meist innerhalb des zweiten Vierteljahrs, eine weitgehende Wiederkehr der Funktion zeigt. Doch sah ich zweimal schon 5 Wochen nach der Naht die Handstreckung bei einer Radialislähmung wiederkehren, und vereinzelt war bereits nach etwa 4 Monaten der größere Teil der Lähmung zurückgegangen; und selbst am Ischiadicus ist eine ungewöhnlich frühe Wiederherstellung nach der Naht beobachtet worden (STOFFEL, THIEMANN[4]). Von dem durchschnittlichen Verhalten der Regenerationsfähigkeit der einzelnen Nerven gibt es also allerhand Abweichungen. Kommen zumal nach den Angaben von FÖRSTER und STRACKER[5] zahlreiche Besserungen innerhalb des ersten Vierteljahrs vor, so ist es doch wohl im allgemeinen so, wie RANSCHBURG[6] an seinem großen Material festgestellt hat, daß weitaus die größte Zahl der Besserungen erst nach mehr als halbjähriger Beobachtungsdauer seit der Operation vorkommt. Auch nach längerer „Inkubationszeit" braucht man noch keinen endgültigen Mißerfolg der Nervennaht anzunehmen. Nach Ischiadicusnaht sah ich die ersten Zeichen des Erfolges 2 und $2^1/_2$ Jahre nach der Operation, ebenso nach einer Ulnarisnaht. PERTHES beobachtete Ähnliches bei einem Peroneus, SUDECK sah etwa $3^3/_4$ Jahre nach einer Radialisnaht die ersten Zeichen der Bewegung. Und PERTHES erwähnt einen alten, von BRUNS operierten Fall, wo die erste Besserung erst zehn Jahre nach der Operation bemerkbar wurde und in welchem er selbst später die Rückkehr sämtlicher Bewegungen im Radialisgebiet erweisen konnte.

„Rapidheilungen", von denen früher und auch im Beginne des Krieges die Rede war, gibt es nicht. Daß über Nacht oder nach ein paar Tagen die motorische Funktion eines genähten Nerven sich wieder herstellte, wurde zwar von verschiedenen Autoren behauptet; aber alle diese Fälle können — wie PER-

---

[1] WADA, YOSHITSUNE: Zur Frage der Regeneration von Gehirnnerven. (Abt. f. allg. u. vergl. Physiol., Univ. Wien.) Pflügers Arch. **200**, H. 1/2, 207—209.

[2] SPIELMEYER: Erfolge der Nervennaht. Münch. med. Wschr. **1918**, 1039.

[3] FÖRSTER: Die Symptomatologie und Therapie der Kriegsverletzungen der peripheren Nerven. Verh. Ges. dtsch. Nervenärzte 1917.

[4] THIEMANN: Ungewöhnlich frühe Wiederherstellung der Leitungsfähigkeit im genähten Ischiadicus. Münch. med. Wschr. **1915**.

[5] STRACKER, D.: Die histologische Struktur ausgeschnittener Narben peripherer Nerven. Mitt. Grenzgeb. Med. u. Chir. **29** (1917).

[6] RANSCHBURG: Die Heilerfolge der Nervennaht. Berlin: S. Karger 1918.

THES sagt — nur als Täuschungen angesehen werden. Diese Täuschungen beruhen darauf, daß entweder die angeblich rasch zurückgekehrten Bewegungen nicht durch eine Funktionsrückkehr in dem vom durchtrennten und genähten Nerven versorgten Muskelgebiet bedingt werden, oder daß Anastomosen mit Nachbarnerven, Verwechslungen bei der Operation usw. mitspielen.

Der *Erfolg der Naht* hängt nach RANSCHBURG und STRACKER auch von der möglichst frühen Ausführung der Nervennaht ab. Auch die meisten Chirurgen treten, soviel ich sehe, für eine möglichst baldige Naht ein. Es zeigt sich aber, daß auch in sehr alten Fällen die Wiedervereinigung der Nerven durch Naht nicht immer zu spät kommt und auch da noch eine Regeneration möglich ist. Bei den Kriegsverletzungen sind Nähte nicht selten nach 2—3 Jahren mit folgender Besserung oder Heilung ausgeführt worden. In diesem Zusammenhange werden immer die Fälle aus der OBERNDÖRFERschen[1] Statistik erwähnt, nämlich ein Fall von TILLAUX, in welchem 14 Jahre, und ein Fall von CERVERA, in welchem 11 Jahre nach der Verletzung operiert wurde und die Naht noch Erfolg hatte. Es bleibt eben, wie wir vorhin schon bemerkten, die Architektur des peripheren Abschnittes gewahrt, und es finden nicht, wie man oft annahm, eine „bindegewebige Entartung" und Durchwucherung des peripheren Nerventeiles statt. DÜRCK hatte eine solche Annahme bereits zurückgewiesen, und ich habe an 2—3 Jahre alten, degenerierten Nervenstücken zeigen können, wie die die Bandfasern enthaltenden Kabel von dem Bindegewebslager des Nerven gesondert bleiben; nur verschmälern sie sich, und es bildet sich ein sehr feines, längsgestelltes Faserwerk aus, das ich für eine Wucherung des Endoneuriums halte. Dazwischen liegen die sehr schmal gewordenen SCHWANNschen Kernreihen.

Um einen Überblick über die *Erfolge der Nervennaht* zu geben, bringe ich hier eine Statistik, die PERTHES 1922 auf Grund der Erfahrungen an Nervenschußverletzungen veröffentlicht hat.

Tabelle 1. **Besserungen nach Nervennaht (Gesamtstatistik).**

Autoren	Publikationstermin	Zahl der Nachuntersuchten	Davon gebessert
FÖRSTER	Sept. 1917	207	181 = 93,3%
KÜNZEL	Ende 1917	44	30 = 67,7%
KUKULA	Febr. 1916	40	28 = 70%
LEHMANN	Anfang 1918	64	23 = 36%
MAUSS u. KRÜGER	Anfang 1917	30	11 = 37%
RANSCHBURG	Juli 1918	414	148 = 35,7%
SPIELMEYER	Ende 1918	100	59 = 59%
STRACKER u. SPITZY	„ 1918	147	110 = 75%
STOFFEL	„ 1918	127	79 = 62%

Mit PERTHES muß ich betonen, daß es natürlich äußerst schwierig ist, ein wirklich zuverlässiges Urteil über die Erfolge der Nervennaht zu gewinnen, weil die Statistik nicht zum wenigsten auch von dem recht verschiedenen Eintritt der Besserung, von den Terminen der Nachuntersuchung usw. abhängt. „Schwerverständlich ist", schreibt PERTHES, „der auffallende Unterschied zwischen den glänzenden, alles andere weit überragenden Resultaten FÖRSTERS und den Resultaten der übrigen Autoren."

Um auch bei *großen* Defekten die direkte Vereinigung der Nervenenden mittels Naht zu ermöglichen, hat BETHE[2] ein Verfahren allmählicher *Nerven-*

---

[1] OBERNDÖRFER: Zbl. Grenzgeb. Med. u. Chir. **11**, 383.
[2] BETHE: Zwei neue Methoden der Überbrückung größerer Nervenlücken. Dtsch. med. Wschr. **1916**.

dehnung ersonnen. In Versuchen an herausgenommenen Leichennerven und an Nerven von Hunden konnte BETHE zeigen, daß der Nerv desto schneller seiner Anfangslage wieder zustrebt, je kürzer die dehnende Kraft eingewirkt hat, und daß dann auch die Spannungen desto stärker wieder auftreten, falls er an der Wiedergewinnung seiner Anfangslänge verhindert wird. „Je länger der Nerv in gespannter Lage verweilt hat, um so größer ist der Dehnungsrückstand, um so geringer ist in gleichen Zwischenräumen sein Bestreben, sich nach aufhörender Zwangslage wieder zu verkürzen." Will man also eine Verlängerung des Nerven von Dauer durch Dehnung erreichen, so muß man die dehnende Kraft Stunden und Tage einwirken lassen. Darin stimmen auch BARONS[1] Versuche mit denen BETHES überein. BETHE schlägt deshalb vor, an den Nervenstümpfen Gummifäden anzunähen, die an einer kleinen schornsteinartigen Röhre aus der Mitte der im übrigen geschlossenen Operationswunde nach außen geleitet werden. Sie werden dann langsam mehr und mehr gespannt, und die Nerven werden einer dauernden Dehnung unterzogen. Experimentell gelang es BETHE bei einem Hund, auf diese Weise einen Defekt von $4^1/_2$ cm zu überwinden; die Regeneration und Restitution war eine vollständige. Auch am Menschen sind vereinzelte Versuche mit diesem Verfahren gemacht worden; mit welchem Erfolge, das habe ich in der bisherigen Literatur nicht feststellen können. PERTHES erwähnt in seinem zusammenfassenden Bericht nichts darüber. Es scheint, daß Chirurgen dieses Verfahren nicht häufig angewandt haben mit Rücksicht auf die Asepsis. Man hat so chirurgischerseits versucht, noch während der Operation durch einen allmählichen, aber intensiven Zug am Nerven die Distanz zwischen den Nervenenden zu überwinden, und PERTHES betont, daß ein solcher verhältnismäßig rasch gedehnter Nerv nicht die Neigung habe, sich gleich wieder mit Kraft zurückzuziehen, und daß die Funktions- und Regenerationskraft des Nerven keinen Schaden erleidet. — In anderer aber grundsätzlich wohl ähnlicher Form wie nach BETHE nimmt man nach E. MÜLLER[2] eine Dauerdehnung vor. Es wird hier bei großen Defekten in einer Gelenksstellung genäht, in der die Naht noch gerade möglich ist. In der Nachbehandlung geht man allmählich in andere Gelenkstellungen über, wobei der Nerv ähnlich langsam gedehnt wird, wie es BETHE vorschreibt.

IV. Nerventransplantation.

Das Problem der Nerventransplantation hatte früher überwiegend theoretisches Interesse. Im Krieg hat es auch eine sehr große praktische Bedeutung gewonnen. Denn bei den Verletzungen durch Geschosse werden oft große Strecken des Nerven zertrümmert und ausgeschaltet, so daß eine direkte Naht nicht möglich ist. Es ist vor allem BETHE gewesen, der nach früheren bereits in seiner „Allgemeinen Physiologie des Nervensystems" beschriebenen und nach neuen Versuchen die Einflickung eines Nervenstückes vorgeschlagen hat.

Zuerst hatten PHILIPEAUX und VULPIAN[3] mit Erfolg eine Nerventransplantation vorgenommen. Sie hatten ein Stück des Nervus lingualis in den Hypoglossus eingesetzt. BETHE konnte bei Experimenten am Ischiadicus des Hundes zeigen, daß die Wiederherstellung der Funktion tatsächlich auf einer Regeneration im zwischengeschalteten Nervenstück und im peripheren Teil beruht. Diese

---

[1] BARON u. SCHEIBE: Über die direkte Vereinigung bei großen Nervendefekten. Münch. med. Wschr. **1918**, 448.
[2] MÜLLER, E.: Über die Ausnutzung der Dehnbarkeit der Nerven. Beitr. klin. Chir. **156**.
[3] PHILIPPEAUX, J. M. et A. VULPIAN: Note sur une modification qui se produit dans le nerf lingual par suite de l'abolition temporaire de la motricité dans le nerf hypoglosse du même coté. C. r. Acad. Sci. **56** (1863).

Untersuchungen hat BETHE[1] dann im Kriege wieder aufgenommen und mit dem gleichen funktionellen und anatomischen Erfolge Transplantationen gemacht. Er konnte so auto- oder homoplastisch einen Defekt von 10—11 cm überbrücken.

Eine ganze Reihe von Autoren haben Untersuchungen ähnlicher Art und mit gleichem Resultate ausgeführt; ich nenne nur v. BÜNGNER, VANLAIR, KILVINGTON[2], HUBER, FORSSMANN, ROBSON[3], INGEBRIGTSEN, STRACKER, FÖRSTER, EDEN, BIELSCHOWSKY und UNGER u. a. Man experimentierte mit Auto-, Homo-, Heterotransplantationen und es zeigt sich, daß am Tier sogar bei Verwendung von Nervenstücken einer anderen Art (HUBER, KILVINGTON) ein Defekt erfolgreich überbrückt werden kann, wenn auch die Auto- und Homotransplantation sicherer, rascher und vollkommener zum Ziel führt. ROBSON hatte sogar beim Menschen Erfolg mit einer Heteroplastik. EDEN fand keinen Unterschied zwischen Auto- und Homotransplanttion; der Reichtum an neugebildeten Fasern ist nach FORSSMANN geringer bei der Heterotransplantation. Dieser Forscher, der sich ja in schon erwähnten Versuchen viel mit der Frage des „Neurotropismus" beschäftigt und ungemein interessante Arbeiten darüber gemacht hat, meint, daß das zwischengeschaltete Nervenstück einen anziehenden Einfluß auf die vorsprossenden Nervenfasern ausübe. Während BETHE ausdrücklich die Einflickung eines motorischen oder gemischten Nerven empfahl, weil rezeptorische Nerven (wie etwa der Saphenus) sich schlecht zur funktionellen Vereinigung eigneten (siehe auch „ungleichartige" Regeneration S. 323 ff.), hat FÖRSTER für die freie Verpflanzung als Nerven des Verletzten selbst Stücke sensibler Nerven genommen.

Fast alle Autoren, die mit ihren Experimenten auch eine histologische Untersuchung verbanden, betonen die Ähnlichkeit der Bilder an der Grenze zum Transplantat mit denen bei der gewöhnlichen Nervennaht: beim Übergang ziehen die Fasern im dichten Gewirr durcheinander und ordnen sich dann in dem Zwischenstück wieder parallel, wenn sie den Anschluß an die degenerierten Nervenkabel gewonnen haben.

Als BETHE beim Menschen die Einheilung eines Leichennerven empfahl, konnte er sich auch auf jene von ihm früher vorgenommenen Untersuchungen stützen, nach denen der Nerv ein sehr widerstandsfähiges Gewebe ist, das nicht leicht der Autolyse verfällt. Ein Nerv von einem Hunde, den man 4—6 oder noch mehr Tage in physiologischer Kochsalzlösung im Eisschrank aufbewahrt hat, und den man danach in den Körper eines Tieres der gleichen Art bringt, zeigt dann nach BETHE nicht die anatomischen Symptome einer Nekrose, bzw. Autolyse, sondern er bietet die Merkmale der aktiven Degeneration mit allen ihren charakteristischen Eigentümlichkeiten. BETHE legt bei der Begründung dieses Verfahrens besonderen Nachdruck auch darauf, daß hier das *überlebende* Nervenmaterial sich *aktiv* am Aufbau des Nerven beteilige, das heißt so wie auch sonst — nach Ansicht der Polygenisten — der abgetrennte peripherische Nerventeil. Ich stehe auch hier auf dem gleichen Standpunkt wie BETHE; ich habe mich an seinen eigenen Präparaten davon überzeugen können, daß das Zwischenstück einen Abbau zu einfachen Produkten erfährt, daß hier Körnchenzellen auftreten, die aus dem Transplantat selbst stammen, und daß die SCHWANNschen Zellen proliferative Erscheinungen aufweisen; in ihren Zellketten finden wir dann die neugebildeten Achsenzylinder. In Übereinstimmung damit stehen meine Feststellungen an Transplantaten von Nervenstücken des Menschen,

---

[1] BETHE: Zwei neue Methoden der Überbrückung größerer Nervenlücken. Dtsch. med. Wschr. **1916**.

[2] KILVINGTON: Investigations on the regeneration of nerves. Brit. med. J. **1905, 1908, 1912**.

[3] ROBSON: Zitiert nach PERTHES „Nervenverletzungen".

die von Professor EDEN ins Unterhautzellgewebe verpflanzt waren. Ich habe mich auch hier überzeugen können, daß die SCHWANNschen Zellen tatsächlich überleben; man erkennt sie übrigens auch an den REICHschen π-Granula. Man sieht in ihnen Markballen und Achsenzylinderfragmente und später auch Fetttröpfchen, die dann aus ihren syncytial zusammengeschlossenen Strängen an die Zellen des Endoneuriums weitergegeben werden. Auch INGEBRIGTSEN beschreibt eine Proliferation der SCHWANNschen Zellen am Transplantat und sieht darin einen Beweis für dessen Leben. Andere Autoren dagegen behaupten, daß das Transplantat, besonders die SCHWANNschen Zellen, der Nekrose anheimfallen; nach BIELSCHOWSKY verharren sie zunächst im Ruhezustande und gehen rasch zugrunde. Auch EDEN sah ein homoplastisches Ischiadicusstück beim Hunde nekrotisieren. Besonders beziehen sich die Autoren, die ein Weiterleben des Transplantates leugnen, darauf, daß auch bei Einpflanzung von *abgetötetem* Nervenmaterial eine erfolgreiche Überbrückung des Defektes im Tierexperiment möglich ist. BIELSCHOWSKY, UNGER, DUJARIER und FRANÇOIS[1], HUBER u. a. nähten Nerven ein, die in Borsäure, in Alkohol oder flüssigem Paraffin konserviert worden waren; auch so erzielten sie die Wiederherstellung der Funktion und wiesen eine anatomische Regeneration nach. Auch MASCI[2] hat jüngst solche Versuche angestellt und sah eine Durchwachsung des Transplantats, gleichviel, ob es frisch oder ob es in Alkohol konserviert war. Auch ein Autohomotransplantat degeneriere bindegewebig und sei nur durchwachsen. Da BIELSCHOWSKY bei den frisch implantierten Schaltstücken ein Nekrotischwerden und eine völlige Ersetzung des Nerven durch Bindegewebe beobachtet hatte, so sieht dieser Autor, ähnlich wie andere, nur in der eigenartigen Konstruktion des transplantierten Stückes ein gutes Mittel der Zwischenschaltung. Die Substitution durch Bindegewebe des lebenden Organismus hält sich auch an dem abgetöteten, konservierten Nervenstück, wie an dem nekrotisch gewordenen, frisch eingepflanzten Transplantat an die ursprünglichen Lagen und Strukturen, und so können sich die vom zentralen Ende vorsprossenden SCHWANNschen Zellketten ziemlich gut zwischen den vorwiegend längsgeordneten Faserzügen vorschieben, um endlich den Anschluß an den peripheren Teil in den dort zu Bandfasern umgewandelten SCHWANNschen Zellen zu erlangen.

Ich bin wie früher der Meinung, daß BETHES Anschauungen von dem *Überleben* der SCHWANNschen Zellen im Transplantat und von ihrer *Mitwirkung* am Aufbau eines neuen Nerven im eingepflanzten Verbindungsstück damit *nicht* widerlegt sind.

Es ist allerdings richtig, daß transplantierte Nervenstücke oft nekrotisch werden, und daß das Bindegewebe des Wirtes die abgestorbenen Massen substituiert: aus den Fibroplastennetzen gelöste, freie Phagocyten werden zu Abräumzellen und die Zellverbände liefern kollagenes Bindegewebe. Wo aber die Ernährungsbedingungen *günstig* sind, wie zumal bei Überpflanzung dünner Nerven und auch in den peripheren Zonen eines größeren transplantierten Nervenstranges, da *können* die SCHWANNschen Zellen nicht nur *überleben*, sondern wir sehen, wie gesagt, an ihnen den *aktiven* Vorgang der *sekundären Degeneration und proliferative* Erscheinungen. Ist es so, wie ich nach der polygenistischen Lehre annehme, daß die SCHWANNschen Zellen unter zentralem Reiz die neuen Nervenfasern bilden, so ist nicht einzusehen, weshalb das nicht am wirklich eingeheilten Transplantat gleicher Weise ebenso der Fall sein sollte.

---

[1] DUJARIER u. FRANÇOIS: Bull Soc. Chir. Paris 1918.
[2] MASCI, CARLO: Sulla conoscenza dei fenomeni di degenerazione e rigenerazione nella sezione e nel trapianto nella continuità dei nervi periferici. Fol. med. 12, Nr 19, S. 776—786 u. Nr 20, S .817—831.

BETHES Bilder vom Hund sprechen durchaus in diesem Sinne. Beim Menschen sah ich überlebende SCHWANNsche Zellen freilich nur an verschiedenen ins Unterhautzellgewebe verpflanzten Nervenstücken (Professor EDEN). Ein in den Radialis eingepflanztes Stück (EDEN), das 9 Monate im Körper des Wirtes geblieben war, fand sich völlig nekrotisch, ohne daß es übrigens vom Wirte substituiert worden war. Es war gleichsam wie ein Fremdkörper eingeheilt, und nur in den äußersten Lagen dieses Stückes waren Bindegewebszüge vom Wirtsgewebe eingesproßt. — Es erscheint mir notwendig, die Versuche der Transplantation zu wiederholen und in den verschiedensten Stadien eine histologische Untersuchung vorzunehmen.

Daß die SCHWANNschen Zellen überleben und einheilen können, widerspricht nicht den Erfahrungen, die man mit Transplantaten sonst gemacht hat. Es gibt eine Reihe von Geweben, die Keimschichten enthalten und an denen sich bei der Verpflanzung wenigstens vorübergehend Proliferationen abspielen, die für die Regeneration bedeutungsvoll sein dürften. Auch BORST spricht bei den verpflanzten Nerven von vorübergehenden regenerativen Wucherungserscheinungen. Gewiß geht nach den Erfahrungen der meisten Forscher jedes transplantierte Gewebe schließlich doch zugrunde, indem es allmählich substituiert wird; aber das geschieht keineswegs durch akute Nekrose, sondern oft sehr langsam unter dem Bilde einer ganz allmählich fortschreitenden Atrophie (CARREL[1], BORST, ENDERLEN[2]); und bei den SCHWANNschen Zellen kann es nach meinen Erfahrungen gute Weile haben, bis sie zugrunde gehen und vom Wirtsgewebe durch Bindegewebselemente ersetzt werden. Von besonderer Bedeutung wird dabei sein, ob ein funktioneller Reiz an das Transplantat gelangen kann. Denn nach ROUX[3] ist das Gelingen einer Transplantation nicht nur von dem möglichst raschen Anschluß an die Ernährung, sondern auch von der Funktion abhängig.

So wie die Dinge heute liegen, glaube ich, daß sich, wie es BETHE meint, *überlebende* SCHWANN*sche Zellen* im *Transplantat* beim *Aufbau* des Nerven *beteiligen können;* sind die Bedingungen für die Anheilung und für den Anschluß an die vom zentralen Ende kommenden SCHWANNschen Zellreihen günstig, so können die im Transplantat befindlichen SCHWANNschen Zellen ihre Aufgabe erfüllen, auch wenn sie dann später, wie transplantiertes Gewebe überhaupt, wieder zugrunde gehen und durch Wirtsgewebe ersetzt werden. *Geht aber das Transplantat ganz oder teilweise zugrunde,* so kann es dennoch als „*Leitseil*" dienen und seine *günstige Struktur* gibt das *Modell* für das vom Wirt gelieferte Substitutionsgewebe — ganz ähnlich wie dort, wo man von vornherein abgetötetes, konserviertes Nervenmaterial zur Überbrückung verwendet.

Beim Menschen habe ich nur ein einziges Mal einen sicheren Erfolg beim Bethe-Verfahren gesehen; es war hier eine 6 cm lange Diastase im Medianus überbrückt worden, und es ließ sich 4 Monate später funktionell und elektrisch eine Leitungswiederherstellung beweisen, aber das Resultat war nur dürftig, und weitere Besserungen habe ich daran später nicht wahrgenommen. Der andere Fall, in welchem ein Plexusdefekt durch einen Leichennerven ersetzt worden war und in welchem später ein Ausgleich der Lähmung von mir festgestellt wurde, ist — wie ich PERTHES zugeben muß — nicht ganz beweiskräftig, da hier die Möglichkeit des Eintretens von Kollateralen gegeben ist. Ich habe in den zusammenfassenden Berichten der Literatur sonst nichts gefunden, was als Erfolge des Verfahrens gebucht werden könnte. Auch nach der Me-

---

[1] CARREL: Rep. from the Rockefeller Inst. 1911 — J. of exper. Med. **1910**.
[2] BORST u. ENDERLEN: Verh. dtsch. path. Ges. 1909 — Dtsch. Z. Chir. **99** (1909).
[3] ROUX, WILHELM: Gesammelte Abhandlungen — Kampf der Teile. S. 144, 180.

thode von UNGER und BIELSCHOWSKY sind keine befriedigenden Resultate gewonnen worden. Dagegen ist ein bemerkenswerter Erfolg mit Heteroplastik bei einer Friedensverletzung von ROBSON mitgeteilt worden. — Bei der Autotransplantation, wie sie FÖRSTER durch Einschaltung von sensiblen Hautnerven empfohlen hat, hat er unter 15 Fällen 5 mal eine vollkommene oder nahezu vollkommene Restitution gesehen, 8 mal eine Besserung und nur 2 mal einen Mißerfolg. EDEN und PERTHES dagegen hatten mit der FÖRSTERschen Methode kein Glück. PERTHES zitiert einen Fall von MACLEAN, in welchem ein 5 cm betragender Defekt des Radialis durch ein entsprechendes Stück des Peroneus beim gleichen Menschen ersetzt wurde — also wie bei dem BETHEschen Verfahren, nur daß es sich hier um eine Autoplastik handelte; ein Jahr danach wurden die Zeichen der wiederkehrenden Funktion beobachtet. — Am häufigsten sieht man beim Menschen wohl Erfolge mit der autoplastischen Lappenplastik, wobei der Nervenstamm zur Hälfte gespalten und dann umgeklappt wird. Allerdings können hier ja schon aus räumlichen Gründen die Bedingungen für die Regeneration nicht günstig sein, da die Brücke mit ihren mindestens um die Hälfte reduzierten Nervenkabeln meist zu schmal sein wird. Aber auch hier habe ich einige Male weitgehende Besserungen gesehen, besonders einmal am Nervus ischiadicus. RANSCHBURG, THÖLE[1], LASER[2], WEXBERG, GULICKE haben ebenfalls positive Erfolge mitgeteilt. STORKEY dagegen hat sich auf Grund der Erfahrungen vor dem Kriege gegen diese Lappenplastik ausgesprochen.

Wo man etwa im gleichen Fall das Resultat einer direkten Naht mit der irgend einer Plastik vergleichen kann, erweist sich die *Naht* weit *überlegen*, und es ist deshalb danach zu trachten, wenn irgend möglich, die direkte Vereinigung auszuführen, eventuell nach Dehnung oder auch nach Verkürzung des die Nervennaht sonst verhindernden Knochen. Bei allen Versuchen, einen Defekt zu überwinden, zeigt sich wieder die Regenerationskraft des *Tieres* der beim Menschen *weit überlegen*. Denn alle Experimentatoren sahen nicht nur bei Auto- und Homoplastik, sondern auch bei Einflickung von konservierten Nervenstücken und von Nerven artfremder Tiere mit ziemlicher Regelmäßigkeit eine Regeneration und Restitution.

Von anderen Überbrückungsmethoden, die den Chirurgen interessieren, braucht hier nicht geredet zu werden; sie haben wohl kein physiologisches Interesse. So auch nicht das von EDINGER[3] 1915 angegebene Verfahren der Einführung eines mit Agar gefüllten Gefäßrohres. EDINGER hatte dieses Verfahren damit begründet, daß der Achsenzylinder bei seinem Hinüberwachsen vom zentralen in den peripheren Teil sich „wie eine zähe Flüssigkeitsmasse vorschiebe" und gleichsam „austropfe", und daß deshalb der Agar das geeignete Aufnahmemedium sei; seine Methode sei in der Theorie sogar besser begründet, als die einfache Nervennaht. Wir wissen, daß die theoretischen Grundlagen für diese Methode nicht richtig waren. In den vom zentralen Ende vorsprossenden SCHWANNschen Zellketten bilden sich die Nervenfasern neu und diese Zellbänder geraten, wie ich[4] an einem von HOHMANN nachoperierten Falle gezeigt habe, an unüberwindliche Hindernisse, nämlich in eine durch den Fremdkörper Agar bewirkte derbe Bindegewebsmasse.

B. Degenerative Erkrankung der peripheren Nerven (sog. „Neuritis" usw.).

In der Einleitung zu diesem Abschnitt über degenerative und regenerative Vorgänge an peripherischen Nerven sagten wir, daß wir von den Veränderungen, die sich als Folgen einer Kontinuitätsunterbrechung darstellen, andere unter-

---

[1] THÖLE: Kriegsverletzungen peripherer Nerven. Bruns' Beitr. **98** (1916).
[2] LASER: Dtsch. med. Wschr. **1915**, 1588.
[3] EDINGER: Über die Vereinigung getrennter Nerven. Münch. med. Wschr. **1916**.
[4] HOHMANN u. SPIELMEYER: Zur Kritik des Edingerschen und des Betheschen Verfahrens der Überbrückung größerer Nervenlücken. Münch. med. Wschr. **1917**, H. 3.

scheiden, und daß es sich bei diesen letzteren um sehr verschiedenartig bedingte Krankheitserscheinungen handelt. Oft sind sie Folgen einer allgemeinen Schädigung des Organismus, z. B. bei Intoxikationen oder Infektionen. Die peripheren Nerven können eben wie andere Organe durch die Noxe in Mitleidenschaft gezogen werden, auch ohne daß der Prozeß selbst seinen eigentlichen Sitz hier hat. Wir kennen etwas derartiges ja besonders am zentralen Nervensystem. Ich habe in den letzten Jahren versucht, solche Veränderungen am Zentralorgan genauer zu ermitteln; sie bestehen in sehr verschiedenartigen Umwandlungen, besonders der Nervenzellen, mit gleichzeitigen progressiven oder regressiven Veränderungen der Neuroglia. Was mir besonders wichtig erscheint: es gibt hier neben allgemeinen diffusen Veränderungen auch mehr lokalisierte, nicht selten geradezu elektive Schädigungen bestimmter zentraler Kerne. Ich habe das für das Kleinhirn, den Nucleus dentatus und das Ammonshorn beschrieben. Wir sahen auch, daß manche Noxen, wie z. B. der Typhus das Zentralorgan ganz besonders häufig zu schädigen pflegen, andere schwere Infektionen dagegen nur selten. — Bei den *peripheren* Nerven ist es lange bekannt, daß auch sie eine *starke Vulnerabilität* gegenüber *bestimmten* Krankheiten und Schädlichkeiten zeigen. Ich nenne von chronischen Noxen die Tuberkulose, das Karzinom, die chronischen Vergiftungen mit Alkohol, Blei, und vor allem Ernährungsstörungen durch einseitige Kost (die von EIJKMAN entdeckte „Reisneuritis" usw.). Unter den akuten Noxen sind es besonders die sog. rheumatischen Schädlichkeiten und manche Gifte, wie Arsen usw., die zu Veränderungen gerade an peripherischen Nerven führen. — Dazu kommen die Erkrankungen, die durch *unmittelbare Lokalisation* eines Prozesses *im* Nerven degenerative Ausfälle bedingen, wie dies z. B. die Syphilis und andere entzündliche Prozesse tun können, und mechanische Einwirkungen akuter und chronischer Art, die im Gegensatz zu der gewöhnlichen Kontinuitätsunterbrechung eine lokalisierte Umwandlung der Nervenfasern ohne Durchtrennung bewirken.

Am besten studiert sind gewisse akute und chronische Giftwirkungen, ferner die sog. tuberkulöse Polyneuritis, und wieder in erster Linie die Veränderungen, die Folgen von unzweckmäßiger, einseitiger Kost sind. Diese letzteren kommen ja in lokaler Häufung vor und sind außerdem experimentellen Studien gut zugänglich. Unsere besten Kenntnisse von den degenerativen Erkrankungen der Nerven stammen daher aus solchen Arbeiten. Wir verdanken sie in erster Linie der glänzenden Studie von DÜRCK über Beri-Beri, und den vortrefflichen Arbeiten von DOINIKOW und KIMURA, die sich außer mit der menschlichen Polyneuritis auch gerade mit der experimentellen Reisneuritis befaßt haben. Neuerdings hat RIQUIER[1] experimentell bei Tauben Beri-Beri erzeugt und hier die segmentartig angeordneten degenerativen Veränderungen studiert.

Diese degenerativen Erkrankungen haben hier Interesse mit Rücksicht vor allem auf zwei Fragen, nämlich erstens hinsichtlich der Beziehungen des histopathologischen Bildes zur sekundären Degeneration und zweitens in Anbetracht der begleitenden regenerativen Erscheinungen.

Man nennt diese degenerativen Erkrankungen gewöhnlich „Neuritis". Aber es handelt sich, wie ich oft betont habe, hier um einen der häufigen Fälle, wo in der Neuropathologie das Wort „Entzündung" (= itis) mißbraucht wird.

---

[1] RIQUIER, G. C.: Sur le béribéri expérimental des Pigeons avec référence particulière à l'anatomie pathologique. (Experimentelle Tauben-Beriberi, mit kurzen Bemerkungen über die pathologische Anatomie.) (Clin. des maladies nerv. et ment., univ. Sassari.) Rev. neur. 2, Nr 1, S. 13—15.

Es liegt im Gegenteil hier in der Regel ein rein degenerativer Prozeß vor, und eine Ausnahme machen davon nur seltene Bilder, wo entzündliche Vorgänge mitspielen. So fand DOINIKOW, daß ein und dasselbe Gift bei verschiedener Tierspezies entzündliche Erscheinungen hervorrufen könne oder auch nicht: bei der Bleineuritis des Kaninchens waren sie mitunter recht ausgesprochen, bei der Bleineurititis des Meerschweinchens fehlten sie meist. Auch das Tempo der Veränderungen bestimmt unter Umständen eine entzündliche Komplikation: bei der Bleineuritis der Hühner waren die entzündlichen Vorgänge sehr ausgeprägt, wenn die Krankheit stürmisch verlief, nicht dagegen, wo die Entwicklung der Veränderungen langsam war (DOINIKOW). Ich selbst habe — abgesehen natürlich von infektiösen Entzündungen mit Lokalisation im Nerven selbst (Syphilis, Tuberkulose, phlegmonöse Infiltration usw.) — niemals bei sog. „Neuritis" Entzündungserscheinungen gefunden. Schon YAMAGIWA[1] bezeichnete die Veränderungen bei Kakke als exquisit degenerativ, und auch KIMURA betont ausdrücklich den nicht entzündlichen, rein degenerativen Charakter — wie übrigens DOINIKOW selbst auch den dissezierenden Prozeß an der Nervenfaser seinem Wesen nach als degenerativen bezeichnet. Ich möchte glauben, daß die entzündlichen Veränderungen nur Beimischungen sind, wie ich sie als „symptomatische" Entzündung auch bei verschiedenartigen Veränderungen im Zentralnervensystem auffasse.

Unsere Kenntnisse von solchen Veränderungen an der Nervenfaser gehen vor allem auf die Mitteilungen von GOMBAULT[2] zurück. Er sah bei chronischer Bleivergiftung eine Veränderung an den peripherischen Nerven, die sich nur auf einige Segmente beschränkte (*Névrite segmentaire periaxiale*); dabei blieb der Achsenzylinder erhalten, und nur die Marksubstanz erschien über eine mehr oder weniger große Strecke abgebröckelt oder geschwunden. STRANSKY[3], der diese Befunde eingehend nachgeprüft hat und sie als „*diskontinuierlichen Markzerfall*" bezeichnete, beschrieb auch Wucherungserscheinungen an den SCHWANNschen Zellen, die den Abbau begleiten und ihm folgen. Beide Autoren betonen vor allem die Zerfallserscheinungen an der Marksubstanz in segmentaler Begrenzung, und es kann nach allem, was später darüber geschrieben worden ist, keinem Zweifel unterliegen, daß das ein besonders hervorstechender Zug im Bilde ist. Mit der Ausbildung der Achsenzylindermethoden ist es dann möglich gewesen, auch das Verhalten des Achsenzylinders genauer zu studieren, und dabei zeigte sich, daß dieser mit großer Regelmäßigkeit mit verändert ist, indem er Quellungen, Auftreibungen, Auffaserungen, abnorme Imprägnationen aufweist. Meine eigenen Untersuchungen stimmen darin durchaus zu den Mitteilungen anderer Autoren. Man darf also die ursprüngliche Bezeichnung von GOMBAULT „periaxiale" nicht allzu wörtlich nehmen. Ich selbst glaube wohl, daß man mitunter um den nicht veränderten Achsenzylinder eine Markscheidenabbröckelung also eine wirklich periaxiale Degeneration sieht — was auch KIMURA einräumt. Aber das dürfte doch verhältnismäßig selten sein; auch der Achsenzylinder weist eben häufig Umwandlungen auf. KIMURA betont, daß er zuerst, also *vor* der Markscheide leide und Quellungen und Auffaserungen erfahre in wohlerhaltener Markscheide. Er beschreibt auch eine völlige, körnige Auflösung und ein spurloses Verschwinden des Achsenzylinders, eine Achsen-

---

[1] YAMAGIWA: Beitrag zur Kenntnis der Kakke (Beriberi). Virchows Arch. 156 (1899).
[2] GOMBAULT: Contribution à l'étude anatomique de la névrite paremchymateuse subaigue et chronique. — Névrite segmentaire periaxiale. Arch. de Neur. 1 (1880) — Sur les lésions de la névrite alcoolique. C. r. Acad. Sci. Paris 1886.
[3] STRANSKY: Über diskontinuierliche Zufallsprozesse a. d. periph. Nervenfasern. J. Psychol. u. Neur. 1, 1903.

zylinderzerstörung in noch erhaltener Markscheide. Und weiter betont er, daß dort, wo eine Markfaser sich im Zustande der Markballenumwandlung befinde, ein Achsenzylinder nicht mehr darin enthalten sei, und in diesem Stadium der Degeneration keine „periaxiale" Entartung vorkomme. Er deutet die langen, glatten Achsenzylinder in Vakuolenfasern als neugebildete Achsenzylinder. — Es kann gewiß keinem Zweifel unterliegen, daß der Achsenzylinder vielfach mitgeschädigt wird und zerstört werden kann, was übrigens schon GOMBAULT und STRANSKY als Endausgang der Veränderung beschrieben haben. Ich möchte aber mit diesen Autoren glauben, daß der Prozeß — vergleichbar etwa den Bildern bei der multiplen Sklerose des Zentralnervensystems — *vorwiegend* eine *Demyelinisierung* bewirken und daß in dieser entmarkten Zone der Achsenzylinder *persistieren* kann, wenn auch *nicht selten in verändertem* Zustande. Darin bestärken mich die Beobachtungen, die ich bei chronischen und auch bei akuten mechanischen Schädigungen peripherischer Nerven gesehen und beschrieben habe. Das Bild, das ich in Abb. 191 meiner allgemeinen Histopathologie von einem durch Knochencallus gedrückten Nerven gegeben habe, illustriert eine langsam fortschreitende, lokal umschriebene Entmarkung bei lange erhaltenem Achsenzylinder.

Ich sehe nach wie vor ein wichtiges morphologisches Charakteristikum der sog. Neuritiden in einer Entmarkung von fleckförmiger Beschränkung, und es sind wie gesagt, allerhand Prozesse — allgemeine Schädigungen wie lokale Einflüsse — die dieses Bild bedingen können. Erfährt diese segmentale Erkrankung an Ort und Stelle eine solche Steigerung, daß auch der Achsenzylinder nicht nur an sich reversible Auftreibungen, Anschwellungen, Einkerbungen, sondern eine wirkliche Zerstörung erleidet, so fällt das abgetrennte Stück der WALLERschen Degeneration anheim; das heißt, es kann die WALLERsche Degeneration den Endausgang dieser sog. Neuritis, der segmentären Nervenveränderung GOMBAULTS bilden. Der an sich regenerationsfähige Prozeß kann bei besonderer Intensität die ganze Nervenfaser zerstören und dann eben eine sekundäre Degeneration veranlassen. Man wird danach in dem diskontinuierlichen Markzerfall nicht etwa eine nur dem Grade nach geringere Form von WALLERscher Degeneration sehen. Man kann vielmehr mit DOINIKOW sagen: „Während bei der Neuritis, wenn die WALLERsche Degeneration auch noch so schnell eintreten mag, sie erst den Endausgang der Erkrankung der Nervenfaser bildet, wird die WALLERsche Degeneration nach Kontinuitätstrennung des Nerven durch ein plötzliches Eingreifen auf einen bis dahin gesunden Nerven hervorgerufen".

Einzelheiten der morphologischen Vorgänge beim Abbau haben hier kein Interesse. Ich kann diesbezüglich auf die Arbeiten von DOINIKOW und von KIMURA verweisen, sowie auf meine Schilderung der Veränderungen in der „Histopathologie des Nervensystems".

Der *Angriffspunkt* der sog. neuritischen Vorgänge, wo sie bei Allgemeinschädlichkeiten auftreten, ist verschieden. Im allgemeinen entarten die distalen Abschnitte der Nerven früher und stärker als die proximalen; ich erinnere nur an die so häufige vorwiegende Erkrankung des Peroneus bei Polyneuritis. Vielfach wird der Beginn in den Endzweigen angenommen; aber wie besonders KIMURA betont, tritt das erste Degenerationsfeld in beliebiger Höhe einer Nervenfaser auf, und ist an Fasern ein und desselben Nervenastes oft sehr verschieden hoch etabliert. Bestimmte Gesetze für das Weiterfortschreiten der Degeneration, das heißt für die Auswahl des Sitzes der Veränderung im weiteren Krankheitsverlaufe gibt es wohl nicht. Die Degeneration kann ein und dieselbe Faser an verschiedener Stelle betreffen. Von Experimentatoren wie von Klinikern (v. STRÜMPELL[1]) wird betont, daß die Schwere der anatomischen Nervenerkrankung den klinischen Erscheinungen nicht parallel gehe.

Bei den Fütterungsversuchen mit poliertem Reis und auch bei Zuführung von Giften (Blei) hat man es in der Hand, die Schwere des Prozesses abzustufen und auch den degenerativen Vorgang zu begrenzen. Läßt man das Gift weg, bzw. ersetzt man die einseitige Kost durch eine Mischkost und führt damit die fehlende, lebenswichtige Substanz wieder zu, so wird der schließlichen Zerstörung vorgebeugt. Tatsächlich gehen ja die Tiere bei dauernder Vergiftung und bei fortgesetzter einseitiger Fütterung zugrunde, ähnlich wie man es beim Menschen bei den sog. monophagistischen Erkrankungen (Beri-Beri, Skorbut usw.) beobachtet.

Es ist nun für das Verständnis des klinischen Bildes, wie auch mit Rücksicht auf die allgemeine biologische Bewertung dieser Erkrankungsvorgänge von größter Bedeutung, daß gleichzeitig mit den degenerativen Veränderungen eine *Regeneration* einsetzt. Bei der von DÜRCK so mustergiltig studierten Beri-Beri ist es im allgemeinen so, daß in den Fällen eine Regeneration nicht einsetzt, wo das Fortbestehen der kausalen Schädlichkeit entweder bis zur Zerstörung der Faser führt, oder daß doch regenerative Vorgänge unter dem Fortwirken der Noxe nicht zum Erfolge führen. Aber man findet sogar, wie besonders DOINIKOW gezeigt hat, bei fortwirkender Noxe *neben* degenerativen lebhafte regenerative Prozesse, wenn auch hier freilich die neugebildeten Fasern zum größten Teil marklos bleiben. Und KIMURA sah selbst während der Acme der Degeneration schon Regenerationsvorgänge wenigstens in geringem Umfange. Die Bilder bei der Fütterungsneuritis und die bei der Polyneuritis des Menschen (bei schwerer Tuberkulose, Alkoholismus, toxischen Allgemeinerkrankungen usw.) stimmen darin überein: hören die Schädlichkeiten auf, oder lassen sie an Wirkung nach, so erfahren die regenerativen Vorgänge eine erhebliche Steigerung und beherrschen das Bild. Man vermag bei der Verfütterung mit geschliffenem Reis und bei Vergiftungen meist nicht nur die Intensität des Degenerationsprozesses, sondern auch die *Proliferationstätigkeit* graduell *abzustufen* und den Eintritt der Rekonvaleszenz zu bestimmen. Auf der Höhe des Einflusses intensiver Noxen, wie z. B. auch bei schwerer Beri-Beri (DÜRCK) beschränkt sich die Proliferationstätigkeit im wesentlichen auf eine Wucherung der SCHWANNschen Zellen; und wo bei fortwirkender Noxe lebhafte regenerative Prozesse neben den degenerativen stattfinden, bleiben die neugebildeten Achsenzylinder wohl unter dem Einfluß der weiter wirkenden Schädlichkeit zum größten Teil marklos; doch sah DOINIKOW hier und da auch Andeutungen einer dünnen Markscheide. Mit der wirklichen Rekonvaleszenz wächst die Regenerationskraft und vervollkommnet sich das Produkt der Neubildung am peripheren Nerven, das heißt, es entwickeln sich morphologische und funktionell vollwertige Nervenfasern. Diese Bilder erklären uns das Zustandekommen der klinischen Rückbildung der Lähmung und der Heilung auch schwerer „Neuritiden". Ich erinnere nur an die Besserung und Heilung der Polyneuritis alkoholica, rheumatica usw.

Auch bei der Regeneration an erkrankten Nerven sind die Bilder im Prinzip die gleichen, wie wir sie bei der Regeneration nach Kontinuitätsunterbrechung sehen. Die Befunde, die DOINIKOW, A. WESTPHAL[2], RACHMANOW[3], KIMURA

---

[1] STRÜMPELL, V.: Zur Kenntnis der mult. degenerativen Neuritis. Arch. f. Psych. **14** (1883).

[2] WESTPHAL, A.: Über apoplektiforme Neuritis. Arch. f. Psych. **40**, 64.

[3] RACHMANOW: Zur normalen und pathologischen Histologie der peripheren Nerven des Menschen. J. f. Psychol. u. Neur. **5** (1912).

u. a. mitteilen, stimmen im wesentlichen miteinander überein, und auch meine eigenen Erfahrungen bei tuberkulöser Neuritis, Inanition und luetischer Erkrankung decken sich im wesentlichen mit den Angaben der genannten Autoren. Wie in allen neueren Arbeiten wird auch hier die *Bedeutung* der SCHWANN*schen Zellen* betont, auch wenn die Autoren hinsichtlich der Bewertung ihrer Rolle verschiedener Meinung sind. So sind für DÜRCK die SCHWANNschen Zellen mit neuroblastischen Fähigkeiten ausgestattet; DOINIKOW und KIMURA sehen in ihnen Leitzellen. Aber KIMURA selbst schreibt bei Betrachtung seiner eigenen Befunde und bei Kritik der Literatur, er könne die Beobachtungen nicht anders auffassen als etwa: ,,Der neue Achsenzylinder stellt entweder bei spontaner Neuritis auch eine Verlängerung des erhaltenen Teiles des alten, noch mit dem Zentrum zusammenhängenden Achsenzylinders dar, wobei jedoch seine Fibrillen nur in vorgebildeter Bahn der Protoplasmamasse der SCHWANNschen Zellen ihren Weg finden; oder der neue Achsenzylinder wird durch Differenzierung dieses bandartigen Protoplasmas zuerst im nächsten Anschluß an den alten erhaltenen Achsenzylinderstumpf beginnend, weiter peripherwärts fortschreitend gebildet". Aber er meint dann weiter, man müsse erwägen, daß der Achsenzylinder eine ziemlich große Lebens- und Verlängerungsfähigkeit besitze, und daß der Zusammenhang zwischen dem neuen Achsenzylinder und dem Protoplasmaband nicht immer fest und bedingungslos sei; auch sei das anschließende Protoplasmaband nicht gleichmäßig dick; und er schließt deshalb, daß die Annahme am nächsten liege, wonach der neue Achsenzylinder eine Fortsetzung des alten erhaltenen Teiles darstellt, und daß er ,,beim Auswachsen von Kern zu Kern der SCHWANNschen Zellen quasi tastend sich verlängert". Man sieht, wie auch hier wieder die rein morphologischen Dinge keinen genügend sicheren Anhalt zur Ausdeutung in bestimmter Richtung geben und wie die Bewertung der histologischen Tatsachen abhängig von der ,,Meinung" des Autors ist. Ich selbst glaube, auch die regenerativen Vorgänge bei Neuritis im Sinne der *polygenistischen* Lehre deuten zu dürfen.

Von Nebenbefunden ist dabei interessant, daß sich sog. Wachstumskolben recht selten finden. KIMURA hat das besonders betont. Nach ihm gestalten sich die freien Enden der neuen Achsenzylinder unter günstigen Regenerationsbedingungen im allgemeinen ganz einfach; nur selten sind sie mit keulen- oder ringförmigen Endkörperchen ausgestattet, meistens laufen sie fein und scharf aus. Diese Beobachtungen KIMURAS stehen durchaus im Einklang zu dem, was oben über den Einfluß des Wachstumswiderstandes auf die Gestaltung der jungen Axone gesagt wurde; gröbere, knötchenartige Anschwellungen sehen wir im allgemeinen nur dort, wo die Bedingungen der Regeneration weniger günstig sind. Hier aber — bei der sog. ,,Neuritis" —brauchen ja die neugebildeten Nervenfäserchen im allgemeinen nicht erst durch Narbengewebe zu ziehen; sie liegen vielmehr in den alten SCHWANNschen Scheiden. Da wie gesagt, die Faserneubildungen sich noch während des Ablaufes degenerativer Erscheinungen vollziehen können, so sehen wir die Fasern oft in den noch mit Zerfallsprodukten beladenen SCHWANNschen Zellzügen. — Auch bei diesen erkrankten Nerven ist der Zusammenhang des jungen Achsenzylinders mit dem alten oft schwer zu erkennen. DOINIKOW schildert vielfache Verästelungen. KIMURA betont ausdrücklich, daß er komplizierte Schlängelungen und Gabelungen im allgemeinen nicht beobachtet habe; die neuen Achsenzylinder zögen einfach, glatt und unverzweigt, oder nur leicht wellig durch die alte SCHWANNsche Scheide. Kompliziertere Gebilde, wie gerade auch Knotenfasern, scheinen für unzulängliche Regenerationsversuche zu sprechen oder auch Vorboten des Absterbens (POSCHARISSKY) zu sein.

Elektrodiagnostik und Elektrotherapie der Nerven.

Von

F. KRAMER.

Berlin.

Zusammenfassende Darstellungen.

DUCHENNE (De Boulogne): De l'électrisation localisée. Paris 1861. — REMAK, R.: Galvanotherapie der Nerven- und Muskelkrankheiten. Berlin 1858. — WATTEWILLE: Grundriß der Elektrotherapie, deutsch von WEISS. Leipzig 1886. — ERB: Handbuch der Elektrotherapie. Leipzig 1880. — REMAK, E.: Grundriß der Elektrodiagnostik und Elektrotherapie. Wien u. Leipzig 1895 u. 1909. — MANN: Grundriß der Elektrodiagnostik und Elektrotherapie. Wien u. Leipzig 1904. — KRAMER: Abschnitt Elektrodiagnostik in LEWANDOWSKYS Handb. der Neurologie. Berlin 1910. — COHN, TOBY: Abschnitt Elektrotherapie in LEWANDOWSKYS Handb. der Neurologie. Berlin 1910 — COHN, TOBY: Leitfaden der Elektrodiagnostik und Elektrotherapie 1924. — Handb. der ges. med. Anwendungen der Elektrizität. Herausg. von BORUTTAU u. MANN. Leipzig 1909. Insbesondere die Abschnitte BORUTTAU: Elektrophysiologie und Elektropathologie. — ZANIETOWSKI: Allgemeine Elektrodiagnostik. — WERTHEIM-SALOMONSOHN: Allgemeine Elektrotherapie. — MANN u. ZANIETOWSKI: Spezielle Elektrodiagnostik der Nervenkrankheiten. — MANN: Spezielle Elektrotherapie der Nervenkrankheiten. — Erg.-Bd. 1928: KRAMER: Elektrodiagnostik. — MANN: Elektrotherapie. — Handb. der Therapie der Nervenkrankheiten. Herausgeg. von H. VOGT. Abschnitt: KRAMER, F.: Elektrotherapie. — BOURGUIGNON: La Chronaxie chez l'homme. Paris 1923. — LAPICQUE: L'exitabilité en Fonction du Temps. La Chronaxie, sa signification et sa mesure. Paris 1926.

Eine scharfe Abtrennung der Elektrodiagnostik der peripheren Nerven von der der Muskeln ist nicht möglich; für den motorischen Nerven stellt der Muskel das Erfolgsorgan dar, und vorwiegend aus seiner abnormen Reaktion läßt sich ein Schluß auf eine Erkrankung des Nerven ziehen. Ferner haben Schädigungen der Nerven in der Regel Veränderungen des Muskels zur Folge. Die sich daraus ergebenden Anomalien der elektrischen Reaktion geben uns in erster Linie Aufschluß über die Erkrankung des Nerven; eine sichere Bestimmung der muskulären oder neurogenen Genese der veränderten elektrischen Erregbarkeit ist nicht immer möglich. Bei manchen pathologischen Befunden, so z. B. bei der myotonischen Reaktion, ist die Frage der neurogenen oder muskulären Genese noch strittig. In dem Abschnitt über die Elektrodiagnostik der Muskeln wurde deswegen eine Reihe von Gegenständen behandelt, die in gleicher Weise in diesem Kapitel hätten ihren Platz finden können. Dort sind auch die allgemeinen Prinzipien der Elektrodiagnostik erörtert worden. Um Wiederholungen zu vermeiden, kann daher in dem vorliegenden Kapitel auf diese Punkte nur in Kürze eingegangen werden.

Die Elektrodiagnostik der Nerven basierte in ihren Anfängen, als sie von DUCHENNE und E. REMAK geschaffen wurde, auf der Theorie E. DU BOIS-REYMONDS, und Jahrzehnte hindurch ist von seiten der Kliniker nur wenig Notiz genommen worden von den Diskussionen der Physiologen über die elektrophysiologischen Reizgesetze und der Erschütterung, die die DU BOIS-REYMONDsche Betrachtungsweise erfahren hatte. Nach DU BOIS-REYMOND ist die Reizwirkung nicht bedingt durch den Stromdurchgang selbst, sondern nur durch die Schwankungen in der Intensität des Stromes, und zwar ist der Reizeffekt um so größer, in je kürzerer Zeit die Intensitätsschwankung erfolgt. In mathematischer Formulierung lautet das DU BOIS-REYMONDsche Gesetz $E = K \frac{di}{dt}$, wobei E die Reizwirkung, i die Stromstärke, t die Zeit, K eine Konstante ist. Bei dieser Formulierung ist noch die Hypothese hinzugefügt, daß eine Proportionalität zwischen der Reizwirkung einerseits und der Größe der Stromschwankung andererseits besteht. Den klinischen Zwecken genügte diese theoretische Basis zunächst vollkommen. Die zur Reizung erforderlichen Stromschwankungen wurden entweder durch Induktionsstrom oder durch Schließung und Öffnung eines konstanten Stromes erzeugt. Man vernachlässigte meist die dem DU BOIS-REYMONDschen Gesetze widersprechende, auch dem Kliniker ohne weiteres zugängliche Erfahrung, daß bei Stromintensitäten, die eine gewisse Stärke überschreiten, auch während des konstanten Stromdurchganges eine tetanische Muskelkontraktion erfolgt. Den Anstoß zur Revision dieser Anschauungen und zu einer Besinnung auf die theoretischen Grundlagen der klinischen Diagnostik gab in erster Linie das unbefriedigende Ergebnis der Versuche, ein für klinische Zwecke brauchbares quantitatives Maß der Erregbarkeit zu finden. Nach dem DU BOIS-REYMONDschen Gesetz erschien die Lösung dieser Aufgabe ziemlich einfach. Wenn man zur Reizung des Nerven oder Muskels den Schluß des konstanten Stromes benutzt, so gibt die Stromintensität die Größe der Schwankung an. Unter der Voraussetzung, daß der Stromschluß mit genügend konstantem Zeitverlauf erfolgt, gibt die Intensität des Stromes ein Maß für die Stärke des Reizes. Die Feststellung der Stromstärke geschah anfangs mit sehr primitiven Mitteln. Man bestimmte sie nach der Zahl der Elemente. Da diese jedoch nur die Spannung angibt, so mußten bei den wechselnden Widerstandsverhältnissen die Resultate gänzlich unzureichend sein. Als ERB das Galvanometer in die Elektrodiagnostik einführte und damit eine Messung der Stromstärke in absolutem Maße ermöglichte, schien die Aufgabe der quantitativen Bestimmung der Erregbarkeit in einfacher Weise lösbar. Man brauchte nur die Stromstärke festzustellen, mit welcher beim Stromschluß eine Minimalzuckung auszulösen war, und erhielt damit ein quantitatives und jederzeit reproduzierbares Maß der Erregbarkeit. STINTZING[1] unterzog sich der Aufgabe, an einer großen Zahl von Normalen die Werte für die Nervenstämme und die Muskeln zu bestimmen und stellte danach seine Normaltabellen auf. Das Ergebnis war aber durchaus unbefriedigend. Die Schwankungen der Werte beim Normalen erwiesen sich als sehr beträchtlich, die Maximalwerte übertrafen die Minimalwerte bei manchen Nerven um das 3—5fache. Infolgedessen war die exakte Feststellung von quantitativen Veränderungen sehr erschwert, da nur Werte, die außerhalb der Grenzen der normalen Schwankungsbreite liegen, als pathologisch angesehen werden können, geringfügige Veränderungen, die sich innerhalb der Grenzen halten, sich der Feststellung entziehen. Diese Schwierigkeit ist vor allem bei doppelseitigen Veränderungen bedeutungsvoll. Daß die große Schwankungsbreite beim Normalen auf wirklich bestehenden individuellen Differenzen der Erregbarkeit beruht, ist von vornherein unwahrscheinlich; es liegt vielmehr näher, anzunehmen, daß der Grund in Mängeln der Methode zu suchen ist.

Die Veränderungen des Widerstandes während der zur Messung der Stromstärke erforderlichen Zeit, die Beeinflussung der Erregbarkeit durch den konstanten Strom, ferner die verschiedene Geschwindigkeit des Stromschlusses sind als Ursachen der unbefriedigenden Ergebnisse herangezogen worden; aber auch die Berücksichtigung dieser Momente, die gleichzeitig zu einer Komplizierung

---

[1] STINTZING: Dtsch. Arch. klin. Med. **39**.

der Untersuchungstechnik führte, ergab keine wesentliche Besserung der Resultate. Auf die wichtigste Fehlerquelle ist wohl zuerst von DUBOIS (Bern) hingewiesen worden. Die Reizung geschieht während der variablen Periode des Stromes, während die Messung in der konstanten Periode stattfindet. Wahrscheinlich steigt beim Stromschluß die Intensität höher an, als es dem während des konstanten Durchganges gemessenen Werte entspricht. DUBOIS[1] führte es darauf zurück, daß der menschliche Körper nicht nur als Widerstand, sondern auch als Kapazität wirkt. Zu Gunsten dieser Annahme spricht auch, daß der Leitungswiderstand beim Induktionsstrom erheblich geringer ist als beim konstanten Strom. Spätere Untersuchungen (GILDEMEISTER[2]) mittels des Saitengalvanometers haben das bestätigt. Beim Stromschluß erhebt sich die Intensität mit einer Anfangszacke, um nach kurzer Zeit auf den Wert zu sinken, den sie während des Stromdurchganges so lange behält, bis die Widerstandsabnahme zu einem allmählichen Ansteigen des Stromes führt. Nach GILDEMEISTERs Untersuchungen ist diese Erscheinung auf die Polarisation zurückzuführen, die als Gegenkraft wirkt und den Strom unmittelbar nach seinem Beginn schwächt. Die Polarisation findet in erster Linie in der Haut statt. Sie macht sich daher bei der percutanen Reizung beim Menschen erheblich stärker geltend als beim Tierexperiment am freigelegten Nerven. Die Höhe der Anfangszacke ist nicht konstant und abhängig von der Größe des Widerstandes. Sie läßt sich erheblich verkleinern durch Einschaltung großer Widerstände (5000 Ohm). GILDEMEISTER empfiehlt deswegen die Vorschaltung eines solchen Widerstandes für die quantitativen Untersuchungen. FREISE und SCHIMMELPFENNIG[3] benutzten diese Methode bei ihren Untersuchungen an Kindern und konnten die bessere Konstanz der Resultate bestätigen.

Die Verwendung des Induktionsstromes für die exakte quantitative Untersuchung erwies sich als unmöglich, da es an einem absoluten und reproduzierbaren Maße fehlt. Zu guten Resultaten führten die Untersuchungen mit Kondensatorentladungen, die zuerst von DUBOIS, später insbesondere von ZANIETOWSKI[4], MANN[5], KRAMER[6] angewandt wurden. Die hiermit gewonnenen Normalwerte ergaben erheblich geringere Schwankungen als bei der üblichen Methode mit Stromschlüssen.

Die geschilderten Untersuchungen führten dazu, daß die Elektrodiagnostik sich in größerem Umfange mit den elektrophysiologischen Reizgesetzen beschäftigte. Zu dem Suchen nach einer zuverlässigeren quantitativen Methode kam das Bestreben, auf Grund der Reizgesetze zu einer besseren Charakterisierung der Erregbarkeitsverhältnisse und ihrer pathologischen Veränderungen zu gelangen, insbesondere auch die qualitativen Abweichungen einer exakten Bestimmung zugänglich zu machen.

Allen diesen Untersuchungen, von so verschiedenartigen Voraussetzungen sie auch ausgingen, ist die Berücksichtigung des Zeitfaktors gemeinsam. Die Abhängigkeit der Wirkung des Reizes von dessen zeitlichem Verlauf ist fast überall das bestimmende Moment. In einem Teile der Untersuchungen kommt zum Ausdruck, daß die Charakterisierung der Erregbarkeit durch *eine* Variable nicht möglich ist, sondern daß zwei Konstanten erforderlich sind, von denen die eine in

---

[1] DUBOIS: Z. Elektrotherap. **1899**. [2] GILDEMEISTER: Pflügers Arch. **1919**.
[3] FREISE u. SCHIMMELPFENNIG: Mschr. Kinderheilk. **30** (1925).
[4] ZANIETOWSKI: Allgem. Elektrodiagnostik. Handb. d. ges. Anwendungen d. Elektr. in d. Medizin **2**, 630. Leipzig 1911.
[5] MANN: Elektrodiagnostische Untersuchungen mit Kondensatorentladungen. Berl. klin. Wschr. **1904**.
[6] KRAMER: Elektrische Sensibilitätsprüfungen mittels Kondensatorentladungen. Z. f. med. Elektrologie usw. **1907**.

der Regel ein Intensitätsfaktor, die andere ein Zeitfaktor ist. HOORWEG[1] und ZIEHEN gingen von der HOORWEGschen Formel $\varepsilon = aie^{-\beta t}$ aus; sie bestimmten die Konstanten α und β durch Messungen mit Kondensatoren verschiedener Kapazität und konnten die Variationen dieser Konstanten unter pathologischen Verhältnissen nachweisen.

In neuerer Zeit ist das HOORWEGsche Gesetz von SALGE[2] seinen Erregbarkeitsbestimmungen an Kindern zugrunde gelegt worden.

Andere Untersuchungen gingen von der WEISSschen Formel: $Q = a + bt$ (Q = Elektrizitätsmenge, t = Zeitdauer des Stromes) aus. Die Konstanten a und b lassen sich berechnen, wenn man zwei oder mehr Bestimmungen der Reizschwelle mit verschiedener Zeitdauer vornimmt. Allerdings darf die Zeitdauer der Reize nur sehr kurz sein, da das Gesetz nur für sehr kleine Werte von t gilt. Zur Herstellung dieser kurzen Zeitreize sind Entladungen von Kondensatoren kleiner Kapazität am bequemsten. Die Entladungszeit kann als der Kapazität proportional angenommen werden, vorausgesetzt, daß der Widerstand konstant bleibt. Für Kondensatoren größerer Kapazität, etwa von 1 Mikrofarad, gilt die WEISSsche Formel nicht mehr exakt. KRAMER[3] benutzte diese Methode zur Untersuchung der Sensibilität und zeigte, daß die Faktoren a und b unabhängig von einander sich ändern. Er betrachtet die Konstante a als Intensitätsfaktor, die Konstante b als Zeitfaktor. ZANIETOWSKI[4] verwandte ebenfalls Kondensatoren verschiedener Kapazität. Nach seiner Meinung ist das Minimum der Energiemenge, die für die Minimalerregung erforderlich ist, als Charakteristicum der Erregbarkeit anzusehen. Der Quotient $\frac{a}{b}$ entspricht dieser Energiemenge.

GILDEMEISTER und ACHELIS[5] gingen von dem Begriff „der Nutzzeit" aus. Bestimmt man mit dem konstanten Strom die Reizschwelle (Rheobase) und verkürzt die Zeitdauer des Stromes immer mehr, bis man den Schwellenwert der Zeit erhält (Größenanordnung von etwa 1 σ), so erhält man die Nutzzeit. Die kurzen Zeitreize stellten sie mittels eines Fallrheotomes oder des GILDEMEISTERschen Hammerrheotomes her. Bei der Entartungsreaktion war die Nutzzeit außerordentlich verlängert (bis auf das 50- oder 100fache). Die CREMERsche Konstante (reduzierte Reizzeit) legte BLUMENFELD[6] seinen Untersuchungen zugrunde. Auch hier finden sich bei der Entartungsreaktion erheblich vergrößerte Werte.

Alle die erwähnten Methoden haben für die theoretische Deutung der elektrischen Erregbarkeitsverhältnisse am normalen oder pathologischen Muskel einen unbestreitbaren Wert, für die klinische Untersuchung sind sie aber von beschränkter Bedeutung. Ihrer systematischen Anwendung steht in erster Linie die Umständlichkeit der Technik entgegen, die ein kompliziertes und kostspieliges Instrumentarium, zeitraubende Untersuchungen, auch schwierige mathematische Berechnungen verlangen.

Als der am besten gangbare Weg hat sich in neuerer Zeit die Bestimmung der Chronaxie bewährt; vor allem dank den Untersuchungen BOURGUIGNONS ist es gelungen, eine für klinische Zwecke brauchbare Methodik zu finden. Der Begriff der Chronaxie stammt von LAPICQUE her.

LAPICQUE ging von der WEISSschen Formel aus: $i \cdot t = a + bt$, wobei i die zur minimalen Erregung notwendige Stromstärke, t die Zeitdauer des Stromes,

---

[1] HOORWEG: Dtsch. Arch. klin. Med. **51/52**.
[2] SALGE: Z. Kinderheilk. **19** (1919).
[3] KRAMER: Zitiert auf S. 341.   [4] ZANIETOWSKI: Zitiert auf S. 341.
[5] GILDEMEISTER u. ACHELIS: Dtsch. Arch. klin. Med. **117**, 586 (1915).
[6] BLUMENFELD: Z. exper. Med. **35**, 76 (1923).

a und b zwei Konstanten sind. it ist die zur Minimalerregung notwendige Elektrizitätsmenge. a ist die Stromstärke, die erforderlich ist, wenn der Strom nur unendlich kleine Zeit dauert. Dividiert man die WEISSsche Formel durch t, so ergibt sich $i = \frac{a}{t} + b$. Wenn a unendlich wird, ergibt sich $i = b$.

b ist also der Schwellenwert der Stromstärke bei unendlich langer Stromdauer, also der Schwellenwert, den man bei der Reizung mit dem konstanten Strom erhält, die sog. Rheobase.

LAPICQUE sieht den Quotienten $\frac{a}{b}$ als Charakteristicum der Erregbarkeit eines Organes an, er bezeichnet ihn als Chronaxie. Eine einfache Umformung der WEISSschen Formel ergibt, daß die Zeitdauer des Stromes $t = \frac{a}{b}$ ist, wenn $i = 2b$. Man gewinnt damit eine einfache Methodik zur Bestimmung der Chronaxie. Mit Hilfe des konstanten Stromes bestimmt man die Rheobase, benutzt dann zur Reizung einen Strom, dessen Intensität dem doppelten Werte der Rheobase entspricht und stellt die Minimalzeit fest, die dieser Strom andauern muß, um den Schwellenwert der Erregung zu erzielen. Diese Zeit ist dann die Chronaxie.

LAPICQUE hat durch seine experimentellen Untersuchungen gezeigt, daß die Chronaxie von den Bedingungen der Reizung unabhängig ist und lediglich von der Erregbarkeit des untersuchten Organ abhängt. Er legte später der mathematischen Herleitung der Chronaxie keine prinzipielle Bedeutung mehr bei, sondern definiert sie rein empirisch; er kommt dabei zu folgenden zwei Sätzen:

1. Die Rheobase ist die Stromstärke, die notwendig ist, um die minimale Zuckung zu erhalten mit einem langdauernden Durchgang des konstanten Stromes.

2. Die Chronaxie ist die Zeitdauer des Stromes, die notwendig ist, um die minimale Zuckung zu erhalten mit einer Stromstärke doppelt so groß wie die Rheobase.

Diese Definition der Chronaxie hat auch BOURGUIGNON seinen Untersuchungen zugrunde gelegt. Während die Untersuchungen LAPICQUES im wesentlichen experimentelle physiologische Zwecke verfolgten, hat BOURGUIGNON die Methode für klinische Zwecke ausgebaut und brauchbar gemacht.

Die Ergebnisse anderer Untersucher wie BLUMENFELD[1], GRUND[2], MANN und BLOCH[3], stimmen gut mit den Angaben BOURGUIGNONS überein, und zwar sowohl in den Normalwerten als auch in den Veränderungen unter pathologischen Bedingungen.

BOURGUIGNON benutzt zu seinen Untersuchungen Kondensatorentladungen und verändert die Zeitdauer durch Variation der Kapazität. Die Entladungsdauer ist aber nur dann aus der Kapazität des Kondensators zu berechnen, wenn der Widerstand des Stromkreises bekannt ist. Da die exakte Feststellung des Widerstandes des menschlichen Körpers auf große Schwierigkeiten stößt, schaltet BOURGUIGNON in den Stromkreis so große Widerstände ein, daß der Körperwiderstand demgegenüber zu vernachlässigen ist. Der Widerstand des Stromkreises kann dann als konstant angenommen werden, und die Zeitdauer der Entladung ergibt sich aus der Multiplikation der Kapazität mit einem konstanten Faktor. Umfangreiche Kontrolluntersuchungen BOURGUIGNONS ergaben, daß die Fehlergrenzen des Apparates 20% nicht übersteigen, und daß sich damit praktisch zuverlässige und konstante Werte mit praktisch ausreichender Genauigkeit erhalten lassen. BLUMENFELD hat einen Apparat konstruiert, der rechtwinklig verlaufende galvanische Stromschlüsse erzeugt; er benutzt das HELMHOLTZsche Pendel. Die Schließung und Öffnung des Stromes werden durch Kontakte bewirkt, die das Pendel umwirft. Durch den ersten wird ein Nebenschlußstromkreis geöffnet

---

[1] BLUMENFELD: Z. klin. Med. **103**, 147 (1926) — Klin. Wschr. **1928**.
[2] GRUND: Dtsch. Z. f. Nervenheilk. **1925**, 85. S. 156.
[3] MANN u. BLOCH: Dtsch. Z. f. Nervenheilk. **1925**, 87. S. 69—78.

und dadurch der Strom durch den Hauptschluß geschickt, durch den zweiten wird der Hauptstromkreis geöffnet. Es werden also nur Öffnungskontakte angewendet. Durch Variation der Entfernung der Kontakte mittels Mikrometerschrauben kann die Dauer des Stromschlusses in erforderlichen Grenzen variiert werden. Auch hier werden hohe Widerstände vorgeschaltet, um die Variationen des Körperwiderstandes einflußlos zu machen und den möglichst rechtwinkligen Verlauf der Stromschwankungen zu garantieren. Für klinische Zwecke eignet sich besonders das Chronaxiemeter von BORUTTAU[1]. Es besteht aus einer isolierenden Kreisscheibe, die in ihrem äußeren Umfange mit 4 Metallquadranten belegt ist. Zwischen diesen befindet sich eine schmale isolierende Schicht von der Breite der Schleiffläche zweier Kohlenkontakte. Die Kontakte sind in ihrer Entfernung zueinander mikrometrisch verstellbar, je näher sie zueinander stehen, desto länger dauert bei der Umdrehung der Kreisscheibe der Kontakt und umgekehrt. Aus der Entfernung der Kontakte und der Tourenzahl kann die Dauer jedes Stromschlusses berechnet werden. Da bei der Rotation des Apparates die Stromschlüsse in kurzen Zwischenräumen einander folgen, werden nicht, wie bei den anderen Apparaten, Einzelzuckungen erzielt, sondern es wird eine tetanische Kontraktion hervorgerufen. Man stellt zuerst die Rheobase fest; dann wird ein Strom von doppelter Intensität durch den rotierenden Apparat geschickt. Durch Verstellung der Kontakte werden die Stromschlüsse so lange verkürzt, bis der Schwellenwert der Kontraktion erreicht ist. Der Apparat, der den Vorzug der Einfachheit und bequemen Verwendbarkeit besitzt, hat jedoch, wie GRUND sowie MANN und BLOCH gezeigt haben, einige Nachteile. Zu diesen gehören leicht abstellbare Mängel, wie die, daß die kleinsten aber doch zur Chronaxiebestimmung notwendigen Größen nicht sicher ablesbar sind, ferner daß die Stromschlußdauer nicht über 9 Sigma erhöht werden kann. Ein prinzipieller Nachteil des Apparates ist, daß mit der Vergrößerung der Stromschlußzeiten die Öffnungszeiten verringert werden; infolgedessen nähert sich bei länger dauernden Reizen die Wirkung des intermittierenden Gleichstromes der des konstanten Stromes an. Es tritt dann, wie die gesamten Autoren gezeigt haben, kein Tetanus mehr ein, sondern nur Schluß- und Öffnungszuckungen. Beim entarteten Muskel ist dieses Phänomen schon bei erheblich kürzerer Stromschlußdauer zu beobachten als beim normalen Muskel. Diese Erscheinung ist, wie MANN zutreffend betont, darauf zurückzuführen, daß bei kurzer Öffnungszeit der neue Reiz noch in die refraktere Phase fällt, und diese ist beim entarteten Muskel länger als beim normalen.

Die *elektrische Untersuchung der peripheren Nerven* geschieht in der Regel nach der unipolaren Methode: Eine Elektrode von kleinem Querschnitt wird an den Reizpunkt des Nerven angelegt, während eine andere Elektrode von großem Querschnitt (indifferente Elektrode) an einer beliebigen Stelle des Körpers (am besten in der Medianlinie) aufgesetzt wird. Von einer unipolaren Reizung im strengen Sinne des Wortes kann natürlich nicht die Rede sein. Da der Strom den Nerven durchfließt, müssen sich an diesem ebenso physiologische Kathoden wie Anoden bilden. Bei bipolarer Reizung sind die beiden physiologischen Elektroden von annähernd gleicher Stromdichte; bei der unipolaren Reizung ist dagegen die dem Reizpol entsprechende physiologische Elektrode mit großer Dichte auf die Reizstelle konzentriert, während die dem indifferenten Pol entsprechende diffus über den Nerven verteilt ist.

In den üblichen Reizpunkttafeln (vgl. dieses Handb. 8 I, 584, 585) sind bestimmte Reizstellen der peripheren Nerven eingezeichnet. Im Gegensatz zu den Reizpunkten der Muskeln bedeuten diese keineswegs Stellen von besonderer Erregbarkeit im Verlaufe des Nerven, sondern sie bezeichnen nur diejenigen Orte, an denen die Nerven nahe unter der Haut, nur wenig von anderen Schichten bedeckt, liegen. Wird hier die Reizelektrode aufgesetzt, so trifft der durchfließende Strom den Nerven mit verhältnismäßig großer Dichte, dabei wird die gleichzeitige Reizung darüber liegender Muskeln nach Möglichkeit vermieden. Sind die den Nerven bedeckenden Muskelschichten infolge Atrophie geschwunden, so kann man leicht nachweisen, daß er in seinem ganzen Verlaufe in gleicher Weise erregbar ist. Die bipolare Reizung des Nerven ist schon deswegen meist nicht durchführbar, weil die Strecken, an denen der Nerv der Haut ausreichend nahe liegt, meist nur von geringer Länge sind.

---

[1] BORUTTAU: Z. Neur. **83** (1923).

Zur klinischen Untersuchung der Nerven benutzen wir vorwiegend den Wechselstrom eines Induktionsapparates und den konstanten Strom, den wir einer Elementen- bzw. einer Akkumulatorenbatterie oder bei genügender Abschwächung durch Widerstände bzw. Umformer dem Starkstromnetz entnehmen.

Verwendung von Sinusstrom empfiehlt sich nicht. Die Stromschwankungen erfolgen hier im Gegensatz zu dem steilen An- und Abstieg des Induktionsstromes allmählicher und sanfter, die sensible und motorische Reizwirkung ist darum bei gleicher Stromstärke geringer. Infolgedessen kann man zu gefährlichen Stromstärken gelangen, ohne durch die starke Schmerzreaktion des Kranken genügend gewarnt zu sein. Hierauf sind wohl die gelegentlich bei der Anwendung des Sinusstromes beobachteten Todesfälle zurückzuführen.

Mit dem Induktionsstrom erzielt man eine tetanische Kontraktion der von dem Nerven versorgten Muskeln, die während der ganzen Dauer des Stromschlusses anhält. Zur Erzielung des Tetanus ist eine Unterbrechungsfrequenz von etwa 15 in der Sekunde erforderlich. Infolge des asymmetrischen Verlaufs des dem Induktionsapparat entnommenen Wechselstromes ist die Reizwirkung der beiden Pole nicht ganz gleich. Der durch die Öffnung des primären Stromes bewirkte Induktionsschlag ist stärker als der bei der Schließung erzeugte; da die Wirkung der Kathode intensiver ist als die der Anode, überwiegt die Reizwirkung an denjenigem Pol, an dem die Öffnungskathode sich befindet.

Bei der Reizung des Nervenstammes kontrahieren sich alle distal von der Reizstelle versorgten Muskeln bei genügender Stromstärke gleichzeitig. Beginnt man mit schwachem Strom unter allmählicher Verstärkung, so stellt sich die Kontraktion der einzelnen Muskeln erst bei verschiedener Stromstärke ein. Dies gilt auch für die Reizung mit dem konstanten Strom.

Bei der Reizung mit dem konstanten (galvanischen) Strom erhalten wir Einzelzuckungen beim Stromschluß und bei der Stromöffnung; nur wenn die Intensität eine gewisse Höhe übersteigt, kommt es während des ganzen Stromdurchganges zu einer tetanischen Kontraktion. Mittels bipolarer Reizung an geeigneten Nervenstämmen läßt sich, wie EULENBURG[1] sowie WALLER und DE WATTEWILLE[2] zuerst gezeigt haben, die Gültigkeit des PFLÜGERschen Zuckungsgesetzes am menschlichen Nerven nachweisen. Auch elektrotonische Veränderungen an der Kathode oder an der Anode haben sich feststellen lassen.

Bei der unipolaren Reizung hat man vier Möglichkeiten der Reizanordnung, je nachdem wir als Reizelektrode die Kathode oder die Anode, den Stromschluß oder die Öffnung benutzen. Wir unterscheiden danach:

Kathodenschluß (KS) Anodenschluß (AnS)
Kathodenöffnung (KOe) Anodenöffnung (AnOe).

Die quantitativen Beziehungen, die zwischen diesen vier Reizarten bestehen, sind zuerst von BRENNER[3] untersucht worden. Er stellte danach das elektrodiagnostische Zuckungsgesetz auf. Beginnt man die Reizung mit schwachem Strom, so stellt sich zuerst beim KS eine Zuckung ein. Bei mittleren Stromstärken tritt die AnS und AnOe auf, meist die AnS bei geringeren Stromstärken, doch kommt auch das Umgekehrte vor. Bei starken Strömen, deren Anwendung sich wegen ihrer Schmerzhaftigkeit beim Menschen meist verbietet, stellt sich erst die KOe ein. Bei diesen oder auch schon bei geringeren Intensitäten zeigt sich

---

[1] EULENBURG: Dtsch. Arch. klin. Med. **3** (1867).
[2] WALLER u. DE WATTEWILLE: Physiological Transactions of the Royal Soc. 1882.
[3] BRENNER: Petersburg. med. Z. **2** (1862); **3** (1863) — Untersuchungen auf dem Gebiete der Elektrotherapie. Leipzig 1868/69.

beim KS meist ein während des ganzen Stromdurchganges andauernder Tetanus (KsTe). Das Zuckungsgesetz stellt sich danach folgendermaßen dar:

    schwache Ströme ... KSZ
    mittlere ,, ... KSZ AnSZ AnOeZ
    starke ,, ... KSTe AnSZ AnOeZ KOeZ.

Bezüglich der Deutung des Zuckungsgesetzes kann hier auf die Elektrodiagnostik der Muskeln, dieses Handb. 3 I, 587, verwiesen werden.

Die Feststellung quantitativer Veränderungen der Erregbarkeit der Nerven.

Auf die prinzipiellen Schwierigkeiten, die sich einer exakten quantitativen Bestimmung entgegenstellen, ist bereits oben hingewiesen worden (vgl. auch dieses Handb. 8 I, 587). Die praktische Diagnostik muß sich mit Methoden begnügen, die nur Annäherungswerte geben, und deren Genauigkeit auch nicht immer den praktischen klinischen Anforderungen genügen. Von den beiden in der klinischen Praxis gewöhnlich benutzten Stromarten wäre der faradische an sich für die quantitative Messung geeigneter als der galvanische. Für die kurzen Stromstöße ist der Leitungswiderstand des Körpers geringer und konstanter als für den galvanischen Strom. Er bewirkt nicht wie dieser bei längerem Durchgang selbst eine Erregbarkeitsänderung. Jedoch verfügen wir bis jetzt über keine zufriedenstellende und genügend einfache Maßmethode für den Induktionsstrom. Auch bei zwei gleichen Apparaten, die in Größe und Windungszahlen der Spulen übereinstimmen, und bei denen der primäre Strom gleich stark ist, kann der Rollenabstand der primären und sekundären Spule nicht als Maßstab für den Induktionsstrom dienen; denn dessen Reizwirkung ist von dem Verlauf der Stromkurve weitgehend abhängig; jede auch nur geringfügige Änderung in dem Zustande des Unterbrechers kann die Reizwirkung modifizieren. Wir haben daher in dem Rollenabstand keinen sicher reproduzierbaren Indicator für die Stromstärke; nur Messungen, die unmittelbar hintereinander ausgeführt werden, können verglichen werden. So lassen sich einseitige Herabsetzungen oder Erhöhungen der Erregbarkeit gut durch Vergleich mit der anderen Seite feststellen; normalerweise besteht kein Unterschied zwischen rechts und links. Hierbei ist, wie bei allen quantitativen Untersuchungen, darauf zu achten, daß genau symmetrische Stellen, und zwar die Stellen bester Erregbarkeit, miteinander verglichen werden. Bei

	Oberer Wert	Unterer Wert	Mittelwert
1. N. accessor	130	145	137,5
2. N. musculocut ...	125	145	135
3. R. mentalis	125	140	132,5
4. N. ulnaris I	120	140	130
5. R. frontalis	120	137	128,5
6. R. zygomatic ...	115	135	125
7. N. medianus....	110	135	122,5
8. N. facialis	110	132	121
9. N. ulnaris II	107	130	118,5
10. N. peroneus	103	127	115
11. N. cruralis.....	103	120	111,5
12. N. tibialis	95	120	107,5
13. N. radialis	80	120	105

doppelseitigen Affektionen muß der Vergleich mit einem normalen Menschen herangezogen werden. Die in den Tabellen in Rollenabständen angegebenen Normalwerte für den faradischen Strom können nach dem oben Gesagten nicht als Basis für die Messung dienen, sie geben uns nur einen Anhaltspunkt für die relativen Unterschiede zwischen den einzelnen Nerven. Die Reihenfolge der Erregbarkeit ist in der Regel konstant, und Abweichungen von ihr können uns Hinweise für pathologische Veränderungen geben. In der vorhergehenden Tabelle sind diese Werte nach STINZING angegeben.

Bei dem konstanten (galvanischen) Strom haben wir in den mit dem Galvanometer gemessenen Amperezahlen ein absolutes Maß für die Stromintensität. Die oben angeführten Fehlerquellen bedingen jedoch, daß diese Werte nicht als ein ausreichend exaktes Maß für die Reizstärke angesehen werden können. Die Zahlen (in Milliampere) sind in der folgenden Tabelle nach STINZING für eine Reihe von Nerven angegeben:

	Oberer Wert	Unterer Wert	Mittelwert
1. N. musculocut . . .	0,28	0,05	0,17
2. N. accessor	0,44	0,10	0,27
3. N. ulnaris I	0,9	0,2	0,55
4. N. medianus	1,5	0,3	0,9
5. R. mentalis	1,4	0,5	0,95
6. N. cruralis	1,7	0,4	1,05
7. N. peroneus	2	0,2	1,1
8. R. zygomatic . . .	2	0,8	1,4
9. R. frontalis	2	0,9	1,45
10. N. tibialis	2,5	0,4	1,45
11. N. ulnaris II	2,6	0,6	1,6
12. N. facialis	2,5	1,0	1,75
13. N. radialis	2,7	0,9	1,8

Wir sehen die großen Schwankungsbreiten, die innerhalb des Normalen bestehen. Wie schon ausgeführt, ist es nicht wahrscheinlich, daß dem individuelle Unterschiede in der Erregbarkeit zugrunde liegen, sondern Mängel in der Methodik. Mit Hilfe der STINZINGschen Normalwerte können wir nur gröbere Veränderungen bestimmen, alle feineren Abweichungen, die aus den weiten Grenzen der Normalwerte nicht herausfallen, entziehen sich der Konstatierung.

Allen bisher erwähnten quantitativen Messungen liegen die Schwellenwerte des Reizes zugrunde. Bei Untersuchungen, bei denen es auf exakte Zahlen nicht ankommt, so etwa bei dem Vergleich zwischen beiden Körperhälften, kann man auch überschwellige Reize benutzen. Man wendet dann auf beiden Seiten die gleichen Stromstärken an und vergleicht die Stärke der Kontraktion. Auch die maximale Kontraktion ist herangezogen worden; bei Herabsetzungen der Erregbarkeit ist sie verringert.

Wie schon oben erwähnt wurde, schwanken die Normalwerte, die mit Kondensatorentladungen festgestellt werden, in erheblich geringeren Grenzen, als es bei der Messung mit dem konstanten Strom der Fall ist. In der folgenden von ZANIETOWSKI[1] herrührenden Tabelle sind einige dieser Werte zusammengestellt. Es zeigt sich auch, daß die Unterschiede in der Erregbarkeit der einzelnen Nerven geringer sind als in der STINZINGschen Tabelle. Ein Nachteil der Kondensatormethode ist die Unmöglichkeit, Variationen des Widerstandes zu berücksichtigen. Wenn diese Fehlerquelle durch vorgeschaltete große Widerstände verringert wird, so muß man große Spannungen benutzen, die einerseits nicht immer leicht zu beschaffen sind, andererseits in ihrer Anwendung nicht immer ganz unbedenklich sind. Die Vorteile der Kondensatorentladungen kommen auch in vollem Maße nur bei kleinen Kapazitäten zur Geltung; bei

---

[1] ZANIETOWSKI: Zitiert auf S. 341.

größeren Kapazitäten, etwa von 1 Mikrofarad an, ist bereits der Einfluß der Polarisation sowie auch die Akkommodation im Sinne von NERNST wirksam. Der Benutzung kleinerer Kapazitäten steht aber wiederum die Höhe der notwendig werdenden Voltbeträge im Wege. Trotz ihrer erheblichen Vorteile hat sich die Kondensatormethode wegen der damit verbundenen Komplizierung der Untersuchung nicht in ausreichender Weise in der klinischen Praxis durchsetzen können.

N. facialis . . . . . . 14—17
N. acessorius . . . . . 9—10
N. radialis . . . . . . 24—25
N. medianus 14
N. ulnaris I . . . . . . 20—22
N. ulnaris II 19
N. peroneus 23

(Die Zahlen geben die für die Minimalerregung erforderlichen Spannungen in Volt bei einem Kondensator von 1 Mikrofarad an.)

Elektrische Befunde bei den Erkrankungen peripherer Nerven.

Die elektrischen Befunde sind im Prinzip einheitlich bei allen Erkrankungen des peripheren motorischen Neurons (spinales Vorderhorn, vordere Wurzel, peripherer Nerv). Sie sind unabhängig von der Stelle der Läsion und im allgemeinen auch von der Art der Schädigung. Der charakteristische elektrische Befund ist die Entartungsreaktion (EaR). Sie findet sich in gleicher Weise bei entzündlichen (Poliomyelitis anterior) oder traumatischen Erkrankungen der Vorderhörner des Rückenmarks, bei Verletzungen peripherer Nerven, bei Neuritis und Polyneuritis. Die EaR ist aber auch ein sicheres Anzeichen einer Schädigung des peripheren motorischen Neurons; bei motorischen Störungen anderer Art, z. B. Pyramidenbahnerkrankungen, striären Bewegungsanomalien, tritt sie ebensowenig auf wie bei direkten Schädigungen der Muskeln (Myositis, Dystrophie, Inaktivitätsatrophie usw.). Sie ist darum ein wichtiges differentialdiagnostisches Merkmal. Die komplette Form der EaR findet sich bei allen schweren Nervenläsionen; bei Affektionen mittlerer Schwere zeigt sie sich nur in ihrer partiellen Form, während bei leichten Schädigungen eine mehr oder minder schwere Herabsetzung ohne qualitative Änderungen besteht.

Bei der kompletten Form der EaR ist die elektrische Erregbarkeit des Nerven aufgehoben, und zwar in gleicher Weise für jede Stromart. Bei direkter Reizung des Muskels ist die Erregbarkeit aufgehoben bzw. in einer Stärke herabgesetzt, die praktisch der Unerregbarkeit gleichkommt, für alle Reizungen mit kurzen Stromstößen, also auch für einen Wechselstrom mit genügender Unterbrechungsfrequenz, wie ihn der Induktionsstrom darstellt. Die Erregbarkeit ist erhalten bzw. erhöht für längerdauernde Stromwirkungen, wie man sie mit dem Stromschluß eines konstanten Stromes bewirken kann. Hierbei finden sich die charakteristischen qualitativen Veränderungen der Erregbarkeit. Am Muskel besteht kein circumscripter Reizpunkt mehr, von dem aus eine Zuckung am ganzen Muskel erzielt werden kann. Es kontrahieren sich vorwiegend die Muskelbündel, die jeweils unter der Reizelektrode liegen; bei genügend schwachem Strome werden nur diese gereizt. Bei stärkerem Strom greift die Kontraktion auch allmählich auf die Muskelbündel der Umgebung über. Der Reizerfolg ist in der Regel am stärksten, wenn der ganze Muskel vom Strom durchflossen wird, also meist dann, wenn die Reizelektrode am distalen Ende des Muskels aufgesetzt wird. Die Zuckung ist träge, die Latenzzeit ist vergrößert, die Kontraktionskurve zeigt keine Spitze mehr, sondern eine Kuppe, sie ist in ihrem aufsteigenden und besonders in ihrem absteigenden Aste erheblich verlängert. Das normale Zuckungsgesetz ist verändert. Häufig ist die AnSZ stärker als die KSZ; doch besteht hier keine strenge Gesetzmäßigkeit. Die AnSZ kann auch gleich der KSZ sein, die KSZ auch überwiegen. Bezüglich der Einzelheiten in der Symptomatologie der EaR und deren theoretischer Deutung muß hier auf die Ausführungen in dem Kapitel über die Elektrodiagnostik der Muskeln, dieses Handb. 8 I, 595 ff., verwiesen werden.

Zusammenfassend ist die EaR folgendermaßen zu charakterisieren: Die Erregbarkeit des Nerven ist aufgehoben. Infolgedessen tritt kein Reizerfolg ein bei Reizung vom Nervenstamm aus. Ebenso fällt auch die Kontraktion aus, die wir normalerweise vom Reizpunkt des Muskels erzielen, die eine Erregung des intramuskulären Nerven ist. Es tritt dagegen eine normalerweise nicht zu beobachtende Reaktionsform auf, die auf einer direkten Erregung der Muskelfaser beruht, und die sich vor allem durch die Langsamkeit ihres Verlaufes von der normalen Kontraktion unterscheidet. Für diese Reaktion ist die Akkommodation im Sinne des NERNSTschen Gesetzes sehr viel geringer oder fehlt ganz. Infolgedessen ist ein Einschleichen mittels langsamer Stromverstärkung nicht möglich. Die Kontraktion tritt bei der gleichen Stromstärke ein, wenn der Strom plötzlich geschlossen wird oder langsam anwächst. Aus dem gleichen Grunde ist die Nutzzeit ebenso wie die Chronaxie außerordentlich verlängert. Auf die Verlängerung der Nutzzeit ist es auch zurückzuführen, daß länger dauernde Stromschlüsse eine erheblich stärkere Reizwirkung ausüben als kurze Stromstöße.

Die komplette Form der EaR tritt nur bei schweren Schädigungen des Nerven ein. Sie ist aber nicht gebunden an eine vollkommene Durchtrennung des Nerven, auch Quetschungen oder entzündliche Erkrankungen reparabeler Art können, wenn sie schwer genug sind, komplette EaR bewirken. Sie kann daher diagnostisch nicht zur Entscheidung der Frage dienen, ob eine Durchtrennung des Nerven vorliegt oder nicht, sie ermöglicht nur die Unterscheidung zwischen schwereren und leichteren Läsionen des Nerven.

Bei mittelschweren Läsionen des Nerven kommt es nur zur partiellen EaR. Hier ist die Nerverregbarkeit erhalten und nur herabgesetzt, und zwar ebenso für den konstanten wie für den Induktionsstrom. Auch die faradische Muskelerregbarkeit ist herabgesetzt vorhanden. Die durch den konstanten Strom ausgelöste Zuckung ist sowohl vom Nerven als auch vom Reizpunkt des Muskels aus von normaler Schnelligkeit und zeigt auch sonst, abgesehen von der quantitativen Veränderung, alle Kennzeichen der normalen Reaktion. Bei direkter Muskelreizung finden sich dagegen alle Symptome der EaR.

Bei partieller EaR besteht die Möglichkeit, die Chronaxie sowohl am Nerven als auch am Muskel selbst zu bestimmen. BOURGUIGNON[1] fand dabei folgendes: In allen Fällen, in denen die Erregbarkeit nicht aufgehoben ist, also bei partieller EaR, im Stadium der beginnenden Degeneration und Regeneration, ergibt sich eine verschiedene Reaktion, je nachdem der Nerv bzw. der Reizpunkt des Muskels oder die Muskelfaser direkt erregt werden. Bei der indirekten Reizung oder der Erregung vom Reizpunkt aus ist dann die Chronaxie gar nicht oder nur verhältnismäßig wenig vergrößert. Bei direkter Muskelreizung ist sie um das Vielfache verlängert.

Nur ausnahmsweise wird indirekte Zuckungsträgheit gefunden. In vielen Fällen, in denen diese beobachtet wurde, handelt es sich um Täuschungen durch Stromschleifen, die direkt auf den Muskel wirken, oder um eine Verlangsamung der Zuckung, die durch Abkühlung bzw. durch Zirkulationsstörungen (Gefäßläsionen) bewirkt wird. Es bleiben immerhin seltene Fälle übrig, in denen indirekte Zuckungsträgheit einwandfrei besteht.

---

[1] BOURGUIGNON: La Chronaxie chez l'homme. Paris 1923.

BOURGUIGNON erklärt dieses Verhalten mit dem Gesetze der Isochronie von Nerv und Muskel, nach dem eine Erregung vom Nerven aus nur zustande kommen kann, wenn die Chronaxie im Nerv und Muskel nicht wesentlich verschieden ist. Bei partiellen Nervenläsionen, die zu keiner Aufhebung der Erregbarkeit führen, wächst die Chronaxie des Nerven zwar, aber in der Regel nicht in dem gleichen Maße wie die des Muskels. Die damit eintretende Heterochronie zwischen Nerv und Muskel läßt den Erfolg bei Nervenreizung auch dann ausbleiben, wenn der Nerv streng genommen nicht unerregbar geworden ist. In seltenen Fällen erfolgt jedoch die Chronaxiezunahme für Nerv und Muskel in annähernd gleicher Weise, und dann kann bei indirekter Reizung träge Zuckung eintreten. Die schnelle Zuckung, die meist auf Nervenreizung hin bei partieller EaR beobachtet wird, ist nach BOURGUIGNON darauf zu beziehen, daß ein Teil der Muskelfasern eine kleine Chronaxie behält.

Bei leichten Nervenläsionen tritt nur eine einfache Herabsetzung der Erregbarkeit ohne qualitative Änderungen ein, bei den leichtesten Formen kann auch trotz Bestehen der Lähmung jede elektrische Veränderung ausbleiben. Da auch bei primären Muskelläsionen (Dystrophie, Myositis, Inaktivitätsatrophie) einfache Herabsetzungen der Erregbarkeit beobachtet werden, so bietet der elektrische Befund bei den leichten Nervenläsionen keine Grundlage für die Differentialdiagnose zwischen beiden. Wir haben keine Möglichkeit, die Herabsetzung der Erregbarkeit des Nerven von der des Muskels zu unterscheiden. Vielleicht wird die Chronaxiemessung in dieser Beziehung Anhaltspunkte ergeben; doch liegen hierfür Untersuchungen noch nicht in ausreichendem Maße vor.

Bei leichten traumatischen Schädigungen des Nerven, insbesondere bei Druckläsionen (Schlafdrucklähmung, Lähmung infolge des Druckes der Gummibinde bei Operationen u. ä.), läßt sich eine Aufhebung der Nervenleitung an der Läsionsstelle konstatieren. Reizt man den Nerven distal von der Läsionsstelle, so erhält man eine normale oder quantitativ mehr oder minder veränderte Reaktion, ebenso auch bei direkter Reizung des Muskels. Setzt man jedoch die Reizelektrode an einen proximal von der Verletzungsstelle gelegenen Punkt des Nerven auf, so erfolgt keine Reaktion. Z. B. bei den Schlafdrucklähmungen des Radialis am Oberarm ist der Nerv im Sulcus bicipitalis externus des Oberarmes normal erregbar, während bei Reizung am ERBschen Punkte des Plexus brachialis in der Supraclaviculargrube die Kontraktion des Brachioradialis ausbleibt.

Untersuchungen über die Unterschiede zwischen Erregbarkeit und Leitungsfähigkeit des Nerven sind insbesondere bei den Kriegsverletzungen angestellt worden, und zwar sowohl percutan als auch am operativ freigelegten Nerven.

Die Erregbarkeit kann an der Stelle der Läsion aufgehoben, proximal aber erhalten sein, jedoch auch umgekehrt an der Läsionsstelle und proximal fehlen und distal erhalten sein. (FOERSTER[1], MAUS und KRÜGER[2], CASSIRER[3].)

Auch sonst haben Beobachtungen am operativ frei gelegten Nerven ergeben, daß die Erregbarkeitsverhältnisse mit den bei percutaner Untersuchung festgestellten nicht immer übereinstimmen. Der percutan unerregbare Nerv kann sich nach der Freilegung als noch erregbar erweisen (FOERSTER, RANSCHBURG[4], MAUS und KRÜGER). Nach der inneren Neurolyse zeigt sich manchmal, daß ein Teil der Bündel erregbar ist, ein Teil nicht, und öfters sprechen nach der Auslösung des Nerven manche Muskeln an, die vorher nicht erregbar waren. FOERSTER fand auch in vereinzelten Fällen von Totaltrennung, daß das periphere Stück noch erregbar war und zwar viele Monate nach der Verletzung. Er führt das auf Fasern zurück, die auf Umwegen das periphere Stück erreichen.

Der *Verlauf der elektrischen Veränderungen* ist am übersichtlichsten bei den Verletzungen der peripheren Nerven, etwa bei einer Durchschneidung. Unmittelbar nach der Läsion ist trotz völliger Lähmung der elektrische Befund unverändert, abgesehen von dem Ausbleiben des Reizerfolges proximal von der

---

[1] FOERSTER: Handbuch der ärztlichen Erfahrungen im Weltkriege 1914—18. Bd. 4.
[2] MAUS und KRÜGER: Bruns Beitr. z. klin. Chir. 1917. 108.
[3] CASSIRER: Z. Neurol. 37, S. 245.
[4] RANSCHBURG: Die Heilerfolge der Nervennaht. Berlin 1918.

Läsionsstelle. Dieses Stadium kann einige Tage bestehen bleiben. In dieser Zeit findet sich mitunter eine Erhöhung der Erregbarkeit. Gegen Ende der ersten Woche beginnt dann die Erregbarkeit zu sinken, anfangs gleichmäßig für die faradische und für die indirekte galvanische Reizung, bis schließlich vollkommene Unerregbarkeit eintritt. Gleichzeitig stellt sich bei direkter Reizung des Muskels eine Erhöhung der Erregbarkeit ein, und es treten die anderen Kennzeichen der EaR (träge Zuckung, Änderung der Zuckungsformel usw.) auf. Dieses Symptombild bleibt längere Zeit unverändert bestehen. Der weitere Verlauf hängt davon ab, ob Restitution erfolgt oder nicht. Tritt keine Wiederherstellung ein, so geht die Erhöhung der galvanischen Erregbarkeit nach 2—3 Monaten in eine Herabsetzung über, die allmählich immer mehr zunimmt, die Zuckung wird immer träger, schließlich bekommt man nur bei stärksten Strömen und bei nahe aufeinandergesetzten Elektroden eine ganz langsam verlaufende wurmförmige Zuckung. Endlich erlischt die Erregbarkeit ganz. Doch tritt dies erst gewöhnlich nach 2—3 Jahren ein; gelegentlich kann man auch noch mehrere Jahre nach der Läsion träge Kontraktionen erzielen. Völlig aufgehoben ist die Erregbarkeit wahrscheinlich erst dann, wenn keine contractile Substanz im Muskel mehr vorhanden ist, doch wird praktisch die Unerregbarkeit schon vorher erreicht, da die Intensität der anzuwendenden Ströme nach oben hin begrenzt ist. Wahrscheinlich würde man bei Reizung des freigelegten Muskels noch viel länger Kontraktionen erzielen können.

Ist die Läsion reparabel, so kann in jedem Stadium die Restitution einsetzen. Wann dies erfolgt, ist abhängig von der Schwere der Läsion, ferner von dem Zeitpunkt, von dem an die schädigende Ursache beseitigt ist. Ist die Kontinuität des Nerven nicht durchtrennt, hat nur eine Kompression des Nerven stattgefunden, so kann nach erfolgter Beseitigung des Druckes durch eine Neurolyse die Restitution relativ schnell erfolgen. Nach der Naht eines durchtrennten Nerven dauert die Restitution erheblich länger; ihre Zeitdauer ist auch davon abhängig, wie lange nach der Verletzung die Nervennaht stattgefunden hat. Für den Verlauf der Restitution ist auch die Länge der Nervenstrecke von Einfluß, die der Restitutionsprozeß zu durchlaufen hat. So brauchen proximale Nervenverletzungen und solche an langen Nerven längere Zeit als solche, die den Stamm in der Nähe der Muskeln betroffen haben. Die Wiederherstellung erfolgt im allgemeinen in der Reihenfolge, in welcher die Muskeläste vom Nervenstamm abgehen; doch kann dies Gesetz durchbrochen werden, wenn die Teile des Nervenstammes nicht gleichmäßig geschädigt sind. Die Besserung kann auch in einzelnen von demselben Nerven versorgten Muskeln eintreten, in anderen ausbleiben. Auch in einem Muskel können sich die verschiedenen Portionen anders verhalten.

Die Restitution kann aus dem Stadium der erhöhten oder der schon wieder gesunkenen oder auch der scheinbar erloschenen galvanischen Erregbarkeit erfolgen. In der Regel stellt sich zuerst die indirekte galvanische und faradische Erregbarkeit wieder ein, gleichzeitig oder etwas später die faradische Erregbarkeit, während zuerst bei direkter galvanischer Reizung noch die Zeichen der EaR erkennbar sind. Es wird also bei der Restitution das Stadium der partiellen EaR durchlaufen. Allmählich verschwinden die Kennzeichen der EaR; es tritt an ihrer Stelle die normale direkte galvanische Erregbarkeit mit schneller Zuckung ein. Es sind alle Reaktionsformen stark herabgesetzt, unter Umständen so stark, daß eine scheinbare Aufhebung der Erregbarkeit besteht. Die Herabsetzung ist um so stärker, je schwerer die Läsion war, sie schwindet erst ganz allmählich und kann auch nach Jahren in geringem Grade noch nachweisbar sein, wenn alle anderen Symptome der Nervenschädigung geschwunden sind.

Meist wird angegeben, daß die Wiederkehr der willkürlichen Beweglichkeit etwas zeitiger erfolgt, als die Besserung der elektrischen Erregbarkeit nachweisbar ist; doch besteht hierüber keine völlige Einigkeit und Sicherheit, da der Nachweis der ersten Spuren der beginnenden elektrischen Wiederherstellung nicht immer ganz leicht und von der Stärke des angewandten Stromes abhängig ist. BOURGUIGNON[1] gibt an, daß er bei sorgfältiger Untersuchung beides immer gleichzeitig habe eintreten sehen und das Vorauseilen der willkürlichen Beweglichkeit niemals sicher habe konstatieren können. In manchen Fällen bleibt auch die Lähmung bestehen trotz Wiederkehr der elektrischen Erregbarkeit; meist sind es Lähmungen, die in früher Kindheit eingetreten sind (besonders infantile Facialislähmungen), oder Nervenläsionen, bei denen die Restitution sehr lange Zeit in Anspruch genommen hat. Als Erklärung dieser Erscheinung wird angegeben, daß die Patienten die Bewegung verlernt haben und nach erfolgter Restitution die Innervation nicht wiederfinden (Gewohnheitslähmungen); doch muß es noch dahingestellt bleiben, ob dabei nicht andere, im Restitutionsprozeß selbst gelegene Ursachen eine Rolle spielen.

In den Verlauf der Degeneration und Regeneration gibt das Verhalten der Chronaxie bei Nervenverletzungen, das BOURGUIGNON eingehend studiert hat, interessante Einblicke. Im allerersten Stadium ist die Chronaxie herabgesetzt bis auf ein Drittel ihres normalen Wertes, doch dauert dieses Stadium nur sehr kurze Zeit, so daß es meist der Beobachtung entgeht. Auch bei chronisch fortschreitenden Läsionen weisen manche Beobachtungen darauf hin, daß diese Herabsetzung der Chronaxie als erstes Zeichen der beginnenden Erkrankung allen anderen Symptomen vorausgehen kann. Sodann tritt allmählich eine Steigerung der Chronaxie ein; in einigen Wochen, unter Umständen schon in einigen Tagen, erreicht sie ihren Maximalwert zu derselben Zeit, in der die Zuckungsträgheit sich einstellt, doch gehen beide Veränderungen nicht streng miteinander parallel. Im 2. oder 3. Monat nach der Läsion hat die Chronaxie in der Regel ihren Maximalwert erreicht, der $40-60\,\sigma$ beträgt. Tritt keine Regeneration ein, so beginnt nach dem 7. oder 8. Monat die Chronaxie wieder zu sinken und bleibt dann meist auf einem Werte von $10-20\,\sigma$ stehen, den sie behält, bis der Muskel seine Erregbarkeit verliert. Während der Regeneration macht die Chronaxie in der Regel die gleichen Veränderungen in umgekehrter Reihenfolge durch. Bei Nervendurchtrennungen, die BOURGUIGNON besonders eingehend studiert hat, ergibt sich, daß bei vollständiger Wiederkehr der willkürlichen Beweglichkeit und Wiederherstellung der elektrischen Erregbarkeit die Chronaxie ihren Normalwert nicht erreicht hat. In einer Beobachtung war dies auch nach 5 Jahren noch nicht der Fall. Wird bei Nervendurchtrennung der Nerv frühzeitig genäht, etwa 8—14 Tage nach der Läsion, so vermag dies, wie die Chronaxiebestimmungen zeigen, den Verlauf der Degeneration nicht aufzuhalten, die Chronaxiewerte steigen auch weiterhin noch 2—3 Monate, erreichen jedoch in der Regel nicht die hohen Beträge, wie es bei den erst spät genähten Nerven der Fall ist.

Bei mittelschweren Läsionen kommt, wie erwähnt, die komplette EaR nicht zur Ausbildung, der Verlauf ist abgekürzt, im Beginn bleibt die elektrische Veränderung auf dem Stadium der partiellen EaR stehen und verharrt in diesem, bis die Restitution erfolgt, die im wesentlichen in der gleichen Weise vor sich geht, wie es von der kompletten EaR geschildert wurde. Daß bei leichten Läsionen von Anfang an nur eine leichte Herabsetzung sich einstellt und bestehenbleibt, wurde schon gesagt; diese gleicht sich bei eintretender Restitution relativ schnell, meist nach einigen Wochen, wieder aus.

---

[1] BOURGUIGNON: Zitiert auf S. 349.

Anders ist der Verlauf bei chronisch progredienten Erkrankungen, wenn etwa der Nerv durch einen wachsenden Tumor komprimiert wird, oder wenn die Vorderhörner des Rückenmarks chronisch erkranken wie bei amyotrophischer Lateralsklerose u. ä. Mit dem Einsetzen der Paresen und Atrophien tritt eine einfache Herabsetzung der elektrischen Erregbarkeit ein. Diese nimmt allmählich zu, geht in partielle und komplette EaR über, schließlich kommt es zur Aufhebung der Erregbarkeit.

Von dem üblichen Verlaufe der elektrischen Veränderungen bei peripheren Nervenläsionen sind wiederholt Ausnahmen beobachtet worden. In dieser Beziehung haben sich besonders die zahlreichen Kriegsbeobachtungen von Nervenverletzungen lehrreich erwiesen. Mehrfach ist beobachtet worden, daß die EaR trotz vollkommener Durchtrennung des Nerven sich erst relativ spät entwickelt hat. Während wir im allgemeinen annehmen, daß die EaR 2 Wochen nach Eintritt der Läsion ausgebildet zu sein pflegt, fand FOERSTER[1] das Erlöschen der faradischen Erregbarkeit erst nach 6—8 Wochen, in einem extremen Falle erst nach einem Jahr. Über ähnliche Beobachtungen berichtet OPPENHEIM[2]. Ferner wird berichtet, daß der Eintritt der langsamen galvanischen Zuckung wiederholt auffallend spät erfolgte (SPIELMEYER[3], OPPENHEIM, THOELE[4], FÖRSTER, REICHMANN[5] u. a.). Die Angaben mancher Autoren, daß trotz völliger Durchtrennung die träge Zuckung überhaupt vermißt wurde, wird von FOERSTER mit Recht bezweifelt.

Von sonstigen Abnormitäten im Verlaufe der EaR ist wiederholt auf ein abnorm schnelles Sinken der galvanischen Erregbarkeit bis zum völligen Erlöschen hingewiesen worden. Man hat hieraus ungünstige prognostische Schlüsse gezogen; doch erscheinen diese Erwägungen als unberechtigt, wie von OPPENHEIM, FOERSTER, SPIELMEYER zutreffend betont wird.

Zu einer frühzeitigen Aufhebung der galvanischen Erregbarkeit kommt es wohl überhaupt nicht (FOERSTER). Wenn man nur genügend starke Ströme anwendet, die Elektroden nahe aneinander auf den Muskel aufsetzt (SITTIG[6]), ist die träge Zuckung immer noch zu erzielen.

Bei peripheren Läsionen der Nerven ist vielfach eine Inkongruenz zwischen dem elektrischen und funktionellen Verhalten konstatiert worden. So fand man bei guter oder wenig geschädigter Funktion Zeichen der EaR und umgekehrt bei aufgehobener Motilität normales elektrisches Verhalten. Bei den Beobachtungen der 1. Gruppe geht nicht immer mit voller Klarheit hervor, ob es sich nicht um Lähmungen handelt, die in der Restitution begriffen sind, bei denen ein Voraneilen der funktionellen Besserung gegenüber der elektrischen Restitution nichts Ungewöhnliches ist.

Bei den neuritischen Erkrankungen sind die elektrischen Veränderungen prinzipiell die gleichen wie bei den Nervenverletzungen. Sie sind mannigfaltiger und in ihrem Verlaufe weniger regelmäßig, insbesondere bei der Polyneuritis. Bei akuten Erkrankungen und rapide einsetzenden Lähmungen können die elektrischen Symptome sich mit der gleichen Schnelligkeit ausbilden wie bei Nervenverletzungen; in anderen Fällen setzen sie, nur allmählich fortschreitend, in subakuter Entwicklung ein. Die betroffenen Nerven und auch die einzelnen Muskeln des gleichen Nervengebietes können sich durchaus verschieden verhalten und alle Abstufungen zwischen leichter einfacher Herabsetzung und kompletter EaR darbieten. Ebenso wechselvoll ist der Verlauf in der Restitution, die die verschiedensten Abstufungen in der Schnelligkeit und Vollständigkeit aufweisen kann. Ferner findet sich bei der Polyneuritis nicht selten eine Inkongruenz zwischen Lähmung und elektrischem Befunde. So können Muskeln trotz kompletter Lähmung nur geringfügige elektrische Veränderungen

---

[1] FOERSTER: Handb. d. ärztl. Erfahrungen im Weltkriege 1914—1918 4, 295, 296.
[2] OPPENHEIM: Beitr. z. Kenntnis d. Kriegsverletzungen d. periph. Nervensystems. Berlin 1917.
[3] SPIELMEYER: W. m. W. 1915.   [4] THOELE: Beitr. klin. Chir. 1915.
[5] REICHMANN: D. m. W. 1915. Arch. f. Psychiatr. 56.
[6] SITTIG: M. Kl. 1916.

darbieten und andererseits auch Muskeln, die niemals Lähmungserscheinungen gezeigt haben, elektrische Anomalien bis zur EaR erkennen lassen. Bei Polyneuritis, vor allem bei der postdiphtherischen Form, ist wiederholt myasthenische Reaktion beobachtet worden (OPPENHEIM, KRAMER[1]); auch in Muskeln, die funktionell nicht gestört sind und keinerlei andere elektrische Symptome zeigen. Die myasthenische Reaktion kann auch noch lange nach Abklingen der polyneuritischen Erkrankung nachweisbar sein.

Die Ergebnisse der Chronaxieuntersuchungen.

Nach den Untersuchungen BOURGUIGNONS[2] sind die normalen Chronaxiewerte innerhalb geringer Grenzen konstant und von den Schwankungen des Widerstandes gar nicht oder nur in geringem Maße beeinflußt, sie sind auch von den sonstigen Versuchsbedingungen unabhängig. Bei verschiedenen Menschen und zu verschiedenen Zeiten bei den gleichen Personen ergeben sich auch nur geringfügige Schwankungen. In den einzelnen Muskeln stimmen die Chronaxiewerte nicht überein. Die Werte schwanken zwischen 0,08—0,72 Sigma). Der für den einzelnen Muskel geltende Wert ist davon unabhängig, ob man ihn vom Nervenstamm oder vom Reizpunkt aus reizt. Der Nervenstamm hat keine einheitliche Chronaxie; diese hängt davon ab, welcher der versorgten Muskeln als Indicator des Reizerfolges benutzt wird; man erhält den für diesen Muskel charakteristischen Betrag. Die Chronaxie der in dem Nervenstamme vereinigten Faserbündel ist also von der Natur der von ihnen versorgten Muskeln anhängig.

Nach der Verschiedenheit der Chronaxie lassen sich die Muskeln in verschiedene Gruppen teilen, die schneller reagierenden besitzen die kleineren, die träger reagierenden die größeren Werte. Die Muskeln lassen sich in Gruppen teilen, bei denen sich die Werte in bestimmten für sie charakteristischen Grenzen halten. Nach BOURGUIGNON werden diese Gruppen von funktionell zusammengehörigen Muskeln gebildet. In jedem Gliedabschnitt haben Muskeln, die der gleichen Funktion dienen, auch die gleiche Chronaxie. Die Beuger haben eine kleinere, ungefähr halb so große Chronaxie wie die Strecker. Die Werte nehmen von proximal nach distal zu, so daß sie bei Muskeln von gleicher Funktion größer sind, wenn diese in dem peripher gelegenen Gliedabschnitt sich befinden. Von dieser Regel gibt es jedoch einige Ausnahmen, die nach BOURGUIGNON nur als scheinbar anzusehen sind. Es handelt sich dabei immer um Muskeln, die als Synergisten der Muskelgruppe wirken, mit der sie in der Chronaxie übereinstimmen. Wenn z. B. das Caput internum des Triceps einen Wert ergibt, der nicht mit den anderen Teilen des Muskels, sondern mit den Beugern übereinstimmt, so beruht dies darauf, daß er ein Synergist der Beuger ist. Bezüglich der Chronaxiewerte der einzelnen Muskeln s. die Tabelle in Bd. 8 I dieses Handbuches, S. 592/593.

Unter pathologischen Verhältnissen finden sich Veränderungen der Chronaxie vor allem bei denjenigen Erkrankungen, die mit einer Verlangsamung der Muskelzuckung verbunden sind. Die Werte sind dann oft außerordentlich hoch und um das 50fache und mehr gegenüber der Norm vergrößert.

Dieses Anwachsen der Chronaxie findet sich bei allen Prozessen, die eine Trägheit der Muskelzuckung hervorrufen, gleichgültig, welcher Ätiologie sie sind, so bei der EaR, bei der Myotonie, bei der durch Kälte und Zirkulationsstörung oder toxische Einflüssen bedingten Zuckungsträgheit. Bemerkenswert

---

[1] KRAMER: Z. Neur. Ref. 25. S. 232.   [2] BOURGUIGNON: Zitiert auf S. 349.

ist, daß bei vorübergehenden Veränderungen der Zuckungsform, wie man sie bei Abkühlung oder bei Zirkulationsstörungen beobachtet, die gleiche Vergrößerung der Chronaxie eintritt und mit dem Schwinden der Kontraktionsänderung wieder vergeht, also reversibel ist. Für die Chronaxie ist demnach der funktionelle Zustand des Muskels und nicht das anatomische Substrat maßgebend.

In dem gleichen Sinne sprechen auch die Feststellungen, daß bei hemiplegischer Contractur der Unterschied zwischen Streckern und Beugern vergrößert, bei PARKINSONschem Rigor dagegen verringert ist (BOURGUIGNON, STEIN[1]). Hier ist die Chronaxie von dem Verhalten des Muskeltonus abhängig. BOURGUIGNON stellte auch noch fest, daß bei Störungen in der Nerv-Muskelfunktion, und zwar sowohl solchen anatomischer Natur (bei Nervenläsionen) oder solchen rein funktionellen Charakters (Abkühlung, Zirkulationsstörung) auch in der anderen Körperhälfte sich deutliche, wenn auch geringfügige Veränderungen der Chronaxie nachweisen lassen. BOURGUIGNON bezeichnet diese Erscheinungen als „répersussion" (Reflexwirkung).

Die Feststellungen BOURGUIGNONs sowohl am normalen wie am pathologisch veränderten Nerven und Muskel sind von den Nachuntersuchern (BLUMENFELD[2], GRUND[3], MANN und BLOCH[4]) im wesentlichen bestätigt worden.

Elektrische Untersuchung der sensiblen Nerven.

Die Untersuchung der Sensibilität mit elektrischen Reizen steht in ihrer Bedeutung weit hinter der der motorischen Apparate zurück. Bei den motorischen Nerven gibt uns die elektrische Untersuchung im Gegensatze zu den sonstigen Prüfungen der Motilität eine Möglichkeit, uns unabhängig von dem Willen des Patienten von den Erregbarkeitsverhältnissen zu überzeugen. Bei der elektrischen Sensibilitätsprüfung ist man jedoch immer auf die Angaben des Patienten angewiesen und im Vergleich zu den anderen Empfindungsprüfungen bringt sie nichts prinzipiell Neues. Sie gibt nur die Möglichkeit, neben anderen Reizarten noch einen anderen Erregungsmodus anzuwenden, der quantitativ leicht abstufbar ist. Die praktische diagnostische Bedeutung der Untersuchung ist nur gering. Immerhin sind die elektrischen Sensibilitätsuntersuchungen vielleicht geeignet, nähere Einblicke in die pathologische Physiologie der Sensibilitätsstörungen zu geben, doch sind in dieser Beziehung erst Ansätze vorhanden.

Der Induktionsstrom ruft eine prickelnde Empfindung hervor, die sich bei Verstärkung des Stromes zu Schmerzen steigert. Der konstante Strom erzeugt bei seiner Schließung und Öffnung eine kurze, ruckartige, manchmal auch leicht prickelnde Empfindung. Bei Verstärkung des Stromes tritt ein schmerzhaftes Brennen hinzu, das auch während der Dauer des Stromschlusses anhält und an der Kathode stärker ist als an der Anode. Zwischen der Wirkung des Stromschlusses und der Stromöffnung, der Anode und der Kathode ergeben sich die gleichen gesetzmäßigen Unterschiede wie bei der Reizung der motorischen Nerven und Muskeln. Wird die Elektrode auf den Nervenstamm aufgesetzt, so breitet sich die prickelnde Empfindung bei faradischem Strom und die Sensation beim Stromschluß und der Stromöffnung des konstanten Stromes über das gesamte Verbreitungsgebiet an der Haut aus. Es lassen sich auf diese Weise auch

---

[1] STEIN: 16. Jahresvers. d. Ges. dtsch. Nervenärzte in Düsseldorf 1926. Ref. Z. Neur. **44**, 798.
[2] BLUMENFELD: Zitiert auf S. 343.   [3] GRUND: Zitiert auf S. 343.
[4] MANN u. BLOCH: Zitiert auf S. 343.

die Durchtrittsstellen der Hautäste durch die Fascie zur Haut gut bestimmen; ebenso kann man nach den ausgelösten Empfindungen das Verbreitungsgebiet des betreffenden Nerven feststellen. Für die verschiedenen Regionen des Körpers sind verschiedene Schwellenwerte in Rollenabständen angegeben worden (LEYDEN, BERNHARDT[1]). Diesen kommt aus den schon mehrfach hervorgehobenen Gründen keine absolute Bedeutung zu; sie zeigen nur die Differenzen an, die zwischen den verschiedenen Hautstellen bestehen. KRAMER[2], ZANIETOWSKI[3], CHANOZ[4] benutzten zu elektrischen Sensibilitätsuntersuchungen Kondensatorentladungen. Es ergeben sich dabei einigermaßen konstante Werte, sowohl zu verschiedenen Zeiten als auch bei verschiedenen Menschen; die Methode eignet sich auch gut zur quantitativen Bestimmung von Sensibilitätsstörungen. Die in der folgenden, der Arbeit von KRAMER entnommenen, Tabelle wiedergegebenen Normalwerte geben die Voltzahlen der zu Schwellenempfindungen notwendigen Entladungen bei 1 Mikrofarad an.

Zeigefinger volar	7,0
Daumenspitze volar	7,5
Mitte des Handtellers	12,0
Mitte des I. Metacarpus dorsal	16,0
Unterarm unteres Drittel rad. volar	11,0
Unterarm oberes Drittel rad. volar	16,0
Oberarm volar auf dem Biceps	12,0
Oberschenkel vorn oberes Drittel außen	12,0
Oberschenkel vorn oben innen	7,0
Unterschenkel vorn oben außen	15,0
Unterschenkel vorn oben innen	14,0
Mitte der Wade	14,0
Fußrücken innen	20,0
Rücken neben dem oberen Scapulawinkel	14,0
Fußsohle	24,0
Mitte der Stirn	6,5
Wange	6,5
Ansatz des process. ensiformis Mittellinie	11,0
Nabelhöhe	12,0

KRAMER prüfte auch mit Kondensatoren verschiedener Kapazität und zeigte, daß die Ergebnisse gut mit der WEISSschen Formel ($q = a + bt$) übereinstimmen, wobei er die Zeit als der Kondensatorkapazität proportional annahm. Bei Sensibilitätsstörungen ergab sich, daß die beiden Konstanten a und b unabhängig voneinander variieren. Bei spinalen Hyperalgesien stellte er mit der Kondensatormethode fest, daß die Überempfindlichkeit nur für langdauernde Reize besteht, für kurzdauernde dagegen eine Unterempfindlichkeit. Danach beruht die Hyperästhesie nicht auf einer Herabsetzung der Schwelle, sondern auf einer gesteigerten Summation der Reize, die die Unterempfindlichkeit bei längerdauernden Reizen überkompensiert.

LÖWENTHAL[5] empfiehlt das „faradische Intervall", d. h. die Differenz der Rollenabstände für die minimale Empfindung und die Schmerzempfindung zur Prüfung von Sensibilitätsstörungen.

BOURGUIGNON und RADOWICI[6] haben Untersuchungen über die Chronaxie der sensiblen Nerven angestellt, die jedoch noch zu keinem endgültigen Abschluß gelangt sind. Bisher liegen nur Untersuchungen über die obere Extremität vor. Sie prüften an den Nervenstämmen und stellten die Chronaxiewerte für die aus-

---

[1] BERNHARDT: Die Erkrankungen der peripheren Nerven. Wien 1902.
[2] KRAMER: Elektrische Sensibilitätsprüfungen mittels Kondensatorentladungen. Z. f. med. Elektrol. u. Röntgenk. **1907**.
[3] ZANIETOWSKI: Handb. d. ges. Anwendungen d. Elektrizität in d. Medizin **2**, 48ff.
[4] CHANOZ: 2. Congrès intern. de l'Electrologie. Bern 1903.
[5] LÖWENTHAL: Z. f. med. Elektrologie **11** (1909).
[6] BOURGUIGNON u. RADOWICI: C. r. Acad. Sci. **19**, 12 (1921).

strahlenden Empfindungen in den verschiedenen Hautregionen fest. Reizung des Nerven an verschiedenen Stellen seines Verlaufes ergibt keine differenten Werte. Ebenso wie bei den motorischen Nerven finden sich auch bei der Sensibilität vier Chronaxiegruppen. Wenn man diese auf der Haut aufzeichnet, so entsprechen sie weder peripheren noch radikulären Bezirken. Derselbe Nerv und dieselbe Wurzel enthält Fasern verschiedener Chronaxie, die gleiche Chronaxie gehört zu mehreren Nerven und zu mehreren Wurzeln. Es erfolgt lediglich eine Gruppierung nach Körperregionen. Man kann danach die obere Extremität in vier Regionen einteilen:

1. Die Schulter und die Vorderfläche des Oberarmes,
2. die Hinterfläche des Oberarmes,
3. die Volarfläche des Vorderarmes und die Handfläche,
4. die Rückseite des Armes und der Handrücken.

Die Chronaxie der ersten Region beträgt 0,12—0,16 σ, die der zweiten 0,16
Die Chronaxie der ersten Region beträgt 0,12—0,16 σ, die der zweiten 0,16 bis 0,20 σ, die der dritten 0,24—0,32 σ, die der vierten 0,32—0,42 σ. Die Werte entsprechen denen, welche die unter den betreffenden Hautregionen liegenden Muskeln besitzen.

Aus den Chronaxiewerten der Hautsensibilität und der Muskeln zieht BOURGUIGNON Schlüsse auf die Natur der Reflexe, die durch die Untersuchung von RADOWICI bestätigt wurden. Das zu einem Reflex gehörige sensible Gebiet und der Muskel, der auf den Reflex reagiert, sollen in der Chronaxie übereinstimmen. Nach dem Gesetz der Isochronie verläuft der Reflex im Zentralorgan auf Leitungsbahnen gleicher Chronaxie und gelangt schließlich zu den Muskeln, die in der Reaktionsschnelligkeit übereinstimmen.

Steigerung der Erregbarkeit der peripheren Nerven bei der Tetanie und verwandten Erkrankungen.

Bei der Tetanie findet sich regelmäßig eine Erhöhung der Erregbarkeit der peripheren Nerven. Dieses Phänomen ist von ERB zuerst eingehend beschrieben und studiert worden. In gleicher Weise ist es bei der Tetanie der Erwachsenen wie bei der Tetanie der Kinder nachweisbar. Wegen der großen diagnostischen Bedeutung, die es für die Feststellung der Tetanie und Spasmophilie im Kindesalter besitzt, ist es Gegenstand zahlreicher Untersuchungen, vor allem der Kinderärzte gewesen. Von älteren Arbeiten sei hier vor allem auf die grundlegenden Untersuchungen von MANN[1] und THIEMICH[2] hingewiesen. Die Steigerung der Erregbarkeit betrifft sowohl die Nerven als auch die Muskeln; bei der Reizung der Nervenstämme ist sie meist deutlicher nachweisbar als an den Muskelpunkten. Sie geht meist parallel der Erhöhung der mechanischen Erregbarkeit und auch dem Auftreten des TROUSSEAUschen Phänomens, doch ist dies nicht ausnahmslos der Fall. Der Nachweis der erhöhten elektrischen Erregbarkeit kann das einzige sichere diagnostische Zeichen sein. Da die Erregbarkeitssteigerung in der Regel sämtliche Nerven des Körpers betrifft, so stehen Vergleichswerte an dem gleichen Patienten nicht zur Verfügung. Die erwähnten Schwierigkeiten der quantitativen Untersuchungen fallen hier ganz besonders ins Gewicht. Die Pädiater haben sich darum besonders bemüht, eine gute quantitative Methode für diese Zwecke zu schaffen. Auf die neueren Versuche von SALGE[3] und FREISE und SCHIMMELPFENNIG[4] ist schon hingewiesen worden.

---

[1] MANN: Mschr. Psychiatr. **7** (1899).
[2] THIEMICH: Jb. Kinderheilk. **51**.
[3] SALGE: Z. Kinderheilk. **19** (1919).
[4] FREISE u. SCHIMMELPFENNIG: Zitiert auf S. 341.

Die Erregbarkeitsänderung ist in gleicher Weise mit dem faradischen und galvanischen Strom nachweisbar; aus den erwähnten Gründen eignet sich die Untersuchung mit dem Induktionsstrome nicht für quantitative Zwecke, bei denen absolute Werte, wie hier, erforderlich sind. Bei der galvanischen Untersuchung fallen zwar in der Regel die Werte, die man erhält, unter die untere Grenze der STINZINGschen Tabelle, doch keineswegs immer. Darum kann man mitunter im Zweifel sein, ob ein Erregbarkeitswert, der sich innerhalb der STINZINGschen Normalwerte, jedoch nahe an deren unterer Grenze befindet, noch einen normalen Befund darstellt oder eine Erhöhung bedeutet. In diesem Falle kann oft die Klärung dadurch herbeigeführt werden, daß man außer der Kathodenschlußzuckung, auf die sich die Normalwerte der Tabelle beziehen, auch noch die anderen Reizarten berücksichtigt. Wie MANN und THIEMICH gezeigt haben, tritt nicht nur die KSZ bei geringeren Werten ein als normal, sondern die gesamte Zuckungsformel ist gewissermaßen nach unten gerückt. Als besonders geeignet für die Bestimmung erweist sich die KOeZ. Normalerweise erhalten wir diese erst bei Intensitäten, die wegen ihrer Schmerzhaftigkeit in der Regel nicht anwendbar sind. Bei der Tetanie tritt sie jedoch schon bei erheblich geringeren Stromstärken auf. Wenn wir die KOeZ bei einer Stromstärke unter 5 mA finden, so ist dies mit Sicherheit als das Zeichen einer Erhöhung der Erregbarkeit anzusehen, auch wenn der Wert des KSZ noch nicht unter die untere Grenze der Normaltabelle herabgeht. Auch das Auftreten der AnOeZ vor der AnSZ ist als Anzeichen der Erhöhung betrachtet worden, doch ist dies kein sicherer Anhalt, weil auch normalerweise AnOeZ > AnSZ vorkommt. Als zuverlässiges Anzeichen der Erhöhung ist dagegen zu betrachten, wenn man bei erträglichen Stromstärken bereits einen AnSTe, einen AnOeTe oder gar, was allerdings seltener der Fall ist, einen KOeTe findet.

Bei der Untersuchung der Erregbarkeit an Kindern ist zu berücksichtigen, daß im Kindesalter die Erregbarkeit normalerweise geringer ist als beim Erwachsenen; die Normalwerte sind höher. Auf diese Tatsache ist zuerst von WESTPHAL[1] hingewiesen worden, später ist sie besonders von MANN und THIEMICH genauer geprüft worden. Die folgende von diesen Autoren herrührende Tabelle ergibt, daß die Erregbarkeit bis zum Alter von 8 Wochen gering ist, daß sie später ansteigt; jedoch werden die für Erwachsene geltenden Werte nicht vor 2 Jahren erreicht.

	farad. mm RA	KSZ	AnSZ	AnOeZ	KOeZ
Jüngere Kinder (unter 8 Wochen)	83,1	2,61	2,92	5,12	9,28
Ältere Kinder (über 8 Wochen bis 2 Jahren)	110,4	1,41	2,24	3,63	8,22

Die nächste Tabelle gibt einige Werte an, die MANN und THIEMICH bei der Kindertetanie festgestellt haben.

	KSZ	AnSZ	AnOeZ	KOeZ
Normale Kinder (siehe oben)	1,41	2,24	3,63	8,22
Manifeste Tetanie	0,63	1,11	0,55	1,94
Latente Tetanie	0,70	1,15	0,95	2,23

---

[1] WESTPHAL: Arch. f. Psychiatr. **26** (1894).

Auch mit Kondensatorentladungen läßt sich die Übererregbarkeit gut nachweisen. Die Methode bietet wegen der geringeren Schwankungsbreite der Normalwerte Vorteile für die Untersuchung. So fand MANN[1] bei Kindern am Medianus bei Kondensatorentladungen von 1 Mikrofarad Werte von 6—11 Volt, während die Normalwerte zwischen 14—20 Volt liegen. Bei Erwachsenen fand KRAMER am Ulnaris Werte von 7,5—8,5 Volt bei Normalwerten von 21 Volt.

Neben der Erregbarkeit der motorischen Nerven geht auch, wie HOFFMANN[2] zuerst nachgewiesen hat, eine Erhöhung der Erregbarkeit der sensiblen Nerven einher, jedoch in geringerem Grade als bei jenen. Nach KRAMER[3] erfolgt bei gemischten Nerven normalerweise die Erregung der sensiblen Fasern bei geringeren Stromstärken als die der motorischen. Nach seinen Untersuchungen kann bei der Tetanie dieses Verhältnis umgekehrt sein; es findet sich dann zwar auch eine Erhöhung der Erregbarkeit der sensiblen Fasern, jedoch wird diese von der Erregbarkeitssteigerung der motorischen Fasern so übertroffen, daß diese durch geringere Stromstärken gereizt werden können. In einem mit Kondensatorentladungen untersuchten Falle trat am Ulnaris der sensible Effekt bei 8,5 Volt, der motorische bei 7,5 Volt ein, während bei normalen Vergleichspersonen die Vergleichszahlen 12,5 für die Sensibilität, 21 Volt für die motorische Erregung betrugen. Auch diese Umkehr im Verhältnis der sensiblen und motorischen Fasern kann im Zweifelsfalle zur Diagnose herangezogen werden.

In neuerer Zeit ist die Chronaxiebestimmung zur Feststellung der Erregbarkeitsveränderung bei Tetanie und Spasmophilie verwendet worden.

Nach BOURGUIGNON[4] steigt bei allen tetanischen Anfällen die Chronaxie, während die Rheobase sinkt. Das Maximum der Abweichung fällt mit dem Höhepunkt der Muskelkontraktion zusammen. Wenn die Chronaxie in ausreichendem Maße sich ändert, geht die Zuckung in einen Galvanotonus über. Auch hier ist also die Beziehung zwischen der Form der Zuckung und der Chronaxie erhalten. Es besteht stets ein Heterochronismus zwischen Nerv und Muskel, indem beide verschiedene Werte zeigen, doch erreichten beide während des Krampfes ihren Höhepunkt. Bei der latenten Tetanie wechseln die Chronaxiewerte von Tag zu Tage.

So wichtig die Feststellung der Erregbarkeitssteigerung für die Diagnose der Tetanie und Spasmophilie ist, so wird doch neuerdings vielfach betont, daß kein streng gesetzmäßiger Zusammenhang besteht. Die Steigerung der elektrischen Erregbarkeit geht den sonstigen Symptomen der Tetanie nicht parallel. Es gibt sowohl Spasmophile, bei denen sich keine wesentliche Steigerung findet, andererseits können die elektrischen Phänomene auch vorhanden sein, ohne daß sonstige Anzeichen der spasmophilen Konstitution bestehen[5], sie können auch nachweisbar sein bei vegetativ labilen Individuen, ferner bei Epileptikern[6].

Auch geht bei der Tetanie die Schwere der Erscheinungen dem Grade der Übererregbarkeit nicht parallel. ULMER[7] fand einen Parallelismus zwischen den elektrischen Erscheinungen und dem Wasserhaushalt. Im allgemeinen ist man geneigt, die elektrischen Erregbarkeitsveränderungen wie die Gesamtheit der tetanoiden Erscheinungen auf die Alkalose des Blutes zu beziehen (FREUDENBERG, GYORGY, ADLERSBERG und PORGAS, NOTMANN und WAGNER).

---

[1] MANN: Berl. klin. Wschr. **1904**, Nr 33.
[2] HOFFMANN: Dtsch. Arch. klin. Med. **43** (1883).
[3] KRAMER: Zitiert auf S. 356.
[4] BOURGUIGNON: La Chronaxie dans les états de tetanie. J. Medicinal franc. **14** (1925).
[5] Vgl. ARON: Übererregbarkeit im Kindesalter. Ther. Gegenw. **1925**.
[6] Vgl. SIEGHEIM: Berl. Ges. f. Psychiatrie u. Nervenkrankheiten 9. Febr. 1925.
[7] ULMER, O.: Zur Spasmophiliefrage. Spasmophilie u. elektr. Nervenübererregbarkeit. Z. f. Kinderheilk. **39**, 1925.

FRANK, STERN und NOTHMANN[1] konnten die charakteristischen Phänomene hervorrufen mittels Guanidinvergiftung, SIEGHEIM und DUZA[2] mittels Adrenalin.

Bei der Hyperventilation tritt im allgemeinen eine elektrische Übererregbarkeit ein (O. FOERSTER). Es scheint, daß besonders die vegetativ labilen und die spasmophilen Konstitutionen diese Erhöhung zeigen (SIEGHEIM[3]).

Bei Tetanischen mit dauernder Erhöhung der Erregbarkeit steigt diese noch während der Hyperventilation, auch tritt die Übererregbarkeit besonders stark in Erscheinung, wenn es gelingt, dabei einen epileptischen Anfall zu erzeugen (O. FOERSTER).

BOURGUIGNON und HALDANE[4] stellten fest, daß während der Hyperventilation die Chronaxie bei der direkten Reizung um das 6fache, bei der indirekten Reizung um das 20- bis 30fache steigt. 2—3 Minuten nach Aussetzen der vermehrten Atmung beginnt die Chronaxie zu fallen und erreicht für den Muskel nach 20 Minuten, für den Nerv nach 50—60 Minuten ihren Normalwert.

Elektrotherapie.

Die Bewertung der Elektrotherapie hat im Laufe ihrer Geschichte erheblich gewechselt. Ihre Begründung auf wissenschaftlicher Grundlage ist vor allem auf DUCHENNE, R. REMACK und ERB zurückzuführen. Ihre Bedeutung ist lange Zeit hindurch erheblich überschätzt worden; sie wurde auf fast allen Gebieten der Neurologie mit angeblichem Erfolg in ausgedehntem Maße angewandt. Die später einsetzende Skepsis gegenüber der Elektrotherapie knüpft in erster Linie an die Darlegungen von MÖBIUS[5] an; sie hat vielfach zu einer Unterschätzung ihrer Bedeutung, ja zur Ablehnung ihres Wertes überhaupt geführt. Die kritische Beurteilung hat im Laufe der Zeit eine erhebliche Einengung der Indikationen bewirkt.

Die Schwierigkeit der Beurteilung beruht zum erheblichen Teile auf dem Mangel an physiologischen und experimentellen Grundlagen. Wir sind fast gänzlich auf die klinische Empirie angewiesen, deren exakte Auswertung nicht leicht ist. Bei dem wechselvollen Verlauf der Nervenerkrankungen, bei der verschiedenen und ihrem Grade nach nur mangelhaft abzuschätzenden Schwere der Läsionen ist aus der Schnelligkeit der Heilung kein sicherer Schluß auf die Wirksamkeit der elektrotherapeutischen Maßnahmen zu ziehen. So konnte MÖBIUS die Behauptung aufstellen, daß irreparable Schädigungen peripherer Nerven auch mit Elektrotherapie nicht heilen, während reparable auch ohne diese sich restituieren. Tierexperimentelle Untersuchungen, wie sie FRIEDLÄNDER[6] versucht hat, scheitern an der Unmöglichkeit, die Schädigung der Nerven so zu dosieren, daß ihr Verlauf mit und ohne elektrische Behandlung vergleichbar wäre. Hinzu kommt noch die suggestive Wirkung der elektrischen Maßnahmen, die vor allem bei rein subjektiven Symptomen, wie Schmerzen, einen echten Heilerfolg vortäuschen kann, während lediglich eine psychische Beeinflussung vorliegt. Immerhin sprechen die übereinstimmenden Urteile einer erheblichen Zahl von guten klinischen Beobachtern dafür, daß der Elektrotherapie für eine beschränkte Anzahl von Indikationen eine gesicherte Bedeutung zukommt.

Auf Grund unserer physiologischen Vorstellungen können wir mehrere Wege vermuten, auf denen die therapeutische Wirkung des elektrischen Stromes beruht, ohne daß wir jedoch sicher sagen können, welchen dabei die wesentlichste Be-

---

[1] FRANK, STERN und NOTHMANN: Die Guanidintoxikose. Z. exper. Med. 24 (1921).
[2] SIEGHEIM u. DUZA: Zitiert auf S. 359.
[3] SIEGHEIM: Zitiert auf S. 359.
[4] BOURGUIGNON u. HALDANE: Evolution de la Chronaxie aus cours de la crise de Tétanie experimentale par hyperpnée volontaire chez l'homme. C. r. Acad. Sci. 180 (1925) — Ref. Z. Neur. 41 (1925).
[5] MÖBIUS: Neurologische Beiträge. Leipzig 1894.
[6] FRIEDLÄNDER: Dtsch. med. Wschr. 1896.

deutung zukommt. Nach WERTHEIM-SALOMONSOHN[1] kommen folgende Möglichkeiten in Betracht:

1. Die Wärmewirkung: bei dem Durchfließen des Stromes durch den Körper entsteht sicherlich JOULEsche Wärme. Bei den Stromstärken, die wir im allgemeinen anwenden können, ist diese so gering, daß sie nicht in Betracht kommen kann. Nur mit hochfrequenten Wechselströmen, deren Reizwirkung im Verhältnis zu ihrer Stärke außerordentlich gering ist, können wir eine wirksame Temperatursteigerung in dem durchflossenen Organe erzielen, die entweder direkt oder, was wahrscheinlicher ist, auf dem Wege über vasomotorische Effekte therapeutisch wirksam ist. Hiervon machen wir in der Form von Diathermie z. B. bei Neuritis und Neuralgie mit gutem Erfolge Gebrauch.

2. Iontophorese und Katophorese: Diese kann benutzt werden zur lokalen Einführung von Medikamenten in den Körper. Bei den sonstigen elektrotherapeutischen Maßnahmen vermeiden wir jedoch die Einführung körperfremder Ionen, indem wir die Metallelektroden mit wassergetränkten Stoffüberzügen versehen. Wenn bei mangelndem Überzug bei starken und langdauernden Strömen Metallionen von den Elektroden in die Haut eindringen, so ist das ein unerwünschtes Ereignis, das zu unangenehmer Verätzung der Haut führt. Sonst kommt nur eine Überführung von Wasser in den Körper in Frage, das sich in einer leichten Anschwellung der Haut an der Applikationsstelle der Elektrode äußert; eine therapeutische Wirkung ist davon nicht anzunehmen.

3. Ionenwanderung in der interpolaren Strecke. Da der Körper kein einfacher Halbleiter ist, sondern vielfach von halbdurchlässigen Membranen durchbrochen ist, so müssen nach NERNST an diesen bei Stromdurchgängen Konzentrationsverschiebungen eintreten. Es ist nach WERTHEIM-SALOMONSOHN durchaus wahrscheinlich, daß auf diesen der therapeutische Effekt im wesentlichen beruht. Entweder können diese chemischen Änderungen unmittelbar auf den Heilungsverlauf wirken oder sie können auf dem Umwege über vasomotorische Wirkungen einen Einfluß ausüben.

4. Elektrotonische Wirkungen: Bei dem Stromdurchgange entstehen auch am menschlichen Nerven die im Tierexperiment festgestellten elektrotonischen Veränderungen (ERB, EULENBURG). Man hat lange Zeit hierin die Grundlagen für die elektrischen Heilwirkungen erblicken wollen. Auf dieser Anschauung beruht auch die Methodik, bei Lähmungen die Kathode, bei Schmerzen und Reizerscheinungen die Anode zu benutzen, indem man von dem Katelektrotonus eine Erhöhung der Erregbarkeit, von dem Anelektrotonus eine Herabsetzung erwartet.

Die noch zu erwähnenden Beobachtungen von E. REMAK[2] bezüglich der günstigen Beeinflussung der motorischen Lähmungen durch die Kathode und das Ausbleiben des Erfolges mit der Anode sprechen im Sinne dieser Auffassung, ebenso die günstigen Wirkungen des konstanten Stromes bei Neuralgie. Doch erscheint es bei näherer Betrachtung zweifelhaft, ob diese empirisch festgestellten Resultate auf die elektrotonischen Veränderungen zurückzuführen sind. Die physiologisch beobachteten Erregbarkeitsveränderungen sind nur vorübergehender Natur, sie schlagen beim Aufhören des Stromes für eine gewisse Zeit in das Gegenteil um (TOBY COHN[3]), so daß eine bleibende Beeinflussung damit nicht erklärt wird. Ferner müßte man annehmen, daß das Wesen des Krank-

---

[1] WERTHEIM-SALOMONSOHN: Allg. Elektrotherapie im Handb. d. ges. Anwendungen d. Elektrizität in der Medizin 2. Leipzig 1911.
[2] REMAK, E.: Dtsch. Z. Nervenheilk. 4 (1893) — Grundriß der Elektrodiagnostik und Elektrotherapie, 2. Aufl. 1909.
[3] COHN, TOBY: Elektrotherapie im Handb. der Neurologie. Berlin 1910.

heitsprozesses in einer Erregbarkeitsveränderung besteht, was durchaus zweifelhaft ist. Es ist nicht einzusehen, warum z. B. eine Neuralgie dadurch günstig beeinflußt werden sollte, daß man an einer Stelle des Nerven vorübergehend einen Anelektrotonus und damit eine Erregbarkeitsherabsetzung erzeugt. Es könnte damit nur eine augenblickliche Linderung der Schmerzen, aber kein Dauererfolg erzielt werden.

Eine erregbarkeitsverändernde Wirkung kommt auch dem faradischen Strom zu. Mann[1] hat gezeigt, daß nach Faradisation des Muskels mit stärkeren Strömen dessen Erregbarkeit vorübergehend sinkt, daß ferner durch regelmäßige faradische Behandlung eine bleibende Erhöhung der Erregbarkeit bewirkt wird. Diese Befunde, die auch durch R. Levy[2] bestätigt wurden, bieten vielleicht auch eine Erklärung für die vorübergehende Beeinflussung motorischer Reizzustände und die günstige Wirkung des Induktionsstromes auf Lähmungen.

5. **Reizwirkungen des elektrischen Stromes.** Durch die Schließung und Öffnung des konstanten Stromes ebenso durch die Einwirkung des Induktionsstromes werden Muskelkontraktionen hervorgerufen. Hiermit kann eine therapeutische Wirkung verbunden sein, indem der Muskel funktionstüchtig erhalten und vor Inaktivitätsatrophie bewahrt wird. Auch wirkt die Erzeugung von Muskelkontraktionen dem Eintritte von Gewohnheitslähmungen entgegen.

Die Elektrotherapie der peripheren Nerven erstreckt sich auf traumatische Läsionen, auf Neuritiden, Polyneuritiden und Neuralgien. Es ist zu unterscheiden zwischen der Behandlung der Ausfallserscheinungen und der Reizerscheinungen. Bei den Ausfallserscheinungen kann die Behandlung natürlich nur dann einen Erfolg versprechen, wenn die Erkrankung ihrer Natur nach reparabel ist. Da periphere Nervenläsionen, wenn überhaupt Heilungsmöglichkeiten bestehen, auch spontan eine gute Wiederherstellungstendenz zeigen, besteht die Beeinflussung in der Mehrzahl der Fälle nur in einer Beschleunigung der Restitution.

Bei den motorischen peripheren Lähmungen richtet sich die Therapie sowohl auf die Muskeln als auch die Nervenstämme. Die Behandlung der Muskeln geschieht, indem wir sie durch elektrische Reizung zur Kontraktion bringen. Sind sie faradisch erregbar, werden sie mit Induktionsströmen behandelt, die so stark gewählt werden, daß eine deutliche Kontraktion erzielt wird. Sind sie faradisch unerregbar, besteht EaR, so werden die Stromschlüsse des konstanten Stromes angewandt, die träge Kontraktionen in den entarteten Muskeln hervorrufen. Der Induktionsstrom wird auch vielfach in der Form an- und abschwellender Ströme benutzt, bei denen eine der willkürlichen ähnliche, allmählich zu- und abnehmende Kontraktion der Muskeln erzeugt wird. Auch Sinusströme werden angewandt. Bei partieller EaR kann auch der kombinierte galvano-faradische Strom angebracht sein. Beim entarteten Muskel ist bei der Anwendung einzelner Stromschlüsse auf die oft vorhandene Ermüdbarkeit der Muskeln Rücksicht zu nehmen[3].

Die Behandlung der Nervenstämme selbst kann, wenn die indirekte Erregbarkeit erhalten ist, in gleicher Weise erfolgen wie die der Muskeln. Es werden dann vom Nerven aus Muskelkontraktionen erzeugt, doch ist es zweifelhaft, ob damit eine andere Wirkung erzielt wird als mittels der direkten Reizung der Muskeln. Im übrigen geschieht die Behandlung der Nervenstämme mit dem konstanten Strom, den man in mittlerer Stärke etwa 4—8 mA (nur am Facialis

---

[1] Mann: Dtsch. Arch. klin. Med. **51** (1893).
[2] R. Levy: Neurolog. Zentralbl. **1903**.
[3] Vgl. Elektrotherapie der Muskelkrankheiten **8**, 616—618.

Stromstärken nicht über 3 mA) durchfließen läßt, ohne seine Intensität zu verändern. Man kann dabei unipolar vorgehen, indem eine große indifferente Elektrode an beliebiger Stelle, eine kleine Elektrode möglichst dicht auf den Nervenstamm, da, wo er der Haut nahe liegt, aufgesetzt wird. Wenn es möglich ist, wählt man bei Nervenverletzungen die Stelle der mutmaßlichen Läsion, also etwa bei den Druckläsionen des Radialis, dessen Umschlagstelle im Sulcus bicipitalis externus. Oder man benutzt die bipolare Methode und setzt Elektroden von mittlerer Größe an zwei verschiedene Stellen des Nervenverlaufes auf; also etwa bei Medianuslähmungen die eine Elektrode am Plexus brachialis in der Oberschlüsselbeingrube oder im Sulcus bicipitalis internus des Oberarmes, die andere auf den Medianusstamm am Handgelenk. Für die Wirksamkeit der Behandlung peripherer motorischer Lähmungen mit dem konstanten Strom ist vor allem E. REMAK eingetreten. Bei Schlafdrucklähmungen des Radialis beobachtete er eine Abkürzung der Heilungszeit bei dieser Behandlung. Er empfiehlt die erwähnte unipolare Behandlung mit der Kathode an der Druckstelle. Nach seiner Meinung bleibt der Erfolg aus, wenn die Anode benutzt wird. Auch soll gelegentlich schon während der elektrischen Behandlung die sonst aufgehobene Motilität bereits wiederkehren, um allerdings nach Unterbrechung des Stromes wieder zu verschwinden. Für diese Ergebnisse kämen die elektrotonischen Veränderungen als Erklärung in Frage. Nach den klinischen Beobachtungen besteht die Möglichkeit, daß wir mittels Durchströmung auf den Heilungsprozeß im Nerven günstig und beschleunigend einwirken. Inwieweit dies der Fall ist, ist jedoch noch nicht genügend sichergestellt.

Für die sensiblen Ausfallserscheinungen dürfte die gleiche Methode, falls sie tatsächlich den Restitutionsvorgang im Nerven günstig beeinflußt, von Erfolg sein. Vielfach werden die sensiblen Lähmungen auch mit Faradisation der anästhetischen oder hypästhetischen Hautregionen behandelt. Man benutzt dabei Elektroden, die eine starke sensible Wirkung hervorrufen, einen Drahtpinsel oder ähnliches. Dieser Methode liegt die Vorstellung zugrunde, daß man durch Erzeugung starker sensibler Reize einen bahnenden Einfluß auf die sensible Leitung ausübt, eine Annahme, deren Berechtigung durchaus zweifelhaft ist.

Motorische Reizerscheinungen, wie etwa Spasmus facialis, Tic u. ä., werden vielfach mit starken Induktionsströmen behandelt zum Zwecke einer Ermüdung der motorischen Nerven. Der damit erzielte Erfolg kann jedoch nur vorübergehend sein; ebenso erfolglos ist auch meist die Behandlung dieser Symptome mit dem konstanten Strom, wobei man die erregbarkeitsherabsetzende Wirkung der Anode benutzt.

Wesentlich erfolgreicher und empirisch sichergestellt ist die Behandlung der sensiblen Reizerscheinungen, insbesondere der Schmerzen, bei Neuritiden und Neuralgien. Vor allem kommen die Trigeminusneuralgien und die Ischias in Betracht. Bei der Trigeminusneuralgie versagt die elektrische Behandlung in schweren Fällen häufig, bei leichteren und mittelschweren Fällen ist der Erfolg vielfach unverkennbar. Die Ischias wird oft, auch in schweren hartnäckigen Fällen, günstig beeinflußt. Mitunter stellt sich schon nach der Einzelsitzung ein vorübergehender Erfolg ein, jedoch nach längerer Behandlung erst ein dauernder günstiger Einfluß. Man geht hier ebenfalls entweder unipolar vor, indem man die Anode auf den Schmerzpunkt des Nerven aufsetzt, oder man benutzt die bipolare Methode und wählt dabei meist den absteigenden Strom. Ob die Stromrichtung von Einfluß auf dem Erfolg ist, ist fraglich. Bei der Trigeminusneuralgie können nur relativ geringe Stromstärken 2—3 mA angewandt werden, damit Schwindelerscheinungen vermieden werden. Bei anderen Nervenstämmen, insbesondere am Ischiadicus, werden jedoch zweckmäßig hohe Stromstärken benutzt (10—15 mA), die man 10—15 Minuten einwirken läßt. Um Reizwirkungen zu vermeiden, darf man den Strom nicht plötzlich schließen und öffnen, sondern muß ihn langsam ein- und ausschleichen lassen. Für die Erklärung dieser Wirkungen kommen neben den elektrotonischen Wirkungen vor allem chemische Veränderungen (Konzentrationsverschiebungen an den Membranen), wohl auch die vasomotorischen Wirkungen des Stromes in Frage.

Man hat die Neuralgien auch mit dem faradischen Strome behandelt. Man stellte sich hierbei vor, daß die durch den Strom erzeugte unangenehme Empfindung hemmend auf den neuralgischen Schmerz einwirken soll; doch kann eine derartige Wirkung nur vorübergehend sein, und es besteht die Gefahr der Verstärkung der Neuralgie durch die Reizwirkung. Von besserem Erfolge ist die faradische Behandlung myalgischer Schmerzen. Hier ist wahrscheinlich die durch die Faradisation erzeugte Hyperämie von günstigem Einfluß.

Der Stoffwechsel des peripheren Nervensystems.

Von

HANS WINTERSTEIN

Breslau.

Mit 2 Abbildungen.

Zusammenfassende Darstellungen.

PERITZ, G.: Der Stoffwechsel des Nervensystems. Oppenheimers Handb. d. Biochemie, 2. Aufl., **8**, 91. Jena: G. Fischer 1925. — DAVIS, H.: The conduction of the nerve impulse. Physiologic. Rev. **6**, 547 (1926). — WINTERSTEIN, H.: Stoffwechsel des Nervensystems. Tabulae biologicae **3**, 40. Berlin: Junk 1926.

Der Stoffwechsel des peripheren Nervensystems ist erst spät Gegenstand der Untersuchung geworden. Durch den Vergleich mit einem Leitungsdraht verführt, glaubte man bis in die neueste Zeit hinein, das Wesen der Erregungsleitung ausschließlich in einem physikalischen oder physikalisch-chemischen Vorgang suchen zu dürfen, und war geneigt, das Bestehen eines Stoffwechsels im peripheren Nerven gänzlich in Abrede zu stellen. Diese Auffassung wurde gestützt durch Beobachtungen, die eine völlige Unermüdbarkeit der Nerven zu erweisen schienen (vgl. Kap. Nervenermüdung). Obwohl VALENTIN bereits im Jahre 1859 in einer offenbar in Vergessenheit geratenen Arbeit den Gaswechsel von Menschen- und Säugetiernerven quantitativ untersuchte und später WALLER aus der Ähnlichkeit der bei längerem Tetanisieren des Nerven und der bei Einwirkung schwächerer Kohlensäurekonzentrationen zu beobachtenden Veränderungen der negativen Schwankung des Nervenstromes das Vorhandensein einer CO_2-Produktion gefolgert hatte, trat eine Änderung der Anschauungen doch erst ein, nachdem es v. BAEYER gelungen war, die Anwesenheit von Sauerstoff als eine notwendige Bedingung für die Funktion auch der peripheren Nerven zu erweisen. Wir wollen uns daher zunächst mit dem Einfluß beschäftigen, den der Sauerstoffmangel auf diese ausübt.

1. Der Einfluß des Sauerstoffs auf die Funktion der Nerven.

Während die *Abhängigkeit der Funktion von der Blutzufuhr* bei den Nervenzentren eine längst bekannte und viel studierte Erscheinung darstellt, hat man ihr beim peripheren Nerven lange Zeit nur wenig Beachtung geschenkt, vor allem wohl, weil die meisten Untersuchungen am Froschnerven ausgeführt wurden, der infolge der Geringfügigkeit seines Stoffwechsels durch die umgebende Atmosphäre ausreichend mit Sauerstoff versorgt wird. Doch findet sich schon aus älterer Zeit bei BROWN-SEQUARD[1] die Angabe, daß die motorischen Nerven von Säugetieren im allgemeinen ihre Erregbarkeit 15—25 Minuten nach Auf-

---

[1] BROWN-SEQUARD, E.: Recherches expérimentales sur les propriétés physiologiques etc. J. physiol. l'homme des animaux **1**, 117 (1858).

hören der Blutzirkulation verlieren, und daß in einem Versuche, in welchem dies erst nach 45 Minuten der Fall war, die Erregbarkeit noch nach 3 Stunden durch Herstellung eines künstlichen Blutkreislaufes wieder zurückgerufen werden konnte, was für gewöhnlich nicht gelang. Diese Angabe fand keine Beachtung, ebensowenig wie jene von S. MAYER[1], daß beim Kaninchen die Gesichtsmuskeln 15—30 Minuten nach Absperrung der Blutzufuhr zum N. facialis ihre indirekte Erregbarkeit einbüßen. Eine ganze Anzahl von Beobachtungen[2] auch aus neuerer Zeit schienen für eine weitgehende Unabhängigkeit der Nervenfunktion von der Blutzufuhr zu sprechen. So fand SCHEVEN[3] in Bestätigung älterer Versuche von STEFANI und CAVAZZANI, daß sich nach Ausschaltung aller extraneuralen Gefäße der Armnerven beim Kaninchen noch nach 10 Stunden (lange nach Erlöschen der direkten Muskelreizbarkeit) bei Reizung peripher von der anämischen Stelle Schmerzreaktionen auslösen lassen. Dieses Verhalten stand in auffälligem Gegensatz zu dem raschen Erlöschen der Erregbarkeit auch der weißen Hirnsubstanz bei Anämie. (Die Erklärung müssen wir auf Grund der gleich zu besprechenden Versuche zweifellos in der unvollkommenen Ausschaltung der Blutzufuhr wegen Erhaltung intraneuraler Blutbahnen suchen.)

Erst als die Frage nach dem O_2-Bedarf des Nerven in den Vordergrund des Interesses gerückt war und FRÖHLICH und TAIT[4] das Studium dieser Erscheinung auch auf den Warmblüternerven ausdehnten, wurde die für viele sicher überraschende Tatsache festgestellt, daß der Nerv ein relativ reich mit Blut versorgtes Organ ist, dessen Erregbarkeit von der Erhaltung dieser normalen Blutversorgung weitgehend abhängt. FRÖHLICH und TAIT beobachteten, daß die Erregbarkeit des Ischiadicus eines eben getöteten Kaninchens schon nach kurzer Zeit absinkt und nach 15—30 Minuten völlig geschwunden ist. Daß dieses Absinken der Erregbarkeit tatsächlich durch das Aufhören der Blutversorgung bedingt ist, ergibt sich auf das klarste aus gelegentlichen Beobachtungen, bei denen der am lebenden Tiere freigelegte und durchschnittene Nerv auf eine Strecke seine Erregbarkeit verloren, aber von einem bestimmten Punkte an in hohem Maße bewahrt hatte; an diesem Punkte bildete sich ein Blutstropfen, der anzeigte, daß von dieser Stelle an durch Verletzung eines größeren Gefäßes die Blutversorgung unterbrochen war; tatsächlich verschwand die Blutung in allen Fällen, in denen eine Wiederkehr der abgesunkenen Erregbarkeit festzustellen war. Wenn, wie dies öfters der Fall war, der auf eine Strecke von 5—6 cm freigelegte N. ischiadicus trotzdem seine Erregbarkeit gut bewahrte, zeigte sich regelmäßig am Querschnitt ein Blutstropfen von immer wachsender Größe. Die Blutversorgung war also so reichlich, daß es auf diese ziemlich große Entfernung hin noch zu einer förmlichen Blutung aus dem Querschnitt kommen konnte. In der Tat ergaben Injektionsversuche, daß der Ischiadicus über 3—4 größere, reichlich anastomosierende Gefäße verfügt. Wegen dieser reichlichen Blutversorgung gelang es FRÖHLICH und TAIT nicht, eine Erstickung des Nerven in einer mit O-freiem Gas durchströmten Kammer (s. unten), ja nicht einmal eine Narkose mit Chloroformdampf zu erzielen, weil dem Nerven durch das Blut immer noch genügend Sauerstoff zugeführt bzw. das Narkoticum zu rasch entfernt wurde.

---

[1] MAYER, S.: Resultate meiner fortgesetzten Untersuchungen usw. Zbl. med. Wissensch. **16**, 595 (1878).

[2] Literatur bei E. KOCH: Über den Einfluß vorübergehender Blutabsperrung usw. Z. exper. Med. **50**, 238 (1926).

[3] SCHEVEN, U.: Über den Einfluß der Anämie auf die Erregbarkeit usw. Arch. f. Psychiatr. **39** (1905).

[4] FRÖHLICH u. TAIT: Zur Kenntnis der Erstickung und Narkose des Warmblüternerven. Z. allg. Physiol. **4**, 105 (1904).

Auch der undurchschnittene, aber auf eine größere Strecke isolierte und dadurch seiner Blutzufuhr beraubte Nerv kann, wie FORBES und RAY[1] gezeigt haben, im lebenden Tiere seine Erregbarkeit einbüßen und herausgeschnitten in Ringerlösung oder in feuchter Luft wiedergewinnen. Das gleiche gilt für Nerven, die man 3—4 Stunden im abgetöteten Tier belassen hat. Erst nach 19—20 Stunden geht die Fähigkeit, sich wieder zu erholen, endgültig verloren.

E. KOCH[2], der in später noch zu besprechenden Versuchen das Verhalten des Längsquerschnittstromes des Warmblüternerven in seinen Beziehungen zur Erregbarkeit untersuchte, sah diese beim Kaninchenischiadicus im Mittel 41 Minuten nach Absperrung der Blutzufuhr verschwinden und bei Freigabe des Blutstromes ganz schnell, innerhalb $1/2-1$ Minute, wiederkehren.

Es kann natürlich gar keinem Zweifel unterliegen, daß die eben erwähnte Abhängigkeit der Erregbarkeit von der Blutzufuhr genau so wie bei den Zentren in erster Linie auf einer *Abhängigkeit von der Sauerstoffzufuhr* beruht. Es ergibt sich dies daraus, daß in einer von Sauerstoff durchströmten Lösung auch ausgeschnittene Warmblüternerven viele Stunden bei unveränderter Erregbarkeit gehalten werden können, und zwar nicht bloß, wenn man sie nach dem von ALCOCK[3] empfohlenen Verfahren in dieser Lösung auf Zimmertemperatur abkühlt, sondern auch in körperwarmer Lösung (BOTTAZZI[4]), ja nachträglich sogar in feuchter Luft (THÖRNER s. unten), und daß sie, wie oben erwähnt, unter den gleichen Bedingungen auch die schon verlorene Erregbarkeit wiederzugewinnen vermögen. Die Erkenntnis, daß eine solche Abhängigkeit von der Sauerstoffzufuhr besteht, ist bekanntlich erst jungen Datums. RANKE glaubte beobachtet zu haben, daß gereizte Froschnerven in einer Wasserstoffatmosphäre sogar länger erregbar blieben, und EWALD konnte in der Dauer des Überlebens unter gewöhnlichen Bedingungen und in einem Vakuum oder einer H-Atmosphäre keinen Unterschied feststellen, ebensowenig PFLÜGER hinsichtlich der Erregbarkeit. Erst v. BAEYER[5], der mit sorgfältig gereinigtem Stickstoff arbeitete und seine Versuche über mehrere Stunden ausdehnte, konnte einwandfrei nachweisen, daß der Nerv durch einen Aufenthalt in O-freien indifferenten Gasen unerregbar wird und sich bei Zufuhr von Sauerstoff sogleich wieder erholt (vgl. die Versuchsanordnung der Abb. 83). Die zur Erstickung erforderliche Zeit war in hohem Maße abhängig von der Temperatur; während bei gewöhnlicher Zimmertemperatur der Nerv seine Erregbarkeit in 3—5 Stunden verlor, war dies bei Temperaturen von 42—47° schon innerhalb 20—60 Minuten der Fall; die Erholung, die bei O-Zufuhr innerhalb weniger Minuten eintrat, war bei dem in der Wärme asphyktisch gemachten Nerven nur sehr unvollständig. Einige Versuche BAEYERS über Erstickung des Nerven durch chemische Reduktionsmittel sind weniger beweisend, da die von ihm beobachtete etwas raschere Erstickung in einer NO enthaltenden N-Atmosphäre sowie der reversible Verlust der Erregbarkeit des Nerven bei seiner Einpackung in Eisenfeilspäne, die mit Wasserstoff geglüht waren, mangels entsprechender Kontrollversuche nicht ohne weiteres einfach auf die O-Entziehung zurückführbar zu sein brauchen.

Nach BAEYER hat FR. W. FRÖHLICH gleichfalls in VERWORNS Laboratorium das O-Bedürfnis des Nerven zum Gegenstand einer größeren Zahl von Unter-

---

[1] FORBES u. RAY: The condition of survival of mammalian nerve trunks. Amer. J. Physiol. **64**, 435 (1923).
[2] KOCH, E.: Längsquerschnittstrom u. Erregbarkeit des Nerven. Pflügers Arch. **216**, 101 (1927).
[3] ALCOCK, N. H.: On the negative variation in the nerves of warm-blooded animals. Proc. roy. Soc. Lond. **71**, 264 (1903).
[4] BOTTAZZI, F.: Ein Warmblüter-Nervenmuskelpräparat. Zbl. Physiol. **21**, 171 (1907).
[5] BAEYER, H. v.: Das Sauerstoffbedürfnis des Nerven. Z. allg. Physiol. **2**, 169 (1903).

suchungen gemacht. Er konnte feststellen[1], daß die Erholung des Nerven nach vorangegangener Erstickung bei O-Zufuhr, in ganz analoger Weise, wie dies WINTERSTEIN für die Nervenzentren (s. daselbst) festgestellt hatte, durch Narkose verhindert wird, während diese auf die Schnelligkeit der Erstickung bei Abwesenheit von Sauerstoff keinen Einfluß ausübt, also ihren Eintritt weder beschleunigt noch verzögert. Nach HEATON[2] würde Narkose in Anwesenheit von Sauerstoff eine Erstickung des Nerven herbeiführen[3]. Unter gewöhnlichen Bedingungen geht die Erholung mit außerordentlicher Schnelligkeit vor sich, so daß die Durchleitung von Sauerstoff durch die Erstickungskammer während nur einer Minute genügt, um die bis unter die Stromschleifengrenze gesunkene Leitfähigkeit zur ursprünglichen Höhe emporzuheben. Die Erholung äußert sich aber erst nach einem kleinen Zeitraum von $1/2$—2 Minuten, auch dann, wenn der Sauerstoff inzwischen wieder durch Stickstoff verdrängt wurde. Nimmt man an ein und demselben Nerven mehrere Erstickungsversuche nacheinander vor, so erweist sich der Grad der Erholung bis zu einer gewissen bei etwa 2 Minuten gelegenen Grenze abhängig von der Zeit der O-Zufuhr, indem die Erregbarkeit mit wachsender Dauer der letzteren immer mehr zunimmt; die Leitfähigkeit kehrt entweder gar nicht oder zur vollen ursprünglichen Höhe wieder zurück (s. unten). Geht die Dauer der O-Zufuhr über dieses Minimum hinaus, so wird nicht mehr der Grad der Erregbarkeit, sondern nur die Dauer der Erstickungszeit bei einer darauffolgenden O-Entziehung beeinflußt, was FRÖHLICH im Sinne einer Aufspeicherung des Sauerstoffs deuten zu müssen glaubte[4]. Wir werden auf dieses Problem später noch zurückkommen.

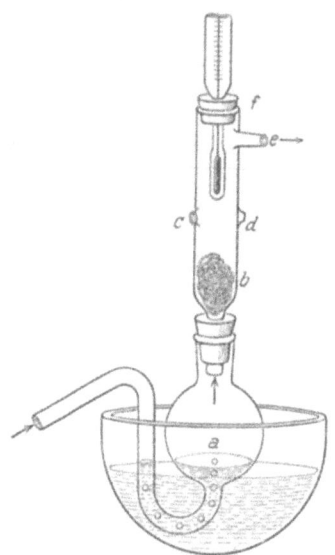

Abb. 83. Versuchsanordnung für Erstickungsversuche am Nerven nach v. BAEYER.
Der Nerv des Nerv-Muskelpräparates wird mit seinem zentralen Ende durch die Öffnungen c und d der Glaskammer hindurchgezogen, die mit feuchter Watte oder Vaseline abgedichtet werden. Das durch die Kammer zu leitende Gas (Stickstoff, Sauerstoff usw.) strömt von unten her durch die etwas Wasser enthaltende Glaskugel a, in der es angefeuchtet und auf die gewünschte Temperatur gebracht wird, und durch den das Aufspritzen der Flüssigkeit verhindernden Wattebausch b in die Kammer und verläßt sie durch das mit einem Wasserventil verbundene Rohr e. Die in der Kammer herrschende Temperatur wird durch das bei f eingeführte Thermometer gemessen. Ein Paar eingeschmolzener Elektroden gestattet die Prüfung der „Erregbarkeit" der beeinflußten Nervenstrecke, während die „Leitfähigkeit" am zentralen Nervenende außerhalb der Kammer untersucht wird.

Die zum Eintritt der Unerregbarkeit erforderliche Erstickungszeit fand FRÖHLICH[4], auch wenn die O-Entziehung bei ungefähr der gleichen Temperatur von 18—20° vorgenommen wurde, sehr ungleich; sie schwankte zwischen 2 und 15 Stunden (!). Dies steht in erster Linie mit der Temperatur in Zusammenhang, in der sich die Frösche *vor* Ausführung des Versuches befunden haben, ganz so, wie dies von BAEYER und BONDY für die Nervenzentren (s. daselbst) beobachtet worden war. So sah FRÖHLICH die Erstickungszeit der Nerven von durchschnittlich etwa 700 Minuten bei Tieren, die frisch aus dem Froschkeller aus einer Temperatur von 2—9° heraufgeholt worden waren, bei Aufenthalt in einem

---

[1] FRÖHLICH, FR. W.: Zur Kenntnis der Narkose des Nerven. Z. allg. Physiol. **3**, 75 (1904).
[2] HEATON, F. B.: Zur Kenntnis der Narkose. Z. allg. Physiol. **10**, 53 (1910).
[3] Vgl. dazu aber WINTERSTEIN: Narkose, 2. Aufl., S. 195/96 (1926).
[4] FRÖHLICH, FR. W.: Das Sauerstoffbedürfnis des Nerven. Z. allg. Physiol. **3**, 131 (1904).

Raume von 18—20° innerhalb 11 Tagen auf etwa 200—240 Minuten heruntergehen, und nachdem die Tiere auf Eis gebracht wurden, nach etwa einer Woche auf den doppelten Wert ansteigen. Auch der Ernährungszustand erwies sich von Bedeutung: Nach längerem Hungern blieb die der Erstickung folgende Erholung unvollständig; durch künstliche Fütterung konnte sie in kurzer Zeit wieder vollkommen gemacht werden. — Versuche von BAAS, FRIK, UCHTOMSKY und DERNOFF brachten im wesentlichen nur eine Bestätigung der Angaben von v. BAEYER und FRÖHLICH. Nach FENN[1] kann die negative Schwankung sogar nach achtstündigem Aufenthalt des Nerven in N-Atmosphäre noch zurückkehren.

Zu Beginn der Erstickung tritt nach den Untersuchungen THÖRNERS[2] (im Gegensatz zu den Angaben von FRÖHLICH[3]) auch bei Beobachtung aller Vorsichtsmaßregeln eine *Steigerung der Erregbarkeit* ein, die freilich in keinem Verhältnis zu den gewaltigen Erregungserscheinungen steht, die das Zentralnervensystem bei beginnender Erstickung aufweist. Immerhin kann der nach 10 bis 30 Minuten erreichte Maximalwert eine Steigerung um 25—40% zeigen. Wird in diesem Stadium Luft zugeführt, so kehrt die Erregbarkeit wieder zur Norm zurück und kann durch O-Entziehung aufs neue gesteigert werden. Auch während der Erholung von vollkommener Erstickung kann eine Erhöhung der Erregbarkeit über das später zu beobachtende Maß festgestellt werden. Die Dauer des anfänglichen Erregungsstadiums steht in Beziehung zu der Schnelligkeit der Erstickung; je mehr Zeit diese beansprucht (niedrige Temperatur, Winterfrösche s. oben), um so länger ist auch das Erregungsstadium. ISHIKAWA[4] erklärt diese auch in seinem Laboratorium (von KUBO) beobachtete Erregbarkeitssteigerung ebenso wie die zu Beginn der Narkose durch eine Steigerung des „*Rhythmenbildungsvermögens*" des Nerven, infolge deren schon schwache Reize durch Summation der von ihnen ausgelösten rhythmischen Erregungswellen eine Wirkung erzielen würden. Daß ein Nerv auf starke Einzelreize mit einer zwei- oder dreifachen Entladung zu antworten vermag, ist verschiedentlich festgestellt und genauer untersucht worden[5], daß aber unter den Bedingungen verminderter Erregbarkeit durch Schwellenreize eine solche Rhythmenbildung sogar in gesteigertem Maße ausgelöst werden könnte, ist weder bewiesen noch irgendwie wahrscheinlich.

Während es, wie früher erwähnt, FRÖHLICH und TAIT wegen des raschen Erregbarkeitsverlustes nach Aufhören der Blutzirkulation nicht gelungen war, am *Warmblüternerven* Erstickungsversuche mit der am Froschnerven erprobten Methodik durchzuführen, vermochte THÖRNER[6] durch verschiedene Kunstgriffe ein langdauerndes Überleben des isolierten Ischiadicus verschiedener Säugetiere (Kaninchen, Hund, Meerschweinchen, Katze) zu erzielen. Die dem frisch getöteten oder dem narkotisierten lebenden Tiere entnommenen Nerven wurden rasch in Ringerlösung von 37—39° gebracht, die reichlich mit Sauerstoff durchströmt wurde. Unter diesen Bedingungen blieb die Erregbarkeit mehrere Stunden unverändert erhalten, auch wenn die Nerven dann in feuchte Luft von 30—38° übertragen wurden. Oder die Nerven wurden, wie dies schon ALCOCK (vgl. S. 367) getan hatte, in dieser Lösung unter ständiger O-Durchströmung zunächst lang-

---

[1] FENN, W. O.: Proc. amer. physiol. soc. Amer. J. Physiol. **85**, 368 (1928).
[2] THÖRNER, W.: Über das Erregungsstadium der Erstickung usw. Pflügers Arch. **204**, 747 (1924).
[3] FRÖHLICH, FR. W.: Erregbarkeit und Leitfähigkeit usw. Z. allg. Physiol. **3**, 148 (1904).
[4] ISHIKAWA, H.: Studies in the fundamental phenomena of life. Kyoto 1924.
[5] Vgl. H. WINTERSTEIN: Narkose, 2. Aufl., S. 27 (1926).
[6] THÖRNER, W.: Die Erstickung und Ermüdung des Warmblüternerven usw. Z. allg. Physiol. **13**, 264 (1912).

sam auf Zimmertemperatur abgekühlt; dann behielten sie auch bei 16—20° in feuchter Luft längere Zeit ihre Erregbarkeit und konnten ohne weiteres so wie Kaltblüternerven zu Erstickungsversuchen verwendet werden. Bei O-Entziehung trat der Verlust der Leitfähigkeit bei 32—37° durchschnittlich nach 9,2 Minuten, bei 18—20° nach 13 Minuten ein. Bei erneuter O-Zufuhr erfolgte schon nach 1—2 Minuten eine weitgehende Erholung, die dann langsam bis zu dem ursprünglichen Wert weiterging.

FORBES und RAY[1] beobachteten, daß Nerven, die einige Zeit ihrer Blutzufuhr beraubt im lebenden oder im getöteten Tiere belassen wurden und dadurch ihre Erregbarkeit verloren hatten, diese in Ringerlösung nicht bloß, wie schon früher (vgl. S. 367) erwähnt, wiedererlangten, sondern länger bewahrten als die von vornherein in Ringerlösung gebrachten Kontrollnerven. Sie glauben, daß die durch die Erstickung bedingte Stillegung der Funktion die Erhaltung einer für das Überleben notwendigen Substanz begünstige. Es bedürfte aber wohl noch der Nachprüfung, ob nicht irgendwelche Fehlerquellen dieses befremdliche Ergebnis gezeitigt haben.

Neuerdings hat KOCH[2,3] das *Verhalten der Erregbarkeit und des Längsquerschnittstroms (L.Q.S.) des Warmblüternerven bei vorübergehender Blutabsperrung* einer genaueren Untersuchung unterzogen. Da der L.Q.S. rasch absinkt, nach Anlegen eines frischen Querschnitts aber wieder ansteigt, muß man nach KOCH[2], um sowohl über das Verhalten des „Querschnittvorganges" wie des übrigen „Nervenzustandes" Aufschluß zu erhalten, eine Reihe von Querschnitten anlegen und von ihnen ableiten. Auf diese Weise würde sich ergeben, daß durch Blutabsperrung der „Querschnittsvorgang" — wir wollen lieber das Querschnittspotential sagen — kontinuierlich abgeschwächt wird, das Längsschnitt- oder Oberflächenpotential dagegen vorübergehend ansteigt. (Auf diese Weise erklärt sich, warum die zwischen beiden bestehende Potentialdifferenz, also der L.Q.S., am gut durchbluteten Nerven geringer gefunden wird als am herausgeschnittenen, bei welchem das Oberflächenpotential zunächst eine Steigerung erfährt.) Nach Wiederfreigabe des Blutstromes tritt eine metanämische Steigerung sowohl des Längs- wie des Querschnittspotentials, also eine Verstärkung des L.Q.S. ein. Die mit Schwellenreizen geprüfte Erregbarkeit des Kaninchenischiadicus sah KOCH[3] bei Absperrung der Blutzufuhr zunächst bis zu einem nach 10—15 Minuten erreichten Maximum ansteigen und dann zunächst langsam und hierauf ganz plötzlich (s. unten) absinken, so daß nach 57—24, im Mittel nach 41 Minuten die Reizung wirkungslos wurde, also die „Leitfähigkeit" erloschen war. Bei Wiederfreigabe des Blutstromes kehrte die Erregbarkeit ganz schnell, innerhalb $^1/_2$—1 Minute, wieder zurück, und zwar, wenn die Absperrung nur kurze Zeit gedauert hatte, zunächst wieder zu über der Norm liegenden Werten. Daß alle diese Erscheinungen nicht auf einer Anämie der motorischen Nervenendigungen, sondern des Nervs selbst beruhten, ergaben Versuche mit zentripetaler Reizung, bei denen die erste Auslösung einer Reflexbewegung (gewöhnlich Öffnen des Augenlides) beobachtet wurde. Das Verhalten war bei diesen Versuchen genau das gleiche wie bei zentrifugaler Reizung, nur daß das Erlöschen der Reizwirkung schon früher (41—21, im Mittel nach 28 Minuten) erfolgte. Dieser Unterschied war übrigens vielleicht lediglich durch die geringere Abkühlung des Nerven bei der letzten Versuchsanordnung bedingt, denn die Temperatur ist auf die Erstickungs-

---

[1] FORBES u. RAY: The condition of survival usw. Amer. J. Physiol. **64**, 435 (1923).
[2] KOCH, E.: Über den Einfluß vorübergehender Blutabsperrung usw. Z. exper. Med. **50**, 238 (1926).
[3] KOCH, E.: Längsquerschnittstrom und Erregbarkeit des Nerven. Pflügers Arch. **216**, 100 (1927).

geschwindigkeit von großem Einfluß. Die gleichzeitige Untersuchung der Erregbarkeit und des L.Q.S., die allerdings nicht an ein und derselben Nervenstelle erfolgen konnte, ergab eine weitgehende Übereinstimmung des Verhaltens beider: sie erreichten ungefähr gleichzeitig den Höhepunkt, begannen gleichzeitig abzusinken, stiegen nach Freigabe des Blutstromes wieder an, bis zu anfangs über der Norm liegenden Werten. Nur das plötzliche Abfallen der Erregbarkeit (Leitfähigkeit) wurde von dem L.Q.S. nicht mitgemacht, worauf wir später noch zurückkommen.

FRÖHLICH[1] hat seine Versuche über den Einfluß des O_2-Mangels auch auf *wirbellose Tiere* ausgedehnt. Bei den Cephalopoden sah er bei mittlerer Temperatur von 19° die peripheren Stellar- und die intrazentralen Mantelnerven innerhalb 3 Stunden ersticken. Das O-Bedürfnis dieser Nerven war geringer als das des Mantelganglions, aber — entgegen den offenbar durch Mängel der Methodik vorgetäuschten Befunden BORUTTAUS[2], der eine schnellere Erstickung des Mantelnerven beobachtet zu haben glaubte — untereinander gleich. Ebenso verhält es sich mit den Flügernerven und Interviszeralnerven der Aplysien, die beide intrazentrale Bahnen darstellen, und deren untereinander etwa gleiches O-Bedürfnis mit einer Erstickungszeit von meist 6—7 Stunden nicht bloß hinter dem des Pedal-, Visceral- und Cerebralganglions derselben Tiere, sondern auch hinter dem der Cephalopoden- und der Froschnerven unter sonst gleichen Bedingungen beträchtlich zurückbleibt.

In auffälligem Gegensatz zu diesen Befunden an marklosen Nerven wirbelloser Tiere würden die Angaben von NOLF[3] über das große O-Bedürfnis der REMAKschen Fasern des AUERBACHschen Plexus im Vogeldarm stehen. Er fand, daß eine isolierte Darmschlinge, die unter gewöhnlichen Bedingungen in O-durchspülter Ringerlösung gut reizbar bleibt, ihre Erregbarkeit schnell einbüßt, wenn man sie umstülpt, so daß die Serosa nach innen kommt. Die Ursache hierfür würde in einer Erstickung des AUERBACHschen Plexus liegen, denn wenn man den Sauerstoff durch das Lumen der umgestülpten Darmschlinge leitet, bleibt sie erregbar. Ebenso erstickt der Teil einer Darmschlinge schnell, über den man ein Stück einer zweiten so hinüberzieht, daß die O-Zufuhr zu der ersten abgesperrt wird. Hierbei geht sowohl die Reizbarkeit wie die Erregungsleitung des erstickten Darmteiles verloren, nach Auffassung des Autors ein Beweis, daß es sich um eine Erstickung der Nervenfasern selbst handeln muß. Zieht man zwischen die beiden übereinander gelagerten Darmstücke den Ischiadicus eines Nerv-Muskelpräparates vom Frosch, so erstickt der innenliegende Darmplexus viel schneller als der Nerv, nämlich (bei 30°) schon nach wenigen Minuten, der Nerv dagegen erst nach $1^1/_2$—$5^1/_2$ Stunden. Nach Entfernung des übergestülpten Darmstückes gewinnt der darunter befindliche Teil rasch seine Erregbarkeit wieder, ebenso auch der erstickte markhaltige Nerv. Darnach wären also die marklosen Nervenfasern viel weniger widerstandsfähig gegen Erstickung als die markhaltigen, was nach NOLF dafür sprechen würde, daß die Markhüllen einen Reservevorrat an Sauerstoff (s. unten) für den Achsenzylinder enthalten.

Ein strikter Beweis dafür, daß der von NOLF beobachtete Funktionsverlust wirklich auf O-Mangel zurückzuführen war, ist allerdings nicht gegeben. Es könnte sich auch darum gehandelt haben, daß die Fortschaffung von Stoffwechselprodukten behindert war, die an der Oberfläche oder bei Flüssigkeitsbewegung durch O-Durchleitung erfolgen konnte. Auf

---

[1] FRÖHLICH, FR. W.: Experimentelle Studien am Nervensystem der Mollusken. Z. allg. Physiol. **10**, 384, 396 (1910); **11**, 121 (1910).
[2] BORUTTAU, H.: Elektropathologische Untersuchungen. II. Pflügers Arch. **107**, 193 (1905).
[3] NOLF, P.: Asphyxie rapide des fibres de Remak etc. Ann. de Physiol. **3**, 477 (1927).

solche Faktoren sucht SEILER[1] die Angaben über weitgehende Abhängigkeit der Darmtätigkeit von der O-Zufuhr zurückzuführen, die nach seinen eigenen Versuchen durchaus nicht bestehen würde. Da aber bei diesen wieder der O-Mangel einfach durch Durchleiten von Wasserstoff durch die in einem offenen Gefäß befindliche Versuchslösung erfolgte, mithin von einem wirklichen O-Ausschluß anscheinend gar keine Rede sein konnte, bedürfte die ganze Frage einer erneuten Untersuchung mit exakter Methodik.

Erregbarkeit und Leitfähigkeit. Das Verhalten der Erregbarkeit und Leitfähigkeit des Nerven bei O-Entziehung stimmt mit dem bei Narkose zu beobachtenden[2] vollkommen überein: Die am zentralen Nervenende außerhalb der Erstickungskammer geprüfte „Leitfähigkeit" bleibt zunächst unverändert, bis die in der Kammer selbst untersuchte „Erregbarkeit" bis zu einem bestimmten Grade abgesunken ist; dann verschwindet sie fast plötzlich. Nach FRÖHLICH[3] würde die Erregbarkeit in der Kammer dann noch weiter absinken; der Grad, bis zu welchem sie abgesunken sein muß, damit die Leitfähigkeit zum Verschwinden gebracht wird, würde um so tiefer liegen, je kürzer, und um so höher, je länger die dem O-Mangel ausgesetzte Nervenstrecke ist. Dieses Verhalten würde sich nach BORUTTAU und FRÖHLICH[4] durch ein *Dekrement*, d. h. durch eine Abschwächung erklären, welche die Größe der Erregungswelle auf ihrem Verlaufe durch die erstickende Nervenstrecke erleide, und die um so früher (d. h. bei um so geringerer Herabsetzung der Erregbarkeit) zu einem Erlöschen der Erregungswelle führe, je länger die mit Dekrement leitende Nervenstrecke war. Die Abnahme der Erregbarkeit beginnt nach LODHOLZ[5] bei R. temporaria durchschnittlich 56 Minuten, bei R. esculenta 46 Minuten (7—102) nach Entziehung des Sauerstoffs; sie würde erst langsam, dann immer schneller in einer logarithmischen Kurve erfolgen. Sowohl er wie REHORN[6] haben weiter versucht, die Beziehungen des supponierten Dekrements zu der Größe der durchlaufenen Nervenstrecke zu ermitteln. Es erscheint überflüssig, auf diese Untersuchungen wie überhaupt auf die umfängliche (meist auf Versuche am narkotisierten Nerven begründete) Dekrementliteratur[2] näher einzugehen, da die neueren Forschungen, vor allem KATOS[7] und seiner Mitarbeiter, dieses ganze Gebäude gestürzt und einwandfrei dargetan haben, daß diese Ergebnisse samt und sonders durch Fehlerquellen vorgetäuscht waren. Die früheren Autoren haben nicht berücksichtigt, daß die Tiefe der Narkose infolge Herausdiffundierens des Narkoticums bzw. der Grad der Erstickung infolge Eindiffundierens des Sauerstoffs nahe der Austrittstelle des Nerven aus der Kammer geringer ist und daß daher auch die Herabsetzung der Erregbarkeit dort keinen so hohen Grad erreicht hat wie im Inneren einer längeren Kammer. Sie haben ferner keine richtige Vorstellung gehabt von dem außerordentlichen, in ausgezeichneten Versuchen von KATO nachgewiesenen Umfange des Gebietes, in welchem sich die Wirkungen des elektrischen Reizstromes auf die Nachbarschaft ausbreiten, teils in Form einfacher physikalischer Stromschleifen, teils in Form von „inneren Stromschleifen" (KATO), d. h. von physiologisch bedingten extrapolaren Wirkungen, die schon auf beträchtliche Ent-

---

[1] SEILER, A.: Untersuchungen über Automatie u. Erregbarkeit usw. Z. Biol. **88**, 63 (1928).
[2] Vgl. H. WINTERSTEIN: Narkose, 2. Aufl., 78ff. (1926).
[3] FRÖHLICH, FR. W.: Erregbarkeit und Leitfähigkeit des Nerven. Z. allg. Physiol. **3**, 148 (1904).
[4] BORUTTAU u. FRÖHLICH: Erregbarkeit und Leitfähigkeit des Nerven. Z. allg. Physiol. **4**, 153 (1904) — Über die Veränderungen der Erregungswelle usw. Pflügers Arch. **105**, 444 (1904).
[5] LODHOLZ, E.: Das Dekrement der Erregungswelle usw. Z. allg. Physiol. **15**, 316 (1913).
[6] REHORN, E.: Das Dekrement der Erregungswelle usw. Z. allg. Physiol. **17**, 49 (1918).
[7] KATO, G.: The theory of decrementless conduction etc. Tokyo: Naukodo 1924. — The further studies on decrementless conduction. Ebenda 1926.

fernung das Gebiet minder stark herabgesetzter Erregbarkeit nahe der Kammergrenze erreichen können. So wurde eine Abhängigkeit der Narkotisierungs- bzw. Erstickungszeit von der Länge der betroffenen Nervenstrecke und eine Fortdauer der Reizwirkung im Inneren der Kammer nach Erlöschen der zentral untersuchten Leitfähigkeit vorgetäuscht. Es kann hier nicht im einzelnen auf die mit bewundernswertem Scharfsinn durchgeführten und in den wesentlichen Punkten von FORBES und seinen Mitarbeitern[1] sowie von KOCH[2] bestätigten Untersuchungen KATOS eingegangen werden, da sie im wesentlichen wieder den narkotisierten Nerven betreffen. Aber die allgemeine Übereinstimmung, die das Verhalten des erstickenden Nerven mit dem des narkotisierten zeigt, sowie einige von KATOS Mitarbeiter FUKUI an dem durch Stickstoff, Wasserstoff oder 2 proz. Cyankaliumlösung erstickten Nerven angestellte Untersuchungen, die diese völlige Übereinstimmung aufs neue bestätigt haben, lassen keinen Zweifel zu, daß *die erstickende ebenso wie die narkotisierte Nervenstrecke eine verminderte Erregbarkeit aufweist, aber ohne Dekrement leitet und ebenso wie die normale dem „Alles oder Nichts-Gesetz" gehorcht.*

COOPER[3] und neuerdings CATTELL und EDWARDS[4] haben (die erstere mit Narkose, die letzteren mit mechanischer Kompression des Nerven) die Existenz eines Dekrements aufs neue zu erweisen gesucht, ohne jedoch die zwingenden Argumente KATOS erschüttern zu können. — FORBES und seine Mitarbeiter[1] haben die Auffassung vertreten und durch theoretische Deduktionen zu stützen gesucht, daß zwar innerhalb der geschädigten Strecke des Nerven Erregung und Leitung entsprechend den Anschauungen KATOS gleichmäßig herabgesetzt seien, daß aber an der Übergangsstelle von dem normalen zu dem veränderten Nervengewebe doch auf eine kurze Strecke ein Dekrement bestehe und daß dieses und nicht die Diffusionsverhältnisse das Verhalten des Nerven in der Nachbarschaft dieser Übergangsstellen erkläre. Diffusionsversuche mit farbstoffhaltigen Narkoticumlösungen von KATO und TERUUCHI[5] haben eine direkte experimentelle Bestätigung der von KATO angenommenen Diffusionsverhältnisse ergeben und lassen die Annahme eines auch nur eng umschriebenen Dekrements überflüssig erscheinen.

Dagegen bedarf KATOS Annahme eines gleichzeitigen Verschwindens von Erregbarkeit und Leitfähigkeit, die durch seine Versuche nicht bewiesen wird, einer Korrektur: Wenn man in der üblichen Weise die zentral von einer affizierten Nervenstrecke auslösbaren Reizwirkungen als Ausdruck der „Leitfähigkeit" des Nerven und die durch Reizung der betroffenen Nervenstrecke selbst zu erzielenden Wirkungen als Maß der „Erregbarkeit" verwendet, so muß man sich doch darüber klar sein, daß es unmöglich ist, auf diesem Wege die lokale Erregbarkeit einer Nervenstrecke als solche festzustellen. Denn wie nahe man auch die Reizstelle an das normale Nervengewebe heranrückt, immer muß die Erregung auch noch eine Strecke veränderten Gewebes durchlaufen, der Reizerfolg also durch deren Leitfähigkeit beeinflußt werden. Völlig unmöglich ist es daher (was verschiedentlich versucht wurde), auf diesem Wege eine Erhaltung der Erregbarkeit bei „völligem Verlust der Leitfähigkeit" feststellen zu wollen.

---

[1] DAVIS, FORBES, BRUNSWICK u. HOPKINS: Studies of the nerve impulse. II. Amer. J. Physiol. **76**, 448 (1926).

[2] KOCH, E.: Erregbarkeit und Leitfähigkeit des Nerven. Z. Biol. **87**, 249 (1928).

[3] COOPER, S.: The conduction in a nervous impulse etc. J. of Physiol. **61**, 305 (1926).

[4] CATTELL u. EDWARDS: Transitional decrement etc. Amer. J. Physiol. **80**, 427 (1927); — Decrement in nerve conduction. Proc. amer. physiol. soc. Ebenda **81**, 472 (1927).

[5] KATO u. TERUUCHI: Is there „transitional decrement" in narcotised nerve? J. of Physiol. **64**, 193 (1927/28).

Aber auch die umgekehrte von KATO gezogene Schlußfolgerung, die aus dem Ausbleiben eines Erfolges bei Reizung der geschädigten Nervenstrecke den Verlust ihrer Erregbarkeit ableitet, erscheint aus dem gleichen Grunde nicht bindend. Denn ein Reizerfolg muß auch dann ausbleiben, wenn die gereizte Stelle zwar erregbar ist, die in ihr erzeugte Erregung aber nicht zum Erfolgsorgan weitergeleitet wird, sondern auf die unmittelbar gereizte Stelle beschränkt bleibt[1]. Dies scheint nach den Untersuchungen von KOCH[2] in einem vorgerückten Stadium der Narkose bzw. Erstickung tatsächlich der Fall zu sein. Denn während die mit dem Schwellenreiz geprüfte „Leitfähigkeit" plötzlich erlischt, sinkt, wie oben erwähnt, der L.Q.S. langsam und allmählich weiter ab. Dies erklärt sich nach KOCH daraus, daß auch die Erregbarkeit nur allmählich weiter absinkt; der Reizerfolg aber muß in dem Augenblick gänzlich verschwinden (und zwar nach KATOS auch von KOCH bestätigten Feststellungen *gleichzeitig* bei Reizung außerhalb wie innerhalb der geschädigten Nervenstrecke), in welchem die Erregung am Reizort unterschwellig wird, d. h. unter der Größe bleibt, die zur Erregung der Nachbarstelle, also zur Erregungsleitung, erforderlich ist. Andererseits muß aus der Tatsache, daß die Leitfähigkeit trotz Absinkens der Erregbarkeit und des L.Q.S., also offenbar auch der Erregungsgröße an der Reizstelle, zunächst noch erhalten bleibt, nach KOCH geschlossen werden, daß der *Leitungsreiz im normalen Nerven „überschwellig"*, d. h. größer ist als zur Erregung der Nachbarstelle erforderlich erscheint.

Mit dem Absinken der Erregbarkeit geht bei der Erstickung ebenso wie bei der Narkose eine *Verlangsamung der Leitungsgeschwindigkeit* einher, wie zuerst von FRÖHLICH gezeigt wurde[3].

Eine weitere Reihe von Untersuchungen über die Veränderungen, welche die Reaktionsweise des Nerven unter dem Einfluß des O-Mangels erfährt, hat THÖRNER angestellt. Er beobachtete die wichtige Tatsache, daß der gereizte Nerv ein größeres O-Bedürfnis besitzt als der ungereizte; denn der erstere verliert in einer N-Atmosphäre seine Erregbarkeit und Leitfähigkeit (als deren Index die negative Schwankung bei kurzdauernder tetanischer Reizung diente) früher als der letztere[4]. Ein gewisser Grad von Erholung bei einer solchen ermüdenden Reizung kann allerdings auch ohne O-Zufuhr, vermutlich durch Herausdiffundieren der lähmend wirkenden Kohlensäure erfolgen[5]. Andeutungsweise waren solche Ermüdungserscheinungen bereits von v. BAEYER[6] bei Erstickung des Nerven durch künstliche Reduktionsmittel beobachtet und von FRÖHLICH[7] aus dem noch zu erwähnenden Verhalten bei Reizsummation erschlossen worden.

Als Ermüdungserscheinung ist auch die Dehnung zu deuten, die eine durch Reizung erzeugte negative Schwankung bei unzulänglicher O-Zufuhr erfährt, und zwar, wie THÖRNER[5] feststellen konnte, nicht bloß bei völligem Ausschluß von Sauerstoff, sondern auch in Luft. Mit Steigerung der Temperatur nahm diese „relative Ermüdung" sowohl in Stickstoff wie in Luft immer mehr ab und konnte oberhalb 35° bei Kaltblüternerven überhaupt nicht mehr erzielt werden. Anderer-

---

[1] Vgl. H. WINTERSTEIN: Narkose, 2. Aufl., S. 113 (1926).
[2] KOCH, E.: Erregbarkeit und Leitfähigkeit des Nerven. Z. Biol. **87**, 249 (1928).
[3] FRÖHLICH, FR. W.: Die Verringerung der Fortpflanzungsgeschwindigkeit usw. Z. allg. Physiol. **3**, 455 (1904).
[4] THÖRNER, W.: Die Ermüdung des markhaltigen Nerven. Z. allg. Physiol. **8**, 530 (1908).
[5] THÖRNER, W.: Weitere Untersuchungen über die Ermüdung usw. Z. allg. Physiol. **10**, 29, 351 (1910).
[6] BAEYER, H. v.: Notizen zur Frage nach der Ermüdung usw. Z. allg. Physiol. **2**, 180 (1903).
[7] FRÖHLICH, FR. W.: Die Ermüdung des markhaltigen Nerven. Z. allg. Physiol. **3**, 468 (1904).

seits ist (in Widerspruch zu später zu erwähnenden, auf den Gaswechsel gestützten Berechnungen und Beobachtungen) der O-Bedarf anscheinend auch beim ruhenden Nerven in Luft nicht in vollem Maße befriedigt, da sowohl bei niederer (6°) wie bei mittlerer (18°) wie bei höherer (30°) Temperatur die Erregbarkeit in einer Atmosphäre von reinem Sauerstoff etwas höher gefunden wird als in Luft (THÖRNER[1]).

Auch der Warmblüternerv verliert nach THÖRNER[2] bei gleichzeitiger tetanischer Reizung seine Leitfähigkeit rascher als in der Ruhe, bei 32—37° durchschnittlich nach 8,6 statt nach 9,2 Minuten. Eine Verminderung der beim Ruhenerven bis zum völligen plötzlichen Verlust ziemlich unveränderten Leitfähigkeit war schon nach 3—4 Minuten feststellbar. Noch deutlicher ist der Unterschied bei einer Temperatur von 18—20°, bei der der Verlust der Leitfähigkeit bei gleichzeitiger Erstickung und Tetanisierung im Mittel schon nach 11 statt nach 13 Minuten eintrat. Auch hier war nach Abstellung der Reizung eine gewisse Erholung noch bei O-Abschluß zu beobachten, wie denn auch sonst das Verhalten des Warmblüternerven durchaus mit dem des Kaltblüternerven übereinstimmt.

In ganz analoger Weise wie beim Muskel besitzt der *Sauerstoff* offenbar *besondere Bedeutung für die Restitutionsvorgänge*, denn sehr viel früher als die die Tätigkeit begleitenden Aktionsströme (negative Schwankung) verschwindet, wie SOCHOR[3] und bald darauf ZELIONY[4] gefunden haben, in reinem Stickstoff die von HERING entdeckte *positive Nachschwankung*. Während die negative Schwankung bei Erstickung erst nach $2^1/_2$—3 Stunden aufhört, sah ZELIONY die positive Schwankung mitunter schon nach $3^1/_2$ Minuten abnehmen und nach $^1/_2$—1 Stunde ganz verschwinden. Wurde Sauerstoff gleich nach Verschwinden derselben wieder zugeführt, so kehrte sie zu ihrer ursprünglichen Höhe zurück, wartete man mit dem Zutritt von Sauerstoff bis zum Verschwinden der negativen Schwankung, so ergab sich für die Intensität der positiven Schwankung ein wechselndes, in seinen Einzelheiten schwer zu deutendes Bild. VERZÁR[5] allerdings faßt diese Nachschwankung anders auf: Er beobachtete, daß die bei gleichzeitiger Polarisation eines Nerven durch den konstanten Strom und seiner tetanischen Reizung auftretende Verminderung des Polarisationsstromes (*Depolarisationswelle*) sich in fast allen Punkten genau so verhält wie die positive Nachschwankung, also auch bei Sauerstoffentziehung zum Verschwinden kommt. Er schließt daraus auf einen in beiden Fällen identischen Vorgang, den er als tonische Erregung des Nerven deutet.

In besonders klarer Weise ergibt sich die Bedeutung des Sauerstoffs für die Restitution aus einer vorläufigen Mitteilung von Versuchen, die FURUSAWA[6] am marklosen Beinnerven der Krabbe Maja squinado angestellt hat. Infolge seiner hohen Ermüdbarkeit hinterläßt hier jede Reizung eine sie längere Zeit überdauernde Verminderung des Ruhestroms, also ein Bestehenbleiben des Aktionsstroms oder der negativen Schwankung, das bei der Erholung wieder

---

[1] THÖRNER, W.: Über den O-Bedarf des markhaltigen Nerven. Pflügers Arch. **156**, 253 (1914).
[2] THÖRNER, W.: Die Erstickung und Ermüdung des Warmblüternerven. Z. allg. Physiol. **13**, 264 (1912).
[3] SOCHOR, N.: Über den Einfluß des O-Mangels usw. Z. Biol. **58**, 1 (1912).
[4] ZELIONY, G.: Über die Abhängigkeit der positiven und negativen Schwankung usw. Z. allg. Physiol. **15**, 23 (1913).
[5] VERZÁR, F.: Depolarisationswelle und positive Nachschwankung usw. Pflügers Arch. **211**, 244 (1926).
[6] FURUSAWA, K.: The total depolarisation etc. Proc. physiol. soc. XXVII, J. Physiol. **65** (1928).

verschwindet. In Stickstoff dagegen bleibt diese Retention erhalten, d. h. die durch die Reizung bewirkte Depolarisation kann nur in Anwesenheit von Sauerstoff wieder behoben werden.

Mit dem Einfluß des Sauerstoffs auf den Erholungsvorgang hängt es jedenfalls auch zusammen, daß das *minimale Summationsintervall*, d. h. die Zeit, nach der ein zweiter auf den Nerven applizierter Reiz frühestens eine summierte Muskelzuckung zu erzeugen vermag, bei Erstickung eine Verlängerung erfährt, wie zuerst FRÖHLICH[1] festgestellt hat. Während FRÖHLICH aus dieser Beobachtung auf eine Verlängerung des Refraktärstadiums des Nerven schließt, sucht COOPER[2] die auch von ihr bestätigte Erscheinung in der gleichen Weise, wie dies ADRIAN und LUCAS für das analoge Phänomen bei Narkose des Nerven getan haben, auf ein Dekrement der Erregungsleitung zurückzuführen. Da aber ein solches nach den neuen Untersuchungen (s. oben) überhaupt nicht existiert, kann kein Zweifel bestehen, daß die FRÖHLICHsche Erklärung die richtige ist, wie dies KATO und seine Mitarbeiter für den narkotisierten Nerven auch direkt zu erweisen versuchten. — Die Verlängerung der Summationszeit ist von IMMENHAUSER[3] auch bei Behinderung des Oxydationsvermögens des Nerven durch Eintauchen in Cyanid- oder arsenige Säurelösungen beobachtet worden.

Die Erstickung des Nerven tritt, wie schon BAEYER beobachtet hatte, im allgemeinen um so schneller ein, je höher die Temperatur ist. Umgekehrt erlischt die Leitfähigkeit des Froschnerven unter dem *Einfluß der Wärmewirkung* („*Wärmelähmung*") bei um so niedrigerer Temperatur, je niedriger der O-Druck ist. So sah SANDERS[4] den Verlust der Leitfähigkeit beim Ischiadicus von R. temp. im Durchschnitt eintreten: in Stickstoff bei 28,9°, in Luft bei 30,8°, in Sauerstoff bei 32,1°. Auch nach THÖRNER[5] tritt die Wärmelähmung in einer N-Atmosphäre um 2° früher ein als in Luft. Andererseits aber konnte er bei seinen Untersuchungen über die Wirkung hoher Temperatur auf den Froschnerven die merkwürdige Erscheinung feststellen, daß eine vorangegangene Erwärmung nicht bloß die Widerstandsfähigkeit des Nerven gegen eine darauffolgende erneute Erwärmung, sondern auch die gegen Erstickung steigert; bei solchen „gewöhnten" Nerven von Sommerfröschen benötigte die Erstickung eine um ca. 8—9% längere Zeit als bei normalen. Diese Erscheinung steht in vollem Einklang zu den ganz analogen Beobachtungen, die, wie wir in der Physiologie der Nervenzentren sehen werden, MONTUORI an dem Zentralnervensystem von Kaulquappen und verschiedenen Seetieren gemacht hat, und die er auf eine bei längerer Wärmewirkung eintretende *Verminderung* des O-Verbrauches zurückführen konnte. Auch THÖRNER[6] sucht sie durch eine Verlangsamung der Stoffwechselvorgänge zu erklären, da er unter dem Einfluß einer Übererwärmung eine (reversible) Verlangsamung der Erregungsleitung im Nerven nachweisen konnte.

In neuerer Zeit hat THÖRNER[7] noch die *elektrotonischen Erregbarkeitsveränderungen* des Nerven unter dem Einfluß der O-Entziehung einer genaueren Unter-

---

[1] FRÖHLICH, FR. W.: Die Ermüdung des markhaltigen Nerven. Z. allg. Physiol. **3**, 468 (1904).

[2] COOPER, S.: The rate of recovery of nerves etc. J. of Physiol. **58**, 41 (1923/24).

[3] IMMENHAUSER, K.: Über die Abhängigkeit der zeitlichen Verhältnisse usw. Z. Biol. **84**, 249 (1926).

[4] SANDERS, H. TH.: Untersuchungen über die Wärmelähmung des Kaltblüternerven. Z. allg. Physiol. **16**, 474 (1914).

[5] THÖRNER, W.: Untersuchungen über Wärmeerregung und Wärmelähmung usw. Z. allg. Physiol. **18**, 226 (1918).

[6] THÖRNER, W.: Leitungsverlangsamung und Verringerung des Stoffumsatzes usw. Pflügers Arch. **195**, 602 (1922).

[7] THÖRNER, W.: Elektrophysiol. Untersuchungen am alterierten Nerven. Pflügers Arch. **197**, 159, 187 (1922); **198**, 373 (1923); **206**, 411 (1924).

suchung unterzogen und hierbei bis zu einem gewissen Grade eine Umkehr des normalen polaren Verhaltens beobachtet. Diese äußert sich vor allem in einer enormen Ausbildung einer depressiven Kathodenwirkung und einer Steigerung der anodischen Erregbarkeit, infolge deren die sonst wenig wirksame Öffnung des konstanten Stroms immer wirksamer wird, bis schließlich beim aufsteigenden Strom nur die Öffnungszuckung übrigbleibt. Aus dem gleichen Grunde erscheinen auch bei den wie kurze konstante Stromstöße wirkenden Induktionsströmen die aufsteigenden Ströme, bei denen die Anode muskelwärts liegt, als die bei weitem wirksameren. Auch die Latenzzeiten erfahren für den aufsteigenden Strom eine starke Verkürzung, für den absteigenden eine Verlangsamung.

Läßt man einen erstickten Nerven sich durch O-Zufuhr erholen, so ist, wie schon von FRÖHLICH (vgl. S. 368) beobachtet und von GOTTSCHALK[1] genauer untersucht wurde, bei einer darauffolgenden zweiten O-Entziehung die Erstickungszeit proportional der *Dauer der vorangehenden O-Zufuhr*, sofern diese unterhalb einer gewissen „*Optimalzeit*" (O.Z.) liegt. Ist die Dauer der O-Zufuhr größer als diese O.Z., so werden bei einer Reihe aufeinanderfolgender Erstickungsversuche die Erstickungszeiten nach GOTTSCHALK immer kürzer, so daß sie in Form einer Exponentialkurve abnehmen. Bei einer Erstickungszeit des Nerven von 90 bis 135 Minuten betrug in seinen Versuchen die O.Z. in Luft für die erste Erholung 25, für die zweite 16 und für die dritte 9 Minuten. Wurde statt Luft reiner Sauerstoff zur Erholung verwendet, so änderten sich die Erstickungszeiten nicht, wohl aber fand eine sehr beträchtliche Verkürzung der O.Z. statt, so daß also die Nerven bei diesem hohen O-Druck sich sehr viel *rascher* erholten. Die O.Z. betrug jetzt für drei aufeinanderfolgende Erstickungen 8, 5 und 3 Minuten, also knapp ein Drittel derjenigen in atmosphärischer Luft. Die Erscheinung, daß bis zur Erreichung der O.Z. die Erstickungszeit mit der Dauer der Erholung zunimmt, obwohl die durch die Reizschwelle geprüfte Erregbarkeit ihren ursprünglichen Wert wieder erreicht hat, glaubte GOTTSCHALK zuerst nur durch die BAEYER-VERWORNsche *Theorie der O-Depots* erklären zu können: die O.Z. wäre die zur vollständigen Füllung dieser Reservoire mit Sauerstoff benötigte Zeit, die je nach der Größe des O-Druckes länger (Luft) oder kürzer (reiner Sauerstoff) wäre. Später hat GOTTSCHALK jedoch auf Grund der gleich zu erwähnenden Versuche diese Vorstellung verlassen zugunsten der Annahme einer oxydativen Beseitigung von Erstickungsstoffen.

Daß eine *Ansammlung lähmend wirkender Stoffwechselprodukte* bei dem ganzen Komplex von Erstickungserscheinungen im Nerven eine wesentliche Rolle spielt, ergibt sich aus einer Reihe von Tatsachen:

FILLIÉ[2] fand, daß der Froschnerv ebenso wie in einer O-freien Atmosphäre auch in einer O-freien indifferenten Flüssigkeit (physiologische NaCl-Lösung) zur Erstickung gebracht werden kann, von der er sich bei Zutritt von Sauerstoff, sei es in Gasform, sei es in Form einer O-haltigen Flüssigkeit, wieder erholt. Die Erstickung in Flüssigkeit erfolgt auch bei einem geringen O-Gehalt derselben, der aber 0,3 mg = 0,7 Vol.-% O_2 pro Liter nicht erreichen darf. (Nach GERARD[3] würde der Aktionsstrom und die Wärmebildung jedoch schon bei einem O-Gehalt von 1% abzusinken beginnen.) Diese Erstickung in Lösung geht nun wesentlich langsamer vor sich als in Gas und der in einer N-Atmosphäre

---
[1] GOTTSCHALK, A.: Erstickung und Erholung des markhaltigen Kaltblüternerven. Z. allg. Physiol. **16**, 513 (1914).
[2] FILLIÉ, H.: Studien über die Erstickung und Erholung des Nerven in Flüssigkeiten. Z. allg. Physiol. **8**, 492 (1908).
[3] GERARD, R. W.: Studies on nerve metabolisme. I. J. of Physiol. **63**, 280 (1927).

bis zum Verschwinden der Leitfähigkeit erstickte Nerv kann sich bei Umspülung mit O-freier Salzlösung nach einiger Zeit wieder bis zu einem gewissen allerdings stets unvollkommenen Grade, mit dem aber eine Wiederkehr der Leitfähigkeit verbunden sein kann, erholen. Auf diese anfängliche Erholung folgt dann im weiteren Verlaufe ein erneutes Absinken der Erregbarkeit. Diese Versuche, die, wie wir sehen werden, ein völliges Analogon zu den von VERWORN am Zentralnervensystem des Frosches angestellten Beobachtungen bieten, zeigen, daß auch im Nerven bei O-Mangel eine gewisse Ansammlung von wasserlöslichen Erstickungsstoffen stattfinden muß, die durch bloße Umspülung mit Lösung fortgewaschen oder durch Zutritt von Sauerstoff beseitigt werden können.

Vergleicht man die Erstickungszeiten eines frisch präparierten und eines durch mehrere Stunden in feuchter Luft aufbewahrten Nerven, so ergeben sich nach GOTTSCHALK keine großen Differenzen. Die wachsende Verkürzung der Erstickungszeiten mehrerer aufeinanderfolgender Erstickungen beruht also nicht auf dem Absterbeprozeß, sondern im wesentlichen offenbar auf einer fortschreitenden Anhäufung von Erstickungsstoffen, die durch den Sauerstoff allein nicht entfernt werden können. Tatsächlich fand GOTTSCHALK[1] in Weiterführung der Versuche von FILLIÉ, daß, wenn ein erstickter Nerv zuerst optimal (während 8 Minuten vgl. oben) durch Zufuhr von reinem Sauerstoff erholt und dann noch mit gewöhnlicher physiologischer NaCl-Lösung umspült wird, dadurch eine sehr bedeutende Verlängerung der zweiten Erstickungszeit gegenüber der eines bloß durch Sauerstoff erholten Nerven zu erzielen ist. Ja, wenn die Umspülung mit einer O-haltigen isotonischen NaCl-Lösung über 90—120 Minuten ausgedehnt wurde, konnte (von der geringen Absterbequote abgesehen) eine völlige Restitutio in integrum des Nerven bewirkt werden, so daß die zweite Erstickung jetzt ebensoviel Zeit benötigte wie die erste. *Die völlige Erholung von der Erstickung erfordert, also nicht bloß Sauerstoffzufuhr, sondern* (wie auch COOPER[2] bestätigen konnte) — offenbar wegen der Ansammlung diffusibler, aber nicht oxydabler oder auch in oxydiertem Zustande nicht flüchtiger Erstickungsstoffe — *eine Umspülung mit Lösung.* Das folgende Versuchsbeispiel zeigt den Einfluß, den Umspülung allein, O-Zufuhr allein und beide Faktoren kombiniert auf den in der Länge der zweiten Erstickungszeit sich äußernden Grad der Erholung ausüben:

1. Erstickungszeit	Optimale Erholung in	2. Erstickungszeit
89 Minuten	Sauerstoffgas	46 Minuten
90 ,,	O-freie NaCl-Lösung	34 ,,
94 ,,	O-haltige NaCl-Lösung	90 ,,

Auf Grund dieser Beobachtungen kommt GOTTSCHALK zur Aufstellung des folgenden *Schemas des Erholungsvorganges:*

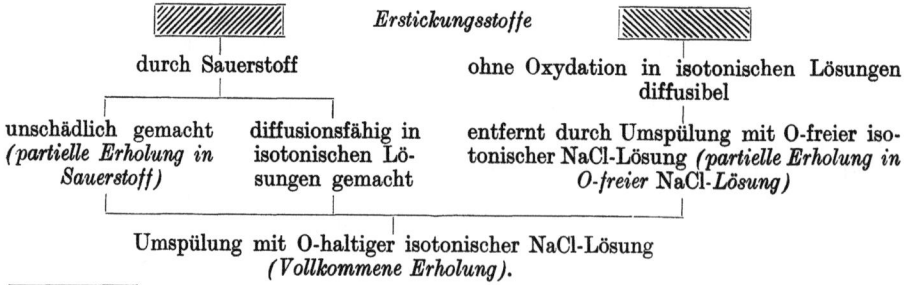

---

[1] GOTTSCHALK, A.: Über den Mechanismus der Erstickung und Erholung des markhaltigen Kaltblüternerven. Z. allg. Physiol. **18**, 341 (1920).

[2] COOPER, S.: J. of Physiol. **58**, 41 (1923/24).

Untersuchungen über Stoffwechsel und Wärmebildung des Nerven haben GERARD und MEYERHOF wieder zu der Auffassung geführt, daß die Funktion des Nerven bei O-Abschluß auf Kosten einer Art von O-Reserve erfolge. Wir werden auf diese Untersuchungen später noch ausführlich zurückkommen.

Der *osmotische Druck* der zur Umspülung des erstickten Nerven verwendeten Lösungen hat nach den Beobachtungen von GOTTSCHALK[1] großen Einfluß auf die Dauer der zweiten Erstickungszeit. Wurde diese nämlich bei zwei Nerven verglichen, die nach vorangegangener Erstickung zunächst beide durch 8 Minuten dauernde O-Zufuhr erholt wurden, und von denen dann der eine durch 10 bzw. 100 Minuten mit physiologischer, der andere mit hypotonischer (0,5%) oder aber mit hypertonischer (1%) NaCl-Lösung umspült wurde, so ergab sich eine *Verlängerung* der Erstickungszeit unter dem Einfluß der *hypotonischen* und eine *Verkürzung* unter dem Einfluß der *hypertonischen* Lösung. Da die Änderungen des NaCl-Gehaltes an sich nach den Untersuchungen von ISHIKAWA innerhalb weiter Grenzen auf die Erregbarkeit des Nerven ohne Einfluß sind, so kann es sich nur um eine Wirkung des veränderten osmotischen Druckes handeln, indem die in einer hypotonischen Lösung erfolgende Anreicherung des Nerven mit Wasser anscheinend zu einer Verminderung, seine Wasserverarmung in einer hypertonischen Lösung zu einer Steigerung des Stoffwechsels und der Konzentration der Erstickungsstoffe führt, Schlußfolgerungen, die, wie wir sehen werden, mit den Beobachtungen UNGERS über die Wirkung des osmotischen Druckes auf den O-Verbrauch des Zentralnervensystems gut in Einklang stehen.

2. Gaswechsel.

VALENTIN[2] stellte seine eingangs erwähnten Versuche an menschlichen Nerven an, die gleich nach der Amputation einer Extremität dem Körper entnommen wurden. Der Gaswechsel wurde eudiometrisch bestimmt. Da die Versuche größtenteils über viele Stunden ausgedehnt wurden, ist der Anteil der Fäulnis in den meisten Fällen nicht feststellbar. Es sei daher hier bloß ein Versuch angeführt, der sich nur über 2 Stunden erstreckte, so daß eine nennenswerte Beteiligung von Fäulnisprozessen nicht wahrscheinlich ist, zumal die Versuche vermutlich bei Zimmertemperatur angestellt waren. In diesem Versuche wurde der Gaswechsel eines 25 mm langen und 3 mm dicken Stückes des Hüftnerven eines 19jährigen Mannes untersucht, eine Stunde nach erfolgter Operation. Der Nerv verbrauchte innerhalb 2 Stunden rund 0,35 ccm O_2 und bildete 0,08 ccm CO_2. Die übrigen an menschlichen Nerven sowie an solchen von Pferden und Kaninchen ausgeführten Versuche sind aus den angeführten Gründen wertlos.

Erst ein halbes Jahrhundert später ist der Gaswechsel des Nerven zum zweiten Male untersucht worden. THUNBERG[3] bestimmte mit Hilfe seines Mikrospirometers[4] in 2 Versuchen die Atmung der gleich nach dem Tode des Tieres herauspräparierten beiden Ischiadici + der vom Plexus brachialis ausgehenden großen Nerven eines Kaninchens bei 16°. Die Resultate gibt die folgende Tabelle:

---
[1] GOTTSCHALK, A.: Über den Einfluß des osmotischen Druckes auf die Erstickbarkeit des Kaltblüternerven. Z. allg. Physiol. **19**, 80 (1921).
[2] VALENTIN, G.: Eudiometrische Studien über Muskeln und Nerven. Arch. physiol. Heilk. **3**, 474 (1859).
[3] THUNBERG, T.: Mikro-respirometrische Untersuchungen. Zbl. Physiol. **18**, 553 (1905).
[4] THUNBERG, T.: Ein Mikrorespirometer. Skand. Arch. Physiol. **17**, 74 (1905).

Medium	CO_2-Abgabe	O_2-Verbrauch	Resp. Quotienten
	in cmm pro 1 g und 1 St.		
Luft	22	26	0,85
0	22,2	31,4	0,70
Luft	28,6	27,6	1,04
0	38	37,2	1,02

Die sicher zu niedrigen Werte und die im zweiten Falle zu beobachtende abnorme Höhe des respiratorischen Quotienten (R.Q.) erklären sich jedenfalls durch die ungünstigen Bedingungen der O-Aufnahme in einer zu einem Knäuel zusammengeballten Nervenmasse.

BUYTENDIJK[1] bestimmte mit einem Mikrotitrationsverfahren nach WINKLER den O-Verbrauch der durch 30—60 Minuten in luftgesättigter Ringerlösung gehaltenen Kopfnerven großer Exemplare von Gadus morrhua und untersuchte als erster den *Einfluß elektrischer Reizung* auf die Größe des Gaswechsels. Die Resultate sind in der folgenden Tabelle zusammengestellt:

O-Verbrauch der Kopfnerven von Gadus morrhua in cmm pro 1 g und 1 St.
(Nach BUYTENDIJK.)

Ruhe	Reizung	Steigerung in %	Ruhe	Reizung	Steigerung in %
118	170	44	48	69	44
81	152	86	21	41	95
70	87	24	7	9	29

Die Versuche zeigen die beträchtliche Steigerung des O-Verbrauchs, dessen absolute Werte auch hier wegen des zu niedrigen O-Druckes einer mit Luft gesättigten Lösung zu gering sein dürften. — Der in 4 Versuchen unter den gleichen Bedingungen gemessene O-Verbrauch von Froschnerven schwankte zwischen 23 und 64 cmm pro Gramm und Stunde; die Wirkung der Reizung aber fiel hier völlig in die Fehlergrenzen.

Der für den *Zusammenhang von Stoffwechsel und Nervenfunktion* offenbar besonders wichtige Nachweis einer *Steigerung des O-Verbrauches bei Reizung* ist jedoch bald darauf auch für den Froschnerven von HABERLANDT[2] erbracht worden, der mit Hilfe der WIDMARKschen Modifikation[3] des THUNBERG-WINTERSTEINschen Mikrorespirometers eine deutliche Steigerung der O-Zehrung beobachtete, wenn die zu dem Versuch verwendeten Froschischiadici (meist je 4) durch $1/2$ Stunde tetanisiert wurden. Die Steigerung, die entweder schon während oder — vermutlich infolge der Langsamkeit der CO_2-Absorption — unmittelbar nach der Reizungsperiode feststellbar war, betrug schätzungsweise etwa 50 bis 200% des Ruhewertes, der sich bei 19—24° zu etwa 41,7—83,4 cmm pro Gramm und Stunde berechnete, und zwar in atmosphärischer Luft. Der Ruhewert bei Aufenthalt in einer O-Atmosphäre war im allgemeinen etwas höher. Versuche ohne CO_2-Absorption ergaben eine geringe Volumverminderung, also einen Überschuß der O-Aufnahme über die CO_2-Abgabe, aus der sich ein R.Q. von beiläufig 0,87—0,93 berechnet. Auf die Größe dieses R.Q. ist die Reizung ohne jeden Einfluß, so daß mit der erhöhten O-Aufnahme offenbar auch eine entsprechende Steigerung der CO_2-Abgabe einhergeht.

---

[1] BUYTENDIJK, F.J.J.: On the consumption of oxygen by the nervous system. Koninkl. Akad. Wetensch. Amsterd., Proc. Meet. Nov. **1910**, 577.

[2] HABERLANDT, L.: Über den Gaswechsel des markhaltigen Nerven. Arch. Anat. u. Physiol. **1911**, 419.

[3] WIDMARK, E. M. P.: Über die Handhabung des Thunberg-Winterensteinschen Mikrorespirometers usw. Skand. Arch. Physiol. **24**, 321 (1911).

Die CO_2-*Abgabe* ist in der Folge von TASHIRO und seinen Schülern zum Gegenstand einer Reihe von Untersuchungen gemacht worden. TASHIRO bediente sich zu seinen Versuchen einer besonderen minutiösen Methode[1]. Das Prinzip derselben besteht darin, daß in einem kleinen Glasapparat („*Biometer*") durch Hinübersaugen von Luftproben aus der kleinen Respirationskammer, in der sich das auf seine Atmung zu untersuchende Gewebe befindet, die Luftmenge bestimmt wird, deren Kohlensäuregehalt ausreicht, um innerhalb längstens 10 Minuten eben gerade eine (mit der Lupe wahrnehmbare) Trübung eines Tröpfchens $Ba(OH)_2$ herbeizuführen. Die hierzu erforderliche CO_2-Menge betrug $1 \cdot 10^{-7}$ g. Aus der Luftmenge, in der dieses CO_2-Quantum enthalten ist, und aus dem Gesamtgasvolumen der Atmungskammer läßt sich die Gesamtmenge der Kohlensäure berechnen. In Kontrollversuchen stimmten berechnete und gefundene Werte gut überein.

Zu den Untersuchungen verwendete TASHIRO[2] verschiedene Nerven einer größeren Zahl von Organismen: den Ischiadicus von Rana pipiens, den Scherennerven der Krabbe Labinia canaliculata, den Oculomotorius, Olfactorius und Opticus von Raja ocellata, den Opticus von Raja Erinecia, außerdem den Ischiadicus von Hunden, Mäusen, Turteltauben. Alle untersuchten Nerven gaben Kohlensäure ab. Diese CO_2-Produktion war nicht durch bakterielle Vorgänge bedingt, denn wenn die in Ringerlösung aufbewahrten Nerven immer später zu den Versuchen herausgenommen wurden, so war die CO_2-Bildung immer geringer. So betrug z. B. in Versuchen von RIGGS[3] die mittlere CO_2-Abgabe von Froschnerven nach einem Aufenthalt von 5, 10, 15, 20 und 30 Minuten: 258, 228, 168, 150 und $144 \cdot 10^{-6}$ g pro 1 g und 1 Stunde.

Durch *Narkose* wurde die CO_2-Bildung herabgesetzt, durch *Reizung* dagegen gesteigert. Da durch heißen Dampf abgetötete Nerven auch bei Reizung keine CO_2 abgaben und auch der Abstand der Reizelektroden ohne Einfluß war, so konnte es sich nicht um eine Zersetzung durch den elektrischen Strom, sondern nur um die Wirkung von *Erregungsvorgängen* handeln. Auch mechanische Reizung durch Quetschen des Nerven steigerte die CO_2-Bildung; nach Narkose mit Äther, nach Erstickung in Wasserstoff oder nach Aufhebung der Erregbarkeit durch 0,2 m KCl-Lösung war dies nicht mehr der Fall. In der letzteren Lösung verschwindet die Erregbarkeit ohne vorangehende Reizung, während in einer KCl-Lösung nach MATHEWS der Aufhebung der Erregbarkeit erst für eine beträchtliche Zeit eine Reizung vorausgeht; diesem Verhalten entspricht auch völlig das der CO_2-Abgabe, die in der stärkeren KCl-Lösung größer ist als in der ersteren; also veranlaßt auch *chemische* Reizung eine CO_2-Bildung. Bei höherer *Temperatur* steigt die CO_2-Abgabe, und zwar bei Steigerung der Temperatur um 10° um etwa 100%[3]; wird der Nerv langsam durch Erhitzen abgetötet, so gibt er — sei es infolge Steigerung der gewöhnlichen Atmung, sei es infolge der Wärmereizung — mehr Kohlensäure ab, als wenn er plötzlich getötet wird. Wird von den beiden Nn. ischiadici eines Frosches der eine in gewöhnlicher Salzlösung, der andere im Körper des Frosches durch gleich lange Zeit aufbewahrt, so gibt der erste dann mehr CO_2 ab.

---

[1] TASHIRO, S.: A new method and apparatus for the estimation of exceedingly minute quantities of carbon dioxide. Amer. J. Physiol. **32**, 137 (1913). — Carbon dioxide apparatus. III. J. of biol. Chem. **16**, 485 (1913/14).

[2] TASHIRO, S.: Carbon dioxide production from nerve fibres etc. Amer. J. Physiol. **32**, 107 (1913).

[3] RIGGS, L. K.: Action of salts upon the metabolism of nerves. J. of biol. Chem. **39**, 385 (1919).

Der Stoffwechsel würde nach TASHIRO und ADAMS[1] nicht in allen Teilen des Nerven der gleiche sein; im sensiblen Nerven soll der dem peripheren Ende am nächsten gelegene Teil die höchste und der dem zentralen Ende am nächsten gelegene Teil die geringste CO_2-Bildung zeigen, beim motorischen Nerven wäre das umgekehrte der Fall (vgl. in den folgenden Tabellen die Werte beim Opticus von Limulus und beim Scherennerven von Labinia). Es liegt wohl nahe, dieses merkwürdige Verhalten mit anatomischen Verschiedenheiten, etwa einem wechselnden Bindegewebsgehalt, in Zusammenhang zu bringen, etwa so wie die verschiedene Richtung des Axialstromes in motorischen und sensiblen Nerven ihre Aufklärung durch die verschiedene Mächtigkeit des Bindegewebes in den zentralen und peripheren Teilen beider Nervenarten gefunden hat (WEISS[2]).

In einer Atmosphäre von reinem Wasserstoff ist nach den am Scherennerven der Krabbe ausgeführten Untersuchungen von TASHIRO und ADAMS[3] die CO_2-Bildung viel geringer, kaum halb so groß wie in der Luft, und die durch Reizung sonst bewirkte Steigerung bleibt, wie schon erwähnt, gänzlich aus (s. Tabelle). Die Autoren fassen die CO_2-Bildung in H_2-Atmosphäre als Ausdruck einer anoxybiotischen Phase des Stoffwechsels auf; wir kommen auf diese Frage noch zurück.

TASHIRO und ADAMS[4] haben ferner die *Wirkung der Narkose* durch Äthylurethan und Chloralhydrat am Scherennerven genauer untersucht. Es ergab sich ein völliger Parallelismus zwischen der Wirkung auf die Erregbarkeit und auf die CO_2-Bildung. Schwache Konzentrationen (1% Urethan) steigern die Erregbarkeit und erhöhen gleichzeitig die CO_2-Ausscheidung auf fast das Doppelte, starke (4%) vermindern mit der Erregbarkeit auch die CO_2-Bildung auf weniger als die Hälfte des normalen Wertes (vgl. die Tabelle). Ebenso verhält sich Chloralhydrat, das in einer Konzentration von 0,4% primär eine Steigerung der Erregbarkeit bewirkte, der nach einer Stunde eine völlige Lähmung folgte; ganz entsprechend zeigte auch die CO_2-Abgabe zuerst eine Steigerung und dann eine Herabsetzung gegenüber dem normalen Wert.

Die wichtigsten von TASHIRO und ADAMS gewonnenen Daten über die CO_2-Abgabe der Nerven unter verschiedenen Versuchsbedingungen sind in den folgenden Tabellen zusammengestellt; die für 10 mg Nerv und 10 Minuten angegebenen Werte habe ich auf 1 g und eine Stunde umgerechnet und außerdem zum besseren Vergleich mit den anderen meist volumetrischen Angaben auch in Kubikmillimetern wiedergegeben.

I. Mittlere CO_2-Abgabe des Ischiadicus von Rana pipiens.
(Nach TASHIRO und ADAMS.)

Versuchsbedingungen	t° C	CO_2-Abgabe pro 1 g und 1 Std.	
		10^{-6} g	cmm
Ruhe	19—20	330	167,9
Reizung	20—22	960	488,5

---

[1] TASHIRO u. ADAMS: Comparison of the carbon-dioxide output of nerve fibres etc. J. of biol. Chem. **18**, 329 (1914). — TASHIRO: The metabolism of the resting nerve etc. Proc. amer. physiol. soc. Amer. J. Physiol. **36**, 368 (1915).

[2] WEISS, O.: Über die Ursache des Axialstromes am Nerven. Pflügers Arch. **108**, 416 (1905).

[3] TASHIRO u. ADAMS: Carbon dioxide production from the nerve fibre in hydrogen atmosphere. Amer. J. Physiol. **34**, 405 (1914).

[4] TASHIRO u. ADAMS: Studies on narcosis. I. Internat. Z. phys.-chem. Biol. **1**, 450 (1914).

II. Mittlere CO_2-Abgabe des Scherennerven von Labinia canaliculata.
(Nach Tashiro und Adams.)

Versuchsbedingungen	t° C	CO_2-Abgabe pro 1 g und 1 Std.	
		10^{-6} g	cmm
Ganzer Nerv in Luft.	15—16	402	204,5
„ „ „ „	20,2	474	241,2
Proximaler Teil in Luft	21,4	480	244,3
Distaler „ „ „	23,2	222	113,0
Ganzer Nerv, gereizt in Luft	14—16	960	488,5
„ „ Ruhe in H_2	23	204	103,8
„ „ gereizt in H_2	21	216	109,9
„ „ 1% Äthylurethan (Luft)	23,8	1302	662,5
„ „ 4% „ „ „	21—21,5	218	110,9
„ „ 3% Chloralhydrat „	23,5	168	85,5

III. Mittlere CO_2-Abgabe des Nervensystems von Limulus Polyphemus.
(Nach Tashiro und Adams.)

Teil des Nervensystems	t° C	CO_2-Abgabe pro 1 g und 1 Std.	
		10^{-6} g	cmm
Ganglienstrang des Herzens (♂)	23	282	143,5
„ „ „ „ (♀)	23	138	70,2
Scherennerv	23	156	79,4
Opticus, Gesamtnerv	17,8	156	79,4
„ proximaler Teil	22,5	180	91,6
„ distaler Teil	22	300	152,7

IV. Mittlere CO_2-Abgabe des Ischiadicus von Rana pipiens bei 18—19°.
(Nach Niwa.)

Nerv vorher aufbewahrt in	CO_2-Abgabe pro 1 g und 1 Std.	
	10^{-6} g	cmm
Ringerlösung	360—384	183,2—195,4
5% Cocain. hydrochlor. durch 10 Min. . . .	372	189,3
5% „ „ „ 30 „ . . .	300	152,7
5% „ „ „ 60 „ . . .	258	131,3
2,5% „ „ „ 10 „ . . .	414	210,7
2,5% „ „ „ 30 „ . . .	372	189,3
2,5% „ „ „ 60 „ . . .	324	164,9
1% „ „ „ 10 „ . . .	426	216,8
1% „ „ „ 30 „ . . .	390	198,5
1% „ „ „ 60 „ . . .	348	177,1

Zu ganz ähnlichen Ergebnissen wie Tashiro und Adams gelangte bezüglich der Wirkung der Narkotica auch Niwa[1], der mit dem Biometer von Tashiro den Einfluß des *Cocains* auf die CO_2-Bildung in den Nervenfasern von Rana pipiens untersuchte und gleichfalls einen weitgehenden Parallelismus zwischen dem am Nerv-Muskelpräparat geprüften Grade der Erregbarkeit und der Größe der CO_2-Abgabe feststellte. Er beobachtete bei hoher Konzentration (5%) lediglich eine Herabsetzung beider, bei mittlerer (0,5—2,5%) erst ein Stadium gesteigerter Erregbarkeit und Stoffwechselintensität mit nachfolgender Verminderung, bei schwachen Konzentrationen schließlich (0,1—0,25%) bloß eine Steigerung (vgl. Tabelle).

---

[1] Niwa, S.: The effect of cocaine hydrochloride on the CO_2-production etc. J. of Pharmacol. **12**, 323 (1918/19).

In vollem Einklange mit den Resultaten von NIWA stehen auch die Ergebnisse einer Versuchsreihe, die RIGGS[1] über den Einfluß der Salze auf den Stoffwechsel der Froschnerven ausführte (mit Biometer III von TASHIRO). Er verglich die CO_2-Bildung eines in gewöhnlicher Ringerlösung und eines in der zu prüfenden Salzlösung aufbewahrten Nerven. Da keine Flüssigkeit in die Atmungskammer gebracht werden durfte, so wurde der Nerv des Nerv-Muskelpräparates zunächst der Salzwirkung ausgesetzt und dann nach einer bestimmten Zeit oder bei Auftreten von Reizerscheinungen, die sich in Zuckungen des Muskels äußerten, von diesem abgetrennt, abgetrocknet und untersucht. Die Fortdauer der Salzwirkung wurde durch besondere Kontrollversuche festgestellt. In isotonischer ($n/8$)-*NaCl-Lösung* war innerhalb der ersten 2 Stunden kein Unterschied gegenüber der gewöhnlichen Ringerlösung zu konstatieren, aber nach 140 Minuten war die CO_2-Bildung in der NaCl-Lösung, offenbar im Zusammenhang mit den dann zu beobachtenden Reizerscheinungen (rhythmische Zuckungen, die mehrere Stunden von Bestand bleiben konnten) etwas höher. Noch deutlicher war dieser Unterschied, wenn mit der Untersuchung der CO_2-Bildung bis zum Auftreten der Reizerscheinungen gewartet wurde.

In $n/8$-Na_2SO_4-Lösung traten nach etwa 20 Minuten starke Reizerscheinungen auf, die auch nach Entfernung aus der Lösung noch 35—40 Minuten anhielten. Die Untersuchung der CO_2-Bildung ergab durchaus entsprechend, daß in der ersten Periode trotz der oft auch schon in ihr enorm erhöhten Erregbarkeit *kein* Unterschied gegenüber dem in indifferenter Ringerlösung gehaltenen Nerven feststellbar ist, während bei Auftreten der Reizerscheinungen eine sehr bedeutende Steigerung der CO_2-Abgabe von der gleichen Größenordnung eintritt, wie sie von TASHIRO bei elektrischer Reizung beobachtet wurde (s. oben). Die bemerkenswerte Tatsache, daß die *Steigerung der Erregbarkeit* an sich keine Erhöhung des Stoffwechsels herbeiführt, sondern nur das Auftreten von wirklichen Erregungsvorgängen, steht durchaus in Einklang zu dem, was wir für den Gaswechsel der Nervenzentren (Strychninwirkung auf das isolierte Froschrückenmark) feststellen werden.

In $n/8$-*KCl-Lösung* wird die Erregbarkeit des Nerven sehr schnell, und zwar ohne vorhergehendes Erregungsstadium beseitigt; dem entspricht, wie schon von TASHIRO (vgl. S. 381) beobachtet worden war, eine starke Herabsetzung der CO_2-Bildung ohne vorhergehende Erhöhung derselben; in diesem Zustande ruft, wie schon erwähnt, genau so wie in Narkose oder bei Erstickung elektrische Reizung keine Steigerung der CO_2-Abgabe hervor.

Mittelwerte dieser Versuche sind in der folgenden Tabelle zusammengestellt:

Mittlere CO_2-Abgabe des Ischiadicus von Rana pipiens.
(Nach RIGGS.)

Nerv vorher aufbewahrt	t° C	CO_2-Abgabe pro 1 g und 1 Std.	
		10^{-6} g	cmm
5 Min. in $n/8$-Na_2SO_4	18—21	246	125,2
5 „ „ Ringerlösung (RL)	18—22	258	131,3
10 „ „ Na_2SO_4	17—20	246	125,2
10 „ „ RL	18—21	228	116,0
15 „ „ Na_2SO_4	17,5—20	180	91,6
15 „ „ RL	17,5—22	168	85,5
20 „ „ Na_2SO_4	17—20,5	380	193,4
20 „ „ RL	19—21	150	76,3
30 „ „ Na_2SO_4	18—21	324	164,9
30 „ „ RL	18—22	144	73,3
5 „ „ $n/8$-KCl (unerregbar)	20—26	144	58,0
5 „ „ RL	18—22	258	131,3
30 „ „ KCl (unerregbar)	20—24	95	48,3
30 „ „ RL	18—22	144	73,3

---

[1] RIGGS, L. K.: Action of salts upon the metabolism of nerves. J. of biol. Chem. **39**, 385 (1919).

Die Größe der CO_2-Bildung würde nach TASHIRO und ADAMS[1] auch mit der Leitungsgeschwindigkeit in Zusammenhang stehen. Diese ist nach CARLSON im Ambulacralnerven von Labinia mit 6 mm/sek fast doppelt so hoch als bei Limulus mit 3,25 mm/sek, und die CO_2-Bildung verhält sich ungefähr ebenso. Mit der Annahme eines solchen Zusammenhanges steht es aber offenbar sehr schlecht im Einklang, daß die CO_2-Bildung des Froschischiadicus mit seiner unvergleichlich größeren Leitungsgeschwindigkeit von den Autoren kleiner gefunden wurde als die des marklosen Scherennerven von Labinia! Die von TASHIRO[2] hierfür gegebene Erklärung, daß die höheren Werte des marklosen Nerven durch die stärkere Reizung beim Herauspräparieren bedingt seien, erscheint jedenfalls sehr gesucht.

YAMAZAHI[3] will am Krötennerven mit einer Verbesserung der Methodik TASHIROS dessen Resultate bezüglich der Wirkung elektrischer und chemischer Reizung sowie Narkose auf die CO_2-Ausscheidung bestätigt haben. Was den Einfluß der Temperatur anlangt, so würde bei 25—30° oder bei einer Kälte (?) von 6—7° die CO_2-Produktion doppelt so groß sein wie in der Norm; bei 38—40° oder einer Kälte von 0—3° würde fast ebensoviel CO_2 ausgeschieden wie bei 15—20° (?).

MOORE[4] studierte die Säureproduktion des Froschischiadicus mit einer von HAAS angegebenen Methode. Diese besteht in der Feststellung der Zeit, die notwendig ist, um in der das atmende Gewebe enthaltenden Ringerlösung, die durch Phenolsulfophthalein entsprechend angefärbt und durch Zusatz von ein wenig n/10 NaOH auf die gewünschte Reaktion gebracht wurde, einen Umschlag des Wasserstoffexponenten p_H von 7,8 auf 7,4 zu bewirken. Nach MOORE nimmt ein Froschischiadicus, den man auf $^1/_2$ Stunde in eine solche Ringerlösung von p_H 8 bringt, eine rötliche (alkalische) Farbe an, nur an seinem Ende bleibt er gelb (sauer). Zerreiben des rosa gefärbten Nerven erzeugt überall eine Gelbfärbung, die nach MOORE nicht auf einer Reizung beruhen würde, da der durchschnittene Nerv nur an der Schnittstelle saure Reaktion zeigt; diese seltsame Schlußfolgerung wird man schwerlich als stichhaltig anerkennen, zumal eine etwaige saure Reaktion des Nerveninnern nur am Querschnitt sich zu äußern brauchte. Alle von den Nerven abgegebene Säure wäre nach MOORE Kohlensäure, denn wenn man durch die von dem Nerven angesäuerte Lösung einen Strom CO_2-freier Luft leitet, so wird der ursprüngliche p_H der Lösung wiederhergestellt[5]. Erfolgte die Untersuchung in Intervallen von je einer Minute, so ergab sich ein langsames Absinken der Säurebildung. Der Gaswechsel des Ischiadicus betrug etwa 10% der mit der gleichen Methode gemessenen Atmung der Medulla oblongata und 20% derjenigen der Lobi optici, wobei zu bemerken ist, daß keine Maßnahmen zu ausreichender Sättigung der Lösung mit Sauerstoff getroffen waren. Bei Reizung mit starken Induktionsströmen konnte MOORE keine Steigerung der Säureabgabe nachweisen, so daß die funktionelle Tätigkeit des Nerven nach ihm nicht von Prozessen abhängen würde, die mit CO_2-Produktion einhergehen, —

---

[1] TASHIRO u. ADAMS: Comparison of the carbon-dioxide output of nerve fibres etc. J. of biol. Chem. 18, 329 (1914).

[2] TASHIRO, S.: Carbon dioxide production from nerve fibres etc. Amer. J. Physiol. 32, 107 (1913).

[3] YAMAZAHI, S.: J. Biophysics 2, 79 (1926).

[4] MOORE, A. R.: The respiratory rate of the sciatic nerve etc. J. gen. Physiol. 1, 613 (1919).

[5] Diese (auch von anderen Autoren bei Verwendung dieses Verfahrens des öfteren gezogene) Schlußfolgerung ist bei carbonathaltigen Lösungen, wie Ringerlösung, Seewasser u. dgl., nicht zulässig. Denn fixe Säuren werden entsprechende Mengen Kohlensäure austreiben, so daß die ursprüngliche Reaktion auch dann wiederkehren kann, wenn ihre Änderung zum Teil durch fixe Säuren bedingt war. Manche ganz unsinnigen, mit dieser Methode gewonnenen Resultate verschiedener Autoren finden so ihre einfache Erklärung.

zweifellos unrichtige Versuchsergebnisse. Das gleiche gilt für die Untersuchungen von ADAM[1], der mit einer Modifikation der BARCROFT-WINTERSTEINschen Mikrorespirometer[2] keine die Fehlergrenzen überschreitende Steigerung des O-Verbrauches bei $1/4$—$1/2$ stündiger Reizung des Nerven beobachtete, und für einige am Bauchmark von Cambarus Clarkii ausgeführte Messungen der CO_2-Abgabe von MOORE[3].

Nur der Vollständigkeit halber seien Versuche von SHEAFF[4] erwähnt, der ein neues Verfahren zur Messung kleinster O-Mengen verwendete. Seine Methode beruht auf colorimetrischer Bestimmung der Nitrite, die durch Einwirkung von Sauerstoff auf NO in Anwesenheit von NaOH entstehen. Diese Methode würde nach ihm genau genug sein, um O-Mengen von $1 \cdot 10^{-7}$ g oder weniger als 0,1 cmm zu messen. Auf diesem Wege wurde der O-Gehalt eines Teiles des in der Atmungskammer vorhandenen Gases vor und nach der Atmung bestimmt und daraus die Menge des aufgenommenen Sauerstoffs berechnet.

Obwohl SHEAFF — offenbar auf Grund einer Verwechslung von O_2- und CO_2-Druck des Blutes — die Atmung der Nerven bei einem O-Druck von nur etwa 5 Vol.-% untersuchte, will er in zwei am ruhenden Nerven ausgeführten Versuchen eine O-Aufnahme von 260,4 bzw. $456 \cdot 10^{-5}$ g pro Gramm und Stunde (umgerechnet aus den für 10 mg und 10 Min. mitgeteilten Werten), das ist von 1822 bzw. 3191 cmm, beobachtet haben; bei Reizung mit schwachen Induktionsströmen, die am Kontrollpräparat eben Zuckungen der Muskeln auslösten, fand er die Werte 792, 834 und $906 \cdot 10^{-5}$ g = 5542, 5835,5 und 6339 cmm pro Gramm und Stunde. Diese Werte sind, zumal angesichts des niedrigen O-Druckes, so ungleichlich höher als die zahlreichen und unzweifelhaft zuverlässigen Daten, denen wir im Gaswechsel der Nervenzentren des Frosches begegnen werden, und als die von den anderen Autoren gefundenen O_2- und CO_2-Werte der Nervenatmung, daß sie nur durch schwere Fehlerquellen der Methodik erklärbar erscheinen und als durchaus unglaubwürdig bezeichnet werden müssen.

PARKER[5] modifizierte die auch von MOORE verwendete Indicatorenmethode in sehr zweckmäßiger Weise, indem er den Nerven *außerhalb* der Indicatorenflüssigkeit beließ und durch ständiges Schütteln der Versuchsröhrchen für eine vollständige Absorption der abgegebenen Kohlensäure Sorge trug.

Das Atmungsröhrchen befand sich in der Mitte zwischen zwei Vergleichsröhrchen, deren p_H 7,78 und 7,36 betrug. Die Flüssigkeit im Atmungsröhrchen war anfangs alkalischer als 7,78; es wurde in Sekunden die Zeit gemessen, die von dem Moment verstrich, in dem sie die gleiche Farbe mit p_H 7,78 annahm, bis zu dem Zeitpunkt, in welchem sie die Farbe der Lösung p_H 7,36 zeigte. Die von PARKER durchgeführte Berechnung ergab, daß zur Erzielung dieses Indicatorumschlages ca. 0,02 mg (also rund 10 cmm) nötig waren. Nachdem schon DAVIS[6] auf einen Irrtum der Berechnung aufmerksam gemacht hatte, kam ganz kürzlich PARKER[7] auf Grund direkter experimenteller Ermittlung der zur Erzielung des Farbenumschlages erforderlichen CO_2-Menge zu dem Resultat, daß diese nur 25% der von ihm ursprünglich angenommenen betrug, ohne daß sich eine Erklärung für das gänzlich abweichende rechnerische Ergebnis finden ließ. Im folgenden sollen daher dem Vorgange PARKERS entsprechend alle seine Daten auf ein Viertel des angegebenen Wertes reduziert werden, wobei die Zuverlässigkeit auch dieses Verfahrens dahingestellt bleiben möge. Bei den Reizversuchen wurde ein Atmungsröhrchen verwendet, dessen Stopfen ein Loch hatte, durch das der Nerv, mit einem Gemisch von Kaolin und Vaselin abgedichtet, herausführte. Dieses *außerhalb des Atmungsröhrchens* befindliche Ende lag auf Reizelektroden, so daß jede CO_2-Abgabe an die Flüssigkeit durch Austreibung infolge einfacher Erwärmung durch die Reizung ausgeschlossen war.

Zu den Versuchen verwendete PARKER zunächst den *Seitenliniennerven* von Mustelus canis, der aus gleichförmigen, markhaltigen, sensiblen Fasern besteht

---

[1] ADAM, N. K.: Note on the oxygen consumption etc. Biochemic. J. **15**, 358 (1921).

[2] ADAM, N. K.: A modification of the Barcroft and Winterstein microrespirometer. Biochemic. J. **14**, 679 (1920).

[3] MOORE, A. R.: Proc. Soc. exper. Biol. a. Med. **19**, 335 (1921/22).

[4] SHEAFF, H. M.: A method for the quantitative estimation etc. J. of biol. Chem. **52**, 35 (1922).

[5] PARKER, G. H.: The production of carbon dioxide by nerve. J. gen. Physiol. **7**, 641 (1925).

[6] DAVIS, H.: The conduction of the nerve impulse. Physiologic. Rev. **6**, 547 (1926).

[7] PARKER: Carbon dioxide from the nerves etc. Amer. J. Physiol. **86**, 440 (1928).

und leicht in einer Länge von 10—15 cm isoliert werden kann. Nach Einbringen in die Kammer zeigte der Nerv zunächst eine beträchtliche CO_2-Ausscheidung, die aber während ca. $1/2$ Stunde rasch um $1/3-1/2$ absank und sich dann bis 8 Stunden ziemlich konstant hielt. Diese anfängliche Steigerung ist durch die Durchschneidung bedingt, denn sie kann durch Schneiden oder Quetschen auch des außerhalb der Kammer befindlichen Teiles des Nerven wieder hervorgerufen werden. Die abgegebene CO_2-Menge ist dem Gewicht des Nerven proportional. (Der durch Kochen getötete Nerv zeigte nur Spuren von CO_2-Bildung.) Betrachtet man die zwischen $1/4$ und $2^1/_2$ Stunden nach Versuchsbeginn gemessenen CO_2-Werte als Ausdruck des normalen Ruhestoffwechsels, so ergab sich bei etwa 23° C in 5 Versuchen eine CO_2-Abgabe von 0,0018—0,0032 mg, im Mittel von 0,0024 mg pro Gramm und Minute oder — entsprechend den übrigen Angaben umgerechnet — von 54,2—75,2, im Mittel von 72,5 cmm pro Gramm und Stunde. TASHIRO wollte gefunden haben (vgl. S. 382), daß proximale und distale Teile des Nerven einen verschiedenen Stoffwechsel besitzen. Für den Seitenliniennerven des Haifisches konnte PARKER[1] in seinen neuen Versuchen diese Angabe nicht bestätigen; proximale wie distale Teile ergaben als Mittel den gleichen Wert von 76,3 cmm pro Gramm und Stunde, so daß kein Anlaß zur Annahme des von TASHIRO supponierten „Gradienten" des Stoffwechsels im Nerven besteht. Vier Versuche, in denen der Nerv *außerhalb der Kammer* gereizt wurde, ergaben eine deutliche Steigerung, die allerdings bei weitem nicht so groß war wie in den Versuchen von TASHIRO (bei denen die Reizung *in der Atmungskammer* erfolgte; wir kommen darauf später noch zurück). Die CO_2-Abgabe stieg von im Mittel 79,6 in der Ruhe auf einen Mittelwert von 92,2 cmm pro Gramm und Stunde, also im Mittel um 12,6 cmm oder 15,8% (14,3—16,7%). Der durch Kochen abgetötete Nerv zeigte auch bei der Reizung keine nennenswerte CO_2-Abgabe.

Mit der gleichen Methodik führte PARKER[2] auch Bestimmungen der CO_2-Produktion des *Bauchmarks* von Homarus americanus aus, die zweckmäßig hier mitbehandelt werden, da die peripheren Elemente dieses Organs die zentralen wohl überwiegen. Hier ließen sich nicht die beiden für den Seitenliniennerven angegebenen Perioden der CO_2-Bildung unterscheiden, sondern der an sich viel höhere Wert sank schon im Verlaufe der ersten Stunden kontinuierlich ab, mitunter auf ein Drittel des Anfangswertes (von 152,6 auf 53,4 cmm pro Gramm und Stunde), so daß es nicht möglich war, einen Mittelwert anzugeben. Jede Art von Manipulation erzeugte eine bedeutende Steigerung des Gaswechsels, desgleichen auch Durchschneidung. Vergleicht man, um von dem ständigen Absinken der CO_2-Bildung unabhängig zu werden, die CO_2-Abgabe zweier Bauchmarkpräparate in abwechselnden Perioden von Ruhe und Reizung, indem man bei dem einen mit einer Reizperiode, bei dem anderen mit einer Ruheperiode beginnt, so ergibt sich auch hier eine deutliche Steigerung durch Reizung, für den Mittelwert um 26,5%.

PARKER[3] hat seine Untersuchungen dann auch auf den Froschnerven ausgedehnt, und zwar auf den Ischiadicus von Rana grylio STEINER, der noch größer ist als der Ochsenfrosch. Wie beim Haifischnerven ließen sich auch hier zwei Perioden unterscheiden: eine erste, ca. $1^1/_2$ Stunden umfassende, in der die anfänglich beträchtliche CO_2-Ausscheidung auf $1/2-1/3$ heruntergeht, und eine zweite, mindestens 10—12 Stunden dauernde, in der dieser Wert unter leichtem Absinken ziemlich konstant blieb. Auch hier war die CO_2-Abgabe proportional dem Gewicht des Nerven und wurde durch seine Durchschneidung gesteigert. In 5 Versuchen ergab sich ihr Wert zu 0,00185—0,0028, im Mittel 0,00219 mg CO_2

---

[1] PARKER: Carbon dioxide from the nerves etc. Amer. J. Physiol. **86**, 440 (1928).
[2] PARKER: Carbon dioxide from the nerve cord of the lobster. J. gen. Physiol. **7**, 671 (1925).
[3] PARKER: The excretion of carbon dioxide by frog nerve. J. gen. Physiol. **8**, 21 (1925).

pro Gramm und Minute oder 56,5—86, im Mittel 66,8 cmm pro Gramm und Stunde, Werte, die mit den von PARKER am Haifischnerven gewonnenen gut übereinstimmen. Der durch Kochen abgetötete Nerv zeigte zunächst eine leichte CO_2-Abgabe, die jedoch nachher ganz aufhörte. Während diese Versuche im Winter angestellt waren, fand PARKER[1] bei seinen neuen im Sommer durchgeführten Versuchen einen erheblich (im Mittel um 55%) höheren Wert (im Mittel 0,0034 mg pro Gramm und Minute = 103,8 cmm pro Gramm und Stunde), was nach ihm in Übereinstimmung mit den später zu erwähnenden Versuchen von GERARD für das Vorhandensein jahreszeitlicher Schwankungen der Stoffwechselintensität im Froschnerven sprechen würde. *Reizversuche*, die in ganz der gleichen Weise durchgeführt waren wie bei den Haifischnerven, ergaben an 4 Nerven im Mittel eine Steigerung um 9,6 cmm = 14,1%, oder — auf Grund einer gleich zu erörternden Überlegung — auf das *reine Nervengewebe* bezogen um rund 24%[2]. Durch Kochen abgetötete Nerven, degenerierte Nerven oder solche, bei denen durch Unterbindung der Durchgang der Erregungswelle von der gereizten Stelle auf den in der Kammer befindlichen Teil, dessen CO_2-Abgabe untersucht wurde, verhindert war, zeigten ebenso wie Stücke von Bindegewebe bei Reizung keine Steigerung der CO_2-Bildung, so daß es keinem Zweifel unterliegt, daß diese auf den Erregungsvorgang im Nerven selbst zu beziehen ist.

PARKER[3] hat als erster das Problem aufgeworfen, ob und in welchem Umfange das *Bindegewebe des Nerven* an dem Gaswechsel beteiligt ist. Zur Entscheidung versuchte er zunächst den Gaswechsel degenerierter Nerven zu bestimmen. Aber es gelang nur in 2 Versuchen, die Tiere nach Durchschneidung der Nervenwurzeln so lange am Leben zu erhalten, bis die elektrische Reizbarkeit der Nerven erloschen war; in beiden Fällen war die CO_2-Abgabe sogar etwas gesteigert (vgl. auch Zentralnervensystem), und so wurde dieser Weg verlassen. PARKER untersuchte nun die CO_2-Abgabe reinen Bindegewebes an Stücken einer Fascie und fand im Mittel von 2 Versuchen den hohen Wert von 74 cmm pro Gramm und Stunde. Nimmt man an, daß der Bindegewebsgehalt des Nerven zwischen $1/2$ und $1/3$ der Gesamtsubstanz ausmacht und bringt einen entsprechenden Betrag von dem oben angeführten CO_2-Wert in Abzug, so würde sich für das *reine Nervengewebe* eine CO_2-Abgabe von 61 cmm ergeben.

PARKER[4] hat dann in zwei weiteren Experimenten am Haifischnerven eine genauere Berechnung der *pro 1 cm Nervenfaser* produzierten CO_2-Menge durchgeführt. Er bestimmte die Menge des Bindegewebes, indem er Photogramme der Nervenquerschnitte herstellte, aus denen alles nicht nervöse Gewebe ausgestanzt wurde. Durch Wägung vor- und nachher ergab sich der nicht nervöse Anteil, der bei dem einen Nerven 40%, bei dem zweiten 47% betrug. Die CO_2-Abgabe des Bindegewebes wurde an Bindegewebe der Perikardialhöhle des Haifisches bestimmt und im Mittel zu 29 cmm pro Gramm und Stunde (das ist etwa $4/10$ des am Frosch gemessenen Wertes) gefunden. Schließlich wurde die Zahl der Nervenfasern in Querschnitten an beiden Enden des Nerven, der in regelmäßigen Abständen Zweige an die Seitenorgane abgibt, bestimmt und daraus der mittlere Fasergehalt zu ca. 1900 Fasern ermittelt. Aus der Länge der Nerven (12 bzw. 15,2 cm) errechnete sich dann eine *mittlere CO_2-Abgabe pro 1 cm Nervenfaser* von $1{,}1 \cdot 10^{-8}$ mg pro Minute oder $32 \cdot 10^{-5}$ cmm pro Gramm und Stunde.

---

[1] PARKER: Amer. J. Physiol. **86**, 440 (1928).

[2] PARKER gibt auf Grund einer (wie schon DAVIS [zitiert auf S. 386] bemerkte) offenbar irrigen Berechnung 16% an.

[3] PARKER: J. gen. Physiol. **8**, 21 (1925).

[4] PARKER: The carbon dioxide excreted in one minute by one centimeter of nerve-fiber. J. gen. Physiol. **9**, 191 (1925).

Für die durch Reizung bedingte Mehrproduktion an CO_2 errechnet Parker[1] neuerdings einen Wert von $1,7 \cdot 10^{-9}$ mg pro 1 cm Nervenfaser und Minute. Er vergißt dabei, daß die von ihm beobachtete Steigerung der CO_2-Bildung um im Mittel 15,8% ausschließlich auf Kosten der *nervösen* Substanz geht. Nimmt man die Menge derselben als Mittel der beiden eben angeführten Bestimmungen zu 56,5% der Gesamtnervensubstanz an, so ergibt sich für das rein nervöse Gewebe eine Reizsteigerung um rund 28%, das ist für 1 cm Nervenfaser $3,1 \cdot 10^{-9}$ mg pro Minute oder $9 \cdot 10^{-5}$ cmm pro Stunde. Für die durch den einzelnen Induktionsschlag erzeugte *Erregungswelle* ergibt sich daraus (bei einer Reizfrequenz von 100 pro Sekunde) eine CO_2-Bildung von rund $5 \cdot 10^{-13}$ mg oder $2,5 \cdot 10^{-10}$ cmm. Die daraus errechnete Molekülzahl würde nach Parker relativ so gering sein, daß die CO_2-Bildung sehr wohl in einem sehr begrenzten Teile der Nervensubstanz, etwa entsprechend der Hypothese von Lillie, in der Oberflächenschicht vor sich gehen könnte.

Winterstein und Hirschberg[2] haben mit dem Wintersteinschen Mikrorespirometer[3] den *Einfluß der Reizstärke* auf die Größe des O-Verbrauches von Froschnerven (Ischiadici) untersucht und bei rhythmischer Reizung mit Einzelinduktionsschlägen einen weitgehenden Parallelismus zwischen der Größe des Reizstoffwechsels und der Reizintensität festgestellt, der vom Standpunkte des Alles-oder-Nichts-Gesetzes ein besonderes Interesse besitzt. Die Ruhewerte, die bei den in O-Atmosphäre gehaltenen Nerven zwischen 70 und 100, bei den in Ringerlösung gehaltenen bis zu 150 cmm pro Gramm und Stunde betrugen, erfuhren durch Reizung Steigerungen bis auf mehr als das Dreifache. Als Beispiele seien die beiden folgenden Versuche an je 4 Ischiadici wiedergegeben (18,5—20°C).

1. Versuchsbedingungen		O-Verbrauch in cmm pro g und Std.	2. Versuchsbedingungen		O-Verbrauch in cmm pro g und Std.
Ruhe		71	Ruhe		74
Reizung R.A.	25 cm	85	Reizung R.A.	20 cm	111
,,	,, 22 ,,	85	,,	,, 18 ,,	148
,,	,, 19 ,,	99	,,	,, 16 ,,	148
,,	,, 16 ,,	127	,,	,, 14 ,,	167
,,	,, 14 ,,	141	,,	,, 12 ,,	185
,,	,, 12 ,,	155	,,	,, 10 ,,	204
,,	,, 10 ,,	170	,,	,, 8 ,,	222

In jüngster Zeit ist der Gaswechsel peripherer Nerven von Fenn und von Gerard (und Meyerhof) untersucht worden.

Fenn[4] bediente sich ursprünglich einer Modifikation des älteren Modells des Thunberg-Wintersteinschen Mikrorespirometers[5], dessen Empfindlichkeit er durch Verfeinerung der Indexcapillare so weit vergrößerte, daß Ausschläge von $4 \cdot 10^{-5}$ ccm noch ablesbar waren. Die Bestimmungen wurden entweder so durchgeführt, daß der Nerv in das eine der beiden zur CO_2-Absorption mit NaOH beschickten Fläschchen gebracht wurde, während das andere als Kompensationsgefäß diente; die Größe des O-Verbrauchs wurde aus der Wanderung des Indextropfens berechnet. Oder es wurde (bei den Reizversuchen) in jedes der beiden Fläschchen ein Nerv gebracht und der Mehrverbrauch an Sauerstoff des gereizten

---

[1] Parker: Amer. J. Physiol. **86**, 440 (1928).
[2] Winterstein, H. u. E. Hirschberg: Alles-oder-Nichts-Gesetz u. Stoffwechsel. Pflügers Arch. **216**, 271 (1927).
[3] Winterstein, H.: Mikrorespirationsapparat. Z. biol. Techn. u. Meth. **3**, 246 (1913).
[4] Fenn, W. O.: The gas exchange of nerve during stimulation. Amer. J. Physiol. **80**, 327 (1927).
[5] Winterstein, H.: Mechanismus der Gewebsatmung. Z. allg. Physiol. **6**, 315 (1906); vgl. auch Stoffwechsel des Zentralnervensystems 3, A 2.

Nerven gegenüber dem ruhenden gemessen. Die CO_2-Ausscheidung wurde zuerst aus der Differenz zwischen O-Aufnahme und CO_2-Abgabe berechnet, die in der Verschiebung des Indextropfens bei Atmung ohne NaOH-Zusatz zum Ausdruck kommt, in späteren Versuchen nach einer neuen Methode[1], indem die Kohlensäure an dem Boden des Gefäßes in $Ba(OH)_2$ absorbiert und ihre Menge durch Messung der Leitfähigkeitsänderung dieser Lösung ermittelt wurde.

Als Versuchsobjekte dienten zunächst die von PARKER empfohlenen Seitenliniennerven des Hundshais, deren O-Verbrauch in den ersten 10—12 Stunden ziemlich konstant blieb und dann — vermutlich infolge bakterieller Prozesse — stark anstieg. Ein dem anfänglichen Absinken der CO_2-Ausscheidung in den Versuchen PARKERS entsprechendes Verhalten wurde nicht beobachtet. Der Ruhe-O-Verbrauch betrug (alle Werte sind im folgenden auf Kubikmillimeter pro Gramm und Stunde umgerechnet) 49,2—133,8, im Mittel 81 cmm pro Gramm und Stunde, was mit PARKERS oben erwähnten Angaben gut übereinstimmt; er schien mit Verbesserung der Diffusionsbedingungen, die in dem Verhältnis von Länge zu Gewicht zum Ausdruck kamen, etwas anzusteigen. *Reizung* des Nerven bewirkte eine Steigerung des O-Verbrauches, die 10,1—32,8%, im Mittel 20,8% des Ruhewertes betrug, von denen wieder 22,9% auf die Erholungsperiode *nach Ablauf der Reizung* entfielen. Ein (allerdings nicht an demselben Nerven untersuchter) Einfluß der Reizstärke wurde nicht beobachtet. Am zweiten Tage war niemals eine Steigerung des O-Verbrauchs bei Reizung feststellbar.

Die CO_2-Ausscheidung berechnete sich zu 49,2—97,8, im Mittel zu 66 cmm pro Gramm und Stunde, was einen R.Q. zwischen 0,77 und 0,88, im Mittel von 0,83 ergeben würde. Die durch Reizung erzielbare Mehrausscheidung betrug im Mittel 9,6 cmm, der daraus berechnete R.Q. des Reizgaswechsels 0,67—0,89, im Mittel 0,78. Diese Werte sind jedoch nach FENN wegen der Zurückhaltung von CO_2 im Nervengewebe (s. unten) alle zu niedrig.

Weitere Versuche[2] wurden an Froschnerven (Rana pipiens) ausgeführt. Hier ergab sich als Mittelwert 73,8 cmm pro Gramm und Stunde und bei Reizung mit 100 Öffnungsinduktionsschlägen pro Sekunde ein Mehrverbrauch von 19,2 cmm oder 26%; auch hier war ein Einfluß der Reizstärke nicht feststellbar (im Gegensatz zu den oben angeführten Versuchen von WINTERSTEIN und HIRSCHBERG), während eine Steigerung der Reizfrequenz von 100 auf 200 eine leichte Erhöhung des O-Verbrauchs auf das 1,12—1,18fache ergab. Die negative Schwankung zeigte unter diesen Bedingungen eine Steigerung auf das 1,15fache, was für den funktionellen Zusammenhang beider Vorgänge spricht.

Zur Ermittelung des Einflusses, den die CO_2-Retention im Nervengewebe auf die Bestimmung der CO_2-Abgabe und des aus ihr berechneten R.Q. ausübt, stellte FENN[3] Versuche über die CO_2-Spannungskurve des Nervengewebes an, indem er das Mikrorespirometer mit O_2-CO_2-Gemischen von verschiedener Konzentration füllte und aus der dann eintretenden Wanderung des Indextropfens die Größe der von den Nerven aufgenommenen bzw. — bei Herabsetzung des CO_2-Druckes — abgegebenen CO_2 berechnete. Außerdem wurde der Gesamt-CO_2-Gehalt des Nerven durch Freimachen mit Säure entweder in WARBURG-Manometern oder in einer besonderen Anordnung bestimmt, die ein Zerreiben des Nerven und Messung der ausgetriebenen CO_2 durch Bestimmung der Leit-

---

[1] FENN, W. O.: A new method for the simultaneous determination etc. Amer. J. Physiol. **84**, 110 (1928).

[2] FENN, W. O.: The oxygen consumption of frog nerve during stimulation. J. gen. Physiol. **10**, 767 (1927).

[3] FENN, W. O.: The carbon dioxide dissociation curve etc. Amer. J. Physiol. **85**, 207 (1928).

fähigkeit des absorbierenden $Ba(OH)_2$ ermöglichte. Bei einem CO_2-Druck = Null (reine O-Atmosphäre) enthielt der Nerv etwa 15% CO_2. Die CO_2-Dissoziationskurve verläuft leicht konkav gegen die den CO_2-Druck darstellende Abszissenachse und steigt beim Sommerfrosch beträchtlich höher an als beim Winterfrosch. Nach Auslaugen der Puffersubstanzen des Nerven stimmt seine CO_2-Absorption mit der einer wässerigen Lösung überein. Reizung des Nerven erzeugt keine Änderung der CO_2-Bindung, in Übereinstimmung mit den später zu erwähnenden Angaben von GERARD und MEYERHOF, daß die Reizung des Nerven keine Milchsäurebildung veranlaßt. Wohl aber war das CO_2-Bindungsvermögen bei zwei abgetöteten sowie bei zwei in N-Atmosphäre gehaltenen Nerven (also unter Bedingungen, unter denen eine Milchsäurebildung stattfindet) bedeutend vermindert. Der aus der Dissoziationskurve berechnete *Diffusionskoeffizient* der Kohlensäure ergab sich zu $7{,}1 \cdot 10^{-5}$ qcm/min, der nach der HENDERSON-HASSELBALCHschen Gleichung (für einen CO_2-Druck von 14 mm Hg und 20°) berechnete p_H zu 7,4.

Auf Grund dieser Versuche berechnet FENN[1] aus den früheren Bestimmungen des Gaswechsels des Froschnerven einen „wahren" R.Q. des Ruhestoffwechsels von im Mittel 0,97 (0,77—1,13) und für die durch die Reizung bedingte *Steigerung* des Gaswechsels einen solchen von 1,19 (0,89—1,61!). In den Versuchen[2] mit CO_2-Bestimmung aus der Leitfähigkeit des $Ba(OH)_2$ würden sich ebenfalls R.Q. bis zu 1,32 ergeben!? Vorläufig mitgeteilte Versuche über den Einfluß der Erstickung auf den Gaswechsel[3] ergaben, daß nach erfolgter Erstickung die O-Aufnahme sowie die CO_2-Ausscheidung durch ein Maximum hindurchgehen, das das Vorhandensein einer „O-Schuld" von 10% und die oxydative Entfernung vorher angehäufter Erstickungsprodukte anzeigt (s. auch später).

Wer die außerordentlichen Schwierigkeiten kennt, die die Konstanterhaltung des Volumens schon bei einem gewöhnlichen Mikrorespirometer mit einer Ablesbarkeit von 0,1 cmm bereitet, wird im Zweifel sein, ob die von FENN erzielte Steigerung der Empfindlichkeit wirklich mit einer entsprechenden Steigerung der Meßgenauigkeit einhergeht, Zweifel, die durch die wohl sicher viel zu hohen R.Q., die sich aus diesen Versuchen ergeben, nur verstärkt werden können.

Schließlich hat GERARD[4] in Zusammenhang mit seinen später zu erörternden Untersuchungen über die Wärmebildung mit MEYERHOF auch den Gaswechsel von in Ringerlösung oder in Gasatmosphäre gehaltenen Froschnerven untersucht, und zwar mit der für die besonderen Zwecke adaptierten manometrischen Methode von WARBURG.

Zur Bestimmung des O-Verbrauchs und der CO_2-Bildung wurden gleichzeitig Versuche an drei verschiedenen Gruppen von je 2—5 Froschnerven angestellt: an der einen Gruppe wurde durch Absorption der CO_2 in KOH der O-Verbrauch bestimmt, bei der zweiten durch Zusatz von HCl die präformierte Gesamt-CO_2 und bei der dritten in der gleichen Weise die CO_2 am Ende des Versuches. Zu den Reizversuchen dienten Differentialmonometer, bei denen auf jede Seite (meist 4) Nerven der gleichen Frösche kamen und der Unterschied des O-Verbrauchs bei Reizung der einen Seite gemessen wurde. Zur Feststellung der Funktionsfähigkeit der Nerven konnte aus der Kammer auch der Aktionsstrom abgeleitet werden. Die Reizung erfolgte durch faradische Ströme, entweder kontinuierlich oder intermittierend, indem alle 4 Minuten der faradische Strom während 22 Sekunden zu den Nerven geleitet wurde.

---

[1] FENN, W. O.: The respiratory quotient of frog nerve etc. J. gen. Physiol. **11**, 175 (1927/28).
[2] FENN, W. O.: A new method for the simultaneous determination etc. Amer. J. Physiol. **84**, 110 (1928).
[3] FENN, W. O.: Simultaneous and continuous determinations etc. Proc. amer. physiol. soc. Amer. J. Physiol. **85**, 368 (1928).
[4] GERARD, R. W.: Studies on nerve metabolism. II. Amer. J. Physiol. **82**, 381 (1927).

GERARD fand für den *O-Verbrauch des Ruhenerven* bei Wineresculenten 11—21, im Mittel 16 (im Frühjahr 21) cmm pro Gramm und Stunde, bei Wintertemporarien 17—27, im Mittel 23 (im Frühjahr 28) cmm. Kleinere Frösche hatten einen größeren O-Verbrauch: die Mittelwerte betrugen für Nerven von 25—29 mg Gewicht im Mittel 19,0, für Nerven von 30—35 mg 16,4 und für Nerven von 36—40 mg im Mittel 14,5 cmm. Die Ursache dieses Verhaltens glaubt der Verfasser in dem intensiveren Gaswechsel der jüngeren Tiere suchen zu müssen; die von FENN zur Erklärung der gleichen Erscheinung herangezogenen günstigeren Bedingungen der O-Diffusion (s. S. 390) konnten bei der gegebenen Versuchsanordnung keine Rolle spielen. Der O-Verbrauch blieb durch 20 Stunden ungefähr konstant; er konnte in der ersten bis zweiten Stunde bis zu 100% höher sein, besonders bei Hungertieren oder nicht schonend behandelten Nerven. Zerschneiden in 2—3 mm große Stücke steigerte den O-Verbrauch für mehrere (4—5) Stunden um mehr als 100%. Zerreiben der Nerven bewirkte für kurze Zeit ein Ansteigen des O-Verbrauchs um 200% mit darauffolgendem raschen Absinken auf $1/2$—$1/4$ des normalen Wertes; doch blieb ein beträchtlicher O-Verbrauch auch in diesem Falle noch 20 Stunden bestehen. Auch Eintauchen der Nerven in Chloroform für mehrere Minuten steigerte zuerst den Gaswechsel, der dann absank und in einer Höhe von ungefähr 10% mehrere Stunden bestehen blieb, während Abtöten der Nerven durch Kochen oder durch Einwirkung von Säuren oder Alkalien den O-Verbrauch völlig beseitigte. KCN ließ selbst in einer Konzentration von n/100 noch einen kleinen O-Verbrauch bestehen. — Erwärmung bis auf 28° ergab einen $Q_{10} = 2,2$. — Glucose hatte in kleinen Mengen keinen, in größeren einen hemmenden Einfluß auf den O-Verbrauch, ähnlich auch Na-Lactat.

Eine exakte Bestimmung der *ausgeschiedenen Kohlensäure* begegnet erheblich größeren Schwierigkeiten wegen der Möglichkeit einer Zurückhaltung von CO_2 einerseits und einer Austreibung derselben durch andere Säuren andererseits. Als Mittelwerte wurden mit den angegebenen Methoden im Winter für Esculenta 12 und für Temporaria 16 cmm pro Gramm und Stunde gefunden. Die R.Q. schwankten innerhalb weiter Grenzen zwischen 0,51 und 0,97; als Gesamtmittel ergab sich 0,77.

Die Untersuchung des *Reizstoffwechsels* führte zu folgenden Ergebnissen: Bei kontinuierlicher faradischer Reizung fand GERARD einen Mehrverbrauch von 11—27, im Mittel von 18 cmm, bei intermittierender Reizung einen solchen von 48—91, im Mittel von 61 cmm pro Gramm und Stunde, was gegenüber dem Ruhewert von 16 cmm eine Steigerung auf fast das Vierfache bedeuten würde. Der O-Verbrauch stieg nicht sogleich zu seiner vollen Höhe, sondern erst etwa nach $1/2$ Stunde, eine Verzögerung, von der mindestens $1/4$ Stunde durch *physiologische* Gründe bedingt sein mußte, wie Kontrollversuche über die Schnelligkeit des Gasausgleiches ergaben. Die Steigerung der O-Aufnahme blieb nach Aufhören der Reizung noch etwas längere Zeit bestehen. Dieses Verhalten erklärt sich am einfachsten durch die Annahme, daß der Nerv nach Ablauf einer Reizung noch $1/4$ Stunde lang einen Mehrverbrauch an Sauerstoff aufweist; dieser addiert sich bei Fortdauer der Reizung zu dem durch diese selbst erzeugten usw. Reizung mit 280 Schlägen pro Sekunde ergab in einem Versuch den gleichen Wert wie eine solche mit 100, eine Reizfrequenz von 50 dagegen nur zwei Drittel dieses Wertes. — Ein bei 14° und 28° angestellter Versuch ergab ein $Q_{10} = 2,1$. — Der R.Q. für den Reizstoffwechsel (d. h. für den *Mehr*verbrauch an O_2 und die entsprechende *Mehr*abgabe von CO_2) wurde zwischen 0,85 und 1,0, im Mittel = 0,97 gefunden.

In Übereinstimmung mit einer für die O-Diffusion in das Nerveninnere aufgestellten Formel wurde beobachtet, daß ein O-Gehalt von mehr als 1,3%

in der umgebenden Atmosphäre keinen Einfluß auf die Größe des O-Verbrauchs ausübt, während ein solcher von 0,5% eine Herabsetzung desselben auf zwei Drittel bewirkt. Der O-Druck hat also oberhalb der genannten Grenze keinen Einfluß, was freilich mit den früher (S. 375/6) erwähnten Angaben von THÖRNER und SANDERS über das Verhalten der Erregbarkeit nicht in Einklang steht.

In einer *N-Atmosphäre* entwickelt der Nerv eine „*O-Schuld*", d. h. bei nachträglicher O-Zufuhr erfolgt eine Mehraufnahme beim lebenden Nerven (bei einem durch Kochen abgetöteten ist das Gleichgewicht innerhalb $1/4$ Stunde wieder hergestellt). Diese O-Schuld ist nach zweistündigem Aufenthalt in N größer und hält länger an als nach halbstündigem. Es scheint, daß sie durch Reizung gesteigert werden kann. Zur Erklärung der O-Schuld bieten sich zwei Möglichkeiten: es könnten sich im Nerven bei O-Abschluß Stoffwechselprodukte ansammeln, die bei O-Zufuhr nachträglich oxydiert werden, oder aber er besitzt in Form intermediärer O-Übertrager oder H-Acceptoren einen O-Vorrat; nach Ansicht GERARDS würde zugunsten der letzteren Anschauung die Beobachtung sprechen, daß die (durch Untersuchung der Gesamt-CO_2 gemessene) CO_2-Bildung in N-Atmosphäre mit einer mittleren Geschwindigkeit von 1,5 cmm pro Gramm und Stunde, also von etwa 10% des Normalwertes durch 20 Stunden weitergeht. Wir kommen auf diese Frage später noch im Zusammenhange zurück, ebenso auf die Beziehungen zwischen O-Verbrauch, Wärmebildung und Reizfrequenz.

Wenn man die von den einzelnen Autoren mitgeteilten Werte für den Gaswechsel des peripheren Nerven miteinander vergleicht, muß einem die außerordentliche Verschiedenheit der Resultate sowohl im Ruhestoffwechsel wie seiner Steigerung durch Reizung auffallen. Bewegen sich doch die Ruhewerte des O-Verbrauches zwischen etwa 16 (GERARD) und 150 (WINTERSTEIN und HIRSCHBERG) cmm pro Gramm und Stunde, und ebenso verhält es sich mit der CO_2-Abgabe, deren Werte zwischen 12 (GERARD) und 168 (TASHIRO) schwanken. Es ist wenig wahrscheinlich, daß wir hier tatsächlich physiologische Verschiedenheiten vor uns haben, es scheint vielmehr, daß die bisherigen Untersuchungsmethoden noch nicht den Grad von Zuverlässigkeit aufweisen, den die Kleinheit der zu bestimmenden Mengen erfordert. Zugunsten der von GERARD gefundenen Werte spricht, wie wir sehen werden, der freilich durchaus nicht beweisende Umstand, daß seine Daten mit der unter ganz analogen Verhältnissen gemessenen Wärmebildung sehr gut in Einklang stehen.

Nicht minder groß wie für die Ruhewerte sind die Divergenzen hinsichtlich der Steigerung, die sie durch Reizung erfahren. Während einige Autoren (MOORE, ADAM) überhaupt keine solche gefunden haben wollen, was zweifellos auf einer Unzulänglichkeit ihrer Methodik beruht, sehen wir die Erhöhung des Umsatzes bei anderen zwischen etwa 24 (PARKER) und 400% (GERARD) schwanken. Hier nun dürften wir es nicht einfach mit Mängeln der Methodik, sondern vielleicht mit überaus wichtigen physiologischen Verhältnissen zu tun haben. PARKER ist der einzige, der bisher die Steigerung des Gaswechsels unter dem Einfluß einer fortgeleiteten, also *physiologischen Erregung* untersucht hat; alle anderen haben den durch die *lokale Reizung* bedingten Mehrumsatz gemessen. Wir werden später in der Physiologie des Zentralnervensystems hören, daß hier in der Tat nach den Untersuchungen v. LEDEBURS die durch die physiologische Erregungsleitung bewirkte Steigerung des Gaswechsels in ihrer Größenordnung der am Nerven von PARKER beobachteten entspricht, während die durch den lokalen Reizungsvorgang bewirkte (und von der Reizstärke abhängige) Umsatzsteigerung, die also mit den physiologischen Verhältnissen eigentlich nichts zu tun hat, mehrere 100% betragen kann. — Freilich will FENN, gegen dessen Methodik jedoch schon oben Bedenken geäußert wurden, auch bei direkter Reizung nur eine geringe und von der Reizstärke unabhängige Umsatzsteigerung beobachtet haben; andererseits ist die mit der Erhöhung des Stoffwechsels auf das Mehrfache des Ruhewertes harmonierende Wärmebildung, die GERARD bei Nervenreizung beobachtete (s. unten), wieder bei physiologischer Erregungsleitung gefunden worden. Es bedarf also noch eingehender neuer Untersuchungen, ehe diese Fragen eine befriedigende Klärung erfahren haben werden.

Ganz kürzlich hat MEYERHOF[1] eine vorläufige Mitteilung von Versuchen veröffentlicht, die er gemeinsam mit W. SCHULZ über den *O-Verbrauch markloser Nerven* teils am Mantelnerven von Octopoden, größtenteils an dem langen Beinnerven von Maja squinado angestellt hat. Die Versuche wurden sehr erschwert durch die außerordentlich hohe Ermüdbarkeit dieser Nerven, die sich trotz alternierender und nur kurz dauernder Reizung an verschiedenen Reizstellen darin äußerte, daß der Atmungsanstieg die Reizung um $\frac{1}{2}$—$\frac{3}{4}$ Stunden überdauerte, daß eine 10 Minuten dauernde Reizung keinen größeren Mehrverbrauch an Sauerstoff bewirkte als eine nur 5 Minuten dauernde, und daß die Menge des „Extra-O_2" mit sinkender Reizfrequenz beträchtlich anstieg. — Berechnet man aus dem bei der niedrigsten Reizfrequenz gemessenen höchsten Wert des Extra-O_2 die pro Einzelimpuls mehraufgenommene Menge, so würde sich ein Wert von $2{,}5 \cdot 10^{-5}$ ccm O_2 pro 1 g Trockensubstanz ergeben, was nach MEYERHOF dem 20 fachen O-Verbrauch des gereizten Froschnerven entsprechen würde. Auch der Ruhestoffwechsel würde 10 mal so groß sein wie beim Froschnerven. — Daß der durch direkte Reizung gemessene „Reizungsumsatz" nur mit äußerstem Vorbehalt zu Schlüssen auf den physiologischen „Erregungsumsatz" verwertbar sein dürfte, ist in der vorangehenden Bemerkung bereits angedeutet.

Anhang: Farbstoffreduktion.

Anhangsweise sei erwähnt, daß die Oxydierbarkeit oder das Reduktionsvermögen der peripheren Nervensubstanz von THUNBERG[2] (und BRINGE) auch mit Hilfe der Methylenblaumethode untersucht wurde. Am frisch präparierten und mit der Schere fein zu Brei zerschnittenen Säugetiernerven ergab sich, daß die periphere Nervensubstanz ebenso wie wir dies für die zentrale sehen werden, zugesetztes Methylenblau zu entfärben vermag, und daß diese Fähigkeit durch Erhitzen auf mehr als 55° aufgehoben wird, also offenbar enzymatischer Natur ist. Die *„Dehydrogenasen"* des (Meerschweinchen-) Nerven verhielten sich ganz ähnlich wie die vom Verfasser am Muskel studierten: Wurde der Nervenbrei 20 Minuten einer sehr niedrigen Temperatur (Mischung von Kohlensäureschnee und Äther) ausgesetzt, so ergab sich eine Schädigung der Enzyme, also eine Verlängerung der Entfärbungszeit; ebenso erwies sich Phenol in schwacher Konzentration (^{n}/20) schädlich. Durch Auswaschen mit geringen Mengen destillierten Wassers wird das Spontanentfärbungsvermögen auch bei der Nervensubstanz mehr oder minder beseitigt und kann durch Zusatz von *„Wasserstoff-Donatoren"* wiederhergestellt werden; als solche fungieren ebenso wie bei den Muskeln: Bernsteinsäure, Glycerinphosphorsäure, Milchsäure, Citronensäure, Glutaminsäure, α-Ketoglutarsäure. Dagegen üben Oxal- und Malonsäure eine verlangsamende Wirkung aus. Fumarsäure wirkt als Aktivator, aber die Reaktion kommt zum Stillstand, ehe die Entfärbung vollständig ist. Der THUNBERGsche

---

[1] MEYERHOF, O.: Über den Tätigkeitsstoffwechsel des Nerven. Klin. Wschr. **8**, 6 (1929).

[2] THUNBERG, T. (mit B. BRINGE): Zur Kenntnis der Stoffwechselenzyme der Nervenfaser. Skand. Arch. Physiol. **43**, 275 (1923).

Grundgedanke, durch Ausproben der als Wasserstoffspender geeigneten Substanzen den intermediären Produkten des Stoffwechsels auf die Spur zu kommen, erscheint danach auch beim Nerven nicht aussichtslos.

Umfängliche Untersuchungen über das durch Farbstoffreaktionen gemessene Oxydations- und Reduktionsvermögen des Sehnerven des Kaninchens hat ALAJMO[1] mitgeteilt. Das erstere, durch Kochen nicht aufzuhebende, soll angeblich bei belichteten, bei mit Strychnin vergifteten und bei elektrisch gereizten Tieren vergrößert, bei Behandlung des Auges mit Cocain vermindert sein; gerade umgekehrt soll sich das nicht hitzebeständige Reduktionsvermögen verhalten (?).

3. Säurebildung.

Wie bei den Nervenzentren, so ist auch beim peripheren Nerven dem Verhalten der chemischen Reaktion und ihrer Veränderungen bereits vor langen Zeiten Aufmerksamkeit geschenkt worden. Die normale Reaktion des ruhenden Nerven ist gegen Lackmus alkalisch. Schwieriger ist die Entscheidung der Frage, ob bei der Tätigkeit eine von der Kohlensäurebildung unabhängige Säuerung feststellbar ist. Die ersten diesbezüglichen Angaben von FUNKE waren wohl fehlerhaft, da eine Säuerung durch die umgebende Muskulatur nicht ausgeschlossen war. Tatsächlich ergaben die Versuche von LIEBREICH, HEIDENHAIN, LANGENDORFF, BRODIE und HALLIBURTON, MACDONALD niemals eine deutliche Säuerung tetanisierter Nerven. Die zuerst von MOORE zur Atmungsmessung beim Nerven verwendete Methode, die Zeit zu bestimmen, in der eine Farbenänderung einer mit einem Indicator versetzten Lösung durch die Säurebildung eines Gewebes eintritt (vgl. S. 385), ist bereits vor langen Jahren, wenn auch in unvollkommener Weise, von MOLESCHOTT und BATTISTINI[2] angewandt worden; doch konnten sie mit Phenolphthalein keine Säurebildung im Nerven feststellen, und die Bestimmung der KOH-Menge, die zur Neutralisierung einer die Nerven enthaltenden Lösung erforderlich war, führten sie sogar zu der Annahme einer aciditätsvermindernden Wirkung der tetanisierenden Reizung. Ein analoges Ergebnis will BOCCI[3] hinsichtlich des Alkalibindungsvermögens im Dunkel gehaltener und belichteter Sehnerven von Meerschweinchen und Kaninchen erhalten haben, das bei den ersteren größer war als bei den letzteren. Alle diese Versuche besitzen an sich wohl nur mehr historischen Wert, sind aber von beträchtlichem Interesse in Zusammenhang mit den gleich zu erörternden Erscheinungen der Milchsäure- und Ammoniakbildung im Nerven und ihrer Beeinflussung durch Reizung.

Milchsäurebildung. GERARD und MEYERHOF[4] haben Untersuchungen über die Bildung von Milchsäure im Nerven angestellt. Sie verwendeten im allgemeinen die WARBURGsche indirekte Methode, die die Menge der Milchsäure manometrisch durch die Menge der in einer Bicarbonatlösung ausgetriebenen CO_2 mißt. Einige Versuche mit direkter Milchsäurebestimmung an großen Nervenmengen führten zu ziemlich übereinstimmenden Ergebnissen, so daß auch die nach dem ersten Verfahren gemessene Säuremenge als Milchsäure zu deuten wäre. Der bei Nerven desselben Frosches auf beiden Seiten gut übereinstimmende Anfangsgehalt an Milchsäure würde danach 0,07—0,16, im Mittel 0,11% betragen (bei Tempora-

---

[1] ALAJMO, B.: Il potere ossidante e riducente etc. Arch. Ottalm. **31** (1924).
[2] MOLESCHOTT u. BATTISTINI: Sur la réaction chimique des muscles striés etc. Arch. ital. de Biol. **8**, 90 (1887).
[3] BOCCI, B.: Sensible und motorische Nerven und ihre chemische Reaktion. Moleschotts Unters. z. Naturlehre **14**, 1 (1892).
[4] GERARD, R. W. u. O. MEYERHOF: Untersuchungen über den Stoffwechsel des Nerven. III. Biochem. Z. **191**, 125 (1927).

rien etwas weniger als bei Esculenten). Hieran ändert sich auch bei langdauerndem Aufenthalt in O_2 nichts. Dagegen findet in N eine beträchtliche Milchsäurebildung statt. Diese ist zuerst sehr gering, erreicht dann ein Maximum, um später wieder allmählich abzufallen. Die maximale Durchschnittsgeschwindigkeit betrug 7,4 (4—14) mg% pro Stunde, für 20 Stunden 3 (1,8—6,2) mg%. In 4 Stunden sind etwa 37% (28—58) der Gesamtmilchsäure gebildet. Die einmal gebildete Milchsäure kann auch durch nachträgliche O-Zufuhr nicht wieder beseitigt werden (allerdings liegt darüber nur ein Versuch vor, bei welchem die O-Zufuhr erst nach 17stündigem Aufenthalt in N erfolgte, also zu einer Zeit, in der die Erregbarkeit jedenfalls schon längst erloschen war; doch stimmt dieses Ergebnis mit den später zu berichtenden am Zentralnervensystem überein).

Der allmähliche Abfall der Milchsäurebildung beruht, wie Kontrollversuche erweisen, nicht auf einer Hemmung durch Ansammlung derselben, sondern auf der Aufzehrung der Kohlehydrate. Denn bei Zusatz von 0,1% Glucose bleibt eine konstante Milchsäurebildung während mindestens 30 Stunden erhalten. Hierbei betrug die durchschnittliche Anfangsgeschwindigkeit 8—18, im Mittel 12,5 mg% pro Stunde, d. i. ungefähr 65% mehr als ohne Glucose. Auch in 0,5proz. Lösung blieb die Geschwindigkeit konstant, während sie in 0,05proz. in ungefähr 15 Stunden abfiel. In ihrem Einfluß auf die Milchsäurebildung konnte Glucose weder durch Galaktose noch durch Fructose ersetzt werden, was, wie wir weiter unten sehen werden, weder mit dem Umsatz dieser Substanzen in der umgebenden Lösung, noch mit den Angaben über ihren Einfluß auf die Erhaltung der Lebensfähigkeit ohne weiteres in Einklang zu bringen ist. Die Gesamtmilchsäuremenge, die ohne Zucker gebildet werden konnte, betrug etwa 0,1%, was mit dem in einigen Versuchen bestimmten mittleren Kohlehydratgehalt von etwa 0,1% (0,055—0,23) gut übereinstimmen würde; (es muß aber darauf hingewiesen werden, daß in einem der angeführten Versuche der Gesamtgehalt an Kohlehydrat sowohl bei sofortiger Untersuchung wie nach 20stündigem Aufenthalt in N den gleichen Wert von 0,055 zeigte, was mit der Annahme einer Verarbeitung desselben zu Michsäure schwer vereinbar erscheint). — Bei 28° erfolgte die Milchsäurebildung anfangs mit dreifacher Geschwindigkeit, aber der Abfall ging umso rascher vor sich, sodaß die Gesamtmenge zum Schluß genau die gleiche war; bei Zuckerzusatz aber blieb auch hier die (gesteigerte) Geschwindigkeit konstant (Q_{10} für 15—25° = 2—3).

Versuche mit *Reizung in Stickstoff* führten zu dem Ergebnis, daß die Menge der gebildeten Milchsäure durch Reizung nicht oder nur unbeträchtlich erhöht wird, so daß der Leitungsvorgang anscheinend nichts mit einer Milchsäurebildung zu tun hat. Das würde sich auch daraus ergeben, daß das Maximum der Bildung zu einer Zeit erfolgt, in der die Leitfähigkeit bereits erloschen ist, und daß in 0,1proz. Glucoselösung die Milchsäurebildung 2 Tage lang mit $1^1/_2$facher Geschwindigkeit weitergehen kann, während die durch den Aktionsstrom gemessene Erregbarkeit ebenso rasch abfällt wie ohne Glucosezusatz. Danach würden Ruhe- und Reizstoffwechsel verschieden sein, der erstere vielleicht überhaupt auf anderen Gewebsteilen beruhen.

Berücksichtigt man, daß die bei Glucosezusatz in Stickstoff gebildete Milchsäuremenge von 0,125 mg pro Gramm und Stunde durch den bei O-Zufuhr stattfindenden O-Verbrauch von 16—20 cmm (vgl. S. 392) oder 0,025 mg verhindert wird, so würde sich daraus ein MEYERHOF-Quotient von ca. 4,5 ergeben, wie er auch beim Muskel unter günstigsten Umständen zu beobachten ist. Dagegen würde, wie oben erwähnt, die einmal gebildete Milchsäure nicht wieder zurückverwandelt werden können. Da die Ruheatmung weder durch Glucose noch durch Lactat eine Steigerung erfahren würde, so wäre zu schließen, daß die Verhinderung der Milchsäurebildung durch Oxydation von Nicht-Kohlehydraten bewirkt wird.

Daß die Milchsäurebildung in Stickstoff nicht sofort mit maximaler Geschwindigkeit einsetzt, sondern in der ersten Stunde nur in geringem Umfange erfolgt, kann nicht auf physikalisch gelöstem Sauerstoff beruhen, denn dieser müßte in wenigen Minuten aufgezehrt sein. Es würde dies vielmehr, ebenso wie die Fortdauer der CO_2-Bildung (s. S. 393), für das Vorhandensein eines gewissen *Vorrates an gebundenem Sauerstoff* sprechen, wodurch sich auch das frühere Einsetzen der Milchsäurebildung bei 28° (infolge rascherer Aufzehrung des Reserve-O) erklären würde. — Es bedarf jedoch wohl einer noch viel eingehenderen Untersuchung des Nervenstoffwechsels, ehe man alle diese Schlußfolgerungen als einigermaßen gesichert betrachten kann.

Wie bei anderen Geweben wird auch beim Nerven die Milchsäurebildung durch HCN ausgelöst. Bei einer Atmungshemmung von 85%, wie sie durch $2 \cdot 10^{-2} - 1 \cdot 10^{-3}$ n-KCN herbeigeführt wird, wird die anoxybiotische Milchsäurebildung ungefähr erreicht, die auch durch eine Konzentration von $4 \cdot 10^{-2}$ n-KCN nicht gehemmt wird.

4. Der Umsatz organischer Substanzen.

Über den sonstigen Umsatz an organischen Substanzen liegen bisher nur wenige Arbeiten vor. WINTERSTEIN und HIRSCHBERG haben ihre später eingehend zu erörternden Untersuchungen über den Stoffwechsel des isolierten Zentralnervensystems des Frosches auch auf das periphere ausgedehnt, unter Verwendung der gleichen später zu schildernden Methodik. Es ergab sich, daß im allgemeinen *keine prinzipiellen Unterschiede* gegenüber den in den Nervenzentren sich abspielenden Prozessen zu bestehen scheinen, daß aber *der Umsatz der peripheren Nerven an Größe beträchtlich zurückbleibt* und meist um etwa $1/3 - 1/2$ geringer ist als der des Rückenmarks unter den gleichen Bedingungen.

a) Zuckerumsatz[1].

Wie das Rückenmark, so bewirken auch die Nn. ischiadici des Frosches (an denen alle Untersuchungen ausgeführt wurden) in einer umgebenden zuckerhaltigen Lösung eine Verminderung des Zuckergehaltes, dessen Größe unter verschiedenen Versuchsbedingungen aus der folgenden Tabelle zu ersehen ist. Der Vergleich mit den beim Rückenmark gefundenen Werten ergibt einen *Ruheumsatz*, der für Dextrose um etwa ein Drittel, für Galaktose sogar um die Hälfte geringer ist; doch wird dieser Zucker auch beim peripheren Nerven am stärksten umgesetzt. Mit dem Ansteigen der Temperatur ist eine deutliche Zunahme des Zuckerverbrauches feststellbar, der bei einer Temperaturerhöhung um etwa 10°, bei der Dextrose um das Doppelte ansteigt. Der *Reizstoffwechsel*, untersucht durch rhythmische Reizung der Nerven mit kurzdauernden tetanisierenden Strömen in $8-8^{1}/_{2}$ stündigen Reizperioden, ergibt eine *bedeutende Steigerung* gegenüber dem Ruhewert, bleibt aber hinter dem des Rückenmarks noch stärker zurück als der Ruheumsatz; er weist für Dextrose etwa den gleichen absoluten Wert auf wie für Galaktose, deren Verwertbarkeit für den Reizungsumsatz mithin auch beim peripheren Nerven geringer ist als für den Ruheumsatz.

---

[1] HIRSCHBERG u. WINTERSTEIN: Über den Stoffwechsel des peripheren Nervensystems. Hoppe-Seylers Z. **108**, 27 (1919).

Zuckerumsatz des Froschischiadicus in 0,5% Zuckerlösung.
(Nach Hirschberg und Winterstein.)

Zuckerart	Versuchsbedingung	t°	Zuckerverbrauch pro 1 g und 24 Std.
Dextrose	Ruhe	11	1,6; 1,8
,,	,,	16—17	2,9
,,	,,	17,5—18,5	3,3
,,	,,	20—24	3,5
,,	Reizung	15—16	5,2; 5,0
Lävulose	Ruhe	20—24	3,6
Galaktose	,,	15	3,2; 3,3
,,	,,	18	3,7
,,	Reizung	15	5,1

Ino[1], der die Abnahme des Zuckergehaltes der Cerebrospinalflüssigkeit unter dem Einfluß der glykolytischen Wirkung verschiedener Teile des Nervensystems untersuchte, fand, daß außer dem Zentralnervensystem, den Hirnhäuten und dem Plexus chorioideus auch den Nerven eine solche zukommt, wenn auch in viel geringerem Grade. Der N. opticus des Kaninchens brachte bei 37° innerhalb 24 Stunden 0,7 mg pro 1 g Substanz zum Verschwinden.

Winterstein und Hirschberg[2] haben in einigen Versuchen auch den Umsatz der in den Nerven selbst enthaltenen Zuckerstoffe untersucht. Sie fanden, daß der Gehalt an mit Alkohol fällbaren Zuckerstoffen beim Froschischiadicus im Mittel von 5 Versuchen 0,5% (0,40—0,58) der frischen Substanz betrug und bei 24stündiger Aufbewahrung in mit O gesättigter NaCl-Lösung auf im Mittel 0,22% (0,15—0,27) absank. Zuckerzufuhr (0,5% Glucose oder Galaktose) bewirkte ein fast völliges Verschwinden dieses Zuckerumsatzes. Ebenso wurde dieser durch Narkose mit 1% Urethan unterdrückt.

In Zusammenhang mit diesem Zuckerumsatz sei erwähnt, daß nach Waller[3] beim Froschnerven die Anwesenheit von Lactose in der Lösung für die Erhaltung der Erregbarkeit von Vorteil ist, und daß nach Alcock[4] beim Warmblüternerven, der Größe der negativen Schwankung nach zu urteilen, dasselbe für Maltose und Glucose zu gelten scheint. Auch Boruttau[5] fand, daß bei wenig leistungsfähigen Nerven hungernder Frösche die Dauer des Überlebens erhöht wird, wenn der zur Aufbewahrung dienenden Ringerlösung Zucker (bis 5%) zugesetzt wird. Bei leistungsfähigen Nerven gut ernährter Tiere machte solcher Zusatz wenig aus. Die günstige Wirkung im ersten Falle konnte durch Fructose und Glucose erzielt werden, ebenso auch durch Maltose und Saccharose, weniger gut durch Lactose. Mit der Verwertbarkeit der einzelnen Zucker im Stoffwechsel der nervösen Zentralorgane würden, wie wir sehen werden, diese letzteren Resultate nicht übereinstimmen. Der Einfluß von Zuckerzusatz auf die anoxybiotische Milchsäurebildung ist bereits im vorigen Abschnitt erwähnt worden.

b) Fettumsatz.

Der „Fettgehalt", d. h. der Gehalt an beim Kochen mit Lauge alkalibindenden Substanzen wurde beim Nerven von Hirschberg und Winterstein[6] im Mittel gleich 30,5 ccm n/10 NaOH gefunden. Nach 24stündigem Aufenthalt in physiologischer NaCl-Lösung zeigten die Nerven in 2 Versuchen einen um 1 bzw. 1,29 ccm geringeren Fettgehalt als die gleich untersuchten derselben Tiere. Die durch 6 bzw. 6½ Stunden elektrisch gereizten Nerven ergaben in

---

[1] Ino, I.: Experimental studies on the sugar in the cerebrospinal fluid. Acta Scholae med. Kioto **3**, 609 (1920).

[2] Winterstein u. Hirschberg: Über den Glykogen- und Cerebrosidstoffwechsel des Zentralnervensystems. Biochem. Z. **159**, 358 (1925).

[3] Waller: Zitiert nach Alcock unter [4].

[4] Alcock, N. H.: On the negative variation in the nerves of warm-blooded animals. Proc. roy. Soc. Lond. **71**, 264 (1903).

[5] Boruttau, H.: Beiträge zum Stoffwechsel der peripherischen Nerven. Ber. Physiol. **2**, 167 (1920).

[6] Hirschberg u. Winterstein: Zitiert auf S. 397.

2 Versuchen einen um 1,06 bzw. 0,92 ccm geringeren Fettgehalt als die gleich lange in NaCl-Lösung in Ruhe belassenen. Somit zeigt auch der Nerv einen Umsatz von Fettsubstanzen, der durch Reizung eine Steigerung erfährt, hinter jenem der Nervenzentren aber (trotz deren viel geringerem Fettgehalt) sowohl in der Ruhe wie bei Erregung sehr erheblich zurückbleibt.

Im Anschluß an diesen Umsatz fettartiger Stoffe, bei dem jedenfalls in erster Linie an die die Markscheiden aufbauenden Phosphatide gedacht werden muß (s. unten), sei kurz auf das *Esterspaltungsvermögen* der peripheren Nerven hingewiesen, das von UKAI[1] untersucht wurde. Er konnte an mit Sand zerriebenen peripheren Nerven, die mit 50proz. Glycerinwasser extrahiert wurden, das Vorhandensein einer „Esterase" nachweisen, die zugesetztes Tributyrin in Glycerin und Buttersäure spaltet und durch 5 Minuten dauerndes Erhitzen im Wasserbad zerstört wird. Das Esterspaltungsvermögen (ausgedrückt in Kubikzentimeter $^n/20$ NaOH, die zur Neutralisierung der neu gebildeten Säure erforderlich waren) erwies sich bei den untersuchten Tieren (Kaninchen, Huhn) ziemlich gleich (0,3—0,5 ccm innerhalb 2 Stunden bei 38° in einer 5proz. Nervensubstanz enthaltenden Emulsion). Dagegen ergab das teils frisch bei Operationen, teils einige Stunden nach dem Tode entnommene menschliche Nervenmaterial einen erheblich geringeren Wert, nämlich eine Aciditätszunahme von nur 0,07 bis 0,12 ccm.

c) Phosphorumsatz.

Daß an dem Stoffwechsel der peripheren Nerven ebenso wie bei den Nervenzentren phosphorhaltige Substanzen beteiligt sind, geht aus einigen Versuchen von HECKER[2] (und WINTERSTEIN) hervor, die zwar keine Verminderung des (im Mittel etwa 0,2% der frischen Substanz betragenden) P-Gehaltes in der Ruhe, wohl aber bei elektrischer Reizung ergaben. In 8stündiger Reizperiode war in 3 Versuchen am Froschischiadicus eine P-Abgabe von 9,21, 11,31 und 10,13% des anfänglichen P-Gehaltes nachweisbar, und in einem an den Ischiadici neugeborener Katzen angestellten Versuche ein solcher von 6,32% des P-Gehaltes.

Nach einer vorläufigen Mitteilung GERARDS[3] würden die Froschnerven etwa 60 mg % löslichen Phosphats (ausgedrückt als P_2O_5) enthalten, davon weniger als die Hälfte frei unorganisch und den Rest teils in einer sauren labilen Verbindung (Phosphagen?), teils in einer stabilen (Lactacidogen?). Liegenlassen in Sauerstoff würde von geringem Einfluß sein, Aufbewahrung in Stickstoff dagegen eine Umwandlung des ganzen oder fast des ganzen Phosphats in unorganische Form bewirken.

Nervendegeneration. Nach dem, was wir über den Umsatz P-haltiger Substanzen im C.N.S. hören werden, kann es kaum einem Zweifel unterliegen, daß es sich hierbei auch im peripheren Nerven in erster Linie um *Phosphatide* handelt. In diesem Zusammenhange sind die Untersuchungen von Interesse, die über den *Einfluß der Degeneration der Nerven* infolge Durchschneidung auf ihren Gehalt an Phosphatiden und das Auftreten von Spaltungsprodukten derselben angestellt wurden. NOLL[4] untersuchte den Gehalt gleichlanger Nervenstücke an *Protagon*, dessen Menge er durch die reduzierende Wirkung des in ihm ent-

---

[1] UKAI, S.: The ester-splitting properties of the peripheral nerves. Tohoku J. exper. Med. **1**, 519 (1920).
[2] HECKER, E.: Untersuchungen über den Phosphorstoffwechsel des Nervensystems. IV. Hoppe-Seylers Z. **129**, 220 (1923).
[3] GERARD, R. W.: The activity of nerve. Science (N. Y.) **66**, 495 (1927).
[4] NOLL, A.: Über die quantitativen Beziehungen des Protagons zum Nervenmark. Hoppe-Seylers Z. **27**, 370 (1899).

haltenen Zuckers bestimmte. Die Resultate sind in der folgenden Tabelle zusammengestellt:

Einfluß der Degeneration auf den Protagongehalt der Nerven.
(Nach NOLL.)

Tierart	Lebensdauer nach der Nervendurchschneidung in Tagen	Protagongehalt		
		des gesunden Nerven in mg	des degenerierten Nerven	
			in mg	in % des normalen Gehalts
Pferd 1	8	53,1	51,3	96,61
„ 2	14	—	—	—
peripherer Teil . .	—	91,8	55,9	60,89
zentraler „ . .	—	350,4	307,8	87,84
Hund 1	16	61,4	33,0	53,75
„ 2	23	60,0	28,6	47,66
„ 3	28	68,4	keine Reduktion nachweisbar	—

Die Tabelle zeigt, wie der Gehalt an Protagon während der Degeneration immer mehr abnimmt, bis dieses nach 4 Wochen überhaupt nicht mehr nachweisbar ist. Diese Abnahme war zunächst nur für die reduzierende Gruppe des Protagons nachgewiesen; daß sie auch den P-haltigen Anteil betrifft, ergab sich aus einem Versuche am Hunde; hier betrug der P-Gehalt des degenerierten Nerven 15 Tage nach der Durchschneidung nurmehr 67,4% des Normalen, und der Alkoholextrakt 77%, so daß P-haltige und reduzierende Bestandteile bei der Degeneration anscheinend rascher verschwinden als die Fettsäuren.

Sehr gut in Einklang mit diesen Resultaten stehen die eingehenden Untersuchungen, die MOTT und HALLIBURTON[1] über die chemischen und histologischen Erscheinungen der Nervendegeneration angestellt haben. Die Ergebnisse der an Ischiadici von Katzen angestellten Versuche bringt die folgende Tabelle.

Einfluß der Degeneration auf die chemische Zusammensetzung der Katzenischiadici.
(Nach HALLIBURTON.)

Tage nach der Durchschneidung	Gehalt der Nerven an			Zustand des Blutes	Zustand der Nerven
	Wasser	Trockensubstanz	Phosphor % der Trockensubstanz		
Normal	65,1	34,9	1,1	Cholin nicht vorhanden	reizbar u. histologisch normal
1—3	64,5	35,5	0,9		
4—6	69,3	30,7	0,9	Cholin vorhanden	nicht mehr erregbar, Degeneration beginnt.
8	68,2	31,8	0,5	Cholin reichlich vorhanden	Degeneration durch Marchireaktion nachweisbar.
10	70,7	29,3	0,3		
13	71,3	28,7	0,2		
25—27	72,1	27,9	Spur	Cholin nicht mehr vorhanden	Marchireaktion noch vorhanden, aber Absorption des degenerierten Fettes beginnt.
29	72,5	27,5	0,0		
44—60	72,6	27,4	0,0	„	Fettabsorption vollständig.
100—106	66,2	33,8	0,9	„	regeneriert, Funktion zurückgekehrt.

---

[1] HALLIBURTON, W. D.: Die Biochemie der peripheren Nerven. Erg. Physiol. **4**, 23 (1905).

Wie aus der Tabelle zu ersehen ist, gehen chemische, histologische und funktionelle Veränderungen einander durchaus parallel: Vom 3. Tage an beginnt mit dem Erlöschen der Reizbarkeit ein Absinken des P-Gehaltes und ein Auftreten des aus der Spaltung der Lecithine stammenden Cholins im Blut. Diese Veränderungen gewinnen an Intensität, bis vom 8. Tage ab die Degeneration auch durch die MARCHIsche Reaktion histologisch nachweisbar wird. Diese Reaktion beruht darauf, daß die normalerweise mit der MARCHIschen Flüssigkeit (die Osmiumsäure und Kaliumbichromat enthält) sich grüngrau färbenden Nerven jetzt eine intensiv schwarze Färbung annehmen, so wie sie die Neutralfette geben, ein Zeichen, daß solche infolge des Zerfalls der Phosphatide aufgetreten sind. Allmählich verschwindet der Phosphor vollständig, ebenso Cholin und Fett, es sind nurmehr leere Nervenröhren und Bindegewebe vorhanden, bis nach 60 Tagen die *Regeneration* einsetzt und zwischen dem 100. und 106. Tage mit der Rückkehr der Erregbarkeit auch der P-Gehalt fast wieder die normale Höhe erreicht hat.

d) Stickstoffumsatz.

Relativ am genauesten sind wir über den N-Umsatz des Nerven unterrichtet. Mit dem Mikro-KJELDAHL-Verfahren von ABDERHALDEN und FODOR[1] konnten HIRSCHBERG und WINTERSTEIN[2] zunächst feststellen, daß einander genau entsprechende Nervenstücke beider Seiten den gleichen N-Gehalt aufweisen, daß dagegen der Plexus ischiadicus einen größeren N-Gehalt zeigt als der Nervenstamm, vermutlich in Zusammenhang mit einer die Aufsplitterung des Nerven zum Plexus begleitenden Zunahme der Nervenscheidemasse, die wahrscheinlich N-reicher ist, so wie wir dies später beim Zentralnervensystem für die Gefäßhaut sehen werden. Der N-Gehalt der Ischiadici verschiedener Frösche zeigte beträchtliche Differenzen (1,40—1,62% der frischen Substanz), die einen Vergleich untereinander unmöglich machen; dagegen zeigte sich, daß der aus dem Anfangsgehalt und dem Endgehalt nach 24stündigem Verweilen in physiologischer NaCl-Lösung berechnete N-Verbrauch nur geringe Schwankungen aufwies, so daß sich ein durchschnittlicher N-Umsatz unter normalen Verhältnissen berechnen ließ, auf den die unter verschiedenen Versuchsbedingungen beobachteten Veränderungen desselben bezogen werden konnten. Dieser N-Umsatz unter gewöhnlichen Bedingungen schwankte zwischen 1,4 und 1,8 mg pro 1 g und 24 Stunden und betrug im Mittel 1,6 mg, d. i. etwa ein Drittel weniger als der mittlere N-Verbrauch des isolierten Froschrückenmarks. Wie bei diesem, so veranlaßt auch beim peripheren Nerven die durch rhythmische Reihen tetanisierender Induktionsschläge bewirkte *elektrische Reizung* eine *bedeutende Steigerung des N-Umsatzes*. Zu seiner Bestimmung wurde der N-Gehalt der Nerven einer Seite sogleich und der der anderen nach Ablauf der 7—8$^1/_2$stündigen Reizperiode untersucht und von dem so ermittelten Gesamtreizungsumsatz der Durchschnittswert des Ruhestoffwechsels (1,6 mg) in Abzug gebracht (s. Tab. 1); oder es wurden von den Nerven beider Seiten die einen in Ruhe belassen und die anderen gereizt und der N-Gehalt am Ende der gleich langen Versuchsperioden miteinander verglichen (s. Tab. 2). Beide Verfahren ergaben, daß die Reizung des peripheren Nerven ganz ähnlich wie die der Zentren den N-Umsatz auf das 2—3fache des Ruhewertes steigert.

---

[1] ABDERHALDEN u. FODOR: Mikro-Kjeldahlmethode. Hoppe-Seylers Z. **98**, 190 (1917).
[2] HIRSCHBERG u. WINTERSTEIN: Über den Stoffwechsel des peripheren Nervensystems. Hoppe-Seylers Z. **108**, 27 (1919).

N-Umsatz des Nerven bei Reizung pro 1 g und 24 Std.
(Nach Hirschberg u. Winterstein.)

Tabelle 1.

Nr.	Umsatz bei Reizung		Reizungsumsatz = Gesamtumsatz bei Reizung weniger 1,6 mg	
	in mg	in % des Ruheumsatzes	in mg	in % des Ruheumsatzes
1	4,8	300	3,2	200
2	4,4	275	2,8	175
3	4,2	263	2,6	163
4	4,8	300	3,2	200
5	3,7	231	2,1	131
6	4,0	250	2,4	150
7	3,4	213	1,8	113
Mittel	4,2	262,5	2,6	162,5

Tabelle 2.

Nr.	N-Gehalt in % am Ende der $8^1/_2$ stündigen Versuchsperiode		Berechneter Mehrumsatz bei Reizung in mg pro 1 g und 24 Std.
	Ruhe	Reizung	
1	1,33	1,26	2,0
2	1,40	1,33	2,0
3	1,30	1,21	2,5

Wie beim Rückenmark, so haben Hirschberg und Winterstein auch beim peripheren Nerven den Einfluß einer größeren Zahl von Substanzen auf den N-Umsatz untersucht, um festzustellen, inwieweit durch Zufuhr von Stoffen von außen her eine Verminderung des N-Umsatzes, eine *N-Ersparnis*, erzielt werden könnte. Diese N-Ersparnis in einer bestimmten Lösung wurde entweder so ermittelt, daß der in ihr gemessene N-Verbrauch von dem unter sonst gleichen Bedingungen in gewöhnlicher NaCl-Lösung beobachteten Umsatz von 1,6 mg in der Ruhe bzw. 4,2 mg bei Reizung (pro 1 g und 24 Stunden) in Abzug gebracht wurde, oder daß von den Nerven die eine Hälfte in der Versuchsflüssigkeit mit N-Sparer, die andere in physiologischer NaCl-Lösung gehalten, und die N-Ersparnis als Differenz der N-Gehalte am Ende der Versuchsperiode direkt gemessen wurde. Auf Grund der Durchschnittswerte des N-Verbrauches in NaCl-Lösung konnte dann auch hier die absolute Größe des letzteren sowie die prozentische Ersparnis berechnet werden.

Die in der folgenden Tabelle zusammengestellten Versuchsergebnisse zeigen, daß von den *Zuckern* die Dextrose wie beim Rückenmark so auch beim Nerven eine sehr bedeutende Einschränkung des N-Verbrauches bewirkt, deren Größe sich in der Ruhe auf 60—70% schätzen läßt und im Reizstoffwechsel unter Umständen einen so hohen Wert erreichen kann, daß der ganze N-Umsatz durch den Zucker aufgehoben zu sein scheint. Geringer ist die N-sparende Wirkung der Lävulose und sehr gering ebenso wie bei den Nervenzentren jene der Galaktose. Von den N-haltigen Substanzen bewirkte Froschblut oder -serum eine beträchtliche Ersparnis von etwa 50%, weniger Hühnereiweiß. Durch Zusatz von Pepton in einem Versuche wurde der N-Umsatz nicht vermindert, sondern erhöht, ganz so wie bei den Nervenzentren. Von den *Aminosäuren* ergab ein mit Glykokoll angestellter Versuch keinen deutlichen Einfluß, während Alanin ebenso wie bei den Zentren eine zumal im Ruhestoffwechsel sehr bedeutende, Tyrosin eine geringere Ersparnis bewirkte. Durch *Lecithin* (Witte), *Protagon* (Merck) und *Cerebrin* (Merck) wurde ebenfalls ganz in Übereinstimmung mit den Beobachtungen am isolierten Rückenmark besonders im Ruhestoffwechsel eine sehr bedeutende Ersparnis erzielt, die in einigen Fällen den N-Umsatz bis an die Fehlergrenze der Bestimmung herabdrückte.

Sparende Wirkung verschiedener Stoffe auf den N-Umsatz des Nerven.
(Nach HIRSCHBERG u. WINTERSTEIN).

Substanz	Versuchsbedingungen	N-Ersparnis in der Versuchslösung in % des Umsatzes in NaCl-Lösung
Dextrose 0,5%	Ruhe	68; 62,5
„ 0,5%	Reizung	29; 100; 100
Lävulose 0,5%	Ruhe	56
Galaktose 0,5%	„	0; 19
„ 0,5%	Reizung	31
Froschblut	Ruhe	31
Serum (0,16—0,2% Eiweiß)	„	56; 50; 50
„	Reizung	43
Hühnereiweiß	Ruhe	25
n/500 Alanin	„	63; 69
„	Reizung	55
n/1000 Tyrosin	Ruhe	38
n/500 „	„	25
Lecithin	„	69
„	Reizung	86; 71
Protagon	Ruhe	88
„	Reizung	45
Cerebrin	Ruhe	100; 75
„	Reizung	29

Ammoniakbildung.

Über die Natur der vom Nerven beim Umsatz N-haltiger Substanzen an das umgebende Medium abgegebenen Stoffwechselprodukte haben die Untersuchungen von HIRSCHBERG und WINTERSTEIN keinen Aufschluß gegeben. Es erscheint daher als eine überaus wertvolle Ergänzung dieser Untersuchungen, daß es TASHIRO[1] gelang, ein solches Stoffwechselprodukt als *Ammoniak* zu identifizieren.

TASHIRO kam auf den Gedanken, daß der Nerv alkalische Substanzen abgibt durch die Beobachtung, daß es ihm (ebenso wie MOORE, und schon lange vorher MOLESCHOTT und BOCCI, vgl. S. 385 und S. 395) mit der Indicatorenmethode nicht gelang, die von ihm mit dem Biometer festgestellte Mehrausscheidung an Kohlensäure bei Reizung des Nerven nachzuweisen. Dies brachte ihn auf die Vermutung, daß diese Mehrbildung von Säure durch Bildung einer Base maskiert werde, und er fand bei Einbringen von NESSLERS Reagens statt der $Ba(OH)_2$ in die Atmungskammer in der Tat eine starke braune Trübung. Es muß also der Nerv flüchtige basische Substanzen abgeben, und da in der Folge die auf Grund zweier ganz verschiedener Methoden, nämlich der Bestimmung der Basizität einerseits und der Fähigkeit zur Bildung von Komplexsalzen mit NESSLERS und GRAVES Reagens andererseits, ausgeführten Berechnungen zu einigermaßen übereinstimmenden Ergebnissen führten (soweit solche bei Experimenten über Trübungsgrade mit so winzigen Substanzmengen überhaupt zu erwarten waren), kann die Identität mit *Ammoniak* nach dem Autor als hinreichend gesichert angesehen werden.

Mit dem von GRAVE angegebenen Reagens ließen sich noch NH_3-Mengen von $1 \cdot 10^{-7}$ g nachweisen; trotzdem war die Methode nicht genau genug. Als bestes Ver-

---

[1] TASHIRO, S.: Studies on alkaligenesis in tissues. I. Amer. J. Physiol. **60**, 519 (1922).

fahren zur quantitativen Bestimmung so außerordentlich kleiner NH_3-Mengen erwies sich das titrimetrische: Der Nerv wird über einer bestimmten Menge der den Indicator enthaltenden Säure suspendiert; am Ende des Versuches wird die Kohlensäure durch 6 Minuten dauerndes Kochen ausgetrieben und die zurückbleibende Acidität durch tropfenweisen Zusatz von Alkali bestimmt. Als Indicator diente eine Mischung von Methylenblau und Methylrot. Selbstredend erforderte die Methode eine große Zahl sehr penibler Maßnahmen, auf die hier im einzelnen nicht eingegangen werden kann.

Die folgende Tabelle I gibt die NH_3-Bildung in der Ruhe und bei Reizung wieder (die für 10 mg Nerv und 10 Minuten angegebenen Werte sind wieder auf 1 g und 1 Stunde umgerechnet). Aus dem Vergleich dieser mit den von dem gleichen Autor für die CO_2-Ausscheidung gewonnenen Daten (vgl. S. 383) ergibt sich, daß das Gewicht des abgegebenen Ammoniaks im Mittel $1/17$ des Gewichtes der Kohlensäure oder $1/13$ ihres Äquivalentgewichts entspricht. Auf 1 Mol CO_2 entfallen 1/6,5 Mol NH_3. Die Steigerung der NH_3-Abgabe durch Reizung entspricht recht gut der beobachteten Steigerung der CO_2-Bildung auf das 2,4fache und würde auch mit der von HIRSCHBERG und WINTERSTEIN gefundenen mittleren Steigerung des Gesamt-N-Umsatzes auf das 2,6fache gut in Einklang stehen. Die Steigerung der NH_3-Abgabe war auch in den der Reizung folgenden 15 Minuten noch nachweisbar (s. Tabelle II); erst nach 46—60 Minuten war die NH_3-Ausscheidung des gereizten und des ungereizten Nerven wieder gleich groß. Ob diese Nachwirkung auf einer Fortdauer des Reizzustandes beruht, oder auf Diffusion präformierten Ammoniaks oder auf Freiwerden desselben durch nachträgliche Oxydation von Milchsäure, an die es vorher gebunden war, konnte nicht entschieden werden. Berechnet man aus den von TASHIRO angegebenen Werten den *Umsatz an Ammoniakstickstoff*, so würde sich dieser umgerechnet auf 1 g und 24 Stunden im Mittel zu 0,3792 mg in der Ruhe und 0,8064 mg bei Reizung ergeben, oder unter Zugrundelegung der von HIRSCHBERG und WINTERSTEIN allerdings an den Nerven einer anderen Froschart gefundenen Mittelwerte in der Ruhe 23,7% und bei Reizung 19,2% des *Gesamtstickstoffumsatzes* ausmachen.

I. NH_3-Abgabe der Nn. ischiadici von Rana pipiens in 10^{-7} g pro 1 g und 1 Std. bei 20—24 °C. (Nach TASHIRO.)

	Ungereizt	Gereizt	Umsatz bei Reizung in % des Ruheumsatzes
	152,4	274,2	180
	180	540	300
	213	423	198
	141	—	—
	186	498	268
	251,4	385,2	153
	210	486	231
	—	240	—
Mittel:	192	408	212

II. Mittelwerte des Verlaufes der NH_3-Abgabe.

Ruhe, während der ersten 15 Minuten . . . . 192 · 10^{-7} g pro 1 g u. 1 Std.
„ „ „ folgenden 15 „ 150
Reizung „ „ ersten 15 „ 408
Nach der Reizung während der folgenden 15 Minuten . . 354
Zerquetscht während der ersten 15 Minuten . . . . 0—90

Während der verletzte Nerv nach TASHIRO mehr Kohlensäure abgibt als der unverletzte, ist für die NH_3-*Abgabe* das Gegenteil zu beobachten; dies würde nach TASHIRO aber nicht beweisen, daß die NH_3-*Bildung* im letzteren Falle nicht größer sei. Denn wenn beim Zerquetschen des Nerven eine Steigerung der Milchsäurebildung stattfindet, so wird diese eine Zurückhaltung des Ammoniak bewirken; beim Muskel würde sich nach dem Autor ein derartiges Verhalten tatsächlich nachweisen lassen. Die NH_3-Bildung nimmt mit der Dauer des Überlebens ab — ganz entsprechend dem Gesamt-N-Umsatz, ein Beweis, daß es sich nicht um bakterielle Prozesse, sondern um einen vitalen Vorgang handelt. (Einige auf nephelometrischem Wege ausgeführten Bestimmungen ergaben geringere Werte der NH_3-Bildung, nämlich pro 1 g und 1 Stunde $102 \cdot 10^{-7}$ g für den ungereizten und $162 \cdot 10^{-7}$ g NH_3 für den gereizten Nerven.)

WINTERSTEIN und HIRSCHBERG[1] haben am Froschischiadicus die Versuche von TASHIRO nachgeprüft und im wesentlichen bestätigt. Sie dehnten die Versuche über mehrere Stunden aus, wodurch eine wesentliche Vereinfachung der titrimetrischen Methode ermöglicht wurde. Sie konnten gleichfalls feststellen, daß der Nerv, und zwar sowohl in einem gasförmigen wie in einem flüssigen Medium, Ammoniak abgibt. Diese Abgabe ist bei frischen Nerven erheblich größer, so daß bei ihrer Messung in zwei je vier Stunden umfassenden Versuchsperioden die NH_3-Ausscheidung der zweiten Periode oft nur einen kleinen Bruchteil jenes der ersten Periode ausmacht (vgl. Tab. 1 u. 2). Bei elektrischer Reizung wurde — gleichfalls in Bestätigung von TASHIROS Angaben — eine gewaltige Steigerung der NH_3-Abgabe beobachtet, die in einem flüssigen Medium das Doppelte, in Luft sogar mehr als das Dreifache des Ruhewertes betragen konnte, wie die folgenden Tabellen zeigen. Die Versuche 3 und 4 der Tabelle 3 zeigen außerdem, daß das Absinken der NH_3-Abgabe in der zweiten Versuchsperiode bei den in der ersten Periode gereizten Nerven sogar zu einem völligen Erlöschen derselben führen kann; dagegen wird in Versuch 5 das in der ersten Periode in Ruhe belassene Nervenpaar, in der zweiten durch die Reizung zu einer noch relativ sehr starken NH_3-Abgabe veranlaßt. — Einige Bestimmungen der NH_3-Bildung durch GERARD und MEYERHOF[2] ergaben bei Reizung

NH_3-Abgabe der Nn. ischiadici von Rana esculenta.
(Nach WINTERSTEIN und HIRSCHBERG.)

1. NH_3-Abgabe des ruhenden Nerven in 0,7 proz. NaCl-Lösung in achtstündigen Versuchsperioden.

Nr.	NH_3-Abgabe in 10^{-7} g pro g u. Std.	Nr.	NH_3-Abgabe in 10^{-7} g pro g u. Std.	Nr.	NH_3-Abgabe in 10^{-7} g pro g u. Std.
1	50	7	78,8	13	43,5
2	67,5	8	57,2	14	48,6
3	47,5	9	59,5	15	47,0
4	41,3	10	48,5	16	46,0
5	37,5	11	99,2	17	96,4
6	53,8	12	102,8		Mittel 60,3

2. NH_3-Abgabe des Nerven in zwei aufeinanderfolgenden vierstündigen Versuchsperioden in 0,7 proz. NaCl-Lösung.

Nr.	NH_3-Abgabe in 10^{-7} g pro g und Std.		Nr.	NH_3-Abgabe in 10^{-7} g pro g und Std.	
	1. Periode	2. Periode		1. Periode	2. Periode
1	65	32,5	5	77,8	2,0
2	153,8	44,8	6	62,5	3,1
3	137	68,5	7	50	42,0
4	65	2,2	8	144,3	59,5

---

[1] WINTERSTEIN, H. u. E. HIRSCHBERG: Über NH_3-Bildung im Nervensystem. Biochem. Z. **156**, 138 (1925).
[2] GERARD, R. W. u. O. MEYERHOF: Untersuchungen über den Stoffwechsel des Nerven. III. Biochem. Z. **191**, 125 (1927).

3. Vergleich der NH₃-Abgabe der Nerven in der Ruhe und bei Reizung in 0,7 proz. NaCl-Lösung.

Nr.	Versuchsdauer Std.	NH₃-Abgabe in 10^{-7} g pro g und Std.		Mehrumsatz bei Reizung in % des Ruheumsatzes
		1. Paar	2. Paar	
1	4	Ruhe 65	Reizung 140	215
2	4	„ 65	„ 125	192
3	4	„ 77,8	„ 148	190
	4	„ 2,0	Ruhe 0	
4	4	„ 62,5	Reizung 123,3	197
	4	„ 3,1	Ruhe 0	
5	3	„ 53,6	Ruhe 64	
	3	„ 33,3	Reizung 95,3	286

4. NH₃-Abgabe des ruhenden Nerven in Luft.

Nr.	Versuchsdauer Std.	NH₃-Abgabe in 10^{-7} g pro g u. Std.	Nr.	Versuchsdauer Std.	NH₃-Abgabe in 10^{-7} g pro g u. Std.
1	8	77,5	3	8	97,5
2	8	72,5	4	8	85,0

5. NH₃-Abgabe des gereizten Nerven in Luft.

Nr.	Versuchsdauer Std.	NH₃-Abgabe in 10^{-7} g pro g u. Std.	Nr.	Versuchsdauer Std.	NH₃-Abgabe in 10^{-7} g pro g u. Std.
1	8	300	4	3	270
2	8	300	5	3	160
3	4	275			

eine Zunahme von der gleichen Größenordnung wie in den oben angeführten Versuchen.

Durch Narkose mit Urethan (1%) konnte die NH₃-Abgabe bis unter die Grenze der Meßbarkeit heruntergedrückt werden (vgl. Tab. 6). Die dadurch erzielte Verhinderung des Verbrauchs an NH₃-bildender Substanz bewirkte, daß nach Aufhebung der Narkose die NH₃-Abgabe auch in der zweiten Versuchsperiode noch sehr groß war, zum Teil sogar größer als der Anfangswert unter gewöhnlichen Bedingungen, wie ein Vergleich mit unnarkotisierten Nerven zeigt.

6. Einfluß der *Narkose* mit 1% Urethan auf die NH₃-Abgabe des Nerven in NaCl-Lösung.

Nr.	Versuchsdauer Std.	NH₃-Abgabe in 10^{-7} g pro g und Std.
1	4	Narkose 0
	4	ohne Narkose . 191
2	3	Narkose 45,7
	3	ohne Narkose . 65,3
3	3	Narkose 0
	3	ohne Narkose . 128
4	3	Narkose 0
	3	ohne Narkose . 232

5. Das Problem der Wärmebildung.

Die theoretisch bedeutsame Frage, ob die der Erregungsleitung zugrunde liegenden Vorgänge mit einer Wärmeentwicklung einhergehen, ist — sogar noch vor Untersuchung der Wärmebildung in den Nervenzentren — schon 1848 von HELMHOLTZ[1] in Angriff genommen worden. Er bediente sich einer aus drei Thermoelementen bestehenden Vorrichtung, die zwischen den beiden Plexus

---

[1] HELMHOLTZ, H.: Über die Wärmeentwicklung bei der Muskelaktion. Müllers Arch. Anat. u. Physiol. **1848**, 144.

ischiadici eines Frosches angebracht wurde und eine Empfindlichkeit von 0,00074° besaß. Bei Reizung des freigelegten Rückenmarks mit Induktionsströmen konnte er keinerlei Temperatursteigerung beobachten, die also nur „verschwindend klein" sein und wenige tausendstel Grad nicht übersteigen konnte. Mit ähnlicher Methodik sind solche Versuche in der Folge von einer ganzen Anzahl von Autoren wiederholt worden, von HEIDENHAIN gleichfalls mit negativem, von VALENTIN, OEHL, SCHIFF mit positivem Erfolg. Aber es kann heute keinem Zweifel unterliegen, daß alle diese positiven Ergebnisse trotz der Bemühungen der Autoren sich durch mannigfache Kontrollversuche gegen die zahlreichen Fehlerquellen zu schützen, doch nur durch solche vorgetäuscht waren, so daß von ihrer genaueren Erörterung hier Abstand genommen werden kann.

Nach Erfindung des Widerstandsthermometers oder Bolometers, bei dem die Temperaturänderungen durch die von ihnen bewirkten Änderungen des elektrischen Widerstands gemessen werden, wurde die Frage der Wärmebildung in den Nerven erneut in Angriff genommen. ROLLESTON[1] konnte mit einem solchen Bolometer von $1/5000$° Empfindlichkeit keinerlei diesen Betrag erreichende Wärmeentwicklung bei Reizung des Froschischiadicus finden. Wohl aber konnte er eine langsame und kontinuierliche Wärmebildung beim ruhenden Nerven beobachten, wenn er unter möglichst gleichen Versuchsbedingungen zwei Widerstandsthermometer miteinander verglich, von denen das eine einfach mit einem Faden, das andere mit einem Nerven umwickelt war, dessen eines Ende zur Untersuchung seines Ruhestromes über unpolarisierbare Elektroden gelegt war. Zur Ausschaltung der durch Verdunstung entstehenden Fehlerquellen waren die Thermometer in mit Salzlösung gefüllte Röhrchen eingebaut. Unter diesen Bedingungen war zuerst eine Zunahme der Temperatur zu beobachten; dann hielt sich diese konstant, um schließlich langsam wieder abzusinken. In vielen Fällen war die Wärmebildung groß genug, um das Thermometer um $1/7$° C zu erwärmen. Merkwürdigerweise deutete ROLLESTON diese Wärmebildung als durch den Absterbeprozeß bedingt. Aber seine Versuche würden gerade das Gegenteil beweisen, denn die Intensität der Wärmeentwicklung ging, wie der Autor selbst hervorhebt, der Stärke des ableitbaren Ruhestromes durchaus parallel und nach seinem Erlöschen zeigte auch das Thermometer nur eine wenig höhere Temperatur als das zur Kontrolle dienende. Wenn also nicht auch hier wieder Fehlerquellen im Spiele waren, was freilich gerade der hohe Betrag der entwickelten Wärme befürchten läßt, dann kann es nur der Ruhestoffwechsel der Nervenfaser gewesen sein, der die beobachtete Wärmebildung verursachte.

Seither ist die Frage der *Wärmebildung im Ruhestoffwechsel des Nerven* noch von THÖRNER[2] in Angriff genommen worden. Dieser bediente sich der inzwischen wesentlich vervollkommneten thermoelektrischen Methode und wandte den Kunstgriff an, die Wärmebildung bei der Erholung des erstickten Nerven durch O-Zufuhr zu untersuchen, in der Hoffnung, dadurch eine Steigerung der Oxydationsprozesse zu erzielen. Er will eine Erwärmung der Lötstellen beobachtet haben, die einer Wärmebildung von $2 \cdot 10^{-8}$ cal pro Sekunde entsprach. Diese Versuche sind jedoch nur ganz kurz mitgeteilt und niemals genauer veröffentlicht worden. Schließlich hat GERARD (bei HILL) in den gleich ausführlich zu erörternden Versuchen die Wärmeproduktion des ruhenden Nerven zu etwa $2 \cdot 10^{-5}$ cal pro Gramm und Sekunde berechnet.

---

[1] ROLLESTON, H. D.: On the condition of temperature in nerve etc. J. of Physiol. **11**, 208 (1890).

[2] THÖRNER: Wärmeproduktion des Nerven. 9. Tag. dtsch. physiol. Ges. Rostock 1925. Ber. Physiol. **32**, 703 (1925).

Die Frage der *Wärmebildung bei Nervenreizung* ist nach ROLLESTON noch von STEWART[1], DE BOEK[2], CREMER[3] und 1911 von HILL[4] untersucht worden von allen mit negativem Ergebnis, so daß HILL auf Grund seiner Berechnungen die Schlußfolgerung ziehen zu müssen glaubte, daß der Vorgang der Nervenleitung ein rein physikalischer sei. — Diese durch die vorangehend erörterten Stoffwechseluntersuchungen ja inzwischen zur Genüge als irrig erwiesene Vorstellung wurde nun neuerdings von HILL selbst widerlegt, dem es gemeinsam mit DOWNING[5] und GERARD durch höchst bewundernswerten weiteren Ausbau seiner thermoelektrischen Methode, der die Muskelphysiologie bereits so glänzende Fortschritte verdankt, gelang, nicht bloß das Vorhandensein einer die physiologische Erregung begleitenden Wärmebildung nachzuweisen, sondern sogar ihre einzelnen Phasen genauer zu untersuchen.

Es wurden je 8 Ischiadici englischer Temporarien oder holländischer Esculenten auf Silber-Constantan-Thermoelemente mit mehreren 100 Verbindungsstellen aufgelegt und die Thermoströme zu einem überaus empfindlichen Galvanometer besonderer Konstruktion geleitet; die in diesem erzeugte Spiegelablenkung wurde auf ingeniöse Weise vergrößert, indem der reflektierte Lichtstrahl auf die Lötstellen eines linearen Thermoelements geworfen wurde, in welchem dadurch ein neuer, sehr viel stärkerer Thermostrom entstand. Durch Zufuhr genau gemessener Wärmemengen zu abgetöteten Nerven wurde eine direkte Eichung vorgenommen und alle Fehlerquellen auf das sorgfältigste festgelegt. Die Reizung erfolgte durch Induktionsströme in einem solchen Abstand von den Lötstellen, daß jede Beeinflussung derselben nachweislich ausgeschlossen war.

Es zeigte sich, daß wie beim Muskel auch beim Nerven die Wärmebildung in zwei Phasen zerfällt, eine initiale und eine die Erregung noch sehr lange Zeit überdauernde. Die Wärmeentwicklung der initialen Phase betrug $5,5—10 \cdot 10^{-6}$, im Mittel $7,6 \cdot 10^{-6}$ cal pro Gramm und Sekunde Reizung; die Gesamtwärmeabgabe dagegen betrug $4,3—9,7 \cdot 10^{-5}$, im Mittel $6,9 \cdot 10^{-5}$ cal, so daß (durchaus abweichend von dem am Muskel zu beobachtenden Verhalten) *etwa 90% der Gesamtwärme erst nach Ablauf der Erregung* zur Entwicklung kommen. Die verzögerte Phase hält 9—11 Minuten an. Die genauere Analyse dieser Phasen durch GERARD[6] ergab, daß die „initiale" Wärme während der Reizung konstant anhält und mit ihr plötzlich aufhört, und daß die „verzögerte" Wärme während einer mehrere Sekunden andauernden Reizung bis zu einem Maximum ansteigt und dann ganz allmählich im Verlaufe von 10 Minuten bis auf 0 absinkt. *Auf 1 Impuls und 1 g Nerv berechnet betrug die initiale Wärme $1,0 \cdot 10^{-7}$ cal, die verzögerte $8,5 \cdot 10^{-7}$ cal, und auf 1 cm der einzelnen Faser berechnet 1 bzw. $8,5 \cdot 10^{-13}$ cal.*

GERARD, HILL und ZOTTERMAN[7] untersuchten weiterhin den Einfluß, den die Reizfrequenz zwischen 20 und 420 Induktionsschlägen pro Sekunde auf die Wärmebildung, sowie auf die Größe der gleichzeitig abgeleiteten negativen Schwankung ausübt. Die Resultate sind in Abb. 84 graphisch dargestellt, und

---

[1] STEWART, G. N.: Notes on some applications in physiology of the „resistance" method etc. J. of Physiol. **12**, 409 (1891).

[2] DE BOEK: Contribution à l'etude de la physiologie du nerf. Bruxelles 1893 [zitiert nach HEGER: Trav. d. Labor. Inst. Solvay **2**, H. 2 (1898).

[3] CREMER, M.: Über neurothermische Versuche am marklosen Nerven. Münch. med. Wschr. **1897**, 280.

[4] HILL, A. V.: The absence of temperature changes etc. J. of Physiol. **43**, 433 (1911/12).

[5] DOWNING, GERARD u. HILL: The heat production of nerve. Proc. roy. Soc. Lond. B **100**, 223 (1926).

[6] GERARD, R. W.: The two phases of heat production of nerve. J. of Physiol. **62**, 349 (1927).

[7] GERARD, HILL u. ZOTTERMAN: The effect of frequency etc. J. of Physiol. **63**, 130 (1927).

in der folgenden Tabelle sind die absoluten Werte der Wärmebildung pro Erregungsimpuls und Gramm Nerv für die verschiedenen Frequenzen ausgerechnet. Die aus der niedrigsten untersuchten Frequenz von 20 Schlägen pro Sekunde auf graphischem Wege abgeleitete Wärmebildung der Einzelerregung würde danach für die initiale Phase fast genau $1 \cdot 10^{-7}$ (1 Zehnmillionstel) cal und die Gesamtwärme ungefähr $1 \cdot 10^{-6}$ betragen (beim Muskel 3000 bzw. 8000mal soviel). Mit zunehmender Frequenz steigt, wie die Kurve zeigt, auch die gebildete Wärme, aber in immer geringerem Maße, so daß die auf die einzelne Erregung entfallende Wärmemenge immer kleiner wird. Ganz analog verhält sich die Größe des „Total-Aktionsstroms", zu dessen Messung die negative Schwankung des Ruhestroms bei $1/2$ Sekunde währender Reizung zu einem sehr empfindlichen Galvanometer abgeleitet und die Größe des ballistischen Ausschlags abgelesen wurde.

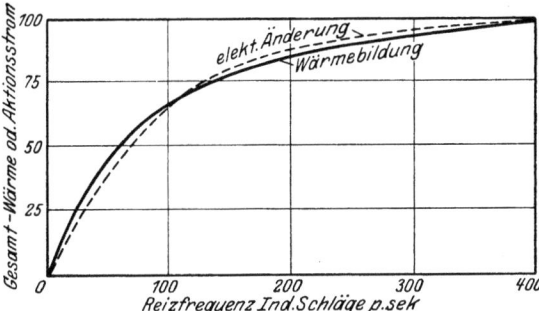

Abb. 84. Verhalten der Gesamtwärmebildung pro Sek. (ausgezogene Linie) und des Gesamtaktionsstromes (negative Schwankung, gestrichelte Linie) zur Reizfrequenz (Induktionsschläge pro Sek.). Die Maßeinheiten sind willkürlich gewählt, und zwar so, daß die beiden Kurven bei einer Reizfrequenz von 400 zusammenfallen. Der Nullwert (Wert für Einzelreizung) ist durch Anlegen der Tangente an den niedrigsten direkt bestimmten Wert (Reizfrequenz 20) konstruiert. (Nach GERARD, HILL und ZOTTERMAN.)

Von besonderem Interesse sind die Untersuchungen GERARDS[1] über den *Einfluß des O-Mangels auf die Wärmebildung*. In einer O-freien (oder weniger als 0,1% O_2 enthaltenden) N-Atmosphäre sinkt die durch Reizung erzeugte Wärmebildung ab, so daß sie nach 20 Minuten nur mehr drei Viertel des Anfangswertes hat. Dieser Abfall erfolgt zuerst rasch und dann immer langsamer, in 100 Minuten auf 7%, in etwa 3 Stunden auf 0. Bei erneuter O-Zufuhr kehrt sie innerhalb weniger Minuten wieder zurück und steigt während 1—2 Stunden an, meist ohne den ursprünglichen Wert wieder zu erreichen, um so weniger, je länger die Erstickung gedauert hat. Wie die Vollkommenheit wird auch die Geschwindigkeit der Erholung durch die Länge des Aufenthaltes in Stickstoff beeinflußt. Um überhaupt eine Erholung zu erzielen, mußte der O-Gehalt wenigstens 2—3% betragen. — Wenn auch die Wärmebildung bei der Erstickung immer kleiner wird, so zeigt sich

Absolute Werte der Wärmebildung pro Erregungsimpuls, berechnet auf 1 g Nerv.
(Nach GERARD, HILL und ZOTTERMAN.)

Frequenz (Schläge pro Sek.)	Intervall zwischen den Schlägen in σ	Initiale Wärme $\cdot 10^{-8}$ cal	Gesamtwärme $\cdot 10^{-8}$ cal
400	2,5	2,03	18,4
350	2,86	2,27	20,6
300	3,33	2,56	23,2
280	3,57	2,71	24,6
250	4,00	2,98	27,0
200	5,00	3,47	31,5
150	6,67	4,30	39,0
100	10,0	5,53	50,2
80	12,5	6,28	57,0
60	16,7	7,19	65,2
40	25	8,26	75,0
20	50	9,49	86,1
0	∞	10,32	93,7

Die Werte der beiden letzten Stäbe sind unter Zugrundelegung der bei Reizung mit 280 Schlägen gemessenen Wärmemengen aus der Kurve Abb. 84 abgeleitet.

---

[1] GERARD: Studies on nerve metabolisme. I. J. of Physiol. **63**, 280 (1927).

doch der Verlauf der Kurve im wesentlichen unverändert, es bleibt also — in sehr bemerkenswertem Gegensatz zu dem Verhalten des Muskels — auch bei O-Abschluß die verzögerte Wärmebildung bestehen, und zwar in ungefähr demselben Verhältnis zu der initialen Phase wie normalerweise. — Der Aktionsstrom sinkt bei der Erstickung langsamer und kehrt bei der Erholung rascher zurück als die Wärmebildung. Eine Erstickung tritt schon ein, wenn der O-Gehalt etwa 1% beträgt, und zwischen dem Verhalten in einer solchen Atmosphäre und einer nur 0,2% O_2 enthaltenden war kein Unterschied feststellbar.

Die Erstickung des Nerven bot auch die Möglichkeit, die *Wärmebildung des ruhenden Nerven* zu messen, was sonst wegen der zu geringen Genauigkeit der Methode nicht möglich ist. Zu ihrer Ermittlung wurde der Unterschied zwischen dem Thermosäulenpotential gemessen, das der in Luft und der nach Verlust der Erregbarkeit in Stickstoff und dann wieder der nach Rückkehr derselben in Luft gehaltene Nerv aufweist. Die so gefundene Wärmebildung betrug schätzungsweise ein Drittel der durch Reizung erzeugten, also, wie schon erwähnt (S. 407), etwa $2,0 \cdot 10^{-5}$ cal pro Gramm und Sekunde.

Hill und Gerard haben versucht, die von ihnen gefundenen Daten der Wärmebildung mit den übrigen Ergebnissen der Stoffwechselphysiologie des Nerven in Beziehung zu setzen. Dem eben angeführten Ruhewert der Wärmebildung würde bei Verbrennung von Kohlenhydraten ein O-Verbrauch von 14 cmm pro Gramm und Stunde und bei Verbrennung von Fetten ein um 7% höherer Wert entsprechen; der mittleren Mehrbildung an Wärme bei Reizung ($6,9 \cdot 10^{-5}$ cal pro Gramm und Sekunde) würde ein Mehrverbrauch von 48 cmm pro Gramm und Stunde entsprechen. Das sind Werte, die mit dem von Gerard tatsächlich gemessenen mittleren O-Verbrauch von 16 cmm in der Ruhe und 61 cmm bei Reizung (also Mehrverbrauch von 45 cmm; vgl. S. 392) ausgezeichnet übereinstimmen und dafür sprechen würden, daß alle Wärmebildung von Oxydationsprozessen herrührt, bei Reizung — der Annäherung des R.Q. an 1 nach zu schließen — im wesentlichen von einer Oxydation von Kohlenhydraten. (Doch würde die bei Reizung beobachtete NH_3-Bildung (vgl. S. 405) nach Gerard und Meyerhof ausreichen, um die Wärmebildung auch durch eine Oxydation von Eiweiß erklärbar zu machen; die Größe des R.Q. brauchte nicht dagegen zu sprechen, da dieser bei Fortfall der Harnstoffbildung = 0,95 wäre). In der Tat ist die Übereinstimmung der gefundenen Werte eine so beängstigend gute, daß man versucht wäre zu sagen, sie ist zu gut, um wahr zu sein. Daß der von Gerard gemessene Ruhewert des O-Verbrauchs nur einen Bruchteil des von fast allen anderen Autoren gefundenen darstellt, geht aus den früheren Zusammenstellungen hervor (vgl. S. 393). Andererseits ist es auch ein Irrtum, wenn Gerard glaubt, daß die Bedingungen, unter denen die Bestimmung der Wärmebildung einerseits und des O-Verbrauchs bei Reizung andererseits in seinen Versuchen erfolgte, ohne weiteres miteinander vergleichbar seien. Bei der Bestimmung der Wärmebildung lag die Reizstelle außerhalb des Meßbereiches und es wurde die durch die *fortgeleitete Erregung* erzeugte Wärme gemessen, bei der Messung des Gaswechsels dagegen die durch den *lokalen Reizungsvorgang* selbst erzeugte Mehraufnahme an Sauerstoff. Nur im letzteren Falle ist, worauf gleichfalls schon früher hingewiesen wurde (vgl. S. 393), von den verschiedenen Autoren die Steigerung des O-Verbrauches auf das 2—4fache des Ruhewertes beobachtet worden, während die bisher nur von Parker untersuchte Steigerung des Gaswechsels durch physiologische Erregungsleitung im Mittel nur 24% betrug.

Die Untersuchung der Abhängigkeit der Wärmebildung von der Reizfrequenz hatte ergeben, daß bei Änderung der letzteren im Verhältnis 280 : 100 : 50 die Wärmebildung sich wie 1 : 0,7 : 0,5 verhielt, ebenso der Aktionsstrom bei kurzdauernder Tetanisierung. Bei kontinuierlichem Tetanisieren mit den angegebenen Reizfrequenzen dagegen ergab sich für den Aktionsstrom und für den O-Verbrauch das Verhältnis 1 : 1 : 0,6 (vgl. S. 392). Daraus folgt, daß der Nerv einer Frequenz von mehr als 100 nur für kurze, nicht aber für langdauernde Reizperioden zu folgen vermag. Dies ist eine Beobachtung, die man in die Kategorie der „Ermüdungserscheinungen" rechnen könnte, ebenso wie die schon früher erwähnte Feststellung, daß der kontinuierlich gereizte Nerv einen um ein Drittel geringeren O-Verbrauch zeigt als bei intermittierender periodischer Reizung (vgl. S. 392). Es beruht dies aber vielleicht darauf, daß der Nerv, wie aus Kurve und Tabelle S. 409 hervorgeht, bei Reizung mit niedriger Frequenz mit einem zwar für die Zeiteinheit geringeren, für die Einheit der Reizung aber größeren Energieumsatz reagiert. Man sollte daher nach GERARD in solchen Fällen statt von „Ermüdung" besser von „Äquilibrierung" sprechen, da es sich um eine Art Anpassung an die besonderen Funktionsbedingungen handelt.

Die verzögerte Wärmebildung deutet auf einen von der Wiederherstellung der Leitfähigkeit nach Ablauf der Refraktärperiode unabhängigen Erholungsvorgang hin. Ihr großer Umfang, ihr Erhaltenbleiben in einer O-freien Atmosphäre und ihre Proportionalität zu der initialen Phase weisen ihr eine grundsätzlich andere Bedeutung zu als der am Muskel zu beobachtenden. Das allmähliche Absinken der Wärmebildung im Stickstoff könnte auf einem successiven Ausfall der einzelnen Nervenfasern beruhen, doch ist es wahrscheinlicher, daß es sich um eine Verminderung der Wärmebildung in ein und denselben Nervenfasern handelt.

GERARD[1] hat versucht, die Gesamtheit der beobachteten Erscheinungen durch die folgenden Vorstellungen wiederzugeben: Der Prozeß der Nervenerregung würde sich in drei Stadien abspielen:

$$1.\ C + A \xrightarrow{O_2\,(?)} X + A'$$

$$2.\ A' + E \xrightarrow{O_2\,(?)} A$$

$$3.\ X + O_2 \longrightarrow CO_2 + E$$

Bei der Erregungsleitung würde alles vorhandene A in A' verwandelt; je weniger A vorhanden ist, um so kleiner sind die Erregungsimpulse und unterhalb eines kritischen Wertes versagt die Leitung vollständig. Während des absoluten Refraktärstadiums wird durch Vorgang 2 A wiederhergestellt, bis der kritische Wert bzw. (relatives Refraktärstadium) die vollständige Restitution erreicht ist. Die Reaktion 3 ist relativ langsam, sie dauert etwa 10 Minuten und entspricht der verzögerten Wärmebildung, so daß bei der Tätigkeit die Menge E absinkt und ein Gleichgewicht zwischen Verbrauch (2) und Wiederherstellung (3) eintritt. Wenn keine Ruhepausen zwischengeschaltet sind, unterbleibt die Rückbildung von E immer mehr, dadurch wird auch die Reaktion 2 verlangsamt, und die von A abhängige Erregungsgröße wird immer kleiner, das Refraktärstadium immer länger. Bei Fehlen von Sauerstoff wird in erster Linie die Gleichung 3 betroffen; zunächst geht die Reaktion durch die vorhandenen Oxydationsreserven weiter, aber immer langsamer und hört schließlich ganz auf, was wieder auf 2 und 3 zurückwirkt. Die besonders auffällige Abhängigkeit der beiden Phasen der Wärmebildung voneinander, wie sie sich vor allem bei O-Mangel äußert, findet so eine befriedigende Erklärung. Die Gleichung 3 nimmt an, daß auch der bei O-Abschluß erzeugten Wärmebildung (ebenso wie vielleicht auch

---

[1] GERARD: The activity of nerve. Science (N. Y.) **66**, 495 (1927).

den beiden Gleichungen 1 und 2) Oxydationsprozesse zugrunde liegen. Diese könnten durch eine Reserve locker gebundenen Sauerstoffs bedingt sein, entsprechend den ursprünglich von der VERWORNschen Schule entwickelten Vorstellungen (vgl. S. 368), die in neuen Untersuchungen WARBURGS eine Stütze zu finden scheinen, oder durch H_2-Acceptoren[1]. Doch findet die Gesamtheit der früher (vgl. S. 378) erörterten Bedingungen, von denen die Erholung des erstickten Nerven abhängt, durch keine der beiden Vorstellungen eine erschöpfende Aufklärung.

Auch sonst sind unsere Kenntnisse über den Chemismus des Nervenstoffwechsels noch viel zu gering, um eine eingehende Diskussion aller dieser Fragen fruchtbar erscheinen zu lassen. Das eine geht aber unzweifelhaft aus der Gesamtheit aller vorangehend erörterten Untersuchungen hervor, daß auch *die Erregungsvorgänge im peripheren Nerven mit einer Umsetzung chemischer Energie verbunden* sind und daß alle Vorstellungen von dem Wesen der Erregungsleitung abgelehnt werden müssen, die dieser Tatsache nicht gerecht werden.

---

[1] GERARD [J. of Physiol. **63**, 280 (1927)] weist in diesem Zusammenhange darauf hin, daß das nach HOLMES in der weißen Substanz des Gehirns vorhandene Glutathion ausreicht, um die Erhaltung der Tätigkeit des gereizten Nerven durch 50 Minuten, die des ruhenden durch 3 Stunden erklärbar zu machen.

Die Narkose.

Von

O. GROS

Leipzig.

Mit 1 Abbildung.

Zusammenfassende Darstellungen.

LUCAS, K.: The conduction of the nervous impulse. London: Longmans Green & Co. 1917. — VERWORN: Erregung und Lähmung. Jena: Gustav Fischer 1913. — WINTERSTEIN: Die Narkose, 2. Aufl. Berlin: Julius Springer 1926.

Die Veränderungen, welche die Narkotica am Nervenstamme hervorrufen, äußern sich in einer Herabsetzung und schließlich in einer Aufhebung der Funktionsfähigkeit. Die Empfindlichkeit des peripheren Nerven gegen die Narkotica ist weit geringer als die der Zentren. BERNSTEIN[1] fand die Funktionsfähigkeit des motorischen und sensiblen Nerven noch in keiner Weise angegriffen, als durch Chloroform bereits vollständige Lähmung der Zentralorgane erfolgt war. Das gleiche gilt für die Lokalanaesthetica, wie SANTESSON[2] für Stovain gezeigt hat. Dem Stadium der Lähmung geht voraus ein Stadium der gesteigerten Erregbarkeit. Auch andere Substanzen, Lokalanaesthetica, Antipyretica, wie Acetanilid, Lactophenin, einige Alkaloide, wie Morphin, und ebenso auch Schädlichkeiten, die den Nervenstamm treffen, wie Sauerstoffentziehung, abnorme Temperaturen, abnorme osmotische Verhältnisse der den Nerven umspülenden Nährflüssigkeit, wirken in ähnlicher Weise wie die Narkotica.

Quantitative Unterschiede in der Wirkung dieser Substanzen äußern sich in der Verschiedenheit der Konzentration, in welcher ihre Lösungen eine bestimmte Wirkung, z. B. Aufhebung der Erregbarkeit oder des Leitungsvermögens gerade noch hervorzurufen imstande sind, und ferner in der Geschwindigkeit, mit welcher ein bestimmter Zustand der Lähmung von gleich konzentrierten oder auch im Endeffekt gleich stark wirksamen Lösungen erreicht wird.

Die Wirkung dieser Substanzen ist innerhalb weiter Grenzen reversibel. Sie ist gebunden an eine bestimmte Konzentration derselben in der den Nerven umspülenden Flüssigkeit, bzw. im Nerven selbst, und verschwindet, sobald diese Konzentration unter die für jede Substanz charakteristische Grenze fällt. Diese Grenzkonzentrationen geben den zahlenmäßigen Ausdruck für die Wirksamkeit dieser Substanzen am Nerven. Ihre Bestimmung begegnet zuweilen der Schwierigkeit, daß in diesem Falle die Lähmung des Nerven erst nach so langer Zeit eintritt, daß bereits die Absterbeerscheinungen des isolierten Präparates in Betracht kommen. Der Fehler, der hierdurch entsteht, läßt sich, da es sich um eine reversible Reaktion handelt, ausschalten, wenn man diesen Gleichgewichtszustand von beiden

---

[1] BERNSTEIN: Moleschotts Unters. z. Naturlehre **10**, 280 (1870).
[2] SANTESSON: Festschrift f. Hammarsten 1906.

Seiten her bestimmt, d. h. einmal die Konzentration der Lösung aufsucht, welche gerade noch den Nerven lähmt, und zweitens diejenige, in welcher sich ein in einer größeren Konzentration der gleichen Substanz gelähmter Nerv wieder erholt. Das Mittel entspricht dem richtigen Werte. Die Reversibilität der Wirkung dieser Substanzen ist nicht unbegrenzt. Überschreitet die Konzentration ihrer Lösungen eine gewisse Grenze oder wirken Konzentrationen, welche die der wirksamen Grenzlösungen überschreiten, über eine gewisse Zeitdauer ein, so wird die Lähmung irreversibel, der Tod des Nerven tritt ein.

Auch in der Differenz der reversible und irreversible Veränderung hervorrufenden Konzentrationen finden sich große Unterschiede bei den genannten Substanzen.

Die überwiegende Mehrzahl der Untersuchungen über die Wirkung der auf den Nerven lähmend wirkenden Substanzen ist am motorischen Nerven angestellt worden. Es erhebt sich die Frage, ob sich wesentliche Unterschiede in der Reaktion des motorischen und sensiblen Nerven gegenüber der Wirkung dieser Stoffe ergeben.

Es scheint, daß die motorischen und die sensiblen Nervenfasern qualitativ in der gleichen Weise beeinflußt werden. H. HIRSCHFELDER, A. LUNDHOLM und N. NORGARD[1] hatten zwar gefunden, daß Zimtalkohol, Phenylglykol, Saligenin, Methyl-, Äthyl- und Homosaligenin sowie Piperonylalkohol am Ischiadicus des Frosches nur die sensible, nicht die motorische Erregbarkeit aufheben. Dieser Befund konnte aber von TESCHNER[2] nicht bestätigt werden. Vielfach ist die Beobachtung gemacht worden, daß bei der Einwirkung der Narkotica und Lokalanaesthetica die Leitfähigkeit des sensiblen Nerven früher aufgehoben wird als die des motorischen Nerven. So von H. PERELES und M. SACHS[3] für Äther, Chloroform und Alkohol am Ischiadicus des Frosches, von DIXON[4] für Chloroform und Äther am Ischiadicus des Kaninchens. Das gleiche gilt für die Lokalanaesthetica. ALMS[5] zeigte, daß Cocain an dem Plexus ischiad. des Frosches zunächst nur Aufhebung der Sensibilität bewirkt. T. SOLLMANN[6] fand dasselbe für Cocain, Tropacocain, Alypin, Chininharnstoff und Antipyrin. Am Ischiadicus des Kaninchens zeigte das gleiche Verhalten für Cocain KOCHS[7], für Cocain und Aconitin DIXON[4]. Am Ischiadicus des Kaninchens und des Frosches untersuchte K. FROMMHERZ[8] eine große Zahl Phenylurethanderivate, aromatische Kohlensäurerester, ferner Novocain, Cocain, Eucupin und Vuzin und fand hier ausnahmslos die Funktionsfähigkeit des motorischen Nerven noch erhalten, wenn die des sensiblen Nerven bereits aufgehoben war.

Es scheint also ziemlich allgemein zu gelten, daß bei der Einwirkung der Narkotica oder Lokalanaesthetica auf einen gemischten Nerven die sensiblen Fasern schneller gelähmt werden als die motorischen Fasern. Eine Ausnahme hiervon würde nach SANTESSON[9] Stovain am Froschischiadicus bilden. In 1 proz. Lösung lähmt es die motorischen Fasern etwa doppelt so schnell als die sensiblen. Am Ischiadicus des Kaninchens zeigte sich dieser Unterschied nicht.

Diese Ergebnisse sind von einzelnen Autoren (SANTESSON, DIXON, PERELES und SACHS) als Zeichen für eine verschiedene Beeinflußbarkeit der motorischen

---

[1] HIRSCHFELDER, H., LUNDHOLM, A. u. N. NORGARD: J. of Pharmacol. **15**, 237 (1920).
[2] TESCHNER: Zitiert nach WINTERSTEIN: Die Narkose, 2. Aufl., S. 74. Berlin 1926.
[3] PERELES, H. u. M. SACHS: Pflügers Arch. **52**, 526 (1892).
[4] DIXON: J. of Physiol. **32**, 87 (1905).
[5] ALMS: Arch. f. Physiol. **1886**, Suppl., 293.
[6] SOLLMANN, T.: J. of Pharmacol. **11**, 1 (1918).
[7] KOCHS: Zbl. klin. Med. **7**, 793 (1886).
[8] FROMMHERZ, K.: Arch. f. exper. Path. **76**, 257 (1914); **93**, 34 (1922).
[9] SANTESSON: Festschrift für HAMMARSTEN XV — Upsala Läk. för. Förh., N. F. **11**, Suppl. (1906).

und sensiblen Fasern bzw. eine Verschiedenheit der Fasern selbst gedeutet worden. WINTERSTEIN[1], der einen Beweis für einen derartigen Schluß in den angeführten Versuchen nicht erblicken kann, weist auf einige Punkte hin, welche diese Versuche ohne die oben angeführte Annahme erklären können. So insbesondere die Möglichkeit einer verschiedenen Anspruchsfähigkeit der Erfolgsorgane, auf welche auch ALMS bereits aufmerksam gemacht hat. Diese Annahme wird gestützt durch die Ergebnisse von PERELES und SACHS selbst, daß die negative Schwankung an der motorischen bzw. sensiblen Wurzel bei peripherer Reizung keinen Unterschied in der Beeinflussung durch die obengenannten Narkotica ergab, während die Muskelzuckung und Reflexbewegung als Indicatoren der Lähmung einen Unterschied ergeben hatten. Ferner ist nach WINTERSTEIN die anatomische Anordnung der einzelnen Faserarten in den bei den Versuchen verwendeten gemischten Nervenstämmen von Bedeutung. Ein Beispiel hierfür sind die Versuche von ALBANESE[2]. Dieser konnte den Befund von BOWDITCH[3], daß elektrische Reizung des mit Äther narkotisierten Ischiadicus statt der normalen Extension und Abduction, Flexion und Adduction hervorrief, durch die oberflächliche Lagerung der die betreffenden Muskeln versorgenden Nervenfasern erklären.

Die Ausführungen WINTERSTEINS sind sicher von großer Bedeutung. Es muß auch darauf hingewiesen werden, daß es sich bei all diesen Versuchen nur um Differenzen in der Geschwindigkeit der Beeinflussung der beiden Faserarten handelt, und daß wiederholt festgestellt worden ist, daß auch die motorischen Fasern allein verschieden schnell gelähmt werden, je nachdem das Narkoticum am zentralen oder peripheren Teile des Ischiadicus angreift. So von JOTEYKO und STEFANOWSKA[4] für Äther und Chloroform, von EFRON[5] für Amylalkohol. Man wird also aus der Tatsache, daß in der Regel die sensiblen Fasern schneller gelähmt werden als die motorischen, keine weitergehenden Schlüsse auf eine Verschiedenheit dieser Fasern ziehen dürfen. Bedeutungsvoller ist hierfür vielleicht die Beobachtung von SOLLMANN[6], daß der von KOCHMANN und ZORN[7] entdeckte und von KOCHMANN und GROS[8] als Zeitpotenzierung gedeutete Synergismus zwischen Novocain und Kalisalzen wohl für den motorischen Nerven gilt, aber nicht für sensible Nervenfasern. Jedoch bedarf diese Angabe SOLLMANNS noch der Nachprüfung, da sie in Widerspruch steht mit den Erfahrungen der Chirurgen, daß durch Zusatz von Kalisalzen zu den Lösungen des Novocain die Dauer der Anästhesie verlängert wird, und ferner handelt es sich auch hier um Geschwindigkeitsbeeinflussungen. Eine verschiedene Reaktionsfähigkeit der motorischen und sensiblen Fasern würde erst dann mit Sicherheit feststehen, wenn im Gleichgewichtszustande zwischen Nerven und Narkotica bzw. Lokalanaesthetica sich Differenzen zwischen den motorischen und sensiblen Fasern ergeben würden, d. h. wenn die Grenzkonzentration der Narkotica bzw. Lokalanaesthetica für den sensiblen und motorischen Nerven verschieden wäre. Derartige Versuche liegen noch nicht vor. *Nachtrag bei der Korrektur:* Inzwischen ergaben Versuche von KOCHMANN im Pharmakologischen Institut Halle, daß die Grenzkonzentration bei einigen Lokalanästheticis verschieden ist für den sensiblen und motorischen Nerven (Persönliche Mitteilung KOCHMANNS.)

---

[1] WINTERSTEIN, H.: Die Narkose, 2. Aufl. Berlin 1926.
[2] ALBANESE: Arch. f. exper. Path. **34**, 338 (1894).
[3] BOWDITCH: Amer. J. med. Sci. **93**, 444 (1887).
[4] JOTEYKO u. STEFANOWSKA: C. r. Acad. Sci. **128**, 1606 (1899).
[5] EFRON: Pflügers Arch. **36**, 467 (1885).
[6] SOLLMANN: Zitiert auf S. 414.
[7] KOCHMANN u. ZORN: Z. exper. Path. u. Ther. **12**, 529 (1913).
[8] KOCHMANN u. GROS: Arch. f. exper. Path. **98**, 129 (1923).

I. Das Stadium der gesteigerten Erregbarkeit.

Als erste Wirkung der Narkotica und Lokalanaesthetica wird vielfach eine Steigerung der Erregbarkeit beobachtet. Diese wurde nachgewiesen am motorischen Nerven (Froschischiadicus) für: Äther[1, 2], Chloroform[1, 3, 2], Methylalkohol[9, 5], Äthylalkohol[9, 4, 2, 7, 6, 5], Propylalkohol[9, 5], Butylalkohol[9], Amylalkohol[9, 6, 5].

Dieses Stadium ist nur zu beobachten unter bestimmten Versuchsbedingungen, insbesondere bei Verwendung verdünnter Lösungen, da bei konzentrierten Lösungen die Lähmung zu schnell eintritt. Die molekulare Konzentration, bei der sich diese Erregbarkeitssteigerung zeigt, ist von BREYER[9] für einige Alkohole bestimmt worden. Sie beträgt für Amylalkohol $1/40$ n, Butylalkohol $1/20$ bis $1/40$ n, Propylalkohol $1/20$ n, Äthyl- und Methylalkohol bis $2/1$ n. Äthylalkohol hat sich auch bei den Versuchen anderer Forscher in dieser Hinsicht als besonders wirksam erwiesen (MOMMSEN). Der Steigerung der Erregbarkeit geht parallel eine entsprechende Änderung der negativen Schwankung und des Stoffwechsels. Die negative Schwankung wird größer und erscheint schon bei größerem Rollenabstand (MOMMSEN[2], PIETROWSKI[6], VOELKEL[8]). Die Kohlensäureproduktion des Nerven ist in diesem Stadium gesteigert (TASHIRO und ADAMS[10], NIVA[11]).

Bekanntlich zeigen sich zu Beginn der Wirkung der Narkose als Erregung oder Steigerung der Erregbarkeit imponierende Erscheinungen auch an anderen Organen, insbesondere am zentralen Nervensystem. Vielfach ist versucht worden, dies als Folge einer primären lähmenden Wirkung der Narkotica zu erklären, wie beispielsweise beim Zentralnervensystem als Folge des Ausfalls von Hemmungsmechanismen. Hier sind von diesen Erklärungsversuchen nur die zu besprechen, welche für den Nervenstamm in Betracht kommen. Eine große Zahl derartiger als Erregbarkeitssteigerung erscheinender Vorgänge sind von FRÖHLICH[12] auf eine Verlangsamung der Lebensvorgänge, insbesondere der restitutiven Vorgänge durch die lähmende Beeinflussung zurückgeführt worden. Für den Nervenstamm würde die Begründung für diese Annahme in Beobachtungen von BORUTTAU[13] und BORUTTAU und FRÖHLICH[14] gegeben sein.

Der erstere beobachtete, daß unter der Wirkung der Narkotica und Lokalanaesthetica sowie CO_2 und anderer Substanzen eine Verzögerung des Ablaufes des Aktionsstromes statthat und führte die zu Beginn der Einwirkung dieser Stoffe auf den Nerven bei faradischer Reizung beobachtete Höhenzunahme der negativen Schwankung im wesentlichen auf eine Summierung zurück, indem infolge dieser zeitlichen Dehnung des Verlaufes jeder einzelnen Welle die nachfolgende Welle von der vorhergehenden einen größeren Erregungsrückstand vorfindet und sich zu diesen addiert. BORUTTAU und FRÖHLICH zeigten weiter, daß in dem Stadium der Kohlensäurewirkung, in welchem die negative Integralschwankung ganz beträchtlich vergrößert ist, die Erregbarkeit eines in gleicher Weise behandelten Nerven niemals über den Ausgangswert hinausging. Es würde sich also nur um eine scheinbare Erregbarkeitssteigerung handeln.

---

[1] JOTEYKO u. STEFANOWSKA: Zitiert auf S. 415.
[2] MOMMSEN: Virchows Arch. **83**, 243 (1881).   [3] BERNSTEIN: Zitiert auf S. 413.
[4] BIEDERMANN: Sitzsber. Akad. Wiss. Wien, Math.-naturwiss. Kl. III **83**, 289 (1881).
[5] EFRON: Zitiert auf S. 415.   [6] PIETROWSKI: Arch. Anat. u. Physiol. **1893**, 205.
[7] GAD: Arch. Anat. u. Physiol. **1888**, 395.   [8] VOELKEL: Pflügers Arch. **191**, 200 (1921).
[9] BREYER: Pflügers Arch. **99**, 505 (1903).
[10] TASHIRO u. ADAMS: Internat. Z. physik.-chem. Biol. **1**, 450 (1914).
[11] NIVA: J. of Pharmacol. **12**, 323 (1919).
[12] FRÖHLICH: Z. allg. Physiol. **9** (1909) (Ref. 1) -- Erg. Physiol. **16**, 40 (1918).
[13] BORUTTAU: Pflügers Arch. **84**, 309 (1904).
[14] BORUTTAU u. FRÖHLICH: Pflügers Arch. **105**, 444 (1904).

Bei den Alkoholen ist nach FRÖHLICH[1] die von vielen Autoren beobachtete Steigerung der Erregbarkeit zu Beginn ihrer Einwirkung noch auf andere Weise zu erklären. Läßt man einen Nerven nach der Präparation vor dem Vertrocknen geschützt auf den Reizelektroden liegen, so läßt sich in der Regel in den ersten beiden Stunden ein stetiges Ansteigen der Erregbarkeit feststellen. Dieser spontane Anstieg der Erregbarkeit würde nach FRÖHLICH von früheren Autoren als Wirkung der Alkohole betrachtet worden sein. Dies würde auch erklären, daß die Erregbarkeitssteigerung bei den Alkoholen um so deutlicher hervortritt, je geringer die narkotische Wirkung der verwendeten Lösungen ist, d. h. je länger es dauert, bis die spontane Erregbarkeitssteigerung durch die narkotische Wirkung der Alkohole unterbrochen wird.

Auch LUCAS[2] hat in zahlreichen Versuchen mit Alkoholdampf eine Steigerung der Erregbarkeit fast nie beobachtet, wenn der Nerv vor der Behandlung mit Alkoholdampf genügend lange Zeit in der Kammer gelegen hatte. Dagegen war die Erregbarkeitssteigerung häufig zu beobachten, wenn die Versuche mit 5 proz. Alkohol-Ringerlösung angestellt wurden, wiewohl auch hier die gleichen Vorsichtsmaßregeln beobachtet wurden. LUCAS benutzte bei seinen Versuchen Flüssigkeitselektroden. Er gibt für diese Erscheinung folgende Erklärung: Bei der Reizung geht ein Teil des Stromes durch die den Nerven umspülende Flüssigkeit, ein Teil durch den Nerven. Durch Zusatz von Alkohol wird die Leitfähigkeit der Ringerlösung vermindert, infolgedessen geht ein größerer Anteil des Stromes durch den Nerven. Die scheinbare Steigerung der Erregbarkeit wäre also in Wahrheit nur Anstieg der Dichte des Stromes.

Von anderen Beobachtern ist die Erregbarkeitssteigerung aber auch bei Anwendung von Platinelektroden beobachtet worden.

Die Deutung der Erregbarkeitssteigerung durch FRÖHLICH trägt in mehreren Punkten den beobachteten Tatsachen nicht Rechnung. Die spontane Erregbarkeitssteigerung nach der Präparation des Nerven ist schon von vielen der älteren Autoren berücksichtigt worden (MOMMSEN[3], EFRON, BREYER), und auch neuerdings hat KATO[4] im Laboratorium von H. ISCHIKAWA[4] eine Steigerung der Erregbarkeit auch an solchen Präparaten beobachtet, die nach sorgfältigster Präparation vor der Einwirkung der Narkotica (Äther, Chloroform, Alkohol, Morphin, Chloralhydrat, Urethan, Sulfonal, Cocain) 1—2 Stunden in der feuchten Kammer gelegen hatten. Ferner ist die Erregbarkeitssteigerung zu Beginn der Narkose des Nerven auch bei der Prüfung mit Einzelreizen festzustellen, wie zuletzt wieder THÖRNER[5] für Äther gezeigt hat, der hieraus und aus der Beobachtung, daß auch diese Wirkung des Äthers reversibel ist, den Schluß gezogen hat, daß es ein Stadium echter Erregbarkeitssteigerung der Narkose gibt.

Das Argument, daß die Erregbarkeitssteigerung auch bei Reizung mit Einzelinduktionsschlägen beobachtet wird, bei denen in der Regel nur eine Erregungswelle ausgelöst wird, so daß das auf Summierung der Erregungsrückstände mehrerer Erregungswellen aufbauende Prinzip der scheinbaren Erregbarkeitssteigerung FRÖHLICHS hier nicht anwendbar erscheint, würde allerdings an Beweiskraft verlieren, falls die von ISCHIKAWA aufgestellte Behauptung zutrifft, daß zu Beginn der Narkose die Rhythmenbildungsfähigkeit des Nerven erhöht ist. Der Nerv würde also zu Beginn der Narkose ein ähnliches Verhalten zeigen, wie es BETHE[6]

---

[1] FRÖHLICH: Zitiert auf S. 416.   [2] LUCAS: Journ. of Physiol. **46**, 470 (1913).
[3] MOMMSEN: Zitiert auf S. 416.
[4] ISCHIKAWA: The fundamentel phenomena of life. Kyoto 1924.
[5] THÖRNER: Pflügers Arch. **204**, 747 (1924).
[6] BETHE, A.: Allgemeine Anatomie und Physiologie des Nervensystems. Leipzig: Georg Thieme 1906.

für die der Randkörper beraubte Meduse unter der Wirkung des Alkohols beschrieben hat.

Ischikawa[1] stützt sich auf die Beobachtung, daß normalerweise die Schwelle für Reize mit Einzelinduktionsschlägen höher liegt als die für faradische Reizung, und daß im Stadium der Erregbarkeitssteigerung die erstere, so weit sie auch herabgesetzt wird, doch niemals niedriger wird als die letztere. Er nimmt daher an, daß in diesem Stadium der Narkose ein Einzelreiz rhythmische Erregungen auslöse und daß durch deren Summierung die Erregbarkeitssteigerung zustande kommt. Die Erregbarkeitssteigerung gegenüber dem Einzelreiz würde also nur scheinbar sein und ließ sich in Übereinstimmung mit dieser Annahme nicht beobachten bei sehr frequenter rhythmischer Reizung, bei welcher das erhöhte Rhythmenbildungsvermögen nicht in Betracht kommt. Die tatsächlich vorhandene Erregbarkeit nimmt daher nach Ischikawa von Anfang an ab, ebenso wie die Fortpflanzungsgeschwindigkeit der Erregung.

Eine Herabsetzung der Reizschwelle für Einzelreize beobachtete Ischikawa zu Beginn der Narkose auch bei Reizung des Nerven zwischen Muskel und Narkosestrecke. Diese Erregbarkeitssteigerung an dem peripher der Narkosestrecke gelegenen Teile des Nerven verschwindet beim vorsichtigem Durchschneiden des Nerven zwischen der peripheren Reizstelle und der Narkosestrecke. Diese Beobachtung erklärt Ischikawa dadurch, daß die von dieser Reizstelle ausgehende zentripetale Erregungswelle beim Eintritt in die Narkosestrecke dort rhythmische Erregungen auslöst, welche von dort wieder zum Muskel gelangen und durch Summation stärker wirken. Dieser Versuch Ischikawas, die Erregbarkeitssteigerung zu Beginn der Narkose zu erklären, bedarf noch des experimentellen Nachweises, daß eine Rhythmenbildung nach Einzelreizen zu Beginn der Narkose auch beim Schwellenreiz stattfindet, wie dies für übermaximale Reize von Garten[2], Forbes und Gregg[3], Adrian und Forbes[4], Adrian und Olmstedt[5] nachgewiesen worden ist.

II. Das Stadium der Lähmung.

Im Stadium der Lähmung erfolgt eine dem Anstieg der Konzentration des lähmenden Mittels im Nerven entsprechende Herabsetzung der Funktionsfähigkeit des Nerven[6] und schließlich die Aufhebung derselben. Der zeitliche Verlauf der Lähmung ist abhängig von der Konzentration des lähmenden Mittels, der Temperatur und der Dicke des Nerven.

Popielski[7] fand für Cocain, daß die Zeit, innerhalb welcher die Erregbarkeit auf Null herabgesetzt wurde, umgekehrt proportional ist der Konzentration der Lösung. Dies gilt innerhalb gewisser Grenzen auch für Narkotica und andere Lokalanaesthetica (Gros[8]: Chloralhydrat, Urethan, Paraldehyd, Äthylpropionat, Novocain, Eucain, Alypin, Stovain), aber nur für konzentriertere Lösungen nicht mehr in der Nähe der Grenzkonzentration.

Ein Beispiel, wie sehr die Dicke des Nerven die Geschwindigkeit der Lähmung beeinflußt, geben die Untersuchungen von Symes und Veley[9]. Die $n/100$-Cocainchloridlösung hat eine sichtbare Wirkung am Ischiadicus des Frosches nach 40 Minuten, am motorischen Nerven des Sartorius bereits in etwa 2 Minuten.

---

[1] Ischikawa: Zitiert auf S. 417. [2] Garten: Z. Biol. **52**, 534 (1909).
[3] Forbes u. Gregg: Amer. J. Physiol. **39**, 172 (1916).
[4] Adrian u. Forbes: J. of Physiol. **56**, 301 (1922).
[5] Adrian u. Olmstedt: J. of Physiol. **56**, 426 (1922).
[6] Über die widersprechende Ansicht Mansfelds s. Nachtrag am Ende des Kapitels.
[7] Popielski: Zbl. Physiol. **10**, 251 (1896).
[8] Gros: Arch. f. exper. Path. **62**, 380; **63**, 80 (1910).
[9] Symes u. Veley: Proc. roy. Soc. Ser. B. **83**, 421 (1910).

Die Änderung der Funktionen des Nerven in diesem Stadium erstreckt sich auf die Erregbarkeit, die Leitfähigkeit, die Fortpflanzungsgeschwindigkeit der Erregung, die refraktäre Phase, das elektrotonische Verhalten des Nerven, den Ruhestrom und den Stoffwechsel.

Die Änderungen der ersten vier Eigenschaften sind Gegenstand zahlreicher Untersuchungen gewesen, die noch nicht zu einer übereinstimmenden Auffassung geführt haben. Sie sollen daher im folgenden eingehend besprochen werden.

Die Änderung des elektrotonischen Verhaltens des Nerven ist von THÖRNER[1] untersucht worden. Er fand am narkotisierten, erstickenden oder durch osmotische oder Temperatureinflüsse geschädigten Nerven ein dem normalen Nerven entgegengesetztes Verhalten gegenüber der polaren Erregungswirkung des elektrischen Stromes. Die Wirkung der aufsteigenden Reizströme wird der der absteigenden überlegen, so daß auch der Schließungsinduktionsschlag, wenn er aufsteigend gerichtet ist, bei einem größeren Rollenabstand wirksamer ist als der zugehörige absteigend gerichtete Öffnungsinduktionsschlag. Es kommt zu einer Erregbarkeitssenkung an der Kathode und einer Erregbarkeitserhöhung an der Anode des geschlossenen Stromes, die die Stromöffnung noch um Bruchteile von Sekunden überdauert und bis zu einer Entfernung von 2 cm von den Polen nachweisbar ist. Schließlich erfolgt wahrscheinlich eine völlige Umkehr der Ausgangsorte der Erregung. Dies erklärt das Verhalten des konstanten Stromes, dessen Öffnung bei aufsteigender Richtung allein noch erregend wirkt, wenn Schließung des aufsteigenden und Öffnung und zuletzt auch Schließung des absteigenden Stromes erfolglos geworden sind.

Während die Änderung der negativen Schwankung den Veränderungen der Erregbarkeit stets parallel geht, ist die Änderung des Ruhestromes vollständig unabhängig von der Erregbarkeit. Das Narkoticum wirkt stets negativierend auf die Stelle der Einwirkung, gleichgültig ob die Erregbarkeit eine Abschwächung oder eine Steigerung erfährt. (VOELKEL[2]: Versuche mit Chloroform und Äther.)

Untersuchungen über die Kohlensäureproduktion des Nerven in der Narkose sind von TASHIRO und ADAMS[3] und von NIWA[4] angestellt worden. Die ersteren fanden am Scherennerven von Labina canaliculata die Kohlensäureproduktion beträchtlich vermindert bei der Einwirkung von Lösungen von Äthylurethan 4% und Chloralhydrat 3%, die eine reversible Lähmung zur Folge hatten. In verdünnten Lösungen — 1proz. Urethan — war die Kohlensäureproduktion gesteigert. Das gleiche Resultat erhielt NIWA am Ischiadicus des Frosches bei der Einwirkung von Cocainlösungen.

Nach WINTERSTEIN und HIRSCHBERG[5] kann die NH_3-Abgabe des peripheren Nerven durch Urethanlösung (1proc.) vollständig unterdrückt werden. Nach Aufhebung der Narkose steigt sie weit über den in der gleichen Versuchsperiode am unnarkotisierten Präparat beobachteten Wert.

1. Änderung der Erregbarkeit und Leitfähigkeit.

Die Untersuchung des zeitlichen Verlaufes der Änderung der Erregbarkeit und der Leitfähigkeit des Nerven in der Narkose erfolgt in der Regel durch Bestimmung der Reizschwelle einerseits zentral der narkotisierten Nervenstrecke und andererseits innerhalb derselben selbst, nahe dem peripheren Übergang derselben in die normale Nervenstrecke unter Beobachtung der Reaktion des Mus-

---

[1] THÖRNER: Pflügers Arch. **197**, 159, 187 (1922); **198**, 373 (1923); **206**, 411 (1924).
[2] VOELKEL: Pflügers Arch. **191**, 200 (1921).
[3] TASHIRO u. ADAMS: Internat. Z. physik.-chem. Biol. **1**, 450 (1914).
[4] NIWA: J. of Pharmacol. **12**, 323 (1919).
[5] WINTERSTEIN u. HIRSCHBERG: Biochem. Z. **156**, 138 (1925).

kels oder des Aktionsstromes. Die erstere Bestimmung gibt die Änderung der Leitfähigkeit, die letztere die der Erregbarkeit. WINTERSTEIN[1] weist mit Recht darauf hin, daß auf diese Weise eine Bestimmung der Erregbarkeit allein nicht möglich ist, sondern daß die für die Änderung der Erregbarkeit gefundenen Werte stets von der Änderung der Leitfähigkeit beeinflußt werden, da die Erregungswelle vom Reizort bis zum normalen Gewebe oder zur Ableitungsstelle des Aktionsstromes stets eine, wenn unter Umständen auch kurze narkotisierte Nervenstrecke durchlaufen muß.

Bei derartigen Versuchen findet man, daß die Reizschwelle in der narkotisierten Nervenstrecke nach kurzer Einwirkungsdauer des lähmenden Mittels erst langsam, dann schneller ansteigt und daß nach genügend langer Dauer der Narkose auch stärkste Reize unwirksam bleiben. Dies würde also den Ausdruck der Änderung der Erregbarkeit des Nerven in der Narkose geben.

Nach den Vorstellungen über den Zusammenhang der Erregbarkeit und der Leitfähigkeit des Nerven sollte man erwarten, daß die Änderung der Leitfähigkeit der der Erregbarkeit in allen Stadien der Narkose entspricht. Bei Messung der Reizschwelle zentral der beeinflußten Strecke fand sich jedoch ein ganz anderes Ergebnis.

Zu Beginn der Narkose ist die Reizschwelle zentral der beeinflußten Nervenstrecke noch unverändert, während sie innerhalb der beeinflußten Strecke bereits beträchtlich angestiegen ist. (GRÜNHAGEN[2]: Versuche mit Kohlensäure, SZPILMANN und LUCHSINGER[3]: Versuche mit Kohlensäure, Alkohol, Äther, Chloroform.) Im späteren Stadium der Narkose wurden stärkste Reize an der zentralen Reizstelle unwirksam befunden, während starke Reizung der beeinflußten Stelle selbst noch Erfolg hatte. (SZPILMANN und LUCHSINGER: Kohlensäure, Alkohol, Äther, Chloroform; EFRON[4]: Amylalkohol; WEDENSKY[5]: Cocain.)

Es scheint also zwei Stadien im Verlauf der Lähmung zu geben, in welchen die Erregbarkeit und die Leitfähigkeit in verschiedenem Grade beeinflußt sind. Das erste zu Beginn der Narkose, hier scheint die Erregbarkeit stärker beeinflußt als die Leitfähigkeit, das zweite gegen Ende der Narkose, die Erregbarkeit ist noch vorhanden, während die Leitfähigkeit bereits aufgehoben ist.

Dieses scheinbar verschiedene Verhalten der Leitfähigkeit und Erregbarkeit ist der Ausgangspunkt für zahlreiche Untersuchungen gewesen, da es im Widerspruch zu stehen schien mit der Vorstellung des Zusammenhanges dieser beiden Funktionen des Nerven. Von manchen Forschern ist es als Beweis für eine Trennung der beiden Funktionen betrachtet worden, bis es insbesondere den Arbeiten VERWORNS und seiner Schüler gelang, eine befriedigende Erklärung dieser Versuche in Übereinstimmung mit dem Zusammenhang der beiden Funktionen zu geben. Es ist dies die Theorie der Leitung mit Dekrement in der narkotisierten Nervenstrecke. Diese Theorie VERWORNS ist neuerdings von KATO bestritten worden, dessen Ergebnisse und Ausführungen zum Teil durch Arbeiten anderer Forscher bestätigt worden sind.

Die Theorie VERWORNS[6] besagt, daß die Erregungswelle in der beeinflußten Nervenstrecke ein Dekrement ihrer Intensität erfährt, das um so stärker wird, je weiter die Erregungswelle durch diese Strecke verläuft und je stärker die Erregbarkeit in der beeinflußten Strecke herabgesetzt ist. Bei genügend langer Strecke und genügender Herabsetzung der Erregbarkeit erlischt die Erregungswelle schließlich vollständig.

---

[1] WINTERSTEIN: Zitiert auf S. 415.   [2] GRÜNHAGEN: Pflügers Arch. **6**, 157 (1872).
[3] SZPILMANN u. LUCHSINGER: Pflügers Arch. **24**, 347 (1881).
[4] EFRON: Pflügers Arch. **36**, 467 (1885).   [5] WEDENSKY: Pflügers Arch. **100**, 1 (1903).
[6] VERWORN: Erregung und Lähmung. Jena 1914.

Die Theorie der Leitung mit Dekrement in der narkotisierten Nervenstrecke ist begründet durch Beobachtungen, die zu zeigen scheinen, daß die Beeinträchtigung der Leitfähigkeit des Nerven abhängig ist von der Länge der geschädigten Strecke. (POPIELSKI[1], WERIGO[2] DENDRINOS[3], BORUTTAU und FRÖHLICH[4]).

POPIELSKI zeigte, daß die Cocainlähmung um so schneller eintritt, je länger die mit Cocain behandelte Nervenstrecke ist. WERIGO fand bei Versuchen mit Alkohol und Chloroformdämpfen, daß die zur Aufhebung der Leitfähigkeit notwendige Dauer der Narkose abhängig ist von der Länge der narkotisierten Strecke.

Diese ist nach WERIGO auch von Bedeutung für das oben beschriebene Stadium der Narkose, in welchem bei noch vorhandener Erregbarkeit die Leitfähigkeit aufgehoben ist. Je größer die Länge der narkotisierten Nervenstrecke ist, bei desto geringerer Herabsetzung der Erregbarkeit tritt die Aufhebung der Leitfähigkeit ein. Dies wurde später von FRÖHLICH[5] bestätigt. DENDRINOS hatte bei seinen Versuchen mit Äther beide Reizstellen in einem Abstande von 2—3 cm in die beeinflußte Strecke gelegt. In einem bestimmten Stadium der lokalen Äthernarkose bewirkte übermaximale Reizung an der peripheren Reizstelle eine maximale Muskelzuckung, während der gleiche Reiz an der zentralen Reizstelle keine oder nur minimale Zuckung zur Folge hatte. Den Unterschied im Reizerfolg führte DENDRINOS auf die Abschwächung zurück, welche die Erregungswelle auf ihrem Durchgang durch die beeinflußte Strecke zwischen den beiden Reizstellen erfahren hatte. Diese Vorstellung ist ähnlich der, welche SZPILMANN und LUCHSINGER bereits bei der Besprechung ihrer oben erwähnten Versuche geäußert hatten.

BORUTTAU und FRÖHLICH hatten bei Reizung zentral der mit Äther narkotisierten Nervenstrecke und Ableitung des Aktionsstromes an zwei Stellen innerhalb derselben eine stärkere Beeinflussung des Aktionsstromes an der peripher gelegenen Ableitungsstelle gefunden. Sie schlossen daraus, daß die Erregung beim Durchlaufen einer durch irgendein Agens beeinflußten Strecke ein Dekrement erfährt.

Die Theorie VERWORNS von der Leitung mit Dekrement in der narkotisierten Nervenstrecke vermag die scheinbare Trennung der Erregbarkeit und Leitfähigkeit im zweiten beschriebenen Stadium der Lähmung verständlich zu machen. Die Leitfähigkeit kann früher als die Erregbarkeit verschwinden infolge des Dekrementes, welches die Erregungswelle beim Durchgang durch die Narkosestrecke erfährt. Diese Theorie gibt aber keine Erklärung für die scheinbare Trennung zu Beginn der Narkose, wo die Leitfähigkeit noch vollständig unverändert ist, während die Erregbarkeit bereits beträchtlich abgesunken ist. Auch dieses Stadium wird verständlich durch eine Erkenntnis, die VERWORN aus Versuchen, insbesondere FRÖHLICHS[6] am erstickten oder narkotisierten Nerven und aus ähnlichen Versuchen, die LODHOLZ[7] auf Veranlassung VERWORNS unternahm, gewann.

Schon früher hatten SYMES und VELEY[8] aus der Beobachtung, daß bei übermaximaler Reizung zentral der mit Cocain oder anderen Lokalanaesthetica behandelten Nervenstrecke im Momente des Ausbleibens der Muskelzuckung auch eine Verstärkung des Reizes um mehr als das Hundertfache ohne Erfolg bleibt, geschlossen, daß die Größe der Nervenerregung innerhalb normaler Grenzen der Reizstärke praktisch maximal oder null sei. Die Versuche FRÖHLICHS an dem mit Äther narkotisierten oder erstickten Nerven hatten ergeben, daß mit Beginn der Narkose die Erregbarkeit der Nerven, gemessen durch die Reizschwelle und die Re-

---

[1] POPIELSKI: Zbl. Physiol. **10**, 251 (1896).   [2] WERIGO: Pflügers Arch. **76**, 522 (1899).
[3] DENDRINOS: Pflügers Arch. **88**, 98 (1902).
[4] BORUTTAU u. FRÖHLICH: Z. allg. Physiol. **4**, 153 (1904).
[5] FRÖHLICH: Z. allg. Physiol. **3**, 148 (1903).   [6] FRÖHLICH: Z. allg. Physiol. **3**, 148 (1904).
[7] LODHOLZ: Z. allg. Physiol. **15**, 269 (1913).   [8] SYMES u. VELEY: loc. cit. S. 418.

aktion des Muskels, innerhalb der beeinflußten Stelle allmählich mehr und mehr abnahm. Zentral der beeinflußten Stelle blieb dagegen die Reizschwelle nach Beginn der Narkose lange Zeit nahezu unverändert und stieg dann plötzlich an, so daß zur gleichen Zeit oder innerhalb ganz kurzer Zeit schwache und stärkste Reize keine Muskelreaktion mehr auslösten. Aus diesen Ergebnissen FRÖHLICHS und ähnlichen früher von WERIGO erhaltenen zog VERWORN den Schluß, daß die Erregung des normalen Nerven dem Alles-oder-Nichts-Gesetz folgt, da das plötzliche und gleichzeitige Verschwinden des Reizerfolges für schwache und starke Reize zentral der beeinflußten Stelle keine andere Deutung zuläßt als die, daß die Erregungsgröße im normalen Nerven unabhängig ist von der Stärke des Impulses. In der narkotisierten Nervenstrecke ist dagegen der Reizerfolg abhängig von der Stärke des Reizes. Eine hier durch einen starken Reiz ausgelöste Erregungswelle vermag ein Dekrement zu überwinden, das eine durch einen schwachen Reiz ausgelöste Erregungswelle nicht mehr überwinden kann. Die Größe der Erregung ist hier abhängig von der Stärke des Impulses, das Alles-oder-Nichts-Gesetz der Erregung hat für den narkotisierten Nerven keine Gültigkeit. Die auf Veranlassung von VERWORN von LODHOLZ vorgenommene Nachprüfung bestätigte dies für den erstickenden und mit Äther narkotisierten Nerven. Die Leitfähigkeitskurve (reziproker Schwellenwert an der zentralen Reizstelle) verläuft nach Beginn der Narkose längere Zeit parallel zur Abzisse und fällt in einem bestimmten Narkosestadium rechtwinklig zu ihr ab. Nicht alle Versuche von LODHOLZ zeigen dies typische, dem Alles-oder-Nichts-Gesetz entsprechende Verhalten. In einem Teil der Versuche findet einige Minuten vor dem plötzlichen Steilabfall der Leitfähigkeitskurve ein leichtes Absinken derselben statt, und ebenso hatte auch FRÖHLICH zwischen den beiden rechtwinkligen Schenkeln der Leitfähigkeitskurve ein kurzes Stadium beobachtet, in welchem die Reizschwelle ansteigt.

Dies glaubt LODHOLZ darauf zurückführen zu können, daß beim Schwellenreiz des Nerven nur ein Teil seiner Fasern erregt wird, und daß auch die Beeinflussung der einzelnen Fasern durch das Narkoticum usw. nicht gleichmäßig erfolgt. Das Übergangsstadium zwischen den beiden rechtwinkligen Schenkeln der Leitfähigkeitskurve entspricht dem Erlöschen der Leitfähigkeit in den erregbarsten Fasern, so daß nunmehr der Reiz auf die Schwelle der weniger erregbaren, noch funktionsfähigen Fasern gesteigert werden muß. Ist schließlich der Schwellenreiz der am wenigsten erregbaren und zuletzt beeinflußten Nervenfasern nicht mehr wirksam, so sinkt die Kurve senkrecht ab.

Den Beweis für diese Erklärung von LODHOLZ erbrachte ADRIAN[1]. Die Stärke des Reizes des Nerven (Minimalreiz), welcher gerade eine sichtbare Muskelzuckung bewirkt, entspricht der Reizschwelle der erregbarsten Nervenfasern. Die Reizstärke, welche gerade eine maximale Muskelzuckung zur Folge hat, also alle Fasern des Nerven erregt (Maximalreiz), entspricht der Reizschwelle der am wenigsten erregbaren Fasern. Wenn die von LODHOLZ gegebene Erklärung richtig ist, so kann die Reizschwelle kurz vor dem rechtwinkligen Abfall der Leitfähigkeitskurve niemals höher steigen als bis zum Wert des Maximalreizes. Diese Überlegung fand ADRIAN in allen Fällen bestätigt. Bei Reizung zentral der mit Alkohol narkotisierten Nervenstrecke und Bestimmung des Minimal- und Maximalreizes vor Beginn der Narkose stieg in einem Teil seiner Versuche die Reizschwelle kurz vor dem Verschwinden der Leitfähigkeit vom Wert des Minimalreizes auf den des Maximalreizes. Hier waren die am schwersten erregbaren Fasern zuletzt von der Wirkung des Alkohols ergriffen. In anderen Versuchen blieb die Reizschwelle bis zum Moment des Verschwindens der Leitfähigkeit konstant. Hier erlagen die am leichtesten erregbaren Fasern zuletzt der Wirkung des Alkohols. In der Mehrzahl

---

[1] ADRIAN: J. of Physiol. **47**, 460 (1914).

der Fälle lag der Wert, den die Reizschwelle vor dem Verschwinden der Leitfähigkeit erreichte, zwischen dem des Minimal- und dem des Maximalreizes, aber niemals höher als dieser.

Die Versuche von LODHOLZ und ADRIAN zeigen somit, daß der Verlauf der Leitfähigkeitskurve des Nerven in der Narkose dem Alles-oder-Nichts-Gesetz der Erregung des Nerven entspricht. ADRIAN selbst hat aber darauf hingewiesen, daß diese Beobachtungen wohl zeigen, daß die Intensität der aus der normalen in die narkotisierte Nervenstrecke eintretenden Erregungswelle unabhängig ist von der Stärke des sie auslösenden Reizes, daß aber diese Beobachtungen keinen Aufschluß geben über den lokalen Erregungsprozeß selbst. Denn die Unabhängigkeit der Intensität der fortgeleiteten Erregungswelle von der Reizstärke läßt sich nach ADRIAN auch folgendermaßen erklären.

Bei einem starken Reize sind infolge der Ausbreitung des Stromes die Bedingungen für die Auslösung der Erregung nicht nur, wie beim Schwellenreiz, unter der Kathode, gegeben, sondern in einer größeren Strecke des Nerven in der Umgebung der Kathode, deren peripherste Stelle da liegt, wo der Strom gerade noch die der Reizschwelle entsprechende Dichte besitzt. An dieser periphersten Stelle wird also eine Erregungswelle gerade durch den Schwellenreiz ausgelöst werden. Nur diese kann zum Muskel gelangen, da die Erregungswellen, die von den der Kathode näherliegenden und daher von einer größeren Stromdichte betroffenen Stellen des Nerven ausgehen, durch die refraktäre Phase der weiter peripher ausgelösten Erregungswelle blokkiert werden. Es kann also im normalen Nerven auch bei stärksten Reizen stets nur die durch den Schwellenreiz ausgelöste Erregungswelle sich ausbreiten.

Durch diese Verhältnisse würde also der Verlauf der Leitfähigkeitskurve seine Beweiskraft für die Gültigkeit des Alles-oder-Nichts-Gesetzes für den lokalen Erregungsvorgang verlieren. Dieses Gesetz ist aber noch erwiesen worden durch die Bestätigung der aus ihm sich ergebenden Forderung, daß die beim Durchgang durch eine narkotisierte Nervenstrecke herabgesetzte Intensität einer Erregungswelle bei deren Eintritt in die normale Strecke wieder auf ihre ursprüngliche Höhe anwachsen muß.

Den Beweis hierfür brachte ADRIAN[1] durch folgenden Versuch:

Von 2 Froschnerven (A u. B) wird der eine (A) in einer Ausdehnung von 9 mm der Einwirkung von Alkoholdämpfen oder einer Morphinlösung ausgesetzt. Bei dem zweiten Nerven (B) werden 2 Strecken von je 4,5 mm in genau der gleichen Weise beeinflußt. Zwischen ihnen liegt eine 10 mm lange unbeeinflußte Strecke des Nerven. Gereizt wird beim Nerven A zentral der Narkosestrecke (Reizstelle I). Beim Nerven B liegt eine Reizstelle (II) zentral von beiden Narkosestrecken, eine weitere (Reizstelle III) in der normalen Nervenstrecke zwischen ihnen. Wenn im Nerven B die von der Reizstelle II kommende Erregungswelle nach ihrer Abschwächung in der ersten Narkosestrecke sich wieder bei Eintritt in die normale Nervenstrecke erholt, so muß der Reizerfolg — bei konstanten Reizstärken — bei der gleichen Narkosedauer von der Reizstelle I und II ausbleiben. Und ferner muß beim Nerven B Reizung bei II früher erfolglos bleiben als Reizung bei III, da eine von II kommende Erregungswelle bereits abgeschwächt in die zweite Narkosestrecke eintreten und daher bei einem geringeren Dekrement erlöschen würde als eine von Reizstelle III kommende Erregungswelle.

Erholt sich dagegen die Erregungswelle nach der Abschwächung in der Narkosestrecke beim Eintritt in die normale Nervenstrecke, so muß der Reizerfolg von I aus viel früher verschwinden als von II aus und zu gleicher Zeit bei Reizung an II oder an III. Die Versuche ADRIANs ergaben, daß im Nerven B der Reizerfolg gleichzeitig ausblieb bei II und bei III, und daß im Nerven A die Leitfähigkeit weit schneller erlosch als im Nerven B bei Reizung an II.

Dies stimmt vollständig mit der Annahme, daß die Erregungswelle nach ihrer Abschwächung in einer narkotisierten Nervenstrecke sich beim Eintritt in die normale Nervenstrecke erholt.

---

[1] ADRIAN: J. of Physiol. **45**, 389 (1912).

Diese Versuche ADRIANS basieren auf der Dekrementtheorie. Unabhängig von aus dieser Theorie sich ergebenden Voraussetzungen sind Beobachtungen, die von DAVIS, FORBES, BRUNSWICK und HOPKINS und von KATO gemacht wurden. Auch diese Versuche, die später zu besprechen sind (S. 426), ergaben das gleiche Resultat, daß die Intensität einer Erregungswelle, die beim Durchgang durch eine narkotisierte Nervenstrecke eine Herabsetzung erfahren hat, beim Eintritt in die normale Nervenstrecke wieder ihre ursprüngliche Höhe erreicht.

Von ADRIAN und FORBES[1] ist die Gültigkeit des Alles-oder-Nichts-Gesetzes der Erregung auch für den sensiblen Nerven erwiesen worden und ferner auf dem Boden der Dekrementstheorie der Befund von LODHOLZ bestätigt worden, daß in der narkotisierten Nervenstrecke die Intensität der Erregung abhängig ist von der Reizstärke. Dies trat besonders deutlich im letzten, der vollständigen Lähmung vorausgehenden Stadium der Narkose hervor.

Fassen wir die in diesem Abschnitte bisher erörterten Verhältnisse kurz zusammen, so hat sich folgendes ergeben:

Die Erregbarkeit und die Leitfähigkeit des Nerven werden scheinbar durch Narkotica usw. ungleichmäßig beeinflußt. Eine Erklärung dieser Beobachtungen unter Berücksichtigung des Zusammenhanges dieser beiden Eigenschaften des Nerven wird gegeben einmal durch die Erkenntnis, daß die Erregung des normalen Nerven dem Alles-oder-Nichts-Gesetz folgt, und ferner durch die Annahme, daß dieses Gesetz in der beeinflußten Nervenstrecke nicht gilt und daß die Intensität der Erregungswelle beim Durchgange durch die beeinflußte Nervenstrecke ein Dekrement erfährt.

Diese durch zahlreiche sorgfältige Arbeiten scheinbar auf das beste gestützten Beobachtungen und Annahmen sind in den letzten Jahren insbesondere durch KATO und unabhängig von ihm zum Teil auch von DAVIS und FORBES und ihren Mitarbeitern bestritten worden. Die Untersuchungen, die KATO[2] mit seinen Schülern über die in diesem Abschnitte erörterten Wirkungen der Narkotica und anderer lähmender Gifte angestellt hat, führen ihn zu folgenden, den bisher besprochenen widersprechenden Ergebnissen und Schlüssen.

1. Die Intensität der Erregungswelle wird beim Eintritt in die narkotisierte Nervenstrecke entsprechend der Tiefe der Narkose verringert. Die Erregungswelle erfährt in der narkotisierten Strecke kein Dekrement ihrer Intensität, sondern durchläuft diese Strecke mit gleichbleibender (herabgesetzter) Intensität.

2. Die Erregbarkeit und die Leitfähigkeit des narkotisierten Nerven erlöschen gleichzeitig.

3. Das Alles-oder-Nichts-Gesetz der Erregung gilt auch für die narkotisierte Nervenstrecke. In der narkotisierten Nervenstrecke ist die Intensität der Erregung unabhängig von der Stärke des Reizes. Ein Reiz von gegebener Stärke löst entweder eine Erregung von der der Tiefe der Narkose entsprechenden Intensität aus, oder er bleibt wirkungslos.

Die Erklärung für den Widerspruch der Ergebnisse der Arbeiten KATOS und seiner Schüler und denen der früheren Untersucher liegt nach KATO darin, daß in den früheren Arbeiten zwei Fehlerquellen nicht genügend berücksichtigt worden sind. Nämlich einmal die Diffusion des Narkoticums im Nerven und ferner die Ausbreitung des Reizes in die Umgebung der Reizstelle.

Die Diffusion im Nerven führt zu einer Verminderung der Konzentration des Narkoticum in dem in der Nähe der Grenzen der Narkosekammer gelegenen Teile der beeinflußten Nervenstrecke, da einerseits Narkoticum in die außerhalb der

---

[1] ADRIAN u. FORBES: J. of Physiol. **56**, 301 (1922).
[2] KATO, G.: The Theorie of decrementless conduction in narcotised Region of nerve. Tokyo-Nankodo **1924**. — The further studies of decrementless conduction. Ebenda **1926**

Kammer gelegenen Teile des Nerven diffundiert und andererseits von hier Gewebsflüssigkeit in die narkotisierte Nervenstrecke. Den Einfluß dieser Diffusionsvorgänge hat KATO durch Beobachtung der Erregbarkeit an verschiedenen Stellen des Nerven innerhalb und außerhalb der Narkosekammer im gleichen Stadium der Narkose verfolgt.

An einem Nerven, von dem 3 cm in Cocainlösung lagen, ergab sich folgendes:

An einer Stelle des Nerven, die etwa 3—4 mm vom zentralen Rande der Kammer, außerhalb derselben liegt, beginnt die Erregbarkeit etwas unter die Norm zu sinken und nimmt dann stetig weiter ab bis zu einer Stelle, die etwa 3 mm vom zentralen Rande der Kammer innerhalb derselben liegt. Hier erreicht sie ihren niedrigsten, der Tiefe der Narkose entsprechenden Wert und bleibt nun gleich an allen Stellen des Nerven bis zu einer Stelle desselben, die etwa 3—4 mm vom peripheren Rande der Kammer innerhalb derselben liegt. An diesem Punkte beginnt sie wieder zu steigen und erreicht den normalen Wert wieder etwa 3—4 mm außerhalb der Kammer.

Die Diffusionswirkung macht sich also innerhalb der beeinflußten Nervenstrecke beiderseits in einer Zone von je etwa 3 mm vom Rande der Kammer geltend. Ist die beeinflußte Nervenstrecke kürzer als 6 mm, so unterliegt sie in allen ihren Teilen der Diffusionswirkung und zwar um so mehr, je kürzer sie ist. Infolgedessen wird hier auch in der Mitte der beeinflußten Strecke in einem gegebenen Zeitpunkte der Narkose die Erregbarkeit nicht so weit abgesunken sein als in der Mitte einer auf die gleiche Weise beeinflußten Strecke, die länger ist als 6 mm. Die Prüfung der Frage, ob die Beeinflussung der Leitfähigkeit von der Länge der narkotisierten Strecke abhängt, kann deshalb nur entschieden werden durch den Vergleich der Leitfähigkeit von Nervenstrecken, die länger sind als 6 mm. KATO verwendet bei seinen Versuchen Nerven der japanischen Kröte Bufo vulgaris jap., die sich durch ihre Größe auszeichnet, und konnte deshalb sehr lange Nervenstrecken benutzen. Seine Versuche ergaben mit großer Übereinstimmung bei Verwendung der verschiedensten Gifte (Äther, Chloroform, Alkohol, Urethan, Chloralhydrat, Cocainchlorid), daß bei gleichmäßiger Beeinflussung der beiden verglichenen Nervenstrecken (durch Lagerung in der gleichen Narkosekammer), die Dauer der Narkose bis zum Verschwinden der Leitfähigkeit innerhalb der Versuchsfehler unabhängig ist von der Länge der narkotisierten Nervenstrecke, wenn die beeinflußte Strecke größer als 6 mm ist. So erlischt beispielsweise die Leitfähigkeit einer 11,5 cm langen Nervenstrecke in der Äthernarkose nach 58 Min., 13 Sek., die einer gleichbehandelten 1,8 cm langen Strecke nach 55 Min., 36 Sek. In der Chloroformnarkose ergibt sich für die 11 cm lange Strecke 23 Min., 54 Sek., für die 1,8 cm lange Strecke der gleiche Wert. In dieser Versuchsreihe erlischt die Leitfähigkeit teils früher in der kürzeren, teils früher in der längeren Nervenstrecke. Die Zeitdifferenzen liegen also nach beiden Seiten und sind stets gering. Das hier zuerst gegebene Beispiel zeigt den größten Unterschied, der in 12 derartigen Versuchen beobachtet wurde.

Mit der gleichen Versuchsanordnung wurden die Narkosezeiten für 2 Nervenstrecken bestimmt, von denen die eine 9 mm, die andere 4 mm lang war. Hier zeigte sich deutlich der Einfluß der Diffusionswirkung. In allen Versuchen erlosch infolge ungenügender Länge der einen Nervenstrecke die Leitfähigkeit in den längeren Strecken weit früher als in den kürzeren Strecken. Der Unterschied betrug bis über 50%.

Durch diese Versuche hat KATO die Grundlage der Dekrementtheorie, die Abhängigkeit der Beeinflussung der Leitfähigkeit von der Länge der narkotisierten Strecke als irrtümlich erwiesen. Er zeigte weiter, daß die in der Narkose erfolgende Änderung des monophasischen Aktionsstromes in der gleichen Stärke an zwei verschiedenen Punkten der narkotisierten Nervenstrecke erfolgt, daß also kein Dekrement der Intensität der Erregung beim Durchgang durch die narkotisierte Nervenstrecke statthat.

Das gleiche Resultat haben, unabhängig von KATO, DAVIS, FORBES, BRUNSWICK und HOPKINS[1] mit einer ähnlichen Versuchsanordnung erhalten. Am Nervus peronaeus der Katze wurde der Aktionsstrom an mehreren innerhalb der Narkosestrecke gelegenen Punkten gemessen. Es ergab sich mit fortschreitender Narkose, daß die elektromotorische Kraft abnahm und zwar an allen Ableitungsstellen in gleichem Grade. Ein Dekrement der Erregungswelle in der narkotisierten Nervenstrecke war also nicht nachzuweisen.

---

[1] DAVIS, FORBES, BRUNSWICK u. HOPKINS: Amer. J. Physiol. **72**, 177 (1925); **76**, 488 (1926).

Die zuletzt erwähnten Versuche von KATO und die von DAVIS, FORBES und ihren Mitarbeitern erbrachten auch den schon vorher (S. 424) erwähnten Nachweis, daß die in der Narkosestrecke herabgesetzte Intensität der Erregungswelle beim Eintritt in die normale Nervenstrecke wieder ihre ursprüngliche Höhe erreicht. An einer Ableitungsstelle peripher der Narkosekammer blieb der Aktionsstrom unverändert zu einer Zeit, als er schon innerhalb der Narkosestrecke beträchtlich verändert war. Erst in einem späteren Stadium der Narkose zeigte sich auch an dieser Ableitungsstelle eine Abnahme des Aktionsstromes. Diese ist darauf zurückzuführen, daß nunmehr bereits ein Teil der Fasern des Nerven durch das Narkoticum vollständig blockiert ist, also die Zahl der noch leitenden Fasern vermindert.

Die Ungültigkeit des Alles-oder-Nichts-Gesetz für die narkotisierte Nervenstrecke ist von VERWORN auf Grund der Versuche von LODHOLZ und REHORN geschlossen und von ADRIAN und FORBES bestätigt worden auf Grund von Anschauungen, die auf der Dekrementstheorie basieren. In der beeinflußten Strecke schien ein starker Reiz noch Erfolg zu haben, während ein schwacher bereits versagte. Eine in der narkotisierten Nervenstrecke durch einen starken Reiz ausgelöste Erregungswelle war imstande, eine Narkosestrecke zu durchlaufen, in der eine durch einen schwachen Reiz ausgelöste Erregungswelle bereits erlosch. Die Intensität der Erregungswelle war so bestimmt worden auf Grund ihrer Fähigkeit, ein Dekrement zu überwinden.

KATO zeigt, daß die Grundlage für diese Annahme nicht zutreffend ist. In der narkotisierten Nervenstrecke erlischt eine Erregungswelle von normaler Intensität im gleichen Stadium der Narkose, wie eine Erregungswelle, deren Intensität beim Durchgang durch eine mit einer schwächeren Lösung eines Narkoticums behandelte Nervenstrecke bereits abgeschwächt ist. (Versuche von MIAMI mit Urethan, Alkohol, Chloroform, Cocainchlorid.) Es ist also nicht möglich, die Intensität einer Erregungswelle durch ihre Fähigkeit, eine narkotisierte Strecke zu durchlaufen, zu messen. Weitere Versuche ergeben dann, daß die Stärke des an einer Stelle der narkotisierten Strecke abgeleiteten Aktionsstromes unabhängig ist von der Stärke des elektrischen Reizes, der an einer anderen Stelle der Narkosestrecke gegeben wird. Es ergibt sich also, daß das Alles-oder-Nichts-Gesetz der Erregung auch für die narkotisierte Nervenstrecke gilt. Der Unterschied gegenüber dem normalen Nerven liegt nur darin, daß der Reizerfolg entsprechend der Tiefe der Narkose geringer wird.

Die Versuche KATOS geben auch eine Erklärung für die Ergebnisse früherer Untersuchungen, daß die Leitfähigkeit des narkotisierten Nerven früher verschwindet als die Erregbarkeit. Die Ursache hierfür liegt in der Ausbreitung übermaximaler Reize auf die der Reizstelle benachbarten Teile des Nerven. Wird, wie dies üblich ist, die Erregbarkeit der narkotisierten Nervenstrecke durch die Reizschwelle nahe der Übergangsstelle der narkotisierten in die peripher normale Nervenstrecke bestimmt, so wirkt infolge seiner Ausbreitung der Reiz bis in die normale Nervenstrecke und der beobachtete Reizerfolg ist der Erregung der normalen, nicht der der narkotisierten Strecke zuzuschreiben. In zahlreichen Versuchen hat KATO zu zeigen versucht, daß die Ausbreitung übermaximaler elektrischer Reize im Nerven sich auf weite Entfernungen von der Reizstelle erstrecken kann. Nur beim Maximalreiz liegt der Ausgangspunkt der Erregung unter der Kathode, bei übermaximalen Reizen kann er je nach der Stärke des Reizes mehrere Zentimeter von ihr entfernt liegen. Dies gilt nicht nur bei Verwendung von Platinelektroden, sondern auch für Flüssigkeitselektroden, wie sie insbesondere ADRIAN und LUCAS bei ihren Versuchen verwendet haben.

Die Versuche KATOS ergeben somit ein sehr einfaches Bild über die Beeinflussung der Erregbarkeit und der Leitfähigkeit des Nerven durch Narkotica und andere lähmende Stoffe. Die Erregbarkeit und die Leitfähigkeit des Nerven werden gleichmäßig in der Narkose geändert. Sie werden gleichmäßig herabgesetzt entsprechend der Tiefe der Narkose und verschwinden gleichzeitig im gleichen Stadium der Narkose. Die tatsächlichen Befunde von KATO sind neuerdings von KOCH[1] bestätigt worden.

Den Unterschied in der Auffassung VERWORNS und KATOS über die Änderung der Intensität der Erregungswellen in der narkotisierten Nervenstrecke zeigt die Abb. 85. In der Narkosestrecke a erleidet die Intensität der Erregungswelle einen Abfall ohne zum Erlöschen zu kommen und steigt daher dem A.-o.-N.-Gesetz entsprechend nach Überwindung der Strecke wieder zur ursprünglichen Höhe. Die punktierte Linie entspricht der Änderung der Intensität der Erregungswelle in der Narkosenstrecke im Sinne VERWORNS. Die ausgezogene Linie entspricht der Anschauung KATOS.

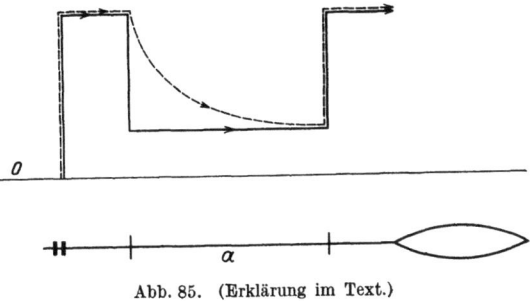

Abb. 85. (Erklärung im Text.)

2. Änderung der Leitungsgeschwindigkeit.

PIETROWSKI[2] beobachtete bei dem mit Alkohol narkotisierten Froschnerven eine Abnahme der Leitungsgeschwindigkeit. Das gleiche fand POPIELSKI[3] für Cocain, BORUTTAU[4] für Alkohol, Äther, Chloroform, Cocain. Die Verminderung der Leitfähigkeit ist beschränkt auf die beeinflußte Nervenstrecke (FRÖHLICH[5]).

Diese Beobachtungen sind später übereinstimmend bestätigt worden. Widersprechend sind dagegen die Untersuchungen über die Frage, ob die Herabsetzung der Leitungsgeschwindigkeit in allen Punkten der narkotisierten Strecke die gleiche ist, oder ob sie, ähnlich wie die Intensität der Erregungswelle, entsprechend der Dekrementtheorie eine fortschreitende Abnahme beim Durchgang durch die narkotisierte Nervenstrecke erfährt. Das letztere schloß FRÖHLICH aus seinen Untersuchungen am erstickten und mit Äther narkotisierten Nerven, die ergaben, daß die Herabsetzung der Leitungsgeschwindigkeit stärker ist in längeren Narkosestrecken als in kürzeren. KOIKE[6], der diese Frage in der Äthernarkose des Ischiadicus des Frosches und des Olfactorius des Hechtes nachprüfte durch Bestimmung der Latenzzeit des von einer Querschnitts- und von verschiedenen in der Narkosestrecke angebrachten Längsschnittselektroden abgeleiteten Aktionsstromes, kam dagegen zu dem Ergebnis, daß in der narkotisierten Strecke eine gleichmäßige Herabsetzung der Leitungsgeschwindigkeit stattfindet.

Dieser Untersuchung ist von FRÖHLICH[7] widersprochen worden. Er hält die Versuchsanordnung KOIKES nicht für ausreichend zur Entscheidung dieser Frage. Aus der Änderung der Dauer des aufsteigenden Schenkels des Aktionsstromes, die

---

[1] KOCH: Zitiert nach dem Referat eines Vortrages auf der 10. Tagung der Deutschen Physiologischen Gesellschaft in Frankfurt a. M. Ber. Physiol. **42**, 545 (1927).
[2] PIETROWSKI: Arch. Anat. u. Physiol. **1893**, 255.
[3] POPIELSKI: Zbl. Physiol. **10**, 251 (1896).
[4] BORUTTAU: Pflügers Arch. **84**, 309 (1901).
[5] FRÖHLICH: Z. allg. Physiol. **3**, 455 (1904).
[6] KOIKE: Z. Biol. **55**, 311 (1911).
[7] FRÖHLICH: Z. allg. Physiol. **14**, 55 (1912).

er als Ausdruck der Reaktionsgeschwindigkeit des Nerven und auch der Fortpflanzungsgeschwindigkeit der Erregung betrachtet, schließt Fröhlich in Bestätigung seiner früheren aus Bestimmung der Latenzzeit gewonnenen Ansicht, daß die Fortpflanzungsgeschwindigkeit der Erregung in der narkotisierten Strecke eine zunehmende Verringerung erfährt. Die Untersuchungen von Koike sind auch von Achelis[1] nachgeprüft worden. Achelis bestimmte die Latenzzeitdifferenz am Froschnerven in der Äthernarkose bei Reizung mit übermaximalen Öffnungsinduktionsschlägen an verschiedenen Stellen der Narkosestrecke und Registrierung der Muskelzuckung oder des Aktionsstromes des Nerven. Auch Achelis kam zu dem Schluß, daß in der narkotisierten Strecke die Erregung mit abnehmender Geschwindigkeit verläuft.

In Übereinstimmung mit seiner Auffassung der dekrementlosen Leitung der Erregung und der Gültigkeit des Alles-oder-Nichts-Gesetzes für diese in der narkotisierten Nervenstrecke bestreitet Kato auch die Existenz eines Dekrementes der Leitungsgeschwindigkeit in der Narkosestrecke. Die Bestimmung der Latenzzeit bei Reizung an verschiedenen Punkten einer 110—120 mm langen Narkosestrecke eines Ischiadicus-tibialis-flexordigitorum-Präparates der japanischen Kröte bestätigte diese Ansicht. Versuche mit Urethan, Cocain, Chloralhydrat, Chloroform, Alkohol und Äther ergaben an allen geprüften Punkten der Narkosestrecke die gleiche Verminderung der Leitungsgeschwindigkeit (Versuche von T. Otsuka). Dies bestätigt das Ergebnis früherer Untersuchungen von Adrian[2].

3. Beeinflussung des Refraktärstadiums.

Bei Reizung des mit Äther narkotisierten Nerven zentral der beeinflußten Stelle beobachtete Fröhlich[3], daß das Intervall, in welchem zwei aufeinanderfolgende Reize noch eine superponierte Muskelzuckung hervorrufen, verlängert war. Die Länge des Intervalls, nach welchem beide aufeinanderfolgende Reize wieder wirksam sind, hängt ab von der Tiefe der Narkose. Die größten Werte wurden kurz vor dem Verschwinden der Leitfähigkeit erhalten. Diese Erscheinungen deutete Fröhlich als eine Verlängerung des Refraktärstadiums durch die Narkose und führte diese auf eine Verzögerung der Restitutionsvorgänge zurück.

Die Länge des zur Muskelsummation nötigen Intervalles war abhängig von der Intensität des Reizes. In einem bestimmten Stadium der Narkose summierten sich starke Reize nicht bei einem Intervall, bei welchem schwache Reize noch Summation zeigten.

Die Versuche Fröhlichs ergaben weiter, daß in einem bestimmten Stadium der Narkose höher frequente Reize nur eine Anfangszuckung hervorriefen, weniger frequente einen Tetanus. Bei hochfrequenter Reizung hatte diese Anfangszuckung die gleiche Höhe, wie die durch einen Einzelreiz hervorgerufene Zuckung. Zwischen dieser und der Tetanus bewirkenden Reizfrequenz lagen Frequenzstufen, die zunächst noch Einzelzuckungen hervorriefen, welche höher waren als die durch einen Einzelreiz bewirkten und deren Höhe mit abnehmender Frequenz zunahm. Diesen Frequenzstufen folgte abnehmend eine Reizfrequenz, die eine Reaktion des Muskels zur Folge hatte, welche aus einigen wenigen immer kleiner werdenden Zuckungen bestand, die von vollkommenem Aufhören der Muskelreaktion gefolgt waren. Nach einer kurzen Unterbrechung des Reizes war wieder eine Muskelreaktion auslösbar. Erst weitere Herabsetzung der Frequenz führte dann zu einem zunächst noch unvollkommenen Tetanus des Muskels, dessen Einzelzacken noch erkennbar waren.

---

[1] Achelis: Z. Biol. **76**, 315 (1922).   [2] Adrian: J. of Physiol. **48**, 53 (1914).
[3] Fröhlich: Z. allg. Physiol. **3**, 468 (1904).

Die bei höherer Reizfrequenz mit abnehmender Frequenz an Höhe zunehmenden Einzelzuckungen sind nach FRÖHLICH keine einfachen Zuckungen mehr, da andernfalls ihre Höhe die der durch Einzelreiz ausgelösten Zuckung nicht überschreiten könnte, sondern Anfangstetani. Sie bilden den Übergang zu der bei geringerer Reizfrequenz auftretenden oben beschriebenen, einer Ermüdungskurve gleichenden Muskelreaktion. Der hochfrequenten Reizung, bei welcher nur der erste Reiz wirksam ist, folgt also eine Reizfrequenz, bei welcher mehrere Reize wirksam sind, deren Erfolg immer schwächer wird, schließlich verschwindet und erst nach einer kurzen Reizpause sich wieder einstellt. Diese Erscheinung führt FRÖHLICH auf eine Ermüdung des Nerven zurück, da Kontrollversuche zeigten, daß sie weder auf einer Ermüdung der peripheren Organe, noch auf einer Polarisation der Reizstellen beruhen.

Auch Untersuchungen von ADRIAN und LUCAS[1] haben ergeben, daß das kleinste Intervall, in welchem zwei Reize eine summierte Muskelzuckung hervorrufen, in der Narkose verlängert ist. Sie geben aber für diese Tatsache, fußend auf der Dekrementtheorie, eine andere Erklärung als FRÖHLICH.

Im Verlauf der Erholung des Nerven nach einer Erregung unterscheiden ADRIAN und LUCAS drei Perioden: das absolute Refraktärstadium — der Nerv ist unerregbar; das relative Refraktärstadium — die Erregbarkeit ist erst sehr gering und steigt allmählich zur Norm. Daran schließt sich ein drittes Stadium, von ADRIAN und LUCAS als die supernormale Phase bezeichnet, in welcher die Erregbarkeit die des ruhenden Nerven übersteigt. Ähnlich der Erregbarkeit ändert sich während der Erholung auch die Intensität der im Nerven fortgeleiteten Erregungswellen. Im normalen Zustande leitet der Nerv Erregungswellen normaler Intensität. Im Zustande der unvollkommenen Erholung leitet der Nerv dagegen Erregungswellen subnormaler Intensität, und zwar steigt die Intensität der den Nerv durchlaufenden Erregungswellen während der Erholung von Null bis zur Norm. Daran schließt sich ein Stadium, in welchem der Nerv Erregungswellen übernormaler Intensität leitet. Dies ergibt sich aus Versuchen von ADRIAN und LUCAS.

Bei einem mit Alkohol narkotisierten Nerven, der an mehreren in der beeinflußten Strecke gelegenen Stellen gereizt wurde, war das zur Muskelsummation nötige Intervall an den verschiedenen Reizstellen verschieden. Es war — im gleichen Stadium der Narkose — um so größer, je weiter die Reizstelle vom peripheren Rande der Narkosekammer entfernt lag, d. h. je länger die narkotisierte Strecke war, welche die Erregungswelle mit Dekrement durchlaufen mußte. Und weiter war das Intervall an der gleichen Reizstelle um so größer, je tiefer die Narkose, je stärker also das Dekrement war.

In einem frühen Stadium der Erholung kann also die zweite Erregungswelle nur dann den Muskel erreichen, wenn die zu durchlaufende mit Dekrement leitende Nervenstrecke kurz ist. In einem je späteren Stadium der Erholung die zweite Erregungswelle ausgelöst wird, eine desto längere, mit Dekrement leitende Nervenstrecke kann sie durchlaufen. Da nach den Vorstellungen von ADRIAN und LUCAS die Länge einer von einer Erregungswelle überwindbaren, mit Dekrement leitenden Strecke ein Maß für die Intensität der Erregungswelle ist, so schließen ADRIAN und LUCAS aus diesen Beobachtungen, daß im Stadium der unvollkommenen Erholung der Nerv Erregungen subnormaler Intensität leitet, deren Intensität mit zunehmender Erholung bis zur Norm ansteigt.

Die Beeinflussung des Leitungsvermögens des Nerven im Stadium der unvollkommenen Erholung ist jedoch anderer Art als in der Narkose. Im letzteren Falle Leitung mit Dekrement, im ersteren Leitung der Erregungswelle mit subnormaler Intensität, aber ohne Dekrement, denn Versuche von ADRIAN und LUCAS zeigen, daß im normalen Nerven das Intervall, nach welchem eine zweite Erregung eine

---
[1] ADRIAN u. LUCAS: J. of Physiol. **44**, 68 (1912).

superponierte Muskelzuckung hervorruft, unabhängig ist von der Länge der Strecke, welche die Erregung zu durchlaufen hat.

Diese Versuche sollen nach ADRIAN und LUCAS auch bereits zeigen, daß die Restitutionsvorgänge selbst von der Narkose nicht oder nur ganz unbedeutend beeinflußt werden. In einem Stadium der Narkose, in welchem das für die summierte Muskelzuckung nötige Intervall an der vom Muskel entferntesten Reizstelle bereits beträchtlich gestiegen ist, ist es an der ihm zunächst gelegenen Reizstelle noch unverändert. Da alle Reizstellen gleichmäßig der Wirkung des Alkohols unterliegen, müßte eine Verzögerung der Erholungsvorgänge auch an dieser Reizstelle sich geltend machen.

Die Verlängerung des zur Summierung nötigen Intervalls in der Narkose ist also nach ADRIAN und LUCAS nicht auf eine Änderung des Refraktärstadiums selbst zurückzuführen, sondern darauf, daß die im relativen Refraktärstadium geleiteten Erregungswellen infolge ihrer subnormalen Intensität das Dekrement in der Narkosestrecke nicht überwinden können.

Da somit nach ADRIAN und LUCAS eine Verlängerung des Refraktärstadiums selbst in der Narkose nicht stattfindet, so kann die Verlängerung des zur Muskelsummation nötigen Intervalls auch die Dauer der Refraktärphase nicht überschreiten. In Übereinstimmung damit fand LUCAS[1], daß in der Alkoholnarkose des Nerven wohl das zur Muskelsummation nötige Intervall, aber nicht die Dauer des Refraktärstadiums verlängert ist.

Die Deutung, die ADRIAN und LUCAS ihren Beobachtungen geben und zum Teil auch diese selbst, sind von KATO[2] bestritten worden. Die Erklärung der Verlängerung des kleinsten Intervalls für die Muskelsummation nach ADRIAN und LUCAS fußt auf der Dekrementtheorie, insbesondere auf der Annahme, daß die Erregungswellen subnormaler Intensität in einer mit Dekrement leitenden Nervenstrecke früher erlöschen (also auch in einem früheren Stadium der Narkose) als solche höherer bzw. normaler Intensität. KATO zeigt, daß die Theorie der dekrementlosen Leitung auch für Erregungswellen subnormaler Intensität gilt und daß Erregungswellen verschiedener Intensität im gleichen Stadium der Narkose erlöschen.

Die Wiederholung der oben beschriebenen Versuche von ADRIAN und LUCAS durch OTSUKA[3], wobei besondere Sorgfalt auf eine gleichmäßige Narkose der Nervenstrecke und Ausschluß der Ausbreitung des Stromes auf weniger tief narkotisierte Teile des Nerven gelegt wurde, ergab, daß mit zunehmender Tiefe der Narkose das kleinste Intervall für die Muskelsummation anstieg, aber an allen Punkten der Narkosestrecke in gleicher Weise. Das hiervon abweichende Resultat der Versuche von ADRIAN und LUCAS führt KATO auf die Ausbreitung des Reizes auf weniger tief narkotisierte Teile des Nerven zurück. Damit würde der Erklärung von ADRIAN und LUCAS der Boden entzogen sein und KATO gibt auch Versuche, die zeigen sollen, daß die Bestätigung, die LUCAS für seine Anschauungen erbrachte, daß nämlich die Verlängerung des kleinsten Intervalls für die Muskelsummation in der Narkose die Gesamtlänge der Refraktärphase nicht überschreitet, nur unter den von LUCAS gewählten Versuchsbedingungen eintritt. LUCAS[1] hatte in seinen Versuchen die Stärke des zweiten Reizes so gewählt, daß sie gerade das Doppelte des jeweiligen Schwellenreizes in diesem Augenblicke betrug. Die Wiederholung dieser Versuche durch HAGASKI und ADACKI bestätigte das Resultat von LUCAS bei Einhaltung dieser Bedingung. Würde aber für den zweiten Reiz eine andere Reizstärke gewählt, z. B. $^{10}/_{10}$, $^{10}/_{8}$, $^{10}/_{6}$, $^{10}/_{3}$ oder $^{10}/_{1}$ des jeweils gültigen Schwellenreizes, so ergab sich eine mit der Tiefe der Narkose zunehmende Verlängerung des kleinsten Intervalls auch über die Dauer des normalen Refraktärstadiums hinaus. Auch dies würde der Erklärung von ADRIAN und LUCAS widersprechen, da ja nach Ablauf des Refraktärstadiums die durch den zweiten Reiz ausgelöste Erregungswelle die gleiche Intensität besitzt wie die durch den ersten Reiz ausgelöste, also ebenso wie diese den Muskel erregen müßte.

Die Verlängerung des kleinsten Intervalls beruht daher nach KATO auf einer Verlängerung des Refraktärstadiums selbst durch Verzögerung der Restitutionsvorgänge.

---

[1] LUCAS: J. of Physiol. **46**, 470 (1913).   [2] KATO: Zitiert auf S. 424.
[3] KATO: Zitiert auf S. 424.

Die in diesem Abschnitte beschriebenen Veränderungen des Nerven in der Narkose sind zur Erklärung einiger von WEDENSKY beobachteter Erscheinungen herangezogen worden. WEDENSKY[1] hatte gefunden, daß bei tetanischer Reizung des Nerven zu Beginn der Narkose, wenn die Leitfähigkeit des Nerven noch unverändert erscheint, bei Beobachtung des Nerventones im Telephon statt des reinen musikalischen Tones, welcher der Reizfrequenz entspricht, ein schwacher dumpfer, durch Nebengeräusche komplizierter Ton entsteht. Diesen Zustand bezeichnet WEDENSKY als das Stadium der Transformation. Bei weiter fortgeschrittener Narkose bei noch erhaltener Leitfähigkeit folgt ein Zustand des Nerven, den WEDENSKY als das *paradoxe Stadium* bezeichnet, in welchem starke tetanische Erregungen, die zentral der beeinflußten Stelle ausgehen, überhaupt nicht mehr durch die narkotisierte Strecke zum Muskel gelangen oder nur eine Anfangszuckung hervorrufen, während schwächere Erregungen noch einen beträchtlichen Tetanus bewirken. Im paradoxen Stadium und einige Zeit nachdem die narkotisierte Strecke die Leitungsfähigkeit vollständig verloren zu haben scheint, rufen Erregungen, die von der normalen Nervenstrecke in die narkotisierte gelangen, hier eine hemmende Einwirkung hervor. Erzeugt man in diesem von WEDENSKY das hemmende Stadium bezeichneten Zustand einen schwachen Tetanus des Muskels durch Reizung innerhalb der narkotisierten Strecke und läßt nunmehr gleichzeitig zentral der Narkosestrecke tetanisierenden Reiz auf den Nerven wirken, so verschwinden die Kontraktionen des Muskels oder nehmen an Stärke beträchtlich ab. Sie treten wieder auf, wenn die Reizung in der normalen Nervenstrecke unterbrochen wird.

Die bereits zu Beginn der Narkose eintretende Verlängerung des Refraktärstadiums erklärt nach FRÖHLICH[2] das Stadium der Transformation. Bei der hochfrequenten Reizung sind auch zu Beginn der Narkose nicht mehr alle Reize wirksam, da sie zum Teil in das Refraktärstadium fallen. Daher die Änderung des Tones. Das paradoxe Stadium entspricht dem oben beschriebenen Zustand des narkotisierten Nerven, in dem hochfrequente Reize eine Anfangszuckung, weniger frequente einen Tetanus hervorrufen und zwischen diesen beiden Frequenzstufen eine dritte liegt, welche das Bild einer Ermüdungskurve gibt. Diese Erscheinungen wurden von FRÖHLICH teils auf die Verlängerung des Refraktärstadiums, teils auf die Ermüdbarkeit des Nerven in der Narkose zurückgeführt. Das hemmende Stadium WEDENSKYs findet nach FRÖHLICH darin seine Erklärung, daß bei gleichzeitiger Reizung des Nerven, zentral und innerhalb der narkotisierten Strecke mit frequenten Strömen, die von der zentralen Reizstelle kommenden Erregungen sich zu der Wirkung der innerhalb der Narkosestrecke gesetzten Reize summieren und deren Intensität oder Frequenz erhöhen, je nachdem beide Reizungen synchrom sind oder nicht. Gleichzeitige Reizung entspricht demnach einer hohen Reizintensität (bzw. Frequenz), Reizung nur innerhalb der Narkosestrecke einer geringen Reizintensität (bzw. Frequenz). Nach den vorher beschriebenen Versuchen und Erklärungen FRÖHLICHS würde demnach die scheinbare Hemmung, das Verschwinden des durch frequente Reizung an der peripheren Reizstelle hervorgerufenen Tetanus bei gleichzeitiger zentraler Reizung einer Umwandlung der geringen ursprünglichen Reizstärke (Frequenz) in eine hohe durch gleichzeitige Reizung entsprechen.

Da nach ADRIAN und LUCAS eine Verlängerung des Refraktärstadiums selbst in der Narkose nicht stattfindet, so lehnen sie auch die von FRÖHLICH gegebene Erklärung der von WEDENSKY beobachteten Erscheinungen ab.

---

[1] WEDENSKY: Arch. f. d. ges. Physiol. **82**, 134 (1900).
[2] FRÖHLICH: Z. allg. Physiol. **3**, 468 (1904) — Med.-naturw. Arch. **1**, 239 (1908).

Die Erklärung, die FRÖHLICH dem paradoxen Stadium WEDENSKYS gibt, daß ein frequenter Reiz nur eine *Anfangszuckung* gibt, weil jeder folgende Reiz in das Refraktärstadium der vorhergehenden fällt, ist nach LUCAS[1] unwahrscheinlich. Denn wenn der zweite Reiz in das Refraktärstadium des ersten fällt, also keine Erregung im Nerven auslöst, so hat er auch kein Refraktärstadium zur Folge und ein folgender Reiz ist wieder wirksam. Das dauernde Ausbleiben der Wirkung ist so nicht zu erklären.

Da nach ADRIAN und LUCAS der Nerv im relativen Refraktärstadium nur Erregungen von subnormaler Intensität leitet, so wird von einer bestimmten Reizfrequenz ab nur die von dem ersten Reiz ausgelöste Erregungswelle normaler Intensität imstande sein, das Dekrement der Narkosestrecke zu überwinden und den Muskel zu erreichen. Die folgenden Erregungswellen subnormaler Intensität werden wohl ein Refraktärstadium zur Folge haben, aber den Muskel nicht erreichen, weil sie das Dekrement der Narkosestrecke nicht überwinden können. Es wird daher von einer bestimmten Reizfrequenz ab nur eine Einzelzuckung erfolgen.

Die weitere Beobachtung WEDENSKYS, daß in der Narkose bei gleichbleibender Reizfrequenz *hohe Reizstärke nur eine Anfangszuckung, niedrige Reizstärke einen Tetanus des Muskels hervorrufen*, würde nach LUCAS[1] und nach ADRIAN[2] dadurch zu erklären sein, daß ein stärkerer Reiz in einem früheren Stadium der Erholung eine zweite Erregung im Nerven auslösen kann, als ein schwacher Reiz, weil sich die Erregbarkeit des Nerven während des relativen Refraktärstadiums allmählich erholt. Bei bestimmter Reizfrequenz würden daher starke Reize frequentere Erregungswellen mit darauffolgendem Refraktärstadium auslösen, als schwache und so die Erhöhung der Reizstärke den gleichen Erfolg haben, wie eine Steigerung der Reizfrequenz.

Nachtrag bei der Korrektur zu S. 418.

G. MANSFELD[3] glaubt, gestützt auf Versuche von SOMLO[4], daß es für die nervösen Funktionen nur eine einzige Narkosewirkung gibt, und das ist ihr vollkommenes Erlöschen. (Alles-oder-Nichts-Gesetz der Narkose.) Dieser Auffassung von MANSFELD ist WINTERSTEIN[5] entgegengetreten, er erklärt die Versuche SOMLOS, die sich auf die indirekte Muskelerregbarkeit erstreckten, durch das Alles-oder-Nichts-Gesetz der Erregung. MANSFELD[6] und seine Schüler haben das „Alles-oder-Nichts-Gesetz der Narkose" durch Versuche am Atemzentrum, am vegetativen Nervensystem und am peripheren Nerven zu stützen gesucht. Für den peripheren Nerven zeigen aber die Versuche von ADRIAN und FORBES[7] und KATO[8] bereits, daß innerhalb der Narkosestrecke die Funktion des Nerven mit der Dauer der Wirkung des Narkotikums stetig abnimmt, und Versuche von FLAMM[9] haben ergeben, daß es Alkoholkonzentrationen gibt, die im Gleichgewichtszustand die Erregbarkeit des Nerven herabsetzen, ohne sie zum Erlöschen zu bringen.

---

[1] LUCAS: J. of Physiol. **43**, 46 (1911).
[2] ADRIAN: J. of Physiol. **46**, 401 (1913).
[3] MANSFELD, G.: Biochem. Z. **173**, 310 (1926).
[4] SOMLO: Arch. f. exper. Path. **131**, 268 (1928).
[5] WINTERSTEIN: Zitiert auf S. 415.
[6] MANSFELD: Arch. f. exper. Path. **131**, 268, 279, 289, 297 (1928).
[7] ADRIAN u. FORBES: Zitiert auf S. 425.
[8] KATO: Zitiert auf S. 424.
[9] FLAMM: Arch. f. exper. Path. **138**, 275 (1929).

Die Lokalanästhesie und die Lokalanaesthetica.

Von

O. GROS

Leipzig.

Zusammenfassende Darstellungen.

BRAUN, H., Die örtliche Betäubung, 7. Aufl. Leipzig: Ambrosius Barth 1925. — HÄRTEL, F.: Die Lokalanästhesie, 2. Aufl. Stuttgart: Ferdinand Enke 1920. — SCHLEICH: Schmerzlose Operationen, 5. Aufl. Berlin 1906.

Die Lokalanästhesie erstrebt eine reversible, örtlich begrenzte Ausschaltung der Schmerzempfindung. Dieses Ziel kann auf verschiedenem Wege erreicht werden. Einwirkung von Kälte, Druck auf die Nervenstämme, stärkere osmotische Veränderungen der Gewebsflüssigkeit vermögen beispielsweise in mehr oder minder vollkommener Weise die Schmerzempfindung zu vermindern oder aufzuheben.

All diese Methoden sind aber in der Praxis unzuverlässig und nicht genügend. Nur die Kälteanästhesie ist für manche praktische Zwecke ausreichend. Eine zuverlässige und genügend lange Zeit dauernde lokale Ausschaltung der Schmerzempfindung läßt sich nur erreichen durch Einwirkung chemischer Mittel auf den peripheren sensiblen Nerven, die ihn reversibel lähmen. Erst seitdem dieser Weg durch Einführung des Cocain beschritten worden ist, hat die Lokalanästhesie allgemeine Bedeutung für die Praxis erlangt. Das Studium der günstigsten Wirkungsbedingungen der Lokalanaesthetica und Substanzen, die deren Wirkung steigern, haben die Lokalanästhesie zwar nicht das Ziel erreichen lassen, das SCHLEICH[1] vorschwebte, die Allgemeinnarkose überflüssig zu machen, aber sie doch zu einem unentbehrlichen Hilfsmittel der chirurgischen Praxis gemacht, das nach den Angaben von BRAUN[2] in manchen Kliniken seit Einführung von Novocain und Suprarenin in etwa 50% der Operationen Anwendung findet.

Bei der Lokalanästhesie kommt in Betracht die Wirkung dieser Mittel auf den sensiblen Nerven. Sie heben an den Nervenendigungen die Erregbarkeit, am Nervenstamm diese und die Leitfähigkeit auf. Derartige Wirkungen haben, wie im vorhergehenden Kapitel bereits ausgeführt, sehr viele Substanzen, nicht nur die Lokalanaesthetica, sondern auch Narkotica, Hypnotica, Antipyrethica usw. Im allgemeinen wirken diese Substanzen auf den peripheren Nerven schwächer als die meisten Lokalanaesthetica. Dies würde sich durch Anwendung höher konzentrierter Lösungen ausgleichen lassen. Dieser Unterschied ist daher nicht der Grund weshalb diese Substanzen den Anforderungen der Praxis nicht genügen. Dieser liegt vielmehr darin, daß einmal die Wirkung aller dieser Substanzen auf den peripheren Nerven nur innerhalb gewisser Konzentrationen reversibel ist und ferner, daß diese Substanzen ebenso wie die Lokalanaesthetica neben der Wirkung auf

---
[1] SCHLEICH: Verh. d. dtsch. Chirurgenkongr. **1892**.
[2] BRAUN, H.: Die örtliche Betäubung, 7. Aufl., 209. Leipzig 1925.

den peripheren Nerven auch andere lokale und resorptive Wirkungen besitzen, die ihre Anwendung in der Lokalanästhesie einschränken oder ausschließen. Für die Frage nach der Brauchbarkeit einer Substanz in der Lokalanästhesie ist daher nicht nur die Intensität ihrer Wirkung auf den peripheren Nerven maßgebend, sondern auch ebenso ins Gewicht fallend diese Nebenwirkungen.

Alle hier in Betracht kommenden Substanzen wirken nicht nur auf den peripheren Nerven, sondern auch auf das Zentralnervensystem. Dieses ist sogar empfindlicher als der periphere Nerv, d. h. es spricht auf geringere Konzentration an als dieser. Die zentralen Wirkungen dieser Substanzen sind teils erregend, teils lähmend. Das Anfangsstadium dieser zentralen Wirkung also auch die Wirkung kleinster Mengen auf das Zentralnervensystem ist stets begleitet von Aufregungs- und Erregungszuständen. Da diese Wirkungen in den Fällen der praktischen Anwendung der Lokalanästhesie besonders störend sind, ist es natürlich, daß zentrale Wirkungen möglichst vermieden werden müssen.

Es soll bei der Lokalanästhesie eine möglichst starke örtliche Wirkung, d. h. eine Anästhesie von genügender Dauer und Intensität erreicht werden unter Ausschluß zentraler Wirkungen und zwar mit Arzneimitteln, die bereits in kleinen Gaben starke zentrale Wirkungen besitzen. Dieses ist möglich durch eine geeignete Technik, durch Zusatz von Mitteln zu dem Lokalanaestheticum, die dessen lokale Wirkung verstärken, nicht seine zentrale, und schließlich durch eine Auswahl des für den gegebenen Fall passenden Lokalanaestheticums unter der größeren Zahl derselben. Da diese Auswahl abhängig ist von dem Verfahren, das bei der Anästhesierung Verwendung findet, sollen diese Methoden zuerst beschrieben werden.

I. Die Methoden der Anästhesierung.

Die Aufhebung der Schmerzempfindung durch die Lokalanaesthetica erfolgt durch Lähmung der sensiblen Nervenendigungen oder des Nervenstammes. Im ersteren Falle wirkt das Lokalanaestheticum an dem Orte, an welchem die Schmerzempfindung aufgehoben werden soll. Es wird dabei einmal die Erregbarkeit der sensiblen Nervenendigungen aufgehoben, andererseits werden aber auch die feineren Nervenstämme, die im Bereich der Wirkung des Anaestheticums liegen, gelähmt. Man spricht in diesem Falle von Lokalanästhesie in engerem Sinne.

Im zweiten Falle wird die Leitfähigkeit des Nervenstammes unterbrochen, indem das Anaestheticum an einem geeigneten Orte auf ihn zur Einwirkung gelangt. Diese Anästhesie wird als Leitungsanästhesie bezeichnet. Es ist einleuchtend, daß die Leitungsanästhesie gewisse Vorteile gegenüber der Lokalanästhesie besitzt. Insbesondere den, daß das Operationsgebiet selbst von den Eingriffen bei der Erzeugung der Anästhesie unberührt bleibt, und ferner gelingt es, mit der Leitungsanästhesie bei Anwendung gleicher Mengen des Anaestheticums größere Gebiete unempfindlich zu machen und auch eine längere Dauer der Anästhesie zu erzielen als bei der Applikation der Anästhesie am Ort der erstrebten Schmerzbetäubung. In der Praxis haben infolgedessen die Methoden der Leitungsanästhesie eine weit größere Bedeutung erlangt als die der Anästhesierung an Ort und Stelle, besonders seit durch die Arbeiten von BIER, BRAUN, HÄRTEL, KULENKAMPF, LAEWEN und anderen die Technik der Leitungsanästhesie sehr vervollkommnet worden ist. Es gibt aber in der Praxis noch eine Reihe von Fällen, in denen die lokale Anästhesierung Verwendung findet. Beide Wege der Anästhesierung finden in einer Anzahl von Methoden Verwendung.

Die Wirkung des Anaestheticums auf die sensiblen Nervenendigungen und die feineren Nervenstämme wird verwertet bei der Oberflächenanästhesie, der Infiltrationsanästhesie, der Venen- und der Arterienanästhesie.

Die Oberflächenanästhesie dient zur Aufhebung der Schmerzempfindung bei Schleimhäuten, Wunden, serösen Häuten usw. Das Anaestheticum wird auf der Oberfläche appliziert und muß von hier durch Diffusion die sensiblen Nervenendigungen und kleineren Nervenstämme erreichen. Bei den meisten Schleimhäuten ist eine konzentrierte Lösung und ein besonders stark wirkendes Mittel notwendig, um eine genügende Anästhesie zu erzielen.

Bei der Infiltrationsanästhesie wird das unempfindlich zu machende Gewebe mit der Lösung des Lokalanaestheticums durchtränkt. Unter Umständen werden dabei große Mengen der Lösung verbraucht. Es ist das Verdienst SCHLEICHS[1], gezeigt zu haben, daß bereits sehr verdünnte Lösungen der Anaesthetica genügen.

Die Venen- und Arterienanästhesie fußen auf der Beobachtung von ALMS[2], daß Injektion von Cocain in eine Arterie motorische Lähmung der von ihr versorgten Muskeln zur Folge hat.

Die Venenanästhesie von BIER[3], 1908 angegeben, bringt das Anaestheticum zur Einwirkung auf die Nervenelemente durch Injektion in eine freigelegte Vene. Sie ist anwendbar an den Gliedern. Der zu anästhesierende Abschnitt des vorher blutleer gemachten Gliedes wird in der Regel von zwei Gummibinden abgeschnürt. Liegt der zu anästhesierende Bezirk an der Peripherie einer Extremität, so kann diese durch eine Binde isoliert werden. Bei der Venenanästhesie tritt Gefühllosigkeit nach sehr kurzer Zeit ein und schwindet wenige Minuten nach Abnahme der zentralen abschnürenden Binde.

Die Arterienanästhesie von GOYANES[4], 1909 angegeben, benutzt an Stelle der Vene eine Arterie. Sie hat etwa das gleiche Anwendungsgebiet wie die Venenanästhesie. Nach BRAUN[5] hat sie dieser gegenüber den Nachteil, daß das Aufsuchen der Arterie ein umständlicherer Eingriff ist als das Aufsuchen einer Hautvene.

Die Wirkung des Anaestheticums auf den Nervenstamm ist die Grundlage der zirkulären Anästhesie, der Leitungsanästhesie, der Lumbal- und Extraduralanästhesie. Bei der zirkulären Anästhesie erfolgt die Unterbrechung der Nervenstämme durch Infiltration eines Gewebsstreifens um das Operationsgebiet herum (z. B. zirkuläre Analgesierung nach HACKENBRUCH, an Fingern und Zehen Anästhesie nach OBERST u. a.). Das Anaestheticum dringt dabei allmählich in die Nervenstämme ein. Diese Verfahren haben nur ein beschränktes Anwendungsgebiet gefunden.

Weit ausgedehnter ist das Gebiet der Leitungsanästhesie, bei welcher die anästhesierende Lösung in den Nervenstamm selbst (endoneurale Injektion) oder in dessen nächste Umgebung (perineurale Injektion) gespritzt wird. In ersterem Falle tritt die Wirkung sogleich ein. In dem letzteren muß das Anaestheticum erst in den Nerven diffundieren. Je näher dem Nerven die Injektion erfolgt, desto günstiger die Auswirkung der anästhesierenden Lösung. Die Chirurgie hat eine besondere Technik ausgebildet, die für jedes Operationsgebiet die günstigsten Orte der Injektion angibt. Diese Technik, um die sich wiederum BRAUN und seine Schüler besondere Verdienste erworben haben, ermöglicht es heute, nicht nur an den Extremitäten, sondern auch am Rumpfe größte chirurgische Eingriffe in der Leitungsanästhesie auszuführen.

An den größeren Nervenstämmen wird bei der perineuralen Injektion das Eindringen des Anaestheticums durch die Bindegewebshüllen der Nerven ver-

---

[1] SCHLEICH: Berl. klin. Wschr. **1891**, 1202.
[2] ALMS: Arch. Anat. u. Physiol. Duppl. **1886**, 293 — Berl. klin. Wschr. **1909**.
[3] BIER: Arch. klin. Chir. **86** und Berl. klin. Wschr. **1909**, 11.
[4] GOYANES: Riv. Clin. Madrid **1909** (nach Referat in Münch. med. Wschr. **1909**, 198.
[5] BRAUN, H.: Die örtliche Betäubung, ihre wissenschaftlichen Grundlagen und praktische Anwendung, 7. Aufl., 207. Leipzig 1925.

zögert. In einer besonderen Form der Leitungsanästhesie, der von BIER[1] 1899 angegebenen Lumbalanästhesie, fällt dieses Hindernis fort. Die Lösung des Anaestheticums wird dabei in den Lumbalsack der Dura spinalis gespritzt und unterbricht hier die Leitung der Nervenstämme der Cauda equina und der Wurzeln der spinalen Nerven. Da sowohl die intradural gelegenen Nervenstämme als auch die Nervenwurzel ohne Scheiden sind, kommt das Anaestheticum in voller Stärke schnell zur Wirkung. Die Unempfindlichkeit erstreckt sich auf die unteren Extremitäten und reicht am Leib und Rücken bis zum Nabel und kann durch eine geeignete Technik noch höher getrieben werden. Bei der Lumbalanästhesie erreicht das Anaestheticum seine höchste Auswertung, aber damit verbunden sind auch die Gefahrmomente gesteigert und Nebenwirkungen nicht selten.

Die Untersuchungen von CATHELIN[2] und die von STÖCKEL[3] angegebene Sakralanästhesie sind die Grundlagen der von LAEWEN[4] für Operationen brauchbar gemachten und Extraduralanästhesie genannten Methode. Das Anaestheticum wird durch den Hiatus sacralis in den epiduralen Raum gespritzt und unterbricht hier die Leitung der diesen Raum durchlaufenden Nervenstämme. Diese sind hier von Durascheiden eingehüllt. Es dauert deshalb längere Zeit bis zum Eintritt der Anästhesie. Diese erstreckt sich auf die Beine, das Becken, den Bauch bis zum Nabel und die Nierengegend. Das Ausbreitungsgebiet der Anästhesie nach oben ist abhängig von der Menge der Lösung und der Technik.

II. Die Lokalanaesthetica.

Die wichtigste Eigenschaft der Lokalanaesthetica ist ihre Wirkung auf den peripheren Nerven. Die Intensität und Dauer dieser Wirkung insbesondere ist für das Anästhesierungsvermögen maßgebend. Es ist aber schon in der Einleitung bemerkt worden, daß das Anästhesierungsvermögen nicht allein bestimmend ist für die praktische Brauchbarkeit eines Mittels. Es kommt hinzu die Frage nach den lokalen Nebenwirkungen, nach dem Verhalten gegenüber Suprarenin und schließlich die Toxicität. Diese Eigenschaften der gebräuchlichsten Mittel sollen hier erörtert werden und weiter die Versuche, die gemacht wurden, die anästhesierende Wirkung der Anaesthetica durch Kombination mehrerer Mittel oder durch Zusatz anderer Substanzen zu steigern.

1. Chemische und physikalische Eigenschaften.

Chemische Eigenschaften.

Nachdem durch die Einführung des Cocain in die Praxis durch KOLLER[5] die Bedeutung der Lokalanästhesie erkannt und ihr Anwendungsgebiet in kurzer Zeit außerordentlich gewachsen war, hat das Bestreben, andere Mittel an Stelle des Cocain zu setzen, in zahlreichen Arbeiten Ausdruck gefunden. Diese suchten insbesondere die Beziehung zwischen der chemischen Konstitution einer Substanz und ihrer Fähigkeit, anästhesierend zu wirken, zu erkennen. Es gelang so durch Spaltung des Cocains und Ersatz der abgespaltenen Gruppen durch andere die Bedeutung der einzelnen Spaltprodukte aufzuklären. Hierbei ergab sich, daß insbesondere das Benzoesäureradikal, das in den beiden natürlich vorkommenden

---

[1] BIER: Dtsch. Z. Chir. **51**, 361 (1899).
[2] CATHELIN: Les injections épidurales par ponction du canal sacré. Paris 1903 (zitiert nach Braun auf S. 198).
[3] STÖCKEL: Zbl. Gynäk. **1909**, 1.
[4] LAEWEN: Erg. Chir. **5**, 39 (1913).
[5] KOLLER: Wien. med. Wschr. Nr. 43 u. 44.

Anaesthetica Cocain und Tropacocain sich findet, wichtig ist und es gelang eine Reihe von Substanzen darzustellen, in denen dieses und das amidierte Benzoeradikal die anästhesiphore Gruppe bildet. Auch andere chemische Substanzen wurden als brauchbare Grundlage für die Darstellung von Lokalanaesthetica erkannt und schließlich ist auch synthetische Darstellung der Isomeren des Cocain gelungen.

Von den zahlreichen synthetisch dargestellten Anaesthetica hat nur eine beschränkte Anzahl Eingang in die Praxis gefunden und unter diesen hat die praktische Erfahrung und die Einführung anderer geeigneter Substanzen eine weitere Einschränkung eintreten lassen. Es sollen daher hier nur die Lokalanaesthetica besprochen werden, die heute noch praktisch Verwendung finden oder die längere Zeit in praktischen und theoretischen Arbeiten Beachtung gefunden haben.

In der folgenden Tabelle ist die chemische Zusammensetzung einiger der wichtigsten Lokalanaesthetica, ferner die Löslichkeit ihres salzsauren Salzes, die Sterilisierbarkeit und die Konzentration der isotonischen Lösung zusammengestellt:

Die Lösungen des Cocain werden beim Kochen in Ekgonin, Benzoesäure und Methylalkohol gespalten und verlieren dadurch an Wirksamkeit. MIKULICZ[1] hat deshalb vorgeschlagen, sterile Cocainlösungen in der Weise zu bereiten, daß das Cocain zunächst in Alkohol gelöst, in einen sterilen mit Watte verschlossenen Kolben gegeben und nach Verdunsten des Alkohols in der entsprechenden Menge Wasser oder Kochsalzlösung gelöst wird.

Die in der letzten Reihe der Tabelle angeführten Werte der isotonischen Konzentration sind berechnet auf die 0,9 proz. Kochsalzlösung nach der Formel $x =$ Molekulargewicht des salzsauren Salzes des Lokalanaestheticum $\times \dfrac{0,9}{58,5}$. Die Formel vernachlässigt die Hydrolyse der Salze der Lokalanaesthetica und nimmt an, daß diese Salze ebenso weit dissoziiert sind wie Kochsalz. Für die Praxis ist die Genauigkeit genügend. Die Bedeutung der isotonischen Konzentration liegt darin, daß Lösungen, deren Konzentration von der isotonischen in stärkerem Grade abweichen, bei der Injektion in die Gewebe Schädigungen durch Quellung bzw. Schrumpfung der Gewebe zur Folge haben (vgl. BRAUN, HEINZE[2]).

2. Die anästhesierende Wirkung.

Das Anästhesierungsvermögen eines Lokalanaestheticums ist in erster Linie abhängig von seiner Wirkung auf die in Betracht kommenden Nervenelemente. Die Faktoren dieser Wirkung, deren Intensität, Geschwindigkeit, Dauer und Reversibilität bestimmen im wesentlichen die „Wirksamkeit" eines Mittels. Sie sind aber nicht allein maßgebend. Bei der praktischen Verwendung der Lokalanaesthetica kommen noch andere Faktoren in Betracht, die verschieden sind und von verschiedener Bedeutung je nach der Anwendungsart. So ist beispielsweise bei der endoneuralen Applikation wohl lediglich die Intensität, Geschwindigkeit, Dauer und Reversibilität der Wirkung auf den Nervenstamm von Bedeutung. Bei der Oberflächenanästhesie kommen — abgesehen davon, daß hier auch die Nervenendigungen betroffen werden — hinzu die Faktoren, die es dem Anaestheticum ermöglichen, an die Nervenelemente zu gelangen. Diese letzteren Faktoren bestimmen je nach der zu anästhesierenden Schleimhaut die Wirksamkeit in verschiedenem Grade, und auch die Faktoren der Wirkung auf die Nervenelemente selbst sind in ihrer Bedeutung für die anästhesierende Wirksamkeit hier anders zu bewerten als bei der endoneuralen Applikation.

Die Frage, welche Faktoren — abgesehen von der Intensität der Wirkung auf den Nerven — für die Eignung eines Mittels als Oberflächenanaesthetikum maßgebend sind, ist experimentell noch nicht sicher gelöst. Nach SOLLMANN[3] sind die Anaesthetica, die langsam in die Schleimhaut eindringen und langsam aus dem Gewebe wieder fortgeführt werden, für die Oberflächenanästhesie geeignet. FROMMHERZ[4] glaubt, daß geringe Resorbierbarkeit

---

[1] MIKULICZ: Dtsch. Chir.-Kongr. **1901**, 568. [2] Virchows Arch. **153**, 466 (1898).
[3] SOLLMANN: J. of Pharmacol. **11**, 69 (1918).
[4] FROMMHERZ: Arch. f. exper. Path. **93**, 34 (1922).

Tabelle 1.

Handelsname	Chemischer Name	Bruttoformel	Konstitutionsformel	gebräuchliches Salz	Löslichkeit des Salzes in Wasser	Sterilisierbar durch Kochen	Molekulargewicht des salzsauren Salzes	Isotonische Lösung der Chloride in Proz.
Acoin . . .	Dianisyl-phenetyl-Guanidin	$C_{23}H_{21}O_3N_3$	$C{<}^{NH-C_6H_4OCH_3}_{N-C_6H_4OC_2H_5}$; $NH-C_6H_4-OCH_3$	Hydrochlorid	6%	sterilisierbar, alkali-empfindlich	423,6	ca. 6,5
Alypin . .	Benzoyl-Äthyl-Tetramethyl-Diamido-Isopropanol	$C_{16}H_{26}O_2N_2$	$CH_2-N(CH_3)_2$; $C{<}^{C_2H_5}_{O-COC_6H_5}$; $CH_2-N(CH_3)_2 \cdots HCl$	Hydrochlorid	leicht löslich (10%)	sterilisierbar	314,7	4,8
B-Eucain .	Trimethyl-Benzoyl-Oxypiperidin	$C_{15}H_{21}O_2N$	(Piperidin-Formel mit $O-OCC_6H_5$, $C(CH_3)_2$, CH_3, $H\cdot(HCl)$)	Hydrochlorid Lactat	4% bei Wärme 22,5%	sterilisierbar	283,6	4,3
Holocain .	p-Diäthoxyäthenyl-Diphenyl-Amidin	$C_{18}H_{22}O_2N_2$	$C_6H_4{<}^{OC_2H_5}_{NH-C}{=}^{C_2H_5O}_{N}{>}C_6H_5$; CH_3	Hydrochlorid	2,5%	sterilisierbar, alkali-empfindlich	320,6	4,9
Cocain . .	b-Methyl-Benzoyl-Ekgonin	$C_{17}H_{21}O_4N$	(Ekgonin-Formel: CH_2CH, $CH-COOCH_3$, $NCH_3 C_6H_5COOCH$, CH_2CH, CH_2)	Hydrochlorid	50%	nein	339,6	5,2
Novocain .	p-Amido-Benzoesäure-Diäthylamido-Äthylester	$C_{13}H_{20}O_2N_2$	$COOCH_2-CH_2-N(C_2H_5)_2$; Benzolring ; $C-NH_2$	Hydrochlorid	50%	sterilisierbar	272,6	4,2

Chemische und physikalische Eigenschaften.

Name	Formel	Struktur	Salz	Löslichkeit			
Psicain (d-ψ-Cocain, d-ψ-Methyl-Benzoyl-Ekgonin)	$C_{17}H_{21}O_4N$	$CH_2-CH-CH-COO-CH_3$ $\quad\quad>NCH_3\ H-C-O-CO-C_6H_5$ $CH_2-CH-CH_2$	Bitartrat Hydrochlorid	20% 6,6%	sterilisierbar	339,6	5,2
Stovain	$C_{14}H_{21}O_2N$	CH_3 $C<C_2H_5$ $\quad\ \ C-O-OC-C_6H_5$ $\quad\ \ CH_2\ N(CH_3)_2$	Hydrochlorid	33%	sterilisierbar	271,5	4,2
Tropa-cocain	$C_{14}H_{19}O_2N$	$CH_2-CH\quad\quad CH_2$ $\quad\quad\ \ >NCH_3\ H-C-O-OCC_6H_5$ $CH_2-CH\quad\quad CH_2$	Hydrochlorid	33%	sterilisierbar	281,5	4,3
Tutocain	$C_{14}H_{22}O_2N_2$	CH_3 $H-C-O-OC-C_6H_4NH_2$ $H-C-CH_2-N(CH_3)_2$ CH_3	Hydrochlorid	leicht löslich 10%	sterilisierbar	286,6	4,4
Anästhesin	$(C_6H_4NH_2-CO-OC_2H_5)$ $C_9H_{11}O_2N$	$C-COOC_2H_5$ (Benzolring) $C-NH_2$	—	schwer löslich	—	201,6	—
Cycloform	$(C_6H_4NH_2-CO-OC_4H_9)$ $C_{11}H_{15}-O_2N$	$C-CO-OC_4H_9$ (Benzolring) $C-NH_2$	—	schwer löslich	—	213,6	—
Orthoform	$C_8H_9O_3N$	$C-COOCH_3$ (Benzolring) $C-OH$ $C-NH_2$	—	schwer löslich	—	213,6	—
Propaesin	$(C_6H_4NH_2-CO-OC_3H_7)$ $C_{10}H_{13}O_2N$	$C-COOC_3H_7$ (Benzolring) $C-NH_2$	—	schwer löslich	—	215,6	—

vielleicht auch Adsorbierbarkeit an die Gewebskolloide, die sonst allgemein recht giftige Präparate von der Schleimhaut aus nur langsam in den Kreislauf gelangen läßt und unter Vermeidung von Allgemeinvergiftungen eine günstige langanhaltende Lokalanästhesie herbeiführt, Bedingung für die Eignung eines Präparates zur Oberflächenanästhesie ist.

So bringt FROMMHERZ die Tatsache, daß Novocain für die Schleimhautanästhesie nicht verwendbar ist in Beziehung zu der Flüchtigkeit seiner Wirkung und sucht auch zu zeigen, daß Novocain besonders leicht diffundiert und daß daher an der Cornea die zur Anästhesie erforderliche Konzentration am Nerven spät eintritt, nicht weil zu wenig Novocain dahin gelangt, sondern weil gleichzeitig zu viel Novocain wieder weiter in den Blut- und Saftstrom abdiffundiert. FROMMHERZ führt einige Beobachtungen an, die für die gute Diffundierbarkeit des Novocains sprechen. Andererseits ist aber der Unterschied der letalen Dosen bei subcutaner und bei intravenöser Injektion bei Novocain ganz besonders groß (vgl. Tab. 15). Ferner hat JUTAKA SAITO[1] gefunden, daß von der Blasenschleimhaut Alypin und Cocain weit schneller resorbiert werden als Novocain, ein Befund, der übereinstimmt mit früheren Versuchen SOLLMANNS[2] an der Urethra des Hundes. Von den für die Oberflächenanästhesie besonders geeigneten Mitteln — Cocain, Acoin und Alypin — werden also Cocain und Alypin schneller resorbiert als Novocain. Dies zeigt, daß der Diffundierbarkeit nicht die maßgebende Bedeutung zukommt, die FROMMHERZ ihr zuschreibt. Die Haftbarkeit an den nervösen Elementen selbst und andere noch nicht untersuchte Faktoren kommen außerdem in Betracht. In dieser Hinsicht ist auch von Interesse der Befund von JUMIKURA[3], daß Novocain mit großer Geschwindigkeit in ein lecithinhaltiges Gel eindringt, daß aber die Gesamtmenge, welche aufgenommen wird, bei Novocain geringer ist als bei Cocain, Tutocain, Alypin und Eucain.

Bei der Infiltrationsanästhesie liegen die Verhältnisse wieder anders.

Es ist also die Zahl und Bedeutung der Faktoren, die die anästhesierende „Wirksamkeit" eines Mittels bestimmen, je nach der Verwendungsart verschieden. Welche Faktoren bei den einzelnen Methoden der Anästhesie in Betracht kommen und welche Bedeutung sie besitzen, ist noch nicht genauer untersucht worden. Auch die Faktoren der Wirkung auf die Nervenelemente selbst sind nur zum Teil am Nervenstamm bestimmt worden. An den Nervenendigungen allein sie zu untersuchen ist nicht möglich, weil wir keine Versuchsanordnung besitzen, bei welcher nur diese von der Wirkung der Anaesthetica betroffen werden. Stets werden, wie auch bei der praktischen Anwendung, neben den Nervenendigungen auch die feinsten Nervenstämme in Mitleidenschaft gezogen.

Die experimentelle Untersuchung der Lokalanaesthetica hat sich den Bedingungen der Praxis angepaßt. Sie bestimmt die „Wirksamkeit" unter Bedingungen, die der Infiltrations-, der Oberflächen- oder Leitungsanästhesie entsprechen. So gibt es für jedes Lokalanaestheticum je nach den Versuchsbedingungen verschiedene Werte der Wirksamkeit. Man muß sich bewußt bleiben, daß so wohl ein für die praktische Verwendung brauchbarer Maßstab gefunden wird, daß aber diese Untersuchungen komplexe Werte ergeben, die eine Analyse der Bedeutung der einzelnen Faktoren der Wirkung nicht gestatten. Es unterliegt keinem Zweifel, daß erst eine erschöpfende Untersuchung der Faktoren der Wirkung auf die Nervenelemente selbst uns eine befriedigende Kenntnis der Lokalanaesthetica geben würde und die Möglichkeit, die Beziehungen zwischen Konstitution und Wirkung bei diesen Substanzen ausreichend zu klären.

Dem vorliegenden Untersuchungsmaterial entsprechend ist hier die Wirksamkeit der Lokalanaesthetica an Hand der einzelnen Untersuchungsmethoden besprochen.

Die experimentelle Prüfung der Lokalanaesthetica erfolgt meist durch Versuche an der Haut des Menschen, der Cornea des Kaninchens, der Haut des Frosches oder am isolierten Nervenstamm, insbesondere am Ischiadicus des

---

[1] SAITO, JUTAKA: Arch. f. exper. Path. **102**, 367 (1924).
[2] SOLLMANN: J. of Pharmacol. **11**, 159 (1918).
[3] JUMIKURA: Biochem. Z. **157**, 359 (1925).

Frosches. Bei den ersten drei Untersuchungsmethoden kommt die Wirkung auf die Nervenendigungen und feinste Nervenstämme in Betracht, bei der letzten nur die Wirkung auf die Nervenstämme. Die Versuche an der Haut des Menschen entsprechen von allen Untersuchungsmethoden am meisten der Infiltrationsanästhesie, die Versuche an der Cornea des Frosches und der Froschhaut der Oberflächenanästhesie, die am Nervenstamm der Leitungsanästhesie.

Zur Prüfung an der Haut des Menschen dient die von SCHLEICH[1] angegebene Quaddelmethode.

Diese besteht darin, daß intracutan eine kleine Menge der Lösung des Anästheticums injiziert und an der so entstandenen Quaddel die Wirkung geprüft wird. Man kann durch Einstechen einer Nadel die Aufhebung der Schmerzempfindung prüfen oder durch Berühren mit einem Wattebausch usw. den Tastsinn. Den ersten Weg haben BRAUN[2] und seine Schüler eingeschlagen, der diese Methode kritisch ausgebaut und zu einer hohen Vollkommenheit gebracht hat. Den letzteren Weg haben HOFFMANN und KOCHMANN[3] und RHODE benutzt.

Die Resultate z. B., die so gefundenen wirksamen Grenzkonzentrationen, sind in ihren absoluten Werten natürlich verschieden, je nach den beiden Prüfungsmethoden, da die verschiedenen Qualitäten der Hautsinnesempfindungen in verschiedenem Grade von der Wirkung des Anaestheticums betroffen werden. Dies ist von GOLDSCHEIDER[4], BRAUN[5] und RHODE[6] beobachtet worden. Nach RHODE kommt es zuerst zu einer kompletten Lähmung von Temperatur und Schmerzsinn, einer weniger tiefen des Tast- und Drucksinnes. Zuerst erfolgt die Wiederkehr des Tast- und Drucksinnes, dann der Schmerz- und zuletzt der Temperaturempfindung.

Die Quaddelmethode hat den Vorteil, daß sie die Prüfung am Menschen gestattet, mit kleinen Flüssigkeitsmengen auskommt und außer der anästhesierenden Wirkung noch eine Reihe anderer später zu erörternden Eigenschaften des Anaestheticums zu erkennen gestattet. Sie ist deshalb nicht nur eine Methode der Wertbestimmung eines Anaestheticums, sondern die Prüfungsmethode der Praxis überhaupt, die jedem Arzt gestattet, in kürzester Zeit und ohne experimentelle Schwierigkeit sich ein Urteil zu verschaffen, wenn ihm die Lösung eines Anaestheticums zweifelhaft erscheint. Die Quaddelmethode trägt aber in sich den Fehler der individuellen Empfindlichkeit. Dies und die verschiedenen Methoden zur Feststellung der Wirksamkeit mag die Differenzen in den Ergebnissen verschiedener Beobachter erklären.

Die Wirksamkeit eines Anaestheticums wird nach der Quaddelmethode bestimmt durch Aufsuchen der kleinsten Konzentration, die noch imstande ist, die geprüfte Wirkung hervorzurufen. In der folgenden Tabelle 2 sind die wirksamen Grenzkonzentrationen einiger Anaesthetica in Prozenten, die von verschiedenen Beobachtern gefunden wurden, zusammengestellt.

Die in der Tabelle angegebenen Werte der Autoren 1—3 sind nach der von HOFFMANN und KOCHMANN angegebenen Methode (Tastsinn), die der anderen Autoren nach der Vorschrift von BRAUN gefunden. Diese Werte zeigen zu große Differenzen, um einen Mittelwert berechnen und die Anaesthetica nach der Intensität ordnen zu können. Es ist nur eine Einteilung in Gruppen möglich. Danach würden im Quaddelversuch eine besonders große Wirksamkeit zeigen: Akoin, Eucupin, Holocain, Tutocain, Vuzin. Das Cocain gibt den Übergang zur nächsten Gruppe mit etwas geringerer Intensität: Alypin, Eucain, Optochin, Psicain, Stovain, Tropacocain. Dann folgen Chinin, Chininharnstoff, Novocain und Saligenin. Auch bei diesen letzteren Anaesthetica ist die wirksame Grenzkonzentration weit niedriger als die einiger Narkotica und Antipyretica, die nach der gleichen Methode geprüft wurden. Die für diese gefundenen Grenzkonzentrationen (in Prozent) sind in der folgenden Tabelle zusammengestellt.

---

[1] SCHLEICH: Schmerzlose Operationen.
[2] BRAUN: s. HEINZE, Virchows Arch. **153**, 466 (1898).
[3] HOFFMANN u. KOCHMANN: Beitr. klin. Chir. **91**, 489 (1914).
[4] GOLDSCHEIDER: Mh. Dermat. **5** (1886).
[5] BRAUN: Die örtliche Betäubung, 7. Aufl., S. 87. Leipzig 1925.
[6] RHODE: Arch. f. exper. Path. **91**, 173 (1921).

Tabelle 2.

Akoin	0,0073[1]	0,0005[6]	0,005[7]		
Alypin	0,0875[1]	0,03(5)[2]			
β-Eucain	0,0208[1]	0,06(2)[2]	0,01[7]	0,02[8]	
Holocain	0,00625[1]	0,005[7]			
Cocain	0,0094[1]	0,03(10)[2]	0,0125[3]	0,01[7]	0,005[10]
Novocain	0,0333[1]	0,03(2)[2]	0,1[9]	0,025—0,01[10]	
Psicain		0,016[3]			
Saligenin		0,25[10]			
Stovain	0,0167[1]				
Tropacocain	0,0094[1]	0,03(2)[2]	0,01[5]	0,01[7]	
Tutocain		0,0031[3]	0,01[4]		
Chininharnstoff		0,125(5)[2]	0,05[10]		
Chin. muriat.		0,025[10]			
Optochin. mur.		0,01[10]			
Vuzin muriat.		0,005[10]			
Eucupin muriat.		0,001[10]			

Zahlen in Klammern bedeuten die Dauer der Anästhesie.

Tabelle 3.

Chloroform	0,36—0,18[11]	
Chloralhydrat	2,5[11]	
Paraldehyd	1,0[11]	
Amylenhydrat	2,5[11]	
Amylacetat	0,05[11]	
Äthylurethan	ca. 2½[11]	1,4[10]
Morph. muriat.	0,5[10]	
Codein phosph.	0,5[10]	
Dionin	0,05[10]	
Antipyrin	0,25[2]	1,0[10]
Pyramidon	2,0[10]	
Melubrin	9,0[10]	
Natr. salicyl.	3,0[10]	
Natr. acetylosalicyl.	2,5—1[10]	

Die nach der Quaddelmethode gefundenen Grenzkonzentrationen kommen wahrscheinlich denen der Grenzkonzentrationen für die Wirkung dieser Substanzen auf die betroffenen Nervenelemente (Nervenendigungen und feinste Nervenstämmchen) selbst sehr nahe, entsprechen also ungefähr der Intensität der Wirkung auf diese. Denn man darf wohl annehmen, daß das Gleichgewicht zwischen der Lösung und den betroffenen feinen Nervenelementen sich in sehr kurzer Zeit einstellt, so daß trotz der geringen Menge der Injektionsflüssigkeit eine in Betracht kommende Verminderung der Konzentration der Lösung durch Diffusion vor Erreichung des Gleichgewichtes kaum stattfinden wird. Dafür spricht auch die Beobachtung, daß fast bei allen Lokalanaesthetica bei verdünnten Lösungen eine Wirkung, wenn überhaupt, dann sofort oder kurze Zeit nach der Injektion eintritt. Nur für Acoin gibt BRAUN[12] an, daß die Anästhesie nicht sofort eintritt.

---

[1] HOFFMANN u. KOCHMANN: Beitr. klin. Chir., zitiert auf S. 441.
[2] SOLLMANN: J. of Pharmacol. 11, 69 (1918).
[3] WAGNER: Arch. f. exp. Path. 109, 64 (1925).
[4] BRAUN: Klin. Wschr. 3, 730 (1924).
[5] BRAUN: Örtliche Betäubung, 7. Aufl., S. 111. Leipzig 1925.
[6] BRAUN: Örtliche Betäubung, 7. Aufl., S. 123. Leipzig 1925.
[7] RECHE, M.: Dissert. Leipzig 1903.
[8] HEINZE: Virchows Arch. 153, 466 (1898).
[9] HEINECKE u. LAEWEN: Dtsch. Z. Chir. 80, 180.
[10] RHODE: Arch. f. exper. Path. 91, 173 (1921).
[11] GROS: Arch. f. exper. Path. 62, 380 (1910).
[12] BRAUN: Arch. klin. Chir. 69, 541 (1903).

Bei der Einwirkung der Lokalanaesthetica auf die Cornea des Kaninchens und auf die Froschhaut sind die wirksamen Grenzkonzentrationen weit höher.

Die Versuche an der Cornea des Kaninchens werden in der Weise angestellt, daß die Lösungen der Anaesthetica einmal oder wiederholt instilliert werden oder auch eine bestimmte Zeit hindurch zur Einwirkung gelangen. Da diese Zeitdauer stets nur kurz ist (1—2 Minuten), so kann innerhalb derselben noch kein Gleichgewicht zwischen der Lösung und den Nervenelementen sich einstellen, da das Anaestheticum erst allmählich durch Diffusion an diese gelangt. Die zur Einwirkung kommende und die wirklich wirksame Konzentration ist daher verschieden, die Differenz zwischen beiden um so größer, je kürzer die Applikationsdauer und je länger das Zeitintervall zwischen Applikation und Eintritt der Wirkung. Bei der Untersuchung an der Froschhaut, die am TÜRKschen Präparat ausgeführt wird, sind die Verhältnisse ähnlich. Hier ist es wohl möglich, die Dauer der Einwirkung über einige Stunden auszudehnen, aber doch nicht so lange, als zur Erreichung des Gleichgewichtes notwendig ist. Die Beschränkung der Einwirkungsdauer ist hier aus zwei Gründen notwendig. Einmal wegen der der Resorption des Anaestheticum von der Haut aus folgenden zentralen Lähmung, und falls man diese durch Unterbrechung des Kreislaufes zu verzögern sucht, wegen der kurzen Überlebensdauer des Präparates. Tabelle 4 gibt die gefundenen Grenzkonzentrationen für einige Lokalanaesthetica in Prozent für die Cornea des Kaninchens und für die Froschhaut.

Tabelle 4.

	Froschhaut	Cornea des Kaninchens
Akoin	$2{,}5^1$	2^3
Alypin	$1{,}5^1$ $0{,}06^3$	$1{,}0^3$
β-Eucain		$0{,}5^3$
Holocain		
Cocain	$2{,}5^1$ 1^2 $0{,}125^3$	$0{,}25^1$ 2^2 $0{,}5^3$ $0{,}25^4$ $0{,}05^5$
Novocain	5^1 2^2 $0{,}06^3$	$1-2^1$ 8^3 2^5
Psicain		$0{,}25^4$
Saligenin	1^2	$1-2^1$
Tropacocain	$0{,}015^3$	2^3
Tutocain		$0{,}06^4$ $0{,}125^5$
Chininharnstoff	$0{,}5^3$	2^3
Äthylhydrocupreinoptochin		1^2
Isoäthylhadrocuprein (Vucin)	$0{,}2-0{,}1^2$	$0{,}1^1$
Isoamylhydrocuprein (Eucupin)	$0{,}2-0{,}1^2$	$0{,}1^1$ $0{,}08-0{,}1^2$

Die Grenzkonzentrationen sind hier wesentlich höher als bei den Quaddelversuchen. Die großen Differenzen der Werte verschiedener Beobachter bei den Versuchen an der Froschhaut sind wahrscheinlich auf Unterschiede der Temperatur zurückzuführen[6]. Die besser übereinstimmenden Versuche an der Cornea des Kaninchens ergeben eine besonders große Wirksamkeit für Cocain, Psicain, Tutocain, Vucin und Eucupin, während Alypin, Eucain, Novocain und Tropacocain hier nur eine schwache Wirksamkeit zeigen. Nach den Erfahrungen der Praxis sind Eucain, Novocain und Tropacocain in der Tat für die Oberflächenanästhesie zu schwach, während Alypin und Akoin (hier nicht untersucht) praktisch brauchbar sind, wenn sie auch das Cocain nicht ganz erreichen.

Von den schwer löslichen Anaesthetica hat SOLLMANN[7] Anästhesin, Chloroform, Propaesin und Orthoform untersucht, indem er diese Substanzen mit Talkum mischte und den geringsten Gehalt an Anaestheticum bestimmte, der

---

Froschhaut:
[1] PROTZ: Arch. f. exper. Path. **86**, 238 (1920).
[2] FROMMHERZ: Arch. f. exper. Path. **76**, 257 (1914); **93**, 34 (1922).
[3] SOLLMANN: J. of Pharmacol. **11**, 9 (1918).

Cornea des Kaninchens:
[1] FROMMHERZ: wie oben 2.
[2] MORGENROTH u. GINSBERG: Berl. klin. Wschr. **49**, 2183 (1912); **50**, 343 (1913).
[3] SOLLMANN: J. of Pharmacol. **11**, 17 (1918).
[4] WAGNER: Arch. f. exper. Path. **109**, 64 (1925).
[5] SCHULEMANN: Klin. Wschr. **3**, 676 (1924).
[6] Unveröffentlichte Versuche von S. FLAMM aus dem Leipziger Pharmakologischen Institut der Universität.
[7] SOLLMANN: J. of Pharmacol. **13**, 429 (1919).

in dem Mischpulver noch evtl. bei wiederholter Applikation Anästhesie an der Kaninchencornea oder am Zahnfleisch des Menschen bewirkte. An der Kaninchencornea wirkten die Anaesthetica etwa gleich. Bei einem Gehalt von 10% Anaestheticum waren die Pulver sicher wirksam, bei 2,5% unwirksam. Am Zahnfleisch war Cycloform wirksamer als Anästhesin und Propaesin, Orthoform neu am wenigsten wirksam. Diese Methode der Prüfung der schwer löslichen Anaesthetica scheint jedoch nicht geeignet, ein Urteil über die Wirksamkeit derselben zu ermöglichen. Bei diesen Anaestheticis ist von Bedeutung besonders die Geschwindigkeit der Auflösung, die Diffusionsfähigkeit in die Gewebe und das Verhältnis der Konzentration der gerade wirksamen Lösung zu der gesättigten Lösung und schließlich die Haftbarkeit an den nervösen Elementen. Diese Faktoren, die im wesentlichen die Wirksamkeit bestimmen, sind noch nicht genauer untersucht.

Die Versuche am Ischiadicus des Frosches sind teils an der sensiblen, teils an der motorischen Faser angestellt worden.

Als Maß für die Bestimmung der Wirksamkeit ist entweder die Konzentration genommen worden, die gerade noch imstande ist, den Nerven zu lähmen ohne Rücksicht auf die Zeit, nach welcher die Lähmung eintritt (zeitlose Versuche), oder es ist die Konzentration gesucht worden, welche innerhalb einer bestimmten Zeit Lähmung bewirkt (Zeitversuche). Die zeitlosen Versuche geben sicherlich einen zuverlässigeren Maßstab für die Wirksamkeit als die Zeitversuche, da bei diesen nicht nur die Wirksamkeit, sondern auch die Geschwindigkeit der Wirkung von Bedeutung ist. Besonders beim Vergleich verschiedener Anaesthetica sind nur die zeitlosen Versuche brauchbar, da die Beziehungen Konzentration:Geschwindigkeit der Wirkung für verschiedene Substanzen verschieden sein kann und man so eine verschiedene Reihenfolge der Wirksamkeit erhält, je nach der gewählten Versuchszeit. Für einige Narkotica hat S. Flamm[1] dies im Leipziger Pharmakologischen Institut nachgewiesen.

Die Zeit, über welche sich die „zeitlosen Versuche" in der Regel erstreckten, beträgt etwa 24 Stunden. In vielen Fällen wird schon eine kürzere Zeit — etwa 10—12 Stunden — genügen. Mit Sicherheit läßt sich ein Zeitfehler ausschließen, wenn man bei diesen Versuchen das Gleichgewicht zwischen dem Nerven und der Lösung des Anaestheticums von beiden Seiten zu erreichen sucht. Es wird dabei einmal die niedrigste Konzentration des Anaestheticums bestimmt, die den Nervenstamm noch lähmt und ferner die höchste Konzentration, in welcher ein gelähmter Nerv sich gerade wieder erholt. Nach dieser Methode hat Flamm die Grenzkonzentrationen einiger Narkotica für die motorischen Fasern des Ischiadicus bestimmt und gezeigt, daß die Differenz zwischen der gerade lähmenden und der gerade erholenden Konzentration eines Mittels oft sehr gering ist.

Die Tabelle 5 gibt die Grenzkonzentrationen für die motorischen und sensiblen Fasern des Ischiadicus des Frosches in Prozent.

Tabelle 5.

Froschischiadicus	Motorische Faser			Sensible Faser	
Alypin	0,08[2]	0,06[3]	0,075[4]	0,25[6]	
Eucain	0,08[2]	0,06[3]			
Cocain	0,085[2]	0,06[3]		0,25—0125[5]	0,125[6]
Novocain	0,07[2]	0,06[3]		0,25[5] 0,25[6]	
Saligenin				0,25[5]	
Stovain	0,07[2]				
Tropacocain . . .	0,06[3]			0,125[6]	
Eucupin				0,1[5]	
Vuzin				0,1[5]	

Die Versuche von Gros und von Kochmann und Hurtz sind nach der zeitlosen Methode angestellt, die von Frommherz und von Sollmann sind Zeitversuche.

[1] Flamm, S.: Erscheint im Arch. f. exper. Pharm. u. Path.
[2] Gros: Arch. f. exper. Path. 63, 80 (1910).
[3] Sollmann: J. of Pharmacol. 10, 379 (1917/18).
[4] Kochmann u. Hurtz: Arch. f. exper. Path. 96, 372 (1923).
[5] Frommherz: Arch. f. exper. Path. 76, 257 (1914); 93, 34 (1922).
[6] Sollmann: J. of Pharmacol. 11, 1 (1918).

Der Vergleich der für die motorischen und für die sensiblen Fasern erhaltenen Werte zeigt nun sehr deutlich, daß in den Zeitversuchen am sensiblen Nerven die wirklichen Grenzkonzentrationen nicht erreicht waren. FROMMHERZ gibt an, daß bei seinen Versuchen die Funktionsfähgikeit der motorischen Faser stets noch erhalten war, wenn die sensiblen Fasern bereits gelähmt waren. Die Grenzkonzentrationen, die er für die sensible Faser gefunden hat, sind aber etwa 2—4mal höher, als diejenigen, welche die zeitlose Methode für den motorischen Nerven ergibt. Man müßte daher den Schluß ziehen, daß die Lokalanaesthetica die sensiblen Fasern wohl schneller lähmen als die motorischen, aber erst bei höherer Konzentration. Unveröffentlichte Versuche von KOCHMANN[1], in denen die Wirkung der Anaesthetica auf die motorischen und sensiblen Fasern des Froschischiadicus in zeitlosen Versuchen verglichen wurden, zeigen aber, daß die Grenzkonzentrationen für die sensiblen Fasern gleich oder kleiner sind als die für die motorischen Fasern. Es ist damit zum ersten Male der Nachweis geliefert, daß die sensiblen Fasern wirklich empfindlicher gegenüber der Wirkung mancher Lokalanaesthetica sind als die motorischen Fasern, und daß die Erfahrung der Praxis, daß bei der Leitungsanästhesie die sensible Lähmung früher eintritt als die motorische, nicht nur auf einen Unterschied in der Geschwindigkeit der Beeinflussung beider Faserarten zurückzuführen ist.

Tabelle 6 bringt die von KOCHMANN gefundenen Werte.

Tabelle 6.

Präparat	Grenzkonz. d. motorischen Lähmung in 12 Stunden	Grenzkonz. d. mot. Lähmung in 24 Stunden	Grenzkonz. d. sensiblen Lähmung in 12 Stunden	Grenzkonz. d. sensiblen Lähmung in 24 Stunden	Verhältnis der motor. zur sensibl. Grenzkonzentration in 12 Stunden	in 24 Stunden
Cocain	0,05	0,025	0,01	0,01	5:1	2,5:1
Stovain	0,01	0,005	0,0075	0,005	1,3	1
Tutocain	0,025	0,025	0,01	0,005	2,5	5
Tropacocain	0,025	0,025	0,01	0,0075	2,5	3,3
β-Eucain	0,05	0,025	0,01	0,0075	5	3,3
Alypin	0,05	0,05	0,0075	0,005	6—7	10
Novocain	0,075	0,05	0,05	0,02	1,5	2,5
Psicain	0,25	0,025	0,01	0,01	25	2,5

An der motorischen Faser des Froschischiadicus sind für einige Narkotica, Antipyretica und Alkaloide die Grenzkonzentrationen in „zeitlosen" Versuchen bestimmt worden. Tabelle 7 bringt diese Werte (in Prozent). Auch hier zeigt der Vergleich mit Tabelle 5 und 6 die größere Wirksamkeit der Lokalanaesthetica.

Tabelle 7.

Lösungen in 0,65 Na · Cl		Lösungen in 0,65 Na · Cl	
Chloralhydrat	0,31—0,627[2]	Codein phosph.	1,5[4]
Urethan	1,9[2]	Papaverin hydrochl.	1[4]
Amylenhydrat	1,9[2]	Thebain	0,5[4]
Paraldehyd	0,31[2]	Heroin	0,5[4]
Äthylpropionat	0,8[2]	Dionin	0,25[4]
Phenylurethan	0,017[2]	Narcotin	0,125[4]
Antipyrin	1[3]	Pantopon	0,25[3]
Morph. hydrochl.	1,5[4]		

---

[1] KOCHMANN: Persönliche Mitteilung. Erscheint im Arch. f. exper. Path.
[2] GROS: Arch. f. exper, Path. **62**, 380 (1910).
[3] KOCHMANN u. HURTZ: Arch. f. exper. Path. **96**, 372 (1923).
[4] SOLLMANN: J. of Pharmacol. **10**, 379 (1917/18).

3. Dauer der Wirkung.

Die Dauer der Anästhesie ist an der Quaddel und an der Cornea untersucht worden. Aus den Angaben von BRAUN hat HÄRTEL[1] eine Zusammenstellung der Konzentrationen verschiedener Anaesthetica gegeben, die eine Quaddelanästhesie von 10—15 Minuten Dauer ergeben. In der Tabelle 8 ist diese Zusammenstellung HÄRTELS wiedergegeben, ergänzt durch einige Angaben über die neueren Anaesthetica.

Tabelle 8.

	c	b
Akoin	0,01	10
Alypin	0,1	1
Eucain	0,15	0,67
Cocain	0,1—0,03[4]	1
Novocain	1	0,1
Stovain	1	0,1
Tropacocain	0,5—0,8	0,15
Tutocain	ca. 0,5[2]—0,2[3]	0,2—0,5
Psicain	ca. 0,2[3]	0,5

c = Konzentration, die Anästhesie von 10—15 Min. ergibt. — b = Zeitwirkung im Vergleich zu Cocain nach der Konzentration berechnet.

Den Einfluß der Konzentration auf die Dauer der Wirkung im Quaddelversuch hat RHODE[5] geprüft. SOLLMANN[6] hat aus eigenen Versuchen und auch aus Versuchen von BRAUN[7], HEINECKE und LAEWEN[8], SCHMID[9] und HOFFMANN und KOCHMANN[10] diese Beziehung in einer Tabelle zusammengestellt. Tabelle 9 und 10 gibt die Versuche von RHODE, Tabelle 11 die Zusammenstellung von SOLLMANN.

Tabelle 9. Cocain.

c	t	Bemerkung
10	150	
8	105	
5,8	65	
5	55	
4	35	
3	25	
2	18	
1	15	
0,5	10	
0,05	3	Anästhesie einige Zeit nach Injektion.
0,01	3	Keine deutliche Aufhebung, aber Abstumpfung der Sensibilität.

c = Konzentration. — t = Dauer der Wirkung.

---

[1] HÄRTEL: Die Lokalanästhesie, 2. Aufl. Stuttgart 1920.
[2] Interpoliert aus den Angaben BRAUNS: Klin. Wschr. **3**, 730 (1924).
[3] Ebenso WAGNERS: Arch. f. exper. Path. **109**, 64 (1925). (Letzt. Tastsinnprüfung.)
[4] SOLLMANN: Zitiert auf S. 442 (Tastsinn).
[5] RHODE: Zitiert auf S. 442.
[6] SOLLMANN: J. of Pharmacol. **11**, 69 (1918).
[7] BRAUN: Dtsch. med. Wschr. **1905**, 1662 — Dtsch. Z. Chir. **40**, 1513 (1913) — Lokalanästhesie.
[8] LAEWEN: Dtsch. Z. Chir. **80**, 180 (1905).
[9] SCHMID: Z. exper. Path. u. Ther. **14**, 527 (1913).
[10] HOFFMANN u. KOCHMANN: Zitiert auf S. 442.

Tabelle 10. Novocain.

c	t	Bemerkung
10	35	
7	30	
5,5	25	
4	18	
2	16	
1	12	
0,5	10	
0,1	6	
0,05	5	Kurzdauernde Anästhesie.
0,025	2	Kaum noch anästhesierend. Langsam eintretende Hypästhesie.
0,01		Noch Hypästhesie gegen Temperaturreize.

$c =$ Konzentration. — $t =$ Dauer der Wirkung.

Tabelle 11.

Gehalt der Lsg. in %	Cocain	Novocain	Tropacocain	Alypin	B-Eucain	Chininharnstoff	Stovain
10		27					
5	34—54	17—39		37			
1	20—25	12—17		20	18		
$1/2$	10—18	9—14	5—10	10	15—17	15	
$1/4$	8—14	5—10					
$1/8$	6—15	$1/2$—10	5—7	$1/4$—12	5—8	5	5—7
$1/16$	5—7	$6 1/2$			$1/2$—$5 1/2$		
$1/32$	5	2—$8 1/2$	5	5	3—10		

An der Cornea des Kaninchens sind insbesondere von MORGENROTH und GINSBERG[1] Chinin und die Hydrocupreinabkömmlinge untersucht worden, die alle Anaesthetica hinsichtlich der Dauer der Wirkung bedeutend übertreffen. Es gelingt, mit konzentrierten Lösungen des Äthylhydrocuprein oder des Hydrochinin Anästhesie von 10—15 Tagen hervorzubringen. Aber auch die verdünnten Lösungen dieser Substanzen wirken außerordentlich lange. Tabelle 12 gibt die Konzentrationen in Prozent, in welcher bei einer Einwirkungsdauer von 1 Minute eine Anästhesie von 30—90 Minuten Dauer hervorrufen. Der Eintritt der Wirkung erfolgt nach 2—8 Minuten.

Tabelle 12.

Cocain	2
Chinin	3
Hydrochinin	1—1,25
Äthylhydrocuprein	1—1,25
Isopropylhydrocuprein	0,1—0,125
Isobutylhydrocuprein	ca. 0,1
Isoamylhydrocuprein	0,08—0,1
Tutocain[2]	1—2
Novocain[2]	> 4

4. Verhalten gegenüber Suprarenin.

Nach der Injektion einer anästhesierenden Lösung beginnt sogleich eine Verminderung ihrer Konzentration einzutreten durch Vermischung mit der Gewebsflüssigkeit, Aufnahme des Anaestheticums durch die Gewebe, evtl. Zerstörung derselben, Diffussion in die Umgebung und Resorption. Diese die Konzentration der Lösung verminderten Faktoren beeinträchtigen die Intensität und vor allem die Dauer der Wirkung, die nur solange anhalten kann, als in der Umgebung der Nervenelemente wenigstens noch die wirksame Grenzkonzentration sich findet.

---

[1] MORGENROTH u. GINSBERG: Zitiert auf S. 443.
[2] SCHULEMANN: Klin. Wschr. **3**, 676 (1924).

Der größte Einfluß kommt von allen diesen Faktoren der Verminderung der Konzentration durch die Resorption des Anaestheticums zu. Denn die Erfahrung zeigt, daß alle Mittel, welche die Resorption verzögern, die Intensität und Dauer der Wirkung einer injizierten Anaestheticumlösung stark erhöhen. Als solche Mittel kommen insbesondere in Betracht die lokale Abkühlung der Gewebe und die Unterbrechung oder Behinderung des Blutstromes. v. Kossa[1] hat die Verzögerung der Resorption durch Abkühlung der Gewebe am Applikationsorte für eine Reihe von Giften nachgewiesen. Braun[2] hat an Quaddelversuchen die Steigerung der lokalen Cocainwirkung durch Abkühlung gezeigt und weist mit Recht darauf hin, daß bei der in der Praxis gebräuchlichen gleichzeitigen Anwendung von Cocain und Äther-, bzw. Chloräthylzerstäuber nicht nur eine Addition der Kälte- und Cocainanästhesie vorliege, sondern auch eine Steigerung der anästhesierenden Wirkung des Cocain selbst, dessen verdünnte Lösungen im abgekühlten Gewebe ein gleiches Betäubungsvermögen besitzen wie seine konzentrierten Lösungen im nicht abgekühlten Gewebe.

Die Behinderung des Blutstromes durch Abschnürung wurde bereits von Corning[3] zur Steigerung der Cocainwirkung gebraucht und ist seitdem ein wichtiges Hilfsmittel der Lokalanästhesie geworden. Die Abschnürung läßt sich nur an den Extremitäten durchführen und ist deshalb nur in speziellen Fällen anwendbar. Eine allgemeine Bedeutung für die Lokalanästhesie erhielt die Resorptionsverzögerung durch Behinderung des Blutstromes erst durch die Einführung der Nebennierenpräparate bzw. des synthetischen Suprarenin. Die Nebennierenpräparate wurden zuerst zur Steigerung der anästhesierenden Wirkung bei der Oberflächenanästhesie in der Augenheilkunde und in der Laryngologie gebraucht. Die allgemeine Bedeutung derselben für die Lokalanästhesie wurde von Braun[4] erkannt. Die Nebennierenextrakte verlängern nach seinen Versuchen nicht nur die Dauer der Anästhesie, sondern sie ermöglichen auch die Diffussion des Anaestheticums weit über die Injektionszone hinaus, so daß die Leitfähigkeit von Nervenstämmen unterbrochen wird, falls die Injektion in der Nachbarschaft derselben erfolgt. Die Verlängerung der Dauer der Anästhesie läßt sich im Quaddelversuch verfolgen.

Braun fand, daß eine 0,1 proz. Eucainlösung Anästhesie von 8 Minuten Dauer bewirkt, nach Zusatz von Nebennierenextrakt 15 Minuten. Für die 0,1- und 0,5 proz. Cocainlösung beträgt die Dauer 10 bzw. 18 Minuten, nach Nebennierenextraktzusatz 25 Minuten bis 1 bzw. 3 Stunden. Die Dauer und die Ausbreitung der Gewebsanämie sind dabei unabhängig von denen der Anästhesie. Die ersteren sind abhängig von dem Adrenalingehalt der Lösung, die letzteren von der Konzentration des Anaestheticums. Die Angaben von Braun sind vielfach bestätigt worden. Von den zahlreichen Arbeiten sei hier nur eine Zusammenstellung der Versuche Sollmanns[5] und Wagners[6] gegeben, welche die Dauer der Quaddelanästhesie mit und ohne Suprareninzusatz 1:100000 zeigt (Konzentrationsangabe in Prozent, Dauer in Minuten).

Die Tabelle zeigt, daß nicht bei allen Anaesthetica der gleiche Zusatz von Suprarenin die gleiche Verlängerung der Dauer der Wirkung herbeiführt. Der Einfluß des Suprarenin ist also je nach dem Anaestheticum verschieden. Dies ist von Laewen[1] am Durchströmungspräparat des Frosches genauer untersucht worden. Er fand, daß hier eine Mischung von Cocain und Suprarenin die volle Suprareninwirkung zeigt, während Eucain diese wesentlich abschwächt, Tropacocain sie aufhebt. Dieses Ergebnis Laewens findet seine Bestätigung

---

[1] v. Kossa: Arch. f. exper. Path. **36**, 120.
[2] Braun: Die örtliche Betäubung, S. 154.   [3] Corning: Zitiert nach Braun: S. 153.
[4] Braun: Arch. klin. Chir. **69**, 541 (1905).
[5] Sollmann: J. of Pharmacol. **11**, 67 (1918).   [6] Wagner: Zitiert auf S. 443.
[6] Laewen: Arch. f. exper. Path. **51**, 415 (1904).

durch die in der Tabelle angeführten Versuche. Bei Tropacocain keine Verlängerung der Anästhesie durch Suprareninzusatz, dagegen eine sehr starke bei Alypin, Cocain und Novocain. Dies stimmt auch mit Versuchen von Braun[1] überein.

Die Steigerung der Dauer der Anästhesie ist hier auf seine durch die Gefäßkontraktion bewirkte Verzögerung der Resorption zurückgeführt worden. Esch[2] glaubt, daß auch eine spezifische Wirkung des Suprarenin auf den Nerven hier

Tabelle 13.

	c	Dauer ohne Suprareninzusatz	Dauer mit Suprareninzusatz
Alypin	$1/8$	10 · 15	> 90
	$1/32$	5 · 10	> 25
B-Eucain	$1/8$	5 · 15	20 · 70
	$1/32$	0 · 10	> 26
Cocain	$1/8$	10 · 15	> 120
	$1/32$	5 · 15	> 40
Novocain	$1/8$	5 · 15	60—105
	$1/32$	5 · 10	> 30
Tropacocain	$1/8$	5 · 15	0 · 10
	$1/32$	5 · 10	5 · 10
Psicain	0,016	5	19
Tutocain	0,003	3	22

von Bedeutung sei, der unter dieser Wirkung das Anaestheticum besser aufnehmen soll. Er fand am isolierten Nerven, daß eine Mischung von Suprarenin mit Cocain oder Alypin oder Novocain diesen schneller lähmt als Cocain bzw. Alypin oder Novocain allein. Dies war nicht der Fall bei Tropacocain. Die Versuche von Esch konnten von Sollmann[3] an der sensiblen und motorischen Faser des Froschischiadicus nicht bestätigt werden.

5. Synergismus, Steigerung der Wirksamkeit durch Zusatz anderer Substanzen.

Die Frage, ob die Mischung mehrerer Anaesthetica eine synergistische Wirkung ergibt, ist vielfach untersucht worden. Zorn[4] hat am Ischiadicus des Frosches in kurzen Zeitversuchen (30 Min.) nur Addition für die Mischungen von Cocain, Novocain, Alypin, Eucain und Tropacocain gefunden, ebenso auch für Cocain und Antipyrin. Auch Sollmann[5] hat in Versuchen an den motorischen und sensiblen Fasern des Froschischiadicus, an der Cornea, der Froschhaut und der Quaddel stets nur Addition der Wirkung mehrerer Anaesthetica beobachtet. Nach Versuchen von v. Issekutz[6] an der Froschhaut soll Antipyrin die Wirkung des Cocain, β-Eucain und Novocain steigern, ferner β-Eucain die des Novocain.

Potenzierung fanden für die Mischung von Cocain und Morphin Kochmann und Hurtz[7]. Die Grenzkonzentration für den motorischen Nerven ist für Cocain 0,075%, für Morphin 1,5%. Eine Mischung, die 0,019% Cocain und 0,375% Morphin enthielt, war ebenfalls imstande den Nerven zu lähmen.

Von praktischer Bedeutung ist der Zusatz von Kaliumsulfat zu Novocain durch Kochmann geworden. Die Salze des Kalium wirken selbst lähmend auf den peripheren Nerven. Zorn[4] fand bei der Mischung von Cocain mit Kalium-

---

[1] Braun: Die Lokalanästhesie, S. 164.
[2] Eschl: Arch. f. exper. Path. **64**, 84 (1910). [3] Sollmann: Zitiert auf S. 444.
[4] Zorn: Z. exper. Path. u. Ther. **12**, 529 (1913); **11**, 1, 9, 17, 67 (1918).
[5] Sollmann: J. of Pharmacol. **10**, 379 (1917/18).
[6] v. Issekutz: Arch. f. d. ges. Physiol. **145**, 448 (1912).
[7] Kochmann u. Hurtz: Zitiert auf S. 445.

nitrat und bei der von Novocain mit Kaliumchlorid und mit Kaliumnitrat nur Addition der Wirkung. Dagegen Potenzierung bei der Mischung des Cocain und Kaliumsulfat oder Kaliumchlorid und der des Novocain mit Kaliumsulfat. HOFFMANN und KOCHMANN[1] haben in Quaddelversuchen diese Angaben bestätigt und auch für die Mischung von Tropacocain, Holocain und Eucain mit Kaliumsulfat Potenzierung festgestellt. Die letale Dosis der Kombination Kaliumsulfat mit Novocain fanden sie dabei kleiner, als die Summe der halben letalen Grenzdosen beider Substanzen. Die Potenzierung von Kaliumsulfat und Novocain wurde von BRAUN[2] in Quaddelversuchen, von SOLLMANN[3] für Chlorkalium und Novocain bzw. Cocain am motorischen Nerven des Frosches bestätigt. Für den sensiblen Nerven, die Froschhaut und an der Quaddel konnte SOLLMANN nur Addition finden. Dagegen fand JURO KAWABADA[4] am Ischiadicus des Frosches eine Potenzierung für Kaliumchlorid und Novocain nur für die sensiblen Fasern. Mit Cocain und Eucain gab Kaliumchlorid Potenzierung sowohl an den sensiblen als auch an den motorischen Fasern des Froschischiadicus. Die Wirkung des Tropacocain, Alypin und Stovain potenziert Kaliumchlorid nicht. Ähnliche Resultate ergaben Versuche an den sensiblen Apparaten der Frosch- und Meerschweinchenhaut. Von WAGNER[5] ist auch für Psicain und Tutocain eine Verstärkung der Wirkung durch Zusatz von Kaliumsulfat über das arithmetische Mittel hinaus in Quaddelversuchen nachgewiesen worden. BRAUN[6] konnte dies für Tutocain nicht bestätigen.

Die potenzierende Wirkung der Kombination Novocain+Kaliumsulfat oder Cocain+Kaliumsulfat gilt nicht für alle Methoden der Lokalanästhesie. Für die Leitungsanästhesie ist sie vielfach durch praktische Erfahrung erwiesen worden (HOFFMANN, BRAUN), dagegen hat GEHSE[7] unter KOCHMANN gezeigt, daß diese Mischungen keine Potenzierung zeigen an der Cornea des Kaninchens, also für die Oberflächenanästhesie nicht geeignet sind. Hier ist nach Versuchen von GEHSE eine Wirkungsverstärkung durch einen geringen Zusatz von Phenol zu den Lösungen von Cocain oder Novocain zu erreichen. Hierdurch wird die Dauer der Anästhesie wesentlich verlängert und die noch wirksame Konzentration der Anaesthetica herabgesetzt. In gleicher Weise wirkt Zusatz von Phenol auch bei Tutocain und Psicain nach Versuchen von WAGNER[8] an der Cornea des Kaninchens.

Der Mechanismus der Potenzierung des Kaliumsulfates mit Novocain ist von GROS und KOCHMANN[9] an den motorischen Fasern des Froschischiadicus untersucht worden. Bestimmt man nach der zeitlosen Methode die Grenzkonzentration des Novocain und des Kaliumsulfates, sowie die der Mischung beider, so ergibt sich keine Potenzierung. Die Geschwindigkeit, mit welcher die Lähmung des Nerven erreicht wird, ist aber in der Mischung im Verhältnis zu der der beiden Komponenten beträchtlich gesteigert. Es beruht also die Potenzierung Novocain-Kaliumsulfat auf einer Wirkungsbeschleunigung. GROS und KOCHMANN haben für diesen Potenzierungsmechanismus den Ausdruck Zeitpotenzierung vorgeschlagen.

Ein weiteres Mittel, das Anästhesierungsvermögen der gewöhnlich verwendeten salzsauren Salze der Anaesthetica zu steigern, ist von GROS[10] gefunden worden. Ausgehend von der Anschauung, daß der Wirkung der Lokalanaesthetica

---

[1] HOFFMANN u. KOCHMANN: Beitr. klin. Chir. **91**, 489 (1914) — Dtsch. med. Wschr. **38**, 2264 (1912).
[2] BRAUN: Zbl. Chir. **40**, 1513 (1913).   [3] SOLLMANN: Zitiert auf S. 444.
[4] KAWABADA, JURO: Folia Pharmacologica japonica **4**, 1 (1927).
[5] WAGNER: Arch. f. exper. Path. **109**, 64 (1917).
[6] BRAUN: Klin. Wschr. **3**, 730 (1924).
[7] GEHSE: Dtsch. med. Wschr. **50**, 200 (1924).   [8] WAGNER: Zitiert auf S. 442.
[9] GROS u. KOCHMANN: Arch. f. exper. Path. **98**, 129 (1923).
[10] GROS: Arch. f. exper. Path. **63**, 80 (1910); **67** (1912).

auf den peripheren Nerven ähnliche Vorgänge zugrunde liegen wie der der Narkotica auf das Zentralnervensystem, war auf Grund der Theorie von H. H. MEYER und OVERTON[1] zu vermuten, daß in den Lösungen der Salze der Anaesthetica nur der lipoidlösliche Anteil, d. h. die durch Hydrolyse abgespaltene Base wirksam sei. Es mußten demnach Lösungen der Anaestheticumbase stärker wirken als äquimolekulare Lösungen der salzsauren Salze, und bei den Salzen selbst mußte die Wirkung bei den stärker hydrolysierenden, d. h. bei den Salzen schwacher Säuren größer sein, als bei den schwach hydrolysierenden, d. h. den Salzen starker Säuren. Diese Anschauung wurde in Versuchen an der Quaddel und an den motorischen Fasern des Froschischiadicus durchaus bestätigt. Die Konzentration, in der die Basen des Cocain, Novocain, Alypin, Eucain, Stovain den motorischen Nerven lähmen, ist nur $1/2$ bis $1/4$ so groß als die Grenzkonzentration der entsprechenden Chloride. Ähnliche Unterschiede zugunsten der Basen ergibt der Quaddelversuch. Die Bicarbonate dieser Anaesthetica wirken weit schneller und bei geringerer Konzentration als die Chloride[2]. An verschiedenen Novocainsalzen konnte GROS auch nachweisen, daß die Wirksamkeit und Geschwindigkeit der Wirkung eines Salzes um so größer, je schwächer die Säure des Salzes ist, d. h. je stärker die Hydrolyse. GROS[3] empfiehlt deshalb, den gebräuchlichen Lösungen der Anaesthetica Natriumbicarbonat zuzusetzen. Die Ergebnisse von GROS sind von LAEWEN[4] praktisch erprobt und insbesondere für die extradurale Anästhesie empfohlen worden.

Die Nachprüfung dieses Befundes von W. L. SYMES und V. H. VELEY[5] ergab ein entgegengesetztes Resultat. Die Cocainbase wirkte schwächer als Cocainchlorid. Diesen Widerspruch konnte GROS[6] erklären durch die außerordentlich schnelle Zersetzung der Cocainbase in Lösung. Frisch bereitete Lösungen der Cocainbase wirken weit stärker, als äquimolare Lösungen des Cocainchlorides. Nach wenigen Stunden hat aber die Cocainbase ihre Wirksamkeit bereits verloren.

Die Ergebnisse von GROS sind von SOLLMANN[7] an der motorischen und sensiblen Faser des Ischiadicus und der Haut des Frosches bestätigt worden, ferner an der Cornea des Kaninchens. In all diesen Fällen war eine Steigerung der Wirksamkeit um das 2—8fache durch Zusatz von Natriumbicarbonat zu den Lösungen von Cocain, B-Eucain, Tropacocain, Alypin und Novocain nachweisbar. Für die Froschhaut hat PROTZ[8] das gleiche gefunden. Die Nachprüfung an der Quaddel hat keine übereinstimmenden Resultate ergeben. BRAUN[9] und SOLLMANN[10] konnten hier eine Wirkungssteigerung durch den Zusatz von Natriumbicarbonat nicht erkennen, während RHODE[11] nach der gleichen Methode die Wirksamkeit einer 2proz. Novocainlösung durch Bicarbonat auf das 3—4fache gesteigert fand. Dieser Widerspruch könnte seine Erklärung darin finden, daß im Quaddelversuch bei den geringen Mengen der Lösung und der geringen Konzentration derselben schon eine kleine Menge Gewebsflüssigkeit genügt, um die Hydrolyse der sauer reagierenden Lösungen der Anaesthetica zu steigern, so daß auch die Lösungen der Chlo-

---

[1] OVERTON: Die Narkose.
[2] Nach Versuchen von TRAUBE [Biochem. Z. **42**, 470 (1912)] wird auch die Toxizität von Cocainlösungen für Kaulquappen durch Zusatz von Natriumcarbonat entsprechend der Änderung der Oberflächenspannung erhöht. Ferner zeigte E. PRIBRAM [Pflügers Arch. **137**, 350 (1911)], daß die Wirkung der Lokalanaesthetica auf die roten Blutkörperchen durch Zusatz von Natriumbicarbonat gesteigert wird.
[3] GROS: Münch. med. Wschr. **1910**, Nr 39.
[4] LAEWEN: Münch. med. Wschr. **1910**, Nr 39 — Zbl. Chir. **1910**, Nr 20.
[5] SYMES, W. L. u. V. H. VELEY: Proc. roy. Soc. Lond. **83**, 421 (1912).
[6] GROS: Arch. f. exper. Path. **67**, 126 (1912).
[7] SOLLMANN: **10**, 379; **11**, 1, 9.
[8] PROTZ: Arch. f. exper. Path. **86**, 238 (1920).
[9] BRAUN: Zbl. Chir. **40**, 1513 (1913).
[10] SOLLMANN: **11**, 69 (1918). Zitiert auf S. 448.
[11] RHODE: Zitiert auf S. 442.

ride hier unter Umständen eine höhere Wirksamkeit zeigen, als ihnen an und für sich zukommt. FLAMM hat in bisher unveröffentlichten Versuchen im Leipziger Pharmakologischen Institut gezeigt, daß die Anaestheticachloride in einer nach BARKAN, BROEMSER und HAHN[1] gepufferten Lösung weit stärker wirken als in Kochsalzlösung. Es ergibt sich daraus für die praktische Anwendung des Bicarbonatzusatzes folgendes: Eine Steigerung durch diesen Zusatz ist kaum zu erwarten bei den Methoden der Anästhesierung, bei welchen die Anaestheticumlösung sich schnell mit der Gewebsflüssigkeit mischt. Also insbesondere bei der Infiltrationsanästhesie und wohl auch meist bei der Leitungsanästhesie (vielleicht außer endoneuraler Injektion und Extraduralanästhesie). Eine Steigerung der Wirksamkeit ist zu erwarten insbesondere bei der Oberflächenanästhesie, wo der Lösung des Anaestheticums nur wenig Gewebsflüssigkeit sich beigesellt. Auch SOLLMANN[2] kommt zu dem Schluß, daß der Bicarbonatzusatz zweckmäßig sei bei der Oberflächenanästhesie und endoneuraler Injektion, nicht bei der Infiltrationsanästhesie. In den letzten Jahren ist der Zusatz von Natriumbicarbonat bei der Oberflächenanästhesie wiederholt von amerikanischen Autoren empfohlen worden, die die Wirkungssteigerung derselben bestätigt haben (R. MEEKER[3]).

Die salzsauren Salze verschiedener Anaesthetica sind, wie GROS[4] nachgewiesen hat, in verschiedenem Grade hydrolysiert. Der Zusatz einer gepufferten Lösung wird daher bei den verschiedenen Anaestheticis die Hydrolyse und damit die Wirksamkeit in verschiedenem Grade beeinflussen. Ebenso wie eine gepufferte Lösung wird Gewebsflüssigkeit wirken. Es ist daher zweckmäßig, auch bei Versuchen am isolierten Nerven usw. die Anaesthetica in gepufferter Lösung zu untersuchen, weil der Versuch in Kochsalzlösung allein andere Verhältnisse gibt[5], wie im Organismus und auch die relative Wirksamkeit mehrerer Anaesthetica in gepufferter Lösung oder Gewebsflüssigkeit anders sein kann als in Kochsalzlösung.

6. Die lokalen Nebenwirkungen.

Die Wirkung der Lokalanaesthetica erstreckt sich nahezu auf alle Zellen und Gewebe. Infusorien, Flimmerepithelien, Muskel usw. werden gelähmt. Soweit diese Wirkungen rein depressiv und reversibel sind, sind sie für die Lokal- und Leitungsanästhesie ohne praktische Bedeutung, besonders da nächst dem Zentralnervensystem der periphere Nerv am empfindlichsten ist. Neben diesen Wirkungen haben die Lokalanaesthetica aber vielfach auch erregende und örtlich reizende Wirkungen[6].

Die erregenden Wirkungen können am sensiblen Nerven der lähmenden vorausgehen und machen sich dann als Schmerzempfindung geltend. So ist

---

[1] BARKAN, BROEMSER u. HAHN: Z. Biol., N. F. 55/56.
[2] SOLLMANN: 11, 69 (1918).
[3] MEEKER, R.: J. Labor. a. clin. Med. 11, 116 (1926).
[4] GROS: 63, 92 (1910).
[5] TREVAN und BOOCK [Brit. med. J. 1928, zit. nach Ref. in Narkose u. Anästh. 1, 223 (1928)] haben in Versuchen an der Kaninchencornea gefunden, daß bei Cocain, Novocain, Stovain, Eucain, Benzylbenzolekgonin und Phenylacethylbenzoylekgonin zwischen den p_H Breiten 5 bis 8 die anästhetische Wirkung direkt mit der zunehmenden Alkalinität der Lösung wächst. Jenseits $p_H = 8$ nimmt die Wirkung wieder ab. Nach LIPSCHITZ, WEINGARTEN und LAUBENDER [Arch. f. exper. Path. 137, 1 (1928)] wird durch vorherige oder gleichzeitige Behandlung mit Coffein die Geschwindigkeit und Dauer der Wirkung der Anaesthetica auf den motorischen und sensiblen Froschnerven gesteigert.
[6] Die Wirkung auf die Blutgefäße ist hier nicht berücksichtigt. Gefäßerweiternd wirken Stovain und Psicain. Von den anderen Mitteln verengern Alypin, Novocain, Tutocain, Tropacocain, Eucain B und Cocain zunächst die Gefäße und erweitern sie dann. Näheres siehe RENTZ, Arch. f. exp. Path. u. Pharm. 131, 257 (1928); RENTZ u. AMSLER, ebenda 133, 274 (1928).

beispielsweise die Installation einer Cocainlösung in das Auge schmerzhaft, und BRAUN[1] gibt an, daß bei der Einspritzung konzentrierter, mehr als 3—4proz. Cocainlösungen ein blitzartiger, kurzer spezifischer Reiz erfolgt, der sofort von einer tiefenörtlichen Lähmung des Hautgefühles gefolgt sei. Bei den Lokalanaestheticis ist diese erregende — der Lähmung vorausgehende — Wirkung auf den sensiblen Nerven stets von kurzer Dauer und auch von geringer Intensität. Ganz anders bei manchen anderen, den peripheren Nerven lähmenden Substanzen, wie z. B. den Narkoticis Äther, Chloroform usw. Hier geht der Schmerzbetäubung eine äußerst intensive und oft beträchtliche Zeit anhaltende Schmerzempfindung voraus. Die geringe erregende Wirkung der Lokalanaesthetica auf den peripheren sensiblen Nerven hat praktisch kaum eine Bedeutung. Anders dagegen die örtlich reizenden Wirkungen, die sich auf das Gewebe an der Applikationsstelle erstrecken. Diese Reizwirkungen sind vielfach irreversibel und können dauernde Gewebsschädigungen zur Folge haben. Auch in dieser Hinsicht übertreffen die meisten Narkotica die Lokalanaesthetica.

Die lokalschädigende Wirkung der Anaesthetica ist gemessen worden an isolierten Zellen, an der Cornea, an der Haut des Kaninchens und im Quaddelversuch am Menschen. An Paramäcien bestimmte RHODE[2] die nach einer Stunde tödliche molare Grenzkonzentration. Es ergab sich die Reihenfolge: Eucain B $^m/_{1400}$, Stovain $^m/_{680}$, Tropacocain $^m/_{410}$, Saligenin $^m/_{350}$, Alypin $^m/_{250}$, Cocain $^m/_{130}$, Novocain $^m/_{125}$, Benzylalkohol $^m/_{110}$. Bei Einstellung der Lösungen durch Phosphatpuffer auf verschiedenes p^h steigt die tödliche molare Konzentration mit zunehmendem p^h. Diese Änderung der Wirkung geht nicht parallel der Änderung der Oberflächenspannung, steht also nicht im Einklang mit der Anschauung von TRAUBE. Bei Schweineerythrocyten, Rattenspermien, Hefezellen, Erbsen- und Gerstekeimlingen wirken Saligenin und Benzylalkohol auch relativ verschieden, je nach dem Prüfungsobjekt. Bei den anderen oben genannten Mitteln ist die Reihenfolge der Giftigkeit die gleiche bei allen Prüfungsobjekten, die absoluten Werte sind verschieden, so daß Paramäcien 10mal, Blut 3mal empfindlicher ist als Hefe, Spermien und Pflanzenkeimlinge.

Nach Untersuchungen von D. I. MACHT, J. SATASSI und S. O. SWARTZ[3] wirken manche Lokalanaesthetica in höheren Konzentrationen wachstumshemmend oder sogar keimtötend auf Bakterien. Am stärksten zeigt sich dies bei Benzylalkohol. Es folgen Alypin, Stovain, Holocain und β-Eucain, während dem Cocain und Novocain diese Wirkung fehlt.

Am Kaninchenauge hat REICHMUTH[4] vergleichende Untersuchungen durchgeführt. Bei Instillation 2- und 5proz. Lösungen von Cocain, Tropacocain und Alypin, 2-, 3- und 4proz. Lösungen von Eucain, 1% Acoin und 2% Holocain zeigten sich in allen Fällen Veränderungen an der Cornea. Dieselbe wird trocken und matt, das Epithel uneben und zum Teil defekt. Bei den stärker wirkenden Lösungen kommt es zu schleimiger Sekretion, der Epitheldefekt kann sich über die ganze Cornea erstrecken. Die Restitution erfolgt erst nach einigen Tagen. Am geringsten war die Wirkung bei Cocain und Tropacocain. Beim Menschen ist die Instillation 2proz. Lösungen von Cocain, Tropacocain, Eucain und Alypin schmerzhaft, am stärksten bei den beiden letzteren. Es stellten sich auch hier Trockenheit der Cornea, feine Stichelung und unregelmäßige Erhabenheiten des Epithels ein. Bei Alypin und Eucain war die Fluoresceinreaktion stellenweise positiv. Die lokalen Schädigungen am Kaninchenauge treten noch weit stärker hervor bei subconjunctivaler Injektion oder bei Spülung der vorderen Kammer.

Chinin, Hydrochinin und Äthylhydrocuprein und die anderen von MORGENROTH und GINSBERG[5] untersuchten Derivate des Hydrochinins bewirken bei der Einträufelung ins Auge Conjunctivitis, Chemosis und Hornhauttrübung, deren Intensität und Reversibilität bei den einzelnen Mitteln und je nach Dauer der Einwirkung und Konzentration der Lösung verschieden ist.

An der Haut des Kaninchens hat LE BROCQ[6] bei Injektion von 10proz. Lösungen von Stovain, Eucain und Tropacocain Nekrose beobachtet. Cocain bewirkte leichte Schwellung und Hyperämie bald nach der Injektion, die ohne weitere Folgen wieder verschwanden. Die geringste Wirkung zeigte Novocain.

---

[1] BRAUN: Zitiert auf S. 435.
[2] RHODE: Z. exper. Med. **38**, 506 (1923).
[3] SWARTZ, S. O.: J. of Urol. **4**, 347 (1920), zit. nach Ber. Physiol. **5**, 157.
[4] REICHMUTH: Dissert. Basel 1906.
[5] MORGENROTH u. GINSBERG: Berl. klin. Wschr. **49**, 2183 (1912); **50**, 343 (1913).
[6] LE BROCQ: Brit. med. J. **1909**, 783.

Für die Praxis läßt sich die gewebsschädigende Wirkung nach BRAUN am einfachsten im Quaddelversuch erkennen. Ist die zu untersuchende Lösung gewebsschädigend, so beobachtet man, daß die Quaddel nicht reaktionslos verschwindet, sondern es bleiben oft schmerzhafte Infiltrate an der Injektionsstelle zurück, unter Umständen folgen Nekrosen. Fast alle Lokalanaesthetica zeigen derartige Nebenwirkungen. Ihr Auftreten und ihre Intensität ist wiederum abhängig von der Konzentration. Sie geben so die obere Grenze der bei den einzelnen Anaesthetica verwendbaren Konzentrationen. Die von BRAUN und seinen Schülern gefundenen Werte hat HÄRTEL[1] zusammengestellt. Hiernach beträgt die oberste Grenzkonzentration der örtlichen Reizlosigkeit für Novocain und Eucain B 10%, Cocain und Tropacocain 2%, Acoin <0,5%, Stovain <1%, Alypin <1%. Auffallend ist in dieser Zusammenstellung die geringe Schädlichkeit des Eucain, die mit den vorher berichteten Ergebnissen anderer Versuchsmethoden in Widerspruch steht.

7. Die Toxizität.

Alle Lokalanaesthetica haben resorptive Wirkungen. Diese sind, wie bereits ausgeführt, bei der praktischen Anwendung der Lokalanaesthetica unerwünscht und bilden das Gefahrmoment. Es ist deshalb neben der Wirksamkeit auf den peripheren Nerven zu berücksichtigen insbesondere die Stärke der resorptiven Wirkung.

HOFFMANN und KOCHMANN[2] haben dies in die Formel gebracht, daß der praktische Wert (W) eines Lokalanaestheticums bestimmt wird im wesentlichen durch zwei Faktoren, nämlich die anästhesierende Kraft $= K$ und die Toxizität, ausgedrückt durch die letale Dosis $= L$. K ist umgekehrt proportional der wirksamen Grenzkonzentration k, so daß sich W aus zwei experimentell bestimmbaren Werten berechnen läßt.

$$W = \frac{l}{k} \cdot L.$$

Durch eine derartige Formel würde das Verhältnis der lokalen zur resorptiven Wirksamkeit gegeben sein, wenn sie auch nicht vollständig der praktischen Bedeutung eines Lokalanaestheticums entspricht, da sie eine Reihe Faktoren z. B. lokale Nebenwirkungen, Verhalten zu Suparrenin usw. nicht enthält. Vor allem ist aber zu berücksichtigen, daß einmal der Wert $\frac{l}{k}$ für jedes Anaestheticum verschieden ist je nach der Prüfungs- bzw. Anwendungsart (Quaddel, Cornea, Froschhaut, isolierter Nerv usw.) und daß auch die letale Dosis je nach Tier- und Applikationsart verschieden ist. Die von HOFFMANN und KOCHMANN aufgestellte Formel gibt somit einen brauchbaren Maßstab für die Bewertung verschiedener Mittel erst dann, wenn entschieden ist, welche Werte von k und L zugrunde gelegt werden müssen. HOFFMANN und KOCHMANN selbst haben für die Bestimmung von K den Quaddelversuch benutzt. Es würde also W etwa der Bewertung für die Infiltrationsanästhesie entsprechen, aber auch hier dürften die von ihnen gefundenen Werte nicht den Erfahrungen der Praxis ganz entsprechen.

Die Toxizität wird in der Regel gemessen durch Bestimmung der letalen Dosis. Diese ist bei den Lokalanaestheticis nicht nur abhängig von der Tierart, sondern wie wohl bei allen Giften auch von der Konzentration, in welcher das Mittel nach der Resorption zur Einwirkung auf das Erfolgsorgan, hier das Zentralnervensystem gelangt. Da die Lokalanaesthetica nahezu auf alle Gewebe des tierischen Organismus wirken, also auch von allen aufgenommen und zurückgehalten werden und da ferner die Lokalanaesthetica in den Geweben mehr oder minder schnell zerstört und in weniger giftige Verbindungen überführt werden, so ist die Konzentration, in welcher ein Mittel zur Einwirkung auf das Zentralnervensystem ge-

---

[1] HÄRTEL: Die Lokalanästhesie. Stuttgart: F. Enke 1920.
[2] HOFFMANN u. KOCHMANN: Zitiert auf S. 441.

langt, in hohem Grade abhängig von der Geschwindigkeit, mit welcher es vom Applikationsorte in das Zentralnervensystem gelangt. Denn jede Verzögerung bedeutet einen Verlust durch Bindung an die Gewebe und Zerstörung. Infolge dieser Verhältnisse ist die letale Menge abhängig von der Resorptiongeschwindigkeit, ja sogar verschieden bei intravenöser und intraarterieller Injektion. Alle Faktoren, die die Resorptionsgeschwindigkeit beeinflussen, insbesondere bei subcutaner Injektion die Konzentration der Lösungen, Beeinträchtigung der Zirkulation durch Abkühlung am Applikationsort, durch Abschnürung oder Suprarenin, beeinflussen auch die Toxizität der meisten Lokalanaesthetica. BRAUN[1] hat in seinem Buche die hierhergehörige Literatur zusammengestellt und auch durch eigene Versuche die Bedeutung dieser Faktoren gezeigt.

So wirkt beispielsweise subcutan 0,1 g Cocain pro Kilo Kaninchen in 10proz. Lösung in der Regel letal. Die gleiche Menge in 10- oder 50facher Verdünnung wird überlebt, die toxischen Erscheinungen sind dabei um so geringer, je verdünnter die Lösung. Diese Abhängigkeit der Toxizität von der Konzentration der Lösung bei subcutaner Applikation gilt nicht für alle Lokalanaesthetica. Für Eucain und Tropacocain ist sie von BRAUN[2] bestätigt worden; er konnte sie nicht beobachten bei Acoin. Bei diesem wirkt die 0,1proz. Lösung ebenso toxisch, wie die 2proz. Lösung. Für Tutocoain fand HIRSCH[3] die subcutan letale Dosis der 10proz. Lösung gleich 0,171 g pro Kilo Meerschweinchen, der 2proz. Lösung 0,34 g und der 1proz. Lösung 1,00 g.

Den Einfluß der Verzögerung der Resorption durch Abkühlung der Injektionsstelle zeigt sehr deutlich der folgende Versuch von BRAUN[2].

Ein Kaninchen erhält 0,1 g Cocain pro Kilo in 20proz. Lösung subcutan in ein Bein, das abgekühlt ist. Während der einstündigen Dauer der Abkühlung zeigen sich keine Vergiftungserscheinungen. 5 Minuten nach Beendigung der Abkühlung leichte Vergiftungserscheinungen. Aufregung und Parese der Extremitäten. Nach weiteren 20 Minuten Erholung. Ein Kontrolltier, welches 0,1 g Cocain pro Kilo in 20proz. Lösung subcutan ohne Abkühlung erhält, geht nach 6 Minuten zugrunde.

Die Verminderung der Toxizität bei subcutaner Injektion in eine abgeschnürte Extremität hat KOHLHARDT[4] für Cocain gezeigt. Eine unter normalen Umständen subcutan überletale Dosis Cocain in 10proz. Lösung wird überlebt, wenn man sie in die abgeschnürte Extremität eines Kaninchens injiziert. Je nach der Dauer der Abschnürung nach der Injektion äußert sich die Stärke der Vergiftungserscheinungen. Bleibt bei 0,2 pro Kilo der Schlauch länger als $1/2$ Stunde nach Injektion der tödlichen Cocaindosis liegen, so treten überhaupt keine Vergiftungserscheinungen mehr auf.

In gleicher Weise wie die Behinderung des Blutstromes durch Abschnürung wirkt Suprarenin. BRAUN[5] zeigte am Kaninchen, daß eine Cocaindosis, die normalerweise subcutan schwerste Vergiftung oder Tod zur Folge hat, nur leichte Vergiftungserscheinungen hervorruft, wenn ihr Nebennierenextrakt zugesetzt war.

All diese Ergebnisse sind von größter Bedeutung für die Praxis. Sie zeigen einmal die Bedeutung der Einführung stark verdünnter Lösung in die Infiltrationsanästhesie durch SCHLEICH[6] und vor allem auch, daß die Mittel — Kälteanwendung, Abschnürung bzw. ESMARCHsche Blutleere und Suprarenin —, die durch Behinderung des Blutstromes die örtliche Wirkung der Lokalanaesthetica beträchtlich steigern, gleichzeitig die Gefahr einer Intoxikation vermindern.

---

[1] BRAUN: S. 89ff., 150ff. Zitiert auf S. 435. Dort Angaben der hier nicht berücksichtigten Literatur.
[2] BRAUN: Arch. klin. Chir. **69**, 541 (1913).
[3] HIRSCH: Dtsch. med. Wschr. **50**, 1540 (1924).
[4] KOHLHARDT: Verh. d. dtsch. Chirurgenkongr. **1901**, 644.
[5] BRAUN: Arch. klin. Chir. **69**.
[6] SCHLEICH: Zitiert auf S. 435.

Aus dem Vorstehenden ergibt sich weiter, daß man zum Vergleich der Toxizität verschiedener Anaesthetica nur solche Bestimmungen der letalen Dosis heranziehen kann, die unter genau den gleichen Bedingungen angestellt worden sind, und daß insbesondere die Konzentration der verwendeten Lösungen dabei anzugeben ist.

Tabelle 14 gibt die Zusammenstellung der letalen Dosen einiger Mittel bei subcutaner Injektion für verschiedene Tiere in Milligramm pro Kilo Tier.

Es sind hier nur solche Werte aufgeführt, die aus Untersuchungen entnommen sind, in denen eine größere Anzahl Mittel unter den gleichen Bedingungen untersucht wurden. Für die Katze sind die intravenös tödlichen Dosen angegeben.

Tabelle 14.

	Frosch 2% Lsg. subcut.	Maus 2% Lsg. subcut.	Meerschwein 2% Lsg. subcut.	Meerschwein 1% Lsg. subcut.	Kaninchen 10% Lsg. †† subcut.	Katze 5–10% Lsg. intravenös
Acoin			150^2			
Alypin	390^1	260^1	75^2	70^4	130^1	10^5
Eucain lact.	1300^1	780^1	30^2	250^4	450^1	$10–12.5^5$
Holocain			$†50^2$	60^4		10^5
Cocain	780^1	325^1	25^2	50^4	180^1	15^5
Novocain	2600^1	650^1	40^2	550^4	420	$40–45^5$
Stovain	975^1	520^1	25^2	180^4	250^1	$25–30^5$
Tropacocain	1300^1	650^1	200^2	270^4	320^1	$18–22^5$
Tutocain			200^3	270^4		
Psicain			100^3	90		

† 1 proz. Lösung, †† Mittelwerte.

Das Verhältnis der Toxizität der verschiedenen Anaesthetica ist, wie aus dem Vergleich der Zahlen der Tabelle hervorgeht, bei verschiedenen Tieren nicht das gleiche.

Die große Geschwindigkeit, mit welcher viele Lokalanaesthetica im Organismus festgehalten oder entgiftet werden, ist zu erkennen einmal aus den beträchtlichen Unterschieden, die sich bei verschiedener Applikationsart in der letalen Dosis ergeben und ferner auch bei intravenöser Injektion aus der Abhängigkeit dieser Dosis von der Injektionsgeschwindigkeit.

Zusammenfassende Versuche über die letale Dosis bei verschiedener Applikationsart hat KURODA[4] angestellt.

Die Tabelle 15 gibt die letalen Dosen (mg pro Kilo) für das Meerschweinchen bei subcutaner, peritonealer, intravenöser und intraarterieller Injektion (1 proz. Lösung).

Tabelle 15.

	Subcutan	Intraperitoneal	Intraarteriell	Intravenös
Alypin	70	100	35	15
Eucain	250	180	70	30
Holocain	60	50	25	15
Cocain	50	60	40	20
Novocain	550	600	140	50
Psicain	90	200	30	20
Stovain	180	230	65	40
Tropacocain	270	170	50	25
Tutocain	270	250	80	30

[1] LE BROCQ Brit. med. J. **1909**, 783.
[2] HOFFMANN u. KOCHMANN: Zitiert auf S. 441.
[3] WAGNER: Zitiert auf S. 442.
[4] KURODA: Biochem. Z. **181**, 172 (1927).
[5] EGGLESTON u. HATCHER: J. of Pharmacol. **13**, 433 (1919).

Die Reihenfolge der Giftigkeit der Anaesthetica ist, wie die Tabelle zeigt, bei den verschiedenen Applikationen verschieden. Die intraarterielle Giftigkeit ist etwa 2—3mal geringer als die venöse. Da besondere Versuche KURODAS ergaben, daß dies nicht auf eine Herzwirkung zurückzuführen ist, geben diese Versuche einen deutlichen Beweis, wie schnell diese Substanzen im Körper gebunden und entgiftet werden. Die einmalige Passage durch die Capillargebiete genügt bereits, um eine beträchtliche Entgiftung herbeizuführen. Ein ähnliches Ergebnis geben die Versuche von EGGLESTON und HATCHER[1] an der Katze. Sie zeigten, daß die Erholung von subletalen toxischen Dosen bei intravenöser Injektion sehr schnell verläuft und daß bei langsamer oder in kurzen Pausen wiederholter intravenöser Injektion weit größere Gaben vertragen werden als bei einmaliger schneller Injektion. Dies ergab auch die Möglichkeit, die Entgiftungsgeschwindigkeit zu messen. Diese ist für verschiedene Anaesthetica verschieden. Von Alypin, Eucain, Novocain und Stovain wird je eine tödliche Dosis in 20 Minuten entgiftet, Holocain etwas langsamer, eine tödliche Dosis etwa in 30 Minuten und Cocain noch langsamer. Hier ist eine tödliche Dosis erst in etwa einer Stunde entgiftet und die Geschwindigkeit der Entgiftung nimmt zunehmend ab.

---

[1] EGGLESTON u. HATCHER: Zitiert auf S. 456.

3. Allgemeine Physiologie der nervösen Zentren.

Histologische Besonderheiten und funktionelle und pathologische Veränderungen der nervösen Zentralorgane.

Von

H. G. Creutzfeldt
Berlin.

Mit 34 Abbildungen.

Zusammenfassende Darstellungen.

Alzheimer: Beiträge zur Kenntnis der pathologischen Neuroglia und ihrer Beziehungen zu den Abbauvorgängen im Nervengewebe. Nissl-Alzheimers histologische und histopathologische Arbeiten 3. Jena 1910 — Histologische Studien zur Differentialdiagnose der progressiven Paralyse. Ebenda 1. Jena 1904. — Bethe: Allgemeine Histologie und Physiologie des Nervensystems. Leipzig: G. Thieme 1903. — Bielschowsky, M.: Allgemeine Histologie und Histopathologie des Nervensystems, in Lewandowskys Handb. der Neurologie 1. Berlin: Julius Springer 1910. — Brodmann: Feinere Anatomie des Großhirns. Ebenda 206 ff. — Physiologie des Gehirns in der „Neuen deutschen Chirurgie". Stuttgart: C. Enke 1914. — Cajal S. Ramon y: Textura del sistema nervioso del'hombre y de los vertebrados. Madrid 1904 und französische Ausgabe. Paris: Maloine 1909. — Ernst: Pathologie der Zelle, im Krehl-Marchandschen Handb. der allgemeinen Pathologie 3, 1. Leipzig: S. Hirzel 1915. — Heidenhain: Plasma und Zelle. Jena: G. Fischer 1907 u. 1911. — Held: Die Entwicklung des Nervengewebes bei den Wirbeltieren. Leipzig 1909. — His: Die Entwicklung des menschlichen Gehirns. Leipzig 1904. — Jakob, A.: Die extrapyramidalen Erkrankungen. Berlin: Julius Springer 1923. — Landau: Anatomie des Großhirns. Bern: Bircher 1924. — Lewy, F. H.: Tonus und Bewegung. Berlin: Julius Springer 1923. — Marinesco: La cellule nerveuse. Paris 1909. — v. Monakow: Gehirnpathologie, aus Nothnagels Handb. der speziellen Pathologie und Therapie 9, 1, 2. Wien: Hölder 1905 — Die Lokalisation im Großhirn. Wiesbaden: J. F. Bergmann 1914. — Nissl: Die Neuronenlehre und ihre Anhänger. Jena: G. Fischer 1903 — Zur Histopathologie der paralytischen Rindenerkrankung, in Nissl-Alzheimers Arbeiten 1 (1904 — Abschnitt „Nervensystem" in der Enzyklop. der mikroskopischen Technik Tl II, 243 (1910). 2. Aufl. Berlin-Wien. — Obersteiner: Anleitung beim Studium des Baues der nervösen Zentralorgane, 5. Aufl. Leipzig u. Wien: F. Deuticke 1912. — Schiefferdecker: Neurone und Neuronenbahnen. Leipzig 1906. — Schröder, P.: Einführung in die Histologie und Histopathologie des Nervensystems, 2. Aufl. Jena: G. Fischer 1920. — Spatz, Hugo: Über die Vorgänge nach experimenteller Rückenmarksdurchschneidung mit besonderer Berücksichtigung des Unterschieds der Reaktionsweise des reifen und des unreifen Gewebes, in Nissl-Alzheimers Arbeiten Erg.-Bd. 1920. — Spielmeyer: Histopathologie des Nervensystems 1. Berlin: Julius Springer 1922 — Technik der mikroskopischen Untersuchung des Nervensystems, 2. Aufl. Berlin: Julius Springer 1924. — Tello: Gegenwärtige Anschauungen über den Neurotropismus. Roux' Sammlung Nr 33. Berlin: Julius Springer 1923. — Vogt, Oscar u. Cécile: Neurobiologische Arbeiten. Jena: G. Fischer 1902 — Allgemeinere Ergebnisse unserer Hirnforschung. J. Psychol. 25, Erg.-H. 1. Leipzig 1919 — Erkrankungen der Großhirnrinde im Lichte der Topistik, Pathoklise und Pathoarchitektonik. Ebenda 28 (1922). — Weigert: Beiträge zur Kenntnis der normalen menschlichen Neuroglia. Senckenbergische Ges. Frankfurt a. M. 1895.

Neuere Veröffentlichungen, die in den letzten großen Arbeiten noch nicht erwähnt sind
(etwa seit 1923).

AGDUHR: Studien über die postembryonale Entwicklung der Neuronen. J. f. Psychol. u. Neurol. **25**, Erg.-H. 2, 463 (1920). — D'ANTONA: Sulle genesi delle cosi dette „zolle di disintegrazione a grappolo" usw. Rass. Studi psichiatr. **13**, H. 5, 3 (1924).
BARBIERI: Sulla reazione nera (di Buscaino) etc. Biochemica e Ter. sper. **11**, H. 4, 131 (1924). — BIELSCHOWSKY: Über die Oberflächengestaltung des Großhirnmantels bei Pachygyrie, Mikrogyrie und bei normaler Entwicklung. J. f. Psychol. u. Neurol. **30**, 29 (1924). — BOUMAN u. BOK: Senile Plaques im Corpus striatum. Z. Neur. **85**, 164 (1923). — BRATZ u. GROSSMANN: Über Ammonshornsklerose. Ebenda **81**, 45 (1923). — BUSAINO: Alterazioni epatiche e zolle di disintegrazione a grappolo etc. Note Psichiatr. **3** (1922) — Lesioni provocate dall 'istammina nei centri nervosi del coniglio. Riv. Pat. nerv. **27**, H. 11/12 (1922) — Nuovi dati sulla genesi patologica delle zolle di disintegrazione a grappolo. Ebenda **29**, H. 3/4, 93 (1924) (s. dazu die Besprechungen im Zbl. Neur. **31, 32, 33**.
CAJAL, S. RAMON Y: Algunas consideraciones sobre la mesoglia de Robertson y del Rio Hortega. Trab. Labor. Invest. biol. **18** (1920). — CASSIRER u. LEWY: Die Formen der Glioblastose und ihre Stellung zur diffusen Hirnsklerose. Z. Neur. **81**, 290 (1923). — CREUTZFELDT: Eigenartige Riesenzellbildungen im Zentralnervensystem. Dtsch. Pathol. Ges. Göttingen 1923, Nr 15/18 — Ein Beitrag zur Klinik und Histopathologie der Chorea graviolarum. Arch. f. Psychiatr. **71**, 357 (1924).
DÜRCK, H.: Über die sog. Kolloiddegeneration in der Großhirnrinde. Z. Neur. **88**, 1 (1924). — v. ECONOMO u. KOSKINAS: Die Cytoarchitektonik usw., Julius Springer 1925.
GLOBUS: Ein Beitrag zur Histopathologie der amaurotischen Idiotie. Z. Neur. **85**, 424 (1923).
HALLERVORDEN: Ein Beitrag zu den Beziehungen zwischen Substantia nigra und Globus pallidus: Befund melaninhaltiger Zellen im Globus pallidus. Z. Neur. **91**, 625 (1924). — HALLERVORDEN u. SPATZ: Eigenartige Erkrankung im extrapyramidalen System mit besonderer Beteiligung des Globus pallidus und der Substantia nigra. Ebenda **79**, 254 (1922). — HOLZER: Über die Bestandteile des Heldschen Gliasyncytiums. Ebenda **87**, 167 (1923). — HUSLER u. SPATZ: Die Keuchhusteneklampsie. Z. Kinderheilk. **38**, 428 (1924).
JAKOB, A.: Über atypische Gliareaktionen im Zentralnervensystem. Beitr. path. Anat. **69**, 197 (1922). — JOSEPHY: Beiträge zur Histopathologie der Dementia praecox. Z. Neur. **86**, 391 (1923) — Zur Histopathologie und Therapie der Dementia praecox. Dtsch. med. Wschr. **1924**, Nr 34.
KIRSCHBAUM: Über den Einfluß schwerer Leberschädigungen auf das Zentralnervensystem. I. Mitteilung. Gehirnbefunde bei akuter Gallen-Leberatrophie. Z. Neur. **77**, 536 (1922) — II. Mitteilung. Gehirnbefunde nach tierexperimentellen Leberschäden. 1. Leberschädigungen nach Unterbindung der Arteria hepatica und nach Guanidinvergiftung. Ebenda **87**, 50 (1923) — 2. Leberschädigungen nach Eckschen Fisteloperationen und Phosphorvergiftungen. Ebenda **88**, 487 (1924) — Zwei eigenartige Erkrankungen des Zentralnervensystems nach Art der spastischen Pseudosklerose. Ebenda **92**, 175 (1924). — KITABAYASHI: Die Plexus chorioidei bei organischen Hirnkrankheiten und bei der Schizophrenie. Schweiz. Arch. Neur. **8**, H. 1, 54, H. 2, 283 (1920). — KLARFELD: Einige allgemeine Betrachtungen zur Histopathologie des Zentralnervensystems. Z. Neur. **77**, 80 (1922).
LANDAU: Zur Frage der Hirnfurchung. J. f. Psychol. u. Neur. **30**, 201 (1924). — LEWY, F. H.: Die Histopathologie der choreatischen Erkrankungen. Z. Neur. **85**, 622 (1923). — LUBARSCH: Über die Ablagerung eisenhaltigen Pigments im Gehirn und ihre Bedeutung bei der progressiven Paralyse. Arch. f. Psychiatr. **67**, 1 (1923).
MARBURG, O.: Bemerkungen zu den pathologischen Veränderungen der Hirnrinde bei Psychosen. Obersteiners Arbeiten **26**, 244 (1924). — MATZDORFF: Degenerationsvorgänge im Rückenmark auf toxischer Grundlage usw. Z. Neur. **88**, 196 (1924) — Beiträge zur Kenntnis diffuser Hirnhautgeschwülste mit besonderer Berücksichtigung der Melanome. Ebenda **81**, 263 (1923). — METZ u. SPATZ: Die Hortegaschen Zellen (= das sog. „dritte Element") und über ihre funktionelle Bedeutung. Ebenda **89**, 138 (1924). — MINGAZZINI u. GIANNELLI: Klinischer und anatomischer Beitrag zum Studium der Aplasiae cerebro-cerebellospinales. Ebenda **90**, 521 (1924). — v. MONAKOW u. KITABAYASHI: Schizophrenie und Plexus chorioidei. Schweiz. Arch. Neur. **2**, 363 (1919).
NAITO, J.: Das Hirnrindenbild bei Schizophrenie. Obersteiners Arbeiten **26**, 1 (1924). — NEUBÜRGER: Zur Histopathologie der kindlichen multiplen Sklerose. Z. Neur. **76**, 384 (1922).
OESTERLIN: Über herdförmige Gliawucherung. Z. Neur. **88**, 325 (1924). — OKSALA: Ein Beitrag zur Kenntnis der präsenilen Psychosen. Ebenda **81**, 1 (1923). — OSEKI, M.: Das Hirnrindenbild bei den senilen Psychosen. Obersteiners Arbeiten **26**, 157 (1924).
PFEIFER, R. A.: Angioarchitektonik. Berlin: Julius Springer 1927. — PFEIFFER, E.: Zur anatomischen Differentialdiagnose der progressiven Paralyse. Arch. f. Psychiatr. **69**, 554 (1924). — PICK, A.: Über eiseninfiltrierte Ganglienzellen und deren Beziehung zur Anbildung konglobierter eisenhaltiger Kolloid- bzw. Kalkmassen im Gehirn. Z. Neur. **81**, 224

(1923) — Nachtrag zu dieser Arbeit. Ebenda **85**, 83 (1923). — POLJAK, S.: Über die sog. versprengten Ganglienzellen in der weißen Substanz des menschlichen Rückenmarkes. Obersteiners Arbeiten **23**, H. 3, 1 (1922). — POLLAK, E.: Über experimentelle Encephalitis. Ebenda **23**, H. 2, 1 (1921).
RICHTER, H.: Bemerkungen zur Histogenese der Tabes. Arch. f. Psychiatr. **67**, 295 (1923) — Weiterer Beitrag zur Pathogenese der Tabes. Ebenda **69**, 529 (1924). — DEL RIO HORTEGA: La microglia y su transformacion en células en bastancito y cuerpos granuloadiposos. Trab. Labor. Invest. biol. **18** (1920) — La glia de escasas radiaciones (Oligodendroglia). Arch. de neurobiol. **2**, H. 1 (1921) — El „Tercer elemento" de los Centros nerviosos. Mem. Soc. española histor. nat. **11**, 213 (1921).
SAITO, MAHOTO: Zur Pathologie des Plexus chorioideus. Obersteiners Arbeiten **23**, H. 2, 49 (1921). — SAITO, S.: Die Hirnkarte des Paralytikers. Ebenda **25**, H. 1, 1 (1923). — SALUSTRI: Contributo allo studio delle „zolle metachromatiche" di Buscaino. Ric. Pat. nerv. **27** (1922) — Sulle cosi dette „zolle di disintegrazione a grappolo". XII. Kongr. der Societa fraciatria italiana 5.—8. April 1923; Riv. sper. Freniatr. **48** (1924). — SCHAFFER: Über ein eigenartiges histopathologisches Gesamtbild endogener Natur. Arch. f. Psychiatr. **69**, 489 (1924) — Zum Problem der Hirnfurchung. Ebenda **69**, 452 (1924). — SCHOB: Über multiple Sklerose bei Geschwistern. Z. Neur. **80**, 56 (1923). — SCHOLZ, W.: Über herdförmige protoplasmatische Gliawucherungen von syncytialem Charakter. Ebenda **79**, 114 (1922). — SCHUSTER, G.: Zur Pathoarchitektonik der Dementia praecox. J. f. Psychol. u. Neur. **31**, 1 (1924). — SCHWARTZ, PH.: Erkrankungen des Zentralnervensystems nach traumatischer Geburtsschädigung. Z. Neur. **90**, 263 (1924). — SPATZ, G.: Eine anatomische Schnelldiagnose der progressiven Paralyse. Münch. med. Wschr. **69**, Nr 38 (1922); Zbl. Path. **33**, 313 (1923) — Untersuchungen über Stoffspeicherung und Stofftransport im Nervensystem. Z. Neur. **89**, 130 (1924). — SPIELMEYER: Familiäre amaurotische Idiotie. Zbl. Ophthalm. **10**, 161 (1923) — Zur Pathogenese der Tabes. Z. Neur. **84**, 257 (1923) — Pathogenese der Tabes und Unterschiede der Degenerationsvorgänge im peripheren und zentralen Nervensystem. Ebenda **91**, 627 (1924). — STEIN: Über den quantitativen Eisennachweis im extrapyramidal-motorischen Kernsystem beim Menschen. Ebenda **85**, 614 (1923). — STERNSCHEIN: Das Ganglion cervicale supremum nach prä- und postganglionärer Durchschneidung. Obersteiners Arbeiten **23**, H. 2, 155 (1921).
TAKASE, K.: Zur Pathologie der periodischen Psychosen (manisch-depressives Irresein) usw. (Hirnkarten). Obersteiners Arbeiten **25**, H. 287 (1924).
WEIMANN: Zur Kenntnis der Verkalkung intracerebraler Gefäße. Z. Neur. **76**, 533 (1922). — Zur Frage der akuten Ammonshornveränderungen nach epileptischen Anfällen. Ebenda **90**, 83 (1924) — Großhirnveränderungen bei Anämie. Ebenda **92**, 433 (1924). Studien am Zentralnervensystem des Menschen mit der Mikrofotographie im ultravioletten Licht. Ebenda **98**, 347 (1925). — WEINBERG: Histologische Veränderungen im Gehirn während des anaphylaktischen Shocks. Ebenda **87**, 451 (1923). — WESTPHAL u. SIOLI: Klinischer und anatomischer Beitrag zur Lehre von den Psychosen bei syphilitischen Erkrankungen des Zentralnervensystems. Arch. f. Psychiatr. **66**, 236 (1922) — Klinischer und anatomischer Beitrag zur Lehre von der Westphal-Strümpellschen Pseudosklerose (Wilsonschen Krankheit) usw. Ebenda S. 747. — WOHLWILL: Zur Frage der sog. Encephalitis congenita (Virchow). Z. Neur. **68**, 73 (1921) — Traumatische Geburtsschädigungen des Gehirns. Münch. med. Wschr. 1922. — WÜLLENWEBER: Die Funktion des Plexus chorioideus und die Entstehung des Hydrocephalus internus. Z. Neur. **88**, 208 (1924).

Nicht mehr berücksichtigt werden konnten:
JAKOB, A.: Normale und pathologische Anatomie und Histologie des Großhirns. In Handb. d. Psychiatrie von Aschaffenburg. I. Abt., **I 1**, Leipzig: Denticke 1927.
BIELSCHOWSKY, M.: In Handb. d. mikroskopischen Anatomie **IV, 1**. Berlin: Julius Springer 1928.

Aus der sich zum Markrohr schließenden Markplatte bzw. -rinne, die aus Elementen des äußeren Keimblattes gebildet wird, entwickelt sich in einer eigenartigen morphologischen Abgeschlossenheit, die im ganzen Leben beibehalten wird, das *zentrale Nervensystem der Wirbeltiere*, das wie kein anderes Organ das funktionelle Zentrum für den Organismus in allen seinen Teilen ist und mit diesen durch seine Ausläufer, die Nervenfasern, in unmittelbarer Verbindung steht.

Diese uns bekannten Verhältnisse, die für die Zentralorgane der Wirbeltiere so kennzeichnend sind, müssen aber als das Ergebnis einer Entwicklung angesehen werden, deren Hauptzüge sind: Spezialisierung der Elemente, Systematisierung der Anordnung, Komplizierung der Verbindungen, Zentralisierung des ganzen Systems.

Wirbellose.

Wie die Brüder OSKAR und RICHARD HERTWIG 1878 gezeigt haben, sind in der Tierreihe zuerst bei den Cölenteraten Nervenzellen zu finden. Es sind das die im oder dicht unter dem Epithel liegenden „*Sinnesnervenzellen*". Sie haben zylindrische Form, einen nach außen gerichteten geraden und einen nach dem Körperinnern gerichteten sich verzweigenden Fortsatz. Sie sind also bipolare Zellen von der Art, die wir auch beim Menschen noch in den Stäbchen-Zapfenzellen der Netzhaut und den Riechzellen der Nasenschleimhaut vertreten sehen. Aus diesen Zellen entwickelt sich die Nervenzelle durch Verlagerung in das Innere des Körpers, durch Verzweigung und Vermehrung ihrer Fortsätze. Von diesen Elementen sind die fortsatzlosen *Sinneszellen* — modifizierte Epithelzellen — zu unterscheiden. Diese werden von den Fortsätzen einer Nervenzelle umsponnen (innerviert), ohne selbst Fortsätze zu bilden. Die Sinnesnervenzelle aber entsendet ihre eigenen Fortsätze zu anderen Nervenzellen, mit denen sie plexusartig verbunden ist. Solche Nervenplexus (BETHES Nervennetze) sind demnach aus Zellen und ihren Fortsätzen gebildete nervöse Syncytien, von denen wieder Fortsätze an die Muskeln usw. gelangen. Diese Plexusbildung ist der sichtbare Ausdruck inniger funktioneller Verbundenheit zwischen Körperoberfläche und -innerem. Sie ist das Urbild eines ausgedehnten Reizleitungssystems. Überall liegen in diesem Netzwerk Ganglienzellen, ohne daß es zur Bildung von Zellhaufen — Ganglien — kommt. *Die Sinnesnervenzelle ist also die Grundform der Nervenzelle überhaupt*, sie leitet die Reize der Außenwelt von der Körperoberfläche zu den Erfolgsorganen (Muskeln und Drüsen des Körpers), ist somit *sensomotorisch* in ihrer Funktion. Die erste Loslösung von der Oberfläche braucht noch keine Differenzierung in der Funktion zu bedingen. Diese tritt erst da ein, wo in dem plexusartigen Zusammenschluß die Einschaltung von anderen Nervenzellen erfolgt. Die Spezialisierung in sensible, assoziative und motorische Zellen ist das Ergebnis. Natürlich ist sie bei dem syncytialen Aufbau des primitiven Nervensystems noch wenig vollkommen.

Bei den Medusen findet die strenge Abhängigkeit des Nervennetzes von den Organen des Reizempfanges ihren Ausdruck darin, daß der Nervenring in der Subumbrella liegt, wo ja die primitiven Sinnesgruben und Randorgane ihren Platz haben, während das unempfindliche Schirmdach keine Sinnesorgane und keine Nervenelemente enthält. Nur darf man hier nicht von Zentralisierung sprechen, denn eine jede Zelle dieses Systems hat die gleiche Bedeutung für die Funktion aller übrigen im einzelnen und im ganzen, wie die Versuche von EIMER, ROMANES u. a. lehren. Besser gesagt: von jedem Randkörper aus kann der ganze Nervenplexus völlig gleichartig erregt werden. Wir haben es demnach mit einem größeren Nervensystem zu tun, das am ähnlichsten den Nervennetzen ist, die wir beispielsweise im Tractus intestinalis, an den Gefäßen und am Herzen der Vertebraten noch finden.

Sein Aufbau ist, wie oben gesagt, der eines Syncytiums. Die einzelnen Zellen sind durch breite Plasmafortsätze miteinander verbunden. In diesem Plasma verlaufen, wie APATHY und BETHE überzeugend dargelegt haben (Abb. 86), die Fibrillen kontinuierlich von Zelle zu Zelle und bilden intercelluläre Gitter. So durchzieht ein Fibrillengeflecht das ganze System, ob es nun der Nervenring der Medusen oder das subepitheliale Nervengeflecht anderer Evertebraten ist, aber die Fibrillenverflechtung findet nur in den Zellen statt. Schon bei den *Würmern* sehen wir neben diesen rein peripheren ein *zentrales Nervensystem* auftreten. In engster Verbindung mit den im Vorderteil des Tieres angelegten Hauptsinnesorganen bilden sich hier Anhäufungen von Nervenzellen und -fasern, sog. *Ganglien*, aus (Abb. 87). Von ihnen gehen Nervenfaserbündel zu anderen Nervenzellen und zu den Muskeln. Kopf-, Schlund-, Visceral- und Fußganglien gelangen zur Entwicklung. Sie stehen miteinander zwar in Verbindung, aber scheinen auch weitgehend selbständig funktionieren zu können. Die Verbindungen sind gleichseitig

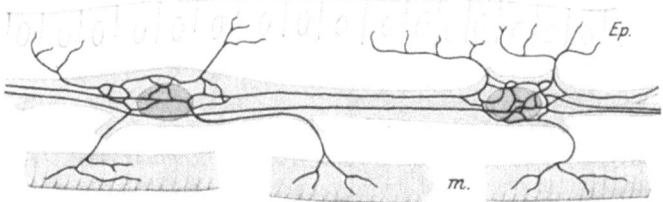

Abb. 86. Schematische Abbildung des Fibrillenverlaufs in einem Nervennetz (Medusen, subepithelialer Nervenplexus vom Froschgaumen usw.) *Ep* Epithel, *m* Muskelfasern. (Nach BETHE.)

(konnektiv) und gegenseitig (kommissural). Weiterhin bestehen Verbindungen mit dem peripheren Nervennetz, das damit in eine funktionlle Abhängigkeit von den Ganglien kommt. Aber es ist doch imstande zu unabhängiger Funktion. Das ist durch Versuche an Mollusken bewiesen, in denen die Ganglien exstirpiert worden waren (BETHE bei Aplysia und Arion). Daraus darf man folgern, daß die Leitung durch das Nervennetz langsamer und schwerer vor sich geht als durch die langen Bahnen des Zentralnervensystems, also als durch die von den Ganglienknoten ausgehenden Nervenstämme. Ja es scheint auch, daß die Koordination der Bewegungen abhängig ist von dem Intaktsein der Ganglien, und das dürfte als ein erstes Zeichen einer Zentralisierung anzusehen sein. Einen weiteren Beweis für die Überordnung der

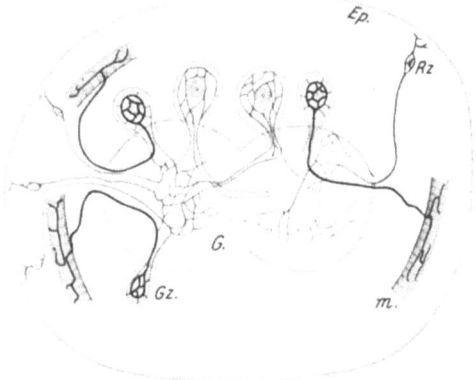

Abb. 87. Schema des Fibrillenverlaufs im Nervensystem von Würmern (Hirndo). *G* Ganglien, *Gz* Ganglienzellen, *Rz* Rezeptionszellen. (Nach BETHE.)

Ganglien über das Nervennetz liefert die Beobachtung bei Aplysia, daß nach Entfernung der Ganglien die peristaltischen Bewegungen der ganzen Körperoberfläche zunehmen. Es wird also durch Herausnehmen der Zentralorgane eine Enthemmung erzielt. Mit anderen Worten: die Ganglien haben eine hemmende Wirkung auf das Nervennetz. Diese physiologischen Tatsachen finden eine Stütze in den morphologischen Verhältnissen.

Die *Ganglien* sind so gebaut, daß ihre Mitte von Fibrillen, ihr Rand von Nervenzellen eingenommen wird. Da die Fibrillen auf Querschnitten als Punkte erscheinen, nannte LEYDIG die zentrale Masse der Ganglien *Punktsubstanz*. HIS bezeichnete sie als *Neuropil* (Nervenfilz). Dieser

Abb. 88. Fibrillennetz aus dem Neuropil von Hirndo (Färbung mittels der BETHEschen Molybdäumethode). Kleineres Netz. (Nach BETHE.)

Name wurde von BETHE u. a. übernommen. Neuerdings aber wird als beste Benennung *Neuropilem* (Nervenpaket) vorgeschlagen (*Droogleever Fortuyn*). Auch uns scheint dieses Wort am besten die histologische Situation zu charakterisieren. Denn im Neuropilem sehen wir die Fibrillen dicht nebeneinander verlaufen und miteinander Verbindungen eingehen, die zu einer echten Gitter- oder Netzbildung führen (Abb. 88). Die Fibrillen stammen aus Sinnesnervenzellen und Nervenzellen der Ganglien. Ihre innige Verflechtung bzw. Gitterbildung außerhalb der Nervenzellen stellt nach BETHE eine höhere Stufe nervöser Differenzierung dar. Denn während wir in den (peripheren) Nervennetzen eine Symplasmabildung und somit nur durch die darin verlaufenden Fibrillen eine gute unmittelbare Verbindung zwischen benachbarten Zellen haben, sehen wir hier durch ein extracelluläres Fibrillengitter die Verknüpfung selbst entfernter Zellen miteinander ermöglicht. Aus diesem Gitter nun treten Fibrillen in die Ganglienzellen ein.

Wir unterscheiden *multi- und sog. unipolare Ganglienzellen*, von denen besonders die unipolaren als neuartige Formen besondere Beachtung verdienen: Sie ähneln in ihrer Gestalt einer Birne. Als Stengel haben sie einen kräftigen langen Fortsatz, den Neuriten, der in einiger Entfernung von der Zelle Seitenäste entsendet.

Die Zellen haben einen blasigen Kern mit einem Kernkörperchen, ihr Plasma enthält Chromatinbrocken und ein in der Kernnähe aus dicken, am Zellrande aus dünnen Fibrillen gebildetes Geflecht. Das perinucleäre Gitter sammelt sich zu einer kräftigen Fibrille, die in der Mitte des Achsenzylinders verläuft, während das Randnetz in zahlreiche feine Fibrillen übergeht, die die zentrale dicke Fibrille umgeben und durch die Kollateralen in das Neuropilem gelangen.

Ob man die unipolaren Zellen, deren einziger Fortsatz ja, wie wir gesehen haben, cellulipetale und cellulifugale Fibrillen führt und sich in einiger Entfernung vom Zelleibe verästelt, nun als echte unipolare Elemente bezeichnen darf, erscheint fraglich. Denn ebensogut kann man sie als bi- oder multipolare Zellen ansehen, bei denen die Fortsätze vom Zelleibe fort auf den Neuriten verlagert sind. Ein Vorgang, der bei den Spinalganglienzellen der Wirbeltiere ja seine Parallele hat, wie ontogenetische Untersuchungen zeigen.

Es gibt also in den Ganglien extra- und intracelluläre Fibrillennetze und damit sehr innige Verknüpfungsmöglichkeiten zwischen den verschiedensten Nervenzellen. In den Neuriten scheint es keine Verbindung zwischen den Pibrillen zu geben. Mehrere Axone vereinen sich vielmehr zu echten Nervensträngen, die zu den Muskeln ziehen.

Dieser Aufbau des Zentralnervensystems ist bei allen Wirbellosen derselbe. Nur finden wir in der Zahl der Ganglien Verschiedenheiten. Erinnert sei an die Ausbildung der Pedalganglien bei Schnecken und der den einzelnen Körpersegmenten zugeordneten Ganglien der Gliedertiere. Die überwiegende Bedeutung des Zentralganglions tritt am eindruckvollsten bei den höchstentwickelten Wirbellosen, bei den Manteltieren, in die Erscheinung. Bei ihnen ist außerdem durch die Anlage der Chorda dorsalis zum ersten Mal die Teilung der Zentralorgane in einen prächordalen und chordalen Abschnitt und gleichzeitig ihre dorsale Lage bedingt. Wir dürfen hier also zuerst von Hirn und Rückenmark (Nervenrohr) sprechen.

Die histologischen Veränderungen in den Ganglien selbst sind weniger qualitativer als quantitativer Art. Nach BETHE nimmt in der Entwicklungsreihe aufwärts die Masse der extracellulären Bahnen im Verhältnis zur Zahl der Nervenzellen zu. Das heißt die Verbindungen werden zahlreicher und damit wird die Reizübertragung erleichtert und vermannigfacht. Also Zentralisierung, Komplizierung und Integrierung sind die Prinzipien, die hier die Ausbildung des Nervensystems beherrschen.

Über das *Stützgewebe* im Nervensystem der Wirbellosen fehlen bisher genauere histologische Untersuchungen. Nur so viel ist bekannt, daß auch hier schon Gliascheiden der Ganglien gesehen sind und eine Stützsubstanz Erwähnung findet. Eingehendere Forschungen werden sich mit der Bedeutung der Glia für Aufbau und Stoffwechsel des nervösen Parenchyms der Wirbellosen zu befassen haben.

Wirbeltiere.

Im *Nervensystem der Wirbeltiere* ist die Trennung zwischen Zentrum und Peripherie viel deutlicher ausgeprägt als bei den Wirbellosen. Schon mikroskopisch ist sie zu erkennen in der Lage und Abgeschlossenheit der Zentralorgane. Der Schädel und der Wirbelkanal als knöcherne, die Hirn- und Rückenmarkshäute als bindegewebige Hüllen umgeben sie, während das periphere Nervensystem überall in das Bindegewebe eingelagert ist und mit ihm in enger Verbindung bleibt. Die Grenzbildung wird, das lehrt uns die mikroskopische Untersuchung in den Zentralorganen, vom ektodermalen Gewebe selbst besorgt und zwar von der Neuroglia. Sie findet ihren Ausdruck nicht nur in der Ausbildung von sog. Grenzmembranen, die histologisch nachweisbar sind, sondern auch in dem Verhalten des mesodermalen Bindegewebes beim Stoffwechsel unter gewöhnlichen und veränderten Bedingungen. Wie in dem Abschnitt über das periphere Nervensystem gezeigt worden ist, ist das Bindegewebe unmittelbar am Stoffwechsel der peripher-nervösen Elemente beteiligt. Im Zentralnervensystem aber vermittelt die Glia allein die Zu- und Ableitung und Umwandlung der für das Leben der Nervenzellen und -fasern notwendigen Stoffe, die vom Gefäßapparat lediglich herangeschafft worden sind. Im Hinblick auf diese Verhältnisse sind es die nervösen und gliösen Gewebselemente, deren morphologische und funktionelle Beziehungen in gleicher Weise zu betrachten sind. Erst in zweiter Linie haben wir uns mit dem Verhalten der den Zentralorganen zugeordneten mesodermalen Gebilde, dem Gefäßbindegewebsapparat, zu beschäftigen.

Nervenzelle.

Das Parenchym des Zentralnervensystems besteht aus den Nerven- oder Ganglienzellen und ihren Fortsätzen, den Neuriten und Dendriten. Mannigfach sind die Arten der *Nervenzellen*, vielfältig ihre Formen und entsprechend zahlreich die Versuche sie zu gruppieren. Je nach der Zahl ihrer Fortsätze teilt man sie in uni-, bi- und multipolare Ganglienzellen. Die Einteilung der letzten Gruppe unternahm GOLGI nach der äußeren Gestalt, wie sie sich bei der Metallimprägnation darstellt. Er begnügte sich mit *zwei Typen*, dem ersten oder motorischen Typus mit langem Achsenzylinderfortsatz, der erst spät sich aufzweigt, dem zweiten oder sensiblen mit kurzen, früh sich teilenden Neuriten. CAJAL fügte diesen beiden Formen noch eine *dritte* hinzu, bei der alle Fortsätze gleichartig sind, so daß man einen Achsenzylinder nicht unterscheiden kann. Während der erste Golgitypus sich hauptsächlich in den motorischen Kerngebieten findet, ist der zweite in der Rinde (sog. Assoziationszellen) und in sensiblen Kernen anzutreffen. Die dritte, minder differenzierte Art multipolarer Zellen ist den Ganglien der Wirbellosen eigentümlich, zu ihnen gehören außerdem die sog. Spongioblasten der Netzhaut, die Körner des Riechkolbens und manche Sympaticuszellen. Die klassische Form der Ganglienzellen, wie wir sie in den nervösen Zentralorganen der Vertebraten finden, ist die einer Birne oder Pyramide, aus der zahlreiche *Fortsätze* entspringen, von denen wiederum die an den Ecken abzweigenden besonders mächtig sind, während der meist an der Basis entspringende *Achsenzylinder* sich durch seine Zartheit und starre Form auszeichnet (Abb. 89). Neben diesen Pyramidenzellen gibt es spindelförmige, die sog. *bipolaren Nervenzellen*, und abgerundete Elemente (Ganglion habenulae, sensibler Trigeminuskern, CLARKEsche Säulen, PURKINJEsche Zellen) und die beim reifen Individuum kugeligen Spinalganglienzellen mit dem T-förmig sich verzweigenden Neuriten. Der Zellkern der großen und mittelgroßen Nervenzellen ist groß, blasig und chromatinarm. Er enthält einen mächtigen, chromatinreichen Nucleolus, der, wie besonders bei Verlust seines Chromatins erkennbar

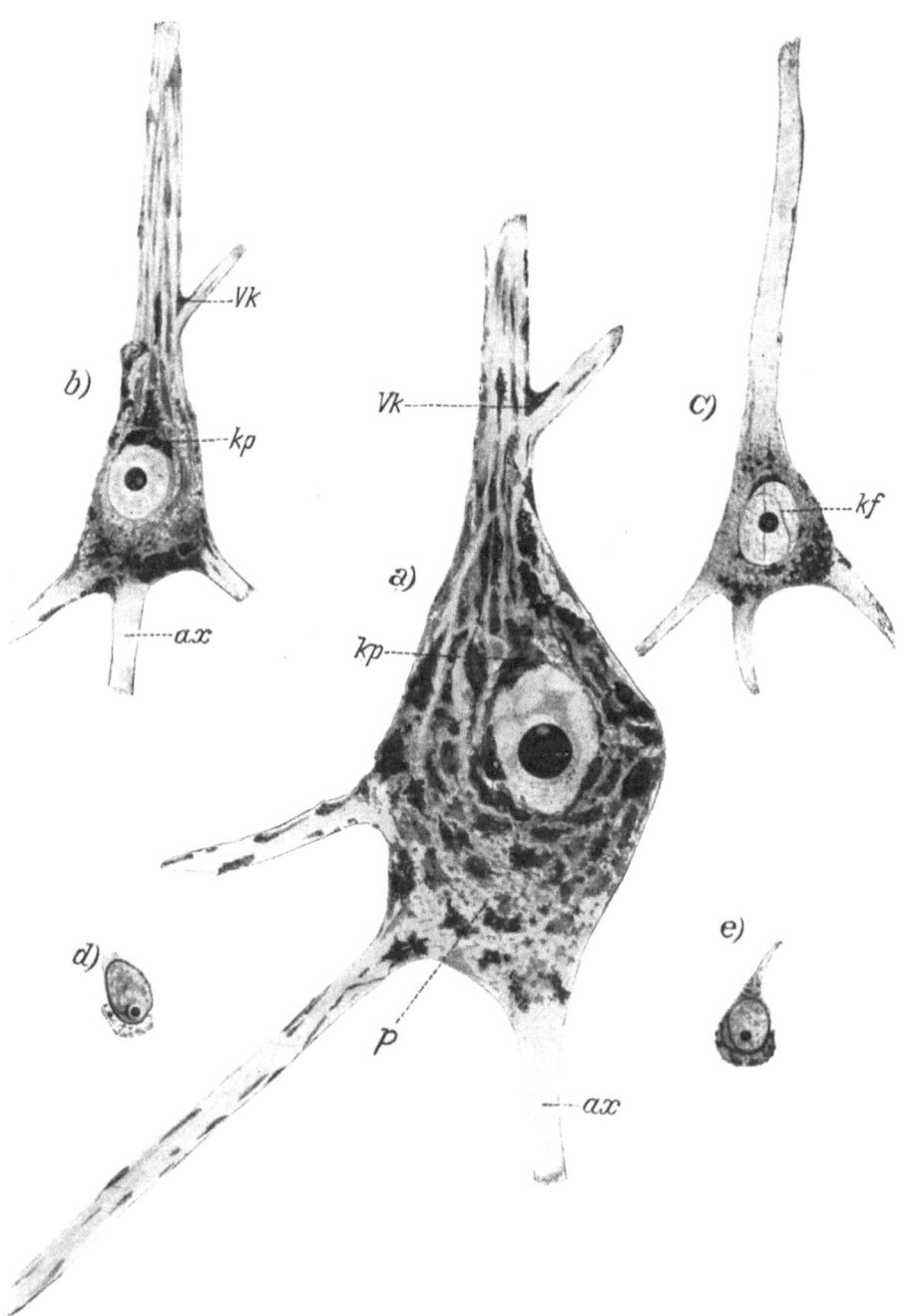

Abb. 89. Normale Ganglienzellen aus der Hirnrinde. Nach einem NISSL-Präparat. Immersionsbilder. *a—c.* Somatochrome Zellen. *a.* Große Pyramidenzelle der 3. Schicht aus der Okzipitalgegend. *ax* Achsenzylinderfortsatz, der sich durch das Fehlen der NISSL-Körperchen vor den Dendriten auszeichnet. *kp* sogenannte Kernkappe. *vk* Verzweigungskegel. *p* Pigmentzone. *b—c.* Zwei verschiedenartige Zellen aus der 3. Großhirnrindenschicht. In der Zelle *b* im wesentlichen die gleichartige Anordnung der NISSL-Körper und der sogenannten ungefärbten Bahnen wie in Zelle *a.* In spärliche NISSL-Körper, im wesentlichen auf die Abgangsstelle der Fortsätze beschränkt. *kf* Kernmembranfalten. *d—e.* Karyochrome Ganglienzellen. *d* aus der 4., *e* aus der 2. BRODMANNschen Schicht; bei *d* umschließt der Zelleib nur einen Teil der Kernperipherie, während er bei *e* den Kern ganz umfaßt und basephile Substanz den Zelleib sichtbar macht.
(Aus SPIELMEYER: Histologie des Nervensystems I.)

wird, aus einem feinsten Plasmanetzwerk besteht, in das die Chromatinkörnchen eingelagert sind. Dem Kernkörperchen liegen Polkörperchen mehr oder weniger dicht an. Ein blasses im Nisslpräparat zart wolkiges Liningerüst erfüllt den Kern, dessen Membran bei der gesunden großen Zelle meist durch die chromatische Substanz des Zelleibes verdeckt ist. NISSL hat mit seiner Methode (Alkoholfixierung und Überfärbung mit basischen Anilinfarben und nachfolgender Differenzierung in Alkohol bzw. Anilinalkohol) uns eine Darstellung der Nervenzelle ermöglicht, die das sog. Äquivalentbild liefert, auf dem sich heute die Histopathologie des Nervensystems in der Hauptsache aufbaut.

Über die *Struktur der lebenden Nervenzelle* wissen wir wenig. Die EHRLICHsche Methode der Vitalfärbung mit Metylenblau hat zwar bei den Wirbellosen uns sehr wichtige Einblicke in den Aufbau der nervösen Elemente ermöglicht, indem sie vital und supravital die Fibrillen — wenigstens teilweise — darstellte. Aber die Vitalfärbungsversuche am Wirbeltiere lassen in den Zentralorganen nur bei besonderer Applikation eine Färbung in den Ganglienzellen auftreten, ohne daß dabei die besonderen Strukturelemente dieser Zellen erkennbar wird. Die Ganglienzellen speichern, wenn überhaupt die Vitalfarben an sie herangelangen, nur entsprechend dem inneren Golginetz bzw. dem Mitochondrienapparat. Neuerdings hat DE MOULIN Nervenzellen von Wirbeltieren supravital mit Metylenblau gefärbt und dabei primär eine Blaufärbung des Kerns und erst allmählig während der Beobachtung eine Entfärbung des Kerns und entsprechend zunehmende Blaufärbung scholliger Massen im Zelleib erhalten. Er setzt diese den Nisslschollen gleich und glaubt, daß sie sich erst beim Absterben der Zelle entwickeln, und zwar infolge Übertretens der chromatischen Substanzen des Kerns in den Zelleib. Die Nisslschollen sind nach seiner Meinung Kunstprodukte. Uns scheint diese Annahme durchaus nicht sicher begründet zu sein. Zunächst hat DE MOULIN nicht den Beweis geliefert, daß die von ihm untersuchten Nervenzellen (die er in Glaskörper und Gelatine gequetscht und mit einer sehr starken Metylenblaufärbung gefärbt hatte) wirklich noch als lebend angesprochen werden dürfen. Vielmehr macht die angewandte Methodik es sehr wahrscheinlich, daß die Zellen schon tot waren. Denn wir kennen keine Vitalfärbung, bei der eine diffuse, starke Färbung des Zellkernes auftritt. Außerdem wissen wir, daß das Metylenblau — zum mindesten in der von DE MOULIN benutzten starken Lösung — ein schweres Zellgift ist.

Neuere Anschauungen über die Färbetechnik lassen uns auch nicht mehr in den rein chemischen Erklärungsversuchen eine Antwort auf die Frage nach der Beschaffenheit der dargestellten Strukturelemente finden. Wenn auch den BETHEschen Untersuchungen über die „primär färbbare Substanz", als welche er die Nisslsubstanz und die Fibrillen bezeichnet, heute noch Beachtung geschenkt werden muß, so glauben wir doch nicht, daß diese Nissl- und Fibrillensäure nun die Ursache einer Basophilie der Nisslschollen und der Fibrillen ist. Wir sehen zwar, daß die Nisslsubstanz sich am besten mit basischen Farbstoffen darstellen läßt, aber wissen ebenfalls, daß saure Farbstoffe (Lichtgrün, Carmin u. a.) sie färben. Die außerordentliche Empfindlichkeit der nervösen Elemente hat auch verhindert, daß man mit dem Ultramikroskop Bilder einwandfrei noch lebender Nervenzellen gewinnt.

Trotz dieser negativen Ergebnisse hinsichtlich der Entscheidung über die intra vitam vorhandenen Strukturelemente der Nervenzellen und -fasern, darf man doch wohl nach BETHE annehmen, daß die Fibrillen schon im Leben differenziert sind. Dafür spricht ihre Darstellbarkeit mit der EHRLICHschen Metylenblauvitalfärbung und im Ultramikroskop (von ORUETA, STÖHR, WEIMANN behauptet, von TELLO bestritten). Ebenso machen BETHES Versuche über die Beeinflußbarkeit der Fibrillen durch den elektrischen Strom ihre Existenz intra vitam wahrscheinlich.

Über die Realität der Nisslschollen dagegen ist zur Zeit ein sicheres Urteil nicht zu fällen. Beweisen kann man sie noch nicht, wenn auch STÖHRS und WEIMANNS Untersuchungen mit dem Ultramikroskop es wahrscheinlich machen, daß Strukturen in der frischen (aber doch wohl toten) Nervenzelle vorhanden sind, die ihrem Aussehen, ihrer Anordnung und Lage nach den Nisslschollen entsprechen.

Das Äquivalentbild stellt nun die Nisslsubstanz in den Ganglienzellen und ihren Dendriten in der Form von miteinander in Verbindung stehenden oder isolierten Schollen dar. Diese verleihen dem Zelleib ein getigertes Aussehen (Tigroidschollen, -substanz). An bestimmten Stellen sehen wir diese dunkelgefärbten Massen schüssel- oder haubenartig (Kernkappen NISSLS) dem Kerne aufsitzen, besonders deutlich ist das in der Gegend des Spitzenfortsatzes. Die Menge, Form und Verteilung dieser Massen gab NISSL Veranlassung zu seiner Einteilung der Nervenzellen. Er stellte die *somatochromen Zellen* (Abb. 89a—c), deren Prototyp die großen und mittleren nervösen an Nisslsubstanz reichen Elemente sind, den *karyochromen*, kleinen Elementen gegenüber (Abb. 89 d u. e), welche einen chromatinreichen Kern, aber einen kleinen, tigroidfreien, feinnetzigen Plasmaleib besitzen. Als *cytochrome* Zellen bezeichnete er die lymphocytenähnlichen kleinen nervösen Elemente von der Art der Körner in der Zona granularis der Kleinhirnrinde. Die *somatochromen Zellen* wieder unterteilte er nach der netzförmigen körnigen oder mehr linearen Anordnung der Nisslschollen in *arkyo-, gryo- und stichochrome Zellen*. Daß zwischen diesen Formen Übergänge vorkommen, betont NISSL ausdrücklich. Zum Beispiel bezeichnet er die Purkinjezellen als arkyostichochrom. Auch nimmt er noch genauere Untergruppierungen vor, die aber hier nicht berücksichtigt werden können.

Bei den verschiedenen Metallimprägnationsverfahren, wie sie von APATHY, CAJAL und BIELSCHOWSKY angegeben sind, und mit den BETHESchen Methoden erhalten wir eine Darstellung eines anderen Bestandteiles der Nervenzelle, nämlich feinster *Fibrillen*, welche den Zelleib durchziehen, in die Fortsätze eintreten

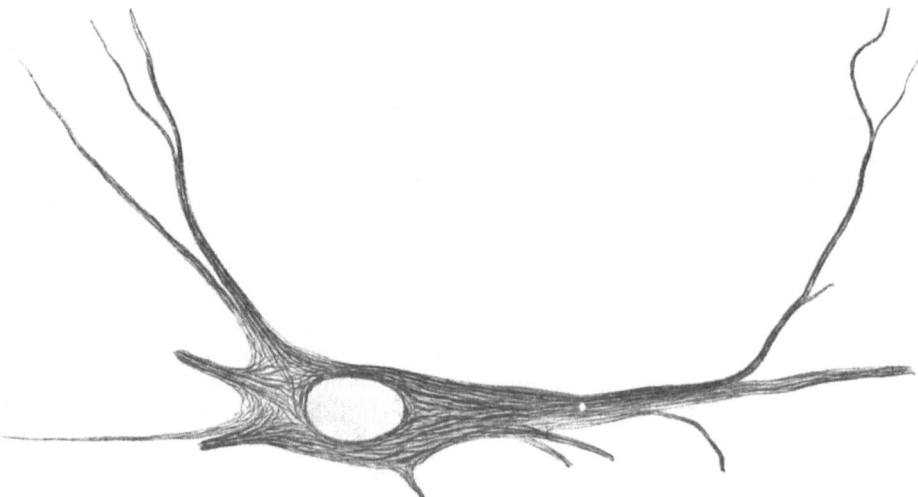

Abb. 90. BEETZsche Pyramidenzelle der motorischen Rinde im BIELSCHOWSKY-Präparat. (Nach SPIELMEYER.)

oder besonders schön sich im Achsenzylinder nebeneinander ordnen, ihn erfüllen, wie übrigens REMAK und RANVIER früher gesehen hatten (Abb. 90). Je nach der Struktur dieser Fibrillen hat CAJAL die Nervenzellen eingeteilt in *faszikuläre For-*

men, in denen die Fibrillen in Strängen zusammengelagert sind und Lücken für die Nisslschollen freilassen (große motorische Elemente), und *retikuläre,* in denen die Fibrillen ein engmaschiges Flechtwerk bilden (kleine Zellen, z. B. der Körnerschichten). Zwischen beiden gibt es Übergangsformen, sowohl was die Größe als auch was die Fibrillenstruktur anlangt. Wir sehen also, daß hier die Einteilung der beiden großen Hirnhistologen von verschiedenen Gesichtspunkten ausgeht und doch zu der gleichen Gruppierung führt. Es ist als ob der eine die Bilder nach dem Negativ, der andere nach dem Positiv beurteilt und geordnet hat. Auch im Nisslschen Äquivalentbilde erkennen wir in den *ungefärbten Bahnen* einen Teil der Fibrillenstruktur.

Außerdem kann man in der Nervenzelle mit Säurefuchsin feine Granula, die sog. *Neurosomen,* darstellen, die überall im Zelleib vorzugsweise aber an den Abgangsstellen der Axone und Dendriten, oft reihenweise angeordnet, in den Plasmaspangen zwischen den Nisslschollen liegen. Sie sind die gleichen Gebilde, die man sonst als ALTMANN*sche Granula* oder Plastosomen (Plasmosomen ERNSTS) bezeichnet. Neben diesen in den Nervenzellen jeden Alters vorkommenden Gebilden, die in Anordnung und Menge je nach der Zellart und dem Funktionszustande der Zellen wechseln, findet man nun noch Pigmente und lipoide Stoffe, die mit zunehmendem Alter vermehrt auftreten und für manche Elemente charakteristisch sind. Es seien erwähnt die Melaninspeicherung in den Zellen der Pars compacta der Substantia nigra (Abb. 91) und im Locus coeruleus (Substantia ferruginea), die vom dritten bis vierten bew. ersten Lebensjahre des Menschen an beobachtet wird (OBERSTEINER) sowie im dorsalen Vaguskern im Laufe des Lebens

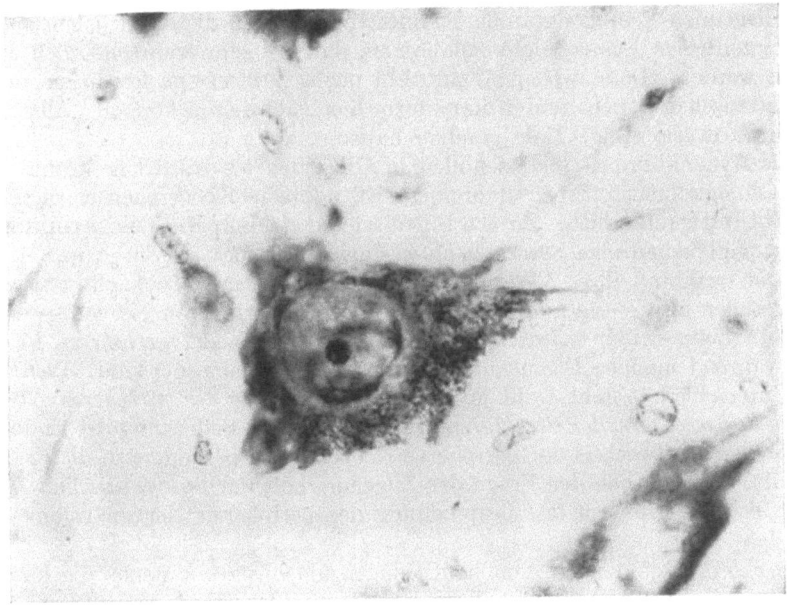

Abb. 91. Melaninhaltige Nervenzelle aus der Substantia nigra eines 30 jährigen Hingerichteten. NISSL-Färbung. Mikrofotogramm: Zeiß Ölimmertion $^1/_{12}$, Homal 4, Plattenabstand 30 cm, die feineren direkten Kurven sind Melaningranula, die groben Schatten im Zelleib und um den Kern stellen die NISSL-Substanz der Kernmembran mit Kernkappen. Nucledus mit Kristalloid.

zunimmt, und die Lipochrombildung, d. h. die Anhäufung von goldgelben, die Fettreaktion gebenden Pigmenten, die besonders typisch ist für manche großen Talamuszellen, für die Elemente der Oliven des Nucleus dentatus des Kleinhirns und besonders der großen motorischen Kernzellen. Weiter nimmt die Pigmentbildung zu mit dem fortschreitenden Alter des Individuums, worüber unten (S. 486) Näheres zu lesen ist.

Nervenfasern.

Die *Zellfortsätze* sind die *Dendriten* und der von der Zellbasis abgehende *Neurit*, der Achsenfortsatz. Er enthält in einer plasmatischen Grundsubstanz, dem Axoplasma, das Fibrillenbündel, welches mit der Silberimprägnation als ein kompakter Strang dargestellt wird, dagegen bei Anwendung der BETHEschen und DONAGGIOschen Färbungen sich in einzeln verlaufende Fasern auflöst, die anscheinend keine Anastomosen miteinander bilden. Im Axoplasma liegen in langen Reihen die Neurosomen. Dieses Axoplasma ist, wie wir aus seinem Verhalten verschiedenen Farbstoffen gegenüber wissen (KAPLAN, STRÄHUBER, BIELSCHOWSKY), in nackten und markhaltigen Nervenfasern nicht dasselbe. KAPLAN hat daher das Axoplasma vom Myeloplasma gesondert. Das letztgenannte geht mit der Markscheide zugrunde und bildet mit ihr wohl eine einheitliche Masse (SPIELMEYER). Die markhaltigen Fasern sind in den Zentralorganen von einem feinen gliösen Häutchen umscheidet, das hier und da sich zu „Schnürringen" (HELD) verengt. Außerdem sehen wir zarte gliöse Fädchen durch die Markscheide bis ans Axoplasma herantreten (PALADINO). Man denkt dabei an die Einkerbungen (RANVIER) der peripheren Nerven. Aber es bestehen doch wesentliche Unterschiede zwischen zentralen und peripheren Nervenfasern, die sich bei den zentralen Fasern in dem Fehlen der LANTERMANNschen Strukturen, der RANVIERschen Ringe, des schwammigen Baues der Markscheide, der SCHWANNschen Zellen und der in deren Plasma liegenden Protagongranula REICHS äußert. Daß die eigentlichen π-Granula den zentralen Fasern nicht zukommen, darf als sehr wahrscheinlich angenommen werden. Denn weder ALZHEIMER noch SPIELMEYER haben sie in der charakteristischen Strich- und Kommaform hier nachweisen können. Allerdings will DOINIKOW sie einige Male gesehen haben.

Daß Myelinklumpen und -schollen in Gliazellen als Ausdruck krankhafter oder physiologischer Stoffwechselvorgänge (ELZHOLZsche Körperchen) vorkommen ist wohl selbstverständlich. Zu erwähnen ist dabei, daß, wie OBERSTEINER gezeigt hat und neuerdings SPIELMEYER bestätigt, Corpora amylacea nur in den Faserzügen während ihres Verlaufs in den Zentralorganen beobachtet werden.

Wir sehen also — vgl. den Abschnitt über die peripheren Nerven — einige *wesentliche Unterschiede zwischen dem Aufbau zentraler und peripherer Nervenfasern*, während manche Eigentümlichkeiten beiden gemeinsam sind. Der wichtigste Unterschied besteht wohl in der *engen Beziehung der peripheren Nervenfasern zu den mesodermalen Strukturen*, wie sie ja bei der Bedeutung des Endoneuriums für den Stoffwechsel der peripheren Nervenfasern besonders in die Erscheinung tritt. Hinsichtlich der Frage der Zugehörigkeit der SCHWANNschen Zellen zur Glia sei ebenfalls auf die Besprechung des peripheren Nervensystems verwiesen.

Die *Fibrillen* sind nach dem heutigen Stande unseres Wissens die leitende Substanz in der Nervenzelle und ihren Fortsätzen. Durch sie sind die nervösen Elemente miteinander verbunden. Die Stellen, an denen diese Verbindung stattfinden, heißen seit SHERRINGTON *Synapsen*. Die Frage, ob an einer Synapse die Verbindung *per continuitatem* oder *per contiguitatem* zustande kommt, hat zu lebhaften Meinungsverschiedenheiten geführt, und bis heute ist noch keine völlige Einigung erzielt worden. Die eine Meinung ist die, es finde nur eine Berührung der Fortsätze einer Zelle mit den Fortsätzen bzw. dem Zelleib der anderen Zelle statt. Denn jede Zelle sei ein Individuum für sich, das aus seinem Zelleib und seinen Fortsätzen gebildet würde. WALDEYER benannte 1891 diese Einheit ein *Neuron*. Er wurde damit, obwohl CAJAL u. a. schon vor ihm die morphologische Selbständigkeit der Nervenzelle betont hatten, der Schöpfer der *Neuronen-* oder *Kontiguitätstheorie*, die lange Zeit die Anschauung der Neurohistologen beherrschte und auch heute noch von CAJAL und vielen anderen vertreten wird. Ihre Richtigkeit wurde in Frage gestellt durch APATHY, der 1897 mit seiner Goldimprägnationsmethode bei Wirbellosen den Verlauf der Neurofibrillen von Zelle zu Zelle und durch die Zellen hindurch feststellte. Dieser Befund war den bis dahin geltenden Anschauungen so entgegengesetzt, daß eine Einigung nicht möglich war. APATHYS Angaben wurden von BETHE auch auf die Wirbeltiere ausgedehnt. Und so stellte BETHE der Neuronentheorie, die — man möchte sagen — *Fibrillen-* oder *Kontinuitätstheorie*, entgegen, nach der nicht mehr das Neuron — die Ganglienzelle mit ihren Fortsätzen —, sondern die kontinuierlich das Nervensystem durchziehenden Fibrillen die eigentliche funktiontragende nervöse Substanz bildeten.

1903 wandte sich NISSL energisch gegen die Neuronentheorie und lenkte die Aufmerksamkeit auf eine den Raum zwischen den Nervenzellen ausfüllende Grundsubstanz, das „Grau", das mit den intra- und extracellulären Fibrillen in engster Verbindung stünde. Dieses Grau erschloß er aus der Zellarmut der höchstentwickelten Rindenbezirke und -schichten und lokalisierte es hier. Die seitherigen Forschungen haben nun allerdings gezeigt, daß die von NISSL angenommene relative Zellverarmung der Rinde bei höheren Organismen nicht besteht (BRODMANN) und weiter, daß der Faserreichtum der Rinde ohne Zuhilfenahme des „Graus" den zellfreien Raum hinreichend ausfüllt (BIELSCHOWSKY).

Die Hauptursache für diesen Streit der Ansichten ist wohl in der Verschiedenheit der angewandten histologischen Darstellungsmethoden zu suchen. Und zwar sind die Vertreter der Kontiguitätstheorie diejenigen Forscher, die in der Hauptsache die Metallimprägnierung (Silbernitrat) für die Fibrillendarstellung verwandten. An ihrer Spitze steht SANTIAGO RAMÓN Y CAJAL. Die CAJALsche Methodik zeigt, wie AUERBACH zuerst sah, daß die Nervenfasern um die Ganglienzellen, zu denen sie in Beziehung treten, sich aufzweigen und mit *knopfartigen Verdickungen* ihnen sich dicht anlagern. CAJAL nannte diese Endkölbchen „*varicosidades terminales*". HELD sprach von fächerartig an der Ganglienzelloberfläche ansetzenden *Endfüßchen*. Von diesen gehen feinste Fäserchen ab, die BIELSCHOWSKY am genauesten beschrieben hat. Sie bilden um die Nervenzelle ein Netzwerk. HELD, BIELSCHOWSKY, DONAGGIO u. a. berichten, daß von diesem feinen Flechtwerk auch Fasern in die Nervenzelle eintreten und so in unmittelbare Verbindung mit den intracellulären Fibrillen treten.

BETHE stellte mit seiner Molybdänmethode besondere schon von GOLGI gesehene und nach ihm *äußere Golginetze* genannte zirkumcelluläre netzartige Strukturen (*Füllnetze*) dar, die hosenartig die Nervenzellen und deren Fortsätze umgeben. In diese Netze treten nach seiner Meinung die extracellulären Fibrillen ein, verbinden sich vielfach miteinander und treten in die intracelluläre Fibrillenmasse über, so daß eine vollständige Kontinuität zwischen extra- und intracellulären Fibrillen entsteht. Nun haben neuere Untersuchungen (HELD, ADAMKIEWICZ u. a.) gezeigt, daß dieses äußere Golginetz oder BETHES Füllnetz sehr wahrscheinlich ein gliöses Gebilde ist. Für diese Auffassung spricht nicht nur die Form des Netzwerkes, sondern auch der Umstand, daß bei guter Darstellung der Füllnetze die Fibrillen nicht gefärbt werden.

Am besten haben auch hier HELDS Untersuchungen die Sache gefördert. Er fand, daß die Fibrillen von den Ganglienzellen gebildet werden. Aber sie wachsen in den zwischen den Zellen ausgespannten Plasmodesmen weiter und gleichen deren Plasma sich so an, daß diese Plasmodesmen zu Neurodesmen werden. Sie durchziehen nun Nerven- und Gliaelemente und dringen auch einwandfrei in andere Nervenzellen ein, mit deren Fibrillen sie sich vereinigen (vgl. S. 478). Damit ist bewiesen, daß die Fibrillen einer Zelle und eines Axons pluricellulärer Herkunft sind.

CAJAL steht auch heute noch diesen Befunden völlig ablehnend gegenüber. Er denkt an Kunstprodukte und an Fehldeutungen und hält an der Auffassung von der Einheit und Einheitlichkeit des Neurons fest.

Ob aber nun eine Verbindung der Nervenzellen per contiguitatem (CAJAL) oder per continuitatem (APATHY, BETHE, NISSL, HELD u. a.) besteht, ist für unsere Deutung patohistologischer Befunde zunächst von sekundärer Bedeutung. Denn für uns sind in erster Linie die Zellen als solche Gegenstand der Betrachtung, und an ihnen sehen wir ja auch ganz bestimmte Veränderungen unter normalen und pathologischen Verhältnissen. Ebenso sind für die Frage nach der Tatsache der Systembildung die feineren Beziehungen der Elemente weniger wichtig als die gesetzmäßigen Abhängigkeitsverhältnisse bestimmter Grisea voneinander.

Die Systembildung, die ihren Ausdruck findet in bestimmten morphologisch erkennbaren Faserverbindungen zwischen bestimmten Ganglienzellen oder Ganglienzellgruppen, ist aber die Grundlage für eine bestimmte Reizleitung. Als Beispiel sei der Tractus cortico-spinalis genannt, der seinen Ursprung nimmt aus den BEETZschen Riesenpyramidenzellen der fünften BRODMANNschen Schicht in der hinteren Lippe der vorderen Zentralwindung und als Pyramidenbahn zu den motorischen Vorderhornzellen der anderen Seite gelangt. Es ist bekannt, daß gerade das anatomische Studium dieser und anderer systematischer Verbindungen zwischen bestimmten Zentren uns wichtige Aufschlüsse auch für die funktionellen Beziehungen zwischen diesen geliefert haben.

Neurobiotaxis.

Wie die ektodermalen Parenchym- und Stromazellen entstehen, haben uns die Untersuchungen von HIS u. a. gezeigt. Von der Keimschicht des ektodermalen Medullarrohrs stammen die Spongioblasten und Neuroblasten, aus denen sich gliöse und nervöse Zellen entwickeln. Wie nun die Elemente zu dem Bilde, welches das fertige Nervensystem bietet, angeordnet werden, ist eine Frage, die Gegenstand lebhafter Theorienbildung geworden ist. Man hat diesen Vorgang *Taxis* genannt und angenommen, daß chemische, physikalische (elektrische) und funktionelle Reize hierbei ihre Wirkung entfalten.

Zwei Fragen sind uns besonders wichtig, die nach der Anlage der Kerngebiete, d. h. nach der *Wanderung der Nervenzellen* und die nach *dem Wachstum der Nervenfasern* und somit der Herstellung von Verbindungen zwischen den Nervenzentren oder zwischen Zentrum und Erfolgsorgan. Die Untersuchungen hierüber sind zunächst von CAJAL, FORSMANN, HELD, ARIENS KAPPERS, HARRISON u. a. gemacht. Neuerdings hat sich ein Schüler CAJALS, TELLO, mit dem Problem beschäftigt. Das *Wachstum der Nervenzellen* wird nach diesem Forscher zweckmäßig *in zwei Fasen* gesondert, deren erste in langsamer Größenzunahme des Elementes, während die zweite rascher verlaufende in Ortswechsel und Gestaltsveränderung besteht. Natürlich lassen sich beide *nicht jederzeit voneinander trennen*, denn wir sehen sowohl im Beginn der Entwicklung Wanderungen z. B. von der Keim- in die Mantelschicht (HIS), als auch später Größenwachstum an Ort und Stelle der endgültigen Lagerung. Es scheint dabei — besonders später ist das auffällig —, als ob die peripheren Zellteile ein schnelleres Wachstum zeigen, als es HARRISON an den zellfernen Axonstrecken nachwies. CAJAL setzte als erster (1890—1894) bei seinen Untersuchungen über die Anlage der Netzhaut und des Kleinhirns, die

Wanderungen der nervösen Elemente und das Auswachsen ihrer Fortsätze in Parallele zu den als Tropismen bekannten biologischen Erscheinungen. Er dachte besonders an einen *Chemotropismus* bzw. eine Chemotaxis. In seinen 1900 vorgenommenen Versuchen, in denen er Ischiadicusfasern nach der Durchschneidung im Strohhalm an Seidenfäden auswachsen ließ, stellte FORSMANN fest, daß die Fasern auf geradem Wege in das periphere Ende verliefen, wenn dieses am anderen Ende des Halmes war, daß sie aber nur eine kurze Strecke weit in die Röhre eindrangen, wenn das periphere Ende neben dem zentralen in die Röhre mündete. Dann aber bogen sie um und wuchsen auf das periphere Ende zu, das sie nunmehr rite neurotisierten. Er sprach auf Grund dieses Phänomens von *Neurotropismus*. Diese Untersuchungen wurden von CAJAL, PERRONCITO, MARINESCO u. a. mit Silberfärbungen nachgeprüft und vollauf bestätigt. In mannigfachen Versuchsanordnungen hat dann CAJAL diesen Neurotropismus immer wieder nachweisen können. Solche Befunde führten zu der Annahme, daß von bestimmten Stoffen, die das Nervengewebe, aber auch das Mesenchym, das Epithel, die Muskeln usw. enthalten oder absondern, ein Reiz auf den Neuroblasten ausgeübt wird, der als Wachstumsreiz wirkt. Wir haben also eine besondere — wahrscheinlich spezifische — Reizbarkeit der nervösen Elemente anzunehmen. Neben diesen chemischen Reizen wurden nun auch *dynamische* (STRASSER 1892, ARIENS KAPPERS 1907) vermutet, von denen namentlich die *elektrischen* weiter ausgebaut wurden. KAPPERS sprach ganz allgemein von *Neurobiotaxis*; die elektrischen Reize stellte er sich in der Form des Galvanotropismus vor, wodurch er aber unseres Erachtens in gewisse Schwierigkeiten bei der Erklärung der auf den Reiz gerichteten stimulipetalen Dendriten und der von ihm fortstrebenden stimulifugalen Neuriten gerät.

CHILD suchte sich durch die Annahme der Polarisierbarkeit der Neuronen zu helfen, indem er die Zellbezirke mit lebhaftester Tätigkeit als positiv geladen ansah. Man sieht aus diesen Erklärungsversuchen, daß völlige Klarheit nicht besteht. Immerhin darf man wohl sagen, daß *sowohl chemische als elektrische, aber ebenso rein mechanische Kräfte* hier im Spiele sind. Vielleicht auch darf man TELLO folgen, der die unbestimmten Orientierungen mehr auf elektrische, die bestimmten auf chemische Reize zurückführt und vermutet, daß in verschiedenen Wachstums- bzw. Wanderungsfasern verschiedene Kräfte wirken. Bei der Bildung von Nervenendigungen nimmt er mit CAJAL vorwiegend Chemotaxis an. Die Bildung und Lagerung der Kerngebiete haben KAPPERS vergleichend-anatomische Untersuchungen klarer beleuchtet. Dieser Forscher zeigte z. B. am Hypoglossus, der ja bei den Fischen und Anuren noch Rumpfmuskeln innerviert, daß er mit der Ausbildung einer muskulösen Zunge dorso-frontal wandert und in Beziehung zu den sensiblen Teilen des Trigeminus, Glossopharyngeus und Vagus tritt. Umgekehrt wandert der Nervus accessorius caudalwärts. Lehrreich sind in dieser Beziehung auch die Veränderungen im Tectum opticum, je mehr die optischen Hauptbahnen mit dem Großhirn (Fissura calcarina) in Verbindung treten (CAJAL). Die sehr beachtlichen in der fötalen Entwicklung auftretenden Wanderungen der Körnerzellen der Kleinhirnrinde von der Keimschicht in die Molekularschicht (OBERSTEINER) und ihre Rückwanderung in die definitive Körnerschicht sei als Beispiel für merkwürdige ontogenetische Wanderungen angeführt (CAJAL).

Aufbau der Struktur.

Mit der ersten Anlage und Anordnung der Kerne und der Ausbildung ihrer Verbindungen haben wir indes nur den Grundriß für den Bau der Zentralorgane vor uns, und es bleibt *der spätere Ausbau* noch zu betrachten. Da scheint es nun, als erkläre sich die auffällige Gegensätzlichkeit in der Architektonik des Rückenmarks und Hirnstammes einerseits und der Groß- und Kleinhirnhemisphären andererseits durch die Phylogenese der Zentralorgane. Da nämlich die Rinde in den äußeren Teilen der Mantelschicht angelegt wird, ist es verständlich, daß die von ihr ausgehenden oder zu ihr hingehenden Faserzüge ebenfalls zunächst außerhalb der primären um den Zentralkanal gelagerten Kerngebiete bleiben. Die neencephalen Bahnen umschließen gewissermaßen die paläencephalen, während sie sie passieren. Das zeigt u. a. die Brückenfaserung, zeigen die Pyramidenbahnen bei ihrem Verlauf im Hirnstamm. Diese Umhüllung durch die langen, mit höheren Zentren in Verbindung stehenden Bahnen sehen wir vor allen Dingen im Rückenmark, dessen Eigenapparat ja in der Tat auf das zentrale Grau bzw. dessen nächste Umgebung beschränkt bleibt. Daß es bei der Herstellung der Verbindungen durch Abzweigung von Fasern auch zu komplizierten Verflechtungen kommt, ist selbstverständlich. Aber dadurch wird ja das Prinzip des Aufbaues nicht völlig aufgehoben.

Die Bezirke, in denen die Nervenzellen liegen, bilden die sog. *Grisea* (O. VOGT) oder die *graue Substanz*, die von den markhaltigen Nervenfasern erfüllten die *weiße oder Marksubstanz*. Die einfachen Zellhaufen ohne eine besondere Schichtung, wenn natürlich auch nicht ohne jede Struktur, werden als *Kerne* oder *Ganglien* bezeichnet. Daß auch hier Strukturänderungen im Sinne einer Fältelung (Oberflächenvergrößerung!) vorkommen, sehen wir an der unteren Olive und am Nucleus dentatus, die entsprechend der Ausbildung der Kleinhirnwindungen gefaltet werden. Und eine Schichtbildung und Gyrifizierung zeigt bei den Primaten das funktionell eng an die Calcarina gebundene Corpus geniculatum laterale. Dagegen läßt die graue Substanz der Hemisphärenperipherie, die sog. *Hirnrinde*, einen ausgesprochenen Aufbau aus verschiedenen *Schichten* von entsprechend verschieden gestalteten Nervenzellen und eine durch die aus dem Markweiß hereinragenden Markfaserbündel verursachte *Radiärstrahlung* erkennen. Die solchermaßen gekennzeichnete tektonische Struktur der Rinde ist 1868 von MEYNERT erkannt, später von BEVAN LEWIS, HAMMARBERG, CAMPBELL u. ELLIOT SMITH, genauer durch O. VOGT vom myeloarchitektonischen, durch BRODMANN vom cytoarchitektonischen Standpunkte aus untersucht. Neuerdings haben v. ECONOMO und KOSKINAS eine ausführliche Cytoarchitektonik herausgegeben. Das Ergebnis aller Forschungen ist die Aufstellung eines sechsschichtigen Normaltypus, der eine Grenzschicht (Lamina zonalis), eine äußere Körnerschicht (Lamina granularis externa), eine Pyramidenzellenschicht (Lamina pyramidalis), eine innere Körnerschicht (Lamina granularis interna), eine Ganglienzellschicht (Lamina ganglionaris) und die Schicht der vielgestaltigen bzw. Spindelzellen MEYNERTS (Lamina multiformis) aufweist. Dieser Grundtypus erstreckt sich mit mehr oder weniger bedeutenden Änderungen über mehr als $^9/_{10}$ der Großhirnrinde. Homogenetisch nennt BRODMANN diese Art des Rindenaufbaus, ihre Erscheinungsformen bezeichnet er, wenn die Sechsschichtung rein erhalten bleibt, als *homotypisch*, wenn die Schichten vermehrt oder vermindert sind, als *heterotypisch*. Von ihr sind grundsätzlich die *heterogenetischen* Rindentypen zu trennen, die in ihrer Anlage nur aus zwei oder drei Grundschichten bestehen, wie wir das in der Ammonshornformation am deutlichsten sehen. Hier haben wir wahrscheinlich den *primitiven zweischichtigen Rindentypus, das Archipallium*, vor uns. Und schließlich gibt es im Riechlappen und der Substantia perforata anterior sowie im Mandelkern gar keine Schichtung. Sowohl die Beobachtungen CH. JACOBS, als auch NISSLS klassische Untersuchungen über die Beziehungen des Talamus zur Rinde machen es wahrscheinlich, daß wir zwei Grundschichten der Rinde anzunehmen haben, deren äußere die Schichten I—IV, deren innere die V. und VI. Schicht umfaßt. Die V.

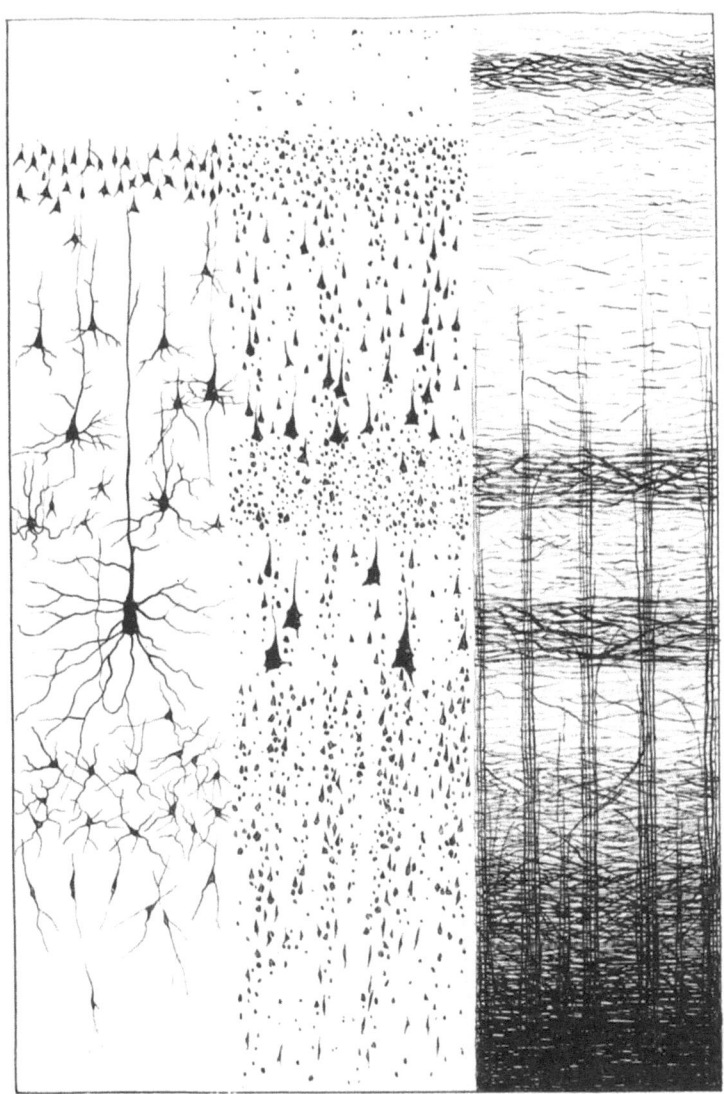

Abb. 92. Verhalten der Zell- und Faserschichten in der menschlichen Großhirnrinde. (Schematisch.) (Kombiniert nach verschiedenen Methoden a) GOLGI, b) NISSL und c) WEIGERT.)

Zellschichten (nach BRODMANN)
I. Lamina zonalis.

II. Lamina granularis externa.
III. Lamina pyramidalis.

IV. Lamina granularis interna.
V. Lamina ganglionaris.

VI. Lamina multiformis.
    VIa. Lamina triangularis.
    VIb. Lamina fusiformis.

Markfaserschichten (nach O. VOGT)
1. Lamina tangentialis.
    1° Pars supratangentialis (afibrosa) lam. tang.
    1a Pars superficialis lam. tang.
    1b Pars intermedia lam. tang.
    1c Pars profunda lam. tang.
2. Lamina dysfibrosa.
3. Lamina suprastriata.
    3a Pars superficialis lam. suprastr.
    $3a^1$ Stria Kaes-Bechterewi.
    $3a^2$ Pars typica lam. suprastr.
    3b Pars profunda lam. suprastr.
4. Stria Baillargeri externa.
    5a Lamina interstriata.
    5b Stria Baillargeri interna.
6. Lamina infrastriata.
    $6a^1$ Lamina substriata.
    $6a^2$ Lamina limitans externa.
    $6b^1$ Lamina limitans interna.
    $6b^2$ Zona corticalis albigyrosum.

(Nach K. BRODMANN, aus Handb. d. Neurologie I, 1.)

und VI. Schicht stehen mit tieferen Zentren in Verbindung, während die äußeren den intracorticalen Apparat enthalten sollen, oder, um v. MONAKOWS mehr funktionelle Ausdrucksweise zu gebrauchen: die äußeren vier Schichten enthalten den Assoziations-, die inneren beiden den Projektionsapparat. BRODMANN nennt die äußeren drei Schichten die *äußere Hauptschicht oder -zone*, die drei inneren die *innere Hauptschicht* (KAES).

Nebenstehend (Abb. 92) zeigen wir synoptisch die Rindenschichtung, wie sie sich im Zell- und Markfaserpräparat darstellt, und folgen BRODMANNS Beschreibung.

Nach diesen cytoarchitektonischen Gesichtspunkten konnte BRODMANN eine große Zahl verschiedener Rindenfelder unterscheiden, wobei es sich zeigte, daß bestimmte Zentren durch einen besonders auffallenden Bau gekennzeichnet werden, z. B. die Lippe der vorderen Zentralwindung durch das Fehlen der inneren Körnerschicht (IV) und das Auftreten der BEETZschen Riesenpyramidenzellen in der V. Schicht, oder die Area striata, welche die Calcarinalippen bildet und durch die Dreiteilung der inneren Körnerschicht (Lamina V) ihr charakteristisches Gepräge erhält. So fand BRODMANN im Stirnhirn siebzehn verschiedene Rindenfelder (Areae). O. VOGT dagegen, der nach der Unterteilung der Tangentialfaserschicht, dem Verhalten des BAILLARGERschen Streifens (einfach, doppelt, vereinigt) und der Länge der Markradien die Rindengebiete sonderte, konnte ebenda sechsundsechzig Felder voneinander sondern.

Beachtenswert ist ECONOMOS Hinweis auf MEYNERTS Beobachtung daß in allen sensorischen Areae die kleinen Nervenzellen besonders zahlreich sind: granulöser Rindentyp (*Koniocortex*). Die allerdings nicht endgültige Zahl der cytoarchitektonischen Areae beträgt nach v. ECONOMO 109.

BRODMANN faßte seine Areae in acht Regionen zusammen. Die Deckung zwischen seinen, v. ECONOMOS und VOGTS Areae ist eine sehr weitgehende. Ja, auch in der Tierreihe bestehen zwischen den entsprechenden Areae recht große Ähnlichkeiten. Es würde den Rahmen dieses Beitrages weit überschreiten, wenn wir uns hier auf Einzelheiten einlassen wollten. Wir verweisen da auf die zusammenfassenden Darstellungen dieser Forscher, besonders auf diejenigen BRODMANNS im ersten Bande des Allgemeinen Teils von LEWANDOWSKIS Handbuch der Neurologie bzw. auf die Abschnitte dieses Handbuches (II, 2a, 4, b, d, 7) über die betreffenden Gebiete, die Cytoarchitektonik v. ECONOMOS und KOSKINAS, sowie die letzte Mitteilung v. ECONOMOS, Zellaufbau der Großhirnrinde Berlin: Julius Springer 1927.

Wesentlich neue Ergebnisse haben ROSES Untersuchungen über die Genese der Rindenschichtung geliefert. Sie werden über das rein Morphologische hinaus gerade für die Fragen nach der Funktion große Bedeutung gewinnen[1].

Die Zusammenordnung der mannigfach gebauten Kerngebiete des Zentralnervensystems zeigt sich uns in morphologisch feststellbaren Verbindungen, die sie miteinander eingehen, und die uns ein Ausdruck ihres funktionellen Zusammenhanges sind. Wir sprechen in diesem Sinne von *Systembildung*. Die Frage, wie innig die Verbindung zwischen den einzelnen Elementen des Nervensystems ist, hat zu den zwei oben besprochenen Lösungsversuchen geführt, die sich noch heute als Neuronen- und Fibrillentheorie gegenüberstehen.

---

[1] Man hat seiner Zeit den Architektonikern ihre neue Nomenklatur vorgeworfen, wohl mit Unrecht, denn neue Entdeckungen fordern neue Benennungen. In letzter Zeit ist allerdings dadurch, daß bekannte Dinge durch v. ECONOMO neue Namen erhielten, die Orientierung eher erschwert worden. Abgesehen von den völlig anderen Bezeichnungen für die einzelnen Areae, hat dieser Forscher die myeloarchitektonischen Begriffe Iso- u. Allocortex (O. VOGT) auf die Cytoarchitektonik übertragen. Er bezeichnet die BRODMANNsche homogenetische Rinde als Isocortex, die heterogenetische Rinde als Allocortex.

Neuroglia.

Das Grundgewebe des zentralen Nervensystems wird von einem feinen plasmatischen Reticulum, dem HELDschen *Glianetzwerk*, gebildet, das an den Stellen, die als Grenzbezirke gegen das mesodermale Gewebe, sei es gegen die Meningen, sei es gegen die Gefäße, sich zu einer Membran verdichtet, welche der genannte Forscher als *Membrana limitans* superficialis bzw. perivascularis bezeichnete. Diese Membran ist mit der Intima piae (siehe unten) fest verklebt. Unmittelbar unter ihr liegen die sog. *Kammerräume*, die als Lymphräume angesehen werden (Abb. 93).

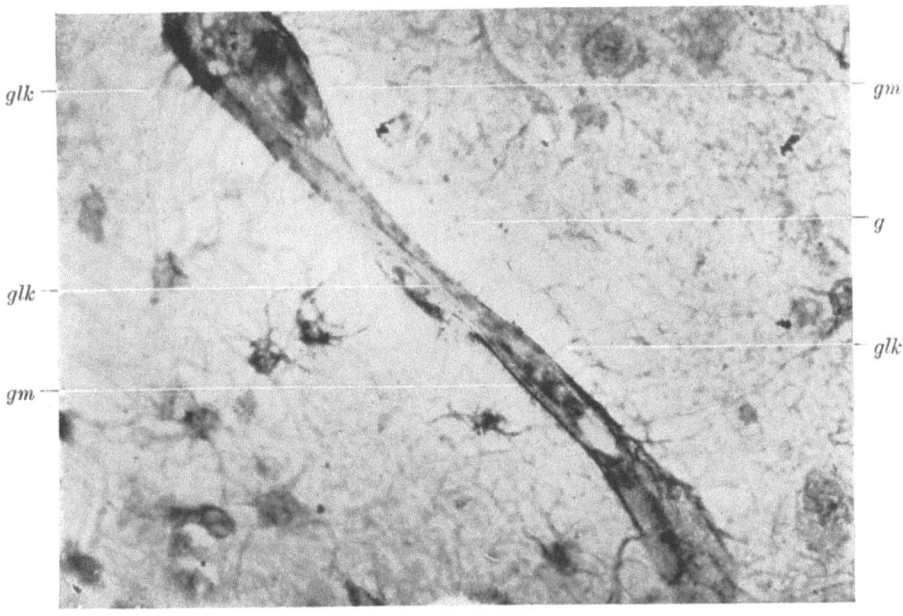

Abb. 93. Perivasculäre Grenzmembranen und sog. HELDsche Kammerräume (Goldsublimatmethode nach CAJAL). Die dunklen Zellen sind plasmareiche Gliazellen. *g* Gefäß, *glk* Gliakammerräume, *gm* Grenzmembranen.

Unter normalen Verhältnissen gewährt diese Membrana limitans den Zentralorganen einen weitgehenden Schutz. Sie ist anscheinend nur für das dem Stoffwechsel dienende Material durchgängig. Das zeigen besonders schön die GOLDMANNschen Versuche, bei denen es nicht gelang, im reifen Gehirn eine wesentliche Speicherung von intravenös injizierten sauren Vitalfarben zu erzielen. Daß dieser Schutz der Grenzmembranen unter pathologischen Umständen versagen kann, lehren uns manche Erkrankungen des Nervensystems, wie die Paralyse, bei der wir ja die Spirochäten sie durchwandern sehen, oder akute Entzündungen, bei denen sie durchbrochen oder gar eingeschmolzen werden. Normalerweise scheint beim Neugeborenen bzw. beim Embryo eine weitgehende Permeabilität der Grenzmembranen zu bestehen. Denn v. MÖLLENDORFF gelang es, bei neugeborenen weißen Mäusen intravenös injizierte saure Vitalfarben ans ektodermale Gewebe des Gehirns heranzubringen und dort in den cellulären Elementen zu speichern.

In sehr ausgesprochener Form sieht man die retikulären Strukturen in dem sog. äußeren (pericellulären) Golginetz oder BETHEschem Füllnetz (Abb. 94), das um die Nervenzellen und ihre Fortsätze gebildet ist. Daß in diesem Reticulum nervöse Fibrillen nachweisbar sind, ist noch kein Grund, sein Netzwerk selbst für eine neurofibrilläre Bildung zu halten. Deutlich tritt auch die retikuläre Grundsubstanz an den Nervenfasern des Zentralnervensystems zutage, um die sie Umschnürungen bildet und feinmaschig die Markscheiden durchzieht. Dieses HELDsche *Reticulum* nun ist der morphologische Ausdruck des *syncytialen Charakters der Neuroglia*. Denn die Gliazellen sind nur, wie SPIELMEYER sagt, Knotenpunkte in diesem Protoplasmaverbande.

NISSL teilt die Gliazellen in die großen plasmareichen spinnenförmigen Elemente mit großem, oft peripher liegendem blassen blasigen Kern und in die kleineren rundlichen, lymphocytenähnlichen Zellen mit einem chromatinreichen Kern, der frei zu liegen scheint oder nur von einem schmalen Plasmasäumchen umgeben ist. Wir unterscheiden folgende Gliazellformen:

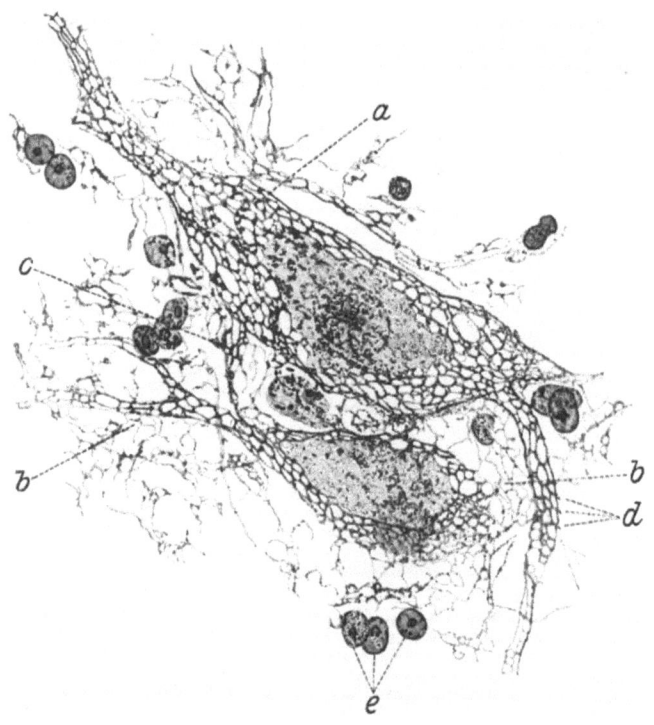

Abb. 94. Gut differenzierte Golginetze von Vorderhornzellen aus dem Rückenmark der Taube (BETHE-Methode). *d* pericelluläres Golginetz; *b* intercelluläres „Gliareticulum"; *c* Golginetzbrücke zwischen zwei Nervenzellen; *a* frei in die umgebende graue Substanz hineinragende Golginetzbalken; *e* Gliakern. (Nach ADAMKIEWICZ, Z. Neurol. 51.)

1. Die großen DEITERSschen Spinnenzellen (CAJALS plasmareiche Gliazellen, Sternzellen, Astrocyten) mit großen, meist randwärts verlagerten, rundlichen, blasigen Kernen, die neben feinen Chromatinkörnern und einem zarten Kerngerüst ein oder mehrere, in der Regel mit basischen Anilinfarben metachromatisch gefärbte, nucleolenartige Gebilde (NISSL) enthalten. Ihr Zelleib sendet kürzere oder längere Fortsätze in die retikuläre Grundsubstanz, die mit den Ausläufern anderer Zellen zusammentreffen, sich vereinigen können, so daß auch hier der syncytiale Charakter gewahrt bleibt (Abb. 95). Das eigentümliche bei diesen Zellen ist, daß sich in ihnen, worauf RANVIER 1872 zuerst aufmerksam machte und wie WEIGERT mit seiner Gliafärbemethode zeigte, Fasern bilden können, die in ihrer Entstehung stets, wie wir heute wissen, an diese Zellen und deren Plasmastrukturen gebunden sind, dabei von Zelle zu Zelle ziehen können und so auch ihrerseits einen Beweis für die syncytiale Einheitlichkeit der Neuroglia liefern. Diese Fasern sind ein

paraplastisches Produkt des Zellprotoplasmas, entstehen durch die Zusammenlagerung von Körnchen (Gliosomen von HELD, FIEANDT, EISATH). Sie sind also intracellulär gebildet. Man sieht sie am Rande des Zelleibs oder seiner Fortsätze liegen, aber stets in Abhängigkeit von den plasmatischen Strukturen. Vielfach sind auch freie Fasern beschrieben, doch läßt sich gegen solche Befunde einwenden, daß das Mißlingen des Nachweises des Reticulums bzw. feiner Plasmabrücken bei einigen Methoden noch kein Beweis dafür ist, daß diese Strukturen nicht bestehen. Die Faserbildung scheint physiologischerweise im Alter zuzunehmen. Indes gibt es Gebiete, z. B. die dritte Rindenschicht, den Nucleus caudatus und

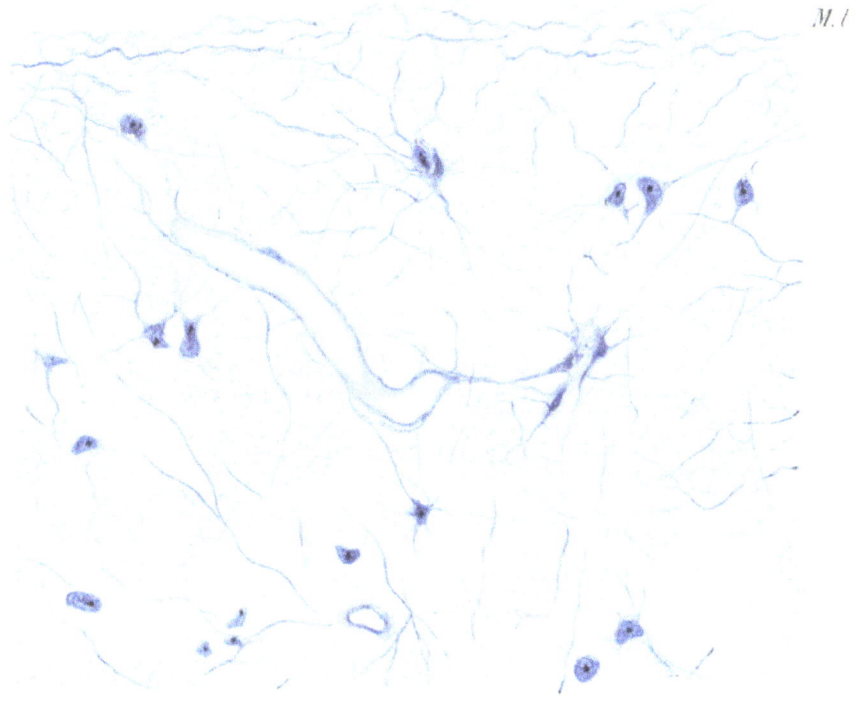

Abb. 95. Oberste Großhirnrindenschicht im ALZHEIMER-MANN-Präparat von einem etwa 50 jährigen Menschen. Darstellung des HELDschen Gliareticulums und seiner Versteifung durch Gliafasern. Insertion des Gliareticulums und der Fasern an der Membrana limitans der Gefäße und der obersten Randzone meist deutlich. Ml.-Membrana limitans superficialis mit darunter gelegenen Kammern. (Nach SPIELMEYER.)

das Putamen, in denen eine merkwürdig geringe Neigung zur Gliafaserbildung sowohl unter physiologischen als auch häufig unter pathologischen Verhältnissen besteht (WEIGERT, SPIELMEYER). Die großen *Spinnenzellen* (Astrocyten) sind besonders zahlreich in der Nähe der obenerwähnten Grenzmembranen, d. h. in der Randschicht der Rinde, um die Gefäße und unter der die Hirnhöhlen und den Zentralkanal auskleidenden Ependymschicht. Ihr stärkster Fortsatz setzt, sich trichterförmig verbreiternd, an der Membrana limitans an, geht in sie über und bildet hier die sog. Gliafüße, mit denen zugleich Fasern in die Grenzmembran gelangen (Abb. 96). So stellen diese Zellen — man ist versucht, eine Parallele zu den Fibroblasten des Bindegewebes zu ziehen — ein festes und sich durch die Faserbildung immer mehr festigendes Stützgewebe dar. Darin liegt ihre morphologische und funktionelle Bedeutung. Wohl findet man in ihrem Zelleib im Alter und unter pathologischen Prozessen Fetttröpfchen und andere Abbaustoffe, aber sie sind nur spärlich vorhanden, liegen meist peripher und niemals entstehen aus ihnen Körnchenzellen, ebensowenig Stäbchenzellen.

2. *Gliazellen von epitheloider Form*, die meist den Gefäßen anliegen, einen runden Kern und nur wenige kurze, oft beutelförmig endende Fortsätze besitzen. Hier und da begegnet man ihnen als Trabanten an Ganglienzellen. Sie entsprechen wohl zum Teil den von FRIEDMANN beschriebenen epitheloiden Zellen. DEL RIO-HORTEGA hat sie neuerdings mit seiner Sodasilberimprägnation schärfer differen-

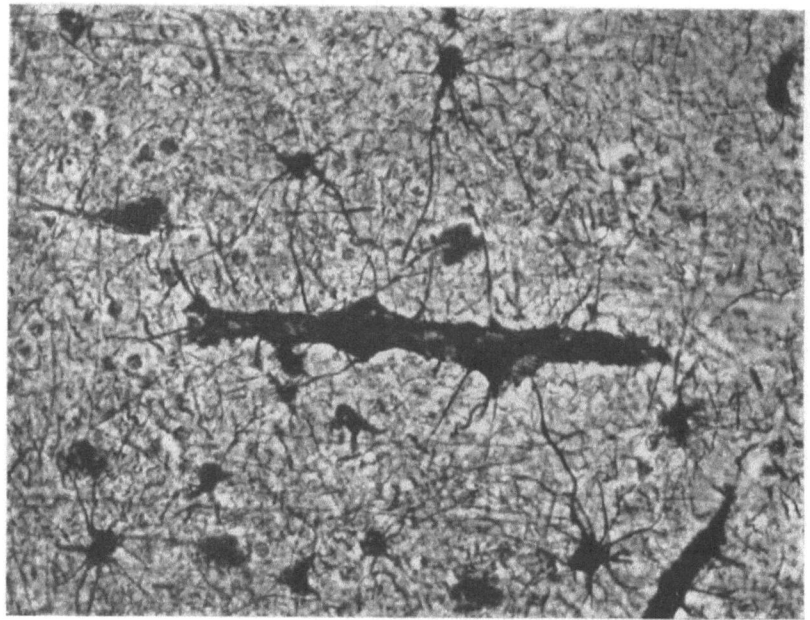

Abb. 96. Plasmareiche Gliazellen setzen mit fußartiger Verbreiterung an der perrivasculären Grenzmembran an.

zieren können und *Oligodendroglia* genannt. Es scheint, daß sie für den Stoffwechsel Bedeutung haben, doch läßt sich zur Zeit Sicheres nicht sagen. Ob Faserbildung bei ihnen vorkommt, ist fraglich, bisher jedenfalls nicht einwandfrei erwiesen (Abb. 97).

3. Die im Nisslpräparat vielfach als *freie Kerne* imponierenden kleinen Elemente, die als Satelliten der Ganglienzellen und anscheinend auch der Capillaren isoliert im Reticulum liegen (Abb. 98). Es sind die früher vielfach als Lymphocyten angesprochenen Gebilde, deren Zelleib in gesunden Gehirnen in der Tat gar nicht oder nur als schmaler Saum dargestellt wird. Unter pathologischen Verhältnissen allerdings tritt er deutlicher hervor und läßt dann häufig Fortsätze erkennen, die nicht selten Zelle mit Zelle verbinden. CAJAL hat sie als *drittes Element* beschrieben. DEL RIO-HORTEGA, der sie mit seiner Sodasilbermethode elektiv imprägnierte, nannte sie *Mikroglia* (Abb. 99) und, weil er sie irrtümlich vom Mesoderm ableitete, *Mesoglia*. METZ und SPATZ haben gezeigt, daß sie sicher gliöser, d. h. ektodermaler Herkunft sind. HOLZER wies mit einer eigenen Methode nach, daß sie auch, wo sie den Gefäßen anzuliegen scheinen, doch von ihnen durch die Membrana limitans perivascularis getrennt, also in das Gliareticulum eingelagert sind. Ihre Kerne sind in der Regel oval, jedenfalls kaum jemals ganz rund, sie können sehr langgestreckt (stabartig) oder eckig, biskuit- und hantelförmig

sein. Der Chromatingehalt der Kerne ist recht beträchtlich, Nucleolen sind allermeist nicht festzustellen. Der Zelleib ist — wie man im Hortegapräparat sieht — beim Neugeborenen klein und rundlich, und bleibt auch späterhin ein schmaler

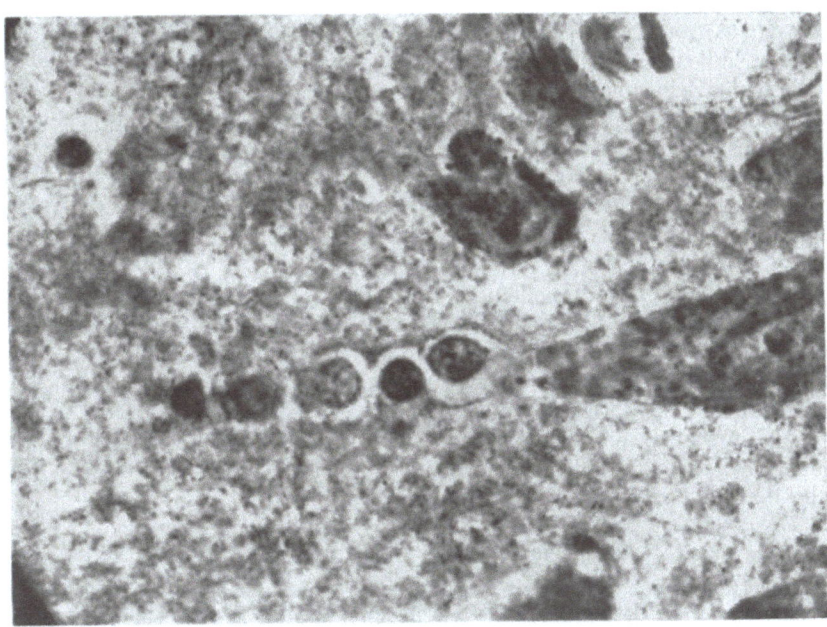

Abb. 97. Oligodendrogliazellen (Mitte) am Spitzenfortsatz einer Nervenzelle (links). DEL RIO-HORTEGAS Sodasilberimprägnation. Mikrofologramm: Fuß $1/_{12}$ Ölimmers., Hand IV, Plattenabstand 30 cm. Die chromatinreichen um den Kern liegen in einem nicht imprägnierten epitheloiden Zelleib, dessen fein versilberter Rand gut sichtbar. Die 1—2 Fortsätze sind nicht mit dargestellt.

Saum um den Kern. Doch sendet er zahlreiche, unregelmäßige Fortsätze aus, die ihrerseits wieder sich verzweigen, manchmal kammartig gezackt sind. Fasern bilden sie, soweit sich bisher feststellen ließ, nicht. Beim Säugling aber sehen wir

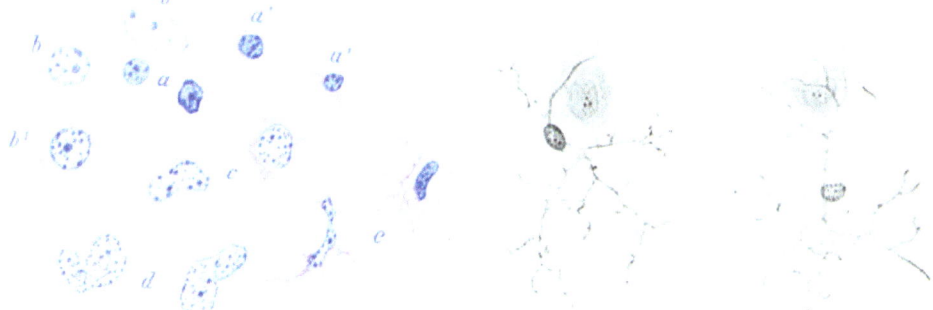

Abb. 98. Normale Gliazellen im Nisslpräparat. a und a^1 Mikroglia mit oder ohne Plasmaleibfärbung, b und b^1 Oligodendroglio, c und d Spinnenzellen, Astrocyten, e wahrscheinlich zu a gehörig. (Nach SPIELMEYER.)

Abb. 99. Menschlicher Normalfall, 2 HORTEGAsche Zellen in Nachbarschaft von Pyramidenzellen. HORTEGAS-Methode. Zeiß, Immers. 1/7 Ok. 8. (Nach METZ und SPATZ: Z. Neur. 89).

daß aus diesen Zellen sich die weiter unten zu besprechenden Gitterzellen bilden, ebenso finden wir bei vielen krankhaften Prozessen, bei denen Abbaustoffe vermehrt auftreten, diese in den Hortegazellen gespeichert. Zudem sprechen die nahen Beziehungen, die sie zu den Ganglienzellen als deren Trabanten (Abb. 99), aber auch zu den großen plasmareichen und faserbildenden Gliazellen sowie zur Oligodendroglia haben, dafür, daß sie für den Stoffwechsel, d. h. für den Ab- und Antransport der für das Leben des nervösen Gewebes notwendigen Stoffe von größter Bedeutung sind.

4. *Kleine runde mehr oder weniger chromatinreiche Gliakerne*, deren Plasmaleib bisher mit keiner Methode dargestellt werden konnte.

Diese vier Zellarten darf man als die morphologisch bislang unterscheidbaren Gruppen der Gliaelemente annehmen. Sie erlauben, eine gewisse Parallele zu dem Bindegewebsapparat des übrigen Organismus zu ziehen, wobei die unter 1. beschriebenen *großen plasmareichen und faserbildenden Elemente dem Fibroblastenapparat entsprechen, während die übrigen Gliazellen mehr dem reticulo-endothelialen Apparat zuzuordnen sind*. Was die freien Kerne zu bedeuten haben, ist noch völlig unklar.

Aber es dürfte nicht unbedenklich sein, den hier angedeuteten Parallelismus sensu stricto auf die Funktionen der Glia anzuwenden. Denn die Verhältnisse im Zentralnervensystem sind doch wesentlich andere als im übrigen Körper. Insbesondere besteht ein besonders enger funktioneller Zusammenhang zwischen den gliösen und nervösen Elementen.

Die Glia scheint nämlich für den Stoffwechsel des hochdifferenzierten nervösen Parenchyms eine weit größere Bedeutung zu haben, als sonst das Zwischengewebe für die Parenchymzellen.

Mesodermale Bestandteile.

Die dem zentralen Nervensystem zugeordneten *mesodermalen Gebilde* sind die Hirnhäute und die Gefäße. Die *drei Hirnhäute* — Dura mater, Arachnoidea, Pia mater — sind bindegewebige Gebilde mit einem Endothelbelag. Das derbste Fibrillengeflecht besitzt die *Dura*, sie liegt im Schädel dem Knochen periostartig fest an, um das Rückenmark bildet sie einen weiten Sack, der vom Periost frei bleibt. Auf der den Zentralorganen zugekehrten Seite ist sie von einer Endothelschicht bedeckt. Mit zunehmendem Alter treten in ihrem Bindegewebe elastische Fasern auf. Von der *Arachnoidea* ist sie durch einen Gewebsspalt, den subduralen Raum, getrennt, der von feinen Bindegewebsfäden durchzogen ist. Diese gehören der Arachnoidea an, die ihrerseits ein lockeres Fibrillenwerk darstellt, das weite Hohlräume umgibt. Diese Bindegewebsbälkchen sind von einem feinen Endothel bekleidet. Gefäße fehlen dieser Hirnhaut vollständig. Sie ist lediglich ein System von Liquorräumen, die in den sog. Zisternen (Sinus subarachnoidalis posterior und basalis) sich zu mächtigen Sinus erweitern. Die papillären Wucherungen, die von der Arachnoidea längs dem Sinus longitudinalis gebildet werden, sind die sog. PACCHIONIschen Granulationen. Über die feinere Histologie dieser Hirnhaut ist noch zu sagen, daß ihre Bindegewebsbündel von Fäserchen umschnürt werden, welche die Elastinfärbung geben. Die innerste Hirnhaut ist die *Pia mater*. Sie ist die eigentliche, unmittelbare Hülle der Zentralorgane, legt sich ihnen dicht an und folgt der vielgewundenen Hirnoberfläche bis in die Tiefe der Furchen. Sie ist außerordentlich reich an Gefäßen, von denen die ins nervöse Gewebe eindringenden Äste abgehen. Auch diesen Ästen gibt sie eine zarte Bindegewebshülle mit, die *Intima piae*, die fest mit der Membrana limitans gliae, der gliösen Grenzhaut, verklebt ist. Zwischen diesen beiden Häuten, also zwischen Mesoderm und Ektoderm, gibt es, wie HELD gezeigt hat, unter gewöhnlichen Bedingungen keinen Hohlraum. Das heißt, der von HIS angenommene perivasculäre Lymphraum ist beim gesunden Nervensystem nicht vorhanden. Die Pia selbst ist eine schmale Bindegewebsschicht, in der Gefäße — wie oben gesagt — und marklose Nervenfasern verlaufen. Zwischen den Bindegewebsbündeln befinden sich Lymphspalten. Besonders deutlich sind die intimen Beziehungen der Pia zum ektodermalen-nervösen Gewebe in den *Plexus chorioidei*. Hier sehen wir sie mit dem Plexusepithel, das nichts anderes wie ein Ependymzellenbelag ist, eine Art Drüse bilden, deren Oberfläche nach dem Ventrikel zu gerichtet ist. Die Funktion des Plexus ist wohl die der Liquorfiltration. Außerdem sind ihm andere Aufgaben zugeteilt worden. So hat v. MONAKOW vermutet, daß er eine im engeren Sinne innere Sekretion habe. Doch scheint uns diese Annahme nicht ausreichend begründet zu sein. Neuerdings hat WÜLLENWEBER versucht, eine Filtration des Ventrikelliquors durch den Plexus zu erweisen, da er im Ependym bei Ventrikelblutungen starke Hämosiderinspeicherung fand. Außerdem glaubt er, daß die Schädigung der Plexusfunktion eine wichtige Rolle bei der Entstehung des Hydrocephalus internus spielt, wie schon zahlreiche andere Autoren angenommen haben.

Die *Hirn- und Markgefäße*, die von dem obenerwähnten zarten Piabelag umgeben sind, dringen von der Oberfläche her als fast rechtwinklig abzweigende Äste der Piagefäße in die Zentralorgane ein. Sie bleiben vom ektodermalen Gewebe normalerweise stets durch die Grenzmembran getrennt. Von den Körpergefäßen unterscheiden sie sich durch ihren geringeren Gehalt an muskulären Elementen. Z. B. besitzen die Arterien außer an den Teilungsstellen keine Muskelfasern in der Intima. Dafür aber besitzen die Capillaren eine feine Elastica interna. Das Bindegewebsmaschenwerk der Adventitia umschließt Lymphräume (VIRCHOW-ROBIN), die von HELD als *„intraadventitiell"* bezeichnet worden sind. Zwischen den Gefäßen sieht man häufig feine bindegewebige Faserzüge, die sog. *Cordons unitifs*, ausgespannt. Diese alten Befunde sind besonders beachtenswert in Verbindung mit den neuesten Untersuchungen von R. A. PFEIFER. Diesem Autor gelang es, vermittels eines neuen Injektionsverfahrens die Kontinuität aller Hirngefäße zu erweisen. Man sieht auf seinen Abbildungen das ganze nervöse Gewebe schwammartig von Capillaren erfüllt, so daß fast jede Nervenzelle von einer Capillarschlinge umgeben zu sein scheint. Die Dichtigkeit des Capillarnetzes läßt regionale den Schichten entsprechende Unterschiede also eine Tektonik erkennen. Diese Befunde lassen daran denken, daß je nach den funktionellen Bedürfnissen Füllung und Leerung gewisser Abschnitte des Capillarsystems erfolgen.

Veränderungen durch Wachstum und Alter.

Die Veränderungen der nervösen Elemente während des Lebens sind verschiedener Art. Das Wachstum der Nervenzelle, soweit es das Nisslbild zeigt, ist schon mit der Geburt so gut wie beendet. Aber es scheint, daß eine Vermehrung der Zellfortsätze und damit eine Oberflächenvergrößerung des Zelleibs im extrauterinen Leben statthat. Diese Erscheinung läßt sich nicht nur aus dem Auseinanderrücken der Nervenzellen mittelbar erschließen, sondern auch im Silberpräparate (BIELSCHOWSKY) unmittelbar nachweisen. Es dürfte die Volumzunahme der grauen Substanz nicht zum wenigsten hierauf beruhen. Denn eine Vermehrung der Nervenzellen gibt es normalerweise im extrauterinen Leben nicht, jedenfalls ist sie beim Menschen nicht beobachtet worden. Unter krankhaften Bedingungen allerdings ist eine Kernteilung auch bei der Nervenzelle vorhanden, wie STRÄUSSLER, JANSKI u. a. beschrieben haben. Die mehrkernigen Purkinjezellen bei der juvenilen Paralyse sind das bekannteste Beispiel für diese Erscheinung. Auch bei der familiär-amaurotischen Idiotie sind sie gefunden worden. Außerdem sind bei einigen Säugern kurz nach der Geburt noch Mitosen in der Rinde gesehen worden. Zwar stellte RANKE nach Scharlachölinjektionen bei neugeborenen Säugern (Katze, Kaninchen) eine enorme Zellvermehrung im noch nicht differenzierten Kleinhirn fest. Und SCHREIBER und WENGLER erzeugten auf die gleiche Weise karyokinetische Vermehrung der Netzhautganglienzellen. AGDUHR sah bei neugeborenen Wirbeltieren (Kröte nach Aufhören der Kiemenatmung, Maus, Kalb, Hund, Katze) noch mitotische und anscheinend amitotische Teilungen bei in der Wanderung begriffenen Ganglienzellen. Jenseits des 22. Lebenstages konnte er Mitosen nicht mehr feststellen. Dagegen glaubt er amitotische Bilder sogar bei schon fibrillisierten Zellen gefunden zu haben. Dieser Teilungsmodus soll, wenn auch seltener als beim Neugeborenen und Jugendlichen, noch beim erwachsenen Tier vorkommen. Außerdem schließt er aus dem oft gefundenen Vorhandensein primitiver Fibrillenstadien in Spinalganglienzellen und aus der Neuritenzunahme der hinteren Wurzeln auf eine postfetale Vermehrung von Nervenzellen.

Indes darf man auch heute noch sagen, daß die Ganglienzellen des reifen Zentralnervensystems, nachdem sie ihren endgültigen Platz in der grauen Substanz — Kerngebiet oder Rinde — erreicht haben, sich in der Regel nicht mehr durch Teilung vermehren.

Die morphologische Untersuchung läßt uns die Ursachen für diese Tatsache nicht klar erkennen. Aus der Chromatinarmut des Ganglienzellkerns hat man darauf geschlossen, daß auch die an das Chromatin gebundenen Chromosomen fast ganz fehlen. Aber damit scheint uns die Frage nicht gelöst zu sein, weshalb die karyochromen Nervenzellen ebenfalls sich im extrauterinen Leben nicht mehr teilen. Vielleicht darf man sagen, daß *bei der hohen funktionellen Differenzierung und Spezialisierung der nervösen Elemente ihnen die Proliferationsfähigkeit verlorengegangen ist*, damit aber auch die Fähigkeit zur Regeneration. Wir sehen ja beim Neugeborenen, wie VAN BIERVLIET am Menschen, und HUGO SPATZ am Kaninchen gezeigt haben, daß die Ausbildung der chromatischen Substanz noch nicht zum Abschluß gekommen ist. Einerseits ist der Kern — auch der somatochromen Zellen — noch wesentlich chromatinreicher als beim Erwachsenen, andererseits ist das Cytochromatin noch feinstäubig, nicht in den charakteristischen Schollen geordnet. Es bildet ein feinkörniges, peripheres, im Nisslpräparat metachromatisch gefärbtes Netzwerk, während das Zellinnere heller erscheint und von feinen violetten Körnchen erfüllt ist. An der Kernmembran werden diese Körnchen dichter und bilden auf ihr Auflagerungen, die in ihrer Form und Lagerung den sog. Kernfalten sehr ähnlich sind (SPATZ). Man darf in diesem Befunde wohl einen Ausdruck der Unreife, genauer gesagt: unvollständigen Differenzierung erblicken.

VAN BIERVLIET stellte diesen Befund dem bei der unten näher zu besprechenden primären Reizung NISSLs (retrograden Degeneration) erhobenen an die Seite und sprach sogar — nicht sehr glücklich — von einer „physiologischen Chromatolyse". Die Fibrillen der jüngeren Nervenzellen sind sehr dicht um den Kern gelagert und vielleicht im peripheren Zelleib etwas lockerer gefügt als beim Erwachsenen.

Ähnliche Verlagerungen der Nisslsubstanz wie beim Neugeborenen sind von ALZHEIMER, BIELSCHOWSKY und SPIELMEYER in eigenartigen Ganglienzellen bei einer angeborenen Blastomatose des Zentralnervensystems der *tuberösen Sklerose* beobachtet worden. Außerdem sind bei dieser Erkrankung riesige Ganglienzellen häufig zu finden. Daß SPATZ in den GIERKEschen Zellen, den kleinen Elementen der Subst. gelatinosa Rolandi, beim neugeborenen Kaninchen karyorrektische Kernveränderungen fand, sei nur kurz erwähnt. Die geschilderten Verhältnisse finden wir aber nur beim Neugeborenen oder bei Bildungsanomalien. Sehr früh schon entwickelt sich normalerweise das endgültige Strukturbild, wie es oben beschrieben ist. Daß nicht nur die einzelne Zelle eine derartig starke Immanenz der Entwicklung aufweist, sondern auch die Gesamtanlage der ganzen Rinde, hat NISSL durch seine wichtigen Befunde nach Unterscheidung der Rinde bei neugeborenen Kaninchen bewiesen. Bei diesen Versuchen konnte er feststellen, daß die Rindenschichtung tadellos erhalten blieb, und daß lediglich in der fünften und sechsten Schicht gewisse Zellschädigungen erkennbar waren. Für die *Erkennung des Alters* der nervösen Elemente im reifen Nervensystem liefert die sichersten Anhaltspunkte das Verhalten des *Pigments*, wie OBERSTEINER gezeigt hat. Wir unterscheiden in den Ganglienzellen mehrere Pigmentarten, das schwarze bis dunkelgrüne *Melanin*, einen dem Adrenalin chemisch nahestehenden Körper, das goldgelbe oder bei der Überfärbung mit blauen Farbtönen grünlich schimmernde sog. *Lipochrom* und ein *eisenhaltiges Pigment*, das in neuerer Zeit von SPATZ näher beschrieben worden ist. Alle diese Pigmente fehlen normalerweise beim Neugeborenen und treten erst frühestens im Laufe oder am Ende der ersten Lebensjahre auf.

Das Melanin ist an die Zellen bestimmter Gegenden gebunden. Wir sehen es in der kompakten Schicht der Substantia nigra (Abb. 91) und im Locus coeruleus (Substantia ferruginea) des erwachsenen Menschen in fast jeder Zelle. Und zwar tritt es im Locus coeruleus schon am Ende des ersten, in der Substantia nigra im dritten Lebensjahre auf und scheint bis zum zehnten, oft schon bis zum siebenten Jahre seine endgültige Menge erreicht zu haben. Außerdem kommt das Melanin in den Zellen des dorsalen — vegetativen — Vaguskerns und der spinalen und sympathischen Ganglien vor. Bei pigmentarmen Individuen ist es spärlicher. MARINESCO nahm an, daß es ein Spaltungsprodukt aus Hämoglobin wäre. Wieweit das zutrifft, läßt sich nicht sicher sagen. Bei Eisenfärbungen (Turnbull-blau) fand SPATZ in den melaninhaltigen Substantia nigra-Zellen jedenfalls keine Eisenspeicherung. Melanin wird von starken Mineralsäuren und Basen entfärbt, von Wasserstoffsuperoxyd gebleicht.

Das *Lipochrom* sieht man im späteren Alter in fast allen Zellen (Abb. 100). OBERSTEINER hat festgestellt, daß die meisten Nervenzellen lipophil sind und nur einige wenige Arten, z. B. die PURKINJEschen Zellen der Kleinhirnrinde, als lipophobe angesehen werden können, weil es in ihnen nicht zur Pigmentspeicherung kommt. Dieser Forscher sah es etwa im sechsten Jahre in den Spinalganglienzellen, im achten in den großen motorischen Elementen des Rückenmarks und gegen Ende des zweiten Jahrzehnts in den Großhirnrindenzellen auftreten. In den einzelnen Zellarten ist es unterschiedlich gelagert, so z. B. liegt es in den großen motorischen Elementen (Kernzellen und BEETZschen Zellen) in Haufen basal vom Kern (s. Abb. 100) oder an der Abgangsstelle eines Dendriten zusammengepackt. Feinkörnig über den Zelleib verteilt findet man es bei den meisten anderen Zellen, in mächtigeren Brocken erfüllt es eine Art großer Thalamuszellen. Die pigmentreichen Elemente der Oliven wieder zeigen es in einer sackartigen Anordnung an ihrer Basis, ähnlich auch öfter die Elemente des gezahnten Kernes des Kleinhirns. Zwischen den Pigmentkörnchen ist das Zellplasma als feines Netzwerk ausgespannt, wie sich an Bielschowskypräparaten sehr gut erkennen läßt. Lipophile Zellen zeigen auch unter pathologischen Bedingungen eine geringere Neigung zur Verfettung.

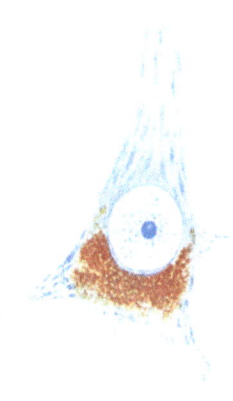

Abb. 100. Normale Riesenpyramide aus dem Gehirn eines 50 jährigen Mannes bei Scharlachrotfärbung; der ziemlich große Pigmentfleck leuchtend rot gefärbt. (Nach SPIELMEYER.)

Dieses Pigment wird heute als Abnutzungspigment aufgefaßt. Daß es eine Fettkomponente hat, ist wahrscheinlich, aber als ein Produkt fettiger Degeneration darf man es kaum ansehen. Gefärbt wird es mit Osmium und — wenn auch oft in etwas blasseren Tönen als die echten Fettkörper — mit Scharlachrot und Sudan, mit Eisenlacken liefert es rauchige Tönungen, mit Silber läßt es sich gut imprägnieren. Im Alter nimmt es langsam zu, so daß man sowohl aus dem Pigmentgehalt der einzelnen Zelle als auch aus der Menge der pigmentführenden Zellen einen ungefähren Schluß auf das Alter des Individuums ziehen kann.

Die Tatsache der verschiedenen Abnutzungspigmente legt Vermutungen nahe über deren Beziehungen zur Funktion. Und es dürfte zu überlegen sein, ob nicht das Melanin gerade in den Zellen gebildet wird, die am wenigsten ruhen bzw. ununterbrochen in Tätigkeit sind. Der Umstand, daß gerade in den größeren sympatischen Zellen die gleiche Melaninspeicherung statt hat, weist vielleicht darauf hin, daß die melaninhaltigen Kerngebiete der Zentralorgane, also die Substantia nigra, Substantia ferruginea, Nucleus vagi dorsalis den vegetativen Systemen zuzuordnen sind.

Veränderungen durch die Funktion.

Die *Veränderungen*, welche die Nervenzellen *unter physiologischen Bedingungen* erfahren, sind vielfach untersucht worden. MANN, BACH, BIRCH-HIRSCHFELD ließen auf die Netzhaut starke Lichtreize wirken. Dabei lieferten die ultravioletten Strahlen die deutlichsten Ergebnisse. Die Zellen verloren die färbbare Substanz, wobei die Nisslschollen zentral zuerst verschwanden. Der Zelleib nahm an Umfang zu, die Zellform rundete sich ab. Diese physiologische Tigrolyse ist wohl als Ausdruck vermehrten Stoffverbrauches aufzufassen. In der Ruhe stellt sich der Normalzustand wieder her. Wird die Zelle bis zur Erschöpfung gereizt, so schrumpft sie und kann sogar irreparabel verändert werden, dem Untergange verfallen. Die beschriebenen Vorgänge sind besonders schön an den motorischen Kernzellen (Vorderhorn usw.) beobachtet worden (PICK, GUERRINI, PUGNAT, SJÖVALL, VAN GEHUCHTEN, MARINESCO). Für die Physiologie der Nervenzelle sind solche Befunde insofern von Bedeutung, als sie zeigen, daß der chromatischen Zelleibsubstanz (Nisslsubstanz) eine wichtige Rolle für den Stoffwechsel der Zelle bei der normalen Tätigkeit zukommt.

Fibrillenveränderungen sind unter physiologischen Bedingungen nicht erkennbar. Wohl aber sind Verdickungen und Verklebungen derselben bei Abkühlung und beim Winterschlafe beschrieben worden. Gleiche Bilder sind von der Tollwut und dem Starrkrampfe her bekannt (ACHUCARRO u. a.). Und doch sind die oben besprochenen Veränderungen an der Nisslsubstanz grundsätzlich von denen zu sondern, die wir bei krankhaften Prozessen zu sehen bekommen. VAN GEHUCHTEN hat auf diese Beziehungen und auf die fließenden Übergänge von den restituierbaren bis zu den irreparablen Veränderungen hingewiesen.

Krankhafte Veränderungen der Nervenzellen.

Die von NISSL u. a. unternommenen Versuche, durch Vergiftungen bestimmte Zellschädigungen zu setzen, haben, wenn man heute die Ergebnisse überblickt, keine Klärung gebracht. Die Befunde sind zum Teil widersprechend, zum Teil so wenig unterscheidbar, daß sichere Vergiftungstypen kaum aufzustellen sind. Die Schwere der Vergiftung, ihre Dauer usw. scheinen viel stärker das Bild zu beeinflussen, als die Art des Giftes.

NISSL hat ebenfalls zuerst verschiedene krankhafte Veränderungen, acht an der Zahl, und zwei Mischformen unterschieden, und man hat gehofft, nun für bestimmte Krankheiten und Psychosen entsprechende Zellerkrankungen auffinden zu können. Diese Erwartungen sind trügerisch gewesen, weil eben die Voraussetzungen irrige waren. Neuerdings freilich denkt MARBURG wieder an die Möglichkeit, daß doch gewissen Psychosen [manisch-depressives Irresein (TAKASE)] ganz bestimmte Zellveränderungen eigentümlich seien. Doch können uns die Befunde, auf die er seine Auffassung zu stützen versuchte, nicht überzeugen. Immerhin lassen sich aber einige gut abgrenzbare Erkrankungsformen unterscheiden, die uns das Nisslbild zuverlässig und eindeutig vor Augen führt. MARINESCO hat nach der Art, wie die Nisslsubstanz untergeht, ob zentral oder peripher beginnend, eine sekundäre und primäre Zellerkrankung unterscheiden wollen. Aber diese Einteilung wird den tatsächlichen Verhältnissen nicht gerecht.

Eine der am meisten untersuchten Zellveränderungen ist die *nach der Durchtrennung des Achsenzylinders* auftretende eigenartige *Zellblähung*, die von NISSL entdeckt und für seine grundlegenden Untersuchungen über die Beziehungen zwischen Thalamus und Cortex erfolgreich benutzt wurde. Sie tritt in den mittelgroßen und großen, wohl nur in den somatochromen Ganglienzellen auf, und zwar um so stärker, je näher der Zelle und je gewaltsamer die Kontinuitätstrennung des Axons ist. Sie besteht in Abrundung und mächtiger Auftreibung des Zelleibs, zentraler Aufhellung der chromatischen Substanz und Verdrängung von Kern, Fibrillen, Pigment und Rest der Nisslschollen an den Rand. Schon 24 Stunden nach der Ausreißung des Facialisstammes sah NISSL die Chromatolyse einsetzen.

Nach 8—14 Tagen etwa scheint die Veränderung am ausgesprochensten zu sein. Er hat diese Zellveränderung als die der *„primären Reizung"* bezeichnet (Abb. 101). van Gehuchten und Marinesco nannten sie *retrograde* oder *sekundäre Degeneration*. Neuerdings hat Spatz bei seinen Durchschneidungsversuchen am Rückenmark neugeborener und erwachsener Kaninchen die primäre Reizung gründlich studiert. Bielschowsky und Cajal verdanken wir nähere Mitteilungen über das Verhalten der Fibrillen. Wie die Nisslschollen zentral staubig zerfallen und aufgelöst werden, so gehen auch zahlreiche Fibrillen — wahrscheinlich die Endofibrillen — staubartig zugrunde, eine große Menge aber wird ebenso wie die Nisslschollen an den Rand gedrängt. Gleichermaßen liegt das Pigment in der Randzone. Nur die Altmannschen Granula — die Neurosomen — erfüllen die ganze

Abb. 101. Primäre Reizung von Vorderhornzellen 5 Tage nach der Läsion des Achsenzylinders. Abrundung und Aufblähung der Zelle, zentrale Auflösung der Nisslsubstanz, Verdrängung des Kernes und des Restes der Trigoidschollen an die Peripherie; mattscheibenartiges homogenes Zentrum, besonders in XX, hier auch Verunstaltung des verlagerten Kernes. (Nach Spielmeyer.)

Zelle, besonders reichlich anscheinend gerade das aufgehellte, feinkörnige, fast homogene Zentrum. Dieser Zustand der primären. d. h. früh auftretenden Reizung (Nissl) oder der *Reaktionsphase* (Marinesco) geht nach etwa 20 Tagen (van Gehuchten) oder bei neugeborenen Kaninchen nach 12 Tagen (Spatz) in das *Reparationsstadium* über. Die Zelle schwillt ab, der Kern rückt wieder in die Mitte. Die Nisslsubstanz erneuert sich vom Zentrum — vom Kerne (?) — her. Die Fibrillen durchziehen wieder als scharf begrenzte Fasern das Protoplasma. Nach etwa 100 Tagen soll nach van Gehuchten und Marinesco die Wiederherstellung der alten Strukturverhältnisse beendet sein. Doch scheinen manche Zellen noch länger gewisse Züge der durchgemachten Veränderung beibehalten zu können. Insbesondere ist das der Fall, wenn der Zusammenhang mit dem Neuriten nicht wiederhergestellt ist. Dann nämlich geht die Zelle zugrunde, oder aber sie bleibt aufgetrieben (Bielschowsky) oder zeigt Vakuolisierung, unregelmäßige und unvollständige Nisslschollenbildung, stummelhafte Fortsätze.

Die Annahme Marinescos, daß es sich hier um eine Quellung der Zelle durch Wasseraufnahme handelt, ist von Hugo Spatz zum mindesten sehr wahrscheinlich gemacht worden. Dieser Forscher zeigte nämlich in seinen obenerwähnten Untersuchungen, daß die gleichen Auftreibungen, wie an der Zelle auch am Achsenzylinder bestehen. Die von Cajal schon als „bolas de retraccion" beschriebenen kugeligen Anschwellungen des Achsenzylinders kommen durch die gleiche Plasmaquellung zustande, durch die hier allerdings nur die Fibrillen an den Rand gedrängt werden. Die Deutung dieses Vorganges wird dadurch erleichtert, daß wir an der sich entwickelnden Nervenzelle durch van Gehuchten, van Biervliet und H. Spatz (s. oben) schon ganz entsprechende Bilder kennengelernt haben. Auch ist es bekannt, daß die jugendliche Zelle diese Reaktion am stärksten zeigt (Spatz). Heidenhains Annahme, daß wir es hierbei mit einem Versuche der Wiederherstellung der Kernplasmareaktion zu tun haben, scheint uns nicht ganz den Tatsachen gerecht zu werden. Denn daß einmal die Jugend der Zelle (Spatz), sodann aber die Zellnähe und Gewalt der Neuritendurchtrennung für das Zustandekommen der „primären Reizung" von Wichtigkeit ist, und daß bei ganz zellferner Axondurchschneidung die Zelle gar keine Reaktion zeigt, spricht gegen eine so einfache Erklärung. Im frühjugendlichen, insbesondere wohl im fetalen Leben gesetzte Schädigungen, die zu der sog. „Guddenschen Kernatrophie" führen, finden durch die Kenntnis dieser Zellveränderungen eine verständliche Erklärung. Weiterhin kann man das Zugrundegehen der von ihren Neuriten getrennten Ganglienzellen als durch Inaktivitätsatrophie (Obersteiner) bedingt erklären. Spatz spricht in diesem Zusammenhange von „tertiärer" Degeneration.

Das hier beschriebene Bild der primären Reizung nun scheint aber nicht nur an die angegebenen Läsionen gebunden zu sein, sondern ist auch bei anderen Prozessen gefunden worden, ohne daß Kontinuitätstrennungen des Achsenfortsatzes stattgefunden hätten. A. Meyer beschrieb es bei seniler Melancholie, Cotton-Hammond bei Kreislaufpsychose, Spielmeyer bei Dementia praecox, Urämien, Paralyse, Creutzfeldt bei einem eigenartigen Degenerationsprozeß der grauen Substanz, in einem Falle von multipler Sklerose und einem unklaren Falle, Ostertag bei Pellagra.

Wenn auch, wie wir bei der „primären Reizung" gesehen haben und bei der „schweren Zellerkrankung" sehen werden, Schwellung und Schrumpfung oft nur verschiedenen Stadien des gleichen Prozesses entsprechen, so darf man doch gewisse Veränderungen für sich als Schwellungs- oder Schrumpfungsprozesse nach dem jeweilig besonders auffälligen Zustandsbilde betrachten. Da ist zunächst die von Nissl „akute Zellerkrankung" benannte Veränderung, der Spielmeyer den Namen „akute Schwellung" gegeben hat (Abb. 102). Ihre Kennzeichen sind: Anschwellung des Zelleibs und -kerns mitsamt den im Nisslbilde weithin sichtbar werdenden Zellfortsätzen, Auflösung der Nisslsubstanz, Färbung der ungefärbten Bahnen bei guter Erhaltung des Fibrillenbildes, teilweise Färbbarkeit des Kerngerüsts und lebhafte pro- und regressive Vorgänge in den Gliazellen, meist allgemeine Ausbreitung dieses Prozesses. Der Schwund der Nisslsubstanz beginnt mit körnigem Zerfall und Abblassung der Schollen, die allmählich ihre Anordnung ganz verlieren. Der Zelleib ist dann von einem feinen meist metachromatischen Staub erfüllt. Besonders eindrucksvoll ist die Gliabeteiligung bei dieser Zellerkrankung. Man findet zahlreiche Mitosen, sodaß Nissl so wohl als auch Ranke und Spielmeyer das Vorhandensein dieser ausgesprochenen Kennzeichen lebhafter cellulärer Gliareaktion für die Diagnose der „akuten Zellerkrankung" verlangen. Sie scheint übrigens nicht zum Zelluntergange führen zu müssen, der in fortschreitender Abblassung (Zellschattenbildung) und schließlichem Zerfall des Zelleibs zu einem unregelmäßigen Körnerhäufchen besteht, sondern kann auch zur Erholung führen. Beim Untergang sind außerdem streifenförmige Aufhellungen des Zelleibs und Vakuolisierung gesehen worden. Auf experimentellem Wege gelang Omorokow die Erzeugung der akuten Schwellung durch Überhitzung von Kaninchen. Dabei zeigte sich, daß bei mäßiger Dauer und Stärke der Wärmeeinwirkung das vorbeschriebene Bild der Ganglienzellen erzielt wurde, daß aber bei starker und längerer Überhitzung Verflüssigungsprozesse auftraten. Zu diesen Ergebnissen paßt gut die Feststellung, daß gerade bei akuten Infektionen und Intoxikationen, bei denen ja auch in anderen Organen „trübe Schwellung" der Parenchymzellen gefunden wird, die „akute Schwellung" der Nervenzellen

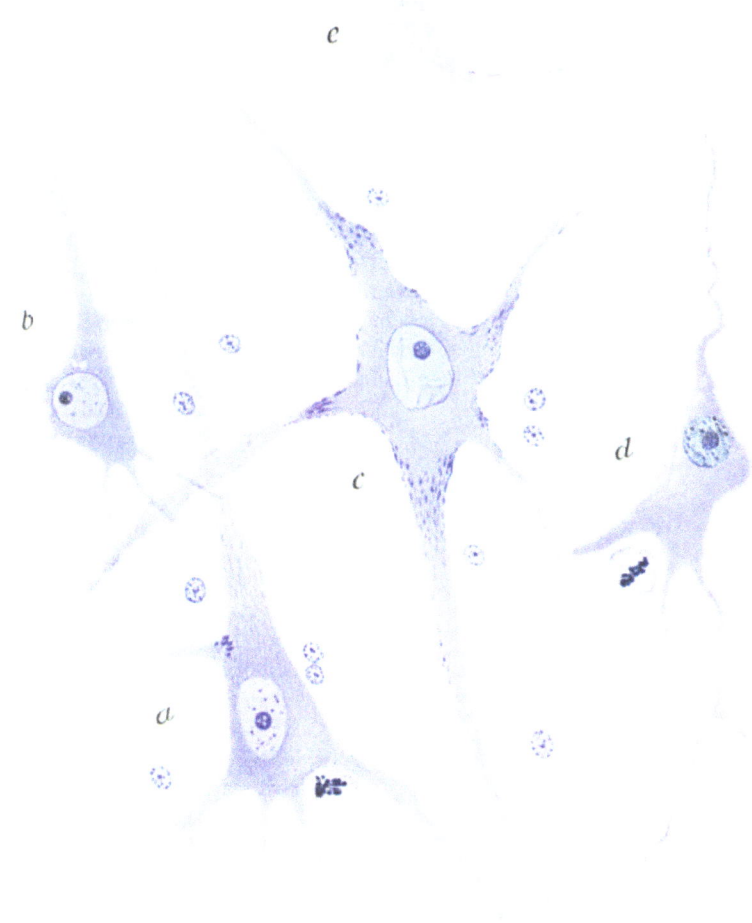

Abb. 102. a—e Akute Schwellung (akute Zellerkrankung). a. Pyramidenzelle aus der 5. Schicht in Schwellung und leichter Abrundung mit weithin sichtbaren Fortsätzen. Im Gegensatz zu den breiteren, sich allmählich aufzweigenden Plasmafortsätzen erscheint das ebenfalls gefärbte Axom spießartig. Die Nisslsubstanz ist aufgelöst bis auf einzelne Chromatinbrocken im Spitzenfortsatz und einem darunter abzweigenden Dendriten. Der Inhalt der Zelle ist blaßblau gefärbt, stellenweise etwas krümelig, der Kern groß, einzelne Chromatinkörner darin stark hervortretend. Das Kernkörperchen fein „vakuolisiert". Die umgebenden gliösen Elemente mit mehr oder weniger ausgesprochener Kernwandhyperchromatose. An einer basal liegenden Gliazelle mitotische Knäuelfigur. (Nach SPIELMEYER.)

vorkommen kann, allerdings sehr viel seltener bleibt, als dabei die „trübe Schwellung" anderer Parenchymzellen auftritt. Außerdem findet man sie bei manchen als „Delirium acutum" bekannten, foudroyant zum Tode führenden, wilden Verwirrtheitszuständen, die auf dem Boden anderer Hirnprozesse, u. a. der Paralyse, entstehen können. Wahrscheinlich handelt es sich bei dieser Zellaffektion um eine primäre Schädigung der plasmatischen Grundsubstanz der Zelle (RANKE).

Als „*Zellschrumpfung*" oder „*einfache Schrumpfung*" oder, wie NISSL sagt, „*chronische Zellerkrankung*" bezeichnet man einen Vorgang, bei dem gleichmäßig der Zelleib und seine Teile (Tigroid, ungefärbte Bahnen, Fortsätze und der Kern) sich verkleinern, dunkler werden. Die Fibrillen verkleben miteinander und bröckeln ab. Die Zelle wird klein, dunkel, starr, „sklerotisch". Die „Sklerose" scheint den Endzustand dieser Erkrankung darzustellen, die Zellen sind dann klein und tief dunkelblau. Ihre Fortsätze sind meist wie abgebrochen, die erhalten gebliebenen sind geschlängelt, oft ringartig zusammengerollt. Die Gliazellen scheinen einer ähnlichen „pyknotischen" Umwandlung anheimzufallen. Sie enthalten oft Fett, während die Nervenzellen davon frei bleiben. Derart erkrankte Zellen können nun lange in dieser Form liegen bleiben, obwohl sie — soweit man aus dem morphologischen Befunde das erschließen kann — in diesem Endstadium nicht mehr nervöse Funktion haben. Diese Schrumpfung mit Ausgang in Sklerose findet man bei chronischen Erkrankungen des Nervensystems, und zwar vorzugsweise an den kleinen Elementen der äußeren Körnerschicht und der Pyramidenschicht (Stratum II und III BRODMANNS), während oft schon die Zellen der tieferen Rindenschichten geschwunden sind. Manchmal sind diese dann anderen Prozessen, vorwiegend der Pigmentatrophie, zum Opfer gefallen. Neben dieser echten „Schrumpfung" gibt es noch einfache Atrophien der Ganglienzellen, die ohne Verklumpungen der Fibrillen oder Nisslsubstanz einhergehen und lediglich in allgemeiner Verkleinerung des Zelleibs bestehen.

Unter dem Namen „schwere Zellerkrankung" hob NISSL eine sehr charakteristische Zellveränderung heraus, die nach ihm und ALZHEIMER einen Verflüssigungsprozeß darstellt und zumeist den Untergang der Zelle zur Folge hat. Sie beginnt mit einer Anschwellung des Zelleibes und der Auflösung aller seiner Bestandteile, des Cytoplasmas, der Nisslsubstanz und der Fibrillen, wobei im Äquivalentbilde

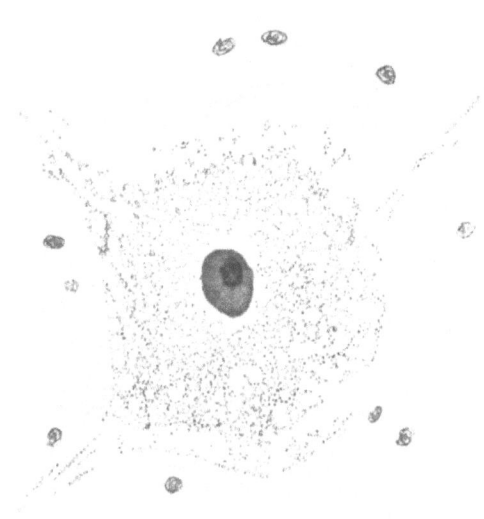

Abb. 103. „Schwere Ganglienzellerkrankung", frühes Stadium. Vorderhornzelle des Rückenmarks. Nisslpräparat. Die Zelle etwas geschwollen, der Kern bereits verkleinert, dunkel, in seiner Umgebung eine hellere Zone; die Kernkörperchen vergrößert. Die Nisslsubstanz ist meistens aufgelöst, in den Fortsätzen noch erkennbar als in Reihen angeordnete Körnchen. Der Zelleib zum Teil matt blau verfärbt und von dunklen Körnchen durchsetzt, zum Teil — an der Peripherie — sehr hell, grobkammerig. (Nach SPIELMEYER.)

grobe intensiv blaue Kugeln und feinste kleine Ringelchen (NISSL) auftreten (Abb. 103). Die blauen Kügelchen erfüllen besonders die Fortsätze. Der Kern schrumpft und wird diffus dunkel-metachromatisch gefärbt, oder von kleinen tiefblauen Körnchen, die oft an der Membran sich häufen, erfüllt. Das Kernkörperchen wird randständig. Der Kern geht dann mehr oder weniger ausgesprochen karyorrektisch zugrunde. Der Zelleib löst sich auf, die „Ringelchen" bleiben auch, wenn von der Zelle nur noch Trümmer vorhanden sind, noch sichtbar. Sie bilden oft allein diese Zelltrümmer. Anscheinend ist der basale Teil, von dem ja der Achsenzylider abgeht, widerstandsfähiger; er löst sich erst zuletzt auf. Besonders am Zellrande sieht man oft große Hohlräume entstehen. Nicht selten auch sind die pericellulären Glianetzstrukturen (peripheres Golginetz, BETHES Füllnetz s. oben) inkrustiert, sie nehmen dunklen Farbton an. Die Trabantzellen sind bei der schweren Erkrankung in ganz typischer Weise beteiligt, nämlich in der Form der amöboiden Umwandlung, wie ALZHEIMER gezeigt hat. Der Plasmaleib der Gliazellen wird — wie besonders schön die ALZHEIMER-MANN- und die MALLORY-Hämatoxylinfärbung (ALZHEIMER) erkennen lassen — plump amöbenartig, er enthält die sog. Metylblaugranula, der Gliakern wird pyknotisch und geht karyorrektisch zugrunde. Nicht selten sieht man solche Gliazellen in dem Ganglienzelleib liegen und — anscheinend — neuronophagisch an seinem Untergange aktiv beteiligt. Fett ist bei dieser Erkrankung weder in der Nerven- noch in der Gliazelle zu finden, jedenfalls nicht in der Form einer fettigen Degeneration oder Infiltration. Die „schwere Zellerkrankung" kann man bei allen Prozessen, die zum Untergange des nervösen Gewebes führen, finden. Besonders scheint sie bei schweren, akuten oder subakuten Infektionen und Intoxikationen aufzutreten. Es sei an die obenerwähnten Überhitzungsversuche an Tieren (OMOROKOW) erinnert. SPIELMEYER fand sie bei Bleivergiftung. Bekannt sind besonders die Befunde bei der KRAEPELINschen Angstpsychose im Rückbildungsalter befindlicher Frauen. Doch braucht die Zellveränderung nicht immer sich in aller Vollständigkeit darzustellen. So kann der Kern weniger schwer erkrankt erscheinen usw. Daß durch Leichenveränderungen ähnliche Bilder erzeugt werden können, hat STEFAN ROSENTAL auseinandergesetzt.

SPIELMEYER rechnet zu den Verflüssigungsprozessen auch den „körnigen Zerfall", bei dem das Zellplasma in eine körnige Masse umgewandelt wird, und denkt, besonders weil dieses Zustandsbild oft mit dem der „schweren Zellerkrankung" gleichzeitig vorkommt, daran, daß es sich um eine mildere Form dieser Erkrankung handelt. Diesen Verflüssigungsprozessen kann man Gerinnungsvorgänge gegenüberstellen, die in der „ischämischen Zellerkrankung" SPIELMEYERS ihren typischen Ausdruck finden. Hierbei — man sieht das schon in frisch ischämisch gewordenen Bezirken — verliert der Nervenzelleib rasch seine Färbbarkeit, seine Nisslzeichnung, seine Fortsätze, während der Kern ausgesprochen pyknotisch wird (Abb. 104). Sehr häufig werden die pericellulären Netze als grobe Körnchenstrukturen dunkel gefärbt. Die Zellen können dann mit samt dem umgebenden Gewebe einem Verflüssigungsprozeß anheimfallen oder, von Gliazellen umgeben, „eingesargt" werden. Man spricht da von „Totenladenbildung". Schließlich können sie, und das sieht man gar nicht so selten, am Rande solcher Herde verkalken.

Vielleicht auch ist es ein Gerinnungsvorgang, der zu den eigenartigen Veränderungen führt, die SPIELMEYER an den PURKINJEschen Zellen bei akut verlaufenden schweren Infektionen (Fleckfieber, Typhus usw.) oder in akuten Schüben chronischer nervöser Erkrankungen (Paralyse, Epilepsie) entdeckte und „homogenisierende Erkrankung" nannte (Abb. 105). Das Zellplasma bekommt dabei ein ganz gleichförmiges blasses, etwas schimmerndes Aussehen, weil die Nisslsubstanz spurlos aufgelöst worden ist. Der Kern schrumpft, so daß Kernmembran und Rand des geschwollenen, blaß metachromatischen Nucleolus sich zu decken scheinen. Nur einige dunkelblaue Körnchen — wohl Reste des Kernchromatins oder aus dem Kernkörperchen stammende chromatische Brocken umlagern den Nucleolus, der meist in einem helleren Plasmabezirke liegt. Mit der Bielschowskymethode sieht man argyrophile Klümpchen und Brocken, die nicht nur von untergehenden

Fibrillen stammen dürften. Der Zelleib kann sich dann in blasse, kaum färbbare Schollen auflösen. Dabei kommt es zur Vakuolenbildung. Aber es fehlt jede Fett-

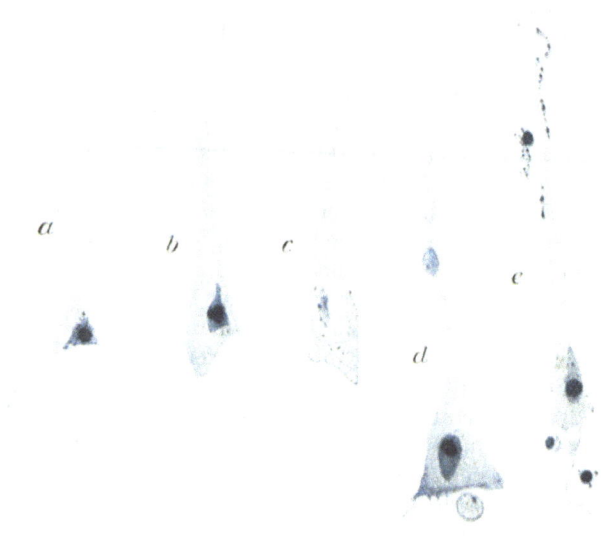

Abb. 104. Ischämische Zellerkrankung. Dreieckige scharfumrandete Zellgestalt. Stummelartige Fortsätze in der Basis; hier Imprägnation. (Spielmeyer).

einlagerung. Die Fortsätze lösen sich ab und gehen zugrunde, wobei die Fibrillen ebenfalls verklumpen und zerbröckeln. Die Zelle wird zu einer allmählich sich verkleinernden Kugel. Sehr lebhaft ist die Reaktion des gliösen Gewebes, dessen Elemente die erkrankte Nervenzelle völlig einschließen können. Zahlreiche Kernteilungen, Chromatinreichtum der Kerne und Verbreiterung des Plasmaleibs sind die sichtbaren Zeichen der starken Gliawucherung. Im Gegensatz zu diesen Bildern aber findet man Ganglienzellen — anscheinend besonders in späten Stadien des Prozesses — in denen von einer gliösen Reaktion, einer Umklammerung nichts zu sehen ist. Wir bemerken auch hier, wie so oft, daß die Beziehungen zwischen Zellveränderung und gliöser Reaktion durchaus nicht gesetzmäßig sind, jedenfalls ist uns dabei bisher eine Gesetzmäßigkeit nicht

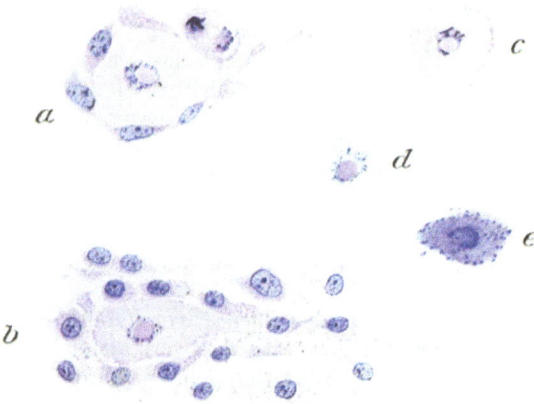

Abb. 105. Verschiedene Purkinjezellen mit „homogenisierender Zellerkrankung". a) u. b). Von Mikroglin umklammerte Purkinjezellen mit blassem Zelleib mit feintropfigem Kernzerfall und blassem, aufgetriebenem Kernkörperchen. Bei a Gliazelle inmitotischer Teilung. c) bis e). Dieselbe Zellerkrankung ohne Gliareaktion. e) Inkrustation des Zellrestes. (Fälle von Typhus und Gasödem). (Nach SPIELMEYER.)

erkennbar (SPIELMEYER). Neuerdings hat H. SPATZ diese Erkrankungsform an den Rindenzellen des Großhirns bei der Keuchhusteneklampsie der Kinder beobachtet.

Bei gewissen Verblödungszuständen des Präseniums und Seniums fand ALZHEIMER eine höchst merkwürdige Silberimprägnation der Nervenzellen, die er auf eine Verdickung, Verklebung und Schlängelung der Fibrillen zurückführte. Man hat das Krankheitsbild „*Alzheimersche Fibrillenveränderung*" benannt (Abb. 106). Schon im Nisslpräparat sieht man an den erkrankten meist aufgetriebenen Zellen eine glasige Streifung oder glasige Knäuel liegen, durch die der Kern und die meist körnig zerfallene Nisslsubstanz verdrängt wird. Im Bielschowsky- oder Levaditipräparat stellen sich diese Züge, Schlingen und Knäuel als fast bandartige Fasern und Streifen dar, die stark mit Silber imprägniert sind. Besonders in den Spitzenfortsatz ragen diese „Fibrillen" hinein. Wenn man auch oft im Anfange der Erkrankung einzelne Neurofibrillen in Beziehung zu diesen Bildungen sieht, so gibt es doch Zellen, in denen die Schlingen ganz selbständig sich zu entwickeln scheinen, und zwar vielfach gerade in den Randteilen der

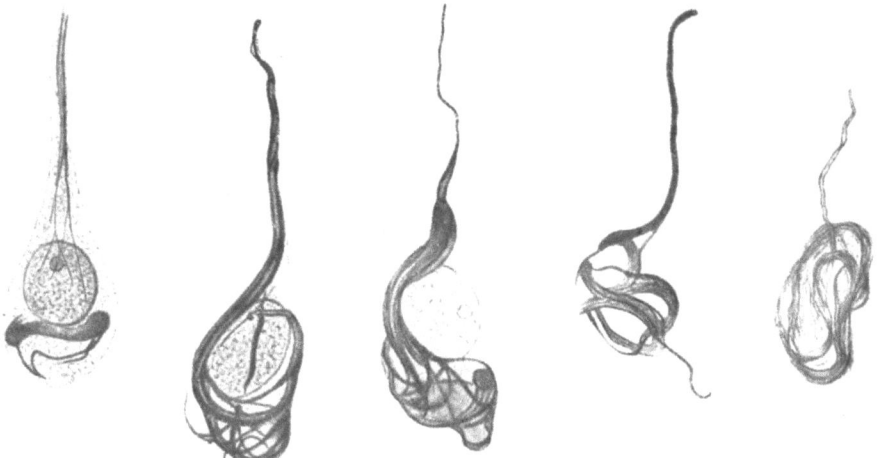

Abb. 106 a—e. „ALZHEIMERsche Fibrillenerkrankung". Verschiedenartige Imprägnationsformen. Einzelne Streifen, Bündel, zopfähnliche Durchflechtung, Korbbildung. — ALZHEIMERsche Krankheit. Bielschowsky-Präparat. (Nach SPIELMEYER.)

Zelle (oder an ihrer Oberfläche?). Schließlich bleiben Fibrillenkörbe oder -skelette übrig. Zuweilen ist der Rest eine homogene, mit Silber diffus imprägnierbare Silhouette der stark verkleinerten Zelle. Neben dieser „Fibrillenveränderung" kommen auch kugelige Ansammlungen argyrophilen Staubes vor (ALZHEIMERS febrile Zellerkrankung). Bemerkenswert ist, daß, wie ACHUCARRO gezeigt hat, auch an Gliazellen und nach BIELSCHOWSKYS und anderer Autoren Befunden auch an den Fibroblasten der Hirngefäße gleichzeitig ähnliche Fibrillenveränderungen des gleichen Typus auftreten. DEL RIO HORTEGA hat neuerdings an den Gliazellen derartige Bildungen genauer studiert; diese Beobachtungen weisen darauf hin, daß gerade diejenigen Elemente, die schon normalerweise Fibrillenbildung zeigen, für die „Fibrillenerkrankung" den bestgeeigneten Boden liefern. Also wird man einen näheren Zusammenhang dieses Prozesses mit den Fibrillen als sehr wahrscheinlich annehmen dürfen, wie ALZHEIMER ja von jeher vermutet hat. Aber ganz klar liegt die Sache nicht.

Diesen Umformungen von Zellbestandteilen stellt man zweckmäßig die Einlagerung von zellfremden Stoffen gegenüber, von denen uns ja aus den physiologischen Altersveränderungen die *Pigmenteinlagerung* bekannt ist. Dieser Pigmentgehalt kann unter krankhaften Bedingungen so groß werden, daß die

Lebensfähigkeit der Zellen darunter leidet. Man spricht da mit OBERSTEINER von „*Pigmentatrophie*" (Abb. 107). Charakteristisch dafür ist die Zunahme des durch die Fettfärbungen gut darstellbaren gelben oder grünlichen Pigments, das Zugrundegehen der Dendriten, die durch den Pigmenthaufen gewissermaßen vom übrigen Zelleib abgesperrt werden, Schrumpfung oder Sklerose der Zelle und Speicherung von Pigment in den Trabantzellen und den übrigen Gliaelementen. Da schon die physiologische Pigmentvermehrung eine Alterserscheinung ist, so ist es erklärlich, daß auch die Pigmentatrophie vorwiegend bei senilen und arteriosklerotischen Hirnerkrankungen, jedenfalls aber bei chronischen Prozessen im Zentralnervensystem *älterer Individuen* gefunden wird.

Etwas anderes ist es mit der „Verfettung der Ganglienzellen", die im wesentlichen dem entspricht, was NISSL „wabige Zellerkrankung" genannt hat. Die Zellen zeigen im Nisslpräparat eine mehr oder weniger feinnetzige Plasmastruktur und bei der

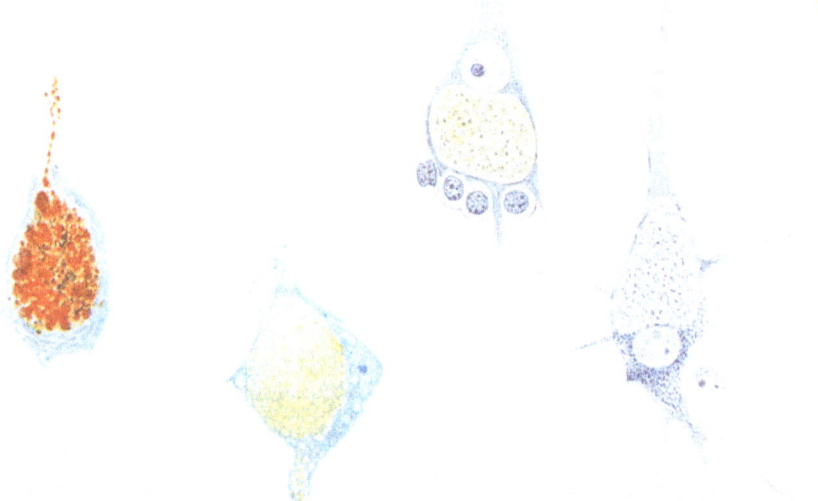

Abb. 107. Pigmentatrophie der Ganglienzellen bei seniler Demenz. *a* Herxheimerfärbung: Rot angefärbte Pigmentkörner in den Plasmamaschen des Zelleibs, Nisslsubstanz an den Rand gedrängt. *b* Nisslpräparat: Gelbliche Eigenfärbung der Pigmentkörnchen, Kern an den Zellrand gedrängt. Eindringen des Pigments in einen Dendriten. (Nach SPIELMEYER.)

Abb. 108. Ganglienzellen der Hirnrinde bei der juvenilen Form der familiären amaurotischen Idiotie. Ablagerung des charakteristischen Stoffwechselproduktes in Beutelform im Zelleib. Verdrängung des Kerns und Blockierung der Fortsätze. (Aus SPIELMEYER, Klinische und anatomische Untersuchungen über eine besondere Form von familiärer amaurotischer Idiotie.)

Fettfärbung die Ausfüllung der Maschenräume mit Fetttröpfchen oder größeren Fettkügelchen. In den Gliazellen ist das Fett ebenfalls nachweisbar. Es kommt hier zur Fettkörnchenzellbildung. Diese Verfettung beobachtet man bei akuten und chronischen Erkrankungen, Vergiftungen und Infektionen. RANKE sah sie bei Tuberkulose, bekannt ist sie bei der Dementia praecox, bei den chronischen Fällen von Encephalitis epidemica usw. SPIELMEYER erwähnt einen Fall, in dem sie schon 12 Stunden nach einer akuten Morphiumvergiftung sich entwickelt hatte. Bei präsenilen und senilen Prozessen sah SIMCKOWITSCH eine besonders im Spitzenfortsatz lokalisierte Verfettung.

Höchst eindrucksvoll sind die Einlagerungen, die gleichzeitig von SCHAFFER bei der *infantilen*, von SPIELMEYER bei der *juvenilen Form der familiären amauro-*

tischen Idiotie gefunden worden sind. Bei beiden Krankheitsformen erscheinen die Nervenzellen durch mächtige Säcke, die durch die Einlagerung eigenartiger Massen entstanden sind, verunstaltet (Abb. 108). Nicht nur die Zellen erfahren diese Veränderungen, sondern auch die Fortsätze. Das Spongioplasma schließt in seinem noch fibrillenhaltigen Maschenwerk bei der infantilen Form die farblosen, mit Markscheidenfärbungen sich schwärzenden, bei der juvenilen die gelblichen, sich nach der Heidenhainfärbung grau oder schwarz und mit Scharlachrot sich blaßrot färbenden Körnchen ein. ALZHEIMER fand, daß diese Körnchen sich in erwärmten Alkohol und in Äther lösten und rechnete sie deshalb zu den Lipoiden. Er meinte, daß es sich vielleicht um prälipoide Stoffe handelte. Für diese Ansicht mögen auch die Veränderungen sprechen, die diese Substanzen bei der Abräumung durch die Gliazellen erfahren. Die Einlagerungen in den gliösen Elementen geben nämlich ausgesprochene Fettreaktionen, ebenso sind die Gefäßwandzellen vollgestopft mit Fett. Vielleicht handelt es sich — auf die Frage der Ähnlichkeit und der Unterschiede der primären Einlagerungen der Nervenzellen einzugehen ist, hier nicht der Ort — um eine von der Glia geleistete Umwandlung eines in den Ganglienzellen entstandenen Abbaustoffes in Neutralfette.

Von LAFORA, SPIELMEYER, BIELSCHOWSKY, A. WESTPHAL und SIOLI und OSTERTAG sind nun noch eigenartige, die chemischen Reaktionen der Corpora amylacea gebende Substanzen in den Nervenzellen gefunden worden, die anscheinend bei der Myoklonusepilepsie besonders häufig sind. Sie bilden kleine und große intra- und extracelluläre, oft konzentrisch geschichtete Kugeln, die oft die ganze Zelle erfüllen. Die Zelle kann schließlich zugrunde gehen, und es bleiben drusige Gebilde als Überreste liegen.

Auf andere Veränderungen der Nervenzellen einzugehen, würde den Rahmen dieser Ausführungen weit überschreiten. Worauf es uns ankam, war die Beschreibung der hauptsächlichen Typen und der ihnen zugehörigen gliösen Reaktionen, soweit sie uns bekannt sind.

Veränderungen der Glia.

Als Zwischengewebe ist die *Glia* ein besonders feiner Indicator wie der normalen so auch der krankhaften Lebensvorgänge im ektodermalen Gewebe der Zentralorgane. Wir sehen an ihr *progressive* und *regressive Veränderungen*. Die progressiven bestehen in einer Zunahme des Volums der Zellen und in Vermehrung der Elemente, die durch Kernsprossung, Amitose und Karyokinese zustande kommt. Nicht selten trifft man dabei mehrkernige Elemente an. Besonders an den kleineren lymphocytenähnlichen Gliazellen verbreitet sich der perinucleare Plasmasaum und wird als ein feinnetziger Zelleib sichtbar. Er entsendet oft lange zarte Fortsätze. Nach der Hortegamethode lassen sich diese Verzweigungen bis in ihre feinsten Enden darstellen. Die Größenzunahme beobachtet man am besten an denjenigen Elementen, die als Trabanten den Nervenzellen und als Begleiter deren Fortsätzen zugeordnet sind. Die nervösen Elemente können dann von einer einzigen Gliazelle so umflossen werden, daß man von einer „*Umklammerung*" sprechen kann. Aber nicht nur das einzelne Element vergrößert sich, sondern es setzt eine lebhafte Vermehrung durch Zellteilung ein, so daß eine große Menge von Kernen in einem Symplasma um die erkrankte Ganglienzelle liegen. Es entsteht das von MARINESCO als *Neuronophagie* bezeichnete Bild, das wir besser *plasmatische Umklammerung* nennen wollen. Vielfach heißt es auch neuerdings *Pseudoneuronophagie*. Die Abb. 109 und 110 geben einige Möglichkeiten bei dieser Form der gliösen Reaktion wieder. Sie lassen auch Abbaustoffe in dem Gliasymplasma erkennen. Es handelt sich hier um phagocytäre Vorgänge.

Denn mit dem Untergang des erkrankten nervösen Elementes verschwindet auch die üppig gewucherte Glia. Sie beendet also mit ihrer Abbau- und Ab-

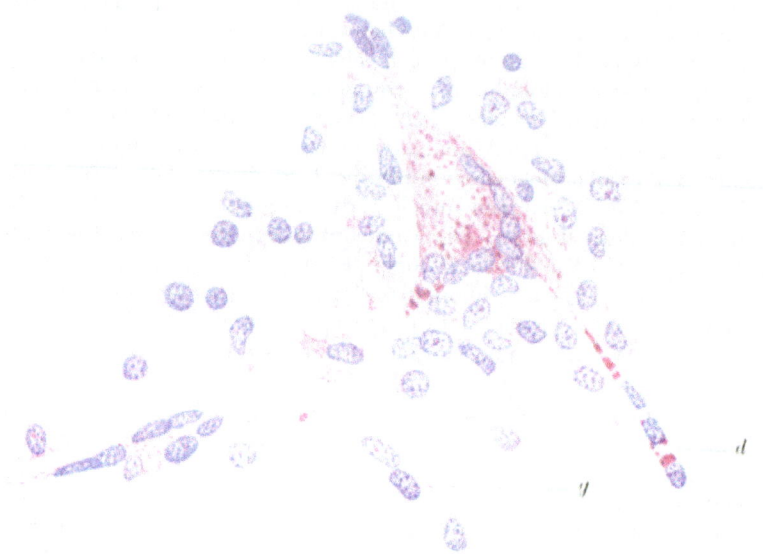

Abb. 109. Progressive Veränderung der kleinen Gliazellen (Hortegazellen) um eine schwer erkrankte Nervenzelle: Symplasmatische Umklammerung. (Nisslpräparat, Zeiß Öl-Immersion 1/12, OV. 2).
d = Dendrit. *g* = Gefäß.

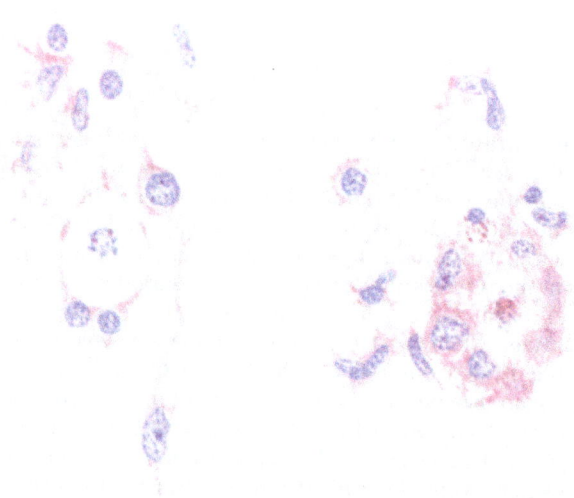

Abb. 110a u. b. Sogenannte Neurowophagie; Umklammerung von homogenisierten Ganglienzellen. (Färbung und Vergrößerung wie Abb. 109.)

räumtätigkeit auch ihr Leben. Besonders schön tritt diese Kurzlebigkeit zutage bei den als *Gliastrauchwerk* bekannt gewordenen gliösen Reaktionen an den

Purkinjezellen des Kleinhirns (Abb. 111), von denen nach Untergang der betreffenden nervösen Strukturen sehr bald nichts mehr zu sehen ist. Eine Erscheinung, die auch bei anderen ähnlichen Vorgängen vielfach bestätigt ist.

Ähnlich haben wir uns die Entstehung der „Gliasterne" zu erklären, die als zarte Sternchenbildungen oder mehr in Rosettenform bei Degenerationen des nervösen Gewebes auftreten. Auch an Capillaren kann man sie beobachten. Die BABESschen Knötchen, ein Teil der Knötchen beim Fleckfieber, die Gliahäufchen bei Anämie, Urämie usw. gehören hierher (Abb. 112). Ob aber für alle Fälle diese Erklärung ausreicht, ist vorläufig noch nicht zu entscheiden. Zu den progressiven Gliaelementen, die an die nervösen Strukturen gebunden sind, gehört

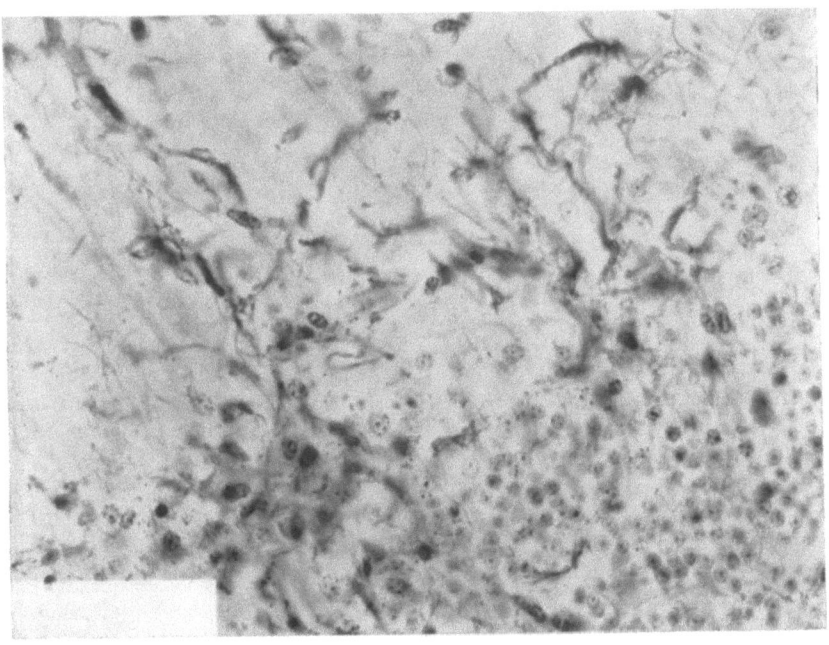

Abb. 111. Gliastrauchwerk und links symplasmatische Umklammerung einer PURKINJESCHEN Zelle, rechts Gliastrauckwerk an den Fortsätzen einer untergegangenen Purkinjezelle, bei welcher die perizelluläre Gliareaktion bereits zurückgebildet ist. (DEL RIO HORTEGA.)

ein sehr großer Teil der sog. *Stäbchenzellen.* Sie sind gewissermaßen die Trabantzellen der Dendriten und Neuriten. Charakteristisch ist ihre Vermehrung für jeden Prozeß, bei dem zentrale Nervenfasern erkranken. Ihr häufiges Vorkommen bei der Paralyse und anderen entzündlichen und degenerativen Prozessen (Abb. 113) ist bekannt. Ihre Entstehung aus rundlichen und länglichen kleinen plasmatischen Elementen läßt sich in Übergangsformen einwandfrei verfolgen. Doch muß man, wie ALZHEIMER gezeigt hat, für gewisse Stäbchenzellen, die man bei der Paralyse und vor allem bei Blutungen und Gefäßprozessen sieht, die Herkunft aus den mesodermalen Gefäßwandzellen annehmen. Neuerdings hat E. SPATZ bei der Paralyse in den gliogenen Stäbchenzellen eisenhaltige Abbaustoffe gespeichert gefunden. Bei anderen krankhaften Prozessen sieht man in den kleineren plasmatischen Zellen Fetttröpfchen und Pigmente oder plasmatische, oft im Nisslpräparat tiefblau, oft metachromatisch gefärbte Stoffwechselprodukte. Niemals aber ist an diesen Elementen Faserbildung nachgewiesen worden.

Die regressiven Veränderungen dieser Gliazellen bestehen in einer Schrumpfung der Plasmaleiber und der Kerne und bei schwerem und rascher verlaufendem

Untergang in Karyorrhexis mit allen Symptomen, die dieser Art des Kernzerfalles eigentümlich sind. Der Zelleib wird dann klumpig und plump und zerfällt. Dabei

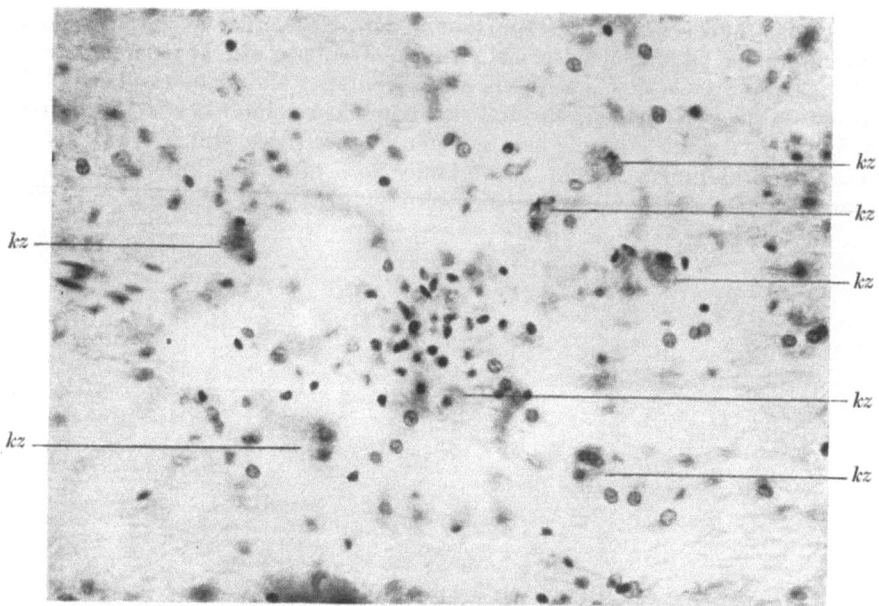

Abb. 112. Gliahäufchen mit Körnchenzellen, die proteoide Abbaustoffe enthalten. (Substantia nigra, Nisslpräparat.) *kz* Körnchenzellen.

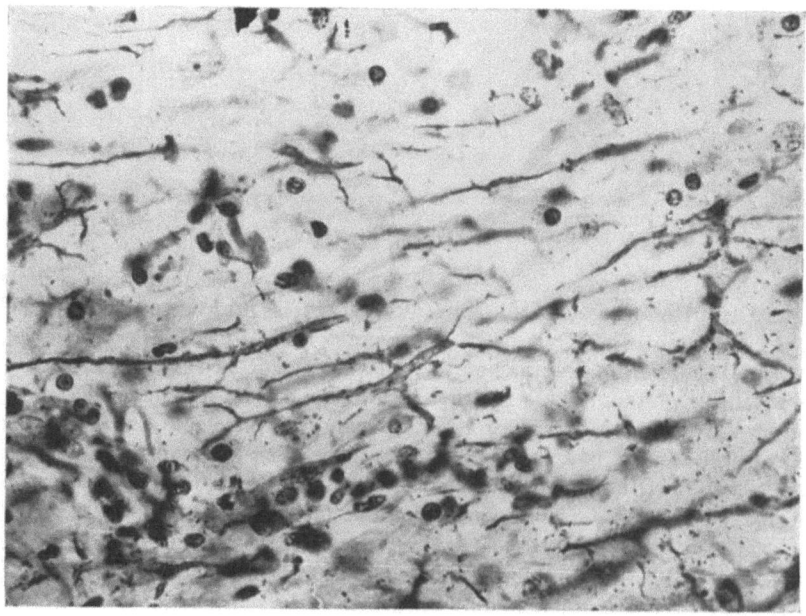

Abb. 113. Stäbchenzellen bei progressiver Paralyse. Imprägnation wie Abb. 111.

treten die sog. Eosinkugeln auf, die gerade bei karyorektischen Veränderungen als Umwandlungen von chromatischen Kernbestandteilen bekannt sind. Eine

besondere Form der regressisen Gliaveränderungen ist diejenige, welche zu dem Bilde der von ALZHEIMER zuerst beschriebenen und genau studierten „amöboiden Glia" führt. Es handelt sich hier um eine Verklumpung des Zelleibes, in dem sich mit Methylblau Körnchen und Kugeln färben lassen. Der Kern wird pyknotisch und geht meist unter dem Bilde der Karyorrhexis zugrunde. Die Zelle zerfällt dann in Schollen. Auch die großen plasmareichen und faserbildenden Elemente erkranken in gleicher Weise. Dabei gehen die Fasern zugrunde, die Fortsätze — anscheinend auch das Gliareticulum — verklumpen, so daß eckige und rundliche Brocken das Gewebe erfüllen, die sog. *Füllkörperchen.*
Es handelt sich hier um einen nekrobiotischen Prozeß, der einerseits, wie aus dem Zusammentreffen mit der „schweren Ganglienzellerkrankung" erhellt, im Leben als Verflüssigung auftritt oder auch wie ROSENTAL gezeigt hat, als postmortaler Zerfall des gliösen Gewebes erklärt werden muß. Wahrscheinlich befällt diese Veränderung gerade solche Elemente, die vorher progressiv verändert waren. LOTMAR hat nachgewiesen, daß bei Einverleibung von Dysenterietoxin leichtere Vergiftungen die Glia nicht schädigen, sondern daß dabei der Abbau und die Abräumung des nervösen

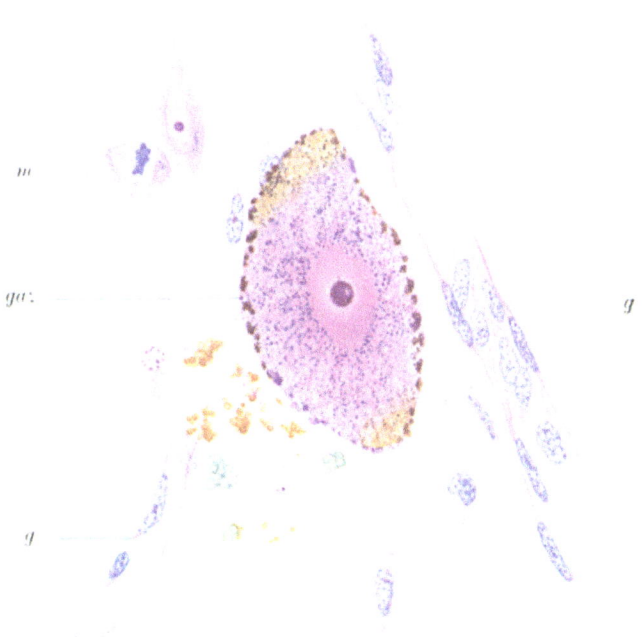

Abb. 114. Fixer Abbautypus. Gelbes und grünliches Lipochrom in den gliösen Elementen und Strukturen und in den Gefäßwandzellen. *m* Mitose. *g* Gefäß. *gaz* Ganglienzellen.

Gewebes durch die proliferierende Glia erfolgt, während bei schweren Vergiftungen eben die Glia amöboid erkrankt und untergeht.

ALZHEIMER verdanken wir die genauere Kenntnis der *Abbauvorgänge.* Er beschreibt den Abbau *durch fixe Gliaelemente,* wobei die gliösen Zellen im syncytialen Verbande verbleiben und so die Abbaustoffe aufnehmen und weiter transportieren. Dieser „fixe Abbautypus" wird bei leichteren und chronischen Erkrankungen gefunden und kommt besonders in der grauen Substanz zur Beobachtung (Abb. 114). Der zweite Abbautypus ist der „mobile" (Abb. 115). Er ist gekennzeichnet durch das Auftreten von *Körnchenzellen,* die durch die Loslösung gliöser Elemente aus dem Syncytium entstehen. Der Gliazelleib rundet sich ab, verliert die Fortsätze und ist erfüllt von fettigen oder plasmatischen Abbaustoffen. Im Nisslpräparat, aus dem ja der Alkohol die Lipoide größtenteils extrahiert hat, erscheinen sie als *Gitterzellen.* Diesen Vorgang beobachtet man vorwiegend bei akutem und schwerem Untergang des nervösen Gewebes, wie z. B. bei Erweichungen, bei entzündlichen Herden, besonders bei Erkrankungen der Marksubstanz, wobei ja infolge des Zerfalls der Markscheiden große Massen von Abbaustoffen auf-

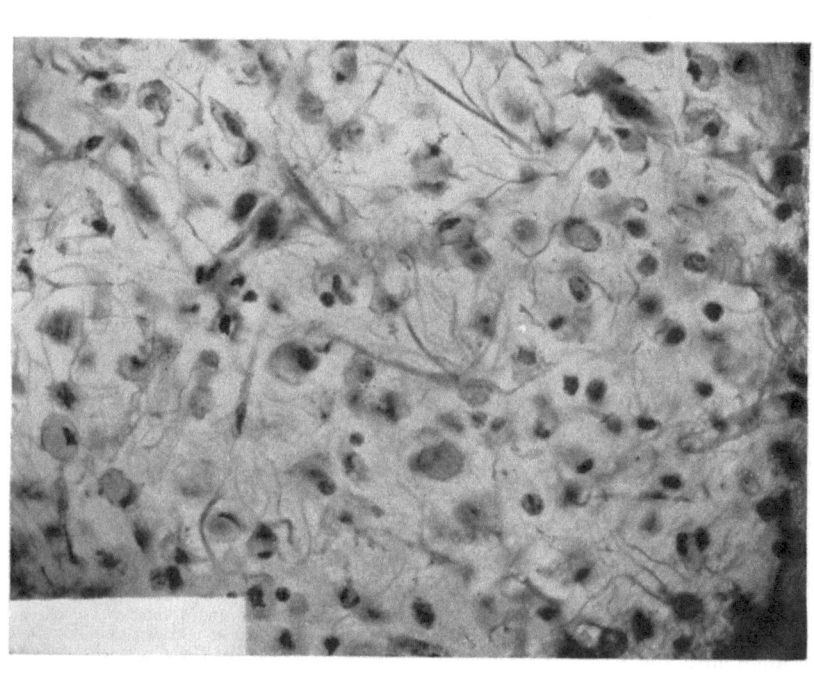

aber ist, daß da, wo von außen, d. h. vom mesodermalen Gewebe her Schädlichkeiten an das ektodermal-nervöse Gewebe herantreten, seien es nun Meningitiden oder extracerebrale Geschwülste, ebenfalls eine sehr lebhafte Wucherung der Stützglia einsetzt und zwar in der Form, daß man von einer Verstärkung der Grenzmembran zu sprechen geneigt ist (Abb. 116). Es dürfte sich also um eine Schutzreaktion handeln, um eine Wallbildung. Die CAJAL-RETZIUSschen Zellen der corticalen Grenzschicht sind wohl physiologisch regressiv veränderte Astrocyten, die jederzeit mobilisiert d. h. progressiv verändert werden können, wenn von außen eine Schädlichkeit an das zentralnervöse Gewebe gelangt. Wir erblicken in diesen Vorgängen den Ausdruck einer *gliösen Primärreaktion* des Zentralnervensystems auf exogene Schädigungen. Solange diese Gliawälle erhalten bleiben, ist das Zentralnervensystem vor den betreffenden Noxen geschützt. Nach ihrer Zerstörung sind die Grenzmembranen endgültig durchbrochen und trotz weiterer Demarkationsversuche zentraler Astrocyten der Weg ins Nervengewebe frei. Bei der tuberösen Sklerose, bei der Pseudosklerose, der WILSONschen Krankheit (ALZHEIMER, SPIELMEYER, BIELSCHOWSKY) und, wie JAKOB mitteilt, auch bei ADDISONscher Krankheit, fand man riesige Gliaelemente, die vor allem durch mächtige und grotesk geformte Kerne ausgezeichnet sind. Nach ihrem Entdecker sind sie ,,ALZHEIMERS *atypische Gliazellen*" genannt worden.

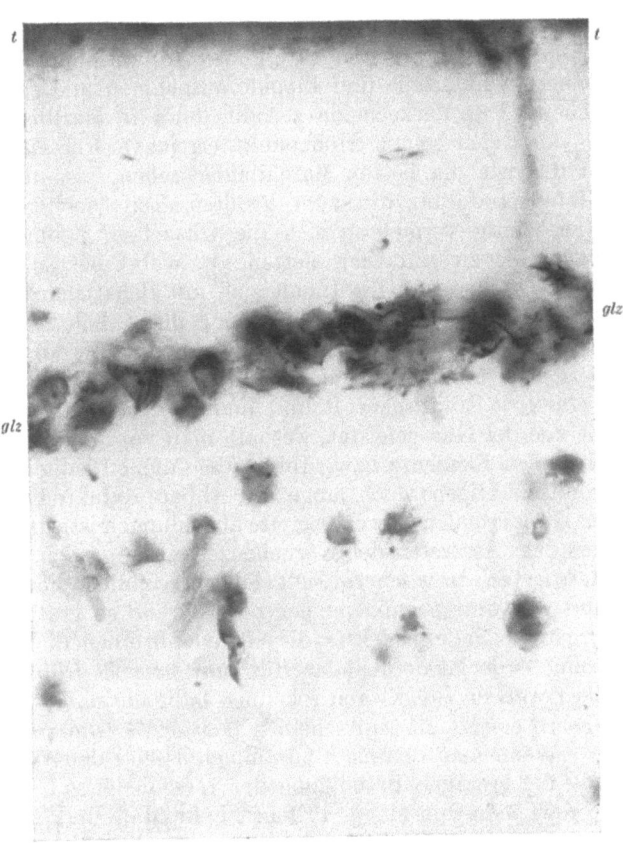

Abb. 116. Gliazellwall im Stratum zonale bei extrazentralem Tumor. *t* Tumor, *glz* Gliazellen.

Die hier beschriebenen morphologischen Veränderungen der einzelnen ektodermalen Elemente der Zentralorgane treten in mannigfachen und demnach gesetz- oder wenigstens regelmäßigen Kombinationen auf und stellen dann charakteristische Symptomenkomplexe dar. Die in ihrer Art einzig dastehenden funktionellen Beziehungen zwischen nervösem Parenchym und gliösem Gewebe sind es, die immer wieder deutlich werden. *Erkrankt eine Nervenzelle, so sehen wir die Trabantzellen in irgendeiner Form mit verändert,* sei es nun, daß in ihr Abbaustoffe auftreten, oder daß sie progressiv verändert wird, wie z. B. bei der ,,akuten Schwellung", oder daß sie der amöboiden Degeneration verfällt wie bei der schweren Zellerkrankung.

Ganz besonders lehrreich sind die Bilder, die wir bei *Degenerationen der Markfasern* erhalten. Man unterscheidet hier die *primäre und sekundäre Degeneration*, die erstgenannte entspricht einer Markfaserschädigung, die an Ort und Stelle einsetzt. Ihr erstes Anzeichen ist der Untergang der Markscheide, während der Achsenzylinder, z. B. bei der multiplen Sklerose — anfänglich und oft lange Zeit keine Veränderung erleidet. Bei der sekundären Degeneration hingegen — z. B. nach Durchschneidung der Nervenfasern — zeigt im peripheren Abschnitt gerade das Axon die ersten Veränderungen (BETHE), die in Ablassung oder Dunklerfärbung, in Verbreiterung und weiterhin in Zerbröckelung besteht. Schon nach 2 Tagen treten im Markrohr die Myeloklasten JAKOBS auf, eigenartige phagocytäre Elemente gliöser Abkunft, und zwar Mikrogliazellen, welche Achsenzylinderteile und Lipoide aufnehmen und rasch karyorektisch zugrunde gehen. Die Markscheide zerfällt dann in Markballen, ein Vorgang, der nach 8—12 Tagen seinen Höhepunkt erreicht: *Marchistadium*. Es ist dies die Zeit, in der wir die besten Marchibilder sehen, also das Stadium der osmiophilen Zerfallsprodukte, die zum größten Teil noch in der Markscheide liegen. Gleichzeitig vermehren sich die Gliazellen, nehmen die Markballen auf und bauen sie zu einfachen Fetten ab, wobei sie zu ausgesprochenen Körnchenzellen werden und ihr Inhalt sich mit Scharlachrot färbt: *Scharlachrotstadium*. Die Körnchenzellen gehen unter, ihr Inhalt wird von anderen Gliazellen weiterverarbeitet. So gelangen die Abbaustoffe an die Gefäße, wo sie von mesodermalen Elementen aufgenommen und in die Lymphbahnen der Adventitia (VIRCHOW-ROBINscher Raum) und der Pia weitergeleitet wurden. Der Abbau ist von der Glia geleistet, weshalb man vom „gliösen Abbau" spricht, die mesodermalen Elemente bzw. Abfuhrwege dienen lediglich dem Transport. In ihnen können übrigens noch lange Zeit Abbauprodukte liegenbleiben, wenn der Prozeß im ektodermalen Gewebe bereits abgeklungen ist. Hier beginnen etwa gleichzeitig mit dem Auftreten der Körnchenzellen die großen plasmareichen Gliazellen, die Astrocyten, zu wuchern, sie erzeugen reichliche Fasern, die das Gewebe erfüllen und das untergegangene nervöse Gewebe so ersetzen. Es erfolgt die narbige Organisation des Defektes, die entweder in einem dichten, die normalen Strukturen völlig verdeckenden Gliafaserfilz (*anisomorphe Gliose*) bestehen kann, oder noch die normalen Strukturen erkennen läßt, die dann vielfach durch Gliazellen und Fasern ersetzt zu sein scheinen (*isomorphe Gliose*).

Wenn man demnach zusammenfassend den Verlauf der gliösen Reaktionen und die jeweilige Beteiligung der verschiedenen Gliaarten an ihnen betrachtet, so darf man von einem Primär-, Sekundär- und Tertiärstadium sprechen. Bei exogenen Schädigungen reagieren zunächst die marginalen Astrocyten durch Hyperplasie, sind sie geschädigt, so beginnen tiefer liegende Astrocyten zu wuchern. Gleichzeitig aber setzt die sekundäre Hyperplasie der phagocytären Hortegaglia ein, sie speichert die Abbaustoffe, baut und räumt sie gefäßwärts ab, wo die Oligodendroglia sich an der Abräumung beteiligt. Das untergegangene nervöse Parenchym wird durch die tertiäre Wucherung wieder der Astrocyten (Cajalglia) ersetzt, und es entsteht entweder eine plasmatische oder je nach dem regionalen Verhalten der Glia und der Größe des Substanzverlustes eine Fasernarbe, der mesodermale Elemente beigemischt sein können. Bei endogenen Schädigungen sehen wir die astrocytäre Reaktion sekundär nach der Hortegagliareaktion auftreten, und zwar im Sinne der Demarkation des erkrankten Bezirkes gegen das gesunde Gewebe. Von ihr geht dann auch wesentlich die tertiäre Ersatzwucherung aus, die zur Narbenbildung führt.

Dieser für das erwachsene Nervensystem ganz typische Vorgang nun verläuft wesentlich anders im noch nicht markreifen Gewebe. Es treten hier andererseits die komplizierten Myelinabbauvorgänge zurück. Der ganze Prozeß verläuft rascher. Es fehlt die Narbenbildung in den angegebenen Formen. Vielmehr kommt es zu Höhlenbildungen, d. h. zum völligen Schwund des untergegangenen Gewebes. SPATZ, der diese Verhältnisse in neuerer Zeit genau studiert hat, spricht von *Porusbildung*. Er erzeugte so nach Durchschneidung des Rückenmarks neugeborener Kaninchen das Bild der *Poromyelie*. Es ist sehr wahrscheinlich, daß auch die Pathogenese der porencephalischen Defekte ähnlich zu erklären ist (RANCKE, SPATZ). Dazu tritt, daß durch das Weiterwachsen der gesund gebliebenen Gebiete die zerstörten verdrängt werden. So kommt es zu den merkwürdigen Asymmetrien und Verlagerungen im nervösen Gewebe nach fetal oder sehr früh extrauterin entstandenen Degenerationsprozessen.

Systemerkrankung.

Von großer grundsätzlicher Bedeutung ist die Frage nach den sog. *systematischen Degenerationen* oder, wie man sie kurz nennt, *Systemerkrankungen*. Daß Faserbahnen primär und sekundär erkranken können, ist oben auseinandergesetzt worden. Die primären Erkrankungen von Nervenfasern beruhen zum Teil wohl auf einer geringeren Widerstandsfähigkeit bestimmter Bahnen, die wiederum in den Fasern selbst zu suchen ist. Beispielsweise scheinen *gröbere Fasern resistenter gegen manche Noxen zu sein als feinere*. Dann aber kann auch der *Gewebsaufbau* eine besondere Rolle spielen, wie wir bei der *Tabes* sehen, bei der ja anscheinend die REDLICH-OBERSTEINERsche Stelle, wo die hinteren Wurzelfasern ins Rückenmark eintreten und zentralen Charakter annehmen, den Locus minoris resistentiae darstellt (SPIELMEYER). Dafür sprechen auch wohl dieses Forschers Beobachtungen an Trypanosomenhunden (Trypanosomentabes) und seine Befunde bei endolumbalen Stovaininjektionen. Immer war hierbei eine besondere Erkrankungsneigung der hinteren Wurzeln in ihrem zentralen Teil offenkundig. Diese Erfahrungen lehren auch, daß die von NAGEOTTE entdeckte und neuerdings von H. RICHTER genau untersuchte extramedulläre Wurzelneuritis nicht allein die primäre Lokalisation des tabischen Prozesses sein kann. Jedenfalls ist die RICHTERsche Auffassung, der ja auch K. SCHAFFER nicht ganz beizupflichten vermag, wohl etwas einseitig. PANDY versucht eine Parallele zwischen tabischer Hinterstrangsdegeneration und den anämischen Hinterstrangsveränderungen zu ziehen. Er weist auf die Tatsache hin, daß die Gefäßversorgung der unteren Rückenmarksabschnitte gerade im vorderen Hinterstrangfelde besonders ungünstig ist. Denn die Gefäße dieses Bezirkes stammen aus einem einzigen absteigenden Aste der Spinalarterien, bei deren Erkrankung infolge luischer arteriitischer Prozesse — die Ernährung gerade dieser Gegenden leidet und dadurch Degenerationen zustande kommen. Uns scheint es nach unseren Befunden wahrscheinlicher, daß die im Liquor kreisenden Schädlichkeiten an der Wurzeleintrittszone angreifen und gerade da die Wurzelfasern zuerst zur Degeneration bringen, wo sie zentralen Charakter annehmen (SPIELMEYER). Aber man wird gerade für die schmerzhaften Fälle (lanzinierende Schmerzen) auch eine Schädigung der Wurzeln selbst in und außerhalb der Pia mater annehmen dürfen. Sie ist ja auch eindeutig beobachtet worden. Daß die *funikulären Spinalerkrankungen*, die bei kachektischen Prozessen, bei Anämien und Tuberkulose beobachtet sind, mit der Gefäßversorgung in innigem Zusammenhang stehen, ist wohl sicher. Die besondere Neigung der multiplen Sklerose, in den Pyramidenbahnen und in den kreuzenden Opticusfasern ihre Herde zu bilden, hat BROUWER veranlaßt, an eine besondere Anfälligkeit der phylogenetisch jüngeren Bahnen zu denken. Uns scheint auch hier weniger in der Beschaffenheit des nervösen

Gewebes selbst, als in der besonderen Art ihrer Versorgung durch kurze, fast rechtwinklig unmittelbar von den Hauptstämmen abgehende Ästchen die Ursache für die Lokalisation der Herde in diesen oberflächlich liegenden Faststrängen zu sehen zu sein.

Es ist DURETS und KOLISKOS Verdienst, auf die Bedeutung der Blutversorgung für die Lokalisation krankhafter Veränderungen aufmerksam gemacht zu haben. Aber Einseitigkeiten sind auch hier zu vermeiden, wie ja jede Schematisierung den Tatsachen Gewalt anzutun droht.

Die früher vorwiegend angewandte Markscheidenfärbung hat uns bei Fasererkrankungen wohl die groben Ausfälle gezeigt und daher zu einer Überdehnung des Begriffes der *Systemerkrankung* Veranlassung gegeben. Die uns heute zur Verfügung stehenden pathohistologischen Methoden haben uns aber gelehrt, daß die krankhaften Veränderungen sowohl den in Frage stehenden Strangbezirk überschreiten, als auch durch mehr oder weniger entfernte primäre Schädigungen bedingt sind. Das hat manche Forscher veranlaßt, die Systemerkrankung als solche nicht mehr anzuerkennen. Wenn auch gegenüber dem Begriff in seiner reinen Form dieser Standpunkt berechtigt ist, so glauben wir doch, daß, wie oben am Beispiele der Tabes gezeigt ist, es Prozesse gibt, die so vorwiegend systematisch sind, daß man bei ihnen wohl von Systemerkrankungen sprechen darf.

Die *sekundäre Degeneration* ist seit WALLER bekannt, sie tritt im von seiner Ursprungszelle abgetrennten Axon auf, kann also je nachdem sie zentrifugale oder zentripetale Bahnen betrifft, absteigen oder aufsteigen. Die *retrograde Degeneration* haben wir zwischen Durchtrennungsstelle und Ganglienzelle zu suchen. Ihr Frühstadium ist oben beschrieben worden, die späteren Stadien sind wohl, wie SPATZ betont, auf die fehlende Funktion zurückzuführen und werden daher als Inaktivitätsatrophie gedeutet (*tertiäre Degeneration Spatz*).

Hierher gehören die von GUDDEN und seinen Schülern (FOREL, v. MONAKOW, GANSER) durch Operationen am unreifen Nervengewebe erzeugten systematischen Kernatrophien, von denen durch NISSL und v. MONAKOWS Arbeiten wohl die Thalamusdegenerationen nach Isolierung dieses Kerngebietes von der Rinde die größte Bedeutung gewonnen haben (s. S. 490).

Es ist diesen Forschern gelungen, sog. „Großhirnanteile" des Thalamus (v. MONAKOW) dadurch zu bestimmen, daß sie bestimmte Rindenbezirke zerstörten oder doch völlig vom Talamus abtrennten. Es gehört nicht zu unserer Aufgabe die durch diese Untersuchungen aufgerollten lokalisatorischen Fragen zu besprechen. Wir verweisen daher auf die einschlägigen Arbeiten, insbesondere auf NISSLS Arbeit im Arch. f. Psychiatr. **52**. Für unsere Betrachtungen wichtig ist von NISSLS Beobachtungen die Tatsache, daß die Gliaveränderungen, die den Untergang der Nervenzellen begleiten, durchaus verschiedenen Charakter haben. Die nach Abtrennung von der vorderen Hemisphärengegenden degenerierenden Thalamusbezirke gehen ohne lebhafte Gliawucherung zugrunde. Es sind dies die vorderen ventralen, medialen, mittleren und hinteren und die medialen Teile der ventralen hinteren Kerngebiete. Dagegen trat in den übrigen Thalamuskernen, die nach Isolierung der hinteren Rindenpartien zugrunde gehen, eine lebhafte Gliakernwucherung auf. So kam es, daß bestimmte Kerngebiete später spurlos verschwunden zu sein schienen. Eine Feststellung, die größte Bedeutung hat für die Frage der sog. Kernaplasien, des angeborenen Kernmangels und der kindlichen Kernatrophien. Wenn wir auch in diesen Dingen durchaus noch nicht ganz klar sehen, so läßt sich doch sagen, daß *der mehr oder weniger spurlose Schwund von grauer Substanz auf Prozesse hinweist, die das unreife oder* *frühkindliche Nervengewebe betroffen haben.* Beachtung verdienen in diesem Zusammenhange auch die kontralateralen Kleinhirnatrophien nach Zerstörung einer Großhirnhemisphäre (s. S. 490).

Patoplastische Faktoren.

Die Erkrankungen der Nervenzellen und der von ihnen gebildeten Grisea können ebenso wie die der Fasern durch primäre und sekundäre Schädigungen zustande kommen. Dazu muß man bei der verschiedenen Morbidität des einzelnen Griseums einerseits seiner besonderen Anlage Rechnung tragen, andererseits eine erworbene Anfälligkeit in Betracht ziehen und schließlich auch die elektive Wirkung besonderer Schädlichkeiten berücksichtigen. Für die Frage nach der Bedeutung der Anlage ist sowohl das einzelne nervöse Element, als auch das Verhalten des ektodermalen Zwischengewebes und schließlich die Gefäßversorgung von Bedeutung. So zum Beispiel sehen wir bei manchen Prozessen die kleinen Nervenzellen rascher zugrunde gehen als die großen. Das fällt unter anderem bei Infektionen auf, die kurze Zeit gedauert und zur Erkrankung oder gar zum Untergang der kleinen Elemente geführt haben, während die großen Elemente des gleichen Kerngebietes nicht oder nur leicht erkrankt sind. Derartige Bilder sieht man besonders schön im Nucleus caudatus und Putamen bei der Chorea infectiosa (BIELSCHOWSKY, F. H. LEWY, JAKOB, CREUTZFELDT). Sehr merkwürdig ist die von SPIELMEYER vor allem beim Fleckfieber und Typhus beschriebene Neigung der PURKINJEschen Zellen mit der homogenisierenden Zellerkrankung auf Infektionen zu reagieren. Die ALZHEIMERsche Fibrillenveränderung scheint ebenfalls besondere Hirngegenden — Frontallappen, Schläfenlappen, Hippocampus — und in diesen wieder vorwiegend die mittelgroßen Nervenzellen der dritten BRODMANNschen Schicht zu bevorzugen. Ob die besonders schweren Veränderungen, die paralytische und andere Prozesse in der dritten und fünften BRODMANNschen Schicht des Cortex erzeugen, ebenfalls auf einer anlagemäßig geringeren Widerstandsfähigkeit der dort befindlichen Nervenzellen beruhen oder auf die besondere Beschaffenheit des gliösen Gewebes oder gar auf die Gefäßversorgung zurückzuführen sind, ist nicht ganz sicher. Aber derartige Prozesse sind nicht so beschränkt auf bestimmte Schichten, daß man eine besondere *Patoklise* — ein Begriff, den O. und C. VOGT in Anlehnung an den der Ortoklise (EISNER) geprägt haben — bestimmter Grisea und Teile derselben annehmen dürfte. Das haben erst neuerdings JOSEPHIS schöne Untersuchungen bei der Dementia praecox gezeigt, wo zwar manche Schichten — darunter wieder die dritte und fünfte — die schwersten Veränderungen aufweisen, indeß doch eben nicht isoliert erkrankt sind. Untersuchungen an Gehirnen von Epileptikern und anderen Anfallskranken liefern sehr charakteristische Bilder, namentlich im Ammonshorn, wo der SOMMERsche Vektor umschrieben verödet ist. SPIELMEYER hat die Beziehungen solcher Herde zur Gefäßverteilung überzeugend auseinandergesetzt. Daß die Glia für die besondere Entwicklung einer Erkrankung außerordentlich wichtig ist, lehren die Beobachtungen bei einer großen Anzahl von histopatologischen Befunden.

Bekanntlich hat WEIGERT auf den verschiedenen Fasergehalt verschiedener Gebiete des Zentralnervensystems hingewiesen und dargelegt, daß in der Rinde gerade die dritte BRODMANNsche Rindenschicht faserarm ist. Wir sehen nun, daß in der Tat hier auch Prozesse, für welche die Faserbildung ganz charakteristisch ist, kaum die Faserbildung anregen. Zum Beispiel bei der multiplen Sklerose sind die Markrindenherde in ihren Markanteilen von einem dichten Fasergewirr erfüllt, während ihr Rindenanteil keine vermehrte Faserbildung erkennen läßt (Abb. 117). Ebenso gibt es Rindendegenerationen, die völlig das nervöse

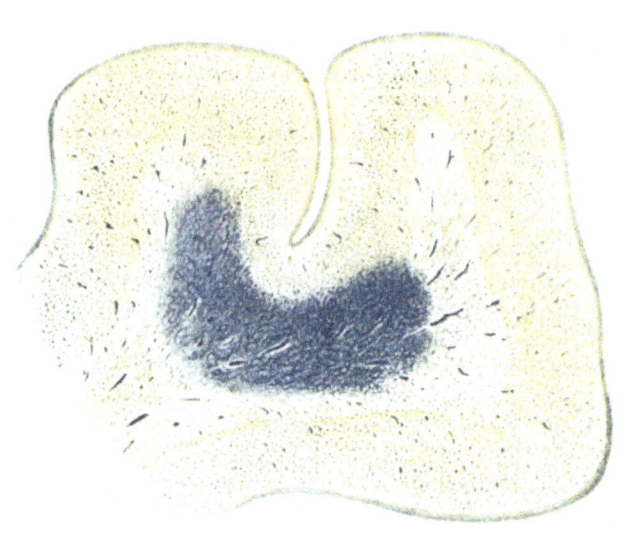

Es besteht demnach in diesen Fällen ein Mißverhältnis zwischen dem Tempo der Degeneration und der Reparation zugunsten der Ersatzwucherung. Tritt diese nicht ein, so zerfällt das Gewebe ganz; tritt sie spät ein, so kann der ,,Status spongiosus" längere Zeit in seiner charakteristischen Form fixiert bleiben, was gar nicht so selten gerade in der Rinde vorkommt, während in der Marksubstanz oder in anderern Kerngebieten (Globus pallidus) schließlich eine starke, meist anisomorphe Gliawucherung zur Bildung einer dichten Fasernarbe führt.

Abb. 118. Akuter Status spongiosus, vornehmlich in der 4. BRODMANNschen Schicht (unter den großen Pyramiden der 3. Schicht). Eigenartige Rindenkrankheit. Nisslpräparat. (Nach SPIELMEYER.)

Diesen Folgezuständen der Insuffizienz der gliösen Ersatzleistungen schließen wir die eigenartigen Bilder an, die als ,,Verödungsbezirke" bei Gefäßprozessen wie Arteriosklerose, Lues, multipler Sklerose usw. bekannt geworden sind. Es dürfte sich hier zum Teil um Gerinnungsvorgänge handeln und zwar nicht um solche, die die Zellen selbst z. B. in der Form der ,,ischämischen Erkrankung" befallen haben, sondern auch ihre Fortsätze und die eintretenden Nervenfasern in Schollen und Brocken zerfallen lassen. Die Gliazellen zeigen dabei Pyknose, Karyorexis und amöboide Veränderungen. Auch das Grundgewebe macht den Eindruck, als sei es geronnen. Und so kann der erkrankte Bezirk schließlich eine schollig bzw. krümelig geronnene Masse darstellen, die die Fibrinreaktion gibt. Man spricht hier von einer *Koagulationsnekrose*. Dabei ist dann von Gliafaserbildung nicht die Rede, außer daß in der Umgebung solcher Herde eine Astrocytenwucherung eintritt, die man wohl als eine Art Abkapselung des nekrotischen Bezirks deuten darf.

Daß im gleichen Herde verschiedene Stadien des Zell- und Gewebsuntergangs vorhanden sind und die reaktiven Vorgänge so ganz fehlen, läßt an eine schubweise und langsam auftretende, anfänglich wohl nur unvollständige Ernährungsstörung denken. Für diese Annahme spricht auch die Tatsache, daß keine Verflüssigung, sondern eine Gerinnung das Hauptkennzeichen des Prozesses ist.

In den Fällen nun, wo wir eine Erweichung, eine Verflüssigung des Gewebes in toto vor uns haben und deshalb die gliöse Reaktion zur Abräumung der Abbaumassen als auch zur Ausfüllung des Defektes nicht hinreicht, findet man eine

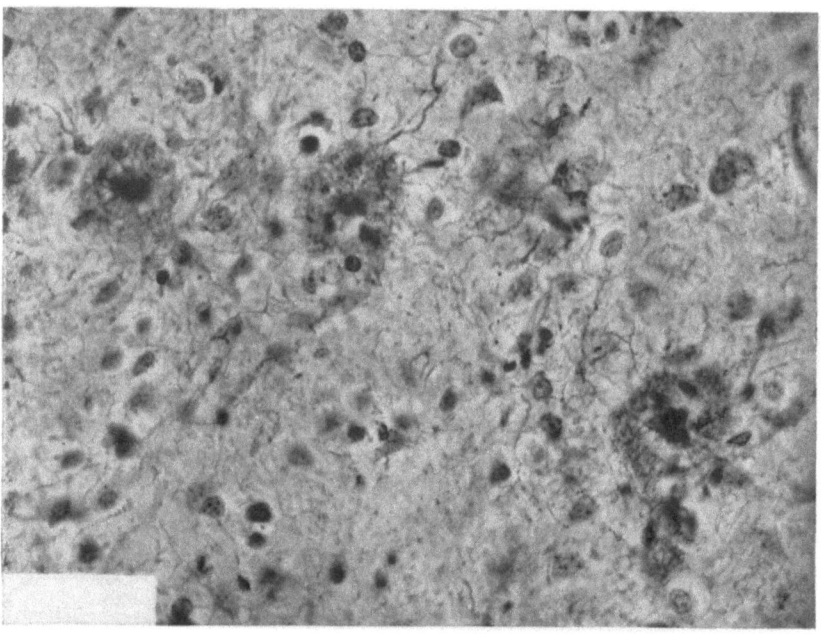

Abb. 119. Senile Drusen. Drusenkern und -hof deutlich unterschieden. Gliafortsätze an sie herantretend. Verklumpung der in den Bereich der Drusen gelangenden Elemente (Sodasilberpräparat).

starke Beteiligung des mesodermalen Gewebes. Blutungen und manche ischämische Erweichungen liefern da sehr lehrreiche Bilder. Wir sehen mesodermale Körnchenzellen auftreten und mesenchymale Faserzüge in das zerfallene Gewebe eindringen, kollagenhaltig werden und so ein fibros-gliöses Narbengewebe entstehen. Dieser Vorgang ist typisch für die Heilung mancher apoplektischen Herde, rasch einsetzender Embolien, Verletzungen durch Schuß, Stich u. a. Gewalteinwirkung. Außerdem ist er bei der sklerosierenden Entzündung des Hemisphärenmarks beobachtet worden, bei der große Teile des Centrum seniovale einem entzündlichen Degenerationsprozesse zum Opfer fallen. ALZHEIMER hat bei seinen Paralyseuntersuchungen auf die lebhafte Wucherung der Gefäßwandzellen hingewiesen und gezeigt, daß dadurch Stäbchenzellen entstehen sowie neue Gefäße gebildet werden können. Mit der ACHUCARROschen Silbermethode sind in solchen Fällen die sog. Silberfibrillen als entsprechend stark vermehrt erkennbar. Sie durchziehen in einem mehr oder weniger dichten Flechtwerk das ektodermale Gewebe. Sehr schön tritt auch das Eindringen von Mesenchymfasern ins ektodermale Gewebe bei Meningitiden (RANKE) und extracerebralen Tumoren hervor. Aber diese Einwucherung erfolgt erst, nachdem die gliöse Grenzschicht, die, wie oben dargelegt wurde, durch Wucherung der plasmareichen Gliazellen anfänglich verstärkt worden war, zerstört ist.

Im unreifen Nervensystem beteiligt das Mesoderm sich nicht an der Ausheilung von Substanzdefekten, wie jüngst erst wieder SPATZ bei seinen Durchschneidungsversuchen am Rückenmark neugeborener Kaninchen feststellen konnte. Daß allerdings vorübergehend ein Ansatz zur Reaktion auch von seiten des mesodermalen Gewebes, die sich in Körnchenzellenbildung und Wucherung von Mesenchymfasern äußert, erkennbar ist, hat RANKE an Stichverletzungen der Rinde von Neugeborenen gezeigt. Aber das hierbei neugebildete Gewebe geht rasch mitsamt dem ektodermalen Gewebe zugrunde, ohne daß eine Fasernarbe entsteht. Der so gebildeten Gewebslücken, Pori, ist oben gedacht worden. Als der Ausdruck einer idiopathischen Erkrankung des Reticulums sind wohl die *senilen Drusen* — FISCHER-REDLICHsche Plaques — zu deuten. Wir finden sie bei präsenilen Verblödungsprozessen, der ALZHEIMERschen Krankheit, in enormen Mengen in der Rinde und im Ammonshorn. Aber auch bei nicht geisteskranken Greisen können sie jenseits des 80. Lebensjahres auftreten. Sie entstehen aus einer eigenartigen Verdichtung des Grundgewebes, das hier sich stark mit Silber imprägniert, und einer zentral abgelagerten argyrophilen Masse, die kugelig oder drüsenartig aussieht. Man nennt dieses Zentrum den Drusenkern. Die kranzartig den Kern umgebende Verdichtungszone den Drusenhof. Nervöse und gliöse Elemente, die in dem Bereich dieser Drüsen liegen, zeigen eine Verklumpung und Inkrustierung. So sieht man Achsenzylinder stark verbreitert in die Verdichtungszone einbezogen werden. Die Glia scheint oft diese Drüsen wie einen Fremdkörper abzuschließen. Fortsätze, die sie an den Drüsenhof entsendet, werden ebenfalls breit und plump und gehen in dem inkrustierten Gewebe auf (Abb. 119).

Entzündung.

Eine besondere Stellung nehmen im Zentralnervensystem die *Entzündungen* ein. Darunter verstehen wir diejenigen Prozesse, bei denen wir eine *Alteratio* des ektodermalen Gewebes und zwar seiner parenchymatösen Bestandteile, eine *Proliferatio* vonseiten des ektodermalen Zwischengewebes und wohl auch mesenchymaler Elemente, sowie *exsudativ-infiltrative Prozesse am Gefäßapparat (Infiltratio)* beobachten. Diese Charakterisierung des morphologischen Syndroms der Entzündung ist die von NISSL, LUBARSCH und SPIELMEYER gegebene und beruht auf dem histopathologischen Befund, ohne biologische Deutungen kausaler oder finaler Art, wie sie uns in anderen Definitionen z. B. von ASCHOFF begegnen. Das besondere Verhalten des ektodermalen Gewebes der Zentralorgane zu den mesodermalen Gewebsbestandteilen, die es enthält, die scharfe Trennung zwischen beiden erleichtert gerade im Gehirn und Mark die Erkennung entzündlicher Prozesse (NISSL), wenn auch zuzugeben ist, daß hier noch genug Schwierigkeiten bestehen.

Beschränken wir uns auf die rein morphologischen Kennzeichen der Entzündung, so steht die mesodermale Reaktion im Mittelpunkte der Betrachtung. Wir unterscheiden *eitrige und nichteitrige Entzündungen*. Bei den Eiterungen beherrschen die Leukocyten, die aus den Gefäßen ausgeschwemmt werden, das Bild. Diese Eiterzellen sind kurzlebig und werden stets durch neue aus der Blutbahn ausgeschwemmte Schwesterzellen ersetzt. Die eitrige Einschmelzung des Gewebes führt zur Bildung von Abscessen, die sich abkapseln können und so zum Stillstand kommen. Andererseits sehen wir sog. reparatorische Entzündungen nach Einverleibung von Fremdkörpern (Tuscheinjektionen FORSTERS), Stich- und

Schnittverletzungen (DEVEAUX) auftreten, bei denen die leukocytäre Reaktion nur kurze Zeit (24 Stunden) dauert, um dann den übrigen Elementen — Gliazellen, Polyblasten und Fibroblasten — das Feld zu überlassen.

Sehr eigenartig ist das Verhalten der Leukocyten bei der sog. HEINE-MEDINschen Krankheit, der Poliomyelitis acuta. Hierbei sollen diese Blutzellen an und in die großen motorischen Elemente des Vorderhorns gelangen und sie phagocytieren. Doch verschwinden sie dann wieder völlig und überlassen den ektodermalgliösen Zellen den Ersatz des untergegangenen nervösen Parenchyms. Neuere Untersuchungen sprechen allerdings gegen die mesodermale Abkunft dieses Neuronophagen. Auch beim Fleckfieber gelangen — anscheinend kurzlebige — Leukocytenschwärme aus den Gefäßen ins ektodermale Gewebe. Bei Abscessen treten nach dem Rande zu, wo die Abkapselung und Organisation der Kapsel erfolgt, Leukocyten und Lymphocyten gemischt auf.

Von der eitrigen unterscheiden wir die *nichteitrige Entzündung*, die bei akuten und chronischen Prozessen gefunden wird. Sie ist gekennzeichnet durch das Auftreten von Lymphocyten und Plasmazellen. Ob in den allerersten Stadien mancher rein lymphocytären Prozesse auch Leukocyten vorkommen, ist bisher nicht immer erwiesen, wenn auch manche experimentelle Erfahrungen daran denken lassen. Als akute entzündliche, nichteitrige Encephalitis sei vor allem die *Encephalitis epidemica* erwähnt, bei der in den bisher jüngsten Fällen von sechs bis acht Tagen nur Lymphocyteninfiltrate mit einigen, aber sehr spärlichen Plasmazellen untermischt gefunden worden sind. Nur in wenigen ganz frühen Fällen werden auch leichte Leukocyteninfiltrate berichtet. Die multiple Sklerose läßt selbst in ihren akutesten Herden nur Lymph- und Plasmazelleninfiltrate erkennen (ANTON-WOHLWILL, RAECKE-SIEMERLING, SCHOB, CREUTZFELDT). Dasselbe Verhalten zeigen die Fälle von sklerosierender Entzündung des Hemisphärenmarks (SCHILDER, JAKOB, NEUBÜRGER, SIEMERLING-CREUTZFELDT, GUTTMANN). Bei sich zurückbildenden oder in ein chronisches Stadium tretenden leukocytären Entzündungen werden, wie oben schon am Beispiele des Abscesses gezeigt wurde, die Leukocyten von den lymphoiden Elementen abgelöst. Die Paralyse und die Schlafkrankheit zeigen ein Vorwiegen der Plasmazellen. Bei der Gefäßlues des Gehirns dagegen herrschen die Lymphocyteninfiltrate vor.

Über die Herkunft der Infiltrationszellen sind die Akten noch nicht geschlossen. Daß die Leukocyten aus den Gefäßen stammen, exsudiert werden, ist wohl einigermaßen sichergestellt. Über die Herkunft der Lymphocyten und Plasmazellen dagegen sind die Meinungen geteilt. Sie sollen nach manchen Forschern aus der Blutbahn (NISSL, ALZHEIMER), nach anderen aus dem Lymphapparat, nach anderen wieder aus dem Bindegewebe (MARCHAND) stammen. Ebenso unsicher sind die Antworten auf die Frage nach der Herkunft der Plasmazellen, die von manchen als degenerierende, von anderen als metaplasierte Lymphocyten, von wieder anderen als Abkömmlinge der Adventitialzellen angesehen werden (vgl. die Kapitel C I, 1, a, g, h, und C II 1—6). Neben diesen Elementen finden wir Mastzellen, Makrophagen und Körnchenzellen in der Adventitia der Gefäße. Für das Verhalten der perivasculären Infiltrate im Zentralnervensystem ist nun von Bedeutung, daß die Leukocyten die Grenzmembranen überschreiten, wie man das beim Fleckfieber, vor allem aber bei den Eiterungen sehen kann. Die Lymphocyten und Plasmazellen dagegen bleiben im allgemeinen jenseits der Membrana limitans. Ihr Austritt ins ektodermale Gewebe z. B. beim Gumma oder dem Tuberkel scheint dergestalt zu erfolgen, daß sie den mesenchymalen Fasern, die in das geschädigte bzw. zerstörte gliöse Gewebe hineinwachsen, folgen. So wird die Grenzmembran durchbrochen.

Entzündliche Veränderungen können *herdförmig* auftreten, wofür die Abscesse, die Herde beim Fleckfieber, die Poliomyelitis, die Lues, die Tuberkulose, die multiple Sklerose und die Encephalitis epidemica in ihrer akuten und chronischen Form, die Hundestaupe, die BORNAsche Krankheit der Pferde sprechen. Als Beispiele der diffusen Entzündung seien die Paralyse und die afrikanische Schlafkrankheit angeführt. Aber bei allen diesen Erkrankungen sehen wir neben den entzündlichen Veränderungen nichtentzündliche Degenerationen des nervösen Gewebes, auf die bei der Paralyse NISSL und ALZHEIMER und neuerdings SPIELMEYER in einer Polemik gegen RAECKE hingewiesen haben. Beim Fleckfieber beschrieb SPIELMEYER ähnliche Gegensätze. Auch bei der Encephalitis epidemica, die ja ausgesprochen herdförmig auftritt, sind diffuse degenerative Veränderungen außer den entzündlichen Herden nachgewiesen worden (CREUTZFELDT, SCHOLZ, KLARFELD u. a.). Die einfachste und scheinbar plausibelste Deutung, daß nämlich hier quantitative toxische und zeitliche Momente die Verschiedenheit der Bilder bestimmen, wird den Tatsachen nicht gerecht. Das lehren besonders SPIELMEYERS Untersuchungen an Gehirnen Fleckfieberkranker und die Befunde bei akuter und chronischer Encephalitis epidemica. Sicherlich wissen wir, daß in verschiedenen Stadien des gleichen Prozesses die „entzündlich-infiltrativen" Veränderungen mehr oder weniger stark ausgeprägt sein können. Es sei nur an die Paralyse erinnert. Aber damit läßt sich nicht entfernt in allen Fällen die Frage beantworten, warum Entzündung und reine Degeneration nebeneinander bestehen.

Heilung ohne Regeneration.

Der *Heilungsvorgang* im Zentralnervensystem ist, wie aus den vorstehenden Ausführungen hervorgeht, von zahlreichen Umständen abhängig, die hier nicht wiederholt werden sollen. Seine Beziehungen zur Wiederherstellung der Funktion aber verdienen eine besondere Betrachtung. Hier ist die Grundfrage die nach der Erholungsfähigkeit der nervösen Elemente. Aus dem mikroskopischen Bilde sind sichere Anzeichen dafür, daß eine Ganglienzelle sich wieder erholen kann, nicht herauszulesen. Das Nisslpräparat dürfte in dieser Hinsicht dem Fibrillenpräparate unterlegen sein. Denn es scheint, daß selbst Untergang des Tigroids, wie z. B. bei der „akuten Schwellung", oder mächtige Schwellung des Zellplasmas wie bei der „primären Reizung", ja selbst erhebliche Pigmentspeicherung die nervöse Funktion der Zelle nicht aufheben. Dagegen liefert uns das Fibrillenpräparat bessere Hinweise, insofern eine Desintegrierung der Fibrillen in der Tat der Ausdruck einer Funktionsstörung ernsterer Art zu sein scheint. Ebenso dürfte die Möglichkeit der Erholung — *Rekreation* — einer Zelle sicherer aus dem Verhalten der Fibrillen erschlossen werden können. Wichtig ist für die Prognosestellung aber auch die Beurteilung des Kernbildes. Weiter gibt es gewisse Zellveränderungen — Verflüssigungsprozesse, Gerinnungen, ALZHEIMERsche Fibrillenerkrankung —, die nach den bisherigen Erfahrungen eine schwere Störung, wenn nicht völlige Aufhebung der nervösen Funktion verursachen. Derartig erkrankte Zellen sind auch keiner Erholung fähig. Sie gehen zugrunde. Einen im Sinne der spezifischen nervösen Funktion gleichwertigen Ersatz, eine *Restitution* oder eine *Regeneration* aber gibt es nicht, denn die reife Nervenzelle hat ja nicht die Fähigkeit sich zu vermehren. Der räumliche Ersatz, die *Reparation*, kann also nur durch andere Gewebsbestandteile geliefert werden und wird geliefert von den plasmareichen und faserbildenden Elementen der Neuroglia. Das heißt, daß eine *Narbenbildung* den Untergang der Nervenzelle und ihrer Fortsätze, des Neurons, deckt.

Während über die Unfähigkeit der Nervenzellen zur Regeneration keine Zweifel mehr bestehen, steht die Regenerationsfähigkeit der zentralen Nervenfasern noch immer zur Diskussion. CAJAL hat im Zentralnervensystem Aussprossungen feinster Fäserchen aus Kollateralen oder Faserstümpfen und Bildung von Endknöpfen gesehen. DOINIKOW beschreibt ähnliche Bildungen in den Herden der multiplen Sklerose, aber er kommt zu keiner Entscheidung, ob diese Befunde wirklich einwandfreie Zeichen von Neubildung funktionsfähiger Nervenfasern sind. BIELSCHOWSKY u. a. beobachteten Fibrillenneubildungen in Bezirken, die durch Druck infolge von Tumoren usw. gelitten hatten. PFEIFFER will Regenerationszeichen nach Hirnpunktionen gesehen haben. TELLO findet Hineinwachsen cerebraler Fasern in durchlöcherte Holundermarkstückchen, die er auf die verletzte Hirnoberfläche gelegt hat. Ob aber diese regenerierten Fasern funktionsfähig werden oder gar von Dauer sind, ist durchaus fraglich. Ja, es bleibt überhaupt ungewiß, ob es sich hier um regenerative Veränderungen handelt. BIELSCHOWSKY besitzt allerdings Präparate eines Falles von multipler Sklerose, in denen an der Neubildung von zarten Fasern nicht zu zweifeln ist, und in denen Form und Anordnung derselben durchaus für eine echte Regeneration sprechen. Uns scheint aus diesem Befunde sich zu ergeben, daß eine Faserregeneration in den Zentralorganen sehr selten vorkommt, und wenn sie vorkommt, allermeist nicht vollwertig und dauernd ist. *Jedenfalls steht die Regenerationsfähigkeit der zentralen in keinem Verhältnis zu derjenigen der peripheren Nervenfasern.* Die Ursache für diese Gegensätzlichkeit ist, soweit der Morphologe das erkennen kann, wohl in dem Fehlen der SCHWANNschen Zellen im Hirn- und Rückenmark zu suchen. Vielleicht ist die Differenzierung dieser Zellen nicht so weit fortgeschritten wie die der zentralen Gliazellen, so daß sie noch einen wesentlichen Einfluß auf das Wachstum und die Neubildung der Nervenfasern behalten haben. *Im zentralen Nervensystem aber erschöpft sich die Glia, nachdem sie den Abbau und die Abräumung der Achsenzylinder und Markscheiden beendet hat, mit der Bildung einer gliösen Fasernarbe, die in der Form der anisomorphen Sklerose sogar die ursprünglichen Strukturverhältnisse völlig verwischen kann. Das Ausbleiben der Regeneration ist die Ursache des Dauerausfalls zentral-nervöser Funktionen.* Auf dieser Tatsache beruhen die schweren Folgen jeder Erkrankung der nervösen Zentralorgane, bei der die funktionstragenden Elemente so geschädigt werden, daß sie sich nicht mehr erholen können und dem Untergange verfallen.

Der Stoffwechsel des Zentralnervensystems.

Von

HANS WINTERSTEIN

Breslau.

Mit einer Abbildung.

Zusammenfassende Darstellungen.

PERITZ, G.: Der Stoffwechsel des Nervensystems. OPPENHEIMERS Handb. d. Biochemie. 2. Aufl. 8, 91 (1925). — WINTERSTEIN, H.: Stoffwechsel des Nervensystems. Tabulae biologicae 3, 40 (1926).

I. Der Bedarf der Nervenzentren an Sauerstoff und sein Einfluß auf die Erregbarkeit.

Wohl keine Erscheinung weist so eindringlich auf die außerordentliche Intensität der in den Nervenzentren sich abspielenden Stoffwechselvorgänge hin, als die schon längst bekannte Tatsache, daß eine Absperrung oder auch nur starke Beeinträchtigung der normalen Blutversorgung oft eine überraschend schnell einsetzende Störung oder völlige Aufhebung der Zentrenfunktion nach sich zieht. Ruft doch beim Menschen die durch Abklemmung der Halsschlagadern bewirkte Verminderung der Blutströmung im Gehirn fast sofortige Ohnmacht hervor, und der STENSONSCHE Versuch lehrt, daß eine 1—2 Minuten während Abklemmung der Bauchaorta die davon betroffenen Rückenmarkszentren für längere Zeit außer Funktion setzt.

Schon BROWN-SEQUARD hat den Einfluß des Blutes auf seinen *Sauerstoffgehalt* zurückgeführt. Der exakte Nachweis hierfür ist jedoch erst viel später von VERWORN[1] erbracht worden: Wenn man bei Fröschen, die mit einer zur Erzeugung tetanischer Krämpfe ausreichenden Dosis Strychnin vergiftet wurden, das Blut von einer in die Aorta eingebundenen Kanüle aus durch physiologische NaCl-Lösung verdrängt und die Zirkulation dann abstellt, so werden die Reaktionen allmählich immer schwächer, und schließlich, nach etwa 10—25 Minuten, tritt völlige Lähmung ein. Wird nun der künstliche Kreislauf mit der ausgekochten Lösung wieder in Gang gesetzt, so tritt — und zwar, wie LIPSCHÜTZ[2] gezeigt hat, auch mit nachgewiesenermaßen so gut wie völlig O-freier Lösung — zunächst eine mehr oder minder deutliche Erholung ein, die aber nach kurzer Zeit (30—45 Minuten nach Beginn des Versuches) wieder verschwindet, und nach VERWORN auf der Fortspülung lähmend wirkender Ermüdungsstoffe beruht, die sich nach Stillstand des Kreislaufes angesammelt haben. Wird nun die O-freie

---

[1] VERWORN, M.: Ermüdung, Erschöpfung und Erholung der nervösen Centra des Rückenmarks. Arch. (Anat. u.) Physiol. **1900**, Suppl., 152.

[2] LIPSCHÜTZ, A.: Ermüdung und Erholung des Rückenmarkes. Z. allg. Physiol. 8, 512 (1908).

NaCl-Lösung durch mit Sauerstoff gesättigte, oder noch besser durch O-haltiges Blut ersetzt, so ist innerhalb kurzer Zeit eine vollständige und stundenlang andauernde Wiederkehr der abnorm gesteigerten Reaktionen zu erzielen. Daß diese Erholung auch bei Verwendung von Blut auf dem O-Gehalt desselben, und nicht, wie RIES[1] unter KRONECKERS Leitung auf Grund methodisch unzulänglicher Versuche dartun wollte, auf dem Eiweißgehalt beruht, geht daraus hervor, daß entgastes Serum keine Erholung zu bewirken vermag. Je tätiger die Nervenzentren sind, um so rascher erfolgt die Erstickung, die bei unvergifteten Fröschen etwa 2—3mal so viel Zeit benötigt als bei den in Strychninkrämpfen liegenden (BONDY[2]).

Noch klarer und übersichtlicher gestalten sich die Versuche, wenn sie statt am künstlich durchspülten, am isolierten Rückenmark angestellt werden (BAGLIONI[3], WINTERSTEIN[4]). Während in einer Atmosphäre von reinem Sauerstoff oder in einer mit Sauerstoff durchströmten Lösung die Erregbarkeit bei gewöhnlicher Temperatur bis zu zwei Tagen erhalten bleiben kann, tritt in einer Atmosphäre von reinem Stickstoff bei Zimmertemperatur innerhalb $^3/_4$—2 Stunden völlige Unerregbarkeit ein, die durch rechtzeitige O-Zufuhr meist innerhalb $^1/_2$—1 Stunde wieder gänzlich behoben werden kann. Je länger die Erstickungszeit, um so länger pflegt auch die zur Erholung in Sauerstoff erforderliche Zeit zu sein. Die Wiederholung des Versuches an ein und demselben Präparat bedingt eine sehr bedeutende Verkürzung der Erstickungszeit, genau so wie wir dies am Nerven gesehen haben. Eine (durch ausreichende O-Versorgung zu behebende) Erstickung tritt selbstredend auch in Anwesenheit von Sauerstoff ein, wenn seine Zufuhr ungenügend ist, sei es, daß der O-Druck zu gering oder die Bedingungen seines Eintritts zu ungünstig sind. So erstickt nach BAGLIONI das im uneröffneten Wirbelkanal belassene Rückenmark allmählich auch in einer Atmosphäre von reinem Sauerstoff; das von der Dorsalseite freigelegte erstickt in *Luft* innerhalb zwei Stunden, während das völlig isolierte nach WINTERSTEIN selbst bei einem O-Druck von nur 10% noch 9—10 Stunden erregbar bleiben kann. — Der gelöste Sauerstoff kann, wie BONDY[2] mit der Durchspülungsmethode und BAGLIONI am isolierten Rückenmark gezeigt haben, auch durch schwache H_2O_2-Lösungen ersetzt werden, wie ja ohne weiteres verständlich ist, da diese in Berührung mit Geweben Sauerstoff abspalten; in höheren Konzentrationen erzeugen sie aber starke Reizerscheinungen.

In ganz analoger Weise wie am Frosch läßt sich Erstickung und Wiederbelebung durch Durchspülung mit O-freien bzw. O-haltigen Salzlösungen auch an neugeborenen Warmblütern durchführen (WINTERSTEIN[5]). BAGLIONI[6] hat vergleichende Untersuchungen am isolierten Zentralnervensystem niederer Tierklassen angestellt, die in der gleichen Weise das große O-Bedürfnis gerade dieses Organs dokumentieren (isoliertes Gehirn von Scyllium, Mantelganglion von Eledone, Lumbalmark von Sipunculus); er hat auch darauf hingewiesen, daß zum Teil besondere chemische oder morphologische Einrichtungen für die O-Ver-

---

[1] RIES, J.: Über die Erschöpfung und Erholung des zentralen Nervensystems. Z. Biol. **47**, 379 (1906).

[2] BONDY, O.: Untersuchungen über die Sauerstoffaufspeicherung in den Nervenzentren. Z. allg. Physiol. **3**, 180 (1904).

[3] BAGLIONI, S.: La fisiologia del midollo spinale isolato. Z. allg. Physiol. **4**, 384 (1904).

[4] WINTERSTEIN, H.: Über den Mechanismus der Gewebsatmung. Z. allg. Physiol. **6**, 315 (1907).

[5] WINTERSTEIN, H.: Die Regulierung der Atmung durch das Blut. Pflügers Arch. **138**, 167 (1911).

[6] BAGLIONI, S.: Über das Sauerstoffbedürfnis des Zentralnervensystems bei Seetieren. Z. allg. Physiol. **5**, 415 (1905).

sorgung der nervösen Zentralorgane gegeben sind, wie die Anwesenheit des respiratorischen Farbstoffs im Lumbalmark von Sipunculus, oder die Lagerung des Nervensystems der Echinodermen längs des Wassergefäßsystems u. dgl. Immerhin ist zu bemerken, daß es unter den wirbellosen Tieren auch solche gibt, die lange Zeit, ja zum Teil sogar, wie die Spulwürmer, dauernd anoxybiotisch zu leben vermögen, so daß hier der Sauerstoff keine Lebensbedingung des Nervensystems darstellt. Auch für das Herzganglion eines so hoch organisierten Tieres, wie des Limulus, scheint dies zu gelten (NEWMAN[1]).

Das O-Bedürfnis der peripheren Ganglien ist anscheinend durchweg erheblich geringer als das der zentralen. Die terminalen sympathischen Ganglien der Warmblüter, im Herzen, im Darm usw., bewahren ihre Funktionsfähigkeit unter Bedingungen, unter denen die Nervenzentren meist innerhalb kurzer Zeit alle Lebensäußerungen einstellen. Auch die vertebralen Ganglien können, wie SCHRÖDER[2] am Cervicalganglion gezeigt hat, einfach bei Durchspülung mit lufthaltiger Ringerlösung längere Zeit am Leben erhalten bzw. nach eingetretener Erstickung im verbluteten Tier wiederbelebt werden. Bei den wirbellosen Tieren verhält es sich ganz ähnlich: Die Hirnganglien von Limulus ersticken nach NEWMAN[1] allmählich in ausgekochtem Seewasser, während das Herzganglion keine Schädigung erkennen läßt. Bei den Cephalopoden erstickt nach FRÖHLICH[3] das Mantelganglion später als das Hirnganglion, bei Aplysia die Pedal- und Visceralganglien später als die des Schlundrings, und überall ersticken, wie wir gesehen haben, die Nerven später als Ganglien jeder Art. Auch beim Mantelganglion der Cephalopoden ist der Tätigkeitszustand auf das O-Bedürfnis von größtem Einfluß. Denn FRÖHLICH sah bei Reizung des Mantelnerven die Erstickung schon nach 35 Minuten eintreten, bei ungereizten Ganglien unter sonst gleichen Bedingungen erst nach 120 Minuten.

Merkwürdigerweise vermögen erstickte Nervenzentren genau so wie die Nervenfasern (vgl. S. 368) sich bei einer *in Narkose* erfolgenden O-Zufuhr nicht zu erholen (WINTERSTEIN[4]). Denn wenn man Frösche, die infolge Durchspülung mit O-freier Lösung erstickt sind, durch eine erfahrungsgemäß zur Erholung sonst ausreichende Zeit mit Sauerstoff und Narkoticum enthaltendem Blut durchströmt, so ist nach Aufhebung der Narkose keine Erholung feststellbar; diese tritt erst nach erneuter O-Zufuhr ohne Narkose ein. Da andererseits, wie wir später sehen werden, WINTERSTEIN[5] zeigen konnte, daß durch die Narkose weder die O-Aufnahme noch die Beseitigung der während der Erstickung sich ansammelnden Säure verhindert wird, so beweist dies, daß zwischen die Oxydationsprozesse und die der Erregung zugrunde liegenden Vorgänge noch andere zwischengeschaltet sein müssen. Ein näheres Eingehen auf diese theoretischen Fragen ist an dieser Stelle nicht möglich.

Einfluß der Temperatur auf den O-Bedarf.

Der außerordentliche Einfluß, den die Temperatur auf die Größe des O-Bedarfs und die Länge der Erstickungszeit ausübt, ist schon lange bekannt. Schon 1881 hat AUBERT[6] die Abhängigkeit des Überlebens von Fröschen in einer

---

[1] NEWMAN, H. H.: On the respiration of the heart. Amer. J. Physiol. **15**, 371 (1905/06).
[2] SCHRÖDER, R.: Zur Wiederbelebung sympathischer Nervenzellen. Pflügers Arch. **116**, 600 (1907).
[3] FRÖHLICH, FR. W.: Experimentelle Studien am Nervensystem der Mollusken. Z. allg. Physiol. **10**, 396 (1910); **11**, 121 (1910).
[4] WINTERSTEIN, H.: Zur Kenntnis der Narkose. Z. allg. Physiol. **1**, 19 (1901).
[5] WINTERSTEIN, H.: Narkose und Erstickung. Biochem. Z. **70**, 130 (1915).
[6] AUBERT, H.: Über den Einfluß der Temperatur auf die Kohlensäureausscheidung usw. Pflügers Arch. **26**, 293 (1881).

O-freien Atmosphäre von der Temperatur genauer untersucht und beobachtet, daß bei 2—3° die Beweglichkeit mehrere Tage erhalten bleiben kann, bei Temperaturen von 6—10° über 5 Stunden, bei 10—20° über 2 Stunden, bei Temperaturen von 26—29° nur 8—40 Minuten. In ähnlicher Weise sah BAGLIONI[1] seine von der Dorsalseite freigelegten Rückenmarkspräparate, die bei Zimmertemperatur (ca. 20°) in Luft ihre Erregbarkeit in etwa 2 Stunden einbüßten, bei 2—4° 6—8 Stunden und noch länger reagieren, und bei völligem O-Abschluß die Erstickung statt in $^3/_4$ Stunden erst in 3—5 Stunden eintreten. Das Mantelganglion der Cephalopoden büßte nach FRÖHLICH seine Erregbarkeit für Einzelreize in Stickstoff bei 16—19° nach 71 Minuten, bei 19—22° schon nach 45 Minuten ein.

Wie die Erstickungszeit, so ist anscheinend auch die für die Erholung durch O-Zufuhr erforderliche Zeit von der Temperatur abhängig. Denn v. BAEYER[2] beobachtete, daß durch Durchspülung mit O-freier Lösung erstickte Strychninfrösche bei Durchströmung mit O-haltiger Lösung von 18° innerhalb 10 Minuten ihre Erregbarkeit wiedererlangten, mit auf 1° abgekühlter Lösung dagegen erst nach 25 Minuten.

Für die bis zum Eintritt der Unerregbarkeit verstreichende Zeit ist bemerkenswerterweise nicht bloß die Temperatur von Bedeutung, bei der die Erstickung vorgenommen wird, sondern auch die Temperatur, der die Frösche *vorher* ausgesetzt waren. Denn v. BAEYER fand, daß Strychninfrösche, die nach vorangegangener Erstickung $^1/_2$ Stunde lang mit O-haltiger Salzlösung von 18° durchspült worden waren, schon 5 Minuten nach Sistierung der Durchströmung ihre wiedergewonnene Erregbarkeit erneut einbüßten, während dies bei Abstellung einer gleich langen Durchströmung mit einer Lösung von 1° erst nach 20 Minuten der Fall war. Viel überzeugender noch sind die Versuchsergebnisse von BONDY[3], der Frösche, die vorher einige Tage bei 6—8° gehalten worden waren, bei Durchspülung mit O-freier Lösung erst nach 45—50 Minuten ersticken sah, während die bei 16° gehaltenen Tiere unter den gleichen Bedingungen schon nach 25—32 Minuten ihre Erregbarkeit verloren.

Mit steigender Temperatur nimmt nicht nur die Zeit, während welcher eine völlige Entziehung des Sauerstoffs ertragen werden kann, ab, sondern es wächst gleichzeitig das mit dem Fortbestande des Lebens verträgliche *Sauerstoffminimum*, wie WINTERSTEIN[4] an niederen Tierformen gezeigt hat. Bei 12° trat bei zwei Medusen (Rhizostoma) Lähmung bei einem O-Gehalt des Wassers von 0,35 ccm p. L. ein, bei 21—23° dagegen bei denselben Tieren schon bei 0,55 ccm. Crustaceen (Mysis Lamornaea) erstickten bei 13—17° bei einem O-Gehalt des Wassers von 0,95 ccm p. L., bei 17—20° bei 1,00 ccm, bei 23—24° bei 1,35—1,55 ccm. Steigt die Temperatur über eine gewisse Höhe, dann würde nach WINTERSTEIN[5] auch die den normalen Lebensbedingungen entsprechende O-Zufuhr den gesteigerten Bedürfnissen des Organismus nicht mehr genügen, und dieser daher trotz reichlicher O-Versorgung in einen Zustand von Erstickung geraten. In der Tat konnte WINTERSTEIN an Fröschen beobachten, daß die durch Erwärmung auf einige

---

[1] BAGLIONI, S.: La fisiologia del midollo spinale isolato. Z. allg. Physiol. **4**, 384 (1904).

[2] BAEYER, H. v.: Zur Kenntnis des Stoffwechsels in den nervösen Zentren. Z. allg. Physiol. **1**, 265 (1902).

[3] BONDY, O.: Untersuchungen über die Sauerstoffaufspeicherung in den Nervenzentren. Z. allg. Physiol. **3**, 180 (1904).

[4] WINTERSTEIN, H.: Wärmelähmung und Narkose. 'Z. allg. Physiol. **5**, 323 (1905).

[5] WINTERSTEIN, H.: Über die Wirkung der Wärme auf den Biotonus der Nervenzentren. Z. allg. Physiol. **1**, 129 (1902).

30° zu erzielende „*Wärmelähmung*" nicht zu beseitigen ist, wenn die Abkühlung unter Ausschluß von Sauerstoff erfolgt, so daß sich der „wärmelahme" Frosch anscheinend in dem gleichen Zustand befindet wie ein durch O-Entziehung erstickter. In diesen Zustand gerät nach den Beobachtungen von BONDY[1] der Frosch auch dann, wenn die Wärme *in Narkose* einwirkt (bei Durchspülung mit alkoholhaltigem Blut von 32°), so daß für seine Entstehung nicht einfach ein durch die Funktionssteigerung bedingter Mehrverbrauch an Sauerstoff verantwortlich gemacht werden kann.

Sehr interessant ist in diesem Zusammenhang die überraschende, von MONTUORI[2] an verschiedenen Seetieren (Carcinus maenas, Amphixcus lanceolatus, Torpedo marmorata, Scyllium canicula, Hippocampus guttulatus) und später[3] auch an den Kaulquappen von Bufo vulgaris gemachte Beobachtung, daß bei *ganz langsamer Erwärmung* im Verlaufe von 6—7 Tagen von 10—12° auf 26—31° der O-Verbrauch nicht erhöht, sondern sehr bedeutend herabgesetzt wird. Diese Verminderung des Stoffwechsels bleibt auch noch einige Zeit bestehen, wenn die Tiere auf gewöhnliche Temperatur zurückgebracht wurden, und diese an die höhere Temperatur gewöhnten Tiere zeigen infolge der Verminderung ihres O-Bedürfnisses auch eine viel größere Widerstandsfähigkeit gegen Erstickung als normale Tiere. Durch die Wärme werden also ganz eigenartige Veränderungen des Funktionszustandes der Zentren herbeigeführt, die in neuerer Zeit in ganz ähnlicher Weise auch am peripheren Nervensystem beobachtet wurden (vgl. S. 376). Daß die von WINTERSTEIN versuchte einfache Zurückführung der Wärmelähmung auf relativen O-Mangel nicht allgemein ausreicht, ergibt sich aus Versuchen von BABÁK[4] und AMERLING[4], nach welchen die Widerstandsfähigkeit gegen O-Mangel und die gegen Wärme sich ganz ungleich verhalten kann. So fanden sie Rana fusca gegen Wärme empfindlicher, gegen O-Entziehung dagegen viel widerstandsfähiger als Rana esculenta. Bufo vulgaris und viridis verhielten sich wie die letztere, und bei allen Arten nahm während der ontogenetischen Entwicklung die Resistenz gegen O-Mangel allmählich ab, jene gegen die Wärmewirkung dagegen zu. Es wäre freilich denkbar, daß hierbei die bessere Entwicklung der die O-Zufuhr bewirkenden Mechanismen eine Rolle spielt. — Nach den Versuchen von CARLSON[5], NEWMAN[6] und BECHT[7] zeigt das isolierte Ganglion des Limulusherzens bei ca. 42° eine typische reversible Wärmelähmung, obwohl das Herz in einem O-freien Medium über 12 Stunden (ebenso lange wie bei O-Zufuhr) funktionsfähig bleibt. Nach BECHT[7] würde an dem in Öl oder in einer Wasserstoffatmosphäre befindlichen Rückenmark von Fröschen und vor allem von Schildkröten mehrmals nacheinander Wärmelähmung und Wiedererholung ohne jede äußere O-Zufuhr möglich sein. Der Widerspruch zwischen diesen Angaben und der von WINTERSTEIN und von BONDY beobachteten Unfähigkeit der wärmegelähmten Nervenzentren, sich bei Abkühlung in Abwesenheit von Sauerstoff zu erholen, bleibt noch aufzuklären.

---

[1] BONDY: Zitiert auf S. 518.

[2] MONTUORI, A.: Die Regelung des Sauerstoffverbrauches in bezug auf die äußere Temperatur bei Seetieren. Zbl. Physiol. **20**, 271 (1905).

[3] MONTUORI, A.: Asfissia e narcosi. Z. allg. Physiol. **17**, 18 (1915).

[4] BABÁK, E. (mit AMERLING): Untersuchungen über die Wärmelähmung usw. Zbl. Physiol. **21**, 6 (1907). — AMERLING, K.: Über die Widerstandsfähigkeit gegen Sauerstoffmangel usw. Pflügers Arch. **121**, 363 (1908).

[5] CARLSON, A. J.: Temperature and heart activity etc. Amer. J. Physiol. **15**, 207 (1905/06).

[6] NEWMAN, H. H.: On the respiration of the heart. Amer. J. Physiol. **15**, 371 (1905/06).

[7] BECHT, F. C.: Some observations on the nature of heat paralysis in nervous tissues. Amer. J. Physiol. **22**, 456 (1908).

Der Einfluß des Sauerstoffs auf die Erregbarkeit.

Der Einfluß, den die Größe des Sauerstoffdrucks auf die Erregbarkeit der Nervenzentren ausübt, ist — in engem Zusammenhang mit der Frage nach dem Einfluß von Kohlensäuredruck und Reaktion — besonders in Hinblick auf die Funktion des Atemzentrums Gegenstand einer sehr großen Zahl von Untersuchungen gewesen, mit denen wir uns an dieser Stelle nicht zu beschäftigen haben. Hier seien bloß solche erwähnt, die sich auf die Erregbarkeit des Zentralnervensystems im allgemeinen beziehen, wobei jedoch vorweg bemerkt sein mag, daß zwischen dem Verhalten des Atemzentrums und dem der übrigen Zentren grundsätzliche Unterschiede nicht zu bestehen scheinen[1].

Über die durch Verschlechterung der Blutversorgung, sei es infolge Gefäßabklemmung, sei es infolge von Verblutung auftretenden allgemeinen Erregungserscheinungen, sind seit KUSSMAULS und TENNERS berühmten Versuchen zahlreiche Untersuchungen erschienen, die aber wegen der Unmöglichkeit einer Sonderung der Wirkung des O-Mangels und der CO_2-Anhäufung hier außer Betracht bleiben müssen, ebenso wie die Angaben über die erregbarkeitsvermindernde Wirkung apnoisierender künstlicher Atmung, von der wir heute mit Sicherheit wissen, daß sie nicht auf einer Steigerung der O-Zufuhr, sondern auf einer Entfernung der Kohlensäure aus dem Blut beruht.

Systematische vergleichende Versuche über den Einfluß des Sauerstoffs auf die Erregbarkeit hat BETHE[2] an verschiedenen Tierklassen angestellt, die ihn übereinstimmend zu dem Ergebnis führten, daß *O-Mangel eine Steigerung, Erhöhung der O-Zufuhr über die Norm* unter Umständen *eine Herabsetzung* derselben herbeiführt. An Gründlingen (Gobio fluviatilis) mit abklingender Strychninvergiftung konnten durch die Erschütterung herabfallender Gewichte Flossen- und Schwanzbewegungen ausgelöst und so durch die zur Erzielung dieser Bewegungen erforderliche Fallhöhe die Reizschwelle unter verschiedenen Bedingungen gemessen werden. Überführung in ausgekochtes Wasser erzeugte

---

[1] ROBERTS [J. of Physiol. **55**, 346 (1921); **59**, 99, 460 (1924/25)] allerdings behauptet deren Vorhandensein. Nach seinen Versuchen würde die durch Adrenalininjektion oder Abklemmung der Hirnarterien erzeugte Blutleere des Kopfmarks das Herzhemmungszentrum und das Vasomotorenzentrum erregen, dagegen eine Lähmung des Atemzentrums bewirken. Die aus diesen Ergebnissen gezogene Schlußfolgerung, daß das Atemzentrum durch eine direkte Einwirkung des Sauerstoffmangels überhaupt nicht erregbar sei, steht mit so vielen gesicherten Tatsachen der Atmungsphysiologie in schroffem Widerspruch, daß sie unmöglich annehmbar erscheint. Vielleicht liegt die Ursache für den Atemstillstand bei seinen Versuchen in einer reflektorischen Erregung des Vaguszentrums und einer dadurch erzeugten Hemmung der Atmung. Denn J. F. und C. HEYMANS [Arch. internat. Pharmaco-Dynamie **32**, 1 (1926)] haben mit ihrer sinnreichen Methode der Einschaltung des isolierten Kopfes eines Hundes in den Kreislauf eines anderen gefunden, daß die plötzliche Absperrung der Blutzufuhr durchaus entsprechend den älteren Angaben und entgegen jenen von ROBERTS keine Apnoe, sondern eine Erregung des Atemzentrums herbeiführt. Die Adrenalinapnoe dagegen (die nach ihnen durch Asphyxie vermindert oder aufgehoben würde) ließ sich auch am isolierten Hundekopf erzielen, wenn dieser nur durch die Vagi mit seinem der Adrenalinwirkung ausgesetzten übrigen Körper in Verbindung stand, wäre mithin reflektorischen Ursprungs. SCHMIDT [Amer. J. Physiol. **84**, 211 (1928)] hat bei mehr als 100 Katzen und etwa 50 Hunden bei Erzeugung cerebraler Anämie der Atmungslähmung stets eine Hyperpnoe vorangehen sehen und auch die neuen Untersuchungen von GOLLWITZER-MEIER [Pflügers Arch. **220**, 434 (1928)] über den Einfluß von Anoxämie durch Verminderung des O-Gehaltes der Einatmungsluft bei Hunden haben einen gleichsinnigen, und zwar erregenden Einfluß des O-Mangels auf Atmungs- und Vasomotorenzentrum ergeben, und nur bei vorgeschrittener Erstickung eine Atmungslähmung bei gleichzeitiger (reflektorischer?) Erregung des Herzvagus.

[2] BETHE, A.: Vergleichende Untersuchungen über den Einfluß des Sauerstoffs auf die Reflexerregbarkeit. Festschr. für Rosenthal. Leipzig 1906, 231 — Die Theorie der Zentrenfunktion. Erg. Physiol. **5**, 250 (1906).

eine deutliche Steigerung, Einbringen in mit Sauerstoff gesättigtes Wasser eine deutliche Verminderung der Erregbarkeit bis zur Annäherung an jene normaler (nicht vergifteter) Tiere. Nach SCHWARTZ[1] ist das gleiche auch bei Wirbellosen der Fall. Bei Carabus auratus z. B. konnte durch langsame Verdrängung der Luft durch Wasserstoff eine bis zu tonischen und klonischen Krämpfen führende Steigerung der Erregbarkeit erzielt werden; das nämliche Erregungsstadium war auch umgekehrt bei Erholung von der Erstickung durch erneute Sauerstoffzufuhr zu beobachten. Bei Fröschen konnte BETHE in einer H-Atmosphäre vor Eintritt der lähmenden Wirkung eine deutliche Steigerung gegenüber faradischer Reizung der Haut feststellen. ,,Warmfrösche", die mehrere Stunden bei 30—32° gehalten wurden, einer Temperatur, die an sich nicht ausreicht, um die bei noch höherer Temperatur zu beobachtenden *spontanen* Krämpfe hervorzurufen, verhielten sich 4—6 Minuten nach Einbringen in eine H-Atmosphäre wie mit Strychnin vergiftete Tiere und zeigten Streckkrämpfe, die durchaus den bekannten Erstickungskrämpfen der Warmblüter entsprachen. Die mangelhafte Ausbildung der Erstickungsdyspnoe bei Fröschen beruht also anscheinend nur auf der niederen Temperatur. Umgekehrt führt WINTERSTEIN[2] die bei gewöhnlichem O-Druck der Wärmelähmung vorangehenden spontanen Krämpfe auf eine Erstickung zurück, die durch das Zurückbleiben der O-Versorgung hinter dem abnorm gesteigerten Bedarf bedingt würde (s. oben S. 518); tatsächlich konnte er[3] in von BECHT[4] bestätigten Versuchen zeigen, daß diese Krämpfe nur an den mit der Medulla oblongata in Zusammenhang befindlichen Teilen des Zentralnervensystems auftreten und daher offenbar auch von dem Atemzentrum ihren Ursprung nehmen. — Die erregbarkeitssteigernde Wirkung des O-Mangels ist nach BETHE auch sehr gut an Fröschen mit abklingender Strychninvergiftung zu beobachten, die durch Einbringen in eine H-Atmosphäre wieder zu starken Krämpfen veranlaßt werden. Ganz analoge Beobachtungen machte SYZ[5], der nach subcutaner Injektion sonst unwirksamer Dosen von Säurefuchsin Krämpfe bei Fröschen auftreten sah, wenn sie in ein O-armes flüssiges oder gasförmiges Medium gebracht wurden, um so rascher, je geringer der O-Gehalt war. Eine ähnliche Wirkung konnte auch durch gleichzeitige Verabreichung an sich wenig wirksamer Dosen des oxydationshemmenden Cyankalium erzielt werden. Hunde mit durchschnittenem Rückenmark zeigten nach BETHE bei Einatmung von Wasserstoff aus einem Behälter eine deutliche Steigerung der Reflexerregbarkeit auch des Rückenmarktieres. Das gleiche hatte WINTERSTEIN[6] bereits am spinalen Kaninchen festgestellt, und KAYA und STARLING[7], sowie MATHISON[8] beobachteten es an der spinalen Katze. Auch als *Nachwirkung vorangegangener Erstickung* ist eine derartige Steigerung der Erregbarkeit feststellbar. Sowohl BÖHM[9] wie

---

[1] SCHWARTZ, A.: Versuche über Veränderungen der Reflexerregbarkeit Wirbelloser bei Sauerstoffmangel und Sauerstoffüberfluß. Pflügers Arch. **121**, 411 (1908).
[2] WINTERSTEIN, H.: Über die Wirkung der Wärme auf den Biotonus der Nervenzentren. Z. allg. Physiol. **1**, 129 (1902).
[3] GEINITZ u. WINTERSTEIN: Über die Wirkung erhöhter Temperatur auf die Reflexerregbarkeit des Froschrückenmarks. Pflügers Arch. **115**, 273 (1906).
[4] BECHT, F. C.: Some observations on the nature of heat paralysis in nervous tissues. Amer. J. Physiol. **22**, 456 (1908).
[5] SYZ, H. C.: On the influence of asphyxia etc. J. of Pharmacol. **30**, 1 (1927).
[6] WINTERSTEIN, H.: Über die Kohlensäuredyspnoe. Z. allg. Physiol. **3**, 359 (1903).
[7] KAYA u. STARLING: Note an asphyxia in the spinal animal. J. of Physiol. **39**, 346 (1909/10).
[8] MATHISON, G. C.: The action of asphyxia upon the spinal animal. J. of Physiol. **41**, 416 (1910/11).
[9] BOEHM, R.: Über Wiederbelebung nach Vergiftungen und Asphyxie. Arch. f. exper. Path. **8**, 68 (1878).

BATELLI[1] geben an, daß Hunde, die nach Herzstillstand infolge elektrischer Starkstromwirkung oder infolge von Kalium- oder Chloroformvergiftung durch Herzmassage wiederbelebt wurden, in der ersten Zeit stets eine außerordentliche Steigerung der Reflexerregbarkeit aufwiesen, die so stark sein konnte, daß sie geradezu dem Erscheinungsbild einer Strychninvergiftung ähnelte. Diese Tatsachen sprechen wohl überzeugend dafür, daß es sich auch während des O-Mangels nicht um eine direkte Wirkung desselben, sondern um die einer Ansammlung von Produkten unvollkommener Oxydation handelt.

Gegenüber dieser erregbarkeitssteigernden Wirkung des O-Mangels tritt nach den Untersuchungen BETHES[2] bei den an ungünstige O-Versorgung gewöhnten Lebewesen mehr die erregbarkeitsvermindernde abnorm starker O-Zufuhr in den Vordergrund. Wurden beim Flußkrebs (Astacus fluviatilis) Gehirn und Bauchmark freigelegt, so verschwand allmählich ohne jedes Zeichen einer Erregung die spontane Beweglichkeit sowohl wie die Erregbarkeit, und zwar ungefähr zu derselben Zeit, zu welcher bei Tieren, die mit Methylenblau injiziert worden waren, das infolge seiner unzulänglichen O-Versorgung normalerweise stets farblose Zentralnervensystem eine blaue Farbe annahm, also sich mit Sauerstoff sättigte. Durch Übertragung in eine H-Atmosphäre konnte die durch die Freilegung zum Verschwinden gebrachte Erregbarkeit wieder hervorgerufen werden. Kann in diesen Versuchen die Deutung, daß das Erlöschen der Erregbarkeit bei Freilegung des Zentralnervensystems auf übermäßiger O-Versorgung beruhe, insofern etwas fraglich erscheinen, als es nicht gelang, eine solche Verminderung auch durch Aufenthalt in mit Sauerstoff gesättigtem Wasser zu erzielen, so scheint dies doch einwandfrei beim Blutegel (Hirudo medicinalis) der Fall zu sein, bei dem nach BETHE durch Durchleitung von Sauerstoff durch das Wasser eine starke Herabsetzung, ja mitunter völlige Aufhebung der mechanischen Reizbarkeit und spontanen Beweglichkeit zu beobachten ist, die beim Zurückbringen in gewöhnliches Wasser wieder schwindet. Das gleiche beobachtete SCHWARZ an Limnaea stagnalis.

Daß eine Steigerung der Sauerstoffzufuhr über die Norm auch bei Warmblütern einen erregbarkeitsvermindernden Einfluß sollte ausüben können, erscheint schon aus dem Grunde wenig wahrscheinlich, weil das Hämoglobin unter gewöhnlichen Bedingungen fast völlig mit Sauerstoff gesättigt ist, so daß die zu erzielende Mehraufnahme an Sauerstoff im wesentlichen nur den geringfügigen Gehalt an physikalisch gelöstem Sauerstoff betreffen kann. Doch gibt OSTERWALD[3] an, bei Meerschweinchen (minder auffallend auch bei Zwerghühnern) einen überaus deutlichen Einfluß eines längeren Aufenthaltes in einer O-Atmosphäre auf den Verlauf der Strychninvergiftung beobachtet zu haben. Die Steigerung der Reflexerregbarkeit war unter diesen Bedingungen bei gleicher Giftdosis viel geringer und es konnten viel größere Dosen ertragen werden als bei den in Luft gehaltenen Kontrolltieren. Vielleicht liegt die Erklärung dieser Erscheinung darin, daß unter gewöhnlichen Bedingungen schon eine geringfügige, durch Krämpfe der Atmungsmuskeln bedingte Störung der Lungenventilation zu einer leichten Asphyxie führt, die durch ihren erregbarkeitssteigernden Einfluß den des Strychnins gewaltig verstärkt, während bei Füllung der Lunge mit reinem Sauerstoff dieser Faktor sich schwerer und später bemerkbar macht. Allerdings ließe sich diese Erklärung in solchen Fällen schwer anwenden, wo — wie in einem der von OSTERWALD angeführten Versuche (Nr. III, S. 458) — das in Sauerstoff gehaltene Tier überhaupt kaum eine Strychninwirkung er-

---

[1] BATELLI, F.: Le rétablissement des fonctions du cœur etc. J. Physiol. et Path. gén. **2**, 443 (1900).

[2] BETHE: Zitiert auf S. 520.

[3] OSTERWALD, C.: Über den Einfluß der Sauerstoffatmung auf die Strychninwirkung. Arch. f. exper. Path. **44**, 451 (1900).

kennen ließ, während das Kontrolltier in tödliche Krämpfe verfiel. Eine Nachprüfung dieser Versuche schiene wünschenswert. Daß eine über ein gewisses Maß hinausgehende Erhöhung der O-Spannung auch beim Zentralnervensystem der Warmblüter eine Giftwirkung zu erzeugen vermag, wissen wir aus den berühmten Untersuchungen von P. BERT, über deren Deutung aber noch keine völlige Klarheit gewonnen werden konnte.

Anhangsweise sei erwähnt, daß LOEVENHART und GROVE[1] beim Studium der pharmakologischen Wirkung oxydierender Substanzen die merkwürdige Beobachtung gemacht haben, daß diejenigen Jodbenzoesäureverbindungen, die leicht abspaltbaren aktiven Sauerstoff enthalten, bei intravenöser Injektion beim Kaninchen eine längere Apnoe mit Absinken des Blutdrucks zu erzeugen vermögen. Während das Natriumsalz der o-Jodbenzoesäure $C_6H_4\langle{}^J_{COOH}$, die keinen aktiven Sauerstoff enthält, wirkungslos ist, wird durch die Na-Salze der o-Jodosobenzoesäure $C_6H_4\langle{}^{J=O}_{COOH}$ und der Jodo(xy)benzoesäure $C_6H_4\langle{}^{J\lessgtr{}^O_O}_{COOH}$ mehrere Sekunden bis mehrere Minuten nach erfolgter Injektion ein Atemstillstand in Ruhelage erzeugt, der einige Sekunden bis zu 2 oder 3 Minuten anhalten kann.

II. Versuche zur Feststellung des Stoffwechsels der Nervenzentren durch Untersuchung des Gesamtstoffwechsels des Organismus[2].

Der oft beschrittene Weg, aus Änderungen des Gesamtstoffwechsels des Organismus Schlüsse auf die im Zentralnervensystem (C. N. S.) selbst sich abspielenden Vorgänge zu ziehen, begegnet in den meisten Fällen fast unüberwindlichen Schwierigkeiten. Schwierigkeiten in negativer wie in positiver Hinsicht: In *negativer*, weil das C.N.S., und speziell das Gehirn, einen so kleinen Bruchteil (selbst beim Menschen kaum 2%!) der Gesamtmasse des Körpers ausmacht, daß selbst Änderungen seines Stoffwechsels um 100% meist noch in die Fehlergrenzen der Bestimmung des Gesamtstoffwechsels fallen werden und daher dem Nachweis gänzlich entgehen können. v. LIEBERMANN[3] hat überdies sehr treffend darauf hingewiesen, daß die Gehirntätigkeit ja niemals, vielleicht nicht einmal im Schlafe aufhört, und daß der Unterschied zwischen dem gewöhnlichen Verhalten und jenem bei einer bestimmten geistigen Arbeit im wesentlichen nur darin besteht, daß im letzteren Falle eine *intensive* (gerichtete), sonst eine *extensive* (zerstreute) Arbeit geleistet wird. Es braucht sich daher auch nur um eine Verschiebung des Energiebedarfes innerhalb einzelner Rindenpartien zu handeln, die sich gar nicht in einer Änderung des Gesamtenergiebedarfs zu äußern braucht. Die *positiven* Schwierigkeiten bestehen darin, daß bei dem großen Einfluß, den das C.N.S. auf den Umsatz aller übrigen Organe, vor allem der Muskeln, ausübt, die tatsächliche Feststellung von Änderungen des Gesamtstoffwechsels doch nur selten den bindenden Nachweis erbringen wird, daß diese auf die in den Zentren selbst sich abspielenden Vorgänge zurückzuführen sind. Es ist erstaunlich, daß diese einfachen Gedankengänge bis in die neueste Zeit oft nicht genügend beobachtet wurden, und leicht verständlich, daß die zahlreichen in dieser Richtung angestellten Versuche nur sehr dürftige Ergebnisse gezeitigt haben, die daher auch nur eine kurze Besprechung erfordern.

Von vornherein ausschalten können wir aus den eben angeführten Gründen alle die älteren Untersuchungen über den Einfluß des Lichts (Literatur bei

---

[1] LOEVENHART u. GROVE: Studies on the pharmacological action of oxidising substances. J. of Pharmacol. **3**, 101 (1911).
[2] Vgl. auch E. GRAFE: Stoffwechsel bei psychischen Vorgängen. Dieses Handb. **5**, 198 f. (1928).
[3] LIEBEFMANN, L. v.: Energiebedarf u. mechanisches Äquivalent der geistigen Arbeit. Biochem. Z. **173**, 180 (1927).

Speck[1], Alexander und Révész[2]), über die Wirkung der Großhirnexstirpation (Literatur bei Grafe[3]), über den Einfluß von Wachen und Schlafen (Literatur bei Speck[1], Loewy[4], Johansson[5]), über den Stoffwechsel bei Geisteskrankheiten (Literatur bei Rosenfeld[6], Allers[7], Grafe[3]), deren negative Ergebnisse eben nichts beweisen, und deren positive nichts mit den Vorgängen im C.N.S. zu tun haben müssen. Und so können wir uns auf solche Untersuchungen beschränken, bei denen man sich bemühte, den Einfluß gesteigerter Hirnarbeit als möglichst einzige Variable der Versuchsanordnung in seiner Wirkung zu isolieren.

Weitaus am häufigsten hat man versucht, den *Einfluß geistiger Tätigkeit beim Menschen auf den Stoffwechsel* festzustellen und hat hier in Anbetracht des Phosphorreichtums des Gehirns die Aufmerksamkeit zuerst dem *Phosphorstoffwechsel* zugewandt. Schon um die Mitte des vorigen Jahrhunderts hat Mosler[8] derartige Untersuchungen angestellt, und wollte bei intensiver geistiger Arbeit eine Steigerung der Ausscheidung der Gesamtphosphorsäure im Harn um die Hälfte, eine solche der an Alkali gebundenen um ein Viertel und der an Erdalkalien gebundenen auf das Dreifache beobachtet haben. Noch eine ganze Anzahl ähnlicher Daten über Änderungen der P-Ausscheidung bei geistiger Arbeit oder pathologischen Excitationszuständen hat Thorion[9] zusammengestellt, der sich gleichfalls bemühte, unter möglichst gleichmäßigen, nur durch das Ausmaß geistiger Tätigkeit unterschiedenen Perioden an sich selbst die Änderungen der Harnzusammensetzung zu untersuchen. Er fand in den Zeiten geistiger Tätigkeit das Harnvolumen vermehrt und bei unveränderter Ausscheidung der Gesamtphosphorsäure den Ca- und Mg-Gehalt des Harns bedeutend erhöht, woraus er entsprechend älteren Angaben von Mairet auf eine Steigerung der Ausscheidung der Erdphosphate und eine Verminderung derjenigen der Alkaliphosphate schloß.

Becker und Olsen[10] haben bei ihren weiter unten zu erörternden Versuchen in einem Falle den Einfluß des Auswendiglernens sinnloser Silben auf die Harnausscheidung untersucht. Die Resultate gibt die folgende Tabelle:

Einfluß geistiger Arbeit auf die Harnausscheidung.
(Nach Becker und Olsen.)

Versuchsperiode (je 1 Std.)	Harnvolumen in ccm	Gesamtstickstoff in l	Gesamtphosphorsäure in mg
I (Ruhe)	65	4,875	104,0
II (Arbeit)	135	5,603	121,5
III (Ruhe)	100	4,250	110,0

---

[1] Speck, C.: Untersuchungen über die Beziehungen der geistigen Tätigkeit zum Stoffwechsel. Arch. f. exper. Path. **15**, 81 (1882) — Physiologie des menschlichen Atmens, Kap. 11 u. 15. Leipzig 1892.

[2] Alexander u. Révész: Über den Einfluß optischer Reize auf den Gaswechsel des Gehirns. Biochem. Z. **44**, 95 (1912).

[3] Grafe, E.: Die pathologische Physiologie des Gesamtstoff- und Kraftwechsels usw. Erg. Physiol. **21** II. Abt. (1923).

[4] Loewy, A.: Über den Einfluß einiger Schlafmittel usw. Berl. klin. Wschr. **28**, 434 (1891).

[5] Johansson, J. E.: Über die Tagesschwankungen des Stoffwechsels usw. Skand. Arch. Physiol. **8**, 85 (1898).

[6] Rosenfeld, M.: Über den Einfluß psychischer Vorgänge auf den Stoffwechsel. Allg. Z. Psychiatr. **63**, 367 (1906).

[7] Allers, R.: Ergebnisse stoffwechselpathologischer Untersuchungen bei Psychosen. Z. Neur. (Ref.) **4**, 737, 833 (1912); **6**, 1 (1913); **9**, 585 (1914) — Untersuchungen über den Stoffwechsel bei progressiver Paralyse. Ebenda (Orig.) **18**, 1 (1913).

[8] Mosler, E.: Beiträge zur Kenntnis der Urinabsonderung usw. Dissert. Gießen 1853 (zitiert nach Thorion).

[9] Thorion, H.: Recherches relatives à l'influence du travail intellectuelle etc. Thèse. Nancy 1893.

[10] Becker u. Olsen: Metabolism during mental work. Skand. Arch. Physiol. **31**, 81 (1914).

Daraus würde sich für die Arbeitsperiode eine Steigerung der Harnmenge um 100%, der (übrigens auffällig hohen) N-Werte um 15% und der Phosphorsäure um 17% ergeben. Aber alle diese Untersuchungen sind von geringem Wert, da sie sich immer nur auf die Phosphorsäure des Harns erstreckten und nirgends eine vollständige P-Bilanz aufgestellt wurde.

In neuerer Zeit haben KESTNER und KNIPPING[1] den Einfluß untersucht, den anstrengende geistige Tätigkeit (schwierige Lektüre) auf den (in ihren Versuchen auffallend schwankenden) Phosphorsäuregehalt des Blutes ausübt, und haben, wie die folgende Tabelle zeigt, eine geradezu enorme Steigerung desselben beobachtet, die sich im Mittel zu 100% berechnen würde.

Darnach würde das Blut infolge der geistigen Tätigkeit im Mittel einen Mehrgehalt von 135 mg pro Liter aufweisen. Macht man die offenbar ungünstigste Annahme, daß die gesamte im Gehirn mehr gebildete Phosphorsäure nach Abschluß der geistigen Tätigkeit noch im Blute vorhanden sei, so müßte das Gehirn 6—700 mg Phosphorsäure oder etwa 5%

Einfluß geistiger Arbeit auf den Phosphorsäuregehalt des Blutes.
(Nach KESTNER und KNIPPING.)

Nr.	1000 ccm Blutplasma enthielten mg Phosphorsäure		
	vor	nach der geistigen Arbeit	Steigerung in Proz.
1	177	398	125
2	204	352	73
3	113	231	105
4	77	246	219
5	106	125	18
Mittel	135	270	100

seines Gesamtphosphors an das Blut abgegeben haben. Lokalisiert man die der geistigen Tätigkeit zugrunde liegenden Vorgänge in die Hirnrinde, deren Gewicht nach den vorliegenden Daten zu etwa $1/4$ desjenigen des Gesamthirns veranschlagt werden kann, so müßte diese während einer relativ kurzen Periode geistiger Anstrengung rund $1/5$ ihres Gesamtphosphors eingebüßt haben. Diese kleine Überschlagsrechnung mag genügen, um zu zeigen, daß es auf diesem Wege unmöglich ist, zu einigermaßen vernünftigen Kenntnissen über die im Gehirn selbst sich abspielenden Prozesse zu gelangen[2].

Daß auch die von verschiedenen Autoren, besonders von GARDEUR gemachten Angaben über eine Steigerung der Giftigkeit des Harns bei lebhafter geistiger Arbeit und bei Erregungszuständen (Literatur bei HEGER[3]) für das behandelte Problem völlig wertlos sind, bedarf keiner weiteren Erörterung.

Im übrigen ist nur der Einfluß der geistigen Tätigkeit oder der Erregung der Nervenzentren auf den *Gaswechsel* Gegenstand erwähnenswerter Untersuchungen gewesen. Die ältere Literatur über diesen Gegenstand hat SPECK[4] kritisch besprochen und auch neue Versuche an sich selbst angestellt, die ihn zu dem Ergebnis führten, daß geistige Arbeit (Lesen, Schreiben usw.) zwar einen beträchtlichen Einfluß auf die Größe des Gaswechsels ausübte, daß dieser aber unschwer auf die begleitenden Muskelanstrengungen zurückgeführt werden konnte, da schon eine unbequeme Haltung ohne geistige Tätigkeit eine noch

---

[1] KESTNER u. KNIPPING: Die Ernährung bei geistiger Arbeit. Klin. Wschr. **1**, 1353 (1922). — KNIPPING, H. W.: Respiratorischer Gaswechsel, Blutreaktion usw. Z. Biol. **77**, 165 (1922).

[2] Ein beträchtliches Ansteigen des Phosphorsäuregehaltes des Blutes bei geistiger Arbeit ist neuerdings auch von HEFTER und JUDELOWITSCH [Biochem. Z. **193**, 62 (1928)] an Lehrern beobachtet worden.

[3] HEGER, P.: De la valeur des échanges nutritifs dans le système nerveux. Tray. Labor. Inst. Solvay **2**, H. 2 (1898).

[4] SPECK, C.: Zitiert auf S. 524.

größere Steigerung herbeizuführen vermochte. Er zog daraus die sicher sehr kühne Schlußfolgerung, „daß die Tätigkeit der Nerven nicht mit Oxydationen (Spaltungen) verknüpft ist[1]". ATWATER, WOOD und BENEDICT[2] konnten bei Versuchspersonen, die sich drei Tage mit intensiver geistiger Arbeit beschäftigten und sich dann drei Tage jeder geistigen Anstrengung enthielten, keine Veränderung im N- und C-Umsatz nachweisen. Später untersuchten BENEDICT und CARPENTER[3] Sauerstoffverbrauch, Wasser-, Kohlensäure- und Wärmeabgabe bei Ruhe und geistiger Arbeit in dreistündigen Versuchsperioden; während der Arbeitsperiode mußten die Versuchspersonen schriftliche Aufgaben lösen, während der Ruheperiode rein mechanisch genau so viele Wörter abschreiben wie bei den Arbeitsversuchen, um so den Einfluß der die geistige Arbeit begleitenden Bewegungen auszuschalten. Es ergab sich im Mittel eine *Zunahme* der Wasserabgabe um ca. 4%, der CO_2-Abgabe um 2%, der Wärmeabgabe um 0,4% und der O-Aufnahme um mehr als 5%. Da die O-Bestimmungen mit den größten Fehlerquellen behaftet waren, so schlossen auch diese Autoren, daß die geistige Arbeit keinen merklichen Einfluß auf den Stoffverbrauch ausübe. Das gleiche würde sich anscheinend aus Untersuchungen von LOEWY[4] und von JOHANSSON[5] ergeben, welche die Mittelwerte der CO_2-Abgabe im Schlafe nicht größer fanden als in dem von geistiger Tätigkeit begleiteten Wachzustande bei vollständiger Muskelruhe. Allein BECKER und OLSEN[6] weisen darauf hin, daß bei den drei Versuchen JOHANSSONS, bei welchen vermerkt ist: „geistige Tätigkeit lebhaft", die CO_2-Werte sämtlich *über* dem Mittel liegen, und zwar durchschnittlich um 7,3%, und in einem vierten Versuch mit der Bemerkung „geistige Tätigkeit sehr lebhaft" ist die CO_2-Abgabe sogar um 11,1% höher als der Mittelwert. Diese Autoren glauben denn auch bei ihren umfassenden Versuchen, deren Resultate zum Teil bereits von LEHMANN[7] mitgeteilt wurden, zu durchaus positiven Ergebnissen gelangt zu sein. Sie beobachteten, daß geistige Tätigkeit (Kopfrechnen, Auswendiglernen sinnloser Silben) eine beträchtliche Mehrausscheidung von Kohlensäure herbeiführt, wie die beiden folgenden Versuchsbeispiele veranschaulichen mögen:

Einfluß geistiger Arbeit auf die CO_2-Ausscheidung.
(Nach BECKER und OLSEN.)

Zahl der gelernten Silben	1 CO_2-Mehrausscheidung		2 CO_2-Mehrausscheidung	
	in ccm	in Proz.	in ccm	in Proz.
8	0,53	12	0,99	2
12	0,61	15	1,07	24
16	0,87	20	1,43	32
20	1,15	25	1,39	31
32	—	—	1,54	35

---

[1] SPECK, C.: Physiol. d. menschl. Atmens. S. 189.
[2] ATWATER, WOOD u. BENEDICT: Metabolism of nitrogen and carbon. U. S. Departement of Agriculture. Bull. **44** (1897) (zitiert nach ALEXANDER u. RÉVÉSZ).
[3] BENEDICT u. CARPENTER: The influence of muscular and mental work on metabolism. U. S. Departement of Agriculture. Bull. **208** (1909). — BENEDICT, F. G.: The influence of mental and muscular work etc. Proc. Amer. Philos. Soc. Philadelphia **49**, 145 (1910).
[4] LOEWY, A.: Über den Einfluß einiger Schlafmittel usw. Berl. klin. Wschr. **28**, 434 (1891).
[5] JOHANSSON, J. E.: Über die Tagesschwankungen des Stoffwechsels usw. Skand. Arch. Physiol. **8**, 85 (1898).
[6] BECKER u. OLSEN: Metabolism during mental work. Skand. Arch. Physiol. **31**, 81 (1914).
[7] LEHMANN, A.: Über den Stoffwechsel während geistiger Arbeit. Ber. über d. 5. Kongr. f. exper. Psychol. Berlin 1912, S. 136.

Wenn nach BECKER und OLSEN diese Mehrausscheidung auch zum Teil einfach auf dem Auswaschen der Kohlensäure aus dem Körper beruhe und zu kleinem Teile auf Muskelspannungen, so würde doch, wie verschiedene Kontrollversuche (Bewegungen und Muskelspannungen ohne geistige Arbeit) erweisen, der größte Teil auf die geistige Tätigkeit zu beziehen sein und sowohl mit der objektiv geleisteten Arbeit (Zahl der gelernten Silben) wie mit der ihr durchaus parallel gehenden subjektiven Einschätzung ihrer Größe ansteigen. Die in zwei Versuchen ausgeführte Berechnung des O-Verbrauches ergab allerdings bei der einen Versuchsperson eine Verminderung (!), bei der anderen eine Vermehrung, die viel größer war als die der gleichzeitig ausgeschiedenen Kohlensäure. Diese Daten lassen die Zuverlässigkeit der angewandten Versuchstechnik jedenfalls nicht in günstigem Licht erscheinen. Aber auch wenn man davon ganz absieht und die beobachteten Umsatzsteigerungen als zuverlässig und durch die geistige Tätigkeit bedingt ansieht, wäre es doch wieder völlig unmöglich, sie auf die in den Zentren selbst sich abspielenden Prozesse zu beziehen, weil sie auf das Gewicht des Gehirns, geschweige denn gar der Hirnrinde umgerechnet, offenbar eine ganz unsinnige Höhe erreichen würden.

KNIPPING (und KESTNER) beobachteten bei ihren früher (vgl. S..525) erwähnten Versuchen durchweg einen deutlichen Einfluß der geistigen Arbeit auf die Größe des Energieumsatzes. Seine Steigerung betrug z. B. beim Vorlesen einer schwierigen Lektüre 7,8 Cal pro Stunde, beim Einprägen geographischer Daten bei einem Kind 12,8, bei Lösung von Multiplikationsaufgaben 16,3 Cal pro Stunde. (Das zu Beginn der geistigen Arbeit beobachtete Ansteigen des respiratorischen Quotienten war die Veranlassung, nach dem Auftreten einer Säure im Blut zu fahnden und die erörterten Untersuchungen über den Phosphorsäuregehalt desselben anzustellen.) Merkwürdigerweise erscheinen diese Umsatzwerte den Verfassern, verglichen mit dem Mehraufwand auch nur leichter körperlicher Arbeit so gering, daß sie sie ,,nicht gern als Arbeitswert anerkennen möchten". Sie berücksichtigen ebensowenig wie alle ihre Vorgänger den Umstand, daß die Hirnrinde nur etwa $1/2$% des ganzen Körpergewichts ausmacht! Selbst wenn man annimmt, daß nur die Hälfte der Körpersubstanz sich an dem Umsatz aktiv beteiligt, und den durchschnittlichen Ruhewert des Stoffwechsels auf 100 Cal pro Stunde veranschlagt, so würde der beobachtete Mehraufwand an Energie im arbeitenden Organ 800—1600% betragen!!

Einen sehr eigenartigen Weg haben GRAFE[1] und seine Mitarbeiter eingeschlagen, um unter Ausschluß aller Muskelbewegungen den Einfluß starker Gefühlserregungen auf den Stoffwechsel zu untersuchen. Sie bedienten sich der hypnotischen Suggestion starker Affekte (Unglücksfälle, Erkrankungen usw.) unter gleichzeitiger suggestiver Ausschaltung aller Muskeltätigkeit. In 15 Versuchen fanden sie nur zweimal keinen Einfluß und zweimal eine geringe, noch in die Fehlergrenzen fallende Verminderung des Gesamtgaswechsels, in allen übrigen Fällen eine *Steigerung*, die bei Suggestion trauriger Affekte 5,3—5,2%, in zwei Fällen von Suggestion freudiger Affekte 3,9 und 4,3% betrug. Die Affekte erzeugen mithin, wie GRAFE dies sehr richtig und vorsichtig ausdrückt[2], eine ,,allgemeine Organalteration infolge Erregungen, die durch Reize der Zentren vom Gehirn in die Peripherie hauptsächlich wohl auf sympathischen Bahnen fortgeleitet werden. Natürlich ist auch der Gehirnstoffwechsel selbst dabei sehr erheblich beteiligt". Aber der Grad dieser Beteiligung ist auch in diesen

---

[1] GRAFE u. TRAUMANN: Zur Frage des Einflusses psychischer Depressionen usw. Z. Neur. **62**, 237 (1920). — GRAFE u. MAIER: Ebenda **86**, 247 (1923).
[2] GRAFE, E.: Die pathologische Physiologie des Gesamtstoff- und Kraftwechsels usw. Erg. Physiol. **21**, II 429 (1923).

wohl einwandfreiesten der bisher am Menschen angestellten Versuche nicht zu übersehen, und augenscheinlich ist auch kein Weg zu seiner Ermittlung gegeben.

Seither sind noch einige weitere Untersuchungen über den Einfluß geistiger Arbeit auf den Gesamtumsatz erschienen, die jedoch keine neuen Gesichtspunkte ergeben haben. CHLOPIN[1] und seine Mitarbeiter haben die Wirkung verschiedenartiger geistiger Tätigkeit auf den Gaswechsel und den daraus ermittelten Energieverbrauch festzustellen versucht. Sieht man ab von den besonders stark schwankenden Werten der CO_2-Abgabe, die in einigen Versuchen sogar eine Verminderung erfuhr, so ergab sich (in Übereinstimmung mit von CHLOPIN zitierten Versuchen von SLOWTZOFF und RUBEL) im allgemeinen eine sehr bedeutende Steigerung des O-Verbrauches, die in der ersten (im Jahre 1922 angestellten) Untersuchungsreihe im Mittel für die einzelnen Versuchspersonen zwischen 12,8 und 45,5% (!) schwankte und in der zweiten (aus dem Jahre 1927 stammenden) je nach der Art der geistigen Arbeit beträchtliche Unterschiede aufwies. Auswendiglernen fremder Wörter hatte nur ganz geringfügige, in die Fehlergrenzen fallende Steigerungen im Gefolge; Lesen wissenschaftlicher Bücher erhöhte den O-Verbrauch im Mittel um 7,5 (4,5—14,3) %, den Energieverbrauch in Calorien um im Mittel 7,3 (3,4—14,1) %, Vorlesungen und Examinieren um 14,0 (7—20) % O_2 bzw. 15,4 (7,0—22,3) % Cal; die stärksten Steigerungen waren durch das auch in der ersten Untersuchungsreihe verwendete Kopfrechnen arithmetischer Aufgaben zu erzielen: 18,6 (12—29) % O_2 bzw. 20,7 (15,6 bis 32,4) % Cal. Diese Steigerungen des Stoff- und Energieumsatzes würden nach CHLOPIN durch zwei voneinander nicht trennbare Komponenten bedingt sein, nämlich die geistige Arbeit selbst und ihr „physiologisches Äquivalent", das in Änderungen der Blutströmung, des Blutdrucks, der Atmungsfrequenz usw. bestehen würde.

Die Untersuchungen von ILZHÖFER[2] führten zu sehr viel geringeren, untereinander viel besser übereinstimmenden Umsatzsteigerungen bei geistiger Arbeit. Bei leichter geistiger Tätigkeit (Lesen von Zeitungen oder Romanen) wurden Steigerungen von im Mittel 1—3,2 (Gesamtdurchschnitt 1,6) % des Calorienverbrauches, bei intensiver geistiger Arbeit (geistige Verarbeitung schwieriger Lektüre, Auswendiglernen einer solchen, Lösung geometrischer Aufgaben) Steigerungen von im Mittel 2,3—8,6 (Gesamtdurchschnitt 5,0) % beobachtet. Zieht man hiervon den durch die festgestellte Steigerung der Atmungstätigkeit bedingten Mehrverbrauch ab, so verschwindet die Steigerung im ersten Falle gänzlich. Stellt man ferner die von den Versuchspersonen selbst oft empfundenen Muskelspannungen bei intensiver geistiger Tätigkeit und den durch sie erzeugten Mehrumsatz schätzungsweise in Rechnung, so kommen auch in diesem Falle bei 4 von den 6 Versuchspersonen die beobachteten Steigerungen ganz in Fortfall, und nur bei zweien bleiben solche von rund 3—6% bestehen. Eine Ausnahme machen nur 2 Versuche an dem Verfasser, bei denen er sich durch vorangegangene Schlaflosigkeit bzw. ungewohnte Marscharbeit in einem Zustande abnormer nervöser Einstellung befand und die geistige Tätigkeit eine beträchtliche Erhöhung des Energieumsatzes auslöste. Im ganzen zieht der Verfasser den Schluß, daß geistige Arbeit an sich den Gesamtumsatz nicht wesentlich beeinflußt, was angesichts des geringen Gewichts der an dieser Arbeit beteiligten Organe nicht verwunderlich erscheine.

---

[1] CHLOPIN u. OKUNEWSKY: Die geistige Tätigkeit und der Gasstoffwechsel. Arch. f. Hyg. **91**, 317 (1922). — CHLOPIN, JAKOWENKO u. WOLSCHINSKY: Weitere Untersuchungen über den Einfluß der geistigen Tätigkeit usw. Ebenda **98**, 158 (1927).
[2] ILZHÖFER, H.: Über den Einfluß der geistigen Arbeit auf den Energieverbrauch Arch. f. Hyg. **94**, 317 (1924).

Zum Schluß wären noch einige *Tierversuche* zu erwähnen, in denen der Einfluß künstlicher Reizung der Nervenzentren auf den Gesamtumsatz untersucht wurde. HEGER[1] berichtet über Untersuchungen, die PHILIPPEN unter seiner Leitung ausgeführt hat, in denen bei curarisierten Hunden der zentrale Stumpf des N. vagus gereizt wurde. Es ergab sich eine bedeutende Steigerung des O-Verbrauchs und eine gleichzeitige starke Abnahme der CO_2-Ausscheidung, die, da sie noch längere Zeit nach Aufhören der Reizung zu beobachten wäre, nach Ansicht der Verfasser nicht auf einer einfachen Retention der Kohlensäure beruhen könne. Da die Curarisierung die Beeinflussung der inneren Organe nicht ausschaltet und Änderungen der Herztätigkeit und der Darmbewegungen beobachtet wurden, so lassen diese Versuche auch bei Annahme einer exakten Methodik keine Schlüsse auf die in den Zentren sich abspielenden Prozesse zu.

Die einzigen brauchbaren Tierversuche haben ALEXANDER und RÉVÉSZ[2] angestellt, die den Einfluß starker Lichtreize auf den Gaswechsel curarisierter Hunde untersuchten. In einem Abstande von 25—30 cm von den atropinisierten Augen waren 2—3 50kerzige elektrische Lampen angebracht, die intermittierend eingeschaltet wurden, so daß auf eine Dunkelperiode von 5 Sekunden Dauer jedesmal eine 3 Sekunden während Belichtung folgte. Als Durchschnitt ergab sich in 13 Versuchen eine mittlere Steigerung der O-Aufnahme um 3,35 ccm oder 7,2% pro Minute (3,8—14,8) und eine solche der CO_2-Abgabe um 0,59 ccm oder 1,4% (—3,6 bis +6,3), daher ein Absinken des respiratorischen Quotienten von im Mittel 0,810 auf 0,763. Da die Untersuchung des Gaswechsels *nach Beendigung* der Reizung in einigen Versuchen noch ein weiteres Ansteigen der CO_2-Ausscheidung bei sinkender O-Aufnahme ergab, so handelte es sich bei dem relativen Zurückbleiben der CO_2-Abgabe vielleicht einfach um eine Retention, da das curarisierte Tier ja keine regulatorische Steigerung der Lungenventilation herbeizuführen vermag. Um zu entscheiden, ob diese Steigerung des Grundumsatzes auf dem Stoffwechsel des Nervensystems oder nur auf einer durch dieses übertragenen Reizung anderer Organe beruhe, wurden Versuche mit Durchschneidung des Rückenmarks zwischen Atlas und Occiput ausgeführt; sie gelangen nur an einem Hund. Auch hier zeigte sich eine Zunahme des O-Verbrauchs während der Reizung um 8,3 bzw. 14,6%[3] gegenüber 14,2 bzw. 5,3% vor der Durchschneidung des Rückenmarks. Bei Anwendung *kontinuierlicher* statt intermittierender Reizung war der O-Verbrauch geringer, die CO_2-Abgabe ungefähr die gleiche.

III. Direkte Untersuchungen des Stoffwechsels der Nervenzentren.
A. Gaswechsel.
1. Untersuchungen am Organ in situ.

Als erster scheint FLINT im Jahre 1862 den Versuch gemacht zu haben, durch Vergleichung der Zusammensetzung des zum Gehirn zu- und des von ihm abströmenden Blutes Aufschluß über die in ihm sich abspielenden chemischen Vorgänge zu erhalten. Die aus dem Vergleich des Carotis- und Jugularisblutes von ihm gezogene Schlußfolgerung über eine Cholesterinbildung im Gehirn hat aus methodischen Gründen nur historisches Interesse. 1890 hat SCHTSCHERBAK vergleichende Bestimmungen des Phosphorgehaltes des Blutes der Carotis und

---

[1] HEGER, P.: De la valeur des échanges nutritifs dans le système nerveux. Trav. Labor. Inst. Solvay **2**, H. 2 (1898).
[2] ALEXANDER u. RÉVÉSZ: Über den Einfluß optischer Reize auf den Gaswechsel des Gehirns. Biochem. Z. **44**, 95 (1912).
[3] Von den Autoren selbst korrigierter Wert; im Druck steht 15,4%.

Jugularis am Hunde angestellt und beobachtet, daß das venöse Blut im *normalen* Zustande stets $0,07—0,12^0/_{00}$ weniger P_2O_5 enthielt als während einer *Morphiumnarkose*. Da nach seinen Untersuchungen die Blutdurchströmung des Gehirns während der Narkose herabgesetzt ist, so würde sich hieraus eine Verminderung des *P-Umsatzes* in Narkose ergeben. Auf einen Zuckerumsatz würde die Beobachtung von DE MEYER schließen lassen, daß das Blut der Jugularvenen weniger Zucker enthalte als das der Carotiden. Da das Blut der Jugularvenen keineswegs bloß Hirnblut darstellt, kann die Bedeutung aller derartigen Angaben nicht hoch veranschlagt werden.

Die ersten, die den Versuch machten, solches Blut zu gewinnen, das im wesentlichen nur den Einfluß des Hirnstoffwechsels erfahren hatte, waren HILL und NABARRO[1]. Sie bestimmten vergleichend den *Gasgehalt* des Blutes der Carotis, der Torcula Herophili und der Vena femoralis bei Hunden in Morphiumnarkose. Das venöse Hirnblut wurde aus dem Sinus longitudinalis durch ein Trepanloch entnommen, in das das eine Ende des mit Öl ausgegossenen Blutbehälters genau hineinpaßte; der Kreislauf im Sinus transversus wurde dabei nicht unterbrochen; nach der Blutentnahme wurde das Loch durch ein Metallstück wieder verschlossen. Zur Erzielung einer „Hirntätigkeit" wurde krämpfeerzeugende Absinthölessenz intravenös injiziert. Die folgende Tabelle gibt den mittleren Gasgehalt des Blutes der Carotis und der Torcula im Ruhezustand:

Blut aus der	Zahl der Bestimmungen	% CO_2	% O_2
Carotis	52	37,64	18,25
Torcula	42	41,65	13,49
Mittlere Differenz		+4,01	—4,76

Die folgende Tabelle gibt die mittlere prozentische Differenz des Gasgehaltes des Carotis- und des Torculablutes der gleichen Versuchstiere unter normalen Bedingungen und bei Erzeugung tonischer und klonischer Krämpfe in 6 Versuchen:

	Normal	Tonische	Klonische Krämpfe
CO_2	3,87	4,06	2,99
O_2	3,42	4,95	4,31

Die Verfasser vergleichen nun diese Unterschiede mit den an tätigen Muskeln beobachteten und kommen unter der — willkürlichen — Voraussetzung, daß die Blutströmung und ihre Beschleunigung bei der Tätigkeit im Gehirn ebenso groß oder doch nicht größer sei als im Muskel, zu dem Schluß, daß der Stoffwechsel der Hirnzentren nur gering sein könnte.

Diese viel zitierten Untersuchungen waren — in Zusammenhang mit dem angeblichen Fehlen einer Stoffwechselsteigerung bei der geistigen Tätigkeit des Menschen — wohl das gewichtigste Argument für die bis in die neueste Zeit verbreitete Auffassung, daß die Nerventätigkeit ohne oder mit nur geringem Energieaufwand einhergehe, obwohl die völlige Haltlosigkeit der aus diesen Experimenten abgeleiteten Schlußfolgerungen bei einiger Überlegung auf der Hand liegt. Aus einer Untersuchung des zu- und abfließenden Blutes können stets nur qualitative, nicht aber quantitative Schlüsse auf den Stoffwechsel eines Organs gezogen werden, wenn nicht gleichzeitig die durchströmende Blutmenge oder — für vergleichende Zwecke — zum mindesten die Strömungs-

---

[1] HILL, L. u. D. N. NABARRO: On the exchange of blood-gases in brain etc. J. of Physiol. **18**, 218 (1895).

geschwindigkeit direkt untersucht wurde. Zu einer Beurteilung dieser aber fehlt in den Versuchen von HILL und NABARRO jeder Anhaltspunkt. Unter Berücksichtigung der tatsächlichen Verhältnisse lassen sich, wie ALEXANDER und RÉVÉSZ[1] treffend dargelegt haben, aus den gleichen Versuchsergebnissen ganz andere Schlüsse ziehen. Die Blutversorgung des Gehirns ist nämlich nach den Untersuchungen von JENSEN[2] mit eine der besten aller Organe und viel größer, mehr als zehnmal so groß, als die der Muskeln (auf 100 g bezogen beim Hunde im Gehirn 138 ccm/Min. gegenüber 12 ccm/Min. beim Muskel), wobei noch zu bedenken ist, daß angesichts der relativ geringen Blutversorgung der weißen Substanz der größte Teil dieser Blutmenge durch die Hirnrinde fließt. Berechnet man auf Grund dieser Daten den O-Verbrauch, so würde nach ALEXANDER und RÉVÉSZ das Gehirn in der „Ruhe", und noch dazu beim tief narkotisierten Tier, wo, wie wir sehen werden, der Gaswechsel sehr stark herabgesetzt ist, pro 100 g und 1 Minute 4,65 ccm O_2 aufnehmen, der Muskel dagegen nur 1,03, also kaum den vierten Teil! Und die Energieproduktion eines 75 g schweren Hundehirns würde, wenn man den Brennwert des Sauerstoffs im Mittel zu 4,77 cal pro 1 ccm rechnet, 16,65 cal pro Minute betragen.

Unter Verwertung der von HILL und NABARRO angegebenen methodischen Grundlagen hat ALEXANDER[3] in Weiterführung seiner früher (S. 529) erwähnten Versuche über den Einfluß von Lichtreizen auf den Stoffumsatz des C.N.S. neue Untersuchungen angestellt. Die (bei ALEXANDER und CSERNA genauer beschriebene) Methodik bestand in folgendem: Nach Trepanation und Herausheben eines größeren Knochenstückes in der Gegend der Torcula bzw. des Sinus longitudinalis superior in der Nähe der ersteren wurde eine mit Paraffinöl gefüllte Arterienkanüle schnell durch einen kleinen Schnitt in den Sinus longitudinalis eingeführt und in diesem festgebunden, indem mit einer kleinen gekrümmten Nadel ein Faden um den Sinus herumgelegt wurde, was in der Fissura Pallii leicht ohne Verletzung des Gehirns gelingt. Die Untersuchung der Strömungsgeschwindigkeit erfolgte entweder plethysmographisch durch Registrierung des Hirnvolumens oder zur quantitativen Bestimmung später stets nach dem von BARCROFT und BRODIE angegebenen Verfahren durch Messung der Zeit, die das Blut braucht, um in einer mit der Kanüle verbundenen horizontal gehaltenen graduierten Pipette das Volumen von 1 ccm zu erfüllen. (In den ersten Versuchen wurde statt des Blutes aus dem Hirnsinus das der Vena maxillaris interna untersucht, die jedoch nicht ausschließlich Gehirnblut führt.) Der Unterschied im Gasgehalt des aus der Carotis (später in den Versuchen mit CSERNA aus der Art. femoralis) entnommenen arteriellen und des aus dem Gehirn stammenden venösen Blutes wurde nach der Differentialanalysenmethode BARCROFTS bestimmt. Die Versuche wurden, wie die von ALEXANDER und RÉVÉSZ, an curarisierten *nicht* narkotisierten Hunden mit intermittierender Lichtreizung angestellt. Während der Reizung trat meist eine beträchtliche Abnahme der Differenz zwischen dem Gasgehalt des arteriellen und des venösen Hirnblutes ein (während die Differenz des Gasgehaltes zwischen dem Blut der Carotis und der V. femoralis unverändert blieb). Diese Abnahme beruhte offenbar auf einer Zunahme der Strömungsgeschwindigkeit, die sich auch meist (jedoch nicht in allen Fällen) mit den obengenannten Methoden direkt nachweisen ließ. Da eine Beurteilung der absoluten

---

[1] ALEXANDER u. RÉVÉSZ: Über den Einfluß optischer Reize auf den Gaswechsel des Gehirns. Biochem. Z. **44**, 95 (1912).
[2] JENSEN, P.: Über die Blutversorgung des Gehirns. Pflügers Arch. **103**, 171 (1904).
[3] ALEXANDER, F. G.: Untersuchungen über den Blutgaswechsel des Gehirns. Biochem. Z. **44**, 127 (1912). — ALEXANDER u. CSERNA: Einfluß der Narkose auf den Gaswechsel des Gehirns. Ebenda **53**, 100 (1913).

Größe des Gaswechsels natürlich nur bei gleichzeitiger Bestimmung sowohl der Differenz des Gasgehaltes wie der Strömungsgeschwindigkeit bei demselben Versuchstier möglich ist, so wurde eine solche in zwei Fällen durchgeführt. Bezeichnet man die Differenz des prozentischen O-Gehaltes des arteriellen und des venösen Blutes mit ΔO_2, jene des CO_2-Gehaltes mit ΔCO_2, und das Verhältnis der anfänglichen Strömungsgeschwindigkeit in der Ruhe zu der bei Reizung mit φ, so ergibt das Produkt $\Delta O_2 \varphi$ bzw. $\Delta CO_2 \varphi$ die relative Veränderung des O_2-Verbrauchs und der CO_2-Produktion; und wenn man unter Zugrundelegung der von JENSEN gegebenen Daten die absolute Größe der durch ein Gehirn von im Mittel 75 g Gewicht strömenden Blutmenge zu 100 ccm veranschlagt, so berechnet sich die absolute Größe der O-Aufnahme und der CO_2-Abgabe (natürlich etwas willkürlich) zu 100 $\Delta O_2 \varphi$ und 100 $\Delta CO_2 \varphi$. Die Resultate sind in der folgenden Tabelle wiedergegeben:

Einfluß intermittierender Lichtreizung auf den Gaswechsel des Gehirns curarisierter Hunde.
(Nach ALEXANDER)

Nr.	Versuchsbedingungen	ΔO_2 %	ΔCO_2 %	Strömungsgeschwindigkeit ccm pro Min.	Berechnete O_2-Aufnahme in ccm	Berechnete CO_2-Abgabe in ccm
1	Ruhe	18,36	16,50	6,6	18,36	16,50
	Reizung	12,41	—	11,1	21,10	—
	Ruhe	15,92	13,40	7,3	17,51	14,74
	Reizung	20,80	—	7,4	22,88	—
2	Ruhe	15,98	18,54	12	15,98	18,54
	Reizung	19,63	21,69	12	19,63	21,69
	Ruhe	15,78	22,18	12	15,78	22,18
	Reizung	20,61	23,80	12	20,61	23,80

Die Tabelle zeigt, wie in Versuch 1 bei Reizung eine Abnahme der Differenz des O-Gehaltes eintritt, die aber durch die sehr starke Erhöhung der Strömungsgeschwindigkeit des Blutes weit überkompensiert wird, während bei der zweiten Reizung ebenso wie durchweg in Versuch 2 die Strömungsgeschwindigkeit keine Veränderung erfährt, dafür aber dann die prozentische O-Ausnutzung eine bedeutende Zunahme aufweist. So berechnet sich für die Periode der Reizung im Mittel für den Versuch 1 eine Zunahme des O-Verbrauchs um 4,06 ccm und in Versuch 2 eine solche um 4,24 ccm pro Minute, die mit dem von ALEXANDER und RÉVÉSZ (vgl. S. 529) durch Bestimmung des Gesamtgaswechsels gefundenen Mittelwert von 3,35 ccm pro Minute recht gut übereinstimmt. Die Steigerung der CO_2-Abgabe blieb auch hier hinter jener der O-Aufnahme zurück, aber nicht in so hohem Maße wie in den Gaswechselversuchen, was gleichfalls dafür spricht, daß es sich im ersteren Falle weniger um eine Differenz der CO_2-Bildung als um eine solche der CO_2-Ausscheidung durch die Lungen gehandelt habe. Die sehr viel größere Differenz des O_2- und CO_2-Gehaltes des arteriellen und venösen Hirnblutes, die ALEXANDER gegenüber HILL und NABARRO gefunden hat (im Mittel 15,34% O_2 und 17,68% CO_2 gegenüber 3,42% O_2 und 3,87% CO_2!) führt der Verfasser vor allem darauf zurück, daß seine Hunde nicht narkotisiert waren.

Diesen *Einfluß der Narkose auf die Größe des Hirngaswechsels* haben ALEXANDER und CSERNA[1] zum Gegenstand einer besonderen Versuchsreihe gemacht. In dieser wurde unter Verwendung der gleichen eben beschriebenen Methodik die Wirkung verschiedener Narkotica auf den Hirngaswechsel von Hunden untersucht, nachdem diese aus der Äthernarkose, in der die Operation ausgeführt

---

[1] ALEXANDER u. CSERNA: Einfluß der Narkose auf den Gaswechsel des Gehirns. Biochem. Z. **53**, 100 (1913).

wurde, völlig erwacht waren, so daß Reflexe und willkürliche Bewegungen, Reaktionen auf Pfiff u. dgl. wieder beobachtet werden konnten. Bezeichnen wir die Differenz des O_2- und CO_2-Gehaltes des arteriellen und venösen Blutes wieder mit ΔO_2 und ΔCO_2 und die Strömungsgeschwindigkeit (in Kubikzentimetern pro Minute) mit v, so berechnet sich (ohne daß man die direkt nicht ermittelten *absoluten* Werte des Gaswechsels zu berücksichtigen braucht) die *prozentische Änderung* des O-Verbrauchs (α_{O_2}) nach der folgenden Formel:

$$\alpha_{O_2} = \frac{(\Delta O_2 v) \text{ wach} - (\Delta O_2 v) \text{ narkot.}}{(\Delta O_2 v) \text{ wach}},$$

und dementsprechend auch die Abnahme der CO_2-Abgabe (α_{CO_2}).

Die folgende Tabelle zeigt ein Beispiel der Wirkung der *Äthernarkose* auf den Hirngaswechsel:

Zeit in Min.	Versuchs-bedingungen	ΔO_2	ΔCO_2	v	$\Delta O_2 v$	$\Delta CO_2 v$	α_{O_2}	α_{CO_2}
0	narkot.	1,60	5,08	1,8	2,88	9,14	−92,6	−84,3
5	,,	1,90	4,48	2,7	5,13	12,09		
45	wach	12,92	16,80	3,2	41,34	53,76		
65	,,	16,64	19,96	4,1	68,22	81,83		

Als Mittel von drei Ätherversuchen ergab sich für α_{O_2} 77,2%, für α_{CO_2} 59,0%, also eine ganz außerordentlich starke Verminderung des Gaswechsels, die, wie das angeführte Versuchsbeispiel zeigt, unter Umständen sogar über 90% betragen kann. Dieses Beispiel veranschaulicht auch auf das deutlichste den ungeheuren Unterschied in der O-Ausnutzung beim normalen und beim narkotisierten Tier ($\Delta O_2 = 16,6$ gegenüber 1,6%!) und erweist so die Richtigkeit der Vermutung, daß die niedrigen Werte von HILL und NABARRO durch die Narkose zu erklären sind.

Nicht so stark war die durch intravenöse Injektion von Morphin bewirkte Verminderung des Gaswechsels; es ergab sich als Mittelwert $\alpha_{O_2} = 57,2$, $\alpha_{CO_2} = 60,9\%$. Durch gleichzeitige Verabreichung von Äther konnte der Gaswechsel noch weiter vermindert werden, in einem Falle noch um 25,5% ($\alpha_{O_2} = 80,7\%$). Während bei der Äthernarkose die Verminderung der CO_2-Produktion beträchtlich hinter jener der O-Aufnahme zurückblieb, war bei Morphiumnarkose das Gegenteil der Fall, was die Verfasser auf spezifische Verschiedenheiten des Wirkungsmechanismus der einzelnen Narkotica zurückführen, die den Gaswechsel auch qualitativ verändern würden. Es ist jedoch zu berücksichtigen, daß, wie ALEXANDER selbst (mit RÉVÉSZ) gefunden hat, die Größe der CO_2-Abgabe in hohem Maße von der Intensität der Lungendurchlüftung abhängt, die unter der Morphiumnarkose stärker leidet als unter Äthernarkose. Versuche mit intravenöser Injektion von $MgSO_4$ (Narkose nach MELTZER und AUER) ergaben nicht so einheitliche Resultate; in einem großen Teil der Versuche war auch hier eine starke Herabsetzung des Gaswechsels feststellbar (im Mittel $\alpha_{O_2} = 76,2\%$, $\alpha_{CO_2} = 74,7\%$); in einigen Versuchen war, jedenfalls bedingt durch das anfängliche Excitationsstadium, zunächst eine starke Steigerung des Gaswechsels vorhanden, auf welche dann die Abnahme folgte. Während dieses Erregungsstadiums war auch die Strömungsgeschwindigkeit erhöht, später, wie bei den echten Narkoticis (s. auch weiter unten) herabgesetzt. Der durch $MgSO_4$ herabgesetzte O-Verbrauch stieg bei Aufhebung der Narkose durch $CaCl_2$-Injektionen wieder zur ursprünglichen Höhe.

Mit sehr vervollkommneter Methodik hat GAYDA[1] die Untersuchungen über den Hirngaswechsel bei Hunden weitergeführt. Er vermied jede Eröffnung der

---
[1] GAYDA, T.: Sul ricambio gassoso dell'encefalo. Arch. di Fisiol. **12**, 214 (1914).

Schädelhöhle und entnahm die arterielle Blutprobe aus der Femoralis, die venöse aus der Vena cerebralis superior, die beim Hunde die Fortsetzung des Sinus transversus darstellt, den Schädel durch den Meatus temporalis verläßt und in die Vena maxillaris interna einmündet. Außerdem wurde die durch die Carotis interna fließende Blutmenge mit einer LUDWIGschen Stromuhr gemessen und daraus die durch die Art. basilaris und so die ganze durch das Gehirn strömende Blutmenge berechnet.

Zur Ausführung dieser Bestimmungen wurde die Stromuhr in die Carotis communis eingeführt und alle peripher davon abgehenden Zweige mit Ausnahme der Carotis interna unterbunden; hierzu genügten meist zwei Ligaturen, eine um die Art. thyreoidea sup. und eine gemeinsam um die nahe beieinander von der Carotis communis abgehende Car. externa, A. occipitalis und A. laryngea sup. Die Stromuhr wurde in der einen Hälfte mit defibriniertem Blut gefüllt, das der Femoralis des Versuchstieres entnommen war. Zur Bestimmung der Strömungsgeschwindigkeit wurde die andere Car. communis provisorisch abgeklemmt; da nach Ausführung der Messung die erste Carotis abgebunden werden mußte, so erfolgte die Bestimmung ebenso wie die Untersuchung des Gaswechsels unter den gleichen Bedingungen der Blutversorgung des Gehirns durch *eine* Carotis. Die Berechnung der Blutströmung in der A. basilaris (die zur Ermittlung der Gesamtströmung zu der in der Carotis addiert wurde), erfolgte unter der Annahme, daß die Blutströmung in den Gefäßen sich wie die vierten Potenzen der Gefäßdurchmesser verhalten (THOMÉ, JENSEN). Die Messung der letzteren erfolgte nach dem Verfahren von THOMÉ, indem die gleich nach Tötung des Tieres herausgeschnittene Car. interna und A. basilaris unter einem Druck von 120 mm Hg (nach JENSEN dem normalen Blutdruck des Hundes) mit Quecksilber injiziert, fixiert und eingebettet und dann der Querschnitt mikrometrisch gemessen wurde. Die so erhaltenen Resultate stimmten mit jenen von THOMÉ und JENSEN gut überein. Erheblich schwieriger war die Präparation zur Gewinnung des venösen Blutes. Hierzu mußte die zum Teil durch die Glandula parotis verlaufende Vena maxillaris interna bis zu der unter einem Bogen der A. maxillaris interna unter dem M. masseter erfolgenden Einmündung der V. cerebralis sup. freigelegt werden. Alle anderen zufließenden Venen mit Ausnahme der letzteren und eines dickeren Seitenzweiges, der zur Aufnahme der Kanüle diente (entweder der V. auricularis posterior oder der V. temporalis superficialis) wurden unterbunden. Die Einführung der Venenkanüle durch diesen Seitenzweig erfolgte in der Richtung nach der Einmündung in die V. maxillaris interna, die bei der Blutentnahme vorübergehend unterhalb der Kanüle verschlossen und dann wieder freigegeben wurde, so daß niemals eine Unterbrechung des venösen Blutstromes eintrat. Die Untersuchung der Blutproben erfolgte nach den Methoden von BARCROFT und HALDANE.

In der ersten, fünf Versuche umfassenden Reihe wurde der Gaswechsel zunächst an dem durch intraperitoneale Injektion von Chloralhydrat (+ Morphium) tief narkotisierten Tier und sodann nach Erwachen desselben aus der Narkose untersucht. Die Resultate sind in der folgenden Tabelle zusammengestellt, in welcher ΔO_2 bzw. ΔCO_2 wieder die prozentische Differenz des O_2- bzw. CO_2-Gehaltes des arteriellen und venösen Blutes bedeuten. Es ergab sich, daß in der Narkose beide Differenzen eine starke Verminderung erfahren, die für den O_2 im Mittel 73,9 (64,7—87,4) %, für die CO_2 57,2 (28,6—80,0) % betrug; außerdem verminderte sich die Blutdurchströmung des Gehirns (um 28,2—66,9%), woraus sich eine sehr starke Herabsetzung des Gesamtgaswechsels ableitet, des O_2-Verbrauchs um 82,8 (74,3—88,3) %, der CO_2-Abgabe um 72,5 (59,3—81,1) %. In Versuch IV, in welchem sehr hohe Narkoticumdosen angewendet worden waren, sank der Blutstrom auch nach dem Erwachen noch weiter auf fast die Hälfte; trotzdem stieg durch eine entsprechende Vermehrung der Differenz der Gasgehalt zwischen arteriellem und venösem Blut O_2-Verbrauch und CO_2-Abgabe ungefähr auf die Höhe der übrigen Experimente, eine Beobachtung, die offenbar beweist, daß die in der Narkose auftretende Herabsetzung des Gaswechsels nicht einfach durch die Verminderung der Blutzufuhr, sondern durch die direkte Beeinflussung der Gewebsatmung zu erklären ist. Merkwürdigerweise wurde, wie dies auch ALEXANDER und CSERNA für die Äthernarkose gefunden hatten, die CO_2-Abgabe meist lange nicht so stark vermindert wie die O_2-Auf-

Einfluß der Narkose und der Atropinerregung auf den Gaswechsel des Hundegehirns (pro Minute und 100 g Gehirn).
(Nach GAYDA.)

Nr.	Zustand des Tieres	ΔO₂	Änderung in Proz.	ΔCO₂	Änderung in Proz.	Blutströmung ccm proMin. und 100 g Gehirn	Änderung in Proz.	O₂-Verbrauch in ccm	Änderung in Proz.	CO₂-Abgabe in ccm	Änderung in Proz.	R.Q.
I	narkotisiert	2,31	— 64,7	5,06	— 28,6	49,9	— 66,9	1,15	— 88,3	2,52	— 76,4	2,19
	wach	6,55		7,09		150,6		9,86		10,68		1,08
II	narkotisiert	3,54	— 73,7	6,59	— 55,0	24,9	— 28,2	0,86	— 81,6	1,60	— 68,5	1,86
	wach	13,44		14,64		34,7		4,67		5,08		1,09
III	narkotisiert	1,97	— 77,3	3,16	— 65,8	64,0	— 44,6	1,26	— 87,4	2,02	— 81,1	1,60
	wach	8,66		9,24		115,5		10,00		10,67		1,07
IV	narkotisiert	1,80	— 87,4	3,52	— 80,0	69,4	+ 104,2	1,25	— 74,3	2,44	— 59,3	1,96
	wach	14,34		17,65		34,0		4,87		6,00		1,23
V	narkotisiert	4,58	— 66,2	8,03	— 56,5	18,4	— 47,2	0,84	— 82,3	1,48	— 77,0	1,75
	wach	13,57		18,46		34,8		4,72		6,42		1,36
VI	normal	6,49	+ 126,7	7,17	+ 96,2	156,1	— 59,8	10,13	— 9,0	11,19	— 21,2	1,10
	erregt	14,71		14,07		62,7		9,22		8,82		0,96
VII	normal	3,42	+ 34,2	4,15	+ 32,3	145,3	— 33,3	4,97	— 10,5	6,03	— 11,8	1,21
	erregt	4,59		5,49		96,9		4,45		5,32		1,20
VIII	normal	4,96	+ 112,7	4,38	+ 201,8	153,0	— 51,2	7,59	+ 3,7	6,70	+ 47,1	0,88
	erregt	10,55		13,22		74,6		7,87		9,86		1,25
IX	normal	7,59	+ 64,8	7,77	+ 155,2	144,3	— 17,8	10,96	+ 35,4	11,22	+ 109,8	1,02
	erregt	12,51		19,83		118,6		14,84		23,53		1,59
X	normal	8,94	+ 38,0	8,07	+ 86,7	124,7	— 21,8	11,15	+ 8,0	10,07	+ 45,7	0,90
	erregt	12,34		15,07		97,5		12,04		14,64		1,22

nahme, so daß der respiratorische Quotient gewaltig anstieg. Im Mittel würde sich aus den Werten der Tabelle ergeben, daß in tiefer Chloralhydrat-Morphium-Narkose 100 g Hundehirn 45,3 ccm Blut pro Minute erhalten, das auf seinem Durchgange 2,36% O_2 verliert und 4,44% CO_2 aufnimmt; danach würden 100 g Hundehirn unter diesen Bedingungen im Mittel pro Minute 1,07 ccm O_2 aufnehmen und 2,01 ccm CO_2 abgeben, mithin einen R.Q. von 1,87 aufweisen, was nach GAYDA für eine wesentliche Mitbeteiligung von Spaltungsprozessen ohne O-Aufnahme sprechen würde. Eine solche Vorstellung aber müßte gerade für das Gehirn, dessen Funktionen sich wie die kaum eines anderen Organs von der O-Zufuhr abhängig erweisen, höchst befremdlich erscheinen, zumal die später zu erörternden Untersuchungen am isolierten Froschrückenmark nichts über eine solche eigenartige Beeinflussung der Atmung durch Narkotica ergeben haben, und wir überdies vom Muskel wissen, daß die bei O-Abschluß zu beobachtende CO_2-Abgabe nicht auf einer Neubildung von Kohlensäure, sondern lediglich auf ihrer Austreibung durch die sich ansammelnde Milchsäure beruht. Man wäre versucht, auch hier an einen relativen O-Mangel durch unzulängliche Blutdurchströmung zu denken, wenn nicht der ebenerwähnte Versuch IV zeigte, daß auch bei noch stärkerer Verlangsamung des Blutstromes ein normaler O-Verbrauch stattfinden kann. Im übrigen ist als eine mögliche Fehlerquelle zu berücksichtigen, daß auch das *Blut des Sinus transversus kein reines Hirnblut* darstellt; denn dieser führt nach BASS auch das Blut von Venen, die aus den Hirnhäuten, Schädelknochen und dem Auge kommen, und kommuniziert überdies beim Hunde durch eine breite Verbindung mit dem Tractus venosus spinalis, so daß auch Rückenmarksblut, das selbst wohl nicht ganz unvermischt ist, mit hineingelangt.

In einer zweiten, die Versuche VI—X der Tabelle umfassenden Versuchsreihe wurde der Gaswechsel des Gehirns erst in möglichst normalem Zustande und dann unter dem Einfluß einer durch Injektion von Atropinsulfat erzeugten *Erregung* untersucht. Die aus der tiefen Narkose erwachten Tiere wären (mit Ausnahme der Versuche I und III) nach dem Autor noch nicht als normal anzusehen, da vor allem in der Blutversorgung noch Nachwirkungen in mehr oder minder großem Umfange zu bestehen scheinen. Die Versuche VI und VII wurden daher so angestellt, daß die Tiere in leichter Narkose mit Äther bzw. einer Äther-Alkohol-Chloroform-Mischung operiert und der Gaswechsel nach dem Erwachen untersucht wurde; erst mehrere Stunden später erfolgte die zweite Bestimmung unter Atropinwirkung. Hierbei ergab sich, wie die Tabelle zeigt, eine starke Verminderung der Blutströmung, so daß trotz erhöhter Differenz zwischen dem Gasgehalt des arteriellen und venösen Blutes der Gesamtgaswechsel keine Steigerung, sondern eine *Verminderung* erfuhr. Da aber auch hier, wenigstens in Versuch VII, anscheinend noch eine Nachwirkung der Narkose bestand und die lange Pause zwischen den beiden Versuchen mit von Einfluß sein konnte, wurde in den Versuchen VIII—X die Operation ganz ohne Narkose ausgeführt und der Atropinversuch unmittelbar an den ersten Gaswechselversuch angeschlossen. Auch hier zeigte sich unter dem verengernden Einfluß, den das Atropin auf die Hirngefäße ausübt, eine Verminderung der Blutströmung, die aber durch die gesteigerte Differenz der Gasgehalte überkompensiert wurde, so daß der O-Verbrauch eine Steigerung im Mittel um 15,7 (3,7—35,4) %, die CO_2-Abgabe eine solche um 67,5 (45,7—109,8) % erfuhr. Besonders stark war die Steigerung in Versuch IX, in welchem auch die Erregungserscheinungen am stärksten waren. Infolge der starken Steigerung der CO_2-Abgabe erfuhr der R.Q. eine beträchtliche Erhöhung. Bezüglich des Zustandekommens dieser Erhöhung mag auf die obigen Ausführungen verwiesen werden; bei den bis zu Muskelkrämpfen führenden Erregungserscheinungen ist jedenfalls auch die Möglichkeit einer CO_2-Austreibung aus den Geweben infolge von Säurebildung und einer dadurch bedingten Steigerung des CO_2-Gehaltes des venösen Blutes zu erwägen.

Schaltet man aus der Gesamtheit der Versuche diejenigen aus, in denen im wachen Zustand anscheinend noch eine Nachwirkung der Narkose bestand, so würde sich als Mittel aus den Versuchen I, III, VI, VIII, IX und X ergeben, daß *100 g Hundegehirn im normalen Wachzustand pro Minute 140,7 ccm Blut erhalten, das bei seinem Durchgange 7,07% O_2 einbüßt und 7,17% CO_2 aufnimmt, so daß im Mittel der O_2-Verbrauch 9,95 ccm, die CO_2-Abgabe 10,09 ccm pro Minute und der R.Q. 1,01 betragen würde.*

Mit der gleichen Methodik wie seine Vorgänger hat später YAMAKITA[1] sehr umfassende Untersuchungen über die Wirkung verschiedener Gifte auf den Hirngaswechsel des Kaninchens angestellt, anscheinend ohne Kenntnis der Arbeit von GAYDA. Auch er verzichtete auf eine Eröffnung der Schädelhöhle. Er entnahm das arterielle Blut aus der Femoralis (deren Gasgehalt mit dem der Carotis übereinstimmte), und das venöse aus der V. temporalis superficialis (einem Zweige der Jugularis externa), der beim Kaninchen ziemlich stark ist und mit dem Sinus transversalis in direkter Verbindung steht. Mit Ausnahme dieser letzteren Verbindung wurden alle anderen Äste (V. ophthalmica usw.) unterbunden, so daß das Blut möglichst ausschließlich aus dem Gehirn kam. Die Bestimmung der Strömungsgeschwindigkeit erfolgte nach dem BARCROFFschen Verfahren (vgl. S. 531) mit einer in stets gleicher Stellung befestigten Pipette, die gleichzeitig zur Entnahme des Blutes für die Gasanalyse diente. Es wurde lediglich die *relative* Änderung des O-Verbrauches (ΔO_2) bestimmt, deren Größe in der gleichen Weise wie von ALEXANDER und CSERNA berechnet wurde (vgl. S. 533). In den mit Narkoticis angestellten Versuchen diente das Vorhandensein oder Fehlen des Cornealreflexes als Kriterium zur Unterscheidung des pränarkotischen und des narkotischen Stadiums.

YAMAKITA fand bei *Äthernarkose* im pränarkotischen Stadium in der Mehrzahl der Fälle O-Zehrung und Blutdurchströmung gesteigert, um so mehr, je größer die Erregung des Tieres war. Mit der Vertiefung der Narkose, wenn der Cornealreflex schwächer wurde, nahm auch der O-Verbrauch ab und war während der Narkose stets vermindert, im Mittel von 18 Versuchen um 51,6% (12,4—87,1). Mit dem Abklingen der Narkose stieg der O-Verbrauch wieder an, während der Versuchsdauer aber meist nicht bis zur ursprünglichen Höhe. Bei der *Chloroformnarkose* war das Erregungsstadium und die damit einhergehende Steigerung des O-Verbrauchs geringer, die Abnahme im narkotischen Stadium betrug im Mittel 38% (3,8—58,3); während der Erholung stieg die O-Aufnahme trotz weiteren Absinkens der Strömungsgeschwindigkeit allmählich wieder an. Beim *Morphium* betrug α_{O_2} im Mittel nur 13,6% (0,2—26,8), ebenso stark wirkte *Pantopon*. *Scopolamin*, das für sich allein den O-Verbrauch so gut wie gar nicht beeinflußte, verstärkte die Wirkung des Morphiums in so außerordentlichem Maße, daß die Hälfte der sonst wirksamen Dosis jetzt den O-Verbrauch etwa in dem gleichen Umfange herabsetzte wie Chloroform oder Äther (30,3—68,2%). *Magnesiumsulfat* erzeugte in narkotisch wirkender Konzentration eine starke Herabsetzung des O-Verbrauches (29,0—84,2%); die Injektion von *Chlorcalcium* beseitigte zwar die Narkose, aber die Herabsetzung des O-Verbrauches blieb (im Gegensatz zu den Angaben von ALEXANDER und CSERNA, vgl. S. 533) bestehen. *Calciuminjektion allein* erzeugte meist

---
[1] YAMAKITA, M.: The gaseous metabolism and blood flow of the brain. Tohoku J. exper. Med. **3**, 414, 496, 538, 556 (1922).

gleichfalls eine Herabsetzung des Gaswechsels (in Übereinstimmung mit den später zu erörternden Versuchen Ungers am Froschrückenmark). Aus diesen Ergebnissen würde folgen, daß *keine unmittelbare Beziehung zwischen der Größe der Oxydationsprozesse und der Erregbarkeit des Gehirns* besteht, eine Schlußfolgerung, die, wie wir sehen werden, sich auch aus den am C.N.S. des Frosches gewonnenen Versuchsresultaten von Winterstein ergibt.

Chloralhydrat verminderte den O-Verbrauch um 18,8—78,4%, noch stärker *Paraldehyd* (33,5—88,9%), *Urethan* um 4,5—76%, *Luminal* um 22,1—70,2%, während *Veronal* die O-Zehrung steigerte. *Alkohol* veranlaßte, im allgemeinen parallel mit den Änderungen der Blutdurchströmung, erst eine Steigerung des O-Verbrauches (in einem Falle um 211%!), später eine Abnahme; je geringer die Alkoholdosis war, um so mehr traten die erregenden Wirkungen in den Vordergrund. *Narkotische Wirkung und Verminderung des O-Verbrauchs gehen*, wie besonders das Beispiel der Ca-Wirkung auf die Mg-Narkose und die geringe narkotische Wirkung der Scopolamin-Morphium-Kombination zeigt, *durchaus nicht parallel* (s. auch später die Versuche von Winterstein am Froschrückenmark), so daß die Erstickungstheorie der Narkose, welche die letztere durch eine Behinderung der O-Atmung zu erklären sucht, auch durch diese Versuche eine Widerlegung erfährt[1].

In einer weiteren Versuchsreihe hat Yamakita den *Einfluß erregend wirkender Gifte* auf den O-Verbrauch des Gehirns untersucht, von denen in erster Linie die Wirkung des *Strychnins* (Str. nitricum) hervorgehoben zu werden verdient. Einige Beispiele der dadurch bewirkten außerordentlichen *Steigerung des O-Verbrauchs* seien im folgenden wiedergegeben:

1. 15 Minuten nach Injektion von 0,5 mg Steigerung um 100,7%
   13 ,, ,, ,, ,, 0,5 ,, ,, ,, 238,5 ,,
2. 20 ,, ,, einer 2. ,, ,, 0,75 ,, ,, ,, 22,5 ,,
   20 ,, ,, ,, ,, 0,5 ,, ,, ,, 734,9 ,, (während der Blutentnahme Ausbruch des Tetanus)
3. 19 ,, ,, ,, ,, 1,0 ,, ,, ,, 139,9 ,,
   19 ,, ,, einer 2. ,, ,, 0,75 ,, ,, ,, 229,0 ,,

Coffein war in kleinen Dosen wirkungslos, in großen erzeugte es Steigerung des O-Verbrauchs (43,6—151,8%); auch das *Antipyrin* wirkte allein oder mit dem ersteren zusammen leicht steigernd (einmal allerdings sehr stark). Mit *Cocain* ergaben sich Steigerungen bis zu 165,9%, mit *Atropin* unregelmäßige Erhöhungen. *Nicotin* vermehrte den O-Verbrauch während der Krampfanfälle stark (in einem Versuche um 407,8%!), nachher trat ein Absinken unter die Norm ein.

Von den in erster Linie die Gefäße beeinflussenden Giften wurde untersucht: *Adrenalin, Pitruitin, Thyroprotein, Chinin* und *Yohimbin*. Mit Ausnahme der letztgenannten Substanz, die eine leichte Zunahme des O-Verbrauchs veranlaßte, und des einflußlosen Thyroproteins bewirkten alle anderen eine *Abnahme* des O-Verbrauchs. Die durch das *Adrenalin* veranlaßte erscheint besonders bemerkenswert, weil sie einmal bis zu 69% betrug und weil sie anfänglich mit einer bedeutenden Zunahme der Blutdurchströmung einherging. Der Verfasser glaubt, daß diese Abnahme nicht auf einer direkten Beeinflussung der Nervenzellen beruhen könne, und sucht die Erklärung in einer Erschwerung der Reduzierbarkeit des Hämoglobins unter dem Einfluß dieser Substanz, die sich auch in vitro nachweisen lassen soll. Demgegenüber muß darauf hinge-

---

[1] Vgl. hierüber H. Winterstein: Die Narkose, 2. Aufl., S. 181 ff. Berlin: Julius Springer 1926.

wiesen werden, daß das Adrenalin nach den Untersuchungen von LUSSANA und von GERLACH[1] für die Nervenzentren äußerst giftig ist.

YAMAKITA hat schließlich in einer dritten Versuchsreihe den *Einfluß der Temperatur* auf den Hirngaswechsel untersucht. Die Temperaturänderungen wurden durch Auflegen von Beuteln, die mit kaltem (1—3°) oder warmem (45—50° C) Wasser gefüllt waren, auf die rasierte Kopfhaut oder direkt auf den Schädelknochen bewirkt, und durch Einführen eines feinen Thermometers durch eine zwischen Gehörgang und Orbita angelegte Trepanöffnung gemessen; sie betrugen 3—3,5° nach unten oder oben. *Beide Änderungen* riefen in der Mehrzahl der Fälle eine *Steigerung des O-Verbrauchs* hervor, unabhängig von der Stärke der Blutdurchströmung, die durch Erwärmung stets vermehrt, durch Abkühlung oft vermindert wurde. Diese Erhöhung der O-Aufnahme betrug bei Erwärmung bis zu 70%, bei Abkühlung sogar bis zu 132%. Der Autor sucht sie auf eine direkte Beeinflussung der Hirntätigkeit durch die Temperaturänderung zurückzuführen, was aber für die Abkühlung wohl als höchst unwahrscheinlich bezeichnet werden muß. Hier liegt es wohl näher, an eine reflektorisch von der Kopfhaut her ausgelöste Steigerung der Oxydationsvorgänge zu denken.

In einer vierten Abhandlung erörtert der Autor die auch in den vorangehenden Arbeiten vielfach diskutierte Frage nach dem *Zusammenhange des O-Verbrauchs im Gehirn mit der Blutdurchströmung*. Immer wieder sucht er einen solchen Zusammenhang herzustellen, obwohl seine Versuche hierfür nicht nur gar keinen Beweis erbringen, sondern im Gegenteil sowohl unter normalen Bedingungen wie unter dem Einfluß verschiedener Giftwirkungen (vgl. das oben über den Einfluß des Chloroforms und des Adrenalins Gesagte) oder anderer Faktoren (s. Abkühlung!) die sehr weitgehende Unabhängigkeit beider Momente dokumentieren. Auch dort, wo die Beeinflussung der O-Aufnahme und der Blutdurchströmung einander parallel gehen, liegt nicht die geringste Veranlassung vor, diese für die erste verantwortlich zu machen; wäre dies der Fall, so müßte die Differenz des O-Gehaltes zwischen arteriellem und venösem Blut stets annähernd gleich bleiben. Fast nirgends aber ist eine solche Gesetzmäßigkeit nachweisbar, und schon unter normalen Bedingungen zeigt die O-Ausnutzung ganz außerordentliche Differenzen (1,6—12,6%), so daß dies bereits eine zwangsweise Änderung des O-Verbrauchs durch den Grad der Durchströmung höchst unwahrscheinlich macht. Es möge bei dieser Gelegenheit darauf hingewiesen werden, daß eine so weitgehende Änderung der Blutversorgung, wie sie zum mindesten zeitweise eintreten muß, wenn man beim Kaninchen drei, beim Hunde alle vier Hirnarterien abbindet, im ersten Falle meist ohne jede, im zweiten oft nur mit einer vorübergehenden Funktionsstörung, also wohl auch nur geringfügigen Änderung der O-Aufnahme einhergeht, was wohl am augenfälligsten die weitgehende Unabhängigkeit des Hirnstoffwechsels von dem Grade der Blutdurchströmung erweist.

Sowohl die Versuche von ALEXANDER (und CSERNA) wie die von YAMAKITA haben nur die *relativen* Änderungen der O-Zehrung und Blutdurchströmung festgestellt, da die Gesamtmenge des in der Zeiteinheit durch das Gehirn zirkulierenden Blutes nicht ermittelt wurde. Unter Zugrundelegung der Angaben von JENSEN (vgl. S. 531) haben jedoch beide Autoren die absolute Größe des Hirngaswechsels zu schätzen versucht. Bezeichnen wir wie oben die prozentische O-Ausnutzung, d. h. die Differenz des O-Gehaltes des arteriellen und des venösen Blutes mit ΔO_2, und die Gesamtmenge des pro Minute durch 100 g

---

[1] GERLACH, P.: Der Einfluß verschiedener Ionen etc. Bioch. Z. **61**, 125 (1914).

Gehirn fließenden Blutes mit m, so ist die Größe des O-Verbrauchs pro 100 g und 1 Min. $= \frac{\Delta O_2 m}{100}$. Es betrug ΔO_2 beim Hunde nach den Untersuchungen von ALEXANDER und CSERNA im Mittel 16,2%, beim Kaninchen nach YAMAKITA als Mittel von 185 Bestimmungen 6,92%; m beträgt nach JENSEN für den Hund (nach zwei Versuchen) 138 ccm, für das Kaninchen im Mittel 136,4 ccm. Daraus würde sich der mittlere O-Verbrauch von 100 g Gehirn beim Hunde zu 32,4 ccm[1], beim Kaninchen zu 9,4 ccm ergeben. — Gegen die Berechnung von ALEXANDER und CSERNA und den von ihnen durchgeführten Vergleich ihrer Werte mit jenen des Gaswechsels anderer Organe hat GAYDA eine Anzahl von Einwänden erhoben. Zunächst wäre es seiner Auffassung nach nicht angängig, den Gaswechsel des Gehirns *im wachen Zustande* mit dem *Ruhestoffwechsel* anderer Organe zu vergleichen; denn gerade die Versuche dieser Autoren beweisen, daß schon die bloße Belichtung eine Steigerung des Gaswechsels herbeiführe, und da auch durch die anderen Sinnesorgane dem Gehirn ständig Erregungen zufließen, überdies die in ihm sich abspielenden psychischen Vorgänge jedenfalls auch mit Stoffumsätzen verbunden seien, so wäre der Stoffwechsel des wachen Gehirns nicht mit dem Ruhezustande, sondern mit dem der Tätigkeit der anderen Organe vergleichbar; mit dem Ruhestoffwechsel könnte man nur den des schlafenden oder tief narkotisierten Gehirns in Parallele setzen. Tut man dies für die von GAYDA gefundenen Mittelwerte (vgl. S. 535), so ergibt sich der Gaswechsel des „ruhenden" Gehirns nicht größer als der anderer Organe, liegt vielmehr zwischen dem des durch Pilokarpinvergiftung oder Vagusreizung zum Stillstand gebrachten Herzens und dem der Leber. Der Einwand GAYDAs, daß das wache Gehirn mit anderen ruhenden Organen nicht vergleichbar sei, kann aber wohl kaum in vollem Umfange als berechtigt anerkannt werden; denn auch die letzteren erfahren unaufhörlich die verschiedenartigste Beeinflussung auf nervösem oder hormonalem Wege, und von einem „Ruhestoffwechsel" im strengsten Sinne könnte man dann bei einem in situ befindlichen Organe überhaupt nicht reden. Unbedingt abzulehnen aber ist die Annahme, daß der Stoffwechsel des tief narkotisierten Gehirns als normaler Ruhestoffwechsel betrachtet werden könne, denn die Narkose bewirkt, wie wir später noch sehen werden, meist eine sehr bedeutende Verminderung des Umsatzes jeder Art auch am isolierten, also wohl sicher völlig in Ruhe befindlichen Organ, und der Fehler, der durch Zugrundelegung dieses niedrigen Wertes bewirkt wird, ist sicher viel größer als der in dieser Hinsicht von ALEXANDER und CSERNA begangene.

Begründeter hingegen dürfte der zweite Einwand sein, daß der ihrer Berechnung zugrunde gelegte Wert der Blutdurchströmung viel zu hoch war. Die ungewöhnliche Größe der im Mittel 16,2% betragenden Differenz zwischen dem O-Gehalt des arteriellen und des venösen Blutes, die mehr als doppelt so hoch war als die von GAYDA beobachtete, spricht jedenfalls für eine bedeutende Verlangsamung der Blutströmung, die vielleicht während der Blutentnahme durch den Widerstand der mit Paraffinöl gefüllten Kanüle bedingt war. Rechnet man umgekehrt aus der von GAYDA beim normalen Tier im Mittel beobachteten O-Ausnutzung von 7,07%, die mit dem von YAMAKITA gefundenen Mittelwert von 6,92% sehr gut übereinstimmt, auf die bei den Versuchen von ALEXANDER und CSERNA vermutlich vorhandene Blutdurchströmung des Gehirns um, so würde sich statt der aus den Daten dieser Autoren berechneten 22,4 ccm, ein Wert von 9,8 ccm ergeben, der sowohl mit dem Mittelwert GAYDAs von 9,95 ccm, wie mit dem YAMAKITAs von 9,4 ccm ausgezeichnet in Einklang steht.

---

[1] Der von ALEXANDER und CSERNA angegebene Wert von 36 ccm ist irrig berechnet.

Ebensowenig wie der Gaswechsel des narkotisierten Gehirns als Ausdruck eines normalen Ruhezustandes kann der des mit Atropin vergifteten Gehirns als Maßstab eines physiologischen Reizstoffwechsels angesehen werden; die mit Gefäßverengerung und Verminderung der Blutdurchströmung einhergehenden Erregungszustände von anscheinend sehr wechselnder Intensität können in keiner Weise mit der Arbeit eines tätigen Muskels verglichen werden, wie dies GAYDA zu tun versucht. So dürfte es immer noch am ehesten gestattet sein, dem Beispiele von ALEXANDER und CSERNA folgend, den Gaswechsel des Gehirns im wachen Zustande ohne besondere Reizeinwirkung mit dem Ruhestoffwechsel der anderen Organe zu vergleichen. Tut man dies, so ergibt sich, wie die folgende aus den Zusammenstellungen dieser Autoren sowie GAYDAS kombinierte Tabelle zeigt, daß *das Gehirn mit einem mittleren O-Verbrauch von etwa 9,5—10 ccm pro 100 g und Minute weitaus an der Spitze aller anderen Organe steht, und den des Muskels um mehr als das 20fache übertrifft!*

Vergleich des O-Verbrauchs der Organe des Warmblüters in situ bei normaler Blutversorgung in der Ruhe.

Organ	Tierart	O-Verbrauch in ccm pro 100 g und Minute	O-Verbrauch bezogen auf den des Skelettmuskels	Autor
Skelettmuskel . . .	Katze	0,45	1	VERZÁR
Herz (Vagusreiz.) .	,,	1,1	2,4	BARCROFT-DIXON
Leber.	,,	1,1	2,4	BARCROFT-SHORE
Darm.	Hund	1,8	4	BRODIE-VOGT
Nieren	,,	2,6	5,8	BARCROFT-BRODIE
Speicheldrüse . . .	Katze	2,8	6	BARCROFT-PIPER
Nebennieren . . .	,,	4,4	9,8	NEUMANN
Milz	,,	5,0	10,1	VERZÁR
Pankreas	Hund	5,3	11,8	BARCROFT-STARLING
Gehirn	Kaninchen	**9,4**	**20,1**	YAMAKITA
Gehirn	Hund	**9,95**	**22,1**	GAYDA

Später ist der Gaswechsel des in situ befindlichen Gehirns noch von HOU und ganz neuerdings von SCHMIDT untersucht worden. HOU[1] bestimmte die Blutdurchströmung des Gehirns beim Hunde durch Ausfließenlassen des Blutes aus der Torcula Herophili nach möglichstem Abschluß aller anderen Abfuhrwege (Unterbindung der Vena maxillaris interna, Verschluß der im Os occipitale verlaufenden Verbindungsvenen zwischen Sinus occipitalis inferior und Sinus vertebralis). Er fand, daß bei dem normalen (in der Art. femoralis gemessenen) Blutdruck von 110 mm Hg das Minutenvolumen 130—180 ccm pro 100 g Hirn beträgt[2]. Der daraus berechnete O-Verbrauch, der allerdings nicht an demselben Tier gemessen wurde, betrug 5,6—7,8 ccm pro 100 g Gehirn und Minute. Bei allmählicher Erstickung durch O-Mangel verschwanden die Cornealreflexe erst, wenn der O-Verbrauch auf 1,4—2,3 ccm abgesunken war. In einer zweiten gemeinsam mit SUGIURA[3] ausgeführten Versuchsreihe, in welcher Blutdurchströmung und O-Verbrauch an ein und demselben Tier bestimmt wurden, ergaben sich für den letzteren Werte von 4,3—7,7 ccm pro 100 g und Minute. Bei Verringerung des O-Drucks soll die Differenz zwischen dem O-Gehalt des arteriellen und des venösen Blutes eine Verringerung erfahren haben (?) und von 4,7 auf 2,3 abgesunken sein, ohne daß bemerkenswerte Änderungen der

---
[1] HOU, C. L.: On the amount of the blood supply etc. J. orient. Med. **5**, 20 (1926).
[2] Der in der ersten Mitteilung dieser Versuche [J. Biophysics **1** (1924), Proc. physiol. Soc. XL] angegebene Wert von 23 ccm pro 10 g Gehirn und 10 Sekunden stellt offenbar einen Druckfehler dar und muß 2,3 heißen.
[3] HOU u. SUGIURA: Note on the oxygen consumption etc. J. orient. Med. **5**, 32 (1926).

Hirnfunktion eintraten, so daß die Tätigkeit des Gehirns nicht immer an den gleichen O-Verbrauch gebunden wäre.

SCHMIDT[1] wollte bei seinen Versuchen in erster Linie die Beziehungen zwischen dem Stoffwechsel des Gehirns (bzw. des Atemzentrums) und der Atmungstätigkeit und die Beeinflussung beider durch die Blutdurchströmung erforschen. Er untersuchte den Hirngaswechsel von Hunden nicht unter normalen Zirkulationsverhältnissen, sondern bei künstlicher Durchblutung des Gehirns mit einer Pumpe, die das (durch Defibrinieren und Injektion von Heparin ungerinnbar gemachte) Blut, das aus der Femoralarterie oder einer Carotis zugeleitet wurde, in die beiden Vertebralarterien einpreßte, während die beiden Carotiden hirnwärts unterbunden waren. Wird der Durchspülungsdruck größer gehalten als der arterielle Blutdruck des Tieres, so wird ein anderweitiger Blutzufluß durch die nicht auszuschaltenden Spinalarterien unmöglich gemacht. Um andererseits einen Blutabfluß durch den Circulus arteriosus zu verhindern, wurde dem Blut Adrenalin zugesetzt, das nach den Versuchen des Verfassers (im Gegensatz zu solchen verschiedener anderer Autoren) im wesentlichen nur die extracerebralen Gefäße zur Kontraktion bringen, die cerebralen selbst dagegen nicht merklich beeinflussen würde. Auf diese Weise würde nur das durch die Pumpe beförderte Blut und dieses zur Gänze in das Gehirn gelangen und daher ohne weiteres ein Maß der durchströmenden Blutmenge geben. (Adrenalinzusatz führte allerdings eine Verminderung des Gaswechsels herbei, die der Verfasser aber nicht auf den von verschiedenen Autoren beobachteten schädigenden Einfluß des Adrenalins, sondern auf die dadurch bewirkte Besserung(!) der Blutversorgung des Gehirns zurückführt; denn nach seinen Versuchen soll eine verstärkte Durchströmung eine Abschwächung der Lungendurchlüftung herbeiführen und der Stoffwechsel des Gehirns sich gleichsinnig mit dieser verändern).

Die unter diesen Bedingungen gemessenen O_2- und vor allem die CO_2-Werte weisen große Schwankungen auf und die letzteren sind in einigen Versuchen mit Einwirkung von Morphin und Atropin sogar negativ, d. h. das Blut kehrte anscheinend CO_2-ärmer aus dem Gehirn zurück als es einströmte, was die Zuverlässigkeit der Methodik nicht in sehr günstigem Lichte erscheinen läßt. Die auf verschiedenem Wege erzeugten Veränderungen der Atmungstätigkeit (Atmungsstillstand durch zentrale Vagusreizung oder Punktion der Medulla obl., Atmungssteigerung durch elektrische Reizung der letzteren; Atmungsverstärkung durch Coffein, schwache Äthernarkose, Atmungsabschwächung durch Morphin, tiefe Äthernarkose u. dgl.) und die dabei zu beobachtenden Veränderungen des Hirngaswechsels würden nach dem Verfasser den weitgehenden Parallelismus zwischen diesem und der Lungendurchlüftung dartun, den er zu beweisen wünscht. Eine Ausnahme machte nur die Einatmung von CO_2, die eine starke Erhöhung der Lungenventilation und gleichzeitig eine Abschwächung des Hirngaswechsels herbeiführte, die der Autor in sehr gekünstelter Weise durch die Annahme von Änderungen der Blutverteilung innerhalb des Gehirns selbst mit seiner Theorie in Einklang zu bringen sucht; eine einfache Erklärung könnte vielleicht in der Lokalisierung der zum Teil reflektorisch ausgelösten Erregung auf das Atemzentrum bestehen, der eine oxydationshemmende Wirkung der zentralen CO_2-Anhäufung entgegenstände. Der Annahme, daß eine gesteigerte Tätigkeit der Atemzentren, *insoweit* sie der Ausdruck einer solchen des ganzen Gehirns ist, auch mit einem erhöhten Gaswechsel einhergeht, wird man durchaus zustimmen können; daß aber der Zustand der Atemzentren dem der übrigen Hirnzentren stets parallel geht, ist weder bewiesen noch wahrscheinlich. — Die

---

[1] SCHMIDT, C. F.: The influence of cerebral blood-flow on respiration. Amer. J. Physiol. **84**, 202, 223, 242 (1928).

Bedeutung von SCHMIDTs Versuchen für die Theorie der Atmungsregulation, die vor allem in der Hervorhebung des bisher wenig beachteten Einflusses der Blutdurchströmung und ihrer Veränderlichkeit besteht, hat uns hier nicht weiter zu befassen. Daß der Stoffwechsel der Zentren, ebenso wie wir dies von anderen Organen wissen, deren Blutversorgung regulatorisch beeinflußt, ist für die Erhaltung der normalen Funktion sicher von großer Bedeutung. Daß ferner umgekehrt bei Verminderung der Blutzufuhr *unter* ein gewisses Maß, der Umfang der letzteren die Intensität des Stoffwechsels mitbestimmen muß, versteht sich von selbst. Daß aber *oberhalb* dieser Grenze (d. h. unter normalen Bedingungen) das Ausmaß der Blutdurchströmung den Stoffwechsel reguliere (und zwar gerade umgekehrt wie dies YAMAKITA zu beweisen versuchte, nämlich in Form einer *gegensinnigen* Änderung beider) ist aus SCHMIDTs Versuchen durchaus nicht zu entnehmen und nach unseren früheren Ausführungen (vgl. S. 539) auch wenig wahrscheinlich.

Obwohl ein Vergleich der unter den abnormen Bedingungen einer künstlichen Durchströmung gewonnenen Werte von SCHMIDT mit jenen der vorangehenden Autoren eigentlich kaum angängig erscheint, stimmen sie doch in der Größenordnung auffällig gut mit ihnen überein. Denn die Mittelwerte, die sich aus den ohne besondere Eingriffe angestellten Versuchen berechnen lassen, liegen zwischen 8 und 9 ccm pro 100 g Gehirn und Minute (4,7—14,9). Vielleicht demonstriert gerade diese Übereinstimmung am besten die weitgehende Unabhängigkeit des Hirngaswechsels von den Bedingungen, unter denen er sich abspielt.

2. Der Gaswechsel des isolierten Zentralnervensystems.

Die erörterten Untersuchungen an dem in situ befindlichen Organ haben unzweifelhaft dargetan, daß der Gaswechsel des CNS weitaus größer ist als der der anderen bisher untersuchten Organe. Die Gewinnung völlig zuverlässiger absoluter Werte aber auf diesem Wege begegnet fast unüberwindlichen Schwierigkeiten, weil eine direkte Messung der Gesamtmenge des durchströmenden Blutes nicht durchführbar ist, ja, es wahrscheinlich nicht einmal gelingt, Blutproben zu erhalten, die ganz ausschließlich dem CNS selbst entstammen. So ist eine genaue Ermittlung absoluter Werte bisher nur möglich am völlig isolierten Organ, das natürlich wieder den großen Nachteil bietet, daß seine Untersuchung unter ganz abnormen Bedingungen erfolgen muß. In erster Linie gilt dies für das CNS der Warmblüter, das aus dem Organismus entfernt oder auch nur seiner normalen Blutversorgung beraubt, unter gewöhnlichen Verhältnissen seine Funktionsfähigkeit meist innerhalb ganz kurzer Zeit einbüßt, sodaß die an ihm ausgeführten Untersuchungen nur mit größtem Vorbehalt zu irgendwelchen Schlüssen auf die unter normalen Bedingungen sich abspielenden Prozesse verwertet werden können. Viel weniger ist dies beim CNS der Kaltblüter der Fall, das unter geeigneten Bedingungen auch völlig isoliert relativ sehr lange seine Erregbarkeit in anscheinend recht normaler Weise zu bewahren vermag, so daß die hier gewonnenen Ergebnisse wohl eine Übertragung auf das normale Lebensgeschehen zulassen dürften, zumal wenn sie unter gleichzeitiger Kontrolle der Erregbarkeitsverhältnisse durchgeführt sind. Wir werden uns daher an dieser Stelle im wesentlichen auf die Untersuchungen der letzteren Art beschränken und die ohne Rücksicht auf die Erhaltung der Lebensfähigkeit mehr zum vergleichenden Studium der Gewebsatmungsvorgänge angestellten Untersuchungen nur in soweit in Betracht ziehen, als ihre Ergebnisse für die Erkenntnis des normalen Lebensgeschehens von Bedeutung sein dürften. Wir übergehen daher nicht bloß die alten Versuche von SPALLANZANI, RANKE, BERT, FUBINI, sondern auch die zahlreichen gelegentlichen Angaben über die Atmung des Breies von Warmblüterhirn, die sich in den bekannten Arbeiten von BATELLI und STERN und ähnlich gerichteten anderer Autoren finden.

a) Der Gaswechsel des funktionsfähig überlebenden Zentralnervensystems.

α) *Wirbeltiere*.

Eine Untersuchung des Stoffwechsels funktionsfähig überlebender Nervenzentren ist natürlich erst auf Grund einer genauen Kenntnis der Bedingungen des Überlebens möglich gewesen, deren Grundlage die Arbeiten von BAGLIONI[1] und WINTERSTEIN[2] am isolierten Froschrückenmark gegeben haben.

Abb. 120 zeigt das völlig aus der Wirbelsäule herausgehobene Rückenmark, das durch Plexus und N. ischiadicus mit dem zur Prüfung der Erregbarkeit dienenden Bein in Verbindung steht[3]. Ein solches Reflexpräparat kann bei Zimmertemperatur in einer O-Atmosphäre oder O-gesättigten Lösung seine Erregbarkeit in ausgezeichneter Weise durch viele Stunden, unter Umständen sogar 1—2 Tage bewahren. Auch wenn, wie dies bei Untersuchung des Gaswechsels meist erforderlich ist, das Rückenmark allein verwendet wird (s. aber später die Versuche von v. LEDEBUR), ermöglichen doch Kontrollversuche mit Reflexpräparaten, die unter den gleichen Bedingungen gehalten werden, ein Urteil über seinen Funktionszustand.

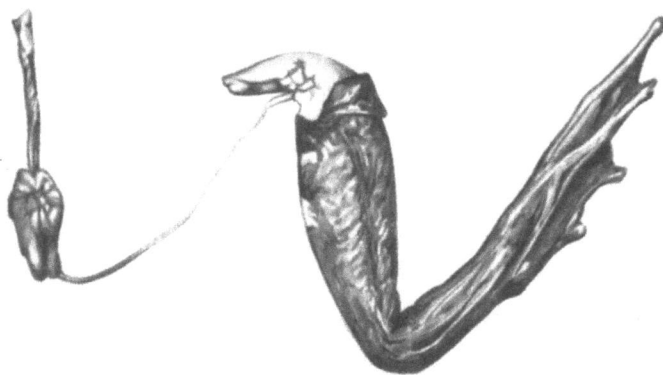

Abb. 120. Reflexpräparat des isolierten Froschrückenmarks. (Nach WINTERSTEIN.)

Zu seinen ersten im Jahre 1906 ausgeführten Gaswechseluntersuchungen bediente sich WINTERSTEIN[2] einer Modifikation eines kleinen Apparates, den THUNBERG[4] zum qualitativen Nachweis einer O-Zehrung durch kleine Organismen oder Organe angegeben hatte. Der Apparat bestand im Prinzip aus zwei gleichgroßen Atmungsfläschchen, die durch eine mit Teilung versehene Quercapillare miteinander verbunden waren. Ein in dieser befindlicher Indextropfen zeigte durch seine Verschiebung in überaus empfindlicher Weise jede Druckdifferenz zwischen den beiden Fläschchen an, wie sie (bei Konstanterhaltung der Außentemperatur) der Gaswechsel des in dem einen Fläschchen untergebrachten Rückenmarks hervorrief. Wurde die abgegebene Kohlensäure durch in einem Schälchen befindliche Kalilauge absorbiert, so zeigte die Verschiebung des Tröpfchens die *Größe des O-Verbrauchs* an; wurde der Apparat nicht mit KOH beschickt, so zeigte die Verschiebung die Differenz zwischen O-Aufnahme und CO_2-Abgabe an, den „*Sauerstoffüberschuß*" (der bei einem R.Q. von 1 gleich Null wäre). Da sich bei bekanntem Inhalt der Capillare und der Fläschchen aus der Größe der Tropfenverschiebung die Größe der Änderung des Gasvolumens leicht berechnen ließ, so konnte der Apparat auch zu quantitativen Untersuchungen verwertet werden.

---

[1] BAGLIONI, S.: La fisiologia del midollo spinale isolato. Z. allg. Physiol. **4**, 384 (1904).
[2] WINTERSTEIN, H.: Über den Mechanismus der Gewebsatmung. Z. allg. Physiol. **6**, 315 (1907).
[3] Bezüglich der Methodik der Isolierung des Rückenmarks und der Bedingungen des Überlebens sei außer auf die genannten Arbeiten verwiesen auf WINTERSTEIN: Methoden zur Untersuchung des überlebenden Zentralnervensystems. Abderhaldens Handb. d. biolog. Arbeitsmethoden V, T. 5 B, 427.
[4] THUNBERG, T.: Eine einfache Anordnung usw. Zbl. Physiol. **19**, 308 (1905).

WINTERSTEIN fand, daß das isolierte Froschrückenmark bei 16—18° in einer Atmosphäre von reinem Sauerstoff etwa 21 cmm O_2 pro Stunde verbraucht, was auf 1 g umgerechnet etwa 260—300 cmm entspricht, ein O-Verbrauch, der zirka fünfmal so groß ist als der von REGNAULT und REISET ermittelte durchschnittliche O-Verbrauch des Gesamtorganismus des Frosches. Auf 100 g und 1 Minute bezogen würden sich 0,45—0,5 ccm ergeben, das ist etwa so viel wie der Ruhestoffwechsel des Warmblütermuskels oder etwa $1/20$ des O-Verbrauchs des in situ befindlichen Warmblütergehirns bei einer um ca. 20° höheren Temperatur (vgl. S. 537). Der respiratorische Quotient ließ sich annähernd zu etwa 0,8—0,9 berechnen.

Den Ausgangspunkt der Untersuchung bildete die Frage, ob das etwa 1—2 Stunden dauernde Überleben des Rückenmarks in einer O-freien Atmosphäre entsprechend der von VERWORN und seinen Schülern aufgestellten *O-Depot-Hypothese* auf einer vorangehenden *Sauerstoffspeicherung* beruhe. Die experimentelle Entscheidung der Frage erfolgte auf Grund der Überlegung, daß in diesem Falle die durch eine Erstickung geleerten O-Reservoire bei O-Zufuhr wieder gefüllt werden müßten, was in einem entsprechenden Anwachsen des „O-Überschusses" nach vorangegangener Erstickung zum Ausdruck kommen müßte. Die Versuche ergaben jedoch übereinstimmend, daß nach einer vorangehenden Erstickung der Überschuß der O-Aufnahme über die CO_2-Abgabe niemals über die Norm hinaussteigt, vielmehr häufig hinter derselben etwas zurückbleibt, so daß von einer O-Speicherung in keiner Weise die Rede sein kann. Es sei in diesem Zusammenhange darauf hingewiesen, daß das von GERARD und MEYERHOF am Nerven nachgewiesene Vorhandensein einer „*O-Schuld*" (vgl. Stoffwechsel des peripheren Nervensystems, S. 393), das die Autoren im Sinne einer O-Speicherung zu deuten geneigt sind, wohl zu unterscheiden ist von einem Anwachsen des *O-Überschusses*. Eine O-Schuld, d. h. eine Mehraufnahme von Sauerstoff nach vorangegangener Erstickung wird auch dann auftreten, wenn es sich um eine nachträgliche Oxydation angesammelter Erstickungsprodukte handelt. Eine solche wird aber im allgemeinen keine wesentliche Änderung des O-Überschusses herbeiführen, weil der Mehraufnahme von Sauerstoff auch eine Mehrabgabe von Kohlensäure entsprechen wird. Nur wenn die letztere fehlt, erscheint die Vermutung berechtigt, daß die O-Schuld auf einer Aufspeicherung von Reservesauerstoff beruht.

Zur genaueren Ermittlung der absoluten Größe des respiratorischen Gaswechsels bediente sich WINTERSTEIN[1] in einer weiteren Versuchsreihe des Mikrorespirometers von THUNBERG[2], welches durch Überführung eines Teiles der in der Atmungskammer enthaltenen Gasmischung in eine Absorptionspipette eine direkte Messung der ausgeschiedenen Kohlensäure gestattet. Die an je drei Rückenmarken großer Wasserfrösche ausgeführten Bestimmungen ergaben bei 20° einen O-Verbrauch von 200—260 cmm pro Gramm und Stunde bei einem R.Q. von etwa 0,9. Künstliche *Reizung des Rückenmarks* durch rhythmische tetanisierende Induktionsströme erzeugte *ausnahmslos eine sehr starke Steigerung des respiratorischen Gaswechsels*, die mehr als 70% des normalen Wertes betragen konnte. Ein Beispiel gibt das folgende Versuchsprotokoll, in welchem ebenso wie stets in der Folge der bei Reizung zu beobachtende Stoffwechsel als „*Reizungsumsatz*" bezeichnet ist.

Versuche mit *Strychninvergiftung* führten zu dem auf den ersten Augenblick sehr überraschenden Ergebnis, daß weder der Gaswechsel des ruhenden,

---

[1] WINTERSTEIN, H.: Der respiratorische Gaswechsel des isolierten Froschrückenmarks. Zbl. Physiol. **21**, 869 (1908).

[2] THUNBERG, T.: Ein Mikrorespirometer. Skand. Arch. f. Physiol. **17**, 74 (1905).

O_2-Verbrauch des isolierten Froschrückenmarks in der Ruhe und bei Reizung.
(Nach WINTERSTEIN.)

Versuchsdauer in Stunden	Versuchsbedingungen	O-Verbrauch cmm per g und Std.	Reizungsumsatz in Proz. des Ruheumsatzes
1	50 Minuten rhythm.-tetan. Reizung	320,8	165
2	Ruhe	194,4	
1	50 „ Reizung wie oben	306,2	157,5
1	Ruhe	194,4	
1	45 „ Reizung wie oben	281,9	145

noch jener des in der angegebenen Weise gereizten Rückenmarks hierdurch merklich beeinflußt wird, wie das folgende Versuchsbeispiel zeigt:

Versuchsbedingungen (Versuchsdauer je 1 Stunde)	O-Verbrauch cmm per g und Std.	Reizungsumsatz in Proz. des Ruheumsatzes
Unvergiftet, Ruhe	233,2	
50 Minuten rhythm.-tetan. Reizung	404,2	173
Die Rückenmarke werden durch längeres Eintauchen in Strychninlösung vergiftet		
Ruhe	191,7	
50 Minuten Reizung wie oben	305,8	160
Ruhe	212,4	
50 Minuten Reizung durch *Einzelschläge*	202,1	95

Das paradoxe Ergebnis, daß ein Gift, das so ungeheure Erregungserscheinungen herbeizuführen vermag, doch keine Steigerung des Gaswechsels verursacht, obwohl, wie bereits früher erwähnt (vgl. S. 516) das O-Bedürfnis der Strychninfrösche ein viel größeres und ihre Erstickungszeit bei O-Mangel daher eine viel kürzere ist, läßt sich wohl damit erklären, daß das Strychnin zwar die *Reflexerregbarkeit steigert*, ohne aber, wie besonders BAGLIONI gezeigt hat, an sich Erregungen auszulösen. Daher würde beim völlig isolierten und aller Verbindungen mit reizaufnehmenden Organen beraubten Rückenmark infolge des Fehlens irgendwelcher afferenter Impulse im Ruhezustand auch kein Anlaß zu einer Steigerung des Stoffwechsels gegeben sein. Wenn andererseits das gereizte Strychninrückenmark keine stärkere Steigerung des Gaswechsels erkennen läßt als das unvergiftete, so könnte dies wohl darauf beruhen, daß durch die angewandte rhythmische tetanische Reizung auch das normale Rückenmark bereits zu maximaler Arbeitsleistung und *maximalem Stoffumsatz* veranlaßt wird, der daher durch die Vergiftung keine weitere Steigerung mehr erfahren kann. Befremdlich und schwer erklärbar aber bleibt jedenfalls die Beobachtung, daß, wie das Versuchsbeispiel zeigt, und noch in einem zweiten Versuch in der gleichen Weise festgestellt wurde, die rhythmische Reizung mit *Einzelschlägen* keine Steigerung des Gaswechsels herbeiführte.

Nach WINTERSTEIN ist der Gaswechsel des isolierten Froschrückenmarks mit der gleichen Methodik wie in den erstgenannten Versuchen von SCAFFIDI[1] untersucht worden, der als Mittel von 7 Versuchen einen O-Verbrauch von 202,3 cmm pro Gramm und Stunde erhielt (177,0—217,2). Die niedrigeren Werte erklären sich ohne weiteres aus der tieferen Versuchstemperatur (11—13° statt 20°). Der Autor untersuchte weiter den Einfluß, den die *Degeneration der Rückenmarksbahnen* infolge von Durchschneidung des Rückenmarks oberhalb der Lendenmarkanschwellung auf den Gaswechsel ausübt. Die Bestimmung erfolgte in der gewöhnlichen Weise, nachdem 1—31 Tage seit der Operation ver-

---

[1] SCAFFIDI, V.: Über den Atmungsstoffwechsel der Nervenfasern nach deren Resektion. Biochem. Z. **25**, 24 (1910).

gangen waren. Er fand, daß der O-Verbrauch in den ersten Tagen nach der Operation ansteigt und dann bis etwa zum 6. Tage sehr hoch bleibt. Fünf Versuche ergaben nach Ablauf von 3—6 Tagen Werte von 544,7—782,7 cmm pro Gramm und Stunde, also Steigerungen des Ruhewertes auf das $2^1/_2$—4fache! Acht Tage nach der Operation begann allmählich wieder ein Absinken des Gaswechsels, der aber bis zum 13. Tage immer noch über der Norm lag, sich dann ungefähr in normaler Höhe hielt und schließlich unter die Norm absank. Zwei Versuche, in denen 28 und 31 Tage seit der Operation vergangen waren, ergaben einen O-Verbrauch von 183,4 bzw. 194,7 cmm. Der in 6 Versuchen bestimmte R.Q. blieb stets kleiner als 1. Da auf Grund der Verminderung der Funktionsfähigkeit eine Abnahme des O-Verbrauchs zu erwarten gewesen wäre, so müßte nach SCAFFIDI sein Ansteigen in anderer Weise zu erklären sein, vermutlich durch chemische Prozesse, die mit dem Degenerationsvorgang verbunden wären. Als solche kämen nach den Versuchen von HALLIBURTON (vgl. Stoffwechsel des peripheren Nervensystems, S. 400) an degenerierten peripheren Nerven die zum Verlust von Phosphor führenden Spaltungen von Lecithin und Protagon in Betracht, die wenigstens für das Lecithin wegen der Gegenwart ungesättigter Fettsäuren mit Oxydationsprozessen einhergehen dürften.

In der Tat konnte SIGNORELLI[1] auf Grund dieser Versuche zeigen, daß durch Ätherextraktion aus dem Rückenmark gewonnene und in einer O-freien Atmosphäre aufbewahrte Lipoide bei 11—13° in dem mit Sauerstoff gefüllten Mikrorespirometer einen deutlichen O-Verbrauch aufweisen, der in der ersten Stunde (vielleicht infolge der verschiedenen Herkunft aus den einzelnen Rückenmarksteilen und infolge der ungleichen seit der Darstellung verstrichenen Zeit) innerhalb weiter Grenzen schwankte (23,6—104 cmm pro Gramm Lipoid), in der zweiten Stunde noch ungefähr gleich groß war, und später, besonders von der 4.—6. Stunde an allmählich abnahm. Danach wären also auch in den normalen Markscheiden O-verbrauchende ungesättigte Lipoide vorhanden.

Bei den umfänglichen Untersuchungen, die WARBURG[2] und seine Mitarbeiter über die Gewebsoxydationen und ihre Beeinflussung durch Narkotica anstellten, wurde in einigen Versuchsreihen auch der O-Verbrauch des CNS des Frosches bestimmt, und zwar (im Gegensatz zu allen vorangehenden Versuchen, bei denen das Rückenmark stets in einer Atmosphäre von reinem Sauerstoff suspendiert war) in einem flüssigen Medium, nämlich in Ringerlösung, der zur Vermehrung des O-Vorrats 10% Rinderblutkörperchen zugesetzt waren. Die von USUI[3] unter diesen Bedingungen gefundenen Werte von 63 bis 94 cmm pro Gramm und Stunde sind jedoch offenbar aus dem Grunde zu niedrig weil die Untersuchung nicht in O-gesättigter Lösung erfolgte, und, wie frühe erwähnt (vgl. S. 516) nach den Untersuchungen von BAGLIONI und von WINTERSTEIN das isolierte Rückenmark unter dem O-Druck der Luft einer allmählichen Erstickung infolge unzulänglicher O-Versorgung verfällt. Hieran wird durch den Zusatz von Blutkörperchen nichts wesentliches geändert, weil dadurch zwar der „O-Vorrat" der Flüssigkeit, nicht aber der für die Diffusion maßgebende O-Druck eine Vermehrung erfährt. Durch die Unzulänglichkeit der absoluten Werte wird jedoch der vergleichende Wert der Bestimmungen nicht wesentlich beeinträchtigt, aus denen die oxydationshemmende Wirkung verschiedener Narkotica gemäß dem Gesetz der homologen Reihen hervorgeht.

---

[1] SIGNORELLI, E.: Über die Oxydationsprozesse der Lipoide des Rückenmarks. Biochem. Z. **29**, 25 (1910).
[2] WARBURG, O.: Beiträge zur Physiologie der Zelle usw. Erg. Physiol. **14**, 253 (1914).
[3] USUI, R.: Über Messung von Gewebsoxydationen in vitro usw. Pflügers Arch. **147**, 100 (1912).

Zur genaueren Feststellung der in den eben erwähnten Versuchen nicht weiter beachteten *Beziehungen zwischen Oxydationshemmung und narkotischer Wirkung* stellte WINTERSTEIN mit einem verbesserten Mikrorespirometer[1] von größerer Empfindlichkeit und Genauigkeit zunächst Untersuchungen[2] über den *Einfluß des respiratorischen Mediums* auf die Größe des O-Verbrauchs an. Es ergab sich, daß unter dem Druck einer reinen O-Atmosphäre der O-Verbrauch in einem flüssigen Medium (Frosch-Ringer oder 0,7% NaCl-Lösung) etwas geringer war als in O-Gas, nämlich 219,5 cmm pro Gramm und Stunde (Mittel von 17 Bestimmungen; Grenzwerte: 164,8—282,5) gegen 273,4 (Mittel aus 24 Bestimmungen, Grenzwerte 174,7—385,7) bei 17—22° C.

Zur Erzielung einer die Reflexerregbarkeit in reversibler Weise völlig aufhebenden Narkose diente eine 0,5 Gew.-% Äthylurethan oder 5—6 Vol.-% Äthylalkohol enthaltende Salzlösung oder Alkoholdämpfe von der einer solchen Lösung entsprechenden Tension. Es ergab sich, daß die Urethannarkose sowohl bei Untersuchung in Lösungen wie in einer O-Atmosphäre fast stets eine deutliche, öfters sogar recht beträchtliche Herabsetzung des O-Verbrauches herbeiführte, die mehr als 30% betragen konnte. Diese blieb aber oft auch dann noch in mehr oder minder großem Umfange bestehen, wenn das Rückenmark für eine zur Wiederherstellung der Reflexerregbarkeit erfahrungsgemäß ausreichende Zeit in eine narkoticumfreie Lösung gebracht worden war. Sprach schon dieser Umstand gegen eine unmittelbare Beziehung der Oxydationshemmung zu der narkotischen Wirkung, so trat diese Unabhängigkeit auf das drastischste in den Alkoholversuchen zutage. Bei diesen riefen sowohl Alkoholdämpfe wie Alkohollösungen von narkotischer Konzentration eine deutliche *Steigerung* des O-Verbrauchs von mitunter 20—30% des Normalwertes hervor, und erst bei einer Konzentration von 10%, die weit über der völlige Narkose erzeugenden liegt, war eine Oxydationshemmung nachweisbar. Eine Behinderung der O-Atmung durch Alkoholnarkose fand auch dann nicht statt, wenn eine Erstickung durch O-Mangel vorausgegangen war, eine Beobachtung, die in merkwürdigem Widerspruch zu der früher (vgl. S. 517) erwähnten Tatsache zu stehen scheint, daß die Erholung eines durch O-Mangel unerregbar gewordenen Rückenmarks in Narkose auch dann nicht erfolgen kann, wenn ausreichend Sauerstoff zur Verfügung steht.

Eine weitere Versuchsreihe ergab, daß die elektrische Reizung, die am normalen Gewebe, wie wir gesehen haben (S. 545), eine sehr beträchtliche Steigerung des O-Verbrauchs hervorruft, in Alkoholnarkose eine solche durchaus vermissen läßt; dagegen veranlaßte elektrische Reizung in Urethannarkose eine deutliche Erhöhung des O-Verbrauchs. Kontrollversuche am Reflexpräparat zeigten nun, daß im Gegensatz zur Alkoholnarkose durch das Urethan zwar die Reflexerregbarkeit, nicht aber die direkte Reizbarkeit der Rückenmarkszentren beseitigt wurde. Bei Verwendung einer in Urethannarkose wirkungslosen Reizstärke blieb auch hier die Zunahme der O-Zehrung aus, woraus auf das klarste hervorgeht, daß *durch die elektrische Reizung eine Steigerung des Gaswechsels nur insoweit herbeigeführt wird, als auch eine Auslösung von Erregungsvorgängen stattfindet*. Wir werden die gleiche Schlußfolgerung später auch an anderen Stoffwechselvorgängen in den Nervenzentren bestätigt finden.

Haben schon die Versuche WINTERSTEINS über die narkotische Beeinflussung der Oxydationsprozesse einerseits und der Erregbarkeit andererseits

---

[1] WINTERSTEIN, H.: Ein Apparat zur Mikroblutgasanalyse und Mikrorespirometrie. Biochem. Z. **46**, 440 (1912) — Ein Mikrorespirationsapparat. Z. biol. Techn. u. Method. **3**, 246 (1913).

[2] WINTERSTEIN, H.: Beiträge zur Kenntnis der Narkose. II. Biochem. Z. **61**, 81 (1914).

eine weitgehende Unabhängigkeit beider voneinander dargetan, so gilt dies in noch höherem Maße für die Untersuchungen, die UNGER[1] über den *Einfluß verschiedenen osmotischen Druckes und verschiedenen Ionengehaltes anorganischer Lösungen auf die Oxydationsvorgänge und die Reflexerregbarkeit* des isolierten Froschrückenmarks angestellt hat. Während nämlich die Erregbarkeit in hypotonischen Lösungen allmählich verschwindet, beeinflussen diese überraschenderweise die Größe der O-Absorption gar nicht. Selbst in destilliertem Wasser zeigt die Atmung des in der gewöhnlichen Weise isolierten, von seiner Gefäßhaut umhüllten Froschrückenmarks keinen Unterschied gegenüber jener in 0,7% NaCl-Lösung (ein Verhalten, das übrigens in ganz analoger Weise von BATELLI und STERN auch an der Muskulatur verschiedener Tierarten beobachtet worden war). Dagegen ergab sich in 1—2 proz. NaCl-Lösung entsprechend den hierdurch bewirkten Erregungserscheinungen auch eine bedeutende Erhöhung des O-Verbrauchs um 32—43%, offenbar ein „Reizungsumsatz", ähnlich dem durch elektrische Reizung bewirkten.

Wesentlich anders verhält sich dagegen nach UNGER das Rückenmark, wenn es seiner Gefäßhaut durch vorsichtiges Abziehen derselben beraubt wurde. Das von der Gefäßhaut umhüllte Rückenmark wird durch diese gegen eine Zerstörung seiner Form und Struktur weitgehend geschützt, so daß in destilliertem Wasser nur an den Schnittstellen ein Hervorquellen erfolgt. Das dieses Schutzes beraubte Rückenmark dagegen zerquillt im Verlaufe mehrerer Stunden zu einem wurstförmigen schleimigen Klumpen und mit dieser *Zerstörung der normalen Struktur geht* jetzt auch eine *progressive Abnahme des O-Verbrauchs* einher. So betrug z. B. die O-Zehrung eines gefäßhautlosen Rückenmarks, das in 0,7% NaCl-Lösung in drei aufeinanderfolgenden halben Stunden 7,7—7,6—7,7 cmm verbraucht hatte, in 0,1% NaCl-Lösung 7,6—6,1—5,8—5,1—5,0—4,2—4,1 cmm und bei einem zweiten Präparat in 0,7% NaCl 7,1—7,2 cmm und dann in destilliertem Wasser in aufeinanderfolgenden halbstündigen Versuchen: 6,5—4,3—3,2—4,3—3,7—2,7—2,2 cmm[2].

Gerade das entgegengesetzte Verhalten ergab sich merkwürdigerweise für den Einfluß der Pia auf das Verhalten gegenüber hypertonischen Lösungen: Die am piaumhüllten Rückenmark beobachtete Steigerung des Gaswechsels blieb nach Entfernung der Pia aus und machte sogar oft einer leichten Abnahme des O-Verbrauchs Platz, wie besonders deutlich aus solchen Versuchen hervorgeht, bei denen der O-Verbrauch an demselben Präparat vor und nach Entfernung der Gefäßhaut untersucht wurde. So betrug z. B. die O-Aufnahme eines in gewöhnlicher Weise präparierten Rückenmarks in 0,7% NaCl 5,8 cmm in $^1/_2$ Stunde, in 2% NaCl 8,9, nach Zurückbringen in 0,7% NaCl 7,4 cmm; nun wurde die Pia abgezogen und der O-Verbrauch betrug jetzt in 0,7% NaCl 6,8 und in 2% NaCl 6,1 cmm! Die Erklärung dieses eigenartigen Verhaltens liegt jedenfalls darin, daß die Gefäßhaut infolge ihrer *Semipermeabilität* in hypertonischen Lösungen einen Wasserverlust des Rückenmarkes veranlaßt, der die Ursache der gesteigerten Reflexerregbarkeit und Atmungserhöhung bildet, während nach Entfernung der Gefäßhaut eine solche Wasserentziehung aus-

---

[1] UNGER, R.: Untersuchungen über den Einfluß von anorganischen Lösungen usw. Biochem. Z. **61**, 103 (1914).

[2] Auch die Zerstörung der Struktur durch Zerreiben bewirkt nach WINTERSTEIN [HIRSCHBERG u. WINTERSTEIN: Über den Zuckerstoffwechsel der nervösen Zentralorgane. Hoppe-Seylers Z. **100**, 185 (1917). — WINTERSTEIN, H.: Zur Kenntnis der biologischen Bedeutung von Wasserstoffacceptoren. Pflügers Arch. **198**, 504 (1923)] eine bedeutende Herabsetzung des O-Verbrauchs, der nach H. J. WOLF [Über den Einfluß von Insulin usw. Ebenda **216**, 322 (1927)] allerdings eine kurzdauernde beträchtliche Steigerung vorausgehen kann.

bleibt. Die Richtigkeit dieser Deutung hat UNGER durch Wägungsversuche dargetan, die ergaben, daß das von der Pia umhüllte Rückenmark in einer 2proz. NaCl-Lösung einen beträchtlichen Gewichtsverlust von 8,5—9,2% erfuhr, während ein solcher nach Entfernung der Gefäßhaut vollständig ausblieb.

UNGER untersuchte weiter noch den Einfluß verschiedener Ionen auf die Größe des O-Verbrauchs, und fand, daß *Calciumsalze* ($CaCl_2$) in *jeder* Konzentration, auch wenn die Reflexerregbarkeit durchaus nicht ungünstig beeinflußt wird, eine beträchtliche *Oxydationshemmung* bewirken. Eine solche war schon bei dem der gewöhnlichen Ringerlösung entsprechenden $CaCl_2$-Gehalt von 0,024% nachweisbar (Verminderung um mehr als 11%) und stieg mit wachsender Ca-Konzentration, sowohl in iso- wie in hypertonischen Lösungen, so daß die Abnahme der O-Zehrung mehr als 60% betragen konnte. Zusatz von *Kaliumchlorid* hatte in hypo- und isotonischen Lösungen (mit oder ohne NaCl) keinen merklichen Einfluß auf die Größe des O-Verbrauchs und bewirkte erst in hypertonischen Konzentrationen eine leichte Oxydationshemmung, Erfahrungen, die mit den am Muskelgewebe von anderen Autoren (BATELLI und STERN, THUNBERG) gemachten übereinstimmen und wiederum die weitgehende Unabhängigkeit von Reflexerregbarkeit und Größe des O-Verbrauchs dokumentieren. Der bekannte Antagonismus von Ca- und K-Salzen war hinsichtlich der Oxydationsprozesse in keiner Weise feststellbar. Versuche mit teilweisem oder vollständigem Ersatz des NaCl durch isotonische Traubenzuckermengen ließen keine deutliche Wirkung erkennen. Hierbei ist jedoch zu berücksichtigen, daß infolge der weitgehenden Impermeabilität der Gefäßhaut für Ionen, diese ihre Wirkung im Gewebe selbst nur in geringem Umfange äußern konnten. Dies kann auch der Grund sein, warum es für den Gaswechsel des in der gewöhnlichen Weise isolierten Rückenmarks ohne Bedeutung ist, ob es in gewöhnlicher NaCl-Lösung, in Ringerlösung mit oder ohne Glucose oder in Tyrodelösung (POLÉE) gehalten wird.

POLÉE[1] hat in BUYTENDIJKS Laboratorium die bemerkenswerte Beobachtung gemacht, daß der bloße Wechsel der anorganischen Lösungen (NaCl, RINGER, TYRODE), in denen das Rückenmark suspendiert wurde, eine beträchtliche Verminderung der O-Aufnahme bewirken kann, die 20—40% des anfänglichen Wertes zu erreichen vermag; nach längerem oder häufigerem Waschen bleibt der Gaswechsel auf niedrigerem Niveau (150—230 cmm gegenüber dem Anfangswert des ungewaschenen Präparates von 240—300 cmm pro Gramm und Stunde) konstant. Diese Erscheinung würde auf dem Auswaschen irgendeines für die Atmung bedeutungsvollen organischen Materials beruhen, da sie nicht zu beobachten ist, wenn der Gaswechsel statt in einer anorganischen Lösung in Froschserum untersucht wird. Die Inaktivierung des letzteren durch Erhitzen auf 56° hatte keinen Einfluß; die Verwendung von Serum warmblütiger Organismen (Mensch, Kaninchen, Rind, Schwein, Hammel), das auf den gewünschten osmotischen Druck gebracht worden war, erzeugte eine leichte Steigerung des O-Verbrauchs. — Die Angaben POLÉEs würden natürlich, wenn sie eine Verallgemeinerung zulassen, eine wichtige Fehlerquelle für alle Versuche aufdecken, bei denen der Einfluß irgendwelcher Stoffe auf den O-Verbrauch unter Wechsel der Suspensionsflüssigkeit untersucht wurde (z. B. WINTERSTEIN, UNGER); es muß jedoch darauf hingewiesen werden, daß in den Protokollen von UNGER bei den zahlreichen Austauschversuchen von Lösungen verschiedenen osmotischen Drucks und verschiedener Zusammensetzung ein

---

[1] POLÉE, A. A. R.: La respiration de la moelle epinère dans diverses solutions. Arch. néerl. Physiol. **5**, 141 (1920).

solcher Einfluß des einfachen Flüssigkeitswechsels meist nicht ersichtlich ist. Die Frage bedarf also noch weiterer Untersuchung.

Die gleiche Beobachtung einer Verminderung des O-Verbrauchs beim Wechseln der Versuchsflüssigkeit hatte übrigens schon vor POLÉE BUYTENDIJK[1] an *Fischhirnen* gemacht. BUYTENDIJK bediente sich bei seinen Versuchen einer auf dem WINKLERschen Titrationsverfahren beruhenden Mikromethode zur Bestimmung des in der Lösung enthaltenen Sauerstoffs. Da aber die Flüssigkeiten anscheinend durchweg nur mit Luft und nicht mit Sauerstoff geschüttelt waren, und der O-Druck in der abgeschlossenen Flüssigkeitsmenge während der Versuchsdauer noch absank, so dürften alle von dem Autor wiedergegebenen Zahlen zu niedrig sein und höchstens vergleichenden Wert besitzen. In der folgenden Tabelle seien einige Werte über den O-Verbrauch von Fischhirnen wiedergegeben, die unmittelbar nach Tötung der Tiere entnommen wurden:

Durch Zusatz von Äther zur Ringerlösung wurde der O-Verbrauch sehr stark, zum Teil bis auf $1/10$ des vorherigen Wertes herabgesetzt. Auch destilliertes Wasser, $n/100$ HCl und $n/100$ KOH bewirkten eine starke Verminderung. Durch elektrische Reizung wurde die O-Aufnahme deutlich gesteigert, sofern es sich um kräftig atmende Organe, dagegen nur wenig, wenn es sich um schwach atmende (nicht mehr lebensfähige) Präparate handelte:

O₂-Verbrauch des Gehirns verschiedener Fischarten.
(Nach BUYTENDIJK.)

Fischart	O-Verbrauch in cmm pro g und Std.
Idus melanotus . . .	103—124 (3 Versuche)
Perca fluviatilis . . .	127
Tinca vulgaris	110
Gadus merlangus . .	84
Trigla hirundo	94

O₂-Verbrauch des CNS in der Ruhe und bei Reizung.
(Nach BUYTENDIJK.)

Organ	O-Verbrauch in cmm pro g und Std.			Reizungsumsatz in Proz. des Ruhewertes
	vor	während	nach	
		der Reizung		
Gehirn von Lucioperca Sandra	208	275	229	132
„ „ Tinca vulgaris	110	150	98	136
„ „ Gadus morrhua	67	87	—	130
„ „ „	23	28	—	122
Rückenmark Rana	150	178	141	118

Der O-Verbrauch des Hirnstamms und Kopfmarks war durchweg erheblich geringer als der der vorderen Hirnteile (Lobi optici, Lobi olfactorii und Cerebellum), wie die folgende Tabelle zeigt:

In neuerer Zeit hat BASS[2] mit dem älteren Modell des WINTERSTEINschen Mikrorespirometers vergleichende Versuche über den O-Verbrauch des Gehirns und des Rückenmarks bei Fröschen angestellt. Sie ergaben, wie die folgende Tabelle zeigt,

O₂-Verbrauch verschiedener Teile des Fischhirns.
(Nach BUYTENDIJK.)

Fischart	O-Verbrauch in cmm pro g und Std.	
	Hirnstamm	vordere Hirnteile
Idus melanotus . .	133	202
Trigla hirundo . .	160	177
Gadus merlangus .	64	84
Cyprinus carpo . .	136	200
Tinca vulgaris . .	43	66

---

[1] BUYTENDIJK, F. J. J.: On the consumption of oxygen by the nervous system. Koninkl. Akad. Wetensch. Amsterd., Wis- en natuurk. Afd. **1910**, 577.
[2] BASS, E.: Versuche über den Sauerstoffverbrauch des Zentralnervensystems usw. Z. Biol. **78**, 161 (1923).

durchweg eine *höhere O-Aufnahme des Gehirns*. Doch sind auch die für das Rückenmark gefundenen Werte höher als die aller früheren Untersucher, was der Autor auf eine bessere Absorption der Kohlensäure durch Einbringen von mit KOH getränkten Fließpapierstreifen zurückzuführen sucht. Einige in Luft statt in Sauerstoff angestellten Gaswechselversuche ergaben, wie zu erwarten war, einen erheblich niedrigeren O-Verbrauch (nur ca. $1/4 - 1/3$).

O-Verbrauch des CNS des Frosches in einer O-Atmosphäre bei 12 bis 14° C in cmm pro g und Std. (Nach Bass.)

Gehirn	Rückenmark	Mehrverbrauch des Gehirns in Proz.
463,8	313,9	47,9
415,2	364,7	13,8
365,3	313,0	14,2
453,7	373,3	21,0
376,4	359,8	4,4
417,4	367,5	13,7
Mittel 415,3	348,7	19,1

Gestützt auf die Versuche von WINTERSTEIN und LANGENDORFF[1] über das Überleben des Zentralnervensystems abgekühlter Säugetiere hat BASS auch Untersuchungen über den *O-Verbrauch des Gehirns und Rückenmarks von Meerschweinchen* angestellt, die auf Zimmertemperatur abgekühlt waren. Ein Beispiel zeigt die nebenstehende Tabelle.

O-Verbrauch von mit dem Rasiermesser hergestellten Flachschnitten durch das Zentralnervensystem eines abgekühlten Meerschweinchens bei 20° in cmm pro g und Std. (Nach Bass.)

Gehirn	Rückenmark
774,2	673,9
836,6	747,5
836,3	626,9
Mittel 815,7	682,7

Diese Daten — die einzigen quantitativen Angaben, die wir bisher über die absolute Größe des Stoffwechsels des bis zu einem gewissen Grade funktionsfähig isolierten CNS von Warmblütern besitzen — zeigen, daß auch bei der niederen Temperatur der Stoffwechsel der Nervenzentren beim Warmblüter beträchtlich höher, fast doppelt so hoch ist als der des Frosches (auch hier wieder der des Gehirns um etwa 16% größer als der des Rückenmarks).

Aus den bei verschiedenen Temperaturen am Meerschweinchenhirn angestellten Gaswechselversuchen berechnete sich der Temperaturkoeffizient Q_{10} für das Intervall von 10—25° zu 1,11—1,55, im Mittel zu 1,4. Extrapoliert man auf Grund dieser Mittelwerte die Größe des O-Verbrauchs bei 38°, so würde sich ein Wert von 1200—1600 cmm pro Gramm und Stunde oder von 2—2,7 ccm pro 100 Gramm und Minute ergeben, der hinter dem bei normaler Blutversorgung und Körpertemperatur für Hunde- und Kaninchengehirn tatsächlich ermittelten (vgl. S. 537) noch beträchtlich zurückbleibt.

Für das Rückenmark betrug Q_{10} bei Temperaturen von 14—20° 1,29—1,81, im Mittel 1,59.

Wurden die Tiere vor der Abkühlung narkotisiert, so zeigte der in der gewöhnlichen Weise bestimmte O-Verbrauch des Gehirns eine beträchtliche Verminderung, die bei Narkose mit Äthylurethan 20%, bei Narkose mit Chloralhydrat 30% betrug.

---

[1] WINTERSTEIN, H.: Das Überleben von Säugetieren bei künstlicher Durchspülung. Sitzgsber. d. Naturforsch. Ges. Rostock N. F. **3** (1911). — H. W. LANGENDORFF: Das Überleben des Zentralnervensystems von Säugetieren usw. Dissert. Rostock 1913.

MARTIN und ARMISTEAD[1] haben die CO_2-Produktion des Froschhirns nach einer gleich noch zu erörternden Methode von HAAS untersucht, die auf der Feststellung der durch die Säureabgabe bewirkten Reaktionsänderung der Lösung beruht. Die mitgeteilten Daten haben höchstens vergleichenden Wert und ergaben eine Steigerung der Säurebildung bei Zusatz von Adrenalin (1:200000) im Mittel auf das 2,6fache.

WOLF[2] untersuchte mit dem WINTERSTEINschen Mikrorespirometer den *Einfluß, den Insulin und Glucose auf den O-Verbrauch* des überlebenden Froschrückenmarks ausüben. Er fand, daß Insulin allein auf die Atmung des Rückenmarks von Sommerfröschen keinen, auf die von Winterfröschen einen geringen steigernden Einfluß hat. Auch Glucosezusatz allein hatte auf den O-Verbrauch des normalen in Ruhe befindlichen Rückenmarks keine Wirkung. War dieses aber durch mechanische Insulte geschädigt, so daß seine Atmung im Absinken begriffen war, so konnte Zufuhr von Glucose allein für kurze Zeit eine oft beträchtliche Steigerung des O-Verbrauchs herbeiführen; das gleiche war beim Rückenmark kranker Tiere der Fall. Zusatz von Insulin in Glucoselösung rief bei geeigneter Konzentration regelmäßig eine bedeutend länger anhaltende Steigerung des O-Verbrauchs hervor. Für die Erzielung dieser Wirkung erwies sich die Konzentration des Insulins von großer Bedeutung. Zu hohe Dosen waren wirkungslos oder erzeugten sogar eine Hemmung, eine Beobachtung, die vielleicht geeignet ist, die widersprechenden Angaben der einzelnen Autoren über die Wirkung des Insulins auf die Gewebsatmung zu erklären.

Neuerdings haben WINTERSTEIN und seine Mitarbeiter das Problem des *„Alles-oder-Nichts-Gesetzes" in seiner Beziehung zum Stoffwechsel* in Angriff genommen. WINTERSTEIN und HIRSCHBERG[3] untersuchten mikrorespirometrisch den Einfluß, den die Reizstärke auf den O-Verbrauch des durch rhythmische Reihen von Induktionsschlägen direkt gereizten Froschrückenmarks in einer O-Atmosphäre oder in O-gesättigter Ringerlösung ausübt. Sie fanden, wie die beiden folgenden Versuchsbeispiele zeigen, einen weitgehenden Parallelismus

Einfluß der Reizstärke auf den O-Verbrauch des direkt gereizten Froschrückenmarks.
(Nach WINTERSTEIN und HIRSCHBERG.)

Versuchsbedingungen	O-Verbrauch in cmm pro g und Std.	Reizumsatz in Proz. des Ruheumsatz
1. Ruhe	233	
Reizung R.A. 16 cm	267	115
9 ,, ...	467	200
6 ,, ...	533	229
3 ,, ...	667	287
2 ,, ...	700	300
Ruhe	233	
2. Ruhe	133	
Reizung R.A. 20 cm	200	150
17 ,, ...	200	150
14 ,, ...	267	200
3 Stunden Pause		
Reizung R.A. 11 cm	333	250
8 ,, ...	433	325
5 ,, ...	467	352
2 ,, ...	567	426

---

[1] MARTIN u. ARMISTEAD: The influence of adrenalin etc. Amer. J. Physiol. **62**, 488 (1922).
[2] WOLF, H. J.: Über den Einfluß von Insulin und Glucose usw. Pflügers Arch. **216**, 322 (1927).
[3] WINTERSTEIN u. HIRSCHBERG: Alles-oder-Nichts-Gesetz u. Stoffwechsel. Pflügers Arch. **216**, 271 (1927).

zwischen der durch den Rollenabstand gemessenen Reizstärke und der Größe des Umsatzes, der unter Umständen auf das vierfache des Ruhewertes ansteigen konnte, mithin dem Alles-oder-Nichts-Gesetz nicht gehorchte.

Diese Ergebnisse konnte v. LEDEBUR[1] auch für die CO_2-Abgabe des isolierten Froschrückenmarks, die er mikrotitrimetrisch bestimmte, vollkommen bestätigen, und zwar sowohl für das normale wie für das mit Strychnin vergiftete Rückenmark. Bei diesem zeigte entsprechend dem für den O-Verbrauch bereits von WINTERSTEIN (vgl. S. 545) erhobenen und von v. LEDEBUR gleichfalls bestätigten Befund die CO_2-Abgabe im Ruhestoffwechsel keine Erhöhung gegenüber der Norm; bei der Reizung erfuhr sie ebenso wie die des normalen eine mit der Reizstärke anwachsende Steigerung, gehorchte also gleichfalls nicht dem Alles-oder-Nichts-Gesetz. Ganz anders aber als bei dieser von allen Autoren bis dahin allein angewandten *direkten* Reizung verhielt sich das Rückenmark, wenn seine Erregung durch elektrische Reizung des zentralen Ischiadicusstumpfes auf reflektorischem Wege ausgelöst wurde. Unter diesen — den physiologischen Verhältnissen offenbar viel eher entsprechenden — Bedingungen ließ sich bei Reizung des normalen Rückenmarks entweder keine oder nur eine sehr viel geringere Steigerung der CO_2-Abgabe beobachten, ebenso auch des O-Verbrauchs. Das mit Strychnin vergiftete Rückenmark zeigte zwar — offenbar in Zusammenhang mit der weit größeren Ausbreitung der Erregung — bei reflektorischer Reizung eine beträchtlich größere Steigerung des O-Verbrauchs und der CO_2-Abgabe als das normale, aber doch eine weit geringere als bei direkter Reizung. Sowohl beim normalen wie bei dem mit Strychnin vergifteten Rückenmark *gehorchte ferner der durch reflektorische Reizung erzeugte Mehrumsatz dem Alles-oder-Nichts-Gesetz*, d. h. er erwies sich als unabhängig von der Reizstärke. Die folgenden Versuchsbeispiele mögen das Gesagte veranschaulichen:

Einfluß direkter und reflektorischer Reizung auf den Gaswechsel des Froschrückenmarks. (Nach v. LEDEBUR.)

Versuchsbedingungen	CO_2-Abgabe in cmm (absoluter Wert)	Steigerung derselben bei Reizung in cmm
Ruhe	23,9	
Tetan. Reizung d. *Ischiadicus* R.A. 11 cm	23,2	0
9 „	22,2	0
7 „	22,2	0
5 „	21,1	0
Ruhe	22,5	
Ruhe	22,0	
Tetan. Reizung d. *Rückenmarks* R.A. 11 cm	35,4	13,4
9 „	38,7	16,7
7 „	39,2	17,2
Ruhe	26,6	

Versuchsbedingungen	O_2-Verbrauch in cmm pro g und Std.	Steigerung bei Reizung in Proz.
Ruhe	228	
Tetan. Reizung d. *Ischiadicus* R.A. 12 cm	272	19
8 „	262	14
Ruhe	228	
Tetan. Reizung d. *Rückenmarks* R.A. 12 cm	337	47
8 „	370	62

---

[1] LEDEBUR, J. FREIH. v.: Der Erregungsstoffwechsel der Nervenzentren usw. Pflügers Arch. **217**, 235 (1827).

Versuchsbedingungen	CO_2-Abgabe in cmm pro g und Std.	Steigerung bei Reizung in Proz.
12 Minuten in 0,05% Strychnin		
Ruhe	148	
Einz. Reiz. d. *Ischiadicus* R.A. 10 cm	189	27
5 „	179	20
Ruhe	132	
Ruhe	118	
Einz. Reiz. d. *Rückenmarks* R.A. 10 cm	189	60
5 „	226	91
Ruhe	108	
40 Min. in 0,05% Strychnin		
Ruhe	155	
Einz. Reiz. d. *Ischiadicus* R.A. 8 cm	175	13
4 „	175	13
Dauernd. Tetan. 5 „	169	9
Ruhe	150	
Einz. Reiz. d. *Rückenmarks* R.A. 8 „	177	18
4 „	211	40
Ruhe	173	

Das durchaus verschiedene Verhalten der direkt gereizten und der auf physiologischem Wege vom Nerven aus in Erregung versetzten Nervenzentren, das in dem Unterschied zwischen dem durch direkte Reizung und dem durch fortgeleitete Erregung erzeugten Mehrumsatz des peripheren Nerven (vgl. S. 393) sein Gegenstück zu haben scheint, dürfte von großer grundsätzlicher Bedeutung sein. Es zeigt, daß der *lokale Reizungsvorgang* und der *physiologisch weitergeleitete Erregungsvorgang zwei ganz verschiedene Prozesse* darstellen, und daß alle bisher besprochenen und in der Folge noch zu erörternden Versuche über die Änderungen des Stoffwechsels bei direkter künstlicher Reizung nur in sehr beschränktem Umfange Rückschlüsse auf das physiologische Lebensgeschehen zulassen.

Anhangsweise sei erwähnt, daß Doyer[1] mit dem Wintersteinschen Mikrorespirationsapparat den O-*Verbrauch der Froschnetzhaut* untersucht und seine Größe zu ca. 0,12 cmm pro Minute bestimmt hat, was bei einem Gewicht von etwa 10 mg einen O-Verbrauch von 600 bis 720 cmm pro Gramm und Stunde ergeben würde, also einen erheblich höheren als den des C.N.S. Dies gilt für Untersuchung bei diffusem Licht; wurde die Netzhaut im Dunkeln präpariert und die O-Zehrung erst im Dunkeln und dann $1/2$ Stunde später bei plötzlicher Belichtung mit einer Bogenlampe bestimmt, so ergab sich in den ersten 10 Minuten eine *Verminderung* derselben. Diese war nicht nachweisbar, wenn die Netzhaut in situ in der hinteren Bulbushälfte untersucht wurde. Erfolgte die Untersuchung nach der Methode von Buytendijk durch Bestimmung des O-Gehaltes einer Lockeschen Lösung, so ergab sich ein geringerer O-Verbrauch im Dunkeln als im Licht. Eine Erklärung dieser etwas seltsamen Resultate konnte nicht gegeben werden. Nach Warburg[2] würde die *Säugetiernetzhaut* mit einem O-Verbrauch von 30 cmm pro Milligramm und Stunde überhaupt die größte Atmungsintensität unter allen Geweben aufweisen. (In der Tat wären dies auf 100 g und Min. umgerechnet 50 ccm, also ca. 6mal soviel als der Gaswechsel des Gehirns bei normaler Blutdurchströmung!) Dagegen würde nach Krebs[3] die Vogelnetzhaut keine oder doch nur sehr geringe Oxydationsprozesse zeigen (?).

β) *Wirbellose*.

Für *nervöse Zentralorgane niederer Tiere* liegen außer den bereits in der Physiologie des peripheren Nervensystems (vgl. S. 386/7) besprochenen Ver-

---

[1] Doyer, D.: Au sujet de la respiration de la retine de grenouille. Arch. néerl. Physiol. **4**, 542 (1920).
[2] Warburg, O.: Über Eisen, den sauerstoffübertragenden Bestandteil des Atmungsferments. Biochem. Z. **152**, 479 (1924).
[3] Krebs, H. A.: Über den Stoffwechsel der Netzhaut. Biochem. Z. **189**, 57 (1927).

suchen PARKERS am Bauchmark des Hummers und MOORES am Bauchmark der Krabbe nur Untersuchungen über die *Kohlensäurebildung des Herzganglions von Limulus Polyphemus* vor. Zuerst haben TASHIRO und ADAMS[1] mit ihrem in der Stoffwechselphysiologie des peripheren Nerven (vgl. S. 381) beschriebenen Biometer die CO_2-Bildung des ganzen die Herzganglien enthaltenden Nervenstranges untersucht und als Mittelwerte bei 23° bei männlichen Tieren $282 \cdot 10^{-6}$ g = 143,5 cmm pro Gramm und Stunde und bei weiblichen Tieren $138 \cdot 10^{-6}$ g = 70,2 cmm gefunden. Die Männchen sind beim Limulus im allgemeinen erheblich kleiner; bei Tieren von gleicher Größe verschwand der Geschlechtsunterschied in der CO_2-Abgabe zum größten Teil; dies dürfte nach den Autoren daran liegen, daß in diesem Falle die Weibchen jünger waren und infolgedessen einen größeren Stoffwechsel besaßen. Später hat GARREY eine größere Zahl von Untersuchungen an diesem Objekt ausgeführt, die zum Teil zu sehr bemerkenswerten Ergebnissen geführt haben.

Zur Messung der CO_2-Ausscheidung bediente er sich der bereits in der Stoffwechselphysiologie des peripheren Nerven erwähnten Methode von HAAS (vgl. S. 385), die in der Messung der Zeit besteht, die nötig ist, um die cH der Versuchsflüssigkeit von p_H 7,8 auf 7,4 zu erhöhen, was mittels einer Stoppuhr durch den Farbenumschlag des zugesetzten Phenolsulfophthalein-Indicators ermittelt wird. Die Versuchslösung war folgendermaßen zusammengesetzt:

$$100 \text{ ccm } m/2\text{-NaCl}$$
$$1,5 \text{ ,, ,, KCl}$$
$$2,2 \text{ ,, ,, } CaCl_2;$$

zu dieser Lösung wurde soviel NaOH getan, daß der p_H 7,8 erreicht wurde, und zu 1 l dieser Flüssigkeit 15 ccm 0,01% Phenolsulfophthalein zugesetzt. Der Verfasser teilt nicht die absoluten Werte mit, sondern lediglich die Zeiten, die unter verschiedenen Bedingungen zur Erzielung des erwähnten Indicatorumschlages erforderlich waren. Die CO_2-Produktion ist diesen Zeiten umgekehrt proportional. Es liegt auf der Hand, daß diese Methode, soweit sie zur Messung der CO_2-Bildung dienen soll, nur unter der Voraussetzung exakte Resultate geben kann, daß die Kohlensäure die einzige reaktionsändernde Substanz ist, die ausgeschieden wird, daß also weder andere Säuren noch alkalische Stoffe in die Versuchslösung gelangen. Obwohl möglicherweise keine dieser Voraussetzungen vollkommen zutrifft (s. später), dürften die Versuchsergebnisse doch einen vergleichenden Wert behalten und seien daher ohne Berücksichtigung dieses Einwandes wiedergegeben.

In einer früheren Mitteilung hatte GARREY[2] den Temperaturkoeffizienten (Q) des Limulusherzschlages untersucht und zunächst festgestellt, daß der Temperaturkoeffizient des ganzen Herzens und der des Herzganglions übereinstimmen, der Herzschlag also offenbar durch chemische Prozesse im Ganglion bestimmt wird. Die Größe von Q_{10} ist mit der Temperatur veränderlich, bei sehr niedriger Temperatur sehr hoch, bei hoher geringer, wie die folgende Übersicht zeigt:

$t°$	Q_{10}
5 — 30	2 — 3
30 — 38	1,5 — 2
−2 — +8	4 — 9

Die Untersuchung des *Temperaturkoeffizienten der CO_2-Bildung*[3] ergab nun ein ganz analoges Verhalten wie bei der Frequenz des Herzschlages, etwa 2—3 bei mittlerer, 1,6—2 bei hoher und 3,5—7 bei niederer Temperatur, so daß wohl die Schlußfolgerung berechtigt ist, daß für die Frequenz des Herzschlages Vorgänge im Ganglion maßgebend sind, die mit CO_2-Abgabe einhergehen. Ein Beispiel zeigt der folgende Versuch:

---

[1] TASHIRO u. ADAMS: Comparison of the carbon-dioxide output of nerve fibres etc. J. of biol. Chem. **18**, 329 (1914).
[2] GARREY, W. E.: Dynamics of nerve cells. I. J. gen. Physiol. **3**, 41 (1921).
[3] GARREY, W. E.: Dynamics of nerve cells. II. J. gen. Physiol. **3**, 49 (1921).

Vergleich der Schlagfrequenz des Herzens und der CO_2-Bildung im Ganglion von LIMULUS. (Nach GARREY.)

t^0	A (Gewicht des Ganglions 18,4 mg)		B (Gewicht des Ganglions 17,7 mg)	
	Herzschläge pro Min.	CO_2-Bildungszeit in Sek.	Herzschläge pro Min.	CO_2-Bildungszeit in Sek.
22	16	105	8	185
12	7	240	3	495
Q_{10}	2,3	2,3	2,6	2,7

In einer weiteren Versuchsreihe studierte GARREY[1] die *Wirkung der Reizung der* (dem Herzvagus der Wirbeltiere analogen) *Herzhemmungsnerven auf die CO_2-Produktion des Herzganglions*. Es ergab sich, daß die Reizung eine deutliche *Verminderung der CO_2-Bildung* hervorrief, um so stärker, je intensiver die Reizung war. Die folgenden Beispiele mögen dies erläutern:

Einfluß der Herzhemmungsnerven auf die zur Bildung einer bestimmten CO_2-Menge erforderlichen Zeit. (Nach GARREY.)

	CO_2-Bildungszeit in Sekunden			CO_2-Bildung während der Hemmung in Proz. der normalen
	normal	während der Hemmung	nach der Hemmung	
1	98	258	197	40
	113		124	
	102		120	
2	262	848	546	30
	250		314	
			286	
	normal	schwache Reizung der Hemmungsnerven	starke	(bei starker Reizung)
a	131	197	276	47,5
b	259	402	734	35
c	78	112	286	27

In einem nicht mit Zahlen belegten Versuch trat innerhalb 30 Minuten während der Hemmungsreizung überhaupt kein Farbenumschlag des Indicators ein! Nach diesen Versuchsergebnissen muß die *Hemmung der Ganglientätigkeit* auf einer *Herabsetzung der chemischen Prozesse* beruhen, ein Resultat, das, wenn es sich bestätigen sollte, offenbar für die Theorie der Hemmungsvorgänge von allergrößter Bedeutung wäre.

Die verschiedenartigsten Einwirkungen beeinflussen, wie GARREY[2] weiter zeigen konnte, die Frequenz des Herzschlages und die Größe der CO_2-Bildung in durchaus gleichartiger Weise. So steigerte z. B. die Einwirkung einer Ca-freien $m/_2$-NaCl-Lösung die Herzfrequenz und die CO_2-Bildung in 6 Versuchen von 100 auf 134—311%, Zusatz von 1 Tropfen Adrenalinchlorid (1:10000) auf je 1 ccm Versuchsflüssigkeit in 3 Versuchen von 100 auf 166—204%. Die folgende Tabelle gibt eine Reihe von Beispielen für die Steigerung der CO_2-Abgabe unter dem Einfluß von elektrischer Reizung, mechanischer Reizung (Dehnung durch zwei Seidenfäden) und chemischer Reizung durch Zusatz von 1% Äthylalkohol zu der Versuchslösung, die in allen Fällen die folgende Zusammensetzung zeigte: 100 ccm $m/_2$-NaCl + 2,2 ccm $m/_2$-$CaCl_2$ + NaOH bis zur Erreichung von p_H 7,8.

---

[1] GARREY, W. E.: The action of inhibitory nerves etc. J. gen. Physiol. **3**, 163 (1921).
[2] GARREY, W. E.: The relation of respiration to rhythm in the cardiac ganglion etc. J. gen. Physiol. **4**, 149 (1922).

Einfluß der Reizung auf die CO_2-Bildung im Herzganglion von Limulus.
(Nach GARREY.)

Versuchsbedingungen	CO_2-Bildungszeit in Sekunden (= Zeit, erforderlich zum Umschlag von p_H 7,8 auf p_H 7,4)		Mittlere CO_2-Bildung in Proz. (normaler Wert = 100)	
	Nr. 1	Nr. 2	Nr. 1	Nr. 2
a) Wirkung faradischer Reizung				
normal	192 221 218	266 268	100	100
während der Reizung	81 100	130 168	233	180
nach " "	238 229 222	310 275		
b) Wirkung mechanischer Reizung				
normal	200	228	100	100
gedehnt	142	170	141	134
gleich nachher	168	200	120	114
15 Minuten später	190	208	105	110
c) Wirkung chemischer Reizung (Mittel aus vier Versuchen)				
normal	305		100	
Zusatz von 1% Alkohol	160		190	
normal	296		103	
Zusatz von 1% Alkohol	198		154	

Vorübergehende Abkühlung des Ganglions auf 0° bewirkte, daß Schlagfrequenz und CO_2-Bildung nachher größer waren als vorher bei der gleichen Temperatur; gerade umgekehrt wirkte vorübergehende Erwärmung auf 35—40°. So betrug in vier Versuchen die CO_2-Bildungszeit bei 10°:

vor der Kühlung 408 532 618 803
nach " " 320 416 482 629

im Mittel eine Steigerung der CO_2-Bildung um 28%; in einem Erwärmungsversuche wurde (Mittel von fünf Bestimmungen) die Schlagfrequenz auf 70%, die CO_2-Abgabe auf 78% des früheren Wertes herabgesetzt. Der Parallelismus von CO_2-Bildung und Herztätigkeit war auch hier ein vollständiger.

b) Gaswechsel von Brei und Schnitten des Zentralnervensystems.

Von den ohne Rücksicht auf die Erhaltung der Funktionsfähigkeit angestellten Untersuchungen über den Gaswechsel nervöser Zentralorgane seien hier zunächst der Vollständigkeit wegen die Untersuchungen von MAC ARTHUR und JONES[1] erwähnt, die zwar mit sichtlich unzureichender Methodik angestellt sind, aber doch vielleicht einen gewissen Vergleichswert besitzen. Sie untersuchten den Gaswechsel von zerriebenem in destilliertem Wasser suspendierten Brei von Warmblüterhirn, indem sie den O-Verbrauch aus der Volumverminderung und die CO_2-Abgabe durch Titration der sie absorbierenden Natronlauge bestimmten. Selbst 10 Minuten langes Kochen soll die Atmung nicht beseitigt, sondern nur auf etwa $1/2$—$1/3$ herabgesetzt haben (?). Vergleichende Messungen bei Temperaturen von 37° und 25° würden einen Q_{10} von etwa 2 ergeben. Die vergleichende Untersuchung des Gaswechsels verschiedener Teile des Zentralnervensystems würde, wie die folgende Tabelle zeigt, eine gewisse Beziehung zum Gehalt an weißer Substanz erkennen lassen, die besonders bei Vergleich von Hirnrinde und Corpus callosum zutage trete. Mit der Menge der Markscheiden würde der Gesamtgaswechsel abnehmen, die CO_2-Abgabe jedoch in erheblich geringerem Maße als der O-Verbrauch, so daß der R.Q. der grauen Substanz gegen 0,7, jener der weißen dagegen fast gleich 1 wäre. So betrug der O-Verbrauch in drei Versuchen bei der grauen Substanz 114—128 cmm, bei der weißen 65—67 cmm, die CO_2-Abgabe bei der ersten 84—88, bei der zweiten 55—63 cmm

---

[1] MAC ARTHUR u. JONES: Some factors influencing the respiration etc. J. of biol. Chem. **32**, 259 (1917).

pro Gramm und Stunde. Der Gaswechsel würde ferner, wie die beiden folgenden Tabellen zeigen, mit zunehmender Körpergröße absinken, sowohl beim Wachstum der gleichen Tierart wie bei verschiedenen Tierarten[1] (doch würde die Atmung des Froschhirns viel geringer sein als die des Warmblüterhirns).

Das ungleiche Verhalten von O-Aufnahme und CO_2-Abgabe in weißer und grauer Substanz wäre zweifellos von großem Interesse, wenn die methodischen Unterlagen dieser Angaben als zuverlässig betrachtet werden könnten. Ein Blick auf die Tabellen zeigt jedoch, daß die CO_2-Abgabe überall relativ um so höher gefunden wurde, je geringer der Gesamtgaswechsel war, und legt daher den Verdacht mehr als nahe, daß die CO_2-Ausscheidung um so unvollständiger erfaßt wurde, je größer die zu absorbierende Menge war, bei der stärker atmenden grauen Substanz daher schlechter als bei der weißen.

Eine genauere Erörterung erfordern die an Gewebsschnitten ausgeführten Untersuchungen von WARBURG, MEYERHOF und deren Mitarbeiter, nicht bloß

Gaswechsel von Hirnbrei in cmm pro g und Std.
(Nach MAC ARTHUR und JONES.)

Organ	O_2	CO_2
1. Verschiedene Teile des Nervensystems eines 6 Monate alten Kalbes.		
Großhirn	123	86
Kleinhirn	133	86
Mittelhirn	114	84
Kopfmark	95	76
Corpus callosum	86	76
Rückenmark	86	71
N. ischiadicus	80	99
2. Gehirn verschieden alter Tiere (Rind).		
Großhirn, 8 Monate	118	86
„ erwachsen	86	67
Kleinhirn, 8 Monate	114	84
„ erwachsen	84	65
3. Gehirn verschiedener Tierarten, nach dem Körpergewicht geordnet.		
Frosch (Gehirn + Rückenmark)	61	38
Maus	129	97
Ratte	108	92
Meerschweinchen	110	90
Katze	106	80
Hund	84	69
Schaf	91	76
Schwein	68	63
Rind	86	67

wegen der sehr viel größeren Zuverlässigkeit der Methodik, sondern vor allem weil sie wichtige Rückschlüsse auch auf den normalen Stoffwechsel der Nervenzentren ermöglichen. WARBURG[2] hat die Methode ausgearbeitet, die Atmung von Geweben mit modifizierten Barcroftmanometern an *Schnitten* zu untersuchen, deren Dünne eine ausreichende Versorgung mit Sauerstoff sicherstellt. Außer dem Sauerstoff wurde auch noch die „*Glykolyse*", d. h. die aus zugesetztem Zucker gebildete Milchsäure bestimmt; ihre Größe wurde aus der Menge der CO_2 berechnet, die durch die Milchsäure aus den Bicarbonaten der Ringerlösung freigemacht wurde, in der die Schnitte suspendiert waren. Er fand (in Gemeinschaft mit POSENER und NEGELEIN[3]) unter diesen Bedingungen in einem Versuch an Schnitten der grauen Substanz von Rattengehirn bei 37° einen O-Verbrauch von 10,7 cmm pro 1 mg Trockensubstanz und Stunde, was auf frische Substanz umgerechnet (wenn man einen Wassergehalt von ca. 83% zugrunde legt) rund 1800 cmm pro Gramm und Stunde entsprechen würde, mithin ein Wert, der dem von BASS aus dem Q_{10} berechneten recht nahe kommt (vgl. S. 552). WARBURG

---
[1] Einen intensiveren O-Verbrauch der Hirnsubstanz junger Tiere wollen auch KAYSER, LE BRETON u. SCHAEFFER [C. r. Acad. Sci. **181**, 255 (1925)] gefunden haben, während andererseits TERROINE und ROCHE [Arch. internat. Physiol. **24**, 356 (1925)] bei verschiedenen Arten die gleiche Größenordnung des O-Verbrauchs der Hirnsubstanz trotz großer Differenzen des Gesamtgaswechsels der Tiere beobachteten.
[2] WARBURG, O.: Versuche an überlebendem Carcinomgewebe. Biochem. Z. **142**, 317 (1923). Verbesserte Methoden zur Messung der Atmung und Glykolyse. Ebenda **152**, 51 (1924).
[3] WARBURG, O., POSENER u. NEGELEIN: Über den Stoffwechsel der Carcinomzelle. Biochem. Z. **152**, 309 (1924).

und seine Mitarbeiter fanden weiter, daß ebenso wie beim Muskel auch beim Zentralnervensystem unter O-Abschluß aus dem der Versuchsflüssigkeit zugesetzten Traubenzucker eine beträchtliche Menge Milchsäure gebildet wird, während diese Milchsäurebildung in Sauerstoff eine starke Einschränkung erfährt. Wir werden auf diese Erscheinungen später noch ausführlich zurückkommen.

MEYERHOF[1], der die Atmung von Rattenhirnschnitten etwa halb so groß fand wie WARBURG in dem oben erwähnten Versuchsbeispiel, beobachtete, daß auch zugesetztes Methylglyoxal zu Milchsäure gespalten wird, daß diese Spaltung aber durch O-Atmung keine Hemmung erfährt, in Übereinstimmung mit dem Verhalten anderer Gewebe (Muskel, Leber). — Eingehendere Untersuchungen über die O-Atmung und über die Glykolyse aus verschiedenen Zuckern hat LOEBEL[2] unter MEYERHOFS Leitung angestellt. Auch diese Versuche werden uns später noch eingehender beschäftigen. Er fand am Froschrückenmark den O-Verbrauch pro Milligramm Trockensubstanz und Stunde = 1,88—2,77 cmm, im Mittel zu 2,58 cmm. Rechnet man den Wassergehalt nach einer älteren Angabe[3] zu etwa 85—90%, so würde dies einem O-Verbrauch von ca. 260—300 cmm entsprechen, der mit den früher angeführten Werten am intakten Organ recht gut übereinstimmt. Während sich der O-Verbrauch des letzteren nach den Angaben von UNGER (vgl. S. 549) im Verlaufe von 6—8 Stunden in 0,7% NaCl-Lösung fast konstant erhält, sinkt jener der Rattenhirnschnitte nach LOEBEL in zuckerfreier Lösung rasch ab, im Verlaufe von $1^1/_2$ Stunden auf etwa $1/_3$, nach 2—$2^1/_2$ Stunden auf $1/_5$—$1/_8$ des ursprünglichen Wertes. Mit diesem unterschiedlichen Verhalten hängt es jedenfalls zusammen, daß im letzteren Falle der Zusatz von Zuckern zu der Lösung im Gegensatz zu den früher erwähnten Versuchen UNGERS am intakten Froschrückenmark eine beträchtliche Steigerung sowohl des Anfangswertes wie vor allem der nach einiger Zeit zu beobachtenden Werte hervorruft, also eine deutlich erhaltende Wirkung auf den Stoffwechsel ausübt. Das gleiche war auch durch Zusatz von milchsauren und brenztraubensauren Salzen zu erzielen. Die beiden in der folgenden Tabelle wiedergegebenen Versuchsbeispiele mögen dies erläutern. Zufuhr von Glykogen, Sacharose, Galaktose, Glycerinaldehyd, Dioxyaceton, Hexosephosphat, Acetaldehyd, Alanin und Asparagin waren ohne deutliche

O-Verbrauch von Rattenhirnschnitten.
(Nach LOEBEL.)

Zusatz zur Ringerlösung	O-Verbrauch in cmm pro mg Trockensubstanz und Std.		O-Verbrauch mit Zusatz in Proz. des O-Verbrauchs ohne Zusatz		O-Verbrauch in der 5. Halbstunde in Proz. des O-Verbrauchs der 1. Halbstunde
	1. Halbstunde	5. Halbstunde	1. Halbstunde	5. Halbstunde	
1. 0	7,3	0,75	100	100	10
Glucose	9,03	6,6	124	880	73
Fructose	11,7	10,7	160	1427	92
Maltose . . .	8,8	4,3	121	573	48
2. 0	9,2	1,8	100	100	20
Mannose	15,2	10,1	165	561	67
Milchs. Na . . .	11,6	5,3	126	295	46
Brenztraubensaur. Na . . .	15,8	8,6	172	478	54

---

[1] MEYERHOF, O.: Beobachtungen über die Methylglyoxalase. Biochem. Z. **159**, 432 (1925).
[2] LOEBEL, R. O.: Beiträge zur Atmung usw. Biochem. Z. **161**, 219 (1925).
[3] Vgl. WINTERSTEIN: Chemische Zusammensetzung des Nervensystems. Tabulae biol. **3**, 522 (1926).

Wirkung. Das gleiche gilt nach MEYERHOF und LOHMANN[1] bemerkenswerterWeise auch von reinem l-Lactat, das im Gegensatz zu dem gewöhnlichen d-lLaktat die Atmung in Ringerlösung nicht zu erhalten vermag, so daß die Wirkung der hier angreifenden Fermente auch eine für die Raumstruktur spezifische ist.

Anhang: Oxydo-Reduktionen.

Anhangsweise sei erwähnt, daß außer durch die im Gaswechsel sich äußernden chemischen Prozesse die oxydativen Leistungen des CNS auch mit Hilfe küpenbildender Farbstoffe untersucht wurden, wie dies als erster EHRLICH in seiner berühmten Abhandlung „Das Sauerstoffbedürfnis des Organismus" (Berlin 1885) getan hat. Die große Vorsicht, die bei der Ausdeutung der Versuchsergebnisse solcher Methoden für das physiologische Geschehen geübt werden muß, erhellt am besten aus den absurden Resultaten, zu denen der Schöpfer der Methodik bei seinen Experimenten gelangte. Denn unter völliger Übersehung des Umstandes, daß für das Endergebnis der Färbung auch das *Farbstoffspeicherungsvermögen* des Gewebes von ausschlaggebender Bedeutung sein muß, kam er unter anderem zu der Schlußfolgerung, daß das CNS, das in Wahrheit das O-bedürftigste Organ ist, zu den O-gesättigtesten Geweben zählt, und daß das am besten mit Sauerstoff versorgte Organ, die Lunge, die größte O-Avidität besitze! Immerhin dürften vergleichende Beobachtungen an *einunddemselben* Organ wohl zu funktionellen Ausdeutungen berechtigen. So zeigt die Schnelligkeit, mit der das CNS nach Absperrung der Blutzufuhr eine völlige Reduktion der gespeicherten Farbstoffe bewirkt, die große Intensität der in ihm sich abspielenden chemischen Umsetzungen und beweist wohl zugleich das Fehlen jeder nennenswerten O-Reserve. EHRLICH konnte auch die wichtige Beobachtung machen, daß die graue Substanz, die der ausschließliche Sitz der Färbung war (obwohl sie — wieder entgegen der EHRLICHschen Deutung seiner Befunde — den weitaus größeren O-Bedarf aufweist!), *bei elektrischer Reizung* schon *intra vitam* „Reduktionskraft erlangen", d. h. eine Entfärbung erfahren kann; denn bei Verwendung stärkerer Ströme zeigen die betreffenden Stellen der Hirnrinde nach einer kurzen Latenzperiode eine umfängliche, die ganze Dicke des Hirngraus durchsetzende Farbreduktion, die in Form eines weißen Kranzes um die Elektrode sich von dem blauen Untergrund scharf abhebt. Bemerkenswert ist auch, daß die postmortale Reduktion bei den *Spinalganglien später* eintritt als im zentralen Grau.

Ein Gegenstück zu der bei der elektrischen Reizung auftretenden Erhöhung der Reduktionskraft, die offenbar mit der Steigerung der Oxydationsvorgänge bei der Erregung in Zusammenhang steht, bietet die von HERTER[2] bei intravenöser Injektion von Methylenblau beobachtete Abnahme der Reduktionskraft bei abgekühlten Tieren. Während die Hirnrinde normaler Tiere während des Lebens fast ungefärbt blieb, erschien sie bei Kaninchen, deren Rectaltemperatur auf 30—32° abgesunken war, tiefblau. Auch der von diesem Autor festgestellte raschere Eintritt der postmortalen Bläuung der Hirnrinde bei mit Äther narkotisierten Katzen dürfte mit der Verminderung der Oxydationsprozesse in der Narkose in Zusammenhang stehen.

In seltsamer Vermengung verschiedenartiger Anschauungen hat EHRLICH auf der einen Seite von „O-Reserven" des Protoplasmas gesprochen, andererseits in genialer Vorweg-

---

[1] MEYERHOF u. LOHMANN: Über Atmung und Kohlehydratumsatz usw. III. Mitt. Biochem. Z. **171**, 421 (1926).

[2] HERTER, C. A.: Über die Anwendung reduzierbarer Farbstoffe usw. Hoppe-Seylers Z. **42**, 493 (1904).

nahme ganz moderner Theorien die bei der Oxydation und Reduktion der Farbstoffe sich abspielenden Vorgänge auf konjugierte Hydrierungs- und Dehydrierungsvorgänge zurückgeführt. Unter Zugrundelegung der ersteren Vorstellung hat UNNA[1], ohne die grundsätzliche Verschiedenheit von O-Reserve und katalytischer O-Übertragung genügend zu beachten, im Inneren der verschiedenen Gewebszellen die „Sauerstofforte" festzustellen versucht, die als O-Reservoire fungieren sollen. Er benutzte dazu Rongalitweiß, d. i. durch Rongalit reduziertes Methylenblau, das nach Auswaschen des Rongalits in den einzelnen Geweben in ungleichem Maße zu Methylenblau oxydiert wird. Daß es sich zumindest in einem Teile der Versuche nicht um gespeicherten Sauerstoff, sondern um Oxydasenwirkung handelt, geht klar daraus hervor, daß die Bläuung in O-freiem Wasser nicht vor sich ging, der Sauerstoff also aus der Umgebung genommen werden mußte und nicht gespeichert war.

Andererseits hat man auf Grund der *Dehydrierungstheorie*, die den wesentlichen Faktor der vitalen Oxydationsvorgänge in einer Wasserstoffaktivierung und -übertragung sieht, die Vorstellung geäußert, daß der Sauerstoff durch andere „H_2-*Acceptoren*" ersetzt werden könnte. Daß dies zum mindesten für das CNS nicht der Fall ist, geht aus Versuchen von WINTERSTEIN[2] (und LASNITZKI) hervor, welche zeigten, daß weder die Reflexerregbarkeit des isolierten Froschrückenmarks, noch die CO_2-Bildung in Abwesenheit von Sauerstoff durch solche H_2-Akzeptoren erhalten, bzw. nach Erstickung wieder angeregt werden kann. Gleichwohl kann, wie dies THUNBERG[3] in sinnreicher Weise dargetan hat, die Fähigkeit, H_2-Acceptoren zu hydrieren, dazu verwertet werden, gewisse Aufschlüsse über die am intermediären Stoffwechsel vermutlich beteiligten Substanzen zu gewinnen. Er untersuchte nämlich, welche Stoffe das durch Auswaschen stark verminderte oder völlig aufgehobene Reduktionsvermögen wiederherstellen. Der Gedanke liegt nahe, daß solche Stoffe, die bei der Methylenblaureduktion als „H_2-*Donatoren*" zu fungieren, d. h. den Wasserstoff, den die Enzyme der Gewebe auf das Methylenblau übertragen, zu liefern vermögen, auch im normalen Stoffwechsel eine ähnliche Rolle spielen. Von diesem Gesichtspunkte aus hat später AHLGREN[4] die Wirkung des *Insulins* untersucht und gefunden, daß Gewebe, die an sich, nicht die Fähigkeit besitzen, *Glucose* als H_2-Donator zu verwenden, diese Fähigkeit durch Insulinzusatz gewinnen können. Einige Versuche an der grauen Substanz der Hirnrinde von Kaninchen ergaben, daß diese auch ohne, aber noch rascher mit Insulinzusatz Glucose für die Methylenblaureduktion zu verwerten vermag. Ganz entsprechend den später zu erörternden Ergebnissen von HIRSCHBERG über den Umsatz verschiedener Zucker durch das lebende CNS des Frosches fand er Glucose und Fructose ungefähr gleich wirksam für die Methylenblauentfärbung, und noch besser Galaktose. Der folgende Versuch zeigt die Entfärbungszeiten in verschiedenen Lösungen an einem Beispiel:

Ohne Zusatz	49 Minuten
+ 1% Glucose	40 "
+ 1% Fructose	42 "
+ 1% Galaktose	36 "
+ 1% Glucose + 1°/₀₀ Insulin	35 "

Schließlich sei noch erwähnt, daß die vergleichende Untersuchung des Farbstoffoxydationsvermögens eine Reihe physiologisch und pathologisch bemerkenswerter Ergebnisse zutage gefördert hat. Hierbei hat sich besonders die gleichfalls bereits von EHRLICH

---

[1] UNNA, P. G.: Reduktionsorte und Sauerstofforte. Arch. mikrosk. Anat. **78**, 1 (1911); **87**, 96 (1916).

[2] WINTERSTEIN, H. (u. LASNITZKI): Zur Kenntnis der biologischen Bedeutung von Wasserstoffacceptoren. Pflügers Arch. **198**, 504 (1923).

[3] THUNBERG, T.: Zur Kenntnis des intermediären Stoffwechsels usw. Skand. Arch. Physiol. **40**, 1 (1920).

[4] AHLGREN, G.: Über den Angriffspunkt des Insulins. Skand. Arch. Physiol. **44**, 167 (1923).

entdeckte Synthese von Indophenol aus α-Naphthol und p-Phenylendiamin als brauchbar erwiesen. Aus den zahlreichen damit angestellten Untersuchungen seien zunächst die von VERNON[1] hervorgehoben, nach denen auffällige Beziehungen zwischen dem Indophenolbildungsvermögen und der Größe des Gesamtgaswechsels, und andererseits bei der ontogenetischen Entwicklung zu dem erreichten Körpergewicht zu bestehen scheinen (vgl. die folgenden Tabellen).

Beziehungen zwischen Größe des Gesamtstoffwechsels eines Tieres und Indophenolbildungsvermögen seiner Hirnsubstanz.
(Nach VERNON.)

Tierart	CO_2-Ausscheidung pro kg und Std. in g	Indophenolbildung
Feldmaus	vermutlich am größten	61
Zahme Maus	8,4	37
Wilde „	7,4	32
Zahme Ratte	3,5	25
Meerschweinchen	1,7	24
Hund	1,4	17
Katze	1,4	15
Kaninchen	1,1	16
Igel	1,0	17
Schaf	0,7	12
Schwein	0,7	12
Ochs	0,5	18
Kanarienvogel	11,7	36
Sperling	10,5	30
Star	—	29
Taube	3,4	25
Zahme Ente	2,3	23
Henne (jung)	1,7	14
„ (alt)	1,7	13
Gans	1,5	23
Frosch (R. temp.)	0,1	3,5
Schildkröte (Testudo)	—	3,1
„ (Emys)	—	1,5
Ringelnatter	—	1,0

Einfluß der Ontogenese auf den Gehalt des Gehirns an Indophenoloxydase.
(Nach VERNON.)

Tierart	Körpergewicht in g	Oxydasegehalt
Ratte: Embryo	1,9	0,0
„	5,5	1,2
neugeboren	4,0	1,6
„	10,2	7,0
„	19,0	17
erwachsen	213	25
Maus: Embryo	0,3	0,3
„	1,3	1,5
„	3,8	16
erwachsen	31	37
Kaninchen: 2 Tage alt	48	1,8
16 „ „	290	17
erwachsen	2400	16
Meerschweinchen[2]: 1 Tag alt	62	17
erwachsen	460	24

---

[1] VERNON: The indophenole oxydase etc. J. of Physiol. **43**, 96 (1911/12).
[2] Kommt sehr entwickelt zur Welt.

Sereni[1] will mit der Indophenolreaktion am isolierten CNS der Kröte eine starke Abnahme der gefärbten Granula mit der Dauer des Überlebens beobachtet haben; Strychninvergiftung schien ihre Zahl etwas zu steigern. Nach Metafune[2] soll das (mit dem Spitzer-Röhmannschen Reagens untersuchte) Oxydationsvermögen in den Hirnzentren des Frosches unter dem Einfluß von Licht und Dunkelheit die gleichen Veränderungen erfahren wie das der Netzhaut (?).

Als pathologisch interessierende Erscheinungen seien noch kurz erwähnt, daß nach Gräff[3] bei Tauben, die durch Ernährung mit poliertem Reis unter Krämpfen an Avitaminose erkrankt sind, die Indophenolreaktion der Hirnsubstanz eine deutliche Verminderung erfahren würde, die er mit der noch zu erwähnenden Verschiebung der Reaktion des Hirngewebes nach der saueren Seite in Zusammenhang bringt. Andererseits hatten bereits vorher Hess und Messerle[4] mit der Lipschitzschen Dinitrobenzolmethode an beriberikranken Tauben eine Verminderung des Reduktionsvermögens der Hirnsubstanz und die Wiederherstellung des normalen Verhaltens durch Hefefütterung feststellen zu können geglaubt. Roelli[5] fand in dem Reduktionsvermögen des Gehirns gesunder, beriberikranker und hungernder Tauben bei Untersuchung ohne besonderen Zusatz nur geringe Unterschiede, dagegen beträchtliche Differenzen in der Aktivierbarkeit dieses Reduktionsvermögens durch Zusatz von Muskelkochsaft. Roche[6] hat gegen den Versuch, die Avitamninose mit Verminderung der oxydativen Leistungen der Gewebe in Zusammenhang zu bringen, direkte Untersuchungen des O-Verbrauchs ins Feld geführt, die für das Gehirn (und andere Gewebe) avitaminotischer Tauben keine erhebliche Verminderung unter die Norm ergaben. Da aber nach seinen eigenen Angaben die erkrankten Tauben sich in einem Zustande von Inanition befanden und bei diesem eine *Steigerung* der auf die Trockensubstanz bezogenen Werte des O-Verbrauches zu beobachten ist, so würde die nicht unbeträchtliche Verminderung, die in seinen Versuchen der O-Verbrauch der erkrankten Gewebe gegenüber den in *gleichem* Ernährungszustande befindlichen normaler Tiere zeigt, eher für als gegen die von ihm bekämpfte Auffassung sprechen.

B. Säurebildung.

Die Entstehung von fixen Säuren ist einer der am längsten bekannten Stoffwechselvorgänge im Zentralnervensystem. Schon im Jahre 1859 hat Funke[7] angegeben, daß die gegen Lackmus normalerweise alkalische Reaktion des Rückenmarks curarisierter Kaninchen und Frösche beim Absterben sauer wird. Aber nicht bloß das *Absterben*, sondern auch die nach Ansicht des Verfassers daher gleichartigen *Vorgänge der Erregung* führten zur Bildung dieser Säure (wahrscheinlich Milchsäure); denn das Rückenmark mit Strychnin vergifteter Kaninchen und Frösche zeigte schon beim eben getöteten Tier an einem frisch angelegten Querschnitt meist stark saure Reaktion. Zu übereinstimmenden Resultaten gelangte Ranke[8]. Auch er fand, daß die ursprünglich schwach alkalische Reaktion des Rückenmarks und Gehirns von Tauben und Kaninchen bei längerem Liegen oder bei Erwärmung auf 50—60° deutlich sauer wird. Diese Säurebildung kann durch Aufkochen bei 100° verhindert werden. Die Reaktion der zentralen Nervensubstanz geht auch bei starken tetanischen Krämpfen des Gesamttieres, wie sie durch Strychninvergiftung oder elektrische Reizung hervorgerufen werden, in sauere über (die meisten Versuche am Frosch, einige etwas unsichere auch an Kaninchen und Tauben). Die postmortale Säuerung tritt beim Warmblüter mit so großer Schnelligkeit ein, daß verschiedene

---

[1] Sereni, E.: Ricerche sulle ossidasi. II. Arch. di Fisiol. **22**, 185 (1924).
[2] Metafune, E.: Sul comportamento del potere ossidante etc. Arch. Ottalm. **19**, 555 (1912).
[3] Gräff, S.: Zur Avitaminose der Taube. Münch. med. Wschr. **1925**, 122.
[4] Hess, W. R.: Die Rolle der Vitamine im Zellchemismus. Hoppe-Seylers Z. **117**, 284 (1921). — Hess, W. R. u. Messerle: Untersuchungen über die Gewebsatmung bei Avitaminose. Ebenda **19**, 176 (1922).
[5] Roelli, P.: Die Aktivierung der Invitroatmung usw. Hoppe-Seylers Z. **129**, 284 (1923).
[6] Roche, J.: La respiration des tissus. II. Arch. internat. Physiol. **24**, 413 (1925).
[7] Funke, O.: Über die Reaktion der Nervensubstanz. Müllers Arch. f. Anat. u. Physiol. **26**, 835 (1859).
[8] Ranke, J.: Die Lebensbedingungen des Nerven. Leipzig 1868.

Autoren die sauere Reaktion für die schon im lebenden Organismus bestehende hielten (GSCHEIDLEN, EDINGER, PFLÜGER).

Genauere Untersuchungen über die Säurebildung hat zuerst LANGENDORFF[1] angestellt, der auf das klarste nachweisen konnte, daß es sich dabei nicht um eine abnorme, auf dem Absterben beruhende Erscheinung, sondern um einen vitalen, offenbar fortwährend ablaufenden Prozeß handelt, der einfach aus dem Grunde nur nach Absperrung des Blutstromes nachweisbar wird, weil im normal durchbluteten CNS das sich bildende sauere Produkt ständig wieder beseitigt wird. In der Tat konnte LANGENDORFF zeigen, daß die nach Absperrung der Blutzufuhr sowohl beim Frosch wie beim Kaninchen (bei dem letzteren schon innerhalb zwei Minuten) auftretende sauere Reaktion nach Freigabe des Blutstromes wieder verschwindet, um so langsamer, je länger die Abklemmung gedauert hat, ein Experiment, das an demselben Versuchstier zu wiederholten Malen nacheinander ausgeführt werden kann. *Je tätiger die graue Substanz* ist (bei der allein eine Säurebildung nachgewiesen werden konnte), *um so intensiver die Säurebildung*, die daher bei mit Strychnin vergifteten Tieren schneller nachzuweisen ist; doch erzeugt die Strychninvergiftung allein, ohne Erstickung, beim Frosch noch keine Säureansammlung. In gleicher Weise wie die Tätigkeit wirkt auch die Temperatursteigerung beschleunigend auf die Säurebildung. Entsprechend dem sukzessiven Absterben der einzelnen zentralen Teile bei der Erstickung (erst Großhirn, dann Rückenmark) scheint beim Frosch die Säuerung auch zuerst im Großhirn aufzutreten und dann im Rückenmark, bzw. ist sie bei gleichen Erstickungszeiten im ersteren stärker ausgebildet. Eine merkwürdige Ausnahme von dem beschriebenen Verhalten beobachtete LANGENDORFF an dem *Großhirn neugeborener Tiere*, dessen sehr kräftige alkalische Reaktion gegen Lackmus weder durch Verblutung noch durch Erstickung, ja nicht einmal durch 24stündige Aufbewahrung in sauere umgewandelt wurde; nur die Hirnrinde des bekanntlich in sehr ausgebildetem Zustande geborenen Meerschweinchens zeigte eine später eintretende, aber deutliche Säuerung.

LODATO und MICELI[2] wollen am Froschhirn, vor allem an den Lobi optici eine Säuerung beobachtet haben, wenn die vorher 24—48 Stunden im Dunkeln gehaltenen Tiere dem Licht ausgesetzt wurden. Diese Säuerung soll schon nach 5 Minuten nachweisbar sein und ihr Maximum nach 1 Stunde erreichen. Nach Exstirpation der Bulbi würde die Belichtung höchstens in den Hemisphären eine ganz leichte Säuerung erzeugen, nicht aber in den Lobi optici.

Bei Behandlung mit Neutralrot und (zur Verstärkung des Farbenumschlags) Äthylacetat ist nach ROBERTSON[3] die Säurebildung im Froschhirn auch ohne Erstickung nachweisbar: bei starker sensibler tetanischer Reizung durch Induktionsschläge wird die Schnittfläche des Gehirns deutlich rot, während jene des ungereizten Frosches farblos bleibt. Bei Zusatz des auf das CNS lähmend wirkenden Eserinsulfats ist die Rotfärbung des gereizten Tieres viel schwächer, trotz gleich starker Arbeit der (direkt gereizten) Muskulatur; die Säure rührt also nicht von den Muskeln her, sondern entsteht im Gehirn selbst.

KRONTOWSKI[4] hat eine Säurebildung auch in Explantaten der zentralen Nervensubstanz von Kaninchen nachweisen können, am stärksten in der grauen

---

[1] LANGENDORFF, O.: Zur Kenntnis der Zersetzungserscheinungen usw. Zbl. med. Wiss. **1882**, Nr 50. — Die chemische Reaktion der grauen Substanz. Neur. Zbl. **1885**, 555.
[2] LODATO u. MICELI: Influenza della eccitazione retinica etc. Arch. Ottalm. **9**, 267 (1901/02).
[3] ROBERTSON, T. BR.: Sur la dynamique chimique du système nerveux central. Arch. internat. Physiol. **6**, 388 (1908).
[4] KRONTOWSKI, A. A.: Zur Charakteristik des Stoffwechsels usw. Biochem. Z. **182**, 1 (1927).

Substanz der Hirnrinde, schwächer im zentralen Höhlengrau, am schwächsten in der weißen Substanz

Die bei Absperrung der Blutzufuhr eintretende Säureansammlung ist eine Folge des *Sauerstoffmangels*, wie WINTERSTEIN[1] am isolierten Froschrückenmark nachgewiesen hat. Er verfuhr in der Weise, daß er 2—3 mm hohe Rückenmarkstückchen zur Verhinderung weiterer Säurebildung auf einige Sekunden in kochendes Wasser warf und die Stückchen dann nach Abziehen der Gefäßhaut auf Lackmuspapier zerquetschte, das mit ausgekochtem Wasser angefeuchtet war. Unter diesen Bedingungen trat beim normalen, ausreichend mit Sauerstoff versorgten Rückenmark meist keine oder nach einer Weile eine nur ganz schwache Rötung ein, die dafür spricht, daß die normale Reaktion vielleicht etwas über dem (bei ca. p_H 6,8 gelegenen) Umschlagspunkt des Indicators liegt, also neutral oder ganz schwach sauer ist. Diese Reaktion des Rückenmarks bleibt nach völliger Erholung von der Präparation (nach etwa einstündigem Aufenthalt in O-gesättigter NaCl-Lösung) viele Stunden hindurch unverändert. Wird dagegen der Sauerstoff der Lösung durch Stickstoff ersetzt, so tritt alsbald eine immer stärkere Anhäufung von Säure ein, die bereits zu einer Zeit, in der die Reflexerregbarkeit noch gut erhalten ist, sehr deutlich nachweisbar wird. Wird die O-Entziehung nicht zu lange fortgesetzt, am besten nicht bis zum völligen Erlöschen der Erregbarkeit, so verschwindet bei O-Zufuhr die angesammelte Säure allmählich wieder bis zur Rückkehr der ursprünglichen Reaktion, während bei zu weit geführter Erstickung eine gewisse Säuerung auch bei lange dauernder O-Zufuhr bestehen bleibt (wie dies in ähnlicher Weise auch schon LANGENDORFF bei seinen Versuchen gefunden hatte). WINTERSTEIN konnte weiter die für die Theorie der Narkose und der Erregungsvorgänge bedeutungsvolle Tatsache feststellen, daß auch eine vollständige Narkose mit Alkohol oder Urethan ohne merklichen Einfluß auf alle die geschilderten Erscheinungen ist: weder rief die Narkose an sich in O-gesättigter Lösung auch bei mehrstündiger Einwirkung eine nachweisbare Säurebildung hervor, noch wurde die bei O-Mangel eintretende Säuerung durch sie verstärkt oder vermindert. Ebenso erfolgte das Verschwinden der bei O-Mangel angesammelten Säure bei O-Zufuhr auch in Narkose in gleicher Weise wie ohne diese, so daß eine Hemmung der oxydativen Entfernung der Säure durch die Narkotica nicht nachweisbar war.

Eine *quantitative Schätzung der Säurebildung* ist, wenn auch in recht unvollkommener Weise, schon von MOLESCHOTT und BATTISTINI[2] versucht worden, welche Stücke des CNS curarisierter bzw. gereizter oder strychninisierter Tiere (Frösche, Kaninchen, Hunde) in mit Phenolphthalein versetzte schwache Kalilauge warfen und die durch die Gewebe neutralisierte KOH-Menge bestimmten. Sie wollen für das Verhältnis der durch das ruhende und der durch das gereizte Gewebe neutralisierten Alkalimenge die folgenden Mittelwerte gefunden haben:

curarisiertes : elektrisch gereiztes CNS des Frosches = 100 : 158
curarisiertes : strychninisiertes Kaninchenrückenmark = 100 : 173
ruhende : gereizte weiße Substanz des Hundehirns = 100 : 121
ruhende : gereizte graue Substanz des Hundehirns = 100 : 127

WINTERSTEIN versuchte (in anderweitig nicht veröffentlichten Experimenten) eine quantitative Bestimmung der unter verschiedenen Bedingungen gebildeten Säuremengen durch Titration des in Siedehitze hergestellten wäß-

---

[1] WINTERSTEIN, H.: Beiträge zur Kenntnis der Narkose. III. Biochem. Z. **70**, 130 (1915).

[2] MOLESCHOTT u. BATTISTINI: Sur la reaction chimique usw. Arch. ital. Biol. **8**, 90 (1887).

rigen Extraktes des isolierten Froschrückenmarks mit $^n/_{100}$-NaOH und Phenolphthalein als Indicator und konnte trotz der der Methodik anhaftenden Mängel in einer Reihe von Versuchen nicht bloß einen erheblich größeren Säuregehalt des erstickten gegenüber dem normalen Rückenmark, sondern auch ein Verschwinden von Säure bei nachträglicher O-Zufuhr quantitativ feststellen. So erforderte z. B. das Extrakt einer durch 80 Minuten bei N-Durchleitung aufbewahrten Rückenmarkshälfte 234 cmm $^n/_{100}$-NaOH, während die andere, zunächst ebenso lange bei N-Durchleitung und dann 90 Minuten bei O-Durchleitung gehaltene Rückenmarkshälfte nur mehr 180 cmm NaOH benötigte; es war also eine 54 cmm $^n/_{100}$ NaOH äquivalente Säuremenge verschwunden. Ein analoger zweiter Versuch ergab 59 cmm. Doch war ein solches Ergebnis nicht in allen Fällen zu erzielen.

Nach GRÄFF[1] würde die (mit einer Indicatorenmethode bestimmte) Reaktion des CNS der Taube normalerweise zwischen p_H 7,0 und 7,4 schwanken. Bei Tauben, die durch Fütterung mit geschältem Reis in einen avitaminotischen Krampfzustand versetzt waren, würde sich eine Säuerung beobachten lassen, die den p_H für einzelne Hirnteile bis auf 6,2—6,9 herunterdrücke. Das Rückenmark zeigte ein ungleichmäßiges Verhalten. (KATO soll nach Angabe von GRÄFF eine solche Säuerung auch am N. ischiadicus mit poliertem Reis gefütterter Hühner festgestellt haben.) Tiere, die ohne opisthotonische Krampferscheinungen unter allgemeiner Atrophie zugrunde gingen, zeigten keine Säuerung, sondern im Gegenteil eher eine Verschiebung des p_H nach der alkalischen Seite auf 7,5, wie sie auch bei einfach verhungerten Tieren zu beobachten war. Da GRÄFF in Zusammenhang mit dieser Säuerung auch eine Verminderung der „Nadireaktion" (Bildung von Indophenol aus α-Naphthol und Dimethyl-p-Phenylendiamin) fand (vgl. S. 564), die um so langsamer vor sich geht, je saurer das Gewebe ist, so folgerte er, daß „bei Reistauben eine Säuerung bestimmter Hirnteile einerseits eine Verminderung des Oxydationsvermögens, andererseits nervöse Reizerscheinungen" auslöst. Näher läge offenbar der Gedanke, daß entsprechend der von verschiedenen Autoren geäußerten Vorstellung das Primäre die Herabsetzung des Oxydationsvermögens ist, die die Säuerung und dadurch die Reizerscheinungen herbeiführt, wie sie auch unter den Bedingungen des O-Mangels zu beobachten sind. Es ist wohl kein entscheidender Einwand gegen diese Auffassung, wenn GRÄFF unter dem Einfluß von Cyankalivergiftung keinen solchen Parallelismus zwischen Säuerung und Herabsetzung der Nadireaktion beobachtete, sondern die letztere stärker vermindert fand, als der ersteren entsprach.

Was die Natur der in den Nervenzentren gebildeten Säure anlangt, so hat, wie erwähnt (S. 564) schon FUNKE vermutet, daß es sich um Milchsäure handle. HOPKINS hat (nach einer Mitteilung von DOUGLAS und HALDANE[2]) bei Erstickung Milchsäure im CNS gefunden und ebenso hat GARBAN[3] in einer Reihe von Fällen mit Froschhirn die UFFELMANNsche Reaktion erhalten. THUDICHUM[4] hat gezeigt, daß die sich ansammelnde Milchsäure *Fleischmilchsäure* ist. Ihre Bildung und deren Beeinflussung durch verschiedene Bedingungen, die wir bereits bei Besprechung des Gaswechsels zum Teil kurz gestreift haben (vgl. S. 559), werden uns später noch ausführlich beschäftigen, wenn wir das Schicksal der durch die Zentren umgesetzten Kohlehydrate erörtern. Hier sei nur erwähnt, daß, wie wir später hören werden, die im isolierten CNS bei Erstickung

---

[1] GRÄFF, S.: Zur Avitaminose der Taube. Münch. med. Wschr. **1925**, 122.
[2] DOUGLAS u. HALDANE: J. of Physiol. **38**, 401 (1909).
[3] GARBAN, F.: Einfluß der Ermüdung usw. Ann. Soc. méd. Gand. N. F. **1**, 157 (1910).
[4] THUDICHUM, J. L. W.: Die chemische Konstitution des Gehirns usw. Tübingen 1901.

gebildete Milchsäure durch O-Zufuhr anscheinend nicht wieder zum Verschwinden gebracht werden kann, während nach den oben zitierten Versuchen WINTERSTEINS (S. 566) dies bei der Säuerung der Fall ist. Bereits dieser Umstand weist darauf hin, daß die Milchsäurebildung allein die Säuerung nicht zu erklären vermag. Wahrscheinlich spielt die *Phosphorsäure* hierbei eine wichtige Rolle, deren Verbindungen, wie wir sehen werden, an dem Stoffumsatz der Nervenzentren wichtigen Anteil nehmen.

Anhangsweise sei erwähnt, daß, wie besonders die Untersuchungen von DITTLER[1] gezeigt haben, auch in der Netzhaut bei Belichtung eine Säurebildung stattfindet; auch hier handelt es sich zum Teil anscheinend um Phosphorsäure (LANGE und SIMON[2], ALAJMO[3]); doch haben WARBURG[4] und seine Mitarbeiter auch ein starkes glykolytisches Milchsäurebildungsvermögen der Netzhaut nachgewiesen.

C. Der Stoffumsatz organischer Substanzen.

Unsere bisherigen Kenntnisse über den Umsatz organischer Substanzen im Stoffwechsel der nervösen Zentralorgane gründen sich in der Hauptsache auf die am isolierten Zentralnervensystem des Frosches ausgeführten Untersuchungen WINTERSTEINS und seiner Mitarbeiter.

1. Zuckerstoffwechsel.
a) Zuckerumsatz im umgebenden Medium.

HIRSCHBERG und WINTERSTEIN[5] fanden, daß das von seiner Gefäßhaut umhüllte Froschrückenmark, in einer zuckerhaltigen, von Sauerstoff durchströmten NaCl-Lösung durch 24 Stunden aufbewahrt, eine deutliche, aber doch nur sehr geringe Verminderung des Zuckergehaltes der Lösung herbeiführt. Da nun nach den Untersuchungen von UNGER[6] die Gefäßhaut die Eigenschaften einer semipermeablen Membran besitzt, so lag der Gedanke nahe, daß das Rückenmark unter den angegebenen Bedingungen aus rein äußeren Gründen nur wenig Zucker umzusetzen vermag, weil dieser an den von der Pia umhüllten Teilen nicht oder nur in geringem Maße eindringen kann. Das Experiment bestätigte diese Vermutung in vollem Umfange. Denn wurden zu den Versuchen Rückenmarke verwendet, bei denen die Gefäßhaut abgezogen worden war, so stieg der Zuckerverbrauch auf das Mehrfache, von 1,2 auf 3,6—4,5 mg Traubenzucker pro 1 g Rückenmark innerhalb 24 Stunden.

Die genauere Untersuchung des Umsatzes von Traubenzucker (HIRSCHBERG und WINTERSTEIN[5], WINTERSTEIN[7]) ergab, wie zu erwarten war, während der Versuchsdauer ein allmähliches Absinken, z. B. von 4,5 mg am 1. auf 2,0 mg am 2. Tag; am 3. Tage, an welchem auch die Erregbarkeit der Präparate stets erloschen ist, lag auch der Zuckerverbrauch innerhalb der Fehlergrenzen der Methodik. Das Absinken des Zuckerverbrauchs mit der Versuchsdauer ist wohl ohne weiteres ein Beweis dafür, daß es sich nicht um bakterielle Vorgänge handelte.

---

[1] DITTLER, R.: Über die Zapfenkontraktion usw. Pflügers Arch. **117**, 295 (1907) — Über die chemische Reaktion der isolierten Froschnetzhaut. Ebenda **120**, 44 (1907).

[2] LANGE und SIMON: Über Phosphorsäureausscheidung usw. Hoppe-Seylers Z. **120**, 1 (1922).

[3] ALAJMO, B.: Il potere ossidante usw. Arch. Ottalm. **31** (1924).

[4] WARBURG, POSENER u. NEGELEIN: Über den Stoffwechsel der Carcinomzelle. Biochem. Z. **152**, 309 (1924).

[5] HIRSCHBERG u. WINTERSTEIN: Über den Zuckerstoffwechsel der nervösen Zentralorgane. Hoppe-Seylers Z. **100**, 185 (1917).

[6] UNGER, R.: Über physikalisch-chemische Eigenschaften des Froschrückenmarks usw. Biochem. Z. **80**, 364 (1917).

[7] WINTERSTEIN, H.: Der Stoffwechsel der nervösen Zentralorgane. Münch. med. Wschr. **1918**, 1312.

Die Größe des Zuckerumsatzes ist abhängig von der *Temperatur*; er betrug in einer 0,7 proz. NaCl-Lösung, die 0,2% Traubenzucker enthielt, im Mittel:

bei 13—18° 4,0 mg pro 1 g und 24 Stunden
„   4— 6° 2,9 „   „ 1 „   „ 24   „
„   24° 6,3 „   „ 1 „   „ 24   „

Er ist ferner abhängig von der Zufuhr von *Sauerstoff:* In einem Versuche mit N-Durchleitung während 8 Stunden betrug er (stets auf 1 g und 24 Stunden bezogen) bei mittlerer Temperatur nur 2,7 mg und erfuhr bei nachfolgender O-Zufuhr keine Steigerung mehr, offenbar weil die Schädigung der Nervenzentren eine irreparable war. In der Tat ließ sich ganz allgemein feststellen, daß die Faktoren, welche die Größe der Erregungsvorgänge beeinflussen, auch eine gleichsinnige Änderung der Größe des Zuckerumsatzes herbeiführen. In erster Linie gilt dies für die *Narkose* einerseits und für die *Reizwirkungen* andererseits. Narkose bewirkt eine bedeutende reversible Verminderung des Zuckerverbrauches: dieser betrug z. B. in zwei Versuchen bei Zusatz von 1% Äthylurethan in den ersten 24 Stunden 1,7 bzw. 1,5 mg und am darauffolgenden Tage (trotz der am 2. Tage normalerweise stets zu beobachtenden starken Verminderung des Umsatzes) in narkoticumfreier Zuckerlösung 2,8 bzw. 2,5 mg. Noch stärker war die Herabsetzung bei Einwirkung von 4 vol.-proz. Äthylalkohol. So sank z. B. in einem Versuche, in welchem drei Rückenmarke erst 8 Stunden in der Alkohollösung und dann 16 Stunden unter gewöhnlichen Bedingungen aufbewahrt worden waren, der Zuckerverbrauch in der ersten Versuchsperiode unter die Grenze der Feststellbarkeit, um sich in der zweiten Periode auf 2,5 mg pro 1 g und 24 Stunden zu erheben. Es ist bemerkenswert, daß das Urethan, das, wie früher erwähnt (vgl. S. 548), in der angewandten Konzentration nur die sensiblen und nicht die motorischen Mechanismen lähmt, auch den Zuckerverbrauch nicht so stark herabsetzt wie der Alkohol.

Das Gegenstück zu den Narkoseversuchen bildeten Versuche mit *elektrischer Reizung*, bei denen die Rückenmarkspräparate in ihrer Lösung während einer mehrstündigen Periode durch kurze rhythmische Reizserien von Induktionsschlägen tetanisiert wurden. Es wurde dann an demselben Präparat der Zuckerverbrauch während einer vorangehenden Ruheperiode und einer darauffolgenden Reizperiode verglichen. Wie die folgende Tabelle zeigt, ergab sich eine sehr bedeutende Steigerung des Zuckerverbrauches auf etwa das $2^{1}/_{2}$ fache des Ruhewertes:

Glukoseumsatz des Froschrückenmarks in mg pro 1 g und 24 Std.
Nach Hirschberg und Winterstein.

Ruhe	Reizung		Mehrumsatz bei Reizung	
	absolut	Proz. des Ruhewertes	absolut	in Proz. des Ruhewertes
4,2	9,6	229	5,4	129
3,6	9,2	255,5	5,6	156
4,8	11,0	229	6,2	129

Die Größe des Zuckerverbrauches kann noch durch eine große Zahl von Faktoren beeinflußt werden: In einer 0,5% Dextrose enthaltenden NaCl-Lösung war der Zuckerverbrauch größer als in einer 0,2% enthaltenden, im Mittel von je 7 Versuchen 5,1 mg pro Gramm und 24 Stunden (4,8—5,5) im ersten, gegen 4,0 mg (3,6—4,5) im zweiten Falle. Zusatz von 0,1% $CaCl_2$ drückte den Zuckerverbrauch auf $^1/_5$ des ursprünglichen Wertes herunter. In einer NaClfreien Zuckerlösung sank der Verbrauch bis unter die Grenzen der Feststellbarkeit.

Zerstörung der Struktur des Rückenmarks durch Zerreiben zu Brei bewirkte eine beträchtliche Steigerung des Zuckerverbrauches, im Mittel von 7 Versuchen auf 7,4 (5,8—9,5) mg. Im übrigen wirkten die im vorangehenden erwähnten Faktoren auf den Zuckerumsatz des Breies in analoger Weise wie beim intakten Organ: O-Mangel, Alkohol, Chlorcalcium erzeugten auch hier eine beträchtliche Herabsetzung. *Dagegen blieb die elektrische Reizung beim Rückenmarksbrei ohne jeden Einfluß.* So betrug z. B. der Zuckerverbrauch zweier zerriebener Rückenmarke in der ersten 15stündigen Ruheperiode 6,1 mg, in der darauffolgenden 9stündigen Versuchsperiode mit 8stündiger rhythmisch-tetanischer Reizung 5,6, in der weiter folgenden 16stündigen Ruheperiode 5,0 mg (stets bezogen auf 1 g und 24 Stunden).

Die merkwürdige Erscheinung, daß der Zuckerverbrauch durch Zerreiben eine so beträchtliche Steigerung erfährt, findet vielleicht ihre Erklärung darin, daß zwar der Sauerstoff auch im intakten Organ aus einer O-Atmosphäre mit ausreichender Schnelligkeit in das Innere einzudringen vermag, daß dies dagegen beim Traubenzucker nicht der Fall ist, und daß daher die Vermehrung des Zuckerverbrauches durch die beträchtliche Vergrößerung der Kontaktfläche zwischen Nervensubstanz und Zuckerlösung bewirkt wird, die den gegensinnigen schädigenden Einfluß der Strukturzerstörung überkompensiert. Unter physiologischen Bedingungen, wenn der Zucker den Zellen durch die Blutbahn direkt zugeführt wird, könnte der Umsatz des intakten Organs sehr wohl noch erheblich größer sein. Es könnte aber auch sein, daß durch das Zerreiben das später zu erwähnende glykolytische Ferment in größerem Ausmaße freigemacht wird. Das Ausbleiben der Steigerung des Zuckerumsatzes bei elektrischer Reizung des Breies zeigt auf das klarste, daß dise Steigerung beim intakten Organ nicht einfach durch irgendwelchen Einfluß des Stromdurchganges zu erklären ist, sondern auf den — nach Zerstörung der Struktur ausgeschalteten — Reizungsvorgängen beruht. Daß diese jedoch mit den physiologischen Erregungsvorgängen nicht ohne weiteres vergleichbar sind, wurde früher dargelegt (vgl. S. 555). Auch im übrigen zeigt die Beeinflussung der Oxydationsprozesse und des Zuckerverbrauches durch verschiedene Faktoren einen weitgehenden Parallelismus, mit Ausnahme der Wirkung des Alkohols, der den Zuckerverbrauch sehr stark herabsetzt, den O-Verbrauch dagegen, wie wir gesehen haben (vgl. S. 548), in der gleichen narkotischen Konzentration nicht bloß vermindert, sondern sogar steigert. Vielleicht läßt sich diese Ausnahme so erklären, daß es die Oxydation des Alkohols selbst ist, welche diese Steigerung des O-Verbrauches bedingt.

Die Untersuchung des *Umsatzes verschiedener Zuckerarten*, nämlich Traubenzucker, Fruchtzucker, Galaktose, Milchzucker und Rohrzucker (HIRSCHBERG und WINTERSTEIN[1]), ergab, daß die beiden letztgenannten im Stoffwechsel des isolierten Froschrückenmarks überhaupt nicht verwertet werden. Über die Größe des Umsatzes der drei einfachen Zucker und des Milchzuckers innerhalb der ersten 24 Stunden gibt die folgende Tabelle Aufschluß. Alle Versuche wurden in kontinuierlich von Sauerstoff durchströmter physiologischer NaCl-Lösung angestellt, die 0,5% der zu untersuchenden Zuckerart enthielt. Der Umsatz ist stets in mg pro 1 g und 24 Stunden angegeben:

---

[1] HIRSCHBERG, E.: Der Umsatz verschiedener Zuckerarten usw. Hoppe-Seylers Z. **101**, 248 (1918). — WINTERSTEIN: Der Stoffwechsel der nervösen Zentralorgane. Münch. med. Wschr. **1918**, 1312.

Umsatz verschiedener Zuckerarten in mg pro 1 g und 24 Std.
(Nach Hirschberg und Winterstein.)

Zuckerart	Ruhe	Reizung		Mehrumsatz bei Reizung	
		absolut	in Proz. des Ruheumsatzes	absolut	in Proz. des Ruheumsatzes
Glukose	4,8	12,6	262,5	7,8	162,5
Fructose	5,3	7,1	134	1,8	34
Galaktose	6,6	11,0	167	4,4	67
Laktose	3,4	6,1	179	2,7	79

Diese Zusammenstellung zeigt, daß Traubenzucker und Fruchtzucker im *Ruhestoffwechsel* ungefähr in gleichem Umfange verwertet wurden, Milchzucker bedeutend weniger, Galaktose dagegen in erheblich größerem Ausmaße, wohl in Zusammenhang mit ihrer Bedeutung für den Aufbau der Cerebroside. Durchaus abweichend hiervon ist die Verwertbarkeit der untersuchten Zucker im *Reizstoffwechsel*: Während hier die absoluten Werte für Fruchtzucker und Laktose einerseits, und die fast doppelt so hohen für Glucose und Galaktose andererseits einander nahestehen, ist die Größe des aus der Differenz des Ruhe- und Reizstoffwechsels berechneten *Mehrumsatzes* am geringsten beim Fruchtzucker und weitaus am größten beim *Traubenzucker*, der mithin die *beste Eignung als „Kraftquelle"* zu besitzen scheint. Wir werden bei Erörterung der „sparenden" Wirkung der verschiedenen Zucker auf diese Resultate noch zurückkommen.

Einige Versuche mit „Calorose", einem durch Kochen von Rohrzucker mit Weinsäure hergestellten, 73% Invertzucker enthaltenden Präparat, ergaben einen Umsatz, der in der Ruhe und bei Reizung etwa 20% hinter demjenigen der es zusammensetzenden Monosaccharide zurückblieb (Hirschberg[1]).

In guter Übereinstimmung mit obigen Versuchsergebnissen fand, wie schon früher erwähnt (vgl. S. 562), Ahlgren bei Untersuchung der Entfärbungszeiten von Methylenblaulösungen nach der Methode von Thunberg eine gleichstarke Wirksamkeit des Zusatzes von Glucose und Fructose und eine noch stärkere bei Zusatz von Galaktose zu zerriebener Hirnrinde des Kaninchens.

De Haan und van Crefeld[2] fanden den Zuckergehalt der Cerebrospinalflüssigkeit (CSF) beim Kaninchen erheblich niedriger als den des Blutplasmas und des Kammerwassers. Da Versuche mit Adrenalinhyperglykämie ergaben, daß der Zucker in die CSF mit der gleichen Geschwindigkeit diffundiert wie in das Kammerwasser, so kann der Unterschied im Zuckergehalt nicht durch eine verschiedene Diffusionsgeschwindigkeit, sondern nur durch einen größeren *Verbrauch* des in der CSF enthaltenen Zuckers erklärt werden, der offenbar von dem Zuckerumsatz im CNS herrührt.

Ino[3] beobachtete, daß der Zucker aus der C.S.F. wenige Stunden nach dem Tode vollständig verschwindet. Dies beruht nicht auf einer glykolytischen Wirkung dieser Flüssigkeit selbst, sondern auf einer solchen des Gehirns und der Hirnhäute. Erhitzen auf 60° zerstörte diese anscheinend fermentative Wirkung. Sie ist — und dies erscheint in bemerkenswerter Parallelismus zu den am isolierten Froschrückenmark festgestellten Tatsachen — in den ersten 24 Stunden deutlich vorhanden, wird im Verlaufe von 48—72 Stunden schwächer, um schließlich ganz aufzuhören. Bei Zusatz von je 0,5 ccm CSF zu kleinen Mengen (17 bis 60 mg) Gewebe ergab sich z. B. im Verlaufe von 24 Stunden bei 37° der folgende, auf 1 g Substanz umgerechnete Zuckerverbrauch:

Hirnhäute	14,6 mg
Plexus chorioideus	12,0 „
Graue Hirnsubstanz	10,7 „
Weiße Hirnsubstanz	2,5 „
Rückenmark	1,6 „

---

[1] Hirschberg, E.: Die Verwertbarkeit von „Calorose" usw. Hoppe-Seylers Z. **108**, 24 (1919).

[2] De Haan u. van Crefeld: Über die Wechselbeziehungen zwischen Blutplasma usw. Biochem. Z. **123**, 190 (1921).

[3] Ino, J.: Experimental studies on the sugar in the cerebrospinal fluid. Acta Scholae med. Kioto **3**, 609 (1920).

Schließlich sei erwähnt, daß KRONTOWSKI[1] auch an *Explantaten* vom Zentralnervensystem des Kaninchens einen Zuckerverbrauch im umgebenden Medium nachweisen konnte. Er betrug für graue Substanz der Hirnrinde 50—60%, für zentrales Höhlengrau ca. 40% und für weiße Substanz ca. 15% des 0,13% betragenden Zuckergehaltes des Mediums in 48 Stunden.

b) Umsatz von Zuckerstoffen in den Nervenzentren.

Wir haben bisher nur den Umsatz der Zucker untersucht, die der zur Aufbewahrung des überlebenden CNS dienenden Versuchsflüssigkeit zugesetzt wurden. Wir wenden uns jetzt zum Studium der Veränderungen, die der Zuckerstoffgehalt des CNS unter verschiedenen Bedingungen erfährt. Die ersten Untersuchungen hierüber sind in ASHERS Laboratorium an Warmblütergehirn angestellt worden. ASHER und TAKAHASHI[2] untersuchten zunächst an Ratten die Wirkung einer Reihe von Einflüssen, die, wie Fütterung mit Pepton und Schilddrüse sowie Phlorrhizinvergiftung, eine hochgradige Verarmung des Körpers (Muskel, Leber) an Kohlehydraten herbeiführen. Es zeigt sich, daß der Gesamtkohlehydrat- und der Glykogengehalt des Gehirns nur eine verhältnismäßig geringe Abnahme erfuhr; erst bei Kombination dieser Methode mit leichter Strychninvergiftung war auch im Gehirn eine deutliche Verminderung des Kohlehydratgehalts gegenüber dem (aus freilich recht divergenten Werten abgeleiteten) Mittel feststellbar. Der normalerweise 62—86 mg% betragende Glykogengehalt sank im Mittel um 44%, der zwischen 29 und 78 mg% betragende Gehalt an sonstigen Kohlehydraten im Mittel um 39,6%. Bei Verabreichung von Insulin ergab sich in Leber und Muskeln eine Abnahme, im Gehirn dagegen eine beträchtliche Zunahme (60%) des Glykogengehaltes, während die übrigen Kohlehydrate auch hier eine starke Verminderung (fast 73%) erfuhren.

Deutlichere Ergebnisse waren an Kaninchen zu erhalten. Hier konnte sowohl durch starke Insulingaben, die unter Krämpfen zum Tode führten, wie durch Pikrotoxinvergiftung eine sehr bedeutende Abnahme des Glykogengehaltes im Gehirn um mehr als 80% erzielt werden, während Insulin in nicht krampferzeugender Dosis im Gehirn (und Herzen, im Gegensatz zu Leber und Muskeln) eine *Zunahme* des Glykogen- und Restkohlehydratgehaltes bewirkte. Auch der Vergleich des Glykogengehalts des Gehirns zweier Menschen[3], von denen der eine unter tetanischen Krämpfen zugrunde gegangen war, ergab im letzteren Falle Glykogenfreiheit, während das Gehirn des anderen den auch beim Kaninchen beobachteten Gehalt aufwies.

Angeregt durch günstige Erfolge mit Traubenzuckerinjektionen in Fällen von Tetanus beim Menschen haben JADASSOHN und STREIT[4] den Einfluß von Tetanusinfektion auf den Glykogengehalt des Gehirns von Kaninchen untersucht und eine sehr starke Verminderung desselben beobachtet. Zuckerzufuhr vermochte allerdings beim Kaninchen weder den Verlauf der Krankheit noch die Glykogenabnahme im Gehirn zu beeinflussen.

In einer dritten Mitteilung aus ASHERS Laboratorium hat UCHIDA[5] an Ratten eine beträchtliche Abnahme des normalen Glykogen- und Restkohlehydratgehalts des Gehirns bei Narkose mit Chloroform und Urethan beobachtet,

---

[1] KRONTOWSKI, A. A.: Zur Charakteristik des Stoffwechsels usw. Biochem. Z. **182**, 1 (1927).

[2] TAKAHASHI, K.: Über experimentelle Kohlehydratverarmung usw. Biochem. Z. **154**, 444 (1924).

[3] TAKAHASHI: Fortgesetzte Untersuchungen usw. Biochem. Z. **159**, 484 (1925).

[4] JADASSOHN u. STREIT: Versuch einer Tetanusbehandlung mit Traubenzucker. Klin. Wschr. **4**, 1498 (1925).

[5] UCHIDA, S.: Fortgesetzte Untersuchungen usw., III. Biochem. Z. **167**, 9 (1926).

die für das erstere mehr als 50% betragen konnte. Merkwürdigerweise sieht der Verfasser in diesem Befunde eine Bestätigung der Auffassung TAKAHASHIS, daß es vor allem die Erregungszustände des Gehirns sind, die zu einer Verminderung des Glykogenbestandes führen! — Im Gegensatz zu den Insulinkrämpfen, deren glykogenvermindernde Wirkung auch KOBORI[1] an Rattengehirn bestätigen konnte, würde die durch Methylguanidininjektion erzeugte Tetanie bei Tauben nach diesem Autor keine Verminderung, sondern eine Zunahme des Glykogengehaltes des Großhirns herbeiführen (von im Mittel 76,2 auf 126,4 mg%), während der an sich viel geringere Glykogengehalt des Kleinhirns nur eine geringe Vermehrung (von im Mittel 39,8 auf 46,6 mg%) aufwies. Bei Ratten waren die Versuche wenig eindeutig. O-Mangel würde nach KOJIMA[2] weder den Glykogen- noch den Cerebrosidgehalt des Rattengehirns merklich beeinflussen.

B. E. und E. G. HOLMES[3] haben gegen alle diese Untersuchungen der ASHERschen Schule wohl nicht mit Unrecht eingewandt, daß die im Warmblüterhirn zu beobachtenden Schwankungen des Glykogengehaltes so beträchtlich sind, daß alle unter den verschiedenen Bedingungen beobachteten Differenzen in das Bereich dieser Schwankungsbreite fallen können, und daß es daher kaum möglich ist, aus der Untersuchung des Glykogengehaltes verschiedener Tiere irgendwelche sicheren Schlußfolgerungen zu ziehen. — Im Gegensatz zu den oben angeführten Untersuchungen und in Übereinstimmung mit C. F. und G. T. CORI[4], die im Rattengehirn den Gehalt an „freiem Zucker" unter Insulineinwirkung nicht verändert gefunden hatten, konnten HOLMES auch bei starken und krampferzeugenden Dosen ebenso wie nach Pankreasexstirpation keine deutliche Veränderung des Glykogengehaltes des Gehirns feststellen. Die von ihnen gegebene Erklärung, nach welcher die durch Insulin (sei es im Sinne eines verstärkten Abbaues oder eines verstärkten Aufbaues) beeinflußbare Glucose bereits während der Präparation zu Milchsäure gespalten würde, wird uns später noch beschäftigen. An dem durch längere Zeit aufbewahrten Gehirn konnten sie sowohl unter den Bedingungen einer durch Zusatz von $^m/_{1000}-^m/_{500}$ KCN bewirkten Anoxybiose wie unter aeroben Bedingungen nur ein leichtes Absinken des Glykogengehaltes beobachten, das zu den gleichzeitig erfolgenden Veränderungen des Milchsäuregehaltes (s. unten) keinerlei Beziehung aufwies. Das Glykogen würde nach ihnen im Kohlenhydratstoffwechsel des Gehirns nur eine vergleichsweise untergeordnete Rolle spielen, eine Schlußfolgerung, von deren Unrichtigkeit wir uns sogleich überzeugen werden.

Fast gleichzeitig mit den Untersuchungen ASHERS und seiner Mitarbeiter stellten WINTERSTEIN und HIRSCHBERG[5] Untersuchungen über den Umsatz der im isolierten CNS des Frosches vorhandenen Kohlehydrate (Glykogen und Cerebroside) an, die wohl eher einen Einblick in das physiologische Geschehen ermöglichen. Sie fanden den Gehalt des CNS an Zuckerstoffen beim Frosch sehr viel höher, als nach den Angaben der früheren Autoren zu erwarten war, zumal in der kalten Jahreszeit, in der der Gehalt an Glykogen den außerordentlich hohen Wert von 1,4% der frischen Substanz erreichen konnte. Die weitgehende Abhängigkeit des Zuckerstoffgehaltes von Jahreszeit und Geschlecht ist in der folgenden Tabelle kurz zur Darstellung gebracht.

---

[1] KOBORI, B.: Fortgesetzte Untersuchungen usw., IV. Biochem. Z. **173**, 166 (1926).
[2] KOJIMA, Y.: Fortgesetzte Untersuchungen usw. Biochem. Z. **190**, 379 (1927).
[3] HOLMES, B. E. u. E. G. HOLMES: Contributions to the study of brain metabolism. Biochemic. J. **19**, 492, 836 (1925); **20**, 1196 (1926); **21**, 412 (1927).
[4] CORI, C. F. u. G. T. CORI: Insulin and tissue sugar. J. of Pharmacol. **24**, 465 (1925).
[5] WINTERSTEIN u. HIRSCHBERG: Über den Glykogen- und Cerebrosidstoffwechsel usw. Biochem. Z. **159**, 351 (1925).

Glykogen- und Cerebrosid-Gehalt des Froschzentralnervensystems in Prozent der frischen Substanz. Einfluß von Jahreszeit und Geschlecht.
(Nach Winterstein und Hirschberg.)

Jahreszeit	Männlich		Weiblich	
	Glykogen	Cerebroside	Glykogen	Cerebroside
Ende Mai bis Anfang Juni . . .	0,42—0,40	} 0,10—0,26	0,70—0,43	} 0
Ende Juni bis Ende Juli	0,28—0,18		0,19—0,23	
Ende August	0,17—0,14	0	0,14—0,18	
September bis Februar	1,12—1,42	0,18—0,49	1,05—1,35	0,26—0,41

Der Vergleich des Zuckerstoffgehaltes des CNS gleich nach der Präparation und nach mehr oder minder langer Aufbewahrung ermöglicht eine Schätzung des Umsatzes dieser Substanzen unter verschiedenen Versuchsbedingungen. Es ergab sich, daß das in O-gesättigter physiologischer NaCl-Lösung gehaltene ungereizte CNS eine starke Abnahme des Gehalts an Zuckerstoffen erfährt, die 50% und mehr betragen kann und in der Hauptsache in den ersten 8 Stunden des Überlebens erfolgt. Wird durch die zur Aufbewahrung dienende Lösung statt Sauerstoff Stickstoff oder Wasserstoff geleitet, so stellt sich eine sehr beträchtliche *Verminderung des Zuckerverbrauchs* ein, die in auffälligem Gegensatz zu dem von anderen Organen bekannten anoxybiotischen Glykogenschwund steht. Tatsächlich wurde in dem *in situ* belassenen CNS erstickter Frösche in der gleichen Zeit ein völliges Verschwinden des Glykogens beobachtet. An dem raschen postmortalen Glykogenschwund im Gesamtorganismus scheinen also noch andere Faktoren beteiligt zu sein, die im isolierten Organ fehlen.

Auch durch Narkose mit 1% Urethan konnte eine starke Abnahme des Verbrauches an Zuckerstoffen erzielt werden, die auf diese Weise vor dem Abbau geschützt, nachträglich bei Aufhebung der Narkose wieder umgesetzt werden können (wie wir dies in ähnlicher Weise später für den Umsatz des NH_3-bildenden Materials gleichfalls hören werden). Dagegen ergab unerwarteterweise der *Zusatz von (0,5%) Traubenzucker keine Verminderung des Umsatzes* von Zuckerstoffen. Wir werden auf die Erklärung dieser Erscheinung gleich noch näher eingehen.

Nicht minder überraschend war die Beobachtung, daß im Gegensatz zu dem am Muskel feststellbaren Verhalten *elektrische Reizung des CNS ausnahmslos eine deutliche Verminderung des Glykogenschwunds* bewirkte, bei Zuckerzufuhr in noch etwas verstärktem Maße. In der folgenden Tabelle sind drei Versuche wiedergegeben, bei denen der Endgehalt an Glykogen und Cerebrosidzucker an je zwei Längshälften desselben CNS in Ruhe bzw. bei rhythmischer elektrischer Reizung miteinander verglichen wurde (in 1 und 2 nach acht-, in 3 nach sechsstündiger Versuchsdauer). Bei allen dreien ist der Endgehalt des gereizten Präparates an Glykogen deutlich größer als der des ungereizten. Eine weitere Tabelle gibt eine Vorstellung von der absoluten Größe des Umsatzes, indem hier der Zuckerstoffgehalt der einen Längshälfte der Präparate sogleich, der der anderen nach einer 8stündiger Ruhe- oder Reizperiode untersucht wurde.

Umsatz des CNS an Zuckerstoffen in Ruhe und bei Reizung.
(Nach Winterstein und Hirschberg.)

Nr.	Versuchsbedingungen	Endgehalt in Proz. der frischen Substanz	
		Glykogen	Cerebrosidzucker
1	Reizung	0,71	0,15
	Ruhe	0,54	0,18
2	Reizung	0,87	0,22
	Ruhe	0,775	0,30
3	Reizung	1,09	0,33
	Ruhe	0,89	0,26

Nr.	Versuchsbedingungen	Endgehalt in Proz.		Verbrauch pro g und Std. in mg	
		Glykogen	Cerebrosid-Zucker	Glykogen	Cerebrosid-Zucker
1	Gleich untersucht... 8 Stunden Ruhe ...	1,21 0,81	0,27 0,14	0,50	0,16
2	Gleich untersucht... 8 Stunden Ruhe ...	1,16 0,78	0,32 0,23	0,48	0,11
3	Gleich untersucht... 8 Stunden Reizung ..	1,12 0,81	0,35 0,08	0,39	0,34
4	Gleich untersucht... 8 Stunden Reizung ..	1,17 0,89	0,29 0,08	0,35	0,26

Da die Annahme, daß der Umsatz an Glykogen im erregten CNS tatsächlich kleiner sei als im unerregten nach den sonstigen Erfahrungen, vor allem den im vorangehenden besprochenen Beobachtungen über die Zunahme des Zuckerverbrauchs in der umgebenden Lösung bei Reizung, wenig wahrscheinlich ist, so lag der Gedanke nahe, die Erscheinung so zu erklären, daß Aufbau und Abbau des Glykogens im CNS gleichzeitig erfolgt und daß die Reizung auf irgendeine Weise eine Förderung des Aufbaues bewirkt. Wenn andererseits die Zufuhr eines im Stoffwechsel nachweislich gut verwerteten Zuckers für diesen

Einfluß des Insulins auf den Umsatz an Glykogen und Cerebrosid-Zucker.
(Nach WINTERSTEIN und HIRSCHBERG.)

Nr.	Versuchs-bedingungen	Versuchslösung	Endgehalt in Proz.		Steigerung des Endgehalts bei Insulinwirkung in Proz. des Endgehalts ohne Insulin	
			Glykogen	Cerebrosid-Zucker	Glykogen	Cerebrosid-Zucker
1	Ruhe	NaCl-Lösung + Insulin	0,78 1,28	0,28 0,29	64	—
2	,,	NaCl-Lösung + Insulin	0,88 1,32	0,26 0,34	50	31
3	,,	NaCl + 0,5 Glucose + Insulin	0,81 1,43	0,26 0,49	76	88
4	,,	NaCl + 0,5 Glucose + Insulin	0,89 1,36	0,22 0,49	53	123
5	Reizung	NaCl-Lösung + Insulin	1,33 1,50	0,32 0,57	13	77
6	,,	NaCl-Lösung + Insulin	0,84 1,43	0,30 0,45	70	50
7	,,	NaCl + 0,5 Glucose + Insulin	0,96 1,84	0,31 0,60	92	94
8	,,	NaCl + 0,5 Glucose + Insulin	1,01 1,89	0,28 0,67	87	139
9	,,	NaCl + 0,5 Glucose + Insulin	0,40 0,73	0,11 0,37	83	237
10	,,	NaCl + 0,5 Glucose + Insulin	0,28 0,66	0,10 0,30	135	200
11	,,	NaCl + 0,5 Glucose + Insulin	0,32 0,68	0,08 0,30	113	275

Aufbau, zum mindesten im ruhenden Organ, ohne größeren Einfluß blieb, so lag es wieder nahe, das Fehlen eines für die Glykogensynthese wesentlichen Faktors dafür verantwortlich zu machen. Von diesem Gesichtspunkte untersuchten WINTERSTEIN und HIRSCHBERG den *Einfluß des Insulins* auf den Umsatz der Zuckerstoffe. In Übereinstimmung mit den obenerwähnten Versuchen von TAKAHASHI ergab sich, daß Insulin in geringen Konzentrationen eine bedeutende Steigerung des Zuckerstoffgehaltes, und zwar sowohl des Gehaltes an Glykogen wie an Cerebrosiden herbeiführt, während starke Konzentrationen eine hochgradige Verminderung bewirken. Noch viel bedeutender war die Zunahme des Zuckerstoffgehaltes, wenn mit der Zufuhr schwacher Insulinmengen eine Reizung verbunden wurde, wohl ein klarer Beweis dafür, daß die scheinbare Verminderung des Kohlehydratumsatzes im Reizstoffwechsel in der Tat, wie vermutet, auf einer Verstärkung des Aufbaues der Zuckerreserven beruhte, der durch das Insulin eine weitere Erhöhung erfuhr. Und jetzt erwies sich auch die Zuckerzufuhr als ein machtvolles Mittel zur Steigerung des Kohlehydrataufbaues, so daß bei gleichzeitiger Einwirkung aller drei Faktoren, Zufuhr von Insulin, Glucose und Reizung, der Endgehalt an Glykogen um mehr als 100%, jener an Cerebrosiden sogar um mehr als 200% höher sein konnte als der unter den gleichen Bedingungen ohne Insulin aufbewahrten Präparate. Dies geht klar aus der vorangehenden Tabelle S. 575 hervor, in der der Endgehalt an Zuckerstoffen mit und ohne Insulin nach 8 Stunden (Versuch 1 nach 24 Stunden) unter sonst gleichen Bedingungen an je zwei Längshälften des gleichen CNS zusammengestellt ist.

Daß es sich hierbei nicht um eine Schonung der vorhandenen, sondern tatsächlich um einen Aufbau neuer Vorräte handelt, ergibt sich nicht nur aus der absoluten Größe dieser Differenzen, sondern auch aus Versuchen, in denen der Zuckerstoffgehalt des frischen Präparates mit dem nach längerer Versuchsdauer feststellbaren verglichen und so die absolute Zunahme des Zuckerstoffgehaltes bestimmt wurde. Die folgende Tabelle gibt eine Zusammenstellung solcher Versuchsergebnisse.

Nr.	Versuchs-Lösung	Versuchs-Bedingungen	Proz.-Gehalt an			
			Glykogen		Cerebr.-Zucker	
			Anfang	Ende	Anfang	Ende
1	NaCl + Insulin	8 Stunden Reizung	1,33	1,47	0,43	0,50
2	NaCl + Insulin + Glucose	11 St. Reizung + 9 St. Ruhe	1,32	1,84	0,49	0,80
3	NaCl + Insulin + Glucose	8 Stunden Reizung	1,35	1,64	0,32	0,62

Daraus ergibt sich eine absolute Zunahme an:

Nr.	Glykogen		Cerebrosid-Zucker	
	Proz. der frischen Substanz	Proz. des Anfangs-Gehalts	Proz. der frischen Substanz	Proz. des Anfangs-Gehalts
1	0,14	15	0,07	16
2	0,52	39	0,31	63
3	0,29	22	0,30	94

Einige mit Strychninvergiftung angestellten Versuche führten zu nicht leicht deutbaren Resultaten, die dafür zu sprechen schienen, daß der durch dieses Gift bewirkte „Zustand gesteigerter Erregbarkeit" mit einem vermehrten Abbau von Zuckerstoffen einhergeht, während die aufbaufördernde Wirkung erst den durch die Reizung ausgelösten „Erregungsvorgängen" selbst zukommt.

Anhang: Glykogenumsatz im CNS wirbelloser Tiere.

Mit histochemischer Methodik haben ERHARD und ZIEGLWALLNER[1] Verbrauch und Bildung des Glykogens an Würmern (Piscicola) und Schnecken (Helix pomatia) untersucht. Während ERHARD in den Ganglien von Sepia und Aplysia niemals Glykogen zu finden vermochte, zeigte die an Karpfen parasitierende Piscicola, wenn sie frisch ihrem Wirt entnommen wurde, in einem Teile ihrer Ganglienmassen Glykogen, besonders an den großen Zellen der Kopfganglien und in den Bauchganglien, in Form von Tropfen und großen Schollen um die Ganglienzellen herum gelagert, jedoch nie in diesen selbst. Nach dreitägigem Hungern begann das die Ganglienzellen umgebende Glykogen zu schwinden und dafür fein verteilt in den Zellen selbst aufzutreten. Bei Helix fanden die Autoren zu Beginn des Winterschlafes große Mengen Glykogen in dem die Ganglienmasse umgebenden vesiculösen Gewebe, in der Glia und in den Ganglienzellen selbst. Außer Glykogen fanden sich vereinzelt in Glia und Nervenzellen mit Osmium schwarz färbbare, also fettartige Kugeln. Während die letzteren keine Abnahme zu Ende des Winterschlafes zeigten, begann das Glykogen Mitte Februar in allen Teilen sich allmählich zu vermindern, war jedoch bei den winterschlafenden Tieren auch nach monatelangem Hungern noch nicht geschwunden. Bei Sommertieren dagegen war dies schon nach 2—4wöchigem Hungern der Fall; ebenso war dann auch kein Fett mehr nachweisbar.

Werden Hungertiere mit reinstem *Olivenöl* gefüttert (dem einzigen Fett, welches sie aufnehmen), so beobachtet man, daß die Nervenzellen der Ganglienmassen sich mit zahlreichen Fettkörnchen beladen, an den gleichen Stellen, an denen bei glykogenreichen Tieren das Glykogen gespeichert wird. Allmählich nimmt überall die Glykogenmenge zu, so daß hier eine *Bildung von Glykogen aus Fett* vorzuliegen scheint; die verschiedenen Nuancen der Färbung würden nach den Verfassern den Übergang zu verfolgen gestatten. Fütterung mit *Glycerin* ergab, obgleich die Tiere nach längstens vier Tagen zugrunde gingen, eine stärkere Glykogenspeicherung als Olivenöl. Eine solche war zum Teil auch bei Fütterung mit *Fettsäuren* feststellbar. Ölsaures Natrium wirkte tödlich, Palmitinsäure erzeugte zwar starke Zunahme der Tiere und Ansammlung von Fetttröpfchen, aber es fanden sich nur Spuren von Glykogen unsicherer Herkunft, dagegen rief Stearinsäure eine starke Glykogenbildung hervor, schon nach 8 Stunden, wenn auch nicht so stark wie bei den Öltieren. — Bei Fütterung mit *Galaktose* war bei den vorher glykogenfrei gemachten Tieren schon nach 7 Stunden Glykogen nachweisbar und wurde in den Nervenzellen in so großer Menge gespeichert, wie dies sonst nur bei Tieren zu Beginn des Winterschlafes zu beobachten war. Das gleiche war bei Fütterung mit *Dextrose* der Fall, während bei Fütterung mit *Mannose* trotz der im übrigen sehr reichlichen Glykogenbildung keines in den Ganglienzellen nachweisbar war. Auch bei Fütterung mit *Lactose* blieben diese fast stets glykogenfrei, doch sammelten sich riesige Mengen in dem umgebenden vesiculösen Gewebe an.

c) Das Schicksal der umgesetzten Zuckerstoffe und die Milchsäurebildung.

Wir haben bisher stets von einem „Umsatz" der Zuckerstoffe gesprochen und die Frage, was für Vorgänge diesem Umsatz zugrunde liegen, gänzlich offengelassen. Etwas Bestimmtes hierüber auszusagen, ist vorläufig nicht möglich.

---

[1] ERHARD, H.: Glykogen in Nervenzellen. Biol. Zbl. **31**, 472 (1911) — Studien über Nervenzellen, I. Arch. Zellforschg **8**, 442 (1912). — ERHARD u. ZIEGLWALLNER: Über das Auftreten von Glykogen nach Fütterung usw. Z. Biol. **58**, 541 (1912).

Was zunächst den Verbrauch an Zuckern anlangt, die dem CNS von außen zugeführt wurden, so ist der nächstliegende Gedanke, daß eine *Oxydation der Zucker* erfolgt. Der Vergleich des Zuckerverbrauchs mit dem O-Verbrauch ergibt keine Bedenken gegen diese Annahme: Die Oxydation der aus einer 0,2% Traubenzucker enthaltenden Lösung vom Froschrückenmark im Mittel umgesetzten Menge von 4 mg pro 1 Gramm und 24 Stunden (vgl. S. 578) würde eine O-Menge von rund 4,3 mg benötigen. Aus dem mittleren O-Verbrauch des Froschrückenmarks in O-gesättigter Lösung von im Mittel 220 cmm pro Gramm und Stunde (vgl. S. 545) berechnet sich für 24 Stunden ein O-Verbrauch von 7,55 mg, der mithin zur Oxydation der gesamten Zuckermenge völlig ausreicht. Es ließe sich dagegen einwenden, daß nach den Untersuchungen UNGERS (vgl. S. 550) der Zusatz von Zucker keine Steigerung des O-Verbrauchs gegenüber jenem ohne Zuckerzufuhr herbeiführt. Aber in den mit Hirnschnitten angestellten Versuchen LOEBELS (vgl. S. 560) war dies in sehr auffälligem Maße der Fall. Vor allem aber werden wir sehen, daß die Zufuhr von Zucker eine sehr bedeutende Ersparnis im Umsatz anderer organischer Stoffe zu bewirken vermag, so daß die Oxydation des Zuckers wohl auch an die Stelle der Oxydation des ersparten Materials treten kann. Das Bestehen einer Zuckeroxydation ergibt sich ferner klar aus einigen Versuchen LOEBELS, in denen der R.Q. der grauen Rattenhirnsubstanz vor und nach Zuckerzusatz bestimmt wurde: er betrug ohne diesen im Mittel von 2 Bestimmungen 0,86, nach Zusatz von Fructose im Mittel von 3 Bestimmungen 0,99. Zum *Aufbau von Glykogen* kann, wie wir gesehen haben (vgl. S. 576) der zugeführte Zucker nur bei gleichzeitiger Anwesenheit von Insulin in größerem Umfange verwertet werden.

Unter anoxybiotischen Bedingungen findet, wie zuerst WARBURG[1] und seine Mitarbeiter mittels der S. 559 erwähnten Methode festgestellt haben, eine Glykolyse, d. h. eine durch Zuckerzufuhr bedingte Bildung von Säure, jedenfalls Milchsäure, statt. In einem Versuche an grauer Substanz der Rattenhirnrinde beobachteten sie in einer O-freien Atmosphäre eine Säurebildung äquivalent 19 cmm ausgetriebener CO_2 pro Milligramm Trockensubstanz und Stunde. Durch Zufuhr von Sauerstoff wurde diese Milchsäurebildung bzw. Ansammlung zu 87% ihres Wertes gehemmt, woraus sich unter Berücksichtigung des gleichzeitig beobachteten O-Verbrauchs ein „MEYERHOFquotient", d. h. ein Verhältnis von verschwundener zu oxydierter Milchsäure, von 1,6 berechnete, der dem unter analogen Bedingungen am Muskel zu beobachtenden entsprach. Auch aus Methylglyoxal kann, wie MEYERHOF[2] zeigte (vgl. S. 560) durch Rattenhirn Milchsäure gebildet werden, und zwar sowohl durch Gewebsschnitte wie durch wäßrige Extrakte. Aber diese Glykolyse wird im Gegensatz zu der eben erwähnten durch O-Atmung nicht gehemmt. Wohl aber bewirkten Narkotica eine solche Hemmung. So wurde z. B. in einem Versuch die durch Säure ausgetriebene CO_2-Menge von 30,5 cmm durch Zusatz von 10% Äthylurethan auf 3,0, also auf 10% des vorherigen Wertes heruntergedrückt. Entsprechend den von WARBURG an anderen Geweben gewonnenen Erfahrungen war die durch Narkotica im Gewebe bewirkte „Strukturhemmung" viel stärker als die durch die gleichen Narkoticumkonzentrationen erhaltene „Safthemmung". Gesättigter Heptylalkohol z. B. bewirkte an Gewebsschnitten von Rattenhirn eine Hemmung der Glykolyse von 85%, im Hirnextrakt dagegen nur eine solche von 8%.

---

[1] WARBURG, POSENER u. NEGELEIN: Über den Stoffwechsel usw. Biochem. Z. **152**, 309 (1924).

[2] MEYERHOF, O.: Beobachtungen über die Methylglyoxalase. Biochem. Z. **159**, 432 (1925).

Eingehende Untersuchungen über die glykolytischen Wirkungen der zentralen Nervensubstanz und ihre Beziehungen zur Gewebsatmung hat LOEBEL[1] unter MEYERHOFS Leitung angestellt. Er untersuchte mit WARBURGscher Methodik die hemmende Wirkung, die die Narkotica auf die O-Atmung und die Glykolyse von (in 4 Teile zerschnittenem) Froschrückenmark und von dünnen Schnitten Rattengehirn ausüben. Er kam zu dem sehr bemerkenswerten Ergebnis, daß die Atmung sehr viel stärker gehemmt wurde als die Milchsäurebildung. (Gerade umgekehrt bewirkte NaF eine viel stärkere Hemmung der Glykolyse als der Atmung.) Die folgende Tabelle gibt eine Übersicht der am Froschrückenmark bei einstündiger Versuchsdauer gewonnenen Resultate:

Narkotische Hemmung von Atmung und Glykolyse im Froschrückenmark.
(Nach LOEBEL.)

Nr.	Narkoticum	Konzentration in Proz.	Atmung		Anaerobe Glykolyse	
			O-Verbrauch cmm pro mg Trockengewicht	Hemmung in Proz.	ausgetriebene CO_2 cmm pro mg Trockengewicht	Hemmung in Proz.
1	—	—	2,15	—	7,63	—
	Äthylurethan	3	0,40	81	5,67	26
2	—	—	2,77	—	6,58	—
	Äthylurethan	3	0,35	87	6,93	0
3	—	—	—	—	7,92	—
	Äthylurethan	3	—	—	5,99	25
	,,	6	—	—	1,83	77
	,,	9	—	—	0,84	90
4	—	—	1,88	—	5,57	—
	Phenylurethan	gesättigt	0,59	59	4,47	20
5	—	—	1,90	—	4,72	—
	Phenylurethan	gesättigt	0,36	81	4,53	4
6	—	—	2,23	—	5,33	—
	Äthylalkohol	10	1,17	48	5,24	2
7	—	—	—	—	6,81	—
	Heptylalkohol	gesättigt	0	100	5,46	25
8	—	—	—	—	4,37	—
	Heptylalkohol	gesättigt	0	100	4,27	2
9	—	—	—	—	4,98	—
	Heptylalkohol	gesättigt	0,50	80	2,0	60
10	—	—	2,29	—	4,93	—
	Thymol	0,01	0,84	63	7,84	0
11	—	—	1,94	—	5,92	—
	Thymol	0,02	0,25	87	6,08	0

Da die Narkose die O-Atmung viel stärker hemmt als die Glykolyse, so müßte die bei O-Zufuhr an sich, wie schon erwähnt, sehr eingeschränkte Milchsäureansammlung durch Narkose eine Verstärkung erfahren. Ja, bei geeigneten Narkoticumkonzentrationen müßte die aerobe Glykolyse unter Narkoticumeinwirkung schließlich ebenso groß werden wie die anaerobe. Beides wäre nach LOEBEL tatsächlich der Fall. So fand er z. B. in einem Versuche an Froschrückenmark die aerobe Glykolyse ohne Narkoticumzusatz = 1,53 cmm CO_2, bei Zusatz von 3% Äthylurethan dagegen = 6,42 cmm. In einem zweiten Ver-

---

[1] LOEBEL, R. O.: Beiträge zur Atmung usw. Biochem. Z. **161**, 219 (1925).

such mit gesättigtem Heptylalkohol, der die O-Atmung bis auf 0 herunterdrückte, betrug die anaerobe Glykolyse, die ohne Narkoticumzusatz 4,27 cmm CO_2 betragen hatte, 4,37 und die aerobe unter den gleichen Bedingungen 4,57; also die sonst bei O-Zufuhr nur geringfügige Milchsäurebildung wurde durch das Narkoticum sogar über den anaeroben Wert hinaus gesteigert! Diese Resultate stehen in auffälligem Gegensatz zu den obenerwähnten Versuchen WINTERSTEINS (vgl. S. 566), der mit allerdings nur qualitativer Methodik keinen Einfluß der Narkose auf die Säurebildung in den Zentren hatte beobachten können. Es ist jedoch zu berücksichtigen, daß es sich bei diesen Versuchen um die in den Zentren selbst sich abspielenden Vorgänge handelt, bei denen die Säuerung, wie schon betont, durch Milchsäurebildung allein nicht erklärbar sein dürfte. Auch fällt bei den Beobachtungen LOEBELS die außerordentliche Ungleichmäßigkeit der Resultate auf; bewirkte doch der gleiche Zusatz von gesättigtem Heptylalkohol in den drei Versuchen 7, 8, 9 der Tabelle Hemmungen der anaeroben Glykolyse von 2—60% und in dem eben angeführten Beispiel sogar eine Steigerung! Würde die isolierte Hemmung der O-Atmung auch unter physiologischen Bedingungen erfolgen, dann müßte die Narkose, so wie dies die VERWORNsche Erstickungstheorie annahm, auch bei O-Zufuhr zu einer Erstickung unter Milchsäureansammlung führen. Dies ist aber durchaus nicht der Fall. Denn KROGH[1] und WINTERSTEIN[2] konnten Frösche tagelang ohne Schaden in Urethannarkose halten, ohne daß eine Erstickung eintrat. Selbst nach neuntägiger Dauer der Narkose konnte, wie WINTERSTEIN gezeigt hat, die Lähmung bei Durchspülung mit O-freier Lösung in wenigen Augenblicken behoben werden. In der Tat hat JUNGMANN (s. S. 584) unter dem Einfluß von Urethannarkose niemals eine Steigerung, sondern höchstens eine Herabsetzung der aeroben Milchsäurebildung des Froschrückenmarks mit und ohne Zuckerzusatz beobachtet.

Die bisher besprochenen Versuche beziehen sich auf Glykolyse in 0,2proz. Glucoselösung. LOEBEL hat außerdem das Verhalten verschiedener anderer Zucker und verwandter Stoffe untersucht. Er fand, daß die durch die graue Substanz des Rattengehirns bewirkte Glykolyse unter anaeroben Bedingungen außer durch Glucose nur durch Mannose und in geringem Maße durch Hexosephosphorsäure unterhalten wird. Glykogen, Fructose, Maltose, Saccharose, Glycerinaldehyd, Dioxyaceton waren wirkungslos, ebenso nach MEYERHOF und LOHMANN[3] Dihexosan und Trihexosan. Ohne Zuckerzusatz sinkt die geringfügige Säurebildung im Verlaufe von 1—2 Stunden auf einen kaum meßbaren Wert ab, in Glucoselösung in der gleichen Zeit nur auf etwa die Hälfte. In Lösungen der oben wirkungslos gefundenen Substanzen erfolgt auch das Absinken ebenso schnell wie in zuckerfreier Lösung.

MEYERHOF und LOHMANN[3] haben den Einfluß einer Milchsäurezufuhr auf die Glykolyse einer besonderen, auch auf die graue Substanz des Rattenhirns ausgedehnten Untersuchung unterzogen. Sie fanden, daß die beim CNS verhältnismäßig beträchtliche aerobe Glykolyse durch Zusatz von Natriumlactat zur Ringerlösung ganz oder fast ganz zum Verschwinden gebracht wird, so daß der scheinbare respiratorische Quotient (= Atmungskohlensäure + durch Milchsäure ausgetriebene Kohlensäure : aufgenommenem Sauerstoff) ungefähr = 1 wird, während er vorher 1,2—1,3 war. Verwendet man zuckerfreie Lösungen, so wird der scheinbare R.Q. noch kleiner (in 5 Versuchen 0,865—0,39), indem ein Teil der zugesetzten Milchsäure verschwindet und dafür CO_2 als

---

[1] KROGH, A.: Ethyl urethan as a narcotic usw. Rev. ges. Hydrobiol. u. Hydrogr. **7**, 42.
[2] WINTERSTEIN, H.: Narkose und Erstickung. Biochem. Z. **70**, 130 (1915).
[3] MEYERHOF u. LOHMANN: Über Atmung und Kohlehydratumsatz usw. Biochem. Z. **171**, 381 (1926).

Bikarbonat in der Lösung zurückgehalten wird. Dabei entspricht die Menge des aufgenommenen Sauerstoffs fast vollständig der zur Oxydation der verschwundenen Milchsäure erforderlichen, so daß unter diesen Bedingungen die Atmung entweder zur Gänze auf die Oxydation von Milchsäure zu beziehen ist oder auch ein geringer Kohlehydratansatz erfolgt. Auch durch bloße Verwendung von Serum statt Ringerlösung wird die aerobe Glykolyse zum Verschwinden gebracht, was wohl durch die gleichzeitige Anwesenheit von Milchsäure und Zucker in dem ersteren zu erklären ist. Auch die anaerobe Glykolyse wird durch Zusatz von Milchsäure herabgesetzt, bemerkenswerterweise auch durch reines l-Lactat, das, wie schon erwähnt (vgl. S. 561), die *Atmung* in Ringerlösung *nicht* zu erhalten vermag[1].

Auch sonst läuft die Wirksamkeit der verschiedenen Zucker auf die Atmung, wie aus den früher (S. 560) mitgeteilten Daten zu ersehen ist, jener auf die Glykolyse zwar in einer Anzahl von Fällen, aber durchaus nicht immer parallel. Besonders auffällig ist dies bei Fructose und Maltose, die zwar, wie die Steigerung des O-Verbrauchs und des R.Q. zeigt, die Atmung, nicht aber die Glykolyse aufrecht erhalten. Auch die von HIRSCHBERG gefundene Größe des Umsatzes verschiedener Zucker (vgl. S. 571) und die später noch zu erörternde sparende Wirkung, die sie im Stoffwechsel des Froschrückenmarks ausüben, zeigen mancherlei Divergenzen gegenüber der Steigerung des O-Verbrauchs, die sie an Rattenhirnschnitten nach LOEBELS Untersuchungen (vgl. S. 560) hervorrufen. So fand dieser Galaktose ohne Einfluß, während sie im Ruhestoffwechsel der Nervenzentren des Frosches gerade in größtem Umfange umgesetzt wird. Wir sind also noch weit davon entfernt, diese Verhältnisse einigermaßen klar überblicken zu können.

B. E. und E. G. HOLMES[2] kamen bei Untersuchung des Verhaltens des aus dem frisch getöteten Tier herauspräparierten Kaninchenhirns zu dem Schluß, daß anscheinend der ganze in ihm vorhandene freie Zucker bereits während der Präparation zu Milchsäure gespalten wird. Denn sie fanden, daß der innerhalb relativ geringer Grenzen schwankende „Milchsäureruhewert" im Gehirn auch bei Stehenlassen bei Zimmer- oder Körpertemperatur innerhalb 24 Stunden keine nennenswerte Veränderung erfährt, während aus künstlich zugesetztem Traubenzucker unter anoxybiotischen Bedingungen auch das herausgenommene Gehirn noch beträchtliche Mengen Milchsäure zu bilden vermag. So betrug z. B. der Milchsäuregehalt einer gleich untersuchten Hirnhälfte in einem Versuch 65,29 mg pro 100 g Gehirn und in der anderen nach 24 Stunden untersuchten 62,74 mg%, oder in einem zweiten gleichartigen Versuch 98,18 bzw. 84,15 mg%. Dagegen war in einem Versuch der nach 24 Stunden bestimmte Milchsäuregehalt bei Zusatz von $n/_{65}$-KCN (zur Erzielung anoxybiotischer Glykolyse) ohne Zucker 76,60, bei Zusatz von 0,25%-Glucose aber 207,70 mg% und in einem zweiten Versuch 62,70 bzw. 293,30 mg%! Mit dieser Vorstellung, daß die postmortale Milchsäurebildung lediglich von dem Gehalt des Gehirns an freiem Zucker abhängt, würde auch der Befund gut übereinstimmen, daß unter der Einwirkung starker Insulindosen der Milchsäureruhewert eine beträchtliche Verminderung zeigt, obwohl, wie früher erwähnt (vgl. S. 573), der Gehalt des Gehirns an Glykogen dadurch keine Veränderung erfahren würde. Der Milchsäuregehalt des gleich untersuchten Gehirns betrug in 5 Versuchen 65,29—98,18, im Mittel 83,19 mg%, in 5 Versuchen unter Insulineinwirkung dagegen 20,90 bis

---

[1] MEYERHOF u. LOHMANN: Über Atmung und Kohlehydratumsatz usw., III. Biochem. Z. **171**, 421 (1926).
[2] HOLMES, B. E. u. E. G. HOLMES: Contributions to the study of brain metabolism. Biochemic. J. **19**, 492, 836 (1925); **20**, 1196 (1926); **21**, 412 (1927).

38,70, im Mittel 33,15 mg%. Diese Abnahme des Milchsäureruhewertes würde nach HOLMES nur dann eintreten, wenn unter der Einwirkung des Insulins der Blutzuckergehalt beträchtlich abgesunken ist.

Die Unabhängigkeit der postmortalen Milchsäurebildung vom Hirnglykogen und ihre strikte Abhängigkeit von dem durch den Blutzuckergehalt bestimmten Gehalt an freiem Zucker geht auf das klarste aus Versuchen hervor, bei denen HOLMES einerseits durch Chloroform- oder Äthernarkose oder Zuckerinfusion eine Hyperglykämie, andererseits durch starke Insulindosen eine Hypoglykämie erzeugten. Durchweg ging die so bewirkte Schwankung des Blutzuckers, dessen Gehalt zwischen 273 und 50 mg% betrug, jenen des Milchsäuregehaltes, der zwischen 163 und 45 mg% variierte, parallel, und der im Insulinkrampf beobachtete niedrigste Milchsäurewert von 29 mg%, zeigte bei Erholung durch Glucosezufuhr auch wieder ein Ansteigen, dies alles ohne nennenswerte Schwankungen des Glykogengehaltes des Gehirns. — Der gleiche Parallelismus zwischen Blutzucker und Milchsäuregehalt war auch an depankreatisierten Katzen zu beobachten. Es betrug in vier Versuchen: in mg%

der Gehalt an Blutzucker	der Milchsäuregehalt des Gehirns
440	220
317	200
123	104
110	110,5

Da auch hier der Glykogengehalt des Gehirns keine deutliche Veränderung aufwies, würde das Glykogen nach HOLMES nicht als Muttersubstanz der Milchsäure in Betracht kommen.

Im Gegensatz zu den in der Physiologie des peripheren Nerven erwähnten Versuchen von GERARD und MEYERHOF (vgl. S. 396) und den gleich zu besprechenden von JUNGMANN würde nach HOLMES das Gehirn (auch von depankreatisierten Tieren) die Fähigkeit besitzen, bei O-Zufuhr die Milchsäure zu oxydieren, wie dies auch MEYERHOF und LOHMANN (s. oben S. 580) für künstlich zugesetztes Lactat angegeben haben. Beispiele gibt die folgende Tabelle:

Versuchstier	Hirnmilchsäure in mg%		
	zu Beginn	nach dreistünd. Durchlüftung bei 37°	Abnahme
Kaninchen normal	91	15	76
Kaninchen normal	97	36	61
Katze normal	104	41	63
Katze depankreatis.	187	92	95
Katze depankreatis.	202	111	91

Über den *im lebenden Organismus vorhandenen Milchsäuregehalt des Gehirns* sagen die Untersuchungen der beiden HOLMES nichts aus, da nach ihrer eigenen Annahme diese Milchsäure in der Hauptsache erst während der auch noch so kurz bemessenen Präparation entstehen würde. MCGINTY und GESELL[1] haben auf folgendem Wege eine Schätzung der unter verschiedenen Bedingungen ursprünglich vorhandenen Milchsäuremenge durchzuführen versucht. Sie bestimmten in der einen Hälfte des Gehirns ganz plötzlich dekapitierter Hunde den Milchsäuregehalt sofort, in der anderen nach mehr oder minder langer Aufbewahrung. Der Gehalt an Milchsäure nahm anfänglich proportional der Zeit, dann immer langsamer zu; aus dem Verlauf dieser Milchsäurebildungs-

---

[1] MCGINTY u. GESELL: On the chemical regulation of respiration II. Amer. J. Physiol. **75**, 70 (1925/26).

kurve wurde durch Extrapolation der Anfangswert berechnet. Er ergab sich im Mittel zu 72,3 mg%, verdoppelte sich in 4 Minuten, erreichte in 10 Minuten den $2^1/_2$fachen Wert und nach 15 Minuten beinahe das Maximum. Während des raschen Anstiegs der ersten Zeit wurden ca. 20 mg Milchsäure pro 100 g Gehirn in der Minute gebildet. Bei CO-Vergiftung stieg der in analoger Weise berechnete Anfangswert auf 121,3 mg% und die Milchsäurebildungsgeschwindigkeit der ersten Zeit von 23,9 auf 75,1 mg% in der Minute. — In einer vorläufigen Mitteilung hat McGinty[1] über Änderungen des Milchsäuregehaltes des Hirnblutes berichtet, die bei Anoxyämie durch Cyansalze oder Abklemmung der Hirnarterien auftreten und die gleichfalls eine vermehrte Milchsäurebildung des Gehirns unter diesen Bedingungen erweisen würden.

Haldi, Ward und Woo[2] wollen am Kaninchenhirn nur eine geringe Zunahme des Milchsäuregehaltes bei $2^1/_2$—5 Minuten dauerndem Liegenlassen beobachtet haben, die keine Beziehung zu der Länge der Aufbewahrung erkennen ließ. Den größten Milchsäuregehalt würde nach ihnen das Kopfmark aufweisen, dann folgt das Mittelhirn, dann das Kleinhirn, zuletzt die Hirnhemisphären. Die Mittelwerte von 10 Versuchen, bei denen das Gehirn 50—80 Sekunden nach der Dekapitation in flüssiger Luft gefroren wurde, waren für die genannten Hirnteile in der angegebenen Reihenfolge: 31,9, 28,5, 21,0, und 13,5 mg%.

Im Gegensatz zu diesen Angaben will Mayer[3] eine zum Teil sehr beträchtliche Zunahme des Milchsäuregehaltes beim Liegenlassen von Säugetierhirn beobachtet haben, und zwar nicht nur bei Katzen, bei denen die erste Bestimmung an dem lebenden Tier entnommenen Hirnproben, die zweite mehrere Minuten nach dem Tode durchgeführt wurde, sondern auch bei Kälbern, bei denen die erste Probeentnahme ca. 6—7 Minuten nach dem Tode, die zweite $1/_2$ Stunde später erfolgte. Die Zunahme schwankte beim Katzenhirn zwischen 11 und 86%, beim Kalbshirn zwischen 10 und 60%. Im letzteren Falle ergab die getrennte Untersuchung der grauen und weißen Substanz, daß diese Zunahme fast gänzlich auf die erstere beschränkt war. In einem Versuche an Hundegehirn ergab der Vergleich des Milchsäuregehaltes der 3 bzw. 60 Minuten nach dem Tode entnommenen Proben in der grauen Substanz eine Zunahme von 38, in der weißen eine solche von 18%.

Ganz kürzlich hat Cobet anderweitig noch nicht veröffentlichte Untersuchungen durchgeführt, deren Ergebnisse in freundlicher Weise für diesen Artikel zur Verfügung gestellt wurden. Sie erscheinen geeignet, die Widersprüche in den Angaben der vorangehenden Autoren zum Teil aufzuklären und besitzen auch besonderes Interesse vom Standpunkt der Reaktionstheorie der Atmungsregulation. Cobet untersuchte den Milchsäuregehalt des am lebenden Tier in Urethannarkose freigelegten Kaninchenhirns. $1/_2$—1 Stunde nach der Operation wurde das ganze Großhirn abgekappt und 10 Sekunden nach der Entnahme in flüssige Luft gebracht. Unter diesen Bedingungen ergab sich in der sofort untersuchten Hälfte ein sehr viel geringerer Milchsäuregehalt als er von sämtlichen früheren Untersuchern gefunden worden war, nämlich 12,5—15 mg%. An diesem Werte änderte sich nichts, wenn die Tiere bei ausreichendem O-Druck durch Ansteigen des CO_2-Gehaltes der Atmungsluft zu immer stärkerer Lungen-

---

[1] McGinty: Lactic acid metabolism usw. Proc. physiol. soc. Amer. J. Physiol. **85**, 395 (1928).
[2] Haldi, Ward u. Woo: Differential metabolism in brain tissue usw. Amer. J. Physiol. **83**, 250 (1927).
[3] Mayer, M. E.: Über postmortale Milchsäurezunahme etc. Arch. exper. Path. u. Pharm. **134**, 218 (1928).

ventilation veranlaßt wurden. Eine Verminderung des O-Gehaltes der Atmungsluft dagegen bewirkte bei dem in ganz der gleichen Weise untersuchten Gehirn innerhalb weniger als 1 Minute ein Ansteigen der Milchsäure auf 40—60 mg%, so daß die in diesen Fällen beobachtete Hyperpnoe wohl in vollem Einklang mit der Reaktionstheorie auf eine durch Milchsäureanhäufung bedingte Steigerung der cH in den Atemzentren zurückgeführt werden kann. Nach Wiederherstellung der normalen Atmung zeigte in einem Versuche der Milchsäuregehalt des Nachhirns wieder einen annähernd normalen Wert. Die zweite Hälfte des dem lebenden Tier entnommenen Großhirns ergab beim Liegenlassen stets eine gewaltige Erhöhung des Milchsäuregehaltes, der schon nach 1—2 Minuten bei Zimmertemperatur von 12,5—15 auf 40—63 mg%, nach 15—23 Minuten auf 136—168 mg% anstieg. Liegenlassen während 2 Stunden im Brutschrank hatte keine merkliche Erhöhung über die letzteren Werte im Gefolge. Wir dürfen aus diesen Untersuchungen wohl schließen, daß der normale Milchsäuregehalt des lebenden Gehirns sehr gering ist, daß er durch O-Mangel sehr schnell eine starke Steigerung erfährt und beim Liegenlassen außerhalb des Körpers ziemlich rasch ein Maximum erreicht, das offenbar bei jenen Autoren, die die Präparation nicht mit genügender Schnelligkeit durchführten, bereits von Anfang an vorhanden war.

Anhangsweise sei erwähnt, daß Fujita[1] auch am ausgeschnittenen Ganglion coeliacum des Kaninchens eine anoxybiotische Milchsäurebildung bei Fehlen einer oxybiotischen beobachtet hat.

Takasaka[2] hat am menschlichen Gehirn das Vorhandensein eines glykolytischen Ferments nachgewiesen, das schon ohne besonderen Zusatz eine Milchsäurebildung aus der Hirnsubstanz hervorzurufen vermag. Sie erfährt eine bedeutende Verstärkung durch Zusatz von Zuckern, besonders Lävulose, weniger durch Glucose und noch geringer durch Galaktose und Glykogen. Auch Laktose und Monohexosephosphorsäure werden in geringem Umfange zu Milchsäure abgebaut.

Die im vorangehenden besprochenen Ergebnisse sind im wesentlichen an erstickten Hirnmassen oder an dünnen Hirnschnitten, also unter unphysiologischen Bedingungen, gewonnen worden. Dies ließ es sehr wünschenswert erscheinen, das Schicksal der Zuckerstoffe und die Milchsäurebildung auch wieder am isolierten CNS des Frosches zu untersuchen, das bisher allein die Sicherheit bietet, einen Einblick in die Vorgänge zu gewinnen, die sich in funktionsfähigen Nervenzentren abspielen. Von diesem Gesichtspunkte aus sind Versuche in Wintersteins Laboratorium in Angriff genommen worden, von denen bisher einige von Jungmann[3] erzielte Ergebnisse vorliegen. Er fand, daß der (nach der Methode von Mendel und Goldscheider bestimmte) Milchsäuregehalt des isolierten Rückenmarks von Wasserfröschen und italienischen Kröten gleich nach der Präparation zwischen 70 und 200 mg% schwankt und im Mittel etwa 120 mg% beträgt. Das in einer Salzlösung überlebende Rückenmark gibt auch bei ausreichender O-Zufuhr und voller Erhaltung der Reflexerregbarkeit ständig kleine Milchsäuremengen an das umgebende Medium ab. Diese Abgabe erfolgt zuerst am reichlichsten, sinkt dann mehr oder weniger rasch ab, ist aber auch nach 8 Stunden noch nachweisbar. Ebenso zeigt auch im Innern des Rückenmarks der Milchsäuregehalt nach 2 Stunden eine geringe, nach 4 Stunden eine verhält-

---

[1] Fujita, A.: Über den Stoffwechsel der Körperzellen. Bioch. Z. **197**, 175 (1927).
[2] Takasaka, T.: Über den Fermentgehalt des menschlichen Gehirns. Bioch. Z. **184**, 390 (1927).
[3] Jungmann, H.: Über den Milchsäurestoffwechsel des Zentralnervensystems. I. Biochem. Z. **201**, 259 (1928), und ebenda im Druck befindliche Versuche.

nismäßig starke Vermehrung (in 4 Versuchen innen und außen zusammen um 8, 56, 77 und 67 mg%). Viel beträchtlicher als in Sauerstoff war die Milchsäurebildung in der gleichen Zeit in einer O-armen Lösung (Durchleitung von ca. 2% Sauerstoff enthaltendem Stickstoff), in der die Reflexerregbarkeit in etwa 1 Stunde irreversibel verlorenging. In drei Versuchen von je 4 Stunden Dauer ergab sich gegenüber den in O-gesättigter Lösung gehaltenen Teilen eine Milchsäuremehrbildung von 63, 132 und 209 mg%. Die bei O-Mangel mehrgebildete Milchsäure kann im Gegensatz zu den oben (S. 582) besprochenen Versuchen von HOLMES bei nachträglicher O-Zufuhr anscheinend *nicht* wieder zum Verschwinden gebracht werden.

Ein überraschendes Resultat ergaben Versuche mit direkter faradischer Reizung des Rückenmarks. Entgegen dem, was nach den Erfahrungen am Muskel zu erwarten war, bewirkte die *Reizung* nicht eine Vermehrung, sondern eine ausgesprochene *Verminderung der Milchsäurebildung*, wie die nebenstehende Zusammenstellung zeigt.

Die Verminderung der Milchsäurebildung ist augenscheinlich an das Vorhandensein *wirksamer* Reizungsvorgänge geknüpft, denn bei Reizung erstickter Präparate war sie nicht zu beobachten.

Einfluß der Reizung auf die Milchsäurebildung.
(Nach JUNGMANN.)

	Gesamtmilchsäurebildung in mg%		Abnahme bei Reizung in Proz.
	Ruhe	Reizung	
1	157	109	30,6
2	106	89	16,0
3	200	169	15,5
4	93	66	29,0

In einer zweiten Versuchsreihe studierte JUNGMANN den *Einfluß von Insulin und von Traubenzucker auf die Milchsäurebildung*. *Insulin allein*, ohne Traubenzucker, ergab, wie die folgenden Versuche zeigen, in nicht zu hoher Konzentration (0,2 E in 2 ccm Versuchsflüssigkeit) eine deutliche Verminderung der Milchsäurebildung, und zwar sowohl in O-gesättigter Lösung wie unter den Bedingungen der Erstickung.

Einfluß des Insulins auf die Milchsäurebildung.
(Nach JUNGMANN.)

Versuchsbedingungen	Milchsäurebildung des isolierten Rückenmarks in mg%		Abnahme mit Insulin in Proz.
	ohne Insulin	mit 0,2 E Insulin	
4 Stunden O-Lösung . . .	193	139	28,0
4 Stunden O-Lösung . . .	189	164	13,2
4 Stunden O-Lösung . . .	115	77	33,0
3 Stunden O-Lösung . . .	99	77	22,2
4 Stunden N-Lösung . . .	177	127	28,2
4 Stunden N-Lösung . . .	239	192	19,7

Bei hohen Insulinkonzentrationen (2 E, also 10 mal so stark) war die Verminderung der Milchsäurebildung nur angedeutet oder fehlte vollständig.

Zusatz von 0,1% *Traubenzucker allein*, ohne Insulin, hatte regelmäßig eine deutliche *Vermehrung der Milchsäurebildung* im Gefolge, und zwar auch wieder sowohl in O-gesättigter wie in N-Lösung, wie die folgenden Beispiele zeigen; diese Vermehrung der Milchsäurebildung betraf jedoch im wesentlichen nur die *umgebende Lösung* und war durch das Austreten eines glykolytischen Ferments in diese bedingt. Das Rückenmark selbst zeigte eher eine geringere Milchsäurebildung als ohne Zuckerzufuhr.

Einfluß des Traubenzuckers auf die Milchsäurebildung.
(Nach JUNGMANN.)

Versuchsbedingungen	Milchsäurebildung in mg% in 4 Stunden		Zunahme mit Zucker in Proz.
	ohne Zucker	mit Zucker	
O-Lösung	110	162	47,3
O-Lösung	114	165	44,7
O-Lösung	117	160	36,8
O-Lösung	110	152	38,2
N-Lösung	187	291	55,6
N-Lösung	205	376	83,4
N-Lösung	188	331	76,0
N-Lösung	214	307	43,5

Die sonst bei *Reizung* zu beobachtende Verminderung der Milchsäurebildung fehlt bei Traubenzuckerzusatz bemerkenswerterweise vollständig; die Unterschiede zwischen gereizten und ungereizten Präparatteilen fielen unter diesen Bedingungen durchaus in die Fehlergrenzen oder es war sogar eine leichte Steigerung bei Reizung feststellbar. Dagegen war die durch *Insulinzusatz* bewirkte Verminderung der Milchsäurebildung auch bei gleichzeitiger Zuckerzufuhr in der Mehrzahl der Fälle in O-gesättigter und regelmäßig in N-Lösung am ruhenden und am gereizten Präparat nachweisbar, wenn auch nicht so ausgesprochen wie ohne Zucker; hierbei wirkten in N-Lösung die starken Insulindosen ebenso wie die schwachen.

Einfluß des Insulins auf die Milchsäurebildung in Glucoselösung.
(Nach JUNGMANN.)

Versuchsbedingungen	Milchsäurebildung in 0,1 proz. Glucose in mg% in 4 Stunden		Abnahme mit Insulin in Proz.
	ohne Insulin	mit 0,4 E Insulin	
O-Lösung	209	211	—
O-Lösung	242	199	17,8
O-Lösung	119	104	12,6
O-Lösung	166	143	13,9
O-Lösung	185	180	—
O-Lösung, Reizung . . .	98	89	—
O-Lösung, Reizung . . .	114	109	—
N-Lösung	336	294	12,5
N-Lösung	282	257	8,9
N-Lösung, Reizung . . .	271	243	10,3
N-Lösung, Reizung . . .	291	270	7,0

Die Beziehungen der Milchsäurebildung zu dem gleichzeitigen O-Verbrauch und dem Umsatz an Zucker, Glykogen, Cerebrosiden und Phosphatiden sind Gegenstand noch nicht abgeschlossener Versuche.

Anhangsweise sei erwähnt, daß ebenso wie die Atmung (vgl. S. 555) auch die *Glykolyse der Netzhaut* eine außerordentlich hohe ist. Sie wird bei der Warmblüternetzhaut (Kaninchen, Meerschweinchen, Ratte, Huhn) nach NEGELEIN[1] durch O-Zufuhr nicht zum Verschwinden gebracht. Da dies aber bei der Froschnetzhaut in weitgehendem Maße der Fall war, so schloß der Verf., daß diese aerobe Glykolyse eine pathologische, durch die größere Empfindlichkeit der Warmblüternetzhaut gegen die operativen Schädigungen bedingte Erscheinung sei. WARBURG (Anmerkung bei KREBS) hat allerdings diese sehr berechtigt erscheinende Annahme später widerrufen, nachdem KREBS[2] an der Vogelnetzhaut sowohl unter aeroben wie

---

[1] NEGELEIN, E.: Über die glykolytische Wirkung usw. Biochem. Z. **165**, 122 (1925).
[2] KREBS, H. A.: Über den Stoffwechsel der Netzhaut. Biochem. Z. **189**, 57 (1927).

unter anaeroben Bedingungen die gleiche ungeheuer starke Glykolyse gefunden hatte. Sie betrug beim Huhn in der Stunde bis zu 55%, bei der Taube sogar bis zu 84% des eigenen Trockengewichts! Diese Unabhängigkeit von der O-Atmung würde sich erst im Verlaufe der Ontogenese entwickeln; denn die embryonale Hühnernetzhaut zeigt nach KREBS einen beträchtlichen Oxydationsstoffwechsel, und die anaerobe Milchsäurebildung verdoppelt sich nach TAMIYA[1] in der Zeit vom 17. Bebrütungstage bis zum Ausschlüpfen (bezogen auf die Gewichtseinheit).

WOHLGEMUTH und NAKAMURA[2] haben mit Hilfe des NEUBERGschen Sulfit-Abfangverfahrens in menschlichem Gehirnbrei eine Bildung von *Acetaldehyd* nachzuweisen vermocht, welche anzeigt, daß auch im CNS ein Zuckerabbau auf diesem Wege vor sich geht. Die Acetaldehydbildung war bei dem ja erst geraume Zeit nach dem Tode entnommenen Gehirn an sich gering, wurde aber sehr deutlich bei Zusatz von Glucose und betrug im letzteren Falle etwa 4 mg% (gegen 0,5 ohne Zusatz). Nicht so günstig wirkten Glykogen, Laktose und Galaktose. Zusatz von Milchsäure, Alanin und Glykokoll hatten stets nur ein negatives Ergebnis. Die graue Substanz erwies sich stets bedeutend wirksamer als die weiße; z. B. betrug in einem Versuche mit Glucosezusatz die Acetaldehydbildung durch die graue Substanz 7 mg% gegen 0,7 mg% durch die weiße! Zusatz von Insulin ergab eine Herabsetzung der Acetaldehydbildung, was die Verfasser im Sinne einer Schutzwirkung des Insulins gegen den Zuckerabbau deuten.

2. Stickstoffumsatz.

Die ersten Untersuchungen, die gewisse Rückschlüsse auf einen N-Umsatz im CNS gestatten, haben SOULA[3] und seine Mitarbeiter angestellt, indem sie die Verteilung des Stickstoffes auf die verschiedenen Fraktionen und die Veränderungen dieser Verteilung bei Tieren untersuchten, die unter verschiedenen Bedingungen gehalten wurden. Sie bestimmten im CNS (Gehirn und Rückenmark) verschiedener Organismen (Mensch, Hund, Kaninchen, Meerschweinchen, Ratte) folgende Größen:

N_t = Totalstickstoff
N_1 = Eiweißstickstoff
N_2 = Polypeptidstickstoff
N_3 = Aminostickstoff
N_4 = Ammoniakstickstoff

C_1 = Koeffizient der *Aminogenese* = $\frac{100 N_3}{N_t}$ = prozentuales Verhältnis des Amino-N zum Gesamt-N.

C_2 = Koeffizient der *Proteolyse* = $\frac{100 (N_2 + N_3)}{N_t}$ = prozentuales Verhältnis des durch Trichloressigsäure nicht fällbaren Polypeptid-N + Amino-N zum Gesamt-N.

Beim Kaninchen beträgt normalerweise für das Gehirn C_1 etwa 6, C_2 etwa 13, und für das Rückenmark C_1 etwa 7,5. Die Einwirkung tätigkeitsvermindernder Faktoren (Hypothermie durch Abkühlung, mehrtägige Verabreichung von Morphium, Chloroform) läßt C_2 unverändert, vermindert dagegen C_1 auf 4,5—5,4. Gerade umgekehrt bewirken die tätigkeitssteigernden Faktoren, wie Hyperthermie durch feuchte oder trockene Hitze (ESCAUDE und SOULA), Faradisation mit Strömen von wachsender, schließlich tödlicher Stärke, Asphyxie durch Zuklemmen der Luftröhre oder Curarisieren, Krampfgifte, wie Strychnin, Cocain usw., eine Steigerung von C_1 meist auf 10—11 oder noch darüber, und von C_2 auf 18—28,8. Die gleiche Wirkung haben auch *Toxine*: Das krampferzeugende Tetanustoxin ruft eine Erhöhung, das lähmend wirkende

---

[1] TAMIYA, C.: Über den Stoffwechsel der Netzhaut usw. Biochem. Z. **189**, 114 (1927).
[2] WOHLGEMUTH u. NAKAMURA: Über den Zuckerabbau usw. Biochem. Z. **175**, 233 (1926).
[3] SOULA, C.: C. r. Soc. Biol. **73**, 297, 404 (1912); **74**, 244, 350 (mit FAURE), 476, 592, 692, 758, 878 (mit ESCAUDE) (1913) — J. Physiol. et Path. gén. **15**, 267 (1913).

Diphtherietoxin eine Herabsetzung der proteolytischen Koeffizienten hervor. Da der Koeffizient der Aminogenese in den Muskeln selbst keine Veränderung erfährt und die Veränderung im Gehirn auch an curarisierten Tieren eintritt, muß die erhöhte Bildung von Aminostickstoff bei gesteigerter Tätigkeit im CNS selbst erfolgen und dieses bei seinem Stoffwechsel einen *starken Umsatz N-haltiger Substanzen* aufweisen. Es ist sicher sehr bemerkenswert, daß diese Schlußfolgerung SOULAS mit den später zu erörternden Ergebnissen der Stoffwechseluntersuchungen am überlebenden Organ im besten Einklang steht. Dies gilt auch für die Angabe, daß diese Vorgänge im wesentlichen in der *grauen* Substanz und nur in geringem Maße in der *weißen* sich abspielen. Ähnliche Resultate wurden auch im CNS anderer Tiere erzielt; sie sind in der folgenden Tabelle zusammengestellt.

Proteolyse im Zentralnervensystem. Einfluß gesteigerter Tätigkeit (durch Krampfgifte u. dgl.). (Nach SOULA.)

Versuchstier	Koeffizient der Aminogenese $C_1 = \dfrac{100\ NH_2\text{-}N}{\text{Gesamt-N}}$		Koeffizient der Proteolyse $C_2 = \dfrac{100\ (\text{Polypeptid-N} + NH_2\text{-}N)}{\text{Gesamt-N}}$	
	normal	nach gesteigerter Tätigkeit	normal	nach gesteigerter Tätigkeit
Hund	6—7	9—11	17	17—25,8
Kaninchen	6	10—11	13	18—28,8
Meerschweinchen	5,4	9,3		
Ratte	6,9	8,4	14	23,7

Bei den Ratten, bei denen die Steigerung der Proteolyse durch eine bis zur völligen Erschöpfung geführte Arbeit am Tretrad bewirkt wurde, erfolgte auch eine histologische Untersuchung des Gehirns (FAURE und SOULA). Sie ergab eine starke *Chromatolyse*. Diese Beziehungen zwischen Chromatolyse und Proteolyse würden zugunsten der Annahme von MARINESCO sprechen, daß man es in der chromatophilen Substanz mit Stickstoffenergiebehältern der Nervenzellen zu tun habe. — Angeregt durch diese Beobachtungen hat später MARINESCO[1] nach dem Verfahren von SOULA die Koeffizienten der Aminogenese und Proteolyse im Rückenmark von Hunden unter dem Einfluß einseitiger Ausreißung von Nerven untersucht. Hierdurch würden künstlich Veränderungen erzeugt, die in den Erscheinungen der Chromatolyse dem Krankheitsbild der amyotrophischen Lateralsklerose entsprächen. Auch hier würde sich eine deutliche Beziehung zwischen Chromatolyse und Proteolyse ergeben, wie die folgende Zusammenstellung zeigt.

Einfluß einseitiger Nervenausreißung auf die Proteolyse. (Nach MARINESCO.)

Nr.			gesunde Seite	kranke Seite
1	7 Tage nach Ausreißung des Ischiadicus	C_1	10,5	11,1
		C_2	23,0	25,7
2	22 Tage nach Ausreißung des Ischiadicus und des Plexus brachialis	C_1	6	8,4
		C_2	1,4	18,8
3	50 Tage nach Ausreißung des Ischiadicus und des Plexus brachialis	C_1	6,4	8,9
		C_2	9,2	11,8

In weiteren Versuchsreihen hat SOULA die Beziehungen der Proteolyse des CNS zu den Erscheinungen der *Anaphylaxie* verfolgt. ABELOUS und BARDIER hatten eine Theorie aufgestellt, nach welcher die Anaphylaxie mit einer proteolytischen Degeneration nervöser Elemente einhergeht. Zur Nachprüfung dieser Theorie untersuchte SOULA den Koeffizienten der Aminogenese an Kaninchen, die durch Injektion von Ovoalbumin anaphylaktisch gemacht wurden. Er fand in der Tat eine Steigerung von 6 (dem normalen Durchschnittswert)

---

[1] MARINESCO, G.: Le rôle des ferments hydrolytiques usw. Bull. Soc. Roumain. Neurol. **2**, 151 (1925).

auf 8—9 im Gehirn und von 7,5 auf 8,6—11,4 im Rückenmark. Die genauere Verfolgung des zeitlichen Verlaufes dieser Steigerung der Proteolyse ergab ein allmähliches Anwachsen der Koeffizienten bis zum 23. Tage, der stärksten Entwicklung der Anaphylaxie, und dann mit dem Verschwinden des anaphylaktischen Zustandes auch wieder ein allmähliches Absinken zur Norm. Wurde 41 Tage nach der 1. Injektion eine 2. Injektion von Ovoalbumin vorgenommen und 23 Tage später, das ist im Stadium der Immunität, die Untersuchung durchgeführt, so war auch keine Steigerung der Koeffizienten der Proteolyse zu beobachten.

Schließlich hat SOULA noch den *Einfluß der Kastration auf die Proteolyse* untersucht und, wie die folgende Tabelle zeigt, fast durchweg eine Herabsetzung der normalen Werte gefunden.

Einfluß der Kastration auf die Proteolyse. (Nach SOULA.)

Versuchstier	Aminogenese		Proteolyse	Versuchstier	Aminogenese	
	Gehirn	Rückenmark	Gehirn		Gehirn	Rückenmark
Stier	8,8	9,5	26,5	Kaninchen ♂	6,0	7,5
Ochse	6,2	7,1	22,2	,, kastriert .	5,5	6,4
Widder . . .	8,5	8,5	33	,, ♀	6,2	6,9
Hammel . .	5,6	7,4	20	,, kastriert .	4,8	5,8

In analoger Weise wie SOULA haben in neuerer Zeit PALLADIN, ZUWERKALOW und BJELJAEWA[1] den *Einfluß des Hungerns auf die Aminogenese* an Hunden und Kaninchen untersucht, und zwar gesondert für weiße und graue Substanz. Sie fanden, daß die bekannte Konstanz des Hirngewichtes im Hungerzustande nicht auf einer unveränderten Erhaltung seiner Zusammensetzung, sondern auf einer Zunahme des Wassergehaltes beruht, die den Verlust an N-haltigem Material ungefähr kompensiert. Den Koeffizienten der Aminogenese, dessen Größe unter normalen Umständen mit der von SOULA beobachteten gut übereinstimmte, sahen sie unter den Einfluß des Hungerns in der grauen und weißen Substanz entgegengesetzte Veränderungen erfahren, nämlich in der ersten *ab-*, in der zweiten *zu*nehmen, wie die folgende Tabelle zeigt:

Einfluß des Hungerns auf die Aminogenese.
(Nach PALLADIN und Mitarbeiter.)

	Hund		Kaninchen	
	graue	weiße	graue	weiße
	Substanz des Gehirns		Substanz des Gehirns	
normal	6,6 (6,4—6,8)	6,06 (5,9—6,3)	6,9 (6,2—7,8)	5,7 (5,0; 6,4)
hungernd	5,6 (5,1—6,2)	8,9 (8,5—9,7)	4,8 (3,3—6,2)	6,2 (5,4—7,5)

GORODISSKY[2] hat als erste den Versuch gemacht, *auf biochemischem Wege eine Lokalisation funktioneller Zustände in einzelnen Hirnteilen* durchzuführen. Sie untersuchte die Proteolyse und zwar das Verhältnis von Reststickstoff zum Gesamtstickstoff bei normalen Katzen und bei solchen, bei denen durch Vernähen der Augenlider während einiger Tage eine Fernhaltung von Lichtreizen bewirkt worden war, in den folgenden Teilen: Sehsphäre (Area striata), sensomotorische Region der Hirnrinde, Corpus geniculatum laterale, Nucleus caudatus und Tractus opticus. Sie fand, daß diejenigen Nerventeile, die an dem

---

[1] PALLADIN u. ZUWERKALOW: Zur Frage der Aminogenese usw. Hoppe-Seylers Z. **139**, 57 (1924). — PALLADIN u. BJELJAEWA: 2. Mitt. Ebenda **141**, 33 (1924).

[2] GORODISSKY, H.: Zur Biochemie der funktionellen Zustände der Nervenzentren. Biochem. Z. **179**, 46 (1926).

Sehakt beteiligt sind, also Sehsphäre der Hirnrinde, Corp. gen. lat. und Tractus opt., bei Ausschaltung der Lichtreize im Mittel eine geringere Proteolyse aufweisen als bei normalen Tieren, während die anderen untersuchten Partien (motorische Region und Nucl. caudatus) keine deutlichen Unterschiede erkennen ließen. Nachträgliche Freigabe der Belichtung beseitigte die im ersteren Falle beobachtete Verminderung der Proteolyse, wozu bei der Sehsphäre schon 15 Minuten, beim Tractus und den subcorticalen Zentren sogar schon 4—6 Minuten ausreichten. Genau das gleiche Verhalten zeigten neugeborene Tierchen, bei denen die Augenlider noch vor ihrer ersten Öffnung vernäht wurden im Vergleich mit den gleichaltrigen Tieren desselben Wurfes, bei denen eine Belichtung erfolgt war. Wenn die Versuche auch infolge der großen physiologischen Schwankungsbreite der Werte mit einer gewissen Unsicherheit behaftet sein dürften, so scheint hier doch mit Erfolg ein ganz neuer Weg zur Erforschung der Hirnlokalisation betreten zu sein. Die wichtigsten Daten sind in der folgenden Tabelle zusammengestellt:

Einfluß der Lichtreizung auf die Proteolyse in verschiedenen Hirnteilen.
(Nach GORODISSKY.)

Versuchs-bedingungen	Reststickstoff in Prozent des Gesamtstickstoffs				Tract. op.
	Area striata	Motor. Region	Corp. gen lat.	Nucl. caud.	
Sehende Tiere . .	**11,36** (10,14—13,52)	10,32 (6,44—17,05)	**11,73** (10,04—13,13)	9,13 (8,43—10,07)	8,87 (8,09—9,39)
Nichtsehende . . .	**8,21** (6,63—9,69)	11,26 (7,98—16,00)	**8,01** (5,63—9,45)	9,82 (8,64—10,54)	**7,07** (5,25—8,86)
Nach 5—9 tägigem Lidverschluß, Belichtung durch:					
24 Stunden . . .	13,48	12,60	16,45	16,68	9,10
2 Stunden . . .	10,64	16,14	10,78	9,28	9,30
15 Minuten . . .	10,37	—	12,11	9,18	8,50
6 Minuten . . .	8,67	10,65	11,58	9,12	9,03
4 Minuten . . .	8,83	13,07	12,47	9,63	8,41

Gleichfalls aus dem Laboratorium PALLADINs sind einige Arbeiten hervorgegangen, die den Kreatinstoffwechsel des Gehirns zum Gegenstand haben. FOMIN[1] untersuchte das Verhältnis des Kreatins zum Gesamtstickstoff im CNS von Hunden, Kaninchen und Ratten, und will gefunden haben, daß der so gemessene Kreatinstoffwechsel im Hunger und unter dem Einfluß von Cocain eine Steigerung, bei Einwirkung von Strychnin dagegen eine Verminderung erfährt. EPSTEIN[2] hat weiter den Einfluß von Adrenalin und Phlorrhizin, FEINSCHMIDT[3] jenen von Guanidin und LJUBARSKAJA[4] den Kreatinstoffwechsel von Tauben im Hunger und bei Polyneuritis untersucht. In diesem letzteren Falle waren deutliche Änderungen des Kreatinstoffwechsels nachweisbar, die in erster Linie in einer Zunahme des Verhältnisses zwischen Kreatin-N und Gesamt-N zum Ausdruck kamen, besonders bei der spastischen und paralytischen Form der Polyneuritis, weniger stark bei der chronischen Form und beim Hungern. Die wichtigsten Werte gibt die folgende Tabelle:

---

[1] FOMIN, S.: Beiträge zur Erforschung des Kreatinstoffwechsels im Gehirn, I. Ber. ukrain. biochem. Inst. **2**, 97 (1927) (russisch).

[2] EPSTEIN, S.: Beiträge usw., II. Ber. ukrain. biochem. Inst. **2**, 117 (1927) (russisch).

[3] FEINSCHMIDT, O.: Beiträge usw., III. Ber. ukrain. biochem. Inst. **2**, 127 (1927) (russisch).

[4] LJUBARSKAJA, T.: Der Kreatinstoffwechsel im Gehirn usw. Pflügers Arch. **218**, 626 (1928).

Einfluß des Hungerns und der Polyneuritis auf den Kreatinstoffwechsel des Gehirns von Tauben. (Nach LJUBARSKAJA.)

Versuchsbedingungen	Kreatin-N in Proz. des Gesamt-N
Gesunde Tauben	3,77 (2,88—4,49)
Spastische Form der Polyneuritis	5,94 (4,97—7,20)
Paralytische Form der Polyneuritis	5,85 (4,67—7,35)
Chronische Form der Polyneuritis	4,21 (3,99—5,29)
Hungernde Tauben	4,37 (2,61—5,89)

Im Gegensatz zur Polyneuritis zeigt bei *Skorbut* der Kreatingehalt des Gehirns nach PALLADIN und SSAWRON[1] keine Veränderung, was die Verfasser mit dem Fehlen von Erregungserscheinungen seitens des CNS in Zusammenhang bringen. Dagegen werden Trockengehalt und P-Gehalt bei beiden Krankheiten gleichartig (im Sinne einer Verminderung) beeinflußt. Durch diese Abnahme des P-Gehalts unterscheidet sich wieder die Zusammensetzung des Gehirns bei Skorbut von jener im Hungerzustande.

Am isolierten Froschrückenmark haben HIRSCHBERG und WINTERSTEIN[2] eingehende Untersuchungen über den N-Umsatz der unter verschiedenen Bedingungen überlebenden Nervenzentren angestellt.

Zur Ermittlung des Umsatzes N-haltiger Substanzen wurde das isolierte Froschrückenmark meist durch Querteilung in zwei (mitunter auch drei) Teile zerlegt, von denen der eine sogleich, der andere nach längerem Verweilen des Präparates unter den gewünschten Versuchsbedingungen auf seinen Gesamtstickstoffgehalt untersucht wurde. Dieser schwankte bei dem von der Pia umhüllten Rückenmark im allgemeinen zwischen 1,28 und 1,34% der frischen Substanz und betrug im Mittel von 31 Bestimmungen 1,30% (größte Differenz von Doppelanalysen desselben Rückenmarks: 0,05%). Der N-Gehalt des von der Gefäßhaut befreiten Rückenmarks war etwas geringer, im Mittel von 8 Versuchen 1,25% (1,24—1,27). Die verschiedenen Teile des frischen Rückenmarks zeigten keine merkliche Differenz des N-Gehaltes, auch nicht bei längerer Aufbewahrung in Luft oder O-Atmosphäre.

Wurden nun die Rückenmarkstücke in physiologischer NaCl-Lösung bei ständiger O-Durchleitung aufbewahrt, so zeigte sich nach längerem Verweilen regelmäßig eine deutliche Verringerung des N-Gehaltes, die in 12 Versuchen von 24stündiger Dauer bei gewöhnlicher Zimmertemperatur 0,21—0,29%, im Mittel 0,25% der frischen Substanz oder etwa 20% des Gesamtstickstoffs betrug. Fehlen oder Vorhandensein der Gefäßhaut war hierbei ohne nennenswerten Einfluß. Dieser Umsatz N-haltiger Substanzen verlief innerhalb der ersten 24 Stunden ziemlich gleichmäßig; am zweiten Tage dagegen war er nurmehr so gering, daß er in die Fehlergrenzen der Methodik fiel, wenigstens in den Versuchen bei gewöhnlicher Temperatur; bei niedriger Temperatur (10—12°) war infolge der Verlangsamung der Stoffwechselvorgänge auch am 2. Tage noch ein deutlicher N-Verlust nachweisbar.

Der Zusatz von Calcium veranlaßte in überraschendem Gegensatz zu der hemmenden Wirkung, die dadurch auf die O-Atmung und den Zuckerverbrauch ausgeübt wird, eine *Steigerung des N-Umsatzes* um rund 50%. So wurde z. B. in einem Versuch ein Rückenmark in drei Teile geteilt, der eine sogleich auf

---

[1] PALLADIN, A. u. E. SSAWRON: Beiträge zur Biochemie der Avitaminosen Nr. 11. Biochem. Z. **200**, 244 (1928).
[2] HIRSCHBERG u. WINTERSTEIN: Über den Stickstoffumsatz der nervösen Zentralorgane. Hoppe-Seylers Z. **101**, 212 (1918).

seinen N-Gehalt untersucht, der zweite nach 24stündigem Verweilen in 0,7% NaCl-Lösung, der dritte nach gleich langer Aufbewahrung in 0,7% NaCl +0,1% $CaCl_2$; der N-Verlust betrug im ersten Falle 0,22, im zweiten 0,34%, also 55% mehr. Zusatz von 0,1% KCl dagegen setzte den N-Verbrauch herab.

Wie der Zuckerverbrauch so wurde auch der Umsatz N-haltiger Substanzen durch *Narkose* mit 4 Vol.-% Äthylalkohol bis hart an die Fehlergrenze heruntergedrückt. Umgekehrt erzeugte *elektrische Reizung* durch rhythmische tetanisierende Induktionsströme auch hier eine außerordentliche Steigerung des N-Umsatzes, die jene des Zuckerverbrauches noch bei weitem übertraf. Besonders deutlich geht dies wieder aus solchen Versuchen hervor, bei welchen durch Dreiteilung an einunddemselben Rückenmark der N-Umsatz in der Ruhe und bei Reizung untersucht wurde. Die Resultate von 4 in dieser Weise angestellten Versuchen sind in der folgenden Tabelle wiedergegeben (alle Werte bezogen auf 1 Gramm und 24 Stunden):

Umsatz N-haltiger Substanzen pro 1 g und 24 Stunden.
(Nach Hirschberg und Winterstein.)

$t°$	Ruheperiode		Reizungsperiode			Mehrumsatz bei Reizung	
	Versuchsdauer in Stunden	N-Umsatz in mg	Versuchsdauer in Stunden	N-Umsatz absolut in mg	in Proz. des Ruhewertes	absolut	Proz. des Ruhewertes
13	14	2,6	8	6,6	254	4,0	154
13—14	$14^1/_2$	2,7	8	6,9	256	4,2	156
$16^1/_2$—18	$14^1/_2$	2,5	8	8,7	348	6,2	248
16—17	$15^1/_3$	2,2	9	8,3	377	6,1	277

Die Tabelle zeigt, daß der Umsatz N-haltiger Substanzen durch Reizung bei 13—14° auf das $2^1/_2$fache, bei 16—18° sogar auf das $3^1/_2$fache des Ruhewertes gesteigert wurde.

Wie der Umsatz von Zucker ist auch derjenige der N-haltigen Substanzen an den Ablauf von Oxydationsvorgängen geknüpft, denn O-Mangel durch Durchleiten von Stickstoff oder Wasserstoff durch die Lösung setzte ihn sehr beträchtlich herab, und bei sorgfältiger Fernhaltung jeglichen Sauerstoffs fehlte jeder nachweisliche N-Verlust.

Die Beeinflussung des N-Umsatzes durch gleichzeitige Zufuhr anderer Substanzen soll im Zusammenhang mit der Ersparnis an Fettstoffen und P-haltigen Stoffen behandelt werden.

Über die *Natur der an die umgebende Lösung abgegebenen N-haltigen* Substanzen hat als erster Sereni[1] Angaben gemacht, der durch Mikroformoltitration eine *Aminosäureabgabe* am isolierten CNS der Kröte festgestellt und gemessen haben will.

Seine quantitativen Angaben können jedoch unmöglich zutreffen. Nach ihm sollen lebende Präparate bis zum Erlöschen ihrer Erregbarkeit 37,8—98,0, im Mittel 68,5 mg „Aminosäuren" ausscheiden, durch Kompression „getötete", d. h. nicht erregbare, etwa halb soviel. Ganz abgesehen davon, daß nicht einzusehen ist, wie die Menge der ihrer Natur nach ja nicht bestimmten Aminosäure berechnet werden konnte, ergibt sich die Unmöglichkeit dieses Resultates aus einer einfachen Überlegung. Obwohl keine Zahlenwerte mitgeteilt sind, dürfen wir annehmen, daß das Gewicht eines CNS (zumal die kleineren *Krötenmännchen* verwendet wurden) 200 mg nicht überschritten hat (das unserer Frösche erreicht nur selten 100). Rechnet man den mittleren Wassergehalt auch nur zu zwei Drittel, was sicher zu wenig ist, so würde die Gesamtmenge des Trockengewichts im Mittel 67 mg betragen haben, also weniger als die Menge der „Aminosäuren", die das Präparat ausgeschieden haben soll.

---

[1] Sereni, E.: Di alcuni fatti biochimici usw. Arch. di Fisiol. **19**, 163 (1921).

Im Anschluß an die in der Physiologie des peripheren Nerven besprochenen Untersuchungen über die *Ammoniakbildung* (vgl. S. 403) haben WINTERSTEIN und HIRSCHBERG[1] auch solche am isolierten Froschrückenmark angestellt. In überraschendem Gegensatz zu dem Verhalten des ersteren ergab sich, daß das Froschrückenmark *in einer gasförmigen Atmosphäre* weder in der Ruhe noch bei Reizung eine meßbare NH_3-Abgabe zeigt. In einem flüssigen Medium war sie bezogen auf die Gewichtseinheit ungefähr von der gleichen Größenordnung wie beim Nerven (etwa $1 \cdot 10^{-5}$ g pro 1 Gramm und Stunde), bezogen auf den Gesamtstickstoffverlust nur etwa halb so groß. Das piafreie CNS zeigte eine stärkere NH_3-Ausscheidung als das von der Pia umhüllte. Wie beim Nerven sank auch hier die NH_3-Abgabe nach einigen Stunden ab, jedoch bei weitem nicht so schnell. Wurde die NH_3-Abgabe in zwei aufeinanderfolgenden Perioden von je 3—4 Stunden Dauer untersucht, so war sie, wie die folgenden Tabellen zeigen, in der zweiten Periode relativ um so größer, je kleiner sie in der ersten gewesen war. Besonders deutlich war dies unter dem Einfluß einer *Narkose* mit 1% Urethan der Fall, durch die die NH_3-Ausscheidung sehr stark, zum Teil unter die Grenze der Meßbarkeit heruntergedrückt wurde und nach deren Aufhebung sie dann in der zweiten Versuchsperiode viel größer war als sonst ohne vorangehende Narkose (vgl. Tab. 3). In merkwürdigem Gegensatz zu der gewaltigen Steigerung der NH_3-Bildung, die der periphere Nerv bei seiner Reizung aufweist (vgl. S. 404), fielen beim Rückenmark die Werte der NH_3-Abgabe bei Reizung durchaus in das Bereich der auch im Ruhestoffwechsel zu beobachtenden Schwankungen. Eine vorläufige Erklärung der auffälligen Unterschiede in dem Verhalten der NH_3-Abgabe des peripheren und zentralen Nervensystems suchen die Verfasser in der Annahme, daß in dem letzteren eine teilweise Weiterverarbeitung des primär gebildeten Ammoniaks zu anderen Ausscheidungsprodukten erfolge. Daher würde die Abgabe des NH_3 nur in einem flüssigen Medium feststellbar sein, in welchem (besonders nach Entfernung der Pia) das Herausdiffundieren in den oberflächlichen Schichten vielleicht mit größerer Geschwindigkeit erfolge. Dem Nerven würde die Fähigkeit zu einer solchen Weiterverarbeitung abgehen.

Anhangsweise sei erwähnt, daß, wie bereits von WARBURG, POSENER und NEGELEIN[2] festgestellt und von RÖSCH und TE KAMP[3] genauer untersucht wurde, auch die *Netzhaut* des Frosches eine beträchtliche NH_3-Bildung aufweist, die durch Belichtung auf das Mehrfache des Dunkelwertes gesteigert werden kann.

In weiteren Versuchen haben WINTERSTEIN und HIRSCHBERG[4] genaueren Aufschluß über die Natur der in den Nervenzentren umgesetzten Substanzen zu gewinnen gesucht. Eine besondere Aufmerksamkeit wurde dabei dem Umstande geschenkt, daß nach der grundlegenden an Pflanzenzellen gemachten Entdeckung HANSTEEN CRANNERS, die von BIEDERMANN auch an tierischen Zellen bestätigt worden war, eine *Abgabe wasserlöslicher Lipoide* mit in Frage kommt. In der Tat konnten sie feststellen, daß auch das CNS an die umgebende Salzlösung solche Stoffe abgibt, deren Eigenschaften nach ihrer Extraktion mit sog. „Lipoidlösungsmitteln" eine vollständige Veränderung erfahren. Harn-

---

[1] WINTERSTEIN u. HIRSCHBERG: Über Ammoniakbildung im Nervensystem. Biochem. Z. **156**, 138 (1925).

[2] WARBURG, POSENER u. NEGELEIN: Über den Stoffwechsel der Carcinomzelle. Biochem. Z. **152**, 309 (1924).

[3] RÖSCH u. TE KAMP: Über Ammoniakbildung usw. Hoppe-Seylers Z. **175**, 158 (1928).

[4] WINTERSTEIN u. HIRSCHBERG: Neue Versuche über den N-Umsatz usw. Biochem. Z. **167**, 401 (1926).

Ammoniakbildung durch das überlebende Froschrückenmark.
(Nach WINTERSTEIN und HIRSCHBERG.)

1. NH_3-Abgabe des Rückenmarks (mit Pia) in 0,7 proz. NaCl-Lösung.

Nr.	Versuchs-dauer Stunden	NH_3-Abgabe in 10^{-7} g pro g und Stunde	Nr.	Versuchs-dauer Stunden	NH_3-Abgabe in 10^{-7} g pro g und Stunde
1	9	100	13[1]	4	50
2	8	107		4	71
3	8	56,3			
4	8	70,6	14[1]	4	59,5
5	8	70,9		4	45,5
6	8	51,9			
7	8	98,0	15[1]	4	79,8
8	8	98,9		4	68,3
		Mittel 81,7			
			16[1]	4	106,8
9	4	83,2		4	45
10	4	122,3			
11	4	88,3	17[1]	4	144
12	4	143,8		4	40
		Mittel der ersten vierstündigen Versuchsperiode 96,4			
			18[1]	3	168,8
				3	76,7
			19[1]	3	187
				3	24,5

[1] Versuch 13—19 in je zwei unmittelbar nacheinander folgenden Versuchsperioden.

2. Erhöhte NH_3-Abgabe des Zentralnervensystems ohne Gefäßhaut.

Nr.	Versuchs-dauer Stunden	NH_3-Abgabe in 10^{-7} g pro g und Stunde	Nr.	Versuchs-dauer Stunden	NH_3-Abgabe in 10^{-7} g pro g und Stunde
1	7	95,2	6	3	222,3
2	4	158,5	7	4	235,8
3	4	176,8		4	114
4	4	113,5	8	4	199,5
	4	56,8		4	136,8
5	3	148			

3. Einfluß der Narkose mit 1 Proz. Urethan auf die NH_3-Abgabe des isolierten Rückenmarks.

Nr.	Versuchs-dauer Stunden	NH_3-Abgabe in 10^{-7} g pro g und Stunde	Nr.	Versuchs-dauer Stunden	NH_3-Abgabe in 10^{-7} g pro g und Stunde
1	3	Narkose . . . 54,3	3	3	Narkose . . . 0
	3	ohne Narkose . 124,7		3	ohne Narkose . 210
2	3	Narkose . . . 47	4	4	Narkose . . . 0
	3	ohne Narkose . 131,7		4	ohne Narkose . 192,7

stoff konnte, ebenso wie schon in den älteren Untersuchungen dieser Autoren, auch mit der sehr empfindlichen Xanthydrolreaktion in der Versuchsflüssigkeit nicht nachgewiesen werden. (In diesem Zusammenhang sei auch die Beobachtung von ABDERHALDEN[1] und BUADZE erwähnt, daß Zusatz von Hirnbrei nicht wie der verschiedener anderer Organe eine Harnstoffbildung aus wäßriger Ammoniumbicarbonatlösung zu bewirken vermag.)

---

[1] ABDERHALDEN u. BUADZE: Über die Bildung von Harnstoff usw. Fermentforschg. **9**, 89 (1926).

Die Mittelwerte der untereinander am besten vergleichbaren 8 Versuche, in denen der Ruheumsatz des isolierten CNS an N-haltigen Substanzen in achtstündigen Versuchsperioden in O-gesättigter physiologischer NaCl-Lösung untersucht wurde, sind in der ersten der folgenden Tabellen zusammengestellt. Die darauffolgende zeigt die Wirkung der Reizung auf die Verteilung des abgegebenen Stickstoffs auf die verschiedenen Fraktionen, indem Ruhe- und Reizungsumsatz in je achtstündigen Versuchsperioden an je zwei Hälften des quergeteilten Rückenmarks miteinander verglichen sind.

Verteilung der Stickstoffabgabe des isolierten Zentralnervensystems des Frosches an die umgebende Lösung auf einzelne Fraktionen.
(Nach WINTERSTEIN und HIRSCHBERG.)

1. Ruheumsatz.

	NH_3-N	NH_2-N	Eiweiß-N	Lipoid-N *	Total-N
In Milligramm pro 1 g Substanz ..	0,17	0,76	0,32	0,73	2,61
In Prozent des Gesamt-N-Umsatzes .	6,5	29,1	12,3	28,0	100

2. Vergleich von Ruhe- und Reizungsumsatz.

Nr.	Versuchs-bedingungen	NH_3-N		NH_2-N		Eiweiß-N		Lipoid-N *		N unbekannter Herkunft **		Total-N
		mg	%	mg	%	mg	%	mg	%	mg	%	mg
1	Ruhe ..	0,20	6,6	0,80	26,4	0,38	12,5	0,75	24,8	0,90	29,7	3,03
	Reizung .	0,22	3,4	2,32	37,5	0,44	7,1	1,03	16,7	2,19	35,3	6,20
2	Ruhe ..	0,15	6,0	0,70	28,9	0,34	14,0	0,72	29,2	0,51	21,1	2,42
	Reizung .	0,16	2,7	2,07	35,1	0,36	6,1	1,07	18,2	2,23	37,9	5,89

Reizungsumsatz der vorangehenden Versuche in Prozent des Ruheumsatz.

1			110		290		116		137		243		205
2			107		296		106		149		437		244

* = N der wasserlöslichen Lipoide.
** = Total-N weniger der Summe der anderen N-Fraktionen.

Wie aus diesen Tabellen hervorgeht, besteht der Stickstoff, der im *Ruheumsatz* des isolierten CNS an *zuckerfreie* Lösungen abgegeben wird, in der Hauptsache (zu im Mittel je 28—29%) aus mit Formol titrierbarem N und aus N wasserlöslicher Lipoide, und zu etwa $1/4$ aus N unbekannter Herkunft, dessen Menge sich aus der Differenz zwischen dem direkt bestimmten und dem aus der Summe der einzelnen Fraktionen berechneten Gesamt-N-Verlust ergibt. Im *Reizungsstoffwechsel* bleibt die absolute Menge des NH_3, wie bereits oben bemerkt, und die des Eiweiß-N praktisch unverändert, die Menge des Lipoid-N erhöht sich etwas, die des formoltitrierbaren N und des N unbekannter Herkunft steigt auf das mehrfache. Auf diese beiden Fraktionen also ist die schon früher besprochene Steigerung des Gesamt-N-Umsatzes durch Reizungsvorgänge zurückzuführen. Einige Versuche an *erkrankten Tieren* ergaben eine starke Erhöhung der Eiweißabgabe und einen sehr gesteigerten Reizungsstoffwechsel. Über die Wirkung von *Zuckerzufuhr* auf die Verteilung der N-Abgabe wird später berichtet werden.

3. Umsatz von Fettstoffen und phosphorhaltigen Substanzen.

HIRSCHBERG und WINTERSTEIN[1] bestimmten am CNS des Frosches die Menge der beim Kochen mit Natronlauge alkalibindenden Stoffe, indem das

---

[1] HIRSCHBERG u. WINTERSTEIN: Über den Umsatz von Fettsubstanzen in den nervösen Zentralorganen. Hoppe-Seylers Z. **105**, 1 (1919).

zu untersuchende Organ in n/10-NaOH ca. 2 Stunden im Wasserbade gekocht und die Lauge hierauf mit n/10-HCl zurücktitriert wurde. Die Differenz der Titer in ccm n/10 NaOH pro Gramm ergab die Menge der kurz als „Fettgehalt" bezeichneten alkalibindenden Stoffe.

Der in der angegebenen Weise ermittelte Fettgehalt des Rückenmarks zeigte beträchtliche Differenzen: 9,24—13,64 ccm, im Mittel von 20 Versuchen 11,31 ccm n/10-NaOH. Der Fettgehalt der oberen Rückenmarkshälfte war regelmäßig beträchtlich geringer als der der unteren (z. B. 10,44 gegen 13,64; 11,50 gegen 13,22), so daß es nicht möglich war wie bei Untersuchung des N-Umsatzes durch Querteilung gewonnene Hälften miteinander zu vergleichen. Vielmehr mußte zu diesem Zwecke eine *Längsteilung* des Rückenmarkes erfolgen, die in beiden Hälften gut übereinstimmende Werte ergab. Der Fettgehalt des Rückenmarks erfuhr, auch wenn es in einer Gasatmosphäre suspendiert wurde, eine beträchtliche Verminderung, die auf den durchschnittlichen Mittelwert bezogen in 24 Stunden in einem Versuche bei 14,5° 39%, in einem zweiten bei 20° sogar 57% des Anfangsgehaltes betrug (doch sind die aus dem Mittelwert berechneten Daten wegen der beträchtlichen individuellen Schwankungen des Fettgehaltes nicht sehr zuverlässig).

Die Ergebnisse von vier Versuchen, in denen der Fettgehalt der einen Hälfte des längsgespaltenen Rückenmarks sogleich, der der anderen nach 24 stündigem Aufenthalt in mit Sauerstoff durchströmter NaCl-Lösung untersucht wurde, sind in der folgenden Tabelle zusammengestellt (alle Werte bedeuten ccm n/10-NaOH pro 1 Gramm und 24 Stunden):

Umsatz von Fettstoffen in ccm n/10 NaOH pro 1 g und 24 Stunden.
(Nach HIRSCHBERG und WINTERSTEIN.)

	Fettgehalt		Fettverbrauch	
	zu Beginn	am Ende	absolut	in Proz. des Anfangsgehalts
1	12,50	9,21	3,29	26,3
2	11,82	8,16	3,66	31,0
3	9,24	4,91	4,33	46,9
4	11,43	7,50	3,93	34,4

Die Tabelle zeigt, daß das isolierte Froschrückenmark in den ersten 24 Stunden rund $1/3$ seines gesamten Vorrates an alkalibindenden Substanzen aufzehrt. Dieser Umsatz ist ebenso wie derjenige der N-haltigen Substanzen im wesentlichen auf den ersten Tag beschränkt und wird am zweiten Tage nurmehr sehr geringfügig. Auch hier handelt es sich um Oxydationsvorgänge, da bei O-Abschluß die Verminderung des Fettgehaltes in die Fehlergrenzen fällt. Wie beim N-Umsatz ruft auch hier elektrische Reizung eine bedeutende Steigerung hervor. Zur direkten Ermittlung des Reizungsumsatzes wurde in zwei Versuchen der Fettgehalt je zweier Rückenmarkslängshälften verglichen, von denen die eine in der Ruhe blieb, die andere unter sonst gleichen Bedingungen elektrisch gereizt wurde. Die Differenz, das ist also der Reizungsmehrumsatz, betrug in dem einen Falle 1,82, in den anderen 3,43 ccm, das ist etwa 50—100% des gewöhnlich beobachteten Ruheumsatzes.

Schon die Größe des „Fettumsatzes", sowie die später noch zu erörternde weitgehende Übereinstimmung in der Fett- und N-sparenden Wirkung der Zucker hatten HIRSCHBERG und WINTERSTEIN zu der Schlußfolgerung geführt, daß es sich bei diesen Fettsubstanzen in der Hauptsache um *Phosphatide* handeln müsse, die ja an dem Aufbau des CNS so großen Anteil nehmen. Sie konnten auch in dem Rückstand der aus zahlreichen Experimenten gewonnenen Versuchsflüssigkeit Phosphor nachweisen. Die von HECKER und WINTERSTEIN[1] angestellten Versuche ergaben in der Tat das Bestehen eines beträchtlichen P-Umsatzes im Stoffwechsel des isolierten CNS des Frosches. Zur Gewinnung etwas größerer Substanzmengen wurde nicht bloß das Rückenmark, sondern das ganze CNS des Frosches verwendet. Der P-Gehalt desselben wurde im Mittel zu 0,2% der frischen Substanz gefunden; der des Gehirns war etwa halb so groß wie der des Rückenmarks, und der der oberen Rückenmarkshälfte entsprechend den Befunden über den Fettgehalt geringer als der der unteren; der P-Gehalt der beiden Hälften des der Länge nach geteilten CNS stimmte gut überein, so daß diese ebenso wie bei Untersuchung des Fettumsatzes zur Vergleichung dienen konnten.

Die Versuche ergaben, daß das in O-durchströmter 0,7 proz. NaCl-Lösung aufbewahrte CNS stets durch Abgabe an die umgebende Lösung einen beträchtlichen Verlust an Phosphor erleidet, der im Gegensatz zu dem bei den Fettstoffen überhaupt und bei den N-haltigen Substanzen beobachteten Verhalten im wesentlichen auf die ersten 8 Stunden des Überlebens beschränkt ist und dann bereits in die Fehlergrenzen der Methode fällt. Seine Größe ist von einer Reihe von Faktoren, vor allem von der *Versuchstemperatur* abhängig: Er betrug in der Ruhe bei 16—18° (21 Versuche) im Mittel 10%, bei 19—20° (13 Versuche) 14%, bei 20° und darüber (9 Versuche) im Mittel 18% des Phosphorgehaltes, bei 8stündiger Versuchsdauer. Wie alle im vorangehenden erörterten Stoffwechselvorgänge ist auch der Umsatz der P-haltigen Substanzen an die Anwesenheit von *Sauerstoff* gebunden, bei dessen Ausschaltung ein P-Verlust nicht nachweisbar ist. *Narkose* mit 0,5% Urethan setzte den P-Umsatz auf ein Drittel des normalen Ruhewertes herab, elektrische *Reizung* (wie stets durch rhythmische tetanisierende Induktionsströme) bewirkte eine Steigerung auf fast das doppelte; Reizung in Narkose blieb ohne Einfluß. Die folgende Tabelle gibt einen Vergleich des P-Stoffwechsels in der Ruhe und bei Reizung auf Grund von Versuchen, in denen jedesmal die eine Hälfte des längsgeteilten CNS in Ruhe blieb und die andere rhythmisch gereizt wurde; am Ende der 8stündigen Versuchsperiode wurde der P-Gehalt der beiden Hälften und die Menge des an die Versuchsflüssigkeit (O-durchströmte 0,7 proz. NaCl-Lösung) abgegebenen Phosphors bestimmt. Die Tabelle zeigt, daß der Ruheumsatz etwa 10—13, der Reizungsmehrumsatz weitere 10% des Phosphorgehaltes beträgt.

P-Umsatz in Ruhe und Reizung, berechnet aus der P-Abgabe an die Versuchslösung.
(Nach HECKER.)

	Proz. der frischen Substanz		Proz. des P-Gehalts		Reizungsumsatz in Proz. des Ruheumsatzes	Mehrumsatz bei Reizung in Proz. des P-Gehalts
	Ruhe	Reizung	Ruhe	Reizung		
1	0,0307	0,0550	13,27	23,23	179	9,96
2	0,0249	0,0453	12,31	22,94	182	10,63
3	0,0197	0,0410	9,91	20,55	208	10,64
4	0,0252	0,0455	13,42	23,67	181	10,25

Auf die umfängliche Literatur über pathologische Änderungen der Zusammensetzung des Gehirns und der Cerebrospinalflüssigkeit, sowie auf die sog. autolytischen Vorgänge, die bei mehr oder minder langem Digerieren von Hirnbrei unter Zusatz verschiedener antiseptischer Stoffe zu beobachten sind, kann hier nicht näher eingegangen werden. Nur einige wenige Daten seien

---

[1] HECKER u. WINTERSTEIN: Untersuchungen über den Phosphorstoffwechsel des Nervensystems. Hoppe-Seylers Z. **128**, 302 (1923); **129**, 26, 205 (1923).

angeführt, die vielleicht einen gewissen Einblick in die diesen Veränderungen zugrundeliegenden Stoffwechselvorgänge im CNS zu gewinnen gestatten.

SIMON[1], der die eingehendsten Untersuchungen über die *Autolyse des Gehirns* angestellt hat (daselbst auch die ältere Literatur), beobachtete am frischen, mit Chloroformwasser digerierten Kalbshirn außer einer Proteolyse auch eine umfangreiche Phosphorabspaltung, bei der etwa 19% des Gesamt-P als anorganische P-Verbindungen in Lösung gingen, und das Verhältnis von Gesamt-P: anorganischem P, das im frischen Gehirn etwa 4—5:1 bträgt, sich in ein solches von ca. 1:1 verwandelte. An dieser Umwandlung organisch gebundenen Phosphors in unorganischen (vgl. auch die Angaben von GERARD für das periphere Nervensystem S. 399) waren in Alkohol und Äther lösliche Stoffe mit ca. 61% beteiligt. In neuerer Zeit hat STAMM[2] an Brei von Kalbshirn, der aseptisch, ohne Zusatz antiseptischer Stoffe, bei 38—40° in Lockelösung gehalten wurde, eine in den ersten Stunden schnell, später immer langsamer verlaufende Abspaltung von N-haltigen Komplexen und von Phosphorsäure beobachtet, die aller Wahrscheinlichkeit nach in der Hauptsache den Phosphatiden des Gehirns entstammte. Daß aber alle derartigen „Autolyseversuche" nur mit großer Vorsicht mit den am funktionsfähig überlebenden Organ gewonnenen Resultaten in Parallele gesetzt werden können, ergibt sich am besten daraus, daß die eben geschilderten Spaltungsvorgänge auch bei Chloroformzusatz, nach STAMM sogar in gesteigertem Maße vor sich gehen und von der O-Zufuhr sich weitgehend unabhängig erweisen.

MOTT und BARRATT[3] haben bei Untersuchung des Rückenmarks in zwei Fällen von Hemiplegie eine Verminderung des P-Gehaltes vor allem auf der gelähmten Seite gefunden. MOTT und HALLIBURTON[4] konnten bei Dementia paralytica reichliche Mengen von *Cholin* in der Cerebrospinalflüssigkeit (CSF) und auch im Blut nachweisen und das nach Konvulsionen häufig zu beobachtende Fallen des Blutdrucks auf den Übertritt dieser Substanz, die offenbar aus dem Zerfall von Phosphatiden des Nervengewebes herrührte, in die Blutbahn zurückführen. Auch bei anderen Krankheiten des CNS wurden von ihnen und anderen Autoren das normalerweise nur in Spuren vorhandene Cholin im Blut und in der CSF aufgefunden. — CORIAT[5] beobachtete an Ratten bei einer Reihe akuter Vergiftungen eine Spaltung von Lecithin und Auftreten von Cholin in Gehirn und Rückenmark. Neuerdings hat HILLER[6] eine Zunahme des Methylstickstoffs in der CSF bei degenerativen Hirnerkrankungen gefunden. SINGER[7] sah bei der progressiven Paralyse und verschiedenen anderen kachektischen Zuständen das Verhältnis von Gesamt-N: Cholin-N in der Petrolätherfraktion des Gehirns von normalerweise 1,4:1 in 3,1:1 abgeändert. Jeder stärkere *Abbau* und alle *degenerativen Prozesse* im CNS gehen mithin offenbar mit einem gesteigerten *Zerfall von Phosphatiden* einher (vgl. auch die Untersuchungen von SCAFFIDI, S. 546 und die Angaben über Protagonschwund und Cholinbildung bei peripherer Nervendegeneration S. 400).

---

[1] SIMON, F.: Zur Kenntnis der Autolyse des Gehirns. Hoppe-Seylers Z. **72**, 463 (1911).
[2] STAMM, W.: Die Abspaltung freier Phosphorsäure usw. Arch. f. exper. Path. **111**, 133 (1926).
[3] MOTT u. BARRATT: Observations on the chemistry of nerve-degeneration. Proc. Physiol. Soc. III, J. of Physiol. **24** (1899).
[4] HALLIBURTON, W. D.: Die Biochemie der peripheren Nerven. Erg. Physiol. **4**, 23 (1905).
[5] CORIAT, J. H.: The production of cholin usw. Amer. J. Physiol. **12**, 353 (1905).
[6] HILLER, F.: Die Beziehungen der degenerativen Veränderungen usw. Z. ges. Neur. u. Psychiatr. **109**, 263 (1927).
[7] SINGER, K.: Physiologische und pathologische Chemie des Gehirns, III. Biochem. Z. **198**, 340 (1928).

4. Der Einfluß der Stoffzufuhr auf den Stoffumsatz.

Bereits früher haben wir erörtert, was für einen Einfluß der Zusatz von Zuckern und verwandten Stoffen auf die Größe des Gaswechsels, auf die anaerobe Glykolyse und auf die Speicherung von Glykogen und Cerebrosiden in den Nervenzentren ausübt. Die Feststellung eines Umsatzes von N- und P-haltigen, alkalibindenden Substanzen bei dem isolierten in O-haltiger Salzlösung überlebenden CNS des Frosches führte zu der weiteren Frage, ob es gelingt, die Größe dieses Umsatzes durch Zusatz von Stoffen zu der umgebenden Lösung zu vermindern, also in gewissem Sinne eine *Ernährung des isolierten Organs* und ein mehr oder minder weitgehendes Stoffwechselgleichgewicht zu erzielen. Die von WINTERSTEIN in Gemeinschaft mit HIRSCHBERG und HECKER ausgeführten Untersuchungen[1] ergaben, daß dies in der Tat in beträchtlichem Umfange möglich ist.

Die Versuche wurden so angestellt, daß entweder die eine Hälfte des CNS sogleich, die andere nach entsprechend langem Verweilen in der betreffenden Nährlösung untersucht und der so ermittelte Stoffumsatz mit dem unter gewöhnlichen Bedingungen in einfacher Kochsalzlösung zu beobachtenden verglichen wurde; oder es wurde von den beiden Hälften die eine in gewöhnlicher Salzlösung, die andere in der auf ihre Wirkung zu untersuchenden Nährlösung belassen und der Verbrauch aus dem mittleren Anfangsgehalt und dem am Ende des Versuches in beiden Fällen bestimmten Gehalt an den betreffenden Stoffen berechnet. Dieses letztere Verfahren hatte besonders bei Untersuchung des Fettumsatzes wegen der großen individuellen Schwankungen des Fettgehaltes den Nachteil großer Unsicherheit. Bei Bestimmung des P-Umsatzes gestattete die Untersuchung der von den beiden CNS-Hälften an die betreffende Versuchslösung abgegebenen P-Mengen meist eine direkte Ermittlung. In einigen Versuchen wurde in analoger Weise auch die sparende Wirkung verschiedener Substanzen untereinander verglichen.

Mit Rücksicht auf die Übersichtlichkeit der Ergebnisse und ihre vergleichende Betrachtung dürfte es am zweckmäßigsten sein, die Beeinflussung des Stoffwechsels nach der Art der zugesetzten „Nährstoffe" zu gruppieren.

a) Zuckerzufuhr.

Die wichtigsten Versuchsergebnisse sind in der folgenden Tabelle zusammengestellt.

Einfluß der Zuckerzufuhr auf den Stoffwechsel des isolierten Zentralnervensystems des Frosches.
(Nach HIRSCHBERG, HECKER und WINTERSTEIN.)

Zucker	Versuchsbedingungen	N-Umsatz		Fettumsatz		P-Umsatz	
		Zahl d. Vers.	Ersparnis %	Zahl d. Vers.	Ersparnis %	Zahl d. Vers.	Ersparnis %
Glucose	Ruhe	2	27, 34	2	24, 40	—	—
Glucose	Reizung	2	80, 82	2	57, 84	—	—
Fructose	Ruhe	—	—	—	—	2	52, 59
Fructose	Reizung	—	—	—	—	2	21, 23
Galaktose	Ruhe	2	—	—	—	3	66, 68, 92
Galaktose	Reizung	1	19	—	—	2	8, 36

Die Tabelle zeigt, daß der Zusatz von (0,5%) *Glucose* zu der NaCl-Lösung, in der die Untersuchung des isolierten Froschrückenmarks unter gewöhnlichen

---

[1] HIRSCHBERG u. WINTERSTEIN: Stickstoffsparende Substanzen usw. Hoppe-Seylers Z. **108**, 9 (1919). — Fettsparende Substanzen usw. Ebenda **108**, 21 (1919). — HECKER, E.: Über phosphorsparende Substanzen usw. Ebenda **129**, 205 (1923).

Bedingungen erfolgte, eine beträchtliche Verminderung sowohl des Umsatzes von N-haltigen wie von Fettsubstanzen bewirkte. In besonders auffälligem Maße war dies beim *Reizungsumsatz* der Fall, wo durch den Traubenzuckerzusatz etwa $^4/_5$ des ohne ihn zu beobachtenden Stoffverbrauches gespart wurden, in voller Übereinstimmung mit der früher (vgl. S. 571) besprochenen besonders guten Verwertbarkeit dieses Zuckers im Reizungsstoffwechsel. Die Ersparnis ist so groß, daß offenbar der ganze Mehrumsatz bei Reizung unter diesen Bedingungen durch die Glucose bestritten wird, und N-haltige, bzw. alkalibindende Substanzen überhaupt nicht in Anspruch genommen zu werden brauchen. Dies ergibt sich vielleicht noch auffälliger aus einigen Versuchen, bei denen der N- bzw. Fettumsatz zweier Rückenmarkshälften in der Weise verglichen wurde, daß die eine Hälfte in *zuckerfreier* Lösung in *Ruhe* belassen, die andere eine gleich lange Zeit in *zuckerhaltiger* Lösung elektrisch *gereizt* wurde. Dabei zeigte sich, daß trotz der Reizung der Umsatz des in der zuckerhaltigen Lösung befindlichen Präparates nicht größer oder sogar kleiner war als derjenige des in der zuckerfreien Lösung ruhenden. So betrug in einem Versuche der Fettumsatz der in der zuckerfreien Lösung in Ruhe belassenen Hälfte 19,5, jener der in der zuckerhaltigen Lösung gereizten Hälfte 20,0% des mittleren Anfangsgehaltes; und in einem analogen Versuch über den N-Umsatz waren die entsprechenden Werte 28, bzw. 21%. — Der Einfluß der Glucose auf den Phosphorumsatz konnte aus technischen Gründen leider nicht untersucht werden.

Die Untersuchungen von WINTERSTEIN und HIRSCHBERG[1] über die Verteilung des N-Umsatzes auf die verschiedenen Fraktionen (vgl. S. 595) ergaben, daß Zufuhr von Traubenzucker auf die Menge des Eiweiß-N keinen bestimmt gerichteten Einfluß ausübt, daß die Menge des Lipoid-N anscheinend ein wenig, die des NH_3-N sogar deutlich *gesteigert* wird, so daß die ganze N-Ersparnis auf Rechnung des formoltitrierbaren N und des N unbekannter Herkunft (Cerebroside?) entfällt. Der Umsatz des letzteren kommt gänzlich in Fortfall. Die folgende Tabelle gibt die Größe des N-Umsatz bei Zuckerzufuhr in Prozent des Umsatzes ohne Zucker in drei an Hälften desselben CNS ausgeführten Versuchen.

Einfluß der Zuckerzufuhr auf die einzelnen Fraktionen des an die Versuchslösung abgegebenen Stickstoffs.
(Nach WINTERSTEIN und HIRSCHBERG.)

N-Abgabe in 0,5 proz. Glucoselösung in Proz. der N-Abgabe in zuckerfreier Kochsalzlösung.

Nr.	Versuchsbedingungen	NH_3-N	NH_2-N	Eiweiß-N	Lipoid-N	N unbekannter Herkunft	Total-N
1	Ruhe	159	105	135	111	0	67
2	Reizung	165	49	82	109	0	50
3	Reizung	144	48	174	108	0	54

Im Gegensatz zu der von WINTERSTEIN und HIRSCHBERG beobachteten Steigerung der NH_3-Abgabe bei Zuckerzufuhr würden die Untersuchungen WARBURGS[2] und seiner Mitarbeiter und vor allem jene LOEBELS[3] stehen, die an Schnitten der grauen Substanz des Rattenhirns eine Verminderung der NH_3-Abgabe beobachteten. Diese war allerdings dem absoluten Werte nach gering,

---

[1] WINTERSTEIN u. HIRSCHBERG: Neue Versuche über den N-Umsatz usw. Biochem. Z. **167**, 401 (1926).

[2] WARBURG, POSENER u. NEGELEIN: Über den Stoffwechsel der Carcinomzelle. Biochem. Z. **152**, 309 (1924).

[3] LOEBEL, R. O.: Beiträge zur Atmung usw. Biochem. Z. **161**, 219 (1925).

dagegen beträchtlich im Verhältnis zu der Größe des aufgenommenen Sauerstoffs, die, wie früher erwähnt (vgl. S. 560), ohne Zuckerzufuhr in den Gewebsschnitten rasch absinkt, während sie im isolierten CNS des Frosches sich lange Zeit konstant erhält. Außer durch Zusatz von Glucose konnte LOEBEL eine solche Verminderung der NH_3-Abgabe auch durch Na-Lactat erzielen.

Die *Fructose*, die im Ruhestoffwechsel im gleichen, eher noch etwas stärkerem Ausmaße ausgenutzt wird als der Traubenzucker (vgl. S. 571) zeigt auch etwa die gleiche sparende Wirkung wie der letztere. Versuche, bei denen die eine Hälfte des Rückenmarks in Fructose-, die andere in glucosehaltiger Lösung aufbewahrt wurde, ergaben den gleichen Umsatz. Im Reizungsstoffwechsel dagegen, in welchem, wie wir gesehen haben, die Ausnutzung der Fructose eine viel schlechtere ist, so daß ihr Mehrumsatz nur etwa $1/5$ desjenigen an Glucose beträgt (vgl. die Tabelle auf S. 571), ist auch die sparende Wirkung eine viel geringere, sodaß der Fettgehalt des in Fructoselösung gereizten Rückenmarks beträchtlich kleiner war als der des in Glucoselösung gehaltenen. Ähnliches gilt, wie die Tabelle zeigt, auch für den P-Umsatz, bei dem einer Ersparnis von 52, bzw. 59% im Ruhestoffwechsel nur eine solche von 21, bzw. 23% im Reizungsstoffwechsel gegenübersteht.

Nicht so klar ist die Wirkung der *Galaktose*. Diese ist (vgl. S. 571) derjenige Zucker, der offenbar als Baustein der Cerebroside im Ruhestoffwechsel am besten von allen verwertet wird. Dem entspricht auch ihre fettsparende Wirkung, die an dem gleichen Präparate mit jener des Traubenzuckers verglichen, sich der letzteren überlegen erwies. Auch ihre P-sparende Wirkung ist (vgl. die Tabelle) im Ruhestoffwechsel sehr beträchtlich, so daß man angesichts der Phosphorfreiheit der Cerebroside wieder versucht wäre, an eine engere Verbindung derselben mit Phosphatiden, also an ein Protagon als chemisches Individuum zu denken. Auch die viel schlechtere Sparwirkung der Galaktose am gereizten Präparat, die sowohl im Fett-, wie im P-Umsatz feststellbar war, würde sich mit ihrer im Verhältnis zum Ruhestoffwechsel geringeren Ausnutzung im Reizungsumsatz in Einklang bringen lassen. Durchaus abweichend aber erschien ihre Wirkung im Stickstoffwechsel, in welchem sie in der Ruhe überhaupt keine, bei Reizung nur eine relativ geringfügige sparende Wirkung zeigte. Zwei Versuche, in denen an Hälften desselben Präparates der N-Verbrauch in Glucose- mit demjenigen in galaktosehaltiger Lösung in Ruhe und Reizung verglichen wurde, ergaben in beiden Fällen in der Glukoselösung eine Ersparnis von etwa 40% des in der Galaktoselösung beobachteten Umsatzes.

Sehen wir von diesem noch etwas undurchsichtigen Verhalten ab, so können wir eine weitgehende Übereinstimmung zwischen der Ausnutzung und dem Umsatz der zugesetzten Zucker einerseits und ihrer sparenden Wirkung auf den Verbrauch der Zellstoffe andererseits feststellen. Wir können weiter aus der im großen und ganzen gleichartigen Beeinflussung von N-, P- und Fettumsatz wohl den Schluß ziehen, daß es sich zum Teil auch um dieselben Stoffe, also um *Phosphatide* handeln muß, an deren umfänglicher Beteiligung am Stoffwechsel der Nervenzentren ja auch schon die absolute Größe des P-Umsatzes kaum einen Zweifel übrig läßt. Schließlich treten in diesen Versuchen auch die beiden Gruppen der *Bau-* und *Betriebsstoffe* in prägnanter Weise einander gegenüber, indem die *Galaktose* vorzugsweise als *Baustoff*, die *Glucose* als der für den Reizungsumsatz bei weitem wichtigste *Betriebsstoff* sich hervorhebt. Freilich muß auch hier wieder auf den Unterschied zwischen den Stoffwechselvorgängen der *künstlichen Reizung* und jenen der *physiologischen Erregung* hingewiesen werden, für welche letzteren uns bisher leider keinerlei Angaben zur Verfügung stehen.

b) Zufuhr von Eiweiß und Eiweißbestandteilen.

Der Zusatz von etwas Froschblut oder -serum zur NaCl-Lösung, so daß diese einige Hundertel bis Zehntel Prozent Eiweiß enthielt, bewirkte in der Ruhe und bei Reizung eine Ersparnis im N-Umsatz von ziemlich wechselnder Größe, zwischen 30 und 60%; der gleichzeitige Zusatz von Glucose erhöhte in einem Ruheversuch diese Wirkung beträchtlich, bis auf 81% Ersparnis. In einem Reizversuch mit Peptonzusatz war der N-Umsatz nicht nur nicht vermindert, sondern sogar erhöht.

Eine größere Zahl von Versuchen wurden über die Wirkung verschieden konzentrierter Lösungen von *Aminosäuren* auf den N- und Fettumsatz angestellt. Die Ergebnisse zeigt die folgende Tabelle. Die beste sparende Wirkung wurde mit Alanin erzielt, anscheinend innerhalb weiter Grenzen unabhängig von der Konzentration (n/50—n/1000), nämlich 50—65% sowohl im Ruhe- wie im Reizumsatz der N-haltigen Substanzen, etwas geringer beim Fettumsatz. Durch Hinzufügen von Glucose in der üblichen Konzentration von 0,5% wurde auch hier die sparende Wirkung im N-Umsatz bedeutend verstärkt, auf fast 80% des Umsatzes ohne Zufuhr organischen Materials. Die Wirkung auf den P-Stoffwechsel wurde nicht untersucht.

Wirkung von Aminosäuren auf den Stoffumsatz des isolierten Zentralnervensystems des Frosches.
(Nach Hirschberg und Winterstein.)

Aminosäure	Konzentration in der NaCl-Lösung	Versuchsbedingungen	Zahl der Versuche	N-Ersparnis in Proz. des Umsatzes ohne Zusatz	Zahl der Versuche	Fettersparnis in Proz. des Umsatzes ohne Zusatz
Glykokoll . .	n/375	Ruhe	1	33		
Glykokoll . .	n/500	Ruhe	1	28		
Alanin . . .	n/1000	Ruhe	1	50		
Alanin . . .	n/500	Ruhe	1	59	2	43, 46
Alanin . . .	n/500	Reizung	1	59	2	35, 39
Alanin . . .	n/100	Ruhe	2	65, 50		
Alanin . . .	n/50	Ruhe	1	65		
Alanin . . .	n/50	Reizung	2	55, 57		
Alanin . . .	n/500 + 0,5 Glucose	Ruhe	2	78, 78		
Tyrosin . . .	n/1000	Ruhe	2	24, 33		
Tyrosin . . .	n/500	Ruhe	1	37		
Tyrosin . . .	n/500	Reizung	1	35		
Cystin . . .	ca. n/1000	Ruhe	2	32, 41	2	11, 20
Cystin . . .	ca. n/1000	Reizung	1	39	2	21, 17

c) Zufuhr einfacher N- und P-haltiger Salze.

Bei Untersuchung der Wirkung, die die Zufuhr einfacher N- oder P-haltiger Salze auf den N- bzw. P-Umsatz ausübt, müßten zwei Vorsichtsmaßregeln beobachtet werden: Einmal war zu berücksichtigen, daß das einfache physikalische Eindringen der betreffenden Stoffe eine Anreicherung des CNS mit Stickstoff bzw. Phosphor herbeiführen kann, die eine Verminderung der Abgabe vortäuscht, und zweitens mußte darauf geachtet werden, daß die Substanzen in der angewandten Konzentration keine schädigende Wirkung ausüben; denn eine Abtötung des Gewebes würde durch Aufhebung des Stoffumsatzes eine 100proz. Ersparnis vorspiegeln. Es durften nur solche Konzentrationen zur Anwendung kommen, die keine merkliche Anreicherung des CNS an der zu untersuchenden Substanz bewirkten und durch welche die Reflexerregbarkeit der Präparate keine merkliche Schädigung erfuhr. So erwies sich z. B. NH$_4$Cl in Konzentrationen, die eine starke Verminderung des Stoffumsatzes bewirkten, als giftig. Durch Zusatz von (NH$_4$)$_2$SO$_4$ in Konzentrationen von 0,01—0,04% konnte eine von 40 bis über 80% steigende Herabsetzung der N-Abgabe erzielt werden; da aber 0,04% schon eine schädigende Wirkung erkennen ließ, so bleibt es offen, inwieweit dieses Moment nicht auch schon bei geringerer Konzentration mitspielt. Mit Ammonium-Glycerophosphat in 0,1 proz. Konzentration, die keine Schädigung erkennen ließ, wurde in zwei Versuchen eine N-Ersparnis von 44 und 45% erzielt.

Zur Untersuchung des Einflusses, den die Zufuhr anorganischen Phosphors auf den P-Umsatz ausübt, dienten neutrale, mit physiologischer NaCl-Lösung isotonische Phosphatgemische, die der Versuchslösung im Verhältnis von 1:100 oder 1:1000 zugesetzt wurden, in welchen Konzentrationen eine physikalische Anreicherung des abgetöteten (bei O-Abschluß untersuchten) CNS nicht festzustellen war. Die erste Lösung bewirkte in einem Ruheversuch eine Ersparnis von 44, in einem zweiten eine solche von 100%, die zweite Lösung (1:1000) bewirkte in einem Versuch eine Ersparnis von 55, in einem zweiten, bei gleichzeitiger Anwesenheit von 0,5% Galaktose eine solche von 100%. Die Wirkung einer Kombination von Phosphaten mit Lipoiden wird im folgenden Absatz besprochen.

d) Phosphatide und Cerebroside.

Bei der großen Bedeutung, die nach allen vorangehenden Erörterungen diesen beiden Hauptbestandteilen des CNS zukommt, erscheint es nicht verwunderlich, daß, wie die folgende Tabelle zeigt, durch Emulsionen dieser Stoffe in physiologischer NaCl-Lösung bei allen drei untersuchten Umsatzformen weitaus die besten sparenden Wirkungen erzielt wurden, vor allem im Ruhestoffwechsel. Ja, durch Kombination von Gehirnlecithin mit Phosphatgemischen konnte das isolierte CNS des Frosches hinsichtlich seines P-Umsatzes vollständig ins *Stoffwechselgleichgewicht* gebracht, möglicherweise sogar ein leichter P-*Ansatz* erzielt werden.

Wirkung von Cerebrosiden und Phosphatiden auf den Stoffumsatz des isolierten Zentralnervensystems des Frosches.
(Nach Hirschberg, Hecker und Winterstein.)

Substanz	Versuchsbedingungen	Zahl der Versuche	N-Ersparnis in Proz. des Umsatzes ohne Zusatz	Zahl der Versuche	Fettersparnis in Proz. des Umsatzes ohne Zusatz	Zahl der Versuche	P-Ersparnis in Proz. des Umsatzes ohne Zusatz
Protagon (Merck) ..	Ruhe	3	67, 62, 82	2	49, 48		
Protagon (Merck) ..	Reizung	1	35	1	47		
Cerebrin (Merck) ..	Ruhe	2	82, 89	2	34, 35	2	47, 50
Cerebrin (Merck) ..	Reizung	2	44, 29	2	33, 52	2	61, 45
Cerebrin + Phosphat .	Ruhe					2	49, 57
Eierlecithin (Witte) .	Ruhe					2	35, ca. 100 oder mehr
Eierlecithin (Witte) .	Reizung					2	74, 55
Hirnlecithin (Witte) .	Ruhe	4	73—77	2	52, 39	1	ca. 100 oder mehr
Hirnlecithin (Witte) .	Reizung	2	56, 72	2	48, 65	2	66, 100 oder mehr
Hirnlecithin + Phosphat (1:100)	Ruhe					2	100, 100
Hirnlecithin + Phosphat (1:1000)	Ruhe					2	120, 124

Zusammenfassung.

Fassen wir zum Schluß noch einmal in Kürze die wichtigsten Ergebnisse der am isolierten CNS des Frosches angestellten Untersuchungen zusammen, so können wir sagen, daß dieses der Sitz eines überaus intensiven Stoffumsatzes ist, der während der Dauer des etwa 24stündigen Überlebens bei weitgehender Erhaltung seiner Funktion ungefähr 10—25% des organischen Stoffmaterials aufzehrt. Dieser Umsatz, an dem anscheinend alle Gruppen organischer Gewebsbestandteile, Kohlehydrate, Fette, Eiweißkörper und vor allem auch Lipoide, Anteil nehmen, ist entweder selbst oxydativer Natur oder doch weitgehend abhängig von dem Ablauf von Oxydationsprozessen; er erlischt mehr oder minder vollständig bei unzulänglicher O-Zufuhr. Dies steht mit der längst bekannten außerordentlichen Abhängigkeit der Zentrenfunktion von der O-Zufuhr und der in den vorhergehenden Kapiteln ausführlich erörterten hohen Intensität des Gaswechsels in vollem Einklang.

Unter den im *Ruhestoffwechsel* bedeutungsvollen *Baustoffen* spielen anscheinend die *Galaktose* und das sie enthaltende *Cerebrin*, sowie *Lecithine* eine besonders wichtige Rolle; unter den beim Reizungsumsatz beanspruchten *Betriebsstoffen* dürfte der *Traubenzucker* weitaus an erster Stelle stehen. Es gelingt auch am isolierten Organ durch Zufuhr von Nährstoffen eine gewisse Erhaltung des Stoffbestandes zu bewirken; durch Zufuhr von Traubenzucker kann anscheinend der ganze im Reizungsstoffwechsel zu beobachtende Mehrumsatz bestritten werden, und durch Zufuhr von Cerebrosiden und Phosphatiden läßt sich eine weitgehende Annäherung an das Stoffwechselgleichgewicht, im P-Umsatz sogar eine völlige Herstellung desselben, wenn nicht gar ein P-Ansatz erzielen. — An *Abbauprodukten* sind bisher *Kohlensäure, Ammoniak, Milchsäure* und *Phosphorsäure* sichergestellt.

Vergleicht man die erörterten Daten mit jenen über den Stoffwechsel des peripheren Nervensystems (vgl. S. 365), so kommt man zu der Schlußfolgerung, daß alle beschriebenen Stoffwechselvorgänge sich weit überwiegend in der *grauen Substanz* abspielen, wohl sicher 2—3mal so intensiv als in der weißen.

D. Wärmebildung.

Unsere Kenntnisse von dem Energiewechsel des Nervensystems sind leider noch sehr viel dürftiger als die von seinem Stoffwechsel. Bei dem großen Umfange, den, wie im vorangehenden gezeigt, gerade die Oxydationsprozesse in dem letzteren einnehmen, muß, zumal die Erzeugung anderer Energieformen fast gänzlich fehlt, die Bildung beträchtlicher Wärmemengen geradezu als ein Postulat erscheinen, Aber die technischen Schwierigkeiten der Messung sind hier so groß, daß es den vielen darauf gerichteten Bemühungen im günstigsten Falle gelungen ist, das Vorhandensein einer Wärmeentwicklung festzustellen oder wenigstens sehr wahrscheinlich zu machen, daß aber für irgendwelche quantitativen Schätzungen ihrer Größe bisher so gut wie alle exakten Unterlagen fehlen.

Die Versuche des Nachweises einer Wärmebildung im CNS reichen etwas über ein halbes Jahrhundert zurück. Verschiedene Wege sind eingeschlagen worden, von denen die Mehrzahl sich nicht als gangbar erwies. Daß es a priori aussichtslos sein muß, aus etwaigen Änderungen der Körpertemperatur oder der gesamten Wärmeabgabe, die einerseits bei geistiger Arbeit des Menschen, oder andererseits — im Tierexperiment — nach Entfernung des Großhirns zur Beobachtung kommen, irgenwelche Schlüsse auf in den Zentren selbst sich abspielende thermogene Prozesse zu ziehen, leuchtet hier wohl noch viel klarer ein, als bei den analogen Experimenten über den Stoffwechsel (vgl. S. 523). Denn bei der sehr viel geringeren Genauigkeit der Messung der Wärmeabgabe und dem sehr starken Einfluß, den die Nervenzentren auf die Wärmebildung der verschiedensten anderen Organe ausüben, erscheint es ebenso unwahrscheinlich, daß die Änderungen der Wärmebildung in den Zentren sich in dem Gesamtwärmehaushalt ausprägen, wie unmöglich, etwaige Änderungen in letzterem mit irgendwelcher Sicherheit auf solche in den Zentren selbst zurückzuführen. Es ist daher völlig unnötig, die einschlägigen Versuche auch nur zu erwähnen (vgl. Héger[1]). Ebenso verfehlt ist, wie bereits von François-Franck betont wurde, der von verschiedenen Autoren (Amidon, Lombard, Tanzi und Musso, Fasola u. a.) unternommene Versuch aus Änderungen der Temperatur der Kopfhaut, des Gehörganges od. dgl. irgendwelche Schlüsse auf eine im Gehirn stattfindende Wärmebildung ziehen zu wollen.

Eine direkte Messung der im Innere der Schädelhöhle herrschenden Temperatur und ihrer Beeinflussung ist anscheinend zuerst von Mendel[2] im Jahre 1870 mit noch recht mangelhafter Methodik versucht worden. Er führte bei Hunden, Kaninchen und Katzen Thermometer durch eine Trepanöffnung in die Schädelhöhle ein und beobachtete eine Herabsetzung der Temperatur bei Einwirkung von Chloroform, Chloral und Morphium, und zwar sowohl absolut wie im Verhältnis zu der gleichzeitig gemessenen Temperatur im Rectum. Die entgegengesetzten Wirkungen hatte die Verabreichung von Alkohol, der die Temperatur des Gehirns über die im Rectum hinaustrieb. Die Erklärung dieser Erscheinung ließ Mendel offen, indem er sehr treffend auf die von vielen späteren Autoren nicht oder wenigstens nicht genügend berücksichtigte Tatsache hinwies, daß derartige Wirkungen sowohl durch Änderungen des Stoffwechsels wie durch vasomotorische Einflüsse erklärbar seien.

Ungefähr um dieselbe Zeit haben unabhängig voneinander Heidenhain[3] und Schiff[4] die thermoelektrische Methodik, die, wie wir gesehen haben (vgl. Stoffwechselphysiologie des peripheren Nerven, S. 406), bereits vorher zum Studium der Wärmebildung der peripheren Nerven Verwendung gefunden hatte, auch am CNS angewandt und damit eine — bisher wenig erfolgreiche — Ära von Versuchen eröffnet. Heidenhain führte bei großen Hunden eine Thermonadel in die Hirnsubstanz, die andere durch die Carotis in die Aorta ein und fand, daß das Gehirn unter gewöhnlichen Bedingungen fast ausnahmslos eine *höhere* Temperatur besaß als das Blut. Bei Reizung eines sensiblen Nerven beobachtete er eine Steigerung dieses Unterschiedes, die aber, wie umfangreiche Untersuchungen lehrten, auf die durch Beschleunigung des Blutkreislaufes bedingte Verminderung der Bluttemperatur zurückführbar sein konnte, und daher über die Frage einer Wärmebildung in den Hirnzentren nichts Bestimmtes auszusagen gestattete.

Schiff kam auf den recht unglücklichen Gedanken, *zwei* Thermonadeln an möglichst symmetrischen Stellen des Gehirns einzuführen. Er hoffte dadurch alle Fehlerquellen auszuschalten, schuf aber eine ganz unübersehbare Komplikation der Verhältnisse, die in Wahrheit alle Fehlerquellen verdoppelte. So mag von einer näheren Erörterung der widerspruchsvollen Ergebnisse, in denen er einen Beweis für eine Wärmebildung in den Nervenzentren und ihre Steigerung durch Erregungsvorgänge zu finden glaubte, hier abgesehen werden.

Den sicher berechtigten Einwand, daß das Einstechen von Thermonadeln in das Gehirn an sich bereits eine Störung der Funktion desselben bewirken

---

[1] Héger, P.: De la valeur des échanges nutritifs dans le système nerveux. Trav. Labor. Inst. Solvay **2**, H. 2 (1898).
[2] Mendel, E.: Die Temperatur der Schädelhöhle im normalen und pathologischen Zustande. Virchows Arch. **50**, 12 (1870).
[3] Heidenhain, R.: Über bisher unbeachtete Einwirkungen des Nervensystems usw. Pflügers Arch. **3**, 504 (1870).
[4] Schiff, M.: Recherches sur l'échauffement des nerfs et des centres nerveux usw., II. Arch. Physiol. norm. et Path. **3**, 5, 198, 323, 451 (1870). (Auch in: Gesammelte Beitr. z. Physiol. **3**, 37 (1896. Lausanne.)

könne, suchte Tanzi[1] dadurch auszuschalten, daß er in seinen an Hunden ausgeführten Versuchen die Nadeln so einführte, daß sie nur die *Hirnhäute* (Dura und Arachnoidea) berührten. Auch hielt er als erster die indifferente Elektrode bei wirklich annähernd konstanter Temperatur durch Eintauchen in schmelzendes Eis. Aber diesen technischen Fortschritten stand der Nachteil gegenüber, daß bei bloßer Berührung der Hirnhäute offenbar noch viel weniger ein brauchbares Kriterium der in den Zentren sich abspielenden Vorgänge gewonnen werden konnte, als durch das Einstechen in die Hirnsubstanz, und es ist daher nicht sehr verwunderlich, daß er bei seinen zur Erzeugung von Gemütsbewegungen angewandten Manipulationen gewaltige Temperaturschwankungen bald nach oben, bald nach unten beobachtete. Schon die durch die respiratorischen Volumschwankungen bedingte wechselnde Berührungsfläche und -stärke der Thermonadeln mußte, wie Dorta mit Recht einwandte, derartige Ergebnisse zeitigen.

So hatte die thermoelektrische Methode so gut wie völlig Schiffbruch gelitten. Auch wenn man von Arbeiten absieht, die mit ganz unzulänglichen physikalischen Kenntnissen unternommen waren, wie die eines italienischen Forschers, der seine Versuche nur mit *einer* (!) Thermonadel anstellte, erwies sich die Methodik als zu empfindlich gegenüber den in der Natur des Objektes gelegenen Fehlerquellen. Und wenn man in einer Reihe von Versuchen ein positives und eindeutiges Ergebnis erzielt zu haben glaubte, dann lehrte, wie Héger[2] anschaulich geschildert hat, der nächste wieder das Trügerische der ganzen Resultate. So schien es gleichsam ein Fortschritt, als Mosso[3] in seinen berühmten Untersuchungen über die Temperatur des Gehirns wieder zu dem alten Verfahren der Messung mit Thermometern zurückkehrte, die allerdings inzwischen so vervollkommnet waren, daß sie bei $1/50°$ Teilung eine Ablesung von $1/100 - 1/200$, bei unbeweglichen Tieren, die eine mikroskopische Ablesung ermöglichten, sogar bis $1/1000°$ gestatteten. In seinen an Hunden angestellten Versuchen führte er diese Thermometer bis tief in die Hirnsubstanz ein, deren Temperatur er mit der gleichzeitig gemessenen des arteriellen Blutes und des Rectums verglich.

Aber in Wahrheit haben weder die umfassenden an Tieren, noch die besonders bekannt gewordenen Versuche an Menschen mit Schädeldefekten auch nur den geringsten Aufschluß über die Bedingungen der Wärmebildung und ihre Abhängigkeit von Erregungsvorgängen gebracht. Denn „psychische" und motorische Tätigkeit des Gehirns konnte sich ohne merkliche Temperaturänderung vollziehen, während umgekehrt ohne nachweisbare Ursachen auftretende „organische Conflagrationen" beträchtliche Wärmeentwicklungen mit sich brachten. Ja, nicht einmal den Beweis, daß die beobachteten Temperaturänderungen wirklich auf Wärmebildungsvorgänge in den Zentren und nicht auf vasomotorische Einflüsse und auf Veränderungen in den Bedingungen der Wärmeabgabe zurückzuführen waren, wird man als sicher geführt betrachten können.

An diesem Ergebnis haben auch die später mit verbesserter Methodik an sieben Menschen und einem Schimpansen ausgeführten thermometrischen Untersuchungen von Berger[4] kaum etwas wesentliches geändert. Die bei den verschiedenartigsten Einflüssen (Gehör- und Gesichtsreize, Gemütsbewegungen wie Schrecken, geistige Arbeit, z. B. Rechnen, u. dgl.) von ihm nachgewiesenen, von der Körpertemperatur unabhängigen Schwankungen der Hirntemperatur

---

[1] Tanzi, E.: Die Temperaturschwankungen des Gehirns in Beziehung zu Gemütsemotionen. Zbl. Physiol. **2**, 57 (1888).
[2] Héger, P.: Zitiert auf S. 605.
[3] Mosso, A.: La temperatura del cervello. Mailand 1894; deutsch Leipzig 1894.
[4] Berger, H.: Untersuchungen über die Temperatur des Gehirns. Jena 1910.

von 0,01—0,1° konnten möglicherweise auch durch lokale Änderungen des Kreislaufs bedingt sein, zumal sie in der Tat mit Schwankungen des Hirnvolumens einhergingen.

Auffällig bleiben allerdings die sowohl von Mosso wie von BERGER sowie später von CRILE und seinen Mitarbeitern (s. unten) beobachteten beträchtlichen Steigerungen der Hirntemperatur bei Anämie, die der obigen Annahme zu widersprechen scheinen, aber auch mit einer Einschränkung der Oxydationsvorgänge schwer vereinbar sind. Wenn im übrigen BERGER meint, daß „zwei wohlgelungene Versuche, bei denen unkontrollierbare Nebenumstände nicht eingewirkt haben, mehr wert sind als eine Hekatombe von Versuchen mit unsicheren Ergebnissen" (a. a. O. S. 82), so wird man dieser Auffassung schwerlich zustimmen können. Denn entweder die „psychophysiologischen Vorgänge" sind mit einer durch die angewandte Methodik nachweisbaren Wärmeentwicklung verbunden, dann muß diese eben regelmäßig nachweisbar sein, oder wenn dies wieder nicht der Fall ist, dann wird der Verdacht bestehen bleiben, daß auch in den wohlgelungenen Versuchen unkontrollierbare Nebenumstände mit im Spiel waren. BERGER hat auch versucht, aus der Größe der Reizenergie die in Idealfall ihr äquivalente Wärmebildung zu berechnen, und kam für den Fall der Schreckwirkung zu dem Ergebnis, daß die tatsächlich beobachtete Wärmebildung die berechnete um das Vielhundertfache übertrifft. Aber die hieraus gezogene (übrigens a priori ganz selbstverständliche) Schlußfolgerung, daß es sich bei den in den Zentren sich abspielenden thermischen Prozessen um Auslösungsvorgänge handeln müsse, erscheint wenig von Belang, wenn eben der Beweis fehlt, daß die Temperatursteigerung überhaupt durch in den Zentren selbst stattfindende Vorgänge bedingt war. Aus dem gleichen Grunde entbehren auch die umfänglichen Berechnungen, durch die BERGER umgekehrt aus der beobachteten Temperatursteigerung die Größe der Energieproduktion psychischer Vorgänge zu ermitteln suchte, jeder reellen Grundlage.

In neuerer Zeit haben amerikanische Forscher, CRILE und seine Mitarbeiter[1] wieder auf das thermoelektrische Verfahren zurückgegriffen und mit verbesserter Methodik Aufschluß über die Wärmebildung des Gehirns in situ zu erhalten versucht.

Sie verwendeten Kupfer-Konstantan-Nadeln, von denen die indifferente in einem Ölbad von konstanter Temperatur (39°) gehalten, die andere in das Gehirn der als Versuchstiere dienenden Kaninchen eingebohrt wurde. Die Empfindlichkeit betrug 0,01°. Die Galvanometerablesungen erfolgten in Intervallen von 15 Sekunden, doch war auch diese Ablesungsgeschwindigkeit noch nicht ausreichend, um eine Wiedergabe aller Schwankungen der Hirntemperatur zu ermöglichen.

Mit dieser Methode haben CRILE und seine Mitarbeiter eine ganze Anzahl der verschiedensten Faktoren in ihrem angeblichen Einfluß auf die Wärmeentwicklung in den Nervenzentren studiert. Aber vergeblich sucht man nach irgendwelchen Kontrollen, ja, auch nur nach dem Schatten eines Beweises, daß die beobachteten Temperaturänderungen wirklich durch die im Gehirn selbst sich abspielenden Prozesse bedingt waren und nicht durch Änderungen der Blutverteilung, auf die einige höchst befremdliche Versuchsergebnisse sehr eindringlich hinweisen.

Daß solche Änderungen der Blutverteilung tatsächlich mit Temperaturschwankungen einhergehen, ist von CASKEY und SPENCER[2] direkt nachgewiesen worden. Sie konnten mit der gleichen Methodik wie CRILE an Hunden zeigen, daß nach intravenöser Injektion von Adrenalinchlorid zuerst plötzlich eine relativ geringe Senkung und dann entsprechend den Beobachtungen CRILES und seiner Mitarbeiter ein starkes Ansteigen der Hirntemperatur erfolgt. Die Senkung fällt in die Phase ansteigenden, die Temperaturerhöhung in die des darauffolgenden Abfalls des Blutdrucks in der Carotis. Ganz entsprechend

---

[1] CRILE, HOSMER u. ROWLAND: Thermo-electric studies of temperature variations in animal tissues. Amer. J. Physiol. **62**, 341, 349, 370 (1922). — CRILE, ROWLAND u. WALLACE: Bio-physical studies usw. J. of Pharmacol. **21**, 222 (1923). — The effect of asphyxia usw. Amer. J. Physiol. **66**, 304 (1923). — FRICKE u. ROSEN, Bio-physical studies usw. J. of Pharmacol. **21**, 221 (1923).

[2] CASKEY u. SPENCER: The effect of adrenalin on the temperature of the brain. Amer. J. Physiol. **71**, 507 (1924/25).

waren nun auch Änderungen der *Temperatur des Carotisblutes* zu beobachten. Die Verfasser folgern allerdings aus dem Umstande, daß diese Temperaturänderungen des Blutes etwas früher eintraten und meist nicht so stark waren wie die des Gehirns, daß diese nicht allein durch die Änderungen der Bluttemperatur und Blutverteilung erklärbar seien, sondern auch auf einem direkten Einfluß des Adrenalins auf die Oxydationsvorgänge im Gehirngewebe beruhen müßten. Wenn man aber berücksichtigt, daß die Änderungen der Hirntemperatur vor allem von den Änderungen der Blutströmung im *Capillargebiet* abhängen müssen, während jene der Bluttemperatur in einem großen Gefäß gemessen werden, so erscheint diese Schlußfolgerung keineswegs bindend. Auf jeden Fall zeigen diese Versuche auf das klarste, wie leichtfertig es wäre, alle beobachteten Schwankungen der Hirntemperatur ohne weiteres als Ausdruck von Änderungen der Wärmebildung im Gehirn aufzufassen. Eine eingehende Erörterung der von CRILE und seinen Mitarbeitern erhaltenen Einzelergebnisse kann daher wohl gleichfalls unterbleiben, da sie das Problem der Wärmebildung in der Nervensubstanz kaum ernsthaft gefördert haben.

Vor kurzem hat HERLITZKA[1] in einer vorläufigen Mitteilung über Experimente berichtet, in denen er gleichfalls mit thermoelektrischer Methodik Aufschluß über die Wärmebildung im Rückenmark zu gewinnen versuchte.

Er verwendete 3 Kupfer-Konstantan-Thermonadeln, von denen eine in das Rückenmark, die zweite in die Peritonealhöhle, die dritte in eine Thermosflasche mit Wasser von Zimmertemperatur eingeführt wurde; durch entsprechende Schlüsselstellung konnte die Potentialdifferenz zwischen je zwei dieser Thermonadeln mit einer Genauigkeit von ca. $\pm 0{,}2°$ gemessen werden.

Sowie Mosso die Temperatur des Gehirns stets niedriger gefunden hatte als die des Rectums, fand auch HERLITZKA die Temperatur des Rückenmarks stets (mit einer einzigen Ausnahme) niedriger als die der Peritonealhöhle. Anfangs konnte die Temperaturdifferenz 2° und darüber betragen; im Verlaufe des Versuches schwächte sie sich allmählich ab, indem nach dem Erwachen des Hundes aus der Narkose (in welcher die Einführung der Thermonadeln und die Freilegung der motorischen Hirnrinde vorgenommen wurde) die Temperatur des Rückenmarks, rascher anstieg als die der Peritonealhöhle. Besonders war dies bei allen Erregungsvorgängen der Fall. Strychninkrämpfe erzeugten eine starke Zunahme der Temperatur des Rückenmarks, deren Anstieg früher erfolgte und höher war als in der Peritonealhöhle. So stieg z. B. in einem Versuche während der Strychninkrämpfe die t des Rückenmarks innerhalb $1/2$ Stunde von 37,42 auf 38,92°, in der Peritonealhöhle in der gleichen Zeit nur von 38,46 auf 39,29°. Das gleiche Resultat wurde bei Erzeugung tetanischer oder epileptischer Anfälle durch Reizung der Hirnrinde erzielt.

Für die so festgestellte Temperaturerhöhung des Rückenmarks bei seiner Tätigkeit kämen nach HERLITZKA drei mögliche Ursachen in Betracht: 1. Die allgemeine Temperaturerhöhung infolge der Wärmebildung durch die Muskeln; dieser Faktor würde wegen des stärkeren und steileren Temperaturanstiegs im Rückenmark ausscheiden. 2. Eine die Erregung begleitende Gefäßerweiterung und 3. eine Wärmebildung im Rückenmark selbst, zu deren Gunsten vor allem das prompte Einsetzen der Temperaturerhöhung und ihr die Reizung überdauerndes Anhalten sprechen würden. Es liegt jedoch auf der Hand, daß eine Änderung der Blutverteilung und -strömung ebenso schnell und lange eine Temperaturerhöhung bewirken könnte, und HERLITZKA berücksichtigt überdies nicht die Möglichkeit einer schnelleren direkten Wärmeleitung von

---

[1] HERLITZKA, A.: Sulla temperatura del midollo spinale usw. Arch. di Sci. biol. **12**, 595 (1928).

den krampfhaft kontrahierten Muskeln auf das Rückenmark als auf die Peritonealhöhle. Und so müssen wir sagen, daß auch diese Versuche zwar genau so wie die vorangehenden für das Bestehen einer an sich ja a priori höchst wahrscheinlichen Wärmebildung im CNS sprechen, sie aber ebensowenig beweisen, geschweige denn gar über ihre Größe etwas auszusagen gestatten.

Betrachtet man alle diese bisher unüberwundenen Schwierigkeiten, die sich einer Untersuchung der Wärmebildung des CNS in situ entgegenstellen, so muß man es wohl als einen glücklichen Gedanken bezeichnen, daß BAGLIONI[1] es unternahm, an dem bei den Stoffwechseluntersuchungen so bewährten Versuchsobjekt des isolierten Amphibienrückenmarks, bei dem zunächst einmal offenbar alle durch die Blutversorgung bedingten Fehlerquellen in Fortfall kommen, die Wärmebildung zu studieren[2]. Leider sind aber auch bei seinen Untersuchungen die methodischen Fehlerquellen so bedeutend, daß sie den Wert der Versuche und die Zuverlässigkeit der aus ihnen gezogenen Schlußfolgerungen nicht unerheblich beeinträchtigen.

BAGLIONI brachte das isolierte, mit den Hinterbeinen des Tieres in Verbindung belassene Krötenrückenmark auf eine nach BÜRKERschen Prinzipien konstruierte Thermosäule, die aus 3—8 Paaren von Eisen-Konstantan-Elementen bestand. Diese waren derartig auf Ebonit montiert, daß die indifferenten Lötstellen sich auf der unteren Seite befanden, während das Rückenmark auf den oberen Lötstellen in einer Rinne lag, die durch Auflegen eines Deckels gleichzeitig in eine Art feuchter Kammer verwandelt wurde. Die Grenze der nachweisbaren Temperaturschwankungen lag je nach der Anzahl der Lötstellen bei $1/1100 - 1/2000\ °$C. Leider war keine Vorrichtung vorhanden, die Temperatur der ganzen Anordnung konstant zu erhalten, vielmehr traten während des Versuches oft beträchtliche, mehrere Grade umfassende Temperaturschwankungen auf, die in den Kontroll-Leerversuchen auch nachweislich einen sehr beträchtlichen Einfluß auf den Stand des Galvanometers hatten und daher bei der Deutung der physiologisch bedingten Temperaturänderungen mitberücksichtigt werden mußten. Andererseits konnten die in unmittelbarer Nähe des Thermoelements befindlichen Beine des Präparates durch die besonders beim Tetanus doch sehr beträchtliche Wärmeentwicklung eine gewichtige Fehlerquelle darstellen, da offenbar die Gefahr einer einfachen Weiterleitung der Muskelwärme durch die Nerven gegeben war; über Kontrollversuche in dieser Richtung ist nichts mitgeteilt.

Das einfache Auflegen des Präparates hatte zunächst eine offenbar rein physikalisch (durch Verdunstung) bedingte Abkühlung zur Folge; dann aber trat eine langsame Erwärmung ein, die der Verfasser auf den Ruhestoffwechsel zurückführt; dieser wäre mithin mit einem positiven thermischen Tonus verbunden, der in einem Versuche 0,055°, in einem zweiten 0,08° C entsprach. Die Herbeiführung von Reflexbewegungen würde eine plötzliche Temperatursteigerung zur Folge haben. Aus den beiden wiedergegebenen Versuchsprotokollen geht dies jedoch nicht in überzeugender Weise hervor, da zwar in dem einen Versuch auf die erste Reizung innerhalb zwei Minuten eine Temperaturerhöhung um 15 Teilstriche = 0,0075° eintrat, mit Rückkehr zur Ausgangsstellung, aber die 12 Minuten später durch mechanische Reizung ausgelösten „starken Reflexe" keine Steigerung, sondern eine Abkühlung im Gefolge hatten, und dann auch weiterhin „träge Reflexe" einmal von einer 10 Teilstriche betragenden Temperaturerhöhung, aber weiter dreimal von einer Abkühlung begleitet

---

[1] BAGLIONI, S.: I processi termici del sistema nervoso. Arch. Farmacol. sper. **23** (1917).
[2] Schon lange vorher hatte STEWART gelegentlich seiner in der Stoffwechselphysiologie der peripheren Nerven erwähnten Versuche (vgl. S. 408) auch einige Experimente an Stücken von Säugetierrückenmark (Dorsal- und Lumbalregion) angestellt, die auf das von ihm verwendete Widerstandsthermometer gebracht und elektrisch gereizt wurden. Er konnte keine Wärmebildung beobachten. Doch hob er selbst hervor, daß eine in der grauen Substanz etwa stattfindende Wärmebildung sich auf das von außen anliegende Thermometer nicht zu übertragen brauchte, zumal die Stücke auch noch von der Dura mater umhüllt waren. Auch konnte nichts über den Funktionszustand der verwendeten Rückenmarksteile angegeben werden.

waren. BAGLIONI führte ferner drei Versuche mit Strychninvergiftung aus; hierbei stieg die Temperatur bedeutend höher an, erreichte in einem Versuche zwei Maxima von 0,3285° und 0,3665°. Die reflektorisch ausgelösten Krampfanfälle gingen hier fast ausnahmslos mit Temperatursteigerungen einher, die von der gleichen Größenordnung waren wie bei den unvergifteten Präparaten (10—15 Teilstriche = 0,005—0,0075°), aber *nicht* von einem Zurückgehen auf den vorher vorhandenen Wert gefolgt wurden. BAGLIONI folgert aus seinen Versuchen, daß die Strychninvergiftung mit einem viel stärkeren positiven thermischen Tonus verbunden wäre als der normale Zustand, und daß aus diesem Grunde die einzelnen Krampfanfälle mit einer vergleichsweise geringeren Wärmebildung einhergehen, weil eben schon kontinuierlich ein Erregungszustand vorhanden wäre. Diese Annahme würde in striktem Widerspruch stehen zu dem Ergebnis der früher erörterten Versuche von WINTERSTEIN und von v. LEDEBUR (vgl. S. 546 u. 554), welche zeigen, daß die erhöhte *Erregbarkeit* an sich durchaus nicht mit einer Steigerung des Stoffwechsels verbunden ist, wenn nicht wirklich auch *Erregungsvorgänge* sich abspielen. Die Annahme findet aber auch in den Versuchsergebnissen selbst keine Begründung; es geht offenbar nicht an, den thermischen Zustand der Strychninpräparate mit dem der in Ruhe belassenen normalen in Parallele zu setzen, weil bei den ersteren in kurzen Intervallen immer neue tetanische Erregungsanfälle auftreten, die die Temperatur in die Höhe treiben, ohne daß, wie schon erwähnt, ein Rückgang zur Beobachtung käme. Der thermische Zustand der Strychninpräparate war also (soweit er überhaupt durch die in den Zentren selbst sich abspielenden Vorgänge und nicht etwa durch die bei den Muskelkrämpfen offenbar besonders drohende Weiterleitung der Wärme von den Muskeln her bedingt war), der Zustand eines *erregten* und nicht der eines *übererregbaren* Präparates.

Eine weitere Versuchsreihe betraf die *Wirkung der O-Zufuhr auf die Wärmebildung*. Es ergab sich, daß Durchblasen von reinem Sauerstoff durch die das Rückenmark enthaltende Kammerrinne nach einer anfänglichen (durch die Verdunstung bedingten) Abkühlung eine allmähliche Steigerung der Temperatur herbeiführte, die nach 15—44 Minuten ihren höchsten Wert erreichte, der in einem allerdings durch die Strychninkrämpfe komplizierten Versuch 0,185° betrug. (Auflegen von Filtrierpapier, das mit Wasserstoffsuperoxyd getränkt war, erzeugte eine sehr starke Temperatursteigerung, die aber vermutlich einfach mit dem Prozeß der O-Abspaltung in Zusammenhang stand). Asphyxie durch O-Mangel veranlaßte mit dem Eintreten der Unerregbarkeit gleichzeitig stets eine Abkühlung, woraus der Verfasser auf eine negative Wärmetönung der bei O-Mangel stattfindenden Stoffwechselvorgänge schließen will. Die offenbar sehr viel näherliegende Erklärung aber ist wohl die, daß die Abkühlung einfach auf der ständigen Verdunstungskälte beruht, die jetzt nicht mehr durch die positive Wärmetönung der Stoffwechselvorgänge überkompensiert wird.

In je einem Versuche mit Chloroform-, bzw. Kohlensäuredurchleitung durch die Präparatrinne ergab sich eine Verminderung der Wärmebildung, die der Verfasser auf die Narkose zurückführt. Da jedoch eine Wiederkehr der Erregbarkeit nicht eintrat, vielmehr in dem einen Versuche die Durchleitung von Sauerstoff von einem weiteren Absinken der Temperatur begleitet war, muß diese Deutung zweifelhaft erscheinen. Ebensowenig überzeugend ist die von BAGLIONI versuchte Zurückführung der starken Wärmeentwicklung bei mechanischer Reizung auf besondere irreversible exothermische Prozesse. Da dem Verlust der Erregbarkeit heftige Erregungserscheinungen vorangingen, ist nicht einzusehen, warum sie nicht in der gleichen Weise wie bei den Strychninkrämpfen auf dem Ablauf der Erregungsvorgänge (oder der Weiterleitung der Wärme von den im Krampf befindlichen Muskeln) beruhen sollte.

Legt man der Berechnung den von WINTERSTEIN im Mittel gefundenen O-Verbrauch des isolierten Rückenmarkes von ca. 220 cmm oder 0,32 mg pro 1 g und Stunde und einen mittleren Brennwert des Sauerstoffs von 3350 gcal zugrunde, so würde sich eine Wärmebildung von etwas über 1 gcal pro 1 g und Stunde oder bei dem von BAGLIONI angegebenen mittleren Gewicht des Krötenrückenmarks von 140 mg eine solche von 0,15 cal für das verwendete Präparat ergeben. Setzt man die spezifische Wärme des Rückenmarks gleich der des Wassers, so würde bei Ausschaltung jeglichen Wärmeverlustes das Rückenmark sich um 0,021° im Verlaufe einer Stunde erwärmen müssen (BAGLIONI berechnet unter Zugrundelegung einer von WARBURG nicht ganz richtig ermittelten Zahl den Wert 0,029°), und BAGLIONI meint, daß dieser so berechnete Wert dem von ihm direkt gemessenen entspräche. Dies ist jedoch keineswegs der Fall. Eine einigermaßen zuverlässige Berechnung der Wärmebildung aus der Temperatursteigerung ist überhaupt nicht möglich, da über die Größe des ständig stattfindenden Wärmeverlustes durch Verdunstung und durch Abgabe an die Ebonitplatte, die Drähte des Thermoelements und die umgebende Luft gar nichts ausgesagt werden kann. Da aber trotz dieses sicher recht beträchtlichen Wärmeverlustes die Erwärmung des Rückenmarkes in den beiden Ruheversuchen (vgl. S. 609) 0,055° und 0,08° betrug, so mußte die tatsächliche Wärmebildung in Wahrheit um das Vielfache größer sein als die berechnete. Auch dies spricht gegen die Zuverlässigkeit der Methodik.

Zusammenfassend werden wir sagen müssen, daß auch die Versuche BAGLIONIS am isolierten Krötenrückenmark das Vorhandensein einer nachweisbaren Wärmebildung in den Nervenzentren und ihre Steigerung durch den Ablauf von Erregungsvorgängen wahrscheinlich gemacht haben, daß aber ein abschließendes Urteil erst von einer Wiederholung der Versuche unter Ausschaltung der möglichen Fehlerquellen zu erwarten ist.

Ein Versuch, mikrocalorimetrisch Bestimmungen der gebildeten Wärmemenge auszuführen, ist bisher anscheinend bloß von DE ALMEIDA[1] unternommen worden, augenscheinlich mit unzulänglicher Methodik. Denn bei seinen Versuchen, in denen er an zerkleinertem in Blut suspendiertem Hundehirn in einem Dewargefäß gleichzeitig den Gaswechsel und die Wärmebildung untersuchte, fand er auf einen O-Verbrauch von im Mittel 777,6 ccm pro 1 kg und Stunde eine Wärmeentwicklung von 5650 cal. Dies würde einem „thermischen Koeffizienten" $\frac{cal}{ccm\ O_2}$ von 7,27 entsprechen, während dieser bei Oxydation der bekannten Organstoffe theoretisch im Höchstfalle (bei reiner Kohlehydratverbrennung) = 5 sein könnte. Die von dem Verf. gezogene Schlußfolgerung, daß dieses unwahrscheinliche Resultat auf Verbrennung einer „x-Substanz", eines unbekannten intermediären Stoffwechselproduktes beruhe, wird man schwerlich befriedigend finden und die Zurückführung auf Mängel der Methodik für die einfachere Erklärung halten.

---

[1] ALMEIDA, O. DE: Production de chaleur et echanges respiratoires du systeme nerveux. J. Physiol. et Path. gén. **19**, 289 (1921).

Allgemeine lähmende und erregbarkeitssteigernde Gifte.

Von

ALFRED FRÖHLICH

Wien.

Hypnotica und *Inhalationsnarkotica* sind die Hauptvertreter der Gruppe der zentrallähmenden Mittel. Mit ihnen gelingt es leicht und generell bei allen Gliedern der Tierreihe je nach dem besonderen Charakter der gewählten Substanz, entweder leicht reversible Lähmungen der Zentren zu erzielen, oder aber solche, die nur mehr oder minder schwer wieder rückgängig gemacht werden können. (Siehe dies. Handb. Bd. 1, S. 531 (H. H. MEYER) und Bd. 17, S. 563 (U. EBBECKE.)

An sie schließen sich an die Wirkungen der *Wärme* und der parenteralen Zufuhr löslicher *Magnesiumsalze*.

Gleichwie die reversible Zentrenlähmung durch die eigentlichen indifferenten Narkotica nach der Lipoidtheorie der Narkose von H. H. MEYER und OVERTON ihre Erklärung findet, muß auch für die narkotische Wirkung der *Wärme* vermutet werden, daß sie von Änderungen in den lipoiden Zellbestandteilen des Zentralnervensystems abhängt. Die relativ niedrigen Temperaturen, bei denen es schon zu völliger Reflexlosigkeit kommt, deuten darauf hin, daß Zustandsänderungen der Eiweißkörper nicht in Betracht kommen. Dagegen kann mit großer Wahrscheinlichkeit angenommen werden, daß bereits bei Temperaturen unter 40° C die Lipoide im Zentralnervensysteme poikilothermer Tiere Änderungen ihres Aggregatzustandes, etwa im Sinne einer Erweichung, erfahren, die, solange sie eine gewisse Grenze nicht überschreiten, durch Wiederabkühlung völlig reversibel sind, die aber, wenn die durch Wärme erzeugte Veränderung zu weit gegangen ist und zu einer teilweisen Verflüssigung der Lipoide geführt hat, auch durch Wiederabkühlung nicht mehr so weit rückgängig gemacht werden können, daß eine Wiederaufnahme der Zentrenfunktionen erfolgt.

Über die Art des Zustandekommens der Zentrenlähmung durch *Magnesiumsalze*, der sog. Magnesiumnarkose, bestehen kaum Vermutungen. Sicher ist, daß durch Anreicherung des Körpers von Wirbeltieren mit *Magnesiumionen* völlige Reflexlosigkeit und Schwund des Bewußtseins erzielt werden kann.

An dieser Anreicherung beteiligt sich aber das Gehirn nur in äußerst geringem Ausmaße, so daß das Plus von Magnesium, das im Gehirne von durch Magnesiumsalze völlig betäubten Tieren analytisch nachgewiesen werden kann, kaum größer ist, als etwa die Menge von Alkaloiden, die sich im Gehirne nach Einführung betäubender und lähmender Alkaloidsalze nachweisen lassen[1]. Da aber zur Herbeiführung und Aufrechterhaltung der Magnesiumnarkose sehr bedeutende Mengen von Magnesiumsalzen erforderlich sind und der Magnesiumspiegel im Blute

---

[1] SCHÜTZ, J.: Wien. klin. Wschr. **1913**, Nr 19, 745.

während der Narkose auf 0,1—0,12⁰/₀₀ Mg ansteigen muß, darf eine Massenwirkung der Magnesiumionen angenommen werden, die vielleicht zu einer Störung des Gleichgewichtes zwischen den Calciumionen und den normalerweise in Spuren in den Geweben enthaltenen Magnesiumionen führt[1]. Zu dieser Auffassung berechtigt die von MELTZER[2] aufgedeckte Tatsache, daß tiefe Magnesiumnarkose durch intravenöse Injektion von Calciumsalzen augenblicklich und restlos aufgehoben werden kann, andererseits aber Calciumentziehung durch Oxalsäurevergiftung den Eintritt der Magnesiumnarkose erleichtert[3].

Während in der Wärmenarkose die peripheren Anteile des Nervensystems ihre Erregbarkeit *zunächst* beibehalten (A. FRÖHLICH und A. KREIDL[4]), geht diese in der Magnesiumnarkose häufig verloren, da die Magnesiumsalze neben ihrer zentrenlähmenden Wirkung auch eine curareartige Lähmung der motorischen Nervenendapparate entfalten können.

Viele *Alkaloide* entwickeln zum Teil schon in sehr geringen Mengen zentrenlähmende Wirkungen. Von dem solchen Fällen zugrunde liegenden Wirkungsmechanismus hat sich bis jetzt keine anschauliche Vorstellung gewinnen lassen. Hier tritt zweifellos an die Stelle der allgemeinen Eigenschaft der Lipoidlöslichkeit der indifferenten Narkotica eine *spezifische Affinität* zu bestimmten nervösen Formationen.

Es wird angenommen, daß *Morphium* und *Cocain* in großen Dosen die meisten Nervenzellen, sowohl jene, aus denen efferente Bahnen hervorgehen, als auch die dem Bewußtsein dienenden Ganglienzellen des Gehirns zu lähmen imstande sind. In schweren Fällen von Vergiftung mit diesen beiden Alkaloiden kommt es zu völligem Schwund des Bewußtseins, zu motorischer Hirnlähmung, zu Lähmung der Reflexapparate im Rückenmarke und endlich zu Atemlähmung. Dagegen gehen die vegetativen Funktionen, wenigstens soweit sie durch periphere Automatie bedingt sind, in erster Linie die Herztätigkeit, zunächst ungestört weiter vor sich. Aber weder bei *Cocain*- noch bei *Morphinvergiftung*, kommt eine *reine* Zentrenlähmung zustande, da interferierende Erregungen in manchen Zentren das allgemeine Lähmungsbild ändern. So treten z. B. bei der Cocainvergiftung regelmäßig epileptiforme Konvulsionen auf, während bei der Morphinvergiftung die Bradykardie auf zentraler Vaguserregung, die Ruhigstellung des Darmes zum Teil auf zentraler Splanchnicuserregung beruht.

Auch die übrigen zentrallähmenden Gifte (z. B. *Scopolamin, Nicotin, Pilocarpin, Chinin, Colchicin, Aconitin, Phenol*) wirken durchaus nicht gleichförmig auf alle Zentren, da bei ihnen neben den typischen Lähmungserscheinungen auch Erregungserscheinungen vorkommen. Aber selbst in jenen Fällen, in welchen die erregenden Wirkungen gegenüber den lähmenden weit in den Hintergrund treten, verraten die einzelnen Zentren dem betreffenden Gifte gegenüber eine sehr verschiedene Widerstandsfähigkeit, die ihre therapeutische Anwendung am kranken Menschen ermöglicht. Das Nebeneinander von Erregung und Lähmung und das oft gesetzmäßige Nacheinanderbefallensein der verschiedenen Zentren bringt in das sonst einförmige Bild der Vergiftungen mit zentrallähmenden Substanzen immerhin einige Abwechslung.

Gifte, welche die Sauerstoffversorgung der Gewebe erschweren oder unmöglich machen, führen leicht zu Lähmung der Zentren, weil diese gegen mangelhafte Ventilation recht empfindlich sind. Ihr Sauerstoffbedürfnis ist sehr bedeutend,

---

[1] STRANSKY, E.: Arch. f. exper. Path. **78**, 122 (1915).
[2] MELTZER, S. u. J. AUER: Amer. J. Physiol. **21**, 400 (1908).
[3] SCHÜTZ, J, S. MELTZER u. GATES: Proc. Soc. exper. Biol. a. Med. **11**, 23; 97 (1914).
[4] FRÖHLICH, A. u. A. KREIDL: Pharmakologische Untersuchungen über die Wärmenarkose. Pflügers Arch. **187**, 90 (1921).

ihre Gefäßversorgung besonders reichlich. Aus diesen Gründen bleiben die nervösen Zentren von Warmblütern, wenn sie, anstatt mit Blut, mit Ersatzflüssigkeiten künstlich gespeist werden, nur kurze Zeit funktionsfähig, wie aus dem baldigen endgültigen Erlöschen der Reflextätigkeit geschlossen werden muß.

Mit großer Schnelligkeit und in weitestem Umfange werden die Zentren durch *Blausäure* gelähmt, die durch ihre Flüchtigkeit und Lipoidlöslichkeit nach ihrer Resorption in raschem Tempo ganz allgemein in die Gewebe und auch in alle nervösen Formationen einzudringen vermag.

Das *Kohlenoxyd* (CO) macht durch seine feste Bindung an das Hämoglobin die Abgabe des Sauerstoffes an die Gewebe unmöglich und führt zu Lähmung aller lebenswichtigen Zentren.

Der *Kohlensäure* kommt eine zweifache Rolle zu: sie führt, wenn sie in hohen Konzentrationen sich in den Geweben anhäuft, zu Narkose und Zentrenlähmung, während andererseits die normale CO_2-Tension in den Geweben (etwa 6% einer Atmosphäre) geradezu Vorbedingung einer normalen Erregbarkeit der Zentren, besonders des Atemzentrums, ist.

Säuren führen rasch zu Lähmung der Zentren, z. B. im diabetischen Koma. Nach Durchspülung des Rückenmarkes mit sauren Nährlösungen kommt es sehr schnell zum Verschwinden der normalen und der toxisch gesteigerten Reflextätigkeit[1]. Im Gegensatze zu diesem Verhalten der Zentren werden die peripheren Anteile des spinalen Nervensystems (Nervenstämme oder Nervenendigungen) nach Säuerung für mechanische oder elektrische Reize unter Umständen übererregbar[2].

Die Frage, ob es gelingen kann, auf pharmakologischem Wege *ganz allgemein* im Körper eines Wirbeltieres die nervösen *Zentren* zu erregen oder in gesteigerte Erregbarkeit zu versetzen, ist nicht leicht zu beantworten. Es müßte in jedem einzelnen Falle einer scheinbar allgemeinen Erregung zunächst entschieden werden, ob es sich um Funktionsteigerung oder Funktionserleichterung in jeder einzelnen Nervenzelle *ohne Ausnahme* handelt oder nur um eine funktionelle Änderung in den Beziehungen zwischen übergeordneten und untergeordneten Zentren, als deren Resultat eine leichtere Ansprechbarkeit, eine Erregbarkeitssteigerung vieler, so z. B. subcorticaler und spinaler Zentren auf zentripetale nervöse (exogene) Impulse oder auf innere (endogene) Reize (sog. Blutreize, Hormone, Kohlensäure) in die Erscheinung tritt. Ebenso schwierig ist es, im einzelnen Falle zu entscheiden, ob das vom Zufließen exogener Reize anscheinend unabhängige verstärkte Funktionieren der Nervenzellen unter dem Einflusse eines hormonalen oder toxischen Reizes, demnach das, was unter zentraler Erregung zu verstehen ist, sich generell auf *sämtliche* Nervenzellen oder auch nur auf einen großen Teil von ihnen erstreckt.

Die Frage, ob ein bestimmtes Agens die Möglichkeit einer erregenden oder erregbarkeitssteigernden Beeinflussung *jeder einzelnen* Nervenzelle ohne Ausnahme bietet, kann aber nur dann beantwortet werden, wenn *lokale* Einwirkung des betreffenden Mittels auf nervenzellenhältige Gebilde unweigerlich von einer — wenn auch mehr oder weniger rasch vorübergehenden — Förderung ihrer Tätigkeit gefolgt ist.

Hier scheiden wegen der Schwierigkeit der experimentellen Prüfung jene im Rückenmarke und im Gehirne gelegenen Nervenzellen, zu denen sich afferente Fasern begeben, aus, und es sollen in erster Linie nur die Nervenzellen motorischer Funktion, aus denen efferente Fasern hervorgehen, berücksichtigt werden.

Es ist *möglich*, daß der Fall einer generellen pharmakologischen Erregung motorischer Nervenzellen bei der *primären* Wirkung des *Nicotins* gegeben ist, die

---

[1] FRÖHLICH, A. u. A. SOLÉ: Arch. f. exp. Path. **104**, 32 (1924).
[2] ELIAS, H.: Z. exper. Med. **7**, 1 (1918).

sich sowohl auf die Zentren des cerebro-spinalen als auf die des vegetativen Systems zu erstrecken scheint (LANGLEY[1]). An dem einer unmittelbaren Prüfung ohne große Schwierigkeit zugänglichen vegetativen Nervensystem kann — zum mindesten in seinen peripheren, an Nervenzellen reichen Abschnitten — festgestellt werden, daß *örtliche* Nicotineinwirkung auf die Ganglien des sympathischen und des parasympathischen Nervensystems der Wirbeltiere von Erregungserscheinungen in den zugehörigen Muskeln und Drüsen gefolgt ist, die allerdings rasch vorübergehen und Ausfallserscheinungen als Folge der nunmehr sich geltend machenden Lähmung der vergifteten Nervenzellen Platz machen. Die lokale Nicotineinwirkung auf die Zentren der motorischen spinalen und vegetativen Nerven im Rückenmarke ist bei Wirbeltieren aber technisch undurchführbar und nur an den motorischen Zentralganglien mancher wirbelloser Tiere leicht möglich.

Nach Bepinseln des Zentralganglions des Cephalopoden Eledone moschata treten rhythmische Zuckungen in der quergestreiften Muskulatur des Bewegungsapparates auf und es bleibt in den vom Ganglion abgetrennten Mantelnerven durch einige Zeit eine gesteigerte Erregbarkeit bestehen[2].

Bei der pharmakologischen Untersuchung der zentralen nervösen Apparate im Gehirne und Rückenmarke der *Wirbeltiere* bleibt es aber ungewiß, ob durch ein bestimmtes Mittel in der Tat alle (oder auch nur der größere Teil) ihrer Nervenzellen zu vermehrter oder erleichterter Leistung gebracht werden können. Nicht einmal aus dem Auftreten allgemeiner Zuckungen der Skelettmuskulatur kann geschlossen werden, daß sämtliche mit efferenten Bahnen in Verbindung stehenden Nervenzellen des Gehirnes und des Rückenmarkes entsprechend einer unmittelbaren Erregung in erhöhte Tätigkeit getreten sind, da stets mit dem Vorhandensein zahlreicher *Hemmungsapparate* gerechnet werden muß, die entweder vom Gehirne herkommen oder innerhalb des Rückenmarkes ihren Ursprung nehmen. Über das Ausmaß des Vorkommens solcher Hemmungszentren und Hemmungsbahnen besteht keine greifbare Vorstellung.

Phenol und *Strychnin* sind Substanzen, welche nervöse Zentren zu erregen, bzw. in ihrer Erregbarkeit steigern vermögen. Durch Phenol können bei Kalt- und Warmblütern gesteigerte Reflexerregbarkeit und klonische Zuckungen der gesamten Muskulatur, letzteres bedingt durch erhöhte Erregbarkeit der Vorderkornzellen des Rückenmarkes ausgelöst werden (BAGLIONI[3]). Das eigentümliche Schreien der Frösche (Katzenstimme), das nach Betupfen bestimmter Stellen der Großhirnrinde mit Phenol hervorgerufen wird, entsteht gleichfalls durch Erregung bzw. Erregbarkeitssteigerung von motorischen Rindenzellen (BAGLIONI[4]). Die sensiblen Rückenmarkselemente werden nach demselben Autor nur zerstört, nicht erregt. Auch die *Kresole*, ferner zwei- und dreiwertige Phenole und Naphthole wirken ähnlich (BAGLIONI[5]). Sehr instruktiv sind die Versuche BAGLIONIS über die Wirkung des Phenols (und des Strychnins) am isolierten Gehirn-Rückenmarkspräparate der Kröte (BAGLIONI[6]). Die Überempfindlichkeit nach Phenoleinwirkung scheint sich auch auf die motorischen Nerven des Frosches (ARLOING und THÉVENOT[7]) sowie auf den von CAMERON und O'DONOGHUE[8] beschriebenen Netzhautreflex beim Frosche (Bewegungsreflex nach Belichtung der Netzhaut)

---

[1] LANGLEY, J. N.: J. of Physiol. **27**, 224 (1901/02).
[2] FRÖHLICH, A. u. O. LOEWI: Zbl. Physiol. **21**, 273 (1908).
[3] BAGLIONI: Arch. Anat. u. Physiol. **1900**, Suppl. S. 193 — Z. allg. Physiol. **5**, 43 (1905) — Zur Analyse der Reflexfunktion. Wiesbaden 1907.
[4] BAGLIONI: Zbl. Physiol. **14**, 97 (1901).
[5] BAGLIONI: Z. allg. Physiol. **3**, 313 (1903).
[6] BAGLIONI: Z. allg. Physiol. **9**, 1 (1909).
[7] ARLOING u. THÉVENOT: C. r. Soc. Biol. **83**, 1415 (1920).
[8] CAMERON u. O'DONOGHUE: Biol. Marin. biol. Labor. **42**, 217 (1922).

zu erstrecken (MOORHOUSE[1]). Strychnin gibt merkwürdigerweise dieses Phänomen nicht. Die motorische Phenolerregung ist auch an Wirbellosen (Eledone moschata bei lokaler Einwirkung auf das Mantelganglion, Carcinus, Sipunculus) von BAGLIONI[2] beobachtet worden, so daß Phenol und manche Phenolderivate (Resorcin) generell die motorischen Mechanismen oder Zentralapparate zu erregen scheinen, bzw. die Erregbarkeit bis zum Auftreten von klonischen Krämpfen zu steigern vermögen (BAGLIONI).

Das Alkaloid *Strychnin* ist durch eine besondere Affinität zu zentralen, nervösen Apparaten ausgezeichnet, sie läßt sich sowohl an Wirbellosen als auch an Wirbeltieren nachweisen (KORENTSCHEWSKY[3], BIEDERMANN[4] an marinen Würmern, GUILLEBEAU und LUCHSINGER[5] an erwärmten Blutegeln). Typischer Tetanus tritt bei Eledone moschata auf (BAGLIONI[6], FR. W. FRÖHLICH[7]), der nach Abtrennung des Kopfes samt den Armen in den Chromatophoren des Mantels aufhört. Weder im Mantel, noch in den Armen der Cephalopoden finden sich zentrale Apparate, die auf Strychnin mit Erregbarkeitssteigerung reagieren, dagegen dauern in phenolhaltigem Wasser die Bewegungen abgeschnittener Arme, nicht aber jene der Chromatophoren, fort (FR. W. FRÖHLICH). Es liegen also die mit Phenol reagierenden motorischen Ganglienzellen der Muskeln in der Peripherie. Steigerung der Reflexerregbarkeit bei Crustaceen wurde von HENSEN[8], TH. BEER[9], zuletzt von A. FRÖHLICH und A. KREIDL[10] beschrieben. Der Strychnineffekt kann tagelang andauern, verschwindet beim Erwärmen auf 26—27° C (Wärmenarkose) und tritt bei Abkühlung auf 22—23°C wieder hervor (A. FRÖHLICH und A. KREIDL). Da die Reflexreaktionen durch Strychnin wohl bei Plattwürmern und Seesternen, nicht aber bei Medusen und Seeanemonen verändert werden, ist anzunehmen, daß diese nervösen Systeme (nicht aber das der Cölenteraten) mit dem Nervensysteme der Wirbeltiere chemisch verwandt ist (MOORE[11]). Auch das Nervensystem der Insekten wird durch Strychnin beeinflußt (SCHELLHASE[12], PILZ und CROZIER[13]).

Wirkungen des Strychnins auf das Großhirn sind von verschiedenen Beobachtern mitgeteilt worden. BAGLIONI und MAGNINI[14] fanden bei Hunden nach Auflegen von mit Strychninlösung getränkten Filtrierpapierstückchen die Erregbarkeit der psychomotorischen Zone erhöht; es kann sogar zum Auftreten spontaner, lokalisierter Bewegungen kommen. BECK und BIKELES[15] fanden wohl die motorische Region des Großhirns, nicht aber die Rinde des Kleinhirns für die Strychninwirkung zugänglich. Nach MANTEA[16] sind die nichtmotorischen Anteile der Hirnrinde für Strychnin unerregbar. Phenol ist von der Großhirnrinde aus überhaupt wirkungslos. Dagegen beschreibt DUSSER DE BARENNE[17] sensible

---

[1] MOORHOUSE: Amer. J. Physiol. **63**, 177 (1923).
[2] BAGLIONI: Z. allg. Physiol. **5**, 43 (1905).
[3] KORENTSCHEWSKY: Arch. f. exper. Path. **49**, 7 (1903).
[4] BIEDERMANN: Pflügers Arch. **46**, 398 (1890).
[5] GUILLEBEAU u. LUCHSINGER: Pflügers Arch. **28**, 1, 61 (1882).
[6] BAGLIONI: Z. allg. Physiol. **5**, 43 (1905).
[7] FRÖHLICH, F. W.: Z. allg. Physiol. **11**, 94 (1910).
[8] HENSEN: Z. Zool. **13** (1863).
[9] BEER, TH.: Pflügers Arch. **73**, 1. (1898).
[10] FRÖHLICH, A. u. A. KREIDL: Pflügers Arch. **187**, 90 (1921).
[11] MOORE: J. gen. Physiol. **1**, 96 (1918); **2**, 201 (1920).
[12] SCHELLHASE: Berl. tierärztl. Wschr. **37**, 325 (1921).
[13] PILZ u. CROZIER: Proc. Soc. exper. Biol. a. Med. **20**, 175 (1922).
[14] BAGLIONI u. MAGNINI: Arch. di Fisiol. **6**, 240 (1909).
[15] BECK u. BIKELES: Zbl. Physiol. **25**, 1066 (1910); **28**, 195 (1914).
[16] MANTEA: Zbl. Physiol. **26**, 225 (1912).
[17] DUSSER DE BARENNE: Arch. néerl. Physiol. **1**, 15 (1916) — Quart. J. exper. Physiol. **9**, 355 (1916).

und sensorische Reizungserscheinungen, die durch lokale Strychninapplikation von einer bestimmten „aktiven" Zone des Gehirnes ausgelöst werden können, Man sieht im Gebiete der cutanen Sensibilität spontane Erregung, Parästhesien, Hyperästhesie, Hyperalgesie, aber auch Steigerung der Tiefensibilität auftreten (DUSSER DE BARENNE). Die Empfindlichkeit der Retina wird gesteigert (FILEHNE[1]), durch Erhöhung der zentralen Erregbarkeit auch, der Geruchsinn (FRÖHLICH und LICHTENFELS[2]) und der Geschmacksinn (FILEHNE).

Bei Wirbeltieren werden die medullo-spinalen Zentren der Vasomotoren (J. N. LANGLEY[3], A. FRÖHLICH[4] und MORITA), ferner Vagus- und Atemzentrum durch Strychnin erregt (S. MAYER[5]-BIBERFELD[6]).

Die am meisten hervortretende Strychninwirkung ist eine außerordentliche Steigerung der spinalen Reflexe, die zum Erscheinen schwerster allgemeiner Tetani nach geringfügigsten taktilen Reizen führen kann. Sie findet ihre Erklärung durch die Annahme einer Übererregbarkeit zunächst der receptorischen Anteile der spinalen Reflexbogen (H. MEYER[7]). Es handelt sich hier aller Wahrscheinlichkeit nach um selbständige Neurone, die weder nach Durchschneidung der hinteren Wurzeln, noch nach Rückenmarksdurchschneidung degenerieren, um die in den Hinterhörnern gelegenen receptorischen Schaltzellen (Strangzellen) mit ihren Fortsätzen (A. FRÖHLICH und H. H. MEYER[8]), vgl. auch SHERRINGTON[9]. Infolge Wegfalles der intrazentralen Hemmungen breitet sich die einem begrenzten Gebiete des Rückenmarkes zufließende Erregung auf sämtliche motorische Nervenzellen aus, was eben zum allgemeinen Tetanus führen muß (HOUGHTON und MUIRHEAD[10]). Allerdings gehört nach den Versuchen von DUSSER DE BARENNE[11] hierzu sowohl eine Vergiftung der sensiblen, als auch der motorischen Seite des Reflexbogens. Auch nach MCGUIGAN und BECHT[12] müssen sowohl ventrale als dorsale Rückenmarkshälften vergiftet sein, um die Auslösung eines allgemeinen Tetanus zu ermöglichen. Über die Natur der dem positiven Strychnineffekte sehr häufig nachfolgenden Lähmung ist viel diskutiert worden. Zu der Erschöpfung des Rückenmarkes durch die ungehemmten Entladungen tritt jedenfalls noch eine zweite, direkt lähmende Wirkung des Strychnins hinzu (JAKOBJ[13] entgegen VERWORN[14]).

Es liegt demnach im strychninvergifteten Rückenmarke, wenn man will, eine Energievergeudung der aufgestapelten latenten Kräfte vor, die sich auch in entsprechenden morphologischen Änderungen der Vorderhornzellen des Rückenmarkes (Auflockerung des basalen Fibrillenbündels auf der Höhe der Krämpfe) kundzugeben scheinen (GURWITSCH[15]).

Das Alkaloid *Strychnin* hat somit einen weit allgemeineren Einfluß auf den Erregbarkeitszustand des Nervensystems als Phenol. Die peripheren Nerven

---

[1] FILEHNE: Pflügers Arch. **83**, 369 (1901) (daselbst Literatur).
[2] FRÖHLICH u. LICHTENFELS: Sitzgsber. Akad. Wiss. Wien, Math.-naturwiss. Kl. **1851**, 322, 338.
[3] LANGLEY: J. of Physiol. **59**, 231 (1924—25).
[4] FRÖHLICH, A. u. MORITA: Arch. f. exper. Path. **78**, 277 (1915).
[5] MAYER, S.: Sitzgsber. ksl. Akad. Wiss. II **64**, 657 (1872).
[6] BIBERFELD: Pflügers Arch. **103**, 266 (1904).
[7] MEYER, H. H.: Z. rat. Med. **5**, 257 (1846).
[8] FRÖHLICH, A. u. H. H. MEYER: Arch. f. exper. Path. **79**, 55 (1915).
[9] SHERRINGTON: Philos. Trans. roy. Soc. **190**, 160 (1898).
[10] HOUGHTON u. MUIRHEAD: Med. News **1895**.
[11] DUSSER DE BARENNE: Zbl. Physiol. **24**, Nr 18 (1910) — Fol. neurobiol. **5**, 6 (1911).
[12] MCGUIGAN u. BECHT: J. of Pharmacol. **5**, 469 (1913/14).
[13] JACOBJ: Arch. f. exper. Path. **57**, 399 (1907).
[14] VERWORN: Arch. Anat. u. Physiol. **1900**, 385; Suppl. 152.
[15] GURWITSCH: Arch. f. exper. Path. **197**, 147 (1922).

der Wirbeltiere ausgenommen, die entweder gar nicht beeinflußt oder aber gelähmt werden (POULSSON[1], BIBERFELD[2], FORLI[3], WALTON[4], dagegen HAMMETT[5]) läßt sich der Strychnineffekt an den meisten Zentren der höheren und auch der niederen Tiere nachweisen. Auch glattmuskelige Organe können durch Strychnin erregt werden, so der Magen (SCHÜTZ[6]), der AUERBACHsche Plexus (LANGLEY und MAGNUS[7]), der Darm (FREUSBERG[8]), die Harnblase (HANC[9]), die Froschgefäße (J. BAUER und A. FRÖHLICH[10]). Auch eine ausgeprägte Herzwirkung ist nachweisbar, IGERSHEIMER[11], HEDBOM.

Das Vorhandensein zahlreicher Hemmungsvorrichtungen erschwert die pharmakologische Analyse zentralerregender Mittel ungemein. So ist z. B. die Entscheidung, ob etwa das allererste Stadium der *Alkohol*wirkung in einer Erregung des Großhirns oder in einem Wegfall corticaler hemmender Einflüsse zu suchen ist, kaum zu treffen. Die Intensität eines jeden Lebensvorganges hängt ab von dem Spiele der anabolen und der katabolen Prozesse in den Zellen. Vorgänge und künstliche Beeinflussungen, welche generell in den Zellen zu einem Überwiegen der mit Stoffabbau und Energieabgabe einhergehenden Lebensvorgänge führen, müssen die Zelltätigkeit begünstigen oder anstacheln. Dahin gehört *leichte Erwärmung*, während stetig fortgesetzte Wärmezufuhr, wenn ein gewisser, für jede Tierart spezifischer kritischer Punkt erreicht ist, zu einem Erlöschen der Zelltätigkeit führt. In den Nervenzentren äußert sich dies beispielsweise während des Fieberanstiegs in einer allgemeinen nervösen Erregung; Überschreiten des kritischen Punktes führt jedoch zu einer Lähmung der Zentren, die als Wärmenarkose bekannt ist (vgl. S. 612).

Der Wärmelähmung geht eine Zunahme der Erregbarkeit vorher, da, besonders bei Kaltblütern im allgemeinen die Reflexerregbarkeit mit Erhöhung der Temperatur zunimmt (ECKHARD[12], daselbst die frühere Literatur, H. WINTERSTEIN[13]) wie auch der periphere Nerv bei Temperaturerhöhung erregbarer wird (ROSENTHAL[14], AFANASIEFF[15]). Doch ist nicht zu vergessen, daß auch durch Kälteeinwirkung in scheinbar paradoxer und noch nicht genügend aufgeklärter Weise bei Kaltblütern Reflexsteigerung eintreten kann (FREUSBERG[16], BIEDERMANN[17], v. BAEYER[18], vgl. auch A. FRÖHLICH und A. SOLÉ[19]). Zunehmende Erwärmung hebt schließlich auch die Leitfähigkeit im peripheren Nerven auf. Da hierbei zuerst die sensiblen und dann erst die motorischen Fasern betroffen werden, erinnert dieses Verhalten an die analogen Verhältnisse bei der Cocainwirkung (HAFEMANN[20]) und

---

[1] POULSSON: Arch. f. exper. Path. **26**, 22 (1890).
[2] BIBERFELD: Pflügers Arch. **83**, 357 (1901).
[3] FORLI, V.: Zbl. Physiol. **21**, 269, 823 (1908).
[4] WALTON: J. of Physiol. **3**, 308 (1880/82).
[5] HAMMETT: J. of Pharmacol. **8**, 175 (1916).
[6] SCHÜTZ: Arch. f. exper. Path. **21**, 341 (1886).
[7] LANGLEY u. MAGNUS: J. of Physiol. **33**, 34 (1905).
[8] FREUSBERG: Arch. f. exper. Path. **3**, 204, 348 (1875).
[9] HANC: Arch. f. exper. Path. **73**, 472 (1898).
[10] BAUER, J. u. A. FRÖHLICH: Arch. f. exper. Path. **84**, 33 (1919).
[11] IGERSHEIMER: Arch. f. exper. Path. **54**, 73 (1906).
[12] ECKHARD: Geschichte der Lehre von den Reflexbewegungen. Eckhards Beitr. **9**, 29—192 (Gießen 1881).
[13] WINTERSTEIN, H.: Z. allg. Physiol. **1**, 131 (1902).
[14] ROSENTHAL: Allg. med. Zentralz. **1859**, Nr 96.
[15] AFANASIEFF: Arch. Anat. u. Physiol. **1865**, 691.
[16] FREUSBERG: Pflügers Arch. **10**, 174 (1874).
[17] BIEDERMANN: Pflügers Arch. **80**, 408 (1900).
[18] v. BAEYER: Z. allg. Physiol. **1**, 265 (1902).
[19] FRÖHLICH, A. u. A. SOLÉ: Arch. f. exper. Path. **104**, 32 (1924).
[20] HAFEMANN: Pflügers Arch. **122**, 484 (1908).

bei der Vergiftung von Nervenstämmen mit Magnesiumsalzen (MELTZER und AUER[1]).

Alkalien sind Erregungsmittel für die Zentren in gleicher Weise, wie Säuren sie lähmen. In Säurekoma gehen Menschen und Tiere zugrunde, ohne Erregungserscheinungen zu zeigen (WALTER[2], SPIRO[3], FRIEDLÄNDER und HERTER[4]).

Alkalisches Milieu ist allem Anscheine nach Vorbedingung für das normale Funktionieren der Zentren, zumindest der höheren Tiere, wie ja auch die graue Substanz alkalisch reagiert (LANGENDORFF[5]). Durch Säure kann die Wirkung überschwelliger Krampfgiftdosen (Strychnin, Thebain, Pikrotoxin) aufgehoben, durch Alkali wiederhergestellt werden (A. FRÖHLICH und A. SOLÉ[6]). Unterschwellige Dosen der Krampfgifte können durch Alkali überschwellig werden (dieselben Autoren). Die Nerven werden durch Alkalien schon in hoher Verdünnung erregt (ECKHARD[7]). In neuerer Zeit ist die Abhängigkeit der Nervenerregbarkeit von der p_H wiederholt geprüft worden, so z. B. von GRANT[8]. Während in stark alkalischem oder stark saurem Milieu die Nervenerregbarkeit sehr bald erlischt, tritt bei einer p_H von 10^{-10} ausgeprägte Steigerung der Erregbarkeit ein.

Die Wirkungen des Sauerstoffmangels auf die Zentren können so zusammengefaßt werden: Anämie führt zu Erregung der Zentren, wie von S. MAYER[9] ausgeführt und zu einem „Erregungsgesetze" formuliert worden ist, nachdem schon KUSSMAUL und TENNER[10] Bewegungen nach Anämisierung des Gehirns beschrieben hatten. Steigerung der Erregbarkeit der Hirnrinde durch Anämie ist weiter von COUTY[11], ORSCHANSKY[12], KNOLL[13], ADUCCO[14], BROCA und RICHET[15] nachgewiesen worden.

Daß die Erregbarkeitssteigerung durch Sauerstoffmangel und nicht durch Kohlensäureretention hervorgerufen wird, hat BETHE[16] bewiesen, da sie auch eintritt, wenn durch Atmung indifferenter Gase (Wasserstoff) für den Abfluß der Kohlensäure gesorgt wird. Frösche zeigen in Wasserstoffatmosphäre bei abklingender Strychninwirkung Erstickungskrämpfe, ebenso Frösche, die mehrere Stunden in Wasser von 30—32° C verbracht worden waren. BETHES Versuche waren an Wirbeltieren (Hund, Frosch, Fisch), aber auch an Wirbellosen (Flußkrebs, Blutegel) durchgeführt worden. Sein Schüler A. SCHWARTZ[17] stellte in Fortführung der BETHESchen Versuche fest, daß Sauerstoffmangel bei dem Käfer Carabus auratus in hohem Maße erregbarkeitssteigernd und sogar krampfauslösend wirkt. Selbst bei der Lungenschnecke Limnaea stagnalis, die als Sumpfbewohner nur ein geringes Sauerstoffbedürfnis hat, war eine leichte Steigerung der nervösen Erregbarkeit festzustellen. Psychische Erregungserscheinungen bei zunehmendem

---

[1] MELTZER u. J. AUER: Amer. J. Physiol. **16**, 233 (1906).
[2] WALTER: Arch. f. exper. Path. **7**, 148 (1877).
[3] SPIRO: Hofmeisters Beitr. **1912**, Nr 15, 269.
[4] FRIEDLÄNDER u. HERTER: Hoppe-Seylers Z. **2**; 3 (1878/79).
[5] LANGENDORFF: Nagel-Freys Handb. der Physiol. **4**, 209 (1909).
[6] FRÖHLICH, A. u. A. SOLÉ: Arch. f. exper. Path. **104**, 32 (1924) (daselbst Literatur).
[7] ECKHARD: Z. rat. Med. II **1**, 303 (1851).
[8] GRANT: J. of Physiol. **54**, 79 (1920).
[9] MAYER, S.: Sitzgsber. Akad. Wiss. Wien, Math.-naturwiss. Kl. III. F. **81**, 121 (1880).
[10] KUSSMAUL u. TENNER: Würzburg 1855.
[11] COUTY: C. r. Soc. Biol. **88**, 604 (1879); **96**, 265, 507 (1883); **97**, 956 (1883).
[12] ORSCHANSKY: Arch. Anat. u. Physiol. **1883**, 297.
[13] KNOLL: Sitzgsber. Akad. Wiss. Wien, Math.-naturwiss. Kl. **94**, 220 (1886).
[14] ADUCCO: Arch. ital. de Biol. **14**, 136 (1890).
[15] BROCA u. RICHET: C. r. Soc. Biol. **1897**, 141.
[16] BETHE, A.: Festschrift für Rosenthal **1906**, 231 (daselbst Literatur. Verlag Thieme).
[17] SCHWARTZ, A.: Pflügers Arch. **121**, 411 (1908).

Sauerstoffmangel hat bei der Durchführung von Prüfungsmethoden für Flieger BAGBY[1] beschrieben.

Hält der Sauerstoffmangel längere Zeit an, so stellt sich Verminderung und schließlich Aufhören der Reflexerregbarkeit ein. Der Krampfzustand strychninvergifteter Frösche erlischt, wenn das Blut durch O-freie Salzlösung ersetzt wird, und kehrt erst mit zureichender Sauerstoffversorgung wieder (VERWORN[2]). Frösche geraten in sauerstofffreier Luft in tiefe Betäubung und Reflexlosigkeit, während die Erregbarkeit der Nervenstämme andauert (AUBERT[3]).

Nach MAYOR[4] wird bei Sauerstoffmangel die Nervenleitung im Schirm von Skyphomedusen vermindert, bei Warmblütern nach MORRIS[5] hingegen die elektrische Erregbarkeit der peripheren neuromuskulären Apparate gesteigert.

Merkwürdigerweise führt auch die Einwirkung von Sauerstoff unter erhöhtem Drucke, also ein Überangebot von Sauerstoff zur Erregung und zu strychninartigen Krämpfen (BERT[6], LORRAIN SMITH[7]).

Die Wirkungen des Sauerstoffmangels beruhen vielleicht auf einer Anhäufung saurer Produkte, da nach PACKARD[8] peritoneale Einspritzung von Natrium bicarbonicum die Widerstandsfähigkeit von Fundulus gegen Sauerstoffmangel erhöht, während sie durch Säureeinspritzungen vermindert wird.

Andererseits wird auch durch *Kohlensäure* eine zentrale Erregbarkeitssteigerung verursacht, die sich unter anderen im Auftreten von Erstickungskrämpfen kundgibt. FÜHNER[9] konnte solche Krämpfe an abgekühlten Fröschen in einer Atmosphäre von einem bestimmten hohen Gehalte an Kohlensäure hervorrufen. Bei allzu hohen Kohlensäurekonzentrationen tritt allerdings an Stelle der Erregbarkeitssteigerung Lähmung (vgl. auch KROPEIT[10]). Die Annahme H. WINTERSTEINS[11], daß die Kohlensäure lediglich auf die peripheren Nervenorgane erregend, zentral nur lähmend wirke, erscheint nach den Befunden FÜHNERs wenig wahrscheinlich.

Nach WIELAND und R. L. MAYER[12] werden unter dem Einflusse von Hirnkrampfgiften (Pikrotoxin, Lobelin, Campher) gewisse zentrale Gebiete (Atemzentrum, Krampfzentrum) für den Kohlensäurereiz empfindlicher, so daß endlich nicht nur die physiologische Kohlensäurespannung des Arterienblutes, sondern auch die geringe Kohlensäurespannung, die selbst nach stärkster Durchlüftung im Körper zurückbleibt, genügt, um das Krampfzentrum zu erregen. Es könnte aber auch sein, daß ein Teil der Wirkung des Sauerstoffmangels nur indirekt auf einem Nichtbeseitigen saurer Produkte beruht, die ihrerseits wieder die Kohlensäure aus den Carbonaten des Blutes austreiben, so daß die Wirkung des Sauerstoffmangels in letzter Linie doch nur eine Folge von Kohlensäureüberladung des Blutes darstellt. Die spinalen Erstickungskrämpfe sind nicht durch Kohlensäurevergiftung *allein* bedingt, da sie bei gleichzeitigem reichlichem Angebote von Sauerstoff fehlen. Sie treten also nur bei Kohlensäureüberladung des Blutes *und gleichzeitigem Sauerstoffmangel auf*. Dagegen sind die in Bradykardie sich äußernde Erregung des Vaguszentrums und die als Blutdrucksteigerung sich auswirkende

---

[1] BAGBY: J. of exper. Psychol. **1**, 97 (1921).
[2] VERWORN: Arch. Anat. u. Physiol. **1900**, Suppl.-Bd.
[3] AUBERT: Pflügers Arch. **10**, 314 (1875); **26**, 293 (1881); **27**, 566 (1882).
[4] MAYOR: Amer. J. of Physiol. **51**, 543 (1920).
[5] MORRIS: Brit. J. exper. Path. **3**, 101 (1922).
[6] BERT, P.: La pression Carometrique. Paris 1878.
[7] SMITH, LORRAIN: J. of Physiol. **24**, 19 (1899).
[8] PACKARD: Amer. J. Physiol. **15**, 30 (1904).
[9] FÜHNER: Pflügers Arch. **129**, 255 (1909).
[10] KROPEIT: Pflügers Arch. **73**, 438 (1898).
[11] WINTERSTEIN, H.: Arch. Anat. u. Physiol. Suppl. **1900**, 178.
[12] WIELAND u. R. L. MAYER: Arch. f. exper. Path. **95**, 5 (1922).

Erregung der vasomotorischen Zentren während einer Erstickung durch den Reizeffekt der Kohlensäure (aber auch durch Sauerstoffmangel) bedingt (FRIEDLÄNDER und HERTER[1]).

Der Kohlensäurevergiftung eigentümlich ist eine rasche Lähmung der motorischen und der sensorischen Nervenzentren. Es muß daher davor gewarnt werden, eine scheinbar gesteigerte motorische Leistung im Beginne der Ermüdung, der Kohlensäureeinwirkung und der Narkose mit Äther und Alkohol unbedingt als Ausdruck erleichterter Lebensvorgänge aufzufassen, da sie auch (wenigstens für Muskel und Nerv) auf einer Verlangsamung der Restitutionsprozesse beruhen kann (Fr. W. FRÖHLICH[2]).

Verminderung des *Calcium*gehaltes der Gewebe führt im Gebiete des Nervensystems zu Erregbarkeitssteigerung. Darauf deuten die Symptome der Vergiftung mit *Oxalsäure*, welche den Geweben das Calcium entzieht, in deren Bilde bei schweren Fällen Trismus, Zuckungen, allgemeine Konvulsionen und Steigerung der Reflexerregbarkeit nicht fehlen.

Da bei der Magnesiumvergiftung die zentrale Lähmung durch Zufuhr von *Calcium*ionen sofort beseitigt werden kann (MELTZER[3]), so fiele den Calciumionen je nach dem Zustande des Chemismus in den kolloiden Systemen der Nervenzellen eine *doppelte* Aufgabe zu, entweder eine zu hohe Erregbarkeit zu dämpfen oder die durch Anreicherung mit Magnesiumionen aufgehobene Erregbarkeit durch antagonistische Abdrängung des Magnesiums aus dem zentralen Nervensysteme wieder zur Norm zu heben.

Ob die zentralen zellhaltigen Gebilde, zu denen sensible oder Schmerzfasern hinziehen, auf pharmakologischem Wege erregt werden können, ist fraglich. Selbst die von H. H. MEYER und RANSOM[4] nach der Injektion von *Tetanustoxin* in die hinteren Wurzeln von Warmblütern beobachteten und beschriebenen wütenden Schmerzattacken dürften mit mehr Recht der Erregung von intraspinalen, der *Schmerzleitung* dienenden Fasersystemen, als der von eigentlichen Schmerzzentren zugeschrieben werden, wie ja auch die so heftigen Schmerzparoxysmen bei der Tabes dorsalis als Wurzelreizungssymptom bzw. Symptome der Erregung von in den Hintersträngen verlaufenden Schmerzbahnen aufgefaßt werden. Der Übergang des Tetanus *dolorosus* in den Tetanus *jactatorius* nach Abtrennung des Gehirns vom Rückenmarke (H. H. MEYER und F. RANSOM[4]) spricht eher für die Erregung afferenter Fasersysteme mit dem Effekte periodischer reflektorischer Muskelzuckungen, sonst ist es nicht gelungen, durch Nervenreizmittel mit zentralem Angriffspunkte experimentell *Schmerzen* zu erzeugen. *Nicotin*, das die motorischen cerbrospinalen und vegetativen Ganglienzellen erregt, ist ohne Einfluß auf die sensiblen Ganglienzellen der Spinalganglien (LANGLEY[5]).

---

[1] FRIEDLÄNDER, C. u. E. HERTER: Hoppe-Seylers Z. **2**, 99 (1878/79); **3**, 19 (1879).
[2] FRÖHLICH, FR. W.: Z. allg. Physiol. **5**, 288 (1905).
[3] MELTZER: S. u. J. AUER: Amer. J. Physiol. **21**, 400 (1908).
[4] MEYER, H. H. u. F. RANSOM: Arch. f. exper. Path. **49**, 369 (1903).
[5] LANGLEY, J. N.: J. of Physiol. **27**, 224 (1901).

Über Reiznachwirkung im Zentralnervensystem.

Von

A. KREIDL †
Wien.

Zusammenfassende Darstellungen.

BETHE, A.: Allgemeine Anatomie und Physiologie des Zentralnervensystems. Leipzig 1903 — Theorien der Zentrenfunktion, in ASHER-SPIROS: Erg. Physiol. **5**, 250—288 (1906). — BERITOFF, I. S.: Allg. Charakteristik der Tätigkeit des Nerven- und Muskelsystems. Ebenda **20**, 407—432 (1922) — Allg. Charakteristik der Tätigkeit des Nerven-Muskelsystems. Ebenda **23**, 33—76. — LANGENDORFF, O.: Physiol. d. Rücken- und Kopfmarkes. Nagels Handb. d. Physiol. d. Menschen **4**, 206—392. — SHERINGTON, S.: Über das Zusammenwirken der Rückenmarksreflexe und der Prozesse der gemeinsamen Strecke, in ASHER-SPIROS: Erg. Physiol. **4**, 814.

Bei jedem reizbaren Organismus hinterläßt ein Reiz innerhalb bestimmter Grenzen seiner Intensität eine Nachwirkung. Diese kann sich in zweierlei Art der Veränderung der reizbaren Substanz kundgeben. Entweder dadurch, daß eine Verminderung bzw. ein Erlöschen der Erregbarkeit für eine bestimmte Zeit eintritt oder daß nach Abklingen der Erregung nach einer einmaligen Reizung eine erhöhte Erregbarkeit zurückbleibt, deren Intensität und Dauer einerseits bedingt ist durch die Intensität des Reizes, andererseits durch den Zustand der vom Reiz getroffenen erregbaren Substanz. Was die erstere Art der Nachwirkung betrifft, so kann man bei ihr zwei Stadien unterscheiden, ein solches der relativen Unempfindlichkeit (relatives Refraktärstadium) und ein solches einer ganz aufgehobenen Empfindlichkeit (absolutes Refraktärstadium).

Auch bei den zentralen Apparaten lassen sich nun nach Einwirkung eines einzelnen erfolgreichen Reizes einerseits die Erscheinungen der refraktären Phasen konstatieren und andererseits auch die Phänome der erhöhten Erregbarkeit nach Abklingen der primären Erregung. Die ersten Angaben über ein Refraktärstadium im Zentralnervensystem stammen von BROCA und RICHET[1], die sie an den Ganglienzellen der Großhirnrinde aufgedeckt haben. Später wurde dann von ZWAARDEMAKER und LANS[2] für den Lidschlag und den Schluckreflex eine solche beschrieben. Eingehend beschäftigt sich mit diesem Problem VERWORN[3], der in dem Refraktärstadium, dessen Dauer nach ihm auf der Dauer des Sauerstoffersatzes beruht, eine der wichtigsten Bedingungen für die rhythmische Tätigkeit mancher

---

[1] BROCA u. RICHET: Période réfractaire dans les centres nerveaux. C. r. Acad. Sci. **1897**.

[2] ZWAARDEMAKER u. LANS: Über ein Stadium relativer Unerregbarkeit als Ursache des intermittierenden Charakters des Lidreflexes. Zbl. Physiol. **13** (1899).

[3] VERWORN: Die Vorgänge in den Elementen des Nervensystems. Z. allg. Physiol. **6** (1906) (Sammelreferat).

Zentren sieht[1]. FRÖHLICH[2] hat auf Grund der Erscheinungen, die er bei der Analyse der von BIEDERMANN näher untersuchten Hemmung an der Krebsschere beobachtete, eine Differenzierung des Refraktärstadiums vorgenommen, indem er zwischen einem relativen und einem absoluten unterscheidet, wobei er das für schwache Reize vorhandene als relatives, und das nach starken Reizen auftretende als absolutes bezeichnet. FRÖHLICH hat dieses Prinzip der beiden Stadien der Refraktärphase auch für die Zentren verallgemeinert. Die Feststellung dieser Phasen stößt nun beim Zentralnervensystem auf gewisse Schwierigkeiten, weil es kaum möglich ist, im gesamten Zentralnervensystem gleichzeitig den Zustand der refraktären Phase hervorzurufen. WEDENSKY[3] konnte nun zeigen, daß das durch Strychnin vergiftete Tier sich ähnlich verhält wie ein Nervmuskelpräparat, weil durch jede wirksame Reizung alle Koordinationsapparate im Rückenmark gleichzeitig in Erregung geraten. Er fand nun, daß eine Reizung des sensiblen Nerven durch Induktionsschläge von großer Frequenz und Intensität durch das Zentralnervensystem am Muskel von geringem, dagegen Reizung von geringer Frequenz und geringer Stärke von großem Erfolg begleitet sind. Der Autor sieht diesen geringen Effekt bedingt durch die Refraktärphase des Zentralnervensystems, denn die direkte Reizung der Nerven und Muskel ergibt einen vollen Effekt. Durch diese Versuche ist es also gelungen, das Vorhandensein einer relativen Refraktärphase im Zentralnervensystem nachzuweisen, wodurch die Annahme gerechtfertigt erscheint, daß bei der zentralen Erregung auch eine absolute Refraktärphase bestehen muß. Die Dauer der absoluten Refraktärphase des Zentralnervensystems haben ADRIAN und OLMSTED[4] auf 0,0019 Sekunde bestimmt.

In neuerer Zeit haben A. SAMOJLOFF und M. KISELEFF[5] Versuche an dezerebrierten Katzen angestellt, bei denen durch einzelne Öffnungsschläge an ipsilateralen afferenten Nerven Reflexkontraktionen des Muskels hervorgerufen wurden. Durch Reizung der kontralateralen Nerven mit Einzelschlägen wurden die ausgelösten Reflexe gehemmt. Auf diese Weise konnten sie den Einfluß einzelner Hemmungsreize als einzelne reflexauslösende Erregungsreize verfolgen. Sie gelangten bei diesen Untersuchungen zu dem Schluß, daß auch die im Zentralnervensystem infolge eines einzelnen Reizes eines hemmend wirkenden afferenten Nerven erzeugte Hemmung eine sehr lange Wirkung besitzt (0,2—0,3 Sek.). Auch BALLIF, FULTON und LIDDEL[6] finden bei Untersuchungen über den hemmenden Einfluß eines einzelnen Reizes des ipsilateralen afferenten Nerven auf den Patellarreflex an Katzen. bei denen das Brustmark oder die vordere Vierhügelgegend quer durchschnitten wurde, daß die Hemmungswirkung infolge eines Öffnungsschlages 1—3 Sekunden dauern kann. Diese Autoren nehmen ebenso wie SAMOJLOFF und KISELEFF an, daß die Hemmung, die einen so lange dauernden Prozeß darstellt, auf der Bildung irgendeiner hemmenden Substanz beruht, die unter gegebenen Umständen an Ort und Stelle erzeugt und zerstört wird.

---

[1] Beim Froschrückenmark kann das Refraktärstadium von etwa $1/12$ Sekunde durch Sauerstoffmangel bis über 1 Minute verlängert werden.
[2] FRÖHLICH, A.: Analyse der an der Krebsschere auftretenden Hemmung. Z. allg. Physiol. **7** (1907); **9** (1909).
[3] WEDENSKY, Traitées de lab. d. l. phys. **1**. St. Petersburg 1906.
[4] ADRIAN u. OLMSTED: J. of Physiol. **56**, 426 (1921).
[5] SAMOJLOFF u. KISELEFF: Zur Charakteristik der zentralen Hemmungsprozesse. Pflügers Arch. **215**, 699 (1927).
[6] BALLIF, L., J. F. FULTON u. E. G. F. LIDDEL: Observations on spinal and decerebrate Knee-jerks, with special reference to their inlubition by single break-shocks. Proc. roy. Soc. Lond., S. B, **98**, Nr B 693, 589 (1925).

Was nun die Phänomene der erhöhten Erregbarkeit beim Abklingen der primären Erregung betrifft, so ist auch diese sowohl vom Zustand der erregten Substanz als auch von der Dauer und Größe des Reizes bedingt. Die durch einen Einzelreiz hervorgerufene Erregung bringt die Erregbarkeit zunächst vollständig zur Vernichtung, erst nach einiger Zeit erreicht sie wieder ihre Norm, um weiterhin noch an Höhe zuzunehmen, auf welcher sie eine Zeitlang bleibt, um allmählich wieder zum Normalen abzufallen. Diese Erhöhung der Erregbarkeit ist besonders ausgeprägt im Zentralnervensystem und kann nach den Untersuchungen von BERITOFF[1] mehrere Minuten dauern. Nach GRAHAM-BROWN[2] besteht auch in der Großhirnrinde eine lange Nachdauer auf eine Einzelerregung. Auch Reizungen, die keine Erregung bewirken, bedingen unter Umständen Veränderungen der Erregbarkeit von mehr oder minder größerer Dauer[3]. Im Zentralnervensystem machen sich oft nach Erlöschen eines Reizes sehr lange Nachwirkungen bemerkbar. Ein einzelner kurz dauernder Reiz vermag unter Umständen die zentralen Elemente und die von ihnen innervierten Muskeln in eine lang dauernde Tonuserregung zu versetzen. Diese Eigenschaft kommt speziell dem Rückenmark zu und ist bereits von WUNDT[4] näher untersucht worden. Er fand, daß die durch Reizung einer sensiblen Wurzel hervorgerufene Muskelzuckung einen gedehnteren Verlauf aufweist als die durch den Nervenreiz direkt erregte Zuckung, eine Beobachtung, die von BIEDERMANN[5] und später ausführlich von FRÖHLICH[6] Bestätigung gefunden hat. FRÖHLICH hält die tonische Nachwirkung für diskontinuierlich oder aus einer Folge von Erregungswellen zusammengesetzt. Dem Zentrum kommt demnach die Eigenschaft zu, einen kurz dauernden Reiz mit einer Folge von Erregungen zu beantworten[7]. Als Beispiel einer tonischen Erregung führt VERWORN[8] einen Versuch bei einem großhirnlosen Frosch an. Reibt man diesen sanft an beiden Seiten der Wirbelsäule zwischen zwei Fingern, so erhebt er sich auf seine Extremitäten, indem er die Muskeln derselben kontrahiert und bleibt in dieser Stellung unter Umständen länger als eine halbe Stunde stehen. VERWORN konnte feststellen, daß die Ganglienzellen des Mittelhirnes infolge der mechanischen Reizung in einen tonischen Erregungszustand geraten, der sich dann sämtlichen Körpermuskeln, die von hier innerviert werden, mitteilt. POLIMANTI[9] findet, daß einseitige Erregung der Gegend der Lobi optici bei Kröten und Fröschen eine maximale Streckung des Vorder- und Hinterbeines der gleichen Seite erzeugt. Der Zustand dieses Streckkrampfes überdauert die Reizung oft um fünf Minuten.

Bekannt ist die Tatsache, daß bei manchen Geschöpfen, insbesondere Insekten, bei Berührung ein Reflex eintritt, der den Reiz um ein Bedeutendes überdauert; gewisse Schmetterlinge, Käfer, Stabheuschrecken u. a. werden auf einen solchen Reiz völlig regungslos und verharren oft sehr lange in diesem Zustand

---

[1] BERITOFF: Pflügers Arch. **199**, 248 (1923).
[2] GRAHAM-BROWN: Quart. J. exper. Physiol. **9**, 81 (1915).
[3] Auf dieser Erhöhung der Erregbarkeit gründet sich die Erscheinung der Summation. Siehe den Artikel Summation in ds. Handb.
[4] WUNDT: Untersuchungen zur Mechanik der Nerven und Nervenzentren, 2. Abtl., S. 26. Stuttgart 1876.
[5] BIEDERMANN: Beitr. z. Kenntnis der Reflexfunktion des Rückenmarks. Pflügers Arch. **80**, 408 (1900).
[6] FRÖHLICH, A.: Beitr. z. Analyse der Reflexfunktion mit besonderer Berücksichtigung von Tonuswirkung und -hemmung. Z. allg. Physiol. **9**, 55—109 (1909).
[7] Nach BERITOFF [Zur Kenntnis der Erregungsrhythmik des Nerven- und Muskelsystems. Z. Biol. **64**, 187 (1913)] ist für den Winterfrosch das Auftreten einer langen Reihe von Erregungen nach Aufhören der Reizung, der sog. reflektorischen Nachwirkung der Kontraktion entsprechend, charakteristisch.
[8] VERWORN: Tonische Reflexe. Pflügers Arch. **65** (1896).
[9] POLIMANTI, O,: Contributi allo studio dei reflessi tonici (ricerche in bufo e rana). Ann. Fac. Med. Perugia, V. S. **26**, 235—252 (1921).

(Totstellreflex). Charakteristisch für diesen ist es, daß eine neuerliche kurz dauernde Reizung oft eine Verstärkung und Verlängerung veranlaßt. Zu den lang dauernden Nachwirkungen der Einzelreize gehören auch die Erscheinungen der Schrecklähmung, die sich bald in einer Regungslosigkeit bei Tieren äußert, bald in rhythmisch aufeinanderfolgenden Lautäußerungen (Schrecklaute beim Rehwild, Kreischen beim Flugwild.)

Auch die Erscheinungen der Hypnose sind mehr oder weniger als lang dauernde Nachwirkungen von Einzelreizen aufzufassen[1]. Auch die Spuren oder Eindrücke, welche die Sinneserregungen im Zentralnervensystem hinterlassen und welche die Grundlage des Gedächtnisses bilden, wären hier zu erwähnen, ohne daß auf dieselben näher eingegangen werden kann.

---

[1] Vgl. diesbezüglich MANGOLD: Die tierische Hypnose (einschließlich tonische, tetanische und Totstellreflexe, Reaktionsakinese der Protisten). Erg. Physiol. 18, 79—119 (1920) und OTTO ERNST BLEICH: Thanatose und Hypnose bei Coleopteren. Z. Morph. u. Ökol. Tiere 10, 1—61 (1928), der findet, daß beim Zustandekommen der Akinese die Bauchganglien wesentlich beteiligt sind.

Die Irreziprozität der Zentralteile des Nervensystems.

Von

A. KREIDL †

Wien.

Zusammenfassende Darstellungen.

Zusammenfassende Darstellung siehe: BETHE: Allgemeine Anatomie und Physiologie des Nervensystems, S. 342. Leipzig: Georg Thieme 1903 — Theorie der Zentrenfunktion. — ASHER-SPIRO: Ergebnisse **5**, 250 (1906). — SHERRINGTON, C. S.: Über das Zusammenwirken der Rückenmarksreflexe und das Prinzip der gemeinsamen Strecke. — ASHER-SPIRO: Ergebnisse **4**, 791 (1905).

Zu den Eigenschaften, durch welche sich bei der Fortleitung der Erregung die zentralen Abschnitte des Nervensystems von den peripheren (den Nervenfasern) unterscheiden, zählt die sog. Irreziprozität der Reizleitung. Während in den peripheren Nerven, gleichgültig, ob sie der Leitung von zentrifugalen oder zentripetalen Impulsen dienen, der Erregungsablauf nach beiden Seiten erfolgen kann, ihnen also eine doppelsinnige Leitung zukommt, erfolgt die Reizleitung durch die zentralen Abschnitte des Nervensystems nur in einer Richtung, und zwar von der receptorischen auf die motorische Bahn und nicht umgekehrt. Diese Irreziprozität der Reizleitung findet nicht wie andere Eigenschaften des Zentralnervensystems eine allgemeine Verbreitung im Tierreich. BETHE hat zuerst darauf aufmerksam gemacht, daß z. B. bei den Medusen und Mollusken (wie bei allen Tieren mit Organen mit typischen Nervennetzen) die Irreziprozität der Leitung in den zentralen Teilen fehlt, wohl aber eine solche von Nerv auf Muskel zu konstatieren ist. Bei den höheren Wirbeltieren, speziell bei den Säugetieren, besitzen jedoch die Nervenzellen des Zentralnervensystems unter allen Umständen eine irreziproke Reizleitung, ähnlich wie es der Fall ist bei dem Übergang von motorischen Nerven auf die Muskelfasern[1].

---

[1] Am Herzen ist die artroventrikulare Leitung nicht absolut irreziprok, sie kann es aber unter bestimmten Bedingungen werden. Eine am Ventrikel gesetzte Erregung kann zum Vorhof geleitet werden, wenn man das Herz (bei der Schildkröte) mit einer Ringerlösung ohne K oder Ca behandelt oder einer Lösung, welche 0,08% $CaCl_2$ enthält, seltener, wenn das Herz sich in einer Ringerlösung mit 0,04% $CaCl_2$ befindet. Nach SKRAMLIK [Pflügers Arch. **184**, 1—61 (1920)] bestehen allerdings zwei Leitungssysteme zwischen Atrium und Ventrikel, von denen das eine in der normalen Richtung, das andere in der entgegengesetzten leitet. Die letztere kann unter normalen Bedingungen gesperrt werden und unter speziellen Bedingungen dagegen gefördert werden. Nach seiner Meinung haben beide Systeme eine irreziproke Leitung. Nach ENGELMANN [Pflügers Arch. **61**, 275 (1895)] besitzt der Skelettmuskel in der Regel eine doppelsinnige Leitung, in bestimmten Fällen kann sie aber auch irreziprok werden.

Seit langem kennt man physikalische Irreziprozitäten bei den sog. elektrolytischen Gleichrichtern. So hat z. B. das System Kupfer-Kupferoxyd die merkwürdige Eigenschaft,

Der Gegensatz zwischen den Leitungsvorgängen im zentralen Abschnitt des Nervensystems und in den peripheren Nerven besteht nur dann zu Recht, wenn die doppelsinnige Leitung in dem letzteren sich auch für das physiologische Geschehen nachweisen läßt. Daß eine Nervenfaser nach beiden Seiten zu leiten vermag, ist vor langer Zeit von KÜHNE[1] durch seinen bekannten Zweizipfelversuch am Mus. gracilis des Frosches nachgewiesen worden. Eine Bestätigung dieser Eigenschaft ist dann durch BABUCHIN[2] und MANTHEY[3] am elektrischen Organ des Zitterwelses erbracht worden. Bestätigungen des KÜHNEschen Zweizipfelversuches sind durch LANGLEY und ANDERSON[4] erbracht worden. Wenn die Autoren den zentralen Stumpf eines Nervenstammes einer Extremität mit den peripheren Stümpfen zweier Muskeläste zur Verheilung und Regeneration brachten, so zuckten nach Durchschneidung des Hauptstammes zentral von der Narbe bei Reizung des einen Muskelastes auch die von dem anderen versorgten Muskel. Dies beruht offenbar darauf, daß sich die regenerierenden Nervenfasern in der Narbe oft mehrfach teilen und daß Teiläste aus den gleichen Stammfasern in beide Muskeläste hineinwachsen. Ähnlich wären auch die „Axonreflexe" von LANGLEY beim sympathischen Nervensystem im Sinne des KÜHNEschen Zweizipfelversuches zu erklären[5].

Für die doppelsinnige Leitung scheinen auch die Befunde von NISSL[6], der die retrograde Degeneration der Ganglienzellen nach Durchschneidung motorischer Nerven aufdeckte, und die experimentellen Befunde von BAYLISS[7] zu sprechen, nach welchen die Vasodilatatoren durch die hinteren Wurzeln laufen und mit den sensiblen Spinalganglien Neuronen identisch sind, also die Impulse in „antidromer" Richtung geleitet werden. GARTEN[8] gelang der Nachweis auch am marklosen N. olfactorius des Hechtes. Daß in sensiblen zentripetalen Neuronen ein natürlicher Erregungsvorgang in zentrifugaler Richtung geleitet wird, hat in letzter Zeit BOEKE[9] durch Versuche gezeigt, in denen es ihm gelungen ist, den zentralen Lingualis mit dem peripheren Hypoglossus zur Verheilung zu bringen. Wird der Hypoglossus durchschnitten, so tritt in der gelähmten Zungenhälfte ein Muskel-

---

daß ihr elektrischer Widerstand in sehr hohem Maße von der Stromrichtung abhängt. Fließt der Strom in der Richtung vom Kupferoxyd zum Kupfer, so ist der Widerstand sehr klein, während er in der umgekehrten Richtung sehr groß ist. Schickt man einen Wechselstrom durch die Anordnung, so erhält man einen Gleichstrom in der Richtung vom Kupferoxyd zum Kupfer.

[1] KÜHNE, W.: Z. Biol. **22** (1886).
[2] BABUCHIN, A.: Arch. Anat. u. Physiol. **1877**, 262.
[3] MANTEY: Arch. Anat. u. Physiol. **1882**, 75, 387 — Sitzgsber. d. Akad. d. Wiss. Berlin **1881**, 1199 u. **1882**, 477. Mitgeteilt von E. DU BOIS-REYMOND in den Berichten über die von Prof. GUSTAV FRITSCH in Ägypten angestellten neuen Untersuchungen an elektrischen Fischen.
[4] LANGLEY u. ANDERSON: The union of different kind of nerve fibres. J. of Physiol. **31**, 904; **16**, 412 (1894).
[5] Der oft geäußerte Einwand gegen die Beweiskraft dieser Versuche, bei welchen der Nerv zumeist mit elektrischen Strömen gereizt wird, daß dieser Erregungsvorgang nicht mit dem natürlichen gleichzusetzen ist, da sich der Aktionsstrom nach physikalischen Gesetzen in der Nervenfaser nach beiden Richtungen fortpflanzen muß, ist nicht zutreffend, da der Axonreflex auch bei mechanischer Reizung gelingt.
[6] NISSL: Allg. Z. Psychiatr. **48** (1892).
[7] BAYLISS: J. of Physiol. **25**, 13 (1899/1900); **26**, 2, 173 (1900/01); **28**, 276 (1902); *Derselbe*, ASHER-SPIRO: Ergebnisse **5**, 319 (1906).
[8] GARTEN: Beiträge z. Physiologie d. marklosen Nerven, S. 23 (1903).
[9] BOEKE: Studien zur Nervenregeneration I. Verh. Kon. Acad. van Wetensch. Te Amsterdam II Sek. del 18 (1916); ebenda del 19 (1917). Ob das sensible Neuron auch Reize von dem Zentrum zur Peripherie leitet, wie aus BOEKES Befunden zu schließen wäre, bleibt doch fraglich. Es könnte auch da zwischen sensibler Nervenendigung und Endorgan eine (polardifferenzierte) Zwischensubstanz vorhanden sein, die den Übertritt des elektrischen Stromes wie auch des Erregungsvorganges nur in einer Richtung gestattet.

flimmern auf, das erst aufhört, wenn sich nach der Regeneration der Hypoglossusfasern in den Muskelfasern wieder motorische Endplatten ausgebildet haben. BOEKE konnte nun einerseits durch histologische Untersuchungen zeigen, daß auch die Lingualisfasern nach ihrer Verheilung mit dem peripheren Hypoglossus Endplatten von motorischem Typus bilden, anderseits nach erfolgter Verheilung dieser beiden Nerven in der Regel ein wenn auch nicht vollständiger Stillstand des Muskelflimmern zustande kommt. Man muß daher annehmen, daß zentrale Reize durch den zentripetalen Lingualis in zentrifugaler Richtung die Muskelfasern in derselben Weise erreichen wie nach der homogenen Regeneration des Hypoglossus.

Auch in manchen Bahnen des Zentralnervensystems wird eine reziproke Leitung auf Grund von Versuchen von SHERRINGTON[1] und SHERRINGTON und FRÖHLICH[2] angenommen: Schneidet man die Hinterstränge durch (die normalerweise nur kranial leiten) und erregt sie künstlich am caudalen Querschnitt, so verbreitet sich die Erregung in kraniofugaler Richtung. Durch die Hinterwurzelfasern und die Kollateralen geht die Erregung auf die Koordinationsapparate über und ruft dadurch die für die Reizung der betreffenden Wurzelfasern charakteristischen Bewegungen, wie z. B. Beugung des Hinterbeines auf der erregten Seite, hervor.

Man darf also annehmen, daß *innerhalb* eines Neurons die Erregung sich sowohl in der einen wie in der anderen Richtung verbreitet. In der Neuronen*kette* aber wird sie *nur in einer* Richtung geleitet; von den sensiblen Neuronen zu den intraspinalen und überhaupt zu den im Zentralnervensystem liegenden Neuronen und von den letzteren zu den motorischen und sekretorischen. Hier geht die Erregung, soweit bekannt, niemals umgekehrt. Hieraus folgt, daß an den Übergangsstellen von einem Neuron zum anderen eine Zwischensubstanz eingelagert ist, welche die Erregung nur in einer Richtung leitet[3].

Die Frage, ob im Zentralnervensystem beim Reflexakt auch eine rückläufige Erregungsleitung besteht, wurde schon zu der Zeit aufgeworfen, wo es zuerst gelang, im motorischen Nerven eine negative Schwankung nachzuweisen, wenn die hintere Wurzel gereizt wurde. HERMANN[4] teilt diesbezügliche Versuche an Fröschen aus dem Jahre 1881 mit[5]. In diesen Versuchen hat er zunächst gezeigt, daß bei einem durch Strychninvergiftung in erhöhte Reflexerregbarkeit gebrachten Frosch, bei welchem die hinteren Wurzeln des einen N. ischiadicus durchschnitten waren, von dem betreffenden Bein aus weder durch Berührung noch durch die stärksten elektrischen Reizungen des zentralen Ischiadicusstumpfes ein Reflexkrampf auszulösen war, während die leiseste Erschütterung des ganzen Tieres einen solchen hervorrief. Er schloß daraus, daß durch die motorischen Wurzeln dem Rückenmarkgrau nie eine Erregung mitgeteilt werden könne. Um nun weiter

---

[1] SHERRINGTON: Proc. roy. Soc. **61**, 243 (1897).

[2] SHERRINGTON u. FRÖHLICH: J. of Physiol. **28**, 14 (1902). — Vgl. auch GOTCH u. HORSLEY: On the mammalion nervous system, its functions, and their localisation determind by an electrical method, Physiol. labor. of the University of Oxford 1891, S. 487.

[3] LUGARO [Riv. Pat. nerv. **29**, H. 1/2, 26—48 (1924)] betont, daß nur unter der Annahme subtil differenzierter chemischer Vorgänge im Zentralnervensystem die Irreziprozität des Erregungsablaufes verständlich wird. Er glaubt dabei, daß diese feine Differenzierung erst in den verschiedenen Nervenorganen erfolgt, wobei er diese Ansicht nur mit der Neuronentheorie für vereinbar hält.

[4] HERMANN: Pflügers Arch. **80**, 41 (1900); **82**, 409 (1900); **90**, 232 (1902).

[5] Die Veröffentlichung dieser Versuche erfolgte seitens HERMANN im Jahre 1900 (also 2 Jahre später als die Versuche BERNSTEINS; s. weiter unten) gelegentlich einer Polemik mit diesem. HERMANN unterließ die Publikation seiner Versuche, weil er sich überzeugte, daß sie nur eine Bestätigung eines Versuches darstellen, der von JOH. MÜLLER „mit voller Schärfe mitgeteilt und von VOLKMANN mehrfach modifiziert und diskutiert worden war".

zu sehen, ob etwa den sensiblen Nerven durch Reizung motorischer eine Erregung durch einen „umgekehrten Reflexakt" mitgeteilt werden kann, durchschnitt er an großen Fröschen auf der einen Seite die hinteren, auf der anderen die vorderen Wurzeln, durchschnitt hierauf am folgenden Tage die beiden Nervi ischiadici und legte am Querschnittsende an beide je ein Elektrodenpaar behufs Ableitung zu einem Galvanometer. Bei jeder Erschütterung zeigte der Ischiadicus mit durchschnittenen hinteren Wurzeln schöne und große negative Schwankung, niemals derjenige aber, dessen vordere Wurzeln durchschnitten waren.

HERMANN hält es damit für erwiesen, daß vom Rückenmarksgrau niemals Erregungen den hinteren Wurzeln mitgeteilt werden. Der Einwand, daß die sensiblen Fasern im Ischiadicusstamm vielleicht zu sehr in der Minderheit seien, um ihre Erregung durch negative Schwankung im Gesamtquerschnitt anzuzeigen, war durch Vorversuche ausgeschaltet, bei welchen Reizung der hinteren Wurzel bis zu 300 mm Rollenabstand immer starke negative Schwankung am Gesamtquerschnitt hervorbrachte. HERMANN erwähnt in seiner Abhandlung, daß die von ihm aufgezeigte irreziproke Leitung auch schon vorher von JOHANNES MÜLLER u. a. angenommen wurde.

Im Jahre 1898 hat BERNSTEIN[1] durch Versuche gezeigt, daß die Reizleitung im Reflexbogen den Durchgang der Erregung nur in einer Richtung gestattet. Er fand bei Reizung der hinteren Wurzeln eine negative Schwankung in der vorderen Wurzel, während die Reizung der vorderen Wurzel unter denselben Bedingungen niemals eine negative Schwankung in den hinteren Wurzeln verursacht. Er schließt aus seinen Versuchen, daß an irgendeiner Stelle des Reflexbogens eine ventilartige Einrichtung existieren müsse, welche dem Erregungsprozeß den Durchtritt nur in einer Richtung gestattet. Dieses Ventil ist nach seiner Meinung dort zu suchen, wo zwei Neuronen zueinander in Beziehung treten. In diesem Fall kann eine Übertragung der Erregung nur von den Endbäumchen des einen Neurons auf die benachbarte Zelle des anderen stattfinden, aber niemals umgekehrt. Der Sinn der Einrichtung, welcher den umgekehrten Weg sperrt, ist offenbar der, bei einem aus mindestens zwei Neuronen zusammengesetzten Reflexbogen eine Rückleitung vollkommen auszuschließen.

ENGELMANN[2] streift bei seinen Untersuchungen, in welchen er sich mit der reziproken und irreziproken Reizleitung mit besonderer Beziehung auf das Herz beschäftigt, auch die Frage nach der Untersuchung der irreziproken Reizleitung im Zentralnervensystem. Da im Nerven und Muskel sich die Erregung immer ebenso sicher und schnell nach beiden Richtungen fortpflanzt, wenn die reizleitende Substanz in allen Punkten der Bahn völlig gleiche Eigenschaften besitzt, so kann die Irreziprozität der Reizleitung im Herzen nur dann ihre Erklärung finden, wenn die Gestalt und Anordnung der kleinsten reizbaren und reizleitenden Teile in bezug auf den Querschnitt asymmetrisch sind. Wenn derartige Unterschiede bestehen, so ist auch anzunehmen, daß Unterschiede in der Leitfähigkeit vorhanden sind, wodurch sich die Erregung in der einen und der anderen Richtung mitteilt. ENGELMANN denkt an Unterschiede der Intensität, d. h. in der Größe der in der kleinsten Raum- und Zeiteinheit entwickelten als Reiz wirkenden

---

[1] BERNSTEIN, J.: Über reflektor. negative Schwankung des Nervenstromes und die Reizleitung im Reflexbogen. Pflügers Arch. **73**, 374 — Zur Abwehr, betreffend die negative Schwankung der Nerven. Ebenda **79**, 423 — Nochmals die negative Schwankung. Zur Abwehr gegen L. Hermann. Ebenda **81**, 138 — Erwiderung auf Hermanns „letztes Wort". Ebenda **83**, 181 — Erklärung zu L. Hermanns Jahresbericht der Physiologie 1901, betreffs der reflekt. negativen Schwankung. Ebenda **89**, 592 — Gegenerklärung, Erwiderung auf L. Hermanns Erklärung in diesem Archiv. Ebenda **90**, 232 u. **90**, 583.

[2] ENGELMANN: Über reziproke und irreziproke Reizleitung mit besonderer Beziehung auf das Herz. Pflügers Arch. **61**, 275 (1895).

Energie bzw. Unterschiede im zeitlichen Verlauf des erregenden Vorganges. Ob ein Teilchen von einem anderen physiologisch erregt wird oder nicht, hängt von dem zeitlichen Verlauf der als physiologischen Reiz wirkenden Veränderung in dem einen und von der Grenze der Steilheit dieser Veränderung ab, in welchem das zweite Teilchen empfindlich ist. Er hebt auch hervor, daß nicht bloß Änderung dieser Steilheit des physiologischen Erregungsvorganges, sondern auch andere quantitative und qualitative Änderungen des Erregungsprozesses als mögliche Ursache der Verwandlungen reziproker und irreziproker Leitung in Betracht kommen können.

Solche Unterschiede, und zwar oft grobe im Verlauf der physiologischen Erregung und in der Anspruchsfähigkeit der bei der Übertragung beteiligten Elemente, wie sie normalerweise an der Grenze von Nerven und Muskel oder an jener zwischen den Enden eines zentrifugalen Nervenausläufers und dem Körper oder den Neurodendren einer Ganglienzelle vorkommen, bedingen von vornherein normalerweise die Irreziprozität. Die Tatsache, daß ein Reflex von zentripetalen auf zentrifugale Fasern, aber nicht umgekehrt, abläuft, würde sich durch die Unterschiede im Verlauf der physiologischen Erregung und der Anspruchsfähigkeit der hier in Betracht kommenden Elemente erklären. ENGELMANN ist es übrigens auch gelungen, am curarisierten Froschsartorius durch verschiedene Eingriffe wie Applikation von Giften, Kälte usw., das doppelsinnige Leitungsvermögen der Muskelfasern so zu verändern, daß übermaximale Reize sich nicht von der einen zur anderen Muskelhälfte fortpflanzen konnten, während selbst schwache in umgekehrter Richtung fortgeleitet wurden[1].

VESZI[2] versuchte experimentell festzustellen, ob infolge Reizung eines motorischen Nerven eine Ermüdung der Zentren eintritt, um darüber Aufschluß zu erhalten, ob ein in diesem zentralwärts laufenden Erregungsvorgang zentrale Elemente ergreift und wie weit er in diesem fortgeleitet wird. Als Maß für die Erregbarkeit der Zentren diente die Reflexerregbarkeit für Einzelinduktionsschläge. Verminderte Reflexerregbarkeit nach langdauernder Reizung des motorischen Nerven spricht für Ermüdung zentraler Elemente. (Die Ermüdung des Muskels selbst wurde dadurch vermieden, daß durch Blockade des gereizten Nerven mittels konstanten Stromes die Erregung des Nerven nur zentripetal geleitet wurde.)

Der Autor konnte zeigen, daß trotz dauernder Reizung des motorischen Nerven eine Ermüdung der Reflexzentren nicht eintrat, der Erregungsvorgang sich demnach in zentripetaler Richtung nicht bis zu jenen Stellen des Reflexapparates gelangt, an welcher sich die zentrale Ermüdung abspielt.

Durch Studien der letzten Jahre über die Bedeutung des Reflexvorganges für physiologische und pathologische Erscheinungen ist man immer mehr zu der Anschauung gekommen, daß die Neurone nicht anatomisch zusammenhängen, sondern durch eine besondere Zwischensubstanz von abweichenden Eigenschaften miteinander verknüpft sind (Synapse, synaptische Membran). Zwei derartig verbundene Neurone, ein afferentes und ein efferentes, bilden die physiologische

---

[1] FUJIOKA, J.: Die experimentelle Kritik über Engelmannsche Versuche in bezug auf die Frage der irreziproken Reizleitung [Genet. meeting of Phys. Soc. Tokyo 5 IV (1923) — J. Biophysics 1, 28 (1924) — Autoreferat Ber. 31, 223 (1925)] bestätigt in letzter Zeit die Versuche, die ENGELMANN als Grundlage für seine Theorie der irreziproken Reizleitung erbrachte, meint jedoch, daß sie nicht so gelten wie jener annimmt, sondern nur im Fall von Interferenzerscheinungen mehrfacher Erregungen, hervorgerufen durch Bedingungen der Temperatur, Gifte usw.

[2] VESZI, J.: Zur Frage der Irreziprozität der Erregungsleitung in den Nervenzentren. Z. allg. Physiol. 10, 216 (1910).

Einheit, deren Funktion der Reflex im weitesten Sinne des Wortes ist[1]. Die Synapsen können zahlreichen inneren und äußeren Einflüssen unterliegen, wodurch sie über das weitere Schicksal der eintreffenden Erregungen entscheiden können. Die Synapse besitzt nur irreziproke Leitfähigkeit.

Auf Grund des Bestehens dieser Synapsen als Schaltstellen von Neuronen hat man nun in dem Verhalten derselben die Erklärung für die Irreziprozität der zentralen Teile des Nervensystems gesucht. SHERRINGTON[2], der zwischen dem efferenten Neuron und der Muskelzelle eine trennende Membran annimmt, hat zur Erklärung der Irreziprozität der Leitung im Zentralnervensystem auch eine Membran an der Grenze zweier Neurone angenommen, welcher er eine irreziproke Durchlässigkeit zuschreibt. SHERRINGTON vergleicht diese Polarität der synaptischen Membran mit der einseitigen Durchlässigkeit der Darmwand für Kochsalzionen.

A. KAPPERS[3] sucht die einseitige Durchlässigkeit an der Synapse durch einen Vorgang zu erklären, den er Neurobiotaxis nennt, weil das Verhalten an der Synapse zusammenhängt mit der neurobiotaktischen (dynamischen) Polarisation des Neurons. Er geht von der Ansicht aus, daß die Bildung der Dendriten sowie der Achsenzylinder Folge der Reize sind; der Axon ein Bildungsprodukt des Reizstromes, welches mit diesem mitwächst und der Dendrit ein Bildungsprodukt, das durch den Reizstrom angezogen wird. Bei der gewöhnlichen Stromrichtung vom Axon zum Dendrit wird also ein und derselbe Reiz das Axon nach der Zelle des zweiten Neurons und diese Zelle bzw. deren Dendriten nach dem Axonende ziehen. Erfolgt aber der Verlauf des Reizes in entgegengesetzter Richtung, dann würde er infolge des stimulopetalen Charakters des Dendriten und des stimulofugalen Charakters des Axons die beiden voneinander entfernen. KAPPERS führt als Stütze für seine Anschauung an, daß die synaptische Reizleitung nur bei Tieren mit wirklichen Neuronen, d. h. mit polarisierten Nervenzellen, vorkommt, nicht aber bei Tieren, wie z. B. bei den Coelenteraten, wo zwar Nerven vorkommen, die jedoch nicht polardifferenziert sind. KAPPERS glaubt, daß die Anwesenheit des Synapse mit der Polarisation des Neurons zusammenhängt. In dem Parallelismus zwischen der einseitigen Durchlässigkeit für Ionen an der Synapse einerseits, andererseits an der Darmwand, findet KAPPERS eine gute Übereinstimmung mit der von ihm vertretenen Anschauung, daß in der neurobiotaktischen Polarisation des Neurons die besondere Verteilung der Alkalichloride eine große Rolle spielen. KAPPERS denkt bei diesen neurobiotaktischen Erscheinungen der Nervenzelle (Amöboidismus) nicht bloß an äußere Annäherungen allein, sondern daß die tropistische Orientierung auch in einer inneren Orientierung der Kolloidpartikelchen bestehen könne.

H. ISHIKAWA[4] hält die ENGELMANNsche Theorie nicht für ausreichend und glaubt, daß für die irreziproke Leitung drei Substanzen nötig sind, welche die Fähigkeit der Rhythmizität in verschiedenem Grade entwickelt haben, von denen der mittlere Anteil die raschen Impulse zu hemmen vermag. Die Synapsmembran ist aus solchen drei Anteilen zusammengesetzt, welche unter Umständen auf zwei reduziert werden können. Er zitiert auch eine Ansicht von MIYAZAKI, die, ähnlich wie jene von BERNSTEIN, eine Ventiltheorie ist. Er glaubt auch, eine Membran[5] annehmen zu sollen, welche zahlreiche Poren mit Ventilen enthält, wodurch die Durchgängigkeit der Ionen in einer Richtung gegeben ist.

A. SAMOJLOFF und M. KISSELEFF[6] konnten zeigen, daß eine Unwegsamkeit der Nerven bei Polarisation kleiner Strecken sich in verschiedenen Zeiten ausbildet, je nachdem die Erregung auf der Seite der Anode oder der Kathode liegt, in der Art, daß sich diese Unwegsamkeit bedeutend früher geltend macht, wenn

---

[1] Vgl. P. T. HERRING: The regulating and reflex process Tl. I/IV, Nr 3277, 693—696 — Brit. med. J. Nr 3275, 594—597 (1923); Nr 3278, 751—753 (1923).

[2] SHERRINGTON: The intergrative action of the nerves system; *Derselbe*, Erg. Physiol. von ASHER-SPIRO **4**, 791 (1905).

[3] KAPPERS: Versuch einer Erklärung des Verhaltens an der Synpase. Psychatrische en Neurologische Bladen. Amsterdam 1917.

[4] ISHIKAWA: Studies in the fundamental phenomena of life. The Inst. of Physiol. Kyoto Imp. Univ. Japan 1924.

[5] Unter Membran darf man wohl kaum eine wirkliche Haut verstehen, sondern bloß eine Stelle, wo verschieden organisierte Substanzen aneinander grenzen.

[6] SAMOJLOFF, A. u. M. KISSELEFF: Irreziproke Nervenleitung als Folge der Polarisation kurzer Nervenstrecken. Pflügers Arch. **209**, 476 (1925).

der Reiz an der Kathode appliziert wird. Der Unterschied ist so groß, daß in gewissen Stadien der Polarisation kleiner Strecken von einer irreziproken Leitung des Nerven gesprochen werden kann. SAMOJLOFF[1] hat auf Grund von Versuchen, bei welchen er die Schnelligkeit der Nervenfortpflanzung und die Zeit des Übergangs vom Nerven zum Muskel bei verschiedenen Temperaturen bestimmt hat, die Möglichkeit einer chemischen Reizung beim Prozeß des Übergangs der Erregung von einer Zelle auf die andere in Erwägung gezogen. Er meint nun, daß man in allen Fällen, wo die Erregung von einer Zelle in die andere übergeht, sei es in der Synapse oder an der Grenze zwischen Nerven- und Muskelfaser, die Besonderheiten der Überleitung wie die Irreziprozität oder der Verlust an Zeit mit der Annahme zu erklären imstande wäre, daß von den beiden sich berührenden Zellen die eine die Fähigkeit, eine Reizsubstanz zu erzeugen und die andere die Fähigkeit, darauf zu reagieren, erworben hat. SAMOJLOFF und M. KISSELEFF[2] nehmen auch für den Mechanismus des zentralen Hemmungsprozesses an, daß die Hemmung auf einer Sezernierung irgendeiner hemmenden Substanz einer Synapse beruht.

Nach all dem Gesagten muß man die Frage aufwerfen, ob es sich überhaupt bei dem Übergang von einem Neuron zum anderen um eine wirkliche Leitung handelt und nicht vielmehr darum, daß der in einer Zelle anlangende Reiz einen Erregungsvorgang auslöst, der spezifisch ist und durch den die Bedingungen für die Weitergabe an die andere Zelle gesetzt werden. Diesem Gedankengang hat in ähnlicher Weise LANGENDORFF seinerzeit Ausdruck verliehen[3].

Bezüglich der Irreziprozität der Erregungsleitung hält es auch FRÖHLICH[4] für fraglich, ob sie als charakteristisch für die Zentrenfunktion zu betrachten ist. Er hält dafür, daß in der Ganglienzelle selbst die Erregungswelle gleichwie im Nerven nach beiden Seiten geleitet werden könnte und die Irreziprozität würde erst durch das Eintreten von Grenzflächen bzw. Aneinanderstoßen der funktionell verschiedenen Substanzen der Nervenendbäumchen eines Neurons mit dem eines anderen Neurons zustande kommen. Die Irreziprozität der Erregungsleitung würde durch die Vorstellung verständlich, daß die Ganglienzelle durch die schnell ablaufende Erregung des Nervenendbäumchens des nächsten Neurons erregbar wäre, nicht aber die schnell erregende lebende Substanz des Nervenendbäumchens durch die langsam ablaufende Erregungswelle der nächstliegenden Ganglienzelle. Der Autor sieht in dem verschiedenen Verhalten des peripheren und zentralen Nervensystems gegenüber langsam wirkenden chemischen Reizen eine Stütze für diese Annahme.

---

[1] SAMAJLOFF, A.: Zur Frage des Übergangs der Erregung vom motorischen Nerven auf den quergestreiften Muskel. Pflügers Arch. **208**, 508 (1925).

[2] SAMOJLOFF, A. u. M. KISSELEFF: Zur Charakteristik der zentralen Hemmungsprozesse. Pflügers Arch. **215**, 699 (1927).

[3] LANGENDORFF, O.: Physiologie des Rücken- und Kopfmarkes. NAGEL: Handbuch der Physiol. **4** I, 286 (1905); vgl. auch T. GRAHAM BROWN: On the mode of central conduction in reflex activities; is it a direct transmission of nerve impulses or is there a „relay" transmission? Schweiz. Arch. Neur. **13**, 138—143 (1923).

[4] FRÖHLICH, F. W.: Beiträge zur Analyse der Reflexfunktion des Rückenmarks mit besonderer Berücksichtigung von Tonus, Bahnung, Hemmung. Z. allg. Physiol. **9**, 55 (1909).

Summation (Förderung) und Bahnung.

Von

E. TH. BRÜCKE

Innsbruck.

Zusammenfassende Darstellungen.

LUCAS, K.: The conduction of the nervous impulse. Cap. VIII. u. IX. London 1917. —
SHERRINGTON, CH.: The integrative action of the nervous system. London 1911.

Mit dem Worte Summation bezeichnen wir in der Physiologie des Zentralnervensystems die Erscheinung, daß an und für sich meist unwirksame oder wenig wirksame Reize die Wirkung gleichzeitig oder später gesetzter Reize verstärken können. Eine echte Summation von *Reizen*, z. B. zweier gleichzeitig wirkender elektrischer Ströme fällt nicht in den Rahmen unserer Darstellung. Uns interessiert hier nur die Summation von *Erregungen*, und zwar von fortgeleiteten Erregungen.

Dies ist zu betonen, weil wir durch Untersuchungen von K. LUCAS[1] wissen, daß schwache elektrische Reize an der Reizstelle selbst lokalisiert bleibende, unvollkommene Erregungen auslösen, auf deren Grundlage dann ein zweiter oder späterer Reiz eine echte, fortgeleitete Erregung auslösen kann. Offenbar wird in diesen Fällen die zur Erregung nötige Ionenkonzentration an der Kathode nicht durch einen einzelnen Induktionsstrom, sondern erst durch mehrere, entsprechend rasch aufeinanderfolgende Ströme bewirkt.

Die Summation fortgeleiteter Erregungen äußert sich in ihrer einfachsten Form darin, daß von einer Serie aufeinanderfolgender Erregungen die erste oder die ersten gar nicht geeignet sind, einen Reflex auszulösen oder hierzu weniger geeignet sind als die späteren. Es können sich Erregungen summieren, die an *ein und derselben* Reizstelle nacheinander ausgelöst werden (vgl. z. B. B. RICHETS Addition latente oder den SETSCHENOW-STIRLINGschen Versuch); weiterhin können sich aber auch zwei an *verschiedenen* Reizstellen ausgelöste Erregungen im Bereiche einer gemeinsamen Strecke summieren, wie z. B. eine corticale und eine reflektorisch ausgelöste Erregung; in diesen Fällen sprechen wir von ,,Bahnung" (EXNER) oder ,,Induktion" (SHERRINGTON). Schließlich kennen wir aber auch zahlreiche Fälle, in denen ein Reiz, der einen Reflex auslöst, die Schwelle für einen *gleichzeitig* ausgelösten, alliierten Reflex (SHERRINGTON) herabsetzt.

Die Begriffe Summation und Bahnung sind zur Zeit noch nicht scharf voneinander zu trennen; vielfach spielen bei ihrer Anwendung Theorien eine größere Rolle als Tatsachen. MATTHAEI will den Ausdruck ,,Bahnung" ganz fallen lassen, er unterscheidet zwischen Sukzessiv- und Simultansummation, und je nachdem, ob die durch einen zweiten Reiz ge-

---

[1] LUCAS, K.: Quantitative researches on the summation etc. J. of Physiol. **34**, 461. — Vgl. hierzu ferner A. V. HILL: A new mathematical treatment etc. Ebenda **40**, 190 (1910). (Summation of stimuli, S. 219.) — LAPICQUE, L.: L'addition latente etc. C. r. Soc. Biol. **40**, 796 (1910). — ADRIAN, E. D. u. K. LUCAS: On the summation of propagated disturbances etc. J. of Physiol. **44**, 69 (1912).

setzte Erregung größer oder kleiner ist als die vorangegangene, spricht er von einer „accrescenten" oder einer „descrescenten" Summation. Auch SHERRINGTON und EBBECKE[1] betonen ausdrücklich, daß Bahnung und Summation kaum voneinander unterschieden werden können. Die hier gewählte Unterscheidung zwischen Summation und Bahnung nach der Lage der Reizstellen scheint mir — obwohl es sich hierbei vielleicht nur um eine äußerliche Differenz handelt — zweckmäßig zu sein; sie entspricht wohl der Anwendung des Wortes bei EXNER[2], nicht aber seiner Anwendung in der psychologischen Literatur.

Daß die Summation einzeln scheinbar unwirksamer Reize eine allgemeine Lebenserscheinung ist, hat STEINACH[3] in Versuchen an Protozoen, Pflanzenzellen und sekretorischen Zellen gezeigt. Bei Wirbeltieren ist sie außer an der glatten Muskulatur am leichtesten am Zentralnervensystem nachweisbar.

Am häufigsten wurde sie am Beugereflex des Frosches untersucht, für den sie auch zuerst von SETSCHENOW, beschrieben worden ist[4]. STIRLING[5] fand in LUDWIGS Laboratorium, daß das Intervall zwischen dem Beginn einer rhythmischen Reizung der Pfotenhaut und dem Beginn der Reflexkontraktion sowohl von der Reizstärke als auch von der Reizfrequenz abhängt. Innerhalb gewisser Grenzen war dies Intervall um so kürzer, je stärker und frequenter die Reize waren; zu dem gleichen Ergebnis kam auch SHERRINGTON beim Kratzreflex des Hundes.

RIDDOCH[6], sowie MARINESCO, RADOVICI und RASCANU[7] haben die Summation beim Beugereflex nach Reizungen der Fußsohle auch beim Menschen nach totaler Querläsion des Rückenmarkes beobachtet. In Übereinstimmung mit Versuchen von L. und M. LAPICQUE[8] an Kröten fanden MARINESCO und seine Mitarbeiter auch bei ihren Patienten, daß die zur Erreichung der Schwelle nötige Stromstärke in umgekehrtem Verhältnis zur Reizfrequenz stand, während die Zahl der zur Auslösung nötigen Reize mit der Reizfrequenz zu und abnahm.

Da wir vom normalen motorischen Nerven her wissen, daß ein einzelner, genügend starker Induktionsschlag eine normal fortgeleitete Erregungswelle ausløst, war es von vornherein höchst wahrscheinlich, daß es sich beim SETSCHENOW-STIRLINGSchen Versuch um eine Eigentümlichkeit des Rückenmarkes handle, daß also das *Reflexzentrum* für die ersten Erregungen unpassierbar sei. Bewiesen wurde dies durch Versuche LAPICQUES. Er fand, daß die Reizfrequenz, bei der er den Reflex mit den schwächsten Strömen auslösen konnte, sich mit der Temperatur des *Rückenmarkes* änderte, daß sie aber von der Temperatur der *Reizstelle selbst* unabhängig war.

STIRLINGS Versuche sind mehrfach wiederholt worden. Soweit der periphere Reiz in Betracht kommt, handelt es sich bei solchen Reizversuchen im wesentlichen um das Zusammenwirken dreier Variabler, die für die Auslösung des Reflexes von Bedeutung sind: Der Stärke, der Frequenz und der absoluten Zahl der

---

[1] EBBECKE, U.: Die corticalen Erregungen, S. 197. Leipzig 1919.
[2] EXNER, S.: Zur Kenntnis von der Wechselwirkung der Erregungen im Zentralnervensystem. Pflügers Arch. **28**, 487 (1882).
[3] STEINACH, E.: Die Summation einzeln unwirksamer Reize. Pflügers Arch. **125**, 239 (1908).
[4] SETSCHENOW: Physiologische Studien usw. Berlin 1863 — Ann. des sci. natur. **19**, 109 (1863) — Z. rat. Med. **23**, Nr 6 (1864); **24**, 292 (1865) — Über die elektrische und chemische Reizung usw. Graz 1868.
[5] STIRLING, W.: Über die Summation elektrischer Hautreize. Arb. a. d. physiol. Anst. zu Leipzig **1874**. Leipzig 1875, 223.
[6] RIDDOCH, G.: The reflex functions of the completely divided spinal cord in man etc. Brain **40**, 264, 343 (1917).
[7] MARINESCU, RADOVICI u. RASCANU: La période latente et le phénomène de la sommation etc. C. r. Soc. Biol. **86**, 90 (1922).
[8] LAPICQUE, L. u. M.: Mesure analytique de l'éxcitabilitée réflexe. C. r. Soc. Biol. **72**, 871 (1912) (zitiert nach K. LUCAS).

Reize. Als vierte Variable kommt noch der Erregbarkeitszustand des Zentralnervensystems hinzu, (Ermüdung, Refraktärstadium, Strychnin, Narkotica usw.). Die Beurteilung der Versuchsergebnisse wird in kaum übersehbarer Weise dadurch erschwert, daß mit zunehmender Reizstärke (Verkleinerung des Rollenabstandes) durch Stromschleifen neue afferente Fasern gereizt werden, also frische Reflexbögen in Aktion treten (vgl. ROSENAK[1]). Mit dem ungleichen Verhalten der einzelnen Reflexbögen hängt es wohl auch zusammen, daß die reflektorische Kontraktion der Hinterpfote meist mit einer schwachen Kontraktion beginnt, der dann erst die energische Hebung des Beines folgt, auch je nachdem, ob jene schwache Initialkontraktion oder die energische Hebung als Index für den Beginn der Reflexkontraktion gewählt wird, differieren die Angaben der Autoren (WARD[2]).

In Erweiterung der STIRLINGschen Beobachtungen fand MATTHAEI[3], daß die Zahl der Reize, die zur Auslösung einer Reflexzuckung nötig ist, („Schwellenzahl"), zunächst mit steigender Frequenz der rhythmischen Reize abnimmt. Steigt aber die Frequenz etwa über 10 (6—21) pro Sekunde, so nimmt umgekehrt die nötige Reizzahl mit steigender Frequenz wieder zu. Ceteris paribus kann die Schwellenzahl als ein Maß für die Reflexerregbarkeit verwendet werden (MANGOLD[4], MATTHAEI[5]).

Bei Eisfröschen ist die Anspruchsfähigkeit des Rückenmarkes so gesteigert, daß auch schwache, *einzelne* Reize, die auf einen zentralen Ischiadicusstumpf einwirken, regelmäßig eine Reflexzuckung auslösen, (BIEDERMANN[6]). Folgen zwei oder drei Reflexreize rasch aufeinander, so superponieren sich beim Eisfrosch die einzelnen trägen Reflexzuckungen (Tetani) unter *Zunahme* der Höhe der einzelnen Zuckung. Es scheint mir wahrscheinlich, daß hierbei auf den zweiten bzw. dritten Reiz frische Partialreflexbögen in wachsender Zahl ansprechen.

Daß die Reflextätigkeit des Rückenmarkes nicht nur durch scheinbar unwirksame Einzelreizungen sensibler Nerven, sondern auch durch wirksame, kurze, faradische Reizungen solcher Nerven erhöht werden kann, hatte schon WUNDT[7] beschrieben. Nach solchen Reizungen ist auch die Übertragungszeit kürzer als an ganz frischen Präparaten (VÉSZI[8]). MATTHAEI[9] hat die Zunahme der Reflextätigkeit im Anschlusse an funktionelle Beanspruchung zum Gegenstande einer ausgedehnten Untersuchung gemacht. Im allgemeinen fand er, daß die Reflextätigkeit nach relativer geringer funktioneller Beanspruchung steigt, nach größerer Beanspruchung (Ermüdung) sinkt. Bei kaltgehaltenen Fröschen ist die Reflexerregbarkeit einige Stunden nach einer kurzen Tetanisierung erhöht (EICHHOLTZ[10]).

---

[1] ROSENAK, S.: Über die Schwellenfrequenz zur Auslösung von Rückenmarksreflexen usw. Z. allg. Physiol. **20**, 285 (1923).

[2] WARD: Über die Auslösung von Reflexbewegungen usw. Arch. (Anat. u.) Physiol. **1880**, 72.

[3] MATTHAEI, R.: Über den Einfluß rhythmischer Reize usw. Z. allg. Physiol. **17**, 281 (1919).

[4] MANGOLD u. ECKSTEIN: Die Reflexerregbarkeit in der tierischen Hypnose. Pflügers Arch. **177**, 7, 19 (1919) — Z. Neur. **19**, 134 (1920).

[5] MATTHAEI, R.: Reflexerregbarkeit. Z. allg. Physiol. **20**, 35 (1921).

[6] BIEDERMANN, W.: Beiträge zur Kenntnis der Reflexfunktion usw. Pflügers Arch. **80**, 408, 451 (1900).

[7] WUNDT, W.: Untersuchungen zur Mechanik der Nerven und Nervenzentren. II. Abtl. Stuttgart 1876.

[8] VÉSZI, J.: Untersuchungen über die Erregungsleitung im Rückenmark. Z. allg. Physiol. **18**, 86ff. (1920).

[9] MATTHAEI, R.: Über die Zunahme der Reflextätigkeit usw. Z. allg. Physiol. **20**, 193 (1923).

[10] EICHHOLTZ: Über das Refraktärstadium im Reflexbogen. Z. allg. Physiol. **16**, 535, 542 (1914).

Was die Erklärung der Summationsvorgänge betrifft, so werden zur Zeit im wesentlichen zwei Möglichkeiten diskutiert. Schon das Wort „Summation" sagt, daß man zunächst daran dachte, daß ein oder mehrere Einzelreize eine schwache, äußerlich nicht wahrnehmbare („unterschwellige") Erregung setzen könnten, zu der sich dann eine durch einen zweiten oder n-ten Reiz gesetzte Erregung addieren könnte (FRÖHLICH[1], VERWORN[2], MATTHAEI[3], EBBECKE[4]).

Für die Annahme einer solchen Addition von Erregungen im zentralen Nervensystem scheint mir die Hilfshypothese nötig, daß aufeinanderfolgende, gleiche Reize im Zentralnervensystem *verschiedenartige* Erregungsvorgänge auszulösen vermögen. Wenn wir durch faradische Reizung eines sensiblen Nerven einen Reflextetanus auslösen, so wissen wir, daß in der Regel jede einzelne zentripetal laufende Erregungswelle wieder eine zentrifugal laufende Welle im motorischen Nerven zur Folge hat. Es geht also offenbar durch den ganzen Reflexbogen *eine* Erregungswelle durch, die im Prinzip den Erregungswellen entspricht, die wir im peripheren Nervenstamme beobachten. Betrachten wir nun den so häufig beschriebenen Fall, daß die ersten den sensiblen Nerven treffenden Reize den Reflex noch nicht auslösen, sondern erst der $n$te Reiz reflektorisch wirksam ist, so müßten nach der erwähnten Theorie die ersten Reize im Zentrum eine „unterschwellige" Erregung setzen, zu der sich dann die durch den $n$ten Reiz gesetzte Erregung addieren würde. Nun hat bisher niemand an einfachen nervösen Erregungswellen, z. B. im peripheren Nerven einen „Rückstand" beobachtet, zu dem sich eine weitere Erregungswelle addieren könnte, eine solche Addition wäre, so viel ich sehe, nur möglich, wenn die ersten Erregungswellen einen *kontinuierlichen*, längere Zeit andauernden, dabei aber nicht wahrnehmbaren Erregungszustand hinterließen. Ein solcher Fall wäre a priori denkbar, man könnte als Parallele aus der Muskelphysiologie die Superposition von Reflextetanis auf kontinuierliche Kontrakturen (beim Umklammerungsreflex, dem Wundstarrkrampf, der Atmungstetanie usw.) heranziehen. Dagegen glaube ich, daß wir andere Dauererregungen (SHERRINGTONS afterdischarge, optische Nachbilder, „ideatorische Dauererregungen" [EBBECKE] usw.) nicht ohne weiteres als Beweise für die Möglichkeit der Summation einer einfachen Erregungswelle zu einem „Erregungsrückstand" heranziehen können, weil diese zentralen Dauererregungen zum Teil sicher, zum Teil möglicherweise aus rhythmisch wiederkehrenden, kurzen *Einzelerregungen* bestehen.

Folgerichtig gelangt auch EBBECKE[5] bei seinem Versuche die Annahme von Dauererregungen im Zentralnervensystem zu begründen, zu der Vorstellung, daß sich diese Erregungen nicht in fibrillären Bahnen, sondern im undifferenzierten Ganglienzellprotoplasma abspielen.

Die Beobachtungen, aus denen MATTHAEI den Beweis für die Existenz unterschwelliger Erregungen gebracht zu haben glaubt, scheinen mir für diese Schlußfolgerung zu verwickelt und vieldeutig. Auch wurde mit Recht darauf hingewiesen, daß nach allen bisher vorliegenden Beobachtungen eine Verzögerung des

---

[1] FRÖHLICH, F. W.: Über die scheinbare Steigerung der Leistungsfähigkeit usw. Z. allg. Physiol. **5** (1905) — Das Prinzip der scheinbaren Erregbarkeitssteigerung. Ebenda **9** (1909) (Sammelreferat) — Beiträge zur Analyse der Reflexfunktion usw. Ebenda **9**, 55 (1909) — Experimentelle Studien am Nervensystem der Mollusken usw. Ebenda **10**, 436 (1910); **11**, 275 (1910).

[2] VERWORN, M.: Erregung und Lähmung, S. 207 ff. Jena 1914.

[3] MATTHAEI, R.: Erregung und Erregbarkeitssteigerung usw. Dtsch. med. Wschr. **1922**, Nr 35/36 — vgl. auch Z. allg. Physiol. **20**, 193 (1923).

[4] EBBECKE, U.: Die corticalen Erregungen, S. 197, 153. Leipzig 1919.

[5] EBBECKE, U.: Ebenda S. 196.

Erregungsablaufes (Aktionsstromes) mit einer Verlängerung des Refraktärstadiums einhergeht, die eher gegen als für die Möglichkeit einer Summation spricht (LUCAS)[1].

Der zweite Erklärungsversuch der Summation stammt von LUCAS und ADRIAN[2]. Sie gingen von der Beobachtung aus, daß die Nervenfaser nach Ablauf des Refraktärstadiums nach einer Erregung für kurze Zeit (etwa von 0,015 bis 0,1 Sek.) in einen Zustand erhöhter Erregbarkeit gerät[3] („übernormale Phase"), und daß die Fasern während dieser übernormalen Phase eine Erregung besser leiten, als sonst. Nun ist es aus verschiedenen Gründen sehr wahrscheinlich, daß die Synapsen im Zentralnervensystem die Erregung mit einem Dekrement leiten, und es liegt deshalb die Hypothese nahe, daß das Versagen eines ersten und das Wirksamwerden eines späteren Reizes darauf zurückzuführen sei, daß die erste Erregungswelle an irgendeiner Synapse erlischt, während eine spätere Erregungswelle, die dann in die übernormale Phase fällt, und dadurch verstärkt wird, das relative Leitungshindernis an der Synapse zu überwinden vermag.

Meines Erachtens ruht dieser Erklärungsversuch von LUCAS und ADRIAN auf einer wesentlich festeren experimentellen Basis als die Annahme einer Summation unterschwelliger Erregungen. Er deckt sich im Prinzip wohl mit der Erklärung, die BETHE[4] für die Summation und Bahnung gegeben hat, „daß der bahnende Reiz dämpfende Hindernisse an den Fibrillen hinwegräumt".

Eine solche Summation zweier Erregungswellen, d. h. die Tatsache, daß eine zweite stärkere Erregungswelle über einen Widerstand hinweggeleitet wird, an dem die erste erloschen ist, sah LUCAS auch beim peripheren Nerven, und zwar dann, wenn er ihn lokal mit Alkohol narkotisiert hatte. Diese mit einem Dekrement leitende, schwach narkotisierte Strecke würde in diesem Modellversuche einer Synapse im Zentralnervensystem entsprechen.

Die Frage, in welchem zeitlichen Abstande zwei oder mehrere Erregungen den Zentren zufließen müssen, damit sie sich schon oder noch zentral summieren, erfordert noch eingehende Untersuchungen. Beim Kratzreflex des Hundes kann ein kräftiger, aber einzeln unwirksamer Induktionsschlag eben noch nach 1,4 Sekunden einen zweiten gleichen Reiz über die Schwelle heben (SHERRINGTON, Integrative action S. 37); STIRLING sah bei seinen Versuchen die fördernde Wirkung eines Reizes nach 1,5 Sekunden verschwinden.

Die Versuche von EICHHOLTZ[5] über die „kürzeste Summationszeit im Reflexbogen" beschäftigen sich mit dem Problem, in welchem Intervall zwei Erregungen im sensiblen Nerven aufeinander folgen müssen, um zwei sich summierende Reflexzuckungen auszulösen; dieses Intervall entspricht etwa dem Refraktärstadium des Nerven.

Die Bedeutung der Summation für die Auslösung von Reflexen ist bei den einzelnen Reflexen ganz verschieden. Es gibt Reflexe, bei denen eine Summation kaum oder gar nicht nachweisbar ist, z. B. die Sehnenreflexe (STERNBERG[6], P.

---

[1] LUCAS, K.: The conduction of the nervous impulse, S. 63. London 1917.
[2] ADRIAN u. K. LUCAS: On the summation of propagated disturbances etc. J. of Physiol. **44**, 68, 93 (1912).
[3] Vgl. N. WEDENSKY: La phase refractaire et la phase exaltée. Trav. d. lab. d. ph. à l'univ. de Pétersbourg **3**, 134 (1908). — GOULINOFF, H.: De l'influence de la tétanisation prolongée etc. Ebenda 119. — BERITOFF, J. S.: Zur Kenntnis der Erregungsrhythmik usw. Z. Biol. **62**, 125 (1913).
[4] BETHE, A.: Allgemeine Anatomie und Physiologie des Nervensystems, S. 350ff. Leipzig 1903.
[5] EICHHOLTZ, F.: Über das Refraktärstadium im Reflexbogen. Z. allg. Physiol. **16**, 535 (1914).
[6] STERNBERG, M.: Die Sehnenreflexe usw., S. 79ff. Leipzig u. Wien 1893.

HOFFMANN[1]), der Zungen-Kieferreflex (CARDOT und LAUGIER[2]) und die Gelenkreflexe vom Typus des MAYERschen Fingergrundgelenkreflexes[3]. Bei diesem Gelenkreflex und beim Linguomaxillarreflex ist eine Summation überhaupt nicht nachweisbar, bei den Sehnenreflexen scheint sie aber doch hie und da beobachtet worden zu sein (Literatur bei STERNBERG). Auch der Beugereflex an der Hinterpfote des Hundes kann nach SHERRINGTON im Gegensatze zum Kratzreflex, zum Ohrmuschelreflex und zum Extensorstoß leicht durch Einzelinduktionsschläge ausgelöst werden. Andererseits löst aber z. B. eine Einzelreizung des zentralen Ischiadicusstumpfes beim Frosch im Gegensatze zu wiederholten Reizungen *nie* einen gekreuzten Gastrocnemiusreflex aus (MATTHAEI[4]). Bei STIRLINGS Versuchen wurden die Einzelinduktionsschläge manchmal erst nach etwa 100 unwirksamen Schlägen wirksam, und SHERRINGTON[5] sah den Kratzreflex beim Hunde einmal erst nach 44 unterschwelligen Reizen (Frequenz: 18 pro Sekunde) nie aber auf *einen* Einzelreiz hin auftreten.

Die Versuche, welche EXNER[6] im Anschlusse an Beobachtungen von BUBNOFF und HEIDENHAIN im Jahre 1882 zu Aufstellung des Bahnungsbegriffes führten, stehen zu den bisher erörterten Summationen in so naher Verwandtschaft, daß EXNER mit Recht die Summation als einen Spezialfall der Bahnung bezeichnen konnte. EXNER fand bei Kaninchen, daß von der Haut her ausgelöste Reflexe auf den M. abductor pollicis durch eine gleichzeitige oder kurz vorher gesetzte Reizung des betreffenden motorischen Rindenfeldes verstärkt werden, bzw. daß unterschwellige Reflexreize durch eine vorangegangene Rindenreizung überschwellig gemacht werden können, sowie auch unterschwellige Rindenreize durch einen wirksamen Reflex über die Schwelle gehoben werden können. Wir können uns vorstellen, daß die reflektorisch und die in der Rinde ausgelösten Erregungen intrazentral eine gemeinsame Strecke durchlaufen, innerhalb derer sie sich in gleicher Weise fördernd beeinflussen können, wie etwa die Erregungen bei dem STIRLINGschen Versuche am Frosch.

In guter Übereinstimmung mit EXNERS Beobachtungen stehen Versuche P. HOFFMANNS[7] an den Sehnenreflexen. HOFFMANN fand, daß Sehnenreflexe durch Reizung der zentripetalen Muskelnerven an den meisten Muskeln nur dann auslösbar sind, wenn der betreffende Muskel gleichzeitig willkürlich oder reflektorisch innerviert wird. HOFFMANN weist darauf hin, daß diese Bahnungserscheinung Ähnlichkeit mit dem Vorgang des auf etwas die Aufmerksamkeit RICHTENS hat. Auch an die mehrfach studierten Beziehungen zwischen tonischen und rhythmischen Reflexen sei hier erinnert (MAGNUS und DE KLEIJN[8], SOCIN und

---

[1] HOFFMANN, P.: Untersuchungen über die Eigenreflexe menschlicher Muskeln, S. 76ff. Berlin 1922.

[2] CARDOT, HENRY u. HENRI LAUGIER: Le reflexe linguo-maxillaire. C. r. Soc. Biol. **86**, 529 (1922).

[3] MAYER, C.: Zur Frage nach dem Auslösungsmechanismus des Grundgelenksreflexes. Z. Neur. **84**, 464 (1923).

[4] MATTHAEI, R.: Über den Einfluß rhythmischer Reize usw. Z. allg. Physiol. **18**, 281 (1919).

[5] SHERRINGTON, CH.: The integrative action of the nervous system, S. 37 (1911).

[6] EXNER: Zitiert auf S. 654.

[7] HOFFMANN, P.: Über die Beziehung der Sehnenreflexe zur willkürlichen Bewegung und zum Tonus. Z. Biol. **68**, 351 (1918) — Wo findet die Koppelung der Eigenreflexe mit anderweitigen Erregungen des Muskels statt? Ebenda **76**, 347 (1923) — Untersuchungen über die Eigenreflexe (Sehnenreflexe) menschlicher Muskeln, S. 60ff. Berlin 1922 — Untersuchungen über die refraktäre Periode usw. Z. Biol. **81**, 37 (1924).

[8] MAGNUS, R. u. A. DE KLEIJN: Die Abhängigkeit des Tonus der Extremitätenmuskeln von der Kopfstellung. Pflügers Arch. **145**, 455 (1912) — Analyse der Folgezustände einseitiger Labyrinthexstirpation mit besonderer Berücksichtigung der Rolle der tonischen Halsreflexe. Ebenda **154**, 178 (1913).

STORM VAN LEEUWEN[1], BERITOFF[2]), sowie an die verschiedenen, klinisch verwendeten Methoden zur Verstärkung der Sehnenreflexe, wie z. B. an den JENDRASSIK-schen Handgriff, das Husten-Lassen des Patienten (POPPER[3]) u. ä. m. Für einen tonisch fördernden Einfluß spricht auch die Beobachtung von MARTIN und TAINTER[4], daß nach Dezerebrierung bei Tieren die Erektion nicht mehr auslösbar ist.

Auch für die Bahnung eines Reflexes von einem zweiten *Receptor* aus lassen sich zahlreiche Beispiele anführen, und zwar handelt es sich in solchen Fällen fast ausnahmslos um Receptoren, von denen aus bei entsprechender Reizstärke der zu bahnende Reflex auch unmittelbar auslösbar ist.

Besonders eingehend wurde die Summation bei der Auslösung eines Reflexes durch gleichzeitige Reizung zweier benachbarter Stellen des rezeptiven Feldes am Kratzreflex des Hundes studiert (SHERRINGTON[5]). Reizt man die Rückenhaut des Hundes an einer Stelle a mit rhythmischen unterschwelligen Induktionsschlägen, so hebt eine zweite, analoge, unterschwellige Reizung einer benachbarten Hautstelle b den Reflex über die Schwelle. Diese wechselseitige Förderung wird um so geringer, je weiter die gewählten Punkte a und b voneinander entfernt liegen. SHERRINGTON bezeichnet Reflexe, die sich in dieser Weise gegenseitig fördernd beeinflussen, als „alliierte" Reflexe und nennt die Beeinflussung selbst „unmittelbare, spinale Induktion".

Reize, welche *sukzessive* nebeneinanderliegende Hautstellen treffen (Strichreize), lösen bekanntlich Hautreflexe viel leichter aus als eine *synchrone* Reizung der gleichen Hautstellen. Es wird wohl mit Recht angenommen, daß auch diese Tatsache auf einer Bahnung der einzelnen Reflexbögen durch die vorangehende Erregung der benachbarten Bögen beruht.

Die einfachste Erklärung für den eben erwähnten Versuch SHERRINGTONS wäre die, daß bei der Reizung der Punkte a und b *verschiedene* Muskelfasergruppen reflektorisch erregt würden, die zwar *gemeinsam*, aber nicht einzeln imstande wären, das Bein zu heben. Wenn man aber die *Stärke* des Reflexes in Betracht zieht, der durch die gleichzeitige Reizung der Stellen a und b ausgelöst wird, so erscheint dieser Erklärungsversuch nicht berechtigt. Es müssen vielmehr die von a und b ausgehenden Reflexbögen intrazentral gemeinsame Strecken haben, innerhalb derer sie sich fördernd beeinflussen („allied arcs" SHERRINGTON).

Ein ganz ähnliches Verhältnis, wie das eben erörterte zwischen Partialreflexbögen beim Kratzreflex, besteht nach SHERRINGTON oft zwischen propriozeptiven und exterozeptiven Reflexen. So fördern sich gegenseitig z. B. zwei unterschwellige Erregungen einerseits der Haut der Hinterpfote, andererseits der sensiblen Nervenfasern des M. semitendinosus bei der Auslösung des Beugereflexes. Bei solchen Reflexen, die sowohl ein exterozeptives als auch ein propriozeptives Auslösungsfeld besitzen, dürfte der primär von der Haut ausgelöste Reflex durch einen sich anschließenden propriozeptiven Reflex verstärkt werden (SHERRINGTON).

In Ausnahmefällen scheint es auch vorzukommen, daß ein Reflex von einem sensiblen Nerven aus gefördert wird, dessen Reizung *allein* den betreffenden Reiz nie auslöst. Es wären dies also Fälle, in denen ein Reflex von einem nach SHERRINGTONS Nomenklatur nicht alliierten Reflexbogen aus gefördert wird. So wird

---

[1] SOCIN, CH. u. W. STORM VAN LEEUWEN: Über den Einfluß der Kopfstellung auf phasische Extremitätenreflexe. Pflügers Arch. **159**, 251 (1914).
[2] BERITOFF, J. S.: Über die Hauptelemente der Lokomotionsbewegungen usw. Pflügers Arch. **199**, 248 (1923).
[3] POPPER, E.: Zur Kenntnis des Patellarreflexes usw. Dtsch. Z. Nervenheilk. **67**, 131 (1921).
[4] MARTIN, E. G. u. M. L. TAINTER: The inhibition of erection by decerebration. Amer. J. Physiol. **65**, 139 (1923).
[5] SHERRINGTON, CH.: The integrative action, S. 118ff.

z. B. der Zungen-Kieferreflex durch eine Reizung des zentralen Ischiadicusstumpfes gefördert (CARDOT, CHERBULIEZ und LAUGIER[1]).

Solange wir es — wie bei den meisten bisher erörterten Reflexen — mit *Einzelerregungen* zu tun haben, die dem Reflexzentrum zufließen, stößt die Anwendung der LUCAS-ADRIANschen Erklärung auf keine Schwierigkeiten. Unter physiologischen Umständen bilden aber zentripetale Impulse, die aus einer ein*zelnen* Erregungswelle bestehen, sicher die Ausnahmen, und wir kennen auch eine Reihe von Summationserscheinungen, bei denen *gruppenweise* dem Zentralnervensystem zufließende Erregungswellen, also mehrere aufeinanderfolgende *tetanische* Erregungen des sensiblen Nerven, sich in ganz ähnlicher Weise gegenseitig fördern, wie wir dies bei Einzelerregungen beobachten. So dürften z. B. die Erregungen in den sensiblen Nerven der Glans, die bei entsprechender Summation den Ejaculationsreflex auslösen, wohl tetanischer Natur sein.

Das gleiche gilt für die meisten *physiologisch*, also nicht durch Momentanreize, von den Sinnesorganen aus ausgelösten Reflexe, und auch diese Reflexe zeigen Summationserscheinungen. So kann eine lokale pilomotorische Reaktion durch Summation je eines unterschwelligen mechanischen und eines unterschwelligen Kältereizes ausgelöst werden (EBBECKE[2]) und beim Frosch kann die Wirkung taktiler Reize durch optische verstärkt werden (MERZBACHER[3]). (Diese beiden Beobachtungen bilden zugleich weitere Beispiele für die wechselseitige Förderung *alliierter* Reflexbogen.)

Schlagend wird die Tatsache, daß keineswegs nur Einzelerregungen sich zentral summieren, durch eine Beobachtung BREMERS[4] bewiesen. Er sah im Anschlusse an rhythmisch wiederkehrende, kurze, faradische Reizungen des cerebellaren Hemmungszentrums Rückschlagtetani des M. triceps auftreten, und zwar traten diese „rebound" Kontraktionen nicht nach der ersten, sondern erst nach wiederholten Kleinhirnreizungen auf, und nach jeder weiteren Reizung mit immer kürzer werdender Latenz und mit zunehmender Stärke.

Die von BREMER abgebildete Kurve erinnert äußerlich in jeder Hinsicht an die Vorgänge, die z. B. beim SETSCHENOW-STIRLINGschen Versuche zu beobachten sind, aber es liegen hier doch wesentlich kompliziertere Verhältnisse vor.

VERZÁR[5] hat ähnliche Beobachtungen durch die Annahme zu erklären versucht, daß der Reflexrückschlag (rebound) eine Art Ermüdungserscheinung sei und als solche bei wiederholten Reizungen immer kräftiger würde.

Die Summation wiederholter, tetanischer Erregungsvorgänge läßt sich auf Grund der Annahme übernormaler Phasen nicht ohne weiteres erklären. Es wäre dies aber z. B. durch Heranziehung der Hilfshypothese möglich, daß diese zentripetalen tetanischen Erregungsvorgänge intrazentral länger dauernde, *einfache* Erregungsvorgänge auslösten, die auch ihrerseits nach ihrem Ablaufe eine Phase gesteigerter Erregbarkeit in dem betreffendem Zentrum hinterläßt. Solche Dauererregungen sind — wie oben erwähnt wurde — mehrfach supponiert worden, und auch SHERRINGTONS[6] Annahme einer „Ladung" des Zentrums durch die ankom-

---

[1] CARDOT, H., A. CHERBULIEZ u. H. LAUGIER: L'inhibition et la dynamogénie étudiées sur le réflexe linguo-maxillaire. C. r. Biol. Soc. **89**, 146 (1923).
[2] EBBECKE, U.: Über die Temperaturempfindungen usw. Pflügers Arch. **169**, 395 (1917).
[3] MERZBACHER, L.: Über die Beziehungen der Sinnesorgane zu den Reflexbewegungen des Frosches. Pflügers Arch. **81**, 222 (1900).
[4] BREMER, F.: Contribution à l'étude de la physiologie du Cervelet. Arch. internat. Physiol. **19**, 189, 222 (1922).
[5] VERZÁR, F.: Reflexumkehr (paradoxe Reflexe) durch zentrale Ermüdung beim Warmblüter. Pflügers Arch. **199**, 109 (1923).
[6] SHERRINGTON, CH.: Sur la production d'influx nerveux dans l'arc nerveux réflexe. Arch. internat. Physiol. **18**, 620 (1921).

menden Erregungswellen wäre hier zu nennen. Wir könnten z. B. annehmen, daß in den parasympathischen Zentren des Ejaculationsreflexes durch die ihnen zufließenden rhythmischen Erregungen trägere *Einzelerregungen* ausgelöst werden, die dann durch Summation so weit verstärkt werden, daß sie schließlich den gesamten Reflexbogen weiter durchlaufen könnten.

Bei der Mannigfaltigkeit der Wege, auf denen oft in der organischen Natur ein und dasselbe Ziel erreicht wird, ist es aber auch sehr wohl denkbar, daß die verschiedenen, hier erörterten Summations- und Bahnungserscheinungen nicht alle auf ein und demselben Erregungsmechanismus beruhen. In manchen Fällen könnte z. B. die beobachtete Förderung des intrazentralen Ablaufes einer Erregung aus den Wegfall einer tonischen Hemmung zurückzuführen sein. Speziell für die von P. HOFFMANN beobachtete Verstärkung der Sehnenreflexe bei willkürlicher oder reflektorischer Innervation des betreffenden Muskels scheint mir diese Erklärung nahe zu liegen. Wie weit solche Enthemmungen vielleicht auch sonst Bahnungserscheinungen bewirken, läßt sich zur Zeit noch nicht feststellen.

Nach den Versuchen LOEWIS über die humorale Übertragbarkeit des Acceleranswirkung wird man auch beim Zentralnervensystem an die Möglichkeit denken müssen, daß reflektorisch ausgelöste Erregungen intrazentral die Bildung von Reizstoffen anregen könnten, deren Konzentrationszunahme bei wiederholter Reizung in Form von Summationserscheinungen zum Ausdruck kommen könnte. Das bei Reflexen so häufig zu beobachtende Überdauern der Erregung und die Abhängigkeit dieses Überdauerns von der Reizdauer (PLATTNER[1]) sprechen für die Möglichkeit der intrazentralen Bildung solcher Reizstoffe.

Auch die Bahnungserscheinungen auf psychologischem Gebiete erinnern oft sehr lebhaft an einfache Summationserscheinungen bei Rückenmarksreflexen. „Der Wert einer Annonce liegt in ihrer Wiederholung" schreiben z. B. Redakteure mit Recht über den Annoncenteil ihrer Zeitschrift, aber bisher liegen keine Beobachtungen auf physiologischem Gebiete vor, die uns einen Einblick in solche komplizierte corticale Summationsvorgänge gewähren würden. Auch EBBECKES Annahme unterschwelliger, ideatonischer Dauererregungen, zu denen sich andere ideatorische Erregungen summieren können, hat wohl zunächst nur den Wert eines Bildes. Wir müssen uns die intrazentralen Vorgänge zum Teile als ein ständiges Spiel ungezählter, gleichzeitig nebeneinander herlaufender und sich gegenseitig beeinflussender, frequenter, rhythmischer Erregungswellen vorstellen, und ich glaube, daß die biologische Bedeutung der Summation bei einfachen Reflexen in erster Linie darin zu sehen ist, daß nicht jede *einzelne*, vielleicht zufällig eine Synapse passierende Erregungswelle erfolgreich ist, sondern daß erst mehrere in bestimmten Intervallen aufeinander folgen müssen, ehe sie eine Reaktion auszulösen vermögen. Es wird auf diese Weise gewissermaßen eine transmissio praecox der Erregungswellen verhindert. Nur in jenen Fällen, in denen es auf eine besonders rasche Reaktion des Muskels ankommt, wie z. B. bei den Sehnenreflexen (Schutz vor Überdehnung des Muskels usw.) oder beim Zungen-Kieferreflex (Schutz der Zunge vor einem Bisse) löst schon eine *einzelne* Erregungswelle den Reflex aus.

Ferner spielen Bahnungserscheinungen eine wesentliche Rolle bei der Koordination der Bewegungen. Dadurch, daß ein Reiz, der einen Reflex auslöst, zugleich die Schwelle anderer „alliierter" Reflexe (mit gleichem oder ähnlichem Endeffekt) herabsetzt, erleichtert er das Einspringen dieser Reflexe zur Unterstützung des zuerst ausgelösten oder auch nach dem Wegfall des ihn auslösenden Reizes (SHERRINGTON).

---
[1] PLATTNER, F.: Über die Abhängigkeit der Erregungsgröße von der Reizdauer usw. Z. Biol. **73**, 267 (1921).

Auf einem feinen Zusammenspiel von Bahnung und Hemmung beruhen sicher auch viele, als „Umstimmungen", „Schaltungen", „Klinkungen" usw. bezeichnete Änderungen in der Reaktion des Zentralnervensystems auf einerlei Reize. Seit PFLÜGER (1853) das, je nach der Lage des Tieres verschiedene, Verhalten des decapitierten Frosches gegenüber ein und demselben Reize auf die Leistungen einer Rückenmarksseele zurückgeführt hat, ist die physiologische Erkenntnis dieser und ähnlicher Erscheinungen immerhin fortgeschritten. Als Beispiele für die analytische Klärung ähnlicher Schaltungsvorgänge mögen die Beobachtungen von MAGNUS[1] an spinalen Katzen und Hunden dienen: Ist der Schweif einer Katze nach irgendeiner Richtung hin gebogen, so schlägt er bei Reizung der Spitze regelmäßig nach der Seite hin, nach der seine Konvexität gerichtet war; es werden also stets die zuvor gedehnten Muskeln reflektorisch erregt.

In ähnlicher Weise hängen die reflektorischen Reaktionen der hinteren Extremitäten des Rückenmarkshundes auf bestimmte Reize hin von der jeweiligen Lage und Stellung der Extremitäten ab. Die Ausschaltung der Haut- und Gelenksensibilität ändert an diesem Verhalten nichts, wohl aber verschwinden diese Schaltungsphänome sobald auch die Muskelsensibilität aufgehoben wird. Die propriozeptiven Erregungen, die von den Extremitätenmuskeln dem Rückenmarke zufließen, sind also in diesen Fällen dafür maßgebend, welche Muskelgruppen jeweilig auf einen bestimmten Reiz hin in Erregung geraten und welche gehemmt werden.

Besonders interessant sind die Schaltungsvorgänge beim Kratzreflex des spinalen Hundes: Bei symmetrischer Rückenlage des Tieres ist der Reflex beiderseits, und zwar nur ipsilateral auslösbar; wird aber auf einer Seite ein Druck auf die Flankengegend des Tieres ausgeübt, so tritt der Kratzreflex — wo immer auch der ihn auslösende Reiz gesetzt wird — stets nur auf der Seite auf, auf der die Flanke *nicht* gedrückt wird, bei Seitenlage des Tieres also auf der oberen Seite. Durch die Reizung der Flankenhaut kann also der sonst ipsilaterale Kratzreflex in einen kontralateralen verwandelt werden.

Auch beim Menschen ist nach hoher Rückenmarksdurchtrennung die Abhängigkeit der Reflexe von der Ausgangsphase der Extremitäten nachgewiesen (BOEHME, MARINESCO und RADOVICI[2]).

Nachtrag während der Drucklegung.

Wenn wir auch die Gesetze noch nicht genau kennen, nach denen die Reizwirkung von der Frequenz, der absoluten Zahl oder der Stärke reflektorisch wirkender Einzelreize abhängt, so lehrt doch eine häufig gemachte Erfahrung, daß eine längere Serie schwacher Reflexreize in der Regel stärker wirksam ist, als einzelne starke Reize. SHERRINGTON[3] hat daher den Satz geprägt: Die *Dauer* eines Reizes ist von gleicher Bedeutung wie seine *Stärke*. Von dieser Tatsache ausgehend, hat SHERRINGTON[4] eine Theorie der Summation entwickelt. Er nimmt an, daß die zentripetal laufenden Erregungen an den Synapsen die Bildung irgendeines „erregenden Agens" bewirken und daß die Konzentration dieses

---

[1] MAGNUS, R.: Zur Regelung der Bewegungen durch das Zentralnervensystem. I. bis IV. Mitt. Pflügers Arch. **130**, 219, 253 (1909); **134**, 545, 584 (1910).

[2] MARINESCO, G. u. A. RADOVICI: Contribution à l'étude des réflexes usw. Revue neur. **2**, 1 (1923).

[3] SHERRINGTON, C. S.: Some comparisons between reflex inhibition etc. Quart. J. exper. Physiol. **1**, 67 (1908).

[4] SHERRINGTON, C. S.: Some aspects of reflex inhibition. Proc. roy. Soc. Lond. B **97**, 519 (1925).

zum Teil abdiffundierenden oder sonstwie verschwindenden Agens um so höher wird, je frequenter die erregenden Wellen sind, oder von je mehr Dendriten gleichzeitig erregende Wellen zu der betreffenden Synapse gelangen. Diese Theorie, die Summationsvorgänge als Folgen einer allmählichen Konzentrationszunahme intrazentral gebildeter Reizstoffe anzusehen, geht zum Teil auf die bekannten Untersuchungen O. LOEWIS an den Herznerven zurück, denn es ist ohne weiteres anzunehmen, daß eine länger dauernde Acceleransreizung deshalb stärker wirkt als eine kürzere Reizung, weil die Konzentration des gebildeten Acceleransstoffes für die Größe der Reizwirkung maßgebend ist.

Von ganz ähnlichen, wenn auch allgemeiner formulierten Gedankengängen ist auch L. LAPICQUE[1] bei der Aufstellung seiner Theorie der Summation ausgegangen. Er nimmt an, daß der elektrische Strom einen seiner Natur nach noch unbekannten Erregungsvorgang setzt, der mit der Intensität und Dauer des Reizstromes wächst und der beim Erreichen einer gewissen Stärke — der Schwelle — eine sichtbare Veränderung, z. B. eine Zuckung, auslöst. Eine durch einen wirksamen Reiz gesetzte schwache Erregung klingt allmählich ab; sie hätte z. B. nach einer gewissen Zeit nur mehr $\frac{1}{q}$ ihrer ursprünglichen Größe, dann würde nach n Reizen die Erregungsgröße durch die geometrische Reihe ausgedrückt werden: $1 + \frac{1}{q} + \frac{1}{q^2} + \cdots + \frac{1}{q^{n-1}}$. Je länger das Reizintervall gewählt wird, desto kleiner wird der jeweilige „Erregungsrückstand", und desto weniger Glieder der Reihe werden praktisch für eine erfolgreiche Summation in Betracht kommen. Hiermit stimmt z. B. eine Beobachtung des Ehepaares CHAUCHARD überein, daß bei Reizfrequenzen von 12, 6, 3, 2, 1 und 0,5 pro Sekunde die Schwelle nach 48, 36, 18, 10, 6 bzw. 3 Reizen erreicht wurde. Nehmen wir an, die Erregungsgröße S nähme während der sehr kurzen Zeit t nach der Exponentialkurve $S e^{-\frac{t}{z}}$ ab, wobei e die Basis der natürlichen Logarithmen und z eine Konstante ist; dann wird nach der Zeit ε, die dem Intervall zwischen zwei Reizen entspricht, die Erregungsgröße $\frac{1}{q} = e^{-\frac{\varepsilon}{z}}$ sein. Die Summe (Σ) der Reihe $1 + \frac{1}{q} + \frac{1}{q^2} + \cdots + \frac{1}{q^n}$ erhalten wir nach der bekannten Formel $\Sigma = 1 + \frac{1}{q-1}$. Wenn nun jeder einzelne Reiz eine Erregung von der Größe F setzt, so wird der konstante Schwellenwert L erreicht werden, wenn $F\Sigma = L$. Unter der Annahme, daß die Erregungsgröße F der verwendeten Reizstärke V proportional ist, ergibt sich $V = \frac{L}{\Sigma}$, oder, wenn wir für Σ einsetzen $1 + \frac{1}{q-1}$, $V = L\left(1 - \frac{1}{q}\right)$, bzw. nach der Annahme des Absinkens der Erregung nach der Exponentialkurve: $V = L\left(1 - e^{-\frac{\varepsilon}{z}}\right)$. In dieser „Fundamentalformel der Addition latente" bedeutet also V die bei wiederholter Reizung zum Erreichen der Schwelle nötige Voltzahl; L ist eine Konstante, die der Schwellen-Voltzahl bei einem einzigen Reiz entspricht; Z ist eine Zeit und charakterisiert die Fähigkeit eines Gewebes zur Addition latente. Diese Fähigkeit ist gering, wenn Z klein ist und umgekehrt. Z ist eine Funktion der Chronaxie des untersuchten Objektes und ist zugleich abhängig von dem Verhältnis zwischen dieser Chronaxie und der Dauer der einzelnen Reize. Die Versuche von Herrn und Frau CHAUCHARD[2] zeigen, daß die von LAPICQUE formulierte Abhängigkeit der Addition latente von der Voltzahl und dem Reizintervall durch die Fundamentalformel gut ausgedrückt wird.

---

[1] LAPICQUE, L.: Sur la théorie de l'addition latente. Ann. de Physiol. **1**, 132 (1925).
[2] CHAUCHARD, M. u. Mme A.: Recherches quantitatives sur l'addition latente. Ann. de Physiol. **1**, 6 (1925).

Bei zu hohen Reizfrequenzen stört das Refraktärstadium, bei zu niedrigen fehlt die Addition überhaupt.

LAPICQUE hat keinerlei Angaben darüber gemacht, wie er sich den „Erregungsvorgang" denkt, dessen Eigenschaften er seiner Theorie der Summation zugrunde gelegt hat, aber UMRATH[1] hat mit Recht darauf hingewiesen, daß die Ausführungen LAPICQUES über die Addition latente als mathematische Formulierung einer bei der Nervenerregung stattfindenden Substanzproduktion in das Organ und Substanzzerstörung im Organ, verbunden mit Substanzdiffusion aus dem Organ betrachtet werden können. In ganz analoger Weise ist es ja z. B. nach den Untersuchungen LOEWIS über die Herznervenwirkung ganz verständlich, daß der Erfolg z. B. einer Vagusreizung mit zunehmender Frequenz und Zahl der Reize bis zu einer gewissen Grenze zunimmt.

Wir sehen, daß, ebenso wie bei der theoretischen Auffassung der Hemmungsvorgänge, heute auch bei der Deutung der Summationserscheinungen die Annahme intrazentral wirkender Stoffe, deren Bildung durch afferente Impulse ausgelöst wird, eine hervorragende Rolle spielt.

---

[1] UMRATH, K.: Über die elektrische Erregung autonomer Nerven usw. Z. Biol. **85**, 45 (1926).

Hemmung[1].

Von

E. TH. BRÜCKE

Innsbruck.

Mit 2 Abbildungen.

Zusammenfassende Darstellungen.

ADRIAN, E. D: Some recent work on inhibition. Brain **47**, 399 (1924). — EBBECKE, U.: Über zentrale Hemmung und die Wechselwirkung der Sehfeldstellen. Pflügers Arch. **186**, 200 (1921). — FORBES, A.: Reflex inhibition of skeletal muscle. Quart. J. exper. Physiol. **5**, 149 (1912). — HERING, H. E.: Die intrazentralen Hemmungsvorgänge in ihrer Beziehung zur Skelettmuskulatur. Erg. Physiol. **1** II, 503 (1902). — SHERRINGTON, CH.: The integrative action of the nervous system. London 1911 — Reflex Inhibition as a factor in the coordination of movements and postures. Quart. J. exper. Physiol. **6**, 251 (1913).

Im Gegensatz zu den autonom innervierten Organen und zu den Organen mancher wirbelloser Tiere werden die Skelettmuskeln der Wirbeltiere nicht von hemmenden Nervenfasern versorgt. Wir sehen also bei der Reizung efferenter Skelettmuskel-Nerven als Reizerfolg (wenn wir von dem WEDENSKY-Effekt absehen) stets nur eine Verkürzung oder Spannungszunahme eintreten. Wohl aber lehren zahllose Fälle, daß der z. B. reflektorisch ausgelöste Verkürzungs- oder Spannungszustand eines Muskels oder einer Muskelgruppe bei der direkten Reizung bestimmter *Stellen des Zentralnervensystems* oder bei der Erregung bestimmter *afferenter Nerven* verringert oder überhaupt zum Verschwinden gebracht werden kann. Es wird also in diesen Fällen nicht der Muskel selbst, sondern der ihn innervierende nervöse Apparat in seiner Tätigkeit gehemmt, und zwar beschränkt sich diese Hemmung auf die *zentralen Teile* dieses Apparates (WALLER[2]), denn VERWORN[3] hat nachgewiesen, daß die Erregbarkeit des motorischen Nerven selbst während einer solchen Hemmung unverändert bleibt.

Analoge intrazentrale Hemmungsvorgänge beobachten wir nicht nur an Reflexzentren, sondern auch an automatisch wirksamen Zentren (z. B. am Atemzentrum), an Koordinationszentren, ja wahrscheinlich finden sie sich an allen zentralen Mechanismen, die selbst als gemeinsame Strecken fungieren oder auf deren Funktion andere nervöse Gebilde Einfluß nehmen, die *als gemeinsame Strecke* fungieren; dagegen kennen wir keine Hemmungsvorgänge an Ganglienzellen, die von *einheitlich* aufgebauten Fibrillenkabeln aus erregt werden, wie z. B. die Spinalganglienzellen.

---

[1] Da dieser Handbuchbeitrag schon im Juni 1924 abgeschlossen worden ist, wurde ihm während der Drucklegung ein Nachtrag beigegeben, in dem die wichtigsten neuesten Arbeiten auf dem Gebiete der zentralen Hemmungsvorgänge erörtert werden.

[2] WALLER, A.: On the inhibition of voluntarily and of electrically excited muscular contraction by peripheral excitation. Brain **15**, 35 (1892).

[3] VERWORN, M.: Zur Physiologie der nervösen Hemmungserscheinungen. Arch. Anat. u. Physiol. **1900**, Suppl., 105.

Die alte Vorstellung von zentripetalen Hemmungsnerven, d. h. von Nerven, die intrazentral *nur hemmende*, aber keine *erregende* Wirkung haben, ist heute wohl allgemein verlassen. Es dürfte kaum einen sensiblen Nerven geben, von dem aus nicht sowohl Reflexe oder tonische Zustände ausgelöst als auch andere gehemmt werden könnten; wenn wir auch gelegentlich bei peripheren Reizungen isoliert Hemmungseffekte beobachten, so ist es doch so gut wie sicher, daß dieselben Reize durch Erregung der gleichen Nervenfasern auch verschiedene *Erregungen* auslösen oder wenigstens auslösen können. Wahrscheinlich können von *jeder* sensiblen Nervenfaser aus sowohl gewisse Zentren in Erregung als auch andere in Hemmung versetzt werden.

Die Frage nach der Existenz *intrazentraler*, reiner Hemmungsbahnen scheint mir dagegen noch nicht endgültig beantwortet zu sein. Von manchen Physiologen wird die Annahme spezifischer Hemmungszentren bzw. von ihnen ausgehender Hemmungsbahnen als überflüssig abgelehnt (z. B. von EBBECKE[1]). Ich kann mich dieser Ansicht nicht unbedingt anschließen. Die Enthirnungsstarre selbst, ihre Lösung bei Reizung der Pedunculi cerebri oder des Lobus centralis (anterior) cerebelli (SHERRINGTON[2]), LOEWENTHAL und HORSLEY[3]), COBB, BAILEY und HOLTZ[4] und BREMER[5]), sowie die verschiedenartigen hyperkinetischen Erscheinungen bei Paralysis agitans, Parkinsonismus usf. sprechen meines Erachtens doch für die Möglichkeit der Existenz tonisch erregter intrazentraler spezifischer Hemmungsmechanismen.

Solche wurden bekanntlich zuerst von GOLTZ, LANGENDORFF und SETSCHENOW im Großhirn des Frosches angenommen. Auch FANO und LIBERTINI[6], KALISCHER[7] sowie PAWLOW und seine Schüler[8] stehen auf Grund von Reiz- und Exstirpationsversuchen auf dem Standpunkte, daß eine tonische Hemmung subcorticaler, zentraler Mechanismen (bei Säugetieren) durch die Großhirnrinde erfolgt, während z. B. BERITOFF die erregbarkeitsteigernde Wirkung von Rindenläsionen als Folge einer Dauerreizung ansieht.

Auch in der klinisch-neurologischen Literatur finden wir die Annahme tonisch fungierender Hemmungszentren und Bahnen weit verbreitet. Die Einführung des Begriffes des Wegfalles einer Hemmung durch ANTON (1894) zur Erklärung des Zustandekommens der choreatischen Bewegungsunruhe (die ANTON auf Wegfall einer vom Linsenkernstreifenhügel ausgehenden, den motorischen Haubenbahnen zukommenden Hemmung bezog) war geeignet in der Folge, das Verständnis einer Reihe von klinischen Erscheinungen zu erleichtern, wenn auch die Auffassung der Beziehung der extrapyramidalen, nervösen Mechanismen zueinander heute noch im Flusse ist. Mit diesen Fragen haben sich insbesondere ZINGERLE, BONHOEFFER, K. WILSON, C. und O. VOGT, O. FOERSTER, LEWY und JAKOB[9]

---

[1] EBBECKE, U.: Zitiert auf S. 645.

[2] SHERRINGTON, CH.: Decerebrate rigidity etc. J. of Physiol. **22**, 319 (1897).

[3] LÖWENTHAL, M. u. V. HORSLEY: On the relations etc. Proc. roy. Soc. Lond. **61**, 20, 369 (1897).

[4] COBB, S., A. BAILEY u. P. HOLTZ: On the genesis and inhibition of extensor rigidity. Amer. J. Physiol. **44**, 239 (1917).

[5] BREMER, F.: Contribution à l'étude de la physiologie du cervelet. Arch. internat. Physiol. **19**, 189 (1922).

[6] FANO, G. u. G. LIBERTINI: Sur la localisation des pouvoirs inhibiteurs etc. Arch. ital. de Biol. **25** III, 438 (1895).

[7] KALISCHER, O.: Über neue Ergebnisse der Dressurmethode usw. Berl. physiol. Ges. 6. Febr. 1919. Zitiert nach BERITOFF.

[8] In russischer Sprache erschienene Untersuchungen von ORBELI, ELIASON, DEMIDEFF, KRIJANOWSKY, SATURNOFF, KUDRIN und KURNEFF. Zitiert nach J. S. BERITOFF: Allgemeine Charakteristik der Tätigkeit des Zentralnervensystems. Erg. Physiol. **20**, 407 (1922).

[9] JAKOB, A.: Die extrapyramidalen Erkrankungen. Berlin 1923. (Zusammenfassende Darstellung der betreffenden Fragen.)

beschäftigt. Der Kliniker ist im allgemeinen geneigt, den Ausfall von Hemmungen immer dann zur Erklärung heranzuziehen, wenn die anatomische Schädigung eines Gebietes klinisch mit einem Mehr an Äußerungsformen der Motorik einhergeht, für welche eine befriedigende Erklärung durch einen Reizzustand nicht möglich ist.

Von den einfachsten reflektorischen Hemmungen bis zu den erworbenen „bedingten" und „psychischen" Hemmungen finden wir so mannigfaltige Hemmungsvorgänge, daß mir eine richtige Klassifizierung derselben heute noch nicht möglich erscheint.

Wohl aber lassen sich vorläufig gewisse Gruppen von Hemmungsvorgängen voneinander abgrenzen. So ist z. B. eine ganze Reihe intrazentraler Hemmungen dadurch charakterisiert, daß sie zwangsläufig mit einer *Erregung* anderer zentraler Mechanismen einhergehen, und zwar handelt es sich hierbei stets um eine Hemmung solcher Funktionen, die in gewisser Hinsicht in direktem Gegensatze zu den, durch die gleichzeitig gesetzte Erregung ausgelösten Vorgänge stehen — „reziproke Innervation". Die erste experimentelle Tatsache, die uns zeigte, daß auf natürlichem Wege erregte zentripetale Nerven in entgegengesetzter Weise auf antagonistische Muskelgruppen einwirken, verdanken wir der klassischen Untersuchung von E. HERING und J. BREUER über die Selbststeuerung der Atmung durch die Nervi vagi.

In neuerer Zeit ist dieser Typus der Antagonistenhemmung vor allem an der Extremitätenmuskulatur (SHERRINGTON u. a.) untersucht worden, an der CHARLES BELL schon im Jahre 1836 die entgegengesetzte Innervation antagonistischer Muskeln richtig erkannt hatte, aber nicht nur die spinalen, bulbären und corticalen Zentren der Skelettmuskulatur und der äußeren Augenmuskeln sind auf diese Weise zu reziproker, gemeinsamer Leistung verbunden, sondern auch Zentren für autonom innervierte Organe, wie z. B. das Vagus- und Acceleranszentrum, das Vasoconstrictoren- und Vasodilatorenzentrum, Koordinationszentren (vgl. die reziproke Erregung der In- und Exspirationsmuskulatur), ja vielleicht besteht ein ähnliches gegenseitiges Abhängigkeitsverhältnis auch zwischen bestimmten Teilen der corticalen Sinnessphären (Kontrastphänomene) und der Assoziationszentren (Enge des Bewußtseins).

Auf die spezielle Physiologie dieser gekoppelten Erregungs- und Hemmungsvorgänge soll hier nicht näher eingegangen werden, weil der reziproken Innervation ein eigenes Kapitel dieses Handbuches gewidmet ist.

Neben dieser weit verbreiteten Type intrazentraler Hemmungen kennen wir aber aber andererseits Fälle, in denen reflektorisch oder automatisch tätige Zentren gehemmt werden, ohne daß wir hierbei eine Erregung antagonistische Funktionen auslösender Zentren beobachteten. Als Beispiele solcher, nicht reziproker Hemmungen sei die Hemmung des Quakreflexes beim großhirnlosen Frosche durch verschiedenartige Hautreize, die Hemmung des Kratzreflexes am Rückenmarkshund durch Reizung der gleichseitigen Pfote (SHERRINGTON[1]) oder die tonischen hemmenden Einflüsse des Gehirns auf spinale Reflexe erwähnt.

Im allgemeinen können wir sagen, daß das Nachlassen der Kontraktion eines zuvor tonisch oder nur vorübergehend kontrahierten Muskels meist mit einer Erregung seiner Antagonisten einhergeht, wenn auch diese letztere Erregung manchmal unter der Schwelle bleiben kann; es kann deshalb unter Umständen die antagonistische Natur einer Hemmung übersehen werden. Dagegen sind jene Hemmungsvorgänge, die sich in einer Abschwächung oder einem Stillstande automatischer oder reflektorischer, rhythmisch (phasisch) wiederkehrender Bewe-

---

[1] SHERRINGTON, CH.: Integrative Action, S. 136ff.

gungsvorgänge äußern, nicht mit anderen *erregenden* Vorgängen verdoppelt. So beruht z. B. die Coupierung der Inspirationsbewegung durch die Reizung zentripetaler Fasern des Lungenvagus bei der HERING-BREUERschen Selbststeuerung auf einem reziproken Innervationsvorgang, während der Stillstand der Atmung beim Schluckakte als eine reine, isolierte Hemmung des Atemzentrums anzusehen ist.

Aber auch diese Regel gilt nicht ausnahmslos. Dies zeigt die Beobachtung von BÁRÁNY und C. und O. VOGT[1], daß der calorische Nystagmus zwar normalerweise auf reziproken Kontraktionen und Erschlaffungen des Rectus internus und externus beruht, daß er aber bei Reizung einer bestimmten Area (8) des Stirnhirnes nur durch die Kontraktion des Agonisten zustande kommt, während der Antagonist dauernd schlaff, also gehemmt bleibt.

Aus Versuchen von GRAHAM BROWN[2] scheint hervorzugehen, daß — wenigstens in gewissen Fällen — die „effektive" Hemmung des Antagonistenzentrums schwächer ist als die gleichzeitige Erregung des Ergistenzentrums. So läßt sich z. B. die Tatsache erklären, daß bei der gleichzeitigen Einwirkung zweier an und für sich antagonistisch wirkender bestimmt abgestufter Reflexreize, unter Umständen *beide* antagonistische Muskelgruppen in Kontraktion geraten.

Eine wirklich fruchtbare Klassifikation der Hemmungsvorgänge wird wohl erst dann möglich sein, wenn wir über die, wahrscheinlich verschiedenen Mechanismen, die ihnen zugrunde liegen, besser orientiert sein werden, als dies heute der Fall ist.

Über die *Theorie* der Hemmungsvorgänge liegen zahlreiche, untereinander recht abweichende Anschauungen und experimentelle Erfahrungen vor. Es ist historisch und sachlich begründet, daß man bei den Erklärungsversuchen der intrazentralen Hemmungen auf einfachere Hemmungsvorgänge zurückgriff, von denen in diesem Zusammenhange speziell die hemmende Vaguswirkung auf das Herz und das sogenannte WEDENSKY-Phänomen in Betracht kommen, das ist die Erscheinung, daß der Tetanus eines indirekt, faradisch gereizten Skelettmuskels absinkt, wenn man die Frequenz der, seinen motorischen Nerven treffenden Reize über ein gewisses Maß steigert.

In der Tat hat sich der Vergleich der intrazentralen Hemmungen mit den Erscheinungen beim WEDENSKY-Phänomen als recht fruchtbar erwiesen. Dieses Phänomen selbst kommt dadurch zustande, daß bei zu frequenter Reizung eines motorischen Nerven jeder einzelne Reiz in das relative Refraktärstadium der vorangehenden Erregung fällt, und daß er deshalb nur eine schwache Erregung (analog einer früh auftretenden Extrasystole des Herzens) auszulösen vermag. Diese relativ kleinen Erregungsschwellen sind, im Gegensatze zu normal großen, nicht imstande, eine mit einem Dekrement leitende Stelle, auf die sie in ihrem weiteren Verlaufe, z. B. im Nervenendorgan, stoßen, zu passieren; sie können also den Muskel nicht mehr erregen (F. B. HOFMANN[3], K. LUCAS[4], ADRIAN[5]).

Auf Grund dieser Tatsachen aus der Nerv-Muskel-Physiologie hat zuerst F. W. FRÖHLICH[6] die Theorie aufgestellt, daß auch die intrazentralen Hemmungen

---

[1] BÁRÁNY, R. u. C. u. O. VOGT: Zur reizphysiologischen Analyse der corticalen Augenbewegungen. J. Psychol. u. Neur. **30**, 87 (1923).

[2] BROWN, T., GRAHAM: Studies in the physiology of the nervous system. XXVIII etc. Quart. J. exper. Physiol. **14**, 1 (1924).

[3] HOFMANN, F. B.: Studien über den Tetanus III. Pflügers Arch. **103**, 291 (1904).

[4] LUCAS, K.: On the transference of the propagated disturbance etc. J. of Physiol. **43**, 46 (1911).

[5] ADRIAN, E. D.: Wedensky inhibition in relation to the all or none principle in nerve. J. of Physiol. **46**, 384 (1913).

[6] FRÖHLICH, F. W.: Der Mechanismus der nervösen Hemmungsvorgänge. Med.-naturw. Arch. **1**, 249 (1907) — Die Analyse der an der Krebsschere auftretenden Hemmungen. Z. allg. Physiol. **7**, 393 (1907).

als Wirkungen relativ zu frequenter Reize aufzufassen seien, und wir verdanken FRÖHLICH sowie VERWORN und seinen Schülern eine Reihe von Beobachtungen, die für die Richtigkeit dieser Anschauungen sprechen.

Sehr überzeugend sind diese Versuche von TIEDEMANN[1] über die Hemmung des Strychninkrampfes bei Fröschen durch die faradische Reizung eines sensiblen Nerven. Als ein relativ einfaches Beispiel sei ferner eine von VESZI[2] und HAASTERT[3] studierte Hemmung am Froschrückenmark erwähnt. Reizt man bei einem Frosche die neunte dorsale Rückenmarkswurzel faradisch, so löst diese Reizung reflektorisch eine tetanische Kontraktion des gleichseitigen Gastrocnemius aus. Einen ähnlichen, nur schwächeren Reflextetanus des Gastrocnemius löst meist auch die Reizung der achten dorsalen Wurzel aus. Reizt man aber während eines durch Reizung der 9. Wurzel ausgelösten Tetanus auch noch die 8. Wurzel, so tritt bei entsprechend gewählter Reizstärke nicht etwa eine Verstärkung des Reflextetanus auf, sondern der Muskel *erschlafft*, es wird also der von der 9. Wurzel aus ausgelöste Reflex nunmehr von der 8. aus intrazentral gehemmt.

Nach dem oben Gesagten wäre diese Hemmung durch die Annahme zu erklären, daß bei der gleichzeitigen Reizung beider Wurzeln dem Zentralnervensystem Erregungswellen von etwa doppelt so hoher Frequenz zugeleitet werden als bei Reizung *einer* Wurzel. Es „interferieren" also die frequenten Reize so miteinander, daß jeder folgende Reiz immer in das Refraktärstadium des vorhergehenden fällt. Infolgedessen findet er eine stark herabgesetzte Erregbarkeit vor, und die Reaktion bleibt aus, d. h. das Zentrum ist während der Dauer der frequenten Reizung gehemmt"[4].

In ähnlicher Weise hat FRÖHLICH[5] für eine Reihe von anderen Hemmungen — speziell bei Avertebraten — nachgewiesen, daß sie alle auf das gemeinsame Prinzip der Entwicklung eines Refraktärstadiums zurückzuführen sind. Mit dieser Auffassung steht auch die Beobachtung HOFFMANNs[6] gut in Einklang, daß die reflektorische Hemmung des Strychnintetanus beim Frosch mit einer Zunahme der Frequenz und einer Abnahme der Amplitude der Aktionsströme einhergeht. An decerebrierten Katzen konnte BUYTENDYK[7] allerdings eine Änderung der Innervationsfrequenz während einer reziproken Hemmung nicht feststellen. Der wesentliche Inhalt der FRÖHLICH-VERWORNschen Theorie ist also der, daß die Hemmungsvorgänge im Nervensystem auf eine zur Auslösung einer Erregung zu hohe Frequenz der Erregungswellen, zurückzuführen seien. Es würden also qualitativ *gleiche* Erregungsschwellen die in einem Nerven verlaufen, je nach ihrer Frequenz erregend oder hemmend auf das Endorgan des betreffenden Nerven wirken, ob nun dies Endorgan ein Muskel oder ein Reflexzentrum sei.

---

[1] TIEDEMANN, A.: Untersuchungen über das absolute Refraktärstadium und die Hemmungsvorgänge im Rückenmark des Strychninfrosches. Z. allg. Physiol. **10**, 183 (1910).

[2] VESZI, J.: Der einfachste Reflexbogen im Rückenmark. Z. allg. Physiol. **11**, 168 (1910).

[3] HAASTERT: Zur Analyse der antagonistischen Hemmungen. Z. allg. Physiol. **17**, 168 (1918).

[4] VERWORN, M.: Erregung und Lähmung, S. 194. Jena: G. Fischer 1914.

[5] FRÖHLICH, F. W.: Über periphere Hemmungen. Z. allg. Physiol. **7** (1908) — Der Mechanismus der nervösen Hemmungsvorgänge. Med.-naturw. Arch. **1907** — Beitr. zur Analyse der Reflexfunktion. Z. allg. Physiol. **9** (1909) — Summation, „scheinbare Bahnung" usw. am Nervensystem der Cephalopoden. Ebenda **10**, 436 (1910) — Über den peripheren Tonus der Cephalopodenchromatophoren. Ebenda **11**, 99 (1910) — Über den am Seestern Palmipes menbranaceus auftretenden Tonus u. s. Hemmung. Ebenda **11**, 115 (1910) — Summation, scheinbare Bahnung usw. am Nervensystem von Aplysia limacina. Ebenda **11**, 275 (1910).

[6] HOFFMANN, P.: Über die Innervation der reflektorisch ausgelösten Kontraktionen usw. Arch. (Anat. u.) Physiol. **1910**, Suppl., 233.

[7] BUYTENDYK, F. J. J.: Über die elektrischen Erscheinungen bei der reflektorischen Innervation usw. Z. Biol. **59**, 36 (1912).

In ähnlicher Weise[1] hat auch ADRIAN[2] die intrazentralen Hemmungen im Anschlusse an das WEDENSKY-Phänomen zu erklären gesucht, und auch FORBES[3] hat sich ihm angeschlossen. Der zwingende Beweis für die Richtigkeit dieser Anschauungen ist von BRÜCKE[4] durch Versuche am gekreuzten Kniestreckreflex der Katze und an dem oben erwähnten, von VESZI und HAASTERT studierten Reflex auf den Froschgastrocnemius erbracht worden. BRÜCKE reizte den reflexauslösenden, sensiblen Nerven mit 50 Reizen in der Sekunde, den den Reflex hemmenden Nerven mit 51 Reizen, oder umgekehrt (Methode der schwebenden Reizung). Diese Methode ermöglicht es, zu entscheiden, ob zwei an verschiedenen Stellen ausgelöste Erregungen irgendwo in ihrem Verlaufe einen gemeinsamen Weg haben. Die Versuche ergaben nun in der Tat ganz eindeutig, daß die den Reflex auslösenden und die ihn hemmenden Erregungswellen intrazentral eine gemeinsame Strecke haben, und daß jedesmal dann eine Hemmung eintritt, wenn die *erregenden* Wellen (z. B. die „50er" Wellen) in das Refraktärstadium der *hemmenden* (z. B. der „51er") fallen, und daß umgekehrt die Hemmung aufhört, sobald die hemmenden Wellen ihrerseits in das Refraktärstadium der erregenden fallen. Durch diese abwechselnde Vernichtung des Reizerfolges der erregenden und der hemmenden Wellen kommt es zu „Reflexschwebungen", d. h. zu regelmäßig, im Rhythmus der Reizschwebungen wiederkehrenden Verstärkungen und Abschwächungen der reflektorischen, tetanischen Muskelkontraktion.

Die Figuren 121 a und b zeigen dies Verhalten, und zwar sehen wir, daß je nach dem, ob die 50er oder die 51er Reize hemmend waren, im Momente der Koinzidenz der Reize (also auf der Höhe der Reizschwebung) einmal die Erregung, das andere Mal die Hemmung einsetzt, wie dies nach dem Ineinanderspielen der Reize zu erwarten war.

Da nun eine Nervenfaser nach allem, was wir hierüber wissen, nur qualitativ

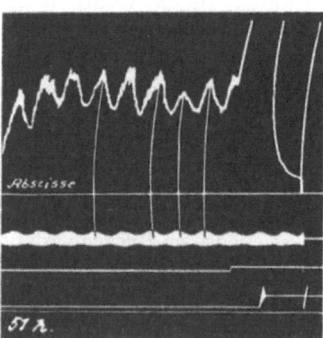

Abb. 121 a und b. Gekreuzter Kniestreckreflex der Katze bei gleichzeitiger Reizung des erregenden, kontralateralen, zentralen Ischiadicusstumpfes und des hemmenden, ipsilateralen. In Abb. a wirken die 50 er Reize hemmend, in Abb. b die 51. Dementsprechend beginnt in a auf der Höhe der Reizschwebung (Koinzidenz der Reize) die Phase der *Erregung*, in b dagegen die Phase der *Hemmung*. (Nach E. TH. BRÜCKE, 1922.)

---

[1] BRÜCKE, E. TH.: Zur Entscheidung zwischen der Fröhlich-Verwornschen und der K. Lucasschen Theorie usw. Arch. néerl. Physiol. **7**, 161 (1922).
[2] LUCAS, KEITH: The conduction of nervous impulse, S. 49ff. London 1917 (das betreffende Kapitel ist von ADRIAN nach K. LUCAS' Tode geschrieben worden).
[3] FORBES, A.: The modification of the crossed extension reflex usw. Amer. J. Physiol. **56**, 273, 298f. (1921).
[4] BRÜCKE, E. TH.: Zur Theorie der intrazentralen Hemmungen. Z. Biol. **77**, 29 (1922).

gleichartige Erregungswellen zu leiten vermag, so geht aus der Tatsache, daß die erregenden und hemmenden Wellen intrazentral eine gemeinsame Strecke haben, weiter hervor, daß es *qualitativ gleichartige* Wellen sind, die das eine Mal erregend, das andere Mal hemmend wirken, daß also *spezifische* Hemmungsvorgänge hier keine Rolle spielen.

Obwohl SHERRINGTON die Hemmung für einen, der Erregung entgegengesetzten, zentralen Vorgang hält, so meint doch auch er, daß der Hemmungsprozeß rhythmisch verlaufen müsse, und daß sein Rhythmus etwa dem der erregenden Wellen entspräche[1].

Zu ähnlichen Schlußfolgerungen ist auch BERITOFF[2] gelangt: Löste er einen Reflextetanus durch Reizung eines sensiblen Nerven mit einer Frequenz von z. B. 100 Reizen in der Sekunde aus und reizte er dann einen diesen Reflex hemmenden Nerven z. B. mit 20 Reizen in der Sekunde, so sah er die Reihe der Erregungswellen 20mal in der Sekunde gestört, d. h. es fiel von den 100 reflektorischen Erregungswellen z. B. jede 5. aus oder dergleichen mehr. Durch theoretische Überlegungen kam BERITOFF zu der Annahme, daß beim Frosch der Rhythmus der hemmenden Impulse bis auf 100, beim Warmblüter bis auf 300 in der Sekunde steigen kann.

Um eine kurze Bezeichnung für Hemmungsvorgänge von diesem Typus zu gewinnen, meine ich, daß man in diesen Fällen doch von einer „*Interferenz*" der Erregungswellen sprechen darf. Natürlich handelt es sich dabei nicht um eine Interferenz von Wellen im Sinne der Physik (an die VOLKMANN und WUNDT seinerzeit gedacht hatten), sondern um eine physiologische Interferenz ganz anderer Art. Mit der Erkenntnis, daß die erregenden und hemmenden Wellen qualitativ gleichartig sind, steht scheinbar die Tatsache in Widerspruch, daß wir einen Reflex in der Regel durch die Reizung bestimmter, sensibler Nerven auslösen, durch die Reizung anderer Nerven dagegen *regelmäßig nur hemmen können*. Es ist also die Frage zu beantworten, woher diese Differenz in der Wirkung der als prinzipiell gleichartig erkannten Impulse kommt?

Zur Beantwortung dieser Frage ist eine Reihe von Hypothesen aufgestellt worden (FRÖHLICH[3], VERWORN[4], ADRIAN[5], FORBES[6], BRÜCKE[7]). Sie alle gehen von der Vorstellung aus, daß von der Reflexbahn, die erregend auf ein Muskelzentrum wirkt, Kollateralen zum Zentrum des antagonistisch wirkenden Muskels abzweigen, die auf dieses Zentrum hemmend wirken. Es ist dies eine Vorstellung, die — wenn auch in etwas allgemeinerer Fassung — meines Wissens zuerst von H. E. HERING[8] klar formuliert werden ist.

Ferner haben diese Hypothesen die Annahme gemein, daß die dem Antagonistenzentrum zufließenden Erregungswellen deshalb hemmend und nicht erregend wirken, weil sie relativ schwach sind; sie unterscheiden sich aber in der *Deutung* dieser „Schwäche" der Erregungswellen.

FRÖHLICH meint, daß die Abschwächung der Erregungswellen durch die Einschaltung eines oder mehrerer, die Erregung schwächender Neurone in die Ver-

---

[1] SHERRINGTON, CH. S.: Nervous rhythm arising etc. Proc. roy. Soc. Lond. B **86**, 233 (1913).
[2] BERITOFF, J. S.: Die zentrale reziproke Hemmung usw. Z. Biol. **64**, 175 (1914) — Über den Rhythmus der reziproken Innervation usw. Ebenda **80**, 171 (1924).
[3] FRÖHLICH, F. W.: Beiträge zur Analyse usw. Z. allg. Physiol. **9**, 55, 100—101 (1909).
[4] VERWORN, M.: Erregung und Lähmung, S. 221. Jena 1914.
[5] LUCAS, KEITH: The conduction of the nervous impulse, S. 94ff. London 1917.
[6] FORBES, A.: The modification of the crossed extension reflex etc. Amer. J. Physiol. **56**, 273, 298ff. (1921).
[7] BRÜCKE, E. TH.: Zur Theorie der intrazentralen Hemmungen. Z. Biol. **77**, 29, 53ff. (1922).
[8] HERING, H. E.: Zitiert auf S. 645.

bindung mit der letzten gemeinsamen Strecke des Antagonisten zustande kommt. VERWORN will diese Schwäche der hemmenden Impulse auf die Kleinheit des Querschnittes dieser hemmenden Kollateralen zurückzuführen, wobei er von der, meines Erachtens noch anzuzweifelnden Ansicht ausgeht, daß Erregungen, die einer Ganglienzelle von einer dünneren Nervenfaser aus zu fließen, eine geringere Intensität haben müßten, als jene, die aus einer dickeren Faser stammen.

ADRIAN stellt sich vor, daß in den erregenden Reflexbogen ein Schaltstück mit einem relativ langen Refraktärstadium eingeschaltet sei. Dieses lange Refraktärstadium würde dazu führen, daß von den Erregungswellen, die von dem afferenten Aste des Reflexbogens dem Zentrum zufließen, nur jede zweite zum motorischen Neuron gelangt, weil jede dazwischenliegende noch in das absolute Refraktärstadium der vorangehenden fiele. Auf diese in ihrer Frequenz auf die Hälfte herabgesetzten Erregungswellen könnte das prämotorische Neuron prompt mit normal großen Erregungen ansprechen, während von den Erregungswellen, die etwa mit der vollen Frequenz im prämotorischen Neuron ausgelöst würden, jede einzelne noch in das relative Refraktärstadium ihrer Vorgängerin fiele, so daß diese Wellen relativ klein wären und im Dekrement an der Synapse zur Vorderhornzelle erlöschen würden. Die antagonistische Hemmung eines solchen Reflexes könnte darum durch eine Kollaterale von dem hemmenden afferenten Nerven vermittelt werden, die unter Umgehung des erwähnten Schaltstückes unmittelbar am prämotorischen Neuron angreift. Diese Kollaterale würde ihm Erregungswellen zuführen, deren Frequenz doppelt so hoch wäre wie die jener Wellen, die ihm von dem den Reflex auslösenden, sensiblen Nerven zufließen. Diese frequenten, kleinen Erregungswellen würden weder selbst das Zentrum erregen können, noch könnten es dann die weniger frequenten, ursprünglich erregenden Wellen, die sich jetzt zwischen die frequenten einschieben.

Auch FORBES sucht die hemmende Wirkung der das Antagonistenzentrum treffenden Erregungswellen durch die Annahme zu erklären, daß sie eine höhere Frequenz hätten als die dem Ergistenzentrum zufließenden Erregungswellen. Die Reflexschwebungen ergaben, daß die Frequenz der Erregungswellen, die sich im Zentrum gegenseitig beeinflussen, mit der Frequenz der Reize übereinstimmt, und deshalb kann auch diese Hypothese den Tatsachen nicht entsprechen.

BRÜCKES Versuche mit schwebender Reizung beweisen, daß — wenigstens beim gekreuzten Extensorreflex der Katze — die fördernden und die hemmenden Erregungswellen eine Strecke weit innerhalb der gleichen Nervenfaser verlaufen, denn sonst könnten die einen nicht durch das Refraktärstadium der anderen beeinflußt werden. Andererseits wissen wir, daß die hemmenden Erregungswellen normalerweise nicht auf das letzte Neuron, den motorischen Nerven übergehen[1]. Da wir nun bisher, abgesehen von der Größe (Stärke) der Erregungswelle, kein Moment kennen, welches eine Erregungswelle geeigneter machen würde, eine Synapse zu passieren, als eine andere Erregungswelle, müssen wir an der Annahme festhalten, daß die hemmenden Erregungswellen zwar im Prinzip mit den den Reflex auslösenden gleichartig sind, daß sie aber kleiner oder schwächer sind als diese und deshalb eine — vermutlich die letzte — Synapse nicht passieren können.

Wenn wir uns auf den Standpunkt stellen, daß das Alles-oder-nichts-Gesetz auch für die Nervenfaser gilt, kennen wir bisher nur zwei Umstände, unter denen Erregungswellen von subnormaler Größe zur Beobachtung kommen: 1. kann eine Erregungswelle deshalb kleiner sein als eine normale, weil sie während eines relativen Refraktärstadiums auftritt, und 2. kann sie kleiner sein, weil sie eine

---
[1] VERWORN, M.: Zur Physiologie der nervösen Hemmungserscheinungen. Arch. (Anat. u.) Physiol. **1900**, Suppl., 105.

Strecke weit durch eine mit einem Dekrement leitende Region gelaufen ist. Der erste Fall an den ADRIAN und FORBES gedacht haben, kommt, wie die Tatsache der den Reizschwebungen parallel gehenden Reflexschwebungen zeigt, für antagonistisch hemmende Erregungswellen nicht in Betracht. Wir müssen also nach dem, was wir bisher über die Einzelerregung wissen, annehmen, daß die „hemmenden" Erregungswellen infolge der Passage durch eine Dekrementregion so weit abgeschwächt wurden, daß sie das Dekrement an der Synapse mit der Vorderhornzelle normalerweise nicht mehr passieren können. Diese Frage, wodurch dieses Dekrement bedingt ist, läßt sich zur Zeit noch nicht entscheiden.

Die Vorstellung, die wir uns nach dem bisher erörterten, von dem Mechanismus der Antagonistenhemmung, also von der reziproken Innervation machen können, sei an dem von BRÜCKE gegebenen Schema der Abb. 2 besprochen, das sich auf den gekreuzten Knie-Streck-Reflex der Katze bezieht. Dieser Reflex wird bekanntlich durch die Reizung des kontralateralen Ischiadicus ausgelöst, während er durch die Reizung des ipsilateralen Ischiadicus gehemmt wird. Von der, den kontralateralen Ischiadicus zentral fortsetzenden Bahn zweigt einerseits eine Reflexkollaterale (1) zu einem „prämotorischen" Neuron [pm. N. (E)] für den Extensor ab, andererseits eine mit einem Dekrement leitende (punktiert gezeichnete) Kollaterale (2) zu einem prämotorischen Neuron [pm. N. (F)] für den Flexor. Die zentrale Fortsetzung des ipsilateralen Ischiadicus entsendet eine Reflexkollaterale (3) zum prämotorischen Flexor-Neuron und eine mit Dekrement leitende

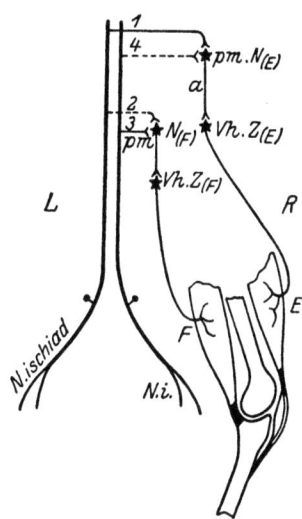

Abb. 122. Schema der reziproken Innervation der Kniebeuger und -strecker der Katze. (Nach E. TH. BRÜCKE.)

Kollaterale (4) zum prämotorischen Extensor-Neuron. In der intrazentralen prämotorischen Bahn (a) für den Extensor können nun einerseits Erregungswellen von normaler Größe verlaufen, die auf die Vorderhornzelle übergehen [Vh.-Z. (E)], andererseits schwächere Erregungswellen[1], die auf die Vorderhornzelle nicht (bzw. nur bei einem gewissen Grade der Strychninvergiftung) übergehen können. Die Hemmung des Extensorreflexes kommt dadurch zustande, daß im prämotorischen Neuron (a) die von der kontralateralen Seite stammenden, den Reflextetanus auslösenden Erregungswellen in das Refraktärstadium der vom ipsilateralen Ischiadicus herstammenden schwachen Erregungswellen fallen. Ob es sich dabei um ein absolutes Refraktärstadium, also um ein Erlöschen der reflexauslösenden Erregungswellen handelt, oder um ein relatives Refraktärstadium, das diese Wellen nur so weit schwächt, daß sie die Synapse zur Vorderhornzelle nicht mehr passieren können, läßt sich vorläufig nicht entscheiden.

Der Ort, an dem sich der Hemmungsvorgang abspielt, den wir mit H. E. HERING[2] als „Kollisionsort" bezeichnen können, ist also nicht in oder an der Vorderhornzelle (VERWORN, FRÖHLICH, SATAKE[3]) zu suchen, sondern in einem prämotorischen Neuron, wie dies auch E. H. HERING und SHERRINGTON[4] angenommen haben.

Es ist in hohem Maße wahrscheinlich, daß der hier geschilderte Mechanismus der intrazentralen Hemmungen sich bei der reziproken Innervation der *gesamten*

---

[1] Dies wäre denkbar, wenn auch dieses Schaltneuron mit einem Decrement leiten würde.
[2] HERING, E. H.: Zitiert auf S. 645.
[3] SATAKE, J.: Die Lokalisation der Hemmungen usw. Z. allg. Physiol. **14**, 79 (1912).
[4] SHERRINGTON, CH. S.: The integrative action, S. 104ff. London 1911.

Skelettmuskulatur wiederfinden lassen wird, daß er also zum mindesten für eine sehr große Zahl intrazentraler Hemmungsvorgänge gilt.

Keineswegs sind wir aber auf Grund der wenigen bisher studierten Fälle berechtigt, diesen Mechanismus als für *alle* intrazentralen Hemmungen gültig anzusehen. Und hiermit taucht die Frage auf, an welche weiteren Möglichkeiten für die Erklärung intrazentraler Hemmungen wir denken können? Zunächst wäre hier die auch heute noch von den meisten Physiologen der bisher besprochenen vorgezogene Theorie zu nennen, die meist als GASKELL-HERINGsche *Theorie*[1] bezeichnet wird.

Diese Theorie stützt sich in erster Linie auf die Hemmungswirkung des N. vagus auf den Herzmuskel und auf die auch heute noch umstrittene Beobachtung der positiven Schwankung des Herz-Demarkationsstromes während der Vagusreizung. Ihre Anhänger sehen in der Hemmung eine Beeinflussung des Zellstoffwechsels, die jener bei der Erregung entgegengesetzt ist. (Assimilation-Dissimilation). Daß diese Ansicht für die herzhemmende Vaguswirkung, und wahrscheinlich für alle Hemmungen im Bereiche der autonomen Nervensysteme das Richtige getroffen hat, haben die grundlegenden Versuche O. LOEWIS[2] gezeigt, die durch zahlreiche Untersuchungen (HAMBURGER, BRINKMANN und VAN DAM, DUSCHL u. a.) bestätigt und erweitert worden sind. Das wesentliche Ergebnis dieser Forschungen ist das, daß durch die Reizung fördernder und hemmender autonomer Nerven in dem von ihnen innervierten Gewebe ein die Gewebstätigkeit förderndes bzw. hemmendes Hormon gebildet wird.

Es ist ohne weiteres zuzugeben, daß auch im Bereiche der intrazentralen Hemmungen eine ganze Reihe von Erscheinungen durch die Annahme analoger *spezifischer* Hemmungsvorgänge innerhalb des Zentralnervensystems leichter gedeutet werden kann, als durch die Annahme von Vorgängen, die sich nach dem Schema des WEDENSKY-Phänomens (Interferenz) abspielen.

So stoßen wir z. B. auf gewisse Schwierigkeiten, wenn wir auf Grund der Interferenztheorie die Tatsache erklären wollen, daß die fördernden und hemmenden Impulse bei gleichzeitiger Reizung antagonistisch wirkender sensibler Nerven je nach den verwendeten Reizstärken sich intrazentral mehr oder weniger kompensieren, was eher an ein feines Ineinanderspielen gegensinniger Prozesse denken läßt („Algebraische Summation" von Erregung und Hemmung) (SHERRINGTON[3]). BRÜCKE hat auch auf die Schwierigkeiten hingewiesen, die sich der Deutung der Tatsache entgegenstellen, daß bei seinen Versuchen Reflexschwebungen nur dann auftraten, wenn die den ipsilateralen Ischiadicus treffenden Reize nahe der Schwelle lagen, daß aber bei stärkeren, hemmenden Reizen der Quadriceps *dauernd* atonisch blieb. Dies ist auffallend, denn nach dem Alles-oder-nichts-Gesetz erregen die stärkeren Reize *mehr* Fasern des ipsilateralen Ischiadicus als die schwächeren, und wieso die Steigerung der Zahl der erregten Fasern zu einer *dauernden* Hemmung führt, ist nach der Interferenztheorie nicht ohne weiteres verständlich.

Eine Erscheinung, die sich auf Grund der HERING-GASKELLschen Theorie der Hemmung in vielen Fällen leichter erklären ließe als mittels der Interferenz-

---

[1] HERING, E.: Zur Theorie der Vorgänge in der lebendigen Substanz. Lotos, N. F., **9** (1888) (neu abgedruckt in fünf Reden von E. HERING. Leipzig 1921). — GASKELL: The contraction of cardiac muscle in Schäfers Textbook of physiology **2**. London 1900.

[2] LOEWI, O.: Über humorale Übertragbarkeit der Herznervenwirkung. Pflügers Arch. **189**, 239 (1921); **193**, 201 (1922); **203**, 408 (1924).

[3] SHERRINGTON, CH.: Reflex inhibition as a factor etc. Quart. J. exper. Physiol. **6**, 251 (1913) — Proc. roy. Soc. Lond. B **80**, 565.

theorie, ist weiter die abnorm starke Kontraktion, in die der Muskel unmittelbar nach Wegfall einer starken Hemmung oft verfällt („Rückprall-Kontraktion", „Hemmungsrückschlag", „rebound"). Im folgenden werden diese von SHERRINGTON als sukzessive Induktion bezeichneten Vorgänge eingehend erörtert werden; hier sei nur erwähnt, daß SHERRINGTON[1] diese spontan auftretende Erregung nach einer Hemmung in geistreicher Weise ursprünglich als „spinalen Kontrast" gedeutet und sie in Analogie zu den negativen Nachbildern gestellt hat. Diese gewiß ansprechende Idee ist von einer Reihe von Forschern aufgegriffen und weiter entwickelt worden (vgl. EBBECKE[2]).

Die Auffassung der intrazentralen Hemmungsvorgänge als Folge der Refraktärstadien nach schwachen Erregungswellen schließt die Möglichkeit der SHERRINGTONschen Hypothese meines Erachtens nicht vollkommen aus. Während der Hemmung ist die Vorderhornzelle blockiert, keine Erregungswelle kann sie erreichen. Während dieser Zeit absoluter Ruhe könnte sich nun ihre Erregbarkeit so weit steigern, daß nach Wegfall der Hemmung schwache, sonst nicht oder nur kurze Zeit wirksame Reize, die der Vorderhornzelle in Form von Erregungswellen zufließen, jetzt eine lang anhaltende Serie von Entladungen in ihr auslösen.

Es wäre für die theoretische Deutung der Hemmungsvorgänge wichtig, eine Antwort auf die Frage zu erhalten, in welchem Zustande sich ein Zentrum *nach* Ablauf einer Hemmung befindet: ob es noch eine Zeit lange weiter gehemmt bleibt, ob es nach HERINGS Terminologie überwertig ist, oder ob es sich in einem neutralen Zustande befindet[3].

Die Beobachtungen an den spinalen Reflexen der Warmblüter ergeben in dieser Hinsicht je nach der verwendeten Reizstärke und dem Ausgangszustand der Versuchszentren wechselnde Ergebnisse. Die erwähnte Rückprall-Kontraktion (rebound) tritt im allgemeinen nach länger dauernden, mäßig starken Hemmungen ein, während eine Hemmung mit sehr starken (FORBES) oder ganz schwachen Reizen (SHERRINGTON[4]) zu einer überdauernden Depression des Zentrums nach Schluß der Hemmung führt, die im erstgenannten Falle vielleicht auf eine Schädigung durch die zu starke Reizung zurückzuführen ist.

Eine einheitliche Beantwortung der oben aufgeworfenen Frage kann demnach — wenigstens heute — noch nicht gegeben werden.

Wenn es nun einerseits auch gewiß möglich ist, eine sehr große Anzahl von Beobachtungen über intrazentrale Hemmungen entweder ohne weiteres oder durch Aufstellung von Hilfshypothesen mit Hilfe der Interferenztheorie zu erklären, und wenn andererseits auch die ausschlaggebende Bedeutung des Refraktärstadiums (also der „Interferenz") für einzelne Hemmungen mit voller Sicherheit bewiesen ist, so müssen wir andererseits doch die Frage ventilieren, ob nicht neben jenen Hemmungen, die auf die Wirkung eines Refraktärstadiums zurückzuführen sind, noch andere vorkommen, bei denen wir eine „spezifische", die Erregung unterdrückende Wirkung der zentripetalen, hemmenden Nerven annehmen müssen.

In der organischen Natur wird so häufig ein und derselbe Effekt auf zweierlei oder mehrfache Weise herbeigeführt, daß ich es für sehr wahrscheinlich halte, daß auch die intrazentralen Hemmungen nicht alle auf dem gleichen Mechanismus beruhen. Da wir nun im Wirkungsbereiche des autonomen Nervensystems Hemmungsvorgänge kennengelernt haben, die auf der Produktion eines hem-

---

[1] SHERRINGTON, CH.: The integrative action etc., S. 212.
[2] EBBECKE, U.: Über zentrale Hemmung usw. Pflügers Arch. **186**, 200, 206 (1921).
[3] FORBES, A.: Reflex inhibition of skeletal muscle. Quart. J. exper. Physiol. **5**, 149 (1912).
[4] SHERRINGTON, CH. S.: Proc. roy. Soc. Lond. B **80**, 53.

menden Hormones beruhen (LOEWI), erscheint es nicht ausgeschlossen, daß eine solche humorale Übertragung der Wirkung hemmender, zentripetaler Nerven in manchen Fällen auch *intrazentral* eine Rolle spielt.

Daß die Reflextätigkeit durch humorale Einflüsse beeinflußt werden kann, geht auf das deutlichste aus der Beobachtung STEINACHS[1] hervor, daß maskulierte weibliche oder feminierte männliche (ursprünglich kastrierte) Tiere Begattungs- und andere Reflexe zeigen, die für jenes Geschlecht charakteristisch sind, dessen Keimdrüsen die betreffenden Tiere eben tragen. Durch Implantation von Hodenstücken in den Rückenlymphsack läßt sich auch bei kastrierten, männlichen Fröschen der zuvor geschwundene Umklammerungsreflex wieder erwecken (HARMS[2]). Aber auch sonst zeigt uns das Verhalten brünstiger oder gravider Tiere sehr oft die Bedeutung, die Inkrete auf die Funktionen des Zentralnervensystems nehmen können.

Wollten wir nach humoralen intrazentralen Hemmungsvorgängen suchen, die mit einer gewissen Wahrscheinlichkeit auf der Produktion eines hemmend wirkenden Hormones beruhen dürften, so wäre vielleicht in erster Linie an die hemmenden reflektorischen Einflüsse auf das Atemzentrum zu denken. So gelingt es z. B. bei vagotomierten Hunden bekanntlich sehr schwer, durch forcierte Lungen-Ventilation eine Apnoe zu erzeugen; andererseits ist es aber FREDERICQ mittels der Methode der gekreuzten Durchblutung gelungen, einen Hund apnoisch zu machen, dessen Gehirngefäße vom Blut eines durch Lungenventilation apnoisch gemachten zweiten Hundes durchströmt wurden. Es scheint mir nicht ausgeschlossen, daß hier nicht oder nicht nur eine Akapnie-Wirkung vorliegt, sondern daß durch die Erregung der sensiblen Lungenvagi während der Überventilation intrazentral ein Hormon frei wird, das auf dem Blutwege dem Atemzentrum des anderen Hundes zugeführt wird und es hemmt.

Die Beobachtung, daß eine reine Vagus-Apnoe noch über eine halbe Minute nach Schluß der Vagusreizung fortbestehen kann (MEEK[3]) spricht auch für diese Auffassung. Es scheint mir überhaupt wichtig, in diesem Zusammenhange auf die zeitlichen Verhältnisse der Hemmungsvorgänge Bedacht zu nehmen; so sprach z. B. die außerordentlich kurze Latenz, nach der die Hemmung eines Skelettmuskels bei Reizung bestimmter afferenter Nerven eintritt, von vornherein gegen eine hormonale Genese solcher Hemmungsvorgänge (vgl. z. B. dagegen den Histaminshock).

Eine von den bisher besprochenen Theorien ganz abweichende, wohl nur mehr historisch interessante Vorstellung von der Genese der Hemmungsvorgänge hat McDOUGAL[4] mit seiner „Ableitungstheorie" entwickelt. Auch er steht auf dem Standpunkte, daß wir uns unter der „Hemmung" keinen spezifischen, der Erregung entgegengesetzten Vorgang denken dürfen, sondern daß die Hemmung auf einer Unterbrechung der Erregungsvorgänge beruhe. Von psychologischen Tatsachen und von der Lehre der reziproken Innervation ausgehend stellt sich nun McDOUGALL vor, daß die Erregungsenergie etwa wie ein Strom von einer Stelle des Nervensystems (der gehemmten) zu einer anderen (der erregten) hin abgeleitet werden könne.

Wie oben erwähnt wurde, bezeichnet SHERRINGTON[5] als „sukzessive Induk-

---

[1] STEINACH, E.: Willkürliche Umwandlung von Säugetier-Männchen usw. Pflügers Arch. **144**, 71 (1922).
[2] HARMS, W.: Hoden- und Ovarialinjektionen bei Rana-fusca-Kastraten. Pflügers Arch. **133**, 27 (1910).
[3] MEEK, W. J.: Vagus Apnea. Amer. J. Physiol. **67**, 309 (1924).
[4] McDOUGALL, W.: The nature of inhibitory processes etc. Brain **26**, 153 (1903).
[5] SHERRINGTON, CH. S.: Proc. roy. Soc. Lond. B **77**, 478 (1906); vgl. auch **76**, 161, 269; **52, 53, 60, 61, 64** u. **66**.

tion" die Erscheinung, daß manchen Hemmungsvorgängen eine deutliche Steigerung der Erregbarkeit und der Leistungsfähigkeit des zuvor gehemmten Zentrums folgt. Besonders deutlich zeigt sich diese Erscheinung als spontane „Rückprall-Kontraktion[1] („rebound") nach dem Wegfall einer starken Hemmung eines sonst tonisch kontrahierten Extensors (z. B. des M. vasto-crureus beim decerebrierten Tier[2]). Auch der „Zeitmarkier"-Reflex und der gekreuzte Extensor-Reflex fallen, bei gleicher Stärke des auslösenden Reizes, nach einer vorangangenen Hemmung stärker aus als sonst. Der Beuge-Reflex erniedrigt also infolge der ihm innewohnenden Hemmung der Strecker die Schwelle für einen folgenden Streck-Reflex[3].

Bei Willkür-Kontraktionen hat H. E. Hering[4] zuerst das Phänomen der Rückprall-Kontraktion beobachtet. Eingehend beschrieben wurde es von Rieger[5], der sie als eine Elastizitätswirkung auffaßte, und von Isserlin[6].

Auch die gesteigerte Tendenz zur Inspiration nach einem inspirationshemmenden Reiz[7] kann als Beispiel einer Rückprallerregung des Atemzentrums aufgefaßt werden.

Es handelt sich bei diesen Erscheinungen sicher um intrazentrale Vorgänge und nicht etwa um propriozeptive Reflexe, denn die Durchschneidung der hinteren Wurzeln schwächt die Rückprallkontraktion entweder nur wenig ab[8] oder sie verstärkt sie sogar[9]. Der Muskel selbst ist nur indirekt an dem Vorgange beteiligt (Sherrington[10]).

Meist tritt die Rückprallkontraktion mit einer Latenz von ca. einer Sekunde nach Schluß der hemmenden Reizung auf (Sherrington[10]). In manchen Fällen läßt sich die Erregbarkeitssteigerung aber erst mehrere Sekunden nach Abschluß der Hemmung nachweisen; die Hemmung kann also die Reizung ebenso überdauern, wie bei erregenden Reflexen die Erregung oft überdauert (Forbes[11]).

Bei der reziproken Innervation hält die Hemmung des Antagonisten in der Regel ebenso lange nach Schluß der Reizung an, wie die Kontraktion des Protagonisten die Reizung überdauert (Sherrington[12]).

Ein vorzeitiges Auftreten der Rückprallkontraktion vor Schluß, ja schließlich sogar gleich zu Beginn der hemmenden Reizung, beschreibt Verzár[13].

Die Vermutung Verzárs, daß die Rückprallkontraktion als Ermüdungserscheinung aufzufassen sei, kann ich nicht teilen, wohl aber zeigen seine Kurven, daß unter Umständen bei fortschreitender Ermüdung eine Rückprallkontraktion auftritt, ohne daß zuvor eine Hemmung des betreffenden Muskels zu erkennen gewesen wäre, so daß also dann ein Fall von Reflexumkehr vorliegt.

---

[1] „Rückprall" gibt den Sinn von „rebound" besser wieder als das bisher gebräuchliche Wort „Rückschlag".
[2] Sherrington, Ch. S.: Proc. roy. Soc. Lond. B **80**, 53 (1908).
[3] Sherrington, Ch. S.: Integr. Action, S. 208.
[4] Hering, H. E.: Beitrag zur Frage der gleichzeitigen Tätigkeit antagonistisch wirkender Muskeln. Z. Heilk. **16**, 135 (1895).
[5] Rieger, C.: Über Muskelzustände II. Z. Psychol. **32**, 377, 382ff. (1903).
[6] Isserlin, M.: Über den Ablauf einfacher willkürlicher Bewegungen. Kraepelins Psychol. Arb. **6**, 1, 31ff. (1914).
[7] Head, H.: On the regulation of respiration. J. of Physiol. **10**, 279 (1889).
[8] Sherrington, Ch. S.: On plastic tonus etc. Quart. J. exper. Physiol. **2**, 109 (1909).
[9] Brown, T. Graham: Studies in the physiology etc. IX. Quart. J. exper. Physiol. **4**, 331, 369 (1911).
[10] Sherrington, Ch. S.: Proc. roy. Soc. Lond. B **76**, 160 (1905); **77**, 478 (1906); **79**, 337 (1907) — J. of Physiol. **36**, 185 (1907).
[11] Forbes, A.: Reflex inhibition of skeletal muscle. Quart. J. exper. Physiol. **5**, 149, 176 (1912).
[12] Sherrington, Ch. S.: Reflex inhibition etc. Quart. J. exper. Physiol. **6**, 251, 284 (1913).
[13] Verzár, F.: Reflexumkehr (paradoxe Reflexe) usw. Pflügers Arch. **199**, 109 (1923).

In seltenen Fällen hat GRAHAM. BROWN Rückprallkontraktionen nach Abschluß *erregender* Reizungen[1] gesehen und in einem Falle eine verstärkte Erschlaffung nach Abschluß einer hemmenden Reizung, also eine „Rückprall-Erschlaffung"[2]; auch phasisch (rhythmisch) abklingende Rückprallphänomene hat er beobachtet.

Die Ablösung der Hemmung durch eine Rückprallkontraktion ist sicher von Bedeutung für die Koordination bei Reflexreihen, in denen Zentren alternierend erregt und gehemmt werden, also bei allen rhythmisch wiederkehrenden („phasischen") Reflexen (Lokomotion, Kratzreflexe, Atmung usf.)

SHERRINGTON hat die Rückprall-Kontraktion mit den negativen Nachbildern verglichen und hat im Anschlusse an HERINGS Theorie des Gleichgewichtes zwischen assimilatorischen und dissimilatorischen Vorgängen die spontane Entladung und die Übererregbarkeit eines zuvor gehemmten Zentrums als Ausdruck einer „Stauung" von Energie in dem gehemmten Zentrum gedeutet (spinaler Kontrast). Dies würde die Beobachtung erklären, daß der Wegfall der erregenden Reize, also der scheinbare Ruhezustand, die Erregbarkeit eines Reflexzentrums oft viel weniger steigert als eine hemmende Reizung von gleicher Dauer, andererseits ist aber mit dieser Vorstellung die Tatsache schwer vereinbar[3], daß auf Hemmungen, die nur einen Bruchteil einer Sekunde dauern, oft sehr starke Rückprall-Kontraktionen folgen, während solche Kontraktionen nach länger dauernder Hemmung oft fehlen (SHERRINGTON[4]). Da nun SHERRINGTON und SOWTON[5] von ein und demselben afferenten Nerven aus je nach der Stärke und dem Verlaufe der Reizströme reflektorisch eine Erregung oder auch eine Hemmung eines Muskels auslösen konnten, dachten sie[3] auch an die Möglichkeit, die Rückprallkontraktion dadurch zu erklären, daß während der Reizung nur die hemmende, nach dem Wegfall der Reizung aber ihre länger überdauernde erregende Komponente zum Vorschein käme (vgl. die gleichzeitige Reizung von Vagus und Accellerans oder von Vasoconstrictoren und -Dilatatoren).

FORBES[6] schließt sich hinsichtlich der Rückprallkontraktion der zuletzt genannten Deutung SHERRINGTONS an. Dagegen hält er die gesteigerte Erregbarkeit („subsequent augmentation") eines Zentrums nach Ablauf (ja schon während) einer *länger dauernden* Hemmung für eine Erscheinung, die prinzipiell von der Rückprallkontraktion nach *kurzer* Hemmung zu trennen sei.

Meist geht die rebound-Kontraktion mit einer ausgesprochenen Erschlaffung der zuvor erregt gewesenen Protagonisten einher, und GRAHAM BROWN[7] bezeichnet diese Erscheinung als Hemmungs-Rückprall (inhibitory rebound). Möglicherweise ist diese Hemmung nach Abschluß einer Erregung als ein Refraktärstadium aufzufassen, dann hätten wir in manchen „Refraktärstadien" unter Umständen einen der Rückprallkontraktion analogen, aber reziproken Vorgang zu sehen.

So groß die Zahl der Einzeltatsachen ist, die wir von dem Rückprallphänomen kennen, so fügen sie sich doch zur Zeit noch nicht zu einem einheitlichen Gesamt-

---

[1] BROWN, T. GRAHAM: Studies in the physiology of the nervous system IX. Reflex terminal phenomena etc. Quart. J. exper. Physiol. **4**, 331 (1911).

[2] BROWN, T. GRAHAM: Studies etc. X. A note upon „rebound relaxation after inhibition". Quart. J. exper. Physiol. **5**, 233 (1912).

[3] Vgl. A. FORBES: Reflex inhibition of skeletal muscle. Quart. J. exper. Physiol. **5**, 149, 160 (1912).

[4] SHERRINGTON, CH. S.: Proc. roy. Soc. Lond. B **80**, 53.

[5] SHERRINGTON, CH. S. u. S. SOWTON: Proc. roy. Soc. Lond. B **83**, 435. — Vgl. auch A. G. W. OWEN u. C. S. SHERRINGTON: Observations on strychnine reversal. J. of Physiol. **43**, 232 (1911).

[6] FORBES, A.: Reflex inhibition of skeletal muscle. Quart. J. Physiol. **5**, 149, 160 (1912).

[7] BROWN, T. GRAHAM: Studies in the physiology of the nervous system. XI/1. Quart. J. exper. Physiol. **4**, 331 (1911).

bilde zusammen. Vielleicht haben wir es bei der auf den verschiedensten Gebieten der Physiologie zu beobachtenden gesteigerten Aktivität zuvor gehemmter Mechanismen auch wieder mit einem jener nicht seltenen Fälle zu tun, in denen die Natur einem einheitlichen Gesetze in den Spezialfällen auf ganz verschiedene Weise Geltung verschafft.

Die Frage, ob es *willkürliche* Hemmungen gibt, ist unbedingt mit Ja zu beantworten. Ebenso wie wir z. B. den hängenden Arm willkürlich in die Horizontallage heben können, können wir ihn aus dieser wieder *willkürlich* herabfallen lassen. Im ersten Falle sagen wir, daß wir den M. deltoideus willkürlich kontrahieren; wenn wir nun im 2. Falle die Kontraktion des Muskels aufhören lassen, so kommen diesem Aufhörenlassen alle Merkmale der „Willkür" zu, und wir müssen sagen, daß wir in diesem Falle die Kontraktion des Muskels willkürlich gehemmt haben. Wahrscheinlich handelt es sich aber hier nicht um cortico-spinal verlaufende hemmende Impulse, sondern um eine intracorticale Hemmung. Es wäre denkbar, daß in der Hirnrinde neben motorischen inhibitorische Foci liegen, die bei einer gleichzeitig bestehenden Erregung der motorischen, durch Reizversuche lokalisiert werden könnten.

Anders steht es meines Erachtens mit einer Reihe von Reflexen, wie z. B. dem Lidschlag, dem Husten, Niesen usf., von denen die Schulphysiologie lehrt, daß wir sie bei nicht zu hoher Intensität der den Reflex auslösenden Reize zu hemmen vermögen, sowie mit der sogenannten willkürlichen Hemmung des Tonus der äußeren Blasen und Mastdarm-Sphincteren.

Ich glaube, daß die Hemmung der erstgenannten Reflexe durch die reziproke hemmende Beeinflussung der betreffenden Zentren bei der willkürlichen Erregung der antagonistischen Muskelgruppen zu erklären ist. Die Hemmung des M. orbicularis bei der Unterdrückung der Lidschläge wäre demnach durch die gleichzeitige, willkürliche, wenn auch schwache Kontraktion des M. levator palpebrae zu erklären; die Hemmung des Niesreflexes dürfte wohl auf einer Hemmung seiner ersten Phase (der tiefen Inspiration) während der Kontraktion der Antagonisten (der Exspiratoren) beruhen, denn es handelt sich bei der willkürlichen Unterdrückung des Niesreflexes um eine Unterbrechung der Atembewegungen bei kontrahierter Bauchmuskulatur, also bei einer Exspirationstendenz, und auch das willkürliche Unterdrücken eines schwachen Hustenreizes ließe sich ähnlich erklären.

Wenn wir uns der Bedeutung der reziproken Innervation benachbarter Darmstellen für die normale Peristaltik erinnern, liegt die Annahme nahe, daß auch der Sphincter ani ext. als Antagonist der Rectalmuskulatur dann erschlafft, wenn diese sich hinter dem Skybalon kontrahiert. Es wäre aber auch denkbar, daß der Sphincter ani gewissermaßen als Antagonist der Bauchpresse automatisch dann erschlafft, wenn wir pressen ohne gleichzeitig den M. levator ani zu kontrahieren; meines Erachtens wird dieser Muskel stets mitinnerviert, wenn wir die Bauchpresse *nicht* zum Zwecke der Defäkation anspannen.

Am wenigsten geklärt scheinen mir die Verhältnisse beim M. sphincter vesicae externus. Ich glaube, daß der Sphincter-Tonus, sobald wir die Miktion wünschen, dann nachläßt, wenn sich unsere *Aufmerksamkeit* dem Harndrange, bzw. (bei fehlendem Harndrange) den dumpfen Gefühlen in der Blasengegend zuwendet; in ähnlicher Weise erschlaffen ja bekanntlich auch die Constrictoren der Blutgefäße sensorisch innervierter Organe, sobald wir unsere Aufmerksamkeit auf sie richten. Auch L. R. MÜLLER hält es für möglich, „daß ähnlich wie bei der sexuellen Innervation der Wille durch das ‚in Stimmung versetzen' die Harnentleerung einleiten kann", und auch er meint, daß die Miktion *nur indirekt* willkürlich beeinflußbar sei.

Willkürlich hemmen können wir demnach nur jene Vorgänge, die wir auch willkürlich in Aktion versetzen können.

Die Bedeutung der Hemmungsvorgänge für alle nervös regulierten Funktionen unseres Körpers ist so sinnfällig, daß es kaum nötig erscheint, sie in extenso zu erörtern.

Die Reflexhemmung ist — auch wenn wir von der koordinierenden Funktion der reziproken Innervation absehen (vgl. dies Handbuch Bd. 10 S. 66) —, von größter Wichtigkeit für die Koordination der Bewegungen und für die Verteilung des Tonus. So ist es sehr wahrscheinlich, daß unter normalen Bedingungen die Abstufung unserer Bewegungen in ihrem Ausmaße in erster Linie durch das gleichzeitige, verschieden starke Einwirken erregender und hemmender Einflüsse auf die Reflexzentren zustande kommt (SHERRINGTON[1]). Ferner beruht die Anpassung der Muskelspannung an die Stellung der von ihm beherrschten Gelenke im wesentlichen auf den von SHERRINGTON[2] studierten proprioceptiven Reflexen, der Verkürzungs- und der Verlängerungsreaktion, welch letztere wir ja auch als Ausdruck einer reflektorischen Hemmung auffassen müssen.

Aber nicht nur das Verhältnis der Kontraktionszustände *simultan* zusammenarbeitender Muskeln wird durch Hemmungsvorgänge geregelt, sondern sehr oft geht der Erregung einer Muskelgruppe die Hemmung einer zuvor kontrahiert gewesenen zeitlich auch voran. So werden bei der Ablösung eines Reflexes durch einen zweiten alle jene Muskeln gehemmt, die dem zweiten Reflex entgegenwirken würden, z. B. bei dem abwechselnden Übergang von Streckung zu Beugung und von Beugung zu Streckung, wie bei der Schreitbewegung der Extremitäten, beim Kratzreflex, Nystagmus usw. Auch das prompte Ende eines Reflexes, also die Coupierung seines Überdauerns, wird oft durch hemmende Impulse bewirkt.

Nachtrag.

In den vier Jahren, die seit der Vollendung dieses Handbuchbeitrages verflossen sind, ist eine Reihe von Arbeiten erschienen, die für das Verständnis der zentralen Hemmungsvorgänge von Bedeutung sind, und die deshalb hier kurz erörtert werden sollen.

Es ist schon oben (vgl. S. 654) erwähnt worden, daß es im Bereiche der intrazentralen Hemmungen manche Erscheinungen gibt, die sich durch die Annahme einer „Interferenzhemmung" schwer erklären lassen, so daß sie uns die Annahme *spezifischer* Hemmungsvorgänge nahelegen. Seit wir nun durch die Entdeckung des Vagusstoffes durch O. LOEWI über den Vorgang der peripheren Hemmung, wenigstens in diesem Spezialfalle, sehr weitgehend aufgeklärt sind, ist von verschiedenen Seiten der Versuch unternommen worden, auch intrazentrale Hemmungen auf die Wirkung spezifischer Hemmungsstoffe zurückzuführen. Als erster hat SHERRINGTON[3] eine ausführliche und gut begründete chemische Theorie der Reflexhemmung gegeben. SHERRINGTON nimmt an, daß sowohl die erregenden als auch die hemmenden Fasern, welche intrazentral an eine Synapse herantreten, an dieser Stelle Substanzen produzieren — eine Erregungssubstanz bzw. eine Hemmungssubstanz —, die nun ihrerseits auf dem Wege über die Synapsen auf das nächste Neuron einwirken. Die Stärke der Erregung oder Hemmung würde in erster Linie von der Konzentration der betreffenden Substanzen an der Synapse abhängen, also einerseits von der Geschwindigkeit ihrer

---

[1] SHERRINGTON, CH. S.: Reflex inhibition as a factor in the coordination etc. Quart. J. exper. Physiol. **6**, 251 (1913).
[2] SHERRINGTON, C. S.: On plastic tonus etc. Quart. J. exper. Physiol. **2**, 109 (1909).
[3] SHERRINGTON, CH. S.: Remarks on some aspects of reflex inhibition. Proc. roy. Soc. Lond. B **97**, 519 (1925).

Produktion, andererseits von der Geschwindigkeit ihrer Zerstörung oder ihres Abdiffundierens. Dabei würden sich diese beiden Substanzen in ihrer Wirkung gegenseitig mehr oder weniger neutralisieren.

Ein wesentlicher Unterschied dieser Theorie gegenüber einer Interferenztheorie liegt darin, daß nach SHERRINGTON die an eine Ganglienzelle herantretenden erregenden und hemmenden Endfüßchen nicht von prinzipiell gleichartigen Erregungswellen durchlaufen werden, sondern daß zweierlei *antagonistisch* wirkende Nervenendigungen auf das weitere Neuron einwirken. SHERRINGTON vergleicht sie selbst mit sekretorischen Nerven. Im Gegensatz zu den Interferenztheorien würde nach der chemischen Theorie die Hemmung die Erregung nicht nur aufheben, sondern einen der Erregung *entgegengesetzten* Zustand bewirken, etwa ähnlich wie die Anode eines konstanten Stromes.

Es ist hier nicht der Ort, um auf das sehr detaillierte Schema einzugehen, an dessen Hand SHERRINGTON seine Theorie im einzelnen entwickelt. Er selbst sagt sehr richtig, daß es nur dazu dienen soll, „pour préciser les idées". Wohl aber müssen wir kurz die Tatsachen besprechen, die in recht vielen Fällen für die Annahme einer solchen chemischen Hemmung sprechen: SHERRINGTON hat beobachtet, daß ein Hemmungsreiz, auch ohne daß ihm irgendeine Erregung zeitlich vorangegangen wäre, die Latenz für einen später gesetzten erregenden Reflexreiz verlängert und seine Wirkung herabsetzt. Nach Schluß einer hemmenden Reizung kann der bisher in Ruhe verbliebene Muskel eine Reboundkontraktion zeigen, die SHERRINGTON mit der Übererregbarkeit der Anode nach Öffnung eines konstanten Stromes vergleicht.

Schon diese Tatsachen lassen sich auf Grund einer Interferenz von Erregungswellen nur schwer deuten. Viel eindringlicher sprechen aber für die Richtigkeit der SHERRINGTONschen Hypothese Beobachtungen, die zeigen, daß die Nachwirkung hemmender Reize oft *viel länger* dauert, als dies auf Grund eines Refraktärstadiums zu erwarten wäre. Die Nachwirkung einer hemmenden Reizung entspricht — bei verändertem Vorzeichen — durchaus der Nachdauer einer erregenden, reflexauslösenden Reizung; sie bleibt um so länger bestehen, je stärker die hemmenden Reize waren; es kann vorkommen, daß ein Hemmungsreiz während eines reflektorisch ausgelösten Tetanus ganz unwirksam bleibt, aber dennoch die Nachentladung (nach Schluß der erregenden und hemmenden Reizung) hemmt. Die Nachwirkung der Hemmung äußert sich ferner darin, daß ein reflektorischer Tetanus nach Schluß einer hemmenden Reizung langsamer wieder einsetzt als bei Beginn des erregenden Reflexreizes selbst. Auch die Verstärkung des Hemmungseffektes bei Wiederholung der Hemmungsreize (zeitliche Summation) spricht für ein relativ langes Andauern der Hemmungswirkung und gegen die Annahme, daß diese Wirkung nach Ablauf des Refraktärstadiums erlischt.

Es wurden früher die bekannten Beobachtungen der VERWORNschen Schule besprochen, daß beim Frosch ein von einer hinteren Wurzel ausgelöster Reflex gehemmt werden kann, wenn gleichzeitig eine Nachbarwurzel (die, allein gereizt, reflexauslösend wirken würde!) gereizt wird; nun hat SHERRINGTON[1] diesen Versuch am M. semitendinosus der Katze wiederholt, ohne aber bei gleichzeitiger Reizung zweier den Beugereflex auslösender sensibler Nervenstämme Hemmungserscheinungen zu beobachten. Da andere Versuche entschieden dafür sprechen, daß von jedem der sensiblen Äste aus zum größten Teile identische Reflexbogen in Erregung versetzt (bzw. gehemmt) werden, würden auch diese Versuche gegen eine Interferenz als Ursache der Hemmung in diesem speziellen Falle sprechen.

---

[1] SHERRINGTON, CH. S.: Some physiological data etc. Arch. di Sci. biol. **12**, 1 (1928).

Auch für andere Forscher war speziell die relativ lange Dauer der einem einzelnen Reize folgenden intrazentralen Hemmungswirkung dafür maßgebend, einen Hemmungsstoff anzunehmen, der dem Erregungsvorgang an den Synapsen entgegenwirken würde.

SAMOJLOFF[1] hatte für den Übergang der Erregung vom motorischen Nerven auf den Muskel beim Kaltblüter einen auffallend hohen Temperaturkoeffizienten gefunden, und er dachte deshalb ganz allgemein an die Möglichkeit, den Übergang der Erregung von einer Zelle auf eine andere als Effekt einer chemischen Reizung aufzufassen. Um so näher lag für ihn der Gedanke, auch die intrazentralen Hemmungen so zu erklären. Gemeinsam mit KISELEFF[2] hat er für die Hemmung des Semitendinosusreflexes bei der decerebrierten Katze die Wirkungsdauer eines einzelnen „Hemmungseffektes" bestimmt. Er fand, daß ein den kontralateralen N. peroneus treffender Einzelreiz innerhalb eines Intervalles von 2 bis 48 σ die periodisch reflektorisch ausgelösten Erregungswellen hemmte (Verkleinerung der Aktionsstromzacken). Bei Verwendung von nur je einem erregenden und hemmenden Reiz fanden diese Autoren an dem gleichen Präparate eine starke Hemmungswirkung dann, wenn der hemmende Reiz etwa einige hundertstel Sekunden vor dem erregenden Reiz appliziert wurde; ja es schien sogar, als ob bei kürzeren Intervallen (einige σ) die hemmende Wirkung schwächer ausfiele als bei den längeren. Selbst nach 0,2—0,3 Sekunden sahen SAMOJLOFF und KISELEFF noch eine Wirkung eines einzelnen Hemmungsreizes. Bedenkt man, daß nach ADRIANS[3] Versuchen etwa 150 Erregungswellen pro Sekunde einen Reflexbogen durchlaufen können, so ergibt sich als maximale Dauer der intrazentralen Refraktärstadien eine Zeit von etwa 6 σ. Die lange Nachwirkung hemmender Reize in den Versuchen SAMOJLOFFs läßt sich daher kaum auf die Wirkung von Refraktärstadien zurückführen, wenn auch — wie SAMOJLOFF selbst hervorhebt — bisher kein Beweis dafür zu erbringen ist, daß ein einzelner Hemmungsreiz intrazentral wirklich nur eine einzelne Erregungswelle, also auch nur ein einziges isoliertes Refraktärstadium, auslöst.

Auch sonst liegt in der neueren Literatur eine Reihe von Beobachtungen über auffallend lange Nachwirkungen von hemmenden Reizen vor. BERITOFF[4] sah am M. semitendinosus der Katze eine merkbare Hemmung der tetanischen Aktionsströme erst 16—20 σ nach einem den kontralateralen Peroneusstumpf treffenden Einzelinduktionsschlag eintreten. Auf Grund dieser Versuche ist BERITOFF aber der Ansicht, daß die Wirkungsdauer eines einzelnen Hemmungsimpulses nur etwa 4—5 σ beträgt; es ist deshalb nicht berechtigt, wenn neuerdings auch er als Zeuge für die lange Dauer einer Hemmungswirkung geführt wird. FULTON und LIDDEL[5] bilden Kurven ab, in denen die hemmende Wirkung am M. rectus femoris der Katze noch 0,12 und 0,36 Sekunden nach Schluß einer faradischen hemmenden Reizung des ipsilateralen zentralen Ischiadicusstumpfes nachweisbar ist.

Sehr auffallend ist die Länge der Zeit, während derer ein Sehnenreflex durch einen Einzelreiz gehemmt werden kann. BALLIF, FULTON und LIDDEL[6]

---

[1] SAMOJLOFF, A.: Zur Frage des Überganges der Erregung usw. Pflügers Arch. **208**, 508 (1925).

[2] SAMOJLOFF, A. u. M. KISELEFF: Zur Charakteristik der zentralen Hemmungsprozesse. Pflügers Arch. **215**, 699 (1927).

[3] ADRIAN, E. D. u. J. M. D. OLMSTED: The refractory phase in a reflex arc. J. of Physiol. **56**, 421 (1922).

[4] BERITOFF, J. S.: Über den Rhythmus der reziproken Innervation usw. Z. Biol. **80**, 170 (1924).

[5] FULTON, J. F. u. E. G. T. LIDDEL: Observations on ipsilateral contraction and „inhibitory" rhythm. Proc. roy. Soc. Lond. B **98**, 214 (1925).

[6] BALLIF, L., J. F. FULTON u. E. G. T. LIDDEL: Observations on spinal and decerebrate knee-jerks etc. Proc. roy. Soc. Lond. B **98**, 589 (1925).

haben den Patellarreflex der Katze durch Einzelreizungen des zentralen Ischiadicusstumpfes gehemmt; ihre Kurven zeigen, daß der Patellarreflex nach einem starken Hemmungsreiz etwa 0,3 Sekunden lang überhaupt nicht auslösbar ist, und daß während einer weiteren ganzen Sekunde nur *schwache* Reflexe auslösbar sind. Ja maximale hemmende Einzelreize können bei spinalen Tieren, nicht bei decerebrierten, das Reflexzentrum bis zu 2—3 Sekunden lang unerregbar bleiben lassen. Die Verfasser halten es deshalb für ausgeschlossen, daß hier eine Hemmung vom „WEDENSKY-Typus", also eine Interferenzhemmung, vorliegt, sondern auch sie denken mit SHERRINGTON an die intrazentrale Bildung einer „Hemmungssubstanz".

Der Sehnenreflex des M. supraspinatus der Katze läßt sich schon durch schwache Einzelreizung eines ipsilateralen afferenten Nerven hemmen; fällt der hemmende Reiz ca. 1 σ vor den reflexauslösenden Schlag auf die Sehne, so wird der Sehnenreflex vollständig unterdrückt. Etwa 100 σ nach dem Einwirken des Hemmungsreizes löst eine Dehnung des Muskels wieder einen kräftigen, aber noch immer nicht maximalen Sehnenreflex aus (DENNY-BROWN und LIDDEL[1]). Nun könnte man auch in diesem Falle meinen, daß eine bis über 0,1 Sekunden dauernde Hemmungswirkung wohl kaum auf einem intrazentralen Refraktärstadium beruhen könne; es ist aber doch recht auffallend, daß nach dieser Periode der Depression, z. B. 130 σ nach dem Hemmungsreiz, aber auch noch nach 500 σ, eine *Erregbarkeitssteigerung* des Reflexzentrums besteht, so daß Latenz und Anstiegszeit des Sehnenreflexes verkürzt sind und sein Aktionsstrom verstärkt ist. Die Autoren sprechen von einem „rebound", doch könnte man in diesem Falle auch an die regelmäßig auf das Refraktärstadium folgende „übernormale Phase" der Erregbarkeit denken.

Daß bei der reflektorischen Hemmung gerade der Sehnenreflexe relativ lange andauernde Refraktärstadien eine Rolle spielen könnten, erscheint mir auch deshalb nicht ausgeschlossen, weil diese Reflexe selbst ein für das Zentralnervensystem ganz ungewöhnlich langes relatives Refraktärstadium hinterlassen. Nach den Beobachtungen von STRUGHOLD[2] dauert z. B. das Refraktärstadium des menschlichen Patellarreflexes je nach dem Grade der Bahnung 1—10 Sekunden.

Erst wenn wir besser über die Dauer des Refraktärstadiums in den Dendriten unterrichtet sein werden, und vor allem wenn wir Näheres über das zeitliche Verhältnis zwischen dem absoluten und dem relativen Refraktärstadium wissen werden, dürfen wir eine Entscheidung der Frage erhoffen, in welchen Fällen ein Hemmungsvorgang durch das Auftreten von Hemmungsstoffen und in welchen Fällen er auf ein normales Refraktärstadium im Gefolge einer Einzelerregungswelle zurückzuführen ist.

Die Kenntnis eines besonders schönen Beispiels einer Interferenzhemmung verdanken wir A. R. MOORE[3]. Bei dem federförmigen Polypenstock Pennatula löst die Reizung jeder beliebigen Stelle der Oberfläche ein wellenförmig über den Tierkörper fortschreitendes periodisches Leuchtphänomen aus; die Wellen laufen leichter den Stamm empor als herab. Reizt man nun gleichzeitig Basis und Spitze des Tieres, so begegnen die beiden Leuchtwellen einander und löschen einander aus. Laufen spontan periodische Leuchtwellen von der Basis zur Spitze und drückt man dann ganz leicht die Spitze, so breitet sich die Dunkelheit von der

---

[1] DENNY-BROWN, D. E. u. E. G. T. LIDDEL: Observations on the motor twitsch etc. J. of Physiol. **63**, 70 (1927).

[2] STRUGHOLD, H.: Zur Kenntnis der Refraktärsphase des Patellarreflexes. Verh. physik.-med. Ges. Würzburg **51**, 94 (1926) — Z. Biol. **85**, 453 (1927).

[3] MOORE, A. R.: On the nature of inhibition in Pennatula. Amer. J. Physiol. **76**, 112 (1926).

Spitze gegen die Basis zu fortschreitend aus und die Leuchtwellen hören schließlich ganz auf. Es handelt sich hier offenbar um eine Hemmung infolge der Begegnung zweier gegeneinander laufender Erregungswellen.

Ähnliche Beobachtungen bei Avertebraten finden sich auch sonst in der Literatur erwähnt, so beschreibt BETHE[1] z. B. eine Hemmung des Magenstieles der Meduse Carmarina, die dadurch zustande zu kommen scheint, daß die sich von allen Seiten der Subumbrella radialwärts ausbreitenden Erregungen einander gegenseitig aufheben.

Durch die besprochenen Untersuchungen aus den Laboratorien SHERRINGTONS und SAMOJLOFFS hat die Auffassung gewisser Hemmungsvorgänge als Effekte intrazentral gebildeter Hemmungsstoffe entschieden an Boden gewonnen, und die intrazentralen Hemmungen sind dadurch genetisch in nahe Beziehung zu den peripheren Hemmungen im Bereiche des vegetativen Nervensystems getreten. Um so interessanter ist es, daß in den letzten Jahren Tatsachen bekannt geworden sind, die dafür sprechen, daß gewisse zentrale Erregbarkeitsänderungen letzten Endes direkt auf vegetative Einflüsse, wie z. B. auf eine Beeinflussung gewisser Zentren auf dem Wege über sympathische Fasern, zurückzuführen sind.

A. TONKICH[2] hat in ORBELIS Institut den alten SETSCHENOFFschen Hemmungsversuch von neuem studiert, und sie fand, daß die Reizung der Lobi optici des großhirnlosen Frosches nur dann die bekannte Hemmung der spinalen Reflexe bewirkt, wenn die sympathischen Rami communicantes intakt sind, daß also die SETSCHENOFFsche Hemmung auf einer Funktionssteuerung des Rückenmarks auf dem Wege über den Sympathicus beruht.

Zu einem ganz analogen Ergebnis ist auch ACHELIS[3] gelangt. Ausgehend von Versuchen von M. LAPICQUE[4] fand er, daß beim normalen Frosche die Erregbarkeit der peripheren Nerven dauernd durch zentrale Einflüsse gedämpft wird, die von den belichteten Augen des Tieres ausgehen; die Blendung des Tieres oder ein Querschnitt durch den Hirnstamm hinter dem Lobis opticis steigert also die Erregbarkeit des Ischiadicus. Bei der Verfolgung dieser Beobachtung ergab sich weiterhin, daß, umgekehrt, die Durchschneidung der sympathischen Rami communicantes des Rückenmarkes eine Herabsetzung der Erregbarkeit der mit dem Rückenmarke in normaler Verbindung stehenden Nn. ischiadici bewirkt. Dieser Befund spricht also für eine vom Sympathicus ausgehende Erregbarkeitssteigerung des peripheren motorischen Neurons, und in der Tat führt die Reizung des Sympathicusgrenzstranges zu einer deutlichen, vorübergehenden Erregbarkeitssteigerung des N. ischiadicus. Wir finden also hier, wie bei den Eingeweiden, eine doppelsinnige, fördernde und hemmende Beeinflussung der Vorderhornzellen und auch noch ihrer Neuriten, fördernd vom Sympathicus, hemmend vom Opticus aus.

Die Verhältnisse scheinen aber noch komplizierter zu sein: Nach der Sympathicusdurchschneidung wirkt die Blendung des Frosches viel schwächer erregbarkeitssteigernd als bei einem normalen Tiere; das Phänomen der Erregbarkeitssteigerung nach Blendung ist also zum Teil an die Intaktheit des Grenzstranges gebunden. Wir müssen uns wohl vorstellen, daß von den Opticis aus die erregbarkeitssteigernden sympathischen Zentren gehemmt werden (Reflexe

---

[1] BETHE, A.: Allgemeine Anatomie und Physiologie des Nervensystems, S. 387. Leipzig 1903.

[2] TONKICH, A.: Die Beteiligung des sympathischen Nervensystems am Setschenoffschen Hemmungsversuch. Russk. fisiol. Z. **10**, 85 (1927).

[3] ACHELIS, J. D.: Über die Umstimmung des peripheren motorischen Nerven. Pflügers Arch. **219**, 411 (1928).

[4] LAPICQUE, M.: Action des centres encephaliques etc. C. r. Soc. Biol. **88**, 46 (1923).

von den Augen auf den Sympathicus kennen wir ja auch von der chromatischen Hautfunktion der Amphibien und Fische her).

Meines Erachtens handelt es sich auch bei den Beobachtungen von ACHELIS wieder um die alte SETSCHENOFFsche Hemmung der Reflexerregbarkeit von den Lobis opticis aus, und ich sehe in seinen Versuchen eine volle Bestätigung der ORBELIschen Entdeckung, daß diese Hemmung auf dem Wege über den Sympathicus verläuft.

Ein tonisch hemmender Einfluß scheint nach den Beobachtungen von SERENI[1] an Schildkröten von den Großhirnhemisphären und den Thalamis opticis aus auch auf die Herzvagi ausgeübt zu werden. Die Erregbarkeit der Vagi steigt (mitunter nach einer negativen Vorphase) nach der Enthirnung an. Es wäre wichtig, auch diese Versuche mit der Ramisectio zu kombinieren.

Durch diese zuletzt erwähnten Untersuchungen scheint ein gewisses Licht auf die Funktionsweise der bisher recht mystischen Hemmungszentren zu fallen, und wir werden beim weiteren Studium der intrazentralen Hemmungsvorgänge die Möglichkeit vegetativer Nerveneinflüsse auf das Zentralnervensystem selbst immer im Auge behalten müssen.

---

[1] SERENI, E.: Eccitabilità del vago e centri nervosi. Arch. di Sci. biol. **12**, 359 (1928).

Leitungsverzögerung in den Zentralteilen, Reflexzeit, einschl. Summationszeit, und ihre Abhängigkeit von der Reizstärke.

Von

WILHELM STEINHAUSEN

Greifswald.

Mit 4 Abbildungen.

Zusammenfassende Darstellungen.

LANGENDORFF, O.: Nagels Handb. **4**, 263 (1909). — JUNK, W.: Tabulae biologicae **2**, 338—341 (1925). — HOFFMANN, P.: Methoden zur Bestimmung der Reflexzeit. Abderhaldens Handb. d. biol. Arbeitsmethoden 120. Lief. (1924). — Über die Reflexzeit der Eigenreflexe: HOFFMANN, P.: Untersuchungen über die Eigenreflexe, S. 45—59 (1922).

Um eine etwa vorhandene Leitungsverzögerung im Zentralorgan festzustellen, scheint der einfachste Weg der zu sein, daß man die gesamte Reflexzeit bestimmt und davon die Zeiten für die einzelnen Teilvorgänge, die man dem ersten Anschein nach leicht bestimmen kann, mit Ausnahme der des zentralen Vorganges abzieht. Der Rest muß die gesuchte Zeit für den zentralen Vorgang sein. In der Tat sind eine Reihe solcher Untersuchungen gemacht und zentrale Leitungszeiten berechnet worden. Diese Untersuchungen sollen hier besprochen werden. Dabei soll schon jetzt darauf hingewiesen werden, daß die Berechnungen bis jetzt noch nicht zu übereinstimmenden Resultaten geführt haben. Daran anschließend soll dann noch referiert werden über einige Ansätze zu Versuchen, die zentrale Übertragungszeit auf andere Weise, d. h. nicht über die Reflexzeiten, zu bestimmen. Auch diese Untersuchungen sind bis jetzt noch nicht von durchschlagendem Erfolg gewesen.

Es ist deshalb wohl die Frage aufgeworfen worden, ob das Studium der zeitlichen Beziehungen bei Reflexen von irgendwelchem Wert sein kann. Einer der besten Kenner der Reflexe, SHERRINGTON[1], schreibt: ,,Der einfache Reflex ist eine bequeme, wenn auch wahrscheinlich falsche Fiktion." Ist der Begriff des Reflexes schon eine Fiktion, um wieviel mehr wird es der Begriff der Reflexzeit sein! Und was das Ergebnis der Bemühungen, die Leitungsverzögerung im Zentralorgan aus der Reflexzeit zu bestimmen, anlangt, so schreibt HOFFMANN[2] darüber in seiner bekannten Monographie über die Reflexzeitmessung: ,,Dies sind die Resultate, die himmelweit voneinander verschieden sind und die jedem, der zu theoretischen Spekulationen über die Synapsen neigt, geradezu vernichtend erscheinen müssen."

---

[1] SHERRINGTON, C. S.: The integrative action of the nervous system. London 1915.
[2] HOFFMANN, P.: Handb. d. biol. Arbeitsmethoden, Abtl. V, T. 56, H. 3, 374 (1924).

Den teils prinzipiellen, teils tatsächlichen Schwierigkeiten gegenüber ist auf einen allgemeinen Grundsatz bei der naturwissenschaftlichen Forschung hinzuweisen. Danach gilt als eine bis jetzt sich immer wieder bewährende Arbeitshypothese die Voraussetzung, daß die zur Teit noch unbekannten Zusammenhänge sich wenigstens theoretisch aus anderen bekannten Größen nach dem Gesetz der Kausalität ableiten lassen.

Wenn diese Hypothese auch für den reflektorischen Vorgang gültig ist, so muß das bisherige völlige Fehlschlagen der Bemühungen, die Leitungsverzögerung im Zentralorgan zu berechnen, seinen Grund in irgendwelchen noch unbekannten Gründen haben. Diese unbekannten Faktoren gilt es zu erforschen, oder wenigstens ist die Richtung anzugeben, nach der die Forschung weiterzugehen hat, um zu einer Aufklärung zu gelangen.

Bevor wir auf die eigentliche Aufgabe der Bestimmung der Leitungsverzögerung eingehen, wollen wir untersuchen, was unter einer Leitungsverzögerung im Zentralorgan zu verstehen ist. Wir sprechen von einer reflektorischen Leitung durch das Zentralorgan, wenn eine Erregung, die zum Zentrum geht, von einer Erregung, die vom Zentrum ausgeht, gefolgt wird, und zwar derart, daß wir einen direkten kausalen Zusammenhang zwischen den beiden Erregungen annehmen können. Eine Leitungsverzögerung läge dann vor, wenn diese Übertragung mit geringerer Geschwindigkeit als mit der der gewöhnlichen peripheren Nervenleitung vor sich ginge.

Wir müssen also zuerst feststellen, wie groß die Zeit des Durchganges durch die zentrale nervöse Substanz ist für den Fall, daß die Leitung mit der gewöhnlichen Nervenleitungsgeschwindigkeit vonstatten ginge. Um dies tun zu können, müssen wir einige besondere Annahmen über den Durchgang der Erregung durch das Zentralorgan machen. Bei den einfachsten Reflexen nehmen wir an, daß die Erregung, die durch die hintere Wurzel ins Rückenmark eintritt, in demselben Segment auf die gleichseitige vordere Wurzel übertragen wird. In dem einfachsten Falle wäre der Weg, den die Erregung im Zentrum zurückzulegen hätte, die sagittale Breite der grauen Substanz des Rückenmarks. Diese Breite beträgt etwa 0,4 cm. Möglicherweise wäre diese Strecke noch erheblich kürzer zu setzen, wenn man für die Einstrahlungen der Nervenfasern in die graue Substanz noch die Eigenschaften der weißen Substanz postulierte. Bei einer Nervenleitungsgeschwindigkeit von 60 m/sec, ein Wert, den man jetzt allgemein für den peripheren menschlichen Nerven ansetzt, würde die Breite der grauen Substanz des Rückenmarks (0,4 cm) in 0,07 msec (msec = Millisekunden = $^1/_{1000}$ sec) durchsetzt werden. Die außerordentliche Kleinheit dieser Zeit ist einer der Hauptgründe, warum die Untersuchungen über die zentrale Übertragungszeit so außerordentlich schwierig sind.

Eine zweite Form der Leitungsverzögerung wäre die folgende: Ein Reiz, der das Zentrum erreicht, erlischt dort, hinterläßt aber einen Zustand, der es einem zweiten Reiz ermöglicht, eine effektorische Erregung vom Zentrum aus zu erwirken. Es ist klar, daß jetzt eine Verzögerung eingetreten ist, die gleich dem Abstand der beiden Reize ist, vorausgesetzt, daß man die Reflexzeit vom ersten Reiz ab zählt. Welche Form der Leitungsverzögerung im Zentrum in Betracht kommt, wird im folgenden diskutiert werden müssen.

Definition der Reflexzeit.

Unter Reflexzeit wollen wir verstehen: die Zeit, die vergeht vom Beginn eines Vorganges, der zu einer Erregung in einem receptorischen Organ führt (Reizbeginn), bis zum ersten merklichen Zeichen des dadurch hervorgerufenen Vorganges in einem effektorischen Organ (Reaktionsbeginn). Diese Definition ist offenbar sehr weit gefaßt. Sie schließt die von einigen Autoren[1] als Summationszeit abgetrennte Zeit in sich ein, also die Reflexzeiten, bei denen aus irgendwelchen Gründen auf das Mitwirken von Summation geschlossen wird. Die Summation aus der Diskussion der Reflexzeit auszuschließen, erscheint nicht ohne weiteres gerechtfertigt, weil mit der Bezeichnung einer Reflexzeit als Summationszeit schon eine Erklärung gegeben wird, die nicht zuzutreffen braucht, und umgekehrt, weil damit von den nicht unter Summationszeit eingeordneten Reflexzeiten behauptet wird, daß Summation nicht vorliegt, was zum mindesten erst bewiesen werden muß. Bekannt ist, daß auch bei den als kürzeste Reize angewandten Induktionsschlägen die Reizdauer unter Umständen recht beträchtlich sein kann, und daß ein solcher Einzelinduktionsschlag häufig wohl etwas anderes ist als das, wofür er angesehen wird, nämlich nicht ein Einzelschlag, sondern ein oszillatorischer Vorgang (oszillatorische Entladungen bei geringer Dämpfung, vgl. später)[2].

Was aber das Wichtigste ist: selbst wenn der physikalische Vorgang, der den „Reiz" darstellt, ein strenger Einzelvorgang nichtoszillatorischer Art ist, ist damit nicht gesagt, daß der dadurch ausgelöste periphere Erregungsvorgang eine Einzelerregung ist. Für bestimmte Fälle ist das Gegenteil sogar bewiesen.

So haben ADRIAN und ZOTTERMANN[3] durch Registrierung der Aktionsströme receptorischer Nerven gezeigt, daß auf einen einfachen Druckreiz hin eine Serie von Erregungen von den receptorischen Endorganen ausgeht. Die Frequenz dieser Reize beträgt dabei maximal 150 pro sec. Hohe Frequenzen kommen auch zur Beobachtung, wenn nur ganz wenige (2 oder 3) receptorische Endorgane gereizt werden. Auch in der Ruhe und bei ganz schwachen Reizen gehen dauernd Erregungen von den receptorischen Endorganen aus, allerdings weniger wie bei maximalen Reizen. Nach diesen Befunden von ADRIAN und ZOTTERMANN wäre bei der gewöhnlichen Reflexerzeugung von den receptorischen Endorganen aus eine sog. „Einzelerregung" überhaupt nicht zu erzeugen, und somit wären die Bedingungen für eine Summation im Zentralorgan stets gegeben. Nur bei der Reizung vom Nerven aus, wäre eine Einzelerregung denkbar. Doch treten auch hier Komplikationen auf, die später besprochen werden sollen. Die Summation also von vornherein aus der Betrachtung ausschließen, hieße ein wesentliches Moment der Leitungsverzögerung und damit der Reflexzeit unberücksichtigt lassen.

Wenn wir die oben angegebene Definition zugrunde legen, so finden wir eine enorme Variationsbreite der Reflexzeiten. Die folgende Tabelle möge dies dartun.

Die Tabelle 1 enthält Reflexzeiten, die am Menschen gemessen wurden, die Tabelle 2 enthält Reflexzeiten bei Tieren.

Bevor wir auf die nähere Diskussion der Tabelle eingehen, sei über die am Ende der Tabelle aufgeführten bedingten Reflexe einiges gesagt. Im Verlauf seiner Untersuchungen über die Speichelsekretion hat PAWLOW[4] die Bezeichnung „bedingte" und „unbedingte" Reflexe eingeführt für Vorgänge, bei denen es sich um ganz komplizierte Reaktionen handelt. Früher war die Abgrenzung zwischen den Begriffen Reaktion und Reflex schärfer durchgeführt. Man sprach von Reaktion, wenn psychische Faktoren nachweisbar waren, und von Reflex, wenn das

---

[1] Vgl. z. B. NAGEL: Handb. d. Physiol. **4**, 242 (1909). Dort heißt es wörtlich: „Natürlich ist die Summationszeit wesentlich von der Reflexzeit verschieden."

[2] GASSER, H. S. u. I. ERLANGER: Amer. J. Physiol. **62**, 496—524 (1922).

[3] ADRIAN, E. D. u. Y. ZOTTERMANN: J. of Physiol. **61**, 49—151, 151—171, 465—483 (1926).

[4] PAWLOW: J. P. Vgl. z. B. Die höchste Nerventätigkeit. Bergmann (1926). — Vgl. J. S. BERITOFF: Ber. Physiol. **29**, 909 (1925).

Tabelle 1. Reflexzeiten beim Menschen.

Bezeichnung des Reflexes	Reflexzeit in msec = $^1/_{1000}$ sec
Masseterreflex[1]	7
Eigenreflex der Unterarmmuskeln. Proximale Reizung[2]	8—11
Patellarreflex[3,4]	10—150
Eigenreflexe der Unterarmmuskeln. Distale Reizung[2]	15—17
Eigenreflex der Vorderarmstrecker[5]. Mechanische Reizung	17
Eigenreflex der Vorderarmbeuger. Mechanische Reizung[5]	19
Grundgelenkreflex[6]	25—30
Maxillarreflex[7]	25—28
Eigenreflex der Wadenmuskeln[5]	26—37
Blinzelreflex[8,9]	28—217
Achillessehnenreflex[10]	22—44
Eigenreflexe (Handbeuger[5])	29
Zehenbeugereflex[11]	40—88
Adaptationsreflex[12]	40
Eigenreflexe, kurze. Fußmuskeln[2]	43—55
Eigenreflexe der Wadenmuskeln[5]	45—47
Reflekt. kompensatorische Augenbewegungen nach Drehungsreflex[13]	50—80
Schlingreflex[14]	80—480
Bauchdeckenreflex (Periostreflex)[15]	86
Bauchdeckenreflex (Neuromusk. Reflex)[15]	100
Psychogalvanischer Reflex[16,17]	100—3500
Psychoplethysmographischer Reflex[16,17]	
Reflexe auf starken Schall- und Lichtreiz [18]	111—199
Reaktionszeiten auf Schall und Licht bei denselben Personen [18]	193—258
Pupillenreflex[19]	188
Schlingreflex, elektrische Reizung[14]	150—200
Abwehrreflexe[20,21] (Klinische Untersuchungsmethode, Zurückziehen des Beines auf schmerzhaften Reiz.)	250—40000

---

[1] HOFFMANN, P.: Untersuchungen über den Eigenreflex, S. 48 (1922).
[2] FELIX, K.: Z. Biol. **77**, 231—240 (1923).
[3] WERTHEIM-SALOMONSON: Fol. neurobiol. **4**, 1 (1910).
[4] GOWERS, W. R.: Medico-chirurg. Transact. **62**, 269 (1879) (ref. Virchow-Hirschs Jber.).
[5] HANSEN, K. u. P. HOFFMANN: Z. Biol. **53**, 99—106 (1920).
[6] MAYER, C.: Z. Neur. **92**, 396—400 (1924) — Ber. Physiol. **30**, 128 (1925). Beim Niederdrücken der Grundphalange (deshalb Grundgelenkreflex) eines dreigliedrigen Fingers kommt eine reflektorische Kontraktion der Daumenballenmuskulatur zustande, deren Aktionsströme registriert werden.
[7] JENDRÁSSIK, E.: Dtsch. Arch. klin. Med. **52**, 569—600 (1894).
[8] DITTLER, R. u. S. GARTEN, Z. Biol. **68**, 499—532 (1918).
[9] EXNER, S.: Pflügers Arch. **8**, 526 (1874).
[10] HOFFMANN, P.: Untersuchungen über die Eigenreflexe, S. 57 (1922).
[11] SCHRIJVER, Dtsch. Z. Neur. u. Psych. **83**, 661 (1923).
[12] FOIX, CH. u. A. THÉVENARD: Revue neur. **30**, 449—468 (1923) — Ber. Physiol. **23**, 452 (1924). Wird beim gesunden Menschen unter Ausschaltung seiner aktiven Mitwirkung eine Gelenkstellung passiv geändert, so kontrahieren sich reflektorisch diejenigen Muskeln, deren aktive Kontraktion die neue Gelenkstellung herbeigeführt haben würde. (Der Muskeltonus adaptiert sich an die neue Stellung, daher Adaptationsreflex.)
[13] DODGE, R.: J. of exper. Psychol. **4**, 247—269 (1921).
[14] WULFFTEN-PALTHE, P. M. VAN: Nederl. Tijdschr. Geneesk. **69**, 562—576 (1925).
[15] GUILLAIN, G., A. STROHL u. TH. ALAJOUANINE: C. r. Soc. Biol. **90**, 285—287 (1924).
[16] UHLENBRUCK, P.: Z. Biol. **81**, 51—56 (1924).
[17] GILDEMEISTER, M. u. Mitarbeiter: Pflügers Arch. **200**, 251—284 (1923), bes. Abhandl. III.
[18] GAYDA, T.: Arch. di Sci. biol. **6**, 169—190 (1924).
[19] GRADLE, H. S. u. E. B. EISENDRATH: Klin. Mbl. Augenheilk. **71**, 311—313 (1923).
[20] STROHL, A.: Les réflexes d'automatisme médullaire. Paris 1913, zitiert nach GOLDFLAM: Z. Nervenheilk. **80**, 238—269 (1923).
[21] GOLDFLAM, S.: Z. Nervenheilk. **80**, 238—269 (1923).

Tabelle 1 (Fortsetzung).

Bezeichnung des Reflexes	Reflexzeit in msec = $^1/_{1000}$ sec
Chemische Reflexe[1]	250—34000
Wärmereflex beim Hemiplegiker[1]	1800—16200
Nystagmus nach Vorbringen des Kopfes in die Maximumstellung[2]	4000—10000
Reflex solaire[3]	einige Tausend
Kalorischer Nystagmus[4]	9000—42000
Respirationsreflex[5]	10000—12000
Dermographia reflexiva[6]	20000—60000
Kältedarmreflex[7]	30000—90000
Spurenreflexe[8]	bis 180000
Axonreflexe nach peripheren Verletzungen[9]	2—3 Wochen
Bedingte Reflexe[10]	Wochen bis Monate

nicht der Fall war. Man würde also im Falle der PAWLOWschen Versuche, bei denen zweifellos psychische Erscheinungen zur Beobachtung kommen, besser von bedingten Reaktionen als von bedingten Reflexen sprechen.

Die Abgrenzung zwischen Reaktion und Reflex hat sich in den letzten Jahren immer mehr verwischt. WEINBERG[11] spricht von „psycho-physiologischen Reflexen" bei allen körperlichen Änderungen infolge von Reizen, die für die Versuchsperson eine psychische Bedeutung haben (psychogalvanischer, psychoelektrokardiographischer, psychoplethysmographischer usw. Reflex). ALLEN und WEINBERG[12] reden sogar von einem „Geschmackssinnesreflex" bei Prüfung der Geschmackssinnesempfindungen. Bei PAWLOW[13] findet man sogar Ausdrücke wie Nahrungs- und Orientierungsreflex, Zielerstrebungsreflex, Befreiungsreflex, Servilitätsreflex der Russen u. ä. Bezeichnungen. Ob diese Lockerung der Begriffe in einem tatsächlichen Übergang beider Erscheinungen begründet ist oder nicht, ist hier nicht der Ort zu untersuchen.

Würde man die eingangs gegebene Definition der Reflexzeit auf die bedingten Reflexe anwenden, so hätte man zwei Möglichkeiten, wie man das tun will, je nachdem, was man als Reiz definieren will. Man könnte als Reflexzeit der bedingten Reflexe die Zeit betrachten, die vergeht vom Beginn der Dressur (Reizbeginn) bis zum Auftreten des bedingten Reflexes (Eintritt des Reizerfolges). Diese Zeit ist sehr verschieden für die verschiedenen bedingten Reflexe, aber immer ungeheuer lang gegen die gewöhnlichen Reflexzeiten. So berichtet STROGANOFF[14], daß eine Differenzierung bei drei Reizerzeugern erst nach 160 Experi-

---

[1] KAUFFMANN, F. u. W. STEINHAUSEN: Pflügers Arch. **190**, 12—40 (1921).
[2] FISCHER, M. H.: Pflügers Arch. **213**, 74—111 (1926).
[3] CLAUDE, H. L., L. GARRELON u. D. SANTENOISE: J. Physiol. et Path. gén. **22**, 858 bis 871 (1924) — Ber. Physiol. **31**, 706 (1925).
[4] FRENZEL, H.: Arch. Ohr- usw. Heilk. **113**, 233—269 (1925).
[5] DANIELOPOLU, D., D. SINICI u. C. DIMITRIU: C. r. Soc. Biol. **91**, 497—500 (1924) — Ber. Physiol. **29**, 97 (1925).
[6] BOWING, H.: Dtsch. Z. Nervenheilk. **76**, 71—133 (1923) — Ber. Physiol. **21**, 108 1924).
[7] FRIEDRICH, L. v. u. G. BOKOR: Arch. Verdgskrkh. **35**, 332—336 (1925) — Ber. Physiol. **33**, 865 (1926).
[8] PAWLOW, J. P.: Die höchste Nerventätigkeit, S. 186. München: J. F. Bergmann 1926.
[9] LERICHE, R.: Rev. de Chir. **43**, 579—589 (1924) — Ber. Physiol. **31**, 285 (1925).
[10] PAWLOW, J. P.: Erg. Physiol. **11**, 357 (1911).
[11] WEINBERG, A. A.: Z. Neur. **86**, 375—390 (1923) — Ber. Physiol. **25**, 94 (1924).
[12] ALLEN, F. u. M. WEINBERG: Quart. J. exper. Physiol. **15**, 385—420 (1925) — Ber. Physiol. **35**, 509 (1926).
[13] PAWLOW, J. P.: Die höchste Nerventätigkeit, S. 250ff. (1926).
[14] STROGANOFF, A.: Vortrag auf d. II. Allr. Psycho.-Kongr. vom 8. I. 1924 — vgl. Ber. Physiol. **25**, 237 (1924).

Tabelle 2. Reflexzeiten beim Tier.

Bezeichnung des Reflexes	Reflexzeit in msec = $^1/_{1000}$ sec
Patellarreflex (Kaninchen[1])	3,3—16
Patellarreflex (Katze[2])	5,3—12,5
Lidschlagreflex (Taube[3])	7,3—21
Schwanzreflex (Taube[3])	11—47
Gleichseitiger Beugereflex (Katze[2])	11,2—18,3
Zungen-Kiefer-Reflex (Hund[4])	11,4—17,8
Ohrmuschelreflex (Meerschweinchen[5])	18—26
Triceps-surae-Reflex (Frosch[6])	25—55
Flugreflex (Taube[3])	26—52
Kontraktionsreflex (Blutegel[7])	25—800
Reflektorisches Sympathicogramm der Pupillen- bzw. Speichelnerven nach Ischiadikusreizung (Hund, Katze[8])	40—600
Stachelreflex auf mechanischen Reiz bei Seeigeln[9]	110—280
Hemmungsreflex (Blutegel[7])	170—210
Flügelkontraktionsreflex Aplysia[10]	140—270
Sympathicogramm (vgl. oben) nach Schallreiz[8]	180
Schlingreflex[11]	200—600
Pupillenreflex[12]	300—900
Nickhautreflex[13] (Katze)	490—875
Schattenreizreflex[14] bei Seesternen	500—850
Darmreflex (Meerschweinchen[4])	700
TÜRCKscher Reflex[15] (chemische Reizung)	1 Sek. bis 97 Min.
Kontraktionsreflex der Glocke von Medusa Gonionema Meerbachii nach Lichtreiz[16]	5—10 Sekunden

mentiertagen und über 360 Wiederholungen des Differenziererzeugers zum Erfolg führte. LEONOW[17], der an Kindern experimentierte, gibt zwar die Dauer seiner Versuche nicht an, aber aus der Anzahl der nötigen Kombinationen (36, 83, 25 usw.) ist zu schließen, daß zur Ausbildung der von ihm untersuchten Spurenreflexe auch am Menschen Tage und Wochen nötig sein können.

Die zweite Möglichkeit, bei den bedingten Reflexen eine Reflexzeit zu definieren, wäre die, daß man als Reizbeginn den Anfang des Reizes in dem betreffenden Einzelversuch, in dem man den bedingten Reflex prüft, annimmt. In diesem Fall sind die Zeiten gewöhnliche Reflexzeiten. Diese Zeiten können allerdings in

---

[1] SCHEVEN, U.: Allg. Z. Psychiatr. **61**, 764 (1904).
[2] JOLLY, W. A.: Quart. J. exper. Physiol. **4**, 67—87 (1911). — Literatur auch noch bei L. BALLIF, J. F. FULTON u. E. G. T. LIDDELL: Proc. roy. Soc. Lond. B **98**, 589—607 (1925).
[3] DITTLER, R. u. S. GARTEN: Z. Biol. **68**, 499—532 (1918).
[4] ISAYAMA, S.: Z. Biol. **82**, 81—90 (1924).
[5] IWAKI, S.: J. Biophysics **1**, 10—11 (1923) — Ber. Physiol. **32**, 336 (1925).
[6] ISHIKAWA, H.: Z. allg. Physiol. **11**, 150—167 (1910).
[7] BETHE, A.: Pflügers Arch. **122**, 1—36 (1908).
[8] BYRNE J. und W. EINTHOVEN. Americ. Journ. of physiol. **65**, 350 (1923).
[9] UEXKÜLL, J. v.: Z. Biol. **34**, 319—339 (1896).
[10] FRÖHLICH, F. W.: Z. allg. Physiol. **11**, 141—144 (1910).
[11] ZWARDEMAKER: Vgl. P. M. VAN WULFFTEN — PALTHE: Nederl. Tijdschr. Geneesk. **69**, 1. Abtl., 562—576 (1925) — Ber. Physiol. **31**, 108 (1925).
[12] BRAUNSTEIN: Zur Lehre v. d. Inn. d. Pupillenbewegung 1894 (zitiert nach KARPLUS u. KREIDL: Pflügers Arch. **203**, 535 (1924).
[13] KARPLUS u. KREIDL: Pflügers Arch. **203**, 535 (1924).
[14] UEXKÜLL, I. v.: Z. Biol. **34**, 319—339 (1896).
[15] HEINEKAMP, W. I. R.: J. Labor. a. clin. Med. **10**, 763—769 (1925) — Ber. Physiol. **25**, 746 (1924).
[16] YERKES, R. M.: Amer. J. Physiol. **6**, 279—307 (1903). Es wird der Einfluß der Lichtstärke, der Temperatur, der Größe des Tieres und anderer Faktoren auf die Reflexzeit festgestellt. Als Extremzahlen kommen Werte von 1,5 und 65 Sekunden vor.
[17] LEONOW, W. A.: Pflügers Arch. **214** (1926).

bestimmten Fällen durch die Tatsache, daß wir es bei den bedingten Reflexen nicht mit Reflexen, sondern mit Reaktionen zu tun haben, besonders große Werte annehmen. So findet z. B. LEONOW[1] bei den sog. Spurenreflexen bei Kindern Reflexzeiten (er nennt sie Latenzperioden) von 15—55 Sekunden.

Man kann Hunde direkt auf lange Reflexzeiten mit Hilfe der Spurenreflexe dressieren. PAWLOW[2] gibt hierfür folgendes Beispiel: Kombiniert man einen indifferenten Reiz mit einem unbedingten Reiz (Fütterung) derart, daß man den unbedingten Reiz erst drei Minuten nach dem Beginn des indifferenten Reizes einführt, so erhält man nach vielen Wiederholungen schließlich einen bedingten Reflex auf den indifferenten Reiz, der auch drei Minuten nach Beginn des indifferenten Reizes einsetzt. Hier haben wir also eine wirkliche Latenzzeit eines Reflexes von drei Minuten. Diese langen Reflexzeiten führt PAWLOW auf Hemmungen zurück.

Zwischen den langen Zeiten für die bedingten Reflexe und den relativ kurzen Zeiten der gewöhnlichen Reflexe liegen die Reaktionszeiten beim Menschen, die dadurch charakterisiert sind, daß als Bedingung für ihre Messung der Befehl an die Versuchsperson eingeführt ist, möglichst kurz auf einen äußeren Reiz hin zu reagieren. Es wäre eine reizvolle Aufgabe, eine Beziehung zu suchen zwischen den gewöhnlichen Reflexzeiten, den Reaktionszeiten und den Zeiten für die bedingten Reflexe. Es wäre denkbar, daß aus dem kontinuierlichen Übergang der Zeiten auf die Verwandtschaft der drei genannten Erscheinungen geschlossen werden könnte, eine Auffassung, die offenbar durch die Lockerung der Begriffe Reflex und Reaktion angebahnt ist. Auf der anderen Seite scheint man anzunehmen, daß durch die Beifügung des psychischen Elementes eine prinzipiell neue Komponente eingeführt wird, die mit naturwissenschaftlichen Methoden nicht erfaßt werden kann. Da überdies die Reaktionszeiten in einem besonderen Kapitel dieses Handbuches abgehandelt werden, soll die Erweiterung des Begriffes Reflex hier nicht Platz greifen, vielmehr wollen wir ausdrücklich alle Vorgänge von der Betrachtung ausschließen, bei denen ein psychisches Geschehen angenommen wird.

Die bedingten Reflexe sollen also von der Betrachtung ausgeschlossen sein. Nur ein einziger Fall gehört in unser Kapitel. Neuerdings hat nämlich FROLOFF[3] nachgewiesen, daß bedingte Reflexe auch bei Fischen auftreten können, denen ein Rindenapparat in der Vorderhirnhemisphäre fehlt, also ein Organ, auf das die psychischen Erscheinungen im allgemeinen bezogen werden. Diese bedingten Reflexe würden also in unser Kapitel hineingehören. Erwähnt sei deshalb, daß FROLOFF als Latenzzeit dieser bedingten Reflexe (starke Tauchbewegungen auf Licht- und Schattenreize bei elektrischen Schlägen als unbedingten Reizen) 1—2 Sekunden gefunden hat. Wie groß die Zeit vom Beginn des Versuches bis zum Auftreten des bedingten Reflexes, also die Reflexzeit im übertragenen Sinne war, ist nicht angegeben. Da wir uns auf eine allgemeine Analyse der bedingten Reflexe nicht einlassen wollen, so ist die Ermittelung dieser Zeit in diesem speziellen Falle für uns auch ohne Bedeutung.

Bei der Betrachtung der Tabelle der Reflexzeiten ist neben der großen Variation der Reflexzeiten bei verschiedenen Reflexen vielleicht am auffälligsten die große Streuung der Reflexzeitwerte für den einzelnen Reflex. Der erste Eindruck wird der sein, daß es unmöglich ist, aus solchen Zahlen die zentrale Leitungsverzögerung zu berechnen. Wenn die Gesamtreflexzeit solchen Schwankungen unterworfen ist, wie wird ein sicherer Wert für die Übertragungszeit im Zentralorgan

---

[1] LEONOW: Zitiert auf S. 671.
[2] PAWLOW, I. P.: Die höchste Nerventätigkeit, S. 186. München: J. F. Bergmann 1926.
[3] FROLOFF, I. P.: Pflügers Arch. **208**, 261—271 (1925).

Definition der Reflexzeit.

daraus zu berechnen sein, besonders wenn man bedenkt, wie klein die Übertragungszeit sein muß (Vgl. S. 667).

Andererseits haben die Messungen des einzelnen Forschers, an derselben Versuchsperson gemessen, unter sich oft sehr gleichmäßige Resultate ergeben. So fand HOFFMANN[1] für die Latenzzeit des Eigenreflexes der Fußstrecker bei Reizung des Nerven in der Kniekehle am Menschen folgende Werte (in msec.):

Vp. H.	Vp. St.	Vp. G.	
25,7	28,9	25,7	26,3
25,5	28,8	26,4	26,0
25,6	29,2	25,8	25,8
24,7	29,0	25,7	
25,2	29,3	26,2	
25,1	28,8	26,5	

Der größte Wert ist bei Vp. H. um 4% bei Vp. St. um 1,8%, bei Vp. G. um 3,1% größer als der kleinste Wert bei derselben Versuchsperson, während die Schwankungen vom kleinsten bis zum größten Wert für alle drei Vp. gemeinsam berechnet 23% betragen. In der Tabelle (S. 669) finden wir Schwankungen um viele 100% und mehr.

An dem maschinenmäßigen Ablauf wenigstens bestimmter Reflexe kann somit kein Zweifel sein.

Die Streuung der Werte für die Reflexzeit bei dem einzelnen Reflex muß daher hervorgerufen sein durch die Verschiedenheit der Bedingungen, unter denen die Messungen vorgenommen wurden. Als ein Beispiel seien die Ergebnisse der Reflexzeitmessungen für den Blinzelreflex bei elektrischer Reizung beim Menschen angeführt. EXNER[2] fand für diesen Reflex als Reflexzeit 58—66 msec, GARTEN[3] 40—41 msec., DITTLER und GARTEN[4] 37,2—42,9 msec. Die Abweichungen der Messungen der Beobachter sind untereinander sehr bedeutend, jedoch stimmen die Messungen des einzelnen Forschers unter sich oft weitgehend überein. Die einzelnen Untersucher haben also aller Wahrscheinlichkeit nach nicht dasselbe gemessen, sondern jeder etwas anderes. Es erscheint nötig, zuallererst zu untersuchen, was bei einer Reflexzeitmessung eigentlich gemessen wird. Es ist offenbar eine Summe von Zeiten, deren genaue Präzision und Analyse von großer Wichtigkeit ist.

Die Summanden der Reflexzeit sind:
1. Die Latenzzeit des receptorischen Organs, d. h. die Zeit, die vergeht vom Beginn des Reizes bis zum ersten Auftreten der Erregung in dem zum receptorischen Endorgan gehörigen receptorischen Nerven. Bei direkter Reizung des Nerven vertritt der Nerv das Endorgan.
2. Die Leitungszeit im receptorischen Nerven zum Zentrum.
3. Die Übertragungszeit im Zentrum (diese Zeit wird bekanntlich auch bisweilen reduzierte oder reine Reflexzeit genannt).
4. Die Leitungszeit im effektorischen Nerven zur Peripherie.
5. Die Zeit von dem Eintreffen der Erregung im effektorischen Organ bis zum Sichtbarwerden dieser Erregung (Latenz des effektorischen Organs).

Um eine Vorstellung von der absoluten Größe der Summanden der Reflexzeit und ihrem gegenseitigen Größenverhältnis zu geben, sei als Beispiel eine Berechnung aus neuester Zeit von P. HOFFMANN[5] mitgeteilt. P. HOFFMANN berechnet

---

[1] HOFFMANN, P.: Untersuchungen über die Eigenreflexe **1922**, 53.
[2] EXNER, S.: Pflügers Arch. **8**, 526 (1874).
[3] GARTEN, S.: Pflügers Arch. **71**, 477 (1899).
[4] DITTLER, R. u. S. GARTEN: Z. Biol. **68**, 499—532 (1918).
[5] HOFFMANN, P.: Untersuchungen über die Eigenreflexe, S. 57. Berlin 1922.

nach Angaben von F. A. HOFFMANN die einzelnen Summanden beim Achillessehnenreflex beim Menschen folgendermaßen:

1. Latenzzeit des receptorischen Organs . . . . . . 0 msec
2. u. 4. Nervenleitungszeit . . . . 21 „
5. Latenzzeit des effektorischen Organs . . . . . . 3 „

zusammen: 24 msec

Als Reflexzeit wurde gemessen . . . . 26 „

Als Differenz der beiden Zeiten, also als Zeit für die zentrale Überleitung (Summand Nr. 3), ergibt sich daraus der Wert von 2 msec. Die hier gegebene Berechnung ist die erste einer längeren Reihe von Berechnungen. Die darauffolgenden Berechnungen geben als zentrale Überleitungszeiten andere Zahlen: — 3 msec, + 6 , + 2,7 msec usw. Das Mittel aus 13 Versuchen an normalen Personen beträgt 3 msec.

Danach fallen nach HOFFMANN für den Achillessehnenreflex von der gesamten Reflexzeit auf die Latenzzeit des receptorischen Organs 0%, auf die Nervenleitungszeit 76%, auf die Latenzzeit des effektorischen Organs 12% und auf die zu berechnende zentrale Überleitungszeit im Mittel gleichfalls 12%.

Wir könnten den angegebenen Mittelwert von HOFFMANN mit den Mittelwerten anderer Autoren vergleichen, aus diesen Mittelwerten wieder ein allgemeines Mittel nehmen, und dieses Mittel als den wahrscheinlichsten Wert der Leitungsverzögerung betrachten. Dieses Verfahren ist aber nicht angängig. Da es sich bei der Bestimmung der Reflexzeit um eine Summe von Zeiten handelt, und die zu berechnende zentrale Überleitungszeit nur einen geringen Prozentsatz der Gesamtzeit darstellt, ist zu allererst festzustellen, mit welcher Genauigkeit die einzelnen Summanden bestimmt werden können. Daß eine negative zentrale Überleitungszeit, wie sie bei der Berechnung von HOFFMANN mit —3 msec vorkommt, unmöglich ist, ist von vornehercin klar. Die zentrale Übertragungszeit kann höchstens gegen den Wert 0 konvergieren, aber sie kann niemals negativ werden.

Wir müssen also zuerst feststellen, mit welcher Genauigkeit die einzelnen Summanden bestimmt werden können, und dann uns fragen, ob wir berechtigt sind, Mittelwerte für die zentrale Übertragungszeit zu berechnen, die von irgendeiner Bedeutung sind.

Latenzzeit des receptorischen Organs.

In der als Beispiel angeführten Berechnung von HOFFMANN ist die Latenzzeit des receptorischen Organs gleich 0 gesetzt. An anderer Stelle schreibt HOFFMANN: „Es erscheint dem Verfasser heute ebenso berechtigt, die Latenz der sensiblen Nervenendigungen als verschwindend klein anzunehmen, wie sie für 2,9 msec anzusetzen"[1].

Wenn die Latenzzeit des receptorischen Organs nur mit einer Genauigkeit von 2,9 msec bekannt ist, wird die zentrale Überleitungszeit, also eine eventuelle Leitungsverzögerung im Zentralorgan, auf deren Feststellung es ja ankommt, auch nur mit einer Genauigkeit von 2,9 msec bestimmt werden können. Da die zentrale Übertragungszeit ohne Verzögerung zu 0,07 msec berechnet wurde (vgl. S. 667), so besagt eine Genauigkeit von 2,9 msec im Grunde nichts anderes, als daß man auf eine Bestimmung der Leitungsverzögerung überhaupt verzichten müßte.

Wir stoßen also schon hier bei der Betrachtung der ersten Summanden der Reflexzeit auf eine fundamentale Frage, nämlich der nach der Genauigkeit

---

[1] HOFFMANN, P.: Abderhalden, Hdb. der biol. Arbeitsmeth. Lief. **120**, 401 (1924).

der Bestimmung der Latenzzeit des receptorischen Endorgans. Um sie zu beantworten, müssen wir etwas weiter ausholen. Unter der Latenzzeit des receptorischen Organes wurde verstanden die Zeit, die vergeht vom Beginn des Reizes, der das receptorische Endorgan trifft, bis zum Beginn der Tätigkeit im receptorischen Nerven. In dieser Zeit steckt eine Komponente, die sich auf den Reiz bezieht und die sich wenigstens theoretisch bestimmen läßt. Diese Zeit (Reizzeit oder Nutzzeit des Reizes) kann wohl sehr klein, aber wenigstens theoretisch niemals Null werden.

Über diese Reizzeit und ihre Abhängigkeit von verschiedenen Faktoren, besonders von der Reizstärke sind in den letzten Jahren eine große Anzahl von theoretischen[1] und experimentellen Untersuchungen angestellt worden. Es sei nur erinnert an die Arbeiten von NERNST[2] und HILL[3] über die Erregungsgesetze bei elektrischem Reiz, von HECHT[4] über die Reizgesetze bei optischem Reiz, von KAUFFMANN und STEINHAUSEN[5] über die Reizzeiten bei chemischem Reiz, schließlich von LASAREFF[6], PIÉRON[7] u. a. über allgemeine Erregungsgesetze. Das wesentliche Ergebnis dieser Untersuchungen ist die Feststellung, daß die Reizzeit im allgemeinen um so größer wird, je schwächer die Reizstärke ist. Im einfachsten Fall, nämlich dem der umgekehrten Proportionalität zwischen Reizzeit und Reizstärke, kommen wir zu einem „Hyperbelgesetz", wie es wohl sicher für den ersten Teil der optischen Erregung Gültigkeit hat[8]. Hier entspricht es dem BUNSEN-ROSCOEschen Gesetz auf rein physikalischem Gebiete. Eine solche physikalische Komponente hat aber jeder Erregungsvorgang, und so wird man erwarten können, daß bei jedem Erregungsvorgang eine ähnliche Abhängigkeit von der Reizstärke auftreten wird, die rein durch die physikalische Natur des Reizes bedingt ist. Die einfache umgekehrte Proportionalität zwischen Reizstärke und Reizzeit wird nur ein spezieller Fall dieser physikalischen Abhängigkeit sein. Für den elektrischen Reiz z. B., bei dem nach der NERNSTschen Theorie die Konzentrationsänderung von Elektrolyten an der Reizstelle den physikalischen Reiz darstellt, findet man ein Quadratgesetz[9]:

$$t = k \frac{1}{i^2} + c$$

eine Formel, die durch HILL[10] eine starke Erweiterung erfahren hat.

Ist der Reiz ein chemischer oder wird durch den Reiz ein chemischer Vorgang ausgelöst, der die biologische Erregung erst wieder hervorruft, und ist die Zeit dieses chemischen Vorgangs maßgebend für die Gesamtdauer aller beobachteten Prozesse, so werden wir hier Formulierungen für das Reizgesetz erhalten, wie sie von LASAREFF[11] vorgeschlagen werden. Der allgemeine Ausdruck für die Abhängigkeit der Reizzeit (t) von der Intensität (i) des Reizes kann dann folgendermaßen geschrieben werden:

$$t = k_1 \ln \frac{k_2}{k_3 - i}.$$

Die k sind Konstante.

---

[1] Über den Wert bzw. Unwert der mathematischen Formulierung sog. Reizgesetze ohne genügende Begründung der Formeln vgl. NERNST: Pflügers Arch. 122, besonders Seite 299 (1908).

[2] NERNST, W.: Pflügers Arch. 122, 275—314 (1908).

[3] HILL, A. V.: J. of Physiol. 40, 190 (1910).

[4] HECHT, S.: Naturwiss. 13, 660—661 (1925) — Ber. Physiol. 33, 892 (1926).

[5] KAUFFMANN u. W. STEINHAUSEN: Pflügers Arch. 190, 12—14 (1921).

[6] LASAREFF, P.: Naturwiss. 13, 659—660 (1925) — Ber. Physiol. 1926, 33—891).

[7] PIÉRON, H.: Année psychol. 22, 58—142 (1922) — Ber. Physiol. 21, 426 (1924).

[8] HECHT, S.: J. opt. Soc. Amer. 5, 227—231 (1921) — Ber. Physiol. 21, 44 (1924).

[9] NERNST: a. a. O.   [10] HILL: a. a. O.

[11] LASAREFF, P.: Die physikalisch-chemische Theorie der Reizung. Naturwiss. 10, 1123 bis 1128 (1922) — Ber. Physiol. 18, 201 (1923) — vgl. auch Pflügers Arch. 194, 296 (1922).

Es ist nach allem daher nicht anzunehmen, daß das einfache „Hyperbelgesetz" für die Abhängigkeit zwischen Reizstärke und Reizzeit, wie es für einzelne Reizarten gilt und zuerst von FRÖSCHL[1] als allgemeines Reizgesetz postuliert wurde, für alle Reizarten anwendbar ist. Die Bestrebung, wie sie z. B. besonders von PIÉRON[2] getätigt werden, das Hyperbelgesetz auf allen Gebieten der Sinnesphysiologie und damit natürlich auch der Reflexlehre bestätigt zu finden, haben daher wohl nur heuristischen Wert. Neuerdings gibt auch PIÉRON[3] eine kompliziertere Formel, die einer Parabel höherer Ordnung entsprechen würde.

Bezüglich der Theorie dieser Gesetze sei auf die Artikel von CREMER (Bd. 8) und BRŒMSER (Bd. 8) in diesem Handbuch verwiesen. Hier sollen nur die qualitativen Befunde, d. h. die gemessenen Reizzeiten selber, besprochen werden. Dabei handelt es sich nicht darum, festzustellen, wie lang der Reiz in Wirklichkeit gedauert hat, sondern wie groß die wirksame Reizdauer (Nutzzeit nach GILDEMEISTER[4]) war.

Reizzeit für den elektrischen Reiz.

Am einfachsten läßt sich der Begriff der Nutzzeit und seine Bedeutung für die Reflexzeit am Beispiel des elektrischen Reizes zeigen. Die Nutzzeit des Reizes ist nach GILDEMEISTER die Zeit, die ein Reiz andauern muß, um seine Wirkung zu entfalten. Wenn keine Verwechslung möglich ist, können wir diese Zeit auch einfach Reizzeit nennen. Es ist also nicht die Zeit, die der Reiz wirklich andauert, sondern von der Gesamtreizzeit nur die Zeit, die hinreicht, um die volle Reizwirkung zu erzielen.

Die H.N.Z. ist die Zeit, während der ein konstanter Schwellenreizstrom fließen muß, um eine Erregung in dem gereizten Gewebe zu setzen. Wird diese Zeit unterschritten, so tritt überhaupt keine Erregung ein. Daraus folgt aber weiter, daß bei Schwellenreizen die Erregung erst am Ende der H.N.Z. einsetzen kann, denn würde sie früher einsetzen, so könnte man die Reizzeit kleiner machen um diesen Betrag, um den die Erregung früher einsetzt wie das Ende der Nutzzeit, und das ist gegen die Definition der Nutzzeit. Offenbar ist die Präzisierung des Begriffes Hauptnutzzeit und Nutzzeit nicht auf den elektrischen Reiz beschränkt, sondern muß folgerichtig auf alle Reizarten ausgedehnt werden[5]. Aus der Verzögerung der Erregung infolge des Bestehens einer Nutzzeit folgt, daß die Nutzzeit für die Deutung der Reflexzeit von großer Bedeutung werden kann. Ist nämlich die Nutzzeit bei einer Reflexerzeugung von irgendeinem nennenswerten Betrag, so muß sie als Summand der Reflexzeit in Rechnung gestellt werden.

GILDEMEISTER[6] gibt für die Hauptnutzzeit, d. h. die Nutzzeit bei rechteckigen Stromstößen und minimalen Reizen, folgende Tabelle[7]:

M. biceps	(vom Nerven aus)		. . . . . .	1—2 msec.
M. tib. antic.	,,	,, ,,	. . . . . .	5—8 msec.
Gesichtsmuskeln	,,	,, ,,	. . . . . .	4—8 msec.

Es handelt sich hier um Nutzzeiten am motorischen menschlichen Nerven. Für den receptorischen Nerven werden ähnliche Schwankungen zu erwarten sein. Bei langsam ansteigenden Strömen findet GILDEMEISTER für den Froschgastrocnemius eine Nutzzeit bis 40 msec. Bei NERNST[8] werden Nutzzeiten bis zu 200 msec

---
[1] FRÖSCHL, P.: Z. allg. Physiol. **11**, 43—65 (1910).
[2] PIÉRON, H.: Année psychol. **22**, 58—142 (1922). — Ber. Physiol. **21**, 426 (1924).
[3] PIÉRON, H.: C. r. Acad. Sci. **181**, 818—819 (1925) — Ber. Physiol. **35**, 141 (1926).
[4] GILDEMEISTER, M.: Z. Biol. **62**, 358—396 (1923).
[5] Vgl. F. KAUFFMANN u. W. STEINHAUSEN: Pflügers Arch. **190**, 25 (1921).
[6] GILDEMEISRER, M.: Z. Biol. **62**, 358—396 (1913).
[7] GILDEMEISTER, M.: a. a. O. S. 369.
[8] NERNST: a. a. O. S. 291.

(fünf Perioden in der Sekunde) angenommen, bei denen das Quadratwurzelgesetz noch gilt.

Wichtig ist nun die Frage, wie groß ist die Nutzzeit bei Induktionsschlägen, denn solche werden als elektrische Reflexreize meist allein verwandt. Dazu muß man wissen, wie lange maximal ein Induktionsschlag überhaupt dauern kann. Denn die Nutzzeit kann nicht größer sein wie die Stromdauer in der sekundären Spirale. Es gibt nur eine Angabe von GILDEMEISTER[1], aus der Nutzzeiten bei Induktionsschlägen zu ersehen sind, und die betreffenden Versuche gelten noch dazu bei Anlegen eines Nebenschlusses zum Nerven. GILDEMEISTER findet für die Nutzzeiten bei Induktionsschlägen folgende Zeiten:

Reizart	Rollenabstand bei Minimalzuckungen cm	Nebenschließung zum Nerven Ohm	Nutzzeit msec
Öffnungsinduktionsschlag	20,3	5000	0,8
"	17,6	1000	1,2
Schließungsschlag	15,3	1000	9,3
"	15,5	5000	14,8

Die Bestimmung ist an einem Nervmuskelpräparat von Rana esculenta gemacht mit einem mittelgroßen Induktorium mit Eisenkern.

Als Resultat werden wir anmerken, daß die Nutzzeit bei den gewöhnlichen Öffnungsinduktionsschlägen immerhin bis zur Größe von 1 Millisekunde anwachsen kann, während sie für Schließungsschläge ganz bedeutend größer bis 10 msec und darüber werden kann.

Eine genaue Nachprüfung der Induktionsstromkurve und -dauer dürfte für die hier angeregte Frage nötig sein. Nach einigen Mitteilungen in der Literatur soll die Dauer des Öffnungsinduktionsstromes viel länger sein können. BERNSTEIN[2] findet die Dauer des Induktionsschlages 2—3 msec lang, und gibt an, einen oszillatorischen Vorgang mit 7300 Oszillationen in der Sekunde festgestellt zu haben. THÖRNER[3] bestimmt mit dem Saitengalvanometer die Dauer eines einzelnen Öffnungsinduktionsstromes eines gewöhnlichen Induktionsapparates mit Eisenkern, in dessen Stromkreis ein Nervenstück von 2 cm Länge eingeschaltet war, zu 3 msec. Aus den Angaben ist allerdings nicht ersichtlich, ob die Kurven analysiert wurden.

Reizzeit bei chemischem Reiz.

Über die Reflexzeiten bei chemischem Reiz ist in neuerer Zeit eine Arbeit von KAUFFMANN und STEINHAUSEN[4] erschienen.

Ein dort gegebenes Versuchsergebnis sei hier angeführt. Es handelt sich dabei um einen sog. TÜRCKschen Versuch am Frosch. Die Hinterpfote eines Reflexfrosches taucht in eine Säurelösung von bestimmter Konzentration, und es wird die Zeit bestimmt vom Beginn des Eintauchens bis zum Eintritt des Beinanziehreflexes. Die Tabelle gibt die gefundenen Werte, die Abb. 123a u. b die graphische Darstellung der Versuchsergebnisse.

Tabelle.

Konzentration der H_2SO_4 in %	Reflexzeit in Sekunden
0,05	19,7
0,1	8,8
0,3	2,5
0,5	1,8
1,0	1,3
1,5	1,2

---

[1] GILDEMEISTER, M.: a. a. O. S. 387.
[2] BERNSTEIN, S.: Ann. Physik 142, 54—88 (1871).
[3] THÖRNER, W.: Pflügers Arch. 198, 375 (1923).
[4] KAUFFMANN, F. u. W. STEINHAUSEN: Pflügers Arch. 190, 12—40 (1921).

Die Regelmäßigkeit der Werte und die lange Dauer der Latenz spricht dafür, daß es sich hierbei um eine Abhängigkeit der physikalischen Reizzeiten von der Reizstärke handelt. Allerdings können auch manche Gründe dafür angeführt

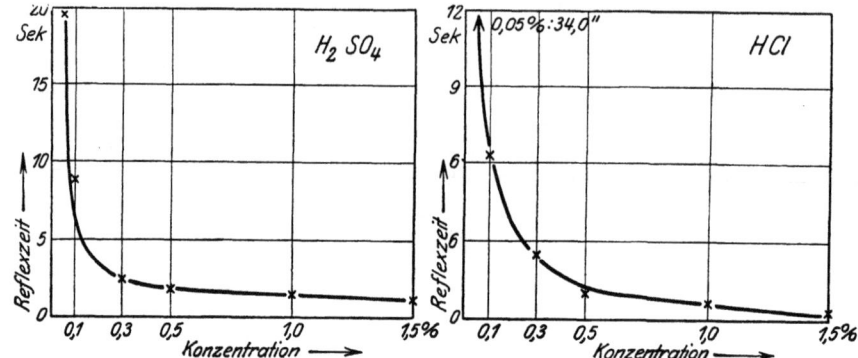

Abb. 123. Reflexzeitkurven für Säurereiz. Abszissen: Konzentration der Säuren in Prozent. Sternchen: beobachtete Werte; ausgezogene Kurve: mathematische Hyperbel. (Nach KAUFFMANN u. STEINHAUSEN: Pflügers Arch. **190**.)

werden, daß auch das Zentralnervensystem an dem Auftreten der langen Zeiten mit verantwortlich ist. Ein strenger Beweis für die periphere Entstehung der langen Reflexzeiten wäre nur in der Weise zu erbringen, daß man die Nutzzeiten der chemischen Reize bestimmte. Man müßte die chemischen Reize unterbrechen können, also nur kurze Zeit die Haut mit der Säure in Berührung lassen. Versuche derart sind bis jetzt nicht angestellt.

Reizzeit bei thermischem Reiz.

Auch die Reflexzeiten bei thermischem Reiz zeichnen sich ebenso wie die bei chemischem Reiz durch eine besonders lange Latenz aus. Wir entnehmen der Arbeit von KAUFFMANN und STEINHAUSEN[1] die folgende Tabelle. In dieser Tabelle sind die Reflexzeiten verzeichnet, die bei einem Hemiplegiker nach thermischer Reizung der gelähmten und gefühllosen Extremität beobachtet wurden. Bei erfolgreicher Reizung trat eine Dorsalflexion des Fußes ein. Die Abb. 124 gibt die graphische Darstellung der Versuchsergebnisse.

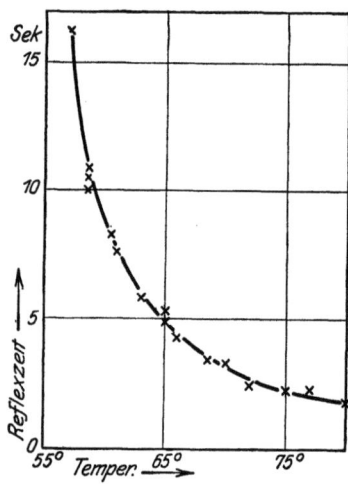

Abb. 124. Reflexzeit bei Temperaturreiz bei einem Hemiplegiker in Abhängigkeit von der Temperatur. Sternchen: beobachtete Werte; ausgezogene Kurve; berechnete Hyperbel. (Nach KAUFFMANN u. STEINHAUSEN: Pflügers Arch. **190**.)

Reiztemperatur in ° C	Reflexzeit in Sekunden	Reiztemperatur in ° C	Reflexzeit in Sekunden
80	1,8	65	4,8
77	2,2	63	5,8
75	2,2	61	7,6
72	2,4	60,5	8,2
70	3,2	58,5	10,4
68,5	3,4	55	16,2
66	4,2	54	

Eine ähnliche Versuchsreihe, die zwar keine Reflexzeiten, sondern Empfindungszeiten bringt, findet sich schon bei E. H. WEBER[2] in Wagners Handwörterbuch der Physiologie. Hier wird die

---

[1] KAUFFMANN, F. u. W. STEINHAUSEN: Pflügers Arch. **190**, 23 (1921).
[2] WEBER, E. H.: Wagners Handwörterbuch der Physiol. **3**, 2, 573 (1846).

Zeit bestimmt, die vergeht, bis nach Eintauchen in verschieden temperiertem Wasser die Schmerzempfindung auftritt. Bei WEBER nimmt die Empfindungszeit von 1,5 Sekunden bei 87,5° C bis 28 Sekunden bei 55° C zu.

Nach GOLDSCHEIDER[1] ist die von WEBER mitgeteilte Reflexzeit identisch mit der Reizdauer, also gleich der gesuchten Nutzzeit. GOLDSCHEIDER nimmt an, daß die Zeiten für die übrigen Komponenten der Reflexzeit gegenüber dieser Reizzeit vernachlässigt werden kann.

Es erscheint nicht ohne weiteres sicher, daß die lange Latenz dieses Wärmereflexes allein auf die lange Reizdauer zurückzuführen ist, denn auch zentrale Einflüsse dürften dabei mitsprechen. Bezüglich der Wirkung des Zentralorganes sei auf die Arbeit von KAUFFMANN und STEINHAUSEN hingewiesen.

Reizzeiten im eigentlichen Sinne bei thermischer Reizung hat PÜTTER[2] festgestellt. Nach PÜTTER ist die Nutzzeit sehr viel kleiner 0,8—1,3 Sekunden. Bei den Untersuchungen von PÜTTER handelt es sich allerdings nicht um schmerzauslösende Reize, und es ist die Frage, ob auf dem eingeschlagenen Wege die Reizzeiten überhaupt einwandfrei festzustellen sind.

Eine wirkliche Entscheidung über die Dauer der Nutzzeit dürfte wohl erst möglich sein, wenn man die Versuche von ADRIAN und ZOTTERMANN[3] (Vgl. S. 668) auf die Bestimmung der Reflexzeiten anwendet.

Reizzeiten bei optischem Reiz.

Über die Reizzeiten bei optischem Reiz hat HECHT[4] experimentelle und theoretische Untersuchungen angestellt. Bei der Sehscheide (Ciona intestinalis) und der gemeinen Klaffmuschel (Mya arenaria) ist die Reizzeit nach HECHT unter bestimmten Umständen so groß, daß die übrigen Zeiten der Vorgänge im Reflexbogen dagegen vernachlässigt werden können. Die Belichtungszeit (also Reizzeit) kann bei niedrigster Reizintensität bei Mya bis zu einer Sekunde und bei Ciona bis zehn Sekunden anwachsen. Erst nach dieser Zeit setzt die eigentliche Erregung des receptorischen Organes ein. Dabei gilt für die Abhängigkeit der Belichtungszeit (Reizzeit) von der Belichtungsstärke (Reizstärke) streng das BUNSEN-ROSCOEsche Gesetz (Hyperbelgesetz). Vgl. darüber das früher auf S. 675 Gesagte.

Reizzeit bei mechanischem Reiz.

Über die Reizzeit bei mechanischem Reiz liegen fast keine Angaben in der Literatur vor, so merkwürdig dies erscheinen mag. Bei jedem mechanisch ausgelösten Reflex wird eine gewisse Zeit verstreichen vom Beginn der mechanischen Einwirkung bis zu dem Augenblick, in dem die mechanische Einwirkung so groß geworden ist, daß die biologischen Vorgänge der Erregung einsetzen. Wird z. B. beim Hervorrufen des Patellarreflexes die Patellarsehne von dem Schlag eines Hammers getroffen, so wird die Deformation der Sehne eine bestimmte Größe erreicht haben müssen, bevor die Erregung beginnen kann. Nach HOFFMANN[5], der die einzige eingehendere Erwägung über diese Zeit angestellt hat, beginnt die Erregung unmittelbar mit dem Beginn des Schlages. Die *Berechnungen* aus denen HOFFMANN dieses ableitet, sind nicht beweisend. Er nimmt bei der Berechnung die Nervenleitungsgeschwindigkeit zu 120 m in der Sekunde an, was man jetzt allgemein für zu hoch hält. Nähme man in seiner Rechnung den Wert von 60 m in der Sekunde für die Nervenleitungsgeschwindigkeit, so würde man aus seiner

---

[1] GOLDSCHEIDER, A.: Bethes Handb. der Physiologie **11**, 145 (1926).
[2] PÜTTER, A.: Z. Biol. **74**, 237—298 (1922).
[3] ADRIAN u. ZOTTERMANN: Journ. of physiology **61** (1926).
[4] HECHT, S.: Vgl. Ber. Physiol. **21**, 44 (1923) — Jber. Physiol. **1920**, 54—58.
[5] HOFFMANN, P.: Arch. Anat. u. Physiol. **1910**, 223—246.

Rechnung schließen müssen, daß die Erregung der Nervenendorgane 3 msec *vor* dem Beginn des Schlages einsetzte. Wenn somit bis jetzt über die Reizzeit bei mechanischer plötzlicher Einwirkung keine sicheren Werte gegeben werden können, so wird man sich mit einer Mutmaßung zufriedengeben müssen. Man könnte vielleicht folgende Annahme machen: Bei einem Schlag auf die Patellarsehne, der *nahe dem Scheitelwert* liegt, wird aller Wahrscheinlichkeit nach die Erregung der Nervenendorgane erst einsetzen, wenn die maximale Deformation erreicht ist. Diese Zeit läßt sich, wenn der Stoßelastizitätsmodul E der Sehne und die Masse m des Hammers bekannt ist, unter Vernachlässigung der Dämpfung direkt angeben. Sie ist[1]:

$$t = \frac{1}{2}\pi \sqrt{\frac{m}{E}}.$$

Somit wird die gleiche maximale Deformation später erreicht, wenn die Masse des Hammers größer ist. Man wird also umso exaktere, d. h. kürzere Reflexzeiten erhalten, je kleiner der Hammer ist.

Uns interessieren besonders die absoluten Zahlen, die dabei zur Beobachtung kommen. Aus der photographischen Registrierung der Bewegung des Hammers bei mechanisch ausgelösten Reflexen, die sich bei HOFFMANN[2] findet, läßt sich als Reizzeit im oben definierten Sinne für den Achillessehnenreflex 3—5 msec, für den Patellarreflex, ausgelöst durch Schlag auf das distale Ende des Quadriceps sogar 8 msec ableiten. HOFFMANN gibt selbst in seiner Arbeit[3] für diese Zeit bis zum Beginn des Rückschwingens des Hammers bei dem Achillessehnenreflex 3 msec, für den Patellarreflex 2 msec an. Nimmt man mit STERNBERG[4] an, daß die Sehne Schwingungen machen muß, um die Nervenerregung zu erzeugen, so könnte also im besten Falle erst nach der doppelten Zeit, d. h. nach der Rückschwingung des Hammers, die Erregung einsetzen, und man käme zu noch größeren Zeiten wie hier angegeben. Auf jeden Fall wird man daran festhalten müssen, daß die Reizzeit für den mechanischen Reizdurchschlag möglicherweise in der Größenordnung von einigen msec liegen kann. Bei dem von PEREIRA[5] angegebenen Patellometer wäre diese Zeit wegen der großen Masse des Hammers (153 g) vermutlich sehr viel größer.

Direkte Bestimmung der Latenzzeit des receptorischen Organs.

Wir kämen zur Frage der Dauer der Gesamtlatenzzeit des receptorischen Organes. Bis jetzt hatten wir uns nur mit einem Teil der Latenzzeit, nämlich der Nutzzeit des Reizes beschäftigt. JOLLY[6], der im Zusammenhang mit Reflexzeitbestimmungen den Versuch gemacht hat, die Latenzzeit des receptorischen Organes direkt zu bestimmen, versteht darunter die Zeit, die vergeht vom Beginn des Reizes bis zum Beginn der negativen Schwankung im dazugehörigen receptorischen Nerven. Um diese Zeit festzustellen, mißt er bei der dekapitierten Katze die Zeit vom Beginn des Zuges an der Patellarsehne bis zum Beginn des Auftretens der negativen Schwankung des Ruhestromes im Cruralnerven. Die Ergebnisse seiner Messungen gibt folgende Tabelle.

JOLLY findet daraus eine mittlere Latenz des Aktionsstromes von 1,45 msec und eine mittlere Differenz (Latenzzeit des receptorischen Organes) von 0,98 msec. Bei

---

[1] Vgl. z. B. W. STEINHAUSEN: Pflügers Arch. **212**, 31—44 (1926).
[2] HOFFMANN, P.: Zitiert auf S. 679 (Tafel 6).
[3] HOFFMANN, P.: S. 235. Zitiert auf S. 679.
[4] STERNBERG, M.: Die Sehnenreflexe **1893**, 3.
[5] PEREIRA, I. R.: Brain **48**, 255—258 (1925) — Ber. Physiol. **34**, 540 (1926).
[6] JOLLY, W. A.: Quart. J. exper. Physiol. **4**, 66—87 (1911).

den ersten drei Katzen ist die Ableitungsentfernung und damit die Leitungszeit gleich, trotzdem finden sich Schwankungen der gemessenen Zeiten um nahe-

Dekapitierte Katze	Latenzzeit des elektr. Effekts im vorderen Cruralnerven nach Zug an der Patellarsehne in msec	Leitungszeit von der Mitte des Vastus int. zur nächstliegenden Elektrode in msec (N. L. G. 120 m/sec)	Differenz dieser Zeiten in msec
XIII	1,5	0,5	1
	1,7	0,5	1,2
	1,9	0,5	1,4
	1,1	0,5	1,6
XIV	2,1	0,5	1,6
	2	0,5	1,5
	2	0,5	1,5
XV	1,1	0,5	0,6
	1,8	0,5	1,3
	1,1	0,5	0,6
XVII	0,8	0,4	0,4
	1	0,4	0,6
	0,9	0,4	0,5
	1,3	0,4	0,9

zu 100%. Es entsteht daher wieder die Frage, ob man bei so großen Schwankungen berechtigt ist, Mittelwerte zu berechnen. Setzt man sich über diese Schwierigkeit hinweg, so ist die zweite Schwierigkeit die Frage nach der Leitungszeit. Nach den neueren Forschungen (vgl. später S. 683) ist man geneigt, den Wert von 120 m/sec, mit dem JOLLY rechnet, für zu hoch zu halten, für Katzen nimmt man jetzt lieber den Wert von 80 m/sec [1]. Setzt man diesen Wert ein, so findet man als Mittelwert für die Latenzzeit des receptorischen Endorgans nach JOLLY 0,75 msec als kleinsten Wert 0,2 msec.

Auch für die Reizung der Haut hat JOLLY auf demselben Wege die Latenzzeit der receptorischen Organe zu bestimmen versucht. Seine Ergebnisse sind in der folgenden Tabelle wiedergegeben.

Reizort	Latenzzeit der elektr. Veränderung im receptorischen Nerven nach Hautreiz in msec	Nervenstrecke in cm	Leitungszeit (120 m/sec) in msec	Differenz dieser Zeiten in msec
Fußrücken	4,3	20,5	1,7	2,6
	5,1	20,5	1,7	3,4
Oberschenkel	3,8	8,5	0,7	3,1
	3,2	8,5	0,7	2,5
Fußrücken	5,6	28	2,3	3,3
	4,5	28	2,3	2,2
Oberschenkel	3,7	9,5	0,8	2,9
Mittel	4,3			

JOLLY berechnet daraus als Mittel für die reine Latenzzeit der rezeptorischen Endorgane der Haut 2,9 msec (kürzeste Zeit 2,2 msec längste 3,4 msec). Würde man mit 80 m/sec als N.L.G. rechnen, so bekäme man als Mittel 2,2 msec.

Auf die verschiedenen Einwände, die man gegen die Messungen von JOLLY erheben kann, soll hier nicht näher eingegangen werden[2]. Nur eins möge hervor-

---

[1] HOFFMANN, P.: Untersuchungen über die Eigenreflexe **1922**, 46.
[2] Vgl. dazu P. HOFFMANN: Handb. d. biol. Arbeitsmethoden — Untersuchungen der Reflexzeit, S. 401.

gehoben werden: Die von JOLLY berechneten Latenzzeiten erscheinen ziemlich klein, wenn man berücksichtigt, daß in ihnen die mechanische Reizzeit, die, wie wir gesehen haben, wohl einige msec betragen kann und die Zeit für den hypothetischen Umwandlungsprozeß vom mechanischen Reiz in Nervenerregung enthalten ist. ISAYAMA[1] findet die Latenzzeit der rezeptorischen Endorgane der Zunge beim Zungenkieferreflex zu 3—4 msec.

Möglich ist, daß ein zweiter Prozeß in den Rezeptionsorganen nach dem Reizvorgang gar nicht eingeschaltet ist, sondern daß durch die mechanische Form- bzw. Druckänderung oder bei dem elektrischen Reiz durch den elektrischen Strom selbst Konzentrationsänderungen erzeugt werden, die die Erregung selbst darstellen (vgl. dazu die BRÖMSERsche Theorie der Nervenerregung). Für bestimmte, Erregungen z. B. die optischen Reize, ist ein zweiter Prozeß, der nach dem ersten Reizprozeß im Rezeptionsorgan abläuft, durch HECHT wahrscheinlich gemacht.

Nach HECHT[2] besteht der Vorgang der optischen Erregung, wie er aus Versuchen an den Photorezeptoren niederer Tiere ableitet, aus zwei hintereinandergeschalteten Prozessen im rezeptorischen Organ, einem rein photochemischen, den wir vorher unter dem Kapitel Reiz abgehandelt haben und einem chemischen Prozeß, der die Nervenerregung erst hervorruft. Die Dauer dieses zweiten Prozesses ist nach HECHT unabhängig von der Reizintensität, und beträgt bei Mya etwa 1,5 Sekunden.

Die Diskontinuität der Vorgänge im receptorischen Organ.

Für die Reflexzeit sind die Vorgänge im rezeptorischen Endorgan noch aus einem anderen Grunde von Bedeutung. Ist nämlich der Vorgang im Endorgan ein reiner Einzelvorgang, so wird seine Wirkung im Zentralorgan eine andere sein, als für den Fall, daß der Vorgang diskontinuierlicher Natur ist. Im zweiten Falle wird eine Summation der Erregung im Zentralnervensystem eintreten können. Eine Summation im Zentralnervensytem muß aber in geeigneten Fällen zu einer Leitungsverzögerung führen. Wegen dieser Leitungsverzögerung durch Summation ist es von allergrößter Wichtigkeit, die Art des Erregungsvorganges im rezeptorischen Endorgan zu kennen. Diese Kenntnis steckt zur Zeit noch ganz in den Anfängen. Gerade in neuester Zeit sind aber wichtige Schritte zur Erweiterung dieser Kenntnis gemacht. Aus den photographischen Aufnahmen von JOLLY[3] geht schon hervor, daß die Abnahme des Ruhestroms des rezeptorischen Nerven bei Reizung der Endorgane mit einem „Momentanreiz" (Stich oder Schlag) lange andauert, was auf einen entsprechend langen Vorgang im rezeptorischen Endorgan schließen läßt. Aber erst mit den neuesten Methoden (Dreistufenverstärker) ist es ADRIAN und ZOTTERMANN gelungen, die Natur dieses Vorganges näher aufzuklären (vgl. über die Bedeutung dieser Versuche auch Seite 668). ADRIAN und ZOTTERMANN[4] registrieren wie JOLLY den Aktionsstrom des rezeptorischen Nerven bei Reizung des rezeptorischen Endorgans. Das wesentliche der Ergebnisse der Untersuchung ist dies, daß durch einen Reiz der Haut des Warmblüters (Katze) nicht eine einzelne Endladung eintritt, sondern eine Reihe von Entladungen, deren höchste Frequenz 1 sec beträgt. Beim rezeptorischen Endorgan des Froschmuskels (Muskelspindel) ist die maximale Frequenz 75—100 sec.

Nach ADRIAN und ZOTTERMANN[4] gehen selbst in der Ruhe immer einige Erregungen (5—10 sec) vom Endorgan aus. Durch eine Reizung wird nur die Fre-

---

[1] ISAYAMA, S.: Z. Biol. **82**, 82—91 (1925).
[2] HECHT, S.: Ber. Physiol. **21**, 44 (1924).
[3] JOLLY, A. u. A. WAURT: J. of Physiol. **4**, 66—87 (1911).
[4] ADRIAN, E. D. u. Y. ZOTTERMANN: J. of Physiol. **61**, 49, 151—171, 465—483 (1926).

quenz der Erregungen erhöht, die Entladungen behalten im übrigen ihren Charakter vollkommen bei (Alles-oder-Nichts-Gesetz). Es folgt daraus weiter, daß die einzelne „Entladung" des Endorganes für sich allein überhaupt nicht als Reiz wirken kann, sondern nur die Wiederholung.

Welche große Bedeutung diese Befunde für die Reflexlehre haben müssen, ist ohne weiteres klar. Ist es die Frequenz, die zu einer Charakterisierung der Reizstärke führt, so gehören mindestens zwei Erregungen dazu, um diese Charakterisierung hervorzubringen. Daß ein Nervenendorgan sich in maximaler Erregung befindet, kann somit vom Zentralorgan erst festgestellt werden, wenn mindestens zwei Erregungen von diesem Endorgan ausgegangen sind. Da nach ADRIAN und ZOTTERMANN die höchste Frequenz der rezeptorischen Hautorgane 150/sec beträgt, so kann also erst im besten Falle nach 7 msec im Zentralorgan festgestellt werden, ob der Reiz ein minimaler oder maximaler war. Es folgt aber dann weiter auch, wenn die Befunde von ADRIAN und ZOTTERMANN richtig sind, daß ein Einzelreiz, der eine maximale Erregung herbeigeführt hat, mindestens zwei Erregungen im rezeptorischen Endorgan von der maximalen Frequenz erzeugt haben muß.

Für die zeitlichen Beziehungen folgt, daß selbst beim maximalen Reiz eine physiologische Verzögerung eintreten muß, die mindestens 7 msec beträgt. Es ist unmöglich, alle Konsequenzen, die sich aus dieser Vorstellung für die Frage der Reflexzeit ergeben, hier genau zu besprechen. Es mag nur darauf hingewiesen sein, daß einer der Gründe für die große und bis jetzt unerklärliche Variation der Reflexzeiten möglicherweise in dieser notwendigen physiologischen Summation zu suchen ist.

Nervenleitungszeit.

Wenn die bis jetzt besprochenen Summanden der Reflexzeit ihrer Größe nach schon in den Bereich der zu berechnenden zentralen Überleitungszeit fallen, so ist das in noch viel stärkerem Maße der Fall für die zentripetale und zentrifugale Nervenleitungszeit, die wir zusammen betrachten können, weil ein Unterschied wenigstens in der Nervenleitungsgeschwindigkeit für die beiden Bahnen nicht mit Sicherheit festgestellt werden kann.

Die Nervenleitungszeit ist abhängig von der Länge der Nervenstrecke und von der Nervenleitungsgeschwindigkeit. Diese Komponente gilt es zu bestimmen.

a) *Länge der Nervenstrecke.* Vorausgesetzt, daß man den Reflexweg kennt, ist die Bestimmung der Länge der Nervenstrecke eine rein anatomische Angelegenheit. Trotzdem ist die Bestimmung schwerer als man annehmen sollte, wie aus dem Beispiel der Berechnung für den Patellarreflex zu ersehen ist. Der Patellarreflex ist derjenige Reflex, der wohl am meisten, wenigstens von allen menschlichen Reflexen, untersucht worden ist. F. A. HOFFMANN[1] hat eingehend die Frage nach der Länge der Nervenstrecke beim Patellarreflex diskutiert. Nach seinen Messungen an der Leiche hat man für den Patellarreflex je nach der Größe des Erwachsenen 110—133 cm Nervenstrecke anzunehmen. Bei früheren Berechnungen wurde der von EULENBURG[2] angegebene Wert von 100 cm benutzt. Bei einer Nervenleitungsgeschwindigkeit von 60 m/sec würden die verschiedenen Werte für die Nervenstrecken eine maximale Differenz der Leitungszeiten von etwa 3 msec ergeben. Wenn man die Messung am Lebenden nach der Methode von F. A. HOFFMANN anstellt, wird man mit einem Fehler von vielleicht 10 cm rechnen müssen, der je nach dem Wert, den man für die Nervenleitungsgeschwindigkeit ansetzt, einer Zeit von etwa 1 bis 2 msec entsprechen würde.

---
[1] HOFFMANN, F. A.: Dtsch. klin. Med. **120**, 173—182 (1926).
[2] EULENBURG: Z. klin. Med. **183** (1882).

b) *Nervenleitungsgeschwindigkeit.* Die Kenntnis der Nervenleitungsgeschwindigkeit bildet die Grundlage für die Berechnung der zentralen Überleitungszeit aus der beobachteten Reflexzeit. Die Nervenleitungszeit ist abgesehen in den Fällen, in denen die Nutzzeit des Reizes besonders groß ist, der größte Summand der Reflexzeit. Etwaige Fehler in der Berechnung dieser Zeit werden sich bei der Berechnung der zentralen Übertragungszeit besonders bemerkbar machen. Da die Nervenleitungsgeschwindigkeit in einem besonderen Kapitel dieses Bandes abgehandelt wird, seien nur einige Zahlen über die Größe der Nervenleitungsgeschwindigkeit und ihre Variation angegeben, im übrigen sei auf das Kapitel von BRÖMSER hingewiesen.

Für die Nervenleitungsgeschwindigkeit beim Menschen ergeben sich aus der Literatur folgende Extremwerte bei normaler Temperatur und normalen Versuchsbedingungen: als kleinste Werte 25[1] bis 42[2], als größte Werte 94[3] bis 139 m/sec[4]. Dabei ist jeweils eine Angabe aus der älteren Literatur mit einer aus der neueren Literatur zusammengestellt. HELMHOLTZ[5] fand die Extremwerte 28 und 89 m. Diese Extremwerte sind schon Mittelwerte aus neun bzw. zehn Bestimmungen. Zwischen diesen extremen Mittelwerten findet er alle möglichen dazwischenliegenden Mittelwerte (30, 65, 41, 51 m/sec). Einen eigentlichen Mittelwert gibt HELMHOLTZ nicht an, sondern er scheint anzunehmen, daß die Leitungsgeschwindigkeit je nach Reizzeit und Temperatur verschieden ist (vgl. später). Als Mittelwert nimmt man jetzt etwa 60 m/sec an. Für den Froschischiadicus schwanken die Werte für die Nervenleitungsgeschwindigkeit bei Zimmertemperatur zwischen 20—30 m/sec.

Bei der Betrachtung dieser Zahlen wird man in der Tat eingestehen müssen, daß der eingangs erwähnte Pessimismus von HOFFMANN bezüglich der Möglichkeit der Berechnung einer zentralen Übertragungszeit aus der Reflexzeit nur zu berechtigt ist. Wie bei der Besprechung der als Beispiel angeführten Berechnung der zentralen Überleitungszeit für den Achillessehnenreflex gezeigt wurde, genügt eine Unsicherheit in dem Wert für die Nervenleitungsgeschwindigkeit von 10%, um die beobachteten Schwankungen der berechneten zentralen Übertragungszeit vom Werte 0 bis zum hohen Werte von 6 msec zu erklären. Nun ist aber der Wert für die Nervenleitungsgeschwindigkeit nicht um 10%, sondern um mehrere 100% unsicher. Bei dieser Sachlage darf man sich nicht wundern, wenn das Ergebnis der Berechnung der zentralen Überleitungszeit so wenig befriedigend ist.

Von MÜNNICH[6] sind die möglichen Ursachen für die Unzulänglichkeit der bisherigen Messungen der Nervenleitungsgeschwindigkeit diskutiert worden, und er hat auch Versuche und Bestimmungen der Nervenleitungsgeschwindigkeit unter Ausschaltung der von ihm erkannten Fehlerquellen gemacht. Seine Resultate gelten als die besten bis jetzt vorliegenden[7]. Bei genauer Durchsicht seiner Arbeit findet man aber, daß trotz der von ihm angewandten Vorsichtsmaßregeln einzelne Versuche ganz enorm von den Mittelwerten abweichende Zahlen ergeben.

Auch die mit der neuesten Methode der Registrierung der Aktionsströme des elektrisch hervorgerufenen Patellarreflexes ausgeführten Messungen von SCHÄFFER[8] geben keine sehr übereinstimmenden Werte. Als Mittelwert berechnet

---

[1] SCHELSKE: Arch. Anat. u. Physiol. **1864**, 151.
[2] FELIX, K.: Z. Biol. **77**, 231—240 (1923).
[3] KOHLRAUSCH: Z. rat. Med. **28**, 190 (1866); **30**, 410 (1868).
[4] PIPER: Pflügers Arch. **124**, 591 (1908); **127**, 474 (1909).
[5] Nach Versuchen von N. BAXT: Mon. pr. Ak. **1870**, 184—191.
[6] MÜNNICH: Z. Biol. **66**, 1 (1916).
[7] Vgl. P. HOFFMANN: Unters. über die Eigenreflexe, S. 46.
[8] SCHÄFFER, H.: Dtsch. Z. Nervenheilk. **73**, 234—243 (1922).

SCHÄFFER zwar ungefähr 60 m/sec (54,4 für die motorische Leitung und 59,4 m/sec für die sensible Leitung). Rechnet man aber die Extremwerte aus, aus denen diese Mittelwerte errechnet sind, so finden sich unter den im ganzen vier Versuchen von SCHÄFFER als Grenzzahlen 48 und 73 m/sec, von denen die größere um 52% größer ist als die kleinere. Man kann also nicht behaupten, daß die neuesten Methoden sehr viel bessere Resultate gäben als die alten.

Folgende Betrachtung führt vielleicht zum Verständnis der Unmöglichkeit einer einwandfreien Bestimmung der Nervenleitungsgeschwindigkeit auf dem eingeschlagenen Wege. Die zu messende Zeit der Übertragung der Nervenerregung von dem einen Reizpunkt zum andern liegt bei dem Beispiel von MÜNNICH (8 cm Nervenstrecke) in der Größenordnung von 1 msec. Wäre die Nervenleitungsgeschwindigkeit 120 m/sec, so würde für die Zurücklegung der Strecke von 8 cm 0,66 msec nötig sein, bei einer Nervenleitungsgeschwindigkeit von 60 m 1,3 msec und bei einer Nervenleitungsgeschwindigkeit von 40 m 1,98 msec. Wie vorher auseinandergesetzt wurde, kann der Induktionsfunke nach den bis jetzt vorliegenden Messungen ungefähr 3 msec dauern. Die zur Erregung nötige Konzentrationsänderung muß innerhalb dieser 3 msec erzeugt werden. Aber man kann bis jetzt nicht feststellen, in welchem Zeitpunkt innerhalb dieser 3 msec die Konzentration erreicht ist. Es ist sehr wahrscheinlich, daß dieser Zeitpunkt, gerechnet für die beiden Reizpunkte, nicht derselbe ist, selbst wenn man, wie MÜNNICH, dafür Sorge trägt, daß für beide Reizungen mit gleichem Rollenabstand des Induktionsapparates gereizt wird.

Möglicherweise liegt neben der Kleinheit der zu messenden Zeiten und der Fehlerquelle, die durch die unbekannte Größe der Reizzeit gegeben ist, noch eine andere prinzipielle Schwierigkeit vor. Vielleicht ist die Nervenleitungsgeschwindigkeit überhaupt keine konstante Größe. So kommt z. B. FELIX[1] zu dem Ergebnis, daß die Nervenleitungsgeschwindigkeit mit wachsender Entfernung vom Zentrum abnimmt. FELIX gibt folgende Zahlen:

Reflexstrecke in cm	Nervenleitungsgeschwindigkeit m/sec
42— 58	50,5—63,4
92— 94	54,2—58,6
128—158	44 —53,2

HELMHOLTZ[2] fand schon ähnliche Unregelmäßigkeiten in der Nervenleitungsgeschwindigkeit beim Menschen. Auf die großen Schwankungen seiner Mittelwerte ist schon hingewiesen worden. Hier sei nur erwähnt, daß er für die Strecke Ellenbogen — Handgelenk regelmäßig eine kleinere Geschwindigkeit fand als für die Strecke unterer Rand des Deltoideus — Handgelenk. Da er eine Zunahme der Nervenleitungsgeschwindigkeit mit Zunahme der Außentemperatur und umgekehrt (künstliche Erwärmung bzw. Abkühlung und natürliche Wärmeveränderung der Jahreszeiten Sommer — Winter) feststellte, einen Befund, den FELIX nicht bestätigen konnte, so glaubte HELMHOLTZ, daß die Differenzen in der Nervenleitungsgeschwindigkeit für die verschiedenen Strecken möglicherweise durch Temperaturdifferenzen hervorgerufen sein könnten. Er schreibt dazu: „Die Ursache davon kann in dem Umstande gesucht werden, daß die Nerven im Vorderarm regelmäßig kälter sind als im Oberarm, es könnte dabei aber auch an eine ungleichmäßige Geschwindigkeit des Nervenreizes gedacht werden". Wie der letzte Satz zeigt, ließ aber HELMHOLTZ auch die Möglichkeit offen, daß die Nervenleitungsgeschwindigkeit keine konstante Größe ist.

---
[1] FELIX, K.: Z. Biol. **77**, 231—240 (1923).
[2] Nach Versuchen von N. BAXT: Mbl. kgl. preuß. Akad. **1870**, 184—191.

Eine andere Inkonstanz der Nervenleitungsgeschwindigkeit ist neuerdings von GASSER und ERLANGER festgestellt worden. GASSER und ERLANGER[1] finden eine Verminderung der Nervenleitungsgeschwindigkeit, wenn eine Erregungswelle hinter einer anderen herläuft. Die Verzögerung, die durch diese Verminderung der Fortpflanzungsgeschwindigkeit hervorgerufen wird, ist allerdings nicht groß, aber trotzdem merklich. Sie beträgt beim Phrenicus des Hundes auf eine Strecke von ungefähr 9 cm gemessen 0,6 msec (Intervall der Reize 0,9 msec), beim Ischiadicus des Frosches bei einer Entfernung von 8 cm 0,8 msec.

Außerdem haben ERLANGER und GASSER[2] auch festgestellt, daß die einzelnen Fasern bzw. Fasergruppen eines Nerven verschiedene Fortpflanzungsgeschwindigkeiten haben können. Auf diese Untersuchungen, in denen der Aktionsstromverlauf des Nerven mit Hilfe der BRAUNschen Glimmlichtröhre registriert wird, sei nur hingewiesen.

Latenzzeit des effektorischen Organs.

Die Zeit, die vergeht vom Eintreffen der Erregung im effektorischen Organ bis zum Sichtbarwerden der Erregung des effektorischen Organs, wird verschieden sein, je nachdem, welchen Vorgang am effektorischen Organ man registriert. Es stehen hier zwei Möglichkeiten offen, entweder man registriert den mechanischen oder den elektrischen Vorgang.

Für die Latenzzeit des elektrischen Vorgangs im Quadriceps nach mechanischer Reizung des Cruralis bei der decapitierten Katze gibt JOLLY[3] folgende Werte an:

Präparat	Latenzzeit des Aktionsstroms des Quadriceps nach mechanischer Reizung der motorischen Nerven in msec	Leitungszeit vom Reizpunkt zum Muskel in msec	Differenz dieser Zeiten in msec
V	3	0,2	2,8
VI	3	0,2	2,8
VII	3,2	0,2	3,0
	3,1	0,2	2
VIII	2,2	0,2	2
	2,6	0,2	2,4
IX	2,7	0,2	2,5
X	2	0,2	1,8
	1,5	0,2	1,3
	2,5	0,2	2,3

Nimmt man statt des Wertes 120 m/sec für die Nervenleitungsgeschwindigkeit 80 m/sec (vgl. S. 688, Anm. 6), so ist die Leitungszeit statt 0,2 msec 0,3 msec. Es folgt dann als Mittel für die Latenzzeit des effektorischen Organs 2,3 msec mit dem kürzesten Wert 1,2 msec und dem längsten 2,9 msec. JOLLY gibt natürlich für die letzteren Werte jeweils um 0,1 msec größere Werte.

Für die Angaben von JOLLY gilt dasselbe, wie das, was über die Latenzzeitmessung der rezeptorischen Organe gesagt wurde. Solange man nicht weiß, wie groß die Reizzeit war, sind Angaben, in denen eine Reizzeit enthalten ist, nicht eindeutig. Es läßt sich deshalb nicht sagen, ob die Schwankungen von über 100% bedingt sind durch Schwankungen in der Reizzeit, oder in der wahren Latenzzeit der effektorischen Organe. Und ebenso unbekannt ist die absolute Größe der Latenzzeit.

Die Latenzzeit des Aktionsstromes der Zungenmuskeln bei elektrischer Reizung des Nervus mylohyoideus wird von ISAYAMA[4] im Mittel zu 3,3 msec

---
[1] GASSER, H. S. u. J. ERLANGER: Amer. J. Physiol. **73**, 613—635 (1925) — Ber. Physiol. **33**, 848 (1926).
[2] ERLANGER, J. u. H. S. GASSER: Amer. J. physiol. **70**, 624—666 (1924).
[3] JOLLY, W. A.: Quart. J. exper. Physiol. **4**, 67—87 (1911).
[4] ISAYAMA, S.: Z. Biol. **82**, 81—90 (1924).

(2,5—3,7 msec) angegeben. ISAYAMA berücksichtigt allerdings nicht die Nervenleitungszeit und bezüglich der Reizzeit ist dasselbe zu sagen, wie bezüglich der Angaben von JOLLY. Nach v. FREY[1] beginnt die elektrische Veränderung des direkt gereizten Muskels im ersten Tausendstel der Sekunde nach der Reizung.

Die mechanische Latenz des Muskels ist sehr viel größer. Die kleinsten gemessenen Werte von 2 msec[2] sind nur unter ganz besonders günstigen Bedingungen zu erhalten. Im allgemeinen sind die Latenzzeiten immer sehr viel größer, und worauf besonders hingewiesen sei, die Latenzzeit des Muskels ist keine fest definierte Größe. Je nach der Feinheit der Registrierung bekommt man verschiedene Zahlen. Bei schwachen Reflexen kann die eigentliche Latenzzeit der Muskelkontraktion theoretisch bis zur Gipfelzeit der Muskelkurve ansteigen. In der Tat sind von STEINHAUSEN[3] Latenzzeiten des Sartorius bis zu 40 msec gemessen worden. Man wird sich also immer vor Augen halten müssen, daß bei der mechanischen Registrierung der Muskelaktion eine bestimmte Latenzzeit des Muskels schwer anzugeben ist und daß Unsicherheiten von einigen msec durch die Methode selbst zu erwarten sind.

Die Latenzzeiten der Drüsenorgane liegen in einer ganz anderen Größenordnung. Nach GAYDA[4] beträgt die Latenzzeit des Aktionsstromes der Submaxillaris 0,23—0,47 Sekunden.

Stellen wir die Ergebnisse der Untersuchung über die Genauigkeit der Bestimmung der Summanden der Reflexzeit zusammen, so finden wir folgendes:

a) Latenzzeit des rezeptorischen Organs. In diesem ersten Summand der Reflexzeit ist eine Komponente (die Nutzzeit des Reizes) enthalten, die bei der Berechnung der zentralen Übertragungszeit aus der Reflexzeit meist vernachlässigt wird. Genaueres ist über die Reizzeit bei Reflexen bis jetzt nicht bekannt, aber immerhin wird sie auch bei den stärksten Reizen unter Umständen einige msec betragen können. Je schwächer die Reize werden, um so länger wird die Nutzzeit des Reizes. Bei chemischen, optischen und thermischen Reizen wird die Nutzzeit des Reizes sehr groß werden können. Jede Berechnung der zentralen Überleitungszeit wird unmöglich, wenn die Reizzeit bzw. die Latenzzeit des rezeptorischen Organes nicht gesondert bestimmt ist.

b) Periphere Leitungszeit. Die Berechnung dieses Summanden setzt eine Kenntnis der Nervenstrecke und der Nervenleitungsgeschwindigkeit voraus. Die Bestimmung dieser beiden Größen ist aber zur Zeit noch mit einer derartigen Unsicherheit behaftet, daß alle Schwankungen der berechneten zentralen Überleitungszeit vom Werte 0 bis zu den größten berechneten Zeiten sich durch die Unsicherheit in diesen beiden Größen erklären lassen.

c) Latenzzeit des effektorischen Organes. Auch hier lassen sich noch keine genügend sicheren Zeiten berechnen, die kleiner wären als die festzustellenden Schwankungen der zentralen Überleitungszeit.

Was das wichtigste ist, die Reizzeit und damit die Latenzzeit des rezeptorischen Organs wird immer einen positiven Wert haben müssen, ihre Vernachlässigung wird die zentrale Überleitungszeit größer erscheinen lassen, als sie wirklich ist. Die Vernachlässigung der Latenzzeit des effektorischen Organs wirkt in demselben Sinne auf die zentrale Übertragungszeit. Die Latenzzeiten der beiden Organe werden von Versuch zu Versuch und von Autor zu Autor verschieden sein können.

---

[1] FREY, M. v.: Nagels Handb. d. Physiol. 4, 532 (1909).
[2] STEINHAUSEN, W.: Pflügers Arch. 187, 26—46 (1921).
[3] STEINHAUSEN: a. a. O.
[4] GAYDA, T.: Arch. di Sci. biol. 6, 34—64 (1924).

Tabelle 3. Zentrale Überleitungszeiten.

	Reflexzeit (msec = $1/1000$ sec)	Zentrale Überleitungszeiten	
		äußerste Werte in msec	von dem betr. Autor als endgültiger Wert angegeben in msec
Eigenreflexe bei kurzer Reflexstrecke (Mensch[1])			0
Grundgelenkreflex[2] (Mensch)		−2 bis +3	—
Masseterreflex[1] (Mensch)	7		1
Eigenreflexe (Mensch und Warmblüter[1])			1
Patellarreflex (spinale Katze[3, 4])	5,3—7,9	−0,7[6]—4,8	1,8
			2,2
Synapsenzeit (Frosch[5])			1,9
Synapsenzeit (Frosch; von STARLING[6], nach WUNDT berechnet)			2 oder 4
Patellarreflex (dekap. Katze[3, 4] nach JOLLY eine Synapse)	6,2—12,5	0,2[6]—7,3	2,3
Kontraktionsreflex (Blutegel[7])			3 (wahrscheinlich geringer)
Zungenkieferreflex (Hund[8])	12		3 ± 1
Eigenreflex der Fußstrecker (Mensch[1])	24,7—29,2	3,3—6,5	
Gleichseitiger Beugereflex (südafrikan. Klauenfrosch; nach JOLLY eine Synapse)[9] 21,6°	8—16	0,3—8,3	3,7
Gleichseitiger Beugereflex (spinale Katze; nach JOLLY zwei Synapsen)[3]	10,6—14,8	0,8[6]—8,5	4,3
			4,5
Achillessehnenreflex (Mensch[1])	22—49		4,5
Gleichseitiger Cruralis-Gracilisreflex (südafrikan. Klauenfrosch; 14°)[10]	15—21	2,2—8,2	5,1
Gleichseitiger Cruralisreflex (südafrikan. Klauenfrosch; 14°)[10]	16,8—19,9	4—7,1	5,9
Gekreuzter Cruralisreflex (südafrikanischer Klauenfrosch; 14°)[10], Vorzacke	17,8—19	5—6,2	5,6
Hauptaktionsstrom[10]	20,3—22,6	7,5—9,8	8,7
Gleichseitiger Beugereflex (dekap. Katze; nach JOLLY zwei Synapsen)[3]	14,4—18,3	3,8[6]—7,7	5,65
Verzögerung im Mantelgangl. der Cephalopoden[11]	15—25		6—13
Gekreuzter Cruralisreflex (südafrikan. Klauenfrosch; 14°)[10], Vorzacke	18,1—21	5,3—8,2	7
Gekreuzter Cruralis- und Gracilisreflex (südafrikan. Klauenfrosch; 14°), Vorzacke[10]	15,8—22,6	3,8—9,8	7,2
Hauptaktionsstrom	21—26,8	8,2—13,8	11,1
Gleichseitiger Beugereflex (Frosch[12])			8—15
Patellarreflex (Mensch[13])	19—24	8—13	9
Patellarreflex (Mensch), elektrische Auslösung[13]	17		10

---

[1] HOFFMANN, P.: Untersuchungen über die Eigenreflexe 1922, 58.
[2] MAYER, C.: Z. Neur. 92, 396—400 (1924) — Ber. Physiol. 30, 128 (1925).
[3] JOLLY, W. A.: Quart. J. exper. Physiol. 4, 67—87 (1911).
[4] BALLIF, FULTON u. LIDDELL [Proc. roy. Soc. Lond. (B) 98, 589—607 (1925)] finden gerade umgekehrt für die spinale Katze längere Reflexzeiten als für die dezerebrierte. — Bei der Berechnung dieser Werte ist statt des von JOLLY zu 120 m angenommenen Wertes für die Nervenleitungsgeschwindigkeit 80 m gesetzt worden.
[5] JOLLY, W. A.: Quart. J. exper. Physiol. 13, 289—308 (1923).
[6] STARLING, E. H.: Princ. of hum. Physiol. 304 (1920).
[7] BETHE, A.: Pflügers Arch. 122, 1—36 (1908).
[8] ISAYAMA, S.: Z. Biol. 82, 81—90 (1924).
[9] JOLLY, W. A.: Proc. roy. Soc. Lond. (B) 92, 31—51 (1921).
[10] JOLLY, W. A.: Quart. J. exper. Physiol. 16, 149—171 (1926).
[11] FRÖHLICH, W. FR.: Z. allg. Physiol. 10, 418—429 (1910).
[12] WUNDT, W.: Unters. z. Mech. d. Nerv. 2, 9 (1876) — Grundz. d. physiol. Psych. 1, 266 (1893).
[13] HOFFMANN, P.: Arch. 1910, 223—246.

Tabelle 3. Zentrale Überleitungszeiten (Fortsetzung).

	Reflexzeit (msec = $^1/_{1000}$ sec)	Zentrale Überleitungszeiten	
		äußerste Werte in msec	von dem betr. Autor als endgültiger Wert angegeben in msec
Kniereflexe, Verspätung der Kniebeuger Rückenmarkskatze[1]			10
Gekreuzter Beugereflex (südafrikan.[2] Klauenfrosch; 21,6°; nach JOLLY); 3 Synapsen .	8,3—27	0,9—19,6	11,1
Achillessehnenreflex (Mensch[3])	28		12
elektr. Auslösung	31,8—36	12,8—17	13
mechan. Auslösung	31,8—36	12,8—17	13
Blinzelreflex[4]			47
Galvanischer Hautreflex[5]			850

In bezug auf die zentrale Überleitungszeit ist der Fehler bei der Nervenleitungszeit von prinzipiell anderer Bedeutung, wie der Fehler bei Vernachlässigung der Schwankungen der Latenzzeiten der rezeptorischen und effektorischen Organe. Es ist nicht wahrscheinlich, daß die Nervenleitungsgeschwindigkeit von der Art der Reizung abhängen wird. Es ist natürlich denkbar, daß sie sich ändert, je nach der Vorbehandlung des Tieres und daß auch individuelle Schwankungen von Tier zu Tier der gleichen Art vorkommen. MÜNNICH glaubt solche individuellen Schwankungen bei Hunden festgestellt zu haben. Aber es ist nicht anzunehmen, daß die Nervenleitungsgeschwindigkeit von einer Reizung zur anderen am selben Objekt variiert (ausgenommen die auf S. 686 diskutierte Inkonstanz).

Die Unsicherheit in der Bestimmung der Nervenleitungsgeschwindigkeit und der Nervenleitungszeit alteriert also nur die Sicherheit, mit der ein bestimmter Wert für die zentrale Überleitungszeit aus einem einzelnen Versuch berechnet wird. Hierfür ist sie allerdings von einschneidenster Bedeutung. Die Unsicherheit in der Bestimmung der Nervenleitungszeit kann aber nicht dafür verantwortlich gemacht werden, wenn bei demselben Tier unter sonst gleichen äußeren Bedingungen, bei demselben Reflex eine Variation der Reflexzeit und damit auch der berechneten zentralen Überleitungszeit gefunden wird.

Wenn also von Versuch zu Versuch bei sonst gleichen Versuchsbedingungen Schwankungen in der berechneten zentralen Überleitungszeit gefunden werden, so kann diese Variation nicht durch eine Veränderung in der Nervenleitungszeit erklärt werden. Es müssen diese Schwankungen irgendeinen anderen Grund haben. Wenn Messungsfehler ausgeschlossen sind, so können diese Schwankungen nur drei verschiedene Ursachen haben, entweder es schwankt die Latenzzeit der rezeptorischen, oder die der effektorischen Organe oder schließlich die zentrale Überleitungszeit. Wenn man die neueren Befunde über die rhythmische Natur der Entladung der rezeptorischen Organe bei konstantem Reiz außer Acht läßt, ist eine Veränderlichkeit der Latenzzeiten der peripheren Organe (sowohl rezeptorische wie effektorische) nur in dem Sinne möglich, daß die Latenzzeiten zunehmen mit abnehmender Reizstärke. Wenn wir aber feststellen, daß die zentrale Überleitungszeit unregelmäßigen Schwankungen unterworfen ist, so schließen wir daraus, daß die zentrale Überleitungszeit wohl selber keine konstante Größe ist.

---

[1] GOLLA, F. u. I. HETTWER: Proc. roy. Soc. Lond (B) **94**, 92—98 (1922) — Ber. Physiol. **20**, 476 (1923).
[2] JOLLY, W. A.: Proc. roy. Soc. Lond. (B) **92**, 31—51 (1921).
[3] HOFFMLNN, P.: Arch. **1910**, 223—246.
[4] STARLING, E. H.: Princ of hum. Physiol. 304 (1920).
[5] GILDEMEISTER, M. u. J. ELLINGHAUS: Pflügers Arch. **200**, 262—277 (1923).

Berechnung der zentralen Überleitungszeit aus der Reflexzeit.

In der Tabelle 3 sind die Werte für die zentrale Übertragungszeit für verschiedene Reflexe, wie sie von den betreffenden Autoren selbst berechnet wurden, zusammengestellt. Es erscheint selbstverständlich, daß bei der Unsicherheit die Feststellung der Größe der einzelnen Summanden möglich ist, solche Berechnungen zu keinem sicheren Ergebnis führen können. Die Tabelle ist ein sprechender Beweis dafür.

Da man dies frühzeitig erkannt hat, ist man dazu übergegangen, Mittelwerte für die Übertragungszeiten zu berechnen. In der Tabelle sind in Spalte 3 die betreffenden Mittelwerte angegeben. Die Berechnung von Mittelwerten hat nun zu der Vorstellung geführt, als ob diese Mittelwerte auch wirklich eine besondere Bedeutung hätten in dem Sinne, daß die wirkliche Übertragungszeit gleich diesem Mittelwert wäre. Man redet direkt von einer Synapsenzeit und stellt sich dabei vor, daß für die Übertragung in einem Reflexbogen immer eine bestimmte Synapsenzeit gebraucht würde. Die Schwankungen der einzelnen Reflexzeiten von Versuch zu Versuch und schließlich auch die Schwankungen der angeführten Mittelwerte mit Berücksichtigung der Tatsache der Ungenauigkeit, mit der die einzelnen Summanden der Reflexzeit bestimmt werden, zeigen wohl zur Genüge, daß die Voraussetzung einer konstanten Synapsenzeit vorläufig wenigstens noch nicht genügend begründet ist.

Auf S. 667 war die Zeit berechnet, die die Erregung bei einem einfachen Reflex gebrauchen würde, um mit der gewöhnlichen peripheren Nervenleitungsgeschwindigkeit die Breite der grauen Substanz des Rückenmarks (0,4 cm) zu durchsetzen. Diese Zeit würde 0,07 msec betragen. Bei der Betrachtung der Tabellen und unter Berücksichtigung der Fehlerquellen für die Bestimmung der einzelnen Summanden ist es klar, daß es zur Zeit und auch wohl noch lange unmöglich ist, die Genauigkeit der Reflexzeitmessung in diese Größenordnung zu treiben.

Tabelle 4. Überkreuzungszeiten.

	Reflexzeiten (in msec = $1/1000$ sec)	Überkreuzungszeiten	
		äußerste Werte in msec	vom betr. Autor als endgültig angesehener Wert in msec
Südafrikanischer Klauenfrosch[1] (Sommertyp) .	11,4—24	0,7—5,1	0 u. 1,9
Katze[2]			
gekreuzter Reflex	14,8 u. 13,8		
gleichseitiger Reflex	13,1 u. 12,9		1
Südafrikanischer Klauenfrosch[3] (in guter Konstitution) . .			1,4
(in schlechter Konstitution)			
gekreuzter Reflex	16,2—37		
gleichseitiger Reflex	8,4—19,7	— 0,8 bis + 18,7	8
Wundt[4]			4
Kröte[5]			
Reizung 8. bzw. 9. Wurzel:			
gekreuzter Reflex	24,1—53,9		
gleichseitiger Reflex	17,5—37,3	— 3,2 bis 36,4	
Frosch[6]			
gekreuzter Reflex			
gleichseitiger Reflex		5,8—40,8	

[1] JOLLY, W. A.: Quart. J. exper. Physiol. **13**, 289—308 (1923).
[2] JOLLY, W. A.: Quart. J. exper. Physiol. **4**, 67—87 (1911).
[3] JOLLY, W. A.: Proc. roy. Soc. Lond. (B) **92**, 31—51 (1921).
[4] WUNDT, W.: Physiol. Psychologie 4. Aufl., **1**, 266 (1893).
[5] VÉSZI, J.: Z. allg. Physiol. **18**, 58—92 (1920).
[6] BUCHANAN, FL.: Quart. J. exper. Physiol. **1**, 1—65 (1908).

Überkreuzungszeit.

Da eine Bestimmung der Leitungsverzögerung mit Hilfe der Reflexzeiten so große Schwierigkeiten macht, hat man versucht, mit Hilfe der Überkreuzungszeit eine Leitungsverzögerung festzustellen. Diese Art der Bestimmung ist nur für eine besondere Klasse der Reflexe und zwar für die gekreuzten Reflexe möglich. Die Methode ist die folgende: Bei Reizung der Hinterpfote des Frosches erhält man unter Umständen sowohl in der gleichseitigen wie auch in der gekreuzten Extremität einen Reflex. Man kann die Reflexzeit für beide Reflexe bestimmen und die Differenz der beiden Zeiten nehmen. Diese Differenz ergibt die Überkreuzungszeit, d. h. die Zeit, die die Erregung braucht, um von der gleichseitigen zur gekreuzten zu gelangen. In der Tabelle 4 sind einige Zahlen von Überkreuzungszeiten zusammengestellt.

JOLLY[1] hat für den südafrikanischen Klauenfrosch eine große Anzahl solcher Bestimmungen gemacht. Die Überkreuzungszeit findet er stark abhängig von der Temperatur. Für den Sommertyp des Frosches gibt JOLLY folgende Zahlen:

Schlund- temperatur in ° C	Gekreuzter Reflex Reflexzeit in msec	Gleichseitiger Reflex in msec	Differenz Überkreuzungs- zeit in msec
10—12	24	19,2	5,1
12—14	22,7	17,4	5,3
14—16	21,5	17,8	3,7
16—18	15,6	14	1,6
18—20	15,1	13,2	1,9
20—22	14,3	12,6	1,7
22—24	13,4	12,2	1,2
24—26	14,1	13,0	1,1
26—28	12,1	11,4	0,7

Temperaturkoeffizient 2,6.

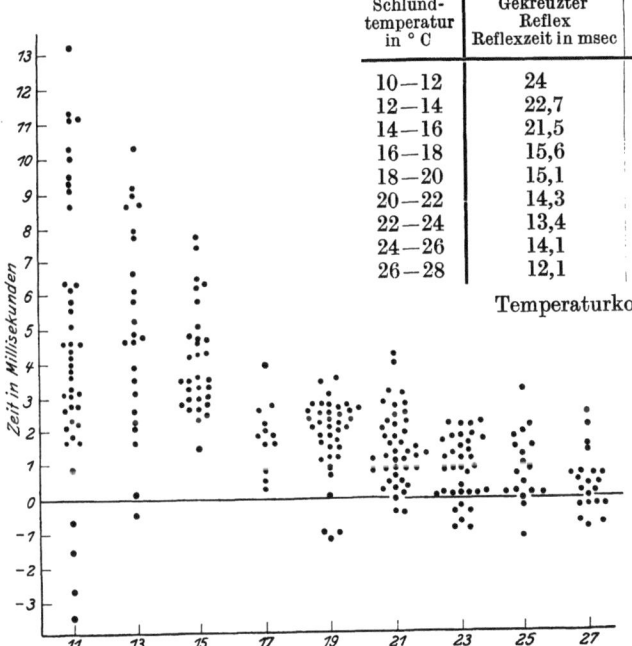

Abb. 125. Differenz der Reflexzeiten für den gleichseitigen und gekreuzten Reflex beim südafrikanischen Klauenfrosch. (Nach JOLLY.)

Die Zahlen sind Mittelwerte aus einer großen Anzahl von Versuchen, bei denen außerordentlich große Schwankungen vom Mittel vorkommen. So sind in den Versuchen, die bei der Temperatur 10 bis 12° angestellt sind und die das Mittel 5,1 ergeben, Werte wie —3,5 msec und +13,3 msec enthalten. Etwas geringere, aber immer noch sehr beträchtliche Abweichungen vom Mittel finden sich bei den anderen Temperaturen. Die Abb. 125 zeigt graphisch die Gesamtheit der von JOLLY gefundenen Werte. Wenn die „Synapsenzeit" wirklich eine so definierte Zeit ist, wie JOLLY annimmt, so ist nicht einzusehen, wie sie von Versuch zu Versuch so außerordentlichen Schwankungen unterworfen sein kann.

JOLLY faßt die Werte, die bei einer Temperatur von 17° und darüber gemessen wurden, nochmals gesondert zusammen, und zwar in folgender Weise: Er

---

[1] JOLLY, W. A.: Quart. J. exper. Physiol. **13**, 289—308 (192).

scheidet alle diejenigen Zahlen, die um Null herumliegen und zusammen den Mittelwert Null ergeben, aus. Aus den übriggebliebenen bildet er einen neuen Mittelwert, der 1,9 msec beträgt. Diesen Wert von 1,9 msec nimmt er als die Synapsenzeit für eine Synapse bei 29° C. Da er in einer früheren Abhandlung[1] für die Synapsenzeit beim Beugereflex des Frosches 3,76 msec gefunden hat, so schließt er aus dem neuen Wert von 1,9 msec, daß bei dem Beugereflex zwei Synapsen zu überschreiten sind. Die Zahl von 1,9 msec für eine Synapsenzeit findet er in Übereinstimmung mit einer Vermutung von STARLING[2], der aus den ganz alten Versuchen von WUNDT [Überleitungszeit für den gleichseitigen Reflex 8 msec (!), für ein gekreuzten 12 msec] ableitet, daß die Synapsenzeit für das Froschrückenmark (Überkreuzung ein oder zwei Zusatzsynapsen) entweder 4 msec oder 2 msec beträgt.

Zu dieser Ableitung ist dasselbe zu sagen, wie zu allen bisherigen Ableitungen von Synapsenzeiten. Wenn die Synapsenzeit eine wirklich so genau definierte Zeit ist, so ist nicht einzusehen, warum sie so großen Schwankungen unterworfen ist. Es scheint vielmehr das Gegenteil durch die Versuche von JOLLY wahrscheinlicher gemacht, nämlich, daß es eine wohldefinierte Synapsenzeit nicht gibt. In allerneuester Zeit hat JOLLY[3] eine Arbeit veröffentlicht, in der sehr viel gleichmäßigere Zeiten angegeben sind. Er findet die Überkreuzungszeit für den Klauenfrosch bei 14° C im Mittel zu 5,8 msec mit einer Schwankung von 39% (kleinster Wert in derselben Versuchsreihe 4,9, größter 6,8 msec). Gleichzeitig rechnet er für die zentrale Übertragungszeit des gleichseitigen Reflexes 5,9 msec, also praktisch den gleichen Wert heraus. Hier beträgt die Schwankung 78%, kleinster Wert 4,2 msec, größter 7,1 msec. Daraus schließt JOLLY, daß zum Überqueren des Rückenmarks eine Zusatzzeit nötig ist, die gleich der Synapsenzeit bei gleichseitigem Reflex ist. Bemerkenswert ist die Tatsache, daß JOLLY auf vielen seiner Aufnahmen auch bei dem gekreuzten Reflex eine Vorzacke findet, die praktisch gleichzeitig (im Mittel 1,05 msec später) als der gleichseitige Reflex einsetzt.

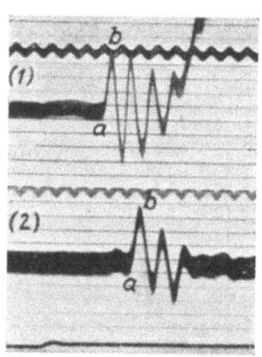

Abb. 126. Aktionsströme vom gleichseitigen (linken) Gracilis (1) und vom gekreuzten rechten Cruralis eines spinalen Frosches, reflektorisch ausgelöst durch einen Einzel-Induktionsschlag, der der linken Pfote zugeführt wurde. Stimmgabel 200 Doppelschwingungen pro Sekunde. Unterste Kurve Reizsignal. (Nach JOLLY.)

Nach Disskusion aller Möglichkeiten über die Bedeutung dieser Vorzacke entscheidet sich JOLLY für die Auffassung, daß es sich bei dieser Vorzacke um eine tatsächlich das Rückenmark überquerende Erregung handelt. Damit wäre die Annahme berechtigt, daß die Überquerungszeit den Wert[4] Null annehmen kann. Da andererseits die Überquerungszeit gleich der Synapsenzeit für den gleichseitigen Reflex sein soll, wäre es nicht unmöglich, daß auch diese Zeit Null sein kann und daß der Wert von 5,9 msec, den JOLLY herausrechnet, durch Vernachlässigung der Reizzeit bzw. der Latenzzeit der receptorischen und effektorischen Organe herauskommt.

Versuche, eine Leitungsverzögerung im Zentralorgan auf anderem Wege zu bestimmen.

ISAYAMA[5] (Arbeit aus dem v. BRÜCKEschen Institut, Innsbruck) geht von der Frage aus, durch welche Momente die veränderte Form des Muskelaktions-

---

[1] JOLLY, W. A.: Proc. roy. Soc. Lond. **92**, 31—51 (1921).
[2] STARLING, E. H.: Princ. human Physiol. **304** (1920).
[3] JOLLY, W. A.: Quart. J. exper. Physiol. **16**, 149—171 (1926).
[4] D. h. zur Zeit unmeßbar klein.   [5] ISAYAMA, S.: Z. Biol. **82**, 81—90 (1924).

stromes eines Reflexes (Zungenkieferreflex[1]) gegenüber der des Aktionsstromes einer „indirekten" (vom Nerven ausgelösten) Zuckung bedingt sein könnte. Bei dem Zungen-Kieferreflex handelt es sich, wie v. BRÜCKE gefunden hat, um die reflektorische Auslösung einer *Einzelzuckung* des Musculus digastricus beim Hund. Bei der reflektorisch ausgelösten Zuckung ist der Aktionsstromverlauf des Muskels viel langgestreckter als bei der „indirekten" Reizung vom Nerven aus. Nach Ausschluß aller anderen Möglichkeiten kommt ISAYAMA zu dem Schluß, „daß die Übertragungszeit nicht bei allen Partiarreflexbögen gleich groß ist, so daß die reflektierte Erregungswelle in einzelnen Fasern des motorischen Nerven früher, in anderen später auftritt"[2]. Aus den Zahlenangaben über die Anstiegszeiten, die ISAYAMA gibt, würde man zu schließen haben, daß die gegenseitige relative Verzögerung der Partiarerregungswellen maximal 3,6 msec beträgt. Da die Übertragungszeit für die schnellsten Erregungswellen zu 3 msec berechnet ist, wäre sie für die langsamsten 6,6 msec.

Vorausgesetzt, daß die Beobachtungen und Überegungen von ISAYAMA richtig sind, hätten wir hier eine Bestimmung der Leitungsverzögerung in den Zentralteilen ähnlicher Art vor uns, wie sie sich aus der Beobachtung der gekreuzten Reflexe ergibt. Aus den Resultaten von ISAYAMA würde man zu schließen haben, wenn seine Deutung richtig ist, daß für die einzelnen Partiarreflexbögen jeweils verschiedene Übertragungszeiten bestehen. Also auch hier käme man zu dem Ergebnis, daß eine wohldefinierte bestimmte Synapsenzeit nicht vorhanden ist.

Ganz ähnliche Überlegungen, wie sie von ISAYAMA angestellt werden, finden sich in einer Arbeit von LIDDELL, OXON und SHERRINGTON[3]. Sie nehmen gleich wie ISAYAMA eine zeitliche Verschiebung der Erregungen in den einzelnen Partiarreflexbögen (Neuronen) gegeneinander an, ein „recruitment", das je nach der stärkeren Frequenz der Reize verschieden ist. Nach einer neueren Arbeit[4] aus dem SHERRINGTONSCHEN Laboratorium scheint man auf die tetanische Natur der vom Rückenmark ausgehenden Erregungen, die sogar bei den einfachsten Reflexen, dem Patellarreflex der spinalen Katze, nachgewiesen wird, mehr Gewicht zu legen.

Wir können die Beobachtungen an den gekreuzten Reflexen und die Veränderung der Erregung bei Passieren des Rückenmarks, die ISAYAMA studiert hat, und ähnliche Erscheinungen aber auch ganz anders deuten. Bei diesen Vorgängen könnte es sich um eine Koordination im Zentrum handeln, bei der die Zeitfolge der einzelnen Aktionen schon vorher festgelegt ist und die durch den Reiz nur eine Auslösung erfährt.

Wie aus den verschiedensten Versuchen feststeht, ist die Zeitfolge einer koordinierten Reflexaktion weitgehend unabhängig von den propriozeptiven Reizen. Dieselbe Zeitfolge ist unter Umständen zu beobachten auch nach Durchschneidung der hinteren Wurzeln, wie z. B. aus der Arbeit von WACHHOLDER[5] bezüglich des Abwischreflexes des Frosches hervorgeht. Berechnet man für den einzelnen effektorischen Impuls, der zu einer koordinierten Reflexaktion gehört, den zeitlichen Abstand vom Reiz, so ist es selbstverständlich, daß man, je nachdem welchen Teilimpuls man herauswählt, zu den verschiedensten Zeiten kommen muß. Dementsprechend wären die Leitungsverzögerungen für jeden einzelnen Teilimpuls ungeheuer verschieden.

---

[1] CARDOT u. LAUGIER: C. r. Soc. Biol. **86**, 529 (1922).
[2] ISAYAMA, S.: S. 89. Zitiert auf S. 692.
[3] LIDDELL, E. G. T, M. H. OXON u. C. S. SHERRINGTON: Proc. roy. Soc. Lond. **95**, 299 bis 339 (1923) — Ber. Physiol. **23**, 265.
[4] BALLIFF, L., J. F. FULTON u. E. G. T. LIDDELL: Proc. roy. Soc. Lond. **98**, 589—607 (1925).
[5] WACHHOLDER, K.: Zeitschr. f. allg. Physiol. **20**, 161—184 (1922).

Wir kämen damit auf eine Grundfrage der Reflextätigkeit überhaupt. Nach KEITH LUCAS[1] lassen sich alle Zentrenfunktionen auf die am peripheren Nerven gefundenen zurückführen. Dieser Vorstellung entsprechen die Bemühungen zur Feststellung einer bestimmten Synapsenzeit, ebenso wie die Untersuchungen über die zeitliche Verschiebung der einzelnen Erregung einer Reflexaktion. Dies führt zu einer ungeheuren Komplikation in den einzelnen Partiarreflexbögen, weil eben jede Teilfunktion in dem komplizierten Ablauf einer Reflexaktion mit dem Reiz in Beziehung gesetzt wird und auf diese Weise auch der Reiz eine entsprechende Unterteilung erfährt.

Dagegen glaubt GRAHAM BROWN[2] an einen besonderen Zentralmechanismus, der durch die von der Peripherie kommende Erregung erst in Tätigkeit, d. h. zur Entladung kommt. Auf die Beweise, die GRAHAM BROWN für seine Anschauung anführt, soll hier nicht weiter eingegangen werden. Uns interessieren hier nur die Beziehungen zu den zeitlichen Abläufen, die sich besonders deutlich in den Reflexzeiten bei wiederholten Reizen kundtun.

Reflexzeit bei wiederholten Reizen.

Daß eine Nachwirkung eines Reizes im Zentrum fortbesteht und daß diese Nachwirkung der Grund für die Summation von Reizen ist, ist ohne Zweifel. Nach den neuesten Befunden von ADRIAN und ZOTTERMANN (vgl. S. 668) wäre eine Reflextätigkeit ohne Summation im Zentrum überhaupt nicht möglich. Somit erscheint es nötig, auf die zeitlichen Beziehungen bei der Summation im Reflexbogen noch genauer einzugehen. Da die kurzen Zeiten, die bezüglich der Latenz im Reflexbogen vorkommen, für die Deutung besonders schwierig sind, ist es am vorteilhaftesten für die prinzipielle Deutung der Summation, die langen Zeiten, wie sie bei der Summation in ausgedehnter Weise vorkommen, zu betrachten.

Bei genauer Durchsicht der Literatur ergibt sich allerdings, daß die Ergebnisse solcher Summationsversuche mit langen Zeiten nicht ganz so sicher sind, wie man wünschen möchte. Es sollen deshalb die alten Versuche von SETSCHENOW, TÜRCK, WARD, STIRLING u. a. übergangen werden, bei den Summationszeiten bis zu Minutenlänge vorkommen. Als Beispiel eines Summationsversuches aus neuerer Zeit möge eine Versuchsfolge von MATTHAEI[3] angeführt werden.

MATTHAEI bestimmt in ausgedehnten Untersuchungen die Abhängigkeit der *Reizzahl* von der Frequenz der Reize. Aus seinen Zahlen lassen sich Reflexzeiten berechnen, die in der folgenden Tabelle zugleich mit den von MATTHAEI gefundenen Reizzahlen und Frequenzen angegeben sind.

Tabelle.

Reizort	Zahl der Reize in der Sekunde (Frequenz)	Reizzahl	Daraus berechnete Reflexzeit in msec
Gleichseitige hintere Wurzel (Frosch)	5	2	400
		3	600
	24	20	900
	35	50	1400
Gekreuzte hintere Wurzel	7	3	430
	10	5	500
	22	17	900
Gekreuzter Ischiadicus	13	13	1000

---

[1] LUCAS, KEITH: The conduction of the nervous impulse. London 1917.
[2] BROWN, GRAHAM: Schweiz. Arch. Neur. **13**, 138—143 (1923) — Ber. Physiol. **28**, 131 (1924).
[3] MATTHAEI, R.: Z. allg. Physiol. **18**, 281—316 (1920).

Die außerordentliche Verlängerung der Reflexzeit für einen Reflex, dessen Reflexzeit bei einem sog. Einzelreiz zehnmal kürzer ist, kann nur durch Summation der Erregung im Zentralorgan erklärt werden.

Es entsteht die Frage, wie groß die Summationszeit maximal werden kann, eine Frage, die nicht so einfach zu beantworten ist, weil drei unabhängige Variable vorliegen, die Reizstärke, die Frequenz und die Reizzahl. Die Summationszeit suchen A. und B. CHAUCHARD[1] auf folgende Weise festzustellen – es handelt sich dabei allerdings nicht um eine Reflexsummation, sondern um eine periphere Summation am vasomotorischen System:

A. und B. CHAUCHARD bestimmen die Reizschwelle für das Sinken des peripheren Blutdruckes nach Lingualisreizung in Abhängigkeit von Reizstärke, Frequenz und Zahl der Reize. Die nötige Reizstärke steigt mit Zunahme der Frequenz. Der Anstieg der Reizstärke beginnt bei vier Reizen in der Sekunde. Mit dieser optimalen Frequenz wird die Grenze der Reizzahl festgestellt, bei der eine weitere Steigerung der Reizzahl keine Verminderung der nötigen Reizstärke mehr gibt. Diese Reizzahl beträgt 16—20 Reize. Somit ist nach Herrn und Frau CHAUCHARD die Summationszeit für diese Summation zu 4—5 Sekunden anzunehmen.

Es ist zu bezweifeln, ob auf die angegebene Weise in der Tat die maximale Summationszeit bestimmt werden kann. Aber auf jeden Fall, wie groß auch immer die maximale Summationzeit sein möge, sicher ist, daß außergewöhnlich lange Zeiten, bis zu vielen Sekunden, ja Minuten in geeigneten Fällen zur Beobachtung kommen. Nach dem Beispiel der bedingten Reflexe und der damit zusammenhängenden Erscheinungen kann man wenigstens theoretisch annehmen, daß die Nachwirkung eines Reizes und die damit zusammenhängende Summationsfähigkeit während des gesamten Lebens des Individiums andauern kann.

Schlußbetrachtung.

Die Besprechung der durch Summation herbeigeführten langen Reflexzeiten, die allerdings nur ganz kursorisch behandelt werden konnten, ist mit Willen an den Schluß gesetzt worden, denn in der Aufklärung dieser langen Reflexzeiten liegt möglicherweise auch der Schlüssel zum Verständnis der Variation der kurzen Zeiten.

Die Summation bei Reizen, die zeitlich weit voneinander abliegen, läßt sich wohl nur durch die Annahme erklären, daß Erregungen im Zentrum erlöschen können unter Hinterlassung eines Zustandes, der nachfolgenden Erregung eine höhere Wirksamkeit verschafft. Die Umwegtheorie von FORBES kommt hier wohl nicht in Betracht. Man muß also unterscheiden zwischen vorbereitenden und auslösenden Reizen. Wenn eine Serie von Reizen das Zentrum trifft, dann wird in einem bestimmten Zeitpunkt die Vorbereitung zu Ende sein und vom Zentrum aus eine Erregung auf der effektorischen Bahn zur Peripherie ziehen. Ob man dabei von einer eigenen Tätigkeit des Zentrums oder von einem Durchbruch der zentripetalen Erregung durch das Zentrum auf die effektorische Bahn sprechen will, ist für das Vorliegende gleichgültig. Uns interessieren nur die zeitlichen Beziehungen zwischen Reiz und Reizerfolg.

Wenn also eine Serie von Reizen das Zentrum trifft, und nach allem scheint es so, als ob Einzelerregungen unmöglich sind, so wird man unterscheiden müssen zwischen vorbereitenden und auslösenden Reizen. Das Vorbereitungsstadium wird verschieden lang sein können, je nach der Art, Frequenz und Anzahl der Reize. Wir würden daraus schließen, daß der zentrale Vorgang außerordentlich verschieden lange Zeit beanspruchen wird. Auf diese Weise käme man schon

---

[1] CHAUCHARD, A. u. B.: C. r. Soc. Biol. **92**, 577—579 (1925).

zu einer genügenden Erklärung für die außerordentliche Variation der Reflexzeiten.

Man wird noch ein zweites Moment berücksichtigen müssen. Bei sonst gleicher Vorbereitung und Tätigkeit des Zentrums, oder, anders ausgedrückt, bei demselben Reflexvorgang wird man verschiedene Reflexzeiten erhalten, je nachdem von welchem Reiz und bis zu welchem Reizerfolg man die Reflexzeit zählt. Bezüglich des Reizerfolges war ja schon auf die außerordentliche Variation der Reflexzeiten hingewiesen worden, die dadurch entsteht, daß nur in den seltensten Fällen oder nie die Reflexaktion eine einfache effektorische Erregung darstellt. Bezüglich des Reizbeginnes ist es gewöhnlich so, daß man die Reflexzeit vom Beginn des künstlichen Reizes ab zählt, aber es ist fraglich, erstens, ob der künstliche Reiz der erste Reiz ist, der für die betreffende Reflexaktion von Bedeutung ist, und zweitens, wieviel nachfolgende Reize noch nötig sind, um den effektorischen Vorgang auszulösen.

Die Erörterungen zeigen, in welcher Richtung die unbekannten Faktoren, die bei der Reflexaktion mitwirken, zu suchen sind. Eine Aufklärung der Natur dieser Faktoren wird nur möglich sein, wenn man sich nicht allein auf die Registrierung des Reizerfolges bei dem Reflexvorgang beschränkt, sondern wenn man auch die Vorgänge in der receptorischen Bahn gleichzeitig mit denen in der effektorischen Bahn analysiert. Ansätze zur Analyse der Aktionsströme in den receptorischen Nerven sind gemacht. Es gilt, sie für die Erforschung der zeitlichen Beziehungen im Reflexbogen auszubauen. Es werden sich daraus auch die unbekannten Faktoren, Reizzeit, Leitungszeit usw. ergeben.

Ein weiteres Erfordernis ist es, die Zeitmessungen zu verfeinern, damit Bruchteile von tausendstel Sekunden gemessen werden können, die für die Frage der Leitungsverzögerung, wie gezeigt wurde, noch von Bedeutung sind. Erst, wenn diese Vorbedingungen erfüllt sind, wird man über die Leitungsverzögerungen in Zentralteilen klare Vorstellungen sich bilden können.

Refraktäre Phase und Rhythmizität.

Von

E. TH. BRÜCKE

Innsbruck.

Mit 2 Abbildungen.

Zusammenfassende Darstellungen.

FRÖHLICH, F. W.: Über die rhythmische Natur der Lebensvorgänge. Z. allg. Physiol. **13**, 1 (1912) (Ref.). — BROWN, T. GRAHAM: Die Reflexfunktionen des Zentralnervensystems mit besonderer Berücksichtigung der rhythmischen Tätigkeit beim Säugetier. Erg. Physiol. **15 II**, 480 (1916).

Unter dem absoluten Refraktärstadium eines Organes verstehen wir jene Zeit nach dem Ablaufe einer Erregung, innerhalb derer sich Reize als wirkungslos erweisen. An dieses *absolute* schließt sich zeitlich das *relative* Refraktärstadium an, innerhalb dessen schwächere Reize noch unwirksam, starke aber bereits wieder wirksam sind.

Bei erregbaren Geweben mit relativ langen Refraktärstadien, wie z. B. bei der Herzmuskulatur, läßt sich die Dauer des Refraktärstadiums ohne weiteres messen. Beim markhaltigen Nerven ist aber die Dauer des Refraktärstadiums so kurz, daß wir praktisch nicht imstande sind, sie ganz exakt zu messen, weil z. B. ein starker Öffnungsinduktionsstrom, der kürzeste uns zur Verfügung stehende Reiz, länger dauert als das ganze Refraktärstadium, so daß bei der Erregbarkeitsprüfung mit starken Induktionsströmen das absolute Refraktärstadium des Nerven scheinbar gleich Null wird (FORBES, RAY und GRIFFITH[1]). Bei Verwendung von Reizen, deren Stärke etwa das Doppelte bis Dreifache der Schwellenreizstärke beträgt, dauert das absolute Refraktärstadium des Froschischiadicus bei Zimmertemperatur etwas über 2 σ[2].

Das Refraktärstadium von Reflexzentren ist mehrfach untersucht worden, und es hat sich gezeigt, daß seine Dauer bei den verschiedenen Reflexen ganz außerordentlich große Differenzen zeigt. Die kürzesten Werte wurden bei Reflexen auf die Extremitätenmuskulatur bei Warmblütern beobachtet. SHERRINGTON und SOWTON[3] bestimmten das zeitliche Intervall, das zwischen zwei, den N. peroneus und den N. popliteus treffenden Reizen liegen mußte um eine summierte Reflexzuckung des M. tensor fasciae latae bei der Katze auszulösen. Sie fanden, daß das Refraktärstadium für diesen Reflex länger als 0,4 und kürzer

---

[1] FORBES, A., L. H. RAY u. F.R. GRIFFITH jun.: The nature of the delay in the response to the second of two stimuli in nerve etc. Amer. J. Physiol. **66**, 553 (1923).

[2] ADRIAN, E. D.: The recovery process of excitable tissues, II. J. of Physiol. **55**, 193 (1921).

[3] SHERRINGTON, CH. S. u. S. C. M. SOWTON: Observations on reflex responses etc. J. of Physiol. **49**, 330 (1915).

als 1,08 σ dauert. Eine sehr exakte Untersuchung von ADRIAN und OLMSTEDT[1] gibt uns Aufschluß über das zentrale Refraktärstadium nach reflektorischen Zuckungen des M. tibialis anticus dekapitierter Katzen. Das kleinste Reizintervall, das zur Erzielung summierter Reflexzuckungen durch Doppelreizungen des N. tibialis nötig war, schwankte bei acht Präparaten zwischen 1,2 und 2,4 σ; diese Werte sind etwas länger, als die von SHERRINGTON und SOWTON gefundenen. In beiden Fällen handelt es sich um Reflexe, bei denen eine *Einzelerregung* des Muskels, also wohl auch des Reflexzentrums ausgelöst wurde. Ich selbst habe an Hunden das Refraktärstadium bei einem analogen Reflexe, dem Zungen-Kieferreflex[2], mittels der Methode der schwebenden Reizung untersucht und fand seine Dauer wesentlich länger, etwa zwischen 10 und 20 σ. Zu den Reflexen, bei denen der Muskel mit einer Einzelzuckung antwortet, zählen auch die Sehnenreflexe. Das Refraktärstadium für diese „Eigenreflexe" der Wadenmuskulatur des Menschen (Auslösung durch Reizung des N. tibialis) schätzt P. HOFFMANN[3] auf 5 σ. Bei einem zeitlichen Abstande zweier Reize von 5,6 σ muß der zweite Reiz 5mal so stark gewählt werden wie der erste, wenn er überhaupt wirksam werden soll. Da noch bei einer Reizfrequenz von 20 Reizen pro Sekunde die einzelnen Aktionsströme der reflektorischen Zuckungen kleiner ausfallen als bei einer noch niedrigeren Reizfrequenz, so dürfte das relative Refraktärstadium in diesem Falle sehr lange dauern (bis über 200 σ). Auch der von P. HOFFMANN[4] an willkürlich schwach innervierten Muskeln beobachtete Ausfall einiger Erregungswellen nach einem Sehnenreflex ist vielleicht nicht als eine Hemmung aufzufassen, sondern als die Folge eines, dem Sehnenreflexe folgenden, relativen Refraktärstadiums. Hierauf würde dann auch die Erscheinung zurückzuführen sein, daß bei willkürlich innervierten und zugleich reflektorisch frequent erregten Muskeln die corticospinalen Impulse durch die reflektorischen Erregungen dauernd unterdrückt werden können (HOFFMANN[5]).

Es scheint, daß es sich bei dieser von HOFFMANN beobachteten, speziellen Hypofunktion des spinalen Muskelzentrums um einen Vorgang handelt, der dem Refraktärstadium einer Nerven- oder Muskelfaser nicht ohne weiteres vergleichbar ist. HOFFMANN kann die Eigenreflexe mit seiner Methode an willkürlich gar nicht innervierten Muskeln überhaupt nicht auslösen. Je energischer sie willkürlich innerviert werden (Bahnung), um so energischer werden die jetzt auslösbaren Eigenreflexe und um so kürzer dauert das ihnen folgende Refraktärstadium. Auch die Beobachtung, daß die Wadenmuskulatur Reflexreizen von um so höherer Frequenz zu folgen vermag, je stärker diese Reflexe durch willkürliche Streckung im Sprunggelenk gebahnt werden, könnte durch die Verkürzung der refraktären Phase mit steigender Bahnung erklärt werden. Für die Vorderarmbeuger fand HOFFMANN je nach ihrer Spannung Schwankungen in der Dauer ihres (abs. und rel.) Refraktärstadiums zwischen 30 und 300 σ. Zur Zeit läßt es sich schwer verstehen, wie diese interessanten Beobachtungen mit der normalen, hohen Erregungsfrequenz der Vorderhornzellen in Einklang zu bringen wären.

---

[1] ADRIAN, E. D. u. J. M. D. OLMSTEDT: The refractory phase in a reflex arc. J. of Physiol. **56**, 426 (1922).
[2] CARDOT, H. u. H. LAUGIER: Contribution à l'étude de l'éxcitabilité réflexe. Arch. internat. Physiol. **21**, 295 (1923).
[3] HOFFMANN, P.: Untersuchungen über die Eigenreflexe, S. 80ff. Berlin: Julius Springer 1922.
[4] HOFFMANN, P.: Demonstration eines Hemmungsreflexes usw. Z. Biol. **70**, 515 (1920).
[5] HOFFMANN, P.: Über die Beziehungen der Sehnenreflexe zur willkürlichen Bewegung und zum Tonus. Z. Biol. **68**, 351 (1918) — Untersuchungen über die refraktäre Periode usw. Ebenda **81**, 37 (1924).

DODGES[1] Bestimmung des Refraktärstadiums des Patellarreflexes (Auslösung durch Schlag auf die Sehne) zu ca. 0,1 Sekunde ist wohl nicht zuverlässig, weil die Spannung des Ligamentum patellae 0,1 Sekunde nach der Auslösung eines normalen Patellarreflexes der Ruhespannung noch nicht entspricht[2].

Daß LANGENDORFF[3] beim Beugereflex des Frosches kein Refraktärstadium nachweisen konnte, erklärt sich daraus, daß er als kürzestes Reizintervall 40 σ gewählt hat, während das Refraktärstadium in diesem Falle viel kürzer ist. Für Reflexzuckungen des M. triceps femoris bei Reizung des ipsilateralen, zentralen Ischiadicusstumpfes beträgt es beim Frosch nach EICHHOLTZ[4] etwa 2 σ, entspricht also dem Refraktärstadium des Nerven selbst.

Werte von ganz anderer Größenordnung ergeben sich bei der Messung des Refraktärstadiums zentraler Erregungsvorgänge, die zum Teil wahrscheinlich, zum Teil sicher „tetanisch" sind, d. h. die sich aus einer Serie rasch aufeinanderfolgender Einzelerregungen zusammensetzen. Als einen solchen Vorgang müssen wir die Rindenreizungen und die Reflexe ansehen, bei denen BROCA und RICHET[5] die ersten Beobachtungen über ein Refraktärstadium bei Nervenzentren anstellten. Sie beobachteten an Hunden, die von einer mit Krämpfen einhergehenden Krankheit befallen waren, ferner an künstlich abgekühlten und mit Chloralose betäubten Hunden bei Reizung der motorischen Region der Hirnrinde durch Induktionsschläge oder bei reflektorischer Reizung durch Klopfen auf den Operationstisch ein Refraktärstadium in dem Sinne, daß bei genügendem Reizabstande jeder Reiz eine motorische Reaktion auslöste, bei größerer Frequenz aber die Zuckungen unregelmäßig wurden, worauf sich ein neuer Rhythmus herstellte, bei welchem bloß jeder zweite Reiz, bzw. bei noch größerer Frequenz nur jeder dritte und vierte Reiz sich wirksam erwies. Dieses Refraktärstadium betrug mindestens 0,1 Sekunde; seine Länge war um so größer, je niedriger die Temperatur des Versuchstieres war[6]. So wie es sich bei RICHETs und BROCAs Versuchen um tetanische Erregungen der Hirnrinde gehandelt haben dürfte, sind wahrscheinlich auch die Kontraktionen des M. orbicularis beim Lidschlag stets kurze Tetani und nicht Einzelzuckungen. ZWAARDEMAKER und LANS[7] haben das Refraktärstadium beim Blinzelreflex sowohl bei der Auslösung durch starke Lichtreize als auch bei mechanisch-thermischen Reizungen untersucht. Die beiden Prüfreize mußten durch ein Intervall von 0,5—1,0 Sekunde voneinander getrennt sein, damit der zweite Reiz den Lidschlag auslöste. Je stärker der zweite Reiz war, desto kürzer wurde

---

[1] DODGE, R.: A systematic exploration of a normal knee jerk etc. Z. allg. Physiol. **12**, 1 (1911).

[2] Nachtrag während der Korrektur: Nach den Beobachtungen von H. STRUGHOLD [Zur Kenntnis der Refraktärphasen des Patellarreflexes. Verh. physik.-med. Ges. Würzburg **51**, 94 (1926) — Z. Biol. **85**, 453 (1927)] beträgt die *Gesamtdauer* des Refraktärstadiums, d. h. also im wesentlichen die Dauer des *relativen* Refraktärstadiums, des Patellarreflexes bei ungezwungen herabhängendem Unterschenkel 3—6 Sekunden. Bei willkürlicher Innervation der Kniestrecker (Bahnung) kann die Dauer des absoluten + relativen Refraktärstadiums bis unter 1 Sekunde sinken, während Entspannung der Strecker sie auf 10 Sekunden verlängert.

[3] LANGENDORFF, A. u. H. WINTERSTEIN: Beiträge zur Reflexlehre. Pflügers Arch. **127**, 507 (1909).

[4] EICHHOLTZ, F.: Über das Refraktärstadium im Reflexbogen. Z. allg. Physiol. **16**, 535 (1914).

[5] BROCA, A. u. CH. RICHET: Période refractaire dans les centres nerveux. Arch. de Physiol. V **9**, 864 (1897) — s. auch C. r. Soc. Biol. **1897**, 333 — C. r. Acad. Sci. **124**, 96, 573, 697 (1897).

[6] Zitiert nach LANGENDORFF und WINTERSTEIN, da mir das Original nicht zugängig war.

[7] ZWAARDEMAKER, H. u. J. L. LANS: Über ein Stadium relativer Unerregbarkeit usw. Zbl. Physiol. **13**, 325 (1899).

dieses Intervall; es folgt also auch hier dem absoluten ein relatives Refraktärstadium, das 3—4 Sekunden lang nachweisbar bleibt.

Auch dem „Extensorstoß" folgt nach SHERRINGTON[1] ein Refraktärstadium von etwa 1 Sekunde Dauer, obwohl dieser Reflex selbst nur 170 σ dauert.

Als Beispiel für das Refraktärstadium eines typischen Koordinationszentrums kann die bekannte Unerregbarkeit des Schluckzentrums unmittelbar nach der Auslösung einer Schluckwelle dienen. Eine exakte Bestimmung dieses Refraktärstadiums stößt auf technische Schwierigkeiten, weil der Schluckreflex nicht durch einen Einzelinduktionsschlag auslösbar ist. Bei Anwendung möglichst kurz (0,1—0,2 Sekunden) dauernder, faradischer Reizungen des N. laryngeus superior fand ZWAARDEMAKER[2] an narkotisierten Katzen für den Schluckreflex ein Refraktärstadium von 0,5—1,0 (in maximo 3,3) Sekunden (bestätigt von LANGENDORFF[3]).

Es ist nach all diesen Beobachtungen nicht mehr daran zu zweifeln, daß alle nervösen Zentralorgane, so wie die Nervenfasern, unmittelbar nach Ablauf einer Erregung eine — in ihrer Dauer allerdings je nach dem untersuchten Zentrum ganz verschiedene — Phase der Unerregbarkeit zeigen.

Eine andere Frage ist es aber, inwieweit wir diese Phase der Unerregbarkeit mit jenem Refraktärstadium identifizieren dürfen, das wir bei den Nerven- und den Muskelfasern nach Ablauf einer *einzelnen* Erregungswelle beobachten. Ich glaube, daß bei den Reflexen, als deren Reaktion wir eine *Einzelkontraktion* eines Muskels beobachten, wirklich nur *eine* Erregungswelle vom Receptor bis zum Erfolgsorgan läuft, daß wir also in diesen Fällen ohne weiteres von einem Refraktärstadium des Zentrums sprechen können.

Anders liegen die Verhältnisse aber bei den übrigen Reflexen. Wir haben Perioden der Unerregbarkeit von über 1 Sekunde Dauer kennengelernt. Im vegetativen Nervensysteme dürften sich aber solche Perioden von noch viel längerer Dauer finden. So könnten wir z. B. auch nach dem Ejaculationsreflex von einem Refraktärstadium sprechen, und es scheint mir wahrscheinlich, daß diese relativ langen Inaktivitätsperioden nur äußerlich der Refraktärphase des Herzens oder einer Nervenfaser ähnlich sind[4]. Das gleiche gilt wohl auch für die „sensorischen" Refraktärphasen, die GÜNTHER[5] zur Erklärung der Beobachtung heranzieht, daß Berührungs- oder Strichreize unter Umständen nicht apperzipiert werden, wenn sie zwischen je zwei analoge Reize einer längeren Reizserie (Intervall 1 Sekunde) eingeschaltet werden.

Dieselben Bedenken können auch gegen die Ansicht VERWORNs erhoben werden, der die rasche Abnahme der Höhe der Reflexzuckungen bei wieder-

---

[1] SHERRINGTON, CH. S.: The integrative action of the nervous system, S. 68. London 1911.

[2] ZWAARDEMAKER, H.: Sur une phase refractaire du réflexe de deglutition. Arch. internat. Physiol. **1**, 1 (1904).

[3] LANGENDORFF, O.: Untersuchungen über den Schluckreflex. Beitr. Physiol. u. Path. S. 106. Stuttgart 1908.

[4] Es sei in diesem Zusammenhange auf die interessante Arbeit von K. UMRATH hingewiesen [Über Refraktärstadien. Z. Biol. **87**, 85 (1928)]. UMRATH vertritt den Standpunkt, daß wir heute unter der Bezeichnung Refraktärstadium zwei ihrer Entstehung nach ganz verschiedene Erscheinungen zusammenfassen: einmal die echten „autogenen" Refraktärstadien, die auf der Wiederherstellung des erregten Systems beruhen, dann aber auch sog. „induzierte" Refraktärstadien, die UMRATH als Äußerung von Hemmungsvorgängen auffaßt, welche von irgendeinem übergeordneten System, z. B. von einem nervösen Zentrum, ausgehen. Die an Nervenfasern beobachteten Refraktärstadien sind sicher autogen, es wäre aber wohl denkbar, daß manche Erregbarkeitsherabsetzungen im Bereiche zentraler Apparate als induzierte Refraktärstadien im Sinne UMRATHs aufzufassen wären.

[5] GÜNTHER, H.: Über Nachempfindungen usw. Dtsch. Z. Nervenheilk. **76**, 320 (1923).

holten Einzelreizen an Strychninfröschen[1] als Folge eines relativen Refraktärstadiums gedeutet hat[2], das je nach der O_2-Zufuhr zum Rückenmark zwischen $1/12$ Sekunde bis 1 Minute anhalten kann. Für diese Annahme scheint zwar die Tatsache zu sprechen, daß die Anspruchsfähigkeit und Leistungsfähigkeit des Rückenmarkes während der Intervalle zwischen je zwei tetanischen Entladungen, die den auf S. 704 erwähnten langsamen Rhythmus bilden, aufgehoben oder stark herabgesetzt sind (Vészi[3]). Ich glaube aber doch, daß wir auch in diesem Falle nicht von einem Refraktärstadium sprechen dürfen, sondern daß hier Ermüdungs- und Erschöpfungszustände eine Rolle spielen, die wir nicht mit Refraktärstadien identifizieren sollten.

Entsprechend den Erfahrungen am Herzen wurde vielfach (speziell auch von Verworn und seinen Schülern) die Frequenz automatisch rhythmischer Erregungsvorgänge *allgemein* als eine Funktion des Refraktärstadiums angesehen (vgl. auch Sherrington[4]). Man dachte dabei an einen mehr oder minder kontinuierlichen Dauerreiz von relativ geringer Stärke, der immer erst nach Ablauf des Refraktärstadiums oder noch während des relativen Refraktärstadiums von neuem über die Schwelle treten und eine Erregung auslösen könnte. In manchen Fällen mag diese Vorstellung zutreffend sein; es hat sich aber gezeigt, daß die Frequenz eines Erregungsrhythmus vielfach nicht von der Dauer des Refraktärstadiums, sondern von einem anderen Faktor abhängt, den sein Entdecker, K. Lucas[5], vorläufig als „irresponsive" Periode bezeichnet hat. Unter einer irresponsiven Periode verstehen wir die Zeit, die, vom Beginn eines Erregungsvorganges angefangen, verstreichen muß, ehe das betreffende Organ neuerdings in Erregung geraten kann. Diese Zeit deckt sich keineswegs mit dem Refraktärstadium, denn ein zweiter Reiz kann bereits wirksam sein, ehe das gereizte Organ wieder fähig ist zu reagieren; in diesem Falle tritt die durch den zweiten Reiz ausgelöste Erregung erst nach Ablauf der irresponsiven Periode, also nach einer abnorm langen Latenzzeit auf. Wir können — um diese Verhältnisse anschaulicher zu machen — sagen: das Refraktärstadium ist die nach Beginn einer Erregung folgende Zeit der *Unerregbarkeit*, die irresponsive Periode ist die nach Beginn einer Erregung folgende Zeit der *Leistungsunfähigkeit*.

Forbes und seine Mitarbeiter[6] sind der Ansicht, daß diese irresponsive Periode sich aus dem Verlaufe des Refraktärstadiums und dem Verlaufe der als Reiz verwendeten Induktionsströme erklären lasse, und sie schlagen vor, den Ausdruck „Refraktärstadium" nicht mehr für ein Stadium der Unerregbarkeit zu verwenden, sondern von nun an die irresponsive Periode als Refraktärstadium zu bezeichnen. Ich halte diesen Vorschlag — auch wenn sich die irresponsive Periode als eine Funktion des Refraktärstadiums und des Reizverlaufes erweisen sollte — nicht für glücklich, da wir auf den Begriff des absoluten und relativen Refraktärstadiums im alten Sinne, wenigstens vorläufig, nicht verzichten können.

Unmittelbar nach dem Ablauf der irresponsiven Periode reagiert ein Organ

---

[1] Verworn, M.: Zur Kenntnis der physiologischen Wirkungen des Strychnins. Arch. f. Physiol. **1900**, 385.
[2] Verworn, M.: Ermüdung usw. der nervösen Zentren des Rückenmarkes. Arch. f. Physiol., Suppl. **1900**, 152 — Die Vorgänge in den Elementen des Nervensystems. Z. allg. Physiol. **6**, 11 (1907).
[3] Vészi, J.: Untersuchungen über die rhythmisch-intermittierenden Entladungen des Strychninrückenmarks. Z. allg. Physiol. **15**, 245 (1913).
[4] Sherrington, Ch. S.: The integrative action of the nervous system, S. 44—69. London 1911.
[5] Lucas, K.: On the refractory period of muscle and nerve. J. of Physiol. **39**, 331 (1909) — On the recovery of muscle and nerve etc. Ebenda **41**, 368 (1910).
[6] Forbes, Ray u. Griffith: Zitiert auf S. 697.

mit einer *schwachen* Erregung, und die Größe einer (früh nach einer ersten folgenden) zweiten Erregung dürfte der wiederkehrenden Erregbarkeit des Organes etwa parallel gehen. Da wir über die Stärke des hypothetischen Dauerreizes, der bei verschiedenen Organen eine automatische Rhythmik auslöst, und über ihre Variationsmöglichkeiten nichts wissen, so können wir von der irresponsiven Periode nur sagen, daß sie die *obere* Grenze der Rhythmusfrequenz bestimmt.

Nach dem hier Erörterten können wir aus der Frequenz irgendwelcher rhythmischer Erregungen nicht ohne weiteres einen Schluß auf die Dauer des Refraktärstadiums des betreffenden Organes ziehen. So beträgt z. B. das Refraktärstadium des Beugereflexes bei der Rückenmarkskatze — wie oben erwähnt wurde — etwa 2 σ, während das kürzeste Intervall zwischen den einzelnen, aufeinanderfolgenden Erregungswellen bei einem reflektorisch ausgelösten Tetanus der gleichen Muskulatur 6,7 σ beträgt (ADRIAN und OLMSTEDT[1]). Immerhin dürfte aber auch bei den nervösen Rhythmen, und zwar bei den relativ langsamen, ebenso wie z. B. beim Herzen, die Frequenz des Rhythmus vielfach von der Dauer des Refraktärstadiums der zentralen Apparate abhängig sein.

Mit dieser Ansicht steht die Tatsache in Einklang, daß bei einer Temperatur, erhöhung, entsprechend der Beschleunigung der Rhythmen, die Dauer des Refraktärstadiums abnimmt. Für den Herzmuskel war diese Tatsache seit langem bekannt; für den markhaltigen Nerven und für den Skelettmuskel hat sie ADRIAN[2] festgestellt. Somit kann wohl kein Zweifel darüber bestehen, daß auch die Dauer des Refraktärstadiums der Zentren im gleichen Sinne von der Temperatur abhängig ist.

Auch die ganz verschiedene Dauer des Refraktärstadiums bei den einzelnen Reflexen erinnert uns an die großen Differenzen in der Frequenz der zentral ausgelösten Rhythmen, und es scheint zwischen diesen beiden Erscheinungen auch insofern eine Parallele zu bestehen, als wir bei den Erregungsvorgängen, die sich normalerweise in relativ langen Abständen wiederholen, z. B. Blinzel- oder Schluckreflex, „Refraktärstadien" von einer ganz anderen Größenordnung beobachten als bei den raschen Rhythmen, wie wir sie z. B. bei den zentral ausgelösten tetanischen (und tonischen) Erregungen der Skelettmuskulatur beobachten.

Im Anschlusse an diese Überlegungen soll hier das Auftreten rhythmischer Erregungen im Zentralnervensystem im allgemeinen erörtert werden.

Bei weitem die Mehrzahl der Reaktionen des Zentralnervensystems sind als rhythmische Entladungen anzusehen. Diesen rhythmischen Entladungen können aber sicher ganz verschiedene Vorgänge im Zentralnervensystem zugrunde liegen. Eine große Gruppe zentraler Rhythmen beruht nach dem, was uns die Aktionsströme lehren, auf einer primären Rhythmizität des Erregungsablaufes in den verschiedenen Ganglienzellen. So wie etwa das nodale Gewebe im Wirbeltierherzen nach Ablauf einer bestimmten Periode „spontan" immer von neuem in Erregung gerät, so arbeiten auch die meisten Ganglienzellen, sei es, daß sie durch kontinuierliche, uns zum Teil unbekannte Reize, sei es, daß sie durch afferente Bahnen erregt werden, in einem ihnen eigentümlichen *Organrhythmus*. Diese Eigenrhythmik soll hier zunächst besprochen werden.

Besonders instruktiv ist in dieser Hinsicht die von GOTCH und BURCH[3],

---

[1] ADRIAN, E. D. u. J. M. OLMSTEDT: The refractory phase in a reflex arc. J. of Physiol. **56**, 426 (1922).

[2] ADRIAN, E. D.: The recovery process of excitable tissues, II. J. of Physiol. **55**, 193 (1921).

[3] GOTCH u. BURCH: The electromotive properties of Malapterurus electricus. Philosophic. trans. Roy. Soc. Lond. **187**, 347—407 (1895).

GARTEN[1] und KOIKE[2] studierte Schlagfolge des elektrischen Organes des Zitterwelses, das bekanntlich beiderseits nur von je *einer* riesigen Ganglienzelle aus innerviert wird. Abb. 127 zeigt die mittels Saitengalvanometers registrierten Schläge dieses Organes. Wir erkennen Rhythmen „erster Ordnung", die frequenten Einzelschläge, aus denen sich jede einzelne der 5 abgebildeten Schlaggruppen

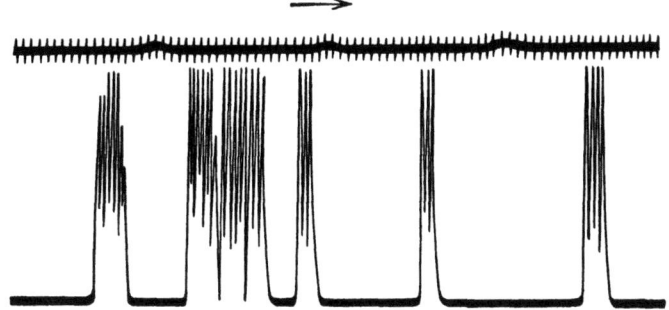

Abb. 127. Reflektorische Entladung des elektrischen Organes eines Zitterwelses. Temperatur = 22° C. Jaquetmarken = $^1/_5$ Sek.; Intervalle zwischen den 5 Gruppen: 103, 129, 144 und 190 σ. (Nach KOIKE: Z. Biol. **54**, 434, Abb. 2.)

zusammensetzt, und außerdem folgen auch diese Gruppen selbst wieder in einem gewissen, wenn auch nicht strengen Rhythmus „zweiter Ordnung" aufeinander. GARTENS Versuche am Zitterwelse haben ergeben, daß auch die Rhythmen erster Ordnung nicht, wie GOTCH und BURCH gemeint hatten, peripheren Ursprung, sind, sondern daß sie dem Entladungsrhythmus der Ganglienzellen entsprechen, denn ihre Frequenz steigt und sinkt mit der Temperatur des den *Kopf* des Fisches umspülenden Wassers, während die Temperatur des elektrischen Organes selbst von untergeordneter Bedeutung ist. Die Innervationsperiode nimmt bei Erwärmung des Tieres auf 32° bis auf 1,5 σ ab, bei 22° beträgt sie 3,2 und bei 12° 9,8 σ (vgl. Abb. 128). Die Frequenz der Einzel-Impulse steigt also bei 32° bis auf 660 pro Sekunde.

Ein anderer Fall, in dem der Ursprung der rhythmischen Tätigkeit eines peripheren Organes mit Sicherheit auf die rhythmische Tätigkeit seines zentralen Innervationsapparates zurückgeführt werden konnte, ist die tetanische Kontraktion des Zwerchfelles während des Inspiriums. DITTLER[3] hat als erster die Aktionsströme vom N. phrenicus während des Inspiriums abgeleitet, und gemeinsam mit GARTEN hat

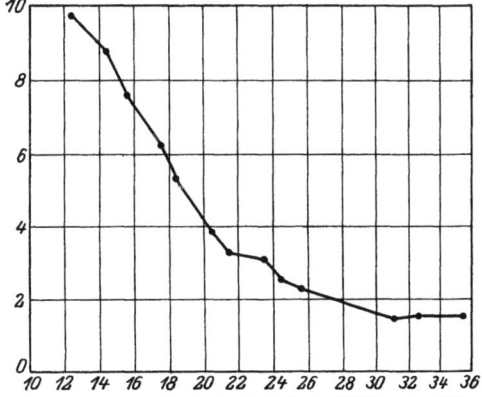

Abb. 128. Abhängigkeit der Periode der Schläge des Zitterwelses von der Temperatur. Ordinatenwerte = σ, Abszissenwerte = Temperatur des den Fisch umspülenden Wassers. (Nach KOIKE: Z. Biol. **54**, 443, Abb. 5.)

---

[1] GARTEN, S.: Über einen Fall von periodischer Tätigkeit der Ganglienzelle. Z. Biol. **54**, 399 (1910).
[2] KOIKE, J.: Über die Schlagfolge des elektrischen Organes des Zitterwelses. Z. Biol. **54**, 431 (1910).
[3] DITTLER, R.: Über die Aktionsströme des N. phrenicus usw. Pflügers Arch. **131**, 581 (1910) — Weitere Untersuchungen usw. Ebenda **136**, 533 (1910).

er[1] durch gleichzeitige Registrierung der Aktionsströme des intakten N. phrenicus und der von ihm innervierten Zwerchfellhälfte (mittels zweier Saitengalvanometer) nachgewiesen, daß während der tetanischen, inspiratorischen Zwerchfelkontraktion jeder einzelnen Zwerchfell-Aktionsstromzacke eine ihr unmittelbar vorangehende Phrenicus-Aktionsstromzacke entspricht. Diese wichtige, von GASSER und NEWCOMER[2] mit verfeinerter Methodik nachgeprüfte und bestätigte Beobachtung beweist, daß der Rhythmus der Erregungswellen in der Zwerchfellmuskulatur nicht peripheren Ursprungs ist, sondern zum mindesten den Vorderhornzellen, wenn nicht noch weiter zentralwärts gelegenen Zentren eigentümlich ist.

Für diese letztere Annahme würde die Beobachtung von GASSER und NEWCOMER sprechen, daß während eines Inspiriums jeder einzelnen Erregungswelle im rechten durchtrennten Phrenicus eine ganz analoge in der linken Zwerchfellhälfte entspricht. Auch bei den Schlägen von Malapterurus hat GARTEN eine solche absolute Symmetrie in der Schlagfolge der elektrischen Organe beider Körperhälften beobachtet, während nach BASS und TRENDELENBURG[3] die Aktionsströme beider Masseteren keine Übereinstimmung der Zacken zeigen.

Die Frequenz der Erregungswellen im Kaninchenphrenicus lag bei einer Körpertemperatur von 38° etwa zwischen 110 und 140, bei 35—36° zwischen 80 und 100, und bei 28° ging sie fast auf 50 pro Sekunde herab. Der zentralen Natur dieser Rhythmik entspricht es, daß die Oszillationsfrequenz zwar von der Temperatur des Zentralnervensystems, nicht aber von der Temperatur des Zwerchfelles oder des N. phrenicus abhängig ist.

Ganz besonders regelmäßig ist nach FOÁS[4] Beobachtungen der langsame Innervationsrhythmus der Krötenmuskeln (20—22 Wellen pro Sekunde), dessen zentraler Ursprung auch durch Kühlung und Erwärmung des Rückenmarkes bewiesen wurde.

Die Innervationsrhythmik des Froschrückenmarkes ist vor allem an Fröschen untersucht worden, deren Reflexerregbarkeit durch Strychnin gesteigert worden war. An den Reflextetanis, mit denen solche Tiere Einzelreize beantworten, lassen sich nach VÉSZIS[5] Beobachtungen ähnlich wie bei den Schlägen von Malapterurus zwei Rhythmen unterscheiden: Es treten in einem ziemlich regelmäßigen *langsamen* Rhythmus (10—22 Entladungen in der Sekunde) Gruppen von Einzelaktionsströmen auf, die ihrerseits einen *raschen* Rhythmus von 100—400 pro Sekunde zeigen. VÉSZI bezieht — wie oben erwähnt wurde — den langsamen Rhythmus auf ein periodisch auftretendes und verschwindendes Refraktärstadium der Vorderhornzellen, den raschen Rhythmus schreibt er einem Schaltneuron zu. Bei Abkühlung der Strychninfrösche auf + 1° C sinkt der langsame Rhythmus auf 2—3 Impulse in der Sekunde ab (v. BAEYER[6]). Einer solchen doppelten Rhythmik, wie sie die Schläge von Malapterurus und die Strychninkrämpfe zeigen, begegnen wir häufig, da sich eine sehr große Reihe von Innervationsvorgängen bei der galvanometrischen Analyse als rhythmische Entladungen erwiesen haben, deren einzelne Glieder selbst wieder kurze Tetani sind.

---

[1] DITTLER, R. u. S. GARTEN: Die zeitliche Folge der Aktionsströme in Phrenicus usw. Z. Biol. **58**, 420 (1912).

[2] GASSER, H. S. u. H. S. NEWCOMER: Physiological action currents in the phrenic nerve etc. Amer. J. Physiol. **57**, 1 (1921).

[3] BASS, E. u. W. TRENDELENBURG: Zur Frage des Rhythmus der Willkürinnervation usw. Z. Biol. **74**, 121 (1922).

[4] FOÀ, C.: Ricerche sul ritmo degli impulsi motori etc. Z. allg. Physiol. **13**, 35 (1912).

[5] VÉSZI, J.: Untersuchungen über die rhythmisch-intermittierenden Entladungen des Strychninrückenmarks. Z. allg. Physiol. **15**, 245 (1913).

[6] BAEYER, H. v.: Zur Kenntnis des Stoffwechsels in den nervösen Zentren. Z. allg. Physiol. **1**, 265 (1902).

Die klonischen Krämpfe strychinisierter, decerebrierter oder narcotisierter Tiere und die Systolen des Crustaceenherzens seien als weitere Beispiele erwähnt. Neuerdings hat WACHHOLDER[1] nachgewiesen, daß solche kurzdauernde, rhythmisch wiederkehrende Tetani (zum Teil auch nur Einzelerregungen), wie sie schon P. HOFFMANN[2] für die Erschlaffungsphase der Skelettmuskeln beschrieben hatte, verschiedenen tonischen Zuständen zugrunde liegen, die mit geringer Muskelspannung einhergehen; er sah sie an den Muskeln einer ruhig gehaltenen Extremität, zu Beginn einer Kontraktion, ferner an den Antagonisten bei einer nicht gegen einen Widerstand ausgeführten Bewegung sowie an den Brustmuskeln des Froschmännchens während der Umklammerung.

SHERRINGTON hat für Reflexe, bei denen — wie z. B. bei den Lokomotionsreflexen — Bewegungsvorgänge in einem bestimmten Rhythmus wiederkehren, den Ausdruck „phasische" Reflexe eingeführt. Da die „Phasen" dieser Reflexe im wesentlichen den hier eben erwähnten, langsamen Rhythmen „zweiter Ordnung" entsprechen, sollen diese Rhythmen zu ihrer Unterscheidung von den Innervationsrhythmen im folgenden auch als „Phasen", ihre Rhythmik als „Phasik" bezeichnet werden.

Es sei hier erwähnt, daß F. W. FRÖHLICH[3] aus einer Reihe von Beobachtungen den Schluß gezogen hat, daß eine solche Phasik, d. h. also ein gruppenweise erfolgendes Auftreten von frequenten Erregungswellen auf eine Interferenz solcher Einzelwellen zurückzuführen sei. Daß in der Tat ein langsamer Rhythmus durch Interferenz zweier, um ein geringes differierender rascher Rhythmen entstehen kann, haben die Versuche von BRÜCKE[4] und PLATTNER[5] gezeigt. PLATTNER ist es z. B. gelungen, durch gleichzeitige Reizung der beiden zentralen Vagusstümpfe mit faradischen Strömen von je etwa 50 und 51 Reizen in der Sekunde die Atmung des Tieres im Rhythmus der Schwebungen erfolgen zu lassen. Ich halte es aber für unwahrscheinlich, daß diese Art der Genese langsamer Rhythmen weit verbreitet sei.

Man könnte daran denken, daß die frequente Innervationsrhythmik nicht dem eigentlichen Entladungsrhythmus der Zentren entspräche, sondern daß sie durch reflektorische, etwa propriozeptive Einflüsse modifiziert sei. In einzelnen Fällen ist das Fehlen solcher Einflüsse direkt bewiesen. So hat z. B. BERITOFF[6] gezeigt, daß beim Frosche der Rhythmus der Einzelerregungen während des Beugereflexes und seiner Nachwirkung (nach Beendigung der Reizung) von propriozeptiven Einflüssen unabhängig ist, da er sich nach Durchschneidung der dorsalen Wurzeln nicht ändert.

Es sei in diesem Zusammenhange auch auf die Idee von G. H. BISHOP[7] hingewiesen, daß ein motorischer sowie auch ein von einem Sinnesorgan aus erregter sensibler Nerv auch auf einen *kontinuierlichen*, also nicht rhythmischen physiologischen Reiz mit rhythmischen Entladungen antworten könnte. Man darf

---

[1] WACHHOLDER, K.: Über den Kontraktionszustand der Muskeln der Vorderextremitäten usw. Pflügers Arch. **200**, 511 (1923) — Untersuchungen über die Innervation und Koordination usw. I. Die Aktionsströme menschlicher Muskeln usw. Ebenda **199**, 595 (1923) — II. Die Koordination der Agonisten und Antagonisten usw. Ebenda S. 625.

[2] HOFFMANN, P.: Lassen sich im quergestreiften Muskel usw. Z. Biol. **73**, 247 (1921).

[3] FRÖHLICH, F. W.: Experimentelle Studien, XII. Z. allg. Physiol. **11**, 275 (1911). — Über die rhythmische Natur der Lebensvorgänge. Z. allg. Physiol. **13**, 1 (1912) (Ref.).

[4] BRÜCKE, E. TH.: Zur Theorie der intrazentralen Hemmungen. Z. Biol. **77**, 29 (1922).

[5] PLATTNER, F.: Über den Einfluß schwebender Reizungen usw. Z. Biol. **79**, 125 (1923).

[6] BERITOFF, J. S.: Über die Erregungsrhythmik usw. Z. Biol. **64**, 161 (1914).

[7] BISHOP, G. H.: Rhythmicity of response etc. Amer. J. Physiol. **85**, 351 (1928).

nach BISHOP gegen diese Annahme nicht die Tatsache anführen, daß der periphere Nerv z. B. auf die Durchströmung mit einem konstanten Strom meist nur mit einer Schließungserregung reagiert, denn BISHOP führt das Ausbleiben einer weiteren Reaktion in diesem Falle auf die Wirkung der Hüllenpolarisation zurück, und eine solche Polarisation käme z. B. bei der Erregung einer motorischen Nervenfaser durch einen kontinuierlichen, von der Vorderhornzelle gelieferten Reiz nicht in Betracht.

In den bisher erörterten Versuchen wurde der zentrale Ursprung des Innervationsrhythmus festgestellt: einerseits durch die Beobachtung der *Nervenaktionsströme* bei natürlicher Innervation, andererseits durch die Beobachtung der Rhythmik eines peripheren Vorganges bei Erwärmung und bei Kühlung des Zentralnervensystems. Außer diesen wenigen direkten Untersuchungen liegt uns aber ein großes Tatsachenmaterial vor, aus dem wir mit allergrößter Wahrscheinlichkeit ebenso Aufschluß über die Innervationsrhythmik gewinnen können, nämlich die zahlreichen Untersuchungen über die tetanischen Aktionsströme von Muskeln und anderen Organen bei der natürlichen, willkürlichen oder reflektorischen Innervation. Es ist hier nicht der Ort, auf die außerordentlich zahlreichen Arbeiter, die auf diesem Gebiete vorliegen (PIPER, P. HOFFMANN, DITTLER, GARTEN und viele andere), einzugehen. Alle Kurven von solchen tetanischen Aktionsströmen bieten der Deutung große Schwierigkeiten wegen ihrer außerordentlichen Unregelmäßigkeit. Die Frage, nach welchen Grundsätzen die Zacken dieser Kurven zu zählen sind, um aus ihnen die Erregungsfrequenz zu ermitteln, scheint mir auch heute noch nicht endgültig beantwortet zu sein. Wohl aber bin ich von der Richtigkeit der PIPERschen[1] ursprünglichen Ansicht überzeugt, daß nämlich die Aktionsströme der vom Zentralnervensystem aus innervierten Muskulatur im allgemeinen einen direkten Schluß auf die Vorgänge in den sie innervierenden zentralen Apparaten ziehen lassen.

Die Untersuchungen an den Aktionsströmen des N. phrenicus und des Zwerchfells bei der normalen Inspiration (DITTLER, GARTEN, GASSER[2]) sprechen ebenso für die Richtigkeit dieser Auffassung, wie die Versuche von BASS und TRENDELENBURG[3], die einen synchronen Verlauf der einzelnen unregelmäßigen Aktionsstromzacken an 2—2,5 cm weit auseinanderliegenden Stellen des M. biceps beobachtet haben.

Schwierigkeiten wurden dieser Auffassung durch eine Reihe von Beobachtungen bereitet, nach denen sich die Frequenz der Muskelaktionsströme als abhängig von der Temperatur *des Muskels* erwiesen hat. BUCHANAN[4] stellte die für die Reflextetani strychninisierter Frösche fest, FORBES und RAPPLEYE[5] sowie FAHRENKAMP[6] für die menschliche Muskulatur bei willkürlicher Innervation. Diese Beobachtungen wurden zum Teil dahin gedeutet, daß die zentralen Innervationsimpulse eine wesentlich höhere Frequenz hätten, als die am Muskel nachweisbaren Aktionsströme. So nahmen z. B. FORBES und RAPPLEYE eine zentrale

---

[1] PIPER, H.: Über den willkürlichen Muskeltetanus. Pflügers Arch. **119**, 301 (1907) — Zur Kenntnis der tetanischen Muskelkontraktionen. Z. Biol. **52**, 86 (1908) — Weitere Untersuchungen usw. Arch.(Anat. u.)Physiol. **1910**, 207 — Elektrophysiologie menschlicher Muskeln. Berlin 1912.

[2] DITTLER, GARTEN u. GASSER: Zitiert auf S. 704.

[3] BASS, E. u. W. TRENDELENBURG: Zur Frage der Willkürinnervation usw. Z. Biol. **74**, 121 (1922).

[4] BUCHANAN, F.: The electrical response of muscle usw. Quart. J. exper. Physiol. **1**, 211 (1908).

[5] FORBES, A. u. W. C. RAPPLEYE: The effect of temperature changes on rhythm etc. Amer. J. Physiol. **42**, 228 (1917).

[6] FAHRENKAMP, K.: Über die Aktionsströme usw. II. Mitt. Z. Biol. **65**, 79, 83 (1915).

Entladungsfrequenz von 300—1000 Einzelentladungen in der Sekunde an, und auch ATHANASIU[1] schätzt diese Frequenz auf 300—500.

Eine Erklärung für diese zunächst schwer verständliche Abhängigkeit der Muskelaktionsstromfrequenz von der Temperatur des Muskels suchten COOPER und ADRIAN[2] zu geben. Zunächst betonen sie mit Recht, daß eine Verringerung der Aktionsstromfrequenz bei der Kühlung des Muskels eine unvermeidliche Folge der mit der Kühlung einhergehenden Verlängerung des Refraktärstadiums des Muskels ist. Ferner zeigen ihre Kurven (vgl. Abb. 4—6, 8) sehr deutlich, daß zwar die *Gesamtzahl* der Zacken des Elektromyogramms von der Temperatur des Rückenmarks unabhängig ist, wie dies auch BUCHANAN beobachtet hatte, daß aber die Frequenz der *großen* Zacken regelmäßig mit der Temperatur des Rückenmarkes steigt und sinkt. Diese großen Zacken halten COOPER und ADRIAN für den Ausdruck der *synchronen* Entladung der *Mehrzahl* der Ganglienzellen, während die, an solchen Kurven zu beobachtenden, kleinen Zacken den im Rhythmus etwas differierenden Entladungen der übrigen Zellen bzw. Zellgruppen entsprächen. Die eigentliche Entladungsfrequenz würde sich nach dieser Annahme aus der Zahl der *großen Zacken* und nicht aus der *Gesamtzahl der* Zacken ergeben. Diese Frequenz beträgt für das Froschrückenmark bei 15° C nach COOPER und ADRIAN etwa 120 pro Sekunde.

Auch BERITOFF[3] stand, im Gegensatz zu den älteren Vorstellungen WEDENSKYS[4], auf dem Standpunkte, daß die an willkürlich oder reflektorisch erregten Muskeln zu beobachtende Erregungsfrequenz mit der Frequenz der zentralen Impulse übereinstimmt. Nur bei sehr frequenter, künstlicher Reizung sensibler Nerven wird die Frequenz der beobachteten, reflektorischen Muskelaktionsströme von der Beschaffenheit des Muskels selbst mitbedingt sein.

Neuerdings vertritt BERITOFF[5] aber die Anschauung, daß der Rhythmus der zentralen Innervation viel größer sei als der beobachtete Muskelrhythmus.

Interessant ist die Beobachtung, daß von der willkürlich innervierten Wadenmuskulatur der Tabiker sehr große, wenig frequente Aktionsströme ableitbar sind (GREGOR u. SCHILDER[6], v. WEIZSÄCKER[7]). WEIZSÄCKER meint deshalb, „daß normalerweise ein langsamer Grundrhythmus autochthon im Zentrum entsteht, und daß dieser durch die propriozeptiv ausgelösten Reflexreize gleichsam aufgesplittert und zerteilt wird". Ich halte diese Ansicht nicht für richtig, glaube vielmehr, daß die Erkrankung der sensiblen Fasern nicht, wie es die Marchifärbung zeigt, an den Schaltzellen oder Vorderhornzellen haltmacht, sondern daß eben auch diese Systeme beim Tabiker nicht mehr normal funktionieren.

Vergleichende Untersuchungen über die Innervationsrhythmik liegen bisher kaum vor. Aus den Angaben FAHRENKAMPS läßt sich aber entnehmen, daß kleine Säugetiere wahrscheinlich frequentere Aktionsströme zeigen als größere Tiere, eine Tatsache, die mit der höheren Frequenz der Herztätigkeit und der Pendelbewegungen des Darmes bei kleineren Tieren in Einklang stünde. Während die Innervationsfrequenz für die Skelettmuskulatur von Katzen und Kaninchen

---

[1] ATHANASIU, J.: L'énergie nerveuse motrice. J. Physiol. et Path. gén. **21**, 1 (1923).
[2] COOPER, S. u. E. D. ADRIAN: The frequency of discharge etc. J. of Physiol. **58**, 209 (1923).
[3] BERITOFF, J. S.: Zur Kenntnis der Erregungsrhythmik usw. Z. Biol. **62**, 125 (1913).
[4] WEDENSKY, N.: Telephonische Untersuchungen usw. (russ.) 1884.
[5] BERITOFF, J.: Über den Rhythmus der reziproken Innervation usw. Z. Biol. **80**, 171 (1924).
[6] GREGOR, A. u. P. SCHILDER: Beiträge zur Kenntnis der Physiologie und Pathologie der Muskelinnervation. Z. Neur. **14**, 359, 408ff. (1913).
[7] v. WEIZSÄCKER: Über Willkürbewegungen usw. Dtsch. Z. Nervenheilk. **70**, 115 (1921).

etwa zwischen 120 und 150 liegen dürfte, fand FAHRENKAMP[1] bei Ratten als Mittelwert etwa 160, bei Mäusen 200.

Aber nicht nur die willkürlichen oder reflektorischen *Erregungen* setzen sich aus frequenten, rhythmischen Erregungswellen zusammen, sondern auch eine große Reihe intrazentraler *Hemmungsvorgänge* kommt durch den Einbruch solcher Erregungswellen in eine Reflex- oder Innervationsbahn zustande) FRÖHLICH, VERWORN, BERITOFF, BRÜCKE u. a.). Ein prinzipieller Unterschied scheint zwischen solchen hemmenden Wellen und den bisher erörterten, zentralen, rhythmischen Prozessen nicht zu bestehen. Diese Tatsache, sowie die Rolle, welche das Refraktärstadium bei solchen Hemmungen spielt, wird in dem Kapitel „Hemmung" näher erörtert werden. Solche Erregungswellen, die intrazentral eine *Hemmung* bewirken, treten — genau so wie *erregende*, rhythmische Innervationsimpulse — oft phasisch, also in rhythmisch wiederkehrenden Gruppen auf, die also dann einen Rhythmus zweiter Ordnung bilden. Ein phasischer Reflex kann nun nicht nur durch rhythmisch wiederkehrende *Erregung* der betreffenden Muskelgruppen entstehen, sondern auch in der Weise, daß ein tonischer Kontraktionszustand durch rhythmisch wiederkehrende *Hemmungen* unterbrochen wird. So kommt z. B. nach GRAHAM BROWN[2] der Kratzreflex beim narkotisierten Meerschweinchen zustande, wobei ich allerdings bemerken muß, daß die von ihm abgebildete Kurve (l. c. S. 26) vor jeder phasischen Hemmung andeutungsweise eine Tonussteigerung erkennen läßt.

Beim Kratzreflex des Meerschweinchens ist diese phasische Hemmung eines tonischen Beugereflexes besonders deutlich ausgeprägt; es ist dies aber sicher kein isolierter Fall, sondern wir müssen bei allen phasischen Reflexen, an denen Agonisten und Antagonisten beteiligt sind, ein Zusammenspiel von Erregung und Hemmungen annehmen. Der Gruppe der bisher erörterten, rhythmischen und phasischen zentralen Vorgänge, bei denen es sich offenbar um einen Organrhythmus der zentralen Mechanismen, wahrscheinlich der Ganglienzellen, handelt, steht eine 2. Gruppe von Vorgängen gegenüber, deren rhythmischer Ablauf nicht ohne weiteres, und in manchen Fällen bestimmt nicht, auf einen zentralen Organrhythmus zurückgeführt werden kann.

Zunächst wissen wir, daß nervös bedingte, rhythmische Vorgänge in einzelnen Fällen auch durch periodisch wiederkehrende *reflektorische* Erregungen zustande kommen können. Dies lehrt uns z. B. die Atmung nicht vagotomierter Tiere, deren Rhythmus durch die von HERING und BREUER entdeckte, periphere Selbststeuerung durch die Nn. vagi zustande kommt.

Man hat auch in anderen Fällen an die Möglichkeit einer solchen peripheren Ursache rhythmischer Vorgänge, an eine regelmäßige „Wiederreizung" gedacht; in der Tat haben z. B. die Versuche von MAGNUS[3] gezeigt, daß konkurrierende propriozeptive Erregungen für den (je nach der Lage des reflektorisch zu erregenden Gliedes) wechselnden Erfolg identischer Reizungen maßgebende Bedeutung haben können. BAGLIONI[4] hielt ursprünglich auch die Phasik der Strychnintetani für die Folge dauernder reflektorischer Wiedererregungen der Reflexzentra von

---

[1] FAHRENKAMP, K.: Über die Aktionsströme des Warmblütermuskels usw. II. Mitt. Z. Biol. **65**, 79, 85 (1915).

[2] BROWN, T. GRAHAM: Studies in the reflexes of the guinea pig. VI. Quart. J. exper. Physiol. **4**, 19 (1911).

[3] MAGNUS, R.: Zur Regelung der Bewegungen usw. III. Pflügers Arch. **134**, 545 (1910).

[4] BAGLIONI, S.: Physiologische Differenzierung verschiedener Mechanismen usw. Arch. f. Physiol. **1900**, Suppl., 193 — Zur Genese der reflektorischen Tetani. Z. allg. Physiol. **2**, 556 (1903).

der Peripherie her, bis BURDON SANDERSON, BUCHANAN[1] und HENKEL[2] ihre rein zentrale Genese durch den Nachweis sicherstellten, daß diese Phasik, auch nach der Desafferentierung des Tieres zu beobachten ist. Auch der rhythmisch alternierende Wischreflex des Frosches hat sich als unabhängig von sekundären, speziell propriozeptiven Impulsen erwiesen (WACHHOLDER[3]).

Ein ähnliches Schicksal hatte die Lehre von der Phasik der Lokomotionsbewegungen. Das rhythmische Alternieren von Beugung und Streckung, das diese Reflexe charakterisiert, hatte SHERRINGTON[4], ähnlich wie vor ihm SINGER[5], der in HERINGS Laboratorium die Rückenmarksreflexe der Tauben studierte, anfangs auf propriozeptive, antagonistische Reflexe zurückgeführt, die durch jede einzelne Phase des Bewegungsaktes immer wieder von neuem ausgelöst würden. Mit dem Nachweise, daß diese phasischen Bewegungen der Extremitäten auch nach der Durchschneidung aller hinteren Wurzeln an Rückenmarkstieren auftreten (GRAHAM BROWN[6]) wurde SHERRINGTONS Annahme hinfällig. Auch die Lokomationsbewegungen kommen also durch *zentral* bedingte, rhythmische, spinale Impulse zustande. Da wir aber reflektorisch lang andauernde Beuge- oder Streckkrämpfe auslösen können, ist es nicht wahrscheinlich, daß die Lokomotionsphasik auf ein Refraktärstadium in den Beuger- oder Streckerzentren zurückzuführen sei (SHERRINGTON[7]).

Für die Phasik der Lokomotionsreflexe, sowie vieler anderer Reflexe, ist es charakteristisch, daß sich an ihr die Agonisten und Antagonisten reziprok innerviert beteiligen, so daß also einer rhythmischen Kontraktion und Erschlaffung der einen eine phasengleiche Erschlaffung und Kontraktion der anderen entspricht. Wir haben es also mit einem Doppelrhythmus oder nach GRAHAM BROWNS Theorie mit der Rhythmik zweier gekoppelter Halbzentren zu tun.

Auf dieser Beteiligung der Antagonisten hat GRAHAM BROWN[8] seine Theorie solcher phasischer Reflexe aufgebaut. Er nimmt an, daß zunächst eines der beiden Halbzentren, sagen wir z. B. das Beugerzentrum, in Erregung gerate, und daß es dabei das andere Halbzentrum, das Streckerzentrum, hemme; infolge eines Ermüdungsprozesses nimmt dann die Erregung des Beugerzentrums und mit ihr auch die Hemmung des Streckerzentrums so lange ab, bis es schließlich durch den zentralen Rückprall (rebound) zu einer *Erregung* des Streckerzentrums kommt, die ihrerseits wieder zu einer Hemmung des Beugerzentrums führt. Dann beginnt das Spiel mit vertauschten Rollen von neuem. Die wesentlichen Faktoren für das Auftreten solcher phasischer Reflexe wären also nach dieser Theorie einerseits eine relativ früh eintretende Ermüdung, andererseits der zentrale Rückprall. Diese beiden Faktoren können aber nur dann in diesem Sinne wirken, wenn beide Halbzentren annähernd gleich erregbar sind und jedesmal etwa gleich

---

[1] SANDERSON, BURDON u. F. BUCHANAN: Ist der reflektorische Strychnintetanus usw. Zbl. Physiol. **16**, 313 (1902) — The Jena researches on the spasm of strychnine. J. of Physiol. **28** — Proc. Phys. Soc., S. XXIX (July 1902). — BUCHANAN, F.: The relation of the electrical to the mechanical reflex response etc. Quart. J. exper. Physiol. **5**, 91 (1912).
[2] HENKEL, H.: Rhythmische Entladungen usw. Z. allg. Physiol. **15**, 1 (1913).
[3] WACHHOLDER, K.: Über rhythmisch alternierende Reflexbewegungen. Z. allg. Physiol. **20**, 161 (1922).
[4] SHERRINGTON, CH.: Flexion reflex of the limb etc. J. of Physiol. **40**, 28 (1910).
[5] SINGER, J.: Zur Kenntnis d. mot. Funktionen d. Lendenmarkes d. Taube. Sitzgsber. Akad. Wiss. Wien, Math.-naturw. Kl. III **89**, 167 (1884).
[6] BROWN, T. GRAHAM: The intrinsic factors etc. Proc. roy. Soc. Lond. B **84**, 308 (1911) — On the nature of the fundamental activity etc. J. of Physiol. **48**, 18 (1914).
[7] SHERRINGTON, C. S.: Further observations on the production of reflexstepping etc. J. of Physiol. **47**, 196 (1913).
[8] BROWN, T. GRAHAM: The factors in the rhythmic activity etc. Proc. roy. Soc. Lond. B **85**, 278 (1912) — Erg. Physiol. **15**, 691ff. (1916) (eingangs zitiert).

stark erregt werden. GRAHAM BROWN sieht deshalb auch eine Stütze seiner Theorie in der Beobachtung, daß phasische Reflexe bei gleichzeitiger, entsprechend abgestufter Reizung zweier antagonistischer, afferenter Nerven auftreten (GRAHAM BROWN[1], FORBES[2], SHERRINGTON[3]).

Auch SHERRINGTON[4] hat sich im wesentlichen der GRAHAM BROWNschen Theorie angeschlossen. Er sieht z. B. in den phasischen, reziproken Vastocrureuskontraktionen (Schreitbewegungen) bei simultaner, schwacher Reizung der Nn. peronei beider Seiten ein alternierendes Überwiegen der erregenden und hemmenden Impulse, die von je einem der beiden sensiblen Nerven ausgehen und er vergleicht diese Erscheinungen mit dem Wettstreit der Konturen bei der binokularen Verschmelzung verschiedener Bilder[5].

---

[1] BROWN, T. GRAHAM: The factors in rhythmical activity etc. Proc. roy. Soc. Lond. B 85, 278 (1912).

[2] FORBES, A.: Reflex rhythm etc. Proc. roy. Soc. Lond. B 85, 289 (1912).

[3] SHERRINGTON, CH. S.: Nervous rhythm etc. Proc. roy. Soc. Lond. B 86, 233 (1913).

[4] SHERRINGTON, CH. S.: Further observations on the production of reflex stepping etc. J. of Physiol. 47, 196 (1913).

[5] SHERRINGTON, CH. S.: Reflex inhibition as a factor etc. Quart. J. exper. Physiol. 6, 251, 284 (1913).

Tonus.

Von

E. A. SPIEGEL

Wien.

Mit einer Abbildung.

Zusammenfassende Darstellungen[1].

BETHE: Kap. Tonus in Allgem. Anatomie und Physiologie des Nervensystems. 1903. — JAKOB, A.: Extrapyramidale Erkrankungen. Berlin: Julius Springer 1923. — LEWY, F. H.: Die Lehre vom Tonus und der Bewegung. Berlin: Julius Springer 1923. — MAGNUS, R.: Körperstellung. Berlin: Julius Springer 1924. — RIESSER, O.: Muskeltonus. Handbuch der Physiologie 8 I, 192 (1925). — SHERRINGTON, C. S.: Integrative action of the nerv. syst. London 1906. — SPIEGEL, E. A.: Zur Physiologie und Pathologie des Skelettmuskeltonus. Berlin: Julius Springer 1923. II. Aufl. Der Tonus der Skelettmusk. 1927. — UEXKÜLL, J. v.: Umwelt und Innenwelt der Tiere. Berlin: Julius Springer 1909. — WACHOLDER, K.: Willkürliche Haltung und Bewegung. Erg.. Physiol. 26, (1928).

Definition des Tonusbegriffes. Halte- und Verkürzungsfunktion des Muskels. Wir bezeichnen als Tonus den unwillkürlich aufrechterhaltenen Spannungswiderstand der Muskulatur, einen Dauerzustand, der so lange währt, als die Körperteile, zwischen welchen die betreffenden Muskeln gespannt sind, nicht durch willkürliche oder Reflexreize in Bewegung versetzt werden. Der Tonus jener Muskeln, welche an gegeneinander beweglichen Skeletteilen inserieren (quergestreifte Skelettmuskulatur der Vertebraten, glatter Schließmuskel der Muscheln, Sperrmuskeln des Seeigelstachels), bedingt die gegenseitige Lagerung, die Haltung dieser Skeletteile auch gegenüber dem eventuell wirkenden Zug der Schwere, von Bändern, Antagonisten. Der Tonus jener Muskeln, welche Hohlorgane umschließen (Abdominalmuskulatur, Mehrzahl der glatten Muskeln), erhalten einen bestimmten Innendruck des Hohlorgans gegenüber dehnenden Kräften.

Das Vorhandensein eines Tonus, dessen Existenz und Zustandekommen in der älteren Literatur Gegenstand vielfacher Kontroversen war (Historisches bei HEIDENHAIN[2], ECKHARD[3]), ist seit dem BRONDGEESTschen[4] Versuche (Schlaffheit der hinteren Extremität des dekapitierten Frosches nach Durchschneidung der zugehörigen hinteren Wurzeln) sichergestellt. Aber erst in den letzten Jahrzehnten ist die Abgrenzung der Haltefunktion des Muskels von seiner Verkürzungsfähigkeit schärfer durchgeführt. MOSSO und PELLACANI[5]

---

[1] Dieser Artikel wurde im Mai 1924 abgeschlossen; von der weiterhin bis 1928 erschienenen Literatur konnten nur mehr die wichtigsten Arbeiten nachgetragen werden.

[2] HEIDENHAIN, R.: Müllers Arch. f. Anat., Physiol u. wiss. Med. 1856, 200.

[3] ECKHARD: Handb. d. Physiol von HERRMANN 2 II, 15 (1879).

[4] BRONDGEEST: Arch. f. Anat., Physiol u. wiss. Med. **1860**, 703.

[5] MOSSO u. PELLACANI: Arch. ital. de Biol. **1**, 97, 291 (1882).

zeigten, daß im Innern eines glattmuskeligen Hohlorgans der gleiche Druck herrschen könne, unabhängig davon, ob dasselbe viel oder wenig Flüssigkeit enthalte, daß also der von der Spannung der Muskulatur aufrechterhaltene Innendruck weitgehend unabhängig von der Länge der betreffenden Muskelfaser sei. Diese Eigenschaft des Muskels, weitgehend unabhängig von seiner Länge den gleichen Spannungswiderstand zu entwickeln, hat GRÜTZNER[1] durch den Vergleich mit einem Gummifaden anschaulich zu machen versucht, der ein mit einem Sperrhaken versehenes Gewicht längs einer Zahnstange in die Höhe hebt. Wenn der Gummifaden mit der Kontraktion aufhört, vermag er das Gewicht an jeder Stelle abzusetzen und sich selbst dann auszuhaken. So wie nun bei diesem Modell das Gewicht in jeder beliebigen Höhe ohne Beanspruchung der elastischen Kräfte des Gummifadens festgehalten wird, also die gleich große Last bei verschiedener Länge des Fadens getragen werden kann, ebenso meint GRÜTZNER, vermöge die contractile Faserzelle dadurch, daß sie besondere Sperrvorrichtungen besitze, durch die sie sich festzumachen vermöge, in jedem beliebigen Stadium der Verkürzung demselben Zug Widerstand zu leisten. Die Existenz besonderer Sperrmuskeln neben Verkürzungsmuskeln konnte besonders deutlich durch UEXKÜLL[2] demonstriert werden; während manche Muskeln (Tentakeln der Medusen) ausgesprochene Verkürzungsmuskeln sind, stellen nach ihm die Muskeln mancher Ringelwürmer fast ausschließlich Sperrmuskeln dar (s. auch JORDAN[3]). Die Verteilung der Verkürzungs- und der Sperrfunktion auf zwei besondere Muskelindividuen ließ sich vor allem an den Muskeln des Seeigelstachels, sowie an den Schließmuskeln der Muscheln nachweisen. Der Seeigelstachel ist auf seiner Unterlage in einem Gelenk beweglich, das von einer doppelten Muskelschicht umhüllt wird. Die innere Schicht besteht aus den weißlichen, undurchsichtigen Sperrmuskeln, die äußere aus den glashellen Bewegungsmuskeln. Ähnlich zeigt der Schließmuskel der Muscheln eine Trennung in einen glashellen Verkürzungs- und einen milchigtrüben Sperrmuskel.

Bei den Vertebraten ist diese Verteilung der Verkürzungs- und der Haltefunktion auf verschiedene Muskelindividuen in der Regel nicht mehr nachweisbar, wenn wir auch seit RANVIER[4] in den roten Muskeln des Kaninchens gegenüber den schnell zuckenden blassen einen Typus von verhältnismäßig lang andauernder Kontraktionsdauer kennen und der M. tensor tympani als Beispiel eines Sperrmuskels gelten kann.

Daß aber trotz der Vereinigung der Verkürzungs- und der Haltefunktion in demselben Muskelindividuum auch beim Säuger diese beiden Leistungen voneinander geschieden werden müssen, geht aus den Beobachtungen SHERRINGTONS[5] bei Tieren hervor, bei welchen er durch Mittelhirndurchtrennung die sog. *Enthirnungsstarre* erzeugt hatte. SHERRINGTON zeigte an dezerebrierten Katzen, bei welchen er alle Muskeln der hinteren Extremität bis auf den Kniestrecker desinnerviert hatte, daß der Muskel dem gleichen Zug Widerstand zu leisten vermag, gleichgültig, ob das Muskelpräparat aus der maximalen Beugestellung in die Streckstellung gebracht wird oder umgekehrt. Jede neue Lage, in welche der Unterschenkel gelangt, wird fixiert, jede Längenänderung, welche man dem Kniestrecker erteilt, wird von diesem festgehalten, ohne daß dieser seinen Spannungsgrad aufgibt (*plastischer* Tonus von SHERRING-

---

[1] GRÜTZNER: Erg. Physiol. **3** II, 12 (1904).
[2] UEXKÜLL, J. v.: Umwelt und Innenwelt der Tiere. Berlin: Julius Springer 1909 — Z. Biol. **58**, 305 (1912) — Pflügers Arch. **212**, 1 (1926).
[3] JORDAN: Z.. f. allg. Physiol. **7/8** (1907/8) — Zool. Jb. **34**, 36 (1914—1916).
[4] RANVIER: Arch. physiol. norm. et pathol. **1874** — Leçons d'anatomie génér. sur le système musculaire. 1884.
[5] SHERRINGTON: Quart. J. exper. Physiol. **2**, 109 (1909).

TON[1]), so daß also auch hier eine gewisse Unabhängigkeit der Sperrfunktion nachweisbar ist.

Beim *Menschen* hat wohl zuerst RIEGER[2], ausgehend von dem besonderen Widerstand, den er im Beginn einer passiven Dehnung des Quadriceps unabhängig von der Ausgangsstellung des Unterschenkels, also von der Länge des gedehnten Muskels fand, klar ausgesprochen, daß den Muskeln neben der Aufgabe, sich zu verkürzen, auch die der Bremsung, der Verhinderung von Bewegungen zugesprochen werden müsse, daß Halten und Bewegen die beiden wesentlichen Funktionen der Muskulatur ausmachen. Die Richtigkeit dieser Anschauung wurde aber erst besonders eindringlich vor Augen geführt, als man Krankheitsbilder kennenlernte, bei welchen die Störungen vorwiegend in der abnormen muskulären Fixation der Skeletteile in einer Dauerstellung bestehen, und fand, daß die Grundlage dieser Störungen in der Läsion des sog. extrapyramidalen Systems zu suchen sei, daß dieselben also unabhängig von dem die Bewegung innervierenden, kortikospinalen Neuron entstehen (progressive lenticular degeneration von KINNIER WILSON[3]), amyostatischer Symptomenkomplex STRÜMPELLS[4] bei Pseudosklerose, Paralysis agitans, der arteriosklerotischen Muskelstarre FÖRSTERS[5], sowie bei Encephalitis epidemica und CO-Vergiftung.

Messung. — Wir gewinnen ein direktes Maß des Tonus, indem wir die Größe des Spannungs-(Dehnungs-)Widerstandes messen, der einer Verlängerung des Muskels durch Änderung der Lage der Skeletteile bzw. des Innendruckes des betreffenden Hohlorgans entgegengesetzt wird. In der Regel kann man beim Menschen die Dehnbarkeit des Muskels nicht direkt am isolierten Muskel bestimmen, wie es z. B. LANGELAAN[6] in seinen Tierversuchen getan hat. Dann muß man auf indirektem Wege die Wirkung von Eingriffen auf den Muskeltonus studieren, indem man die dadurch bedingte Haltungsänderung der Gliedmaßen bzw. Druckänderung im Lumen des Hohlorgans verfolgt. Für die Registrierung des Skelettmuskeltonus nach diesem Prinzip haben MOSSO[7], RIEGER[8], REIJS[9], WEIZSÄCKER und LEIBOWITZ[10], FILIMONOFF[11] Methoden angegeben, eine Registrierung und Berechnung der Muskelspannung unter Berücksichtigung der wechselnden Angriffswinkel der verschiedenen Kräfte bei fortschreitender Beugung oder Streckung in einem Gelenk gestatten die von SPIEGEL[12] angegebenen Verfahren. Am glatten Muskel läßt sich durch Einbinden eines Manometers in das betreffende Hohlorgan und Messung der Höhe einer Wassersäule, welcher die von der Muskulatur aufrecht erhaltene Spannung das Gleichgewicht zu halten vermag (z. B. BETHE[13] bei Aplysia), an den Sphincteren durch Messung des Flüssigkeitsdrucks, welcher den Verschluß der betreffenden Organöffnung zu sprengen vermag (HEIDENHAIN und COLBERG[14]) am Sphincter vesicae des Kaninchens), der Tonus be-

---

[1] Dieses Phänomen des plastischen Tonus wird reflektorisch bedingt und verschwindet nach Aufhebung der sensiblen Innervation der betreffenden Extremität. Es ist daher scharf von der von LANGELAAN (Brain **38**, 235 (1915)] näher studierten Plastizität (Fähigkeit, eine durch kontinuierlichen Zug entstandene Deformation zu bewahren) des von seinen nervösen Verbindungen getrennten Muskels zu unterscheiden.

[2] RIEGER: Untersuchungen über Muskelzustände. Jena 1906.
[3] KINNIER WILSON: Brain **34**, (1912); **36** (1914).
[4] STRÜMPELL: Dtsch. Z. Nervenheilk. **54**, 207 (1916) — Neur. Zbl. **1920**, 2.
[5] FÖRSTER: Z. Neur. **73**, 1 (1921).
[6] LANGELAAN, J. W.: (Arch. Anat. u.) Physiol. **1901**, 106; **1902**, 243.
[7] MOSSO: Arch. ital de Biol. **25**, 349 (1896).
[8] RIEGER: Untersuchungen über Muskelzustände. Jena 1906.
[9] REIJS, J. H. O.: Pflügers Arch. **191**, 234 (1921).
[10] WEIZSÄCKER, V. v.: Dtsch. med. Wschr. **1923**, Nr 49 — LEIBOWITZ: Dtsch. Z. Nervenheilk. **82**, 314 (1924).
[11] FILIMONOFF, J. :Z. Neur. **96**, 368 (1925).
[12] SPIEGEL, E. A.: Tonus der Skelettmuskulatur. Berlin: Julius Springer 1927. Tonusmessung im Handb. d. biolog. Arbeitsmethoden von ABDERHALDEN, Abt. V — MUSKENS [Brit. med. J. (Sept. 1900)] bestimmt, wie stark sich der Triceps surae verlängern läßt, wenn man die Achillessehne mit einer Pelotte eindrückt.
[13] BETHE, A.: Allgem. Anatomie und Physiologie des Nervensystems. 1903.
[14] HEIDENHAIN u. COLBERG: Arch. Anat. u. Physiol. **1858**, 457.

stimmen. Einen indirekten Aufschluß gewährt das Studium der Härte des Muskels (Methoden der Härtebestimmung von MUSKENS[1], EXNER und TANDLER[2], NOYONS und UEXKÜLL[3], GILDEMEISTER[4], G. MANGOLD[5], SCHADE[6], von diesen Methoden ist die von GILDEMEISTER, welche die Eindringungselastizität mißt, am besten begründet); UEXKÜLL[7] hat darauf hingewiesen, daß zugleich mit Änderungen der Dehnbarkeit auch solche der Eindrückbarkeit des Muskels auftreten. Doch vermag uns die Härtebestimmung nur eine ungefähre Vorstellung vom Tonus des Muskels zu geben; weisen ja Untersuchungen von HOSIOSKY[8], PLAUT[9] darauf hin, daß Härte und Spannungswiderstand unter verschiedenen normalen und pathologischen Bedingungen weitgehend unabhängig voneinander variieren können. Die Methoden zur Prüfung der elastischen Eigenschaften des Muskels sind besonders bei DITTLER[10] und bei STEINHAUSEN[11] kritisch besprochen.

Ursachen. Zwei Gruppen von Faktoren bestimmen den Spannungszustand des Muskels: physikalisch-chemische Eigenschaften der Muskelsubstanz (Substanztonus von P. SCHULTZ[12], Autotonus von NOYONS[13]) und eine Dauerinnervation, welche sich den peripheren, im Muskel gelegenen Faktoren superponiert (vgl. auch BIEDERMANN[14]). Während manche glatte Muskeln von Evertebraten den in einem bestimmten Moment bestehenden Tonus beizubehalten vermögen (BIEDERMANN[15] bei Mollusken), auch wenn sie von ihren nervösen Verbindungen abgetrennt werden, die Sphincteren der Hohlorgane auch beim Säuger noch nach Zerstörung der zugehörigen medullären Zentren dank der einige Zeit nach der Operation einsetzenden Entwicklung einer erhöhten Erregbarkeit der peripheren Ganglienapparate, vielleicht auch der Muskulatur selbst, den anfangs weitgehend herabgesetzten Tonus wiedergewinnen können (GOLTZ und EWALD[16] an Blase und Mastdarm), ist der Tonus des quergestreiften Skelettmuskels des höheren Vertebraten vorwiegend durch die ihn erhaltene Dauerinnervation von seiten des Zentralnervensystems bedingt, so daß man den seiner Innervation beraubten Skelettmuskel direkt als atonischen bezeichnet hat. Diese weitgehende Abhängigkeit des Tonus der Skelettmuskulatur von der Verbindung mit dem nervösen Zentralorgan hat dazu geführt, daß man den Tonusbegriff vom Spannungszustand des Muskels auf die ihn erhaltende Dauerinnervation übertragen hat. Im Interesse einer scharfen Begriffsbestimmung empfiehlt es sich aber, diese den Tonus bedingende Innervation von dem Zustand des Muskels zu unterscheiden und sie mit JORDAN[17] und UEXKÜLL[18] als statische Innervation der die Bewegung innervierenden dynamischen oder kinetischen Innervation (alterative Innervation TSCHERMAKS[19], phasische Innervation der Engländer)

---

[1] MUSKENS: Brit. med. J. Sept. 1900.
[2] EXNER u. TANDLER: Mitt. Grenzgeb. Med. u. Chir. **20**, 458 (1909).
[3] NOYONS u. UEXKÜLL: Z. Biol. **56**, 139 (1911).
[4] GILDEMEISTER. M.: Z. Biol. **63**, 183 (1914).
[5] MANGOLD, E.: Pflügers Arch. **196**, 200 (1922).
[6] SCHADE: Phys. Chemie in der inneren Medizin. 1923. S. 579. — Münch. med. Wschr. **73**, 2241 (1926).
[7] UEXKÜLL: Zbl. Physiol. **22**, 33 (1908).
[8] HOSIOSKY, B.: Z. exper. Med. **39**, 462 (1924).
[9] PLAUT, R.: Pflügers Arch. **202**, 410 (1924.)
[10] DITTLER, R.: Handb. d. biol. Arbeitsmeth. von ABDERHALDEN Abt. V., Teil 5 A. H. 1. 1912.
[11] STEINHAUSEN, W.: Ebenda, Teil 5 A, S. 575, 1928. Bezgl. der Messung der Dehnungselastizität s. bes. BETHE, Pflügers Arch. **205**, 63 (1924). — STEINHAUSEN: Ebenda **212**, 32 (1926). — RICHTER, F.: Pflügers Arch. **218**, 1 (1927).
[12] SCHULTZ, P.: Arch. f. Physiol. **1897**.
[13] NOYONS, Arch. f. Physiol. **1912**.
[14] BIEDERMANN: Pflügers Arch. **102**, 475 (1904).
[15] BIEDERMANN: Sitzgsber. Wien. Akad. **93** III, 56 (1886).
[16] GOLTZ u. EWALD: Pflügers Arch. **63**, 362 (1896).
[17] JORDAN: Z. allgem. Physiol. **7** (1907); **8** (1908).
[18] UEXKÜLL: Umwelt und Innenwelt der Tiere. Berlin: Julius Springer 1909.
[19] TSCHERMAK, A.: Fol. neurobiol. **1**, 30 (1908).

gegenüberzustellen. Der Mechanismus dieser statischen Innervation soll den wesentlichen Inhalt unserer Ausführungen bilden, während bezüglich der peripheren, im Muskel gelegenen Bedingungen des Tonus auf das Kapitel RIESSERs[1] verwiesen sei.

Abgrenzung der statischen von der kinetischen Innervation. Die Abgrenzung der statischen Dauerinnervation von der sie durchbrechenden, die Bewegung innervierenden kinetischen findet ihre Begründung vor allem in der Geringgradigkeit des die erstere begleitenden *Stoffumsatzes*. Zunächst konnte bei Evertebraten das tagelange Bestehenbleiben tonischer Kontraktionszustände ohne Ermüdungserscheinungen (BETHE[2] bei Aplysia), ohne meßbare Erhöhung des respiratorischen Stoffwechsels gefunden werden (PARNAS[3] bei Schließmuskeln von Muscheln, BUDDENBROCK[4] bei Dyxippus; dagegen beobachteten COHNHEIM und UEXKÜLL[5] Erhöhung des Gaswechsels an der Rüsselmuskulatur von Sipunculus); aber auch bei Säugern zeigte das Studium der Tetanusvergiftung das Fehlen von Glykogenverbrauch im starren Muskel (ISHIKAWA[6]); bei Untersuchung des Stoffwechsels während der Enthirnungsstarre wurde ursprünglich eine deutliche Steigerung der Wärmeproduktion (BAYLISS[7]) resp. des Gaswechsels (ROAF[8]) vermißt; mit verfeinerter Methodik konnten aber doch DUSSER DE BARENNE und BURGER[9] bei der Enthirnungsstarre, JANSSEN[10] auch beim lokalen Tetanus eine leichte Vermehrung des Gasstoffwechsels gegenüber dem normalen Ruhezustand feststellen. Auch die beim Menschen vorkommenden Zustände von pathologischer Tonussteigerung sind jedenfalls von einem recht geringgradigen Energieumsatz begleitet, so daß BORNSTEIN[11], GRAFE[12] den Gasstoffwechsel bei Beugecontractur der Extremitäten resp. Spasmen der Beine nach Rückenmarksverletzung, katatonem Stupor nicht erhöht fanden, während E. SCHILL[13] einen erhöhten Sauerstoffverbrauch bei den katatonen Stellungen der Schizophrenen feststellte; HANSEN, HOFFMANN und WEIZSÄCKER[14] haben das Vorhandensein von Aktionsströmen auch bei jenen Zuständen nachweisen können, bei denen GRAFE eine Steigerung des Gesamtstoffwechsels vermißte, so daß auch für diese Zustände ein gewisser Energieumsatz, wenn auch von geringem Umfang anzunehmen ist. Die Möglichkeit, daß eine, wenn auch geringgradige „stoffwechsellose" Sperrung auch beim Menschen vorkommen könne, sucht neuerdings LEHMANN[15] zu beweisen, der den Gesamtstoffwechsel untersuchte, während ein Bein horizontal ausgestreckt gehalten wurde und einem (nach oben oder unten gerichteten) Zug wechselnder Stärken Widerstand leisten mußte. Auch hier begegnen wir der Schwierigkeit, daß eine geringe Anspannung einer einzelnen Muskelgruppe sich im Gesamtstoffwechsel nicht genügend bemerkbar machen muß (vgl. WACHHOLDERS Kritik). Wenn aber auch ein absolutes Fehlen der

---

[1] RIESSER: Handb. der Physiologie 8 I, 192 (1925).
[2] BETHE, A.: Allgem. Anatomie und Physiologie des Nervensystems 1903. Pflügers Arch. 142, 291 (1911).
[3] PARNAS, J.: Pflügers Arch. 134, 464.
[4] BUDDENBROCK, W.: Pflügers Arch. 185, 1 (1920).
[5] COHNHEIM u. UEXKÜLL: Z. physiol. Chem. 76, 314 (1912).
[6] ISHIKAWA, zitiert bei FRÖHLICH u. MEYER: Arch. f. exper. Path. 79, 55 (1915).
[7] BAYLISS: Livre jubil. de Richet. Paris 1912.
[8] ROAF: Quart. J. exper. Physiol. 5, 31 (1922); 6, 393 (1913).
[9] DUSSER DE BARENNE u. BURGER: J. of physiol. 59, 17 (1924).
[10] JANSSEN: Arch. exper. Path. 119, 31 (1926).
[11] BORNSTEIN: Mschr. Psychiatr. 26, 394 (1903) — Pflügers Arch. 174, 352 (1920).
[12] GRAFE: Dtsch. Arch. klin. Med. 139, 155 (1922).
[13] SCHILL, E.: Z. Neur. 70, 202 (1921).
[14] HANSEN, HOFFMANN u. WEIZSÄCKER: Z. Biol. 75, 121 (1922).
[15] LEHMANN: Pflügers Arch. 216, 353 (1927).

Stoffwechselvorgänge, wenigstens für die zentral bedingten Starreformen höherer Vertebraten nicht anzunehmen ist, so geht doch aus dem vorliegenden Material so viel hervor, daß die *Dauerverkürzung* der Skelettmuskulatur auch beim Säuger sich gegenüber der Arbeitsleistung des Muskels *durch die Geringgradigkeit des begleitenden Energieumsatzes auszeichnet*; die bloß durch physikalisch-chemische Veränderungen des Muskels bedingten Formen von Dauerverkürzung, wie sie glatte Evertebratenmuskeln aufzuweisen vermögen, können vielleicht sogar überhaupt ohne Steigerung des Ruheumsatzes bestehen.

Zu einem ähnlichen Resultat gelangen wir, wenn wir die Ergebnisse der zahlreichen *elektromyographischen Untersuchungen* bei verschiedenen Formen der Dauerverkürzung überblicken. Bei Tonusänderungen wurde ein langsames, langwelliges Abweichen der Galvanometersaite von der Nullinie beschrieben (EWALD[1] an dem Schließmuskel der Malermuschel, NOYONS[2] am Herzen, DE BOER[3] am Skelettmuskel bei Veratrinvergiftung, J. DE MEYER[4], F. H. LEWY[5]) u. a. beim Menschen, ohne daß aber der besonders für die Beobachtungen am Menschen erhobene Einwand mit Sicherheit widerlegt wäre, daß Elektrodenverschiebungen, resp. Widerstandsänderungen infolge der Bewegung für diese Saitenablenkung verantwortlich seien[6]. Dagegen zeigten H. MEYER und FRÖHLICH[7], daß dem tagelang andauernden Verkürzungszustand des Schließmuskels von Cardium tuberculatum nachweisbare Aktionsströme fehlen. Sie beschrieben weiter auch beim Säuger eine Reihe von Zuständen von Dauerverkürzung, bei welchen die Stromlosigkeit resp. die Geringgradigkeit der registrierten Stromschwankungen daran denken ließ, daß sie durch eine von der kinetischen qualitativ verschiedene Innervation zustande kommen. Hierzu gehören die Tetanusstarre, die kataleptischen Zustände der Hypnose, verschiedener Psychosen und der Bulbokapninvergiftung, schließlich der auch von KAHN[8] untersuchte Klammerreflex des brünstigen Frosches. Für pathologische Zustände haben ferner BORNSTEIN und SÄNGER[9] (spastische Contractur bei amyotrophischer Lateralsklerose), GREGOR und SCHILDER[10] (Parkinsonstarre), HÖBER[11] (spastische Lähmungen), weiter WEIGELDT[12] (bei WILSONscher Krankheit, hemiplegischer Contractur) Fehlen von Aktionsströmen beschrieben. Mit dem Ausbau der Methodik wird aber die Zahl der zentral bedingten Starrezustände, die mit scheinbarer Stromlosigkeit einhergehen, immer mehr eingeengt. So wurden für die hypnotische Katalepsie, bei der übrigens schon FRÖHLICH und MEYER[13] eine geringe Saitenunruhe feststellten, durch REHN[14], WEIGELDT[15], bei der Bulbokapninkatalepsie durch DE JONG[16], beim Parkinsonrigor durch REHN[17], bei der Katatonie durch

---

[1] EWALD: Arch. f. Physiol. **1910**.   [2] NOYONS: Arch. f. Physiol. **1912**.
[3] DE BOER: Z. Biol. **65**, 239 (1915).
[4] MEYER, J. DE: Arch. internat. Physiol. **16**, 64 (1921).
[5] LEWY, F. H.: Tonus und Bewegung. Berlin: Julius Springer 1923.
[6] Die bei *Acetylcholincontractur* beobachtete Saitenablenkung [RIESSER u. STEINHAUSEN: Pflügers Arch. **197**, 288 (1922)] wurde weiterhin von STEINHAUSEN als Verletzungsstrom gedeutet [Biochem. Z. **156**, 201 (1925) — s. auch SCHÄFFER u. LICHT: Klin. Wschr. **5**, 25 (1926)]
[7] MEYER, H. u. FRÖHLICH: Zbl. Physiol. **1912**, 269 — Arch. exper. Path. **79**, 55 (1915); **87**, 173 (1920).
[8] KAHN: Pflügers Arch. **177**, 294 (1919).
[9] BORNSTEIN u. SÄNGER: Dtsch. Z. Nervenheilk. **52**, 1 (1914).
[10] GREGOR u. SCHILDER: Z. Neur. **14**, 359 (1913).
[11] HÖBER: Pflügers Arch. **177**, 305 (1920).
[12] WEIGELDT: Verh. Ges. dtsch. Nervenärzte. Braunschweig 1921.
[13] FRÖHLICH u. MEYER: Arch. f. exper. Path. **87**, 173 (1920).
[14] REHN: Klin. Wschr. **1**, 309 (1922).
[15] WEIGELDT, Neur.-Kongreß. Braunschweig 1921.
[16] DE JONG: Klin. Wschr. **1922**, 684.
[17] REHN: Dtsch. med. Wschr. **47**, 1324 (1921).

Höber[1], beim Klammerreflex durch Wachholder[2] oszillatorische Muskelströme nachgewiesen. Hansen, Hoffmann und Weiszäcker[3] geben sogar an, bei keinem der von ihnen untersuchten Zustände von Dauerverkürzung Aktionsströme vermißt zu haben. Eine strenge Scheidung zwischen stromloser Dauerverkürzung einerseits und der von Stromschwankungen begleiteten kinetischen Kontraktion andererseits kann daher höchstens für die muskulär bedingten Zustände von Sperrung aufrechterhalten werden, bei welchen die Sperrung auch nach Abtrennung des Muskels von seinen nervösen Verbindungen bestehen bleibt (Schließmuskel der Muscheln). Beim Menschen sollen nach den Untersuchungen von Dittler und Freudenberg[4] die bei der sog. Atmungstetanie auftretenden Carpalspasmen ein Beispiel für eine muskulär bedingte, stromlose Contractur darstellen; denn nach Unterbrechung der Nervenverbindungen der betreffenden Muskulatur durch endoneurale Novocaininjektion sahen die Autoren die Tonusentwicklung bei der Atmungstetanie in verstärktem Maße, ohne daß die sonst bei dieser Contracturform ableitbaren Aktionsströme nachweisbar waren. Der Schluß, den die Autoren aus diesem Befunde ziehen, daß nämlich die Nachweisbarkeit oszillatorischer Aktionsströme nicht mehr als beweisend für die tetanische Natur des Skelettmuskeltonus anerkannt werden könne, scheint mir allerdings zu weitgehend. Man kann bei Richtigkeit der Angaben der Autoren (vgl. dagegen Flick u. Hansen[5]) höchstens behaupten, daß es auch beim Menschen peripher (muskulär) bedingte Formen von Dauerverkürzung gibt, die anscheinend ohne Aktionsstrom verlaufen, und daß sich diesen Zuständen von stromloser Dauercontractur tetanische Erregungen superponieren können. Über die Natur der vom Zentralnervensystem abhängigen Tonusformen ist aber durch diesen Versuch nichts ausgesagt.

Die zentralinnervierten, tonischen Verkürzungszustände, die wir beim höheren Vertebraten beobachten, zeigen dagegen in der Geringgradigkeit der sie begleitenden Aktionsströme fließende Übergänge zwischen dem Elektromyogramm willkürlich innervierter Muskeln auf der einen und ruhender Muskeln auf der anderen Seite, die ja auch wie einzelne Fälle zeigen (Dittler[6] am Zwerchfell, P. Hoffmann[7] an den Augenmuskeln), Aktionsströme abzugeben vermögen (s. auch Wachholder[8]). In dieser Hinsicht ist die Angabe von Schäffer und Weil[9] lehrreich, daß sie bei schwach entwickelter Contractur ebenso wie von der ruhenden Muskulatur noch keine Aktionsströme abzuleiten vermochten, während bei stärkerer Contractur die beteiligten Muskeln deutliche oszillatorische Ströme aufwiesen. Das Wesen des Elektromyogramms *der durch eine zentrale Innervation bedingten Zustände von Dauerverkürzung* ist demnach *nicht in dem Fehlen von Aktionsströmen, sondern in deren Geringgradigkeit* zu erblicken, wie dies beispielsweise durch das Studium der Enthirnungsstarre (Buytendyk[10], Einthoven[11], Dusser de Barenne[12]) oder der Karpopedalspasmen der Tetanie (Spiegel[13]) deutlich wird.

---

[1] Höber: Pflügers Arch. **177**, 305 (1920).
[2] Wachholder: Pflügers Arch. **200** (1923); **204** (1924); — Lullies [Pflügers Arch. **201** (1923)] vermißte Ströme am ruhig sitzenden Tier, fand sie aber auch bei der geringsten Muskeldehnung, ähnlich R. Wagner [Z. Biol. **82** (1924) — Pflügers Arch. **205**, 21 (1924)].
[3] Hansen, Hoffmann u. Weizsäcker: Z. Biol. **75**, 121 (1922).
[4] Dittler u. Freudenberg: Pflügers Arch. **201**, 182 (1923).
[5] Flick u. Hansen: Dtsch. Z. Nervenheilk. **84** (1925).
[6] Dittler: Pflügers Arch. **130**, 400 (1909).
[7] Hoffmann, P.: Arch. f. Physiol. **1913**, 23.
[8] Wachholder: Zitiert auf S. 717.
[9] Schäffer u. Weil: Mitt. Grenzgeb. Med. u. Chir. **34**, 393 (1921).
[10] Buytendyk: Z. Biol. **59**, 36 (1913).
[11] Einthoven: Arch. néerl. Physiol. **2**, 489 (1918).
[12] Dusser de Barenne: Klin. Wschr. **1923**.
[13] Spiegel: Physiologie u. Pathologie des Skelettmuskeltonus. Berlin: Julius Springer 1923.

Weisen somit schon die Aktionsströme darauf hin, daß kein prinzipieller Gegensatz zwischen statischer und kinetischer Innervation besteht, so steht damit auch die Analyse der ursprünglich als Typus der stromlosen Dauercontractur betrachteten *Tetanusstarre* im Einklang. Sowohl eine Veränderung des physikalisch-chemischen Verhaltens der Muskulatur, wie auch eine erhöhte Dehnbarkeit der Antagonisten resp. eine zentral bedingte Hemmung der Erschlaffung konnte als Ursache der Starre ausgeschlossen werden (SPIEGEL[1]). Auch die durch das Tetanustoxin bewirkte Aufhebung der Erschlaffung des Antagonisten bei Kontraktion des Agonisten (SHERRINGTON) kann nicht die Ursache der Starre sein, da sie auch durch Strychninvergiftung erzielt werden kann, ohne daß diese einen der Tetanusstarre analogen Zustand zu erzeugen vermag. Es mußte daher eine Dauererregung der Vorderhornzellen als Ursache der Starre angenommen werden (SPIEGEL[1]), die nach den Untersuchungen von LILJESTRAND und MAGNUS[2] durch kontinuierliche, aus den Muskeln selbst stammende Erregungen aufrechterhalten wird. Wir sehen also, daß vorderhand kein Beweis dafür erbracht werden konnte, daß der Innervationsvorgang, der zur Dauerverkürzung des Muskels führt, prinzipiell von dem die Bewegung auslösenden Vorgang verschieden sei, und müssen auch die statische Innervation mit HOFFMANN[3], EINTHOVEN[4] als eine schwache tetanische Dauererregung betrachten. Wir können *statische und kinetische Innervation nur als dem Grade nach verschieden* ansehen, möchten aber doch die beiden Mechanismen auseinanderhalten, da sie sich, wie weiter unten zu zeigen sein wird, besonders bei den höheren Vertebraten in verschiedenen Zentren, bis zu einem gewissen Grade unabhängig voneinander abspielen.

Mechanismus der statischen Innervation. A. Bei Evertebraten. Damit entsteht die Frage nach dem Mechanismus und den Gesetzen der statischen Innervation. In ihrer einfachsten Form wurde sie insbesondere von UEXKÜLL[5] bei Evertebraten studiert. Während der Sperranteil der Schließmuskeln der *Muscheln* unabhängig von der Belastung immer die gleiche Spannung entwickelt („*maximale Sperrung*"), vermag der Haltemuskel des *Seeigelstachels* seinen Spannungszustand der wechselnden Belastung anzupassen („*gleitende Sperrung*"). Das Wesen dieser Regulation besteht darin, daß, sobald die Bewegung des Stachels durch irgendeinen äußeren Widerstand gehemmt wird, die Erregung den Sperrmuskeln zufließt, deren Spannung allmählich solange zunimmt, bis sie dem äußeren Widerstand das Gleichgewicht halten. Nun erst vermag die Erregung in die entlasteten Bewegungsmuskeln einzudringen, deren Verkürzung dann kein Widerstand mehr im Wege steht. Die Erregung fließt also nur solange dem Sperrapparat zu, als die Verkürzungsapparate belastet sind; sobald die zunehmende Spannung der Sperrapparate die Bewegungsapparate entlastet hat, hört jeder weitere Erregungszufluß zu den ersteren auf. Umgekehrt wird bei Abnahme der Belastung die Spannung der Sperrmuskeln herabgesetzt und die Erregung fließt nun den Bewegungsmuskeln zu.

Der Seeigelstachel gibt aber nicht nur ein leicht zu übersehendes Modell dafür, wie die übergeordneten nervösen Apparate die statische Erregung der Muskulatur regulieren, er zeigt auch die Bedeutung der statischen Innervation für eine einbrechende dynamische Erregung. Denn bringt man die Muskeln eines Seeigelstachels durch Auflegen einer Last einseitig zur Erschlaffung und reizt man in größerer Entfernung die Haut, so sieht man, daß sich allein die vom

---

[1] SPIEGEL: Zitiert auf S. 711.
[2] LILJESTRAND u. MAGNUS: Pflügers Arch. **176**, 168 (1919).
[3] HOFFMANN, P.: Z. Biol. **69**, 517 (1919).
[4] EINTHOVEN: Zitiert auf S. 717.
[5] UEXKÜLL, J.: Z. Biol. **39**, 73 (1900); **58**, 305 (1912). Dieses Bd. S. 741.

Reiz weit abliegenden, erschlafften (gedehnten) Muskeln verkürzen, daß die *Erregung also nur den gedehnten Muskeln zufließt*, während sie an allen anderen ohne Wirkung vorübergeht, ein Gesetz, dessen Wirken sich noch beim Säuger nachweisen läßt (MAGNUS[1]), das nach den Untersuchungen von MATULA[2] allerdings dahin eingeschränkt werden muß, daß die Erregung den gedehnten Muskeln nur dann zufließt, wenn für dieselben die Möglichkeit, sich zu verkürzen, besteht.

Schon bei den Seeigeln hat sich gezeigt, daß das Nervensystem den Tonus der Muskulatur sowohl im Sinne einer Steigerung als auch einer Herabsetzung zu regulieren vermag. Die Rolle, welche den einzelnen Anteilen des Nervensystems bei dieser Regulation zukommt, läßt sich besonders deutlich bei den *Schnecken* überblicken. Hier finden wir ein peripheres, den Tonus aufrechterhaltendes resp. Tonussteigerungen vermittelndes Nervennetz und übergeordnete zentrale Ganglien; diese Zentren zeigen schon eine Unterteilung in einen die Bewegungen beherrschenden Apparat, das über dem Schlund liegende Cerebralganglion, und einen den Tonus der Muskulatur hemmenden Mechanismus, das unter dem Schlund liegende Pedalganglion. Während eine Schnecke (Aplysia) nach Exstirpation des Cerebralganglions sich in rastloser Bewegung befindet (JORDAN[3]), verfällt nach Ausschaltung des Pedalganglions die gesamte Muskulatur des Tieres in einen Zustand dauernder Verkürzung und Sperrung (JORDAN[3], BETHE[4] bei Aplysia, BIEDERMANN[5] bei Landschnecken).

Wir sehen also, daß durch nervöse Einflüsse nicht nur ein bestimmter Spannungszustand aufrechterhalten wird, sondern auch von übergeordneten nervösen Apparaten der Tonus des Muskels gehemmt werden kann. Die *hemmende Wirkung* der Nervenerregung konnte BIEDERMANN[6] besonders deutlich an der *Krebsschere* demonstrieren und zwar im Anschluß an die Beobachtung von RICHET[7], daß sich bei Reizung des Scherennerven mit einem schwachen Strom die Schere öffnet, bei Reizung mit einem starken Strom dagegen schließt. Erhält man nämlich nur den Adductor der Schere, dessen Kontraktion die Schließung derselben verursacht, so läßt sich noch immer durch schwache Reizung eine Öffnung der Schere auslösen. Es kommt also in diesem Falle durch Erregung des Nerven zu einer Verlängerung des Adductor, also einem nervös bedingten Nachlassen seines Spannungszustandes, einer nervösen Hemmung seines Tonus, die wahrscheinlich durch eigene, im Scherennerven enthaltene Fasern ausgelöst wird. Im Sinne einer doppelten Innervation der Scherenmuskeln sprechen auch die histologischen Untersuchungen von MANGOLD[8]. (s. auch P. HOFFMANN[8].)

B. Bei Vertebraten. Reflektorischer Ursprung der statischen Innervation.
Haben wir schon bei den Evertebraten eine den Tonus regulierende Wirkung nervöser Zentren kennengelernt, so gewinnt bei den Wirbeltieren, wie in Deutschland J. MÜLLER[9] zuerst betont hat, das Zentralnervensystem überragende Bedeutung, so daß man den von seinen nervösen Verbindungen getrennten Muskel direkt als atonischen bezeichnen kann (LANGELAAN[10]). Seitdem es

---

[1] MAGNUS: Pflügers Arch. **130**, 219, 253 (1909).
[2] MATULA: Pflügers Arch. **138**, 388 (1911).
[3] JORDAN: Z. Biol. **41**, 196 (1901) — Pflügers Arch. **106** (1905) — Arch. néerl. Physiol. **7**, 314 (1922).
[4] BETHE: Allgem. Anatomie und Physiologie des Nervensystems. Leipzig 1903.
[5] BIEDERMANN: Pflügers Arch. **102** (1904); **107** (1905); **111** (1906).
[6] BIEDERMANN: Sitzgsber. Wien. Akad. **97** III, 49 (1888) — Elektrophysiologie. Jena 1895 — Erg. Physiol. **2**, 2 (1903).
[7] RICHET, C.: Physiol. des muscles et des nerfs. Paris 1882.
[8] MANGOLD: Z. allgem. Physiol. **5**, 135 (1905). P. HOFFMANN: Z. Biol. **63**, 411.
[9] MÜLLER, J.: Handbuch der Physiologie d. Menschen. Koblenz 1840.
[10] LANGELAAN, J. W.: Brain **38**, 235 (1915).

BRONDGEEST[1] gelang, in den Flexoren des Hinterbeins beim Frosch jenes Objekt zu finden, bei welchem sich der Einfluß der Hinterwurzeldurchschneidung, also reflektorischer Impulse, auf die Dauerspannung des Muskels einwandfrei nachweisen ließ, ist die in der älteren Literatur vielfach vertretene Meinung, daß der Tonus durch eine automatische Tätigkeit des Nervensystems bedingt sei, als endgültig widerlegt und die zuerst von MARSHAL HALL[2] klar erkannte reflektorische Entstehung des Tonus als gesichert zu betrachten. Damit soll aber nicht geleugnet werden, daß die Erregbarkeit des Rückenmarks, dessen Reflextätigkeit den Tonus aufrechterhält, automatischen Schwankungen unterworfen sein kann. LUCIANI[3] verwertet in dieser Richtung Versuche von FANO, die ergaben, daß die Reflexreaktionen der Schildkröte bei Reizung in gleichen Intervallen und gleicher Intensität in ihrem Umfange periodische Schwankungen zeigen und daß diesen Schwankungen des Umfangs der Reaktionen gleichsinnige Schwankungen der Reaktionszeit entsprechen.

Die *Quelle* der den Tonus aufrechterhaltenden reflektorischen Erregungen ist, wie schon MOMMSEN[4] gezeigt hat, in der Hauptsache[5] nicht in der Körperdecke, sondern nach SHERRINGTON[6] in der Muskulatur selbst resp. den Sehnen zu suchen (*propriozeptive* Erregungen). An enthirnten Tieren studierten neuerdings LIDDELL und SHERRINGTON[7] die von ihnen als *myotatische Reflexe* genannten Mechanismen (Dehnung der Strecker erzeugt reflektorisch eine Gegenspannung derselben, Beugerdehnung führt vor allem durch Streckerhemmung zum Überwiegen des Beugertonus). Schon Dehnung des ruhenden Muskels um 1% seiner Länge vermochte in diesen Versuchen eine reflektorische Spannungszunahme von 2000 g auszulösen. Bei Entlastung des Muskels kann es nach HANSEN und P. HOFFMANN[8] zu *Entspannungs*reflexen unter Verminderung der Muskelströme kommen. Die statische Dauererregung, welche den Tonus aufrechterhält, hat also eigentlich denselben Ursprungsort wie die Erregungen, die zur Auslösung der sog. Sehnenreflexe (besser Eigenreflexe nach P. HOFFMANN[9]) führen, nämlich in den Muskeln selbst. Der *Tonus* kann darum *durch Ausschaltung der im Muskel* entspringenden *propriozeptiven Erregungen* durch Novocaininfiltration unter normalen und pathologischen Bedingungen fast zur Gänze aufgehoben oder jedenfalls weitgehend *herabgesetzt* werden (E. MEYER und WEILER[10], FRÖHLICH und H. MEYER[11], LILJESTRAND und MAGNUS[12]).

Was die *Folgen der* durch Ausschaltung der propriozeptiven Erregungen erzeugten *Atonie* anlangt, so ist zu betonen, daß für das Zustandekommen der ataktischen Störungen, die zuerst PANIZZA[13] auf den Ausfall der mit den Hinterwurzeln ins Rückenmark tretenden Impulse bezogen hat und die weiter von

---

[1] BRONDGEEST: Arch. f. Anat., Physiol. u. wiss. Med. **1860**, 703.
[2] MARSHAL HALL: Krankheiten des Nervensystems. Übers. v. F. J. Behrend. Leipzig 1842.
[3] LUCIANI: Physiologie des Menschen. Dtsch. Übers. **3**. Jena 1907.
[4] MOMMSEN: Virchows Arch. **101**, 22 (1885).
[5] Für den Frosch wenigstens lassen neuere Versuche von OZORIO DE ALMEIDA u. PIÉRON [C. R. Soc. Biol. **90, 91** (1924) — Pflügers Arch. **207**, 691 (1925)] sowie von WERTHEIMER [Pflügers Arch. **205**, 634 (1924)] eine Mitbeteiligung *exterozeptiver Erregungen* an der statischen Innervation vermuten.
[6] SHERRINGTON: Integrative Action of the nervous system. 1906.
[7] LIDDELL u. SHERRINGTON: Proc. roy. Soc. Lond. (B) **96**, 212 (1924); **97**, 267 (1925).
[8] HANSEN u. HOFFMANN: Z. Biol. **75**, 273 (1922).
[9] HOFFMANN, P.: Über die Eigenreflexe menschlicher Muskeln. Berlin 1922.
[10] MEYER, E. u. WEILER: Münch. med. Wschr. **1916**, 1525.
[11] FRÖHLICH u. H. MEYER: Münch. med. Wschr. **1917**, 289.
[12] LILJESTRAND u. MAGNUS: Pflügers Arch. **176**, 168 (1919).
[13] PANIZZA, B.: Ricerche speriment. sopra i nervi. Pavia 1834.

H. E. Hering[1] und Bickel[2], Hartmann und Trendelenburg[3] näher studiert wurden, die durch die Deafferentiation bedingte Hypotonie nur zum geringen Teil verantwortlich zu machen ist. Wissen wir ja aus der Klinik der tabischen Hinterstrangsdegeneration, daß Atonie ohne Ataxie vorkommen kann; auch zeigt das Tierexperiment, daß sowohl bei Tonusherabsetzung durch Novocaininfiltration der Muskulatur (Liljestrand und Magnus[4]), als auch nach Durchtrennung des supraspinalen Anteils des propriozeptiven Reflexbogens (siehe weiter unten Spiegel[5]) Atonie ohne Ataxie auftreten kann.

Die propriozeptive Dauerinnervation, welche den Tonus aufrecht erhält, kann durch reflektorische Erregungen durchbrochen werden, welche den Tonus einzelner Muskeln herabzusetzen vermögen. Sherrington[6] konnte zeigen, daß die durch Reizung eines afferenten Nerven bewirkte Beugung einer Gliedmaße mit einer Kontraktion der entsprechenden Beuger und einer Erschlaffung der Strecker einhergeht; umgekehrt läßt sich an der Extremität der Gegenseite beobachten, daß es zu einer Kontraktion der Strecker gleichzeitig mit einer Erschlaffung der Beuger kommt. Daß diese *reziproke Hemmung der Antagonisten* auch am Menschen nachweisbar ist, geht aus Untersuchungen von Bethe[7] an nach Sauerbruch operierten Patienten hervor.

Die von den Muskeln eines Körperteiles ausgehenden propriozeptiven Erregungen stellen zwar die wesentliche, aber nicht die ausschließliche Quelle der statischen Innervation dieses Körperabschnittes dar. Schon Merzbacher[8] zeigte, daß beim Hunde beiderseitige Abtragung der entsprechenden hinteren Wurzeln den Tonus der Schwanzmuskulatur nicht vermindert; aus den Untersuchungen von Trendelenburg[9] ergab sich, daß asensible Flügel von Tauben noch einen gewissen Tonus aufweisen, und schließlich wissen wir, daß bei decerebrierten Katzen auch an den deafferentierten Gliedmaßen noch leichte Grade der Enthirnungsstarre beobachtet werden können (Magnus und de Kleijn[10], Graham Brown[11], Dusser de Barenne[12]).

Es kommen also noch andere als die in der betreffenden Muskulatur selbst entspringenden Erregungen als Quelle der statischen Innervation in Betracht. Der Tonus eines Muskels hängt nicht nur von seinen eigenen propriozeptiven Erregungen ab, sondern wird auch durch Impulse beeinflußt, welche in anderen Teilen des Körpers entstehen. So kennen wir tonische Reflexe, welche von den Muskeln einer *Extremität* entstehen, *auf* die Muskeln einer *anderen Extremität* wirken, wie nicht nur Tierversuche (Sherrington[13], Keller[14]), sondern auch Erfahrungen bei Hemiplegikern (Walshe[15]) zeigen. So kann man beispielsweise bei Hemiplegikern beobachten, daß die Extensorstarre des Beines durch Beugung des Vorderarmes verstärkt werden kann.

Weiter sind die propriozeptiven Impulse aus der *Halsmuskulatur* zu erwähnen; wissen wir ja aus den Untersuchungen von Magnus und de

---

[1] Hering, H. E.: Arch. f. exper. Path. **38**, 266 (1897).
[2] Bickel: Pflügers Arch. **67**, 299 (1897) — Mechanismus der nerv. Bewegungsregul. Stuttgart 1903.
[3] Hartmann u. Trendelenburg: Z. exper. Med. **50**, 280 (1926).
[4] Liljestrand und Magnus: Zit. S. 718.
[5] Spiegel: Jb. Psychiatr. **43**, 165 (1924).
[6] Sherrington: Integrative Action of the nervous system. London 1906.
[7] Bethe: Münch. med. Wschr. **1916**, Nr. 45.
[8] Merzbacher: Pflügers Arch. **88**, 453 (1902); **92**, 585 (1902).
[9] Trendelenburg: Arch. f. Physiol. **1906**, 1.
[10] Magnus u. de Kleijn: Pflügers Arch. **145**, 455 (1921).
[11] Graham Brown: Proc. roy. Soc. B, **87**, 147 (1913) — J. of Physiol. **49**, 185 (1915).
[12] Dusser de Barenne: Skand. Arch. f. Physiol. 12 **43**, 107. 1923.
[13] Sherrington: J. of Physiol. **40**, 28 (1910).
[14] Keller, C. J.: Z. Biol. **88**, 157 (1928).
[15] Walshe: Brain **46**, 1 (1923).

KLEIJN[1] an decerebrierten Tieren, daß Änderung der Lage des Kopfes zum Rumpf den Tonus der Extremitäten beeinflußt, beispielsweise Dorsalflexion des Kopfes den Strecktonus in den Vorderbeinen vermehrt, in den Hinterbeinen vermindert, während Ventralbeugung des Kopfes umgekehrt wirkt; Drehen des Kopfes nach rechts (um eine sagittal verlaufende Achse) vermindert den Strecktonus der rechten Extremitäten, vermehrt den der linken Extremitäten, während Wenden des Kopfes nach rechts gegensinnig wirkt. Das Zentrum dieser über die obersten cervicalen Hinterwurzeln vermittelten Halsreflexe liegt nach MAGNUS in den beiden obersten Halssegmenten; die zu den spinalen Extremitätenzentren absteigende Bahn ist nach Versuchen von SPIEGEL und MAC PHERSON[2] in den Seitenstrang zu verlegen. Ähnliche Reaktionen lassen sich nach den Untersuchungen von SIMONS[3] und WALSHE[4] bei Hemiplegikern auch am Menschen nachweisen.

Eine weitere Quelle statischer Erregungen stellen die *Eingeweide* dar. Dies zeigt sich schon aus der Tonuserhöhung der segmental zugehörigen Muskulatur (Bauchmuskeln) bei krankhaften Prozessen in den inneren Organen. Einen reflektorischen Einfluß von Splanchnicuserregungen auf den Extremitätentonus haben beim Frosch LANGELAAN[5], bei der Katze SPIEGEL und WORMS[6] nachgewiesen.

Vor allem aber besitzen wir im *Labyrinth* ein die Tonusregulation sowohl der Extremitäten als auch des Kopfes, der Augenmuskeln und des Rumpfes beherrschendes Rezeptionsorgan, so daß EWALD[7], ausgehend von den Vorstellungen von GOLTZ[8], die Lehre von einem Tonuslabyrinth aufstellen konnte. Die eingehendste Analyse der Wirkung der Labyrinthreflexe auf den Muskeltonus verdanken wir den Untersuchungen von MAGNUS und DE KLEIJN. Mit BREUER[9] unterscheiden sie Reflexe auf Bewegung (Bogengangsreflexe) und Reflexe der Lage (Otolithenreflexe). Die uns hier interessierenden Lagereflexe werden dadurch ausgelöst, daß die Labyrinthe bzw. die Otolithen eine bestimmte Lage zur Horizontalebene einnehmen. Sie werden durch Abschleudern der Otolithenmembranen von den Maculae aufgehoben und äußern sich in: 1. tonischen Reflexen auf die Körpermuskulatur (Haltungsreflexen), welche ihr Maximum in Rückenlage des Kopfes haben und in dieser Lage bei decerebrierten Tieren zur Streckung aller vier Extremitäten und Anspannung der Kopfheber führen; 2. Stellreflexen, welche es dem Tiere ermöglichen, die normale Stellung von abnormen Lagen aus wiederzugewinnen und sich darin zu erhalten, und 3. kompensatorischen Augenstellungen (Raddrehungen, Vertikalabweichungen). Während labyrinthlose Kaninchen und Meerschweinchen auch längere Zeit nach der Operation den Kopf nicht in die Normalstellung zu bringen vermögen, sind bei Katzen, Hunden und insbesondere Affen optische Stellreflexe vorhanden, welche den Ausfall der Labyrinthstellreflexe zu kompensieren vermögen. Die Hypotonie, die nach einseitiger Labyrinthexstirpation an den homolateralen Streckern bei Kaninchen durch mehrere Wochen nach der Operation beobachtet werden kann, ist nur indirekte Folge der Labyrinthausschaltung, wird durch die nach der Labyrinthexstirpation auftretende Halsdrehung, welche den tonischen Hals-

---

[1] MAGNUS u. DE KLEIJN: Experimentelle Physiologie des Vestibularapparates im Handbuch der Neurologie des Ohres von ALEXANDER-MARBURG **1**, 465 (1923).
[2] SPIEGEL u. MCPHERSON: Arb. neur. Inst. Wien **27**, 189 (1925).
[3] SIMONS: Z. Neur. **80**, 499 (1923).
[4] WALSHE: Zitiert auf S. 721.
[5] LANGELAAN: Verh. Akad. Wetensch. Amsterd., Wis- en natuurk. Afd. Sect. **24** (1925).
[6] SPIEGEL u. WORMS: Pflügers Arch. **216**, 432 (1927).
[7] EWALD: Untersuchungen über das Endorgan des N. octavus. Wiesbaden 1892. Neuere Literatur: Pflügers Arch. **193**, 123 (1921).
[8] GOLTZ: Pflügers Arch. **3**, 172 (1870).
[9] BREUER, Med. Jahrbücher 1874, u. 1875 Pflügers Arch. **48**, 195. 1891.

reflex auf die Gliedmaßen (siehe oben) bedingt, ausgelöst. Der in der ersten Zeit nach der Operation auftretende, vorübergehende Tonusverlust der Muskulatur auf der Seite der Operation bedarf jedoch noch der näheren Analyse; er läßt sich jedenfalls auch beim Menschen nach einseitiger Labyrinthexstirpation nachweisen (SPIEGEL[1]). Schließlich ist zu erwähnen, daß auch *optische* Erregungen einen gewissen Einfluß auf den Tonus haben; hierfür sprechen nicht nur die erwähnten optischen Stellreflexe, sondern auch die von METZGER[2] nach Verbinden eines Auges bei albinotischen Kaninchen beobachteten Haltungs- und Bewegungsanomalien (Manègebewegungen in der Richtung des offenen Auges).

Die Bedeutung der Zentren für die statische Innervation. (Abb. 129.) Was den zentralen Mechanismus der statischen Innervation anlangt, so beeinflussen die in den Muskeln ihren Ursprung nehmenden propriozeptiven Erregungen zunächst auf dem Wege eines *kurzen, nur über das Rückenmark verlaufenden Reflexbogens* die den Muskel innervierenden Vorderhornzellen. Bei niederen Vertebraten (z. B. Amphibien) stellt dieser medulläre Reflex den wichtigsten Teil der statischen Innervation dar, da noch am dekapitierten Frosch die charakteristische Spannungskurve des tonisch innervierten Muskels erhalten bleibt (LANGELAAN[3]). Mit der weiteren Entwicklung in der Tierreihe tritt aber die Bedeutung des kurzen medullären Reflexbogens für die Erhaltung des Tonus immer mehr gegenüber supraspinal ablaufenden Reflexen zurück. Beim Säuger kommt es nach hoher Rückenmarksdurchschneidung zur Hypotonie der tieferliegenden Körperteile (SHERRINGTON[4], LANGELAAN[3], CROCQ[5]), die sich bei Hunden und Katzen zwar durch Ausbildung eines medullären Tonus einige Wochen nach der Operation noch bis zu einem gewissen Grade zurückzubilden vermag (PHILIPPSON[6], SHERRINGTON[4]), während beim Affen (SHERRINGTON[4], CROCQ[5])

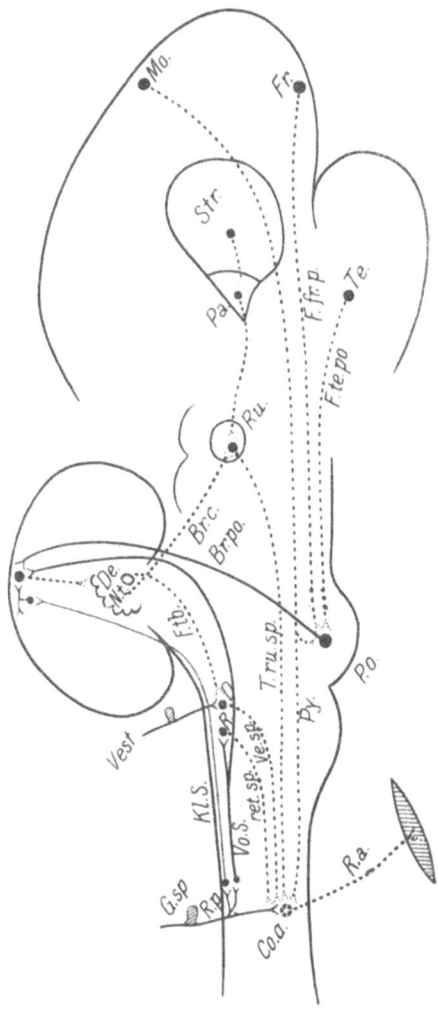

Abb. 129.
Br. c. = Bindearm, *Br. po.* = Brückenarm, *Co. a.* = Cornu anterius, *D* = DEITERSscher Kern, *De.* = Nucl. dentatus, *Fr.* = Frontalhirn, *F. fr. p.* = frontopont. Bahn, *F. tb.* = Fascic. tectobulbaris, *F. te. po.* = temporopontine Bahn, *G. sp.* = Gangl. spinale, *Kl. S.* = Kleinhirnseitenstrang, *Mo.* = Motor. Region, *N. t.* = Nucl. tecti, *Pa.* = Pallidum, *Py.* = Pyramidenbahn, *Po.* = Pons, *R.* = Subst. reticularis, *R. a.* = Radix ant., *R. p.* = Rad. post, *Ru.* = Nucl. ruber, *ret. sp.* = reticulospinale Bahn, *Str.* = Striatum, *Te.* = Temporallappen, *T. ru. sp.* = rubrospinale Bahn, *Vest.* = N. vestibularis, *Vo. S.* = Vorderseitenstrang. *ve. sp.* = vestibulospinale Bahn. Efferente Bahnen gestrichelt.
(Aus SPIEGEL: Tonus der Skelettmuskulatur.)

---

[1] SPIEGEL: Tonus der Skelettmuskulatur. II. Aufl. Berlin: Julius Springer 1927.
[2] METZGER: Vortrag. Biologenabend d. Univ. Frankfurt, Feber 1925.
[3] LANGELAAN: Brain **38**, 235 (1915).   [4] SHERRINGTON: Brain **38**, 191 (1915).
[5] CROCQ: J. de Neur. **6**, 301 (1901).
[6] PHILIPPSON: L'anat. et la centralis. dans le syst. nerv. Brüssel 1905.

und beim Menschen der Tonusverlust noch viel hochgradiger resp. anhaltender ist, wenn auch noch nach Querschnittsverletzungen des Rückenmarks Tonusreste feststellbar sein können (G. HOLMES[1], RIDDOCH[2], LHERMITTE[3]).

Hier tritt demnach die Bedeutung der *supramedullär* verlaufenden, propriozeptiven *Reflexe* in den Vordergrund. Was den Weg des *afferenten Schenkels* dieser Reflexe im Rückenmark anlangt, so zeigt sich, daß einseitige Hinterstrangdurchschneidung im Brustmark bei Hunden und Katzen zu einem nur wenige Tage dauernden Tonusverlust auf der gleichseitigen hinteren Extremität führt, während bei Durchschneidung des Tractus spino-cerebellaris dorsalis Tonusstörungen entweder ganz vermißt wurden (MARBURG[4]) oder nur einige Tage nach der Operation beobachtet werden konnten (BING[5], SPIEGEL[6]). Durchschneidung des Vorderseitenstrangs einer Seite führt dagegen (bei intakter Pyramidenbahn) bei Hunden und Katzen zu einer mehrere Wochen andauernden Hypotonie der homolateralen hinteren Extremität (SPIEGEL[6]), so daß wir hier die aufsteigende Bahn der propriozeptiven tonusregulierenden Impulse suchen müssen. Damit steht auch in Einklang, daß SHERRINGTON[7] mittels Durchschneidung dieses Systems die Entstehung der Enthirnungsstarre verhindern konnte.

Über die *supramedullären Zentren,* auf welche die propriozeptiven Erregungen einwirken, hat das Studium der Tonusänderungen nach *Decerebration* einigen Aufschluß gebracht. SHERRINGTON[7] hat in der nach Mittelhirndurchschneidung auftretenden Rigidität einen Zustand kennengelehrt, bei welchem es zu abnormer Tonussteigerung besonders jener Muskeln kommt, die vor allem gegen die Wirkung der Schwerkraft als Haltemuskeln zu wirken haben, das sind die Streckmuskeln der Glieder und des Rückens, sowie die Heber von Kopf und Schwanz und die Schließer der Unterkiefers[8]. Auf seine Extremitäten gestellt, steht ein solches Tier in einem übertriebenen Streckstand und fällt auf einen Stoß um, ohne sich wieder aufrichten zu können. Die Beugemuskeln besitzen bei diesen Tieren aber auch noch einen gewissen Tonus (WACHHOLDER[9]). Die starren Muskeln zeigen in diesem Zustand die Fähigkeit, eine passiv oder reflektorisch erteilte Verlängerung oder Verkürzung beizubehalten. Diese Verkürzungs- und Verlängerungsreaktion, welche das Wesen des sog. plastischen Tonus ausmachen, sind bedingt durch propriozeptive, in der betreffenden Extremität selbst entspringende Reflexe, da sie nach Hinterwurzeldurchschneidung in der entsprechenden Extremität ausbleiben. Sie scheinen nur eine abnorme Steigerung des schon beim normalen Menschen und Tier zu beobachtenden Anfangswiderstandes darzustellen, der sich Änderungen der Ruhelänge des Muskels entgegensetzt (RIEGERS[10] Bremsung). Hierfür spricht der Parallelismus, den wir im Verhalten der Reaktionen des plastischen Tonus einerseits, der RIEGERschen Bremsung andererseits bei verschiedenen experimentellen Läsionen resp. pathologischen Veränderungen finden (SPIEGEL[11]), Aufhebung durch Hinterwurzeldurchschneidung bzw. tabische

---

[1] HOLMES, G.: Brit. med. J. **1915**, 769 — Brain **40**, 461 (1917).
[2] RIDDOCH, G.: Brain **40**, 264 (1917).
[3] LHERMITTE: La section totale de la moelle dorsale. Paris, Maloine 1919.
[4] MARBURG, O.: Arch. f. Physiol. **1904**, 457.   [5] BING: Arch. f. Physiol. **1906**, 250.
[6] SPIEGEL: Jb. Psychiatr. **43**, 165 (1924).
[7] SHERRINGTON: J. of Physiol. **22**, 319 (1898); **38**, 375 (1909) — Quart. J. exper. Physiol. **2**, 109 (1909).
[8] Beim Faultier machten C. P. RICHTER und L. H. BARTEMEIER die interessante Beobachtung, daß Decerebration zu Beugestarre der Extremitäten und des Rumpfes führt [Brain **49**, 207 (1926)], entsprechend der normalen Ruhehaltung dieses Tieres. Bei der Haltung, die ein decerebriertes Tier einnimmt, spielt also dessen Normalhaltung eine große Rolle.
[9] WACHHOLDER: Pflügers Arch. **221**, 66 (1928).
[10] RIEGER: Untersuchungen über Muskelzustände. Jena 1906.
[11] SPIEGEL: Physiologie und Pathologie des Skelettmuskeltonus. Berlin: Julius Springer 1923.

Hinterwurzeldegeneration, supramedulläres Zustandekommen, Steigerung bei der Enthirnungsstarre bzw. extrapyramidalen Erkrankungen).

Bei Reizung eines Punktes des Mittelhirnquerschnittes, der dem Nucleus ruber zu entsprechen schien (vgl. dagegen SPIEGEL und KÖRNYEY weiter unten), erhielt GRAHAM BROWN[1] die Reaktionen des plastischen Tonus; damit schien die Vorstellung eine Stütze zu erhalten, daß die Starre durch Enthemmung des roten Kernes zustande kommt (vgl. KLEIST[2], STERTZ[3]). Diese Vorstellung ist, wenigstens für die Quadrupeden, nicht haltbar. Denn es zeigt sich, daß auch nach beiderseitiger Durchtrennung des Rubrospinaltraktes noch deutliche Enthirnungsstarre eintritt (THIELE[4], ECONOMO und KARPLUS[5], SPIEGEL und NISHIKAWA[6], BAZETT und PENFIELD[7]).

Damit müssen wir die zum Entstehen der Starre nötigen *Zentren* der proprioceptiven Reflexe *caudal vom roten Kern* suchen. Daß weiterhin die supramedullären Reflexe, welche die statische Innervation aufrechterhalten, zum großen Teil wenigstens *extracerebellar* verlaufen, geht daraus hervor, daß Enthirnungsstarre auch an kleinhirnlosen Tieren beobachtet werden kann (THIELE[4], MAGNUS[8], partielle Kleinhirnexstirpation BREMER[9]). Speziell für die vom Labyrinth ausgehenden Reflexe der Lage haben MAGNUS und DE KLEIJN[10] gezeigt, daß sie auch nach Kleinhirnabtragung erhalten bleiben; auch die von den Extremitäten ihren Ursprung nehmenden proprioceptiven Erregungen, welche zur Bremsung führen, bleiben nach eigenen Versuchen nach halbseitiger Kleinhirnentfernung an den homolateralen Extremitäten, wenn auch abgeschwächt, bestehen, so daß auch für die von der Muskulatur der Extremitäten stammenden proprioceptiven Reflexe wahrscheinlich ist, daß sie, zum Teil wenigstens, extracerebellar verlaufen.

Die supramedullären Zentren, an deren Erhaltensein das Bestehen der den Tonus vermittelnden statischen Innervation geknüpft ist, sind demnach caudal vom roten Kern und extracerebellar, also in der Medulla oblongata bzw. der Brücke zu suchen, wo auch in pathologischen Zuständen tonische Krämpfe, z. B. bei parathyriopriver Tetanie (SPIEGEL und NISHIKAWA[11]) zustandekommen. Bei sukzessiver Anlegung von Querschnitten vom Mittelhirn abwärts bleibt nach THIELE[4] die Enthirnungsstarre so lange erhalten, bis der Schnitt in die Ebene des Nucl. Deiters fällt, so daß der genannte Autor (ähnlich auch COBB[12] und Mitarbeiter, BAZETT und PENFIELD[13]) diesem Kern resp. den Vestibulariskernen im allgemeinen eine maßgebende Bedeutung für die Entstehung der Starre zusprachen. Hiervon unabhängig, auf Grund theoretischer Überlegungen, hat SPITZER[14] die Enthirnungsstarre direkt als Labyrinthstarre bezeichnet. Nun kann aber die Enthirnungsstarre noch bei doppelseitig labyrinthektomierten Tieren beobachtet werden (SHERRINGTON); weiterhin zeigten BERNIS und SPIEGEL[15],

---

[1] GRAHAM BROWN: J. of Physiol. **49**, 185 (1915) — Proc. roy. Soc. Lond. B. **87**, 147 (1913).
[2] KLEIST: Arch. f. Psychiatrie **59** (1918).
[3] STERTZ: Der extrapyram. Symptomenkomplex. Berlin: Karger 1921.
[4] THIELE: J. of Physiol. **32**, 358 (1905).
[5] ECONOMO u. KARPLUS: Arch. f. Psychiatr. **46**, 275 (1910).
[6] SPIEGEL u. NISHIKAWA: Arb. neur. Inst. Wien **24**, 221 (1923).
[7] BAZETT u. PENFIELD: Brain **45**, 185 (1922).
[8] MAGNUS: Pflügers Arch. **159**, 224 (1914).
[9] BREMER: Arch. internat. Physiol. **19**, 189 (1922).
[10] MAGNUS u. DE KLEIJN: Handbuch der Neurologie des Ohres, von ALEXANDER-MARBURG, Experimentelle Physiologie des Vestibularapparates **1**, 465 (1923).
[11] SPIEGEL u. NISHIKAWA: Arb. neur. Inst. Wien **24**, 221 (1923).
[12] COBB, S., A. BAILEY u. P. HOLTZ: Amer. J. Physiol. **44**, 239 (1917).
[13] BAZETT u. PENFIELD: Brain **45**, 185 (1922).
[14] SPITZER, A.: Arb. neur. Inst. Wien **25**, 423 (1924).
[15] BERNIS u. SPIEGEL: Arb. neur. Inst. Wien **27**, 197 (1925).

welche bilaterale Läsionen der einzelnen in Betracht kommenden Vestbulariskerne setzten, daß Zerstörung des N. Deiters sowie der descendierenden Vestibulariswurzel bzw. der in diese eingelagerten Zellgruppen zwar zu einer deutlichen Tonusabnahme an den homolateralen Extremitätenstreckern führt, daß aber trotz dieser Läsion kein völliger Tonusverlust eintreten muß, sondern noch ein gewisser Rigor bei decerebrierten Tieren erhalten bleiben kann.

Griff dagegen die Verletzung der Vestibulariskerngegend auf die lateralen Teile der Subst. reticularis über, so war die Tonusabnahme eine fast vollständige. Trotz der wichtigen Rolle, welche den Vestibulariskernen für die Tonusregulation zukommt, können sie also nicht die einzigen rhombencephalen Zentren der statischen Innervation darstellen. Neben ihnen dienen Elemente der S. reticularis der Aufrechterhaltung des Muskeltonus. Erinnern wir uns, daß Durchschneidung des Vorderseitenstranges im Rückenmark (s. oben) zu einer homolateralen Hypotonie führt, und ferner an die Tatsache, daß dieses System nicht nur Fasern zum Cerebellum, sondern auch Kollateralen an großzellige Elemente der Form. reticularis abgibt. Dies führt zu der Anschauung, daß die *Aufrechterhaltung der statischen Innervation außer durch spinale, propriozeptive Reflexbögen und durch labyrinthäre Reflexe durch Zellen der Subst. reticularis* ermöglicht wird, die afferente Impulse aus der Muskulatur durch den Vorderseitenstrang empfangen und ihrerseits wieder Reticulospinalbahnen zu den Vorderhornzellen entsenden (Abb. 1).

Die normale Funktion der genannten, in der Oblongata und Pons gelegenen Zentren bedarf aber der Regulation durch übergeordnete Mechanismen. Denn der Zustand von Starre, den wir nach Mittelhirndurchtrennung beobachten, stellt eine Verzerrung der normalen Tonusverteilung dar, indem vor allem die Streckmuskulatur von der Rigidität befallen ist. Man kann allerdings bei decerebrierten Tieren, die längere Zeit am Leben erhalten werden, wie BAZETT und PENFIELD[1] zeigten, auch Zustände von Hypertonie in den Beugern beobachten, wobei aber wieder die Tonusverteilung zwischen Beugern und Streckern nach einer Richtung hin verändert ist. Diese einseitige Tonusverschiebung — sei es zugunsten der Strecker oder zugunsten der Beuger — bleibt aus (MAGNUS) resp. ist nur wenig ausgesprochen, wenn die Decerebration durch einen Querschnitt vor dem Mittelhirn erfolgt. Im *Mesencephalon* sind demnach die Zentren zu suchen, welche die *normale Tonusverteilung* garantieren. Die Versuche der MAGNUSschen Schule (RADEMAKER[2]) weisen darauf hin, daß dem *roten Kern* diesbezüglich eine maßgebende Rolle zukommt, indem möglichst isolierte beiderseitige Verletzung dieses Ganglions resp. Durchtrennung der beiden Tractus rubrospinales an der Stelle, wo sie in der FORELschen Kreuzung die Mittellinie überschreiten, beim Thalamustier zur Enthirnungsstarre führt. Aber auch bei Intaktheit des übrigen Gehirns war nach Durchtrennung der rubrospinalen Bahnen der Streckertonus erhöht, wenn auch RADEMAKER zugibt, daß die Starre nach Spaltung der FORELschen Kreuzung bei Katzen mit intaktem Großhirn weniger kräftig schien als bei Thalamus- oder Mittelhirntieren. Durch die Zerstörung der roten Kerne resp. ihrer spinopetalen Bahnen wurden gleichzeitig die Labyrinthstellreflexe (s. oben) vernichtet, so daß RADEMAKER[2] den roten Kern für die normale Tonusverteilung und die Erhaltung der Labyrinthstellreflexe in Anspruch nimmt. Man müßte sich demnach vorstellen, daß durch den Rubrospinaltrakt normalerweise auf die statische Innervation des Rückenmarks eine hemmende Wirkung ausgeübt wird, welche den

---

[1] BAZETT u. PENFIELD: Brain **45**, 185 (1922).
[2] RADEMAKER, G.: Klin. Wschr. **1923**, Nr 9, Die Bedeutung der roten Kerne usw. Berlin: Julius Springer 1926.

proprioceptiven Reflexen, die im Zustand der decerebrate rigidity die Starre der Strecker aufrechterhalten, entgegenwirkt[1].

Es ist nun nicht zu übersehen, daß der Rubrospinaltrakt ebenso wie der ihm zur Ursprungsstätte dienende großzellige Anteil des roten Kerns in der aufsteigenden Säugetierreihe immer mehr an Mächtigkeit abnimmt, daß beim Menschen der größte Teil des Nucleus ruber von der Pars parvicellularis gebildet wird, deren Faserung nicht gegen das Rückenmark, sondern cerebralwärts geleitet wird (HATSCHEK[2], MONAKOW[3]). Damit entsteht die Frage, ob der Nucleus ruber, insbesondere beim Menschen, allein für die normale Tonusverteilung verantwortlich gemacht werden kann. Gewiß sind einzelne Fälle bekannt geworden, in denen es bei Zerstörung des menschlichen Mesencephalon zu einem der tierischen Enthirnungsstarre sehr ähnlichem Bild kam (Zusammenstellung bei RADEMAKER, s. auch WALSHE[4], SCHALTENBRAND[5]). Die Erfahrungen der menschlichen Pathologie, insbesondere über die in den letzten Jahren von KINNIER WILSON[6], STRÜMPELL[7], C. und O. VOGT[8], F. H. LEWY[9], FOERSTER[10], JACOB[11], HALL[12], STERTZ[13], LOTMAR[14] u. a. studierten Erkrankungen des sog. *extrapyramidalen Systems* weisen aber vor allem darauf hin, daß Starrezustände, die in manchen Zügen, z. B. der Flexibilitas cerea, bis zu einem gewissen Grade an die beim Tier beobachtete, nach Durchtrennung der rubrospinalen Fasern auftretende decerebrate rigidity erinnern, beim Menschen schon nach Zerstörung höherer Zentren vorkommen können.

Zum Verständnis der nachfolgenden Ausführungen sei bezüglich der Anatomie des extrapyramidalen Systems nur so viel bemerkt, daß es im sog. Striatum (= Nucleus caudatus + Putamen) sein oberstes Zentrum hat. (Ausführliche Darstellung im Artikel von SPATZ in Bd. X dies. Handb.) Die gesamte, aus dem Striatum entspringende Faserung endet im Globus pallidus (Pallidum vgl. Abb. 1). Von hier aus entwickeln sich Fasern zum Nucleus ruber, zur Substantia nigra, zum Corpus Luysii, Nucleus Darkschewitsch usw. Die zentrifugalen Verbindungen der letztgenannten Zentren mit dem Rückenmark sind mit Ausnahme des Tractus rubrospinalis noch recht schlecht bekannt[15].

Aus der übergroßen klinischen Literatur dieses Gegenstandes können für die Lokalisationsfrage natürlich nur jene Fälle herangezogen werden, welche bei

---

[1] Die in der Hauptsache im Mittelhirn lokalisierten, die normale Körperstellung bedingenden Stellreflexe können nicht nur durch willkürliche Innervationen, sondern auch durch Reflexreize unterdrückt werden; so zeigten eigene Versuche mit GOLDBLOOM [Pflügers Arch. **207**, H. 4 (1925)], daß man noch an Mittelhirntieren eine „*Hypnosekatalepsie*" erzeugen kann. Daß beim Menschen die Stellreflexe auch noch trotz schwerer Läsion bzw. Entwicklungsstörung des Vorderhirns und Sehhügels zustande kommen können, zeigt die von GAMPER studierte Mißbildung [Z. Neur. **104**, 49 (1926)].

[2] HATSCHEK: Arb. neur. Inst. Wien **15**, 89 (1907).

[3] MONAKOW: Arb. a. d. hirnanatomischen Inst. Zürich 1910.

[4] WALSHE, F.: Arch. of Neurol. und Psych. **10**, 1 (1923).

[5] SCHALTENBRAND, G.: Dtsch. Z. Nervenheilk. **100**, 165 (1927).

[6] KINNIER WILSON: Brain **34** (1912).

[7] STRÜMPELL: Dtsch. Z. Nervenheilk. **54**, 207 (1916) — Neur. Zbl. **1920**, H. 1.

[8] VOGT, C. und O.: J. Psychol. u. Neur. **25** (1920).

[9] LEWY, F. H.: Tonus und Bewegung. Berlin: Julius Springer 1923.

[10] FOERSTER: Allg. Z. Psychiatr. **1909**, 902 — Z. Neur. **73**, 1 (1921).

[11] JACOB: Extrapyr. Erkr. Springer Berlin 1923.

[12] HALL: La dégénér. hépato-lenticulaire. Paris 1921.

[13] STERTZ: Der extrapyramidale Symptomenkomplex. Berlin: Karger 1921.

[14] LOTMAR, F.: Die Stammganglien und die extrapyramidal motorischen Syndrome. Berlin: Julius Springer 1926.

[15] Zusammenfassende Darstellung im Bericht von POLLAK-JAKOB-BOSTRÖM: Über den amyostatischen Symptomenkomplex auf d. XI. Jvers. d. Ges. dtsch. Nervenärzte. Braunschweig 1921. — S. auch SPIEGEL: Arb. neur. Inst. Wien **22**, H. 3 (1919) — F. H. LEWY: Tonus und Bewegung. Berlin: Julius Springer 1923.

Untersuchung in lückenloser Serie eine umschriebene Affektion eines einzelnen Ganglion oder eines einzelnen Faserbündels aufweisen. Erkrankungen, wie die *Paralysis agitans*, die, wie erst neuerdings aus den eingehenden Studien von F. H. LEWY[1] hervorgeht, die verschiedensten Zentren und Bahnen (Striatum, Pallidum, Nucleus substant. innomin., Tuber cinereum, Corpus Luysii, frontopontine und temporopontine Bahnen usw.) betreffen, scheiden darum für die Beantwortung der Frage, welche subcorticale Ganglien betroffen sein müssen, damit es beim Menschen zur Hypertonie kommt, von vorneherein aus, wenn auch die vorwiegende Beteiligung von Striatum und Pallidum für einen Zusammenhang dieser Zentren mit der Parkinsonstarre angeführt werden kann. Ähnliches gilt nicht nur für die Fälle von Muskelsteifigkeit nach *Encephalitis epidemica*, sondern auch für die *Pseudoklerose* und einen großen Teil der Fälle von WILSONscher *Krankheit*, zumal, seitdem besonders SPIELMEYER[2] gezeigt hat, daß auch die letztere Erkrankung nicht mehr als strenge Systemerkrankung aufgefaßt werden kann, auch hier die Degeneration nicht immer auf den Linsenkern beschränkt ist. Immerhin zeigte der von ECONOMO[3] beschriebene sowie der von C. und O. VOGT[4] bearbeitete THOMALLAsche[5] Fall von WILSONscher Erkrankung, bei welchem intra vitam die Rigidität das hervorstechendste Merkmal war, die Veränderungen im wesentlichen auf das striopallidäre System beschränkt, so daß eine Beziehung dieses Systems zur Tonusregulation beim Menschen jedenfalls anzunehmen ist.

Dagegen läßt sich noch kaum etwas Sicheres darüber aussagen, welche Rolle hierbei die einzelnen Teile dieses Systems spielen; wurden ja sowohl bei reinen Striatumläsionen (vgl. C. und O. VOGT[4], LOEWY[6]) als auch bei isolierter Pallidumerkrankung (Fälle von *Kohlenoxydvergiftung*, WOHLWILL[7], RICHTER[8], GRINKER[9]) Rigorzustände beobachtet. Die Auffassung, daß das Pallidum auf die Tätigkeit tiefergelegener Ganglien, vor allem auf den N. ruber resp. auf cerebellare Reflexe hemmend wirke, der Rigor bei Pallidumerkrankung Folge einer Enthemmung dieser Ganglien sei (vgl. C. und O. VOGT[10], KLEIST[11], FOERSTER[12]), muß als durchaus hypothetisch bezeichnet werden, wenn man sich vor Augen hält, daß nach den RADEMAKERschen Untersuchungen gerade dem N. ruber ein tonushemmender Einfluß zuzuschreiben ist. Solange wir aber über die Eigenfunktion des Pallidum nicht hinreichend orientiert sind, muß auch die Frage offen bleiben, ob dem Striatum eine bloß inhibitorische Wirkung auf das Pallidum zukommt, wie FOERSTER[12] meint, oder ob dem Pallidum vom Striatum entsprechend den VOGTschen Vorstellungen sowohl hemmende als auch fördernde Impulse zufließen. Man ist sogar noch weiter gegangen und hat die hypertonischen Symptome bei Striatumerkrankungen auf Affektion der großen Striatumzellen (vgl. HUNT[13], LEWY[14], JACOB[15], LOTMAR[16]) bezogen, während die Erkrankung der kleinen Striatumzellen Ursache choreatischer Bewegungen sein soll, die eher von Hypotonie begleitet sind. Hier wird noch manche Untersuchung nötig sein, bevor wir von gesicherten Ergebnissen sprechen können. Jedenfalls ist die eine Tatsache festzuhalten, daß *doppelseitiger Pallidumausfall* beim Menschen zum *Rigor* der Skelettmuskulatur zu führen vermag.

---

[1] Siehe Note 9 auf S. 727.
[2] SPIELMEYER: Z. Neur. **57**, 312 (1920).   [3] ECONOMO: Z. Neur. **43**, 173 (1918).
[4] VOGT, C. u. O.: J. Psychol. u. Neur. **25** (1920).   [5] THOMALLA: Z. Neur. **41** (1918).
[6] LOEWY, M.: Dtsch. med. Z. **1903**, 789, 797.   [7] WOHLWILL: Zbl. Neur. **25**, 346 (1921).
[8] RICHTER: Arch. f. Psychiatr. **67**, 226 (1923).
[9] GRINKER: Z. Neur. **98**, 433 (1925).   [10] VOGT, C. u. O.: Zitiert auf S. 727.
[11] KLEIST, K.: Arch. f. Psychiatr. **59**, 790 (1918) — Dtsch. med. Wschr. **1925**.
[12] FOERSTER, O.: Z. Neur. **73**, 1 (1921).   [13] HUNT: J. nerv. Dis. **44**, 60 — Brain **40**, 41.
[14] LEWY: Zitiert auf S. 727.   [15] JACOB: Zitiert auf S. 727.   [16] LOTMAR: Zitiert auf S. 727.

Gegenüber den Erfahrungen der menschlichen Pathologie zeigt der Tierversuch, wie die obenerwähnten Experimente RADEMAKERS dartun, daß Durchtrennung des Hirnstammes vor dem roten Kern, also Unterbrechung der diesem Ganglion von den Vorderhirnkernen zuströmenden Faserung noch nicht zur Enthirnungsstarre führt, daß dieselbe vielmehr erst nach Unterbrechung des Rubrospinaltraktes eintritt, wenn ich auch nach eigenen Versuchen betonen muß, daß eine nicht unbeträchtliche Tonuserhöhung der Strecker auch schon nach Hirnstammdurchtrennung vor dem N. ruber auftreten kann. Auch WILSON[1] vermißte in seinen äußerst exakten Versuchen, in welchen er beim Affen umschriebene Verletzungen des Linsenkerns erzeugte, die nach den Erfahrungen der menschlichen Pathologie zu erwartende Tonussteigerung. Nur F. H. LEWY[2] gibt an, daß ihm durch Striatumverletzung bei Halbaffen die Erzeugung von Starrezuständen gelungen sei, die bis zu einem gewissen Grade an das Bild des Parkinsonismus erinnerten; er läßt es aber ungeklärt, wieso er im Gegensatz zu WILSON zu einem positiven Resultat gelangte; man könnte denken, dies komme daher, daß er doppelseitige Zerstörungen setzte, während WILSON nur einseitige Läsionen erzeugte. Doch fanden EDWARDS und BAGG[3] auch bei doppelseitiger Läsion des N. caudatus und lentiformis höchstens in den ersten 3 bis 5 Tagen nach dem Eingriff Hypertonie, Tremor und lokomotorische Ungeschicklichkeit. Angesichts der Tatsache, daß LEWY, wie aus der Schilderung der von ihm verwendeten Operationstechnik hervorgeht, keine auf das Striatum streng umschriebene Läsionen setzte, könnten daher seine Versuche für die Frage, inwieweit Ausschaltung des Pallidums, inwiefern Zerstörung tiefergelegener Zentren im Tierversuch Tonussteigerung hervorrufe, erst dann als beweiskräftig angesehen werden, wenn genaue mikroskopische Befunde der Ausdehnung der von ihm gesetzten Läsion vorliegen.

Daß dem Striatum aber auch beim Quadrupeden eine gewisse Bedeutung für die Tonusregulation zukommt, geht daraus hervor, daß Ausschaltung dieses Ganglions (bei Ratten, Katzen) die Entwicklung der *Tetanusstarre* beeinflußt. (Eigene Versuche in Gemeinschaft mit BRUWER.) Zerstört man einseitig das Corpus striatum und injiziert einige Tage später Tetanustoxin in beide hinteren Extremitäten, so kommt es an diesen an Stelle der gewöhnlichen Extensorenstarre zu einer Flexionsstellung besonders auf der der Operation homolateralen Seite, mit deutlichem Überwiegen der Beugerrigidität über die der Strecker. Abtragung der Ursprungsstätten der den Streifenhügel durchsetzenden resp. begrenzenden Kapselfaserung, weitgehende Verletzungen der benachbarten Markfasern, des Balkens, der angrenzenden Teile des Thalamus vermochten diesen Effekt nicht hervorzubringen.

Während die von den Vorderhirnganglien ausgehenden Impulse für das Zustandekommen der charakteristischen Haltung und Tonusverteilung der Tetanusstarre von Bedeutung sind, zeigte sich in weiteren Versuchen, daß Strychnininjektion trotz einseitiger Striatumexstirpation beiderseits einen typischen Streckerspasmus erzeugt. Einseitige Striatumverletzung läßt also die rasch zur Entwicklung gelangenden, aus deutlich sich manifestierenden Einzelzuckungen zusammengesetzten Strychninkrämpfe unbeeinflußt, vermag dagegen die allmählich sich ausbildende Haltungsänderung, die zum Bild der Tetanusstarre führt, durch Änderung der Tonusverteilung zwischen Streckern und Beugern zugunsten der letzteren zu ändern. Nachdem der Starrezustand bei dieser Vergiftung nur ein

---

[1] WILSON: Brain **36**, (1913/14).
[2] LEWY, F. H.: Tonus und Bewegung. Berlin: Julius Springer 1923.
[3] EDWARDS, D. u. H. BAGG: Proc. Soc. exper. Biol. a. Med. **19**, 382 (1922) — Amer. J. Physiol. **65**, 162 (1923).

ins Extreme verzerrtes Bild normalerweise präformierter Innervationen (der Streckerprävalenz) darstellt, ist daran zu denken, daß auch beim normalen Tier das *Striatum* für die Regulation der *Tonusverteilung* zwischen Streckern und Beugern, Ergisten und Antagonisten nicht ohne Bedeutung ist.

Es ist damit vielleicht nicht unmöglich, zu einer einheitlichen Auffassung der Bedeutung des Striatums beim Menschen und den tieferstehenden Mammaliern zu gelangen. Sicherlich hat der Einfluß der Vorderhirnganglien auf die Tonusinnervation gegenüber den Quadrupeden und selbst den Affen in der Phylogenese beträchtlich zugenommen; er ist vielleicht auf Grund der erwähnten Versuche in der Richtung zu suchen, daß diese Ganglien auf tieferliegende Reflexapparate (z. B. auf den N. ruber) nicht einfach hemmend, sondern *schaltend wirken*, so daß es beim Menschen infolge der höheren funktionellen Wertigkeit der Vorderhirnganglien dazu kommen kann, daß Ausfall resp. Störung der von ihnen absteigenden Impulse den Erregungsablauf in den tieferen Reflexapparaten in bestimmter Richtung begünstigt; dadurch können bestimmten Muskelgruppen dauernd im sog. Ruhezustande mehr Erregungen zugeleitet werden als ihren Antagonisten und es kann eine Versteifung der Glieder in bestimmten vertrackten Stellungen infolge des Ausbleibens des normalen Wechsels verschiedener Lagen resultieren.

Auch der Gegensatz, der zwischen den Ergebnissen des pathologischen Anatomen und des Experimentators bezüglich der *Substantia nigra* zu herrschen scheint, läßt sich vielleicht überbrücken. Für den Menschen erklärte schon BRISSAUD[1], der bei einem Tuberkel in der Substantia nigra Muskelsteifigkeit auf der Gegenseite fand, dieses Ganglion als ein Zentrum des Muskeltonus. Neuerdings lenken TRÉTIAKOFF[2], SPATZ[3] wieder die Aufmerksamkeit in diese Richtung, nachdem pathologische Erfahrungen, z. B. auch von JAKOB[4], GOLDSTEIN[5] ein besonderes Betroffensein dieser Substanz bei Fällen von postencephalitischem Parkinsonismus zeigten. Im Tierversuch (bei Kaninchen und Katzen) gelang es dagegen RADEMAKER[6] nicht, durch doppelseitige (wenn auch nicht totale) Zerstörung der Substantia nigra Tonussteigerung zu erzeugen. Auch in den älteren Versuchen von ECONOMO und KARPLUS[7] an Affen scheint doppelseitige Verletzung der S. nigra nicht zu auffallenderen Tonusanomalien geführt zu haben. Sichere Schlußfolgerungen lassen sich allerdings vorderhand weder aus den positiven Resultaten der pathologisch-anatomischen Untersuchung noch aus den negativen Ergebnissen des Tierversuches ableiten. Gegenüber den ersteren ist darauf hinzuweisen, daß es sich meist, zumal beim postencephalitischen Parkinsonismus, nicht um alleinige Erkrankung der S. nigra handelte; nur Fälle von isolierter Affektion dieser Zellgruppe könnten aber beweisend sein, zumal da wir wissen, daß bei Vorderhirnläsionen die Zellen der S. nigra sekundär zugrunde gehen können (DRESEL und ROTHMANN[8]). Immerhin ist, zumal im Hinblick auf den auch von LOTMAR herangezogenen Fall von CHARCOT-BECHET (anatomisch untersucht von BLOCQ-MARINESCO[9]), die Möglichkeit nicht abzulehnen, daß die S. nigra beim Menschen an der Tonusregulation mitbeteiligt sei.

---

[1] BRISSAUD: Leçons sur les maladies nerveuses. Paris 1895.
[2] TRÉTIAKOFF: Contribution a l'étude de l'anat., pathol. du locus niger etc. Thèse: Paris **1919**.
[3] SPATZ: Z. Neur. **77**, 369 (1922).
[4] JAKOB: Der amyostatische Symptomenkomplex. Path.-anat. Teil d. Ref. Verh. Ges. dtsch. Nervenärzte, Neurologen-Tag. Braunschweig 1921.
[5] GOLDSTEIN: Z. Neur. **76**, 627.   [6] RADEMAKER: Zitiert auf S. 726.
[7] ECONOMO u. KARPLUS: Arch. f. Psychiatr. **46**, 275 (1910).
[8] DRESEL u. ROTHMANN: Z. Neur. **94**, 783 (1925) — Klin. Wschr. **1924**.
[9] BLOCQ, P. u. G. MARINESCO: C. r. Soc. Biol. 1895. p. 105.

Im Tierexperiment dürfte vielleicht die Analyse von Reizversuchen weiterführen als die Exstirpation, zumal eine totale, isolierte Ausschaltung dieser Zellgruppe auf beiden Seiten großen Schwierigkeiten begegnet. Nun wissen wir schon durch Untersuchungen von GRAHAM BROWN[1], daß Reizung der Haubenregion des Mittelhirns zu einer Drehung des Gesichts auf die Gegenseite, Krümmung des Halses mit der Konkavität nach der Reizseite, Beugung der gleichseitigen Vorder- und der gekreuzten Hinterextremität, Streckung des gekreuzten Vorder- und des gleichseitigen Hinterbeins führt. Nach *eigenen* Versuchen in Gemeinschaft mit KÖRNYEY[2] kommt es außerdem (bei Katzen) zu typischen Haltungsänderungen des Rumpfes, zu einer Torsion desselben um die Längsachse (Deviation beider vorderen Extremitäten nach der Gegenseite, beider Hinterextremitäten nach der Reizseite) und einer Krümmung mit der Konkavität nach derselben Seite. Vor allem aber ist hervorzuheben, daß der Reizeffekt nicht, wie GRAHAM BROWN (in seiner zweiten Arbeit) meinte, auf den N. ruber bezogen werden kann; denn die beschriebene Reizwirkung blieb auch nach Durchtrennung der die Mittellinie überschreitenden Fasern der Rubrospinalbahn bestehen. Zerstörung der Corp. quadrigemina, Durchtrennung des hinteren Längsbündels caudal von der Reizstelle hob den Reizeffekt ebenfalls nicht auf; derselbe konnte angesichts des negativen Ergebnisses der Reizung der unteren Olive auch nicht auf descendierende, zu diesem Ganglion gerichtete Systeme bezogen werden. Zerstörung der ventral vom Ruber gelegenen Querschnittsanteile, i. e. des Gebietes der S. nigra und des Pes pedunculi, hob dagegen den beschriebenen Effekt der Mittelhirnreizung in der Hauptsache auf, während Abtragung der Pedunculi allein resp. Pyramidendegeneration diesbezüglich ohne Einfluß war. Es mußte daher geschlossen werden, daß die erwähnten Tonusänderungen auf die Region der S. nigra zu beziehen sind, wobei aber vorderhand offen bleiben muß, inwiefern die Zellen dieser Region selbst, inwiefern durchziehende Bahnen aus höheren Hirnteilen hierbei eine Rolle spielen. Bemerkenswert ist jedenfalls, daß die erzielten Haltungsänderungen der Extremitäten (s. oben) jenen entsprechen, welche die Gliedmaßen der Quadrupeden beim Übergang vom Stehen zum Laufen erleiden, manchmal die Haltungsänderung auch tatsächlich in Laufbewegungen übergehen kann. Es ist daher daran zu denken, daß in der Region der S. nigra gelegene Systeme die vom Rautenhirn geleisteten, das ruhige Stehen vermittelnden Innervationen durchbrechen und jene *Haltungsänderungen ausführen*, welche die *Fortbewegung einleiten*, jedenfalls also auch beim Tier diese Region für die Tonusregulation nicht ohne Bedeutung ist. Ihre höhere funktionelle Wertigkeit beim Menschen würde es begreiflich machen, daß bei ihrer Zerstörung der Wegfall von die Statik durchbrechenden kinetischen Reaktionen zu einem Überwiegen statischer Reflexe und damit zu Rigorzuständen führen kann.

Im Sinne einer Wanderung der Funktion nach vorne, nicht nur auf dem Gebiete der Kinese, sondern auch der statischen Innervation, spricht besonders die mit der Entwicklung des Vorderhirns zunehmende Bedeutung der *Großhirnrinde für die Tonusregulation*. Im *Tierversuch* gelingt es zwar, durch *Reizung der motorischen* Region sowohl Tonussteigerung (s. C. und O. VOGTS[3] Versuche an Affen) als auch Hemmungswirkungen, letztere besonders bei Verwendung schwacher Ströme (BUBNOFF und HEIDENHAIN[4]), hervorrufen; aus den Versuchen von HERING und SHERRINGTON[5] geht ferner hervor, daß eine corticale

---
[1] GRAHAM BROWN: Proc. roy. Soc. Lond. (B) **87**, 147 (1913) — J. of Physiol. **49**, 185 (1915).
[2] SPIEGEL u. KÖRNYEY: Arb. neur. Inst. Wien **30** (1927).
[3] VOGT, C. u. O.: J. Psychol. u. Neur. **28**, 1 (1922).
[4] BUBNOFF u. HEIDENHAIN: Pflügers Arch. **26**, 137, 546 (1881).
[5] HERING, H. E. u. C. S. SHERRINGTON: Pflügers Arch. **68**, 222 (1897) **2**, 559 (1899).

Erregung, die im Agonisten eine Kontraktion auslöst, gleichzeitig den Antagonisten dieses Muskels zur Erschlaffung bringt. Dagegen sind die bei Tieren nach *Ausschaltung* der motorischen Region resp. Pyramidendurchschneidung zu beobachtenden Tonusstörungen im Vergleich zu den beim Menschen beobachteten recht geringgradig (Pyramidendurchschneidung: STARLINGER[1] beim Hund; Exstirpation der vorderen Zentralwindung: LEYTON und SHERRINGTON[2] bei anthropoiden Affen). Um auch beim Quadrupeden Tonusänderungen nach Ausschaltung der motorischen Region am ruhenden Tier nachweisen zu können, bewährt sich nach Versuchen von SPIEGEL und SHIBUYA[3] an Katzen die Erzeugung einer „Ruheversteifung" durch Eingipsen beider unteren Extremitäten. Es entwickelt sich nach Eingipsen in Streckstellung an dem der exstirpierten motorischen Region kontralateralen Hinterbein eher eine Streckercontractur als an dem homolateralen; umgekehrt kommt nach Eingipsen in Beugestellung die Beugerrigidität an dem homolateralen Hinterbein stärker zur Ausbildung. Die Tendenz zu tonischer Streckstellung an den der ausgeschalteten motorischen Region kontralateralen Gliedern kann sich auch dann besonders manifestieren, wenn die operierten Tiere zu Bewegungen angeregt werden, so daß in den paretischen Gliedern Mitbewegungen ausgelöst werden, wie schon HITZIG[4] an seinen Hunden aufgefallen ist (vgl. auch LEWANDOWSKY[5], OLMSTEDT und LOGAN[6]).

Viel hochgradiger sind bekanntlich, insbesondere nach *Pyramidenerkrankungen*, die Tonusstörungen beim *Menschen*. Die aus der Klinik der Hemiplegie wohlbekannte Tatsache, daß in der ersten Zeit nach einer Zerstörung des corticospinalen motorischen Neurons eine schlaffe Lähmung zu beobachten ist und sich erst nach einigen Wochen eine Contractur der gelähmten Gliedmaßen entwickelt, wird gewöhnlich damit erklärt, daß es zuerst zu einer Funktionsherabsetzung tieferliegender Reflexapparate (Shock, Diaschisiswirkung oder Wegfall erregbarkeitsfördernder Einflüsse) kommt, die erst allmählich infolge von Erholung resp. der Entwicklung von Isolierungsveränderungen eine Übererregbarkeit erlangen und so zur Contractur führen. So faßt denn auch FOERSTER[7] die hemiplegischen Contracturen als eine abnorme Steigerung eines subcorticalen Fixationsreflexes oder besser eine Steigerung des normalen Widerstandes auf, den jeder Muskel seiner Dehnung entgegenstellt, wozu unsere Befunde einer Erhöhung des Bremsreflexes gut passen würden. Das Wesen der Contractur beruhe darauf, daß bei den Pyramidenbahnerkrankungen eine jede Muskelgruppe dazu neigt, wenn ihre Insertionspunkte durch irgendwelche Faktoren einander genähert werden, in diesem Zustande der Verkürzung weiter zu verharren. Auf diese Weise erklärt er die große Mannigfaltigkeit der bei der Hemiplegie zu beobachtenden Contracturstellungen; in welche Lage auch das betreffende Glied passiv oder durch die wiedererlangte aktive Bewegungsfähigkeit des Patienten für längere Zeit gebracht wird, passen sich die Muskeln der neuen Lage an und verharren in dem ihnen erteilten Zustande. Man sieht, die klinische Analyse führt hier zur Beschreibung einer ähnlichen Veränderung des Muskels, wie wir sie bei der Enthirnungsstarre als plastischen Tonus kennengelernt haben; der Unterschied besteht vor allem in der Zeit, die zur Entwicklung der Fixationsspannung der Muskulatur nötig ist: Bei der Enthirnungsstarre entwickelt der

---

[1] STARLINGER: Jb. Psychiatr. **15**, 1 (1897).
[2] LEYTON u. SHERRINGTON: Quart. J. exper. Physiol. **11**, 135 (1917).
[3] SPIEGEL u. SHIBUYA: Z. exper. Med. **44**, 729 (1925).
[4] HITZIG: Arch. f. Psychiatr. **34**, 35.
[5] LEWANDOWSKY: J. Psychol. u. Neur. **1**, 72 (1902).
[6] OLMSTEDT u. LOGAN: Amer. J. Physiol. **72**, 570 (1925).
[7] FOERSTER, O.: Die Kontrakturen bei Erkrankungen der Pyramidenbahn. Berlin 1906 — Schlaffe und spastische Lähmung. Dies. Handb. **10**.

Muskel unmittelbar, nachdem ihm die neue Lage erteilt wurde, den zur Erhaltung derselben nötigen Spannungswiderstand, der Muskel des Hemiplegischen vermag dagegen erst, wenn die neue Lage des Gliedes längere Zeit anhält, die nötige Fixationsrigidität zu erreichen.

Im Sinne der Entwicklung einer Steigerung der Erregbarkeit subcorticaler Reflexbögen sprechen auch Beobachtungen von SIMONS[1], WALSHE[2], welche zeigten, daß normalerweise unterdrückte tonische Reflexe, z. B. bei Kopfbewegungen, infolge Pyramidenerkrankung sich in den paretischen Gliedern auslösen lassen; diese Reflexe treten hier besonders in Form von Mitbewegungen auf, wenn man den Patienten willkürliche Innervationen der gesunden Seite ausführen läßt; ähnliche Beobachtungen hat MINKOWSKI[3] an Affen nach Exstirpation der motorischen Region erhoben.

Nach all dem ist nicht zu leugnen, daß die motorische Region resp. die Pyramidenbahn schon beim Quadrupeden (Carnivoren) einen gewissen Einfluß auf die Tonusregulation hat und daß die Bedeutung dieses Systems in der Phylogenese, besonders beim Menschen, auch für die statische Innervation zugenommen hat. Ich möchte sie vor allem in der Richtung suchen, daß durch die Innervation von Bewegungen die bestehende statische Innervation durchbrochen resp. tonische Reflexe, die sonst durch bestimmte Stellungen ausgelöst werden, unterdrückt werden. Es ist aber durchaus fraglich, ob der Ausfall der Pyramidenbahn allein genügt, um die hochgradige Übererregbarkeit subcorticaler, tonuserhaltender Reflexbögen resp. die Contracturentstehung beim Menschen nach Kapselverletzungen zu erklären. Hat ja beispielsweise beim Menschen HORSLEY[4] nach Excision der Armregion in einem Falle von Athetose höhergradige Tonusstörungen mit Ausnahme einer Neigung zu Beugecontractur an den Fingern vermißt. Nun ist daran zu erinnern, daß es schon bei Kapselblutungen leicht zu Mitverletzung extrapyramidaler, tonusregulierender Systeme, z. B. frontopontiner (s. unten) oder pallidofugaler Fasern (der sog. Fibr. perforantes aus dem Glob. pallidus), weiter zu einem direkten Übergreifen der Affektion auf den Linsenkern kommen kann; bei pedunculären Herden ist weiter eine Mitbeteiligung temporopontiner (s. unten) resp. der S. nigra entstammender Fasern möglich. Solche Nebenverletzungen werden wohl heranzuziehen sein, um Differenzen in der Stärke der Tonussteigerung bei Affektionen der motorischen Region und der Pyramidenbahn resp. Unterschiede in der Contracturentwicklung bei verschiedenen Kapselherden zu erklären. Hierüber kann natürlich nur eine genaue faseranatomische Untersuchung klinisch exakt untersuchter Fälle Aufschluß geben.

Wir haben eben das *frontopontine* und das *temporopontine* System erwähnt. Durch Reizung verschiedener Punkte der erstgenannten Bahn (vorderer Schenkel der inneren Kapsel, innerer Teil des Pedunculus) konnte WEED[5] den Streckertonus herabsetzen, durch unilaterale Stirnpolabtragung vermochten WARNER und OLMSTEDT[6] eine Streckerstarre der gegenseitigen Extremitäten auszulösen; in Versuchen von SPIEGEL und HOTTA[7] zeigte sich, daß auch mehrere Wochen nach einseitiger Stirnpolverletzung an Katzen und Hunden, die beim Stehen, Laufen resp. bei Prüfung der passiven Beweglichkeit keine Tonusstörungen aufweisen, durch Auslösung einer Narkosestarre[8], weniger deutlich durch Ein-

---

[1] SIMONS: Z. Neur. **80**, 499 (1923).   [2] WALSHE: Brain **46**, 1 (1923).
[3] MINKOWSKI, M.: Schweiz. Arch. Neur. **1**, 389 (1917).
[4] HORSLEY, V.: Brit. med. J. **2**, 125 (1909).   [5] WEED: J. of Physiol. **48**, 205 (1914).
[6] WARNER u. OLMSTED: Brain **46**, 189 (1923).
[7] SPIEGEL u. HOTTA: Pflügers Arch. **212**, 759 (1926).
[8] Streckerstarre besonders der vorderen Extremitäten bei allmählichem Erwachen aus tiefer Narkose in Rückenlage.

gipsen der hinteren Extremitäten, eine Steigerung des Streckertonus an den zur Operation kontralateralen Extremitäten nachgewiesen werden kann. Im akuten (BERNIS und SPIEGEL[1]) sowie chronischen Versuch (SPIEGEL und HOTTA[2]) konnten auch mittels dieser Methodik ähnliche Tonusänderungen nach einseitiger Läsion des caudalen Anteils der dritten und vierten Bogenwindung, also von Arealen beobachtet werden, die den Ursprungsstätten des temporopontinen Systems am menschlichen Gehirn entsprechen. Es scheint demnach, daß nicht nur die *Pyramidenbahn*, sondern *auch die fronto- und temporopontine Bahn einen dämpfenden Einfluß auf den Streckertonus der gegenseitigen Extremitäten* ausüben.

Damit fällt vielleicht auch ein gewisses Licht auf die vielfach umstrittene Bedeutung des *Kleinhirns* für die Tonusregulation. Die Atonie resp. Hypotonie der homolateralen Extremitäten, die LUCIANI[3] zu den Kardinalsymptomen nach halbseitiger Kleinhirnexstirpation gerechnet hat, wird in neuerer Zeit besonders von DUSSER DE BARENNE[4], RADEMAKER[5] (für den Menschen vgl. ANDRÉ-THOMAS[6]) geleugnet. Auch zeigte sich (vgl. oben), daß ein großer Teil der den Tonus aufrechterhaltenden Reflexe (Labyrinthreflexe, Hals- und Körperstellreflexe, Magnetreaktion, Stütz-, Schunkelreaktion) nach den Untersuchungen von MAGNUS und seinen Schülern[7]) auch nach völliger Exstirpation des Kleinhirns einschließlich der Kerne erhalten bleibt, ferner daß die nach Decerebrierung auftretende Starre auch bei kleinhirnlosen Tieren zur Entwicklung kommen kann (THIELE[8], MAGNUS und DE KLEIJN[7], eigene Beobachtungen).

Schließlich hat man wiederholt beobachtet, daß Reizung der Vorderfläche des Cerebellums (laterale Anteile des Lob. anterior) die Enthirnungsstarre zu hemmen vermag (HORSLEY und LÖWENTHAL[9], SHERRINGTON[10], WEED[11], COBB, BAILEY und HOLTZ[12], BREMER[13], MILLER und BANTING[14], BERNIS und SPIEGEL[15]). Es muß allerdings bemerkt werden, daß die von den Autoren beschriebene, durch Kleinhirnreizung hervorgerufene Beugungsbewegung sich nach den Angaben von DUSSER DE BARENNE[16] auch erzielen läßt, wenn die Enthirnungsstarre nicht entwickelt ist, was ich nach unseren Versuchen mit BERNIS bestätigen kann.

Die Entwicklung der Enthirnungsstarre trotz Fehlens des Kleinhirns resp. das Fehlen von Tonusstörungen an kleinhirnlosen Tieren sowie die Hemmbarkeit der Starre durch Reizung bestimmter Kleinhirnabschnitte schließen meines Erachtens nicht aus, daß sich nach halbseitiger Kleinhirnläsion eine leichte Hypotonie auf der homolateralen Seite entwickeln kann (vgl. G. HOLMES[17] für

---

[1] BERNIS u. SPIEGEL: Arb. neur. Inst. Wien **27**, 197 (1925).
[2] Siehe Note 7 auf S. 733.
[3] LUCIANI, L.: Das Kleinhirn. Dtsch. Ausg. Leipzig 1893 — Physiologie des Menschen **3**. Jena 1907.
[4] DUSSER DE BARENNE: Die Funktionen des Kleinhirns. Im Handbuch der Neurologie des Ohres von ALEXANDER-MARBURG **1**. Wien 1923.
[5] RADEMAKER: Verh. Ges. dtsch. Nervenärzte. Düsseldorf 1926.
[6] ANDRÉ-THOMAS: La fonction cérébelleuse. Paris 1911.
[7] MAGNUS: Körperstellung. Berlin: Julius Springer 1924. — MAGNUS u. DE KLEIJN: Vestibularapparat. Im Handbuch der Neurologie des Ohres, von ALEXANDER-MARBURG **1**. — MAGNUS: Verh. Ges. dtsch. Nervenärzte. Düsseldorf 1926.
[8] THIELE, F. H.: J. of Physiol. **32**, 358 (1905).
[9] HORSLEY u. LÖWENTHAL: Proc. roy. Soc. Lond. **61**, 20 (1897).
[10] SHERRINGTON: J. of Physiol. **22**, 319 (1897/98).
[11] WEED: J. of Physiol. **48**, 205 (1914).
[12] COBB u. Mitarb.: Amer. J. Physiol. **44**, 239 (1917).
[13] BREMER, F.: Arch. internat. Physiol. **19**, 189 (1922) — C. r. Soc. Biol. **86**, **90**.
[14] MILLER u. BANTING: Brain **45**, 104 (1922).
[15] BERNIS u. SPIEGEL: Arb. neur. Inst. Wien **27**, 197 (1925).
[16] DUSSER DE BARENNE: S. Anm. 4.
[17] HOLMES, G.: Brit. med. J. **1915**, 769 — Brain **40**, 461 (1917).

den Menschen), und spricht nicht dagegen, daß *ein Teil der propriozeptiven Reflexe über das Kleinhirn* verläuft. (Abschwächung des Bremsreflexes auf der Seite der Hemiexstirpation in eigenen Versuchen.) Denn im Zustande der Decerebrierung befinden sich die caudal von der Schnittfläche gelegenen Mechanismen in einem solchen Zustande der Übererregbarkeit, daß schon ein Teil der propriozeptiven Erregungen genügt, um maximale Starre zu bewirken; wissen wir ja, daß die Starre z. B. auch bei labyrinthlosen Tieren zur Entwicklung kommt, ohne daß man darum die Bedeutung dieses Organs für die Erhaltung der normalen statischen Innervation bestreiten würde. Das Fehlen einer nachweisbaren Atonie mehrere Monate nach totaler Kleinhirnexstirpation beweist wohl, daß extracerebellare Mechanismen zum Zustandekommen einer annähernd normalen Myostatik weitgehend genügen resp. den Ausfall dieses Organs zu kompensieren vermögen, schließt aber ebenfalls nicht aus, daß ein Teil der proprioceptiven Reflexe, z. B. der Bremsungsreflex, einen Nebenweg über das Kleinhirn benützt, worauf die Resultate der Hemiexstirpation hinweisen; leichte Tonusstörungen können aber durch diese Methode infolge der Möglichkeit des Vergleichs beider Körperhälften eher demonstriert werden als durch die Totalexstirpation.

Was die von der Kleinhirnrinde her auslösbare *Hemmungswirkung* auf die Starre anlangt, so wird sie durch die Beziehungen der obenerwähnten tonushemmenden, corticofugalen Systeme (Pyramidenbahn, fronto-, temporopontine Systeme) zu den Brückenkernen, die Impulse zur Kleinhirnrinde weiterleiten, verständlicher. Speziell für die bei Reizung des frontopontinen Systems beobachtete Hemmungswirkung scheint die Bedeutung des Brückenarms erwiesen (WEED[1]). Beim Menschen schreibt SCHAFFER[2] dem im Kleinhirn endigenden Teil der Pyramidenbahn einen tonusvermindernden Einfluß zu. Diese tonushemmenden Impulse verlassen das Kleinhirn nach Versuchen von BERNIS und SPIEGEL[3] nicht bloß auf dem Wege über das Brachium conjunctivum (BREMER, DUSSER DE BARENNE u. a.), sondern auch mittels efferenten Systemen, die sich dem Corp. restiforme anlagern und auf Zellen der Subst. reticularis resp. auf Vestibulariskerne einwirken dürften. Es ist demnach anzunehmen, daß das *Kleinhirn* nicht nur eine *Zwischenstation proprioceptiver, tonusfördernder Reflexe* darstellt, sondern auch in *die vom Großhirn herstammende Hemmungsbahn eingeschaltet ist.* Damit wird die Vielfältigkeit der vom Kleinhirn aus erzielbaren Tonusänderungen erklärlich.

Wir müssen uns demnach vorstellen, daß die statische Dauerinnervation, welche den Tonus des quergestreiften Säugetiermuskels aufrechterhält, durch Erregungen zustande kommt, die in der Hauptsache in der Muskulatur der Gliedmaßen selbst, ferner der Halsmuskulatur sowie im Labyrinth ihren Ursprung nehmen und welche die spinalen Kerne teils direkt auf dem Wege kurzer Reflexe, teils indirekt durch längere, über Oblongata und Pons (Form. reticularis, Vestibulariskerne) verlaufende Reflexbogen beeinflussen; wir haben weiter gesehen, daß die erwähnten Zentren unter dem tonusregulierenden Einfluß übergeordneter, subcorticaler Mechanismen (Kleinhirn, roter Kern, Vorderhirnganglien, vielleicht auch S. nigra) stehen, daß schließlich beim höheren Säuger auch der Cortex in den Mechanismus der statischen Innervation einbezogen ist.

Der Weg der statischen Innervation vom Zentralnervensystem zum Muskel. Wo enden nun diese der Aufrechterhaltung resp. der Regulation des Tonus dienenden Systeme im Rückenmark? Wirken sie alle gemeinsam mit der Pyramidenbahn auf die Vorderhornzellen oder zeigt sich die Unabhängigkeit der statischen Innervation von der kinetischen auch darin, daß der efferente Teil der

---
[1] WEED: J. of Physiol. **48**, 205 (1914).   [2] SCHAFFER: Z. Neur. **27**, 435 (1915).
[3] BERNIS u. SPIEGEL: Zitiert auf S. 744.

supramedullären Haltungsreflexe an einem eigenen Anteil des Rückenmarksgraus endet? Im Sinne der letztgenannten Vorstellung schienen Befunde zu sprechen, die zur Annahme führten, daß der Tonus des quergestreiften Muskels nicht durch den motorischen Nerv, also nicht durch Axone der Vorderhornzellen, sondern durch Fasern des autonomen Nervensystems aufrechterhalten wird.

Schon ältere morphologische Untersuchungen von BREMER[1], PERRONCITO[2], BOTEZAT[3], die marklose, zur motorischen Endplatte ziehende Fäserchen darstellten, wiesen auf eine doppelte Innervation der Skelettmuskulatur hin. Aber erst die Untersuchungen von BOEKE[4], AGDUHR[5] u. a. schienen die zentrifugale Natur und die Unabhängigkeit dieser Fasern von den Axonen der Vorderhornzellen zu erweisen, so daß sie demnach als efferente Fasern des vegetativen Nervensystems zu betrachten wären[6]. Die Erkenntnis von der doppelten Funktion des Muskels, unter Verkürzung Arbeit zu leisten und durch Aufrechterhaltung einer bestimmten Ruhelänge die normale Haltung zu garantieren, legte den Gedanken nahe, daß der Innervation der erstgenannten Funktion die motorische Endplatte des markhaltigen Nerven, der statischen Innervation dagegen die marklosen sympathischen Fäserchen dienen, eine Vorstellung, die schon von MOSSO[7] ausgesprochen wurde und deren Richtigkeit DE BOER[8] durch mehrfache Versuchsreihen zu erweisen suchte. Keine derselben kann als sicherer Beweis für die sympathische Innervation des Skelettmuskeltonus angesprochen werden. Die Atonie, die DE BOER[2] nach Durchschneidung der Rami communicantes an der entsprechenden hinteren Extremität (bei Frosch und Katze) beobachtete, konnte bei Nachuntersuchungen entweder überhaupt nicht mit Sicherheit nachgewiesen werden (COBB[9] bei Katzen, TAKAHASHI[10] bei Meerschweinchen) oder ist höchstens eine vorübergehende (DUSSER DE BARENNE[11], NEGRIN Y LOPEZ und BRÜCKE[12], LANGELAAN[13]). In den Versuchen von YAS KUNO[14] beschleunigte trotz der vorherigen Durchschneidung der Rami communicantes die Abkühlung des Nervus ischiadicus noch die Dehnung, während DE BOER behauptet hatte, daß die Aufhebung der über den Grenzstrang geleiteten Impulse eine ebensolche Verlängerung des Gastrocnemius zur Folge habe wie die Ischiadicusdurchschneidung.

Auch die Auslösbarkeit der Veratrincontractur nach Curarevergiftung kann nicht auf das Erhaltenbleiben der sympathischen Innervation des Muskels zurückgeführt werden, wie DE BOER meint, da nach seinen eigenen Befunden ein veratrinvergifteter Muskel die typische Contractur gibt, wenn man das Nervensystem zentral von der Durchtrennungsstelle der Rami communicantes reizt, wenn also die Erregung nur durch die spinalen Fasern geleitet werden

---

[1] BREMER: Arch. mikrosk. Anat. **21**, (1882); **22** (1883).
[2] PERRONCITO: Arch. ital. de Biol. **36** (1901); **38** (1902).
[3] BOTEZAT: Z. Zool. **84** (1906) — Anat. Anz. **35** (1910).
[4] BOEKE: Internat. Mschr. Anat. u. Physiol. **28**, 377 (1911) — Anat. Anz. **35**, 193 (1910); **44**, 343 (1913).
[5] AGDUHR: Versl. Akad. Wetensch. Amsterd., Wis- en natuurk. Afd. **1919, 1920**.
[6] Auf eine eingehende Diskussion der BOEKEschen Befunde und der darin anzutreffenden Widersprüche kann hier nicht eingegangen werden. Ich verweise diesbezüglich auf meine eingangs zitierte Monographie und auf PH. STÖHR: Mikroskopische Anatomie des vegetativen Nervensystems. Berlin: Julius Springer 1928.
[7] MOSSO: Arch. ital de Biol. **41**, 183 (1904).
[8] DE BOER: Z. Biol. **65**, 239 (1915) — Pflügers Arch. **190**, 41 (1921).
[9] COBB: Amer. J. Physiol. **46**, 478 (1918).
[10] TAKAHASHI: Pflügers Arch. **193**, 322 (1922).
[11] DUSSER DE BARENNE: Pflügers Arch. **166**, 145 (1916) — Versl. Akad. Wetensch. Amsterd., Wis- en natuurk. Afd. **27**, 937 (1919) — Fol. neurobiol. **7**, 651 (1914).
[12] NEGRIN Y LOPEZ u. BRÜCKE: Pflügers Arch. **166**, 55 (1917).
[13] LANGELAAN: Brain **45**, 434 (1922). [14] YAS KUNO: J. of Physiol. **49**, 139 (1915).

Der Weg der statischen Innervation vom Zentralnervensystem zum Muskel. 737

kann. Die Verzögerung im Eintritt der Leichenstarre in der hinteren Extremität jener Seite, auf welcher die Rami communicantes intra vitam durchschnitten worden waren, kann auch nicht mit Sicherheit gerade auf das Ausbleiben efferenter, über die Rami communicantes verlaufender statischer Impulse bezogen werden, wie dies schon JANSMA[1] ausgeführt hat. Was schließlich jene Verzögerung der Erschlaffung anlangt, die man bei Einzelzuckungen beobachten kann (sog. FUNKEsche Nase) und die sich in den DE BOERschen Versuchen nach Durchschneidung der Rami communicantes bei Reizung des Plexus ischiadicus zentral von der durchschnittenen Verbindung mit dem Grenzstrang nicht mehr nachweisen ließ, so stehen den diesbezüglichen Angaben DE BOERS[2] jene von DUSSER DE BARENNE[3] gegenüber. Wenn tatsächlich die FUNKEsche Nase entsprechend der DE BOERschen Vorstellung eine langsame, durch die Erregung autonomer Fasern ausgelöste tonusartige Verkürzung darstellen würde, müßte Reizung dieser Fasern allein eine langsame Verkürzung des Muskels auslösen können, was aber in den Versuchen von COBB[4] und DEICKE[5] nicht gelang (s. auch WASTL[6]).

Auch die Nachprüfung an anderen Objekten war der DE BOERschen Theorie wenig günstig. Nur DUCCESCHI[7] (Stellungsänderung des Kaninchenohrs nach einseitiger Halssympathicusdurchschneidung) sowie KURE[8] und Mitarbeiter (Tonusherabsetzung des Zwerchfells nach Durchschneidung der sympathischen Fasern, die auf dem Wege der Nn. splanchnici über das G. coeliacum zum Zwerchfell ziehen) kamen zu Ergebnissen im Sinne der DE BOERschen Vorstellungen. Der letztgenannte Autor schränkte aber weiter selbst seine ursprüngliche Behauptung dahin ein, daß Splanchnicusdurchschneidung keine völlige Aufhebung des Zwerchfellstonus, sondern nur Tonusabnahme zur Folge habe. Daß Entfernen der vom G. coeliacum zu einer Zwerchfellhälfte ziehenden Fasern in diesen Versuchen von Tonusabnahme gefolgt war, kann nicht wundernehmen, nachdem der Autor selbst schwere atrophische und degenerative Veränderungen der Muskelfasern nach der Operation beobachtete.

Bei Nachprüfung und Weiterführung der DUCCESCHIschen Kaninchenversuche konnten meine Mitarbeiter HOTTA[9] und KIYOHARA[10] keine Anhaltspunkte im Sinne einer sympathischen Tonusinnervation gewinnen. In den Versuchen HOTTAS konnten ausgesprochene Haltungsdifferenzen der Ohrlöffel nach einseitiger Halssympathicusdurchschneidung nicht beobachtet werden; nach Durchtrennung des linken Halssympathicus und rechten Trigeminus stand das rechte Ohr deutlich tiefer; auch erzeugte einseitige V.-Durchschneidung trotz doppelseitiger Halssympathicusdurchtrennung ein deutliches Tieferstehen des betreffenden Ohrlöffels.

An Fröschen, an denen sich durch Tauchen in Eiswasser Tonusdifferenzen nach einseitiger Ischiadicusdurchschneidung viel deutlicher als bisher nachweisen ließen, konnten SALECK und WEITBRECHT[11] nach Durchschneidung der Rami communicantes einen Tonusunterschied höchstens in so geringem Grade nachweisen, daß er mit dem nach einseitiger Ischiadicusdurchschneidung auftretenden nicht zu vergleichen war. Bei der Enthirnungsstarre wurde eine Verringerung der

---

[1] JANSMA: Z. Biol. **65**, 365 (1915).   [2] DE BOER: Zitiert auf S. 736.
[3] DUSSER DE BARENNE: Zitiert auf S. 736.   [4] COBB: Zitiert auf S. 736.
[5] DEICKE: Pflügers Arch. **194**, 473 (1922).   [6] WASTL: J. of Physiol. **60**, 109 (1925).
[7] DUCCESCHI: Arch. di Fisiol. **17**, 59 (1919); **23**, 597 (1925) — Arch. internat. Physiol. **20**, 331 (1922).
[8] KURE u. Mitarb.: Zbl. Physiol. **28**, 130 (1914) — Pflügers Arch. **194**, 481 (1922) — Z. exper. Med. **26**, 176 (1922).
[9] HOTTA, K.: Pflügers Arch. **210**, 721 (1925).   [10] KIYOHARA: Arb. neur. Inst. Wien 1927.
[11] SALECK u. WEITBRECHT: Z. Biol. **71**, 246 (1920).

Rigidität durch Sympathicusdurchschneidung nur inkonstant gefunden (DUSSER DE BARENNE[1]) resp. eine Tonusdifferenz sowohl im Sinne der DE BOERschen Theorie als auch im entgegengesetzten Sinne beobachtet (NEGRIN Y LOPEZ und BRÜCKE[2]) oder aber eine Veränderung der Rigidität ganz vermißt (VAN RIJNBERK[3], COBB[4]). Eindeutig negative Resultate erhielten für die Starre der Tetanusvergiftung LILJESTRAND und MAGNUS[5]; ein unter physiologischen Umständen auftretender Zustand von Dauercontractur ließ sich im Klammerreflex brünstiger Frösche finden, an dem nicht nur das Bestehenbleiben der Dauerverkürzung nach Ausschaltung der sympathischen Innervation der Extremitäten (KAHN[6]), sondern auch der Mangel einer Verringerung der Stärke der tonischen Contractur nach einseitiger Operation (SPIEGEL und STERNSCHEIN[7]) nachgewiesen wurde, so daß auch der Einwand ausgeschlossen werden kann, daß vielleicht ein Teil der tonischen Innervation über den Grenzstrang verläuft.

Neuerdings schreibt LANGELAAN[8] dem Sympathicus nur eine Bedeutung für die Eigenschaft der Muskulatur zu, eine Formveränderung auch nach Aufhören der deformierenden Einwirkung zu bewahren (plastischer Tonus); aber auch der Verlust des plastischen Tonus nach Durchschneidung der Rami communicantes soll nach einiger Zeit wieder kompensiert werden. Besonders bemerkenswert erscheint mir, daß LANGELAAN selbst den initialen Tonusverlust mit einem Shock des spinalen Reflexbogens in Zusammenhang bringt, wobei Zerren an den Rami communicantes eine bedeutsame Rolle spielt, wofür mir auch eigene Erfahrungen über Tonusherabsetzung der Ohrmuskulatur bei Zerrung der Äste des oberen Halsganglions (Versuche mit KIYOHARA[9]) sprechen. Wie lange diese Chockwirkung anhält und wann die reine Wirkung der Sympathicusausschaltung beginnt, läßt sich natürlich kaum angeben; berücksichtigt man ferner, daß die Herabsetzung des plastischen Tonus in den LANGELAANschen Versuchen nur eine vorübergehende war, so kann man auch die sympathische Innervation dieser speziellen Tonusform nicht als bewiesen betrachten.

Auch die weiteren in dieser Richtung geführten Versuche von HUNTER und ROYLE[10] sind nicht beweisend, zumal die Autoren im Gegensatz zu LANGELAAN, KUNTZ und KERPER[11] erst mehrere Wochen nach der Communicansdurchschneidung den Verlust des plastischen Tonus beobachteten, ein Reflexphänomen aber sofort nach der Durchschneidung des efferenten Schenkels gestört sein müßte (vgl. COBB[12]). So können denn die negativen Resultate der Nachuntersuchungen von KANAVEL, POLLOCK und DAVIS[13], MEEK und CRAWFORD[14], RANSON und HINSEY[15] nicht wundernehmen, und es erscheint jedenfalls nicht begründet, auf Grund der vorliegenden Versuchsreihen die Communicansdurchtrennung als

---

[1] DUSSER DE BARENNE: Zitiert auf S. 736.
[2] NEGRIN Y LOPEZ u. BRÜCKE: Zitiert anf S. 736.
[3] VAN RIJNBERK: Arch. néerl. Physiol. **1**, 257 (1917) — Arch. néerl. des Sc. exact. Serie IIIb, **2**, 509 (1915).
[4] COBB: Siehe S. 736.
[5] LILJESTRAND u. MAGNUS: Pflügers Arch. **176**, 168 (1919).
[6] KAHN: Pflügers Arch. **192**, 93 (1921); **195**, 366 (1922).
[7] SPIEGEL u. STERNSCHEIN: Pflügers Arch. **192**, 115 (1921); **196**, 458 (1922).
[8] LANGELAAN, J. W.: Brain **45**, 434 (1922) — Arch. néerl. Physiol. **7**, 98 (1922).
[9] KIYOHARA: Siehe S. 737.
[10] HUNTER: Med. J. Austral. **1924**, 581 — Brit. med. J. **1925**, Nr 33 44—46. — ROYLE: Surg. gyn. a. obstet. **39**, 701 (1924).
[11] KUNTZ u. KERPER: Proc. Soc. exper. Biol. a. Med. **22**, 23 (1924); **23**, 367 (1926) — Amer. J. Physiol. **76** (1926).
[12] COBB, ST.: Physiologic. Rev. **5**, 518 (1925).
[13] KANAVEL, POLLOCK u. DAVIS: Arch. of Neur. **13**, 197 (1925).
[14] MEEK u. CRAWFORD: Amer. J. Physiol. **74**, 285 (1925).
[15] RANSON u. HINSEY: J. comp. Neur. **42**, 69 (1926).

Operationsmethode zur Herabsetzung des pathologisch gesteigerten Tonus zu empfehlen.

Auch der Versuch von MANSFELD und LUKÁCZ[1], einen durch sympathische Nerven vermittelten „chemischen Tonus" zu beweisen, kann nicht als gelungen bezeichnet werden, nachdem die Autoren das durch die Zirkulationsstörung infolge Durchschneidung der Vasomotoren bedingte Absinken des Stoffwechsels nicht ausschlossen und auch Nachuntersuchungen von NAKAMURA[2] ihren Resultaten entgegenstehen.

Die Theorie von PEKELHARING und HOOGENHUYZE[3], daß der Muskeltonus durch einen eigenen Stoffwechselvorgang zustande komme, der zu einer vermehrten *Kreatinbildung* führe, schien ebenfalls zunächst die Annahme einer besonderen Innervation der dem Tonus zugrunde liegenden Vorgänge zu stützen; doch hat auch diese Theorie einer Nachprüfung nicht standgehalten (vgl. DUSSER DE BARENNE und COHEN TERVAERT[4], W. SCHULZ, SPIEGEL und LÖW); auch RIESSER[5], der sich anfangs zu dieser Theorie bekannte, ist auf Grund seiner Versuche mit HAMANN, die keine Kreatinvermehrung unter der Einwirkung contracturauslösender Substanzen ergaben, gegenüber der Lehre von PEKELHARING und HOOGENHUYZE skeptisch geworden. Noch am ehesten spricht im Sinne einer sympathischen Innervation des Muskelstoffwechsels der Befund von FREUND und JANSSEN[6], daß nach Entfernung der die Arterien umspinnenden sympathischen Geflechte die betreffende Muskulatur an der chemischen Wärmeregulation nicht mehr teilnimmt[7]. Dieser Versuch widerlegt aber, wie die Autoren selbst betonen, die Annahme, daß für die chemische Wärmeregulation Muskelzuckung, Zittern oder Tonus nötig sind, sagt also nichts über die Tonusinnervation aus.

Noch weniger als die Theorie, daß die statische Innervation über den Grenzstrang verlaufe, läßt sich die FRANKsche Hypothese der *parasympathischen Innervation* des Skelettmuskeltonus aufrechterhalten. Während FRANK[8] ursprünglich seine Hypothese durch mehr theoretische Auseinandersetzungen zu stützen suchte, deren Widerlegung schon an anderer Stelle erfolgte (H. MEYER[9], SPIEGEL[10]), zieht er mit seinen Mitarbeitern in weiteren Untersuchungen insbesondere die Tatsache heran, daß einzelne, sonst parasympathisch erregend wirkende Gifte tonussteigernd wirken[11]. Der angebliche Nachweis, daß die rezeptive Substanz des Muskels Affinität zu diesen Giften hat (vgl. auch RIESSER und NEUSCHLOSS[12] für das Acetylcholin), beweist aber noch nicht, daß para-

---

[1] MANSFELD u. LUKÁCZ: Pflügers Arch. **161**, 467, 478 (1915).
[2] NAKAMURA: J. of Physiol. **1921**, 100.
[3] PEKELHARING u. HOOGENHUYZE: Hoppe-Seylers Z. **64**, 262 (1910); **69**, 395 (1910); **75**, 207 (1911).
[4] DUSSER DE BARENNE u. COHEN TERVAERT: Pflügers Arch. **195**, 374 (1922). — SCHULZ, W.: ebenda. **186**, 126 (1921). — SPIEGEL u. LÖW: Biochem. Z. **135**, 122 (1923).
[5] RIESSER, O.: Arch. f. exper. Path. **80**, 183 (1917). — RIESSER, O. u. HAMANN: Hoppe-Seylers Z. **143**, 59 (1925).
[6] FREUND u. JANSSEN: Klin. Wschr. **1923**, Nr 21, 978 — Pflügers Arch. **200**, 96 (1923).
[7] Auf welche Weise diese von der Intaktheit der periarteriellen Nerven abhängigen Erregungen das Zentralorgan verlassen, wäre allerdings erst klarzulegen; nach Versuchen von NEWTON [Amer. J. Physiol. **71**, 1 (1924)] scheint der lumbale Anteil des Grenzstrangs hierzu nicht nötig zu sein.
[8] FRANK: Berl. Klin. Wschr. **1919**, 1057; **1920**, 725.
[9] MEYER, H.: Med. Klin. **1920**, Nr 50.
[10] SPIEGEL, E.: Pflügers Arch. **193**, 7 (1921).
[11] FRANK, E., u. Mitarb.: Pflügers Arch. **197**, 270 (1922); **198**, 391; **199**, 567 (1923). — SCHÄFFER, H.: ebenda. **185**, 42 (1920).
[12] RIESSER u. NEUSCHLOSS: Arch. f. exper. Path. **91**, 342; **92**, 254; **93**, 163 (1922).

sympathische Fasern die normale statische Innervation leiten[1]. Hierzu wäre es nötig, zu erweisen, daß die statischen Impulse vom Zentralnervensystem zum Erfolgsorgan unabhängig vom Axon der Vorderhornzelle verlaufen. FRANK nimmt hierfür efferente Hinterwurzelfasern in Anspruch; neuerdings denkt RANSON[2] daran, daß diese Fasern nicht direkt zum Skelettmuskel ziehen, sondern an zentrifugalen Elementen der Spinalganglien enden. Es konnte aber durch kombinierte einseitige Labyrinthexstirpation und doppelseitige Durchschneidung der hinteren Wurzeln des Plexus lumbosacralis gezeigt werden, daß trotz der Deafferentierung der hinteren Extremitäten diese die für die einseitige Labyrinthexstirpation typischen Haltungsanomalien aufweisen, also die statische Innervation nicht den Weg über efferente hintere Wurzelfasern nehmen kann (SPIEGEL[3], vgl. auch ältere Versuche von BICKEL[4]). Damit steht in Einklang, daß die durch veränderte Kopfstellung bedingten tonischen Reflexe bei decerebrierten Tieren auch an asensiblen Extremitäten nachweisbar sind (MAGNUS und DE KLEIJN[5]), daß auch die doppelseitig asensiblen Flügel von Tauben in den Versuchen von TRENDELENBURG[6] noch einen gewissen Tonus zeigten, beim Hunde sogar beiderseitige Abtragung der entsprechenden hinteren Wurzeln den Tonus des Schwanzes nicht änderte (MERZBACHER[7]).

Angesichts dieser Tatsachen kann ich auch in dem von FRANK herangezogenen und modifizierten VULPIAN-HEIDENHAINschen Phänomen (Auslösung von Zungencontractur nach Hypoglossusdegeneration durch Reizung des peripheren Stumpfes des durchschnittenen N. lingualis) keinen Beweis für die normale, parasympathische Tonusinnervation anerkennen. Es ist daran zu denken, daß es sich bei dieser pseudomotorischen Reaktion um eine abnorme Erregung des Muskels durch Impulse handelt, die längs der Vasomotoren zu den akzessorischen Endigungen gelangen, nachdem all die Nerven, von denen aus die pseudomotorische Reaktion erzielt wurde, Vasomotoren für die betreffende Region enthalten und histologisch (BREMER, BOEKE) Zusammenhänge zwischen den akzessorischen Nervenendigungen und den Gefäßnerven beobachtet wurden. Diese abnormen, nur durch starke faradische Reizung auslösbaren Erregungen sagen also nichts über die normale Tonusinnervation aus.

Wenn sowohl der Grenzstrang als auch die hinteren Wurzeln nicht den Weg der statischen Innervation bilden können, kommt nur das Axon der Vorderhornzelle hierfür in Betracht. An den Vorderhornzellen müssen sowohl jene zentralen Mechanismen angreifen, welche der Fortbewegung dienen, als auch jene, welche die Haltung der Skelettmuskulatur aufrechterhalten.

---

[1] LANGLEY u. KATO fanden [J. of Physiol. **49**, 410 (1915)], daß Atropin zwar zentral bedingte Physostigminkontraktionen, aber nicht solche peripheren Ursprungs hemmt. LANGLEY kommt daher auch zu dem Schlusse, daß man aus dem Ausbleiben der Atropinwirkung gegenüber der peripheren Physostigminwirkung erkennen könne, daß keine parasympathischen Nervenfasern im Spiele seien. Neuerdings zeigen besonders DALE u. GASSER, daß die pharmakologische Prüfung keinen sicheren Anhaltspunkt für die Annahme einer parasympathischen Innervation des Skelettmuskels bietet. [J. of Pharmacol. **29**, 53 (1926)].

[2] RANSON: Proc. Soc. exper. Biol. a. Med. **23**, 594 (1926) — J. of comp. neur. **40** (1926) — Arch. of Neur. **19**, 201 (1928).

[3] SPIEGEL: Pflügers Arch. **193**, 7 (1921).

[4] BICKEL: Pflügers Arch. **67**, 299 (1897).

[5] MAGNUS u. DE KLEIJN: Pflügers Arch. **145**, 455 (1912).

[6] TRENDELENBURG: Arch. f. Physiol. **1906**, 1.

[7] MERZBACHER: Pflügers Arch. **88**, 453 (1902); **92**, 585 (1902).

Gesetz der gedehnten Muskeln.

Von

J. v. Uexküll

Hamburg.

Mit 7 Abbildungen.

Zusammenfassende Darstellungen.

Steiner, J.: Die Funktionen des Zentralnervensystems und ihre Phylogenese. (Die wirbellosen Tiere.) Braunschweig: Vieweg u. Sohn 1898. — Loeb, Jacques: Einleitung in die vergleichende Gehirnphysiologie und vergleichende Psychologie der wirbellosen Tiere. Leipzig: A. Barth 1899. — Bethe, A.: Allgemeine Anatomie und Physiologie des Nervensystems. Leipzig: G. Thieme 1903. — Grützner: Die glatten Muskeln. Erg. Physiol. **1904** I. — Uexküll, J. v.: Leitfaden in das Studium der experimentellen Biologie der Wassertiere. Wiesbaden: Bergmann 1905. — Sherrington: The integrative Action of Nervous System. London: Constable 1908. — Noyons u. Uexküll: Die Härte der Muskeln. Z. Biol. **56** (1911). — Matula: Untersuchungen über die Funktionen des Zentralnervensystems bei Insekten. Pflügers Arch. **138** (1911). — Brown, Graham: Die Reflexfunktionen des Zentralnervensystems. I. Teil, Erg. Physiol. **12** (1913); II. Teil. Ebenda **15** (1916). — Boehme, A.: Vergl. Untersuchungen über die reflektorischen Leistungen des menschlichen und des tierischen Rückenmarks. Leipzig: Vogel 1916. — Jordan: Über die Physiologie der Muskulatur und des zentralen Nervensystems bei hohlorganartigen Tieren. Erg. Physiol. **16** (1918). — Uexküll, J. v.: Umwelt und Innenwelt der Tiere, 2. Aufl. Berlin: Julius Springer 1921. — Magnus, R.: Körperstellung. Monographien Physiol. Berlin: Julius Springer 1924. — v. Buddenbrock: Grundriß der vergl. Physiologie. I. Berlin: Borntraeger 1924.

Nicht mit Unrecht hat man die wichtigste Leistung im Leben der Tiere als die Fähigkeit definiert: auf die Fragen der Außenwelt die richtige Antwort zu geben, oder, genauer gesagt: die Wirkungen der Außenwelt mit der richtigen Gegenwirkung zu beantworten.

Da die Wirkungen der Außenwelt so zahlreich und so mannigfaltig sind, daß kein Tier sie je bewältigen könnte, ist von vornherein ein jedes Tier so gebaut, daß es aus ihnen mit Hilfe seiner Receptoren eine ganz bestimmte Auswahl trifft, um sie in seinem Nervensystem zu verwerten. Diese ausgewählten und je nach dem Bau der Receptoren zu anderen Gruppen vereinigten Wirkungen der Außenwelt nennen wir *Reize*.

Mithin besteht die Hauptaufgabe der Tiere darin, für die jeweilig eintreffenden Reize die richtige Gegenwirkung zu finden. Diese Gegenwirkung besteht in den meisten Fällen in einer Bewegung. Jede Bewegung bedeutet stets die Überwindung einer *Last*.

Es befindet sich jedes Tier dauernd zwischen *Reiz* und *Last*, die es in Beziehung zueinander setzt. Das geschieht, indem es mit beiden in Wechselwirkung tritt. Das Tier erfährt vom Reiz nicht bloß eine passive Einwirkung, sondern vermag ihn bald abzuschwächen, bald ganz abzulehnen. Auf die Last wirkt das Tier nicht bloß aktiv ein, sondern wird von ihr auch passiv beeinflußt. Immerhin bleibt in seinen Beziehungen zu den beiden Außenweltfaktoren ein gewisser Unterschied bestehen, denn es ist klar, daß ein jedes Tier (mag es viele oder wenige Einwirkungen der Außenwelt verarbeiten) sich stets mit der Last in allen Einzelheiten auseinandersetzen muß, um überhaupt eine Antwort geben zu können. So finden wir denn auch, daß selbst bei den Tieren, deren Receptoren nur einen einzigen Reiz aufzunehmen vermögen, die Beziehungen zwischen Muskeln und Last ebenso vollkommen geregelt sind wie bei den Tieren, die nicht bloß eine, sondern Tausende von Fragen der Außenwelt zu beantworten imstande sind.

Die Beziehung zwischen Muskel und Last ist daher das Urproblem, das vor allen Dingen der Aufklärung bedarf. Dies Problem ist bei den höheren Tieren verdunkelt, weil hier die Last ebenfalls als Reiz auftritt und gleich den anderen Reizen einen Reflex auslöst. Solche Tiere können wir mit Fug und Recht „receptorische" nennen.

Rein tritt uns das Urproblem nur bei solchen Tieren entgegen, die keine receptorischen Organe besitzen, um Last in Reiz zu verwandeln. Sie sind daher darauf angewiesen, die Wirkung der Last d. h. die Dehnung als regulierenden Faktor des effektorischen Organes, nämlich des Muskels, unmittelbar auszunutzen. Solche Tiere kann man als „effektorische" bezeichnen.

Neben diesen beiden Typen, die in einer stetigen Abhängigkeit von der Außenwelt leben, die bald als Reiz, balb als Last auf sie einwirkt, fällt ein dritter Typus von Tieren in die Augen, die ihre Muskeln ohne weiteres in der richtigen Reihenfolge bewegen und eine große Unabhängigkeit von der Außenwelt zeigen. Sie werden am besten als „automatische" unterschieden.

Alle drei Bautypen finden sich im menschlichen Körper vereinigt. Die Stammesmuskulatur ist nach dem receptorischen, die Darmmuskulatur nach dem effektorischen und die Herzmuskulatur nach dem automatischen Typus gebaut.

Die Verbindung zwischen Receptor und Muskel bildet das Nervensystem, das die Wirkung des Reizes dem Muskel und durch diesen der Last übermittelt. Dazu bedient sich das Nervensystem der „Erregung". Jeder Reiz wird im Receptor in Erregung verwandelt und jeder Muskel wird durch Erregung zu seiner Tätigkeit veranlaßt. Über die Erregung sind wir am besten bei den receptorischen Tieren unterrichtet. Wir können die Erregung durch künstliche Reizung im Nerven erzeugen und sie als elektrische Schwankungswelle in unseren Meßapparaten ablesen. Sie stellt sich als ein diskontinuierlicher Vorgang dar, der im Nervensystem seinen Weg zum „richtigen Muskel" findet, um im Muskel ebenfalls Erregung zu erzeugen, die ihrerseits die Muskeltätigkeit bewirkt.

Bei den effektorischen oder reflexarmen Tieren — wie Jordan diesen Typus benannt hat — tritt die Erregung noch in einer anderen Form auf, die nicht diskontinuierlich, sondern kontinuierlich ist. Jordan nennt die diskontinuierliche Erregung die dynamische und die kontinuierliche die statische. Da diese zweite Erregungsform weit weniger bekannt ist, ist es notwendig, an einigen schlagenden Beispielen ihre Haupteigenschaften darzulegen.

Am deutlichsten zeigt sich die diskontinuierliche Erregung in den Nerven, die vom Visceralganglion der Pilgermuschel (Pecten) zum Sperrmuskel verlaufen[1]. (Abb. 130). Der Sperrmuskel wird bei Reizung der Kommissur I. knorpelhart. Er kann in diesem Zustand durch jeden äußeren Druck sehr leicht verkürzt werden und bleibt dann wie angefroren stehen — setzt aber jedem Zug, der ihn zu verlängern strebt, den äußersten Widerstand entgegen. Bei Reizung der Kommissur II löst sich die Sperrung im Muskel, er wird wieder weich und nachgiebig auf Zug. Beim Versuch ihn zusammenzudrücken legt er sich in Falten.

---

[1] Uexküll, J. v.: Zitiert auf S. 741.

Die Beeinflussung der Sperrung durch künstliche Reizung gelingt aber nur von jenen Nerven aus, die zum Zentrum führen, schlägt dagegen völlig fehl bei Reizung der zentrifugalen Nerven. Durchschneidet man die vom Visceralganglion zum Sperrmuskel ziehenden Nerven, so kann man durch elektrische Reizung ihres distalen Endes weder ein Hartwerden des entsperrten, noch ein Weichwerden des gesperrten Muskels erzielen.

Wenn man die Muskelnerven durchschneidet, während der Muskel sich in Sperrung befindet, so bleibt die Sperrung in ihm gefangen.

Daraus erkennen wir zweierlei: 1. daß die Erregung, die durch künstliche Nervenreizung erzeugt wird, die vom Ganglion ausgehende Erregung nicht ersetzen kann, und 2. daß diese Erregung eine kontinuierliche ist. Wäre nämlich die Erregung eine diskontinuierliche, die dauernd vom Ganglion in rhythmischen Wellen dem Muskel zugesandt wird, so müßte ihre Wirkung auf den Muskel in dem Augenblick aufhören, in dem ihr der Weg zum Muskel abgeschnitten wird. Sie bleibt aber bestehen. Im peripheren Ende des durchschnittenen Nerven wird die durch den ganzen Nerven hindurch ein Kontinuum bildende Erregung festgehalten und übt ihre Wirkung weiter aus, mag das Zentrum noch angeschlossen sein oder nicht.

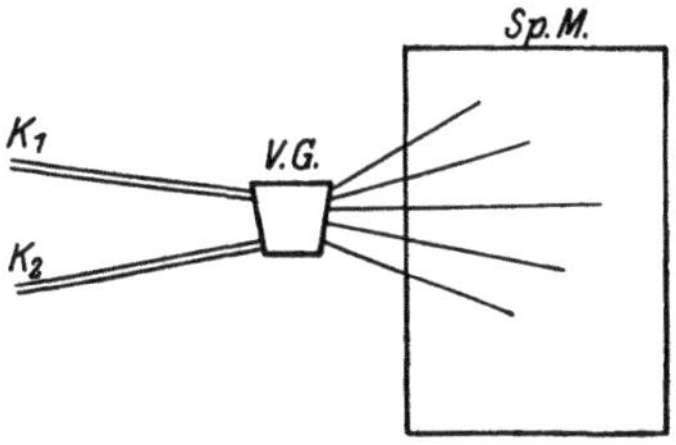

Abb. 130. Nerven und Muskeln von Pecten.
Sp. M. Sperrmuskel,
V. G. Visceralganglion,
K_1, K_2 Commissuren.

In diesem Falle dürfen wir nicht erwarten, daß uns eine elektrische Schwankungswelle Kunde von der Erregung geben wird, was die Erforschung der kontinuierlichen Erregungsform außerordentlich erschwert.

Als zweites Beispiel sei der Retractor des Sipunculus[1] angeführt. An das obere Ende des Retractors treten zwei nervöse Bahnen heran, die eine geht vom Gehirn, die andere vom Bauchstrang aus (Abb. 131). Nur der Bauchstrang wirkt auf den Tonus des Muskels. Wird die Verbindung zum Bauchstrang durchschnitten, während sich der Muskel in mäßigem Tonus befindet, wobei er leicht verkürzt und schwach gesperrt ist, so sinkt der Tonus, seine Sperrung verschwindet und er verlängert sich durch den Zug des eigenen Gewichtes. Ein Beweis dafür, daß es sich hier um eine diskontinuierliche Erregung handelt. Wird aber die Verbindung zum Bauchstrang durchschnitten, wenn der Retractor sich im höchsten Tonus befindet und er ad maximum verkürzt und gesperrt ist, so tritt das ein, was ich den „Tonusfang" genannt habe: der Muskel verharrt in seinem Tonus und läßt sich durch keine Dehnung verlängern oder entsperren.

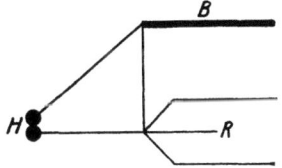

Abb. 131. Sipunculus. *H* Hirn, *B* Bauchstrang, *R* Retractor.

Hier zeigt sich wieder die kontinuierliche Erregungsform, die man auch die „tonische" nennen kann. Die gleichen Nerven sind befähigt, sowohl die kontinuierliche wie die diskontinuierliche Erregung zu leiten, wodurch die Analyse der nervösen Vorgänge weiter erschwert wird. Wenn wir alle tonischen Vorgänge im Nervensystem der kontinuierlichen Erregung zuschreiben, so erhält der Begriff des „Neurotonus" einen faßbaren Sinn und kann der diskontinuierlichen Erregung oder Erregung im engeren Sinn gegenübergestellt werden.

Schwieriger ist es, sich über die Verhältnisse im Muskel unzweideutig auszusprechen. Eine jede Muskelfaser besitzt ihre eigene Erregung, die in ihr durch die

---

[1] UEXKÜLL, J. v.: Z. Biol. **44**, 269 (1903).

ihr zufließende Nervenerregung angeregt wird. Was eigentlich im Nervenende vor sich geht, wissen wir nicht. Es kann sein, daß die Erregung aus dem Nerven in die Muskelfaser einfach hinüberfließt. Es kann aber auch sein, daß die Nervenerregung bloß als Reiz wirkt, der die Muskelerregung hervorruft. Man kann der Einfachheit halber annehmen, daß die diskontinuierliche Nervenerregung eine diskontinuierliche Muskelerregung hervorruft. Damit ist aber noch gar nichts darüber ausgemacht, welche Erregungsart die Dauerverkürzung und Dauersperrung des Muskels, die man auch als „tonisch" bezeichnet, veranlaßt. Wie das Beispiel des Retractors zeigt, kann ein leichter Muskeltonus einer anderen Erregungsart angehören wie ein hoher.

Die Bedeutung der tonischen Erregung für die effektorisch gebauten Tiere scheint darin zu liegen, daß sie die Brücke zwischen Neuron und Muskel bildet, über die auch dann eine von der Last ausgehende Gegenwirkung ihren Weg ins Zentralnervensystem findet, wenn kein Receptor vorhanden ist, der die Last in Reiz verwandelt.

In der Wechselwirkung zwischen Neuron und Muskel sind sich receptorisch und effektorisch gebaute Tiere völlig gleich. Das Mittel, dessen sich der Tierkörper in beiden Fällen bedient, ist jedoch ein verschiedenes. In den receptorischen Nervensystemen ist der Muskel mit seinem Neuron reflektorisch, in den effektorischen Nervensystemen tonisch verbunden. Der Beweis dafür ist freilich nur dort mit Sicherheit zu führen, wo genügend lange Bahnen zwischen Neuron und Muskel vorhanden sind, die man ohne weiteres durchschneiden kann. Verharrt nach der Durchschneidung der Muskel im verkürzten und gesperrten Zustand, so ist das Vorhandensein einer kontinuierlichen Erregung nachgewiesen.

Der Nachweis der reflektorischen Verknüpfung kann nur in den Fällen erbracht werden, in denen es gelingt, sensible Bahnen nachzuweisen und diese isoliert zu durchschneiden. Worauf die Verkürzung und Sperrung im Muskel zurückgehen muß. Für die Wirbeltiere hat SHERRINGTON[1] diesen Beweis erbracht und wir wissen, daß ihre Stammesmuskulatur mit ihren Neuronen durch einen „proprioreceptiven" Reflex verbunden ist.

Es gibt aber noch eine ganze Anzahl von Tieren, die eine deutliche Rückwirkung der Last auf das Zentralnervensystem aufweisen, wie die Blutegel[2], bei denen weder eine tonische noch eine reflektorische Verbindung zwischen Neuron und Muskel nachgewiesen werden konnte. Ob hier ein weiterer Bautypus vorliegt, wissen wir nicht.

Lasten zu heben und zu tragen, sind die einzigen Aufgaben, die den Muskelfasern im Getriebe des Körpers obliegen. Dazu bedarf es zweier fundamentaler Fähigkeiten der Muskelfaser — sie muß 1. sich verkürzen und 2. Widerstände überwinden können. Verkürzung und Sperrung, die bald gesondert, bald gemeinsam auftreten, sind daher auch die einzigen Leistungen, die wir bei den Muskeln beobachten.

Die beste Übersicht über ihr Zusammenarbeiten gewinnt man, wenn man die Vorgänge bei der Füllung der menschlichen Blase beobachtet. Die Blase vermag sich entsprechend der Zunahme ihres flüssigen Inhaltes gleichmäßig auszudehnen, wobei sie dauernd einen mäßigen Druck auf die Binnenflüssigkeit ausübt, bis sie ihre normale Größe erreicht hat. Die Sperrung, die die Muskelfasern in dieser Zeit dem Binnendruck entgegensetzen, ist stets die gleiche, obgleich sie dabei an Länge zunehmen. Wir haben es also hier mit einer Sperrung zu tun, die ein gewisses Maximum besitzt, bei gleitender Länge der Muskeln.

Ist die normale Größe der Blase erreicht, so verlängern sich die Muskelfasern nicht mehr. Dafür steigt ihre Sperrung, die sie der Zunahme der Binnenflüssig-

---

[1] SHERRINGTON: Zitiert auf S. 741.   [2] UEXKÜLL, J. v.: Z. Biol. **46** (1905).

keit entgegensetzen, deren Druck ebenfalls zu steigen beginnt. Wir haben es dann mit einer „gleitenden" Sperrung der Muskeln zu tun, die der wachsenden Last parallel geht, bei gleichbleibender Länge der Fasern.

Steigt der Binnendruck noch höher, so werden die Muskelfasern passiv gedehnt. Diese Dehnung ist nun im Gegensatz zu der „plastischen" Dehnung, die sie anfangs erfuhren, eine „elastische".

Wir haben bei der Füllung der Blase 3 Perioden zu unterscheiden:
1. Periode maximale Sperrung bei gleitender Länge;
2. Periode gleitende Sperrung bei gleicher Länge;
3. Periode absolute Sperrung bei elastischer Dehnung.

Ob die maximale, die gleitende oder die absolute Sperrung im Muskel auftritt, das hängt einerseits vom Neuron, andererseits von der Last ab. Was aber geht im Muskel selbst vor? Diese Frage läßt sich an den Muskeln, die nach Abtrennung ihres Neuron den Tonus bewahren, weiter verfolgen.

Der muskulöse Körpersack von Sipunculus[1] verharrt nach Abtrennung des Bauchstranges in demjenigen Tonus, in den man ihn durch Reizung der Haut vorher versetzt hatte. Bindet man sein Hinterende an ein Steigrohr (Abb. 132), füllt es mit

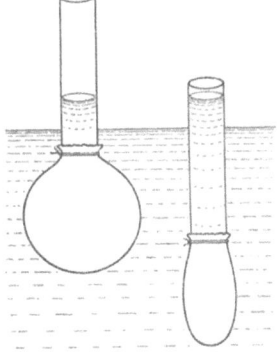

Abb. 132. Sipunculus. Körpersack am Steigrohr.

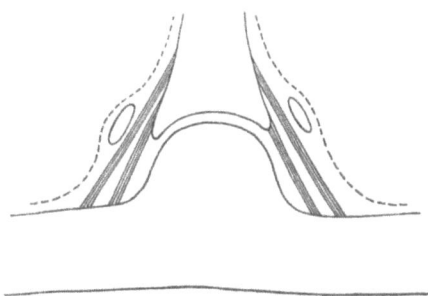

Abb. 133. Seeigelstachel (Längsschnitt).

Wasser und versenkt man das Ganze in ein Wasserbassin, so zeigt die Wassersäule im Steigrohr stets den gleichen von der Höhe des Tonus abhängigen Überdruck an, wenn man die Last des Binnenwassers durch Emporheben des Rohres vergrößert, verlängern sich die Muskelfasern. Im zweiten Fall, wenn man die Last durch Herabdrücken des Rohres verringert, verkürzen sie sich. Die Sperrung bleibt aber immer die gleiche. Dies Verhalten entspricht der ersten Periode bei Füllung der menschlichen Blase — gleiche maximale Sperrung bei gleitender Länge.

Wir ersehen daraus, daß der Muskel, der in gleichem Tonus verharrt, die gleiche Last bei jeder Länge zu tragen vermag, ja daß er ohne Beihilfe des Neuron mit sinkender Last sich verkürzt und mit steigender Last sich verlängert. Der im Muskel vorhandene Tonus setzt die Sperrapparate in Tätigkeit, die die Last auszubalancieren suchen. Ist die Last zu schwer, so gelingt dies nicht, die Verkürzungsapparate werden in Mitleidenschaft gezogen und werden gedehnt. Ist die Last zu leicht, dann wird die von den Sperrapparaten ausbalancierte Last von den nun in Tätigkeit tretenden Verkürzungsapparaten gehoben. Das Alles geschieht ohne jedes weitere Eingreifen des Neuron.

Daß dies die richtige Deutung ist, wird durch das Verhalten des Seeigelstachels[2] bewiesen, bei dem Sperr- und Verkürzungsapparate auf zwei verschiedene Muskelschichten verteilt sind (Abb. 133). Der Seeigelstachel, der ein Kugel-

---

[1] UEXKÜLL, J. v.: Z. Biol. **44**, 269 (1903).   [2] UEXKÜLL, J. v.: Z. Biol. **39**, 73 (1900).

gelenk bildet, zeigt eine äußere und eine innere Muskelschicht. Die innere dient der Sperrung, die äußere der Verkürzung. Die zugehörigen Neuronen sitzen in einem der Oberhaut eingebetteten Nervenring. Die Muskeln befinden sich in einem gleichmäßigen Tonus, der vom Nervenring beherrscht wird. Übt man auf einen der großen Stacheln von Centrostaphanus einseitig einen leichten Druck aus, so folgt der Stachel nicht bloß dem Druck, sondern er schlägt auch noch selbständig eine Strecke in der gleichen Richtung weiter fort. Ein Beweis dafür, daß die äußeren Muskeln der entlasteten Seite sich verkürzen, sobald die Sperrung der inneren Schicht das Übergewicht über die Last erhält — wie beim Sipunculus. Auf der belasteten Seite hingegen verlängern sich die Muskeln, weil hier die Last das Übergewicht über die Sperrmuskeln gewinnt. Der Nervenring kann an beliebiger Stelle durchschnitten sein, was den Erfolg nicht ändert. Auch hier haben wir es mit einer reinen Muskelfunktion zu tun[1].

Sehr merkwürdig ist es nun, daß wir die gleichen Verhältnisse bei denjenigen Muskeln wiederfinden, die nicht tonisch sondern reflektorisch mit ihrem Neuron verbunden sind. SHERRINGTON[2] hat gezeigt, daß der isolierte Kniestrecker (Vastocrureus) der enthirnten Katze einen sog. „plastischen" Tonus besitzt, der sich in einer maximalen Sperrung äußert, gleichgültig welche Länge man dem Muskel erteilt, bei unveränderter Last. Auch hier werden wir in Analogie mit dem Sipunculus annehmen dürfen, daß es sich um eine automatisch einsetzende Regulierung zwischen Sperr- und Verkürzungsapparaten im Muskel handelt. An den Muskeln der unteren Extremitäten des normalen Menschen hatte bereits RIEGER[3] das Vorhandensein einer maximalen Sperrung nachgewiesen, die er „Bremsung" nannte. GRÜTZNER[4] spricht von Sperrhaken, die an einem Gummiband sitzen, um das Ausheben der Last durch die gesperrten Muskeln anschaulich zu machen.

Der Sipunculus vermag mit seinem Körpersack ohne Bauchstrang zwar die maximale Sperrung festzuhalten, aber er ist nicht imstande eine gleitende Sperrung, die mit der steigenden Last Schritt hält, aufzubringen.

Dies vermag der Seeigelstachel, der seinen Nervenring besitzt, sehr wohl. Man kann diese Erscheinung am besten bei den Stacheln des Herzigels beobachten, die sobald das Tier aus dem Sande genommen wird, in eine kreisende Bewegung geraten. An ihnen läßt sich feststellen, daß im Augenblick, da die Bewegung des Stachels durch eine Last gehemmt wird, die Sperrmuskeln eingreifen und die Last auf sich laden. Ist die Last durch die Sperrung ausbalanciert, so greifen die Verkürzungsmuskeln wieder ein und heben die von den Sperrmuskeln getragene Last. Das Zusammenspiel ist genau das gleiche wie bei der maximalen Sperrung. Nur kommt hier eine der Last entsprechende Steigerung des Tonus hinzu, die vom Neuron herstammt. Auf diese Weise entsteht die gleitende Sperrung.

Das Zusammenspiel der getrennten Sperr- und Verkürzungsmuskeln gewährt uns einen Einblick in die Arbeitsweise jener Muskeln, die Sperr- und Verkürzungsapparate in der gleichen Faser beherbergen. Auch sie zeigen die gleitende Sperrung, sobald vom Neuron der genügende Tonus geliefert wird.

Auch die reflektorisch mit ihrem Neuron verbundenen Muskeln der Wirbeltiere bieten das gleiche Bild. Am Vastocrureus der enthirnten Katze tritt bei

---

[1] Ein klassisches Beispiel für das Arbeiten reiner Sperrmuskeln bietet die Cutis der Holoturien, die nur hart oder weich werden kann. Die Zusammenziehung besorgen die Radialmuskeln, die Ausdehnung der Binnendruck des Tieres. [JORDAN: Über reflexarme Tiere. IV. Die Holoturien. Zool. Jb. **34** (1914) und 2. Mitt. Ebenda **36**. Ferner: Der Tonus glatter Muskeln bei wirbellosen Tieren. Arch. néerl. Physiol. **7** (1922). — UEXKÜLL: Die Sperrmuskulatur der Holoturien. Pflügers Arch. **212**, H. 1 (1926).]

[2] SHERRINGTON: Zitiert auf S. 741.

[3] RIEGER: Untersuchungen über Muskelzustände. Begrüßungsschrift. Jena: Fischer 1906.

[4] GRÜTZNER: Zitiert auf S. 741.

langsam steigender Belastung die gleitende Sperrung auf, wobei der Muskel die gleiche Länge bewahrt, aber deutlich härter wird.

Für den menschlichen Muskel haben UEXKÜLL und STROMBERGER[1] eine Methode angegeben, um die Sperrung von der Verkürzung zu trennen, die darauf beruht, daß eine Person die Last, die in einer Wagschale ruht, durch Festhalten des Wagebalkens am anderen Ende trägt, und die zweite Person mit dem Finger vorübergehend auf den gleichen Wagebalken drückt. Auf diese Weise gelingt es, die ausbalancierte Last ohne Anstrengung durch bloße Muskelverkürzung zu heben.

Drückt der Finger der zweiten Person längere Zeit auf den Wagebalken, so übernimmt sie die Last. Dann gleitet in ihren Muskeln die Sperrung hinauf, während sie in den Muskeln der ersten Person im gleichen Maße herabgleitet. Die Verkürzung kann dabei in den Muskeln beider Personen die gleiche bleiben.

Tritt bei den mit ihrem Neuron tonisch verbundenen Muskeln der Fall ein, daß sie bei dauernder Belastung gedehnt bleiben, ohne von ihrem Neuron einen Zuschuß an Tonus zu erhalten, so drückt sich dennoch die dauernde Inanspruchnahme durch den gedehnten Gefolgsmuskel im Neuron aus und zeichnet ihn vor allen übrigen Neuronen der nicht gedehnten Muskel aus. Daraus erkennen wir die wichtigste Eigenschaft der effektorischen Neuronen: sie bilden nicht bloß die letzte Etappe des Nervenweges der vom Receptor zum Effektor führt, sondern sie spiegeln in ihrer funktionellen Zustandsänderung den Zustand ihres Gefolgsmuskels wieder und werden dadurch zu dessen „Repräsentanten" im Nervensystem. Worin die Zustandsänderung beruht, vermögen wir nicht zu sagen, sie äußert sich aber in einer größeren Aufnahmefähigkeit für alle Erregungen, die in den Nervennetzen auftreten, welche die Repräsentanten untereinander verbinden. Man mag den Repräsentanten der gedehnten Muskeln eine niedere Schwelle zuschreiben oder sie einfach als „eingeklinkt" bezeichnen, in jedem Fall läßt sich folgende einfache Regel aufstellen: *In allen einfachen Nervennetzen fließt die Erregung den gedehnten Muskeln zu.*

Die prinzipielle Bedeutung der Dehnungsregel besteht darin, daß sie in vielen Fällen die Frage beantwortet: Wie findet die vom Receptor ausgehende Erregung den Weg zum „richtigen" Muskel? Denn wir erkennen jetzt, daß der Repräsentant des richtigen Muskels die Erregung selbst herbeiruft. Es handelt sich dabei immer nur um Fälle, in denen der gedehnte Muskel auch wirklich der richtige ist. Solche Fälle sind sehr häufig, da bei allen rhythmischen Bewegungen der gedehnte Muskel sich immer wieder verkürzen muß.

Die Frage nach dem richtigen Muskel wird bei vielen wirbellosen Tieren, wie z. B. den Medusen, mit muskulösem Magenstiel dahin beantwortet: Der *nächste* Muskel ist der richtige. Denn der Magenstiel neigt sich immer dem Reizorte zu, dank der Verkürzung jener Muskeln, die die Erregung auf dem kürzesten Wege durch das Nervennetz erreicht[2].

Nun erhalten wir die zweite Antwort: Der *gedehnte* Muskel ist der richtige. Es ist sehr lehrreich, ein Beispiel dafür kennen zu lernen, das beide Antworten vereinigt. Man entfernt von einem Schlangenstern (Ophioglypha) alle Arme bis auf einen und hängt das Tier, nachdem der zentrale Nervenring dem Arm gegenüber durchschnitten wurde, mit dem Arm nach unten auf. Dann sticht man die Elektroden, den Nervenring umfassend, in den Interradius an einer Seite des Armes

---

[1] UEXKÜLL u. STROMBERGER: Die experimentelle Trennung von Verkürzung und Sperrung im menschlichen Muskel. Pflügers Arch. **212**, H. 3/4 (1926).
[2] NAGEL, W.: Pflügers Arch. **57**, 495 (1894). — BETHE, A.: Allgemeine Anatomie und Physiologie des Nervensystems, S. 110, 386. Leipzig 1903.

(Abb. 134). Reizt man jetzt, so wird der Arm immer nach dem Reizort zu schlagen. Das bedeutet, der nächste Muskel ist der richtige. Nun hängt man den Arm derart auf, daß die vom Reizort weiter abliegenden Muskeln durch die Last des Armes gedehnt werden und dann erhält man den umgekehrten Ausschlag, nämlich vom Reizort weg[1]. Das bedeutet, der gedehnte Muskel ist jetzt der richtige.

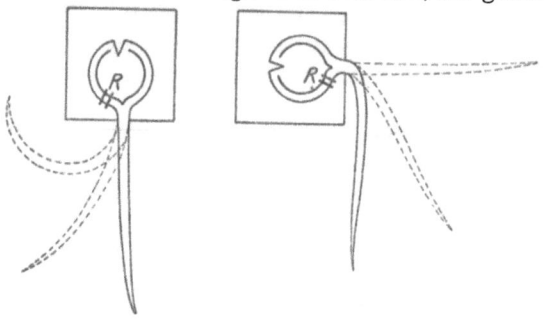

Abb. 134. Arm des Schlangenstern. Entgegengesetzter Ausschlag auf den gleichen Reiz bei R. verursacht durch Muskeldehnung.

Und das ist er auch in der Tat, denn nachdem sich der Arm dem Reizort genähert hat, beginnt die Fluchtbewegung.

Etwas anders liegen die Verhältnisse beim Seeigel[2]. Reizt man die Haut des Seeigels an irgendeiner Stelle mechanisch, so neigen sich die zunächst stehenden Stacheln dem Reizorte zu, weil die in den Nervennetzen sich allseitig ausbreitende Erregung die nächsten Muskeln ergreift, die jeden Stachel zum Reizorte hinziehen. Der Reiz hat aber noch eine andere Wirkung. Tritt die vom Reiz ausgehende Erregung durch das Radialnervensystem in den nächsten Interradius ein, so beginnt ein jeder Fremdkörper, der sich dort zwischen den Stacheln befindet, dem Reizorte zuzuwandern. Die Muskeln aller Stacheln, die in der gleichen Richtung gelegen sind, sind an ein gemeinsames Nervennetz angeschlossen. Auf Abb. 135 ist das Nervennetz, das alle nach links schauenden Muskeln verbindet, eingezeichnet. Durch dasselbe fließt die Erregung, die vom Reizort R stammt, den Muskeln zu. Die Muskeln, deren Repräsentanten einen normalen Tonus besitzen, wie am Stachel A, werden von der Erregung gemieden. Einzig die Repräsentanten der gedehnten

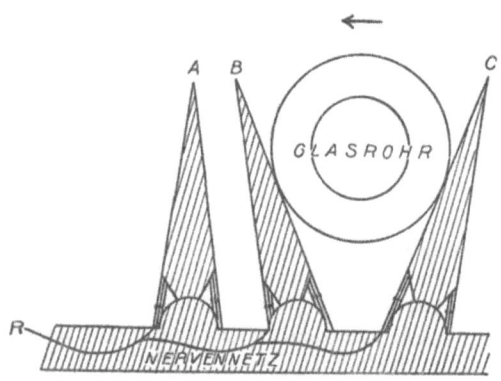

Abb. 135. Seeigelstachel. Antwort der gedehnten Muskeln. R Reizort, $A.B.C$ Stacheln.
(Nach v. Uexküll, aus Magnus: Körperstellung.)

Muskeln von C sind eingeklinkt und lassen die Erregung in die gedehnten Muskeln eintreten, die sie alsogleich sperren und verkürzen und den Fremdkörper reizwärts schieben. Nicht nur die dem Reizort zunächst liegenden, sondern auch die fern vom Reizort liegenden, aber gedehnten Muskeln sind in diesem Fall die richtigen. Die einen bringen die Stacheln in Abwehrstellung gegen den Reiz, die anderen leiten die Flucht ein, indem sie alle Fremdkörper, besonders aber den Erdboden reizwärts schieben.

Während die effektorischen Tiere in ihrer Merkwelt nur Reize kennen, auf die sie bald mit dieser, bald mit jener Änderung der stabilen Gleichgewichtslage ihres Körpers antworten, besitzen die receptorischen Tiere in ihrer Merkwelt bereits

---

[1] Uexküll, J. v.: Z. Biol. **46** (1904). — Mangold: Pflügers Arch. **26**. — Stromberger: Ebenda **213** (1926).

[2] Uexküll, J. v.: Z. Biol. **39**, 21 (1900).

räumlich umschriebene Objekte, auf die sie sich mit ihrem ganzen Körper einstellen, um ihnen zu entgehen oder um sie zu fassen. Auch der Bau und die Anwendung der Gliedmaßen ist bei beiden Tiertypen durchaus verschieden. Die Tentakel der Seeanemonen und die Saugfüßchen der Seesterne bringen niemals den Körper aus seinem Gleichgewicht, während die Bewegung eines Hundelaufs oder einer Katzenpfote das labile Gleichgewicht des ganzen Körpers in Mitleidenschaft zieht.

Deshalb ist die Frage nach dem richtigen Muskel bei den receptorischen Tieren viel verwickelter als bei den effektorischen. Abgesehen von der „receptorischen Handlung", die auf ein bestimmtes Objekt eingestellt ist und die von einer Gruppe „richtiger Muskeln" ausgeführt wird, muß auch eine „effektorische Leistung" einsetzen, die für die Erhaltung des Gleichgewichtes des Körpers sorgt; wodurch andere „richtige Muskeln" in Anspruch genommen werden.

Wir können nicht erwarten, daß die receptorische Handlung durch das Gesetz der gedehnten Muskeln geregelt werde. Dagegen ist in der Tat bei den effektorischen Leistungen dies Gesetz in bestimmten Fällen wirksam.

In seinem schönen Werk über „Körperstellung" gibt MAGNUS[1] eine Bilderserie wieder, die den Erfolg der Reizung durch einen Schlag auf die Kniescheibe des linken Hinterbeines eines Hundes (nach Durchtrennung des Rückenmarkes am 12. Brustwirbel) auf das rechte Hinterbein erläutert. Ist das rechte Bein in Beugestellung, so wird es gestreckt, ist es in Streckstellung, so wird es gebeugt.

Eine Bilderserie gibt ferner die Wirkung des Reizes auf die Schwanzspitze einer Katze mit durchtrenntem Rückenmark wieder, die einmal auf der linken, das andere Mal auf der rechten Seite liegt. Jedesmal wird der Schwanz von den gedehnten Muskeln emporgehoben.

BOEHME[2] verdanken wir die Analyse der „koordinierten Gliederreflexe des menschlichen Rückenmarks". Er gibt eine Reihe von Zeichnungen nach kinematographischen Aufnahmen, die von einem Patienten mit fast völliger Querschnittsläsion des Rückenmarks aufgenommen wurden. Bei Reizung der Zehen des rechten Fußes beginnt das in Streckstellung ruhende linke Bein sich zu beugen, um nach der Beugung in Streckung überzugehen, d. h. sich rhythmisch zu bewegen". Allgemein begünstigt die anfängliche Beugestellung eine reflektorische Streckung, die Streckstellung eine reflektorische Beugung, schreibt BOEHME.

Erst nach Entfernung der höheren Zentren kommt die effektorische Leistung rein zur Anschauung. Es sind nämlich die den Muskeln zunächstliegenden niederen Zentren „lastwärts" orientiert. Sie schreiben den rhythmischen Bewegungen ihre Bahn vor, entsprechend der Dehnungsregel. Der Antagonismus zwischen Beugern und Streckern ist auch bei den receptorischen Tieren die letzte Ursache für den Rhythmus. Er ist aber nicht die einzige. Schon bei den Sipunculus habe ich feststellen können, daß neben dem Antagonismus der Muskeln, die sich gegenseitig mechanisch dehnen, ein Antagonismus der Zentren vorhanden ist, demzufolge die Repräsentanten sich im gleichen Sinne gegenseitig beeinflussen wie ihre Gefolgsmuskeln. So erschlaffen die Retractoren, wenn die Erregung in die Repräsentanten der Ringmuskeln des Rüssels eindringt. Dabei ist es gleichgültig, ob die Ringmuskeln selbst noch in Verbindung mit ihren Zentren stehen oder nicht. Dadurch wird das rhythmische Arbeiten der Muskeln doppelt gesichert. Bei den höheren Tieren ist die gleiche Erscheinung unter dem Namen der „reziproken Innervation" bekannt (SHERRINGTON). Wird ein Agonist erregt, so erschlafft zugleich sein Antagonist und umgekehrt. Ein Schema hierfür findet

---

[1] MAGNUS: Zitiert auf S. 741.   [2] BOEHME: Erg. inn. Med. **17** (1919).

sich auf Seite 108 der Integrative Action of Nervous System. GRAHAM BROWN stellt in seinem Artikel im 15. Jahrgang der Ergebnisse nicht weniger als 8 Schemata für die reziproke Innervation zusammen. Er selbst entscheidet sich für einen Mechanismus „gegenseitiger Hemmung", welcher offenbar beim Sipunculus vorliegt.

Die strahlig gebauten Tiere, die sämtlich dem effektorischen Typus angehören, sind dadurch charakterisiert, daß die sich wiederholenden gleichen Gefügeteile, die den Körper bilden, nicht hintereinander, sondern nebeneinander angeordnet sind. Infolgedessen fehlt ihnen ein Vorderende, das den übrigen Gefügeteilen übergeordnet wäre. Ihre Bauart beruht auf einer streng durchgeführten Koordination. Die einzelnen Teile arbeiten nur deshalb einheitlich zusammen, weil sie nach einem einheitlichen Plan gebaut sind, demzufolge die völlig selbständige Reflextätigkeit eines jeden Organes ohne weiteres ihren Platz in der Gesamttätigkeit des Organismus erhält. Man kann wohl von einem Hunde sagen: wenn der Hund läuft, bewegt das Tier seine Füße — dagegen muß man sagen: wenn der Seeigel läuft, bewegen die Füße das Tier.

Deshalb war es von vornherein nicht angängig, im Radialnervensystem der Seeigel ein übergeordnetes Zentrum anzunehmen, analog dem Gehirn der höheren Tiere. In der Tat konnte ich mich auch davon überzeugen, daß vom Radialnervensystem keinerlei Direktiven den Stacheln und Zangen zuteil wurden, daß aber statt dessen der Tonus sämtlicher Muskeln unter dem dauernden Einfluß des Radialnervensystems stand. Wurde das Radialnervensystem durch Kohlensäure gelähmt, so fielen alle Stachel der Schwere nach herab. Daraus geht hervor, daß bei den Seeigeln ein gleiches „Tonusniveau" in allen Repräsentanten der Stachelmuskeln vorhanden ist, das vom Tonuszentrum im Radialnervensystem reguliert wird.

Das Tonusniveau und die Tonuszentren bei den effektorischen Tieren gründlich erforscht zu haben, ist das Verdienst JORDANS[1]. Er untersuchte die Einwirkung der Last auf das Tonusniveau, unter Ausschaltung des Reizes. Als besonders geeignetes Objekt wählte er die hohlmuskeligen Tiere, weil bei ihnen die Last eine ganz besondere Rolle spielt. Diese Tiere stehen nämlich unter dem steten Druck ihrer Binnenflüssigkeit und verdanken diesem Druck ihre normale Gestalt. Um den Druck dauernd gleich zu erhalten, müssen sämtliche Muskeln die gleiche Maximalsperrung bewahren. Dazu bedürfen sie eines sich dauernd gleichbleibenden Tonusniveaus ihrer Repräsentanten.

Die Aktinien besitzen kein Tonuszentrum, bei ihnen hat aber JORDAN feststellen können, daß die Muskeln einer schweren Last noch Widerstand zu leisten vermögen, solange sie im Zusammenhang mit einer größeren Partie unbelasteter Muskeln stehen. Schneidet man diese ab, so geben die belasteten Muskeln nach und werden gedehnt. Der gesamte in den Nervennetzen und in den Repräsentanten der unbelasteten Muskeln vorhandene Tonus unterstützt die Repräsentanten der belasteten Muskeln. Wäre der Tonus in einem Zentrum zusammengefaßt, so könnte ein solches Tonuszentrum den Tonus in den Repräsentanten sowohl steigern als herabsetzen. Beides geschieht in der Tat wie JORDAN in seinem Helixversuch gezeigt hat (Abb. 136). Eine Schnecke wurde der Länge nach gespalten. Die beiden Hälften blieben aber noch durch das Pedalganglion in nervösem Zusammenhang untereinander. An das eine Muskelband wurde ein Zeiger befestigt, der die Verschiebungen des Bandes anzeigte. Dasselbe trug zugleich eine leichte Last, die es nicht dehnte. Nun wurde dem unbelasteten Muskelbande eine schwere Last angehängt und sofort sank der Zeiger, als Zeichen dafür, daß

---
[1] JORDAN: Zitiert auf S. 741.

der Tonus des Pedalganglions jetzt nicht mehr ausreiche, um die zum Tragen der leichten Last nötige Sperrung aufzubringen. Daraus geht hervor, daß es die Aufgabe des Pedalganglions ist, das gleiche Tonusniveau in allen Repräsentanten aufrecht zu erhalten. Je schwerer die Last ist und je größer die Zahl der belasteten Muskeln ist, um so mehr Tonus muß es abgeben, bis sein Vorrat erschöpft ist.

Daß das Pedalganglion nicht nur Tonus abgibt, sondern auch an sich zieht, konnte JORDAN ebenfalls beweisen, indem er das unbelastete Muskelband mit Cocain lähmte. Dann sank der Zeiger gleichfalls herab, weil nun die Tonuszufuhr aus dem ungedehnten Gebiet zum Pedalganglion ausblieb und der Eigentonus des Ganglions nicht ausreichte, um die nötige Sperrung für die leichte Last aufzubringen.

An der großen Meeresschnecke Aplysia konnte JORDAN zeigen, daß bei ihr das Pedalganglion dazu dient, um das Tonusniveau in den Nervennetzen dauernd herabzusetzen. Wird das Pedalganglion entfernt, so steigt die Sperrung in der gesamten Muskulatur. Das gleiche geschieht, wenn der Tonus im Ganglion durch Kochsalzbehandlung zum Steigen gebracht wird. Dagegen sinkt die maximale Sperrung der Muskeln, wenn man durch leichte Cocainlähmung den Tonus im Pedalganglion herabsetzt.

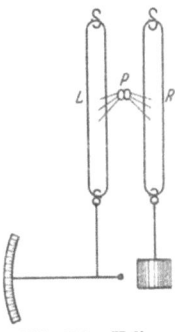

Abb. 136. Helix-Dehnungsversuch. *L* linkes, *R* rechtes Muskelband, *P* Pedalganglion. (Nach JORDAN, aus MAGNUS: Körperstellung.)

Es wird in dem Repräsentanten von Aplysia dauernd ein Überschuß an Tonus erzeugt, der vom Pedalganglion auf das richtige Niveau herabgedrückt wird. Dadurch wird für eine gleichbleibende maximale Sperrung der Muskulatur Sorge getragen, die ihrerseits den Binnendruck auf der richtigen Höhe erhält. Damit ist die Grundlage geschaffen, die ein geregeltes Ablaufen der Bewegungsfolgen ermöglicht. Der anatomische Bau der Muskulatur setzt einen bestimmten Antagonismus fest, der eine geregelte Peristaltik nach der Dehnungsregel ermöglicht.

Sehr merkwürdig ist es nun, daß Aplysia außer dem Pedalganglion noch ein zweites Tonuszentrum im Cerebralganglion besitzt, dessen Aufgabe darin besteht, die Erregbarkeit des Tieres herabzusetzen. Diese ist nach Entfernung des Cerebralganglions so hoch, daß Aplysia auf den geringsten Anlaß in ein dauerndes Schwimmen verfällt. Behandlung des Cerebralganglions mit Kochsalz steigert, Lähmung durch Cocain vermindert die Erregbarkeit.

Dies beweist, daß der sehr einfach gebaute Fortbewegungsapparat, solange das Tonusniveau vom Pedalganglion festgehalten wird, immer bereit ist, in Aktion zu treten. Es ist nichts dazu nötig als die Erregung einer Tonuswelle durch die Receptoren des Kopfes, die entsprechend der Dehnungsregel die reihenweise angeordneten Antagonisten nacheinander ein- und ausklinkt. Das Cerebralganglion beherrscht das Eintreten und die Dauer der Fortbewegung, indem es das Tonusniveau bald herauf-, bald herabsetzt.

Die Analogien zu diesem Verhalten sind bei den effektorischen Zentren höherer Tiere sehr eindrucksvoll. Bekanntlich verfallen die Extremitäten der Katze (wie SHERRINGTON zuerst gefunden) nach der Enthirnung einer Starre, die sich in einer hohen Maximalsperrung ihrer Strecker äußert. Es ist dies eine tonische Wirkung, die von bestimmten Zentren der Medulla ausgeht. MAGNUS[1] hat nun gezeigt, daß man diesen Tonus tonisch beeinflussen kann durch veränderte Kopfstellung (receptorische Hals- und Labyrinthwirkungen). Er schreibt:

---

[1] MAGNUS: Zitiert auf S. 741.

„Alle hier wiedergegebenen Kurvenbeispiele zeigen übereinstimmend, daß bei den tonischen Hals- und Labyrinthreflexen der Muskel bei gleichbleibendem Gewicht verschiedene dauernde Längen annimmt. Es handelt sich jeweils um Ruhelagen."

„Bei Versuchen mit sehr lebhaften Reflexen kann es vorkommen, daß der tonische Zustand der Extremitäten unterbrochen wird durch Anfälle von sehr heftigen alternierenden Laufbewegungen. Diese erfolgen niemals bei minimalem, sondern nur bei mittlerem bis maximalem Gliedertonus. Sie lassen sich auch, wenn sie noch so hochgradig sind, jederzeit sofort hemmen, indem man durch Änderung der Kopfstellung den Strecktonus herabsetzt."

In beiden Fällen sowohl bei Aplysia wie bei der Katze ist der gesamte Apparat, der zur Fortbewegung dient, nämlich Muskeln, Repräsentanten und Nervennetze, das „Gehwerk", wie man es nennen kann, anatomisch gegeben und arbeitet ganz automatisch, wenn ein bestimmtes Tonusniveau vorhanden ist. Durch Senkung des Tonusniveaus kann das Gehwerk jederzeit angehalten werden. Diese Aufgabe ist einem Tonuszentrum übertragen, das dadurch die Herrschaft über das Gehwerk ausübt, ohne in das Getriebe regelnd einzugreifen. Das Tonuszentrum wird seinerseits von den Receptoren aus beeinflußt.

Sobald ein Tier die Flucht ergreift, verwandelt es sich sozusagen in ein automatisches Tier, denn sein automatisch arbeitendes Gehwerk übernimmt die Herrschaft über den ganzen Organismus. Von den automatischen Tieren, wie den Hochseemedusen, die ununterbrochen mit dem Schirme schlagen, kann man sagen, daß sie ihr lebelang — vom rastlos bohrenden Sipunculus kann man sagen, daß er den größten Teil seines Lebens auf der Flucht verbringt.

Man kann die Tiere einteilen in einfache Automaten, die nur ein einziges Gehwerk besitzen wie die Hochseemedusen, und in vielfache Automaten wie Aplysia, die neben einem „Kriechwerk" auch ein „Schwimmwerk" besitzt. Meist kommt noch ein „Freßwerk" hinzu.

Bei manchen Insekten (Bienen usw.) sind die Werke hintereinander geschaltet. Im Kopf ein Freßwerk, in der Brust ein Flugwerk und ein Gehwerk, im Hinterleib ein Stechwerk. Alle Werke werden von Tonuszentren durch Senkung und Hebung des Tonusniveaus ein- und ausgeschaltet. An Krebsen und Libellenlarven hat das MATULA[1] näher untersucht.

Bei den Wirbeltieren sind die Werke so ineinander geschachtelt, daß ihre Analyse auf große Schwierigkeiten stößt. Doch sind auch dort einzelne von ihnen gut umschrieben worden, z. B. der Kratzreflex des Hundes durch SHERRINGTON[2]. Dieser stellt keinen bloßen Reflex dar, sondern ist der Ausdruck eines automatisch arbeitenden Kratzwerkes.

Solange ein jedes Werk seinen besonderen Muskelapparat benutzt, ist die Analyse leicht durchzuführen. Immer wird man finden, daß der antagonistische Bau der Muskeln und die Dehnungsregel in der Hauptsache genügen, um einen Einblick in das Werk zu erhalten, dessen Herrschaft einem Tonuszentrum anvertraut ist.

Erst wenn die gleichen Muskeln in den verschiedenen Werken in anderer Reihenfolge arbeiten, beginnt die Schwierigkeit der Analyse. Denn dann handelt es sich um kaum erkennbare zentrale Faktoren, die man auseinanderhalten muß.

Alle bisher besprochenen Werke sind zur geregelten Ausführung von Bewegungen gebaut. Es gibt aber noch ein Werk, das die Ruhestellung der Tiere beherrscht und das man deshalb das „Stellwerk" nennen kann. Die regulären Seeigel besitzen überhaupt kein Gehwerk, sondern nur ein Stellwerk, das dafür sorgt, daß die Muskeln der zahlreichen Organe, wie Stacheln, Zangen und Schwellfüßchen, stets mit dem ihnen zukommenden Tonus versehen sind. Sonst kennen diese

---

[1] MATULA: Zitiert auf S. 741.

[2] SHERRINGTON: Zitiert auf S. 741. — Siehe auch LIDDEL u. SHERRINGTON: Proc. roy. Soc. Lond. B, **96** (1907).

Tiere nur Reflexe auf äußere Reize, die in die „Reflexrepublik" des koordinierten Organismus planmäßig eingeordnet sind.

Die Herzigel besitzen bereits ein Gehwerk, das ihre Stacheln im gleichen Takt arbeiten läßt. Es beruht auf sehr exakt gebauten Nervennetzen, die den Repräsentanten der gedehnten Muskeln gleichzeitig mit Tonus speisen. Wenn ich vom Seeigel sagte: bei ihm bewegen die Füße das Tier, so muß man vom Herzigel bereits sagen: bei ihm bewegt ein Gehwerk die Füße.

Von dem hohlmuskeligen Tieren gilt im allgemeinen, daß das Pedalganglion das Stellwerk, das Cerebralganglion aber die Gehwerke für Schwimmen und Kriechen beherrscht.

Ich habe schon darauf hingewiesen, von welcher Bedeutung das Stellwerk für die höheren Tiere mit ihrem labilen Gleichgewicht ist. Eine ganz besondere Rolle spielt es beim Menschen, der sich fast unabhängig von den Werken (mit Ausnahme des Gehwerkes) gemacht hat, dessen vielfältige Handlungen immer neue Muskelfolgen erzeugen, auf die sich das Stellwerk dauernd einstellen muß.

Verfolgt man die Tierreihe vom receptorischen Menschen bis herab zu den effektorischen Strahltieren, so sieht man, wie die Werke eine immer größere Bedeutung gewinnen gegenüber den Reflexen, die immer den Gradmesser für den Einfluß der Reize abgeben. Es verschiebt sich die Orientierung des Bautypus immer mehr vom Reiz zur Last. Schließlich bleibt nur eine Reflexart nach, dessen richtige Muskeln dem Reizort zunächst liegen. Davon machen auch die regulären Seeigel mit ihren zahlreichen Reflexpersonen keine Ausnahme. Dafür wächst die Bedeutung der Dehnungsregel, welche die Grundlage fast aller Werke bildet.

SHERRINGTONS allgemeines Wegschema[1] des Nervensystems kennt den Unterschied zwischen Reflex und Werk nicht. Es ist für den reinen receptorischen Bautypus entworfen, der im wesentlichen nur Reflexe benutzt, und vernachlässigt infolgedessen die Last zugunsten des Reizes. Nur die Bahnen der receptorischen Neuronen werden als Privatwege anerkannt, dagegen die Verbindungen zwischen den effektorischen Neuronen, d. h. den Repräsentanten und ihren Gefolgsmuskeln, als letzte gemeinsame Strecke behandelt, die von allen Erregungen, sie mögen stammen, woher sie wollen, beschritten werden müssen.

Das einseitig durchgeführte Schema hat für die effektorischen Nervensysteme keine Geltung. Bei ihnen steht die Last im Vordergrunde und der Weg zwischen Repräsentant und Gefolgsmuskel wird zum Privatweg des Muskels, der sein Neuron tonisch beeinflußt.

Das Schema SHERRINGTONS legt das Schwergewicht auf die „Synapsen", d. h. die unerforschten Scheidewände zwischen den Neuronen, und geht dadurch der Frage nach dem Wesen der Erregung aus dem Wege. Mir scheint, daß es ein vergebliches Bemühen ist, die synaptischen Apparate zu erforschen, bevor man sich darüber im reinen ist, worauf diese Apparate eingestellt sind.

Nun sind wir weit davon entfernt, etwas Sicheres über das Wesen der Erregung aussagen zu können. Aber das Vorkommen zweier Erregungsarten zwingt uns doch, wenn auch nur vorläufig, zu dieser Tatsache Stellung zu nehmen. Ich habe daher die Behauptung aufgestellt: Die Erregung benimmt sich im Nervensystem, *als ob* ein Fluidum vorhanden wäre, das nicht nur diskontinuierliche Druckwellen überträgt, sondern auch einen kontinuierlichen Druck ausübt, der entsprechend der Zunahme oder Annahme seiner Menge wechselt.

Dies ist keine notwendige Hypothese, sondern bloß eine nützliche Fiktion, die uns die Übersicht über die Forschungsergebnisse erleichtern soll. Die Neurone werden dann zu aktiven Reservoiren für den Tonus, die teils dazu dienen, das Flui-

---

[1] SHERRINGTON: Zitiert auf S. 741.

dum aufzunehmen oder auszustoßen. Auch sind sie imstande diskontinuierliche Druckwellen zu erzeugen.

Ähnliche Vorstellungen liegen, trotz der allgemeinen Ablehnung der Fluidumfiktion, vielen Forschern nahe, so schreibt MAGNUS: „Die beiden Reflexgruppen, die tonischen Halsreflexe und die tonischen Labyrinthreflexe, addieren sich nun einfach algebraisch in ihrer Wirkung auf die einzelnen Muskeln." Hier handelt es sich um positive und negative kontinuierliche Wirkungen, die von zwei Stellen auf eine dritte ausgeübt werden. Wenn man diesen Wirkungen überhaupt eine Vorstellung zugrunde legen will, so liegt die eines Fluidums am nächsten.

JORDAN kommt zum Schluß, daß die vom Pedal wie vom Cerebralganglion ausgehende Hemmung, d. h. die Herabsetzung des Tonusniveaus einer Tonusvernichtung, durch diese Ganglien zuzuschreiben ist. Auch hier liegt die Vorstellung eines Fluidums sehr nahe.

v. BUDDENBROCK[1] schreibt in seinem Grundriß der vergleichenden Physiologie, dem ersten Lehrbuch auf diesem Gebiet, das allen Anforderungen gerecht wird:

„Es ergibt sich aus dieser Lehre als Wichtigstes, daß sich im Zentralnervensystem ‚stoffliche und quantitative' Vorgänge abspielen, so daß man berechtigt ist, von einer bestimmten ‚Menge' von Nervenenergie zu reden, so gut wie von einer Wärmemenge. Da diese Anschauung, die im wesentlichen auf UEXKÜLL, JORDAN und MATULA zurückführt, sehr heftig angegriffen worden ist, so sei betont, daß sie in keiner Weise dem Bilde zuwiderläuft, das man sich von den Vorgängen im Nerven berechtigterweise macht."

Auch für die Wärme war lange Zeit, als man noch nicht tiefer in ihr Wesen eingedrungen war, die Vorstellung eines Fluidums angemessen und fruchtbar.

Jedenfalls erleichtert uns die Vorstellung eines Fluidums[2] das Entwerfen des Bildes eines arbeitenden Werkes, wenn wir uns das beherrschende Tonuszentrum als Zentrale der Nervennetze mit den ihnen angeschlossenen Repräsentanten im Austausch von Druck und Menge begriffen vorstellen. Besonders anschaulich gestalten sich die Vorgänge, die entsprechend der Dehnungsregel ablaufen, wenn die Neurone der gedehnten Agonisten sich nach dem Nervennetz zu öffnen, die Neurone der verkürzten Antagonisten sich schließen.

---

[1] v. BUDDENBROCK: Grundriß der vergleichenden Physiologie, S. 7. Berlin: Bornträger 1924.

[2] GRAHAM BROWN bespricht (Erg. Physiol. 15) die Theorie McDOUGALLs, nach der die nervösen Impulse in einem Fließen von „Neurin" bestehen sollen.

Reflexumkehr.
Starker und schwacher Reflex[1].

Von

J. v. UEXKÜLL

Hamburg.

Mit 3 Abbildungen.

Mit dem Wort Reflexumkehr werden sehr verschiedene Vorgänge im Nervensystem bezeichnet, die aber das eine gemeinsam haben, nämlich die Fähigkeit, die Erregung im Gegensatz zu den allgemeinen Reflexregeln den „richtigen Muskeln" zuzuleiten und sie „richtig" arbeiten zu lassen.

Es hat sich herausgestellt, daß die beiden Hauptfunktionen der Muskeln, Lasten zu tragen und getragene Lasten zu heben im wesentlichen von den Muskeln automatisch ausgeübt werden. Ob das eine oder das andere geschieht, hängt lediglich von der Größe der Sperrung in den Muskeln ab, nach der einfachen Formel: Ist die Sperrung gleich der Last[2], so wird sie bei jeder Länge der Muskelfasern getragen — ist die Sperrung größer als die Last, so wird sie gehoben — ist sie kleiner als die Last, so gibt der Muskel nach.

Die Sperrung ist ihrerseits der Ausdruck des im Muskel herrschenden Tonus. Es hängt daher nur von der Höhe des Tonus ab, wie der Muskel sich der Last gegenüber verhält. Die Höhe des Tonus wird immer vom Repräsentanten bestimmt, und es ist dabei ganz gleichgültig, ob die Tonusübertragung auf kontinuierliche oder diskontinuierliche Weise vor sich geht.

Nach der Dehnungsregel ist der Repräsentant eines gedehnten Muskels nach dem Nervennetz hin eingeklinkt und bildet einen Anziehungspunkt für jede in den Netzen auftretende Erregung. Ich habe gezeigt[3], wie in allen auf den Antagonismus der Muskeln aufgebauten Werken — gleichgültig, welchen Zwecken sie dienen, ob dem Laufen, Schwimmen, Fliegen oder Fressen — von dieser Einrichtung Gebrauch gemacht wird. Es ist in diesen Fällen der gedehnte Muskel auch ohne weiteres der richtige Muskel.

Ebenso grundlegend war die Erkenntnis, die wir hauptsächlich BETHE[4] verdanken, daß bei allen Reflexen der niederen Tiere, deren Nervensystem aus einfachen Netzen besteht, der dem Reizort zunächst liegende Muskel einen Anziehungspunkt bildet. Wir können daraus für die Reflexe die Regel aufstellen: Jeder Repräsentant eines Muskels nimmt die von dem ihm räumlich nächsten Receptor ausgehende Erregung auf.

---

[1] Zusammenfassende Darstellungen: Siehe vorhergehenden Aufsatz: Gesetz der gedehnten Muskeln.

[2] Bei den Menschen kann die Vorstellung einer Last an Stelle der Last treten.

[3] Gesetz der gedehnten Muskeln.

[4] BETHE: Allgemeine Anatomie und Physiologie des Nervensystems. Leipzig: G. Thieme 1903.

Auf diese Weise ist für jede im Nervensystem auftretende Erregung von vornherein ein doppeltes Ziel gesteckt, das der Erregung die nötige Direktive erteilt, wohin sie sich zu wenden hat, um den richtigen Muskel zu erreichen.

Ein drittes Ziel der Erregung findet sich bei den wurmförmigen Tieren, das sich meist am Vorderende befindet. Ich habe es das *Tonustal* genannt, weil der Tonus nach Art eines Fluidums ihm zuzufließen scheint[1]. Am besten läßt sich das Tonustal beim Sipunculus untersuchen, bei dem es aber nicht am Vorderende, sondern zwischen dem dritten und dem letzten Viertel, im sog. Griff gelegen ist. Jeder Reiz, der irgendwo die Receptoren der Haut erregt, zeigt seine Wirkung, abgesehen von der lokalen Antwort, in den dem Reizort zunächst gelegenen Muskeln, immer in den Muskeln des Griffes. Von dort aus schreitet die Muskelverkürzung sowohl nach vorn wie nach hinten weiter und setzt das Bohrwerk in Tätigkeit. Schneidet man den Bauchstrang zwischen Reizort unf Griff durch, so kann die Erregung nicht bis zum Tonustal gelangen. Dafür verkürzen sich die Muskeln an der Durchschneidungsstelle, die nun für das alte Tonustal einspringt.

Das Tonustal bedeutet, daß die in einer Reihe angeordneten Repräsentanten im Bauchstrang nicht die gleiche Erregbarkeit besitzen, sondern daß jeder folgende Nachbar etwas erregbarer ist als der vorhergehende, bis zu einer organisch festgelegten Stelle, wo die Erregbarkeit am größten ist und daher die dort angeschlossenen Gefolgsmuskeln zuerst ansprechen. Hier liegen die „richtigen Muskeln" im Tonustal. Bei den meisten Würmern befinden sich die richtigen Muskeln an Vorderende, und dementsprechend ist das Tonustal in die dortigen Repräsentanten verlegt.

Schneidet man z. B. einem Blutegel den Kopf ab, so beginnen die auf Reizung jeder beliebigen Körperstelle einsetzenden Schwimmbewegungen stets am Vorderende.

Neben den drei allgemeinen Zielen, welche die Erregung auf dem Wege der allgemeinen Nervennetze erreichen kann, treten sehr früh, dank der Abspaltung isolierter Nervenbahnen, bestimmte Repräsentanten als spezielle Ziele auf, wenn die Tätigkeit ihrer Gefolgsmuskeln für den jeweiligen Organismus von Wichtigkeit sind. Sie spielen bereits bei den Tentakeln der Actinien eine Hauptrolle, deren Receptoren für chemischen Reiz mit den Repräsentanten der Ringmuskeln und deren Receptoren für mechanischen Reiz mit den Repräsentanten der Längsmuskeln in ausschließlicher Verbindung stehen.

Von den drei allgemeinen Zielen sind zwei organisch festgelegt, nämlich die Tonustalmuskeln und die Nachbarmuskeln des Reizortes. Dagegen sind die gedehnten Muskeln funktionell gegeben und wechseln von Fall zu Fall.

Es ist nicht logisch, von Reflexumkehr zu sprechen in den Fällen, wenn durch veränderte Ruhelage eines Gliedes einmal der gedehnte Agonist, ein andermal der gedehnte Antagonist auf den gleichen Reiz antworten. Denn hierbei ist das gesetzlich gegebene Ziel jedesmal erreicht und damit der prinzipiell gleiche Reflex ausgelöst worden.

Auch entspricht es nicht dem Wortsinn, wenn man von Reflexumkehr redet, wo ein Widerstreit zweier Ziele vorliegt — wie beim Arm des Schlangensternes, dessen gedehnte Agonisten den Tonus stärker an sich ziehen als die dem Reizort zunächstliegenden Antagonisten[2].

Näher kommen wir schon dem Begriff der Reflexumkehr, wenn die dem Reizort zunächst liegenden Muskeln zwar antworten, aber in entgegengesetzter Weise antworten. Ophioderma longicauda bietet uns ein typisches Beispiel da-

---

[1] UEXKÜLL: Studien über den Tonus I: Bauplan des Sipunculus. Z. Biol. **44** (1903).
[2] In seiner Kritik meiner Versuche an Schlangensternen hat MANGOLD [Pflügers Arch. **26**] gänzlich übersehen, daß es sich um einen Widerstreit zweier Reflexe handelt.

für[1]. Reizt man einen ihrer langen Arme an beliebiger Stelle mit einem Kochsalzkrystall, so verfallen die nach der Armspitze zu gelegenen Muskeln der äußersten Verkürzung und Sperrung. Der ganze periphere Armteil wird steif wie ein Stock. Umgekehrt verhalten sich die körperwärts gelegenen Muskeln, sie verlieren ihren Tonus in so hohem Grade, daß sie einer völligen Erweichung anheimfallen. Die einzelnen Armwirbel können dann ohne Anstrengung voneinander getrennt werden.

Die gleiche Erscheinung bietet der Schleifenreflex des Blutegels[2]. Schlingt man um einen Blutegel irgendwo im vorderen Drittel seines Körpers eine Schleife und zieht sie langsam zu, so verkürzen sich die Längsmuskeln hinter der Schleife, während sie vor ihr erschlaffen. Dann erschlaffen die Ringmuskeln hinter der Schleife und verkürzen sich dicht vor ihr. Auf diese Weise entsteht eine ringförmige Einschnürung dicht vor der Schleife und ein verdickter Wulst dicht hinter ihr. Infolgedessen rutscht die Schleife, von Wulst und Einschnürung begleitet, nach vorn, bis sie abgestreift ist.

Auch in solchen Fällen möchte ich nicht von Reflexumkehr, sondern lieber von „Reflexspaltung" reden. Die Rolle der Repräsentanten, die ihre Gefolgsmuskeln nach einer Seite hin mit Tonus versehen, nach der andern Seite hin ihnen den Tonus entziehen, ist noch gänzlich ungeklärt. Sicher ist nur, daß die Richtung, aus der die Erregung kommt, das Entscheidende ist.

Die Reflexspaltung ist auch entscheidend für das Auftreten und die Richtung der peristaltischen Bewegungen im Darm. TRENDELENBURG[3] schreibt: „Neben dem ‚Zustand von Erregung und vermehrter Kontraktion' oberhalb der gedehnten Stelle (des Darmes) fanden weiterhin BAYLISS und STARLING unterhalb derselben ‚Hemmung und Erschlaffung'." Das heißt eine ausgesprochene Reflexspaltung, die die Peristaltik einleitet, welche dann nach dem ‚Gesetz der gedehnten Muskeln' weiter verläuft.

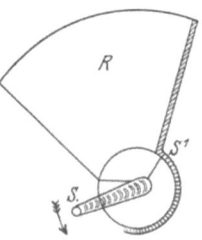

Abb. 137. Reflexumkehr am Seeigelstachel. R Reizstelle, S, Schnitte, die die reizzugewandten Muskeln von den Reiz abgewandten isolieren. S Stachel.

Die echte Reflexumkehr tritt bei den Seeigelstacheln[4] scharf umrissen hervor. Um sie zu erforschen, sprengt man ein Stück Schale heraus (Abb. 137), die einen normalen Stachel und außerdem ein Stück Haut trägt, die man zur Reizung benutzen will. Der Nervenring wird beiderseits durchschnitten zum Beweise, daß die Erregung nicht zu den jenseitigen Muskeln hinüberfließt. Nun wird die Haut mechanisch gereizt, immer antwortet der Stachel mit einem Hinneigen zum Reizort. Die vom Reiz ausgelöste Erregung ruft Sperrung und Verkürzung in den dem Reizort zunächst liegenden Muskeln hervor.

Setzt man aber auf die Haut einen Kochsalz- oder Caffeinkrystall, so ist der Erfolg der umgekehrte. Der Tonus in den Gefolgsmuskeln der von der Erregung getroffenen Repräsentanten sinkt. Sie verlieren ihre Sperrung, mit der sie bisher der Sperrung ihrer Antagonisten die Wage hielten, die Antagonisten erhalten dadurch Gelegenheit sich zu verkürzen und ziehen den Stachel vom Reizort fort.

Das Merkwürdigste ist nun, daß die Muskeln der Giftzangen sich umgekehrt verhalten wie die Stachelmuskeln, anstatt sich dem Reizort auf mechanischen Reiz zuzuneigen, neigen sie sich von ihm fort und erst auf den chemischen Reiz, der die Stacheln zum Fliehen brachte, neigen sie sich dem Reizort zu.

---

[1] UEXKÜLL: Studien über den Tonus II: Die Bewegungen der Schlangensterne. Z. Biol. **46** (1904).
[2] UEXKÜLL: Studien über den Tonus III: Die Blutegel. Z. Biol. **46** (1905).
[3] TRENDELENBURG, PAUL: Bewegungen des Darmes. Ds. Handb. **3**.
[4] UEXKÜLL: Die Physiologie des Seeigelstachels. Z. Biol. **37** (N. F. **19**) (1899).

Wenn man das Hinneigen zum Reizort den *schwachen Reflex*, das Wegneigen den *starken Reflex* nennt, so beantworten die Stachelmuskeln den mechanischen Reiz mit dem schwachen, den chemischen Reiz aber mit dem starken Reflex, während die Muskeln der Giftzangen sich umgekehrt verhalten.

Wird ein Seeigelstachel, der sich noch unter dem Einfluß eines chemischen Reizes befindet, der die starke Reflexform zur Folge hat, mechanisch gereizt, so antwortet er nicht mit dem diesem Reiz entsprechenden schwachen Reflex, sondern mit dem starken. Das Analoge finden wir bei der Giftzange des Seeigels. Ist diese durch eine chemische Reizung in die ihr entsprechende schwache Reflexform versetzt worden, so antwortet sie auf mechanischen Reiz nicht mit dem normalen starken, sondern mit dem schwachen Reflex.

Die Seeigel erläutern und ergänzen durch dieses Verhalten die von GRAHAM BROWN[1] für die Antagonisten der Wirbeltiere aufgestellte Regel: „ein Reiz, welcher einen von Zwillingsantagonistenzentren in Tätigkeit versetzen kann (und reziprok die Tätigkeit des anderen herabsetzen kann), wird dazu neigen, dasjenige zu aktivieren, welches sich zu der Zeit schon in einem Zustand relativ erhöhter Tätigkeit befindet" — und wird zugleich dazu neigen, die herabgesetzte Tätigkeit des anderen Zentrums weiter herabzusetzen —, braucht man bloß hinzuzufügen.

Auch diese den normalen Erfolg ändernde Wirkung, die einem voraufgegangenen Reize zugeschrieben werden muß, wird man als Reflexumkehr bezeichnen dürfen.

Dagegen sind die von VERZÁR[2] als Reflexumkehr durch Ermüdung gedeuteten Ercheinungen bei Wirbeltieren durch BERITOFF[3] auf die Reizung verschiedener Nervenbahnen, die getrennten, aber sich überdeckenden Rezeptivfeldern angehören, zurückgeführt worden. Er stellte fest, daß „Umkehr des Beugereflexes in den Streckreflex bei Anwendung des elektrischen Reizes regelmäßig nur in dem Falle vor sich geht, wenn das gereizte Gebiet als Rezeptivfeld beider Reflexe dient", und zieht daraus den Schluß: „Wird die Reizung auf einen bestimmten Hautabschnitt streng lokalisiert und wird dadurch ein Koordinationsapparat in Tätigkeit geraten, so ist weder eine dauernde noch eine wiederholte Reizung imstande, den vorhandenen Reflex umzukehren".

Es liegt nach BERITOFFS Untersuchungen nahe, für alle nociceptiven Reflexe eigene Reflexfelder anzunehmen.

Die größten Schwierigkeiten bietet das Problem der Reflexumkehr bei den Krebsen. Sowohl nach den Untersuchungen von HOFFMANN[4], wie von GROSS und mir[5] und TIRALA und mir[6], muß man annehmen, daß die Nervenendigung im Muskel zugleich die Rolle des letzten Neuron spielt und daß die scheinbar motorischen Muskelnerven in Wahrheit intrazentrale Nervenbahnen darstellen.

Diese intrazentralen Bahnen zerfallen, wie bereits BIEDERMANN[7] annahm, in hemmende und erregende. Der histologische Befund ergibt, daß in jede Muskelfaser stets zwei Nervenfasern von verschiedener Stärke münden. Das physio-

---

[1] BROWN, GRAHAM: Erg. Physiol. **13** (1913).
[2] VERZÁR: Reflexumkehr. Pflügers Arch. **183** (1920); **199** (1923).
[3] BERITOFF: Beiträge zur Lehre von der Reflexumkehr. Pflügers Arch. **200** II (1923) — Über Reflexumkehr usw. Ebenda **201** II (1923).
[4] HOFFMANN, PAUL: Über die doppelte Innervation der Krebsmuskel. Z. Biol. **65** (1914).
[5] UEXKÜLL u. GROSS: Studien über den Tonus VII: Die Schere des Flußkrebses. Z. Biol. **60** (1913).
[6] UEXKÜLL u. TIRALA: Über den Tonus bei den Konstazeen. Z. Biol. **65** (1914).
[7] BIEDERMANN: Beiträge zur allg. Nerv- und Muskelphysiologie (19. 20. u. 21. Mitt.). Sitzgsber. Akad. Wiss. Wien, Math.-naturwiss. Kl. III **1886**, 78, 88 — Zur Kenntnis der Nerven- und Nervenendigungen in den quergestreiften Muskeln der Wirbellosen. Ebenda **1887**.

logische Experiment hat ergeben, daß die dünnere Faser die hemmende, die dickere die erregende ist.

In der Regel bilden alle dicken Nervenfasern, die zu den Muskelfasern des gleichen Muskels führen, ein gemeinsames leitendes Netz, das strangförmig dem Muskel aufliegt.

Bei Reizung der distalen Partien dieses Stranges antworten nicht bloß die distal, sondern auch die proximal gelegenen Muskelfasern[1].

Man muß aber annehmen, daß sich neben dem Reiz erregender Nervenfasern ein von diesem isoliertes Netz hemmender Nervenfasern im gemeinsamen Strang befindet.

Soweit liegen die Verhältnisse relativ einfach, und man könnte annehmen, daß vom Bauchstrang aus durch abwechselnde Erregung der hemmenden und erregenden Netze die gesamten Bewegungen der Extremitäten geregelt werden könnten. (Die Extremitäten der Krebse bestehen aus röhrenförmigen Gliedern, die durch Scharniergelenke miteinander verbunden sind. Ein jedes Glied wird durch ein Muskelpaar bewegt, das in der benachbarten proximalen Röhre gelegen ist.)

Es kommt aber noch eine Komplikation hinzu, die als Reflexumkehr in Verbindung mit reziproker Innervation angesprochen werden muß. Sie besteht darin, daß ein jedes Nervennetz auf starke Reize anders anspricht wie auf schwache. Spricht im Agonisten eines Muskelpaares das hemmende Netz auf schwache Reize an, so tut dies im Antagonisten das erregende Netz. Für starke Reize kehrt sich das Verhältnis um: im Agonisten antwortet jetzt das erregende und im Antagonisten das hemmende. Dadurch ist dafür gesorgt, daß bei jeder Reizstärke alle Fasern eines Muskels den gleichen Befehl erhalten und daß der Befehl für die Muskelfasern des Antagonisten umgekehrt lautet wie für die Fasern des Agonisten.

Es tritt also bei den Muskeln des gleichen Paares bei steigender Reizstärke an einem bestimmten Punkt eine Reflexumkehr im entgegengesetzten Sinne ein. Der schwache Reflex des einen Muskels schlägt in dem starken um und zugleich schlägt der schwache Reflex des anderen Muskels in dem schwachen um.

In den Muskeln, die das zweite Glied des Geschlechtsbeines der Languste versorgen, tritt bei weiter gesteigerter Reizung eine nochmalige Reflexumkehr auf.

Da im großen und ganzen die Achsen der aufeinanderfolgenden Gelenke einer Extremität im rechten Winkel zueinander stehen, so entsprechen sich immer die übernächsten Gelenke, und ihre in gleicher Richtung arbeitenden Muskeln stehen auch in gleichartigen Beziehungen zu den Stromstärken. Auf diese Weise wird die Bewegung der ganzen Extremität bei gleicher Reizstärke gewährleistet. So strecken sich im allgemeinen die Krebsbeine auf schwachen Reiz nach außen und beugen sich auf starken Reiz nach der Mittellinie. Da aber die Reizgrenzen, an der der Umschlag erfolgt, bei den verschiedenen Muskelpaaren in hohem Maße voneinander abweichen, so ist dadurch die Möglichkeit geboten, bei steigender Reizstärke sehr verschiedene Kombinationen der Gelenkstellungen zu erzielen.

Wenn man die Reflexumkehr in den Mittelpunkt der Betrachtung stellt, so kann man, den Vergleich mit den Seeigelmuskeln aufnehmend, sagen, bei den verschiedenen Muskelpaaren benimmt sich immer der Antagonist wie die Muskeln des Seeigelstachels und der Agonist wie die Muskeln der Giftzange.

Es lassen sich auf diese Weise sämtliche Bewegungen auf die Reflexumkehr bei verschiedenen Reizgrenzen zurückführen. Dann erscheint aber die Trennung der Nervenfasern in erregende und hemmende als eine überflüssige Komplikation. Daraus ersieht man, wie weit wir noch von einem wirklichen Verständnis entfernt sind.

---

[1] Wenn HOFFMANN dieses Netz als Achsenzylinder bezeichnet, so ist das nur eine andere Ausdrucksweise für die gleiche Tatsache.

Das liegt hauptsächlich daran, daß das letzte Neuron sich bei den Krebsen nicht von der Nervenendigung im Muskel trennen läßt, wie das bei den anderen Tieren der Fall ist. Auf das Verhalten des letzten Neuron spitzt sich aber das Interesse immer mehr zu; in ihm müssen wir den Schlüssel zur Lösung des ganzen Bewegungsproblems der Muskeln suchen.

Das letzte Neuron dient nicht nur als Wegweiser zum „richtigen Muskel", sondern sorgt auch durch Steigerung oder Verminderung des Tonus im Muskel dafür, daß die „richtige Arbeit" geleistet wird. Um diesen Aufgaben gerecht zu werden, bedarf es einer allseitigen Verbindung mit den anderen Faktoren des Nervensystems. Es kann in der Tat von sechs Seiten aus beeinflußt werden, wie das beiliegende Schema (Abb. 138) zeigt.

Das letzte Neuron wird von Fall zu Fall beeinflußt:

1. vom eigenen Gefolgsmuskel durch dessen Dehnung (tonisch oder reflektorisch);
2. von den intrazentralen Bahnen, die gelegentlich von einem weitabliegenden, receptorischen Felde stammen und die (wie bei den Krebsen) in hemmende und erregende Fasern zerfallen können;
3. von den Repräsentanten der Antagonisten (reziproke Innervation);
4. von den Repräsentanten der gleichnamigen Muskeln (Tonustal);
5. vom Tonuszentrum, das das „Tonusniveau" festlegt;
6. vom nächstgelegenen Receptor.

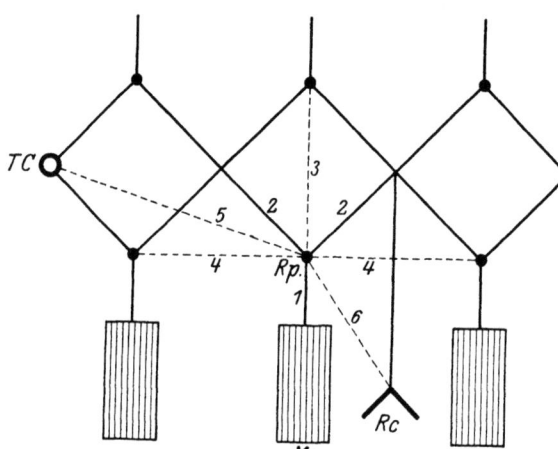

Abb. 138. Schema der Beeinflussung des letzten Neuron (Repräsentant). *M* Muskel, *Rp* Repräsentant, *RC* Receptor, *TC* Tonuszentrum.

Ferner kann das letzte Neuron auf dreierlei Weise von der Erregung selbst beeinflußt werden:

1. entsprechend ihrer Intensität (schwacher und starker Reflex);
2. entsprechend ihrer Richtung (Reflexspaltung);
3. entsprechend der Erregungsart (kontinuierlich oder diskontinuierlich).

Für den letztgenannten Fall kann ich nur ein sicheres Beispiel anführen. Reizt man den Körpersack von Sipunculus an beliebiger Stelle, so antworten die nächstgelegenen Repräsentanten mit einem starken Reflex, d. h. Tonusfall. Infolgedessen werden die Muskeln unter der Reizstelle durch den Binnendruck ringförmig nach außen getrieben. Liegt die Reizstelle nahe dem künstlich gesetzten Tonustal, so werden die Muskeln, anstatt gedehnt, sogleich verkürzt und gesperrt. Da eine diskontinuierliche Reizung eine diskontinuierliche Erregung hervorrufen muß, die vom Tonustal zurückkehrende Erregung aber nur kontinuierlich sein kann, so kann man hier von einer verschiedenen Beeinflussung der Repräsentanten durch verschiedene Erregungsarten sprechen.

Da bei den Wirbellosen das Gesetz der letzten gemeinsamen Strecke gelegentlich durchbrochen wird und die Muskeln durch verschiedene Nervenbahnen innerviert werden, sind in diesem Falle besondere Vorsichtsmaßregeln nötig, damit sich die dem Muskel auf verschiedenen Wegen nahenden Erregungen sich nicht stören.

Wieder ist es der Sipunculus, der dafür das klassische Beispiel liefert (Abb. 139). Durchschneidet man die Verbindung zwischen den Repräsentanten (die im Bauchstrang B gelegen sind) und ihren Gefolgsmuskeln im Retractor (R), so vermag eine Bauchstrangreizung keine Wirkung auf den Muskel auszuüben, sie vermag jedoch jede von Hirn (H) ausgehende Erregung zu hemmen. Ähnliche Schaltungen finden sich auch in höheren Nervensystemen, nur sind sie dort nicht so leicht und sicher zu demonstrieren.

Die grundsätzliche Schwierigkeit, eine annehmbare Vorstellung eines nervösen Zentrums zu gewinnen, liegt darin, daß wir es hier nicht mit Organen zu tun haben, bei denen die Erregung als bloßer Reiz wirkt. Es ist die Erregung für die Neurone nicht bloß ein den äußeren Anstoß gebender Faktor, der ihre Tätigkeit regelt, sondern sie ist das Rohmaterial selbst, dessen diese rätselhaften Maschinenteile zu Ausübung ihrer Tätigkeit bedürfen und das sie an ihre Gefolgsmuskeln weitergeben. Die Art des Rohmaterials (ob kontinuierlich, ob diskontinuierlich) — seine Intensität — und die Richtung, aus der es dem Neuron zufließt, entscheiden zugleich über die Art seiner Verwendung durch das Neuron, das seinerseits, je nach seiner Bauart und seinem Füllungszustand die Erregung entweder abweist (Block) oder an sich zieht und zurückbehält (refraktäre Periode) oder weiterleitet — sei es in die intrazentralen Netze — sei es zu seinen Gefolgsmuskeln. Dabei ist die Frage nach der Entstehung und nach der Vernichtung des Rohmaterials noch gar nicht gestellt.

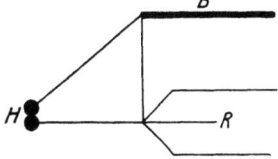

Abb. 139. Doppelinnervierung des Retractor des Sipunculus. H Hirn, B Bauchstrang, R Retractor.

Alles dreht sich darum, welche Vorstellung wir uns von der Erregung als Rohmaterial machen wollen, ob wir einen Stoffwechselvorgang oder einen Stoff darunter verstehen wollen. Am besten wird es sein, sich beide Möglichkeiten offen zu halten.

Unabhängig von dieser Entscheidung, die für die Analyse der einzelnen Nervenzentren ausschlaggebend ist, kann die Frage nach der Synthese der Leistungen aller Nervenzentren, d. h. die Frage nach Rolle des gesamten Nervensystems, behandelt werden.

Immer wieder wird man mit Genuß die schönen und temperamentvollen Schilderungen lesen, die SHERRINGTON[1] in seinem Hauptwerk vom Wirken des gesamten Nervensystems receptorischer Tiere entwirft. Es entsteht vor unseren Augen auf dem Kanevas der Nervennetze bald diese, bald jene „Reflexfigur", welche die mit den verschiedenen Tierhandlungen wechselnden Straßenkarten wiedergeben. Zahlreiche Privatwege leiten von den Receptoren zu dem intrazentralen Straßennetz hin, um in den letzten gemeinsamen Strecken der Muskeln zu endigen. Und man wird es verstehen, daß JORDAN in besonderer Betonung der gesetzmäßigen Ausgestaltung der einzelnen Reflexfiguren den Ausspruch tun konnte, ein jeder Reflex sei als Organ des Körpers aufzufassen.

Auch sehe ich in SHERRINGTONS Schilderung der letzten gemeinsamen Strecke aller Reflexe, die vom letzten Neuron zum Muskel führt und die immer nur einer Erregung gleichzeitig als Bahn dient, keinen Widerspruch zu meiner Auffassung der Verbindung zwischen dem Repräsentanten und seinem Gefolgsmuskel, solange diese reflektorischer und nicht tonischer Art ist. Denn bei den receptorischen Tieren ist die Last ebenfalls zum Reiz geworden.

Und doch halte ich es für richtiger, wenn man sich die gemeinsame Grundlage aller Nervensysteme vor Augen führen will, vorerst vom Reiz völlig abzu-

---

[1] SHERRINGTON: The integrative Action of Nervous System constable. London 1908.

sehen, und nur den Nervenmuskelapparat ins Auge zu fassen, der dazu dient, die Last des eigenen Körpers von der Stelle zu bewegen. Ein fertig durchgebildetes Fortbewegungswerk (sei es für den Erdboden, sei es für das Wasser oder für die Luft) liegt fast ausnahmslos allen Tierorganismen zugrunde. Es ist auf dem Prinzip des Antagonismus der Muskeln aufgebaut und sein Rhythmus wird durch die Dehnungsregel oder im Fall der reziproken Innervation durch den Antagonismus der Zentren (Mechanismus der gegenseitigen Hemmung) bestimmt. Ist genügend Tonus vorhanden, so setzt sich diese automatisch arbeitende Maschine in Bewegung. Nur die Frage, wohin sie sich bewegen soll, wird durch das Eingreifen des Reizes auf die Receptoren bestimmt.

Ich befinde mich mit dieser Darstellung des Sachverhaltes in voller Übereinstimmung mit GRAHAM BROWN[1], wenn er über die Fortbewegung in der Narkose der receptorischen Tiere schreibt:

„Der Rhythmus dieses Fortbewegungsaktes kann daher nicht innerlich durch ein Gleichgewicht von antagonistischen Reflexen bedingt werden, die peripher entstehen. Sowohl der Rhythmus wie die Bedingungen, welche ihn erzeugen, müssen zentralen Ursprungs sein[2]."

Die Aufgabe des Reizes ist eine doppelte, durch seine allgemeine Wirkung auf die Tonuszentren bildet er das Signal für den Beginn und das Aufhören der Bewegung — durch seine lokale Einwirkung (meist auf die dem Reizort zunächst liegenden Muskeln) bestimmt er die Bewegungsrichtung.

Erst in diesem Zusammenhange begreift man den Sinn der Einrichtung der Reflexumkehr mit ihren schwachen und starken Reflexen, die von der Intensität des Reizes abhängen. Weil sie das Bewegungswerk der Tiere einmal in die Richtung zur Beute hin, das andere Mal von dem Feinde weg einstellen.

Vor allem gilt es, an der Grundbedeutung der Reize für das Leben der Tiere festzuhalten. Ihre Aufgabe ist es nicht, dem Tier die Kenntnis der Außenwelt zu vermitteln, sondern ihm den „richtigen Weg" durch eine ihm völlig unbekannte Welt zu weisen. Deshalb ist auch die Merkwelt, die sich ja einzig aus den Reizen aufbaut, bei den meisten Tieren so außerordentlich dürftig und trotzdem ihre Wirkungswelt so außerordentlich sicher und planmäßig.

---

[1] BROWN, GRAHAM: Ergeb. Physiol. 15, 761 (1916).

[2] Dieser Anschauung hat sich auch SHERRINGTON neuerdings angeschlossen, wenn er das unbewußte Gehen auf ein dem Atemmechanismus vergleichbares nervöses Gefüge zurückführt. Nature 1924.

Die Sensomobilität.

Von

A. KREIDL †

Wien.

Die Bewegungsfähigkeit eines Menschen oder Tieres, sofern sie durch zentripetale Nervenerregungen beeinflußt, beherrscht oder bedingt wird, hat EXNER mit dem Namen „Sensomobilität" bezeichnet. In seinem Werk „Entwurf zu einer physiologischen Erklärung der psychischen Erscheinungen"[1] schreibt er: „Die Lebenserscheinungen des tierischen Organismus werden in dreierlei Weise reguliert. 1. Durch sensorische Eindrücke, welche unmittelbar die Bewegung hervorrufen oder beeinflussen. Sie ist teilweise vom Willen vollkommen unabhängig, teilweise durch denselben beeinflußbar (Reflexbewegungen). Diese Regulierung findet statt im Rückenmark und jenen Teilen des Gehirnstammes, welche dem Rückenmark analog sind. 2. Die Regulierung durch angeborene Verbindungen zahlreicher Zentralorgane; sie bewirkt, daß ganze Muskelgruppen koordinierte Kontraktionen oder in bestimmter Zeitfolge aneinandergereiht Aktionen ausführen. Auch diese Bewegungskombinationen und Sukzessionen sind sensorisch beeinflußt. Der Ort, an welchem diese Regulationen erfolgen, ist das Gebiet der Stammganglien und des Kleinhirns, reicht aber, wenigstens bei vielen Tieren bis ins Rückenmark hinab. 3. Die Regulierung durch sensorische Eindrücke, welche nicht unmittelbar, sondern lange vor der auszuführenden Bewegung eingewirkt haben. Sie bilden den im Gedächtnis angehäuften Schatz von Erfahrungen, nachdem sie in die Form von Vorstellungen, Begriffen und Urteilen gebracht worden sind. Auch diese Regulierung wird sensorisch beeinflußt nicht nur durch unmittelbare Sinneseindrücke, sondern auch durch Instinktgefühle verschiedener Art. Der Ort, an dem diese Regulierungen stattfinden, ist die Hirnrinde."

Abgesehen von der bekannten Tatsache, daß eine Reflexbewegung eines sensorischen Impulses bedarf, um zustande zu kommen, andererseits ein Taubgeborener stumm zu sein pflegt, da er der sensorischen Eindrücke entbehrt, nach welchen er seine motorischen Sprachimpulse zu regulieren vermag, gibt es eine große Anzahl sensorischer Regulierungen von Bewegungserscheinungen, welche zwischen diesen beiden genannten Extremen stehen, also gewissermaßen Übergänge zwischen den niedrig stehenden Reflexen zu den hochstehenden Sprachbewegungen bilden.

In dem genannten Werk hat EXNER eine zusammenfassende Darstellung speziell dieser Erscheinungen gegeben.

Den Ausgangspunkt für seine Betrachtungen bildete die von EXNER beobachtete Tatsache, daß beim Pferde eine Kehlkopfhälfte gelähmt wird, wenn der

---

[1] EXNER, S.: Entwurf zu einer physiologischen Erklärung der psychischen Erscheinungen. I. S. 6. Leipzig u. Wien: Fr. Deuticke 1894.

N. laryng. sup. der betreffenden Seite, welcher bei diesem Tier rein sensorisch ist, durchschnitten wird[1].

EXNER konstatiert hiermit die paradoxe Erscheinung, daß eine Muskellähmung erzeugt wird durch die Durchschneidung eines Nerven, dessen elektrische Reizung keinerlei Muskelkontraktion hervorruft. EXNER deutete diese Erscheinung als einen durch den Ausfall der sensiblen Nerven hervorgerufene Form der Ataxie. Er veranlaßte daraufhin F. PINELES zu einer Nachprüfung[2], um weitere Analogien für diesen Versuch zu finden. Bei der Durchsicht der älteren Literatur fand nun PINELES ähnliche Beobachtungen, die wegen unrichtiger Deutung, die sie erfahren hatten, nahezu in Vergessenheit geraten waren. Es handelt sich hier um die Angaben einerseits von CHARLES BELL[3] und von MAGENDIE[4]. CH. BELL hat bei einem Esel den N. infraorbit. beiderseits durchschnitten und hierdurch Unbeweglichkeit der Lippen eintreten gesehen. BELL, der ursprünglich glaubte, daß diese Lähmung darauf zurückzuführen sei, daß der N. trigminus beim Kauen eine Assoziation der Bewegungen der Gesichtsmuskeln mit denen der Kiefer vermittle, hebt später an einer anderen Stelle hervor, daß diese Lähmung von einem Mangel an sensorischen Eindrücken herrührt. Auch MAGENDIE hat auf Grund von Durchschneidungen sensorischer Nerven Lähmungserscheinungen gesehen und die Tatsache konstatiert, daß nach Durchschneidung einzelner Äste des 5. Nervenpaares überall die Bewegung dort aufgehoben ist, wo die Sensibilität vernichtet ist. Später hat dann auch JOHANNES MÜLLER[5] und SCHÖPS[6] die Beobachtung bestätigt, daß nach Durchtrennung des Ramus infraorb. des N. trig. Bewegungsstörungen der Lippen auftreten, und auch FILEHNE[7] führte gewisse Bewegungsstörungen nach Durchschneidung des Trigeminus beim Kaninchen auf Verlust des Muskeltonus infolge des Schwindens der sensorischen Eindrücke zurück.

Bei den Durchschneidungsversuchen von BELL und MAGENDIE sowie denen von JOHANNES MÜLLER und seinem Schüler hat es sich hauptsächlich um die Frage der motorischen oder sensorischen Natur der betreffenden Nerven gehandelt, so daß man nach den näheren Umständen und Ursachen der Motilitätsstörung nicht gefahndet hat.

PINELES hat nun an zwei Pferden Durchschneidungen des N. infraorb. beziehungsweise Resektionen an demselben auf einer und beiden Seiten vorgenommen und dabei ähnlich wie BELL gesehen, daß sich die Vorderlippe, auch während das Tier fraß, wie gelähmt verhielt. Dabei konnte sich PINELES überzeugen, daß der N. facialis die Lippenmuskeln motorisch innerviert; Durchschneidung und nachherige Reizung des peripheren Stückes dieses Nerven bewirkte Tetanus in der Lippe, während die elektrische Reizung des zentralen Stumpfes keine Schmerzäußerung zur Folge hatte. Auch die Versuche an Kaninchen stimmtem in ihrem Resultat mit jenen von MAGENDIE überein. Auch er konnte sich überzeugen, daß nach einseitig ausgeführter Durchschneidung des Trigeminus das lebhafte Spiel der Schnurrhaare bei den Schnupperbewegungen, welche die Kaninchen auszuführen pflegen, auf

---

[1] EXNER: Ein physiologisches Paradoxon betreffend die Innervation des Kehlkopfes. Zbl. Physiol. **3**, 115—118 (1890).
[2] PINELES, F.: Über lähmungsartige Erscheinungen nach Durchschneidung sensorischer Nerven. Zbl. Physiol. **4**, 741—745 (1891).
[3] BELL, CHARLES: Physiol. u. pathol. Untersuchungen des Nervensystems. Übersetzt von M. H. ROMBERG. Berlin 1832.
[4] MAGENDIE: Vorlesungen über das Nervensystem und seine Krankheiten. Übersetzt von E. KRUPP. Leipzig 1841.
[5] MÜLLER: Handb. d. Physiol., 4. Aufl., **1**, 565 (1844).
[6] SCHÖPS: Meckels Arch. **1824**, 409.
[7] FILEHNE: Trigeminus und Gesichtseindruck. Arch. Anat. u. Physiol. **1886**.

der operierten Seite fehlte. Auf Grund dieser von PINELES erbrachten Bestätigung der BELLschen und MAGENDIEschen Befunde, unternimmt es nun EXNER in dem mehrfach genannten Werk, diese lähmungsartigen Erscheinungen, wie man sie im Gegensatz zu den wirklichen Lähmungen bezeichnen kann und die EXNER unter dem Namen der Sensomobilität zusammenfaßt, einer genaueren Analyse zu unterwerfen, wobei er zeigt, daß sich eine Art Stufenleiter von den niedrig stehenden Reflexen bis zu den hochstehenden Sprachbewegungen aufbauen läßt. Ehe diese in Kürze skizziert werden soll, mögen hier Bemerkungen Platz finden, die zeigen, daß bereits vor BELL und MAGENDIE PURKINJE von Regulierungen der Muskelbewegungen durch sensorische Eindrücke spricht. In seinen Beiträgen zur näheren Kenntnis des Schwindels aus heautognostischen Daten[1] schreibt er:

„Nach dem Genusse geistiger und narkotischer Substanzen pflegt ebenfalls eine Leichtigkeit in den Bewegungen der Glieder, besonders der Füße, sich einzufinden. Auffallend findet dies statt nach genommenem Campher (12 g). Auch hier werden beim vorgehabten Gang die Füße höher gehoben als man beabsichtigte, Körper, die man zu einem bestimmten Ort setzen will, werden weiter hinaus gesetzt, die Hände langen mit Überraschung an den Dingen, die man ergreifen will, früher an, als man erwartete. Diese Erscheinung beruht auf *verminderter Empfindlichkeit der Muskelnerven* und aus der daraus hervorgehenden Notwendigkeit, höhere Grade von Zusammenziehung der Muskeln hervorzubringen, um durch Einwirkung auf die Nerven dem Bewußtsein von der dem Zwecke angemessenen Bewegung Kunde zu geben, welche jedoch, weil das Verhältnis der Empfindlichkeit abgeändert ist, den im Normalzustande gewöhnlichen Empfindungen und Bewegungen nicht entsprechen können." Und weiter spricht er in dem Kapitel „Schwindel durch Narkotica und andere Gifte"[2] von der „Unempfindlichkeit der Haut und Muskelnerven, wodurch das Gefühl von der Lage, Haltung und Schwere des Körpers und seiner Teile sowie überhaupt das Bewußtsein von den verschiedenen Graden der Bewegungstätigkeit verdunkelt und das Urteil über dieselben irrig gemacht wird".

Nach EXNER lassen sich nun die Erscheinungen der Sensomobilität in drei Gruppen zusammenfassen: die erste bezieht sich auf die einfache echte Reflexaktion; die zweite Gruppe, die sich schon ziemlich weit von der einfachen Reflexaktion entfernt, bezieht sich auf Vorgänge, die EXNER als instinktive Bewegungen bezeichnet; eine dritte Stufe der Regulierung der Bewegungen geschieht durch corticale Verwertung der Sinneseindrücke. Zu der *ersten* Gruppe gehört z. B. die Eröffnung des Pylorus auf mechanischen Reiz des Mageninhaltes oder die Verengerung der Pupille auf Licht. Beide Vorgänge sind vom Organ des Bewußtseins in sehr hohem Grade unabhängig. Sie kommen zustande auch ohne Großhirn und ohne daß der sensorische Eindruck zum Bewußtsein gelangt. Eine etwas höhere Stufe in der Motilität auf sensorische Eindrücke nimmt das Blinzeln bei Berührung der Cilien oder der Cornea ein. Auch dieser Reflex ist vom Organ des Bewußtseins unabhängig, besteht auch nach Abtragung des Großhirns fort, kann jedoch durch das Gehirn beeinflußt werden sowie dadurch, daß taktile Eindrücke vonseiten der Lider vielleicht auch der Cornea und der Muskeln hervorgerufen werden. Es kommt nicht nur die auslösende Empfindung, sondern auch die erfolgte Bewegung zum Bewußtsein. Eine weitere Stufe bilden die sog. Sehnenreflexe. Sie bedingen eine Regulierung der Willkürbewegungen durch periphere Eindrücke auf reflektorischem Wege und sind eine besonders prägnante Form der unbewußten Regulierung der Gehbewegung, welche im allgemeinen recht komplizierte Reflexmechanismen voraussetzt. Eine kompliziertere Störung der Sensomobilität ist die Aufhebung der Schluckbewegung durch Einpinselung der Mund- und Rachenhöhle mit Cocain. Das Schlucken beginnt mit einem Willkürakt, an den sich ein Reflexvorgang schließt, dessen sensorischer Teil mit den Empfindungen anfängt, welche durch den Bissen ausgelöst werden. Fallen diese Emp-

---
[1] PURKINJE, I.: Med. Jb. **6**, 2. Stück, 104 (1820).
[2] PURKINJE, I.: Med. Jb. **6**, 2. Stück, 115 (1820).

findungen aus, so ist dadurch die regelmäßige Reihe von Innervationen gestört und damit das Schlucken unmöglich. Dieses Beispiel, in welchem der corticale Bewegungsimpuls die subcorticalen sensorischen Regulierungen einleitet, bildet den Übergang zu der *zweiten* Gruppe, den von EXNER genannten instinktiven Bewegungen. Zu diesen gehören die Konvergenz der Augenachsen nach einem fixierten Gegenstand. Damit dieser einfach gesehen wird, genügt nicht der motorische Impuls allein, sondern es ist auch die Regulierung der Bewegungen der Bulbi durch den sensorischen Eindruck notwendig. Versucht man z. B. mit geschlossenen Augen auf seinen eigenen in einiger Entfernung vor dem Gesichte gehaltenen Finger einzustellen, so gelingt dies nicht, wovon man sich dadurch überzeugen kann, daß man beim Öffnen der Augen im ersten Monat Doppelbilder sieht. Es handelt sich also bei diesem Vorgang um eine Regulierung eines Willenimpulses durch subcorticale Verwertung eines sensorischen Eindruckes, welcher selbst wieder abhängig ist von der durch den Willen lenkbaren Aufmerksamkeit, welch letztere die subcorticalen Zentren in dem zur richtigen Regulierung nötigen Erregbarkeitszustand bringt. Die Störung dieser Regulierung, welche EXNER Intensionsregulierung nennt und welche bei gewissen Augenbewegungen, Lokomotionsbewegungen, Bewegungen der Mundteile beim Essen usw. zugrunde liegt, verursacht die lähmungsartige Störung der Sensomobilität. Die *dritte* Stufe der Regulierung der Bewegung geschieht durch die corticale Verwertung der Sinneseindrücke. Eine solche Regulierung erfolgt in der Regel bei der Erlernung gewisser Bewegungen, z. B. dem Gehen auf einer schmalen Leiste, bei der Einübung von Tanzbewegungen u. dgl. m. Neben den gewiß dabei bestehenden subcorticalen Regulierungen kommt aber insbesondere die bewußte Regulierung durch die Sinneseindrücke in Betracht. Die Aufhebung der sensorischen Leistung führt mit dem Wegfall der corticalen Regulierung zur Sensomobilitätsstörung und so zur scheinbaren Lähmung. Dahin gehören die bekannten Fälle von ausgedehnter Anästhesie, in denen Kranke bei geschlossenen Augen keine Bewegungen mehr ausführen können, so wie die Stummheit der Taubgeborenen.

Wenn man auch alle Erscheinungen der Sensomobilität bzw. Sensomobilitätsstörung in diese drei Gruppen mehr oder weniger einteilen kann, so bestehen natürlich keine scharfen Grenzen. Es kann die eine Art in die andere immerhin übergehen.

Während EXNER auf Grund seiner eigenen Beobachtungen und jener von PINELES, die im wesentlichen eine Bestätigung der Befunde früherer Autoren, wie Bell, MAGENDIE usw., sind, seine grundlegenden zusammenfassenden Darstellungen über die Sensomobilität durchgeführt hat, lag schon eine Reihe physiologischer und klinischer Tatsachen vor, die auf innige Beziehungen zwischen der Sensibilität und der Motilität hinwiesen.

Es handelt sich hauptsächlich um jene Beobachtungen, die sich auf das Verhalten der Muskeln der unteren Extremitäten nach Durchschneidung der hinteren Wurzeln beziehen.

Schon im Jahre 1835 hat PANIZZA[1] nach Durchschneidung der hinteren Wurzel an Fröschen und Ziegen motorische Störungen in den betreffenden Extremitäten nachgewiesen. STILLING[2] konstatiert ebenfalls auf Grund von Untersuchungen an Fröschen nach Durchschneidung sämtlicher hinterer Wurzeln für beide Hinterpfoten, Fallen nach der Seite und Schwierigkeit aus der Rückenlage in die Bauchlage zu gelangen. Er folgert aus diesen Untersuchungen 1. daß die Hinterwurzeln einen beständigen Tonus der Muskeln oder diejenige Aktion er-

---

[1] PANIZZA: Ric. sperim. sui nervi. Pavia 1837.
[2] STILLING: Fragmente zur Lehre von den Verrichtungen des Nervensystems. Arch. f. phys. Heilk. von ROSER u. WUNDERLICH, **1842**, 97.

halten, wodurch auch in der Ruhe eine stetige Fertigkeit zu Bewegungen, eine stete Spannung der Muskeln unterhalten wird und 2. daß die Hinterwurzeln fortwährend das Gefühl vom Zustand der Muskeln selbst vermitteln, so daß jede unpassende Lage dadurch zum Bewußtsein gebracht und durch den Willen oder eine entsprechende Reflexaktion verbessert wird. Auch CLAUDE BERNARD[1] findet, daß der Verlust der Sensibilität in den Äußerungen der Bewegungen Störungen mit sich bringt und daß der Muskelsinn die Koordination der Bewegungen sichere. Bei Fröschen, denen er die hinteren Wurzeln eines oder beider Hinterbeine oder aller vier Extremitäten durchschnitten hat, konstatiert er weniger präzise Bewegungen, als wenn die Sensibilität noch erhalten ist. Die Extremitäten bewegen sich gleichsam ohne Zweck krampfhaft, und das Springen erfolgt mit einer gewissen Schwierigkeit. Im Jahre 1885 hat BALDI[2] im Laboratorium von LUCIANI Durchschneidungen der hinteren Wurzeln bei Hunden ausgeführt, die er durch längere Zeit am Leben erhielt. In den ersten Tagen nach dem Eingriff wird das asensible Bein beim Gehen nicht verwendet und scheint nicht imstande zu sein, das Gewicht des Körpers zu tragen; es wird im Hüft- und Kniegelenk halb gebeugt gehalten und nur selten ganz gestreckt, später beim Gehen wohl verwendet, aber zu hoch gehoben, zuweilen zu weit nach vorne, manchmal auch zu weit nach hinten bewegt. Die beiderseitige Durchschneidung der afferenten Wurzeln des Plexus lumbosacralis macht das Tier unfähig, sich der hinteren Körperhälfte zu bedienen, die wie gelähmt nachgeschleppt wird. Im weiteren Verlauf erlernt so ein Tier mit den Hinterbeinen das Gewicht des Körpers bis zu einem gewissen Grade zu tragen, doch knickt es öfters in den Knien ein und sinkt zusammen. Ein ähnliches Verhalten konnte H. E. HERING[3] bei einem Hund aufzeigen, dem einseitig die 7 hinteren Lendenwurzeln durchschnitten wurden. Das Bein dieser Seite wird in der Regel abduziert gehalten, beim Gehen mehr oder weniger gestreckt oder sogar in überstreckter Haltung in der Richtung nach außen und vorne emporgeworfen und schlägt dann hörbar auf den Boden auf. Wird dem Hund das gesunde Bein in die Höhe gebunden, so ist das Tier nicht mehr imstande, mit den beiden Vorderbeinen und dem sensorisch gelähmten Hinterbein zu gehen, während dies einem gesunden Hund beim Laufen keine Schwierigkeiten macht.

A. BICKEL[4] berichtet, daß Hunde, welchen man die sensiblen Wurzeln für die beiden Hinterbeine durchtrennt, nach der Operation unfähig sind zu gehen. Auch am Affen wurden ähnliche Beobachtungen gemacht; MOTT und SHERRINGTON[5], fanden bei einem Affen, bei dem sie alle afferenten Fasern eines Beines durchschnitten hatten, daß das Tier dieses Bein nicht imstande war beim Gehen bzw. beim Anklammern zu verwenden; es tritt in der Regel nur in Verbindung mit energischen Bewegungen des gesunden Beines gleichzeitig in Aktion. Und auch HERING[6] berichtet, daß ein Affe, bei dem auf einer Seite die hinteren Wurzeln von der 3. Cervical- bis zur 2. Thorakalwurzel, welche die vordere Extremität sensorisch versorgen, durchschnitten wurden, diese Extremität nicht mehr zum Greifen verwenden kann, gelegentlich jedoch Mitbewegungen von dieser ausgeführt werden. H. MUNK[7], der ebenfalls bei einem Affen die hinteren Wurzeln eines Armes durchschnitten hat, findet einen Wegfall bestimmter Bewegungen in

---

[1] BERNARD, CLAUDE: Lecon sur la phys. et pathol. du systeme nerv. Paris 1858.
[2] BALDI: Sperimentale **1885**.
[3] HERING, H. E.: Über zentripetale Ataxie. Prager med. Wschr. **1896**.
[4] BICKEL, A.: Über den Einfluß der sensiblen Nerven und der Labyrinthe auf die Bewegungen der Tiere. Pflügers Arch. **67**, 299 (1897).
[5] MOTT u. SHERRINGTON: Proc. roy. Soc. Lond. **1895**.
[6] HERING, H. E.: Pflügers Arch. **70**, 559 (1898).
[7] MUNK, H.: Sitzgsber. preuß. Akad. Wiss., Physik.-math. Kl. **1903**.

diesem Arm, doch glaubt er, daß dies nur solche sind, die in der Norm als Reaktionen auf Reizungen der sensiblen Nerven dieser Extremität auftreten.

Über die Versuche der Durchschneidung der hinteren Wurzeln bei Tauben berichtet W. TRENDELENBURG[1]. Werden einer Taube die hinteren Wurzeln eines Flügels durchschnitten, so zeigt sich das Flugvermögen nicht gestört und auch die Flügelhaltung ist beiderseits gleich. Dagegen werden künstlich hervorgebrachte abnorme Stellungen der Flügel auf der operierten Seite nicht korrigiert. Auch der Widerstand gegen das Ausbreiten der Flügel ist auf der operierten Seite etwas herabgesetzt. Nach Durchschneidung der Hinterwurzel beider Flügel ist die Flügelhaltung beim Stehen und Gehen und beim Hängen mit dem Kopf nach abwärts normal, abnorme Stellungen der Flügel werden nicht mehr korrigiert, und das Flugvermögen ist dauernd aufgehoben. Auch bei den Tauben ist der einseitig anästhesierte Flügel nur an jenen Bewegungen mitbeteiligt, bei denen der normale Flügel beteiligt ist. Nach Durchschneidung der hinteren Wurzel eines Beines ist unmittelbar nach dem Eingriff das Stehen und Gehen unmöglich, später wird der Schwerpunkt in das gesunde Bein verlegt. Beim Gang wird das Bein der operierten Seite zu hoch gehoben, beim Sitzen hängt es in der Regel herab. Nach Durchschneidung der Hinterwurzeln beider Beine sind die Tiere dauernd unfähig, sich auf den Beinen zu erhalten. Bei den Versuchen aufzustehen, heben sie die vorgestreckten Beine vor die Brust. Nach einseitiger Operation treten die zentripetalen Reize der normalen Seite nicht vicariierend ein wie am Flügel. Bei den Flügeln handelt es sich um eine gleichzeitige, bei den Beinen um eine alternierende Innervation.

Während EXNER die Erscheinungen der Sensomobilität in drei Gruppen zusammenfaßt, von denen sich die erste auf einfache Reflexaktionen, die zweite auf Vorgänge von Instinktbewegungen und die dritte auf corticale Verwertung von Sinneseindrücken bezieht, gibt in neuerer Zeit PAUL HOFFMANN[2] eine Einteilung, abhängig von der Art der Rezeptionsorgane. Da die Willkürbewegungen nicht allein von den „Willensimpulsen" aus bestimmt werden, sondern die Motilität fast regelmäßig eine reflektorische unwillkürliche Komponente auf den Bahnen der Sensibilität erhält, so läßt sich die Sensomobilität nach ihm einteilen in eine

Drucksinn-
Schmerzsinn-
Temperatursinn-
Kraftsinn-
Tiefensensibilität-   } Sensomobilität
Labyrinth-
Eigenreflex-
Optische und akustische
Geruchs- u. Geschmacks-

Während schon EXNER gezeigt hat, daß die sog. Sehnenreflexe eine Regulierung der Willkürbewegungen durch periphere Eindrücke auf reflektorischem Wege bedingen — er bezeichnet diese auch als eine besondere prägnante Form der unbewußten Regulierung der Gehbewegung — hat nun HOFFMANN, dem wir eine eingehende Untersuchung über die sog. Eigenreflexe verdanken, in diesen einen Sinnesapparat erkannt, der ausschließlich für die Sensomobilität arbeitet.

Der spezifische Reiz für dieses Sinnesorgan ist die Zerrung des Muskels; es ist ein Organ, das auf eine Spannung des Muskels reagiert (plötzliche Spannungs-

---

[1] TRENDELENBURG, W.: Über die Bewegungen der Vögel nach der Durchschneidung der hinteren Rückenmarkwurzel Arch. Anat. u. Physiol. **1906**, H. 1, 2, S. 1.

[2] HOFFMANN, P.: Über die Natur der Sehnenreflexe (Eigenreflexe) und ihr Verhältnis zur Sensomobilität. Dtsch. Z. Nervenheilk. **83**, 269. — Siehe auch K. HANSEN u. P. HOFFMANN: Z. Biol. **71**, 99 (1920). — Ferner E. D. ADRIAN u. ZOTTERMANN: J. of Physiol. **61**, 151 (1926). — LEIRI, F.: Acta med. scand. (Stockh.) **63**, 184 (1925).

änderung der reagierenden Muskelgruppen in der Längsrichtung). Bei sehr intensiver willkürlicher Innervation erreicht die Reflexerregbarkeit sehr hohe Grade. Die willkürliche Erregung besteht gewissermaßen ganz aus Reflexen. Die Erscheinungen des Ersatzes einer willkürlichen Kontraktion durch eine Reflexreihe gibt eine gute Vorstellung von den Eigenheiten der eigenreflektorischen Sensomobilität. Läßt man den Fuß einer Versuchsperson mit einer Frequenz von 30—50 pro Sekunde vibrieren, so erhält man keine Reflexreihe, die Reflexerregbarkeit des Zentrums ist nicht genügend hoch, die Reize fallen jeder in die refraktäre Periode des vorangehenden; läßt man jedoch den Fuß willkürlich strecken, dann erhält man eine Kontraktion des Muskels, die gewissermaßen aus lauter Eigenreflexen besteht. Man sieht so, wie die willkürliche Innervation durch sensible Einflüsse völlig verändert wird.

Die Eigenreflexe bilden so einen Teil der Bewegungen, die sie zweckmäßig regulieren. Bei Ausfall derselben treten Störungen ein, wie man sie bei der Ataxie beobachtet. Der Autor faßt jede Ataxie als Ausfall der Sensomobilität auf und meint, daß es ebenso viele Ataxien als Sensomobilitäten gibt. Wenn auch in der Regel die Spannungszunahme im Muskel (Änderung der Gelenkstellung) als Reiz wirkt, so wirkt auch in gleicher Weise die Entspannung des Muskels als proprioceptiver Reiz, und durch die damit gesetzte Erregung kommt es zu einer Verminderung der Kontraktion. Auch nicht nur plötzliche Spannungsänderungen bedingen das Eingreifen der Eigenreflexe; solche sind auch dann wirksam, wenn eine bestimmte Muskelkontraktion beibehalten wird, wie z. B. bei der Tätigkeit des Haltens einer Extremität.

Die eigenreflektorische Sensibilität stellt also einen Hilfsapparat für Bewegungen dar. Durch ihn fließen fortwährend Erregungen zentralwärts, welche durch Übergreifen auf die motorischen Vorderhornzellen im Rückenmark in die willkürliche Innervation regulierend eingreifen. Die Wirkung der Eigenreflexe ist kein eigentlicher Reflex, sondern eine reflektorische Veränderung der willkürlichen Bewegungen.

Wiewohl es keinem Zweifel unterliegt, daß hauptsächlich durch die eben skizzierten Vorgänge im Muskel die Regulation der Bewegung bedingt wird, so scheint doch auch der Haut eine Rolle zuzufallen bzw. kann von einer Hautsensomobilität gesprochen werden. OZORIO DE ALMEIDA[1] MIGUEL und eine Reihe seiner Mitarbeiter konnten zeigen, daß Frösche, die vollständig enthäutet wurden, zumeist regungslos in einer von der normalen völlig abweichenden Lage verharren und sich nicht in die Rückenlage umkehren können. Beläßt man kleine Hautstücke, so zeigen die Frösche eine gewisse Beweglichkeit, die am größten ist, wenn die Haut des Kopfes und der Vorderbeine erhalten bleibt. Auch bei Eidechsen, Hunden und Schlangen verursacht teilweise Abtragung der Haut Störungen der Koordinationsbewegung und der Körperhaltung. Je komplizierter die Bewegungsform ist, um so mehr macht sich der Einfluß des Fehlens der Haut bemerkbar. LAPICQUE und MARCELLE[2] weisen auf einen Einfluß der Haut auf die Vor-

---

[1] ALMEIDA, OZORIO DE, MIGUEL u. HENRI PIÉRON: Sur les effects de l'exstirpation de la peau chez la grenouille. C. r. Soc. Biol. **90**, 420—422 (1924). — Dieselben: Action de la peau sur l'état général du systèm nerveux chez la grenouille **90**, 422—425 (1924). — ALMEIDA MIGUEL, OZORIO DE: Sur le role de la peau dans la coordination des mouvements et dans le sens des attitudes. Ebenda **91**, 878—880 (1924). — ALMEIDA MIGUEL, OZORIO DE ET BRANCA DE A. FIALHO: Sur les effects des ablationes partielles et totales de la peau chez les serpents. Ebenda **91**, 880—882 (1924). — ALMEIDA MIGUEL, OZORIO DE ET HENRI PIERON: Sur le role de la peau dans le mantien du tonus musculaire chez le mammifère. Ebenda **90**, 1402/04 (1924).

[2] LAPICQUE, L. u. MARCELLE: Modification du nerf moteur en relation avec le tonus d'orgine cutanée. C. r. Soc. Biol. **90**, 1338/40 (1924).

gänge im motorischen Nerv hin. Auch WERTHEIMER[1] konstatiert beim Frosch auf Grund von Versuchen, bei welchen ganz oder teilweise eine Extremität enthäutet wurde, daß der Tonus beim Frosch von der Haut aus aufrechterhalten wird, was auch aus Versuchen hervorgeht, bei welchen die Extremität in eine 2proz. Novocainlösung eingetaucht wurde, ebenso auch bei Kältewirkung.

Nach all dem Gesagten darf man wohl annehmen, daß fast alle koordinierten Bewegungen nur durch sensible Kontrollapparate möglich sind, und HESS[2] glaubt, daß auch die komplizierten Reflexmechanismen der Blutverschiebung nur denkbar sind, wenn neben den effektorischen Bahnen auch zentripetale bestehen, auf welchen Impulse zentralwärts ablaufen, die eine Kontrolle über die Durchblutungsgröße und den Blutbedarf an einzelnen Körperzonen ermöglichen. Und OSBORNE[3] führt eine nach Reizung des peripheren Facialisstumpfes auftretende Blutdrucksteigerung auf eine durch die Spannung des Muskels hervorgerufene Erregung von im Muskel selbst gelegenen Receptoren zurück, die auf afferenten Bahnen dem Zentralnervensystem zugeleitet wird. (Reflex von nociceptivem Charakter.)

---

[1] WERTHEIMER, E.: Über die Rolle der Haut für den Muskeltonus beim Frosch. Pflügers Arch. **205**, 634/36 (1924).
[2] HESS, W. R.: Untersuchungen über den Mechanismus der Kreislaufstörungen. Pflügers Arch. **213**, 163 (1926).
[3] OSBORNE, W. A.: Austral. J. exper. Biol. a. med. Sci. **1**, Nr 4, 175 (1924) — Ref. in Ber. Physiol. **36**, 670 (1926).

Beziehungen zwischen Ganglienzellen, Grau und langen Bahnen.
Theorien der Zentrenfunktionen.
Von
E. TH. BRÜCKE
Innsbruck.

Mit 3 Abbildungen

Zusammenfassende Darstellungen.

BERITOFF, J. S.: Allgemeine Charakteristik der Tätigkeit des Zentralnervensystems. Erg. Physiol. **20**, 407 (1922). — BETHE, A.: Allgemeine Anatomie und Physiologie des Nervensystems. Leipzig: G. Thieme 1903. — BETHE, A.: Die Theorie der Zentrenfunktion. Erg. Physiol. **5**, 250 (1906). — BIELSCHOWSKY, M.: Allgemeine Histologie und Histopathologie des Nervensystems. Lewandowskys Handb. d. Neurol. **1**. Berlin 1910. — BROWN, T. GRAHAM: Die Reflexfunktionen des Zentralnervensystems. I. Ergebn. d. Physiol. **13**, 279 (1913); II. Ebenda **15**, 480 (1916). — HEIDENHAIN, M.: Plasma und Zelle. Bardelebens Handb. d. Anat. 8 I, 687—944. Jena 1907. — NISSL, F.: Die Neuronenlehre und ihre Anhänger. Jena 1903.

So wie von einer frühen phylogenetischen Entwicklungsstufe an die vegetativen Leistungen des Metazoenkörpers die Ausbildung eines eigenen Apparates für den Kreislauf der Körpersäfte bedingen, so benötigt der Metazoenorganismus für seine animalen Leistungen ein eigenes Gewebssystem, das eine rasche Anpassung des Tieres an Änderungen seiner Umwelt ermöglicht, ein „Nervensystem", das auf verschiedenartige Reize hin in Erregung gerät, und das Erregungsprozesse von einem Organ zu anderen zu leiten vermag. Diese Fähigkeit der Erregungsleitung dürfen wir wohl als die grundlegende Funktion des Nervensystems ansehen, und auch bei den höchstentwickelten Tierformen finden wir große Abschnitte des Nervensystems, denen anscheinend überhaupt keine andere Aufgabe zufällt als die der Erregungsleitung; es sind die parallelfaserigen Achsenzylinderkabel, deren Gesamtheit wir unter dem Namen des „peripheren" Nervensystems zusammenfassen.

Aber die Beobachtung vieler nervös bedingter Leistungen, wie z. B. der zahlreichen, anscheinend spontan erfolgenden motorischen Reaktionen u. dgl. m. hat schon in den frühesten Zeiten zu der Annahme geführt, daß die Funktionen des Nervensystems mit der Erregungsleitung keineswegs erschöpft seien. Die Erkenntnis des Zusammenhanges der psychischen Leistungen mit Vorgängen im Nervensystem hat weiter den Gedanken nahegelegt, daß sogar besonders eigenartige und komplizierte Reaktionen in den bei den Wirbeltieren durch knöcherne Umwallung so ausgezeichnet geschützten Teilen des Nervensystems sich abspielten. Im Gegensatze zu den relativ einfach gebauten und anscheinend auch nur einer, relativ einfachen Funktion dienenden peripheren Nerven bezeichnen wir jene Teile des Nervensystems, deren Funktionen sich zum Teil quantitativ, zum Teil aber wahrscheinlich auch grundsätzlich von der Leistung der eigentlichen Nerven unterscheiden, als „Zentren". Diese Bezeichnung entspricht einer Erweiterung des DESCARTESschen Begriffes des Reflexzentrums. Wir fassen mit diesem Worte wohl sicher morphologisch und funktionell recht heterogene Dinge zusammen, denn wir dürfen nicht annehmen, daß z. B. ein Sehnreflexzentrum, ein bulbäres Koordinationszentrum und eine corticale Sinnessphäre gleichartige Gebilde seien. Wie wir im folgenden sehen werden, ist auch die Frage noch strittig, welche Elemente der grauen Substanz, in die wir die Zentren lokalisieren müssen, als Träger der verschiedenen „zentralen" Eigenschaften anzusehen sind, wahrscheinlich werden sie, wenigstens zum Teil, nur durch das *Zusammenwirken* der histologisch feststellbaren Fasern und Zellkörper erklärbar sein.

Bei niedrigen Avertebraten finden wir bekanntlich ein „diffuses", d. h. noch wenig zentralisiertes Nervensystem, während bei höheren Tierformen, speziell bei den Vertebraten das „zentrale" und „periphere" Nervensystem, wenigstens in seinem somatischen Teile — morphologisch und vielleicht auch funktionell —, viel schärfer voneinander getrennt erscheinen. Es erscheint mir daher berechtigt, bei der Frage nach typischen Differenzen zwischen dem Geschehen in nervösen Zentren und in peripheren Nerven zunächst von den Erfahrungen an Vertebraten auszugehen. Solche Erfahrungen lehren uns zunächst, daß die Zentren im allgemeinen gegen Schädigungen verschiedener Art empfindlicher sind als das periphere Nervensystem, so z. B. gegen abnorme Temperaturen, gegen Narkotica und andere Gifte, gegen Kohlendioxyd und gegen Sauerstoffmangel. Ausnahmen von dieser Regel kommen aber vor, so kennen wir z. B. langdauernde Schädigungen peripherer Nerven durch Toxine (Diphtherieneuritis), denen keine analogen Schädigungen der Zentren zu entsprechen brauchen. Auch zwischen den einzelnen Teilen des Zentralnervensystems selbst finden wir große Empfindlichkeitsdifferenzen, so z. B. zwischen den corticalen, spinalen und bulbären Zentren.

Die relativ große Empfindlichkeit der zentralen Apparate gegen Erstickung bedingt die besonders gute Blutversorgung dieser Gewebe. Jedes histologische Präparat eines Rückenmarks mit injizierten Blutgefäßen zeigt, um wieviel reicher die graue Substanz vascularisiert ist als die weiße. Diese Tatsache beweist die größere Lebhaftigkeit des Stoffwechsels in den Zentren als in den langen Leitungsbahnen, die sich funktionell kaum von den peripheren Nerven unterscheiden dürften.

Auch experimentell wurde die relative Lebhaftigkeit des Stoffwechsels des Zentralnervensystems festgestellt. WINTERSTEIN[1] fand in THUNBERGS Mikrorespirometer beim isolierten Froschrückenmark einen sehr lebhaften Gaswechsel; pro Gewichtseinheit betrug er ein Mehrfaches des Gesamtgaswechsels, und bei künstlicher Reizung des Organs stieg er bis um 70% des Ausgangswertes an. In einer Reihe von Untersuchungen haben WINTERSTEIN und HIRSCHBERG[2] einzelne Probleme des Stoffwechsels des Rückenmarks und der peripheren

---

[1] WINTERSTEIN, H.: Der respiratorische Gaswechsel des isolierten Froschrückenmarks. Zbl. Physiol. **21**, 869 (1908).

[2] WINTERSTEIN, H. u. E. HIRSCHBERG: Über den Zuckerstoffwechsel der nervösen Zentralorgane. Hoppe-Seylers Z. **100**, 185 (1917) — Über den Stickstoffumsatz der nervösen Zentralorgane. Ebenda **101**, 212 (1918). — HIRSCHBERG, E.: Der Umsatz verschiedener Zuckerarten usw. Ebenda S. 248. — HIRSCHBERG, E. u. H. WINTERSTEIN: Über den Umsatz verschiedener Fettsubstanzen usw. Ebenda **105**, 1 (1919) — Stickstoffsparende Substanzen usw. Ebenda **108**, 9 (1919) — Fettsparende Substanzen usw. Ebenda S. 21 — Über den Stoffwechsel der peripheren Nerven. Ebenda S. 27.

Nerven untersucht. Sie fanden zwischen den Stoffwechselvorgängen der beiden Gewebe nur quantitative Differenzen, und zwar schätzen sie den Stoffwechsel der grauen Substanz 2—3mal so groß wie den der weißen. Auch der Phosphorstoffwechsel ist im zentralen Nervensystem lebhafter als im peripheren (E. Hecker und Winterstein[1]), wofür auch die Steigerung des Phosphorsäuregehaltes des Blutes bei geistiger Arbeit spricht (O. Kestner und H. W. Knipping[2]). Der Einfluß der Sauerstoffzufuhr bzw. der Erstickung auf die Erregbarkeit des Zentralnervensystems wird in einem eigenen Kapitel dieses Handbuchs behandelt.

Wahrscheinlich hängt auch die bekannte, wesentlich höhere Ermüdbarkeit des zentralen Nervensystems mit der Lebhaftigkeit seines Stoffwechsels im Vergleiche zu dem peripherer Nerven zusammen. Hierfür sprechen die mannigfachen Beobachtungen, die darauf hinweisen, daß die Ermüdung sowie die Erstickung auf einer Anhäufung oxydabler Stoffwechselprodukte beruht[3]. Möglicherweise stehen mit dieser leichten Ermüdbarkeit auch die Inaktivitäts- (Schlaf-) Perioden in Zusammenhang (Bethe 1906), die einzelne Teile des Zentralnervensystems zeigen. Über die Erregbarkeit peripherer Nerven während des Schlafes sind wir nicht unterrichtet. Es wäre denkbar, daß auch sie herabgesetzt ist, gewiß ist sie es aber nicht in dem Maße wie die Erregbarkeit jener zentralen Anteile des Nervensystems, die der Perzeption von Sinnesreizen und den psychophysischen Vorgängen dienen. Es liegt nahe, auch in der „Schlaffähigkeit" einen, wenn auch vielleicht nur graduellen Unterschied zwischen manchen Zentren und den peripheren Nerven zu erblicken.

Trotz ihrer hohen Differenzierung haben wahrscheinlich alle Teile des zentralen Nervensystems die elementare Funktion der Erregungsleitung beibehalten. Die Leitung erfolgt aber intrazentral etwas anders als im peripheren Nerven. Seit Helmholtz kennen wir die *Verzögerung*, welche die Leitung im Zentralnervensystem erfährt. Über die Leitungsgeschwindigkeit in der grauen Substanz, z. B. in einem Reflexzentrum, sind wir insofern nicht genau unterrichtet, als wir die Länge der mit geringeren Geschwindigkeiten von der Erregung durchlaufenen Strecken nicht kennen. Buchanan[4] schätzt nach Reflexversuchen an Fröschen die Zeit, welche die Erregung zum Passieren einer Synapse braucht, auf 10—20 σ. Jolly[5] und Forbes und Gregg[6] fanden z. B. bei Auslösung des Beugereflexes der Katze durch einen Einzelinduktionsschlag für die Leitungszeit innerhalb des Rückenmarks Werte von etwa 4 σ, beim Patellarreflex ist diese Zeit noch kürzer (Jolly). Da aber die Strecke, innerhalb derer die Leitung verzögert ist, wahrscheinlich sehr kurz ist, müssen wir wohl annehmen, daß die Erregungsleitung unter Umständen außerordentlich langsam erfolgen kann. Denken wir z. B. an die zentral bedingte (Mosso) Oesophagusperistaltik beim Schluckakt: Diese peristaltische Welle braucht mehrere Sekunden, um vom oberen Oesophagusende bis zum Magen zu gelangen; wir müssen also annehmen, daß jene Ganglienzellgruppe des Vaguskernes, von der z. B. die hemmenden

---

[1] Hecker, E. u. H. Winterstein: Untersuchungen über den Phosphorstoffwechsel des Nervensystems, 1.—4. Mitt. Hoppe-Seylers Z. **128**, 302; **129**, 26, 205 u. 220 (1923).

[2] Kestner, O. u. H. W. Knipping: Die Ernährung bei geistiger Arbeit. Klin. Wschr. **1**, 1353 (1923). — Knipping, H. W.: Respiratorischer Gaswechsel, Blutreaktion und Blutphosphorsäurespiegel bei geistiger Arbeit. Z. Biol. **77**, 165 (1922).

[3] Vgl. H. Winterstein: Über den Mechanismus der Gewebsatmung. Z. allg. Physiol. **6**, 315 (378ff.) (1907).

[4] Buchanan, F.: On the time taken in transmission of reflex impulses usw. Quart. J. exper. Physiol. **1**, 1 (1908).

[5] Jolly, W. A.: On the time relations of the knee-jerk and simple reflexes. Quart. J. exper. Physiol. **4**, 67 (1911).

[6] Forbes, A. and A. Gregg: Electrical studies in mammalian reflexes. Amer. J. Physiol. **37**, 118 (1915).

Impulse zur Kardia ausgehen, erst mehrere Sekunden nach jener in Erregung gerät, von der aus die Kontraktion des obersten Oesophagusabschnittes angeregt wird. Die Erregung braucht also, um von einer Zellgruppe eines Nervenkernes zu einer anderen des gleichen Kernes zu gelangen, unter Umständen mehrere Sekunden. Ich glaube, daß der Mechanismus zentraler Postordination im wesentlichen mit jenem übereinstimmt, der für die geregelte Aufeinanderfolge der Systolen der einzelnen Herzabschnitte Gewähr leistet (vgl. die auffallend niedrige Leitungsgeschwindigkeit im Erregungsleitungssystem des Herzens).

Schon das histologische Bild des Neuropils macht eine sehr langsame Leitung in seinen Fasern wahrscheinlich, denn wir wissen aus den Untersuchungen GASSERs und ERLANGERs[1], auf die ich noch zurückzukommen habe, daß die Leitungsgeschwindigkeit im allgemeinen der Größe des Querschnittes der Nervenfasern proportional ist. Es ist anzunehmen, daß sich Nervenfasern innerhalb des Zentralnervensystems in dieser Hinsicht nicht anders verhalten als die Fasern peripherer Nerven. Die außerordentlich zarten Ästchen, in die sich die Fasern der sensiblen oder intrazentralen Bahnen aufsplittern, ehe sie zu neuen Neuronen in Beziehung treten, werden dementsprechend Erregungen relativ wohl sehr langsam leiten.

Im allgemeinen ist die Fortpflanzungsgeschwindigkeit einer Erregungswelle um so geringer, je langsamer der Erregungsprozeß selbst an jeder einzelnen Stelle der durchlaufenen Bahn abläuft. Wenn sich diese Regel für die α-, β- und γ-Wellen der verschieden rasch leitenden Nervenfasern bisher nicht mit aller Sicherheit hat bestätigen lassen[2], so gilt sie doch z. B. in vollem Ausmaße für den Aktionsstromverlauf und die Fortpflanzungsgeschwindigkeit der Erregung bei Temperaturänderungen des Nerven[3], und wir können auch mit allergrößter Wahrscheinlichkeit vermuten, daß die intrazentralen Erregungsvorgänge träger verlaufen, als wir dies bei den peripheren Nerven des gleichen Tieres beobachten, daß also die zentralen Erregungsvorgänge relativ lange persistieren. Man könnte hiermit die bekannte Tatsache in Zusammenhang bringen, daß intrazentrale Erregungen den Reiz oft viel länger überdauern, als dies je am peripheren Nerven zu sehen ist. Ein solches langes Überdauern finden wir bei vielen Reflexen und bei den meisten Empfindungen, aber wir kennen auch Fälle, z. B. die Sehnenreflexe, in denen die Erregung nach dem Aufhören des Reizes meist ebenso prompt erlischt wie im peripheren Nerven. Auf eine unter Umständen sehr große Trägheit des Erregungsablaufes weisen ferner die Länge des intrazentralen Refraktärstadiums (vgl. dieses Handbuch S. 697 ff.) und der übernormalen Phase (ISAYAMA[4]) hin. Auch die Entwicklung gewisser tonischer Erregungszustände in vielen Zentren könnte mit dem gedehnten Verlaufe der Einzelerregung in solchen Zentren zusammenhängen, sehen wir doch auch peripher bedingt nur bei jenen Muskeln tonische Kontraktionszustände auftreten, deren Einzelerregung sehr langsam verläuft (glatte Muskulatur).

Daß die Erregungsvorgänge in den Zentren länger andauern als in den peripheren Anteilen des Nervensystems, ist eine mit großer Regelmäßigkeit zu beobachtende Tatsache. Wir können aber hieraus noch nicht mit Sicherheit

---

[1] GASSER, H. S. u. J. ERLANGER: The rôle played by the sizes of the constituent fibres of a nerve trunk in determining the form of its action potential wave. Amer. J. Physiol. **80**, 522 (1927).
[2] ERLANGER, J., G. H. BISHOP u. H. S. GASSER: Experimental analysis of the simple action potential wave in nerve. Amer. J. Physiol. **78**, 535 (1926).
[3] GASSER, H. S.: The relation of the shape of the action potential of nerve to conduction velocity. Amer. J. Physiol. **84**, 669 (1928).
[4] ISAYAMA, S.: Nachweis einer übernormalen Phase des Schluckzentrums nach dem Schluckackt. Z. Biol. **82**, 339 (1925).

den Schluß ziehen, daß wirklich das *einzelne* Erregungselement selbst intrazentral träger verläuft als peripher. Immer mehr häufen sich Beobachtungen, die uns zwingen, neben den nervösen, reflektorischen Anregungen der Zentren humorale Reizwirkungen im Bereiche des Zentralnervensystems anzunehmen, während wir — wenigstens bisher — im peripheren Nerven kaum etwas von solchen humoral bedingten Effekten wahrgenommen haben. Jede länger dauernde Erregung, wie etwa die „Nachentladung" bei Reflexen oder dgl. könnte auch durch Persistenz und das Fortwirken intrazentral entstandener Reizstoffe eine Erklärung finden.

In der relativ raschen Leitung der peripheren Nerven haben wir einen phylogenetischen Fortschritt zu sehen. Das Nervensystem tritt bei den Metazoen zuerst als ein diffus den Tierkörper durchsetzendes leitendes Zell- und Fasernetz auf, wie wir es bei den Vertebraten wahrscheinlich noch ähnlich in manchen Eingeweiden finden. Die Leitung innerhalb dieses Netzes erfolgt relativ träge. Sobald aber der Tierkörper — auf einer phylogenetisch höheren Stufe — rascher erfolgender Reaktionen gegenüber den Veränderungen seiner Umwelt bedarf, tritt einerseits eine Konzentration des nervösen Gewebes zu Ganglien, zu einem „zentralen" Nervensystem ein, andererseits entwickeln sich „lange Bahnen", die eine rasch leitende Verbindung zwischen Receptoren und der lokomotorischen Muskulatur auf dem Wege über die zentralen Apparate herstellen. Diese nunmehr ausschließlich der ungestörten Erregungsleitung dienenden Fasern bilden einerseits die peripheren Nerven, andererseits die intrazentralen Bahnen (Verbindungen zwischen den Gliedern einer Ganglienkette usf.), die wir auch bei den Vertebraten trotz ihres Verlaufes in Gehirn und Rückenmark funktionell als nicht zum Zentralnervensystem gehörig betrachten müssen.

Ein besonders wichtiger Unterschied zwischen der Erregungsleitung im peripheren Nerven und in den Zentren liegt darin, daß die Erregung im normalen Nerven und wohl auch in den langen Bahnen ohne Dekrement geleitet wird, während wir aus einer Reihe von Gründen annehmen müssen, daß sie in den Zentren ein Dekrement erfährt. Schon die Verringerung der Leitungsgeschwindigkeit im Zentralnervensystem läßt eine Leitung mit Intensitätsdekrement vermuten. Ferner sprechen die Irradationsmöglichkeiten, die Summation, die wechselseitige Bahnung und Hemmung der zentralen Erregungen für eine dekrementielle Leitung, wenn wir auch zugeben müssen, daß ein *zwingender* Beweis für ein solches intrazentrales Dekrement bisher noch nicht erbracht worden ist.

Gehen wir z. B. von der Betrachtung einfacher spinaler Hautreflexe aus, so wissen wir, daß normalerweise im Anschlusse an die Reizung einer Hautstelle ein typisches Reflexbild auftritt, d. h. daß die Erregung zentral nur auf ganz bestimmte Koordinationsapparate und motorische Zentren übergeht. Steigern wir aber die Reflexerregbarkeit des Rückenmarkes (z. B. durch Strychnin), so sehen wir auf die gleichen Reize hin eine *allgemeine* reflektorisch motorische Erregung eintreten, d. h. die Erregung breitet sich zentral auf Wegen aus, die ihr normalerweise nicht offen stehen, auf denen sie also normalerweise wahrscheinlich vorzeitig infolge einer dekrementiellen Leitung erlischt. Daß bei beginnender Narkose die Leitung im Zentralnervensystem ein Dekrement erfahren muß, oder daß dabei ein schon bestehendes Dekrement verstärkt wird, geht mit Wahrscheinlichkeit aus den Erfahrungen an narkotisierten Nerven hervor.

K. Lucas[1] hat darauf hingewiesen, daß die Phänomene der intrazentralen Hemmung, Bahnung und Erregungssummation auf Grund der Annahme eines Dekrementes bei der intrazentralen Leitung erklärt werden können, weil sich

---

[1] Vgl. die Zusammenstellung in seiner Monographie: The conduction of the nervous impulse. London 1917.

ganz analoge Erscheinungen auch am peripheren Nerven dann nachweisen lassen, wenn aus irgendeinem Grunde ein Teil der Nervenstrecke die Erregung mit einem Dekrement leitet. In den speziellen Kapiteln über Hemmung und Summation habe ich diese Fragen ausführlicher erörtert.

In jedem Organ, das Erregungen mit einem Dekrement leitet, muß die Erregungsgröße von der Reizstärke abhängig sein, sonst könnte die Größe der Erregung einer bestimmten Stelle nicht von der Erregungsgröße an der zuvor erregten, ihr benachbarten Stelle abhängig sein, worauf ja die Leitung mit einem Dekrement beruht. Wir müssen also annehmen, daß wenigstens für gewisse intrazentrale Mechanismen im Gegensatze zu den peripheren Nerven das Alles-oder-Nichts-Gesetz *nicht* gilt. Hieraus resultiert für die intrazentralen Vorgänge eine viel größere Variationsbreite als für die peripheren, und hieraus erklärt es sich, daß Erregungswellen, die intrazentral über eine gemeinsame Strecke verlaufen, teils erregend, teils hemmend auf ihr Erfolgszentrum einwirken können (BRÜCKE[1]). Aus dieser Annahme einer Ungültigkeit des Alles-oder-Nichts-Gesetzes für bestimmte zentrale Apparate (wahrscheinlich für die Synapsen) darf aber nicht ohne weiteres der Schluß gezogen werden, daß etwa auch die Reflexreaktionen dem Alles-oder-Nichts-Gesetz nicht gehorchten. Wenn die heute weitverbreitete Ansicht richtig ist, daß eine Nervenerregung nach Passage einer Dekrementregion beim Eintritt in eine normale Nervenstrecke sofort ihre *normale* Größe wieder erreicht (ADRIAN[2]), dann ist unbedingt zu erwarten, daß eine Erregung trotz der Abschwächung, die sie zentral erfahren hat, irgendwo in ihrem weiteren Verlaufe wieder die normale Größe erlangt. Ob dieses Inkrement erst im Neuriten z. B. der motorischen Ganglienzelle eintritt, oder ob die Erregung etwa schon in der Ganglienzelle selbst oder sonstwo wieder zu ihrer alten Höhe anwächst, ist eine Frage, die noch nicht entschieden werden kann.

Der einzig richtige Weg, festzustellen, ob die zentralen Reaktionen stets maximal sind, ob ihre Abstufung also nur von der *Zahl* der erregten Elemente abhängt, wäre das Experiment. GRAHAM BROWN[3] hat diesbezüglich Versuche am M. tenuissimus der Katze angestellt, dessen Nerv nur eine kleine Zahl von Nervenfasern enthält. Er fand, daß reflektorische Tetani des M. tenuissimus bei wechselnden Reizstärken mehr Höhenstufen zeigten, als nach der Anzahl der motorischen Fasern des Muskels bei Annahme des Alles-oder-Nichts-Gesetzes zu erwarten wären. BERITOFF[4] wendet gegen diesen Versuch ein, daß die Reizfrequenz (30 pro Sekunde) zu niedrig war, um ein *mehrfaches* Reagieren des Reflexzentrums auf Einzelimpulse auszuschließen, und er sieht vor allem in dem Nachweise eines Refraktärstadiums im Zentralnervensystem einen Beweis für die Gültigkeit des Alles-oder-Nichts-Gesetzes. Diese letzte Argumentation scheint mir aber nicht stichhaltig, denn auch einer schwachen Erregung (z. B. einer Extrasystole) folgt ein Refraktärstadium, und gerade das Fehlen des Refraktärstadiums müßte meines Erachtens den Verdacht erwecken, daß z. B. bei einer schwachen Reflexkontraktion nicht die Gesamtheit der in Frage kommenden motorischen Fasern erregt wurde, sondern nur einzelne, diese aber vermutlich maximal. Ein anderer möglicher Einwand gegen den Versuch von GRAHAM BROWN scheint mir der folgende zu sein: Nehmen wir an, es zögen drei reflektorisch erregbare motorische Nervenfasern (*a*, *b* und *c*) zu einem kleinen Muskel.

---

[1] BRÜCKE, E. TH.: Zur Theorie der intrazentralen Hemmung. Z. Biol. **77**, 29 (1922).
[2] ADRIAN, E. D.: On the conduction of subnormal disturbances usw. J. of Physiol. **45**, 389 (1912). — Vgl. die Kritik dieses Versuches von G. KATO: The theory of decrementless conduction, S. 62ff. Tokio 1924.
[3] GRAHAM BROWN, T.: On the question of fractional activity usw. Proc. Roy. Soc. **87**, 132 (1913).
[4] BERITOFF, J. S.: Allgemeine Charakteristik usw. Erg. Physiol. **23** I, 33 (1924).

Nach GRAHAM BROWN könnten dann verschieden starke Reflexzuckungen dieses Muskels nur drei Höhenstufen zeigen, je nachdem, ob eine, zwei oder alle drei Nervenfasern erregt werden. Es scheint mir aber sehr wohl möglich, daß z. B. die Höhe einer durch zwei Nervenfasern vermittelten Reflexzuckung verschieden wäre, je nachdem, ob die Fasern $a + b$, $b + c$ oder $a + c$ erregt werden; dann könnte die Zahl der Höhenstufen der reflektorischen Kontraktionen viel höher sein als die Zahl der den Muskel innervierenden Nervenfasern.

Auch alle anderen als Beweise gegen die Gültigkeit des Alles-oder-Nichts-Gesetzes bei den Reflexen herangezogenen Beobachtungen scheinen mir einer strengen Kritik nicht standzuhalten, und ich glaube, daß wir trotz den Einwänden GRAHAM BROWNS und SHERRINGTONS[1] mit VERWORN[2], BERITOFF, MYERS[3] u. a. wenigstens vorläufig die Erregung einer reflektorisch erregten Nerven- bzw. Muskelfaser stets als maximal ansehen sollten.

Besonderes Interesse verdient die bei vielen, wenn nicht bei allen Zentren bestehende Irreziprozität der Erregungsleitung, die um so auffallender ist, als bei peripheren Nerven bisher noch nie ein Unterschied zwischen der Fähigkeit, Erregungen rechtläufig oder rückläufig zu leiten, beobachtet worden ist. Am klarsten ist die zentrale Leitungsirreziprozität an den spinalen Reflexzentren zu demonstrieren, weil die Erregung einer ventralen Wurzel nie zu einer (etwa mittels Aktionsstrom nachweisbaren) Erregung der dorsalen Wurzel führt. Da wir eine ganz analoge Irreziprozität auch an der Verbindungsstelle zwischen der motorischen Nervenfaser und der Muskelfaser finden, lag zunächst vom Standpunkte der Neuronenlehre aus die Annahme nahe, daß die Irreziprozität der Erregungsleitung ganz allgemein eine charakteristische Eigenschaft der Verbindungsstelle eines Neurons mit seinen Erfolgszellen sei. Die Irreziprozität könnte möglicherweise durch eine einseitige Permeabilität der Grenzfläche (Synapse) zwischen Nervenfaser und Ganglienzelle oder zwischen Nerven- und Muskelfaser zustande kommen (SHERRINATON[4]). Wer die Erregungsleitung auf die Reizung eines Elementes durch den Aktionsstrom seines eben zuvor erregten Nachbarelementes zurückführt, könnte sich andererseits mit LILLIE[5] vorstellen, daß die Irreziprozität durch das Verhältnis der Dauer des Aktionsstromes an einer Stelle des Leitungsweges zur Chronaxie der Nachbarstelle bedingt sei. Wären z. B. der Aktionsstromablauf und die Chronaxie der Ganglienzelle viel kürzer als die entsprechenden Werte in der zuführenden Nervenfaser, so könnte hierdurch die Tatsache erklärt werden, daß eine Erregung der Ganglienzelle nicht auf die sie normalerweise erregende Endfaser übergehen kann. Wie BETHE[6] betont, stößt der Versuch, allgemeine Gesetzmäßigkeiten für die Zentrenfunktion aufzufinden, schon deshalb auf Schwierigkeiten, weil die bisher erwähnten zentralen Eigenschaften keineswegs immer vergesellschaftet auftreten.

BETHE teilt die von verschiedenen Forschern entwickelten Theorien der Zentrenfunktion in maschinelle, chemische und physikalisch-chemische ein. Die meisten dieser Theorien haben den Vorzug, daß ihre Erwähnung heute nicht mehr nötig erscheint, da sie nur noch historisches Interesse haben. Alle Zentrentheorien — auch die heute noch in Mode stehenden — haben den Nachteil,

---

[1] SHERRINGTON, C. S.: Observations on the scratch reflex usw. J. of Physiol. **34**, 1 (1906).
[2] VERWORN, M.: Die allgemeine physiologische Grundlage der reziproken Innervation. Z. allg. Physiol. **15**, 413 (1913).
[3] MYERS, C. S.: Are the intensity differences of sensation quantitative? Brit. J. Psychol. **6**, 137 (1913).
[4] SHERRINGTON, C. S.: Integrative action usw. London 1911.
[5] LILLIE, R. S.: The conditions determining the rate of conduction in irritable tissues and especially in nerve. Amer. J. Physiol. **34**, 414 (1914).
[6] Vgl. Die Theorien der Zentrenfunktion. Erg. Physiol. **5**, 258.

daß sie nur einen Teil der charakteristischen Merkmale, und diese meist nur in grob schematischer oder symbolischer Weise (vgl. z. B. v. Üxküll) oder nur vag andeutend zu erklären versuchen.

Eine große Rolle spielt in der Literatur zunächst die Frage, welchen histologischen Elementen im Nervensystem die charakteristischen Zentreneigenschaften zuzuschreiben sind. Was zunächst die Neurofibrillen betrifft, so sind diese mehrfach als Stützelemente des Nervensystems angesehen worden. Auf physiologischer Seite wurde diese Auffassung vor allem von VERWORN[1] vertreten. Die meisten Physiologen stehen aber heute unbedingt auf dem Standpunkte APATHYS[2], BETHES[3], CAJALS u. a., daß die Fibrillen der Erregungsleitung dienen, ja daß sie wahrscheinlich sogar das einzige leitende Element im Nervensystem bilden.

Es sei in diesem Zusammenhange darauf hingewiesen, daß die moderne, auf Vorstellungen HERMANNS[4] zurückgreifende Lehre, daß die Leitung im Nerven auf einem fortschreitenden elektrischen Polarisationsprozesse beruhe[5], auf die Tatsache der Erregungsleitung in den Fibrillen bisher so gut wie keine Rücksicht nimmt; es wird nie von einer Polarisation an der Grenzfläche, zwischen Fibrillen und Neuroplasma gesprochen, sondern stets der Achsenzylinder als Ganzes als leitendes Element betrachtet, dessen äußere Grenzfläche z. B. gegen die Markscheide hin als Träger der Polarisation angesehen wird. Eine wesentliche Stütze scheint diese Vorstellung in dem interessanten Zusammenhange zu finden, der zwischen der Querschnittgröße der Achsenzylinder und der Geschwindigkeit der Erregungsleitung aufgedeckt worden ist. Die Idee, daß die Geschwindigkeit der Erregungsleitung mit der Querschnittgröße der Nervenfasern wachse, war zuerst von LAPICQUE[6] geäußert worden. GASSER und ERLANGER[7] haben diese Annahme mit ihren ausgezeichneten Methoden geprüft und sie fanden, daß in der Tat die Leitungsgeschwindigkeit der Erregung im peripheren Nerven in erster Annäherung dem Faserdurchmesser proportional sei. Es wird weiterhin zu prüfen sein, ob etwa auch die Dicke der Fibrillen in einer Beziehung zur Größe des Querschnittes des Gesamtachsenzylinders steht. Nach der herrschenden Lehre, die in den Fibrillen das leitende Element des Nervensystems annimmt, müßte eine solche Beziehung eigentlich erwartet werden. Bei den folgenden Erörterungen gehe auch ich von der Voraussetzung aus, daß die Erregungsleitung sowohl intrazentral als auch im peripheren Nerven in den Fibrillen erfolgt. Über die funktionelle Bedeutung der übrigen histologischen Elemente des Nervensystems, des Neuroplasmas, der Tigroidsubstanz, der HELDschen Neurosomen, des Pigments usf. können wir nur Vermutungen aussprechen. Ihre Bedeutung für die Funktion der Ganglienzelle erhellt z. B. für die Tigroidsubstanz aus der histologisch vielfach nachgewiesenen Veränderung der Nisslschollen (Tigrolyse) bei funktioneller Inanspruchnahme der betreffenden Zellen. Sicher muß das Neuroplasma für die Fibrillen unter anderem eine ähnliche Bedeutung haben wie die Gewebsflüssigkeit für die Zellen des Organismus.

---

[1] Vgl. M. VERWORN: Erregung und Lähmung, S. 145f. Jena: G. Fischer 1914. (Daselbst findet sich auch die ältere Literatur.)

[2] APATHY, ST. v.: Über Neurofibrillen (proc. of the intern. congress of zool. Cambridge) 1898 (zitiert nach BETHE).

[3] BETHE, A.: Allgemeine Anatomie und Physiologie **1903**, 51ff., 256ff. — Die Beweise für die leitende Funktion der Neurofibrillen. Anat. Anz. **37**, 129 (1910).

[4] HERMANN, L.: Vgl. Hermanns Handbuch der Physiologie **2**, 194.

[5] LILLIE: Protoplasmatic action and nervous action, Kap. XV.

[6] LAPICQUE, L., H. GASSER u. DESOILLE: C. r. Soc. Biol. **92**, 9 (1925).

[7] GASSER, H. S. u. J. ERLANGER: The rôle played by the sizes of the consistuent fibers of a nerve trunk in determining the form of its action potential wave. Amer. J. Physiol. **80**, 522 (1927).

Die älteste und auch heute noch vielfach verbreitete Theorie über die Lokalisation der zentralen Prozesse verlegt diese Vorgänge in die Ganglienzellen selbst. Diese Hypothese hat aber durch den bekannten Versuch BETHES[1] am Taschenkrebs (Carcinus maenas) einen schweren Schlag erlitten. Der gemischte II. Antennennerv dieser Krabbe enthält sensible Fasern, die im Neuropil des Gehirns mit den Dendriten der motorischen Strecker- und Beugerganglienzellen zusammenhängen; diese motorischen Ganglienzellen selbst liegen in kleinen „Ganglienzellpolstern" dem Neuropil seitlich an, so daß es BETHE in einer Reihe von Fällen gelang, sie vollständig vom Neuropil abzutrennen. Durch weitere Schnitte trennte er dann das ganze Neuropil vom übrigen Gehirn und Bauchmark ab, so daß der Nerv der II. Antenne zentral nur noch mit einem zellenlosen Stück Neuropil zusammenhing. Schon am 1. Tage nach der Operation trat bei diesen Tieren der normale Tonus der Antennenmuskulatur wieder auf, beim Berühren wurde die Antenne flektiert, die Reflexerregbarkeit war also ebenfalls erhalten geblieben, und auch die Summation einzeln unwirksamer Reize gelang. Die Reflexerregbarkeit erlosch erst am 4. Tage nach der Operation.

Durch diesen Versuch ist zunächst bewiesen, daß bei den Arthropoden und somit wahrscheinlich auch bei anderen Tieren die Ganglienzellkörper für den Ablauf eines Reflexes nicht unbedingt nötig sind.

In besonders energischer Weise hat F. NISSL[2] den Versuch unternommen, die zentralen Funktionen als selbständige Leistungen des Neuropils und nicht als solche der Ganglienzellen zu deuten. Für NISSL sind die Ganglienzellen kein integrierender Teil der grauen Substanz, ja er bezeichnet das nervöse Grau direkt als eine „nichtzellige, spezifisch nervöse Substanz der grauen Gewebsteile, welche Einrichtungen zur lokalisierten Leitung besitzt und imstande ist, nervöse Leistungen verschiedenster Art zu verwirklichen"[3]. NISSLS Vorstellung, daß die Nervenfasern, zum mindesten die intrazentral verlaufenden, keineswegs immer Fortsätze von Ganglienzellen seien, sondern sich auch extracellulär entwickeln und so fortbestehen könnten, dürfte heute wohl nur mehr wenige Anhänger haben, obwohl MAXIMOFFS Beobachtungen über die extracelluläre Entstehung von Bindegewebsfasern in Gewebskulturen zeigen, wie vorsichtig wir unseren vorgefaßten Meinungen gegenüber sein sollten. Die von NISSL gefundene Tatsache, daß mit der Zunahme der nervösen Leistungen die Masse der Ganglienzellen gegenüber der Masse der Zwischensubstanz und der langen Bahnen immer mehr zurücktritt, behält ihr Interesse jedenfalls auch dann, wenn seine Ansichten über den Aufbau der grauen Substanz sich endgültig als nicht zutreffend erweisen sollten.

Die Frage, wo die funktionelle Verknüpfung der verschiedenen Elemente des Nervensystems intrazentral zu suchen ist, wo also z. B. in der Regel die Erregung von den sensiblen Nervenfasern auf die intrazentralen Koordinationsapparate übergeht, ist wohl ausschließlich auf Grund der morphologischen Tatsachen zu beantworten. Es ist unmöglich, in dem hier gegebenen Rahmen auf das große Beobachtungsmaterial einzugehen, das die Histologie uns in diesem Falle bietet, es sei diesbezüglich auf die eingangs zitierten Darstellungen der Nervenhistologie von HEIDENHAIN und BIELSCHOWSKY verwiesen; eine in knappster Form gehaltene, aber sehr lesenswerte Zusammenfassung unserer Kenntnisse vom Aufbau des Nervensystems verdanken wir BÁRÁNY[4].

---

[1] BETHE, A.: Das Nervensystem von Carcinus maenas. Arch. mikrosk. Anat. **50** (1897); **51** (1898) — Allgemeine Anatomie und Physiologie des Nervensystems, S. 328ff.
[2] NISSL, F.: Die Neuronenlehre und ihre Anhänger. Jena 1903.
[3] NISSL, F.: Ebenda, S. 468.
[4] BÁRÁNY, B.: Historische Entwicklung der Untersuchungsmethoden und der Kenntnis vom Bau des Nervensystems. Acta med. scand. (Stockh.) **59** (1923).

Ich beschränke mich im folgenden auf einige Bemerkungen, die dem Physiologen beim Studium der neueren histologischen Untersuchungen des Nervensystems naheliegen.

Die Bilder und Beobachtungen von APÁTHY, BETHE u. a. zeigen, daß bei niederen Metazoen, z. B. Würmern und Arthropoden, die in die zentralen Ganglienzellen eintretenden receptorischen Fibrillenbahnen im Neuropil ein echtes Fibrillengitter bilden, aus dem die Fibrillen weiter entweder in Fibrillengitter der motorischen Ganglienzellen ziehen oder direkt (wie z. B. bei Carcinus) in die Seitenzweige motorischer Nervenfasern eintreten. Es besteht also hier zweifellos ein neurofibrilläres Kontinuum, die Fibrillen der receptorischen und der motorischen Bahnen gehen durch die erwähnten Fibrillengitter unmittelbar ineinander über. Diese teils intra-, teils extracellulär liegenden Gitter müssen bei den erwähnten Tieren wohl die Träger der meisten zentralen Funktionen sein, wobei es allerdings bisher nicht feststeht, ob diese Gitter auch eine *Irreziprozität* der Erregungsleitung bedingen. A priori schiene es wahrscheinlicher, daß ihnen diese Eigenschaft fehlt.

BETHE nahm an, daß auch im Zentralnervensystem der Vertebraten extracelluläre die Ganglienzellen umspinnende Nervennetze, die von ihm als Golginetze bezeichnet wurden, den Übergang von Erregungen von einer Fibrillenbahn auf andere vermitteln. Daß eine Erregungsleitung ohne Beteiligung der Fibrillen des eigentlichen Ganglienzelleibes auch bei den Wirbeltieren denkbar ist, zeigen mit großer Wahrscheinlichkeit die Versuche STEINACHS[1], der dorsale Rückenmarkswurzeln bei Fröschen auch dann noch leitend fand, wenn die Zellen ihrer Spinalganglien im Anschlusse an Läsionen schon weitgehend degeneriert waren. Ob aber eine *Übertragung* von Erregungen von einer sensiblen auf eine motorische oder intrazentrale Fibrillenbahn bei Vertebraten mit Umgehung des Ganglienkörpers vorkommt, ist fraglich, und wird heute bei dem großen Ansehen, daß die Neuronentheorie im allgemeinen genießt, von den meisten Autoren für unwahrscheinlich gehalten. Speziell die Golginetze werden heute wohl allgemein als nichtnervöse Strukturen (als Glianetze) angesehen.

Die ältere Vorstellung, daß die Erregungen intrazentral — wenigstens in der Regel — die Ganglienzellen selbst passieren, scheint mir durch die Entdeckung der Endigungen der feinsten Nervenfasern an den Nervenzellen (HELD[2], CAJAL[3]) als richtig bewiesen zu sein. Die Neuriten, welche nicht an einem peripheren Erfolgsorgan, sondern an einer Ganglienzelle enden, stehen mit dieser Ganglienzelle in verschiedener Weise in Verbindung. So zeigt z. B. Abb. 140 eine PURKINJEsche Zelle (*b*), an die eine zentripetale Faser (*a*) herantritt, deren Teiläste sich an die Dendriten der PURKINJEschen Zelle innig anlegen und sie bis in ihre feinsten Verästelungen verfolgen.

Viel weiter verbreitet ist ein anderer Typus von Neuritenendigungen, die von HELD[4] entdeckten Endfüßchen.

Nach HELD enden die an den Ganglienzellkörper herantretenden Neuriten in Form zahlreicher zarter, fibrillenführender protoplasmatischer Ausläufer (Endfüßchen), deren kleine, kegelartig verdickten Enden sich an die Oberfläche der Ganglienzelle ansetzen. Diese reich mit Neurosomen durchsetzten protoplasma-

---

[1] STEINACH, E.: Über die zentripetale Erregungsleitung im Bereiche des Spinalganglions. Pflügers Arch. **78**, 291 (1899).
[2] HELD, H.: Über den Bau der grauen und weißen Substanz. Arch. Anat. (u. Physiol.) **1902**, 189 — Zur Kenntnis einer neurofibrillären Kontinuität im Zentralnervensystem der Wirbeltiere. Ebenda **1905**.
[3] CAJAL, S. R.: Un sencillo metodo usw. Tabajos **2**. Madrid 1903.
[4] HELD, H.: Beiträge zur Struktur der Nervenzellen und ihrer Fortsätze. Arch. Anat. (u. Physiol.) **1897**, Suppl.-Bd.

Histologische Anhaltspunkte für die Lokalisation zentraler Erregungsübertragungen. 781

tischen Endfüßchen sind an der Zelloberfläche, wenigstens stellenweise, netzartig untereinander verbunden. doch hat dieses nervöse pericelluläre Terminalnetz mit dem Golginetz nichts zu tun; die Endfüßchen liegen in den Maschen und nicht an den Knotenpunkten des Golginetzes. Abb. 141 zeigt, wie außerordentlich dicht manche Endzellen mit solchen Endfüßchen besetzt sind.

Die Frage, ob zwischen diesen Endfüßchen und dem Ganglienzellkörper eine protoplasmatische Kontinuität besteht, oder ob die Endfüßchen dem Zelleib nur unmittelbar anliegen (CAJAL), kann meines Erachtens für den Physiologen heute als obsolet erklärt werden, weil wir — ausgehend von der Tatsache der Erregungsleitung vom terminalen Endnetz in die Ganglienzelle — ganz unabhängig von jedem morphologischen Befund eine zum mindesten protoplasmatische Kontinuität zwischen

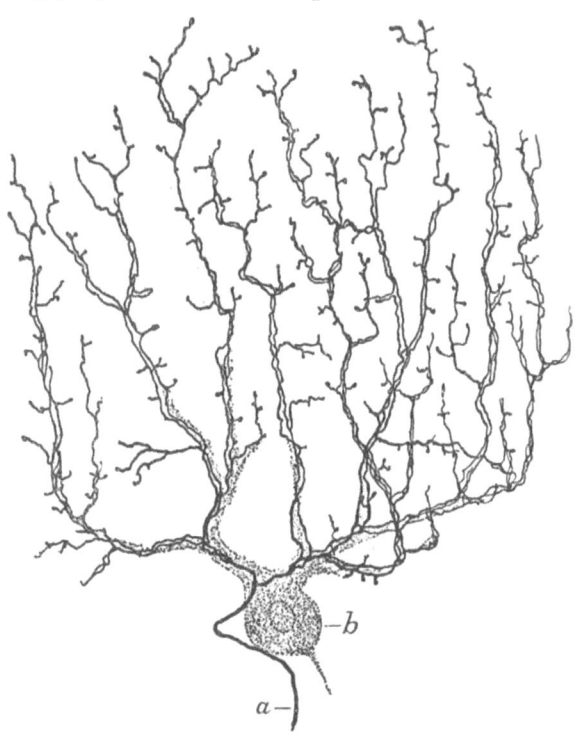

Abb. 140. Kletterfaser an einer PURKINJEschen Zelle vom Kleinhirn des Menschen. (Nach CAJAL, aus HEIDENHAIN: Plasma und Zelle.)

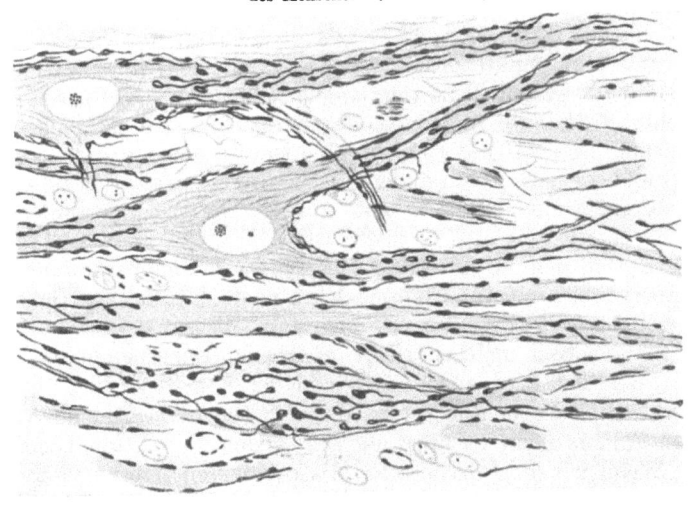

Abb. 141. Endfüßchen auf der Oberfläche der Zellen der oberen Olive von der erwachsenen Katze. Silberfärbung. (Nach CAJAL aus HEIDENHAIN: Plasma und Zelle.)

diesen beiden zentralen Elementen unbedingt postulieren *müssen*[1]. Anders steht es mit der Frage, ob die *Fibrillen*, die durch die Endfüßchen an die Zelle heran-

---
[1] Vgl. z. B. J. LOEB: Comparative physiology usw., S. 4ff. Neuyork 1903.

treten, schlingen- oder ösenförmig in den Endfüßchen enden, also mit dem Fibrillengitter der Ganglienzelle nicht in unmittelbarer Verbindung stehen, oder ob aus den Endfüßchen Verbindungsfibrillen in die Ganglienzelle übertreten, wie dies HELD lehrt. In Abb. 142 ist eine Ganglienzelle aus dem vorderen Acusticuskern vom erwachsenen Kaninchen nach HELD wiedergegeben. Wir sehen das Protoplasma der Zelle von einem engen Fibrillenreticulum durchsetzt. An die Zelloberfläche treten mehrere Hörnervenendfüßchen in mehr tangentialer Richtung heran, aus denen zahlreiche Verbindungsfibrillen hervorgehen, die in die Ganglienzelle bzw. in ihr Fibrillengitter eintreten.

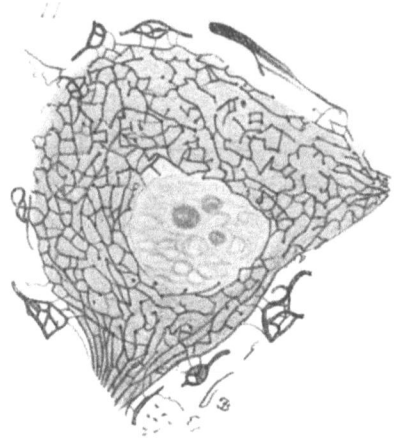

Abb. 142. Ganglienzelle aus dem vorderen Acusticuskern des Kaninchens. RAMON Y CAJALsche Silbertechnik. (Nach HELD 1905.)

Es ist klar, daß es ganz wesentlich von der Existenz oder Nichtexistenz der Verbindungsfibrillen mit abhängt, ob wir an der Lehre vom Aufbau des erwachsenen Nervensystems aus anatomisch und funktionell scharf voneinander trennbaren Einzelelementen im Sinne der Neuronenlehre festhalten können oder nicht.

Ich glaube mit APÁTHY, BETHE, HELD, BIELSCHOWSKY, HOLMGREN, MARUI[1] und anderen Autoren an eine Kontinuität des Fibrillensystems innerhalb des ganzen oder zum mindesten innerhalb sehr großer Bezirke des Zentralnervensystems. Bei dieser Annahme sind wir aber gezwungen, den Verbindungsfibrillen zwischen dem terminalen pericellulären Netz und dem intracellulären Fibrillengitter oder diesem Fibrillengitter selbst eine Sonderstellung im Bereiche des ganzen leitenden Systems zuzusprechen, denn wir haben wahrscheinlich in ihnen jene Abschnitte der Reflexbögen und -bahnen zu sehen, in denen die Erregungswellen mit einem Dekrement und verzögert geleitet werden. Es wäre aber schließlich vom Standpunkte des Physiologen auch denkbar, daß jene Verbindungsfibrillen nur bei einem Teile der Ganglienzellen entwickelt sind, bei anderen dagegen nicht. So könnte man z. B. daran denken, daß vielleicht auffallend rasch ablaufende Reflexe (wie z. B. die Sehnenreflexe oder LAUGIERS Zungen-Kieferreflex) und vielleicht auch andere rasche intrazentrale Erregungen fibrillär abliefen, während andere Reflexe usw. auf andere Weise vermittelt würden (s. unten).

Es ist klar, daß sich die Annahme einer Kontinuität innerhalb des zentralen Fibrillensystems nicht mit der Neuronenlehre nach WALDEYERS Definition verträgt, da nach dieser Lehre „das Nervensystem aus zahlreichen untereinander anatomisch wie genetisch nicht zusammenhängenden Nerveneinheiten, Neuronen, besteht". In der Tat wird auch heute von der überwiegenden Mehrzahl der Fachleute an der Neuronentheorie in ihrem *anatomischen* Sinne kaum mehr festgehalten. Anders steht es aber mit der Bedeutung dieser Theorie für die Pathologie. Wenn wir die Degeneration des peripheren Achsenzylinderstumpfes an der von ihm innervierten Ganglienzelle haltmachen sehen, so wäre es ja immerhin denkbar, daß wir bisher die Degeneration der aus diesem Achsenzylinder in den Zellkörper eindringenden Fibrillen und vielleicht auch ihrer Fortsetzung im Neuriten jener Zelle nicht haben beobachten können, und daß die Ganglienzelle nur deshalb nicht in toto mitdegeneriert, weil jene degenerierenden Fibrillen

---

[1] MARUI, K.: J. comp. Neur. **30**, 127 (1918).

nur einen kleinen Teil aller in die Zelle eintretender Fibrillen bilden. Meines Wissens liegen über diese Frage keine Untersuchungen vor, aber ich glaube, daß wir die ebenerwähnte Annahme doch nur dann machen dürften, wenn sie durch histologische oder experimentelle Beobachtungen gestützt würde. Wenn nach Durchschneidung der dorsalen Wurzeln auch ein Teil der Fibrillen in den Vorderhornzellen und in ihren Achsenzylindern, also in den motorischen Nervenfasern degenerierte, so wäre zu erwarten, daß der jetzt an Fibrillen verarmte Nerv sich bei seiner Reizung irgendwie als geschädigt erwiese, daß etwa seine Reizschwelle erhöht oder die von ihm auszulösende Muskelzuckung schwächer wäre. BETHE[1] hat — von einer anderen Frage ausgehend — Versuche gemacht, aus denen mit Sicherheit hervorgeht, daß die Zuckungen symmetrischer Froschmuskeln bei gleichartiger Reizung beider Ischiadici auch dann vollkommen übereinstimmen, wenn die hinteren Wurzeln der einen Seite einige Zeit vorher durchschnitten worden waren. Diese Beobachtung spricht gegen die Annahme einer Schädigung der motorischen Nervenfasern durch die Degeneration der sensiblen. Auch die Frage des Fibrillenverlaufes innerhalb der Ganglienzellen ist noch nicht vollkommen geklärt. In manchen Zellen (z. B. in den Spinalganglienzellen) finden wir Fibrillenbündel ohne Netzbildung, dagegen glaube ich nicht, daß wir allgemein eine Längsindividualität der Neurofibrillen annehmen können, sondern daß in den meisten Ganglienzellen eine Verschmelzung der Fibrillen zu echten langmaschigen Netzen oder Gittern (CAJAL, HELD) und nicht nur eine „Entbündelung" und „Plexus"bildung (BETHE, ECONOMO[2], GOLDSCHMIDT[3]) eintreten muß. Ohne solche gemeinsame Strecken scheint mir die fast allseitig mögliche intrazentrale Ausbreitung von Erregungen und die wechselseitige Förderung und Hemmung einzelner Erregungswellen nicht vorstellbar. Allerdings muß ich hier auf die an anderer Stelle[4] erörterte Möglichkeit erinnern, daß wir mit der uns vom Nerven her geläufigen Vorstellung der Erregungswelle vielleicht nur einen Teil der zentralen Vorgänge werden erklären können. Im Hinblick auf die Gesetze der Erregungsleitung in den Fibrillenkabeln der peripheren Neuriten ist auch die große Zahl der an einer Ganglienzelle ansetzenden Nervenendfüßchen schwer erklärbar. Von diesen Endfüßchen gehört keineswegs je eines einer einzelnen Neuritenendfaser an, sondern jede an die Ganglienzelle herantretende Nervenfaser ist durch zahlreiche Endfüßchen mit ihr verbunden, so daß die Erregungswellen an vielen Stellen auf das intracelluläre Fibrillengitter überzugehen scheinen. Die physiologische Bedeutung dieser Einrichtung ist nicht ohne weiteres verständlich, denn die einzelnen Erregungswellen müßten einander in den Fasern des Gitters zum Teil begegnen, also vernichten. HEIDENHAIN[4] hat eine Theorie des „Transferts" entwickelt. Er nimmt an, daß die Erregung aus den Endfüßchen auf die langsam leitende *Grundsubstanz* der angeschlossenen Zelle übergeht und in ihr einen von der Fibrillenerregung verschiedenen Vorgang auslöst, der wegen der geringen Geschwindigkeit seiner Ausbreitung an möglichst vielen Stellen des Zelleibes gleichzeitig auftreten muß, um praktisch das ganze Zellprotoplasma synchron zu erregen. Diese Vorstellung ist sicher beachtenswert, nur glaube ich, dürften wir dann nicht an *Erregungswellen* denken, sondern eher an die Bildung von *Reizstoffen*. Andererseits bleibt bei dieser Annahme die Frage offen, welche Bedeutung die Verbindungsfibrillen haben.

---

[1] BETHE, A.: Die Theorie der Zentrenfunktion. Erg. Physiol. **5**, 250 (276ff.) (1906).
[2] ECONOMO, K.: Beiträge zur normalen Anatomie der Ganglienzelle. Arch. f. Psychiatr. **41**, 158 (1906).
[3] GOLDSCHMIDT, R.: Das Nervensystem von Ascaris usw. R.-Hertwig-Festschrift **2**. Jena 1910.
[4] HEIDENHAIN: Vgl. dieses Handbuch S. 771.

Die Nervenendfüßchen, die an eine Ganglienzelle herantreten, gehören nie alle ein und derselben afferenten Nervenfaser an, sondern mehreren, wahrscheinlich vielen afferenten und intrazentralen Neuriten. Es wäre deshalb denkbar, daß die große Zahl der Endfüßchen zum Teil als eine Sicherungseinrichtung aufzufassen sei, daß also die Erregung *weniger* Endfüßchen (d. h. derer eines einzigen Neuriten) zur Übertragung der Erregung auf das gesamte Fibrillengitter der Zelle genügte, und daß die übrigen Neuriten nur zur Sicherung der Erregung da wären für den Fall, daß jener erstgenannte Neurit in der Peripherie etwa nicht gereizt worden wäre (vgl. als grobes Beispiel die plurisegmentale Innervation einer Hautstelle oder eines Skelettmuskels).

Die im vorangehenden skizzierten histologischen Erkenntnisse, speziell der Nachweis der verschiedenartigen Endigungsweisen der Neuritenendäste an den Ganglienzellen (Nervenendfüßchen, Kletterfasern, Endkörbe usf.), ist nicht ohne Einfluß auf die von den Physiologen aufgestellten Theorien der zentralen Vorgänge geblieben. In der zweiten Hälfte des vorigen Jahrhunderts wurde fast allgemein die Ganglienzelle, d. h. ihr Körper selbst, als das Substrat angesehen, dem wir die für das zentrale Nervensystem im Gegensatze zum peripheren charakteristischen Funktionen zuschreiben müssen[1]. BETHE hat diese Lehre, wie oben erörtert wurde, vor allem durch seinen Versuch am Taschenkrebs ins Wanken gebracht, und heute steht die Mehrzahl der Physiologen einer Theorie sympathisch gegenüber, die in gewissem Sinne zwischen der Ganglienzelltheorie und der BETHEschen Neuropiltheorie vermittelt, nämlich der Synapsentheorie SHERRINGTONS. SHERRINGTON[2] steht auf dem Standpunkte der Neuronentheorie und stellt sich vor, daß dort, wo zwei Neuronen aneinandergrenzen, z. B. an der Ansatzstelle eines Nervenendfüßchens, das Protoplasma der Faser nicht einfach in das Protoplasma der Ganglienzelle übergeht, sondern daß die beiden wie zwei sich nicht mischende Flüssigkeiten durch eine Grenzfläche, also (im physikalischen Sinne) durch eine Membran getrennt seien. „Eine solche Oberfläche könnte die Diffusion einschränken, osmotische Druckdifferenzen erzeugen, die Bewegung der Ionen verzögern, elektrische Ladungen bewirken, eine elektrische Doppelschicht erzeugen, könnte durch Veränderung der Potentialdifferenz ihre Gestalt und Oberflächenspannung ändern und umgekehrt durch Veränderung ihrer Gestalt und Oberflächenspannung eine Potentialdifferenz verändern, sie könnte verdünnte Elektrolytlösungen verschiedener Konzentration oder kolloidale Lösungen verschieden geladener Teilchen voneinander trennen. So könnte ein Mechanismus entstehen, durch den die nervöse Leitung, besonders wenn sie vorherrschend physikalischer Natur wäre, gerade jene Eigenschaften gewinnen könnte, welche die Leitung im Reflexbogen von der Leitung im Nervenstamm unterscheiden[3]."

Eine ausgezeichnete Stütze der Synapsenhypothese bilden die Beobachtungen bei der Reflexermüdung. Wird z. B. bei der Katze der Beugereflex durch Reizung des N. popliteus bis zur Ermüdung ausgelöst, so läßt er sich unmittelbar danach vom N. peroneus aus in der Regel ohne Anzeichen einer Ermüdung auslösen und umgekehrt (FORBES[4]). Dieser Versuch und ähnliche von SHERRINGTON[5]

---

[1] Vgl. hierzu A. BETHE: Die historische Entwicklung der Ganglienzellhypothese. Erg. Physiol. 3, 2, 195 (1904).

[2] SHERRINGTON, C. S.: Über das Zusammenwirken der Rückenmarksreflexe usw. Erg. Physiol. 4, 797 (1905) — The integrative action of the nervous system. London 1911.

[3] SHERRINGTON, C. S.: **1911**, 17. Zitiert auf S. 777.

[4] FORBES, A.: The place of incidence of reflex fatigue. Amer. J. Physiol. 31, 102 (1912).

[5] SHERRINGTON, C. S.: Integr. action, S. 218.

und von LEE und EVERINGHAM[1] sprechen wohl unbedingt dafür, daß das motorische Neuron nicht als Ganzes ermüdet, also auch nicht die Vorderhornzellen, sondern, daß die Verbindungsstellen der einzelnen afferenten Fasern mit den Schalt- oder Vorderhornzellen den leicht ermüdbaren Teil des Reflexbogens bilden. Die Ermüdung erhöht offenbar das Dekrement in der Synapse sowie auch das des Nervenendorgans im Muskel.

Die Synapsenhypothese beherrscht heute — wenn auch in etwas modifizierter Form — ziemlich weitgehend die Vorstellungen über die zentralen Prozesse, wie sie sich in der englischen und zum großen Teil auch in der deutschen Literatur finden. Sie ist aber, vor allem durch K. LUCAS[2], etwas verallgemeinert worden: Wir denken bei dem Wort Synapse heute weniger an eine Membran, als an eine Art Grenzschicht zwischen der Ganglienzelle und den an sie herantretenden Nervenfaserendigungen. Diese Grenzschicht könnten z. B. auch die Fibrillen im Bereiche der Nervenfüßchen sein. Das Dekrement, mit dem sich die Erregung höchstwahrscheinlich innerhalb der Zentren fortpflanzt, wird von vielen Autoren in die Synapse verlegt. Damit wären die Synapsen auch jenes histologische Element im Zentralnervensystem, dem wir die Fähigkeit der Summation, Bahnung und Hemmung, die Abhängigkeit der Reaktionsstärke von der Reizstärke und die Verzögerung des Erregungsablaufes zuschreiben können.

Es ergeben sich bei dieser Auffassung der Synapse eine Reihe von Parallelen zwischen der zentralen Endigung eines sensiblen oder intrazentralen Neuriten und der peripheren eines motorischen, denn auch an der Verbindungsstelle zwischen der motorischen Nervenfaser und der Skelettmuskelfaser findet ja eine Verzögerung der Leitung und oft ein Dekrement der Erregungswelle statt, und vor allem zeigen beide Stellen die so auffällige Erscheinung der Irreziprozität der Erregungsleitung.

Besonders ausführlich sind die sich aus diesen Annahmen ergebenden Vorstellungen über die zentralen Vorgänge von FORBES[3] entwickelt worden. Sein Versuch geht dahin, die zentralen Prozesse, so wie LUCAS dies angeregt hatte, durch den Ablauf typischer, nur durch die Synapsen beeinflußter Nervenerregungswellen zu erklären. (Vgl. z. B. die Kapitel dieses Handbuches über Summation, Bahnung und Hemmung.)

Auch FORBES sieht das wesentliche der Synapsentheorie nicht in der Annahme einer Trennungsmembran, sondern er stellt die Hypothese auf, daß die Synapse ihre charakteristischen Eigenschaften der Kleinheit des Querschnittes der sie bildenden Nervenfasern verdankt. Er geht dabei von den Untersuchungen von WILLIAMS und CREHORE[4] aus, nach denen die Steilheit des Aktionsstromanstieges und damit auch die Geschwindigkeit der Erregungsleitung vom Ohmwiderstand und von der Kapazität der Nervenfaser abhängig wären. Die Dünne der Synapsenfasern (Nervenendfüßchen) muß einen hohen Ohmwiderstand in ihnen bedingen. Über ihre Kapazität (Verhältnis von Kern zu Hülle) wissen wir nichts; hätten die Synapsenfasern z. B. eine relativ geringe Kapazität, so könnte ihr Aktionsstrom sehr steil verlaufen und die Leitung doch, infolge des hohen Widerstandes, relativ langsam erfolgen. Wäre entsprechend der relativ kurzen Erregungsdauer auch das Refraktärstadium in diesem Teile des Reflexbogens besonders kurz, so wäre es denkbar, daß eine aus einer dickeren Nervenfaser auf eine dünnere (synaptische) übergehende Einzelerregung in dieser dünnen Faser *mehrere* rasch

---

[1] LEE, F. S. u. S. EVERINGHAM: Pseudo-Fatigue of the spinal cord. Amer. J. Physiol. **24**, 384 (1909).
[2] LUCAS, K.: The conduction of the nervous impulse. London 1917.
[3] FORBES, A.: The interpretation of spinal reflexes usw. Physiol. Rev. **2**, 361 (1922).
[4] CREHORE, A. C. u. H. B. WILLIAMS: Proc. Soc. exper. Biol. a. Med. **11**, 59 (1913).

aufeinanderfolgende Einzelerregungen auslöste, wie dies ja auch im motorischen Endorgan mitunter der Fall ist.

Es würde zu weit führen, alle Hypothesen zu erörtern, die FORBES im Anschlusse an diese und ähnliche Überlegungen über die Natur der zentralen Vorgänge aufstellt. Eine große Rolle spielt in ihnen der Gedanke, daß die Erregungswellen in den verschiedenen zentripetalen Fasern die Ganglienzelle nicht gleichzeitig erreichen. So sucht er z. B. die Erscheinung des Überdauerns eines Reflexes (afterdischarge) durch die Hilfshypothese zu erklären, daß die motorischen Zentren von ganz verschiedenen Reflexkollateralen aus erregt werden, von direkten und von solchen, die auf dem Umwege über verschieden lange Neuronenketten die Erregung zu verschiedenen Zeiten auf ihre letzte, die motorische Anschlußzelle übertragen.

Mir erscheint dieser Erklärungsversuch nicht recht ansprechend, und ich möchte das Überdauern der Reflexe eher zu den ständigen tonischen Erregungszuständen motorischer Zentren in Beziehung setzen.

Obwohl die meisten Überlegungen von FORBES rein hypothetisch sind, muß man doch zugeben, daß er uns Möglichkeiten zeigt, wie die Vorgänge in den Zentren verlaufen könnten, wenn wir ihnen keinerlei andere Eigenschaften zuschreiben wollen als jene, die wir von den peripheren Nerven her kennen. Die Annahme, daß nur die vom Nerven her bekannten Erregungswellen die Elemente darstellen, aus denen sich auch die intrazentralen Vorgänge zusammensetzen, ist aber heute noch keineswegs allgemein verbreitet. So faßt z. B. BERITOFF[1] die Hemmung als einen „Process sui generis" auf, der „für die motorischen Koordinationsmechanismen spezifisch ist". Für jede Form der Hemmung trifft diese Ansicht nicht vollständig zu; so spielen z. B. bei der reziproken Antagonistenhemmung sicher Vorgänge eine Rolle, die auch in Modellversuchen am peripheren Nerven zum Erlöschen von Erregungswellen führen können[2]. Aber es sprechen doch vor allem die Versuche und Überlegungen SHERRINGTONS[3] entschieden dafür, daß sich in den Zentren Hemmungsvorgänge abspielen können, die grundsätzlich von den an peripheren Nerven beobachteten „scheinbaren" Hemmungen verschieden sind, und die am ehesten durch die Annahme von intrazentral auftretenden Hemmungsstoffen erklärt werden können.

Wenn wir im bisher Erörterten die Zentren im wesentlichen als Leitungsorgane angesehen haben, d. h. ihre Fähigkeit diskutiert haben, Erregungswellen von einer Fibrillenstrecke auf eine andere zu übertragen, so haben wir uns jetzt mit der Frage zu beschäftigen, ob eine in ein Zentrum eintretende Erregungswelle nicht auch unter Umständen imstande ist, in ihm einen *neuen* Erregungsprozeß auszulösen, ob sich also Zentren auf nervös zugeleitete Reize oder auch auf „Blutreize" oder andere chemische Reize hin „entladen" können. Solche Auslösungsprozesse werden ziemlich allgemein von den Autoren angenommen, und auch ich glaube, daß wir diese Annahme in vielen Fällen unbedingt machen müssen. Wir sehen z. B. auf Einzelreize, die die Haut oder einen sensiblen Nerven treffen, verschieden lang dauernde *tetanische* Reflexkontraktionen auftreten, und es ist nicht daran zu zweifeln, daß in der Regel (nicht immer, vgl. die Sehnenreflexe u. a.) der Erregungsablauf in einem sensiblen Nerven nicht mit dem Ablaufe der reflektorisch durch ihn ausgelösten Erregungen zu identifizieren ist. Auch die durch äußere Reize bewirkte Erregung sensorischer Nerven werden

---

[1] BERITOFF, J. S.: Allgemeine Charakteristik usw. Erg. Physiol. **20**, 407 (419) (1922).
[2] BRÜCKE, E. TH.: Zur Theorie der intrazentralen Hemmungen. Z. Biol. **77**, 29 (1922).
[3] SHERRINGTON, CH. S.: Remarks on some aspects usw. Proc. roy. Soc. Lond. **97**, 519 (1925). — Vgl. auch A. SAMOJLOFF u. M. KISSELEFF: Zur Charakteristik der zentralen Hemmungsprozesse. Pflügers Arch. **215**, 699 (1927).

wohl kaum als solche auf die corticalen Sinnessphären übergeleitet. Viele Zentren dürften sich in dieser Hinsicht ebenso verhalten wie autonom innervierte periphere Organe, glatte Muskeln, Herz und Drüsen, bei denen ja auch die in den fördernden Nerven verlaufenden Erregungen nie als solche auf das Erfolgsorgan übertragen werden. Gegen die Annahme von Entladungsprozessen hat sich vor allem BETHE[1] ausgesprochen, und er hat eine Reihe von Überlegungen sowie auch Versuche gegen diese Hypothese ins Feld geführt. Am gewichtigsten waren entschieden die beiden von ihm an erster Stelle genannten: das Fehlen wirklich spontaner Bewegungen und das Fehlen rückläufiger Entladungen. Durch die Erweiterung unserer Kenntnisse in den letzten beiden Dezennien scheint mir der erste dieser Einwände widerlegt zu sein. Sowohl die Tätigkeit des Atemzentrums als auch die spinaler Lokomotionszentren (GRAHAM BROWN) bleibt nach Ausschaltung der zentripetalen Erregungen erhalten, so daß also die Funktion dieser Zentren nicht einfach in der Weiterleitung ihnen zufließender Erregungen gesehen werden kann. Um das Fehlen rückläufiger Entladungen zu beweisen, hat BETHE folgenden Versuch angestellt: Er durchschnitt bei Fröschen einseitig die dorsalen lumbalen Wurzeln und reizte dann auf dieser Seite den mit dem Rückenmark in Verbindung belassenen N. ischiadicus, auf der anderen Seite den peripheren Stumpf des durchtrennten Ischiadicus mit Einzelreizen und verglich die Zuckungen beider Gastrocnemii miteinander. Sie verliefen vollkommen gleichartig, während bei der Möglichkeit einer Entladung der Vorderhornzellen der Muskel jener Seite stärker hätte erregt werden müssen, auf der die Erregung in den motorischen Nervenfasern rückläufig zu den Vorderhornzellen gelangen konnte und diese zur Entladung hätte bringen können. Dieser Versuch ist dann beweisend, wenn das Refraktärstadium der Fibrillen an der Polstelle, also am Beginn des Achsenzylinders, zu einer Zeit schon abgelaufen ist, in der die „Entladung" der Vorderhornzelle noch im Gange ist. Nach den Erfahrungen an anderen Zentren konnte BETHE dies gewiß annehmen, und auch ich glaube, daß dieser Versuch beweisend ist. Jedenfalls zeigen auch die Einzelzuckungen bei den Sehnenreflexen, daß BETHE den Vorderhornzellen mit Recht nur eine Leitungsfunktion zugeschrieben hat. Daß auch manche Strangzellen im Rückenmark ohne „Entladung" Erregungen einfach weiterleiten, geht aus der Tatsache hervor, daß die Muskelaktionsströme bei Reizung der motorischen Großhirnrindenzone innerhalb weiter Grenzen der Reizfrequenz exakt folgen (P. HOFFMANN[2], S. COOPER und D. DENNY-BROWN[3] und F. PLATTNER[4]). Da nun die corticofugalen motorischen Bahnen sicher alle im Rückenmark unterbrochen sind, also nicht direkt an die Vorderhornzellen herantreten[5], so müssen auch die Assoziationsneurone, über welche die Erregung zur letzten gemeinsamen Strecke verläuft, die Erregungswellen einfach weiterleiten.

Die Entladungsmöglichkeit ist also zwar keine *allgemeine* Eigenschaft der Zentren, bei manchen ist sie aber wohl zweifellos vorhanden. Auch die Erscheinung der nicht proprioceptiv sich immer wieder neu auslösenden, sondern zentral bedingten Reihen aufeinanderfolgender tetanischer Erregungen beim Schluckreflex und wohl auch bei anderen „Kettenreflexen" scheint mir durch den Leitungsprozeß allein nicht erklärbar zu sein.

---

[1] BETHE, A.: Zur Theorie der Zentrenfunktion. Erg. Physiol. **5**, 250 (275ff.).
[2] HOFFMANN, P.: Über die Innervation des Muskels bei Großhirnreizung. Arch. (Anat. u.) Physiol. **1910**, Suppl.-Bd. S. 286.
[3] COOPER, S. u. D. DENNY BROWN: Proc. roy. Soc. Lond. **100**, 251 (1926); **102**, 222 (1927).
[4] PLATTNER, F.: Über die Frequenz der Muskelaktionsströme bei der Großhirnreizung. Pflügers Arch. **220**, 583 (1928).
[5] Vgl. J. RASDOLSKY: Über die Endigungen der extraspinalen Bewegungssysteme im Rückenmark. Z. ges. Neur. u. Psychiatr. **86**, 361 (1923).

Für die Systematik der zentralen Funktionen (sowie für das Verständnis der Hemmungsmechanismen usw.) schiene es mir zweckmäßig, die Zentren einzuteilen 1. in solche, die jede einzelne ihnen zufließende Erregungswelle mit einer einzelnen Erregung beantworten, die also die zugeleitete Erregung nach einer gewissen Latenz einfach weiterleiten, und 2. in solche, die auf den „Leitungsreiz" mit einer spezifischen Reaktion reagieren, und zwar zumeist mit einer Serie rasch aufeinanderfolgender Einzelerregungen, deren Zahl und Frequenz in gar keiner Beziehung zu der Zahl und Frequenz der diesen Entladungsvorgang auslösenden zentripetalen Erregungswellen stehen. Ich schlage vor, den zuerst genannten Vorgang als Transmission (falls es sich um Reflexe handelt als Transmissionsreflexe) zu bezeichnen, und für den zweitgenannten den Ausdruck „Auslösung" (bzw. Auslösungreflex) zu wählen bzw. beizubehalten.

Es sind bisher niemals Zweifel an der ganz allgemein verbreiteten Annahme geäußert worden, daß rhythmische Erregungen zentrifugaler Nervenfasern z. B. bei Reflexen auf einen rhythmischen Erregungsvorgang in ihren Ursprungsganglienzellen schließen lassen. Nun wissen wir aber, daß z. B. ein kontinuierlich verlaufender galvanischer Strom in Nerven- und Muskelfasern einen diskontinuierlichen Erregungsvorgang, den sog. Schließungstetanus auslösen kann, und meines Erachtens weist BISHOP[1] mit Recht darauf hin, daß die physiologische Periodik der Nervenerregung, z. B. bei einem Reflextetanus, auch als Effekt eines kontinuierlichen intrazentralen Reizes, also eines kontinuierlichen Prozesses, innerhalb der Vorderhornzelle aufgefaßt werden könnte.

Die ganz außerordentlichen Schwierigkeiten, die sich dem Verständnis des Erregungsablaufes im Zentralnervensystem in den Weg stellen, beruhen zum großen Teile auch auf dem unentwirrbar komplizierten, ständigen Zusammenwirken der zentralen Vorgänge. Das bekannte Reflexschema, nach dem *eine* sensible Nervenfaser die Erregung auf *eine* motorische überträgt, ist bei den Wirbeltieren nie so einfach realisiert (SHERRINGTON). Bei den proprioceptiven Muskelreflexen (Sehnenreflexen), fast den einzigen, bei denen sich wahrscheinlich keine Schaltzelle am Aufbau des Reflexbogens beteiligt, steht sicher jede sensible Faser mit mehreren Vorderhornzellen in funktioneller Verbindung und jede Vorderhornzelle ihrerseits wieder mit mehreren sensiblen Fasern. Bei allen anderen Reflexen sind zwischen die afferente und die efferente Bahn aber außerdem noch Schaltsysteme mit mindestens einer, oft aber wohl auch mehreren Synapsen eingeschaltet. Dies erklärt die Tatsache, daß schon der Ausfall eines reinen Rückenmarksreflexes von der Summe vieler, nur schwer kontrollierbarer, zufällig mehr oder weniger gleichzeitig das Reflexzentrum treffender Impulse abhängt und keineswegs allein von jenem Reiz, den wir als den speziell reflexauslösenden bezeichnen. Hierzu kommen schon beim Rückenmarkstier als weiter komplizierende Momente eines Reflexes alle proprioceptiv bei der reflektorisch erfolgenden Muskelkontraktion ausgelösten Reflexe. Schließlich tritt beim normalen Wirbeltier als höchste Komplikation in den ganzen Ablauf eines Reflexes noch der Komplex jener Erregungen ein, die dadurch bedingt sind, daß fast alle zentripetal leitenden Nervenfasern indirekt ihre Erregung auf einzelne Gehirnpartien, die meisten auch auf Rindenabschnitte übertragen, so daß auch vom Gehirn aus wieder sekundär die mannigfaltigsten Reaktionen und Schaltungen (ganz abgesehen von psychischen Begleiterscheinungen ausgelöst werden.

Nach allem bisher Besprochenen kann also das alte Schema des Reflexbogens sicher nur als äußerste Vereinfachung gewisser zentraler Vorgänge für didaktische Zwecke beibehalten werden. Bei der weiten Verbreitung der reziproken Innervation antagonistischer Muskelgruppen oder der Zentren antagonistische

---

[1] BISHOP, G. H.: The effect of nerve reactance on the threshold of nerve during galvanic current flow. Amer. J. Physiol. **85**, 417 (1928).

Vorgänge auslösender Nerven hat GRAHAM BROWN[1] es für richtig gehalten, die Zentren allgemein als je zwei gekoppelte *Halbzentren* aufzufassen. Er stellt sich vor, daß jedes efferente Neuron durch Kollateralen seines Neuriten mit einem zweiten antagonistischen Neuron verbunden ist, und daß bei der Erregung des einen das andere automatisch gehemmt wird. Eine solche, allerdings durch Schaltzellen vermittelte (vgl. BRÜCKE[2]) Kopplung ist zweifellos sehr häufig vorhanden, aber als *ganz allgemein* gültig kann GRAHAM BROWNs Halbzentrentheorie nicht bezeichnet werden, weil wir eine Reihe von Reflexen und von pathologischen, spastischen Zuständen kennen, bei denen eine Reziprozität der Innervation nicht festzustellen ist.

Aus unseren Ausführungen geht hervor, daß immer von Neuem ernsthafte Bemühungen unternommen werden, um die physiologischen Vorgänge innerhalb der nervösen Zentren nicht als Phänomene sui generis erscheinen zu lassen, sondern sie auf jene relativ einfacheren Tatsachen zurückzuführen, die wir bei der Untersuchung peripherer Nerven kennengelernt haben. Es will mir scheinen, als ob alle Versuche dieser Art unter anderem deshalb auf Schwierigkeiten stoßen müssen, weil die Physiologie der Erregungsleitung im peripheren Nerven in der letzten Zeit kaum mehr eine biologische Wissenschaft genannt werden kann. Der Nerv wird meistens vollkommen mit Polarisationsmodellen identifiziert, und deshalb rücken die Auslösung des Erregungsvorganges und die Fortleitung dieser Auslösung, also vorwiegend physikalische Probleme, in den Vordergrund des Interesses, während die eigentlich physiologische Seite der Vorgänge im Nerven, also jene Vorgänge, die uns bei den intrazentralen Prozessen in erster Linie fesseln, weniger Beachtung finden.

Es ist deshalb wohl von besonderer Bedeutung, daß neuerdings Tatsachen bekannt geworden sind, die den peripheren Nerven aus der Perspektive des Physikers wieder mehr in jene des Physiologen zu rücken scheinen. Wir hatten uns — vielleicht auch zum Teil verführt von seiner angeblichen Unermüdbarkeit — so sehr daran gewöhnt, den peripheren Nerven als ein passives „Kabel" zu betrachten, daß bisher kaum je die Frage aufgeworfen wurde, ob die Funktionsfähigkeit des peripheren Nerven physiologischerweise irgendwelchen Schwankungen unterliege, ob Adaptationsphänomene an ihm nachweisbar seien o. dgl. m.; ja wir haben eigentlich auch nie recht daran gezweifelt, daß der Nerv eines vorsichtig präparierten Nerv-Muskelpräparates sich völlig wie ein normaler Nerv im lebenden Tiere verhalte. Diese Überzeugung wurde erst durch die Beobachtung M. LAPICQUES[3] erschüttert, daß die Erregbarkeit des Froschischiadicus nach seiner Abtrennung vom Rückenmark oder nach Abtragung der Lobi optici steigt. Diese Entdeckung wurde von ACHELIS[4] bestätigt, und bei der Weiterverfolgung des interessanten Phänomens kam er zu Versuchsergebnissen, die nur durch die Annahme zu deuten sind, daß auch das periphere motorische Neuron, und zwar nicht nur seine kurze intrazentrale Strecke, sondern die periphere Nervenfaser selbst vom Sympathicus aus im Sinne einer Erregbarkeitssteigerung beeinflußt wird. Eine ähnliche nervös bedingte Veränderung der Erregbarkeit eines peripheren Nerven hat auch SERENI[5] beobachtet: er fand, daß die Erregbarkeit

---

[1] BROWN, T. GRAHAM: On the nature of the fundamental activity usw. J. of physiol. **48**, 18 (1914).
[2] BRÜCKE, E. TH.: Zur Theorie der intrazentralen Hemmung. Z. Biol. **77**, 29 (1922).
[3] LAPICQUE, M.: Action des centres encéphaliques sur la chronaxie des nerfs moteurs. C. r. Soc. Biol. **88**, 46 (1923).
[4] ACHELIS, J. D.: Über die Umstimmung des peripheren motorischen Nerven. Pflügers Arch. **219**, 411 (1928).
[5] SERENI, E.: Die Erregbarkeit des Vagus und der nervösen Zentren. Arch. di Sci. biol. **12**, 359 (1928).

auch eines von seinem Zentrum abgetrennten N. vagus bei der Schildkröte nach Eingriffen am Gehirn Änderungen erfährt. Ob es sich in diesem zuletzt genannten Falle um Einflüsse handelt, die von einem der vegetativen Nervensysteme auf den Vagusstamm ausgeübt werden, wissen wir nicht, wohl aber steht die von ACHELIS festgestellte Abhängigkeit der Erregbarkeit des peripheren Ischiadicus sicher in enger Beziehung zu anderen Beobachtungen, die uns erkennen lassen, daß auch das zentrale Nervensystem zu den Erfolgsorganen des sympathischen und parasympathischen Systems zu zählen ist[1]. Diese Befunde dürften wohl dazu führen, daß wir in Zukunft nicht nur, wie bisher, die Vorgänge im peripheren Nerven zur Deutung des zentralen Geschehens heranziehen, sondern daß wir auch umgekehrt unsere Erfahrungen am Zentralnervensystem zum Verständnis der Biologie des peripheren Nerven zu verwenden suchen werden.

Die Nervenphysiologie befindet sich zur Zeit in einer Phase, in der relativ zur Zahl der bauenden Könige zu viele Kärrner arbeiten; es fehlt — wie in so vielen Zweigen der Wissenschaft — an der synthetischen Verwertung des überreichen Materials von Einzeltatsachen. So wissen und lehren wir zwar, daß das Nervensystem morphologisch und funktionell als ein Kontinuum aufgefaßt werden muß, aber es fehlen uns häufig die gedanklichen Brücken, welche die Ergebnisse der Physiologie des zentralen Nervensystems mit jenen der „Nerv-Muskelphysiologie" und auch der Sinnesphysiologie ständig verbinden sollten. Je mehr solche Brücken wir schlagen, um so mehr dürfen wir hoffen, daß die Bilder, die wir uns vom Geschehen innerhalb dieses kompliziertesten und daher interessantesten aller tierischen Gewebe entwerfen, sich den Tatsachen nähern.

---

[1] BRÜCKE, E. TH.: Fortschritte in der Erkenntnis des vegetativen Nervensystems. Naturwiss. **16**, 923 (1928).

Diffuses und zentralisiertes Nervensystem.

Von

E. Th. Brücke

Innsbruck.

Mit 2 Abbildungen.

Zusammenfassende Darstellungen.

Bethe, A.: Allgemeine Anatomie und Physiologie des Nervensystems. Leipzig: G. Thieme 1903. — Parker, G. H.: The elementary nervous system. Monogr. of exp. biol. Philadelphia and London. E. B. Lippincott & Co. 1919. — Buddenbrock, W. v.: Grundriß der vergleichenden Physiologie. Berlin: Bornträger 1924. — Jordan, H.: Über die Physiologie der Muskulatur und des zentralen Nervensystems bei hohlorganartigen Wirbellosen. Erg. Physiol. **16**, 87 (1918).

Die Zusammensetzung eines größeren Teiles des nervösen Gewebes zu einem auch grob anatomisch einheitlichen Organe, dem Zentralnervensystem mit seinen ausstrahlenden langen zentrifugalen und einstrahlenden zentripetalen Bahnen, ist phylogenetisch relativ spät erworben. Bei den niederen Metazoen findet sich ausschließlich oder teilweise ein „diffuses" Nervensystem, wie wohl Bethe es zuerst bezeichnet hat, dessen Funktionen, mit denen eines „zentralisierten" Nervensystems nur zum Teil übereinstimmen. Ein solches diffuses Nervensystem ist zuerst von O. und R. Hertwig[1] bei den Knidariern nachgewiesen worden. So fanden sie z. B. bei den Aktinien lange epitheliale Sinneszellen, die bis an die Basis des Epithels reichen und die unter Vermittlung der Nervenfortsätze vereinzelter oder dichter angeordneter Ganglienzellen mit den Muskelzellen verbunden sind; auf diesen kurzen Wegen zwischen Sinnes- und Muskelzellen müssen die gesamten relativ primitiven Reflexe dieser Tiere ablaufen. Mit dem Fortschreiten der phylogenetischen Entwicklung konzentrieren sich Teile des nervösen Gewebes zu größeren Ganglien oder zu Ganglienketten, die dann durch lange Bahnen, Nerven, mit den Receptoren einerseits, den Muskeln und Drüsen andererseits verbunden sind. Neben diesen zentralisierten Teilen des Nervensystems finden wir aber regelmäßig, auch noch bei den Vertebraten, Organe, deren Abhängigkeit vom Zentralnervensystem relativ lose ist, die aber in sich selbst diffus verbreitete nervöse Elemente besitzen, die in vieler Hinsicht funktionell den primitiven, allseitig ausgebreiteten Nervensystemen entsprechen, die wir bei den Avertebraten oft als einzige oder als Hauptträger der nervösen Leistungen finden. Es ist sicher nicht ohne Interesse, daß sich in diesem Falle in der Embryogenese bei den Wirbeltieren ein Vorgang abspielt, der in gewissem Sinne der phylogenetischen Entwicklung entgegengesetzt ist, insofern als die Entwicklung der peripheren nervösen Zentren bei den Wirbeltieren sekundär aus einer ursprünglich zentralisierten Anlage durch Auswandern der sympathischen und parasympathischen postganglionären Zellen vor sich geht.

---

[1] Hertwig, O. u. R.: Die Actinien usw. Jena. Z. Naturwiss. **13** u. **14**.

Eine wichtige Aufgabe jedes Nervensystems liegt darin, daß es seinen Träger, den ganzen Organismus oder einzelne seiner Organe instand setzt, auf einen lokal einwirkenden Reiz nicht nur lokal, sondern als einheitliches Ganzes zu reagieren, SHERRINGTONS „integrative action". Hierzu ist eine Ausbreitung der an einer circumscripten Stelle gesetzten Erregung innerhalb des zunächst noch diffusen Nervensystems zur Erzielung reflektorischer Fernwirkungen nötig. Eine solche „Reflexausbreitung" innerhalb eines peripheren Nervensystems könnte theoretisch in verschiedener Weise erfolgen: Einerseits wäre es denkbar, daß die, gewissermaßen als einfachste Reflexzentren funktionierenden, diffus zerstreuten Ganglienzellen alle untereinander durch leitende Elemente, also funktionell in Zusammenhang stünden (BETHE 1903), und daß auf diese Weise eine allseitige Erregungsausbreitung zustande käme; andererseits wäre es aber auch möglich, daß ein peripheres Nervensystem kein leitendes Kontinuum bildete, sondern sich aus kurzen, isolierten Reflexbogen zusammensetzte, die untereinander funktionell nicht verknüpft wären; dann wäre die Ausbreitung einer durch einen lokalen Reiz gesetzten Erregung nur durch ein kettengliederartiges Ineinandergreifen der einzelnen Reflexe zu erklären, etwa so, daß die reflektorische Kontraktion eines eng

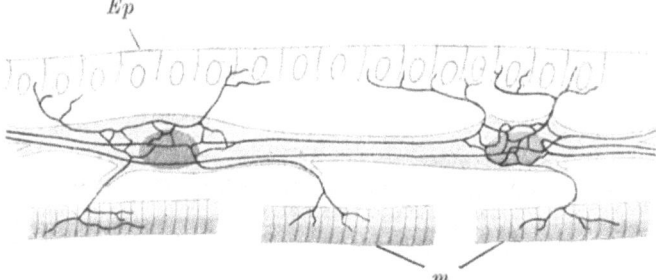

Abb. 143. Fibrillenverlauf in einem Nervennetz. Ep = Epithel, m = Muskelfasern. (Nach BETHE.)

lokalisierten Muskelgebietes ihrerseits neue sensible Endorgane erregt und dadurch neue Reflexbögen in Aktion treten. Da wir sehen, daß auch beim Wirbeltiere jede Dehnung eines Muskels zur Erregung seiner Muskelspindeln und ihrer sensiblen Nerven führt (ADRIAN[1]), so erscheint mir dieser Modus einer propriozeptiven reflektorischen Ausbreitung der Erregung innerhalb eines Muskelsystems auch bei Avertebraten durchaus möglich zu sein.

Eine große Zahl der auf diesen Gebiete arbeitenden Physiologen und fast alle Zoologen stehen auf dem BETHEschen Standpunkte, daß in der Regel alle oder doch ein Teil der Ganglienzellen, die wir bei Tieren oder Organen mit einem diffusen Nervensystem zerstreut (vor allem in unmittelbarer Nachbarschaft glatter Muskulatur) finden, untereinander leitend verbunden sind: nach BETHE sind diese diffusen Nervensysteme im allgemeinen nicht synaptisch aufgebaut, also nicht in Neurone gegliedert, sondern durch das Vorhandensein echter *Nervennetze* charakterisiert, d. h. die Fortsätze der einzelnen Ganglienzellen sind mit jenen anderer Zellen zu einheitlichen Nervenfäden verschmolzen, so daß also gewissermaßen ein Ganglienzell-Syncytium resultiert, von dem einerseits Reize aufnehmende Fasern abgehen, andererseits motorische oder hemmende Fasern, die zu den Muskelzellen ziehen.

Abb. 143 gibt ein schematisches Bild des Fibrillenverlaufes in einem Nervennetz nach BETHE. Weiterhin sind diese Nervennetze nach BETHE noch dadurch

---

[1] ADRIAN, E. D. u. Y. ZOTTERMAN: The impulses produced etc. J. of Physiol. **61**, 151 (1926).

charakterisiert, daß sie sich diffus ausbreiten, ihre Zellen nie zu Ganglien vereinigt sind und daß eine Unterscheidung der Zellfortsätze (meist sind es drei) in Dendriten und Neuriten nicht möglich ist. Lange Fasern fehlen in den Netzen ganz.

Es sei hier die Frage nach der Existenz bzw. der Verbreitung solcher Nervennetze zunächst vom morphologischen Standpunkte aus erörtert. Ihre Existenz wurde für die verschiedensten Tierklassen und Organe (z. B. der Wirbeltiere) angegeben, aber nur ein Teil dieser Angaben ist mit Sicherheit als richtig bestätigt worden. Die Brüder HERTWIG[1], EIMER[2] und BETHE[3] haben Nervennetze unter dem Epithel der Subumbrella der Medusen beschrieben. HADŽI[4] sah die Nervenzellen im Ektoderm der Hydroidpolypen durch plasmatische Fortsätze untereinander verbunden, doch bezweifelt er die Existenz eines einheitlichen zusammenhängenden Plexus und hält die Erregungsleitung bei Hydra für muskulär. GROŠELY[5] sah bei Actinien nur vereinzelt Ganglienzellen untereinander anastomosieren. Einen breiten Raum scheinen die Nervennetze im Nervensystem der Mollusken einzunehmen (SMIT[6], BETHE[7]). Ausgezeichnete Bilder von den Ganglienzellen des Nervennetzes und ihren Fibrillen in der Darmwand von Pontobdella (einem Blutegel) hat APÁTHY[8] publiziert. Bei den ,,Ganglienzellnetzen" in der Muskulatur der Bryozoen (GERWERZHAGEN[9]) scheint mir die Möglichkeit, daß sie aus anastomosierenden Bindegewebszellen bestehen, nicht mit aller Sicherheit ausgeschlossen zu sein. Bei den Insekten finden sich subepitheliale Nervennetze, die mit dem zentralisierten Nervensystem in Verbindung stehen (HOLMGREN[10]). Bei Crustaceen (Astacus, Carcinus) wurden sie zuerst von BETHE[11] beschrieben, später auch von anderen Autoren bestätigt, von TIEGS[12] aber geleugnet.

Daß auch im Wirbeltierorganismus echte Nervennetze im Sinne BETHES vorkommen, scheint mir mit Sicherheit aus den Untersuchungen E. MÜLLERS[13] über das Darmnervensystem bei den Selachiern hervorzugehen. Die als drittes Neuron der Vagusbahn anzusehenden Zellen des Vagusgeflechtes im Magen bilden keine freien Neuronen, welche in bestimmte Bahnen eingegliedert wären, sondern sie stehen durch neurofibrilläre Züge miteinander in Verbindung. Von diesen Geflechten ziehen Fasern teils zur Muskulatur, teils zum Epithel. Die Neurofibrillen laufen direkt von einer Zelle in eine andere (vgl. Abb. 144). Die Existenz echter Nervennetze wird hier wohl auch durch die Beobachtungen E. MÜLLERs bewiesen, daß die frühesten Anlagen der Darmgeflechte keine freien Neuroblasten enthalten, sondern zusammenhängende Plasmamassen bilden, in denen die neurofibrilläre Substanz unabhängig von den Zellgrenzen entsteht. Höchstwahrscheinlich enden an einzelnen Zellen dieses Netzes die postganglionären Vagusfasern.

---

[1] HERTWIG, R. u. O.: Das Nervensystem und die Sinnesorgane der Medusen. Leipzig 1878.
[2] EIMER, TH.: Die Medusen usw. Tübingen 1878.
[3] BETHE, A.: Zitiert auf S. 791 u. 85ff.
[4] HADŽI, J.: Über das Nervensystem von Hydra. Arb. zool. Inst. Wien **17**, 225 (1909).
[5] GROŠELY, P.: Untersuchungen über das Nervensystem der Actinien. Arb. zool. Inst. Wien **17** 269.
[6] SMIT, H.: Die Nervenendigungen bei Helix etc. Anat. Anz. **20**, 495 (1902).
[7] BETHE, A.: Zitiert auf S. 791 u. 81ff.
[8] APÁTHY. ST. v.: Das leitende Element des Nervensystems usw. Mitt. zool. St. Neapel **12**, 495 (1897).
[9] GERWERZHAGEN, A.: Beiträge zur Kenntnis der Bryozoen, I. Z. Zool. **107**, 309 (1913).
[10] HOLMGREN, E.: Studier öfver Hudens etc. Kgl. Sv. Vetensk.-Akad. Hdl. **27**, 81 (1895).
[11] BETHE, A.: Beitrag zur Kenntnis des peripheren Nervensystems von Astacus fluviatilis. Anat. Anz. **12**, 31 (1896).
[12] TIEGS, O. W.: The nerve net of plain muscle etc. Austral. J. exper. Biol. a. med. Sci. **2**, 157 (1925).
[13] MÜLLER, E.: Beitr. z. Kenntnis d. auton. Nervensyst. I. Über die Entwicklung d. Symp. u. d. Vagus b. d. Selachiern. Arch. mikrosk. Anat. **94**, 208 (1920).

Kontrovers ist die Frage nach der Existenz echter Nervennetze im Blutgefäßsystem der Vertebraten. BETHE hat perivasculäre Nervennetze aus dem Gaumen des Frosches abgebildet, und er gibt an, daß sich von diesen Netzen Fasern ablösen, die mit einem weitmaschigen subepithelialen Netz in Verbindung stehen. Von dem perivasculären Netz ziehen nach BETHE[1] einerseits dünne Nervenfäden zur Gefäßmuskulatur, andererseits receptorische zum Epithel. Soweit ich aus Referaten ersehe, beschreiben auch PRENTISS[2] und JORIS[3] ähnliche Nervennetze an den Gefäßen.

Von verschiedenen Autoren sind ähnliche ganglienhaltige Netze auch für die Herzmuskulatur beschrieben worden. BETHE[4] hat sie mit Methylenblau speziell am Froschherzen dargestellt. Er findet in ihnen zwar relativ wenige Ganglienzellen, doch schätzt er ihre Zahl für den Ventrikel doch auf einige hundert. Sie liegen an der Oberfläche der Muskeltrabekel und haben meist zwei bis vier Fortsätze, von denen sich die stärkeren mit Fasern anderer Ganglienzellen zu einem dichten Fasernetz im Innern der Trabekel verbinden.

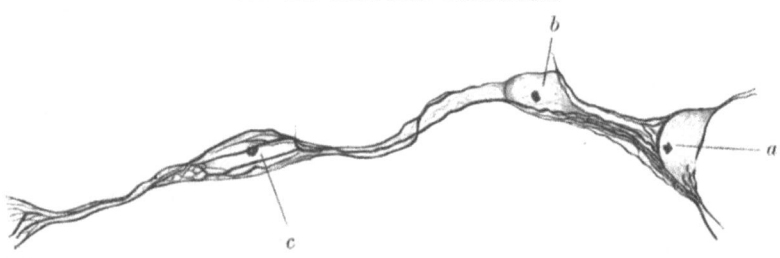

Abb. 144. Drei Nervenzellen (*a*, *b* und *c*) mit fortlaufenden Fibrillen aus dem Vagusgeflecht des Magens (4,5 cm langer Embryo von Squalus acanthias). (Nach E. MÜLLER.)

Die prinzipielle Wichtigkeit der Innervationsverhältnisse des Herzens für die Frage nach dem Bestehen einer myogenen oder neurogenen Automatie bzw. Erregungsleitung im Herzen hat eine Reihe von Physiologen veranlaßt, seine Innervation sowie die der Blutgefäße und anderer glatter Muskeln teils histologisch, teils mit experimentellen Methoden zu untersuchen.

Auf Grund ausgedehnter Versuche hat F. B. HOFMANN[5] die Existenz echter Nervennetze im Blutgefäßsystem der Wirbeltiere und bei den Mollusken überhaupt geleugnet. Er hält es zwar für möglich[6], ja beim Froschherzen[7] sogar für wahrscheinlich, daß durch Anastomosen zwischen den Endverzweigungen der verschiedenen Nervenfasern ein kontinuierliches Netz innerhalb der Muskulatur gebildet werde, er hält aber die von BETHE beschriebenen Ganglienzellen an den Knotenpunkten des Netzwerkes für Bindegewebszellen und für Kerne der Nervenhüllen.

Einen ähnlichen Standpunkt wie HOFMANN nimmt in dieser Frage FUKUTAKE[8] ein, der unter W. KOLMERS Leitung die Histologie und Entwicklung des Herz-

---

[1] BETHE, A.: Die Nervenendigungen im Gaumen und in der Zunge des Frosches. Arch. mikrosk. Anat. **44**, 185 (1895).

[2] PRENTISS, C. N.: The nervous structure in the palate of the Frog. etc. J. comp. Neur. **14**, 93 (1904).

[3] JORIS, H.: Les nerfs des vaisseaux sanguins. Bull. Acad. Méd. belg. IV **20**, 504 (1906).

[4] BETHE, A.: Allg. Anat. u. Physiol. S. 91 ff.

[5] HOFMANN, F. B.: Gibt es in der Musk. d. Mollusken periphere, kontinuierlich leitende Nervennetze usw.? I. Pflügers Arch. **118**, 375 (1907) — II. Ebenda **132**, 43 (1910).

[6] HOFMANN, F. B.: Histologische Untersuchungen üb. d. Innerv. d. gl. Musk. usw. Arch. f. mikrosk. Anat. **70**, 361 (1907).

[7] HOFMANN, F. B.: Das intrakardiale Nervensystem des Frosches. Arch. Anat. u. Physiol. **1902**, 54, 103.

[8] FUKUTAKE, K.: Beiträge zur Histologie usw. Z. Anat. **76**, 592 (1925). (Daselbst ausführliches Literaturverzeichnis.)

nervensystems bei den Vertebraten neuerdings eingehend studiert hat. Er fand, daß die letzten, außerordentlich zarten Äste der in die Herzmuskulatur eindringenden Nervenfasern einen feinsten Plexus bilden, in dem die Fasern allerdings oft so eng aneinander liegen und so zart sind, daß nur bei bester Beleuchtung und bester Auflösung der Immersionslinsen erkannt werden kann, daß kein Netz vorliegt. Die Annahme eines aus multipolaren kleinen Ganglienzellen und ihren Ausläufern gebildeten Nervennetzes wäre auch nach FUKUTAKES Befunden fallen zu lassen.

Ähnlich wie nach diesen Befunden beim Herzmuskel verhält sich auch die Nervenversorgung des glatten M. retractor penis des Igels und der Ratte (FLETSCHER[1]). Auch FLETSCHER hält die Zellen in den Knotenpunkten des terminalen Endnetzes für nicht nervös. Hierfür spricht auch die Beobachtung, daß dieses Endnetz nach Durchschneidung der sympathischen und parasympathischen Fasern (nicht aber der sympathischen, fördernden allein!) vollständig degeneriert. Ebenso degenerieren nach der Durchschneidung der Vasomotoren die Nervengefäße in der Blutgefäßwand (LAPINSKY[2], EUGLING[3]), was gegen die Existenz selbständiger ganglionärer Nervennetze in den Blutgefäßen spricht. Als streng beweisend können solche Degenerationsversuche allerdings nicht angesehen werden, denn bekanntlich degenerieren auch Drüsen, Muskeln und Gefäße[4] nach Durchschneidung und Degeneration ihrer Nerven, und auch intrazentral bildet die Neuronengrenze keineswegs immer die Grenze eines Degenerationsprozesses (vgl. z. B. die Veränderungen corticaler Zentren nach Läsion der ihnen zugeordneten peripheren Sinnesapparate). TIEGS[5] weist, von dem gleichen Gesichtspunkte ausgehend, auch auf das Erhaltenbleiben der Capillarreaktionen nach Vasomotorendurchschneidung (KROGH) und auf den lokalen Charakter der Reaktion entnervter Gefäße (EUGLING) hin. Auch die Präparate STÖHRS[6] von der Innervation der Gefäße der Pia mater und des Plexus chorioideus lassen nur vereinzelt Ganglienzellen erkennen; von einem Nervennetz, wie es für niedere Avertebraten beschrieben worden ist, sehen wir an ihnen nichts. Ähnlich liegen die Verhältnisse nach RHINEHART[7] bei den Arteriolen der Gl. thyreoidea, die von außerordentlich dichten Nervengeflechten umsponnen werden; es ließen sich nirgends mit Sicherheit Anastomosen zwischen den einzelnen Ästchen feststellen, so daß also auch keine echten Nervennetze vorliegen dürften.

Es sei hier auch noch an die Angaben von JEGOROW[8] und MICHAILOW[9] erinnert; JEGOROW beschreibt an den Froschgefäßen anastomosierende Nerven, also Netze im physiologischen Sinne des Wortes; er bildet auch typische Ganglienzellen aus der Gefäßwand ab, doch meint auch er, daß sich diese Zellen nicht am Aufbau der Nervennetze beteiligen. MICHAILOW beobachtete ein diffuses, reich anastomosierendes Nervennetz an den Arterien der Säugerblase. Die an den Knotenpunkten öfters zu sehenden Kerne hält aber auch er im Gegensatze zu BETHE für Kerne der SCHWANNschen Scheiden. Ebenso bestreitet er auf Grund

---

[1] FLETSCHER, W. M.: Preliminary note on the motor and inhibitory nerveendings in smooth muscle. J. of Physiol. **22**, XXXVII (1898).

[2] LAPINSKY: Die Gefäßinnervation der Hundepfote. Arch. mikrosk. Anat. **65**, 623 (1905).

[3] EUGLING, M.: Unters. über d. periph. Tonus d. Blutgefäße. Pflügers Arch. **121**, 275 (1908).

[4] LAPINSKY, M.: Virchows Arch. **183**, 1 (1906).   [5] TIEGS: Zitiert auf S. 793.

[6] STÖHR, PH.: Über die Innervation der Pia mater und des Plexus chorioideus des Menschen. Z. Anat. **63**, 562 (1922). (Daselbst reiches Literaturverzeichnis.)

[7] RHINEHART, D. A.: The nerves of the Thyreoid and parathyreoid bodies. Amer. J. Anat. **13**, 91 (1912).

[8] JEGOROW, J.: Zur Lehre von der Innervation der Blutgefäße. Arch. Anat. u. Physiol. **1892**, Suppl. 69.

[9] MICHAILOW, S.: Zur Frage über die Innervation der Blutgefäße. Arch. mikrosk. Anat. **72**, 540 (1908).

eigener Methylenblau- und RAMON Y CAJAL-Präparate BETHES Angabe, daß im Froschventrikel Netze bildende Ganglienzellen vorkämen. Im Ventrikel des Froschherzens fänden sich überhaupt sehr wenige Ganglienzellen, und diese seien mit äußerst seltenen Ausnahmen unipolar.

Jede Vereinigung erregbarer Zellen oder Fasern zu einem echten Syncytium muß sich physiologisch in der Möglichkeit einer allseitigen Erregungsausbreitung zu erkennen geben, etwa in der Art, wie wir sie vom Vertebratenherzen her kennen. Wenn wir dagegen beobachten, daß die Reizung eines Nervenastes sich in ihrer Wirkung streng auf den von ihm innervierten Organbezirk beschränkt, so spricht dies mit Wahrscheinlichkeit dafür, daß die peripheren Endigungen des betreffenden Nervenastes mit den Endigungen jener Äste, welche benachbarte Gebiete innervieren, nicht in einem leitenden Zusammenhange stehen. BETHE[1] fand bei Reizung einzelner isolierten Nerven bei Mollusken, z. B. eines Flügelnerven von Aplysia und bei Arion, eine Abhängigkeit der Größe des reagierenden Muskelbezirkes von der Stärke der Reize, je stärker die Reize wurden, desto größere Teile. z. B. des Aplysienflügels, gerieten in peristaltische Tätigkeit oder in einen tonischen Kontraktionzustand, so daß schließlich die ganze Muskulatur des Tieres in Bewegung geriet. In anderen Fällen hat es sich aber gezeigt, daß die zu gewissen glatten Muskeln ziehenden Nervenfasern streng gesonderte Gebiete innervieren. daß also den zwischen ihren Endfasern histologisch festgestellten, netzartig angeordneten Anastomosen (richtiger Geflechten) funktionell — im Gegensatze zu den echten Nervennetzen — normalerweise keine Bedeutung zukommt. Dies gilt z. B. für die Irismuskulatur der Wirbeltiere (LANGLEY[2]), für die Endausbreitung der Erregung in den regulatorischen Herznerven der Wirbeltiere (HOFMANN[3], H. E. HERING[4]) und für die Innervation der Vertebratenblutgefäße, denn LANGLEY[5] fand, daß der von einzelnen Nerven innervierte Gefäßbezirk um so kleiner wird, je weiter peripher abzweigende Nervenäste gereizt werden. HOFMANN[6] und FRÖHLICH[7] fanden zirkumskripte Innervationsgebiete auch an der Chromatophoren-, Flossen- und Mantelmuskulatur der Cephalopoden und im Gegensatze zu BETHE am Mantellappen von Aplysia (HOFMANN[8]).

Wenn wir die so zahlreichen und mannigfaltigen morphologischen Angaben über die periphere Nervenversorgung der glatten Muskulatur kritisch sichten. glaube ich, daß wir zur Überzeugung gelangen müssen, daß diese Nervenversorgung in den einzelnen Organen und wohl auch bei den verschiedenen Tierklassen ganz verschieden ist. An der Existenz echter Nervennetze im Sinne BETHES kann nach den Beobachtungen von BETHE, APÁTHY, E. MÜLLER u. a. nicht gezweifelt werden. E. MÜLLERS Befunde beweisen auch, daß solche Nervennetze nicht nur bei Wirbellosen, sondern auch bei Vertebraten vorkommen, daß also HEIDENHAINS[9] Vermutung, daß sie hier nur durch die etwas unsicheren Färbungseffekte der Methylenblaumethode vorgetäuscht wurden, wohl nicht in allen Fällen berechtigt ist.

---

[1] BETHE, A.: Allg. Anat. u. Physiol. 117ff.

[2] LANGLEY, J. N.: On the question of commissural fibres etc. J. of Physiol. **31**, 257 (1904).

[3] HOFMANN, F. B.: Beiträge zur Lehre der Herzinnervation. Pflügers Arch. **72**, 437, 459 (1898).

[4] HERING, H. E.: Über die unmittelbare Wirkung des Accelerans usw. Pflügers Arch. **108**, 289ff. (1905).

[5] LANGLEY, J. N.: Antidromic action. Tl. II. etc. J. of Physiol. **58**, 49 (1923).

[6] HOFMANN, F. B.: Gibt es in der Muskulatur d. Mollusken usw.? Pflügers Arch. **118**. 375 (1907).

[7] FRÖHLICH, F. W.: Experimentelle Studien am Nervensystem der Mollusken. XIII. Z. allg. Physiol. **11**, 351 (1910).

[8] HOFMANN, F. B.: Pflügers Arch. **132**, 43 (1910).

[9] HEIDENHAIN, M.: Plasma und Zelle. Bardelebens Handb. d. Anat., S. 775ff. Jena 1907.

Wie vorsichtig wir aber andererseits bei der Deutung von Methylenblaubildern sein müssen, zeigen z. B. DOGIELS[1] Bilder von sternförmigen Bindegewebszellen aus der Umgebung eines Blutgefäßes, Bilder, die denen eines Nervennetzes täuschend ähnlich sehen. Solche Bilder sind wohl sicher mehrfach mit Unrecht als Beweise für die Existenz von Nervennetzen angesehen worden. So liegen z. B. meines Erachtens bisher keine histologischen oder experimentellen Beweise für die Existenz echter Nervennetze für die Organe des Blutgefäßsystems der Wirbeltiere vor, die der Kritik standgehalten hätten. Damit ist aber die Frage, ob in der Gefäß- oder Herzwand nicht doch leitende nervöse Strukturen existieren, noch nicht mit aller Sicherheit entschieden. Mir scheint die Frage BETHES vollkommen berechtigt, was die im Vergleich zum Skelettmuskel so außerordentlich dichte Nervenversorgung der Gefäß- und Herzmuskulatur funktionell zu bedeuten hat. Diese Frage ist bis heute nicht befriedigend beantwortet worden. Es kann an verschiedene Möglichkeiten gedacht werden: Wir beobachten in der organischen Natur so häufig „mehrfache Sicherungen" (BRÜCKE[2]), daß mir die Annahme durchaus möglich erscheint, daß die Erregungswelle im Herzen sowohl muskulär als auch nervös weitergeleitet werden kann. Gibt man diese Möglichkeit zu, so können alle Versuche an Herzen nach Ausschaltung des Nervensystems (vgl. HABERLANDT[3]), an embryonalen Herzen (W. HIS jun.) oder an Kulturen von embryonalen, nervenfreien, muskulären Geweben (LEWIS[4]) nur als Beweise dafür angesehen werden, daß eine rein muskuläre Leitung *möglich* ist, nicht aber dafür, daß sie am normalen Herzen die Hauptrolle spielt.

Sehen wir dagegen die feinen Nervenfäserchen, die sich in so großer Zahl innig an alle Herzmuskelfasern anlegen, nur als Ausläufer der postganglionären regulatorischen Nervenfasern an, so taucht damit die Frage auf, ob sich etwa eine Beziehung zwischen den histologischen Bildern und der von O. LOEWI[5] entdeckten Hormonproduktion bei Erregung der Herznerven finden ließe. An eine solche Beziehung hat zuerst KOLMER[6] gedacht bei Erörterung der interessanten Tatsache, daß im Myokard keine Spuren von Nervenendorganen zu entdecken sind. Die feinen Fasern des nervösen Endplexus umspinnen und begleiten die Muskeltrabekel auf relativ langen Strecken, und es ist nach KOLMER sehr wohl denkbar, daß nicht nur die allerletzten, feinsten, fast nicht mehr sichtbaren Endigungen der Fasern die hemmende oder fördernde Wirkung auf den Muskel übertragen, sondern daß sich diese Wirkung an längeren Strecken der Nervenfasern abspielt. Auch ich glaube, daß sich diese Anschauung KOLMERS mit der von LOEWI entdeckten nervös ausgelösten Bildung eines Hemmungsstoffes gut in Einklang bringen ließe.

Es ist wohl in hohem Maße wahrscheinlich, daß die Ergebnisse aller am Amphibienherzen angestellten Beobachtungen ohne weiteres auch für die Herzen aller übrigen Vertebraten zutreffen. Mit voller Sicherheit können wir dies aber noch nicht sagen; so scheint z. B. nach MANGOLDS[7] Untersuchungen das Erregungsleitungssystem im Vogelherzen sich von dem in anderen Wirbeltierherzen auffällig zu unterscheiden, und es sei auch zur Begründung einer solchen Skepsis

---

[1] Vgl. M. HEIDENHAIN: Ebenda S. 777, Fig. 473 u. 474.
[2] BRÜCKE, E. TH.: Wien. klin. Wschr. **1918**.
[3] HABERLANDT, L.: Über Trennung d. intrakard. Vagusfunktion usw. Mitt. 1—5. Z. Biol. **72**, 1 (1921); **72**, 163 (1921); **73**, 151 (1921); **73**, 285 (1921).
[4] LEWIS, M. R.: Carnegie publications in embryology **9**, 191 (1920).
[5] LOEWI, O.: Über humorale Übertragbarkeit des Herznervenwirkung. I.—IX. Mitt. Pflügers Arch. **189**ff. (1921/25).
[6] FUKUTAKE, K.: Zitiert auf S. 794 u. 636.
[7] MANGOLD, E. u. T. KATO: Über den Erregungsursprung usw. Pflügers Arch. **157**, 1 (1914).

an die histologischen Untersuchungen von R. A. DART[1] erinnert, der in der typisch quergestreiften Bauchmuskulatur von Python zahlreiche kleine sympathische Ganglienzellhaufen fand, die meines Wissens sonst in der Wirbeltier-Skelettmuskulatur (außer bei Torpedo) nirgends beobachtet worden sind.

Die Frage nach der Verbreiterung echter Nervennetze bei den Vertebraten kann wohl erst nach ausgedehnteren histologischen Untersuchungen mit Fibrillenfärbungen beantwortet werden. Sichergestellt scheinen sie bei den Cölentraten und bei Würmern, während sie z. B. bei der Innervation der Cephalopoden-Chromatophosen keine Rolle spielen. Welch großen Raum die Nervennetze in der zoologischen Literatur einnehmen, zeigen z. B. die Bücher von PARKER[2] und von BUDDENBROCK[3].

Was nun die Funktion der Nervennetze betrifft, so sind diese diffusen Nervensysteme charakterisiert: 1. durch einen hohen Grad der Autonomie, 2. durch eine Erregungsleitung mit Dekrement und 3. meist durch die Fähigkeit, Erregungen diffus nach allen Richtungen hin zu leiten. Die Autonomie ist, (wenn wir hier von der Eingeweidemuskulatur der Vertebraten absehen) in den glattmuskeligen Organen vieler Wirbelloser sehr deutlich ausgeprägt; die Fußscheibe und die Tentakel der Actinien (LOEB[4], PARKER[5] u. a.), die Pedicellarien, Stacheln und Ambulacralflüsse der Echinodermen[6] und die Glocke der Holothurien (CROZIER[7]) seien als Beispiele genannt.

Die allseitige Ausbreitungsmöglichkeit der Erregung ist besonders deutlich an dem Schirm der Medusen zu beobachten, der durch spiralig geführte Schnitte und verschiedene Einkerbungen in lange Bänder zerlegt werden kann, ohne daß die Erregungsleitung erlischt (ROMANES[8], EIMER[9], BETHE[10] MAYER[11]). Ein anderes Beispiel bieten die Seeanemonen, deren Retractormuskulatur fast von allen Punkten der Oberfläche aus in Erregung versetzt werden kann. Prinzipiell ähnlich verhält sich bekanntlich im allgemeinen das Vertebratenherz (vgl. ENGELMANNS Zickzackversuch), in dem die allseitige Ausbreitung der Erregung aber heute meist auf die Entwicklung seiner *Muskulatur* zu einem Syncytium zurückgeführt wird.

Wenn in einem flächenhaft angelegten Nervennetz mit dekrementieller Erregungsleitung von einem bestimmten gereizten Punkte aus Erregungen auf verschiedenen Wegen zu einem Effector gelangen können, so müßten immer jene Erregungen die größte Wirkung entfalten, die den Effector auf dem *kürzesten* Wege erreichen. Auf Grund dieser Annahme ließe sich z. B. v. UEXKÜLLs Beobachtungen erklären, daß ein Seeigelstachel sich bei Reizung eines Punktes seiner Umgebung immer nach der Seite hin neigt, von der her ihn die Erregung auf dem kürzesten Wege erreicht.

---

[1] DART, RAYMOND A.: Some notes on the double innervation etc. J. comp. Neur. **36**, 441 (1924).

[2] PARKER, G. H.: The elementary nervous system. Philadelphia u. London: Lipincott & Co. 1919.

[3] BUDDENBROCK, W. v.: Grundriß der vergleichenden Physiologie. Berlin: Bornträger 1924.

[4] LOEB, J.: Zur Physiologie und Psych. der Actinien. Pflügers Arch. **59**, 415 (1895) — Einführung in die vergl. Gehirnphysiologie usw. Leipzig 1899.

[5] PARKER, G. H.: The movements of the tentacles in the Act. J. exper. Zool. **22**, 87 (1917).

[6] UEXKÜLL, J. v.: Z. Biol. **34**, 298 (1896); **37**, 334 (1899); **39**, 73 (1900).

[7] CROZIER, W. J.: The rhythm. puls. of the cloaca of Hol. J. of exper. Zool. **20**, 297 (1916).

[8] ROMANES, G.: Observ. on the locom. system of Medusae. Philos. Trans. **166**, 269 (1876); **167**, 659 (1877).

[9] EIMER, T.: Die Medusen usw. Tübingen 1878.

[10] BETHE, A.: Allg. Anat. u. Physiol. des Nervensystems, S. 106ff. Leipzig: G. Thieme 1903.

[11] MAYER, A. G.: Rhythmical pulsation in Scyphomedusae. Carnegie Inst. Washington, Publ.-Nr 47 (1906).

An einer Reihe von Organen mit einem peripheren weitgehend autonomen Nervensystem finden wir aber im Gegensatze zu der eben erwähnten diffusen Erregungsausbreitung eine deutliche Polarität der Erregungsleitung. Schneidet man z. B. einen der röhrenförmigen Actinientakel in einzelne Stücke, so kontrahiert sich an jedem Stücke die Muskulatur an der proximalen Schnittstelle, nicht aber an der peripheren. Ganz besonders deutlich ausgeprägt ist die Polarität der Erregungsleitung an vielen peristaltisch tätigen Hohlorganen, wie z. B. am Vertebratendarm. Schneidet man eine Dünndarmschlinge unter Schonung ihres Mesenteriums beiderseits ab und läßt sie in umgekehrter Richtung wieder in die Kontinuität des übrigen Darmes einheilen, so ändert sich die Richtung ihrer Peristaltik bekanntlich nicht, sie adaptiert sich also nicht jener des übrigen Dünndarmes (MALL[1]). Daß eine solche Irreziprozität der Erregungsleitung nicht unbedingt im Verhalten der Synapsen (wie z. B. beim Reflexbogen) begründet zu sein braucht, beweist die Tatsache, daß sich die vom Nervensystem unabhängige Schlagrichtung der Cilien eines Flimmerepithels ebensowenig umkehren läßt wie die Peristaltik eines Darmstückes (BRÜCKE[2], ISAYAMA[3]). Ganz besonderes Interesse verdienen in diesem Zusammenhange die Beobachtung SKRAMLIKS[4], daß im Frosch- und Fischherzen unter Umständen eine Irreziprozität der Erregungsleitung besteht. Zunächst erfolgt ganz allgemein beim Frosch die Leitung rechtläufig, beim Fisch rückläufig rascher als in der umgekehrten Richtung. Weiter aber fand SKRAMLIK, daß einzelne Vorhof und Kammer verbindende Muskelbündel im Gegensatze zur Hauptmasse des Reizleitungssystems die Erregung nur rechtläufig oder nur rückläufig zu leiten vermögen. Schlüsse lassen sich aus dieser Beobachtung vorläufig nicht ziehen, aber wir werden SKRAMLIK wohl darin zustimmen müssen, daß diese Irreziprozitäten den Gedanken an eine *Beteiligung der nervösen Elemente* bei der Leitung besonders zwischen den verschiedenen Herzabteilungen wieder näher rücken".

Es ist für den Physiologen erfreulich, wenn seine Beobachtungen sich mit jenen der Morphologen zu einem einheitlichen Bilde des untersuchten Vorganges — wie z. B. bei manchen Sekretionsvorgängen — vereinigen lassen. Oft ist dies aber nicht der Fall; ich erinnere z. B. daran, wie wenig die Histologie der Muskel- und Nervenfasern zum Verständnis des Kontraktionsvorganges und der Erregungsleitung beiträgt. In solchen Fällen haben wir uns in erster Linie an die funktionellen Tatsachen zu halten und uns zu fragen, wie weit sie uns — zunächst unabhängig von der Morphologie — eine theoretische Deutung der untersuchten Vorgänge ermöglichen.

Es sei deshalb erlaubt, im folgenden zunächst ohne Rücksicht auf die leider so widersprechenden histologischen Befunde die Frage zu erörtern, inwieweit uns die Funktionen der autonom innervierten Organe ohne oder nur mit einer peripher nervösen Regulation verständlich erscheinen.

Gehen wir hierbei von der Betrachtung der besser zu übersehenden Funktionen der Skelettmuskulatur aus, so finden wir, daß Tonus und Kontraktion einerseits unbedingt abhängig von motorisch nervösen Impulsen sind, und daß sie andererseits ununterbrochen von proprio- und exterozeptiven Reflexen beeinflußt werden. Das Werk SHERRINGTONS, MAGNUS und aller durch sie angeregten Untersucher zeigt eine ganz außerordentlich feine Abstufung des Kon-

---

[1] MALL, F.: Reversal of intestine. John Hopkins Hosp. Rep. **1**, 93 (1896).
[2] BRÜCKE, E. TH. v.: Versuche an ausgeschnittenen und reimplantierten Flimmerschleimhautstücken. Pflügers Arch. **166**, 45 (1916).
[3] ISAYAMA, S.: Über die Flimmerrichtung usw. Z. Biol. **82**, 155 (1924).
[4] SKRAMLIK, E. v.: Über die Beziehungen der normalen und rückläufigen Erregungsleitung beim Froschherzen. Pflügers Arch. **184**, 1 (1920) — Untersuchungen über die recht- und rückläufige Erregungsleitung beim Fischherzen. Ebenda **206**, 716 (1924).

traktionzustandes — d. h. also eine Variation der Zahl der jeweilig erregten Nerven- und Muskelfasern — von den Spannungsverhältnissen in den einzelnen Muskeln, ausgehend von Erregungen des Vestibularapparates, der Haut, der Netzhäute usf. Die ausgezeichneten Arbeiten ADRIANS[1] über die Erregungsvorgänge in den sensiblen Muskelnerven bei der Dehnung eines Muskels weisen besonders eindringlich darauf hin, wie kompliziert das ständige Spiel von propriozeptiver reflektorischer Spannung und Entspannung einzelner Bündel innerhalb aller Skelettmuskeln sein muß.

Dabei ist die Kontraktion eines Skelettmuskels sicher ein weitaus einfacherer Vorgang als z. B. der Ablauf einer peristaltischen Welle. Die neurogene Natur der Peristaltik des Verdauungsrohres ist mit aller Sicherheit für seinen Anfangsteil, den Oesophagus, festgestellt. Der Schluckakt wird reflektorisch ausgelöst und die der Peristaltik zugrunde liegende zeitliche Aufeinenderfolge der Kontraktionen benachbarter Oesophagusabschnitte wird nervös von der Medulla oblongata aus geregelt. Wie verhält sich nun die Peristaltik der übrigen Teile des Verdauungsrohres? Daß sie vom Zentralnervensystem in hohem Maße unabhängig ist, ergibt ohne weiters ihr Fortbestehen am nervös isolierten Organ. Dies gilt sowohl für die Peristaltik und die Hungerkontraktionen des Magens, für die Peristaltik, Pendelbewegungen und rhythmische Segmentierung im Dünndarm, wie auch die Antiperistaltik des Kolons. Die nächste Frage aber, ob die normale peristaltische Welle auf einer peripher nervösen Koordination der Kontraktionen benachbarter Darmwandmuskelpartien beruht oder ob sie ohne Beteiligung des nervösen Apparates, also rein muskulär abläuft, wird auch heute noch verschieden beantwortet.

Zum Teil hängt die Beantwortung dieser Frage von der Stellung ab, welche die verschiedenen Autoren dem peripheren Darmnervensystem zusprechen. GASKELL[2] hält die Ganglienzellen in dem Plexus der Darmwand ausschließlich für die Ursprungszellen der postganglionären Vagusfasern, also für motorische Zellen. Er schreibt diesen Zellen — normalerweise im Verein mit den außerhalb der Darmwand liegenden sympathischen Ganglien — die Aufgabe zu, den Tonus der Darmmuskulatur zu regeln; die rhythmische Tätigkeit dieser Muskulatur hält er aber ebenso für myogen, wie jene des Herzens.

Auf einem ähnlichen Standpunkte steht LANGLEY[3], er meint, daß alle Zellen des Darmnervenplexus teils mit fördernden, teils mit hemmenden Vagusfasern in Verbindung stehen, daß aber in diese Bahn (so wie dies auch E. MÜLLER bei Selachiern fand) im Gegensatze zu anderen vegetativen Nerven noch ein Schaltneuron eingeschaltet sei. Die Peristaltik käme durch Reizung der vagalen Zellen teils durch den Darminhalt, teils durch die Dehnung der Darmwand zustande.

Wenn die von GASKELL, LANGLEY und ihrer Schule vertretene Ansicht richtig ist, daß die Ganglienzellen der Darmwand ausschließlich dem Vagus angehören, dann könnten von reflektorischen Einflüssen bei der Peristaltik am isolierten Darme nur Axonreflexe (LANGLEY) eine Rolle spielen; alle anderen Reflexe, die etwa die Darmtätigkeit regelten, müßten über spinale Zentren verlaufen, da ihre afferenten Bogen in spinalen sensiblen Nerven (dorsale Wurzelfasern) verliefen.

Verfolgen wir den Ablauf einer peristaltischen Welle — soweit uns dies bei unseren bisher nur recht spärlichen Kenntnissen möglich ist —, so finden wir zunächst eine in einer bestimmten Richtung oder selten in beiden Richtungen fort-

---

[1] ADRIAN, E. D.: The impulse produced by sensory nerv endings. J. of Physiol. **61**, 49, 151 (1926).

[2] GASKELL, W. H.: The involuntary nervous system. London 1920 (vgl. Kap. VIII). Hier ausführliche Literaturangaben.

[3] LANGLEY, J. N.: Connexions of the enteric nerve cells. J. of Physiol. **56**, XXXIX (1922).

schreitende Kontraktion eines relativ schmalen Abschnittes der Ringmuskulatur. Mit ihr kontrahieren sich in einer noch nicht vollkommen klar zu übersehenden Weise, gleichzeitig oder schon etwas früher die unmittelbar benachbarten Teile der Längsmuskulatur. Andererseits erschlafft der in der Fortpflanzungsrichtung vor der jeweilig kontrahierten Stelle liegende Teil der muskulären Rohrwand (Ring- und Längenmuskulatur). Bedenken wir, wie kompliziert die wechselseitigen Beziehungen zwischen den benachbarten Muskelpartien sein müssen, um den Ablauf einer solchen peristaltischen Welle zu ermöglichen, und bedenken wir ferner, daß eine muskuläre Erregungsleitung innerhalb der glatten Muskulatur wegen des Fehlens protoplasmatischer Verbindungsbrücken zwischen den einzelnen Muskelfasern ausgeschlossen ist, so müssen wir zu der Überzeugung gelangen, *daß die Peristaltik nur auf Grund einer wechselseitigen nervösen Beeinflussung der verschiedenen Abschnitte eines muskulären Hohlorganes zustande kommen kann.* Von ähnlichen Annahmen geht z. B. die bekannte Theorie von BAYLISS und STARLING[1] aus. Wir müssen also a priori z. B. in der Darmwand reizaufnehmende, d. h. sensible Elemente postulieren, die in der Darmwand selbst mit motorischen Elementen leitend verbunden sind. Ob wir uns diese Verbindungen als Nervennetze im Sinne BETHES oder als ein diffuses, aber synaptisch aufgebautes peripheres Nervensystem vorstellen, bleibt für das Verständnis der Funktion gleichgültig.

In der Tat liegt auch eine Reihe von histologischen Angaben vor, die uns ein morphologisches Substrat für die auf Grund des funktionellen Verhaltens unbedingt zu fordernden „kurzen" Reflexbogen in der Darmwand zeigen. Schon die, von CAJAL allerdings nicht bestätigten, histologischen Befunde DOGIELS hatten zu der Annahme geführt, daß sich in der Darmwand u. a. auch „sensible" Ganglienzellen finden, während nach der Auffassung von GASKELL und LANGLEY keine sensiblen Nervenzellen zum Sympathicus oder Parasympathicus gehören sollten. Nach den Untersuchungen von E. MÜLLER am Darmnervengeflecht der Selachier ist wohl an der Existenz solcher „sensibler" Ganglienzellen nicht mehr zu zweifeln. Sie entsenden Ausläufer nach dem Epithel, die dort offenbar erregt werden und die Erregung dem Nervennetz zuleiten können. Besonderes Interesse verdienen die Untersuchungen von KUNTZ[2] über den Aufbau des Darmnervensystems. KUNTZ fand, ebenso wie JOHNSON[3], bei Säugern zwar keine Anhaltspunkte für eine protoplasmatische Kontinuität zwischen den Ganglienzellen des Darmplexus (im Gegensatze zu der Ansicht von ALVAREZ[4]), aber er beobachtete, daß Ganglienzellen des Plexus myentericus (AUERBACH) und enterius (MEISSNER) durch typische Synapsen mit je einer zweiten des gleichen oder eines Nachbarganglions verbunden sein können. KUNTZ sieht in diesen synaptischen Verbindungen zweier intestinaler Neurone das morphologische Substrat für intramurale, kurze Reflexe.

Die Frage, ob alle am Darmtrakt zu beobachtenden Bewegungen neurogen sind, muß wohl noch offen bleiben. Bekannt sind die Versuche von MAGNUS[5], der die Muscularis des Dünndarms in zwei Schichten spaltete, wobei der AUERBACHsche Plexus meist relativ gut erhalten an der Längsmuskelschicht haften blieb, während die Ringmuskelschicht praktisch ganglienzellfrei war. Von den beiden Schichten führt dann nur mehr die Längsmuskelschicht fast normale Spontan-

---

[1] BAYLISS, W. M. u. E. H. STARLING: The movements and innerv. of the small intestine. J. of Physiol. **24**, 99 (1899); **26**, 125 (1901).
[2] KUNTZ, A.: On the occurrence of reflex arcs etc. Anat. Rec. **24**, 193 (1922) — vgl. auch Amer. J. Physiol. **76**, 606, 619ff. (1926).
[3] JOHNSON, S. E.: J. comp. Neur. **38**, 299 (1925).
[4] ALVAREZ, W. C.: Mechanics of the digestive tract, S. 15. New York: Hoeber 1922.
[5] MAGNUS, R.: Versuche am überlebenden Dünndarm von Säugetieren. II. Mitt. Pflügers Arch. **102**, 349 (1904).

bewegungen aus. Die Beweiskraft dieser Versuche für die neurogene Natur der Pendelbewegungen des Dünndarms wird heute vielfach angezweifelt[1]. Auch KUNTZ[2] glaubt auf Grund von Nicotinversuchen annehmen zu müssen, daß ein Teil der am Darmkanal zu beobachtenden Bewegungen, wie z. B. die Pendelbewegungen, die rhythmischen Segmentierungen u. a. myogenen Ursprunges seien. Ich komme im folgenden auf die Frage zurück, ob wir aus dem Auftreten rhythmischer Bewegungen an entnervten Organen den Schluß ziehen dürfen, daß solche Bewegungen auch *normalerweise* vom Nervensystem unabhängig sind. A priori ist es wohl nicht ausgeschlossen, daß ein einfacher Kontraktionsvorgang auch ohne nervöse Übermittlung über eine Lage glatter Muskelfasern (parallel oder senkrecht zu ihren Achsen) abläuft. In einem solchen Falle könnte die „Erregungsfortpflanzung" entweder erklärt werden durch eine sukzessive mechanische Reizung eines Elementes durch seine Nachbarelemente, sei es durch Dehnung, Druck, Knickung od. dgl., oder durch eine Erregung der Nachbarelemente durch den Aktionsstrom der vor ihnen erregten, oder schließlich durch die Einwirkung abdiffundierender Reizstoffe; eine *echte* Erregungsleitung ist beim Fehlen eines protoplasmatischen Zusammenhanges benachbarter glatter Muskelfasern ausgeschlossen. Wie dem auch sei, jedenfalls kann es keinem Zweifel unterliegen, daß die normale Darmperistaltik von der Tätigkeit eines peripheren, diffusen Nervensystems abhängt, und das gleiche gilt wohl auch für die Bewegungen der meisten oder aller anderen glattmuskeligen Hohlorgane.

Für das Herz ist die alte Streitfrage „myogen oder neurogen?" an einer anderen Stelle dieses Handbuches eingehend erörtert worden[3], so daß ich mich hier auf einige Bemerkungen beschränken kann. Vergleichen wir die Peristaltik anderer Eingeweide mit der Tätigkeit des Wirbeltierherzens, die sich ja auch aus einer peristaltischen Welle entwickelt hat, so finden wir zwei wesentliche Unterschiede: Erstens beteiligt sich an jeder Systole normalerweise die *gesamte* Muskulatur des Herzens; es gibt keine abortiven, keine Partialsystolen, kein Dekrement in der Erregungsleitung, während bei der glatten wie bei der Skelettmuskulatur die Stärke der Kontraktionen als Funktion der Anzahl der beteiligten Muskelfasern variieren kann. Es ist in hohem Maße wahrscheinlich, daß dieses abweichende Verhalten des Herzens dadurch bedingt ist, daß von jeder Herzmuskelfaser Muskelfibrillen auf die benachbarten Fasern übergehen (v. EBNER[4]), wodurch das Herz zu einem muskulären Kontinuum wird. Damit hängt wohl auch die auffallende Regelmäßigkeit seiner Rhythmik zusammen im Vergleiche zu der (scheinbar) oft recht unregelmäßigen spontanen Tätigkeit anderer Eingeweideorgane, sowie auch der Umstand, daß die Gültigkeit des Alles-oder-Nichts-Gesetzes beim Herzen so früh, bei allen anderen neuromuskulären Systemen relativ so spät erkannt worden ist. Im Gegensatze zur glatten Muskulatur aller übrigen Wirbeltierorgane ist also für die rasche und allseitige Ausbreitung der Erregung im Herzen die Annahme einer nervösen Erregungsleitung nicht nötig. Zweitens hat das eigenartige Reizleitungssystem die alte Annahme einer durch nervöse Synapsen od. dgl. bedingten Verzögerung der Leitung von einem Herzabschnitt zum nächsten überflüssig gemacht. (Wenn der Begriff „nervöses Gewebe" nicht morphologisch, sondern funktionell definiert wäre, so stünde der Bezeichnung des Reizleitungssystems als intrakardiales „Nervensystem" kaum etwas im Wege.

---

[1] Vgl. z. B. W. V. ALVAREZ u. L. J. MAHONEY: The myogenic nature etc. Amer. J. Physiol. 59, 421 (1922).

[2] THOMAS, J. E. u. A. KUNTZ: A study of gastro-intestinal motility etc. Amer. J. Physiol. 76, 606 (1926).

[3] Vgl. BETHE: Ds. Handb. 7, 49.

[4] EBNER, V. v.: Über die „Kittlinien" usw. Sitzsber. Akad. Wiss. Wien, Math. naturwiss. Kl. 109, 700.

denn die Contractilität seiner Fasern dürfte für die Tätigkeit des Herzens ohne Bedeutung sein.)

Diese beiden wesentlichen Unterschiede verbieten uns, die Erfahrungen an anderen muskulösen Hohlorganen ohne weiteres auf das Herz zu übertragen. Es muß zugegeben werden, daß die myogene Theorie der Herztätigkeit sehr gut fundiert ist, aber für *bewiesen* halte ich ihre Richtigkeit nicht. Die Versuche, diesen Beweis durch den Nachweis der regelmäßigen Tätigkeit irgendwie entnervter Herzen oder ganglienzellenfreier Herzabschnitte zu erbringen, scheinen mir an und für sich anfechtbar zu sein. Wie wenig uns das Verhalten eines entnervten Organes über die normale Abhängigkeit oder Unabhängigkeit seiner Funktionen vom Nervensystem lehren kann, zeigt uns am besten die Skelettmuskulatur. Bekanntlich kann jeder entnervte (Curare) quergestreifte Muskel bei Einwirkung eines kontinuierlichen Reizes, wie z. B. des konstanten Stromes, in eine rhythmische Erregung geraten („Eigenrhythmus" des Muskels), deren Periode nach GARTENS Untersuchungen ganz auffallend übereinstimmt mit der Periode der dem Muskel normalerweise vom Zentralnervensystem zugeleiteten Impulse. Wenn man aus der Beobachtung von Pulsationen an nervenfreier Herzmuskulatur den Schluß zieht, daß auch der *normale* Herzschlag vom Nervensysten unabhängig sei, so kann dieser Schluß ebenso falsch sein, wie etwa der wäre, daß die Periodik der Aktionsströme im willkürlich innervierten Muskel peripher bedingt sei.

Es ist nicht ohne Interesse, daß der Begründer der myogenen Theorie der Herztätigkeit, W. H. GASKELL, sich nicht auf den extremen Standpunkt der meisten Physiologen von heute gestellt hat. Er schreibt[1]: „it is, in my opinion, highly probable that the normal beat is dependent on the muscular tissue, where the beat originates, being kept in the due condition for spontaeous contractions by the action of nerve cells in the heart".

Eine Entscheidung in der Frage, ob den nervösen Elementen des Herzens neben der Übermittlung der fördernden und hemmenden Einflüsse des Accelerans bzw. Vagus noch weitere Aufgaben für die normale Herztätigkeit zufallen, ist meines Erachtens heute nicht möglich. Allgemein physiologische Vorstellungen und Imponderabilien verschiedener Art können die Deutung des vorliegenden Tatsachenmateriales nach der einen oder anderen Seite hin beeinflussen.

Einen Einfluß peripherer nervöser Zentren auf den Tonus der *Skelettmuskulatur* können wir bei Wirbeltieren wohl mit Sicherheit ausschließen. Der Vollständigkeit wegen seien aber hier doch die von der üblichen Auffassung abweichenden Anschauungen von DART[2] erwähnt. DART steht auf dem Standpunkte, daß die subepithelialen und perivasculären ganglienzellhaltigen Nervengeflechte, die er bei Schlangen auch in der quergestreiften Muskulatur wiedergefunden hat, peripheren Ursprungs seien, und daß sie morphologisch und funktionell den BETHEschen Nervennetzen der Avertebraten entsprechen. Die spinale, segmentale Innervation hätte erst *sekundär* Einfluß auf dieses diffuse, nicht segmentale, periphere Nervensystem gewonnen, dem Automatie und Reflexfunktion zukommen sollen. Er hält die Ganglienzellen, die er in großer Zahl im Perimysium bei Python gefunden hat[3], für die Ursprungszellen der sympathischen Nervengeflechte im Bereiche der Stammuskulatur. Den Tonus der Skelettmuskulatur identifiziert er im wesentlichen mit jenem der Eingeweidemuskeln. Er glaubt, daß er ursprüng-

---

[1] GASKELL, H. W.: The involuntary nerv. syst. S. 106. London 1920.
[2] DART, RAYMOND A.: Some notes on the double innervation of mesodermal muscle. J. comp. Neur. **36**, Nr 4, 441 (1924).
[3] Solche periphere Ganglienzellen in der Skelettmuskulatur sind auch für Torpedo beschrieben (vgl. G. V. CIACCIO: Sulle terminazioni delle fibre nervose motive ne' muscoli striati. Bologna 1883).

lich auf der vegetativen Innervation der Muskeln beruhte, daß aber dann tonusverstärkende, efferente und reflektorisch den Tonus schwächende afferente spinale Einflüsse hinzutreten, so daß der Tonus der quergestreiften Vertebratenmuskulatur heute von dem harmonischen Zusammenspiel mehrerer Faktoren abhängt. Jede Steigerung des Tonus wird zu einer Erregung der spinal sensibel und motorisch, daneben aber auch sympathisch innervierten Muskelspindeln führen, so daß der Tonus von den Spindeln aus wieder reflektorisch beeinflußt werden kann. Die *periphere* Genese des sympathischen Tonus der Skelettmuskeln würde nach DART auch erklären, weshalb Grenzstrangdurchschneidungen oft den Tonus nicht merklich alterieren.

Eine besonders wichtige Rolle spielt die Fähigkeit der Nervennetze, peristaltische Bewegungen in den von ihnen innervierten Muskelgebieten auszulösen bzw. ihre Tätigkeit zu einer Peristaltik zu koordinieren bei der lokomotorischen Peristaltik bei Mollusken. Eine Reihe von Autoren steht auf dem Standpunkte, daß diese Peristaltik nur bei intakten Pedalganglion zustande kommt (BIEDERMANN[1], nach Versuchen an Helix, F. B. HOFMANN[2] und F. W. FRÖHLICH[3] nach solchen an Aplysia). JORDAN[4] schreibt dem Ganglion nur eine regulierende Wirkung zu und meint, daß die peristaltisch ablaufenden Schwimmbewegungen des Parapods („Flügels") von Aplysia nur am intakten Tier vollkommen normal ablaufen können, nicht aber am eröffneten Präparat oder am abgeschnittenen Flügel, weil dann die normale Schwellung des Gewebes durch die Leibesflüssigkeit fehle. Nach seinen Beobachtungen an Limax schließt sich JORDAN, obwohl auch er früher[5] das Pedalganglion von Aplysia für ein Lokomotionszentrum gehalten hatte, der Ansicht BETHES an, der bei Reizung der peripheren Stümpfe der Parapodiennerven Flügelbewegungen sah, die er für eine durch die Versuchsbedingungen modifizierte Form der normalen Schwimmbewegungen hielt, so daß also das periphere Nervennetz allein für den Ablauf periodisch wiederkehrender peristaltischer Wellen genügen würde. Besonders deutlich ist dies nach KUNKEL[6] am Fuße von Limax cinereoniger zu erkennen; jeder Teil des Limaxfußes, von allen Zentralganglien getrennt, zeigt durchaus normale lokomotorische Wellen. Bei Helix und Aplysia scheinen die Verhältnisse etwas komplizierter zu sein, und es wäre denkbar (JORDAN), daß bei diesen Schnecken die Anregung zu den rhythmischen Lokomotionsbewegungen normalerweise von den großen Ganglien ausgeht, und daß die Nervennetze nur als auxiliäre Zentren fungieren.

Es ist hier nicht der Ort, auf die große Zahl von Einzelbeobachtungen über die nervös regulierten Funktionen der verschiedenen Avertebraten mit diffusen Nervensystemen einzugehen[7]. So groß das vorliegende Tatsachenmaterial ist, so schwer ist es von einheitlichen Gesichtspunkten aus zu sichten, und soviel ich sehe, verspricht das Suchen nach allgemein gültigen Gesetzmäßigkeiten in diesem Chaos heute noch wenig Erfolg.

---

[1] BIEDERMANN, W.: Studien z. vergl. Ph. d. perist. Bew. II. Pflügers Arch. **107**, 1 (1905).
[2] HOFMANN, F. B.: Gibt es in der Musk. usw. II. Mitt. Pflügers Arch. **132**, 43 (1910).
[3] FRÖHLICH, F. W.: Über die durch d. Pedalganglion von Aplysia vermittelte „Reflexverkettung". Z. allg. Physiol. **11**, 351 (1910).
[4] JORDAN, H.: Über die Phys. d. Musk. usw. bei hohlorganartigen Wirbellosen. Erg. Physiol. **16**, 87, 205f. (1918).
[5] JORDAN, H.: Die Phys. d. Lokomotion bei Aplysia lim. Z. Biol. **41**, 196 (1901).
[6] Vgl. K. KUNKEL: Zur Lokomotion unserer Nacktschnecken. Zool. Anz. **26**, 560 (1903).
[7] Vgl. die Zusammenstellung von S. BAGLIONI in Wintersteins Handb. d. vergl. Physiol. **4**. Jena 1913.

Vergleichende Physiologie des Nervensystems der Wirbellosen.

Von

W. v. BUDDENBROCK

Kiel.

Mit 18 Abbildungen.

Zusammenfassende Darstellungen.

BAGLIONI, S.: Wintersteins Handb. d. vergl. Physiol. 4, 1914. — BETHE, A.: Allg. Anat. u. Physiol. d. Nervensyst. 1903. — BUDDENBROCK, W. v.: Grundr. d. vergl. Physiol. 1924. — HANSTRÖM, B.: Vergleichende Anatomie des Nervensystems der Wirbellosen 1928. — UEXKÜLL, J. v.: Umwelt und Innenwelt der Tiere 1909. — Bezüglich der fast unübersehbaren Einzelliteratur sei auf das sehr ausführliche Verzeichnis von BAGLIONI verwiesen.

Der Begriff der wirbellosen Tiere umfaßt sämtliche Stämme der Metazoen mit Ausnahme eines einzigen: der Wirbeltiere. Es finden sich unter ihnen die verschiedensten Organisationstypen, vom Einfachsten aufsteigend bis zu den höheren Arthropoden und Mollusken, die hinsichtlich der Kompliziertheit ihres Baues den niederen Wirbeltieren nur wenig nachstehen. Im Bau und in der Funktion des Nervensystems spiegelt sich diese Verschiedenheit der Organisation mit besonderer Klarheit wieder.

In dem folgenden Aufsatz ist es nur möglich, in gedrängter Kürze die hauptsächlichsten Gesetzlichkeiten aufzudecken, die die Funktion des Nervensystems bei den großen Stämmen der *Coelenteraten*, der *Anneliden*, *Echinodermen*, *Mollusken* und *Arthropoden* beherrschen. Bezüglich vieler Einzelheiten muß auf die ausführlicheren Spezialwerke verwiesen werden.

Die Nesseltiere oder Cnidarier (Hydrozoen, Scyphozoen und Anthozoen) sind die niedersten Metazoen, bei denen ein Nervensystem zu finden ist. Bei den Spongien sind noch gar keine Nervenelemente vorhanden; die Rippenquallen werden im Anschluß an die Cnidarier besprochen werden.

Im Gegensatz zu allen höheren Metazoen fehlt den Cnidariern noch ein eigentliches Zentralnervensystem. Ihre Nervenzellen bilden ein zusammenhängendes, sich im ganzen Körper ausbreitendes Nervennetz, oder es finden sich mehrere solche Nervennetze, die nur locker miteinander verbunden sind. Bei den Hydrozoen liegt dieses netzartige Nervensystem nach unseren bisherigen Kenntnissen im Ectoderm, bei den Scyphozoen und Anthozoen verteilt es sich auf Ektoderm und Entoderm und durchzieht auch die beide Schichten trennende Stützgallerte. Eine Konzentrierung des Nervensystems zu Bildungen, die sich etwa den Ganglien der Würmer vergleichen ließen, findet sich höchstens bei den differenziertesten Formen, den Medusen und Quallen. Die Hydromedusen besitzen am Glockenrande einen inneren und einen äußeren gangliösen Nervenring, die zu den Scyphozoen gehörenden Quallen zeigen 8 gangliöse Anschwellungen an der Basis der sogenannten Randkörper (s. S. 809).

Histologisch ist das Nervensystem der Cnidarier noch sehr mangelhaft untersucht. Die modernste Darstellung, die sich auf die Scyphozoen bezieht, verdanken wir BOZLER; sie weicht in vielen Punkten von den älteren Beobachtungen ab. BOZLER fand bei Rhizostoma im ectodermalen Nervenplexus zwei vollkommen verschiedene Arten von Ganglienzellen: Bipolare und Multipolare. Die ersten haben gerade und unverzweigte Fortsätze von meist mehreren mm Länge. An ihren äußersten Enden splittern sie sich in mehrere feinste Fasern auf, die sich an andere Bipolare dicht anlegen. Die Multipolaren sind viel kleiner und scheinen im wesentlichen eine engmaschige Verbindung zwischen den Bipolaren herzustellen, so daß die später zu beschreibende allseitige Erregungsleitung, die

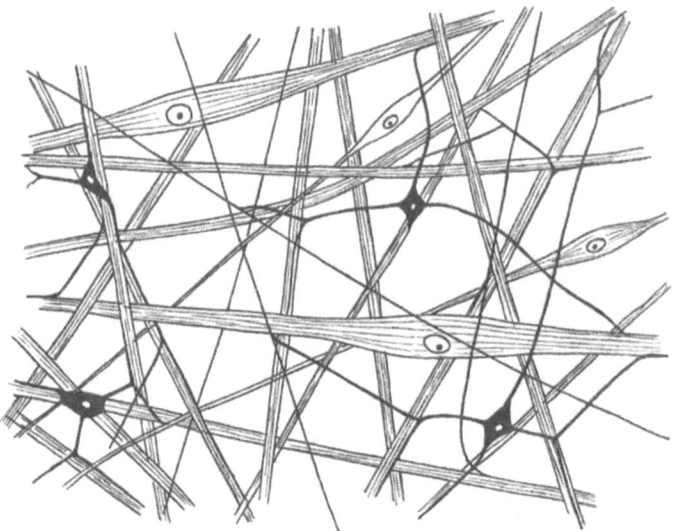

Abb. 145. Ektodermaler Nervenplexus von Rhizostoma mit bipolaren und multipolaren Ganglienzellen. (Nach BOZLER.)

vielfach für das Nervensystem der Cnidarier charakteristisch ist, wohl auf sie zurückzuführen ist. Auch sie anastomosieren weder miteinander noch mit den Bipolaren, sondern sie legen sich mit ihren Fortsätzen nur dicht an die Bipolaren an. Der entodermale Plexus scheint nur aus geradlinig verlaufenden Bipolaren zu bestehen. Die Beziehung dieser Nervenzellen zu den Muskeln und zu den Sinneszellen ist noch nicht ausreichend bekannt.

Aus den Darstellungen BOZLERS folgt, daß mindestens die von ihm untersuchten Formen kein Nervennetz sensu stricto besitzen, in welchem die einzelnen Elemente kontinuierlich ineinander übergehen. Trotz dieses morphologischen Verhaltens leistet aber die durch innigen Kontakt hergestellte netzartige Verbindung der Ganglienzellen das gleiche wie ein echtes Netz. Zwei Grundeigenschaften der Cnidarier ergeben sich unmittelbar hieraus: Die allseitige Ausbreitung der Erregung und die sehr große Unabhängigkeit der einzelnen Körperteile voneinander.

Die allseitige Ausbreitung der Erregung im Nervennetz der Cnidarier ist wohl zum ersten Male von ROMANES sichergestellt und seither vielfach bestätigt worden. Er zeigte, daß man die Subumbrella der Qualle *Aurelia aurita* in der verschiedensten Weise zerschneiden kann, ohne die Reizleitung zu unterbrechen. Aus der neueren Literatur kann der folgende Versuch BOZLERS als besonders beweisend für dieses Phänomen betrachtet werden. Bei *Pelagia* bewirkt jede lokale Berührung des Schirmrandes, daß sich die Basis des benachbarten Mundarmes dem Reizorte zuwendet. Reizt man an zwei Punkten zugleich, so bewegt sich der Mundarm in der Resultanten beider Reize. Das gleiche tritt ein, wenn man nur an einer Stelle reizt und zwischen der Armbasis und der Reizstelle einen Schnitt legt, der die geradlinige Verbindung zwischen beiden aufhebt.

Die allseitige Ausbreitung der Erregung ist indessen keineswegs überall im Nervensystem der Cnidarier festzustellen. Es gibt auch Fälle, in denen der Reiz nur in einer ganz bestimmten Richtung fortgeleitet wird. Wenn man aus dem Mauerblatt einer Aktinie parallel zur Hauptachse eine Zunge herausschneidet, die nur an einem Ende mit dem Körper in Verbindung ist (Abb. 146, 5), und das andere Ende reizt, so reagiert das ganze Tier, indem es sich zusammenzieht. Schneidet man aber eine solche Zunge quer heraus (Abb. 146, 6), so erfolgt auf Reizung des freien Endes keine Kontraktion des Tieres. Die Nervenelemente im Mauerblatt der Aktinie verlaufen also hauptsächlich parallel zur Längsachse, quergerichtete Verbindungen fehlen (PARKER). Eine analoge Beobachtung machte neuerdings BOZLER an der Subumbrella von *Pelagia*. Bei der sogenannten langsamen Kontraktion der Radiärmuskeln breitet sich vom Reizorte aus die Erregung niemals allseitig aus, sondern nur radiär und peripherwärts.

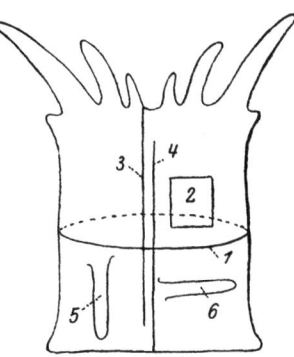

Abb. 146. Actinie, Schema. Durchschneidungsversuche. (Nach PARKER.)

In einem solchen Falle kann man von einer Polarität des Nervennetzes reden. In sehr ausgesprochenem Maße zeigen auch die Tentakel der Aktinien diese Erscheinung (PARKER). Schneidet man einen Tentakel durch mehrere Querschnitte in verschiedene Teile, so zieht sich an jedem Teilstück die distale, vom Körper abgewendete Wundfläche eng zusammen, während die proximale Schnittfläche geöffnet bleibt (s. Abb. 147).

Die früher meist vertretene Auffassung, daß das Nervensystem der Coelenteraten ein einziges, zusammenhängendes Netz darstelle, in welchem jeder Teil mit jedem andern leitend verbunden ist, läßt sich heute nicht mehr aufrecht erhalten. Man muß vielmehr annehmen, daß das Nervensystem dieser Tiere häufig eine Sonderung in verschiedene, einander überlagernde Netze erfahren hat, von denen jedes mit besonderen Sinneszellen und besonderen Muskelgruppen verbunden ist. Es gelingt daher bei einer Meduse oder einer Seerose, so gut wie bei irgend einem höheren Tier, durch spezifische Reizung bestimmter Sinneszellen nur ganz bestimmte Muskeln in Tätigkeit zu versetzen, während alle anderen Muskeln in Ruhe verharren. So zeigte PARKER, daß sich die Mundscheibe einer Seerose zurückzieht, wenn man die Tentakel mit verdünnter Salzsäure reizt, spritzt man aber Fleischsaft auf die Tentakel, wodurch offenbar andere Sinneszellen als vorher erregt werden, so öffnet sich der Schlund. BOZLER vermochte bei der Qualle *Cotylorhiza* durch verschiedene Reizung der Subumbrella drei durchaus verschiedene Bewegungen zu erzielen: 1. die Schwimmbewegung,

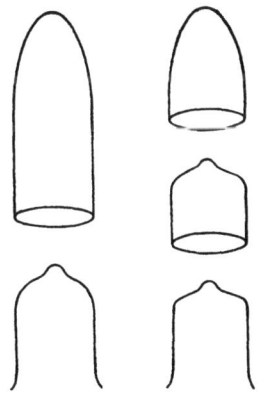

Abb. 147. Verhalten eines durchschnittenen Tentakels einer Actinie. (Nach PARKER.)

die in einer raschen Kontraktion der Ring- und Radiärmuskeln besteht; 2. eine langsame Kontraktion nur der Ringmuskeln allein, 3. auf Druck des Randkörpers in bestimmter Richtung die sogenannten Kompensationsbewegung.

Daß in diesen Fällen die Erregung jeweils in einem anderen Teile des Nervenplexus abläuft, ergibt sich besonders klar aus dem Vergleich der Reaktionen 1 und 2. Bei der raschen Kontraktion hat die Erregung eine Fortpflanzungsgeschwindigkeit von 24 cm/Sek., bei der langsamen eine solche von nur 1 cm. Bei der raschen Kontraktion erfolgt die Ausbreitung der Erregung in der Subumbrella diffus nach allen Seiten, bei der langsamen verläuft sie streng radial und peripherwärts. Endlich unterliegt die Erregung im ersten Falle dem Alles- oder Nichtsgesetz, verläuft also ohne Dekrement, während sie bei der langsamen ein deutliches Dekrement aufweist.

Über die nervöse Verbindung der einzelnen Körperteile sind wir vor allem durch die vortrefflichen Untersuchungen unterrichtet, die PARKER an Aktinien angestellt hat. Man nahm früher an, daß hier zwei getrennte Netze, eins im Ektoderm und eins im Entoderm vorhanden wären, die nur am Schlunde, wo das Ektoderm in das Entoderm übergeht, miteinander verbunden wären. PARKER führte nun eine Reihe Zerschneidungsversuche aus, deren Prinzip darin besteht, das Tier auf der einen Seite des Schnittes zu reizen und zu prüfen, ob durch den Schnitt die Leitung nach der anderen Seite gestört ist. (Abb. 146). Schnitt 1 durchtrennt ringförmig um das ganze Tier das Ektoderm bis zur Stützgallerte, die Leitung zwischen beiden Körperhälften bleibt trotzdem erhalten. Das gleiche gilt für den zweiten Fall, in welchem aus der Leibeswand eine viereckige Fläche herausgeschnitten wurde, die nur noch durch die Septen mit dem übrigen Körper in Verbindung steht. Reizung dieser Fläche hat gleichwohl eine Kontraktion des ganzen Tieres zur Folge. Auch Schnitt 3 und 4, welche von der Mundfläche oder der Fußscheibe aus den ganzen Körper der Länge nach bis nahe dem anderen Ende durchspalten, heben die nervöse Leitung zwischen den beiden Hälften nicht auf. Aus den Experimenten 1 und 2 ist der wichtige Schluß zu ziehen, daß es bei den Aktinien Nervenzüge gibt, die quer durch die Stützgallerte hindurchziehen und Ekto- und Entoderm miteinander verbinden.

Die zweite Grundeigenschaft des Nervensystems der Cnidarier, die Selbständigkeit der einzelnen Körperteile, zeigt sich darin, daß vollkommen vom Körper abgetrennte Tentakel, Magenstiele, die Muskeln der Subumbrella usw. ihre Reflexerregbarkeit völlig bewahren. Ausnahmen von dieser Regel sind nur scheinbar. So zieht sich der abgeschnittene hohle Tentakel einer Aktinie meist völlig zusammen und verharrt in diesem Zustand. Es liegt dies aber daran, daß die Schwellung und Streckung des Tentakels auch normalerweise nicht durch Muskeln geschieht, die in ihm selbst liegen, sondern durch das Wasser, das aus dem Körper in den Tentakel hineingedrückt wird. Die geschilderte Selbständigkeit der einzelnen Körperteile ist eine einfache Folge davon, daß jeder Körperteil die ihn beherrschenden Nervenelemente in sich selber trägt.

Sehr bemerkenswert ist die Tatsache, daß die Cnidarier trotz ihres primitiv gebauten Nervensystems zur Ausführung komplizierter Handlungen fähig sind, die wenigstens äußerlich den Eindruck eines durchaus zentral geleiteten, koordinierten Geschehens machen. Solche Handlungen sind vor allem die Fang- und Freßbewegungen der Polypen und Quallen sowie die Schwimmbewegungen der letzten. Generell lassen sie sich nur begreifen, wenn man den ganzen Bauplan der Nesseltiere in Betracht zieht. Sie sind sämtlich radiärsymmetrisch, d. h. ihr Körper läßt sich ideell durch zahlreiche Ebenen, die sich in der Hauptachse schneiden, in ebensoviele einander gleichartige Sektoren zerlegen. Das Charakteristische an der Bewegungshandlung eines Cnidariers ist nun, daß die Bewegungen aller Sektoren identisch und phasengleich sind. Man gewinnt daher z. B. bei einer schwimmenden Meduse leicht den Eindruck, als ob alle Sektoren von einem Zentrum aus geleitet würden. In Wirklichkeit ist der Ablauf dagegen so, daß die homologen Muskeln aller Sektoren durch ein und dasselbe Nervennetz verbunden sind. Jeder Reiz, der stark genug ist, verbreitet sich sehr schnell über das ganze Netz und bringt die ihm zugeordneten Muskeln aller Sektoren einigermaßen synchron zur Kontraktion.

Auf diese Weise ist es zu erklären, daß die Seerosen, wenn man sie im entfalteten Zustande reizt, ihre gesamten in den Septen befindlichen Längsmuskeln kontrahieren, wodurch das ganze Tier sich stark verkürzt (Abb. 148). Die Freßreaktion einer Seerose verläuft etwa folgendermaßen: Berührt ein Beutetier einen oder mehrere Tentakel, an denen es sofort kleben bleibt, so ziehen sich die gereizten Tentakel zusammen und beugen sich einwärts dem Munde zu. Ist die Beute groß und vollführt Eigenbewegungen, so werden durch das alle Tentakel verbindende Nervennetz auch die übrigen zu gleichförmigen Bewegungen veranlaßt, und

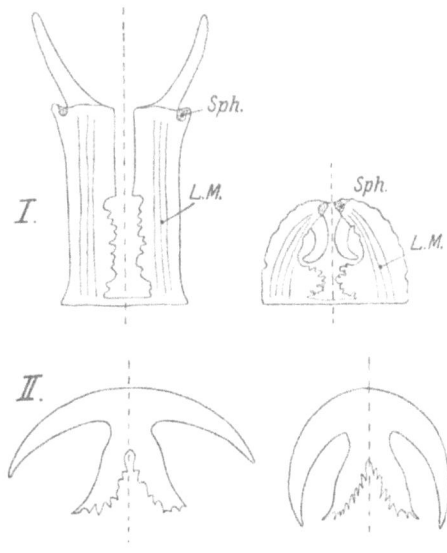

Abb. 148. Schematische Darstellung der Gesamthandlung eines Cölenterats unter Beteiligung sämtlicher Sektoren. I. Einstülpung einer Actinie, II. Schwimmbewegung einer Qualle. *L.M.* = Längsmuskel. *Sph.* = Sphinkter.

die Beute verschwindet unter der Masse der sie einhüllenden Tentakel. Die zweite Phase besteht darin, daß, durch den chemischen Reiz der Beute veranlaßt, das Maul sich öffnet, wobei wiederum alle Sektoren beteiligt sind, und die Beute heruntergewürgt.

Die Schwimmbewegung der Quallen und Medusen kompliziert sich erstens durch ihre Rythmik, die nach einer Erklärung verlangt, und durch die Frage nach der Bedeutung der sogenannten Randorgane. Die Scyphomedusen oder Quallen, die hier allein betrachtet seien, besitzen 8 gleichmäßig über den Glockenrand verteilte Randorgane (Abb. 149). Sie bestehen aus dem Randkörper,

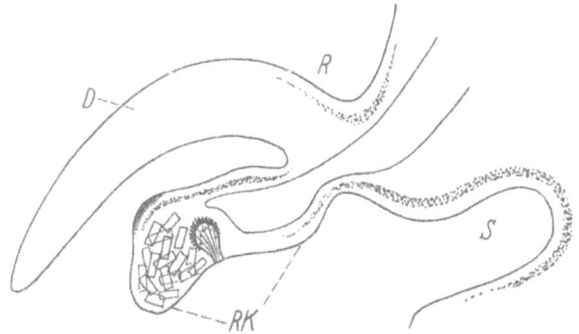

Abb. 149. Randorgan einer Qualle *D* Deckplatte, *RK* Randkörper mit Krystallsack und Augen, *R* Riechgrube, *S* Sinnesgrube. Die Ganglienanhäufungen unter der Epidermis punktiert. (Nach BUETSCHLI. Etwas verändert.)

einem klöppelartigen Gebilde, das an seiner Basis meist primitive Lichtsinnesorgane, vielleicht auch chemische Sinnesorgane trägt und an seiner Spitze durch eine Anhäufung kleiner Krystalle beschwert ist. Dieser ganze Komplex hat ohne Zweifel den Wert eines Sinnesorgans; etwas tiefer unten der Basis des Randkörpers liegt eine dichte Anhäufung von Nervenzellen, die hier eine Art Ganglion bilden. Diese Ganglienmasse plus dem Randkörper bildet das Randorgan. Sehr wahrscheinlich ist, daß das Randganglion auch mit anderen am Glockenrand und auf der Subumbralla befindlichen Sinneszellen in Verbindung steht. Schneidet man sämtliche Randorgane aus, so hören die rythmischen Bewegungen der Qualle auf, sie bleibt unbewegt. Hieraus folgt, daß von den Randorganen Impulse ausgehen, welche die rhythmischen Bewegungen bedingen.

Über die Art dieser Impulse sind die Ansichten noch geteilt. Man kann entweder annehmen, daß die Randganglien automatische Zentren sind, die unabhängig von allen Sinnesreizen rhythmische Impulse liefern, oder man kann sich die Ansicht bilden, daß zur Auslösung der Kontraktionen Sinnesreize erforderlich sind. Die erste Auffassung wird zur Zeit vornehmlich von BOZLER vertreten, die zweite früher von UEXKUELL betont. Man kann indessen auch beide Ansichten miteinander kombinieren; es ist nämlich sehr wohl möglich, daß die Randganglien zwar rhythmische Erregungen aussenden, daß sie aber hierzu nur befähigt sind, wenn ihnen periphere Reize zufließen. BOZLER hat zwar gezeigt, daß nach operativer Entfernung der klöppelartigen Randkörper, die im allgemeinen als die reizzuführenden Sinnesorgane betrachtet worden sind, die Rhythmik des Schlages keineswegs aufhört, aber es ist sehr wohl möglich, daß die Randganglien auch noch durch andere Sinneszellen periphere Reize erhalten, so daß die Wegnahme der Randkörper nur einen Teil, aber nicht alle Reize eliminiert. Eine klare experimentelle Entscheidung dieser sehr schwierigen Frage wird sich wahrscheinlich überhaupt nicht erbringen lassen.

Daß wirklich von den Randorganen die Impulse ausgehen, hat BOZLER neuerdings auch durch den folgenden schönen Versuch bewiesen. Man entfernt einer Qualle vier nebeneinanderliegende Randorgane, so daß eine normale und eine Randorgan-lose Hälfte entsteht und läßt die eine Hälfte in warmes, die andere in kälteres Wasser eintauchen. Das Tier zeigt in jedem Falle einen einheitlichen Rhythmus, dessen Frequenz nur von der normalen Hälfte abhängt. Taucht sie in warmes Wasser, so ist der Rhythmus schneller, taucht sie in kaltes Wasser, so ist er langsamer.

Die Bewegung einer schwimmenden Qualle ist in allen Sektoren synchron. Da, wie wir gesehen haben, die Impulse von den 8 Randorganen ausgehen, beweist der synchrone Schlag, daß beim Schwimmen alle Randorgane synchron arbeiten. Wie ist dies trotz Fehlens eines übergeordneten Zentrums möglich? Nach BOZLER, dessen wertvollen Ausführungen wir auch in diesem Punkte folgen wollen, ist der synchrone Schlag im wesentlichen durch die Geschwindigkeit erklärt, mit der sich die Erregung zwischen den Randorganen ausbreitet. Selbst wenn man 7 Randorgane wegnimmt und nur eines übrig läßt, ist bei *Cotylorhiza* der Schlag synchron. „Die Erregungsleitung ist offenbar so rasch, daß die dabei auftretenden zeitlichen Unterschiede im Kontraktionsverlauf subjektiv nicht mehr festzustellen sind." Denkt man sich eine ruhende Qualle, so wird der erste Impuls, der von irgendeinem der 8 Randkörper ausgeht, sofort alle anderen mitreißen, ohne, daß wesentliche Zeitunterschiede auftreten; später zwingt das schnellste Randorgan den übrigen seinen Rhythmus auf.

Die oben aufgestellte Regel, nach der bei den Cnidariern stets alle Sektoren synchron und in gleicher Weise tätig sind, hat auch einige Ausnahmen. Manche Polypen (*Hydra*), Medusen und Quallen (*Eleutheria, Lucernaria*), besonders aber die Aktinien vollführen gelegentlich Ortsbewegungen quer zu ihrer Hauptachse, wobei naturgemäß die verschiedenen Sektoren ungleich beteiligt sind. Am eingehendsten untersucht sind diese Bewegungen bei den Aktinien (PARKER, SIEDENTOP). Betrachtet man die Fußscheibe einer auf Glas kriechenden Aktinie von unten, so sieht man, ganz ähnlich wie bei einer Schnecke, quer zur Bewegungsrichtung, und zwar von hinten nach vorn, Wellen über sie hinlaufen. Reizt man

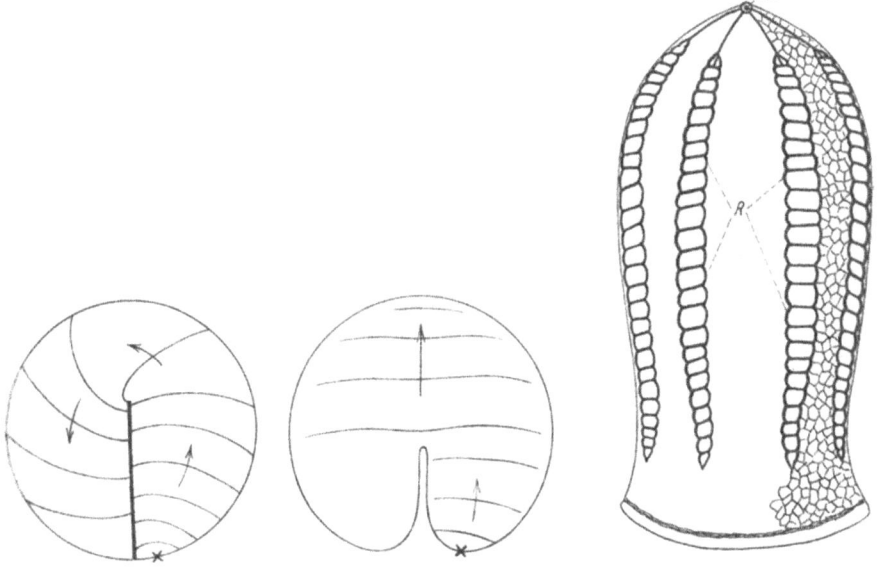

man einen Rippenstreifen quer durch, so ist zwar der Zusammenhang zwischen beiden Hälften aufgehoben, aber jede schlägt für sich metachron weiter. Auch einzelne, völlig isolierte Plättchen vermögen rhythmische Bewegungen spontan auszuführen; befinden sie sich in Ruhe, so reagieren sie auf mechanische Reize durch einen Schlag. Jedes Wimperplättchen besitzt offenbar ein eigenes Nervensystem, von dem es ringförmig umgeben wird (s. Abb. 151)

Die Plättchenreihen schlagen keineswegs unaufhörlich; sie können, zum Teil oder alle insgesamt, auch stillstehen. Durch vorsichtige mechanische Reizung am Mundrande läßt sich bei Beroe dieser Stillstand erzwingen; dieses Phänomen wird als primäre Hemmung bezeichnet. Welche Nervenbahnen dieser Reflex durchläuft, ist noch nicht genau bekannt. Außerdem ist noch eine sogenannte sekundäre Hemmung bekannt, die eintritt, wenn man etwa eine Rippe selbst kräftig reizt. In diesem Falle tritt eine Muskelkontraktion ein, die den Rippenstreifen in der Tiefe verschwinden läßt, so daß er vor weiteren Insulten geschützt ist.

Echinodermen.

Die Echinodermen oder Stachelhäuter sind im Gegensatz zu ihrem sonstigen sehr komplizierten Körperbau hinsichtlich ihres Nervensystems sehr niedrigstehende Tiere. Ihre Sinnesorgane sind gering entwickelt, ihre Bewegungen langsam. Im Gegensatz zu den Coelenteraten besitzen sie aber bereits ein Zentralnervensystem, bestehend aus einem Ringnerven, der den Oesophagus umgibt und 5 von ihren ausstrahlenden Radiärnerven, die den Radiärgefäßen des Ambulakralsystems entlang laufen. Daß die Echinodermen einen komplizierteren Nervenapparat besitzen müssen, ergibt sich ohne weiteres aus der Art und Weise ihrer Bewegung.

Obgleich sie ausgesprochen radiärsymmetrisch gebaut sind, genau wie die Coelenteraten, verhalten sie sich während ihrer Bewegung völlig anders, nämlich so, als ob sie bilaterale Tiere wären. Sie bewegen sich — mit Ausnahme der Holothurien — in einer Ebene, die senkrecht zu ihrer Hauptachse steht, wobei die einzelnen Sektoren in durchaus verschiedener Weise tätig sind. Das kriechende Tier läßt sich durch eine Ebene in zwei spiegelbildliche Hälften zerlegen. Im folgenden sei der Seestern als Repräsentant des ganzen Stammes geschildert. Die lokomotorischen Organe dieses Tieres sowohl als auch des Seeigels oder der Seewalze sind die Ambulakralfüßchen (vgl. Fortbewegung auf dem Boden bei Wirbellosen). Für das Kriechen ist es nun vor allem charakteristisch, daß die Füßchen aller 5 Arme in derselben Richtung, also streng koordiniert sich bewegen. Das Experiment lehrt, daß diese Koordination durch den Ringnerven gegeben ist. Zerschneidet man ihn an zwei gegenüberliegenden Stellen, so bewegen sich die beiden nervös voneinander getrennten Hälften unabhängig voneinander. Bei der Bewegung werden entweder zwei Arme oder ein Arm vorangetragen. Sie bestimmen vermöge der Sinneseindrücke, die sie empfangen (an der Spitze jeden Armes befindet sich ein Auge) die jeweilige Bewegungsrichtung des Tieres und können als *Leitarme* bezeichnet werden, die übrigen als *Gefolgsarme*. Die letzten sind also in charakteristischer Weise dem Leitarm subordiniert. Es ist aber hierin nicht der Ausdruck eines konstanten Abhängigkeitsverhältnisses zu sehen. Jeder Arm kann vielmehr als Leitarm funktionieren. Die Richtung, in der sich das Tier bewegt, kann durch Reizung willkürlich bestimmt werden: Der Seestern entflieht dem Reize, indem der dem Reizort abgekehrte Arm zum Leitarme wird. Die Kriechfläche des Seeigels zeigt die gleiche Koordination der Füßchen und bei manchen Arten auch der Stacheln, die ebenfalls gelegentlich zum Gehen benutzt werden.

Die durch den Ringnerven bedingte Koordination der Bewegung tritt auch sehr deutlich bei einer anderen Handlung des Tieres zutage, nämlich der Umdrehreaktion. Legt man einen Seestern auf die Aboralseite, so tritt nach MANGOLD zunächst der sogenannte Dorsalreflex ein, d. h. das Tier biegt seine 5 Armspitzen dorsalwärts, so daß sie schließlich mit den Ambulakralfüßchen den Boden berühren. Die Fortsetzung dieser Tätigkeit bei allen 5 Armen würde die Umdrehung unmöglich machen. Es bildet sich aber auch hier sehr bald ein Leitarmpaar heraus, welches den Umdrehprozeß fortsetzt, während die übrigen 3 Arme wieder loslassen und sich passiv verhalten.

Auch bei den Schlangensternen steht das zentrale Geschehen sehr im Vordergrund. Im Gegensatz zu den meisten anderen Echinodermen bewegen sich die Ophiuren nicht mit Hilfe ihrer Saugfüßchen, die vielmehr nur als Tastorgane oder zum Heranschaffen der Nahrung benutzt werden, sondern mittels ihrer gelenkigen Arme, die lebhaft hin und hergeschwungen werden. Vieles erinnert an die Seesterne. So gibt es auch hier eine Gangart mit einem und eine mit zwei Armen voraus. Auf jeden Fall entstehen zwei Armpaare, die allein lokomotorisch tätig sind; der unpaare Arm bleibt, ob er vorn oder hinten getragen wird, an der Bewegung unbeteiligt. Das vordere Armpaar wird stets sehr viel stärker bewegt als das hintere. Genau wie der Seestern kann man auch den Schlangenstern zu einer Fluchtbewegung in bestimmter Richtung zwingen. Reizung einer Armbasis hat Bewegung unpaar hinten zur Folge, Reizung zwischen zwei Armen Flucht unpaar voran. Schon bei diesen Bewegungen fällt die wichtige Tatsache ins Auge, daß die vom Reizort entferntesten Arme am kräftigsten bewegt werden. Sie beleuchtet sehr scharf den großen Unterschied zwischen diesen Tieren und den Cnidariern, deren Nervennetze etwas Derartiges nie leisten könnten. Der Reizerfolg ist auch bei Konstanz der Reizstelle und der Reizgröße sehr davon abhängig, wieviele und welche

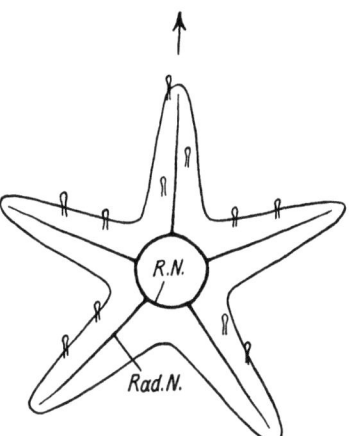

Abb. 152. Seestern, in der Richtung des Pfeiles kriechend. *R. N.* Ringnerv, *Rad. N.* Radialnerv. In jedem Arm sind einige Füßchen gezeichnet, um zu zeigen, daß sich die Füßchen aller fünf Arme gleichsinnig bewegen.

Arme dem Tiere für seine Lokomotion zur Verfügung stehen. Die nebenstehende Zeichnung (Abb. 153), zeigt dies aufs deutlichste. Im Normalfalle (a) wird der unpaare Arm so gut wie unbewegt gehalten. Amputiert man die beiden Nachbararme, so schwingt er sofort lebhaft hin und her (b). Schneidet man die beiden rechten Arme ab, so bildet der ursprünglich unpaare mit dem links vorn befindlichen ein Gangpaar. Hieraus und aus den übrigen durch die Zeichnung illustrierten Abarten der Bewegung läßt sich der wichtige Schluß ziehen, daß wir es hier nicht mit unveränderlichen Reflexbögen zu tun haben, die die periphere Sinneszellen mit dem Erfolgsorgan verbinden. Es gilt hier im weitesten Maße das UEXKÜLLsche Erregungsgesetz, welches besagt, daß die Erregung dorthin fließt, wo sie am leichtesten verbraucht wird. Im Falle b findet die Erregung keinen Eingang in das vordere Armpaar, das abgeschnitten ist. Sie fließt daher unverbraucht dem nächsten Erfolgsorgan, nämlich dem unpaaren Arme zu.

Es ist theoretisch bedeutungsvoll, daß prinzipiell die gleiche Wirkung von Beinamputationen auch bei den Insekten und anderen Arthropoden zu beobachten ist.

Auch eine Kombination von Amputation und Durchschneidung des Ringnerven gibt bemerkenswerte Resultate. Der zweiarmige Schlangenstern benutzt die beiden verbleibenden Arme als ein Gangpaar (Abb. 153 e); durchschneidet man aber den Ringnerven rechts von der Reizstelle, so schwingen beide Arme nur nach links. Hieraus folgt, daß bei intaktem Nervenring dem vorderen Arme zwei Impulse zugeflossen sind, von denen der eine links herum, der andere rechts herum den Nervenring durcheilt hat. Viel weiter kann man mit der Analyse der Erscheinungen vorläufig nicht gehen.

Während Seestern und Schlangenstern in hervorragender Weise das zentrale Geschehen im Nervensystem der Echinodermen zur Anschauung bringen, ist der Seeigel besser geeignet, die Leistungen des Nervennetzes zu beleuchten, das in der Haut der Echinodermen sich ausbreitet. Es versorgt in erster Linie die Stacheln und die merkwürdigen Greifzangen, die sog. Pedicellarien, die zerstreut zwischen jenen stehen. Charakteristisch für alle diese Hautgebilde ist ihre relative Unabhängigkeit vom Zentralnervensystem. (UEXKÜLL). Nur der Tonus ihrer Muskeln wird vom Radialnerven aus reguliert.

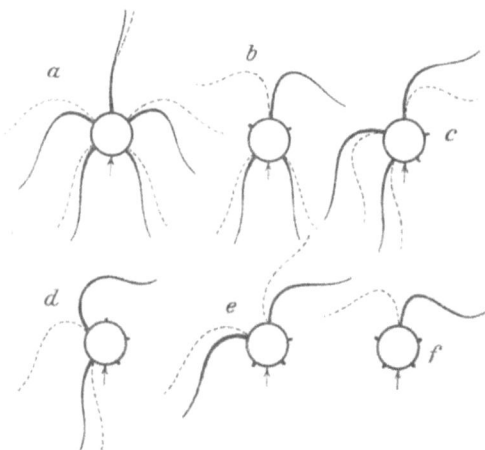

Abb. 153. Gang des Schlangensterns, normal und nach Amputation einiger Arme. (Nach v. BUDDENBROCK.)

Der Stachel zeigt bei allen Arten zunächst den sogenannten *schwachen Stachelreflex*. Er besteht darin, daß auf mechanische Reizung einer Hautstelle alle Stacheln der Nachbarschaft sich dem Reizorte zuwenden. Unliebsame Besucher können durch diesen konzentrischen Stacheldruck zur Flucht veranlaßt werden. Dieser Reflex ist auch an Schalenstücken wahrzunehmen, die völlig aus dem Körper herausgeschnitten sind und keine Spur des Zentralnervensystems enthalten. Bei Arten, welche die sogleich zu besprechenden Giftpedicellarien haben, ist bei chemischer Reizung der sogenannte starke Stachelreflex zu beobachten. Nach Betupfung einer Hautstelle mit Coffein oder einem anderen reizenden Stoff beobachtet man, daß die Stacheln sich allesamt von der Reizstelle fortwenden. Die Giftpedicellarien, die bisher tonuslos auf der Stacheloberfläche lagen, richten sich dagegen auf und treten in die Lücke.

Neben den genannten Stachelreflexen sind, insbesondere durch die Untersuchungen von UEXKÜLL noch eine Reihe anderer nachgewiesen worden, die unabhängig vom Zentralnervensystem verlaufen, bei denen aber trotzdem eine gewisse Koordination zwischen den Stacheln nachgewiesen ist. Als Beispiel sei der Reinigungsreflex genannt, der bei den kurzstacheligen Arten zu beobachten ist. Der Anus der Seeigel liegt am oberen Körperpol; die Exkremente müssen die ganze Schale hinabrollen. Von der Rundung der Schale abgesehen, wird dies erleichtert durch die Tätigkeit der Stacheln. Die am Analpol gelegenen wenden sich von den Exkrementen infolge der von jenen ausgehenden chemischen Reizen ab und schlagen mundwärts. Sie schlagen hierbei auf die Nachbarstacheln, die auf Grund dieses mechanischen Reizes die analoge Bewegung ausführen. So kommt es, daß alle Stacheln, der Schale aufliegend schräg nach abwärts gerichtet sind, und die Exkrementkugeln leicht über sie hinwegrollen können. Sprengt man die obere oder untere Hälfte einer Sphaerechinus-Schale auseinander und vereinigt sie nachher wieder, so geht die geschilderte Stachel-Koordination damit nicht verloren, ein Beweis, daß keinerlei zentraler Reflex hierbei vorliegt.

Die ohne zentrales Eingreifen zu beobachtende Koordination der Stacheln hat UEXKÜLL veranlaßt, den Seeigel als eine Reflex-Republik zu bezeichnen. Der große Unterschied zwischen den höheren Tieren und diesen Echinodermen besteht, kommt durch dieses Wort bestens zum Ausdruck. Es darf jedoch nicht vergessen werden, daß gerade die wichtigsten Leistungen, wie der Gang auf den Füßchen auch beim Seeigel zentral bedingt sind. Die Pedicellarien sind die kompliziertesten unter den selbständigen, d. h. vom Zentralnervensystem unabhängige Reflexapparate, die wir im gesamten Tierreiche kennen und bedürfen daher einer genauen Besprechung.

Jede Pedicellarie besteht aus einem durch ein Kalkskelett geschützten Stiel, der beweglich der Schale aufsitzt, und dem Köpfchen, welches eine dreizinkige Greifzange darstellt. Die meisten Seeigel haben mehrere verschiedene Arten von Pedicellarien, meist 4, denen jede eine besondere Aufgabe hat. Die kleinsten sind die Putzpedicellarien, sie besorgen die Reinigung der Schale vom eigenen Kot und sonstigen kleinen Fremdkörpern. Die Beiß- und die Klappzangen sprechen auf stärkere mechanische Reize an, sie beißen sich unter Umständen an den Haaren und Beinen eines Krebses fest, der unvorsichtig genug war, sich dem Seeigel zu nähern. Die gefesselte Beute wird dann allmählich den Füßchen übergeben und von diesen zum Munde geschafft. Der Mechanismus der Zangen ist bei allen drei Arten von Pedicellarien der gleiche. Auf mechanische Reizung ihrer Außenseite öffnen sie sich, auf solche ihrer Innenfläche tritt Schließung ein.

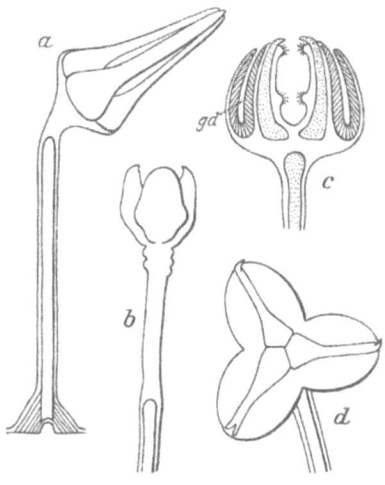

Abb. 154. Verschiedene Pedicellarien von Seeigeln. A Klappzange, B Beißzange, C Giftpedicellarie im Längsschnitt mit Giftdrüse gd. D. Giftpedicellarie geöffnet, von innen gesehen (aus v. BUDDENBROCK. Nach BECHER u. a.)

Bedeutend komplizierter sind die Giftpedicellarien konstruiert. Sie finden sich nicht bei allen Arten. Sie sind Verteidigungswaffen gegen bestimmte Feinde, die dem Seeigel trotz aller Stacheln zu Leibe gehen: Seesterne und Raubschnecken. Sie reagieren dementsprechend nicht auf jeden mechanischen Reiz, sondern nur dann, wenn er zugleich mit einem chemischen Reize auftritt, wie er von dem spezifischen Feinde ausgeht. Die erste Reaktion, die auf einen solchen Reiz hin eintritt, ist, daß zugleich mit den Muskeln der Stielbasis die Öffner der Giftzangen sich kontrahieren. Infolgedessen steht jetzt die Giftpedicellarie aufrecht mit geöffneten Zangen. Der Muskelmantel, welcher die Drüse umgibt, zieht sich nur auf sehr starke chemische Reizung zusammen, wie sie die unmittelbare Nähe des Feindes mit sich bringt. Die Schließer reagieren nur auf Berührung der Innenfläche der Zangen. Nach dem Biß reißt das Köpfchen ab und bleibt in der Haut des Feindes stecken.

Genau wie der Stachel ist auch die Pedicellarie durchaus unabhängig vom Zentralnervensystem. Sie zeigt ihr typisches Verhalten auch an kleinen isolierten Schalenstücken, so gut wie am ganzen Tier.

Die Würmer.

Von den Würmern aufwärts sind sämtliche Tiere bilateralsymmetrisch gebaut. Es hängt dies mit der kriechenden Lebensweise zusammen, während der radiäre Bau der Cnidarier und der Echinodermen auf die ursprünglich festsitzende Lebensweise dieser Tiergruppen bezogen werden muß.

Bei allen bilateralen Tieren ist das Vorderende, der Kopf, besonders differenziert. Er trägt die wichtigsten Sinnesorgane, welche das Tier über die es umgebende Umwelt orientieren, und das Gehirn, welches diese Sinnesreize verarbeitet. Ein solches Gehirn fehlt den radiär gebauten Tieren noch vollständig. Das Gehirn hat in erster Linie die wichtige Aufgabe, die Bewegungsrichtung des Tieres zu bestimmen. Wenn z. B. die Planarie vom Licht wegkriecht oder auf ein Beutestück zu, so wird sie hierbei von den Kopfsinnesorganen geleitet, die ihre Erregungen zum Gehirn senden.

Von Gehirn gehen bei allen bilateralen, wirbellosen Tieren mehrere, meist zwei, Hauptnervenstränge durch den Körper. Da das kriechende Tier seine Sinneseindrücke, die es mit dem Rumpfe aufnimmt, hauptsächlich von der Bauchseite empfängt, die in Berührung mit dem Boden steht, so versteht es sich, daß diese Stränge als Bauchmark bei den meisten Wirbellosen auf der Bauchseite entwickelt haben. So ergibt sich bei allen Wirbellosen eine funktionell leicht zu begreifende Übereinstimmung im Aufbau des Zentralnervensystems.

Die niederen Würmer.

Von der Unmasse der niederen Würmer sind bisher nur ganz wenige nervenphysiologisch untersucht. Das folgende bezieht sich nur auf die Turbellarien und Nemertinen.

Die Turbellarien (Tricladen und Polycladen) sind durch die sehr reichliche Entwicklung des Nervennetzes ausgezeichnet. Das Zentralnervensystem ist bei manchen kleinen Formen noch ganz gering entwickelt. Bei den größeren findet man ein Gehirn, von dem neben den beiden am Bauch entlang ziehenden Hauptsträngen noch eine größere Zahl schwächer entwickelter ausstrahlen. Diese Stränge stellen ohne Zweifel auch die Verbindung des Hirns mit dem peripheren Nervennetz dar. Den besten Aufschluß über das, was die einzelnen Teile des Nervensystems leisten, gibt das Studium der Ortsbewegungen. Die Turbellarien zeigen, wenn sie nicht gereizt sind, ein eigentümlich gleitendes Kriechen ohne sichtbare Muskelbewegung. Man nahm früher an, daß diese Bewegung ein Werk der den ganzen Körper bedeckenden Cilien sei, aber das Irrtümliche dieser Meinung ist leicht nachzuweisen. Anwendung von Chemikalien, welche die Cilien lähmen, ohne die Muskeln zu beeinflussen, bleibt auf die Gleitbewegung ohne Wirkung; alle solchen dagegen, die die Muskulatur lähmen, haben einen Stillstand der Gleitbewegung zur Folge. Sie muß diese daher auf mikroskopische, also nicht sichtbare Wellenbewegungen des Hautmuskels bezogen werden.

Zerschneidungsversuche, bei denen die Planarie durch Querschnitte in zwei oder drei Teile zerlegt wird, zeigen die Unabhängigkeit dieser Bewegungsart vom Gehirn. Die hirnlosen kriechen genau so munter umher, wie das Kopfende. Es ist daher wahrscheinlich, daß die Gleitbewegung nur vom Nervennetz geleitet wird. Vom Gehirn abhängig ist dagegen das Schwimmen der Polycladen und die sogenannte ditaxische Bewegung derselben, bei der die beiden Körperhälften abwechselnd vorgeschoben werden.

Bei den Nemertinen, die freilich erst zum allergeringsten Teil untersucht sind, ist die Abhängigkeit der spontanen Kriechbewegung vom Gehirn mit das auffallendste. Schneidet man einem solchen Wurm den Kopf ab, so läuft dieser allein weiter, als ob nichts geschehen sei, der kopflose Rumpf dagegen vermag sich nicht geordnet von der Stelle zu bewegen. Von der Gleitbewegung der Nemertinen gilt wahrscheinlich das gleiche wie von der der Planarien. Auf Reizung reagiert der Wurm mit peristaltischen Bewegungen, die mit ziemlicher Geschwindigkeit als Wellen über den Körper hinlaufen. Diese Bewegungsart, bei der die Ring- und die Längsmuskeln jedes Körperabschnittes einander antagonistisch sind, ist zwar auch bei den höheren Würmern weit verbreitet, zeigt aber bei den niederen charakteristische Unterschiede. Während nämlich, z. B. beim Regenwurm, auf Reizung des Kopfes sofort der Schwanz alarmiert wird, der bei der Rückwärtsbewegung führt, und von der die peristaltischen Bewegungen ausgehen, ist von einer solchen Fernleitung: Kopf—Schwanz bei den Nemertinen noch fast nichts zu sehen. Hier beginnt der Kopf die Rückwärtsbewegung und erst, wenn die Welle den ganzen Körper durchmessen hat, beginnt der Schwanz auch zurückzukriechen. Bei langen Würmern wie *Emplectonema gracilis* führt dies mitunter zu einem sehr paradoxen Verhalten. Hat nämlich die soeben geschilderte Bewegung endlich den Schwanz erreicht, so ist inzwischen am Kopf die durch den anfänglichen Reiz erzeugte Erregung längst abgeklungen. Der Kopf kriecht dann wieder vorwärts wie vor der Reizung, der Schwanz dagegen kriecht noch rückwärts.

Anneliden.

Das Nervensystem der *Anneliden* oder *Ringelwürmer* setzt sich aus einem dorsal gelegenen Cerebralganglion und einer Kette ventraler, segmental angeordneter Ganglienpaare zusammen, die unter sich durch Commissuren verbunden sind und das sogenannte Bauchmark darstellen (ein Hautnervennetz ist beim Regenwurm nachgewiesen worden, seine Bedeutung, die auf jeden Fall unerheblich sein dürften, ist nicht bekannt). Charakteristisch für die Würmer im Gegensatz zu den von ihnen sich ableitenden Arthropoden (Insekten und Krebse) ist die anatomische und physiologische ungefähre Gleichheit der Ganglien

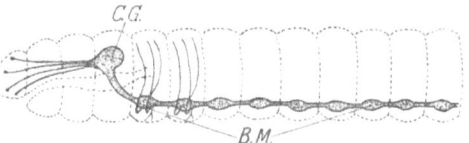

Abb. 155. Regenwurm, von der linken Seite gesehen. *C. G.* Cerebralganglion, *B. M.* Bauchmark. Schematisiert nach HESSE.

des Bauchmarks. Nur bei den sedentären Polychäten ist eine erhebliche Differenzierung eines vorderen Thorakal- und eines hinteren Abdominalteiles eingetreten.

Physiologisch ist für die Ringelwürmer die verhältnismäßig geringe Bedeutung des Cerebralganglions hervorzuheben. Es dient wie bei den niederen Würmern in erster Linie als sensibles Zentrum der verschiedenen Kopfsinnesorgane, die sich besonders bei den Polychäten finden (Augen, Geruchsorgane, Statocysten) und bestimmt daher wohl im allgemeinen die Richtung, in welcher der Wurm sich bewegt. Auch dürften die sogenannten „spontanen" Bewegungen größtenteils durch Impulse veranlaßt sein, die vom Gehirn ausgehen. Ein charakteristischer Einfluß des Gehirns auf den Tonus der Muskeln besonders des Vorderkörpers, ist bei verschiedenen Würmern (*Lumbricus, Nereis*) festgestellt worden. Enthirnte Individuen zeigen eine überwiegende Kontraktion der dorsalen Längsmuskeln. Solche dagegen, denen außerdem die Unterschlundganglien, d. h. die vorderste Ganglien der Bauchkette entfernt sind, verhalten sich umgekehrt, sie krümmen sich ventralwärts.

Es ist früher behauptet worden, daß der Regenwurm zu recht bemerkenswerten psychischen Leistungen befähigt wäre. Er sollte imstande sein, die Form der abgefallenen Blätter, die er zu Nahrungszwecken in seine Röhre zieht, richtig abzuschätzen und daher die Blätter stets an ihrer Spitze packen. Genauere Untersuchungen haben das Irrtümliche dieser Anschauung erwiesen (JORDAN). Der Regenwurm packt die Blätter an beliebiger Stelle, aber nur dann, wenn er sie zufällig an ihrer Spitze ergreift, ist er in der Lage, sie in seine enge Röhre zu ziehen.

Dagegen ist von YERKES der Nachweis erbracht worden, daß der Regenwurm ein gewisses Lernvermögen besitzt. Bringt man das Tier in eine Y-förmige Röhre und blockiert den einen Ast der Gabel mit einem elektrischen Kontakt, an welchem der Wurm einen leichten Schlag erhält, so lernt er sehr bald diesen Ast zu meiden und bevorzugt in über 90% der Fälle den anderen Ast. Für den Nervenphysiologen ist es von besonderem Interesse, daß dieses Lernvermögen nicht an das Gehirn gebunden ist, sondern an die vorderen Ganglienpaare der Bauchkette.

Auf die lokomotorischen Bewegungen sowie die auf Reizung eintretenden Reflexe des Wurmkörpers hat das Gehirn kaum einen Einfluß. Diese Vorgänge werden vom Bauchmark allein beherrscht. Am sorgfältigsten sind die Leistungen des Bauchmarks beim *Regenwurm* studiert worden, der im folgenden als Beispiel der ganzen Gruppe betrachtet sein möge. Die Lokomotionsart dieses Tieres durch peristaltische Wellen, die über den ganzen Körper hinlaufen: eine Verdünnungswelle, bei der die Ringmuskeln sich kontrahieren und eine Verdichtungswelle, bei der die Längsmuskeln in Tätigkeit sind, ist an anderer Stelle (Fortbewegung auf dem Boden bei Wirbellosen) ausführlicher geschildert worden.

Nervenphysiologisch ist an diesem Bewegungsvorgang zweierlei zu unterscheiden: 1. die abwechselnde Kontraktion der Längs- und Ringmuskeln in jedem einzelnen Segment. Diese Erscheinung ist höchstwahrscheinlich als unisegmentaler Reflex aufzufassen, dessen beide Phasen sich gegenseitig bedingen. Das zweite Problem besteht darin, daß sich jede der beiden Wellen von einem Segment zum nächstfolgenden über den ganzen Körper hinzieht. Dieser Vorgang ist sehr verwickelter Natur. FRIEDLÄNDER zeigte in seinem berühmt gewordenen Versuch, daß Zerschneidung des Bauchmarks an irgendeiner Stelle die Koordination der Bewegung von Vorder- und Hintertier nicht aufhebt. Man kann sogar den ganzen Wurm durchschneiden und die beiden Hälften durch einen Faden miteinander verbinden, die Verdickungswelle wird sich auch in diesem Falle ungehindert auf den abgetrennten Hinterkörper fortsetzen. Dieses paradoxe Verhalten ist dahin zu erklären, daß bei der Kontraktion der Längsmuskeln das jeweils sich kontrahierende Segment einen mechanischen Zug auf das nächstfolgende noch nicht kontrahierte ausübt. Dieser Zug löst im gedehnten Segment reflektorisch zunächst eine weitere Dehnung und anschließend eine aktive Verkürzung aus. Das Bauchmark spielt bei diesem Prozeß gar keine Rolle. Andererseits hat BIEDERMANN den Beweis erbracht, daß auch im Bauchmark eine Erregungswelle verläuft, die im Segment nach den anderen erfaßt. Das entscheidende Experiment besteht darin, daß man in einigen Segmenten des Mittelleibes die Muskulatur abtötet oder vollständig entfernt, ohne das Bauchmark zu verletzen. Verhindert man durch Feststecken der abgetöteten Strecke die Möglichkeit eines Zuges auf den Hinterkörper, so ist nach BIEDERMANN gleichwohl die Koordination der Bewegung in Vorder- und Hintertier ungestört.

Auf Reizung hin kann der Regenwurm nach vorn oder nach hinten kriechen, die Bewegung erfolgt stets in dem Sinne, daß das Tier dem Reizorte entflieht. Die Bewegung beginnt im letzten Falle am Schwanzende (vgl. S. 517). Neben der normalen Kriechbewegung zeigt der Regenwurm, besonders bei starker Reizung, den sogenannten Zuckreflex, der übrigens auch bei vielen Polychäten zu beobachten ist. Er besteht darin, daß die gesamten Längsmuskeln des Wurmes sich nahezu gleichzeitig kontrahieren, so daß eine plötzliche, sehr erhebliche Verkürzung des Körpers eintritt. Liegt die Reizstelle weit vorn, so stellen sich die als Sperrhaken dienenden Borsten bzw. Parapodien nach vorn um. Der Erfolg ist, daß der Wurm in seiner Wohnröhre, in der er normalerweise lebt, nach hinten gleitet und dem Reize entgeht. Liegt die Reizstelle hinten, so erfolgt das Umgekehrte, die Borsten legen sich nach hinten um, und die Verkürzung des Körpers reißt den Wurm ein beträchtliches Stück nach vorn. Es ist experimentell bewiesen, daß der Zuckreflex auf drei kolossale Nervenfasern zu beziehen ist, die im dorsalen Teile des Bauchmarks liegen und durch den ganzen Körper hinziehen. Ihre Ganglienzellen liegen in den vordersten und hintersten Segmenten. Der Beweis konnte in der folgenden Weise geführt werden: Zerschneidet man einem Regenwurm das Bauchmark, so regenerieren die anderen Nervenfasern, welche die Verbindung benachbarter Segmente darstellen, schneller als die Kolossalfasern. In diesem Stadium zeigen die Tiere sich zwar sonst normal, aber sie lassen den Zuckreflex vermissen.

Für die übrigen Anneliden ist zunächst hervorzuheben, daß der FRIEDLÄNDERsche Reflex bei ihnen nicht beobachtet wird. Durchschneidung des Bauchmarks hebt für Blutegel und Polychäten die Koordination der Bewegung vor und hinter der Schnittfläche völlig auf. Die Erregungswelle, welche das Bauchmark durchläuft, kann je nach der Art, in welcher die Muskeln miteinander in Antagonismus stehen, zu recht verschiedenen Bewegungsformen führen. Bei den *erranten Polychäten* spielen die Ringmuskeln eine unwesentliche Rolle, die linken und rechten Längsmuskelstämme wirken als Antagonisten und bedingen die schlängelnde Bewegung dieser Tiere. Bei den grabenden Anneliden verschiedener Gruppen (*Arenicola, Sipunculus*) bedingt eine weit hinten am Körper einsetzende und nach vorn verlaufende Kontraktionsbewegung der Längs- und Ringmuskeln zugleich ein Hineinpressen der Leibeshöhlenflüssigkeit in den zum Rüssel ausgebildeten Kopfabschnitt, der sich vorstülpt und in den Sand bohrt; wir finden hier also einen gewissen Antagonismus zwischen Vorder- und Hinterleib ausgebildet. Von besonderem Interesse ist es, daß diese Kontraktionswelle, obgleich sie hinten einsetzt und nach vorn läuft, dennoch einem von den vordersten Bauchganglien kommenden Impuls ihr Entstehen verdankt. Durchschneidet man nämlich das Bauchmark irgendwo in der mittleren Körperregion, so setzt die Kontraktionswelle nicht an der gewohnten Stelle, d. h. hinter dem Schnitt, sondern unmittelbar vor ihm ein.

Sehr abweichend sind die Verhältnisse bei den Blutegeln. Diese Tiere können zwei durchaus verschiedene Bewegungen ausführen, nämlich Schwimmen und Gehen. Das erste erscheint als die einfachere Bewegung. Sie ist nicht abhängig von den Kopfganglien. Durchschneidet man einem Blutegel das Bauchmark, so versucht das Hintertier dauernd Schwimmbewegungen zu machen. Beim Schwimmen zeigt der Egel einige große Wellen; die Schlängelung erfolgt aber nicht seitlich, wie bei einer Schlange, sondern dorsoventral. Die Dorsoventralmuskeln sind stets kontrahiert, als gegenseitige Antagonisten funktionieren die dorsalen und die ventralen Längsmuskeln. Das Schwimmen tritt nur dann ein, wenn beide Saugnäpfe keinen Halt finden, bzw. wenn sie losgelassen haben. Sobald die Saugnäpfe sich festsaugen können, geht der Egel (Abb. 156). Hierbei tritt eine völlige Änderung des Antagonismus ein: wie beim Regenwurm wirken jetzt Längs- und Ringmuskeln gegeneinander, während die Dorsoventralmuskeln eine mäßige Dehnung zeigen. Man ersieht hieraus, daß bei diesen Tieren der Antagonismus kein obligatorischer, durch die Mechanik der Bewegungsapparate gegebener ist, sondern durch Schaltung vom Zentralnervensystem aus geregelt wird. Im Gegensatz zum Regenwurm verlaufen niemals mehrere Wellen gleichzeitig über den Körper des Blutegels. Es sind entweder alle Ringmuskeln kontrahiert oder im

Begriffe es zu tun, oder alle Längsmuskeln. Geregelt wird der Ablauf durch die von den Saugnäpfen ausgehenden Berührungsreize. Haftet der vordere Saugnapf, so ziehen sich die Längsmuskeln zusammen; sie verharren in diesem Zustand evtl. stundenlang, wenn die Reizsituation sich nicht verändert. Haftet der hintere Saugnapf, so geraten die Ringmuskeln in Verkürzung, der Wurm wird lang und dünn. Indem beide Bewegungsphasen regelmäßig miteinander abwechseln, kommt der sogenannte Gang des Blutegels zustande.

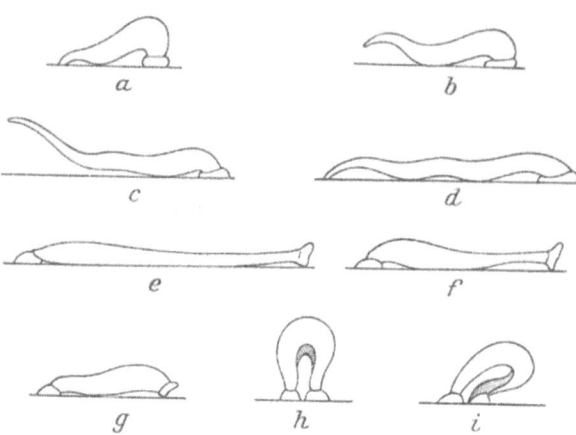

Abb. 156. Gehbewegung eines Blutegels. (Nach UEXKÜLL.)

Die Anneliden werden gemeinhin als homomere Tiere bezeichnet. Physiologisch ist dies nicht ganz korrekt. Die einzelnen Ganglien der Bauchkette besitzen schon bei diesen Tieren eine verschiedene, von vorn nach hinten abnehmende Wertigkeit. Der Regenwurm zeigt dies deutlich. Zerschneidet man ein solches Tier etwa in der Höhe der ersten 10 Bauchganglien, d. h. ziemlich dicht hinter dem Kopf, so ist die Beweglichkeit des Hintertieres kaum gestört, insbesondere ist die Fähigkeit zu Spontanbewegungen durchaus erhalten. Führt man aber die Durchtrennung etwa in der Mitte des Körpers aus, so ist das Hintertier nur noch zu konvulsivischen Ringelbewegungen fähig. Bei *Arenicola* liegt in der Region vom 2. bis zum 7. Bauchganglion das Zentrum für die Vorwärtsstellung der Borsten. Diese Erscheinung, welche die Flucht nach hinten einleitet, tritt ein, wenn man zum Beispiel das Bauchmark irgendwo in der Mitte des Körpers durchbrennt. Erzeugt man dann eine zweite Durchbrennung vor der ersten, so legen sich in der Zwischenzone die Borsten wieder nach hinten um, ein sicherer Beweis, daß der Impuls von vorn kommt. Wenn man aber das Bauchmark vor dem 7. Segment durchbrennt, so bleibt dieser Erfolg aus. Hieraus ergibt sich, daß die vorderen 7 Ganglienpaare den Impuls zum Umlegen der Borsten aussenden.

Mollusken.

Das Zentralnervensystem der Mollusken besteht in allen typischen Fällen aus drei Ganglienpaaren: Cerebral-, Pedal- und Visceralganglion. Das Cerebralganglion oder Gehirn ist mit den beiden anderen durch je ein Commissurenpaar verbunden, während Pedal- und Visceralganglion unter sich keine direkte Verbindung zeigen. Von diesem allgemeinen Schema lassen sich die Zentralnervensysteme der verschiedenen Molluskengruppen, von denen die Muscheln, Schnecken und Tintenfische genannt sein mögen, leicht ableiten, so verschieden sie auch äußerlich erscheinen. Charakteristisch für das Nervensystem der Mollusken ist, daß sich auch außerhalb der eigentlichen Zentren, an den Nerven entlang oder als Plexus im Gewebe zerstreut, überall Ganglienzellen finden. Das Nervensystem dieser Tiere bekommt hierdurch ein sehr diffuses Ansehen, das an die Verhältnisse bei den Coelenteraten und niederen Würmern erinnert, sehr zum Unterschied von den Anneliden und Arthropoden. Die physiologische Folge hiervon ist die relative

Selbständigkeit der einzelnen Körperteile. Genau wie bei den Plattwürmern läßt sich zeigen, daß einzelne Teile, abgetrennt vom Körper, zu eigenen Reflexbewegungen fähig sind. Am ausgesprochensten ist dies bei den Muscheln zu beobachten, bei denen zum Beispiel die Mundlappen und herausgeschnittene Teile des Mantelrandes das angegebene Verhalten zeigen. Bei vielen Schnecken ist die Kriechsohle, die von einem starken Nervenplexus durchzogen ist, ebenfalls recht selbständig. Insbesondere gilt dies von der Gattung *Limax*; nach KUENKEL kann man sie genau wie eine Planarie verschiedene Male quer durchschneiden, ohne daß die Teilstücke ihr Kriechvermögen einbüßen (*L. tenellus*). Bei den Tintenfischen sind die Arme in dieser Beziehung zu nennen. Sie führen im Innern einen starken mit Ganglienzellen besetzten Nervenstrang und sind imstande, gewisse einfache Reflexbewegungen losgelöst vom übrigen Tierkörper auszuführen. Bei den Männchen mancher Arten ist dieses sich Loslösen ein normaler Vorgang, indem der sogenannte Geschlechtsarm (*Hectocotylus*), der die Spermatophoren enthält, zur Begattungszeit abreißt und selbständig die Begattung vollzieht. Sogar die einzelnen Saugnäpfe enthalten ihre eigenen Nervenzentren.

In erhöhtem Maße ist diese Selbständigkeit einzelner Teile dann zu beobachten, wenn sie eines der Hauptganglien des Tieres enthalten. So ist das Pedalganglion der Muscheln (*Mytilus*) nach neueren Untersuchungen auch nach völliger Abtrennung vom Cerebralganglion befähigt, die komplizierte Handlung des Spinnens des Byssusfadens hervorzurufen, der mit Hilfe des beweglichen Fußes am Untergrund befestigt wird.

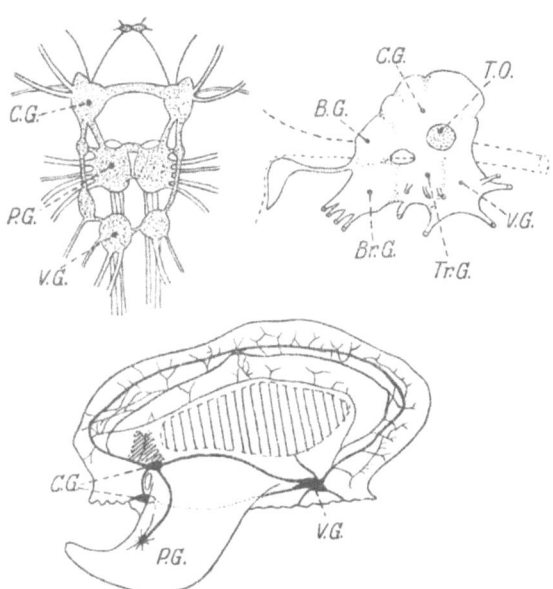

Abb. 157. Nervensystem verschiedener Mollusken. Links Pulmonat, rechts Tintenfisch, unten Muschel. *C.G.* Cerebralganglion, *B.C.* Buccalganglion, *P.G.* Pedalganglion, *Tr.G.* Trichterganglion, *Tr.O.* Tractus opticus, *V.G.* Visceralganglion.

Bei den Schnecken (*Aplysia*) beherrscht das Pedalganglion für sich allein die normale Bewegung des Fußes und der Flossen. Beim Tintenfisch ruft das Visceralganglion selbständig die Atembewegungen des Mantels hervor, sogar jede Hälfte dieses Ganglions ist imstande, von der anderen abgetrennt, die geordnete Atembewegung der ihr unterstehenden Körperhälfte zu erzwingen.

Das Cerebralganglion der Mollusken ist in typischer Weise als Koordinationszentrum ausgebildet. Es gehen von ihm Impulse aus, welche die einzelnen an sich selbständigen Körperteile zu einheitlicher Handlung zusammenfassen. Dieses physiologische Factum ist ohne weiteres von der Tatsache abzulesen, daß das Gehirn mit den übrigen Ganglien, die unter sich keine Verbindung haben, durch Commissuren verbunden ist. Physiologisch sind wir am genauesten über die Leistungen des Gehirns der Tintenfische unterrichtet. Das sehr voluminöse Gehirn dieser psychisch hochstehenden Tiere setzt sich aus einer Reihe scharf zu trennender Abschnitte zusammen. Man unterscheidet an der ventralen Basis gelegen drei

Zentralganglien, denen das Buccalganglion vorgelagert ist. Die dorsale Bedeckung bilden die zwei Cerebralganglien sensu stricto. Über die Bedeutung derselben herrscht experimentell keine Klarheit, wahrscheinlich sind sie die substantielle Grundlage der psychischen Leistungen der Tiere, also dem Großhirn der Wirbeltiere zu vergleichen. Die Zentralganglien koordinieren in bestimmter Weise die Tätigkeit der niederen Ganglien. So befindet sich in Z_1 ein Freßzentrum, welches die Buccalganglien, die die Kiefer innervieren, und die Brachialganglien, das Zentrum der Arme, zugleich aktiviert. Reizung des Freßzentrums setzt beide Organe in Bewegung: die Arme packen die Beute und die Kiefer beißen zu. In Z_3 liegt das Zentrum zum Fortschwimmen. Hierbei wird das Brachialganglion, das die Saugnäpfe zum Loslassen zwingt, und das Visceralganglion, das eine starke Schwimmbewegung hervorruft, gemeinsam in Tätigkeit gesetzt. Die genauere Analyse des Cephalopodengehirns durch UEXKÜLL hat eine ganze Reihe derartiger Zentren aufgedeckt.

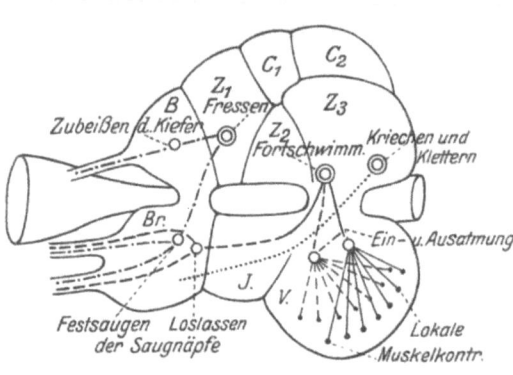

Abb. 158. Wichtigste Zentren im Nervensystem eines Tintenfisches. (Nach UEXKÜLL, aus v. BUDDENBROCK.)

Bei den Muscheln liegen die Verhältnisse im Prinzip gleich. Wenn auf Reizung des Mantelrandes sowohl Zurückziehung des Fußes, als auch Schalenschluß eintritt, so ist dies nur durch eine koordinierende Tätigkeit des Gehirns zu erklären, welche das Visceralganglion, das den hinteren Schließmuskel innerviert, und das Pedalganglion zugleich alarmiert.

Bei den Schnecken hat das Visceralganglion am äußeren Bewegungsapparat keinen Anteil, aber es versorgt neben den Eingeweiden den sogenannten Spindelmuskel, mit dessen Hilfe sich das Tier in das Gehäuse zurückzieht. Eine durch das Gehirn bedingte Koordination von Pedal- und Visceralganglion kommt hier also stets beim Rückzug in die Schale zum Ausdruck.

Die Bewegung der Schneckensohle ist Gegenstand zahlreicher Untersuchungen gewesen. Sie untersteht im allgemeinen einem dreifachen nervösen Einfluß: Zunächst dem Pedalganglion, ferner dem Cerebralganglion und endlich dem in der Muskulatur des Fußes selbst gelegenen Nervennetz. Die wechselseitigen Beziehungen dieser drei Zentren sind bei den einzelnen Schnecken recht verschieden. Bei *Helix* gehen die Erregungsimpulse, die die wellenförmige Bewegung des Fußes vermitteln, lediglich von den Pedalganglien aus (BIEDERMANN). Und zwar innerviert jeder einzelne Nerv nur ein bestimmtes Gebiet der Sohle. Durchschneidung der langen Pedalnerven hebt die charakteristische Peristaltik der Sohle auf. Durchschneidet man dagegen die muskulöse Sohle und das in ihr befindliche Nervennetz unter Schonung der langen Nerven, so nimmt die peristaltische Bewegung ungehindert ihren Fortgang. Bei anderen Pulmonaten (*Limax*) ist das periphere Nervennetz, das sich hier morphologisch zu einem wirklichen Strickleiternervensystem entwickelt hat, bedeutend selbständiger und unterhält wie dies ja dargestellt wurde, auch für sich allein die normale Peristaltik.

Die Meeresschnecke *Aplysia* ist von einer Reihe namhafter Autoren (JORDAN, BETHE, HOFFMANN, FRÖHLICH) untersucht worden, die sich indessen zum Teil leider widersprechen. Dem folgenden ist im wesentlichen die Darstellung JORDANS zugrunde gelegt. Wie bereits erwähnt wurde, beherrscht bei *Aplysia* das Pedalganglion vollkommen die Kriech- und Schwimmbewegungen des Fußes. Das Cerebralganglion vermag die Normalbewegung nach Bedarf zu hemmen und zu verstärken. Durchschneidet man die Bahnen, die vom Pedalganglion zum Fuße laufen, so bleibt nur der Einfluß des in der Muskulatur gelegenen Nervennetzes bestehen. Unter diesen Umständen tritt im Fuße eine ständig zunehmende Kontraktion der Muskeln ein, die bis zum Tode des Tieres anhält. Auch bei *Helix pomatia* ist diese höchst merkwürdige Erscheinung zu beobachten. Es folgt hieraus, daß das Pedalganglion normalerweise die Aufgabe hat, den vom peripheren Nervenplexus unter der Wirkung äußerer Reize erzeugten Tonus niedrig zu halten. Es herrscht aber noch keine Einigkeit darüber, in welcher Weise dies geschieht. Während manche Forscher wie BIEDERMANN daran festhalten, daß hier bei den Mollusken die gleichen Gesetzlichkeiten wie bei den Wirbeltieren gelten müßten, und daher die Wirkung des Pedalganglions als eine hemmende auffassen, betonen andere (UEXKÜLL, JORDAN) die Unmöglichkeit dieser Auffassung. Besonders JORDAN hat geltend gemacht, daß elektrische Reizung der vom Pedalganglion abgetrennten Pedalnerven niemals Hemmung bewirkt, sondern immer nur eine weitere Kontraktion der Muskeln zur Folge hat. Auch der Einwand, die Pedalnerven enthielten erregende und hemmende Fasern zugleich, und bei künstlicher Reizung überwiege die Erregung, konnte entkräftet werden: „Schwache Lähmung der Pedalganglien mit Cocain bedingt gesteigerte Tonushemmung. Halten wir an der Annahme erregender und hemmende Fasern fest, so bedeutet der Versuch Ausschaltung des erregenden Systems. Faradisierung der Ganglien in diesem Zustande hätte nunmehr die Hemmungsfaser unbedingt treffen müssen. In Wirklichkeit erhalten wir auch jetzt mit abgestuften Strömen entweder nichts oder Verkürzung." (JORDAN 1918 S. 157.) JORDAN faßt den Tonus der Schneckenmuskeln als eine durchaus andersgeartete Erscheinung auf als die Contractilität und behauptet speziell für die Schnecken, daß das Pedalganglion die Tonusfunktion der Muskeln, das Cerebralganglion die Contractilität und Reflexerregbarkeit derselben beherrscht.

Arthropoden.

Die Arthropoden (Tausendfüße, Insekten, Krebse, Spinnen) unterscheiden sich von den Ringelwürmern, von denen sie abstammen, durch zwei wesentliche Merkmale. Erstens durch die sehr viel bedeutendere Entwicklung der Sinnesorgane und zweitens durch die Differenzierung des Rumpfes, dessen einzelne Segmente durch die Verschiedenheit der Extremitäten ein sehr individuelles Gepräge erhalten.

Nervenphysiologisch kommt die Entfaltung der Sinne in der größeren Bedeutung des Gehirnes zur Geltung, die Differenzierung der Rumpfgliedmaßen äußert sich in einem außerordentlichen Reichtum verschiedener Reflexe. Im übrigen ist das Zentralnervensystem der Arthropoden nach demselben Bauplan wie das der Anneliden gebildet: ein typisches Strickleiternervensystem mit dorsal gelegenem Gehirn und ventralem, aus zahlreichen segmentalen Ganglien zusammengesetzten Bauchmark. Außerhalb des Zentralnervensystems sind Nervenzellen äußerst selten. Daher sind vom Körper des Arthropoden abgetrennte Extremitäten im allgemeinen genau so bewegungslos wie etwa das Bein eines Wirbeltiers. Immerhin gibt es von dieser Regel einige bemerkenswerte Ausnahmen. So sind die langen Beine der zu den Spinnen gehörigen Weberknechte, die sehr leicht durch Autotomie abgeworfen werden, auch dann noch zu Eigenbewegungen fähig. UEXKUELL und TIRALA haben in den Extremitäten gewisser Dekapoden einzelne Ganglienzellen nachgewiesen, und der Erste hat gezeigt, daß die Flußkrebsschere nach Abtrennung vom Körper noch spontan sich öffnet und schließt. Von der Richtigkeit dieser Beobachtung habe auch ich mich gelegentlich überzeugen können. Von einigem Interesse ist auch der folgende Fall: Bei den dekapoden Krebsen wird das Atemwasser dadurch erneuert, daß es die mit einer großen Atemplatte ausgerüstete zweite Maxille durch sehr frequente rhythmische Bewegungen fortdauernd aus der Atemkammer herauswirft. Bei den Garneelen ist diese Extremität ebenfalls autonom, sie vollführt noch im Uhrschälchen die gleichen rhythmischen Bewegungen mit äußerster Schnelligkeit.

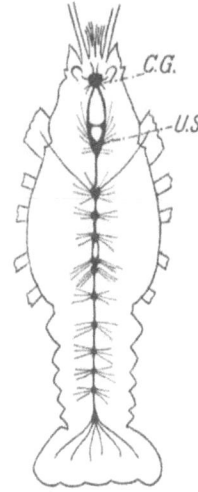

Abb. 159. Nervensystem eines Flußkrebses.
C.G. Cerebralganglion,
U.S. Unterschlundganglion.

Im Gegensatz zu den Mollusken sind auch kompliziertere Handlungen, an denen verschiedene Körperteile zugleich Anteil haben, ausführbar ohne Mitwirkung des Gehirns. Es ist dies die einfache Folge des anatomischen Baues, der es ermöglicht, daß von einer beliebigen Körperstelle aus Reflexbahnen zu den verschiedensten Segmenten verlaufen können, ohne das Gehirn zu passieren. Diese zusammengesetzten Reflexe mögen, als für die Arthropoden besonders charakteristisch, zunächst an einigen Beispielen erläutert werden, die in der Hauptsache den grundlegenden Untersuchungen von BETHE an der Taschenkrabbe, *Carcinus maenas*, entnommen sind.

Der Verteidigungsreflex. „Hält man einen Carcinus am Bein fest, so antwortet er zunächst mit energischen Fluchtversuchen nach der entgegengesetzten Seite. Darauf stemmt er mit dem benachbarten Bein gegen die Hand an und zieht zu gleicher Zeit das gefaßte Bein an. Bleibt dies erfolglos, so kommt die Schere derselben Seite hinzu und zwickt die Hand. Wenn auch das ohne Erfolg bleibt, so dreht er sich halb nach vorne herum, so daß auch die gekreuzte Schere an der Verteidigung teilnehmen kann." (Wörtlich zitiert nach BETHE 1897, S. 512.)

Der Umdrehreflex. „Ist ein Tier umgefallen oder hat man es auf den Rücken gelegt, so wird sofort das letzte Beinpaar flach und ziemlich stark gekrümmt unter den Rücken gelegt, das vorletzte Paar greift nach beiden Seiten auf den Boden, und indem nun beide Beinpaare gegen den Boden anstemmen, dreht sich der Körper über das Abdomen zur Bauchlage zurück." (Nach BETHE S. 513).

Der Aufbäumereflex. „Er besteht darin, daß sich das Tier mit dem Vorderteil symmetrisch oder unsymmetrisch aufrichtet, so daß die Körperachse im Winkel von 45° und mehr zur Horizontalen geneigt ist. Die Beine strecken sich ganz aus, das erste Paar greift nach vorne, das zweite und dritte nach der Seite, das vierte nach hinten, so daß sich das Tier in sehr stabilem Gleichgewicht befindet. Die Scheren werden gespreizt und erhoben" und sind zur Abwehr bereit. (BETHE S. 508).

Alle diese sehr komplizierten Reflexe sind auch an Tieren zu beobachten, denen die Schlundkommissuren durchschnitten sind, das Gehirn also abgetrennt ist. Nur sind die Bewegungen meist matter und langsamer. Auch bei den Insekten sind durchaus analoge Reflexhandlungen und ihre Unabhängigkeit vom Gehirn zu beobachten.

Bei den Leistungen des Gehirns der Arthropoden ist die Hemmung am auffallendsten, die es auf die Reflexe des Rumpfes ausübt. Gehirnlose Individuen zeigen stets eine erhöhte Reflexerregbarkeit, reagieren also auf subnormale Reize. Außerdem werden die verschiedensten Reflexe wie Gang-, Reinigungs- und Freßbewegungen unausgesetzt ausgeführt ohne Rücksicht auf die biologische Gesamtlage. Bei *Carcinus* wird der Magen bis zum Platzen mit Nahrung angefüllt, die

Kopulation des hirnlosen Männchens findet kein Ende. Auch hier ist es nicht nötig, auf das durchaus entsprechende Verhalten der Insekten einzugehen. Das Gehirn wirkt also in der Hauptsache derart, daß es alle Bewegungen hemmt und nur diejenige entfesselt und darüber hinaus verstärkt, die gerade am Platze ist.

Jordan hat nachgewiesen, daß die geschilderte Wirkung des Gehirns bei den Krebsen darauf beruht, daß das Gehirn einen dem Bauchmark entgegengesetzten Einfluß auf die Rumpfreflexe ausübt. Starke elektrische Reizung des Gehirns bzw. der Schlundcommissuren bewirkt eine Kontraktion der Streckmuskeln, schwache Reizung dagegen erregt die Beuger. Reizung des Bauchmarks oder der von ihm ausgehenden Nerven hat den entgegengesetzten Effekt: Starke Reizung = Beugung, schwache = Streckung. Indem das Gehirn mit dem Bauchmark interferiert, vermag es, je nach dem Grade seiner Tätigkeit, dem Tiere jede beliebige Bewegung und Bewegungsrichtung aufzuzwingen.

Daß mit diesen motorischen Effekten die Bedeutung des Gehirns der Arthropoden nicht erschöpft ist, bedarf kaum einer Erwähnung. Wir wissen aus den Erfahrungen der Tierpsychologen und der Sinnesphysiologen, daß sich viele Insekten in der verschiedenen Weise: auf Farbe, Duft, Geschmack usw. dressieren lassen; wir kennen die erstaunlich komplizierten Instinkte dieser Tiere und müssen annehmen, daß alle ihre höheren psychischen Fähigkeiten im Gehirn vorgebildet sind. Es ist aber bis jetzt, vor allem wegen der Kleinheit der Objekte, nicht gelungen, hier analytisch und gehirnanatomisch weiterzukommen. Das einzige, was wir wissen, ist die verschiedene Ausbildung des Gehirns bei den verschiedenen Geschlechtstieren und Kasten der soziallebenden Hymenopteren (Ameisen, Bienen). Die Entwicklung des Gehirnes ist immer am stärksten bei den Arbeitern und am schwächsten bei den Männchen, während die Weibchen in der Mitte stehen. Die Unterschiede zeigen sich besonders deutlich an den sogenannten pilzhutförmigen Körpern, die infolgedessen von manchen Forschern als eine Art Intelligenzsphären gedeutet wurden. Sie stehen aber wahrscheinlich nur zu dem Geruchsvermögen der Tiere in Beziehung.

Das Gehirn der Arthropoden hat einen sehr auffallenden Einfluß auf den Tonus der Körper- und Extremitätenmuskeln. Er wird besonders deutlich nach Abtragung einer Hirnhälfte. Der Erfolg ist bei den Insekten eine asymmetrische Haltung des Leibes, der sich nach der unoperierten Seite einkrümmt, ein Höherliegen der normalen Seite, Schiefhaltung des Kopfes und eine Bewegung in einem Kreise unter dauerndem Abweichen nach der normalen Seite.

Die theoretische Deutung dieses Befundes hat in den letzten Jahren sehr gewechselt. Während die älteren Autoren einfach eine Verringerung des Muskeltonus auf der operierten Seite annahmen, betonte zunächst Baldi, daß bei der Libellenlarve der Tonus beider Seiten verändert sei, und zwar habe auf der einen Seite der Tonus der Beuger, auf der anderen der der Strecker eine Änderung erfahren. Auch dieser Auffassung lag jedoch der Gedanke zugrunde, daß zwischen dem Gehirn und den Muskeln des Körpers und der Extremitäten eine feste, unabänderliche Beziehung bestehe. Demgegenüber stellte jedoch Baldus fest, daß diese Beziehung eine ganz variable ist. Das einseitig enthirnte Tier wird nicht durch seine verschieden arbeitenden Körperhälften passiv im Kreise herumgetrieben, sondern es unterliegt lediglich dem, wie sich Alverdes ausgedrückt hat, psychiatrischen Zwange, im Kreise zu laufen. Die Beine können willkürlich bewegt werden. Schneidet man einem solchen Tiere einige Beine ab, so bewegt es die übrigbleibenden in jedem Einzelfall verschieden, aber jeweils so, daß der Kreislauf zustande kommt.

Nervenphysiologisch lassen sich aus den wertvollen Beobachtungen von Baldus die folgenden Schlüsse ziehen: Das Gehirn hat wahrscheinlich überhaupt keinen direkten Einfluß auf die Muskeln, sondern es verkehrt mit ihnen nur über das Unterschlundsganglion. Fehlt eine Hirnhälfte, so geht von der anderen aus an das Unterschlundganglion der Befehl, den Körper im Kreise herumzuführen. Dieser Befehl wird ganz verschieden ausgeführt, je nachdem, welche Mittel, d. h. welche Beine, zur Verfügung stehen.

Sehr ähnlich wie einseitige Enthirnung wirkt auch einseitige Blendung. Von besonderem Interesse ist hierbei die von ALVERDES festgestellte Tatsache, daß die einseitig geblendeten Larven von *Cloeon* und *Agrion* zwar im Kreise schwimmen, aber exakt geradeaus laufen.

Es wurde im vorhergehenden bereits kurz auf die große Bedeutung hingewiesen, welche die ersten Ganglien des Bauchmarks, die sogenannten Unterschlundganglien besitzen. Sie versorgen nicht nur die Mundgliedmaßen, sondern beeinflussen auch sehr wesentlich die hinter ihnen gelegenen Zentren. An geköpften Insekten lassen sich diese Erscheinungen sehr leicht beobachten, allerdings verhalten sich die einzelnen Arten so verschieden, daß es sehr schwierig ist, etwas Allgemeingültiges auszusagen. Bei manchen, wie der Biene, sind alle wesentlichen Reflexe erhalten, aber außerordentlich geschwächt, andere, wie die Stabheuschrecke oder die Larve der Eintagsfliegen, verlieren nach der Köpfung jede Fähigkeit zu gehen. Bei den Krebsen finden sich ähnliche Unterschiede.

Astacus und *Carcinus* verlieren nach Abtrennung der Unterschlundganglien den Gang und den Umdrehreflex, auch können sich die Tiere nicht auf den Beinen halten. Beim Heuschreckenkrebs bleibt der Gang erhalten (BETHE). Wie diese Einwirkung der Unterschlundganglien zu erklären ist, ist noch nicht genügend sichergestellt. Schon bei den Anneliden war auf die allmählich sich anbahnende Differenzierung des Bauchmarks hingewiesen worden, dessen vordere Ganglien die Tätigkeit der weiter hinten gelegenen regulieren können. Bei den Arthropoden ist dies noch viel ausgeprägter. Das ältest bekannte Beispiel dieser Art betrifft das erste Thorakalganglion der Libellenlarven, das als sekundäres Atemzentrum wirkt. Diese Tiere atmen mit Hilfe ihres Enddarmes, in den sie rhythmisch Wasser aufnehmen. Alle Abdominalsegmente sind mit ihrer Muskulatur an den Atembewegungen beteiligt. Die Libellenlarven reagieren, wie zuerst BABAK nachwies, sehr scharf auf den Gasgehalt des Atemmediums, sie werden in sauerstoffarmem Wasser dyspnoisch, in sauerstoffreichem apnoisch. Alle diese Regulierungen verlaufen im wesentlichen über das erste Thorakalganglion, nach dessen Ausschaltung die Abhängigkeit der Atmung von der Beschaffenheit des Atemwassers erlischt.

Einen besonders interessanten Beitrag zur Frage der Differenzierung des Bauchmarkes hat neuerdings ALVERDES geliefert. Bei der Larve der Eintagsfliege Cloeon ist wiederum der Einfluß auf die Atmung am deutlichsten. Die Atembewegungen der einzelnen Abdominalganglien sind autonom. Jedes von ihnen besitzt ein motorisches Zentrum, welches das ihm zugehörige Kiemenpaar zu regelmäßigen Bewegungen veranlaßt. Diesen Zentren übergeordnet ist zunächst das im 6. Abdominalganglion gelegene Erregungszentrum E. Führt man also einen Schnitt irgendwo durch das Bauchmark, so entfalten alle Kiemen, die hinter der Schnittstelle liegen, eine maximale Tätigkeit, da sie nur dem Einfluß des Erregungszentrum ausgesetzt sind. Im zweiten Thorakalganglion liegt endlich das Hemmungszentrum H, das gegenüber dem Erregungszentrum die höhere Instanz darstellt. Es steht mit keinem der motorischen Zentren in Verbindung, sondern verkehrt nur mit E, dessen Tätigkeit es hemmt. Die zuleitenden Nerven verlaufen über das 7. Abdominalganglion. Die beistehende schematische Zeichnung (Abb. 160) veranschaulicht den komplizierten Mechanismus.

Die Larve der Mücke Corethra vermag sich in sehr verschiedener Weise zu bewegen. Sie kann schwimmen, sich fortschnellen, zur Abwehr konvulsivische Ringelbewegungen machen und endlich durch Hin- und Herwedeln des Abdomens sich rückwärts bewegen. Auch hierbei ist nach ALVERDES ein System einander übergeordneter Zentren zu unterscheiden. Schwimmen und Sich-Fortschnellen sind abhängig von den Kopfganglien, welche zugleich die abdominalen Zentren hemmen. Im ersten Abdominalganglion liegt das Hauptringelzentrum, welches zugleich Hemmungszentrum für das im 3. Abdominalganglion gelegene Wedelzentrum ist. Ringeln tritt dementsprechend hauptsächlich nach Köpfung der Larve ein, Wedeln nach Zerstörung des ersten und zweiten Abdominalganglions (s. Abb. 160). Für die Krebse ist als Beispiel der Abhängigkeit der hinteren von den vorderen Segmenten noch nachzutragen, daß bei den Garneelen eine Durchschneidung des Bauchmarks zwischen Thorax und Abdomen eine völlige Unbeweglichkeit der Abdominalfüße zur Folge hat.

Eine besondere Besprechung erfordert auch der Gang der Arthropoden. Wir begegnen hier eigentümlicherweise ganz ähnlichen Gesetzen wie bei den Schlangensternen. Der Rhythmus der Beinbewegungen ist beim normalen Tiere festgelegt (s. Artikel Fortbewegung auf dem Boden). Bei den Insekten, welche den einfachsten Fall darstellen, wird stets das Vorder- und Hinterbein einer Seite gleichzeitig bewegt mit dem Mittelbein der Gegenseite, so daß das Tier in jedem Moment auf drei Beinen

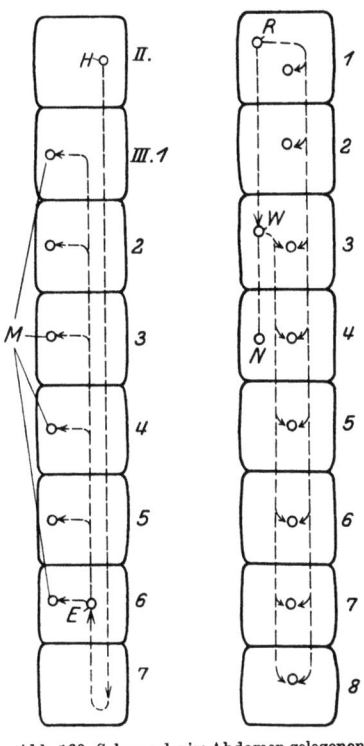

Abb. 160. Schema der im Abdomen gelegenen Bewegungszentren. Links von Cloeon, rechts von Corethra. (Nach ALVERDES.) M motorische Zentren der einzelnen Segmente, E Erregungszentrum, H Hemmungszentrum, R Ringelzentrum, W Hauptwedelzentrum, N Nebenwedelzentrum.

ruht. Dieser Rhythmus ändert sich aber in durchaus gesetzmäßiger Weise, wenn man einzelne Beine amputiert oder durch Beleimen in den Gelenken unbeweglich macht. Hieraus folgt, daß die Erregung, wenn sie sich nicht in Bewegung umsetzen kann, wo anders hin fließt. Amputation nur eines Beines bleibt auf den Gangrhythmus ohne Einfluß. Schneidet man aber rechts und links je ein Bein ab, so daß ein vierfüßiges Insekt entsteht, so werden die beiden Beine einer Seite niemals gleichzeitig gesetzt, sondern es erfolgt der für die vierfüßigen Wirbeltiere charakteristische gekreuzte Trab.

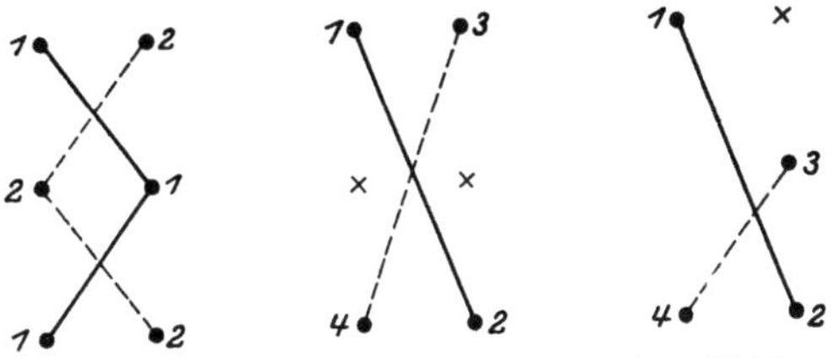

Abb. 161. Reihenfolge der Beinsetzung einer Stabheuschrecke. Die Beine sind durch schwarze Kreise, die amputierten Beine durch Kreuze gekennzeichnet. (Nach v. BUDDENBROCK.)

Entsprechendes gilt auch für Krebse und Spinnentiere.

Charakteristisch für die Arthropoden ist die doppelte Innervation ihrer Muskeln. Jeder motorische Nerv besteht aus einem dicken und einem dünnen Strang, die dicht nebeneinander verlaufen und bis zum Eintritt in den Muskel zu verfolgen sind. Wir wissen heute durch die experimentellen Untersuchungen von BIEDERMANN, UEXKÜLL und HOFFMANN, daß der dicke Strang erregend, der dünne hemmend wirkt. Im Gegensatz zu den Wirbeltieren, bei denen eine jede Hemmung stets im Zentralnervensystem selbst geschieht und dazu führt, daß überhaupt keine Erregung zum Skelettmuskel gelangt, tritt beim Arthropoden der Effekt der Hemmung erst am Muskel selbst zutage. Spannungszustand und Tätigkeit des Muskels ist jeweils bedingt durch die Summe der antagonistischen Erregungen, die ihm durch den dünnen und den dicken Nerven zufließen. Das Hauptobjekt, an dem diese Gesetzmäßigkeit festgestellt worden ist, ist die Schere des Flußkrebses.

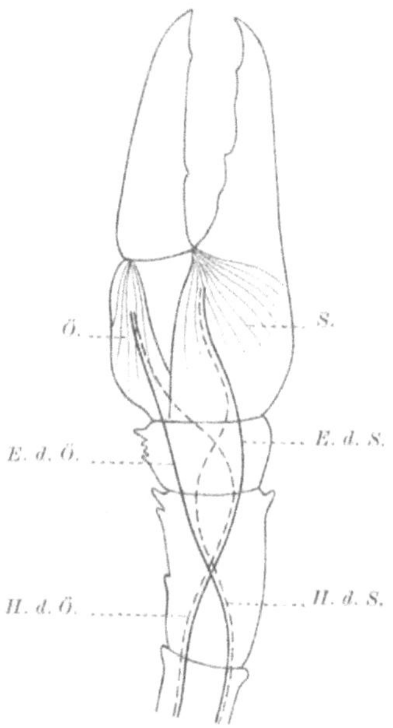

UEXKÜLL gelang es als ersten, den dicken und den dünnen Nerv des Schließmuskels der Krebsschere isoliert zu reizen und hierbei insbesondere zu zeigen, daß der kontrahierte Muskel erschlafft, sobald der dünne Nerv allein erregt wird. Die biologische Bedeutung der doppelten Innervation zeigte HOFFMANN in sehr eleganter Weise. Der normale Krebs öffnet auf Reize aller Art, z. B. Beklopfen des Rückenpanzers, die Scheren, setzt sich also in Bereitschaft, weitere Angriffe abzuwehren. Wiederholt man die Reizung oft hintereinander, so bleibt nach einiger Zeit die Reaktion aus.

HOFFMANN durchschnitt nun an der einen Schere den dünnen Nerven des Öffners und konnte feststellen, daß die Öffnung dieser Schere, also die Kontraktion des Öffnermuskels, ganz automatisch eintritt, so oft wie man reizt, ohne daß eine Gewöhnung eintritt. Die Gewöhnung der normalen Seite an den Reiz besteht also in einem hemmenden Impuls, der durch den dünnen Nerven dem Öffnermuskel zufließt.

Abb. 162. Krebsschere, Schema. Ö. Öffner, S. Schließer, E.d.Ö. Erreger des Öffners, H.d.Ö. Hemmer der Öffners, E.d.S. Erreger des Schließers, H.d.S. Hemmer des Schließers.

Besonders merkwürdig ist die Tatsache, daß zum normalen Funktionieren der Schere als Ganzes eine gesonderte Erregung der verschiedenen Nerven gar nicht nötig ist. BIEDERMANN wies nach, daß bei gemeinsamer Reizung aller Nerven durch Einstich einer Reizelektrode in eines der basalen Glieder der Schere dieselbe jede schwache Reizung durch Öffnung, jede starke durch Schließung beantwortet. Es sind noch nicht alle theoretischen Schwierigkeiten überwunden, die der Erklärung dieses Phänomens entgegenstehen. Auf alle Fälle muß angenommen werden, daß im Bereich des *Öffnermuskels* schwache Reize den dicken Nerven stärker erregen als den dünnen, hemmenden, während beim *Schließmuskel* auf schwache Reize nur der dünne Nerv anspricht. Bei starken Reizen hingegen liegt der Fall genau umgekehrt: Beim Öffner überwiegt die Tätigkeit der hemmenden, beim Schließer diejenige der erregenden Nerven.

Die biologische Bedeutung dieser komplizierten peripheren Schaltungen ist darin zu erblicken, daß durch sie eine erhebliche Entlastung des Zentralnervensystems erreicht wird. Wie im elektrischen Versuch kann offenbar auch in normalen Leben von einem einzigen Zentrum aus die Funktion der Schere lediglich durch verschiedene Dosierung der Erregung geregelt werden.

Sachverzeichnis.

Acetaldehyd, Bildung im Zentralnervensystem 587.
Acetylcholincontractur, Aktionsstrombild bei 716.
Achsenzylinder, Zerfall bei Degeneration 288.
Acoin, Lokalanästhesie durch 438, 442, 443, 444, 445, 446 ff.
A/C-Quotient des Aktionsstroms (genaue Definition) 279.
Adäquate, oszillierende Erregung des Nerven 184.
Addition (latente) im Zentralnervensystem 633, 643.
Adrenalin, Einfluß auf den Gaswechsel des Zentralnervensystems 553.
Äthernarkose, Einfluß auf den Gaswechsel des Gehirns 533, 537.
Äthylhydrocuprein, Lokalanästhesie durch 447, 453.
Äthylhydrocupreinoptochin, Lokalanästhesie durch 443.
Äthylproprionat (Lokalanästhesie) 445.
Äthylurethan, Einfluß auf den Gehirngaswechsel 552.
—, Lokalanästhesie 442.
Akkommodationshypothese der elektrischen Erregung (Nernst) 255.
Aktionsstrom (des Nerven) 215.
—, Anstiegdauer des 217, 239.
—, Dekrement des 216.
— und Narkose 425.
—, Reizwirkung des 279.
Aktionsströme des elektrotonisierten Nerven 227.
— bei Mimosa 12.
— — Pflanzen 5.
Alkalien, Wirkungen auf den Nerven 199.
Alkohol, Einfluß auf den Zuckerumsatz des isolierten Rückenmarks 569.
Alkoholnarkose und O-Verbrauch des isolierten Rückenmarks 548.

Alkoholwirkung auf den Ruhestrom des Nerven 189.
Alles-oder-nichts-Gesetz bei intrazentralen Erregungen 776.
— des Nerven 38, 183, 209, 222, 373.
— des Nerven in der Narkose 422, 432.
— am Rückenmark in Beziehung zum Stoffwechsel 553.
— des sensiblen Nerven 424.
Altersveränderungen, physiologische des Zentralnervensystems 495.
Alypsin, Lokalanästhesie durch 438, 442 ff.
„ALZHEIMERsche Neurofibrillenveränderung" 495.
Aminogenese im Zentralnervensystem 587.
Ammoniakbildung des isolierten Rückenmarks, Einfluß elektrischer Reizung auf 593.
— des Nerven 403.
— im Zentralnervensystem, Einfluß der Zuckerzufuhr 600.
— des Zentralnervensystems und der Netzhaut 593.
Amylacetat, Lokalanästhesie durch 442.
Amylenhydrat, Lokalanästhesie durch 442, 445.
Anämie. Einfluß auf die Temperatur des Gehirns 607.
Anaphylaxie und Proteolyse im Zentralnervensystem 588.
Anästhesie, Dauer der 446.
—, zirkuläre 435.
Anästhesin, Lokalanästhesie durch 439, 442.
Anaesthetica, lokalschädigende Wirkung der 453.
—, schwer lösliche 443.
Anaestheticum, Resorption des 448.
„Anelektrotonus" 225.
Anoden, wahre (Stromleitung im Nerven) 246.

Antagonismus der Muskeln und der Zentren 749.
Antagonisten, Hemmung der 647, 721.
Antipyrin, Lokalanästhesie 442, 445.
APÁTHY-BETHEsche Lehre (Neurofibrillen) 123.
Aequivalentbild der Ganglienzelle 470.
Aplysia, Schwimmbewegungen und peripheres Nervennetz 804.
Apnöe durch humorale Hemmung 656.
Arterienanästhesie 435.
Arthropodengang und Nervensystem 827.
Atemzentrum, Rückprallerregung 657.
Atmung, Selbststeuerung der 647.
Atmungsregulation und Milchsäurebildung im Gehirn, Reaktionstheorie der 583.
Atmungstätigkeit und Hirngaswechsel 542.
Atmungstetanie 717.
Atropin, Einfluß auf den Gaswechsel des Gehirns 535.
Auslösungsfeld eines Reflexes 639.
„Auswachsungstheorie" (Nervenregeneration) 313.
Autolyse des Gehirns 598.
Automatie, nervöse 43.
Autoregeneration der Nerven 315.
Avitaminose, chemische Veränderungen des Gehirns bei 74.
— und Indophenolreaktion der Hirnsubstanz 564.
— und Säurebildung im Zentralnervensystem 567.
Axonreflexe 28.

Bahnung von Reflexen 33.
— im Zentralnervensystem 633, 638.

Bandfasern, BUNGNERsche, bei der Nervenregeneration 294, 305.
Beinamputation bei Insekten und Nervensystem 813.
Benzylalkohol, Lokalanästhesie durch 453.
Beri-Beri, degenerative Erkrankung der Nerven bei 334.
B.-Eucain, Lokalanästhesie durch 438 ff.
β-Strahlen des Radiums, Wirkung auf den Nerven 205.
Beugereflex des Frosches 699.
Bewegungsunruhen (choreatische), Wegfall von Hemmungen bei 646.
Blausäurelähmung des Zentralnervensystems 614.
Bleineuritis 335.
Blendung, ihre Wirkung auf die Nervenerregbarkeit 664.
Blinzelreflex 699.
Blutabsperrung, Verhalten der Erregbarkeit und des Längsdurchschnittsstromes bei Warmblüternerven 370.
Blutegel, Einsetzen der Schwimmbewegungen nach Abtrennung des Kopfes 756.
Blutgefäße, Nervennetze der 794.
„Blutreize" auf nervöse Zentren 786.
Blutzufuhr, Einfluß auf die Nervenfunktion 366.
„Bremsung" (Tonus) 746.
— von Bewegungen 713.
BUNGNERsche Bandfasern bei der Nervenregeneration 140, 324.

Calcium, Einfluß auf den Gaswechsel des Gehirns 537.
— — auf den N-Umsatz des isolierten Rückenmarks 592.
Calciumionen und Erregbarkeit des Zentralnervensystems 621.
Calciumsalze, Einfluß auf den Gaswechsel isolierten Rückenmarks 550.
Carcinus maenas, BETHES Reflexversuche an 779.
Carmarina, Hemmung des Magenstiels bei (BETHE) 664.

Cellularprinzip, Anwendung auf das Nervensystem 119.
Cerebroside, Chemismus der 51.
Chemie des zentralen und peripheren Nervensystems 47.
Chemische Reizung des Nerven 198.
Chinin, Lokalanästhesie durch 447, 441, 453.
Chininharnstoff, Lokalanästhesie durch 442, 443 ff.
Chloralhydrat, Einfluß auf den Hirngaswechsel 552.
—, Lokalanästhesie durch 442, 445.
Chloroform, Einfluß auf den Gaswechsel des Gehirns 537.
—, Lokalanästhesie durch 442.
Cholin in der Cerebrospinalflüssigkeit 598.
Chromatolyse und Proteolyse im Zentralnervensystem 588.
Chronaxie, absolute Definition 280.
—, Abhängigkeit der, von Entfernung und Form der Elektroden 274.
— bei Entartungsreaktion 349.
— bei Nervenverletzungen 352.
— der nervösen Elemente 34, 37, 250, 342, 643.
— bei Tetanie 359.
„Ciment unitif" des Nervengeflechts 120.
Cocain, Einfluß auf den Gaswechsel des Nerven 383.
—, Lokalanästhesie durch 438 ff.
Cocainvergiftung des Zentralnervensystems 613.
Codein phosph., Lokalanästhesie durch 442, 445.
CO_2-Bildung des Herzganglions von Simulus polyphemus 556.
CO_2-Spannungskurve des Nervengewebes 390.
Communicansdurchschneidung und Tonus 738.
CREMERsche Formel, Ableitung der, elektrische Erregung des Nerven 281.
Ctenophoren, Nervenphysiologie der 811.
Cycloform, Lokalanästhesie durch 439.
Cytoarchitektonik 476.

Darmnervensystem, intramurales 801.
Darmnervensystem bei den Selachiern 793.
Dauererregungen im Zentralnervensystem 640.
Dauerverkürzung und Dauersperrung des Muskels 744.
— des Skelettmuskels, aktionsstromlose 717.
Decerebration und Tonusänderung 724.
Dekrement der Erregungsleitung in Nervennetzen 798.
— — — in den Zentren 775.
— der Erregungswelle im narkotisierten Nerven 186.
— der Nervenleitungsgeschwindigkeit 223.
Defäkation, Hemmung der Sphincteren 659.
Degeneration der Markfasern 504.
— des Nerven, Einfluß auf den Stoffwechsel derselben 399.
— des Nerven, retrograde 298, 489.
— — —, sekundäre 300, 489.
— und Regeneration nach Kontinuitätsunterbrechung 286.
— von Rückenmarksbahnen, Einfluß auf den Gaswechsel des Rückenmarks 546.
— des Zentralnervensystems, sekundäre 295 ff., 506.
Degenerationsmethoden für Lokalisationsstudien 300.
Degenerations- und Regenerationsvorgang am Nerven 139, 265.
Degenerative Erkrankung der peripheren Nerven (sog. „Neuritis" usw.) 333.
— Prozesse im Zentralnervensystem 598.
Dehnungsreflex Friedländers 518.
Dehnungsversuche an Blutegeln 150.
Dehydrierungen im Zentralnervensystem 562.
„Dehydrogenasen" des Nerven 394.
DEITERSche Spinnenzellen 480.
Demarkationsstrom, elektrotonische Wirkung des 230.
Demyelinisierung im Nerven 336.

Diathermie (Anwendung bei Neuritis und Neuralgie) 361.
Differentialerregung des Nerven (Du Bois-Reymond) 249.
Diffuses Nervensystem 791 ff.
Diffusionskoeffizient bei Neurath 260.
Dinitrobenzolmethode an beriberikranken Tauben 564.
Dionin, Lokalanästhesie durch 442, 445.
Doppelbrechung der Neurofibrillen 155.
Dunkelfeldbeleuchtung der lebenden Nervenzellen 157.

„Eigenreflexe" 698.
„Eigenrhythmus"des Muskels 803.
— des Nerven 190.
Einschleichen des konstanten Stroms am Nerven 196.
Ein- und Ausschleichen (elektrischer Reiz) am Nerven 248.
Eiweißkörper der Nervensubstanz 48.
Ejakulationsreflex 640, 641, 700.
Elektrische Organe des Zitterwelses 703.
— Reizung des Nerven 194.
— Untersuchung sensibler Nerven 355.
Elektrizitätsmenge, kleinste, bei Nervenreizung 250.
Elektrizitätsproduktion des Nerven 188.
Elektrodiagnostik und Elektrotherapie 339.
Elektromyogramm tonisch verkürzter Muskeln 716.
Elektrotherapie 339, 360, 362 ff.
Elektrotonische Erregbarkeitsveränderungen des Nerven unter dem Einfluß der O-Entziehung 376.
— Konstante 277 ff.
Elektrotonus, Ausbreitungsgeschwindigkeit des 229.
—, physiologischer 224.
—, Umkehr des 225, 233.
Energiemenge des elektrischen Stroms für die Nervenreizung 195.
— bei Nervenreizung 251.
Entartungsreaktionen bei Erkrankungen der peripheren Nerven 348.
— des Nerven 193, 196.

Entgiftungsgeschwindigkeit bei Lokalanästhesie 457.
Enthemmungen im Zentralnervensystem 641.
Enthirnung, einseitige 825.
Enthirnungsstarre 646, 712, 725.
Entladungsrhythmus der Zentren 705.
Entspannungsreflexe 720.
Erholung des Nerven nach vorangegangener Erstickung 368.
Ermüdbarkeit des Nerven 191, 220.
— des Nervenendorgans 222.
Erregbarkeit, absolute Konstanten der, des Nerven 274.
—, Einfluß des O-Mangels auf die, des Nerven 369.
—, erhöhte, beim Abklingen der primären Erregung 624.
— und Leitfähigkeit des Nerven bei O-Entziehung 372.
—, Nerven-, Normalwerte der elektrischen 346 ff.
— peripherer Nerven, Abhängigkeit vom Sympathicus 664.
—, spontane Steigerung nach der Präparation des Nerven 417.
—, Steigerung der, durch Narkotica 416.
Erregbarkeitsänderungen des Nerven 212, 346.
Erregbarkeitssteigerung, elektrische, bei Tetanie 357.
—, scheinbare des Nerven 199, 211.
—, sensible bei Tetanie 359.
Erregbarkeitsveränderungen, elektrische, bei Neuritis 353.
— des Nerven, elektrischer Verlauf 350.
Erregung als Fluidum 753.
— und Lähmung des Nerven 178.
—, lawinenartiges Anschwellen der, nach Du Bois-Reymond 235.
—, Sherringtons Theorie der 33.
Erregungsformel, empirische, von Lapique 269.
— von Chezet 269.
— von Hermann 268.
— von Hoorweg 265.
Erregungsformen bei reflexarmen Tieren 742.
Erregungsgesetz von G. Weiss 249.

Erregungsgesetz von Nernst 252.
—, polares 246.
—, polares, Umkehr des 231, 232.
— Uexkülls 813.
Erregungsgesetze des Nerven 244.
Erregungsleitung, allseitige, im Nervensystem Wirbelloser 806.
—, doppelsinnige, des Nerven 182.
— im Herzen 799.
— bei der Mimosa 12.
— bei Pflanzen 4.
—, Polarität der 799.
„Erregungsrückstand" im Zentralnervensystem 643.
Erregungsstoffe, Summation von Reizen 34.
Erregungstheorien des Nerven 258 ff.
Erregungsübertragung, zentrale 34.
Erregungswelle im Nerven, Veränderungen des zeitlichen Verlaufs der 187.
Erregungswellen, Frequenzen der, des Nerven 193.
—, qualitative Differenzen der 36.
Erregungszustände (starke und schwache) des Zentralnervensystems 38.
Erstickung, Einfluß auf die Säurebildung im Zentralnervensystem 565.
— und Erholung der Nervenzentren 515.
Erstickungskrämpfe der Warmblüter 521.
Erstickungsversuche am Nerven 368.
— am Warmblüternerv 369.
Erstickungszeit des Nerven 367.
— des Nerven, Einfluß der Dauer der O-Zufuhr auf die 377.
— des Nerven, Einfluß des osmotischen Drucks auf die 379.
— der Nervenzentren 516, 518.
Eucain lact., Lokalanästhesie durch 456.
Eucupin muriat., Lokalanästhesie durch 442, 443 ff.
Extensorstoß (Cherrington) 638, 700.
Extraktivstoffe der Nervensubstanz 62.
Extrapyramidales System und Starrezustände 727.

Färbbarkeit, primäre, der Neurofibrillen 45, 147.
Farbstoffreduktion des Nerven 394.
Faserveränderungen im Nerven, akute, retrograde 299.
Feld, receptorisches, beim Reflex 760.
Fernwirkungen, elektrotonische, am Nerven 247.
Fettstoffe, Umsatz im Zentralnervensystem 595.
Fettumsatz des Nerven 398.
Fibrillen als Erregungsleiter 27.
—, Färbemethoden 87.
—, motorische und sensorische 93.
— und NISSL-Schallen im frischen Zustand 154.
Fibrillenäquivalentbild 163.
Fibrillengeflecht, nervöses 464.
Fibrillengitter 780.
Fibrillenkontinuität 120, 126.
Fibrillensäure in den Neurofibrillen 85.
Fibrillenstruktur und Fortpflanzungsgeschwindigkeit der Erregung 167.
Fibrillensystem, Kontinuität des 782.
Fibrillentheorie 122.
Fibrillisation bei Nervendegeneration 308.
Fibroblastenapparat 484.
FICKsche Lücke bei zunehmender Reizstärke 233.
Fingergrundgelenkreflex 638.
FLEISCHL-Effekt 270.
Fluktuation der Erregung, Gesetz der 38.
Freßreaktion (Seerose) 809.
Fruchtzuckerumsatz im Zentralnervensystem 570, 601.
Fructose, Einfluß auf die Glykolyse im Zentralnervensystem 581.
Fütterungsneuritis, regenerative Veränderungen bei 337.

Ganglien der Wirbellosen 465.
Ganglienketten 791.
Ganglienzellen, Beziehungen zwischen Grau und langen Bahnen 771.
—, Verfettung der 496.
Ganglienzell-Syncytium 792.
Ganglioneurome 318.
Galaktose und Stoffwechsel des isolierten Zentralnervensystem 570, 599, 601.

GASKELL-HERINGsche Theorie der Vaguswirkung 654.
Gaswechsel, Einfluß von Affekten auf den 527.
—, Einfluß der geistigen Tätigkeit auf den 525.
— des Gehirns 529.
— des Gehirns, Einfluß verschiedener Pharmaka 538.
— des isolierten Rückenmarks 548.
— des Nerven 379 ff.
— des Zentralnervensystems (isoliert) 513.
— von Zentralnervensystemschnitten 558.
Gefäßhaut, Einfluß auf die Ammoniakbildung des isolierten Rückenmarks 593.
—, Einfluß auf den Gaswechsel des isolierten Rückenmarks 549.
Gehirn, Blutversorgung des 531, 534, 541.
—, Einfluß der Blutverteilung auf die Temperatur des 607.
—, Galaktosegehalt 50.
—, Gaswechsel des, Einfluß der Blutdurchströmung auf den 539, 543.
—, Kohlehydrate im 50.
—, Mineralbestandteile 60.
— des Tintenfisches 821.
Gehirneinfluß auf Tonus 825.
„Gehwerk" (zentraler Apparat der Fortbewegung) 752.
Gelenkreflexe 638.
GERLACHsches Netz bei Wirbellosen 121.
Gesamtstoffwechsel eines Tieres und Indophenolbildungsvermögen seiner Hirnsubstanz 563.
Gesetz der gedehnten Muskeln (UEXKÜLL) 741.
Gewebskulturen von Neuroblasten 319.
Gifte, Einfluß auf den Gaswechsel des Gehirns 538.
—, lähmende und erregbarkeitssteigernde 612.
Giftpedicellarien, Nervenphysiologie der 814.
Glia, Veränderungen der 497.
—, Wucherung der 494, 508.
Gliaelemente, Abbau durch 501.
Glianetze 780.
Gliazellen 480.
„Gliazellen", ALZHEIMER, atypische 503.
Glioneuroblasten 131.

Glucose, Einfluß auf die Milchsäurebildung des isolierten Rückenmarks 585.
—, Einfluß auf den Stoffwechsel des isolierten Zentralnervensystems 599.
Glykogen und postmortale Milchsäurebildung im Gehirn 582.
—, Umsatz im Zentralnervensystem 572, 577.
Glykolyse im Gehirn, Hemmung durch Narkotica 578.
— der Netzhaut 586.
— durch zentrale Nervensubstanz 559.
Glykolytisches Ferment aus der Hirnsubstanz 584.
GOLGische Netze 114, 127, 780.
Granulatheorie (ALTMANN) 101.
Grenzflächenpolarisation 247.
Grenzschichtentheorie der semipermeablen Membran 263.
Griseum, Morbidität des 507.
Grundschwelle (Rheobase und Chronaxie des Nerven) 194.
GRÜTZNERsche Lücke bei wachsender Reizstärke 233.

Halbzentrentheorie GRAHAM BROWN) 709, 789.
Halsreflexe, tonische 721.
Haltefunktion der Muskeln 712.
Handlung, receptorische 749.
Haptotropismus 13, 134.
Harndrang und Aufmerksamkeit 659.
Harnstoffbildung im Zentralnervensystem 594.
HARRISONsche Versuche gegen das intraplasmatische Wachsen der Neurofibrille 138.
Hauptnutzzeit bei Reizung mit konstantem Strom 179, 264.
„H-Acceptoren" im Zentralnervensystem 562.
HEIDENHAINS Tetanomotor 201.
Helixversuch von JORDAN 750.
Hemmung, gegenseitige, antagonistischer Zentren 750.
Hemmung, McDOUGALs Ableitungstheorie der 656.
— von Reflexen 33.
—, willkürliche 659.

Hemmungsbahnen, intrazentrale 646.
Hemmungsfunktion des Gehirns 824.
Hemmungsrückprall (GRAHAM BROWN) 658.
„Hemmungsrückschlag" (rebound) 655.
Hemmungsstoffe, intrazentrale 660, 768.
Hemmungsstoffbildung im Zentralnervensystem 34.
Hemmungsvorgänge, intrazentrale 645ff.
Hemmungswirkung des N. vagus 654.
Hemmungszentren 646, 665.
HERINGS Theorie des Gleichgewichts zwischen assimilatorischen und dissimilatorischen Vorgängen 45, 658.
Heroin, Lokalanästhesie durch 445.
HERTWIG-DOHRNsche Theorie der Neuronenzusammenhänge 137.
Herzautomatie, Theorien der 802.
Herzigel, Sperrmuskeln beim 746.
Herzmuskel, Nervenversorgung 795.
Herznervenstoffe (O. LOEWI) 31, 643, 654, 660, 797.
Hitzekontraktionen des Nerven 202.
Hodogenese (Nervenregeneration) 134, 311, 315.
Holocain, Lokalanästhesie durch 438ff.
Homomerie des Nervensystems der Anneliden 820.
Hormone in der Nervensubstanz 63.
HORWEGSCHE Formel für Reizung mit hochfrequenten Strömen 197.
Hunger, Einfluß auf die Aminogenese im Gehirn 589.
—, Einfluß auf den Kreatinstoffwechsel des Gehirns 591.
Hungerkontraktionen des Magens, Unabhängigkeit vom Zentralnervensystem 800.
Hustenreflex 659.
Hydrochinin, Lokalanästhesie durch 447, 453.
Hydrodynamisches Modell von LAPIQUE (Erregungsgesetz) 270.
Hydroidpolypen, Nervenzellen der 793.

Hyperventilation, Erhöhung der Erregbarkeit der Nerven durch 360.
„Hypnosekatalepsie" 727.

Indicatorenmethode zur Messung der CO_2-Abgabe an Nervenquerschnitte 385.
Indophenolbildungsvermögen der Hirnsubstanz 563.
Induktion, spinale 633, 639, 655, 657f.
Infiltrationsanästhesie 435.
Infiltrationspolarisation 247.
Infundibularorgan des Amphioxus 112.
Inkrement- und Dekrementsatz der Erregungsleitung im Nerven 228.
Innervation, Abstufung der 35.
—, doppelte, der Arthropodenmuskulatur 827.
—, kinetische und statische 714.
—, Mechanismus der statischen 718.
—, reziproke 647, 749.
Insulin, Einfluß auf den Gaswechsel des Zentralnervensystems 553.
—, Einfluß auf den Glykogenumsatz im Zentralnervensystem 572, 575.
—, Einfluß auf die Milchsäurebildung des isolierten Rückenmarks 585.
Integralerregung nach Du BOYS-REYMOND 249.
Intensionsregulierung der Sensomobilität 766.
Interferenz der Reizwirkungen am Nerven 205.
Interferenztheorie der Hemmung 649ff.
Ionen, Einfluß auf den Gaswechsel und die Reflexerregbarkeit des isolierten Rückenmarks 549.
Ionentheorie der Erregungsleitung und der Reizung 242.
Ionenwirkungen auf den Nerven 198.
Iontophorese und Kataphorese am Nerven 361.
„Irresponsive" Periode des Nerven 701.
Irreziprozität der Erregungsleitung 777, 780.
— der Reizleitung 626.
— der Zentralteile des Nervensystems 626.
Ischiadicus, überlebendes isolierten, verschiedener Säugetiere 369.

Isolierte Leitung, Prinzip der 182.
Isoamylhydrocuprein, Lokalanästhesie durch 442, 443ff.
Isoäthylhydrocuprein, Lokalanästhesie durch 442, 443ff.
Isobutylhydrocuprein Lokalanästhesie durch 447.
Isopropylhydrocuprein, Lokalanästhesie durch 447.

JENDRASSIKscher Handgriff 639.

Kaliumchlorid, Einfluß auf den Gaswechsel des isolierten Rückenmarks 550.
Kälteanästhesie 433.
Kardinalzeit, Begriff der 271.
Karyochrome Zelle 470.
Kastration und Proteolyse im Zentralnervensystem 589.
Katalepsie, hypnotische 716.
„Katelektrotonus" 225.
Kathode, bewegte 280.
—, wahre (Stromleitung im Nerven) 246.
KEITH-LUCAS Tabelle der Erregbarkeit 260.
Kennzeit des Nerven 194.
Kern des Nerven (Kernleitermodell) 245.
Kernatrophie, GUDDENSche, im Zentralnervensystem 490.
Kernleiter mit und ohne Depolarisation 247.
Kernleitermodelle, physikalisch-chemische 237, 238.
Kernleiterpolarisation, Einfluß auf wahre Kathoden 271.
—, Modelle von EBBECKE 271.
Kernleiterstruktur 245.
Kernleitertheorie 164, 235.
—, Fundamentalgleichungen der 263.
Kernleitertheorien, physiologische 182.
Kettenreflexe 787.
„Kettentheorie" (Nervendegeneration) 312.
Klammerreflex 716.
„Klinkungen" der Reaktion des Zentralnervensystems 642.
Knidariern, diffuses Nervennetz der 791.
Kohlehydrate des Gehirns 50.
Kohlensäure, Wirkung auf Nerven 199.
— — auf Zentrenerregbarkeit 620.

Kohlensäureproduktion des Nerven 419.
Kohlensäurevergiftung der Nervenzentren 621.
Kollisionsort der Erregungen 653.
Koordination der Bewegung bei Wirbellosen 812.
— — — bei Wirbeltieren 641, 660.
Kondensatorenentladungen, Reizwirkungen der 264 ff.
— und Selbstinduktion 269.
Konstanter Strom, polare Reizwirkungen des 196.
Kontinuität, plasmatische der Neuronen 120.
Kontinuitätshemmung des Axons 488.
Kontinuitätstheorie der Neuronen 113, 120.
Kontrast, spinaler 655, 658.
Korrelate, psychische, der zentralen Erregungen 40.
Korrelationen der Reizleitungen (Pflanzen) 2.
Krampfgifte, Einfluß auf die Proteolyse im Zentralnervensystem 588.
—, Wirkung von Alkalien auf 619.
Kratzreflex 32, 638, 647, 708.
Kratzwerk, automatisch arbeitendes 752.
Kreatinbildung, Vermehrung im Muskeltonus 739.
Kreatinstoffwechsel des Gehirns 590 ff.
„Kriechwerk" und Schwimmwerk der Aplysien 752.

Labyrinthstellreflexe und roter Kern 726.
„Ladung" der Zentren 640.
Lähmungen des Nerven durch Narkotica, Kohlensäure, Abkühlung, Kompression und Erstickung 179.
Latenzzeit des effektorischen Organs 686.
— des receptorischen Organs 674.
Leichenstarre, Einfluß der Durchschneidung der Rami communicantes auf die 737.
Leistung, effektorische, zur Erhaltung des Körpergleichgewichts 749.
Leistungen, psychische, des Regenwurms 517.
„Leitendes Element" der Nerven 245.
Leitung von Erschütterungsreizen (Pflanzen) 7, 13.

Leitung, doppelsinnige der Nerven 627.
Leitungsanästhesie, endo- und perineurale Injektion 435.
—, Vorteile der 434.
Leitungsbahnen der Tropismen 16.
— bei Mimosa 7.
Leitungsgeschwindigkeit des Nerven, Einfluß des O-Mangels auf die 374.
— — — als Funktion der Querdurchschnittsgröße 778.
— — — und Gaswechsel desselben 385.
— — — bei peripheren Läsionen 351.
Leitungsvermögen in den Zentralteilen 666.
Lemnoblasten (Nervendegeneration) 136, 301.
LENHOSSÉKsche Theorie der Neurofibrillenbedeutung 152.
Lernvermögen des Regenwurms 518.
Leuchtphänomen von Polypen, wellenförmiges, durch Interferenzhemmung 663.
Lichtreize, Einfluß auf den Gaswechsel des Gehirns 529.
Lichtreizung, Einfluß auf die Proteolyse in verschiedenen Hirnteilen 590.
LILLIEsches Kernleitermodell 284.
Lipoide und Gaswechsel des Rückenmarks 547.
— der Nervensubstanz 50, 147.
Lokalanästhesie, Bicarbonatzusatz 452.
—, chemische Eigenschaften 436.
—, Eignung eines Mittels zur Oberflächenanästhesie 437.
—, isotonische Lösungen 437.
—, Methoden der 434.
—, Nebenwirkungen 434.
—, Prüfungen an der Cornea 443.
—, Prüfung am Froschischiadicus (Zeit- und zeitlose Versuche) 444.
—, Prüfung im Quaddelversuch 441.
—, Wirksamkeit der 437.
—, Wirkung auf Blutgefäße 452.
—, Wirkung auf Hautsinnesempfindungen 441.

Lokalanästhesie, Wirkung auf die sensiblen Nerven 434.
—, Wirkung auf das Zentralnervensystem 434.
Lokalanaesthetica, Abhängigkeit der letalen Dosis von der Konzentration 455.
—, Konstitution und Wirkung 436.
—, Prüfung der 440.
—, Resorptionsverzögerung durch Abschnürung 455.
—, Resorptionsverzögerung durch Suprarenin 455.
—, Sterilisierbarkeit 437.
Lokalanaestheticum, praktischer Wert eines 454.
Lokalisation funktioneller Zustände in einzelnen Hirnteilen auf biochemischem Wege 589.
Lokalisationsgesetz von BORUTTAU 185.
— chemischer Nervenreize 198.
Lokalisationslehre für die Hirnrinde 41.
Lokomotionsbewegungen, Phasik der 709.

Magnesiumnarkose der Zentren 612.
Magnesiumsulfat, Einfluß auf den Gaswechsel des Gehirns 537.
Maltose, Einfluß auf die Glykolyse im Zentralnervensystem 581.
Marcotin, Lokalanästhesie durch 445.
Markballenbildung bei der Nervenregeneration 290, 294.
Markscheide, Zerfall der, bei der Degeneration 290, 335.
„Markscheidenbildung" 310.
Markscheidensubstanz des Nerven 147.
Mechanische Reizung des Nerven 201.
Mehrfachmembranen (Theorie der elektrischen Reizung) 255.
Melubrin, Lokalanästhesie durch 442.
Membrantheorien der Reizleitung 165.
Merkwelt der Tiere (richtiger Weg) 762.
Mesenchymzellen 132.
Methylenblaureduktion im Zentralnervensystem 562.

Methylglyoxal, Spaltung im Zentralnervensystem 560, 578.
MEYERHOFscher Quotient im Zentralnervensystem 578.
Micellenreihen (Neurofibrille) 161.
Mikroglia 482.
Mikrorespirationsapparat zur Bestimmung des Gaswechsels des isolierten Froschrückenmarks 544.
Miktion, Sphincterenhemmung bei der 659.
Milchsäurebildung des isolierten Rückenmarks, Einfluß von Reizen auf 585.
— im lebenden Gehirn 583.
— im Nerven 395.
— des Nerven, Einfluß von Reizung auf 396.
—, postmortale im Gehirn 581.
— im Zentralnervensystem 559, 567.
Milchzucker, Umsatz im Zentralnervensystem 570.
Mitochondrien der Nervenzelle 101, 107.
Molybdän-Hämatoxylinmethode der Fibrillenfärbung 86.
Momentanreize, Theorie der 273.
Mono- und Polygenisten (Nervendegeneration) 320.
Monophagistische Erkrankungen (Beri-Beri-Skorbut usw.) 337.
Morphinvergiftung des Zentralnervensystems 613.
Morphium, Einfluß auf den Gaswechsel des Gehirns 537.
—, Lokalanästhesie durch 442.
Muskel, Verhalten auf Dehnung 745.
Muskelhärte, Methoden der Bestimmung 714.
Musculus retractor penis, Nervenversorgung 795.
Myasthenische Reaktion bei Polyneuritis 354.
Myelinklumpen als pathologische Stoffwechselprodukte 472.
Myeloarchitektonik 476.
Myokard, Nervenversorgung des 797.

Nachahmung, mimische, als Reaktion auf sensiblen Reiz 44.

„Nachentladung" bei Reflexen 775.
„Nadireaktion" im Zentralnervensystem 567.
Narkose 411.
—, Änderung des Refraktärstadiums 428 ff.
—, Einfluß auf die Ammoniakbildung des Nerven 406.
—, Einfluß auf die Ammoniakbildung des isolierten Rückenmarks 593.
—, Einfluß auf den Gaswechsel des Gehirns 532, 534.
—, Einfluß auf den Gaswechsel des isolierten Rückenmarks 547.
—, Einfluß auf den Gaswechsel des Nerven 381.
—, Einfluß auf den Glykogen- und Cerebrosidumsatz des Zentralnervensystems 574.
—, Einfluß auf den Hirngaswechsel 552.
—, Einfluß auf den N-Umsatz des isolierten Rückenmarks 592.
—, Einfluß auf die Wärmebildung des isolierten Rückenmarks 610.
—, Einfluß auf den Zuckerumsatz des isolierten Rückenmarks 569.
—, Erklärung der (FRÖHLICH) 428.
—, Lähmungsstadium 418.
— und Säurebildung im Zentralnervensystem 566.
Narkosestrecke, Dekrement der Leitungsgeschwindigkeit in der 428.
Narkoseversuche, Fehlerquellen bei den 424.
Narkotica, Empfindlichkeit der motorischen und sensiblen Nervenfasern 414.
Narkotische Grenzkonzentration 413.
Nebennierenpräparate, anästhesierende Wirkung 448.
Negativität, in der Hülle, wandernde (Kernleiter) 280.
Negativitätswelle, Anstiegdauer der, im Nerven 217.
—, schematische Darstellung der Ströme der 280.
Nernstsches Quadratwurzelgesetz der Nervenreizung 197.

Nernstsche Theorie der Erregung 241.
Nerv, Ammoniakbildung bei Reizung 404.
—, Blockierung des, durch galvanischen Strom 227.
—, elektrotonische Ströme im 174.
—, Erregbarkeit in Osmose 175.
—, Gaswechsel, Anteil des Bindegewebes am 388.
—, gereizter, morphologische Veränderungen des 191.
—, Gewöhnung des, an Temperaturschwankungen 204.
—, Lipoidgehalt des 68.
—, osmotisches Verhalten 171.
—, Polarisation des 174.
—, Ruhepotentiale 173.
—, Salzeinfluß auf Erregbarkeit 175.
—, Verhalten des narkotischen, bei Reizen verschiedener Frequenz 428.
Nerven, periphere; die Abhängigkeit ihrer Erregbarkeit vom Sympathicus 664.
—, überlebende 330.
— der Weinbergschnecke 256.
Nervenaktionsströme bei natürlicher Innervation 706 ff.
—, zusammengesetzte 36.
Nervendegeneration 291, 399.
Nervendehnung zum Zwecke der Nervennaht 328.
Nervenendfüßchen (HELD) 780.
Nervenerregung, Stärke der 183.
Nervenfaser, disperse Phrase 172.
—, Histologie der 472.
—, Ionenpermeabilität 173.
Nervengaswechsel, Einfluß von Salzen auf 384.
Nervengewebe, Kulturen 139.
Nervenkreuzungen, künstliche 323.
Nervenleitung, Modelle der 235.
—, osmotische, Theorie der 241.
—, Temperaturkoeffizienten der 243.
—, Theorien der 212, 235.
—, Verlangsamung durch Narkose 187.
Nervenleitungsgeschwindigkeit 212, 684.

53*

Nervenleitungsgeschwindigkeit, Änderung durch zugeleitete Ströme 217.
—, Dekrement der 219.
— im gedehnten Nerven 219.
—, Größe der 214.
— und Narkose 218.
— und osmotischer Druck 218.
— und Reaktion 219.
— und Temperatur 217.
Nervenleitungszeit 683.
Nervenlücken, Überbrückung größerer 330.
Nervennaht 324.
—, Erfolge der 328.
Nervennetz, Polarität des 807.
— der Cnidariern 805.
—, Zerschneidungsversuche am 808.
Nervennetze bei Wirbellosen 121, 792 ff.
Nervenplexus, ektodermaler 806.
Nervenprinzip, Geschwindigkeit des 182.
Nervenregeneration und Kontinuitätsunterbrechung 302.
Nervenreiz (Definition) 177.
—, elektrischer, zeitlicher Verlauf des 194.
Nervenschußverletzungen 316.
Nervenstoffwechsel 190, 207, 365.
Nervenstrecke, narkotisierte, Ungültigkeit des Alles-oder-nichts-Gesetzes 426.
Nervensubstanz, Fermente der 62.
—, Reaktion der zentralen 564.
Nervensystem, Abbauvorgänge am 291.
— der Anneliden 517.
—; Chemie des zentralen und peripheren 47.
—, Definition 26.
—, diffuses 772, 791 ff.
—, quantitative Zusammensetzung des 64.
—, Stoffwechsel des peripheren 365.
Nerventransplantation 329, 330.
Nervenzelle, akute Zellerkrankung 490.
—, Anordnung der Neurofibrillen in der 95.
—, chronische Zellerkrankung 492.
—, pathologische Veränderungen der 488.

Nervenzelle, physiologische Veränderungen 487.
—, Regeneration der 486.
—, Struktur der lebenden 469.
—, Typen der 467.
—, Veränderungen durch Wachstum und Alter 485.
—, Verflüssigungsprozesse 492.
—, Wachstum der 474.
—, Wanderung der 474.
—, Zellerkrankung 492.
Nervenzentren, Erstickung und Erholung der 515.
—, Sauerstoffbedarf und Erregbarkeit 515.
nervöses Grau 127.
Nervus phrenicus, Aktionsströme des 703.
Netzhaut, Glykolyse in der 587.
—, O_2-Verbrauch 555.
Neurencytium 135.
,,Neuritis" 286, 334.
Neurobione im Plasma der Nervenzellen 154.
Neurobiotaxis 134, 474.
Neuroblastenlehre 134.
Neuroblastentheorie 136.
Neurocyten 124.
Neurocyncytienlehre 137.
Neurofibrillen, Anordnung in den Nerven 105.
—, Aufgabe der 778.
—, Formeigenschaften 90.
—, funktionelle Bedeutung der 144.
— als Kernleiter mit einer aktiven Oberfläche 168.
— in lebender Nervenzelle 155.
—, mikrotechnisches Verhalten der 81.
—, Oberflächenschicht der 147.
— bei Pflanzen 166.
—, Veränderungen der 488.
—, Verhalten und Anordnung in den Endorganen 108.
Neurofibrillenstruktur, Histogenese der 131.
—, Zusammenhang der 117.
Neurofibrillenzüge bei Carcinus maenas 144.
Neuroglia 479.
Neuroglobulin α 48.
Neurokeratin 48.
Neurokeratinnetz 147.
Neurokladismus 135.
Neuromotorischer Apparat 166.
Neuron, letztes 760.
Neuronenlehre 314.
Neuronentheorie 473, 782.

Neuronophagie 497.
Neuropie (Nervenfilz) 29, 465, 779.
—, Erregungsleitung 774.
Neuroplasma 161.
Neuroplasmatheorie von LEYDIG 154.
Neurosomen 471.
Neurostearinsäure 55.
,,Neurotonus" 743.
Neurotropie 313.
Neurotropismus 134, 316, 475.
Névrite segmentaire periaxiale 335.
Nicotin, Wirkung auf Cephalopoden 615.
Nicotinlähmung 615.
Niesreflex 659.
Nisslsäure 85.
Nisslschollen 103, 778.
Normaldistanz bei Reizung 275.
Normalreizstrom 276.
Novocain, Lokalanästhesie durch 438 ff.
Nucleus ruber und Enthirnungsstarre 726.
N-Umsatz des isolierten Rückenmarks 592.
— des Nerven 401.
Nutzzeit am Nerven 263.
Nutzzeit des Nerven 179, 194.
Nystagmus, calorischer (zentraler Mechanismus) 648.

O-Mangel, Einfluß auf den Gaswechsel des Gehirns 541.
,,O-Reserven" des Protoplasmas 561.
O-Schuld des erstickten Nerven 393.
,,O-Schuld" in den Nervenzentren 545.
O-Speicherung im Nerven 393, 397.
O-Verbrauch der Froschnetzhaut 555.
— des isolierten Froschrückenmarks 546.
— des Gehirns 552.
— markloser Nerven 371, 394.
— des Nerven 366.
— der Organe des Warmblüters 541.
— des Zentralnervensystems des Frosches 552.
Oberflächenanästhesie 435.
Öffnungstetanus als Beweis der polaren Erregung 231.
Ohrmuschelreflex 638.
Oligodendroglia 482.
Optochin, Lokalanästhesie durch 441.

Organkonstanten, allgemeine in rationellen Formeln 261.
Organrhythmus der Ganglienzellen 702.
Orthoform, Lokalanästhesie durch 439, 443.
Osmotische Reizung des Nerven 200.
Oszillierende Erregungswellen im Nerven 192.
Otolithenreflexe 722.
Oxydationshemmung und narkotische Wirkung 548.
Oxydationsvorgänge, vitale im Zentralnervensystem 562.
Oxydo-Reduktionen im Zentralnervensystem 561.

P-Umsatz des Nerven, Einfluß von Reizung auf 399.
— des Zentralnervensystems, Einfluß elektrischer Reizung 597.
Pantopon, Einfluß auf den Gaswechsel des Gehirns 537.
—, Lokalanästhesie durch 445.
Papaverin, Lokalanästhesie durch 445.
Parabiose des Nerven 208, 225.
Paraldehyd, Lokalanästhesie durch 442.
Parkinsonstarre 728.
Pathoklise 507.
Pathoplastische Faktoren des Zentralnervensystems 507.
Periodik der Erregung 43.
Periphere Nerven, elektrische Befunde bei Erkrankungen der 348.
— —, Verletzungen der 350.
Peristaltik, lokomotorische bei Mollusken 804.
PERRONCITOsche Spirale 309, 324.
Perzeption, photische und phototropische bei Pflanzen 15.
PFLÜGERsches Zuckungsgesetz 196.
— — am lebenden Menschen 234.
„Phasische Reflexe" 705.
Phenol, erregende Wirkung des auf das Zentralnervensystem 615.
Phenylurethan, Lokalanästhesie durch 445.
Phosphatide des Gehirns 598.
—, Rolle im Stoffwechsel des Zentralnervensystems 601.

Phosphorgehalt des Blutes, Einfluß der geistigen Tätigkeit auf den 525.
Phosphorhaltige Substanzen, Umsatz im Zentralnervensystem 595.
Phosphorsäurebildung in der Netzhaut 568.
Phosphorumsatz des Nerven 399.
Photische Reize, Wirkung auf den Nerven 205.
Phrenosin (Cerebron) 52 ff.
Phrenosinsäure 55.
Pia, Einfluß auf den Gaswechsel des isolierten Rückenmarks 549.
Pigmente der Nervensubstanz 65.
Pilomotorenreaktion, lokale 640.
Plasmo- u. Neurodesmen 320.
Plasmodesmennetz 131.
PLATEAUsche Gesetze 152.
Plexus myentericus 801.
Polarisationsbild des Nerven (nach BETHE) 146.
Polarisationsstrom des Nerven 246.
Polygenisten und Monogenisten 315.
Polygenistische Lehre 338.
Polyneuritis, Einfluß auf den Kreatinstoffwechsel des Gehirns 591.
Postordination, zentrale 774.
Propaesin, Lokalanästhesie durch 439.
Propriozeptive Erregungen 720.
Protagonumsatz des Nerven bei Degeneration 399.
Proteolyse im Zentralnervensystem 587.
Protoplasmatheorie von LEYDIG 150.
Pseudosklerose, Tonusänderung bei 728.
Psicain, Lokalanästhesie durch 439 ff.
Psychische Reihen (R. AVENARIUS) 46.
Punktsubstanz (LEYDIG) 465.
PURKINJEsche Zellen 780.
Pyramidenerkrankungen, Tonusstörungen bei 732.
Pyramidon, Lokalanästhesie durch 442.
Pyridin-Thioninmethode, Neurofibrillendarstellung 86.

Reaktionszeitversuche an Adriolimax und Polychätenwürmern 151.

Receptivfeld 758.
Reduktionskraft der Hirnrinde, Einfluß von Reizung auf 561.
Reduktionsvermögen des Gehirns 564.
Reflexakt, umgekehrter 629.
Reflexapparate, selbständige 815.
Reflexausbreitung 792.
Reflexbewegungen einzelner Körperteile 821.
Reflexbogen in der Darmwand 801.
—, Definition des 30.
Reflexe (Definition) 28.
—, alliierte 639.
—, bedingte 44.
—, myotatische 720.
—, starke und schwache 758.
Reflexermüdung 784.
Reflexerregbarkeit 635.
—, gehirnloser Tiere 824.
„Reflexfigur" 761.
Reflexhemmungen, Dauer der 662.
Reflexnachentladung (after discharge, FORBES) 786.
„Reflexschwebungen" 650.
Reflexspaltung 757 ff.
Reflexumkehr durch Ermüdung 758.
—, hemmende Bahnen bei 758.
Reflexzeit, Definition der 667.
—, Abhängigkeit von der Reizstärke 666.
Reflexzeiten beim Menschen, Tabellen der 669.
Reflexzentren, „aktive" und „passive" 32.
Refraktäre Periode (BLOCK) 761.
— Periode der Nerven 220.
— Phase und Rhythmizität 697.
Refraktärphase des Zentralnervensystems 623.
Refraktärstadium, absolutes und relatives, des Zentralnervensystems 622.
— der Reflexe 662.
—, relatives, Dauer des 209.
Regeneration, autogene 142, 314.
—, heterogene 323.
—, homogene 324.
— des terminalen und periterminalen Fibrillennetzes 141.
— des Zentralnervensystems 513.
Regenerationsenergie 321.
Regenerationsfähigkeit einzelner Nerven 327.

Reizfrequenz, ihre Bedeutung für den Ablauf von Reflexen 642.
—, ihre Bedeutung für die Auslösung von Reflexen 634.
— und Erregungsfrequenz des Nerven 196.
Reizleitung, chemische, bei Pflanzen 10.
— und Diffusion bei Pflanzen 17.
— durch Flüssigkeitsbewegung bei Pflanzen 9.
— der höheren Pflanzen 166.
—, polare bei Pflanzen 21.
— von Propismen 13.
Reizleitungssystem des Herzens 802.
Reizlose Ausschaltung eines Nerven 188.
Reiznachwirkung im Zentralnervensystem 622.
Reizpunkte des Nerven 344.
Reizspannung, absolute 276.
Reizstärke, Einfluß auf den Gaswechsel des Nerven 389.
— und Fortpflanzungsgeschwindigkeit 183.
Reizstoffe und Hemmungsstoffe 26.
Reizstoffe, intrazentrale 641, 644, 783.
Reiztransformationen des Nerven 197.
Reizung, „schwebende" 650.
Reizzeit bei chemischer Reizung 677.
— bei elektrischer Reizung 676.
— bei mechanischer Reizung 679.
— bei optischer Reizung 679.
— bei thermischer Reizung 678.
Resonanztheorie der Nervenerregung 193.
Resonatorentheorie der Erfolgsorgane (WEISS) 37.
Restitution, physiologische, des peripheren Nerven 325.
Reticulo-endothelialer Apparat im Zentralnervensystem 484.
Rheobase 250.
Rhythmenbildungsvermögen des Nerven 369.
Rhythmik der Quallenbewegung 810.
— der zentralen Erregungen 702.
Rindenreizung, Refraktärstadium bei 699.

Rohrzuckerumsatz des Zentralnervensystems 570.
Rubrospinaltrakt und Skelettmuskeltonus 726.
Rückenmark, Gaswechsel des 772.
—, Gaswechsel des isolierten, und Einfluß von Reizen 545.
—, Innervationsrhythmik 704.
Rückprallkontraktion (rebound) 640, 655.
Ruhepotentiale des Nerven 173.
Ruhestrom des Nerven, tetanisch-negative Schwankung des 190.

Saligenin, Lokalanästhesie durch 442.
Sauerstoff s. auch O.
—, Einfluß auf die Erregbarkeit der Nervenzentren 520.
—, Einfluß auf den Fettumsatz im isolierten Rückenmark 596.
—, Einfluß auf den Glykogen und Cerebrosidumsatz des Zentralnervensystems 574.
—, Einfluß auf die Milchsäurebildung des isolierten Rückenmarks 585.
—, Einfluß auf die Nervenfunktion 365.
—, Einfluß auf den Phosphorumsatz des Zentralnervensystems 597.
—, Einfluß auf Restitutionsvorgänge 375.
—, Einfluß auf die Wärmebildung des isolierten Rückenmarks 610.
—, Einfluß auf den Zuckerumsatz des isolierten Rückenmarks 569.
Sauerstoffbedarf des Nerven 190.
— der Nervenzentren und Erregbarkeit 515.
Sauerstoffmangel, Erregbarkeitssteigerung durch 619.
— und Säurebildung im Zentralnervensystem 566.
„Sauerstofforte" 562.
Sauerstoffspeicherung im Nerven 368, 377.
— in den Nervenzentren 545.
Säurebildung im Nerven 395.
— in der Netzhaut 568.
— des Zentralnervensystems 564.
Säutelähmung der nervösen Zentren 614.

Schallokalisation, Zeittheorie der 39.
„Schlaffähigkeit" 773.
Schlagfrequenz des Herzens und CO_2-Bildung im Ganglion von Simulus 557.
Schließungstetanus 190, 203, 231.
Schluckreflex, Refraktärstadien 700.
Schrecklähmung 625.
SCHWANNsche Zellbänder 321.
— Zellen 294.
— Zellen, Pluripotenz 318.
— Zellketten 313.
Schwimmbewegung der Quallen 809.
Schwimmen der Polykladen 816.
Sehsinnsubstanzen (HERING) 35.
Selbsterregung des Nerven 248.
Selbststeuerung der Atmung 708.
Sensibilität, Doppeltopik der 42.
Sensibilitätsprüfung, elektrische 355.
Sensomobilität 763.
—, eigenreflektorische 769.
SETSCHENOFFscher Hemmungsversuch 664.
SETSCHENOFF-STIRLINGscher Versuch 634, 640.
Sinnesnerven, spezifische Energie der 36.
Sinnesnervenzellen 466.
Sinnesorgane, Mosaik der 29.
Skorbut, Einfluß auf den Kreatinstoffwechsel des Gehirns 591.
Somatochrome Nervenzelle 470.
Sperrmuskeln 712.
Sperrung, absolute, bei Muskeln 745.
—, gleitende, bei Muskeln 745.
—, maximale, bei Muskeln 718.
Spongioplasma 150.
Stäbchenzellen (Glia) 499.
STEINACHscher Versuch an Wirbeltieren 149.
„Stellwerk" der Tiere 752.
Stickstoff s. auch N.
Stickstoffumsatz des Nerven 401.
— des Zentralnervensystems 587.
Stoffwechsel, Einfluß der geistigen Tätigkeit auf den 524.
— und Nervenfunktion 381.

Stovain, Lokalanästhesie durch 439 ff.
Strecke, letzte gemeinsame, mehrerer Reflexe 753, 761.
Striatumverletzung und Muskeltonus 729.
Strickleiternervensystem (Anneliden) 823.
Stromdichte als absolutes Maß der Nervenerregbarkeit 275.
Stromdichtigkeitsschwankungsgeschwindigkeit (Reizwirkung) 185.
Stromstärken, schädigende, bei Reizung von Nerven 258.
Stromstöße, Wirkung beliebig geformter 271.
—, Wirkung rechteckiger 249.
Stromtheorie der Erregungsleitung 239, 281.
Struktur des Zentralnervensystems, histologischer Aufbau 475.
Strychnin, Einfluß auf den Gaswechsel des isolierten Froschrückenmarks 545.
—, Erregbarkeitssteigerung durch 616.
—, Wirkung auf Crustaceen 616.
Strychninkrämpfe und Temperatur des Rückenmarks 608.
Strychnintetanie, Phasik der 709.
Strychninvergiftung, Einfluß auf die Säurebildung im Zentralnervensystem 564.
Stützgerüsttheorie von KOLTZOFF 151.
Substantia nigra, Einfluß auf Muskeltonus 730.
Substanztonus der Muskeln 714.
Summation von Erregungen 633 ff.
— bei Erstickung des Nerven 376.
— von Reflexzuckungen 698.
Summationsbedingungen am Nerven 210.
Summationszeit, Abhängigkeit von der Reizstärke 666.
Sympathicuswirkung auf die Erregbarkeit peripherer Nerven 664.
Symptomenkomplex, amyostatischer 713.
"Synapsen" 753, 777.
Synapsentheorie SHERRINGTONS 784.

Systemerkrankungen des Zentralnervensystems, Histologie 505.

Telodendrium 118.
Temperatur, Einfluß auf die Erstickungszeit am Nerven 368.
—, Einfluß auf den Gaswechsel des Gehirns 539.
—, Einfluß auf den Gaswechsel des Nerven 385.
—, Einfluß auf den O-Bedarf der Nervenzentren 517.
—, Einfluß auf den Phosphorumsatz im Zentralnervensystem 597.
Temperaturkoeffizient des Hirngaswechsels 552.
— der Nervenleitung 203, 243.
— des Simulusherzschlages 556.
"Temps utile" 264.
Teslaströme, Einfluß auf den menschlichen Körper 273.
Tetanie und Glykogenumsatz des Zentralnervensystems 573.
Tetanus dolorosus 621.
— jactatorius 621.
Tetanusstarre 718, 729.
Tetanustoxin, Erregung von Schmerzfasern 621.
Thebain, Lokalanästhesie durch 445.
Thermische Reizung des Nerven 202.
Tiere, automatische 742.
—, effektorische 742.
—, hohlmuskelige 750.
—, receptorische 742.
Tigroidsubstanz 778.
Tonus, "chemischer" 739.
—, plastischer 712, 746.
— der Skelettmuskulatur 803.
—, zentraler 711.
Tonusinnervation, periphere 735.
"Tonusniveau" 750, 760.
Tonusstoffwechsel 715.
Tonustal 756.
Tonusverteilung, normale 726.
Tonuswelle 751.
Tonuszentren in der Subst. reticularis 726.
Tonuszentrum 751.
Totstellreflex 625.
Toxizität der Lokalanaesthetica 454.
Tractus frontopontinus 733.
Transmissionsreflexe 788.

Traubenzucker, Einfluß auf die Milchsäurebildung des isolierten Rückenmarks 585.
Traubenzuckerumsatz im Zentralnervensystem 570.
Treppenphänomen am Nerven 210.
Tropacocain 439 ff.
Tutocain, Lokalanästhesie durch 439 ff.

Überbrückungsmethoden bei Nervenlücken 333.
Übergangsschichten von Cremer 263.
Überkreuzungszeit 691.
Umrechnungsfaktor von LAPIQUE; nach VOGEL 266.
Umstimmungen, intrazentrale 642.
Urbahnen HENSENS 137.
Urethan, Lokalanästhesie durch 445.
—, Einfluß auf den Zuckerumsatz des isolierten Rückenmarks 569.
Urethannarkose, Reizung, elektrische und Gaswechsel des Rückenmarks 548.

Vagus-Apnoe 656.
Venenanästhesie 435.
Veratrincontractur des Muskels 736.
Vereisung des Nerven 306.
Verkürzung und Sperrung des Muskels 745.
Verkürzungs- und Verlängerungsreaktion (plastischer Muskeltonus) 724.
Verteidigungsreflex (Carcinus maenas) 824.
Visceralreflexe, tonische 722.
Vulnerabilität des peripheren Nerven 334.
VULPIAN-HEIDENHAINsches Phänomen 740.
Vuzin muriat., Lokalanästhesie durch 441 ff.

Wabentheorie (Protoplasmastruktur) 101.
Wachstumskeule, Nervenfortsatz 136.
Wachstumskolben, Kontinuitätsunterbrechung peripherer Nerven 309.
Wärmebildung im Gehirn, Einfluß der geistigen Tätigkeit auf die 606.
— des Nerven 406.
— im Rückenmark 608.
— im Zentralnervensystem 605.

Wärmebildung im Zentralnervensystem, thermoelektrische Meßmethode 606.
Wärmelähmung 376, 618.
— nervöser Zentren 519.
— peripherer Nerven 204.
Wärmenarkose 612, 618.
Wärmeproduktion des Nerven 191.
WALLERsche Degeneration 286, 336.
WALLERsches Gesetz 287, 301.
Warmblüternerv, Längsquerschnittsstrom des 367.
Wassergehalt der Nervensubstanz 64.
Wechselströme, Wirkung auf Nerven 271.
WEDENSKY-Phänomen 431, 648ff.
WEDENSKY-Phänomene am Nerven 210.
Widerstandsänderungen des Nerven 228.
Willensfreiheit 44.
Willkürhandlung 43.
Willkürhemmungen 659f.
Willkürkontraktionen 657.
WILSONsche Krankheit, Muskeltonus bei 728.

Winkelrinne zur Reizung von Nerven 276.
Wirbellose, Zentralnervensystem 464.
Wirbeltiere, Zentralnervensystem 467.
Wuchsstoffe und phototropische Reizleitungen 19.
Wund- oder Reiz-,,Hormon" der Mimosa 11.

Zeitmarkierreflex 657.
Zellerkrankung, ,,akute" 490.
Zentrale Überleitungszeiten, Tabelle der 688.
Zentrales Elementargitter 125.
Zentralnervensystem, Abnutzungspigmente 487.
—, Entzündungen des 511.
—, Glykogen- und Cerebrosidgehalt, Einfluß von Jahreszeit und Geschlecht 574.
—, Refraktärphase 623.
—, Stoffwechsel des 515.
—, Struktur des 475.
—, Systemerkrankungen des 505.
Zentralorgane, Anpassungsfähigkeit nervöser 325.
—, histologische Besonderheiten nervöser 461.

Zentralorgane niederer Tiere, Gaswechsel der nervösen 555.
Zentren, Alles- oder Nichts-Gesetz 776ff.
—, Leitung mit Dekrement 775.
Zentrenfunktionen, Theorien der 771, 777.
Zucker, Einfluß auf den Gaswechsel des Zentralnervensystems 560.
Zuckeroxydation im Zentralnervensystem 578.
Zuckerstoffwechsel des Zentralnervensystems 568.
Zuckerumsatz des Nerven 397.
— des isolierten Rückenmarks, Einfluß von Reizung auf 569.
Zuckerzufuhr, Einfluß auf die Ammoniakbildung im Zentralnervensystem 600.
— und Erregbarkeit des Nerven 398.
Zuckung, paradoxe 247.
Zuckungsgesetz, elektrodiagnostisches 345.
—, PFLÜGERsches 230, 345.
Zungen-Kieferreflex 638, 640, 641, 698.

MIX
Papier aus verantwortungsvollen Quellen
Paper from responsible sources
FSC® C105338

If you have any concerns about our products,
you can contact us on
ProductSafety@springernature.com

In case Publisher is established outside the EU,
the EU authorized representative is:
**Springer Nature Customer Service Center GmbH
Europaplatz 3, 69115 Heidelberg, Germany**

Printed by Libri Plureos GmbH
in Hamburg, Germany